Esaus Pflanzenanatomie

Ray F. Evert

# Esaus Pflanzenanatomie

Meristeme, Zellen und Gewebe der Pflanzen –
ihre Struktur, Funktion und Entwicklung

Unter Mitarbeit von Susan E. Eichhorn

Deutsche Übersetzung
Rosemarie Langenfeld-Heyser (Hrsg.)
Sabine Blechschmidt-Schneider, Urs Fischer, Andrea Olbrich
Uwe Schmitt

**Titel der Originalausgabe**

Esau's Plant Anatomy: Meristems, Cells,
and Tissues of the Plant Body: Their Structure,
Function, and Development, 3rd Edition
Copyright © 2006
by John Wiley and Sons

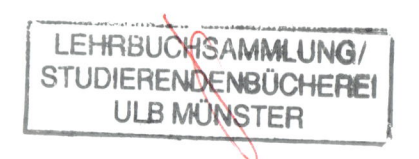

**Autoren der Originalausgabe**

Katherin Esau

Ray F. Evert, Ph.D
Professor of Botany University of Wisconsin
Madison, WI, USA

Susan E. Eichhorn
University of Wisconsin
Madison, WI, USA

**Übersetzer**

Dr. Rosemarie Langenfeld-Heyser (Hrsg.)
Büsgen-Institut – Abteilung Forstbotanik und Baumphysiologie
Georg-August-Universität Göttingen
Büsgenweg 2
37077 Göttingen
rheyser@gwdg.de

PD Dr. Sabine Blechschmidt-Schneider
Büsgen-Institut – Abteilung Forstbotanik und Baumphysiologie
Georg-August-Universität Göttingen
Büsgenweg 2
37077 Göttingen
sblechs@gwdg.de

Dr. Urs Fischer
Büsgen Institut – Abteilung Forstbotanik und Baumphysiologie
Georg-August-Universität Göttingen
Büsgenweg 2
37077 Göttingen
ufische@gwdg.de

Dr. Uwe Schmitt
Johann Heinrich von Thünen-Institut (vTI)
Bundesforschungsinstitut für Ländliche Räume, Wald und Fischerei
Institut für Holztechnologie und Holzbiologie (HTB)
Universität Hamburg
Leuschnerstr. 91
21031 Hamburg
uwe.schmitt@vti.bund.de

Dr. Andrea Olbrich
Büsgen Institut
Abt. Forstbotanik u. Baumphysiologie
Georg-August Universität Göttingen
Büsgenweg 2
37077 Göttingen
aolbric1@uni-goettingen.de

Mit zahlreichen Abbildungen und Tabellen.

ISBN 978-3-11-020592-3

*Bibliografische Information Der Deutschen Bibliothek*
Die Deutsche Nationalbibliothek verzeichnet diese Publikation in der
Deutschen Nationalbibliografie; detaillierte bibliografische Daten sind
im Internet über http://dnb.d-nb.de abrufbar.

♾ Gedruckt auf säurefreiem Papier, das die US-ANSI-Norm über
Haltbarkeit erfüllt.

© Copyright 2009 by Walter de Gruyter GmbH & Co. KG,
10785 Berlin. Dieses Werk einschließlich aller seiner Teile ist
urheberrechtlich geschützt. Jede Verwertung außerhalb der engen
Grenzen des Urheberrechtsgesetzes ist ohne Zustimmung des
Verlages unzulässig und strafbar. Das gilt insbesondere für
Vervielfältigungen, Übersetzungen, Mikroverfilmungen und die
Einspeicherung und Verarbeitung in elektronischen Systemen. Printed
in Germany.

Satz und Druck: Tutte Druckerei GmbH, Salzweg-Passau
Bindung: Druckhaus „Thomas Müntzer", Bad Langensalza
Einbandgestaltung: Martin Zech, Bremen

# Vorwort

Über vierzig Jahre sind seit dem Erscheinen der zweiten Auflage von Esau's *Plant Anatomy* vergangen. Ein noch nie da gewesener enormer Anstieg biologischen Wissens hat in diesem Zeitraum stattgefunden. Im Jahre 1965 hatte die Elektronenmikroskopie gerade begonnen, Auswirkung auf die Pflanzenforschung auf zellulärer Ebene zu zeigen. Seither haben neue Herangehensweisen und Techniken, besonders solche der molekulargenetischen Forschung, den Schwerpunkt auf den molekularen Aspekt des Lebens verlagert. Alte Konzepte und Grundsätze sind auf praktisch jeder Ebene angezweifelt worden, oftmals jedoch ohne die Basis dieser Konzepte und Grundsätze genau zu verstehen.

Keine Biologin und kein Biologe darf, ungeachtet des jeweiligen Spezialgebietes, den Blick für den Gesamtorganismus aus dem Auge verlieren. Die Kenntnis der Grobstruktur ist die Grundlage für eine effektive Forschung und Lehre auf jeder Ebene der Spezialisierung. Der immer stärker werdende Trend in der momentanen Lehre weniger Faktenwissen zu vermitteln und der offenkundige Rückgang von Anatomie- und Morphologiekursen an vielen Universitäten macht eine leicht zugängliche Quelle der Basisinformationen zur Pflanzenstruktur notwendiger denn je. Eine Konsequenz dieser Phänomene ist eine weniger exakte Verwendung von Termini und eine ungeeignete Übertragung von Termini aus dem Tierreich auf Pflanzenstrukturen.

Die Erforschung der Pflanzenstruktur hat in hohem Maße von den neuen Herangehensweisen und Techniken profitiert, die uns nun zur Verfügung stehen. Viele Pflanzenanatomen partizipieren erfolgreich an der interdisziplinären Suche nach gemeinsamen Konzepten von Wachstum und Morphologie. Gleichzeitig fahren vergleichende Pflanzenanatomen fort, neue Konzepte zu Verwandtschaft und Evolution von Pflanzen und Pflanzengeweben mittels molekularer Daten und kladistischer Analyse zu entwickeln. Die Integration von ökologischer und systematischer Pflanzenanatomie – ökophyletische Anatomie – führt zu einem klareren Verstehen der Triebkräfte hinter der evolutionären Diversifikation von Holz- und Blattattributen.

Eine gründliche Kenntnis der Struktur und Entwicklung von Zellen und Geweben ist für eine realistische Interpretation der pflanzlichen Funktion unerlässlich, egal ob es sich um Photosynthese, Wassertransport, Nährstofftransport oder die Aufnahme von Wasser und Nährsalzen durch die Wurzeln handelt. Den Einfluss von Pathogenen auf den Pflanzenkörper kann man nur dann genau verstehen, wenn man die normale Struktur der betreffenden Pflanze kennt. Gärtnerische Methoden wie Pfropfung, Okulieren, Stecklingsvermehrung und das Phänomen der Kallusbildung, Wundheilung, Regeneration und die Bildung von Adventivwurzeln und Knospen sind besser zu erfassen, wenn man die strukturellen Voraussetzungen für diese Phänomene genau versteht.

Es ist eine verbreitete Ansicht von Studierenden und vielen Forscherinnen und Forschern, dass wir wirklich alles über die Anatomie von Pflanzen wissen. Nichts ist jedoch weiter von der Wahrheit entfernt. Auch wenn die Pflanzenanatomie bis in den letzten Teil des 17. Jahrhunderts zurückgeht, bezieht sich unser pflanzenanatomisches Wissen zumeist auf Pflanzen der gemäßigten Breiten, zumeist Nutzpflanzen. Die strukturellen Merkmale von Pflanzen der Subtropen und Tropen werden häufig als Ausnahmen oder Anomalien und nicht als Adaptationen an einen anderen Standort interpretiert. Wegen der großen Diversität der Pflanzenarten der Tropen wartet eine ungeheure Fülle an Information zu Struktur und Entwicklung solcher Pflanzen auf ihre Entdeckung. Im Vorwort zur 1. Auflage von *Anatomy of Seedplants* (John Wiley & Sons, 1960) hat Prof. Esau folgendes gesagt: „…. Pflanzenanatomie ist um ihrer selbst von Interesse. Es ist eine befriedigende Erfahrung, die ontogenetische und evolutionäre Entwicklung struktureller Merkmale zu verfolgen und einen Blick für die hohe Komplexität und die bemerkenswerte Ordnung im Bau einer Pflanze zu erlangen."

Das Hauptziel dieses Buches ist es, die Grundlagen bezüglich Meristeme, Zellen und Geweben des Pflanzenkörpers zu vermitteln und gleichzeitig einige der zahlreichen Fortschritte zu berücksichtigen, die bezüglich Funktion und Entwicklung mittels molekularbiologischer Forschung erlangt worden sind. Im Kapitel über Apikalmeristeme z. B., dem Objekt beträchtlicher molekulargenetischer Forschung, wird ein historischer Überblick zur Organisation des Apikalmeristems gegeben, der dem Leser hilft zu verstehen, wie das Konzept entstanden ist, mit Zunahme immer ausgeklügelter Methoden. Im gesamten Buch wird mehr Wert gelegt auf Struktur-Funktion-Beziehungen als bei den beiden vorausgegangenen Auflagen. Wie in den früheren Auflagen liegt der Schwerpunkt auf den Angiospermen, aber auch einige Merkmale der vegetativen Teile von Gymnospermen und samenlosen Gefäßpflanzen werden berücksichtigt.

Es sind dies aufregende Zeiten für Botaniker; dies kommt z. T. in der enormen Zahl der Veröffentlichungen zum Ausdruck. Die in diesem Buch aufgelisteten Literaturstellen sind nur ein kleiner Teil der Literatur, die in Vorbereitung dieser dritten Auflage gelesen wurde. Im Besonderen gilt dies für die molekulargenetische Literatur, die nur sehr selektiv zitiert wurde. Es war wichtig, den Fokus auf die Anatomie nicht zu verlieren. Ein Großteil der in der zweiten Auflage zitierten Veröffentlichungen sind nochmals gelesen worden, auch um die Kontinuität zwischen zweiter und dritter Auflage zu wahren. Eine große Zahl ausgesuchter Veröffentlichungen wurden zur Unterstützung von Beschreibungen und Interpretationen aufgelistet, auch um das Interesse an weiterführender Literatur zu wecken. Sicherlich wurden einige wichtige Veröffentlichungen unbeabsichtigt übersehen. Eine große Zahl an Übersichtsartikeln, Büchern und Buchkapiteln mit nützlichen Literaturlisten wurden aufgelistet. Im Addendum Weiterführende Literatur finden sich weitere Veröffentlichungen.

Dieses Buch wurde hauptsächlich für fortgeschrittene Studierende unterschiedlicher botanischer Disziplinen konzipiert, auch für Forscher (von der molekularen Ebene bis hin zur ganzen Pflanze) und für Lehrende der Pflanzenanatomie. Gleichzeitig wurde der Versuch unternommen, weniger fortgeschrittene Studierende zu gewinnen, durch eine ansprechenden Stil und zahlreiche Abbildungen, und auch durch die Erläuterung und Analyse von Begriffen und Konzepten direkt im Text. Es ist meine Hoffnung, dass dieses Buch viele erhellen und zahlreiche andere inspirieren wird, sich dem Studium von Pflanzenstruktur und -entwicklung zu widmen.

November 2009                                                  Ray F. Evert

## Danksagungen

Abbildungen bilden einen wichtigen Teil eines Pflanzenanatomiebuches. Ich bin zahlreichen Personen dankbar, dass sie Abbildungen verschiedener Art für dieses Buch bereitgestellt haben; anderen, zusammen mit Verlagen und wissenschaftlichen Zeitschriften, danke ich für die Erlaubnis, ihre bereits veröffentlichten Abbildungen auf die eine oder andere Weise zu reproduzieren. Abbildungen ohne Angabe der Quelle(n) in der Abbildungslegende sind Originale. Zahlreiche Abbildungen stammen aus eigenen Veröffentlichungen zusammen mit Co-autoren, darunter auch meine Studenten. Viele Abbildungen – Zeichnungen und Mikrophotographien – sind das ausgezeichnete Werk von Dr. Esau. Einige Abbildungen sind auf hervorragende Weise durch Kandis Elliot digitalisiert worden.

Mein aufrichtiger Dank gilt auch Laura Evert und Mary Evert für ihren unermüdlichen Einsatz zur Erlangung der notwendigen Genehmigungen.

Mein Dank gilt folgenden Personen, die generöserweise Teile des Manuskriptes begutachtet haben: Drs. Veronica Angyalossy, Pieter Baas, Sebastian Y. Bednarek, C. E. J. Botha, Anne-Marie Catesson, Judith L. Croxdale, Nigel Chaffey, Abraham Fahn, Donna Fernandez, Peter K. Helper, Nels R. Lersten, Edward K. Merrill, Regis B. Miller, Thomas L. Rost, Alexander Schulz, L. Andrew Staehelin, Jennifer Thorsch and Joseph E. Varner. Zwei der Gutachter, Judith L. Croxdale, die Kapitel 9 (Epidermis) begutachtet hat, und Joseph E. Varner, der eine frühe Fassung von Kapitel 4 (Zellwand) begutachtet hat, sind inzwischen verstorben. Die Gutachter gaben wertvolle Hinweise zur Verbesserung des Manuskripts. Die letzte Verantwortung für den Inhalt dieses Buches, auch Fehler und Lücken, liegt jedoch bei mir.

Ein ganz besonderer Dank gilt Susan E. Eichhorn. Ohne ihre Hilfe wäre es mir nicht möglich gewesen, die zweite Auflage von Esau's Plant Anatomy zu überarbeiten.

# Inhaltsverzeichnis

**Kapitel 1**
**Struktur und Entwicklung des Pflanzenkörpers –
Ein Überblick** .................................... 1

1.1 Innerer Aufbau des Pflanzenkörpers .......... 1
1.2 Zusammenfassung der Zelltypen und Gewebe .. 6
1.3 Entwicklung des Pflanzenkörpers ............ 9

**Kapitel 2**
**Der Protoplast: Plasmamembran, Zellkern und
cytoplasmatische Organellen** ................. 15

2.1 Prokaryotenzellen und Eukaryotenzellen ..... 16
2.2 Cytoplasma ................................ 18
2.3 Plasmamembran ............................ 19
2.4 Zellkern .................................. 22
2.5 Zellzyklus ................................ 23
2.6 Plastiden ................................. 25
2.7 Mitochondrien ............................. 31
2.8 Peroxisomen ............................... 33
2.9 Vakuolen .................................. 34
2.10 Ribosomen ................................. 36

**Kapitel 3**
**Der Protoplast: Endomembransystem, Sekretions-
wege, Cytoskelett und Speicherstoffe** ........ 43

3.1 Endomembransystem ......................... 43
3.2 Cytoskelett ............................... 47
3.3 Reservestoffe ............................. 49

**Kapitel 4**
**Die Zellwand** ................................ 61

4.1 Makromolekulare Komponenten der Zellwand 61
4.2 Zellwandschichten ......................... 67
4.3 Tüpfel und primäre Tüpfelfelder ........... 70
4.4 Die Entstehung der Zellwand während der
    Zellteilung ............................... 72
4.5 Das Wachstum der Zellwand ................. 75
4.6 Wachstum der Primärwand ................... 78
4.7 Das Ende der Wanddehnung .................. 79
4.8 Interzellularräume ........................ 79
4.9 Plasmodesmen .............................. 80

**Kapitel 5**
**Meristeme und Differenzierung** .............. 95

5.1 Meristeme ................................. 95
5.2 Differenzierung ........................... 101
5.3 Kausale Faktoren der Differenzierung ...... 106
5.4 Phytohormone .............................. 111

**Kapitel 6**
**Apikalmeristeme** ............................ 121

6.1 Die Entwicklung eines Konzeptes für apikale
    Organisation .............................. 121
6.2 Studien zur Identität der apikalen Initialen ... 124
6.3 Die vegetative Sprossspitze ............... 125
6.4 Die vegetative Sprossspitze bei *Arabidopsis
    thaliana* ................................. 130
6.5 Entstehung der Blätter .................... 132
6.6 Entstehung der Zweige ..................... 136
6.7 Wurzelspitze .............................. 139
6.8 Die Wurzelspitze von *Arabidopsis thaliana* .. 146
6.9 Wachstum der Wurzelspitze ................. 148

**Kapitel 7**
**Parenchym und Kollenchym** ................... 159

7.1 Parenchym ................................. 159
7.2 Kollenchym ................................ 166

**Kapitel 8**
**Sklerenchym** ................................ 175

8.1 Fasern .................................... 175
8.2 Sklereiden ................................ 181
8.3 Herkunft und Entwicklung von Fasern und
    Sklereiden ................................ 186
8.4 Kontrollfaktoren für die Entwicklung von
    Fasern und Sklereiden ..................... 189

## Kapitel 9
### Epidermis ... 193

9.1 Gewöhnliche Epidermiszellen ... 195
9.2 Stomata ... 200
9.3 Trichome ... 211
9.4 Zellmusterbildung in der Epidermis ... 218
9.5 Andere spezialisierte Epidermiszellen ... 220

## Kapitel 10
### Xylem: Zellarten und Aspekte ihrer Entwicklung ... 233

10.1 Zellarten des Xylems ... 234
10.2 Die phylogenetische Spezialisierung der trachealen Elemente und Fasern ... 245
10.3 Das primäre Xylem ... 250
10.4 Die Differenzierung der trachealen Elemente ... 254

## Kapitel 11
### Xylem: Sekundäres Xylem und Variationen in der Holzstruktur ... 267

11.1 Die Grundstruktur des sekundären Xylems ... 269
11.2 Hölzer ... 277
11.3 Einige Aspekte zur Entwicklung des sekundären Xylems ... 288
11.4 Holzartenbestimmung ... 291

## Kapitel 12
### Cambium ... 297

12.1 Die Organisation des Cambiums ... 297
12.2 Die Bildung von sekundärem Xylem und sekundärem Phloem ... 300
12.3 Initialen im Vergleich zu ihren unmittelbaren Abkömmlingen ... 301
12.4 Entwicklungsbedingte Veränderungen ... 303
12.5 Jahreszeitliche Veränderungen in der Ultrastruktur von Cambialzellen ... 309
12.6 Die Cytokinese der fusiformen Zellen ... 313
12.7 Der jahreszeitliche Aktivitätswechsel ... 314
12.8 Ursächliche Zusammenhänge in der Cambialaktivität ... 320

## Kapitel 13
### Phloem: Zelltypen und Aspekte der Entwicklung ... 327

13.1 Zelltypen des Phloems ... 329
13.2 Das Siebröhrenelement der Angiospermen ... 331
13.3 Geleitzellen ... 346
13.4 Der Mechanismus des Phloemtransports bei Angiospermen ... 348
13.5 Das Source-Blatt und *Minor vein* Phloem ... 352
13.6 Die Siebzellen der Gymnospermen ... 356
13.7 Strasburger-Zellen ... 359
13.8 Der Mechanismus des Phloem-transports bei Gymnospermen ... 359
13.9 Parenchymzellen ... 360
13.10 Sklerenchymzellen ... 360
13.11 Langlebigkeit von Siebelementen ... 360
13.12 Trends in der Spezialisierung von Siebröhrenelementen ... 361
13.13 Siebelemente der samenlosen Gefäßpflanzen ... 363
13.14 Primäres Phloem ... 364

## Kapitel 14
### Phloem: Das sekundäre Phloem und seine verschiedenen Strukturen ... 373

14.1 Das Phloem der Coniferen ... 375
14.2 Das Phloem der Angiospermen ... 379
14.3 Differenzierung des sekundären Phloems ... 382
14.4 Nichtleitendes Phloem ... 387

## Kapitel 15
### Das Periderm ... 391

15.1 Vorkommen ... 391
15.2 Merkmale der Bestandteile des Periderms ... 392
15.3 Peridermbildung ... 396
15.4 Morphologie von Periderm und Rhytidom ... 400
15.5 Polyderm ... 402
15.6 Schutzgewebe der Monocotyledonen ... 402
15.7 Wundperiderm ... 403
15.8 Lenticellen ... 404

## Kapitel 16
### Externe Sekretionseinrichtungen ... 409

16.1 Salzdrüsen ... 410
16.2 Hydathoden ... 412
16.3 Nektarien ... 414
16.4 Kolleteren ... 421
16.5 Osmophoren ... 422
16.6 Drüsenhaare, die lipophile Substanzen sezernieren ... 424
16.7 Entwicklung von Drüsenhaaren ... 425
16.8 Drüsen der carnivoren Pflanzen ... 426
16.9 Brennhaare ... 427

**Kapitel 17**
**Interne Sekretionseinrichtungen** ............ 433

17.1 Interne Sekretzellen .................... 434
17.2 Sekreträume ........................ 437
17.3 Milchröhren ........................ 442

Literatur ................................. 461
Glossar ................................. 479
Register ................................. 499

# Kapitel 1
# Struktur und Entwicklung des Pflanzenkörpers – Ein Überblick

Der komplexe, vielzellige Organismus einer Gefäßpflanze ist das Ergebnis einer langen, entwicklungsgeschichtlichen Spezialisierung, die den Übergang eines mehrzelligen Organismus von einem aquatischen zu einem terrestrischen Lebensraum ermöglichte (Niklas, 1997). Die Anpassung an eine neue, härtere Umgebung führte zur Ausbildung morphologischer und physiologischer Unterschiede zwischen den verschiedenen Teilen des Pflanzenkörpers, so dass diese mehr oder weniger stark im Hinblick auf bestimmte Funktionen spezialisiert wurden. Als die Botaniker diese Spezialisierungen erkannten, führten sie den Begriff **Pflanzenorgane** ein (Troll, 1937; Arber, 1950). Anfangs unterschieden sie zahlreiche Organe, aber als man später die Beziehungen zwischen den Pflanzenteilen genauer untersuchte, reduzierte man die Zahl der vegetativen Organe auf drei: **Stängel (Sprossachse)**, **Blatt** und **Wurzel** (Eames, 1936). Nach diesem Konzept werden Sprossachse und Blatt als eine morphologische Einheit, als **Spross**, betrachtet.

Evolutionsforscher vertreten die Ansicht, dass die Organisation der ältesten Gefäßpflanzen extrem einfach war, vielleicht ähnlich wie die der blatt- und wurzellosen Devonpflanze *Rhynia* (Gifford und Foster, 1989; Kenrick und Crane, 1997). Wenn die Samenpflanzen aus Pflanzen des *Rhynia*-Typs mit dichotom verzweigten Achsen ohne Anhangsorgane hervorgegangen sind, würden sich Blatt, Sprossachse und Wurzel aufgrund des phylogenetischen Ursprungs gemeinsam entwickelt haben (Stewart und Rothwell, 1993; Taylor und Taylor, 1993; Raven, J. A. und Edwards, 2001). Ontogenetisch haben alle drei Organe denselben Ursprung in der einzelligen Zygote und dem sich daraus entwickelnden vielzelligen Embryo. Im Sprossapex stellen die Blatt- und Achsenanlagen eine Einheit dar. Auch im reifen Zustand bleiben Blatt und Sprossachse sowohl äußerlich als auch innerlich eng miteinander verbunden. Wurzel und Sprossachse bilden ebenfalls eine zusammenhängende Struktur, und haben viele Gemeinsamkeiten in Bezug auf ihre Form, Anatomie, Funktion und Wachstumsweise.

Während der Embryo zu einem Sämling heranwächst, unterscheiden sich Sprossachse und Wurzel zunehmend in ihrer Struktur (Abb. 1.1). Die Wurzel wächst als ein mehr oder weniger verzweigtes, zylinderförmiges Organ heran; die Sprossachse besteht aus Nodien (Knoten), an denen die Blätter und Zweige inseriert sind, sowie Internodien. Wenn die Pflanze schließlich ihr reproduktives Stadium erreicht, bildet sie Infloreszenzen (Blütenstände) und Blüten (Abb. 1.2). Die Blüte wird manchmal als Organ bezeichnet, aber nach der klassischen Auffassung ist die Blüte in ihrer Gesamtheit homolog mit dem Spross. Dieses Konzept impliziert, dass die Blütenteile - von denen einige fertil (Stamina und Karpelle) und andere steril (Sepalen und Petalen) sind – homolog mit den Blättern sind. Blätter und Blütenteile könnten demnach aus Zweigsystemen hervorgegangen sein, die für die frühen, blattlosen und wurzellosen Gefäßpflanzen charakteristisch sind (Gifford und Forster, 1989).

Trotz überlappender und graduell unterschiedlicher Merkmale zwischen den verschiedenen Teilen der Pflanze wählt man allgemein die Unterteilung des Pflanzenkörpers in die morphologischen Kategorien Sprossachse, Blatt, Wurzel und Blüte (falls vorhanden), weil sie die strukturelle und funktionelle Spezialisierung der verschiedenen Teile in den Mittelpunkt rückt: die Sprossachse als Stütze und für die Leitung, das Blatt für die Photosynthese und die Wurzel für Verankerung und Absorption. Eine solche Einteilung soll jedoch nicht soweit führen, dass die grundlegende Einheit des gesamten Pflanzenkörpers ihre Bedeutung verliert. Diese Einheit wird deutlich, wenn man die Pflanze hinsichtlich ihrer Entwicklung untersucht und dabei die stufenweise Entstehung von Organen und Geweben ausgehend von einem relativ undifferenzierten jungen Embryo erkennt.

## 1.1 Innerer Aufbau des Pflanzenkörpers

Der Pflanzenkörper besteht aus vielen verschiedenen Zelltypen, wobei jede einzelne Zelle von einer Zellwand umgeben ist und mit den anderen Zellen durch eine „Interzellularsubstanz", die Mittellamelle, verbunden ist. Innerhalb dieses zusammenhängenden Zellverbandes unterscheiden sich bestimmte Zellgruppen voneinander entweder durch ihre Struktur oder ihre Funktion oder durch beides. Diese Zellgruppen bezeichnet man als **Gewebe**. Die strukturelle Verschiedenheit der Gewebe basiert auf Unterschieden zwischen den einzelnen Zellkomponenten und ihres Verknüpfungstyps. Manche Gewebe sind relativ **einfach** strukturiert, indem sie aus nur einem einzigen

**Abb. 1.1** Einige Entwicklungsstadien des Flachskeimlings (*Linum usitatissimum*).
**A**, keimender Same. Die Keimwurzel (unterhalb der gestrichelten Linie) ist die erste Struktur, welche die Samenschale durchdringt. **B**, das sich streckende Hypocotyl (oberhalb der gestrichelten Linie) bildet zunächst einen Haken, der sich dann aufrichtet und die Cotyledonen und die Sprossspitze aus der Erde zieht. **C**, sobald die Cotyledonen an der Erdoberfläche erscheinen, was beim Flachs etwa 30 Tage dauert, vergrößern und verdicken sie sich. Das sich entwickelnde Epicotyl – die Stängelachse oder der Spross oberhalb der Cotyledonen – wird nun zwischen den Cotyledonen erkennbar. **D**, aus dem sich entwickelnden Epicotyl gehen mehrere Laubblätter und aus der Keimwurzel mehrere Seitenwurzeln hervor. (Aus Esau, 1977; gezeichnet von Alva D. Grant.)

**Abb. 1.2** Blütenstand (Infloreszenz) und Blüten einer Flachspflanze (*Linum usitatissimum*). **A**, der Blütenstand, eine Rispe (Panicula), mit vollständigen Blüten, die Sepalen (Kelchblätter) und Petalen (Kronblätter) zeigen. **B**, eine Blüte, bei der die Sepalen und Petalen entfernt wurden, um die Stamina (Staubblätter) und das Gynoeceum zu zeigen. Flachsblüten besitzen normalerweise fünf fertile Stamina. Das Gynoeceum besteht aus fünf miteinander verwachsenen Karpellen mit jeweils fünf einzelnen Griffeln und Narben. **C**, reife Frucht (Kapsel) und bleibende Sepalen. (Gezeichnet von Alva D. Grant.)

Zelltyp bestehen; andere enthalten mehrere Zelltypen, sie sind **komplex**.

Die Anordnung der Gewebe in der gesamten Pflanze und in ihren Hauptorganen lässt eine definierte strukturelle und funktionelle Organisation erkennen. Gewebe, die an der Leitung von Nährstoffen und Wasser beteiligt sind – die **Leitgewebe** – bilden ein zusammenhängendes System, das jedes Organ und die gesamte Pflanze kontinuierlich durchzieht. Diese Gewebe verbinden die Orte der Wasseraufnahme und Nährstoffsynthese mit Regionen des Wachstums, der Entwicklung und der Speicherung. Die **nichtleitenden Gewebe** bilden ebenfalls ein zusammenhängendes System und ihr Aufbau zeigt deutlich spezifische Wechselbeziehungen (z. B. zwischen Speicher- und Leitgewebe) und ihre spezialisierte Funktion (z. B. Festigung oder Speicherung). Um die Organisation der Gewebe zu großen topographisch zusammenhängenden Einheiten zum Ausdruck zu bringen und die Einheit des Pflanzenkörpers zu verdeutlichen, hat man den alten Begriff **Gewebesystem** übernommen (Sachs, 1875; Haberlandt, 1914; Foster, 1949).

Obwohl die Klassifizierung von Zellen und Geweben etwas willkürlich erscheint, ist die Einführung von Kategorien für eine genaue Beschreibung der Pflanzenstruktur notwendig. Zudem ist eine Klassifizierung auf der Basis von umfassenden vergleichenden Untersuchungen, welche die Variabilität und die graduell unterschiedlichen Merkmale klar aufzeigen und richtig interpretieren, nicht nur für die genaue Beschreibung wertvoll, sondern spiegelt auch die natürliche Beziehung zwischen den klassifizierten Objekten wider.

### 1.1.1 Der Körper einer Gefäßpflanze besteht aus drei Gewebesystemen

Nach der alten, aber nützlichen Klassifizierung von Sachs (1875), die auf der topographischen Kontinuität der Gewebe beruht, besteht der Körper einer Gefäßpflanze aus drei Gewebesystemen: dem Haut-, dem Leit- und dem Grundgewebesystem. Das **Hautgewebesystem** umfasst die **Epidermis**, welche die äußere Schutzschicht des primären Pflanzenkörpers bildet, sowie das **Periderm**, das in Pflanzen mit sekundärem Dickenwachstum die Epidermis als äußere Schutzschicht ersetzt. Das **Leitgewebesystem** setzt sich aus zwei Hauptleitgeweben zusammen: dem **Phloem** (Nährstofftransport) und dem **Xylem** (Wassertransport). Die Epidermis, das Periderm, das Phloem und das Xylem stellen komplexe Gewebe dar.

Das **Grundgewebesystem** umfasst alle einfachen Gewebe, welche die Grundsubstanz einer Pflanze ausmachen, aber gleichzeitig verschiedene Spezialisierungsgrade aufweisen. Das **Parenchym** ist eines der häufigsten Grundgewebe. Parenchymzellen sind typischerweise lebende Zellen, die wachstums- und teilungsfähig sind. Modifikationen von Parenchymzellen finden sich in den verschiedenen Sekretionseinrichtungen, die im Grundgewebe als Einzelzellen oder kleine bzw. größere Zellkomplexe auftreten können. Das **Kollenchym** ist ein lebendes, dickwandiges Gewebe und eng mit dem Parenchym verwandt; meist wird es als spezialisiertes Parenchym angesehen, das als Stützgewebe in wachsenden Pflanzenorganen fungiert. Das Grundgewebesystem enthält häufig hoch spezialisierte mechanische Elemente mit verdickten, harten, oft lignifizierten Zellwänden, die in größeren, zusammenhängenden Komplexen als **Sklerenchym** oder als einzelne **Sklerenchymzellen** verstreut oder in Gruppen auftreten.

### 1.1.2 Sprossachse, Blatt und Wurzel unterscheiden sich strukturell hauptsächlich durch die relative Verteilung von Leit- und Grundgewebe

Innerhalb des Pflanzenkörpers sind die verschiedenen Gewebe nach charakteristischen Mustern verteilt, die entweder vom Pflanzenorgan, der Pflanzenart oder von beidem abhängen. Grundsätzlich ähneln sich die Muster, indem das Leitgewebe in das Grundgewebe eingebettet ist und das Hautgewebe die äußere Abschlussschicht bildet. Die Hauptunterschiede in der Struktur von Sprossachse, Blatt und Wurzel liegen in der relativen Verteilung von Leit- und Grundgewebe (Abb. 1.3). In den Sprossachsen der Eudicotyledonen bildet das Leitgewebe beispielsweise einen „Hohlzylinder", wobei ein Teil des Grundgewebes vom Leitgewebe umschlossen wird (**Mark** oder **Medulla**), ein anderer Teil zwischen Leitgewebe und Hautgewebe lokalisiert ist (**Cortex; primäre Rinde**) (Abb. 1.3B. C und 1.4A). Das primäre Leitgewebe erscheint entweder als ein zusammenhängender Zylinder innerhalb des Grundgewebes oder es besteht aus einzelnen Leitsträngen bzw. Bündeln, die zylindrisch angeordnet jeweils durch Grundgewebe getrennt werden. In Sprossachsen der Monocotyledonen sind die Leitbündel in mehreren Ringen angeordnet oder verstreut über das gesamte Grundgewebe verteilt (Abb. 1.4B). Im letzteren Fall lässt sich das Grundgewebe häufig nicht als Cortex oder Mark unterscheiden. Im Blatt bildet das Leitgewebe ein System aus zahlreichen, untereinander verbundenen **Blattadern**, die das **Mesophyll**, ein für die Photosynthese spezialisiertes Grundgewebe, vollkommen durchdringen (Abb. 1.3G).

Die Anordnung der Leitbündel in der Sprossachse spiegelt die enge strukturelle und entwicklungsbedingte Beziehung zwischen Sprossachse und Blättern wider. Der Begriff „Spross" gilt nicht nur der Gesamtheit dieser beiden vegetativen Organe, sondern soll auch deren enge physische und entwicklungsbedingte Verbindung zum Ausdruck bringen. An jedem Knoten (Nodium) biegen ein oder mehrere Leitbündel von den Sprossachsenleitbündeln in das Blatt bzw. die Blätter ein, die an dem jeweiligen Knoten inseriert sind, und stehen damit in enger Verbindung mit dem Blattadersystem (Abb. 1.5). Die Verlängerung der Leitbündel von der Sprossachse in die Blattbasis bezeichnet man als **Blattspur**, und die Region des parenchymatischen Gewebes im primären Leitgewebezylinder oberhalb der Abzweigungsstelle der Blattspurbündel nennt man **Blattlücke** (Blattspurlücke) (Raven et al., 2005) oder **interfaszikuläre Region** (Beck et al., 1982). Eine Blattspur erstreckt sich also

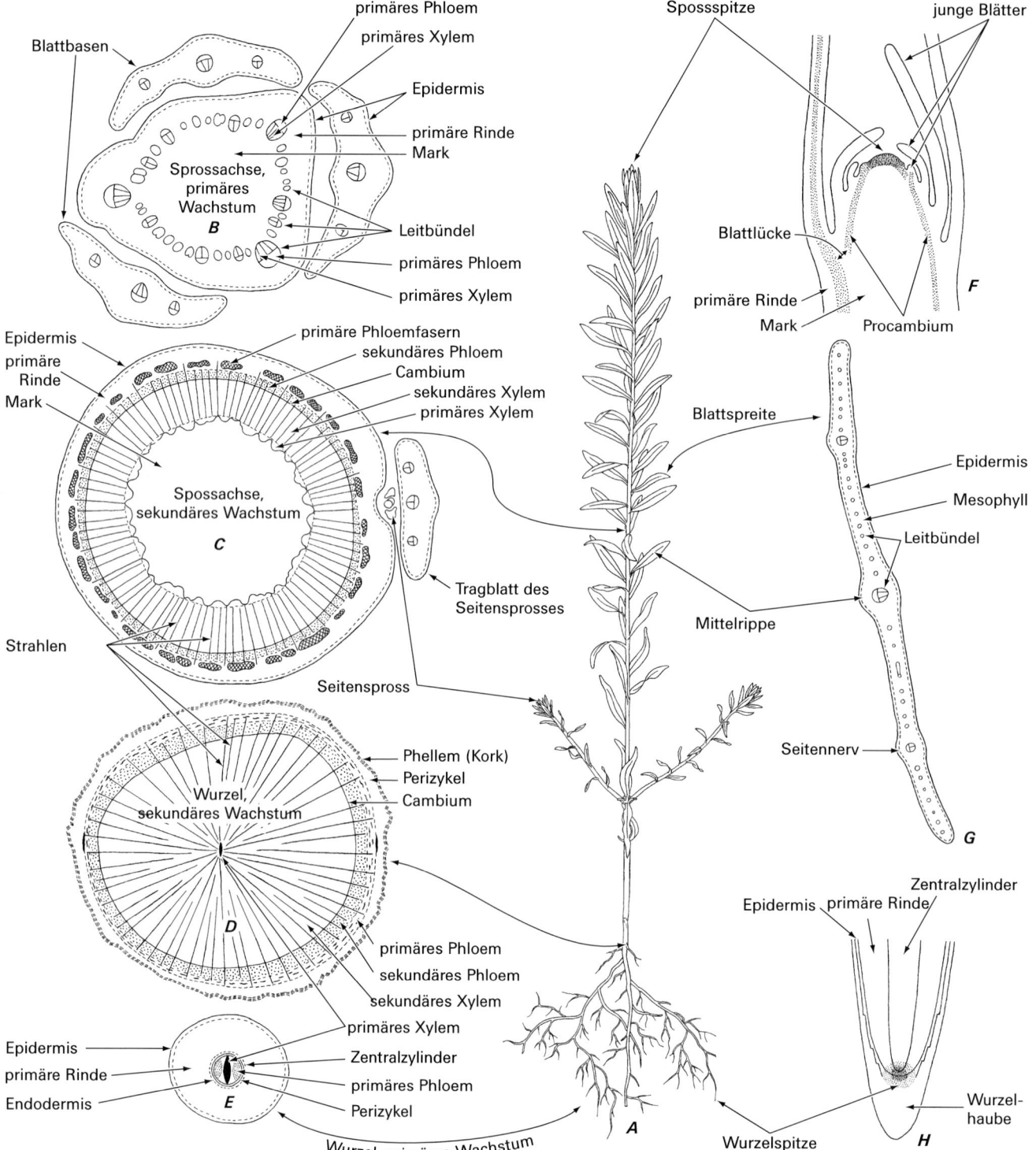

**Abb. 1.3** Organisation einer Gefäßpflanze. **A**, Habitus einer Flachspflanze (*Linum usitatissimum*) im vegetativen Stadium. **B**, **C**, Sprossachsenquerschnitte. **D**, **E**, Wurzelquerschnitte. **F**, Längsschnitt der Sprossspitze mit Apikalmeristem und Blattanlagen. **G**, Querschnitt der Blattspreite. **H**, Längsschnitt der Wurzelspitze mit Apikalmeristem (bedeckt durch die Wurzelhaube) und angrenzende Wurzelregionen. (A, × 2/5; B, E, F, H, ×50; C, ×32; D, ×7; G, ×19. A, gezeichnet von R. H. Miller.)

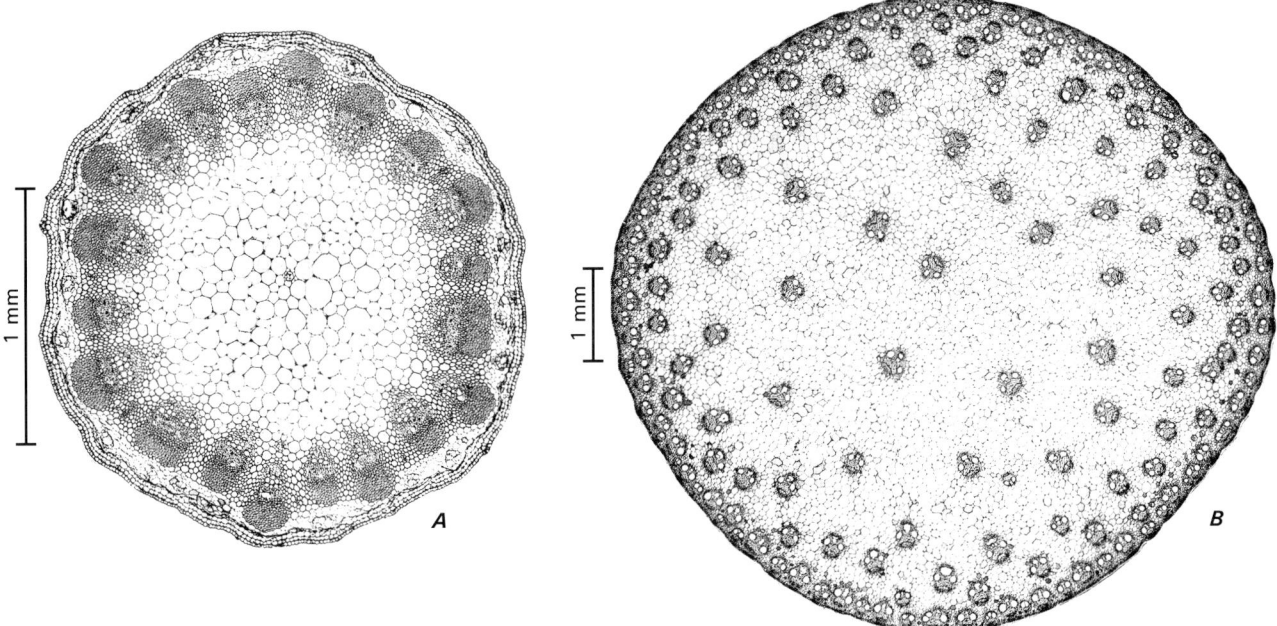

**Abb. 1.4** Verschiedene Typen der Sprossanatomie bei Angiospermen. **A**, Querschnitt durch eine Sprossachse von *Helianthus*, einer eudicotylen Pflanze, mit einzelnen Leitbündeln, die einen Ring um das Mark bilden. **B**, Querschnitt durch eine Sprossachse von *Zea*, einer monocotylen Pflanze, mit Leitbündeln, die über das gesamte Grundgewebe verstreut sind. Die Leitbündel sind in der Peripherie zahlreicher. (Aus Esau, 1977).

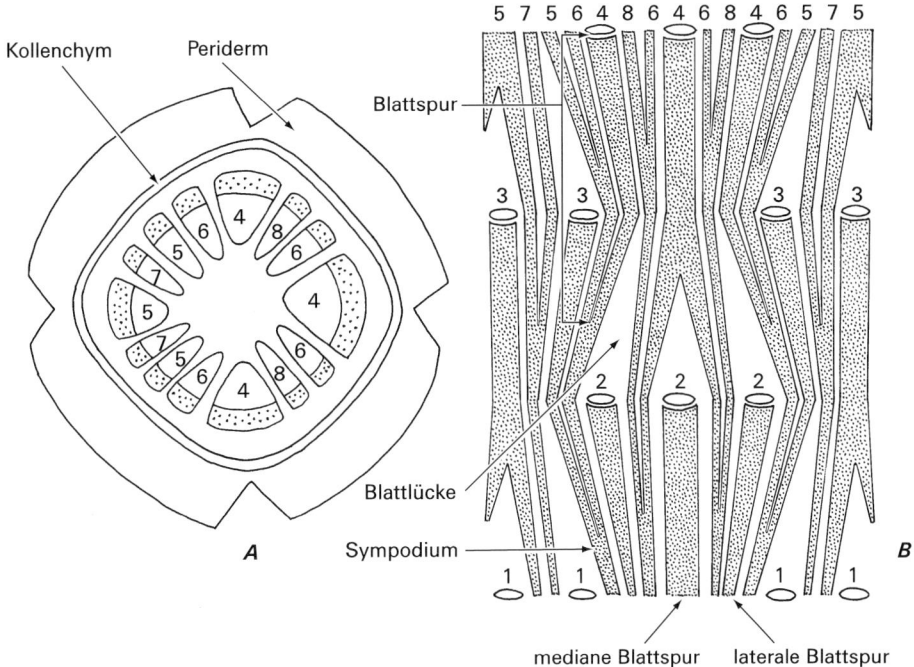

**Abb. 1.5** Die schematischen Zeichnungen veranschaulichen das primäre Leitgewebesystem einer Sprossachse von *Ulmus* (Ulme), einer eudicotylen Pflanze. **A**, ein Querschnitt durch die Sprossachse zeigt einzelne, durch Grundgewebe voneinander getrennte Leitbündel, die das Mark ringförmig umgeben. **B**, eine Längsansicht zeigt den Leitgewebezylinder, als wäre er durch die Blattspur 5 von **A** längs aufgeschnitten und dann in einer Ebene ausgebreitet worden. Der Querschnitt (**A**) entspricht der oberen Aufsicht der Längsansicht **B**. Die Zahlen an beiden Enden der Längsansicht zeigen die Blattspurbündel an. Drei Blattspurbündel – ein medianes und zwei laterale – verbinden das Leitgewebesystem der Sprossachse mit dem eines Blattes. Die Einheit von Sprossachsenleitbündeln und dazugehöriger Blattspur bezeichnet man als Symposium. (Aus Esau, 1977; nach Smithson, 1954, mit freundlicher Genehmigung von *Council of the Leeds Philosophical and Literary Society*.)

von der Anschlussstelle an ein Leitbündel in der Sprossachse (Sprossleitbündel oder genauer, **Sprossachsenleitbündel**), oder an andere Blattspurbündel, bis hin zur Blattbasis (Beck et al., 1982).

Der innere Aufbau der Wurzel ist im Vergleich zur Sprossachse relativ einfach strukturiert und ähnelt dem ursprünglichen Achsensystem (Raven und Edwards, 2001). Diese einfache Struktur resultiert größtenteils aus dem Fehlen der Blätter und der entsprechenden Nodien und Internodien. Im primären Wachstumsstadium der Wurzel lassen sich die drei Gewebesysteme leicht voneinander unterscheiden. Das Leitgewebe bildet in den meisten Wurzeln einen massiven Zylinder (Abb. 1.3E), aber in einigen Wurzeln einen Hohlzylinder, der das Mark umgibt. Der Leitgewebezylinder umfasst die Leitgewebe und eine oder mehrere Schichten von nicht leitenden Zellen, den **Perizykel**, der in den Samenpflanzen aus demselben Teil des Wurzelapex wie das Leitgewebe entsteht. Bei den meisten Samenpflanzen werden die Seitenwurzeln im Perizykel angelegt. Der Perizykel wird von einer morphologisch unterschiedlichen Zellschicht, der **Endodermis** (die innerste Schicht lückenlos aneinandergrenzender Rindenzellen bei Samenpflanzen), umgeben. In der absorbierenden Region der Wurzel (Wurzelhaarzone) besitzt die Endodermis in ihren antiklinen Wänden (die senkrecht zur Wurzeloberfläche verlaufenden Quer- und Radialwände) sog. **Caspary-Streifen** (Abb. 1.6). In vielen Wurzeln differenziert sich aus der äußersten Schicht der Rindenzellen die **Exodermis**, die ebenfalls Caspary-Streifen besitzt. Der Caspary-Streifen ist nicht nur eine Wandverdickung, sondern ein bandartiger, integraler Teil von Zellwand und Mittellamelle, der mit Suberin und manchmal auch mit Lignin imprägniert ist. Diese hydrophobe Region verhindert den Transport von Wasser und Salzlösungen durch die antiklinen Zellwände der Endodermis und Exodermis (Lehmann et al., 2000).

## 1.2 Zusammenfassung der Zelltypen und Gewebe

Am Anfang dieses Kapitels wurde bereits erwähnt, dass eine Einteilung von Zellen und Geweben in verschiedene Kategorien grundsätzlich der Tatsache widerspricht, dass Strukturmerkmale untereinander stark variieren und sich häufig überlappen. Zellen und Gewebe können jedoch charakteristische Eigenschaften in Beziehung zu ihrer speziellen Lage innerhalb des Pflanzenkörpers entwickeln. Da sich manche Zellen stärker als andere verändern, treten verschieden stark differenzierte Zellen auf. Zellen, die nur wenig spezialisiert sind, behalten ihren lebenden Protoplasten und besitzen die Fähigkeit, sich in Form und Funktion während ihres Lebenszyklus weiter zu verändern (z. B. verschiedene Arten von Parenchymzellen). Daneben treten hochspezialisierte Zellen auf, die dicke, feste Zellwände bilden, ihren lebenden Protoplasten verlieren und dadurch nicht mehr fähig sind, sich in Form und Funktion weiter zu

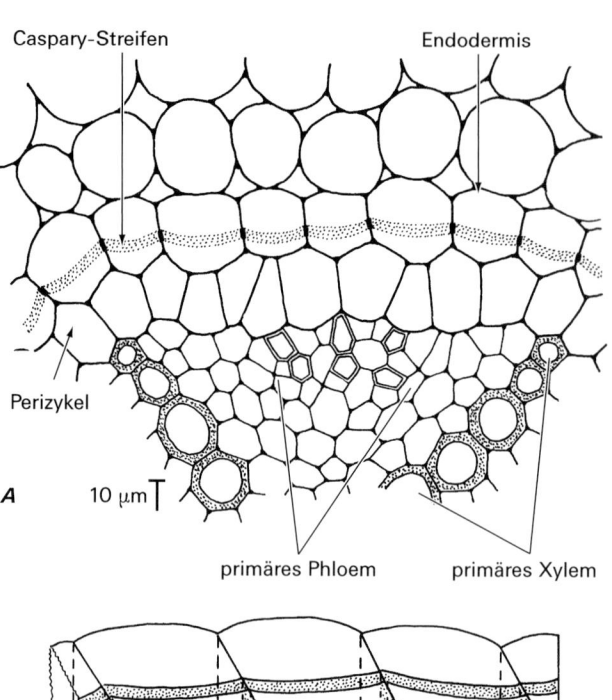

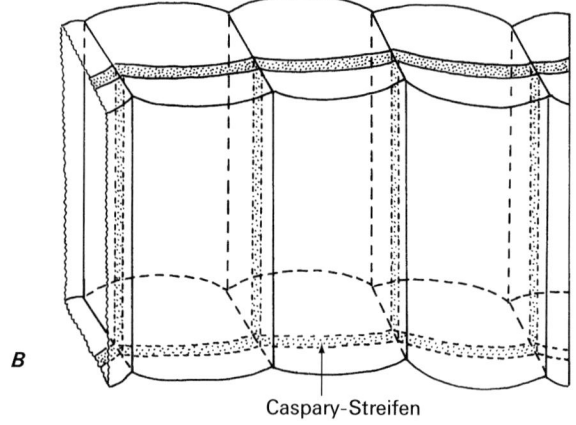

**Abb. 1.6** Die Struktur der Endodermis. **A**, ein Querschnitt durch einen Teil einer Wurzel von *Convolvulus arvensis* (Prunkwinde) zeigt die Lage der Endodermis in Beziehung zum Leitgewebezylinder, bestehend aus Perizykel, primärem Xylem und primärem Phloem. Die Endodermis ist durch einen Caspary-Streifen in den Querwänden gekennzeichnet. **B**, schematische Zeichnung von drei miteinander verbundenen Endodermiszellen wie sie in **A** dargestellt sind. Der Caspary – Streifen befindet sich in den Quer- und Radialwänden (d. h. in allen antiklinen Wänden), aber er fehlt in den Tangentialwänden. (Aus Esau, 1977.)

verändern (z. B. tracheale Elemente und verschiedene Arten von Sklerenchymzellen). Zwischen diesen beiden Extremen gibt es Zellen, die sich hinsichtlich ihrer Stoffwechselaktivität und ihrer strukturellen und funktionellen Differenzierung graduell unterscheiden. Die Klassifizierung von Zellen und Geweben dient vor allem dazu, die mit einzelnen Differenzierungsvorgängen einhergehende, verschiedenartige Gestaltung von Pflanzenteilen zu erfassen, und die gemeinsamen und unterschiedlichen Merkmale zwischen verwandten und nichtverwandten Taxa übersichtlich darzustellen. Die Klassifizierung ermöglicht es, die ontogenetische und phylogenetische Spezialisierung in vergleichender und systematischer Weise zu betrachten.

## 1.2 Zusammenfassung der Zelltypen und Gewebe

**Tab. 1.1** Gewebe und Zelltypen

| Gewebe | Zelltyp | | Merkmale | Vorkommen | Funktion |
|---|---|---|---|---|---|
| Abschlussgewebe | Epidermis | | nicht spezialisierte Zellen; Schließzellen und Zellen, die Trichome bilden; Sklerenchymzellen | äußerste Zellschicht des primären Pflanzenkörpers | mechanischer Schutz; vermindert den Wasserverlust (Cuticula); Belüftung der inneren Gewebe via Stomata |
| | Periderm | | Korkzellen (Phellem), Korkcambium (Phellogen) und Phelloderm | erstes Periderm meist unterhalb der Epidermis; später angelegte Periderme tiefer in der Rinde | ersetzt die Epidermis als schützende Außenhaut in Wurzeln und Sprossachsen; Belüftung der inneren Gewebe via Lenticellen |
| Grundgewebe | Parenchym | Parenchymzelle | Form: normalerweise polyedrisch (vielflächig); variabel Zellwand: primär oder primär und sekundär; kann verholzt, suberinisiert oder cutinisiert sein Im reifen Zustand lebend | überall im Pflanzenkörper, als Parenchymgewebe in primärer Rinde, Mark, Markstrahlen und Mesophyll; im Xylem und Phloem | Stoffwechselprozesse wie Atmung, Sekretion und Photosynthese; Speicherung und Stoffleitung; Wundheilung und Regeneration |
| | Kollenchym | Kollenchymzelle | Form: länglich Zellwand: ungleichmäßig verdickt, nur primär - nicht verholzt Im reifen Zustand lebend | an der Peripherie (unterhalb der Epidermis) in jungen sich streckenden Sprossachsen; oft als Hohlzylinder oder nur als Gruppen; bei manchen Blättern in Rippen längs der Adern | Stützfunktion im primären Pflanzenkörper |
| | Sklerenchym | Faser | Form: meist sehr lang Zellwand: primär und sekundär verdickt – oft verholzt (lignifiziert) Oft (nicht immer) im reifen Zustand tot | manchmal in der primären Rinde von Sprossachsen, häufig assoziiert mit Xylem und Phloem; in Blättern monocotyler Pflanzen | Stützfunktion, Speicherung |
| | | Sklereide | Form: variabel, meist kürzer als die Fasern Zellwand: primär und sekundär verdickt – gewöhnlich verholzt Im reifen Zustand lebend oder tot | in der gesamten Pflanze | mechanische Funktion, Schutzfunktion |
| Leitgewebe | Xylem | Tracheide | Form: langgestreckt und spitz zulaufend Zellwand: primär und sekundär; verholzt; enthält Tüpfel aber keine Perforationen Im reifen Zustand tot | Xylem | Haupt-Wasserleitelement bei Gymnospermen und samenlosen Gefäßpflanzen; auch bei Angiospermen vorkommend |

| Gewebe | | Zelltyp | Merkmale | Vorkommen | Funktion |
|---|---|---|---|---|---|
| | | Gefäßelement | Form: langgestreckt, meist nicht so lang wie Tracheiden; mehrere hintereinanderliegende Gefäßelemente bilden ein Gefäß<br>Zellwand: primär und sekundär; verholzt; enthält Tüpfel und Perforationen<br>Im reifen Zustand tot | Xylem | Haupt-Wasserleitelement bei Angiospermen |
| Leitgewebe | Phloem | Siebzelle | Form: länglich und spitz zulaufend<br>Zellwand: primär bei den meisten Arten; mit Siebfeldern; Callose kommt oft an der Zellwand und den Siebporen vor<br>Im reifen Zustand lebend; entweder ohne Kern oder mit Resten eines Kerns; keine deutliche Abgrenzung zwischen Vakuole und Cytoplasma; enthält sehr viel tubuläres Endoplasmatisches Reticulum; es fehlt die proteinhaltige Substanz, das P-Protein | Phloem | Stofftransport bei Gymnospermen |
| | | Strasburgerzelle | Form: allgemein langgestreckt<br>Zellwand: primär<br>Im reifen Zustand lebend; mit einer Siebzelle assoziiert, aber stammt nicht von derselben Mutterzelle ab wie die Siebzelle; hat zahlreiche Plasmodesmen-Verbindungen zur Siebzelle | Phloem | spielt eine Rolle beim Transfer von Nährstoffen in die Siebzelle, aber auch von ATP und Information übertragenden Molekülen |
| | | Siebröhrenelement | Form: langgestreckt<br>Zellwand: primär, mit Siebfeldern; die Siebfelder der Endwände enthalten viel größere Siebporen als die Siebfelder der Seitenwände und werden als Siebplatte bezeichnet; Callose kommt häufig an den Zellwänden und den Siebporen vor<br>Im reifen Zustand lebend; entweder ohne Kern oder mit Resten eines Zellkerns; keine deutliche Abgrenzung | Phloem | Stofftransport bei Angiospermen |

| Gewebe | Zelltyp | Merkmale | Vorkommen | Funktion |
|---|---|---|---|---|
| | Siebröhrenelement | zwischen Vakuole und Cytoplasma; enthält - abgesehen von einigen Monocotyledonen – eine proteinhaltige Substanz, das P-Protein; mehrere vertikal hintereinander liegende Siebröhrenelemente bilden eine Siebröhre | | |
| | Geleitzelle | Form: variabel, meist länglich Zellwand: primär Im reifen Zustand lebend; eng assoziiert mit einem Siebröhrenelement; entstammt derselben Mutterzelle wie das Siebröhrenelement; hat zahlreiche Plasmodesmen-Verbindungen zum Siebröhrenelement | Phloem | spielt eine Rolle beim Transfer von Nährstoffen in das Siebröhrenelement, aber auch von ATP und Information übertragenden Molekülen |

Quelle: Raven et al., 2005

Tabelle 1.1 gibt einen zusammenfassenden Überblick über die allgemein anerkannten Kategorien von Zellen und Geweben der Samenpflanzen; dabei wurden Überschneidungen struktureller und funktioneller Merkmale nicht besonders berücksichtigt. Die verschiedenen Zelltypen und Gewebe, die in dieser Tabelle aufgeführt sind, werden in Kapitel 7 bis 15 detailliert betrachtet. Sekretzellen - Zellen, die verschiedene Sekrete oder Exkrete produzieren - bilden keine klar begrenzten Gewebe und sind deshalb nicht in der Tabelle aufgeführt. Sie sind Thema in den Kapiteln 16 und 17.

Sekretzellen treten innerhalb anderer Gewebe als Einzelzellen, in Zellgruppen oder Reihen, und als besondere Strukturen an der Oberfläche der Pflanze auf. Die wichtigsten sekretorischen Strukturen an Pflanzenoberflächen sind epidermale Drüsenzellen, Drüsenhaare, und verschiedene andere Drüsen wie z. B. florale und extraflorale Nektarien, bestimmte Hydathoden und Verdauungsdrüsen. Die Drüsen sind gewöhnlich in äußere Sekretionszellen und nichtsezernierende Stützzellen gegliedert. Interne sekretorische Strukturen sind Sekretzellen, interzellulare Hohlräume oder Kanäle, die mit einem Epithel von Sekretionszellen umgeben sind (Harzgänge, Ölgänge) sowie Sekrethöhlen, die durch Auflösung von Sekretzellen entstanden sind (Ölbehälter). Auch Milchröhren können zu den internen sekretorischen Strukturen gezählt werden. Sie bestehen entweder aus Einzelzellen (ungegliederte Milchröhren), die meist stark verzweigt sind, oder aus Zellreihen, die durch partielle Auflösung der Wände miteinander vereinigt sind (gegliederte Milchröhren). Milchröhren enthalten Milchsaft, der stark kautschukhaltig sein kann. Milchröhren sind in der Regel vielkernig.

## 1.3 Entwicklung des Pflanzenkörpers

### 1.3.1 Die Embryogenese legt den Bauplan der Pflanze fest

Der hochspezialisierte Aufbau einer Samenpflanze entspricht dem reifen Sporophyten im Verlauf ihres Lebenszyklus. Die Entwicklung beginnt mit dem Verschmelzungsprodukt der Gameten, der einzelligen **Zygote**. Die Zygote entwickelt sich zu einem **Embryo**, ein Prozess, den man als **Embryogenese** bezeichnet (Abb. 1.7). Die Embryogenese legt den Bauplan der Pflanze fest, welcher aus zwei einander überlagernden Mustern besteht: ein **apikal-basales Muster** längs der Hauptachse und quer dazu ein **radiales Muster** der konzentrisch angeordneten Gewebesysteme. Diese Muster sind durch die Anordnung der Zellen festgelegt; der Embryo hat im Gegensatz zur ausgewachsenen Pflanze eine spezifische, aber relativ einfache Struktur.

Die ersten Stadien der Embryogenese sind im Wesentlichen gleich bei Eudicotyledonen und Monocotyledonen. Die Entwicklung des Embryos beginnt mit der Teilung der Zygote im Embryosack der Samenanlage. Die erste Teilung der Zygote erfolgt asymmetrisch, quer zur Längsachse. Die Teilungsebene befindet sich dort, wo die Zelle ihre geringste Dimension hat. Bei einer Zygote, die länger ist als breit, ist dies die transversale Dimension (Kaplan und Cooke, 1997). Durch diese Teilung wird die **Polarität** des Embryos festgelegt. Aus dem oberen Pol, bestehend aus einer kleinen **apikalen Zelle** (Abb. 1.7A), entsteht der größte Teil des reifen Embryos. Der untere Pol, bestehend aus einer großen **basalen Zelle** (Abb. 1.7A), wächst

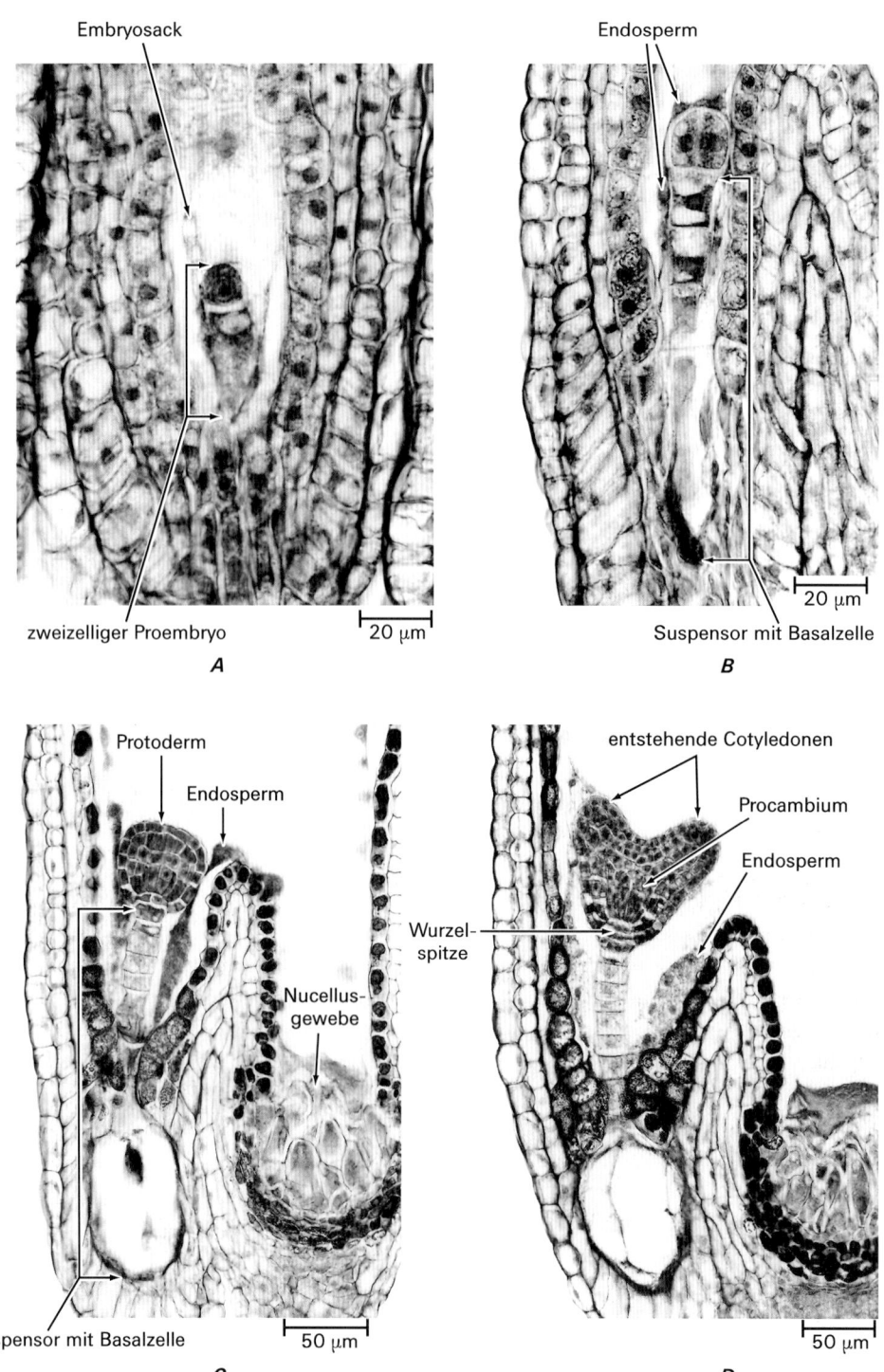

**Abb. 1.7** Verschiedene Entwicklungsstadien während der Embryogenese beim Hirtentäschelkraut (*Capsella bursa-pastoris*, Brassicaceae), einer eudicotylen Pflanze, im Längsschnitt dargestellt. **A**, zweizelliges Stadium nach inäqualer Querteilung der Zygote in eine obere apikale und eine untere basale Zelle; **B**, sechszelliger Proembryo. Der stielartige Suspensor hebt sich deutlich von den beiden Endzellen ab, aus denen sich der eigentliche Embryo entwickelt. **C**, der eigentliche Embryo ist kugelförmig und besitzt ein Protoderm, das primäre Meristem, aus dem die Epidermis hervorgeht. **D**, der Embryo im zweilappigen Herzstadium, in dem die Cotyledonen erstmalig sichtbar werden. (Beachte: Die Basalzelle des Suspensors entspricht nicht der basalen Zelle des zweizelligen Proembryos.)

zu einem stielförmigen **Suspensor** (Abb. 1.7B) aus, der den Embryo an der Wand des Embryosacks in Nähe der Mikropyle verankert. Die Mikropyle ist die Öffnung der Samenanlage, durch die der Pollenschlauch eindringt. Im Verlauf eines genau festgelegten Teilungsmodus, der bei manchen Arten (z. B. *Arabidopsis*; West und Harada, 1993) sehr regelmäßig, bei anderen (z. B. Baumwolle und Mais; Pollock und Jensen, 1964; Poethig et al., 1986) weniger strukturiert ist, entwickelt sich der Embryo zu einem fast kugelförmigen Gebilde - dem **eigentlichen Embryo** - und dem Suspensor. Bei einigen Angiospermen ist die Polarität bereits in der Eizelle und Zygote festgelegt, wobei der Zellkern und die meisten der cytoplasmatischen Organellen im oberen Teil der Zelle (Richtung Chalaza) lokalisiert sind und der untere Teil (Richtung Mikropyle) von einer großen Vakuole ausgefüllt wird.

Anfangs besteht der eigentliche Embryo aus einer relativ undifferenzierten Zellmasse. Bald jedoch setzt mit den Zellteilungen im eigentlichen Embryo und der fortschreitenden Differenzierung und Vakuolisierung der Zellen die Bildung der Gewebesysteme ein (Abb. 1.7C. D). Die einzelnen Gewebe sind noch meristematisch, aber ihre Position und ihre cytologischen Eigenschaften deuten auf die Verwandtschaft mit den reifen Geweben der sich entwickelnden Samenpflanze hin. Die zukünftige Epidermis entspricht der meristematischen Hautschicht, dem **Protoderm**. Darunter ist das **Grundmeristem** des zukünftigen Cortex erkennbar, das sich durch eine starke Vakuolisierung der Zellen von den angrenzenden Geweben deutlich abhebt. Das im Inneren liegende, wenig vakuolisierte Gewebe erstreckt sich über die apikal-basale Hauptachse und bildet das zukünftige primäre Leitgewebe. Dieses meristematische Gewebe ist das **Procambium**. Die Zellen des Procambiums erhalten durch Längsteilungen und anschließende Zellstreckung eine schmale, langgestreckte Form. Im weiteren Verlauf der Embryogenese dehnen sich Protoderm, Grundmeristem und Procambium – die sogenannten **Primärmeristeme** oder **primären Meristeme** – in die anderen Teile des Embryos aus.

In den frühen Stadien der Embryogenese finden in dem gesamten jungen Sporophyten Zellteilungen statt. Während der weiteren Entwicklung des Embryos beschränkt sich die Neubildung von Zellen jedoch allmählich auf die gegenüberliegenden Enden der Hauptachse, die **Apikalmeristeme** von Wurzel und Spross (Aida und Tasaka, 2002). Meristeme sind embryonale Gewebe, aus denen fortlaufend neue Zellen hervorgehen, während andere Pflanzenteile bereits das Reifestadium erreicht haben (Kapitel 5, 6).

Der reife Embryo besteht aus nur wenigen Teilen – der Hauptachse mit einer oder mehreren blattähnlichen Anlagen, den **Cotyledonen** (Keimblätter) (Abb. 1.8). Den Teil der Hauptachse, der unterhalb der Cotyledonen liegt, nennt man **Hypocotyl**. Am unteren Ende des Hypocotyls (**Wurzelpol**) entwickelt sich die Wurzel, am oberen Ende (**Sprosspol**) der Spross. Der Wurzelpol kann entweder nur aus dem Meristem (Apikalmeristem der Wurzel) bestehen oder bereits deutliche Wurzelmerkmale aufweisen und als **Radicula** bezeichnet werden. Ähnlich verhält sich das Apikalmeristem am Sprosspol, wo die Entwicklung des Sprosses entweder noch nicht oder bereits begonnen hat. Den embryonalen Spross bezeichnet man als **Plumula** (Sprossknospe).

### 1.3.2 Mit der Samenkeimung beginnt der Embryo wieder zu wachsen und entwickelt sich zu einer reifen Pflanze

Nach der Samenkeimung bildet das Apikalmeristem des Sprosses in regelmäßiger Folge Blätter, Nodien (Knoten) und Internodien (Abb. 1.1D und 1.3A. F). Die Apikalmeristeme in den Blattachseln bilden Seitensprosse (exogener Ursprung), die wiederum weitere Seitensprosse hervorbringen. Aufgrund der meristematischen Aktivität entsteht an der Sprossachse das Zweigsystem der Pflanze. Bleiben die Achselmeristeme inaktiv, bildet der Spross keine Zweige wie z. B. bei vielen Palmen. Aus dem Apikalmeristem der Wurzel, das sich an der Spitze des Hypocotyls - oder der Radicula – befindet, geht die Primärwurzel hervor (erste Wurzel; Groff und Kaplan, 1988). Bei den meisten Samenpflanzen entstehen aus den Primärwurzeln die Seitenwurzeln (Sekundärwurzeln) (Abb. 1.1D und 1.3A), und zwar aus neuen Apikalmeristemen, die im Perizykel, tief im Innern der Primärwurzel entstehen (endogener Ursprung). Die Seitenwurzeln produzieren laufend neue Seitenwurzeln, so dass ein stark verzweigtes Wurzelsystem gebildet wird. Bei einigen Pflanzen, insbesondere bei Monocotyledonen, entwickelt sich das Wurzelsystem einer ausgewachsenen Pflanze aus sprossbürtigen Wurzeln.

Die oben beschriebenen Wachstumsprozesse gelten für das vegetative Wachstumsstadium im Lebenszyklus einer Samenpflanze. Zu einem gewissen Zeitpunkt, der einerseits durch den endogenen Wachstumsrhythmus, andererseits durch Umweltfaktoren wie Licht und Temperatur bestimmt wird, verändert sich das vegetative Apikalmeristem der Sprossspitze in ein reproduktives Apikalmeristem. Bei angiospermen Pflanzen ist es das florale (blütenbildende) Apikalmeristem, das die Blüte oder einen Blütenstand hervorbringt. Nach einer vegetativen Wachstumsphase geht die Pflanze folglich in ein reproduktives Stadium über.

Die aus den Apikalmeristemen gebildeten Pflanzenorgane durchlaufen eine Periode des Längen- und Breitenwachstums. Dieses erste Wachstum der nacheinander angelegten Wurzeln, der vegetativen und der reproduktiven Sprosse wird allgemein als **primäres Wachstum** bezeichnet. Der dabei entstehende **primäre Pflanzenkörper** besteht aus **primären Geweben**. Bei den meisten samenlosen Gefäßpflanzen und bei Monocotyledonen vollzieht sich der gesamte Lebenszyklus des Sporophyten in dem primären Pflanzenkörper. Die Gymnospermen, die meisten Angiospermen und einige Monocotyledonen zeigen ein zusätzliches Dickenwachstum des Stamms (Sprossachse) und der Wurzel durch ein **sekundäres Wachstum**.

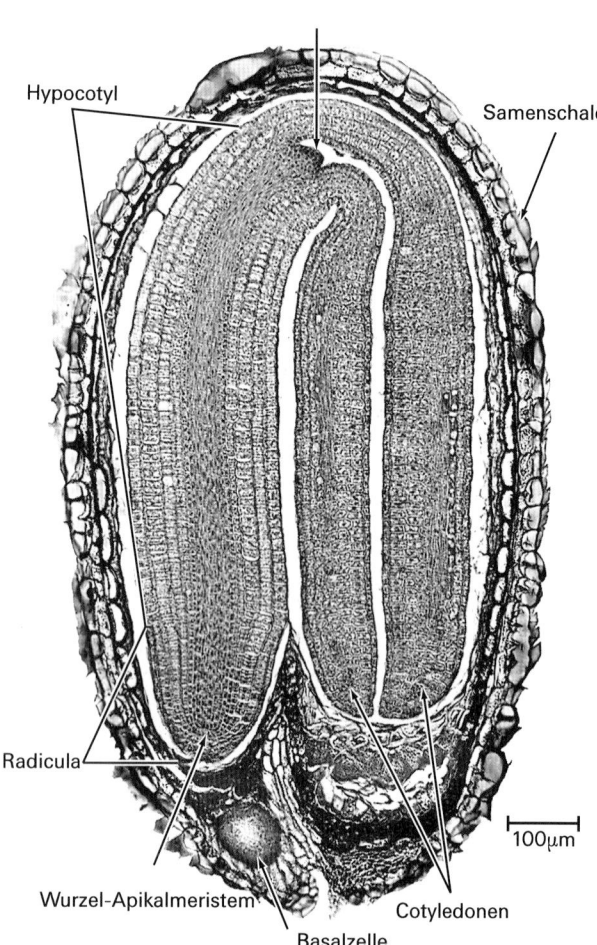

**Abb. 1.8** Reifer Embryo von *Capsella bursa-pastoris* (Hirtentäschelkraut) im Längsschnitt. Der Teil des Embryos unterhalb der Cotyledonen ist das Hypocotyl. Am unteren Ende des Hypocotyls befindet sich die Keimwurzel, die Radicula.

Das sekundäre Dickenwachstum kann ein **cambiales sekundäres Wachstum** sein, wobei die Produktion neuer Zellen von einem sekundären, lateralen Meristem, einem Cambium, ausgeht. Das Haupt-Lateralmeristem ist das **Cambium** (*vascular cambium*), das die **sekundären Leitgewebe** (sekundäres Xylem und sekundäres Phloem) bildet und dadurch ein Dickenwachstum der Sprossachse verursacht (Abb. 1.3C.D). Mit der Bildung sekundärer Leitgewebe geht gewöhnlich die Aktivität eines weiteren Cambiums, des **Korkkambiums (Phellogen)** einher. Aus dem Phellogen entwickelt sich – in der äußeren Region der sich verdickenden Sprossachse – das **Periderm**, das als sekundäres Abschlussgewebe die Epidermis ersetzt.

Das sekundäre Dickenwachstum der Sprossachse kann auch als diffuses Wachstum erfolgen, indem im Grundgewebe Zellteilungs- und Zellstreckungsprozesse stattfinden ohne Beteiligung eines in dieser Zone vorhandenen speziellen Meristems. Dieses sekundäre Wachstum bezeichnet man als **diffuses sekundäres Wachstum** (Tomlinson, 1961). Es ist für einige Monocotyledonen, wie Palmen, und manche Knollenbildner, charakteristisch.

Die Gewebe, die durch das Cambium und das Phellogen entstehen, unterscheiden sich deutlich von den primären Geweben und werden deshalb als **sekundäre Gewebe** oder insgesamt als **sekundärer Pflanzenkörper** bezeichnet. Der sekundäre Zuwachs der Leitgewebe und des Abschlussgewebes ermöglicht die Entwicklung eines großen, vielverzweigten Pflanzenkörpers, wie er bekanntlich für die Bäume charakteristisch ist.

Obwohl man von einer Pflanze im Sinne von „ausgewachsen" oder „reif" sprechen kann, indem sie sich von einer einzigen Zelle zu einer komplexen, aber einheitlichen Struktur entwickelt, die in der Lage ist, sich selbst zu reproduzieren, bleibt sie doch ein sich permanent verändernder Organismus. Die Pflanze behält die Fähigkeit, ihren Körper durch neuen Zuwachs aufgrund der Aktivität der Apikalmeristeme von Spross und Wurzel jeweils zu erweitern und außerdem sein Volumen durch die Bildung von sekundären Geweben durch die Aktivität von Lateralmeristemen zu vergrößern. Wachstum und Differenzierung erfordert die Synthese und den Abbau von protoplasmatischem Material und Zellwandmaterial und umfasst einen Austausch von organischen und anorganischen Stoffen, die zunächst durch die Leitgewebe transportiert werden und von dort von Zelle zu Zelle bis zu ihrem Bestimmungsort diffundieren. Eine Vielzahl von Prozessen finden in spezialisierten Organen und Gewebesystemen statt, um organische Substanzen für bestimmte Stoffwechselaktivitäten bereitzustellen. Ein besonderes Merkmal der lebenden Pflanze ist, dass die ständigen Veränderungen jeweils äußerst koordiniert und in geordneten Sequenzen ablaufen (Steeves und Sussex, 1989; Berleth und Sachs, 2001). Darüber hinaus zeigen Pflanzen – wie andere lebende Organismen – rhythmische Phänomene, von denen einige im Einklang mit den periodischen Umweltveränderungen stehen und auf die Fähigkeit zur Zeitmessung hindeuten (Simpson et al., 1999; Neff et al., 2000; Alabadi et al., 2001; Levy et al., 2002; Srivastava, 2002).

## Literatur

Aida, M. und M. Tasaka. 2002. Shoot apical meristem formation in higher plant embryogenesis. In: *Meristematic Tissues in Plant Growth and Development*, S. 58–88, M. T. McManus and B. E. Veit, Hrsg., Sheffield Academic Press, Sheffield.

Alabadi, D., T. Oyama, M. J. Yanovsky, F. G. Harmon, P. Más und S. A. Kay. 2001. Reciprocal regulation between *TOC1* and *LHY/CCA1* within the *Arabidopsis* circadian clock. *Science* 293, 880–883.

Arber, A. 1950. *The Natural Philosophy of Plant Form*. Cambridge University Press, Cambridge.

Beck, C. B., R. Schmid und G. W. Rothwell. 1982. Stelar morphology and the primary vascular system of seed plants. *Bot. Rev.* 48, 692–815.

Berleth, T. und T. Sachs. 2001. Plant morphogenesis: Longdistance coordination and local patterning. *Curr. Opin. Plant Biol.* 4, 57–62.

Eames, A. J. 1936. *Morphology of Vascular Plants. Lower Groups.* McGraw-Hill, New York.

Esau, K. 1977. *Anatomy of Seed Plants*, 2. Aufl., Wiley, New York.

Foster, A. S. 1949. *Practical Plant Anatomy*, 2. Aufl., Van Nostrand, New York.

Gifford, E. M. und A. S. Foster. 1989. *Morphology and Evolution of Vascular Plants*, 3. Aufl., Freeman, New York.

Groff, P. A. und D. R. Kaplan. 1988. The relation of root systems to shoot systems in vascular plants. *Bot. Rev.* 54, 387–422.

Haberlandt, G. 1914. *Physiological Plant Anatomy.* Macmillan, London.

Kaplan, D. R. und T. J. Cooke. 1997. Fundamental concepts in the embryogenesis of dicotyledons: A morphological interpretation of embryo mutants. *Plant Cell* 9, 1903–1919.

Kenrick, P. und P. R. Crane. 1997. *The Origin and Early Diversification of Land Plants: A Cladistic Study.* Smithsonian Institution Press, Washington, DC.

Lehmann, H., R. Stelzer, S. Holzamer, U. Kunz und M. Gierth. 2000. Analytical electron microscopical investigations on the apoplastic pathways of lanthanum transport in barley roots. *Planta* 211, 816–822.

Levy, Y. Y., S. Mesnage, J. S. Mylne, A. R. Gendall und C. Dean. 2002. Multiple roles of *Arabidopsis VRN1* in vernalization and flowering time control. *Science* 297, 243–246.

Neff, M. M., C. Fankhauser und J. Chory. 2000. Light: An indicator of time and place. *Genes Dev.* 14, 257–271.

Niklas, K. J. 1997. *The Evolutionary Biology of Plants.* University of Chicago Press, Chicago.

Poethig, R. S., E. H. Coe Jr. und M. M. Johri. 1986. Cell lineage patterns in maize embryogenesis: A clonal analysis. *Dev. Biol.* 117, 392–404.

Pollock, E. G. und W. A. Jensen. 1964. Cell development during early embryogenesis in *Capsella* and *Gossypium*. *Am. J. Bot.* 51, 915–921.

Raven, J. A. und D. Edwards. 2001. Roots: Evolutionary origins and biogeochemical significance. *J. Exp. Bot.* 52, 381–401.

Raven, P. H., R. F. Evert und S. E. Eichhorn. 2005. *Biology of Plants*, 7. Aufl., Freeman, New York.

Sachs, J. 1875. *Text-book of Botany, Morphological and Physiological.* Clarendon Press, Oxford.

Simpson, G. G., A. R. Gendall und C. Dean. 1999. When to switch to flowering. *Annu. Rev. Cell Dev. Biol.* 15, 519–550.

Smithson, E. 1954. Development of winged cork in *Ulmus* x *hollandica* Mill. *Proc. Leeds Philos. Lit. Soc., Sci. Sect.*, 6, 211–220.

Srivastava, L. M. 2002. *Plant Growth and Development. Hormones and Environment.* Academic Press, Amsterdam.

Steeves, T. A. und I. M. Sussex. 1989. *Patterns in Plant Development*, 2. Aufl., Cambridge University Press, Cambridge.

Stewart, W. N. und G. W. Rothwell. 1993. *Paleobotany and the Evolution of Plants*, 2. Aufl., Cambridge University Press, Cambridge.

Taylor, T. N. und E. L. Taylor. 1993. *The Biology and Evolution of Fossil Plants.* Prentice Hall, Englewood Cliffs, NJ.

Tomlinson, P. B. 1961. *Anatomy of the Monocotyledons.* II. Palmae. Clarendon Press, Oxford.

Troll, W. 1937. *Vergleichende Morphologie der höheren Pflanzen*, Band 1, Vegetationsorgane, Teil 1, Gebrüder Borntraeger, Berlin.

West, M. A. L. und J. J. Harada. 1993. Embryogenesis in higher plants: An overview. *Plant Cell* 5, 1361–1369

# Kapitel 2
# Der Protoplast: Plasmamembran, Zellkern und cytoplasmatische Organellen

Zellen sind die kleinsten strukturellen und funktionellen Einheiten des Lebens (Sitte, 1992). Lebende Organismen bestehen aus einzelnen Zellen oder aus Zellkomplexen. Zellen variieren stark in Bezug auf ihre Größe, Form, Struktur und Funktion. Einige Zellen lassen sich in Mikrometern, andere in Millimetern und wieder andere in Zentimetern (Fasern in manchen Pflanzen) messen. Einige Zellen besitzen mehrere Funktionen; andere sind spezialisiert auf bestimmte Aktivitäten. Abgesehen von der außerordentlichen Vielfalt unter den Zellen sind sie sich alle erstaunlich ähnlich im Hinblick auf ihre strukturellen und biochemischen Eigenschaften.

Das Konzept, das die Zelle als Elementareinheit der biologischen Struktur und Funktion darstellt, basiert auf der **Zellentheorie**, die in der ersten Hälfte des neunzehnten Jahrhunderts von Matthias Schleiden und Theodor Schwann formuliert wurde. 1838 fasste Schleiden seine Beobachtungen zusammen, wonach alle Pflanzengewebe aus einzelnen Zellen bestehen. Ein Jahr später dehnte Schwann (1839) die Beobachtungen von Schleiden auf tierische Organismen aus und postulierte, dass alle Lebewesen aus Zellen bestehen. Die Idee, alle lebenden Organismen würden aus einer oder mehreren Zellen bestehen, bekam erst 1858 große Bedeutung, als Rudolf Virchow allgemein feststellte, dass alle Zellen von bereits existierenden Zellen abstammen. Im klassischen Sinne besagt die Zellentheorie, dass die Körper aller Pflanzen und Tiere Ansammlungen von individuellen, differenzierten Zellen sind. Entsprechend sind die Aktivitäten der gesamten Pflanze oder eines Tieres als Summe aller Aktivitäten von individuellen Zellkomponenten aufzufassen, wobei der einzelnen Zelle eine primäre Bedeutung zukommt.

In der zweiten Hälfte des neunzehnten Jahrhunderts wurde als Alternative zur Zellentheorie die **Organismentheorie** formuliert. Danach ist der Gesamtorganismus nicht einfach eine Ansammlung unabhängiger Zellen, sondern vielmehr eine lebende Einheit aus Zellen, die miteinander verbunden und koordiniert ein organisches Ganzes bilden. Eine häufig zitierte Behauptung von Anton de Bary (1879) lautet: „die Pflanze macht Zellen, nicht Zellen die Pflanze „ (in Sitte, 1992). Seitdem häufen sich die klaren Beweise für ein organismisches Konzept bei Pflanzen (siehe Kaplan und Hagemann, 1991; Cooke und Lu, 1992; Kaplan, 1992; und hier zitierte Literatur).

Die Organismentheorie lässt sich insbesondere auf Pflanzen anwenden, da die Zellen gleich nach der Kernteilung von innen durch die Bildung einer Zellplatte voneinander getrennt werden (Kapitel 4) und nicht wie bei tierischen Zellen durch Einschnürung von außen und anschließende Abspaltung. Anders als bei Tieren erfolgt die Teilung der Pflanzenzellen meist unvollständig. Die benachbarten Pflanzenzellen bleiben durch Cytoplasmastränge (Plasmodesmen), welche die Zellwände durchqueren, miteinander in offener Verbindung und vereinigen somit den gesamten Pflanzenkörper zu einem cytoplasmatischen Kontinuum. Deshalb lassen sich Pflanzen auch als suprazelluläre Organismen charakterisieren (Lucas et al., 1993).

In ihrer modernen Form besagt die Zellentheorie folgendes: (1) Alle Lebewesen bestehen aus einer oder mehreren Zellen, (2) die chemischen Reaktionen lebender Organismen, so ihre Energie freisetzenden und biosynthetischen Reaktionen, finden innerhalb der Zellen statt, (3) Zellen entstehen immer aus anderen Zellen und (4) Zellen enthalten die Erbinformation des Organismus, dessen Bestandteil sie sind, und geben diese Information an ihre Tochterzellen weiter. Die Zellentheorie und die Organismentheorie schließen sich gegenseitig nicht aus. Zusammen liefern beide Theorien eine sinnvolle Betrachtung der Struktur und Funktion auf Zell- wie auf Organismenebene (Sitte, 1992).

Das Wort Zelle (lat. *cella*) bedeutet „Kammer" und wurde von Robert Hooke im siebzehnten Jahrhundert eingeführt, um die kleinen, von Zellwänden getrennten Kammern im Korkgewebe zu beschreiben. Später fand Hooke heraus, dass die lebenden Zellen in anderen Pflanzengeweben mit „Säften" gefüllt waren. Die Zellinhalte wurden schließlich als lebendes Material interpretiert und erhielten den Namen **Protoplasma**. Ein wichtiger Schritt bei der Erkenntnis, wie komplex das Protoplasma zusammengesetzt ist, war die Entdeckung des Nucleus (Zellkern) durch Robert Brown im Jahre 1831. Auf diese Entdeckung folgten Berichte über die Zellteilung. Im Jahre 1846 lenkte Hugo von Mohl die Aufmerksamkeit auf den Unterschied zwischen dem protoplasmatischen Material und dem Zellsaft, und 1862 verwendete Albert von Kölliker erstmalig den Begriff **Cytoplasma** für das Zellmaterial, das den Nucleus umgibt. Die auffälligsten Einschlüsse im Cytoplasma, die Plastiden, wurden lange als einfache Kondensation des Protoplasmas interpretiert. Das Konzept einer eigenen Identität und Kontinuität dieser Organellen wurde erst im neunzehnten Jahrhundert eingeführt. Im Jahre 1880 führte Johannes Hanstein den Begriff **Protoplast** ein, um das gesamte Protoplasma innerhalb der Zellwand zu bezeichnen.

Jede lebende Zelle hat die Fähigkeit, ihren Zellinhalt von der externen Umgebung abzugrenzen. Eine Membran, genannt **Plasmamembran** oder **Plasmalemma** bewirkt diese Isolation. Außerhalb der Plasmamembran besitzen Pflanzenzellen zusätzlich eine mehr oder weniger feste Zellwand aus Cellulose (Kapitel 4). Die Plasmamembran kontrolliert den Übergang von Stoffen in den Protoplasten hinein und wieder hinaus. Dadurch ist die Zelle in der Lage, sich strukturell und biochemisch von ihrer Umgebung abzugrenzen. Innerhalb der Zelle können bestimmte Prozesse Energie freisetzen und diese auf Wachstums- und Stoffwechselprozesse übertragen. Ferner ist eine Zelle so organisiert, dass sie ihre Erbinformation bewahrt und an ihre Nachkommen weitergibt, so dass ihre eigene Entwicklung und die ihrer Nachkommen gesichert ist. Auf diese Weise bleibt die Integrität des gesamten Organismus, bestehend aus einzelnen Zellen, erhalten.

In den letzten drei Jahrhunderten, seit Hooke die Struktur von Kork durch sein einfach gebautes Mikroskop beobachtete, haben sich die technischen Möglichkeiten eine Zelle und deren Inhalt zu betrachten, wesentlich verbessert. Die Weiterentwicklung des Lichtmikroskops ermöglicht es nun, Objekte mit einem Durchmesser von 0.2 Mikrometer (ungefähr 200 Nanometer) zu beobachten, was einer Steigerung gegenüber dem bloßen Auge um etwa das 500 fache entspricht. Mit Hilfe des Transmissionselektronenmikroskops (TEM) wurde das im sichtbaren Licht begrenzte Auflösungsvermögen deutlich gesteigert. Wegen der Probleme bei der Präparation der Proben, des Kontrastes und der Strahlungsschäden beträgt die Auflösung biologischer Objekte im TEM jedoch mehr als 2 Nanometer. Trotzdem ist die Auflösung 100 Mal besser als die des Lichtmikroskops. Das TEM hat aber bestimmte Nachteile: Die für die Beobachtung präparierten Proben müssen fixiert (tot) und in äußerst dünne, zweidimensionale Scheibchen geschnitten werden. Lichtmikroskopie unter Verwendung von Fluoreszenzfarbstoffen sowie verschiedenen Beleuchtungsmethoden ermöglichten den Biologen, diese Probleme zu überwinden und subzelluläre Komponenten in lebenden Pflanzenzellen zu beobachten (Fricker und Oparka, 1999; Cutler und Ehrhardt, 2000). Besonders erwähnenswert ist hier die Verwendung des **grünen Fluoreszenzproteins (GFP)** (*green fluorescent protein*) aus der Qualle *Aequorea victoria* als Fluoreszenzproteinmarker in der confokalen Mikroskopie, um die fluoreszierenden Proben in intakten Geweben sichtbar zu machen (Hepler und Gunning, 1998; Fricker und Oparka, 1999; Hawes et al., 2001). Die Betrachtung subzellulärer Komponenten in lebenden Pflanzenzellen ermöglicht neue und oft unerwartete Einblicke in die subzelluläre Organisation und Dynamik.

## 2.1 Prokaryotenzellen und Eukaryotenzellen

Aufgrund der inneren Organisationsstufe der Zellen unterscheidet man zwei verschiedene Organismengruppen: Prokaryoten und Eukaryoten. Die **Prokaryoten** (gr. *pro* = vor, *karyon* = Kern) werden durch die Gruppen Archaea und Bacteria einschließlich der Cyanobacteria, und die **Eukaryoten** (gr. *eu* = gut; *karyon* = Kern) durch alle übrigen lebenden Organismen vertreten (Madigan et al., 2003).

Prokaryotenzellen unterscheiden sich sehr deutlich von Eukaryotenzellen durch die Organisation ihres genetischen Materials. In Prokaryotenzellen liegt das genetische Material in Form eines langen, ringförmigen Desoxyribonucleinsäure (DNA) Moleküls vor, das mit unterschiedlichen Proteinen locker verknüpft ist. Dieses Molekül, das als **Bakterienchromosom** bezeichnet wird, liegt in einem besonderen Bereich des Cytoplasmas, dem **Nucleoid** (Abb. 2.1). In Eukaryotenzellen liegt die Kern–DNA in linearen Strängen eng mit speziellen

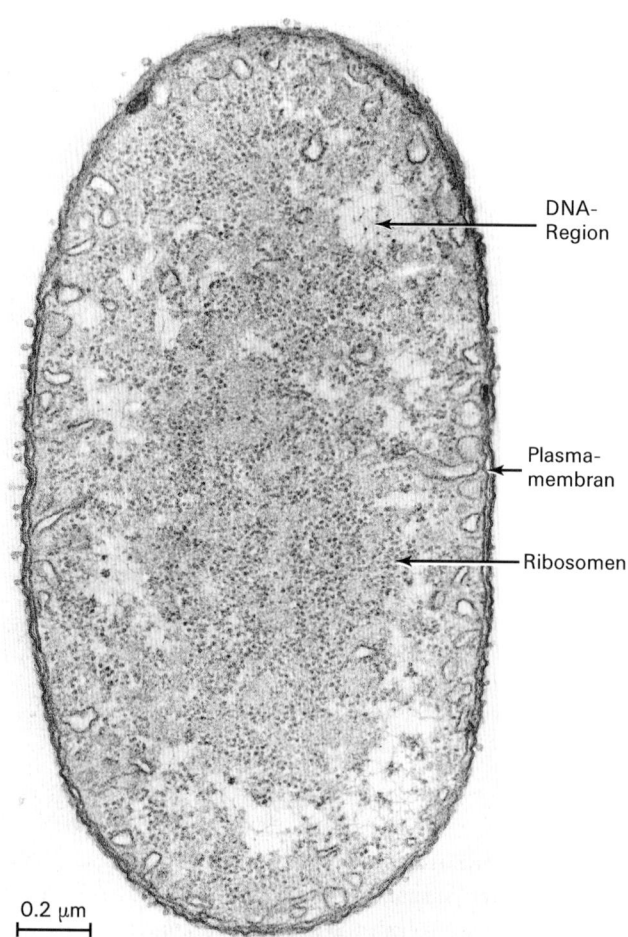

**Abb. 2.1** Elektronenmikroskopische Aufnahme des gramnegativen Bakteriums *Azotobacter vinelandii*. Die granuläre Struktur des Cytoplasmas ist größtenteils auf die zahlreichen Ribosomen zurückzuführen. Die klaren Bereiche stellen die DNA-enthaltenden Nucleoid-Regionen dar. (Mit freundlicher Genehmigung von Jack L. Pate.)

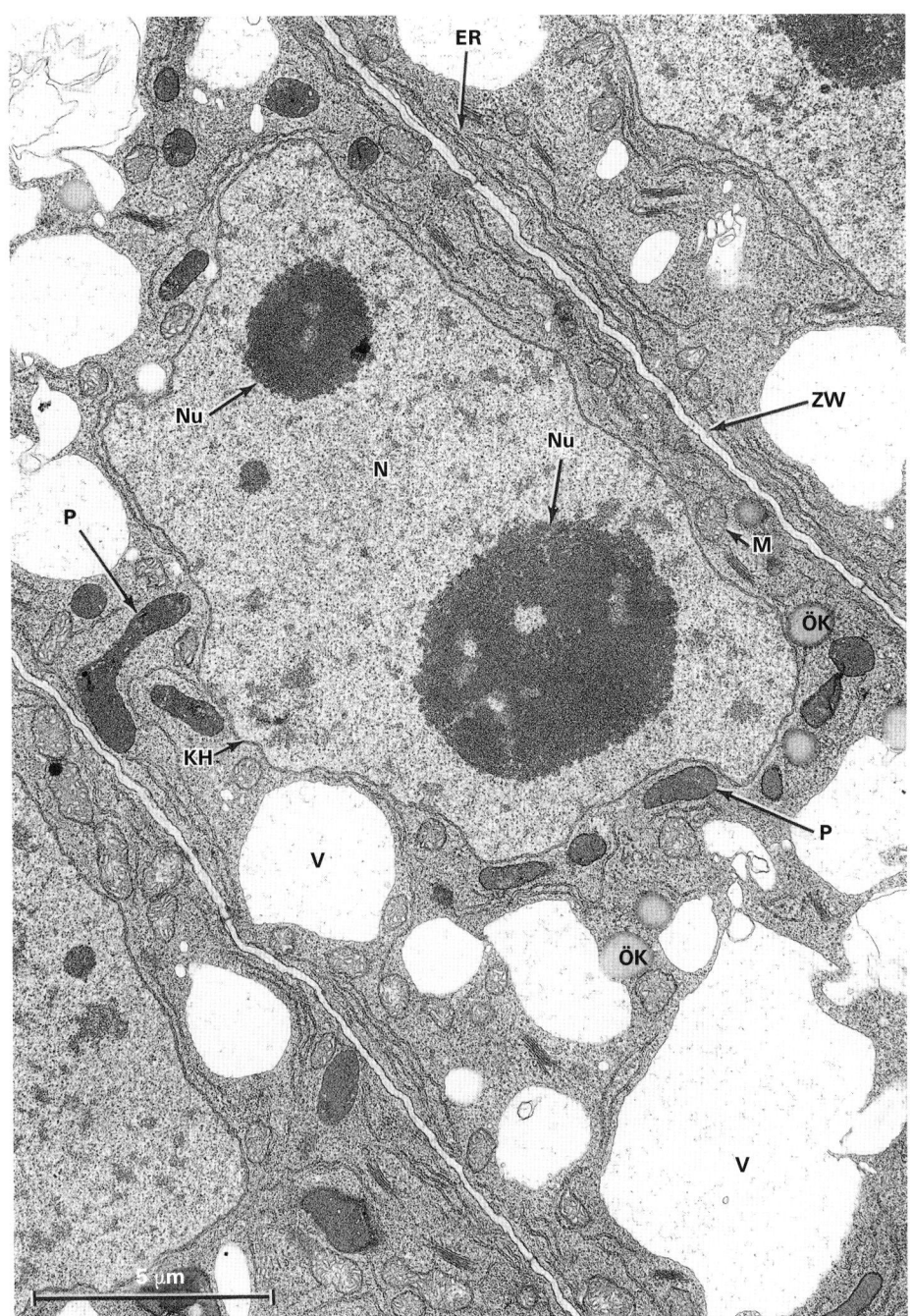

**Abb. 2.2** Wurzelspitze einer Tabakpflanze (*Nicotiana tabacum*). Längsschnitt von jungen Zellen. Details: ER, Endoplasmatisches Reticulum; M, Mitochondrion; N, Nucleus; KH, Kernhülle; Nu, Nucleolus; ÖK, Ölkörper; P, Plastide; V, Vakuole; ZW, Zellwand. (Aus Esau, 1977.)

Proteinen, den **Histonen**, verknüpft vor und bildet mehrere, viel komplexer gebaute Chromosomen. Diese Chromosomen werden von einer **Kernhülle** aus zwei Membranen umgeben, die sie, innerhalb des **Nucleus**, von den übrigen zellulären Bestandteilen trennt (Abb. 2.2). Prokaryoten- und Eukaryotenzellen enthalten Komplexe aus Protein und Ribonucleinsäure (RNA), die so genannten **Ribosomen**. Sie spielen eine entscheidende Rolle bei der Synthese von Proteinmolekülen aus ihren Aminosäure – Untereinheiten.

Eukaryotenzellen sind durch Membranen in einzelne Kompartimente (Reaktionsräume) mit unterschiedlichen Funktionen unterteilt. Im Gegensatz dazu ist das Cytoplasma bei Prokaryoten normalerweise nicht durch Membranen kompartimentiert. Wichtige Ausnahmen bilden das ausgedehnte System photosynthetischer Membranen (Thylakoide) bei den Cyanobakterien (Madigan et al., 2003) und die membrangebundenen Acidocalcisomen, die in verschiedenen Bakterien vorkommen, wie z. B. in *Agrobacterium tumefaciens*, einem Pflanzenpathogen, das Gallen und Tumore an eudicotylen Pflanzen hervorruft (Seufferheld et al., 2003).

Im Elektronenmikroskop betrachtet sehen die Membranen von verschiedenen Organismen erstaunlich ähnlich aus. Bei entsprechender Fixierung und Kontrastierung erscheinen diese Membranen dreischichtig. Sie bestehen aus zwei dunklen Schichten, die durch eine hellere Schicht voneinander getrennt sind (Abb. 2.3). Dieser Membrantyp wurde von Robertson (1962) als **Elementarmembran** (*unit membrane*) bezeichnet und als eine Lipid-Doppelschicht interpretiert, die auf jeder Seite mit einer Proteinschicht bedeckt ist. Obwohl dieses Membranmodel durch das Flüssig-Mosaik (*fluid-mosaic*)-Modell ersetzt wurde (siehe unten), bleibt der Begriff Elementarmembran eine nützliche Bezeichnung für eine deutlich erkennbare, dreischichtige Membran.

Zu den inneren Membranen eukaryotischer Zellen gehören solche, die den Zellkern, die Mitochondrien und die Plastiden umgeben. Diese Organellen sind die charakteristischen Komponenten aller Pflanzenzellen. Das Cytoplasma eukaryotischer Zellen enthält auch Membransysteme (das Endoplasmatische Reticulum und den Golgi-Apparat) und ein komplexes Netzwerk aus nicht-membranartigen Proteinfilamenten (Actinfilamente und Mikrotubuli ), das sogenannte **Cytoskelett**. In Prokaryoten fehlt das Cytoskelett. Pflanzenzellen entwickeln auch multifunktionelle Organellen, die **Vakuolen**, die von einer Elementarmembran – dem **Tonoplast** – umgeben sind (Abb. 2.2).

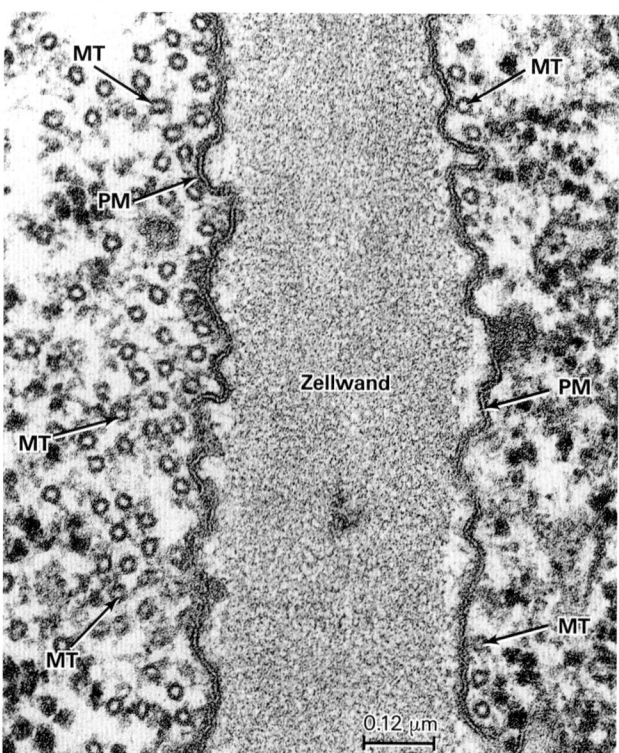

**Abb. 2.3** Die elektronenmikroskopische Aufnahme zeigt die dreischichtige Plasmamembran (PM), die beiderseits die Zellwand zwischen zwei Zwiebelblatt-Zellen (*Allium cepa*) säumt. Auf beiden Seiten der Zellwand sind Mikrotubuli (MT) im Querschnitt zu erkennen.

Ebenso wie die Plasmamembran den Übergang von Stoffen in den Protoplasten hinein und wieder hinaus kontrolliert, regeln die inneren Membranen den Übergang von Substanzen zwischen den einzelnen Kompartimenten der Zelle. Auf diese Weise kann die Zelle eine spezielle chemische Umgebung aufrechterhalten, die für die Regulation der Stoffwechselprozesse in den verschiedenen Kompartimenten notwendig ist. Membranen können auch unterschiedliche elektrische Potentiale oder Spannungen zwischen der Zelle und ihrer Umgebung einerseits, und zwischen den benachbarten Zellkompartimenten andererseits, aufbauen. Unterschiede in der chemischen Konzentration verschiedener Ionen und Moleküle sowie in dem elektrischen Potential über die Membranen stellen potentielle Energie bereit, die viele zelluläre Prozesse aktiviert.

Die Kompartimentierung von Zellinhalten bedeutet eine Arbeitsteilung auf der subzellulären Ebene. In einem vielzelligen Organismus findet eine Arbeitsteilung auch auf zellulärer Ebene statt, nämlich dann, wenn Zellen sich differenzieren und mehr oder weniger auf bestimmte Funktionen spezialisiert werden. Eine funktionelle Spezialisierung findet ihren Ausdruck in morphologischen Unterschieden zwischen den Zellen, ein Merkmal, das die Komplexität der Struktur in einem vielzelligen Organismus erklärt.

## 2.2 Cytoplasma

Wie oben bereits erwähnt, wurde der Begriff **Cytoplasma** eingeführt, um das protoplasmatische Material rings um den Zellkern (Nucleus) zu kennzeichnen. Mit der Zeit entdeckte man einzelne „Gebilde" in diesem Material, zuerst nur solche, die mit dem Auflösungsvermögen des Lichtmikroskops sichtbar waren. Später erkannte man mit Hilfe des Elektronenmikroskops wesentlich kleinere „Gebilde". Der Begriff des Cytoplasmas unterlag also einer Evolution und mit Hilfe neuer Technologien wird er sich auch zweifellos weiter entwickeln. Heute verwenden die meisten Biologen den Begriff Cytoplasma, wie er ursprünglich von Kölliker (1862) eingeführt wurde, um das gesamte Material um den Nucleus herum zu charakterisieren. Die cytoplasmatische Matrix, in welcher der Nucleus, die Organellen, die Membransysteme sowie nicht-membranöse Teilchen suspendiert sind, wird als **Cytosol** bezeichnet. Nach der ursprünglichen Definition bezog sich der Begriff Cytosol speziell auf „das Cytoplasma ohne die Mitochondrien und das Endoplasmatische Reticulum" in Leberzellen (Lardy, 1965). Die Begriffe **cytoplasmatische Grundsubstanz** und **Hyaloplasma** wurden allgemein von Pflanzencytologen verwendet, um die cytoplasmatische Matrix zu benennen. Einige Biologen benutzen den Begriff Cytoplasma im Sinne von Cytosol.

In der lebenden Zelle ist das Cytoplasma immer in Bewegung. Man kann beobachten, wie die Organellen und andere im Cytosol suspendierte Teilchen sich mit dem Plasma geordnet in der Zelle umher bewegen. Diese Bewegung bezeichnet man als **Plasmaströmung** (*cyclosis*). Sie entsteht aus der Interaktion zwischen Bündeln von **Actinfilamenten** und dem sogenannten „Motorprotein" **Myosin**. Myosin ist ein Proteinmolekül mit einem „Kopfteil", der eine ATPase enthält, die durch **Actin** aktiviert wird (Baskin, 2000; Reichelt und Kendrich-Jones, 2000). Die Plasmaströmung ist ein energieverbrauchender Prozess, der zweifellos den Stoffaustausch innerhalb der Zelle (Reuzeau et al. 1997; Kost und Chua, 2002) und zwischen der Zelle und ihrer Umgebung erleichtert.

Die verschiedenen Komponenten des Protoplasten werden im Einzelnen in den folgenden Abschnitten betrachtet. Unter diesen Komponenten befinden sich auch die Organellen. Ähnlich wie der Begriff Cytoplasma wird auch der Begriff **Organellen** von den verschiedenen Biologen unterschiedlich verwendet. Während manche den Begriff Organellen nur auf membrangebundene Gebilde wie Plastiden und Mitochondrien beschränken, verwenden andere Biologen den Begriff auch im erweiterten Sinn auf das Endoplasmatische Reticulum, die Dictyosomen und sogar auf Nicht-Membran-Komponenten wie die Mikrotubuli und Ribosomen. In diesem Buch wird der Begriff Organellen nur in seiner eng begrenzten Definition verwendet (Tab. 2.1). In diesem Kapitel werden nur die Plasmamembran, der Nucleus und die cytoplasmatischen Organellen betrachtet. Die übrigen Komponenten des Protoplasten werden in Kapitel 3 behandelt.

**Tab. 2.1** Die Bestandteile einer Pflanzenzelle im Überblick

| Zellwand | Mittellamelle | |
| --- | --- | --- |
| | Primärwand | |
| | Sekundärwand | |
| | Plasmodesmen | |
| Protoplast | Zellkern | Kernhülle |
| | | Kernplasma |
| | | Chromatin |
| | | Nucleolus |
| | Cytoplasma | Plasmamembran |
| | | Cytosol (cytoplasmatische Grundsubstanz, Hyaloplasma) |
| | | Organellen mit Doppelmembran: |
| | |   Plastiden |
| | |   Mitochondrien |
| | | Organellen mit einfacher Membran: |
| | |   Peroxisomen |
| | |   Vakuolen, vom Tonoplasten umgrenzt |
| | | Ribosomen |
| | | Endomembransystem (Hauptbestandteile): |
| | |   Endoplasmatisches Reticulum |
| | |   Golgi-Apparat |
| | |   Vesikel |
| | | Cytoskelett: |
| | |   Mikrotubuli |
| | |   Actinfilamente |

## 2.3 Plasmamembran

In elektronenmikroskopischen Aufnahmen zeigt die **Plasmamembran** im Vergleich zu allen anderen Membranen der Zelle am deutlichsten die Dreischichtigkeit (dunkel-hell-dunkel) einer typischen Elementarmembran (Abb. 2.3; Leonard und Hodges, 1980; Robinson, 1985). Die Plasmamembran hat mehrere wichtige Funktionen: (1) sie kontrolliert den Transport von Substanzen in den Protoplasten hinein und wieder hinaus, (2) sie koordiniert die Synthese und die Zusammensetzung der Mikrofibrillen der Zellwand (Cellulose), und (3) sie überträgt Hormon- und Umweltsignale, die an der Regulation des Zellwachstums und der Zelldifferenzierung beteiligt sind.

Die Plasmamembran hat die selbe Grundstruktur wie die inneren Membranen der Zelle: sie besteht aus einer **Lipid-Doppelschicht**, in die globuläre Proteine eingebettet sind. Viele der globulären Proteine durchziehen die Doppelschicht und ragen an beiden Seiten der Membran heraus (Abb. 2.4). Der Teil dieser **Transmembranproteine**, der in die Doppelschicht eingebettet ist, hat einen hydrophoben Charakter, während der an beiden Seiten der Membran herausragende Proteinteil hydrophil ist.

Die innere und äußere Oberfläche einer Membran unterscheidet sich beträchtlich in ihrer chemischen Zusammensetzung. Zum Beispiel gibt es zwei Haupttypen von Lipiden in der Plasmamembran von Pflanzenzellen: **Phospholipide**, die am häufigsten vorkommen und **Steroide** (speziell Stigmasterin), wobei die beiden Schichten der Doppelschicht jeweils eine unterschiedliche Zusammensetzung dieser beiden Moleküle haben. Außerdem nehmen die Transmembranproteine eine bestimmte Richtung innerhalb der Doppelschicht ein, und die an beiden Seiten herausragenden Teile besitzen verschiedene Aminosäure-Zusammensetzung und tertiäre Strukturen. Auch andere Proteine sind eng mit Membranen verbunden, wie beispielsweise die **peripheren Proteine**, die aufgrund ihrer fehlenden hydrophoben Sequenzen nicht in die Lipid-Doppelschicht eindringen können. Transmembranproteine und andere, eng an die Lipide gebundene Proteine, nennt man **integrale Proteine** (Integralproteine). An der Außenfläche der Plasmamembran sind die nach außen ragenden Proteine häufig mit kurzkettigen Kohlenhydraten (Oligosaccharide) verknüpft und bilden so genannte **Glycoproteine**. Man nimmt an, dass die Kohlenhydrate, die bei einigen Eukaryotenzellen als Schicht die äußere Membranoberfläche überziehen, eine wichtige Rolle bei dem Verknüpfungsprozess der Zellen miteinander und bei der Erkennung von Molekülen (z. B. Hormone, Viren und Antibiotika) spielen, die in Wechselwirkung mit der Zelle stehen.

Während die Lipid-Doppelschicht die undurchlässige Grundstruktur der Zellmembranen bildet, sind die Proteine für fast alle Membranfunktionen verantwortlich. Die meisten Membranen bestehen aus 40% bis 50% Lipiden (bezogen auf Gewicht) und 60% bis 50% Protein, aber letztlich spiegelt die Menge und die Art der Proteine in einer Membran ihre Funkti-

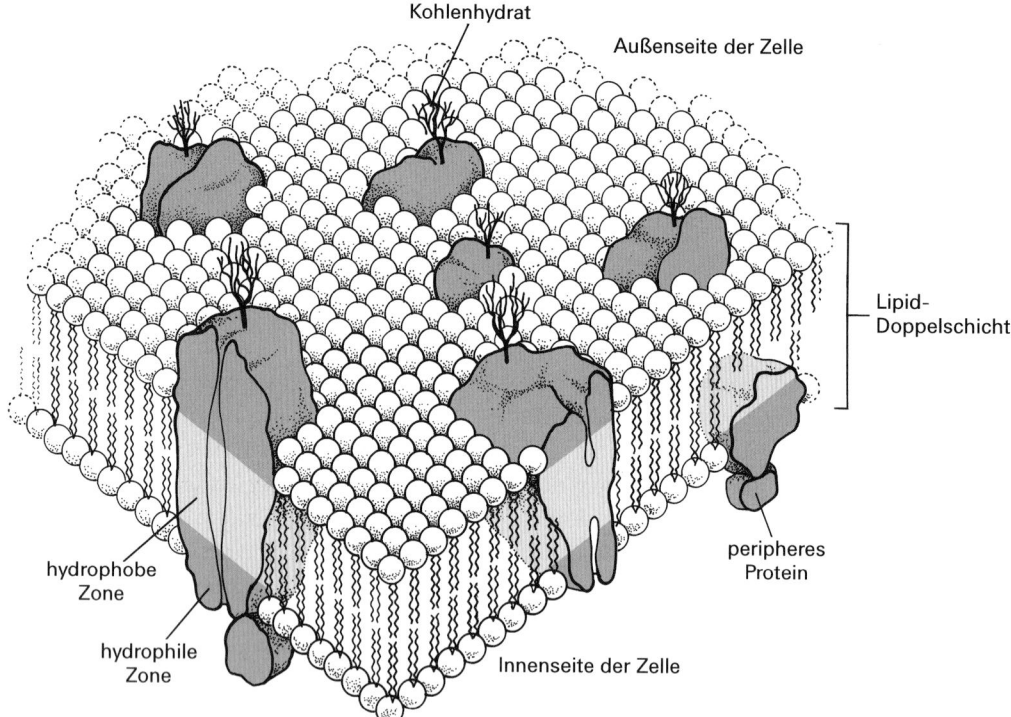

**Abb. 2.4** *Fluid-Mosaic*-Modell der Membranstruktur: Die Membran besteht aus einer Doppelschicht von Phospholipidmolekülen – deren hydrophobe „Schwänze" nach innen gerichtet sind – und großen Proteinmolekülen. Einige dieser Moleküle durchqueren die Lipid-Doppelschicht (Transmembranproteine). Andere, die peripheren Proteine, sind an Transmembranproteine gebunden. Auf der äußeren Oberfläche der Plasmamembran sind kurze Kohlenhydratketten mit heraus ragenden Molekülen der Transmembranproteine verknüpft. Die gesamte Membranstrukur besitzt eine hohe Fluidität und Flexibilität. Einige Transmembranproteine können sich in der Doppelschicht entweder frei oder auch zusammen mit Lipidmolekülen in lateraler Richtung bewegen. Auf diese Weise bilden sie unterschiedliche Muster, so genannte „Mosaiken", so dass der Eindruck entsteht, dass die Proteine in einem Lipid-„Meer" schwimmen. (Aus Raven et al., 1992).

on wider. Membranen, die an der Energieübertragung beteiligt sind, wie die inneren Membranen der Mitochondrien und Chloroplasten, bestehen aus 75% Protein. Einige dieser Proteine sind Enzyme, die membrangebundene Reaktionen katalysieren; andere sind **Transportproteine**, die am Übergang spezifischer Moleküle in die Zelle (oder Organell) und aus der Zelle (oder Organell) hinaus beteiligt sind. Wieder andere fungieren als Rezeptoren, indem sie vom Zellinneren oder von der äußeren Umgebung chemische Signale empfangen und diese weiterleiten. Obwohl manche der integralen Proteine festverankert an einem Platz zu sein scheinen (vielleicht am Cytoskelett), ist die Lipid-Doppelschicht allgemein recht flüssig. Einige der Proteine schwimmen mehr oder weniger frei beweglich in der Doppelschicht. Sie können sich zusammen mit den Lipidmolekülen in lateraler Richtung bewegen und somit verschiedene Muster oder Mosaiken bilden, die von Zeit zu Zeit und von Ort zu Ort wechseln, so dass man den Begriff **Flüssigmosaik (fluid-mosaic)** für dieses Modell einer Membranstruktur eingeführt hat (Abb. 2.4; Singer und Nicolson, 1972; Jacobson et al., 1995).

Membranen enthalten unterschiedliche Transportproteine (Logan et al., 1997; Chripeels et al. 1999; Kjellbom et al., 1999; Delrot et al., 2001). Zwei dieser Transportproteine sind die Carrier-Proteine und die Kanalproteine, die beide den Transport einer Substanz entlang ihres elektrochemischen Gradienten durch die Membran ermöglichen. Es handelt sich hier also um passive Transporter. **Carrier-Proteine** binden zunächst die gelöste Substanz und befördern sie anschließend durch eine Reihe von Konformationsänderungen des Proteins durch die Membran. **Kanalproteine** bilden wassergefüllte Poren, die sich quer durch die Membran ziehen. Wenn sie sich öffnen, erlauben sie bestimmten gelösten Stoffen (gewöhnlich anorganische Ionen, z. B. $K^+$, $Na^+$, $Ca^{2+}$, $Cl^-$) den Durchfluss durch die Membran. Die Kanäle bleiben nicht permanent geöffnet, sondern sie haben spezielle Eingänge (*gates*), die nur kurz öffnen und wieder schließen. Diesen Regulationsvorgang bezeichnet man als Schalten (*gating*).

Sowohl die Plasmamembran als auch der Tonoplast enthalten Wasserkanalproteine, genannt **Aquaporine**, die speziell den Durchfluss von Wassermolekülen durch die Membran beschleunigen (Schäffner, 1998; Chrispeels et al., 1999; Maeshima, 2001; Javot und Maurel, 2002). Wassermoleküle können die Lipid-Doppelschicht der biologischen Membranen zwar relativ frei passieren, aber Aquaporine ermöglichen eine beschleunigte Diffusion von Wasser durch die Plasmamembran und den Tonoplast. Eine rasche Bewegung von Wassermolekülen ist notwendig, um die Vakuole und das Cytosol in einem konstanten osmotischen Gleichgewicht zu halten. Es wird angenommen, dass Aquaporine bei hohen Transpirationsraten den Transport von Wasser aus dem Boden in die Wurzelzellen und weiter ins Xylem fördern können. Außerdem wurde gezeigt, dass Aquaporine die Aufnahme von Wasser in die Wurzelzellen hemmen, wenn der die Wurzel umgebende Boden überflutet ist (Tournaire-Roux et al., 2003). Auch spielen sie eine wichtige Rolle bei der Vermeidung von Trockenstress bei Reispflanzen (Lian et al., 2004). Darüber hinaus gibt es Beweise dafür, dass die Wasserbewegung durch Aquaporine durch bestimmte äußere Reize, die Zellstreckung und Wachstum induzieren, gesteigert wird; bei Tabakpflanzen steht die zyklische Expression eines Aquaporins der Plasmamembran in Verbindung mit dem Mechanismus der Blattentfaltung (Siefritz et al., 2004).

Carrier-Proteine lassen sich entsprechend ihrer Funktion in Uniporter und Cotransporter einteilen. **Uniporter** transportieren nur *eine* gelöste Substanz durch die Membran hindurch. Bei **Cotransportern** hängt der Transport eines gelösten Moleküls vom gleichzeitigen oder direkt folgenden Transport eines zweiten Moleküls ab. Wird das zweite Molekül in dieselbe Richtung transportiert, bezeichnet man das Transportprotein als **Symporter**. Findet der Transport in die entgegengesetzte Richtung statt, nennt man es **Antiporter**.

Der Transport einer gelösten Substanz gegen ihren elektrochemischen Gradienten erfordert Energie und wird als **aktiver Transport** bezeichnet. Bei Pflanzen wird die Energie hauptsächlich durch eine ATP-getriebene **Protonenpumpe**, das membrangebundene Enzym $H^+$-ATPase bereitgestellt (Sze et al., 1999; Palmgren, 2001). Das Enzym erzeugt einen hohen Protonengradienten ($H^+$-Ionen) über die Membran. Dieser Gradient ist die treibende Kraft für die Aufnahme gelöster Substanzen bei allen protonengekoppelten Cotransportsystemen. Der Tonoplast ist im Vergleich zu allen anderen Pflanzenmembranen eine ganz spezifische Membran, weil sie zwei Protonenpumpen besitzt: eine $H^+$-ATPase und eine $H^+$-Pyrophosphatase ($H^+$-PPase) (Maeshima, 2001). Allerdings zeigen einige Befunde, dass eine $H^+$-Pyrophosphatase auch in der Plasmamembran von manchen Pflanzengeweben vorkommt (Ratajczak et al., 1999; Maeshima, 2001).

Transportproteine, die Ionen und kleine, polare Moleküle durch die Plasmamembran schleusen, können normalerweise keine großen Moleküle wie Proteine und Polysaccharide transportieren. Solche Makromoleküle werden mit Hilfe von Vesikeln oder sackartigen Membranbläschen transportiert, die sich von der Plasmamembran abschnüren bzw. mit ihr verschmelzen. Diesen Prozess bezeichnet man als **Vesikeltransport** (Battey et al., 1999). Erfolgt der Transport von Substanzen in die Zelle hinein durch Vesikel, die sich an spezialisierten Regionen der Plasmamembran, den *Coated Pits* einwärts abschnüren, nennt man dies **Endocytose** (Abb. 2.5; Robinson und Depta, 1988; Gaidarov et al., 1999). *Coated Pits* sind nach innen gewölbte Vertiefungen der Plasmamembran, an denen spezifische Rezeptorproteine lokalisiert sind. Auf der cytoplasmatischen Seite sind die *Coated Pits* mit dem peripheren Protein **Clathrin** beschichtet, einem Protein aus drei großen und drei kleinen Polypeptidketten, die gemeinsam eine dreibeinige Molekülstruktur, das so genannte **Triskelion**, bilden. Ein Molekül, das in die Zelle aufgenommen werden soll, bindet zunächst an die Rezeptorproteine im *Coated Pit*. Danach stülpt sich das *Coated Pit* ein und schnürt sich unter Bildung eines Clathrinumhüllten Vesikels (*coated vesicle*) von der Plasmamembran ab. In der Zelle legen die Vesikel die Clathrin-Hülle ab und fusionieren mit anderen Membranstrukturen (z. B. Dictyosomen oder kleine Vakuolen), wobei sie ihren Inhalt entleeren. Vesikeltransport funktioniert auch in umgekehrter Richtung und wird dann als **Exocytose** bezeichnet (Battay et al., 1999). Bei der Exocytose fusionieren Vesikel, die aus Membranen in der Zelle entstehen, mit der Plasmamembran und entlassen ihren Inhalt nach außen in die Zellwand.

In Geweben, die für die Elektronenmikroskopie präpariert wurden, findet man häufig relativ große Einstülpungen der Plasmamembran. Einige formen Taschen zwischen der Zellwand und dem Protoplasten und enthalten Tubuli und Vesikel. Einige Invaginationen können den Tonoplasten eindrücken und so bis in die Vakuole reichen. Andere bilden so genannte **multivesikuläre Körper** (Kompartimente); diese schnüren sich häufig von der Plasmamembran ab und sind im Cytosol eingebettet oder erscheinen in der Vakuole verteilt. Ähnliche Verteilungen von Vesikeln wurden zuerst bei Pilzen beobachtet

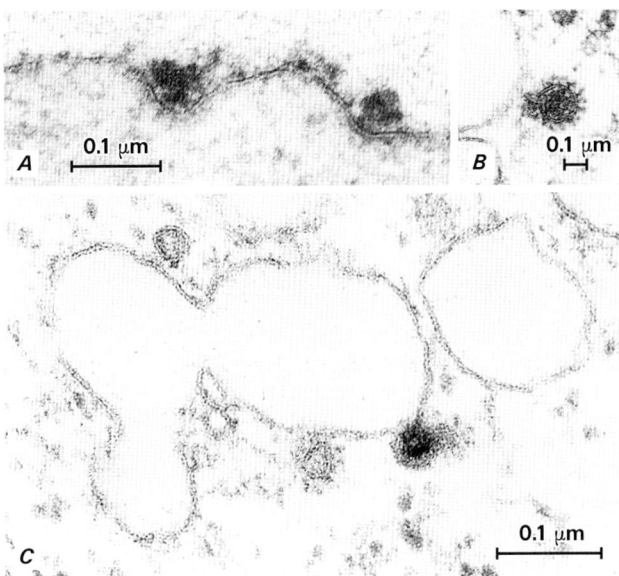

**Abb. 2.5** Endocytose in Zellen der Wurzelhaube von Mais (*Zea mays*), die mit einer Bleinitratlösung inkubiert wurden. **A**, Granuläre Bleiablagerungen in zwei *Coated Pits*. **B**, Ein bleigefülltes *Coated Vesicle*. **C**, Eines der beiden *Coated Vesicles* ist mit einem großen Golgi-Vesikel verschmolzen, um seinen Inhalt freizusetzen. Dieses Vesikel (dunkle Struktur) ist zwar noch mit Blei gefüllt, hat aber scheinbar seine Hülle verloren, die sich rechts von ihm befindet. Das *Coated Vesicle* auf seiner linken Seite ist noch intakt. (Mit freundlicher Genehmigung von David G. Robinson.)

und als Lomasomen bezeichnet (Clowes und Juniper, 1968). In *Nicotiana tabacum* BY-2-Zellen wurden multivesikuläre Körper als pflanzliche prävakuoläre Kompartimente identifiziert, die auf dem endocytischen Wege zu lytischen Vakuolen liegen (siehe unten; Tse et al., 2004).

## 2.4 Zellkern

Der **Zellkern** (Nucleus) ist die auffälligste Struktur im Protoplasten einer Eukaryotenzelle. Er erfüllt zwei wichtige Funktionen: (1) Er kontrolliert die laufenden Aktivitäten in der Zelle, indem er bestimmt, welche RNA und Proteinmoleküle die Zelle bildet und zu welchem Zeitpunkt sie entstehen. (2) Er speichert die genetische Information und gibt sie bei der Zellteilung an die Tochterzellen weiter. Die gesamte, im Zellkern gespeicherte Information wird als **Kerngenom** bezeichnet.

Der Zellkern wird durch eine Doppelmembran (zwei Elementarmembranen), die **Kernhülle** umschlossen. Elektronenmikroskopische Aufnahmen zeigen zwischen den beiden Membranen eine helle Schicht, den **perinucleären Raum** (Abb. 2.2 und 2.6; Dingwall und Laskey, 1992; Gerace und Foisner, 1994; Gant und Wilson, 1997; Rose et al., 2004). An verschiedenen Stellen geht die äußere Membran der Kernhülle direkt in das Endoplasmatische Reticulum über, so dass auch der perinucleäre Raum mit dem Lumen des Endoplasmatischen Reticulums kontinuierlich in Verbindung steht. Man kann die Kernhülle als spezialisierten, lokal differenzierten Teil des Endoplasmatischen Reticulums betrachten. Ein besonderes Merkmal der Kernhülle sind die vielen, großen, zylinderförmigen **Kernporen**, die einen direkten Kontakt zwischen dem Cytosol und dem Grundplasma des Kerns, dem **Nucleoplasma**, herstellen (Abb. 2.6). Die innere und die äußere Membran umschließen jede einzelne Pore und gehen am Porenrand (Öffnung) ineinander über. Komplizierte Strukturen, die **Kernporenkomplexe**, durchspannen die Kernmembran im Bereich der Kernporen; es sind dies die größten supramolekularen Komplexe in Eukaryotenzellen (Heese-Peck und Raikhel, 1998; Talcott und Moore, 1999; Lee, J.-Y., et al., 2000). Der Kernporenkomplex ist annähernd ringförmig gebaut und besteht aus einem zylinderförmigen Zentralkanal, von dem acht Radialspeichen nach außen gegen einen ineinander verzahnten „Ringwulst" ragen. Dieser ist mit der Kernmembran, welche die Kernpore umgibt, eng verbunden. Der Kernporenkomplex erlaubt einen relativ freien Durchfluss von bestimmten Ionen und kleinen Molekülen durch einen Diffusionskanal mit einem Durchmesser von circa neun Nanometern. Die durch den Kernporenkomplex transportierten Proteine und anderen Makromoleküle sind jedoch sehr viel größer als der schmale Diffusionskanal. Der Transport dieser Moleküle wird durch höchst selektive (energieabhängige) Mechanismen innerhalb des Zentralkanals ermöglicht. Der Zentralkanal erreicht einen Funktionsdurchmesser von bis zu 26 Nanometer (Hicks und Raikhel, 1995; Görlich und Mattaj, 1996; Görlich, 1997).

Färbt man die Zelle mit spezifischen Kernreagenzien für **Chromatin** an, so lassen sich im Nucleoplasma dünne Chromatinfäden und -partikel erkennen. Chromatin besteht aus DNA-Molekülen, an die große Mengen bestimmter Proteine, die **Histone**, in Form eines DNA-Protein-Komplexes, gebunden sind. Während der Zellteilung kondensiert das Chromatin zunehmend, bis es schließlich in Form von **Chromosomen** vorliegt. In Zellkernen, die sich gerade nicht in Teilung oder in der **Interphase** befinden, liegt der Hauptteil des Chromatins in einer aufgelockerten Struktur vor und ist an einigen Stellen mit der inneren Membran der Kernhülle verbunden. Vor der DNA-Replikation liegt jedes Chromosom als einzelnes, langes DNA-Molekül vor, das die Erbinformation trägt. Während der Interphase erscheint das gesamte Chromatin in den meisten Zellkernen aufgelockert und nur schwach gefärbt. Dieses weniger stark kondensierte Chromatin bezeichnet man als **Euchromatin**. Es ist genetisch aktiv und eng assoziiert mit einer hohen RNA-Syntheserate. Das übrige, dicht kondensierte Chromatin nennt man **Heterochromatin**. Es ist genetisch inaktiv und nicht an der RNA-Synthese beteiligt (Franklin und Cande, 1999). Allgemein codiert nur ein geringer Prozentanteil der gesamten chromosomalen DNA für essenzielle Proteine oder RNAs. Offenbar gibt es einen hohen Überschuss an DNA

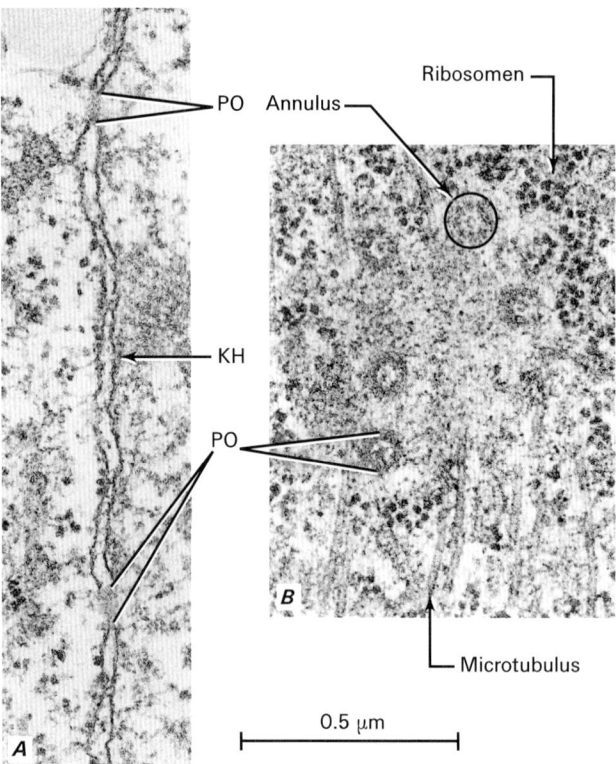

**Abb. 2.6** Die Kernhülle (KH) mit Kernporen (PO) ist im Querschnitt (**A**) und in Aufsicht (**B**, mittlerer Teil) zu sehen. Das elektronendichte Material in den Kernporen bei **A**, erweist sich in **B** als Ringwulst (Annulus) und zentraler Stopfen des Kernporenkomplexes. Den klaren Bereich zwischen den Membranen in **A** bezeichnet man als perinucleären Raum. Aus einer Parenchymzelle des Blattstiels von *Mimosa pudica*. (Aus Esau, 1977.)

in den Genomen von höheren Organismen (Price, 1988). Zellkerne können außer den chromatinreichen „*micropuffs*" und den aus Ribonucleoprotein bestehenden „*coiled bodies*" weitere Proteine in kristalliner, fibrillärer oder amorpher Form enthalten, deren Funktion noch unbekannt ist (Martin et al., 1992).

Die verschiedenen Organismen variieren in Bezug auf die Anzahl der Chromosomen in ihren somatischen Zellen (vegetative Zellen oder Körperzellen). *Haplopappus gracilis*, eine einjährige Wüstenpflanze, besitzt 4 Chromosomen pro Zelle; *Arabidopsis thaliana*, die Acker-Schmalwand, 10; *Vicia faba*, die Ackerbohne, 12; *Brassica oleracea*, der Kohl, 18; *Asparagus officinalis*, der Spargel, 20; *Triticum vulgare*, der Weizen, 42, und *Cucurbita maxima*, der Kürbis, 48. In den Geschlechtszellen, oder Gameten, ist der für die Körperzellen eines Organismus charakteristische Chromosomensatz auf die Hälfte reduziert. Die Gameten besitzen folglich nur einen einfachen Chromosomensatz, sind also **haploid** (n), während die Körperzellen mit einem doppelten Chromosomensatz **diploid** (2n) sind. Zellen mit mehr als zwei Chromosomensätzen sind **polyploid** (3n, 4n, 5n oder mehr).

Die oftmals einzigen, noch mit dem Lichtmikroskop erkennbaren, kugelförmigen Strukturen im Zellkern sind die **Nucleoli** oder **Nucleolen** (Singular: **Nucleolus**) (Abb. 2.2; Scheer et al., 1993). Die Nucleolen (Kernkörperchen) sind reich an RNA und Proteinen und werden von langen Schleifen der Kern-DNA durchzogen, die von einigen Chromosomen aus in die Nucleolen hineinragen. Die im Nucleolus befindlichen DNA-Abschnitte werden als **Nucleolus-Organisator-Regionen** (NOR) bezeichnet und enthalten große Cluster ribosomaler RNA (rRNA)-Gene. Hier werden alle rRNAs durch die RNA-Polymerase synthetisiert, die nach dem Beladen mit Proteinen aus dem Cytoplasma die großen und kleinen Untereinheiten der Ribosomen bilden. Die Ribosomen-Untereinheiten werden durch die Kernporen ins Cytoplasma exportiert und dort zu aktiven Ribosomen zusammengebaut. Allgemein gilt der Nucleolus als Hauptsyntheseort der Ribosomen, aber tatsächlich findet hier nur ein Teilprozess der Ribosomensynthese statt. Die eigentliche Aufgabe des Nucleolus besteht in der Akkumulation von Molekülen, die für den Aufbau der ribosomalen Untereinheiten notwendig sind.

In vielen diploiden Organismen enthält der Zellkern *einen* Nucleolus pro haploiden Chromosomensatz. Die Nucleoli können fusionieren und als ein großer Nucleolus erscheinen. Dabei entspricht die Größe eines Nucleolus seiner momentanen Aktivität. Zusätzlich zur DNA der Nucleolus-Organisator-Region enthalten die Nucleoli noch fibrilläre Strukturen, die aus rRNA in Verbindung mit Proteinen bestehen, sowie granuläre Komponenten aus reifen Ribosomen-Untereinheiten. Aktive Nucleoli zeigen häufig schwach gefärbte Regionen, die oftmals als Vakuolen angesehen werden. In lebenden Zellkulturen unterliegen diese Regionen, die man aber nicht mit den membrangebundenen Vakuolen im Cytoplasma verwechseln darf, kontinuierlich sich wiederholenden Kontraktionen. Man vermutet, dass dieses Phänomen mit dem RNA-Transport im Zusammenhang steht.

Die Zellkernteilungen bei Eukaryoten erfolgt in zwei charakteristischen Schritten, der Mitose und der Meiose. Bei der **Mitose** entstehen aus dem Zellkern zwei Tochterkerne, die beide sowohl untereinander als auch mit dem Zellkern der Eltern morphologisch und genetisch identisch sind. Die **Meiose** umfasst zwei aufeinanderfolgende Kernteilungen, die als Meiose I und Meiose II bezeichnet werden. Die Meiose I ist eine Reduktionsteilung, wobei die Chromosomenzahl auf die Hälfte reduziert wird. Insgesamt entstehen bei der Meiose durch einen präzisen Teilungsmechanismus vier Tochterkerne mit jeweils einem haploiden Chromosomensatz. Bei Pflanzen führt die Mitose zur Bildung von Körperzellen und Gameten (Eizellen und Spermatozoide) und die Meiose zu Meiosporen. Bei beiden Teilungsvorgängen (mit wenigen Ausnahmen) zerfällt die Kernhülle in Fragmente, die von ER-Zisternen nicht deutlich zu unterscheiden sind. Gleichzeitig wird der Kernporenkomplex abgebaut. Sobald neue Zellkerne während der Telophase gebildet werden, verbinden sich ER-Vesikel und formen zwei Kernhüllen, wobei auch neue Kernporenkomplexe entstehen (Gerace und Foisner, 1994). Während der späten Prophase lösen sich die Nucleoli auf (mit einigen Ausnahmen) und werden dann während der Telophase neu gebildet.

## 2.5 Zellzyklus

Alle Körperzellen, die sich aktiv teilen, durchlaufen eine regelmäßig wiederkehrende Kette von Ereignissen, die in ihrer Gesamtheit als Zellzyklus bezeichnet wird. Der Zellzyklus wird im Allgemeinen in Interphase und Mitose unterteilt (Abb. 2.7; Strange, 1992). Die Interphase geht der Mitose voraus. In den meisten Zellen folgt auf die Mitose die **Cytokinese**, also die Aufteilung des Cytoplasmas und die Aufteilung der Tochterkerne in getrennte Zellen (Kapitel 4). Mitose und Cytokinese werden zusammen als **M-Phase** des Zellzyklus bezeichnet. Die meisten Pflanzenzellen besitzen nur einen Zellkern. Einige hochspezialisierte Zellen können jedoch mehrkernig sein, entweder nur während ihrer Entwicklung (z. B. nukleäres Endosperm) oder lebenslang (z. B. ungegliederte Milchröhren).

Die Interphase gliedert sich entsprechend ihres Ablaufs in drei Phasen: $G_1$-, $S$- und $G_2$-Phase. Die **$G_1$-Phase** (G steht für engl. *gap* = Lücke) findet nach der Mitose statt. Es ist eine Phase intensiver biochemischer Aktivität, in der die Zelle stark heranwächst und vermehrt verschiedene Organellen, innere Membransysteme und andere cytoplasmatische Komponenten bildet. Die **S- (Synthese) Phase** ist eine Periode der DNA-Verdopplung (Replikation). Zu Beginn der DNA-Verdopplung besitzt ein diploider Kern 2C-DNA (C ist der haploide DNA-Gehalt); am Ende der S-Phase hat sich der DNA-Gehalt auf 4C verdoppelt. Während der S-Phase werden auch viele DNA-gebundene Proteine und vor allem Histone synthetisiert. Im Anschluss an die S-Phase tritt die Zelle in die **$G_2$-Phase** ein

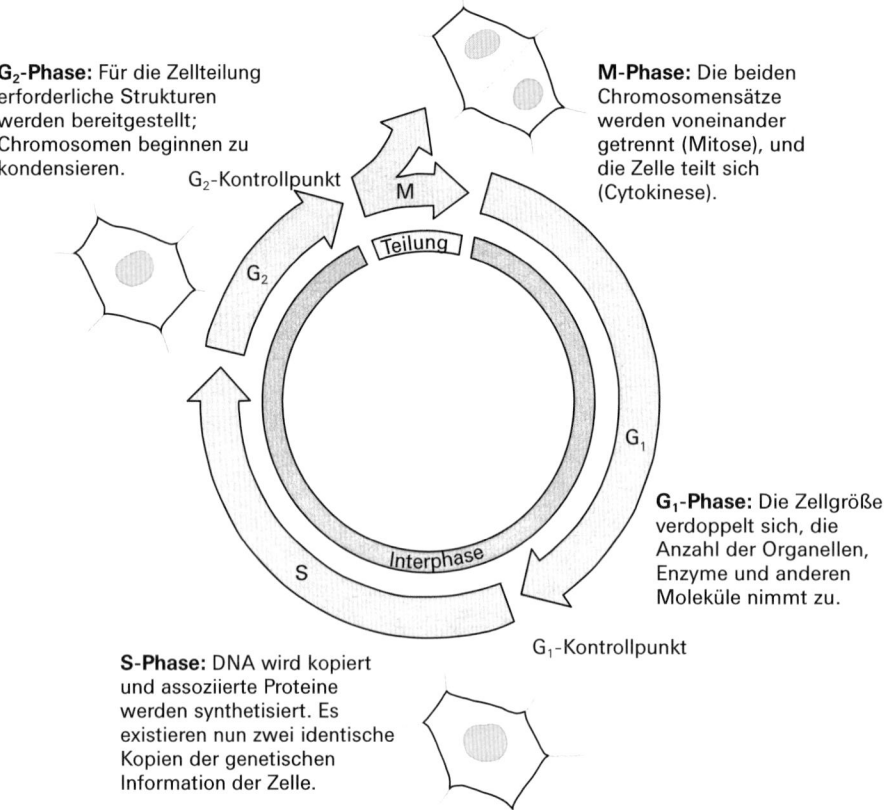

**Abb. 2.7** Der Zellzyklus. Die Zellteilung besteht aus der Mitose (Kernteilung) und der Cytokinese (Teilung des Cytoplasmas) und findet erst statt, wenn die drei Vorbereitungsphasen ($G_1$, S, $G_2$) der Interphase durchlaufen sind. An zwei Kontrollpunkten wird entschieden, ob eine Zelle den Zellzyklus weiter zur nächsten Phase durchläuft oder eine Pause einlegt. Ein Kontrollpunkt liegt am Ende der $G_1$-Phase, der andere am Ende der $G_2$-Phase. Auf die $G_2$-Phase folgt die Mitose, an die sich normalerweise die Cytokinese anschließt. Mitose und Cytokinese bilden zusammen die M-Phase des Zellzyklus. Wie viel Zeit die einzelnen Phasen im Verhältnis zur Dauer des gesamten Zyklus einnehmen, ist je nach Zelltyp oder Organismenart unterschiedlich. (Aus Raven et al., 2005.)

und leitet die Mitose ein. Der wichtigste Vorgang in der S-Phase ist die vollständige Chromosomen-Verdopplung und die Reparatur möglicher Schäden an der DNA. Auch die Mikrotubuli des Präprophasebands, das als ringförmiges Band aus dicht zusammenliegenden Mikrotubuli an die Innenseite der Plasmamembran grenzt und den Kern in einer Ebene umgibt, die der Äquatorialebene der späteren Kernspindel entspricht, entwickeln sich während der G2-Phase (Kapitel 4; Gunning und Sammut, 1990). Im Verlauf der Mitose wird das genetische Material, das in der S-Phase verdoppelt wurde, gleichmäßig auf zwei Tochterkerne verteilt und entspricht dem 2C-DNA-Gehalt.

Die Kontrollmechanismen, die den Zellzyklus offenbar regulieren, sind grundsätzlich in allen Eukaryotenzellen gleich. Der Verlauf des typischen Zellzyklus besitzt an zwei entscheidenden Übergangsstellen so genannte **Kontrollpunkte**, und zwar einen beim Übergang von der $G_1$- zur S-Phase und einen zweiten beim Übergang von der $G_2$-Phase zur Mitose (Boniotti und Griffith, 2002). Der erste Kontrollpunkt bestimmt, ob die Zelle in die S-Phase eintritt, der zweite bestimmt den Beginn der Mitose. Ein dritter Kontrollpunkt, der Metaphase-Kontrollpunkt, liegt im Bereich der Spindelbildung. Er verzögert die Anaphase, wenn nicht alle Chromosomen direkt an die Spindelfasern angeheftet sind. Der Durchlauf durch die Kontrollpunkte des Zellzyklus hängt von der erfolgreichen Bildung, Aktivierung und anschließender Deaktivierung bestimmter cyclinabhängiger Proteinkinasen (CDKs) ab. Diese Kinasen bestehen aus einer katalytischen CDK-Untereinheit und einer aktivierenden Cyclin-Untereinheit (Hemerly et al., 1999; Huntley und Murray, 1999; Mironov et al., 1999; Potuschak und Doerner, 2001; Stals und Inzé, 2001). Sowohl Auxine als auch Cytokinine sind an der Kontrolle des Zellzyklus in Pflanzen beteiligt (Jacqmard et al., 1994; Ivanova und Rost, 1998; den Boer und Murray, 2000).

Die Zellen, die sich in der $G_1$-Phase befinden, haben mehrere Alternativen. Wenn bestimmte Reize ausreichen, können sie zu weiteren Zellteilungen übergehen und in die S-Phase eintreten. Sie können aber auch unter bestimmten äußeren Bedingungen wie z. B. während der Winterruhe eine Pause beim Durchlauf durch den Zellzyklus einlegen und ihre Teilungsaktivität zu einem späteren Zeitpunkt wieder aufnehmen. Diesen speziellen Warte- oder Ruhezustand nennt man **G₀-Phase** (G-Null-Phase). In anderen Fällen kommt es zur Differenzierung der Zellen oder zum **programmierten Zelltod (Apoptose)**, wobei es sich um eine genetisch programmierte Abfolge von Änderungen in einer lebenden Zelle handelt, die zum Zelltod führt (Kapitel 5; Lam et al., 1999).

Einigen Zellen zeichnen sich nur durch DNA-Verdopplung und Durchlaufen von G-Phasen aus, ohne dass eine anschließende Kernteilung stattfindet. Diesen Prozess bezeichnet man als **Endoreduplikation** (Kapitel 5; D´Ámato,1998; Larkins et al., 2001). Der einzelne Zellkern wird dann polyploid (Endopolyploidie oder Endoploidie). Endopolyploidie ist möglicherweise Teil der Differenzierung einzelner Zellen, so beispielsweise bei den Trichomen von *Arabidopsis* (Kapitel 9), oder in jedem anderen Gewebe oder Organ. In den meisten Zellen besteht zwischen dem Zellvolumen und dem Ausmaß der Polyploidie eine positive Korrelation. Dies zeigt, dass polyploide Zellkerne möglicherweise Voraussetzung für die Bildung von großen Pflanzenzellen sind (Kondorosi et al., 2000).

## 2.6 Plastiden

Die **Plastiden** sind neben der Vakuole und der Zellwand charakteristische Bestandteile von Pflanzenzellen (Bowsher und Tobin, 2001). Jede Plastide ist von einer Hülle aus *zwei* Elementarmembranen umgeben. Im Innern der Plastide befindet sich eine mehr oder weniger homogene Matrix, das **Stroma**, das von einem Membransystem, den **Thylakoiden**, durchzogen wird. Als wichtigste Permeabilitätsbarriere zwischen dem Cytoplasma der Zelle und dem Stroma der Plastiden fungiert die innere Membran der **Plastidenhülle**. Die äußere Membran bildet eine Barriere für die Proteine des Cytoplasmas und ist vermutlich nur für niedermolekulare lösliche Stoffe (bis 600 Da) durchlässig, aber diese Annahme muss noch genauer überprüft werden (Bölter und Soll, 2001). Es wurde beobachtet, dass mit Stroma angereicherte, tubuläre Strukturen von der Oberfläche einiger Plastiden ausgehen. Diese so genannten **Stromuli** (sing. **Stromulus**) können verschiedene Plastiden miteinander verbinden und ermöglichen den Austausch des grünen Fluoreszenzproteins (GFP) zwischen verschiedenen Plastiden (Köhler et al., 1997; Köhler und Hanson, 2000; Arimura et al. 2001; Gray et al., 2001; Pyke und Howells, 2002; Kwok und Hanson, 2004). Eine Untersuchung über die Biogenese der Stromuli hat gezeigt, dass die Zunahme von Länge und Häufigkeit der Stromuli mit der Differenzierung der Chromoplasten korreliert. Daher nimmt man an, dass die Stromuli die spezifische Stoffwechselaktivität der Plastiden steigern können (Waters et al., 2004).

Plastiden sind semiautonome Organellen und offenbar aus frei lebenden Cyanobakterien durch Endosymbiose hervorgegangen (Palmer und Delwiche, 1998; Martin, 1999; McFadden, 1999, Reumann und Keegstra, 1999; Stoebe und Maier, 2002). Tatsächlich ähneln Plastiden in vielfacher Hinsicht Bakterien. Beispielsweise enthalten Plastiden wie Bakterien **Nucleoide**, die als helle, granafreie Regionen auftreten und DNA enthalten. Plastiden-DNA ist wie bei Bakterien ringförmig und nicht mit Histonen verknüpft (Sugiura, 1989). Im Verlauf der Evolution wurde der größte Teil der DNA des Endosymbionten (Cyanobakterium) allmählich auf den Zellkern der Wirtszelle übertragen. Deshalb ist das Genom der modernen Plastiden ziemlich klein im Vergleich zum Kern-Genom (Bruce, 2000; Rujan und Martin, 2001). Plastiden und Bakterien enthalten Ribosomen (70S Ribosomen), die nur etwa zwei Drittel so groß sind wie die Ribosomen (80S), die im Cytoplasma vorkommen und mit dem Endoplasmatischen Reticulum assoziiert sind. (S steht für „Svedberg", die Einheit des Sedimentationskoeffizienten.) Außerdem ähnelt der Teilungsprozess, durch den sich Plastiden vermehren, morpholgisch dem Mechanismus der einfachen Zweiteilung (binäre Spaltung) bei Bakterien.

### 2.6.1 Chloroplasten enthalten die Pigmente Chlorophyll und Carotinoide

Reife Plastiden werden im Allgemeinen anhand ihres Pigmentmusters eingeteilt. **Chloroplasten** (Abb. 2.8–2.10) sind die Orte der Photosynthese und enthalten **Chlorophyll** und **Carotinoide**. Die Chlorophyll-Pigmente sind verantwortlich für die grüne Farbe der Plastiden, die in allen grünen Pflanzenteilen, besonders zahlreich und hochdifferenziert aber in den Blättern, vorkommen. Die Chloroplasten der Samenpflanzen sind in der Regel linsenförmig und haben einen Durchmesser von 4 bis 6 Mikrometer. Die Anzahl der Chloroplasten in einer einzelnen Mesophyllzelle (Blattmitte) variiert beträchtlich und hängt von der Pflanzenart und der Zellgröße ab (Gray, 1996). Eine Mesophyllzelle in Blättern von *Cacao theobroma* und *Peperomia metallia* kann beispielsweise nur drei Chloroplasten enthalten, während eine Mesophyllzelle im Blatt von *Raphanus sativus*

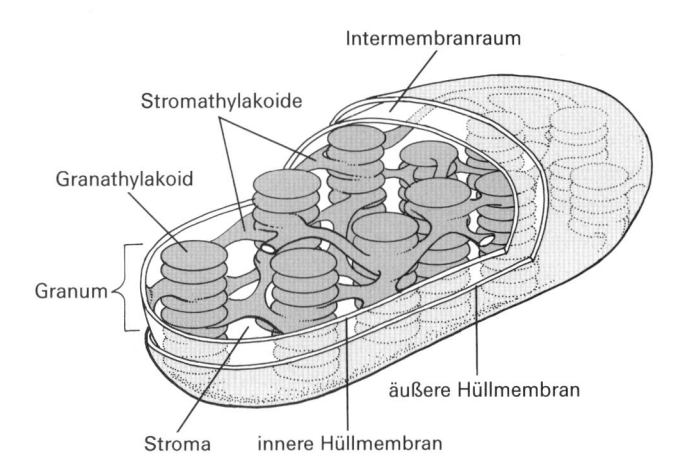

**Abb. 2.8** Dreidimensionale Struktur eines Chloroplasten. Besonders erwähnenswert ist, dass die internen Membranen (Thylakoide) nicht mit der Plastidenhülle verbunden sind. (Aus Raven et al., 1992.)

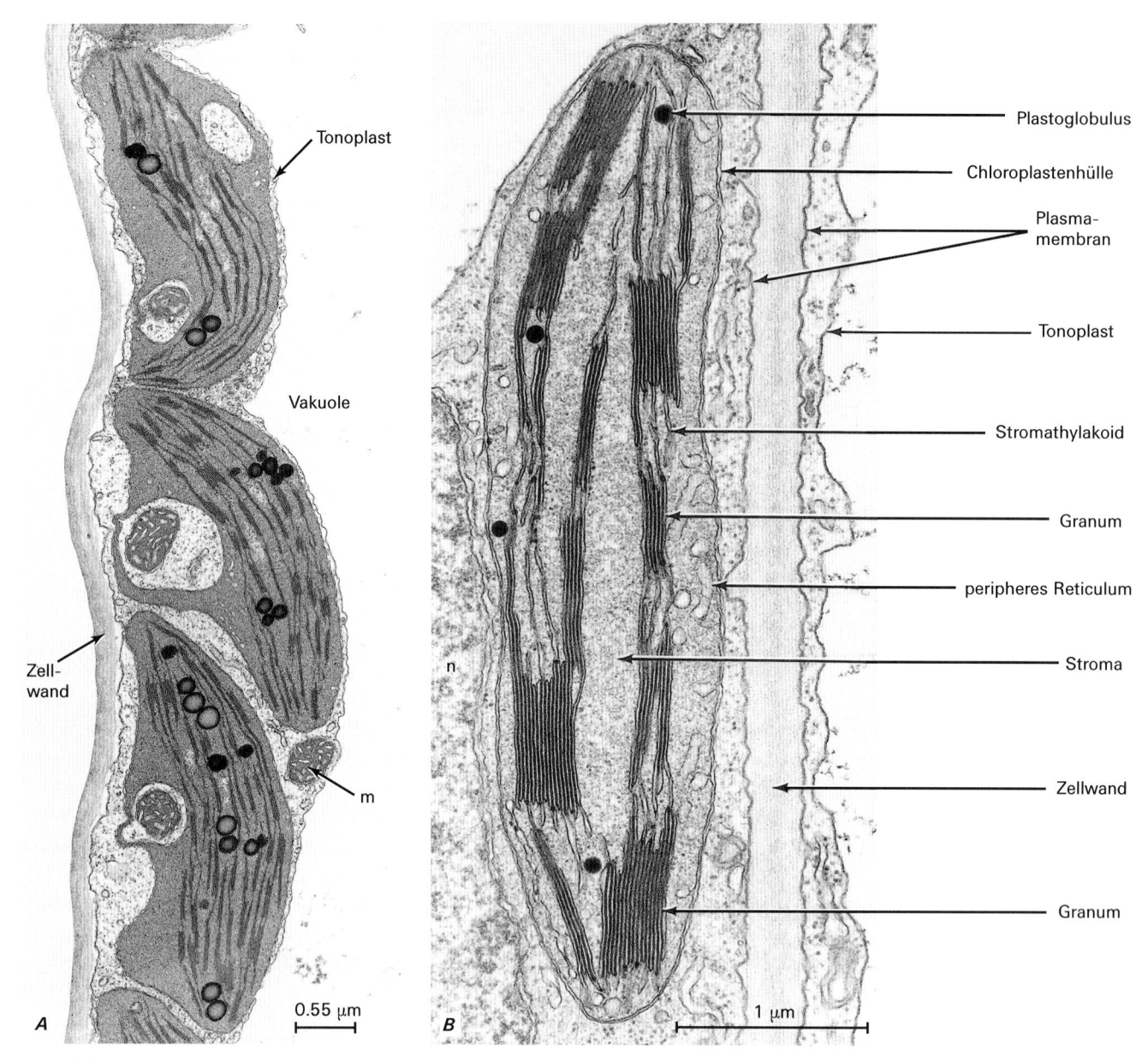

**Abb. 2.9** **A,** Chloroplasten befinden sich entlang der Zellwand in einer Blattzelle des Hirtentäschelkrauts (*Capsella bursa-pastoris*). Mitochondrien (m) sind eng assoziiert mit den Chloroplasten. **B,** Längsschnitt-Ansicht eines Chloroplasten mit Grana, aus einem Tabakblatt (*Nicotiana tabacum*). (**B,** aus Esau, 1977.)

bis zu 300 Chloroplasten besitzt. Untersuchungen über die Plastidenentwicklung haben gezeigt, dass die Mesophyllzellen der meisten Blätter zwischen 50 und 150 Chloroplasten enthalten können. Meist liegen Chloroplasten mit ihrer Breitseite parallel zur Zellwand und bevorzugt an *den* Zelloberflächen, die an Interzellularen grenzen. Sie können sich innerhalb der Zelle nach dem Licht ausrichten, indem sie sich beispielsweise bei geringen oder mittleren Lichtintensitäten entlang der Zellwände parallel zur Blattoberfläche orientieren, um auf diese Weise die Lichtnutzung für die Photosynthese zu optimieren (Trojan und Gabryś, 1996; Williams et al., 2003). Andererseits orientieren sich Chloroplasten bei hohen, eventuell schädigenden Lichtintensitäten entlang der Zellwände, die senkrecht zur Blattoberfläche liegen. Der blaue-UV- Bereich des elektromagnetischen Spektrums ist der effektivste Reiz für die Bewegung der Chloroplasten (Trojan und Gabryś, 1996; Yatsuhashi, 1996; Kagawa und Wada, 2000, 2002). Im Dunkeln verteilen sich die Chloroplasten entweder rein zufällig um die Zellwände herum oder ihre Lage wird durch örtliche Faktoren im Innern der Zelle bestimmt (Haupt und Scheuerlein, 1990). Vermutlich ist das Actin-Myosin-System an der Bewegung der Chloroplasten beteiligt.

Die Feinstruktur der Chloroplasten ist kompliziert. Das Stroma wird von einem ausgedehnten Thylakoidsystem durchzogen, das aus **Grana-** und **Stromathylakoiden** besteht. Die **Grana** (Sing.: **Granum**) sind geldrollenartige Stapel scheibenförmig abgeflachter Thylakoide, die untereinander durch einzeln liegende, das Stroma durchziehende Stromathylakoide

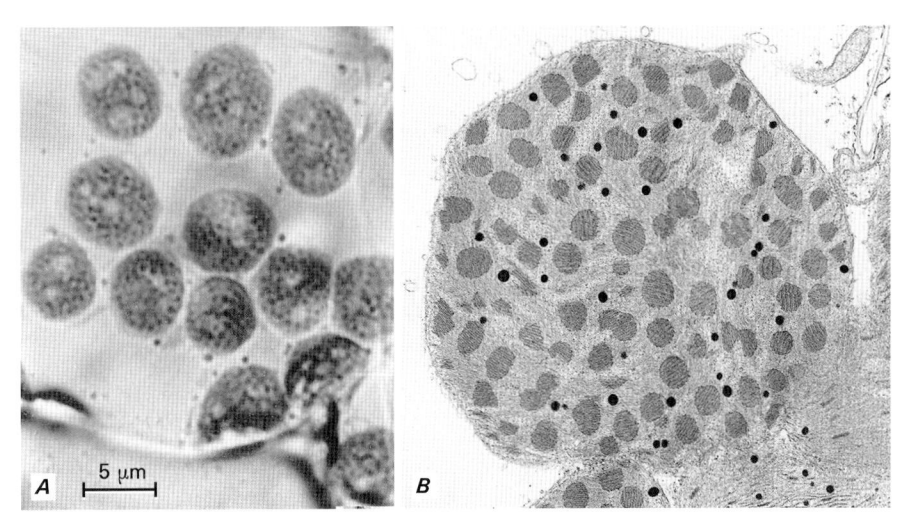

**Abb. 2.10** Chloroplastenstruktur. **A**, im Lichtmikroskop erscheinen die Grana im Chloroplasteninneren als Punkte. Die hier gezeigten Chloroplasten stammen aus einem Keimblatt von *Solanum lycopersicum*. **B**, eine elektronenmikroskopische Aufnahme eines Chloroplasten aus einer Bündelscheidenzelle vom Maisblatt (*Zea mays*) zeigt Grana in Aufsicht. (**A**, aus Hagemann, 1960.)

verbunden sind (Abb. 2.8–2.10). Grana- und Stromathylakoide bilden zusammen mit ihren inneren Kompartimenten ein einziges, zusammenhängendes System. Die Thylakoide sind nicht direkt mit der Chloroplastenhülle verbunden, aber vollständig in das Stroma eingebettet. Chlorophylle und Carotinoide sind beide an der Lichtabsorption beteiligt und zusammen mit Proteinen in die Thylakoidmembranen als einzeln organisierte Einheiten, die Photosysteme, eingebettet. Die Hauptfunktion der Carotinoide ist die Schutzfunktion eines Antioxidans, indem sie die photooxidative Schädigung der Chlorophyllmoleküle verhindern (Cunningham und Gantt, 1998; Vishnevetsky et al., 1999; Niyogi, 2000).

Chloroplasten enthalten oft Stärke, Phytoferritin (eine Eisenverbindung) und Lipidtröpfchen, so genannte **Plastoglobuli** (Sing.: **Plastoglobulus**). Die Stärkekörner sind vorübergehende Speicherprodukte und häufen sich nur dann an, wenn die Pflanze aktiv Photosynthese betreibt. Sie können aber in den Chloroplasten von Pflanzen, die für 24 Stunden im Dunkeln gehalten wurden, bereits fehlen. Häufig treten Stärkekörner jedoch nach nur drei- bis vierstündiger Belichtungszeit der Pflanze wieder auf.

Reife Chloroplasten enthalten zahlreiche Kopien eines ringförmigen Plastiden-DNA-Moleküls und einen eigenen Apparat der Replikation, Transkription und Translation dieses genetischen Materials (Gray, J. C., 1996). Aufgrund der geringen Codierungskapazität (ungefähr 100 Proteine) des Chloroplastengenoms sind jedoch die meisten Proteine, die an der Biogenese und Funktion der Chloroplasten beteiligt sind, im Kerngenom codiert (Fulgosi und Soll, 2001). Diese Proteine werden nach der Synthese an Ribosomen im Cytoplasma als Vorstufenproteine mit Hilfe einer N-terminalen Extension (**Transitsequenz**), einem sogenannten **Transitpeptid**, gezielt in den Chloroplasten transportiert. Jedes einzelne Protein, das die Chloroplasten importieren, besitzt eine spezifische Transitsequenz. Die Transitsequenz hat zwei Funktionen: erstens transportiert sie das Protein direkt zum Chloroplasten und zweitens dirigiert sie den Import in das Stroma, wo die Transitsequenz sofort abgespalten wird (Flügge, 1990; Schmeekens et al., 1990; Theg und Scott, 1993). Der weitere Transport durch die Thylakoidmembran erfolgt durch eine zweite Transitsequenz, die erst nach Abspaltung der ersteren demaskiert wird (Cline et al., 1993; Keegstra und Cline, 1999). Es gibt Beweise dafür, dass ein Teil des chloroplastidären Proteinapparates von dem endosymbiontischen Cyanobakterium stammt, das als Vorläufer der Chloroplasten gilt (Reumann und Keegstra, 1999; Bruce, 2000).

Zusätzlich zum regulierten Transportverkehr vom Zellkern zu den Chloroplasten übertragen Chloroplasten eigene Signale auf den Zellkern, um die Genexpression des Kerns und des Chloroplasten zu koordinieren. Darüber hinaus regulieren Plastiden-Signale die Expression von Kerngenen für nichtplastidäre Proteine und die Expression von Genen der Mitochondrien (siehe Referenzen in Rodermel, 2001). Chloroplasten sind nicht nur Orte der Photosynthese; sie sind auch an der Aminosäuresynthese und Fettsäuresynthese beteiligt, und stellen den Raum für die temporäre Speicherung von Stärke bereit.

### 2.6.2 Chromoplasten enthalten nur Carotinoide

**Chromoplasten** (*chroma*, Farbe) sind auch farbige – jedoch nicht grüne – Plastiden (Abb. 2.11). Sie besitzen unterschiedliche Formen und kein Chlorophyll, aber sie synthetisieren und speichern Carotinoide, die für die gelbe, orange oder rote Farbe vieler Blüten und Herbstblätter, einiger Früchte und Wurzeln verantwortlich sind. Chromoplasten bilden die heterogenste Kategorie der Plastiden und werden lediglich anhand der Struktur ihrer Carotin-enthaltenden Komponenten in der reifen Plastide klassifiziert (Sitte et al., 1980). Die meisten gehören

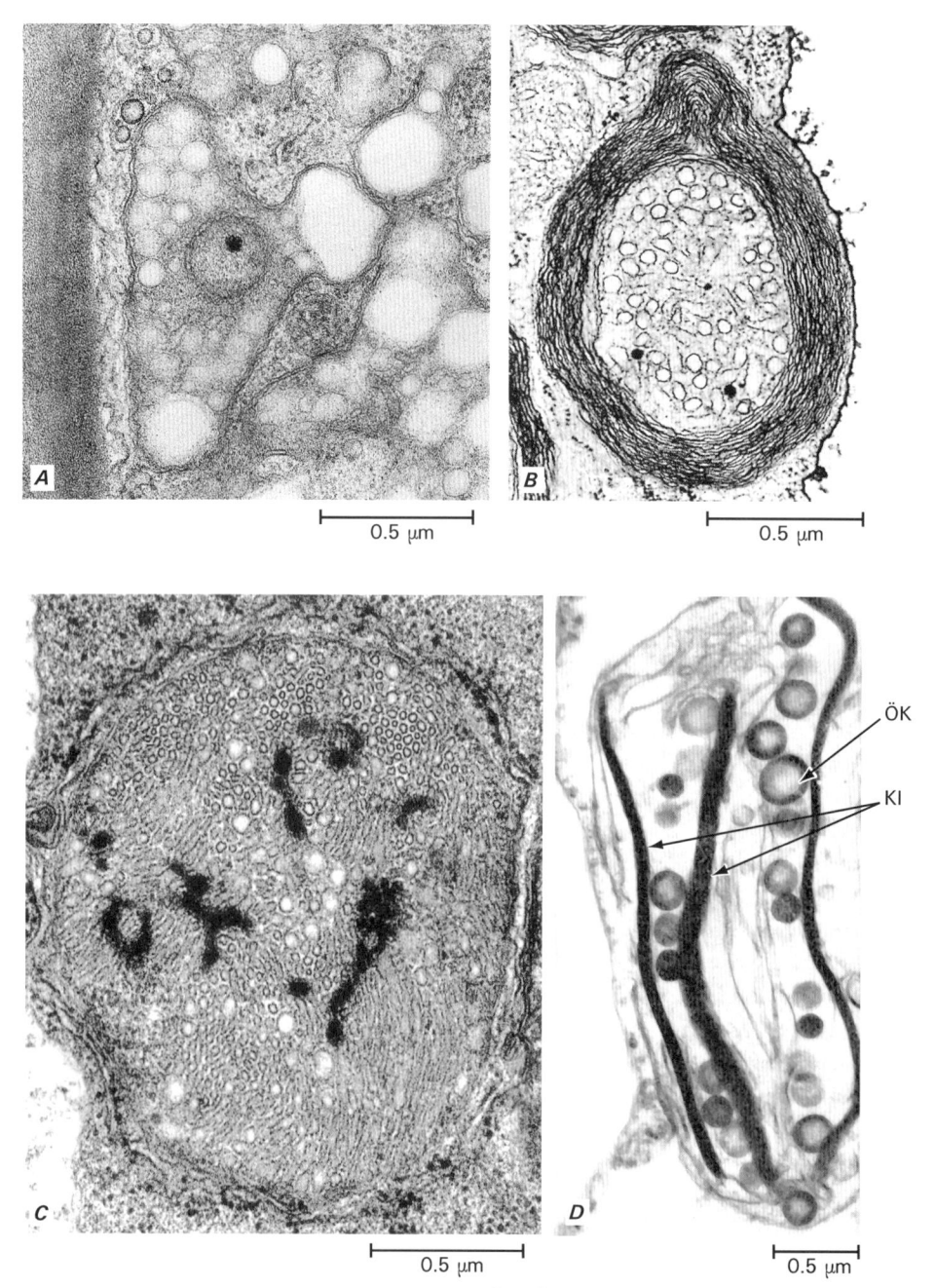

**Abb. 2.11** Verschiedene Typen von Chromoplasten. **A**, globulöser Chromoplast aus einem Blütenblatt von *Tagetes*; **B**, membranöser Chromoplast aus der Blüte von *Narcissus pseudonarcissus*; **C**, tubulärer Chromoplast aus der Frucht von *Palisota barteri*; **D**, kristalliner Chromoplast aus der Frucht von *Solanum lycopersicum*. Details: Kl, Kristalloide; ÖK, Ölkörper. (**B**, nachgedruckt aus Hansmann et al., 1987. © 1987, mit freundlicher Genehmigung von Elsevier.; **C**, aus Knoth et al., 1986, Abb. 7. © 1986 Springer-Verlag; **D**, aus Mohr, 1979, mit freundlicher Genehmigung von Oxford University Press.)

zu einem der vier verschiedenen Typen: (1) **Globulöse Chromoplasten** mit vielen carotinreichen Plastoglobuli (Abb. 2.11A). Manchmal können auch Thylakoidreste vorkommen. Die Plastoglobuli konzentrieren sich häufig im peripheren Stroma an der inneren Hüllmembran (Kronblätter von *Ranunculus repens* und gelbe Früchte von *Capsicum*, Blütenhülle von *Tulipa*, *Citrus*früchte); (2) **Membranöse Chromoplasten**, die durch eine Ansammlung von etwa 20 ringförmigen, Carotin-enthaltenden Doppelmembranen gekennzeichnet sind (Abb. 2.11B) (Kronblätter von *Narcissus* und *Citrus sinensis* ); (3) **Tubulöse Chromoplasten**, bei denen die Carotinoide in filamentöse Lipoprotein-„Tubuli" eingebaut sind (Abb. 2.11C) (rote Früchte von *Capsicum*, Hypanthium von *Rosa*; Kronblätter von *Tropaeolum*; Knoth et al. 1986); (4) **Kristallöse Chromoplasten**, die kristalline Einschlüsse mit reinen Carotinen enthalten (Abb. 2.11D) (ß-Carotin bei *Daucus*, der Möhre und bei *Solanum lycopersicum*, der Tomate). Carotinkristalle, allgemein als **Farbstoffkörper** bezeichnet, entstehen innerhalb der Thylakoide und bleiben während ihrer gesamten Entwicklungsstadien von der Hüllmembran des Plastiden umgeben. Globulöse Chromoplasten sind der häufigste Typ und werden als die ältesten und einfachsten Chromoplasten innerhalb der Evolution betrachtet (Camara et al., 1995).

Chromoplasten können aus ehemals grünen Chloroplasten durch Umwandlung entstehen, wobei das Chlorophyll und die Thylakoidmembranen des Chloroplasten verschwinden und sich große Mengen an Carotinoiden anhäufen, wie es beim Reifen vieler Früchte der Fall ist (Ziegler et al., 1983; Kuntz et al., 1989; Marano und Carrillo, 1991, 1992; Cheung et al., 1993; Ljubešić et al.,1996). Interessanterweise stehen diese Veränderungen offenbar mit dem Verschwinden der Ribosomen und rRNA der Plastiden in Verbindung, während die plastidäre DNA unverändert erhalten bleibt (Hansmann et al., 1987; Camara et al., 1989; Marano und Carrillo, 1991). Durch den Verlust an Ribosomen und rRNA kann die Proteinsynthese nicht mehr in den Chromoplasten stattfinden. Dies bedeutet, dass die spezifischen Proteine des Chromoplasten offenbar im Kern codiert sind und anschließend in den sich entwickelnden Chromoplasten hinein transportiert werden müssen. Die Entwicklung der Chromoplasten ist jedoch kein irreversibles Phänomen. Zum Beispiel besitzen die Chromoplasten der Citrusfrucht (Goldschmidt, 1988) und der Möhre (Grönegress, 1971) die Fähigkeit, sich wieder in Chloroplasten zu entwickeln. Dabei verlieren sie die Carotinpigmente und entwickeln ein Thylakoidsystem, Chlorophyll und den Photosyntheseapparat.

Die eigentliche Funktion der Chromoplasten ist nicht vollkommen klar, obwohl wir wissen, dass sich durch Carotinoide auffällig gefärbte Blüten und Früchte im Laufe der Evolution gemeinsam mit Insekten und anderen Tieren entwickelt haben (Coevolution), die durch die Farben angelockt werden und der Pollenübertragung oder der Ausbreitung von Samen und Früchten dienen (Raven et al., 2005).

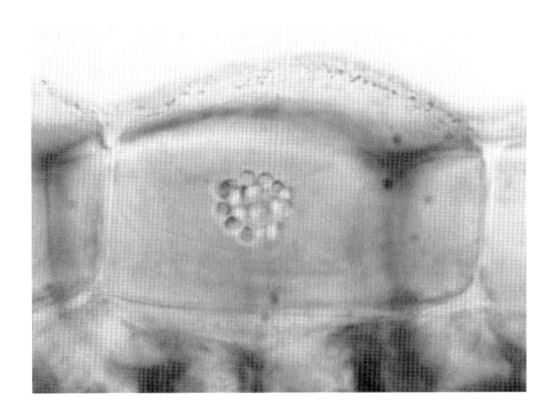

**Abb. 2.12** Leukoplasten gruppieren sich um den Zellkern in einer Epidermiszelle von einem *Zebrina*-Blatt. (x620.)

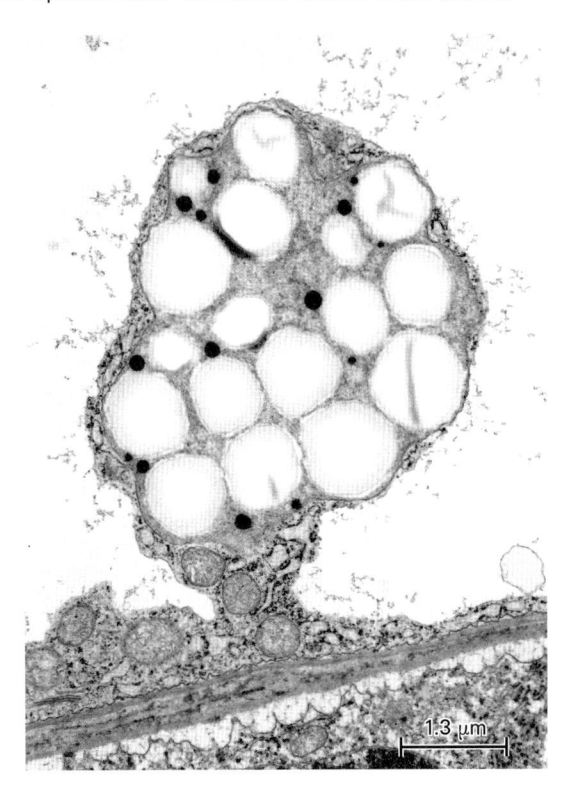

**Abb. 2.13** Amyloplast (ein Leukoplast) aus dem Embryosack der Sojabohne (*Glycine max*). Die runden, hellen Körper sind Stärkekörner. Die kleineren, dunklen Gebilde sind Ölkörper. Amyloplasten sind auf Stärkesynthese und –speicherung spezialisiert und kommen daher vorwiegend in Samen und Speicherorganen wie der Kartoffelknolle vor. (Mit freundlicher Genehmigung von Roland R. Dute.)

### 2.6.3 Leukoplasten sind farblose Plastiden

**Leukoplasten** enthalten keine Pigmente, sind also farblos (gr. *leukos* = weiß, hell) und sind die am geringsten differenzierten reifen Plastiden (Abb. 2.12). Im Allgemeinen haben sie ein gleichmäßig granuläres Stroma, mehrere Nucleoide und entgegen mancher Befunde, typische 70S Ribosomen. Ihr inneres Membransystem ist nur schwach ausgeprägt (Carde, 1984; Miernyk, 1989). Manche Leukoplasten speichern Stärke (**Amyloplasten**; Abb. 2.13), andere speichern Proteine (**Proteinoplasten**), Fette (**Elaioplasten**), oder eine Mischung all dieser Substanzen. Amyloplasten werden entweder als einfach oder zusammengesetzt klassifiziert (Shannon, 1989). Einfache Amyloplasten – wie sie in der Kartoffelknolle vorkommen – haben nur ein einziges Stärkekorn, während zusammengesetzte Amyloplasten meist mehrere, dicht gepackte Stärkekörner enthalten, wie beispielsweise im Endosperm von Hafer und Reis. Die Stärkekörner der Kartoffelknolle können so groß werden, dass die Hüllmembran zerreißt (Kirk und Tilney-Bassett, 1978). Die zusammengesetzten Amyloplasten in den Wurzelhauben spielen eine besondere Rolle bei der Graviperzeption (Sack und Kiss, 1989; Sack, 1997).

### 2.6.4 Alle Plastiden stammen ursprünglich von Proplastiden ab

**Proplastiden** sind kleine, farblose Plastiden, die in allen undifferenzierten Regionen des Pflanzenkörpers vorkommen, wie z. B. in den Apikalmeristemen der Wurzel und des Sprosses

(Mullet, 1988). Zygoten enthalten Proplastiden, welche die elementarsten Vorläufer aller Plastiden in einer ausgewachsenen Pflanze darstellen. Bei den meisten Angiospermen stammen die Proplastiden der Zygote ausschließlich aus dem Cytoplasma der Eizelle (Nakamura et al., 1992). Bei Coniferen stammen dagegen die Proplastiden der Zygote von denjenigen ab, die sich in der Spermazelle befinden. In jedem Fall folgt daraus, dass das Plastidengenom einer individuellen Pflanze typischerweise nur von *einem* Elternteil stammt. Da alle Plastiden einer ausgewachsenen Pflanze von *einem* Elternteil abstammen, besitzen alle Plastiden (ob Chloroplast, Chromoplast oder Leukoplast) in einer einzelnen Pflanze identische Genome (dePamphilis und Palmer, 1989). Jeder Proplastid enthält ein einziges ringförmiges DNA-Molekül.

Wie bereits erwähnt vermehren sich Plastiden – wie Bakterien – durch einfache Spaltung (binäre Teilung), bei der zwei gleiche Hälften entstehen (Oross und Possingham, 1989). In meristematischen Zellen hält die Teilung von Proplastiden in etwa Schritt mit der Zellteilung. Die Proplastiden müssen sich spalten, bevor die Zellen sich teilen. In reifen Zellen übersteigt die Plastidenpopulation die der ursprünglichen Proplastidenpopulation. Der größte Teil der endgültigen Plastidenpopulation ist wahrscheinlich auf die Teilung reifer Plastiden während der Zellstreckungsperiode zurückzuführen. Obwohl die Teilung der Plastiden offenbar durch den Zellkern kontrolliert wird (Possingham und Lawrence, 1983), besteht eine enge Wechselwirkung zwischen der Replikation der Plastiden-DNA und der Plastidenteilung.

Die Plastidenteilung wird durch Einschnürung (Konstriktion) in der Mitte der Plastide eingeleitet (Abb. 2.14). Durch kontinuierliches Zusammenziehen an der Einschnürungsstelle bleiben die beiden Tochterplastiden nur noch durch den Isthmus verbunden, welcher dann auseinander bricht. Anschließend werden die Hüllmembranen der Tochterplastiden an dieser Stelle wieder abgedichtet. Der Konstriktionsmechanismus wird durch einen kontraktilen Ring, den **Plastiden-Teilungsring**, verursacht, der im Elektronenmikroskop als elektronendichtes Band erscheint. Eigentlich entstehen zwei konzentrische Ringe: Ein äußerer Ring auf der cytoplasmatischen Seite der Plastiden-Außenmembran und ein innerer Ring auf der dem Stroma zugewandten Seite der Plastiden-Innenmembran. Bevor die Plastiden-Teilungsringe sichtbar werden, konzentrieren sich zwei Cytoskelett-ähnliche Proteine, FtsZ1 und FtsZ2, zu einem Ring auf der zukünftigen Teilungseben im Stroma innerhalb der Plastidenhülle. Beide Plastidenproteine, FtsZ1 und FtsZ2, sind Homologe des FtsZ-Zellteilungsproteins der Bakterien. Es wird behauptet, dass der FtsZ-Ring die Teilungsebene bestimmt (Kuroiwa et al., 2002). Molekularanalyse sich teilender Chloroplasten weist darauf hin, dass der Mechanismus der Plastidenteilung ursprünglich aus der Teilung von Bakterienzellen hervorgegangen ist (Osteryoung und Pyke, 1998; Osteryoung und McAndrew, 2001, Miyagishima et al., 2001).

Die Entwicklung einer Proplastide zu einer höher differenzierten Plastidenform wird durch Lichtmangel gehemmt. Es bilden sich dann im Inneren der Plastide ein oder mehrere **Pro-**

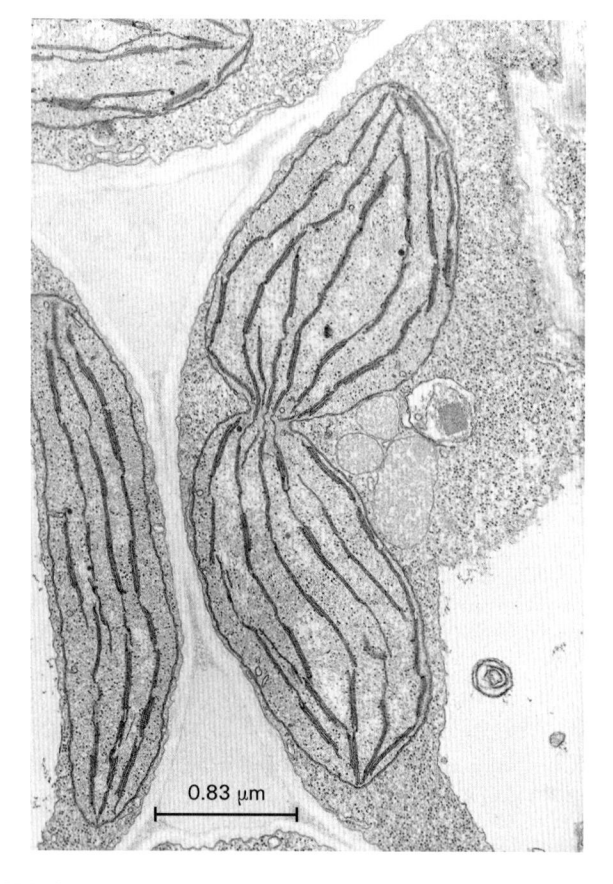

**Abb. 2.14** Ein sich teilender Chloroplast im Blatt von *Beta vulgaris*. Wenn sich der Teilungsprozess fortgesetzt hätte, wären die zwei Tochterplastiden an der engen Einschnürungsstelle, dem Isthmus, getrennt worden. Auf der rechten Seite der Einschnürung kann man drei Peroxisomen erkennen.

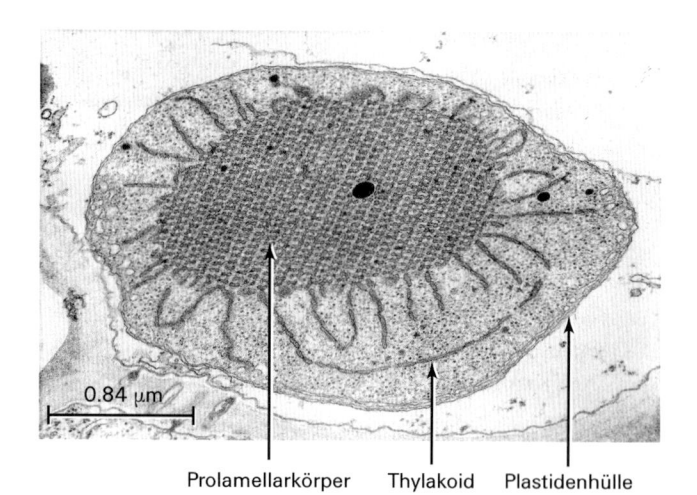

**Abb. 2.15** Etiolierter Chloroplast mit einem Prolamellarkörper in einer Blattzelle von Zuckerrohr (*Saccharum officinarum*). Ribosomen sind auffällig in der Plastide. (Mit freundlicher Genehmigung von W. M. Laetsch.)

## 2.7 Mitochondrien

Ähnlich wie Plastiden sind auch **Mitochondrien** (Singular: Mitochondrion) von zwei Elementarmembranen umgeben (Abb. 2.17 und 2.18). Die innere Membran ist stark eingestülpt unter Bildung zahlreicher Faltungen, den **Cristae** (Singular: Crista), die in die Matrix hineinragen. Durch diese Faltungen wird die innere Membranoberfläche, an der viele Enzyme lokalisiert sind und Enzymreaktionen stattfinden, stark vergrößert. Mitochondrien sind gewöhnlich kleiner als Plastiden und variieren deutlich in Länge und Form. Sie haben einen Durchmesser von ungefähr einem halben Mikrometer.

Mitochondrien sind die Orte der Zellatmung – der vollständigen Oxidation organischer Moleküle unter Freisetzung von Energie und der Umwandlung dieser Energie in Form von ATP (Adenosintriphosphat), der wichtigsten Energiequelle im Stoffwechsel der Zelle (Mackenzie und McIntosh, 1999; Møller, 2001; Bowsher und Tobin, 2001). Das innerste Kompartiment, das von den Cristae umschlossen wird, ist die **Matrix**. Die Matrix ist eine dichte Grundsubstanz, die Enzyme, Coenzyme, Wasser, Phosphat und bestimmte andere Moleküle enthält, die an der Zellatmung beteiligt sind. Die äußere Membran ist für die meisten kleinen Moleküle durchlässig, während die innere Membran relativ undurchlässig ist (Diffusionsbarriere). Sie lässt nur bestimmte Moleküle wie Pyruvat und ATP passieren, verhindert jedoch den Transport anderer Moleküle. Einige Enzyme des Citratzyklus wurden in der Matrix nachgewiesen. Andere Enzyme des Citratzyklus und die Komponenten der Atmungskette sind in die Membranoberfläche der Cristae eingebettet. Die meisten Pflanzen besitzen Hunderte von Mitochondrien, wobei die Zahl der Mitochondrien pro Zelle in Beziehung zum ATP-Bedarf der Zelle steht.

Mitochondrien sind ständig in Bewegung und scheinen frei im Cytoplasma von einem Teil der Zelle zum anderen zu wandern. Sie verschmelzen auch miteinander und vermehren sich durch binäre Teilung (Arimura et al., 2004), wobei die kontraktilen FtsZ-Ringe an die Plastiden-Teilungsringe erinnern (Osteryoung, 2000). Es konnte gezeigt werden, dass die Bewe-

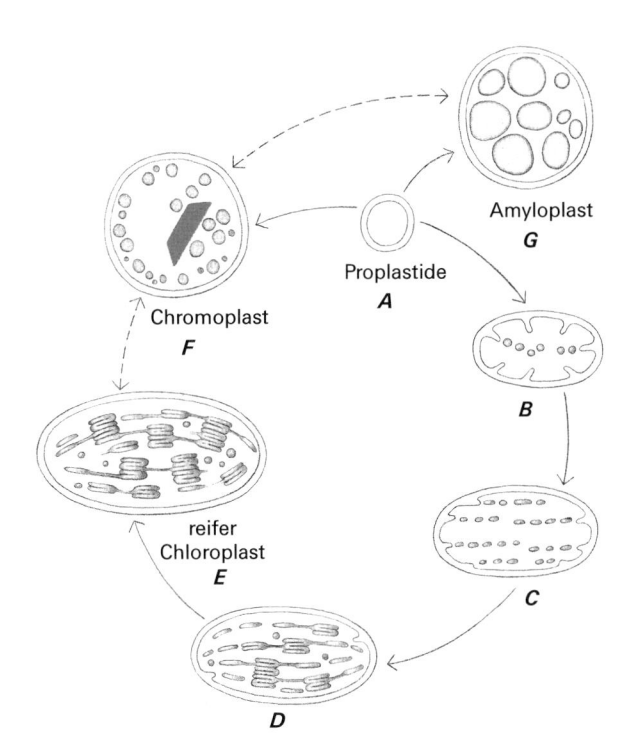

**Abb. 2.16** Plastidenentwicklungszyklus. Chloroplastenentwicklung ausgehend von einer Proplastide (**A**). Anfangs enthält die Proplastide nur wenige oder keine internen Membranen. **B-D**, Während sich die Proplastide differenziert, schnüren sich flache Vesikel von der inneren Membran der Plastidenhülle ab und ordnen sich schließlich zu Grana- und Stromathylakoiden an. **E**, Das Thylakoidsystem des reifen Chloroplasten scheint nicht mit der Plastidenhülle verbunden zu sein. **F, G**, Proplastiden können sich auch zu Chromoplasten und Leukoplasten entwickeln. Der hier gezeigte Leukoplast ist ein Stärke synthetisierender Amyloplast. Es muss besonders erwähnt werden, dass Chromoplasten aus Proplastiden, Chloroplasten oder Leukoplasten entstehen können. Die verschiedenen Plastidentypen können sich ineinander umwandeln (gestrichelte Pfeile). (Aus Raven et al., 2005.)

**lamellarkörper** (Abb. 2.15), parakristalline Strukturen aus tubulären Membranen (Gunning, 2001). Plastiden mit solchen Prolamellarkörpern nennt man **Etioplasten** (Kirk und Tilney-Bassett, 1978). Etioplasten entstehen in Blattzellen von Pflanzen, die im Dunkeln gewachsen sind. Bei anschließender Belichtung entwickeln sich Etioplasten zu Chloroplasten, indem sich die tubulären Membranen des Prolamellarkörpers zu Thylakoiden umbilden. Es konnte gezeigt werden, dass die Carotinoidsynthese für die Entwicklung von Prolamellarkörpern in etiolierten Keimlingen von *Arabidopsis* essenziell ist (Park et al., 2002).

Unter natürlichen Bedingungen differenzieren sich die Proplastiden im Embryo einiger Samen zunächst zu Etioplasten, aus denen sich dann bei Belichtung Chloroplasten entwickeln. Die verschiedenen Plastidentypen können sich mit bemerkenswerter Leichtigkeit ineinander umwandeln (Abb. 2.16).

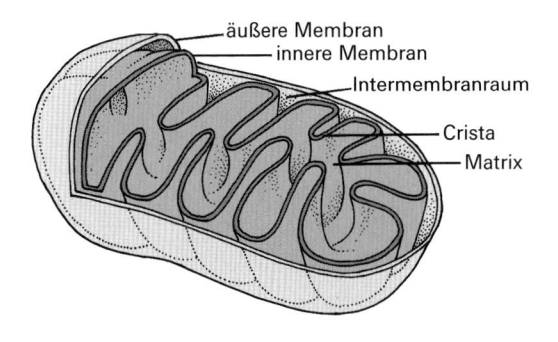

**Abb. 2.17** Dreidimensionale Struktur eine Mitochondrions. Die innere der beiden Membranen, die das Mitochondrion umgeben, ist nach innen in Form von Cristae gefaltet. Viele der an der Atmung beteiligten Enzyme und Elektronen-Überträger (*-carrier*) sind in den Cristae lokalisiert. (Aus Raven et al., 2005.)

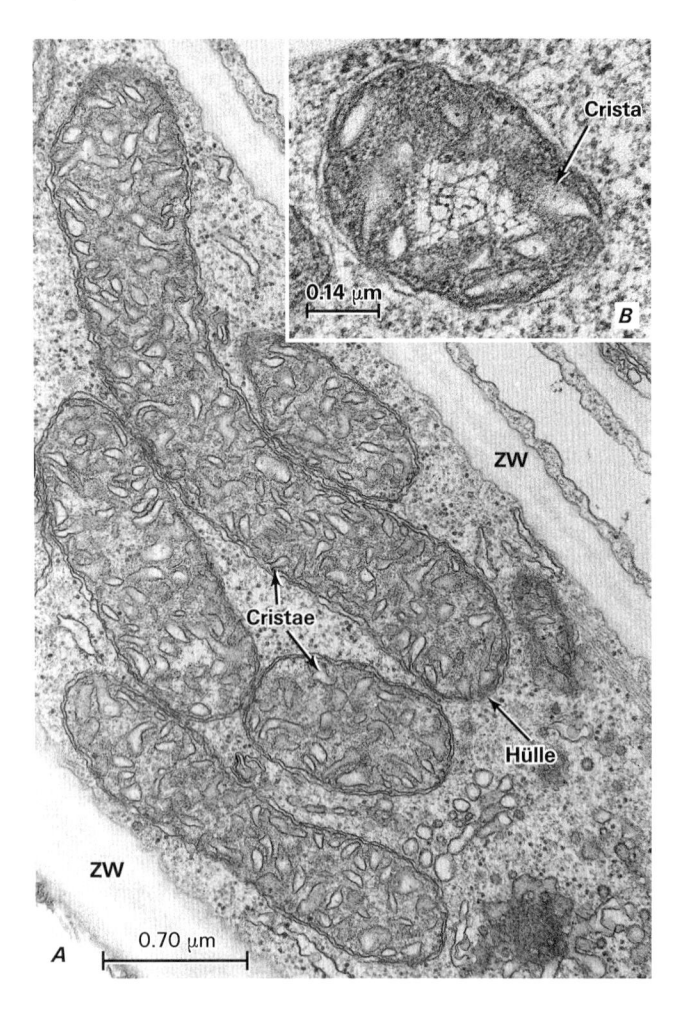

**Abb. 2.18** Mitochondrien. **A**, in einem Tabakblatt (*Nicotiana tabacum*). Die Hülle besteht aus zwei Membranen und die Cristae sind in die dichte Matrix eingebettet. **B**, Mitochondrion in einer Blattzelle des Spinats (*Spinacia oleracea*). Der Schnitt lässt auch einige DNA-Stränge im Nucleoid erkennen. Details: ZW, Zellwand

gung der Mitochondrien in einer Zellkultur von Tabak (*Nicotiana tabacum*) auf dem Actin-Myosin-System basiert (Van Gestel et al., 2002). Mitochondrien sammeln sich dort an, wo Energie benötigt wird. In Zellen, in denen die Plasmamembran sehr aktiv ist, Stoffe in die Zelle und wieder hinaus zu transportieren, ordnen sich Mitochondrien häufig entlang der Membranoberfläche an.

Mitochondrien sind – wie Plastiden – semiautonome Organellen, die einen Teil ihrer Proteine mit Hilfe eigener DNA selbst synthetisieren. Die Mitochondrien-DNA liegt in Form von einem oder mehreren Nucleoiden in der Matrix vor, die außerdem viele 70S Ribosomen ähnlich denen der Bakterien enthält (Abb. 2.18). Ebenso wie in Bakterien ist die Mitochondrien-DNA nicht mit Histonen assoziiert. Die gesamte genetische Information einer Pflanzenzelle ist also auf drei verschiedene Kompartimente verteilt: Kern, Plastiden und Mitochondrien. Das Genom der Mitochondrien ist bei Pflanzen viel größer (200–2400 kb) als bei Säugetieren (14–42 kb), Pilzen (18–176 kb) und Plastiden (120–200 kb) (Backert et al., 1997; Giegé und Brennicke, 2001). Die DNA-Struktur der Mitochondrien ist noch nicht völlig geklärt. Neben linearen und ringförmigen DNA-Molekülen verschiedener Größe kommen auch vielfach komplexe DNA-Moleküle vor (Backert et al., 1997).

Es wird allgemein angenommen, dass Mitochondrien von freilebenden α-Proteobakterien abstammen und während der Evolution mit frühen eukaryotischen Zellen eine Endosymbiose eingegangen sind (Gray, 1989). Ähnlich wie bei Plastiden wurde auch bei Mitochondrien im Verlauf der Evolution ein großer Teil der mitochondrialen DNA in den Kern verlagert (Adams et al., 2000; Gray, 2000). Daneben gibt es Untersuchungen, die zeigen, dass über lange Zeitperioden der Evolution sogar ein Teil der genetischen Information von Chloroplasten auf Mitochondrien übertragen wurde (Nugent und Palmer, 1988; Jukes und Osawa, 1990; Nakazono und Hirai, 1993) und möglicherweise auch vom Kern in die Mitochondrien (Schuster und Brennicke, 1987; Marienfeld et al., 1999). Im Mitochondrien-Genom sind nur etwa 30 Proteine codiert. Dagegen werden schätzungsweise 4000 Proteine, die im Kern codiert sind, aus dem Cytoplasma in die Mitochondrien aufgenommen. Die Kern-codierten Proteine der Mitochondrien besitzen Signalpeptide am N-terminalen Ende, so genannte **Präsequenzen**, die sie vom Cytoplasma in die Mitochondrien dirigieren (Braun und Schmitz, 1999; Mackenzie und McIntosh, 1999; Giegé und Brennicke, 2001).

Die genetische Information, die nur in der Mitochondrien-DNA enthalten ist, könnte einen Effekt auf die Zellentwicklung haben. Besonders erwähnenswert ist die cytoplasmatische männliche Sterilität (CMS-T), wobei es sich um ein mütterlicherseits vererbtes Merkmal (mitochondriale DNA wird mütterlich vererbt) handelt, das die Produktion funktionstüchtiger Pollen verhindert, jedoch nicht die weibliche Fertilität beeinflusst (Leaver und Gray, 1982). Pflanzen des Phänotyps mit Pollensterilität wurden in großem Stil für die kommerzielle Produktion von F1-Hybrid-Samen (z. B. Mais, Zwiebel, Karotten, Rote Bete und Petunien) eingesetzt, weil die Pollensterilität eine Selbstbestäubung verhindert.

Mitochondrien haben eine Schlüsselrolle bei der Regulation des programmierten Zelltods in tierischen Zellen, der **Apoptose** (Kapitel 5; Desagher und Martinou, 2000; Ferri und Kroemer, 2001; Finkel, 2001). Der primäre Auslöser für die Apoptose ist die Freisetzung von Cytochrom *c* aus dem Intermembranraum der Mitochondrien ins Cytoplasma. Cytochrom *c* scheint der kritische Faktor bei der Aktivierung von katabolischen Proteasen, den so genannten Caspasen (Apoptose-spezifischen Cystein-Proteasen) zu sein. Möglicherweise spielen Mitochondrien auch in Pflanzen eine Rolle beim programmierten Zelltod, aber man hält es für unwahrscheinlich, dass Cytochrom *c* an diesem Prozess beteiligt ist (Jones, 2000; Xu und Hanson, 2000; Young und Gallie, 2000; Yu et al., 2002; Balk et al., 2003; Yao et al., 2004).

## 2.8 Peroxisomen

**Peroxisomen** (auch *Microbodies* genannt) sind kleine kugelige Organellen mit einem Durchmesser von 0,5 bis 1,5 µm, die im Gegensatz zu Plastiden und Mitochondrien nur von einer einfachen Elementarmembran umgeben sind (Abb. 2.14 und 2.19; Frederick et al., 1975; Olsen, 1998). Peroxisomen unterscheiden sich sehr deutlich von Plastiden und Mitochondrien, indem sie weder eigene DNA noch Ribosomen besitzen. Folglich sind alle Proteine der Peroxisomen kerncodiert und auch die Matrix-Proteine müssen an Ribosomen im Cytoplasma synthetisiert und in die Peroxisomen transportiert werden. Eine Reihe von peroxisomalen Membranproteinen könnte zunächst gezielt zum Endoplasmatischen Reticulum transportiert werden und von dort mit Hilfe eines Vesikeltransports in das Organell gelangen (Johnson und Olsen, 2001). Peroxisomen besitzen kein inneres Membransystem, nur eine granuläre Grundsubstanz, in die häufig amorphe oder kristalline Proteinkörper eingelagert sind. Aus allgemeiner Sicht sind die Peroxisomen selbstreplizierende Organellen, d. h. neue Peroxisomen gehen nur durch Teilung aus bereits vorhandenen Organellen hervor. Die Tatsache, dass ein Vesikeltransport vom Endoplasmatischen Reticulum zu den Peroxisomen existiert, hat einige Wissenschaftler zu der Spekulation veranlasst, dass diese Organellen auch *de novo* durch Abschnürung von Membranen des Endoplasmatischen Reticulums gebildet werden (Kunau und Erdmann, 1998; Titorenko und Rachubinski, 1998; Mullen et al., 2001). Diese Vorstellung wurde von anderen Wissenschaftlern stark in Frage gestellt (Purdue und Lazarow, 2001). Biochemisch lassen sich Peroxisomen durch das Vorkommen von mindestens zwei Enzymen charakterisieren: eine Wasserstoffperoxid-produzierende Oxidase und eine Katalase, die das Wasserstoffperoxid sofort abbaut (Tolbert, 1980; Olsen, 1998). Wie von Corpas et al. (2001) festgestellt, ist die wichtigste Eigenschaft von Peroxisomen ihre „Stoffwechsel-Plastizität" (metabolische Plastizität), die darauf beruht, dass ihr Enzymgehalt variieren kann in Abhängigkeit vom Organismus, Zelltyp oder Gewebetyp sowie von bestimmten Umweltbedingungen. Peroxisomen erfüllen viele unterschiedliche Funktionen (Hu et al., 2002).

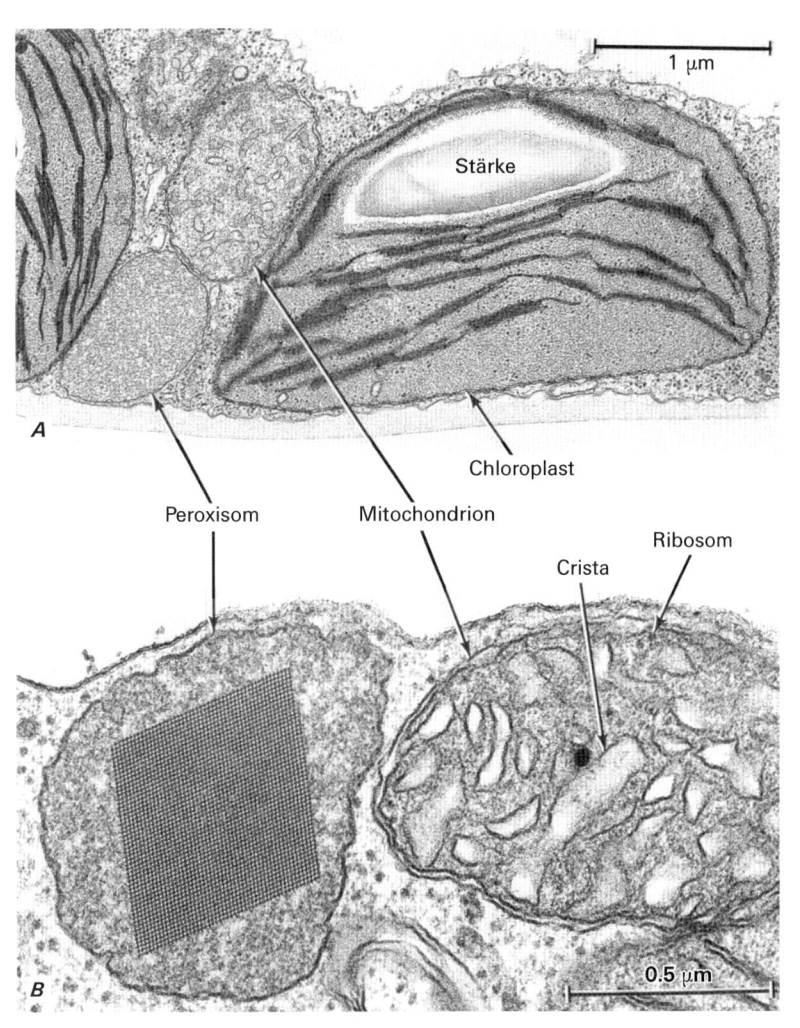

**Abb. 2.19** Organellen in Blattzellen der Zuckerrübe (*Beta vulgaris*, **A**) und des Tabaks (*Nicotiana tabacum*, **B**). Die Einheitsmembran, die das Peroxisom umgibt, ist deutlich von den Doppelmembranhüllen der anderen Organellen zu unterscheiden. Das Peroxisom in **B** enthält einen Kristall. Einige Ribosomen sind in dem Chloroplast in **A** und in dem Mitochondrion in **B** zu erkennen. (Aus Esau, 1977.)

In Pflanzen hat man zwei sehr unterschiedliche Typen von Peroxisomen intensiv untersucht (Tolbert und Esser, 1981; Trelease, 1984; Kindl, 1992). Ein Typ kommt in grünen Blättern vor und spielt eine wichtige Rolle beim Glycolsäuremetabolismus, der im Zusammenhang mit der **Photorespiration** steht. Bei der Photorespiration wird Sauerstoff verbraucht und Kohlenstoffdioxid freigesetzt. Die Photorespiration benötigt eine direkte Zusammenarbeit zwischen Peroxisomen, Mitochondrien und Chloroplasten; deshalb sind auch diese drei Organellen eng miteinander assoziiert (Abb. 2.19A). Die biologische Funktion der Photorespiration muss noch genau erforscht werden (Taiz und Zeiger, 2002).

Der zweite Typ von Peroxisomen wurde im Endosperm oder in Cotyledonen von keimenden Samen nachgewiesen. Hier spielen sie eine essenzielle Rolle bei der Umwandlung von Fetten in Kohlenhydrate, die durch eine Reihe von Enzymreaktionen, bekannt als Glyoxylsäure-Zyklus katalysiert wird. Ihrer Funktion entsprechend werden diese Peroxisomen auch als **Glyoxysomen** bezeichnet. Die beiden Typen der Peroxisomen sind nicht ineinander umwandelbar (Kindl, 1992; Nishimura et al., 1993, 1998). Zum Beispiel befinden sich die Cotyledonen von einigen Samen während der ersten Entwicklungsstadien nicht im Licht. Sobald die Cotyledonen allmählich dem Licht exponiert werden, ergrünen sie. Mit dem Abbau der Fette und der Entwicklung von Chloroplasten wandeln sich die Glyoxysomen in blatteigene Peroxisomen um. Die glyoxysomalen Eigenschaften können dann wieder während der Seneszenz der Blätter auftreten.

Zahlreiche Studien haben gezeigt, dass die Peroxisomen der Pflanzen – ähnlich wie Plastiden und Mitochondrien – bewegliche Organellen sind, und dass ihre Bewegung Actin-abhängig ist (Collings et al., 2002; Jedd und Chua, 2002; Mano et al., 2002; Mathur et al., 2002). Man konnte auch zeigen, dass die Peroxisomen in Porree (*Allium porrum*) und in *Arabidopsis* dynamische Bewegungen entlang Actinfilamentbündeln durchführen (Collings et al., 2002; Mano et al., 2002), wobei die Peroxisomen in *Arabidopsis* eine maximale Geschwindigkeit von 10 µm s$^{-1}$ erreichen (Jedd und Chua, 2002). Darüber hinaus konnte man beweisen, dass die Peroxisomen in *Arabidopsis* durch Myosin angetrieben werden (Jedd und Chua, 2002).

## 2.9 Vakuolen

Neben den Plastiden und einer Zellwand ist die Vakuole eines der drei wesentlichen Merkmale, durch die sich Pflanzenzellen von Tierzellen unterscheiden. Vakuolen sind von einer einfachen Elementarmembran umgeben, dem **Tonoplast** oder der **Vakuolenmembran** (Abb. 2.2). Sie sind multifunktionelle Organellen und sehr unterschiedlich in Form, Größe, Inhalt und Funktion (Wink, 1993; Marty, 1999). Eine einzelne Pflanzenzelle kann mehr als einen Vakuolen-Typ enthalten. Manche Vakuolen fungieren primär als Speicherorganellen, andere als Kompartimente mit lytischen Enzymen. Die beiden Typen von Vakuolen lassen sich anhand der Tonoplast-spezifischen Integralproteine (TIPs) charakterisieren: Während α–TIP mit dem Tonoplast einer proteinspeichernden Vakuole assoziiert ist, kommt γ-TIP am Tonoplast einer lytischen Vakuole vor. Beide TIP-Typen können auch zusammen am selben Tonoplast großer Vakuolen lokalisiert sein, wahrscheinlich wegen der Verschmelzung von zwei Vakuolen während der Zellvergrößerung (Paris et al., 1996, Miller und Anderson, 1999).

Viele meristematische Pflanzenzellen enthalten zahlreiche kleine Vakuolen. Wenn die Zellen sich vergrößern, werden auch die Vakuolen größer und fusionieren schließlich zu einer einzigen großen Zentralvakuole (Abb. 2.20). Die Größenzunahme einer Pflanzenzelle beruht hauptsächlich auf der Volumenvergrößerung der Vakuolen. Bei einer ausgewachsenen Zelle kann das Zellvolumen bis zu 90% von der Vakuole ausgefüllt sein. Der Rest des Cytoplasmas besteht dann nur noch aus einer dünnen, peripheren Schicht, die eng an der Zellwand anliegt. Ökonomisch gesehen ist es für die Pflanzenzelle vorteilhaft, wenn sie einen derart großen Anteil ihres Volumens mit „billigem" (in Bezug auf Energie) Vakuolensaft ausfüllt und nicht mit „teurem" stickstoffreichen Cytoplasma. Zudem gewinnt die Pflanzenzelle durch den Besitz einer großen Zentralvakuole eine große Oberfläche zwischen der dünnen Cytoplasmaschicht und dem Außenmilieu, mit dem ein intensiver

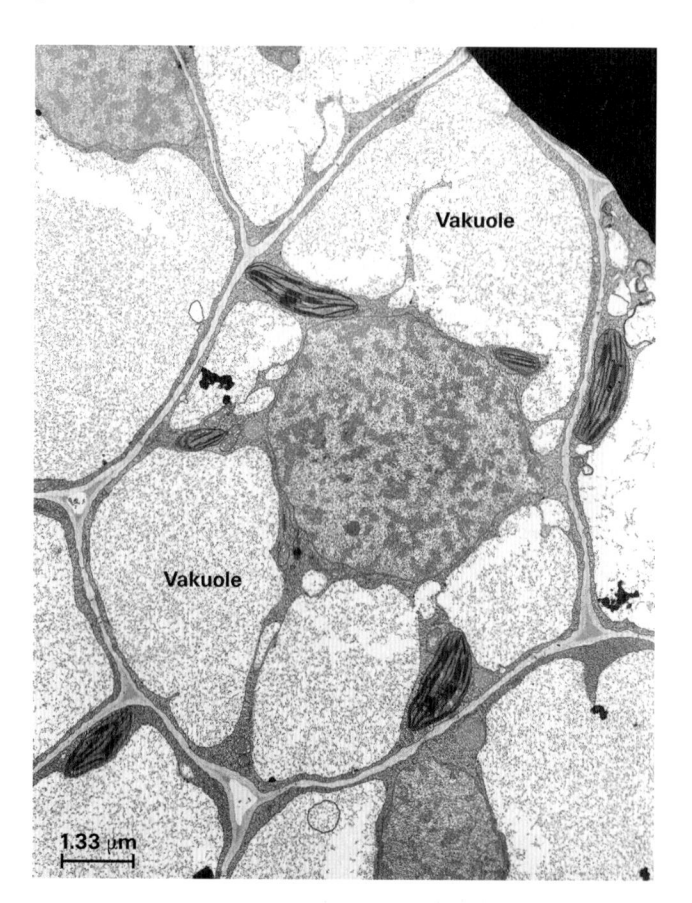

**Abb. 2.20** Parenchymzelle eines Tabakblattes (*Nicotiana tabacum*). Der Kern ist mitten in der Zentralvakuole an Cytoplasmasträngen "aufgehängt". Die dichte, granuläre Substanz im Kern ist Chromatin.

und rascher Austausch möglich ist (Wiebe, 1978). Als selektiv permeable Membran ist der Tonoplast an der Regulation osmotischer Phänomene beteiligt, die eng mit den Vakuolen assoziiert sind. Als Folge entwickelt sich in der Zelle ein Innendruck (**Turgor**), der die Zellfestigkeit und somit auch die Gewebefestigkeit aufrechterhält. Die Festigung ist eine der Hauptaufgaben von Vakuole und Tonoplast.

Der Hauptbestandteil des **Zellsaftes** in der Vakuole ist Wasser, in dem die unterschiedlichsten organischen und anorganischen Moleküle gelöst sind. Die Zusammensetzung des Zellsaftes richtet sich nach dem Pflanzentyp, dem Organ und dem Zelltyp. Sie entspricht auch dem jeweiligen Entwicklungsstadium und dem physiologischen Zustand der Zelle (Nakamura und Matsuoka, 1993; Wink, 1993). Zu den im Zellsaft gelösten Stoffen gehören neben anorganischen Ionen ($Ca^{2+}$, $Cl^-$, $K^+$, $NO_3^-$, $PO_4^{2-}$) gewöhnlich auch Zucker, organische Säuren und Aminosäuren. Manchmal erreicht eine bestimmte Substanz in der Vakuole eine derart hohe Konzentration, dass sie Kristalle bildet. Besonders häufig sind die Kristalle des Calciumoxalats, die in unterschiedlichen Formen vorkommen (Kapitel 3). Die Moleküle, die sich in der Vakuole anreichern, werden meist an anderen Orten im Cytoplasma synthetisiert und importiert. Der Transport von Metaboliten und anorganischen Ionen durch den Tonoplasten ist streng kontrolliert, um ein optimales Funktionieren der Zelle zu garantieren (Martinoia, 1992; Nakamura und Matsuoka, 1993; Wink, 1993).

Vakuolen sind wichtige Speicherkompartimente für verschiedene Stoffwechselprodukte. Produkte des Primärstoffwechsels wie Zucker und organische Säuren, die eine bedeutende Rolle im gesamten Zellstoffwechsel spielen, werden nur vorübergehend in der Vakuole gespeichert. Zum Beispiel werden in photosynthetisch aktiven Blättern vieler Pflanzenarten die Zucker, die tagsüber gebildet und zunächst in den Vakuolen der Mesophyllzellen gespeichert werden, während der Nacht wieder aus den Vakuolen in andere Teile der Pflanze exportiert. In CAM-Pflanzen wird Äpfelsäure während der Nacht in den Vakuolen gespeichert und tagsüber aus den Vakuolen exportiert und decarboxyliert. Durch Wiederfreisetzung des $CO_2$ kann dann am Tag der Calvin-Zyklus in den Chloroplasten bei geschlossenen Stomata mit $CO_2$ gespeist werden (Kluge et al., 1982; Smith, 1987). In Samen sind die Vakuolen der Hauptspeicher für Reserveproteine (Herman und Larkins, 1999).

In Vakuolen werden auch Produkte des Sekundärstoffwechsels wie z. B. Nicotin (Alkaloid), Tannin und Phenole deponiert und so aus dem Cytoplasma entfernt (Abb. 2.21). Sekundärmetabolite spielen eigentlich keine wichtige Rolle für den Primärstoffwechsel der Pflanze und können deshalb dauerhaft in den Vakuolen abgelagert werden. Viele dieser sekundären Pflanzenstoffe sind toxisch – nicht nur für die Pflanze selbst sondern auch für pathogene Mikroorganismen, Parasiten und/oder Herbivoren – und erfüllen deshalb eine wichtige Funktion bei Abwehrreaktionen der Pflanze. Einige Sekundärmetabolite, die in den Vakuolen deponiert werden, sind nicht giftig. Bei Zerstörung der Vakuole können sie aber durch Hydrolyse in hochgiftige Derivate wie z. B. Cyanid, Senföle und Aglykone umgewandelt werden (Matile, 1982; Boller und Wiemken, 1986). Dies zeigt, dass die Entgiftung des Cytoplasmas und die Speicherung von Abwehrstoffen als wichtige Funktion der Vakuolen betrachtet werden muss.

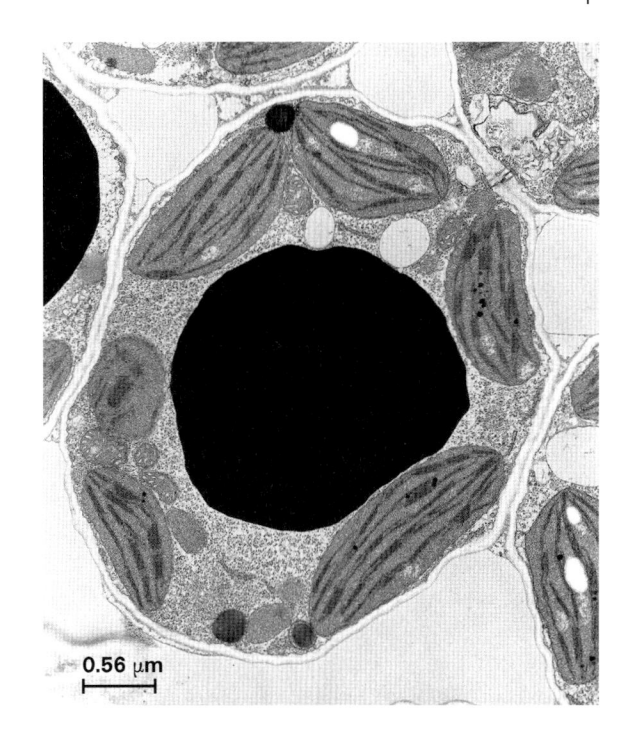

**Abb. 2.21** Tannin-haltige Vakuole in einer Blattzelle der Mimose (*Mimosa pudica*). Das elektronendichte Tannin füllt die Zentralvakuole dieser Zelle förmlich aus.

In der Vakuole werden oft Farbstoffe abgelagert. Die blaue, violette, purpurrote, dunkelrote und scharlachrote Farbe von Pflanzenzellen wird gewöhnlich von einer Farbstoffgruppe, den **Anthocyanen**, verursacht. Die Anthocyane kommen hauptsächlich in Epidermiszellen vor. Im Gegensatz zu den meisten anderen Pflanzenfarbstoffen (z. B. Chlorophylle, Carotinoide) sind Anthocyane in Wasser gut löslich und daher im Zellsaft gelöst. Sie sind verantwortlich für die roten und blauen Farben vieler Früchte (Weintrauben, Pflaumen und Kirschen), Gemüsesorten (Radieschen, Rüben, Kohlarten) und zahlreicher Blüten (Geranien, Rittersporn, Rosen, Petunien, Pfingstrosen). Als Blütenfarbstoffe dienen sie der Anlockung von Insekten oder anderen Tieren, die Pollen übertragen oder Samen verbreiten. Befunde zeigen, dass Anthocyan in Vakuolen der äußeren Zellschichten von *Brassica*-Keimlingen Molybdän binden kann (Hale et al., 2001). Eine andere Gruppe wasserlöslicher Farbstoffe, die nur in wenigen Pflanzenfamilien vorkommt, sind die stickstoffhaltigen **Betalaine**. Sie verursachen die gelbe und rote Färbung bei den *Chenopodiales* (Gänsefußartigen), die sämtlich keine Anthocyane enthalten. Die rote Farbe der Roten Bete und der Blütenhochblätter von *Bougainvillea* wird durch Betacyan (rotes Betalain) verursacht. Die gelben Betalaine nennt man Betaxanthine (Piatelli, 1981).

Anthocyane sind auch für die leuchtend roten Farben der Herbstblätter mancher Baumarten verantwortlich. Sie bilden sich erst bei kaltem Wetter und strahlendem Sonnenschein, wenn die Blätter kein Chlorophyll mehr synthetisieren. Sobald das noch vorhandene Chlorophyll abgebaut ist, wird das neu gebildete Anthocyan sichtbar. Bei Blättern hingegen, die keine Anthocyane bilden, werden im Herbst nach Abbau des Chlorophylls die stabileren, gelben und orangefarbenen Carotinoide sichtbar, die bereits in den Chloroplasten vorhanden waren. Besonders prächtig ist die herbstliche Laubfärbung in Jahren mit vorherrschend kaltem, sonnigem Herbstwetter (Kozlowski und Pallardy, 1997).

Welche Rolle spielen die Anthocyane in Blättern? In *Cornus stolonifera* bilden Anthocyane im Herbst eine Pigmentschicht im Palisadenparenchym, um die Lichtabsorption des Chlorophylls vor dem Blattfall zu vermindern. Es wird vermutet, dass diese optische Beschattung des Chloropylls durch Anthocyane das Risiko einer photooxidativen Schädigung der Blattzellen während der Seneszenz verringert. Durch eine solche Schädigung wäre die effiziente Rückgewinnung von Nährstoffen aus alternden Blättern nicht gewährleistet (Feild et al., 2002). Neben dem Schutz der Blätter vor photooxidativen Schäden gibt es Hinweise dafür, dass Anthocyane die Photoinhibition verhindern (Havaux und Kloppstech, 2001; Lee, D.W., und Gould, 2002; Steyn et al., 2002). Die Photoinhibition führt zu einer drastischen Abnahme der photosynthetischen Wirksamkeit, weil es hierbei durch eine übermäßige Anregung im Reaktionszentrum von Photosystem II leicht zu einer Schädigung des Photosyntheseapparates kommt. Photoinhibition tritt häufig bei Schattenblättern (Waldbodenpflanzen, innere Baumkrone) auf, die plötzlich dem vollen Sonnenlicht (*sunflecks*; Lichtflecken) ausgesetzt werden, weil sich die Baumkrone für einen kurzen Augenblick durch die Bewegung der Blätter im Wind öffnet (Pearcy, 1990).

In ihrer Funktion als lytische Kompartimente sind Vakuolen am Abbau von Makromolekülen und der Wiederverwertung von Zellbestandteilen beteiligt. Sogar ganze Organellen wie z. B. seneszente Plastiden und Mitochondrien können in den Vakuolen deponiert und anschließend dort abgebaut werden, denn Vakuolen enthalten zahlreiche hydrolytische und oxidierende Enzyme. Die große Zentralvakuole kann beispielsweise Hydrolasen speichern, die bei Zerstörung des Tonoplasten eine vollkommene Auflösung des Cytoplasmas bewirken – ähnlich wie beim programmierten Zelltod von sich differenzierenden trachealen Elementen (Kapitel 10). Wegen dieser Verdauungsfunktion sind die so genannten lytischen Vakuolen in ihrer Funktion mit den Lysosomen vergleichbar, die als Organellen in tierischen Zellen vorkommen.

Man hat lange angenommen, dass neue Vakuolen durch Erweiterung spezieller Regionen des glatten ER entstehen oder aus abgeschnürten Vesikeln des Golgi-Apparats stammen. Aufgrund der meisten Befunde geht die Neubildung von Vakuolen vom ER aus (Robinson, 1985; Hörtensteiner et al. ,1992; Herman et al., 1994).

## 2.10 Ribosomen

Ribosomen sind kleine Partikel aus Protein und RNA mit einem Durchmesser von ungefähr 17–23 Nanometer (Davies und Larkins, 1980). Obgleich in Ribosomen die Anzahl der Proteinmoleküle erheblich höher ist als die der RNA-Moleküle, macht RNA etwa 60% der Gesamtmasse eines Ribosoms aus. Die Ribosomen sind Orte, an denen die Aminosäuren zu Proteinen verknüpft werden und kommen daher in großer Zahl im Cytoplasma stoffwechselaktiver Zellen vor (Lake, 1981). Jedes Ribosom setzt sich aus zwei Untereinheiten zusammen, einer kleinen und einer großen, die beide aus spezifischer ribosomaler RNA (rRNA) und Proteinmolekülen bestehen. Ribosomen sind frei im Cytoplasma verstreut oder an das Endoplasmatische Reticulum und die äußere Oberfläche der Kernhülle gebunden. Sie sind bei weitem die zahlreichsten zellulären Strukturen und kommen auch in Zellkernen, Plastiden und Mitochondrien vor. Wie bereits erwähnt, haben die Ribosomen der Plastiden und Mitochondrien die gleiche Größe wie die Ribosomen von Bakterien.

Ribosomen, die aktiv Proteinsynthese betreiben, treten in Gruppen oder Aggregaten auf, den so genannten **Polysomen** oder **Polyribosomen** (Abb. 2.22). Sie sind jeweils an einem Molekül der messenger-RNA (mRNA), das die genetische Information der Kern-DNA enthält, hintereinander aufgereiht. Die einzelnen Aminosäuren für die Synthese von Proteinen werden durch spezifische transfer-RNA's (tRNA's) zu den Po-

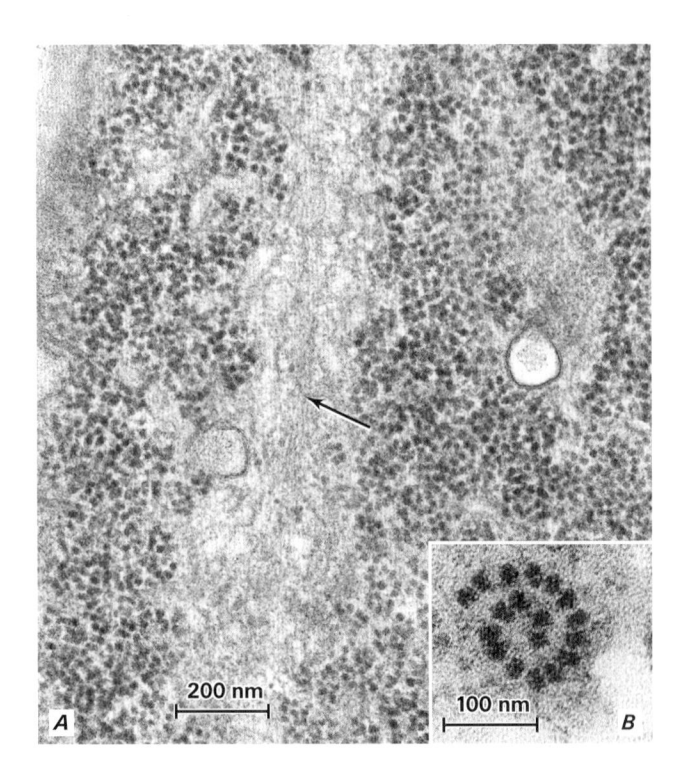

**Abb. 2.22** Ribosomen. **A**, in einer Bündelscheidenzelle des Maisblattes (*Zea mays*). Pfeile deuten auf ein Actinfilamentbündel hin. **B**, ein Polysom (Polyribosom) ist an die Oberfläche des ER in einer Tabakblattzelle (*Nicotiana tabacum*) angeheftet. (**B**, aus Esau, 1977.)

lysomen im Cytosol transportiert. Die Synthese der Proteine, die **Translation**, verbraucht mehr Energie als jeder andere Biosyntheseprozess. Die benötigte Energie wird durch Hydrolyse von Guanosintriphosphat (GTP) bereitgestellt.

Die Synthese der Polypeptide (Proteine) – codiert durch die Kern-Gene – beginnt an den Polysomen im Cytosol und führt dann auf zwei verschiedene Wege: (1) Die Polysomen, an denen die Synthese von Polypeptiden erfolgt, die für das Endoplasmatische Reticulum bestimmt sind, verbinden sich schon zu Beginn der Translokation mit dem Endoplasmatischen Reticulum. Hierbei werden die Polypeptide und ihre assoziierten Polysomen durch eine bestimmte Signalsequenz (Signalpeptid), die sich am N-Terminus des Polypeptids befindet, zum Endoplasmatischen Reticulum dirigiert und an ein Porenprotein der ER-Membran gebunden. Während das Ribosom auf der Außenseite der ER-Membran anknüpft, wird das gebildete Polypeptid durch die Membran ins Lumen des ER dirigiert (oder im Falle integraler Proteine in die Membran eingebaut), wobei die Proteinsynthese fortgesetzt wird. Man spricht deshalb hier von einem **cotranslationalen** Proteintransport, bei dem die Proteine niemals in das Cytosol freigesetzt werden. (2) Im Gegensatz dazu bewegen sich die Polysomen, deren Polypeptide für das Cytosol oder für den Import in den Zellkern, die Mitochondrien, Plastiden oder Peroxisomen bestimmt sind, frei im Cytosol. Die Polypeptide werden erst nach Abschluß ihrer Synthese von den Polysomen ins Cytosol freigesetzt und bleiben entweder im Cytosol oder werden mit Hilfe einer Signalsequenz in ein bestimmtes Zellkompartiment dirigiert (Holtzman, 1992). Diesen Proteintransport bezeichnet man als **posttranslational**. Membrangebundene und freie Ribosomen sind in Bezug auf ihre Struktur und Funktion identisch. Sie unterscheiden sich lediglich durch die Proteine, die sie zu einem bestimmten Zeitpunkt synthetisieren.

## Literatur

Adams, K. L., D. O. Daley, Y.-L. Qiu, J. Whelan und J. D. Palmer. 2000. Repeated, recent and diverse transfers of a mitochondrial gene to the nucleus in flowering plants. *Nature* 408, 354–357.

Arimura, S.-I., A. Hirai und N. Tsutsumi. 2001. Numerous and highly developed tubular projections from plastids observed in tobacco epidermal cells. *Plant Sci.* 160, 449–454.

Arimura, S.-I., J. Yamamoto, G. P. Aida, M. Nakazono und N. Tsutsumi. 2004. Frequent fusion and fission of plant mitochondria with unequal nucleoid distribution. *Proc. Natl. Acad. Sci. USA* 101, 7805–7808.

Backert, S., B. L. Nielsen und T. Börner. 1997. The mystery of the rings: Structure and replication of mitochondrial genomes from higher plants. *Trends Plant Sci.* 2, 477–483.

Balk, J., S. K. Chew, C. J. Leaver und P. F. McCabe. 2003. The intermembrane space of plant mitochondria contains a DNase activity that may be involved in programmed cell death. *Plant J.* 34, 573–583.

Baskin, T. I. 2000. The cytoskeleton. In: *Biochemistry and Molecular Biology of Plants*, S. 202–258, B. B. Buchanan, W. Gruissem und R. L. Jones, Hrsg., American Society of Plant Physiologists, Rockville, MD.

Battey, N. H., N. C. James, A. J. Greenland und C. Brownlee. 1999. Exocytosis and endocytosis. *Plant Cell*, 643–659.

Boller, T. und A. Wiemken. 1986. Dynamics of vacuolar compartmentation. *Annu. Rev. Plant Physiol.* 37, 137–164.

Bölter, B. und J. SOLL. 2001. Ion channels in the outer membranes of chloroplasts and mitochondria: Open doors or regulated gates? *EMBO J.* 20, 935–940.

Boniotti, M. B. und M. E. Griffith. 2002. "Cross-talk" between cell division cycle and development in plants. *Plant Cell* 14, 11–16.

Bowsher, C. G. und A. K. Tobin. 2001. Compartmentation of metabolism within mitochondria and plastids. *J. Exp. Bot.* 52, 513–527.

Braun, H.-P. und U. K. Schmitz. 1999. The protein-import apparatus of plant mitochondria. *Planta* 209, 267–274.

Bruce, B. D. 2000. Chloroplast transit peptides: Structure, function and evolution. *Trends Cell Biol.* 10, 440–447.

Camara, B., J. Bousquet, C. Chenicklet, J.-P. Carde, M. Kuntz, J.-L. Evrard und J.-H. WEIL. 1989. Enzymology of isoprenoid biosynthesis and expression of plastid and nuclear genes during chromoplast differentiation in pepper fruits (*Capsicum annuum*). In: *Physiology, Biochemistry und Genetics of Nongreen Plastids*, S. 141–156, C. D. Boyer, J. C. Shannon und R. C. Hardison, Hrsg., American Society of Plant Physiologists, Rockville, MD.

Camara, B., P. Hugueney, F. Bouvier, M. Kuntz und R. Monéger. 1995. Biochemistry and molecular biology of chromoplast development. *Int. Rev. Cytol.* 163, 175–247.

Carde, J.-P. 1984. Leucoplasts: A distinct kind of organelles lacking typical 70S ribosomes and free thylakoids. *Eur. J. Cell Biol.* 34, 18–26.

Cheung, A. Y., T. Mcnellis und B. Piekos. 1993. Maintenance of chloroplast components during chromoplast differentiation in the tomato mutant Green Flesh. *Plant Physiol.* 101, 1223–1229.

Chrispeels, M. J., N. M. Crawford und J. I. Schroeder. 1999. Proteins for transport of water and mineral nutrients across the membranes of plant cells. *Plant Cell* 11, 661–676.

Cline, K., R. Henry, C.-J. Li und J.-G. Yuan. 1993. Multiple pathways for protein transport into or across the thylakoid membrane. *EMBO J.* 12, 4105–4114.

Clowes, F. A. L. und B. E. Juniper. 1968. *Plant Cells*. Blackwell Scientific, Oxford.

Collings, D. A., J. D. I. Harper, J. Marc, R. L. Overall und R. T. Mullen. 2002. Life in the fast lane: Actin-based motility of plant peroxisomes. *Can. J. Bot.* 80, 430–441.

Cooke, T. J. und B. Lu. 1992. The independence of cell shape and overall form in multicellular algae and land plants: Cells do not act as building blocks for constructing plant organs. *Int. J. Plant Sci.* 153, S7–S27.

Corpas, F. J., J. B. Barroso und L. A. del Río. 2001. Peroxisomes as a source of reactive oxygen species and nitric oxide signal molecules in plant cells. *Trends Plant Sci.* 6, 145–150.

Cunningham, F. X., Jr. und E. Gantt. 1998. Genes and enzymes of carotenoid biosynthesis in plants. *Annu. Rev. Plant Physiol. Plant Mol. Biol.* 49, 557–583.

Cutler, S. und D. Ehrhardt. 2000. Dead cells don't dance: Insights from live-cell imaging in plants. *Curr. Opin. Plant Biol.* 3, 532–537.

D'Amato, F. 1998. Chromosome endoreduplication in plant tissue development and function. In: *Plant Cell Proliferation and Its Regulation in Growth and Development*, S. 153–166, J. A. Bryant and D. Chiatante, Hrsg., Wiley, Chichester.

Davies, E. und B. A. Larkins. 1980. Ribosomes. In: *The Biochemistry of Plants*, Bd. 1, *The Plant Cell*, S. 413–435, N. E. Tolbert, Hrsg., Academic Press, New York.

de Bary, A. 1879. Besprechung. K. Prantl. Lehrbuch der Botanik für mittlere und höhere Lehranstalten. *Bot. Ztg.* 37, 221–223.

Delrot, S., R. Atanassova, E. Gomès und P. Coutos-Thévenot. 2001. Plasma membrane transporters: A machinery for uptake of organic solutes and stress resistance. *Plant Sci.* 161, 391–404.

den Boer, B. G. W. und J. A. H. Murray. 2000. Triggering the cell cycle in plants. *Trends Cell Biol.* 10, 245–250.

dePamphilis, C. W. und J. D. Palmer. 1989. Evolution and function of plastid DNA: A review with special reference to nonphotosynthetic plants. In: *Physiology, Biochemistry und Genetics of Nongreen Plastids*, S. 182–202, C. D. Boyer, J. C. Shannon und R. C. Hardison, Hrsg., American Society of Plant Physiologists, Rockville, MD.

Desagher, S. und J.-C. Martinou. 2000. Mitochondria as the central control point of apoptosis. *Trends Cell Biol.* 10, 369–377.

Dingwall, C. und R. Laskey. 1992. The nuclear membrane. *Science* 258, 942–947.

Esau, K. 1977. *Anatomy of Seed Plants*, 2. Aufl., Wiley, New York.

Feild, T. S., D. W. Lee und N. M. Holbrook. 2001. Why leaves turn red in autumn. The role of anthocyanins in senescing leaves of red-osier dogwood. *Plant Physiol.* 127, 566–574.

Ferri, K. F. und G. Kroemer. 2001. Mitochondria—The suicide organelles. *BioEssays* 23, 111–115.

Finkel, E. 2001. The mitochondrion: Is it central to apoptosis? *Science* 292, 624–626.

Flügge, U.-I. 1990. Import of proteins into chloroplasts. *J. Cell Sci.* 96, 351–354.

Franklin, A. E. und W. Z. Cande. 1999. Nuclear organization and chromosome segregation. *Plant Cell* 11, 523–534.

Frederick, S. E., P. J. Gruber und E. H. Newcomb. 1975. Plant microbodies. *Protoplasma* 84, 1–29.

Fricker, M. D. und K. J. Oparka. 1999. Imaging techniques in plant transport: Meeting review. *J. Exp. Bot.* 50 (suppl. 1), 1089–1100.

Fulgosi, H. und J. Soll. 2001. A gateway to chloroplasts— Protein translocation and beyond. *J. Plant Physiol.* 158, 273–284.

Gaidarov, I., F. Santini, R. A. Warren und J. H. Keen. 1999. Spatial control of coated-pit dynamics in living cells. *Nature Cell Biol.* 1, 1–7.

Gant, T. M. und K. L. WILSON. 1997. Nuclear assembly. *Annu. Rev. Cell Dev. Biol.* 13, 669–695.

Gerace, L. und R. Foisner. 1994. Integral membrane proteins and dynamic organization of the nuclear envelope. *Trends Cell Biol.* 4, 127–131.

Giegé, P. und A. Brennicke. 2001. From gene to protein in higher plant mitochondria. *C. R. Acad. Sci., Paris, Sci. de la Vie* 324, 209–217.

Goldschmidt, E. E. 1988. Regulatory aspects of chlorochromoplast interconversions in senescing Citrus fruit peel. *Isr. J. Bot.* 37, 123–130.

Görlich, D. 1997. Nuclear protein import. *Curr. Opin. Cell Biol.* 9, 412–419.

Görlich, D. und I. W. Mattaj. 1996. Nucleocytoplasmic transport. *Science* 271, 1513–1518.

Gray, J. C. 1996. Biogenesis of chloroplasts in higher plants. In: *Membranes: Specialized Functions in Plants*, S. 441–458, M. Smallwood, J. P. Knox und D. J. Bowles, Hrsg., BIOS Scientific, Oxford.

Gray, J. C., J. A. Sullivan, J. M. Hibberd und M. R. Hansen. 2001. Stromules: Mobile protrusions and interconnections between plastids. *Plant Biol.* 3, 223–233.

Gray, M. W. 1989. Origin and evolution of mitochondrial DNA. *Annu. Rev. Cell Biol.* 5, 25–50.

Gray, M. W. 2000. Mitochondrial genes on the move. *Nature* 408, 302–305.

Grönegress, P. 1971. The greening of chromoplasts in *Daucus carota* L. *Planta* 98, 274–278.

Gunning, B. E. S. 2001. Membrane geometry of "open" prolamellar bodies. *Protoplasma* 215, 4–15.

Gunning, B. E. S. und M. Sammut. 1990. Rearrangements of microtubules involved in establishing cell division planes start immediately after DNA synthesis and are completed just before mitosis. *Plant Cell* 2, 1273–1282.

Hagemann, R. 1960. Die Plastidenentwicklung in Tomaten-Kotyledonen. *Biol. Zentralbl.* 79, 393–411.

Hale, K. L., S. P. McGrath, E. Lombi, S. M. Stack, N. Terry, I. J. Pickering, G. N. George und E. A. H. Pilon-Smits. 2001. Molybdenum sequestration in *Brassica* species. A role for anthocyanins? *Plant Physiol.* 126, 1391–1402.

Hansmann, P., R. Junker, H. Sauter und P. Sitte. 1987. Chromoplast development in daffodil coronae during anthesis. *J. Plant Physiol.* 131, 133–143.

Hanstein, J. 1880. *Einige Züge aus der Biologie des Protoplasmas. Botanische Abhandlungen aus dem Gebiet der Morphologie und Physiologie*, Band 4, Heft 2. Marcus, Bonn.

Haupt, W. und R. Scheuerlein. 1990. Chloroplast movement. *Plant Cell Environ.* 13, 595–614.

Havaux, M. und K. Kloppstech. 2001. The protective functions of carotenoid and flavonoid pigments against excess visible radiation at chilling temperature investigated in *Arabidopsis npq* and *tt* mutants. *Planta* 213, 953–966.

Hawes, C., C. M. Saint-Jore, F. Brandizzi, H. Zheng, A. V. Andreeva und P. Boevink. 2001. Cytoplasmic illuminations: in planta targeting of fluorescent proteins to cellular organelles. *Protoplasma* 215, 77–88.

Heese-Peck, A. und N. V. Raikhel. 1998. The nuclear pore complex. *Plant Mol. Biol.* 38, 145–162.

Hemerly, A. S., P. C. G. Ferreira, M. van Montagu und D. Inzé. 1999. Cell cycle control and plant morphogenesis: Is there an essential link? *BioEssays* 21, 29–37.

Hepler, P. K. und B. E. S. Gunning. 1998. Confocal fluorescence microscopy of plant cells. *Protoplasma* 201, 121–157.

Herman, E. M. und B. A. Larkins. 1999. Protein storage bodies and vacuoles. *Plant Cell* 11, 601–614.

Herman, E. M., X. Li, R. T. Su, P. Larsen, H.-T. Hsu und H. Sze. 1994. Vacuolar-type $H^+$-ATPases are associated with the endoplasmic reticulum and provacuoles of root tip cells. *Plant Physiol.* 106, 1313–1324.

Hicks, G. R. und N. V. Raikhel. 1995. Protein import into the nucleus: An integrated view. *Annu. Rev. Cell Dev. Biol.* , 155–188.

Holtzman, E. 1992. Intracellular targeting and sorting. *BioScience* 42, 608–620.

Hörtensteiner, S., E. Martinoia und N. Amrhein. 1992. Reappearance of hydrolytic activities and tonoplast proteins in the regenerated vacuole of evacuolated protoplasts. *Planta* 187, 113–121.

Hu, J., M. Aguirre, C. Peto, J. Alonso, J. Ecker und J. Chory. 2002. A role for peroxisomes in photomorphogenesis and development of *Arabidopsis*. *Science* 297, 405–409.

Huntley, R. P. und J. A. H. Murray. 1999. The plant cell cycle. *Curr. Opin. Plant Biol.* 2, 440–446.

Ivanova, M. und T. L. Rost. 1998. Cytokinins and the plant cell cycle: Problems and pitfalls of proving their function. In: *Plant Cell Proliferation and Its Regulation in Growth and Develop-*

*ment*, S. 45–57, J. A. Bryant and D. Chiatante, Hrsg., Wiley, New York.

Jacobson, K., E. D. Sheets und R. Simson. 1995. Revisiting the fluid mosaic model of membranes. *Science* 268, 1441–1442.

Jacqmard, A., C. Houssa und G. Bernier. 1994. Regulation of the cell cycle by cytokinins. In: *Cytokinins: Chemistry, Activity und Function*, S. 197–215, D. W. S. Mok and M. C. Mok, Hrsg., CRC Press, Boca Raton, FL.

Javot, H. und C. Maurel. 2002. The role of aquaporins in root water uptake. *Ann. Bot.* 90, 301–313.

Jedd, G. und N.-H. Chua. 2002. Visualization of peroxisomes in living plant cells reveals acto-myosin-dependent cytoplasmic streaming and peroxisome budding. *Plant Cell Physiol.* 43, 384–392.

Johnson, T. L. und L. J. Olsen. 2001. Building new models for peroxisome biogenesis. *Plant Physiol.* 127, 731–739.

Jones, A. 2000. Does the plant mitochondrion integrate cellular stress and regulate programmed cell death? *Trends Plant Sci.* 5, 225–230.

Jukes, T. H. und S. Osawa. 1990. The genetic code in mitochondria and chloroplasts. *Experientia* 46, 1117–26.

Kagawa, T. und M. Wada. 2000. Blue light-induced chloroplast relocation in *Arabidopsis thaliana* as analyzed by microbeam irradiation. *Plant Cell Physiol.* 41, 84–93.

Kagawa, T. und M. Wada. 2002. Blue light-induced chloroplast relocation. *Plant Cell Physiol.* 43, 367–371.

Kaplan, D. R. 1992. The relationship of cells to organisms in plants: Problem and implications of an organismal perspective. *Int. J. Plant Sci.* 153, S28–S37.

Kaplan, D. R. und W. Hagemann. 1991. The relationship of cell and organism in vascular plants. *BioScience* 41, 693–703.

Keegstra, K. und K. Cline. 1999. Protein import and routing systems of chloroplasts. *Plant Cell* 11, 557–570.

Kindl, H. 1992. Plant peroxisomes: Recent studies on function and biosynthesis. *Cell Biochem. Funct.* 10, 153–158.

Kirk, J. T. O. und R. A. E. Tilney-Bassett. 1978. *The Plastids. Their Chemistry, Structure, Growth und Inheritance*, 2. überarb. Aufl., Elsevier/North-Holland Biomedical Press, Amsterdam.

Kjellbom, P., C. Larsson, I. Johansson, M. Karlsson und U. Johanson. 1999. Aquaporins and water homeostasis in plants. *Trends Plant Sci.* 4, 308–314.

Kluge, M., A. Fischer und I. C. Buchanan-Bollig. 1982. Metabolic control of CAM. In: *Crassulacean Acid Metabolism*, S. 31–50, I. P. Ting and M. Gibbs, Hrsg., American Society of Plant Physiologists, Rockville, MD.

Knoth, R., P. Hansmann und P. Sitte. 1986. Chromoplasts of *Palisota barteri* und the molecular structure of chromoplast tubules. *Planta* 168, 167–174.

Köhler, R. H. und M. R. Hanson. 2000. Plastid tubules of higher plants are tissue-specific and developmentally regulated. *J. Cell Sci.* 113, 81–89.

Köhler, R. H., J. Cao, W. R. Zipfel, W. W. Webb und M. R. Hanson. 1997. Exchange of protein molecules through connections between higher plant plastids. *Science* 276, 2039–2042.

Kondorosi, E., F. Roudier und E. Gendreau. 2000. Plant cellsize control: Growing by ploidy? *Curr. Opin. Plant Biol.* 3, 488–492.

Kost, B. und N.-H. Chua. 2002. The plant cytoskeleton: Vacuoles and cell walls make the difference. *Cell* 108, 9–12.

Kozlowski, T. T. und S. G. Pallardy. 1997. *Physiology of Woody Plants*, 2. Aufl., Academic Press, San Diego.

Kunau, W.-H. und R. Erdmann. 1998. Peroxisome biogenesis: Back to the endoplasmic reticulum? *Curr. Biol.* 8, R299–R302.

Kuntz, M., J.-L. Evrard, A. D'Harlingue, J.-H. Weil und B. Camara. 1989. Expression of plastid and nuclear genes during chromoplast differentiation in bell pepper (*Capsicum annuum*) and sunflower (*Helianthus annuus*). *Mol. Gen. Genet.* 216, 156–163.

Kuroiwa, H., T. Mori, M. Takahara, S.-Y. Miyagishima und T. Kuroiwa. 2002. Chloroplast division machinery as revealed by immunofluorescence and electron microscopy. *Planta* 215, 185–190.

Kwok, E. Y. und M. R. Hanson. 2004. Stromules and the dynamic nature of plastid morphology. *J. Microsc.* 214, 124–137.

Lake, J. A. 1981. The ribosome. *Sci. Am.* 245 (August), 84–97.

Lam, E., D. Pontier und O. del Pozo. 1999. Die and let live— Programmed cell death in plants. *Curr. Opin. Plant Biol.* 2, 502–507.

Lardy, H. A. 1965. On the direction of pyridine nucleotide oxidation-reduction reactions in gluconeogenesis and lipogenesis. In: *Control of Energy Metabolism*, S. 245–248, B. Chance, R. W. Estabrook und J. R. Williamson, Hrsg., Academic Press, New York.

Larkins, B. A., B. P. Dilkes, R. A. Dante, C. M. Coelho, Y.-M. Woo und Y. Liu. 2001. Investigating the hows and whys of DNA endoreduplication. *J. Exp. Bot.* 52, 183–192.

Leaver, C. J. und M. W. Gray. 1982. Mitochondrial genome organization and expression in higher plants. *Annu. Rev. Plant Physiol.* 33, 373–402.

Lee, D. W. und K. S. Gould. 2002. Why leaves turn red. *Am. Sci.* 90, 524–531.

Lee, J.-Y., B.-C. Yoo und W. J. Lucas. 2000. Parallels between nuclear-pore and plasmodesmal trafficking of information molecules. *Planta* 210, 177–187.

Leonard, R. T. und T. K. Hodges. 1980. The plasma membrane. In: *The Biochemistry of Plants,* Bd. 1, The Plant Cell, S. 163–182, N. E. Tolbert, Hrsg., Academic Press, New York.

Lian, H.-L., X. Yu, Q. Ye, X.-S. Ding, Y. Kitagawa, S.-S. Kwak, W.-A. Su und Z.-C. Tang. 2004. The role of aquaporin RWC3 in drought avoidance in rice. *Plant Cell Physiol.* 45, 481–489.

Ljubešić, N., M. Wrischer und Z. Devidé. 1996. Chromoplast structures in *Thunbergia* flowers. *Protoplasma* 193, 174–180.

Logan, H., M. Basset, A.-A. Véry und H. Sentenac. 1997. Plasma membrane transport systems in higher plants: From black boxes to molecular physiology. *Physiol. Plant.* 100, 1–15.

Lucas, W. J., B. Ding und C. van der Schoot. 1993. Plasmodesmata and the supracellular nature of plants. *New Phytol.* 125, 435–476.

Mackenzie, S. und L. McIntosh. 1999. Higher plant mitochondria. *Plant Cell* 11, 571–586.

Madigan, M. T., J. M. Martinko und J. Parker. 2003. *Brock Biology of Microorganisms*, 10. Aufl., Pearson Education, Upper Saddle River, NJ.

Maeshima, M. 2001. Tonoplast transporters: organization and function. *Annu. Rev. Plant Physiol. Plant Mol. Biol.* 52, 469–497.

Mano, S., C. Nakamori, M. Hayashi, A. Kato, M. Kondo und M. Nishimura. 2002. Distribution and characterization of peroxisomes in *Arabidopsis* by visualization with GFP: Dynamic morphology and actin-dependent movement. *Plant Cell Physiol.* 43, 331–341.

Marano, M. R. und N. Carrillo. 1991. Chromoplast formation during tomato fruit ripening. No evidence for plastid DNA methylation. *Plant Mol. Biol.* 16, 11–19.

Marano, M. R. und N. Carrillo. 1992. Constitutive transcription and stable RNA accumulation in plastids during the conversion of chloroplasts to chromoplasts in ripening tomato fruits. *Plant Physiol.* 100, 1103–1113.

Marienfeld, J., M. Unseld und A. Brennicke. 1999. The mitochondrial genome of *Arabidopsis* is composed of both native and immigrant information. *Trends Plant Sci.* 4, 495–502.

Martín, M., S. Moreno Díaz de la Espina, L. F. Jiménez-García, M. E. Fernández-Gómez und F. J. Medina. 1992. Further investigations on the functional role of two nuclear bodies in onion cells. *Protoplasma* 167, 175–182.

Martin, W. 1999. A briefly argued case that mitochondria and plastids are descendants of endosymbionts, but that the nuclear compartment is not. *Proc. R. Soc. Lond.* B 266, 1387–1395.

Martinoia, E. 1992. Transport processes in vacuoles of higher plants. *Bot. Acta* 105, 232–245.

Marty, F. 1999. Plant vacuoles. *Plant Cell*, 587–599.

Mathur, J., N. Mathur und M. Hülskamp. 2002. Simultaneous visualization of peroxisomes and cytoskeletal elements reveals actin and not microtubule-based peroxisomal motility in plants. *Plant Physiol.* 128, 1031–1045.

Matile, P. 1982. Vacuoles come of age. *Physiol. Vég.* 20, 303–310.

McFadden, G. I. 1999. Endosymbiosis and evolution of the plant cell. *Curr. Opin. Plant Biol.* 2, 513–519.

Miernyk, J. 1989. Leucoplast isolation. In: *Physiology, Biochemistry und Genetics of Nongreen Plastids*, S. 15–23, C. D. Boyer, J. C. Shannon und R. C. Hardison, Hrsg., American Society of Plant Physiologists, Rockville, MD.

Miller, E. A. und M. A. Anderson. 1999. Uncoating the mechanisms of vacuolar protein transport. *Trends Plant Sci.* 4, 46–48.

Mironov, V., L. De Veylder, M. van Montagu und D. Inzé. 1999. Cyclin-dependent kinases and cell division in plants— The nexus. *Plant Cell*, 509–521.

Miyagishima, S.-Y., M. Takahara, T. Mori, H. Kuroiwa, T. Higashiyama und T. Kuroiwa. 2001. Plastid division is driven by a complex mechanism that involves differential transition of the bacterial and eukaryotic division rings. *Plant Cell* 13, 2257–2268.

Mohr, W. P. 1979. Pigment bodies in fruits of crimson and high pigment lines of tomatoes. *Ann. Bot.* 44, 427–434.

Møller, I. M. 2001. Plant mitochondria and oxidative stress: Electron transport, NADPH turnover und metabolism of reactive oxygen species. *Annu. Rev. Plant Physiol. Plant Mol. Biol.* 52, 561–591.

Mullen, R. T., C. R. Flynn und R. N. Trelease. 2001. How are peroxisomes formed? The role of the endoplasmic reticulum and peroxins. *Trends Plant Sci.* 6, 256–261.

Mullet, J. E. 1988. Chloroplast development and gene expression. *Annu. Rev. Plant Physiol. Plant Mol. Biol.* 39, 475–502.

Nakamura, K. und K. Matsuoka. 1993. Protein targeting to the vacuole in plant cells. *Plant Physiol.* 101, 1–5.

Nakamura, S., T. Ikehara, H. Uchida, T. Suzuki, T. Sodmergen. 1992. Fluorescence microscopy of plastid nucleoids and a survey of nuclease C in higher plants with respect to mode of plastid inheritance. *Protoplasma* 169, 68–74.

Nakazono, M. und A. Hirai. 1993. Identification of the entire set of transferred chloroplast DNA sequences in the mitochondrial genome of rice. *Mol. Gen. Genet.* 236, 341–346.

Nishimura, M., Y. Takeuchi, L. de Bellis und I. Haranishimura. 1993. Leaf peroxisomes are directly transformed to glyoxysomes during senescence of pumpkin cotyledons. *Protoplasma* 175, 131–137.

Nishimura, M., M. Hayashi, K. Toriyama, A. Kato, S. Mano, K. Yamaguchi, M. Kondo und H. Hayashi. 1998. Microbody defective mutants of *Arabidopsis*. *J. Plant Res.*, 329–332.

Niyogi, K. K. 2000. Safety valves for photosynthesis. *Curr. Opin. Plant Biol.* 3, 455–460.

Nugent, J. M. und J. D. Palmer. 1988. Location, identity, amount and serial entry of chloroplast DNA sequences in crucifer mitochondrial DNAs. *Curr. Genet.* 14, 501–509.

Olsen, L. J. 1998. The surprising complexity of peroxisome biogenesis. *Plant Mol. Biol.* 38, 163–189.

Oross, J. W. und J. V. Possingham. 1989. Ultrastructural features of the constricted region of dividing plastids. *Protoplasma* 150, 131–138.

Osteryoung, K. W. 2000. Organelle fission. Crossing the evolutionary divide. *Plant Physiol.* 123, 1213–1216.

Osteryoung, K. W. und R. S. McAndrew. 2001. The plastid division machine. *Annu. Rev. Plant Physiol. Plant Mol. Biol.* 52, 315–333.

Osteryoung, K. W. und K. A. Pyke. 1998. Plastid division: Evidence for a prokaryotically derived mechanism. *Curr. Opin. Plant Biol.* 1, 475–479.

Palmer, J. D. und C. F. Delwiche. 1998. The origin and evolution of plastids and their genomes. In: *Molecular Systematics of Plants*. II. *DNA Sequencing*, S. 375–409, D. E. Soltis, P. S. Soltis und J. J. Doyle, Hrsg., Kluwer Academic, Norwell, MA.

Palmgren, M. G. 2001. Plant plasma membrane $H^+$-ATPases: Powerhouses for nutrient uptake. *Annu. Rev. Plant Physiol. Plant Mol. Biol.* 52, 817–845.

Paris, N., C. M. Stanley, R. L. Jones und J. C. Rogers. 1996. Plant cells contain two functionally distinct vacuolar compartments. *Cell* 85, 563–572.

Park, H., S. S. Kreunen, A. J. Cuttriss, D. DellaPenna und B. J. Pogson. 2002. Identification of the carotenoid isomerase provides insight into carotenoid biosynthesis, prolamellar body formation und photomorphogenesis. *Plant Cell* 14, 321–332.

Pearcy, R. W. 1990. Sunflecks and photosynthesis in plant canopies. *Annu. Rev. Plant Physiol. Plant Mol. Biol.* 41, 421–453.

Piattelli, M. 1981. The betalains: Structure, biosynthesis und chemical taxonomy. In: *The Biochemistry of Plants*, Bd. 7, *Secondary Plant Products*, S. 557–575, E. E. Conn, Hrsg., Academic Press, New York.

Possingham, J. V. und M. E. Lawrence. 1983. Controls to plastid division. *Int. Rev. Cytol.* 84, 1–56.

Potuschak, T. und P. Doerner. 2001. Cell cycle controls: Genome-wide analysis in *Arabidopsis*. *Curr. Opin. Plant Biol.* 4, 501–506.

Price, H. J. 1988. DNA content variation among higher plants. *Ann. Mo. Bot. Gard.* 75, 1248–1257.

Purdue, P. E. und P. B. Lazarow. 2001. Peroxisome biogenesis. *Annu. Rev. Cell Dev. Biol.* 17, 701–752.

Pyke, K. A. und C. A. Howells. 2002. Plastid and stromule morphogenesis in tomato. *Ann. Bot.* 90, 559–566.

Ratajczak, R., G. Hinz und D. G. Robinson. 1999. Localization of pyrophosphatase in membranes of cauliflower inflorescence cells. *Planta* 208, 205–211.

Raven, P. R., R. F. Evert und S. E. Eichhorn. 1992. *Biology of Plants*, 5. Aufl., Worth, New York.

Raven, P. R., R. F. Evert und S. E. Eichhorn. 2005. *Biology of Plants*, 7. Aufl., Freeman, New York.

Reichelt, S. und J. Kendrick-Jones. 2000. Myosins. In: *Actin: A Dynamic Framework for Multiple Plant Cell Functions*, S. 29–44, C. J. Staiger, F. Baluška, D. Volkmann und P. W. Barlow, Hrsg., Kluwer Academic, Dordrecht.

Reumann, S. und K. Keegstra. 1999. The endosymbiotic origin of the protein import machinery of chloroplastic envelope membranes. *Trends Plant Sci.* 4, 302–307.

Reuzeau, C., J. G. McNally und B. G. Pickard. 1997. The endomembrane sheath: A key structure for understanding the plant cell? *Protoplasma* 200, 1–9.

Robertson, J. D. 1962. The membrane of the living cell. *Sci. Am.* 206 (April), 64–72.

Robinson, D. G. 1985. *Plant membranes. Endo- and plasma membranes of plant cells.* Wiley, New York.

Robinson, D. G. und H. Depta. 1988. Coated vesicles. *Annu. Rev. Plant Physiol. Plant Mol. Biol.* 39, 53–99.

Rodermel, S. 2001. Pathways of plastid-to-nucleus signaling. *Trends Plant Sci.* 6, 471–478.

Rose, A., S. Patel und I. Meier. 2004. The plant nuclear envelope. *Planta* 218, 327–336.

Rujan, T. und W. Martin. 2001. How many genes in *Arabidopsis* come from cyanobacteria? An estimate from 386 protein phylogenies. *Trends Genet.* 17, 113–120.

Sack, F. D. 1997. Plastids and gravitropic sensing. *Planta* 203 (suppl. 1), S63–S68.

Sack, F. D. und J. Z. Kiss. 1989. Plastids and gravity perception. In: *Physiology, Biochemistry und Genetics of Nongreen Plastids*, S. 171–181, C. D. Boyer, J. C. Shannon und R. C. Hardison, Hrsg., American Society of Plant Physiologists, Rockville, MD.

Schäffner, A. R. 1998. Aquaporin function, structure und expression: Are there more surprises to surface in water relations? *Planta* 204, 131–139.

Scheer, U., M. Thiry und G. Goessens. 1993. Structure, function and assembly of the nucleolus. *Trends Cell Biol.* 3, 236–241.

Schleiden, M. J. 1838. Beiträge zur Phytogenesis. *Arch. Anat. Physiol. Wiss. Med. (Müller's Arch.)* 5, 137–176.

Schuster, W. und A. Brennicke. 1987. Plastid, nuclear and reverse transcriptase sequences in the mitochondrial genome of *Oenothera*: Is genetic information transferred between organelles via RNA? *EMBO J.* 6, 2857–2863.

Schwann, T. H. 1839. *Mikroskopische Untersuchungen über die Übereinstimmung in der Struktur und dem Wachstum der Thiere und Pflanzen.* Wilhelm Engelmann, Leipzig.

Seufferheld, M., M. C. F. Vieira, F. A. Ruiz, C. O. Rodrigues, S. N. J. Moreno und R. Docampo. 2003. Identification of organelles in bacteria similar to acidocalcisomes of unicellular eukaryotes. *J. Biol. Chem.* 278, 29971–29978.

Shannon, J. C. 1989. Aqueous and nonaqueous methods for amyloplast isolation. In: *Physiology, Biochemistry und Genetics of Nongreen Plastids*, S. 37–48, C. D. Boyer, J. C. Shannon und R. C. Hardison, Hrsg., American Society of Plant Physiologists, Rockville, MD.

Siefritz, F., B. Otto, G. P. Bienert, A. van der Krol und R. Kaldenhoff. 2004. The plasma membrane aquaporin NtAQP1 is a key component of the leaf unfolding mechanism in tobacco. *Plant J.* 37, 147–155.

Singer, S. J. und G. L. Nicolson. 1972. The fluid mosaic model of the structure of cell membranes. *Science* 175, 720–731.

Sitte, P. 1992. A modern concept of the "cell theory." A perspective on competing hypotheses of structure. *Int. J. Plant Sci.* 153, S1–S6.

Sitte, P., H. Falk und B. Liedvogel. 1980. Chromoplasts. In: *Pigments in Plants*, 2. Aufl., S. 117–148, F.-C. Czygan, Hrsg., Gustav Fischer Verlag, Stuttgart.

Smeekens, S., P. Weisbeek und C. Robinson. 1990. Protein transport into and within chloroplasts. *Trends Biochem. Sci.* 15, 73–76.

Smith, J. A. 1987. Vacuolar accumulation of organic acids and their anions in CAM plants. In: *Plant Vacuoles: Their Importance in Solute Compartmentation in Cells and Their Applications in Plant Biotechnology*, S. 79–87, B. Marin, Hrsg., Plenum Press, New York.

Stals, H. und D. Inzé. 2001. When plant cells decide to divide. *Trends Plant Sci.* 6, 359–364.

Steyn, W. J., S. J. E. Wand, D. M. Holcroft und G. Jacobs. 2002. Anthocyanins in vegetative tissues: A proposed unified function in photoprotection. *New Phytol.* 155, 349–361.

Stoebe, B. und U.-G. Maier. 2002. One, two, three: Nature's tool box for building plastids. *Protoplasma* 219, 123–130.

Strange, C. 1992. Cell cycle advances. *BioScience* 42, 252–256.

Sugiura, M. 1989. The chloroplast chromosomes in land plants. *Annu. Rev. Cell Biol.* 5, 51–70.

Sze, H., X. Li und M. G. Palmgren. 1999. Energization of plant cell membranes by $H^+$-pumping ATPases: Regulation and biosynthesis. *Plant Cell* 11, 677–690.

Taiz, L. und E. Zeiger. 2002. *Plant Physiology*, 3. Aufl., Sinauer Associates, Sunderland, MA.

Talcott, B. und M. S. Moore. 1999. Getting across the nuclear pore complex. *Trends Cell Biol.* 9, 312–318.

Theg, S. M. und S. V. Scott. 1993. Protein import into chloroplasts. *Trends Cell Biol.* 3, 186–190.

Titorenko, V. I. und R. A. Rachubinski. 1998. The endoplasmic reticulum plays an essential role in peroxisome biogenesis. *Trends Biochem. Sci.* 23, 231–233.

Tolbert, N. E. 1980. Microbodies—Peroxisomes and glyoxysomes. In: *The Biochemistry of Plants*, Bd. 1, *The Plant Cell*, S. 359–388, N. E. Tolbert, Hrsg., Academic Press, New York.

Tolbert, N. E. und E. Essner. 1981. Microbodies: Peroxisomes and glyoxysomes. *J. Cell Biol.* 91 (suppl. 3), 271s–283s.

Tournaire-Roux, C., M. Sutka, H. Javot, E. Gout, P. Gerbeau, D.-T. Luu, R. Bligny und C. Maurel. 2003. Cytosolic pH regulates root water transport during anoxic stress through gating of aquaporins. *Nature* 425, 393–397.

Trelease, R. N. 1984. Biogenesis of glyoxysomes. *Annu. Rev. Plant Physiol.* 35, 321–347.

Trojan, A. und H. Gabryś. 1996. Chloroplast distribution in *Arabidopsis thaliana* (L.) depends on light conditions during growth. *Plant Physiol.* 111, 419–425.

Tse, Y. C., B. Mo, S. Hillmer, M. Zhao, S. W. Lo, D. G. Robinson und L. Jiang. 2004. Identification of multivesicular bodies as prevacuolar compartments in *Nicotiana tabacum* BY-2 cells. *Plant Cell* 16, 672–693.

van Gestel, K., R. H. Köhler und J.-P. Verbelen. 2002. Plant mitochondria move on F-actin, but their positioning in the cortical cytoplasm depends on both F-actin and microtubules. *J. Exp. Bot.* 53, 659–667.

Virchow, R. 1858. *Die Cellularpathologie in ihrer Begründung auf physiologische und pathologische Gewebelehre.* A. Hirschwald, Berlin.

Vishnevetsky, M., M. Ovadis und A. Vainstein. 1999. Carotenoid sequestration in plants: The role of carotenoid-associated proteins. *Trends Plant Sci.* 4, 232–235.

Waters, M. T., R. G. Fray und K. A. Pyke. 2004. Stromule formation is dependent upon plastid size, plastid differentiation status and the density of plastids within the cell. *Plant J.* 39, 655–667.

Wergin, W. P., P. J. Gruber und E. H. Newcomb. 1970. Fine structural investigation of nuclear inclusions in plants. *J. Ultrastruct. Res.* 30, 533–557.

Wiebe, H. H. 1978. The significance of plant vacuoles. *BioScience* 28, 327–331.

Williams, W. E., H. L. Gorton und S. M. Witiak. 2003. Chloroplast movements in the field. *Plant Cell Environ.* 26, 2005–2014.

Wink, M. 1993. The plant vacuole: A multifunctional compartment. *J. Exp. Bot.* 44 (suppl.), 231–246.

Xu, Y. und M. R. Hanson. 2000. Programmed cell death during pollination-induced petal senescence in *Petunia*. *Plant Physiol.* 122, 1323–1334.

Yao, N., B. J. Eisfelder, J. Marvin und J. T. Greenberg. 2004. The mitochondrion—An organelle commonly involved in programmed cell death in *Arabidopsis thaliana*. *Plant J.* 40, 596–610.

Yatsuhashi, H. 1996. Photoregulation systems for light-oriented chloroplast movement *J. Plant Res.* 109, 139–146.

Young, T. E. und D. R. Gallie. 2000. Regulation of programmed cell death in maize endosperm by abscisic acid. *Plant Mol. Biol.* 42, 397–414.

Yu, X.-H., T. D. Perdue, Y. M. Heimer und A. M. Jones. 2002. Mitochondrial involvement in tracheary element programmed cell death. *Cell Death Differ.* 9, 189–198.

Ziegler, H., E. Schäfer und M. M. Schneider. 1983. Some metabolic changes during chloroplast-chromoplast transition in *Capsicum annuum*. *Physiol. Vég.* 21, 485–494.

# Kapitel 3
# Der Protoplast: Endomembransystem, Sekretionswege, Cytoskelett und Speicherstoffe

## 3.1 Endomembransystem

In den vorigen Kapiteln wurden verschiedene Komponenten des Protoplasten im Einzelnen betrachtet. Mit Ausnahme der Mitochondrien-, Plastiden- und Peroxisomenmembranen bilden aber alle übrigen Zellmembranen ein zusammenhängendes, kontinuierliches System, das **Endomembransystem** (Abb. 3.1). Das Endomembransystem besteht aus Plasmamembran (Plasmalemma), Kernhülle, Endoplasmatischem Reticulum (ER), Golgi-Apparat, Tonoplast (Vakuolenmembran), und verschiedenen Vesikeltypen, wobei das ER als ursprüngliche Quelle aller Membranen gilt (Morré und Mollenhauer, 1974; Mollenhauer und Morré, 1980). Transitvesikel (Transportvesikel), die sich vom ER abschnüren, transportieren neues Membranmaterial zum Golgi-Apparat. Sekretionsvesikel, die den Golgi-Apparat verlassen, tragen zur Bildung der Plasmamembran bei. Das ER und der Golgi-Apparat bilden eine Funktionseinheit, wobei der Golgi-Apparat die Hauptarbeit bei der Umwandlung von ER-Membranen in Plasmamembranen leistet.

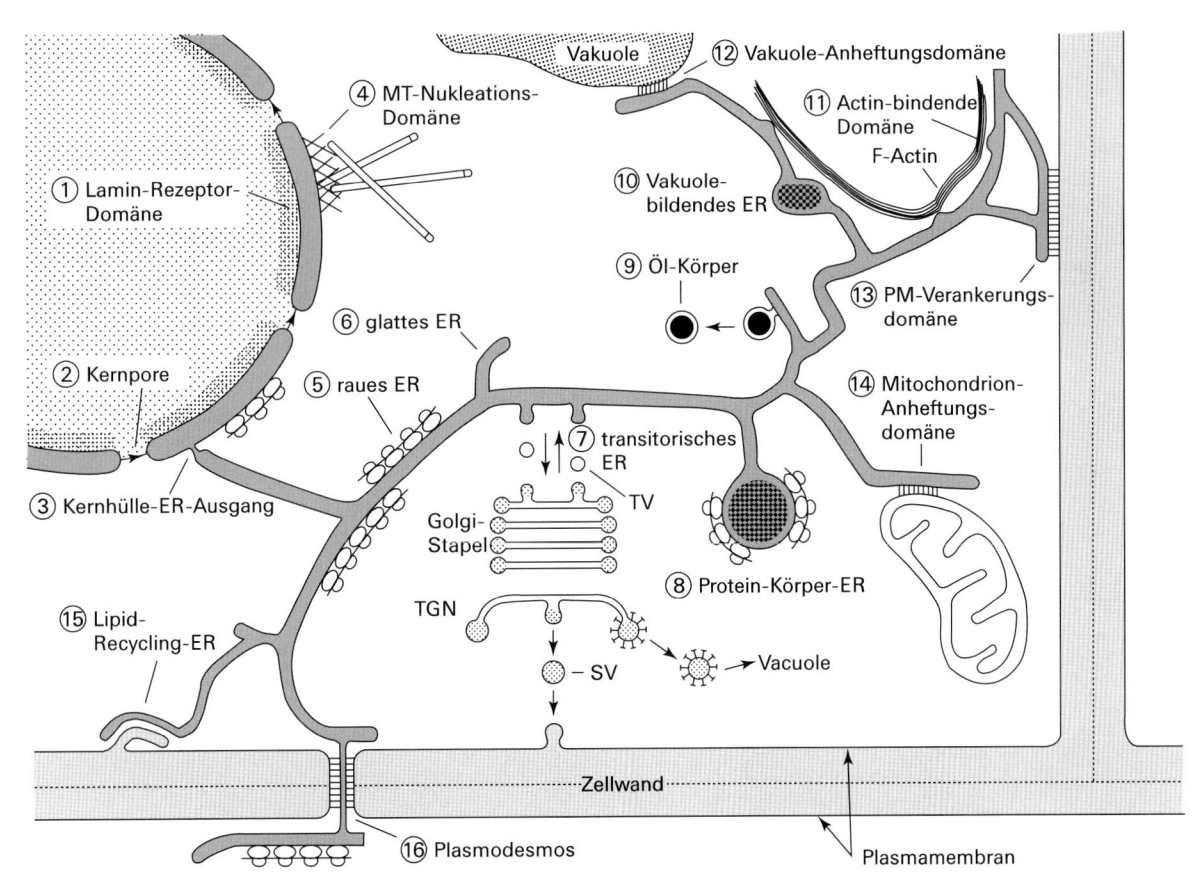

**Abb. 3.1** Eine schematische Darstellung des Endomembransystems, das alle Membranen mit Ausnahme der Mitochondrien-, Plastiden- und Peroxisomenmembranen zeigt. Diese Zeichnung zeigt 16 verschiedene Domänen des Endoplasmatischen Reticulums (ER). Besonders wichtig ist der hier gezeigte sekretorische Transportweg, an dem das Endoplasmatische Reticulum, der Golgi-Stapel (Dictyosom) und das *trans*-Golgi-Netzwerk (TGN) beteiligt sind. Andere Details: TV, Transportvesikel; SV, Sekretvesikel. (Aus Staehelin, 1997. © Blackwell Publishing.)

In Pflanzenzellen treffen Transitvesikel, die sich von ER-Membranen in der Nähe der Dictyosomen abschnüren, nur selten aufeinander, weil der Proteintransport zwischen ER und Dictyosomen meist nur ein geringes Volumen hat. Aber in Zellen, die große Mengen an Speicherproteinen wie z. B. Globuline (in Leguminosen) und Sekretionsproteine produzieren, begegnen sich Transitvesikel recht häufig. In diesen Zellen wandern Proteine via Sekretionsvesikel, die vom ER abknospen und dann fusionieren, durch den Golgi-Apparat zu den Speichervakuolen oder zur Oberfläche der Plasmamembran (Staehelin, 1997; Vitale und Denecke, 1999).

### 3.1.1 Das endoplasmatische Reticulum ist ein kontinuierliches, dreidimensionales Membransystem, welches das gesamte Cytosol durchzieht.

Das ER erscheint in der Seitenansicht (Längsschnitt) als zwei parallele Membranen mit einem engen Zwischenraum, dem Lumen. Dieses Profil sollte nicht mit einer einzelnen Elementarmembran verwechselt werden, denn jede dieser beiden ER-Membranen ist eine Elementarmembran. Ausdehnung und Gestalt des ER können sehr unterschiedlich sein, je nach Zelltyp, Stoffwechselaktivität und Entwicklungsstadium. Zum Beispiel besitzen Zellen, die große Mengen Proteine speichern oder große Mengen an Sekretproteinen synthetisieren, umfangreiches **raues ER**, das aus flachen Säckchen oder **Zisternen** be-

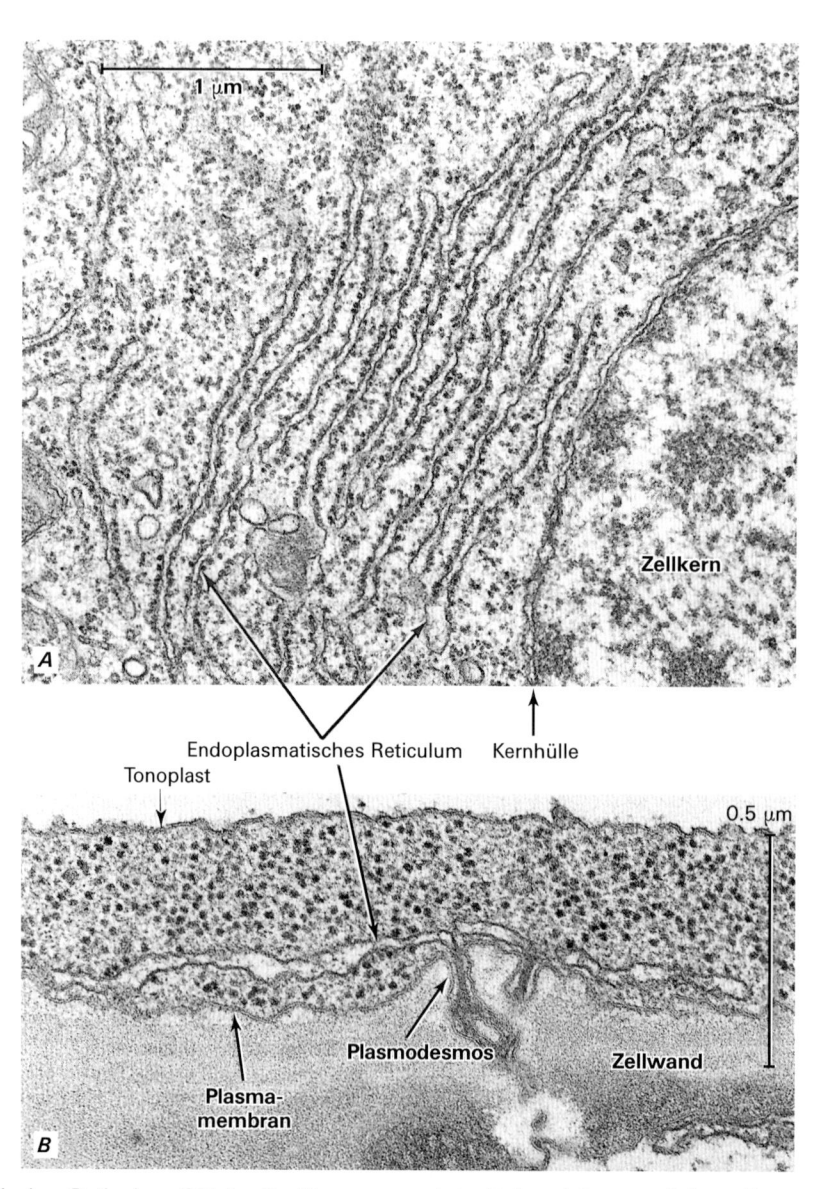

**Abb. 3.2** Endoplasmatisches Reticulum (ER) (im Profil, Längsschnitt) in Blattzellen von Tabak (*Nicotiana tabacum*, **A**) und und Zuckerrübe (*Beta vulgaris*, **B**). Das ER ist assoziiert mit zahlreichen Ribosomen (raues ER) in **A**, und wenigen Ribosomen in **B**. Das ausgedehnte, glatte ER in **B** ist mit den elektronendichten Desmotubuli der Plasmodesmen (nur teilweise zu sehen) verbunden. Die Plasmamembran überzieht den Kanal des Plasmodesmos. Auffällig ist die dreischichtige Membran des Tonoplasten und der Plasmamembran in **B**. (Aus Esau, 1977.)

steht, deren Membranoberfläche dicht mit Ribosomen besetzt ist. Die Zellen hingegen, die auf die Produktion großer Mengen von Lipiden spezialisiert sind, besitzen ein ausgedehntes System aus **glattem ER**, das nicht mit Ribosomen besetzt ist und größtenteils in tubulärer Form vorliegt. Raues und glattes ER kommen in derselben Zelle vor und stehen miteinander in durchgehender Verbindung. In Abb. 3.2 A und B sind raues und glattes ER dargestellt.

Das ER ist ein multifunktionales Membransystem. In Pflanzenzellen fand Staehelin (1997) 16 verschiedene, funktionelle ER-Domänen oder Subregionen (Abb. 3.1). Zu ihnen gehören die Kernporen; die ER-Ausgänge (*gates*) der Kernhülle; die transitorischen ER-Regionen, Übergangsregionen zu benachbarten Dictyosomen; die rauen ER-Regionen, die den Eingangskanal für Proteine in den sekretorischen Stoffwechselweg bilden; eine glatte ER-Region, die an der Synthese von Lipidmolekülen wie z. B. Glycerolipide, Isoprenoide und Flavonoide beteiligt ist; Regionen für die Bildung von Proteinkörpern und Ölkörpern; eine Bildungsregion für Vakuolen; Plasmodesmata (Abb. 3.2B), welche die gemeinsamen Zellwände zwischen Zellen durchqueren und eine wichtige Rolle bei der Zell-Zell-Kommunikation spielen (Kapitel 4). Diese Liste wird zukünftig immer länger werden, je mehr Zellen mit neueren Methoden untersucht werden. Im Jahre 2001 konnte Staehelin's Liste durch zwei ER-Regionen ergänzt werden: eine Ricinosomen-bildende Region (Gietl und Schmid, 2001) und eine nodale ER-Domäne, die einzigartig für die Perzeption des Schwerereizes in der Zentralen Wurzelhaube (Columella) ist (Zheng und Staehelin, 2001). **Ricinosomen** wurden im alternden Endosperm von keimenden Rizinus-Samen (*Ricinus communis*) nachgewiesen. Ricinosomen knospen zu Beginn des programmierten Zelltods vom ER ab und sezernieren im Endstadium der Zellauflösung große Mengen an Cystein-Endopeptidasen ins Cytosol.

Ein ausgedehntes zweidimensionales Netzwerk aus miteinander verbundenen Zisternen und Tubuli befindet sich im peripheren Cytoplasma in unmittelbarer Nähe der Plasmamembran (Abb. 3.3; Hepler et al., 1990; Knebel et al., 1990; Lichtscheidl und Hepler, 1996; Ridge et al., 1999). Die Membranen dieses **corticalen ER** stehen mit dem tiefer im Cytosol liegenden ER in Verbindung, und auch mit dem ER in den transvakuolären Strängen, die in Zellen mit großen Vakuolen vorkommen. Wie bereits erwähnt, ist die äußere Kernmembran eng mit dem ER verbunden. Dies bedeutet, dass das raue und das glatte ER zusammen mit der Kernhülle ein Membran-Kontinuum mit einem einzigen Lumen bilden welches das gesamte Cytosol durchzieht.

Befunde deuten darauf hin, dass das Netzwerk des corticalen ER als strukturgebendes Element wirkt, indem es das Cytoskelett der Zelle stabilisiert oder verankert (Lichtscheidl et al., 1990). Möglicherweise reguliert das corticale ER auch den $Ca^{2+}$-Spiegel im Cytoplasma. Damit dürfte das corticale ER eine zentrale Rolle bei zahlreichen Entwicklungsprozessen und physiologischen Vorgängen spielen (Hepler und Wayne, 1985; Hepler et al., 1990; Lichtscheidl und Hepler, 1996).

Einen tiefen Einblick in die dynamische Natur des ER ermöglichen Untersuchungen an lebenden Zellen unter Verwendung des Fluoreszenzfarbstoffs 3,3-Dihexyloxacarbocyanin-Jodid (DiOC) (Quader und Schnepf, 1986; Quader et al., 1989; Knebel et al., 1990), der Endomembranen färbt, und in jüngster Zeit auch durch Konstrukte, die das grüne Fluoreszenzprotein (GFP) zum ER dirigieren (Ridge et al., 1999). Diese Untersuchungen ergaben, dass die ER-Membranen fortwährend in Bewegung sind und dabei laufend ihre Größe und Verteilung ändern (Abb. 3.3). Das ER im tieferen Cytosolbereich bewegt sich viel aktiver als das corticale ER, das nicht mit dem restlichen ER oder den Organellen im tieferen Cytoplasma wandert, obwohl es laufend umgebaut wird. Die Beweglichkeit des corticalen ER wird durch die Verankerung an den Plasmodesmen und die Adhäsion an der Plasmamembran (Lichtscheidl und Hepler, 1996) eingeschränkt.

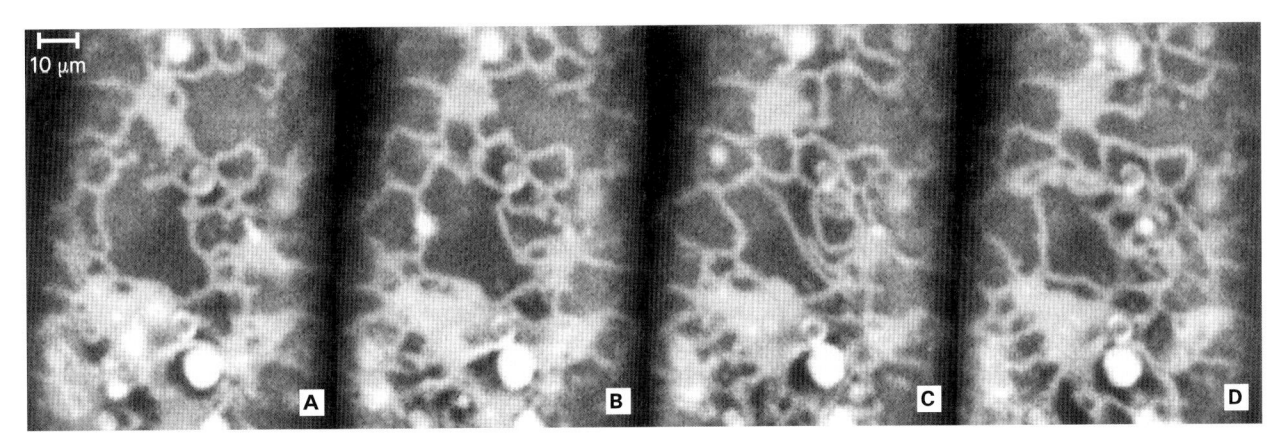

**Abb. 3.3** Vier konfokalmikroskopische Aufnahmen von corticalen ER-Membranen in Tabak BY-2-Zellen. Die Zellen wurden in einer Suspensionskultur mit 10 $\mu$g Rhodamin 123 pro ml angezogen und fotografiert. Die Aufnahmen wurden in Intervallen von 1 Minute gemacht und zeigen die Veränderungen in der ER-Organisation während dieser Zeitspanne. (Aus Hepler und Gunning, 1998.)

## 3.1.2 Der Golgi-Apparat ist als hochpolarisiertes Membransystem an der Sekretion beteiligt

Der Begriff **Golgi-Apparat** bezieht sich auf alle Golgi-Körper – *Trans*-Golgi-Netzwerk Komplexe einer Zelle. **Golgi-Körper** werden auch als **Dictyosomen** oder einfach als **Golgi-Stapel** bezeichnet.

Jedes Dictyosom besteht aus fünf bis acht gestapelten flachen Zisternen, die an den Rändern oft gefenstert und aufgebläht sind und knollenförmige Abschnürungen in Form von Vesikeln zeigen Abb. 3.4). Die Golgi-Stapel sind polarisierte Strukturen. Die gegenüberliegenden Oberflächen oder Pole eines Golgi-Stapels bezeichnet man als *cis*- und *trans*-Seiten. Es lassen sich drei morphologisch unterscheidbare Zisternen quer durch einen Stapel erkennen: *cis*-, mittlere- und *trans*-Zisternen die sich sowohl strukturell als auch biochemisch voneinander unterscheiden (Driouich und Staehelin, 1997; Andreeva et al., 1998). Das **trans-Golgi-Netzwerk (TGN)**, ein tubuläres Reticulum mit Clathrin-beschichteten und unbeschichteten knospenden Vesikeln, ist eng mit der *trans*-Seite des Golgi-Stapels assoziiert (Abb. 3.1). Jeder Golgi-TGN Komplex liegt eingebettet in einer Ribosomen-freien Zone, der **Golgi-Matrix**.

Im Gegensatz zu dem zentralen Golgi-Apparat der Säugetierzellen besteht der Golgi-Apparat von Pflanzenzellen aus vielen separaten Stapeln, die auch während der Mitose und Cytokinese funktionstüchtig bleiben (Andreeva et al., 1998; Dupree und Sherrier, 1998). In lebenden Zellen, in denen die Stapel mit grünem Fluoreszenzprotein (GFP) markiert wurden, kann man sie entlang der Bündel aus Actinfilamenten, die genau der Struktur des ER-Netzwerks entsprechen, beobachten (Boevink et al., 1998). Die Stapel bewegen sich nach dem „stop and go" Prinzip und oszillieren schnell zwischen einer gerichteten Bewegung und einem ziellosen „Herumwackeln". Nebenführ et al. (1999) haben festgestellt, dass die „stop and go" Bewegung des Golgi-TGN Komplexes durch bestimmte Stopsignale reguliert wird. Diese Stopsignale werden von den Export-Seiten des TGN Komplexes und von den sich gerade in Streckung befindlichen, lokalen Zellwandregionen abgegeben, um den Transport vom ER zum Golgi-Apparat und vom Golgi-Apparat zur Zellwand zu optimieren. Während der Mitose und Cytokinese findet eine Neuverteilung der Golgi-Stapel zu spezifischen Orten der Zelle statt, bis die Cytoplasmaströmung aufhört (Kapitel 4; Nebenführ et al., 2000). Kurz vor der Mitose verdoppelt sich die Anzahl der Golgi-Stapel durch Spaltung der Zisternen, die in einer *cis* – *trans*-Richtung erfolgt (Garcia-Herdugo et al., 1988).

In den meisten Pflanzenzellen hat der Golgi-Apparat zwei Hauptfunktionen: Die Synthese von Nicht-Cellulose-Zellwand-Polysacchariden (Hemicellulosen und Pektine; Kapitel 4) und die Glykosylierung von Proteinen. Durch Verwendung polyklonaler Antikörper konnte man beweisen, dass die einzelnen Schritte der Polysaccharid-Biosynthese in unterschiedlichen Zisternen des Dictyosoms stattfinden (Moore et al., 1991; Zhang und Staehelin, 1992; Driouich et al., 1993). Die verschiedenen Polysaccharide befinden sich in sekretorischen Vesikeln, die zur Plasmamembran wandern und mit ihr verschmelzen (Exocytose). Dann entladen die Vesikel ihren Inhalt und die Polysaccharide werden Teil der Zellwand. In Zellen, die sich gerade vergrößern, tragen die Vesikel auf diese Weise zum Wachstum der Plasmamembran bei.

Die erste Phase der Glykosylierung von Proteinen findet im rauen ER statt. Anschließend werden die Glycoproteine in sogenannten **Transitvesikeln** vom ER zur *cis*-Seite des Dictyosoms transportiert (Bednarek und Raikhel, 1992; Holtzman, 1992; Schnepf, 1993). Die Glykoproteine werden dann schrittweise durch den Stapel zur *trans*-Seite in das TGN geschleust. Dort werden die Glykoproteine in unterschiedliche Vesikel sortiert und freigesetzt, um anschließend entweder zur Vakuole oder zur Sekretion an die Zelloberfläche zu wandern. Die Polysaccharide, die zur Sekretion an der Zelloberfläche bestimmt sind, werden auch im TGN in einzelne Vesikel aufgeteilt. In ein

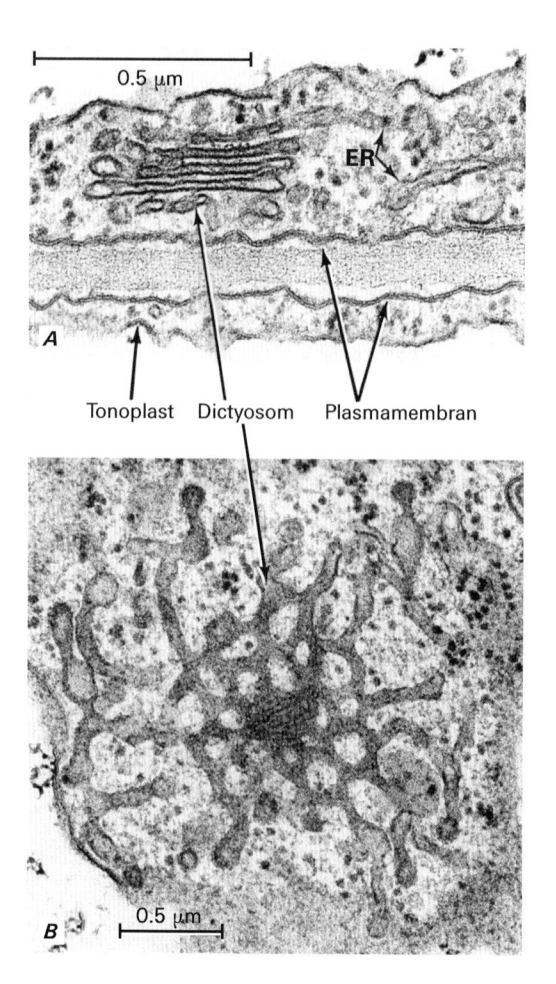

**Abb. 3.4** Dictyosom (Golgi-Körper) in einem Tabakblatt (*Nicotiana tabacum*). **A**, Dictyosom mit der gefensterten *trans*-Seite zur Zellwand gerichtet, Seitenansicht (Querschnitt). **B**, Dictyosom von seiner gefensterten *trans*-Seite aus gesehen (Flachschnitt). Einige Vesikel, die sich gerade abschnüren, sind beschichtet (*coated*). Details: ER = Endoplasmatisches Reticulum. (Aus Esau, 1977.)

und demselben Dictyosom können Polysaccharide und Glykoproteine gleichzeitig verarbeitet werden.

Glykoproteine und komplexe Polysaccharide, die für die Sekretion in der Zellwand bestimmt sind, werden in unbeschichteten oder glatten Vesikeln verpackt, während die für die Vakuolen bestimmten hydrolytischen Enzyme und Speicherproteine (wasserlösliche Globuline) in Clathrin beschichtete Vesikel (*coated vesicles*), aber auch in glatte, elektronendichte Vesikel im TGN sortiert werden (Herman und Larkins, 1999; Miller und Anderson, 1999; Chrispeels und Herman, 2000). Die Bildung von **elektronendichten Vesikeln** (*dense vesicles*) ist nicht auf das TGN beschränkt, sondern kann auch in den *cis*-Zisternen der Dictyosomen erfolgen (Hillmer et al., 2001).

Einige Typen von Speicherproteinen (alkohollösliche Prolamine) bilden Aggregate, die im ER in Vesikel gepackt und von dort, am Golgi-Apparat vorbei, direkt zu den proteinspeichernden Vakuolen transportiert werden (Matsuoka und Bednarek, 1998; Herman und Larkins, 1999). Beispielsweise häuft sich in Weizenkörnern eine beträchtliche Menge an Prolamin in Form von Proteinkörpern (Aleuronkörner) innerhalb des rauen ER an. Von dort werden die intakten Proteinkörper – ohne Beteiligung des Golgi-Apparats – zu den Vakuolen transportiert (Levanony et al., 1992). Auch bei Mais, Hirse und Reis entstehen ähnliche Proteinkörper, die im ER bleiben und von ER-Membranen umgrenzt sind (Vitale et al., 1993).

Die Anlieferung von sekretorischen Vesikeln an die Plasmamembran durch Exocytose muss im Gleichgewicht stehen mit einer äquivalenten Wiederverwertung (*Recycling*) von Membranen der Plasmamembran durch Endocytose mit Hilfe Clathrin beschichteter Vesikel (Battey et al., 1999; Marty, 1999; Sanderfoot und Raikhel, 1999). Ein Recycling ist erforderlich für den Erhalt eines funktionalen Endomembransystems (Battey et al., 1999).

## 3.2 Cytoskelett

Das **Cytoskelett** ist ein dynamisches, dreidimensionales Netzwerk aus Proteinfilamenten. Es durchzieht das gesamte Cytoplasma und ist an vielen zellulären Prozessen direkt beteiligt, wie z. B. an der Mitose und Cytokinese, der Zellstreckung und Zelldifferenzierung, der Zell-Zell-Kommunikation sowie an der Bewegung von Organellen und anderen cytoplasmatischen Komponenten von einem Ort zum anderen innerhalb der Zelle (Seagull, 1989; Derksen et al., 1990, Goddard et al., 1994; Kost et al., 1999; Brown und Lemmon, 2001; Kost und Chua, 2002; Sheahan et al., 2004). Bei Pflanzenzellen besteht das Cytoskelett aus mindestens zwei verschiedenen Proteinfilamenten: Mikrotubuli und Actinfilamente. Intermediärfilamente, die in Tierzellen vorkommen, konnten in Pflanzenzellen bisher nicht eindeutig nachgewiesen werden. Erst der Einsatz der Immunfluoreszenz-Mikroskopie und die Verwendung des grünen Fluoreszenzproteins zur Markierung von Cytoskelett-Protein haben es mit Hilfe der Konfokalmikroskopie ermöglicht, die dreidimensionale Organisation des Cytoskeletts in fixierten als auch in lebenden Zellen zu erforschen. Die Befunde haben wesentlich dazu beigetragen, die Struktur und die Funktion des Cytoskeletts zu verstehen (Lloyd, 1987; Staiger und Schliwa, 1987; Flanders et al., 1990; Marc, 1997; Collings et al., 1998; Kost et al., 1999; Kost et al., 2000).

### 3.2.1 Mikrotubuli sind zylindrische Strukturen aus Tubulin-Untereinheiten

**Mikrotubuli** sind röhrenförmige, gerade Strukturen mit einem Durchmesser von circa 24 Nanometer und unterschiedlicher Länge (Abb. 3.5). Die Länge der corticalen Mikrotubuli, also der Mikrotubuli, die sich im peripheren Cytoplasma in unmittelbarer Nähe der Plasmamembran befinden, entspricht allgemein dem Querschnittsdurchmesser des Zellbereichs (Facette), mit dem sie eng verbunden sind (Barlow und Baluška, 2000). Jeder Mikrotubulus besteht aus zwei verschiedenartigen Tubulinen (globuläre Proteine), dem α- und dem β-Tubulin. Diese beiden Untereinheiten bilden zusammen ein lösliches Dimer („zwei Teile"). Die Tubulin-Dimere schließen sich spontan zu unlöslichen Röhrchenstrukturen, den Mikrotubuli, zusammen.

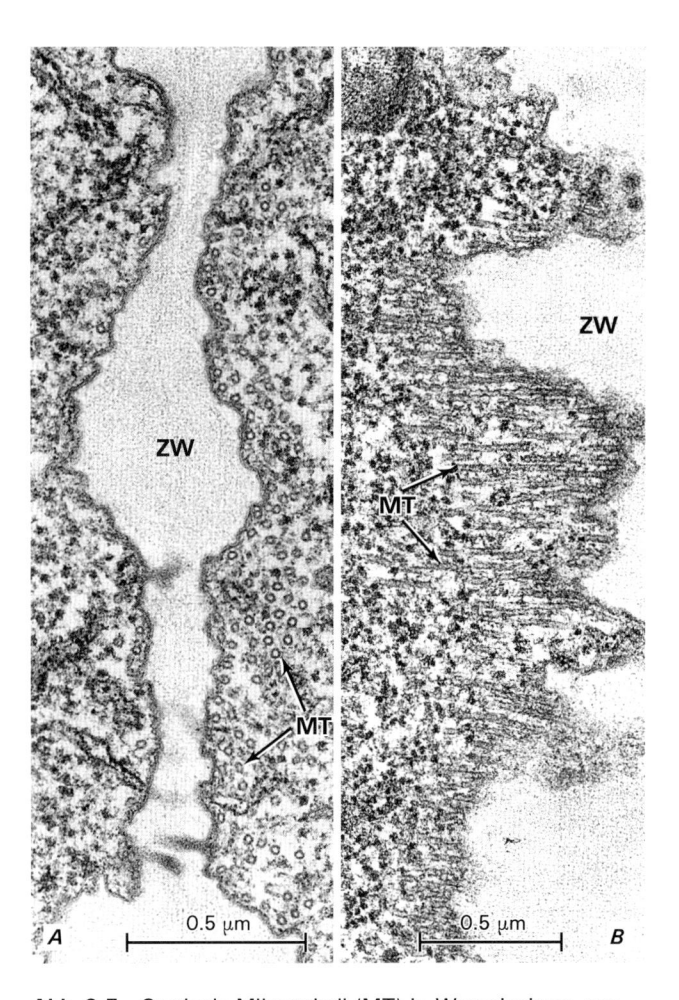

**Abb. 3.5** Corticale Mikrotubuli (MT) in Wurzelspitzen von *Allium cepa*, im Querschnitt (**A**) und im Längsschnitt (**B**) betrachtet. Weitere Details: ZW = Zellwand.

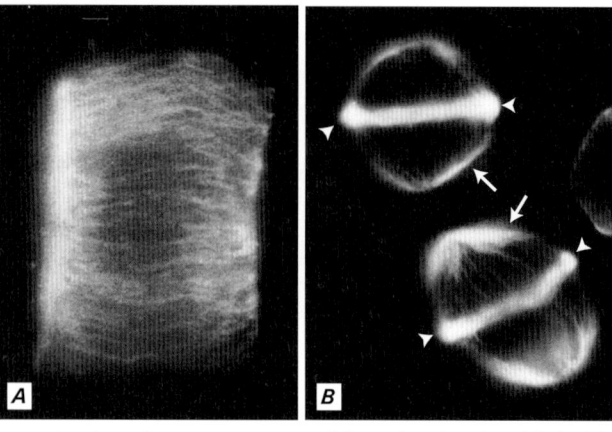

| Interphase | Präprophaseband und Spindel | Mitosespindel in Metaphase | Phragmoplast in Telophase |

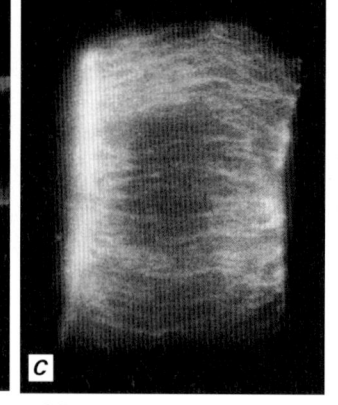

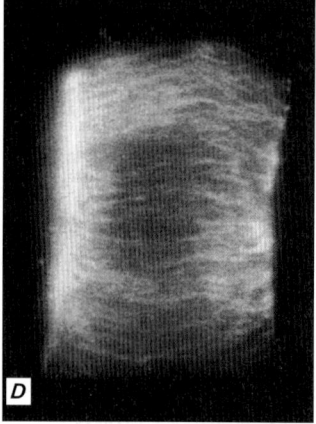

**Abb. 3.6** Fluoreszenzmikroskopische Aufnahme der Mikrotubuli -Anordnung in Wurzelspitzen der Zwiebel (*Allium cepa*). **A**, Anordnung corticaler Mikrotubuli während der Interphase. Die Mikrotubuli liegen dicht unterhalb der Plasmamembran. **B**, ein Präprophaseband aus Mikrotubuli (Pfeile) umringt den Zellkern an der Stelle, wo die zukünftige Zellplatte entsteht. Die Prophasespindel, aus anderen Mikrotubuli (Pfeile), deutet die Kernhülle (nicht sichtbar) an. Die untere Zelle befindet sich in einem späteren Stadium als die obere. **C**, die Mitosespindel in der Metaphase. **D**, während der Telophase bilden neue Mikrotubuli den Phragmoplast, der an der Entwicklung der Zellplatte beteiligt ist. (Nachdruck mit freundlicher Genehmigung von Goddard et al., 1994. © American Society of Plant Biologists.)

Die Dimere sind in einer Helix aus 13 Längsreihen, den *Protofilamenten*, um den zentralen Hohlraum des Mikrotubulus angeordnet. In jedem Protofilament orientieren sich alle Tubulin-Dimere in gleicher Richtung, mit ihrer Längsachse parallel zur Längsausdehnung des Mikrotubulus. Alle Protofilamente sind parallel zueinander ausgerichtet und zeigen dieselbe Polarität. Die Protofilamente sind polare Strukturen, da sich an einem Ende ein α-Tubulin und am entgegengesetzten Ende ein β-Tubulin befindet. Dadurch erhalten die beiden Enden der Mikrotubuli ebenfalls eine Polarität, die man als Plus-Ende und Minus-Ende bezeichnen kann. Bei gleichbleibender Konzentration von Tubulin-Dimeren wachsen die Plus-Enden schneller als die Minus-Enden, wobei beide Enden der Mikrotubuli zwischen Wachsen und Schrumpfen rasch wechseln können. Dieses Verhalten nennt man **dynamische Instabilität** (Cassimeris et al., 1987). Als dynamische Strukturen unterliegen Mikrotubuli einem ständigen Auf- und Abbau und arrangieren sich im Verlauf des Zellzyklus und der Differenzierung zu immer neuen Anordnungen (Hush et al. 1994; Vantard et al., 2000; Azimzadeh et al., 2001). Die auffälligsten Organisation der Mikrotubuli innerhalb des Zellzyklus ist die corticale Anordnung während der Interphase, das Präprophaseband, der Spindelapparat bei der Mitose und der Phragmoplast, der sich zwischen den beiden neu gebildeten Tochterkernen befindet (Abb. 3.6; Kapitel 4; Baskin und Cande, 1990; Barlow und Baluška, 2000; Kumagi und Hasezawa, 2001).

Mikrotubuli haben viele Funktionen (Wasteneys, 2004). Während des Streckungswachstums und der Differenzierung der Zellen kontrollieren die corticalen Mikrotubuli die Ausrichtung der Cellulose-Mikrofibrillen, die vom Protoplasten zur Verstärkung der Zellwand nach außen abgelagert werden. Von der Ausrichtung der Fibrillen innerhalb der Zellwand hängt wiederum ab, in welche Richtung sich die Zelle ausdehnen kann (Kapitel 4; Mathur und Hülskamp, 2002). Mikrotubuli, die den Spindelapparat während der Mitose bilden, spielen eine wichtige Rolle bei der Bewegung und Verteilung der Chromosomen. Diejenigen, die wahrscheinlich mit Hilfe von Kinesin-ähnlichen Motorproteinen (Otegui et al., 2001) den Phragmoplast formen, sind während der Cytokinese auch am Aufbau der Zellplatte (die erste Unterteilung zwischen den sich teilenden Zellen) beteiligt.

Während der Interphase des Zellzyklus einer Pflanzenzelle strahlen Mikrotubuli von der gesamten Oberfläche des Zellkerns, dem **Mikrotubuli Organisationszentrum** (*microtubule-organizing centre*) oder abgekürzt **MTOC,** aus. Die MTOCs sind die primären Bildungszentren der Mikrotubuli (Nukleationsstellen). Sekundäre MTOCs liegen in Bereichen des corticalen Cytoplasmas dicht an der Plasmamembran. Sie bestimmen die Anordnung der corticalen Mikrotubuli, die für eine geordnete Zellwandsynthese und folglich für die Morphogenese der Zellen verantwortlich sind (Wymer und Lloyd, 1996; Wymer et al., 1996). Man nimmt an, dass das Material der sekundären MTOCs von den Microtubuli, die von der Oberfläche des Zellkerns (primäres MTOC) ausstrahlen, zur Zellperipherie transportiert wird (Baluška et al., 1997b, 1998). Das in allen MTOCs vorhandene Gamma-Tubulin scheint für die Nukleation der Mikrotubuli unbedingt notwendig zu sein (Marc, 1997).

### 3.2.2 Actinfilamente bestehen aus zwei helikal umeinander gewundenen Actinmolekülketten

**Actinfilamente** werden auch als **Mikrofilamente** oder **filamentöses Actin (F-Actin)** bezeichnet. Sie sind – ähnlich wie Mikrotubuli – polare Strukturen; sie weisen ein vorwiegend

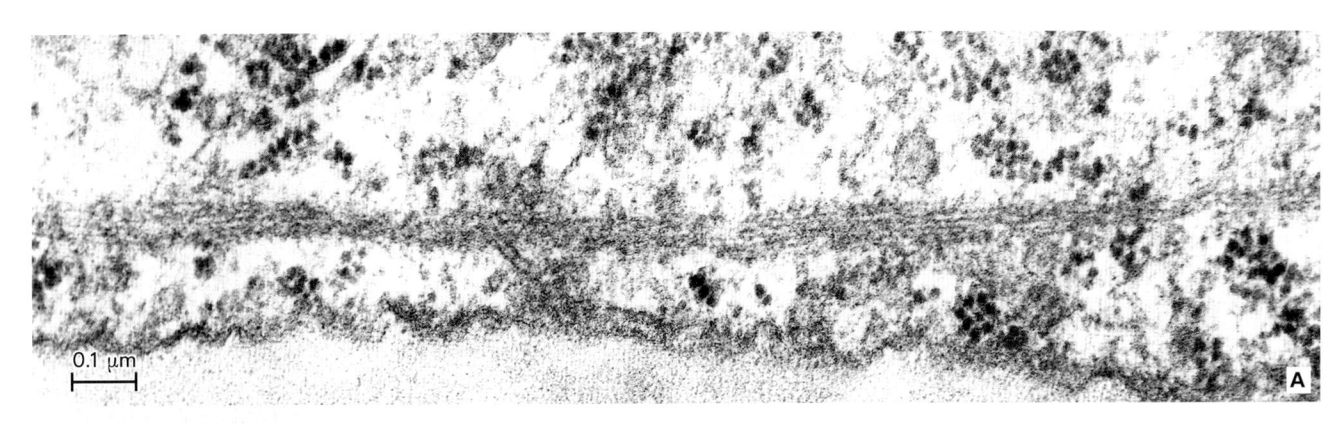

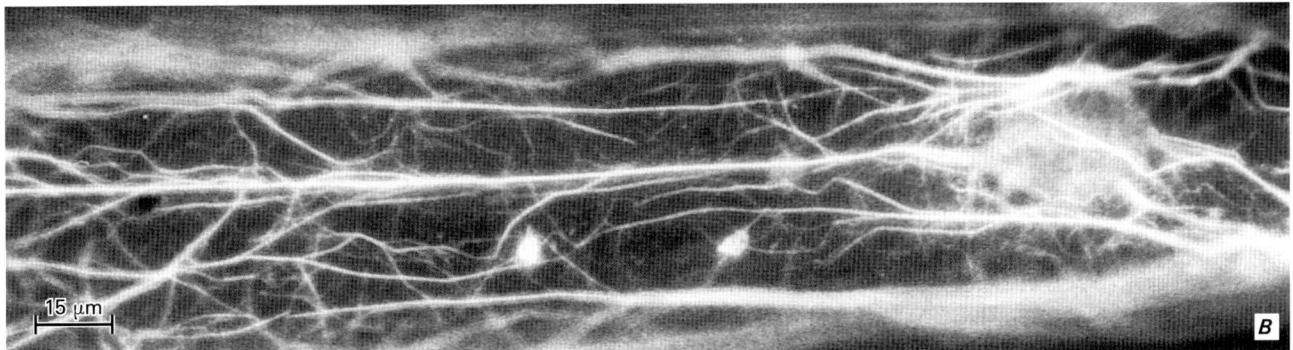

**Abb. 3.7** Actinfilamente. **A**, Actinfilamentbündel in einer Blattzelle von Mais (*Zea mays*), elektronenmikroskopische Aufnahme. **B**, Mehrere Actinfilamentbündel in einem Stängelhaar der Tomate (*Solanum lycopersicum*), fluoreszenzmikroskopische Aufnahme. (**B**, aus Parthasarathy et al. 1985.)

wachsendes Plus-Ende und ein vorwiegend schrumpfendes Minus-Ende auf. Das Monomer der Actinfilamente ist das 43 kDa große globuläre Protein (G-Actin), das zu Filamenten von ungefähr 7 nm Durchmesser polymerisiert. Jeweils zwei dieser Filamente lagern sich zu einer Doppelstrang-Helix zusammen, dem F-Actin (Meagher et al., 1999; Staiger, 2000). Actinfilamente kommen einzeln oder in Bündeln vor (Abb. 3.7). Innerhalb des Cytoskeletts bilden Actinfilamente ein eigenes System, das sich selbst aufbauen kann und unabhängig von Mikrotubuli funktionsfähig ist (z. B. Actinfilamente treiben die Plasmaströmung und die Golgi-Dynamik an). In manchen Fällen arbeiten jedoch Actinfilamente und Mikrotubuli zusammen, um ganz bestimmte Aufgaben zu erfüllen. Actinfilamente, die in enger Verbindung mit Mikrotubuli vorkommen, können im Verlauf des Zellzyklus neue charakteristische Strukturen bilden (Staiger und Schliwa, 1987; Lloyd, 1988; Baluška et al., 1997a; Collings et al., 1998). Bei wachsenden Wurzelspitzen von Maispflanzen hat man in Zellen der Übergangsregion zwischen Meristem und Streckungszone ein primäres Organisationszentrum für Actinfilament-Bündel gefunden, das sich über die Oberfläche des Zellkerns und den Bereich des corticalen Cytoplasmas nahe der Plasmamembran an beiden Endwänden erstreckt (Baluška et al., 1997a).

Das Actin-Cytoskelett hat in der Pflanzenzelle eine wichtige Funktion bei sehr unterschiedlichen Vorgängen, neben seiner ursächlichen Rolle – in Verbindung mit dem Motorprotein Myosin (Shimmen et al., 2000) – bei der Cytoplasmaströmung und der Bewegung der Plastiden, Sekretvesikel (Jeng und Welch, 2001) sowie anderer cytoplasmatischer Komponenten. Andere Befunde oder Vermutungen zeigen eine Beteiligung von Actinfilamenten bei der Festlegung der Polarität von Zellen und der Zellteilungsebene (durch Positionierung des Präprophasebands), der zellulären Signaltransduktion (Drøbak et al., 2004), dem Spitzenwachstum von Pollenschläuchen und Wurzelhaaren (Kropf et al., 1998), der Kontrolle des Transports durch Plasmodesmen (White et al., 1994; Ding et al., 1996; Aaziz et al., 2001) und auch bei mechanosensitiven Prozessen wie die Berührungsreaktion bei Blättern (Xu et al., 1996) und das Festklammern und Winden um stützende Strukturen herum bei Ranken (Engelberth et al., 1995).

## 3.3 Reservestoffe

Alle Substanzen, die in Pflanzen gespeichert werden, sind Produkte des Stoffwechsels. Sie werden manchmal auch als ergastische Substanzen zusammengefasst und können im Leben einer Zelle zu bestimmten Zeiten auftreten, verschwinden und wieder auftauchen. Die meisten von ihnen sind Reservestoffe, einige sind an Abwehrmechanismen der Pflanze beteiligt, und andere sind einfach Abbauprodukte des Stoffwechsels. Sie bilden häufig Strukturen, die im Licht- und Elektronenmikroskop erkennbar sind wie z. B. Stärkekörner, Proteinkörper, Ölkörper, Tannin enthaltende Vakuolen, und Mineralstoffe in Form von Kristallen. Alle diese Substanzen findet man in der Zellwand, im Cytoplasma, in der Vakuole und anderen Organellen der Pflanze.

### 3.3.1 Stärke wird in Form von Stärkekörnern in den Plastiden gebildet

**Stärke** ist neben Cellulose das häufigste Kohlenhydrat in der gesamten Pflanzenwelt. Außerdem gilt Stärke als Hauptreserve-Polysaccharid in Pflanzen. Die Bildung von transitorischer Stärke erfolgt in den Chloroplasten während der Photosynthese (Abb. 3.8). Im Laufe der Nacht wird die Stärke dann zu Zuckern abgebaut, zu den Speicherzellen transportiert und in Amyloplasten wieder zu Reservestärke synthetisiert (Abb. 3.9). Wie vorher erwähnt, können Amyloplasten ein (einfache) oder mehr (zusammengesetzte) Stärkekörner enthalten. Werden mehrere Stärkekörner gleichzeitig gebildet, entstehen komplexe Stärkekörner, die von äußeren Schichten umschlossen werden (Ferri, 1974).

Stärkekörner oder -granula variieren in Größe und Gestalt und zeigen gewöhnlich eine konzentrische Schichtung um einen Bildungskern (**Hilum**) herum, der im Zentrum des Stärkekorns oder seitlich liegt (Abb. 3.9A). Oft kommt es während der Entwässerung von Stärkekörnern zu Brüchen, die von dem Bildungskern ausstrahlen. Alle Stärkekörner bestehen aus zwei verschiedenen Molekültypen: unverzweigten Amyloseketten und verzweigten Amylopektinketten (Martin und Smith, 1995). Die Schichtung der Stärkekörner ist auf die wechselnde Folge dieser beiden Polysaccharidmoleküle zurückzuführen. Legt man ein Stärkekorn in Wasser, so werden die Schichten (Lamellen) deutlicher sichtbar, weil die beiden Polysaccharide einen unterschiedlichen Quellungsgrad besitzen: Amylose ist in Wasser löslich und Amylopektin unlöslich. In Blättern von Hirse (*Sorghum bicolor*) und Mais (*Zea mays*) ist Amylose die Hauptkomponente der Stärke, während die Samen 70% bis 90% Amylopektin enthalten (Vickery und Vickery, 1981). In Kartoffelknollen liegt die Stärke im Verhältnis von 22% Amylose und 78% Amylopektin vor (Frey-Wyssling, 1980). Stärkekörner bestehen aus amorphen und kristallinen Bereichen, wobei die Molekülketten durch Wasserstoffbrücken verbunden sind. Stärkekörner, die mit dem Polarisationsmikroskop untersucht wurden, zeigen ein typisches Malteserkreuz (Abb. 3.9B) (Varriano-Marston, 1983). Stärke bildet mit Jod-Kaliumjodid-Lösung ($I_2KI$) eine blau-schwarz gefärbte Einschlussverbindung und lässt sich dadurch leicht nachweisen.

Reservestärke kommt überall im Pflanzenkörper vor, wie beispielsweise in den Parenchymzellen der Rinde, des Marks und des Leitgewebesystems von Wurzeln und Sprossachsen; in Parenchymzellen von fleischigen Blättern (Zwiebelschuppen), Rhizomen, Knollen, Früchten und Cotyledonen und im Endosperm der Samen. Für die kommerzielle Gewinnung von Stärke verwendet man verschiedene Pflanzengewebe wie das Endosperm von Getreide, die fleischigen Wurzeln der tropischen Pflanze *Manihot esculenta* (Tapioca-Stärke), Kartoffelknollen, Rhizome von *Maranta arundinacea* (Pfeilwurz-Stärke) und Stämme von *Metroxylon sagu* (Sago-Stärke).

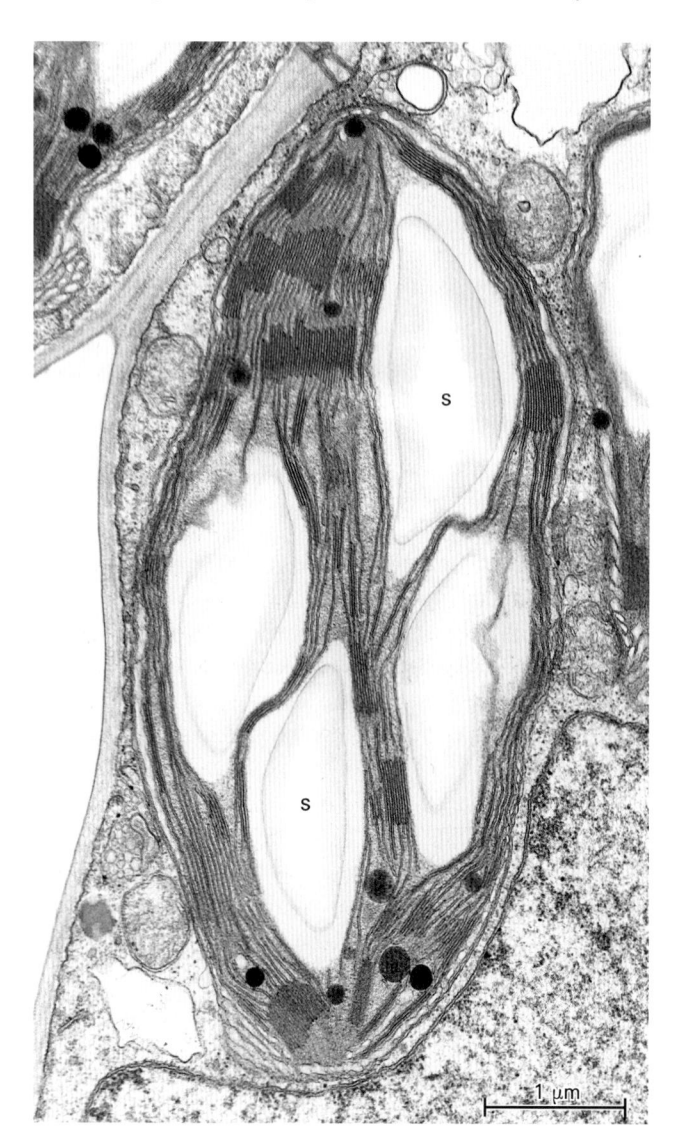

**Abb. 3.8** Ein Chloroplast mit assimilatorischer Stärke (s), in einer Mesophyllzelle eines Blattes von *Amaranthus retroflexus*. Bei starker Photosynthese wird ein Teil der gebildeten Kohlenhydrate vorübergehend in Form von Stärkekörnern (transitorische Stärke) im Chloroplasten gespeichert. Während der Nacht wird aus der Stärke Saccharose gebildet, die aus dem Blatt exportiert und in andere Pflanzenteile transportiert wird, wo sie in verschiedene, für die Pflanze nützliche Moleküle umgebaut wird. (Aus Fisher und Evert, 1982. © 1982, Universität von Chicago. Alle Rechte vorbehalten.)

### 3.3.2 Der Entstehungsort von Proteinkörpern hängt von der Zusammensetzung der Proteine ab

Die Bildung von Reserveproteinen kann auf verschiedenen Wegen erfolgen und hängt größtenteils davon ab, ob es sich um salzlösliche Globuline oder alkohollösliche Prolamine handelt (Chrispeels, 1991; Herman und Larkins, 1999; Chrispeels und

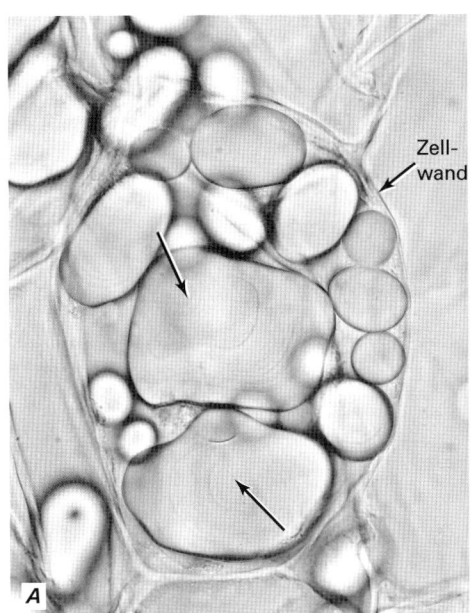

**Abb. 3.9** Stärkekörner in Kartoffelknollen (*Solanum tuberosum*), fotografiert im normalen Licht (**A**) und im polarisierten Licht (**B**). Pfeile zeigen den Bildungskern (*Hilum*) von einigen Stärkekörnern in **A**. In **B** zeigen die Stärkekörner das „Malteserkreuz". Amyloplasten in der Kartoffel enthalten nur ein einziges Stärkekorn. (A, B, x620.)

Herman, 2000). Globuline sind die wichtigsten Speicherproteine in Leguminosen und Prolamine in den meisten Getreidearten. Globuline werden vom rauen ER durch den Golgi-Apparat zu typischen Proteinspeichervakuolen transportiert und dort abgelagert. Wie bereits erwähnt, ist der Golgi-Apparat jedoch nicht unbedingt am Transport von Prolaminen in die Vakuole bei Getreiden beteiligt. Beim Weizen z. B. häufen sich Prolamine beispielsweise direkt in Form von **Proteinkörpern** (Aleuronkörner) innerhalb des rauen ER an und werden von dort ohne Beteiligung des Golgi-Apparats in einzelnen Vesikeln direkt zu den Vakuolen transportiert (Levanony et al., 1992). Bei anderen Getreidearten wie z. B. Mais, Hirse und Reis werden ähnlich gebildete Proteinkörper nicht zu den Vakuolen transportiert, sondern bleiben umgeben von ER-Membranen im rauen ER abgelagert (ER-Domäne 8, Abb. 3.1) (Vitale et al., 1993). Bei der Samenkeimung werden die gespeicherten Proteine hydrolytisch gespalten und mobilisiert, um somit Energie, Stickstoffverbindungen und Mineralstoffe für das Wachstum der jungen Keimpflanze bereitzustellen. Gleichzeitig können proteinspeichernde Vakuolen als lysosomale Kompartimente oder autophagische Organellen fungieren, indem sie überflüssige Bestandteile des Cytoplasmas aufnehmen und abbauen (Herman et al., 1981). Im Verlauf der Keimung fusionieren oft zahlreiche kleine Vakuolen zu einer großen Vakuole. Proteinkörper sind besonders reichlich in Samen vorhanden, aber sie kommen auch in Wurzeln, Sprossachsen, Blättern, Blüten und Früchten vor.

Ein einfacher Proteinkörper besteht strukturell aus einer amorphen proteinhaltigen Matrix, die von einer Membran umgeben ist. Zusätzlich zur Matrix enthalten andere Proteinkörper einen oder mehrere nichtproteinhaltige Globoide (Abb. 3.10) oder neben Globoiden auch verschiedentlich ein oder mehrere Proteinkristalloide. Manche Proteinkörper enthalten zahlreiche Enzyme und große Mengen an Phytat, ein Kationensalz der Phytinsäure (Myo-Inosithexaphosphorsäure), das gewöhnlich in Globoiden gespeichert wird. Phytat ist eine wichtige Quelle für Phosphor während der Keimlingsentwicklung. Einige Proteinkörper enthalten Calciumoxalatkristalle, so bei den Apiaceae.

Proteine kommen in Form von Kristalloiden im Cytoplasma vor, wie z. B. in Parenchymzellen von Kartoffelknollen, im Parenchym von Paprikafrüchten und zusammen mit Stärkekörnern bei Bananen. In Kartoffelknollen findet man würfelförmige Proteinkristalle in Zellen, die unterhalb des Phellogens liegen. Die Kristalle werden offenbar in Vesikeln gebildet und können nach der Reife ins Cytoplasma freigesetzt werden oder nicht (Marinos, 1965; Lyshede, 1980). Proteinkristalloide kommen auch im Zellkern vor. Solche Kerneinschlüsse sind bei Samenpflanzen weit verbreitet (Wergin et al., 1970).

### 3.3.3 Ölkörper spalten sich vom glatten ER durch einen Oleosin-gesteuerten Prozess ab

**Ölkörper** sind mehr oder weniger sphärische Strukturen, die im Lichtmikroskop betrachtet dem Cytoplasma einer Pflanzenzelle eine gewisse Körnung verleihen. In elektronenmikroskopischen Aufnahmen erkennt man die amorphe Struktur der Ölkörper (Abb. 3.10). Ölkörper sind überall in der Pflanze verteilt, aber am häufigsten kommen sie in Früchten und Samen vor. Ungefähr 45% des Gewichts von Samen der Sonnenblume, Erdnuss, Flachs und Sesam besteht aus Öl (Somerville und Browse, 1991). In wachsenden Keimlingen dient Öl als Quelle für Energie und Kohlenstoff.

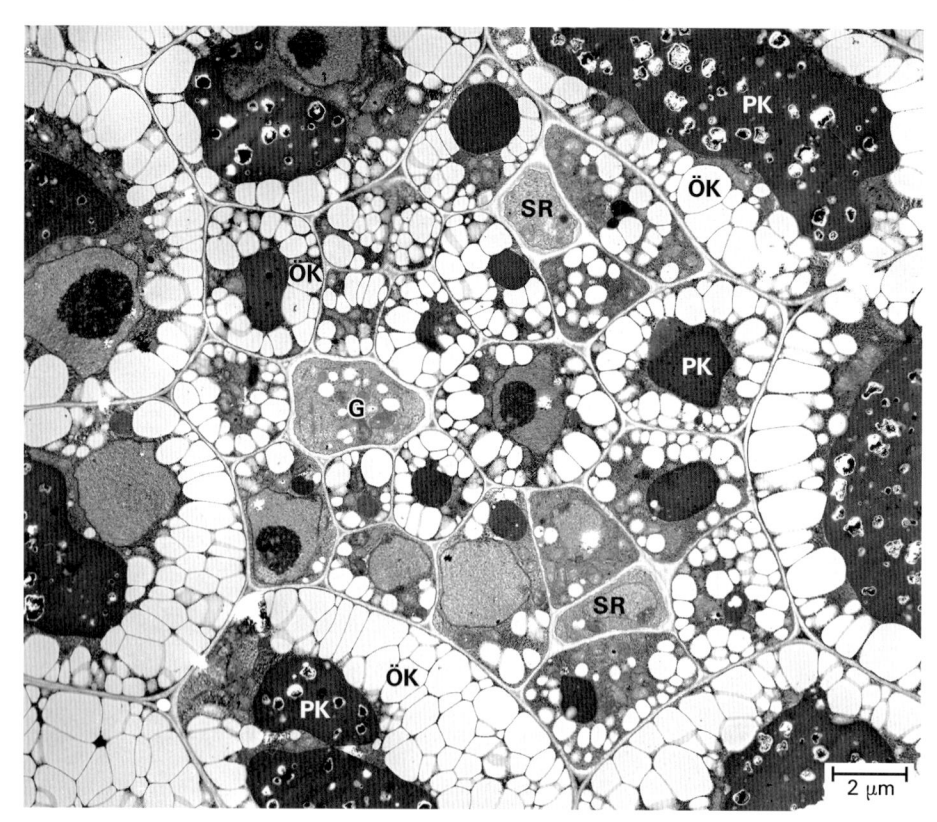

**Abb. 3.10** Unreifes Leitbündel, umgeben von Speicherparenchymzellen, in Cotyledonen eines Embryos von *Arabidopsis thaliana*. Ölkörper (ÖK) und Proteinkörper (PK) mit Globoiden nehmen fast das gesamte Volumen von Procambiumzellen und Speicherparenchymzellen ein.. Weitere Details: SR, unreife Siebröhre; G, unreifes Gefäss. (Aus Busse und Evert, 1999. © 1999, University of Chicago. Alle Rechte vorbehalten.)

Ölkörper, die auch als Sphärosomen oder Oleosomen bezeichnet werden, entstehen durch eine Anhäufung von **Triacylglycerin-Molekülen** in spezifischen Regionen (ER-Domäne 9, Abb. 3.1) im Inneren der ER-Lipid-Doppelschicht (Wanner und Thelmer, 1978; Ohlrogge und Browse, 1995). Diese Lipid-Akkumulationsorte enthalten charakteristische 16 bis 25 kDa Integralproteine, so genannte **Oleosine**. Oleosine sind Reißnagel-förmige Moleküle, welche die Abspaltung der Ölkörper aus der ER-Membran ins Cytoplasma bewirken (Huang, 1996). Jeder Ölkörper wird nach der Abspaltung von einer Phospholipidmonoschicht umgeben, in der die Oleosine verankert sind (Somerville und Browse, 1991; Loer und Herman, 1993). Oleosine und Phospholipide stabilisieren die Ölkörper und verhindern ihre Verschmelzung (Tzen und Huang, 1992; Cummins et al., 1993). Es ist vorteilhaft, die Ölkörper als kleine Einheiten zu erhalten, weil dadurch eine große Oberfläche entsteht, an der Lipasen anlagern können und so jederzeit eine rasche Mobilisierung von Triacylglycerinen erfolgen kann.

Reservefette kommen in allen Pflanzengattungen vor und sind wahrscheinlich in jeder Zelle zumindest in geringen Mengen vorhanden (Küster, 1956). Im Allgemeinen treten sie in löslicher Form als Ölkörper auf, die kristalline Struktur ist eher selten. Ein Beispiel dafür sind die Zellen des Endosperms der Palme *Elais*, in denen man kurze, nadelspitze Kristalle aus Fett gefunden hat (Küster, 1956). (Der Unterschied zwischen Fetten und Ölen ist in erster Linie physikalischer Natur: Fette sind bei Raumtemperatur fest, Öle hingegen flüssig). Die so genannten ätherischen Öle sind leicht flüchtige Öle und für den Geruch der Pflanze verantwortlich. Sie werden in speziellen Zellen synthetisiert und dann in die Interzellularräume abgesondert (Kapitel 17). Öle und Fette lassen sich durch eine rötliche Färbung nachweisen, wenn man das Pflanzengewebe zuvor mit Sudan III oder IV behandelt hat.

Besonders erwähnenswert sind die **Wachse** – langkettige, lipidartige Verbindungen -, die ein wesentlicher Bestandteil der äußeren Schutzschicht von Epidermiszellen, der Cuticula, sind. Sie ist charakteristisch für die an Luft grenzende Oberfläche des primären Pflanzenkörpers. Zudem kommen Wachse auf der inneren Oberfläche der Primärwände von Korkzellen in verholzten Sprossachsen und Wurzeln vor. Die Wachse bilden eine Hauptbarriere für den Wasserverlust an Pflanzenoberflächen (Kapitel 9). Wachse reduzieren außerdem den Befeuchtungsgrad der Blätter, und vermindern dadurch das Auskeimen von Pilzsporen und das Bakterienwachstum, kurz den Befall und das Ausbrechen einer Pflanzenkrankheit. Die meisten Pflanzen enthalten zu geringe Mengen an Wachsen für eine wirtschaftliche Nutzung. Ausnahmen bilden hier andererseits die Carnauba-Wachspalme (*Copernicia cerifera*), aus deren Blättern das Carnauba-Wachs gewonnen wird; andererseits die Jojoba-Pflanze (*Simmondsia chinensis*), deren Cotyledonen ein flüssiges Wachs enthalten, das der hohen Qualität der Öle entspricht, die aus Pottwalen gewonnen werden (Rost et al., 1977; Rost und Paterson, 1978).

### 3.3.4 Tannine kommen hauptsächlich in Vakuolen, aber auch in Zellwänden vor

**Tannine** bilden eine heterogene Gruppe polyphenolischer Substanzen. Sie sind wichtige Sekundärmetabolite, haben einen adstringierenden Geschmack und die Eigenschaft, Leder zu gerben. Man unterscheidet dabei zwischen den hydrolysierbaren und den kondensierten Tanninen. Die hydrolysierbaren Tannine können mit heißer, verdünnter Säure zu Kohlenhydraten (hauptsächlich Glucose) und Phenolsäuren hydrolysiert werden. Die kondensierten Tannine lassen sich nicht hydrolysieren. Manche Tanninverbindungen sind in Schnittproben sehr deutlich erkennbar. Sie erscheinen als grob- oder feinkörniges Material oder auch als Köper unterschiedlicher Größe in den Farben Gelb, Rot, Braun. Es gibt scheinbar kein Pflanzengewebe, in dem Tannine vollkommen fehlen. Tannine sind häufig in den Blättern vieler Pflanzen, aber auch im Leitgewebe, im Periderm, in unreifen Früchten, in Samenschalen und in pathologischen Geweben wie Gallen (Küster, 1956). Sie werden typischerweise in der Vakuole abgelagert (Abb. 2.21), aber sie entstehen offenbar im ER (Zobel, 1985; Rao, 1988). Tannine können in vielen Zellen eines bestimmten Gewebes akkumulieren, oder sie treten isoliert in speziellen Zellen, den Tannin-Idioblasten, verstreut über das Gewebe auf (Gonzales, 1996; Yonemori et al., 1997). Darüber hinaus werden sie manchmal in deutlich vergrößerten oder schlauchförmigen Zellen abgelagert (Kapitel 17).

Die meisten Pflanzenextrakte, die zum Gerben verwendet werden, stammen nur von wenigen eudicotylen Pflanzen, insbesondere aus dem Holz, der Rinde, den Blättern und/oder den Früchten verschiedener Arten der Anacardiaceae, Fabaceae und Fagaceae (Haslam, 1981). Die Hauptfunktion der Tannine ist offenbar der Fraßschutz. Ihr scharfer, adstringierender Geschmack wirkt auf Herbivoren abstoßend. Darüber hinaus schützen Tannine vor dem Angriff parasitischer Mikroorganismen durch eine Inaktivierung extrazellulärer Enzyme. Pflanzen, die größere Mengen an Polyphenolen und Tanninen produzieren und sekretieren, können andere Pflanzen daran hindern, unter ihnen oder in ihrer Nachbarschaft zu wachsen. Dieses Phänomen nennt man **Allelopathie**. Man konnte zeigen, dass aus Blättern, die im Wasser verfaulen, freigesetzte Tannine für manche Insekten schädigend sein können (Ayres et al., 1997) wie z. B. für phytophage Lepidopteren-Larven (Barbehenn und Martin, 1994). Sie spielen anscheinend in Stechmücken-Lebensgemeinschaften alpiner Gewässer eine wichtige Rolle bei der Habitatwahl (Rey et al., 2000).

Phenolische Verbindungen, insbesondere Tannine, werden in großen Mengen in den Blättern der Buche (*Fagus sylvatica*) als Reaktion auf Umweltstress synthetisiert (Bussotti et al., 1998). Sie akkumulieren anfangs in den Vakuolen, vor allem der oberen Epidermiszellen und des Palisadenparenchyms. In einem späteren Stadium werden die Tannine dann im Cytosol gelöst und zurücktransportiert, um schließlich die Zellwände der oberen Epidermis zu imprägnieren. Man stellt sich vor, dass die Imprägnierung der Zellwände mit Tanninen ein Mechanismus ist, der die Impermeabilität der Zellwände erhöht und somit die cuticuläre Transpiration verringert. Die Bräunung, die bei Wurzeln von *Pinus banksiana* und *Eucalyptus pilularis* auftritt, ist auf eine Ablagerung von kondensierten Tanninen in den Wänden aller Zellen außerhalb des Leitgewebezylinders zurückzuführen (McKenzie und Peterson, 1995 a, b). Die Zellen der Epidermis und der Rinde innerhalb dieser braunen „Tannin-Zone" der Wurzeln sind abgestorben. Außerdem wurden kondensierte Tannine in *phi*-Verdickungen in Wurzeln von *Ceratonia siliqua* nachgewiesen (Pratikakis et al., 1998). *Phi*-Verdickungen sind netzartige oder bandähnliche Wandverdickungen, die bei Rindenzellen bestimmter Gymnospermen (Ginkgoaceae, Araucariaceae, Taxaceae und Cupressaceae; Gerrath et al., 2002) sowie bei einigen angiospermen Arten wie *Ceratonia siliqua*, *Pyrus malus* (*Malus domestica*) und *Pelargonium hortorum* vorkommen (Peterson et al., 1981).

### 3.3.5 Calciumoxalat-Kristalle bilden sich gewöhnlich in der Vakuole, aber auch in der Zellwand und in der Cuticula

Die anorganischen Ablagerungen in Pflanzen bestehen größtenteils aus Calciumsalzen und Siliciumanhydriden, $(SiO_2)n$. Unter den Calciumsalzen ist **Calciumoxalat** die häufigste Verbindung und kommt in der Mehrzahl der Pflanzenfamilien vor, mit Ausnahme der *Cucurbitaceae*, einiger Familien der Liliales, Poales und aller Alismatidae (Prychid und Rudall, 1999). Calciumoxalat tritt als Mono- und Dihydrat-Salz in vielen kristallinen Formen auf. Das Monohydrat ist die stabilere Verbindung und wird in Pflanzen häufiger gefunden als das Dihydrat. Die meisten Calciumoxalat-Kristalle treten in verschiedener Form auf (1) **Prismen** (Rhomboeder) (Abb. 3.11A) verschiedener Struktur, gewöhnlich als einzelner Kristall pro Zelle; **Raphiden** (Abb. 3.11B und 3.12A), Bündel aus nadelförmigen Kristallen; (3) **Drusen** (Abb. 3.11C und 3.12B), aus Prismen sphärisch zusammengesetzte Kristalle; (4) **Styloide**, langgestreckte Kristalle mit spitzen oder abgerundeten Enden, ein oder zwei Kristalle pro Zelle; (5) **Kristallsand**, eine große Menge kleiner Kristalle in einer Zelle. Oxalatkristalle entstehen entweder in Zellen, die benachbarten, kristallfreien Zellen vollkommen gleichen, oder sie werden in Kristallzellen, den **Kristallidioblasten**, gebildet. Kristallidioblasten enthalten eine Fülle an ER und Dictyosomen. Die meisten Kristallzellen sind im ausgewachsenen Zustand wahrscheinlich noch lebend. Innerhalb bestimmter Taxa (Gruppe, Familie) kann die Lokalisation und die Form der Calciumoxalat-Kristalle sehr einheitlich sein, so dass dieses Merkmal für eine taxonomische Klassifizierung verwendet werden kann (Küster, 1956; Prychid und Rudall, 1999; Pennisi und McConell, 2001).

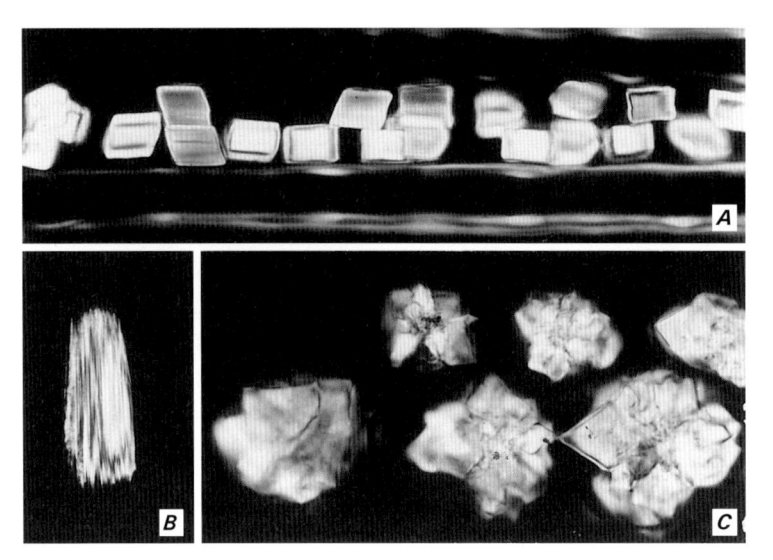

54 | Kapitel 3 Der Protoplast: Endomembransystem, Sekretionswege, Cytoskelett und Speicherstoffe

**Abb. 3.11** Calciumoxalatkristalle im polarisierten Licht betrachtet. **A**, Prismatische Kristalle im Phloemparenchym einer Wurzel von *Abies*. **B**, Raphiden im Blatt von *Vitis*. **C**, Drusen in der primären Rinde des Stammes von *Tilia* (A, x500; B, C, x750.)

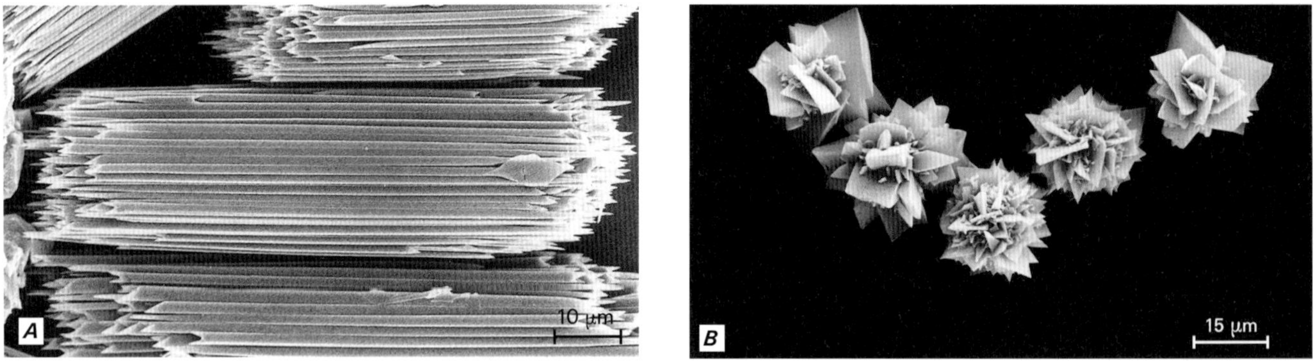

**Abb. 3.12** Rasterelektronenmikroskopische Aufnahme (**A**) von Raphidenbündeln, die aus einer Weinbeere (*Vitis mustangensis*) isoliert wurden. (**B**) Drusen aus Epidermiszellen von *Cercis canadensis*. (**A**, aus Arnott und Webb, 2000. © 2000, The University of Chicago. Alle Rechte vorbehalten; **B**, mit freundlicher Genehmigung von Mary Alice Webb.)

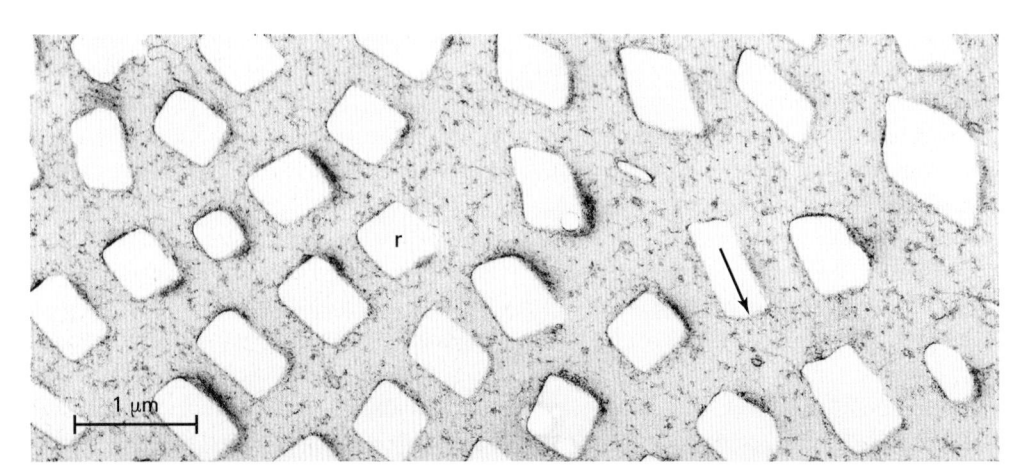

**Abb. 3.13** Kristallkammern in der Vakuole einer sich entwickelnden Kristallzelle in einem Weinblatt (*Vitis vulpina*), betrachtet im Transmissionselektronenmikroskop. Die hier gezeigten „Löcher" sind jeweils mit einer Raphide (r) besetzt. Jede Raphide ist von einer Kristallkammer-Membran (Pfeil) umgeben (Aus Webb et al., 1995. © Blackwell Publishing.)

Calciumoxalat-Kristalle entwickeln sich normalerweise in Vakuolen. Die Differenzierung von Kristallzellen kann *zeitgleich* mit der Differenzierung der Nachbarzellen erfolgen, oder *vor* bzw. *nach* der Differenzierung der Nachbarzellen. Letzteres Phänomen ist typisch für das nichtleitende Phloem in der Rinde vieler Bäume, wo es auch zu einer nachträglichen Sklerifizierung ebensolcher, bereits differenzierter Parenchymzellen kommt (Kapitel 14). Bevor die Kristallbildung einsetzt, entsteht in der Vakuole ein neuer Membrankomplex, der eine oder mehrere Kristallkammern bildet (Franceschi und Horner, 1980; Arnott, 1982; Webb, 1999; Mazen et al., 2003). In Raphiden-Zellen ist jeder Kristall in einer einzelnen Kammer eingeschlossen (Abb. 3.13; Kausch und Horner, 1984; Webb et al., 1995). Außer Kristallen können die Vakuolen noch Schleim enthalten (Kausch und Horner, 1983; Wang et al., 1994; Webb et al., 1995). In einem späteren Entwicklungsstadium kann sich um den Kristall herum eine Zellwand bilden, wodurch der Kristall vollständig vom Protoplasten isoliert wird (Ilarslan et al., 2001).

Horner und Wagner (1995) entdeckten zwei Systeme der Kristallbildung in Vakuolen, die zum Teil darauf basieren, ob ein Membransystem oder -komplex in der Vakuole vorhanden ist oder nicht. In System I sind in der Vakuole sowohl ein Membrankomplex als auch organische, parakristalline Körper vorhanden, die Untereinheiten mit einer großräumigen Periodizität aufweisen. Beispiele für System I sind die Drusen bei *Capsicum* und *Vitis*, die Raphiden bei *Psychotria* und der Kristallsand bei *Beta*, die alle zu den eudicotylen Pflanzen zählen. System II enthält keinen Membrankomplex in der Vakuole und lediglich parakristalline Körper mit engräumigen Untereinheiten. Als Beispiele dienen hier die Raphidenidioblasten bei *Typha*, *Vanilla*, *Yucca* (Horner und Wagner, 1995) und *Dracaena* (Pennisi et al., 2001b), die alle monocotyle Pflanzen sind.

Bei Blütenpflanzen ist die Ablagerung von Kristallen hauptsächlich auf die Vakuole beschränkt, bei Coniferen hingegen findet die Kristallablagerung meist in der Zellwand und der Cuticula statt (Evert et al., 1970; Oladele, 1982). Bei den angiospermen Pflanzen hat man Calciumoxalat-Kristalle in der Cuticula von *Casuarina equisetifolia* (Pant et al., 1975) und bei einigen Aizoaceae (Ötzig, 1940) nachgewiesen. Bei *Dracaena* befinden sich Kristalle zwischen der Cuticula und der Primärwand von Epidermiszellen (Pennisi et al., 2001a) und bei *Nymphaea* und *Nuphar* zwischen den Primär- und den Sekundärwänden der Astrosklereiden (Arnott und Pautard, 1970; Kuo-Huang, 1990). Bei beiden, den Epidermiszellen von *Dracaena sanderiana* (Pennisi et al., 2001a) und den kristallbildenden Sklereiden in Blättern von *Nymphaea tetragona* handelt es sich um „extrazelluläre" Kristalle, die in einer Kristallkammer entstehen. Die Kammer ist von einer Hülle umgeben, die ursprünglich mit der Plasmamembran verbunden war (Kuo-Huang, 1992; Kuo-Huang und Chen, 1999). Nach der Bildung der Kristalle in den *Nymphaea* Sklereiden wird eine dicke Sekundärwand aufgelagert, so dass die Kristalle zwischen Primär-und Sekundärwand eingebettet werden.

Man konnte zeigen, dass die Bildung von Calciumoxalat bei *Lemna minor* ein rascher und reversibler Prozess ist (Franceschi, 1989). Mit zunehmender exogener Calciumkonzentration kommt es innerhalb von 30 Minuten nach einem Induktionsreiz in Wurzelzellen zur Bildung von Kristallbündeln. Wenn die Calcium-Quelle limitiert wird, lösen sich die Kristallbündel innerhalb von 3 Stunden wieder völlig auf. Offenbar ist die Bildung von Calciumoxalat keine „Sackgasse". Die Ergebnisse dieser und weiterer Untersuchungen (Kostman und Franceschi, 2000; Volk et al., 2002; Mazen et al., 2003) beweisen, dass die Kristallbildung ein äußerst kontrollierter Prozess und gleichzeitig ein Mechanismus zur Regulation des Calciumspiegels in Pflanzenorganen ist. Man hat zeigen können, dass die Raphiden-Idioblasten von *Pistia stratiotes* mit dem calciumbindenden Protein Calreticulin, das in den Subdomänen des ER vorkommt, angereichert werden (Quitadamo et al., 2000; Kostman et al., 2003; Nakata et al., 2003). Es wird angenommen, dass Calreticulin die Calciumaktiviät im Cytosol auf einem niedrigen Niveau hält, und andererseits eine rasche Akkumulation von Calcium für die Bildung von Calciumoxalat in der Vakuole ermöglicht (Mazen et al., 2003; Nakata et al., 2003). Im Zusammenhang mit dem Kalkablagerungsprozess stehen noch andere Funktionen wie beispielsweise das Entfernen von Oxalat in Pflanzen, die Oxalat nicht abbauen können; der Schutz gegen Herbivoren (Finley, 1999; Saltz und Ward, 2000; Molano-Flores, 2001); als Reservoir für Calcium (Ilarslan et al., 2001; Volk et al., 2002); die Entgiftung von Schwermetallen (siehe Literatur in Nakata, 2003); die Zunahme der mechanischen Festigkeit und der Schwere eines Gewebes. Dabei kann die Gewichtszunahme von Geweben durch Calciumoxalat beträchtlich sein. Man hat festgestellt, dass in einigen Kakteen Calciumoxalat etwa 85% des Trockengewichts ausmacht (Cheavin, 1938).

In Blättern der Aroideen *Colocasia esculenta* (Taro; Sunell und Healy, 1985) und *Dieffenbachia maculata* (Sakai und Nagao, 1980) kommen zwei Typen von Raphiden-Idioblasten vor: defensive und nicht-defensive. Defensive Raphiden-Idioblasten schleudern gewaltsam ihre „Nadeln" durch die dünnwandigen Papillen der Zellenden heraus, sobald die Aroideae (Unterfamilie der Araceae) gefressen werden oder plötzlich berührt werden. Die nicht-defensiven Raphiden-Idioblasten sind nicht an der Reiz-Eigenschaft der Aroideae beteiligt. Die „Schärfe" der Raphiden bei den essbaren Aroideae wie Taro wird möglicherweise durch zwei „Aktionen" der scharfen Calciumoxalat-Nadeln hervorgerufen, durch Perforation der weichen Haut (Lippe, Mundschleimhaut, Rachen) und durch einen in den Raphiden enthaltenen Reizstoff (eine Protease), was zu Schwellungen und Wundgefühl der Haut führt (Bradbury und Nixon, 1998). Paull et al. (1999) hingegen berichten, dass die Reizwirkung allein auf einem Reizstoff beruht (einem 26 kDa Protein, vermutlich eine Cystein-Protease), der an der Oberfläche der Raphiden nachgewiesen wurde.

**Calciumcarbonat-Kristalle** kommen in Samenpflanzen nicht sehr häufig vor. Die bekanntesten Calciumcarbonat-Ab-

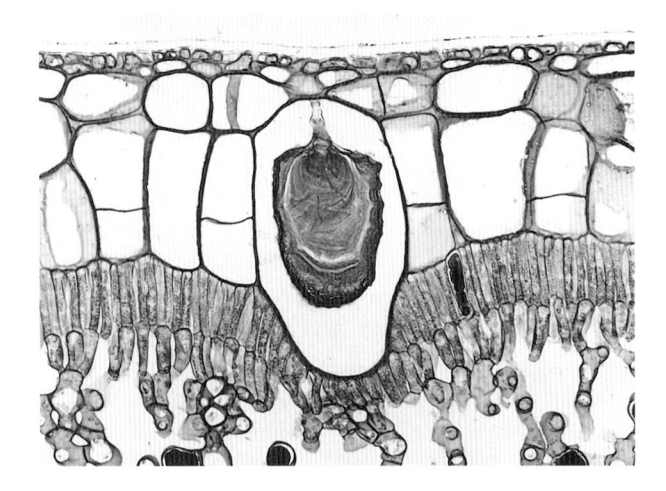

**Abb. 3.14** Calciumcarbonat-Kristall. Querschnitt durch den oberen Teil der Blattspreite von *Ficus elastica* (Gummibaum) zeigt einen keulenförmigen Cystolithen in einer stark vergrößerten Epidermiszelle, der Lithocyste. Der Cystolith besteht hauptsächlich aus Calciumcarbonat, das an einem Cellulose-Stiel abgelagert ist (x 155).

lagerungen sind die **Cystolithen** (gr. *kystos* = Blase; *lithos* = Stein). Sie kommen in speziellen, stark vergrößerten Zellen, den **Lithocysten**, des Grundparenchyms und der Epidermis (Abb. 3.14; Kapitel 9) vor. Die Cystolithen entwickeln sich außerhalb der Plasmamembran in enger Verbindung mit der Zellwand des Lithocysten. Callose, Cellulose, Siliciumdioxid und Pektine sind auch Bestandteile der Cystolithen (Eschrich, 1954; Metcalfe, 1983), die nur in wenigen, insgesamt 14 Pflanzenfamilien vorkommen (Metcalfe und Chalk, 1983).

### 3.3.6 Siliciumdioxid lagert sich meistens in den Zellwänden ab

Unter den Samenpflanzen findet die größte und auffälligste Ablagerung von Siliciumdioxid (*silica*) in den Gräsern (Poaceae) statt, wo sie 5% bis 20% des Trockengewichts der Sprossachsen ausmachen (Lewin und Reimann, 1969; Kaufman et al., 1985; Epstein, 1999). Einen besonders hohen Siliciumdioxidgehalt (41% des Trockengewichts) fand man in Blättern von *Sasa veitchii* (Bambusoideae), die Siliciumdioxid während ihrer gesamten Lebensdauer von ungefähr 24 Monaten kontinuierlich akkumulieren (Motomura et al., 2002). Siliciumdioxidablagerungen kommen auch in den Wurzeln von Gräsern vor (Sangster, 1978). Im Allgemeinen sind die Aufnahme und Ablagerung von Silicium bei Monocotyledonen höher als bei Eudicotyledonen. In Pflanzen trägt die Akkumulation von Silicium zur Verstärkung der Stängel bei und erhöht den Widerstand gegenüber dem Angriff von pathogenen Pilzen, Insekten und anderen Herbivoren (McNaughton und Tarrants, 1983). Siliumdioxid bildet häufig innerhalb des Zelllumens sog. **Kieselkörper** oder **Phytolithen** (Kapitel 9). Bei den Früchten von *Cucurbita* scheint die Lignifizierung und die Bildung von Phytolithen in der „Schale" genetisch durch den sog. *hard rind* (*Hr*) Locus verknüpft zu sein (Piperno et al., 2002). Zusammen mit der Lignifizierung der Schale führt die Produktion von Phytolithen zu einem erhöhten mechanischen Schutz für die Frucht.

### Literatur

Aaziz, R., S. Dinant und B. L. Epel. 2001. Plasmodesmata and plant cytoskeleton. *Trends Plant Sci.* 6, 326–330.

Andreeva, A. V., M. A. Kutuzov, D. E. Evans und C. R. Hawes. 1998. The structure and function of the Golgi apparatus: A hundred years of questions. *J. Exp. Bot.* 49, 1281–1291.

Arnott, H. J. 1982. Three systems of biomineralization in plants with comments on the associated organic matrix. In: *Biological Mineralization and Demineralization*, S. 199–218, G. H. Nancollas, Hrsg., Springer-Verlag, Berlin.

Arnott, H. J. und F. C. E. Pautard. 1970. Calcification in plants. In: *Biological Calcification: Cellular and Molecular Aspects*, S. 375–446, H. Schraer, Hrsg., Appleton-Century-Crofts, New York.

Arnott, H. J. und M. A. Webb. 2000. Twinned raphides of calcium oxalate in grape (*Vitis*): Implications for crystal stability and function. *Int. J. Plant Sci.* 161, 133–142.

Ayres, M. P., T. P. Clausen, S. F. Maclean Jr., A. M. Redman und P. B. Reichardt. 1997. Diversity of structure and antiherbivore activity in condensed tannins. *Ecology* 78, 1696–1712.

Azimzadeh, J., J. Traas und M. Pastuglia. 2001. Molecular aspects of microtubule dynamics in plants. *Curr. Opin. Plant Biol.* 4, 513–519.

Baluška, F., S. Vitha, P. W. Barlow und D. Volkmann. 1997a. Rearrangements of F-actin arrays in growing cells of intact maize root apex tissues: A major developmental switch occurs in the postmitotic transition region. *Eur. J. Cell Biol.* 72, 113–121.

Baluška, F., D. Volkmann und P. W. Barlow. 1997b. Nuclear components with microtubular organizing properties in multicellular eukaryotes: Functional and evolutionary considerations. *Int. Rev. Cytol.* 175, 91–135.

Baluška, F., D. Volkmann und P. W. Barlow. 1998. Tissue- and development-specific distributions of cytoskeletal elements in growing cells of the maize root apex. *Plant Biosyst.* 132, 251–265.

Barbehenn, R. V. und M. M. Martin. 1994. Tannin sensitivity in larvae of *Malacosoma disstria* (Lepidoptera): Roles of the peritrophic envelope and midgut oxidation. *J. Chem. Ecol.* 20, 1985–2001.

Barlow, P. W. und F. Baluška. 2000. Cytoskeletal perspectives on root growth and morphogenesis. *Annu. Rev. Plant Physiol. Plant Mol. Biol.* 51, 289–322.

Baskin, T. I. und W. Z. Cande. 1990. The structure and function of the mitotic spindle in flowering plants. *Annu. Rev. Plant Physiol. Plant Mol. Biol.* 41, 277–315.

Battey, N. H., N. C. James, A. J. Greenland und C. Brownlee. 1999. Exocytosis and endocytosis. *Plant Cell* 11, 643–659.

Bednarek, S. Y. und N. V. Raikhel. 1992. Intracellular trafficking of secretory proteins. *Plant Mol. Biol.* 20, 133–150.

Boevink, P., K. Oparka, S. Santa Cruz, B. Martin, A. Betteridge und C. Hawes. 1998. Stacks on tracks: The plant Golgi apparatus traffics on an actin/ER network. *Plant J.* 15, 441–447.

Bradbury, J. H. und R. W. Nixon. 1998. The acidity of raphides from the edible aroids. *J. Sci. Food Agric.* 76, 608–616.

Brown, R. C. und B. E. Lemmon. 2001. The cytoskeleton and spatial control of cytokinesis in the plant life cycle. *Protoplasma* 215, 35–49.

Busse, J. S. und R. F. Evert. 1999. Pattern of differentiation of the first vascular elements in the embryo and seedling of *Arabidopsis thaliana*. *Int. J. Plant Sci.* 160, 1–13.

Bussotti, F., E. Gravano, P. Grossoni und C. Tani. 1998. Occurrence of tannins in leaves of beech trees (*Fagus sylvatica*) along an ecological gradient, detected by histochemical and ultrastructural analyses. *New Phytol.* 138, 469–479.

Cassimeris, L. U., R. A. Walker, N. K. Pryer und E. D. Salmon. 1987. Dynamic instability of microtubules. *BioEssays* 7, 149–154.

Cheavin, W. H. S. 1938. The crystals and cystoliths found in plant cells. Part I. Crystals. *The Microscope [Brit. J. Microsc. Photomicrogr.]* 2, 155–158.

Chrispeels, M. J. 1991. Sorting of proteins in the secretory system. *Annu. Rev. Plant Physiol. Plant Mol. Biol.* 42, 21–53.

Chrispeels, M. J. und E. H. Herman. 2000. Endoplasmic reticulum-derived compartments function in storage and as mediators of vacuolar remodeling via a new type of organelle, precursor protease vesicles. *Plant Physiol.* 123, 1227–1234.

Collings, D. A., T. Asada, N. S. Allen und H. Shibaoka. 1998. Plasma membrane-associated actin in Bright Yellow 2 tobacco cells. *Plant Physiol.* 118, 917–928.

Cummins, I., M. J. Hills, J. H. E. Ross, D. H. Hobbs, M. D. Watson und D. J. Murphy. 1993. Differential, temporal and spatial expression of genes involved in storage oil and oleosin accumulation in developing rapeseed embryos: Implications for the role of oleosins and the mechanisms of oil-body formation. *Plant Mol. Biol.* 23, 1015–1027.

Derksen, J., F. H. A. Wilms und E. S. Pierson. 1990. The plant cytoskeleton: Its significance in plant development. *Acta Bot. Neerl.* 39, 1–18.

Ding, B., M.-O. Kwon und L. Warnberg. 1996. Evidence that actin filaments are involved in controlling the permeability of plasmodesmata in tobacco mesophyll. *Plant J.* 10, 157–164.

Driouich, A. und L. A. Staehelin. 1997. The plant Golgi apparatus: Structural organization and functional properties. In: *The Golgi Apparatus*, S. 275–301, E. G. Berger and J. Roth, Hrsg., Birkhäuser Verlag, Basel.

Driouich, A., L. Faye und L. A. Staehelin. 1993. The plant Golgi apparatus: A factory for complex polysaccharides and glycoproteins. *Trends Biochem. Sci.* 18, 210–214.

Drøbak, B. K., V. E. Franklin-Tong und C. J. Staiger. 2004. The role of the actin cytoskeleton in plant cell signalling. *New Phytol.* 163, 13–30.

Dupree, P. und D. J. Sherrier. 1998. The plant Golgi apparatus. *Biochim. Biophys. Acta (Mol. Cell Res.)* 1404, 259–270.

Engelberth, J., G. Wanner, B. Groth und E. W. Weiler. 1995. Functional anatomy of the mechanoreceptor cells in tendrils of *Bryonia dioica* Jacq. *Planta* 196, 539–550.

Epstein, E. 1999. Silicon. *Annu. Rev. Plant Physiol. Plant Mol. Biol.* 50, 641–664.

Esau, K. 1977. *Anatomy of Seed Plants*, 2. Aufl., Wiley, New York.

Eschrich, W. 1954. Ein Beitrag zur Kenntnis der Kallose. *Planta* 44, 532–542.

Evert, R. F., J. D. Davis, C. M. Tucker und F. J. Alfieri. 1970. On the occurrence of nuclei in mature sieve elements. *Planta* 95, 281–296.

Ferri, S. 1974. Morphological and structural investigations on *Smilax aspera* leaf and storage starches. *J. Ultrastruct. Res.* 47, 420–432.

Finley, D. S. 1999. Patterns of calcium oxalate crystals in young tropical leaves: A possible role as an anti-herbivory defense. *Rev. Biol. Trop.* 47, 27–31.

Fisher, D. G. und R. F. Evert. 1982. Studies on the leaf of *Amaranthus retroflexus* (Amaranthaceae): Chloroplast polymorphism. *Bot. Gaz.* 143, 146–155.

Flanders, D. J., D. J. Rawlins, P. J. Shaw und C. W. Lloyd. 1990. Re-establishment of the interphase microtubule array in vacuolated plant cells, studied by confocal microscopy and 3-D imaging. *Development* 110, 897–903.

Franceschi, V. R. 1989. Calcium oxalate formation is a rapid and reversible process in *Lemna minor* L. *Protoplasma* 148, 130–137.

Franceschi, V. R. und H. T. Horner Jr. 1980. Calcium oxalate crystals in plants. *Bot. Rev.* 46, 361–427.

Frey-Wyssling, A. 1980. Why starch as our main food supply? *Ber. Dtsch. Bot. Ges.* 93, 281–287.

Garcia-Herdugo, G., J. A. González-Reyes, F. Gracia-Navarro und P. Navas. 1988. Growth kinetics of the Golgi apparatus during the cell cycle in onion root meristems. *Planta* 175, 305–312.

Gerrath, J. M., L. Covington, J. Doubt und D. W. Larson. 2002. Occurrence of phi thickenings is correlated with gymnosperm systematics. *Can. J. Bot.* 80, 852–860.

Gietl, C. und M. Schmid. 2001. Ricinosomes: An organelle for developmentally regulated programmed cell death in senescing plant tissues. *Naturwissenschaften* 88, 49–58.

Goddard, R. H., S. M. Wick, C. D. Silflow und D. P. Snustad. 1994. Microtubule components of the plant cell cytoskeleton. *Plant Physiol.* 104, 1–6.

Gonzalez, A. M. 1996. Nectarios extraflorales en *Turnera*, series Canaligerae y Leiocarpae. *Bonplandia* 9, 129–143.

Haslam, E. 1981. Vegetable tannins. In: *The Biochemistry of Plants*, Bd. 7, *Secondary Plant Products*, S. 527–556, E. E. Conn, Hrsg., Academic Press, New York.

Hepler, P. K. und B. E. S. Gunning. 1998. Confocal fluorescence microscopy of plant cells. *Protoplasma* 201, 121–157.

Hepler, P. K. und R. O. Wayne. 1985. Calcium and plant development. *Annu. Rev. Plant Physiol.* 36, 397–439.

Hepler, P. K., B. A. Palevitz, S. A. Lancelle, M. M. McCauley und I. Lichtscheidl. 1990. Cortical endoplasmic reticulum in plants. *J. Cell Sci.* 96, 355–373.

Herman, E. M. und B. A. Larkins. 1999. Protein storage bodies and vacuoles. *Plant Cell* 11, 601–614.

Herman, E. M., B. Baumgartner und M. J. Chrispeels. 1981. Uptake and apparent digestion of cytoplasmic organelles by protein bodies (protein storage vacuoles) in mung bean *(Vigna radiata)* cotyledons. *Eur. J. Cell Biol.* 24, 226–235.

Hillmer, S., A. Movafeghi, D. G. Robinson und G. Hinz. 2001. Vacuolar storage proteins are sorted in the cis-cisternae of the pea cotyledon Golgi apparatus. *J. Cell Biol.* 152, 41–50.

Holtzman, E. 1992. Intracellular targeting and sorting. *BioScience* 42, 608–620.

Horner, H. T. und B. L. Wagner. 1995. Calcium oxalate formation in higher plants. In: *Calcium Oxalate in Biological Systems*, S. 53–72, S. R. Khan, Hrsg., CRC Press, Boca Raton, FL.

Huang, A. H. C. 1996. Oleosins and oil bodies in seeds and other organs. *Plant Physiol.* 110, 1055–1061.

Hush, J. M., P. Wadsworth, D. A. Callaham und P. K. Hepler. 1994. Quantification of microtubule dynamics in living plant cells using fluorescence redistribution after photobleaching. *J. Cell Sci.* 107, 775–784.

Ilarslan, H., R. G. Palmer und H. T. Horner. 2001. Calcium oxalate crystals in developing seeds of soybean. *Ann. Bot.* 88, 243–257.

Jeng, R. L. und M. D. Welch. 2001. Cytoskeleton: Actin and endocytosis – no longer the weakest link. *Curr. Biol.* 11, R691–R694.

Kaufman, P. B., P. Dayanandan, C. I. Franklin und Y. Takeoka. 1985. Structure and function of silica bodies in the epidermal system of grass shoots. *Ann. Bot.* 55, 487–507.

Kausch, A. P. und H. T. Horner. 1983. The development of mucilaginous raphide crystal idioblasts in young leaves of *Typha angustifolia* L. (Typhaceae). *Am. J. Bot.* 70, 691–705.

Kausch, A. P. und H. T. Horner. 1984. Differentiation of raphide crystal idioblasts in isolated root cultures of *Yucca torreyi* (Agavaceae). *Can. J. Bot.* 62, 1474–1484.

Knebel, W., H. Quader und E. Schnepf. 1990. Mobile and immobile endoplasmic reticulum in onion bulb epidermis cells: Short-term and long-term observations with a confocal laser scanning microscope. *Eur. J. Cell Biol.* 52, 328–340.

Kost, B. und N.-H. Chua. 2002. The plant cytoskeleton: Vacuoles and cell walls make the difference. *Cell* 108, 9–12.

Kost, B., J. Mathur und N.-H. Chua. 1999. Cytoskeleton in plant development. *Curr. Opin. Plant Biol.* 2, 462–470.

Kost, B., P. Spielhofer, J. Mathur, C.-H. Dong und N.-H. Chua. 2000. Non-invasive F-actin visualization in living plant cells using a GFP-mouse talin fusion protein. In: *Actin: A Dynamic Framework for Multiple Plant Cell Functions*, S. 637–659, C. J. Staiger, F. Baluška, D. Volkmann und P. W. Barlow, Hrsg., Kluwer, Dordrecht.

Kostman, T. A. und V. R. Franceschi. 2000. Cell and calcium oxalate crystal growth is coordinated to achieve high-capacity calcium regulation in plants. *Protoplasma* 214, 166–179.

Kostman, T. A., V. R. Franceschi und P. A. Nakata. 2003. Endoplasmic reticulum sub-compartments are involved in calcium sequestration within raphide crystal idioblasts of *Pistia stratiotes*. *Plant Sci.* 165, 205–212.

Kropf, D. L., S. R. Bisgrove und W. E. Hable. 1998. Cytoskeletal control of polar growth in plant cells. *Curr. Opin. Cell Biol.* 10, 117–122.

Kumagai, F. und S. Hasezawa. 2001. Dynamic organization of microtubules and microfilaments during cell cycle progression in higher plant cells. *Plant Biol.* 3, 4–16.

Kuo-Huang, L.-L. 1990. Calcium oxalate crystals in the leaves of *Nelumbo nucifera* and *Nymphaea tetragona*. *Taiwania* 35, 178–190.

Kuo-Huang, L.-L. 1992. Ultrastructural study on the development of crystal-forming sclereids of *Nymphaea tetragona*. *Taiwania* 37, 104–114.

Kuo-Huang, L.-L und S.-J. Chen. 1999. Subcellular localization of calcium in the crystal-forming sclereids of *Nymphaea tetragona* Georgi. *Taiwania* 44, 520–528.

Küster, E. 1956. *Die Pflanzenzelle*, 3. Aufl., Gustav Fischer Verlag, Jena.

Levanony, H., R. Rubin, Y. Altschuler und G. Galili. 1992. Evidence for a novel route of wheat storage proteins to vacuoles. *J. Cell Biol.* 119, 1117–1128.

Lewin, J. und B. E. F. Reimann. 1969. Silicon and plant growth. *Annu. Rev. Plant Physiol.* 20, 289–304.

Lichtscheidl, I. K. und P. K. Hepler. 1996. Endoplasmic reticulum in the cortex of plant cells. In: *Membranes: Specialized Functions in Plants*, S. 383–402, M. Smallwood, J. P. Knox und D. J. Bowles, Hrsg., BIOS Scientific, Oxford.

Lichtscheidl, I. K., S. A. Lancelle und P. K. Hepler. 1990. Actin-endoplasmic reticulum complexes in *Drosera*: Their structural relationship with the plasmalemma, nucleus, and organelles in cells prepared by high pressure freezing. *Protoplasma* 155, 116–126.

Lloyd, C. W. 1987. The plant cytoskeleton: The impact of fluorescence microscopy. *Annu. Rev. Plant Physiol.* 38, 119–139.

Lloyd, C. 1988. Actin in plants. *J. Cell Sci.* 90, 185–188.

Loer, D. S. und E. M. Herman. 1993. Cotranslational integration of soybean (*Glycine max*) oil body membrane protein oleosin into microsomal membranes. *Plant Physiol.* 101, 993–998.

Lyshede, O. B. 1980. Notes on the ultrastructure of cubical protein crystals in potato tuber cells. *Bot. Tidsskr.* 74, 237–239.

Marc, J. 1997. Microtubule-organizing centres in plants. *Trends Plant Sci.* 2, 223–230.

Marinos, N. G. 1965. Comments on the nature of a crystal-containing body in plant cells. *Protoplasma* 60, 31–33.

Martin, C. und A. M. Smith. 1995. Starch biosynthesis. *Plant Cell* 7, 971–985.

Marty, F. 1999. Plant vacuoles. *Plant Cell* 11, 587–599.

Mathur, J. und M. Hülskamp. 2002. Microtubules and microfilaments in cell morphogenesis in higher plants. *Curr. Biol.* 12, R669–R676.

Matsuoka, K. und S. Y. Bednarek. 1998. Protein transport within the plant cell endomembrane system: An update. *Curr. Opin. Plant Biol.* 1, 463–469.

Mazen, A. M. A., D. Zhang und V. R. Franceschi. 2003. Calcium oxalate formation in *Lemna minor*: Physiological and ultrastructural aspects of high capacity calcium sequestration. *New Phytol.* 161, 435–448.

McKenzie, B. E. und C. A. Peterson. 1995a. Root browning in *Pinus banksiana* Lamb. and *Eucalyptus pilularis* Sm. 1. Anatomy and permeability of the white and tannin zones. *Bot. Acta* 108, 127–137.

McKenzie, B. E. und C. A. Peterson. 1995b. Root browning in *Pinus banksiana* Lamb. and *Eucalyptus pilularis* Sm. 2. Anatomy and permeability of the cork zone. *Bot. Acta* 108, 138–143.

McNaughton, S. J. und J. L. Tarrants. 1983. Grass leaf silicification: Natural selection for an inducible defense against herbivores. *Proc. Natl. Acad. Sci. USA* 80, 790–791.

Meagher, R. B., E. C. McKinney und M. K. Kandasamy. 1999. Isovariant dynamics expand and buffer the responses of complex systems: The diverse plant actin gene family. *Plant Cell* 11, 995–1006.

Metcalfe, C. R. 1983. Calcareous deposits, calcified cell walls, cystoliths, and similar structures. In: *Anatomy of the Dicotyledons*, 2. Aufl., Bd. 2, *Wood Structure and Conclusion of the General Introduction*, S. 94–97, C. R. Metcalfe und L. Chalk. Clarendon Press, Oxford.

Metcalfe, C. R. und L. Chalk. 1983. *Anatomy of the Dicotyledons*, 2. Aufl., Bd. 2, *Wood Structure and Conclusion of the General Introduction*. Clarendon Press, Oxford.

Miller, E. A. und M. A. Anderson. 1999. Uncoating the mechanisms of vacuolar protein transport. *Trends Plant Sci.* 4, 46–48.

Molano-Flores, B. 2001. Herbivory and calcium concentrations affect calcium oxalate crystal formation in leaves of *Sida* (Malvaceae). *Ann. Bot.* 88, 387–391.

Mollenhauer, H. H. und D. J. Morré. 1980. The Golgi apparatus. In: *The Biochemistry of Plants*, Bd. 1, *The Plant Cell*, S. 437–488, N. E. Tolbert, Hrsg., Academic Press, New York.

Moore, P. J., K. M. Swords, M. A. Lynch und L. A. Staehelin. 1991. Spatial organization of the assembly pathways of glycoproteins and complex polysaccharides in the Golgi apparatus of plants. *J. Cell Biol.* 112, 589–602.

Morré, D. J. und H. H. Mollenhauer. 1974. The endomembrane concept: A functional integration of endoplasmic reticulum and Golgi apparatus. In: *Dynamic Aspects of Plant Ultrastructure*, S. 84–137, A. W. Robards, Hrsg., McGraw-Hill, (UK) Limited, London.

Motomura, H., N. Mita und M. Suzuki. 2002. Silica accumulation in long-lived leaves of *Sasa veitchii* (Carrière) Rehder (Poaceae-Bambusoideae). *Ann. Bot.* 90, 149–152.

Nakata, P. A. 2003. Advances in our understanding of calcium oxalate crystal formation and function in plants. *Plant Sci.* 164, 901–909.

Nakata, P. A., T. A. Kostman und V. R. Franceschi. 2003. Calreticulin is enriched in the crystal idioblasts of *Pistia stratiotes*. *Plant Physiol. Biochem.* 41, 425–430.

Nebenführ, A., L. A. Gallagher, T. G. Dunahay, J. A. Frohlick, A. M. Mazurkiewicz, J. B. Meehl und L. A. Staehelin. 1999. Stop-and-go movements of plant Golgi stacks are mediated by the acto-myosin system. *Plant Physiol.* 121, 1127–1141.

Nebenführ, A., J. A. Frohlick und L. A. Staehelin. 2000. Redistribution of Golgi stacks and other organelles during mitosis and cytokinesis in plant cells. *Plant Physiol.* 124, 135–151.

Ohlrogge, J. und J. Browse. 1995. Lipid biosynthesis. *Plant Cell* 7, 957–970.

Oladele, F. A. 1982. Development of the crystalliferous cuticle of *Chamaecyparis lawsoniana* (A. Murr.) Parl. (Cupressaceae). *Bot. J. Linn. Soc.* 84, 273–288.

Otegui, M. S., D. N. Mastronarde, B.-H. Kang, S. Y. Bednarek und L. A. Staehelin. 2001. Three-dimensional analysis of syncytial-type cell plates during endosperm cellularization visualized by high resolution electron tomography. *Plant Cell* 13, 2033–2051.

Öztig, Ö. F. 1940. Beiträge zur Kenntnis des Baues der Blattepidermis bei den Mesembrianthemen, im besonderen den extrem xeromorphen Arten. *Flora* n.s. 34, 105–144.

Pant, D. D., D. D. Nautiyal und S. Singh. 1975. The cuticle, epidermis and stomatal ontogeny in *Casuarina equisetifolia* Forst. *Ann. Bot.* 39, 1117–1123.

Parthasarathy, M. V., T. D. Perdue, A. Witztum und J. Alvernaz. 1985. Actin network as a normal component of the cytoskeleton in many vascular plant cells. *Am. J. Bot.* 72, 1318–1323.

Paull, R. E., C.-S. Tang, K. Gross und G. Uruu. 1999. The nature of the taro acridity factor. *Postharvest Biol. Tech.* 16, 71–78.

Pennisi, S. V. und D. B. McConnell. 2001. Taxonomic relevance of calcium oxalate cuticular deposits in *Dracaena* Vand. ex L. *HortScience* 36, 1033–1036.

Pennisi, S. V., D. B. McConnell, L. B. Gower, M. E. Kane und T. Lucansky. 2001a. Periplasmic cuticular calcium oxalate crystal deposition in *Dracaena sanderiana*. *New Phytol.* 149, 209–218.

Pennisi, S. V., D. B. McConnell, L. B. Gower, M. E. Kane und T. Lucansky. 2001b. Intracellular calcium oxalate crystal structure in *Dracaena sanderiana*. *New Phytol.* 150, 111–120.

Peterson, C. A., M. E. Emanuel und C. A. Weerdenberg. 1981. The permeability of phi thickenings in apple *(Pyrus malus)* and geranium *(Pelargonium hortorum)* roots to an apoplastic fluorescent dye tracer. *Can. J. Bot.* 59, 1107–1110.

Piperno, D. R., I. Holst, L. Wessel-Beaver und T. C. Andres. 2002. Evidence for the control of phytolith formation in *Cucurbita* fruits by the hard rind *(Hr)* genetic locus: Archaeological and ecological implications. *Proc. Natl. Acad. Sci. USA* 99, 10923–10928.

Pratikakis, E., S. Rhizopoulou und G. K. Psaras. 1998. A *phi* layer in roots of *Ceratonia siliqua* L. *Bot. Acta* 111, 93–98.

Prychid, C. J. und P. J. Rudall. 1999. Calcium oxalate crystals in monocotyledons: A review of their structure and systematics. *Ann. Bot.* 84, 725–739.

Quader, H. und E. Schnepf. 1986. Endoplasmic reticulum and cytoplasmic streaming: Fluorescence microscopical observations in adaxial epidermis cells of onion bulb scales. *Protoplasma* 131, 250–252.

Quader, H., A. Hofmann und E. Schnepf. 1989. Reorganization of the endoplasmic reticulum in epidermal cells of onion bulb scales after cold stress: Involvement of cytoskeletal elements. *Planta* 177, 273–280.

Quitadamo, I. J., T. A. Kostman, M. E. Schelling und V. R. Franceschi. 2000. Magnetic bead purification as a rapid and efficient method for enhanced antibody specificity for plant sample immunoblotting and immunolocalization. *Plant Sci.* 153, 7–14.

Rao, K. S. 1988. Fine structural details of tannin accumulations in non-dividing cambial cells. *Ann. Bot.* 62, 575–581.

Rey, D., J.-P. David, D. Martins, M.-P. Pautou, A. Long, G. Marigo und J.-C. Meyran. 2000. Role of vegetable tannins in habitat selection among mosquito communities from the Alpine hydrosystems. *C. R. Acad. Sci., Paris, Sci. de la Vie* 323, 391–398.

Ridge, R. W., Y. Uozumi, J. Plazinski, U. A. Hurley und R. E. Williamson. 1999. Developmental transitions and dynamics of the cortical ER of *Arabidopsis* cells seen with green fluorescent protein. *Plant Cell Physiol.* 40, 1253–1261.

Rost, T. L. und K. E. Paterson. 1978. Structural and histochemical characterization of the cotyledon storage organelles of jojoba *(Simmondsia chinensis)*. *Protoplasma* 95, 1–10.

Rost, T. L., A. D. Simper, P. Schell und S. Allen. 1977. Anatomy of jojoba *(Simmondsia chinensis)* seed and the utilization of liquid wax during germination. *Econ. Bot.* 31, 140–147.

Sakai, W. S. und M. A. Nagao. 1980. Raphide structure in *Dieffenbachia maculata*. *J. Am. Soc. Hortic. Sci.* 105, 124–126.

Saltz, D. und D. Ward. 2000. Responding to a three-pronged attack: Desert lilies subject to herbivory by dorcas gazelles. *Plant Ecol.* 148, 127–138.

Sanderfoot, A. A. und N. V. Raikhel. 1999. The specificity of vesicle trafficking: Coat proteins and SNAREs. *Plant Cell* 11, 629–641.

Sangster, A. G. 1978. Silicon in the roots of higher plants. *Am. J. Bot.* 65, 929–935.

Schnepf, E. 1993. Golgi apparatus and slime secretion in plants: The early implications and recent models of membrane traffic. *Protoplasma* 172, 3–11.

Seagull, R. W. 1989. The plant cytoskeleton. *Crit. Rev. Plant Sci.* 8, 131–167.

Sheahan, M. B., R. J. Rose und D. W. McCurdy. 2004. Organelle inheritance in plant cell division: The actin cytoskeleton is required for unbiased inheritance of chloroplasts, mitochondria and endoplasmic reticulum in dividing protoplasts. *Plant J.* 37, 379–390.

Shimmen, T., R. W. Ridge, I. Lambiris, J. Plazinski, E. Yokota und R. E. Williamson. 2000. Plant myosins. *Protoplasma* 214, 1–10.

Somerville, C. und J. Browse. 1991. Plant lipids: Metabolism, mutants, and membranes. *Science* 252, 80–87.

Staehelin, L. A. 1997. The plant ER: A dynamic organelle composed of a large number of discrete functional domains. *Plant J.* 11, 1151–1165.

Staiger, C. J. 2000. Signaling to the actin cytoskeleton in plants. *Annu. Rev. Plant Physiol. Plant Mol. Biol.* 51, 257–288.

Staiger, C. J. und M. Schliwa. 1987. Actin localization and function in higher plants. *Protoplasma* 141, 1–12.

Sunell, L. A. und P. L. Healey. 1985. Distribution of calcium oxalate crystal idioblasts in leaves of taro *(Colocasia esculenta)*. *Am. J. Bot.* 72, 1854–1860.

Tzen, J. T. und A. H. Huang. 1992. Surface structure and properties of plant seed oil bodies. *J. Cell Biol.* 117, 327–335.

Vantard, M., R. Cowling und C. Delichére. 2000. Cell cycle regulation of the microtubular cytoskeleton. *Plant Mol. Biol.* 43, 691–703.

Varriano-Marston, E. 1983. Polarization microscopy: Applications in cereal science. In: *New Frontiers in Food Microstructure*, S. 71–108, D. B. Bechtel, Hrsg., American Association of Cereal Chemists, St. Paul, MN.

Vickery, M. L. und B. Vickery. 1981. *Secondary Plant Metabolism*. University Park Press, Baltimore.

Vitale, A. und J. Denecke. 1999. The endoplasmic reticulum—Gateway of the secretory pathway. *Plant Cell* 11, 615–628.

Vitale, A., A. Ceriotti und J. Denecke. 1993. The role of the endoplasmic reticulum in protein synthesis, modification and intracellular transport. *J. Exp. Bot.* 44, 1417–1444.

Volk, G. M., V. J. Lynch-Holm, T. A. Kostman, L. J. Goss und V. R. Franceschi. 2002. The role of druse and raphide calcium oxalate crystals in tissue calcium regulation in *Pistia stratiotes* leaves. *Plant Biol.* 4, 34–45.

Wang, Z.-Y., K. S. Gould und K. J. Patterson. 1994. Structure and development of mucilage-crystal idioblasts in the roots of five *Actinidia* species. *Int. J. Plant Sci.* 155, 342–349.

Wanner, G. und R. R. Thelmer. 1978. Membranous appendices of spherosomes (oleosomes). Possible role in fat utilization in germinating oil seeds. *Planta* 140, 163–169.

Wasteneys, G. O. 2004. Progress in understanding the role of microtubules in plant cells. *Curr. Opin. Plant Biol.* 7, 651–660.

Webb, M. A. 1999. Cell-mediated crystallization of calcium oxalate in plants. *Plant Cell* 11, 751–761.

Webb, M. A., J. M. Cavaletto, N. C. Carpita, L. E. Lopez und H. J. Arnott. 1995. The intravacuolar organic matrix associated with calcium oxalate crystals in leaves of *Vitis. Plant J.* 7, 633–648.

Wergin, W. P., P. J. Gruber und E. H. Newcomb. 1970. Fine structural investigation of nuclear inclusions in plants. *J. Ultrastruct. Res.* 30, 533–557.

White, R. G., K. Badelt, R. L. Overall und M. Vesk. 1994. Actin associated with plasmodesmata. *Protoplasma* 180, 169–184.

Wymer, C. und C. Lloyd. 1996. Dynamic microtubules: Implications for cell wall patterns. *Trends Plant Sci.* 1, 222–228.

Wymer, C. L., S. A. Wymer, D. J. Cosgrove und R. J. Cyr. 1996. Plant cell growth responds to external forces and the response requires intact microtubules. *Plant Physiol.* 110, 425–430.

Xu, W., P. Campbell, A. K. Vargheese und J. Braam. 1996. The *Arabidopsis XET*-related gene family: Environmental and hormonal regulation of expression. *Plant J.* 9, 879–889.

Yonemori, K., M. Oshida und A. Sugiura. 1997. Fine structure of tannin cells in fruit and callus tissues of persimmon. *Acta Hortic.* 436, 403–413.

Zhang, G. F. und L. A. Staehelin. 1992. Functional compartmentation of the Golgi apparatus of plant cells. *Plant Physiol.* 99, 1070–1083.

Zheng, H. Q. und L. A. Staehelin. 2001. Nodal endoplasmic reticulum, a specialized form of endoplasmic reticulum found in gravity-sensing root tip columella cells. *Plant Physiol.* 125, 252–265.

Zobel, A. M. 1985. Ontogenesis of tannin coenocytes in *Sambucus racemosa* L. I. Development of the coenocytes from mononucleate tannin cells. *Ann. Bot.* 55, 765–773.

# Kapitel 4
# Die Zellwand

Pflanzenzellen unterscheiden sich von Tierzellen neben anderen charakteristischen Merkmalen vor allem durch den Besitz einer Zellwand. Auf ihr beruhen viele Eigenschaften der Pflanzen als Organismen. Die Zellwand ist fest (stabil) und begrenzt so die Größe des Protoplasten, indem sie ein Zerreißen der Plasmamembran verhindert, wenn sich der Protoplast durch die Wasseraufnahme zu sehr ausdehnt. Die Zellwand bestimmt Größe und Form einer Zelle und dadurch indirekt die Struktur eines Gewebes und legt auch die endgültige Form eines Pflanzenorgans fest. Pflanzliche Zelltypen lassen sich oft anhand ihrer charakteristischen Wandstruktur identifizieren, was die enge Beziehung zwischen Wandstruktur und Zellfunktion widerspiegelt.

Während früher die Zellwand nur als äußeres, inaktives Produkt des Protoplasten galt, betrachtet man heute die Zellwand als ein metabolisch dynamisches Kompartiment mit vielen spezifischen und wichtigen Funktionen (Bolwell, 1993; Fry, 1995; Carpita und McCann, 2000). Folglich wurde die Primärwand – also die Wandschichten, die zuerst von wachsenden Zellen gebildet werden – verschiedentlich als „lebenswichtiges" oder „unentbehrliches Organell" (Fry, 1988; Hoson, 1991; McCann et al., 1990), als „spezielles, subzelluläres Kompartiment außerhalb der Plasmamembran (Satiat-Jeunemaitre, 1992) und als „lebenswichtige Erweiterung des Cytoplasmas" (Carpita und Gibeaut, 1993) charakterisiert. Zellwände enthalten verschiedene Enzyme und haben eine wichtige Funktion bei der Aufnahme, dem Transport und der Sekretion von Substanzen in Pflanzen. Man konnte experimentell beweisen, dass Moleküle, die aus der Zellwand freigesetzt werden, an der Zell-Zell-Signalübertragung beteiligt sind und die Zelldifferenzierung beeinflussen (Fry et al., 1993; Mohnen und Hahn, 1993; Pennell, 1998, Braam, 1999; Lišková et al., 1999).

Außerdem spielt die Zellwand eine bedeutende Rolle bei der Abwehr pathogener Bakterien und Pilze, indem sie beim Kontakt mit der Oberfläche des Pathogens Informationen empfängt, weiterverarbeitet und als chemische Signale an die Plasmamembran der Wirtszelle überträgt. Hier werden dann genaktivierte Prozesse in Gang gesetzt, die der Resistenz der Wirtszelle gegen das Pathogen dienen. So werden z. B. **Phytoalexine** produziert, die als Antibiotika toxisch auf Pathogene wirken (Darvill und Albersheim, 1984; Bradley et al., 1992; Hammerschmidt, 1999), oder es werden als passive Barriere gegen pathogene Eindringlinge Wandsubstanzen wie Lignine, Suberin oder Callose synthetisiert und abgelagert (Vance et al., 1980; Perry und Evert, 1983; Pearce, 1989; Thomson et al., 1995).

Die Zellwand wurde von Botanikern lange als integraler Bestandteil der Pflanzenzelle aufgefasst. Viele Pflanzenzellbiologen haben jedoch die Terminologie der Tierzellbiologen übernommen und bezeichnen die Zellwand als *extrazelluläre Matrix*, was bedeutet, dass die Zellwand außerhalb der Pflanzenzelle liegt (Staehelin, 1991; Roberts, 1994). Es gibt aber viele überzeugende Gründe, den Begriff *extrazelluläre Matrix* für die Pflanzenzellwand nicht zu verwenden (Robinson, 1991; Reuzeau und Pont-Lezica, 1995; Connolly und Berlyn, 1996). Zum Beispiel unterscheidet sich die *extrazelluläre Matrix* der Tierzelle sehr deutlich von der pflanzlichen Zellwand, indem sie aus Proteinen, die Zellwand hingegen hauptsächlich aus Polysacchariden besteht; eine Tierzelle wird nicht durch ihre *extrazelluläre Matrix*, die sie mit den angrenzenden Zellen in einem Gewebe teilt, definiert, während die Pflanzenzelle durch die vom jeweiligen Protoplasten gebildete Zellwand definiert wird; Tierzellen sind nicht räumlich fixiert, sie können sich in ein bereits vorhandenes, extracytoplasmatisches Milieu begeben, während Pflanzenzellen ihre Position nicht in einer gemeinsamen *extrazellulären Matrix* verändern können; das Vorkommen einer Zellwand ist die Voraussetzung für die Teilung einer Pflanzenzelle, denn für Wachstum und Teilung einer Pflanzenzelle muss auch die Zellwand wachsen und sich teilen (Suzuki et al., 1998). Darüber hinaus führt der Begriff *extrazelluläre Matrix* nach Connolly und Berlyn (1996) zu Unklarheiten, die durch Verwendung des klar definierten Begriffs *Zellwand* vermieden werden (in diesem Kapitel diskutiert). Der Begriff *Zellwand* wird in diesem Buch fortlaufend verwendet, um diese besondere Cellulose-Komponente der Pflanzenzelle hervorzuheben.

## 4.1 Makromolekulare Komponenten der Zellwand

### 4.1.1 Cellulose ist der Hauptbestandteil der pflanzlichen Zellwände

Die Hauptstrukturkomponente pflanzlicher Zellwände ist **Cellulose**, ein unverzweigtes Polysaccharid mit der Summenformel $(C_6H_{10}O_5)_n$. Ihre Moleküle sind lineare Ketten aus (1→4) ß-D-Glucanen (miteinander an den C-Atomen 1 und 4 verknüpfte Monomere der Glucose) (Abb. 4.1). Diese langen, dünnen Cellulosemoleküle lagern sich durch Wasserstoffbrückenbildung zu einer kristallinen Gitterstruktur, der **Mikrofibrille**, zusammen. In der Literatur gibt es sehr unterschiedliche Angaben zum Durchmesser der Mikrofibrillen. Die meisten Werte liegen zwischen 4 bis 10 Nanometer, aber auch kleinere Werte von 1 und 2 Nanometer können vorkommen (Preston, 1974, Ha et al., 1998; Thimm et al., 2002) und es können sogar Werte bis zu 25 Nanometer erreicht werden (Thimm et al., 2000). Der Durchmesser der Mikrofibrillen hängt offenbar stark vom Wassergehalt des untersuchten Zellwandabschnitts ab. Mikrofibrillen von hydratisierten Wänden erscheinen schmaler als die von dehydratisierten Wänden (Thimm et al., 2000). Wasser befindet sich hauptsächlich in der Matrix (siehe unten) und macht ungefähr 2/3 der Wandmasse in einem wachsenden Gewebe aus.

Die Cellulosemikrofibrillen winden sich umeinander wie die Fasern in einem Kabel. Jedes „Kabel" oder jede **Makrofibrille**, die im Lichtmikroskop sichtbar wird, ist ungefähr 0,5 Mikrometer breit und kann eine Länge von 4 bis 7 Mikrometer erreichen (Abb. 4.1). Diese Anordnung der Cellulosemoleküle bedingt eine so hohe Reißfestigkeit wie die eines gleichstarken Stahldrahtes (50–160kg/mm$^2$) (Frey-Wyssling, 1976). Cellulosemikrofibrillen machen 20% bis 30% des Trockengewichts einer typischen Primärwand und 40% bis 60% einer Sekundärwand von Holzzellen aus.

Cellulose hat kristalline Eigenschaften, die auf der strengen Anordnung der Celluloseketten in den Mikrofibrillen beruhen (Smith, B. G., et al. 1998). Diese geordneten kristallinen Bereiche der Mikrofibrillen bezeichnet man als **Micellen**. Zwischen den Micellen oder um sie herum befinden sich Bereiche mit weniger geordneten Glucoseketten, die sog. parakristallinen Bereiche. Wegen der kristallinen Struktur der Cellulose ist die Zellwand anisotrop und zeigt folglich im polarisierten Licht Doppelbrechung (Abb.4.2).

### 4.1.2 Die Cellulosemikrofibrillen sind in eine Matrix aus nichtcellulosehaltigen Molekülen eingebettet

Die Cellulosemikrofibrillen der Zellwand sind in eine mit der Cellulose vernetzte **Matrix** aus nichtcellulosehaltigen Molekülen eingebettet. Diese Matrix besteht aus zwei Gruppen von Polysacchariden, den Hemicellulosen und den Pektinen, sowie aus Strukturproteinen, die wegen des hohen Kohlenhydratanteils als Glykoproteine bezeichnet werden.

**Hemicellulosen. Hemicellulose** ist der allgemeine Begriff für eine heterogene Gruppe aus nichtkristallinen Glucanen, die eng in der Zellwand gebunden sind. Die Hemicellulosen in den Zellwänden variieren stark je nach Zelltyp und Pflanzengruppe. Im Allgemeinen dominiert eine Hemicellulose in den meisten Zelltypen, während andere nur in geringerem Maße vertreten sind.

**Xyloglucane** sind Hauptkomponenten der Hemicellulosen in den Primärwänden bei Eudicotyledonen und bei etwa der Hälfte der Monocotyledonen (Carpita und McCann, 2000) und umfassen etwa 20% bis 25% des Trockengewichts (Kato und Matsuda, 1985). Die Xyloglucane bestehen aus linearen (1→4) ß-D-Glucanketten wie die Cellulose, sind aber mit kurzen Seitenketten aus Xylose, Galactose und oftmals mit einer terminalen Fucose verknüpft (McNeil et al., 1984; Fry, 1989; Carpita

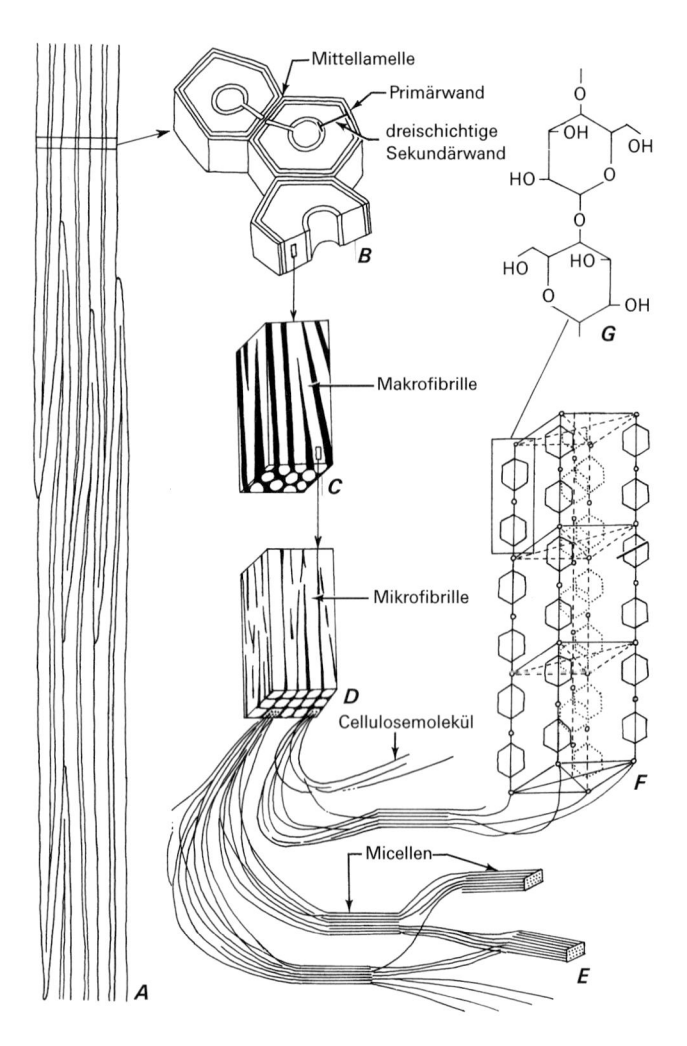

**Abb. 4.1** Struktur der Zellwand. **A**, Strang von Faserzellen. **B**, Querschnitt von Faserzellen zeigt die grobe Wandschichtung: eine Primärwandschicht und eine dreischichtige Sekundärwand. **C**, Teil der mittleren Sekundärwandschicht zeigt Mikrofibrillen aus Cellulose (weiß) und interfibrilläre Räume (schwarz), gefüllt mit Materialen aus nichtcellulosischen Komponenten. **D**, Teil einer Makrofibrille, die ihrerseits aus Mikrofibrillen (weiß) besteht, die im Elektronenmikroskop erkennbar sind. Die interfibrillären Räume (schwarz) sind mit Nichtcellulose-Material gefüllt. **E**, Struktur der Mikrofibrillen: Kettartige Cellulosemoleküle, die in manchen Bereichen der Mikrofibrille, den Micellen, streng geordnet sind. **F**, Teil einer Micelle, die den Aufbau aus parallel verlaufenden, gitterförmig angeordneten Cellulosemolekülen zeigt. **G**, Zwei Glucosereste verbunden durch ein Sauerstoffatom – ein Teil eines Cellulosemoleküls. (Aus Esau, 1977).

4.1 Makromolekulare Komponenten der Zellwand | 63

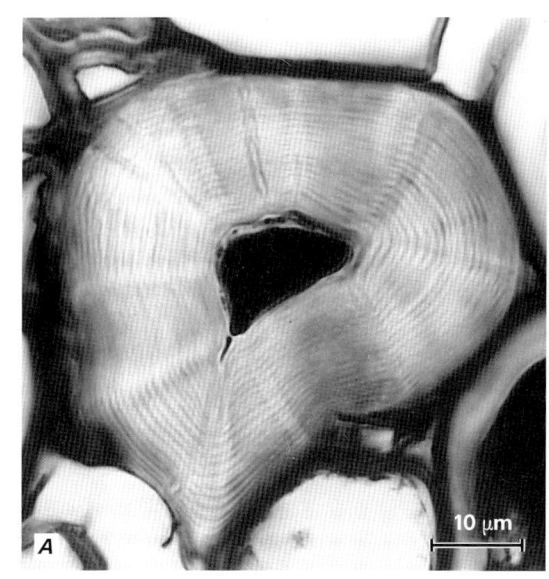

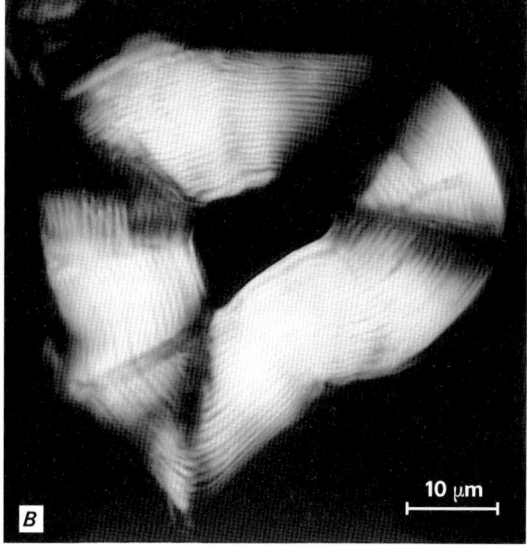

**Abb. 4.2** Sklereiden (Steinzellen) aus der primären Wurzelrinde der Tanne (*Abies*) im unpolarisierten (**A**) und polarisierten (**B**) Licht. Aufgrund der kristallinen Eigenschaften der Cellulose ist die Zellwand doppelbrechend und erscheint deshalb im polarisierten Licht hell (**B**). Die Wand hat eine konzentrische Lamellierung. (Aus Esau, 1977.)

und McCann, 2000). Die meisten Xyloglucane sind durch Wasserstoffbrücken eng mit den Cellulosemikrofibrillen verknüpft (Moore und Staehelin, 1988; Hoson, 1991). Durch diese enge Bindung vernetzen sie die benachbarten Mikrofibrillen miteinander und begrenzen so die Ausdehnung der Zellwand. Damit spielen sie offenbar eine wichtige Rolle bei der Regulation des Größenwachstums der Zelle (Levy und Staehelin, 1992; Cosgrove, 1997, 1999).

Abbauprodukte der Xyloglucane (Oligosaccharide) zeigen einen hormonähnlichen Anti-Auxineffekt auf das Wachstum der Zellwand (Fry, 1989; McDougall und Fry, 1990). In Samen von einigen Eudicotyledonen, z. B. *Tropaeolum*, *Impatiens* und *Annona*, bilden Xyloglucane in den verdickten Zellwänden das Hauptspeicherkohlenhydrat (Reid, 1985). Anscheinend fehlen Xyloglucane in den Sekundärwänden (Wandschichten, die an der Innenseite der Primärwand abgelagert sind) der Xylemelemente (Fry, 1989).

Primärwände, in denen Xyloglucane als Hauptkomponenten der Hemicellulosen auftreten, werden als **Typ I Zellwände** bezeichnet (Carpita und Gibeaut, 1993; Darley et al., 2001). Die wichtigsten Hemicellulosen in den Primärwänden der Commelinidae, Unterklasse der Monocotylen (einbezogen die Poales, Zingiberales, Commelinales und Arecales), sind **Glucuronoarabinoxylane**, die sich durch ein (1→4)ß-D-Xylose Grundgerüst auszeichnen. Wie die Xyloglucane bilden die Glucuronoarabinoxylane Wasserstoffbrückenbindungen mit Cellulose und auch miteinander. Die Primärwände der Poales unterscheiden sich von denen anderer commelinoider Monocotyledonen durch vorhandene **Mischverbindungen**: (1→3), (1→4)ß-D-Glucane (Carpita, 1996; Buckeridge et al., 1999; Smith, B. G., und Harris, 1999, Trethewey und Harris, 2002). Die commelinoiden Zellwände werden als **Typ II Zellwände** bezeichnet (Carpita und Gibeaut, 1993; Darley et al., 2001).

Die häufigsten nichtcellulosehaltigen Polysaccharide in den Sekundärwänden aller Angiospermen sind die **Xylane** (Bacic et al., 1988; Awano et al., 2002). In den Sekundärwänden der Gymnospermen bilden die **Glucomannane** die wichtigsten Hemicellulosen (Brett und Waldron, 1990).

**Pektine.** Die **Pektine** sind wahrscheinlich aus chemischer Sicht die heterogensten, nichtcellulosehaltigen Polysaccharide (Bacic et al., 1988; Levy und Staehelin, 1992; Willats et al., 2001). Sie sind charakteristisch für die Primärwände der Eudicotyledonen und in geringerem Umfang der Monocotyledonen. Pektine machen 30% bis 50% des Trockengewichts der Primärwände bei Eudicotyledonen aus, im Vergleich zu nur 2% bis 3% bei Monocotyledonen (Goldberg et al., 1989; Hayashi, 1991). Gräser enthalten oft nur Spuren von Pektinen (Fry, 1988). Pektine können in Sekundärwänden völlig fehlen.

Zwei grundlegende Bausteine der Pektine sind **Polygalacturonsäure** und **Rhamnogalacturonan**. Diese und andere Pektinbausteine bilden ein Gel, in welches das Cellulose-Hemicellulose-Netzwerk eingebettet ist (Roberts, 1990; Carpita und Gibeaut, 1993).

Pektine sind stark hydrophil und bekannt für ihre Eigenschaft, Gele zu bilden. Das Wasser, das durch Pektine in die Zellwand eingelagert wird, verleiht der Wand ihre plastische Dehnbarkeit und reguliert ihr Streckungswachstum (Goldberg et al., 1989). Die Wände meristematischer Zellen haben normalerweise einen besonders niedrigen $Ca^{2+}$-Gehalt, aber dieser Gehalt nimmt in den Wänden der Meristemderivate während der Zellstreckung und Differenzierung stark zu. Ein hoher Vernetzungsgrad der Pektine durch $Ca^{2+}$ tritt nach Beendigung des Längenwachstums der Zelle ein und verhindert so ein weiteres Streckungswachstum. Es gibt auch Beweise dafür, dass Bor eine Vernetzung der Pektine bewirkt (Blevins und Lukaszewski, 1998; Matoh und Kobayashi, 1998; Ishii et al., 1999).

Offensichtlich wird die Durchlässigkeit der Zellwand vorwiegend durch die Anordnung der Pektine und nicht durch Cellulose oder Hemicellulosen bestimmt (Baron-Epel et al., 1988). Die Durchmesser der Poren variieren zwischen 4.0 und 6.8 Nanometer (Carpita et al., 1979; Carpita 1982; Baron-Epel et al., 1988), so dass Substanzen wie Salze, Zucker, Aminosäuren und Phytohormone die Zellwand passieren können. Dagegen werden Moleküle mit einem größeren Durchmesser als der Porendurchmesser daran gehindert, solche Zellwände zu durchqueren. Die Zellwand bildet eine effektive, physikalische Barriere gegen die meisten potentiellen, pathogenen Organismen. Die Poren sind sogar zu klein, um Viren in den Protoplasten eindringen zu lassen (Brett und Waldron, 1990). Die Abbauprodukte der Pektine spielen vermutlich eine Rolle als Signalmoleküle (Aldington und Fry, 1993; Fry et al., 1993).

**Proteine.** Zusätzlich zu den oben beschriebenen Polysacchariden kann die Zellwandmatrix Strukturproteine (Glykoproteine) enthalten. In den Primärwänden beträgt der Anteil an Strukturproteinen bis zu 10% ihres Trockengewichts. Die Hauptgruppen der Strukturproteine sind die **hydroxyprolinreichen Proteine (HRGPs)**, die **prolinreichen Proteine (PRPs)** und die **glycinreichen Proteine (GRPs)**. Strukturproteine sind hochspezifisch für bestimmte Zelltypen und Gewebe (Ye und Varner, 1991; Keller, 1993; Cassab, 1998). Man weiß aber nur recht wenig über ihre biologische Funktion.

Die am besten charakterisierten Strukturproteine sind die **Extensine**, eine Familie der HRGPs, von denen man früher vermutete, dass sie die Dehnbarkeit der Zellwand beeinflussen. Aber diese Idee hat man inzwischen verworfen. Vielmehr scheint Extensin eine strukturgebende Rolle während der Zellentwicklung zu spielen. Man hat beispielsweise Extensine in palisadenförmigen Epidermiszellen sowie in Uhrglas-förmigen Zellen gefunden, die in der Samenschale der Sojabohne die äußeren beiden Zellschichten bilden. (Cassab und Varner, 1987). Mit ihren relativ dicken Sekundärwänden bewirken diese Zellen einen mechanischen Schutz für den eingeschlossenen Embryo. Ein Gen-codiertes Extensin aus Tabak wurde in einer bzw. zwei Zellschichten von sich gerade entwickelnden Seitenwurzelspitzen spezifisch exprimiert. Man geht davon aus, dass die Ablagerung von Extensin die Wand verstärkt und das mechanische Durchdringen von Cortex und Epidermis unterstützt (Keller und Lamb, 1989).

Alle drei Zellwand-Strukturproteine – HRGPs, PRPs und GRPs – wurden im Leitgewebe von Sprossachsen nachgewiesen (Showalter, 1993; Cassab, 1998). HRGPs sind hauptsächlich mit dem Phloem, Cambium und Sklerenchym assoziiert, während PRPs und GRPs meistens im Xylem vorkommen. GRPs konnten in den modifizierten Primärwänden der frühen trachealen Elemente (Protoxylemelemente) lokalisiert werden (Ryser et al., 1997) (Kapitel 10). Man hat früher geglaubt, dass GRPs mit der Lignifizierung des Xylems im Zusammenhang stehen. Inzwischen konnte man beweisen, dass die Ablagerung von GRPs und die Lignifizierung zwei voneinander unabhängige Prozesse sind. Im Hypokotyl der Bohne werden die GRPs offenbar nicht in den trachealen Elementen produziert, sondern in den Xylemparenchymzellen, die das Protein in die Primärwände der Protoxylemelemente exportieren (Ryser und Keller, 1992). PRPs sind am Lignifizierungsprozess beteiligt. Bei Leguminosen sind PRPs Zellwandbestandteile der Wurzelknöllchen und könnten eine Rolle bei der Knöllchenbildung spielen (Showalter, 1993).

Im Gegensatz zu den oben genannten Proteinen haben die im Pflanzenreich weit verbreiteten **Arabinogalactan-Proteine (AGPs)** offenbar keine Strukturfunktion. AGPs sind löslich, diffusionsfähig und kommen in der Plasmamembran, der Zellwand und den Interzellularräumen vor (Serpe und Nothnagel, 1999); folglich sind sie geeignete Substanzen, um während der Differenzierung als Botenstoffe bei der Zell-Zell-Interaktion zu fungieren. Man hat nachgewiesen, dass AGPs wichtig für die somatische Embryogenese bei der Möhre sind (*Daucus carota*) (Kreuger und van Holst, 1993), außerdem eine Rolle bei der Vergrößerung von Wurzelepidermiszellen bei *Arabidopsis thaliana* spielen (Ding, L., und Zhu, 1997), und am Spitzenwachstum der Pollenschläuche bei der Lilie (*Lilium longiflorum*) beteiligt sind (Jauh und Lord, 1996). AGPs haben offensichtlich die verschiedensten Funktionen bei der Pflanzenentwicklung (Majewska-Sawka und Nothnagel, 2000). Eine andere Gruppe von Zellwandproteinen, die Expansine (Li et al., 2002), dienen als Wirkstoffe bei der Auflockerung von Zellwänden während der Zellstreckung (siehe unten).

Zahlreiche Enzyme wurden in den Primärwänden nachgewiesen, z. B. Peroxidasen, Laccasen, Phosphatasen, Invertasen, Cellulasen, Pektinasen, Pektinmethylesterasen, Malatdehydrogenasen, Chitinasen und (1→3)ß-Glucanasen (Fry, 1988; Varner und Lin, 1989). Einige Zellwandenzyme, wie beispielsweise Chitinasen, (1→3)ß-Glucanasen und Peroxidasen sind möglicherweise in Abwehrmechanismen der Pflanze involviert. Peroxidasen und Laccasen können die Lignifizierung katalysieren (Czaninski et al., 1993; O´Malley et al., 1993; Østergaard et al., 2000). Cellulase und Pektinase spielen eine Hauptrolle beim Abbau der Zellwand, insbesondere während des Blattabfalls und der Bildung der Perforationsplatte in sich differenzierenden Gefäßen.

Die meiste Information über Zellwandproteine stammt von Untersuchungen über die Primärwände der Eudicotyledonen. Nur sehr wenig weiß man über Zellwandproteine bei Monocotyledonen und Gymnospermen, obwohl Extensine (HRGPs) und PRPs wahrscheinlich in beiden Gruppen vorkommen, und GRPs in Monocotyledonen (Levy und Staehelin, 1992; Keller, 1993; Showalter, 1993). Weit weniger ist über die Proteine in den Sekundärwänden bekannt: Ein Extensin-ähnliches Protein wurde in den Sekundärwänden des Holzes von *Pinus taeda* lokalisiert (Bao et al., 1992).

## 4.1.3 Callose ist ein weitverbreitetes Zellwandpolysaccharid

Callose, ein lineares (1-3)ß-D-Glucan, wird zwischen der Plasmamembran und der Zellwand abgelagert (Stone und Clarke, 1992; Kauss, 1996). Sie ist wahrscheinlich am besten in den Siebelementen des Phloems der Angiospermen untersucht, wo sie mit den sich entwickelnden Siebporen assoziiert ist (Abb. 4.3) und häufig auch die vollentwickelten Poren umsäumt (Kapitel 13; Evert, 1990). Callose lagert sich sehr schnell infolge einer mechanischen Wundreaktion sowie umwelt- oder pathogeninduziertem Stress ab, wobei sie die Plasmodesmen zwischen benachbarten Zellen verschließt (Radford et al., 1998) oder Zellwandauflagerungen („Papillen") gegenüber den Stellen bildet, an denen Pilze in die Wirtszelle einzudringen versuchen (Perry und Evert, 1983). Bei Calloseablagerungen in vollentwickelten Siebporen kann es sich auch um „Wundcallose" handeln.

Außer der Ablagerung in sich entwickelnden Siebporen kann Callose auch in Pollenschläuchen im Verlauf der normalen Entwicklung auftreten (Ferguson et al., 1998), in Baumwollfasern in frühen Stadien der Sekundärwandsynthese (Maltby et al., 1979) und zeitweilig während der Mikrosporogenese und Megasporogenese (Rodkiewicz, 1970; Horner und Rogers, 1974). Darüber hinaus wird Callose vorübergehend in den Siebplatten sich teilender Zellen abgelagert (Samuels et al., 1995). Callose lässt sich histologisch durch Farbreaktionen entweder mit Resorcinblau als Diachrom oder mit alkalischer Anilinblaulösung als Fluorochrom nachweisen (Eschrich und Currier, 1964; Kauss, 1989). Im Transmissions-Eektronenmikroskop kann Callose in Ultradünnschnitten durch das Immunogold-Verfahren unter Verwendung spezifischer Antikörper nachgewiesen werden (Benhamou, 1992; Dahiya und Brewin, 2000).

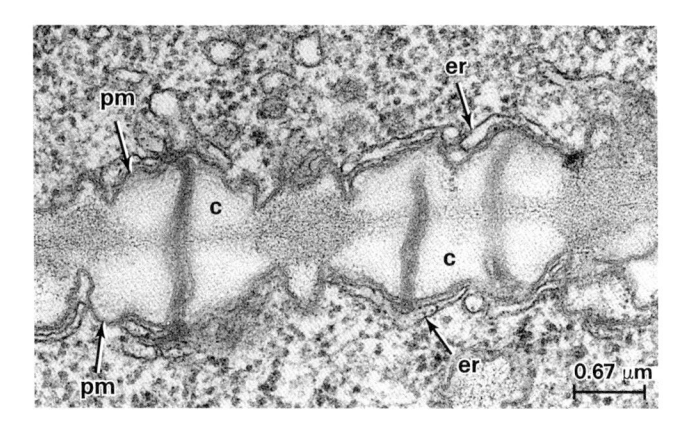

**Abb. 4.3** Callose (c) in sich entwickelnden Siebporen der Zellwand zwischen unreifen Siebelementen einer Wurzelspitze von *Cucurbita*. Ein einzelner Plasmodesmos durchquert beidseitig die Pore. Die Plasmamembran (pm) überzieht die Wand samt Calloseablagerung an den Poren. Cisternen des Endoplasmatischen Reticulums (er) bedecken die Öffnungen der Poren.

## 4.1.4 Lignine sind phenolische Polymere, die hauptsächlich in Zellwände von Stütz- und Leitgeweben eingelagert sind

**Lignine** sind phenolische Polymere, die durch Polymerisation einer Mischung von drei Monolignolen, **p-Cumaryl-**, **Coniferyl-** und **Sinapylalkohol** entstehen (Ros Barceló, 1997; Whetten et al., 1998; Hatfield und Vermerris, 2001). Im Allgemeinen klassifiziert man Lignine als **p-Guaiacyl-** (hauptsächlich aus Coniferylalkohol gebildet), **Guaiacyl-Syringyl-** (ein Copolymer aus Coniferyl- und Sinapylalkohol) oder **Guaiacyl-Syringyl-p-Hydroxyphenyl-Lignine** (aus allen drei Monomeren gebildet), je nachdem ob sie in Gymnospermen, angiospermen Holzpflanzen oder Gräsern vorkommen. Bei einer solchen Verallgemeinerung ist jedoch Vorsicht geboten. Die Struktur des „Gymnospermen-Lignins" und des „Angiospermen-Lignins" bezieht sich lediglich auf die Lignine, die im sekundären Xylem des entsprechenden Holzes vorkommen (Monties, 1989). Hinsichtlich ihrer Zusammensetzung aus Monomeren besteht bei Ligninen verschiedener Pflanzenarten, Organe, Gewebe und sogar Zellwandfraktionen jedoch eine große Variation (Wu, 1993; Terashima et al., 1998; Whetten et al., 1998; Sederoff et al., 1999; Grünwald et al., 2002). Alle Lignine enthalten einige *p*-Hydroxyphenyl-Lignine, obwohl man sie allgemein vernachlässigt. Außerdem fand man Guaiacyl- und Guaiacyl-Syringyl-Lignine sowohl in Gymnospermen als auch in Angiospermen (Lewis und Yamamoto, 1990).

Die typische Lignifizierung beginnt in der Interzellularsubstanz, in den Ecken der Zellen, und dehnt sich zunächst dort in die Mittellamelle aus; dann breitet sie sich in die zuerst gebildeten (Primär-) Wandschichten und anschließend in die zuletzt gebildeten Wandschichten (Sekundärwände) aus (Terashima et al., 1993; Higuchi, 1997; Terashima, 2000; Grünwald et al., 2002). Man hat aber auch andere Muster der Lignifizierung gefunden (Calvin, 1967; Vallet et al., 1996; Engels und Jung, 1998). Wahrscheinlich sind die Lignine kovalent an die Polysaccharide der Zellwand gebunden (Iiyama et al., 1994). Die Befunde von Experimenten, bei denen das Enzym des Monolignol-Biosynthesewegs, Cinnamoyl-CoA Reduktase, während der Sekundärwandbildung von Fasern in Tabakpflanzen und *Arabidopsis thaliana* genetisch herunterreguliert wurde, lassen erkennen, dass die Art und Weise der Ligninpolymerisation eine signifikante Rolle bei der dreidimensionalen Anordnung der Polysaccharidmatrix spielt (Ruel et al., 2002).

Lignin beschränkt sich nicht nur auf die Primärwände von Zellen, die auch Sekundärwände bilden. Zum Beispiel hat man Lignin überall in den Primärwänden von schnellwachsenden Parenchymzellen der Maiskoleoptilen nachgewiesen (Müsel et al., 1997). Darüber hinaus wird Lignin in den Primärwänden von Parenchymzellen in Verbindung mit einer Wundreaktion oder einem Angriff durch Parasiten oder pathogene Organismen abgelagert (Walter, 1992).

Die Lignifizierung ist ein irreversibler Prozess; typischerweise geht ihr eine Ablagerung von cellulosischen und nichtcellulosischen Matrixkomponenten (Hemicellulosen, Pektine und Strukturproteine) voraus (Terashima et al., 1993; Hafrén et al., 1999; Lewis, 1999; Grünwald et al., 2002). Lignin ist eine hydrophobe Füllsubstanz, die das Wasser in der Zellwand verdrängt (Abb. 4.4). In der Interzellularsubstanz fungiert Lignin als Bindemittel, das dem Holzstamm Druck- und Biegungsfestigkeit verleiht. Lignin hat aber keinen Einfluss auf die Zugfestigkeit der Wand (Grisebach, 1981).

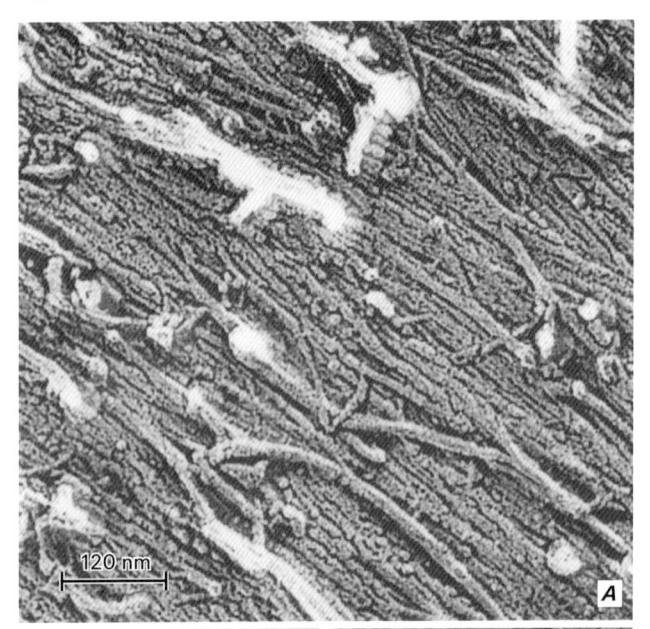

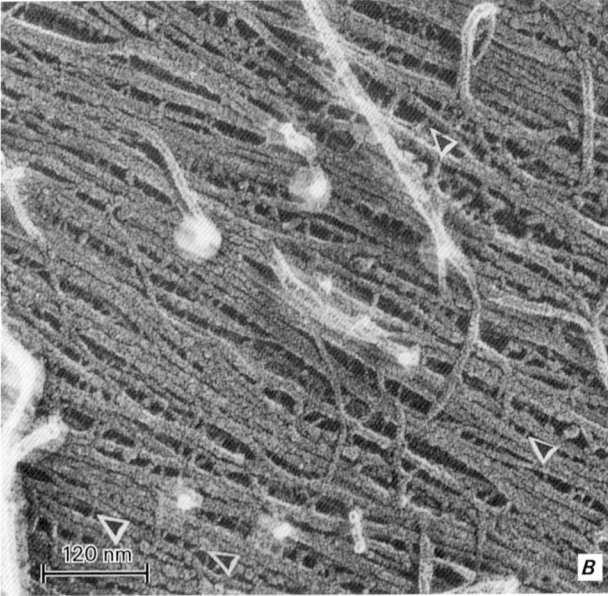

**Abb. 4.4** Struktur der $S_2$-Wandschicht einer reifen Tracheide von *Pinus thunbergii* vor (A) und nach (B) der Entlignifizierung. Auffällig ist die geschlossene Struktur der vollständig lignifizierten $S_2$-Wand in A. Nach der Entlignifizierung (B) sind die Querverbindungen (Pfeilspitzen) zwischen den Mikrofibrillen erkennbar; außerdem kann man Poren (*Gaps*) in der Wand beobachten. Für die Aufnahmen wurde eine Gefrierätzmethode in Kombination mit der Transmissions-Elektronenmikroskopie angewandt. (Aus Hafrén et al., 1999, mit freundlicher Genehmigung von Oxford University Press.)

Prüft man die Wasserdurchlässigkeit der Zellwände des Xylems, stellt man fest, dass Lignin die laterale Diffusion hemmt und damit gleichzeitig den longitudinalen Wassertransport im leitenden Xylem erleichtert. Es wird deshalb angenommen, dass dieses die Hauptfunktion des Lignins während der Evolution der Pflanzen war (Monties, 1989). Die mechanische Festigkeit des Lignins verstärkt das Xylem und ermöglicht den trachealen Elementen, den durch die Transpiration erzeugten negativen Druck aufrechtzuerhalten, ohne dass das Gewebe kollabiert. Lignifizierte Zellwände sind gegen einen mikrobiellen Angriff resistent (Vance et al., 1980; Nicholson und Hammerschmidt, 1992). Bei der Evolution der Landpflanzen schien Lignin zuerst als ein antimikrobieller Wirkstoff fungiert zu haben und erst später eine Rolle im Wassertransports und bei der mechanischen Stützfunktion eingenommen zu haben (Sederoff und Chang, 1991).

Für die qualitative Bestimmung von Lignin verwendet man gewöhnlich zwei Testverfahren: den Wiesner und den Mäule Test (Vance et al. 1980; Chen, 1991; Pomar et al., 2002). Der Wiesner Test ist für alle Lignine anwendbar. Bei diesem Test färben sich die Zellwände, die Lignin enthalten, nach Behandlung mit Phloroglucin in konzentrierter Salzsäure hell-purpurrot. Lignine, die hauptsächlich Syringylalkohol enthalten, zeigen nur eine schwache Färbung. Der Mäule-Test ist spezifisch für Syringyl-Gruppen. Bei diesem Test zeigen die Zellwände mit Syringyl-Lignin eine tief rosarote Färbung, nachdem sie hintereinander mit einer wässrigen Lösung von Kaliumpermanganat, Salzsäure und Ammoniak behandelt wurden. Es gibt außerdem polyklonale Antikörper für die Immunogold-Markierung verschiedener Lignin-Typen (Ruel et al., 1994; Grünwald et al., 2002).

### 4.1.5 Cutin und Suberin sind wasserunlösliche Lipidpolymere, die gewöhnlich in den äußeren Schutzgeweben der Pflanze vorkommen

Die Hauptfunktion von Cutin und Suberin ist es, eine Matrix zu bilden, in der **Wachse** – langkettige Lipidverbindungen – eingebettet werden (Post-Beittenmiller, 1996). Beide, die Cutin-Wachs oder Suberin-Wachs Kombinationen bilden zusammen Barriereschichten, die den Verlust von Wasser und anderen Molekülen aus den oberirdischen Pflanzenteilen verhindern (Kolattukudy, 1980).

**Cutin** bildet zusammen mit seinen eingebetteten Wachsen die **Cuticula**, welche die Oberfläche der Epidermis von allen oberirdischen Pflanzenteilen bedeckt. Die Cuticula besteht aus mehreren Schichten (der eigentlichen Cuticula und ein oder mehreren Cuticularschichten), die unterschiedliche Mengen an Cutin, Wachs und Cellulose enthalten (Kapitel 9).

**Suberin** ist die Hauptkomponente der Zellwände des sekundären Abschlussgewebes, Kork oder Phellem (Kapitel 15), der endodermalen und exodermalen Zellen von Wurzeln und der Bündelscheidenzellen, welche die Blattadern vieler Arten der

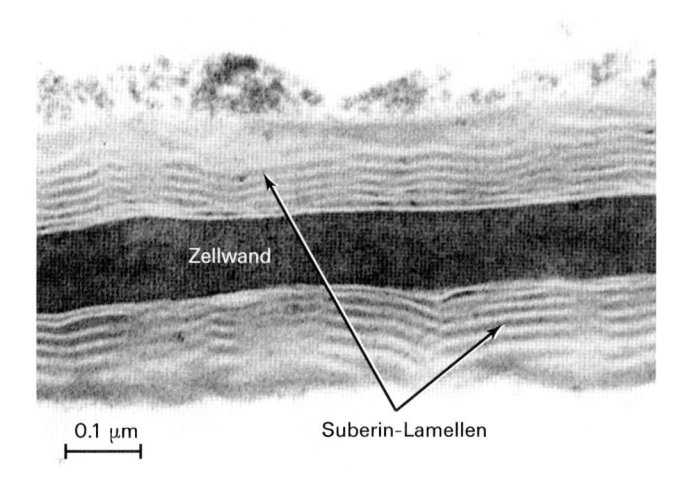

**Abb. 4.5** Elektronenmikroskopische Aufnahme von Suberin-Lamellen in den Wänden zwischen zwei benachbarten Korkzellen einer Kartoffelknolle (*Solanum tuberosum*). Auffällig sind die sich abwechselnden hellen und dunklen Streifen. Korkzellen bilden die äußerste Schicht einer schützenden Außenhaut von Pflanzenteilen wie Kartoffelknollen und verholzten Sprossachsen und Wurzeln (Aus Thomson et al., 1995).

Cyperaceae, Juncaceae und Poaceae umgeben. Neben der Funktion, den Wasserverlust der oberirdischen Pflanzenteile zu vermindern, hemmt Suberin die apoplastische (via Zellwand) Wasserbewegung und bildet eine Barriere gegen eindringende Mikroorganismen. Das Suberin der Zellwand zeichnet sich durch zwei Domänen aus: eine polyphenolische Domäne und eine polyaliphatische Domäne (Bernards und Lewis, 1998; Bernards, 2002). Die polyphenolische Domäne ist in die Primärwand eingebaut und kovalent mit der polyaliphatischen Domäne verbunden, die auf der inneren Oberfläche der Primärwand, also zwischen Primärwand und Plasmamembran, liegt. Im Elektronenmikroskop erscheint die polyaliphatische Domäne lamellenartig oder geschichtet mit alternierenden hellen und dunklen Bändern (Abb. 4.5). Man nimmt an, dass die hellen Bänder vorwiegend aliphatische Zonen, die dunklen Bänder phenolreiche Zonen umfassen; die sehr langkettigen Fettsäuren und Wachse erstrecken sich vermutlich über die aufeinanderfolgenden lamellaren Bänder oder schieben sich zwischen das Polyesternetzwerk der polyaliphatischen Domäne (Bernards, 2002). Früher betrachtete man die hellen Bänder hauptsächlich als Wachsschichten und die dunklen als Suberinschichten (Kolatttukudy und Soliday, 1985). Auch einige Cuticulae zeigen eine lamellare Struktur.

## 4.2 Zellwandschichten

Pflanzenzellen haben recht unterschiedlich dicke Zellwände. Die Wanddicke hängt zum Teil von der jeweiligen Funktion der Zelle im Pflanzenkörper, zum Teil aber auch vom individuellen Zellalter ab. Im Allgemeinen haben junge Zellen dünnere Wände als reife Zellen, aber bei manchen Zellen verdickt sich die Wand nicht mehr stark, nachdem die Zelle aufgehört hat zu wachsen. Jeder Protoplast bildet seine Wand von außen nach innen, so dass die jüngste Zellschicht einer bestimmten Wand, die innerste, direkt am Protoplasten liegt. Die zuerst abgelagerten, cellulosehaltigen Schichten bilden die **Primärwand**. Die Region, wo die Primärwände benachbarter Zellen sich berühren, bezeichnet man als **Mittellamelle** oder **Interzellularsubstanz**. Viele Zellen lagern weitere Wandschichten, die so genannten **Sekundärwände**, ab. Die Sekundärwand wird vom Protoplasten auf der inneren Oberfläche der Primärwand abgelagert (Abb. 4.1).

### 4.2.1 Die Mittellamelle lässt sich häufig nur schwer von der Primärwand unterscheiden

Oft ist es schwierig, die Mittellamelle von der Primärwand zu unterscheiden, besonders in Zellen, die dicke Sekundärwände entwickeln. In solchen Fällen bezeichnet man den Wandbereich aus Mittellamelle, den beiden benachbarten Primärwänden und vielleicht noch der ersten Schicht der Sekundärwand als **zusammengesetzte Mittellamelle (compound middle lamella)**. Der Begriff zusammengesetzte Mittellamelle bezieht sich manchmal auf eine dreilagige, manchmal sogar auf eine fünflagige Struktur (Kerr und Bailey, 1934).

Elektronenmikroskopisch lässt sich die Mittellamelle nur selten als eine deutlich begrenzte Schicht erkennen, außer entlang der Zellecken, wo sich die Interzellularsubstanz anhäuft. Nur durch Anwendung von mikrochemischen Tests und Mazerationstechniken ist die Mittellamelle deutlich erkennbar. Die Mittellamelle besteht hauptsächlich aus Pektinen; in Zellen mit Sekundärwänden wird sie aber auch häufig lignifiziert.

### 4.2.2 Die Primärwand wird während des Zellwachstums abgelagert

Die Primärwand, bestehend aus den erstgebildeten Wandschichten, wird vor und während des Zellwachstums abgelagert. Zellen mit hoher Teilungsaktivität besitzen im Allgemeinen nur Primärwände. Dies gilt auch für die meisten ausdifferenzierten Zellen, die an Stoffwechselprozessen wie Photosynthese, Sekretion oder Speicherung beteiligt sind. Solche Zellen besitzen relativ dünne Primärwände; die Primärwände sind aber gewöhnlich auch dünn in Zellen mit Sekundärwänden. Die Primärwände im Kollenchym von Sprossachsen oder Blättern und im Endosperm mancher Samen können jedoch eine beträchtliche Dicke erreichen, obwohl diese Wandverdickungen von einigen Forschern als sekundär betrachtet werden (Frey-Wyssling, 1976). Dicke Primärwände zeigen häufig eine geschichtete oder polylamellare Textur, die durch Richtungsänderung der Cellulosemikrofibrillen von einer Schicht zur nächsten zustande kommt (siehe unten). Lebende Zellen, die lediglich Primärwände besitzen, können diese ungeachtet ihrer Wanddicke wieder auflösen, ihre spezielle Zellstruktur lockern, sich teilen und sich zu anderen Zelltypen entwickeln. Deshalb spielen sie auch bei der Wundkallusbildung und Regeneration von Pflanzen eine Hauptrolle.

Nach heutigen Strukturmodellen einer noch wachsenden Primärwand stellt man sich ein Netzwerk aus Cellulosemikrofibrillen umwunden von Hemicellulosen wie Xyloglucan vor, das in eine Gelmatrix aus Pektinen eingebettet ist. In einem dieser Modelle (Abb. 4.6A) überziehen Hemicellulosen die Oberfläche der Cellulose, an die sie nichtkovalent gebunden sind, und bilden Querverbindungen, Befestigungsstrukturen, welche die Cellulosemikrofibrillen zusammenhalten. Man schätzt, dass ein solches Cellulose-Xyloglucan-Netzwerk etwa 70% der gesamten Stärke einer normalen Primärwand ausmacht (Shedletzky et al., 1992). Anhand von elektronenmikroskopischen Untersuchungen ließen sich Cellulose-Hemicellulose-Querverbindungen tatsächlich nachweisen (Abb. 4.7; McCann et al.,1990; Hafrén et al., 1999; Fujino et al., 2000). Pauly et al. (1999) fanden drei Xyloglucan-Fraktionen in Zellwänden der Sprossachse von *Pisum sativum*. Danach bestand etwa 8% des Trockengewichts der Wände aus Xyloglucan, das sich durch Behandlung mit einer xyloglucanspezifischen Endoglucanase herauslösen lässt. Das gelöste Material entspricht der Xyloglucan-Domäne, die für die Bildung von Querverbindungen zwischen den Cellulosemikrofibrillen angenommen wurde. Eine zweite Domäne (10% des Trockengewichts der Zellwand) bestand aus Xyloglucan, das vermutlich eng mit der Oberfläche der Cellulosemikrofibrillen assoziiert ist; eine drit-

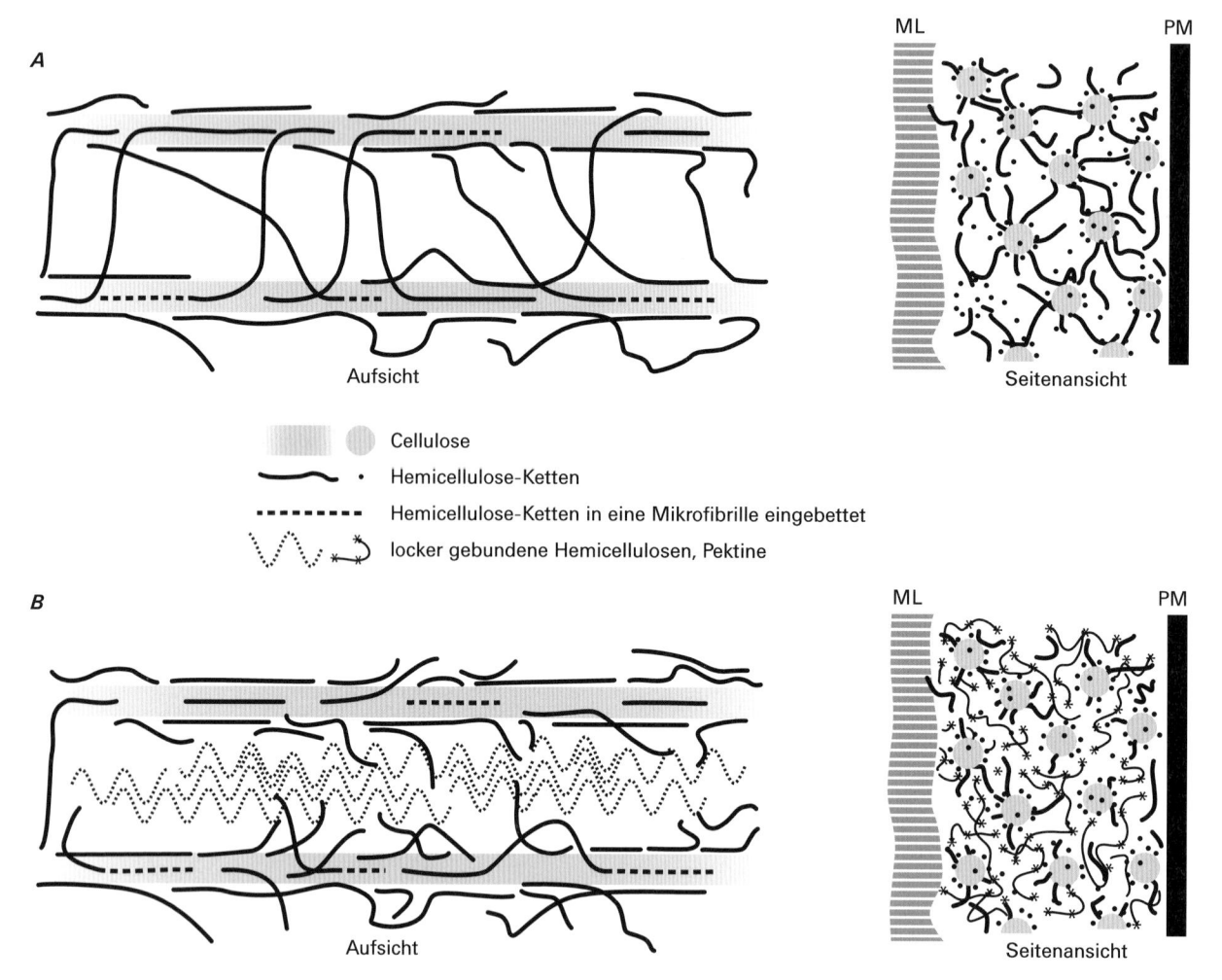

**Abb. 4.6** Zwei Modelle der wachsenden (primären) Zellwand. In dem in **A** dargestellten Modell beruht die mechanische Festigkeit der Zellwand auf der Vernetzung von Cellulose-Mikrofibrillen durch Xyloglucane, die nichtkovalent an die Oberfläche der Mikrofibrillen gebunden sind und in die Mikrofibrille eingeschlossen sind. Pektine (nicht dargestellt) bilden eine flächengleiche Matrix, in die das Cellulose-Xyloglucan Netzwerk eingebettet ist. Das alternative Modell in **B** unterscheidet sich von demjenigen in **A** hauptsächlich durch das Fehlen der Polymere, welche die Mikrofibrillen direkt miteinander vernetzen. Stattdessen erscheinen hier die fest an Mikrofibrillen gebundenen Hemicellulosen, wie Xyloglucan, umhüllt von einer Schicht weniger fest gebundener Polysaccharide. Letztere sind wiederum in eine Pektinmatrix eingebettet, welche die Räume zwischen den Mikrofibrillen ausfüllt. Details: ML, Mittellamelle; PM, Plasmamembran. (Nach Cosgrove, 1999. Nachdruck mit freundlicher Genehmigung, aus *Annual Review of Plant Physiology and Plant Molecular Biology*, Vol. 50, © 1999 by Annual Reviews. www.annualreviews.org)

## 4.2 Zellwandschichten | 69

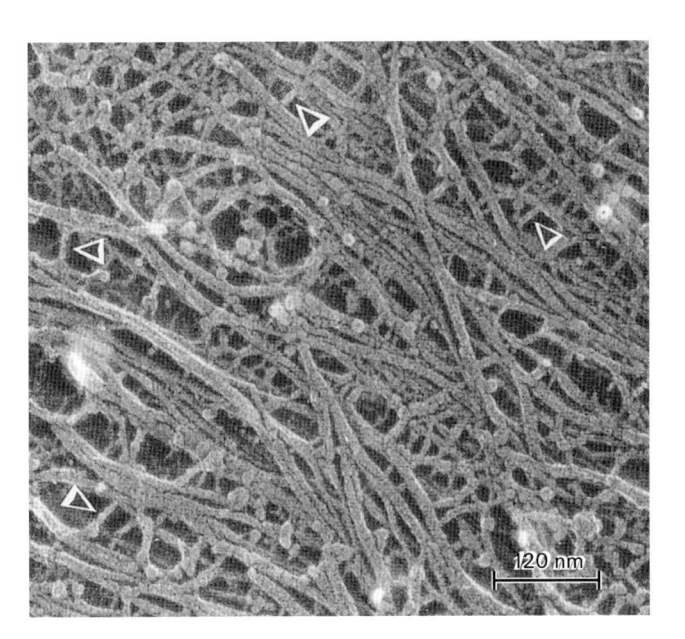

**Abb. 4.7** Tangentiale Ansicht einer neu synthetisierten Primärwand im Cambium von *Pinus thunbergii*. Beachtenswert sind die zahlreichen Querverbindungen (Pfeilspitzen) zwischen den Mikrofibrillen. (Aus Hafrén et al., 1999, mit freundlicher Genehmigung von Oxford University Press.)

te Domäne (3% des Trockengewichts der Zellwand) bestand aus Xyloglucan, das wahrscheinlich von oder zwischen den Cellulosemikrofibrillen eingeschlossen wird.

In einem zweiten Modell der Primärwand (Abb. 4.6B) existieren keine direkten Verbindungen zwischen den Mikrofibrillen. Stattdessen sind hier Hemicellulosen eng an die Mikrofibrillen gebunden und von einer Schicht weniger eng gebundener Hemicellulosen eingehüllt, die in die zwischen den Mikrofibrillen befindliche Pektinmatrix eingebettet sind (Talbott und Ray, 1992). Bei diesem Modell beruht die Wandstärke zum Teil auf vielen, nichtkovalenten Wechselwirkungen zwischen lateral nebeneinanderliegenden Matrixmolekülen (Cosgrove, 1999). In diesem Zusammenhang muss erwähnt werden, dass eine Untersuchung mittels stabiler $^{13}$C–Isotope in Verbindung mit Kernmagnetischer Resonanzspektroskopie keine eindeutigen Wechselwirkungen zwischen Cellulose und Hemicellulosen in den Primärwänden von drei Monocotyledonen (*Lolium perenne*, Ananas und Zwiebel) sowie einer Eudicotylen (Kohl) zeigte (Smith, B. G., et al., 1998). Die Autoren nahmen aber an, dass auch eine nur relativ geringe Anzahl von Hemicellulosemolekülen bereits ausreicht, um Querverbindungen zwischen den Cellulosemikrofibrillen zu bilden. Ein ähnlicher Befund wurde für die Primärwände von *Arabidopsis thaliana* von Newman et al. (1996) veröffentlicht. Die Hauptausrichtung der Cellulosefibrillen ist offensichtlich der Schlüsselfaktor für die Festlegung der mechanischen Eigenschaften der Zellwand (Kerstens et al., 2001).

### 4.2.3 Die Sekundärwand wird innen auf die Primärwand abgelagert, größtenteils oder sogar gänzlich, wenn sich die Oberfläche der Primärwand nicht mehr vergrößert

Entgegen der allgemeinen Auffassung, Sekundärwandablagerungen würden erst dann einsetzen, wenn das Flächenwachstum der Primärwand beendet ist, gibt es schon lange Hinweise darauf, dass die zuerst gebildete Schicht der Sekundärwand sich noch geringfügig ausdehnt, weil ihre Ablagerung bereits vor Beendigung des Flächenwachstums der Primärwand beginnt (Roelofsen, 1959). Sowohl in den Tracheiden der Coniferen (Abe et al., 1997) als auch in den Fasern von Bambussprossen (MacAdam und Nelson, 2002; Gritsch und Murphy, 2005) beginnt die Ablagerung von Sekundärwanden bevor das Streckungswachstum der Zellen beendet ist.

Sekundärwände sind besonders wichtig für Zellen, die der Festigung und der Wasserleitung dienen. Bei diesen Zellen stirbt der Protoplast oft nach Ablagerung der Sekundärwand ab. In Sekundärwänden ist der Celluloseanteil höher als in Primärwänden und Pektine fehlen ganz. Deshalb ist die Sekundärwand starr und schwer dehnbar. Auch gibt es in Sekundärwänden anscheinend keine oder nur geringe Anteile an Strukturproteinen und Enzymen, die in Primärwänden relativ stark vertreten sind. Wie bereits erwähnt, hat man in Sekundärwänden des Holzes von *Pinus taeda* (Bao et al., 1992) ein Extensin-ähnliches Protein lokalisiert. In den Sekundärwänden von Holzzellen kommt gewöhnlich Lignin vor.

In dickwandigen Holzzellen kann man in einer Sekundärwand häufig drei Schichten unterscheiden: $S_1$, $S_2$ und $S_3$ – eine äußere, eine mittlere und eine innere Schicht. Die $S_2$-Schicht ist am dicksten. Die $S_3$-Schicht kann sehr dünn sein oder sogar

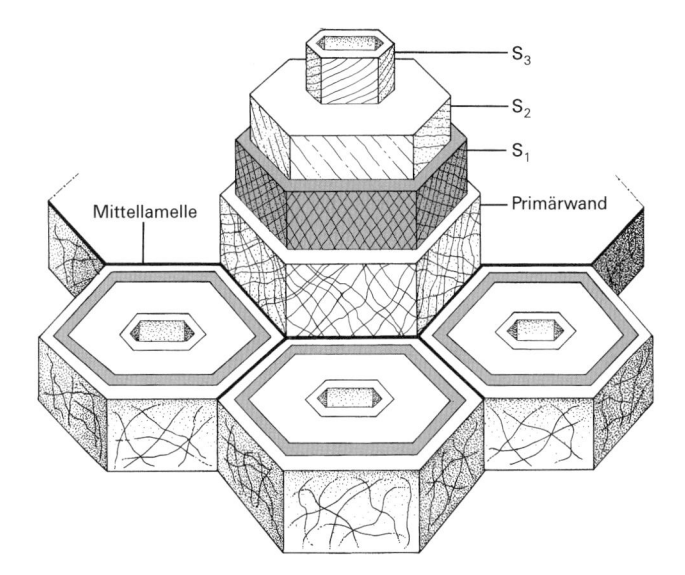

**Abb. 4.8** Sekundärwandschichten. Das Diagramm zeigt die Organisation der Cellulose-Mikrofibrillen und die drei Schichten ($S_1$, $S_2$, $S_3$) der Sekundärwand. Die unterschiedliche Ausrichtung der Fibrillen in den drei Schichten festigt die Wand zusätzlich. (Aus Raven et al., 2005)

ganz fehlen. Manche Holzanatomen bezeichnen die $S_3$-Schicht als **Tertiärwand**, weil sie sich deutlich von der $S_1$- und $S_2$-Schicht unterscheidet.

Die Einteilung der Sekundärwand in die drei S-Schichten basiert hauptsächlich auf der unterschiedlichen Orientierung der Mikrofibrillen in diesen Schichten (Frey-Wyssling, 1976). Normalerweise sind die Mikrofibrillen in den verschiedenen Schichten schraubenförmig angeordnet (Abb. 4.8). In der $S_1$-Schicht verlaufen die Mikrofibrillen schraubenförmig überkreuz und bilden einen großen Winkel mit der Längsachse der Zelle, so dass diese Schicht hochgradig doppelbrechend ist. In der $S_2$-Schicht ist der Winkel klein und die Schraube sehr schräggestellt; deshalb sind die Cellulosemikrofibrillen im Polarisationsmikroskop nicht erkennbar. In der $S_3$-schicht sind die Mikrofibrillen wie in der $S_1$-Schicht angeordnet, in einem großen Winkel zur Längsachse der Zelle. Bei manchen Holzfasern ist die $S_1$- und die $S_2$-Schicht durch eine Übergangszone mit schraubenförmiger Textur miteinander verbunden (Vian et al., 1986; Reis und Vian, 2004). Die Primärwand unterscheidet sich von der Sekundärwand durch ihre recht lockere Anordnung der Mikrofibrillen. Bei Fasern und Tracheiden der meisten Holzpflanzen ist die innere Oberfläche der $S_3$-Schicht mit einem nichtcellulosischen Film bedeckt, der oft Wölbungen aufweist, so genannte **Warzen**. Früher hielt man die Warzen für Cytoplasmareste, die beim Abbau des Protoplasten übrigbleiben. Heute betrachtet man die Warzen als Ausstülpungen der Zellwand, die größtenteils von Ligninvorstufen gebildet werden (Frey-Wyssling, 1976; Castro, 1991).

## 4.3 Tüpfel und primäre Tüpfelfelder

Sekundärwände sind allgemein durch Hohlräume, genannt **Tüpfel**, charakterisiert (Abb. 4.9B-D und 4.10B, C). In der Regel liegt ein Tüpfel in einer Zellwand genau gegenüber einem Tüpfel in der Wand einer angrenzenden Zelle. Die beiden gegenüberliegenden Tüpfel bilden ein **Tüpfelpaar**. Die Mittellamelle und die beiden Primärwände zwischen den beiden Tüpfeln bilden die so genannte **Schließhaut**. Tüpfel entstehen während der Entwicklung der Zelle und ergeben sich aus der unterschiedlichen Ablagerung der Sekundärwand; kein Material wird über der Schließhaut abgelagert, so dass die Tüpfel eigentlich Unterbrechungen in der Sekundärwand sind.

Während Sekundärwände Tüpfel haben, bilden Primärwände **primäre Tüpfel**, die keine Unterbrechungen, sondern nur dünne Bereiche der Primärwand sind (Abb. 4.9A und 4.10A). In diesem Buch wird der Begriff **primäres Tüpfelfeld** für beides, einen einzelnen primären Tüpfel und eine Gruppe primärer Tüpfel, verwendet. Während der Ablagerung der Sekundärwand bilden sich die Tüpfel über den primären Tüpfelfeldern. Dabei können über einem primären Tüpfelfeld mehrere Tüpfel entstehen.

Plasmodesmen (siehe unten) treten gehäuft in primären Tüpfelfeldern auf (Abb. 4.9A). Während sich die Sekundärwand entwickelt, bleiben die Plasmodesmen in der Schließhaut als Verbindungen zwischen den Protoplasten aneinander grenzender Zellen erhalten. Plasmodesmen sind aber nicht auf die primären Tüpfelfelder beschränkt. Sie können über die gesamte, gleichmäßig verdickte Primärwand verteilt vorkommen. In manchen Fällen ist die Primärwand sogar spezifisch verdickt, wo Plasmodesmen vorhanden sind.

Tüpfel variieren hinsichtlich ihrer Weite und speziellen Struktur (Kapitel 8 und 10), aber man kann zwei Haupttypen in Zellen mit Sekundärwänden erkennen: **einfache Tüpfel** und **Hoftüpfel** (Abb. 4.9C, D). Der grundlegende Unterschied zwischen den beiden Tüpfeltypen ist der, dass sich bei Hoftüpfeln die Sekundärwand über den Tüpfelkanal wölbt und seine Öffnung zum Lumen der Zelle hin blendenartig verengt. Dabei

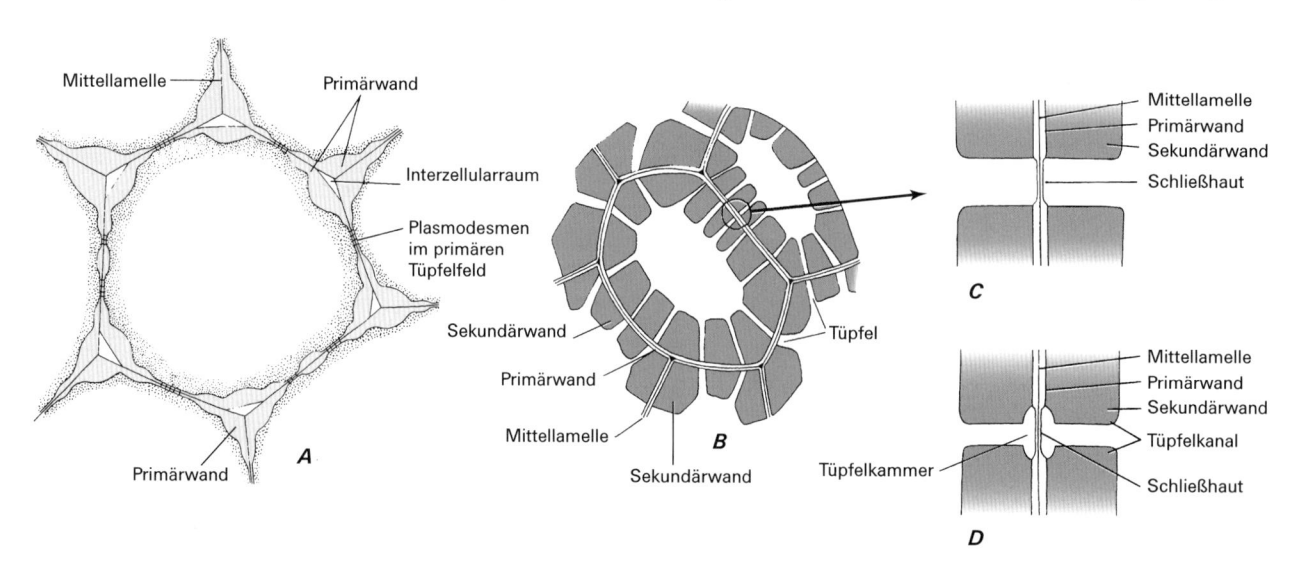

**Abb. 4.9** Primäre Tüpfelfelder, Tüpfel und Plasmodesmen. **A**, Parenchymzelle mit Primärwänden und primären Tüpfelfeldern, dünne Bereiche in den Wänden. Die Plasmodesmen durchqueren die Zellwand im Bereich dieser primären Tüpfelfelder. **B**, Zellen mit Sekundärwänden und zahlreichen einfachen Tüpfeln. **C**, einfaches Tüpfelpaar. **D**, Hoftüpfelpaar. (Aus Raven et al., 2005).

4.3 Tüpfel und primäre Tüpfelfelder | 71

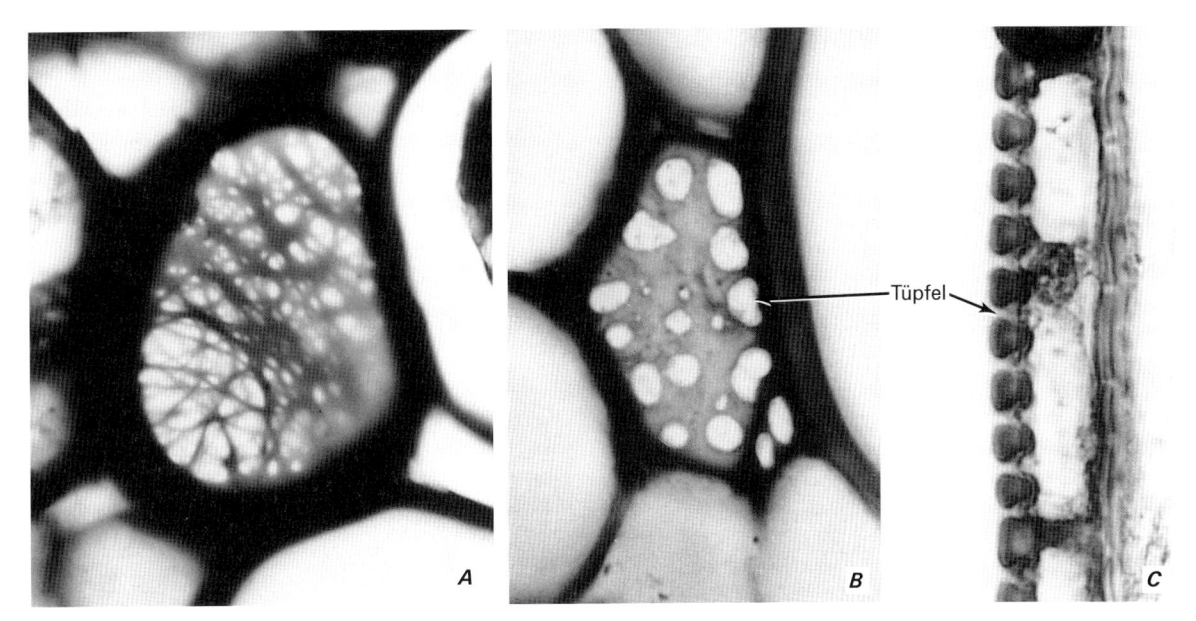

**Abb. 4.10** Primäre Tüpfelfelder und Tüpfel. Parenchymzellen der primären Wurzelrinde von *Abies* (**A**), Xylem von *Nicotiana* (**B**) und *Vitis* (**C**). **A**, Aufsicht auf ein Netz aus Cellulose; die ungefärbten Maschen sind dünne, von Plasmodesmen (nicht sichtbar) durchzogene Bereiche. **B**, Tüpfel in Aufsicht und **C**, im Schnitt. **C**, getüpfelte Wand zwischen Parenchymzelle und Gefäß. (A, x930; B, x1100; C, x1215.)

bildet die Wölbung der Sekundärwand den **Hof**. Bei einfachen Tüpfeln fehlen diese Wölbungen der Sekundärwand, so dass der Tüpfelkanal überall gleich breit ist. Bei Hoftüpfeln bezeichnet man den unter der Wölbung befindlichen Teil als **Tüpfelhof** und die Öffnung des Hofs als **Porus** (äußere Apertur).

Die Kombination aus zwei einfachen Tüpfeln bezeichnet man als **einfaches Tüpfelpaar** und die beiden gegenüberliegenden Hoftüpfel als **Hoftüpfelpaar**. Die Kombination aus einfachen Tüpfeln und Hoftüpfeln nennt man **einseitig behöfte Tüpfelpaare**, die typischerweise im Xylem vorkommen. Ein Tüpfel kann auch keine komplementäre Struktur haben, wenn er zum Beispiel an einen Interzellularraum grenzt. Solche Tüpfel nennt man **blinde Tüpfel**. Manchmal haben zwei oder mehrere kleine Tüpfel nur einen Komplementärtüpfel, eine Kombination, die man als **einseitig zusammengesetztes Tüpfelpaar** bezeichnet.

Einfache Tüpfel kommen in bestimmten Parenchymzellen, in extraxylaren Fasern und in Sklereiden vor (Kapitel 8). In einem einfachen Tüpfel kann der Kanal überall gleichweit oder zum Lumen der Zelle hin etwas erweitert oder verengt sein. Wenn sich Tüpfel zum Lumen hin verengen, bilden sich Übergangsstrukturen zwischen einfachen Tüpfeln und Hoftüpfeln. Je nach Dicke der Sekundärwand kann ein einfacher Tüpfel flach sein oder einen richtigen Kanal zwischen Lumen und Schließhaut bilden. In sehr dicken Wänden können sich Tüpfelkanäle vereinigen und sog. **verzweigte** oder **ramiforme** (lat. *ramus* = Zweig) **Tüpfel** entstehen (Kapitel 8).

Einfache und Hoftüpfel treten beide in den Sekundärwänden trachealer Elemente auf (Kapitel 10 und 11). In den Tracheiden der Coniferen haben die Hoftüpfelpaare eine besonders komplizierte Struktur (Kapitel 10).

Ist die Sekundärwand eines Hoftüpfels sehr dick, so ist die Tüpfelkammer relativ klein und nur durch einen sehr engen Kanal, den Tüpfelkanal, mit dem Zellumen verbunden. Der Kanal hat eine **äußere Apertur**, die sich zum Tüpfelhof hin öffnet und eine **innere Apertur**, die dem Lumen zugewandt ist. In bestimmten Tüpfeln ähnelt der Tüpfelkanal einem komprimierten Trichter, dessen Öffnungen sich in Größe und Form unterscheiden (Abb. 4.11). Die äußere Apertur ist klein und kreisrund, die innere Apertur größer und spaltförmig. In einem Tüpfelpaar liegen die inneren Aperturen der beiden Tüpfel gekreuzt zueinander (Kapitel 10). Diese Anordnung steht im Zusammenhang mit der spiralförmigen Orientierung der Mikrofibrillen in der Sekundärwand.

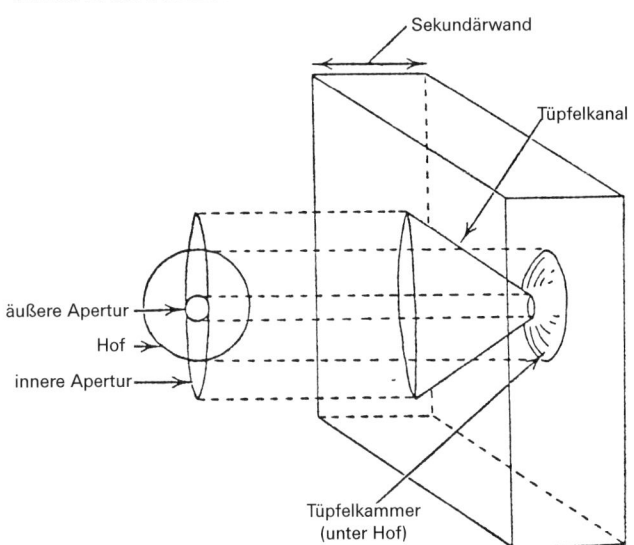

**Abb. 4.11** Die schematische Zeichnung zeigt einen Hoftüpfel mit verlängerter innerer Apertur und reduziertem Hof. (Aus Esau, 1977; nach Record, 1934)

## 4.4 Die Entstehung der Zellwand während der Zellteilung

### 4.4.1 Die Cytokinese erfolgt durch Bildung eines Phragmoplasten und einer Zellplatte

Während des vegetativen Wachstums folgt die Zellteilung (**Cytokinese**) auf die Kernteilung (**Karyokinese**, oder **Mitose**). Dabei teilt sich die Mutterzelle in zwei Tochterzellen. Die Cytokinese beginnt in der späten Anaphase mit der Bildung des **Phragmoplasten**, einer anfänglich tonnenförmigen Struktur aus Mikrotubuli – Reste der Mitosespindel –, die zwischen den beiden identischen Chromosomensätzen der Tochterkerne erscheint (Abb. 4.12A). Der Phragmoplast besteht, ähnlich wie die vor ihm gebildete Mitosespindel, aus zwei sich gegenüberliegenden und sich überlappenden Mikrotubuli-Gruppen, die sich beiderseits der Teilungsebene bilden (nicht abgebildet in Abb. 4.12A). Der Phragmoplast enthält außerdem zahlreiche Actinfilamente, die parallel zu den Mikrotubuli und senkrecht zur Teilungsebene verlaufen. Im Gegensatz zu den Mikrotubuli überlappen sich die Actinfilamente nicht, obwohl sie auch in zwei gegenüberliegenden Gruppen angeordnet sind.

Der Phragmoplast dient als Gerüst für die Zusammensetzung der **Zellplatte**, der Vorstufe einer neuen Zellwand zwischen den Tochterzellen (Abb. 4.13). Die Zellplatte wird durch Fusion von abgeschnürten Vesikeln des Golgi-Apparates gebildet, die anscheinend durch die Mikrotubuli des Phragmoplasten mit Hilfe von Motorproteinen in die Teilungsebene transportiert werden. Die Rolle der Actinfilamente ist noch unklar. Wenn die Bildung der Zellplatte beginnt, erstreckt sich der Phragmoplast noch nicht bis zur ursprünglichen Wand der sich teilenden Zelle. Während sich die Zellplatte ausdehnt, depolymerisieren die Mikrotubuli in der Mitte des Phragmoplasten und werden an den Rändern der Zellplatte wieder neu polymerisiert. Die Zellplatte – vorstrukturiert durch den Phragmoplasten (Abb. 4.12B, C) – wächst nach außen (**zentrifugal**), bis sie die Wände der sich teilenden Zelle erreicht und damit die Zelle in zwei Tochterzellen teilt. Es ist wichtig, hier zu erwähnen, dass manche Forscher neben den Mikrotubuli und Actinfilamenten auch die vom Golgi-Apparat abgeschnürten Vesikel sowie das Endoplasmatische Reticulum, die beide mit der frühen Zellplatte assoziiert sind, als Bestandteil des Phragmoplasten betrachten (Staehelin und Hepler, 1996; Smith, L. G., 1999).

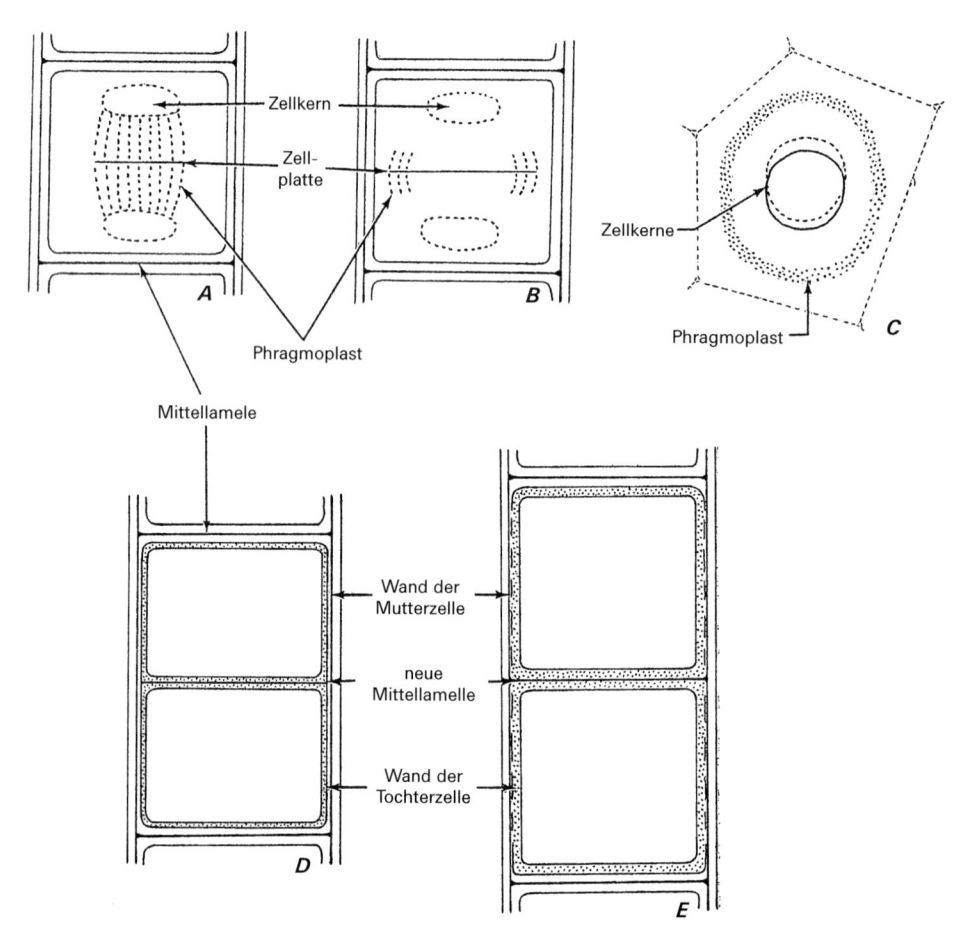

**Abb. 4.12** Bildung der Zellwand während der Zellteilung. **A**, Bildung der Zellplatte in der Äquatorialebene des Phragmoplasten während der Telophase. **B, C**, der Phragmoplast erscheint nun am Rand der kreisrunden Zellplatte (in Seitenansicht in **B**; in Aufsicht in **C**). **D**, die Zellteilung ist beendet und jede Tochterzelle hat ihre eigene Primärwand gebildet (punktiert). **E**, Tochterzellen haben sich vergrößert, ihre Primärwände haben sich verdickt und die Mutterzellwand wurde an den Längsseiten der Zellen gedehnt und zerrissen. (Aus Esau, 1977.)

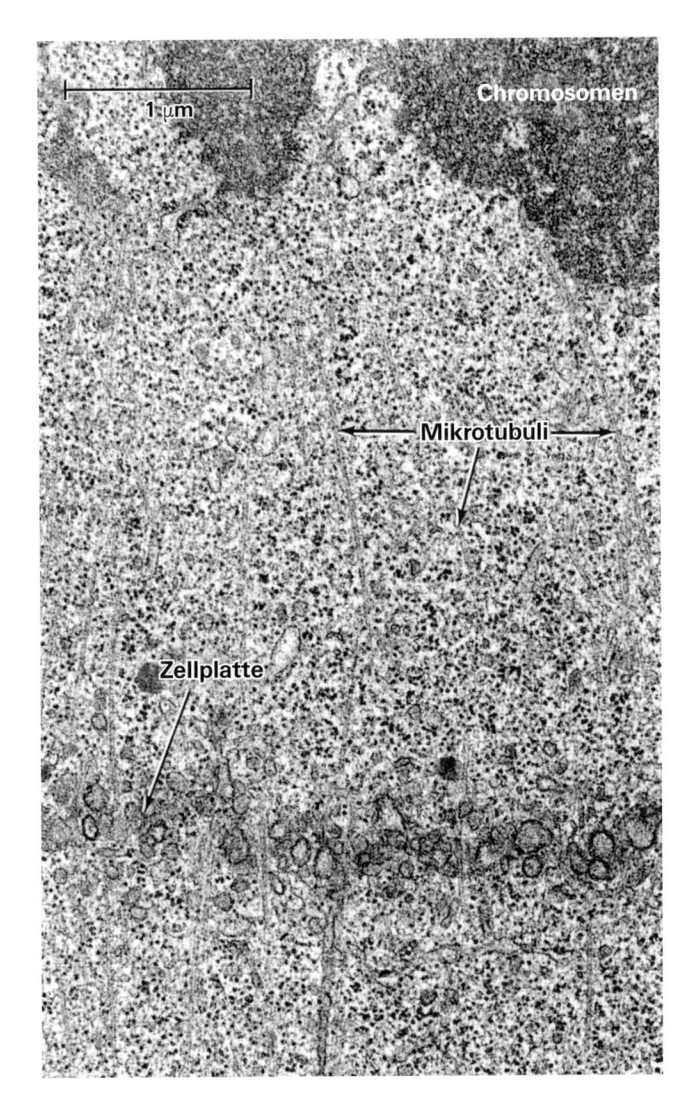

**Abb. 4.13** Details der frühen Cytokinese einer Mesophyllzelle von einem Tabakblatt (*Nicotiana tabacum*). Die Zellplatte besteht noch aus einzelnen Vesikeln. Mikrotubuli des Phragmoplasten treten auf beiden Seiten der Zellplatte auf, einige durchqueren die Platte. Chromosomenmaterial von einer der beiden zukünftigen Tochterkerne ist hier gezeigt. (Aus: Esau, 1977.)

Der tatsächliche Prozess der Zellplattenbildung ist ziemlich kompliziert und besteht aus mehreren Stadien (Abb. 4.14; Samuels et al., 1995; Staehelin und Hepler, 1996; Nebenführ et al., 2000; Verma, 2001): (1) Ansammlung der vom Golgi-Apparat abgeschnürten Vesikel in der Teilungsebene; (2) Bildung von 20-Nanometer großen Tubuli (**Fusionstubuli**), die aus den Vesikeln herauswachsen und mit anderen verschmelzen, wodurch ein kontinuierliches, verflochtenes **tubulär-vesikuläres Netzwerk** mit einer fädigen Hülle entsteht; (3) Umwandlung des tubulär-vesikulären Netzwerks in ein **tubuläres Netzwerk** und dann in eine **fensterartige Plattenstruktur**; während dieser Umwandlung werden die dichte Membranhülle und die mit dem Phragmoplasten assoziierten Mikrotubuli auseinander gedrängt; (4) Bildung zahlreicher, fingerartiger Auswüchse an den Rändern der Zellplatte, die mit der Plasmamembran der Mutterzellwand verschmelzen; (5) Ausreifen der Zellplatte zu einer neuen Zellwand. Das letzte Stadium umfasst auch die Schließung der fensterartigen Strukturen. Zu diesem Zeitpunkt werden tubuläre Segmente des glatten Endoplasmatischen Reticulums zwischen den verschmelzenden Vesikeln eingeschlossen und so Plasmodesmen gebildet. In Wurzelzellen von Kresse (*Lepidium sativum*) und Mais beginnt kurz nach Auflösung des Phragmoplasten-Cytoskeletts und dem Beginn des Heranreifens der neuen Zellplatte die Lokalisierung von Myosin in den neu gebildeten Plasmodesmen (Reichelt et al., 1999; Baluška et al., 2000). Gleichzeitig scheinen Bündel aus Actinfilamenten an den Plasmodesmen anzuknüpfen.

Man fand heraus, dass an der Bildung der Zellplatte eine Anzahl von Proteinen beteiligt sind (Heese et al., 1998; Smith, L. G., 1999; Harper et al., 2000; Lee, Y.-R. J., und Liu, 2000; Otegui und Staehelin, 2000; Assad, 2001). Zum Beispiel konnte man **Phragmoplastin**, ein Dynamin-ähnliches Protein, das an das grüne Fluoreszenzprotein bindet, in der entstehenden Zellplatte bei Tabak BY-2 Zellen lokalisieren (Gu und Verma, 1997). Phragmoplastin ist möglicherweise an der Bildung der tubulären Auswüchse von Sekretvesikeln und der Fusion von Vesikeln an der Zellplatte beteiligt. In transgenen Tabakkeimlingen führte die Überexprimierung von Phragmoplastin zur Anhäufung von Callose an der Zellplatte und Hemmung des Pflanzenwachstums (Geisler-Lee et al., 2002). Einen direkteren Beweis für die funktionelle Beteiligung an der Bildung der Zellplatte erhielt man für das KNOLLE-Protein von *Arabidopsis thaliana* (Lukowitz et al., 1996). Das dem Syntaxin verwandte KNOLLE-Protein dient wahrscheinlich als Rezeptor, der an Vesikel andockt, die vom Phragmoplast transportiert werden. In Abwesenheit des KNOLLE-Proteins wird die Fusion von Vesikeln verhindert (Lauber et al., 1997).

### 4.4.2 Callose ist anfangs das Hauptwandpolysaccharid in der sich entwickelnden Zellplatte

Callose akkumuliert zuerst im Lumen der sich entwickelnden Zellplatte während des tubulär-vesikulären Stadiums, tritt aber während der Umwandlung des tubulären Netzwerks in die fensterartige Plattenstruktur in großen Mengen auf. Es wird vermutet, dass Callose einen gewissen Druck auf die Verteilung der Membranen ausübt, um ihre Umwandlung in eine plattenähnliche Struktur zu erleichtern (Samuels et al., 1995).

Welche Strukturmuster bei der Ablagerung von Cellulose und Matrixkomponenten entstehen und wie ihr möglicher Austausch von Callose in der sich bildenden Zellplatte erfolgt, ist noch weitgehend unklar. In Tabak BY-2 Zellen konnten Xyloglucane und Pektine bereits im tubulär-vesikulären Stadium lokalisiert werden, aber erst nach Vervollständigung der Zellplatte scheint ihre Konzentration signifikant anzusteigen (Samuels et al., 1995). Wenn die Zellplatte ihre fensterartige Plattenstruktur erreicht hat, wird Cellulose in beträchtlichen Mengen synthetisiert. Im Gegensatz dazu werden in meriste-

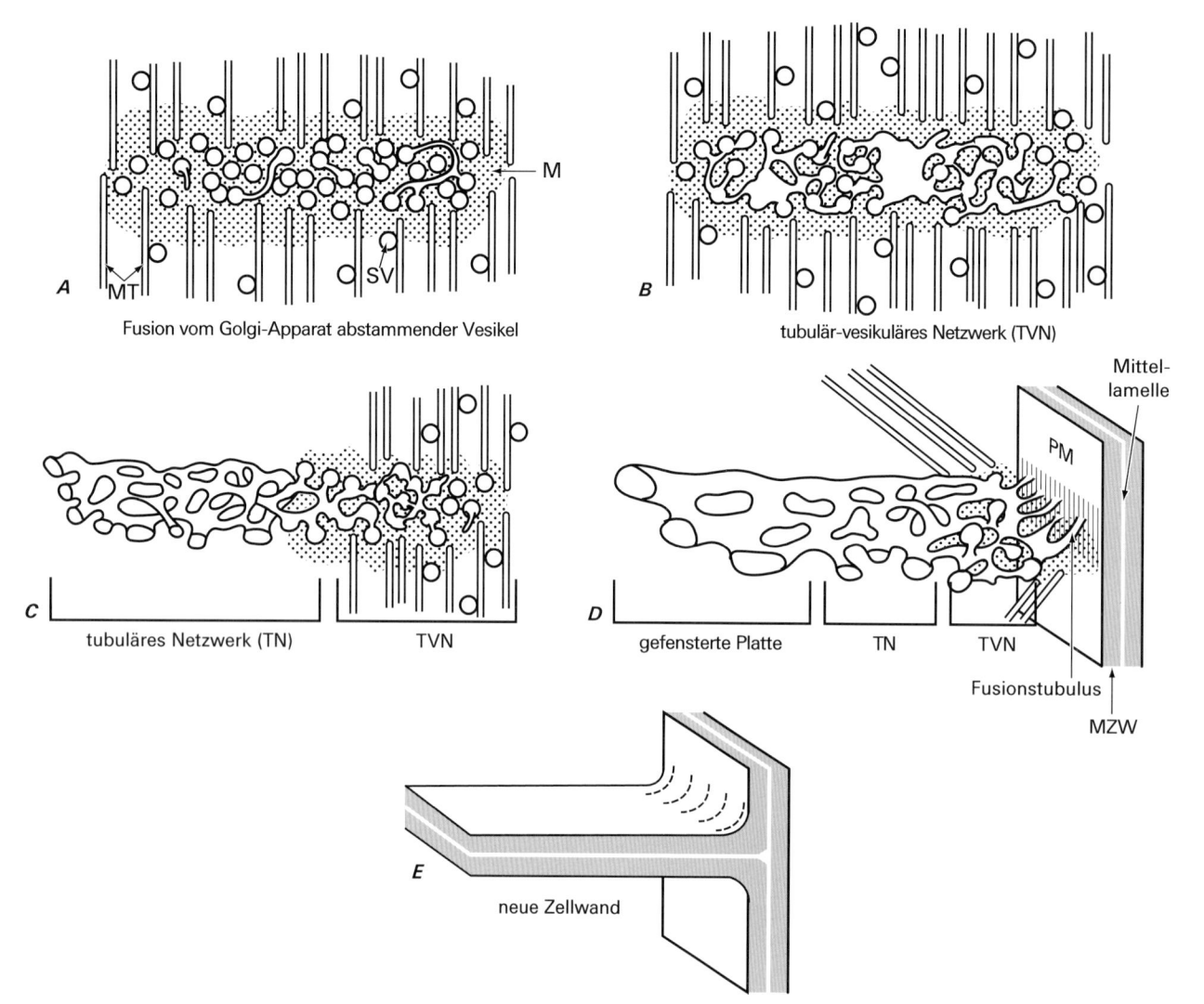

**Abb. 4.14** Stadien der Zellplattenentwicklung. **A**, die Fusion der vom Golgi-Apparat abgeschnürten Sekretionsvesikel (SV) in der Äquatorialzone, dazwischen Mikrotubuli (MT) des Phragmoplasten und eine flockige (*fuzzy*) cytoplasmatische Matrix (M). **B**, fusionierte vom Golgi-Apparat abgeschnürte Vesikel lassen ein tubulär-vesikuläres Netzwerk entstehen, bedeckt von einem „flockigen Überzug". **C**, ein tubuläres Netzwerk (TN) bildet sich, sobald das Lumen des tubulär-vesikulären Netzwerks (TVN) sich mit Zellwand-Polysacchariden gefüllt hat, speziell Callose. Die das Netzwerk umgebende flockige Matrix und die Mikrotubuli verschwinden, wodurch sich dieses Stadium außerdem deutlich von dem tubulär-vesikulären Netzwerk unterscheidet. **D**, die tubulären Bereiche dehnen sich aus und bilden eine beinahe zusammenhängende Platte. Zahlreiche fingerartige Ausstülpungen breiten sich von den Rändern der Zellplatte aus und verschmelzen mit der Plasmamembran (PM) der Mutterzellwand (MZW) genau an der Stelle, die vorher durch das Präprophaseband besetzt war. **E**, Entwicklung der Zellplatte zu einer neuen Zellwand. (Nach Samuels et al., 1995. Reproduziert aus *The Journal of Cell Biology* 1995, Vol. 130, 1345–1357, Copyright Genehmigung der Rockefeller University Press.)

matischen Wurzelzellen von *Phaseolus vulgaris* Cellulose, Hemicellulosen und Pektine gleichzeitig entlang der Zellplatte abgelagert (Matar und Catesson, 1988).

Aus früherer Sicht (Priestly und Scott, 1939) nahm man an, dass die Verschmelzung der Zellplatte – die als neue Mittellamelle angesehen wurde – mit den Mutterzellwänden erst dann erfolgt, wenn die Primärwand gegenüber der Zellplatte durch die Ausdehnung der Tochterprotoplasten abgebaut wird. Die neue, sich zentrifugal entwickelnde Mittellamelle kommt in Kontakt mit den Mittellamellen der Mutterzelle außerhalb der gedehnten und abgebauten Mutterzellwände. Erst vor kurzem konnte man zeigen, dass die Zellplatte nicht die Mittellamelle *per se* ist, und die pektinreiche Mittellamelle sich erst entwickelt, kurz nachdem die Zellplatte die Mutterzellwände berührt hat. Die Mittellamelle dehnt sich dann von der Verbindungsstelle mit den Mutterzellwänden **zentripetal** (von außen nach innen) innerhalb der Zellplatte aus (Matar und Catesson, 1988). Dies erfolgt nach Bildung einer Stützstruktur-ähnlichen Zone an der Verbindungsstelle. Die Stützstruktur-ähnliche Zone ist der Startpunkt für eine Reihe von Veränderungen im fibrillären Aufbau, die letztlich zur Verschmelzung und engen Verknüpfung der fibrillären Struktur der beiden Wände führen. Die Mittellamelle der Mutterzellwand produziert einen keilförmigen Auswuchs, der die Stützstruktur durchdringt und sich bis zur Zellplatte vorentwickelt.

### 4.4.3 Das Präprophaseband bestimmt die Ebene der zukünftigen Zellplatte

Bevor sich eine Zelle teilt, nimmt der Zellkern eine geeignete Position für dieses Ereignis ein. Wenn die Zelle vor ihrer Teilung stark vakuolisiert ist, breitet sich eine Cytoplasmaschicht, das **Phragmosom**, über die zukünftige Teilungsebene aus und der Zellkern wird in dieser Schicht lokalisiert (Abb. 4.15; Sinott und Bloch, 1941; Gunning, 1982; Venverloo und Libbenga, 1987). Das Phragmosom enthält Mikrotubuli und Actinfilamente (Goosen-de Roo et al., 1984), die beide offensichtlich an seiner Entwicklung beteiligt sind. Die meisten vegativen Zellen bilden zusätzlich ein **Präprophaseband**, ein corticaler Gürtel aus Mikrotubuli und Actinfilamenten, der die Ebene der zukünftigen Zellplatte festlegt (Gunning, 1982; Gunning und Wick, 1985; Vos et al., 2004). Eine genaue Identifizierung von Mikrotubuli und Endoplasmatischem Reticulum (ER) gelang durch Untersuchungen sich teilender Zellen in Wurzelspitzen von *Pinus brutia* mit Hilfe der Konfokalen-Laser-Scanning-Mikroskopie unter Verwendung von Immunolokalisationsmethoden. Hierbei zeigte sich, dass Tubuli des Endoplasmatischen Reticulums eine dichte, ringförmige Struktur im Bereich des Präprophasebandes bildeten (Zacchariadis et al., 2001). Die Entwicklung eines „ER-Präprophasebandes" gleicht deutlich der eines „Mikrotubuli-Präprophasebandes". Das Präprophaseband verschwindet nach Beginn der Mitosespindel-Bildung und der Auflösung der Kernhülle (Dixit und Cyr, 2002), aber lange bevor die Zellplatte entsteht. Dennoch fusioniert die nach außen wachsende Zellplatte mit der Wand der Mutterzelle genau in dem Bereich, der vorher durch das Präprophaseband eingenommen wurde. Man fand heraus, dass Actinfilamente die Lücke zwischen dem äußersten Rand des Phragmoplasten/der Zellplatte und einem corticalen Actinnetzwerk in unmittelbarer Nähe dieses Bereichs überbrücken (Lloyd und Traas, 1988; Schmit und Lambert, 1988; Goodbody und Lloyd, 1990). Wahrscheinlich steuern diese Filamente das Wachstum der Zellplatte durch einen Actin-Myosin-Mechanismus (Molchan et al., 2002). In manchen vakuolisierten Zellen sind die Mitosespindel und der Phragmoplast seitlich verschoben, so dass die wachsende Zellplatte schon in einem frühen Entwicklungsstadium an einer Seite der Zellwand anlegt. Diese Art der Cytokinese wurde von Cutler und Ehrhardt (2002) als „polarisierte Cytokinese" bezeichnet.

## 4.5 Das Wachstum der Zellwand

Sobald die Zellplatte fertiggestellt ist, wird auf jeder Seite zusätzliches Wandmaterial abgelagert, wobei die neue Trennwand zunehmend dicker wird. In jeder Tochterzelle wird neues Wandmaterial um den gesamten Tochterprotoplasten herum in Mosaik-Form abgelagert, so dass die neuen Wände von meristematischen Zellen durch eine heterogene Verteilung von Polysacchariden charakterisiert sind (Matar und Catesson, 1988).

Matrixsubstanzen, Glycoproteine inbegriffen, werden in Golgi-Vesikeln transportiert und an die Zellwand abgegeben. Im Gegensatz dazu werden Cellulose-Mikrofibrillen durch **Cellulose-Synthase-Komplexe** synthetisiert, die in Form von Ringen oder **Rosetten** aus sechs hexagonal angeordneten Proteineinheiten die Plasmamembran durchspannen (Abb. 4.16;

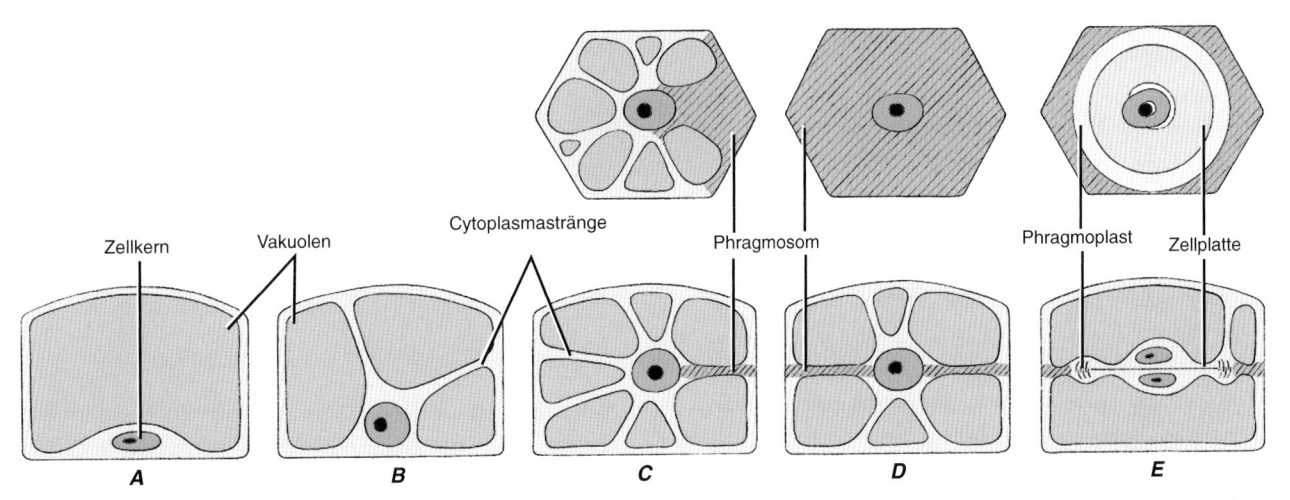

**Abb. 4.15** Teilung von einer Zelle mit großer Vakuole. **A**, zuerst liegt der Zellkern im wandständigen Plasmaraum der Zelle, die eine große Zentralvakuole enthält. **B**, Cytoplasmastränge durchdringen die Vakuole und bilden einen Weg für den Zellkern, ins Zellinnere vorzudringen. **C**, der Zellkern hat das Zellzentrum erreicht und wird durch zahlreiche Cytoplasmastränge dort positioniert. Einige Plasmastränge beginnen zum Phragmosom zu verschmelzen, in dem später die Zellteilung stattfinden wird. **D**, das Phragmosom, eine flache, geschlossene Plasmaschicht in der späteren Zellteilungsebene, ist vollständig ausgebildet. **E**, gegen Ende der Mitose teilt sich die Zelle in der Ebene, die von dem Phragmosom eingenommen wird. (Freundlicherweise zur Verfügung gestellt von W. H. Freeman; nach Venverloo und Libbenga, 1987. © 1987, mit freundlicher Genehmigung von Elsevier.)

**Abb. 4.16** Gefrierbruch-Replik von Rosetten, die assoziiert sind mit der Biogenese von Cellulose-Mikrofibrillen in einem differenzierenden trachealen Element von *Zinnia elegans*. Die hier gezeigten Rosetten liegen an der Oberfläche der Plasmamembran-Doppelschicht, die dem Cytoplasma am nächsten ist (die PF Seite). Einzelne Rosetten (eingekreist) sind in der Mikroaufnahme erkennbar. Die Ausschnittsvergrößerung zeigt eine Rosette nach einer Hochauflösungs-Rotationsbeschattung bei ultrakalter Temperatur mit einer geringen Menge an Platin/Kohlenstoff. (Freundlicherweise zur Verfügung gestellt von Mark J. Grimson und Candace H. Haigler.)

Delmer und Stone, 1988; Hotchkiss, 1989; Fujino und Itho, 1998; Delmer, 1999; Hafrén et al., 1999; Kimura et al., 1999; Taylor et al., 2000). Jede Rosette synthetisiert Cellulose aus dem Glucosederivat UDP-Glucose (Uridindiphosphatglucose). Zwei an der Cellulosesynthese von *Arabidopsis* beteiligte Enzyme konnten durch Analyse von Mutanten identifiziert werden: CesA- Glycosyltransferasen und KOR membranassoziierte Endo-1,4-ß-Glucanasen (Williamson et al., 2002). CesA-Proteine sind Bestandteile des Cellulose-Synthase-Komplexes, der wahrscheinlich 18 bis 36 solcher Proteine enthält. Wenigstens drei CesA-Proteine werden für die Cellulosesynthese in der Sekundärwand von sich entwickelnden Xylemgefäßen bei *Arabidopsis* benötigt (Taylor et al., 2000, 2003). Darüber hinaus sind alle drei CesA's für eine genaue Lokalisierung dieser Proteine in der Region der Plasmamembran erforderlich, die jeweils mit dem Dickenwachstum der Zellwand assoziiert ist (Gardiner et al., 2003b). Die corticalen Mikrotubuli versammeln sich bereits vor der Bildung der Sekundärwand in dem Bildungsbereich, wo sie die Funktion haben, die normale Lokalisation von CesA-Proteinen laufend aufrecht zu erhalten (Gardiner et al., 2003b).

Während der Cellulose-Synthese wandern die Rosetten in die Membranebene, und exsudieren die synthetisierten Mikrofibrillen auf die äußere Membranoberfläche. Die vom Endoplasmatische Reticulum gebildeten Rosetten werden durch Golgi-Vesikel in die Plasmamembran eingefügt (Haigler und Brown, 1986) und offenbar durch die Kräfte vorwärtsbewegt, die bei der Synthese (Polymerisation) und Kristallisation an den distalen Enden der Cellulosemikrofibrillen entstehen (Delmer und Amor, 1995) (siehe auch Raven et al., 2005, Abb. 3-33).

Die Orientierung der Zellulose-Mikrofibrillen bei sich streckenden Pflanzenzellen und bei der Sekundärwandverdickung der Xylemgefäße verläuft normalerweise parallel zu den darunter liegenden corticalen Mikrotubuli. Diese Beobachtung führte zu einer allgemein akzeptierten Hypothese – der **alignment hypothesis** von Baskin (2001) – die besagt, dass die Orientierung der neu eingelagerter Cellulose-Mikrofibrillen durch die darunterliegenden corticalen Mikrotubuli bestimmt wird (Abe et al., 1995a, b; Wymer und Lloyd, 1996; Fisher, D. D., und Cyr, 1998); die corticalen Mikrotubuli lenken die Rosetten durch die Ebene der Plasmamembran (Herth, 1980; Giddings und Staehelin, 1988). Die **alignment hypothesis (Anpassungs-Hypothese)** erscheint jedoch unzulänglich, weil sie nicht die Ablagerung von Zellwänden bei nicht wachsenden Pflanzenzellen erklärt, in denen die corticalen Mikrotubuli nicht parallel der entstehenden Mikrofibrillen verlaufen (Reviews von Emons et al., 1992 und Baskin, 2001). Außerdem konnte man durch Untersuchungen an einer temperaturempfindlichen Mutante *(mor1-1)* von *Arabidopsis* und durch Applikation von Hemmstoffen zeigen, dass eine gestörte Anordnung oder ein völliger Verlust der corticalen Mikrotubuli die parallele Anordnung der Cellulose-Mikrofibrillen in wachsenden Wurzelzellen nicht veränderte (Himmelspach et al., 2003; Sugimoto et al., 2003).

Es wurden weitere Hypothesen veröffentlicht, um den Mechanismus der Orientierung von Cellulose-Mikrofibrillen zu erklären. Eine von diesen ist die **liquid crystalline self-assembly hypothesis (Flüssig-Kristall-Selbstassoziations-Hypothese)**. Unter Berücksichtigung der Ähnlichkeit schraubenförmiger Zellwände (siehe unten), deren Cellulose-Mikrofibrillen nicht mit den corticalen Mikrotubuli übereinstimmen, und Cholesterin-Flüssig-Kristallen, schlug Bouligand (1976) vor, dass die schraubenförmige Wandstruktur durch ein Flüssig-Kristall-Selbstassoziations-Prinzip entsteht. (Siehe Kritik zu dieser Hypothese von Emons und Mulder, 2000.)

Von Baskin (2001) wurde ein **template incorporation mechanism (Struktureinbau-Mechanismus)** vorgeschlagen, bei dem die neugebildeten Mikrofibrillen durch Mikrotubuli ausgerichtet werden oder in die Zellwand eingebaut werden, indem sie zunächst an eine vorgegebene Stützstruktur gebunden werden, und dann entweder um bereits eingelagerte Mikrofibrillen oder um Membranproteine herum oder um beide angeordnet werden. In diesem Modell dienen die corticalen Mikrotubuli dazu, die Gerüstkomponenten an der Plasmamembran auszurichten und zu binden. Dabei sind Mikrotubuli weder für die Cellulosesynthese noch für die Bildung der Mikrofibrillen erforderlich.

Ein **geometrical model (geometrisches Modell)** für die Ablagerung der Cellulose-Mikrofibrillen basiert auf umfassenden Beobachtungen der schraubenförmigen (sekundären) Zellwandstruktur der Wurzelhaare von *Equisetum hyemale* (Emons, 1994; Emons und Mulder, 1997, 1998, 2000, 2001). Dieses rein mathematische Modell setzt den Ausrichtungswinkel der Cellulose-Mikrofibrillen (in bezug auf die Zellachse) quantitativ in Beziehung zu (1) der Dichte der aktiven Synthasen in der Plasmamembran, (2) dem Abstand zwischen individuellen Mikrofibrillen innerhalb einer Lamelle, und (3) der Geometrie der Zelle. Der entscheidende Faktor bei diesem Modell ist die Kopplung zwischen den Bewegungsbahnen der Rosetten (*rosette trajectories*) und somit auch der Orientierung der neu abgelagerten Mikrofibrillen, und der lokal vorhandenen Anzahl oder Dichte der aktiven Rosetten. Dadurch ist die Zelle in der Lage, die Struktur der Zellwand zu manipulieren, indem sie die Anzahl der aktiven Rosetten in bestimmten Regionen kontrolliert variiert (Emmons und Mulder, 2000; Mulder und Emons, 2001; Mulder et al., 2004). Ein Feedback-Mechanismus würde verhindern, dass die Dichte der Rosetten über ein Maximum, das durch die Geometrie der Zelle festgelegt ist, hinaus ansteigt.

Elektronenmikroskopisch konnte man zeigen, dass die corticalen Mikrotubuli mit der inneren Oberfläche der Plasmamembran durch Proteinbrücken verknüpft sind (Gunning und Hardham, 1982; Vesk et al., 1996). Untersuchungen an Plasmamembranen von Tabak (Marc et al., 1996; Gardiner et al., 2001; Dhonuskhe et al., 2003) und *Arabidopsis* (Gardiner et al., 2003a) zeigen, dass es sich hier um ein 90-kDa-Protein, eine PhospholipaseD (PLD) handelt. Es wurde vorgeschlagen, dass die Produktion des Signalmoleküls Phosphatidylsäure (PA) durch PLA für eine normale Organisation der Mikrotubuli und somit für ein normales Wachstum von *Arabidopsis* erforderlich ist (Gardiner et al., 2003a).

### 4.5.1 Die Orientierung der Cellulose-Mikrofibrillen in der Primärwand beeinflusst die Wachstumsrichtung der Zellwand

In Zellen, die sich mehr oder weniger gleichförmig in alle Richtungen ausdehnen, sind die Mikrofibrillen in einer ungeordneten Form (multidirektional) abgelagert und bilden ein regelloses Netzwerk. Solche Zellen findet man im Mark der Sprossachsen, in Speichergeweben und in Gewebekulturen. Dagegen werden in vielen wachsenden Zellen die Mikrofibrillen der Seitenwände in etwa rechtwinklig (transversal) zur Längsstreckungsachse abgelagert. Während des Flächenwachstums orientieren sich die äußeren Mikrofibrillen zunehmend in Längsrichtung oder parallel zur Längsachse der Zelle, so als würde durch die Zelldehnung eine passive Reorientierung der Mikrofibrillen stattfinden (**Multinetzwachstums-Hypothese**) (Roelofsen, 1959; Preston, 1982). Eine solche Längsausrichtung der Mikrofibrillen fördert die Zellausdehnung hauptsächlich in lateraler Richtung (Abe et al., 1995b).

Die Primärwände haben aber nicht immer so einfache Strukturen wie die von Zellen, die der Hypothese des Multinetzwachstums entsprechen. In vielen Zellen ändert sich die Orientierung der Cellulose-Mikrofibrillen bei der Ablagerung in einem bestimmten Rhythmus, so dass eine **schraubenartige Wandstruktur (Schraubentextur)** entsteht. Hier sind die Cellulose-Mikrofibrillen in Lamellen von der Dicke einer Mikrofibrille angeordnet. In jeder Lamelle liegen die Cellulose-Mikrofibrillen mehr oder weniger parallel zueinander in einer Ebene und bilden Schrauben rund um die Zelle. Zwischen den aufeinanderfolgenden Lamellen ist der Neigungswinkel jeweils in Bezug auf den der vorherigen Lamelle gedreht (Satiat-Jeunemaitre et al., 1992; Vian et al., 1993; Wolters-Arts et al., 1993; Emons, 1994; Wymer und Lloyd, 1996).

Diese auch als **polylamellar** beschriebene schraubenförmige Wandtextur hat man in verschiedenen Primär- und Sekundärwänden gefunden. Den auffälligsten Typ einer Schraubentextur fand man in Sekundärwänden (Abb. 4.2 und 4.17; Roland et al., 1989; Emons und Mulder, 1998; Reis und Vian, 2004). Primärwände mit polylamellarer Wandstruktur hat man beschrieben für Parenchymzellen (Desphande, 1976b; Satiat-Jeunemaitre et al., 1992), Kollenchym (Chafe, 1970, Desphande, 1976a; Vian et al., 1993) und Epidermiszellen (Chafe und Wardrop, 1972; Satiat-Jeunemaitre et al., 1992) sowie auch für die Nacré-Wandschichten der Siebröhren (Desphande, 1976c). Die Primärwände der Kollenchymzellen werden normalerweise als von **Kreuz-polylamellarer Struktur** beschrieben, die in der Regel Lamellen mit einer querverlaufenden Orientierung der Mikrofibrillen im Wechsel mit Lamellen mit einer längsverlaufenden (vertikalen) Orientierung aufweisen. Es ist wahrscheinlich, dass diese Orientierungen jeweils Schrauben mit flachen und steilen Neigungswinkeln darstellen (Chafe und Wardrop, 1972). Während der Zellausdehnung oder Streckung kann sich diese schraubige Organisation der Primärwand vollständig auflösen und stufenweise von der Schraubentextur zu einer Streutextur übergehen. Sobald die Ausdehnung der Kollenchymzellen aufhört, werden die schraubigen Depositions-Muster fortgesetzt, um die Zellwand zu verdicken (Vian et al., 1993).

Es ist schwer vorstellbar, dass Mikrotubuli derart schnelle Umorientierungen vollziehen können, damit solche schraubenartigen Zellwände, bestehend aus aufeinander folgenden

Schichten aus Cellulose-Mikrofibrillen mit jeweils unterschiedlichen Neigungswinkeln, entstehen. Dass der Anordnungswinkel der Mikrotubuli sich entsprechend dem Neigungswinkel jeder neugebildeten Schicht aus Mikrofibrillen verschiebt, konnte man allerdings für die Tracheiden der Conifere *Abies sachalinensis* (Abe et al., 1995a, b) und für Fasern des sekundären Xylems der Angiosperme *Aesculus hippocastanum* (Chaffrey et al., 1999) beweisen. Darüber hinaus ließ sich in einem Experiment anhand von Mikroinjektionen bei Epidermiszellen von *Pisum sativum* nachweisen, dass Rhodamin-markierte Mikrotubuli schon innerhalb von 40 Minuten von transversaler zu longitudinaler Orientierung wechseln können, was ihre dynamischen Eigenschaften deutlich widerspiegelt (Yuan et al., 1994). Außerdem hat man mit Hilfe der FRAP (*fluorescence redistribution after photobleaching*)-Technik bestimmen können, dass die Halbwertszeit der corticalen Mikrotubuli in Staubblatthaaren von *Tradescantia* nur etwa 60 Sekunden beträgt (Hush et al., 1994).

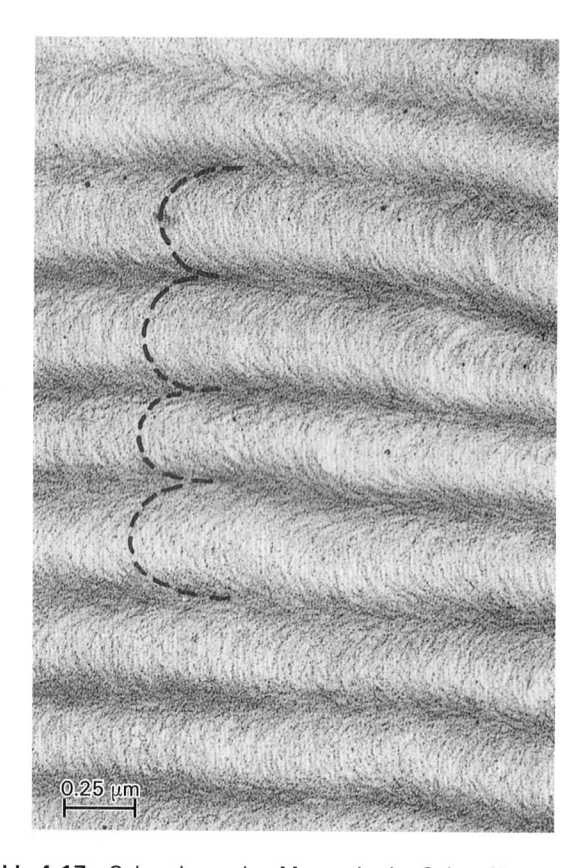

**Abb. 4.17** Schraubenartige Muster in der Sekundärwand einer Steinzelle der Birne (*Pyrus malus*). In Schrägschnitten erscheinen die Lamellen als reguläre Schichten von Bögen. Die dunkleren Banden sind Bereiche, in denen die Mikrofibrillen parallel zur Schnittoberfläche ausgerichtet sind. (Nach: Roland et al., 1987.)

### 4.5.2 Im Hinblick auf den Mechanismus des Zellwandwachstums muss zwischen Flächenwachstum (Wandausdehnung) und Dickenwachstum unterschieden werden

Das Dickenwachstum ist besonders auffällig in Sekundärwänden, aber es gilt auch für Primärwände. Wenn die Primärwände von wachsenden Zellen sich ausdehnen, behalten sie meistens ihre Wanddicke. Nach der klassischen Auffassung erfolgt beim Dickenzuwachs der Zellwand die Ablagerung von Zellwandmaterial auf unterschiedliche Weise, nämlich durch Apposition und Intussuszeption. Bei der **Apposition** wird eine Ablagerung von Wandsubstanz auf die andere geschichtet; bei der **Intussuszeption** wird neue Wandsubstanz in die bereits existierende Zellwand eingebaut. Intussuszeption ist wahrscheinlich die Regel, wenn Lignin oder Cutin in die Zellwand eingebaut werden. Xylane und Lignin können beide gleichzeitig in die sich differenzierenden Sekundärwände der Fasern von *Fagus crenata* eindringen und auf oder um die neu abgelagerten Mikrofibrillen herum akkumulieren (Awano et al., 2002). Durch Intussuszeption entsteht ein Flechtwerk aus Cellulose-Mikrofibrillen. In manchen Wänden erscheinen die Mikrofibrillen ineinander verflochten, aber dies ist wahrscheinlich die Folge einer Komprimierung der Lamellen während der Celluloseablagerung.

## 4.6 Wachstum der Primärwand

Das Wachstum oder die Ausdehnung der Zellwand ist ein komplizierter Prozess, der abhängig ist von Respiration, Polysacchariden und Proteinsynthese sowie von der Druckentspannung (Auflockerung der Wandstruktur) und dem Turgordruck (McQueen-Mason, 1995; Cosgrove, 1997, 1998, 1999; Darley et al., 2001). Die Druckentspannung in der Wand ist von entscheidender Bedeutung, weil die wachsende Zelle dadurch ihren Turgor und ihr Wasserpotential vermindert und dies unweigerlich zur Wasseraufnahme durch den Protoplasten und einer Turgor-getriebenen Wanddehnung führt. Die Geschwindigkeit, mit der eine einzelne Zelle sich ausdehnt, wird kontrolliert durch (1) die Höhe des Turgordrucks in der Zelle, der gegen die Zellwand drückt und (2) die Dehnbarkeit (Extensibilität) der Wand. Die **Extensibilität** ist eine physikalische Eigenschaft der Wand und bezieht sich auf die Fähigkeit der Wand, sich immer dann auszudehnen oder zu strecken, wenn eine Kraft auf sie einwirkt.[1] Die Wände von wachsenden Zellen besitzen eine konstante, langfristige Dehnung, die man auch als **Fließdehnung (creep)** bezeichnet (Shieh und Cosgrove, 1998).

---

[1] Heyn (1931, 1940) definierte den Begriff „Extensibilität" einfach als die Fähigkeit der Zellwand, eine Längenänderung durchzumachen, und unterschied zwischen plastischer und elastischer Extensibilität. Die plastische Extensibilität (Plastizität) ist die Fähigkeit der Wand, sich irreversibel auszudehnen; die elastische Extensibilität (Elastizität) bezeichnet die Fähigkeit zu einer reversiblen Vergrößerung (Kutschera, 1996).

Während des Wachstums muss die Primärwand genügend Substanz einlagern, um eine adäquate Ausdehnung zu ermöglichen; gleichzeitig muss sie aber auch stark genug bleiben, um den Protoplasten einzuschränken. Es gibt etliche Faktoren, die geeignet sind, die Extensibilität der Wand zu beeinflussen. Zu diesen Faktoren zählen die Pflanzenhormone (Shibaoka, 1991; Zandomeni und Schopfer, 1993). Obwohl Hormone die Extensibilität beeinflussen können, haben sie entweder keine oder nur eine geringe Wirkung auf den Turgordruck. Auxin und Gibberelline steigern die Extensibilität der Zellwände, während Abscisinsäure und Ethylen ihre Extensibilität vermindern. Manche Hormone beeinflussen die Anordnung der corticalen Mikrotubuli. Gibberelline fördern beispielsweise eine transversale Anordnung, wodurch sich eine größere Zellstreckung ergibt.

Der Mechanismus, durch den Hormone die Extensibilität verändern, ist noch weitgehend unbekannt. Die überzeugendste Erklärung für den Effekt von Pflanzenhormonen auf die Zellwanddehnung ist die **Säurewachstums-Hypothese** (Brett und Waldron, 1990; Kutschera, 1991), wobei Auxin eine Protonenpumpe, eine ATPase, in der Plasmamembran aktiviert. Dabei werden Protonen aus dem Cytoplasma in die Zellwand gepumpt. Man nimmt an, dass die Ansäuerung (pH-Abnahme) der Zellwand eine Auflockerung der Zellwandstruktur bewirkt und damit eine Turgor-getriebene Ausdehnung des polymeren Netzwerks der Zellwand ermöglicht. Eine alternative Hypothese ist, dass Auxin die Expression spezifischer Gene aktiviert, welche die Ablagerung von neuem Wandmaterial so regulieren, dass die Extensibilität der Wand beeinflusst wird (Takahashi et al., 1995; Abel und Theologis, 1996). Für die zweite Hypothese gibt es aber bisher kaum experimentelle Beweise. Dagegen gibt es keinen Zweifel, dass wachsende Zellwände sich schneller bei einem sauren pH (unter pH 5,5) als bei einem neutralen pH ausdehnen.

Eine neue Gruppe von Wandproteinen, genannt **Expansine**, sollen die wichtigsten Proteinkomponenten beim Säurewachstum sein (Cosgrove, 1998, 1999, 2000, 2001; Shie und Cosgrove, 1998; Li et al., 2002). Expansine verursachen offenbar eine Verschiebung der Polymere (*wall creep*), indem sie die nichtkovalenten Bindungen (z. B. Wasserstoffbrücken) zwischen den Wandpolysacchariden lösen. Wenn man das erste, bereits oben beschriebene Modell der Primärwandstruktur betrachtet, würden Expansine logischerweise an der Grenzfläche zwischen Cellulose und einer oder mehreren Hemicellulosen ihre Wirkung entfalten. Außer bei der Auflockerung der Zellwand in wachsenden Geweben, spielen Expansine eine Rolle bei der Blattbildung (Fleming et al., 1997, 1999; Reinhardt et al., 1998), dem Blattabfall (Cho und Cosgrove, 2000), der Fruchtreife (Rose und Benett, 1999; Catalá et al., 2000; Rose et al., 2000; Brummell und Harpster, 2001) und dem Wachstum von Pollenschläuchen (Cosgrove et al., 1997; Cosgrove, 1998) und Baumwollfasern (Shimizu et al., 1997).

Cosgrove (1999) unterscheidet zwischen primären und sekundären Stoffen oder Vorgängen, die eine Wandlockerung bewirken. Er definiert als **primäre Wandlockerungsmittel** diejenigen Substanzen und Vorgänge, die eine Wanddehnung *in vitro* induzieren können. Expansine sind die Hauptvertreter dieser Gruppe. **Sekundäre Wandlockerungsmittel** haben nicht diese Aktivität, und werden als Stoffe und Vorgänge definiert, welche die Wandstruktur so verändern, dass die Wirkung der primären Stoffe verstärkt wird. Als sekundäre Wandlockerungsmittel fungieren vermutlich Endoglucanasen, Xyloglucan-Endotransglycoylasen (XETs), Pektinasen sowie die Sekretion von spezifischen Wandpolymeren und die Produktion von Hydroxylradikalen. XETs haben eine spezielle Bedeutung, weil sie Xyloglucanketten lösen und wieder verknüpfen können, so dass sich die Zellwand ausdehnen kann ohne ihre Struktur zu verlieren (Campbell und Braam, 1999; Bourquin et al., 2002).

## 4.7 Das Ende der Wanddehnung

Der Wachstumsstillstand, der gegen Ende der Zellreife eintritt, ist in der Regel irreversibel und wird von einer nachlassenden Wandextensibilität (Plastizität) begleitet. Er beruht aber nicht auf einer Abnahme des Turgordrucks, sondern vielmehr auf einer mechanischen Versteifung oder Erstarrung der Zellwand (Kutschera, 1996). Verschiedene Faktoren können zu den physikalischen Änderungen während der Wandreife beitragen. Dies sind (1) eine Abnahme der Wandlockerungsprozesse, (2) eine Zunahme der Vernetzung von Zellwandkomponenten und (3) eine Veränderung in der Zusammensetzung der Wand, die zu einer steiferen Struktur oder einer resistenteren Struktur gegenüber Auflockerungen führt (Cosgrove, 1997).

Zellwände verlieren ihre Eigenschaft für eine säureinduzierte Ausdehnung mit dem Erreichen ihrer Reife (Van Volkenburgh et al., 1985; Cosgrove, 1989). Dieser Zustand kann nicht durch Applikation von exogenen Expansinen wiederhergestellt werden (McQueen-Mason, 1995). Das Ende der Wanddehnung ist folglich mit einem Rückgang der Expansin-Exprimierung und einer Wandversteifung verbunden. Verschiedene Änderungen in der Wand können zur Wandversteifung beitragen, beispielsweise die Bildung von festeren Komplexen zwischen Hemicellulosen und Cellulose, die Auflösung der Esterbindungen im Pektin, die vermehrte $Ca^{2+}$-Vernetzung von Pektinen, die Vernetzung von Verzweigungen und die Lignifizierung.

## 4.8 Interzellularräume

Ein großer Volumenanteil des Pflanzenkörpers besteht aus einem System von **Interzellularräumen** oder **Interzellularen**, d. h. aus Lufträumen, die für die Durchlüftung der inneren Gewebe essenziell sind. Obwohl die Interzellularräume charakteristisch für reife Gewebe sind, breiten sie sich bis in die meristematischen Gewebe aus, wo die sich teilenden Zellen intensiv respirieren. Zu den Geweben, die große und eng untereinander verbundene Interzellularräume aufweisen, gehören die Laubblätter und die untergetauchten Organe der Wasserpflanzen (Kapitel 7).

Die häufigsten Interzellularen entstehen durch Trennung von benachbarten Primärwänden im Bereich der Mittellamelle (Abb. 4.18). Der Spaltungsprozess beginnt gewöhnlich an der Kontaktstelle von drei oder mehr Zellen und breitet sich über andere Wandteile aus. Diesen Typ von Interzellularen bezeichnet man als **schizogen**, weil sie durch Spaltung entstehen, obwohl man allgemein weiß, dass sie anfänglich durch einen enzymatischen Pektinabbau angelegt werden. Es ist nicht klar, ob die Mittellamelle gleich zu Beginn an der Entstehung von Interzellularen direkt beteiligt ist. Die Trennung der Wand kann eingeleitet werden durch eine Akkumulation und einen anschließenden Abbau von elektronendichtem Wandmaterial (Kollöffel und Linssen, 1984; Jeffree et al., 1986) oder durch eine spezielle „Trennschicht", die sich von der pektinreichen Mittellamelle deutlich unterscheidet (Roland, 1978). Die Aufspaltung der Trennschicht führt zu einer Trennung der benachbarten Wände. Die Bildung der großen schizogenen Interzellularräume im Mesophyll der Blätter steht im direkten Zusammenhang mit der Zellmorphogenese. Lokale Unterschiede in der Extensibilität der Wände, die sich aus unterschiedlicher Wandverdickung ergeben, führen zur Bildung von gelappten Zellen und verursachen gleichzeitig eine mechanische Spannung, die Interzellularräume entstehen lässt (Jung und Wernicke, 1990; Apostolakos et al., 1991; Panteris et al., 1993).

Aufgrund einer reichlichen Pektinproduktion bildet sich ein Pektinsol, das die kleineren Interzellularräume teilweise oder vollständig ausfüllt. In den Interzellularräumen wurden verschiedene, unerwartete Substanzen gefunden, wie z. B. threoninreiche, hydroxyprolinreiche Glycoproteine in den Interzellularen von Maiswurzelspitzen (Roberts, 1990). Zusammen mit der Bildung von Interzellularräumen während des Gewebewachstums entstehen verschiedene Formen von interzellulären Pektinprotuberanzen (Potgieter und Van Wyk, 1992).

Einige Interzellularen entstehen durch Auflösung ganzer Zellen und werden als **lysigen** (hervorgehend aus Auflösung) bezeichnet. Manche Wurzeln haben ausgedehnte lysigene Interzellularräume. Interzellularen können auch durch Zerreißen oder Auseinanderbrechen von Zellen entstehen. Solche Räume nennt man **rhexigen**. Beispiele für rhexigene Interzellularräume sind die Lakunen des Protoxylems, die durch Zerreißen der zuerst gebildeten primären Xylemelemente (Protoxylemelemente) während des Längenwachstums des Pflanzenteils entstehen sowie die relativ großen Interzellularräume in der Rinde einiger Bäume, die während des Dilatationswachstums auftreten. Schizogenie, Lysigenie und/oder Rhexigenie können bei der Bildung von Interzellularen kombiniert sein.

## 4.9 Plasmodesmen

Wie bereits erwähnt, sind die Protoplasten benachbarter Zellen miteinander durch feine Cytoplasmastränge, die so genannten **Plasmodesmen** (Singular: der **Plasmodesmos**) verbunden, die potentielle Transportwege für den Übergang von Substanzen von Zelle zu Zelle sind (van Bel und van Kesteren, 1999; Haywood et al., 2002). Obwohl solche Strukturen schon vor langer Zeit im Lichtmikroskop entdeckt worden waren (Abb. 4.19) – sie wurden zuerst von Tangl im Jahre 1879 beschrieben –, gelang ihre genaue Charakterisierung als cytoplasmatische Verbindungen erst mit Hilfe des Elektronenmikroskops.

Plasmodesmen sind strukturell und funktional analog den **Gap Junctions**, die sich zwischen Tierzellen befinden (Robards und Lucas, 1990). An den Gap junctions sind die Plasma-

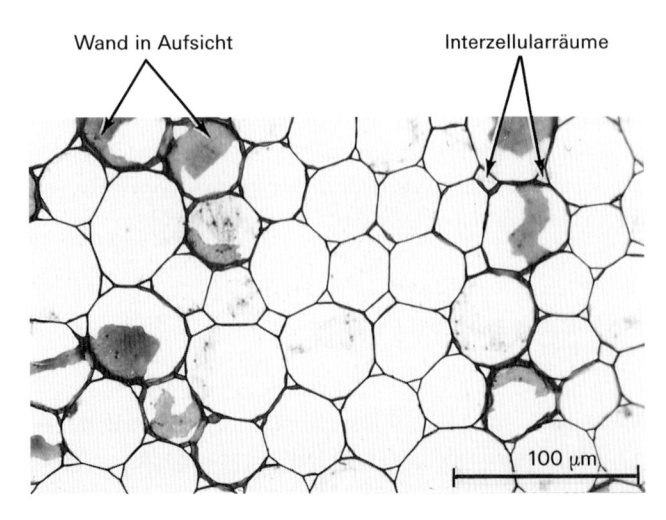

**Abb. 4.18** Ein dünnwandiger Parenchymtyp mit regelmäßig geformten Zellen und schizogenen Interzellularräumen, von einem Blattstiel des Selleries (*Apium*). (Aus Esau, 1977.)

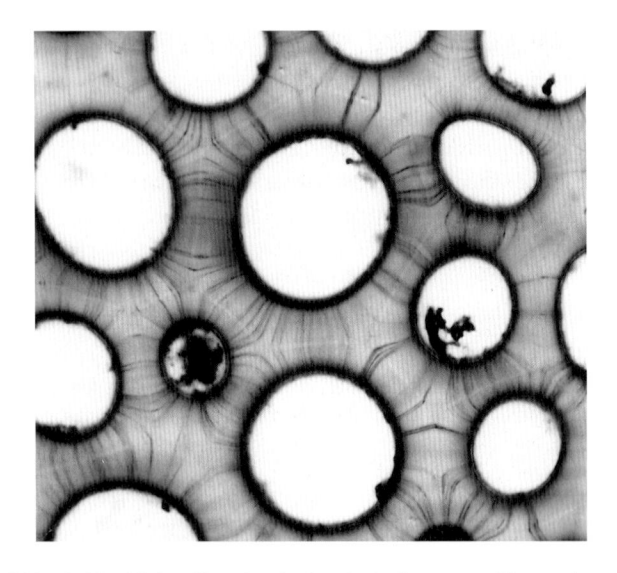

**Abb. 4.19** Lichtmikroskopische Aufnahme von Plasmodesmen in dicken Primärwänden des Endosperms der Kakipflaume (*Diospyros*). Das Endosperm ist das Nährgewebe des Samens. Die Plasmodesmen erscheinen als feine Linien, die sich durch die Zellwände hindurch von Zelle zu Zelle erstrecken. (x620.)

membranen benachbarter Zellen assoziiert mit „Plaques" (Anhäufungen von Intramembranpartikeln), die jeweils einen engen Kanal haben, genannt Connexon, wodurch die Protoplasten der beiden Zellen kommunizieren. Bei Pflanzenzellen schließt die Zellwand einen direkten Kontakt zwischen den Plasmamembranen benachbarter Zellen aus; folglich teilt sich der Pflanzenkörper in Wirklichkeit in zwei Kompartimente auf, den Symplasten (oder Symplasma) und den Apoplasten (oder Apoplasma) (Münch, 1930). Der **Symplast** setzt sich aus den Plasmamembran-gebundenen Protoplasten und ihren Verbindungen, den Plasmodesmen, zusammen; der **Apoplast** besteht aus dem Zellwandkontinuum und den Interzellularräumen. Der interzelluläre Transport von Stoffen durch Plasmodesmen wird daher **symplastischer Transport** (symplasmatischer Transport) genannt, und der Transport von Stoffen innerhalb des Zellwandkontinuums als **apoplastischer Transport** (apoplasmatischer Transport).

## 4.9.1 Plasmodesmen werden bezüglich ihrer Entstehung als primär oder sekundär klassifiziert

Viele Plasmodesmen bilden sich während der Cytokinese, wenn Stränge des glatten Endoplasmatischen Reticulums zwischen fusionierenden Vesikeln der sich entwickelnden Zellplatte eingeschlossen werden (Abb. 4.20). Plasmodesmen, die während der Cytokinese entstehen, nennt man **primäre Plasmodesmen**. Plasmodesmen können aber auch quer durch bestehende Zellwände *de novo* gebildet werden. Diese postcytokinetisch gebildeten Plasmodesmen werden als **sekundäre Plasmodesmen** bezeichnet und ihre Bildung ist notwendig, um die Kommunikation zwischen ontogenetisch nicht verwandten Zellen zu ermöglichen (Ding, B., und Lucas, 1996).

Die Bildung sekundärer Plasmodesmen tritt normalerweise zwischen benachbarten Zellen auf, die nicht von derselben Zelllinie oder Mutterzelle abstammen. Man hat vorgeschlagen, dass die Entwicklung sekundärer Plasmodesmen auf einem Mechanismus beruht, der aufgrund der lokalen Aktivität von Zellwand-abbauenden Enzymen – Pektinasen, Hemicellulasen und eventuell Cellulasen – ein Durchdringen von Cytoplasmasträngen durch die ansonsten intakte Zellwand ermöglicht. Die Regulation dieser Enzyme erfolgt vermutlich durch die Plasmamembran selbst (Jones, 1976). Untersuchungen an Kulturen von regenerierenden Protoplasten (Monzer, 1991; Ehlers und Kollmann, 1996) und an Pfropfungen (Kollmann und Glockmann, 1991) haben jedoch gezeigt, dass durchgängige sekundäre Plasmodesmen hervorgehen aus der Fusion gegenüberliegender, sekundärer Halb-Plasmodesmen, die gleichzeitig von benachbarten Zellen gebildet werden. An diesen Stellen

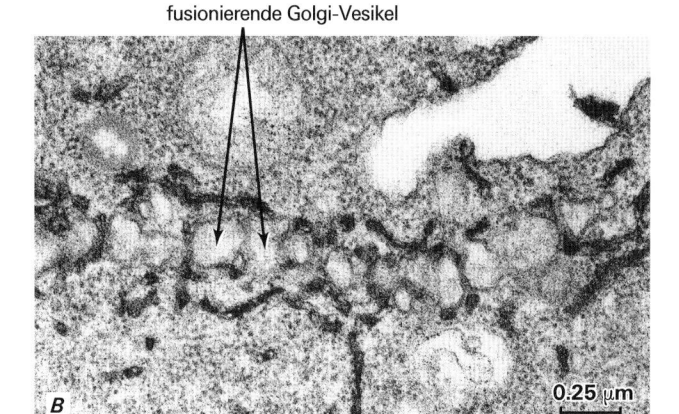

**Abb. 4.20** Fortschreitende Stadien der Zellplattenbildung in Wurzelzellen der Salatpflanze (*Lactuca sativa*). Sie zeigen den Zusammenhang zwischen dem Endoplasmatischen Reticulum mit der sich entwickelnden Zellplatte und der Entstehung der Plasmodesmen. **A**, relativ frühes Stadium der Zellplattenbildung mit zahlreichen kleinen Golgi-Vesikeln, die miteinander verschmelzen, und locker verteilten Tubuli des glatten Endoplasmatischen Reticulums. **B**, fortgeschrittenes Stadium der Zellplattenbildung. Man erkennt deutlich die nach wie vor enge Beziehung zwischen dem Endoplasmatischen Reticulum und fusionierenden Vesikeln. Tubuläre Stränge des Endoplasmatischen Reticulums werden während der Verfestigung der Zellplatte mit eingeschlossen. **C**, reife Plasmodesmen. Sie bestehen aus einem von der Plasmamembran umsäumten Cytoplasmakanal und einem modifiziertem Tubulus des Endoplasmatischen Reticulums, dem Desmotubulus. (Nach: Hepler, 1982.)

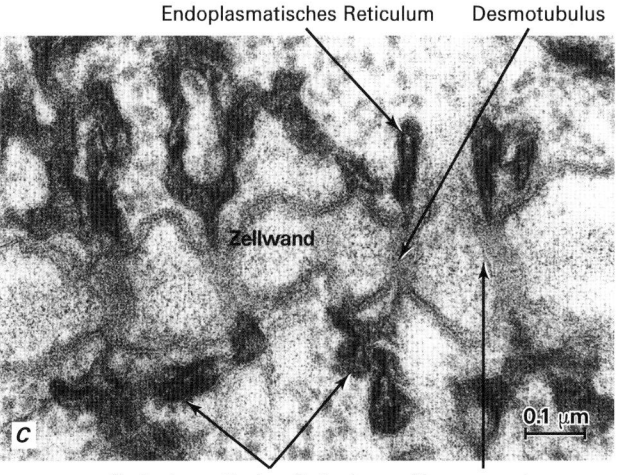

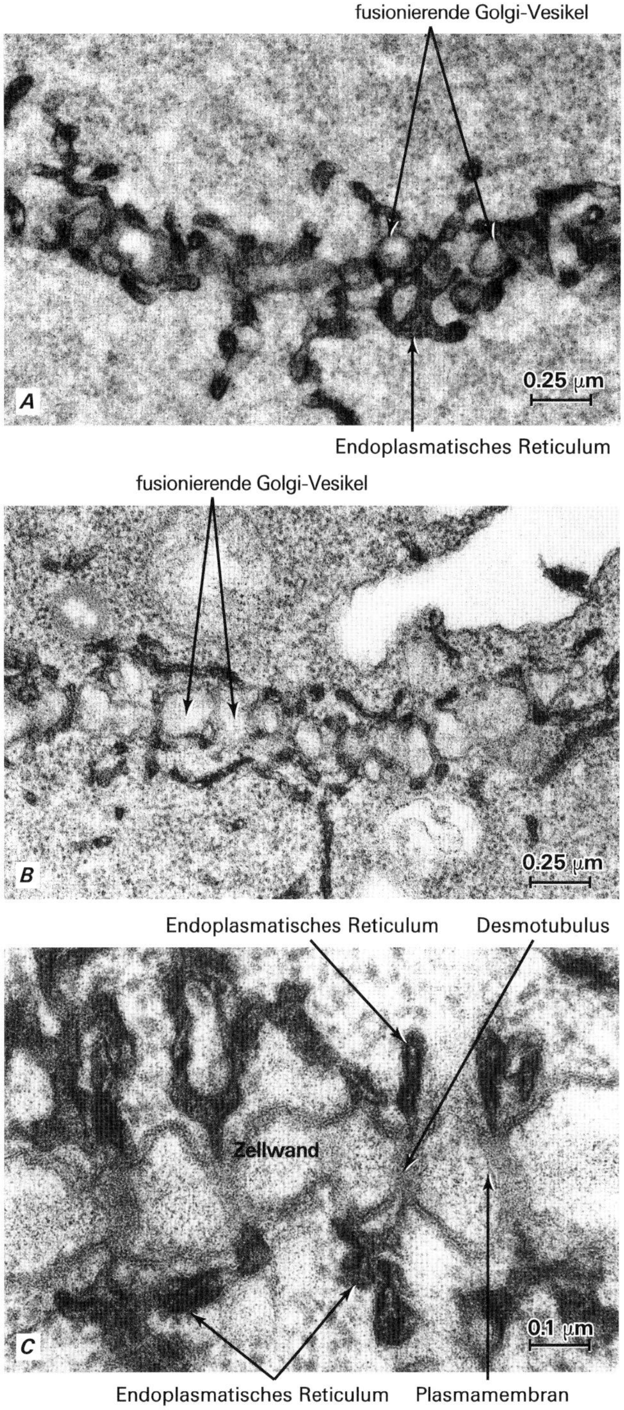

wird ein Segment des Endoplasmatischen Reticulums auf beiden Seiten der sehr schmalen Zellwand an die Plasmamembran geheftet. Wenn das Wandmaterial an dieser Stelle abgebaut wird, verschmelzen Plasmamembran mit angeheftetem Endoplasmatischen Reticulum von beiden Zellen und es entsteht ein durchgängiger Plasmodesmos. Ein Fehler bei der Koordination zwischen den benachbarten Zellen kann zur Bildung von Halb-Plasmodesmen führen. Sekundäre Plasmodesmen sind typischerweise verzweigt und viele sind auch durch vorhandene **mediane Hohlräume** (*median cavities*) im Bereich der Mittellamelle charakterisiert (Abb. 4.21).

Auch primäre Plasmodesmen können sich verzweigen. Ehlers und Kollmann (1996) haben einen Mechanismus dargestellt, nach dem eine solche Verzweigung stattfinden könnte (Abb. 4.22). Danach müssen sich die primären Plasmodesmen zusammen mit ihrem Desmotubulus aus Endoplasmatischem Reticulum während der normalen Wandverdickung verlängern, wobei neues Material der ursprünglichen Plasmodesmen-Struktur, wie sie in der Zellplatte vorliegt, hinzugefügt werden muss. Wenn der ursprünglich unverzweigte Desmotubulus mit dem verzweigten Endoplasmatischen Reticulum des Cytoplasmas in Verbindung tritt, wird das Letztere in das neue Wandmaterial mit eingeschlossen und führt zur Bildung von verzweigten Plasmodesmen.

Primäre Plasmodesmen können sich auch zu stark verzweigten Plasmodesmen entwickeln, und zwar durch laterale Fusion benachbarter Plasmodesmen im Bereich der Mittellamelle. Auffällige Beispiele solcher Plasmodesmen wurden in jungen, wachsenden Blättern gefunden (Ding, B., et al., 1992a, 1993; Itaya et al., 1998; Oparka et al., 1999; Pickard und Beachy, 1999). Einige dieser „verzweigten Plasmodesmen" können offenbar durch Neubildung von zusätzlichen Strängen des Endoplasmatischen Reticulums quer durch die Zellwand noch weiter verändert werden. Diese Plasmodesmen-Komplexe wurden als „**Komplexe sekundäre Plasmodesmen**" bezeichnet (Ding, B., 1998; Ding, B., et al., 1999).

Beide Typen, primäre und sekundäre Plasmodesmen, können entweder verzweigt oder unverzweigt sein. Deshalb ist es oft schwierig, ihre Entstehung, ob primär oder sekundär, zu bestimmen. Man sollte sie einfach als „verzweigt" oder „unverzweigt" (oder „einfach") bezeichnen. Ein detailiertes Review über die Struktur, die Entstehung und die Funktion von primären und sekundären Plasmodesmen wurde von Ehlers und Kollmann (2001) veröffentlicht.

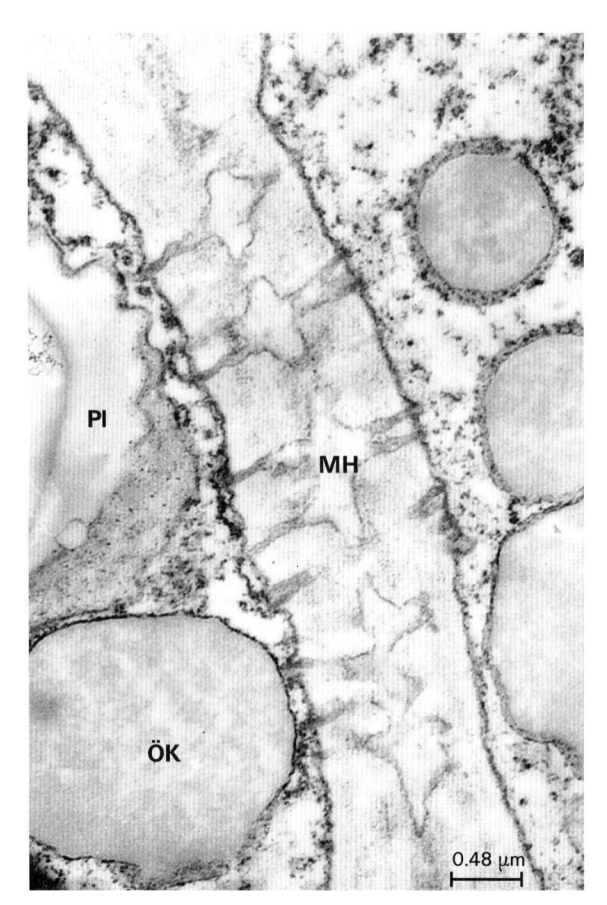

**Abb. 4.21** Verzweigte Plasmodesmen in den Radialwänden von Strahlparenchymzellen im sekundären Phloem der Weißkiefer (*Pinus strobus*). Auffällig sind die mittleren Hohlräume (MH) im Bereich der Mittellamelle. Weitere Details: ÖK, Ölkörper; Pl, Plastide. (Nach Murmanis und Evert, 1967, Abb. 10. © 1967, Springer-Verlag.)

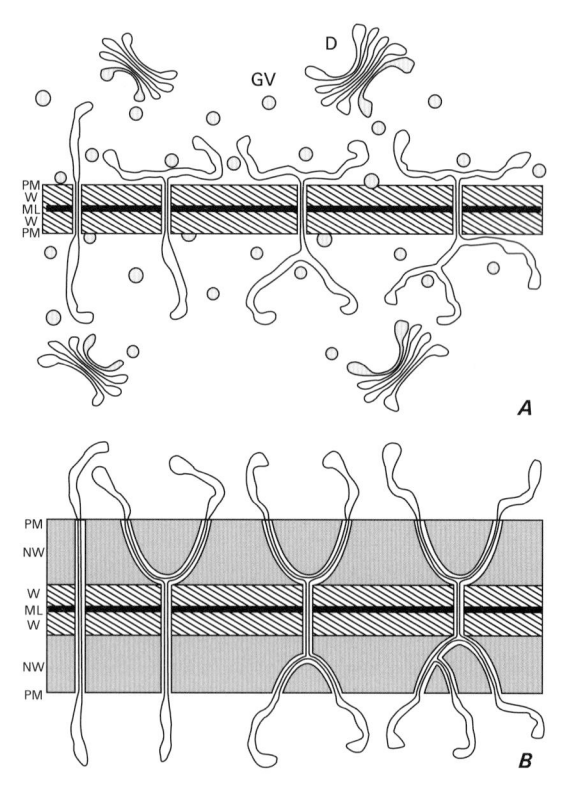

**Abb. 4.22** Verzweigung von primären Plasmodesmen. Anfangs unverzweigt (**A**), entwickeln sich Verzweigungen aus verzweigten ER Tubuli, die in das neu abgelagerte Zellwandmaterial eingeschlossen werden (**B**). Details: D, Dictyosom; GV, Golgi-Vesikel; ML, Mittellamelle; NW, neu abgelagerte Wandschichten; PM, Plasmamembran; W, zuerst gebildete Wandschichten. (Nach Ehlers und Kollmann, 1996, Abb. 35a,b. © 1996, Springer-Verlag.)

## 4.9.2 Plasmodesmen enthalten zwei verschiedene Membrantypen: Plasmamembran und Desmotubulus

Ein Plasmodesmos ist ein von der Plasmamembran umsäumter Kanal, durch dessen Zentrum ein schmaler tubulärer Strang des Endoplasmatischen Reticulums, der **Desmotubulus**, zieht (Abb. 4.23 und 4.24). In den meisten Plasmodesmen gleicht der Desmotubulus nicht dem angrenzenden Endoplasmatischen Reticulum. Er hat einen viel engeren Durchmesser und besitzt eine zentrale, stabähnliche Struktur. Die Interpretation dieser zentralen Struktur wird heftig diskutiert (Esau und Thorsch, 1985). Die meisten Forscher glauben, dass die Struktur eine Verschmelzung von inneren Doppelmembranen des Endoplasmatischen Reticulums ist, die den Desmotubulus bilden. Wenn diese Interpretation zutrifft, dann fehlt im Desmotubulus ein Lumen oder eine Öffnung; der Haupttransportweg, durch den Stoffe von Zelle zu Zelle via Plasmodesmen transportiert werden, ist folglich die Region zwischen dem Desmotubulus und der Plasmamembran. Diese Region, die man auch als **cytoplasmic sleeve (cytoplasmatischer Ärmel)** bezeichnet, ist unterteilt in acht bis zehn Mikrokanäle mit jeweils einem Durchmesser von 2.5-Nanometer. Diese Mikrokanäle werden durch globuläre Proteine gebildet, die in die Plasmamembran und den Desmotubulus eingebettet und durch filamentöse Proteine (*spokes*) miteinander verbunden sind (Tilney et al., 1990; Ding, B., et al., 1992b; Botha et al., 1993). Manche Plasmodesmen zeigen an ihren Enden oder Öffnungen eine deutliche Verengung, die sog. Halsregion. Diese Verengung kann jedoch durch die Ablagerung von Wundcallose als Folge der Gewebefixierung hervorgerufen werden (Radford et al., 1998). Die meisten Kenntnisse über die Struktur von Plasmodesmen stammen von Untersuchungen an primären Plasmodesmen. Nur wenig weiß man über die Feinstruktur der sekundären Plasmodesmen.

Desmotubuli scheinen nicht immer vollständig geschlossen zu sein. In manchen Plasmodesmen wie zum Beispiel jenen, die sich zwischen Mesophyllzellen und zwischen Mesophyll-

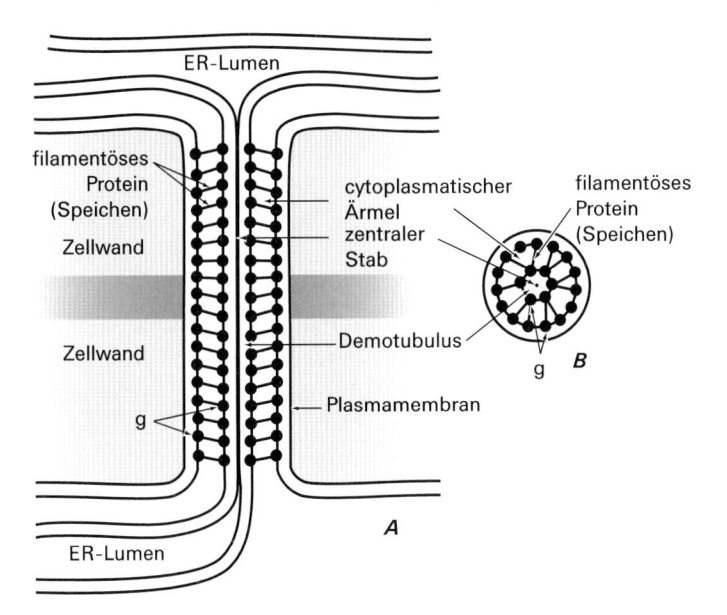

**Abb. 4.23** Schematische Darstellung eines primären Plasmodesmos in Längsschnittansicht (**A**) und in Querschnittansicht (**B**). Globuläre, integrale Membranproteine (g) sind an der äußeren Oberfläche des Desmotubulus und der inneren Oberfläche der Plasmamembran lokalisiert und durch filamentöse Proteine speichenartig miteinander verbunden. Der cytoplasmatische Ärmel (*cytoplasmisc sleeve*) ist in acht bis zehn Mikrokanäle aufgeteilt.

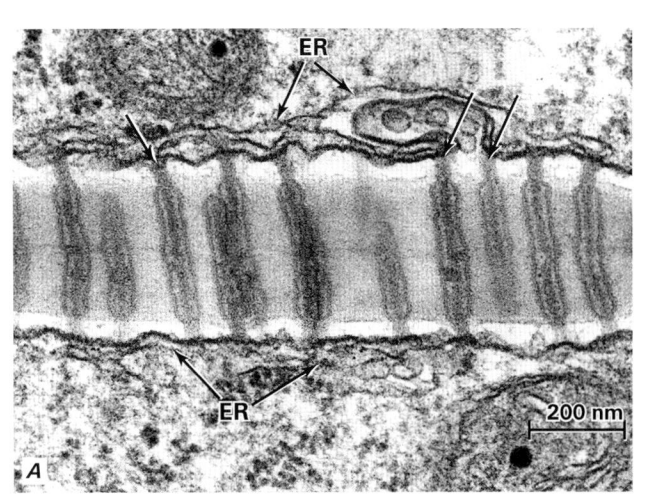

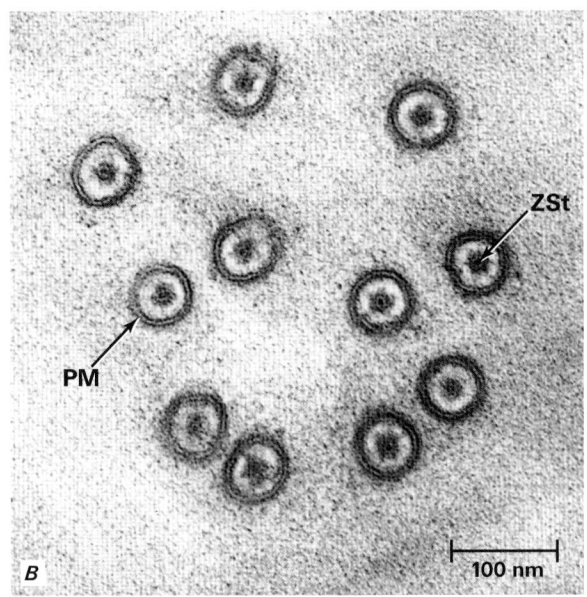

**Abb. 4.24** Plasmodesmen in Zellwänden eines Zuckerrohrblattes (*Saccharum*) in Längsschnittansicht (**A**) und Querschnittansicht (**B**). Bemerkenswert sind die Verbindungen (Pfeile) zwischen dem Endoplasmatischen Reticulum (ER) und dem Desmotubulus und der feinen Verengung in der Halsregion in **A**. In **B**, erscheint die innere Oberfläche des Desmotubulus als zentraler Punkt (zentraler Stab; ZSt). Der cytoplasmatische Ärmel erscheint teilweise etwas körnig, weil hier elektronendichte, speichenähnliche Strukturen (filamentöse Proteine) sich von der äußeren Oberfläche des Desmotubulus zur Plasmamembran (PM) erstrecken und mit elektronendurchlässigem Material abwechseln. (Nach Robinson-Beers und Evert, 1991, Abb. 14 und 15. © 1991, Springer-Verlag.)

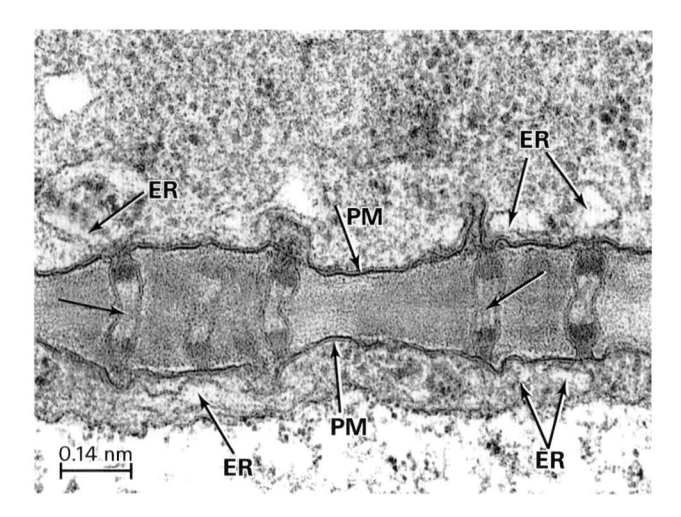

**Abb. 4.25** Plasmodesmen in der gemeinsamen Zellwand zwischen zwei Mesophyllzellen in einem Maisblatt (*Zea mays*). Auffällig ist die offene Struktur der Desmotubuli (Pfeile). Details: ER, Endoplasmatisches Reticulum; PM, Plasmamembran. (Nach Evert et al., 1977, Abb. 8. © 1977, Springer-Verlag.)

zellen und Bündelscheidenzellen in Blättern von Mais (Evert et al., 1977) und Zuckerrohr (Robinson-Beers und Evert, 1991) befinden, sind die Desmotubuli anscheinend nur an den Öffnungen (Halsregion) verengt und erscheinen dazwischen als offene Tubuli (Abb. 4.25). Die Desmotubuli in den Plasmodesmen der Trichomzellen bei Blättern von *Nicotiana clevelandii* scheinen über ihre gesamte Länge offen zu sein (Waigmann et al., 1997).

Obwohl ein offener Desmotubulus zuweilen als Transportweg betrachtet wurde (Gamalei et al., 1994), gibt es aber bisher keinen direkten Beweis für diese Annahme. Dagegen konnte man zeigen, dass durch eine osmotische Behandlung der interzelluläre Saccharosetransport via Plasmodesmen in Wurzelspitzen der Erbse gesteigert werden konnte, dies aber auf eine Erweiterung des *cytoplasmic sleeve* und nicht auf Änderungen der Desmotubuli-Durchmesser zurückzuführen war (Schulz, A., 1995). Außerdem konnte man an Blättern von *Nicotiana tabacum* zeigen, dass die Markierung des Endoplasmatischen Reticulums mit dem grünen Fluoreszenzprotein auf eine einzelne Zelle begrenzt blieb. Dies beweist, dass der Desmotubulus keinen aktiven Transportweg für das grüne Fluoreszenzprotein weder durch einzelne noch durch verzweigte Plasmodesmen darstellt (Oparka et al., 1999). Allerdings können Lipidmoleküle durch die Lipid-Doppelschicht des Desmotubulus transportiert werden (Grabski et al., 1993).

### 4.9.3 Plasmodesmen ermöglichen die Kommunikation zwischen Zellen

Die erfolgreiche Existenz vielzelliger Organismen hängt von der Fähigkeit individueller Zellen ab, miteinander zu kommunizieren. Obwohl die Zelldifferenzierung auf der Regulation der Genexpression beruht, wird das Schicksal einer Pflanzenzelle – das heißt, zu welchem Zelltyp sie sich differenziert – eher durch ihre endgültige Position in dem sich entwickelnden Organ als durch ihre Abstammungslinie bestimmt. Deshalb ist ein wichtiger Aspekt der Interaktion von Pflanzenzellen die Kommunikation, oder Signaltransduktion, positioneller Informationen von Zelle zu Zelle.

Frühe Beweise für einen Transport zwischen Zellen via Plasmodesmen wurden durch Experimente mit Fluoreszenzfarbstoffen (Goodwin, 1983; Erwee und Goodwin, 1985; Tucker und Spanswick, 1985; Terry und Robards, 1987; Tucker et al., 1989) und elektrischer Impulse (Spanswick, 1976; Drake, 1979, Overall und Gunning, 1982) erbracht. Die Leitung elektrischer Impulse von einer Zelle zur anderen kann durch Empfängerelektroden in benachbarten Zellen gemessen werden. Die Größe des elektrischen Signals variiert mit der Häufigkeit oder Dichte der Plasmodesmen und mit der Anzahl und Länge der Zellen zwischen der Injektionsstelle und den Empfängerelektroden. Dies zeigt, dass Plasmodesmen als Transportweg für elektrische Signale zwischen Pflanzenzellen dienen.

In Farbstoff-Kopplungsversuchen kann man beobachten, dass die Farbstoffmoleküle, welche die Plasmamembran nicht leicht passieren können, von der injizierten Zelle zunächst in die benachbarten Zellen und dann in weitere Zellen wandern. Durch solche Versuchsergebnisse konnte man die Obergrenze der Molekülgröße für die passive Diffusion zwischen bestimmten Zellen bestimmen; sie beträgt ungefähr 1 kDa (1000 Daltons; ein Dalton ist das Gewicht von einem Wasserstoffatom). Dies ist die **Ausschlussgröße** (*size exclusion limit*, **SEL**) von Plasmodesmen, die einen ungehinderten Transport von Zuckern, Aminosäuren, Phytohormonen und Nährstoffen via Plasmodesmen erlaubt. Neuere Untersuchungen belegen, dass Plasmodesmen in unterschiedlichen Zelltypen verschiedene Ausschlussgrößen aufweisen. Zum Beispiel können fluoreszierende Dextrane von etwa 7 kDa zwischen den Blatthaarzellen von *Nicotiana clevelandii* diffundieren (Waigmann und Zambryski, 1995) und Dextrane von 10 kDa wandern durch Plasmodesmen zwischen Siebelementen und Geleitzellen im Phloem der Sprossachse von *Vicia faba* (Kempers und van Bel, 1997). Darüber hinaus können Plasmodesmen ihre Ausschlussgröße in Abhängigkeit von ihren Wachstumsbedingungen verändern (Crawford und Zambryski, 2001).

Inzwischen weiß man, dass Plasmodesmen auch die Fähigkeit besitzen, den Zell-Zell-Transport von Makromolekülen, wie Proteine und Nucleinsäuren, zu ermöglichen (Lucas et al., 1993; Mezitt und Lucas, 1996; Ding, 1997; Lucas, 1999; Haywood et al., 2002). Aufgrund dieser Ergebnisse haben Lucas und seine Mitarbeiter (Ding et al., 1993; Lucas et al., 1993) die Hypothese aufgestellt, dass Pflanzen vielmehr als **suprazelluläre Organismen** und weniger als multizelluläre Organismen funktionieren. Danach unterliegen in einem Pflanzenkörper die Entwicklungsabläufe, wie Zelldifferenzierung, Gewebebildung, Organogenese, sowie andere spezielle physiologische Funktionen einer plasmodesmatischen Regulation. Die Plasmodesmen erfüllen vermutlich diese Kontrollfunktion durch den Transport von Informationsmolekülen, die sowohl die Stoffwechselaktivität als auch die Genexpression aufeinander abgestimmt organisieren.

Erste Erkenntnisse über die dynamische Funktion von Plasmodesmen wurden durch Untersuchungen an Pflanzenviren gewonnen, von denen bekannt war, dass sie sich über relativ kurze Strecken von Zelle zu Zelle via Plasmodesmen bewegen (Abb. 4.26; Wolf et al., 1989; Robards und Lucas, 1990; Citovsky, 1993; Leisner und Turgeon, 1993). Diese Arbeiten lassen erkennen, dass in Pflanzenviren sog. **Bewegungsproteine (movement proteins)** codiert sind, die an der Verbreitung von infektiösem Material von Zelle zu Zelle beteiligt sind. Wenn diese Bewegungsproteine in transgenen Pflanzen exprimiert werden, verbinden sie sich mit Plasmodesmen und erweitern damit den Porendurchmesser. Es gibt deutliche Beweise dafür, dass sowohl das Endoplasmatische Reticulum als auch Elemente des Cytoskeletts (Mikrotubuli und Aktinfilamente) bei der Bindung von Bewegungsproteinen, und vermutlich auch von viralen Nucleinsäure-Protein-Komplexen, an Plasmodesmen eine Rolle spielen (Reichel et al., 1999).

Aus Untersuchungen über den Phloemtransport ergaben sich weitere Beweise für die Beteiligung der Plasmodesmen am Transport endogener Proteine zwischen Pflanzenzellen. So wurden im Phloemexsudat (Siebröhrensaft) mehr als 200 Proteine mit einem Molekulargewicht zwischen 10 und 200 kDa gefunden (Fisher et al., 1992; Nakamura et al., 1993; Sakuth et al., 1993; Ishiwatari et al., 1995; Schobert et al., 1995). Da reife Siebröhrenelemente keine Kerne und Ribosomen mehr enthalten (Evert, 1990), müssen die meisten oder sogar alle Proteine in den Geleitzellen synthetisiert werden und durch Pore-Plasmodesmen-Verbindungen in die benachbarten Siebelemente transportiert werden (Kapitel 13). Proteine, die man im Siebröhrensaft gefunden hat, haben die Eigenschaft, die Ausschlussgröße von Plasmodesmen im Mesophyll zu erhöhen und von Zelle zu Zelle zu wandern (Balachandran et al., 1997; Ishiwatari et al., 1998). Bei Kürbis (*Cucurbita maxima*) scheinen alle Proteine des Siebröhrensaftes, ungeachtet ihrer Molekülgröße, die Ausschlussgröße der Plasmodesmen um circa 25 kDa zu erhöhen (Balachandran et al., 1997). Da manche dieser Proteine eine Molekülgröße bis zu 200 kDa erreichen, ist es höchstwahrscheinlich, dass bei größeren Proteinen eine Entfaltung ihrer Struktur für den Transport durch Plasmodesmen notwendig ist. Man konnte im Siebröhrensaft verschiedener Pflanzenarten Chaperone nachweisen (Schobert et al., 1995; 1998), die diesen Entfaltungs-/Faltungsprozess beim Proteintransport zwischen Geleitzellen und Siebelementen regulieren (Crawford und Zambryski, 1999; Lee et al., 2000).

Die allgemeine Auffassung, dass Plasmodesmen eine wichtige Rolle bei der Entwicklung spielen, konnte man durch molekulare und genetische Untersuchungen sowie Mikroinjektionsversuche mit dem pflanzlichen Transkriptionsfaktor KNOTTED1 (KN1) bestätigen. In Maispflanzen bewirkt KN1, dass das Sprossapikalmeristem in einem undifferenzierten Zustand bleibt (Sinah et al., 1993). Während der Entwicklung hat man die codierende RNA für KN1 in allen Zellschichten des Meristems bis auf die äußerste (L1) Schicht nachgewiesen. Da das KN1-Protein jedoch in allen Zellschichten, auch der L1-Schicht, vorhanden ist, wird es wahrscheinlich in den inneren Schichten synthetisiert und anschließend in die L1-Schicht transportiert (Jackson et al., 1994). Mikroinjektionsversuche mit KN1-Protein in Mesophyllzellen von Mais oder Tabak haben gezeigt, dass das KN1-Protein tatsächlich von Zelle zu Zelle wandern kann und die Ausschlussgröße der Plasmodesmen von 1 kDa auf über 40 kDa erhöht (Lucas et al., 1995). Zwei neuere Untersuchungen lieferten weitere Beweise dafür, dass Plasmodesmen bei der Entwicklung eine Rolle spielen: Ein Pfropfungsexperiment an der Tomate, bei dem die Unabhängigkeit einer dominanten Blattmutante, genannt *Mouse ears (ME)* untersucht wurde (Kim, M., et al., 2001) und ein zweites Experiment über die Rolle des *SHORT-ROOT (SHR)* Gens bei der Bildung von Gewebemustern in der *Arabidopsis*-Wurzel (Nakajima et al., 2001).

Gegenwärtig gibt es kaum Informationen über den genauen Mechanismus, durch den der Porendurchmesser der Plasmodesmen erweitert oder ihre Transporteigenschaften vorübergehend verändert werden können (**gating**) (Schulz, A., 1999). Mehrere Faktoren können die Ausschlussgröße beeinflussen, beispielsweise Änderungen der cytoplasmatischen $Ca^{2+}$-Konzentration (Holdaway-Clarke et al., 2000) und des ATPase-Levels (Cleland et al., 1994). Außerdem gelang es, Actin und Myosin in oder an Plasmodesmen zu lokalisieren (White et al., 1994; Radford und White, 1998; Overall et al., 2000; Baluška et al., 2001), was darauf hindeutet, dass beide Substanzen an der Regulation der Permeabilität von Plasmodesmen beteiligt

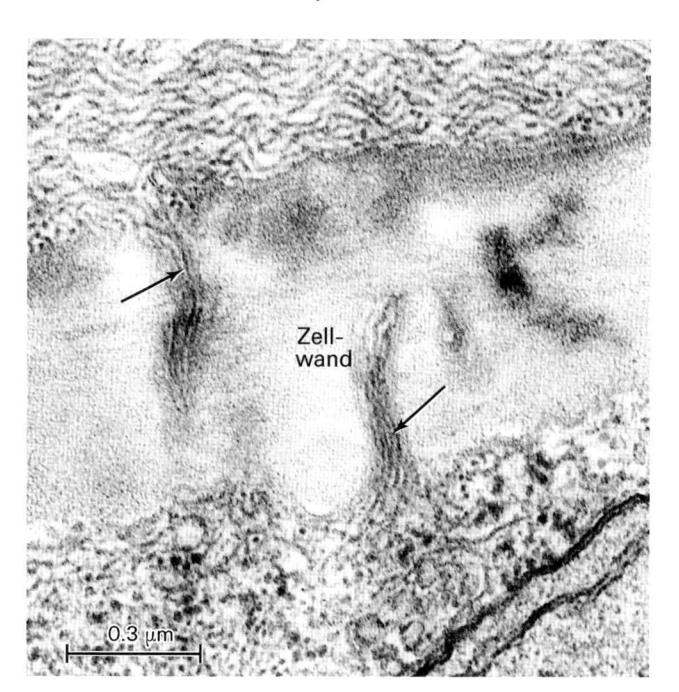

**Abb. 4.26** Beet Yellows Viren-Partikel (Pfeile) in Plasmodesmen. Sie wandern von einem Siebröhrenelement (oben) in die benachbarte Geleitzelle (unten) des Phloems von Zuckerrübe (*Beta vulgaris*).

sind. Hinsichtlich des Actins gibt es experimentelle Beweise, dass Actinfilamente an der Regulation der Permeabilität von Plasmodesmen im Mesophyll von Tabakblättern beteiligt sind (Ding et al., 1996). Offensichtlich besteht eine enge Beziehung zwischen Plasmodesmen und dem Cytoskelett (Aaziz et al., 2001).

Man nimmt an, dass die Regulation der Permeabilität von Plasmodesmen an der Halsregion erfolgt (White et al., 1994; Blackman et al., 1999). Einige Forscher haben vorgeschlagen, dass speziell die Verengungsstrukturen an der Halsregion den Transport durch Plasmodesmen regulieren (Olesen, 1979; Olesen und Robards, 1990; Badelt et al., 1994; Overall und Blackman, 1996). In Bezug auf die Funktion hat man Parallelen gezogen zwischen dem Transport von Makromolekülen via Plasmodesmen und dem Transport von Proteinen und Nucleinsäuren durch die Kernporen-Komplexe der Kernhülle (Lee et al., 2000).

### 4.9.4 Der Symplast unterliegt einer Neuorganisation während des gesamten Wachstums und der Differenzierung

Untersuchungen an Pflanzenembryonen zeigen, dass anfangs alle Zellen eines jungen Pflanzenkörpers durch Plasmodesmen untereinander verbunden sind und sich zu einem einzigen Symplasten integrieren (Schulz und Jensen, 1968; Mansfield und Briarty, 1991; Kim et al., 2002). Wenn die Pflanze wächst und sich weiter entwickelt, werden einzelne Zellen oder Zellgruppen mehr oder weniger symplastisch isoliert, so dass die Pflanze in ein Mosaik von **symplastischen Domänen** unterteilt wird (Erwee und Goodwin, 1985). Die Entstehung von symplastischen Domänen wird allgemein als Notwendigkeit betrachtet, damit kleine Zellgruppen spezifische Entwicklungswege einschlagen und als unterschiedliche Kompartimente innerhalb des Pflanzenkörpers fungieren können (Fisher und Oparka, 1996; Mclean et al., 1997; Kragler et al., 1998; Nelson und van Bel, 1998; Ding et al., 1999).

Die Kommunikation und der Transport zwischen Domänen sind abhängig von der Häufigkeit, der Verteilung und der Funktion von Plasmodesmen. Obwohl die Häufigkeit der Plasmodesmen oft als Indikator für symplastische Kontinuität in unterschiedlichen Grenzflächen verwendet wurde, ist die Interpretation der Daten spekulativ, weil dabei vorausgesetzt wird, dass alle Plasmodesmen zum interzellulären Transport befähigt sind. Änderungen der symplastischen Kontinuität können durch eine Isolation von anfangs symplastisch verbundenen Zellen erfolgen, wie im Fall der Schließzellen (Palevitz und Hepler, 1985), der Wurzelhaare (Duckett et al., 1994), oder durch die Entstehung von neuen sekundären Plasmodesmen, wie während der Blattreife (Turgeon, 1996; Volk et al., 1996) und beim Anschluss der Leitgewebe von Seitenwurzeln an die Hauptwurzeln (Oparka et al., 1995).

### Literatur

Aaziz, R., S. Dinant und B. L. Epel. 2001. Plasmodesmata and plant cytoskeleton. *Trends Plant Sci.* 6, 326–330.

Abe, H., R. Funada, H. Imaizumi, J. Ohtani und K. Fukazawa. 1995a. Dynamic changes in the arrangement of cortical microtubules in conifer tracheids during differentiation. *Planta* 197, 418–421.

Abe, H., R. Funada, J. Ohtani und K. Fukazawa. 1995b. Changes in the arrangement of microtubules and microfibrils in differentiating conifer tracheids during the expansion of cells. *Ann. Bot.* 75, 305–310.

Abe, H., R. Funada, J. Ohtani und K. Fukazawa. 1997. Changes in the arrangement of cellulose microfibrils associated with the cessation of cell expansion in tracheids. *Trees* 11, 328–332.

Abel, S. und A. Theologis. 1996. Early genes and auxin action. *Plant Physiol.* 111, 9–17.

Aldington, S. und S. C. Fry. 1993. Oligosaccharins. *Adv. Bot. Res.* 19, 1–101.

Apostolakos, P., B. Galatis und E. Panteris. 1991. Microtubules in cell morphogenesis and intercellular space formation in *Zea mays* leaf mesophyll and *Pilea cadierei* epithem. *J. Plant Physiol.* 137, 591–601.

Assaad, F. F. 2001. Plant cytokinesis. Exploring the links. *Plant Physiol.* 126, 509–516.

Awano, T., K. Takabe, M. Fujita und G. Daniel. 2000. Deposition of glucuronoxylans on the secondary cell wall of Japanese beech as observed by immuno-scanning electron microscopy. *Protoplasma* 212, 72–79.

Awano, T., K. Takabe und M. Fujita. 2002. Xylan deposition on secondary wall of *Fagus crenata* fiber. *Protoplasma* 219, 106–115.

Bacic, A., P. J. Harris und B. A. Stone. 1988. Structure and function of plant cell walls. In: *The Biochemistry of Plants*, Band 14, *Carbohydrates*, S. 297–371, J. Preiss, Hrsg. Academic Press, New York.

Badelt, K., R. G. White, R. L. Overall und M. VESK. 1994. Ultrastructural specializations of the cell wall sleeve around plasmodesmata. *Am. J. Bot.* 81, 1422–1427.

Balachandran, S., Y. Xiang, C. Schobert, G. A. Thompson und W. J. Lucas. 1997. Phloem sap proteins from *Cucurbita maxima* and *Ricinus communis* have the capacity to traffic cell to cell through plasmodesmata. *Proc. Natl. Acad. Sci.* USA 94, 14150–14155.

Baluška, F., P. W. Barlow und D. Volkmann. 2000. Actin and myosin in developing root apex cells. In: *Actin: A Dynamic Framework for Multiple Plant Cell Functions*, S. 457–476, C. J. Staiger, F. Baluška, D. Volkmann und P. W. Barlow, Hrsg. Kluwer Academic, Dordrecht.

Baluška, F., F. Cvrčková, J. Kendrick-Jones und D. Volkmann. 2001. Sink plasmodesmata as gateways for phloem unloading. Myosin VIII and calreticulin as molecular determinants of sink strength? *Plant Physiol.* 126, 39–46.

Bao, W., D. M. O'malley und R. R. Sederoff. 1992. Wood contains a cell-wall structural protein. *Proc. Natl. Acad. Sci.* USA 89, 6604–6608.

Baron-Epel, O., P. K. Gharyal und M. Schindler. 1988. Pectins as mediators of wall porosity in soybean cells. *Planta* 175, 389–395.

Baskin, T. I. 2001. On the alignment of cellulose microfibrils by cortical microtubules: A review and a model. *Protoplasma* 215, 150–171.

Benhamou, N. 1992. Ultrastructural detection of β-1,3-glucans in tobacco root tissues infected by *Phytophthora* parasitica var.

nicotianae using a gold-complexed tobacco β-1,3-glucanase. *Physiol. Mol. Plant Pathol.* 41, 351–370.
Bernards, M. A. 2002. Demystifying suberin. *Can. J. Bot.* 80, 227–240.
Bernards, M. A. und N. G. Lewis. 1998. The macromolecular aromatic domain in suberized tissue: A hanging paradigm. *Phytochemistry* 47, 915–933.
Blackman, L. M., J. D. I. Harper und R. L. Overall. 1999. Localization of a centrin-like protein to higher plant plasmodesmata. *Eur. J. Cell Biol.* 78, 297–304.
Blevins, D. G. und K. M. Lukaszewski. 1998. Boron in plant structure and function. *Annu. Rev. Plant Physiol. Plant Mol. Biol.* 49, 481–500.
Bolwell, G. P. 1993. Dynamic aspects of the plant extracellular matrix. *Int. Rev. Cytol.* 146, 261–324.
Botha, C. E. J., B. J. Hartley und R. H. M. Cross. 1993. The ultrastructure and computer-enhanced digital image analysis of plasmodesmata at the Kranz mesophyll-bundle sheath interface of *Themeda triandra* var. *imberbis* (Retz) A. Camus in conventionally-fixed leaf blades. *Ann. Bot.* 72, 255–261.
Bouligand, Y. 1976. Les analogues biologiques des cristaux liquids. *La Recherche* 7, 474–476.
Bourquin, V., N. Nishikubo, H. Abe, H. Brumer, S. Denman, M. Eklund, M. Christiernin, T. T. Teeri, B. Sundberg und E. J. Mellerowicz. 2002. Xyloglucan endotransglycosylases have a function during the formation of secondary cell walls of vascular tissues. *Plant Cell* 14, 3073–3088.
Braam, J. 1999. If walls could talk. *Curr. Opin. Plant Biol.* 2, 521–524.
Bradley, D. J., P. Kjellbom und C. J. Lamb. 1992. Elicitor- and wound-induced oxidative cross-linking of a proline-rich plant cell wall protein: A novel, rapid defense response. *Cell* 70, 21–30.
Brett, C. und K. Waldron. 1990. *Physiology and Biochemistry of Plant Cell Walls*. Unwin Hyman, London.
Brummell, D. A. und M. H. Harpster. 2001. Cell wall metabolism in fruit softening and quality and its manipulation in transgenic plants. *Plant Mol. Biol.* 47, 311–340.
Buckeridge, M. S., C. E. Vergara und N. C. Carpita. 1999. The mechanism of synthesis of a mixed-linkage (1→3), (1→4)β–D-glucan in maize. Evidence for multiple sites of glucosyl transfer in the synthase complex. *Plant Physiol.* 120, 1105–1116.
Calvin, C. L. 1967. The vascular tissues and development of sclerenchyma in the stem of the mistletoe, *Phoradendron flavescens*. *Bot. Gaz.* 128, 35–59.
Campbell, P. und J. Braam. 1999. Xyloglucan endotransglycosylases: Diversity of genes, enzymes and potential wallmodifying functions. *Trends Plant Sci.* 4, 361–366.
Carpita, N. C. 1982. Limiting diameters of pores and the surface structure of plant cell walls. *Science* 218, 813–814.
Carpita, N. C. 1996. Structure and biogenesis of the cell walls of grasses. *Annu. Rev. Plant Physiol. Plant Mol. Biol.* 47, 445–476.
Carpita, N. C. und D. M. Gibeaut. 1993. Structural models of primary cell walls in flowering plants: Consistency of molecular structure with the physical properties of the walls during growth. *Plant J.* 3, 1–30.
Carpita, N. und M. McCann. 2000. The cell wall. In: *Biochemistry and Molecular Biology of Plants*, S. 52–108, B. Buchanan, W. Gruissem und R. Jones, Hrsg. American Society of Plant Physiologists, Rockville, MD.
Carpita, N., D. Sabularse, D. Montezinos und D. P. Delmer. 1979. Determination of the pore size of cell walls of living plant cells. *Science* 205, 1144–1147.

Cassab, G. I. 1998. Plant cell wall proteins. *Annu. Rev. Plant Physiol. Plant Mol. Biol.* 49, 281–309.
Cassab, G. I. und J. E. Varner. 1987. Immunocytolocalization of extensin in developing soybean seed coats by immunogoldsilver staining and by tissue printing on nitrocellulose paper. *J. Cell Biol.* 105, 2581–2588.
Castro, M. A. 1991. Ultrastructure of vestures on the vessel wall in some species of Prosopis (Leguminosae-Mimosoideae). *IAWA Bull.* n.s. 12, 425–430.
Catalá, C., J. K. C. Rose und A. B. Bennett. 2000. Auxin-regulated genes encoding cell wall-modifying proteins are expressed during early tomato fruit growth. *Plant Physiol.* 122, 527–534.
Chafe, S. C. 1970. The fine structure of the collenchyma cell wall. *Planta* 90, 12–21.
Chafe, S. C. und A. B. WARDROP. 1972. Fine structural observations on the epidermis. I. The epidermal cell wall. *Planta* 107, 269–278.
Chaffey, N., J. Barnett und P. Barlow. 1999. A cytoskeletal basis for wood formation in angiosperm trees: The involvement of cortical microtubules. *Planta* 208, 19–30.
Chen, C.-L. 1991. Lignins: Occurrence in woody tissues, isolation, reactions und structure. In: *Wood Structure and Composition*, S. 183–261, M. Lewin and I. S. Goldstein, Hrsg. Dekker, New York.
Cho, H.-T. und D. J. Cosgrove. 2000. Altered expression of expansin modulates leaf growth and pedicel abscission in *Arabidopsis thaliana*. *Proc. Natl. Acad. Sci. USA* 97, 9783–9788.
Citovsky, V. 1993. Probing plasmodesmal transport with plant viruses. *Plant Physiol.* 102, 1071–1076.
Cleland, R. E., T. Fujiwara und W. J. Lucas. 1994. Plasmodesmal-mediated cell-to-cell transport in wheat roots is modulated by anaerobic stress. *Protoplasma* 178, 81–85.
Connolly, J. H. und G. Berlyn. 1996. The plant extracellular matrix. *Can. J. Bot.* 74, 1545–1546.
Cosgrove, D. J. 1989. Characterization of long-term extension of isolated cell walls from growing cucumber hypocotyls. *Planta* 177, 121–130.
Cosgrove, D. J. 1997. Assembly and enlargement of the primary cell wall in plants. *Annu. Rev. Cell Dev. Biol.* 13, 171–201.
Cosgrove, D. J. 1998. Cell wall loosening by expansins. *Plant Physiol.* 118, 333–339.
Cosgrove, D. J. 1999. Enzymes and other agents that enhance cell wall extensibility. *Annu. Rev. Plant Physiol. Plant Mol. Biol.* 50, 391–417.
Cosgrove, D. J. 2000. New genes and new biological roles for expansins. *Curr. Opin. Plant Biol.* 3, 73–78.
Cosgrove, D. J. 2001. Wall structure and wall loosening. A look backwards and forwards. *Plant Physiol.* 125, 131–134.
Cosgrove, D. J., P. Bedinger und D. M. Durachko. 1997. Group I allergens of grass pollen as cell wall-loosening agents. *Proc. Natl. Acad. Sci. USA* 94, 6559–6564.
Crawford, K. M. und P. C. Zambryski. 1999. Phloem transport: Are you chaperoned? *Curr. Biol.* 9, R281–R285.
Crawford, K. M. und P. C. Zambryski. 2001. Non-targeted and targeted protein movement through plasmodesmata in leaves in different developmental and physiological states. *Plant Physiol.* 125, 1802–1812.
Cutler, S. R. und D. W. Ehrhardt. 2002. Polarized cytokinesis in vacuolate cells of *Arabidopsis*. *Proc. Natl. Acad. Sci. USA* 99, 2812–2817.
Czaninski, Y., R. M. Sachot und A. M. Catesson. 1993. Cytochemical localization of hydrogen peroxide in lignifying cell walls. *Ann. Bot.* 72, 547–550,

Dahiya, P. und N. J. Brewin. 2000. Immunogold localization of callose and other cell wall components in pea nodule transfer cells. *Protoplasma* 214, 210–218.

Darley, C. P., A. M. Forrester und S. J. McQueen-Mason. 2001. The molecular basis of plant cell wall extension. *Plant Mol. Biol.* 47, 179–195.

Darvill, A. G. und P. Albersheim. 1984. Phytoalexins and their elicitors—A defense against microbial infection in plants. *Annu. Rev. Plant Physiol.* 35, 243–275.

Delmer, D. P. 1999. Cellulose biosynthesis: Exciting times for a difficult field of study. *Annu. Rev. Plant Physiol. Plant Mol. Biol.* 50, 245–276.

Delmer, D. P. und Y. Amor. 1995. Cellulose biosynthesis. *Plant Cell* 7, 987–1000.

Delmer, D. P. und B. A. Stone. 1988. Biosynthesis of plant cell walls. In: *The Biochemistry of Plants*, Band 14, *Carbohydrates*, S. 373–420, J. Preiss, Hrsg. Academic Press, New York.

Deshpande, B. P. 1976a. Observations on the fine structure of plant cell walls. I. Use of permanganate staining. *Ann. Bot.* 40, 433–437.

Deshpande, B. P. 1976b. Observations on the fine structure of plant cell walls. II. The microfibrillar framework of the parenchymatous cell wall in *Cucurbita*. *Ann. Bot.* 40, 439–442.

Deshpande, B. P. 1976c. Observations on the fine structure of plant cell walls. III. The sieve tube wall of *Cucurbita*. *Ann. Bot.* 40, 443–446.

Dhonukshe, P., A. M. Laxalt, J. Goedhart, T. W. J. Gadella und T. Munnik. 2003. Phospholipase D activation correlates with microtubule reorganization in living plant cells. *Plant Cell* 15, 2666–2679.

Ding, B. 1997. Cell-to-cell transport of macromolecules through plasmodesmata: A novel signalling pathway in plants. *Trends Cell Biol.* 7, 5–9.

Ding, B. 1998. Intercellular protein trafficking through plasmodesmata. *Plant Mol. Biol.* 38, 279–310.

Ding, B. und W. J. Lucas. 1996. Secondary plasmodesmata: Biogenesis, special functions and evolution. In: *Membranes: Specialized Functions in Plants*, S. 489–506, M. Smallwood, J. P. Knox und D. J. Bowles, Hrsg. BIOS Scientific, Oxford.

Ding, B., J. S. Haudenshield, R. J. Hull, S. Wolf, R. N. Beachy und W. J. Lucas. 1992a. Secondary plasmodesmata are specific sites of localization of the tobacco mosaic virus movement protein in transgenic tobacco plants. *Plant Cell* 4, 915–928.

Ding, B., R. Turgeon und M. V. Parthasarathy. 1992b. Substructure of freeze-substituted plasmodesmata. *Protoplasma* 169, 28–41.

Ding, B., J. S. Haudenshield, L. Willmitzer und W. J. Lucas. 1993. Correlation between arrested secondary plasmodesmal development and onset of accelerated leaf senescence in yeast acid invertase transgenic tobacco plants. *Plant J.* 4, 179–189.

Ding, B., M.-O. Kwon und L. Warnberg. 1996. Evidence that actin filaments are involved in controlling the permeability of plasmodesmata in tobacco mesophyll. *Plant J.* 10, 157–164.

Ding, B., A. Itaya und Y.-M. Woo. 1999. Plasmodesmata and cell-to-cell communication in plants. *Int. Rev. Cytol.* 190, 251–316.

Ding, L. und J.-K. Zhu. 1997. A role for arabinogalactan-proteins in root epidermal cell expansion. *Planta* 203, 289–294.

Dixit, R. und R. J. Cyr. 2002. Spatio-temporal relationship between nuclear-envelope breakdown and preprophase band disappearance in cultured tobacco cells. *Protoplasma* 219, 116–121.

Drake, G. 1979. Electrical coupling, potentials und resistances in oat coleoptiles: Effects of azide and cyanide. *J. Exp. Bot.* 30, 719–725.

Duckett, C. M., K. J. Oparka, D. A. M. Prior, L. Dolan und K. Roberts. 1994. Dye-coupling in the root epidermis of *Arabidopsis* is progressively reduced during development. *Development* 120, 3247–3255.

Ehlers, K. und R. Kollmann. 1996. Formation of branched plasmodesmata in regenerating *Solanum nigrum*-protoplasts. *Planta* 199, 126–138.

Ehlers, K. und R. Kollmann. 2001. Primary and secondary plasmodesmata: Structure, origin, and functioning. *Protoplasma* 216, 1–30.

Emons, A. M. C. 1994. Winding threads around plant cells: A geometrical model for microfibril deposition. *Plant Cell Environ.* 17, 3–14.

Emons, A. M. C. und B. M. Mulder. 1997. Plant cell wall architecture. Comm. Modern Biol. Teil C. *Comm. Theor. Biol.* 4, 115–131.

Emons, A. M. C. and B. M. Mulder. 1998. The making of the architecture of the plant cell wall: How cells exploit geometry. *Proc. Natl. Acad. Sci. USA* 95, 7215–7219.

Emons, A. M. C. und B. M. Mulder. 2000. How the deposition of cellulose microfibrils builds cell wall architecture. *Trends Plant Sci.* 5, 35–40.

Emons, A. M. C. und B. M. Mulder. 2001. Microfibrils build architecture. A geometrical model. In: *Molecular Breeding of Woody Plants*, S. 111–119, N. Morohoshi and A. Komamine, Hrsg. Elsevier Science B. V., Amsterdam.

Emons, A. M. C., J. Derksen und M. M. A. Sassen. 1992. Do microtubules orient plant cell wall microfibrils? *Physiol. Plant.* 84, 486–493.

Engels, F. M. und H. G. Jung. 1998. Alfalfa stem tissues: Cellwall development and lignification. *Ann. Bot.* 82, 561–568.

Erwee, M. G. und P. B. Goodwin. 1985. Symplast domains in extrastelar tissues of Egeria densa Planch. *Planta* 163, 9–19.

Esau, K. 1997. *Anatomy of Seed Plants*, 2. Aufl. Wiley, New York.

Esau, K. und J. Thorsch. 1985. Sieve plate pores and plasmodesmata, the communication channels of the symplast: Ultrastructural aspects and developmental relations. *Am. J. Bot.* 72, 1641–1653.

Eschrich, W. und H. B. Currier. 1964. Identification of callose by its diachrome and fluorochrome reactions. *Stain Technol.* 39, 303–307.

Evert, R. F. 1990. Dicotyledons. In: *Sieve Elements: Comparative Structure, Induction and Developmen*t, S. 103–137, H.-D. Behnke and R. D. Sjolund, Hrsg. Springer-Verlag, Berlin.

Evert, R. F., W. Eschrich und W. Heyser. 1977. Distribution and structure of the plasmodesmata in mesophyll and bundlesheath cells of *Zea mays* L. *Planta* 136, 77–89.

Ferguson, C., T. T. Teeri, M. Siika-Aho, S. M. Read und A. Bacic. 1998. Location of cellulose and callose in pollen tubes and grains of *Nicotiana tabacum*. *Planta* 206, 452–460.

Fisher, D. B. und K. J. Oparka. 1996. Post-phloem transport: Principles and problems. *J. Exp. Bot.* 47 (spec. iss.), 1141–1154.

Fisher, D. B., Y. Wu und M. S. B. Ku. 1992. Turnover of soluble proteins in the wheat sieve tube. *Plant Physiol.* 100, 1433–1441.

Fisher, D. D. und R. J. Cyr. 1998. Extending the microtubule/microfibril paradigm. Cellulose synthesis is required for normal cortical microtubule alignment in elongating cells. *Plant Physiol.* 116, 1043–1051.

Fleming, A. J., S. McQueen-Mason, T. Mandel und C. Kuhlemeier. 1997. Induction of leaf primordia by the cell wall protein expansin. *Science* 276, 1415–1418.

Fleming, A. J., D. Caderas, E. Wehrli, S. McQueen-Mason und C. Kuhlemeier. 1999. Analysis of expansin-induced morphogenesis of the apical meristem of tomato. *Planta* 208, 166–174.

Frey-Wyssling, A. 1976. The plant cell wall. In: *Handbuch der Pflanzenanatomie*, Band 3, Teil 4. Abt. Cytologie, 3. überarbeitete Aufl., Gebrüder Borntraeger, Berlin.

Fry, S. C. 1988. *The Growing Plant Cell Wall: Chemical and Metabolic Analysis*. Longman Scientific Burnt Mill, Harlow, Essex.

Fry, S. C. 1989. The structure and functions of xyloglucan. *J. Exp. Bot.* 40, 1–11.

Fry, S. C. 1995. Polysaccharide-modifying enzymes in the plant cell wall. *Annu. Rev. Plant Physiol. Plant Mol. Biol.* 46, 497–520.

Fry, S. C., S. Aldington, P. R. Hetherington und J. Aitken. 1993. Oligosaccharides as signals and substrates in the plant cell wall. *Plant Physiol.* 103, 1–5.

Fujino, T. und T. Itoh. 1998. Changes in the three dimensional architecture of the cell wall during lignification of xylem cells in *Eucalyptus tereticornis*. *Holzforschung* 52, 111–116.

Fujino, T., Y. Sone, Y. Mitsuishi und T. Itoh. 2000. Characterization of cross-links between cellulose microfibrils, and their occurrence during elongation growth in pea epicotyl. *Plant Cell Physiol.* 41, 486–494.

Gamalei, Y. V., A. J. E. van Bel, M. V. Pakhomova und A. V. Sjutkina. 1994. Effects of temperature on the conformation of the endoplasmic reticulum and on starch accumulation in leaves with the symplasmic minor-vein configuration. *Planta* 194, 443–453.

Gardiner, J. C., J. D. I. Harper, N. D. Weerakoon, D. A. Collings, S. Ritchie, S. Gilory, R. J. Cyr und J. Marc. 2001. A 90-kD phospholipase D from tobacco binds to microtubules and the plasma membrane. *Plant Cell* 13, 2143–2158.

Gardiner, J., D. A. Collings, J. D. I. Harper und J. Marc. 2003a. The effects of the phospholipase D-antagonist 1-butanol on seedling development and microtubule organisation in *Arabidopsis*. *Plant Cell Physiol.* 44, 687–696.

Gardiner, J. C., N. G. Taylor und S. R. Turner. 2003b. Control of cellulose synthase complex localization in developing xylem. *Plant Cell* 15, 1740–1748.

Geisler-Lee, C. J., Z. Hong und D. P. S. Verma. 2002. Overexpression of the cell plate-associated dynamin-like GTPase, phragmoplastin, results in the accumulation of callose at the cell plate and arrest of plant growth. *Plant Sci.* 163, 33–42.

Giddings, T. H., Jr. und L. A. Staehelin. 1988. Spatial relationship between microtubules and plasma-membrane rosettes during the deposition of primary wall microfibrils in *Closterium* sp. *Planta* 173, 22–30.

Goldberg, R., P. Devillers, R. Prat, C. Morvan, V. Michon und C. Hervé du Penhoat. 1989. Control of cell wall plasticity. In: *Plant Cell Wall Polymers. Biogenesis and Biodegradation*, S. 312–323, N. G. Lewis and M. C. Paice, Hrsg. American Chemical Society, Washington, DC.

Goodbody, K. C. und C. W. Lloyd. 1990. Actin filaments line up across Tradescantia epidermal cells, anticipating woundinduced division planes. *Protoplasma* 157, 92–101.

Goodwin, P. B. 1983. Molecular size limit for movement in the symplast of the *Elodea* leaf. *Planta* 157, 124–130.

Goosen-de Roo, L., R. Bakhuizen, P. C. van Spronsen und K. R. Libbenga. 1984. The presence of extended phragmosomes containing cytoskeletal elements in fusiform cambial cells of *Fraxinus excelsior* L. *Protoplasma* 122, 145–152.

Grabski, S., A. W. de Feijter und M. Schindler. 1993. Endoplasmic reticulum forms a dynamic continuum for lipid diffusion between contiguous soybean root cells. *Plant Cell* 5, 25–38.

Grisebach, H. 1981. Lignins. In: *The Biochemistry of Plants*, Band 7, Secondary Plant Products, S. 457–478, E. E. Conn, Hrsg. Academic Press, New York.

Gritsch, C. S. und R. J. Murphy. 2005. Ultrastructure of fibre and parenchyma cell walls during early stages of culm development in *Dendrocalamus asper*. *Ann. Bot.* 95, 619–629.

Grünwald, C., K. Ruel, Y. S. Kim und U. Schmitt. 2002. On the cytochemistry of cell wall formation in poplar trees. *Plant Biol.* 4, 13–21.

Gu, X. und D. P. S. Verma. 1997. Dynamics of phragmoplastin in living cells during cell plate formation and uncoupling of cell elongation from the plane of cell division. *Plant Cell* 9, 157–169.

Gunning, B. E. S. 1982. The cytokinetic apparatus: Its development and spatial regulation. In: *The Cytoskeleton in Plant Growth and Development*, S. 229–292, C. W. Lloyd, Hrsg. Academic Press, London.

Gunning, B. E. S. und A. R. Hardham. 1982. Microtubules. *Annu. Rev. Plant Physiol.* 33, 651–698.

Gunning, B. E. S. und S. M. Wick. 1985. Preprophase bands, phragmoplasts, and spatial control of cytokinesis. *J. Cell Sci.* suppl. 2, 157–179.

Ha, M.-A., D. C. Apperley, B. W. Evans, I. M. Huxham, W. G. Jardine, R. J. Viëtor, D. Reis, B. Vian und M. C. Jarvis. 1998. Fine structure in cellulose microfibrils: NMR evidence from onion and quince. *Plant J.* 16, 183–190.

Hafrén, J., T. Fujino und T. Itoh. 1999. Changes in cell wall architecture of differentiating tracheids of *Pinus thunbergii* during lignification. *Plant Cell Physiol.* 40, 532–541.

Haigler, C. H. und R. M. Brown Jr. 1986. Transport of rosettes from the Golgi apparatus to the plasma membrane in isolated mesophyll cells of *Zinnia elegans* during differentiation to tracheary elements in suspension culture. *Protoplasma* 134, 111–120.

Hammerschmidt, R. 1999. Phytoalexins: What have we learned after 60 years? *Annu. Rev. Phytopathol.* 37, 285–306.

Harper, J. D. I., L. C. Fowke, S. Gilmer, R. L. Overall und J. Marc. 2000. A centrin homologue is localized across the developing cell plate in gymnosperms and angiosperms. *Protoplasma* 211, 207–216.

Hatfield, R. und W. Vermerris. 2001. Lignin formation in plants. The dilemma of linkage specificity. *Plant Physiol.* 126, 1351–1557.

Hayashi, T. 1991. Biochemistry of xyloglucans in regulating cell elongation and expansion. In: *The Cytoskeletal Basis of Plant Growth and Form*, S. 131–144, C. W. Lloyd, Hrsg. Academic Press, San Diego.

Haywood, V., F. Kragler und W. J. Lucas. 2002. Plamodesmata: Pathways for protein and ribonucleoprotein signaling. *Plant Cell* 14 (suppl.), S. 303–325.

Heese, M., U. Mayer und G. Jürgens. 1998. Cytokinesis in flowering plants: Cellular process and developmental integration. *Curr. Opin. Plant Biol.* 1, 486–491.

Hepler, P. K. 1982. Endoplasmic reticulum in the formation of the cell plate and plasmodesmata. *Protoplasma* 111, 121–133.

Herth, W. 1980. Calcofluor white and Congo red inhibit chitin microfibril assembly of Poterioochromonas: Evidence for a gap between polymerization and microfibril formation. *J. Cell Biol.* 87, 442–450.

Heyn, A. N. J. 1931. Der Mechanismus der Zellstreckung. *Rec. Trav. Bot. Neerl.* 28, 113–244.

Heyn, A. N. J. 1940. The physiology of cell elongation. *Bot. Rev.* 6, 515–574.

Higuchi, T. 1997. *Biochemistry and Molecular Biology of Wood*. Springer-Verlag, Berlin.

Himmelspach, R., R. E. Williamson und G. O. Wasteneys. 2003. Cellulose microfibril alignment recovers from DCB-induced disruption despite microtubule disorganization. *Plant J.* 36, 565–575.

Hollaway-Clarke, T. L., N. A. Walker, P. K. Hepler und R. L. Overall. 2000. Physiological elevations in cytoplasmic free calcium by cold or ion injection result in transient closure of higher plant plasmodesmata. *Planta* 210, 329–335.

Horner, H. T. und M. A. Rogers. 1974. A comparative light and electron microscopic study of microsporogenesis in malefertile and cytoplasmic male-sterile pepper (*Capsicum annuum*). *Can. J. Bot.* 52, 435–441.

Hoson, T. 1991. Structure and function of plant cell walls: Immunological approaches. *Int. Rev. Cytol.* 130, 233–268.

Hotchkiss, A. T., Jr. 1989. Cellulose biosynthesis. The terminal complex hypothesis and its relationship to other contemporary research topics. In: *Plant Cell Wall Polymers: Biogenesis and Biodegradation*, S. 232–247, N. G. Lewis and M. G. Paice, Hrsg. American Chemical Society, Washington, DC.

Hush, J. M., P. Wadsworth, D. A. Callaham und P. K. Hepler. 1994. Quantification of microtubule dynamics in living plant cells using fluorescence redistribution after photobleaching. *J. Cell Sci.* 107, 775–784.

Iiyama, K., T. B.-T. Lam und B. A. Stone. 1994. Covalent crosslinks in the cell wall. *Plant Physiol.* 104, 315–320.

Ishii, T., T. Matsunaga, P. Pellerin, M. A. O'Neill, A. Darvill und P. Albersheim. 1999. The plant cell wall polysaccharide rhamnogalacturonan II self-assembles into a covalently crosslinked dimer. *J. Biol. Chem.* 274, 13098–13104.

Ishiwatari, Y., C. Honda, I. Kawashima, S-I. Nakamura, H. Hirano, S. Mori, T. Fujiwara, H. Hayashi und M. Chino. 1995. Thioredoxin h is one of the major proteins in rice phloem sap. *Planta* 195, 456–463.

Ishiwatari, Y., T. Fujiwara, K. C. McFarland, K. Nemoto, H. Hayashi, M. Chino und W. J. Lucas. 1998. Rice phloem thioredoxin h has the capacity to mediate its own cell-to-cell transport through plasmodesmata. *Planta* 205, 12–22.

Itaya, A., Y.-M. Woo, C. Masuta, Y. Bao, R. S. Nelson und B. Ding. 1998. Developmental regulation of intercellular protein trafficking through plasmodesmata in tobacco leaf epidermis. *Plant Physiol.* 118, 373–385.

Jackson, D., B. Veit und S. Hake. 1994. Expression of maize *KNOTTED1* related homeobox genes in the shoot apical meristem predicts patterns of morphogenesis in the vegetative shoot. *Development* 120, 405–413.

Jauh, G. Y. and E. M. Lord. 1996. Localization of pectins and arabinogalactan-proteins in lily (*Lilium longiflorum* L.) pollen tube and style, and their possible roles in pollination. *Planta* 199, 251–261.

Jeffree, C. E., J. E. Dale und S. C. Fry. 1986. The genesis of intercellular spaces in developing leaves of *Phaseolus vulgaris* L. *Protoplasma* 132, 90–98.

Jones, M. G. K. 1976. The origin and development of plasmodesmata. In: *Intercellular Communication in Plants: Studies on Plasmodesmata*, S. 81–105, B. E. S. Gunning and A. W. Robards, Hrsg. Springer-Verlag, Berlin.

Jung, G. und W. Wernicke. 1990. Cell shaping and microtubules in developing mesophyll of wheat (*Triticum aestivum* L.). *Protoplasma* 153, 141–148.

Kato, Y. und K. Matsuda. 1985. Xyloglucan in cell walls of suspension-cultured rice cells. *Plant Cell Physiol.* 26, 437–445.

Kauss, H. 1989. Fluorometric measurement of callose and other 1,3-β-glucans. In: *Plant Fibers*, S. 127–137, H. F. Linskens and J. F. Jackson, Hrsg. Springer-Verlag, Berlin.

Kauss, H. 1996. Callose synthesis. In: *Membranes: Specialized Functions in Plants*, S. 77–92, M. Smallwood, J. P. Knox und D. J. Bowles, Hrsg. BIOS Scientific, Oxford.

Keller, B. 1993. Structural cell wall proteins. *Plant Physiol.* 101, 1127–1130.

Keller, B. und C. J. Lamb. 1989. Specific expression of a novel cell wall hydroxyproline-rich glycoprotein gene in lateral root initiation. *Genes Dev.* 3, 1639–1646.

Kempers, R. und A. J. E. van Bel. 1997. Symplasmic connections between sieve element and companion cell in stem phloem of *Vicia faba* L. have a molecular exclusion limit of at least 10 kDa. *Planta* 201, 195–201.

Kerr, T. und I. W. Bailey. 1934. The cambium and its derivative tissues. X. Structure, optical properties and chemical composition of the so-called middle lamella. *J. Arnold Arb.* 15, 327–349.

Kerstens, S., W. F. Decraemer und J.-P. Verbelen. 2001. Cell walls at the plant surface behave mechanically like fiber-reinforced composite materials. *Plant Physiol.* 127, 381–385.

Kim, I., F. D. Hempel, K. Sha, J. Pfluger und P. C. Zambryski. 2002. Identification of a developmental transition in plasmodesmatal function during embryogenesis in *Arabidopsis thaliana*. *Development* 129, 1261–1272.

Kim, M., W. Canio, S. Kessler und N. Sinha. 2001. Developmental changes due to long-distance movement of a homeobox fusion transcript in tomato. *Science* 293, 287–289.

Kimura, S., W. Laosinchai, T. Itoh, X. Cui, C. R. Linder und R. M. Brown Jr. 1999. Immunogold labeling of rosette terminal cellulose-synthesizing complexes in the vascular plant *Vigna angularis*. *Plant Cell* 11, 2075–2085.

Kolattukudy, P. E. 1980. Biopolyester membranes of plants: Cutin and suberin. *Science* 208, 990–1000.

Kolattukudy, P. E. und C. L. Soliday. 1985. Effects of stress on the defensive barriers of plants. In: *Cellular and Molecular Biology of Plant Stress*, S. 381–400, J. L. Key and T. Kosuge, Hrsg. Alan R. Liss, New York.

Kollmann, R. und C. Glockmann. 1991. Studies on graft unions. III. On the mechanism of secondary formation of plasmodesmata at the graft interface. *Protoplasma* 165, 71–85.

Kollöffel, C. und P. W. T. Linssen. 1984. The formation of intercellular spaces in the cotyledons of developing and germinating pea seeds. *Protoplasma* 120, 12–19.

Kragler, F., W. J. Lucas und J. Monzer. 1998. Plasmodesmata: Dynamics, domains and patterning. *Ann. Bot.* 81, 1–10.

Kreuger, M. und G.-J. van Holst. 1993. Arabinogalactan proteins are essential in somatic embryogenesis of *Daucus carota* L. *Planta* 189, 243–248.

Kutschera, U. 1991. Regulation of cell expansion. In: *The Cytoskeletal Basis of Plant Growth and Form*, S. 149–158, C. W. Lloyd, Hrsg. Academic Press, London.

Kutschera, U. 1996. Cessation of cell elongation in rye coleoptiles is accompanied by a loss of cell-wall plasticity. *J. Exp. Bot.* 47, 1387–1394.

Lauber, M. H., I. Waizenegger, T. Steinmann, H. Schwarz, U. Mayer, W. Lukowitz und G. Jürgens. 1997. The *Arabidopsis* KNOLLE protein in a cytokinesis-specific syntaxin. *J. Cell Biol.* 139, 1485–1493.

Lee, J.-Y., B.-C. Yoo und W. J. Lucas. 2000. Parallels between nuclear-pore and plasmodesmal trafficking of information molecules. *Planta* 210, 177–187.

Lee, Y.-R. J. und B. Liu. 2000. Identification of a phragmoplastassociated kinesin-related protein in higher plants. *Curr. Biol.* 10, 797–800.

Leisner, S. M. und R. Turgeon. 1993. Movement of virus and photoassimilate in the phloem: A comparative analysis. *BioEssays* 15, 741–748.

Levy, S. und L. A. Staehelin. 1992. Synthesis, assembly and function of plant cell wall macromolecules. *Curr. Opin. Cell Biol.* 4, 856–862.

Lewis, N. G. 1999. A 20th century roller coaster ride: A short account of lignification. *Curr. Opin. Plant Biol.* 2, 153–162.

Lewis, N. G. und E. Yamamoto. 1990. Lignin: Occurrence, biogenesis and biodegradation. *Annu. Rev. Plant Physiol. Plant Mol. Biol.* 41, 455–496.

Li, Y., C. P. Darley, V. Ongaro, A. Fleming, O. Schipper, S. L. Baldauf und S. J. McQueen-Mason. 2002. Plant expansins are a complex multigene family with an ancient evolutionary origin. *Plant Physiol.* 128, 854–864.

Lišková, D., D. Kákoniová, M. Kubačková, K. Sadloňová-Kollárová, P. Capek, L. Bilisics, J. Vojtaššák und L. Slováková. 1999. Biologically active oligosaccharides. In: *Advances in Regulation of Plant Growth and Development*, S. 119–130, M. Strnad, P. Peč und E. Beck, Hrsg. Peres Publishers, Prague.

Lloyd, C. W. und J. A. Traas. 1988. The role of F-actin in determining the division plane of carrot suspension cells. Drug studies. *Development* 102, 211–221.

Lucas, W. J. 1999. Plasmodesmata and the cell-to-cell transport of proteins and nucleoprotein complexes. *J. Exp. Bot.* 50, 979–987.

Lucas, W. J., B. Ding und C. van der Schoot. 1993. Plasmodesmata and the supracellular nature of plants. *New Phytol.* 125, 435–476.

Lucas, W. J., S. Bouché-Pillon, D. P. Jackson, L. Nguyen, L. Baker, B. Ding und S. Hake. 1995. Selective trafficking of *KNOTTED1* homeodomain protein and its mRNA through plasmodesmata. *Science* 270, 1980–1983.

Lukowitz, W., U. Mayer und G. Jürgens. 1996. Cytokinesis in the *Arabidopsis* embryo involves the syntaxin-related *KNOLLE* gene product. *Cell* 84, 61–71.

MacAdam, J. W. und C. J. Nelson. 2002. Secondary cell wall deposition causes radial growth of fibre cells in the maturation zone of elongating tall fescue leaf blades. *Ann. Bot.* 89, 89–96.

Majewska-Sawka, A. und E. A. Nothnagel. 2000. The multiple roles of arabinogalactan proteins in plant development. *Plant Physiol.* 122, 3–9.

Maltby, D., N. C. Carpita, D. Montezinos, C. Kulow und D. P. Delmer. 1979. β-1,3-glucan in developing cotton fibers. Structure, localization, and relationship of synthesis to that of secondary wall cellulose. *Plant Physiol.* 63, 1158–1164.

Mansfield, S. G. und L. G. Briarty. 1991. Early embryogenesis in *Arabidopsis thaliana*. II. The developing embryo. *Can. J. Bot.* 69, 461–476.

Marc, J., D. E. Sharkey, N. A. Durso, M. Zhang und R. J. Cyr. 1996. Isolation of a 90-kD microtubule-associated protein from tobacco membranes. *Plant Cell* 8, 2127–2138.

Matar, D. und A. M. Catesson. 1988. Cell plate development and delayed formation of the pectic middle lamella in root meristems. *Protoplasma* 146, 10–17.

Matoh, T. und M. Kobayashi. 1998. Boron and calcium, essential inorganic constituents of pectic polysaccharides in higher plant cell walls. *J. Plant Res.* 111, 179–190.

McCann, M. C., B. Wells und K. Roberts. 1990. Direct visualization of cross-links in the primary plant cell wall. *J. Cell Sci.* 96, 323–334.

McDougall, G. J. und S. C. Fry. 1990. Xyloglucan oligosaccharides promote growth and activate cellulase: Evidence for a role of cellulase in cell expansion. *Plant Physiol.* 93, 1042–1048.

McLean, B. G., F. D. Hempel und P. C. Zambryski. 1997. Plant intercellular communication via plasmodesmata. *Plant Cell* 9, 1043–1054.

McNeil, M., A. G. Darvill, S. C. Fry und P. Albersheim. 1984. Structure and function of the primary cell walls of plants. *Annu. Rev. Biochem.* 5, 625–663.

McQueen-Mason, S. J. 1995. Expansins and cell wall expansion. *J. Exp. Bot.* 46, 1639–1650.

Mezitt, L. A. und W. J. Lucas. 1996. Plasmodesmal cell-to-cell transport of proteins and nucleic acids. *Plant Mol. Biol.* 32, 251–273.

Mohnen, D. und M. G. Hahn. 1993. Cell wall carbohydrates as signals in plants. *Semin. Cell Biol.* 4, 93–102.

Molchan, T. M., A. H. Valster und P. K. Hepler. 2002. Actomyosin promotes cell plate alignment and late lateral expansion in Tradescantia stamen hair cells. *Planta* 214, 683–693.

Monties, B. 1989. Lignins. In: *Methods in Plant Biochemistry*, Band 1, *Plant Phenolics*, S. 113–157, J. B. Harborne, Hrsg. Academic Press, London.

Monzer, J. 1991. Ultrastructure of secondary plasmodesmata formation in regenerating Solanum nigrum-protoplast cultures. *Protoplasma* 165, 86–95.

Moore, P. J. und L. A. Staehelin. 1988. Immunogold localization of the cell-wall-matrix polysaccharides rhamnogalacturonan I and xyloglucan during cell expansion and cytokinesis in *Trifolium pratense* L.; implication for secretory pathways. *Planta* 174, 433–445.

Morejohn, L. C. 1991. The molecular pharmacology of plant tubulin and microtubules. In: *The Cytoskeletal Basis of Plant Growth and Form*, S. 29–43, C. W. Lloyd, Hrsg. Academic Press, London.

Mulder, B. M. und A. M. C. Emons. 2001. A dynamical model for plant cell wall architecture formation. *J. Math. Biol.* 42, 261–289.

Mulder, B., J. Schel und A. M. Emons. 2004. How the geometrical model for plant cell wall formation enables the production of a random texture. *Cellulose* 11, 395–401.

Münch, E. 1930. *Die Stoffbewegungen in der Pflanze*. Gustav Fischer, Jena.

Murmanis, L. und R. F. Evert. 1967. Parenchyma cells of secondary phloem in *Pinus strobus*. *Planta* 73, 301–318.

Müsel, G., T. Schindler, R. Bergfeld, K. Ruel, G. Jacquet, C. Lapierre, V. Speth und P. Schopfer. 1997. Structure and distribution of lignin in primary and secondary walls of maize coleoptiles analyzed by chemical and immunological probes. *Planta* 201, 146–159.

Nakajima, K., G. Sena, T. Nawy und P. N. Benfey. 2001. Intercellular movement of the putative transcription factor SHR in root patterning. *Nature* 413, 307–311.

Nakamura, S.-I., H. Hayashi, S. Mori und M. Chino. 1993. Protein phosphorylation in the sieve tubes of rice plants. *Plant Cell Physiol.* 34, 927–933.

Nebenführ, A., J. A. Frohlick und L. A. Staehelin. 2000. Redistribution of Golgi stacks and other organelles during mitosis and cytokinesis in plant cells. *Plant Physiol.* 124, 135–151.

Nelson, R. S. und A. J. E. van Bel. 1998. The mystery of virus trafficking into, through and out of vascular tissue. *Prog. Bot.* 59, 476–533.

Newman, R. H., L. M. Davies und P. J. Harris. 1996. Solid-state 13C nuclear magnetic resonance characterization of cellulose in the cell walls of *Arabidopsis thaliana* leaves. *Plant Physiol.* 111, 475–485.

Nicholson, R. L. und R. Hammerschmidt. 1992. Phenolic compounds and their role in disease resistance. *Annu. Rev. Phytopathol.* 30, 369–389.

Olesen, P. 1979. The neck constriction in plasmodesmata. Evidence for a peripheral sphincter-like structure revealed by fixation with tannic acid. *Planta* 144, 349–358.

Olesen, P. und A. W. Robards. 1990. The neck region of plasmodesmata: general architecture and some functional aspects. In: *Parallels in Cell to Cell Junctions in Plants and Animals*, S. 145–170, A. W. Robards, H. Jongsma, W. J. Lucas, J. Pitts und D. Spray, Hrsg. Springer-Verlag, Berlin.

O'Malley, D. M., R. Whetten, W. Bao, C.-L. Chen und R. R. Sederoff. 1993. The role of laccase in lignification. *Plant J.* 4, 751–757.

Oparka, K. J., D. A. M. Prior und K. M. Wright. 1995. Symplastic communication between primary and developing lateral roots of *Arabidopsis thaliana. J. Exp. Bot.* 46, 187–197.

Oparka, K. J., A. G. Roberts, P. Boevink, S. Santa Cruz, I. Roberts, K. S. Pradel, A. Imlau, G. Kotlizky, N. Sauer und B. Epel. 1999. Simple, but not branched, plasmodesmata allow the nonspecific trafficking of proteins in developing tobacco leaves. *Cell* 97, 743–754.

Østergaard, L., K. Teilum, O. Mirza, O. Mattsson, M. Petersen, K. G. Welinder, J. Mundy, M. Gajhede und A. Henriksen. 2000. *Arabidopsis* ATP A2 peroxidase. Expression and high-resolution structure of a plant peroxidase with implications for lignification. *Plant Mol. Biol.* 44, 231–243.

Otegui, M. und L. A. Staehelin. 2000. Cytokinesis in flowering plants: More than one way to divide a cell. *Curr. Opin. Plant Biol.* 3, 493–502.

Overall, R. L. und L. M. Blackman. 1996. A model of the macromolecular structure of plasmodesmata. *Trends Plant Sci.* 1, 307–311.

Overall, R. L., B. E. S. Gunning. 1982. Intercellular communication in *Azolla* roots. II. Electrical coupling. *Protoplasma* 111, 151–160.

Overall, R. L., R. G. White, L. M. Blackman und J. E. Radford. 2000. Actin and myosin in plasmodesmata. In: *Actin: A Dynamic Framework for Multiple Plant Cell Function*, S. 497–515, C. J. Staiger, F. Baluška, D. Volkmann und P. W. Barlow, Hrsg. Kluwer/Academic Press, Dordrecht.

Palevitz, B. A. und P. K. Hepler. 1985. Changes in dye coupling of stomatal cells of *Allium* and *Commelina* demonstrated by microinjection of Lucifer yellow. *Planta* 164, 473–479.

Panteris, E., P. Apostolakos und B. Galatis. 1993. Microtubule organization, mesophyll cell morphogenesis, and intercellular space formation in *Adiantum capillus veneris* leaflets. *Protoplasma* 172, 97–110.

Pauly, M., P. Albersheim, A. Darvill und W. S. York. 1999. Molecular domains of the cellulose/xyloglucan network in the cell walls of higher plants. *Plant J.* 20, 629–639.

Pearce, R. B. 1989. Cell wall alterations and antimicrobial defense in perennial plants. In: *Plant Cell Wall Polymers. Biogenesis and Biodegradation*, S. 346–360, N. G. Lewis and M. G. Paice, Hrsg. American Chemical Society, Washington, DC.

Pennell, R. 1998. Cell walls: Structures and signals. *Curr. Opin. Plant Biol.* 1, 504–510.

Perry, J. W. und R. F. Evert. 1983. Histopathology of *Verticillium dahliae* within mature roots of Russet Burbank potatoes. *Can. J. Bot.* 61, 3405–3421.

Pickard, B. G. und R. N. Beachy. 1999. Intercellular connections are developmentally controlled to help move molecules through the plant. *Cell* 98, 5–8.

Pomar, F., F. Merino und A. Ros Barceló. 2002. O-4-linked coniferyl and sinapyl aldehydes in lignifying cell walls are the main targets of the Wiesner (phloroglucinol-HCl) reaction. *Protoplasma* 220, 17–28.

Post-Beittenmiller, D. 1996. Biochemistry and molecular biology of wax production in plants. *Annu. Rev. Plant Physiol. Plant Mol. Biol.* 47, 405–430.

Potgieter, M. J. und A. E. van Wyk. 1992. Intercellular pectic protuberances in plants: Their structure and taxonomic significance. *Bot. Bull. Acad. Sin.* 33, 295–316.

Preston, R. D. 1974. Plant cell walls. In: *Dynamic Aspects of Plant Ultrastructure*, S. 256–309, A. W. Robards, Hrsg. McGraw-Hill, London.

Preston, R. D. 1982. The case for multinet growth in growing walls of plant cells. *Planta* 155, 356–363.

Priestley, J. H. und L. I. Scott. 1939. The formation of a new cell wall at cell division. *Proc. Leeds Philos. Lit. Soc., Sci. Sect.*, 3, 532–545.

Radford, J. E. und R. G. White. 1998. Localization of a myosinlike protein to plasmodesmata. *Plant J.* 14, 743–750.

Radford, J. E., M. Vesk und R. L. Overall. 1998. Callose deposition at plasmodesmata. *Protoplasma* 201, 30–37.

Raven, P. H., R. F. Evert und S. E. Eichhorn. 2005. *Biology of Plants*, 7. Aufl. Freeman, New York.

Record, S. J. 1934. *Identification of the Timbers of Temperate North America*. Wiley, New York.

Reichel, C., P. Más und R. N. Beachy. 1999. The role of the ER and cytoskeleton in plant viral trafficking. *Trends Plant Sci.* 4, 458–462.

Reichelt, S., A. E. Knight, T. P. Hodge, F. Baluška, J. Samaj, D. Volkmann und J. Kendrick-Jones. 1999. Characterization of the unconventional myosin VIII in plant cells and its localization at the post-cytokinetic cell wall. *Plant J.* 19, 555–567.

Reid, J. S. G. 1985. Cell wall storage carbohydrates in seeds—Biochemistry of the seed "gums" and "hemicelluloses." *Adv. Bot. Res.* 11, 125–155.

Reinhardt, D., F. Wittwer, T. Mandel und C. Kuhlemeier. 1998. Localized upregulation of a new expansin gene predicts the site of leaf formation in the tomato meristem. *Plant Cell* 10, 1427–1437.

Reis, D. und B. Vian. 2004. Helicoidal pattern in secondary cell walls and possible role of xylans in their construction. *C. R. Biologies* 327, 785–790.

Reuzeau, C. und R. F. Pont-Lezica. 1995. Comparing plant and animal extracellular matrix-cytoskeleton connections—Are they alike? *Protoplasma* 186, 113–121.

Robards, A. W. und W. J. Lucas. 1990. Plasmodesmata. *Annu. Rev. Plant Physiol. Plant Mol. Biol.* 41, 369–419.

Roberts, K. 1990. Structures at the plant cell surface. *Curr. Opin. Cell Biol.* 2, 920–928.

Roberts, K. 1994. The plant extracellular matrix: In a new expansive mood. *Curr. Opin. Cell Biol.* 6, 688–694.

Robinson, D. G. 1991. What is a plant cell? The last word. *Plant Cell* 3, 1145–1146.

Robinson-Beers, K. und R. F. Evert. 1991. Fine structure of plasmodesmata in mature leaves of sugarcane. *Planta* 184, 307–318.

Rodkiewicz, B. 1970. Callose in cell walls during megasporogenesis in angiosperms. *Planta* 93, 39–47.

Roelofsen, P. A. 1959. The plant cell-wall. *Handbuch der Pflanzenanatomie*, Band III, Teil 4, Cytologie. Gebrüder Borntraeger, Berlin-Nikolassee.

Roland, J. C. 1978. Cell wall differentiation and stages involved with intercellular gas space opening. *J. Cell Sci.* 32, 325–336.

Roland, J. C., D. Reis, B. Vian, B. Satiat-Jeunemaitre und M. Mosiniak. 1987. Morphogenesis of plant cell walls at the supramolecular level: Internal geometry and versatility of helicoidal expression. *Protoplasma* 140, 75–91.

Roland, J.-C., D. Reis, B. Vian und S. Roy. 1989. The helicoidal plant cell wall as a performing cellulose-based composite. *Biol. Cell* 67, 209–220.

Ros Barceló, A. 1997. Lignification in plant cell walls. *Int. Rev. Cytol.* 176, 87–132.

Rose, J. K. C. und A. B. Bennett. 1999. Cooperative disassembly of the cellulose-xyloglucan network of plant cell walls: Parallels between cell expansion and fruit ripening. *Trends Plant Sci.* 4, 176–183.

Rose, J. K. C., D. J. Cosgrove, P. Albersheim, A. G. Darvill und A. B. Bennett. 2000. Detection of expansin proteins and activity during tomato fruit ontogeny. *Plant Physiol.* 123, 1583–1592.

Ruel, K., O. Faix und J.-P. Joseleau. 1994. New immunogold probes for studying the distribution of the different lignin types during plant cell wall biogenesis. *J. Trace Microprobe Tech.* 12, 247–265.

Ruel, K., M.-D. Montiel, T. Goujon, L. Jouanin, V. Burlat und J.-P. Joseleau. 2002. Interrelation between lignin deposition and polysaccharide matrices during the assembly of plant cell walls. *Plant Biol.* 4, 2–8.

Ryser, U. und B. Keller. 1992. Ultrastructural localization of a bean glycine-rich protein in unlignified primary walls of protoxylem cells. *Plant Cell* 4, 773–783.

Ryser, U., M. Schorderet, G.-F. Zhao, D. Studer, K. Ruel, G. Hauf und B. Keller. 1997. Structural cell-wall proteins in protoxylem development: evidence for a repair process mediated by a glycine-rich protein. *Plant J.* 12, 97–111.

Sakuth, T., C. Schobert, A. Pecsvaradi, A. Eichholz, E. Komor und G. Orlich. 1993. Specific proteins in the sievetube exudate of *Ricinus communis* L. seedlings: Separation, characterization and in vivo labelling. *Planta* 191, 207–213.

Samuels, A. L., T. H. Giddings Jr. und L. A. Staehelin. 1995. Cytokinesis in tobacco BY-2 and root tip cells: A new model of cell plate formation in higher plants. *J. Cell Biol.* 130, 1345–1357.

Satiat-Jeunemaitre, B. 1992. Spatial and temporal regulations in helicoidal extracellular matrices: Comparison between plant and animal systems. *Tissue Cell* 24, 315–334.

Satiat-Jeunemaitre, B., B. Martin und C. Hawes. 1992. Plant cell wall architecture is revealed by rapid-freezing and deepetching. *Protoplasma* 167, 33–42.

Schmit, A.-C. und A.-M. Lambert. 1988. Plant actin filament and microtubule interactions during anaphase-telophase transition: Effects of antagonist drugs. Biol. *Cell* 64, 309–319.

Schobert, C., P. Großmann, M. Gottschalk, E. Komor, A. Pecsvaradi und U. zur Nieden. 1995. Sieve-tube exudate from *Ricinus communis* L. seedlings contains ubiquitin and chaperones. *Planta* 196, 205–210.

Schobert, C., L. Baker, J. Szederkényi, P. Großmann, E. Komor, H. Hayashi, M. Chino und W. J. Lucas. 1998. Identification of immunologically related proteins in sieve-tube exudate collected from monocotyledonous and dicotyledonous plants. *Planta* 206, 245–252.

Schulz, A. 1995. Plasmodesmal widening accompanies the short-term increase in symplasmic phloem loading in pea root tips under osmotic stress. *Protoplasma* 188, 22–37.

Schulz, A. 1999. Physiological control of plasmodesmal gating. In: *Plasmodesmata: Structure, Function, Role in Cell Communication*, S. 173–204, A. J. E. van Bel and W. J. P. van Kestern, Hrsg. Springer, Berlin.

Schulz, R. und W. A. Jensen. 1968. Capsella embryogenesis: The egg, zygote, and young embryo. *Am. J. Bot.* 55, 807–819.

Sederoff, R. und H.-M. Chang. 1991. Lignin biosynthesis. In: *Wood Structure and Composition*, S. 263–285, M. Lewin and I. S. Goldstein, Hrsg. Dekker, New York.

Sederoff, R. R., J. J. MacKay, J. Ralph und R. D. Hatfield. 1999. Unexpected variation in lignin. *Curr. Opin. Plant Biol.* 2, 145–152.

Serpe, M. D. und E. A. Nothnagel. 1999. Arabinogalactan-proteins in the multiple domains of the plant cell surface. *Adv. Bot. Res.* 30, 207–289.

Shedletzky, E., M. Shumel, T. Trainin, S. Kalman und D. Delmer. 1992. Cell wall structure in cells adapted to growth on the cellulose-synthesis inhibitor 2,6-dichlorobenzonitrile. A comparison between two dicotyledonous plants and a graminaceous monocot. *Plant Physiol.* 100, 120–130.

Shibaoka, H. 1991. Microtubules and the regulation of cell morphogenesis by plant hormones. In: *The Cytoskeletal Basis of Plant Growth and Form*, S. 159–168, C. W. Lloyd, Hrsg. Academic Press, London.

Shieh, M. W. und D. J. Cosgrove. 1998. Expansins. *J. Plant Res.* 149–157.

Shimizu, Y., S. Aotsuka, O. Hasegawa, T. Kawada, T. Sakuno, F. Sakai und T. Hayashi. 1997. Changes in levels of mRNAs for cell wall-related enzymes in growing cotton fiber cells. *Plant Cell Physiol.* 38, 375–378.

Showalter, A. M. 1993. Structure and function of plant cell wall proteins. *Plant Cell* 5, 9–23.

Sinha, N. R., R. E. Williams und S. Hake. 1993. Overexpression of the maize homeobox gene, *KNOTTED-1*, causes a switch from determinate to indeterminate cell fates. *Genes Dev.* 7, 787–795.

Sinnott, E. W. und R. Bloch. 1941. Division in vacuolate plant cells. *Am. J. Bot.* 28, 225–232.

Smith, B. G. und P. J. Harris. 1999. The polysaccharide composition of Poales cell walls: Poaceae cell walls are not unique. *Biochem. System. Ecol.* 27, 33–53.

Smith, B. G., P. J. Harris, L. D. Melton und R. H. Newman. 1998. Crystalline cellulose in hydrated primary cell walls of three monocotyledons and one dicotyledon. *Plant Cell Physiol.* 39, 711–720.

Smith, L. G. 1999. Divide and conquer: Cytokinesis in plant cells. *Curr. Opin. Plant Biol.* 2, 447–453.

Spanswick, R. M. 1976. Symplasmic transport in tissues. In: *Encyclopedia of Plant Physiology*, n.s., Band 2, Transport in Plants II, Part B, Tissues and Organs, S. 35–53, U. Lüttge and M. G. Pitman, Hrsg. Springer-Verlag, Berlin.

Staehelin, A. 1991. What is a plant cell? A response. *Plant Cell* 3, 553.

Staehelin, L. A. und P. K. Hepler. 1996. Cytokinesis in higher plants. *Cell* 84, 821–824.

Stone, B. A. und A. E. Clarke. 1992. *Chemistry and Biology of (1→3)-β-glucans*. La Trobe University Press, Bundoora, Victoria, Australia.

Sugimoto, K., R. Himmelspach, R. E. Williamson und G. O. Wasteneys. 2003. Mutation or drug-dependent microtubule disruption causes radial swelling without altering parallel cellulose microfibril deposition in Arabidopsis root cells. *Plant Cell* 15, 1414–1429.

Suzuki, K., T. Itoh und H. Sasamoto. 1998. Cell wall architecture prerequisite for the cell division in the protoplasts of white poplar, *Populus alba* L. *Plant Cell Physiol.* 39, 632–638.

Takahashi, Y., S. Ishida und T. Nagata. 1995. Auxin-regulated genes. *Plant Cell Physiol.* 36, 383–390.

Talbott, L. D. und P. M. Ray. 1992. Molecular size and separability features of pea cell wall polysaccharides. Implications for models of primary wall structure. *Plant Physiol.* 98, 357–368.

Tangl, E. 1879. Über offene Communicationen zwischen den Zellen des Endosperms einiger Samen. *Jahrb. Wiss. Bot.* 12, 170–190.

Taylor, N. G., S. Laurie und S. R. Turner. 2000. Multiple cellulose synthase catalytic subunits are required for cellulose synthesis in *Arabidopsis*. *Plant Cell* 12, 2529–2539.

Taylor, N. G., R. M. Howells, A. K. Huttly, K. Vickers und S. R. Turner. 2003. Interactions among three distinct CesA proteins essential for cellulose synthesis. *Proc. Natl. Acad. Sci. USA* 100, 1450–1455.

Terashima, N. 2000. Formation and ultrastructure of lignified plant cell walls. In: *New Horizons in Wood Anatomy*, S. 169–180,

Y. S. Kim, Hrsg. Chonnam National University Press, Kwangju, S. Korea.

Terashima, N., K. Fukushima, L.-F. He und K. Takabe. 1993. Comprehensive model of the lignified plant cell wall. In: *Forage Cell Wall Structure and Digestibility*, S. 247–270, H. G. Jung, D. R. Buxton, R. D. Hatfield und J. Ralph, Hrsg. American Society of Agronomy, Madison, WI.

Terashima, N., J. Nakashima und K. Takabe. 1998. Proposed structure for protolignin in plant cell walls. In: *Lignin and Lignan Biosynthesis*, S. 180–193, N. G. Lewis and S. Sarkanen, Hrsg. American Chemical Society, Washington, DC.

Terry, B. R. und A. W. Robards. 1987. Hydrodynamic radius alone governs the mobility of molecules through plasmodesmata. *Planta* 171, 145–157.

Thimm, J. C., D. J. Burritt, W. A. Ducker und L. D. Melton. 2000. Celery (*Apium graveolens* L.) parenchyma cell walls examined by atomic force microscopy: Effect of dehydration on cellulose microfibrils. *Planta* 212, 25–32.

Thimm, J. C., D. J. Burritt, I. M. Sims, R. H. Newman, W. A. Ducker und L. D. Melton. 2002. Celery (*Apium graveolens*) parenchyma cell walls: Cell walls with minimal xyloglucan. *Physiol. Plant.* 116, 164–171.

Thomson, N., R. F. Evert und A. Kelman. 1995. Wound healing in whole potato tubers: A cytochemical, fluorescence, and ultrastructural analysis of cut and bruised wounds. *Can. J. Bot.* 73, 1436–1450.

Tilney, L. G., T. J. Cooke, P. S. Connelly und M. S. Tilney. 1990. The distribution of plasmodesmata and its relationship to morphogenesis in fern gametophytes. *Development* 110, 1209–1221.

Trethewey, J. A. K. und P. J. Harris. 2002. Location of (1→3)- and (1→3), (1→4)-β-D-glucans in vegetative cell walls of barley (*Hordeum vulgare*) using immunogold labelling. *New Phytol.* 154, 347–358.

Tucker, E. B. und R. M. Spanswick. 1985. Translocation in the staminal hairs of Setcreasea purpurea. II. Kinetics of intercellular transport. *Protoplasma* 128, 167–172.

Tucker, J. E., D. Mauzerall und E. B. Tucker. 1989. Symplastic transport of carboxyfluorescein in staminal hairs of Setcreasea purpurea is diffusive and includes loss to the vacuole. *Plant Physiol.* 90, 1143–1147.

Turgeon, R. 1996. Phloem loading and plasmodesmata. *Trends Plant Sci.* 1, 418–423.

Vallet, C., B. Chabbert, Y. Czaninski und B. Monties. 1996. Histochemistry of lignin deposition during sclerenchyma differentiation in alfalfa stems. *Ann. Bot.* 78, 625–632.

van Bel, A. J. E. und W. J. P. van Kesteren, Hrsg. 1999. *Plasmodesmata: Structure, Function, Role in Cell Communication.* Springer-Verlag, Berlin.

Vance, C. P., T. K. Kirk und R. T. Sherwood. 1980. Lignification as a mechanism of disease resistance. *Annu. Rev. Phytopathol.* 18, 259–288.

van Volkenburgh, E., M. G. Schmidt und R. E. Cleland. 1985. Loss of capacity for acid-induced wall loosening as the principal cause of the cessation of cell enlargement in light-grown bean leaves. *Planta* 163, 500–505.

Varner, J. E. und L.-S. Lin. 1989. Plant cell wall architecture. *Cell* 56, 231–239.

Venverloo, C. J. und K. R. Libbenga. 1987. Regulation of the plane of cell division in vacuolated cells. I. The function of nuclear positioning and phragmosome formation. *J. Plant Physiol.* 131, 267–284.

Verma, D. P. S. 2001. Cytokinesis and building of the cell plate in plants. *Annu. Rev. Plant Physiol. Plant Mol. Biol.* 52, 751–784.

Vesk, P. A., M. Vesk und B. E. S. Gunning. 1996. Field emission scanning electron microscopy of microtubule arrays in higher plant cells. *Protoplasma* 195, 168–182.

Vian, B., D. Reis, M. Mosiniak und J. C. Roland. 1986. The glucuronoxylans and the helicoidal shift in cellulose microfibrils in linden wood: Cytochemistry *in muro* and on isolated molecules. *Protoplasma* 131, 185–199.

Vian, B., J.-C. Roland und D. Reis. 1993. Primary cell wall texture and its relation to surface expansion. *Int. J. Plant Sci.* 154, 1–9.

Volk, G. M., R. Turgeon und D. U. Beebe. 1996. Secondary plasmodesmata formation in the minor-vein phloem of *Cucumis melo* L. and *Cucurbita pepo* L. *Planta* 199, 425–432.

Vos, J. W., M. Dogterom und A. M. C. Emons. 2004. Microtubules become more dynamic but not shorter during preprophase band formation: A possible "search-and-capture" mechanism for microtubule translocation. *Cell Motil. Cytoskel.* 57, 246–258.

Waigmann, E. und P. C. Zambryski. 1995. Tobacco mosaic virus movement protein-mediated protein transport between trichome cells. *Plant Cell* 7, 2069–2079.

Waigmann, E., A. Turner, J. Peart, K. Roberts und P. Zambryski. 1997. Ultrastructural analysis of leaf trichome plasmodesmata reveals major differences from mesophyll plasmodesmata. *Planta* 203, 75–84.

Walter, M. H. 1992. Regulation of lignification in defense. In: *Genes Involved in Plant Defense*, S. 327–352, T. Boller and F. Meins, Hrsg. Springer-Verlag, Vienna.

Whetten, R. W., J. J. Mackay und R. R. Sederoff. 1998. Recent advances in understanding lignin biosynthesis. *Annu. Rev. Plant Physiol. Plant Mol. Biol.* 49, 585–609.

White, R. G., K. Badelt, R. L. Overall und M. Vest. 1994. Actin associated with plasmodesmata. *Protoplasma* 180, 169–184.

Willats, W. G. T., L. Mccartney, W. Mackie und J. P. Knox. 2001. Pectin: Cell biology and prospects for functional analysis. *Plant Mol. Biol.* 47, 9–27.

Williamson, R. E., J. E. Burn und C. H. Hocart. 2002. Towards the mechanism of cellulose synthesis. *Trends Plant Sci.* 7, 461–467.

Wolf, S., C. M. Deom, R. N. Beachy und W. J. Lucas. 1989. Movement protein of tobacco mosaic virus modifies plasmodesmatal size exclusion limit. *Science* 246, 377–379.

Wolters-Arts, A. M. C., T. van Amstel und J. Derksen. 1993. Tracing cellulose microfibril orientation in inner primary cell walls. *Protoplasma* 175, 102–111

Wu, J. 1993. Variation in the distribution of guaiacyl and syringyl lignin in the cell walls of hardwoods. *Mem. Fac. Agric.* Hokkaido Univ. 18, 219–268.

Wymer, C. und C. Lloyd. 1996. Dynamic microtubules: Implications for cell wall patterns. *Trends Plant Sci.* 1, 222–228.

Ye, Z.-H. und J. E. Varner. 1991. Tissue-specific expression of cell wall proteins in developing soybean tissues. *Plant Cell* 3, 23–37.

Yuan, M., P. J. Shaw, R. M. Warn und C. W. Lloyd. 1994. Dynamic reorientation of cortical microtubules, from transverse to longitudinal, in living plant cells. *Proc. Natl. Acad. Sci. USA* 91, 6050–6053.

Zachariadis, M., H. Quader, B. Galatis und P. Apostolakos. 2001. Endoplasmic reticulum preprophase band in dividing root-tip cells of Pinus brutia. *Planta* 213, 824–827.

Zandomeni, K. und P. Schopfer. 1993. Reorientation of microtubules at the outer epidermal wall of maize coleoptiles by phytochrome, blue-light receptor und auxin. *Protoplasma* 173, 103–112.

# Kapitel 5
# Meristeme und Differenzierung

## 5.1 Meristeme

Mit der Teilung der befruchteten Eizelle (Zygote) beginnend, produziert die Gefäßpflanze ständig neue Zellen und bildet neue Organe, bis sie schließlich abstirbt. Während der frühen Embryonalentwicklung finden überall im jungen Organismus Zellteilungen statt. Wenn der Embryo zur selbständigen Pflanze heranwächst, beschränkt sich aber die Bildung neuer Zellen mehr und mehr auf bestimmte Teile des Pflanzenkörpers. Die nun lokal beschränkten Wachstumsgewebe, deren embryonaler Charakter erhalten bleibt, bleiben während des Pflanzenlebens erhalten, so dass der Pflanzenkörper aus adulten und juvenilen Geweben besteht. Diese ständig jungen, embryonalen Gewebe, die sich in erster Linie mit der Bildung neuer Zellen befassen, sind die **Meristeme** (Abb. 5.1, McManus und Veit, 2002).

Die Begrenzung der Zellvermehrung auf bestimmte Regionen des Pflanzenkörpers ist das Ergebnis einer evolutionären Spezialisierung. Bei den primitivsten (am wenigsten spezialisierten) Pflanzen sind, im Grunde genommen, alle Zellen gleich; alle beteiligen sich an lebenswichtigen Prozessen wie Zellteilung, Photosynthese, Sekretion, Speicherung und Transport. Mit fortschreitender Spezialisierung von Zellen und Geweben wurde die Zellteilung fast ausschließliche Aufgabe der Meristeme und ihrer unmittelbaren Derivate.

Der Ausdruck Meristem (gr. *merismos* = Teilung) betont die charakteristische Funktion dieses Gewebes, die Zellteilungsaktivität. Auch andere lebende Gewebe können neue Zellen bilden; die Meristeme führen aber diese Tätigkeit uneingeschränkt fort, nicht nur zum Zwecke der Zellvermehrung für die Pflanze, sondern auch zur Selbstverjüngung; d. h. einige der Teilungsprodukte im Meristem entwickeln sich nicht zu ausgewachsenen Zellen, sondern bleiben meristematisch. Diese Zellen, die das Meristem als kontinuierliche Quelle neuer Zellen erhalten, bezeichnet man als **Initialzellen** oder **Meristeminitialen**, oder einfach als **Initialen**. Ihre Produkte, aus denen nach einer unterschiedlichen Zahl von Zellteilungen die **Körperzellen** entstehen, sind **Derivate** der Initialen. Man kann auch sagen, dass eine sich teilende Zelle der Vorläufer von Derivaten ist. Eine Initiale in einem Meristem ist ein Vorläufer von zwei Derivaten, wovon eine die neue Initiale ist und die andere der Vorläufer von Körperzellen.

Das Konzept von Initialen und Derivaten sollte die Annahme beinhalten, dass die Initialen von Natur aus von ihren Deri-

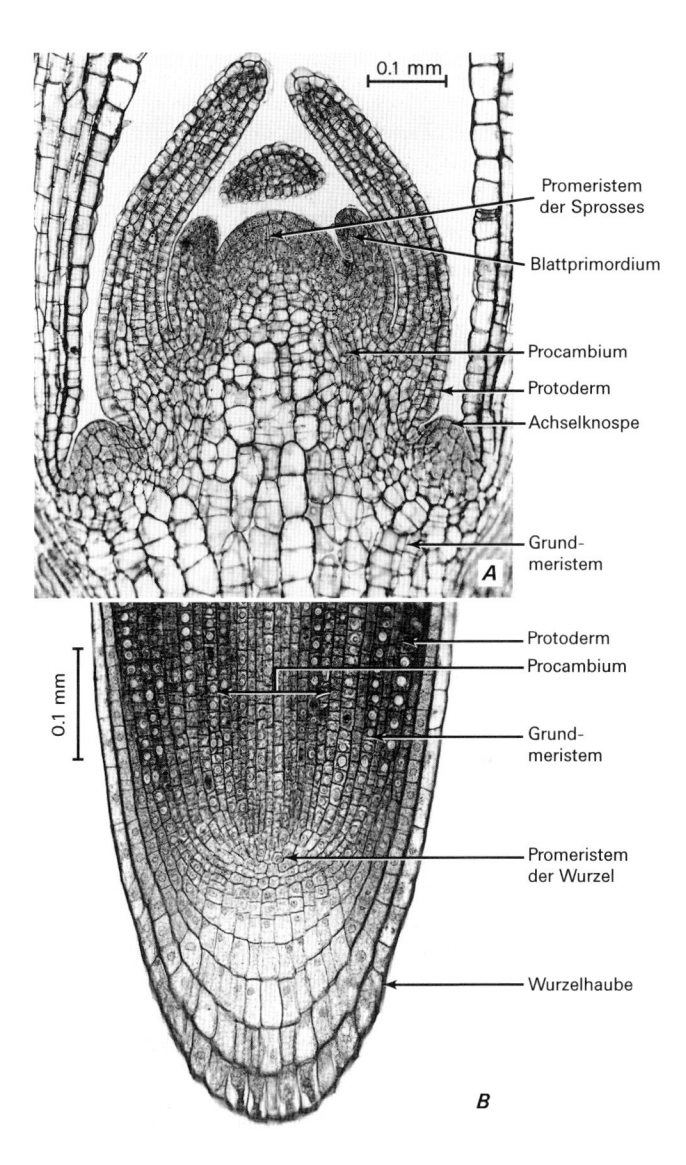

**Abb. 5.1** Sprossspitze (A) und Wurzelspitze (B) eines Keimlings von Flachs (*Linum usitatissimum*) in Längsschnitten. Beide Mikrophotographien zeigen Apikalmeristeme und die davon abgeleiteten primären Meristeme – Protoderm, Grundmeristem und Procambium –, deren am wenigsten determinierten Teil man als Promeristem bezeichnet.
**A**, Primordien von Blättern und Achselknospen sind zu sehen. **B**, die Wurzelhaube bedeckt das Apikalmeristem. Beachte die Zellketten (Zelllinien) hinter dem Wurzelapikalmeristem. (**A**, aus Sass, 1958. © Blackwell Publishing; **B**, aus Esau, 1977.)

vaten nicht verschieden sind. Das Konzept von Initialen und Derivaten wird unter verschiedenen Gesichtspunkten bei der Beschreibung des Cambiums (Kapitel 12) und des Apikalmeristems von Spross und Wurzel (Kapitel 6) behandelt. Es genügt an dieser Stelle deutlich zu machen, dass bestimmte Zellen im Meristem hauptsächlich deswegen als Initialen fungieren, weil sie die richtige Position für diese Aktivität einnehmen.

Das Vorhandensein von Meristemen und die Fähigkeit neue Organe zu bilden, unterscheidet die höhere Pflanze grundsätzlich vom höheren Tier. Bei letzterem wird während des Embryonalwachstums eine festgelegte Zahl von Organen gebildet. Allerdings werden die adulten Gewebe und Organe im ausgewachsenen Tier während des ganzen Lebens durch Zellpopulationen, die in diesen Geweben oder Organen ansässig sind, aufrechterhalten. Diese Zellen, die sogenannten **Stammzellen** (Weissman, 2000; Fuchs, E., und Segre, 2000; Weisman et al., 2001; Lanza et al., 2004a, b) sind mit den Initialen in Pflanzenmeristemen verglichen worden, und der Begriff Stammzelle für Initiale ist auch von einigen Pflanzenbiologen übernommen worden. Der Begriff Stammzelle wird in diesem Buch nicht verwendet.

Auch wenn die tierischen Stammzellen als analog zu den Initialen in Pflanzenmeristemen betrachtet werden können, so sind sie trotzdem nicht äquivalent. Initialen sind **totipotent** (von lat. *totus* = ganz, vollständig; d. h. sie haben die Kapazität, das gesamte Spektrum von Zelltypen hervorzubringen, ja sogar sich zu ganzen Pflanzen zu entwickeln. Bei den meisten Tieren ist nur die Zygote, die befruchtete Eizelle, wirklich totipotent. Embryonale Stammzellen sind fast gänzlich totipotent, aber schon früh in der Ontogenie (bald nach dem Blastocysten-Stadium) bilden sie adulte Stammzellen. Diese sind **pluripotent**; d. h. die Anzahl Zelltypen, zu denen sie sich entwickeln können, ist beschränkt – normalerweise entwickeln sie sich zu den Zelltypen der adulten Gewebe und Organe, in denen sie ansässig sind (Lanza et al., 2004a, b). Einige adulte Stammzellen können von ihrer ursprünglichen Nische fortwandern (ein Merkmal, das den Initialen fehlt) und die Morphologie und Funktionen ihrer neuen Nische annehmen (Blau et al., 2001).

Viele lebende Zellen in einem reifen Pflanzenteil bleiben entwicklungsmäßig totipotent. Daher zeichnet sich die Entwicklung und Organisation einer Pflanze durch **Plastizität** aus (Pigliucci, 1998), ein Vermögen, das als evolutionäre Antwort auf die sesshafte Lebensform angesehen wird. Wegen ihrer Sesshaftigkeit kann die Pflanze ihre Umgebung nicht verlassen und muss sich an unwirtliche Umweltbedingungen und Predatoren durch reversible Veränderungen anpassen (Trewavas, 1980).

### 5.1.1 Einteilung der Meristeme

**Eine der gebräuchlichsten Einteilungen der Pflanzenmeristeme begründet sich auf ihrer Lage im Pflanzenkörper.** Diese Klassifizierung unterteilt die Bildungsgewebe in **Api-** **kalmeristeme**, das sind Meristeme, die sich an den Spitzen von Haupt- und Seitensprossen und -wurzeln befinden (Abb. 5.1), und in **Lateralmeristeme**, das sind Meristeme, die parallel zu den Seiten der Achse, meist von Sprossachse oder Wurzel, auftreten. Das Cambium und das Korkcambium (Phellogen) sind Lateralmeristeme.

Auf Grund der Lage im Pflanzenkörper kann man noch einen dritten Meristemtyp benennen, das **intercalare Meristem**. Dieser Begriff bezeichnet eine meristematische Geweberegion, die vom Apikalmeristem abstammt, aber in einiger Entfernung von diesem meristematische Aktivität beibehält. Das Wort intercalar besagt, dass das Meristem zwischen mehr oder weniger differenzierte, nicht mehr meristematische, Gewebebezirke eingefügt ist (lat. *intercalarius* = eingeschaltet, eingeschoben). Am besten bekannt sind die intercalaren Meristeme in den Internodien und Blattscheiden vieler Monocotylen, besonders der Gräser (Abb. 5.2). Diese Wachstumszonen enthalten differenzierte Leitgewebeelemente und reifen schließlich zu adulten Geweben, deren Parenchymzellen die Kapazität zur Wiederaufnahme des Wachstums lange beibehalten (Kapitel 7). Als Meristeme sind die intercalaren Meristeme nicht von der selben Bedeutung wie die Apikal- und Lateralmeristeme, denn sie enthalten keine Zellen, die man als Initialen bezeichnen könnte.

Bei der Beschreibung primärer Differenzierungsvorgänge an den Spitzen von Wurzel und Spross können die Initialzellen und ihre jüngsten Derivate als **Promeristem** (oder **Protomeristem**; Jackson, 1953) von den anschließenden teilweise differenzierten, aber noch meristematischen Geweben unterschieden werden. Solche, von den Spitzen weiter entfernten, meristematischen Gewebe werden je nach Gewebetyp, der aus ihnen hervorgeht, eingeteilt in: das **Protoderm**, das sich zum epidermalen System differenziert, das **Procambium** (auch **provaskuläres Gewebe** genannt[1], das die primären Leitgewebe bildet, und das **Grundmeristem**, der Vorläufer des Grundgewebesystems. Wird der Begriff Meristem im weiteren Sinne gebraucht, so sind Protoderm, Procambium und Grundmeristem **primäre Meristeme** (Haberlandt, 1914). Im engeren Sinne stellen diese drei Zellkomplexe bereits teilweise differenzierte primäre meristematische Gewebe dar.

Die Begriffe Protoderm, Procambium und Grundmeristem sind besonders für die Beschreibung von Differenzierungsmustern in Pflanzenorganen geeignet. Sie stimmen mit der in Kapitel 1 erläuterten gleichermaßen einfachen und überzeugenden Einteilung reifer Gewebe in die drei Gewebesysteme (Epidermis, Leit- und Grundgewebe) überein. Es scheint unwesentlich, ob Protoderm, Procambium und Grundmeristem als Meristeme oder meristematische Gewebe bezeichnet werden, solange darunter verstanden wird, dass der zukünftige

---

[1] Einige Forscher unterscheiden zwischen provaskulären Zellen und procambialen Zellen. Provaskuläre Zellen hält man für wenig determiniert. Vaskulärkompetente und procambiale Zellen betrachtet man hingegen als Zellen, die bereits in Richtung einer Differenzierung zu Xylem und Phloem fortgeschritten sind (Clay und Nelson, 2002).

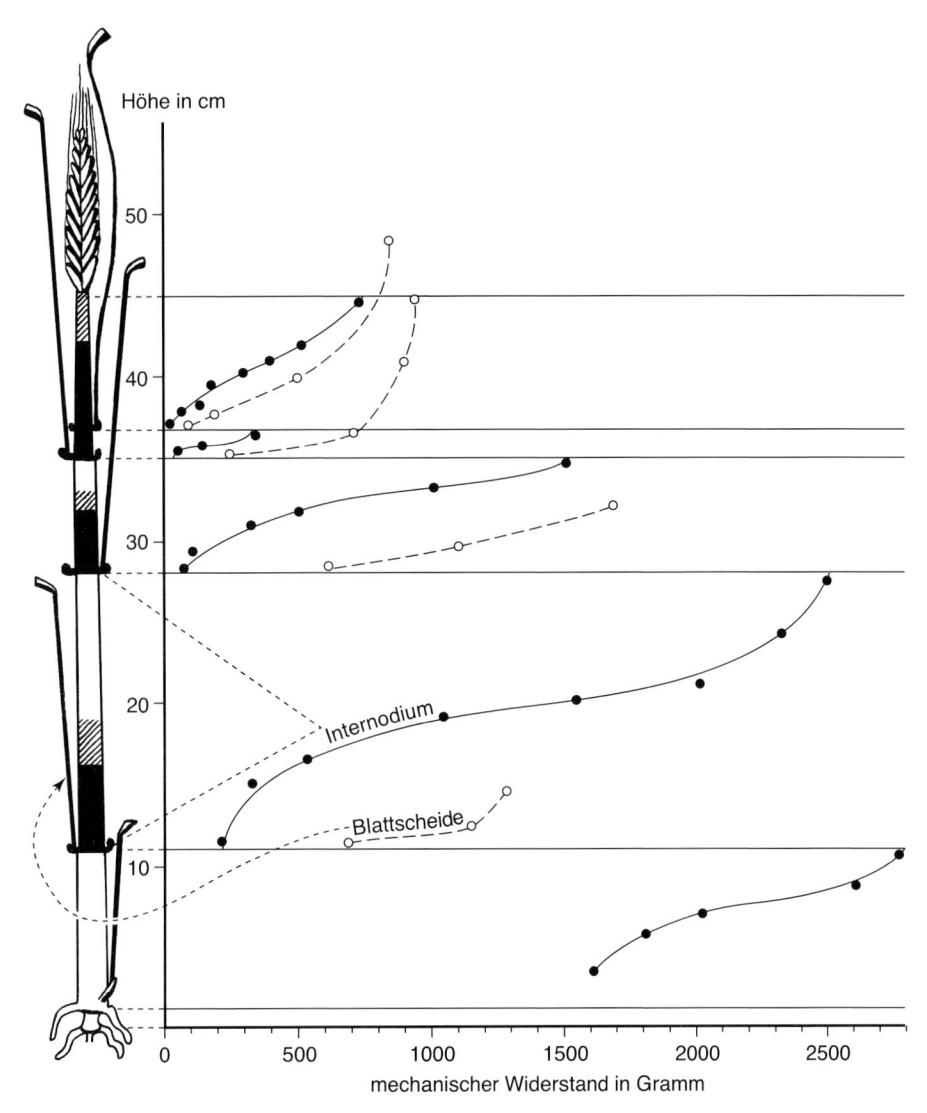

**Abb. 5.2** Verteilung der Wachstumszonen in einem Halm von *Secale cereale*. Pflanze mit fünf Internodien und Ähre. Die Blattscheiden erstrecken sich von jedem Knoten nach oben und enden, wo die Blattspreiten (nur teilweise zu sehen) von ihnen abzweigen. Das jüngste Gewebe der Internodien (intercalares Meristem) ist schwarz, das etwas ältere Gewebe schraffiert und das am meisten ausgewachsene Gewebe weiß dargestellt. Die Kurven (rechts) geben den mechanischen Widerstand des Internodiengewebes (ausgezogene Kurven) und des Blattscheidengewebes (gestrichelte Kurven) in den verschiedenen Regionen des Halmes an. Der Widerstand wurde mit dem Druck (in Gramm) gleichgesetzt, der notwendig war, um einen Querschnitt durch Internodium oder Blattscheide auszuführen (Nach Prat, 1935. © Masson, Paris.)

Entwicklungsweg dieser Gewebe mehr oder weniger festgelegt ist.

**Meristeme werden auch entsprechend der Natur der Zellen unterteilt, von denen ihre Initialen abstammen.** Wenn die Initialen direkte Abkömmlinge von embryonalen Zellen sind, die durchgehend meristematisch aktiv waren, nennt man das Meristem **primär**. Wenn die Initialen jedoch von Zellen abstammen, die sich zuerst differenzierten und dann wieder meristematisch wurden, wird das Meristem als **sekundär** bezeichnet.

Das Korkcambium (Phellogen) ist ein gutes Beispiel für ein sekundäres Meristem, denn es entsteht aus der Epidermis oder verschiedenen parenchymatischen Geweben der primären Rinde oder tiefer gelegener Rindenschichten. Das Cambium hat einen variableren Ursprung, in Bezug auf die Organisation des primären Leitgewebesystems. Dieses System differenziert sich aus dem Procambium, das letztlich von einem Apikalmeristem abstammt. Normalerweise treten das Procambium und die daraus entstehenden primären Leitgewebe in Bündeln (Faszikeln) auf, mehr oder weniger voneinander getrennt durch das interfasciculare Parenchym (Abb. 5.3A). Mit dem Ende des primären Wachstums wird aus dem Rest des Procambiums, zwischen primärem Xylem und primärem Phloem, der fasciculare Teil des Cambiums. Dieses Cambium wird durch interfasciculares Cambium vervollständigt, das im interfasciculären Parenchym

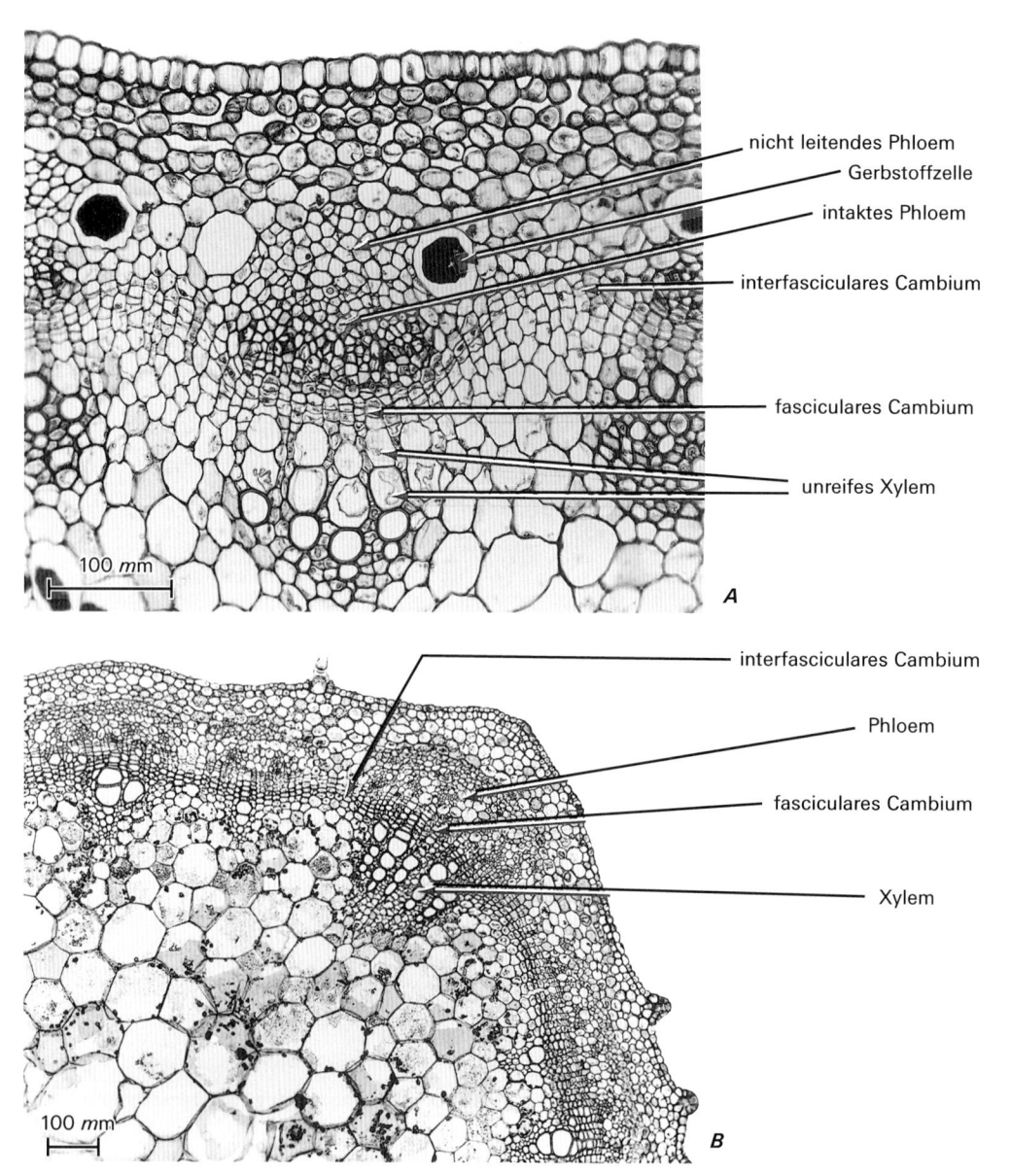

**Abb. 5.3** Querschnitte von Sprossachsen in einem früheren (**A**) und einem späteren (**B**) Stadium der Aktivität des fascicularen und interfascicularen Cambiums. **A**, *Lotus corniculatus*. **B**, *Medicago sativa*. (**A**, mit freundlicher Genehmigung von J.E. Sass; **B**, aus Sass, 1958.© Blackwell Publishing.)

entsteht (Abb. 5.3B). So wird ein zusammenhängender Cambiumzylinder (in Querschnitten als Ring zu sehen) gebildet, der Herkunft nach teils fascicular und teils interfascicular. Nach der Definition primärer und sekundärer Meristeme ist das fasciculare Meristem ein primäres Meristem – ein Derivat des Apikalmeristems und des Procambiums – wohingegen das interfasciculare Cambium ein sekundäres Meristem ist – ein Derivat des Parenchyms, das sekundär wieder meristematische Aktivität erlangt hat.

Bei vielen Holzpflanzen sind die Teile des Cambiums von zweierlei Herkunft im Verlauf des späteren sekundären Wachstums nicht mehr zu unterscheiden. Im Hinblick auf Erkenntnissen aus Gewebekultur-Untersuchungen, dass lebende Pflanzenzellen ihr Wachstumspotential lange Zeit behalten (Street, 1977), stellt das Auftreten cambialer Teilungen im interfascicularen Parenchym keine sehr große Veränderung des Charakters der beteiligten Zellen dar. Daher ist die Zuordnung des Cambiums teilweise zu den primären und teilweise zu den sekundären Meristemen rein theoretischer Natur. Dennoch bleibt es nach wie vor sinnvoll, reife Gewebe in primäre und sekundäre einzuteilen, wie in Kapitel 1 geschehen.

### 5.1.2 Merkmale meristematischer Zellen

Meristematische Zellen gleichen grundsätzlich jungen Parenchymzellen. Während der Zellteilung sind die Zellen an den Sprossspitzen relativ dünnwandig, ziemlich arm an Reservestoffen und ihre Plastiden befinden sich im Proplastidenstadium. Es ist nur wenig Endoplasmatisches Reticulum vorhanden und die Mitochondrien besitzen nur wenige Cristae. Dictyosomen und Mikrotubuli sind vorhanden, so wie es für Zellen mit wachsenden Wänden charakteristisch ist. Die Vakuolen sind klein und verstreut.

Tiefere Schichten der Apikalmeristeme können stärker vakuolisiert sein und Stärke enthalten (Steeves et al., 1969). Bei einigen Pflanzengruppen – besonders Farnen, Coniferen und *Gingko* – treten auffällig vakuolisierte Zellen an der höchsten Stelle des apikalen Scheitels auf (Kap. 6). Vor der Samenkeimung enthalten die Meristeme von Embryonen Reservestoffe.

Während Zellteilungsperioden sind die Zellen des Cambiums sehr stark vakuolisiert, mit ein oder zwei großen Vakuolen, die das dichte Cytoplasma auf eine dünne Randschicht begrenzen (Kapitel 12); dieses enthält raues Endoplasmatisches Reticulum und andere Zellkomponenten. Während der Dormanz nimmt das Vakuolensystem die Form zahlreicher miteinander vernetzter Vakuolen an. Wintervakuolen enthalten manchmal Polyphenole und Proteinkörper. Während dieser Zeit ist das Endoplasmatische Reticulum glatt und die Ribosomen liegen ungebunden im Cytosol vor.

Meristematische Zellen werden in der Regel als großkernig bezeichnet. Aber das Verhältnis zwischen Zellgröße und Kerngröße – die Kern-Plasma-Relation – variiert beträchtlich (Trombetta, 1942); größere Meristemzellen haben im Verhältnis zur Zellgröße kleinere Zellkerne.

Während Änderungen der meristematischen Aktivität zeigen die Zellkerne charakteristische strukturelle Unterschiede (Cottignies, 1977). Im dormanten Cambium z. B. , wenn der Zellkern in der $G_1$-Phase des Mitosezyklus blockiert ist und keine RNA-Synthese stattfindet, ist der Nucleolus klein, kompakt und hat eine größtenteils fibrilläre Textur. Wenn die Zelle aktiv ist und RNA-Synthese stattfindet, ist der Nucleolus groß, und hat deutliche Vakuolen und eine ausgedehnte granuläre Zone, die sich mit der fibrillären Zone vermischt.

Meristematische Zellen variieren also in Größe, Form und cytoplasmatischen Merkmalen. In Anbetracht dieser Variabilität, ist der Begriff **Eumeristem** (wahres Meristem) geprägt worden, um ein Meristem zu bezeichnen, das sich aus kleinen, nahezu isodiametrischen Zellen zusammensetzt, mit dünnen Wänden und reich an Cytoplasma (Kaplan, R., 1937). Für deskriptive Zwecke ist es oft günstig, diesen Begriff zu verwenden, aber er sollte nicht einschließen, dass einige Zellen typischer meristematisch sind als andere.

### 5.1.3 Wachstumsmuster in Meristemen

Die Meristeme und meristematischen Gewebe zeigen verschiedene Zellanordnungen, die vom Zellteilungsmodus und der anschließenden Zellstreckung festgelegt werden. Apikalmeristeme mit nur einer Initialzelle, welche die ganze äußerste Sprossspitze einnimmt (Scheitelzelle von *Equisetum* und vielen Farnen) zeichnen sich durch eine sehr regelmäßige Verteilung der neu gebildeten, noch meristematischen Zellen aus (Kapitel 6). Bei höheren Pflanzen ist die apikale Zellteilungsfolge weniger präzise. Sie erfolgt selten ungerichtet, weil das Apikalmeristem als ein organisiertes Ganzes wächst, und Teilung und Streckung der einzelnen Zellen vom inneren Wachstumsmodus und von der externen Form des Vegetationskegels abhängen. Diese korrelativen Einflüsse führen zur Differenzierung charakteristischer Zonen innerhalb des Meristems. In manchen Zonen des Meristems teilen sich die Zellen in größeren Zeitabständen und erreichen beachtliche Dimensionen; in anderen teilen sie sich häufiger und bleiben deshalb klein. Manche Zellkomplexe teilen sich in verschiedenen Ebenen (räumliches Wachstum), andere bilden nur Wände rechtwinklig zur Oberfläche des Meristems (**antikline Teilungen**, Flächenwachstum).

Die Lateralmeristeme teilen sich hauptsächlich parallel zur nächstgelegenen Oberfläche des Organs (Abb. 5.4A; **perikline Teilungen**), was die Bildung von radialen Zellreihen zur Folge hat und zum Dickenwachstum des Organs führt. In zylindrischen Körpern, wie Sprossachsen und Wurzeln, wird an Stelle der Bezeichnung perikline Teilung der Ausdruck **tangentiale Teilung** (oder tangentiale Längsteilung) verwendet. Die antikline Teilung ist **radial** (radiale Längsteilung; Abb. 5.4B), wenn sie parallel zum Radius des Zylinders verläuft; sie ist

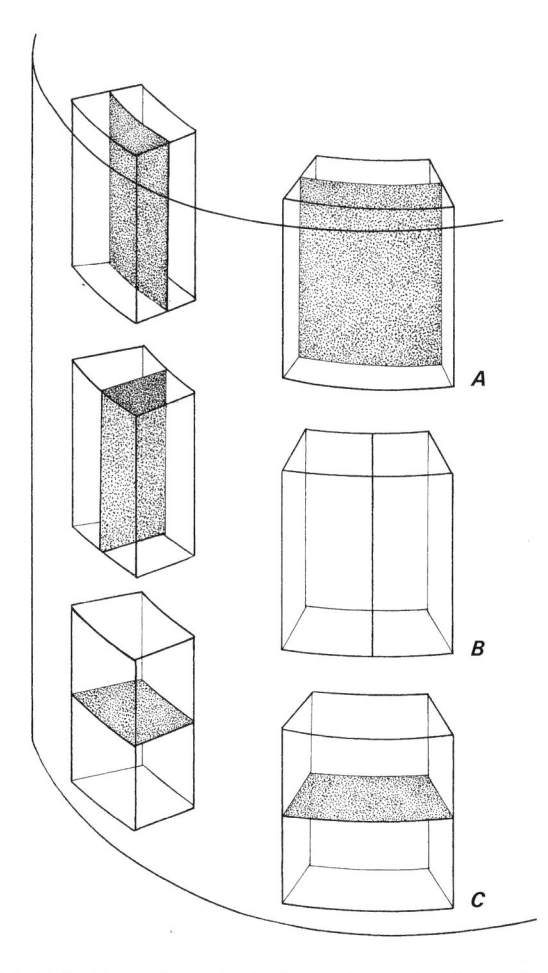

**Abb. 5.4** Darstellung der Teilungsebenen in einer zylindrischen Pflanzenstruktur. **A**, periklin, tangential (parallel zur Oberfläche). **B**, radial antiklin (senkrecht zur Oberfläche, parallel zum Radius). **C**, quer (antikline Teilung rechtwinklig zur Längsachse).

**quer** (Abb. 5.4C), wenn die neue Wand rechtwinklig zur Längsachse des Zylinders angelegt wird.

Organe, die aus demselben Apikalmeristem entstehen, können verschiedene Gestalt annehmen, weil die noch meristematischen Derivate des apikalen Meristems (primäre Meristeme) häufig individuelle Wachstumsmuster aufweisen. Einige dieser Wachstumsmuster sind so charakteristisch, dass die meristematischen Gewebe, in denen sie auftreten, spezielle Namen erhalten haben. Dies sind das Blockmeristem (oder Massenmeristem), das Rippenmeristem (oder Reihenmeristem) und das Plattenmeristem (Schüepp, 1926). Das **Blockmeristem** wächst durch Teilung in allen Ebenen und bildet Körper, die isodiametrisch, kugelförmig oder ohne bestimmte Form sind. Eine solche Wachstumsart findet sich z. B. bei der Bildung von Sporen, Spermien (bei samenlosen Gefäßpflanzen) und Endosperm. Teilungen in verschiedenen Ebenen führen zum Kugelstadium des Embryos vieler Angiospermen. Das **Rippenmeristem** liefert einen Komplex von parallelen, längs verlaufenden Zell-„Rippen", der durch Teilungen der Zellreihe rechtwinklig zur Längsachse des Pflanzenorgans entsteht. Dieses Wachstumsmuster ist für zylindrische Pflanzenteile charakteristisch, so bei der primären Rinde von Wurzeln und Mark und primärer Rinde von Sprossachsen (Abb. 5.1). Das **Plattenmeristem** zeigt hauptsächlich antikline Teilungen, so dass sich die Zahl der Schichten, die im jungen Organ ursprünglich angelegt wurden, nicht weiter vergrößert; es entsteht eine tafelähnliche Struktur. Die flachen Spreiten der Angiospermenblätter sind Beispiele für die Tätigkeit des Plattenmeristems (Abb. 5.5). Das Platten- und das Rippenmeristem liefern Wachstumsmuster, die hauptsächlich im Grundmeristem auftreten. Sie bestimmen die beiden Grundformen des Pflanzenkörpers: die dünnen flachen Spreiten der Blätter und blattähnlichen Organe einerseits und die langgestreckten, zylindrischen Pflanzenteile, wie Wurzel, Sprossachse und Blattstiel, andererseits.

### 5.1.4 Meristematische Aktivität und Pflanzenwachstum

Die Meristeme sind am Wachstum im weiteren Sinne des Begriffes beteiligt, nämlich an der irreversiblen Zunahme an Größe, d. h. Masse und Oberfläche. In vielzelligen Pflanzen beruht das Wachstum auf zwei Prozessen, Zellteilung und Zellvergrößerung. Die jüngsten Derivate der Meristeminitialen bilden durch Zellteilung andere Derivate, und die nachfolgenden Generationen von Derivaten durchlaufen eine Zellvergrößerung. Die Zellvergrößerung wird allmählich wichtiger als die Zellteilung und ersetzt diese mit der Zeit völlig. Wenn die am weitesten von den Meristeminitialen entfernt gelegenen Derivate aufhören sich zu teilen und zu vergrößern, erlangen sie die Merkmale, die charakteristisch sind für die Gewebe, in denen sie lokalisiert sind; d. h. die Zellen differenzieren sich und reifen schließlich heran.

Auch wenn die Zellteilung als solche nicht zum Volumen des wachsenden Ganzen beiträgt (Green, 1969, 1976), ist das Hinzufügen neuer Zellen eine primäre Voraussetzung für das Wachstum eines vielzelligen Organismus. Zellteilung und -vergrößerung sind verschiedene Stadien des Wachstumsprozesses in welchem die Vergrößerung der Zellen die endgültige Größe der Pflanze und ihrer Teile bestimmt. Als ein integraler Schritt in der **Zell-Ontogenie** (Entwicklung eines individuellen Ganzen) dient die Zellvergrößerung als Übergang zwischen dem Stadium der Zellteilung und der Zellreifung (Hanson und Trewavas, 1982).

Zellteilung tritt nur selten ohne Zellvergrößerung auf, zumindest bis zu dem Grad, dass die Originalgröße der Zellen innerhalb der Masse der sich teilenden Zellen wiedererlangt wird. Einige angiosperme Embryonen sind in dieser Hinsicht ein Ausnahme. Während der ersten zwei oder drei Zellteilungszyklen in der sich in einen Embryo entwickelnden Zygote, ist keine oder nur wenig Zellvergrößerung zu finden (Dyer, 1976). Zellteilung ohne eine Größenzunahme des Ganzen findet auch bei der Bildung des männlichen Gametophyten in der Mikrospore (Pollenkorn) statt. Ebenso ist Zellteilung nicht mit Zellvergrößerung verbunden, wenn das vielkernige Endosperm in ein zelluläres Gewebe überführt wird. Normalerweise kann das Wachstum jedoch grob in zwei Stadien unterteilt werden, in Wachstum mit Zellteilung und begrenzter Zellvergrößerung und in Wachstum ohne Zellteilung und beträchtlicher Zellvergrößerung.

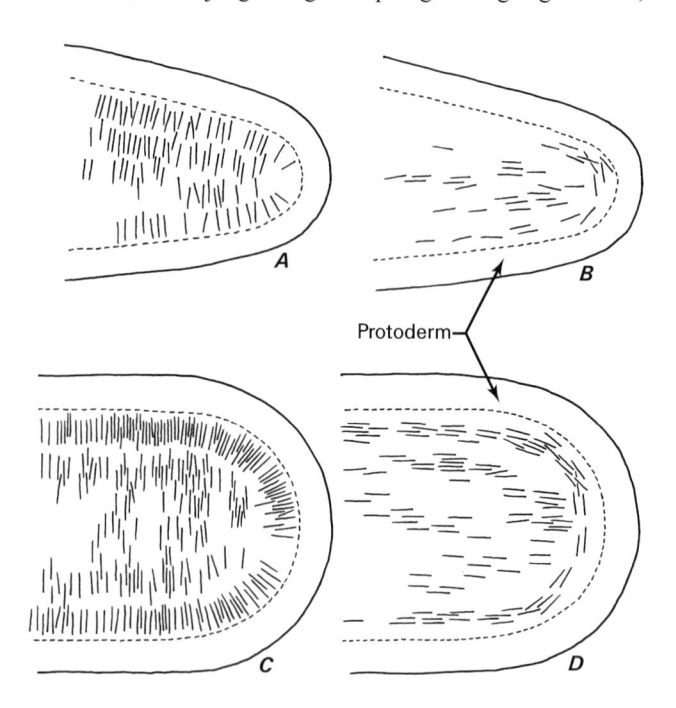

**Abb. 5.5** Darstellung der Meristemaktivität an den Rändern von zwei verschieden großen *Lupinus*-Blättchen: **A**, **B**, 600 μm lang; **C**, **D**, 8500 μm lang. Die kurzen Striche zeigen die Orientierung der Zellplatten sich teilender Zellen. Die Teilungshäufigkeit wurde zahlreichen Querschnittserien entnommen und repräsentiert antikline Teilungen in **A** und **C**, und perikline Teilungen in **B** und **D**. Perikline Teilungen am Rand bestimmen die Anzahl der Schichten im Blatt. Antikline Teilungen vergrößern die Blattschichten (Aktivität des Plattenmeristems). (Aus Esau, 1977; nach Fuchs, 1968.)

## 5.2 Differenzierung | 101

Vergrößerung seiner Oberfläche auch seine Kontaktfläche mit Boden und Luft. Schließlich führt primäres Wachstum auch zur Bildung reproduktiver Organe. Das sekundäre Wachstum, das auf die Aktivität von Cambien und Korkcambien zurückgeht, vergrößert das Leitgewebevolumen und bildet stützende und schützende Gewebe.

Normalerweise sind nicht alle Apikalmeristeme einer Pflanze gleichzeitig aktiv. Ein bekanntes Phänomen ist die Wachstumshemmung von Seitenknospen durch einen aktiv wachsenden Hauptspross (**Apikaldominanz**; Cline, 1997, 2000; Napoli et al., 1999; Shimizu-Sato und Mori, 2001). Auch die Cambien zeigen unterschiedliche Aktivitäten. Apikalmeristeme und Lateralmeristeme können beide von der Jahreszeit abhängige Aktivitätsschwankungen aufweisen, mit einer Abnahme oder einem vollständigen Einstellen der Zellteilung im Winter in gemäßigten Zonen.

## 5.2 Differenzierung

### 5.2.1 Begriffe und Konzepte

Die Entwicklung einer Pflanze besteht aus den miteinander in Beziehung stehenden Phänomenen Wachstum, Differenzierung und Morphogenese. **Differenzierung** bedeutet die aufeinanderfolgende Änderung von Form, Struktur und Funktion der Tochterzellen meristematischer Derivate und deren Organisation hin zu Geweben und Organen. Man spricht von Differenzierung einer einzelnen Zelle, eines Gewebes (**Histogenese**), eines Organs (**Organogenese**) und einer ganzen Pflanze. Differenzierung bezieht sich auch auf Prozesse, bei denen die Zygote Tochterzellen von zunehmender Heterogenität, Spezialisierung und Musterbildung produziert. Der Begriff ist jedoch ungenau, speziell wenn zwischen differenzierten und undifferenzierten Zellen unterschieden wird. Meristematische Zellen und Eizellen sind zytologisch komplexe Gebilde und sind ihrerseits Produkte der Differenzierung. Solche Zellen als undifferenziert zu beschreiben, ist deshalb nur eine Konvention (Harris, 1974).

Der Grad der Differenzierung und die mit ihr einhergehende **Spezialisierung** (strukturelle Anpassung an eine bestimmte Funktion) variieren stark (Abb. 5.7). Einige Zellen sind nur wenig verschieden von ihren meristematischen Vorläuferzellen und behalten die Fähigkeit sich zu teilen (z. B. verschiedene Parenchymzellen). Andere Zellen werden stärker modifiziert und verlieren ihre meristematische Potenz teilweise oder ganz (Siebelemente, Milchröhrenzellen, tracheale Elemente und verschiedene Sklereiden). Differenzierende Zellen einer multizellulären Pflanze unterscheiden sich nicht nur von ihren meristematischen Vorgängern, sondern auch von differenzierten Zellen in anderen Organen der Pflanze.

Die unterschiedlich differenzierten Zellen können als **reif** bezeichnet werden; das heißt, sie haben eine Spezialisierung und physiologische Stabilität erreicht, die sie als einen Teil ei-

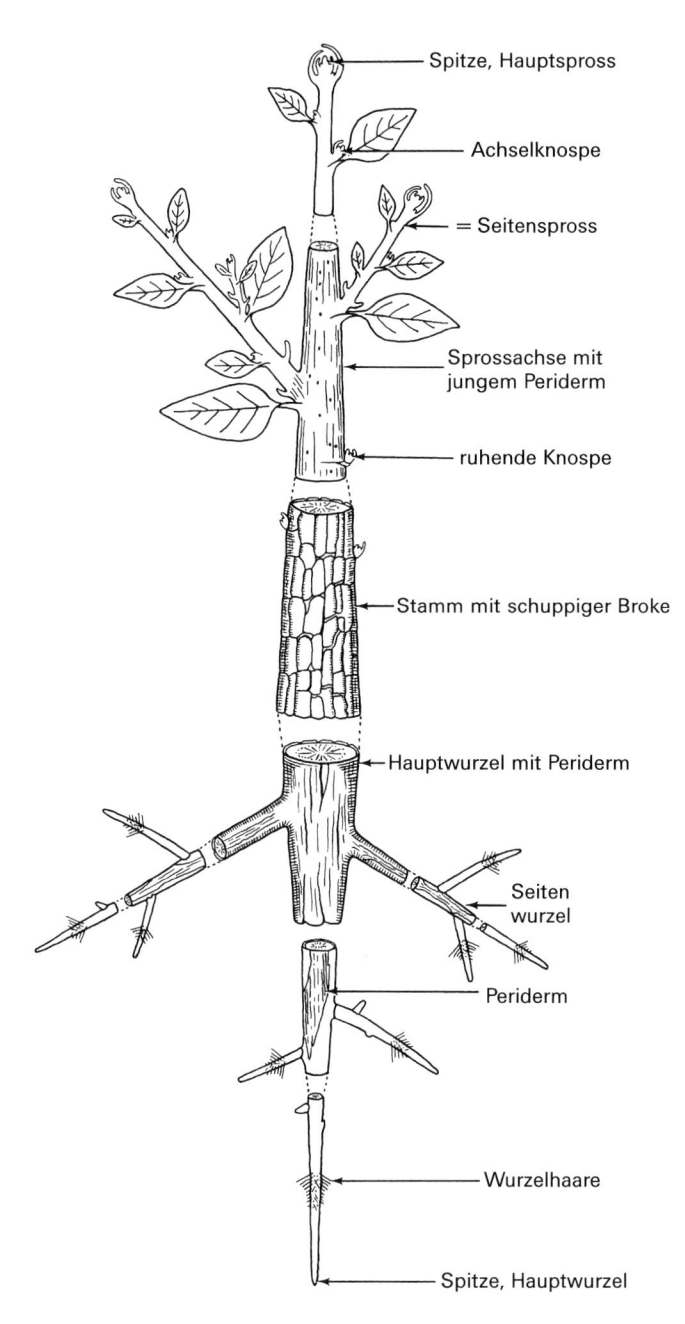

**Abb. 5.6** Zeichnung einer angiospermen Holzpflanze mit Verzweigung von Spross und Wurzel, sekundärem Dickenwachstum von Sprossachse und Wurzel, und Entstehung von Periderm und Borke an der verdickten Achse. Die Spitzen der Haupt- und Seitensprosse tragen Blattprimordien verschiedener Größe. Wurzelhaare erscheinen etwas entfernt von der Spitze von Hauptwurzel und Nebenwurzeln. (Aus Esau, 1977; nach Rauh, 1950.)

Da die Apikalmeristeme an den Spitzen aller Sprosse und Wurzeln auftreten (Haupt- und Seitenspitzen), ist ihre Zahl in einer gegebenen Pflanze relativ groß. Gefäßpflanzen mit sekundärem Dickenwachstum von Sprossachse und Wurzel (Abb. 5.6) besitzen zusätzlich ausgedehnte Meristeme: vaskuläre Cambien und Korkcambien. Das primäre Wachstum der Pflanze, das seinen Ausgang von den Apikalmeristemen nimmt, vergrößert den Pflanzenkörper, bestimmt seine Höhe und durch

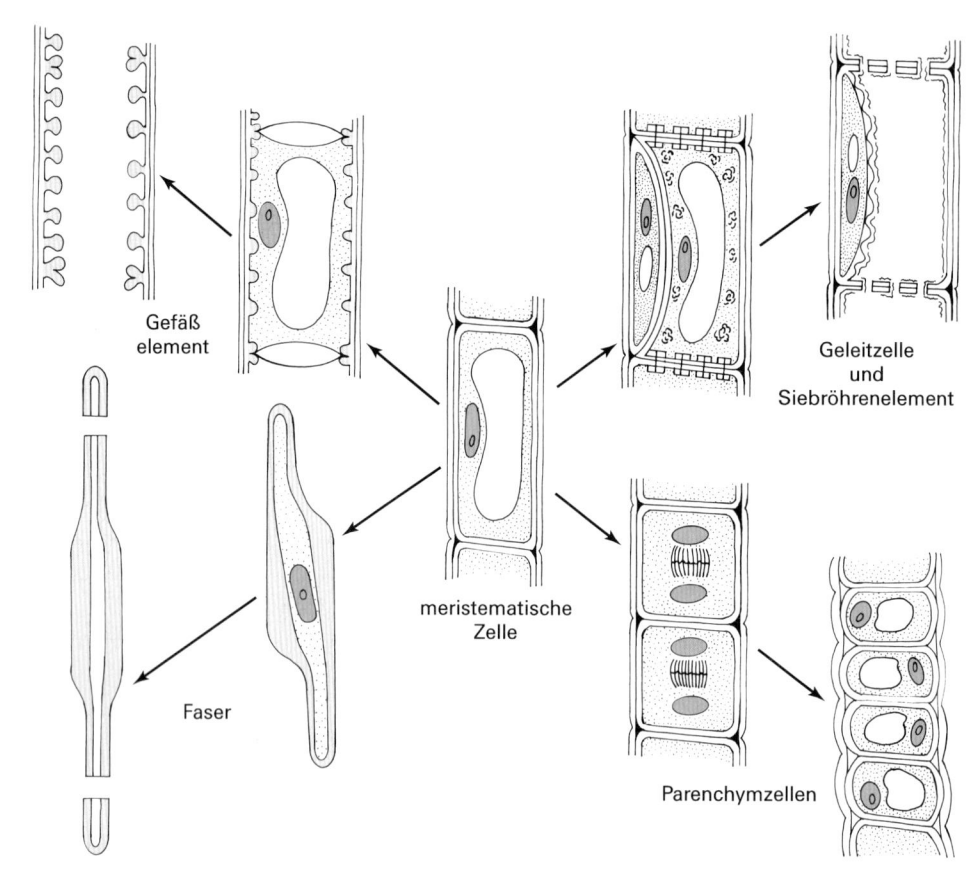

**Abb. 5.7** Schematische Darstellung der verschiedenen Zelltypen, die von einer meristematischen Zelle des Procambiums oder des vaskulären Cambiums abstammen. Die meristematische Zelle (hier im Zentrum) hat eine einzelne große Vakuole und repräsentiert eine typische meristematische Zelle des vaskulären Cambiums. Meristematische Zellen des Procambiums haben typischerweise mehrere kleine Vakuolen. Die meristematischen Zellen oder Vorläufer aller dargestellten Zellen haben identische Genome. Die Zelltypen sind von einander verschieden, da sie unterschiedliche Gene exprimieren. Von den vier dargestellten Zelltypen sind die Parenchymzellen am wenigsten spezialisiert. Reife Gefäßelemente, die für Wassertransport spezialisiert sind, und reife Fasern, die Stützfunktion aufweisen, haben beide keinen Protoplasten mehr. Hingegen behalten reife Siebröhrenelemente, die für den Transport von Zuckern und anderen Assimilaten spezialisiert sind, ihren lebenden Protoplasten, haben aber keinen Nucleus und keine Vakuole mehr. Ihre Lebensfähigkeit hängt von ihren Schwesterzellen, den Geleitzellen, ab. (Aus Raven et al., 2005.)

nes gewissen Gewebes einer adulten Pflanze auszeichnet. Zu dieser Definition der Reife gehört, dass reife Zellen mit einem intakten Protoplasten meristematische Aktivität wiederaufnehmen können, falls sie richtig stimuliert werden. Stimulation kann zum Beispiel durch Verwundung, Parasiten und Infektionen geschehen (Beers und McDowell, 2001). Normaler endogener Stress, der zum selektiven Zusammenbruch von Geweben führt, kann Wachstumsreaktionen induzieren, die den oben beschriebenen Stressreaktionen ähneln. Solche Vorgänge sind nichts Ungewöhnliches für Rinden während des sekundären Wachstums, und in der Abscissionszone, wo Blätter und andere Organe von der Pflanze abgetrennt werden. Stimulation von Wachstum, mittels Isolierung von Zellen aus einem bestimmten Gewebe, hat sich für die Abklärung der meristematischen Potenz von reifen Zellen als hilfreich herausgestellt (Street, 1997).

In Arbeiten über das Wiedererlangen meristematischer Aktivität von nicht-meristematischen Zellen werden oft die Begriffe **Dedifferenzierung** – Verlust von erworbenen Fähigkeiten – und **Redifferenzierung** – erlangen von neuen Charakteristika – verwendet. Der gesamte Prozess wird **Transdifferenzierung** genannt. Wie der Begriff der Differenzierung lässt sich auch Dedifferenzierung nicht klar abgrenzen. Dedifferenzierende Zellen werden nicht auf den Status der Zygote oder einer embryonalen Zelle zurückversetzt, sondern verlieren nur einige ihrer spezialisierten Funktionen und erhöhen die Anzahl der subzellulären Komponenten, die für DNA- und Proteinsynthese benötigt werden.

In Diskussionen über Differenzierung wird oft der Begriff Determinierung (McDaniel, 1984a, b; Lyndon, 1998) verwendet, ein Phänomen, das als ein Aspekt der Differenzierung betrachtet werden kann. Unter **Determinierung** versteht man eine fortschreitende Verpflichtung für einen bestimmten Entwicklungsprozess, die mit verminderter Kapazität oder dem Verlust meristematische Aktivität wieder aufzunehmen einhergeht. Einige Zellen werden früher und stärker determiniert als andere und einige erhalten ihre Totipotenz nach der Differenzierung aufrecht. Differenzierung ist stark verknüpft mit

Wachstum und beide Prozesse treten in allen möglichen morphologischen Einheiten auf, von subzellulären Strukturen bis zur ganzen Pflanze. Auf Wachstum, losgelöst von Differenzierung, trifft man in abnormalen Strukturen, wie Tumoren. Kallus-Gewebe kann auch Wachstum, gänzlich ohne Differenzierung, aufweisen.

Auch der Ausdruck Kompetenz wird oft in Zusammenhang mit Differenzierung erwähnt. Nach McDaniel (1984a, b) ist **Kompetenz** die Fähigkeit einer Zelle sich auf Grund eines spezifischen Signals, zum Beispiel Licht, zu entwickeln. Das bedingt, dass die kompetente Zelle das Signal erkennen und in eine zelluläre Antwort verwandeln kann.

Wachstum und Differenzierung sind während der Entwicklung einer Pflanze so koordiniert und reguliert, dass die entstehende Pflanze eine spezifische Gestalt annimmt. Die sich entwickelnde Pflanze demonstriert somit die Erscheinung der **Morphogenese** (gr. *morpho* = Form, Gestalt; *genese* = Entwicklung). Der Begriff Morphogenese bezieht sich nicht nur auf die Entwicklung der äußeren Form, sondern er kann auch auf innere Organisationsprozesse angewendet werden, und wie Differenzierung, kann Morphogenese auf allen Ebenen, von subzellulären Komponenten bis zur ganzen Pflanze, auftreten. D. R. Kaplan und W. Hagemann (1991) heben jedoch hervor, dass obwohl einige Aspekte der Pflanzenanatomie und der Morphologie miteinander korrelieren, Zell- und Gewebedifferenzierung auf Organogenese oder Morphogenese folgen. Der Tendenz die Begriffe Anatomie und Morphologie für die Pflanzenentwicklung vermehrt inkorrekt zu verwenden, stellt D. R. Kaplan (2001) entgegen, dass die Anatomie wohl durch die Morphologie bestimmt wird, aber dass die Anatomie nicht die Morphologie bestimmt.

### 5.2.2 Seneszenz (programmierter Zelltod)

Die natürliche Beendigung des Lebens einer Pflanze als ein Resultat der Seneszenz, kann als ein normales Stadium der Entwicklung angesehen werden, einer Fortsetzung von Differenzierungs- und Reifeprozessen (Leopold, 1978; Noodén und Leopold, 1988; Greenberg, 1996). Der Begriff **Seneszenz** bezieht sich auf eine spezifische Abfolge von Ereignissen, die zum Tod eines Organismus führen (Noodén und Thompson, 1985; Greenberg, 1996; Pennell und Lamb, 1997). Seneszenz kann in einem ganzen Organismus auftreten, oder begrenzt auf einige Organe, Gewebe oder Zellen. Annuelle Pflanzen, die nur einmal im Leben blühen (**monokarpisch**: nur einmal Früchte bildend), seneszieren innerhalb einer saisonalen Wachstumsperiode. Bei Laubbäumen seneszieren die Blätter normalerweise am Ende der saisonalen Wachstumsperiode. Früchte reifen und seneszieren in wenigen Wochen; abgeschnittene Blätter und Blüten in wenigen Tagen. Die Wurzelhaubenzellen, die kontinuierlich von der wachsenden Wurzel abgetrennt werden, sind ein Beispiel für Seneszenz in individuellen Zellen. Da Seneszenz in geordneten Abläufen während des Pflanzenlebens auftritt, betrachtet man sie als genetisch kontrolliert oder programmiert – als einen Prozess des **programmierten Zelltods** (Buchanan-Wollaston, 1997; Noodén et al., 1997; Dangl et al., 2000; Kuriyama und Fukuda, 2002).

Seneszenz kann durch Chemikalien, (zum Beispiel wachstumsregulierende Substanzen) und Umwelteinflüsse kontrolliert werden (Dangl et al., 2000). Zum Beispiel verhindert die Behandlung von Soja-Blättern mit Auxin und Cytokinin die Seneszenz, die normalerweise durch die Samenentwicklung induziert wird (Thimann, 1978). Die behandelten Blätter bleiben photosynthetisch aktiv und assimilieren Stickstoff, anstatt Reservestoffe für Reproduktionsorgane freizugeben und zu seneszieren. Im Gegensatz dazu stimuliert Ethylen die Seneszenz (Grbic' und Bleecker, 1995) und induziert die Expression von einer Gruppe von Genen (*SAG*), die mit Seneszenz assoziiert wird (Lohman et al., 1994).

Obwohl der Ausdruck Seneszenz vom lateinischen Wort *senescere*, alt werden, altern, abstammt, gilt er nicht als Synonym von Altern (Leopold, 1978; Noodén und Thompson, 1985; Noodén, 1988). Wie Seneszenz ist Altern ein integraler Bestandteil des Lebens eines Organismus und ist oft nicht leicht von Seneszenz zu unterscheiden. **Altern** wird als eine Anhäufung von Veränderungen, die die Vitalität eines Lebewesens mindert, aber selber nicht letal ist, definiert. Altern kann jedoch zu Seneszenz führen. Die Mehrdeutigkeit des Ausdrucks Altern wurde durch die Verwendung von „Altern" für die Beschreibung eines experimentellen Prozesses manifestiert, bei dem erhöhte metabolische Aktivität in Scheiben von kultiviertem Speichergewebe induziert wurde. Diese Art von Altern sollte Rejuvenalisieren genannt werden (Beevers, 1976).

Allgemeine Veränderungen in seneszierenden Blättern betreffen eine Verminderung des Chlorophyllgehalts, einen Aufbau von roten (Anthocyane) und gelben (Carotenoide) Pigmenten, erhöhte Proteolyse, einen Abbau von Nukleinsäuren und erhöhte Membrandurchlässigkeit von Zellen (Leopold, 1978; Huang et al., 1997; Fink, 1999; Jing et al., 2003). Die erhöhte Membrandruchlässigkeit ist eng verknüpft mit der voranschreitenden Desorganisation der Membranlipide (Simon, 1977; Thompson et al., 1997). Während der natürlichen Seneszenz von Weizenblättern akkumulieren die Chloroplasten Lipide in Plastoglobuli; Grana- und Intergrana-Lamellen blähen sich auf und brechen in Vesikel auf; das Stroma desintegriert und schlussendlich bricht die Plastidenhülle auf und entlässt den Inhalt der Organelle (Hurkman, 1979). Während der Seneszenz werden viele biochemische Prozesse in Richtung Erhaltung und Umverteilung von Metaboliten, strukturellen Materialien, speziell Stickstoff- und Phosphorreserven aktiviert. Peroxisomen werden zu Glyoxysomen, die Lipide in Zucker umwandeln. In grünen Zellen macht die RubisCO, die sich im Stroma der Chloroplasten befindet, den größten Teil der Gesamtproteine aus. Über 100 Gene, deren Expression während der Seneszenz hochreguliert wird, konnten bisher identifiziert werden (vgl. mit der zitierten Literatur in Jing et al., 2003).

Andere Beispiele für programmierten Zelltod in Pflanzen sind die Reifung der trachealen Elemente (vgl. Kap. 10; Fukuda, 1997); die Bildung des Aerenchyma-Gewebes (Kap. 7) in Wurzeln, die auf einen Sauerstoffmangel (Hypoxie), durch Überflutung verursacht, reagieren (Drew et al., 2000); die Zerstörung des Suspensors während der Embryogenese (Wredle et al., 2001); das Absterben von drei der vier Megasporen während der Megagametogenese; der Tod der Aleuronschicht bei Getreiden nach der Produktion von großen Mengen α-Amlyasen, die für den Abbau und die Remobilisierung der Stärke verantwortlich sind (Fath et al., 2000; Richards et al., 2001); und die entwicklungsabhängige Anpassung der Blattform (Gunawardena et al., 2004). Programmierter Zelltod spielt auch eine gewichtige Rolle bei der Abwehr von Pathogenen (Mittler et al., 1997). Der schnelle Zelltod – die **hypersensitive Antwort** (**HR, hypersensitive response**) – , der nach Pathogenbefall auftreten kann, ist eng verbunden mit aktiver Resistenz (Greenberg, 1997; Pontier et al., 1998; Lam et al., 2001; Loake, 2001). Wie HR zu Pathogen-Resistenz führt, ist noch nicht genau bekannt. Es wurde vorgeschlagen, dass HR selber das Pathogen abtötet und/oder dass HR zu verminderter Nährstoffaufnahme beim Pathogen führt (Heath, 2000).

Programmierter Zelltod in Pflanzen wird durch hormonelle Signale ausgelöst, die zu Änderungen der cytosolischen $Ca^{2+}$-Konzentrationen führen (He et al., 1996; Huang et al., 1997) und die in der Vakuole gespeicherte hydrolytische Enzyme aktivieren. Mit dem Kollaps der Vakuole werden diese hydrolytischen Enzyme freigesetzt und dadurch Ziele im Nucleus und in cytosolischen Komponenten angegriffen. Ethylen induziert programmierten Zelltod und Aerenchym-Bildung in Wurzel nach Hypoxie und beschleunigt Blatt-Seneszenz (He et al., 1996; Drew et al., 2000). Wenn Ethylen zu TBY-2-Zellen von Tabak, die gerade die S-Phase durchschritten haben, gegeben wird, kann erhöhte Sterblichkeit am $G_2$/M-Kontrollpunkt des Zellzyklus festgestellt werden (Herbert et al., 2001). Dies hat zu der Hypothese geführt, dass programmierter Zelltod eng mit dem Zellzyklus verknüpft ist. In der Aleuronschicht wird programmierter Zelltod durch Gibberellinsäure induziert (Fath et al., 2000). Brassinosteroide können ihrerseits programmierten Zelltod in trachealen Elementen induzieren (Yamamoto et al., 2001).

Programmierter Zelltod und Apoptose werden oft als Synonyme verwendet. Ursprünglich wurden mit **Apoptose** bestimmte Eigenschaften des programmierten Zelltods in tierischen Zellen beschrieben (vgl. Kap. 2; Kerr et al., 1972; Kerr und Hamon, 1991). Diese Eigenschaften beinhalten unter anderem ein Schrumpfen des Nucleus, Chromosomen-Kondensierung, DNA-Fragmentierung, Schrumpfen der Zelle, Membran-Blasen und die Bildung von membrangebundenen apoptotischen Strukturen, die von umliegenden Zellen aufgenommen und abgebaut werden. Keiner der verschieden, bisher beschriebenen, Seneszenz-Prozesse bei Pflanzen zeigt alle, oben aufgeführten, Eigenschaften der tierischen Apoptose (Lee und Chen, 2002; Watanabe et al., 2002; und die darin aufgeführte Literatur).

### 5.2.3 Zelluläre Veränderungen während der Differenzierung

Bei der Differenzierung entsteht die histologische Mannigfaltigkeit durch Änderung der Eigenschaften einzelner Zellen und durch Neuanknüpfung interzellulärer Beziehungen. Die allgemeinen Merkmale mehr oder weniger differenzierter Zellen werden in den Kapitel 2 und 3 beschrieben, einschließlich Struktur und Funktion der einzelnen Zellkomponenten. Die Veränderungen der Zellwandstruktur werden in Kapitel 4 diskutiert. Unterschiedliche Zunahme der Wanddicke der primären und sekundären Zellwand, Veränderungen der Zellwandtextur und -chemie und Entwicklung von speziellen strukturellen Mustern führen zu Unterschieden zwischen den Zellen.

**Endopolyploidie ist ein oft beobachtetes zytologisches Phänomen in differenzierenden Zellen der Angiospermen.** Die **Endopolyploidie** ist das Resultat einer DNA-Replikation im Nucleus ohne Bildung einer Spindel. Daher bleiben die neugebildeten DNA-Stränge im selben Nucleus und der Nucleus wird polyploid. Diese Art von DNA-Replikationszyklus wird **Endozyklus** genannt (Nagl, 1978, 1981). Bei einem Endozyklus können strukturelle Veränderungen auftreten, die denen der Mitose ähneln und die replizierte DNA tritt in der Folge in separaten Chromosomen auf (endomitotischer Zyklus). Der häufigste Endozyklus bei Pflanzen ist die **Endoreduplikation**, auch **Endoreduplikationszyklus** genannt, während der keine Mitose-ähnlichen strukturellen Veränderungen auftreten (D'Amato, 1998; Traas et al., 1998; Joubès und Chevalier, 2000; Edgar und Orr-Weaver, 2001). Während der Endoreduplikation werden Polytän-Chromosomen gebildet (**Polytänie**). Solche Chromosomen enthalten mehrere Stränge von DNA, die Seite an Seite liegen und eine kabelähnliche Struktur bilden. Polytän-Chromosomen sind also ein Resultat von DNA-Replikation ohne Trennung der Tochter-Chromosomen; daher bleibt die Anzahl der Chromosomen gleich.

Endozyklen werden manchmal als außergewöhnlich und als ein Prozess ohne funktionelle Signifikanz betrachtet. Eine alternative Betrachtungsweise schaut die Endozyklen in Wachstumsprozessen als einen wichtigen Vorteil an, da sie als Mechanismus zur Erhöhung der Genexpression dienen können (Nagl, 1981; Larkins et al., 2001). Im Gegensatz zum mitotischen Zellzyklus wird RNA-Synthese während des Endozyklus nicht unterbrochen und hohe RNA- und Proteinbiosynthese werden gewährleistet. Folglich kann rasches Wachstum theoretisch aufrecht erhalten werden und früh ein funktionelles Stadium erreicht werden. In wachsendem Gewebe mit mitotischer Aktivität wird hingegen das Erreichen von höchster physiologischer Aktivität verzögert. Während der eigentliche Embryo (*embryo proper*) bei *Phaseolus* immer noch meristematisch aktiv ist, besitzt der Suspensor Polytän-Chromosomen und ist eine metabolisch höchst aktiv Struktur, die den wachsenden Embryo mit Nährstoffen versorgt.

Es gibt zunehmend Hinweise für eine positive Korrelation zwischen dem Grad der Ploidie und der Zellgröße (Kondorosi et al., 2000; Kudo und Kimura, 2002; Sugimoto-Shirasu et al., 2002). Endoreduplikation mag daher eine wichtige Strategie für Zellwachstum darstellen (Edgar und Orr-Weaver, 2001). Sie könnte auch für die Differenzierung bestimmter Zelltypen notwendig sein. Bei *Arabidopsis* ist die Trichom-Bildung eng verknüpft mit dem Beginn der Endoreduplikation (vgl. Kapitel 9; Hülskamp et al., 1994).

Wie von Nagl (1978) vorgeschlagen, können Endozyklen als evolutionäre Strategie angesehen werden. Phyla mit Arten, die einen relativ geringen nukleären DNA-Gehalt haben, weisen immer Endopolyploidie auf, während Arten mit hohem DNA-Gehalt keine Endopolyploidie zeigen. Mizukami (2001) hat vorgeschlagen, dass die Endoreduplikation evolviert sei, als ein Mittel zur differentiellen Genexpression während der Entwicklung, bei Arten mit kleinem Genom.

**Eine der ersten Veränderungen differenzierender Gewebe ist die ungleiche Zunahme der Zellgröße.** Manche Zellen teilen sich ohne wesentliche Größenzunahme, andere stellen die Teilung ein und vergrößern sich beträchtlich (Abb. 5.8). Beispiele für unterschiedliches Größenwachstum liefern die procambialen Zellen, die sich, im Gegensatz zu den angrenzenden Parenchymzellen von Mark und primärer Rinden, strecken; ferner die Streckung der Protophloem-Siebelemente in Wurzeln, im Gegensatz zu den benachbarten Zellen des Perizykel, die sich weiterhin transversal teilen (Abb. 5.8A); die Vergrößerung der Gefäßelemente (Abb. 5.8E) im Gegensatz zu den schmal bleibenden umgebenden Zellen. Größenunterschiede zwischen benachbarten Zellen können sich durch asymmetrische oder inäquale Teilung ergeben (Gallagher und Smith, 1997; Scheres und Benfey, 1999). Während der Pollenbildung führt eine asymmetrische Zellteilung zu einer größeren, vegetativen Zelle (Schlauchzelle) und einer kleineren, generativen Zelle (Twell et al., 1998). Bei manchen Pflanzen entwickeln sich die Wurzelhaare aus der kleineren der beiden Tocherzellen, die bei der Teilung einer Protodermzelle entstanden sind (Abb. 5.8B, C; vgl. Kapitel 9). Inäquale Teilungen treten auch während der Bildung der Stomata auf (vgl. Kapitel 9; Larkin et al., 1997; Gallagher und Smith, 2000).

Die Größenzunahme einer Zelle kann in jeder Richtung gleichmäßig erfolgen, aber häufig wächst die Zelle in einer Richtung stärker und nimmt damit eine neue Form an. Solche Zellen unterscheiden sich in ihrer Form auffallend von ihren meristematischen Vorläufern (primäre Phloemfasern, verzweigte Sklereiden). Die meisten Zellen werden jedoch weniger auffallend verändert; dabei kann die Anzahl der Zellwandflächen vergrößert, aber trotzdem eine polyedrische Form beibehalten werden (Hulbary, 1994).

Die vorherrschende Anordnung der Zellen in einem Gewebe kann schon frühzeitig durch die Wachstumsweise des Meristems (Rippenmeristem, Plattenmeristem) festgelegt werden. Auch die relative Lage der Wände aneinandergrenzender Zell-

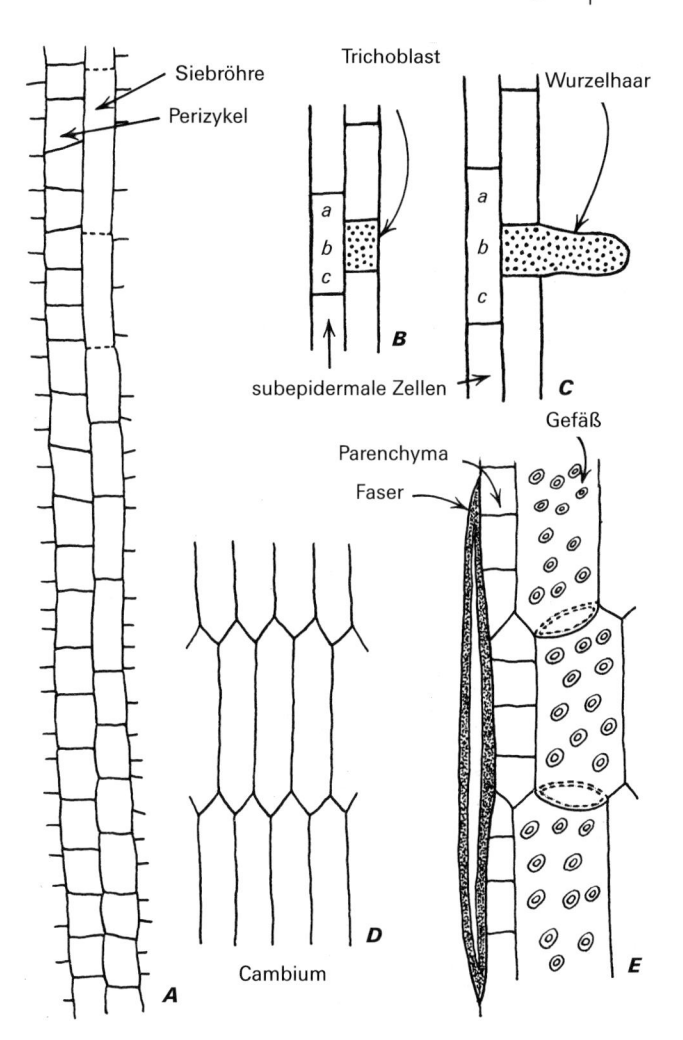

**Abb. 5.8** Zellabgleichung bei der Gewebedifferenzierung. **A**, Zellserie aus der Wurzelspitze von *Nicotiana*. Die Parenchymzellen teilen sich weiter, wenn die Phloemzellen bereits zur Zellstreckung übergehen. **B, C**, Entwicklung eines Wurzelhaares aus der kleineren von zwei protodermalen Geschwisterzellen, dem Trichoblasten. **C**, die Wurzelhaarzelle streckt sich horizontal, aber nicht vertikal wie die angrenzenden Zellen. Die Wandpartien der subepidermalen Zelle werden bei a und c gestreckt, während bei b nach der Trichoblastenbildung keine Streckung mehr erfolgt. **D, E**, Tangentialschnitt des Cambiums und des sich daraus entwickelnden Xylems. **E**, Bei der Zelldifferenzierung wurde ein Cambiumderivat mehrfach quergeteilt (Parenchymstrang), horizontal verbreitert (Gefäßelement) oder durch apikales intrusives Wachstum verlängert (Faser).

reihen gibt dem Gewebe ein spezifisches Aussehen (Sinnott, 1960). Am häufigsten alternieren neue Wände mit den vorhandenen der benachbarten Zellreihe.

**Koordiniertes und intrusives Wachstum in differenzierenden Geweben.** Vergrößerung und Veränderung der Form von Zellen eines sich differenzierenden Gewebes sind von verschiedenen Neuanordnungen der Zellen begleitet. Eine der bekanntesten Erscheinungen ist das Auftreten von Interzellularräumen an der Kontaktstelle zwischen drei oder mehr Zellen

(Kap. 4). In manchen Fällen wird das Muster der Zellen durch Interzellularenbildung nicht verändert, in anderen Fällen modifizieren die Interzellularen das Aussehen des sich entwickelnden Gewebes erheblich (Hulbary, 1994). Die Rolle des Cytoskeletts, im Besonderen der Mikrotubuli und der Orientierung der Cellulosemikrofibrillen, für die Gestaltung der Zellform wird in Kapitel 4 diskutiert.

Für das Wachstum der Zellwände während der Differenzierung eines Gewebes ergeben sich zwei Möglichkeiten: 1. Das Wandwachstum benachbarter Zellen ist so abgeglichen, dass keine Abtrennung der beiden Wände erfolgt. 2. Die beiden Wände werden voneinander gelöst, und die wachsende Zelle nimmt den dazwischen frei werdenden Raum ein. Die erste Wachstumsweise, manchmal als symplastisches Wachstum (Priestly, 1930) bezeichnet, ist bei Organen verbreitet, die sich während ihres primären Wachstums ausdehnen. Dabei ist es gleichgültig, ob sich alle Zellen eines Komplexes noch teilen, oder ob einige die Teilung eingestellt haben und sich nur noch strecken (Länge und Weite). Die Wände benachbarter Zellen scheinen in Einklang zu wachsen, da es keine Anzeichen von Auftrennung oder Faltenbildung gibt. Bei diesem **koordinierten Wachstum** kommt es vor, dass ein Teil einer Wand in Ausdehnung begriffen ist, der andere aber nicht.

Der zweite Typ interzellulärer Abgleichung, bei dem sich Zellen zwischen andere drängen, wird als **intrusives Wachstum** (Sinnott und Bloch, 1939) oder **Interpositionswachstum** (Schoch-Bodmer, 1945) bezeichnet. Das Vorkommen einer solchen Wachstumsweise ist bei der Streckung von Cambiuminitialen, primären und sekundären Fasern von Leitgeweben, Tracheiden, Milchröhren und einigen Sklereiden durch sorgfältige lichtmikroskopische Beobachtungen bewiesen worden (Bailey, 1944; Bannan, 1956; Bannan und Whalley, 1950; Schoch-Bodmer und Huber, 1951, 1952). Eines der interessantesten Beispiele für Streckung durch intrusives Wachstum wurde bei bestimmten baumförmigen Liliaceen gefunden, bei denen die sekundären Tracheiden 15–40 mal länger werden können als die meristematischen Ausgangszellen (Cheadle, 1937). Die sich streckenden Zellen wachsen meistens an ihren Spitzen (**apikales intrusives Wachstum**), an beiden Enden. Die Interzellularsubstanz scheint vor der vorrückenden Spitze hydrolysiert zu werden, und die primären Wände benachbarter Zellen werden voneinander in der gleichen Weise getrennt, wie es bei der Bildung der Interzellularräume geschieht (Kapitel 4). Die Lokalisierung von einer spezifischen *Expansin*-mRNA in den Enden von differenzierenden Xylemzellen bei *Zinnia* deutet darauf hin, dass Expansine an intrusivem Wachstum beteiligt sind (Im et al., 2000).

Man vermutet, dass Plasmodesmen durch die vorrückende Spitze zerrissen werden. Dieser Vorgang konnte noch nicht direkt beobachtet werden, aber die Auftrennung der Partner primärer Tüpfelfeldpaare wurde beschrieben (Neeff, 1914). Später sind zwischen den Zellen, die nach intrusivem Wachstum in Kontakt getreten sind, Tüpfelpaare zu finden (Bannan, 1950; Bannan und Whalley, 1950). Solche Tüpfelpaare werden durch das Auftreten von sekundären Plasmodesmen charakterisiert (Kapitel 4). Intrusives Wachstum tritt auch im Verlauf der seitlichen Ausdehnung von Zellen auf, die besonders weitlumig werden, zum Beispiel den Gefäßelementen des Xylems (Kapitel 10).

Frühere Botaniker nahmen beim Abgleichungsprozess zwischen sich unterschiedlich streckenden oder verbreiternden Zellen ein gleitendes Wachstum an. Die Vorstellung eines gleitenden Wachstums besagt, dass ein Teil der Wand einer Zelle sich flächig ausdehnt, über die Wände anderer Zellen, mit denen er in Kontakt steht, gleitet, bevor das eigentliche Streckungswachstum einsetzt (Krabbe, 1886; Neeff, 1914). Dieses Konzept wurde durch das des intrusiven Wachstums abgelöst. Ob solche lokale Ausdehnungen mit einem Gleiten des Wandzuwachses über die Wände der Nachbarzellen verbunden ist, mit denen neue Kontakte aufgenommen werden (Bannan, 1951), oder ob die neuen Wandpartien auf die äußeren Oberflächen jener Zellen aufgelagert werden, die auseinandergewichen sind (Interposition; Schoch-Bodmer, 1945), bleibt noch unklar.

## 5.3 Kausale Faktoren der Differenzierung

Morphogenetische Untersuchungen umfassen Beobachtungen an normal wachsenden Pflanzen und an solchen, die während ihrer Entwicklung experimentellen Einflüssen verschiedener Art unterworfen werden. Beispiele für experimentelle Behandlungen sind: Anwendung von Chemikalien, operative Engriffe, Bestrahlung, veränderte Tageslänge oder Temperaturen und mechanische Reize. Leichtes Reiben oder Biegen von Stängeln verzögert das Längenwachstum und fördert das radiale Wachstum aller experimentell untersuchten Arten. Diese Antwort auf mechanische Reize wird **Thigmomorphogenese** genannt (Jaffe, 1980; Giridhar und Jaffe, 1988; *thigma* gr. für Berührung). Unter natürlichen Bedingungen ist der Wind offensichtlich der am meisten verantwortliche Faktor für Thigmomorphogenese. Der molekular-genetische Ansatz um Differenzierung und Morphogenese zu untersuchen, hat geholfen verschiedene Aspekte der Pflanzenentwicklung besser zu verstehen (Žárský und Cvrčková, 1999).

### 5.3.1 Die Methoden der Gewebekultur sind hilfreich, um die Bedürfnisse für Wachstum und Differenzierung zu verstehen

Untersuchungen an intakten Pflanzen und an experimentell behandelten haben klar gezeigt, dass die organisierte Musterbildung der höheren Pflanzen von endogenen Kontrollmechanismen abhängt, die mehr oder weniger stark von Umwelteinflüssen modifiziert werden (Steward et al., 1981).

Die Anforderungen an musterbildende Differenzierung bedingen eine Einschränkung der meristematischen Potenz der

Zellen. Falls diese Einschränkung durch experimentelle Abtrennung vom Pflanzenkörper aufgehoben wird, können lebende Zellen das Wachstum wiederaufnehmen. Experimente mit *in vitro* (außerhalb eines lebenden Organismus`) Gewebekulturen werden dazu verwendet, um die kontrollierenden Mechanismen, die meristematische Aktivität begünstigen oder, im Gegensatz dazu, Differenzierung und Morphogenese induzieren (Gautheret, 1977; Street, 1977; Williams und Maheswaran, 1986; Vasil, 1991) zu identifizieren. Da die Kapazität einer Zelle mit Wachstum auf Stimuli, die durch die Gewebekultur zugeführt werden, zu reagieren, nicht notwendigerweise voraussehbar ist (Halperin, 1969), fokussieren viele Experimente der Gewebekultur auf die meristematische Potenz des isolierte Pflanzenmaterials von verschiedenen Taxa und verschiedenen Teilen der Pflanze. Ein anderes Ziel der Forschung an Gewebekulturen ist die Untersuchung des Einflusses der verschiedenen Inhaltsstoffe des Kulturmediums, vor allem der wachstumsregulierenden Substanzen, auf das isolierte Pflanzenmaterial. Ursprünglich diente die Gewebekultur hauptsächlich der botanischen Forschung. Später wurde diese Technik verbreitet für die Vermehrung von ökonomisch wichtigen Pflanzen, für die Gewinnung von krankheitsfreien Pflanzen und für die Produktion von medizinischen und anderen Inhaltsstoffen durch Zell- und Gewebekultur, verwendet (Murashige, 1979; Withers und Anderson, 1986; Jain et al., 1995; Ma et al., 2003). Untersuchungen an isolierten Mesophyllzellen von *Zinnia* haben viel zum Verständnis von Zelldifferenzierung und programmiertem Zelltod bei Pflanzen beigetragen (Kapitel 10).

In früheren Arbeiten mit Gewebekultur war das Gewebe des sekundären Phloems der Karottenwurzel ein vielverwendetes experimentelles Material (Abb. 5.9; Steward, 1964). Das dissoziierte Pflanzenmaterial, kultiviert in einem Flüssig-Medium, das Kokosnussendosperm enthielt, entwickelte sich zuerst in zufällig sich teilendes Kallus-Gewebe und zeigte danach strenger geordnetes Wachstum: Knoten mit zentralem Xylem und Phloem ums Xylem angeordnet (Esau, 1965, S. 97). Die Knoten bildeten letztendlich Wurzeln und danach gegenüberliegende Sprosse. Die resultierenden Pflanzen hatten die äußere Erscheinung von jungen Karottenpflanzen und bildeten normale Hauptwurzeln und Blüten, wenn sie in Erde transferiert wurden. Bei isolierten Karottenzellen läuft die Morphogenese nicht nur über Kallusbildung (Jones, 1974). Oft separieren sich kleine, kaum vakuolierte Zellen vom isolierten Pflanzengewebe und nehmen die Gestalt von **Embryoiden** an, die in ihrer

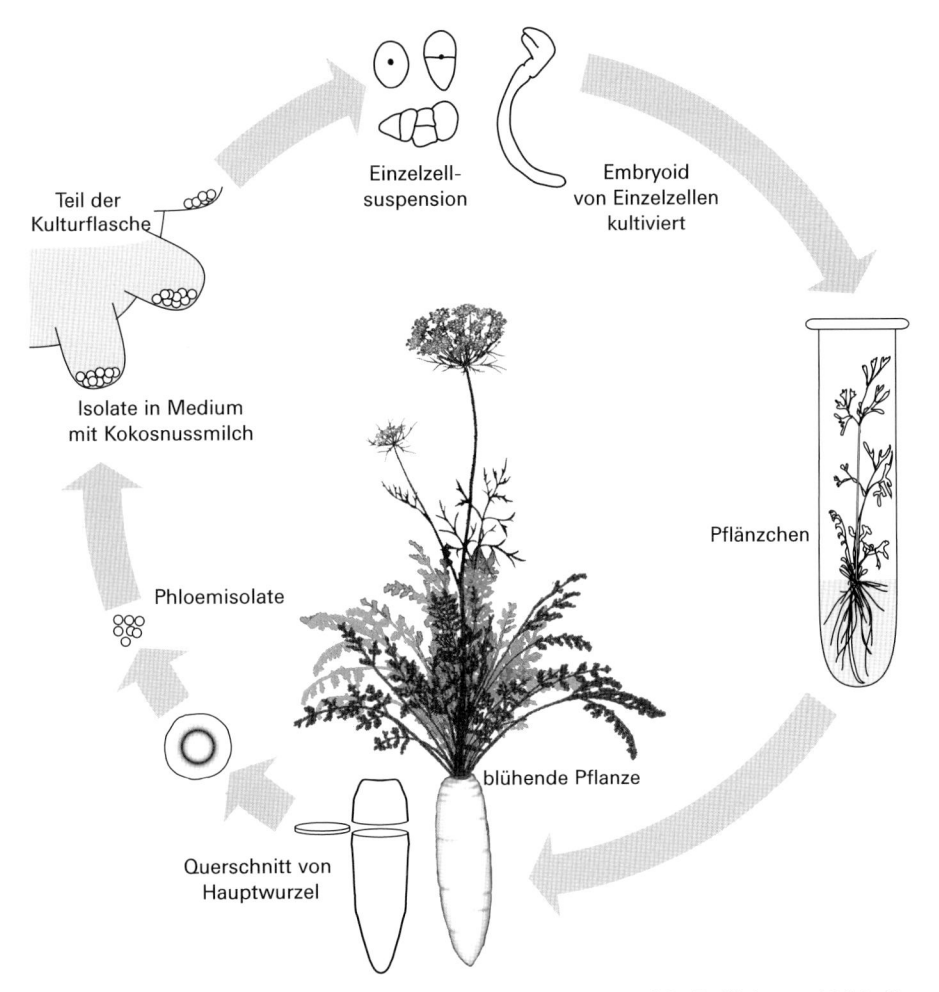

**Abb. 5.9** Entwicklung von Karottenpflanzen aus Zellen in Gewebekultur. Kultivierte Zellen stammen vom Phloem der Karottenwurzel. (Nach F. C. Steward, M. O. Mapes, A. E. Kent, and R. D. Holsten. 1964. Growth and development of cultured plant cells. *Science* 143, 20–27. © 1964 AAAS. Mit freundlicher Genehmigung.)

Entwicklung zu einer Pflanze zygotischen Embryonen stark ähneln. Der Prozess der Embryoidenbildung und -entwicklung wird **somatische Embryogenese** genannt (Griga, 1999).

Verfeinerungen der Zellkulturtechnik erlaubten es, Protoplasten durch enzymatische Verdauung der Zellwand von einzelnen Zellen zu erhalten. Die Plasmamembran solcher Protoplasten ist zugänglich für eine große Anzahl von Experimenten. Isolierte Protoplasten können zur Fusion induziert werden, um einen somatischen Hybriden zu bilden. Diese Technik wird vor allem bei Pflanzen, deren Zuchtprogramme wenig Erfolg aufweisen, zum Beispiel Kartoffelpflanzen, angewandt (Shepard et al., 1980). Isolierte Protoplasten regenerieren letztendlich die Zellwand, können sich teilen und ganze Pflanzen bilden (Power und Cocking, 1971; Lörz et al., 1979). Gentechnologie – die Anwendung rekombinanter DNA-Methodik – erlaubt es heute einfach und präzise einzelne Gene in Pflanzenzellen, mit oder ohne Zellwand, zu transferieren (Slater et al., 2003; Peña, 2004; Poupin und Arce-Johnson, 2005; Vasil, 2005). Artfremde Gene von Arten, die sich nicht miteinander kreuzen lassen, können so in ein bestimmtes Genom transferiert werden.

Ein großer Teil der Zellkulturforschung basiert auf dem Gebrauch von Antheren und Pollen (Raghavan, 1976, 1986; Bárány et al., 2005; Chanana et al., 2005; Maraschin et al., 2005). Unter geeigneten Kultivierungsbedingungen kann der Pollen in Antheren Embryoide bilden, die beim Öffnen der Antheren freigesetzt werden. Für isolierte Pollenkulturen werden Antheren oder ganze Blüten in einem flüssigen Medium gemahlen und die resultierende Suspension gefiltert, um den Pollen zu isolieren. Das Filtrat wird dann in Suspension oder auf Agarplatten kultiviert.

Bei erfolgreichen Kulturen wechselt der Pollen von gametophytischer zu vegetativer sporophytischer Entwicklung, was direkt zur Bildung eines Embryoiden, ohne vorhergehende Kallusbildung, führt (Geier und Kohlenbach, 1973). Dieser Vorgang wird **Androgenese** genannt und läuft normalerweise über die vegetative Zelle ab (Sunderland und Dunwell, 1977; Kapitel 9 in Street, 1977).

Da der Pollen nur ein haploides Genom besitzt, erhält man haploide Pflanzen. Diese finden viele verschiedene Anwendungen in der Pflanzenzucht und sind im Speziellen wichtig für die genetische Forschung. Induzierte Mutationen werden unmittelbar als haploider Phänotyp exprimiert, während in diploiden höheren Pflanzen diese, normalerweise rezessiven Mutationen, erst in den Nachkommen (M2-Generation) in Erscheinung treten.

### 5.3.2 Die Analyse von genetischen Mosaikpflanzen gibt Aufschluss über Muster der Teilung und der finalen Determinierung von Zellen

Der Ausdruck **genetisches Mosaik** bezieht sich auf Pflanzen, die aus Zellen von verschiedenem Genotyp bestehen. In Blütenpflanzen treten genetische Mosaike, auch als **Chimären** bezeichnet, im Sprossapikalmeristem auf (Abb. 5.10) (Tilney-Bassett, 1986; Poethig, 1987; Szymkowiak und Sussex, 1996; Marcotrigiano, 1997, 2001). Ganze parallele Schichten eines Apikalmeristems können genetisch unterschiedlich voneinander sein. Eine solche Chimäre nennt man **perikline Chimäre**. Falls nur ein Teil einer Schicht (oder mehrerer Schichten) genetisch verschieden ist, spricht man von **meriklinen Chimären**. Bei **sektoriellen Chimären** ist eine klar abgrenzbare Gruppe von Zellen durch alle Schichten genetisch unterschiedlich. Diese Unterschiede können als Markierungen dienen, um Zellgenealogien zu studieren. Manche Chimären weisen verschiedene Ploidie-Grade in den verschiedenen Schichten auf (**Cytochimären**). Polyploidisierung kann experimentell mit Colchicinbehandlung von Sprossspitzen erreicht werden (Abb. 5.11). Dabei werden eine oder mehrere Schichten des Apikalmeristems polyploid und diese Veränderung wird durch die Nachkommen innerhalb der Schicht/en weitervererbt (Dermen, 1953). Perikline Chimären sind auch von Mutanten mit farblosen Plastiden bekannt. Gleich wie bei den nukleären Chimären können die Tochterzellen mit mutanten Plastiden – also ihre Zelllinie – vom Apikalmeristem bis zu den reifen Geweben verfolgt werden (Stewart et al., 1974). Anthocyan-Pigmentierung ist ein anderer üblicher Marker bei Chimären.

Bei einer weiteren Form von genetischen Mosaiken sind die genetisch verschiedenen Zellen über den ganzen Pflanzenkörper verteilt (Abb. 5.12). Solche Klone können mittels ionisierender Strahlung erzeugt werden. Die resultierenden chromosomalen Neuanordnungen erlauben die phänotypische Expression von dominanten zellautonomen Mutationen. Zellli-

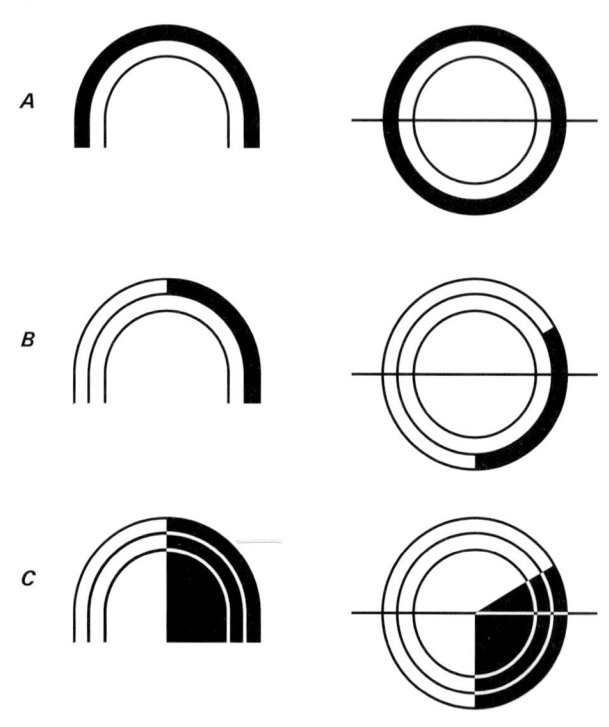

**Abb. 5.10** Chimäre Sprossspitzen. **A**, periklin; **B**, meriklin; **C**, sektoriell. Querschnitte auf der rechten, Längsschnitte auf der linken Seite; die Längsschnittebene ist durch eine Linie dargestellt.

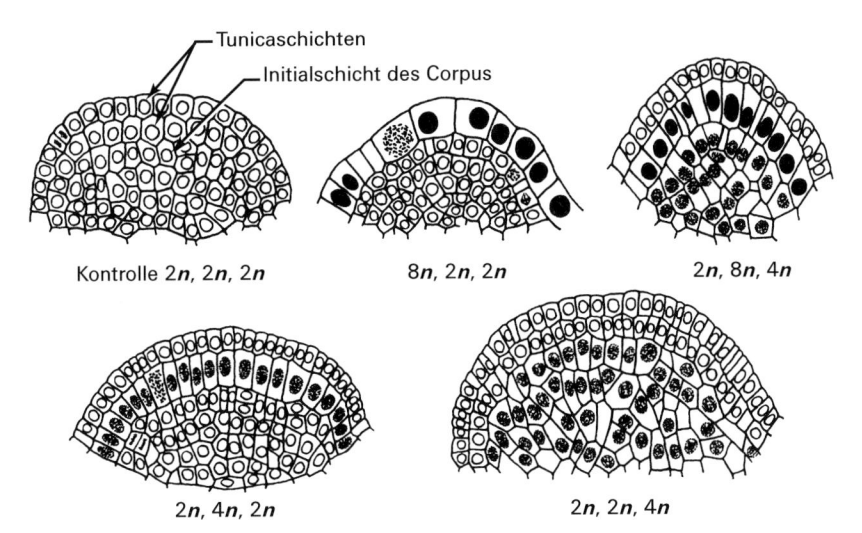

**Abb. 5.11** Sprosssitze von einer diploiden *Datura*-Pflanze (oben links) und von verschiedenen periklinen Cytochimären. Der Polyploidiegrad der beiden Tunicaschichten und der Corpusinitialen ist unter jeder Abbildung verzeichnet. Die erste Zahl bezieht sich jeweils auf die erste Tunicaschicht, die zweite auf die zweite Tunicaschicht und die dritte auf die Corpusinitialen. Die drei Schichten werden L1, L2 und L3 genannt. Octoploide Zellen sind am größten, ihr Zellkern ist schwarz dargestellt. Tetraploide Zellen sind etwas kleiner und zeigen punktierte Zellkerne. Diploide Zellen sind am kleinsten und ihre Zellkerne werden durch Kreise dargestellt. Abweichungen der Chromosomenzahl bleiben bei den Tunicaschichten auf diese beschränkt, da nur antikline Teilungswände gebildet werden. Corpusinitialen mit abweichender Chromosomenzahl geben diese an alle ihre Derivate weiter, da sich die Corpuszellen in verschiedenen Ebenen teilen (Verändert nach Satina et al., 1940.)

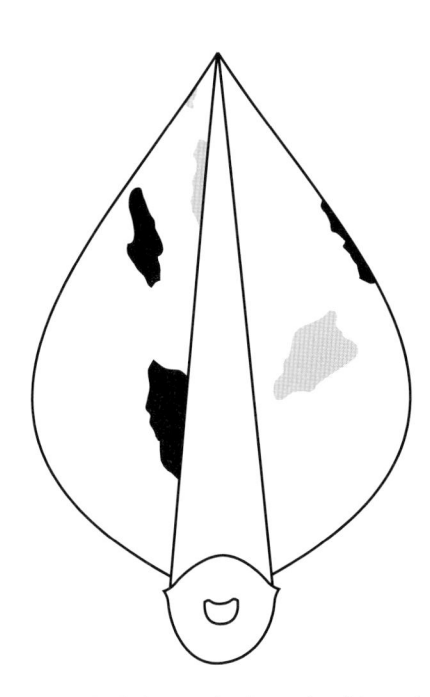

**Abb. 5.12** Klonale Sektoren in den subepidermalen Schichten bei Tabak (*Nicotiana tabacum*). Das Blatt wurde vor der Bildung der Spreite ionisierender Strahlung ausgesetzt. Blattachse = 100 $\mu$m. In diesem Stadium treten die Klone entweder in der oberen (schwarz) oder unteren (grau) subepidermalen Schicht auf. Keiner der Klone erstreckt sich vom Blattrand zur Mittelrippe. (Nachgezeichnet aus Poething, 1984b. In: Pattern Formation. Macmillan. © 1984. Wiedergegeben mit freundlicher Genehmigung von McGraw-Hill Companies.)

nien oder Klone, die von solchen mutanten Zellen abstammen, sind permanent markiert und die Analyse solcher Sektoren erlaubt es, die finale Determinierung einer Zelle aus einer bestimmten Region zu kartieren. Wie von Poethig (1987), der die Blattentwicklung mittels **klonaler Analyse** untersucht hat (Poethig, 1984a; Poethig und Sussex, 1985; Poethig et al., 1986), bemerkt, ist diese Technik kein Ersatz für histologische Untersuchungen der Pflanzenentwicklung. Um klonale Muster richtig zu interpretieren, ist es unerlässlich, die Histologie und Morphologie in Abhängigkeit von der Entwicklung des zu untersuchenden Systems genau zu verstehen (Poethig, 1987).

### 5.3.3 Mit Hilfe der Gentechnologie hat sich das Verständnis der Pflanzenentwicklung stark verbessert

Die Gene bestimmen ultimativ die Eigenschaften einer Pflanze. Dank Fortschritten in der DNA-Sequenzierung wurde es möglich, ganze Genome zu sequenzieren. Dies hat zu einer neuen wissenschaftlichen Disziplin, der Genomik, geführt. **Genomik** befasst sich mit den Genen, der Organisation und der Funktion ganzer Genome (Grotewold, 2004). Das erste pflanzliche Genom, das komplett sequenziert wurde, stammt von *Arabidopsis thaliana* (*Arabidopsis* Genome Initiative, 2000). Später wurde auch eine komplette Sequenz von Reis (*Oryza sativa*) öffentlich zugänglich (International Rice Genome Sequencing Project, 2005).

Eine wichtige Aufgabe der Genomik ist es, Gene zu identifizieren, zu bestimmen, unter welchen Bedingungen sie exprimiert werden und ihre Funktion oder diejenige ihres Genproduktes zu bestimmen. Die biologische Funktion eines Genes kann mittels Mutationen, die einen sichtbaren phänotypischen Effekt auf die Pflanzenentwicklung haben, bestimmt werden. Große Populationen von mutagenisierten *Arabidopsis*-Pflanzen wurden auf solche Mutationen analysiert. Auch wurden Kollektionen mit Mutanten, bei denen Gene mit Hilfe von Insertionen großer Stücke DNA (zum Beispiel T-DNA von *Agrobacterium tumefaciens*) inaktiviert wurden, angelegt (Bevan, 2002). Diese sogenannten **Knock-Out-Mutanten**, jede mit einem anderen inaktivierten Gen, werden dann auf einen bestimmten Phänotypen oder auf ihre Reaktion auf bestimmte Umweltfaktoren analysiert. Bei *Arabidopsis* konnten so verschiedene Gene identifiziert werden, die für die Embryogenese (Laux und Jürgens, 1994), die Bildung und Erhaltung des Sprossapikalmeristems (Bowman und Eshed, 2000; Doerner, 2000b; Haecker und Laux, 2001) und die Blütenbildung und Blütenorganentwicklung (Theißen und Saedler, 1999) gebraucht werden.

Eine Reihe von Prozessen kann zwischen der primären Wirkung eines Genes und seiner finalen Expression intervenieren. Das Verständnis der primären Wirkung eines Genes auf die Differenzierung muss auf molekular Ebene gesucht werden. Es müssen Genaktivierung und -reprimierung, Transkription (die Synthese von mRNA (messengerRNA) von einem Teil der doppelsträngigen DNA-Helix) und Translation (die Synthese eines Polypeptids von der mRNA-Sequenz) berücksichtigt werden. Differenzielle Regulation dieser Prozesse kann zu unterschiedlicher Genexpression in verschiedenen Zellen führen. Der Unterschied zwischen den verschiedenen Zelltypen eines Organismus ist in der **selektiven Genexprimierung** – das heißt, nur bestimmte Gene werden transkribiert – zu suchen. Proteine, die Effektoren der Zelldifferenzierung, werden also selektiv, nur in bestimmten Zelltypen, synthetisiert. In einer gegebenen Zelle gibt es Gene, die ständig, die nur, wenn sie gebraucht werden, und die gar nicht exprimiert werden. Die Mechanismen, die die Genexpression kontrollieren, werden im Begriff **Genregulation** zusammengefasst.

### 5.3.4 Polarität ist eine Schlüsselkomponente der Musterbildung und sie steht in Beziehung zu Gradienten

Polarität bezieht sich auf räumlich gerichtete Aktivitäten. Sie ist ein wesentlicher Bestandteil der biologischen Musterbildung (Sachs, 1991). Polarität wird schon früh in der Entwicklung festgelegt. Bereits die Eizelle, deren Nucleus sich am chalazalen und deren große Vakuole am mikropylaren Ende liegen, und die bipolare Entwicklung des Embryos aus der Zygote zeigen Polarität. Später in der Entwicklung zeigt sie sich in der Organisation der Pflanze, in Wurzel und Spross, aber auch in Phänomenen auf Zellebene (Grebe et al., 2001). Transplantations- (Gulline, 1960) und Gewebekulturexperimente (Wetmore und Sorokin, 1995) weisen darauf hin, dass Polarität nicht nur in der Pflanze als Ganzem, sondern auch in einzelnen Teilen, sogar wenn diese von der Pflanze isoliert werden, vorkommt. Die Polarität von Stängelstecklingen ist ein vertrautes Beispiel von Polarität in isolierten Pflanzenteilen. Die Wurzeln an Stängelstecklingen bilden sich immer am unteren (basalen) Ende des Stängels, während die Blätter und Knospen am oberen (apikalen) Ende gebildet werden. Diese Polarität wird auch dann aufrecht erhalten, wenn das Stängelsegment mit der basalen Seite in der Luft gepflanzt wird.

Die Stabilität der Polarität konnte mittels Zentrifugation von Farnsporen gezeigt werden (Bassel und Miller, 1982). Der üblichen ersten Zellteilung der Spore von *Onoclea sensibilis* geht die Migration des Nucleus vom Zentrum der ellipsoiden Spore an eines der Enden voraus. Darauf folgt eine stark asymmetrische Zellteilung. Die größere Tochterzelle bildet das Protonema und die kleinere das Rhizoid. Zentrifugation kann dieses Teilungsmuster nicht verändern, obwohl dabei die Inhalte der Zelle verschoben und geschichtet werden. Nur falls die Zentrifugation unmittelbar bevor oder während der Mitose oder Zytokinese durchgeführt wird, wird die asymmetrische Teilung blockiert.

Ein Beispiel für polare Reaktionsweise einzelner Zellen innerhalb der Pflanze ist die inäquale Teilung, die physiologisch und oft auch morphologisch unterscheidbare Tochterzellen liefert (Gallagher und Smith, 1997). In der Epidermis mancher Wurzel treten inäquale Zellteilungen auf, wobei nur die kleinere der beiden Tochterzellen ein Wurzelhaar bildet. Vor der Teilung scheint sich das Cytoplasma im apikalen, der Wurzelspitze zugewandten Teil der Zelle zu verdichten. Auch der Kern wandert in diese Richtung und teilt sich dort, so dass die Zellplatte den kleineren Trichoblasten vom größeren Atrichoblasten trennt (Sinnott, 1960). Auch die biochemischen Eigenschaften beider Zellen unterscheiden sich (Avers und Grimm, 1959). Man nimmt an, dass inäquale Teilungen auf eine Polarisierung des Cytoplasmas zurückzuführen sind, da die Chromosomensubstanz offenbar gleichmäßig verteilt wird (Stebbins und Jain, 1960).

Mit Polarität ist das Auftreten von Gradienten verbunden, denn die Unterschiede zwischen den beiden Polen der Pflanzenachse treten graduell, das heißt nach und nach, in Erscheinung. Es gibt physiologische Gradienten, zum Beispiel solche, die sich durch ihre Beteiligung an Stoffwechselprozessen bemerkbar machen, Auxinkonzentrationsgradienten und Zuckerkonzentrationsgradienten im Leitgewebe. Es gibt auch Gradienten in der anatomischen Differenzierung und in der Entwicklung der äußeren Gestalt (Prat, 1948, 1951). Beim Übergang von der Wurzel zur Sprossachse zeigt die Pflanzenachse zahlreiche charakteristische anatomische und histologische Abstufungen. Die Differenzierung der Meristemderivate erfolgt im Allgemeinen in abgestufter Reihenfolge, wobei benachbarte, aber verschiedene, Gewebe unterschiedliche Gradienten aufweisen können. Morphologisch tritt die schrittweise Entwicklung im Formwechsel der aufeinanderfolgenden Blätter entlang einer Sprossachse in Erscheinung, beginnend mit meist kleinen und einfachen Jugendformen bis zu den größeren

**Abb. 5.13** Die ersten zehn Blätter von der Hauptsprossachse einer Kartoffelpflanze (*Solanum tuberosum*). Die Blätter verändern sich von einfach zu zusammengesetzt (Fiederblatt). (x 0.1. Aus McCauley und Evert, 1988.)

und kompliziert gebauten Altersformen (Abb. 5.13). Später, wenn das reproduktive Stadium eingeleitet wird, nimmt die Blattgröße wieder ab; schließlich entstehen Hochblättter, in deren Achseln Infloreszenzen oder Einzelblüten stehen.

### 5.3.5 Pflanzenzellen differenzieren in Abhängigkeit ihrer Lage

Obwohl zelluläre Differenzierung von der Kontrolle der Genexpression abhängt, wird das Schicksal einer Zelle – das heißt, in welchen Zelltyp sie sich entwickeln wird – durch ihre endgültige Lage im sich entwickelnden Organ bestimmt. Trotz klar abgrenzbaren Zellgenealogien, zum Beispiel in der Wurzel, bestimmt die Lage und nicht ihre Abstammung das Schicksal einer Zelle. Die Idee, dass die Funktion einer Zelle in einem multizellulären Organismus früh in der Entwicklung durch ihre Lage bestimmt wird, geht bis in die zweite Hälfte des 19. Jahrhunderts zurück (Vöchtig, 1878, S. 241). Es hat jedoch bis in die frühen 1970er gedauert, bis mit Hilfe von gelegentlichen Zellverdrängungen in Chimären gezeigt werden konnte, dass die Lage und nicht die Genealogie einer pflanzlichen Zelle ihr Schicksal bestimmt (Stewart und Burk, 1970). Vor allem die Analyse von genetischen Mosaikpflanzen hat die Idee, dass die Lage einer Zelle, und nicht ihr klonaler Ursprung, ihre finale Determinierung bestimmen, weiter gefestigt (Irish, 1991; Szymkowiak und Sussex, 1996; Kidner et al., 2000). Falls eine nicht differenzierte Pflanzenzelle von ihrer ursprünglichen Lage verdrängt wird, wird sie in den Zelltyp differenzieren, der ihrer neuen Lage entspricht, ohne die Organisation der Pflanze zu beeinträchtigen (Tilney-Bassett, 1986). Laserablationsexperimente bei *Arabidopsis* Wurzelspitzen (van den Berg et al., 1995) haben gezeigt, dass die entfernten Zellen durch Zellen anderer Abstammung ersetzt werden können und dass sich die Ersatzzellen gemäß ihrer neuen Lage differenzieren.

Da das Schicksal pflanzlicher Zellen von ihrer Lage abhängt, ist es offensichtlich, dass sie auf Austausch von positioneller Information benachbarter Zellen abhängig sind, um ihre Lage zu ermitteln. Positionelle Information spielt eine Rolle bei der Differenzierung photosynthetischer Zelltypen im Maisblatt (Langdale et al., 1989), den Abständen zwischen Trichomen in der Epidermis von *Arabidopsis* (Larkin et al., 1996) und für den Erhalt des Gleichgewichts zwischen verschiedenen Zelltypen im Spross- und Wurzelapikalmeristem von *Arabidopsis* (Scheres und Wolkenfelt, 1998; Fletcher und Meyerowitz, 2000; Irish und Jenik, 2001). Die mechanistische Grundlage für diese Kommunikation zwischen Zellen ist immer noch unklar. Manche Signalprozesse scheinen durch transmembrane Rezeptorkinasen vermittelt zu werden (Irish und Jenik, 2001), andere durch Plasmodesmen (Kap. 4; Zambryski und Crawford, 2000).

## 5.4 Phytohormone

**Phytohormone**, auch pflanzliche Wuchsstoffe genannt, sind chemische Signale, die eine Hauptrolle bei der Regulierung von Wachstum und Entwicklung spielen (Davies, P. J., 2004; Taiz und Zeiger, 2002; Crozier et al., 2000; Weyers und Paterson, 2001). Der Begriff Hormon (*hormáein*, gr. für antreiben, reizen) wurde aus der tierischen Physiologie übernommen. Die grundsätzliche Eigenschaft von tierischen Hormonen, dass sie auf Distanz, auf Zellen fern von dem Syntheseort, wirken, kann nicht im gleichen Maße auf pflanzliche Hormone angewendet werden. Während einige Pflanzenhormone in einem Gewebe synthetisiert und in ein anderes Gewebe, wo sie eine spezifische physiologische Reaktion auslösen, transportiert werden, wirken andere im selben Gewebe, in dem sie hergestellt wurden. In beiden Fällen helfen sie das Wachstum und die Entwicklung zu koordinieren, durch ihre Natur als chemische Signale zwischen Zellen.

Pflanzenhormone haben vielfältige Effekte. Manche haben stimulierende, andere inhibierende Wirkung. Die Hormonantwort hängt nicht nur von den chemischen Eigenschaften des jeweiligen Hormons ab, sondern auch von der Art, wie sie im Zielgewebe interpretiert wird. Ein gegebenes Hormon kann in verschiedenen Geweben, oder im selben Gewebe in verschiedenen Entwicklungsstadien, unterschiedliche Antworten auslösen. Manche Pflanzenhormone können die Biosynthese oder die Signaltransduktionskette von anderen Hormonen beeinflussen. Eine bestimmte Hormonantwort mag durch verschiedene Hormonkonzentrationen in unterschiedlichen Geweben erreicht werden. In diesem Fall bezieht man sich auf die **Sensitivität**, oder Empfindlichkeit, gegenüber dem Hormon. Pflanzen haben also die Möglichkeit, die Intensität der Hormonantwort mittels der Biosynthese des Hormons oder der Sensitivität gegenüber dem Hormon zu variieren.

Den fünf klassischen Hormonen: Auxine, Cytokinine, Ethylen, Abscisinsäure und Gibberelline (Kende und Zeevaart, 1997), wurde am meisten Aufmerksamkeit geschenkt. Es hat sich allerdings herausgestellt, dass Pflanzen zusätzliche chemische Signale benutzen (Creelman und Mullet, 1997); einschiesslich der **Brassinosteroide**, eine Gruppe von natürlich vorkommenden Polyhydroxysteroiden, die in vielen Pflanzen nachgewiesen werden konnten und die für normales Wachstum notwendig sind; der **Salizylsäure**, eine phenolische Verbindung mit struktureller Ähnlichkeit zu Aspirin, deren Biosynthese mit Krankheitsresistenz assoziiert ist und die mit hypersensitiver Antwort verknüpft ist; der **Jasmonate**, eine Gruppe von Verbindungen, die als Oxylipine bekannt sind und die eine Rolle bei der Regulation der Samenkeimung, des Wurzelwachstums, der Speicherproteinbildung und der Synthese von Abwehrproteinen spielen; von **Systemin**, einem aus 18 Aminosäuren bestehenden Polypeptid, das von verwundeten Zellen sekretiert und dann im Phloem zu den oberen, nicht verwundeten Blättern transportiert wird, um dort chemische Abwehr gegen Herbivore zu aktivieren, ein Phänomen, das systemisch erlangte Resistenz genannt wird (*systemic acquired resistance*; Hammond-Kosack und Jones, 2000); der **Polyamine**, kleine, stark basische Moleküle, die notwendig für Wachstum und Entwicklung sind und die Meiose und Mitose beeinflussen; und dem Gas **Stickstoffoxid** (**NO**), das eine Rolle als Signal in Hormon- und Abwehrreaktionen spielt. Für NO wurde gezeigt, dass es den Übergang zum floralen Stadium bei *Arabidopsis* unterdrücken kann (He, Y., et al., 2004). Die verschiedenen Hormone interagieren miteinander und es scheint, dass eher die Interaktionen und die Gleichgewichte zwischen den Hormonen, als die Aktivität einer einzelnen Substanz, das normale Pflanzenwachstum und die Entwicklung steuern.

In den folgenden Abschnitten werden einige der hervorragenden Eigenschaften der klassischen Pflanzenhormone betrachtet.

### 5.4.1 Auxine

**Indol-3-Essigsäure** (IES; *indole-3-acetic acid*, **IAA**) ist das wichtigste natürliche Auxin. IAA wird hauptsächlich in Blattprimordien und jungen Blättern gebildet und ist in viele Prozesse der Pflanzenentwicklung involviert, einschließlich der Polarität der Wurzel-Spross-Achse, die während der Embryogenese etabliert wird. Diese strukturelle Polarität findet sich im polaren, oder unidirektionellen, Auxintransport wieder. Polarer Auxintransport geschieht von Zelle zu Zelle, mit der Hilfe von spezifischen Influx- (z. B. AUX1) und Effluxcarriern (z. B. PIN1 (Steinmann et al., 1999; Friml et al., 2002; Marchant et al., 2002; Friml, 2003; Vogler und Kuhlemeier, 2003). Der stete Fluss von Auxin, durch enge Zellreihen, von den Blättern in die Sprossachse hinunter, führt, nach der Kanalisierungstheorie von Sachs (1981), zur Bildung von kontinuierlichen Strängen vaskulären Gewebes (Aloni, 1995; Berleth und Mattsson, 2000; Berleth et al., 2000).

In Spross wie Wurzel erfolgt der **polare Auxintransport** immer **basipetal**, das heißt von der Sprossspitze und den Blättern in die Sprossachse und von der Wurzelspitze zur Basis der Wurzel (Wurzel-Sprossübergangszone). Die Geschwindigkeit des polaren Auxintransports ist mit 5 bis 20 cm pro Stunde schneller als die der passiven Diffusion. Zusätzlich zum polaren Auxintransport kann die Pflanze Auxin auch nicht-polar über große Distanzen im Phloem transportieren. Es scheint, dass der größte Teil des in ausgewachsenen Blättern synthetisierten Auxins **nicht-polar** transportiert wird und dass die Transportraten dieses Transports beträchtlich höher sind als die des polaren Transportes. Recht hohe Konzentrationen an freiem IAA konnten im Phloemsaft von *Ricinus communis* gemessen werden; ein Hinweis darauf, dass Auxin im Phloem über große Distanzen transportiert werden kann (Baker, 2000). Der Auxin-Influxcarrier AUX1 von *Arabidopsis* scheint an der Phloem-Beladung in den Blättern und an der Entladung in den Wurzeln beteiligt zu sein (Swarup et al., 2001; Marchant et al., 2002). Dies erbringt zusätzliche Evidenz für Auxintransport im Phloem. Bei Pflanzen, die sekundäres Dickenwachstum zeigen, kann Auxin auch in der Region des vaskulären Cambiums transportiert werden (Sundberg et al., 2000).

Aloni und Mitarbeiter (2003) haben, mit Hilfe einer Kombination von molekularen Techniken, das Muster der freien Auxinproduktion (IAA) in sich entwickelnden Blättern von *Arabidopsis* aufgezeigt (Abb. 5.14). Die Nebenblätter (Stipeln)

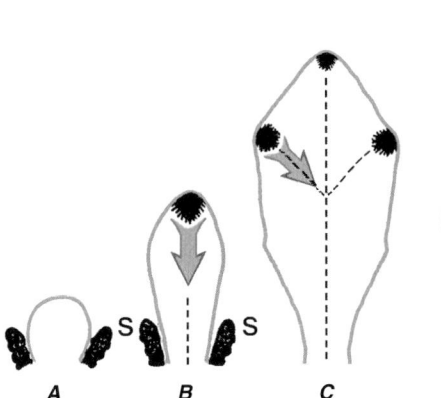

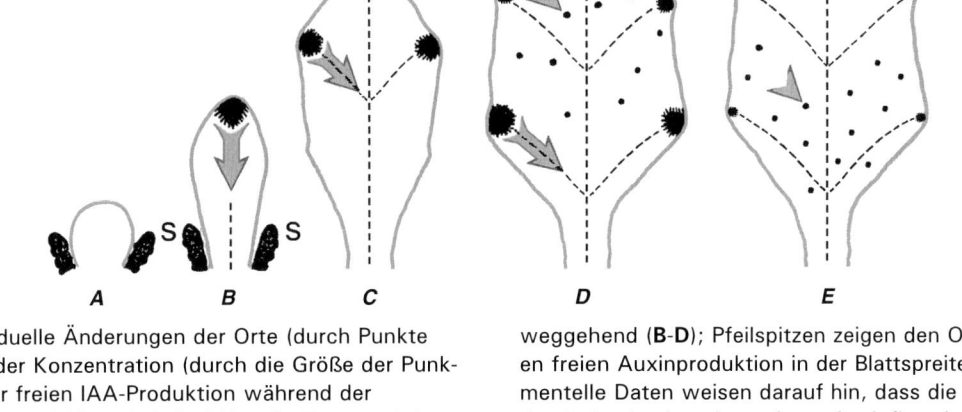

**Abb. 5.14** Graduelle Änderungen der Orte (durch Punkte angezeigt) und der Konzentration (durch die Größe der Punkte angezeigt) der freien IAA-Produktion während der Blattprimordiumentwicklung bei *Arabidopsis*. Zuerst wird IAA in den Nebenblättern (Stipeln; s) produziert (**A**). Pfeile zeigen die Richtung des basipetalen polaren Auxintransports in der Blattspreite, von den differenzierenden Hydathoden weggehend (**B**-**D**); Pfeilspitzen zeigen den Ort der sekundären freien Auxinproduktion in der Blattspreite (**D**, **E**). Experimentelle Daten weisen darauf hin, dass die Mittelrippe durch den basipetalen polaren Auxinfluss induziert wird, obwohl sie sich akropetal entwickelt (**B**). (Aus Aloni, 2004. Abb. 1. © 2004, mit der freundlichen Genehmigung von Springer Science and Business Media.)

sind der erste wichtige Ort der freien Auxinproduktion. Im sich entwickelnden Blatt sind die Hydathoden der primäre Ort der freien Auxinproduktion, zuerst die Hydathoden in der Blattspitze und dann, basal fortschreitend, die Hydathoden entlang der Blattränder. Trichome und Mesophyllzellen sind sekundäre Orte der freien Auxinproduktion. Im Verlauf der Blattentwicklung verschieben sich Orte und Konzentrationen der freien Auxinproduktion basipetal entlang der sich ausdehnenden Blattränder und schliesslich in die zentralen Regionen der Blattspreite. Diese geordnete Veränderung in Lokalisierung und Konzentration von freiem Auxin kontrolliert vermutlich die Musterbildung der Blattnervatur und die vaskuläre Differenzierung im Blatt. Die vermutlich hohe Auxinproduktion in den Hydathoden könnte die Differenzierung der primären und sekundären Blattnerven induzieren und die niedrige Produktion von freiem Auxin in der Blattspreite, assoziiert mit den Trichomen, könnte die Differenzierung von tertiären und quartären Blattnerven induzieren. Die Resultate dieser Untersuchung sind in Übereinstimmung mit der *leaf-venation hypothesis* von Aloni (2001), welche die hormonelle Kontrolle der vaskulären Differenzierung in Blättern von Eudicotyledonen zu erklären versucht.

Das Gen *VASCULAR HIGHWAY1 (VH1)*, dessen Expression spezifisch für provaskuläre und procambiale Zellen ist, konnte in sich entwickelnden Blättern von *Arabidopsis* identifiziert werden (Clay und Nelson, 2002). Das Expressionsmuster von *VH1* entspricht dem Muster der Nervaturbildung in jungen Blättern und ist konsistent mit der Kanalisierungstheorie von Sachs (1981), der vaskulären Differenzierung durch die Auxinproduktion und -verteilung, wie Clay und Nelson (2002) festgehalten haben.

Experimentelle Evidenz wurde auch für die Rolle von polarem Auxintransport bei der vaskulären Musterbildung von Reisblättern (*Oryza sativa*) gefunden (Scarpella et al., 2002).

Es wurde vorgeschlagen, dass das Reis-Gen *Oshox1*, das in procambialen Zellen exprimiert wird (Scarpella et al., 2000), die Entwicklung der procambialen Zellen durch Erhöhung der Auxin-Leitung unterstützt (Scarpella et al., 2002).

Auxin stellt ein Signal dar, das eine Vielzahl von Entwicklungsprozessen im ganzen Pflanzenkörper koordiniert (Berleth und Sachs, 2001). Auxin hat Auswirkungen auf die Regulation der Zellteilungs-, Zellstreckungs- und Zelldifferenzierungsmuster (Chen, 2001; Ljung et al., 2001; Friml, 2003). Bei *Arabidopsis* korrelieren hohe IAA-Konzentrationen im Blatt stark mit hohen Zellteilungsraten. Sich teilendes Mesophyllgewebe enthält 10fach höhere IAA-Konzentrationen als Gewebe, das nur noch durch Zellstreckung wächst. Obwohl die jüngsten Blätter die höchsten Auxinsyntheseraten aufweisen, können auch alle anderen Pflanzenteile von *Arabidopsis* (einschließlich der Cotyledonen, expandierende Blätter und Wurzeln) IAA *de novo* synthetisieren (Ljung et al., 2001). Der Auxingradient, der durch den polaren Auxintransport verursacht wird, ist ein wichtiges Signal für die Entwicklung während der Embryogenese (Hobbie et al., 2000; Berleth, 2001; Hamann, 2001), der Musterbildung der Blattvaskulatur (Mattsson et al., 1999; Aloni et al., 2003) und der Bildung lateraler Organe in Spross und Wurzel (Reinhardt et al., 2000; Casimiro et al., 2001; Paquette und Benfey, 2001; Scarpella et al., 2002; Bhalerao et al., 2002). Auxin wirkt auch auf Gravi- und Phototropismen (Marchant et al., 1999; Rashotte et al., 2001; Muday, 2001; Parry et al., 2001) und bei der Organisation und Erhaltung von Spross- und Wurzelmeristem (Sachs, 1993; Sabatini et al., 1999; Doerner, 2000a, b; Kerk et al., 2000). Zusammen mit Ethylen spielt Auxin eine wichtige Rolle in der Wurzelhaarentwicklung und -polarität bei *Arabidopsis* (Rahman et al., 2002; Fischer et al., 2006). Des Weiteren inhibiert Auxin die Achselknospenentwicklung innerhalb des Prozesses der Apikaldominanz und führt zu einer Verlangsamung der Abscission.

### 5.4.2 Cytokinine

**Cytokinine** werden nach ihrer, zusammen mit Auxin, begünstigenden Wirkung auf die Zellteilung, benannt. Wurzeln produzieren am meisten Cytokinine, die im Xylem von der Wurzel in den Spross transportiert werden (Letham, 1994). Die Aufhebung der Dormanz von Seitenknospen wird durch, in Wurzeln synthetisierte, Cytokinine gefördert; als Gegenspieler von Auxin, welches das Wachstum lateraler Knospen inhibiert. Mit Hilfe von transgenen Pflanzen, bei denen sich die örtliche und systemische Cytokininbiosynthese kontrollieren lässt (Schmülling, 2002, Übersichtsartikel), konnte allerdings gezeigt werden, dass die örtliche Cytokininbiosynthese und nicht von der Wurzel kommendes Cytokinin benötigt wird, um die Knospen aus der Dormanz zu entlassen. Eher wahrscheinlich ist eine Rolle von in den Wurzeln synthetisiertem Cytokinin als Träger von Information über den Ernährungszustand, vor allem der Stickstoffernährung in Wurzel und Spross (Sakakibara et al., 1998; Yong et al., 2000). Cytokinin, das in der Wurzelhaube produziert wird, ist wichtig für die frühe gravitropische Antwort von *Arabidopsis*-Wurzeln (Aloni et al., 2004). Cytokinine spielen auch eine wichtige Rolle bei der Bildung des provaskulären Gewebes während der Embryogenese (Mähönen et al., 2000) und bei der Kontrolle der meristematischen Aktivität und des Organwachstums während der postembryonischen Entwicklung (Coenen und Lomax, 1997). Während Cytokinine das Sprosswachstum fördern, inhibieren sie die Wurzelentwicklung (Werner et al., 2001).

### 5.4.3 Ethylen

**Ethylen**, ein einfaches Kohlenwasserstoff-Molekül ($H_2C=CH_2$), kann von nahezu allen Teilen einer Samenpflanze produziert werden (Mattoo und Suttle, 1991). Als Gas kann es sich mittels Diffusion vom Syntheseort wegbewegen. Die Produktionsrate von Ethylen variiert in den verschiedenen pflanzlichen Geweben und Entwicklungsstadien. Sprossspitzen von Keimlingen sind wichtige Orte der Ethylenbiosynthese, ebenso die Knoten der Sprossachsen, die beträchtlich mehr Ethylen produzieren als die Internodien (auf die Gewebemasse bezogen).

Die Ethylensynthese ist während der Blattabscission und der Reifung mancher Früchte erhöht. Während der Reifung von Avocados, Tomaten, Äpfeln und Birnen tritt eine starke Erhöhung der zellulären Atmung zu Tage. Dieses Stadium wird als **Klimakterium** bezeichnet und die Früchte werden klimakterische Früchte genannt. Bei klimakterischen Früchten geht der Reifung ein starker Anstieg von Ethylen voraus; daher scheint die Ethylenproduktion für die meisten Reifungsprozesse verantwortlich zu sein. Ein Ansteigen der Ethylenproduktion konnte in den meisten Geweben als Antwort auch auf biotischen (Krankheit, Insektenfrass) und abiotischen (Staunässe, Temperatur und Trockenheit) Stress nachgewiesen werden (Lynch und Brown, 1997). Wie bereits erwähnt, ist die lysigene Bildung von Aerenchym eine Ethylen-vermittelte Antwort auf Überflutung (Grichko und Glick, 2001).

Ethylen hat oft eine gegenteilige Wirkung zu Auxin. Zum Beispiel verlangsamt Auxin die Blattabscission, während sie durch Ethylen beschleunigt wird. Die Ethylensynthese in der Abscissionszone wird durch Auxin gesteuert. Bei den meisten Pflanzenarten hat Ethylen eine inhibierende Wirkung auf die Zellstreckung (Abeles et al., 1992), indes Auxin Zellstreckung begünstigt. Bei manchen semiaquatischen Arten (*Ranunculus sceleratus*, *Callitriche platycarpa*, *Nymphoides peltata*, Tiefwasserreis) allerdings begünstigt Ethylen das rasche Wachstum der Sprossachse.

### 5.4.4 Abscisinsäure

**Abscisinsäure** (ABS; *abscisic acid*, **ABA**) ist eine irreführende Bezeichnung für diese Verbindung. Ursprünglich hat man gedacht, dass ABA die Abscission steuert, einen Prozess, der, wie wir heute wissen, durch Ethylen induziert wird. ABA wird nahezu in allen Zellen, die Chloroplasten oder Amyloplasten enthalten, produziert; daher kann es in lebendem Gewebe von der Wurzelspitze bis Sprossspitze nachgewiesen werden (Milborrow, 1984). ABA wird in Xylem und Phloem transportiert, obwohl es normalerweise im Phloem in viel höheren Konzentrationen anzutreffen ist. ABA wird in Wurzeln als Antwort auf Wasserstress gebildet und wird darauf im Xylem in die Blätter transportiert, wo es die Schliessung der Stomata induzieren kann (Kapitel 9; Davies und Zhang, 1991).

ABA-Konzentrationen steigen während der frühen Samenentwicklung in manchen Pflanzen an, was die Bildung von Speicherproteinen im Samen fördert (Koornneef et al., 1989) und vorzeitige Keimung verhindert. Das Entbinden aus der Dormanz korreliert bei vielen Samen mit sinkenden ABA-Konzentrationen.

### 5.4.5 Gibberelline

**Gibberelline** (**GA**s) sind tetracyclische Diterpenoide. Über 125 GAs konnten identifiziert werden, aber nur wenige davon sind biologisch aktiv. In sich entwickelnden Samen und Früchten wurden die höchsten GA-Konzentrationen gemessen. Junge, aktiv wachsende Knospen, Blätter und die oberen Internodien von Erbsenkeimlingen konnten als Orte der GA-Biosynthese identifiziert werden (Coolbaugh, 1985; Sherriff et al., 1994). GAs, die im Spross synthetisiert wurden, können im Phloem durch die Pflanze transportiert werden.

GAs stimulieren die Zellteilung und -streckung und haben daher dramatische Wirkungen auf Sprossachsen- und Blattstreckung. Ihre Rolle im Stängelwachstum lässt sich am besten demonstrieren, wenn sie auf manche GA-sensitive Zwergmutanten appliziert werden. Unter diesen Umständen können solche Mutanten nicht mehr unterscheidbar vom Wildtyp werden, was darauf hindeutet, dass die Mutanten zu wenig GA synthetisieren und dass GA für Wachstum benötigt wird. An der *Arabidopsis* Zwergmutante *ga1-3* (Zeevaart und Talon, 1992) können viele Auswirkungen eines GA-Defizits illustriert werden.

Zusätzlich zum Zwergwuchs sind die mutanten Pflanzen buschiger und haben dunklere Blätter. Auch ist die Bühinduktion bei *ga1-3* Mutanten verzögert, ihre männlichen Blüten sind steril und ihre Samen sind nicht keimfähig. Diese Defekte können alle durch das Besprühen mit GA behoben werden. Untersuchungen an Tabak und Erbse weisen darauf hin, dass IAA aus der apikalen Knospe für eine normale $GA_1$-Biosynthese benötigt wird (Ross et al., 2002). $GA_1$ könnte das einzige endogene GA sein, das die Sprossachsenstreckung kontrolliert. Streckung, die mittels $GA_1$ induziert wird, wird normalerweise von einer Erhöhung der IAA-Konzentration begleitet.

GAs kontrollieren eine große Anzahl von Entwicklungsprozessen (Richards et al., 2001). Sie sind wichtig für die normale Wurzelstreckung bei Erbse (Yaxley et al., 2001, für die Samenentwicklung und für das Pollenschlauchwachstum bei *Arabidopsis* (Singh et al., 2002) und sie sind notwendig für die Samenkeimung verschiedener Arten (Yamaguchi und Kamiya, 2002). Bei vielen Samenpflanzen, können GAs die Dormanzbrechenden Faktoren Kälte oder Licht ersetzen und die Samenkeimung in ihrer Abwesenheit erlauben. In Getreidekörner regulieren GAs die Produktion und Sekretion von α-Amylase und damit den Stärkeabbau im Endosperm. GAs können auch als Lang-Tag-Blühsignal dienen (King et al., 2001). GA-Anwendung kann bei Lang-Tag-Pflanzen und zweijährigen zum Schossen und Blühen führen, ohne die normalerweise benötigten Kälte- oder Lang-Tag-Behandlung.

## Literatur

Abeles, F. B., P. W. Morgan und M. E. Saltveit Jr. 1992. *Ethylene in Plant Biology*, 2. Aufl., Academic Press, San Diego.

Aloni, R. 1995. The induction of vascular tissues by auxin and cytokinin. In: *Plant Hormones: Physiology, Biochemistry and Molecular Biology*, 2. Aufl., S. 531–546, P. J. Davies, Hrsg., Kluwer Academic, Dordrecht.

Aloni, R. 2001. Foliar and axial aspects of vascular differentiation: Hypotheses and evidence. *J. Plant Growth Regul.* 20, 22–34.

Aloni, R. 2004. The induction of vascular tissue by auxin. In: *Plant Hormones—Biosynthesis, Signal Transduction, Action!*, 3. Aufl., S. 471–492, P. J. Davies, Hrsg., Kluwer Academic, Dordrecht.

Aloni, R., K. Schwalm, M. Langhans und C. I. Ullrich. 2003. Gradual shifts in sites of free-auxin production during leafprimordium development and their role in vascular differentiation and leaf morphogenesis in *Arabidopsis*. *Planta* 216, 841–853.

Aloni, R., M. Langhans, E. Aloni und C. I. Ullrich. 2004. Role of cytokinin in the regulation of root gravitropism. *Planta* 220, 177–182.

*Arabidopsis* Genome Initiative, The. 2000. Analysis of the genome sequence of the flowering plant *Arabidopsis thaliana*. *Nature* 408, 796–815.

Avers, C. J. und R. B. Grimm. 1959. Comparative enzyme differentiations in grass roots. II. Peroxidase. *J. Exp. Bot.* 10, 341–344.

Bailey, I. W. 1944. The development of vessels in angiosperms and its significance in morphological research. *Am. J. Bot.* 31, 421–428.

Baker, D. A. 2000. Vascular transport of auxins and cytokinins in *Ricinus*. *Plant Growth Regul.* 32, 157–160.

Bannan, M. W. 1950. The frequency of anticlinal divisions in fusiform cambial cells of *Chamaecyparis*. *Am. J. Bot.* 37, 511–519.

Bannan, M. W. 1951. The reduction of fusiform cambial cells in *Chamaecyparis* and *Thuja*. *Can. J. Bot.* 29, 57–67.

Bannan, M. W. 1956. Some aspects of the elongation of fusiform cambial cells in *Thuja occidentalis* L. *Can. J. Bot.* 34, 175–196.

Bannan, M. W. und B. E. Whalley. 1950. The elongation of fusiform cambial cells in *Chamaecyparis*. *Can. J. Res., Sect. C* 28, 341–355.

Bárány, I., P. González-Melendi, B. Fadón, J. Mitykó, M. C. Risueño und P. S. Testillano. 2005. Microspore-derived embryogenesis in pepper (*Capsicum annuum* L.): Subcellular rearrangements through development. *Biol. Cell* 97, 709–722.

Bassel, A. R. und J. H. Miller. 1982. The effects of centrifugation on asymmetric cell division and differentiation of fern spores. *Ann. Bot.* 50, 185–198.

Beers, E. P. und J. M. McDowell. 2001. Regulation and execution of programmed cell death in response to pathogens, stress and developmental cues. *Curr. Opin. Plant Biol.* 4, 561–567.

Beevers, L. 1976. Senescence. In: *Plant Biochemistry*, 3. Aufl., S. 771–794, J. Bonner and J. E. Varner, Hrsg., Academic Press, New York.

Berleth, T. 2001. Top-down and inside-out: Directionality of signaling in vascular and embryo development. *J. Plant Growth Regul.* 20, 14–21.

Berleth, T. und J. Mattsson. 2000. Vascular development: Tracing signals along veins. *Curr. Opin. Plant Biol.* 3, 406–411.

Berleth, T. und T. Sachs. 2001. Plant morphogenesis: Longdistance coordination and local patterning. *Curr. Opin. Plant Biol.* 4, 57–62.

Berleth, T., J. Mattsson und C. S. Hardtke. 2000. Vascular continuity and auxin signals. *Trends Plant Sci.* 5, 387–393.

Bevan, M. 2002. Genomics and plant cells: Application of genomics strategies to *Arabidopsis* cell biology. *Philos. Trans. R. Soc. Lond. B* 357, 731–736.

Bhalerao, R. P., J. Eklöf, K. Ljung, A. Marchant, M. Bennett und G. Sandberg. 2002. Shoot-derived auxin is essential for early lateral root emergence in *Arabidopsis* seedlings. *Plant J.* 29, 325–332.

Blau, H. M., T. R. Brazelton und J. M. Weimann. 2001. The evolving concept of a stem cell: Entity or function? *Cell* 105, 829–841.

Bowman, J. L. und Y. Eshed. 2000. Formation and maintenance of the shoot apical meristem. *Trends Plant Sci.* 5, 110–115.

Buchanan-Wollaston, V. 1997. The molecular biology of leaf senescence. *J. Exp. Bot.* 48, 181–199.

Casimiro, I., A. Marchant, R. P. Bhalerao, T. Beeckman, S. Dhooge, R. Swarup, N. Graham, D. Inzé, G. Sandberg, P. J. Casero und M. Bennett. 2001. Auxin transport promotes *Arabidopsis* lateral root initiation. *Plant Cell* 13, 843–852.

Chanana, N. P., V. Dhawan und S. S. Bhojwani. 2005. Morphogenesis in isolated microspore cultures of *Brassica juncea*. *Plant Cell Tissue Org. Cult.* 83, 169–177.

Cheadle, V. I. 1937. Secondary growth by means of a thickening ring in certain monocotyledons. *Bot. Gaz.* 98, 535–555.

Chen, J.-G. 2001. Dual auxin signaling pathways control cell elongation and division. *J. Plant Growth Regul.* 20, 255–264.

Clay, N. K. und T. Nelson. 2002. VH1, a provascular cell-specific receptor kinase that influences leaf cell patterns in *Arabidopsis*. *Plant Cell* 14, 2707–2722.

Cline, M. G. 1997. Concepts and terminology of apical dominance. *Am. J. Bot.* 84, 1064–1069.

Cline, M. G. 2000. Execution of the auxin replacement apical dominance experiment in temperate woody species. *Am. J. Bot.* 87, 182–190.

Coenen, C. und T. L. Lomax. 1997. Auxin-cytokinin interactions in higher plants: Old problems and new tools. *Trends Plant Sci.* 2, 351–356.

Coolbaugh, R. C. 1985. Sites of gibberellin biosynthesis in pea seedlings. *Plant Physiol.* 78, 655–657.

Cottignies, A. 1977. Le nucléole dans le point végétatif dormant et non dormant du *Fraxinus excelsior L. Z. Pflanzenphysiol.* 83, 189–200.

Creelman, R. A. und J. E. Mullet. 1997. Oligosaccharins, brassinolides, and jasmonates: Nontraditional regulators of plant growth, development, and gene expression. *Plant Cell* 9, 1211–1223.

Crozier, A., Y. Kamiya, G. Bishop und T. Yokota. 2000. Biosynthesis of hormones and elicitor molecules. In: *Biochemistry and Molecular Biology of Plants*, S. 850–929, B. B. Buchanan, W. Gruissem und R. L. Jones, Hrsg., American Society of Plant Physiologists, Rockville, MD.

D'Amato, F. 1998. Chromosome endoreduplication in plant tissue development and function. In: *Plant Cell Proliferation and Its Regulation in Growth and Development*, S. 153–166, J. A. Bryant und D. Chiatante, Hrsg., Wiley, New York.

Dangl, J. L., R. A. Dietrich und H. Thomas. 2000. Senescence and programmed cell death. In: *Biochemistry and Molecular Biology of Plants*, S. 1044–1100, B. B. Buchanan, W. Gruissem und R. L. Jones, Hrsg., American Society of Plant Physiologists, Rockville, MD.

Davies, P. J., Hrsg. 2004. *Plant Hormones—Biosynthesis, Signal Transduction, Action!*, 3. Aufl., Kluwer Academic, Dordrecht.

Davies, W. J. und J. Zhang. 1991. Root signals and the regulation of growth and development of plants in drying soil. *Annu. Rev. Plant Physiol. Plant Mol. Biol.* 42, 55–76.

Dermen, H. 1953. Periclinal cytochimeras and origin of tissues in stem and leaf of peach. *Am. J. Bot.* 40, 154–168.

Doerner, P. 2000a. Root patterning: Does auxin provide positional cues? *Curr. Biol.* 10, R201–R203.

Doerner, P. 2000b. Plant stem cells: The only constant thing is change. *Curr. Biol.* 10, R826–R829.

Drew, M. C., C.-J. He und P. W. Morgan. 2000. Programmed cell death and aerenchyma formation in roots. *Trends Plant Sci.* 5, 123–127.

Dyer, A. F. 1976. Modifications and errors of mitotic cell division in relation to differentiation. In: *Cell Division in Higher Plants*, S. 199–249, M. M. Yeoman, Hrsg., Academic Press, London.

Edgar, B. A., und T. L. Orr-Weaver. 2001. Endoreplication cell cycles: More for less. *Cell* 105, 297–306.

Esau, K. 1965. *Vascular Differentiation in Plants.* Holt, Reinhart and Winston, New York.

Esau, K. 1977. *Anatomy of Seed Plants*, 2. Aufl., Wiley, New York.

Fath, A., P. Bethke, J. Lonsdale, R. Meza-Romero und R. Jones. 2000. Programmed cell death in cereal aleurone. *Plant Mol. Biol.* 44, 255–266.

Fink, S. 1999. *Pathological and Regenerative Plant Anatomy. Encyclopedia of Plant Anatomy*, Band 14, Teil 6. Gebrüder Borntraeger, Berlin.

Fischer, U., Y. Ikeda, K. Ljung, O. Serralbo, R. Heidstra, K. Palme, B. Scheres und M. Grebe. 2006. Vectorial information for *Arabidopsis* planar polarity is mediated by combined AUX1, EIN2 and GNOM activity. *Current Biology* 16, 2143–2150

Fletcher, J. C. und E. M. Meyerowitz. 2000. Cell signalling within the shoot meristem. *Curr. Opin Plant Biol.* 3, 23–30.

Friml, J. 2003. Auxin transport—Shaping the plant. *Curr. Opin. Plant Biol.* 6, 7–12.

Friml, J., E. Benková, I. Blilou, J. Wisniewska, T. Hamann, K. Ljung, S. Woody, G. Sandberg, B. Scheres, G. Jürgens und K. Palme. 2002. AtPIN4 mediates sink-driven auxin gradients and root patterning in *Arabidopsis. Cell* 108, 661–673.

Fuchs, E. und J. A. Segre. 2000. Stem cells: A new lease on life. *Cell* 100, 143–155.

Fuchs, M. C. 1968. Localisation des divisions dos le méristème des feuilles des *Lupinus albus* L., *Tropaeolum peregrinum* L., *Limonium sinyatum* (L.) Miller et *Nemophila maculata* Benth. *C. R. Acad. Sci., Paris*, Sér. D 267, 722–725.

Fukuda, H. 1997. Programmed cell death during vascular system formation. *Cell Death Differ.* 4, 684–688.

Gallagher, K. und L. G. Smith. 1997. Asymmetric cell division and cell fate in plants. *Curr. Opin. Cell Biol.* 9, 842–848.

Gallagher, K. und L. G. Smith. 2000. Roles of polarity and nuclear determinants in specifying daughter cell fates after an asymmetric cell division in the maize leaf. *Curr. Biol.* 10, 1229–1232.

Gautheret, R. J. 1977. *La Culture des tissus et des cellules des végétaux*: Résultats généraux et réalisations pratiques. Masson, Paris.

Geier, T. und H. W. Kohlenbach. 1973. Entwicklung von Embryonen und embryogenem Kallus aus Pollenkörnern von *Datura meteloides* und *Datura innoxia. Protoplasma* 78, 381–396.

Giridhar, G. und M. J. Jaffe. 1988. Thigmomorphogenesis: XXIII. Promotion of foliar senescence by mechanical perturbation of *Avena sativa* and four other species. *Physiol Plant.* 74, 473–480.

Grbić, V. und A. B. Bleecker. 1995. Ethylene regulates the timing of leaf senescence in *Arabidopsis. Plant J.* 8, 595–602.

Grebe, M., J. Xu und B. Scheres. 2001. Cell axiality and polarity in plants—Adding pieces to the puzzle. *Curr. Opin. Plant Biol.* 4, 520–526.

Green, P. B. 1969. Cell morphogenesis. *Annu. Rev. Plant Physiol.* 20, 365–394.

Green, P. B. 1976. Growth and cell pattern formation on an axis: Critique of concepts, terminology, and modes of study. *Bot. Gaz.* 137, 187–202.

Greenberg, J. T. 1996. Programmed cell death: A way of life for plants. *Proc. Natl. Acad. Sci. USA* 93, 12094–12097.

Greenberg, J. T. 1997. Programmed cell death in plant-pathogen interactions. *Annu. Rev. Plant Physiol. Plant Mol. Biol.* 48, 525–545.

Grichko, V. P. und B. R. Glick. 2001. Ethylene and flooding stress in plants. *Plant Physiol. Biochem.* 39, 1–9.

Griga, M. 1999. Somatic embryogenesis in grain legumes. In: *Advances in Regulation of Plant Growth and Development*, S. 233–249, M. Strnad, P. Peč und E. Beck, Hrsg., Peres Publishers, Prague.

Grotewold, E., Hrsg. 2004. *Plant Functional Genomics.* Humana Press Inc., Totowa, NJ.

Gulline, H. F. 1960. Experimental morphogenesis in adventitious buds of flax. *Aust. J. Bot.* 8, 1–10.

Gunawardena, A. H. L. A. N., J. S. Greenwood und N. G. Dengler. 2004. Programmed cell death remodels lace plant leaf shape during development. *Plant Cell* 16, 60–73.

Haberlandt, G. 1914. *Physiological Plant Anatomy.* Macmillan, London.

Haecker, A. und T. Laux. 2001. Cell-cell signaling in the shoot meristem. *Curr. Opin. Plant Biol.* 4, 441–446.

Halperin, W. 1969. Morphogenesis in cell cultures. *Annu. Rev. Plant Physiol.* 20, 395–418.

Hamann, T. 2001. The role of auxin in apical-basal pattern formation during *Arabidopsis* embryogenesis. *J. Plant Growth Regul.* 20, 292–299.

Hammond-Kosack, K. und J. D. G. Jones. 2000. Responses to plant pathogens. In: *Biochemistry and Molecular Biology of Plants*, S. 1102–1156, B. B. Buchanan, W. Gruissem und R. L.

Jones, Hrsg., American Society of Plant Physiologists, Rockville, MD.

Hanson, J. B. und A. J. Trewavas. 1982. Regulation of plant cell growth: The changing perspective. *New Phytol.* 90, 1–18.

Harris, H. 1974. *Nucleus and Cytoplasm*, 3. Aufl., Clarendon Press, Oxford.

He, C.-J., P. W. Morgan und M. C. Drew. 1996. Transduction of an ethylene signal is required for cell death and lysis in the root cortex of maize during aerenchyma formation induced by hypoxia. *Plant Physiol.* 112, 463–472.

He, Y., R.-H. Tang, Y. Hao, R. D. Stevens, C. W. Cook, S. M. Ahn, L. Jing, Z. Yang, L. Chen, F. Guo, F. Fiorani, R. B. Jackson, N. M. Crawford und Z.-M. Pei. 2004. Nitric oxide represses the *Arabidopsis* floral transition. *Science* 305, 1968–1971.

Heath, M. C. 2000. Hypersensitive response-related death. *Plant Mol. Biol.* 44, 321–334.

Herbert, R. J., B. Vilhar, C. Evett, C. B. Orchard, H. J. Rogers, M. S. Davies und D. Francis. 2001. Ethylene induces cell death at particular phases of the cell cycle in the tobacco TBY-2 cell line. *J. Exp. Bot.* 52, 1615–1623.

Hobbie, L., M. McGovern, L. R. Hurwitz, A. Pierro, N. Y. Liu, A. Bandyopadhyay und M. Estelle. 2000. The *axr6* mutants of *Arabidopsis thaliana* define a gene involved in auxin response and early development. *Development* 127, 23–32.

Huang, F.-Y., S. Philosoph-Hades, S. Meir, D. A. Callaham, R. Sabato, A. Zelcher und P. K. Hepler. 1997. Increases in cytosolic $Ca^{2+}$ in parsley mesophyll cells correlate with leaf senescence. *Plant Physiol.* 115, 51–60.

Hulbary, R. L. 1944. The influence of air spaces on the threedimensional shapes of cells in *Elodea* stems, and a comparison with pith cells of *Ailanthus*. *Am. J. Bot.* 31, 561–580.

Hülskamp, M., S. Miséra und G. Jürgens. 1994. Genetic dissection of trichome cell development in *Arabidopsis*. *Cell* 76, 555–566.

Hurkman, W. J. 1979. Ultrastructural changes of chloroplasts in attached and detached, aging primary wheat leaves. *Am. J. Bot.* 66, 64–70.

Im, K.-H., D. J. Cosgrove und A. M. Jones. 2000. Subcellular localization of expansin mRNA in xylem cells. *Plant Physiol.* 123, 463–470.

International Rice Genome Sequencing Project. 2005. The map-based sequence of the rice genome. *Nature* 436, 793–800.

Irish, V. F. 1991. Cell lineage in plant development. *Curr. Opin. Cell Biol.* 3, 983–987.

Irish, V. F. und P. D. Jenik. 2001. Cell lineage, cell signaling and the control of plant morphogenesis. *Curr. Opin. Gen. Dev.* 11, 424–430.

Jackson, B. D. 1953. *A Glossary of Botanic Terms, with Their Derivation and Accent*, 4. Aufl., J. B. Lippincott, Philadelphia.

Jaffe, M. J. 1980. Morphogenetic responses of plants to mechanical stimuli or stress. *BioScience* 30, 239–243.

Jain, S. M., P. K. Gupta und R. J. Newton, Hrsg. 1995. *Somatic Embryogenesis in Woody Plants*, Bd. 1–6. Kluwer Academic, Dordrecht.

Jing, H.-C., J. Hille und P. P. Dijkwel. 2003. Ageing in plants: Conserved strategies and novel pathways. *Plant Biol.* 5, 455–464.

Jones, L. H. 1974. Factors influencing embryogenesis in carrot cultures (*Daucus carota* L.) *Ann. Bot.* 38, 1077–1088.

Joubès, J. und C. Chevalier. 2000. Endoreduplication in higher plants. *Plant Mol. Biol.* 43, 735–745.

Kaplan, D. R. 2001. Fundamental concepts of leaf morphology and morphogenesis: A contribution to the interpretation of molecular genetic mutants. *Int. J. Plant Sci.* 162, 465–474.

Kaplan, D. R. und W. Hagemann. 1991. The relationship of cell and organism in vascular plants. *BioScience* 41, 693–703.

Kaplan, R. 1937. Über die Bildung der Stele aus dem Urmeristem von Pteridophyten und Spermatophyten. *Planta* 27, 224–268.

Kende, H. und J. A. D. Zeevaart. 1997. The five "classical" plant hormones. *Plant Cell* 9, 1197–1210.

Kerk, N. M., K. Jiang und L. J. Feldman. 2000. Auxin metabolism in the root apical meristem. *Plant Physiol.* 122, 925–932.

Kerr, J. F. R. und B. V. Harmon. 1991. Definition and incidence of apoptosis: A historical perspective. In: *Apoptosis: The Molecular Basis of Cell Death*, S. 5–29, L. D. Tomei und F. O. Cope, Hrsg., Cold Spring Harbor Laboratory Press, Cold Spring Harbor, NY.

Kerr, J. F. R., A. H. Wyllie und A. R. Currie. 1972. Apoptosis: A basic biological phenomenon with wide-ranging implications in tissue kinetics. *Brit. J. Cancer* 26, 239–257.

Kidner, C., V. Sundaresan, K. Roberts und L. Dolan 2000. Clonal analysis of the *Arabidopsis* root confirms that position, not lineage, determines cell fate. *Planta* 211, 191–199.

King, R. W., T. Moritz, L. T. Evans, O. Junttila und A. J. Herlt. 2001. Long-day induction of flowering in *Lolium temulentum* involves sequential increases in specific gibberellins at the shoot apex. *Plant Physiol.* 127, 624–632.

Kondorosi, E., F. Roudier und E. Gendreau. 2000. Plant cellsize control: Growing by ploidy? *Curr. Opin. Plant Biol.* 3, 488–492.

Koornneef, M., C. J. Hanhart, H. W. M. Hilhorst und C. M. Karssen. 1989. *In vivo* inhibition of seed development and reserve protein accumulation in recombinants of abscisic acid biosynthesis and responsiveness mutants in *Arabidopsis thaliana*. *Plant Physiol.* 90, 463–469.

Krabbe, G. 1886. *Das gleitende Wachsthum bei der Gewebebildung der Gefässpflanzen*. Gebrüder Borntraeger, Berlin.

Kudo, N. und Y. Kimura. 2002. Nuclear DNA endoreduplication during petal development in cabbage: Relationship between ploidy levels and cell size. *J. Exp. Bot.* 53, 1017–1023.

Kuriyama, H. und H. Fukuda. 2002. Developmental programmed cell death in plants. *Curr. Opin. Plant Biol.* 5, 568–573.

Lam, E., N. Kato und M. Lawton. 2001. Programmed cell death, mitochondria and the plant hypersensitive response. *Nature* 411, 848–853.

Langdale, J. A., B. Lane, M. Freeling und T. Nelson. 1989. Cell lineage analysis of maize bundle sheath and mesophyll cells. *Dev. Biol.* 133, 128–139.

Lanza, R., J. Gearhart, B. Hogan, D. Melton, R. Pedersen, J. Thomson und M. West, Hrsg., 2004a. *Handbook of Stem Cells, vol. 1, Embryonic*. Elsevier Academic Press, Amsterdam.

Lanza, R., H. Blau, D. Melton, M. Moore, E. D. Thomas (Hon.), C. Verfaille, I. Weissman und M. West, Hrsg., 2004b. *Handbook of Stem Cells, vol. 2, Adult and Fetal*. Elsevier Academic Press, Amsterdam.

Larkin, J. C., N. Young, M. Prigge und M. D. Marks. 1996. The control of trichome spacing and number in *Arabidopsis*. *Development* 122, 997–1005.

Larkin, J. C., M. D. Marks, J. Nadeau und F. Sack. 1997. Epidermal cell fate and patterning in leaves. *Plant Cell* 9, 1109–1120.

Larkins, B. A., B. P. Dilkes, R. A. Dante, C. M. Coelho, Y.-M. Woo und Y. Liu. 2001. Investigating the hows and whys of DNA endoreduplication. *J. Exp. Bot.* 52, 183–192.

Laux, T. und G. Jürgens. 1994. Establishing the body plan of the *Arabidopsis* embryo. *Acta Bot. Neerl.* 43, 247–260.

Lee, R.-H. und S.-C. G. Chen. 2002. Programmed cell death during rice leaf senescence is nonapoptotic. *New Phytol.* 155, 25–32.

Leoplod, A. C. 1978. The biological significance of death in plants. In: *The Biology of Aging*, S. 101–114, J. A. Behnke, C. E. Finch und G. B. Moment, Hrsg., Plenum, New York.

Letham, D. S. 1994. Cytokinins as phytohormones – Sites of biosynthesis, translocation, and function of translocated cytokinin. In: *Cytokinins: Chemistry, Activity, and Function*, S. 57–80, D. W. S. Mok und M. C. Mok, Hrsg., CRC Press, Boca Raton, FL.

Ljung, K., R. P. Bhalerao und G. Sandberg. 2001. Sites and homeostatic control of auxin biosynthesis in *Arabidopsis* during vegetative growth. *Plant J.* 28, 465–474.

Loake, G. 2001. Plant cell death: Unmasking the gatekeepers. *Curr. Biol.* 11, R1028–R1031.

Lohman, K. N., S. Gan, M. C. John und R. M. Amasino. 1994. Molecular analysis of natural leaf senescence in *Arabidopsis thaliana. Physiol. Plant.* 92, 322–328.

Lörz, H., W. Wernicke und I. Potrykus. 1979. Culture and plant regeneration of *Hyoscyamus* protoplasts. *Planta Med.* 36, 21–29.

Lynch, J. und K. M. Brown. 1997. Ethylene and plant responses to nutritional stress. *Physiol. Plant.* 100, 613–619.

Lyndon, R. F. 1998. *The Shoot Apical Meristem. Its Growth and Development.* Cambridge University Press, Cambridge.

Ma, J., K.-C. Pascal, M. W. Drake und P. Christou. 2003. The production of recombinant pharmaceutical proteins in plants. *Nat. Rev.* 4, 794–805.

Mähönen, A. P., M. Bonke, L. Kauppinen, M. Riikonen, P. N. Benfey und Y. Helariutta. 2000. A novel two-component hybrid molecule regulates vascular morphogenesis of the *Arabidopsis* root. *Genes Dev.* 14, 2938–2943.

Maraschin, S. F., W. De Priester, H. P. Spaink und M. Wang. 2005. Androgenic switch: an example of plant embryogenesis from the male gametophyte perspective. *J. Exp. Bot.* 56, 1711–1726.

Marchant, A., J. Kargul, S. T. May, P. Muller, A. Delbarre, C. Perrot-Rechenmann und M. J. Bennett. 1999. AUX1 regulates root gravitropism in *Arabidopsis* by facilitating auxin uptake within root apical tissues. *EMBO J.* 18, 2066–2073.

Marchant, A., R. Bhalerao, I. Casimiro, J. Eklöf, P. J. Casero, M. Bennett und G. Sandberg. 2002. AUX1 promotes lateral root formation by facilitating indole-3-acetic acid distribution between sink and source tissues in the *Arabidopsis* seedling. *Plant Cell* 14, 589–597.

Marcotrigiano, M. 1997. Chimeras and variegation: Patterns of deceit. *HortScience* 32, 773–784.

Marcotrigiano, M. 2001. Genetic mosaics and the analysis of leaf development. *Int. J. Plant Sci.* 162, 513–525.

Mattoo, A. K. und J. C. Suttle, Hrsg. 1991. *The Plant Hormone Ethylene.* CRC Press, Boca Raton, FL.

Mattsson, J., Z. R. Sung und T. Berleth. 1999. Responses of plant vascular systems to auxin transport inhibition. *Development* 126, 2979–2991.

McCauley, M. M. und R. F. Evert. 1988. Morphology and vasculature of the leaf of potato (*Solanum tuberosum*). *Am. J. Bot.* 75, 377–390.

McDaniel, C. N. 1984a. Competence, determination, and induction in plant development. In: *Pattern Formation. A Primer in Developmental Biology*, S. 393–412, G. M. Malacinski, Hrsg. und S. V. Bryant, beratender Hrsg. Macmillan, New York.

McDaniel, C. N. 1984b. Shoot meristem development. In: *Positional Controls in Plant Development*, S. 319–347, P. W. Barlow und D. J. Carr, Hrsg., Cambridge University Press, Cambridge.

McManus, M. T. und B. E. Veit, Hrsg. 2002. *Meristematic Tissues in Plant Growth and Development.* Sheffield Academic Press, Sheffield, UK.

Milborrow, B. V. 1984. Inhibitors. In: *Advanced Plant Physiology*, S. 76–110, M. B. Wilkins, Hrsg., Longman Scientific & Technical, Essex, England.

Mittler, R., O. Del Pozo, L. Meisel und E. Lam. 1997. Pathogenin-duced programmed cell death in plants, a possible defense mechanism. *Dev. Genet.* 21, 279–289.

Mizukami, Y. 2001. A matter of size: Developmental control of organ size in plants. *Curr. Opin. Plant Biol.* 4, 533–539.

Muday, G. K. 2001. Auxins and tropisms. *J. Plant Growth Regul.* 20, 226–243.

Murashige, T. 1979. Plant tissue culture and its importance to agriculture. In: *Practical Tissue Culture Applications*, S. 27–44, K. Maramorosch und H. Hirumi, Hrsg., Academic Press, New York.

Nagl, W. 1978. *Endopolyploidy and Polyteny in Differentiation and Evolution.* North-Holland, Amsterdam.

Nagl, W. 1981. Polytene chromosomes in plants. *Int. Rev. Cytol.* 73, 21–53.

Napoli, C. A., C. A. Beveridge und K. C. Snoweden. 1999. Reevaluating concepts of apical dominance and the control of axillary bud outgrowth. *Curr. Topics Dev. Biol.* 44, 127–169.

Neeff, F. 1914. Über Zellumlagerung. Ein Beitrag zur experimentellen Anatomie. *Z. Bot.* 6, 465–547.

Noodén, L. D. 1988. The phenomena of senescence and aging. In: *Senescence and Aging in Plants*, S. 1–50, L. D. Noodén und A. C. Leopold, Hrsg., Academic Press, San Diego.

Noodén, L. D. und A. C. Leopold, Hrsg. 1988. *Senescence and Aging in Plants.* Academic Press, San Diego.

Noodén, L. D. und J. E. Thompson. 1985. Aging and senescence in plants. In: *Handbook of the Biology of Aging*, 2. Aufl., S. 105–127, C. E. Finch und E. L. Schneider, Hrsg., Van Nostrand Reinhold, New York.

Noodén, L. D., J. J. Guiamét und I. John. 1997. Senescence mechanisms. *Physiol. Plant.* 101, 746–753.

Paquette, A. J. und P. N. Benfey. 2001. Axis formation and polarity in plants. *Curr. Opin. Gen. Dev.* 11, 405–409.

Parry, G., A. Delbarre, A. Marchant, R. Swarup, R. Napier, C. Perrot-Rechenmann und M. J. Bennett. 2001. Novel auxin transport inhibitors phenocopy the auxin influx carrier mutation *aux1*. *Plant J.* 25, 399–406.

Peña, L., Hrsg. 2004. *Transgenic Plants.* Humana Press, Inc., Totowa, NJ.

Pennell, R. I. und C. Lamb. 1997. Programmed cell death in plants. *Plant Cell* 9, 1157–1168.

Pigliucci, M. 1998. Developmental phenotypic plasticity: Where internal programming meets the external environment. *Curr. Opin. Plant Biol.* 1, 87–91.

Poethig, R. S. 1984a. Cellular parameters of leaf morphogenesis in maize and tobacco. In: *Contemporary Problems in Plant Anatomy*, S. 235–259, R. A. White und W. C. Dickison, Hrsg., Academic Press, New York.

Poethig, R. S. 1984b. Patterns and problems in angiosperm leaf morphogenesis. In: *Pattern Formation. A Primer in Developmental Biology*, S. 413–432, G. M. Malacinski, Hrsg. und S. V. Bryant, beratender Hrsg., Macmillan, New York.

Poethig, R. S. 1987. Clonal analysis of cell lineage patterns in plant development. *Am. J. Bot.* 74, 581–594.

Poethig, R. S. und I. M. Sussex. 1985. The cellular parameters of leaf development in tobacco: A clonal analysis. *Planta* 165, 170–184.

Poethig, R. S., E. H. Coe Jr. und M. M. Johri. 1986. Cell lineage patterns in maize embryogenesis: A clonal analysis. *Dev. Biol.* 117, 392–404.

Pontier, D., C. Balagué und D. Roby. 1998. The hypersensitive response. A programmed cell death associated with plant resistance. *C.R. Acad. Sci., Paris, Sci. de la Vie* 321, 721–734.

Poupin, M. J. und P. Arce-Johnson. 2005. Transgenic trees for a new era. *In Vitro Cell. Dev. Biol.—Plant* 41, 91–101.

Power, J. B. und E. C. Cocking. 1971. Fusion of plant protoplasts. *Sci. Prog. Oxf.* 59, 181–198.

Prat, H. 1935. Recherches sur la structure et le mode de croissance de chaumes. *Ann. Sci. Nat. Bot.*, Sér. 10, 17, 81–145.

Prat, H. 1948. Histo-physiological gradients and plant organogenesis. *Bot. Rev.* 14, 603–643.

Prat, H. 1951. Histo-physiological gradients and plant organogenesis. (Part II). *Bot. Rev.* 17, 693–746.

Priestley, J. H. 1930. Studies in the physiology of cambial activity. II. The concept of sliding growth. *New Phytol.* 29, 96–140.

Raghavan, V. 1976. *Experimental Embryogenesis in Vascular Plants.* Academic Press, London.

Raghavan, V. 1986. *Embryogenesis in Angiosperms. A Developmental and Experimental Study.* Cambridge University Press, Cambridge.

Rahman, A., S. Hosokawa, Y. Oono, T. Amakawa, N. Goto und S. Tsurumi. 2002. Auxin and ethylene response interactions during *Arabidopsis* root hair development dissected by auxin influx modulators. *Plant Physiol.* 130, 1908–1917.

Rashotte, A. M., A. Delong und G. K. Muday. 2001. Genetic and chemical reductions in protein phosphatase activity alter auxin transport, gravity response, and lateral root growth. *Plant Cell* 13, 1683–1697.

Rauh, W. 1950. *Morphologie der Nutzpflanzen.* Quelle & Meyer, Heidelberg.

Raven, P. H., R. F. Evert und S. E. Eichhorn. 2005. *Biology of Plants*, 7. Aufl., Freeman, New York.

Reinhardt, D., T. Mandel und C. Kuhlemeier. 2000. Auxin regulates the initiation and radial position of plant lateral organs. *Plant Cell* 12, 507–518.

Richards, D. E., K. E. King, T. Ait-Ali und N. P. Harberd. 2001. How gibberellin regulates plant growth and development: A molecular genetic analysis of gibberellin signaling. *Annu. Rev. Plant Physiol. Plant Mol. Biol.* 52, 67–88.

Ross, J. J., D. P. O'Neill, C. M. Wolbang, G. M. Symons und J. B. Reid. 2002. Auxin-gibberellin interactions and their role in plant growth. *J. Plant Growth Regul.* 20, 346–353.

Sabatini, S., D. Beis, H. Wolkenfelt, J. Murfett, T. Guilfoyle, J. Malamy, P. Benefey, O. Leyser, N. Bechtold, P. Weisbeek und B. Scheres. 1999. An auxin-dependent distal organizer of pattern and polarity in the *Arabidopsis* root. *Cell* 99, 463–472.

Sachs, T. 1981. The control of the patterned differentiation of vascular tissues. *Adv. Bot. Res.* 9, 152–262.

Sachs, T. 1991. Cell polarity and tissue patterning in plants. *Development* suppl. 1, 83–93.

Sachs, T. 1993. The role of auxin in the polar organisation of apical meristems. *Aust. J. Plant Physiol.* 20, 541–553.

Sakakibara, H., M. Suzuki, K. Takei, A. Deji, M. Taniguchi und T. Sugiyama. 1998. A response-regulator homologue possibly involved in nitrogen signal transduction mediated by cytokinin in maize. *Plant J.* 14, 337–344.

Sass, J. E. 1958. *Botanical Microtechnique*, 3. Aufl., Iowa State College Press, Ames, IA.

Satina, S., A. F. Blakeslee und A. G. Avery. 1940. Demonstration of the three germ layers in the shoot apex of *Datura* by means of induced polyploidy in periclinal chimeras. *Am. J. Bot.* 27, 895–905.

Scarpella, E., S. Rueb, K. J. M. Boot, J. H. Hoge und A. H. Meijer. 2000. A role for the rice homeobox gene *Oshox1* in provascular cell fate commitment. *Development* 127, 3655–3669.

Scarpella, E., K. J. M. Boot, S. Rueb und A. H. Meijer. 2002. The procambium specification gene *Oshox1* promotes polar auxin transport capacity and reduces its sensitivity toward inhibition. *Plant Physiol.* 130, 1349–1360.

Scheres, B. und P. N. Benfey. 1999. Asymmetric cell division in plants. *Annu. Rev. Plant Physiol. Plant Mol. Biol.* 50, 505–537.

Scheres, B. und H. Wolkenfelt. 1998. The *Arabidopsis* root as a model to study plant development. *Plant Physiol. Biochem.* 36, 21–32.

Schmülling, T. 2002. New insights into the functions of cytokinins in plant development. *J. Plant Growth Regul.* 21, 40–49.

Schoch-Bodmer, H. 1945. Interpositionswachstum, symplastisches und gleitendes Wachstum. *Ber. Schweiz. Bot. Ges.* 55, 313–319.

Schoch-Bodmer, H. und P. Huber. 1951. Das Spitzenwachstum der Bastfasern bei *Linum usitatissimum* und *Linum perenne*. *Ber. Schweiz. Bot. Ges.* 61, 377–404.

Schoch-Bodmer, H. und P. Huber. 1952. Local apical growth and forking in secondary fibres. *Proc. Leeds Philos. Lit. Soc., Sci. Sect.*, 6, 25–32.

Schüepp, O. 1926. *Meristeme. Handbuch der Pflanzenanatomie*, Band 4, Lief 16. Gebrüder Borntraeger, Berlin.

Shepard, J. F., D. Bidney und E. Shahin. 1980. Potato protoplasts in crop improvement. *Science* 208, 17–24.

Sherriff, L. J., M. J. McKay, J. J. Ross, J. B. Reid und C. L. Willis. 1994. Decapitation reduces the metabolism of gibberellin A20 to A1 in *Pisum sativum* L., decreasing the Le/le difference. *Plant Physiol.* 104, 277–280.

Shimizu-Sato, S. und H. Mori. 2001. Control of outgrowth and dormancy in axillary buds. *Plant Physiol.* 127, 1405–1413.

Simon, E. W. 1977. Membranes in ripening and senescence. *Ann. Appl. Biol.* 85, 417–421.

Singh, D. P., A. M. Jermakow und S. M. Swain. 2002. Gibberellins are required for seed development and pollen tube growth in *Arabidopsis. Plant Cell* 14, 3133–3147.

Sinnott, E. W. 1960. *Plant Morphogenesis.* McGraw-Hill, New York.

Sinnott, E. W. und R. Bloch. 1939. Changes in intercellular relationships during the growth and differentiation of living plant tissues. *Am. J. Bot.* 26, 625–634.

Slater, A., N. W. Scott und M. R. Fowler. 2003. *Plant Biotechnology—The Genetic Manipulation of Plants.* Oxford University Press, Oxford.

Stebbins, G. L. und S. K. Jain. 1960. Developmental studies of cell differentiation in the epidermis of monocotyledons. I. *Allium, Rhoeo,* and *Commelina. Dev. Biol.* 2, 409–426.

Steeves, T. A., M. A. Hicks, J. M. Naylor und P. Rennie. 1969. Analytical studies of the shoot apex of *Helianthus annuus. Can. J. Bot.* 47, 1367–1375.

Steinmann, T., N. Geldner, M. Grebe, S. Mangold, C. L. Jackson, S. Paris, L. Gälweiler, K. Palme und G. Jürgens. 1999. Coordinated polar localization of auxin efflux carrier PIN1 by GNOM ARF GEF. *Science* 286, 316–318.

Steward, F. C., M. O. Mapes, A. E. Kent und R. D. Holsten. 1964. Growth and development of cultured plant cells. *Science* 143, 20–27.

Steward, F. C., U. Moreno und W. M. Roca. 1981. Growth, form and composition of potato plants as affected by environment. *Ann. Bot.* 48 (suppl. 2), 1–45.

Stewart, R. N. und L. G. Burk. 1970. Independence of tissues derived from apical layers in ontogeny of the tobacco leaf and ovary. *Am. J. Bot.* 57, 1010–1016.

Stewart, R. N., P. Semeniuk und H. Dermen. 1974. Competition and accommodation between apical layers and their derivatives in the ontogeny of chimeral shoots of *Pelargonium* x *Hortorum. Am. J. Bot.* 61, 54–67.

Street, H. E., Hrsg., 1977. *Plant Tissue and Cell Culture*, 2. Aufl., Blackwell, Oxford.

Sugimoto-Shirasu, K., N. J. Stacey, J. Corsar, K. Roberts und M. C. McCann. 2002. DNA topoisomerase VI is essential for endoreduplication in *Arabidopsis*. *Curr. Biol.* 12, 1782–1786.

Sundberg, B., C. Uggla und H. Tuominen. 2000. Cambial growth and auxin gradients. In: *Cell and Molecular Biology of Wood Formation*, S. 169–188, R. A. Savidge, J. R. Barnett und R. Napier, Hrsg., BIOS Scientific, Oxford.

Sunderland, N. und J. M. Dunwell. 1977. Anther and pollen culture. In: *Plant Tissue and Cell Culture*, 2. Aufl., S. 223–265, H. E. Street, Hrsg., Blackwell, Oxford.

Swarup, R., J. Friml, A. Marchant, K. Ljung, G. Sandberg, K. Palme und M. Bennett. 2001. Localization of the auxin permease AUX1 suggests two functionally distinct hormone transport pathways operate in the *Arabidopsis* root apex. *Genes Dev.* 15, 2648–2653.

Szymkowiak, E. J. und I. M. Sussex. 1996. What chimeras can tell us about plant development. *Annu. Rev. Plant Physiol. Plant Mol. Biol.* 47, 351–376.

Taiz, L. und E. Zeiger. 2002. *Plant Physiology*, 3. Aufl., Sinauer Associates Inc., Sunderland, MA.

Theißen, G. und H. Saedler. 1999. The golden decade of molecular floral development (1990–1999): A cheerful obituary. *Dev. Genet.* 25, 181–193.

Thimann, K. V. 1978. Senescence. *Bot. Mag., Tokyo*, spec. iss. 1, 19–43.

Thompson, J. E., C. D. Froese, Y. Hong, K. A. Hudak und M. D. Smith. 1997. Membrane deterioration during senescence. *Can. J. Bot.* 75, 867–879.

Tilney-Bassett, R. A. E. 1986. *Plant Chimeras*. Edward Arnold, London.

Traas, J., M. Hülskamp, E. Gendreau und H. Höfte. 1998. Endoreplication and development: rule without dividing? *Curr. Opin. Plant Biol.* 1, 498–503.

Trewavas, A. 1980. Possible control points in plant development. In: *The Molecular Biology of Plant Development*. Botanical Monographs, Bd. 18, S. 7–27, H. Smith und D. Grierson, Hrsg., University of California Press, Berkeley.

Trombetta, V. V. 1942. The cytonuclear ratio. *Bot. Rev.* 8, 317–336.

Twell, D., S. K. Park und E. Lalanne. 1998. Asymmetric division and cell-fate determination in developing pollen. *Trends Plant Sci.* 3, 305–310.

Van den Berg, C., V. Willemsen, W. Hage, P. Weisbeek und B. Scheres. 1995. Cell fate in the *Arabidopsis* root meristem determined by directional signalling. *Nature* 378, 62–65.

Vasil, I. 1991. Plant tissue culture and molecular biology as tools in understanding plant development and plant improvement. *Curr. Opin. Biotech.* 2, 158–163.

Vasil, I. K. 2005. The story of transgenic cereals: the challenge, the debate, and the solution—A historical perspective. *In Vitro Cell. Dev. Biol.—Plant* 41, 577–583.

Vöchting, H. 1878. *Über Organbildung im Pflanzenreich: Physiologische Untersuchungen über Wachsthumsursachen und Lebenseinheiten*. Max Cohen, Bonn.

Vogler, H. und C. Kuhlemeier. 2003. Simple hormones but complex signaling. *Curr. Opin. Plant Biol.* 6, 51–56.

Watanabe, M., D. Setoguchi, K. Uehara, W. Ohtsuka und Y. Watanabe. 2002. Apoptosis-like cell death of *Brassica napus* leaf protoplasts. *New Phytol.* 156, 417–426.

Weissman, I. L. 2000. Stem cells: Units of development, units of regeneration, and units in evolution. *Cell* 100, 157–168.

Weissman, I. L., D. J. Anderson und F. Gage. 2001. Stem and progenitor cells: Origins, phenotypes, lineage commitments, and transdifferentiations. *Annu. Rev. Cell Dev. Biol.* 17, 387–403.

Werner, T., V. Motyka, M. Strnad und T. Schmülling. 2001. Regulation of plant growth by cytokinin. *Proc. Natl. Acad. Sci. USA* 98, 10487–10492.

Wetmore, R. H. und S. Sorokin. 1955. On the differentiation of xylem. *J. Arnold Arbor.* 36, 305–317.

Weyers, J. D. B. und N. W. Paterson. 2001. Plant hormones and the control of physiological processes. *New Phytol.* 152, 375–407.

Williams, E. G. und G. Maheswaran. 1986. Somatic embryogenesis: Factors influencing coordinated behaviour of cells as an embryogenic group. *Ann. Bot.* 57, 443–462.

Withers, L. und P. G. Anderson, Hrsg. 1986. *Plant Tissue Culture and Its Agricultural Applications*. Butterworths, London.

Wredle, U., B. Walles und I. Hakan. 2001. DNA fragmentation and nuclear degradation during programmed cell death in the suspensor and endosperm of *Vicia faba*. *Int. J. Plant Sci.* 162, 1053–1063.

Yamaguchi, S. und Y. Kamiya. 2002. Gibberellins and light-stimulated seed germination. *J. Plant Growth Regul.* 20, 369–376.

Yamamoto, R., S. Fujioka, T. Demura, S. Takatsuto, S. Yoshida und H. Fukuda. 2001. Brassinosteroid levels increase drastically prior to morphogenesis of tracheary elements. *Plant Physiol.* 125, 556–563.

Yaxley, J. R., J. J. Ross, L. J. Sherriff und J. B. Reid. 2001. Gibberellin biosynthesis mutations and root development in pea. *Plant Physiol.* 125, 627–633.

Yong, J. W. H., S. C. Wong, D. S. Letham, C. H. Hocart und G. D. Farquhar. 2000. Effects of elevated [CO2] and nitrogen nutrition on cytokinins in the xylem sap and leaves of cotton. *Plant Physiol.* 124, 767–779.

Zambryski, P. und K. Crawford. 2000. Plasmodesmata: Gatekeepers for cell-to-cell transport of developmental signals in plants. *Annu. Rev. Cell Dev. Biol.* 16, 393–421.

Žárský, V. und F. Cvrčková. 1999. Rab and Rho GTPases in yeast and plant cell growth and morphogenesis. In: Advances in Regulation of Plant Growth and Development, S. 49–57, M. Strnad, P. Peč, und E. Beck, Hrsg., Peres Publishers, Prague.

Zeevaart, J. A. D. und M. Talon. 1992. Gibberellin mutants in Arabidopsis thaliana. In: Progress in Plant Growth Regulation, S. 34–42, C. M. Karssen, L. C. van Loon und D. Vreugdenhil, Hrsg., Kluwer Academic, Dordrecht.

# Kapitel 6
# Apikalmeristeme

Die Bezeichnung **Apikalmeristem** bezieht sich auf eine Gruppe von meristematischen Zellen in der Spitze des Sprosses und der Wurzel, die mittels Zellteilung die primäre Architektur einer Pflanze bestimmen. Wie in 5. Kapitel diskutiert, bestehen Meristeme aus Initialen, die das Meristem erhalten, und aus ihren Derivaten. Nicht nur die Initialen, sondern auch ihre Derivate, teilen sich in eine oder mehrere Generationen von Tochterzellen, ehe sie in der Nähe der Spross- oder Wurzelspitze in spezifische Zellen und Gewebe differenzieren. Auch falls erste Prozesse der Differenzierung schon erkennbar sind, können sich die Zellen eines Gewebes weiter teilen. Daher ist Wachstum, im Sinne von Zellteilung, nicht nur auf die eigentliche Spross- oder Wurzelspitze beschränkt, sondern findet auch in Zellen distal zur Zellgruppe, die normalerweise als Apikalmeristem bezeichnet wird, statt. Tatsächlich finden sogar mehr Zellteilungen in gewisser Distanz zum Scheitel statt (Buvat, 1952). Im Spross wurde eine erhöhte meristematische Aktivität am Ort der Blattbildung beobachtet und während der Streckung der Sprossachse treten Zellteilungen in mehreren Internodien unterhalb des Apikalmeristems auf (Sachs, 1965). Der Wechsel vom Apikalmeristem zum adulten primären Gewebe ist graduell und beinhaltet die Wechselwirkung von Zellteilung, Zellwachstum und Zelldifferenzierung. Daher sollte man die Bezeichnung Meristem nicht nur auf den Scheitel des Sprosses oder der Wurzel beschränken. Die Pflanzenteile, wo die entstehenden Gewebe schon partiell determiniert sind, aber sich die Zellen immer noch teilen, sind auch meristematisch.

In der umfangreichen Literatur über Apikalmeristeme spiegelt sich der mannigfaltige und oft inkonsequente Gebrauch dieses Begriffes wider (Wardlaw, 1957; Clowes, 1961; Cutter, 1965; Gifford und Corson, 1971; Medford, 1992; Lyndon, 1998). Am gebräuchlichsten ist die Verwendung von Apikalmeristem im weiteren Sinne, also als Bezeichnung nicht nur für die Initialen und ihre direkten Derivate, sondern auch für mehr distal gelegene Regionen des Scheitels. **Spross-** und **Wurzelspitze** werden oft als Synonyme für Apikalmeristem verwendet, obwohl manchmal zwischen den beiden unterschieden wird. Dabei definiert das Apikalmeristem des Sprosses nur die Zellen, die oberhalb des jüngsten Blattprimordiums liegen, während Sprossspitze zusätzlich subapikale Regionen mit ihren jungen Blattprimordien mit einbezieht (Cutter, 1965).

Der oft widersprüchliche Gebrauch dieser Begriffe hat zu einer Vielzahl von weiteren genaueren Bezeichnungen und Definitionen geführt. **Pro-** oder **Protomeristem** (Jackson, 1953) bezeichnet die jüngsten Derivate der Initialen, die noch keine Zeichen von Gewebedifferenzierung aufzeigen und die als im selben physiologischen Zustand wie die Initialen erachtet werden (Sussex und Steeves, 1967; Steeves und Sussex, 1989). Johnson und Tolbert (1960) bezeichnen dieselbe Gruppe von Zellen als **Metameristem** und definieren sie als den zentralen Teil des Sprossapikalmeristems, der sich selbst erneuert, der zum Wachstum und der Organisation des Apex' beisteuert, aber noch keine Zeichen von Separierung der Gewebe zeigt. Dieser Teil des Apikalmeristems entspricht der bei Sprossspitzen als zentrale Zone bezeichneten Region (siehe unten). Im Gegensatz dazu beinhaltet die Definition von Promeristem nach Clowes (1961) nur die Initialen.

## 6.1 Die Entwicklung eines Konzeptes für apikale Organisation

### 6.1.1 Ursprünglich wurde angenommen, dass Apikalmeristeme eine einzige Initialzelle besitzen

Nachdem Wolff (1759) in der Sprossspitze von Farnen eine einzige, morphologisch distinkte Initialzelle beschrieben hat, von der aus sich der ganze Spross entwickelt, wurde gemutmaßt, dass die Sprossspitze von Samenpflanzen ähnlich aufgebaut ist. Die **Apikalzelle** (Abb. 6.1) von Farnen wurde interpretiert als eine konsistente und permanente strukturelle und funktionelle Einheit des Apikalmeristems, die verantwortlich ist für den gesamten Prozess des Wachstums (**Apikalzellentheorie**). Darauffolgend wurde allerdings die Allgemeingültigkeit dieses Konzeptes in Frage gestellt und durch ein Konzept von unabhängiger Herkunft der verschiedenen Teile des Pflanzenkörpers ersetzt.

### 6.1.2 Die Histogentheorie ersetzt die Apikalzellentheorie

Die **Histogentheorie** wurde von Hanstein (1868) nach intensivem Studium von Sprossspitzen und Embryonen von verschiedenen Angiospermen vorgeschlagen. Dieser Theorie zufolge entsteht der Pflanzenspross nicht aus einer einzigen, oberfläch-

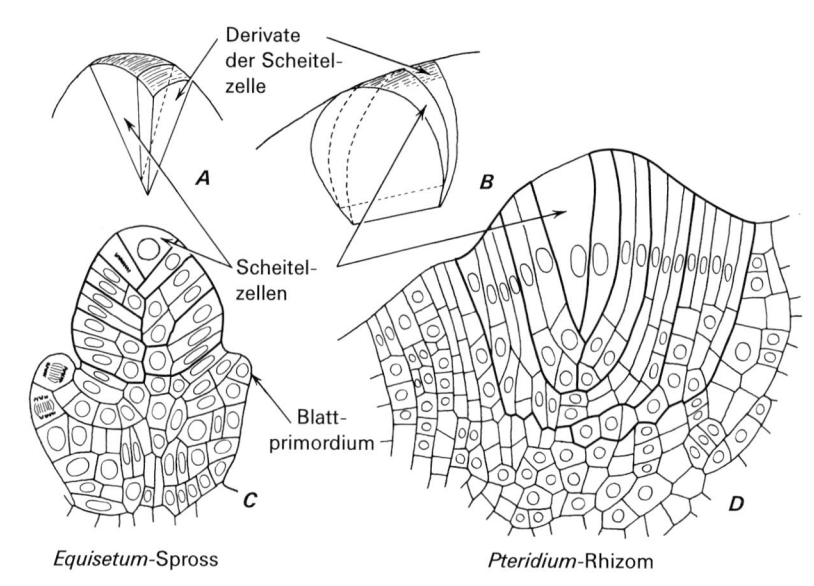

**Abb. 6.1** Scheitelzellen bei Sprossen. **A**, die pyramidale Scheitelzelle gibt Derivate nach drei Seiten ab, sie ist dreischneidig. **B**, die lenticulare Scheitelzelle gibt nach zwei Seiten Zellen ab, sie ist zweischneidig. **C**, Sprossspitze von *Equisetum* im Längsschnitt. Pyramidale Scheitelzelle an Sprossapex und Blattanlagen (links in Teilung). **D**, lenticulare Scheitelzelle der Rhizomspitze von *Pteridium*. Weiter unterteilte Derivate der Scheitelzelle, sogenannte Merophyten, sind durch etwas dicker gezeichnete Wände abgegrenzt. (C, D, x230. A, B, verändert nach Schüepp, 1926. www.schweizerbart.de.)

lichen Zelle, sondern aus einer Gruppe von Zellen, die auch tiefer liegende Zellen beinhaltet und aus drei Teilen, den sogenannten **Histogenen** besteht. Die verschiedenen Histogene werden nach ihrer Herkunft und dem Verlauf ihrer Entwicklung unterschieden. Der erste und äußerste Teil (Oberfläche), das **Dermatogen** (gr. *derma* = Haut) ist der Vorläufer der Epidermis; aus dem zweiten Teil, dem **Periblem** (gr. *periblema* = Obergewand) entsteht die primäre Rinde; und der dritte Teil, das **Plerom** (gr. *pleroma* = Ausfüllung) ist der Ursprung der inneren Masse der Sprossachse. Das Dermatogen, alle Lagen des Periblems und das Plerom entstehen aus einer oder mehreren Initialzellen, die in übereinander liegenden Schichten im äußersten Ende des Apex angeordnet sind.

Hansteins Dermatogen sollte nicht mit Haberlandts (1914) Protoderm verwechselt werden. Protoderm, im Sinne von Haberlandt, bedeutet die äußerste Schicht des Meristems, unabhängig davon, ob diese Schicht von distinkten Initialen gebildet wurde und unabhängig, ob sie am Ursprung nur der Epidermis oder auch der subepidermalen Gewebe steht. In vielen Sprossspitzen entsteht die Epidermis aus einer unabhängigen Schicht im Apikalmeristem; in solchen Fällen können Protoderm und Dermatogen gleichbedeutend sein. Periblem und Plerom im Sinne von Hanstein sind bei vielen Arten in der Wurzel erkennbar; im Spross hingegen sind diese beiden Histogene oft nicht klar abgrenzbar. Daher findet die Unterteilung in Dermatogen, Periblem und Plerom keine universelle Anwendung. Der große Fehler von Hansteins Histogentheorie ist allerdings die Annahme, dass der unterschiedliche Ursprung dieser Regionen ursächlich ihre verschiedene Entwicklung bestimmt.

### 6.1.3 Das Tunica-Corpus Konzept der apikalen Organisation gilt größten Teils für Angiospermen

Die Apikalzellen- und die Histogentheorie wurden unter Berücksichtigung von Wurzel- und Sprossspitzen entwickelt. Die dritte Theorie, die **Tunica-Corpus-Theorie** von A. Schmidt (1924), die hier vorgestellt werden soll, ist hingegen das Resultat von Beobachtungen, die sich ausschließlich auf die Sprossspitzen von Angiospermen beziehen. Diese Theorie besagt, dass das Apikalmeristem aus (1.) der **Tunica**, einer oder mehreren peripheren Zellschichten, die sich rechtwinklig (antiklin) zur Oberfläche teilen, und (2.) dem **Corpus**, einem Körper aus Zellen, die mehrschichtig angeordnet sind und sich in verschiedenen Richtungen teilen können, besteht (Abb. 6.2). Der Corpus ist folglich für das Volumen- und die Tunica für das Flächenwachstum verantwortlich. Jede einzelne Schicht der Tunica stammt von einer separaten Gruppe von wenigen Initialen ab und auch der Corpus hat seine eigenen Initialen, die unterhalb derjenigen der Tunica liegen. Mit anderen Worten, die Anzahl der Schichten von Initialen ist gleich der Anzahl der Tunica-Schichten plus eine Schicht Corpusinitialen. Im Gegensatz zur Histogentheorie beinhaltet die Tunica-Corpus-Theorie keine Beziehung zwischen der Konfiguration der Zellen im Apex und deren Histogenese. Die Epidermis stammt normalerweise von der äußersten Tunica-Schicht ab, die daher gleichbedeutend mit dem Dermatogen nach Hanstein ist. Die subepidermalen Schichten jedoch können, abhängig von der Anzahl der Tunica-Schichten, entweder von der Tunica, dem Corpus oder von beiden abstammen.

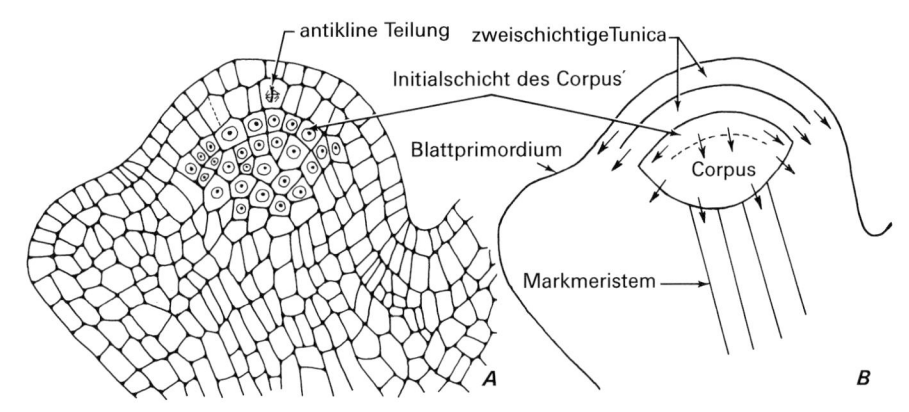

**Abb. 6.2** Sprossspitze von *Pisum* (Erbse). Zelluläre Einzelheiten in **A**, schematische Darstellung in **B**. Das Markmeristem zeigt nicht die für Rippenmeristeme typische Form des Wachstums. (Aus Esau, 1977.)

Mit der Untersuchung einer Vielzahl von Scheitelspitzen verschiedener Pflanzen wurde das Tunica-Corpus-Model nach und nach modifiziert. So wurde vor allem die Definition von Tunica weniger strikt angewandt. Die strikte Lesart von Tunica beinhaltet nur Schichten, deren Zellen sich median, also oberhalb der jüngsten Blattprimordien, nie periklin teilen (Jentsch, 1957). Falls eine Scheitelspitze zusätzliche parallele Schichten, die durch perikline Zellteilung entstanden sind, zur ursprünglichen Tunica aufweist, werden diese Schichten dem Corpus zugerechnet und ein solcher Corpus wird als geschichtet beschrieben (Sussex, 1955; Tolbert und Johnson, 1966). Die weniger strikte Lesart des Tunica-Konzeptes lässt perikline Zellteilungen zu und spricht, je nach Pflanzenart, von einer fluktuierenden Anzahl von Tunica-Schichten (Clowes, 1961). Wegen des unterschiedlichen Gebrauchs des Begriffes Tunica wurde seine Nützlichkeit von Popham (1951) in Frage gestellt. Popham führte anstelle von Tunica den Ausdruck „**mantle**" (engl. von Mantel, Hülle) ein, der alle Schichten beinhaltet, deren Zellen sich genügend oft antiklin teilen, dass definierte Zellschichten aufrecht erhalten werden. Die darunterliegenden Zellen nannte Popham „**core**" (engl. für Kern, Innenteil) und vermied somit den Ausdruck Corpus.

## 6.1.4 Die Sprossspitzen der meisten Gymnospermen und Angiospermen sind cytohistologisch zoniert

Das Tunica-Corpus-Konzept, das auf Untersuchungen von Angiospermen basiert, hat sich in der Folge als mehrheitlich nicht anwendbar für Gymnospermen herausgestellt (Foster, 1938, 1941; Johnson, 1951; Gifford und Corson, 1971; Cecich, 1980). Bis auf wenige Ausnahmen (*Gnetum*, *Ephedra* und einige Coniferenarten) weisen die Sprossapikalmeristeme der Gymnospermen keine Unterteilung in Tunica und Corpus auf, weil sie in der Regel keine stabilen Zellschichten an der Oberfläche ausbilden, deren Zellen sich nur antiklin teilen. Die Zellen der äußersten Zellschicht teilen sich antiklin und periklin und tragen somit gleichzeitig zum Flächen- als auch zum Volumenwachstum bei. Die Zellen, die median an der Oberfläche der Scheitelspitze liegen, werden als die Initialen interpretiert. Nähere Untersuchungen an Sprossspitzen von Gymnospermen haben zu der Erkenntnis geführt, dass diese durch markante Zonen charakterisiert werden können. Das daraus abgeleitete Konzept der **cytohistologischen Zonierung** beschränkt sich nicht nur auf die Teilungsebenen der meristematischen Zellen (wie im Tunica-Corpus Konzept), sondern macht Nutzen von

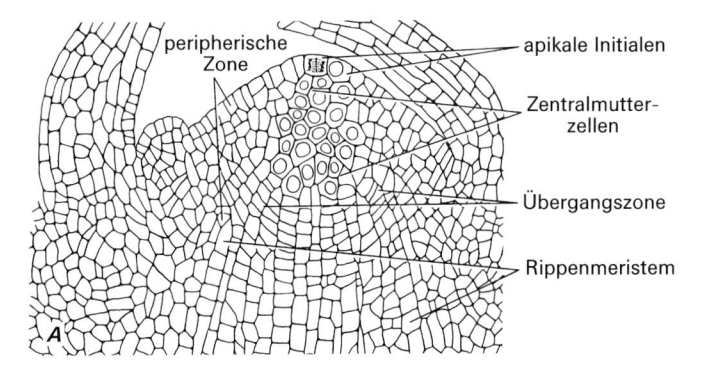

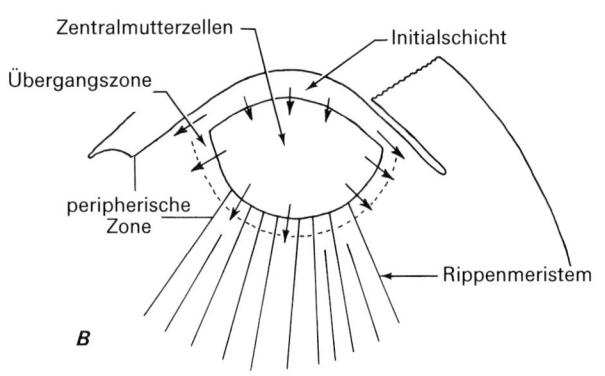

**Abb. 6.3** Sprossspitze von *Pinus strobus* im Längsschnitt. Zelluläre Einzelheiten **A**, schematische Darstellung **B**. Apikale Initialen liefern durch antkline Teilungen Zellen an die Oberflächenschichten; durch perikline Teilungen wird die Zentralmutterzellenzone versorgt. Die Zentralmutterzellen (mit eingezeichneten Zellkernen) geben Zellmaterial an die schalenförmige, teilungsaktive Übergangszone ab. Diese liefert radiale Zellreihen, die das Rippenmeristem und die peripherischen Schichten bilden. (A, x139. **A**, nach einem Präparat von A. R. Spurr; **B**, aus Esau, 1977.)

distinkten Merkmalen, wie cytologischer und histologischer Differenzierung, als auch von meristematischer Aktivität in verschiedenen Regionen des Meristems (Abb. 6.3). Ähnliche Zonierungen, einer Tunica-Corpus-Organisation überlagert, wurden danach auch für die meisten Angiospermen beschrieben (Clowes, 1961; Gifford und Corson, 1971).

Cytologische Zonen, die in apikalen Sprossmeristemen erkannt werden können, variieren im Grad ihrer Differenzierung und in der Organisation einzelner Zellgruppen. Im einfachsten Fall kann das Apikalmeristem in eine **zentrale Zone** und in zwei davon abstammende Zonen unterteilt werden. Eine davon, das **Rippenmeristem** (auch **Rippenzone** oder **Markmeristem**), befindet sich direkt unterhalb, median zur zentralen Zone. Das Rippenmeristem kann sich nach zusätzlicher meristematischer Aktivität zu Mark differenzieren. Neben der zentralen Zone und dem Rippenmeristem kann die **peripherische Zone** (auch **peripherisches Meristem** oder **Eumeristem**) unterschieden werden, welche die beiden anderen Zonen umgibt. Diese Zone ist normalerweise die mit der höchsten meristematischen Aktivität und weist daher auch die kleinsten Zellen mit dem dichtesten Cytoplasma auf. Die Blattprimordien, das Procambium und auch das corticale Grundgewebe entstammen der peripherischen Zone. Bei Arten, in denen das Tunica-Corpus-Konzept angewendet werden kann, entspricht die zentrale Zone dem Corpus und den Tunica-Schichten, die oberhalb des Corpus liegen.

## 6.2 Studien zur Identität der apikalen Initialen

Französische Cytologen (Buvat, 1955a; Nougarède, 1967) trugen mittels intensiver Untersuchungen der meristematischen Aktivität als nächstes zum erweiterten Verständnis des apikalen Sprossmeristems bei. Das genaue Auszählen von mitotischen Zellen, in Kombination mit cytologischen, histochemischen und ultrastrukturellen Analysen bildeten die Basis für die Formulierung der Theorie, dass nach der Embryogenese die zentrale Zone zu einem ruhenden Meristem wird (Abb. 6.4; méristème d'attente). Das „*méristème d'attente*" bleibt bis zur reproduktiven Phase ruhend und die meristematische Aktivität tritt in den umliegenden, distalen Regionen auf. Während des vegetativen Wachstums teilen sich die Zellen des „*anneau initial*" (initialer Ring; entspricht der peripherischen Zone) und im medulären Meristem (**méristème medulaire**, auch Markmeristem). Die Idee von der inaktiven zentralen Zone im apikalen Meristem der Angiospermen wurde später auch auf Gymnospermen (Camefort, 1956; der die zentrale Zone „*la zone apicale*" nannte) und samenlose Gefäßpflanzen (Buvat, 1955b) und Wurzeln (Buvat und Genevès, 1951; Buvat und Liard, 1953) angewandt. Das Konzept wurde in der Folge ein wenig angepasst, indem der unterschiedliche Grad der „Inaktivität" der zentralen Zone im Bezug auf die Grösse der Scheitelspitze und deren Entwicklungsstadium erkannt wurde (Catesson, 1953; Lance, 1957; Loiseau, 1959). Auch in Wurzelspitzen wurde in vielen Untersuchungen ein inaktives Zentrum gefunden, was schulssendlich im weithin akzeptierten Konzept eines **Ruhezentrums** in der Wurzelspitze resultierte (Clowes, 1961).

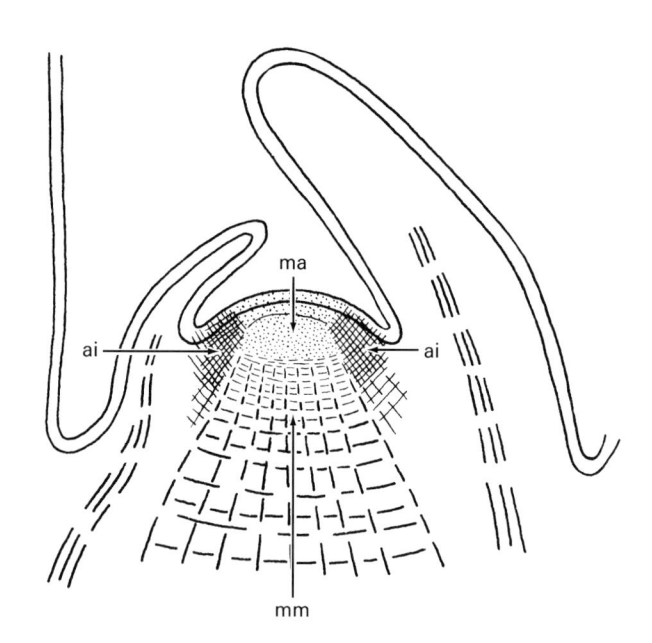

**Abb. 6.4** Schematische Darstellung einer Sprossspitze von *Cheiranthus cheiri*; interpretiert nach der méristème d'attente-Theorie. ai, anneau initial; ma, méristème d'attente; mm, méristème medullaire. (Nach Buvat, 1955a. © Masson, Paris.)

Die Revision des Konzeptes der apikalen Initialen durch die französischen Forscher stimulierte neue, gründliche Untersuchungen der Apikalmeristeme (Cutter, 1965; Nougarède, 1967; Gifford und Corson, 1971). Das Auszählen von mitotischen Zellen in den verschiedenen Domänen der Sprossspitze, das Aufzeigen von *de novo* Synthese von DNA, RNA und Proteinen in Wurzelspitzen mittels radioaktiv markierter Substanzen, sowie histochemische Untersuchungen, experimentelle Manipulationen und das Verfolgen von Zellmustern in fixierten und lebenden Sprossspitzen untermauerten das Postulat von sich relativ wenig teilenden Zellen in der zentralen Zone (Tabelle 6.1) (Davis et al., 1979; Lyndon, 1976, 1998).

Die Anerkennung der Idee, dass sich die Zellen der zentralen Zone relativ wenig teilen, hat nicht zu einer Verwerfung des Konzeptes geführt, dass die am meisten apikal gelegen Zellen die wahren Initialen und der ultimative Ursprung aller Zellen des Sprosses sind. In Anbetracht der geometrischen Begebenheiten einer Scheitelspitze sollte eine Mutation in einer der am meisten apikal gelegenen Zellen zu einer großen, stabilen Population von Zellen, die diese Eigenschaft tragen, durch exponentielles Wachstum ihrer Derivate, führen. Wie vorher beschrieben, postuliert das Tunica-Corpus-Konzept eine kleine Gruppe von Initialzellen in jeder einzelnen Schicht des Apikalmeristems. Klonale Analyse von Chimären hat gezeigt, dass sich eine bis drei Initialen in jeder Schicht befinden (Stewart

**Tab. 6.1** Durchschnittliche Zellverdoppelungszeit auf der Spitze und an den Flanken des Sprossapikalmeristems von Angiospermen.

| Art | Zellverdoppelungszeit (h) | |
| --- | --- | --- |
| | Spitze[c] | Flanken[d] |
| *Trifolium repens* | 108 | 69 |
| *Pisum* (wahrscheinlich *P. sativum*) | 69 | 28 |
| *Pisum* (Hauptspitze) | 49 | 31 |
| *Pisum* (Achselknospe, angelegt) | 127 | 65 |
| *Pisum* (Achselknospe, sichtbar) | 40 | 33 |
| *Oryza* (Reis) | 86 | 11 |
| *Rudbeckia bicolor* | >40 | 30 |
| *Solanum* (Kartoffel) | 117 | 74 |
| *Datum stramonium* | 76 | 36 |
| *Coleus blumei* | 250 | 130 |
| *Sinapis alba* | 288 | 157 |
| *Chrysanthemum*[a] | 144 | 50 |
| *Chrysanthemum*[b] | 102 | 32 |
| *Chrysanthemum* | 139 | 48 |
| *Chrysanthemum segetum* | 140 | 54 |
| *Helianthus annuus* | 83 | 37 |

[a] Photonenfluss = 70 µmol/m². [b] Photonenfluss = 200 µmol/m².
[c] Oder zentrale Zone. [d] Oder peripherische Zone.
Quelle: Aus Lyndon, 1998.

und Dermen, 1970, 1979; Zagórska-Marek und Turzańska, 2000; Korn, 2001).

Die Beziehung zwischen Initialen und den unmittelbar anschließenden Derivaten im Apikalmeristem ist flexibel. Eine Zelle übernimmt die Funktion einer Initiale auf Grund ihrer Lage und nicht auf Grund von vererbten Eigenschaften ihrer Zelllinie. (Vergleiche mit einem ähnlichen Konzept für die Initialen im vaskulären Cambium, Kap. 12) Zum Zeitpunkt der Zellteilung lässt es sich nicht sagen, welche der Tochterzellen als Initiale und welche als Derivat funktionieren wird. Es konnte sogar gezeigt werden, dass eine Initiale durch eine in ihrer vorherigen Geschichte als Derivat ausgeschiedene Zelle ersetzt werden kann (Soma und Ball, 1964; Ball, 1972; Ruth et al., 1985; Hara, 1995; Zagórska-Marek und Turzańska, 2000).

Da keine Zelle als permanente Initiale erachtet werden kann, schlug Newman (1965) vor, dass eine Unterscheidung zwischen kontinuierlich-meristematischen Zellen (*continuing meristematic residue*) – die als Initialen funktionieren – und dem allgemeinen Meristem (*general meristem*) gemacht werden soll. Die Bildung von neuen Zellen aus dem „*continuing meristematic residue*" ist ein langsamer aber kontinuierlicher Prozess von langer Dauer, während die Verweildauer im „*general meristem*" von nur kurzer Dauer ist. Newman`s Konzept wurde für die Klassifizierung der Apikalmeristeme aller Gefäßpflanzen verwendet: (1) **monopodial** (zum Beispiel Farne) – das „*continuing meristematic residue*" befindet sich in der Schicht an der Oberfläche der Sprossspitze und trägt zu Längen- und Breitenwachstum bei; (2) **simplex** (zum Beispiel Gymnospermen) – das „*continuing meristematic residue*" befindet sich in einer einzelnen Schicht an der Oberfläche und antikline wie perikline Zellteilung werden für das Wachstum benötigt; (3) **duplex** (zum Beispiel Angiospermen) – Das „*continuing meristematic residue*" befindet sich in mindestens zwei Schichten an der Oberfläche, die gegensätzliche Zellteilungsebenen zeigen, antiklin in der oder den äußersten Schichten und periklin darunter.

## 6.3 Die vegetative Sprossspitze

Die vegetative Sprossspitze ist eine dynamische Struktur, die zusätzlich zur Produktion von Zellen für den primären Spross auch sich wiederholende Einheiten oder Module, die sogenannten **Phytomere**, ausbildet (Abb. 6.5). Jedes Phytomer besteht aus einem Knoten, einem dazugehörigen Blatt, einem darunterliegenden Internodium und einer Knospe, an der Basis des Internodiums. Die Knospe liegt in der Blattachsel des unten anliegenden Phytomers und kann in einen Seitenspross austreiben. Bei Samenpflanzen wird das Apikalmeristem für den primären Spross im Embryo angelegt, vor oder nach der Ausbildung des Keimblatts oder der Keimblätter (Saint-Côme, 1966; Nougarède, 1967; Gregory und Romberger, 1972).

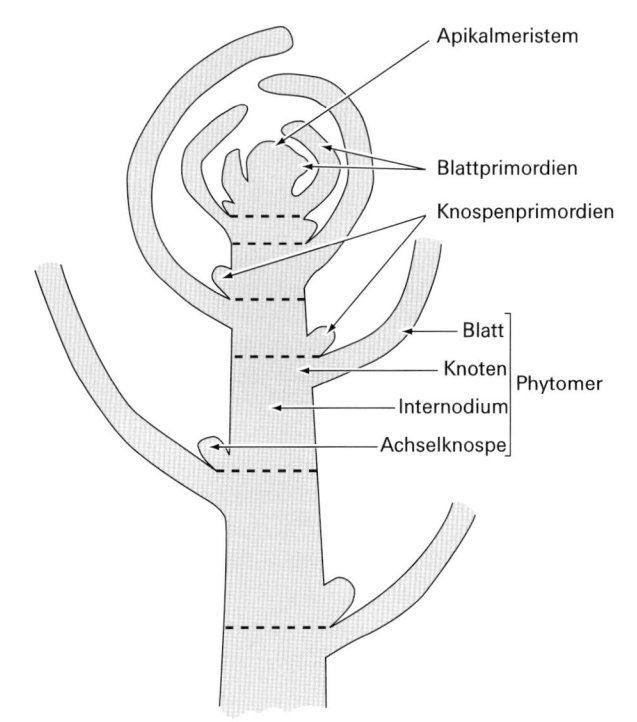

**Abb. 6.5** Schematische Darstellung eines Längsschnitts durch eine eudicotyle Sprossspitze. Repetitive Bildung von Blatt- und Knospenprimordien durch das Apikalmeristem führt zur aufeinanderfolgenden Ausbildung sich wiederholender Einheiten, die Phytomere genannt werden. Jedes Phytomer besteht aus einem Knoten, dem dazugehörigen Blatt, dem Internodium darunter und der Knospe an der Basis des Internodiums. Abgrenzungen der einzelnen Phytomere durch gestrichelte Linien. Mit zunehmender Distanz vom Apex werden die Längen der Internodien größer. Internodale Streckung ist zum größten Teil für das Längenwachstum der Sprossachse verantwortlich.

*Cycas revoluta*; 280 µm, *Pinus mugo*; 140 µm, *Taxus baccata*; 400 µm, *Ginkgo biloba*; 288 µm, *Washingtonia filifera*; 130 µm, *Zea mays*; 500 µm, *Nuphar lutea* (Clowes, 1961). Bei der Keimung ist das Sprossapikalmeristem des Embryos von *Arabidopsis thaliana* (Wassilewskija Ökotyp) ungefähr 35 bis 55 µm breit (Medford et al., 1992). Form und Größe der Sprossspitze ändern sich im Verlauf der Entwicklung der Pflanze vom Embryo bis zum Eintritt in das reproduktive Stadium, ferner zwischen der Anlage der aufeinanderfolgenden Blätter und auch jahreszeitlich. Für die Größenzunahme während des Wachstums liefert *Phoenix canariensis* ein Beispiel (Ball, 1941). Das Apikalmeristem des Embryos hatte einen Durchmesser von 80 µm, im Keimling waren es 140 µm und in der ausgewachsenen Pflanze 528 µm.

In den folgenden Abschnitten werden weitere Aspekte der Struktur und Funktion des Sprossapikalmeristems der Hauptgruppen der Gefäßpflanzen diskutiert. Wir beginnen mit den samenlosen Gefäßpflanzen.

### 6.3.1 Scheitelzellen sind charakteristisch für die Sprossapikalmeristeme von samenlosen Gefäßpflanzen

Bei den meisten samenlosen Gefäßpflanzen – den leptosporangiaten (höher entwickelten) Farnen, *Osmunda* – schreitet das Wachstum von einer oberflächlichen Schicht stark vakuolierter Zellen, mit einer mehr oder minder ausgeprägten Scheitelzelle im Zentrum der Scheitelspitze, voran. Bei einigen samenlosen Gefäßpflanzen (*Equisetum*, *Psilotum* und Arten von *Selaginella*) ist die Scheitelzelle stark vergrößert und einfach erkennbar, während sie bei anderen Arten (eusporangiaten Farnen, *Lycopodium* und *Isoetes*) nicht oder nur schwer auszumachen ist (Guttenberg, 1966). Beides, eine einzelne Scheitelzelle oder eine Gruppe von apikalen Initialen, wurde für eine Art von *Lycopodium* (Schüepp 1926; Härtel, 1938) und einige eusporangiate Farne (Campbell, 1911; Bower, 1923; Bhambie und Puri, 1985) beschrieben. Es ist allerdings wahrscheinlich, dass fast bei allen samenlosen Gefäßpflanzen eine einzelne Scheitelzelle auftritt (Bierhorst, 1977; White, R. A. und Turner, 1995).

Meistens ist die einzelne Apikalzelle (Scheitelzelle) pyramidenförmig (tetraedrisch) gestaltet (Abb. 6.1A, C). Die Grundfläche der Pyramide ist der freien Oberfläche zugekehrt, die anderen drei Oberflächen weisen basalwärts. In Scheitelspitzen mit tetraedrischer Scheitelzelle bilden die Derivate häufig ein reguläres Muster, das offenbar durch die Regelmäßigkeit der Teilungen der Scheitelzelle hervorgerufen wird. Die aufeinanderfolgenden Teilungen bilden eine akropetal fortschreitende Schraube. Die unmittelbaren einzelligen Derivate, wie auch die von ihnen gebildeten mehrzelligen Einheiten, werden **Merophyten** genannt (Gifford, 1983). Tetraedrische Scheitelzellen finden sich bei *Equisetum* und bei den leptosporangiaten Farnen.

Scheitelzellen können auch dreiseitig sein, wobei nur an zwei Seiten neue Zellen abgeteilt werden. Solche Apikalzellen

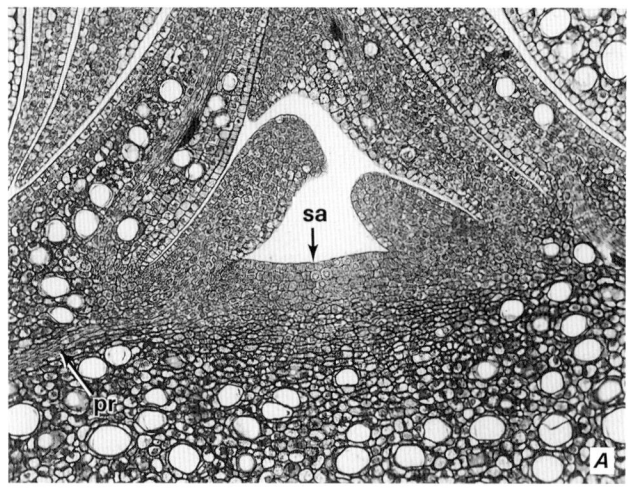

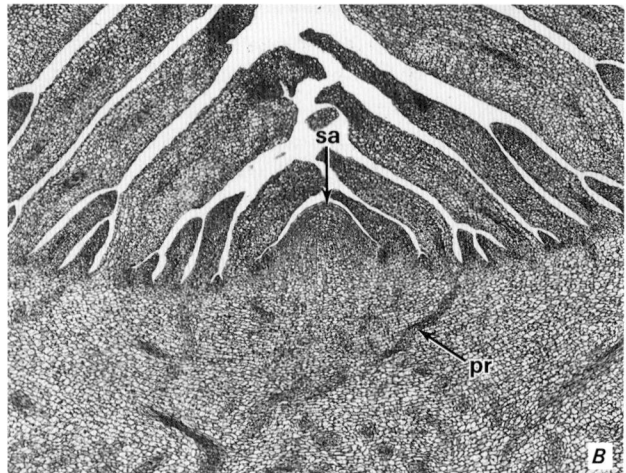

**Abb. 6.6** Unterschiedliche Formen des Sprossapex` (sa): flach oder leicht konkav bei *Drimys* (**A**) und konisch (kegelförmig) auf einer breiten Blattprimordien tragenden Basis sitzend bei der *Washingtonia* Palme (**B**). Längsschnitte. Die großen Kavitäten in der *Drimys* Sprossspitze sind Ölzellen. pr, Procambium. (**A**, x90; **B**, x19. **A**, Präparat von Ernest M. Gifford; **B**, aus Ball, 1941.)

Die vegetativen Sprossspitzen variieren in ihrer Form, Größe, cytologischen Zonierung und meristematischen Aktivität (Abb. 6.6). Die Sprossspitzen der Coniferen sind normalerweise relativ schmal und konisch, während die Apices von *Ginkgo* und Cycadeen eher breit und flach sind. Das apikale Sprossmeristem einiger Monocotyledonen (Poaceen, *Elodea*) und Eudicotyledonen (*Hippuris*) ist hingegen schmal und gestreckt, die Scheitelspitze stark vom jüngsten Knoten absetzend. Bei vielen Eudicotyledonen ist die Scheitelspitze allerdings nur wenig von den jüngsten Blattprimordien abgesetzt oder kann sogar dazwischen eingesunken sein (Gifford, 1950). Bei einigen Pflanzen verbreitert sich die Achse nahe der Sprossspitze und die peripherische Zone mit den Blattanlagen überwallt das Apikalmeristem, das somit in einer Grube liegt (Ball, 1941; Rosettentyp der Eudicotyledonen, Rauh und Rappert, 1954). Beispiele für den Durchmesser von Apikalmeristemen an der Ansatzstelle der jüngsten Blattanlage sind: 280 µm, *Equisetum hiemale*; 1000 µm, *Dryopteris dilatata*; 2000 bis 3300 µm,

sind für bilateralsymmetrische Sprosse, wie die Wasserfarne *Salvinia*, *Marsilea* und *Azolla* charakteristisch (Guttenberg, 1966; Croxdale, 1978, 1979; Schmidt, K. D., 1978; Lemon und Posluszny, 1997). Die abgeflachte Rhizomspitze von *Pteridium* weist auch eine dreiseitige Scheitelzelle auf (Abb. 6.1B, D; Gottlieb und Steeves, 1961).

Einige Forscher haben die Sprossspitze von Farnen in verschiedene Zonen unterteilt (McAlpin und White, 1974; White, R. A. und Turner, 1995). Diesem Konzept zu Folge besteht das Promeristem aus zwei Zonen meristematischer Zellen; einer Zellschicht an der Oberfläche und einer darunterliegenden Schicht. Verschiedene meristematische Zonen, der sich entwickelnden Gewebe von primärer Rinde, Stele und Mark, schließen ans Promeristem an (White, R. A. und Turner, 1995). Ein alternatives Konzept, basierend auf Untersuchungen an *Matteuccia struthiopteris* und *Osmunda cinnamomea*, reduziert das Promeristem auf die Zellschicht an der Oberfläche, die eine einzige Scheitelzelle besitzt (Ma und Steeves, 1994, 1995). Die unmittelbar darunterliegende Schicht wird als prestelares Gewebe bezeichnet, welches die Provaskulatur (Gewebe zu Beginn der Vaskularisierung, in welchem das Procambium gebildet wird) und die Initialen des Marks und deren ersten Derivate enthält.

Anfänglich wurden die Scheitelzellen des Sprosses und der Wurzel samenloser Gefäßpflanzen als ultimativer Ursprung aller Zellen des Sprosses respektive der Wurzel angesehen. Mit der Entwicklung der „*méristème d`attente*"-Theorie wurde diese Ansichtsweise stark hinterfragt. Einige Forscher folgerten, dass die Scheitelzelle nur in sehr jungen Pflanzen mitotisch aktiv ist und später mitotisch inaktiv wird, ähnlich den mehrzelligen Ruhezentren bei Wurzeln von Angiospermen. Bei einigen Farnen wurde, als Resultat von Endoreduplikationen, ein hoher Polyploidie-Grad der Scheitelzelle beschrieben (Kap. 5); ein Zustand, der ihre mitotische Inaktivität untermauern würde (D`Amato, 1975). Allerdings zeigten nachfolgende Untersuchungen, welche die Bestimmung des mitotischen Index`, die Dauer des Zellzyklus` und der Mitose, und Messungen des DNA-Gehalts in Spross- und Wurzelspitzen einiger Farne beinhalteten, dass die Scheitelzellen während der ganzen Wachstumsphase von Spross und Wurzel mitotisch aktiv bleiben (Gifford et al., 1979; Kurth, 1981). Weiterhin konnte kein Hinweis auf Endoreduplikation gefunden werden. Diese Untersuchungen, zusammen mit der „Wiederentdeckung" des Merophyten als einzigem Derivat der Scheitelzelle (Bierhorst, 1977), haben das klassische Konzept der Scheitelzelle, als ultimativem Ursprung aller Zellen, bestätigt.

### 6.3.2 Die Zonierung von *Ginkgo* Sprossspitzen diente als Grundlage für die Interpretation der Sprossspitzen anderer Gymnospermen

Die Zellzonierung des Apikalmeristems der Gymnospermen wurde zum ersten Mal bei *Ginkgo biloba* erkannt (Abb. 6.7; Foster, 1938). Bei *Ginkgo* stammen alle Zellen des Sprosses von einer Gruppe von **apikalen Oberflächeninitialen** ab. Die

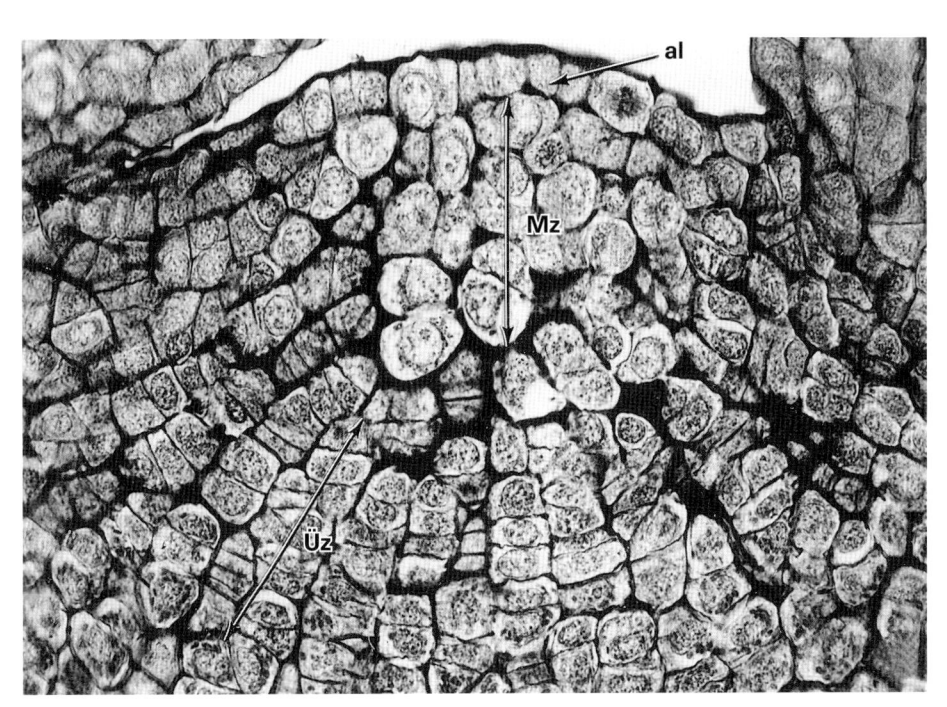

**Abb. 6.7** Längsschnitte durch die Sprossspitze von *Ginkgo biloba*. Die apikale Initialgruppe (al) trägt durch antikline Zellteilungen zur Oberflächenschicht und durch perikline Teilungen zur Mutterzellenzone (Mz) bei. Volumenwachstum erfolgt durch Zellwachstum und gelegentliche Zellteilung in verschiedenen Teilungsebenen charakterisiert die Mutterzellenzone. Die äußersten Produkte dieser Zellteilungen werden in die Übergangszone (Üz) integriert, wo sie sich periklin zur Mutterzellenzone teilen. Derivate davon bilden die peripherischen nicht-oberflächlichen Schichten und das künftige Mark, die Rippenmeristemzone. (×430. Aus Foster, 1938.)

darunter liegende Zellgruppe, die aus den apikalen Oberflächeninitialen entsteht, bildet die Zone der **zentralen Mutterzellen**. Die apikalen Oberflächeninitialen und ihre ersten Derivate sind relative stark vakuoliert, eine Eigenschaft, die mit geringem mitotischem Index assoziiert wird. Des Weiteren haben die zentralen Mutterzellen oft verdickte und getüpfelte Zellwände. Die apikalen Oberflächeninitialen bilden zusammen mit den zentralen Mutterzellen das Promeristem. Die **peripherische Zone (peripherisches Meristem)** umgibt die Mutterzellen, und unterhalb schließt sich das **Rippen-** oder **Markmeristem** an. Die peripherische Zone entsteht zum Teil aus lateralen Derivaten der apikalen Initialen und zum Teil aus den zentralen Mutterzellen. Die Derivate, die an der Basis der Mutterzellenzone entstehen, werden schließlich, nach Durchlaufen des Rippenmeristem-Stadiums, zu Markzellen. Während des aktiven Wachstums begrenzt ein becherförmiger Bereich von sich regelmäßig teilenden Zellen die Mutterzellengruppe. Es ist die **Übergangszone**, die sich bis zur Oberfläche der Apikalgruppe erstrecken kann.

Die Einzelheiten des Strukturmusters variieren in den verschiedenen Gruppen der Gymnospermen. Die Cycadeen haben sehr breite Spitzen mit einer großen Zahl von Oberflächenzellen, die durch perikline Teilungen Zellmaterial an die tieferen Schichten liefern. Foster (1941, 1943) fasst diese ausgedehnte Oberflächenschicht mit ihren unmittelbaren Derivaten als Initialzone zusammen; andere möchten die Initialen auf eine relativ kleine Zahl von Oberflächenzellen begrenzt wissen (Clowes, 1961; Guttenberg, 1961): Die periklin abgeteilten Derivate der Oberflächenschicht konvergieren zu der Mutterzellenzone hin, eine Erscheinung, die besonders für Cycadeen charakteristisch ist. Bei anderen Samenpflanzen divergieren die Zellschichten in typischer Weise vom Punkt ihrer Entstehung. Die konvergenten Muster ergeben sich aus zahlreichen antiklinen Teilungen der Oberflächenzellen und ihrer jüngsten Derivate; dies ist ein Hinweis darauf, dass Flächenwachstum in Geweben beträchtlicher Dicke erfolgen kann. Dieses Wachstum steht offenbar in Zusammenhang mit der großen Ausdehnung der Sprossspitze. Die Mutterzellengruppe ist bei Cycadeen verhältnismäßig undeutlich. Die ausgedehnte peripherische Zone setzt sich aus unmittelbaren Derivaten der Oberflächeninitialen und aus solchen der Mutterzellen zusammen. Das Rippenmeristem tritt mehr oder weniger deutlich in der inneren Zone unter der Mutterzellenzone hervor.

Die Apikalinitialen der meisten Coniferen teilen sich in der Oberflächenschicht periklin. Eine abweichende Organisation wurde für *Araucaria*, *Cupressus*, *Thujopsis* (Guttenberg, 1961), *Agathis* (Jackman, 1960) und *Juniperus* (Ruth et al., 1985) gefunden; dort teilt sich diese Zellschicht fast ausschließlich antiklin. Die Sprossspitzen dieser Pflanzen entsprechen also dem Tunica-Corpus-Bauplan. Sonst ist die Mutterzellengruppe bei den Coniferen gut ausgebildet; auch eine Übergangszone kann vorhanden sein. Coniferen mit schmalen Sprossspitzen haben wenige Mutterzellen, die vergrößert und vakuoliert sein können. Bei solchen Spitzen folgen einer kleinen Mutterzellen-gruppe von drei oder vier Zelllagen Mächtigkeit basalwärts anschließend stark vakuolierte Markzellen, ohne dass ein Rippenmeristem dazwischen geschaltet ist. Auch die peripherische Zone ist nur wenige Zellen breit.

An Coniferensprossspitzen sind die jahreszeitlichen Veränderungen der Struktur untersucht worden. Bei einigen Arten (*Pinus lambertiana* und *P. ponderosa*, Sacher 1954; *Abies concolor*, Singh, 1961) verändert sich die grundlegende Zonierung nicht, aber die Höhe des kuppelförmigen Apikalgewebes über dem jüngsten Knoten ist zur Zeit des Wachstums größer als in der Ruheperiode (Abb. 6.8). Unterschiede treten in der Verteilung der Zonen in Bezug zum jüngsten Knoten auf: In ruhenden Sprossspitzen liegt das Rippenmeristem unterhalb dieses

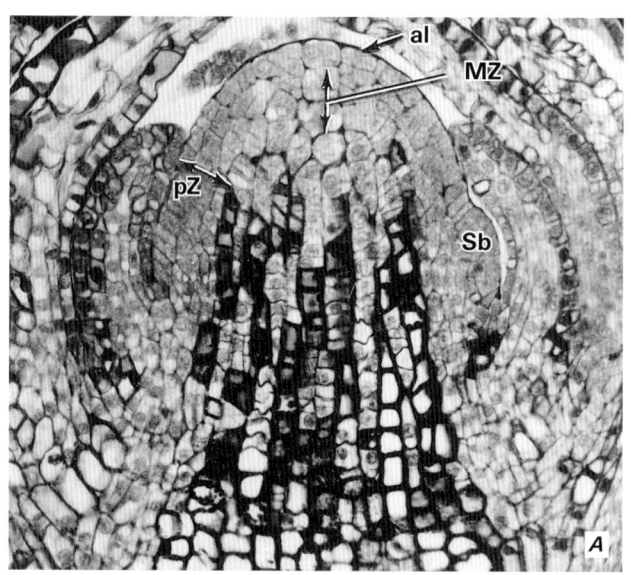

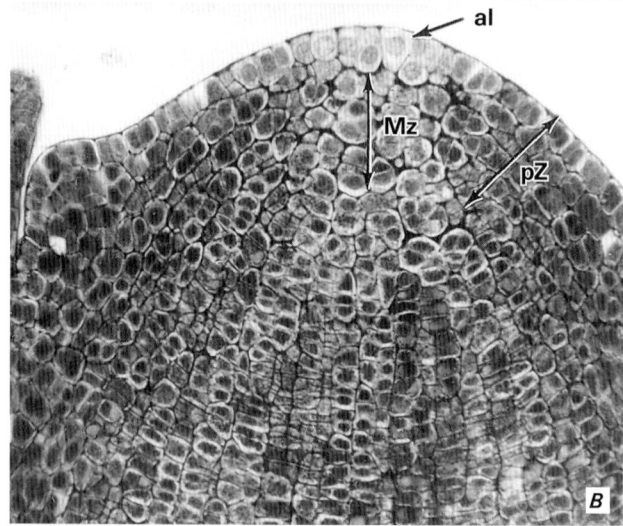

**Abb. 6.8** Längsschnitte durch die Sprossspitze von *Abies* während der ersten Phase des Frühjahrswachstums (**A**) und während der Winterruhe (**B**). Bei **A** wird ein Schuppenblatt (Sb) angelegt. Durch ihren Gerbstoffreichtum sind die Markzellen von den Zellen der apikalen und der peripherischen Zone (pZ) zu unterscheiden. In **B** ist die Zonierung weniger ausgeprägt. al apikale Initialengruppe; Mz Mutterzellenzone; pZ peripherische Zone. A ×270; B ×350. (Aus Parke, Amer. Jour. Bot. 46, 1959.)

Knotens, in aktiven Sprossspitzen reicht es teilweise über den Knoten hinaus. Diese Beobachtung lenkt die Aufmerksamkeit auf ein terminologisches Problem. Wenn nämlich das Apikalmeristem – streng definiert – der Teil der Sprossspitze ist, der oberhalb des jüngsten Knotens liegt, so muss seine Zusammensetzung während verschiedener Wachstumsphasen wechselnd bezeichnet werden (Parke, 1959). Bei *Tsuga heterophylla* (Owens und Molder, 1973) und *Picea mariana* (Riding, 1976) wird die Zonierung während der Ruheperiode durch eine Tunica-Corpus ähnliche Struktur ersetzt.

Die Sprossspitzen der Gnetophyta weisen allgemein eine klare Trennung in eine Oberflächenschicht und einen inneren Kern auf, der von eigenen Initialen abstammt; *Ephedra* und *Gnetum* zeigen deshalb ein Tunica-Corpus Wachstumsmuster (Johnson, 1951; Seeliger, 1954). Die Tunica ist einschichtig, und der Corpus ist in seiner Morphologie und Teilungsweise mit der zentralen Mutterzellenzone vergleichbar. Die Sprossspitze von *Welwitschia* entwickelt nur ein Laubblattpaar und besitzt keine ausgeprägte Zonierung. In der Oberflächenschicht sind auch perkline Teilungen beobachtet worden (Rodin, 1953).

### 6.3.3 Überlagerung von einer Zonierung und einem Tunica-Corpus-Bauplan ist charakteristisch für die Sprossspitzen der Angiospermen

Wie vorher besprochen, hat der Corpus und jede Schicht der Tunica ihre eigenen Initialen. Die Initialen der Tunica befinden sich in medianer, axialer Lage. Durch antikline Teilungen geben diese Initialen Tochterzellen ab, welche entweder in medianer Lage als Initialen verbleiben, oder als Derivate Zellen für den peripherischen Teil der Sprossspitze bilden. Die Initialen des Corpus` liegen unterhalb derer der Tunica. Perikline Teilungen bilden die Zellen des unteren Corpus`, dessen Zellen sich in verschiedenen Richtungen teilen. Tochterzellen aus dem Corpus fügen sich ins Zentrum der Achse, dem Rippenmeristem, und auch ins peripherische Meristem ein. Der Corpus und die darüberliegenden Zellschichten der Tunica bilden die zentrale Zone oder das Promeristem der Sprossspitze.

Die Initialen des Corpus` können eine sich gut abzeichnende Schicht bilden, im Gegensatz zu der darunterliegenden Region des Corpus`, deren Zellen weniger geordnet sind. Falls dieses Muster angetroffen wird, kann eine genaue Abgrenzung zwischen Tunica und Corpus schwierig sein. Periodisch auftretende perikline Teilungen der äußersten Corpus-Schicht führen zeitlich begrenzt zu zwei Corpus-Schichten.

Die Anzahl der Tunica-Schichten variiert bei Angiospermen (Gifford und Corson, 1971). Mehr als die Hälfte aller untersuchten Eudicotyledonen haben eine zweischichtige Tunica (Abb. 6.9). Die Berichte von vier- und fünfschichtigen Tunicae (Hara, 1962) sind in der unterschiedlichen Zuordnung der einzelnen Schichten bedingt. Einige Forscher zählen die inneren parallelen Schichten zur Tunica, andere zum Corpus. Ein- und zweischichtige Tunicae sind normalerweise bei Monocotyledonen anzutreffen. Bei festucoiden Gräsern findet man meistens eine zweischichtige, bei panicoiden eine einschichtige Tunica (Abb. 6.10) (Brown et al., 1957). Auch das Fehlen eines typischen Tunica-Corpus-Bauplanes wurde beobachtet (*Sac-*

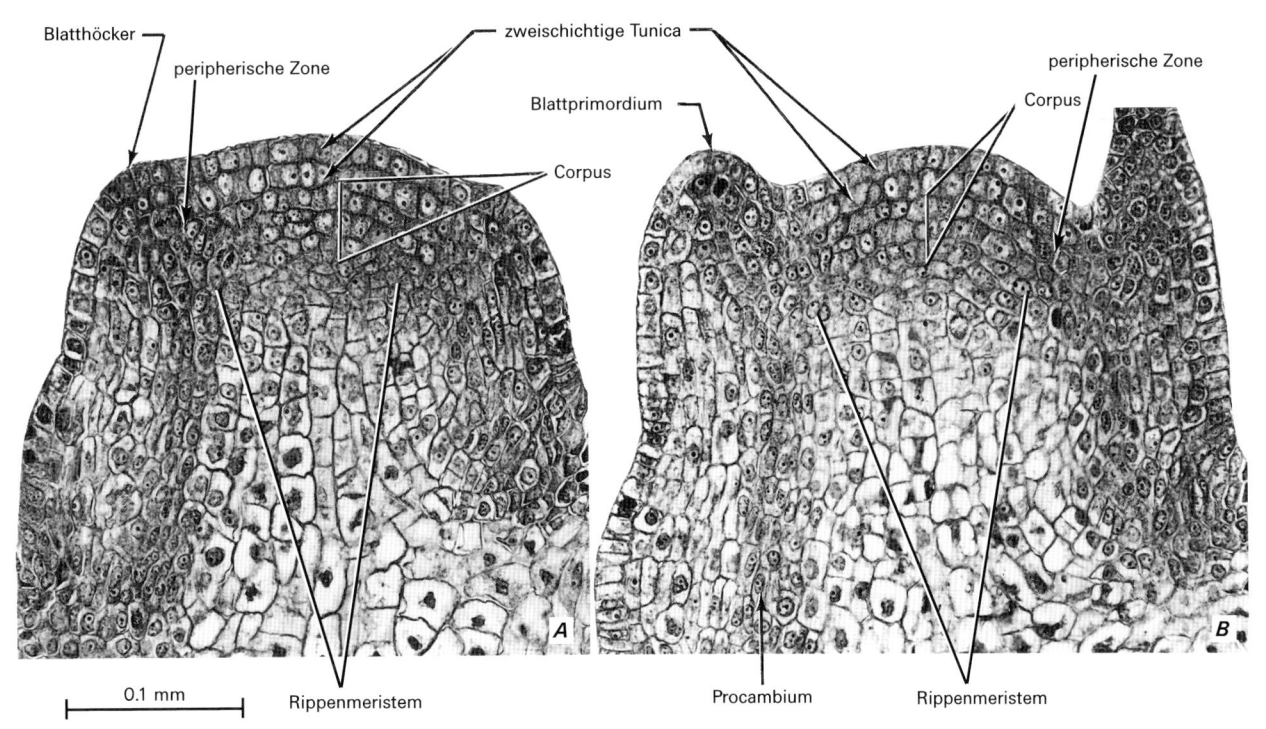

**Abb. 6.9** Längsschnitt einer Sprossspitze von Kartoffel (*Solanum tuberosum*). Tunica-Corpus-Organisation in zwei verschiedenen Stadien der Blattprimordiumbildung; Blatthöckerstadium in **A** und beginnender Auswuchs in **B**. Eine Blattspur (procambialer Strang), die ins sich entwickelnde Blatt hinein differenzieren wird, ist unterhalb des Blatthöckers sichtbar. (Aus Sussex, 1955.)

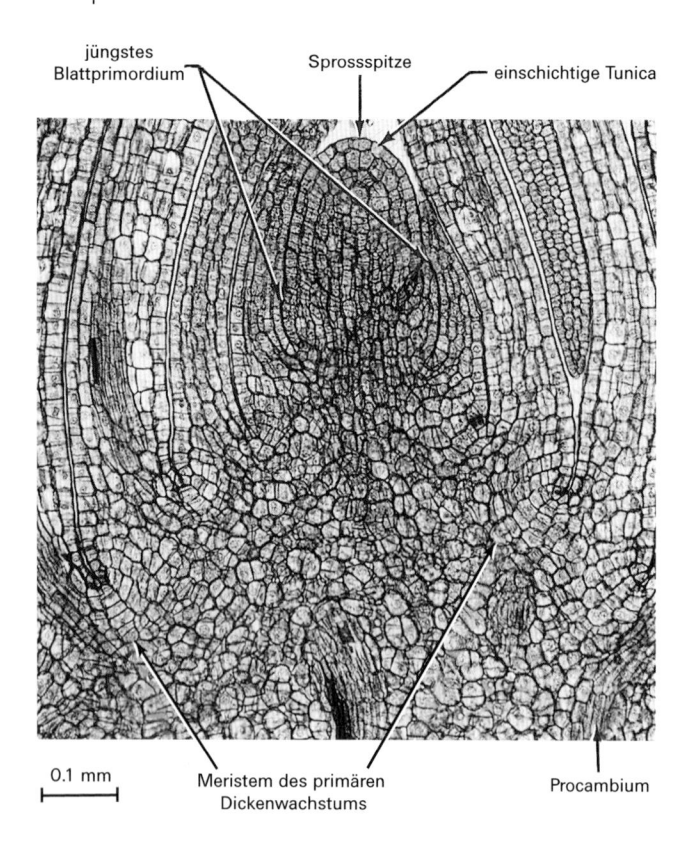

**Abb. 6.10** Längsschnitt einer Sprossspitze von Mais (*Zea mays*), einem panicoiden Gras mit einer einschichtigen Tunica. Teile eines jeden Blattes erscheinen auf beiden Seiten der Achse, da die Blätter den Stängel umrunden. (Aus Esau, 1977.)

*charum*, Thielke, 1962), wobei sich hier die äußerste Zellschicht perklin teilt. Die Zahl der parallel verlaufenden Schichten in der Sprossspitze kann während der Ontogenese der Pflanze (Mia, 1960; Gifford und Tepper, 1962) und unter dem Einfluss jahreszeitlicher Wachstumsveränderungen wechseln (Hara, 1962). Es kann auch ein periodischer Wechsel der Schichtenzahl im Rhythmus der Blattbildung auftreten (Sussex, 1955).

Die Ansicht, dass es sich bei den Schichten der Sprossspitzen mit Tunica-Corpus-Bauplan um klonal separierte Zellschichten handelt, wurde durch Beobachtungen an periklinen Cytochimären unterstützt (Kapitel 5). Bei den meisten der untersuchten Cytochimären handelt es sich um Eudicotyledonen mit einer zweischichtigen Tunica. Bei diesen Pflanzen wurde mit Hilfe von Cytochimären klar das Vorhandensein von drei unabhängigen Schichten (zwei Schichten Tunica und eine Schicht Corpus Initialen) in der Sprossspitze aufgezeigt (Abb. 5.11; Satina et al., 1940). Diese drei Schichten werden üblicherweise als L1, L2 und L3 bezeichnet; wobei die äußerste Schicht L1 und die innerste L3 ist. Einige Forscher bezeichnen irrtümlicherweise den ganzen Corpus und nicht nur die Schicht mit den Initialen als L3 (z. B. Bowman und Eshed, 2000; Vernoux et al., 2000a; Clark, 2001).

Die Zonierung der vegetativen Sprossspitze etabliert sich bei verschiedenen Arten in unterschiedlichen Phasen der Pflanzenentwicklung. Bei einigen Cactaceae-Arten ist die Zonierung bereits zum Zeitpunkt der Keimung ersichtlich, während bei anderen Arten zum gleichen Zeitpunkt nur eine Tunica-Corpus-Organisation auszumachen ist (Mauseth, 1978) und es werden manchmal über 30 Blätter gebildet bevor die Zonierung hervortritt. Auch bei *Coleus* werden fünf Blattpaare gebildet bevor die Zonierung vollendet ist (Saint-Côme, 1966). Folglich ist die Zonierung dieser Meristeme, obwohl charakteristisch, keine notwendige Grundlage zur Ausbildung von Blättern oder für allgemeine meristematische Funktionen. Bei Tomate (*Solanum lycopersicum*) konnten Sekhar und Sawhney (1985) gar keine Zonierungsmuster der Sprossspitze feststellen.

Einige Pflanzenforscher, wie bereits in Kapitel 5 angedeutet, haben den Begriff Stammzelle (*stem cell*) übernommen, um damit die Initialen und/oder ihre ersten Derivate im Apikalmeristem zu bezeichnen. Manche Forscher benutzen sogar beide Begriffe in ihren Beschreibungen, was zu Unklarheiten und Widersprüchen führt (Fletcher, 2004; Vernoux et al., 2000a; Bowman und Eshed, 2000; Laufs et al., 1998a)[1]*. Meyerowitz (2000) bezeichnet das Sprossapikalmeristem als eine Gruppe von Stammzellen und die zentrale Zone als Zone der Initialen.

Einige Forscher erkannten die Mehrdeutigkeit des Begriffes Stammzelle in Bezug auf Pflanzen und vermeiden ihn größtenteils in ihren Beschreibungen der Sprossspitze (Evans, M. M. S. und Barton 1997). Um Unklarheiten dieses Begriffes in der Pflanzenbiologie vorzubeugen, hat Barton (1998) den Ausdruck Promeristem verwendet, der die apikalen Initialen und ihre ersten Derivate, die noch nicht spezifizierten Zellen, beschreibt. Dies ist angebracht, da die Begriffe Promeristem und zentrale Zone im Wesentlichen Synonyme sind. Wie vorher schon erwähnt, findet der Begriff Stammzelle in diesem Buch keine Verwendung.

## 6.4 Die vegetative Sprossspitze bei *Arabidopsis thaliana*

Die vegetative Sprossspitze von *Arabidopsis* hat eine zweischichtige Tunica, die über einem flachen Corpus sitzt (Vaughn, 1955; Medford et al., 1992). Der Tunica-Corpus-Organisation überlagert sind die drei für Angiospermen typischen Zonen: eine zentrale Zone, die ungefähr fünf Zellen tief und drei bis vier Zellen breit ist; eine peripherische Zone von cytoplasmatisch dichten Zellen: und das Rippenmeristem. Eine morphometrische Untersuchung an der Sprossspitze von *Arabidopsis*

---

[1] "The stem cells are not permanent initial cells..." (Fletcher, 2004). "It is now generally accepted that the central zone acts as a population of stem cells ... generating the initials for the other two zones whilst maintaining itself" (Vernoux et al., 2000a). "The central zone acts as a reservoir of stem cells, which replenish both the peripheral and rib zones, as well as maintaining the integrity of the central zone. It should be noted that these cells do not act as permanent initials, but rather their behavior is governed in a position-dependent manner" (Bowman and Eshed, 2000). "It is now widely assumed that central cells function as stem cells and serve as initials or source cells for the two other zones of the shoot apical meristem" (Laufs et al., 1998a).

hat gezeigt, dass der mitotische Index (der Anteil der sich teilenden Zellkerne zu einem gewissen Zeitpunkt) in der peripherischen Zone ungefähr 50% höher ist als in der zentralen Zone (Laufs et al., 1998b). Genetische und molekularbiologische Untersuchungen bei *Arabidopsis thaliana* haben in den letzten Jahren wertvolle Informationen zum Verständnis der Funktion von apikalen Sprossspitzen geliefert. Im Rahmen dieses Buches können nur einige der wichtigen Ergebnisse diskutiert werden.

Das primäre Apikalmeristem des Sprosses zeichnet sich relative spät während der Embryogenese ab, nachdem die Cotyledonen bereits initiiert sind (Abb. 6.11; Barton und Poethig, 1993). (Siehe Kaplan und Cooke, 1997, zum Ursprung des Apikalmeristems und der Cotyledonen während der Embryogenese von Angiospermen). Für die Etablierung eines Sprossapikalmeristems wird die Funktion des *SHOOTMERISTEMLESS* (*STM*) Genes benötigt, dessen Expression in einer oder zwei Zellen des späten globulären Embryos zum ersten Mal sichtbar wird (Long et al., 1996; Long und Barton, 1998). Nullmutationen in *stm* führen zu Keimlingen ohne Sprossapikalmeristem, aber mit normaler Wurzel, Hypocotyl und Cotyledonen (Barton und Poethig, 1993). Die *STM* mRNA kann in der zentralen und peripherischen Zone aller vegetativen Sprossspitzen, aber nicht in den sich entwickelnden Blattprimordien, nachgewiesen werden (Long et al., 1996).

Während *STM* für die Etablierung des Sprossapikalmeristems notwendig ist, wird das *WUSCHEL* Gen (*WUS*), zusätzlich zu *STM*, zur Erhaltung der Funktion der Initialen gebraucht. In *wus* Mutanten differenzieren die Initialen und verlieren ihre meristematische Funktion (Laux et al., 1996). *WUS* Expression beginnt während des 16-Zellen Stadiums der Embryonalentwicklung, bevor *STM* exprimiert wird und lange bevor ein Meristem erkennbar ist (Abb. 6.11). Im voll entwickelten Meristem ist die *WUS* Expression während der ganzen Sprossentwicklung auf eine kleine Gruppe von Zellen unterhalb der L3 Schicht (Schicht mit den Initialen des Corpus') begrenzt (Mayer et al., 1998; Vernoux et al., 2000a). Da die Initialen *WUS* nicht exprimieren, werden Signale proklamiert, die zwischen den zwei Zellgruppen kommunizieren (Gallois et al., 2002).

Zusätzlich zu den Genen, die notwendig sind für die Meristembildung (wie *STM* und *WUS*), gibt es Gene, die die Meristemgröße durch Reprimierung der Aktivität der Initialen regulieren (Abb. 6.12); es sind dies die *CLAVATA* Gene (*CLV1*, *CLV2*, *CLV3*). In *clavata* (*clv*) Mutanten (*clv1*, *clv2*, *clv3*) häufen sich undifferenzierte Zellen in der zentralen Zone an, was zu einer Vergrößerung des Meristems führt (Clark et al., 1993, 1995; Kayes und Clark, 1998; Fletcher 2002). Der Grund der zu dieser Anhäufung führt, ist offensichtlich die verlangsamte Differenzierung in der peripherischen Zone. Die *CLV3* Expression, die auf wenige mediane Zellen der L1- und L2-Schicht und auf einige L3 Zellen der zentralen Zone begrenzt ist, definiert wahrscheinlich die Initialen dieser Schichten; *CLV1* wird in Zellen unterhalb der L1- und L2-Schicht exprimiert (Flet-

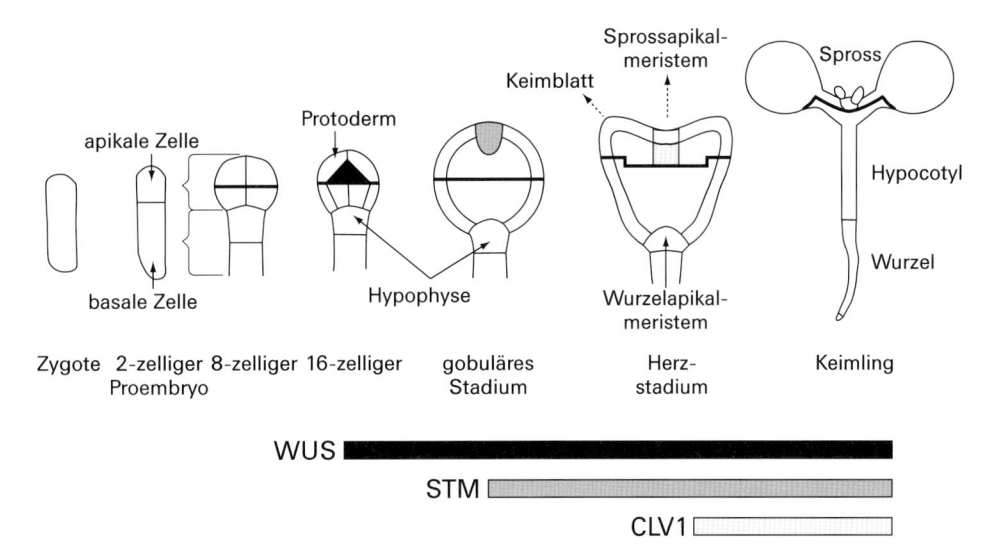

**Abb. 6.11** Bildung des Sprossapikalmeristems (SAM) während der Embryogenese von *Arabidopsis*. Der erste Hinweis auf die SAM-Entwicklung ist die *WUS*-Expression während des 16-Zellen-Stadiums, lange bevor das SAM erkennbar ist. In der Folge werden *STM* und *CLV1* exprimiert. Das Anschalten der *STM*-Expression ist unabhängig von *WUS*-Aktivität und die Initiierung der *CLV1*-Expression unabhängig von *STM*. Balken zeigen während welcher Stadien die mRNA dieser Gene nachgewiesen werden kann. Aus der Teilung der Zygote entstehen eine kleine apikale und eine große basale Zelle. Die apikale Zelle ist der Vorläufer des eigentlichen Embryos. Vertikale und transversale Teilungen der apikalen Zelle führen zum achtzelligen Proembryo. Die oberen vier Zellen bilden das Apikalmeristem und die Cotyledonen; die unteren vier das Hypocotyl. Die oberste Zelle des filamentösen Suspensors teilt sich transversal und die obere, aus dieser Teilung resultierende, Zelle wird die Hypophyse. Die Hypophyse bildet die zentralen Zellen des Wuzelapikalmeristems und die Columella. Das restliche Wurzelmeristem und die laterale Wurzelhaube stammen vom eigentlichen Embryo ab (vgl. Abb. 1.7.) (Nach Lenhard und Laux, 1999. © 1999, mit freundlicher Genehmigung von Elsevier.)

**Abb. 6.12** Schematische Darstellung der zentralen Zone des Sprossapikalmeristems von *Arabidopsis* mit den Expressionsdomänen von *CLV3*, *CLV1* und *WUS*. *CLV3*-Expression ist hauptsächlich auf L1- und L2-Zellen und wenige L3-Zellen beschränkt. *CLV1* ist unterhalb der L1- und L2-Schichten exprimiert. *WUS* ist in noch tieferen Regionen exprimiert. (Nach Fletcher, 2004. © 2004, mit freundlicher Genehmigung von Elsevier.)

cher et al., 1999). *WUS* ist in den tiefsten Regionen des Meristems exprimiert. Es wurde vorgeschlagen, dass *WUS* exprimierende Zellen ein Organisationszentrum (*organizing center*) darstellen, das die Identität der oberhalb liegenden Zellen bestimmt; während eine solche Aktivität durch Signale von *CLV1*/*CLV3* exprimierenden Zellen gedämpft wird (Meyerowitz, 1997; Mayer et al., 1998; Fletcher et al., 1999). Basierend auf experimenteller Evidenz wurde vorgeschlagen, dass ein CLV3 Signalpeptid, das sich im Apoplasten ausbreiten kann, von den Initialen sekretiert wird und an einen CLV1/CLV2 Rezeptor-Komplex in der Plasmamembran der unterhalb liegenden Zellen bindet (Rojo et al., 2002). Diese Signalkette verursacht dann verminderte *WUS* Aktivität, die ihrerseits für die richtige Aktivität der Initialen während der ganzen Entwicklung notwendig ist. Dieser negative *Feedback-Loop* ermöglicht ein Gleichgewicht zwischen den Zellen, die das Promeristem erhalten, und den Zellen des Promeristems, die zu lateralen Organen in der peripherischen Zone differenzieren (Schoof et al., 2000; Simon, 2001; Fletcher, 2004).

## 6.5 Entstehung der Blätter

An den Flanken des Apikalmeristems werden laterale Organe gebildet und daher muss die Struktur und Aktivität des Apikalmeristems in Beziehung zur Entstehung der lateralen Organe, im Speziellen der Blätter, betrachtet werden. In diesem Kapitel werden nur jene Grundzüge der Blattentstehung berücksichtigt, die mit der Struktur und Aktivität des Apikalmeristems zusammenhängen.

Lokal verminderte Expression von *KNOTTED1* Homöobox-Genen – ursprünglich in Mais beschrieben – ist ein molekularer Marker für Blattinitiation im Apikalmeristem (Smith et al., 1992; Brutnell und Langdale, 1998; van Lijsebettens und Clarke, 1998; Sinha, 1999). Das *KNOTTED1* (*KN1*) Gen ist bei Mais an der Stelle der Blattprimordiuminitiation spezifisch heruntergeregelt. Auch bei *Arabidopsis* werden Gene der *KNOTTED1* Klasse, *KNAT1* und *STM*, an der Stelle Blattprimordiuminitiation heruntergeregelt (Long und Barton, 2000). Die Expression vom *HBK1* Gen im Sprossapikalmeristem der Conifere *Picea abies* verhält sich an der Initiationsstelle ähnlich wie die *KNOTTED* Gene der Angiospermen (Sundås-Larsson et al., 1998).

### 6.5.1 Während der gesamten Vegetationsperiode bildet das Sprossapikalmeristem Blätter nach festgelegtem Muster

Die Anordnung von Blättern an der Sprossachse wird **Phyllotaxis** (*phyllon* gr. für Blatt; *taxis* für Anordnung; Schwabe, 1984; Jean, 1994) genannt. Die häufigste Phyllotaxis ist die **Spirale**, mit einem Blatt pro Knoten; mit Blättern, die spiralförmig um die Sprossachse angeordnet sind und deren Divergenzwinkel (Winkel zwischen zwei aufeinanderfolgenden Blättern) **137.5°** beträgt (*Quercus, Croton, Morus alba, Hectorella caespitosa*). Bei anderen Pflanzen mit nur einem Blatt pro Knoten wird von **distischer** oder **wechselständiger** Phyllotaxis gesprochen, falls sich die Blätter aufeinanderfolgender Knoten, wie bei Gräsern, gegenüberstehen; also einen Divergenzwinkel von **180°** aufweisen. Bei **gegenständiger Phyllotaxis** stehen sich die beiden Blätter eines Knotens gegenüber (*Acer, Lonicera*). Falls die aufeinander folgenden Blattpaare einen Divergenzwinkel von **90°** aufweisen, spricht man von **dekussierter** oder **kreuzgegenständiger Phyllotaxis** (*Coleus* und andere Labiatae). Die Phyllotaxis von Pflanzen, die drei oder mehr Blätter pro Knoten bilden, wird als **wirtelig** bezeichnet (*Nerium oleander, Veronicastrum virginicum*).

Die ersten histologischen Ereignisse, die mit der Blattbildung assoziiert werden, sind Veränderung der Zellteilungsrate und -ebene in der peripherischen Zone des Apikalmeristems, die zur Bildung einer seitlichen Vorwölbung, dem **Blatthöcker**, führen (Abb. 6.9). Bei Sprossen mit spiraliger Phyllotaxis treten Zellteilungen alternierend in verschiedenen Sektoren der peripherischen Zone auf und die daraus resultierende periodische Vergrößerung der Sprossspitze ist, von oben betrachtet, asymmetrisch. Bei dekussierter Phyllotaxis ist die Vergrößerung symmetrisch, da die erhöhte meristematische Aktivität auf beiden Seiten der Spitze gleichzeitig auftritt (Abb. 6.13). Die Bildung von Blättern führt also zu periodischen Veränderungen der Größe und Form der Sprossspitze. Das Intervall zwischen der Bildung zweier Blätter (oder zweier Blattpaare bei gegenständiger oder zweier Wirtel bei wirteliger Phyllotaxis) wird **Plastochron** genannt. Die morphologischen Veränderungen der Sprossspitze die während eines Plastochrons erfolgen, werden als **plastochronische Veränderungen** bezeichnet.

Der Begriff Plastochron war ursprünglich allgemeiner formuliert worden, nämlich für ein Zeitintervall zwischen zwei aufeinanderfolgenden gleichen Ereignissen (Askenasy, 1880). Nach dieser Definition kann der Ausdruck für den zeitlichen Abstand zwischen einer Vielfalt korrespondierender Stadien während der Entwicklung aufeinanderfolgender Blätter angewendet werden; so zum Beispiel der Beginn perikliner Teilungen an den Entstehungsorten der Blattanlagen, das Einsetzen des Spitzenwachstums einer Blattanlage oder die Anlage der Blattspreite. Der Begriff Plastochron kann auch auf die Entwicklung von Internodien und Achselknospen, auf bestimmte Stadien der Leitbündelbildung im Spross und auf die Entwicklung von Blütenteilen angewendet werden.

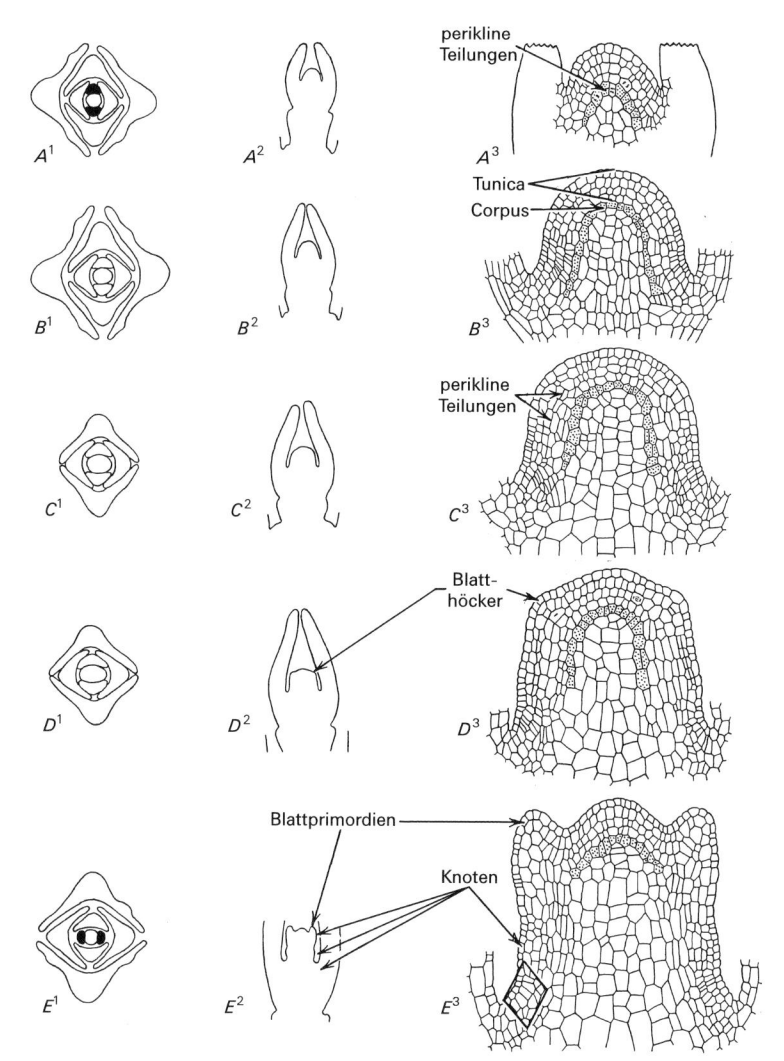

**Abb. 6.13** Blattbildung in der Sprossspitze von *Hypericum uralum*, einer Pflanze mit dekussierter (kreuzgegenständiger) Phyllotaxis. Wechsel von Gestalt und Gewebestruktur der Sprossspitze während ungefähr eines Plastochrons, beginnend mit dem Frühstadium eines Blattpaares **A¹**, endend mit dem gleichen Stadium des folgenden Blattpaares **E¹**. Vor der Ausbildung eines neuen Blattprimordiums erscheint das Apikalmeristem als ein kleiner rundlicher Hügel (**A**), der graduell weiter wird (**B**, **C**). Danach bilden sich Blatthöcker auf dessen Seiten (**D**). Während die neuen Primordien vom Blatthöcker aufwärts wachsen, nimmt das Apikalmeristem wieder die Form eines kleinen rundlichen Hügels an (**E**). **A¹ – E¹**, Übersichtsquerschnitte. **A² – E²** und **A³ – E³** Längsschnitte. Punktierte Zellen in **A³ – E³** bilden die äußere Corpusschicht. Das Viereck in **E³** umrahmt den Entstehungsort einer Achselknospe. (Verändert nach Zimmermann, 1928.)

Die Dauer des Plastochrons wird normalerweise durch die reziproke Blattinitiationsrate gemessen. Aufeinanderfolgende Plastochrone können während eines Teils des vegetativen Wachstums von gleicher Dauer sein, wenn das genetisch gleiche Pflanzenmaterial unter konstanten Umweltbedingungen wächst (Stein und Stein, 1960). Das Entwicklungsstadium der Pflanze und die Umweltbedingungen beeinflussen die Länge des Plastochrons. Bei *Zea mays* verlängerten sich aufeinanderfolgende Plastochrone im Embryo von 3.5 auf 13.5 Tage, beim Keimling verkürzten sie sich von 3.6 auf 0.5 Tage (Abbe und Phinney, 1951; Abbe und Stein, 1954). Bei *Lonicera nitida* schwankt die Dauer der Plastochrone zwischen 1.5 und 5.5 Tagen, offensichtlich unter dem Einfluss wechselnder Temperaturen (Edgar, 1961). Auch bei *Glycine max* (Snyder und Bunce, 1983) und *Cucumis sativus* (Markovskaya et al., 1991) beeinflusste die Temperatur die Blattinitiationsrate. Die Rate der Blattproduktion wird auch durch Licht beeinflusst (Mohr und Pinnig, 1962; Snyder und Bunce, 1983; Nougarède et al., 1990; Schultz, 1993). Das *PLASTOCHRON1* (*PLA1*) Gen von Reis reguliert die vegetative Phase durch die Kontrolle der Blattinitiationsrate (Itoh et al., 1998).

Das **Phyllochron** definiert das Intervall zwischen dem visuell erkennbaren Erscheinen zweier aufeinanderfolgender Blätter an der intakten Pflanze (Lyndon, 1998). Die Dauer des Plastochrons und Phyllochrons müssen nicht gezwungenermaßen gleich sein. Die Blattinitiationsrate und die Rate der makroskopisch erkennbaren Blätter ist nur ähnlich, wenn die Periode zwischen diesen zwei Ereignissen konstant ist; was oft nicht der Fall ist. Bei *Cyclamen persicum* ist die Blattinitiationsrate in der frühen Wachstumsperiode größer als die Rate der makroskopisch erkennbaren Blätter, das heißt, dass sich während dieser Zeit Primordien anhäufen (Sundberg, 1982). Dieser Trend wird in der späteren Wachstumsperiode umgekehrt. Bei *Triticum aestivum* und *Hordeum vulgare* erscheinen die früheren Blätter schneller als die späteren, während bei *Brassica napus* das Gegenteil beobachtet wurde (Miralles et al., 2001). Den vermeintlich größten Unterschied zwischen der Dauer des Plastochrons und des Phyllochrons findet man bei Coniferen. Bei *Picea sitchensis* zum Beispiel häufen sich hunderte von Nadelprimordien während der Knospenbildung im Herbst an (Cannell und Cahalan, 1979). Das Umgekehrte findet dann während des Austriebs im Frühling statt, wenn die Blätter sich schnell vergrössern.

Falls die Sprossspitze plastochronische Veränderung in ihrer Größe zeigt, dann verändern sich ihr Volumen und ihre Oberfläche. Um diese Veränderungen zu beschreiben, wurden die Ausdrücke „**Phase der maximalen Fläche**" und „**Phase der minimalen Fläche**" eingeführt (*maximal-area phase* und *mininmal-area phase*; Schmidt A., 1924). Bei dekussierter Phyllotaxis erreicht die Sprossspitze die Phase ihrer maximalen Fläche gerade bevor das Blattprimordienpaar erkennbar wird (Abb. 6.13B). Mit dem Auswachsen der beiden Primordien nimmt die Breite des Apikalmeristems ab (Abb. 613E). Die Sprossspitze befindet sich nun in der Phase ihrer minimalen Fläche. Gerade bevor ein neues Primordienpaar erkennbar wird, erreicht die Sprossspitze wiederum die Phase ihrer maximalen Fläche. Die Ausdehnung erfolgt nun rechtwinklig zum größten Durchmesser der vorhergehenden Phase der maximalen Fläche.

Die Beziehung zwischen den wachsenden Blattprimordien und dem Apikalmeristem variiert beträchtlich zwischen verschiedenen Arten. Abb. 6.14 zeigt einen extremen Fall, wo das Apikalmeristem zwischen den beiden auswachsenden Primordien fast verschwindet (Abb. 6.14D). Bei anderen Arten ist das Apikalmeristem viel weniger beeinträchtigt (Abb. 6.9) und bei Arten, bei denen sich das Apikalmeristem deutlich über die organbildende Region erhebt, finden keine plastochronischen Veränderungen der Größe des Apikalmeristems statt (Abb. 6.10).

### 6.5.2 Die Bildung eines Blattprimordiums geht mit erhöhter Frequenz perikliner Zellteilungen am Ort der Initiation einher

Bei Eudicotyledonen und Monocotyledonen mit zweischichtiger Tunica erfolgt die erste perikline Zellteilung am häufigsten in der zweiten Schicht, L2, gefolgt von weiteren periklinen Teilungen in L3 und antiklinen Teilungen in L1 (Guttenberg, 1960; Steward und Dermen, 1979). Bei einigen Monocotyledonen können Blattprimordien auch über perikline Zellteilun-

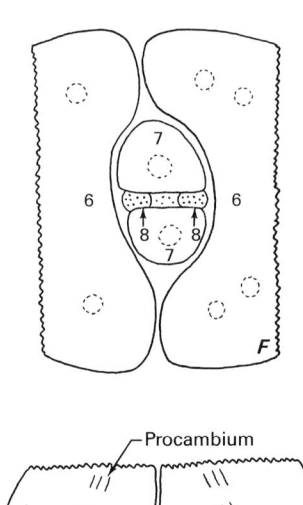

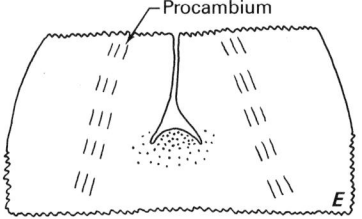

**Abb. 6.14** Schematische Darstellung sich entwickelnder Blattprimordien von *Kalanchoë*. Längs- (**A-E**) und Querschnitte (**F**) durch die Sprossspitze während der Entwicklung des achten Blattpaars. **A**, nach dem 7. Plastochron; Apex mit maximaler Fläche. **B**, früher 8. Plastochron; 8. Blattpaar wurde initiiert. **C**, Blätter des achten Paars sind leicht elongiert. **D**, mittlere Phase des 8. Plastochrons; Apex mit minimaler Fläche. **E**, früher 9. Plastochron; die Primordien des 9. Paares alternieren mit denen des 8. und sind daher in der dargestellten Ebene der Abbildung **E** nicht sichtbar; der sich vergrößernde Apex ist zwischen den Primordien des 8. Blattpaars sichtbar. **F**, früher 8. Plastochron, ähnliches Stadium wie in **B**. (Aus Esau, 1977; nach einer Abbildung aus Stein und Stein, 1960).

gen in L1 gebildet werden. Bei *Triticum aestivum* (Evans, L. S. und Berg, 1972) und *Zea mays* (Sharman, 1942; Scanlon und Freeling, 1998) finden die ersten periklinen Zellteilungen in L1 statt, gefolgt von ähnlichen Teilungen in L2 auf einer Seite des Meristems. Danach breiten sich perikline Teilungen lateral in beiden Schichten aus, einen Ring, der das Meristem umgibt, bildend. Da das Blatt der Angiospermen nach einem verhältnismäßig starren Muster angelegt wird, die Mächtigkeit der Tunica aber variabel ist, beteiligen sich Tunica und Corpus verschieden stark an der Blattbildung, je nach ihrem Anteil in der Sprossspitze. Blattprimordien werden also von Zellgruppen gebildet, die zwei oder mehr Zellschichten des Meristems umfassen. Die Anzahl der hierbei involvierten Zellen wird bei Baumwolle (Dolan und Poethig, 1991, 1998), Tabak (Poethig und Sussex, 1985a, b) und *Impatiens* (Battey und Lindon, 1998) auf ungefähr 100, bei Mais auf 100 bis 250 (Poethig, 1984; McDaniel und Poethig, 1998) und bei Arabidopsis auf 30 (Hall und Langdale, 1996) geschätzt. Diese Zellen – die unmittelbaren Vorläufer der Zellen des Primordiums – werden von einigen Forschern **Gründerzellen** (*founder cells*) genannt (manchmal unzutreffenderweise auch „Anlagen", was Primordium bedeutet).

Entweder gleichzeitig oder vorausgehend zu den periklinen Zellteilungen, die mit der Bildung von Primordien assoziiert werden, sind ein oder mehrere Procambium-Stränge (Blattspuren), die sich aufwärts in das sich entwickelnde Blatt differenzieren, an der Primordiumbasis erkennbar (Abb. 6.9). Vorausgehende Bildung von Procambium-Strängen wurde bei Eudicotyledonen (*Garrya elliptica*, Reeve, 1942; *Linum usitatissimum*, Girolami, 1953, 1954; *Xanthium chinense*, McGahan, 1955; *Acer pseudoplatanus*, White, D. J. B., 1955; *Xanthium pennsylvanicum*, Millington und Fisk, 1956; *Michelia fuscata*, Tucker, 1962; *Populus deltoides*, Larson, 1975; *Arabidopsis thaliana*, Lynn et al., 1999) und Monocotyledonen (*Alstroemeria*, Priestly et al., 1935; *Andropogon gerardii*, Maze, 1977) beobachtet. Bei *Arabidopsis* wurde in der frühen Blattspur stark erhöhte *PINHEAD* (*PNH*) Expression detektiert (Lynn et al., 1999). Erhöhte *PNH* Expression ging der Verminderung der *STM* Expression voraus und kann daher als ein früherer Marker der Blattbildung als *STM* betrachtet werden.

Bei den Gymnospermen entstehen die Blattanlagen in der peripherischen Zone. Nach Owens (1968) ist das erste Anzeichen der Blattbildung bei *Pseudotsuga menziesii* die Differenzierung von cambialen Strängen in der peripherischen Zone. Im Voraus angelegte Procambium-Stränge wurden auch bei anderen Gymnospermen beobachtet (*Sequoia sempervirens*, Crafts, 1943; *Ginkgo biloba*, Gunckel und Wetmore, 1946; *Pseudotsuga taxifolia*, Sterling, 1947). Die Zellteilungen, die mit der Primordiumbildung bei Gymnospermen assoziiert werden können, erfolgen meistens in der zweiten und dritten Zellschicht. Die Oberflächenschicht kann Zellen zum inneren Gewebe des Primordiums, mittels perikliner oder anderer Zellteilungen, beitragen (Guttenberg, 1961; Owens, 1968). Bei den samenlosen Gefäßpflanzen gehen die Blätter entweder aus einzelnen Zellen der Oberfläche oder Gruppen solcher Zellen hervor, von denen sich eine vergrößern und zur deutlich sichtbaren Scheitelzelle der Blattanlage werden kann (White und Turner, 1995).

Es ist angemessen zu erwähnen, dass obwohl Änderungen von Zellteilungsaktivität und -ebene mit der Blattprimordiumbildung assoziiert werden, neue Primordien scheinbar auch ohne Zellteilung initiiert werden können (Foard, 1971). Zusätzlich bleibt zu erwähnen, dass bereits gebildete Blattprimordien mit herunterregulierter Zellteilungsaktivität (Hemerly et al., 1995) und solche von einer Mutante (Smith et al., 1996), die keine geordneten Zellteilungsebenen aufweist, trotzdem Blätter von nahezu normaler Form bilden. Diese Beobachtungen unterstützen die Theorie, dass während der Pflanzenentwicklung die Formbildung unabhängig vom Zellteilungsmuster geschieht (Kaplan und Hagemann, 1991). Offenbar ist die Regulierung der Zellstreckung für die Primordiumbildung und die schussendliche Form und Größe der Pflanze und ihrer Organe von größerer Wichtigkeit als Zellteilungsmuster (Reinhardt et al., 1998).

Mit der Blattprimordiumbildung verändern sich die Orientierung und Muster der Cellulosemikrofibrillen in den äußeren Zellwänden und spezifische Stellen von Celluloseverstärkungen treten auf (Green und Brooks, 1978; Green, 1985, 1989; Selker et al., 1992; Lyndon, 1994). Die Orientierung der Mikrofibrillen kann mit Hilfe von polarisiertem Licht in Dünnschnitten, parallel zur Oberfläche der Sprossspitze, sichtbar gemacht werden (Green, 1980). Bei *Graptopetalum* sind die neu ausgerichteten Mikrofibrillen zirkulär angeordnet, die Stellen, wo ein neues Blattpaar auswachsen wird, markierend (Green und Brooks, 1978). Auch die Änderung der Mikrofibrillenausrichtung bei vegetativen Sprossspitzen anderer Arten mit dekussierter Phyllotaxis (*Vinca*: Green 1985; Sakaguchi et al., 1988; Jesuthasan und Green, 1989. *Kalanchoë*: Nelson, 1990) und spiralförmiger Phyllotaxis (*Ribes*: Green, 1985. *Anacharis*, Green, 1986) wurde untersucht. Unabhängig vom Typus der Phyllotaxis werden die Blätter an durch Celluloseverstärkung der Oberfläche charakterisierten Stellen der Sprossspitze angelegt (Green, 1986).

### 6.5.3 Blattprimordien bilden sich in Lagen, die mit der Phyllotaxis des Sprosses korrelieren

Der Mechanismus, der der geordneten und regelmäßigen Bildung von Blättern zu Grunde liegt, hat die Botaniker seit geraumer Zeit in ihren Bann gezogen. Eine frühe Theorie, basierend auf mikrochirurgischen Eingriffen, proklamierte, dass ein neues Primordium sich an der erstmöglichen Stelle entwickelt, wo genügend Platz vorhanden ist; die also genügend weit von der Spitze entfernt ist (Snow und Snow, 1932). Wardlaw (1949) bestätigte diese Theorie und baute sie zur „physiologischen Feldtheorie" aus, die besagt, dass jedes initiierte Blatt von einer Zone (Feld) umgeben wird, in der die Ausbildung eines neuen Primordiums verhindert wird. Nur an Stellen, die außerhalb dieser Felder liegen, kann ein neues Primordium initiiert werden. Erst neulich wurde vorgeschlagen, dass biophysikalische Kräfte die Stelle bestimmen, wo ein neues Primordium gebildet wird (Green, 1986). Nach dieser Theorie wird ein Blattprimordium initiiert, wenn ein Teil der Tunica-Oberfläche sich vorwölbt oder ausbaucht, teils verursacht wegen lokaler Verminderung der Fähigkeit der Oberflächenschicht dem Druck der unterhalb liegenden Schichten zu widerstehen (Jesuthasan und Green, 1989; Green, 1999). Es wurde vorgeschlagen, dass örtliche Spannungs- und Druckunterschiede, verursacht durch Ausbauchungen, perkline Zellteilungen, die mit lateraler Organbildung assoziiert werden, induzieren (Green und Selker, 1991; Dumais und Steele, 2000).

Die Theorie fand experimentelle Unterstützung. Das örtlich präzise Auftragen von Expansin, einem Protein, das die Fähigkeit zur Zellwandstreckung erhöht, führt bei Sprossapikalmeristemen von Tomate zur Induktion von Blatt-ähnlichen Primordien (Fleming et al., 1997, 1999). Offensichtlich hat Expansin die Zellwand-Streckungsfähigkeit der äußeren Tunica-Schicht erhöht und damit eine Ausbauchung des Gewebes ermöglicht. *In situ* Hybridisierungen haben gezeigt dass Expansin Gene bei Tomate (Fleming et al., 1997; Reinhardt et al., 1998; Pien et al., 2001) und Reis (Cho und Kende, 1997) spezifisch am Ort der Primordiumbildung exprimiert werden. Des Weiteren führte die lokale induzierbare Expression von Expansin bei transgenem Tabak zur Bildung von Primordien, die sich in normale Blätter entwickeln konnten (Pien et al., 2001). Diese Arbeiten unterstützen die Hypothese, dass das primäre Ereignis in der Morphogenese die Expansion des Gewebes ist, das dann durch Zellteilungen in kleinere Einheiten geteilt wird (Reinhardt et al., 1998; Fleming et al., 1999).

Aus mehreren Untersuchungen wurde gefolgert, dass Auxin die Phyllotaxis reguliert (Cleland, 2001). In einer dieser Arbeiten wurden vegetative Sprossspitzen auf einem Medium, das einen synthetischen Inhibitor des polaren Auxintransports enthielt, kultiviert (Reinhard et al., 2000). Unter diesen Umständen war die Blattbildung gänzlich unterdrückt, was in nadelförmigen nackten Sprossen resultierte, die allerdings ein ansonsten normales Meristem an ihrer Spitze trugen. Die lokale Mikroapplikation von Kleinstmengen Auxin (IAA) konnte die Blattbildung wiederherstellen. Bei der *Arabidopsis* Mutante *pin-formed1* (*pin1*), die Infloreszenzen ohne laterale Organe bildet, konnte exogenes Auxin, ähnlich wie im vorherigen Experiment, die Blütenbildung wiederherstellen (Reinhardt et al., 2000). *PIN1* kodiert für einen Efflux-Carrier des polaren Auxintransports und Mutationen in *pin1* führen zu gestörtem polarem Auxintransport. *PIN1* ist an der Stelle des sich entwickelnden Blattprimordiums hochreguliert (Vernoux et al., 2000b), was suggeriert, dass an der Stelle des Organprimordiums genügend Auxin akkumulieren muss, um Zellstreckung und Organbildung zu erlauben. Damit Auxin an diesem Ort akkumulieren kann, muss es von bestehenden Primordien und jungen Blättern, den Auxinquellen, dahin transportiert werden.

Eine Hypothese besagt, dass Auxin-Efflux-Carrier (zum Beispiel PIN1) den Transport ins Apikalmeristem kontrollieren, während Efflux- und Influx-Carrier zusammen die Verteilung im Apikalmeristem regulieren (Stieger et al., 2002). Die Efflux-Carrier sollen dabei für die Umverteilung des Auxins verantwortlich sein, während die Influx-Carrier vermutlich für die genaue Positionierung des Primordiums, die korrekte Phyllotaxis, verantwortlich sind.

Die Anordnung der Blätter korreliert mit der Architektur des Vaskularsystems in der Sprossachse, so dass die räumliche Beziehung zwischen den Blättern Teil eines allgemeinen Musters im Bauplan des Sprosses ist (Esau, 1965; Larson, 1975; Kirchoff, 1984; Jean, 1989). Die Beziehung, im Sinne ihrer Entwicklung, zwischen Blättern und ihren Blattspuren in der Sprossachse suggeriert, dass procambiale Stränge (Blattspuren) ein Transportsystem bilden, das zu dem zugehörigen Primordium führt und Auxin und andere Substanzen transportiert, die die Primordiumbildung fördern („the procambial strand hypothesis", Larson, 1983). Es sind offensichtlich viele Faktoren und Ereignisse, die nicht notwendigerweise nur auf die apikale Region begrenzt sind, an der regelmäßigen und geordneten Bildung von Blättern beteiligt.

## 6.6 Entstehung der Zweige

Bei den samenlosen Gefäßpflanzen, wie *Psilotum*, *Lycopodium* und *Selaginella* und einigen Farnen verzweigt sich die Spitze unabhängig von den Blättern (Gifford und Forster, 1989). Die Verzweigung wird als **dichotom** bezeichnet, falls das ursprüngliche Apikalmeristem durch mediane Teilung halbiert wird. Bei **monopodialer** Verzweigung entsteht die Zweiganlage seitlich am Apikalmeristem; dieser Verzweigungstyp ist bei den Samenpflanzen vorherrschend. Die Zweige der Samenpflanzen werden meistens in enger Verbindung mit den Blättern gebildet – sie scheinen in den Achseln der Blätter zu entspringen – und werden vor dem Austreiben als **Achselknospen** bezeichnet. Streng genommen ist der Ausdruck Achsel etwas ungenau, weil sich die Knospen gewöhnlich an der Sprossachse entwickeln (Abb. 6.13E und 6.15). Durch nachträgliche Wachstumsvorgänge werden sie aber näher zur Blattbasis oder auch auf das Blatt selbst verlagert. Solche Verhältnisse wurden bei Farnen (Wardlaw, 1943), Eudicotyledonen (Koch, 1893; Garrison, 1949a, 1955; Gifford, 1951) und Poaceen (Evans und Grover, 1940; Sharman, 1942, 1945; McDaniel and Poethig, 1988) beobachtet. Bei den Poaceen scheint eine Beziehung zwischen Knospe und Tragblattachsel zu fehlen. Die Knospe entsteht dicht unter dem Blatt (Abb. 6.16), von dem sie später durch Einschiebung eines Internodiums getrennt wird. Eine ähnliche Entstehung von Seitenknospen wurde bei anderen Monocotyledonen beobachtet (*Tradescantia*, Guttenberg, 1960; *Musa*, Barker und Steward, 1962). Bei Coniferen gleicht die Knospenentwicklung derjenigen der Eudicotyledonen (Guttenberg, 1961).

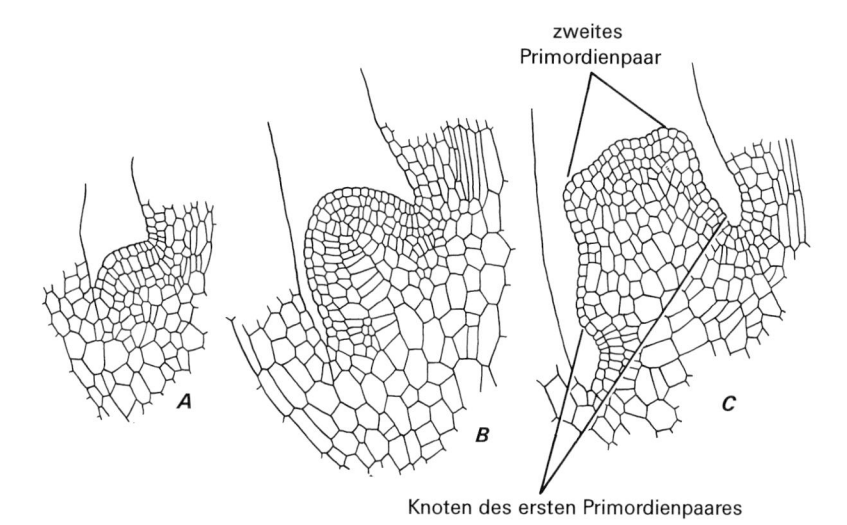

**Abb. 6.15** Entstehung der Achselknospe bei *Hypericum uralum*. Sie wird aus den drei äußersten Tunica-Schichten des Hauptsprosses gebildet. Die beiden äußersten Schichten teilen sich stets antiklin und bilden so die zwei distinkten Tunica-Schichten (**A-C**). Die Zellen der dritten Tunica-Schicht können sich auch periklin teilen. Aus ihr entsteht nicht nur die 3. und 4. Tunica-Schicht, sondern auch der Corpus der Knospe. In **C** ist die dritte Tunica-Schicht an der Knospenspitze bereits zu erkennen. In diesem Entwicklungsstadium sind zwei Paar Blatthöcker angelegt. Die Mediane des ersten (unteren) Paares liegt senkrecht zur Zeichenebene. (Verändert nach Zimmermann, 1928.)

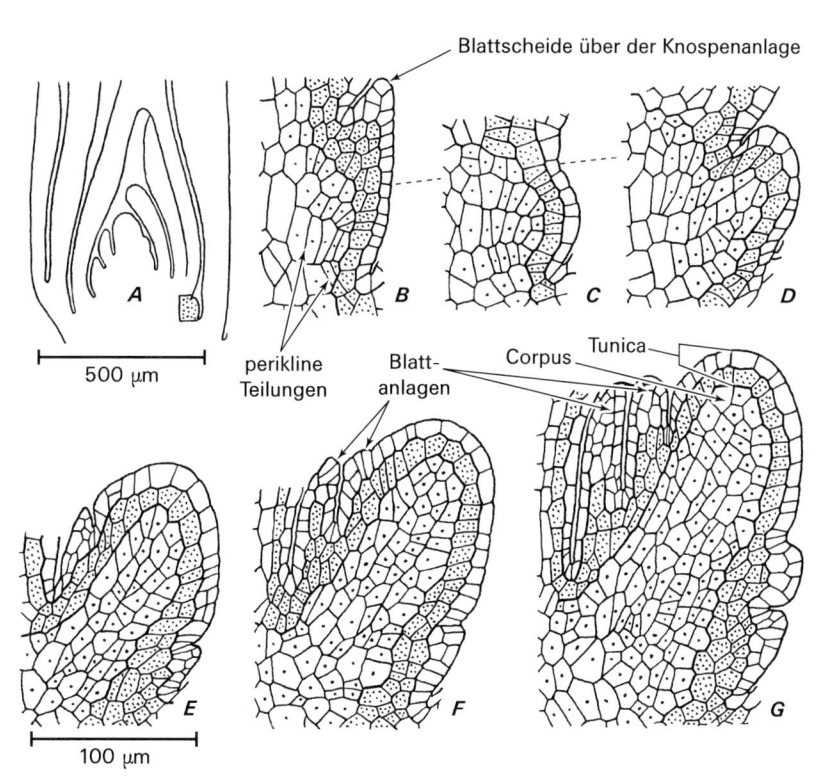

**Abb. 6.16** Entwicklung der Seitenknospe bei *Agropyron repens*. Mediane Längsschnitte. **A**, Übersichtsbild der Sprossspitze mit mehreren Blattanlagen. Die punktierte Zone zeigt die Lage der Seitenknospe an, die von der zweischichtigen Tunica und dem Corpus gebildet wird. **B-G**, Derivate der inneren Tunica-Schicht punktiert, Corpus-Derivate mit einem Punkt versehen. Beginn der Differenzierung durch perikline Teilungen der Corpus-Derivate und antikline Teilungen in den Tunica-Schichten (**B, C**). Die Knospe erhebt sich über die Oberfläche der Sprossachse (**D**). Durch die Tätigkeit eines Rippenmeristems entsteht der Corpus der Knospe und ihr zentraler Teil verlängert sich (**E-G**). Die Blattanlagen der Knospe differenzieren sich aus der zweischichtigen Tunica (**E-G**). (Verändert nach Sharman, 1945. © 1945 University of Chicago. Alle Rechte vorbehalten.)

## 6.6.1 Bei den meisten Samenpflanzen stammen die Achselknospen von „detached meristems" ab

Die Achselknospen werden meist etwas später als ihre Tragblätter angelegt, oft erst in der Achsel des zweit- oder drittjüngsten Blattes. In einigen Samenpflanzen können die Achselknospen aber auch unmittelbar nach dem Erscheinen der Blattanlage entstehen (Garrison, 1955; Cutter, 1964). Im Normalfall allerdings wird die Achselknospe zu einem späteren Zeitpunkt von meristematischen Zellen, die vom Apikalmeristem abstammen, aber von ihm räumlich durch vakuolierte Zellen getrennt sind, initiiert (Garrison, 1949a, b; Gifford, 1951; Sussex, 1955; Bieniek und Millington, 1967; Shah und Unnikrishnan, 1969, 1971; Remphrey und Steeves, 1984; Tian und Marcotrigiano, 1994). Diese meristematischen Zellen, die räumlich mit der Blattachsel assoziiert sind, werden als „**detached meristems**" bezeichnet. Weniger gewöhnlich ist die Entwicklung von Achselknospen aus vakuolierten Zellen, die dedifferenzieren und meristematische Aktivität wiedererlangen (Koch, 1893; Majumdar und Datta, 1946). In seltenen Fällen wurde von Achselknospen, die sich aus adaxialen Zellen des Blattes entwickelt haben, berichtet (*Heracleum, Leonurus*, Majumdar, 1942; Majumdar und Datta, 1946; *Arabidopsis*, Furner und Pumfrey, 1992; Irish und Sussex, 1992; Talbert et al., 1995; Evans und Barton, 1997; Long und Barton, 2000).

Obwohl unterschiedliche Zellgruppen am Ursprung einer Achselknospe stehen können, zeigten Experimente, dass die Entwicklung einer Achselknospe vom darunterliegenden Blatt determiniert wird (Snow und Snow, 1942). Entfernt man zum Beispiel die Blattanlage vor der Bildung der Achselknospe, so wird sich diese nicht entwickeln. Falls jedoch auch nur der kleinste Rest der Blattbasis nicht entfernt wird, kann sich eine Achselknospe entwickeln (Snow und Snow, 1932). Die induktive Rolle vom Blatt auf die Achselknospe wurde durch die Analyse der dominanten *Arabidopsis* Mutante *phabulosa-1d* (*phb-1d*) erhärtet. Beim Wildtyp spezifizieren sich die Achselknospen immer in nächster Nähe zur adaxialen Oberfläche der Blattbasis. In *phb-1d* Mutanten hingegen entwickelt sich die abaxiale (untere) Blattseite wie die adaxiale und in der Folge treten ektopische Achselmeristeme an der Unterseite der adaxialisierten Blattbasis auf (McConnell und Barton, 1998). Dies zeigt, dass adaxiale Spezifizierung eine wichtige Rolle bei der Bildung von Blattknospen spielt.

Oft entsteht nicht in jeder Blattachsel eine Knospe (Cutter, 1964; Cannell und Bowler, 1978; Wildeman und Steeves, 1982) und in seltenen Fällen werden gar keine Achselknospen gebildet (Champagnat et al., 1963; Rees, 1964). Das erste Blattpaar von *Stellaria media* besitzt oft keine Achselknospen und später in der Entwicklung befindet sich normalerweise in nur einer Achsel des Blattpaares eine Knospe (Tepper, 1992). Das Auftragen des Cytokinins Benzyladenin auf Sprossspitzen fünf bis sieben Tage alter *Stellaria* Pflanzen kann die Entwicklung von Knospen in beiden Achseln eines Blattpaars fördern.

Dies deutet auf eine begünstigende Rolle von Cytokininen für die Achselknospenentwicklung hin (Tepper, 1992).

Es ist nicht ungewöhnlich, dass bei manchen Arten nicht nur eine Knospe in einer Blattachsel ausgebildet wird, sondern mehrere (sogenannte Beiknospen zusätzlich zur Achselknospe) (Wardlaw, 1968). Bei einigen Arten stammt die erste Beiknospe von der ursprünglichen Achselknospe ab; und die zweite Beiknospe einer Achsel wird von der ersten gebildet (Shah und Unnikrishnan, 1969, 1971). Bei anderen Arten stammen die Achselknospe und die Beiknospen direkt vom Apikalmeristem ab (Garrison, 1950).

Die Anlage einer Knospe erfolgt durch eine Kombination antikliner Teilungen in einer oder mehreren Oberflächenschichten und verschieden gerichteter – manchmal vorherrschend perikliner – Teilungen in tieferen Schichten. Dieses koordinierte Wachstum von Oberfläche und Volumen in größerer Tiefe hebt die Knospe über die Oberfläche der Achse empor (Abb. 6.15, 6.16 und 6.17B). Manchmal sind die periklinen

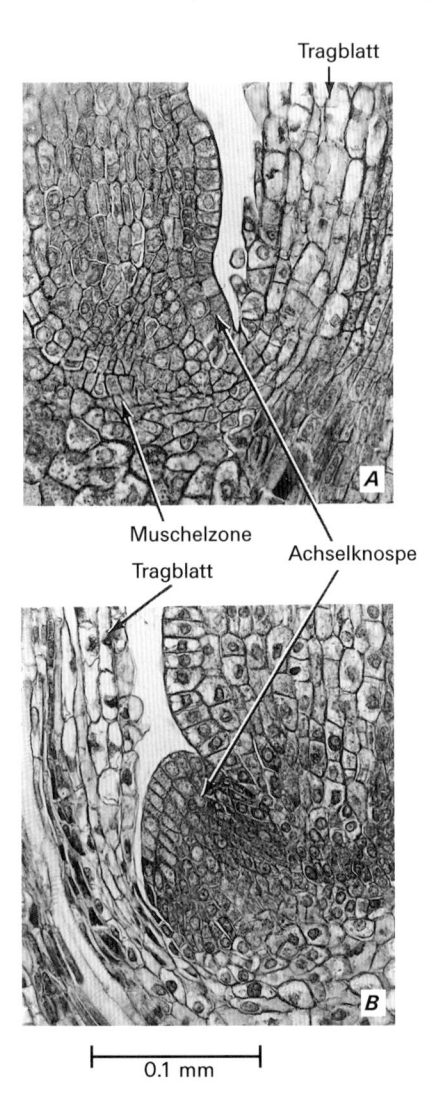

**Abb. 6.17** Entstehung einer axillären Knospe von Kartoffel (*Solanum tuberosum*). Längsschnitte von Knoten mit einem frühen (**A**) und einem späten (**B**) Stadium der Knospenentwicklung. (Aus Sussex, 1955.)

Teilungen im tieferen Achsengewebe so regelmäßig, dass Serien konkav gekrümmter, fast paralleler Schichten entstehen (Abb. 6.16C und 6.17A). Wegen dessen Aufbaus wurde dieses frühe Knospenmeristem **Muschelzone** genannt (*shell zone*; Schmidt, A., 1924; Shah und Patel, 1972). Bei manchen Pflanzen entwickelt sich die Muschelzone erst nachdem sich die Achselknospe gebildet hat. Einige Forscher erachten die Ausbildung einer Muschelzone als relevant für die Entwicklung einer Achselknospe, andere hingegen als Koinzidenz (Remphrey und Steeves, 1984). Die Muschelzone verschwindet bei verschiedenen Arten zu unterschiedlichen Zeitpunkten der Knospenentwicklung. Bei vielen Arten ist die frühe Knospenanlage über zwei Stränge procambialer Zellen, die **Knospenspuren**, mit der Vaskulatur des Sprosses verbunden (Garrison, 1949a, b, 1955; Shah und Unnikrishnan, 1969; Larson und Pizzolato, 1977; Remphrey und Steeves, 1984). Falls die Achselknospen nicht ruhend sind, folgt auf ihren Austrieb, beginnend mit den Vorblättern (Prophyllen), die Anlage von Blattprimordien.

### 6.6.2 Sprosse können sich aus Adventivknospen bilden

Knospen, die nicht in Verbindung mit dem Apikalmeristem, sondern aus mehr oder weniger reifen Geweben der Achse entstehen, werden als **Adventivknospen** bezeichnet. Adventivknospen können an Sprossachsen, Wurzeln, Hypocotylen und Blättern intakter Pflanzen, vor allem auch an Stängel- und Blattstecklingen auftreten. Bei Stecklingen bilden sich die Adventivknospen gewöhnlich aus dem zuvor gebildeten Kallusgewebe, können aber auch aus Wundgewebe, vaskulärem Cambium oder der Peripherie des vaskulären Zylinders entstehen. Adentivknospen können tief im Gewebe, aber auch oberflächlich in der Epidermis angelegt werden. Je nachdem ob die Adventivknospen an der Oberfläche gebildet werden oder aus tieferen Regionen des Gewebes stammen, spricht man von **exogener** respektive **endogener** Abstammung (Priestley und Swingle, 1929). Falls die Adventivknospen aus bereits spezialisiertem Gewebe stammen, müssen sich die direkt involvierten Zellen zuerst dedifferenzieren.

## 6.7 Wurzelspitze

Im Gegensatz zur Sprossspitze produziert das Apikalmeristem der Wurzel nicht nur Zellen der Achse, sondern auch in distaler Richtung die Zellen der Wurzelhaube (Kalyptra). Durch das Vorhandensein einer Wurzelhaube liegt der distale Teil des Apikalmeristems nicht terminal, sondern subterminal, nämlich unter der Wurzelhaube. Außerdem unterscheidet sich das Apikalmeristem der Wurzel von dem des Sprosses dadurch, dass es keine seitlichen Anhangsorgane wie Blätter und Zweige anlegt. Die Wurzelverzweigungen werden in der Regel weit von der aktivsten Wachstumsregion entfernt angelegt und entstehen endogen. Die Wurzelspitze zeigt keine periodischen Veränderungen in Form und Struktur, wie sie gewöhnlich bei Sprossspitzen durch die Plastochronrhythmik auftreten. Die Wurzel entwickelt weder Knoten noch Internodien und zeigt deshalb ein gleichförmigeres Längenwachstum als der Spross, bei dem sich die Internodien viel stärker strecken als die Knoten. Für das Streckungswachstum der primären Wurzelrinde ist der Wuchstyp des Rippenmeristems charakteristisch.

Der distale Teil des apikalen Meristems der Wurzel kann wie beim Spross als Protomeristem (Promeristem) bezeichnet werden, das sich mehr oder weniger deutlich gegen die angrenzenden primären Meristeme abhebt. Die junge Wurzelachse ist oft deutlich in Plerom (den späteren Zentralzylinder) und Periblem (die spätere primäre Rinde) unterteilt. Deren primäre Meristeme sind das Procambium bzw. das Grundmeristem. Der Ausdruck Procambium ist berechtigt, wenn sich im Zentralzylinder ausschließlich Leitgewebe differenzieren. Viele Wurzeln führen jedoch im Zentrum einen markähnlichen Bereich. Dieser Bereich wird manchmal als potentiell fascicular und deshalb in seinem meristematischen Zustand als procambial angesehen. Manchmal betrachtet man ihn allerdings als Grundgewebe, ähnlich dem des Sprossachsenmarks und leitet ihn vom Grundmeristem ab. Der Ausdruck Protoderm kann auf die äußere Schicht der jungen Wurzel angewendet werden, wenn damit lediglich die topographische Bezeichnung der Oberflächenschicht, ohne Rücksicht auf Beziehungen zu anderen Geweben, gemeint ist (Kap. 9). Meistens entsteht das Protoderm der Wurzel nicht aus einer separaten Schicht des Protomeristems; es hat dann mit der primären Rinde oder mit der Wurzelhaube gemeinsame Initialen.

### 6.7.1 Offene oder geschlossene Organisation der Wurzelspitze

Die Architektur und der zelluläre Aufbau von Wurzelspitzen wurden oft untersucht, um den Ursprung der einzelnen Gewebe zu bestimmen. Diese Studien wurden verwendet, um die verschiedenen Typen der Wurzelorganisation festzulegen (Schüepp, 1926; Popham, 1966) und deren Evolution zu diskutieren (Voronine, 1956; Voronkina, 1975). Mit Hilfe der Analyse von Zellmustern im Apikalmeristem der Wurzel ist es möglich, Zellteilungsebenen und die Richtung des Wachstums festzustellen. Sich differenzierende Gewebe können bis in den Apex zurückverfolgt werden, um zu bestimmen, ob ein gegebenes Gewebe von bestimmten Zellen abstammt. Dies basiert auf der Annahme, dass bestimmte Gewebe auch in der Wurzelspitze von Initialzellen abstammen.

Die Analyse über den Ursprung unterschiedlicher Wurzelgewebe von distinkten Initialen stimmt mit der Histogentheorie von Hanstein (1868, 1870) überein. Wie schon vorher in diesem Kapitel erwähnt, wird nach der Histogentheorie das Meristem in drei Regionen, Histogene, unterteilt, wobei jede eine oder mehrere übereinanderliegende Initialen hat. Das Dermatogen ist der Vorläufer der Epidermis; das Plerom bildet den

Zentralzylinder und das Periblem steht am Ursprung der primären Rinde. Die Unterteilung der Wurzelspitze in Histogene ist allerdings nicht allgemein anwendbar, da vielen Wurzeln ein Dermatogen, das ausschließlich die Epidermis bildet, fehlt.

Die Beziehungen zwischen einzelnen Geweben und den Zellen im Apex wird in Abbildung 6.18 aufgezeigt. Bei *Equisetum* und den meisten Farnen werden alle verschiedenen Gewebe von einer einzigen apikalen Zelle, der Scheitelzelle, gebildet (Abb. 6.18A, B; Gifford, 1983, 1993). Bei diesen Pflanzen entspricht die Organisation der Wurzel mit einer Scheitelzelle oft der des Sprosses. Bei einigen Gymnospermen und Angiospermen scheinen alle verschiedenen Gewebe der Wurzel, oder alle bis auf den Zentralzylinder, von einer gemeinsamen Gruppe von meristematischen Zellen abzustammen (Abb. 6.18C, D); bei anderen können ein oder mehrere Gewebe auf distinkte Initialen zurückgeführt werden (Abb. 6.18E-H). Die erste Organisationsform wird **offen**, die zweite **geschlossen** genannt (Guttenberg, 1960). Die Unterscheidung zwischen offenem und geschlossenem Meristem ist nicht immer offensichtlich (Seago und Heimsch, 1969; Clowes, 1994). Den beiden Organisationsformen liegt das ge-

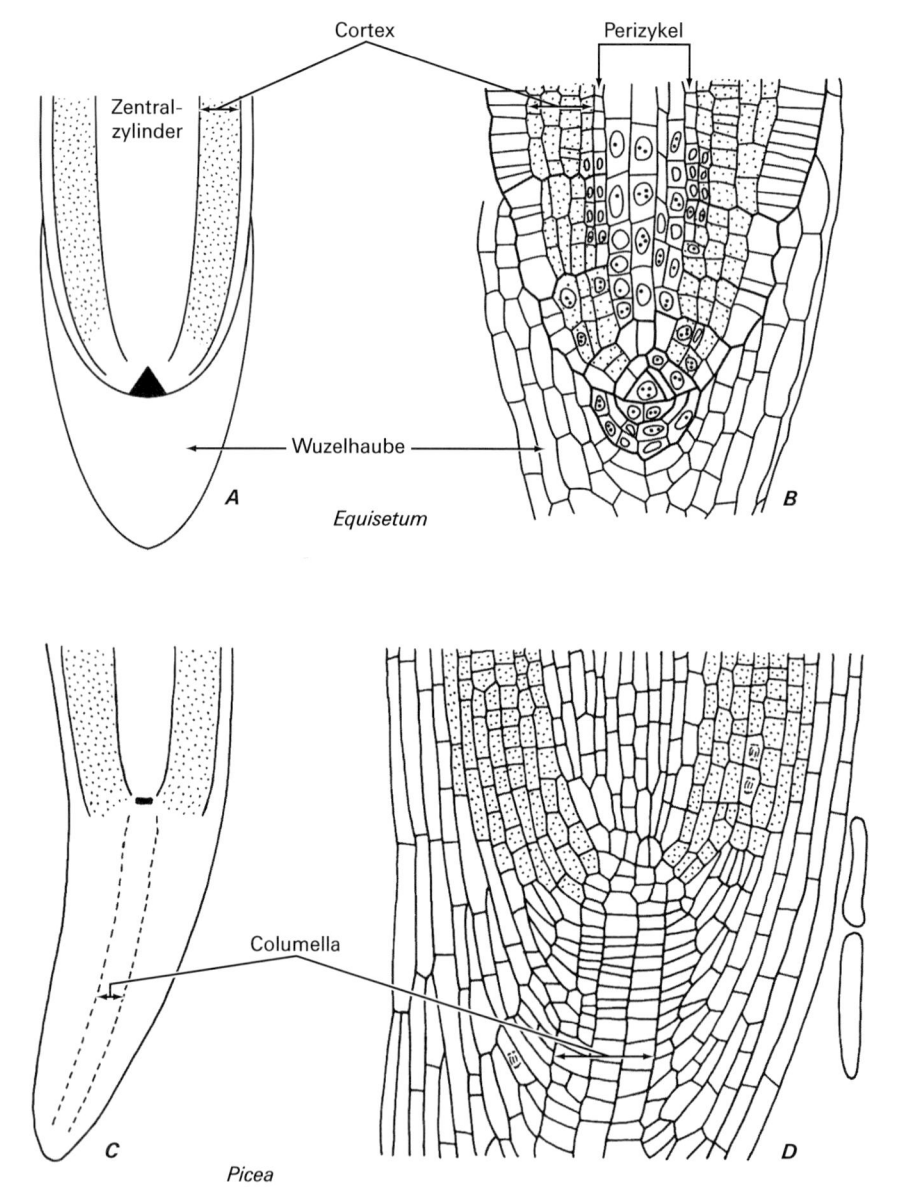

**Abb. 6.18** Schematische Darstellung des Wurzelapikalmeristems und seiner Derivate. **A**, **B**, *Equisetum*. Eine einzelne Zelle (schwarzes Dreieck) ist der Ursprung aller Teile der Wurzel und der Wurzelhaube. Dicke Linien in **B** deuten die Abgrenzung der Merophyten an. Die innere Abgrenzung der älteren Merophyten ist schwer zu bestimmen. **C**, **D**, Fichte (*Picea*). Alle Regionen der Wurzel stammen von einer Gruppe Initialen ab. Die Wurzelhaube besitzt eine Columella mit sich querteilenden Zellen. Die Columella gibt auch Derivate zur Seite ab. **E**, **F**, Radieschen (*Raphanus*). Drei Schichten Initialen. Die Epidermis hat einen gemeinsamen Ursprung mit der Wurzelhaube und wird seitlich begrenzt durch perikline Zellwände (Pfeile in **F**). **G**, **H**, *Stipa* (Poaceae). Drei Schichten Initialen. Initialen der Wurzelhaube bilden ein Kalyptrogen. Die Epidermis und die primäre Rinde (Cortex) haben einen gemeinsamen Ursprung. (**B**, nach Gifford, 1993; **C-H**, aus Esau, 1977.)

*Zentralzylinder* *Cortex* *Perizykel*

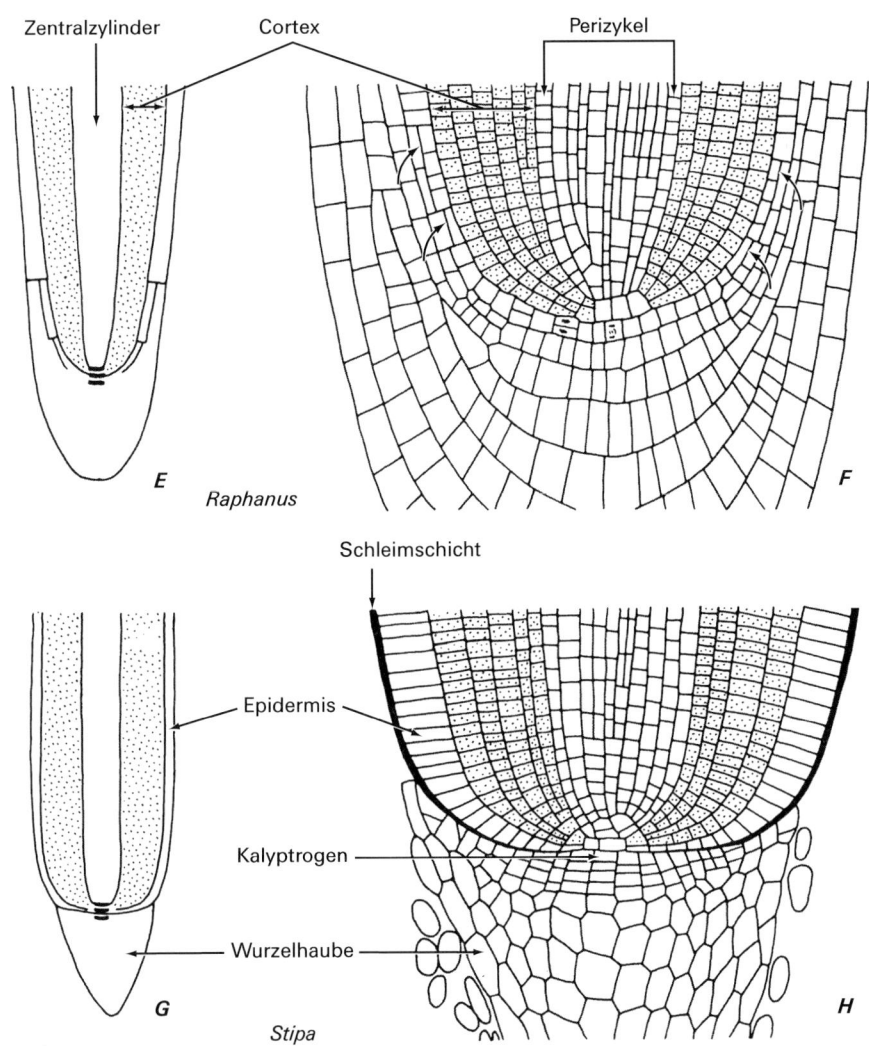

E *Raphanus*  F

*Schleimschicht*
*Epidermis*
*Kalyptrogen*
*Wurzelhaube*

G *Stipa*  H

**Abb. 6.18** (Fortsetzung)

schlossene Meristem im Embryo oder in der Anlage der Seiten- oder Adventivwurzel zu Grunde. Während der späteren Streckung der Wurzel kann die geschlossene Form beibehalten werden oder ein Wechsel zur offenen stattfinden (Guttenberg, 1960; Seago und Heimsch, 1969; Byrne und Heimsch, 1970; Armstrong und Heimsch, 1976; Vallade et al., 1983; Verdaguer und Molinas, 1999; Baum et al., 2002; Chapman et al., 2003). Bei *Pisum sativum* zeigt die embryonale wie die adulte Wurzel offene Organisation (Clowes, 1978b).

Bei den meisten Farnen ist die Scheitelzelle tetraedrisch (vierschneidig) (Gifford, 1983, 1991). Sie scheidet Zellen auf den drei lateralen (proximalen) Seiten ab und produziert so den Wurzelkörper (Abb. 6.18A, B). Die Zellen für die Wurzelhaube werden von der vierten Seite (distal) der Scheitelzelle abgeschieden (*Marsilea,* Vallade et al., 1983; *Asplenium,* Gifford, 1991). Alternativ wird die Wurzelhaube von einem separaten Meristem, das früh abgeschieden wird, gebildet (*Azolla,* Nitayangkura et al., 1980). Die vierschneidige Scheitelzelle von *Equisetum* bildet die Zellen für den Wurzelkörper und die Wurzelhaube, aber die frühe Wurzelentwicklung unterscheidet sich stark von derjenigen der meisten Farne (Gifford, 1993). Die Wurzelspitzen von Farnen und von *Equisetum,* deren Scheitelzellen nach vier Seiten Zellen abgeben, werden als offen klassifiziert; während bei Wurzelspitzen von *Azolla,* wo die Wurzelhaube nicht direkt von der Scheitelzelle abstammt, von einem geschlossenen Meristem gesprochen wird (Clowes, 1984).

Eine andere Analyse der Verteilung der Scheitelzellderivate unterstreicht die Körper-Kappe-Theorie von Schüepp (1917). Die längsverlaufenden Zellreihen, die bei den Wurzeln so auffallend sind, gehen strahlenförmig von der Scheitelzelle aus, und viele verdoppeln sich. Dabei teilt sich eine Zelle quer (transversal); dann teilt sich eine der beiden Tochterzellen längs (longitudinal), und jede wird zum Ausgangspunkt einer neuen Reihe. Die Kombination der Quer- und Längsteilungen ergibt im Längsschnitt einen annähernd T- (genauer Y-)förmigen Wandverlauf. Daher hat man diese Art der Unterteilung von Zellreihen T-Teilung genannt. Die Richtung, in die der Querbalken des T weist, variiert in den verschiedenen Teilen der Wurzel. In der Wurzelhaube ist er zur Wurzelbasis hin gerichtet; im Wurzelkörper weist er zur Scheitelzelle hin (Abb. 6.19). Bei manchen Arten mit separaten Wurzelhauben-

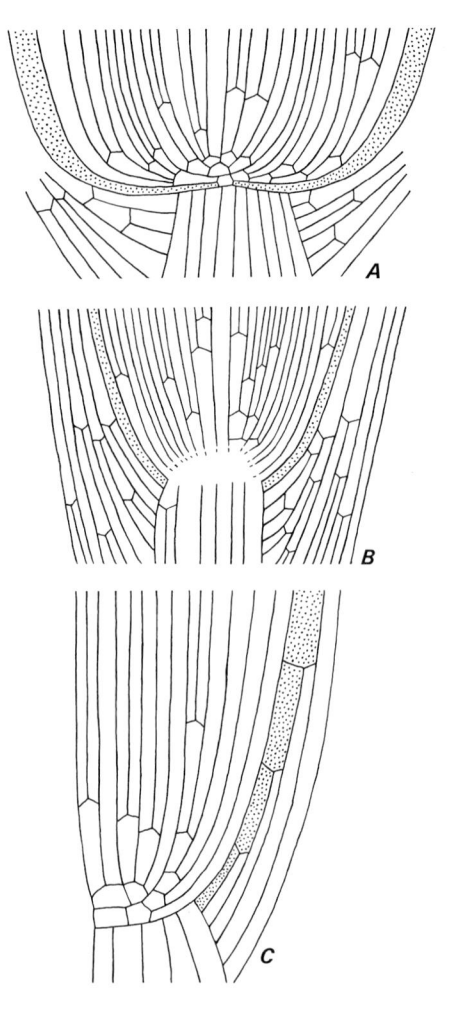

**Abb. 6.19** Schematische Darstellung der Wurzelspitzen von *Zea* (**A**), *Allium* (**B**) und *Nicotiana* (**C**). Interpretiert im Sinne des Körper-Hauben-Konzepts. Körper: der T-Balken (von T-Zellteilungen) zeigt zum Apex; Haube: der T-Balken zeigt zur Wurzelbasis. Das Protoderm ist gepunktet. Es gehört zum Körper in **A**, und vermutlich in **B**; in **C** ist es der Haube zugehörig. Die drei Wurzelhauben haben alle eine klar abgegrenzte Columella.

initialen sind Wurzelkörper und -haube klar gegeneinander abgegrenzt. Bei anderen Arten ist die Abrenzung nicht scharf erkennbar (z. B. bei *Fagus sylvatica* ist der Übergang zwischen Körper und Haube graduell; Clowes, 1950).

Die beiden Typen des vielzelligen Protomeristems der Angiospermen, der geschlossene und der offene Typ im Sinne Guttenbergs (1960), müssen gesondert betrachtet werden. Der geschlossene Typ ist häufig durch drei Schichten von Initialen gekennzeichnet (Abb. 6.20). Eine Schicht bildet die Spitze des Zentralzylinders, an der zweiten beginnt die primäre Rinde, die dritte bildet die Wurzelhaube. Das dreischichtige Meristem kann in Beziehung zur Herkunft der Epidermis (von einigen Autoren Rhizodermis genannt; Kap. 9, Clowes, 1994) folgendermaßen angeordnet sein: bei einer Gruppe haben Epidermis und Wurzelhaube denselben Ursprung. Sie sind als solche erst zu unterscheiden, wenn eine Reihe von T-Teilungen an der Peripherie des Wurzelkörpers stattgefunden hat (Abb. 6.18E, F,

6.19C, und 6.21A). Bei einer zweiten Gruppe haben Epidermis und primäre Rinde gemeinsame Initialen, während sich die Wurzelhaube aus eigenen Initialen, dem **Kalyptrogen** (*calyptra* gr. für Schleier und *tenos* für Nachkomme; Janczewski, 1874), entwickelt (Abb. 6.18G, H und 6.21B). Entspringen Wurzelhaube und Epidermis aus derselben Lage des Protomeristems, so nennt man diese **Dermatokalyptrogen** (Guttenberg, 1960).

Wurzeln mit einem Dermatokalyptrogen sind bei Eudicotyledonen häufig (Vertreter von Rosaceen, Solanaceen, Brassicaceen, Scrophulariaceen und Asteraceen, Schüepp, 1926), treten aber auch bei Monocotyledonen charakteristisch auf (Poaceen, Zingiberaceen, einige Areaceen; Guttenberg, 1960; Hagemann, 1957; Pillai et al., 1961). In manchen Fällen scheint die Epidermis in der distalen Zone mit eigenen Initialen zu beginnen (Shimabuku, 1960). Bei einigen monocotylen Wasserpflanzen (*Hydrocharis* und *Stratiotes* / Hydrocharitaceae; *Lemna* / Lemnaceae; *Pistia* / Avaceae) entwickelt sich die Epidermis stets unabhängig von primärer Rinde und Wurzelhaube (Clowes, 1990, 1994).

Eine Analyse der Wurzelmeristeme nach der Körper-Kappe-Theorie zeigt den Unterschied in der Herkunft der Epidermis. In einer Wurzel mit Kalyptrogen umfasst die Kappe nur die Wurzelhaube (Abb. 6.19A); in einer Wurzel mit Dermatokalyptrogen gehört die Epidermis mit zur Kappe (Abb. 6.19C). Die Körper-Kappe-Struktur verdeutlicht noch andere Abweichungen im Wachstumsmuster der Wurzeln. Bei manchen Wurzeln ist der zentrale Kern der Wurzelhaube deutlich vom peripherischen Teil unterschieden, weil er keine oder nur wenige Längsteilungen durchführt. Ein solcher Kern wird als **Columella** bezeichnet (Abb. 6.19) (Clowes, 1961). Die wenigen T-Teilungen, die in der Columella auftreten, können dem Körpermuster entsprechend orientiert sein; dann zeigt nur der peripherische Teil der Wurzelhaube das Kappenmuster. Bei Wurzeln von *Arabidopsis*, die eine Dermatokalyptrogen-Schicht besitzen, entsteht die Columella aus den Columella-Initialen, während die peripherischen Teile der Wurzelhaube und das Protoderm sich aus den Wurzelhauben/Protoderm-Initialen entwickeln, welche die Columella-Initialen kragenartig umgeben (Baum und Rost, 1996; Wenzel und Rost, 2001). Die Zellteilungen in den Columella- und Wurzelhaube/Protoderm-Initialen erfolgen streng koordiniert (Wenzel und Rost, 2001).

Wurzelspitzen mit offenem Organisationstyp sind schwierig zu analysieren (Abb. 6.18C, D, 6.19B und 6.22). Eine gängige Interpretation solcher Wurzeln ist, dass sie ein **Transversalmeristem** besitzen, das keine klare Abgrenzung der verschiedenen Derivate zulässt und das alle Wurzelregionen mit Zellen beliefert (Pophan, 1955). Eine andere Ansichtsweise besagt hingegen, dass der Zentralzylinder seine eigenen Initialen hat. Bei einigen solchen Wurzeln grenzen die Zellreihen des Zentralzylinders direkt an die Zellen der Haube, während in anderen Wurzeln, der selben Art, eine oder mehrere corticale Zellschichten dazwischen liegen können (Clowes, 1994). Clowes (1981) schreibt diesen Unterschied den Zellen zu, die die Hau-

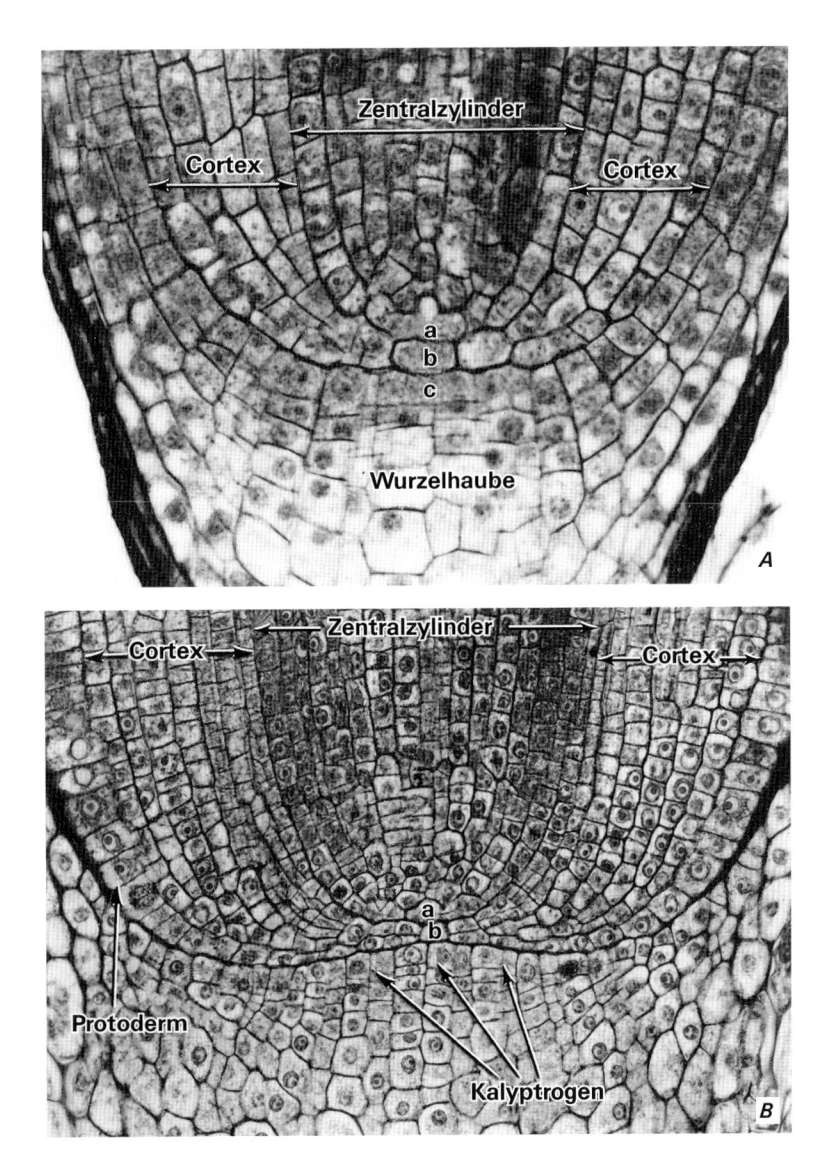

**Abb. 6.20** Längsschnitte durch die Wurzelspitze von *Nicotiana tabacum* (**A**) und *Zea mays* (**B**). Diese Spitzen haben eine geschlossene Organisation mit drei Schichten Initialen (a, b, c) in **A**. Bei *Nicotiana* (**A**) haben die Epidermis und die Wurzelhaube gemeinsame Initialen (c); a zeigt die Initialen für den Zentralzylinder und b für den Cortex. Bei *Zea* (**B**) haben die Epidermis und der Cortex gemeinsame Initialen (b) und die Wurzelhaube stammt von einem Kalyptrogen ab; a zeigt die Initialschicht für den Zentralzylinder. (Vgl. Abb. 6.21) (A, x455; B, x280. **B**, Präparat von Ernest M. Gifford.)

be vom Rest der Wurzel abtrennen und die nur vorübergehend teilungsinaktiv zu sein scheinen. Analysen der Körper-Kappe-Konfiguration deuten an, dass bei den offenen Meristemen der Monocotyledonen eine enge Beziehung zwischen Epidermis und Rinde und in Eudicotyledonen (*Trifolium repens*; Wenzel et al., 2001) zwischen Epidermis und Haube herrscht (Clowes, 1994).

Groot et al. (2004) unterscheiden zwischen zwei Typen offener Wurzelmeristeme bei Eudicotyledonen; dem einfach-offenen und dem intermediär-offenen. Im einfach-offenen Meristem enden die Zellenreihen apikal in einer ziemlich großen Menge Initialen. Das Differenzierungspotential der einzelnen Initialen ist meistens nicht offensichtlich. Beim intermediär-offenen Meristem ist die Zone der Initialzellen kleiner und es ist oft gut und früh ersichtlich, welchen Weg der Differenzierung die Derivate einschlagen werden. Trotzdem ist nur eine Zone von Initialen für die Bildung der Wurzelhaube, der Rinde und des Zentralzylinders zuständig. Eine phylogenetische Analyse hat gezeigt, dass wahrscheinlich das intermediär-offene Meristem ursprünglich ist und dass der einfach-offene und geschlossene Typ daraus abgeleitet ist (Groot et al., 2004).

Bei den offenen Wurzelmeristemen der Gymnospermen fehlt eine Epidermis gänzlich (Abb. 6.18C, D; Guttenberg, 1961; Clowes, 1994), da keine individuellen Initialen für eine Epidermis (Dermatogen oder Protoderm) existieren. Die Funktion von epidermalen Zellen wird von primären Rinden- und Wurzelhaubenzellen übernommen, wie zum Beispiel bei *Pseudotsuga* (Allen, 1947; Vallade et al., 1983) *Abies* (Wilcox, 1954), *Ephedra* (Peterson und Vermeer, 1980) und *Pinus* (Clowes, 1994).

Apikalmeristeme ohne gesonderte Initialen für die einzelnen Wurzelregionen wurden bei Monocotyledonen (Vertreter der Musaceae, Palmeae; Pillai und Pillai, 1961a, b) und einigen Gymnospermen gefunden (Guttenberg, 1961; Wilcox, 1954).

Bei einigen Gymnospermen scheint einzig der Zentralzylinder eine separate Schicht von Initialen zu haben (Vallade et al., 1983).

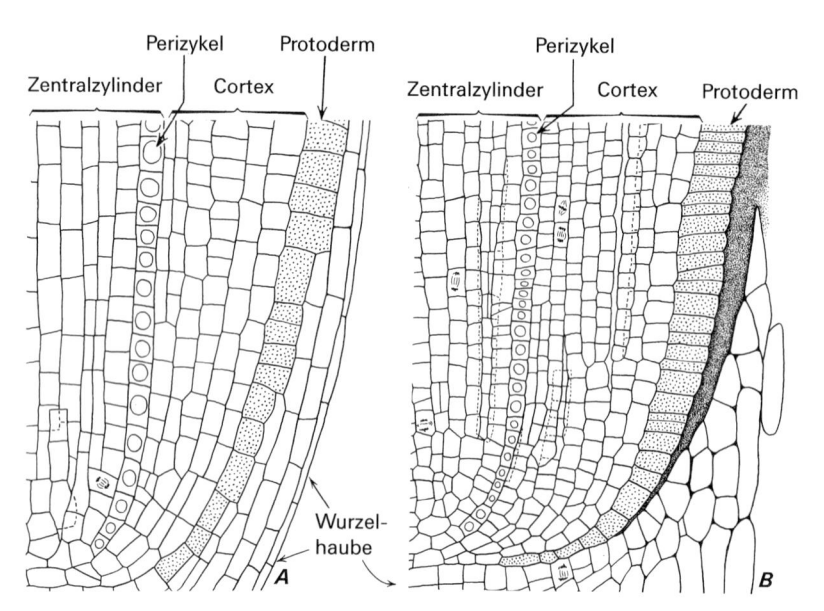

**Abb. 6.21** Längsschnitte durch die Wurzelspitzen von *Nicotiana tabacum* (**A**) und *Zea mays* (**B**), zwei verschiedene Ursprünge der Epidermis aufzeigend. **A**, die Epidermis wird durch perikline Zellteilung von der Wurzelhaube separiert. **B**, die Epidermis stammt von denselben Initialen wie der Cortex, durch perikline Zellteilung eines frühen Derivates einer corticalen Initiale. Die dicht gepunktete Fläche in **B** zeigt gequollene Wandsubstanz zwischen Wurzelhaube und Protoderm. (A, ×285; B, ×210.)

**Abb. 6.22** Längsschnitt durch das Wurzelapikalmeristem von *Allium sativum*. Offene Organisation; die einzelnen Gewebe stammen von einer gemeinsamen Gruppe von Initialen ab. (×600. Nach Mann, 1952. *Hilgardia* 21 (8), 195–251. © 1952 Regents, University of California.)

### 6.7.2 Die Zellen des Ruhezentrums sind nicht gänzlich teilungsinaktiv

Untersuchungen der Organisation von Wurzelspitzen und deren Interpretation mit Hilfe der Histogen- oder Körper-Kappe-Theorie führen zu Verständnis von Wachstum und Musterbildung, die bereits stattgefunden haben. Clowes` Entdeckung (1954, 1956) eines ruhenden Zentrums in der Wurzelspitze hat zu einer grundsätzlich veränderten Betrachtungsweise der Entwicklungsvorgänge in Wurzelmeristemen geführt. Aus ausführlichen Untersuchungen an sich normal entwickelnden und an experimentell behandelten Wurzeln, oder mit Wurzeln, denen radioaktiv markierte, für die DNA-Synthese benötigte Stoffe zugeführt wurden, folgerte Clowes (1954), dass die Initialen, die für die ursprüngliche Musterbildung zuständig sind (*minimal constructional center*; Clowes, 1954), während der späteren Entwicklung ihre Zellteilungsaktivität fast gänzlich aufgeben (Abb. 6.23) (Clowes, 1961, 1967, 1969). Dieses inaktive oder ruhende Zentrum (**Ruhezentrum**) wird in der Folge von Zellen umgeben, die die Zellteilungsaktivität übernehmen.

Ruhezentren entstehen zweimal in der Entwicklung einer Wurzel; zuerst während der Embryogenese und später in den frühen Stadien der Samenkeimung. Zum Zeitpunkt des Durchbruches der Radicula durch die Samenhülle besitzen Wurzeln kein Ruhezentrum (Jones 1977; Clowes, 1978a, b; Feldman, 1984). Bei Seitenwurzeln von *Zea mays* wird ebenfalls zweimal ein Ruhezentrum angelegt; zuerst in der Seitenwurzelanlage und dann kurz vor oder nach dem Austritt der Seitenwurzel aus der Primärwurzel (Clowes, 1978a).

Das Ruhezentrum, das die Initialen von der Columella trennt, ist halbkugelförmig oder scheibenförmig und besteht bei einigen Arten aus nur vier Zellen (*Petunia hybrida*, Vallade et al., 1978; *Arabidopsis*, Benfey und Scheres, 2000), bei anderen jedoch aus über Tausend (*Zea mays*, Feldman und Torrey, 1976). Das Volumen des Ruhezentrums steht scheinbar in Beziehung zur Größe der Wurzel und ist in dünnen Wurzeln kleiner oder gar nicht vorhanden (Clowes, 1984). Beim Wurzelsystem von *Euphorbia esula* haben die kräftigen mehrjährigen Wurzeln ein deutlich ausgeprägtes Ruhezentrum, während die Seitenwurzelanlagen keines ausbilden (Raju et al., 1964, 1976). Auch samenlose Gefäßpflanzen mit tetraedrischer Scheitelzelle haben kein Ruhezentrum (Gunning et al., 1978; Kurth, 1981; Gifford und Kurth, 1982; Gifford, 1991).

Die niedrige Teilungsaktivität der Zellen des Ruhezentrums bedeutet nicht, dass sie keine Funktion mehr ausüben. Sie können durch Zellteilung die weniger stabilen Initialen verdrängen und ersetzen (Barlow, 1976; Kidner et al., 2000). Die Teilungsaktivität der Zellen des Ruhezentrums in den ausdauernden Wurzeln von *Euphorbia esula* unterliegt scheinbar saisonalen Unterschieden (Raju et al., 1976). Während des stärksten Wachstums zeichnet sich ein gut entwickeltes Ruhezentrum ab, das indessen zu Beginn der Wachstumsperiode nicht erkennbar ist. Bei Wurzeln die mit Hilfe von Strahlung oder Mikromanipulationen verletzt wurden, kann das Ruhezentrum eine Wiederaufnahme von meristematischer Aktivität ermöglichen (Clowes, 1976). Es ist auch verantwortlich für die Wiederaufnahme der Zellteilung nach kälte-induzierter Dormanz (Clowes und Stewart, 1967; Barlow und Rathfelder, 1985). Nach dem Entfernen der Wurzelhaube teilen sich die Zellen des Ruhezentrums in genau definierter Folge, um die Wurzelhaube wieder zu regenerieren (Barlow, 1973; Barlow und Hines, 1982).

Um quantitative Daten zur Zellteilungsrate in verschiedenen Zonen des Wuzelmeristems zu erlangen, können Zellkerne mit Hilfe von tritiiertem Thymidin markiert und der Zellzyklus mittels Inhibitoren in der Metaphase blockiert werden (Clowes, 1969). Solche Untersuchungen zeigen, dass sich die Zellen im Ruhezentrum ungefähr zehnmal langsamer teilen als die umliegenden Zellen (Tabelle 6.2). Die längere Dauer eines Zellzyklus` wird hierbei vor allem durch längere Verweildauer in der $G_1$-Phase, zwischen dem Ende der Mitose und dem Beginn der DNA Synthese, bestimmt.

Die reduzierte mitotische Aktivität im Ruhezentrum hat Clowes (1954, 1961) veranlasst, die Initialen als gerade ans Ruhezentrum anliegend zu postulieren. Er nannte diese Gruppe von Zellen das Promeristem der Wurzel. Barlow (1978) und Steeves und Sussex (1989) hingegen erachten die sich langsam tei-

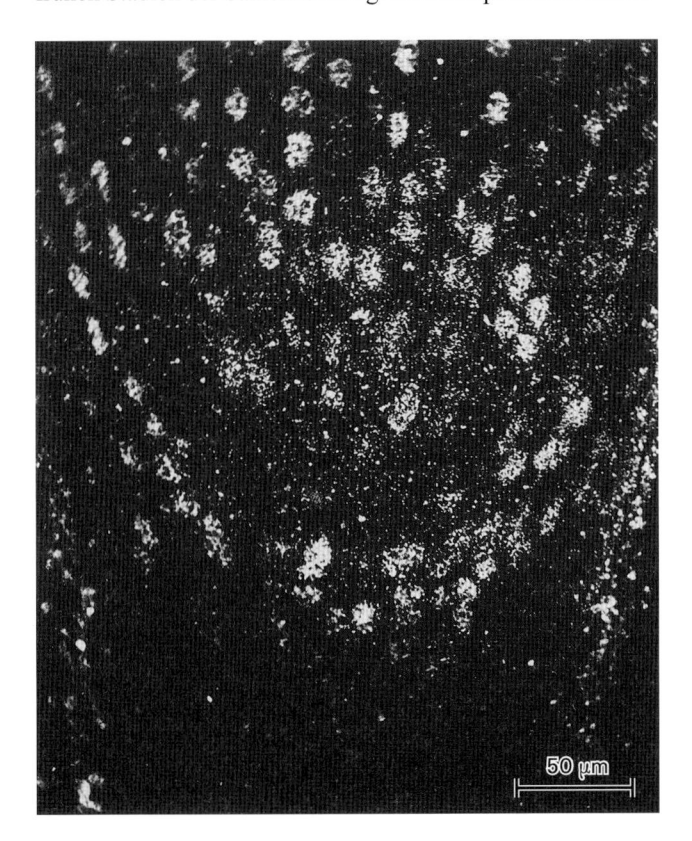

**Abb. 6.23** Ruhezentrum. Autoradiographie einer *Allium sativum* Wurzelspitze, Längsschnitt, mit tritiiertem Thymidin für 48 Stunden gefüttert. Die sich schnell teilenden Zellen, die ans Ruhezentrum grenzen, inkorporierten die Radioaktivität in ihrer nukleären DNA. (Aus Thomson und Clowes, 1968, mit freundlicher Genehmigung von Oxford University Press.)

**Tab. 6.2** Durchschnittliche Dauer des Mitosezyklus in Stunden; berechnet aus der Akkumulation von Metaphase-Stadien sich teilender Zellkerne in Wurzelmeristemen, die mit Mitose-Inhibitoren behandelt wurden.

| Art | Ruhezentrum | Wurzelhauben-Initialen | Zentralzylinder | |
|---|---|---|---|---|
| | | | Gerade oberhalb[a] RZ[b] | 200–250 µm oberhalb[a] RZ[b] |
| *Zea mays* | 174 | 12 | 28 | 29 |
| *Vicia faba* | 292 | 44 | 37 | 26 |
| *Sinapis alba* | 520 | 35 | 32 | 25 |
| *Allium sativum* | 173 | 33 | 35 | 26 |

[a] Zur Wurzelbasis gerichtet. [b] Ruhezentrum.
Quelle: aus Esau, 1977; verändert nach Clowes, 1969.

lenden Zellen des Ruhezentrums selbst als die wahren Initialen, da sie die Potenz haben, alle Zellen einer Wurzel zu bilden. Die direkt ans Ruhezentrum grenzenden Zellen wären dann als Derivate anzusehen. Diese Sichtweise wurde vorher schon von Guttenberg (1964) vertreten. In diesem Sinne ist das Ruhezentrum der Wurzel der zentralen Zone des Sprosses, dem Promeristem, erstaunlich ähnlich und kann daher als Promeristem der Wurzel betrachtet werden. Allerdings schließen einige Forscher die unmittelbaren, sich aktiv teilenden Derivate auch in den Begriff des Promeristems mit ein (Kuras, 1978; Vallade et al., 1983). Bei den samenlosen Gefäßpflanzen würde das Promeristem nur aus der Scheitelzelle bestehen. Eine allgemein gebräuchliche Bezeichnung für das Ruhezentrum und die sich schnell teilenden, anliegenden Zellen hat sich bis heute bei Samenpflanzen nicht durchgesetzt. Vielmehr werden die dem Ruhezentrum anliegenden sich aktiv teilenden Zellen meistens Initialen genannt.

Viele verschiedene Meinungen gibt es über die möglichen Ursachen, die zur Ausbildung eines Ruhezentrums in einer wachsenden Wurzel führen. Studien des Wurzelwachstums haben zu der Ansicht geführt, dass gegensätzliche Wachstumsrichtungen der verschiedenen Zonen des Wurzelmeristems die Ursache der Teilungsinaktivität des Ruhezentrums sind (Clowes, 1972, 1984; Barlow, 1973); dabei sollen die Wurzelhaube oder das Wurzelhaubenmeristem eine entscheidende Rolle in der Unterdrückung des Ruhezentrums spielen. Während der Embryogenese überschneiden sich die Ausbildung des Ruhezentrums und des Wurzelhaubenmeristems zeitlich (Clowes, 1978a, b). Des Weiteren wird durch Entfernen oder Verletzung der Wurzelhaube die Teilungsaktivität der Zellen des Ruhezentrums induziert, um ein neues Wurzelhaubemeristem zu bilden. Mit dessen Etablierung erlangt das Ruhezentrum wieder relative Zellteilungsinaktivität. Barlow und Adam (1989) haben das Verhalten des Ruhezentrums nach Verletzung der Wurzelhaube als Konsequenz von unterbrochenem oder modifiziertem Signalfluss, wahrscheinlich hormoneller Natur, zwischen der Wurzelhaube, ihren Initialen und dem Ruhezentrum gedeutet. Auxin, das an der Ausbildung des Wurzelpols während der Embryogenese und der Erhaltung der Wurzelgewebeorganisation im Keimling bei *Arabidopsis* beteiligt ist (Sabatini et al., 1999; Costa und Dolan, 2000), nimmt möglicherweise die Rolle dieses Signals ein. Es wurde vorgeschlagen, dass die Ausbildung und Erhaltung eines Ruhezentrums in der Wurzelspitze von Mais eine Konsequenz der polaren Auxin-Bereitstellung sei und dass die Initialen der Wurzelhaube eine wichtige Rolle in der Regulierung des Auxin-Fluxes zur Wurzelspitze einnehmen (Kerk und Feldmann, 1994). Hohe Auxinkonzentrationen, wie sie für das Ruhezentrum postuliert werden, induzieren Ascorbinsäure-Oxidase-Aktivität (AAO) und führen daher zu einer Verminderung der Ascorbinsäurekonzentration im Ruhezentrum. Kerk und Feldman (1995) schlagen daher vor, dass Ascorbinsäure nicht nur für den Übergang von der $G_1$- zur S-Phase des Zellzyklus in Wurzelspitzen (Liso et al., 1984, 1988) wichtig sei, sondern dass ihre verminderte Konzentration verantwortlich für die Ausbildung und den Erhalt des Ruhezentrums sei. Erst neulich haben Kerk et al., (2000) gezeigt, dass AAO auch die oxidative Decarboxylierung von Auxin in Maiswurzelspitzen herbeiführen kann, was einen zusätzlichen Mechanismus darstellen könnte für die Regulierung der Auxinkonzentration im Ruhezentrum. Dieser Mechanismus bedingt das Vorhandensein einer intakten Wurzelhaube.

## 6.8 Die Wurzelspitze von *Arabidopsis thaliana*

Das Wurzelapikalmeristem von *Arabidopsis* zeigt eine geschlossene Organisation mit drei Schichten Initialen (Abb. 6.24). Die untere Schicht, das Dermatokalyptrogen, besteht aus Columella-Initialen und Initialen für die laterale Wurzelhaube und Epidermis. Die mittlere Schicht besteht aus Initialen für die primäre Rinde (von der die parenchymatische und endodermale Rinde abstammen); die obere Schicht aus Initialen für den Zentralzylinder (Perizykel und Vaskulargewebe), letzterer oft fälschlicherweise als „*vascular bundle*" (Leitbahn) bezeichnet (van den Berg et al., 1998; Burgeff et al., 2002). Im Zentrum der mittleren Schicht befinden sich vier Zellen, die sich während der frühen Wurzelentwicklung kaum teilen. Verschiedene Namen wurden für diese zentralen, dem Ruhezentrum entsprechenden, Zellen vorgeschlagen, unter anderem: „*central cells*" (Costa und Dolan, 2000; Kidner et al., 2000), „*quiescent-center cells*" (Dolan et al., 1993; van den Berg et al., 1998; Scheres und Heidstra, 2000), „*central cortex initials*" (Zhu et al., 1998a) und „*central initials*" (Baum et al., 2002).

Der embryonale Ursprung der Primärwurzel bei *Arabidopsis* wurde gut dokumentiert (Scheres et al., 1994). Die Embryogenese beginnt mit einer asymmetrischen Zellteilung der Zygote, wobei eine kleinere, apikale und eine größere, basale Tochterzelle gebildet werden. Die apikale Zelle wird darauf den eigentlichen Embryo bilden, indessen die basale Zelle sich zu einem stiel-artigen Suspensor entwickelt, dessen oberste Zelle **Hypophyse** genannt wird (Abb. 6.11). Während des frühen Herz-Stadiums der Embryogenese teilt sich die Hypophyse und bildet eine linsenförmige Zelle, die die Vorläuferzelle der vier Zellen im Ruhezentrum sein soll. Die untere (basale) Tochterzelle dieser Teilung wird die Initialen der Columella bilden. Alle anderen Initialen werden vom eigentlichen Embryo (*embryo proper*) während des späten Herz-Stadiums gebildet.

Laser-Ablationsexperimente bei *Arabidopsis* haben klar aufgezeigt, dass die positionelle Information einer Wurzelzelle und nicht ihre Abstammung die entscheidende Rolle bei der Bestimmung ihres Entwicklungspotentials einnimmt (van den Berg et al., 1995, 1997a; Scheres und Wolkenfelt, 1998). In diesen Experimenten wurden bestimmte Zellen spezifisch mit einem Laser abgetötet und der Effekt der Ablation auf benachbarte Zellen studiert. Wenn alle vier Zellen des Ruhezentrums zerstört wurden, so wurden diese durch die Initialen des Vaskularzylinders ersetzt. Zerstörte Initialen der primären Rinde wurden hingegen durch Zellen des Perizykels ersetzt, die sich

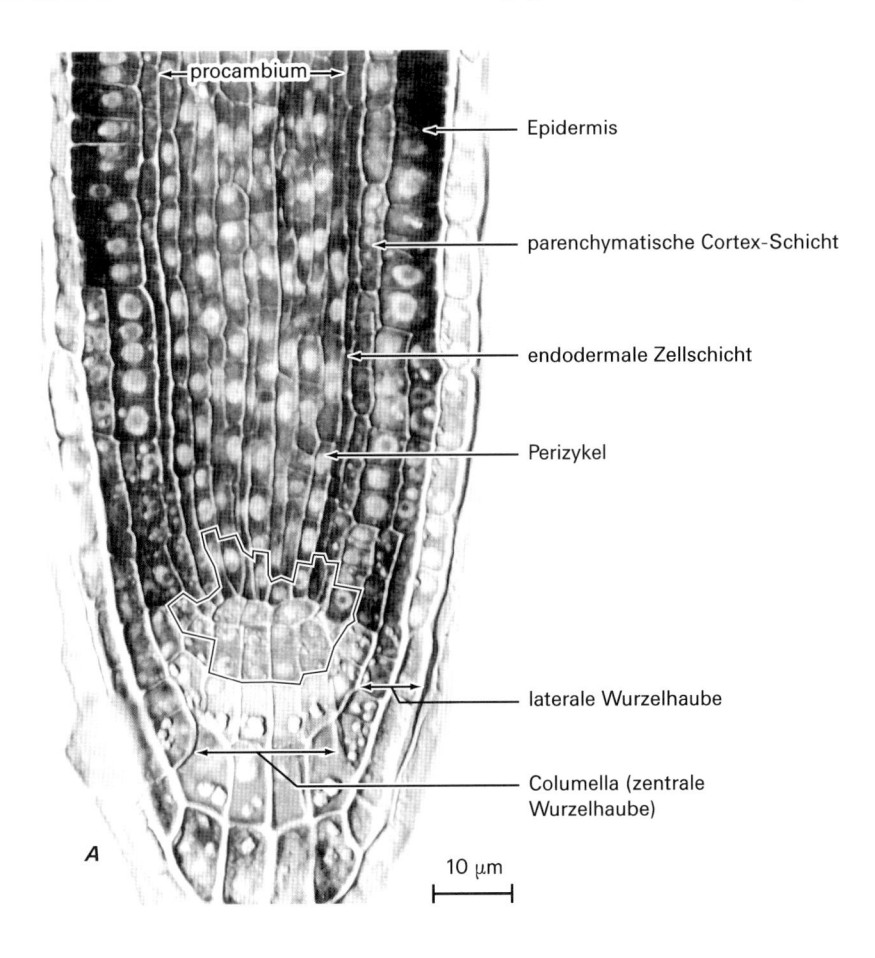

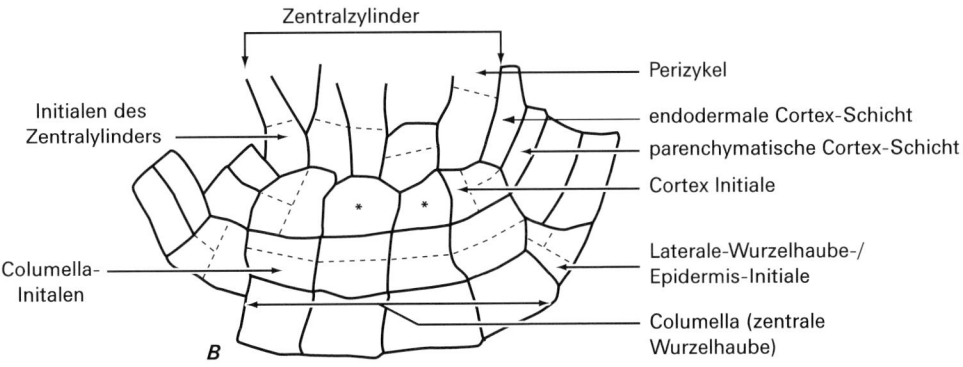

**Abb. 6.24** A, medianer Längsschnitt durch eine *Arabidopis* Wurzelspitze. B, schematische Darstellung des Promeristems; die Beziehungen zwischen den Initialen und den verschiedenen Geweben aufzeigend. Die obere Schicht besteht aus den Initialen für den Zentralzylinder, die mittlere Schicht aus den zentralen Zellen (Sterne) und Initialen der primären Rinde und die untere Schicht aus Initialen der Wurzelhauben-Columella und aus Initialen für die laterale Wurzelhaube und die Epidermis. Gestrichelte Linien deuten die Zellteilungsebenen in den corticalen Initialen und den Initialen für die laterale Wurzelhaube/Epidermis an. (Wiedergegeben mit freundlicher Genehmigung ; A, aus B, nach Schiefelbein et al., 1997. © American Society of Plant Biologists.)

dann ihrer Lage (positionelle Information) entsprechend verhielten.

Die Ablation einer einzelnen Zelle des Ruhezentrums führte zu einem Einhalt der Zellteilung und zur Induktion von Zelldifferenzierung bei Initialen der Columella und der primären Rinde, die mit der zerstörten Zelle im Kontakt standen. Diese Beobachtungen hatten zu der Hypothese geführt, dass die Hauptaufgabe der Zellen des Ruhezentrums die Hemmung der Differenzierung durch Signale, die über eine Reichweite einer Zelle wirken, der direkt anliegenden Initialen ist (van den Berg et al., 1997b; Scheres und Wolkenfelt, 1998; van den Berg et al., 1998). Hingegen hatte die Ablation einer einzigen Tochterzelle einer Initiale der primären Rinde keine Konsequenzen für die nachfolgende Teilung dieser Initiale, die im Kontakt mit Tochterzellen anderer primärer Rindeninitialen stand. Falls alle Rindentochterzellen, die mit einer einzigen primären Rindeninitiale im Kontakt standen, zerstört wurden, konnte diese primäre Rindeninitiale allerdings keine parenchymatischen und endodermale Rindenzellen mehr bilden. Es scheint also, dass die primären Rindeninitialen ein positionelles Signal ihrer Tochterzellen benötigen, um zellteilungsaktiv zu bleiben. Das heißt, dass diese Initialen des Wurzel-Apikalmeristems nicht die ganze, notwendige Information für die Musterbildung besitzen (van den Berg et al., 1995, 1997b). Dies steht im Widerspruch zur traditionellen Ansicht, dass Meristeme autonome musterbildende Komplexe sind.

Mit fortschreitendem Wachstum beginnen sich die einst mitotisch inaktiven Zellen des Ruhezentrums von *Arabidopsis* Wurzeln auch zu teilen und die ehemals strikte Organisation der Initialen, die jetzt Vakuolen ausbilden, löst sich auf. Die offene wird jetzt von einer geschlossenen Organisation des Meristems abgelöst (Baum et al., 2002). Wie Baum et al. (2002) festgestellt haben, stellen diese Vorgänge und die Reduktion der Anzahl Plasmodesmen (Zhu et al., 1998a) das abschließende Entwicklungsstadium, die Begrenzung des Wurzelwachstums dar. Wachstumsbegrenzung der Primärwurzel ist nicht auf *Arabidopsis* beschränkt; bei vielen Arten tritt mit der Transformation vom geschlossenen zum offenen Organisationstyp Wachstumsbegrenzung ein (Chapman et al., 2003).

## 6.9 Wachstum der Wurzelspitze

Die Zone der sich aktiv teilenden Zellen – das Apikalmeristem – erstreckt sich über eine beachtliche Strecke basipetal vom Apex weg, das heißt zu den älteren Zellen hin. Ab einer gewissen Organisationsstufe können Wurzelhaube und Wurzelhauptkörper als aus Zellreihen, die vom Promeristem abstammen, betrachtet werden. Ziemlich nahe am Promeristem teilen sich einige Zellreihen longitudinal – entweder radial oder periklin – um neue Zellreihen zu bilden (T-Teilung). Diese Zellteilungen werden **bildende Teilungen** (*formative divisions*) genannt, da sie wichtig sind für die Musterbildung (Gunning et al., 1978). Die radialen Teilungen erhöhen die Anzahl der Zellen in einer Schicht, die periklinen hingegen die Anzahl der Schichten und vergrößern somit den Durchmesser der Wurzel. Transversale (Quer-) Teilungen werden **proliferative Teilungen** genannt, da sie die Anzahl der Zellen in jeder Lage erhöhen und damit die Ausdehnung des Meristems bestimmen. In einigen Wurzeln lassen sich distinkte Gruppen von Zellen, sogenannte **Zellpakete**, in verschiedenen Zellreihen erkennen (Abb. 6.25, Barlow, 1983, 1987). Diese Pakete stammen jeweils von einer einzigen Mutterzelle ab und sind hilfreich für Untersuchungen der Zellteilung in Wurzelspitzen.

Obwohl die traditionelle Ansicht die Wurzelspitze in drei unterschiedliche Regionen – Zellteilungs-, Streckungs- und Differenzierungszone – unterteilt, können diese verschiedenen Prozesse auf der Ebene einer Wurzel nicht nur in einzelnen Geweben, sondern auch in verschiedenen Zellreihen oder sogar in einzelnen Zellen überlappen. Normalerweise bildet die primäre Rinde schon nahe zum Apex Vakuolen und Interzellularen aus, während das Meristem des Zentralzylinders (Procambium) immer noch ein dichtes Cytoplasma aufweist. Im Zentralzylinder verlassen die Vorläufer der innersten Xylemgefäße (Metaxylemgefäße) die Zellteilungszone früher – Einstellung der Zellteilung, Vakuolenbildung und Streckung – als die benachbarten Vorläuferzellen; und die ersten Siebröhren

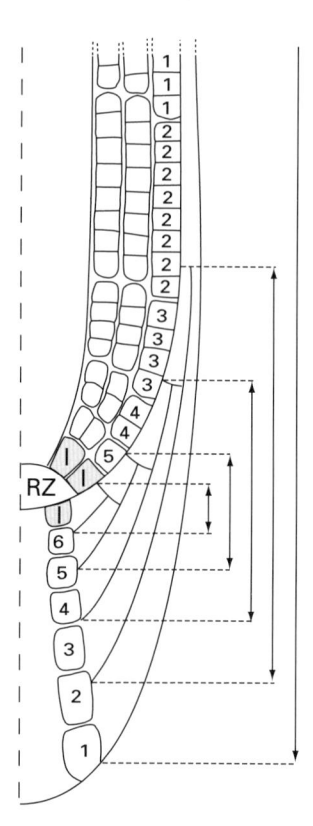

**Abb. 6.25** Wachstumsmuster in der Wurzelspitze von *Petunia hybrida*. Die Nummern geben die Sequenz der Querteilungen (proliferative Zellteilung) in der Columella der Wurzelhaube und der primären Rinde an. Zellen gemeinsamen unmittelbaren Ursprungs treten in Zellpaketen auf. Die Pfeile zeigen das Wachstum des Komplexes von lateraler Wurzelhaube und Epidermis auf. RZ, Ruhezentrum; I, Initiale. (Aus Vallade et al., 1983.)

beginnen bereits in der Zellteilungszone zu differenzieren. Bei einigen Zellen kann Zellteilung, Streckung und Differenzierung sogar gleichzeitig auftreten.

Wie bereits angedeutet, unterscheidet sich die Entfernung von der Spitze, bei der Querteilungen (transversale Zellteilung) aufhören, zwischen den einzelnen Geweben beträchtlich. Bei Wurzeln von Gerste (*Hordeum vulgare*) hören die Zellteilungen des zentralen Metaxylems 300 bis 350 Mikrometer, die der Epidermis 600 bis 750 Mikrometer entfernt von den Initialen auf. Im Perizykel werden die Zellteilungen am längsten aufrechterhalten: 1000 bis 1050 Mikrometer von den Initialen entfernt, am längsten gegenüber den Xylempolen (Luxová, 1975). Bei *Vicia faba* Wurzeln teilt sich der Perizykel auch am längsten; die Zellen des Protophloems (das zuerst gebildete Phloem) sind indessen die ersten, die die Zellteilungen einstellen. Ausdifferenzierte Protophloem-Siebröhren konnten in 600 bis 700 Mikrometer Entfernung von der Spitze nachgewiesen werden (Luxová und Murin, 1973).

Bei *Pisum sativum* Wurzeln geht die Verteilung der Zellteilungsmuster einher mit der Differenzierung der entsprechenden Gewebe und Sektoren (Abb. 6.26; Rost et al., 1988). Ungefähr 350 bis 500 Mikrometer von der Abgrenzung des

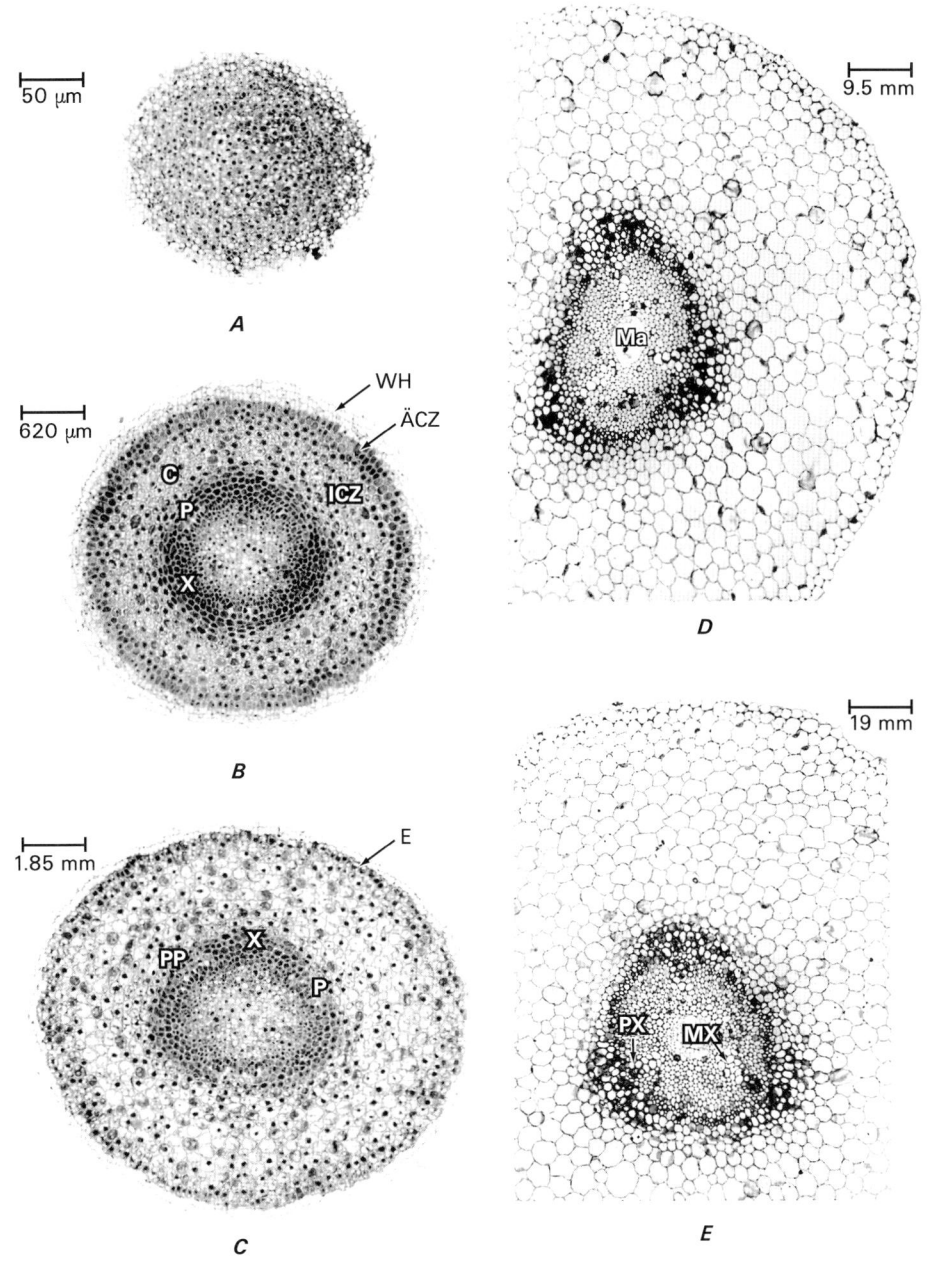

**Abb. 6.26** Querschnitt durch die Wurzel von *Pisum sativum* mit den verschiedenen Gewebezylindern und Sektoren in verschiedenen Distanzen von der Spitze. C, mittlerer Cortex; E, Epidermis; ICZ, Zylinder des inneren Cortex`/Perizykels/Vaskulargewebes; MX, differenziertes Metaxylem; ÄCZ, Zylinder der Wurzelhaube/Epidermis/äusseren Cortex`; P, Phloem-Sektor; Ma, Mark; PP, differenziertes Protophloem; PX, differenziertes Protoxylem; WH, Wurzelhaube; X, Xylem-Sektor. (Aus Rost et al., 1988.)

Wurzelhauptkörpers zur Wurzelhaube entfernt, hören die trachealen Elemente des Xylems und die parenchymatischen Zellen der mittleren primären Rinde und des Marks auf, sich zu teilen. In dieser Entfernung teilen sich hauptsächlich die Zellen des äußeren Zylinders der Rinde (bestehend aus innerer Wurzelhaube, Epidermis und äußerer Rinde) und die Zellen des inneren Zylinders der Rinde (bestehend aus innerer Rinde, Perizykel und dem Vaskulargewebe). Mit der Ausreifung des Protophloems, hören alle Zellen des Phloemsektors des inneren Rinden-Zylinders, inklusive des dort einschichtigen Perizykels, der Endodermis und des Phloemparenchyms auf sich zu teilen. In den Xylemsektoren kann sich der 3–4 schichtige Perizykel noch bis in Entfernungen von 10 mm teilen, auf die Ausdifferenzierung der trachealen Elemente des Protoxylems folgend. So wenig wie sich genau festlegen lässt, wo die Zellteilung in den einzelnen Geweben oder Schichten aufhört; so wenig lässt sich der Beginn der Zellteilungsaktivität im Meristem genau definieren (Webster und MacLeod, 1980). Rost und Baum (1980) haben den Begriff „*relative meristem height*" zur Beschreibung dieser nur unzulänglich abgrenzbaren Region bei *Pisum sativum* verwendet.

Dank Untersuchungen, die die Raten der Zellteilung und -streckung gleichzeitig an einem Ort messen, wurde klar, dass obwohl die Zellen einzelner Sektoren zu unterschiedlichen Zeitpunkten aufhören sich zu teilen, die Rate der Zellteilung in allen Geweben ungefähr gleich ist (Baskin, 2000). Im Gegensatz zur Konstanz der Zellteilungsrate, variiert die Anzahl der sich teilenden Zellen in den verschiedenen Sektoren beträchtlich; ein Hinweis darauf, dass die Wurzel das Verlassen des Zellzyklus' an der Meristembasis regulieren muss (Baskin, 2000). Inzwischen ist auch klar, dass Zellteilung bis in Regionen reicht, deren Zellen sich rasch strecken (Ivanov und Durbrovsky, 1997; Sacks et al., 1997; Beemster und Baskin, 1998). Offensichtlich ist eine **Übergangszone** (Baluška et al., 1996) im basalen Meristem, wo die letzten Zellteilungen stattfinden und der Region, wo sich Zellen rasch strecken, vorhanden (Beemster und Baskin, 1998). Daher wurde spekuliert, dass es sich bei der Zellteilungs- und Streckungszone um eine einzige Entwicklungszone handelt (Scheres und Heidstra, 2000).

Für die Kontrolle von Zellteilung und die Koordination der Entwicklung zwischen verschiedenen Geweben und Zellreihen wird in der Wurzel, wie anderswo in der Pflanze, Kommunikation von Zelle zu Zelle, aber wahrscheinlich auch gerichteter Transport von positionellen Signalen (Transkriptionsfaktoren und Hormone) von Bedeutung sein (Barlow, 1984; Lucas, 1995; van den Berg et al., 1995; Zhu et al., 1998a). Die Plasmodesmen, die ein symplastisches Netzwerk bilden, stellen eine Möglichkeit zur Ausbreitung solcher positioneller Signale dar. Bei *Arabidopsis* Wurzeln wurde gezeigt, dass die Initialen, obwohl sie durchgehend vernetzt sind, untereinander weniger Plasmodesmen ausbilden, als mit ihren Derivaten (Zhu et al., 1998a, b). Die Anzahl der Plasmodesmen war am größten in den Querwänden der Zellreihen (primäre Plasmodesmen), während die longitudinalen Wände zwischen den Zellreihen und die Wände zwischen benachbarten Geweben von sekundären Plasmodesmen durchspannt wurden. Daher ist es wenig überraschend, dass niedermolekulare, symplastisch mobile Fluorophore sich vor allem durch die Querwände des Grundmeristems und dessen corticalen Derivate ausgebreitet hatten (Zhu et al., 1998a).

Mit zunehmendem Alter der *Arabidopsis* Wurzel nimmt die Häufigkeit der Plasmodesmen ab (Zhu et al., 1998b), ein Phänomen, das scheinbar mit dem vorherschreitenden programmierten Zelltod in der äußeren Wurzelhaube zu tun hat (Zhu und Rost, 2000). Bereits früher hat Gunning (1978) vorgeschlagen, dass die begrenzte Lebensdauer der wachstumsbegrenzten Wurzel von *Azolla pinnata* durch programmierte Seneszenz eine Folge der abnehmenden Häufigkeit von Plasmodesmen zwischen der Scheitelzelle und ihren lateralen Derivaten ist. Die Häufigkeit der Plasmodesmen nimmt nach der 35. Zellteilung ab und resultiert letztendlich in der symplastischen Isolierung der sich nicht mehr teilenden Scheitelzelle.

Wurzelspitzen scheinen nicht mit kontinuierlicher Rate zu wachsen, etwas was speziell in mehrjährigen Pflanzen beobachtet wurde (Kozlowski und Pallardy, 1997). Bei *Abies procera* wird das Wurzelwachstum periodisch verlangsamt und Phasen der Dormanz treten auf (Wilcox, 1954). Der Dormanz gehen Lignifizierung der Zellwände und eine Suberineinlagerung in Rinde und Wurzelhaube voraus, in einer Zellschicht, die der Endodermis anliegt und das Apikalmeristem vollständig umhüllt. Dieser Vorgang wird **Metacutisierung** genannt und versiegelt das Apikalmeristem mit einer schützenden Schicht nach allen Seiten außer der Wurzelbasis. Von außen betrachtet erscheinen solche Wurzeln braun. Wenn das Wachstum wieder aufgenommen wird, so wird die braune Schutzhülle durch die Wurzelspitze aufgebrochen und weggedrückt. Untersuchungen an isolierten Wurzelspitzen habe gezeigt, dass periodische Wachstumsrhythmen nicht nur durch saisonale Veränderungen ausgelöst werden können, sondern auch durch endogene Faktoren (Street und Roberts, 1952).

## Literatur

Abbe, E. C. und B. O. Phinney. 1951. The growth of the shoot apex in *maize*: External features. *Am. J. Bot.* 38, 737–743.

Abbe, E. C. und O. L. Stein. 1954. The growth of the shoot apex in *maize*: Embryogeny. *Am. J. Bot.* 41, 285–293.

Allen, G. S. 1947. Embryogeny and the development of the apical meristems of *Pseudotsuga*. III. Development of the apical meristems. *Am. J. Bot.* 34, 204–211.

Armstrong, J. E. und C. Heimsch. 1976. Ontogenetic reorganization of the root meristem in the *Compositae*. *Am. J. Bot.* 63, 212–219.

Askenasy, E. 1880. Ueber eine neue Methode, um die Vertheilung der Wachsthumsintensität in wachsenden Theilen zu bestimmen. Verhandlungen des Naturhistorisch-medizinischen Vereins zu Heidelberg, n.f. 2, 70–153.

Ball, E. 1941. The development of the shoot apex and of the primary thickening meristem in *Phoenix canariensis* Chaub., with comparisons to *Washingtonia filifera* Wats. and *Trachycarpus excelsa* Wendl. *Am. J. Bot.* 28, 820–832.

Ball, E. 1972. The surface "histogen" of living shoot apices. In: *The Dynamics of Meristem Cell Populations*, S. 75–97, M. W. Miller and C. C. Kuehnert, Hrsg., Plenum Press, New York.

Baluška, F., D. Volkmann und P. W. Barlow. 1996. Specialized zones of development in roots. View from the cellular level. *Plant Physiol.* 112, 3–4.

Barker, W. G. und F. C. Steward. 1962. Growth and development of the *banana* plant. I. The growing regions of the vegetative shoot. *Ann. Bot.* 26, 389–411.

Barlow, P. W. 1973. Mitotic cycles in root meristems. In: *The Cell Cycle in Development and Differentiation,* S. 133–165, M. Balls and F. S. Billett, Hrsg., Cambridge University Press, Cambridge.

Barlow, P. W. 1976. Towards an understanding of the behaviour of root meristems. *J. Theoret. Biol.* 57, 433–451.

Barlow, P. W. 1978. RNA metabolism in the quiescent centre and neighbouring cells in the root meristem of *Zea mays*. *Z. Pflanzenphysiol.* 86, 147–157.

Barlow, P. W. 1983. Cell packets and cell kinetics in the root meristem of *Zea mays*. In: *Wurzelökologie und ihre Nutzanwendung (Root ecology and its practical application)*, S. 711–720, W. Böhm, L. Kutschera und E. Lichtenegger, Hrsg., Bundesanstalt für Alpenländische Landwirtschaft Gumpenstein, Irdning, Austria.

Barlow, P. W. 1984. Positional controls in root development. In: *Positional Controls in Plant Development*, S. 281–318, P. W. Barlow and D. J. Carr, Hrsg., Cambridge University Press, Cambridge.

Barlow, P. W. 1987. Cellular packets, cell division and morphogenesis in the primary root meristem of *Zea mays* L. *New Phytol.* 105, 27–56.

Barlow, P. W. und J. S. Adam. 1989. The response of the primary root meristem of *Zea mays* L. to various periods of cold. *J. Exp. Bot.* 40, 81–88.

Barlow, P. W. und E. R. Hines. 1982. Regeneration of the rootcap of *Zea mays* L. and *Pisum sativum* L.: A study with the scanning electron microscope. *Ann. Bot.* 49, 521–529.

Barlow, P. W. und E. L. Rathfelder. 1985. Cell division and regeneration in primary root meristems of *Zea mays* recovering from cold treatment. *Environ. Exp. Bot.* 25, 303–314.

Barton, M. K. 1998. Cell type specification and self renewal in the vegetative shoot apical meristem. *Curr. Opin. Plant Biol.* 1, 37–42.

Barton, M. K. und R. S. Poethig. 1993. Formation of the shoot apical meristem in *Arabidopsis thaliana*: Analysis of development in the wild type and in the shoot meristemless mutant. *Development* 119, 823–831.

Baskin, T. I. 2000. On the constancy of cell division rate in the root meristem. *Plant Mol. Biol.* 43, 545–554.

Battey, N. H. und R. F. Lyndon. 1988. Determination and differentiation of leaf and petal primordia in *Impatiens balsamina* L. *Ann. Bot.* 61, 9–16.

Baum, S. F. und T. L. Rost. 1996. Root apical organization in *Arabidopsis thaliana*. 1. Root cap and protoderm. *Protoplasma.* 192, 178–188.

Baum, S. F. und T. L. Rost. 1997. The cellular organization of the root apex and its dynamic behavior during root growth. In: *Radical Biology: Advances and Perspectives on the Function of Plant Roots*, S. 15–22, H. E. Flores, J. P. Lynch und D. Eissenstat, Hrsg., American Society of Plant Physiologists, Rockville, MD.

Baum, S. F., J. G. Dubrovsky und T. L. Rost. 2002. Apical organization and maturation of the cortex and vascular cylinder in *Arabidopsis thaliana* (Brassicaceae) roots. *Am. J. Bot.* 89, 908–920.

Beemster, G. T. S. und T. I. Baskin. 1998. Analysis of cell division and elongation underlying the developmental acceleration of root growth in *Arabidopsis* thaliana. Plant Physiol. 116, 1515–1526.

Benfey, P. N. und B. Scheres. 2000. Root development. *Curr. Biol.* 10, R813–R815.

Bhambie, S. und V. Puri. 1985. Shoot and root apical meristems in pteridophytes. In: *Trends in Plant Research*, S. 55–81, C. M. Govil, Y. S. Murty, V. Puri und V. Kumar, Hrsg., Bishen Singh Mahendra Pal Singh, Dehra Dun, India.

Bieniek, M. E. und W. F. Millington. 1967. Differentiation of lateral shoots as thorns in *Ulex europaeus*. *Am. J. Bot.* 54, 61–70.

Bierhorst, D. W. 1977. On the stem apex, leaf initiation and early leaf ontogeny in *Filicalean* ferns. *Am. J. Bot.* 64, 125–152.

Bower, F. O. 1923. The Ferns, Bd. 1, *Analytical Examination of the Criteria of Comparison.* Cambridge University Press, Cambridge.

Bowman, J. L. und Y. Eshed. 2000. Formation and maintenance of the shoot apical meristem. *Trends Plant Sci.* 5, 110–115.

Brown, W. V., C. Heimsch und H. P. Emery. 1957. The organization of the grass shoot apex and systematics. *Am. J. Bot.* 44, 590–595.

Brutnell, T. P. und J. A. Langdale. 1998. Signals in leaf development. *Adv. Bot. Res.* 28, 161–195.

Burgeff, C., S. J. Liljegren, R. Tapia-López, M. F. Yanofsky und E. R. Alvarez-Buylla. 2002. MADS-box gene expression in lateral primordia, meristems and differentiated tissues of *Arabidopsis thaliana* roots. *Planta* 214, 365–372.

Buvat, R. 1952. Structure, évolution et fonctionnement du méristème apical de quelques Dicotylédones. *Ann. Sci. Nat. Bot. Biol. Vég.*, Sér. 11, 13, 199–300.

Buvat, R. 1955a. Le méristème apical de la tige. *L'Année Biologique* 31, 595–656.

Buvat, R. 1955b. Sur la structure et le fonctionnement du point végétatif de *Selaginella caulescens* Spring var. amoena. *C.R. Séances Acad. Sci.* 241, 1833–1836.

Buvat, R. und L. Genevès. 1951. Sur l'inexistence des initiales axiales dans la racine *d'Allium cepa* L. (Liliacées). *C.R. Séances Acad. Sci.* 232, 1579–1581.

Buvat, R. und O. Liard. 1953. Nouvelle constatation de l'inertie des soi-disant initiales axiales dans le méristème radiculaire de *Triticum vulgare*. *C.R. Séances Acad. Sci.* 236, 1193–1195.

Byrne, J. M. und C. Heimsch. 1970. The root apex of *Malva sylvestris*. I. Structural development *Am. J. Bot.* 57, 1170–1178.

Camefort, H. 1956. Étude de la structure du point végétatif et des variations phyllotaxiques chez quelques gymnospermes. *Ann. Sci. Nat. Bot. Biol. Vég.*, Sér. 11, 17, 1–185.

Campbell, D. H. 1911. *The Eusporagiatae*. Publ. no. 140. Carnegie Institution of Washington, Washington, DC.

Cannell, M. G. R. und K. C. Bowler. 1978. Spatial arrangement of lateral buds at the time that they form on leaders of *Picea* and *Larix*. *Can. J. For. Res.* 8, 129–137.

Cannell, M. G. R. und C. M. Cahalan. 1979. Shoot apical meristems of *Picea* sitchensis seedlings accelerate in growth following bud-set. *Ann. Bot.* 44, 209–214.

Catesson, A. M. 1953. Structure, évolution et fonctionnement du point végétatif d'une Monocotylédone: *Luzula pedemontana* Boiss. et Reut. (Joncacées). *Ann. Sci. Nat. Bot. Biol. Vég.*, Sér. 11, 14, 253–291.

Cecich, R. A. 1980. The apical meristem. In: *Control of Shoot Growth in Trees*, S. 1–11, C. H. A. Little, Hrsg., Maritimes Forest Research Centre, Fredericton, N.B., Canada.

Champagnat, M., C. Culem und J. Quiquempois. 1963. Aisselles vides et bourgeonnemt axillaire épidermique chez *Linum usitatissimum* L. *Mém. Soc. Bot. Fr.*, March, 122–138.

Chapman, K., E. P. Groot, S. A. Nichol und T. L. Rost. 2003. Primary root growth and the pattern of root apical meristem organization are coupled. *J. Plant Growth Regul.* 21, 287–295.

Cho, H. T. und H. Kende. 1997. Expression of expansin genes is correlated with growth in deepwater rice. *Plant Cell* 9, 1661–1671.

Clark, S. E. 2001. Meristems: Start your signaling. *Curr. Opin. Plant Biol.* 4, 28–32.

Clark, S. E., M. P. Running und E. M. Meyerowitz, 1993. *CLAVATA1*, a regulator of meristem and flower development in *Arabidopsis*. *Development* 119, 397–418.

Clark, S. E., M. P. Running und E. M. Meyerowitz. 1995. *CLAVATA3* is a specific regulator of shoot and floral meristem development affecting the same processes as *CLAVATA1*. *Development* 121, 2057–2067.

Cleland, R. E. 2001. Unlocking the mysteries of leaf primordia formation. *Proc. Natl. Acad. Sci. USA* 98, 10981–10982.

Clowes, F. A. L. 1950. Root apical meristems of *Fagus sylvatica*. *New Phytol.* 49, 248–268.

Clowes, F. A. L. 1954. The promeristem and the minimal constructional centre in grass root apices. *New Phytol.* 53, 108–116.

Clowes, F. A. L. 1956. Nucleic acids in root apical meristems of *Zea*. *New Phytol.* 55, 29–35.

Clowes, F. A. L. 1961. Apical Meristems. *Botanical monographs*, Bd. 2. Blackwell Scientific, Oxford.

Clowes, F. A. L. 1967. The functioning of meristems. *Sci. Prog. Oxf.* 55, 529–542.

Clowes, F. A. L. 1969. Anatomical aspects of structure and development. In: *Root Growth*, S. 3–19, W. J. Whittingham, Hrsg., Butterworths, London.

Clowes, F. A. L. 1972. The control of cell proliferation within root meristems. In: *The Dynamics of Meristem Cell Populations*, S. 133–147, M. W. Miller and C. C. Kuehnert, Hrsg., Plenum Press, New York.

Clowes, F. A. L. 1976. The root apex. In: *Cell Division in Higher Plants*, S. 254–284, M. M. Yeoman, Hrsg., Academic Press, New York.

Clowes, F. A. L. 1978a. Origin of the quiescent centre in *Zea mays*. *New Phytol.* 80, 409–419.

Clowes, F. A. L. 1978b. Origin of quiescence at the root pole of pea embryos. *Ann. Bot.* 42, 1237–1239.

Clowes, F. A. L. 1981. The difference between open and closed meristems. *Ann. Bot.* 48, 761–767.

Clowes, F. A. L. 1984. Size and activity of quiescent centres of roots. *New Phytol.* 96, 13–21.

Clowes, F. A. L. 1990. The discrete root epidermis of floating plants. *New Phytol.* 115, 11–15.

Clowes, F. A. L. 1994. Origin of the epidermis in root meristems. *New Phytol.* 127, 335–347.

Clowes, F. A. L. und H. E. Stewart. 1967. Recovery from dormancy in roots. *New Phytol.* 66, 115–123.

Costa, S. und L. Dolan. 2000. Development of the root pole and cell patterning in *Arabidopsis* roots. *Curr. Opin. Gen. Dev.* 10, 405–409.

Crafts, A. S. 1943. Vascular differentiation in the shoot apex of *Sequoia sempervirens*. *Am. J. Bot.* 30, 110–121.

Croxdale, J. G. 1978. *Salvinia* leaves. I. Origin and early differentiation of floating and submerged leaves. *Can. J. Bot.* 56, 1982–1991.

Croxdale, J. G. 1979. *Salvinia* leaves. II. Morphogenesis of the floating leaf. *Can. J. Bot.* 57, 1951–1959.

Cutter, E. G. 1964. Observations on leaf and bud formation in *Hydrocharis morsus-ranae*. *Am. J. Bot.* 51, 318–324.

Cutter, E. G. 1965. Recent experimental studies of the shoot apex and shoot morphogenesis. *Bot. Rev.* 31, 7–113.

D'Amato, F. 1975. Recent findings on the organization of apical meristems with single apical cells. *G. Bot. Ital.* 109, 321–334.

Davis, E. L., P. Rennie und T. A. Steeves. 1979. Further analytical and experimental studies on the shoot apex of *Helianthus annuus*: Variable activity in the central zone. *Can. J. Bot.* 57, 971–980.

Dolan, L. und R. S. Poethig. 1991. Genetic analysis of leaf development in *cotton*. *Development* suppl. 1, 39–46.

Dolan, L. und R. S. Poethig. 1998. Clonal analysis of leaf development in *cotton*. *Am. J. Bot.* 85, 315–321.

Dolan, L., K. Janmaat, V. Willemsen, P. Linstead, S. Poethig, K. Roberts und B. Scheres. 1993. Cellular organization of the *Arabidopsis thaliana* root. *Development* 119, 71–84.

Dumais, J. und C. R. Steele. 2000. New evidence for the role of mechanical forces in the shoot apical meristem. *J. Plant Growth Regul.* 19, 7–18.

Edgar, E. 1961. Fluctuations in Mitotic Index in the Shoot Apex of *Lonicera nitida*. *Publ. no. 1*. University of Canterbury, Christchurch, NZ.

Esau, K. 1965. *Vascular Differentiation in Plants*. Holt, Rinehart and Winston, New York.

Esau, K. 1977. *Anatomy of Seed Plants*, 2. Aufl., Wiley, New York.

Evans, L. S. und A. R. Berg. 1972. Early histogenesis and semiquantitative histochemistry of leaf initiation in *Triticum aestivum*. *Am. J. Bot.* 59, 973–980.

Evans, M. M. S. und M. K. Barton. 1997. Genetics of angiosperm shoot apical meristem development. *Annu. Rev. Plant Physiol. Plant Mol. Biol.* 48, 673–701.

Evans, M. W. und F. O. Grover. 1940. Developmental morphology of the growing point of the shoot and the inflorescence in grasses. *J. Agric. Res.* 61, 481–520.

Feldman, L. J. 1984. The development and dynamics of the root apical meristem. *Am. J. Bot.* 71, 1308–1314.

Feldman, L. J. und J. G. Torrey. 1976. The isolation and culture in vitro of the quiescent center of *Zea mays*. *Am. J. Bot.* 63, 345–355.

Fleming, A. J., S. Mcqueen-Mason, T. Mandel und C. Kuhlemeier. 1997. Induction of leaf primordia by the cell wall protein expansin. *Science* 276, 1415–1418.

Fleming, A. J., D. Caderas, E. Wehrli, S. Mcqueen-Mason und C. Kuhlemeier. 1999. Analysis of expansin-induced morphogenesis on the apical meristem of *tomato*. *Planta* 208, 166–174.

Fletcher, J. C. 2002. The vegetative meristem. In: *Meristematic Tissues in Plant Growth and Development*, S. 16–57, M. T. McManus and B. E. Veit, Hrsg., Sheffield Academic Press, Sheffield.

Fletcher, J. C. 2004. Stem cell maintenance in higher plants. In: *Handbook of Stem Cells*, Bd. 2., *Adult and Fetal*, S. 631–641, R. Lanza, H. Blau, D. Melton, M. Moore, E. D. Thomas (Hon.), C. Verfaille, I. Weissman und M. West, Hrsg., Elsevier Academic Press, Amsterdam.

Fletcher, J. C., U. Brand, M. P. Running, R. Simon und E. M. Meyerowitz. 1999. Signaling of cell fate decisions by *CLAVATA3* in *Arabidopsis* shoot meristems. *Science* 283, 1911–1914.

Foard, D. E. 1971. The initial protrusion of a leaf primordium can form without concurrent periclinal cell divisions. *Can. J. Bot.* 49, 1601–1603.

Foster, A. S. 1938. Structure and growth of the shoot apex of *Ginkgo biloba*. *Bull. Torrey Bot. Club* 65, 531–556.

Foster, A. S. 1941. Comparative studies on the shoot apex in seed plants. *Bull. Torrey Bot. Club* 68, 339–350.

Foster, A. S. 1943. Zonal structure and growth of the shoot apex in Microcycas calocoma (Miq.) A. DC. *Am. J. Bot.* 30, 56–73.

Furner, I. J. und J. E. Pumfrey. 1992. Cell fate in the shoot apical meristem of *Arabidopsis thaliana*. *Development* 115, 755–764.

Gallois, J.-L., C. Woodward, G. V. Reddy und R. Sablowski. 2002. Combined SHOOT MERISTEMLESS and WUSCHEL trigger ectopic organogenesis in *Arabidopsis*. *Development* 129, 3207–3217.

Garrison, R. 1949a. Origin and development of axillary buds: *Syringa vulgaris* L. *Am. J. Bot.* 36, 205–213.

Garrison, R. 1949b. Origin and development of axillary buds: *Betula papyrifera* Marsh. and *Euptelea polyandra* Sieb. et Zucc. *Am. J. Bot.* 36, 379–389.

Garrison, R. 1955. Studies in the development of axillary buds. *Am. J. Bot.* 42, 257–266.

Gifford, E. M., Jr. 1950. The structure and development of the shoot apex in certain woody Ranales. *Am. J. Bot.* 37, 595–611.

Gifford, E. M., Jr. 1951. Ontogeny of the vegetative axillary bud in Drimys winteri var. chilensis. *Am. J. Bot.* 38, 234–243.

Gifford, E. M., Jr. 1983. Concept of apical cells in bryophytes and pteridophytes. *Annu. Rev. Plant Physiol.* 34, 419–440.

Gifford, E. M. 1991. The root apical meristem of *Asplenium bulbiferum*: Structure and development. *Am. J. Bot.* 78, 370–376.

Gifford, E. M. 1993. The root apical meristem of *Equisetum diffusum*: Structure and development. *Am. J. Bot.* 80, 468–473.

Gifford, E. M., Jr. und G. E. Corson Jr. 1971. The shoot apex in seed plants. *Bot. Rev.* 37, 143–229.

Gifford, E. M. und A. S. Foster. 1989. *Morphology and Evolution of Vascular Plants*, 3. Aufl., Freeman, New York.

Gifford, E. M., Jr. und E. Kurth. 1982. Quantitative studies on the root apical meristem of *Equisetum scirpoides*. *Am. J. Bot.* 69, 464–473.

Gifford, E. M., Jr. und H. B. Tepper. 1962. Ontogenetic and histochemical changes in the vegetative shoot tip of *Chenopodium album*. *Am. J. Bot.* 49, 902–911.

Gifford, E. M., Jr., V. S. Polito und S. Nitayangkura. 1979. The apical cell in shoot and roots of certain ferns: A re-evaluation of its functional role in histogenesis. *Plant Sci. Lett.* 15, 305–311.

Girolami, G. 1953. Relation between phyllotaxis and primary vascular organization in *Linum*. *Am. J. Bot.* 40, 618–625.

Girolami, G. 1954. Leaf histogenesis in *Linum usitatissimum*. *Am. J. Bot.* 41, 264–273.

Gottlieb, J. E. und T. A. Steeves. 1961. Development of the bracken fern, *Pteridium aquilinum* (L.) Kuhn. III. Ontogenetic changes in the shoot apex and in the pattern of differentiation. *Phytomorphology* 11, 230–242.

Green, P. B. 1980. Organogenesis–A biophysical view. *Annu. Rev. Plant Physiol.* 31, 51–82.

Green, P. B. 1985. Surface of the shoot apex: A reinforcementfield theory for phyllotaxis. *J. Cell Sci.* suppl. 2, 181–201.

Green, P. B. 1986. Plasticity in shoot development: A biophysical view. In: *Plasticity in Plants*, S. 211–232, D. H. Jennings and A. J. Trewavas, Hrsg., Company of Biologists Ltd., Cambridge.

Green, P. B. 1989. Shoot morphogenesis, vegetative through floral, from a biophysical perspective. In: *Plant Reproduction: from Floral Induction to Pollination*, S. 58–75, E. Lord und G. Bernier, Hrsg., American Society of Plant Physiologists, Rockville, MD.

Green, P. B. 1999. Expression of pattern in plants: Combining molecular and calculus-based biophysical paradigms. *Am. J. Bot.* 86, 1059–1076.

Green, P. B. und K. E. Brooks. 1978. Stem formation from a succulent leaf: Its bearing on theories of axiation. *Am. J. Bot.* 65, 13–26.

Green, P. B. und J. M. L. Selker. 1991. Mutual alignments of cell walls, cellulose und cytoskeletons: Their role in meristems. In: *The Cytoskeletal Basis of Plant Growth and Form*, S. 303–322, C. W. Lloyd, Hrsg., Academic Press, New York.

Gregory, R. A. und J. A. Romberger. 1972. The shoot apical ontogeny of the *Picea abies* seedling. I. Anatomy, apical dome diameter und plastochron duration. *Am. J. Bot.* 59, 587–597.

Groot, E. P., J. A. Doyle, S. A. Nichol und T. L. Rost. 2004. Phylogenetic distribution and evolution of root apical meristem organization in dicotyledonous angiosperms. *Int. J. Plant Sci.* 165, 97–105.

Gunckel, J. E. und R. H. Wetmore. 1946. Studies of development in long shoots and short shoots of *Ginkgo biloba* L. I. The origin and pattern of development of the cortex, pith and procambium. *Am. J. Bot.* 33, 285–295.

Gunning, B. E. S. 1978. Age-related and origin-related control of the numbers of plasmodesmata in cell walls of developing *Azolla* roots. *Planta* 143, 181–190.

Gunning, B. E. S., J. E. Hughes und A. R. Hardham. 1978. Formative and proliferative cell divisions, cell differentiation und developmental changes in the meristem of *Azolla* roots. *Planta* 143, 121–144.

Guttenberg, H. von. 1960. Grundzüge der Histogenese höherer Pflanzen. I. Die Angiospermen. *Handbuch der Pflanzenanatomie*, Band 8, Teil 3. Gebrüder Borntraeger, Berlin.

Guttenberg, H. von. 1961. Grundzüge der Histogenese höherer Pflanzen. II. Die Gymnospermen. *Handbuch der Pflanzenanatomie*, Band 8, Teil 4. Gebrüder Borntraeger, Berlin.

Guttenberg, H. von. 1964. Die Entwicklung der Wurzel. *Phytomorphology* 14, 265–287.

Guttenberg, H. von. 1966. Histogenese der Pteridophyten, 2. Aufl., *Handbuch der Pflanzenanatomie*, Band 7, Teil 2. Gebrüder Borntraeger, Berlin.

Haberlandt, G. 1914. *Physiological Plant Anatomy*. Macmillan, London.

Hagemann, R. 1957. Anatomische Untersuchungen an Gerstenwurzeln. *Kulturpflanze* 5, 75–107.

Hall, L. N. und J. A. Langdale. 1996. Molecular genetics of cellular differentiation in leaves. *New Phytol.* 132, 533–553.

Hanstein, J. 1868. Die Scheitelzellgruppe im Vegetationspunkt der Phanerogamen. In: *Festschr. Friedrich Wilhelms Universität Bonn. Niederrhein. Ges. Natur und Heilkunde*, S. 109–134. Marcus, Bonn.

Hanstein, J. 1870. Die Entwicklung der Keime der Monokotylen und Dikotylen. In: *Botanische Abhandlungen aus dem Gebiet der Morphologie und Physiologie*, Bd. 1, pt. 1, J. Hanstein, Hrsg., Marcus, Bonn.

Hara, N. 1962. Structure and seasonal activity of the vegetative shoot apex of *Daphne pseudomezereum*. *Bot. Gaz.* 124, 30–42.

Hara, N. 1995. Developmental anatomy of the three-dimensional structure of the vegetative shoot apex. *J. Plant Res.* 108, 115–125.

Härtel, K. 1938. Studien an Vegetationspunkten einheimischer *Lycopodien*. *Beit. Biol. Pflanz.* 25, 125–168.

Hemerly, A., J. de Almeida Engler, C. Bergounioux, M. Van Montagu, G. Engler, D. Inzé und P. Ferreira. 1995. Dominant negative mutants of the Cdc2 kinase uncouple cell division from iterative plant development. *EMBO J.* 14, 3925–3936.

Irish, V. F. und I. M. Sussex. 1992. A fate map of the *Arabidopsis* embryonic shoot apical meristem. *Development* 115, 745–753.

Itoh, J.-I., A. Hasegawa, H. Kitano und Y. Nagato. 1998. A recessive heterochronic mutation, plastochron1, shortens the plastochron and elongates the vegetative phase in rice. *Plant Cell* 10, 1511–1521.

Ivanov, V. B. 1983. Growth and reproduction of cells in roots. In: Progress in Science Series. *Plant Physiology*, Bd. 1, S. 1–40. Amerind Publishing, New Delhi.

Ivanov, V. B. und J. G. Dubrovsky. 1997. Estimation of the cell-cycle duration in the root apical meristem: A model of linkage between cell-cycle duration, rate of cell production und rate of root growth. *Int. J. Plant Sci.* 158, 757–763.

Jackman, V. H. 1960. The shoot apices of some New Zealand gymnosperms. *Phytomorphology* 10, 145–157.

Jackson, B. D. 1953. *A Glossary of Botanic Terms with Their Derivation and Accent.*, 4. überarb.u. erw. Aufl. J. B. Lippincott, Philadelphia.

Janczewski, E. von. 1874. Das Spitzenwachsthum der Phanerogamenwurzeln. *Bot. Ztg.* 32, 113–116.

Jean, R. V. 1989. Phyllotaxis: A reappraisal. *Can. J. Bot.* 67, 3103–3107.

Jean, R. V. 1994. *Phyllotaxis: A Systemic Study of Plant Pattern Morphogenesis.* Cambridge University Press, Cambridge.

Jentsch, R. 1957. Untersuchungen an den Sprossvegetationspunkten einiger *Saxifragaceen. Flora* 144, 251–289.

Jesuthasan, S. und P. B. Green. 1989. On the mechanism of decussate phyllotaxis: Biophysical studies on the tunica layer of *Vinca major. Am. J. Bot.* 76, 1152–1166.

Johnson, M. A. 1951. The shoot apex in gymnosperms. *Phytomorphology* 1, 188–204.

Johnson, M. A. und R. J. Tolbert. 1960. The shoot apex in *Bombax. Bull. Torrey Bot. Club* 87, 173–186.

Jones, P. A. 1977. Development of the quiescent center in maturing embryonic radicles of pea (*Pisum sativum* L. cv. Alaska). *Planta* 135, 233–240.

Kaplan, D. R. und T. J. Cooke. 1997. Fundamental concepts in the embryogenesis of dicotyledons: A morphological interpretation of embryo mutants. *Plant Cell* 9, 1903–1919.

Kaplan, D. R. und W. Hagemann. 1991. The relationship of cell and organism in vascular plants. *BioScience* 41, 693–703.

Kayes, J. M. und S. E. Clark. 1998. CLAVATA2, a regulator of meristem and organ development in *Arabidopsis. Development* 125, 3843–3851.

Kerk, N. und L. Feldman. 1994. The quiescent center in roots of *maize*: Initiation, maintenance and role in organization of the root apical meristem. *Protoplasma* 183, 100–106.

Kerk, N. M. und L. J. Feldman. 1995. A biochemical model for the initiation and maintenance of the quiescent center: Implications for organization of root meristems. *Development* 121, 2825–2833.

Kerk, N. M., K. Jiang und L. J. Feldman. 2000. Auxin metabolism in the root apical meristem. *Plant Physiol.* 122, 925–932.

Kidner, C., V. Sundaresan, K. Roberts und L. Dolan. 2000. Clonal analysis of the *Arabidopsis* root confirms that position, not lineage, determines cell fate. *Planta* 211, 191–199.

Kirchoff, B. K. 1984. On the relationship between phyllotaxy and vasculature: A synthesis. *Bot. J. Linn. Soc.* 89, 37–51.

Koch, L. 1893. Die vegetative Verzweigung der höheren Gewächse. Jahrb. *Wiss. Bot.* 25, 380–488.

Korn, R. W. 2001. Analysis of shoot apical organization in six species of the *Cupressaceae* based on chimeric behavior. *Am. J. Bot.* 88, 1945–1952.

Kozlowski, T. T. und S. G. Pallardy. 1997. *Physiology of Woody Plants*, 2. Aufl., Academic Press, San Diego.

Kuras, M. 1978. Activation of embryo during rape (*Brassica napus* L.) seed germination. 1. Structure of embryo and organization of root apical meristem. *Acta Soc. Bot. Pol.* 47, 65–82.

Kurth, E. 1981. Mitotic activity in the root apex of the water fern *Marsilea vestita* Hook. and Grev. *Am. J. Bot.* 68, 881–896.

Lance, A. 1957. Recherches cytologiques sur l'évolution de quelques méristème apicaux et sur ses variations provoquées par traitments photopériodiques. *Ann. Sci. Nat. Bot. Biol. Vég.*, Sér. 11, 18, 91–421.

Larson, P. R. 1975. Development and organization of the primary vascular system in *Populus deltoides* according to phyllotaxy. *Am. J. Bot.* 62, 1084–1099.

Larson, P. R. 1983. Primary vascularization and siting of primordia. In: *The Growth and Functioning of Leaves*, S. 25–51, J. E. Dale and F. L. Milthorpe, Hrsg., Cambridge University Press, Cambridge.

Larson, P. R. und T. D. Pizzolato. 1977. Axillary bud development in *Populus deltoides*. I. Origin and early ontogeny. *Am. J. Bot.* 64, 835–848.

Laufs, P., C. Jonak und J. Traas. 1998a. Cells and domains: Two views of the shoot meristem in *Arabidopsis. Plant Physiol. Biochem.* 36, 33–45.

Laufs, P., O. Grandjean, C. Jonak, K. Kiêu und J. Traas. 1998b. Cellular parameters of the shoot apical meristem in *Arabidopsis. Plant Cell* 10, 1375–1389.

Laux, T., K. F. X. Mayer, J. Berger und G. Jürgens. 1996. The *WUSCHEL* gene is required for shoot and floral meristem integrity in *Arabidopsis. Development* 122, 87–96.

Lemon, G. D. und U. Posluszny. 1997. Shoot morphology and organogenesis of the aquatic floating fern *Salvinia molesta* D. S. Mitchell, examined with the aid of laser scanning confocal microscopy. *Int. J. Plant Sci.* 158, 693–703.

Lenhard, M. und T. Laux. 1999. Shoot meristem formation and maintenance. *Curr. Opin. Plant Biol.* 2, 44–50.

Liso, R., G. Calabrese, M. B. Bitonti und O. Arrigoni. 1984. Relationship between ascorbic acid and cell division. *Exp. Cell Res.* 150, 314–320.

Liso, R., A. M. Innocenti, M. B. Bitonti und O. Arrigoni. 1988. Ascorbic acid-induced progression of quiescent centre cells from G1 to S phase. *New Phytol.* 110, 469–471.

Loiseau, J. E. 1959. Observation and expérimentation sur la phyllotaxie et le fonctionnement du sommet végétatif chez quelques Balsaminacées. *Ann. Sci. Nat. Bot. Biol. Vég.*, Sér. 11, 20, 1–24.

Long, J. A. und M. K. Barton. 1998. The development of apical embryonic pattern in *Arabidopsis. Development* 125, 3027–3035.

Long, J. und M. K. Barton. 2000. Initiation of axillary and fl oral meristems in *Arabidopsis. Dev. Biol.* 218, 341–353.

Long, J. A., E. I. Moan, J. I. Medford und M. K. Barton. 1996. A member of the KNOTTED class of homeodomain proteins encoded by the *STM* gene of *Arabidopsis. Nature* 379, 66–69.

Lucas, W. J. 1995. Plasmodesmata: Intercellular channels for macromolecular transport in plants. *Curr. Opin Cell Biol.* 7, 673–680.

Luxová, M. 1975. Some aspects of the differentiation of primary root tissues. In: *The Development and Function of Roots*, S. 73–90, J. G. Torrey and D. T. Clarkson, Hrsg., Academic Press, London.

Luxová, M. und A. Murín. 1973. The extent and differences in mitotic activity of the root tip of *Vicia faba*. L. Biol. Plant 15, 37–43.

Lyndon, R. F. 1976. *The shoot apex. In: Cell Division in Higher Plants*, S. 285–314, M. M. Yeoman, Hrsg., Academic Press, New York.

Lyndon, R. F. 1994. Control of organogenesis at the shoot apex. *New Phytol.* 128, 1–18.

Lyndon, R. F. 1998. *The Shoot Apical Meristem. Its Growth and Development.* Cambridge University Press, Cambridge.

Lynn, K., A. Fernandez, M. Aida, J. Sedbrook, M. Tasaka, P. Masson und M. K. Barton. 1999. The *PINHEAD/ZWILLE* gene acts pleiotropically in *Arabidopsis* development and has overlapping functions with the *ARGONAUTE1* gene. *Development* 126, 469–481.

Ma, Y. und T. A. Steeves. 1994. Vascular differentiation in the shoot apex of *Matteuccia struthiopteris*. *Ann. Bot.* 74, 573–585.

Ma, Y. und T. A. Steeves. 1995. Characterization of stelar initiation in shoot apices of ferns. *Ann. Bot.* 75, 105–117.

Majumdar, G. P. 1942. The organization of the shoot in *Heracleum* in the light of development. *Ann. Bot.* n.s. 6, 49–81.

Majumdar, G. P. und A. Datta. 1946. Developmental studies. I. Origin and development of axillary buds with special reference to two dicotyledons. *Proc. Indian Acad. Sci.* 23B, 249–259.

Mann, L. K. 1952. Anatomy of the garlic bulb and factors affecting bud development. *Hilgardia* 21, 195–251.

Markovskaya, E. F., N. V. Vasilevskaya und M. I. Sysoeva. 1991. Change of the temperature dependence of apical meristem differentiation in ontogenesis of the indeterminate species. *Sov. J. Dev. Biol.* 22, 394–397.

Mauseth, J. D. 1978. An investigation of the morphogenetic mechanisms which control the development of zonation in seedling shoot apical meristems. *Am. J. Bot.* 65, 158–167.

Mayer, K. F. X., H. Schoof, A. Haecker, M. Lenhard, G. Jürgens und T. Laux. 1998. Role of *WUSCHEL* in regulating stem cell fate in the *Arabidopsis* shoot meristem. *Cell* 95, 805–815.

Maze, J. 1977. The vascular system of the inflorescence axis of *Andropogon gerardii* (Gramineae) and its bearing on concepts of monocotyledon vascular tissue. *Am. J. Bot.* 64, 504–515.

McAlpin, B. W. und R. A. White, 1974. Shoot organization in the Filicales: The promeristem. *Am. J. Bot.* 61, 562–579.

McConnell, J. R. und M. K. Barton. 1998. Leaf polarity and meristem formation in *Arabidopsis*. *Development* 125, 2935–2942.

McDaniel, C. N. und R. S. Poethig. 1988. Cell-lineage patterns in the shoot apical meristem of the germinating maize embryo. *Planta* 175, 13–22.

McGahan, M. W. 1955. Vascular differentiation in the vegetative shoot of *Xanthium chinense*. *Am. J. Bot.* 42, 132–140.

Medford, J. I. 1992. Vegetative apical meristems. *Plant Cell* 4, 1029–1039.

Medford, J. I., F. J. Behringer, J. D. Callos und K. A. Feldmann. 1992. Normal and abnormal development in the *Arabidopsis* vegetative shoot apex. *Plant Cell* 4, 631–643.

Meyerowitz, E. M. 1997. Genetic control of cell division patterns in developing plants. *Cell* 88, 299–308.

Mia, A. J. 1960. Structure of the shoot apex of *Rauwolfia vomitoria*. *Bot. Gaz.* 122, 121–124.

Millington, W. F. und E. L. Fisk. 1956. Shoot development in *Xanthium ensylvanicum*. I. The vegetative plant. *Am. J. Bot.* 43, 655–665.

Miralles, D. J., B. C. Ferro und G. A. Slafer. 2001. Developmental responses to sowing date in wheat, barley and rapeseed. *Field Crops Res.* 71, 211–223.

Mohr, H. und E. Pinnig. 1962. Der Einfluss des Lichtes auf die Bildung von Blattprimordien am Vegetationskegel der Keimlinge von *Sinapis alba* L. *Planta* 58, 569–579.

Nelson, A. J. 1990. Net alignment of cellulose in the periclinal walls of the shoot apex surface cells of *Kalanchoë blossfeldiana*. I. Transition from vegetative to reproductive morphogenesis. *Can. J. Bot.* 68, 2668–2677.

Newman, I. V. 1965. Patterns in the meristems of vascular plants. III. Pursuing the patterns in the apical meristems where no cell is a permanent cell. *J. Linn. Soc. Lond. Bot.* 59, 185–214.

Nitayangkura, S., E. M. Gifford Jr. und T. L. Rost. 1980. Mitotic activity in the root apical meristem of *Azolla filiculoides* Lam., with special reference to the apical cell. *Am. J. Bot.* 67, 1484–1492.

Nougarède, A. 1967. Experimental cytology of the shoot apical cells during vegetative growth and flowering. *Int. Rev. Cytol.* 21, 203–351.

Nougarède, A., M. N. Dimichele, P. Rondet und R. Saint-Côme. 1990. Plastochrone cycle cellulaire et teneurs en ADN nucléaire du méristème caulinaire de plants de *Chrysanthemum segetum* soumis à deux conditions lumineuses différentes, sous une photopériode de 16 heures. *Can. J. Bot.* 68, 2389–2396.

Owens, J. N. 1968. Initiation and development of leaves in Douglas fir. *Can. J. Bot.* 46, 271–283.

Owens, J. N. und M. Molder. 1973. Bud development in western hemlock. I. Annual growth cycle of vegetative buds. *Can. J. Bot.* 51, 2223–2231.

Parke, R. V. 1959. Growth periodicity and the shoot tip of *Abies concolor*. *Am. J. Bot.* 46, 110–118.

Peterson, R. und J. Vermeer. 1980. Root apex structure in *Ephedra monosperma* and *Ephedra chilensis* (Ephedraceae). *Am. J. Bot.* 67, 815–823.

Pien, S., J. Wyrzykowska, S. McQueen-Mason, C. Smart und A. Fleming. 2001. Local expression of expansin induces the entire process of leaf development and modifies leaf shape. *Proc. Natl. Acad. Sci. USA* 98, 11812–11817.

Pillai, S. K. und A. Pillai. 1961a. Root apical organization in monocotyledons – Musaceae. *Indian Bot. Soc. J.* 40, 444–455.

Pillai, S. K. und A. Pillai. 1961b. Root apical organization in monocotyledons – Palmae. *Proc. Indian Acad. Sci., Sect. B*, 54, 218–233.

Pillai, S. K., A. Pillai und S. Sachdeva. 1961. Root apical organization in monocotyledons – Zingiberaceae. *Proc. Indian Acad. Sci., Sect. B*, 53, 240–256.

Poethig, R. S. 1984. Patterns and problems in angiosperm leaf morphogenesis. In: *Pattern Formation. A Primer in Developmental Biology*, S. 413–432, G. M. Malacinski, Hrsg., Macmillan, New York.

Poethig, R. S. und I. M. Sussex. 1985a. The developmental morphology and growth dynamics of the tobacco leaf. *Planta* 165, 158–169.

Poethig, R. S. und I. M. Sussex. 1985b. The cellular parameters of leaf development in tobacco: A clonal analysis. *Planta* 165, 170–184.

Popham, R. A. 1951. Principal types of vegetative shoot apex organization in vascular plants. *Ohio J.* Sci. 51, 249–270.

Popham, R. A. 1955. Zonation of primary and lateral root apices of *Pisum sativum*. *Am. J. Bot.* 42, 267–273.

Popham, R. A. 1966. *Laboratory Manual for Plant Anatomy*. Mosby, St. Louis.

Priestley, J. H. und C. F. Swingle. 1929. Vegetative propagation from the standpoint of plant anatomy. *USDA Tech. Bull.* Nr. 151.

Priestly, J. H., L. I. Scott und E. C. Gillett. 1935. The development of the shoot in *Alstroemeria* and the unit of shoot growth in monocotyledons. *Ann. Bot.* 49, 161–179.

Raju, M. V. S., T. A. Steeves und J. M. Naylor. 1964. Developmental studies of *Euphorbia esula* L.: Apices of long and short roots. *Can. J. Bot.* 42, 1615–1628.

Raju, M. V. S., T. A. Steeves und J. Maze. 1976. Developmental studies on *Euphorbia esula*: Seasonal variations in the apices of long roots. *Can. J. Bot.* 4, 605–610.

Rauh, W. und F. Rappert. 1954. Über das Vorkommen und die Histogenese von Scheitelgruben bei krautigen Dikotylen, mit be-

sonderer Berücksichtigung der Ganz- und Halbrosettenpflanzen. *Planta* 43, 325–360.
Rees, A. R. 1964. The apical organization and phyllotaxis of the oil palm. *Ann. Bot.* 28, 57–69.
Reeve, R. M. 1942. Structure and growth of the vegetative shoot apex of *Garrya elliptica* Dougl. *Am. J. Bot.* 29, 697–711.
Reinhardt, D., F. Wittwer, T. Mandel und C. Kuhlemeier. 1998. Localized upregulation of a new expansin gene predicts the site of leaf formation in the tomato meristem. *Plant Cell* 10, 1427–1437.
Reinhardt, D., T. Mandel und C. Kuhlemeier. 2000. Auxin regulates the initiation and radial position of plant lateral organs. *Plant Cell* 12, 507–518.
Remphrey, W. R. und T. A. Steeves. 1984. Shoot ontogeny in *Arctostaphylos uva-ursi* (bearberry): Origin and early development of lateral vegetative and floral buds. *Can. J. Bot.* 62, 1933–1939.
Riding, R. T. 1976. The shoot apex of trees of *Picea mariana* of differing rooting potential. *Can. J. Bot.* 54, 2672–2678.
Rodin, R. J. 1953. Seedling morphology of *Welwitschia*. *Am. J. Bot.* 40, 371–378.
Rojo, E., V. K. Sharma, V. Kovaleva, N. V. Raikhel und J. C. Fletcher. 2002. CLV3 is localized to the extracellular space, where it activates the *Arabidopsis* CLAVATA stem cell signaling pathway. *Plant Cell* 14, 969–977.
Rost, T. L. und S. Baum. 1988. On the correlation of primary root length, meristem size and protoxylem tracheary element position in pea seedlings. *Am. J. Bot.* 75, 414–424.
Rost, T. L., T. J. Jones und R. H. Falk. 1988. Distribution and relationship of cell division and maturation events in *Pisum sativum* (Fabaceae) seedling roots. *Am. J. Bot.* 75, 1571–1583.
Ruth, J., E. J. Klekowski, Jr. und O. L. Stein. 1985. Impermanent initials of the shoot apex and diplonic selection in a juniper chimera. *Am. J. Bot.* 72, 1127–1135.
Sabatini, S., D. Beis, H. Wolkenfelt, J. Murfett, T. Guilfoyle, J. Malamy, P. Benfey, O. Leyser, N. Bechtold, P. Weisbeek und B. Scheres. 1999. An auxin-dependent distal organizer of pattern and polarity in the *Arabidopsis* root. *Cell* 99, 463–472.
Sacher, J. A. 1954. Structure and seasonal activity of the shoot apices of *Pinus lambertiana* and *Pinus ponderosa*. *Am. J. Bot.* 41, 749–759.
Sachs, R. M. 1965. Stem elongation. *Annu. Rev. Plant Physiol.* 16, 73–96.
Sacks, M. M., W. K. Silk und P. Burman. 1997. Effect of water stress on cortical cell division rates within the apical meristem of primary roots of maize. *Plant Physiol.* 114, 519–527.
Saint-Côme, R. 1966. Applications des techniques histoautoradiographiques et des méthodes statistiques à l'étude du fonctionnement apical chez le *Coleus blumei* Benth. *Rev. Gén. Bot.* 73, 241–324.
Sakaguchi, S., T. Hogetsu und N. Hara. 1988. Arrangement of cortical microtubules at the surface of the shoot apex in *Vinca major* L.: Observations by immunofluorescence microscopy *Bot. Mag.*, Tokyo 101, 497–507.
Satina, S., A. F. Blakeslee und A. G. Avery. 1940. Demonstration of the three germ layers in the shoot apex of *Datura* by means of induced polyploidy in periclinal chimeras. *Am. J. Bot.* 27, 895–905.
Scanlon, M. J. und M. Freeling. 1998. The narrow sheath leaf domain deletion: A genetic tool used to reveal developmental homologies among modified maize organs. *Plant J.* 13, 547–561.
Scheres, B. und R. Heidstra. 2000. Digging out roots: Pattern formation, cell division und morphogenesis in plants. *Curr. Topics Dev. Biol.* 45, 207–247.
Scheres, B. und H. Wolkenfelt. 1998. The *Arabidopsis* root as a model to study plant development. *Plant Physiol. Biochem.* 36, 21–32.
Scheres, B., H. Wolkenfelt, V. Willemsen, M. Terlouw, E. Lawson, C. Dean und P. Weisbeek. 1994. Embryonic origin of the *Arabidopsis* primary root and root meristem initials. *Development* 120, 2475–2487.
Schiefelbein, J. W., J. D. Masucci und H. Wang. 1997. Building a root: The control of patterning and morphogenesis during root development. *Plant Cell* 9, 1089–1098.
Schmidt, A. 1924. Histologische Studien an phanerogamen Vegetationspunkten. *Bot. Arch.* 8, 345–404.
Schmidt, K. D. 1978. Ein Beitrag zum Verständis von Morphologie und Anatomie der Marsileaceae. *Beitr. Biol. Pflanz.* 54, 41–91.
Schoof, H., M. Lenhard, A. Haecker, K. F. X. Mayer, G. Jürgens und T. Laux. 2000. The stem cell population of *Arabidopsis* shoot meristems is maintained by a regulatory loop between the *CLAVATA* and *WUSCHEL* genes. *Cell* 100, 635–644.
Schüepp, O. 1917. Untersuchungen über Wachstum und Formwechsel von Vegetationspunkten. *Jahrb. Wiss. Bot.* 57, 17–79.
Schüepp, O. 1926. Meristeme. *Handbuch der Pflanzenanatomie*, Band 4, Lief. 16. Gebrüder Borntraeger, Berlin.
Schultz, H. R. 1993. Photosynthesis of sun and shade leaves of field-grown grapevine (*Vitis vinifera* L.) in relation to leaf age. Suitability of the plastochron concept for the expression of physiological age. *Vitis* 32, 197–205.
Schwabe, W. W. 1984. Phyllotaxis. In: *Positional Controls in Plant Development*, S. 403–440, P. W. Barlow und D. J. Carr, Hrsg., Cambridge University Press, Cambridge.
Seago, J. L. und C. Heimsch. 1969. Apical organization in roots of the Convolvulaceae. *Am. J. Bot.* 56, 131–138.
Seeliger, I. 1954. Studien am Sprossbegetationskegel von *Ephedra fragilis* var. *campylopoda* (C. A. Mey.) Stapf. *Flora* 141, 114–162.
Sekhar, K. N. C. und V. K. Sawhney. 1985. Ultrastructure of the shoot apex of tomato (*Lycopersicon esculentum*). *Am. J. Bot.* 72, 1813–1822.
Selker, J. M. L., G. L. Steucek und P. B. Green. 1992. Biophysical mechanisms for morphogenetic progressions at the shoot apex. *Dev. Biol.* 153, 29–43.
Shah, J. J. und J. D. Patel. 1972. The shell zone: Its differentiation and probable function in some dicotyledons. *Am. J. Bot.* 59, 683–690.
Shah, J. J. und K. Unnikrishnan. 1969. Ontogeny of axillary and accessory buds in *Clerodendrum phlomidis* L. *Ann. Bot.* 33, 389–398.
Shah, J. J. und K. Unnikrishnan. 1971. Ontogeny of axillary and accessory buds in *Duranta repens* L. *Bot. Gaz.* 132, 81–91.
Sharman, B. C. 1942. Developmental anatomy of the shoot of *Zea mays* L. *Ann. Bot.* n.s. 6, 245–282.
Sharman, B. C. 1945. Leaf and bud initiation in the Graminae. *Bot. Gaz.* 106, 269–289.
Shimabuku, K. 1960. Observation on the apical meristem of rice roots. *Bot. Mag.*, Tokyo 73, 22–28.
Simon, R. 2001. Function of plant shoot meristems. *Semin. Cell Dev. Biol.* 12, 357–362.
Singh, H. 1961. Seasonal variations in the shoot apex of *Cephalotaxus drupacea* Sieb. et Zucc. *Phytomorphology* 11, 146–153.
Sinha, N. 1999. Leaf development in angiosperms. *Annu. Rev. Plant Physiol. Plant Mol. Biol.* 50, 419–446.
Smith, L. G., B. Greene, B. Veit und S. Hake. 1992. A dominant mutation in the maize homeobox gene, Knotted-1, causes its ectopic expression in leaf cells with altered fates. *Development* 116, 21–30.

Smith, L. G., S. Hake und A. W. Sylvester. 1996. The tangled-1 mutation alters cell division orientations throughout maize leaf development without altering leaf shape. *Development* 122, 481–489.

Snow, M. und R. Snow. 1932. Experiments on phyllotaxis. I. The effect of isolating a primordium. *Philos. Trans. R. Soc. Lond.* B 221, 1–43.

Snow, M. und R. Snow. 1942. The determination of axillary buds. *New Phytol.* 41, 13–22.

Snyder, F. W. und J. A. Bunce. 1983. Use of the plastochron index to evaluate effects of light, temperature and nitrogen on growth of soya bean (*Glycine max* L. Merr). *Ann. Bot.* 52, 895–903.

Soma, K. und E. Ball. 1964. Studies of the surface growth of the shoot apex of *Lupinus albus*. *Brookhaven Symp. Biol.* 16, 13–45.

Steeves, T. A. und I. M. Sussex. 1989. *Patterns in Plant Development*, 2. Aufl., Cambridge University Press, Cambridge

Stein, D. B. und O. L. Stein. 1960. The growth of the stem tip of *Kalanchoë* cv. "Brilliant Star." *Am. J. Bot.* 47, 132–140.

Sterling, C. 1947. Organization of the shoot of Pseudotsuga taxifolia (Lamb.) Britt. II. Vascularization. *Am. J. Bot.* 34, 272–280.

Stewart, R. N. und H. Dermen. 1970. Determination of number 57–76. and mitotic activity of shoot apical initial cells by analysis of mericlinal chimeras. *Am. J. Bot.* 57, 816–826.

Stewart, R. N. und H. Dermen. 1979. Ontogeny in monocotyledons as revealed by studies of the developmental anatomy of periclinal chloroplast chimeras. *Am. J. Bot.* 66, 47–58.

Stieger, P. A., D. Reinhardt und C. Kuhlemeier. 2002. The auxin influx carrier is essential for correct leaf positioning. *Plant J.* 32, 509–517.

Street, H. E. und E. H. Roberts. 1952. Factors controlling meristematic activity in excised roots. I. Experiments showing the operation of internal factors. *Physiol. Plant.* 5, 498–509.

Sundås-Larsson, A., M. Svenson, H. Liao und P. Engström. 1998. A homeobox gene with potential developmental control function in the meristem of the conifer Picea abies. *Proc. Natl. Acad. Sci. USA* 95, 15118–15122.

Sundberg, M. D. 1982. Leaf initiation in *Cyclamen persicum* (Prim-ulaceae). *Can. J. Bot.* 60, 2231–2234.

Sussex, I. M. 1955. Morphogenesis in *Solanum tuberosum* L.: Apical structure and developmental pattern of the juvenile shoot. *Phytomorphology* 5, 253–273.

Sussex, I. M. und T. A. Steeves. 1967. Apical initials and the concept of promeristem. *Phytomorphology* 17, 387–391.

Talbert, P. B., H. T. Adler, D. W. Parks und L. Comai 1995. The REVOLUTA gene is necessary for apical meristem development and for limiting cell divisions in the leaves and stems of *Arabidopsis thaliana*. *Development* 121, 2723–2735.

Tepper, H. B. 1992. Benzyladenine promotes shoot initiation in empty leaf axils of *Stellaria media* L. *J. Plant Physiol.* 140, 241–243.

Thielke, C. 1962. Histologische Untersuchungen am Sprossscheitel von *Saccharum*. II. Mitteilung. Die Sprossscheitel von *Saccharum sinense*. *Planta* 58, 175–192.

Thompson, J. und F. A. L. Clowes. 1968. The quiescent centre and rates of mitosis in the root meristem of *Allium sativum*. *Ann. Bot.* 32, 1–13.

Tian, H.-C. und M. Marcotrigiano. 1994. Cell-layer interactions influence the number and position of lateral shoot meristems in *Nicotiana*. *Dev. Biol.* 162, 579–589.

Tolbert, R. J. und M. A. Johnson. 1966. A survey of the vegetative apices in the family Malvaceae. *Am. J. Bot.* 53, 961–970.

Tucker, S. C. 1962. Ontogeny and phyllotaxis of the terminal vegetative shoots of *Michelia fuscata*. *Am. J. Bot.* 49, 722–737.

Vallade, J., J. Alabouvette und F. Bugnon. 1978. Apports de l'ontogenèse à l'interprétation structurale et fonctionnelle du méristème racinaire du *Petunia hybrida*. *Rev. Cytol. Biol. Vég. Bot.* 1, 23–47.

Vallade, J., F. Bugnon, G. Gambade und J. Alabouvette. 1983. L'activité édificatrice du prométistème racinaire: Essai d'interprétation morphogénétique. *Bull. Sci. Bourg.* 36, 57–76.

van den Berg, C., V. Willemsen, W. Hage, P. Weisbeek und B. Scheres. 1995. Cell fate in the *Arabidopsis* root meristem determined by directional signaling. *Nature* 378, 62–65.

van den Berg, C., W. Hage, V. Willemsen, N. van der Werff, H. Wolkenfelt, H. Mckhann, P. Weisbeek und B. Scheres. 1997a. The acquisition of cell fate in the *Arabidopsis thaliana* root meristem. In: *Biology of Root Formation and Development*, S. 21–29, A. Altman and Y. Waisel, Hrsg., Plenum Press, New York.

van den Berg, C., V. Willemsen, G. Hendriks, P. Weisbeek und B. Scheres. 1997b. Short-range control of cell differentiation in the *Arabidopsis* root meristem. *Nature* 39, 287–289.

van den Berg, C., P. Weisbeek und B. Scheres. 1998. Cell fate and cell differentiation status in the *Arabidopsis* root. *Planta* 205, 483–491.

van Lijsebettens, M. und J. Clarke. 1998. Leaf development in *Arabidopsis*. *Plant Physiol. Biochem.* 36, 47–60.

Vaughn, J. G. 1955. The morphology and growth of the vegetative and reproductive apices of *Arabidopsis thaliana* (L.) Heynh., *Capsella bursa-pastoris* (L.) Medic. and *Anagallis arvensis* L. *J. Linn. Soc. Lond. Bot.* 55, 279–301.

Verdaguer, D. und M. Molinas. 1999. Developmental anatomy and apical organization of the primary root of cork oak (*Quercus suber* L.). *Int. J. Plant Sci.* 160, 471–481.

Vernoux, T., D. Autran und J. Traas. 2000a. Developmental. control of cell division patterns in the shoot apex. *Plant Mol. Biol.* 43, 569–581.

Vernoux, T., J. Kronenberger, O. Grandjean, P. Laufs und J. Traas. 2000b. PIN-FORMED I regulates cell fate at the periphery of the shoot apical meristem. *Development* 127, 5157–5165.

Voronine, N. S. 1956. Ob evoliutsii korneî rasteniî (De l'évolution des racines des plantes). *Biul. Moskov. Obshch. Isp. Priody, Otd. Biol.* 61, 47–58.

Voronkina, N. V. 1975. Histogenesis in root apices of angiospermous plants and possible ways of its evolution. *Bot. Zh.* 60, 170–187.

Wardlaw, C. W. 1943. Experimental and analytical studies of pteridophytes. II. Experimental observations on the development of buds in *Onoclea sensibilis* and in species of *Dryopteris*. *Ann. Bot. n.s.* 7, 357–377.

Wardlaw, C. W. 1949. Experiments on organogenesis in ferns. *Growth* (suppl.) 13, 93–131.

Wardlaw, C. W. 1957. The reactivity of the apical meristem as ascertained by cytological and other techniques. *New Phytol.* 56, 221–229.

Wardlaw, C. W. 1968. *Morphogenesis in Plants: A Contemporary Study.* Methuen, London.

Webster, P. L. und R. D. Macleod. 1980. Characteristics of root apical meristem cell population kinetics: A review of analyses and concepts. *Environ. Exp. Bot.* 20, 335–358.

Wenzel, C. L. und T. L. Rost. 2001. Cell division patterns of the protoderm and root cap in the "closed" root apical meristem of *Arabidopsis thaliana*. *Protoplasma* 218, 203–213.

Wenzel, C. L., K. L. Tong und T. L. Rost. 2001. Modular construction of the protoderm and peripheral root cap in the "open" root apical meristem of *Trifolium repens* cv. Ladino. *Protoplasma* 218, 214–224.

White, D. J. B. 1955. The architecture of the stem apex and the origin and development of the axillary buds in seedlings of *Acer pseudoplatanus* L. *Ann. Bot. n.s.* 19, 437–449.

White, R. A. und M. D. Turner. 1995. Anatomy and development of the fern sporophyte. *Bot. Rev.* 61, 281–305.

Wilcox, H. 1954. Primary organization of active and dormant roots of noble fir, *Abies procera. Am. J. Bot.* 41, 812–821.

Wildeman, A. G. und T. A. Steeves. 1982. The morphology and growth cycle of *Anemone patens. Can. J. Bot.* 60, 1126–1137.

Wolff, C. F. 1759. *Theoria Generationis*. Wilhelm Engelmann, Leipzig.

Zagórska-Marek, B. und M. Turzańska. 2000. Clonal analysis provides evidence for transient initial cells in shoot apical meristems of seed plants. *J. Plant Growth Regul.* 19, 55–64.

Zhu, T., W. J. Lucas und T. L. Rost. 1998a. Directional cell-tocell communication in the *Arabidopsis* root apical meristem. I. An ultrastructural and functional analysis. *Protoplasma* 203, 35–47.

Zhu, T., R. L. O'Quinn, W. J. Lucas und T. L. Rost. 1998b. Directional cell-to-cell communication in the *Arabidopsis* root apical meristem. II. Dynamics of plasmodesmatal formation. *Protoplasma* 204, 84–93.

Zhu, T. und T. L. Rost. 2000. Directional cell-to-cell communication in the *Arabidopsis* root apical meristem. III. Plasmodesmata turnover and apoptosis in meristem and root cap cells during four weeks after germination. *Protoplasma* 213, 99–107.

Zimmermann, W. 1928. Histologische Studien am Vegetationspunkt von *Hypericum uralum. Jahrb. Wiss. Bot.* 68, 289–344.

# Kapitel 7
# Parenchym und Kollenchym

## 7.1 Parenchym

Mit dem Ausdruck **Parenchym** bezeichnet man Gewebe aus lebenden Zellen von variabler Gestalt und Physiologie. Die einzelnen **Parenchymzellen** besitzen meist dünne Wände und eine polyedrische Form (Abb. 7.1). Ihre Funktionen beschränken sich auf die vegetativen Tätigkeiten einer Pflanze. Das Wort Parenchym (gr. *para* = neben, zwischen, *enchyma* = das Eingegossene) geht auf die Vorstellung der Antike zurück, nach der das „*parenchyma*", als halbflüssiges Material neben oder zwischen andere Gewebe, die früher gebildet wurden und schon starrer sind, einfließt.

Das Parenchym wird häufig als *das* Grundgewebe bezeichnet. Diese Definition ist morphologisch wie physiologisch gesehen richtig. Im Pflanzenkörper als Ganzem oder in seinen Organen tritt das Parenchym als eine Grundmasse auf, in die andere Gewebe, vor allem die Leitgewebe, eingebettet sind. Da die vermeintlichen Vorfahren der Pflanzen nur aus Parenchymzellen bestehen (Graham, 1993), ist das Parenchym phylogenetisch auch als Vorläufer aller anderen Gewebe zu betrachten.

Das Parenchym ist der Hauptsitz der wichtigsten Aktivitäten der Pflanze, wie Photosynthese, Assimilation, Atmung, Speicherung, Sekretion und Exkretion; kurz gesagt, der Aktivitäten, die von der Anwesenheit lebender Protoplasten abhängig sind. Parenchymzellen im Xylem- und Phloemgewebe spielen offenbar eine wichtige Rolle bei der Wasserbewegung und dem Transport von Nährstoffen.

Parenchymzellen sind relativ wenig differenziert. Verglichen mit Zellen wie Siebelementen, Tracheiden und Fasern sind sie morphologisch und physiologisch relativ unspezialisiert; anders als die drei genannten Zelltypen können Parenchymzellen ihre Funktion wechseln oder mehrere Funktionen innehaben. Parenchymzellen können aber auch deutlich spezialisiert sein, z. B. für die Photosynthese, die Speicherung bestimmter Substanzen oder die Aufnahme überschüssiger Stoffe. Egal ob sie spezialisiert sind oder nicht, die Parenchymzellen sind in jedem Falle physiologisch sehr komplex, da sie einen lebenden Protoplasten besitzen.

Die im ausgewachsenen Zustand charakteristischerweise lebenden Parenchymzellen besitzen die Fähigkeit, wieder meristematisch zu werden, also sich zu dedifferenzieren, zu teilen und zu redifferenzieren. Wegen dieser Fähigkeit spielen die Parenchymzellen mit ihren reinen Primärwänden eine wichtige Rolle bei der Wundheilung, der Regeneration, der Bildung von Adventivwurzeln und -sprossen, und der Verwachsung von Pfropfungen. Darüber hinaus können einzelne Parenchymzellen, die ja alle Gene der befruchteten Eizelle enthalten, zu embryonalen Zellen werden und sich unter geeigneten Wachstums- und Entwicklungsbedingungen zu ganzen Pflanzen entwickeln. Zellen mit diesen Fähigkeiten bezeichnet man als **totipotent** (Kapitel 5). Das Ziel von Forschern, die sich mit Pflanzenvermehrung durch Gewebekultur oder Mikropropagation befassen, ist es, einzelne Zellen zu veranlassen, zu dedifferenzieren und wieder meristematisch zu werden (Bengochea und Dodds, 1986).

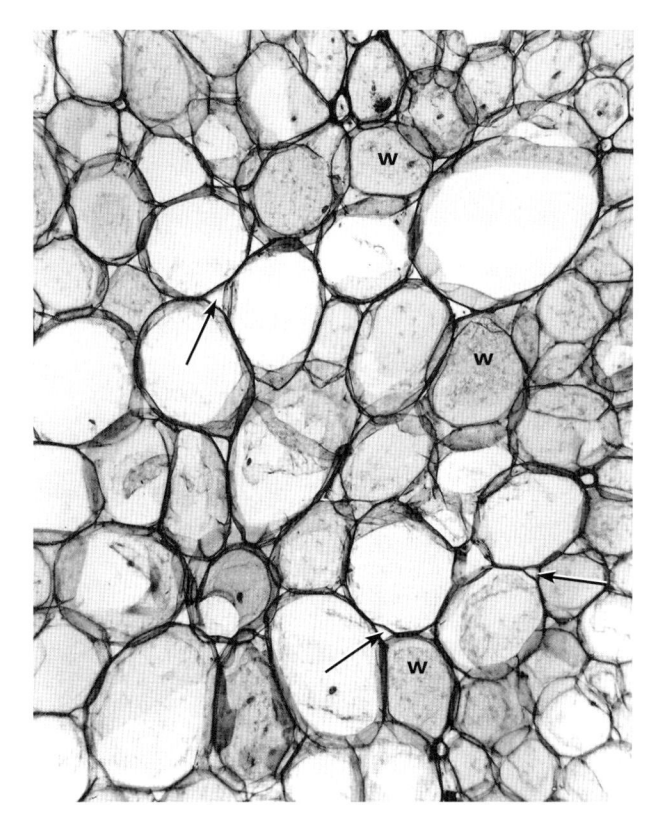

**Abb. 7.1** Sprossachsenparenchym der Tomate (*Solanum lycopersicum*). Details: Pfeile weisen auf Interzellularen; W, Zellwände in Aufsicht. (×49.)

## 7.1.1 Parenchymzellen können in ausgedehnten, zusammenhängenden Massen als Parenchymgewebe vorkommen, oder sie können mit anderen Zelltypen zu morphologisch heterogenen Geweben vereinigt sein

Beispiele für Pflanzengewebe, die größtenteils oder ganz aus Parenchym bestehen, sind das Mark und die primäre Rinde in Sprossachse und Wurzel, das Photosynthesegewebe (Mesophyll) der Blätter (siehe Abb. 7.3A), das Fleisch von Früchten und das Endosperm der Samen. Als Bestandteile heterogener, komplexer Gewebe sind Parenchymzellen am Aufbau von Strahlen beteiligt, oder sie treten als vertikale Reihen lebender Zellen im Xylem (Kapitel 10 und 11) und Phloem (Kapitel 13 und 14) auf. Manchmal enthält ein ausgesprochen parenchymatisches Gewebe parenchymatische oder nichtparenchymatische Zellen oder Zellgruppen, die sich morphologisch oder physiologisch von der Hauptmasse der Zellen des betreffenden Gewebes unterscheiden. So können z. B. im Blattmesophyll, im Mark- und im primären Rindenparenchym Sklereiden auftreten (Kapitel 8). Milchröhren kommen in verschiedenen parenchymatischen Bereichen Milchsaft führender Pflanzen vor (Kapitel 17). Siebröhren durchziehen das primäre Rindenparenchym bestimmter Pflanzen (Kapitel 13).

Das Parenchym des primären Pflanzenkörpers, also das Parenchym von primärer Rinde und Mark, von Blattmesophyll und Blütenteilen differenziert sich aus dem Grundmeristem. Die Parenchymzellen in primären und sekundären Leitgeweben werden vom Procambium bzw. Cambium gebildet. Parenchym kann auch aus dem Phellogen in Form von Phelloderm hervorgehen, und es kann schließlich durch diffuses sekundäres Dickenwachstum vermehrt werden.

Die variable Struktur des Parenchymgewebes (Abb. 7.2) und die Verteilung der Parenchymzellen im Pflanzenkörper veranschaulichen deutlich, wie problematisch die Definition und Klassifizierung eines Gewebes sein kann. Einerseits kann der Begriff Parenchym für die genau begrenzte Definition eines Gewebes als einer Gruppe von Zellen stehen, die gleiche Herkunft, gleiche Struktur und gleiche Funktion haben. Andererseits kann die Homogenität eines parenchymatischen Gewebes durch das Auftreten verschiedenartiger, nicht parenchymatischer Zellen unterbrochen sein, oder Parenchymzellen können als einer von vielen Zelltypen in einem heterogenen Gewebe vorkommen.

Somit ist die räumlich Abgrenzung des Parenchyms als ein Gewebe des Pflanzenkörpers nicht möglich. Ferner können Parenchymzellen verschieden weit in einen Zustand übergehen, in dem sie eher als nichtparenchymatisch bezeichnet werden müssten. Sie können nämlich mehr oder weniger lang gestreckt und dickwandig sein, eine Merkmalskombination, die auf eine Stützfunktion hinweist. Eine bestimmte Art von Parenchym ist so deutlich als Stützgewebe differenziert, dass es gesondert als Kollenchym bezeichnet wird; davon wird später in diesem Ka-

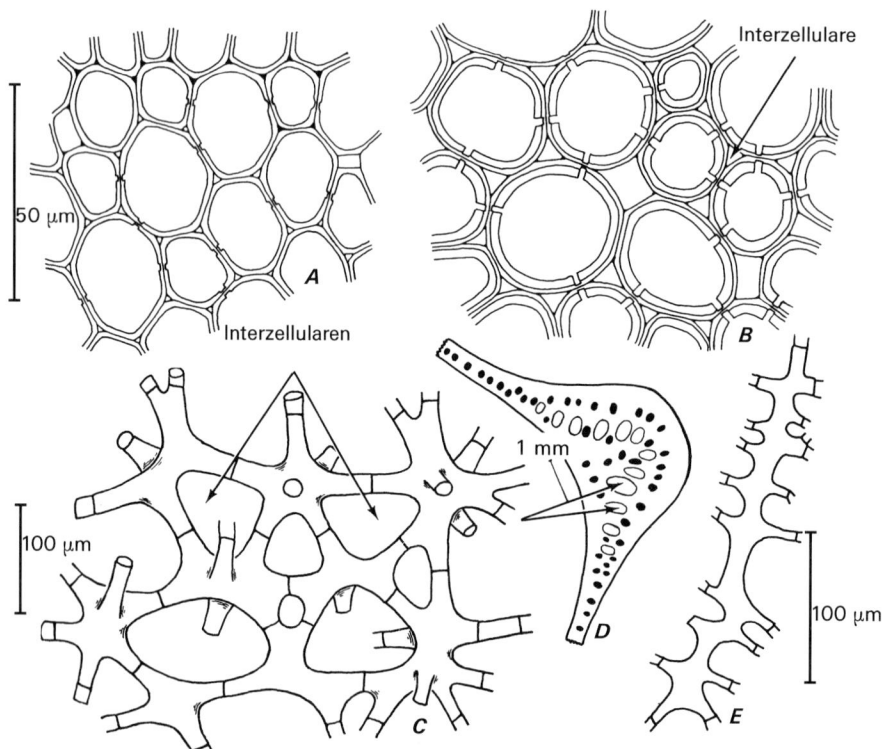

**Abb. 7.2** Form und Wandstruktur von Parenchymzellen (ohne Zellinhalt). **A**, **B**, Parenchym aus dem Mark der Birkensprossachse (*Betula*). In der jüngeren Sprossachse (**A**) haben die Zellen nur Primärwände; in der älteren Sprossachse (**B**) treten auch Sekundärwände auf. **C**, **D**, Parenchym vom Typ Aerenchym (**C**), welches in den Lakunen von Blattstielen und Mittelrippen (**D**) von *Canna*-Blättern auftritt. Die Zellen (Sternzellen) haben viele „Arme". **E**, „Langarmige" Zelle aus dem Mesophyll einer Scheibenblüte von *Gaillardia*. (Aus Esau, 1977.)

pitel die Rede sein. Parenchymzellen können relativ dicke, verholzte Wände bilden und einige typische Merkmale von Sklerenchymzellen annehmen (Kapitel 8). Gerbstoffe können in normalen Parenchymzellen vorkommen; sie treten aber auch in Zellen auf, die zwar parenchymatisch, aber von speziellem Bau (Bläschen, Säcke oder Röhren) sind und als Idioblasten bezeichnet werden. Ebenso unterscheiden sich manche Sekretzellen hauptsächlich nur durch ihre Funktion von anderen Parenchymzellen; andere sind aber so stark verändert, dass sie in einer eigenen Kategorie von Elementen geführt werden (Milchröhren; Kapitel 17).

In diesem Kapitel wird nur dasjenige Parenchym beschrieben, das mit den allgemeinen vegetativen Aktivitäten, mit Ausnahme der meristematischen, betraut ist. Die Parenchymzellen des Xylems und Phloems werden in den entsprechenden Kapiteln über diese beiden Gewebe beschrieben. Eine Charakteristik der Protoplasten von Parenchymzellen wurde in Kapitel 2 und 3 gegeben. Vieles was in Kapitel 2 und 3 gesagt wurde, ist für das folgende Thema relevant.

### 7.1.2 Die Ausstattung einer Parenchymzelle steht in enger Beziehung zu ihrer Tätigkeit

Parenchym, das auf Photosynthese spezialisiert ist, enthält zahlreiche Chloroplasten; es wird als **Chlorenchym** bezeichnet. Am deutlichsten ist das Chlorenchym im Blattmesophyll differenziert (Abb. 7.3A), aber Chloroplasten können auch in der primären Rinde von Sprossachsen reichlich vorkommen (Abb. 7.3B). Chloroplasten können tief innen in der Sprossachse vorkommen, im sekundären Xylem und selbst im Mark. Photosynthetisch aktive Zellen sind gewöhnlich auffällig vakuolisiert und das Gewebe ist von einem umfangreichen Interzellularensystem durchzogen. Im Gegensatz dazu zeigen Parenchymzellen mit sekretorischer Funktion dichte Protoplasten; sie sind besonders reich an Ribosomen und besitzen entweder zahlreiche Dictyosomen oder ein massiv entwickeltes Endoplasmatisches Reticulum, je nachdem welche Art Sekret gebildet wird (Kapitel 16).

Parenchymzellen können charakteristische Merkmale erlangen, indem sie unterschiedliche Substanzen akkumulieren. In stärkespeichernden Zellen z. B. der Kartoffelknolle (Abb. 3.9), des Endosperms von Getreiden und der Cotyledonen vieler Embryonen, können die zahlreichen stärkehaltigen Amyloplasten wirklich alle cytoplasmatischen Komponenten überdecken. Bei vielen Samen ist das Speicherparenchym charakterisiert durch ein reichliches Vorkommen von Proteinkörpern und Ölkörpern (Abb. 3.10). Parenchymzellen von Blüten und Früchten enthalten oft Chromoplasten (Abb. 2.11). In verschiedenen Teilen der Pflanze können Parenchymzellen durch Akkumulation von Anthocyanen oder Gerbstoffen in ihren Vakuolen auffallen (Abb. 2.21) oder durch Ablagerung von Kristallen verschiedener Form (Abb. 3.11–3.14).

Wasser ist in allen aktiven, vakuolisierten Parenchymzellen reichlich vorhanden; deshalb spielen die Parenchymzellen eine wichtige Rolle als Wasserreservoir. Bei einer Art der Gattung *Bambusa* wurde festgestellt, dass die Abweichungen im Wassergehalt in den verschiedenen Abschnitten des Halmes deutlich vom Anteil an Parenchymgewebe abhängig waren (Liese und Grover, 1961).

Parenchym kann regelrecht als Wasserspeichergewebe spezialisiert sein. Viele succulente Pflanzen, wie Cactaceen, *Aloe*, *Agave*, *Sansivieria* (Koller und Rost, 1988a, b), *Mesembryanthemum* und *Peperomia* (Abb. 7.4) enthalten in ihren Photosyntheseorganen chlorophyllfreie Parenchymzellen, die mit einer wässrigen Lösung prall gefüllt sind. Dieses Wassergewebe besteht aus besonders großen, lebenden, normalerweise dünnwandigen Zellen. Die Zellen sind oft reihenweise angeordnet und können wie Palisadenzellen lang gestreckt sein. Jede Zelle besitzt ein dünnes, relativ wandständiges Cytoplas-

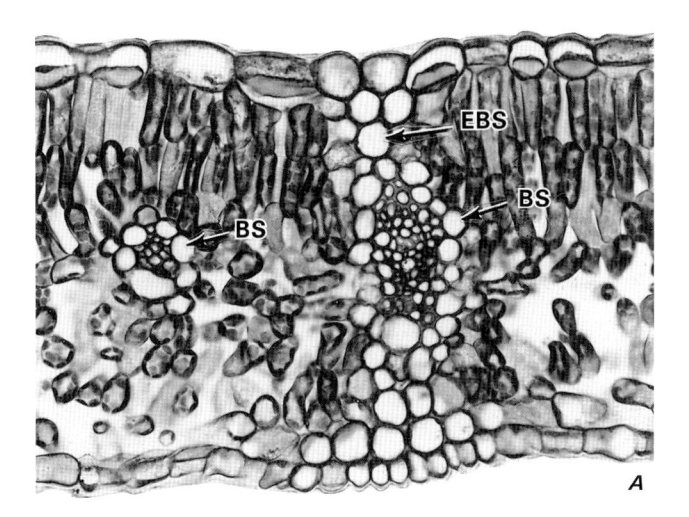

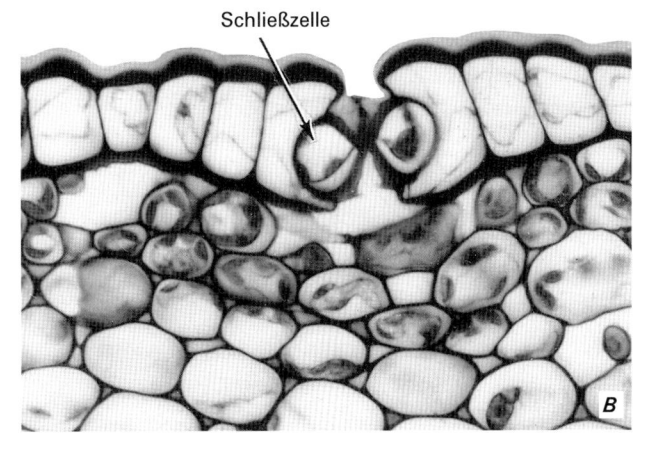

**Abb. 7.3 A**, Querschnitt durch das Blatt des Birnbaums *(Pyrus)*. Die beiden Leitbündel (Blattadern) sind in Mesophyll eingebettet. Mit seinen zahlreichen Chloroplasten ist das Blattmesophyll das Hauptphotosynthesegewebe der Pflanze. Die Blattadern sind vom Mesophyll durch parenchymatische Bündelscheiden getrennt (BS). Erweiterte Bündelscheiden (eine ist mit EBS gekennzeichnet) verbinden die Bündelscheiden der größeren Blattadern mit beiden Epidermisschichten. **B**, Querschnitt durch die Sprossachse von *Asparagus*; die Epidermis und etwas primäre Rinde sind zu sehen. Unter der Epidermis befindet sich Chlorenchym und unter den Schließzellen die substomatäre Höhle. (A, ×280; B, ×760.)

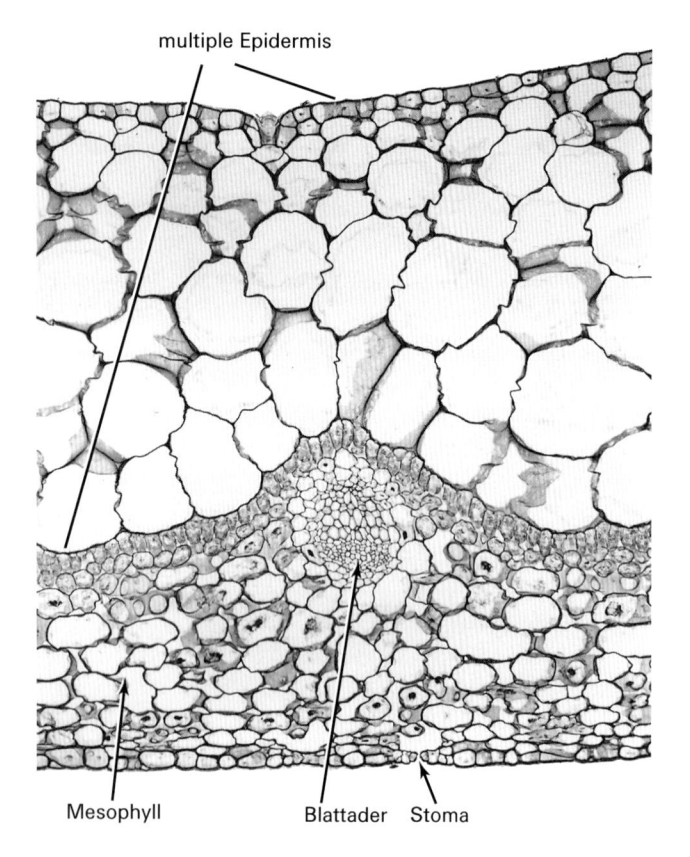

**Abb. 7.4** Querschnitt durch die Blattspreite von *Peperomia*. Die sehr dicke multiple Epidermis der Blattoberseite dient vermutlich der Wasserspeicherung. (×110.)

ma mit einem Kern und eine große Vakuole mit wässrigem oder schleimigem Inhalt. Die Schleime scheinen das Absorptions- und Speichervermögen der Zelle für Wasser zu erhöhen; sie kommen im Protoplasten und in den Wänden vor.

In den unterirdischen Speicherorganen existiert gewöhnlich kein besonderes Wassergewebe, aber die Zellen, die Stärke und andere Nahrungsstoffe speichern, sind sehr wasserreich. Rhizomknollen der Kartoffel (*Solanum tuberosum*) können an der Luft „keimen"; sie versorgen den wachsenden Spross anfangs mit Wasser (Netolitzky, 1935). Ein hoher Wassergehalt ist nicht nur für die unterirdischen Speicherorgane wie Knollen und Zwiebeln charakteristisch, sondern auch für Knospen und fleischige Verdickungen der oberirdischer Sprossachsen. In all diesen Einrichtungen ist die Speicherung von Wasser mit der Speicherung von Nahrungsreserven verbunden.

### 7.1.3 Die Zellwände der Parenchymzellen können dünn oder dick sein

Parenchymzellen, so die Chlorenchymzellen und die meisten Speicherzellen, besitzen gewöhnlich dünne, nicht lignifizierte Primärwände (Abb. 7.1 und 7.2). Plasmodesmata sind in solchen Wänden üblich; sie sind manchmal in primären Tüpfelfeldern angeordnet, manchmal über die gesamte, überall gleich dicke Wand verstreut. Manche Speicherparenchyme entwickeln jedoch auffallend dicke Wände (Bailey, 1938). Wie bereits erwähnt, sind die in diesen Wänden enthaltenen Xyloglucane die Hauptspeicherkohlenhydrate (Kapitel 4). Dicke Wände kommen z. B. im Endosperm der Dattelpalme (*Phoenix dactylifera*), Kakipflaume (*Diospyros*; Abb. 4.19), *Asparagus*, und *Coffea arabica* vor. Während der Keimung werden diese Wände dünner. Relativ dicke und oftmals lignifizierte Sekundärwände treten auch bei Parenchymzellen des sekundären Xylems (Holz) und des Marks auf; hier ist es schwierig zwischen solchen sklerifizierten Parenchymzellen und typischen Sklerenchymzellen zu unterscheiden.

Die mechanische Stärke eines typischen Parenchyms beruht auf den hydraulischen Eigenschaften seiner Zellen (Romberger et al., 1993). Da seine Zellen dünne, nicht lignifizierte Primärwände besitzen, ist das Parenchym nur dann fest, wenn seine Zellen voll oder fast voll turgeszent sind. Niklas (1992) ist der Meinung, dass das Ausmaß, zu dem Parenchym eine mechanische Stützfunktion übernehmen kann, auch davon abhängt, wie dicht seine Zellen gepackt sind. Das Aerenchym mit seinem hohen Volumenanteil an Interzellularraum dürfte nach dieser Ansicht den Organen wenig mechanische Stütze bieten. Man vermutet jedoch, dass das Aerenchym mit seiner Honigwaben-Anordnung der Interzellularen strukturell effizient ist; eine Bauweise, die bei geringster Gewebemenge größtmögliche Stabilität verleiht (Williams und Barber, 1961).

### 7.1.4 Einige Parenchymzellen – die Transferzellen – besitzen Wandeinstülpungen

**Transferzellen** sind spezialisierte Parenchymzellen mit Einstülpungen der Zellwand ins Zellinnere (Wandprotuberanzen), wodurch die Oberfläche ihres Plasmalemmas (Plasmamembran) oftmals beträchtlich vergrößert wird (Abb. 7.5). Die Wandeinstülpungen entwickeln sich relativ spät im Zellreifungsprozess; sie werden auf die ursprüngliche Primärwand aufgelagert und können daher als eine spezialisierte Form der Sekundärwand angesehen werden (Pate und Gunning, 1972). Transferzellen spielen eine wichtige Rolle beim Kurzstreckentransport gelöster Substanzen (Gunning, 1977). Die Gegenwart von Transferzellen ist üblicherweise korreliert mit der Existenz intensiver Stoffflüsse über das Plasmalemma, entweder nach innen (Aufnahme) oder nach außen (Sekretion). Die Wandeinstülpungen bilden sich genau zu dem Zeitpunkt, zu dem ein intensiver Transport beginnt; sie sind am besten an solchen Zelloberflächen entwickelt, die vermutlich am aktivsten am Transport gelöster Substanzen beteiligt sind (Gunning und Pate, 1969). Das Plasmalemma folgt dem Verlauf der Zellwandeinstülpungen, wie verschlungen sie auch sein mögen; so entsteht ein Komplex (Apparat) aus invaginierter Zellwand und Plasmalemma (*wall-membrane apparatus*; *wall ingrowth/plasma membrane complex*), gesäumt von zahlreichen Mitochondrien und einem auffälligen Endoplasmatischen Reticulum.

Das gemeinsame Vorkommen einer hohen Dichte von Plasmamembran $H^+$-ATPase und Saccharose-Transportproteinen

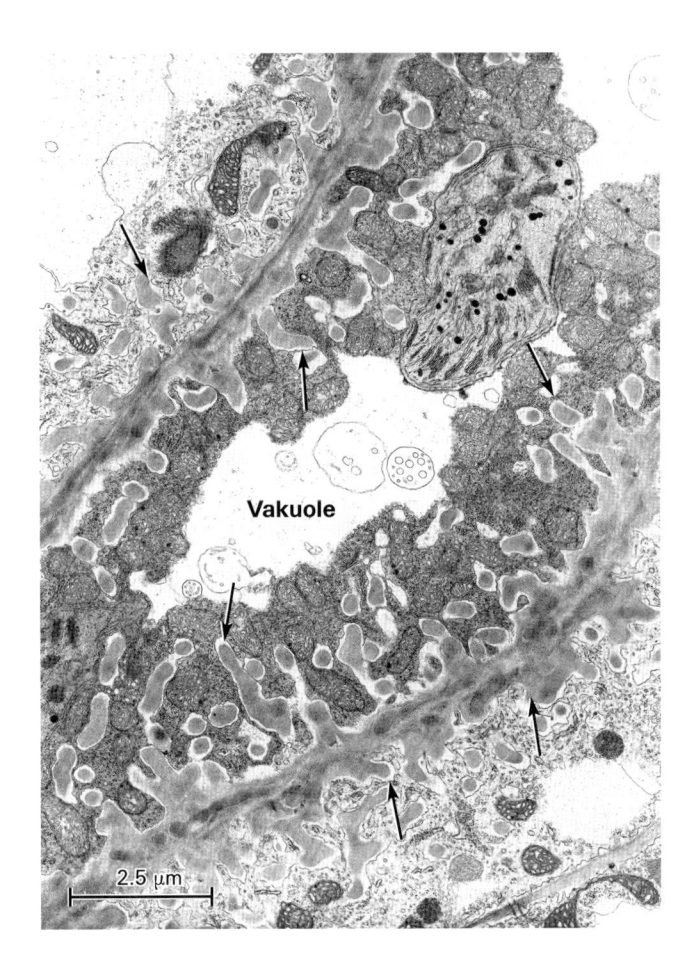

**Abb. 7.5** Längsschnitt durch einen Teil des Phloems einer kleinen Blattader (Feinnerv; *Minor vein*) von *Sonchus deraceus*. Die Zelle mit dichtem Cytoplasma, in der Mitte der elektronenmikroskopischen Aufnahme, ist eine Geleitzelle. Beiderseits der Geleitzelle finden sich Phloemparenchymzellen. Alle drei Zellen besitzen Zellwandeinstülpungen (Wandprotuberanzen; Pfeile); alle drei Zellen sind Transferzellen.

konnte an Zellwandeinstülpungen von Transferzellen sich entwickelnder *Vicia faba* Samen nachgewiesen werden, und zwar an der maternal-filialen Grenzfläche (*Interface*) von Samenschale (innere Oberfläche) und Cotyledonen (äußere Epidermis) (Harrington et al., 1997a, b); dies deutet darauf hin, dass diese Transferzellen die Orte des Membrantransports von Saccharose in und aus dem Apoplasten des Samens sind. Der Transport von Saccharose über die Membran ist ein Saccharose-Protonen-Cotransport (McDonald et al., 1996a, b).

Morphologisch kann man bei den meisten Transferzellen zwei Kategorien von Zellwandeinstülpungen (Zellwandinvaginationen) unterscheiden: netzförmige und rippenförmige (Abb. 7.6; Talbot et al., 2002). **Netzförmige** Zellwandeinstülpungen (*reticulate-type wall ingrowths*) entstehen als kleine, zufällig verteilte Papillen der darunter liegenden Zellwand. Die Papillen verzweigen sich dann und fusionieren seitlich, wodurch ein komplexes Labyrinth unterschiedlicher Morphologie entsteht. **Rippenförmige** Zellwandeinstülpungen (*flange-type wall ingrowths*) entstehen als krummlinige, rippenförmige Vorsprünge, die auf ihrer gesamten Länge mit der darunter liegenden Zellwand in Kontakt sind. Die Vorsprünge werden bei den verschiedenen Transferzelltypen unterschiedlich ausgestaltet. Einige Transferzellen haben sowohl netzförmige als auch rippenförmige Zellwandeinstülpungen, andere haben Wandeinstülpungen, die in keine der beiden Kategorien einzuordnen sind.

Transferzellen kommen an vielen Orten im gesamten Pflanzenkörper vor: im Xylem und Phloem feiner und feinster Adern (*minor veins*) in Cotyledonen und Blättern zahlreicher krautiger eudicotyler Pflanzen (Pate und Gunning; 1969; van Bel et al., 1993); in Verbindung mit Xylem und Phloem von Blattspuren in den Knoten eudicotyler und monocotyler Pflanzen (Gunning et al., 1970); in verschiedenen reproduktiven Strukturen (Placenta, Embryosack, Aleuronzellen, Endosperm; Rost und Lersten, 1970; Pate und Gunning, 1972; Wang und Xi, 1992; Diane et al., 2002; Gomez et al., 2002); in Wurzelknöllchen (Joshi et al., 1993); und in verschiedenen Drüsenstrukturen (Nektarien, Salzdrüsen, Drüsengewebe fleischfressender Pflanzen; Pate und Gunning, 1972; Ponzi und Pizzolongo, 1992). All dies sind potentielle Orte intensiven Kurzstreckentransports gelöster Stoffe. Transferzellen können auch durch externe Reize, z. B. eine Infektion mit Nematoden, in Pflanzen induziert werden, die normalerweise solche Zellen nicht bilden (Sharma und Tiagi, 1989; Dorhout et al., 1993).

Je größer die Oberfläche des Wand-Membran-Apparates, umso größer ist vermutlich der über diesen mögliche Gesamtfluss. In einer Untersuchung zur Prüfung dieser Hypothese (Wimmers und Turgeon, 1991) wurden Größe und Zahl der Wandeinstülpungen von Phloem-Transferzellen aus *minor veins* (Feinnerven) von *Pisum sativum* Blättern deutlich erhöht, indem man die Pflanzen unter relativ hoher Photonenflussdichte wachsen ließ. Die Plasmalemmafläche war bei Starklicht-Blättern gegenüber Schwachlicht-Blättern um 47% vergrößert; bemerkenswert ist, dass dies einherging mit einem 47%igen Anstieg des Flusses exogener Saccharose in die Transferzellen und die mit ihnen assoziierten Siebelemente.

Wandeinstülpungen sind keine Grundvoraussetzung für einen Transport gelöster Substanzen über das Plasmalemma. Auch Zellen ohne solche Modifikationen können am Transport von Substanzen zwischen Zellen beteiligt sein.

### 7.1.5 Form und Anordnung der Parenchymzellen sind sehr unterschiedlich

Die Form der Parenchymzellen wird meist als **polyedrisch** bezeichnet, d. h. sie haben viele Flächen (Facetten); ihre Form kann jedoch sehr unterschiedlich sein, selbst in derselben Pflanze (Abb. 7.2 und 7.7). Typischerweise besteht das Grundgewebeparenchym aus Zellen, die nicht viel länger als breit, also fast **isodiametrisch**, sind; d. h. der Zelldurchmesser ist in jeder Richtung fast gleich. Viele Arten von Parenchymzellen sind aber mehr oder weniger gestreckt oder verschiedenartig gelappt oder verzweigt. In relativ homogenem Parenchym wird meist ein Polyeder mit 14 Flächen angestrebt. Ein geometrisch

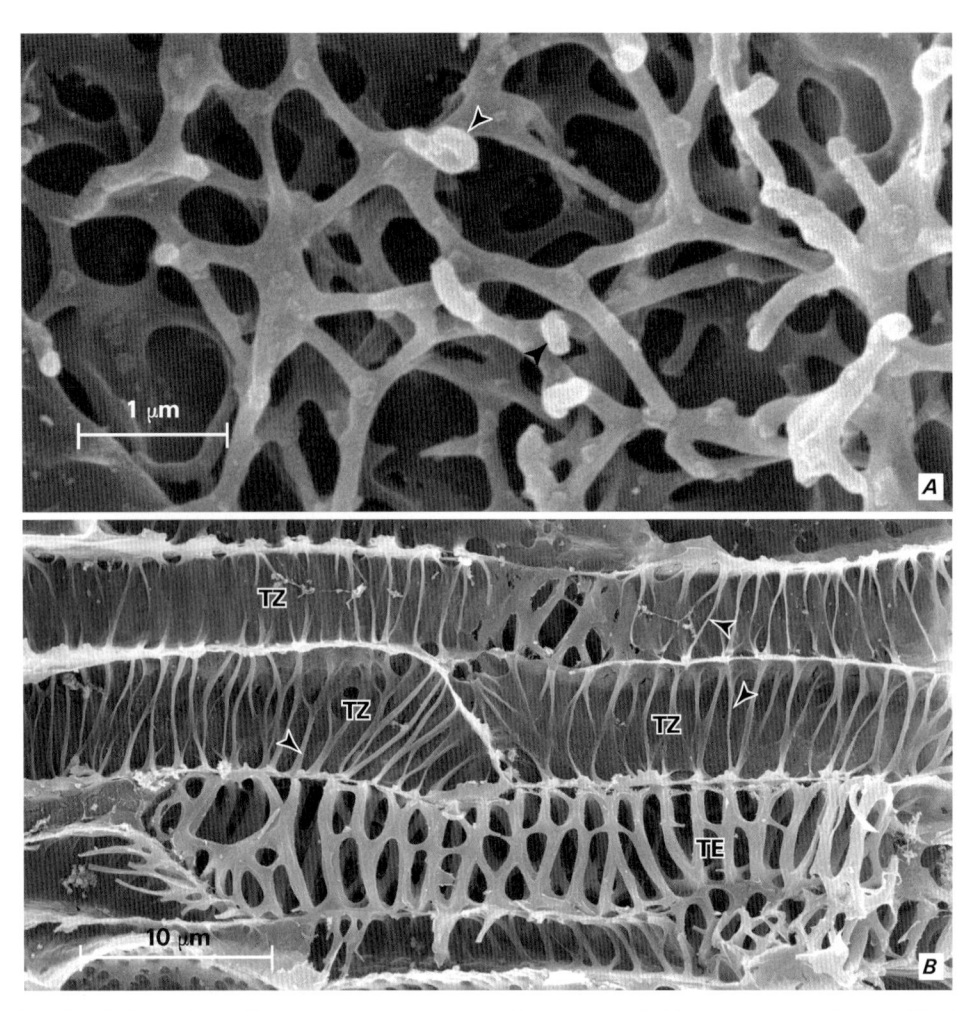

**Abb. 7.6** **A**, netzförmige Zellwandeinstülpungen in Transferzellen des Xylemparenchyms von *Vicia faba* Wurzelknöllchen. Pfeilspitzen weisen auf neue Wandeinstülpungen, abgelagert auf der zuletzt angelegten Schicht von Zellwandeinstülpungen. **B**, rippenförmige Wandeinstülpungen in Transferzellen (TZ); Längsbruch durch vegetativen Knoten von *Triticum aestivum*. Rippenförmige Wandeinstülpungen sind grob parallele, lange stabförmige Verdickungen (Pfeilspitzen), ähnlich den Wandverdickungen der angrenzenden trachealen Elemente (TE), aber viel dünner als diese. (Aus Talbot et al., 2002.)

idealer 14-Flächner (Tetrakaidekaeder) besitzt 8 sechseckige und 6 rechteckige Flächen (Abb. 7.7A). Diese ideale Figur kommt bei Pflanzenzellen äußerst selten vor (Abb. 7.7B; Matzke, 1940); sie weisen eine wechselnde Anzahl von Flächen auf, selbst in einem so homogenen Parenchym wie dem Mark von Sprossachsen (Abb. 7.7C-F). Das Vorkommen kleinerer und größerer Zellen im selben Gewebe, und die Abweichung der Zellen von der beinahe isodiametrischen hin zu einer anderen Form sind die Faktoren, die über die Anzahl der Flächen pro Zelle entscheiden (Matzke und Duffy, 1956). Kleine Zellen haben weniger als 14 Flächen und große Zellen mehr als vierzehn. Das Auftreten von Interzellularräumen, besonders wenn sie groß sind, vermindert die Zahl der Kontaktflächen (Hulbary, 1944).

Man hat lange Zeit angenommen, dass Druck und Oberflächenspannung die Faktoren sind, welche die Form und Größe von Zellen beeinflussen. Bei der Entstehung von Sternparenchymzellen im Mesophyll von *Canna*-Blättern und im Mark von *Juncus*, scheint seitlicher Zug einer der Faktoren zu sein, die für die endgültige Gestalt bestimmend sind (Maas Geesteranus, 1941). Die Arme strecken sich offenbar über ihre gesamte Länge. Korn (1980) hat vermutet, dass Form und Größe von Zellen das Ergebnis dreier zellulärer Prozesse sind: (1) die Dehnungsrate der Zellwand, (2) die Dauer des Zellzyklus, und (3) die Positionierung der Zellplatte meist nahe der Mitte der längsten Wand, wodurch die neue Querwand nicht auf eine existierende Querwand benachbarter Zellen trifft und eine nahezu äquale Zellteilung erreicht wird. Subzelluläre Faktoren, welche die Zellvergrößerung und die Bildung von Interzellularen beeinflussen, werden im Kapitel 4 behandelt.

Die Anordnung der Zellen ist bei den unterschiedlichen Parenchymen verschieden. Das Speicherparenchym fleischiger Wurzeln und Sprossachsen ist reichlich mit Interzellularräumen versehen. Dagegen ist das Endosperm der Samen gewöhnlich ein kompaktes Gewebe, mit bestenfalls kleinen Interzellularen. Die reichliche Bildung von Interzellularen im Blattmesophyll, und im Chlorenchym generell, steht offenbar mit dem Gaswechsel in einem Photosynthesegewebe im Zusammen-

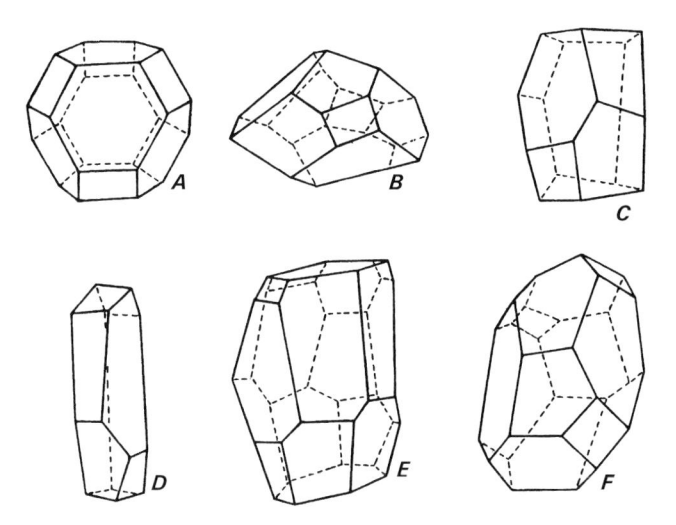

**Abb. 7.7** Die Gestalt von Parenchymzellen. **A**, Zeichnung eines Tetrakaidekaeders, eines geometrisch idealen 14-flächigen Polyeders. **B**, Zeichnung einer Markzelle von *Ailanthus*. Sie hat eine heptagonale, 4 hexagonale, 5 pentagonale und 4 viereckige Flächen, also insgesamt 14 Flächen. Dies ist eine Beispiel für eine Zelle, deren Gestalt sich einem idealen Tetrakaidekaeder nähert. **C-F**, Zeichnungen von Markzellen von *Eupatorium*. Die Zahl der Flächen beträgt 10 (**C**), 9 (**D**), 16 (**E**) und 20 (**F**). (Aus Esau, 1977; **A**, **B**, nach Matzke, 1940; **C-F**, nach Marvin, 1944.)

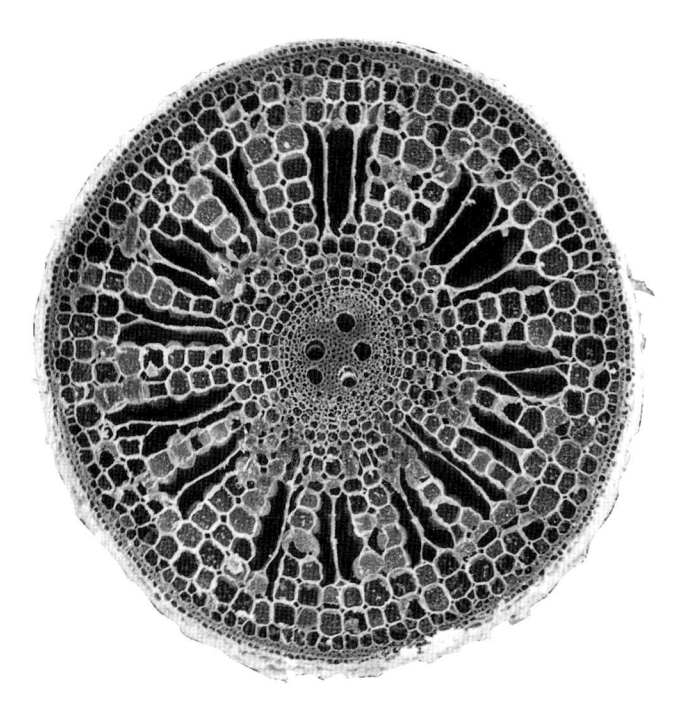

**Abb. 7.8** Rasterelektronenmikroskopische Aufnahme einer Reiswurzel (*Oryza sativa*) im Querschnitt; das Aerenchym ist deutlich erkennbar. (x80; mit freundlicher Genehmigung von P. Dayanandan)

hang. Im gesamten Pflanzenkörper ist das Grundgewebe jedoch typischerweise von einem weniger auffälligen Labyrinth aus Interzellularen durchzogen; dies ist für den Diffusions-abhängigen Gastransport erforderlich (Prat et al., 1997). Bei krautigen Pflanzen kann sich das Labyrinth von Interzellularen von den substomatären Kammern der Blätter bis fast hin zur Wurzelhaube erstrecken, über das primäre Rindenparenchym von Sprossachse und Wurzel (Armstrong, W., 1979).

Die Interzellularen in den verschiedenen soeben beschriebenen Geweben entstehen gewöhnlich schizogen (Kapitel 4). Solche Räume können sehr groß werden, wenn Zellen entlang einer beträchtlichen Zone ihren Kontakt zu anderen Zellen auflösen. Diese Trennung ist mit einer Ausdehnung des Gewebes insgesamt verbunden. Im wachsenden Gewebe behalten die Zellen ihre begrenzte Verbindung untereinander durch differentielles Wachstum (unterschiedliches Wachstum einzelner Teile) und bilden so Arme oder Lappen (Abb. 7.2C, E; Kaul, 1971). Bei einigen Arten wachsen die an den Interzellularraum grenzenden Zellen nicht nur, sondern teilen sich. Bei diesen Teilungen werden die neuen Wände senkrecht zu den Wänden gebildet, die an den Interzellularraum grenzen (Hulbary, 1944).

### 7.1.6 Einige Parenchyme – die Aerenchyme – enthalten besonders große Interzellularen

Interzellularen sind besonders gut entwickelt bei Angiospermen, die im Wasser und in semi-aquatischen Habitaten leben oder in vernässten Böden (Armstrong, W., 1979; Kozlowski, 1984; Bacanamwo und Purcell, 1999; Drew et al., 2000). Ein Parenchym, das reichlich mit großen Interzellularräumen ausgestattet ist, wird als **Aerenchym** bezeichnet. Dieser Begriff wurde ursprünglich für ein vom Phellogen abstammendes, nicht suberinisiertes Korkgewebe (Phellem) mit zahlreichen Luftkammern verwendet (Schenk, 1989). Die Aerenchym-Bildung in den Wurzeln einiger Arten erfolgt allein durch Vergrößerung schizogener Interzellularräume; bei anderen umfasst die Aerenchym-Bildung verschiedene Grade von Lysigenie (Smirnoff und Crawford, 1983; Justin und Armstrong, 1987; Armstrong und Armstrong, 1994). Unabhängig vom Grad der Lysigenie bleiben die corticalen Zellen, welche die Seitenwurzeln ummanteln, interessanterweise immer intakt; dies deutet darauf hin, dass die Aerenchymbildung ein kontrollierter Vorgang ist. Ethylen ist mit der lysigenen Entstehung von Aerenchym in Wurzeln von Pflanzen auf vernässten Standorten in Verbindung gebracht worden (Kawase, 1981; Kozlowski, 1984; Justin und Armstrong, 1991; Drew, 1992). Wie bereits erwähnt (Kapitel 5) bedingt der Sauerstoffmangel in solchen Pflanzen die Produktion von Ethylen; dieses wiederum induziert den programmierten Zelltod und die Entwicklung eines Aerenchyms. Bei den Wurzeln einiger Arten erfolgt eine Aerenchymbildung von Natur aus, d. h. ohne dass ein externer Reiz erforderlich wäre. Unter diesen sind die Wurzeln von Reis (*Oryza sativa*) (Abb. 7.8; Webb und Jackson, 1986) besonders bemerkenswert.

Das Aerenchym in Blättern und Sprossachsen von Wasserpflanzen unterscheidet sich im Allgemeinen strukturell von dem in Wurzeln vorkommenden Aerenchym (Armstrong, W.,

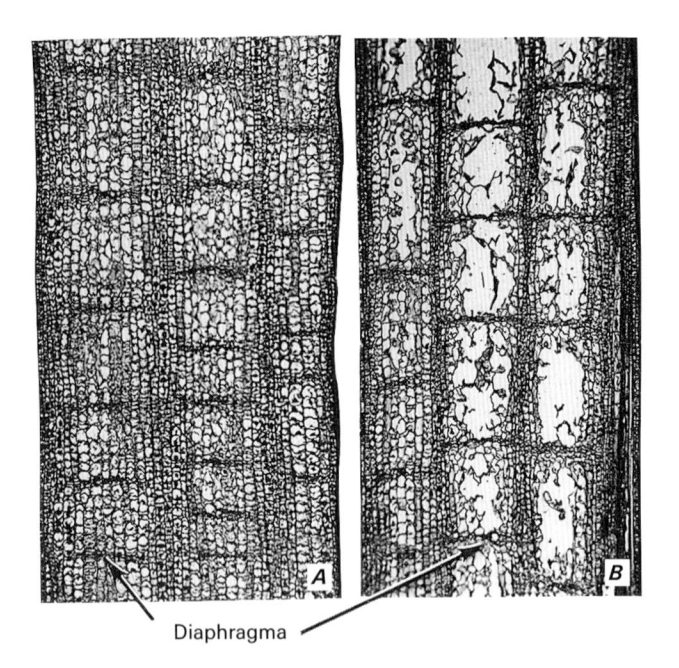

**Abb. 7.9** A, B, zwei Stadien der Aerenchymbildung in Mittelrippen der Blattscheide von Reis (*Oryza sativa*). Zwischen den Lakunen bleiben Diaphragmen intakt. (beide, × 190. Aus Kaufman, 1959.)

1979). Das Gewebe zeigt große, longitudinale Interzellularen oder Lakunen, manchmal sternförmige Zellen und ist oftmals in regelmäßigen Abständen durch dünne, transversal orientierte Zellplatten, sogenannte **Diaphragmen**, unterteilt, die normalerweise Interzellularen besitzen (Abb. 7.9; Kaul, 1971, 1973, 1974; Matsukura et al., 2000). In den Sprossachen einiger Arten sind alle Diaphragmen gleichgestaltet; in anderen werden zwei oder drei verschiedene Arten von Diaphragmen gebildet. In den Blättern von *Typha latifolia* z. B. alternieren Diaphragmen, die vollständig aus sternförmigen Zellen bestehen, mit solchen, die von Leitbündeln durchzogen sind (Kaul, 1974). Trotz Vermutungen, dass Aerenchyme oft mit Wasser oder Flüssigkeit gefüllt sind (Canny, 1995), gibt es beträchtliche Beweise dafür, dass die Lakunen normalerweise mit Gas gefüllt sind (Constable et al., 1992; Drew, 1997). Das Vorhandensein eines Aerenchyms, das ein zusammenhängendes System von Spross zu Wurzel bildet, steigert die Diffusion von Luft von den Blättern zur Wurzel und ermöglicht so den Pflanzen in Feuchtgebieten oder Überflutungsgebieten einen für die Atmung genügend hohen Sauerstoffspiegel aufrecht zu halten. Sauerstoff, der von atmenden Zellen nicht verbraucht wird, also ein Zuviel an Sauerstoff, diffundiert oftmals von den Wurzeln in die Bodenatmosphäre (Hook et al., 1971). Dies ist für die Pflanze von Vorteil, weil so eine aerobe Rhizosphäre in einem ansonsten anaeroben Boden entsteht (Topa und McLeod, 1986).

Ein anderes durch Überflutung hervorgerufenes Entwicklungsphänomen ist die Bildung von Adventivwurzeln (Visser et al., 1996; Shiba und Daimon, 2003) und die Bildung von Lenticellen an der Sprossachsenbasis und an älteren Wurzeln (Hook, 1984). Wenn im Laufe des sekundären Dickenwachstums das corticale Aerenchym zerstört wurde, kann bei einigen Holzpflanzenarten ein aerenchymatisches Phellem einen alternativen Weg für einen Gasaustausch zwischen Spross und Wurzel bieten (Stevens et al., 2002).

## 7.2 Kollenchym

Das **Kollenchym** ist ein lebendes Gewebe; es besteht aus mehr oder weniger gestreckten Zellen mit dicken Primärwänden (Abb. 7.10). Es ist ein einfaches Gewebe, denn es besteht aus nur einem einzigen Zelltyp, der **Kollenchymzelle**. Kollenchymzellen und Parenchymzellen ähneln einander, sowohl strukturell als auch in ihrer Physiologie. Beide besitzen vollständige Protoplasten und können wieder meristematisch werden; ihre Zellwände sind typischerweise primär und nicht lignifiziert. Der Unterschied zwischen den beiden liegt hauptsächlich in der größeren Wanddicke der Kollenchymzellen; außerdem sind die hoch spezialisierten Kollenchymzellen länger als die meisten Arten von Parenchymzellen. Wo Kollenchym und Parenchym nebeneinander liegen, treten Übergangsformen auf, sowohl bezüglich der Wanddicke als auch bezüglich der Form. Wände von Parenchymzellen, die an Kollenchym grenzen, können verdickt sein – „kollenchymatisch verdickt" –, genau wie die Wände der Kollenchymzellen. Beide Zelltypen enthalten Chloroplasten (Maksymowych et al., 1993). Chloroplasten sind meist zahlreich in Kollenchymzellen, die eine ähnliche Form wie die Parenchymzellen aufweisen. Lange, schmale Kollenchymzellen enthalten nur wenige kleine Chloroplasten oder gar keine. Wegen der Ähnlichkeiten zwischen den beiden Geweben und der strukturellen und funktionellen Variabilität des Parenchyms, wird das Kollenchym gewöhnlich als dickwandiger Parenchymtyp angesehen, der strukturell als Stützgewebe spezialisiert ist. Auch die Begriffe Parenchym und Kollenchym sind verwandt. Bei dem Wort Kollenchym (gr. *kolla* = Leim) bezieht sich die erste Silbe auf die dicke glänzende Zellwand, die für das Kollenchym charakteristisch ist.

Das Kollenchym unterscheidet sich von dem anderen Stützgewebe, dem Sklerenchym (Kapitel 8), durch den Bau der Wand und den Zustand des Protoplasten. Kollenchym besitzt relativ weiche, biegsame, nicht verholzte Primärwände, wohingegen das Sklerenchym harte, mehr oder weniger starre Sekundärwände besitzt, die normalerweise lignifiziert sind. Kollenchymzellen behalten einen aktiven Potoplasten. Dieser ist in der Lage, die Zellwandverdickungen rückgängig zu machen, wenn die Zellen induziert werden, wieder meristematisch zu werden; dies passiert z. B. bei der Bildung von Korkcambium (Kapitel 15) infolge Verletzung. Die Wände des Sklerenchyms sind dauerhafter als die des Kollenchyms. Sie können nicht einfach wieder aufgelöst werden, selbst wenn der Protoplast in der Zelle verbleibt. Viele Sklerenchymzellen besitzen im ausgereiften Zustand keinen Protoplasten. Bei einigen Kollen-

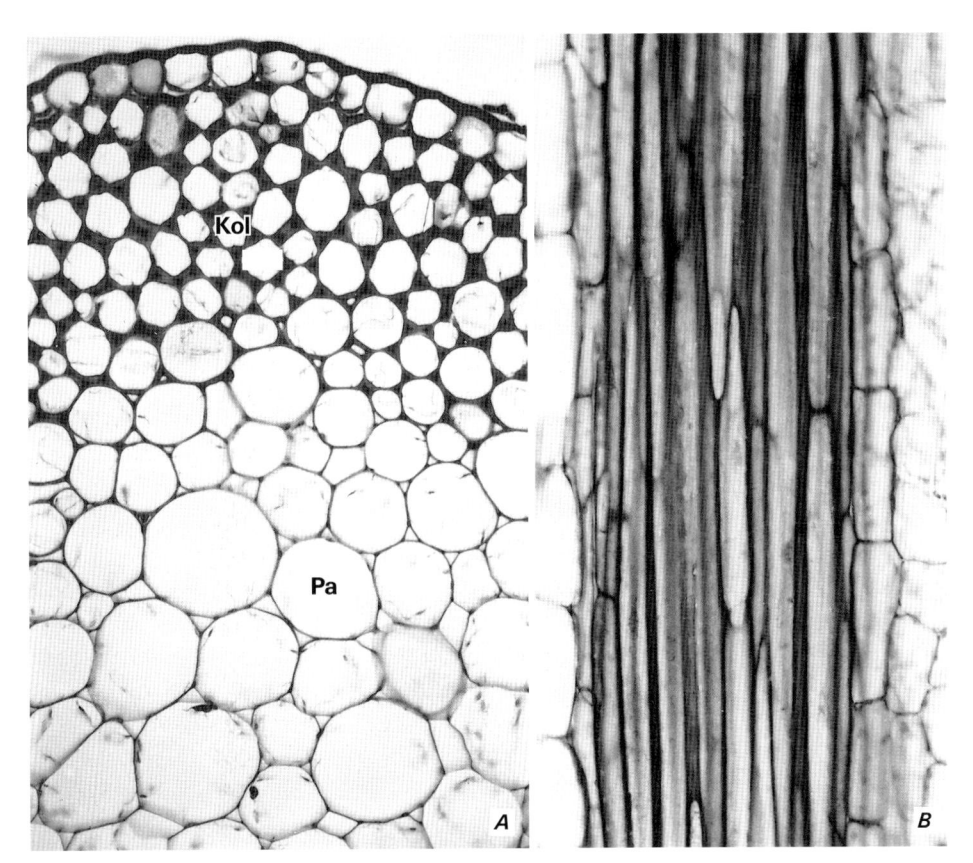

**Abb. 7.10** Querschnitt durch das Kollenchym (Kol) im Blattstiel der Zuckerrübe (*Beta*) (**A**) und Längsschnitt durch das Kollenchym in der Sprossachse von Weinrebe (*Vitis*) (**B**). Andere Details: Pa, Parenchym. (x285.)

chymzellen bleiben die Querteilungsprodukte zusammen und sind von einer gemeinsamen Mutterzellwand umschlossen (Majumdar, 1941; Majumdar und Preston, 1941). Solche Zellkomplexe ähneln septierten Fasern.

## 7.2.1 Der Bau der Zellwand ist das charakteristische Merkmal der Kollenchymzellen

In Frischschnitten sind die Wände von Kollenchymzellen dick und glänzend (Abb. 7.11) und oftmals ungleichmäßig verdickt. Sie enthalten neben Cellulose große Mengen an Pektin und Hemicellulosen, aber kein Lignin (Roelofsen, 1959; Jarvis und Apperley, 1990). Bei einigen Arten wechseln in Kollenchymwänden Schichten, die reich an Cellulose und arm an Pektinen sind, mit solchen ab, die mehr Pektine und weniger Cellulose besitzen (Beer und Setterfield, 1958; Preston, 1974; Dayanandan et al., 1976). Pektine sind hydrophil, und daher sind die Wände von Kollenchymzellen reich an Wasser (Jarvis und Apperley, 1990). Dies kann man zeigen, wenn man Frischschnitte durch Kollenchym mit Alkohol behandelt. Die Dehydrierung durch Alkohol bewirkt eine deutliche Schrumpfung der Kollenchymwände. Ultrastrukturelle Untersuchungen haben gezeigt, dass Kollenchymwände verschiedenen Typs eine gekreuzt-polylamellate (Wardrop, 1969; Chafe, 1970, Deshpande, 1976; Lloyd, 1984) oder eine schraubige, helicoidale Struktur

**Abb. 7.11** Querschnitt durch das Kollenchym eines Blattstiels von Rhabarber (*Rheum rhabarbarum*). In frischem Gewebe, wie dem hier gezeigten, glänzen die ungleichmäßig verdickten Kollenchymzellwände. (x400.)

aufweisen (Kapitel 4; Vian et al., 1993). Primäre Tüpfelfelder sind in Kollenchymzellwänden häufig anzutreffen, besonders bei solchen von ziemlich einheitlicher Dicke (Duchaigne, 1955).

Die Verteilung der Wandverdickungen im Kollenchym zeigt verschiedene Muster (Abb. 7.12; Chafe, 1970). Wenn die Wand ungleichmäßig verdickt ist, so ist sie entweder in den Zellecken am dicksten oder an zwei einander gegenüber liegenden Wänden, an der inneren und der äußeren Tangentialwand (also an den periklinen Wänden, parallel zur Oberfläche des Pflanzenteils). Kollenchym, das hauptsächlich an den Tangentialwänden verdickt ist, wird als **lamellares Kollenchym** oder **Plattenkollenchym** (Abb. 7.12A) bezeichnet. Plattenkollenchym ist besonders gut in der primären Rinde der Sprossachse von *Sambucus nigra* ausgebildet. Es kann auch im Sprossachsencortex von *Sanguisorba*, *Rheum* und *Eupatoria* gefunden werden, und auch im Blattstiel von *Cochlearia armoracia*. Kollenchym mit der Hauptablagerung von Zellwandmaterial in den Zellecken wird allgemein als **angulares Kollenchym** oder **Eckenkollenchym** bezeichnet (Abb. 7.12B). Beispiele für Eckenkollenchym zeigen die Sprossachsen von *Atropa belladonna* und *Solanum tuberosum* und die Blattstiele von *Begonia*, *Beta*, *Coleus*, *Cucurbita*, *Morus*, *Ricinus* und *Vitis*.

Kollenchym kann Interzellularen enthalten oder nicht. Wenn Interzellularen im Eckenkollenchym vorhanden sind, grenzen die stärksten Wandverdickungen an die Interzellularen. Ein Kollenchym mit einem solchen Zellwandverdickungsmuster wird manchmal als Spezialtyp klassifiziert; es wird als **lakunares Kollenchym** oder **Lückenkollenchym** bezeichnet (Abb. 7.12C). Wenn das Kollenchym keine Interzellularen entwickelt, zeigen die Ecken, an denen mehrere Zellen zusammenstoßen, eine verdickte Mittellamelle. Diese Verdickung wird manchmal deutlich verstärkt durch eine Ansammlung von Interzellularenmaterial in potentiellen Interzellularräumen. Der Grad dieser Akkumulation in den Interzellularen variiert offenbar; offenbar können Interzellularräume während früher Entwicklungsstadien entstehen, nur um später durch Pektinstoffe verschlossen zu werden. Wo die Interzellularen groß sind, füllen die Pektinstoffe sie nicht vollständig aus; sie ragen dann in Form von Warzen oder korallenartigen Strukturen in den Interzellularraum hinein (Duchaigne, 1955; Carlquist, 1956). Das Vorhandensein von Interzellularen gilt nicht als allgemeingültiges Charakteristikum eines bestimmten Kollenchymtyps. Kollenchym, das als Lückenkollenchym klassifiziert werden könnte, ist in der primären Rinde der Sprossachsen von *Brunellia* und *Salvia* und von verschiedenen Asteraceen und Malvaceen zu finden.

Einige Pflanzenanatomen unterscheiden einen vierten Typ von Kollenchym, das **annulare Kollenchym** (Metcalfe, 1979). Solch ein Kollenchym ist durch Zellwände charakterisiert, die gleichmäßiger verdickt sind; ferner zeigen die Lumina im Querschnitt einen mehr oder weniger kreisförmigen Umriss. Die Unterscheidung zwischen annularem Kollenchym und Eckenkollenchym ist nicht scharf; die deutlich sichtbare Begrenzung der Wandverdickungen auf die Zellecken hängt von der Dicke der übrigen Wandpartien ab. Wird die Wand überall stark verdickt, so werden die Eckenverdickungen überdeckt und maskiert; das Zelllumen erscheint dann im Querschnitt kreisförmig statt eckig (Duchaigne, 1955; Vian et al., 1993).

Die Wände des Kollenchyms werden allgemein als dicke Primärwände angesehen; die Verdickungen werden abgelagert während die Zelle wächst. Mit anderen Worten, die Zellwand

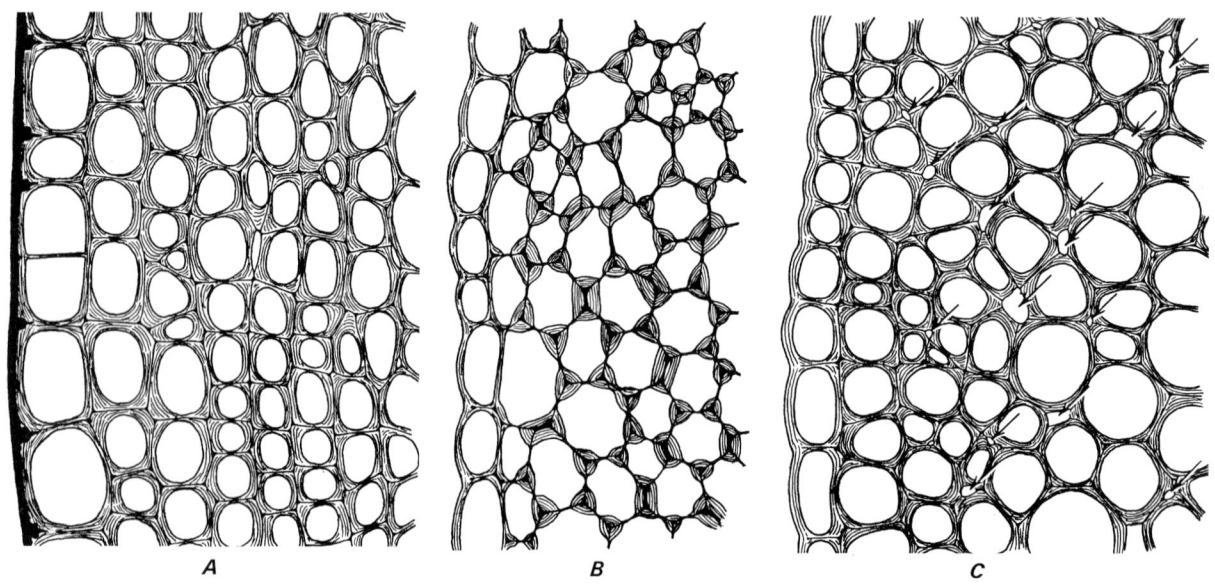

**Abb. 7.12** Kollenchym in Querschnitten durch Sprossachsen. In allen drei Zeichnungen befindet sich die Epidermis links. **A**, *Sambucus*; Plattenkollenchym; Wandverdickungen hauptsächlich an tangentialen (periklinen) Wänden. **B**, *Cucurbita*, Eckenkollenchym; Wandverdickungen in den Zellecken. **C**, *Lactuca*, Lückenkollenchym; zahlreiche Interzellularen (Pfeile) und die stärksten Wandverdickungen unmittelbar an diese Interzellularen grenzend. Bei **A** dicke Cuticula schwarz gezeichnet. (Alle, ×320.)

vergrößert gleichzeitig ihre Oberfläche und ihre Dicke. Wie viel der Verdickung, wenn überhaupt, nach Abschluss des Zellwachstums deponiert wird, ist generell nicht festzustellen, so dass es in solchen Zellen auch völlig unmöglich ist, Primärwand- und Sekundärwandschichten voneinander zu unterscheiden.

Die Kollenchymzellwände können in älteren Pflanzenteilen verändert werden. Bei Holzgewächsen mit sekundärem Dickenwachstum passt sich das Kollenchym, wenigstens eine Zeitlang, der Zunahme des Achsenumfangs durch aktives Wachstum an, unter Beibehaltung seiner ursprünglichen Merkmale. Bei einigen Pflanzen (*Tilia*, *Acer*, *Aesculus*) vergrößern sich die Kollenchymzellen, wobei ihre Wände gleichzeitig dünner werden (de Bary, 1884) Offenbar ist nicht bekannt, ob diese Abnahme der Zellwanddicke durch Abbau von Wandsubstanz oder durch Dehnung und Entwässerung verursacht wird. Kollenchymzellen können auch zu Sklerenchymzellen werden, und zwar durch Auflagerung verholzter Sekundärwände mit einfachen Tüpfeln (Duchaigne, 1955; Wardrop, 1969; Calvin und Null, 1977).

### 7.2.2 Eine periphere Lage ist für Kollenchym charakteristisch

Das Kollenchym gilt als typisches Stützgewebe, (1) der primären, wachsenden Organe und (2) derjenigen ausgewachsenen krautigen Organe, die nur ein schwaches sekundäres Dickenwachstum zeigen, oder bei denen ein solches Wachstum vollständig fehlt. Es ist das erste Stützgewebe in Sprossachsen, Blättern und Blütenteilen, und bei vielen ausgewachsenen Blättern und manchen grünen Sprossachsen von Eudicotyledonen bleibt es das einzige Stützgewebe. Wurzeln besitzen selten Kollenchym, aber Kollenchym kann in der primären Rinde vorkommen (Guttenberg, 1940), besonders dann, wenn die Wurzel dem Licht ausgesetzt ist (Van Fleet, 1950). Kollenchym fehlt in den Sprossachsen und Blättern vieler Monocotyledonen, die früh Sklerenchym entwickeln (Falkenberg, 1876; Giltay, 1882). Kollenchymatisches Gewebe ersetzt typischerweise das Sklerenchym an der Grenze von Blattspreite und Blattscheide (*blade joint*) und im Pulvinus von Grasblättern (Percival, 1921; Esau, 1965; Dayanandan et al., 1977; Paiva und Machado, 2003). Massive kollenchymatische Bündelkappen differenzieren sich entlang der Blattscheidenbündel.

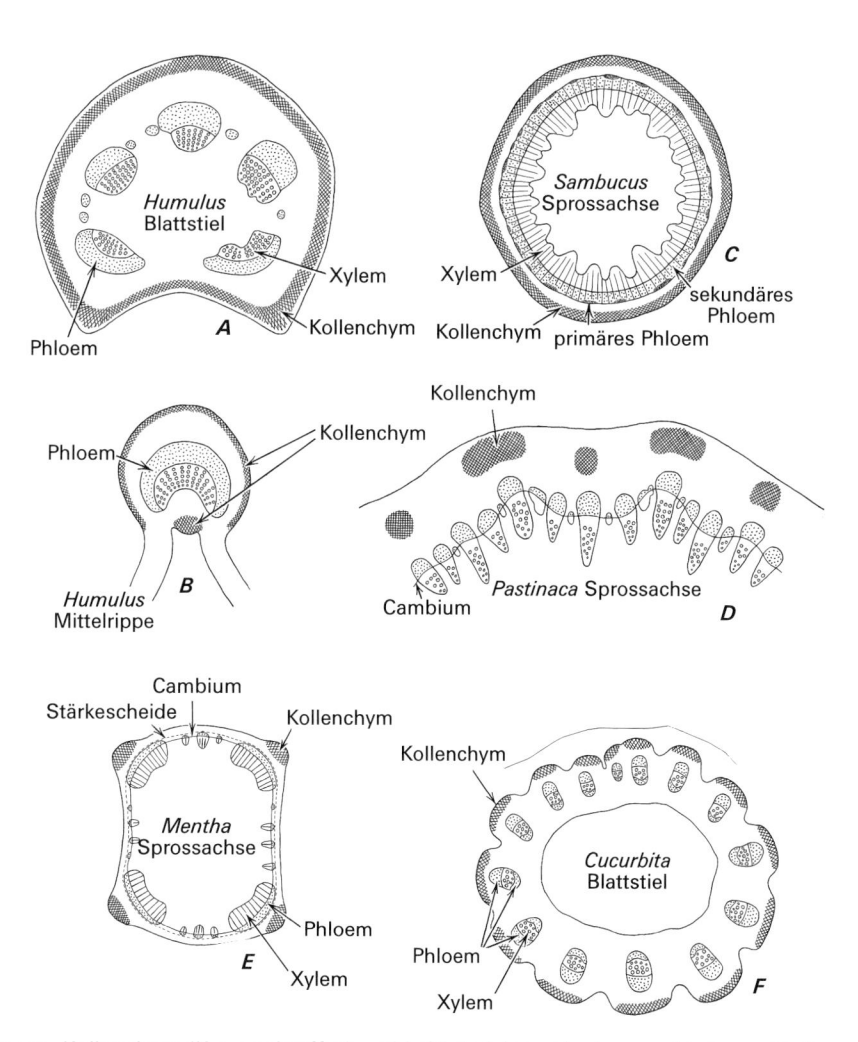

**Abb. 7.13** Verteilung von Kollenchym (Kreuzschraffur) und Leitbündelgewebe in verschiedenen Blatt- und Sprossachsenquerschnitten. (A, B, ×19; C-F, ×9.5.)

Die periphere Lage des Kollenchyms ist hochgradig charakteristisch (Abb. 7.13). Es kann unmittelbar unter der Epidermis liegen, oder es kann durch eine oder mehrere Parenchymschichten von der Epidermis getrennt sein. Es hat seinen Ursprung im Grundmeristem. Grenzt das Kollenchym unmittelbar an die Epidermis, so können deren innere Tangentialwände genauso verdickt sein wie die Wände des Kollenchyms. Manchmal sind alle Wände der Epidermis kollenchymatisch verdickt. Bei Sprossachsen bildet das Kollenchym häufig einen zusammenhängenden Hohlzylinder um die gesamte Achse (Abb. 7.13C). Manchmal tritt es in Form einzelner Stränge auf, oftmals in von außen sichtbaren Rippen; dies kommt bei Sprossachsen vieler krautiger Pflanzen vor, und bei Sprossachsen von Holzpflanzen, bei denen noch kein sekundäres Dickenwachstum stattgefunden hat (Abb. 7.13D, E). Die Verteilung des Kollenchyms in Blattstielen zeigt ähnliche Muster wie bei Sprossachsen (Abb. 13A, F). In Blattspreiten findet sich Kollenchym in den Nerven beiderseits der größeren Leitbündel (*major veins*) (Abb. 7.13B), und manchmal nur auf einer Seite, meist der Unterseite. Kollenchym differenziert sich auch entlang der Blattränder.

Bei vielen Pflanzen besteht das Parenchym, das sich ganz am Rande eines Leitbündels phloem- und xylemseitig befindet (Bündelkappen) oder das Leitbündel vollständig umgibt (Bündelscheide) aus lang gestreckten Zellen mit dicken Primärwänden. Die Wandverdickung kann derjenigen von Kollenchym ähneln, besonders des annularen Typs (Esau, 1936; Dayanandan et al., 1976). Dieses Gewebe wird oft als Kollenchym bezeichnet, aber wegen seiner enger Assoziation mit Leitgeweben, ist seine Entstehungsgeschichte eine etwas andere als beim leitbündelunabhängig vorkommenden Kollenchym, welches im Grundmeristem entsteht. Es ist daher vorzuziehen, solche lang gestreckten, die Leitbündel begleitenden Zellen mit dicken Primärwänden als kollenchymatische Parenchymzellen zu bezeichnen oder als kollenchymartig verdickte Parenchymzellen, falls ihre Ähnlichkeit mit Kollenchymzellen betont werden soll. Diese Bezeichnung kann auf alle Parenchyme, die einem Kollenchym ähneln, angewendet werden, an jeder Stelle der Pflanze.

### 7.2.3 Kollenchym scheint besonders gut für die Aussteifung wachsender Blätter und Sprossachsen geeignet zu sein

Die Zellwände des Kollenchyms beginnen sich früh in der Entwicklung des Sprosses zu verdicken, denn die Zellen sind in der Lage, Oberfläche und Dicke ihrer Wände gleichzeitig zu vergrößern; sie können sich entwickeln und dicke Wände behalten während sich das Organ noch streckt. Wegen der Plastizität und Dehnungsfähigkeit der Wandverdickungen stehen diese dem Längenwachstum von Sprossachse und Blatt nicht im Wege. In den Blattstielen von Sellerie verlängerten sich die Kollenchymzellen ungefähr um den Faktor 30, und gleichzeitig nahmen Oberfläche und Dicke der Zellwände sehr stark zu (Frey-Wyssling und Mühlethaler, 1965). In einem weiter fortgeschrittenen Entwicklungsstadium bleibt das Kollenchym Stützgewebe für Pflanzenteile (viele Blätter, krautige Sprossachsen), die nicht viel Sklerenchym entwickeln. Interessant in Bezug auf die Stützfunktion des Kollenchyms ist die Tatsache, dass in sich entwickelnden Pflanzenteilen, die mechanischem Stress ausgesetzt sind (Windexposition; Neigen eines Sprosses durch Befestigen eines Gewichtes), die Wandverdickung im Kollenchym früher einsetzt als bei Pflanzen, die einem solchen Stress nicht unterliegen (Venning, 1949; Razdorskii, 1955; Walker, 1960). Außerdem können gestresste Sprosse einen deutlich höheren Kollenchymanteil aufweisen (Patterson, 1992). Derartiger Stress hat allerdings keinen Einfluss auf den gebildeten Kollenchymtyp. Neben seiner Stützfunktion ist dem Kollenchym auch eine Rolle bei der Resistenz der Eiche gegenüber Mistelbefall (Hariri et al., 1992) und gegenüber Insektenfraß an Sprossachsen (Oghiakhe et al., 1993) zugesprochen worden.

Ein Vergleich von Kollenchym- mit Fasersträngen ist besonders interessant. In einer Studie verlängerten sich Kollenchymstränge um 2% bis 2.5% bevor sie rissen, wohingegen Faserstränge sich vor dem Reißen weniger als 1,5% verlängerten (Ambronn, 1881). Die Kollenchymstränge waren in der Lage, 10–12 kg pro $mm^2$ zu tragen, und die Faserstränge 15 bis 20 kg pro $mm^2$. Die Faserstränge kehrten selbst nach stärkster Belastung mit 15–20 kg pro $mm^2$ wieder auf ihre ursprüngliche Länge zurück; das Kollenchym hingegen blieb bereits permanent gedehnt, wenn es ein Gewicht von nur 1.5 bis 2kg pro $mm^2$ zu tragen hatte. Mit anderen Worten, die Zugfestigkeit des Kollenchyms ist mit der des Sklerenchyms ganz gut vergleichbar, aber das Kollenchym ist plastisch (verformbar) und das Sklerenchym ist elastisch. Eine Differenzierung von Fasern in wachsenden Organen würde das Längenwachstum behindern, weil die Fasern die Tendenz haben, nach Dehnung wieder ihre ursprünglich Länge einzunehmen. Das Kollenchym hingegen würde unter denselben Bedingungen mit einer plastischen Längenveränderung reagieren. Die Bedeutung der Plastizität von Kollenchymzellwänden wird ferner durch die Beobachtung unterstrichen, dass das internodiale Längenwachstum hauptsächlich erst dann erfolgt, wenn die Wände der Kollenchymzellen bereits verdickt sind. Im Blattstiel von Sellerie setzt sich die Wandverdickung nach Beendigung des Wachstums noch eine Zeitlang fort (Vian et al., 1993).

Ausgewachsenes Kollenchym ist ein starkes, flexibles Gewebe aus langen, einander überlappenden Zellen (im Zentrum der Kollenchymstränge können einige Zellen eine Länge von 2 mm erreichen; Duchaigne, 1955) mit dicken, nicht lignifizierten Wänden. In alten Pflanzenteilen kann das Kollenchym im Vergleich zu jüngeren Pflanzenteilen härter und weniger plastisch werden; wie bereits erwähnt, kann es sich auch durch Ablagerung lignifizierter Sekundärwände in ein Sklerenchym umwandeln. Der Verlust der Fähigkeit zum Dehnungswachstum im reifen Sellerie-Kollenchym wird zum einen der Netto-Längsorientierung seiner Mikrofibrillen zugeschrieben, und zum anderen dem relativen Mangel an methylierten Pektinen (Fenwick et al., 1997). Auch die Vernetzung von Pektinen und Hemicellulosen kann dazu beitragen, dass reife Kollenchymzellwände starrer werden (Liu et al., 1999). Außerdem wird in Sprossachsen mit sekundärem Dickenwachstum das Xylem zum Haupt-Stützgewebe, wegen des Vorherrschens von Zellen mit lignifizierten Sekundärwänden und dem reichlichen Vorkommen langer, einander überlappender Zellen in diesem Gewebe.

## Literatur

Ambronn, H. 1881. Über die Entwickelungsgeschichte und die mechanischen Eigenschaftern des Collenchyms. Ein Beitrag zur Kenntnis des mechanischen Gewebesystems. *Jahrb. Wiss. Bot.* 12, 473–541.

Armstrong, J. und W. Armstrong. 1994. Chlorophyll development in mature lysigenous and schizogenous root aerenchymas provides evidence of continuing cortical cell viability. *New Phytol.* 126, 493–497.

Armstrong, W. 1979. Aeration in higher plants. *Adv. Bot. Res.* 7, 225–332.

Bacanamwo, M. und L. C. Purcell. 1999. Soybean root morphological and anatomical traits associated with acclimation to flooding. *Crop Sci.* 39, 143–149.

Bailey, I. W. 1938. Cell wall structure of higher plants. *Ind. Eng. Chem.* 30, 40–47.

Beer, M. und G. Setterfield. 1958. Fine structure in thickened primary walls of collenchyma cells of celery petioles. *Am. J. Bot.* 45, 571–580.

Bengochea, T. und J. H. Dodds. 1986. *Plant Protoplasts. A Biotechnological Tool for Plant Improvement.* Chapman and Hall, London.

Calvin, C. L. und R. L. Null. 1977. On the development of collenchyma in carrot. *Phytomorphology* 27, 323–331.

Canny, M. J. 1995. Apoplastic water and solute movement: New rules for an old space. *Annu. Rev. Plant Physiol. Plant Mol. Biol.* 46, 215–236.

Carlquist, S. 1956. On the occurrence of intercellular pectic warts in Compositae. *Am. J. Bot.* 43, 425–429.

Chafe, S. C. 1970. The fine structure of the collenchyma cell wall. *Planta* 90, 12–21.

Constable, J. V. H., J. B. Grace und D. J. Longstreth. 1992. High carbon dioxide concentrations in aerenchyma of *Typha latifolia*. *Am. J. Bot.* 79, 415–418.

Dayanandan, P., F. V. Hebard und P. B. Kaufman. 1976. Cell elongation in the grass pulvinus in response to geotropic stimulation and auxin application. *Planta* 131, 245–252.

Dayanandan, P., F. V. Hebard, V. D. Baldwin und P. B. Kaufman. 1977. Structure of gravity-sensitive sheath and internodal pulvini in grass shoots. *Am. J. Bot.* 64, 1189–1199.

De Bary, A. 1884. *Comparative Anatomy of the Vegetative Organs of the Phanerogams and Ferns.* Clarendon Press, Oxford.

Deshpande, B. P. 1976. Observations on the fine structure of plant cell walls. I. Use of permanganate staining. *Ann. Bot.* 40, 433–437.

Diane, N., H. H. Hilger und M. Gottschling. 2002. Transfer cells in the seeds of Boraginales. *Bot. J. Linn. Soc.* 140, 155–164.

Dorhout, R., F. J. Gommers und C. Kollöffel. 1993. Phloem transport of carboxyfluorescein through tomato roots infected with *Meloidogyne incognita*. *Physiol. Mol. Plant Pathol.* 43, 1–10.

Drew, M. C. 1992. Soil aeration and plant root metabolism. *Soil Sci.* 154, 259–268.

Drew, M. C. 1997. Oxygen deficiency and root metabolism: Injury and acclimation under hypoxia and anoxia. *Annu. Rev. Plant Physiol. Plant Mol. Biol.* 48, 223–250.

Drew, M. C., C.-J. He und P. W. Morgan. 2000. Programmed cell death and aerenchyma formation in roots. *Trends Plant Sci.* 5, 123–127.

Duchaigne, A. 1955. Les divers types de collenchymes chez les Dicotylédones: Leur ontogénie et leur lignification. *Ann. Sci. Nat. Bot. Biol Vég., Sér. 11*, 16, 455–479.

Esau, K. 1936. Ontogeny and structure of collenchyma and of vascular tissues in celery petioles. *Hilgardia* 10, 431–476.

Esau, K. 1965. *Vascular Differentiation in Plants.* Holt, Reinhart and Winston, New York.

Esau, K. 1977. *Anatomy of Seed Plants*, 2. Aufl., Wiley, New York.

Falkenberg, P. 1876. *Vergleichende Untersuchungen über den Bau der Vegetationsorgane der Monocotyledonen.* Enke, Stuttgart.

Fenwick, K. M., M. C. Jarvis und D. C. Apperley. 1997. Estimation of polymer rigidity in cell walls of growing and nongrowing celery collenchyma by solid-state nuclear magnetic resonance in vivo. *Plant Physiol.* 115, 587–592.

Frey-Wyssling, A. und K. Mühlethaler. 1965. *Ultrastructural plant cytology, with an introduction to molecular biology.* Elsevier, Amsterdam.

Giltay, E. 1882. Sur le collenchyme. *Arch. Néerl. Sci. Exact. Nat.* 17, 432–459.

Gómez, E., J. Royo, Y. Guo, R. Thompson und G. Hueros. 2002. Establishment of cereal endosperm expression domains: Identification and properties of a maize transfer cell-specific transcription factor, ZmMRP-I. *Plant Cell* 14, 599–610.

Graham, L. E. 1993. *Origin of Land Plants.* Wiley, New York.

Gunning, B. E. S. 1977. Transfer cells and their roles in transport of solutes in plants. *Sci. Prog. Oxf.* 64, 539–568.

Gunning, B. E. S. und J. S. Pate. 1969. "Transfer cells." Plant cells with wall ingrowths, specialized in relation to short distance transport of solutes—Their occurrence, structure, and development. *Protoplasma* 68, 107–133.

Gunning, B. E. S., J. S. Pate und L. W. Green. 1970. Transfer cells in the vascular system of stems: Taxonomy, association with nodes, and structure. *Protoplasma* 71, 147–171.

Guttenberg, H. von. 1940. *Der primäre Bau der Angiospermenwurzel. Handbuch der Pflanzenanatomie*, Band 8, Lief. 39. Gebrüder Borntraeger, Berlin.

Hariri, E. B., B. Jeune, S. Baudino, K. Urech und G. Sallé. 1992. Élaboration d'un coefficient de résistance au gui chez le chêne. *Can. J. Bot.* 70, 1239–1246.

Harrington, G. N., V. R. Franceschi, C. E. Offler, J. W. Patrick, M. Tegeder, W. B. Frommer, J. F. Harper und W. D. Hitz. 1997a. Cell specific expression of three genes involved in plasma membrane sucrose transport in developing *Vicia faba* seed. *Protoplasma* 197, 160–173.

Harrington, G. N., Y. Nussbaumer, X.-D. Wang, M. Tegeder, V. R. Franceschi, W. B. Frommer, J. W. Patrick und C. E. Offler. 1997b. Spatial and temporal expression of sucrose transport-related genes in developing cotyledons of *Vicia faba* L. *Protoplasma* 200, 35–50.

Hook, D. D. 1984. Adaptations to flooding with fresh water. In: *Flooding and Plant Growth*, S. 265–294, T. T. Kozlowski, Hrsg., Academic Press, Orlando, FL.

Hook, D. D., C. L. Brown und P. P. Kormanik. 1971. Inductive flood tolerance in swamp tupelo [*Nyssa sylvatica* var. *biflora* (Walt.) Sarg.]. *J. Exp. Bot.* 22, 78–89.

Hulbary, R. L. 1944. The influence of air spaces on the three-dimensional shapes of cells in *Elodea* stems, and a comparison with pith cells of *Ailanthus. Am. J. Bot.* 31, 561–580.

Jarvis, M. C. und D. C. Apperley. 1990. Direct observation of cell wall structure in living plant tissues by solid-state $^{13}$C NMR spectroscopy. *Plant Physiol.* 92, 61–65.

Joshi, P. A., G. Caetano-Anollés, E. T. Graham und P. M. Gresshoff. 1993. Ultrastructure of transfer cells in spontaneous nodules of alfalfa (*Medicago sativa*). *Protoplasma* 172, 64–76.

Justin, S. H. F. W. and W. Armstrong. 1987. The anatomical characteristics of roots and plant response to soil flooding. *New Phytol.* 106, 465–495.

Justin, S. H. F. W. und W. Armstrong. 1991. Evidence for the involvement of ethene in aerenchyma formation in adventitious roots of rice (*Oryza sativa* L.). *New Phytol.* 118, 49–62.

Kaufman, P. B. 1959. Development of the shoot of *Oryza sativa* L. – II. Leaf histogenesis. *Phytomorphology* 9, 297–311.

Kaul, R. B. 1971. Diaphragms and aerenchyma in *Scirpus validus. Am. J. Bot.* 58, 808–816.

Kaul, R. B. 1973. Development of foliar diaphragms in *Sparganium eurycarpum. Am. J. Bot.* 60, 944–949.

Kaul, R. B. 1974. Ontogeny of foliar diaphragms in *Typha latifolia. Am. J. Bot.* 61, 318–323.

Kawase, M. 1981. Effect of ethylene on aerenchyma development. *Am. J. Bot.* 68, 651–658.

Koller, A. L. und T. L. Rost. 1988a. Leaf anatomy in *Sansevieria* (Agavaceae). *Am. J. Bot.* 75, 615–633.

Koller, A. L. und T. L. Rost. 1988b. Structural analysis of waterstorage tissue in leaves of *Sansevieria* (Agavaceae). *Bot. Gaz.* 149, 260–274.

Korn, R. W. 1980. The changing shape of plant cells: Transformations during cell proliferation. *Ann. Bot.* n.s. 46, 649–666.

Kozlowski, T. T. 1984. Plant responses to flooding of soil. *BioScience* 34, 162–167.

Liese, W. und P. N. Grover. 1961. Untersuchungen über dem Wassergehalt von indischen Bambushalmen. *Ber. Dtsch. Bot. Ges.* 74, 105–117.

Liu, L., K.-E. L. Eriksson und J. F. D. Dean. 1999. Localization of hydrogen peroxide production in *Zinnia elegans* L. stems. *Phytochemistry* 52, 545–554.

Lloyd, C. W. 1984. Toward a dynamic helical model for the influence of microtubules on wall patterns in plants. *Int. Rev. Cytol.* 86, 1–51.

Maas Geesteranus, R. A. 1941. On the development of the stellate form of the pith cells of *Juncus* species. *Proc. Sect. Sci. K. Ned. Akad. Wet.* 44, 489–501; 648–653.

Majumdar, G. P. 1941. The collenchyma of *Heracleum Sphondylium* L. *Proc. Leeds Philos. Lit. Soc., Sci. Sect.* 4, 25–41.

Majumdar, G. P. und R. D. Preston. 1941. The fine structure of collenchyma cells in *Heracleum sphondylium* L. *Proc. R. Soc. Lond. B.* 130, 201–217.

Maksymowych, R., N. Dollahon, L. P. Dicola und J. A. J. Orkwiszewski. 1993. Chloroplasts in tissues of some herbaceous stems. *Acta Soc. Bot. Pol.* 62, 123–126.

Marvin, J. W. 1944. Cell shape and cell volume relations in the pith of *Eupatorium perfoliatum* L. *Am. J. Bot.* 31, 208–218.

Matsukura C., M. Kawai, K. Toyofuku, R. A. Barrero, H. Uchimiya und J. Yamaguchi. 2000. Transverse vein differentiation associated with gas space formation—The middle cell layer in leaf sheath development of rice. *Ann. Bot.* 85, 19–27.

Matzke, E. B. 1940. What shape is a cell? *Teach. Biol.* 10, 34–40.

Matzke, E. B. und R. M. Duffy. 1956. Progressive three-dimensional shape changes of dividing cells within the apical meristem of *Anacharis densa. Am. J. Bot.* 43, 205–225.

McDonald, R., S. Fieuw und J. W. Patrick. 1996a. Sugar uptake by the dermal transfer cells of developing cotyledons of *Vicia faba* L. Experimental systems and general transport properties. *Planta* 198, 54–65.

McDonald, R., S. Fieuw und J. W. Patrick. 1996b. Sugar uptake by the dermal transfer cells of developing cotyledons of *Vicia faba* L. Mechanism of energy coupling. *Planta* 198, 502–509.

Metcalfe, C. R. 1979. Some basic types of cells and tissues. In: *Anatomy of the Dicotyledons*, 2. Aufl., Bd. 1, *Systematic Anatomy of Leaf and Stem, with a Brief History of the Subject*, S. 54–62, C. R. Metcalfe und L. Chalk, Hrsg., Clarendon Press, Oxford.

Netolitzky, F. 1935. *Das Trophische Parenchym. C. Speichergewebe. Handbuch der Pflanzenanatomie*, Bd. 4, Lief. 31. Gebrüder Borntraeger, Berlin.

Niklas, K. J. 1992. *Plant Biomechanics: An Engineering Approach to Plant Form and Function.* University of Chicago Press, Chicago.

Oghiakhe, S., L. E. N. Jackai, C. J. Hodgson und Q. N. Ng. 1993. Anatomical and biochemical parameters of resistance of the wild cowpea, *Vigna vexillata* Benth. (Acc. TVNu 72) to *Maruca testulalis* Geyer (Lepidoptera: Pyralidae). *Insect Sci. Appl.* 14, 315–323.

Paiva, E. A. S. und S. R. Machado. 2003. Collenchyma in *Panicum maximum* (Poaceae): Localisation and possible role. *Aust. J. Bot.* 51, 69–73.

Pate, J. S. und B. E. S. Gunning. 1969. Vascular transfer cells in angiosperm leaves. A taxonomic and morphological survey. *Protoplasma* 68, 135–156.

Pate, J. S. und B. E. S. Gunning. 1972. Transfer cells. *Annu. Rev. Plant Physiol.* 23, 173–196.

Patterson, M. R. 1992. Role of mechanical loading in growth of sunflower (*Helianthus annuus*) seedlings. *J. Exp. Bot.* 43, 933–939.

Percival, J. 1921. *The Wheat Plant.* Dutton, New York.

Ponzi, R., P. Pizzolongo. 1992. Structure and function of *Rhinanthus minor* L. trichome hydathode. *Phytomorphology* 42, 1–6.

Prat, R., J. P. André, S. Mutaftschiev und A.-M. Catesson. 1997. Three-dimensional study of the intercellular gas space in *Vigna radiata* hypocotyl. *Protoplasma* 196, 69–77.

Preston, R. D. 1974. *The Physical Biology of Plant Cell Walls.* Chapman & Hall, London.

Razdorskii, V. F. 1955. *Arkhitektonika rastenii (Architectonics of Plants).* Sovetskaia Nauka, Moskva.

Roelofsen, P. A. 1959. *The Plant Cell Wall. Handbuch der Pflanzenanatomie*, Bd. 3, Teil 4, *Cytologie.* Gebrüder Borntraeger, Berlin-Nikolassee.

Romberger, J. A., Z. Hejnowicz und J. F. Hill. 1993. *Plant Structure: Function and Development. A Treatise on Anatomy and Vegetative Development, with Special Reference to Woody Plants.* Springer-Verlag, Berlin.

Rost, T. L. und N. R. Lersten. 1970. Transfer aleurone cells in *Setaria lutescens* (Gramineae). *Protoplasma* 71, 403–408.

Schenck, H. 1889. Über das Aërenchym, ein dem Kork homologes Gewebe bei Sumpfpflanzen. *Jahrb. Wiss. Bot.* 20, 526–574.

Sharma, R. K. und B. Tiagi. 1989. Giant cell formation in pea roots incited by *Meloidogyne incognita* infection. *J. Phytol. Res.* 2, 185–191.

Shiba, H. und H. Daimon. 2003. Histological observation of secondary aerenchyma formed immediately after flooding in *Sesbania cannabina* and *S. rostrata. Plant Soil* 255, 209–215.

Smirnoff, N. und R. M. M. Crawford. 1983. Variation in the structure and response to flooding of root aerenchyma in some wetland plants. *Ann. Bot.* 51, 237–249.

Stevens, K. J., R. L. Peterson und R. J. Reader. 2002. The aerenchymatous phellem of *Lythrum salicaria* (L.): A pathway for gas transport and its role in flood tolerance. *Ann. Bot.* 89, 621–625.

Talbot, M. J., C. E. Offler und D. W. McCurdy. 2002. Transfer cell wall architecture: A contribution towards understanding localized wall deposition. *Protoplasma* 219, 197–209.

Topa, M. A. und K. W. McLeod. 1986. Aerenchyma and lenticel formation in pine seedlings: A possible avoidance mechanism to anaerobic growth conditions. *Physiol. Plant.* 68, 540–550.

van Bel, A. J. E., A. Ammerlaan und A. A. van Dijk. 1993. A three-step screening procedure to identify the mode of phloem loading in intact leaves: Evidence for symplasmic and apoplasmic phloem loading associated with the type of companion cell. *Planta* 192, 31–39.

Van Fleet, D. S. 1950. A comparison of histochemical and anatomical characteristics of the hypodermis with the endodermis in vascular plants. *Am. J. Bot.* 37, 721–725.

Venning, F. D. 1949. Stimulation by wind motion of collenchyma formation in celery petioles. *Bot. Gaz.* 110, 511–514.

Vian, B., J.-C. Roland und D. Reis. 1993. Primary cell wall texture and its relation to surface expansion. *Int. J. Plant Sci.* 154, 1–9.

Visser, E. J. W., C. W. P. M. Blom und L. A. C. J. Voesenek. 1996. Flooding-induced adventitious rooting in *Rumex*: Morphology and development in an ecological perspective. *Acta Bot. Neerl.* 45, 17–28.

Walker, W. S. 1960. The effects of mechanical stimulation and etiolation on the collenchyma of *Datura stramonium*. *Am. J. Bot.* 47, 717–724.

Wang, C.-G. und X.-Y. Xi. 1992. Structure of embryo sac before and after fertilization and distribution of transfer cells in ovules of green gram. *Acta Bot. Sin.* 34, 496–501.

Wardrop, A. B. 1969. The structure of the cell wall in lignified collenchyma of *Eryngium* sp. (Umbelliferae). *Aust. J. Bot.* 17, 229–240.

Webb, J. und M. B. Jackson. 1986. A transmission and cryo-scanning electron microscopy study of the formation of aerenchyma (cortical gas-filled space) in adventitious roots of rice (*Oryza sativa*). *J. Exp. Bot.* 37, 832–841.

Williams, W. T. und D. A. Barber. 1961. The functional significance of aerenchyma in plants. In: *Mechanisms in Biological Competition. Symp. Soc. Exp. Biol.* 15, 132–144.

Wimmers, L. E. und R. Turgeon. 1991. Transfer cells and solute uptake in minor veins of *Pisum sativum* leaves. *Planta* 186, 2–12.

# Kapitel 8
# Sklerenchym

Der Begriff **Sklerenchym** bezieht sich auf ein Gewebe aus Zellen mit Sekundärwänden, häufig verholzt, die hauptsächlich mechanische oder Stützfunktion haben. Man nimmt an, dass diese Zellen die Pflanzenorgane befähigen, den vielfältigen Beanspruchungen, die durch Dehnung, Krümmung, Schwerkraft und Druck hervorgerufen werden, zu widerstehen, so dass eine übermäßige Schädigung der dünnwandigen, weicheren Zellen verhindert wird. Das Wort Sklerenchym (gr. *skleros* = hart; *enchyma* = das Eingegossene) hebt die Härte der Sklerenchymzellwände hervor. Die einzelnen Zellen des Sklerenchyms bezeichnet man als **Sklerenchymzellen**. Außer dass sie das Sklerenchymgewebe bilden, können Sklerenchymzellen, genau wie die Parenchymzellen, auch einzeln oder in Gruppen in anderen Geweben vorkommen. Im vorigen Kapitel (Kapitel 7) wurde berichtet, dass sowohl Parenchymzellen als auch Kollenchymzellen **sklerifizieren** können. Besonders erwähnenswert sind hier die Parenchymzellen des sekundären Xylems; dessen wasserleitende Zellen (tracheale Elemente) besitzen ebenfalls Sekundärwände. Sekundärwände sind also nicht auf Sklerenchymzellen beschränkt; daher ist die Abgrenzung zwischen typischen Sklerenchymzellen und sklerifizierten Parenchym- oder Kollenchymzellen auf der einen Seite, und trachealen Elementen auf der anderen Seite nicht scharf. Im ausgewachsenen Zustand können Sklerenchymzellen ihren Protoplasten behalten oder nicht. Diese Variabilität verstärkt die Schwierigkeit, Sklerenchymzellen von sklerifizierten Parenchymzellen zu unterscheiden.

Gewöhnlich werden die Sklerenchymzellen in zwei Kategorien, Fasern und Sklereiden, eingeteilt. Die **Fasern** werden als lange Zellen, die **Sklereiden** als relativ kurze Zellen beschrieben. Bei den Sklereiden können jedoch Übergänge von kurzen zu deutlich verlängerten Zellen auftreten, und das nicht nur bei verschiedenen Pflanzen, sondern auch innerhalb einer einzelnen Pflanze. Desgleichen können auch Fasern kürzer oder länger sein. Im Allgemeinen ist die Tüpfelung in den Wänden der Sklereiden deutlicher als in denen der Fasern. Dieser Unterschied ist jedoch nicht durchgängig. Manchmal wird die Herkunft der beiden Zelltypen als unterscheidendes Merkmal herangezogen: Sklereiden sollen durch sekundäre Sklerifizierung aus Parenchymzellen entstehen, die Fasern hingegen aus meristematischen Zellen, die bereits früh als Fasern determiniert sind. Dieses Kriterium ist aber nicht immer gültig. Einige Sklereiden differenzieren sich aus Zellen, die schon früh als Sklereiden charakterisiert sind (*Camellia*, Foster, 1944; *Monstera*, Bloch, 1946), und bei bestimmten Pflanzen entwickeln sich Phloemparenchymzellen zu faserartigen Zellen, aber nur in dem Teil des Gewebes, der nicht mehr an der Stoffleitung beteiligt ist (Kapitel 14; Esau, 1969; Kuo-Huang, 1990). Bestehen jedoch Schwierigkeiten, eine Zelle eindeutig als Faser oder Sklereide einzuordnen, so kann der zusammengesetzte Begriff **Fasersklereide** verwendet werden.

## 8.1 Fasern

Fasern sind typischerweise lange, spindelförmige Zellen, mit mehr oder weniger dicken Sekundärwänden; sie treten gewöhnlich als Stränge auf (Abb. 8.1). Solche Stränge machen die wirtschaftlich genutzten „Fasern" aus. Die **Rotte**, ein partielles Mazerationsverfahren, ermöglicht die technische Gewinnung von „Fasern" aus Pflanzen; hierbei wird das die Fasern umgebende Gewebe so weich, dass die Faserbündel leicht isoliert werden können. Innerhalb eines Faserbündels überlappen sich die einzelnen Fasern, ein Merkmal, das den Faserbündeln Festigkeit verleiht. Im Gegensatz zu den verdickten Primärwänden der Kollenchymzellen sind die Wände der Fasern nicht stark hydratisiert. Sie sind daher härter als die Wände des Kollenchyms und eher elastisch als plastisch. Fasern dienen als Stützelemente in Pflanzenteilen, die ihr Längenwachstum beendet haben. Der Grad der Lignifizierung variiert, und typischerweise sind die einfachen oder schwach behöften Tüpfel relativ selten und schlitzförmig. Im ausgewachsenen Zustand behalten viele Fasern ihren Protoplasten.

### 8.1.1 Fasern sind im Pflanzenkörper weit verbreitet

Fasern treten als separate Stränge oder als Hohlzylinder in der primären Rinde und im Phloem auf, als Leitbündelscheiden oder -kappen, sowie einzeln oder in Gruppen im Xylem und im Phloem. In den Sprossachsen von Mono- und Eudicotyledonen sind die Fasern in verschiedenen charakteristischen Mustern angeordnet (Schwedener, 1874; de Bary, 1884; Haberlandt, 1914; Tobler, 1957). Bei vielen Poaceen bilden die Fasern ein System, das die Gestalt eines längs gerippten Hohlzylinders hat, wobei die Rippen mit der Epidermis verbunden sind

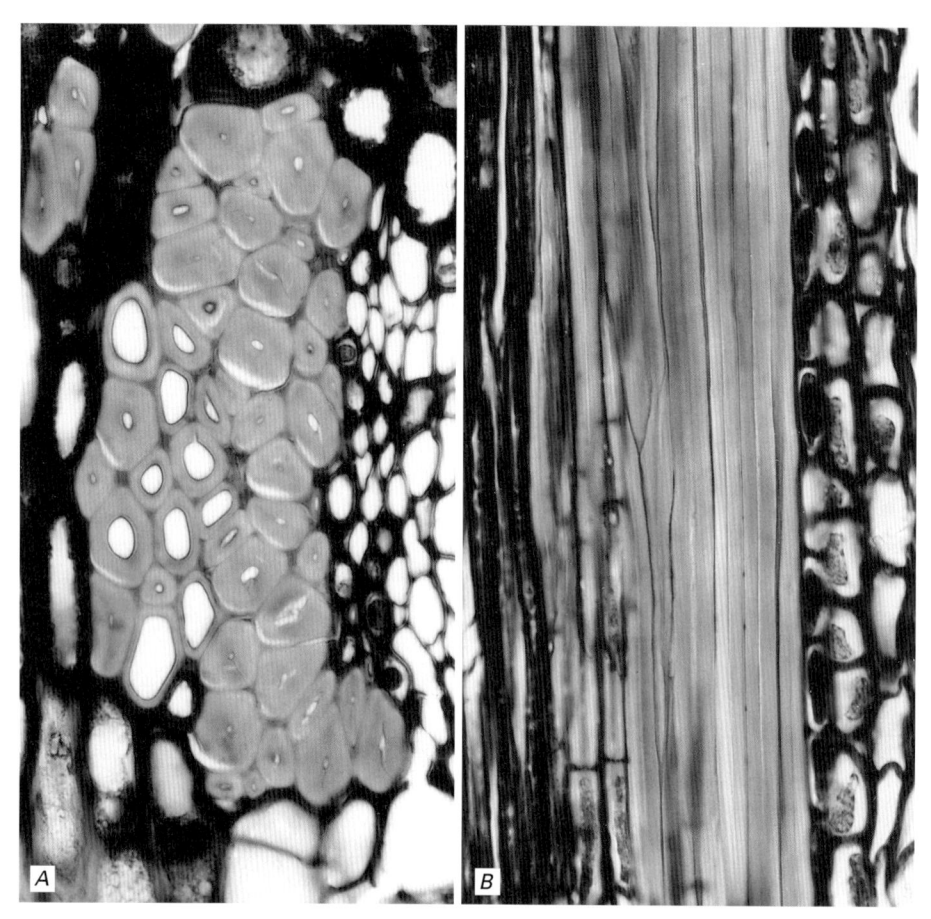

**Abb. 8.1** Primäre Phloemfasern aus der Sprossachse der Linde (*Tilia americana*), **A**, Querschnitt und **B**, Längsschnitt. Die Sekundärwände dieser langen, dickwandigen Fasern enthalten relativ unscheinbare Tüpfel. Die Längsansicht (**B**) zeigt nur einen Ausschnitt aus der Gesamtlänge der Fasern. (A, x620; B, x375)

(Abb. 8.2A). Bei *Zea*, *Saccharum*, *Andropogon*, *Sorghum* (Abb. 8.2B) und anderen verwandten Gattungen besitzen die Leitbündel auffallende Faserscheiden; die peripheren Bündel können regellos miteinander verschmelzen oder mit sklerifiziertem Parenchym in einem sklerenchymatischen Hohlzylinder vereinigt sein. Das hypodermale Parenchym kann stark sklerifiziert sein (Mager, 1948). Eine Hypodermis, die lange Fasern von teils bis zu 1mm Länge enthält, wurde bei *Zea mays* beobachtet (Murdy, 1960). (Eine Hypodermis besteht aus ein oder mehreren Zellschichten unterhalb der Epidermis und ist von den benachbarten Zellen des Grundgewebes verschieden). Bei den Palmen ist der Zentralzylinder durch eine sklerotische Zone abgegrenzt, die viele Zentimeter breit sein kann (Tomlinson, 1961). Sie besteht aus Leitbündeln mit massiven, radial auslaufenden Faserscheiden. Das zugehörige Grundparenchym wird ebenfalls sklerotisch. Hinzu kommen Faserstränge in der primären Rinde und einige wenige im Zentralzylinder. Bei Monocotyledonen treten noch andere Muster auf, die zudem in den verschiedenen Sprossachsenhöhen derselben Pflanze variieren können (Murdy, 1960). Auch in den Blättern von Monocotyledonen können Fasern auffällig entwickelt sein (Abb. 8.2E). Sie bilden hier Scheiden, welche die Leitbündel umfassen, Stränge zwischen Epidermis und Leitbündeln, oder subepidermale Stränge ohne Verbindung zu den Leitbündeln. In den Sprossachsen der Angiospermen kommen Fasern häufig im äußersten Teil des primären Phloems vor, wo sie mehr oder weniger ausgedehnte, anastomosierende Stränge oder tangential verbreitete Platten (Abb. 8.2C, F) bilden. Bei einigen Pflanzen treten im Phloem lediglich periphere Fasern (primäre Phloemfasern) auf (*Alnus*, *Betula*, *Linum*, *Nerium*). Andere entwickeln auch Fasern im sekundären Phloem, entweder wenige (*Nicotiana*, *Catalpa*, *Boehmeria*) oder zahlreiche (*Clematis*, *Juglans*, *Magnolia*, *Quercus*, *Robinia*, *Tilia*, *Vitis*). Einige Eudicotyledonen besitzen geschlossene Hohlzylinder aus Fasern, die entweder dicht an die Leitgewebe grenzen (*Geranium*, *Pelargonium*, *Lonicera*, einige Saxifragaceen, Caryophyllaceen, Berberidaceen, Primulaceen) oder in einigem Abstand von diesen, aber noch innerhalb der innersten primären Rindenschicht, liegen (Abb. 8.2H; *Aristolochia*, *Cucurbita*). Bei eudicotylen Sprossachsen ohne sekundäres Dickenwachstum können die isolierten Leitbündel innen und außen von Fasersträngen begleitet sein (*Polygonum*, *Rheum*, *Senecio*). Pflanzen mit intern zum Xylem gelegenem („internem") Phloem können in diesem mit Fasern ausgestattet sein (*Nicotiana*). Schließlich sind Fasern in verschiedener Anordnung für das primäre und sekundäre Xylem der Angiospermen äußerst typisch (Kapitel

11). In den Wurzeln sind die Fasern ähnlich verteilt wie in den Sprossachsen. Sie können in der primären (Abb. 8.2D) und in der sekundären Wurzel beobachtet werden. Coniferen besitzen im primären Phloem gewöhnlich keine Fasern, können aber solche im sekundären Phloem aufweisen (*Sequoia*, *Taxus*, *Thuja*). In Sprossachsen kommen manchmal primäre Rindenfasern vor (Abb. 8.2G).

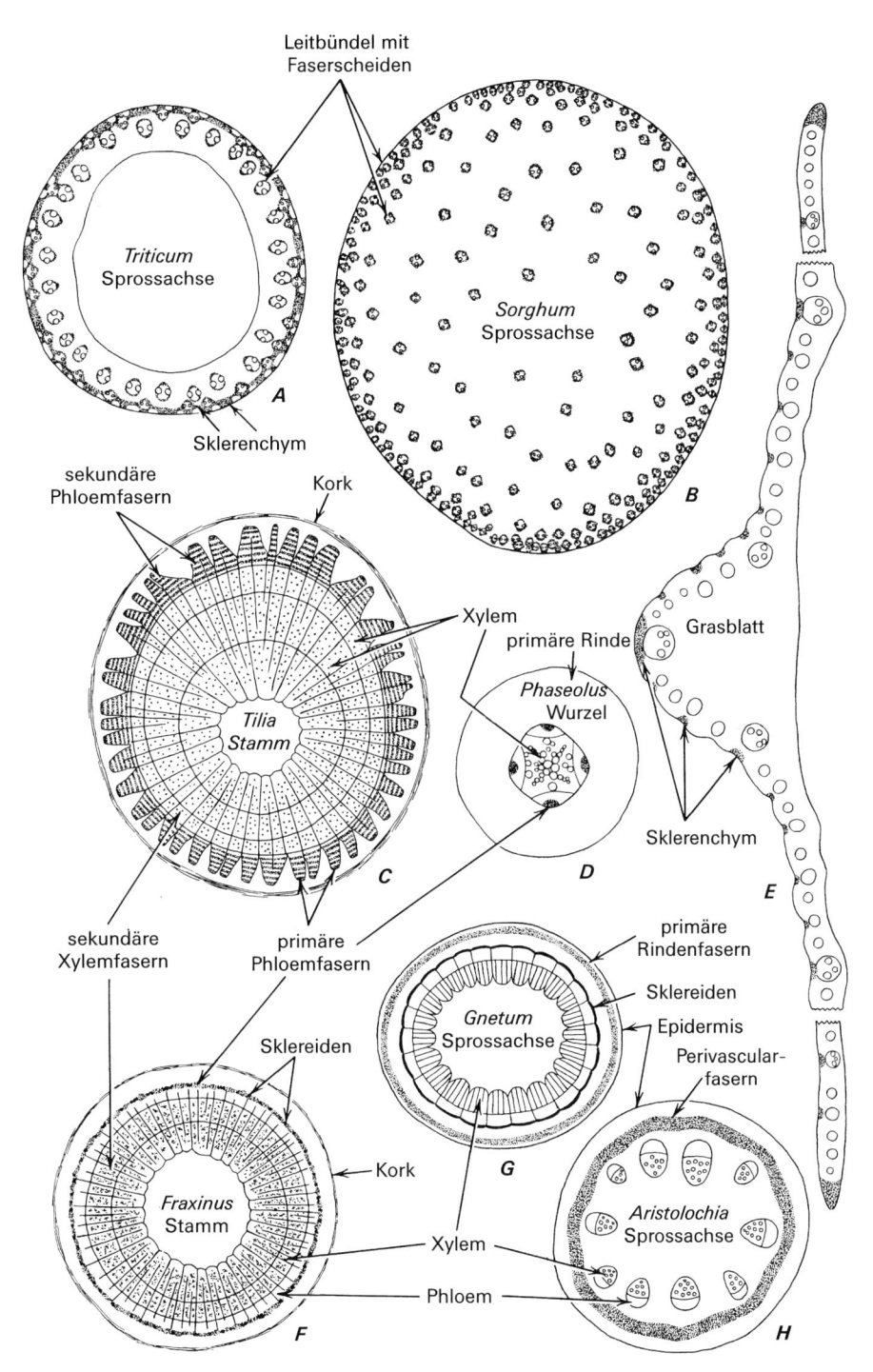

**Abb. 8.2** Verteilung von Sklerenchym (punktiert), hauptsächlich Fasern, und Leitgewebe in Querschnitten verschiedener Pflanzenorgane. **A**, Sprossachse von *Triticum*; Sklerenchym umscheidet die Leitbündel und bildet Schichten an der Peripherie des Stängels. **B**, Sprossachse von *Sorghum*; Sklerenchymfasern als Leitbündelscheiden (Faserscheiden). **C**, *Tilia*-Stamm; Sklerenchymfasern im primären und sekundären Phloem in tangentialen Bändern; im sekundären Xylem zerstreut. **D**, *Phaseolus*-Wurzel; primäre Phloemfasern. **E**, Grasblatt; Sklerenchym in Streifen unter der abaxialen Epidermis und an den Blatträndern. **F**, *Fraxinus*-Stamm; Fasern im primären Phloem und sekundären Xylem; Phloemfasern mit Sklereiden abwechselnd. **G**, Sprossachse von *Gnetum gnemon*; Fasermantel in der primären Rinde und Perivascularsklereiden. **H**, Sprossachse von *Aristolochia*; Perivascularfasermantel innerhalb der Stärkescheide. (A, G, x14; B, C, F, x7; D, x9,5; E, x29,5; H, x13).

## 8.1.2 Fasern können in zwei große Gruppen eingeteilt werden: Xylemfasern und extraxyläre Fasern

**Xylemfasern** sind Fasern des Xylems, und **extraxyläre Fasern** sind Fasern außerhalb des Xylems. Die **Phloemfasern** gehören zu den extraxylären Fasern. Phloemfasern kommen in vielen Sprossachsen vor. Die Sprossachse von Flachs (Lein; *Linum usitatissimum*) besitzt nur ein Faserband, mehrere Schichten dick; es liegt an der äußeren Peripherie des Zentralzylinders (Abb. 8.4). Diese Fasern entstehen im zuerst angelegten Teil des primären Phloems (dem Protophloem), aber sie reifen, wenn dieser Teil des Phloems seine Transportfunktion einstellt (Abb. 8.3). Flachsfasern sind daher **primäre Phloemfasern** oder **Protophloemfasern**. Die Sprossachsen von *Sambucus* (Holunder), *Tilia* (Linde), *Liriodendron* (Tulpenbaum), *Vitis* (Wein), *Robinia pseudoacacia* (Robinie) und vielen anderen haben sowohl primäre Phloemfasern als auch **sekundäre Phloemfasern**, Fasern, die im sekundären Phloem liegen (Abb. 8.2C).

Zwei weitere Gruppen extraxylärer Fasern in Sprossachsen eudicotyler Pflanzen sind die primären Rindenfasern und die

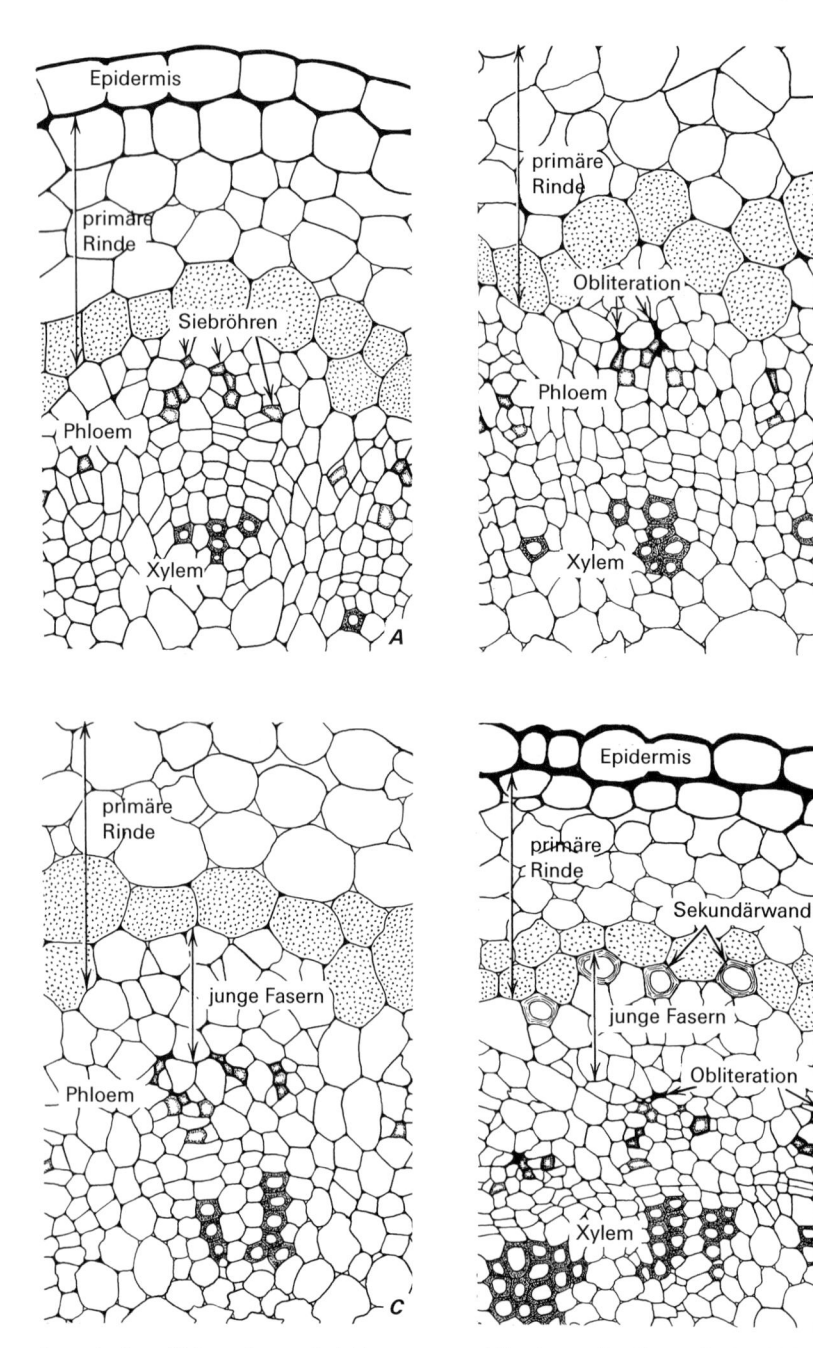

**Abb. 8.3** Entwicklung der primären Phloemfasern bei *Linum perenne* L.; Querschnitte durch die Sprossachse. **A**, erste ausdifferenzierte Siebröhren des primären Phloems. **B, C**, neue Siebröhren differenzieren sich, während die älteren obliterieren. **D**, die nach der Obliteration der primären Siebröhren verbleibenden Zellen des primären Phloems beginnen mit der Bildung von Sekundärwänden, wie sie für Flachsfasern charakteristisch sind. (A–C, x745; D, x395.)

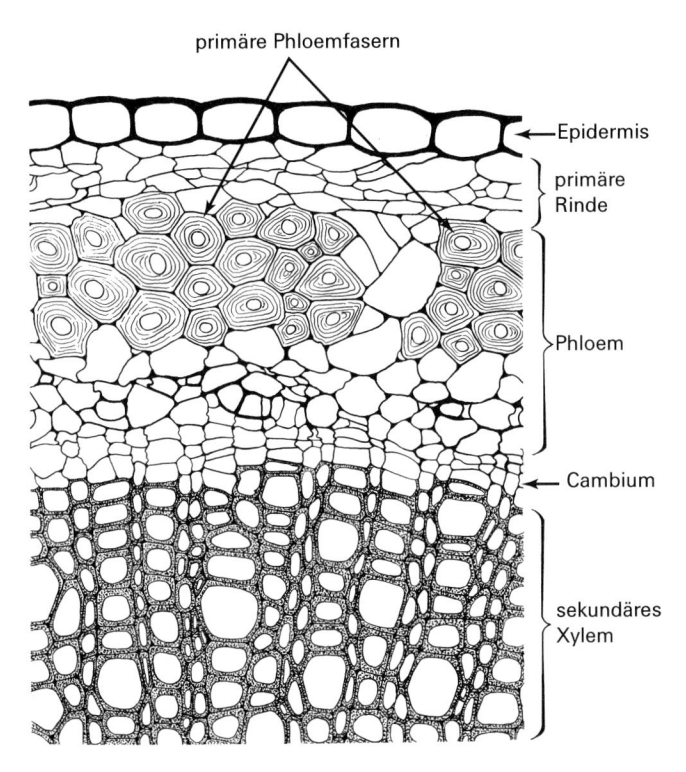

**Abb. 8.4** Querschnitt durch die Sprossachse von *Linum usitatissimum*; die Lage der primären Phloemfasern ist zu erkennen. (×320)

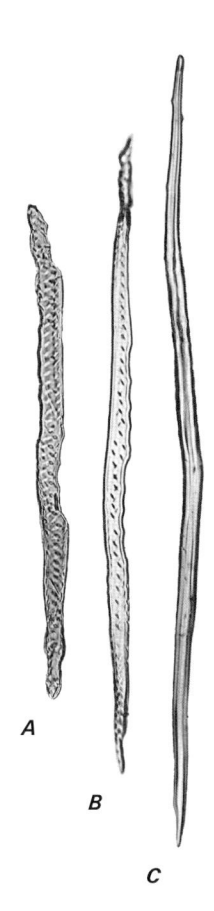

**Abb. 8.5** **A**, Tracheide, **B**, Fasertracheide, und **C**, Libriformfaser im sekundären Xylem (Holz) von *Quercus rubra* (Amerikanische Rot-Eiche). Das gefleckte Aussehen dieser Zellen stammt von Zellwandtüpfeln; in **C** sind keine Tüpfel erkennbar. (Alle ×172).

Perivascularfasern. Wie der Name schon sagt, entstehen **primäre Rindenfasern** in der primären Rinde. (Abb. 8.2G). Perivascularfasern liegen an der Peripherie des Zentralzylinders innerhalb der innersten Schicht der primären Rinde (Abb. 8.2H; *Aristolochia* und *Cucurbita*). Sie entstehen nicht als ein Teil des Phloems, sondern außerhalb. **Perivascularfasern** werden gewöhnlich als Perizykelfasern bezeichnet. Jedoch werden in vielen Veröffentlichungen auch primäre Phloemfasern als Perizykelfasern bezeichnet (Esau, 1979). (Siehe Blyth, 1958, zur Definition des Begriffes Perizykel.) Zu den extraxylären Fasern gehören auch die Fasern der Monocotyledonen, egal ob sie mit Leitbündeln assoziiert sind oder nicht.

Die Zellwände der extraxylären Fasern sind häufig sehr dick. Bei den Phloemfasern des Flachses (*Linum usitatissimum*) kann die sekundäre Wandverdickung 90% der Zellquerschnittsfläche einnehmen (Abb. 8.4). Die Sekundärwände dieser extraxylären Fasern haben eine distinkte polylamellate Struktur, wobei die einzelne Lamelle in der Dicke variiert, von 0.1 bis 0.2 μm. Nicht alle extraxylären Fasern haben eine solche Wandstruktur. In ausgewachsenen Bambushalmen zeigen einige Faserwände ein hohes Maß an Polylamellierung, während andere keine deutlich sichtbaren Lamellen aufweisen (Murphy und Alvin, 1992). Außerdem bestehen die Sekundärwände der sekundären Phloemfasern der meisten angiospermen Holzpflanzen und Coniferen aus nur zwei Schichten, einer dünnen äußeren ($S_1$) und einer dicken inneren ($S_2$) Schicht (Holdheide, 1951; Nanko et al., 1977). Einige extraxyläre Fasern haben lignifizierte Zellwände, die Wände anderer enthalten wenig oder kein Lignin (Flachs-, Hanf-, Ramiefasern). Einige extraxyläre Fasern, besonders die der Monocotyledonen, sind stark lignifiziert. Holzfasern (sekundäre Xylemfasern) werden gewöhnlich in zwei Hauptgruppen unterteilt, die **Libriformfasern** und die **Fasertracheiden** (Abb. 8.5B, C); typischerweise besitzen beide verholzte Zellwände. Die Libriformfasern gleichen Phloemfasern, daher der Name (lat. *liber* = innere Rinde = Phloem). Auch wenn die Unterscheidung zwischen diesen beiden Holzfasergruppen lange Zeit primär auf dem Vorkommen einfacher Tüpfel in den Libriformfasern und Hoftüpfel in den Fasertracheiden beruhte (IAWA Committee on Nomenclature, 1964), sind echte einfache Tüpfel in Faserwänden extrem ungewöhnlich (Baas, 1986). Die Extremformen dieser beiden Holzfasertypen sind einfach voneinander zu unterscheiden, aber es gibt zwischen beiden Typen kaum wahrnehmbare Abstufungen. Es gibt auch Übergänge zwischen Fasertracheiden und Tracheiden, die ja eindeutig behöfte Tüpfel besitzen (Abb. 8.5A). Gewöhnlich nimmt die Wanddicke in der Reihenfolge Tracheide, Fasertracheide und Libriformfaser zu. Darüber hinaus sind in einer gegebenen Holzprobe die Tracheiden gewöhnlich kürzer als die Fasern, wobei die Libriformfasern die größte Länge erreichen.

Auch wenn sie normalerweise im reifen Zustand als tote Zellen gelten, behalten die Libriformfasern und Fasertracheiden bei vielen Holzpflanzen lebende Protoplasten (Fahn und Leshem, 1963; Wolkinger, 1971; Dumbroff und Elmore, 1977). (Fasern mit lebenden Protoplasten sind in über neun Jahre alten Bambushalmen gefunden worden; Murphy und Alvin, 1997.) Diese Fasern enthalten oft zahlreiche Stärkekörner; außer ihrer Stützfunktion dienen sie der Speicherung von Kohlenhydraten. Die Sekundärwände von Holzfasern unterscheiden sich von denen der Phloemfasern dadurch, dass sie dreischichtig sind, mit $S_1$, $S_2$ und $S_3$ als äußerer, mittlerer bzw. innerer Schicht (Kapitel 4). Außerdem sind die Wände der Holzfasern typischerweise lignifiziert.

### 8.1.3 Xylemfasern und extraxyläre Fasern können septiert oder gelatinös sein

Die Phloemfasern und/oder die Xylemfasern einiger eudicotyler Pflanzen durchlaufen nach Ablagerung der Sekundärwand reguläre mitotische Teilungen und werden in zwei oder mehr Kompartimente unterteilt, durch Einziehen von Querwänden, sogenannten **Septen** (Abb. 8.6A) (Parameswaran und Liese, 1969; Chalk, 1983; Ohtani, 1987). Solche Fasern, sogenannte **septierte Fasern**, treten auch bei einigen Monocotyledonen auf, wo sie dem Ursprung nach nicht-vaskulär sind (bei Palmae und Bambuscoideae; Tomlinson, 1961; Parameswaran und Liese, 1977; Gritsch und Murphy, 2005). (Auch Sklereiden können durch Septen unterteilt werden; Abb. 8.6B; Bailey, 1961). Die Septen bestehen aus Mittellamelle und zwei Primärwänden, und offenbar können sie lignifiziert sein oder nicht. Die Septen sind in Kontakt mit der Sekundärwand, aber nicht mit dieser fusioniert; sie sind durch letztere von der ursprünglichen Primärwand der Faser getrennt. Offenbar erstrecken sich die Primärwände der Septen über einen Teil oder die gesamte innere Oberfläche der Faser-Sekundärwand (Butterfield und Meyland, 1976; Ohtani, 1987). Nach der Teilung kann zusätzliche Sekundärwand gebildet werden und auch die Septen bedecken (Abb. 8.6B). Bei Bambus sind die septierten Fasern durch dicke polylamellate Sekundärwände charakterisiert. Zusätzlich zu Mittellamelle und Primärwandschichten weisen die Septen dieser Fasern Sekundärwandschichten auf, die sich an den Längswänden der Fasern fortsetzen (Parameswaran und Liese, 1977). Plasmodesmata verbinden die Protoplasten über die Septen der Fasern hinweg; die Fasern sind im reifen Zustand lebend. In septierten Fasern findet man gewöhnlich Stärke; dies weist auf eine Speicherfunktion dieser Zellen hin, zusätzlich zu ihrer Stützfunktion. Einige septierte Fasern enthalten auch Calciumoxalatkristalle (Purkayastha, 1958; Chalk, 1983).

Ein anderer Fasertyp, weder strikt xylär noch extraxylär, ist die **gelatinöse Faser**. Gelatinöse Fasern lassen sich anhand der sogenannten gelatinösen Schicht (G-Schicht) identifizieren; dies ist die innerste Sekundärwandschicht, die sich von der/den äußeren Sekundärwandschicht(en) durch ihren hohen Cellulosegehalt und das Fehlen von Lignin unterscheidet (Abb. 8.7). Die Cellulosemikrofibrillen der G-Schicht sind parallel zur Längsachse der Zelle orientiert; daher ist diese Schicht isotrop oder schwach doppelbrechend, wenn ein Querschnitt im pola-

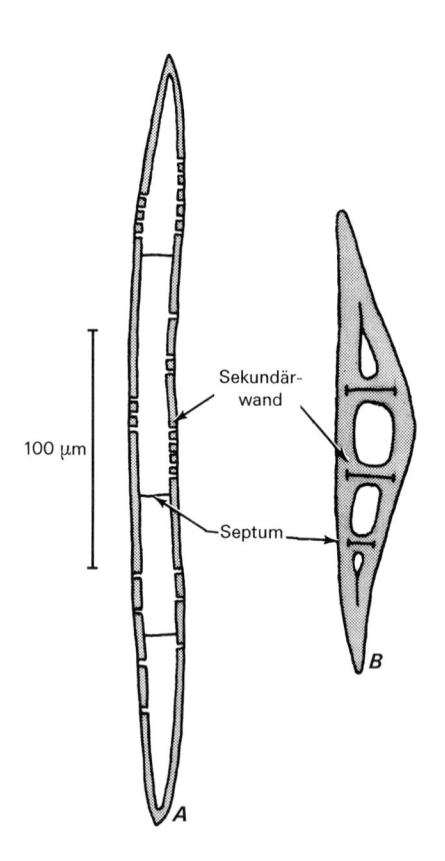

**Abb. 8.6** **A**, septierte Faser aus dem Sprossachsenphloem der Weinrebe (*Vitis* ). Die Septen stehen in Kontakt mit der getüpfelten Sekundärwand. **B**, septierte Sklereide aus dem Phloem von *Pereskia* (Cactaceae); die Septen sind mit Sekundärwandmaterial bedeckt. (Aus Esau, 1977; **B**, nach Bailey, 1961).

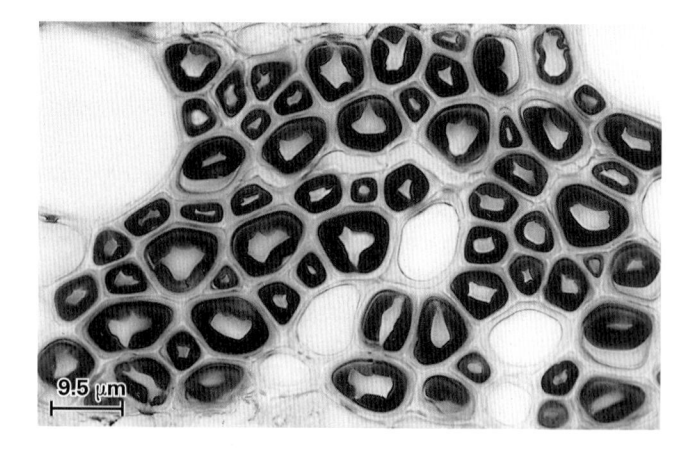

**Abb. 8.7** Gelatinöse Fasern im Querschnitt durch das Holz von *Fagus* sp.. Bei den meisten dieser Fasern hat sich die dunkel gefärbte gelatinöse Schicht vom Rest der Zellwand abgelöst. (Mit freundlicher Genehmigung von Susanna M. Jutte.)

risierten Licht betrachtet wird (Wardrop, 1964). Die G-Schicht ist hygroskopisch und hat daher die Fähigkeit große Mengen Wasser aufzunehmen. Beim Schwellen kann die G-Schicht das Lumen der Zelle verschließen; wenn sie austrocknet, löst sie sich meist vom Rest der Wand ab. Gelatinöse Fasern sind im Xylem und Phloem von Wurzeln, Sprossachsen und Blättern eudicotyler Pflanzen gefunden worden (Patel, 1964; Fisher und Stevenson, 1981; Sperry, 1982), und im nicht-vaskulären Gewebe monocotyler Blätter (Staff, 1974). Am intensivsten sind gelatinöse Fasern im Zugholz untersucht worden (Kapitel 11). Es wird angenommen, dass sie sich während ihrer Entwicklung zusammenziehen und so eine ausreichend große kontraktile Kraft entwickeln, die schließlich einen schiefen oder gekrümmten Stamm in eine normalere Position biegt (Fisher und Stevenson, 1981). Gelatinöse Fasern in Blättern können möglicherweise dazu beitragen, die Orientierung eines Blattes aufrecht zu erhalten, im Hinblick auf die Gravitation und bei der Ausrichtung von Fiederblättchen zur Sonne (Sperry, 1982).

### 8.1.4 Wirtschaftlich genutzte Fasern werden in Hart- und Weichfasern unterteilt

Die Phloemfasern der eudicotylen Pflanzen sind die Bastfasern des Handels (Harris, M., 1954; Needles, 1981). Diese Fasern werden als Weichfasern klassifiziert, denn egal ob verholzt oder frei von Lignin, sie sind alle weich und flexibel. Einige wohlbekannte Quellen und Anwendungen von Bastfasern sind Hanf (*Cannabis sativa*), Tauwerk; Jute (*Corchorus capsularis*), Tauwerk, grobe Textilien; Flachs (*Linum usitatissimum*), Textilien (z. B. Leinen), Garn; und Ramie (*Boehmeria nivea*), Textilien. Phloemfasern einiger eudicotyler Pflanzen werden bei der Papierherstellung verwendet (Carpenter, 1963).

Die Fasern der Monocotyledonen – gewöhnlich als Blattfasern bezeichnet, da aus Blättern gewonnen – werden als Hartfasern klassifiziert. Sie enthalten stark verholzte Zellwände und sind hart und steif. Beispiele für Quellen und Anwendungen solcher Fasern sind: Abaca oder Manilahanf (*Musa textilis*), Tauwerk; Bogenhanf (*Sansivieria*, ganze Gattung), Tauwerk; Henequen und Sisal (*Agave*-Arten), Tauwerk, grobe Textilien; Neuseelandhanf (*Phormium tenax*), Tauwerk; Ananas-Faser (*Ananas comosus*), Textilien. Blattfasern von Monocotyledonen (zusammen mit Xylem) dienen als Rohmaterial für die Papierherstellung (Carpenter, 1963); dazu gehören Mais (*Zea mays*), Zuckerrohr (*Saccharum officinarium*), Halfa-Gras (Esparto-Gras; *Stipa tenacissima*) und andere.

Die Länge der einzelnen Faserzellen ist bei den verschiedenen Arten sehr unterschiedlich. Beispiele für mögliche Längen in Millimetern aus dem Handbuch von M. Harris (1954) seien hier aufgeführt. Bastfasern: Jute, 0.8–6.0; Hanf, 5–55; Flachs, 9–70; Ramie, 50–250. Blattfasern: Sisal, 0.8–8.0; Bogenhanf, 1–7; Abaca, 2–12; Neuseelandhanf, 2–15.

Im Handel wird der Begriff „Faser" oftmals auf Material angewendet, dass, im botanischen Sinne, neben Fasern auch andere Zellen enthält und außerdem auf Strukturen, die gar keine Fasern sind. Bei den „Fasern" monocotyler Blätter handelt es sich meistens um Leitbündel mit den angrenzenden Fasern. Baumwollfasern sind Haare der Baumwollsamen (*Gossypium*; Kapitel 9); Raffiabast besteht aus Blattsegmenten der *Raphia*-Palme, Rattan aus Sprossachsen der *Calamus*-Palme.

## 8.2 Sklereiden

Sklereiden sind typischerweise kurze Zellen mit dicken Sekundärwänden, stark lignifiziert und mit zahlreichen einfachen Tüpfeln ausgestattet. Einige Sklereiden haben jedoch relativ dünne Sekundärwände und sind von sklerifizierten Parenchymzellen nur schwer zu unterscheiden. Die dickwandigen Formen jedoch können sich stark von solchen Parenchymzellen abheben; ihre Wände können so massiv sein, dass sie die Zellumina fast verschließen, und ihre deutlichen Tüpfel sind oftmals verzweigt (ramiform) (Abb. 8.8). Die Sekundärwand ist typischerweise vielschichtig, mit Schraubentextur (Roland et al., 1987, 1989). Bei manchen Arten sind Kristalle in die Sekundärwände eingebettet (Abb. 8.9) (Kuo-Hang, 1990). Viele Sklereiden behalten im reifen Zustand einen lebenden Protoplasten.

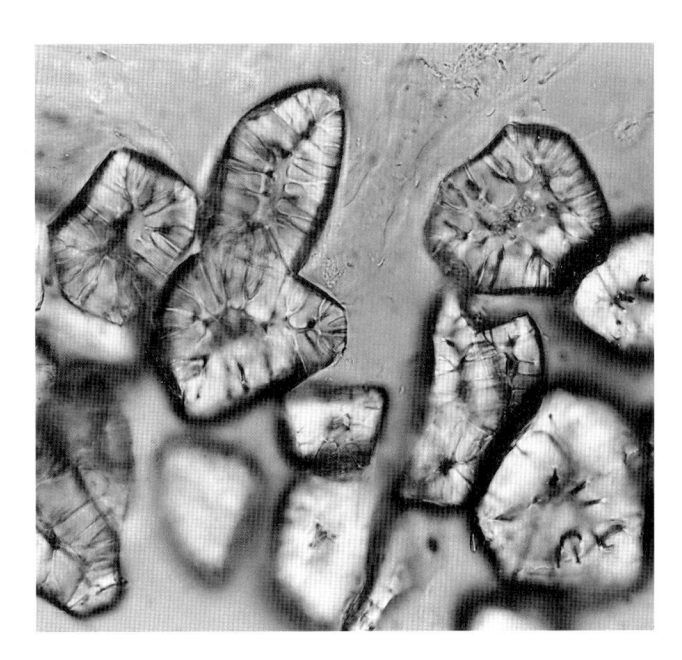

**Abb. 8.8** Sklereiden (Steinzellen) aus dem frischen Fruchtfleisch der Birne (*Pyrus communis*). Die dicken Sekundärwände enthalten viele auffällige, einfache, vielfach verzweigte Tüpfel, sogenannte ramiforme Tüpfel. Wenn sich Steinzellnester im Fruchtfleisch der Birne bilden, finden rings um einige bereits vorhandene Steinzellen Zellteilungen statt. Die neu gebildeten Zellen differenzieren sich zu Steinzellen und das Steinzellnest wächst heran. (×400.)

**Abb. 8.9** Verzweigte Sklereide aus einem Blatt der Seerose (*Nymphaea odorata*), mit dem Polarisationsmikroskop betrachtet. In die Zellwand dieser Sklereide sind zahlreiche kleine eckige Kristalle eingebettet. (×230.)

## 8.2.1 Aufgrund von Form und Größe können Sklereiden in mehrere Typen eingeteilt werden

Gewöhnlich unterscheidet man folgende Kategorien von Sklereiden: (1) **Brachysklereiden**, oder **Steinzellen**, annähernd isodiametrische oder etwas lang gestreckte Zellen, weit verbreitet in primärer Rinde, Phloem und Mark von Sprossachsen, und im Fruchtfleisch (Abb. 8.8 und 8.10A-D); (2) **Makrosklereiden**, gestreckte, säulenförmige (stabähnliche) Zellen, z. B. die Sklereiden, welche die palisadenähnliche Epidermisschicht der Leguminosen-Samenschalen bilden (Abb. 8.14); (3) **Osteosklereiden**, knochen- (hantel-)förmige Zellen, ebenfalls säulenförmig, aber mit erweiterten Enden, z. B. in der subepidermalen Schicht einiger Samenschalen (siehe Abb. 8.14E); und (4) **Astrosklereiden**, Sternsklereiden, mit Lappen oder Armen, die von einem Zentralkörper ausgehen (Abb. 8.10L), häufig in Blättern eudicotyler Pflanzen. Andere weniger häufige Sklereidentypen sind die **Trichosklereiden**, dünnwandige haarförmige Sklereiden, mit Verzweigungen, die sich in Interzellularräume erstrecken, und die **filiformen Sklereiden**, lange, schmale, faserähnliche Zellen (Abb. 8.10H, I; siehe auch Abb. 8.13). Astrosklereiden und Trichosklereiden sind strukturell ähnlich, und es gibt Übergänge zwischen Trichosklereiden und filiformen Sklereiden. Osteosklereiden können an ihren Enden verzweigt sein (wie in Abb. 8.10G) und folglich Trichosklereiden ähnlich sehen. Diese Klassifikation ist ziemlich willkürlich und umfasst durchaus nicht alle bekannten Sklereidenformen (Bailey, 1961; Rao, T. A., 1991). Auch ist ihre Brauchbarkeit durch das häufige Auftreten von Übergangsformen begrenzt.

## 8.2.2 Sklereiden wie Fasern sind im Pflanzenkörper weit verbreitet

Das Auftreten von Sklereiden zwischen anderen Zellen ist von speziellem Interesse im Hinblick auf die Zelldifferenzierung in Pflanzen. Sklereiden können in mehr oder weniger ausgedehnten Schichten oder Nestern auftreten, aber oft findet man sie isoliert inmitten anderer Zelltypen, von denen sie sich durch ihre dicken Zellwände und oft bizarre Form sehr deutlich unterscheiden können. Als isolierte Zellen werden sie als **Idioblasten** eingeordnet (Foster, 1956). Die Differenzierung der Idioblasten wirft viele noch ungelöste Fragen auf in Hinblick auf die kausalen Zusammenhänge bei der Entstehung von Gewebemustern in Pflanzen. Sklereiden treten in Epidermis, Grundgewebe und Leitgewebe auf. In den folgenden Abschnitten werden Sklereiden an Hand von Beispielen aus verschiedenen Teilen des Pflanzenkörpers beschrieben; Sklereiden aus Leitgeweben sind dabei ausgenommen.

**Sklereiden in Sprossachsen.** Ein Hohlzylinder von Sklereiden umgibt das Leitgewebesystem der Sprossachse von *Hoya carnosa*; Gruppen von Sklereiden finden sich im Mark der Sprossachsen von *Hoya* und *Podocarpus*. Diese Sklereiden besitzen mäßig dicke Zellwände und zahlreiche Tüpfel (Abb. 8.10C, D). In Form und Größe ähneln sie den angrenzenden Parenchymzellen. Diese Ähnlichkeit wird oft als Anzeichen dafür genommen, dass es sich bei solchen Sklereiden ihrem Ursprung nach um sklerifizierte Parenchymzellen handelt. Ihre Sklerifizierung ist jedoch so weit fortgeschritten, dass sie eher den Sklereiden als den Parenchymzellen zuzuordnen sind. Dieser einfache Sklereidentyp ist eine Steinzelle, eine Brachysklereide. Eine stark verzweigte Asterosklereide kommt in der primären Rinde der Sprossachse von *Trochodendron* vor (Abb. 8.10L). Etwas weniger stark verzweigte Sklereiden finden sich in der primären Rinde der Douglasie (*Pseudotsuga taxifolia*).

**Sklereiden in Blättern.** Was die Formenmannigfaltigkeit der Sklereiden angeht, sind die Blätter eine besonders reiche Quelle; Sklereiden sind jedoch in monocotylen Blättern selten (Rao, T. A. und Das, 1979). Im Mesophyll gibt es zwei grundsätzlich verschiedene Verteilungsmuster von Sklereiden: das **terminale**, wobei die Sklereiden auf die Enden der Feinnerven beschränkt sind (Abb. 8.11: *Arthrocnemum*, *Boronia*, *Hakea*, *Mouriria*), und das **diffuse**, mit einzelnen Sklereiden oder Gruppen von Sklereiden über das ganze Gewebe verteilt, ohne eine räumliche Beziehung zu den Nervenendigungen (*Olea*, *Osmanthus*, *Pseudotsuga*, *Trochodendron*) (Foster, 1956; Rao, T. A., 1991). In einigen schützenden Blattstrukturen, so der äu-

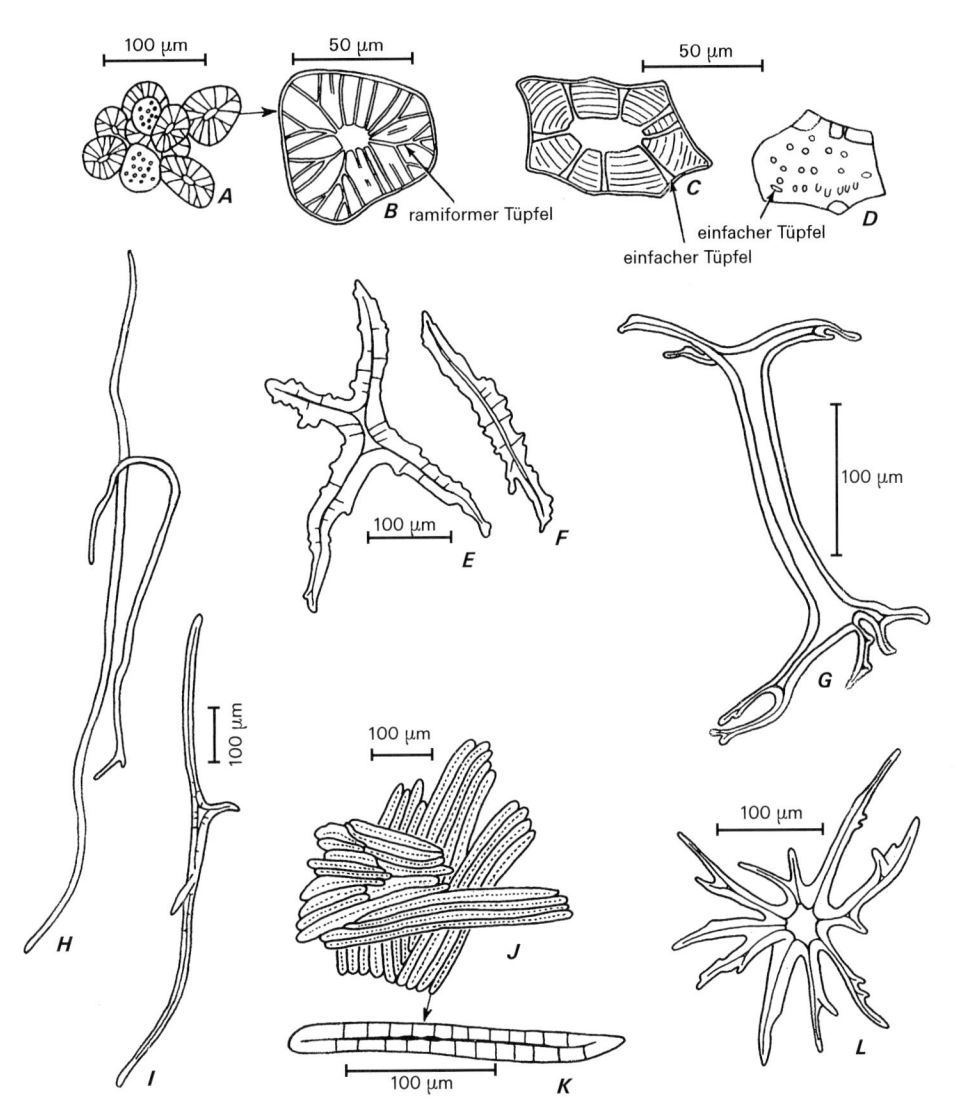

**Abb. 8.10** Sklereiden. **A, B,** Steinzellen aus dem Fruchtfleisch der Birne (*Pyrus*). **C, D,** Sklereiden aus der primären Rinde der Sprossachse von *Hoya* (Wachsblume) in Schnitt- (**C**) und Oberflächenansicht (**D**). **E, F,** Sklereide aus dem Blattstiel von *Camellia*. **G,** säulenförmige Sklereide mit verzweigten Enden aus dem Palisaden-Mesophyll von *Hakea*. **H, I,** filiforme Sklereiden aus dem Blattmesophyll von *Olea* (Ölbaum). **J, K,** Sklereiden aus dem Endokarp der Frucht des Apfelbaums (*Malus*). **L,** Astrosklereide aus der primären Rinde der Sprossachse von *Trochodendron*. (Aus Esau, 1977.)

ßeren schützenden Zwiebelschuppe von *Allium sativum* (Knoblauch), sind die Sklereiden Teil der gesamten Epidermis (Abb. 8.12).

Sklereiden mit eindeutigen Verzweigungen oder nur mit nadelartigen Fortsätzen (kurz, konisch oder unregelmäßig gestaltet) treten im Grundgewebe des Blattstiels von *Camellia* auf (Abb. 8.10E, F) und im Mesophyll des *Trochodendron* Blattes. Das Mesophyll von *Osmanthus* und *Hakea* enthält säulenförmige Sklereiden, an beiden Enden verzweigt, also Osteosklereiden (Abb. 8.10G). In den Blättern von *Hakea suaveolens* spielen die terminalen Sklereiden offenbar eine Doppelrolle, sie haben Stützfunktion und dienen der Wasserleitung. Nahm ein abgeschnittener Spross über das Schnittende eine Lösung des Fluorochroms Berberinsulfat auf, so wies das entstehende Fluoreszenzmuster in den Blättern darauf hin, dass die Berberinlö-

sung von den vergrößerten Tracheiden (Tracheoiden) der Leitbündelendigungen in die Wände der oberen Epidermiszellen gewandert war, über die schwach lignifizierten Wände der Sklereiden (Heide-Jørgensen, 1990). Von der Epidermis wanderte die Lösung dann abwärts in die Wände des Palisadenparenchyms. Offenbar dienen die Sklereiden als Leitbündelerweiterungen, die Wasser zur Epidermis leiten und eine schnelle Versorgung der Palisadenzellen mit Wasser ermöglichen. *Monstera deliciosa*, *Nymphaea* (Seerose), und *Nuphar* (gelbe Teichrose) besitzen typische Trichosklereiden mit Armen, die sich in große Interzellularräume erstrecken, die sogenannten Luftkammern, weitmaschige Lufträume, wie sie für die Blätter dieser Arten charakteristisch sind. In die Zellwände der Sklereiden von *Nymphaea* sind zahlreiche kleine eckige Kristalle eingebettet (Abb. 8.9; Kuo-Huang, 1992). Verzweigte Sklereiden können in Blättern von Coniferen, z. B. *Pseudotsuga taxifolia*, gefunden werden.

Die filiformen Sklereiden des Ölbaumblattes (*Olea europaea*) entstehen sowohl im Palisaden- als auch im Schwammparenchym und durchziehen das Mesophyll in Form eines dichten Netzwerks oder Matte (Abb. 8.13). Ein Teil des Netzwerks besteht aus T-förmigen Sklereiden, deren basale Teile sich von oberer Epidermis und Palisadenparenchym in das darunter liegende Schwammparenchym erstrecken. Der Rest des Netzwerks besteht aus verzweigten „polymorphen" Sklereiden, welche die Mesophyllschichten „in einem chaotischen Muster" durchqueren (Karabourniotis et al., 1994). Man hat nachgewiesen, dass die T-förmigen Tracheiden in der Lage sind, Licht von der oberen Epidermis zum Schwammparenchym zu weiterzuleiten, was darauf hindeutet, dass sie wie Lichtleiter funktionieren und zur Verbesserung der kleinräumigen Lichtverhältnisse im Mesophyll dieses dicken und kompakten Hartlaub-Blattes beitragen (Karabourniotis et al., 1994). Die Osteosklereiden in den Blättern des immergrünen Hartlaubgehölzes *Phillyrea latifolia* (Breitbättrige Steineibe) spielen offenbar eine ähnliche Rolle für die Lichtleitung im Mesophyll (Karabourniotis et al., 1998).

**Sklereiden in Früchten.** Sklereiden treten an verschiedenen Stellen in Früchten auf. Bei Birne (*Pyrus*) und Quitte (*Cydo*-

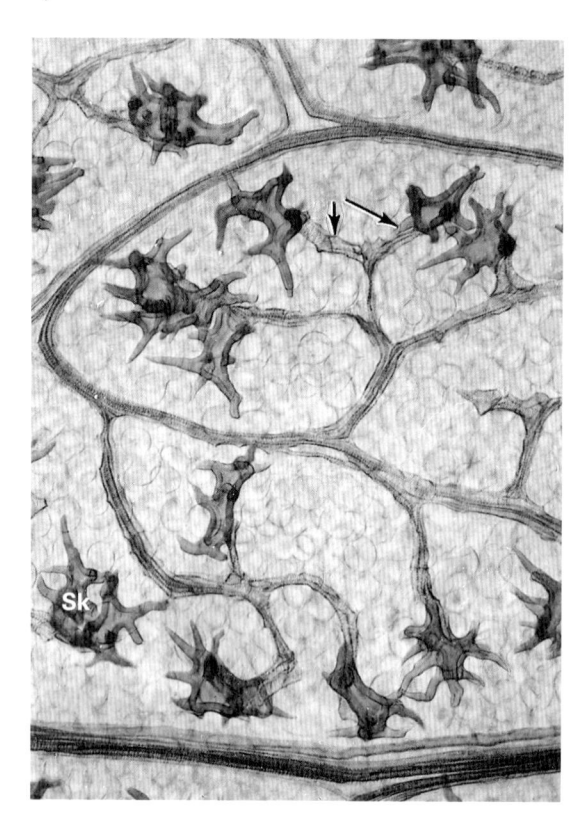

**Abb. 8.11** Aufgehelltes Blatt von *Boronia* (Rutaceae). Sklereiden (Sk) an den Leitbündelenden (Pfeile)

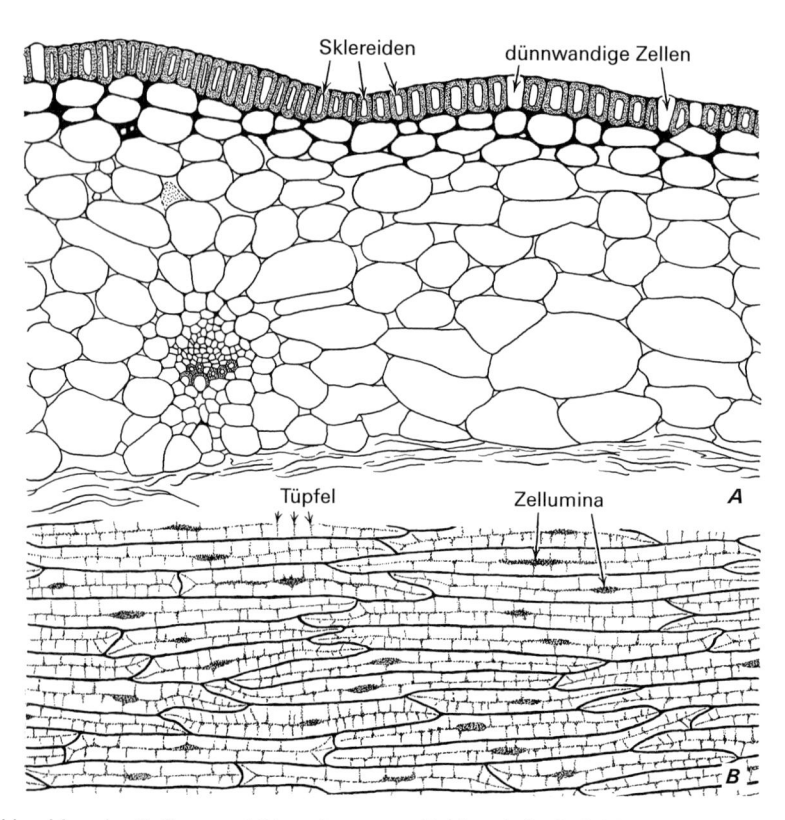

**Abb. 8.12** Epidermale Sklereiden der äußeren schützenden Zwiebelschuppe von *Allium sativum* (Knoblauch). **A**, Querschnitt; sklerifizierte Epidermiswände punktiert; vereinzelt dünnwandige Epidermiszellen. **B**, sklerifizierte Epidermis in Aufsicht; Zellen miteinander verzahnt und getüpfelt. (Beide, x99. Aus Esau, 1977; nach Mann, 1952. *Hilgardia* 21 (8), 195–251, 1952. © Regents, University of California.)

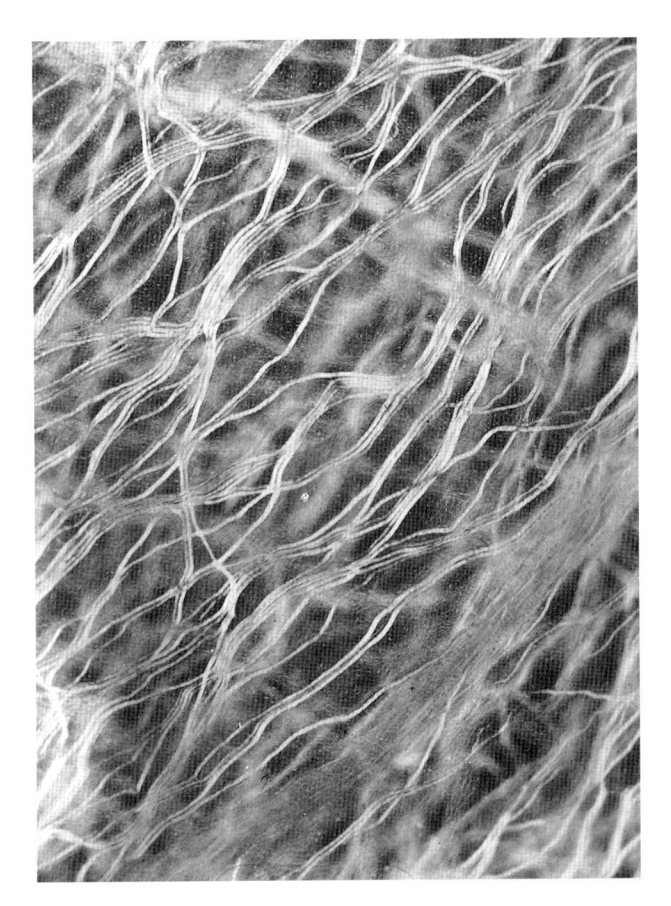

## 8.2 Sklereiden

*nia*) sind einzelne oder gruppenweise angeordnete Steinzellen, sogenannte Brachysklereiden, im weichen Fleisch der Frucht verteilt (Abb. 8.8 und 8.10A, B). Die Steinzellnester geben der Birne ihre charakteristische sandige Konsistenz. Wenn sich diese Steinzellnester bilden, finden rings um einige bereits vorhandene Steinzellen Zellteilungen statt (Staritzki, 1970). Die strahlenförmige Anordnung der Parenchymzellen, die das reife Steinzellnest umgeben, ist durch diese Art der Entwicklung bedingt. Die Sklereiden von Birne und Quitte zeigen oft verzweigte (ramiforme) Tüpfel; sie entstehen durch Fusion von zwei oder mehreren Tüpfelkanälen während der Dickenzunahme der Zellwand.

Äpfel (*Malus*) sind ein anderes Beispiel für Früchte mit Sklereiden. Das pergamentartige Endokarp (Kerngehäuse), das die Samen umschließt, besteht aus schräg verlaufenden Schichten lang gestreckter Sklereiden (Abb. 8.10J, K). Sklereiden bilden auch die harten Schalen nussartiger Früchte und das Steinendokarp von Steinfrüchten. Bei der Steinfrucht von *Ozoroa paniculosa* (Anacardiaceae) – dem Plattbeerenbaum, mit bei Zerreiben harzig duftenden Blättern, der in den Savannen des südlichen Afrika weit verbreitet ist-, besteht das Endokarp aus aufeinanderfolgenden Schichten aus Makrosklereiden, Osteosklereiden, Brachysklereiden und Sklereiden mit kristallinen Einschlüssen (von Teichmann und van Wyk, 1993).

**Sklereiden in Samen.** Das Hartwerden der Samenschalen während der Samenreifung ist oft durch die Entstehung von Sekundärwänden in der Epidermis und in der Zellschicht bzw. den Zellschichten unterhalb der Epidermis bedingt. Die Samen der Leguminosen (Fabaceen) sind ein gutes Beispiel für eine solche Sklerifizierung. In den Samen von Bohne *(Phaseolus)*,

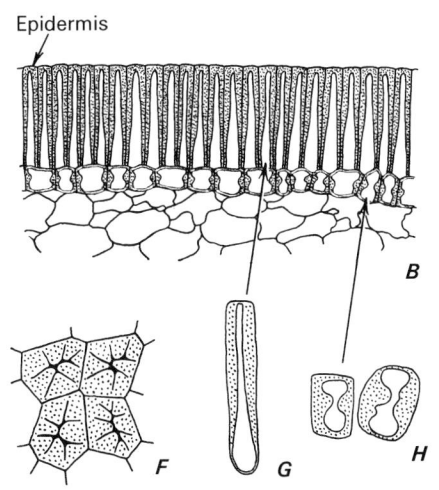

**Abb. 8.13** Filiforme Sklereiden in einem aufgehellten Blatt von *Olea* (Ölbaum); sie zeigen Doppelbrechung im polarisierten Licht. (x57.)

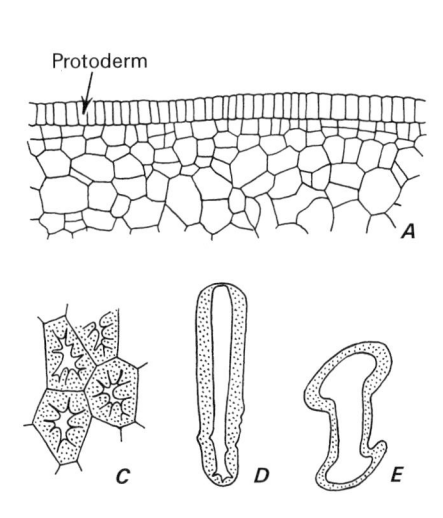

**Abb. 8.14** Sklereiden aus Leguminosen (Fabaceen)-Samenschalen. A, B, äußerer Teil der Samenschale (Querschnitt) von *Phaseolus* vor und nach der Sklereidenentwicklung. B, feste Schicht epidermaler Palisadensklereiden (säulenförmige Makrosklereiden). Bei den subepidermalen Sklereiden (Osteosklereiden) sind die meisten Wandverdickungen an den antiklinen Wänden lokalisiert. C-E, Sklereiden von *Pisum*; F-H, Sklereiden von *Phaseolus*. C, F, Gruppen epidermaler Palisadensklereiden in Aufsicht. D, G, epidermale Sklereiden; E, H, subepidermale Sklereiden. (A, B, x240; C, E, x595; D, E, G, H, x300.)

Erbse (*Pisum*) und Sojabohne (*Glycine*) besteht die Epidermis aus säulenförmigen Makrosklereiden; prismatische Sklereiden oder knochenförmige Osteosklereiden finden sich unterhalb der Epidermis (Abb. 8.14). Während der Entwicklung der Samenschale der Erbse finden in den Protodermzellen, von denen die Makrosklereiden abstammen, ausgedehnte antikline Teilungen statt, gefolgt von Zellverlängerung und anschließender Sekundärwandbildung (Harris, 1983). Die Vorläufer der Osteosklereiden teilen sich sowohl antiklin als auch periklin; sie beginnen jedoch erst mit der Differenzierung zu knochenförmigen Zellen, wenn in den Makrosklereiden dicke Sekundärwände abgelagert worden sind (Harris, W. M., 1984). Sekundärwandbildung erfolgt zuerst im medianen Teil der sich entwickelnden Osteosklereide und verhindert so dort eine weitere Ausdehung der Zelle; die Primärwände an den Zellenden hingegen dehnen sich weiter aus. Offenbar sind in der Samenschale der Erbse weder die Makrosklereiden noch die Osteosklereiden lignifiziert; ihre Wände besitzen keine auffällige Tüpfelung. Die Samenschale der Kokosnuss (*Cocos nucifera*) enthält Sklereiden mit zahlreichen ramiformen Tüpfeln.

## 8.3 Herkunft und Entwicklung von Fasern und Sklereiden

Fasern entstehen aus verschiedenen Meristemen; darauf deutet schon ihre weite Verbreitung im Pflanzenkörper hin. Die Fasern von Xylem und Phloem stammen vom Procambium bzw. vom Cambium (*vascular cambium*) ab. Die extraxylären Fasern – ausgenommen die des Phloems – werden vom Grundmeristem gebildet. Bei einigen Poaceen und Cyperaceen sind die Fasern protodermalen Ursprungs. Auch die Sklereiden können aus verschiedenen Meristemen hervorgehen: die der Leitgewebe aus Derivaten von procambialen und cambialen Zellen; Steinzellen eingebettet in Korkgewebe aus dem Korkcambium, dem Phellogen; die Makrosklereiden der Samenschalen aus dem Protoderm; und viele andere Sklereiden aus dem Grundmeristem.

Die Entwicklung der normalerweise langen Fasern und der verzweigten und lang gestreckten Sklereiden bedarf einer bemerkenswerten interzellularen Anpassung. Von besonderem Interesse ist das Erreichen großer Längen bei Fasern des pri-

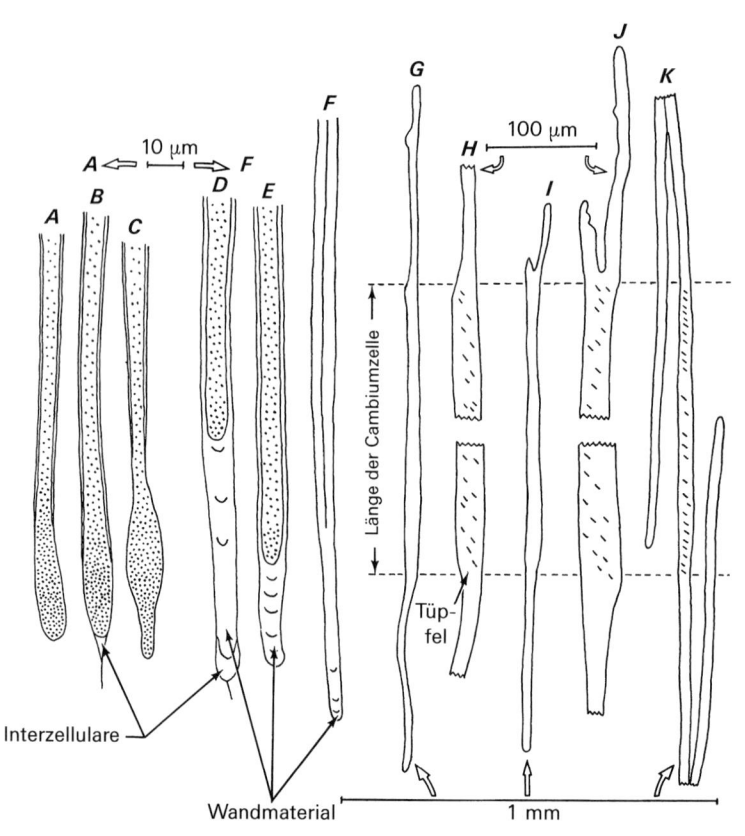

**Abb. 8.15** Intrusives Spitzenwachstum in Fasern von Sprossachsen. **A-F**, aus dem Phloem von Flachs (*Linum perenne*), **G-J**, aus dem Xylem und **K**, aus dem Phloem von *Sparmannia* (Zimmerlinde; Tiliaceae). **H, J**, vergrößerte Teile von **G** bzw. **I. A-C**, die intrusiv wachsenden Spitzen der Fasern (unten) haben dünne Wände und ein dichtes Cytoplasma. **D-F**, nach Beendigung des Wachstums sind die Spitzen der Fasern mit Wandmaterial angefüllt worden.

**G-K**, von ihrer ursprünglichen Lage im Cambium (zwischen den beiden gestrichelten Linien) haben sich die Fasern in beide Richtungen ausgedehnt. Tüpfel kommen nur im ursprünglich cambialen Teil vor. Die Phloemfaser (**K**) ist beträchtlich länger als die Xylemfasern (**G, I**). (Aus Esau, 1977; **A-F**, nach Schoch-Bodmer und Huber, 1951; **G-K**, nach Schoch-Bodmer, 1960.)

mären Pflanzenkörpers. Primäre extraxyläre Fasern werden angelegt, bevor sich das Organ gestreckt hat; sie können durch Zellverlängerung gleichzeitig mit den anderen Geweben des wachsenden Organs bereits ein beträchtliche Länge ereichen. Während dieser Wachstumsperiode werden die Wände der angrenzenden Zellen so ausgerichtet, dass keine Trennung der Wände stattfindet. Diese Wachstumsweise bezeichnet man als **symplastisches (koordiniertes) Wachstum** (Kapitel 5). Das junge Faserprimordium gewinnt an Länge ohne Änderungen im Zellkontakt, egal ob benachbarte Parenchymzellen sich teilen oder nicht. Das Wachstum der primären extraxylären Fasern gleichzeitig mit dem der anderen Gewebe des wachsenden Organs bedingt, dass die längsten Fasern normalerweise in den am stärksten gestreckten Organen zu finden sind (Aloni und Gad, 1982).

Die erstaunliche Länge, die manche primäre Fasern erreichen, ist nicht nur das Ergebnis einer Streckung durch symplastisches Wachstum. Etwas später erlangt das Faserprimordium zusätzliche Länge durch **intrusives Wachstum** (Kapitel 5). Während des intrusiven Wachstums wachsen die sich verlängernden Zellen an ihren Spitzen (**intrusives Spitzenwachstum**), normalerweise an beiden Enden, zwischen den Wänden anderer Zellen. Während der Streckung kann die Faser vielkernig werden, als Ergebnis wiederholter Kernteilungen ohne Bildung neuer Zellwände. Dies ist besonders bei primären Phloemfasern der Fall. Während die Faser noch lebt, zeigt ihr Cytoplasma eine Rotationsströmung, ein Phänomen das offenbar mit dem intrazellulären Transport von Materialien im Zusammenhang steht (Worley, 1968).

Intrusives Spitzenwachstum wurde im Detail bei Flachsfasern untersucht (Schoch-Bodmer und Huber, 1951). Durch Messung junger und alter Internodien und der in diesen Internodien enthaltenen Fasern, haben die Forscher berechnet, dass die Fasern durch symplastisches Wachstum alleine nur 1 bis 1.8 cm lang hätten werden können. Tatsächlich aber fanden sie Faserlängen von 0.8 bis 7.5 cm. Längen über 1.8 cm müssen daher durch intrusives Spitzenwachstum erreicht worden sein. Wachsende Spitzen junger Fasern, aus lebenden Sprossachsen herauspräpariert, zeigten dünne Zellwände, ein dichtes Cytoplasma (Abb. 8.15A–C) mit Chloroplasten, und waren nicht plasmolysierbar. Wenn die Spitzen ihr Wachstum einstellten, wurden sie mit Sekundärwandmaterial angefüllt (Abb. 8.15 D–F).

Im Gegensatz zu den primären Fasern, bei denen sowohl symplastisches als auch intrusives Wachstum stattfindet, entstehen sekundäre Fasern in dem Teil eines Organs, das sein Längenwachstum abgeschlossen hat; eine Längenzunahme ist dann nur durch intrusives Wachstum möglich (Wenham und Cusick, 1975). Die Länge der sekundären Phloemfasern und sekundären Xylemfasern hängt von der Länge der Cambiuminitialen ab und von dem Ausmaß an intrusivem Wachstum der Faserprimordien, die von diesen Initialen abstammen. Wenn primäre und sekundäre Phloemfasern vorkommen, sind erstere beträchtlich länger. Bei *Cannabis* (Hanf) z. B. beträgt die Länge der primären Phloemfasern durchschnittlich ungefähr 13 mm, die der sekundären ungefähr 2 mm (Kundu, 1942).

Intrusives Wachstum kann in Querschnitten von Sprossachsen am Auftreten kleiner Zellen – Querschnitte wachsender Spitzen – inmitten breiterer, sich nicht verlängernder Teile der Faserprimordien erkannt werden. Dieses Phänomen wird am Beispiel eines Querschnittes durch die sekundären Leitgewebe der Sprossachse von *Sparmannia* (Tiliaceae) illustriert (Abb. 8.16; Schoch-Bodmer und Huber, 1946). Die regelmäßige radiale Anordnung der Zellen, wie sie im Cambium zu sehen ist, wird im axialen System des Phloems durch ein Mosaikmuster ersetzt. In einem gegebenen Querschnitt kommen durch intrusives Spitzenwachstum drei bis fünf wachsende Faserspitzen auf einen breiteren medianen Teil eines Faserprimordiums (durch Schrägstreifung in Abb. 8.16A gekennzeichnet). Die radiale Anordnung im axialen System des Xylems ist weniger stark verändert, denn die Xylemfasern strecken sich weniger in die Länge als die Phloemfasern (Abb. 8.15G-K). Wie in radialen Längsschnitten erkennbar, führt das bipolare Spitzenwachstum der Fasern dazu, dass sich diese Zellen über und unter die horizontalen Begrenzungen der Cambiumzellen hinaus ausdehnen, von denen sie abstammen (Abb. 8.16B).

Wenn während des intrusiven Wachstums eine Faserspitze von anderen Zellen behindert wird, krümmt oder gabelt sich die Spitze (Abb. 8.15I. J). Daher sind gekrümmte oder gegabelte Enden von Fasern und Sklereiden zusätzliche Beweise für ein intrusives Wachstum. Die intrusiv wachsenden Teile bilden normalerweise keine Tüpfel in ihren Sekundärwänden aus; dies ermöglicht es, das Ausmaß apikaler Zellverlängerung zu ermitteln (Abb. 8.15G-K; Schoch-Bodmer, 1960).

Das anhaltende intrusive Spitzenwachstum der Fasern und einiger Sklereiden hat eine sehr komplizierte Sekundärwandbildung zur Folge. Wie bereits erwähnt, beginnt die Ablagerung der Sekundärwand über der Primärwand, wenn letztere ihr Flächenwachstum beendet hat (Kapitel 4). Bei intrusiv wachsenden Fasern und Sklereiden beendet der ältere Teil der Zelle sein Wachstum, während die Spitzen mit dem Längenwachstum fortfahren. Der ältere Teil der Zelle (normalerweise der mittlere Teil) beginnt mit der Ablagerung von Sekundärwandschichten, ehe das Wachstum der Spitzen beendet ist. Vom mittleren Teil der Zelle schreitet die sekundäre Wandverdickung zu den Spitzen hin fort und wird nach Beendigung des Spitzenwachstums vervollständigt.

In den schnell wachsenden Sprossachsen von Ramie (*Boehmeria nivea*) dehnen sich die längeren Phloemfasern (40–55 cm) während der späteren Stadien ihrer Zellvergrößerung in Internodien aus, die bereits ihr Längenwachstum beendet haben (Aldaba, 1927). Die Längenzunahme dieser Fasern (anfangs ungefähr 20 μm lang) beträgt ca. 2 500 000%, ein allmählicher Prozess, der zu Vollendung offenbar Monate benötigt. Die Sekundärwandbildung beginnt in den basalen Teilen der Zellen und schreitet nach oben, Richtung der sich verlängernden Spitzen, in Form konzentrischer Schichten fort. Wenn eine Faser ihr Längenwachstum beendet hat, wachsen die inneren Lamel-

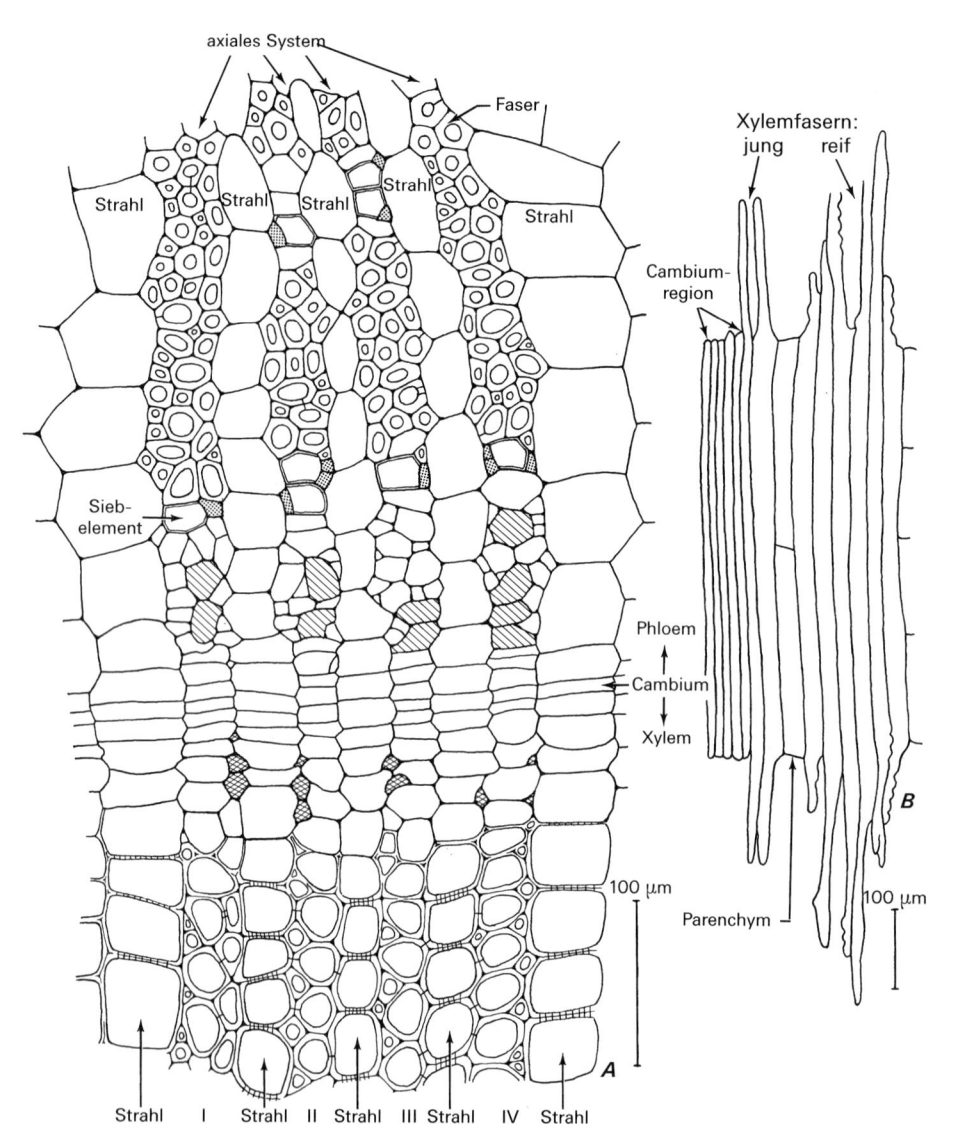

**Abb. 8.16** Entwicklung von Fasern im sekundären Phloem und Xylem von *Sparmannia* (Tiliaceae) im Querschnitt (**A**) und radialen Längsschnitt (**B**) der Sprossachse. In **A**, repräsentieren I-IV die Zellreihen des axialen (longitudinalen) Systems. Diese Reihen alternieren mit den Strahlen. In Cambiumnähe sind Xylem und Phloem unreif. Reifes Xylem besitzt Sekundärwände. Im reifen Phloem kann man anhand der Geleitzellen (punktiert dargestellt) die Siebelemente identifizieren; die Fasern besitzen hier Sekundärwände. Zellen mit Schrägschraffur sind die medianen Teile junger Faserzellen. Sie werden von kleinen Zellquerschnitten umgeben, bei denen es sich zumeist um Spitzen intrusiv wachsender Fasern handelt. Die Zellen mit Kreuzschraffur auf der Xylemseite sind intrusiv wachsende Spitzen von Xylemfasern, **B**, Xylemfasern erstrecken sich in beiden Richtungen über die Cambiumregion hinaus. (Aus Esau, 1977; nach Schoch-Bodmer und Huber, 1946).

lenröhrenschichten weiter nach oben und erreichen die Spitze der Zelle in sukzessiven Intervallen.

Sklereiden entstehen entweder direkt aus Zellen, die früh als Sklereidprimordien determiniert sind, oder durch nachträgliche Sklerose von offensichtlich normalen Parenchymzellen (sekundäre Sklerose). Die Primodien (Initialen) der terminalen Sklereiden in der Blattspreite von *Mouriria huberi* sind bereits deutlich zu sehen, bevor Interzellularen im Mesophyll erscheinen und wenn die kleineren Blattnerven noch vollständig procambial sind (Foster, 1947). Die Trichosklereiden der Luftwurzeln von *Monstera* entwickeln sich aus Zellen, die frühzeitig von Zellreihen der primären Rinde durch inäquale Teilungen abgesondert werden (Bloch, 1946). Im Gegensatz dazu sind die Sklereiden des *Osmanthus*-Blattes erst bei einer Blattspreitenlänge von 5–6 cm erkennbar; in diesem Stadium hat die Blattspreite ungefähr ihre halbe Länge erreicht (Abb. 8.17; Griffith, 1968). In diesem Alter ist ein Großteil des Xylems und Phloems der größeren Blattadern ausgereift, und die Fasern der Blattnerven sind erkennbar, jedoch ohne deutlich sichtbare Wandverdickungen aufzuweisen. Eine Sklerifizierung von Parenchymzellen im sekundären Phloem erfolgt normalerweise im nicht leitenden Phloem, dem Teil des Phloems, der nicht mehr am Langstreckentransport beteiligt ist (Kapitel, 14; Esau, 1969; Nanko, 1979). Bei Eichen (*Quercus*) z. B. differenzieren

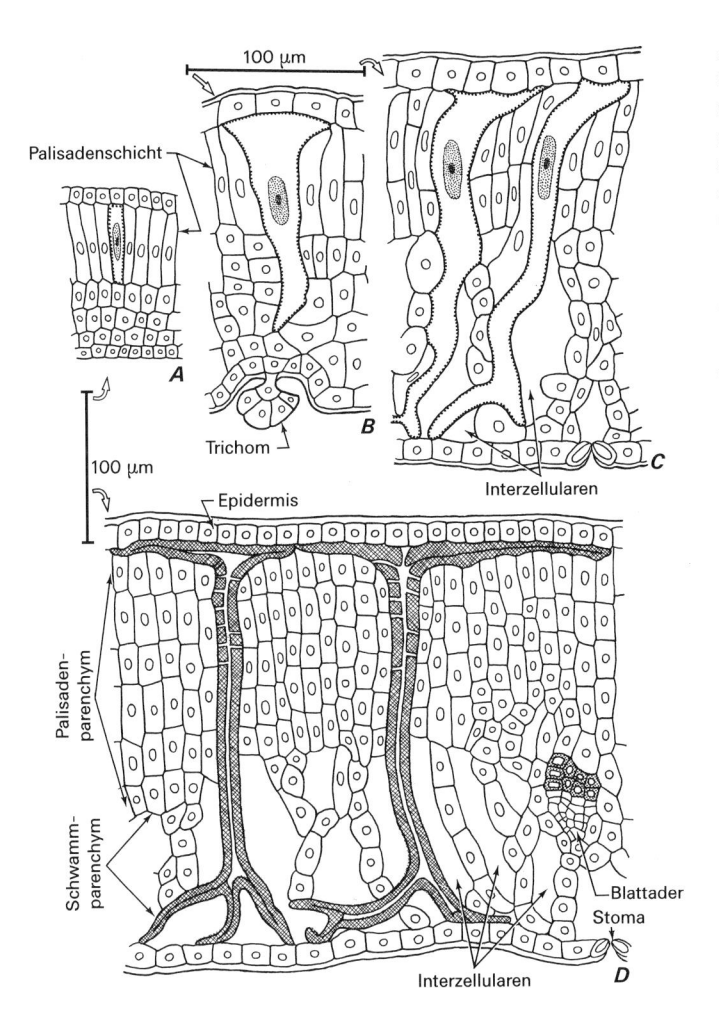

**Abb. 8.17** Sklereidenentwicklung im Blatt von *Osmanthus fragrans* (Oleaceae). **A-C**, sich differenzierende Sklereiden, durch große Zellkerne und Punkte entlang der Wände gekennzeichnet; **D**, reife Sklereiden, durch Kreuzschraffur der Sekundärwände gekennzeichnet. In allen Zeichnungen sind Mesophyll und Epidermiszellen durch Kreise und Ovale markiert. Die engen Interzellularen im Bereich des Palisadenparenchyms wurden weggelassen. **A**, Die zukünftige Sklereide wurde symbolisch gekennzeichnet; sie war von den anderen Palisadenzellen noch nicht zu unterscheiden (Zeichnung aus einem 23 mm langen Primordium. **B**, die junge Sklereide hat sich über die Grenzen der Palisadenparenchymschicht hinaus ausgedehnt (Blattspreite ungefähr 5.5 cm lang). **C**, zwei junge Sklereiden haben die untere Epidermis erreicht, indem sie durch das Schwammparenchym hindurch gewachsen sind (Blattspreite ungefähr 10–12 cm lang). Die Vergrößerung der Sklereiden umfasst beides, symplastisches Wachstum und intrusives Spitzenwachstum. Die Dicke der Blattspreite verdoppelt sich nach Entstehung der Sklereiden; ein Teil des Sklereidenwachstums erfolgt daher gleichzeitig mit dem Wachstum des Palisadenparenchyms. Das Wachstum der Sklereidenzweige und desjenigen Teils der Wand, der in Kontakt mit dem Schwammparenchym steht, umfasst intrusives Spitzenwachstum. Die Ablagerung der Sekundärwand erfolgt in diesen Sklereiden einheitlich und schnell, und erfolgt erst, wenn das Blatt seine volle Größe erreicht hat. **D**, die reifen Sklereiden besitzen einige Verzweigungen, die sich parallel zur Epidermis erstrecken, und andere, die in die Interzellularräume hineinragen. Tüpfel in der Sekundärwand befinden sich nur in demjenigen Teil der Sklereiden, wo im Verlauf des Wachstums Verbindungen zu Nachbarzellen nicht zerstört wurden. (Aus Esau, 1977; nach Griffith, 1968).

sich Steinzellen in mehrere Jahre altem Phloem, zuerst in den Strahlen und später im Dilatationsgewebe (dem Gewebe, das an der Umfangserweiterung der Rinde beteiligt ist) in Nestern unterschiedlicher Größe. Im nicht leitenden Phloem einiger angiospermer Holzpflanzen entwickeln sich Fasertracheiden aus fusiformen Parenchymzellen oder einzelnen Elementen von Parenchymsträngen. Die Fasertracheiden im sekundären Phloem von *Pyrus communis* (Evert, 1961) und *Pyrus malus* (*Malus domestica*) (Evert, 1963) entstehen aus Parenchymsträngen, und zwar im zweiten Jahr nach deren Entstehung aus dem Cambium. Zu diesem Zeitpunkt findet in den einzelnen Elementen der Stränge ein intensives intrusives Wachstum statt mit anschließender Sekundärwandbildung. Im nicht leitenden sekundären Phloem von *Pereskia* (Cactaceae) werden einige Sklereiden mit mehrschichtigen Sekundärwänden durch Septen in Kompartimente unterteilt, von denen ein jedes sich zu einer Sklereide mit einer mehrschichtigen Sekundärwand entwickelt (Abb. 8.6B; Bailey, 1961). Solche Sklereiden erinnern an die septierten Fasern von Bambus (Parameswaran und Liese, 1977).

Sklereidprimodien können in ihrem Aussehen von den benachbarten Parenchymzellen nicht zu unterscheiden sein. Generell sind die Primordien idioblastischer Sklereiden von ihren Nachbarzellen durch große, auffällige Zellkerne und oftmals dichtes Cytoplasma zu unterscheiden (Boyd et al., 1982; Heide-Jørgensen, 1990).

## 8.4 Kontrollfaktoren für die Entwicklung von Fasern und Sklereiden

Die Faktoren, welche die Entwicklung von Fasern und Sklereiden kontrollieren, waren Gegenstand zahlreicher experimenteller Studien. Untersuchungen von Sachs (1972) und Aloni (1976, 1978) haben gezeigt, dass die Faserentwicklung in Strängen von Reizen abhängt, die im jungen Blattprimordium entstehen. Eine frühe Entfernung der Primordien hat bei *Pisum sativum* eine Faserentwicklung verhindert; eine experimentelle Änderung der Position der Blätter hat auch die Lage der Faserstränge verändert (Sachs, 1972). Die Ergebnisse der *Pisum*-Studie sind bei *Coleus* bestätigt worden; bei *Coleus* wurde auch gezeigt, dass die Induktion primärer Phloemfasern eine strikt polare ist; sie erfolgt abwärts, von den Blättern zu den Wurzeln (Aloni, 1976, 1978). Außerdem wurde gezeigt, dass der Einfluss der Blätter auf die Differenzierung der primären Phloemfasern bei *Coleus* durch externe Applikation von Auxin (IAA) zusammen mit Gibberellin ($GA_3$) ersetzt werden kann (Aloni, 1979). IAA alleine induzierte die Differenzierung nur einiger Fasern; GA₃ alleine hatte keinen Einfluss auf die Faserdifferenzierung. Wenn unterschiedliche Kombinationen beider Hormone appliziert wurden, stimulierten hohe IAA-Konzentrationen die rasche Differenzierung dickwandiger Fasern, wohingegen hohe GA₃-Konzentrationen die Bildung langer dünnwandiger Fasern bewirkten. Beide Hormone sind auch für die Faserentwicklung im sekundären Xylem von *Populus* erforderlich (Digby und Wareing, 1966). Auch die Cytokinine, die in den Wurzeln gebildet werden, scheinen eine regulatorische Rolle bei der Entwicklung sekundärer Xylemfasern zu spielen (Aloni, 1982; Saks et al., 1984).

Es sind mehrere *Arabidopsis*-Mutanten entdeckt worden, die einen Einfluss auf die Faserentwicklung in den Interfascicularregionen der Blütenstandsachsen haben (Turner und Somerville, 1997; Zhong et al., 1997; Turner und Hall, 2000; Burk et al., 2001). Von besonderem Interesse ist die *interfascicular fiberless1 (ifl1)*-Mutante, bei der keine interfasciculären (extraxylären) Fasern entwickelt werden (Zhong et al., 1997). Dies deutet darauf hin, dass das *INTERFASCICULAR FIBERLESS1 (IFL)1*- Gen, das, wie sich herausstellte, identisch mit dem Gen *REVOLUTA (REV)* ist (Ratcliffe et al., 2000), für die normale Differenzierung interfasciculärer Fasern notwenig ist. Es ist auch für die normale Entwicklung des sekundären Xylems erforderlich. Das *IFL1/REV*-Gen wird sowohl in der interfasciculären Region, in der sich die Fasern differenzieren, als auch in den fasciculären Regionen exprimiert (Zhong und Ye, 1999). Ein Versuch zum polaren Auxintransport hat gezeigt, dass der Transport von Auxin entlang der Blütenstandsachse bei den *ifl1*-Mutanten drastisch reduziert ist. Außerdem hat ein Auxintransport-Inhibitor die normale Entwicklung interfasciculärer Fasern in den Infloreszenzachsen von Wildtyp-Pflanzen verändert (Zhong und Ye, 2001). Die deutliche Korrelation zwischen reduziertem polaren Auxintransport und einer Veränderung der Faserdifferenzierung bei *ifl1*- Mutanten lässt vermuten, dass *IFL1/REV*-Gene bei der Kontrolle des Auxintransports längs der Interfascicularregionen eine Rolle spielen. Ergebnisse einer separaten experimentellen Studie (Little et al., 2002), bei der die Versorgung mit Auxin verändert wurde, zeigen deutlich den Bedarf von IAA für die Zellwandverdickung und Lignifizierung der interfasciculären Fasern in der Blütenstandsachse von *Arabidopsis*.

Bei Blättern, die normalerweise Sklereiden am Blattrand aufweisen (*Camellia japonica*, Foard, 1959, *Magnolia thamnodes*, *Talauma villosa*, Tucker 1975), führten Einschnitte zur Differenzierung von Sklereiden entlang der „neuen" Ränder. Wenn die Sklerenchymzylinder eudicotyler Sprossachsen unterbrochen wurden, indem eine Seite des Internodiums abgeschnitten wurde, kam es zur Wiederherstellung des Zylinders, indem im Wundkallus Sklereiden gebildet wurden (Warren Wilson et al., 1983). Die Ergebnisse dieser Experimente wurden als Beweis für die positionale Kontrolle der Sklereidenentwicklung interpretiert. Bei den Blättern entwickelten sich Zellen, die normalerweise zu Mesophyllzellen (spezialisiert auf Photosynthese) werden, zu Sklereiden, wenn sie durch die Blatteinschnitte in eine Randlage gelangten. Bei den Sprossachsen ordneten sich die regenerierten Sklereiden ähnlich an wie im ursprünglichen Sklerenchymzylinder (hauptsächlich oder größtenteils Fasern) der unverletzten Sprossachse. Untersuchungen hormoneller Faktoren haben gezeigt, dass die Auxinkonzentrationen im Blatt die Sklereidenentwicklung beeinflussen (Al-Talib und Torrey, 1961; Rao, A. N. und Singarayar, 1968). War die Auxinkonzentration hoch, so war die Entwicklung gehemmt; bei geringer Auxinkonzentration hingegen blieben die Zellwände dünn und wurden nicht lignifiziert. Interessanterweise wurde eine Differenzierung von Sklereiden im Mark von *Arabidopsis thaliana* dadurch induziert, das man die sich entwickelnden Infloreszenzen entfernte (Lev-Yadun, 1997). Das Mark reifer Kontrollpflanzen besaß keine Sklereiden.

## Literatur

Aldaba, V. C. 1927. The structure and development of the cell wall in plants. I. Bast fibers of *Boehmeria* and *Linum*. *Am. J. Bot*. 14, 16–24.

Aloni, R. 1976. Polarity of induction and pattern of primary phloem fiber differentiation in *Coleus*. *Am. J. Bot*. 63, 877–889.

Aloni, R. 1978. Source of induction and sites of primary phloem fibre differentiation in *Coleus blumei*. *Ann. Bot*. n.s. 42, 1261–1269.

Aloni, R. 1979. Role of auxin and gibberellin in differentiation of primary phloem fibers. *Plant Physiol*. 63, 609–614.

Aloni, R. 1982. Role of cytokinin in differentiation of secondary xylem fibers. *Plant Physiol*. 70, 1631–1633.

Aloni, R. und A. E. Gad. 1982. Anatomy of the primary phloem fiber system in *Pisum sativum*. *Am. J. Bot*. 69, 979–984.

Al-Talib, K. H. und J. G. Torrey. 1961. Sclereid distribution in the leaves of *Pseudotsuga* under natural and experimental conditions. *Am. J. Bot*. 48, 71–79.

Baas, P. 1986. Terminology of imperforate tracheary elements—In defense of libriform fibres with minutely bordered pits. *IAWA Bull*. n.s. 7, 82–86.

Bailey, I. W. 1961. Comparative anatomy of the leaf-bearing Cactaceae. II. Structure and distribution of sclerenchyma in the phloem of *Pereskia*, *Pereskiopsis* and *Quiabentia*. *J. Arnold Arbor*. 42, 144–150.

Bloch, R. 1946. Differentiation and pattern in *Monstera deliciosa*. The idioblastic development of the trichosclereids in the air root. *Am. J. Bot*. 33, 544–551.

Blyth, A. 1958. Origin of primary extraxylary stem fibers in dicotyledons. *Univ. Calif. Publ. Bot*. 30, 145–232.

Boyd, D. W., W. M. Harris und L. E. Murry. 1982. Sclereid development in *Camellia* petioles. *Am. J. Bot*. 69, 339–347.

Burk, D. H., B. Liu, R. Zhong, W. H. Morrison und Z.-H. Ye. 2001. A katanin-like protein regulates normal cell wall biosynthesis and cell elongation. *Plant Cell* 13, 807–827.

Butterfield, B. G. und B. A. Meylan. 1976. The occurrence of septate fibres in some New Zealand woods. *N. Z. J. Bot*. 14, 123–130.

Carpenter, C. H. 1963. Papermaking fibers: A photomicrographic atlas of woody, non-woody und man-made fibers used in papermaking. *Tech. Publ*. 74. State University College of Forestry at Syracuse University, Syracuse, NY.

Chalk, L. 1983. Fibres. In: *Anatomy of the Dicotyledons*, 2. Aufl., Bd. II, *Wood Structure and Conclusion of the General Introduction*, S. 28–38, C. R. Metcalfe and L. Chalk. Clarendon Press, Oxford.

de Bary, A. 1884. *Comparative anatomy of the vegetative organs of the phanerogams and ferns.* Clarendon Press, Oxford.

Digby, J. und P. F. Wareing. 1966. The effect of applied growth hormones on cambial division and the differentiation of the cambial derivatives. *Ann. Bot.* n.s. 30, 539–548.

Dumbroff, E. B. und H. W. Elmore. 1977. Living fibres are a principal feature of the xylem in seedlings of *Acer saccharum* Marsh. *Ann. Bot.* n.s. 41, 471–472.

Esau, K. 1969. The Phloem. *Handbuch der Pflanzenanatomie*, Band 5, Teil 2, Histologie. Gebrüder Borntraeger, Berlin, Stuttgart.

Esau, K. 1977. *Anatomy of Seed Plants*, 2. Aufl., Wiley, New York.

Esau, K. 1979. Phloem. In: *Anatomy of the Dicotyledons*, 2. Aufl., Bd. I, *Systematic Anatomy of Leaf and Stem, with a Brief History of the Subject,* S. 181–189, C. R. Metcalfe and L. Chalk. Clarendon Press, Oxford.

Evert, R. F. 1961. Some aspects of cambial development in *Pyrus communis*. *Am. J. Bot.* 48, 479–488.

Evert, R. F. 1963. Ontogeny and structure of the secondary phloem in *Pyrus malus. Am. J. Bot.* 50, 8–37.

Fahn, A. und B. Leshem. 1963. Wood fibres with living protoplasts. *New Phytol.* 62, 91–98.

Fisher, J. B. und J. W. Stevenson. 1981. Occurrence of reaction wood in branches of dicotyledons and its role in tree architecture. *Bot. Gaz.* 142, 82–95.

Foard, D. E. 1959. Pattern and control of sclereid formation in the leaf of *Camellia japonica. Nature* 184, 1663–1664.

Foster, A. S. 1944. Structure and development of sclereids in the petiole of *Camellia japonica* L. *Bull. Torrey Bot. Club* 71, 302–326.

Foster, A. S. 1947. Structure and ontogeny of the terminal sclereids in the leaf of *Mouriria Huberi* Cogn. *Am. J. Bot.* 34, 501–514.

Foster, A. S. 1955. Structure and ontogeny of terminal sclereids in *Boronia serrulata. Am. J. Bot.* 42, 551–560.

Foster, A. S. 1956. Plant idioblasts: Remarkable examples of cell specialization. *Protoplasma* 46, 184–193.

Griffith, M. M. 1968. Development of sclereids in *Osmanthus fragrans* Lour. *Phytomorphology* 18, 75–79.

Gritsch, C. S. und R. J. Murphy. 2005. Ultrastructure of fibre and parenchyma cell walls during early stages of culm development in *Dendrocalamus asper. Ann. Bot.* 95, 619–629.

Haberlandt, G. 1914. *Physiological Plant Anatomy*. Macmillan, London.

Harris, M., Hrsg., 1954. *Handbook of Textile Fibers*. Harris Research Laboratories, Washington, DC.

Harris, W. M. 1983. On the development of macrosclereids in seed coats of *Pisum sativum* L. *Am. J. Bot.* 70, 1528–1535.

Harris, W. M. 1984. On the development of osteosclereids in seed coats of *Pisum sativum* L. *New Phytol.* 98, 135–141.

Heide-Jørgensen, H. S. 1990. Xeromorphic leaves of *Hakea suaveolens* R. Br. IV. Ontogeny, structure and function of the sclereids. *Aust. J. Bot.* 38, 25–43.

Holdheide, W. 1951. Anatomie mitteleuropäischer Gehölzrinden (mit mikrophotographischem Atlas). In: *Handbuch der Mikroskopie in der Technik*, Band 5, Heft 1, S. 193–367. Umschau Verlag, Frankfurt am Main.

IAWA Committee on Nomenclature. 1964. International glossary of terms used in wood anatomy. *Trop. Woods* 107, 1–36.

Karabourniotis, G. 1998. Light-guiding function of foliar sclereids in the evergreen sclerophyll *Phillyrea latifolia*: A quantitative approach. *J. Exp. Bot.* 49, 739–746.

Karabourniotis, G., N. Papastergiou, E. Kabanopoulou und C. Fasseas. 1994. Foliar sclereids of *Olea europaea* may function as optical fibres. *Can. J. Bot.* 72, 330–336.

Kundu, B. C. 1942. The anatomy of two Indian fibre plants, *Cannabis* and *Corchorus* with special reference to the fibre distribution and development. *J. Indian Bot. Soc.* 21, 93–128.

Kuo-Huang, L.-L. 1990. Calcium oxalate crystals in the leaves of *Nelumbo nucifera* and *Nymphaea tetragona. Taiwania* 35, 178–190.

Kuo-Huang, L.-L. 1992. Ultrastructural study on the development of crystal-forming sclereids in *Nymphaea tetragona. Taiwania* 37, 104–114.

Lev-Yadun, S. 1997. Fibres and fibre-sclereids in wild-type *Arabidopsis thaliana. Ann. Bot.* 80, 125–129.

Little, C. H. A., J. E. MacDonald und O. Olsson. 2002. Involvement of indole-3-acetic acid in fascicular and interfascicular cambial growth and interfascicular extraxylary fiber differentiation in *Arabidopsis thaliana* inflorescence stems. *Int. J. Plant Sci.* 163, 519–529.

MaGee, J. A. 1948. Histological structure of the stem of *Zea mays* in relation to stiffness of stalk. *Iowa State Coll. J. Sci.* 22, 257–268.

Mann, L. K. 1952. Anatomy of the garlic bulb and factors affecting bud development. *Hilgardia* 21, 195–251.

Murdy, W. H. 1960. The strengthening system in the stem of maize. *Ann. Mo. Bot. Gard.* 67, 205–226.

Murphy, R. J. und K. L. Alvin. 1992. Variation in fibre wall structure in bamboo. *IAWA Bull.* n.s. 13, 403–410.

Murphy, R. J. und K. L. Alvin. 1997. Fibre maturation in the bamboo *Gigantochloa scortechinii. IAWA J.* 18, 147–156.

Nanko, H. 1979. *Studies on the development and cell wall structure of sclerenchymatous elements in the secondary phloem of woody dicotyledons and conifers.* Ph. D. Thesis. Department of Wood Science and Technology, Kyoto University, Kyoto, Japan.

Nanko, H., H. Saiki und H. Harada. 1977. Development and structure of the phloem fiber in the secondary phloem of *Populus euramericana. Mokuzai Gakkaishi (J. Jpn. Wood Res. Soc.)* 23, 267–272.

Needles, H. L. 1981. *Handbook of Textile Fibers, Dyes und Finishes*. Garland STPM Press, New York.

Ohtani, J. 1987. Vestures in septate wood fibres. *IAWA Bull.* n.s. 8, 59–67.

Parameswaran, N. und W. Liese. 1969. On the formation and fine structure of septate wood fibres of *Ribes sanguineum. Wood Sci. Technol.* 3, 272–286.

Parameswaran, N. und W. Liese. 1977. Structure of septate fibres in bamboo. *Holzforschung* 31, 55–57.

Patel, R. N. 1964. On the occurrence of gelatinous fibres with special reference to root wood. *J. Inst. Wood Sci.* 12, 67–80.

Purkayastha, S. K. 1958. Growth and development of septate and crystalliferous fibres in some Indian trees. *Proc. Natl. Inst. Sci. India* 24B, 239–244.

Rao, A. N. und M. Singarayar. 1968. Controlled differentiation of foliar sclereids in *Fagraea fragrans. Experientia* 24, 298–299.

Rao, T. A. 1991. *Compendium of Foliar Sclereids in Angiosperms: Morphology and Taxonomy*. Wiley Eastern Limited, New Delhi.

Rao, T. A. und S. Das. 1979. Leaf sclereids – Occurrence and distribution in the angiosperms. *Bot. Not.* 132, 319–324.

Ratcliffe, O. J., J. L. Riechmann und J. Z. Zhang. 2000. *INTERFASCICULAR FIBERLESS1* is the same gene as *REVOLUTA. Plant Cell* 12, 315–317.

Roland, J.-C., D. Reis, B. Vian, B. Satiat-Jeunemaitre und M. Mosiniak. 1987. Morphogenesis of plant cell walls at the supramolecular level: Internal geometry and versatility of helicoidal expression. *Protoplasma* 140, 75–91.

Roland, J.-C., D. Reis, B. Vian und S. Roy. 1989. The helicoidal plant cell wall as a performing cellulose-based composite. *Biol. Cell* 67, 209–220.

Sachs, T. 1972. The induction of fibre differentiation in peas. *Ann. Bot.* n.s. 36, 189–197.

Saks, Y., P. Feigenbaum und R. Aloni. 1984. Regulatory effect of cytokinin on secondary xylem fiber formation in an in vivo system. *Plant Physiol.* 76, 638–642.

Schoch-Bodmer, H. 1960. Spitzenwachstum und Tüpfelverteilung bei sekundären Fasern von *Sparmannia*. *Beih. Z. Schweiz. Forstver.* 30, 107–113.

Schoch-Bodmer, H. und P. Huber. 1946. Wachstumstypen plastischer Pflanzenmembranen. *Mitt. Naturforsch. Ges. Schaffhausen* 21, 29–43.

Schoch-Bodmer, H. und P. Huber. 1951. Das Spitzenwachstum der Bastfasern bei Linum usitatissimum und *Linum perenne*. *Ber. Schweiz. Bot. Ges.* 61, 377–404.

Schwendener, S. 1874. *Das mechanische Princip in anatomischen Bau der Monocotylen mit vergleichenden Ausblicken auf die übrigen Pflanzenklassen.* Wilhelm Engelmann, Leipzig.

Sperry, J. S. 1982. Observations of reaction fibers in leaves of dicotyledons. *J. Arnold Arbor.* 63, 173–185.

Staff, I. A. 1974. The occurrence of reaction fibres in *Xanthorrhoea australis* R. Br. *Protoplasma* 82, 61–75.

Staritsky, G. 1970. The morphogenesis of the inflorescence, flower and fruit of *Pyrus nivalis* Jacquin var. *orientalis* Terpó. *Meded. Landbouwhogesch.* Wageningen 70, 1–91.

Tobler, F. 1957. Die mechanischen Elemente und das mechanische System. *Handbuch der Pflanzenanatomie,* 2. Aufl., Band 4, Teil 6, Histologie. Gebrüder Borntraeger, Berlin-Nikolassee.

Tomlinson, P. B. 1961. *Anatomy of the Monocotyledons.* 2. Palmae. Clarendon Press, Oxford.

Tucker, S. C. 1975. Wound regeneration in the lamina of magnoliaceous leaves. *Can. J. Bot.* 53, 1352–1364.

Turner, S. R. und M. Hall. 2000. The gapped xylem mutant identifies a common regulatory step in secondary cell wall deposition. *Plant J.* 24, 477–488.

Turner, S. R. und C. R. Somerville. 1997. Collapsed xylem phenotype of *Arabidopsis* identifies mutants deficient in cellulose deposition in the secondary cell wall. *Plant Cell* 9, 689–701.

von Teichman, I. und A. E. van Wyk. 1993. Ontogeny and structure of the drupe of *Ozoroa paniculosa* (Anacardiaceae). *Bot. J. Linn. Soc.* 111, 253–263.

Wardrop, A. B. 1964. The reaction anatomy of arborescent angiosperms. In: *The Formation of Wood in Forest Trees,* S. 405–456, M. H. Zimmermann, Hrsg., Academic Press, New York.

Warren Wilson, J., S. J. Dircks und R. I. Grange. 1983. Regeneration of sclerenchyma in wounded dicotyledon stems. *Ann. Bot.* n.s. 52, 295–303.

Wenham, M. W. und F. Cusick. The growth of secondary wood fibres. *New Phytol.* 74, 247–261.

Wolkinger, F. 1971. Morphologie und systematische Verbreitung der lebenden Holzfasern bei Sträuchern und Bäumen. III. Systematische Verbreitung. *Holzforschung* 25, 29–30.

Worley, J. F. 1968. Rotational streaming in fiber cells and its role in translocation. *Plant Physiol.* 43, 1648–1655.

Zhong, R. und Z.-H. Ye. 1999. *IFL1*, a gene regulating interfascicular fiber differentiation in *Arabidopsis*, encodes a homeodomain-leucine zipper protein. *Plant Cell* 11, 2139–2152.

Zhong, R. und Z.-H. Ye. 2001. Alteration of polar transport in the *Arabidopsis ifl1* mutants. *Plant Physiol.* 126, 549–563.

Zhong, R., J. J. Taylor und Z.-H. Ye. 1997. Disruption of interfascicular fiber differentiation in an *Arabidopsis* mutant. *Plant Cell* 9, 2159–2170.

# Kapitel 9
# Epidermis

Der Begriff **Epidermis** bezeichnet die äußerste Zellschicht des primären Pflanzenkörpers. Er leitet sich aus dem Griechischen ab (*epi* = auf, oben und *derma* = Haut). In diesem Buch bezeichnet der Epidermisbegriff die äußerste Zellschicht aller Teile des primären Pflanzenkörpers: Wurzeln, Sprossachsen, Blätter, Blüten, Früchte und Samen. Nur die Wurzelhaube besitzt keine Epidermis, und im Bereich der Apikalmeristeme ist sie als solche nicht differenziert.

Die Epidermis des Sprosses entstammt der äußersten Zellschicht des Apikalmeristems. Bei Wurzeln kann die Epidermis einen gemeinsamen Ursprung mit Zellen der Wurzelhaube haben oder sie differenziert sich aus der äußersten Zellschicht des Cortex (Kapitel 6; Clowes, 1994). Wegen der unterschiedlichen Herkunft der Epidermis bei Spross und Wurzel sind einige Forscher zu der Überzeugung gelangt, dass man die Außenhaut der Wurzel mit einem eigenen Namen bezeichnen sollte, als **Rhizodermis** oder **Epiblem** (Linsbauer, 1930; Guttenberg, 1940). Abgesehen von der unterschiedlichen Herkunft bilden die Epidermis der Wurzel und die Epidermis des Sprosses ein Kontinuum. Wenn die Begriffe Epidermis und Protoderm (für die undifferenzierte Epidermis), allein in einem morphologisch-topographischen Sinne verwendet werden, und das Problem der Herkunft außer Acht gelassen wird, können beide Begriffe im weitesten Sinne verwendet werden, um das primäre Oberflächengewebe der gesamtem Pflanze zu bezeichnen.

Organe, die wenig oder kein sekundäres Dickenwachstum aufweisen, behalten die Epidermis meistens solange sie leben. Eine bemerkenswerte Ausnahme bilden einige langlebige monocotyle Pflanzen, die keinen sekundären Zuwachs des Leitgewebesystems aufweisen, aber anstelle der Epidermis eine besondere Art von Periderm entwickeln (Kapitel 15). In verholzten Wurzeln und Sprossachsen ist die Lebensdauer der Epidermis unterschiedlich; sie hängt vom Zeitpunkt der Peridermbildung ab. Gewöhnlich entsteht das Periderm der Sprossachsen und Wurzeln von Holzpflanzen bereits im ersten Wachstumsjahr. Zahlreiche Baumarten bilden aber erst ein Periderm, wenn ihre Achsen um ein Vielfaches dicker sind als bei Abschluss des primären Wachstums. Bei diesen Pflanzen setzen die Epidermis und die darunter liegende primäre Rinde ihr Wachstum fort und halten mit dem zunehmenden Umfang des Leitgewebezylinders Schritt. Die einzelnen Zellen vergrößern sich tangential und teilen sich radial. Ein solches anhaltendes Wachstum wurde z. B. bei *Acer pensylvanicum* (syn. *Acer striatum*) gefunden. Hier war bei 20 Jahre alten Stämmen, von etwa 20 cm Durchmesser, die ursprüngliche Epidermis noch vorhanden (de Bary, 1884). Die Zellen einer so alten Epidermis sind in tangentialer Richtung höchstens doppelt so breit wie die Epidermiszellen einer Sprossachse von 5 mm Durchmesser. Dieses Größenverhältnis zeigt deutlich, dass sich die Epidermiszellen ständig teilen, während die Sprossachse an Dicke zunimmt. Ein anderes Beispiel ist *Cercidium torreyanum* (*Parkinsonia florida*; Fabaceae), ein Baum, der nur kurze Zeit im Jahr Blätter trägt, aber eine grüne Rinde und eine ausdauernde Epidermis besitzt (Roth, 1963).

Die Epidermis ist normalerweise eine Zellschicht dick (Abb. 9.1). Bei einigen Blättern teilen sich die Protodermzellen und ihre Derivate periklin (parallel zur Oberfläche), wodurch ein Gewebe aus mehreren Schichten ontogenetisch verwandter Zellen entsteht. (Manchmal finden nur in einzelnen Zellen der Epidermis perikline Teilungen statt). Solch ein Gewebe wird als **multiple** oder **multiseriate Epidermis** bezeichnet (Abb. 9.2 und 9.3). Das **Velamen** (lat. = Hülle, Schleier) der Luft- und

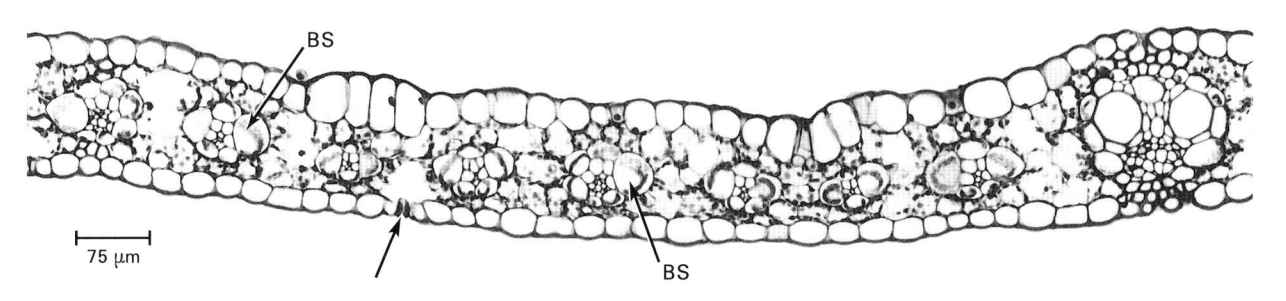

**Abb. 9.1** Querschnitt durch ein Maisblatt (*Zea mays*) mit einschichtiger Epidermis beiderseits der Blattspreite. Eine einzige Spaltöffnung ist erkennbar (Pfeil). Leitbündel unterschiedlicher Größe werden durch auffällige Bündelscheiden (BS) vom Mesophyll abgegrenzt. (Aus Russell und Evert, 1985, Abb.1.© 1985, Springer Verlag.)

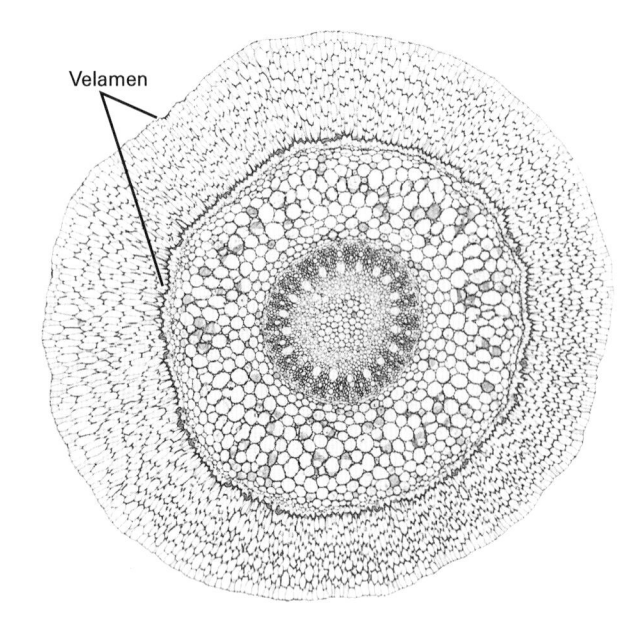

**Abb. 9.2** Querschnitt durch eine Orchideenwurzel mit einer multiplen Epidermis, dem Velamen. (x25).

Erdwurzeln der Orchideen ist auch ein Beispiel für eine multiple Epidermis (Abb. 9.2). Bei Blättern besitzt die äußerste Schicht einer multiplen Epidermis eine Cuticula, und gleicht insofern einer normalen uniseriaten Epidermis; die inneren Schichten enthalten normalerweise wenige oder keine Chloroplasten. Eine mögliche Funktion der inneren Zellschichten ist die Wasserspeicherung (Kaul, 1977). Pflanzenarten mit multipler Epidermis finden sich bei den Moraceen (die meisten *Ficus*-Arten), bei den Pittosporaceen, Piperaceen (*Peperomia*), Begoniaceen, Malvaceen, Monocotyledonen (Palmen, Orchideen) und anderen (Linsbauer, 1930). Bei einigen Pflanzen ähneln die subepidermalen Schichten denen einer multiplen Epidermis, jedoch stammen sie vom Grundmeristem ab. Diese Schichten nennt man **Hypodermis** (gr. *hypo* = unter und *derma* = Haut). Eine Untersuchung der ausgereifen Strukturen erlaubt kaum eine Entscheidung darüber, ob es sich um eine multiple Epidermis oder eine Kombination aus Epidermis und Hypodermis handelt. Die Herkunft der unter der äußeren Oberflächenschicht gelegenen Schichten kann nur durch Entwicklungsstudien ermittelt werden.

Die periklinen Teilungen, die bei Blättern zur Bildung der multiplen Epidermis führen, finden relativ spät in der Blattentwicklung statt. Bei *Ficus* z. B. bleibt die Blattepidermis einschichtig, bis das tütenförmige Nebenblatt abgeworfen wird. Danach treten in der Epidermis perikline Teilungen auf (Abb. 9.3A). In der äußeren Reihe der Tochterzellen wiederholen sich diese Teilungen, manchmal einmal, manchmal zweimal (Abb. 9.3B). Während der Blattvergrößerung treten auch antikline Teilungen auf. Da diese Teilungen in den einzelnen Schichten zu verschiedenen Zeiten erfolgen, wird die ontogenetische Verwandtschaft dieser Schichten mehr oder weniger verwischt (Abb. 9.3B, C). Die inneren Zellen werden größer als die äußeren und die größten Zellen, sogenannte **Lithocysten**, bilden einen Kalkkörper, den **Cystolithen**, der hauptsächlich aus Calciumcarbonatablagerung an einem verkieselten

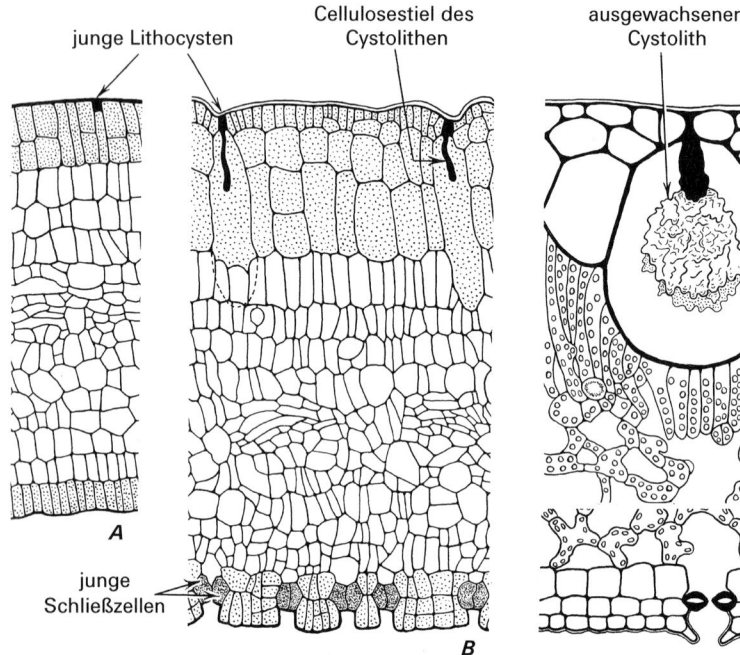

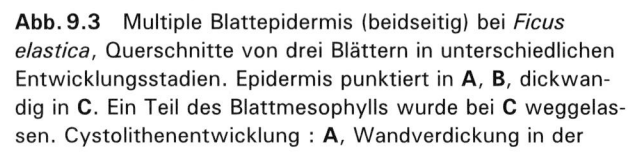

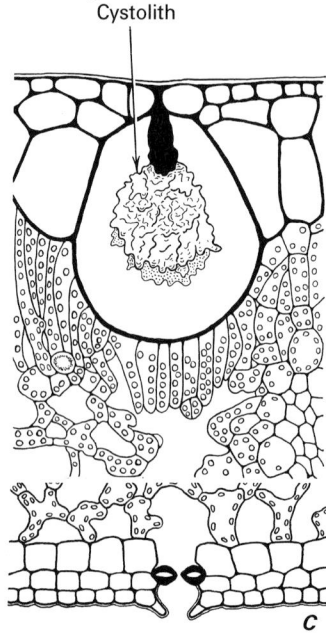

**Abb. 9.3** Multiple Blattepidermis (beidseitig) bei *Ficus elastica*, Querschnitte von drei Blättern in unterschiedlichen Entwicklungsstadien. Epidermis punktiert in **A**, **B**, dickwandig in **C**. Ein Teil des Blattmesophylls wurde bei **C** weggelassen. Cystolithenentwicklung : **A**, Wandverdickung in der Lithocyste; **B**, Cellulosestiel des Cystolithen erscheint; **C**, Ablagerung von Calciumcarbonat am Cellulosestiel des Cystolithen. Im Gegensatz zu anderen Epidermiszellen finden bei den Lithocysten keine periklinen Teilungen statt. A, x207; B, x163; C, x 234).

Stiel besteht (Setoguchi et al., 1989; Taylor, M.G., et al., 1993). Der Stiel entsteht als zylindrische Wandeinstülpung. Lithocysten teilen sich nicht; sie halten aber mit der Dickenzunahme der multiplen Epidermis Schritt und werden oft so groß, dass sie tief in das Mesophyll hineinreichen (Abb. 9.3). Bei manchen Pflanzen (*Peperomia*, Abb. 7.4) bleiben die Zellen der multiplen Epidermis in radialen Reihen angeordnet und zeigen damit deutlich ihre gemeinsame protodermale Herkunft (Linsbauer, 1930).

Als normale Funktionen der Epidermis oberirdischer Pflanzenteile werden die Einschränkung von Wasserverlust via Transpiration, der mechanische Schutz und der Gasaustausch durch Stomata angesehen. Durch die lückenlose Anordnung ihrer Zellen und das Vorhandensein einer relativ robusten Cuticula, bietet die Epidermis auch mechanische Stütze und gibt den Sprossachsen Festigkeit (Niklas und Paolillo, 1997). Bei Sprossachsen und Coleoptilen wird die Epidermis, welche unter Spannung steht, als das Gewebe angesehen, welches das Längenwachstum des gesamten Organs kontrolliert (Kutschera, 1992; siehe aber Peters und Tomos, 1996). Die Epidermis ist auch ein dynamisches Speicherkompartiment für verschiedene Stoffwechselprodukte (Dietz et al., 1994); außerdem ist sie Sitz der Lichtperzeption, die an circadianen Blattbewegungen und an der photoperiodischen Induktion beteiligt ist (Mayer et al., 1973; Levy und Dean, 1998; Hempel et al., 2000). Bei Seegräsern (Iyer und Barnabas, 1993) und anderen submersen angiospermen Wasserpflanzen ist die Epidermis der Hauptort der Photosynthese (Sculthorpe, 1967). Die Epidermis ist eine wichtige Schutzschicht gegen UV-B Strahlung, und verhindert so mögliche Strahlungs-Schäden im Blattmesophyll (Robberecht und Caldwell, 1978; Day et al., 1993; Bilger et al., 2001). Bei einigen Blättern funktionieren die Zellen der oberen Epidermis als Linsen, die das Licht auf die Chloroplasten der darunterliegenden Palisadenparenchymzellen fokussieren (Bone et al., 1985; Martin, G., et al., 1989). Epidermiszellen von Sprossachse und Wurzel spielen eine Rolle bei der Absorption von Wasser und gelösten Substanzen.

Auch wenn die reife Epidermis in der Regel keine meristematische Aktivität zeigt (Bruck et al., 1989), behält sie oftmals für eine lange Zeit die Fähigkeit zu wachsen. Bei Sprossachsen perennierender Pflanzen, bei denen ein Periderm erst spät im Lebenszyklus oder gar nicht auftritt, teilt sich die Epidermis – wie bereits erwähnt – fortlaufend mit zunehmender Umfangserweiterung der Achse. Wenn ein Periderm gebildet wird, kann sein Meristem, das Phellogen, in der Epidermis entstehen (Kapitel 15). Adventivknospen können in der Epidermis gebildet werden (Ramesh und Padhya, 1990; Redway, 1991; Hattori, 1992; Malik et al., 1993), und die Regeneration ganzer Pflanzen aus Epidermiszellen, auch Schließzellen, ist in Gewebekultur gelungen (Korn, 1972; Sahgal et al., 1994; Hall et al., 1996; Hall, 1998). Also können sogar die Protoplasten der hoch spezialisierten Schließzellen ihr ganzes genetisches Potential reaktivieren (Totipotenz). Entsprechend der Vielfalt ihrer Funktionen enthält die Epidermis eine große Zahl verschiedener Zelltypen. Die Grundmasse des Gewebes besteht aus den normalen, den eigentlichen Epidermiszellen, die man als die am wenigsten spezialisierten Glieder des Systems ansehen kann. Zwischen diesen Zellen sind höher spezialisierte Zellen eingestreut, so die Schließzellen der Stomata und Anhangsgebilde großer Variabilität, die Trichome, einschließlich der Wurzelhaare, die sich aus Wurzelepidermiszellen entwickeln.

## 9.1 Gewöhnliche Epidermiszellen

Die ausgewachsenen **gewöhnlichen Epidermiszellen** (im folgenden Text oft einfach als Epidermiszellen bezeichnet) sind vielgestaltig; jedoch typischerweise sind sie tabular (tafel- oder plattenförmig), von geringer Tiefe (Abb. 9.4). Es kommen aber auch abweichende Zelltypen vor, die viel tiefer als breit sind, z. B. die palisadenähnlichen Epidermiszellen vieler Samenschalen. In lang gestreckten Pflanzenteilen, wie Sprossachsen, Petiolen, Blattrippen und bei den Blättern der meisten Monocotyledonen sind die Epidermiszellen parallel zur Längsachse des Pflanzenteils gestreckt. Bei vielen Blättern, Kronblättern (Petalen), Fruchtknoten (Ovarien) und Samenanlagen (Ovula) haben die Epidermiszellen in der Aufsicht wellig-buchtige Antiklinwände. Das Wellenmuster wird durch die lokale Wanddifferenzierung kontrolliert, die das Muster der Zellwanddehnung bestimmt (Panteris et al., 1994).

Epidermiszellen haben lebende Protoplasten und können eine Vielfalt an Stoffwechselprodukten speichern. Sie besitzen Plastiden, die normalerweise nur wenige Grana bilden und daher arm an Chlorophyll sind. Photosynthetisch aktive Chloroplasten finden sich jedoch in der Epidermis extremer Schattenpflanzen und auch in der Epidermis submerser Wasserpflanzen. Stärke und Proteinkristalle können in epidermalen Plastiden vorkommen, und Anthocyane in Epidermisvakuolen.

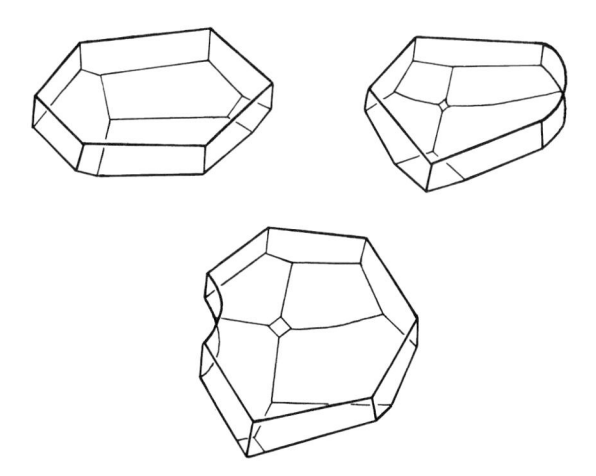

**Abb. 9.4** Dreidimensionale Darstellung der Blattepidermiszellen von *Aloe aristata* (Liliaceae). Die obere Fläche entspricht in jeder Zeichnung der Zellwand der Außenseite des Blattes. Gegenüberliegend befinden sich die Wände, die in Kontakt zu den darunter liegenden Mesophyllzellen stehen. (Aus Esau, 1977; gezeichnet nach Matzke, 1947.)

## 9.1.1 Die Dicke der Epidermiszellwände variiert

Die epidermalen Zellwände verschiedener Pflanzen und auch verschiedener Pflanzenteile derselben Pflanze zeigen auffällige Dickenunterschiede. Bei relativ dünnwandigen Epidermen ist die perikline Außenwand meist dicker als die innere perikline und die antiklinen Wände. Die periklinen Wände von Blättern, Hypocotylen und Epicotylen einiger Arten zeigen einen gekreuzt-polylamellaten Aufbau, wobei Lamellen transversal orientierter Cellulosemikrofibrillen mit Lamellen alternieren, in denen die Mikrofibrillen vertikal orientiert sind (Sargent, 1978; Takeda und Shibaoka, 1978; Satiat-Jeunemaitre et al., 1992; Gouret et al., 1993). Epidermen mit außerordentlich dicken Wänden finden sich bei Coniferennadeln (Abb. 9.5); die lignifizierte und vermutlich sekundäre Wandverdickung ist bei manchen Arten so massiv, dass sie das Lumen der Zellen fast vollständig verdrängt. Bei Gräsern und Seggen sind die Epidermiszellwände gewöhnlich verkieselt (Kaufmann et al., 1985; Piperno, 1988). Wandeinstülpungen, wie sie für Transferzellen typisch sind, entstehen häufig an den äußeren Epidermiswänden submerser Blätter von Seegräsern und Süßwasserpflanzen (Gunning, 1977; Iyer und Barnabas, 1993).

Die antiklinen und inneren periklinen Wände der Epidermis zeigen normalerweise primäre Tüpfelfelder und Plasmodesmata, auch wenn die Plasmodesmenhäufigkeit zwischen Epidermis und Mesophyllzellen der Blätter relativ niedrig ist. Eine Zeitlang hat man angenommen, dass Plasmodesmen in den äußeren Epidermiswänden vorkommen (Außenwandplasmodesmen); man bezeichnete sie als **Ektodesmen**. Weitere Forschungen haben jedoch gezeigt, dass in den Außenwänden keine Cytoplasmastränge auftreten, sondern dass sich Bündel von Interfibrillarräumen vom Plasmalemma zur Cuticula in den Cellulosewänden erstrecken können. Um diese Bündel sichtbar zu machen, bedarf es eines speziellen Präparationsverfahrens. Mikrokanäle, die wahrscheinlich Pectin enthalten, hat man in der äußeren Epidermiswand von Xerophyten gefunden (Lyshede, 1982). Der Begriff **Teichode** (gr. *teichos* = Mauer, Wand, *hodos* = Weg) wurde als Ersatz für die Begriffe Ektodesmos (Franke, 1971) und Mikrokanal (Lyshede, 1982) vorgeschlagen, die beide keine cytoplasmatischen Strukturen sind. Teichoden sollen mögliche Wege für die Blattabsorption und -exkretion sein (Lyshede, 1982).

## 9.1.2 Das wichtigste Kennzeichen der äußeren Epidermiswand ist die Cuticula

Die **Cuticula** besteht hauptsächlich aus zwei Lipidkomponenten: unlöslichem Cutin, das die Matrix der Cuticula ausmacht, und löslichen Wachsen, von denen einige auf der Oberfläche der Cuticula abgelagert werden, die **epicuticularen Wachse**, und andere in die Matrix eingebettet werden, die **cuticularen** oder **intracuticularen Wachse**. Die Cuticula tritt bei allen Pflanzenoberflächen auf, die an Luft grenzen; sie erstreckt sich sogar durch die Poren der Spaltöffnungen und bedeckt die inneren Epidermiszellwände der **substomatären Höhlen** (substomatären Cavitäten), große substomatäre Interzellularräume unterhalb der Stomata (Abb. 9.5; Pesacreta und Hasenstein, 1999). Sie ist die erste Schutzschicht zwischen der an Luft grenzenden Pflanzenoberfläche und ihrer Umwelt, und die Hauptbarriere gegen Wanderung von Wasser, auch aus dem Transpirationsstrom, und gelösten Substanzen (Riederer und Schreiber, 2001). Im Ausnahmefall wird eine Cuticula auch von corticalen Zellen gebildet und so entsteht ein Schutzgewebe, dass als **cuticulares Epithel** bezeichnet wird (Calvin, 1970; Wilson und Calvin, 2003).

Die Matrix der Cuticula kann nicht nur aus einem sondern auch aus zwei Lipidpolymeren bestehen, Cutin und Cutan (Jeffree, 1996; Villena et al., 1999). Anders als Cutin ist **Cutan** in hohem Maße resistent gegenüber alkalischer Hydrolyse. Auch wenn die Cuticulae einiger Arten kein Cutan zu besitzen scheinen (wie z. B. die Cuticula der Tomatenfrucht und die von *Citrus*- und *Erica*-Blättern), so kann Cutan bei einigen anderen Arten das Hauptmatrixpolymer oder sogar das einzige sein, so bei *Beta vulgaris*. Cutan wurde als Bestandteil fossiler Pflanzencuticulae beschrieben, und gemischte Cutin/Cutan Cuticulae wurden bei einer Reihe lebender Arten gefunden, so bei *Picea abies*, *Gossypium* sp., *Malus primula*, *Acer platanoides*, *Quercus robur*, *Agave americana* und *Clivia miniata*.

Die meisten Cutikeln bestehen aus zwei mehr oder weniger unterscheidbaren Regionen, der eigentlichen Cuticula und ein oder mehreren Cuticularschichten (Abb. 9.6). Die **eigentliche Cuticula** ist die äußere Region, aus Cutin und den darin eingebetteten doppelbrechenden (cuticularen) **Wachsen**, aber ohne Cellulose. Der Vorgang, bei dem diese Cuticula gebildet wird, bezeichnet man als **Cuticularisierung**. Epicuticulare Wachse finden sich aufgelagert auf der Oberfläche der eigentlichen Cuticula, entweder in amorpher Form oder als kristalline Strukturen unterschiedlicher Gestalt (Abb. 9.7). Die gängigsten Formen sind Röhrchen, massive Stäbchen, Fäden, Plättchen, Bänder und Körnchen (Wilkinson, 1979; Barthlott et al., 1998; Meusel et al., 2000). Epicuticulare Wachse verursachen den

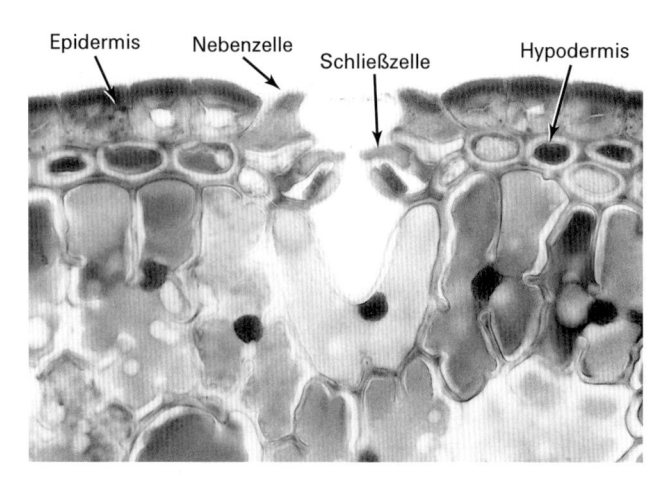

**Abb. 9.5** Coniferennadel, *Pinus resinosa*. Querschnitt durch den äußeren Teil der Nadel mit dickwandigen Epidermiszellen und einer Spaltöffnung. (× 450.)

Fettreif-Überzug auf vielen Blättern und Früchten. Das „bereifte" Aussehen beruht auf der Reflektion und Brechung des Lichtes durch die Wachskristalle. Die epicuticularen Wachse spielen eine wichtige Rolle bei der Reduktion des Wasserverlustes über die Cuticula. Das kommerziell eingesetzte Verfahren, Weintrauben in Chemikalien zu tauchen, um das Trocknen der Früchte zu beschleunigen, bewirkt ein enges Anpressen der Wachsplättchen und ihre parallele Orientierung. Diese Veränderung erleichtert vermutlich die Wanderung von Wasser aus der Frucht in die Atmosphäre (Possingham, 1972). Epicuticulare Wachse können auch die Fähigkeit der Epidermisoberfläche erhöhen, Wasser abzustoßen (Eglinton and Hamilton, 1967; Rentschler, 1971; Barthlott und Neinhuis, 1997); folglich wird die Akkumulation kontaminierender Partikel und durch Wasser übertragener Pathogensporen begrenzt. Eine außergewöhnlich dicke Wachsschicht (bis zu 5 mm) findet sich bei den Blättern von *Klopstockia cerifera*, der andinen Wachspalme (Kreger, 1958) und bei den Blättern der brasilianischen Wachspalme (*Copernicia cerifera*), von der das Carnaubawachs stammt (Martin und Juniper, 1970).

Die **Cuticularschichten** finden sich unter der eigentlichen Cuticula; man kann sie als die äußeren Schichten der Zellwand ansehen, die in unterschiedlichem Maße mit Cutin inkrustiert sind. Auch cuticulares Wachs, Pectin und Hemicellulose können in den Cuticularschichten vorkommen. Der Prozess durch den die Cuticularschichten entstehen, bezeichnet man als **Cutinisierung**. Unterhalb der Cuticularschichten findet sich meist eine pectinreiche Schicht, die **Pektinschicht**, welche die Cuti-

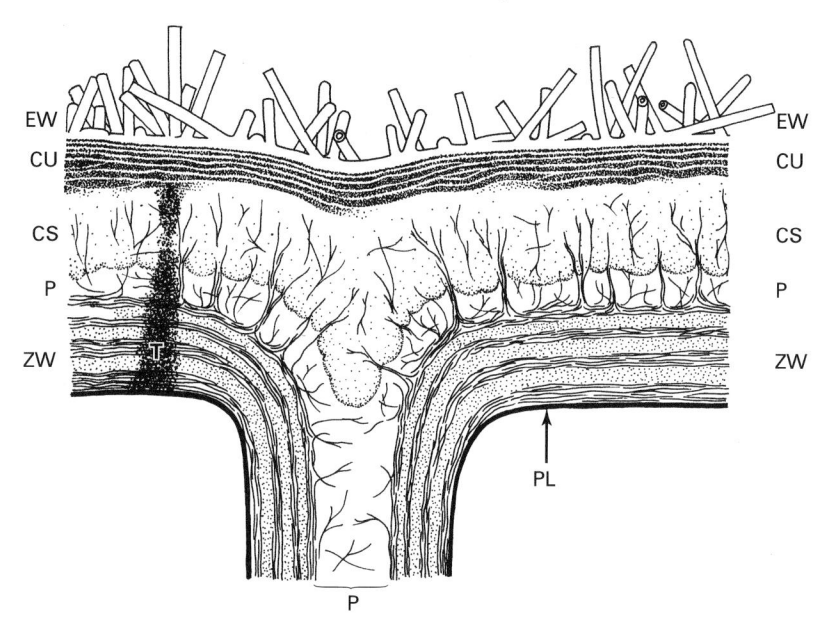

**Abb. 9.6** Allgemeiner Bau einer Pflanzencuticula. Details: CS, Cuticularschicht (netzförmige Region), von Cellulosemikrofibrillen durchzogen; CU, eigentliche Cuticula, mit lamellarer Struktur; ZW, Zellwand; EW, epicuticulares Wachs; P, pectinhaltige Schicht und Mittellamelle; PL, Plasmalemma; T, Teichode. (Aus Jeffree, 1986. Mit freundlicher Genehmigung von Cambridge University Press).

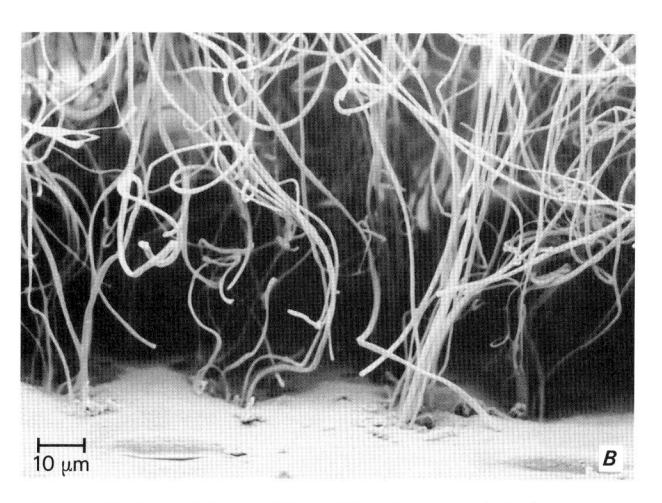

**Abb. 9.7** Oberflächenansichten von Epidermen mit epicuticularem Wachs. **A**, plättchenförmige Wachsauswüchse an der adaxialen Oberfläche eines *Pisum*-Blattes. **B**, Wachsfäden (Wachsfilamente) auf der abaxialen Oberfläche der Blattscheide von Hirse (*Sorghum bicolor*). (**A**, aus Juniper, 1959. ©1959, mit freundlicher Genehmigung von Elsevier; **B**, aus Jenks et al., 1994. ©1994 University of Chicago. Alle Rechte vorbehalten.)

cularschichten mit den eigentlichen Epidermisaußenwänden verbindet. Die Pektinschicht bildet ein Kontiuum mit der Mittellamelle zwischen den antiklinen Wänden, dort wo sich die Cuticularschicht bis tief zwischen die antiklinen Wände erstreckt (Abb. 9.6).

Die Ultrastruktur der Cuticula zeigt eine beträchtliche Variabilität. Zwei unterschiedliche ultrastrukturelle Komponenten kann man in der Matrix finden: **Lamellen** und **Fibrillen** (Abb. 9.6). Die Fibrillen sind wahrscheinlich hauptsächlich aus Cellulose aufgebaut. Pflanzenarten unterscheiden sich aufgrund des Vorkommens oder Fehlens einer dieser ultrastrukturellen Komponenten. Auf dieser Grundlage unterschied Hollowey (1982) sechs strukturell verschiedene Cuticulatypen. Wenn beide Komponenten vorkommen, entspricht die lamellierte (lamellate) Region der eigentlichen Cuticula und die fibrillenhaltige, netzförmige (reticulate) Region der Cuticularschicht/den Cuticularschichten. Die Ultrastruktur der Cuticula scheint die Permeabilität der Cuticula entscheidend zu beeinflussen: Cuticulae von gänzlich reticulater (netzförmiger) Struktur sind für bestimmte Substanzen durchlässiger als solche mit einer äußeren lamellierten Region (Gouret et al., 1993; Santier und Chamel, 1998). Unabhängig davon sind es die cuticularen Wachse, welche die Hauptbarriere für die Diffusion von Wasser und gelösten Substanzen über die Cuticula bilden; dies geschieht größtenteils indem sie einen gewundenen Transportweg erzeugen, und damit eine längere Wegstrecke für die diffundierenden Moleküle (Schreiber et al., 1996; Buchholz et al., 1998; Buchholz und Schönherr, 2000). Aufgrund experimenteller Hinweise (Schönherr, 2000; Schreiber et al., 2001) haben Riederer und Schreiber (2001) den Schluss gezogen, dass die Hauptmenge des Wassers, das die Cuticula passiert, als Einzelmoleküle über einen sogenannten lipophilen Transportweg aus amorphen Wachsen diffundiert. Ein kleinerer Teil des Wassers kann wohl über wassergefüllte polare Poren molekularer Dimension diffundieren, ein Weg, der vermutlich von wassergelösten organischen Substanzen und anorganischen Ionen genommen wird. Die Stärke der cuticulären Transpiration steht nicht in umgekehrtem Verhältnis zur Dicke der Cuticula, wie man vielleicht spontan annehmen könnte (Schreiber und Riederer, 1996; Jordaan und Kruger, 1998). Dicke Cuticulae können sogar eine höhere Wasserpermeabilität und größere Diffusionskoeffizienten als dünne Cuticeln aufweisen (Becker et al., 1986).

Zumindest bei einigen Arten erscheint die Cuticula anfänglich als vollständig amorphe, elektronendichte Schicht, die sogenannte **Procuticula** (Abb. 9.8). Später verändert die Procuticula ihr ultrastrukturelles Aussehen und wird in die für die jeweilige Art typische eigentliche Cuticula umgewandelt. Nach dem Auftreten der eigentlichen Cuticula folgt die Entstehung der Cuticularschicht/en, was darauf hinweist, dass die eigentli-

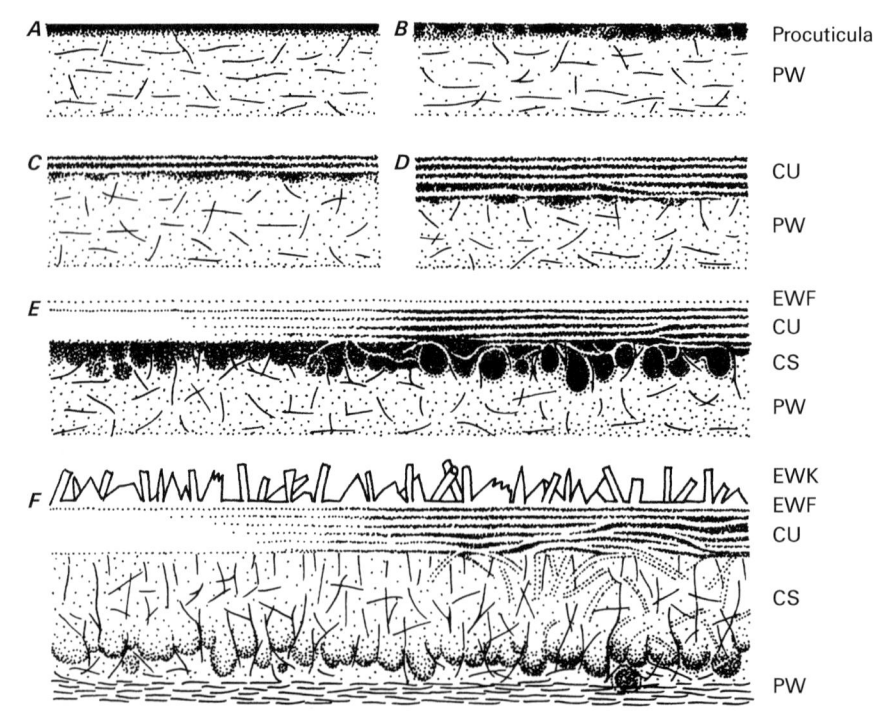

**Abb. 9.8** Einwicklung der eigentlichen Cuticula (CU) einer Pflanzencuticula und frühe Stadien der Entwicklung der Cuticularschicht (CS) in der Primärwand (PW). **A – D**, Umwandlung der Procuticula in die eigentliche Cuticula, mit Lamellenstruktur. Globuläre Lipide können beim weiteren Aufbau der lamellaten eigentlichen Cuticula beteiligt sein, so in **E**. **E**, globuläre Lipide mit elektronentransparenter Hülle bauen die Übergangszone von der eigentlichen Cuticula zur Cuticularschicht auf. Die Anordnung der Lamellen kann unregelmäßiger werden. Ein amorpher Film von epicuticularem Wachs (EWF) ist auf der Oberfläche der eigentlichen Cuticula sichtbar. **F**, Inkorporation der Primärwand (PW) in die Cuticularschicht. Vor allem radiale Fibrillen reichen bis zur eigentlichen Cuticula. Epicuticulare Wachskristalle (EWK) beginnen sich vor Ende der Zellvergrößerung zu bilden. (Aus Jeffree, 1996, Fig. 2.12a-f. ©Taylor and Francis.)

che Cuticula keine neu akkrustierte Schicht ist (Heide-Jørgensen, 1991). Voll entwickelt ist die Cuticula mehrfach dicker als die anfängliche Procuticula. Die Dicke der Cuticula variiert, und ihre Entwicklung wird durch Umweltbedingungen beeinflusst (Juniper und Jeffree, 1983; Osborn und Taylor, 1990; Riederer und Schneider, 1990).

Cutin und Wachse (oder ihre Vorstufen) werden in den Epidermiszellen synthetisiert und müssen durch die Zellwände zur Oberfläche wandern. Weder bezüglich der Wege, die diese Substanzen nehmen, noch bezüglich der beteiligte Mechnismen gibt es Übereinstimmung. Einige Forscher sind der Meinung, dass Teichoden (Ektodesmen, Mikrokanäle) dem Cutin und den Wachsen als Wege durch die Zellwände dienen (Baker, 1982; Lyshede, 1982; Anton et al., 1994). Das größte Interesse galt den epicuticularen Wachsen, deren Vorläufer im endoplasmatischen Reticulum gebildet und im Golgiapparat modifiziert werden, ehe sie durch Exocytose abgesondert werden (Lessire et al., 1982; Jenks et al., 1994; Kunst und Samuels, 2003). Obwohl Poren und Kanäle in Cuticeln von Blättern und Früchten einer beträchtlichen Zahl von Taxa entdeckt worden sind (Lyshede, 1982; Miller, 1985, 1986), sind solche Strukturen aber offenbar nicht ubiquitär. Weder Poren noch Kanäle konnten in Wand und Cuticula der Korkzellen des *Sorghum bicolor* Blattes (Abb. 9.9; Jenks et al., 1994) gefunden werden, die epicuticuläres Wachs in Form von Röhrchen aufweisen. Einige Forscher glauben, dass die Wachsvorstufen keinen speziellen Weg nehmen, sondern vielmehr durch Zellwand und Cuticula in einem flüchtigen Lösungsmittel diffundieren und dann an der Oberfläche auskristallisieren (Baker, 1982; Hallam, 1982). Neinhuis und Mitarbeiter (Neinhuis et al., 2001) haben die Hy-

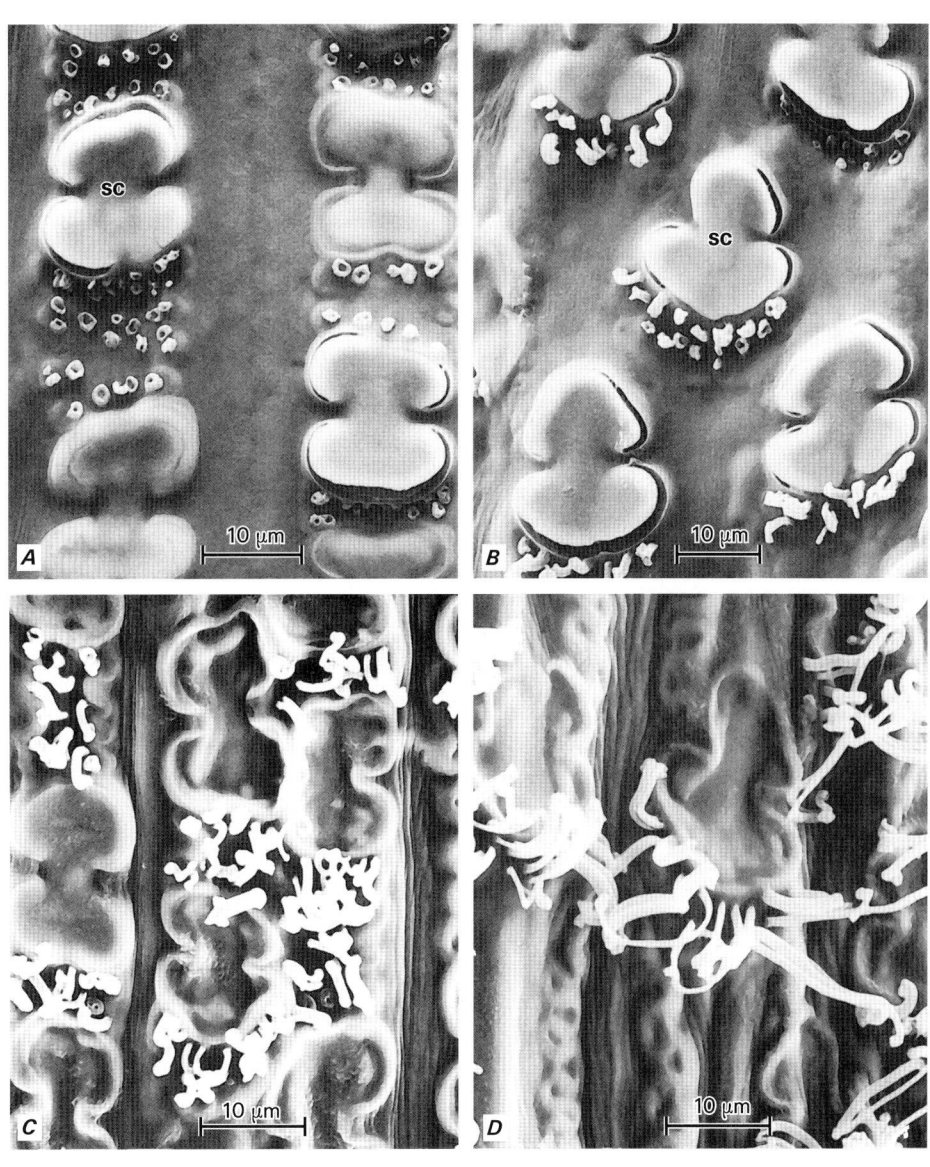

**Abb. 9.9** Entwicklung der epicuticularen Wachsfilamente (-fäden) an der abaxialen Oberfläche einer Blattscheide von *Sorghum bicolor*. **A**, Wachsfilamente ragen aus Korkzellen in der Nachbarschaft verkieselter Zellen (*silica cells*, SC). Anfangs erscheinen die Fäden als kreisförmige Ausscheidungen. **B**, im Verlauf der Entwicklung erscheinen die Ausscheidungen als kurze Zylinder. **C**, **D** mit fortschreitender Entwicklung bilden die Ausssscheidungen Büschel epicuticularer Wachsfilamente. (Aus Jenks et al., 1994. © 1994 The University of Chicago. Alle Rechte vorbehalten.)

pothese aufgestellt, dass die Wachsmoleküle zusammen mit gasförmigem Wasser diffundieren, und die Cuticula ähnlich wie bei einer Dampfdestillation durchdringen. Mindestens für ein Gen, das *Arabidopsis*-Gen *CUT1*, konnte eine Funktion bei der Wachsproduktion eindeutig nachgewiesen werden (Millar et al., 1999). Es encodiert ein Enzym zur Kondensation sehr langer Fettsäureketten, das für die Produktion von cuticularem Wachs erforderlich ist (Millar et al., 1999).

Cutin/Cutan ist sehr reaktionsträge und resistent gegenüber oxidierenden Mazerationsmitteln. Die Cuticula wird von Mikroorganismen nicht abgebaut, da diesen offenbar cutin-/cutanspaltende Enzyme fehlen (Frey-Wyssling und Mühlethaler, 1959). Wegen ihrer chemischen Stabilität bleibt die Cuticula als solche in Fossilien erhalten und ist für die Bestimmung fossiler Arten sehr nützlich (Edwards et al., 1982). Cuticulare Merkmale haben sich auch bei der Coniferen-Taxonomie als brauchbar erwiesen (Stockey et al., 1998; Kim et al., 1999; Ickert-Bond, 2000).

## 9.2 Stomata

### 9.2.1 Stomata finden sich an allen oberirdischen Teilen des primären Pflanzenkörpers

**Stomata** (Singular: **Stoma**; Spaltöffnung) sind Öffnungen (stomatäre Poren oder Spalten) in der Epidermis, von je zwei Schließzellen begrenzt (Abb. 9.10), die durch Veränderung der Form zum Öffnen und Schließen der Pore führen. Der Begriff

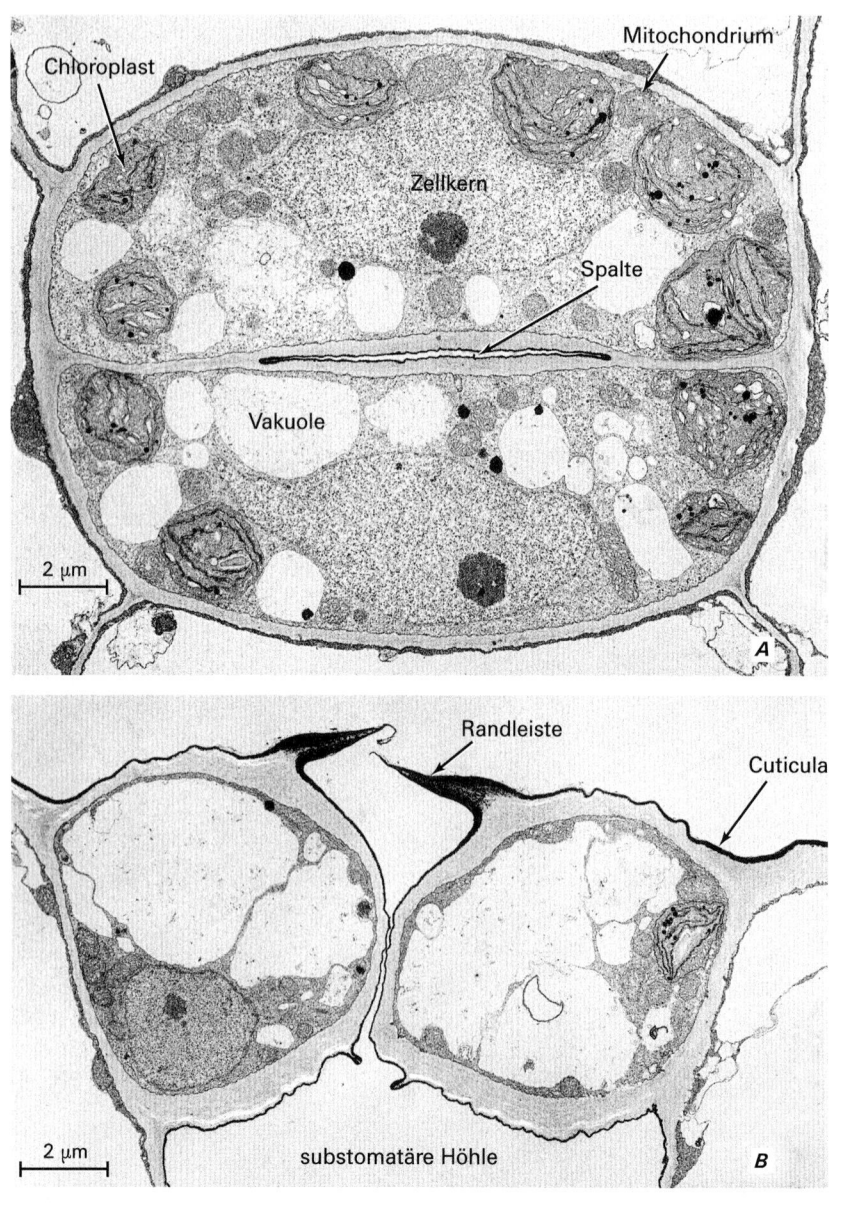

**Abb. 9.10** Transmissionselektronenmikroskopische Aufnahme von Stomata eines Zuckerrübenblattes (*Beta vulgaris*), in Aufsicht (**A**) und im Querschnitt (**B**). (Aus Esau, 1977.)

*stoma* kommt aus dem Griechischen und bedeutet Mund; übereinkunftsgemäß umfasst der Begriff Stoma, bzw. Spaltöffnung, die beiden Schließzellen und die zwischen ihnen liegende Spalte. Bei einigen Arten werden die Stomata von Zellen umgeben, die sich nicht von den normalen Epidermiszellen unterscheiden. Diese Zellen werden als **Nachbarzellen** bezeichnet. Bei anderen Arten grenzen an die Schließzellen ein oder mehrere Zellen, die sich in Größe, Form, Anordnung und manchmal in ihrem Inhalt von normalen Epidermiszellen unterscheiden. Diese andersartigen Zellen nennt man **Nebenzellen** (Abb. 9.5, 9.13, 9.14, 9.15, 9.17A, 9.20 und 9.21). Die Hauptaufgabe der Stomata ist die Regulierung des Austauschs von gasförmigem Wasser und $CO_2$ zwischen den Geweben im Pflanzeninneren und der Atmosphäre (Hetherington und Woodward, 2003).

Stomata sind an allen oberirdischen Teilen des primären Pflanzenkörpers vorhanden, bei den Blättern sind sie jedoch am häufigsten. Die oberirdischen Teile gewisser chlorophyllfreier Landpflanzen (*Monotropa*, *Neottia*) und die Blätter der holoparasitischen Familie der Balanophoraceen (Kuijt und Dong, 1990) haben keine Stomata. Wurzeln besitzen in der Regel keine Stomata. Jedoch hat man auf Keimlingswurzeln mehrerer Arten Stomata entdeckt, so bei *Helianthus annuus* (Tietz und Urbasch, 1977; Tarkowska und Wacowska, 1988), *Pisum arvense*, *Ornithopus sativus* (Tarkowska und Wacowska, 1988), *Pisum sativum* (Lefebvre, 1985) und *Ceratonia siliqua* (Christodoulakis et al., 2002). Die Stomatadichte variiert bei photosynthetisch aktiven Blättern stark. Sie kann auf verschiedenen Teilen desselben Blattes unterschiedlich sein und auf verschiedenen Blättern derselben Pflanze; sie wird durch Umweltfaktoren wie Lichtintensität und $CO_2$-Konzentration beeinflusst. Man vermutet, dass Außeneinflüsse auf die Zahl der Stomata und der Trichome mittels cuticularer Wachszusammensetzung wirken (Bird und Gray, 2003). Untersuchungen haben gezeigt, dass die Entwicklung von Stomata in jungen Blättern weniger durch die Wahrnehmung der Lichtintensitäten und $CO_2$-Konzentrationen durch die entsprechenden jungen Blätter, sondern vielmehr durch die reifen Blätter derselben Pflanze reguliert wird (Brownlee, 2001; Lake et al., 2001; Woodward et al., 2002). Die vom reifen Blatt aufgenommene Information muss über systemische Langstreckensignale an die sich entwickelnden Blätter übermittelt werden. Stomata

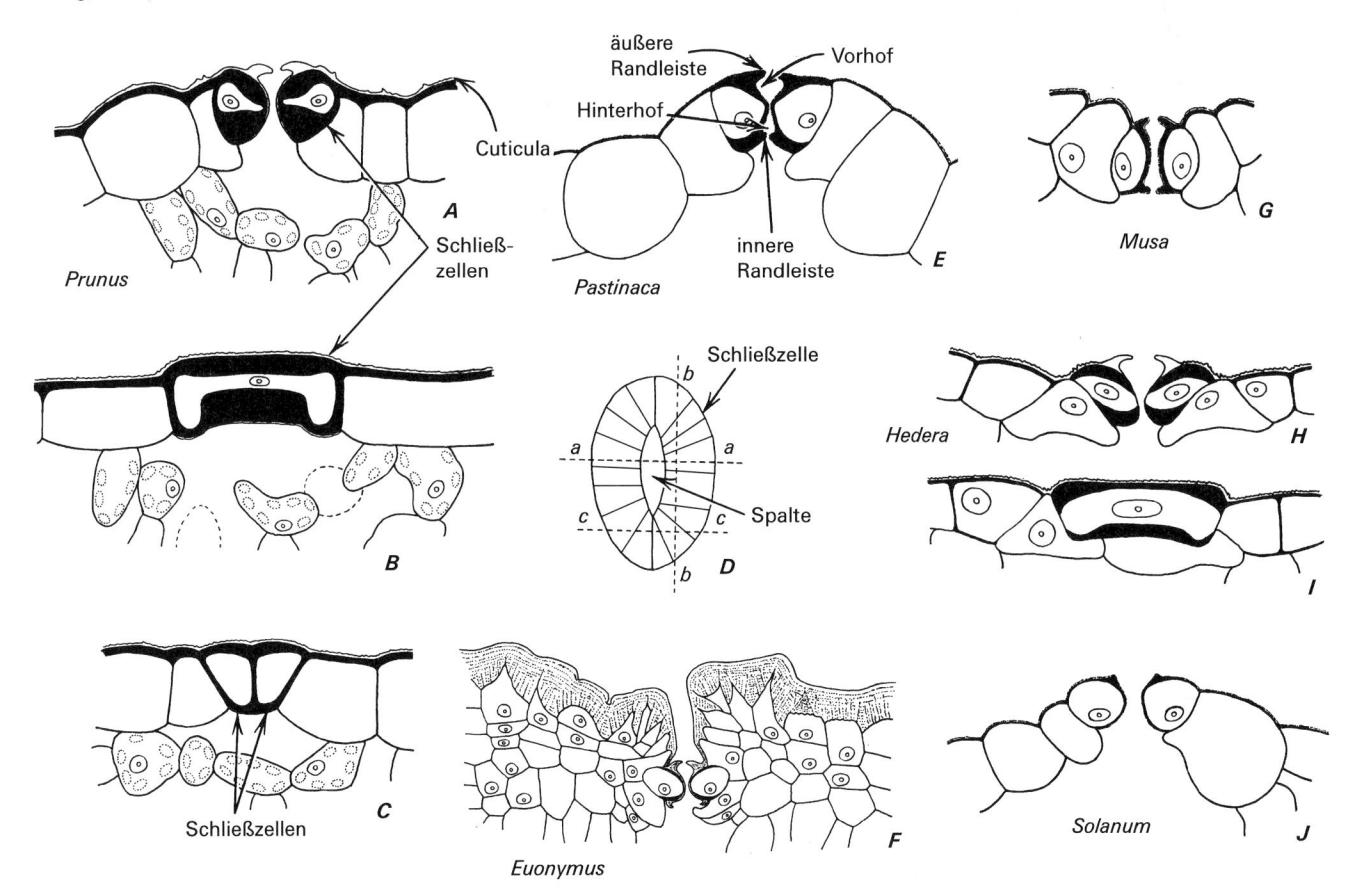

**Abb. 9.11** Stomata der unteren, abaxialen Blattepidermis. **A–C**, Spaltöffnungsapparat eines Pfirsichblattes in verschiedenen, in **D** durch gestrichelte Linien eingezeichneten, Schnittebenen, aa, bb und cc. **E–H, J**, Stomata verschiedener Blätter in Ebene aa quer geschnitten. **I**, eine Schließzelle von Efeu entlang der Ebene bb geschnitten. Emporgehobene Stomata bei **A, E, J**. Sie sind schwach emporgehoben bei **H**, schwach eingesenkt bei **G**, und tief eingesenkt bei **F**. Die hornförmigen Vorsprünge an den verschiedenen Schließzellen sind Querschnitte durch die Randleisten. Einige Stomata haben zwei Randleisten (innen und außen; **E, F, G**); andere nur eine (**A, H, J**). Die Randleisten in **A, F, H** sind cuticularer Natur. Das *Euonymus*-Blatt (**F**) besitzt eine dicke Cuticula. Das Lumen der Epidermiszellen ist durch Cutinmassen der Außenwand reduziert worden. (**A–D, F–J**, ×712; **E**, ×285)

Labels in figure A (top): Cuticula, Blattnerv, multiple Epidermis, Palisadenparenchym, erweiterte Bündelscheide

Labels in figure A (bottom): Schwammparenchym, Cuticula, Trichom, Schließzelle, multiple Epidermis

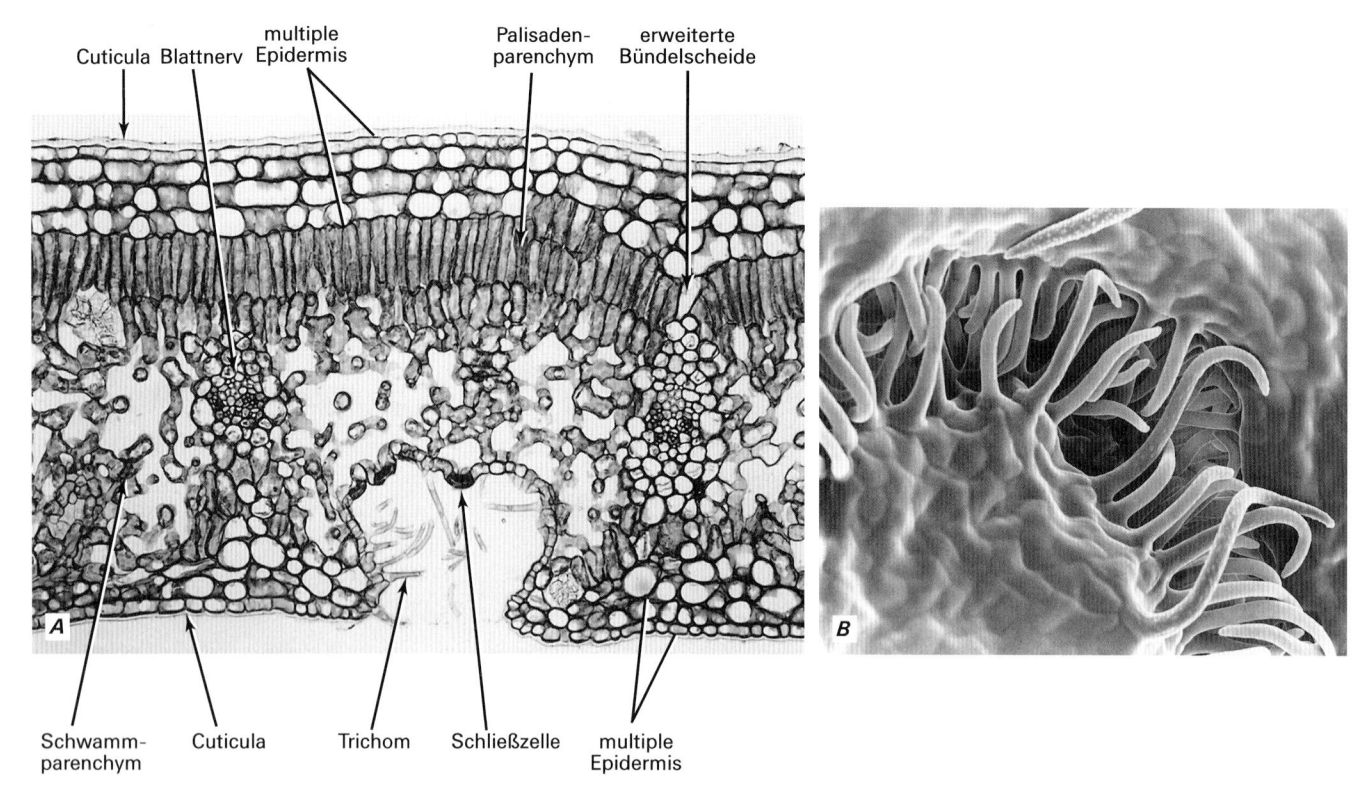

**Abb. 9.12** Oleanderblatt (*Nerium oleander*). **A**, Blattquerschnitt mit stomatärer Einsenkung auf der Blattunterseite. Beim Oleanderblatt sind die Stomata und Trichome auf besondere Einbuchtungen der unteren Epidermis, die stomatären Einsenkungen, auch stomatäre Höhlen genannt, beschränkt. Das Oleanderblatt besitzt eine multiple Epidermis. **B**, rasterelektronenmikroskopische Aufnahme einer stomatären Einsenkung; der Eingang der stomatären Höhle wird von zahlreichen Haaren gesäumt. (**A**, x177; **B**, x725.)

können auf der Blattunter- und -oberseite vorkommen (**amphistomatisches Blatt**), oder nur auf einer Seite, oberseits (**epistomatisches Blatt**) oder der häufigere Fall auf der Blattunterseite (**hypostomatisches Blatt**). Hier einige Beispiele für Stomatadichten (pro Quadratmillimeter, untere Epidermis/obere Epidermis) aus Willmer und Fricker (1996): *Allium cepa* 175/175, *Arabidopsis thaliana* 194/103, *Avena sativa* 45/50, *Zea mays* 108/98, *Helianthus annuus* 175/120, *Nicotiana tabacum* 190/50, *Cornus florida* 83/0, *Quercus velutina* 405/0, *Tilia americana* 891/0, *Larix decidua* 16/14, und *Pinus strobus* 120/120. Im Allgemeinen ist die Stomatadichte bei xeromorphen Blättern größer als bei Blättern mesomorpher und hygromorpher (hydromorpher) Pflanzen (Roth, 1990). Bei Wasserpflanzen sind Stomata typischerweise auf allen Oberflächen der über die Wasseroberfläche herausragenden Blätter zu finden, bei Schwimmblättern aber nur auf der Blattoberseite. Unter Wasser wachsende (submerse) Blätter besitzen normalerweise überhaupt keine Stomata (Sculthorpe, 1967). Bei den Blättern einiger Arten treten Stomata in deutlich erkennbaren Gruppen auf, anstatt mehr oder weniger gleichmäßig verteilt zu sein, so z. B. bei *Begonia semperflorens* (2 bis 4 pro Gruppe) und *Saxifraga sarmentosa* (ungefähr 50 pro Gruppe) (Weyers und Meidner, 1990).

Stomata unterscheiden sich in ihrer Höhenlage in der Epidermis (Abb. 9.11). Sie können auf selber Höhe liegen wie die angrenzenden Epidermiszellen und sie können über die Blattoberfläche hervorragen oder eingesenkt sein. Bei einigen Pflanzen sind die Stomata auf **stomatäre Einsenkungen**, auch **stomatäre Höhlen** (Krypten) genannt, beschränkt; diese weisen oftmals stark entwickelte epidermale Haare auf (Abb. 9.12).

### 9.2.2 Schließzellen sind gewöhnlich bohnenförmig

Die Schließzellen der Eudicotyledonen sind in der Aufsicht normalerweise nieren- oder bohnenförmig (Abb. 9.10A und 9.11D). Zur Spalte hin zeigen sie oberseits oder ober- und unterseits **Randleisten** aus Wandmaterial. Im Schnitt erscheinen solche Randleisten wie Hörner. Sind zwei Randleisten vorhanden, so begrenzt die obere (äußere) den Vorhof über der Spalte, und die untere (innere) grenzt den Hinterhof gegen die substomatäre Höhle (Kammer) ab. Stomata mit zwei Randleisten haben eigentlich drei Öffnungen, eine äußere und eine innere, von den Randleisten geformt, und eine zentrale Öffnung (Zentralspalt) auf halbem Wege zwischen diesen beiden, von den einander gegenüberliegenden Zellwänden („Bauchwänden") der Schließzellen gebildet. Die innere Apertur schließt sich selten vollständig, und abhängig vom Stadium der Spaltentwicklung kann die äußere oder die zentrale Apertur die engste sein (Saxe, 1979). Die Schließzellen sind von einer Cuticula bedeckt. Wie bereits erwähnt, erstreckt sich die Cuticula durch die Stomaöffnung(en) hinein in die substomatäre Höhle. Offenbar unterscheidet sich die Cuticula der Schließzellen in ihrer chemischen Zusammensetzung von der Cuticula normaler Epidermiszellen und sie ist permeabler für Wasser als letztere (Schönherr und Riederer, 1989). Jede Schließzelle besitzt einen auffälligen Zellkern, zahlreiche Mitochondrien und schwach entwickelte Chloroplasten, in denen Stärke typischerweise des Nachts akkumuliert und tagsüber mit zunehmender Öffnung der Stomata wieder abnimmt. Das **vakuoläre System** ist in unterschiedlichem Maße aufgespalten. Der vakuoläre Volumenanteil zeigt beträchtliche Unterschiede zwischen geschlossenen und offenen Stomata; er erstreckt sich von einem sehr kleinen Anteil am Zellvolumen bei geschlossenen Stomata bis hin zu über 90 % bei geöffneten Stomata. Nierenförmige Schließzellen, ähnlich denen der Eudicotyledonen, finden sich bei manchen Monocotyledonen und bei Gymnospermen.

Bei Poaceen und einigen anderen Monocotyledonen-Familien sind die Schließzellen hantelförmig gebaut. Der mittlere Teil hat eine stark, aber ungleichmäßig verdickte Wand; die blasenförmigen Zellenden sind dünnwandig (Abb. 9.13). Bei den Poaceen ist auch der Schließzell-Nucleus hantelförmig, fast schnurförmig in der Mitte und eiförmig an den beiden Enden. Ob die hantelförmigen Schließzellen der anderen Monocotyledonen-Familien ebenfalls hantelförmige Zellkerne besitzen, bleibt zu untersuchen (Sack, 1994). Bei den Poaceen sind die meisten Organellen, auch die Vakuolen, in den blasenförmigen Zellenden lokalisiert. Außerdem sind die Protoplasten der beiden Schließzellen durch Poren in der gemeinsamen Wand zwischen den blasenförmig erweiterten Zellenden miteinander verbunden. Wegen dieser protoplasmatischen Verbindung müssen die Schließzellen als eine einzige funktionelle Einheit angesehen werden, in der Turgordruckänderungen sofort wahrgenommen werden. Die Poren scheinen das Ergebnis einer unvollständigen Wandentwicklung zu sein (Kaufmann et al., 1970a; Srivastava und Singh, 1972). Es gibt zwei Nebenzellen, eine auf jeder Seite der Spaltöffnung (Abb. 9.13A und 9.14).

Die Stomata der meisten Coniferen sind tief eingesenkt und erscheinen als Anhängsel der Nebenzellen. Diese überwölben die Stomata und bilden so eine tunnelförmige Höhle, die man als **epistomatäre Höhle (Kammer)** bezeichnet (Abb. 9.5 und 9.15; Johnson und Riding, 1981; Riederer, 1989; Zellnig et al., 2002). Im medianen Teil erscheinen die Schließzellen im Querschnitt elliptisch geformt und haben enge Lumina. An den Zellenden erweitern sich die Schließzell-Lumina und die Schließzellen sind im Querschnittsbild dreieckig. Charakteristisch für die Spaltöffnungskomplexe der Coniferen ist die partielle Lignifizierung der Zellwände von Schließzellen und Nebenzellen. Die nicht lignifizierten Wandpartien der Schließzellen befinden sich an relativ dünnwandigen Kontaktregionen mit anderen Zellen (Nebenzellen und Hypodermiszellen); diese elastischen Wandpartien sind sogenannte Wandgelenke. Diese Kombination von starren und elastischen Wandpartien scheint für den Öffnungs- und Schließmechanismus der Coniferenstomata von Bedeutung zu sein. Ein besonders dünner Streifen nicht lignifizierter Schließzellwand grenzt auch an den Spalt. Bei Angiospermen sind lignifizierte Schließzellen selten (Kaufmann, 1927; Palevitz, 1981).

Bei den Pinaceen ist die epistomatäre Höhle typischerweise mit epicuticulären Wachsröhrchen angefüllt, die eine Art porösen Wachspfropf über den Stomata bilden (Johnson und Riding, 1981; Riederer, 1989). Die Röhrchen stammen sowohl von den Schließzellen als auch von den Nebenzellen. Wachspfropfen über Stomata kommen auch bei anderen Coniferen vor (Podocarpaceen, Araucariaceen, und Cupressaceen; Carlquist, 1975; Brodribb und Hill, 1997) und in zwei Familien der tracheenlosen Angiospermen (Winteraceen und Trochodendraceen). Bei den gefäßlosen Angiospermen sind die Stomata mit blasigem Material verstopft, das wachsartig aussieht, aber eine

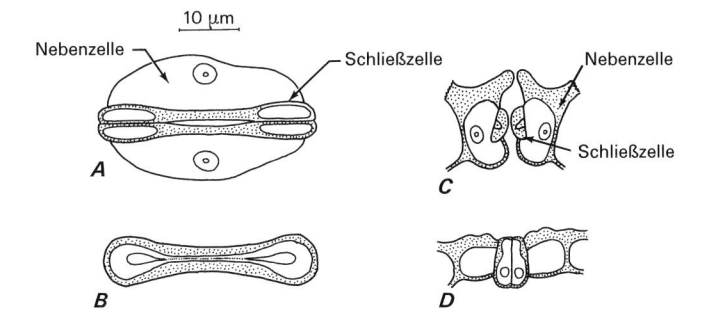

**Abb. 9.13** Hantelförmige Schließzellen von Reis (*Oryza*; Poaceae); **A**, in Aufsicht; **B–D** in verschiedenen, in Abb. 9.11D eingezeichneten Schnittebenen (aa, bb und cc). **A**, die Schließzellen sind in einer Fokusebene im oberen Teil der Zelle gezeichnet, so dass das Lumen im engen Teil der Schließzellen nicht zu sehen ist. **B**, eine Schließzelle in Ebene bb längs geschnitten, so dass der hantelförmige Zellkern erkennbar ist. **C**, Spaltöffnung quer, durch Ebene aa geschnitten, **D**, durch Ebene cc. (Aus Esau, 1977.)

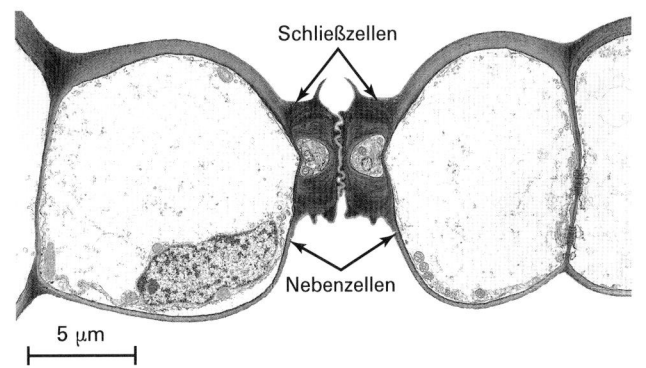

**Abb. 9.14** Querschnitt durch eine geschlossene Spaltöffnung eines Maisblattes (*Zea mays*). Jede der dickwandigen Schließzellen grenzt an eine Nebenzelle.

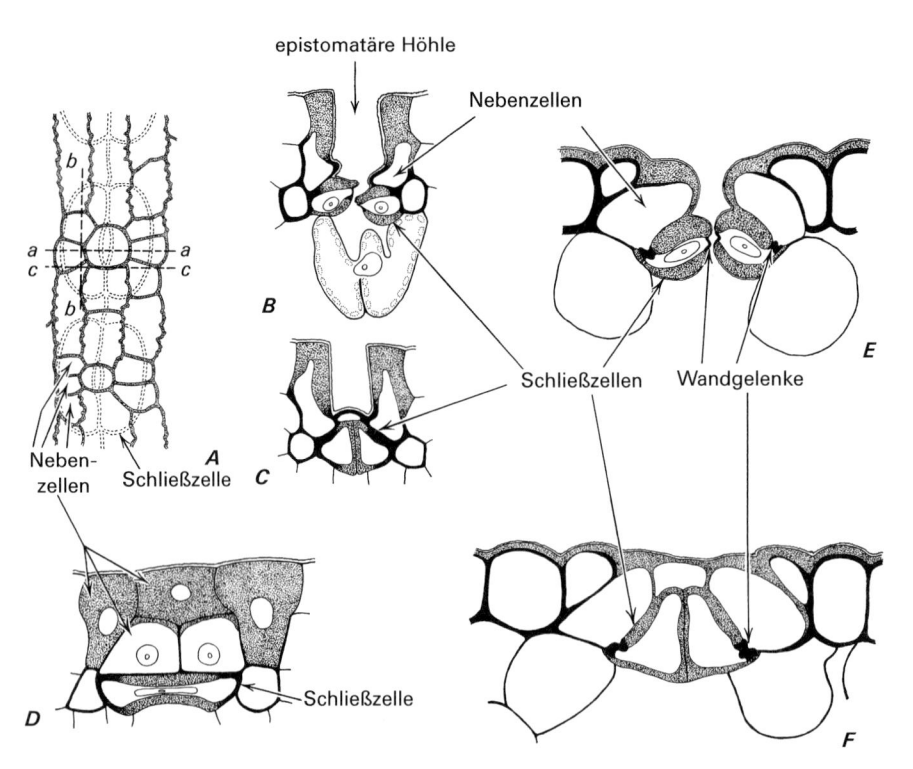

**Abb. 9.15** Stomata der Coniferenblätter. **A**, Aufsicht auf die Epidermis von *Pinus merkusii* mit zwei tief eingesenkten Stomata. Die Schließzellen sind von Neben- und anderen Epidermiszellen überwölbt. Schnittansichten des Spaltöffnungsapparates von *Pinus* (**B–D**) und *Sequoia* (**E, F**). Die gestrichelten Linien in **A** zeigen die Schnittebenen der Zeichnungen **B, E**: aa, **D**: bb und **C, F**: cc. (A, x182; B–D, x308; E,F, x588. A, verändert nach Abagon, 1938).

cutinhaltige Zusammensetzung aufweist (Bongers, 1973; Carlquist, 1975; Feild et al., 1998).

Die Funktion der Stomata-Pfropfen ist unklar (Brodribb und Hill, 1997). Am weitesten verbreitet ist die Ansicht, dass die Pfropfen primär dazu dienen, den Wasserverlust durch Transpiration herabzusetzen. Obwohl Wachspfropfen diese Aufgabe ganz sicher erfüllen, haben Brodribb und Hill (1997) die Vermutung angestellt, dass die Wachspfropfe der Coniferen als Anpassung an nasse Umweltbedingungen entstanden sind und dazu dienen, die Pore wasserfrei zu halten. Dies würde den Gasaustausch erleichtern und die Photosyntheserate erhöhen. Feild et al. (1998) schlussfolgern Vergleichbares für die cutinhaltigen Stomata-Pfropfe bei *Drimys winteri* (Winteraceen), nämlich, dass diese wichtiger für eine Steigerung der Photosyntheseaktivität sind, als dass sie der Herabsetzung des Wasserverlustes dienen. Jeffrey et al. (1971) haben bereits früher eine mögliche Hemmung des Gasaustausches durch Stomata-Wachspfropfe von *Picea sitchensis* berechnet. Sie fanden heraus, dass die Transpirationsrate zu ungefähr zwei Drittel reduziert war, aber die Photosyntheserate nur zu ungefähr einem Drittel. Wachspfropfe können auch die Invasion pathogener Pilze über die Spalten der Stomata verhindern (Meng et al., 1995).

### 9.2.3 Schließzellen haben typischerweise ungleichmäßig verdickte Zellwände mit radial ausgerichteten Cellulosemikrofibrillen

Auch wenn die Schließzellen der Haupt-Taxa charakteristische Unterscheidungsmerkmale aufweisen, so ist ihnen allen doch ein auffälliges Merkmal gemeinsam – die ungleichmäßig verdickten Zellwände. Dieses Merkmal steht offenbar in Beziehung zu den Form- und Volumenveränderungen der Schließzellen und den damit verbundenen Veränderungen der Spaltweite, die durch Turgoränderungen in den Schließzellen verursacht werden. Bei bohnenförmigen Schließzellen ist die von der Spalte abgekehrte Wand, die **Rückwand** (dorsale Wand) im Allgemeinen dünner und von daher flexibler als die **Bauchwand** (ventrale Wand), die an die Spalte grenzt. Die bohnenförmigen Schließzellen sind an ihren Enden, wo sie aneinanderhaften, fest verankert; diese gemeinsamen Wände der Schließzellen bleiben bei Turgoränderungen in ihrer Länge beinahe unverändert. Erhöht sich der Turgor, so wölbt sich die dünne Rückwand von der Spalte weg, während die Vorderwand gerade oder konkav wird. Die ganze Zelle scheint sich von der Spalte wegzubiegen und die Öffnung wird größer. Bei abnehmendem Turgor tritt der umgekehrte Vorgang ein.

Bei den hantelförmigen Schließzellen der Poaceen hat der mittlere Teil extrem ungleichmäßig stark verdickte Wände (die inneren und äußeren Wände sind viel dicker als die dorsalen und ventralen Wände); während die blasenförmigen Zellenden dünnwandig sind. Bei diesen Schließzellen führt Turgorerhöhung zu einem Aufblähen der blasenförmigen Zellenden; dadurch weichen die starren, mittleren Zellabschnitte auseinander. Auch hier tritt bei abnehmendem Turgor der umgekehrte Vorgang ein.

Nach einer anderen Hypothese spielt die **transversale (radiale) Orientierung der Cellulosemikrofibrillen** (*radial micellation*) in den Schließzellwänden (in Abb. 9.11D durch transversale Linien gekennzeichnet) eine wichtigere Rolle bei den Öffnungs- und Schließbewegungen der Stomata als die unterschiedliche Wandverdickung (Aylor et al., 1973; Raschke, 1975). Wenn sich die dorsalen Wände der Schließzellen bei Turgoranstieg nach außen bewegen, überträgt die transversale Cellulosemikrofibrillen-Anordnung diese Bewegung auf die ventrale Wand, die an die Spalte grenzt, und die Spalte öffnet sich. Bei hantelförmigen Schließzellen sind die Cellulosemikrofibrillen in den mittleren Wandpartien hauptsächlich axial angeordnet. Von den mittleren Teilen strahlen Cellulosemikrofibrillen in die Wände der blasenförmigen Zellenden aus. Die transversale Orientierung der Cellulosemikrofibrillen in den Schließzellwänden wurde durch polarisationsoptische und elektronenmikroskopische Untersuchungen entdeckt (Raschke, 1975). Abb. 9.16 zeigt die Ergebnisse einiger Versuche mit Luftballons, die herangezogen wurden, um die Rolle der radialen Micellierung für die Bewegung von Stomata zu untermauern. Wahrscheinlich spielen beide, die Unterschiede in der Wanddicke und die Anordnung der Cellulosemikrofibrillen bei der Stomatabewegung eine Rolle (Franks et al., 1998).

Auch die Mikrotubuli-Dynamik ist mit der Stomatabewegung bei *Vicia faba* in Verbindung gebracht worden (Yu et al., 2001). Bei voll geöffneten Stomata waren die Schließzell-Mikrotubuli von der ventralen bis zur dorsalen Wand transversal orientiert. Während des durch Dunkelheit induzierten Schließens der Stomata, wurden die Mikrotubuli aufgewunden und fleckenförmig zusammengezogen; sie schienen bei geschlossenen Stomata zu diffusen Fragmenten zu zerfallen. Beim durch Licht ausgelösten Wiederöffnen der Stomata wurden die Mikrotubuli wieder transversal orientiert. Auch wenn für corticale Mikrotubuli bekannt ist, dass sie ihre Orientierung bei Zellwandstress verändern (Hejnowicz et al., 2000), hat das Ergebnis, dass eine Behandlung der *Vicia faba* Stomata mit Mikrotubuli-stabilisierenden und Mikrotubuli-depolymerisierenden Substanzen die lichtinduzierte Öffnung und dunkelinduzierte Schließung der Stomata unterdrückt, Yu et al (2001) zu dem Schluss veranlasst, dass die Mikrotubuli-Dynamik eine funktionelle Rolle bei der Stomatabewegung spielt. Weitere Unterstützung für eine Beteiligung der Mikrotubuli an der Schließzell-Funktion bei *Vicia faba* haben Untersuchungen von Marcus et al. (2001) erbracht. Aus ihren Ergebnissen haben sie geschlossen, dass Mikrotubuli für die Öffnung der Stomata notwendig sind; genauer, dass sie irgendwo vor den ionischen Ereignissen ($H^+$ Efflux und $K^+$ Influx) benötigt werden, die zur Öffnung der Stomata führen; vermutlich ist dies eine Beteiligung an der Signal-Transduktion, die zu den Ionenflüssen führt.

Die Volumenzunahme der Schließzellen wird teilweise durch Volumenabnahme der angrenzenden epidermalen Zellen (Nebenzellen oder Nachbarzellen) kompensiert (Weyers und Meidner, 1990). Es ist daher eigentlich die Turgordifferenz zwischen den Schließzellen und ihren unmittelbar benachbarten epidermalen Zellen, welche die Öffnung des Spaltes bestimmt (Mansfield, 1983). Der **Stomakomplex** (stomatärer Komplex, Spaltöffnungsapparat) aus Stoma und Nachbar-/Nebenzellen sollte daher als funktionelle Einheit betrachtet werden.

### 9.2.4 Blaulicht und Abscisinsäure sind wichtige Signale bei der Kontrolle der Stomata-Bewegung

Der Transport von Kaliumionen ($K^+$) zwischen Schließzellen und Nebenzellen, bzw. epidermalen Nachbarzellen, wird allgemein als Haupttriebfeder der Schließzellbewegung angesehen. Die Spaltöffnung ist bei erhöhten $K^+$-Konzentrationen geöffnet. Einige Untersuchungen weisen darauf hin, dass sowohl $K^+$ als auch Saccharose primäre Schließzell-Osmotika sind, wobei $K^+$ das vorherrschende Osmotikum bei den frühen Öffnungsstadien am Morgen ist und Saccharose zum vorherrschenden Osmotikum am frühen Nachmittag wird (Talbott und Zeiger, 1998). Die Aufnahme von $K^+$ in die Schließzellen wird durch einen Protonen ($H^+$)-Gradienten angetrieben, bedingt durch eine Blaulicht aktivierte Plasmamembran-$H^+$-ATPase (Kinoshita und Shimazaki, 1999; Zeiger, 2000; Assmann und Wang, 2001; Dietrich et al., 2001); gleichzeitig findet eine Auf-

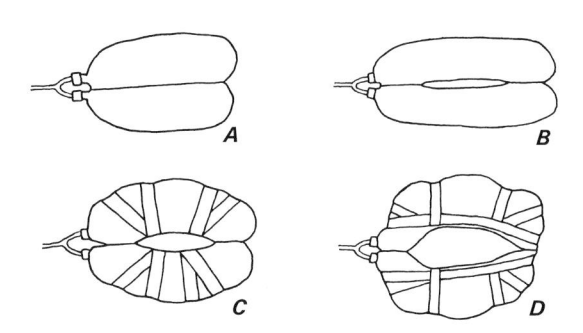

**Abb. 9.16** Versuchsmodelle zum Studium des Einflusses der radialen Anordnung von Cellulosemikrofibrillen in den Schließzellwänden auf die Öffnung der Stomata. **A**, zwei teilweise aufgeblasene langgestreckte Luftballons, in der Nähe ihrer Enden miteinander verklebt. **B**, dieselben Luftballons unter etwas stärkerem Innendruck. Ein schmaler Spalt ist erkennbar. **C**, Klebeband simuliert die radiale Micellierung auf den langgestreckten voll aufgeblasenen Luftballons; der Spalt zwischen den beiden Luftballons ist weiter als in **B**. **D**, die radiale Micellierung erstreckt sich weiter zu den Enden der langgestreckten Luftballons und ein Klebestreifen verläuft längs der „ventralen Wand". Hier hat das Aufblasen der endwärts verklebten Luftballons einen noch weiteren Spalt erzeugt als bei **C**. (Aus Esau, 1977; Zeichnungen nach Photographien von Aylor, Parlange und Krikorian, 1973).

nahme von Chloridionen (Cl⁻) und eine Akkumulation von Malat²⁻ statt, welches aus Stärke in den Schließzellchloroplasten synthetisiert wird. Der Anstieg der Konzentration gelöster Substanzen führt zu einem negativeren Wasserpotential, welches eine osmotische Wasserwanderung in die Schließzellen, das Anschwellen der Schließzellen und das Auseinanderweichen der Schließzellen am Spalt bewirkt. Die Schließzellen von Arten der Gattung *Allium* besitzen zu keiner Zeit Stärke (Schnabl und Ziegler, 1977; Schnabl und Raschke, 1980), sie sind offenbar allein auf Cl⁻ als Gegenion für K⁺ angewiesen. Stomataschluss erfolgt, wenn Cl⁻, Malat²⁻, und K⁺ aus den Schließzellen austreten. Dann wandert Wasser entlang seines Gradienten vom Schließzellprotoplasten zur Zellwand, wodurch der Turgor der Schließzellen abnimmt und sich die stomatäre Spalte schließt.

Das Pflanzenhormon Abscisinsäure (ABA) spielt eine entscheidende Rolle als endogenes Signal, welches die Öffnung der Stomata hemmt und das Schließen der Stomata induziert (Zhang und Outlaw, 2001; Comstock, 2002). Die primären Wirkungsorte von ABA scheinen spezifische Ionenkanäle in Plasmalemma und Tonoplast der Schließzellen zu sein, was einen Verlust von K⁺ und assoziierten Anionen (Cl⁻ und Malat²⁻) aus Vakuole und Cytosol bedingt. Experimentelle Ergebnisse weisen darauf hin, dass ABA einen Anstieg des cytosolischen pH-Wertes und des cytosolischen Ca²⁺ induziert, die in diesem System als sekundäre Botenstoffe fungieren (Grabov und Blatt, 1998; Leckie et al., 1998; Blatt, 2000a; Wood et al., 2000; Ng et al., 2001). Auch mehrere Proteinphosphatasen und Proteinkinasen sind mit der Regulierung von Kanalaktivitäten in Verbindung gebracht worden (McRobbie, 1998, 2000). Die Schließzellen reagieren nicht nur auf Pflanzenhormone, sondern auch auf eine Reihe von Umweltreizen, wie Licht, $CO_2$-Konzentration und Temperatur. Der komplexe Mechanismus der stomatären Bewegungen ist Gegenstand intensiver Forschung und Diskussionen und liefert wertvolle Informationen zum Verständnis der Signaltransduktion in Pflanzen (Hartung et al., 1998; Allen et al., 1999; Assmann und Shimazaki, 1999; Blatt, 2000b; Eun und Lee, 2000; Hamilton et al., 2000; Li und Assmann, 2000; Schroeder et al., 2001).

Auch wenn man lange Zeit angenommen hat, dass der Grad der Stomataöffnung über die gesamte Blattfläche ziemlich gleich ist, so weiß man inzwischen, dass unter nahezu identischen Umweltbedingungen die Stomata in einigen Teilen des Blattes geöffnet und in benachbarten Teilen geschlossen sein können; so entsteht eine ungleichmäßige stomatäre Leitfähigkeit (Mott und Buckley, 2000). Die ungleichmäßige Verteilung stomatärer Öffnungsweiten (**stomatal patchiness**) ist bei einer großen Zahl von Arten und Familien beobachtet worden (Eckstein, 1997); sie ist nicht allein, aber vor allem bei Blättern zu finden, die durch **erweiterte Bündelscheiden** in getrennte Kompartimente gegliedert sind. Bei diesen erweiterten Bündelscheiden handelt es sich um Stege aus Grundgewebe, die sich von den Bündelscheiden der Blattadern zur Epidermis erstrecken (Abb. 7.3A, Terashima, 1992; Beyschlag und Eckstein, 2001). Derartig in Kompartimente aufgeteilte Blätter nennt man **heterobare Blätter**. Zwischen den Interzellularensystemen der verschiedenen Kompartimente dieser Blätter findet wenig oder kein Gasaustausch statt, so dass das Blatt eigentlich eine Ansammlung unabhängiger Photosynthese- und Transpirationseinheiten darstellt (Beyschlag et al. 1992). Das Muster und das Ausmaß der Variabilität stomatärer Öffnungsweiten können bei amphistomatischen Blättern zwischen Ober- und Unterseite verschieden sein (Mott et al., 1993). Stressfaktoren, vor allem solche, die Wasserstress bei Pflanzen hervorrufen, scheinen eine Hauptrolle bei der ungleichmäßigen Verteilung von stomatären Öffnungsweiten (*stomatal patchiness*) zu spielen (Beyschlag und Eckstein, 2001; Buckley et al., 1999).

### 9.2.5 Die Entwicklung des Spaltöffnungapparates beinhaltet ein oder mehrere asymmetrische Zellteilungen

Stomata beginnen ihre Entwicklung in einem Blatt kurz bevor die Hauptperiode meristematischer Aktivität in der Epidermis beendet ist und sie entstehen fortlaufend während eines beträchtlichen Teils der späteren Blattspreitenvergrößerung durch Zellexpansion. Bei parallelnervigen Blättern, so bei den meisten Monocotyledonen, bei denen die Stomata in Längsreihen angeordnet sind (Abb. 9.17A), ist eine Abfolge der verschiedenen stomatären Entwicklungsstadien entlang zunehmend weiter differenzierter Blattabschnitte zu beobachten. Diese Abfolge verläuft basipetal, d. h. von der Blattspitze zur Blattbasis. Die ersten reifen Stomata finden sich in der Blattspitze und die erst jüngst angelegten sind nahe der Blattbasis lokalisiert. Bei den netznervigen Blättern, so bei den meisten Eudicotyledonen (Abb. 9.17B), sind verschiedene Entwicklungsstadien gemischt, in einer diffusen, mosaikartigen Weise. Ein bemerkenswertes Merkmal junger eudicotyler Blätter ist die Tendenz zur frühzeitigen Reifung einiger Stomata an den Blattzähnen (Payne, W. W., 1979). Diese Stomata fungieren wahrscheinlich als Wasserporen von Hydathoden (Kapitel 16).

Die Entwicklung der Stomata beginnt mit einer asymmetrischen, oder inäqualen, antiklinen Teilung einer Protodermzelle. Durch diese Teilung entstehen zwei Zellen, wovon die eine gewöhnlich größer ist und den übrigen Protodermzellen gleicht, während die zweite normalerweise deutlich kleiner ist und stark gefärbtes Cytoplasma und einen großen Zellkern besitzt. Die kleinere der beiden Zellen wird als **stomatäres Meristemoid** bezeichnet. Bei einigen Arten kann sich die Schwesterzelle des Meristemoids noch einmal inäqual teilen, wobei ein weiteres Meristemoid entsteht (Rasmussen, 1981). Je nach Art kann das Meristemoid unmittelbar als **Schließzellmutterzelle** fungieren, oder erst nach weiteren Zellteilungen die Schließzellmutterzelle bilden. Die Bildung des Spaltöffnungsapparates erfordert eine Wanderung des Zellkerns zu bestimmten Stellen in den Elternzellen, ehe die Zellteilung und eine präzise Positionierung der Teilungsebenen vonstatten ge-

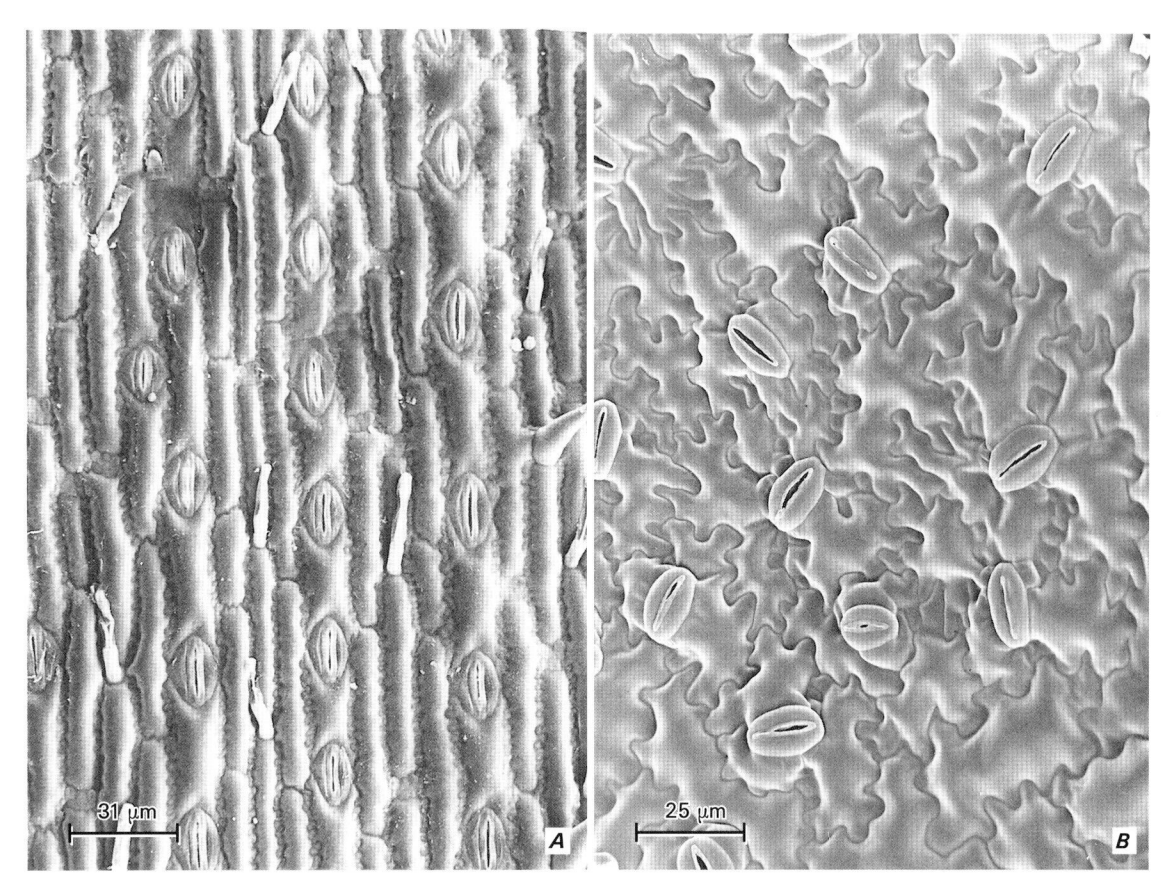

**Abb. 9.17** Rasterelektronenmikroskopische Oberflächenansichten von Stomata. **A**, Maisblatt (*Zea mays*) mit paralleler Anordnung der Stomata, wie sie für Monocotyledonen-Blätter typisch ist. Beim Maisblatt ist jedes Paar schmaler Schließzellen mit zwei Nebenzellen assoziiert, je eine auf jeder Seite der Spaltöffnung. **B**, Kartoffelblatt (*Solanum tuberosum*) mit zerstreuter, zufälliger Verteilung der Stomata, eine Anordnung, die typisch für Eudicotyledonen-Blätter ist. Die nierenförmigen Schließzellen des Kartoffelblattes sind nicht mit Nebenzellen assoziiert. (**B**, mit freundlicher Genehmigung von M. Michelle McCauley.)

hen können. Folglich ist der Spaltöffnungsapparat Objekt zahlreicher ultrastruktureller Studien gewesen, mit dem Ziel, die Rolle der Mikrotubuli bei der Positionierung der Zellplatte und bei der Formgebung der Zelle aufzudecken (Palevitz und Hepler, 1976; Galatis, 1980, 1982; Palevitz, 1982; Sack, 1987).

Durch eine äquale Teilung der Schließzellenmutterzelle entstehen die beiden Schließzellen (Abb. 9.18A und 9.19A-C). Die beiden Zellen nehmen durch unterschiedliche Wandverdickung und Zellexpansion ihre charakteristische Gestalt an. Die Mittellamelle schwillt im Bereich der zukünftigen Spalte an (Abb. 9.18A, d), und die Verbindung zwischen den Zellen wird dort gelockert. Die Zellen trennen sich dann an dieser Stelle voneinander und so entsteht der stomatäre Spalt (Abb. 9.18A, e). Der genaue Grund oder die Gründe, die zur Trennung der Ventralwände am Ort der Spalte führen, sind unbekannt; jedoch hat man drei Möglichkeiten in Erwägung gezogen: die enzymatische Hydrolyse der Mittellamelle, die durch Anstieg des Schließzellturgors verursachte Spannung, und die Bildung der Cuticula, die schließlich die neu gebildeten Spalten auskleidet (Sack, 1987). Bei *Arabidopsis* scheint an der Bildung der stomatären Spalte das Dehnen elektronendichten Materials in der linsenförmigen Verdickung am Ort der Spalte beteiligt zu sein (Zhao und Sack, 1999). Die Schließzellenmutterzellen treten stets in gleicher Höhe mit den benachbarten Epidermiszellen auf. Zahlreiche Lageveränderungen zwischen Schließzellen und angrenzenden Epidermiszellen und zwischen der Epidermis und dem Mesophyll finden statt (Abb. 9.19), so dass die Schließzellen bezogen auf die Epidermisoberfläche emporgehoben oder eingesenkt sein können. Selbst bei den Coniferennadeln, deren Schließzellen tief eingesenkt sind, liegt die Schließzellenmutterzelle mit den anderen Epidermiszellen auf gleicher Höhe (Johnson und Riding, 1981). Die substomatäre Höhle bildet sich während der stomatären Entwicklung, vor Bildung des stomatären Spalte (Abb. 9.19E).

Plasmodesmen treten zwar in allen Wänden unreifer Schließzellen auf, werden aber durch Wandmaterial verschlossen, wenn sich die Zellwand verdickt (Willmer und Sexton, 1979; Wille und Lucas, 1984; Zhao und Sack, 1999). Die symplastische Isolierung der reifen Schließzellen kann auch durch Mikroinjektion von Fluoreszenzfarbstoffen, entweder in die Schließzellen oder in die benachbarten Zellen, veranschaulicht werden; die Fluoreszenzfarbstoffe können die gemeinsame Zellwand zwischen Schließzelle und Nachbarzelle nicht passieren (Erwee et al., 1985; Palevitz und Hepler, 1985).

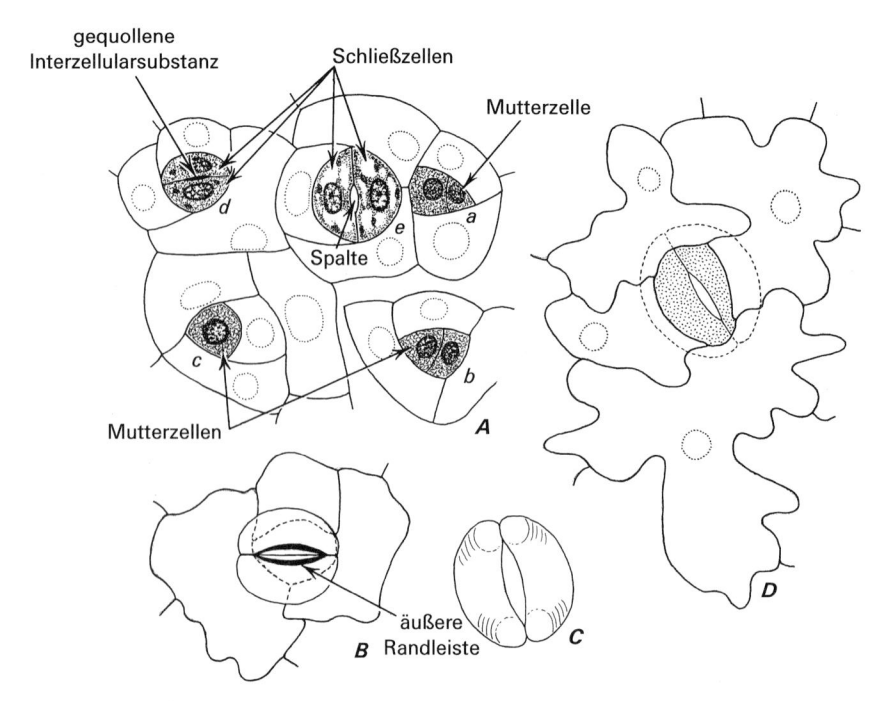

**Abb. 9.18** Stomata von *Nicotiana* (Tabak) in Aufsicht. **A**, Entwicklungsstadien: **a**, **b**, kurz nach der Teilung, die zur Bildung der Schließzellenmutterzelle führte; **c**, die Schließzellenmutterzelle hat sich vergrößert; **d**, die Schließzellenmutterzelle hat sich in zwei Schließzellen geteilt; das Schließzellenpaar ist noch völlig miteinander verwachsen und an der Stelle der späteren Spalte befindet sich gequollene Interzellularsubstanz; **e**, neu gebildetes Stoma mit Spalte zwischen den Schließzellen. **B**, Ausgewachsenes Stoma von der Außenseite der adaxialen Epidermis gesehen. **D**, vergleichbare Spaltöffnung von der Innenseite der abaxialen Epidermis gesehen. Die Schließzellen sind über die Epidermis emporgehoben und liegen daher in **B** über den Epidermiszellen und in **D** unter diesen. **C**, Schließzelle vom Blattinneren her gesehen (**A**, x620; **B–D**, x490.)

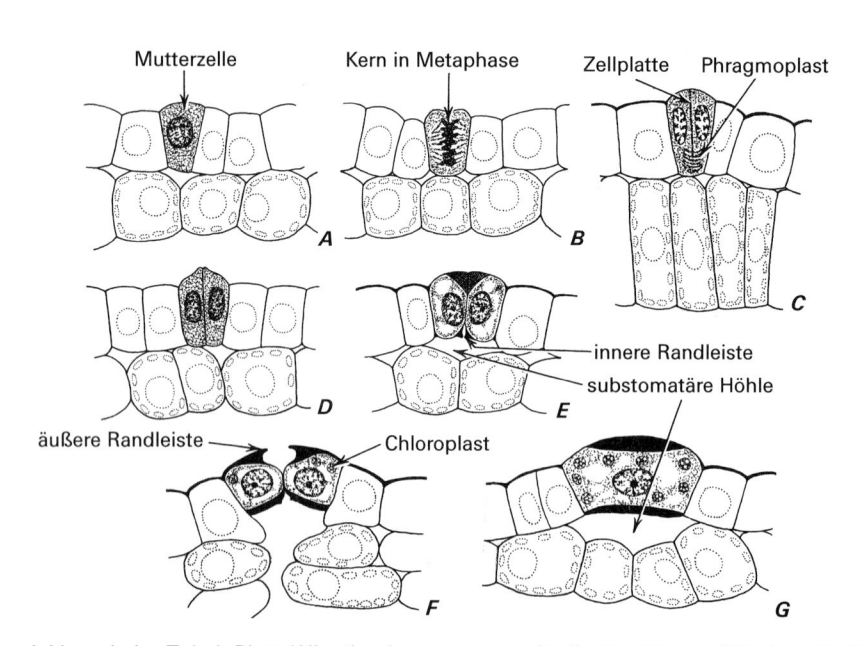

**Abb. 9.19** Stomaentwicklung beim Tabak-Blatt (*Nicotiana*). **C**, obere (adaxiale) Epidermis, Querschnitt, mit einigen Palisadenzellen. **A**, **B**, **D-G**, untere (abaxiale) Epidermis, Querschnitt; bei **G** ausgewachsene Schließzelle längs geschnitten. **A-C**, Schließzellenmutterzelle vor und während der Teilung in zwei Schließzellen. **D**, junges Schließzellenpaar mit allseits dünnen Wänden. **E**, die Schließzellen haben sich lateral vergrößert und gegeneinander abgerundet. Beginnende Wandverdickung; die innere Randleiste und die substomatäre Höhle sind bereits ausgebildet. **F**, voll entwickeltes Stoma mit innerer und äußerer Randleiste, Zellwände ungleich verdickt. (Alle x490.)

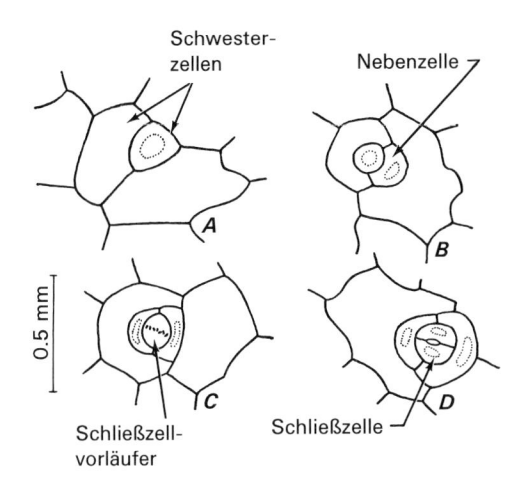

**Abb. 9.20** Stoma-Entwicklung mit mesogenen Nebenzellen in einem Blatt von *Thunbergia erecta*. **A**, eine Epidermiszelle hat sich geteilt, wobei ein kleiner Vorläufer des Stomakomplexes entstanden ist. **B**, die Vorläuferzelle hat sich geteilt, unter Abspaltung einer Nebenzelle. **C**, die zweite Nebenzelle und der Schließzellvorläufer sind gebildet worden. **D**, nach Teilung des Schließzellvorläufers ist der Spaltöffnungsapparat nun vollständig. (Aus Esau, 1977; nach Paliwal, 1966.)

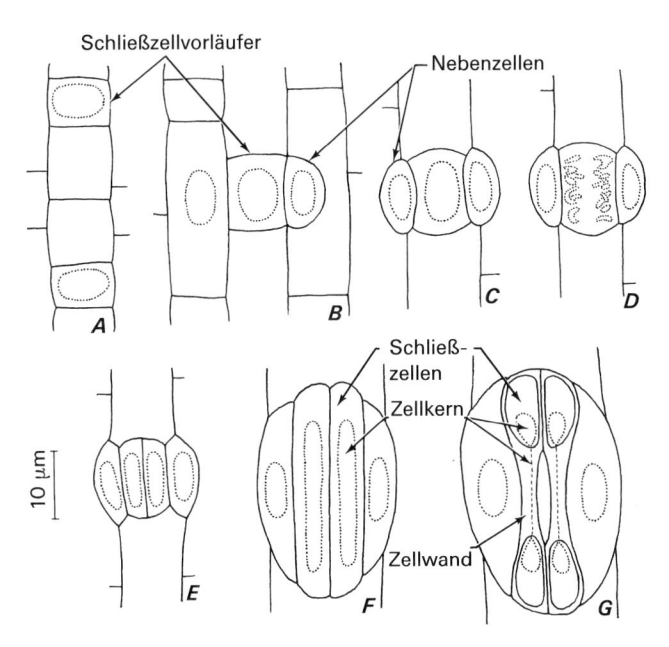

**Abb. 9.21** Entwicklung des Stomakomplexes beim Haferinternodium (*Avena sativa*). Die Nebenzellen sind perigen. **A**, die beiden kurzen Zellen sind Schließzellvorläufer. **B**, links, der Zellkern einer langen Zelle in Teilungsposition; bei dieser Teilung entsteht eine Nebenzelle. Rechts, Nebenzelle bereits gebildet. **C**, Schließzellvorläufer vor der Mitose. **D**, Schließzellvorläufer in Anaphase. **E**, unreifer Spaltöffnungsapparat aus zwei Schließzellen und zwei Nebenzellen. **F**, die Zellen des Stomakomplexes sind nun langgestreckt. **G**, der Stomakomplex ist voll entwickelt. (Aus Esau, 1977; nach Photographien von Kaufman et al., 1970a.)

Wie bereits erwähnt, können die Nebenzellen oder Nachbarzellen aus demselben Meristemoid hervorgehen wie das Stoma, oder aus Zellen, die ontogenetisch nicht direkt mit der Schließzellmutterzelle verwandt sind. Es können drei Hauptkategorien stomatärer Ontogenie unterschieden werden (Pant, 1965; Baranova, 1987, 1992): **mesogen**, wenn alle Neben- oder Nachbarzellen mit den Schließzellen einen gemeinsamen Ursprung haben (Abb. 9.20); **perigen**, wenn keine der Neben- oder Nachbarzellen einen gemeinsamen Ursprung mit den Schließzellen hat (Abb. 9.21); **mesoperigen**, wenn wenigstens eine der Neben- oder Nachbarzellen direkt ontogenetisch verwandt ist mit den Schließzellen und die anderen nicht.

Bei der Entwicklung einer Spaltöffnung mit mesogenen Nebenzellen (Abb. 9.20) wird der Vorläufer des Stomakomplexes (das Meristemoid) durch eine inäquale Teilung einer Protodermzelle gebildet, und in zwei nachfolgenden asymmetrischen Teilungen entstehen aus dem Meristemoid die Schließzellmutterzelle und zwei Nebenzellen. Eine weitere, aber äquale Teilung führt zur Bildung von zwei Schließzellen.

Die Herkunft perigener Nebenzellen ist zeichnerisch dargestellt an Hand der Differenzierung einer Gras-Spaltöffnung (Abb. 9.21). Das Meristemoid, das direkt als Schließzellmutterzelle fungiert, ist die kurze Tochterzelle, die durch inäquale Teilung der Protodermzelle hervorgegangen ist. Ehe sich die Schließzellmutterzelle teilt, wird je eine Nebenzelle beiderseits dieser kurzen Zelle gebildet, durch inäquale Teilungen der beiden angrenzenden Zellen (Nebenzellmutterzellen). Vor der Teilung der Nebenzellmutterzelle migriert ihr Zellkern zu einem „*actin patch*", einer Akkumulation von Actinfilamenten entlang der Zellwand der Nebenzellmutterzelle, die an die Schließzellmutterzelle grenzt. Beim Maisblatt sind offenbar die entscheidenden Faktoren, welche die Differenzierung zu Nebenzellen festlegen (*subsidiary cell fate determinants*), an diesem „*actin patch*" lokalisiert und werden dann zu dem Tochterkern transferriert, der mit dem „*actin patch*" kurz nach Vollendung der Mitose in Kontakt ist. Die Tochterzelle, die diesen Zellkern erhält, ist folglich dazu bestimmt, sich als Nebenzelle zu differenzieren (Gallagher und Smith, 2000). Größenanpassungen nach Bildung der Schließzellen lassen die Nebenzellen als integralen Bestandteil des Stomakomplexes erscheinen.

### 9.2.6 Unterschiedliche Entwicklungssequenzen führen zu verschiedenen Stomakomplex-Mustern

Das fertige Muster, der ausdifferenzierten Schließzellen und der sie umgebenden Zellen in Blattflächenansicht wird für taxonomische Zwecke herangezogen. Es ist jedoch wichtig zu bemerken, dass reife Stomakomplexe gleichen Aussehens unterschiedliche Entwicklungswege durchlaufen haben können. Für reife eudicotyle Spaltöffnungsapparate sind mehrere Klassifikationen unterschiedlicher Komplexität vorgeschlagen worden (Metcalfe und Chalk, 1950; Fryns-Claessens und Van

*Citrullus* – anomocytisch
**A**

*Sedum* – anisocytisch
**B**

*Vigna* – paracytisch
**C**

*Dianthus* – diacytisch
**D**

*Linnea* – actinocytisch
**E**

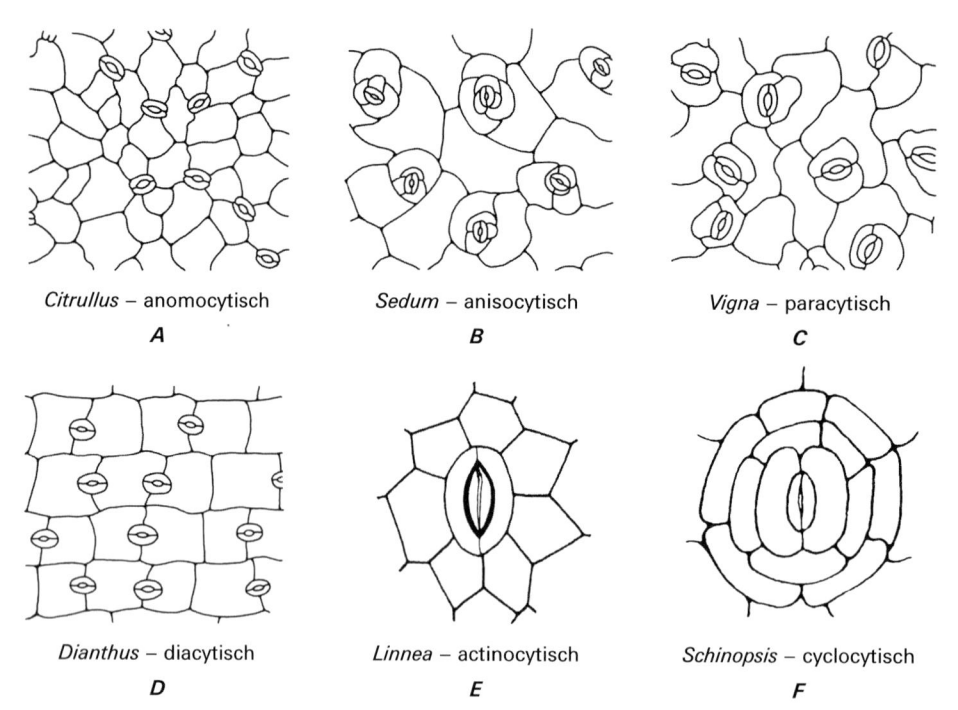

*Schinopsis* – cyclocytisch
**F**

**Abb. 9.22** Oberflächenansichten der Epidermis mit den Haupttypen von Stomakomplex-Mustern. (**A – D**, aus Esau, 1977; **E**, Fig. 10.3b und **F**, Fig. 10.3h, gezeichnet nach Wilkinson, 1979, *Anatomy of the Dicotyledons*, 2nd ed., vol I, C. R. Metcalfe und L. Chalk, eds., mit freundlicher Genehmigung von Oxford University Press.)

Cotthem, 1973; Wilkinson, 1979; Baranova, 1987, 1992). Zu den Haupttypen stomatärer Muster gehören der **anomocytische** Typ, bei dem Nebenzellen fehlen, d. h. bei dem die Epidermiszellen rings um die Schließzellen sich nicht von den übrigen Epidermiszellen unterscheiden (Abb. 9.22A); der **anisocytische** Typ, bei dem drei Nebenzellen die Spaltöffnung umgeben, wobei eine Nebenzelle deutlich kleiner ist als die beiden anderen (Abb. 9.22B; kommt bei *Arabidopsis* vor und ist typisch für die Brasicaceen); der **paracytische** Typ,, bei dem das Stoma beiderseits von ein oder mehreren Nebenzellen parallel zur Längsachse der Schließzellen begleitet wird (Abb. 9.22C); der **diacytische** Typ, bei dem das Stoma von einem Paar Nebenzellen umschlossen ist, deren gemeinsame Wände senkrecht zur Längsachse der Schließzellen liegen (Abb. 9.22D); der **actinocytische** Typ, bei dem mehrere Nebenzellen wie Sektoren einer Scheibe um das Stoma angeordnet sind, wobei ihre Längsachsen senkrecht zur Außenwand der Schließzellen stehen (Abb. 9.22E); der **cyclocytische** (encyclocytische) Typ, bei dem das Stoma von ein oder zwei schmalen Ringen von vier oder mehr Nebenzellen umgeben ist (Abb. 9.22F); der **tetracytische** Typ bei dem das Stoma von vier Nebenzellen umschlossen ist, zwei lateralen und zwei polaren (terminalen); dieser Typ ist auch bei vielen Monocotyledonen zu finden (Abb. 9.23). Dieselbe Art kann mehr als einen Spaltöffnungsapparat-Typ aufweisen und das Muster kann sich während der Blattentwicklung ändern.

Bei den meisten Monocotyledonen ist das Muster der Spaltöffnungsapparate ziemlich genau durch die Entwicklungsabfolge bestimmt. Bei der Untersuchung von ungefähr 100 Arten, welche die meisten Monocotyledonen-Familien umfassten, hat Tomlinson (1974) folgende Haupttypen beschrieben, die auf spezifischen Entwicklungsabfolgen beruhen (Abb. 9.23). Das Meristemoid entsteht durch **inäquale** (asymmetrische) Teilung einer Protodermzelle (A). Es ist die kleinere der beiden Zellen und scheint stets die distale (zur Blattspitze gelegene) Zelle zu sein. Das Meristemoid, welches unmittelbar als Schließzellenmutterzelle fungiert, steht normalerweise mit vier **Nachbarzellen** in Kontakt (B). (Dabei ist zu beachten, dass Tomlinson den Begriff Nachbarzellen für Zellen verwendete, die unmittelbar am Meristemoid liegen, wenn es entsteht). Wenn sich diese Zellen nicht teilen, werden sie direkt zu **Kontaktzellen**, d. h. Zellen, die mit den Schließzellen im reifen Stomakomplex in Kontakt stehen (F), wie bei den Amaryllidacee, Liliaceen und Iridaceen. Andererseits können sich die Nachbarzellen auch antiklin teilen und **Derivate** bilden. Die Orientierung dieser Wände ist von größter Bedeutung für die Entwicklung des Spaltöffnungsapparates: sie können ausschließlich schräg (C-E) oder ausschließlich senkrecht und/oder parallel zu den Reihen protodermaler Zellen orientiert sein (F-H). Durch Teilung der Nachbarzellen wird der Stomakomplex nun definierbar als entweder zusammengesetzt aus Schließzellen und einer Kombination von Nachbarzellen und Nachbarzellderivaten (G), oder zusammengesetzt aus Schließzellen und Nachbarzellderivaten (E, H). Die Kontaktzellen des Stoma sind daher entweder alle Derivate (E-H) oder eine Komination aus Derivaten und ungeteilten Nachbarzellen (G). Der bei G gezeigte Stomakomplex-Typ ist für Gräser (Poaceen) typisch. Er tritt auch bei einer Reihe anderer Familien auf, so bei den Cyperaceen und den Juncaceen; Typ H ist für viele Commelinaceen typisch, und E für Palmen.

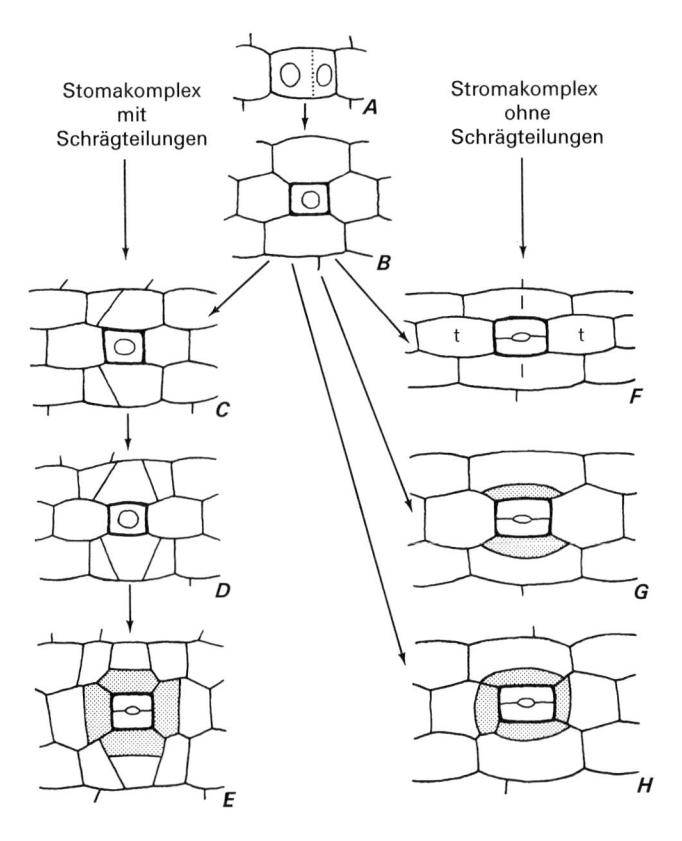

**Abb. 9.23** Beispiele für unterschiedliche stomatäre Entwicklungstypen bei Monocotyledonen. Schematische Zeichnungen. **A**, inäquale Teilung führt zur Bildung von **B**, ein kleiner Schließzellvorläufer umgeben von vier Nachbarzellen in kreuzförmiger Anordnung. **C–E**, Schrägteilungen und andere Teilungen in den Nachbarzellen führen zu Bildung von vier Derivaten (punktiert), die in Kontakt zu den Schließzellen stehen. **F-H**, bei der Bildung dieser Stomakomplexe treten keine Schrägteilungen auf: **F**, originäre Nachbarzellen, zwei lateral (l) und zwei terminal (t) werden zu Kontaktzellen; **G**, Derivate (punktiert) der beiden lateralen Nachbarzellen und die beiden ungeteilten terminalen Nachbarzellen werden zu Kontaktzellen; **H**, Derivate (punktiert) von vier Nachbarzellen werden Kontaktzellen. **E**, Palmtyp; **G**, Grastyp. (Aus Esau 1977; nach Tomlinson, 1974).

## 9.3 Trichome

**Trichome** (gr. *trichos* = Haar) sind epidermale Anhangsgebilde sehr verschiedener Form, Struktur und Funktion (Abb. 9.24 und 9.25). Sie können an allen Pflanzenteilen vorkommen. Entweder bleiben sie während der ganzen Lebensdauer eines Organs erhalten, oder es sind kurzlebige Gebilde. Manche ausdauernde Haarzellen bleiben lebend, andere sterben und vertrocknen. Obwohl Trichome innerhalb von Familien oder kleineren Pflanzengruppen in ihrer Struktur stark variieren können, sind sie manchmal innerhalb eines Taxons auffällig gleichförmig und sind schon seit langem zur taxonomischen Eingliederung herangezogen worden (Uphof und Hummel, 1962; Theobald et al., 1979).

Trichome werden gewöhnlich von sogenannten **Emergenzen** unterschieden, wie Warzen und Stacheln, die nicht nur aus der Epidermis, sondern auch aus subepidermalen Geweben hervorgehen und typischerweise massiver gebaut sind als Trichome. Eine klare Unterscheidung zwischen Emergenzen und Trichomen gibt es jedoch nicht, weil sich manche Pflanzenhaare auf einem Sockel entwickeln, an dessen Bildung subepidermale Zellen beteiligt sind. Daher kann eine Entwicklungsstudie erforderlich sein, um festzustellen, ob ein Anhangsgebilde rein epidermalen Ursprungs ist oder sowohl epidermalen als auch subepidermalen Ursprungs.

### 9.3.1 Trichome haben verschiedene Funktionen

Pflanzen aus ariden Habitaten neigen zu einer stärkeren Blattbehaarung als ähnliche Pflanzen aus einem stärker mesischen Habitat (Ehleringer, 1984; Fahn, 1986, Fahn und Cutler, 1992). Untersuchungen arider Landpflanzen weisen darauf hin, dass ein Anstieg der Behaarungsdichte die Transpiration herabsetzt, und zwar durch (1) Anstieg der Reflektion von Sonneneinstrahlung, wodurch die Blatttemperatur herabgesetzt wird, und (2) Vergrößerung der Grenzschicht (unbewegte Luftschicht, durch welche das gasförmige Wasser diffundieren muss). Außerdem sind die Basal- oder Stielzellen der Trichome wenigstens einiger xeromorpher Blätter vollständig cutinisiert, wodurch ein apoplastischer Wassertransport ins Trichom verhindert wird (Kapitel 16; Fahn, 1986). Viele „Luftpflanzen", wie die epiphytischen Bromelien, haben Blatttrichome zur Absorption von Wasser und Nährsalzen, sogenannte Absorptionshaare (Owen und Thomson, 1991). Im Gegensatz dazu dienen bei *Atriplex* Salz-sezernierende Trichome dazu, Salz aus dem Blattgewebe zu entfernen und so eine Akkumulation toxischer Salze in der Pflanze zu vermeiden (Mozafar und Goodin, 1970; Thomson und Healey, 1984). Während der frühen Blattentwicklungsstadien können polyphenolhaltige Trichome als Schutz gegen UV-B Schäden dienen (Karabourniotis und Easseas, 1996). Trichome können vielleicht auch Schutz gegen Insekten bieten (Levin, 1973; Wagner, 1991). Bei vielen Pflanzenarten ist die Dichte der Trichome negativ korreliert mit Insektenfraß, Eiablage und mit der Ernährung der Larven. Hakenförmige Trichome (Hakenhaare) spießen Insekten und ihre Larven auf (Eisner et al., 1998). Sekretorische (glanduläre, drüsige) Trichome können eine chemische Verteidigung ermöglichen (Kapitel 16). Einige Insektenschädlinge werden durch Trichomsekrete vergiftet, andere werden durch die Sekrete immobil und damit für die Pflanze unschädlich (Levin, 1973).

### 9.3.2 Trichome können in verschiedene morphologische Kategorien eingeteilt werden

Einige morphologische Trichomkategorien sind: (1) **Papillen**, kleine epidermale Auswüchse, die oftmals als von Trichomen verschieden angesehen werden; (2) **einfache (unverzweigte)**

**Trichome**, eine große Gruppe sehr weit verbreiteter einzelliger (Abb. 9.25C-F) und vielzelliger Haare (Abb. 9.24I, J und 9.25A, B); (3) **zwei- bis fünfarmige Trichome** unterschiedlicher Form; (4) **sternförmige Trichome (Sternhaare)**, die allesamt sternförmig, aber dennoch vielgestaltig sind (Abb. 9.24C, E, F); (5) **Schuppen-**, auch **Schild- oder peltate Trichome (Haare)**, aus einer mehrzelligen Scheibe, die oft von einem Stiel getragen wird oder direkt dem Fuß ansitzt (Abb. 9.24A, B und 9.25G, H); (6) **dendroid (baumförmig) verzweigte Trichome**, die sich entlang einer gestreckten Achse verzweigen (**Etagenhaar**, Abb. 9.24D; Theobald et al., 1979); und (7) **Wurzelhaare**. Außerdem gibt es viele spezialisierte Trichomtypen, so die Wasserblasen, Brennhaare, Perldrüsen und cystolithhaltigen Haare (Abb. 9.25C, E, F) (Kapitel 16). Auch anatomische Merkmale können herangezogen werden, um die Beschreibung der Trichome zu erleichtern, so folgende Merkmale: drüsig (Abb. 9.25B, G, H) oder nicht drüsig; einzellig oder vielzellig; uniseriat oder multiseriat; Oberflächenmerkmale, falls es welche gibt; Unterschiede in der Zellwanddicke, falls vorhanden; Dicke der Cuticula; verschiedene Zelltypen innerhalb des Trichoms, d. h. Basis oder Fuß (Abb. 9.25B, G), Stiel, Spitze oder Kopf; und das Vorkommen von Kristallen, Cystolithen, oder anderem Inhalt. Ein umfangreiches Glossar zur Terminologie von Pflanzentrichomen ist von W.W. Payne (1978) zusammengestellt worden.

### 9.3.3 Ein Trichom wird als Vorwölbung einer Epidermiszelle angelegt

Die Entwicklung der Trichome variiert in ihrer Komplexität in Relation zur endgültigen Form und Struktur. Vielzellige Trichome zeigen charakteristische Muster der Zellteilung und des Zellwachstums, einige sind einfach, andere komplex. Einige Aspekte der Entwicklung vielzelliger Drüsenhaare werden in Kapitel 16 besprochen. Im Folgenden werden Aspekte der Entwicklung bei drei einzelligen Trichomen beschrieben: Baumwollfaser, Wurzelhaar und verzweigtes Haar von *Arabidopsis*.

**Die Baumwollfaser.** Das Samenhaar von *Gossypium*, meist als **Baumwollfaser** bezeichnet, ist ein extrem langes, einzelli-

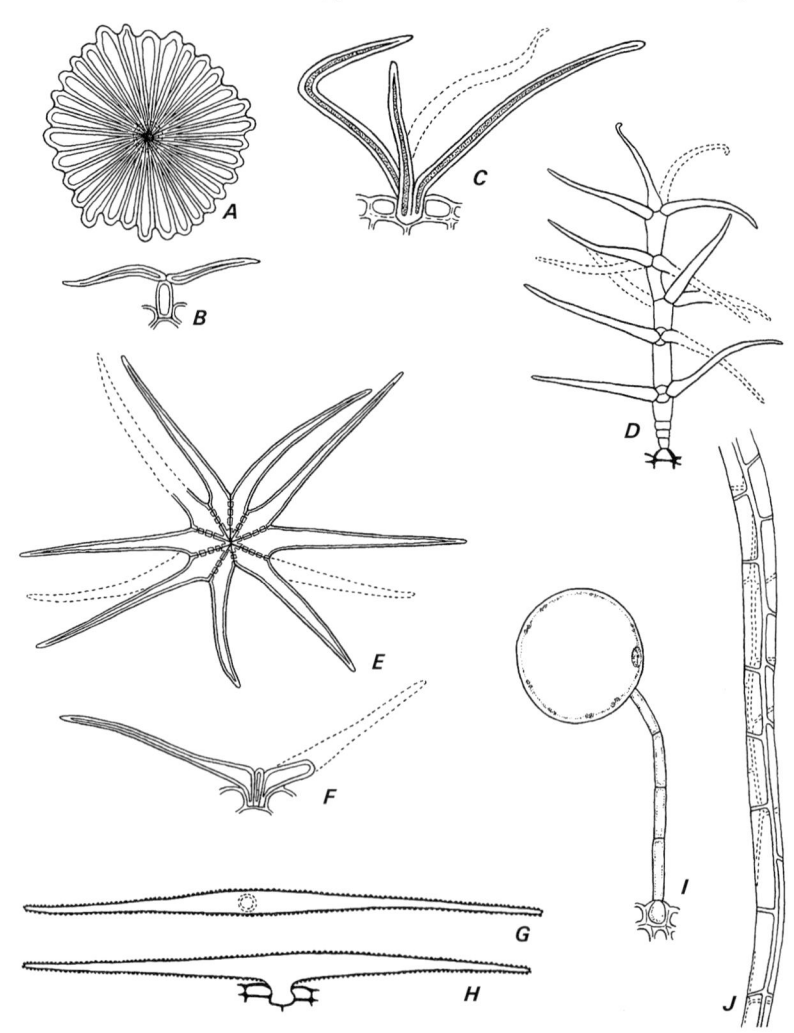

**Abb. 9.24** Trichome. **A**, **B**, Schuppenhaar von *Olea* in Aufsicht (**A**) und Seitenansicht (**B**). **C**, Büschelhaar von *Quercus*. **D**, Etagenhaar von *Platanus*. **E**, **F**, Sternhaar von *Sida* (Malvaceae) in Aufsicht (**E**) und Seitenansicht (**F**). **G**, **H**, einzelliges T-Haar von *Lobularia* (Brassicaceae) in Aufsicht (**G**) und Seitenansicht (**H**). **I**, Blasenhaar von *Chenopodium*. **J**, Teil eines vielzelligen Zottenhaares von *Portulaca*. (A–C, I, ×210; D–H, J, ×105).

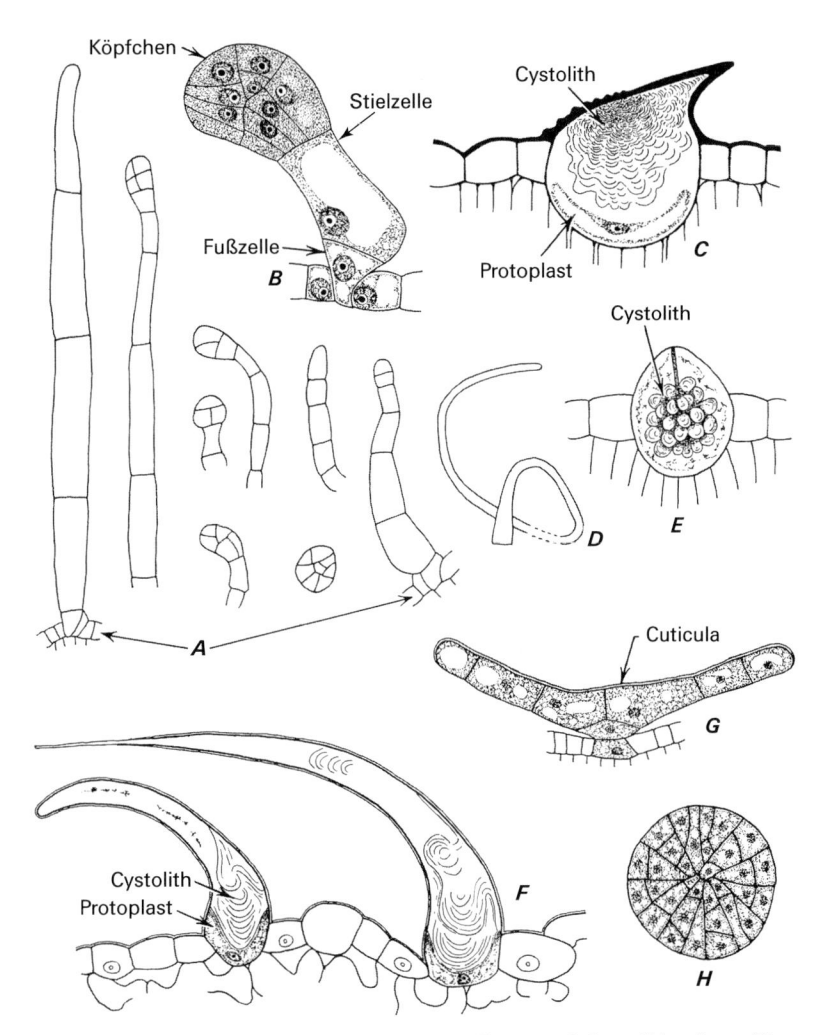

**Abb. 9.25** Trichome. **A**, eine Gruppe normaler Fadenhaare und Drüsenhaare mit mehrzelligen Köpfchen von *Nicotiana* (Tabak). **B**, vergrößertes Drüsenhaar von *Nicotiana*; Drüsenköpfchen mit cytoplasmareichen Zellen. **C**, einzelliges Hakenhaar mit Cystolith von *Humulus*. **D**, einzelliges Wollhaar und Cystolithenhaar (**E**) von *Boehmeria*. **F**, Hakenhaare mit Cystolithen von *Cannabis*. **G, H**, Drüsenschildhaar von *Humulus* im Längsschnitt (**G**) und ein jüngeres in Aufsicht (**H**). (A, F, ×100; B, D, E, ×310; C, G, ×245; H, ×490.)

ges Epidermishaar. Es entsteht als Vorwölbung einer Protodermzelle des äußeren Integuments der Samenanlage (Ramsey und Berlin, 1976a, b; Stewart, 1975, 1986; Tiwari und Wilkins, 1995; Ryser, 1999). Die Entwicklung verläuft für die meisten dieser Trichome synchron und kann in vier, einander etwas überlappende Phasen untergliedert werden. **Phase 1**, die **Faser-Initiierung**, erfolgt zur Blütezeit (Anthese), wenn die Faser-Initialen als deutliche Protuberanzen auf der Oberfläche der Samenanlage erscheinen (Abb. 9.26A). **Phase 2**, die **Faser-Elongation**, beginnt kurz danach (Abb. 9.26B) und setzt sich, je nach Sorte, 12 bis 16 Tage nach Ende der Anthese fort. Während die corticalen Mikrotubuli in den Faserinitialen zufällig orientiert sind, orientieren sie sich quer zur Längsachse der Zelle, wenn die Faser ihr Längenwachstum beginnt. Die Fasern durchlaufen eine dramatische Elongation, und erreichen dabei Längen vom 1000 bis 3000fachen ihres Durchmessers (Peeters et al., 1987; Song und Allen, 1997). Die Elongation erfolgt diffus, also über die gesamte Faserlänge verteilt (Abb. 9.27A), kann jedoch an der Spitze schneller sein (Ryser,

1985). Im basalen Teil der Zelle findet sich normalerweise eine große Zentralvakuole und die anderen Organellen scheinen mehr oder weniger gleichmäßig über das Cytosol verteilt zu sein (Tiwari und Wilkins, 1995). Die Primärwände der Baumwollfasern sind deutlich zweischichtig, mit einer stärker Elektronen-undurchlässigen äußeren Schicht aus Pectinen und Extensin und einer weniger Elektronen-undurchlässigen inneren Schicht aus Xyloglucanen und Cellulose (Vaughn und Turley, 1999). Wie es für Zellen mit diffusem Wachstum typisch ist, wird neues Wandmaterial auf der gesamten Zellwandfläche hinzugefügt. Eine Cuticula erstreckt sich über die Wand aller Epidermiszellen. **Phase 3**, die **Sekundärwandbildung**, beginnt, wenn die Faser ihre endgültige Länge annähernd erreicht hat; sie kann sich weitere 20 bis 30 Tage fortsetzen. Der Übergang von der Primärwandbildung während der rapiden Zellelongation zur Verlangsamung des Zelllängenwachstums und dem Beginn der Sekundärwandbildung ist eng korreliert mit veränderten Mustern von Mikrotubuli und Mikrofibrillen (Seagull, 1986, 1992; Dixon et al., 1994). Mit Beginn der Sekundär-

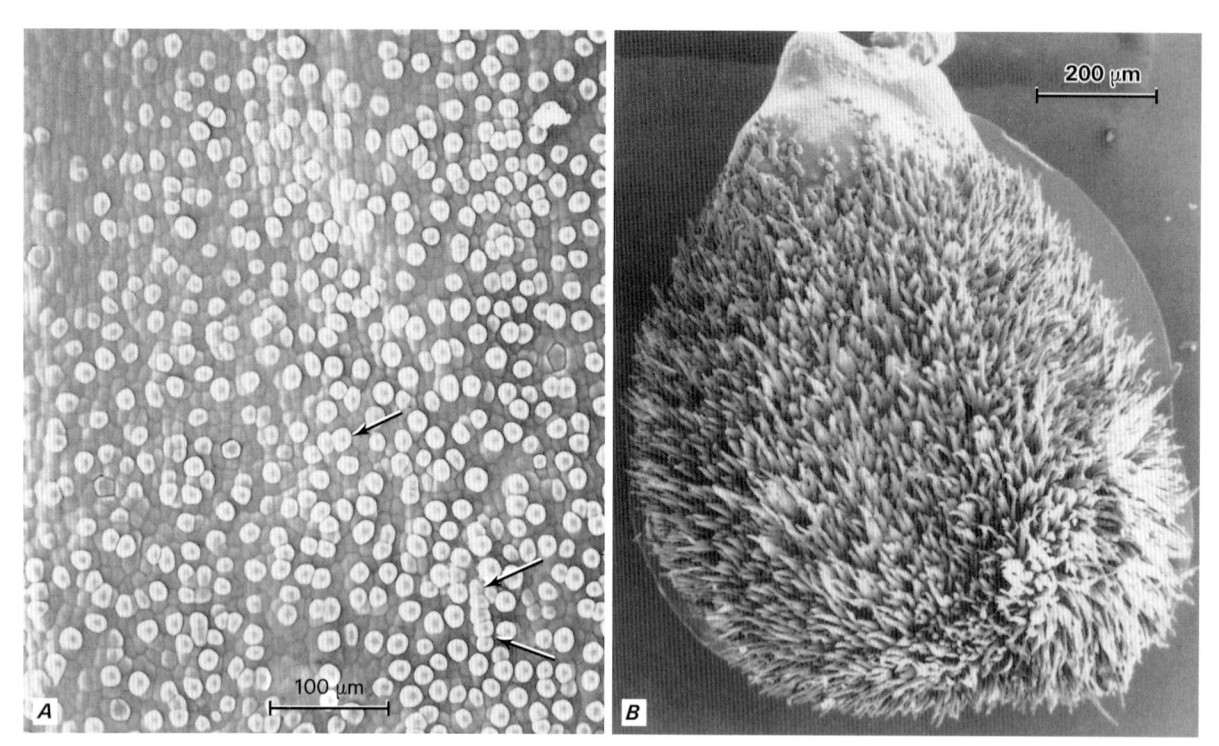

**Abb. 9.26** Rasterelektronenmikroskopische Aufnahmen von sich entwickelnden „Baumwollfasern" (einzellige Samenhaare von *Gossypium hirsutum*). **A**, Faserinitialen auf der Chalaza-Hälfte der Samenanlage am Abend der Blütenentfaltung. Die Initialen sehen anfangs wie winzige Knöpfe aus. **B**, zwei Tage nach Ende der Anthese ist die Samenanlage von jungen Fasern bedeckt. (Aus Tiwari und Wilkins, 1995).

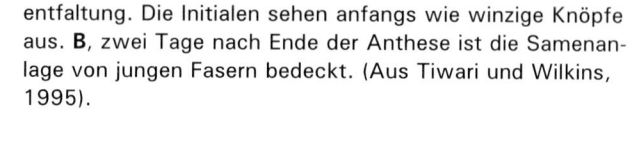

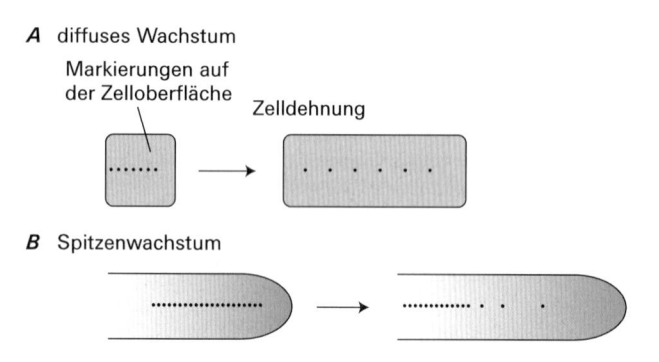

**Abb. 9.27** Zellelongation durch diffuses Wachstum und durch Spitzenwachstum. Das Längenwachstum der Baumwollfasern erfolgt gleichmäßig über ihre gesamte Länge, d. h. durch diffuses Wachstum (**A**). Das Längenwachstum von Wurzelhaaren und Pollenschläuchen ist auf ihre Spitzen beschränkt; d. h., Wurzelhaare und Pollenschläuche sind Zellen mit Spitzenwachstum (**B**). Wenn auf der Oberfläche solcher Zellen Markierungen angebracht werden, und die Zellen dann in die Länge wachsen, lässt sich an der relativen Distanz der Marken vor und nach Zellelongation der Mechanismus der Zelldehnung erkennen (Nach Taiz und Zeiger, 2002.© Sinauer Associates.)

wandbildung fangen die corticalen Mikrotubuli an, ihre Orientierung von transversal hin zu einer steilen helicalen Anordnung zu verändern. Neben Cellulose enthält die erste Schicht der Sekundärwand etwas Callose (Maltby et al., 1979). Im reifen Zustand bestehen die Sekundärwände der Baumwollfasern fast aus reiner Cellulose (Basra und Malik, 1984, Tokumoto et al., 2002). Die Sekundärwände der „green-lint"-Mutante von Baumwolle und einiger wilder Baumwollarten enthalten variable Mengen an Suberin und assoziierten Wachsen; diese sind typischerweise in konzentrischen Schichten abgelagert, die mit Celluloseschichten alternieren (Ryser und Holloway, 1985; Schmutz et al., 1993). Wasserstoffperoxid spielt vermutlich eine Rolle als Signalstoff bei der Sekundärwand-Differenzierung der Baumwollfaser (Potikha et al., 1999). **Phase 4**, die **Reifung**, folgt auf die Wandverdickung. Die Fasern sterben ab, vermutlich durch programmierten Zelltod, und trocknen aus.

In einer hervorragenden Studie fanden Ruan et al. (2001) heraus, dass eine Korrelation existiert zwischen dem „gating" (Kapitel 4) der Baumwollfaserplasmodesmen und der Expression von Saccharose- und $K^+$-Transporter- und Expansin-Genen. (Beim „gating" wird die Größenausschlussgrenze der Plasmodesmen für den Transport bestimmter Substanzen transient verändert). Die Leitfähigkeit der Plasmodesmen, welche die Baumwollfasern mit der darunter liegenden Samenschale verbinden, war zu Beginn der Elongationsphase dramatisch herabreguliert, weshalb ein Transport einer Lösung des Membran-impermeanten Fluoreszenzfarbstoffs Carboxyfluorescein (CF; ein Transport-Marker für ein symplastisches Kontinuum) über diese Grenzfläche komplett blockiert wurde. Als Ergebnis wurde der Import gelöster Substanzen in die sich entwickelnden Fasern von einem anfangs symplastischen in einen apoplastischen umgewandelt. Während der Elongationsphase werden die Plasmalemma-Saccharose- und $K^+$-Transportergene *GLSUT1* und *GhkT1* maximal exprimiert. Folglich erhöht sich das osmotische Potential und das Turgorpotential der Faser, was die Phase der rapiden Zellelongation antreibt. Die Konzentration der Expansin mRNA war nur in der frühen Periode der Elongation hoch und nahm danach sehr schnell ab. Ingesamt lassen diese Ergebnisse vermuten, dass die Elongation der Baumwollfaser anfangs durch Lockerung der Zellwand erreicht wird und schließlich durch zunehmende Zellwandstarrheit und Verlust des hohen Turgors beendet wird. Die Undurchlässigkeit der Faserplasmodesmata für CF war nur vorübergehend; symplastische Kontinuität wurde am Ende oder gegen Ende der Elongationsphase wiedererlangt. Während der Phase verhinderten CF Imports wandelten sich die meisten Plasmodesmen von einer unverzweigten in eine verzweigte Form um. Die sich entwickelnde Baumwollfaser bietet ein exzellentes System zum Studium von Cellulosebiosynthese, Zelldifferenzierung und Zellwachstum (Tiwari und Wilkins, 1995; Pear et al., 1996; Song und Allen, 1997; Dixon et al., 2000; Kim, H. J., und Triplett, 2001).

**Wurzelhaare.** Die Trichome der Wurzeln, die **Wurzelhaare**, sind röhrenförmige Ausstülpungen der Epidermiszellen. Bei der Untersuchung von 37 Arten aus 20 Pflanzenfamilien wurde gefunden, dass der Durchmesser der Wurzelhaare zwischen 5 und 17 µm und ihre Länge zwischen 80 und 1500 µm schwankt (Dittmer, 1949). Wurzelhaare sind typischerweise einzellig und unverzweigt (Linsbauer, 1930). Die Adventivwurzeln von *Kalanchoë fedtschenkoi* bilden, wenn sie in Luft wachsen, vielzellige Wurzelhaare, wohingegen dieselbe Art von Wurzeln im Boden einzellige Wurzelhaare bildet (Popham und Henry, 1955). Wurzelhaare sind typisch für Wurzeln; den Wurzelhaaren identische röhrenförmige Auswüchse können jedoch auch aus Epidermiszellen des unteren Teils von Keimlingshypocotylen hervorgehen (Baranov, 1957; Haccius und Troll, 1961). Auch wenn Wurzelhaare typischerweise epidermalen Ursprungs sind, so entwickeln sich bei den Commelinaceen (wozu *Rhoeo* und *Tradescantia* gehören) „sekundäre Wurzelhaare" aus Zellen der Exodermis, mehrere Zentimeter von der Wurzelspitze entfernt in der Zone älterer epidermaler („primärer") Wurzelhaare (Pinkerton, 1936). Bei *schizoriza* (*scz*) Mutanten von *Arabidopsis* entstehen Wurzelhaare aus der subepidermalen Zellschicht (Mylona et al., 2002). Die wichtigste Funktion der Wurzelhaare ist die Vergrößerung der absorbierenden Oberfläche der Wurzel für die Aufnahme von Wasser und Nährsalzen (Peterson und Farquhar, 1996). Wurzelhaare sind die alleinigen Produzenten von Wurzelexsudat bei *Sorghum*-Arten (Czarnota et al., 2003).

Die Wurzelhaare entwickeln sich akropetal, d. h. zur Wurzelspitze hin. Wegen der akropetalen Abfolge ihrer Entstehung zeigen die Wurzelhaare der meisten Keimwurzeln eine gleichförmige Größenabstufung, angefangen mit den Haaren, die der Spitze am nächsten liegen und zurückgehend bis zu den ausgewachsenen Haaren älterer Wurzelabschnitte. Wurzelhaare entstehen als kleine Protuberanzen oder Ausbuchtungen (Abb. 9.28A) in der Zone der Wurzel, in der die Zellteilungstä-

tigkeit abnimmt. Bei *Arabidopsis* bilden sich Wurzelhaare stets an dem Ende der Zelle, das am nächsten zur Wurzelspitze gelegen ist (Schiefelbein und Sommerville, 1990; Shaw et al., 2000), und die Ausbuchtung am Entstehungsort ist eng verbunden mit einer Ansäuerung der Zellwand (Bibikova et al., 1997). Entstehungsorte von Wurzelhaaren zeigen auch eine Akkumulation von Expansin (Baluška et al., 2000; Cho und Cosgrove, 2002) und einen Anstieg der Xyloglucan-Konzentration und der Endotransglycosylase-Aktivität (Vissenberg et al., 2001).

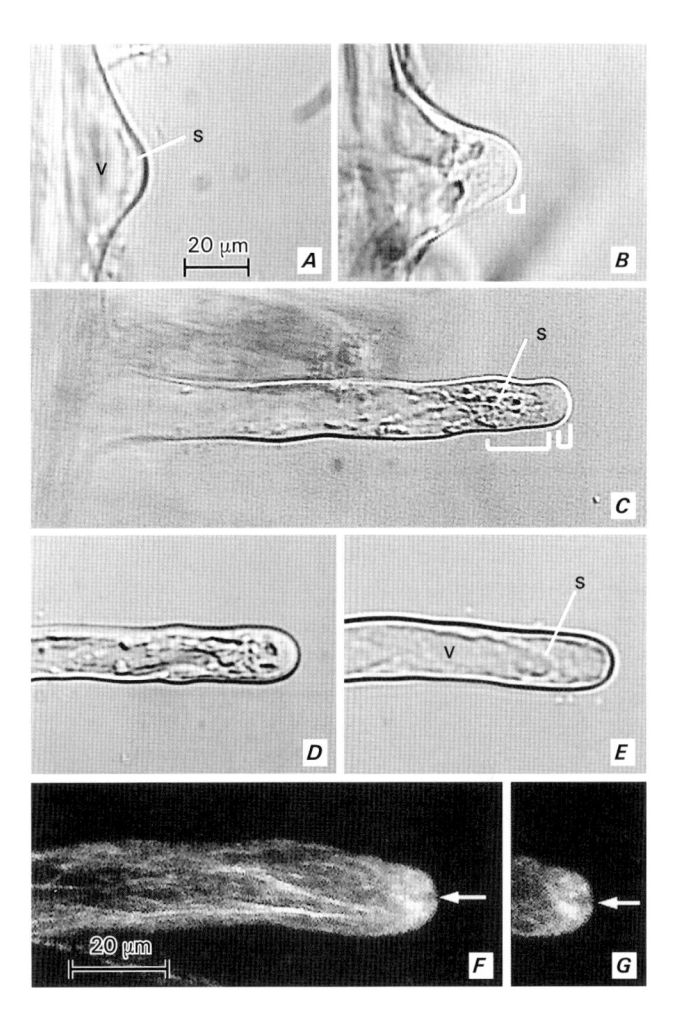

**Abb. 9.28** Differential-Interferenz-Kontrast-Aufnahmen (**A-E**) und confokale Fluoreszenzaufnahmen (**F, G**) von sich entwickelnden *Vicia sativa* – Wurzelhaaren. **A**, entstehendes Wurzelhaar, das zum größten Teil von einer großen Vakuole (v) ausgefüllt ist; s, Cytoplasmastränge an der Peripherie. **B, C**, wachsende Wurzelhaare. Die glatte Region an der Spitze enthält Golgivesikel (kleine eckige Klammer). Die subapikale Region in **C** wird von Cytoplasmasträngen mit vielen Organellen durchzogen (große eckige Klammer). **D**, Wurzelhaar, das sein Wachstum beendet, mit vielen kleinen Vakuolen nahe der Spitze. **E**, ausgewachsenes Wurzelhaar mit peripherem Cytoplasma (s) und einer großen Zentralvakuole (v). **F, G**, Immunofluoreszenz-markierte Actinfilamentbündel. Die Bündel sind parallel zur Längsachse der Zelle ausgerichtet. Die äußerste Spitze des Haares (durch Pfeil markierte Aussparung) besitzt offenbar kein Actin. (**A-E**, identische Vergrößerung wie in **A**; **F,G**, identische Vergrößerung wie in **F**. Aus Miller, D. D., et al., 1999. © Blackwell Publishing.)

Anders als die Baumwollfasern mit ihrem diffusen Wachstum, sind Wurzelhaare Zellen mit Spitzenwachstum (Abb. 9.27B; Galway et al., 1997). Wie andere Zellen mit Spitzenwachstum, hier sind besonders beachtenswert die Pollenschläuche (Taylor, L. P., und Hepler, 1997; Hepler et al., 2001), weisen sich verlängernde Wurzelhaare eine polare Organisation ihres Inhalts auf, mit vorzugsweiser Lokalisation bestimmter Organellen in bestimmten Teilen der Zelle (Abb. 9.28). Der apikale Teil ist mit sekretorischen Vesikeln angereichert, die von Golgivesikeln abstammen. Die Vesikel tragen Zellwand-Vorstufen, die durch Exocytose in die Matrix der sich entwickelnden Wand freigesetzt werden. Calcium ($Ca^{2+}$)-Influx an der Spitze scheint eng mit der Regulierung des sekretorischen Prozesses verbunden zu sein, und zwar durch seine Wirkung auf die Actin-Komponente des Cytoskeletts (Gilroy und Jones, 2000). In wachsenden Wurzelhaaren erstrecken sich Bündel von Actinfilamenten in voller Wurzelhaarlänge im corticalen Cytoplasma und winden sich zurück durch einen Cytoplasmastrang, der die Vakuole durchquert (Abb. 9.28E, F und 9.29A; Ketelaar und Emons, 2001). Die Anordnung der Actinfilamente an der Spitze ist umstritten. Einige Veröffentlichungen weisen darauf hin, dass feine Actinfilamente an der Spitze ein dreidimensionalen Netzwerk – eine **Actinkappe** – bilden (Braun et al., 1999; Baluška et al., 2000). Andere hingegen vermuten, dass die Actinfilamente in der Spitze ungeordnet und in geringer Anzahl oder überhaupt nicht vorkommen (Abb. 9.28 F, G und 9.29A; Cárdenas et al., 1998; Miller, D. D., et al., 1999). Cytoplasmaströmung in wachsenden Wurzelhaaren und Pollenschläuchen wird als **umgekehrte Springbrunnenströmung** beschrieben, wobei die Strömung akropetal längs der Zellseiten und basipetal im Zentralstrang erfolgt (Abb. 9.29B; Geitmann und Emons, 2000; Hepler et al., 2001). Der subapikale Teil des Haares akkumuliert eine große Zahl von Mitochondrien und die basale Region die meisten anderen Organellen. Der Zellkern wandert in das sich entwickelnde Haar ein und ist, solange das Haar wächst, etwas unterhalb der Spitze lokalisiert (Lloyd et al., 1987; Sato et al., 1995). Die Positionierung des Zellkerns ist ein Actin-regulierter Prozess (Ketelaar et al., 2002). Nach Beendigung der Zellelongation kann der Zellkern eine mehr oder weniger zufällige Position einnehmen (Meekes, 1985) oder zur Basis wandern (Sato et al., 1995);

auch geht die cytoplasmatische Polarität verloren. Nun durchschleifen die Actinfilamentbündel die Spitze (Miller, D. D., et al., 1999), was man von dem Zirkulationstyp der Cytoplasmaströmung ableiten kann, der in ausgewachsenen Wurzelhaaren vorkommt (Sieberer und Emons, 2000). Die Mikrotubuli sind in wachsenden Wurzelhaaren längs orientiert; während sie in der Zellspitze zufällig angeordnet sind (Lloyd, 1983; Traas et al., 1985). Die Mikrotubuli sind offenbar verantwortlich für die Anordnung von Actinfilamenten zu Bündeln, welche zusammen mit Myosin in der Lage sind, die sekretorischen Vesikel zu transportieren (Tominaga et al., 1997). Die Mikrotubuli spielen eine Rolle bei der Festlegung der Wachstumsrichtung der Zelle (Ketelaar und Emons, 2001). Die Streckung der Wurzelhaarwand schreitet rasch voran (0.1 mm pro Stunde bei der Wurzel von *Raphanus sativus*, Bonnett und Newcomb, 1966; 0.35 ± 0.03 μm pro Minute bei *Medicago truncatula*, Shaw, S. L., et al., 2000). Wurzelhaare sind typischerweise kurzlebig; ihre Lebensdauer wird normalerweise in Tagen gemessen. Es gibt exzellente Übersichtartikel zu Struktur, Entwicklung und Funktion der Wurzelhaare (Ridge, 1995; Peterson und Farquhar, 1996; Gilroy und Jones, 2000; Ridge and Emons, 2000).

**Das *Arabidopsis* Trichom**. Trichome sind die ersten Epidermiszellen, die in der Epidermis sich entwickelnder Blattprimordien mit der Differenzierung beginnen; darin bildet *Arabidopsis* keine Ausnahme (Hülskamp et al., 1994; Larkin et al., 1996). Entstehung und Reifung der Trichome setzen sich in basipetaler Richtung (von Spitze zu Basis) fort, längs der ad-

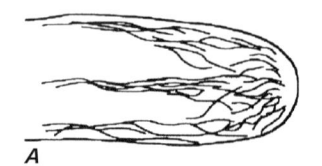

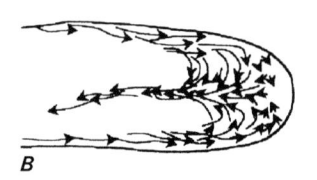

**Abb. 9.29** Schematische Darstellungen der Spitze eines wachsenden Wurzelhaares von *Nicotiana tabacum*. **A**, Verteilung der Actinfilamente. **B**, umgekehrte Springbrunnenströmung. (Aus Hepler et al., 2001. Nachdruck, mit freundlicher Genehmigung, aus *Annual Review of Cell and Developmental Biology*, Vol. 17. © 2001, Annual Reviews. www.annualreviews.org)

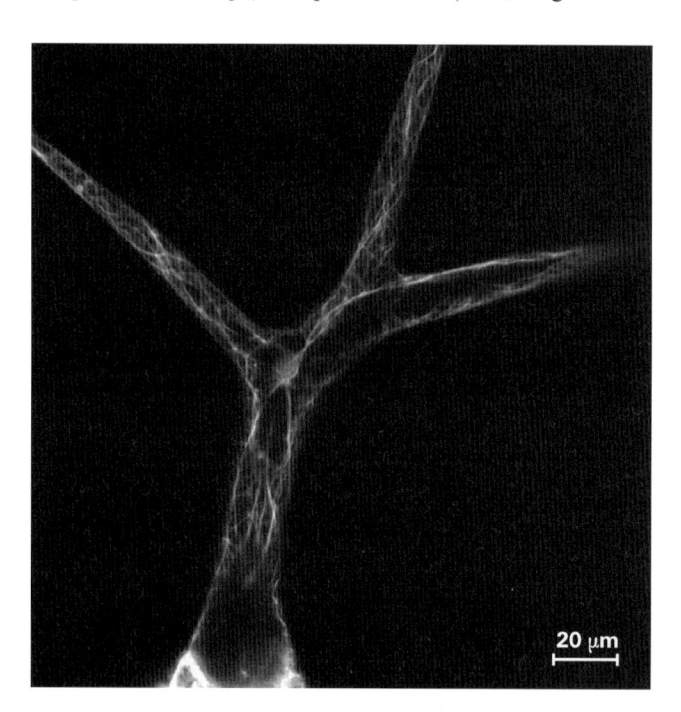

**Abb. 9.30** Actinfilament-Cytoskelett in einem *Arabidopsis* Trichom. Die F-Aktivität wird im lebenden Trichom sichtbar gemacht durch die Expression vom GFP-Gen (Grün fluoreszierendes Protein) gekoppelt an das Gen der Actin-bindenden Domäne des Talin der Maus. (Mit freundlicher Genehmigung von Jaideep Mathur.)

**Abb. 9.31** Rasterelektronenmikroskopische Aufnahmen der adaxialen Blattoberfläche von *Arabidopsis*. **A**, verschiedene Stadien der Trichom-Morphogenese auf einem einzigen Blatt; **B**, reifes Trichom mit Papillen. (Mit freundlicher Genehmigung von Jaideep Mathur.)

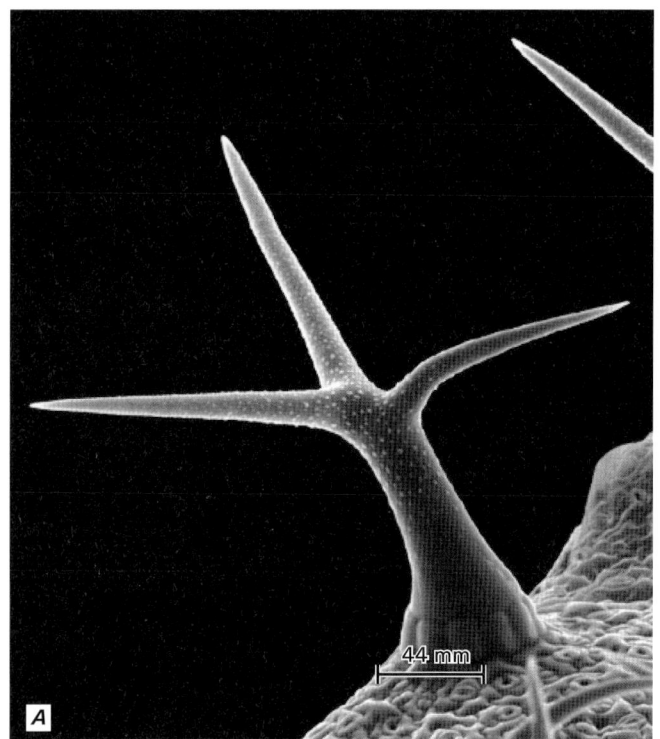

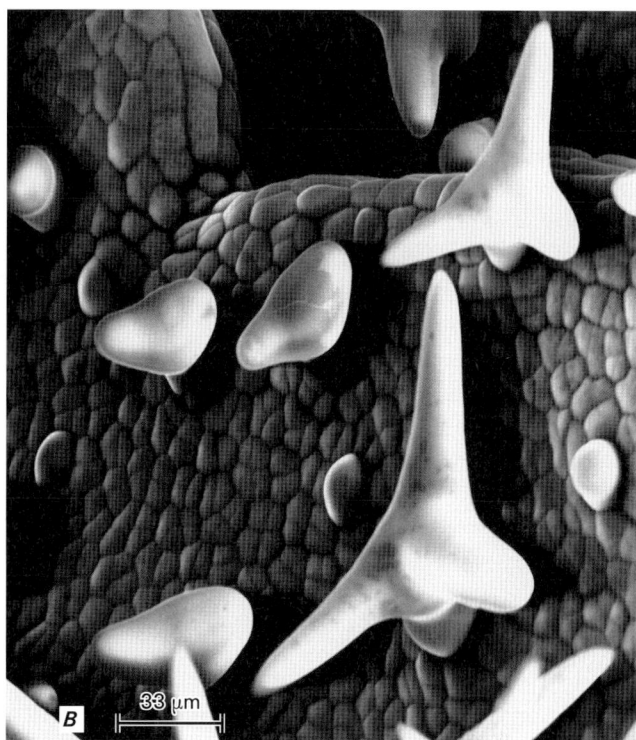

axialen (oberen) Oberfläche des Blattprimordiums; zusätzliche Trichome werden jedoch außerdem zwischen reifen Trichomen angelegt, und zwar in Blattteilen, in denen sich die Protodermzellen bei anhaltendem Blattwachstum noch immer teilen. Im ausgewachsenen Zustand sind die Blatt-Trichome von *Arabidopsis* normalerweise dreiarmig (Abb. 9.30 und 9.31B).

Die Trichomentwicklung beim *Arabidopsis*-Blatt kann man grob in zwei Wachstumsphasen unterteilen (Hülskamp, 2000; Hülskamp und Kirik, 2000). Die **erste Phase** beginnt, wenn der Trichom-Vorläufer aufhört sich zu teilen und Endoreduplikationen erfolgen (DNA-Replikation in Abwesenheit von Kern- und Zellteilung; Kapitel 5). Das entstehende Trichom erscheint anfangs als kleine Protuberanz auf der Blattoberfläche (Abb. 9.31A). Nach zwei oder drei Endoreduplikationszyklen wächst es aus der Blattoberfläche empor und durchläuft zwei aufeinanderfolgende Verzweigungsereignisse. Die vierte ist die letzte Runde der Endoreduplikationen und findet nach dem ersten Verzweigungsereignis statt. Der DNA-Gehalt des Trichoms ist nun auf das 16fache angestiegen, von 2C (C ist der haploide DNA-Gehalt) der normalen Protodermzellen auf 32C (Hülskamp et al., 1994). Die beiden ersten Arme liegen parallel zur Längsachse (basal-distal) des Blattes (Abb. 9.31A). Der distale Ast teilt sich dann senkrecht zur ersten Teilungsebene und es entsteht das dreiarmige Trichom (Abb. 9.31A, B). Es wird allgemein angenommen, dass das Trichom vor der Verzweigung – d. h. während des tubulären Wachstumsstadiums – meist durch Spitzenwachstum an Größe zunimmt, und dass das Trichom sich danach durch diffuses Wachstum vergrößert. Während der **zweiten Phase**, die auf die Anlage der drei Zweige folgt, unterliegt das Trichom einer rapiden Expansion und seine Größe nimmt um den Faktor 7 bis 10 zu (Hülskamp und Kirik, 2000). Wenn das Trichom beinahe ausgewachsen ist, verdickt sich die Zellwand und seine Oberfläche wird mit Papillen unbekannter Herkunft und Funktion übersät (Abb. 9.31B). Die Basis des ausgewachsenen Trichoms ist von einem Ring aus 8 bis 12 rechteckigen Zellen umgeben, die erstmals ungefähr zu dem Zeitpunkt erkennbar sind, wenn das Trichom beginnt sich zu verzweigen (Hülskamp und Schnittger, 1998). Die Basis des Trichoms senkt sich unter das Niveau der umgebenden Zellen. Diese werden manchmal als **Sockelzellen** oder auch als **akzessorische Zellen** bezeichnet, obgleich sie mit dem Trichom nicht in enger ontogenetischischer Beziehung stehen (Larkin et al., 1996).

Das Cytoskelett spielt eine entscheidende Rolle bei der Trichom-Morphogenese (Reddy und Day, I. S., 2000). Während Phase eins der Trichomentwicklung spielen die Mikrotubuli die vorherrschende Rolle; hingegen bei Phase zwei die Actinfilamente. Die Mikrotubuli sind für das räumliche Muster der Trichomverzweigung verantwortlich; die Orientierung der Mikrotubuli spielt eine kausale Rolle bei der Bestimmung der Wachstumsrichtung (Hülskamp, 2000; Mathur und Chua, 2000). Die Actinfilamente (Abb. 9.30) spielen eine dominante Rolle während des Vergrößerungswachstums der Äste; sie sind beteiligt an der Anlieferung der für das Wachstum notwendigen Zellwandkomponenten und dienen dazu, die bereits etablierten Verzweigungsmuster weiter auszuformen und zu erhalten (Mathur et al., 1999; Szymanski et al., 1999; Bouyer et al., 2001: Mathur und Hülskamp, 2002).

Wegen ihrer Einfachheit und ihrer Sichtbarkeit liefern die Blatt-Trichome von *Arabidopsis* ein ideales genetisches Modellsystem zum Studium von Zelldetermination und Morphogenese bei Pflanzen. Eine ständig steigende Zahl von Genen werden identifiziert, die für die Trichomentwicklung erforderlich sind. Basierend auf der genetischen Analyse der entsprechenden Mutanten-Phänotypen wird ein größeres Verständnis der Abfolge der regulatorischen Schritte und der Entwicklungsschritte bei der Trichom-Morphogenese erlangt. Einige exzellente Übersichtsartikel zur Trichom-Morphogenese von *Arabidopsis* sind verfügbar (Oppenheimer, 1998; Glover, 2000; Hülskamp, 2000; Hülskamp und Kirik, 2000; Schwab et al., 2000).

## 9.4 Zellmusterbildung in der Epidermis

### 9.4.1 Die räumliche Verteilung von Stomata und Trichomen bei Blättern ist nicht zufällig

Es ist schon seit langem bekannt, dass die räumliche Verteilung oder **Musterbildung** (*patterning*) von Stomata und Trichomen in der Blattepidermis keine zufällige ist und dass ein minimaler Abstand (*minmal spacing*) zwischen ihnen existiert. Der Mechanismus, welcher die Musterbildung reguliert, wird jetzt erst aufgeklärt. Zwei Vorschläge für mögliche Mechanismen haben die größte Beachtung gefunden: der eine beruht auf der Zellabstammung, der Zelllinie (**Zelllinienmechanismus**; *cell lineage mechanism*), der andere auf einem Hemmfeld (**lateraler Inhibitionsmechanismus**; *lateral inhibition mechanism*). Der Zelllinienmechanismus baut auf einer hochgradig geordneten Serie von meist asymmetrischen (inäqualen) Zellteilungen auf, wodurch automatisch verschiedene Kategorien von Zellen entstehen. Die endgültige Bestimmung jeder dieser Zellen kann durch ihre Lage in der Zelllinie vorhergesagt werden. Nach der Theorie des lateralen Inhibitionsmechanismus legt nicht die Abfolge der Zellteilungen die Bestimmung einer Zelle fest, sondern vielmehr Interaktionen oder Signalübertragungen zwischen den sich entwickelnden Epidermiszellen. Ein dritter Mechanismus, der **Zellzyklus-abhängige Mechanismus** (*cell cycle dependent mechanism*) schlägt eine Kopplung der stomatären Musterbildung an den Zellzyklus vor (Charlton, 1990; Croxdale, 2000).

Es scheint wenig zweifelhaft, dass ein von Zelllinien abhängiger Mechanismus die hauptsächliche treibende Kraft bei der stomatären Musterbildung von Blättern eudicotyler Pflanzen ist (Dolan und Okada, 1999; Glover, 2000; Serna et al., 2002). Bei *Arabidopsis* z. B. resultiert das geordnete Teilungsmuster der stomatären Meristemoide in einem Paar Schließzellen umgeben von drei klonal (ontogenetisch) verwandten Nebenzellen, wovon eine deutlich kleiner ist als die beiden anderen (an-

isocytischer Stomakomplex); Abb. 9.22B). Folglich ist jedes Schließzellpaar von einem anderen Paar durch mindestens eine Epidermiszelle getrennt. Es sind zwei *Arabidopsis*-Mutanten identifiziert worden, *two many mouths* (*tmm*) und *four lips* (*flp*), bei denen die normale Musterbildung gestört ist, wodurch es zu Stomata-Anhäufungen kommt (Yang und Sack, 1995; Geisler et al., 1998). Es wird vermutet, dass TMM Bestandteil eines Rezeptorkomplexes ist, dessen Funktion während der epidermalen Entwicklung die Erfassung von Rückschlüssen über die Position ist (Nadeau und Sack, 2002). Eine dritte, erst kürzlich entdeckte stomatäre *Arabidopsis*- Mutante, *stomatal density and distribution1-1* (*sdd1-1*), zeigt einen zwei- bis vierfachen Anstieg der Stomatadichte, wobei ein Teil der zusätzlichen Stomata in Gruppen auftritt (Berger und Altmann, 2000). Offenbar spielt das *SDD1* Gen eine Rolle bei der Regulation der Anzahl von Zellen, die in die stomatäre Entwicklung eintreten und bei der Regulation der Anzahl inäqualer Teilungen vor Entwicklung der Stomata (Berger und Altmann, 2000; Serna und Fenoll, 2000). *SDD1* wird in Meristemoiden / Schließzellmutterzellen stark exprimiert und schwach in deren Nachbarzellen. Es wird vermutet, dass *SDD1* ein Signal erzeugt, das von den Meristemoiden / Schließzellmutterzellen zu deren angrenzenden Zellen wandert und entweder die Entwicklung der Nachbarzellen zu normalen Epidermiszellen stimuliert, oder ihre Umwandlung in zusätzliche (Satellit-)Meristemoide verhindert (von Groll et al., 2002). Die Funktion von *SDD1* ist von der TMM – Aktivität abhängig (von Groll et al., 2002). (Während die stomatäre Musterbildung bei Blättern von *Arabidopsis* – Wildtyp-Pflanzen nichtzufällig ist, zeigen die Cotyledonen derselben Pflanze ein zufälliges stomatäres Muster; Bean et al., 2002).

Bei den Blättern der monocotylen Pflanze *Tradescantia* kann die Aktivität der Epidermiszellen in vier Hauptregionen oder Zonen unterteilt werden: eine Zone reicher Teilungen (das Basalmeristem), eine Zone ohne Teilungen, wo die stomatäre Musterbildung erfolgt, eine Zone stomatärer Entwicklung mit Teilungen, und eine Zone in der nur eine Zellvergrößerung stattfindet (Chin et al., 1995). Da neue Zellen aus dem basalen Meristem verlagert werden, entscheidet ihre Position im Zellzyklus bei Erreichen der Zone der Musterbildung offenbar darüber, ob aus ihnen eine Stomazelle oder eine Epidermiszelle wird (Chin et al., 1995; Croxdale, 1998). Die stomatäre Musterbildung bei *Tradescantia* wird auch durch späte Entwicklungsereignisse beeinflusst, die bis zu 10% der stomatären Initialen (Schließzellmutterzellen) in ihrer Entwicklung anhalten können (Boetsch et al., 1995). Die stomatären Initialen, die gestoppt wurden, liegen dichter an ihrer nächsten Nachbarinitiale als die durchschnittliche Entfernung zwischen zwei Stomata beträgt. Hier kann ein Hemmfeld (lateraler Inhibitionsmechanismus) beteiligt sein. Die gestoppten Initialen wechseln den Entwicklungsweg und werden zu normalen Epidermiszellen.

Anders als die stomatäre Musterbildung im *Arabidopsis*-Blatt beruht die räumliche Verteilung der Blatt-Trichome nicht auf dem Zelllinienmechanismus. Wie bereits erwähnt, sind die Trichome und ihre Nebenzellen nicht klonal verwandt. Es gibt keine geordneten Zellteilungen, um zwischen den Trichomen Zwischenzellen bereitzustellen. Es ist wahrscheinlich, dass Interaktionen, oder Signalübertragungen, zwischen sich entwickelnden Epidermiszellen darüber bestimmen, welche Zellen sich zu Trichomen weiterentwickeln. Vielleicht „rekrutieren" die sich entwickelnden Trichome einen Satz akzessorischer Zellen und hindern andere Zellen an einer trichomalen Entwicklung (Glover, 2000).

Man hat nachgewiesen, dass im *Arabidopsis*-Blatt zwei Gene, *GLABRA1* (*GL1*) und *TRANSPARENT TESTA GLABRA1* (*TTG1*) notwendig sind zur Intiierung der Trichomentwicklung und für eine richtige Trichom-Musterbildung. Beide Gene wirken als positive Regulatoren der Trichomentwicklung (Walker et al., 1999). Starke *gl1* und *ttg1* Mutanten bilden keine Trichome auf ihren Blattoberflächen (Larkin et al., 1994). Ein drittes Gen, *GLABRA3* (*GL3*) kann auch eine Rolle bei der Entstehung von Blatt-Trichomen spielen (Payne, C. T. et al., 2000). Zwei Gene sind als negative Regulatoren der Trichom-Musterbildung im *Arabidopsis*-Blatt bekannt, *TRIPTYCHON* (*TRY*) und *CAPRICE* (*CPC*) (Schellmann et al., 2002). Beide Gene sind in Trichomen exprimiert und wirken bei der lateralen Hemmung von Zellen zusammen, welche die beginnenden Trichome umgeben.

Ein anderes Gen, das in der frühen Trichomentwicklung eine Rolle spielt, ist *GLABRA2* (*GL2*); es ist während ihrer gesamten Entwicklung in den Trichomen exprimiert (Ohashi et al., 2002). *gl2* Mutanten bilden Trichome aus, aber deren Wachstum ist gehemmt und die meisten verzweigen sich nicht (Hülskamp et al., 1994). Noch ein weiteres Gen ist identifiziert worden, das die frühe Entwicklung von Trichomen kontrolliert, *TRANSPARENT TESTA GLABRA 2* (*TTG2*).

## 9.4.2 Es gibt drei Haupttypen der epidermalen Musterbildung bei angiospermen Wurzeln

**Typ 1.** Bei den meisten Angiospermen (fast allen Eudicotyledonen, einigen Monocotyledonen) hat eine jede Protodermzelle der Wurzel das Potential ein Wurzelhaar zu bilden; die Wurzelhaare sind hier zufällig verteilt (Abb. 9.32A). Bei den Poaceen zeigen die Unterfamilien Arundinoideae, Bambusoideae, Chloridoideae und Panicoideae dieses Muster (Row und Reeder, 1957; Clarke et al., 1979).

**Typ 2.** Bei der basalen Angiospermen-Familie der Nymphaeaceae und bei einigen Monocotyledonen entstehen die Wurzelhaare aus dem kleineren Produkt einer asymmetrischen (inäqualen) Teilung (Abb. 9.32B). Diese kleineren und dichteren Zellen, welche Wurzelhaare bilden, nennt man **Trichoblasten** (Leavitt, 1904). Bei einigen Familien (Alismataceae, Araceae, Commelinaceae, Haemodoraceae, Hydrocharitaceae, Pontederiaceae, Typhaceae und Zingiberaceae) findet sich der Trichoblast am proximalen Ende (der Wurzelspitze abgewandt)

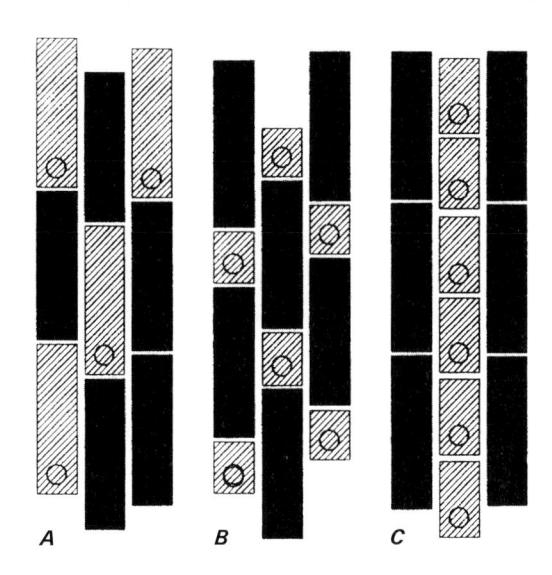

**Abb. 9.32** Zeichnerische Darstellung der drei Haupttypen der epidermalen Musterbildung bei angiospermen Wurzeln. Die schraffierten Zellen sind Wurzelhaarzellen und die schwarzen sind haarlose Zellen. Der Kreis kennzeichnet die Lage der Wurzelhaarbasis. **A**, Typ 1. Jede Protodermzelle kann ein Wurzelhaar bilden. **B**, Typ 2. Die Wurzelhaare entstehen aus dem kleineren Produkt (Trichoblast) einer asymmetrischen (inäqualen) Teilung. **C**, Typ 3. Es gibt getrennte vertikale Zellreihen, die entweder gänzlich aus kurzen Haarzellen oder langen haarlosen Zellen zusammengesetzt sind. (Aus Dolan, 1996; mit freundlicher Genehmigung von Oxford University Press.)

der ursprünglichen Protodermzelle. Bei anderen (Cyperaceae, Juncaceae, Poaceae und Restianaceae) befindet er sich am distalen Ende (der Wurzelspitze zugewandt) (Clowes, 2000). Vor der Cytokinese wandert der Zellkern entweder zum proximalen oder distalen Ende der Initiale. Die Trichoblasten zeigen eine beträchtliche cytologische und biochemische Differenzierung. Bei *Hydrocharis* z. B. unterscheiden sich die Trichoblasten von ihren langen Schwesterzellen (**Atrichoblasten**) durch größere Zellkerne und Nucleoli, einfachere Plastiden, eine höhere enzymatische Aktivität und größere Mengen an Nucleohistonen, Gesamtprotein, RNA und Kern-DNA (Cutter und Feldman, 1970a, b).

**Typ 3.** Das dritte Muster zeigt eine Anordnung der Zellen in vertikalen Reihen, die entweder gänzlich aus kürzeren **Haarzellen** oder längeren **Nicht-Haarzellen** (**haarlosen Zellen**) bestehen (Abb. 9.32C); man findet dieses Muster bei *Arabidopsis* und anderen Vertretern der Brassicaceen (Cormack, 1935; Bünning, 1951). Als **Streifenmuster (stripped pattern)** (Dolan und Costa, 2001) bezeichnet tritt es auch bei den Acanthaceae, Aizoaceae, Amaranthaceae, Basellaceae, Boraginaceae, Capparaceae, Caryophyllaceae, Euphorbiaceae, Hydrophyllaceae, Limnanthaceae, Plumbaginaceae, Polygonaceae, Portulacaceae, Resedaceae und Salicaceae auf (Clowes, 2000; Pemberton et al., 2001). Sowohl Streifen-Muster als auch Nicht-Streifen-Muster finden sich bei Arten der Onagraceen und Urticaceen (Clowes, 2000).

laterale Wurzelhaubenzelle

haarlose Epidermiszelle

parenchymatische corticale Zellschicht

endodermale corticale Zellschicht

Protophloem-Siebröhre

Perizykel

Trichoblast

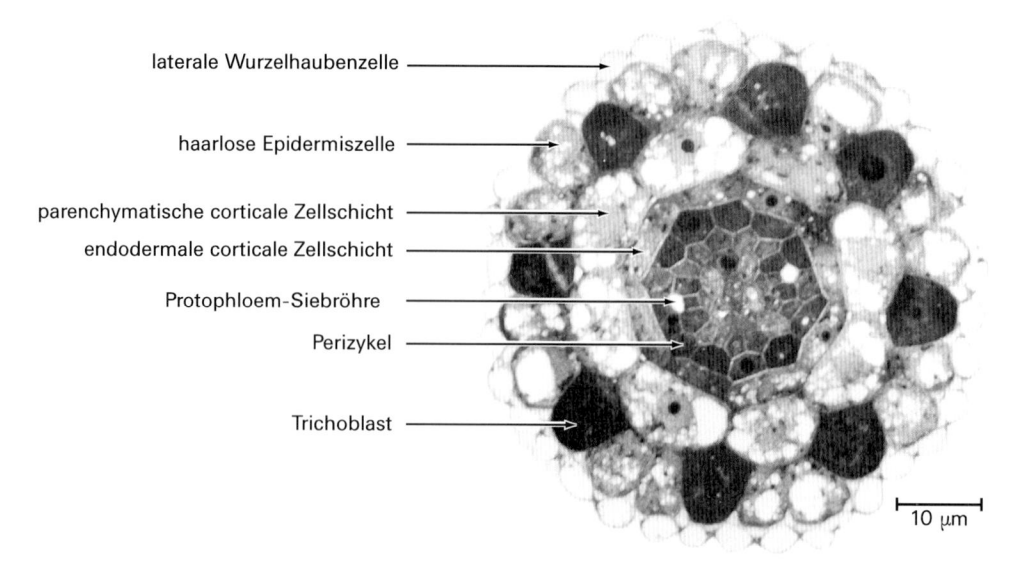

10 µm

**Abb. 9.33** Querschnitt durch eine Wurzel von *Arabidopsis*. Die Epidermis ist von einer einzigen Schicht lateraler Wurzelhaubenzellen umgeben. Die Epidermiszellen mit intensiv gefärbtem (Toluidinblau) Cytoplasma, die sich über den aneinandergrenzenden Radialwänden zweier benachbarter Cortexzellen befinden, sind Trichoblasten. Die wesentlich weniger gefärbten Epidermiszellen werden zu haarlosen Zellen. (Nachdruck mit freundlicher Genehmigung von Schiefelbein et al., 1997: © American Society of Plant Biologists.)

Bei der Wurzel von *Arabidopsis* werden Zelltypen mit bzw. ohne Haar durch ein eindeutig Positions-abhängiges Muster determiniert: Epidermiszellen, die zu Wurzelhaaren werden (sog. Trichoblasten), befinden sich stets über der Kontaktstelle zweier radialer (antikliner) Wände benachbarter Cortexzellen; und Epidermiszellen, die zu haarlosen Zellen werden, befinden sich direkt über den Cortexzellen (Abb. 9.33; Dolan et al., 1994, Dolan, 1996; Schiefelbein et al., 1997). Mehrere Gene wurden mit der epidermalen Musterbildung bei *Arabidopsis*-Wurzeln in Zusammenhang gebracht, unter anderen *TTG1*, *GL2*, *WEREWOLF* (*WER*) und *CAPRICE* (*CPC*). Bei *ttg1*, *gl2* und *wer* Mutanten bilden alle Epidermiszellen Wurzelhaare; dies deutet darauf hin, dass *TTG1*, *GL2* und *WER* negative Regulatoren der Wurzelhaar-Entwicklung sind (Galway et al., 1994; Masucci et al., 1996; Lee und Schiefelbein, 1999). Im Gegensatz dazu bilden *cpc* Mutanten keine Wurzelhaare, wohingegen transgene Pflanzen, welche *CPC* überexprimieren, alle Epidermiszellen in Haar-bildende Zellen umwandeln; dies deutet darauf hin, dass *CPC*, das vorwiegend in haarlosen Zellen exprimiert wird, ein positiver Regulator der Wurzelhaar-Entwicklung ist (Wada et al., 1997, 2002). Die Expression von *CPC* wird von *TTG1* und *WER* kontrolliert, und *CPC* fördert die Differenzierung haarbildender Zellen durch Kontrolle von *GL2*. Es ist gezeigt worden, dass *CPC* Protein von den haarlosen Zellen, welche *CPC* exprimieren, zu haarbildenden Zellen wandert, wo es die *GL2* Expression reprimiert (Wada et al., 2002). Trotz der sehr unterschiedlichen Verteilung von Haarzellen in Wurzel und Spross von *Arabidopsis* liegt bei beiden Zelltypen der Musterbildung ein ähnlicher molekularer Mechanismus zugrunde (Schiefelbein, 2003).

Bei der Wurzel von *Arabidopsis* besteht ein deutlicher Zusammenhang zwischen dem symplastischen Kontinuum und der Epidermisdifferenzierung. Farbstoffdiffusionsexperimente haben gezeigt, dass die Epidermiszellen der Wurzel anfangs symplastisch verbunden sind (Duckett et al., 1994). Jedoch, wenn sie die Streckungszone durchlaufen und in die Differenzierungszone eintreten, wo sie sich zu Haarzellen oder haarlosen Zellen differenzieren, sind ihre symplastischen Verbindungen unterbrochen. Reife Wurzelepidermiszellen sind symplastisch isoliert, nicht nur untereinander, sondern auch von den darunter liegenden Cortexzellen. Die Plasmodesmenhäufigkeit nimmt in allen Geweben der *Arabidopsis*-Wurzel mit steigendem Wurzelalter dramatisch ab (Zhu et al., 1998). Die Zellen der reifen Hypocotylepidermis von *Arabidodpsis* sind untereinander symplastisch verbunden, aber vom darunterliegenden Cortex und von der Wurzelepidermis isoliert (Duckett et al., 1994).

## 9.5 Andere spezialisierte Epidermiszellen

Neben Schließzellen und verschiedenartigen Haaren kann die Epidermis andere spezialisierte Zelltypen enthalten. Die Blattepidermis der Poaceen z. B. enthält typischerweise **Langzellen** und zwei Sorten von **Kurzzellen**, die Kieselzellen und die Korkzellen (Abb. 9.9 und 9.34). Kurzzellen können Auswüchse bilden, die als Papillen, Borsten, Stacheln oder Haare über die Blattoberfläche ragen. Die Epidermsizellen der Poaceen sind in parallelen Reihen angeordnet. Die Zusammensetzung dieser Reihen variiert bei den einzelnen Pflanzenteilen (Prat, 1948, 1951). An der Basis der Blattscheide befindet sich beispielsweise auf der Innenseite eine homogene Epidermis, die sich nur aus Langzellen zusammensetzt. In anderen Blattteilen

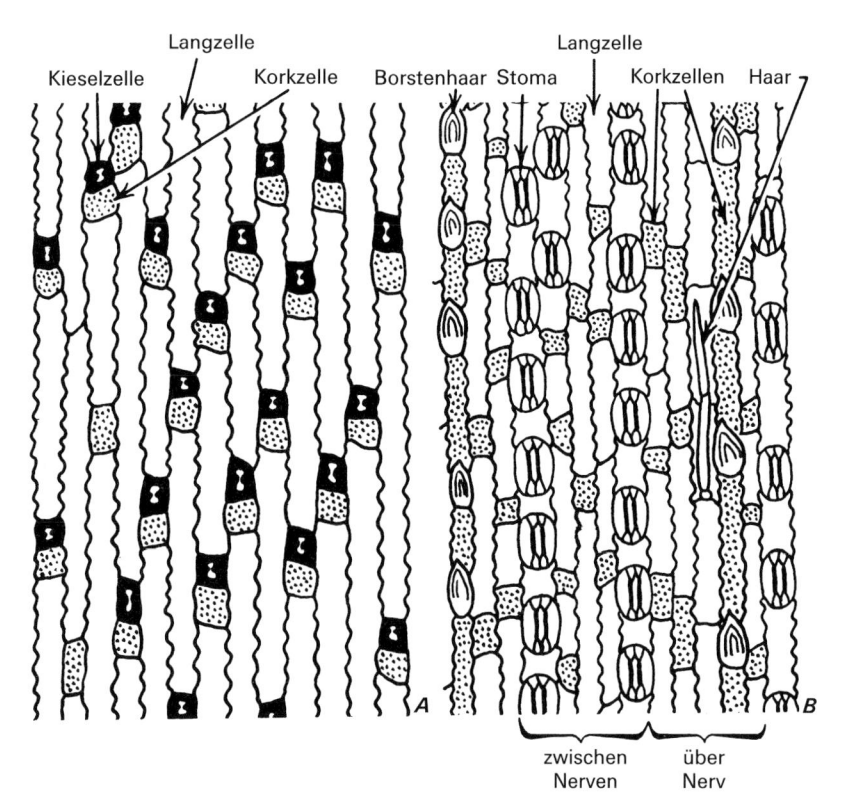

**Abb. 9.34** Epidermis von Zuckerrohr (*Saccharum*) in Aufsicht. **A**, Epidermis der Sprossachse bestehend aus abwechselnd Langzellen und Kurzzellpaaren (aus je einer Kiesel- und einer Korkzelle). **B**, untere Epidermis der Blattspreite; Verteilung der Stomata zwischen den verschiedenen Typen von Epidermiszellen. (A, x500); B, x320. Nach Artschwager, 1940.)

kommen Kombinationen verschiedener Zelltypen vor. Reihen aus Langzellen und Stomata treten über dem Assimilationsgewebe auf. Über den Adern liegen entweder nur Langzellen, oder Langzellen in Kombination mit Korkzellen, Borsten, oder mit gemischten Paaren von Kurzzellen. Auch bei der Sprossachse variiert die Zusammensetzung der Epidermis je nach Lage im Internodium und der Position des Internodiums in der Pflanze. Poaceen und andere Monocotyledonen besitzen einen weiteren besonderen Typ von Epidermiszellen, die bulliformen Zellen oder Gelenkzellen.

### 9.5.1 Kieselzellen und Korkzellen treten in Paaren auf

Siliciumdioxid ($SiO_2 \cdot nH_2O$) wird in großen Mengen im Sprosssystem der Gräser abgelagert; die Zellen, deren Lumina im voll entwickelten Zustand mit isotropen Kieselkörpern gefüllt sind, heißen **Kieselzellen**. Die **Korkzellen** haben verkorkte Wände und enthalten häufig festes organisches Material. Neben der Häufigkeit und Verteilung der Kurzzellen ist die Form der **Kieselkörper** in den Kieselzellen für diagnostische und taxonomische Zwecke sehr wichtig (Metcalfe, 1960; Ellis, 1979; Lanning und Eleuterius, 1989; Valdes-Reyna und Hatch, 1991; Ball et al., 1999). Die auch **Phytolithen** (gr. für „Pflanzensteine") genannten Kieselkörper, genauer gesagt ihre verschiedenen Formen, spielen inzwischen eine wichtige Rolle in der archaeobotanischen und geobotanischen Forschung (Piperno, 1988; Mulholland und Rapp, 1992; Bremond et al., 2004). Nach Prychid et al. (2004) ist der häufigste Kieselkörpertyp bei Monocotyledonen ein „drusenartiger" sphärischer. Andere Formen sind „hutförmig" (konisch mit abgebrochener Spitze), „trogförmig" und „amorph" (Kieselsand). Die Form der Kieselkörper stimmt nicht notwendigerweise mit der Form der Kieselzellen überein, die diese Kieselkörper enthalten.

Die Kieselzell-Korkzell-Paare entstehen durch äquale Teilung von Kurzzellinitialen im basalen (intercalaren) Meristem von Blatt und Internodium (Kaufman et al., 1970b, c; Lawton, 1980). Daher sind die Tochterzellen anfangs gleich groß. Die obere Zelle ist die künftige Kieselzelle, die untere die künftige Korkzelle. Die Kieselzelle vergrößert sich schneller als die Korkzelle und buchtet sich normalerweise nach außen über die Epidermisoberfläche und in die Korkzelle hinein aus. Während die Wände der Kieselzelle relativ dünn bleiben, werden die Wände der Korkzellen beträchtlich verdickt und suberinisiert. Vor Erreichen des Reifezustands wird der Zellkern der Kieselzelle abgebaut, die Zelle füllt sich mit fribrillärem Material und enthält gelegentlich einen Lipidtropfen; beide Substanzen sind vermutlich Überbleibsel des Protoplasten. Schließlich füllt sich das Lumen der alternden Kieselzelle mit Siliciumdioxid, welches zu Kieselkörpern polymerisiert (Kaufman et al., 1985). Die Korkzelle behält im ausgewachsenen Zustand ihren Zellkern und ihr Cytoplasma. Bei *Sorghum* hat man beobachtet, dass die Korkzellen tubuläre Filamente aus epicuticularem Wachs sezernieren (Abb. 9.9; McWhorter et al., 1993; Jenks et al., 1994).

Kieselkörper können nicht nur in den Kieselzellen, sondern auch in anderen Epidermiszellen vorkommen, so in Langzellen und bulliformen Zellen (Ellis, 1979; Kaufman et al., 1981, 1985; Whang et al., 1998). Ablagerungen von Siliciumdioxid sind in den Epidermiszellwänden reichlich zu finden. Außerdem können die Interzellularen zwischen den subepidermalen Zellen mit Siliciumdioxid gefüllt sein. Bezüglich der Funktion von Kieselkörpern und Siliciumdioxid in Zellwänden gibt es verschiedene Vermutungen. Verkieselung von Zellwänden könnte z. B. eine Stützfunktion für die Blätter haben. In Japan wird vielfach Siliciumdioxid in Form von Schlacke als Silicium-Dünger für Reispflanzen verwendet. Die Blätter der so behandelten Reispflanzen sind aufrechter, wodurch mehr Licht auf die unteren Blätter gelangen kann, wodurch die Photosynthese des Blätterdaches ansteigt. Das Vorkommen von Siliciumdioxid erhöht auch die Resistenz gegenüber verschiedenen Insekten und pathogenen Pilzen und Bakterien (Agarie et al. 1996). Die Hypothese, dass die Kieselkörper in Kieselzellen als „Fenster" und die verkieselten Trichome als „Lichtleiter" dienen, um den Lichteintritt ins photosynthetisch aktive Mesophyll zu erleichtern, ist getestet worden und konnte von den Wissenschaftlern nicht bestätigt werden (Kaufman et al., 1985; Agarie et al., 1996).

## 9.5.2 Bulliforme Zellen sind stark vakuolisierte Zellen

**Bulliforme Zellen** (in der Literatur als blasenförmige Zellen beschrieben), auch **Gelenkzellen** genannt, treten bei allen Monocotyledonen auf, außer bei den Helobiae (Metcalfe, 1960). Gelenkzellen bedecken entweder die ganze Oberfläche einer Blattspreite, oder sie sind auf Furchen zwischen den längsverlaufenden Adern beschränkt (Abb. 9.35). Im letzteren Falle bilden sie parallel zu den Adern verlaufende, meist mehrere Zellen breite Bänder. Im Querschnitt sind die Zellen eines solchen Bandes oft fächerförmig angeordnet, denn die mittleren Zellen sind am größten und haben eine schwach keilförmige Gestalt. Gelenkzellen können auf beiden Blattseiten vorkommen. Sie sind nicht notwendigerweise auf die Epidermis beschränkt, sondern manchmal treten ähnliche farblose Zellen auch im angrenzenden Mesophyll auf.

Gelenkzellen enthalten hauptsächlich Wasser; sie sind farblos, weil sie wenig oder gar kein Chlorophyll enthalten. Gerbstoffe und Kristalle werden in diesen Zellen nur selten gefunden, obgleich die Gelenkzellen, wie bereits erwähnt, Siliciumdioxid akkumulieren können. Die antiklinen Wände sind dünn, aber die Außenwand kann so dick oder dicker als die der benachbarten normalen Epidermiszellen sein. Die Wände bestehen aus Cellulose und Pectinsubstanzen. Die Außenwände sind cutinisiert und besitzen außerdem eine Cuticula.

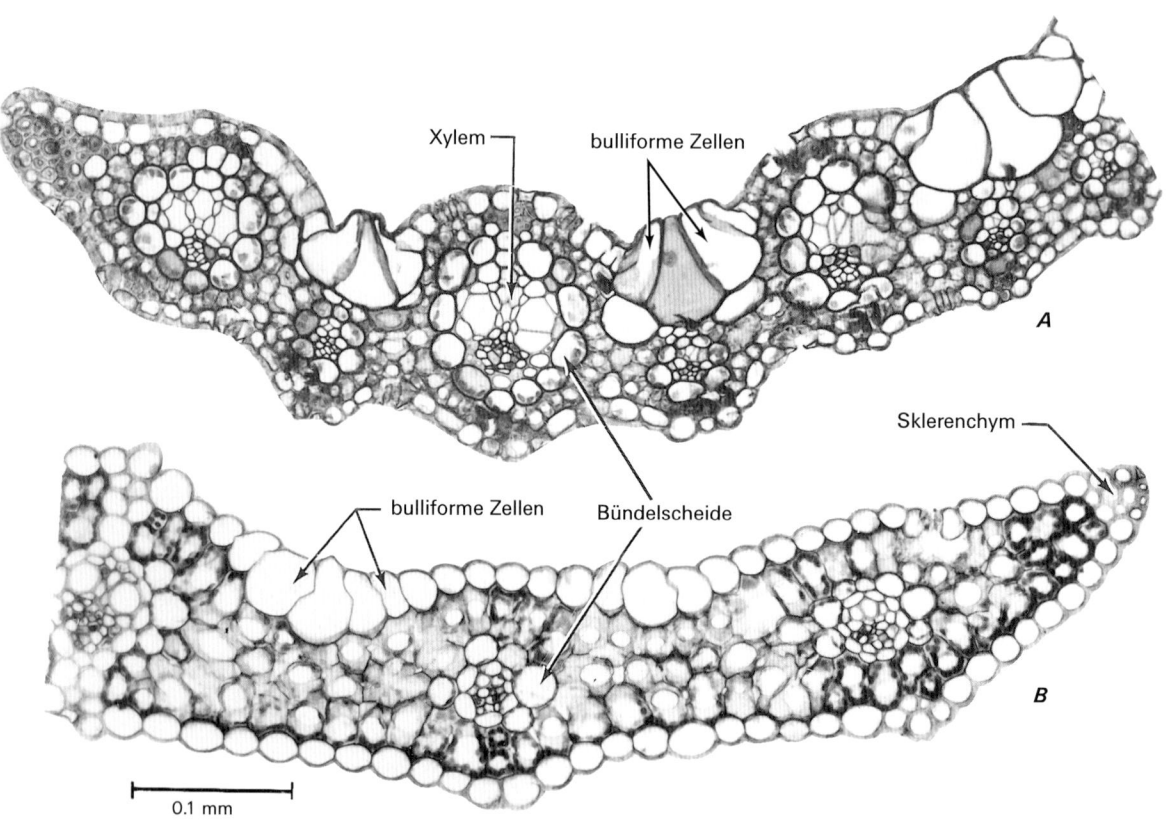

**Abb. 9.35** Querschnitte durch Grasblätter mit Gelenkzellen (bulliformen Zellen) an der Blattoberseite. **A**, *Saccharum* (Zuckerrohr), ein $C_4$-Gras, und **B**, *Avena* (Hafer), ein $C_3$-Gras. Beachtenswert ist, dass die räumliche Anordnung von Mesophyll und Leitbündeln beim Zuckerrohr enger ist als beim Hafer. (Aus Esau, 1977; Mikrophotographien freundlicherweise bereitgestellt von J.E. Sass.)

Über die Funktion der bulliformen Zellen gibt es kontroverse Ansichten. Man nimmt an, dass ihre plötzliche und schnelle Ausdehnung während eines bestimmten Stadiums der Blattentwicklung das Entfalten der Blattspreite bewirkt; deshalb hat man sie auch als **Expansionszellen** bezeichnet. Nach einer anderen Vorstellung sollen diese Zellen durch Turgoränderungen an den hygroskopischen Öffnungs- und Schließbewegungen der ausgewachsenen Blattspreite beteiligt sein; hierfür wurde der alternative Ausdruck **Motorzellen** vorgeschlagen. Andere Autoren bezweifeln wiederum, dass diese Zellen eine andere Funktion haben als die der Wasserspeicherung. Untersuchungen über den Entfaltungsvorgang und die hygroskopischen Bewegungen bei Blättern bestimmter Poaceen haben gezeigt, dass die Gelenkzellen nicht aktiv oder spezifisch an diesen Vorgängen beteiligt sind (Burström, 1942; Shields, 1951). Unter Beachtung der Tatsache, dass die Außenwände bulliformer Zellen häufig ziemlich dick sind und ihre Lumina manchmal mit Siliciumdioxid gefüllt, hat Metcalfe (1960) bezweifelt, dass Zellen mit solchen Merkmalen eine wichtige Motorfunktion haben könnten.

## 9.5.3 Einige Epidermishaare enthalten Cystolithen

Zweifelsfrei sind die bekanntesten Cystolithen die ellipsoiden Cystolithen von *Ficus*, die, wie bereits früher erwähnt, sich in Lithocysten der multiplen Epidermis des Blattes entwickeln (Abb. 9.3). Diese Art von Cystolithen-Bildung führt nach Solereder (1908) zu „echten Cystolithen". Cystolithen treten auch in der uniseriaten Epidermis von Blättern auf, vielfach in Haaren. **Cystolith-Haare** (Abb. 9.25C, E, F), oder haarförmige Lithocysten, finden sich bei mehreren Eudicotyledonen-Familien, besonders bei den Moraceen (Wu und Kuo-Huang, 1997), Boraginaceen (Rao und Kumar, 1995; Rapisarda et al., 1997), Loasaceen, Ulmaceen und Cannabaceen (Dayanandan und Kaufman, 1976; Mahlberg und Kim, 2004). Ein Großteil der Information über Verteilung und Zusammensetzung der Cystolithen in haarförmigen Lithocysten stammt von Studien zur forensischen Identifikation von Marihuana (*Cannabis sativa*) (Nakamura, 1969; Mitosinka et al., 1972; Nakamura und Thornton, 1973), denn die Anwesenheit von Cystolith-Haaren ist hierfür ein wichtiges Bestimmungsmerkmal.

Auch wenn der Körper der meisten Cystolithen hauptsächlich aus Calciumcarbonat besteht, so enthalten einige reichlich

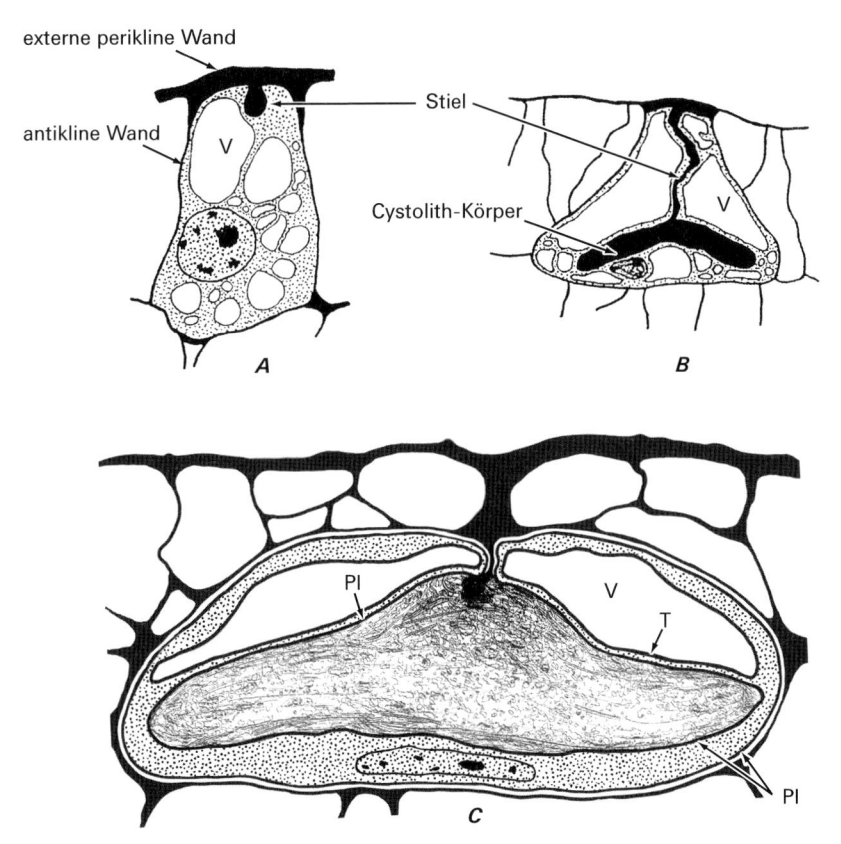

**Abb. 9.36** Lithocystenentwicklung bei *Pilea cadierei*. **A**, Die Bildung des Stiels beginnt als zapfenförmige Verdickung der externen periklinen Wand. **B**, der Stiel des Cystolithen wächst nach unten und schiebt dabei das Plasmalemma vor sich her; die Lithocyste vergrößert sich stark und sowohl die Lithocyste als auch der Cystolith-Körper werden spindelförmig. **C**, fast reife Lithocyste. Im reifen Zustand nimmt das Cytoplasma eine dünne Grenzschicht an der Zellperipherie ein, die den Cystolithen und seinen Stiel umschließt. Details: Pl, Plasmalemma, T, Tonoplast, V, Vakuole. (**A**, **B**, verändert nach Galatis et al., 1989; **C**, nach einer Photographie von Watt et al., 1987, mit freundlicher Genehmigung von Oxford University Press.)

Carbonat und Siliciumdioxid (Setoguchi et al., 1989; Piperno, 1988). Andere wiederum bestehen größtenteils aus Siliciumdioxid (einige Arten der Boraginaceen, Ulmaceen, Urticaceen, und Cecropiaceen) (Nakamura, 1969; Piperno, 1988; Setoguchi et al., 1993). Da letztere wenig oder kein Calciumcarbonat enthalten, werden sie nicht von allen Forschern als Cystolithen angesehen. Setoguchi et al. (1993) z. B. bezeichnen solche Zellen mit Cystolith-artigen Gebilden als "verkieselte Idioblasten".

Die ausführlichsten Informationen über die Lithocysten-Cystolithen-Entwicklung stammen aus Untersuchungen an Blättern und Internodien von *Pilea cadierei* (Urticaceae) (Abb. 9.36; Watt et al., 1987; Galatis et al., 1989). Die Lithocysten von *P. cadierei* entstehen durch asymmetrische Teilung einer Protodermzelle. Die kleinere der Tochterzellen kann sich direkt zu einer Lithocyste differenzieren, oder sie kann sich noch einmal teilen, um eine Lithocyste zu bilden. In jedem Falle wird die beginnende Lithocyste polar, da der Kern und die meisten Organellen dicht an der inneren Periklinwand zu liegen kommen, während die äußere Periklinwand beginnt sich zu verdicken. Wenn die äußere Periklinwand der sich differenzierenden Lithocyste ungefähr zweimal so dick ist wie die der normalen Protodermzellen, wird der Stiel des Cystolithen gebildet, als eine Art Stift, der nach unten wächst und das Plasmalemma vor sich herschiebt. Während der Bildung des Stiels beginnt die Lithocyste mit einer rapiden Vakuolisierung, und das Vakuolensystem nimmt schließlich den ganzen Zellraum ein, abgesehen von der Region, wo sich Stiel und Körper des Cystolithen entwickeln. Ihr Wachstum mit den sich teilenden umgebenden Zellen koordinierend, verlängert sich die Lithocyste stark, und scheint unter die Epidermis zu gleiten. Die einst kleine, rechteckige Zelle vergrößert sich dramatisch und wird spindelförmig. Die Entwicklung des Cystolithkörpers und der Lithocyste laufen koordiniert ab; beide verlängern sich und vergrößern ihren Durchmesser zur selben Zeit. Zahl und Organisation der Mikrotubuli unterliegen ständigen Veränderungen mit fortschreitender Differenzierung der Lithocyste; dies deutet darauf hin, dass die Mikrotubuli bei der Lithocysten-Morphogenese eine wichtige Rolle spielen (Galatis et al., 1989). Im ausgewachsenen Zustand kann der spindelförmige Cystolith-Körper bis zu 200 µm lang und 30 µm im Durchmesser sein; in seiner Mittelregion ist er über den Stiel an der äußeren Periklinwand befestigt. Im reifen Zustand ist der Körper des Cystolithen stark mit Calciumcarbonat imprägniert. Die Körper einiger Cystolithen enthalten auch Siliciumdioxid und sind von einer Hülle aus siliciumhaltigen Material bedeckt (Watt et al., 1987).

Die physiologische Bedeutung der Cystolithen ist noch immer unklar. Man hat z. B. vermutet, dass die Bildung von Cystolithen die Photosynthese, durch Steigerung der Versorgung mit Kohlendioxid, fördert. Auch ein Entgiftungsmechanismus, ähnlich der Bildung von Calciumkörnchen in den Zellen von Mollusken, ist diskutiert worden (Setoguchi et al., 1989).

## Literatur

Abagon, M. A. 1938. A comparative anatomical study of the needles of *Pinus insularis* Endlicher and *Pinus merkusii* Junghun and De Vriese. *Nat. Appl. Sci. Bull.* 6, 29–58.

Agarie, S., W. Agata, H. Uchida, F. Kubota und P. B. Kaufman. 1996. Function of silica bodies in the epidermal system of rice (*Oryza sativa* L.): Testing the window hypothesis. *J. Exp. Bot.* 47, 655–660.

Allen, G. J., K. Kuchitsu, S. P. Chu, Y. Murata und J. I. Schroeder. 1999. *Arabidopsis abi1-1* and *abi2-1* phosphatase mutations reduce abscisic acid-induced cytoplasmic calcium rises in guard cells. *Plant Cell* 11, 1785–1798.

Anton, L. H., F. W. Ewers, R. Hammerschmidt und K. L. Klomparens. 1994. Mechanisms of deposition of epicuticular wax in leaves of broccoli, *Brassica oleracea* L. var. *capitata* L. *New Phytol.* 126, 505–510.

Artschwager, E. 1940. Morphology of the vegetative organs of sugarcane. *J. Agric. Res.* 60, 503–549.

Assmann, S. M. und K.-I. Shimazaki. 1999. The multisensory guard cell. Stomatal responses to blue light and abscisic acid. *Plant Physiol.* 119, 809–815.

Assmann, S. M. und X.-Q. Wang. 2001. From milliseconds to millions of years: Guard cells and environmental responses. *Curr. Opin. Plant Biol.* 4, 421–428.

Aylor, D. E., J.-Y. Parlange und A. D. Krikorian. 1973. Stomatal mechanics. *Am. J. Bot.* 60, 163–171.

Baker, E. A. 1982. Chemistry and morphology of plant epicuticular waxes. In: *The Plant Cuticle*, S. 135–165, D. F. Cutler, K. L. Alvin und C. E. Price, Hrsg., Academic Press, London.

Ball, T. B., J. S. Gardner und N. Anderson. 1999. Identifying inflorescence phytoliths from selected species of wheat (*Triticum monococcum, T. dicoccon, T. dicoccoides,* and *T. aestivum*) and barley (*Hordeum vulgare* and *H. spontaneum*) (Gramineae). *Am. J. Bot.* 86, 1615–1623.

Baluška, F., J. Salaj, J. Mathur, M. Braun, F. Jasper, J. Šamaj, N.-H. Chua, P. W. Barlow und D. Volkmann. 2000. Root hair formation: F-actin-dependent tip growth is initiated by local assembly of profilin-supported F-actin meshworks accumulated within expansin-enriched bulges. *Dev. Biol.* 227, 618–632.

Baranov, P. A. 1957. Coleorhiza in Myrtaceae. *Phytomorphology* 7, 237–243.

Baranova, M. A. 1987. Historical development of the present classification of morphological types of stomates. *Bot. Rev.* 53, 53–79.

Baranova, M. 1992. Principles of comparative stomatographic studies of flowering plants. *Bot. Rev.* 58, 49–99.

Barthlott, W. und C. Neinhuis. 1997. Purity of the sacred lotus, or escape from contamination in biological surfaces. *Planta* 202, 1–8.

Barthlott, W., C. Neinhuis, D. Cutler, F. Ditsch, I. Meusel, I. Theisen und H. Wilhelmi. 1998. Classification and terminology of plant epicuticular waxes. *Bot. J. Linn. Soc.* 126, 237–260.

Basra, A. S. und C. P. Malik. 1984. Development of the cotton fiber. *Int. Rev. Cytol.* 89, 65–113.

Bean, G. J., M. D. Marks, M. Hülskamp, M. Clayton und J. L. Croxdale. 2002. Tissue patterning of *Arabidopsis* cotyledons. *New Phytol.* 153, 461–467.

Becker, M., G. Kerstiens und J. Schönherr. 1986. Water permeability of plant cuticles: Permeance, diffusion and partition coefficients. *Trees* 1, 54–60.

Berger, D. und T. Altmann. 2000. A subtilisin-like serine protease involved in the regulation of stomatal density and distribution in *Arabidopsis thaliana*. *Genes Dev.* 14, 1119–1131.

Beyschlag, W. und J. Eckstein. 2001. Towards a causal analysis of stomatal patchiness: The role of stomatal size variability and hydrological heterogeneity. *Acta Oecol.* 22, 161–173.

Beyschlag, W., H. Pfanz und R. J. Ryel. 1992. Stomatal patchiness in Mediterranean evergreen sclerophylls. Phenomenology and consequences for the interpretation of the midday depression in photosynthesis and transpiration. *Planta* 187, 546–553.

Bibikova, T. N., A. Zhigilei und S. Gilroy. 1997. Root hair growth in *Arabidopsis thaliana* is directed by calcium and an endogenous polarity. *Planta* 203, 495–505.

Bilger, W., T. Johnsen und U. Schreiber. 2001. UV-excited chlorophyll fluorescence as a tool for the assessment of UV-protection by the epidermis of plants. *J. Exp. Bot.* 52, 2007–2014.

Bird, S. M. und J. E. Gray. 2003. Signals from the cuticle affect epidermal cell differentiation. *New Phytol.* 157, 9–23.

Blatt, M. R. 2000a. $Ca^{2+}$ signalling and control of guard-cell volume in stomatal movements. *Curr. Opin. Plant Biol.* 3, 196–204.

Blatt, M. R. 2000b. Cellular signaling and volume control in stomatal movements in plants. *Annu. Rev. Cell Dev. Biol.* 16, 221–241.

Boetsch, J., J. Chin und J. Croxdale. 1995. Arrest of stomatal initials in *Tradescantia* is linked to the proximity of neighboring stomata and results in the arrested initials acquiring properties of epidermal cells. *Dev. Biol.* 168, 28–38.

Bone, R. A., D. W. Lee und J. M. Norman. 1985. Epidermal cells functioning as lenses in leaves of tropical rain-forest shade plants. *Appl. Opt.* 24, 1408–1412.

Bongers, J. M. 1973. Epidermal leaf characters of the Winteraceae. *Blumea* 21, 381–411.

Bonnett, H. T., Jr. und E. H. Newcomb. 1966. Coated vesicles and other cytoplasmic components of growing root hairs of radish. *Protoplasma* 62, 59–75.

Bouyer, D., V. Kirik und M. Hülskamp. 2001. Cell polarity in *Arabidopsis* trichomes. *Semin. Cell Dev. Biol.* 12, 353–356.

Braun, M., F. Baluška, M. von Witsch und D. Menzel. 1999. Redistribution of actin, profilin and phosphatidylinositol-4,5-bisphosphate in growing and maturing root hairs. *Planta* 209, 435–443.

Bremond, L., A. Alexandre, E. Véla und J. Guiot. 2004. Advantages and disadvantages of phytolith analysis for the reconstruction of Mediterranean vegetation: An assessment based on modern phytolith, pollen and botanical data (Luberon, France). *Rev. Palaeobot. Palynol.* 129, 213–228.

Brodribb, T. und R. S. Hill. 1997. Imbricacy and stomatal wax plugs reduce maximum leaf conductance in Southern Hemisphere conifers. *Aust. J. Bot.* 45, 657–668.

Brownlee, C. 2001. The long and short of stomatal density signals. *Trends Plant Sci.* 6, 441–442.

Bruck, D. K., R. J. Alvarez und D. B. Walker. 1989. Leaf grafting and its prevention by the intact and abraded epidermis. *Can. J. Bot.* 67, 303–312.

Buchholz, A. und J. Schönherr. 2000. Thermodynamic analysis of diffusion of non-electrolytes across plant cuticles in the presence and absence of the plasticiser tributyl phosphate. *Planta* 212, 103–111.

Buchholz, A., P. Baur und J. Schönherr. 1998. Differences among plant species in cuticular permeabilities and solute mobilities are not caused by differential size selectivities. *Planta* 206, 322–328.

Buckley, T. N., G. D. Farquhar und K. A. Mott. 1999. Carbonwater balance and patchy stomatal conductance. *Oecologia* 118, 132–143.

Bünning, E. 1951. Über die Differenzierungsvorgänge in der Cruciferenwurzel. *Planta* 39, 126–153.

Burström, H. 1942. Über die Entfaltung und Einrollen eines mesophilen Grassblattes. *Bot. Not.* 1942, 351–362.

Calvin, C. L. 1970. Anatomy of the aerial epidermis of the mistletoe, *Phoradendron flavescens*. *Bot. Gaz.* 131, 62–74.

Cárdenas, L., L. Vidali, J. Domínguez, H. Pérez, F. Sánchez, P. K. Hepler und C. Quinto. 1998. Rearrangement of actin microfilaments in plant root hairs responding to *Rhizobium etli* nodulation signals. *Plant Physiol.* 116, 871–877.

Carlquist, S. 1975. *Ecological Strategies of Xylem Evolution*. University of California Press, Berkeley.

Charlton, W. A. 1990. Differentiation in leaf epidermis of *Chlorophytum comosum* Baker. *Ann. Bot.* 66, 567–578.

Chin, J., Y. Wan, J. Smith und J. Croxdale. 1995. Linear aggregations of stomata and epidermal cells in *Tradescantia* leaves: Evidence for their group patterning as a function of the cell cycle. *Dev. Biol.* 168, 39–46.

Cho, H.-T. und D. J. Cosgrove. 2002. Regulation of root hair initiation and expansin gene expression in *Arabidopsis*. *Plant Cell* 14, 3237–3253.

Christodoulakis, N. S., J. Menti und B. Galatis. 2002. Structure and development of stomata on the primary root of *Ceratonia siliqua* L. *Ann. Bot.* 89, 23–29.

Clarke, K. J., M. E. McCully und N. K. Miki. 1979. A developmental study of the epidermis of young roots of *Zea mays* L. *Protoplasma* 98, 283–309.

Clowes, F. A. L. 1994. Origin of the epidermis in root meristems. *New Phytol.* 127, 335–347.

Clowes, F. A. L. 2000. Pattern in root meristem development in angiosperms. *New Phytol.* 146, 83–94.

Comstock, J. P. 2002. Hydraulic and chemical signalling in the control of stomatal conductance and transpiration. *J. Exp. Bot.* 53, 195–200.

Cormack, R. G. H. 1935. Investigations on the development of root hairs. *New Phytol.* 34, 30–54.

Croxdale, J. 1998. Stomatal patterning in monocotyledons: *Tradescantia* as a model system. *J. Exp. Bot.* 49, 279–292.

Croxdale, J. L. 2000. Stomatal patterning in angiosperms. *Am. J. Bot.* 87, 1069–1080.

Cutter, E. G. und L. J. Feldman. 1970a. Trichoblasts in *Hydrocharis*. I. Origin, differentiation, dimensions and growth. *Am. J. Bot.* 57, 190–201.

Cutter, E. G. und L. J. Feldman. 1970b. Trichoblasts in *Hydrocharis*. II. Nucleic acids, proteins and a consideration of cell growth in relation to endopolyploidy. *Am. J. Bot.* 57, 202–211.

Czarnota, M. A., R. N. Paul, L. A. Weston und S. O. Duke. 2003. Anatomy of sorgoleone-secreting root hairs of *Sorghum* species. *Int. J. Plant Sci.* 164, 861–866.

Day, T. A., G. Martin und T. C. Vogelmann. 1993. Penetration of UV-B radiation in foliage: Evidence that the epidermis behaves as a non-uniform filter. *Plant Cell Environ.* 16, 735–741.

Dayanandan, P. und P. B. Kaufman. 1976. Trichomes of *Cannabis sativa* L. (Cannabaceae). *Am. J. Bot.* 63, 578–591.

De Bary, A. 1884. *Comparative Anatomy of the Vegetative Organs of the Phanerogams and Ferns*. Clarendon Press, Oxford.

Dietrich, P., D. Sanders und R. Hedrich. 2001. The role of ion channels in light-dependent stomatal opening. *J. Exp. Bot.* 52, 1959–1967.

Dietz, K.-J., B. Hollenbach, E. Hellwege. 1994. The epidermis of barley leaves is a dynamic intermediary storage compartment of carbohydrates, amino acids and nitrate. *Physiol. Plant.* 92, 31–36.

Dittmer, H. J. 1949. Root hair variations in plant species. *Am. J. Bot.* 36, 152–155.

Dixon, D. C., R. W. Seagull und B. A. Triplett. 1994. Changes in the accumulation of α- and β-tubulin isotypes during cotton fiber development. *Plant Physiol.* 105, 1347–1353.

Dixon, D. C., W. R. Meredith Jr. und B. A. Triplett. 2000. An assessment of α-tubulin isotype modification in developing cotton fiber. *Int. J. Plant Sci.* 161, 63–67.

Dolan, L. 1996. Pattern in the root epidermis: An interplay of diffusible signals and cellular geometry. *Ann. Bot.* 77, 547–553.

Dolan, L. und S. Costa. 2001. Evolution and genetics of root hair stripes in the root epidermis. *J. Exp. Bot.* 52, 413–417.

Dolan, L. und K. Okada. 1999. Signalling in cell type specification. *Semin. Cell Dev. Biol.* 10, 149–156.

Dolan, L., C. M. Duckett, C. Grierson, P. Linstead, K. Schneider, E. Lawson, C. Dean, S. Poethig und K. Roberts. 1994. Clonal relationships and cell patterning in the root epidermis of *Arabidopsis*. *Development* 120, 2465–2474.

Duckett, C. M., K. J. Oparka, D. A. M. Prior, L. Dolan und K. Roberts. 1994. Dye-coupling in the root epidermis of *Arabidopsis* is progressively reduced during development. *Development* 120, 3247–3255.

Eckstein, J. 1997. Heterogene Kohlenstoffassimilation in Blättern höherer Pflanzen als Folge der Variabilität stomatärer Öffnungsweiten. Charakterisierung und Kausalanalyse des Phänomens "stomatal patchiness." Ph.D. Thesis, Julius-Maximilians-Universität Würzburg.

Edwards, D., D. S. Edwards und R. Rayner. 1982. The cuticle of early vascular plants and its evolutionary significance. In: *The Plant Cuticle*, S. 341–361, D. F. Cutler, K. L. Alvin und C. E. Price, Hrsg., Academic Press, London.

Eglinton, G. und R. J. Hamilton. 1967. Leaf epicuticular waxes. *Science* 156, 1322–1335.

Ehleringer, J. 1984. Ecology and ecophysiology of leaf pubescence in North American desert plants. In: *Biology and Chemistry of Plant Trichomes*, S. 113–132, E. Rodriguez, P. L. Healey und I. Mehta, Hrsg., Plenum Press, New York.

Eisner, T., M. Eisner und E. R. Hoebeke. 1998. When defense backfires: Detrimental effect of a plant's protective trichomes on an insect beneficial to the plant. *Proc. Natl. Acad. Sci. USA* 95, 4410–4414.

Ellis, R. P. 1979. A procedure for standardizing comparative leaf anatomy in the Poaceae. II. The epidermis as seen in surface view. *Bothalia* 12, 641–671.

Erwee, M. G., P. B. Goodwin und A. J. E. van Bel. 1985. Cell-cell communication in the leaves of *Commelina cyanea* and other plants. *Plant Cell Environ.* 8, 173–178.

Esau, K. 1977. *Anatomy of Seed Plants*, 2. Aufl., Wiley, New York.

Eun, S.-O. und Y. Lee. 2000. Stomatal opening by fusicoccin is accompanied by depolymerization of actin filaments in guard cells. *Planta* 210, 1014–1017.

Fahn, A. 1986. Structural and functional properties of trichomes of xeromorphic plants. *Ann. Bot.* 57, 631–637.

Fahn, A. und D. F. Cutler. 1992. *Xerophytes. Encyclopedia of Plant Anatomy*, Band 13, Teil 3, Gebrüder Borntraeger, Berlin.

Feild, T. S., M. A. Zwieniecki, M. J. Donoghue und N. M. Holbrook. 1998. Stomatal plugs of *Drimys winteri* (Winteraceae) protect leaves from mist but not drought. *Proc. Natl. Acad. Sci. USA* 95, 14256–14259.

Franke, W. 1971. Über die Natur der Ektodesmen und einen Vorschlag zur Terminologie. *Ber. Dtsch. Bot. Ges.* 84, 533–537.

Franks, P. J., I. R. Cowan und G. D. Farquhar. 1998. A study of stomatal mechanics using the cell pressure probe. *Plant Cell Environ.* 21, 94–100.

Frey-Wyssling, A. und K. Mühlethaler. 1959. Über das submikroskopische Geschehen bei der Kutinisierung pflanzlicher Zellwände. *Vierteljahrsschr. Naturforsch. Ges. Zürich* 104, 294–299.

Fryns-Claessens, E. und W. Van Cotthem. 1973. A new classification of the ontogenetic types of stomata. *Bot. Rev.* 39, 71–138.

Galatis, B. 1980. Microtubules and guard-cell morphogenesis in *Zea mays* L. *J. Cell Sci.* 45, 211–244.

Galatis, B. 1982. The organization of microtubules in guard mother cells of *Zea mays*. *Can. J. Bot.* 60, 1148–1166.

Galatis, B., P. Apostolakos und E. Panteris. 1989. Microtubules and lithocyst morphogenesis in *Pilea cadierei*. *Can. J. Bot.* 67, 2788–2804.

Gallagher, K. und L. G. Smith. 2000. Roles for polarity and nuclear determinants in specifying daughter cell fates after an asymmetric cell division in the maize leaf. *Curr. Biol.* 10, 1229–1232.

Galway, M. E., J. D. Masucci, A. M. Lloyd, V. Walbot, R. W. Davis und J. W. Schiefelbein. 1994. The *TTG* gene is required to specify epidermal cell fate and cell patterning in the *Arabidopsis* root. *Dev. Biol.* 166, 740–754.

Galway, M. E., J. W. Heckman Jr. und J. W. Schiefelbein. 1997. Growth and ultrastructure of *Arabidopsis* root hairs: The *rhd3* mutation alters vacuole enlargement and tip growth. *Planta* 201, 209–218.

Geisler, M., M. Yang und F. D. Sack. 1998. Divergent regulation of stomatal initiation and patterning in organ and suborgan regions of *Arabidopsis* mutants *too many mouths* and *four lips*. *Planta* 205, 522–530.

Geitmann, A. und A. M. C. Emons. 2000. The cytoskeleton in plant and fungal tip growth. *J. Microsc.* 198, 218–245.

Gilroy, S. und D. L. Jones. 2000. Through form to function: root hair development and nutrient uptake. *Trends Plant Sci.* 5, 56–60.

Glover, B. J. 2000. Differentiation in plant epidermal cells. *J. Exp. Bot.* 51, 497–505.

Gouret, E., R. Rohr und A. Chamel. 1993. Ultrastructure and chemical composition of some isolated plant cuticles in relation to their permeability to the herbicide, diuron. *New Phytol.* 124, 423–431.

Grabov, A. und M. R. Blatt. 1998. Co-ordination of signalling elements in guard cell ion channel control. *J. Exp. Bot.* 49, 351–360.

Gunning, B. E. S. 1977. Transfer cells and their roles in transport of solutes in plants. *Sci. Prog. Oxf.* 64, 539–568.

Guttenberg, H. von. 1940. *Der primäre Bau der Angiospermenwurzel. Handbuch der Pflanzenanatomie*, Band 8, Lief 39. Gebrüder Borntraeger, Berlin.

Haccius, B. und W. Troll. 1961. Über die sogenannten Wurzelhaare an den Keimpflanzen von *Drosera*-und *Cuscuta*-Arten. *Beitr. Biol. Pflanz.* 36, 139–157.

Hall, R. D. 1998. Biotechnological applications for stomatal guard cells. *J. Exp. Bot.* 49, 369–375.

Hall, R. D., T. Riksen-Bruinsma, G. Weyens, M. Lefèbvre, J. M. Dunwell und F. A. Krens. 1996. Stomatal guard cells are totipotent. *Plant Physiol.* 112, 889–892.

Hallmam, N. D. 1982. Fine structure of the leaf cuticle and the origin of leaf waxes. In: *The Plant Cuticle*, S. 197–214, D. F. Cutler, K. L. Alvin und C. E. Price, Hrsg., Academic Press, London.

Hamilton, D. W. A., A. Hills, B. Köhler und M. R. Blatt. 2000. $Ca^{2+}$ channels at the plasma membrane of stomatal guard cells are activated by hyperpolarization and abscisic acid. *Proc. Natl. Acad. Sci. USA* 97, 4967–4972.

Hartung, W., S. Wilkinson und W. J. Davies. 1998. Factors that regulate abscisic acid concentrations at the primary site of action at the guard cell. *J. Exp. Bot.* 49, 361–367.

Hattori, K. 1992. The process during shoot regeneration in the receptacle culture of chrysanthemum (*Chrysanthemum morifolium* Ramat.). Ikushu-gaku Zasshi (*Jpn. J. Breed.*) 42, 227–234.

Heide-Jørgensen, H. S. 1991. Cuticle development and ultrastructure: Evidence for a procuticle of high osmium affinity. *Planta* 183, 511–519.

Hejnowicz, Z., A. Rusin und T. Rusin. 2000. Tensile tissue stress affects the orientation of cortical microtubules in the epidermis of sunflower hypocotyl. *J. Plant Growth Regul.* 19, 31–44.

Hempel, F. D., D. R. Welch und L. J. Feldman. 2000. Floral induction and determination: where in flowering controlled? *Trends Plant Sci.* 5, 17–21.

Hepler, P. K., L. Vidali und A. Y. Cheung. 2001. Polarized cell growth in higher plants. *Annu. Rev. Cell Dev. Biol.* 17, 159–187.

Hetherington, A. M. und F. I. Woodward. 2003. The role of stomata in sensing and driving environmental change. *Nature* 424, 901–908.

Holloway, P. J. 1982. Structure and histochemistry of plant cuticular membranes: An overview. In: *The Plant Cuticle*, S. 1–32, D. F. Cutler, K. J. Alvin und G. E. Price, Hrsg., Academic Press, London.

Hülskamp, M. 2000. Cell morphogenesis: how plants spit hairs. *Curr. Biol.* 10, R308–R310.

Hülskamp, M. und V. Kirik. 2000. Trichome differentiation and morphogenesis in *Arabidopsis. Adv. Bot. Res.* 31, 237–260.

Hülskamp, M. und A. Schnittger. 1998. Spatial regulation of trichome formation in *Arabidopsis thaliana. Semin. Cell Dev. Biol.* 9, 213–220.

Hülskamp, M., S. Miséra und G. Jürgens. 1994. Genetic dissection of trichome cell development in *Arabidopsis. Cell* 76, 555–566.

Ickert-Bond, S. M. 2000. Cuticle micromorphology of *Pinus krempfii* Lecomte (Pinaceae) and additional species from Southeast Asia. *Int. J. Plant Sci.* 161, 301–317.

Iyer, V. und A. D. Barnabas. 1993. Effects of varying salinity on leaves of *Zostera capensis* Setchell. I. Ultrastructural changes. *Aquat. Bot.* 46, 141–153.

Jeffree, C. E. 1986. The cuticle, epicuticular waxes and trichomes of plants, with reference to their structure, functions, and evolution. In: *Insects and the Plant Surface*, S. 23–46, B. E. Juniper und R. Southwood, Hrsg., Edward Arnold, London.

Jeffree, C. E. 1996. Structure and ontogeny of plant cuticles. In: *Plant Cuticles: An Integrated Functional Approach*, S. 33–82, G. Kerstiens, Hrsg., BIOS Scientific Publishers, Oxford.

Jeffree, C. E., R. P. C. Johnson und P. G. Jarvis. 1971. Epicuticular wax in the stomatal antechamber of Sitka spruce and its effects on the diffusion of water vapour and carbon dioxide. *Planta* 98, 1–10.

Jenks, M. A., P. J. Rich und E. N. Ashworth. 1994. Involvement of cork cells in the secretion of epicuticular wax filaments on *Sorghum bicolor* (L.) Moench. *Int. J. Plant Sci.* 155, 506–518.

Johnson, R. W. und R. T. Riding. 1981. Structure and ontogeny of the stomatal complex in *Pinus strobus* L. and *Pinus banksiana* Lamb. *Am. J. Bot.* 68, 260–268.

Jordaan, A. und H. Kruger. 1998. Notes on the cuticular ultrastructure of six xerophytes from southern Africa. *S. Afr. J. Bot.* 64, 82–85.

Juniper, B. E. 1959. The surfaces of plants. *Endeavour* 18, 20–25.

Juniper, B. E. und C. E. Jeffree. 1983. *Plant Surfaces.* Edward Arnold, London.

Karabourniotis, G. und C. Easseas. 1996. The dense indumentum with its polyphenol content may replace the protective role of the epidermis in some young xeromorphic leaves. *Can. J. Bot.* 74, 347–351.

Kaufman, P. B., L. B. Petering, C. S. Yocum und D. Baic. 1970a. Ultrastructural studies on stomata development in internodes of *Avena sativa. Am. J. Bot.* 57, 33–49.

Kaufman, P. B., L. B. Petering und J. G. Smith. 1970b. Ultrastructural development of cork-silica cell pairs in *Avena* internodal epidermis. *Bot. Gaz.* 131, 173–185.

Kaufman, P. B., L. B. Petering und S. L. Soni. 1970c. Ultrastructural studies on cellular differentiation in internodal epidermis of *Avena sativa. Phytomorphology* 20, 281–309.

Kaufman, P. B., P. Dayanandan, Y. Takeoka, W. C. Bigelow, J. D. Jones und R. Iler. 1981. Silica in shoots of higher plants. In: *Silicon and Siliceous Structures in Biological Systems*, S. 409–449, T. L. Simpson und B. E. Volcani, Hrsg., Springer-Verlag, New York.

Kaufman, P. B., P. Dayanandan, C. I. Franklin und Y. Takeoka. 1985. Structure and function of silica bodies in the epidermal system of grass shoots. *Ann. Bot.* 55, 487–507.

Kaufmann, K. 1927. Anatomie und Physiologie der Spaltöffnungsapparate mit Verholzten Schliesszellmembranen. *Planta* 3, 27–59.

Kaul, R. B. 1977. The role of the multiple epidermis in foliar succulence of *Peperomia* (Piperaceae). *Bot. Gaz.* 138, 213–218.

Ketelaar, T. und A. M. C. Emons. 2001. The cytoskeleton in plant cell growth: Lessons from root hairs. *New Phytol.* 152, 409–418.

Ketelaar, T., C. Faivre-Moskalenko, J. J. Esseling, N. C. A. de Ruijter, C. S. Grierson, M. Dogterom und A. M. C. Emons. 2002. Positioning of nuclei in *Arabidopsis* root hairs: an actinregulated process of tip growth. *Plant Cell* 14, 2941–2955.

Kim, H. J. und B. A. Triplett. 2001. Cotton fiber growth in planta and in vitro. Models for plant cell elongation and cell wall biogenesis. *Plant Physiol.* 127, 1361–1366.

Kim, K., S. S. Whang und R. S. Hill. 1999. Cuticle micromorphology of leaves of *Pinus* (Pinaceae) in east and south-east Asia. *Bot. J. Linn. Soc.* 129, 55–74.

Kinoshita, T. und K.-I. Shimazaki. 1999. Blue light activates the plasma membrane $H^+$-ATPase by phosphorylation of the C-terminus in stomatal guard cells. *EMBO J.* 18, 5548–5558.

Korn, R. W. 1972. Arrangement of stomata on the leaves of *Pelargonium zonale* and *Sedum stahlii. Ann. Bot.* 36, 325–333.

Kreger, D. R. 1958. Wax. In: Der Stoffwechsel sekundärer Pflanzenstoffe. In: *Handbuch der Pflanzenphysiologie,* Bd. 10, S. 249–269. Springer, Berlin.

Kuijt, J. und W.-X. Dong. 1990. Surface features of the leaves of Balanophoraceae—A family without stomata? *Plant Syst. Evol.* 170, 29–35.

Kunst, L. und A. L. Samuels. 2003. Biosynthesis and secretion of plant cuticular wax. *Prog. Lipid Res.* 42, 51–80.

Kutschera, U. 1992. The role of the epidermis in the control of elongation growth in stems and coleoptiles. *Bot. Acta* 105, 246–252.

Lake, J. A., W. P. Quick, D. J. Beerling und F. I. Woodward. 2001. Signals from mature to new leaves. *Nature* 411, 154.

Lanning, F. C. und L. N. Eleuterius. 1989. Silica deposition in some $C_3$ and $C_4$ species of grasses, sedges and composites in the USA. *Ann. Bot.* 63, 395–410.

Larkin, J. C., D. G. Oppenheimer, A. M. Lloyd, E. T. Paparozzi und M. D. Marks. 1994. Roles of the *GLABROUS1* and *TRANSPARENT TESTA GLABRA* genes in *Arabidopsis* trichome development. *Plant Cell* 6, 1065–1076.

Larkin, J. C., N. Young, M. Prigge und M. D. Marks. 1996. The control of trichome spacing and number in *Arabidopsis. Development* 122, 997–1005.

Lawton, J. R. 1980. Observations on the structure of epidermal cells, particularly the cork and silica cells, from the flowering stem internode of *Lolium temulentum* L. (Gramineae). *Bot. J. Linn. Soc.* 80, 161–177.

Leavitt, R. G. 1904. Trichomes of the root in vascular cryptogams and angiosperms. *Proc. Boston Soc. Nat. Hist.* 31, 273–313.

Leckie, C. P., M. R McAinsh, L. Montgomery, A. J. Priestley, I. Staxen, A. A. R. Webb und A. M. Hetherington. 1998. Second messengers in guard cells. *J. Exp. Bot.* 49, 339–349.

Lee, M. M. und J. Schiefelbein. 1999. WEREWOLF, a MYB-related protein in *Arabidopsis*, is a position-dependent regulator of epidermal cell patterning. *Cell* 99, 473–483.

Lefebvre, D. D. 1985. Stomata on the primary root of *Pisum sativum* L. *Ann. Bot.* 55, 337–341.

Lessire, R., T. Abdul-Karim und C. Cassagne. 1982. Origin of the wax very long chain fatty acids in leek, *Allium porrum* L., leaves: A plausible model. In: *The Plant Cuticle*, S. 167–179, D. F. Cutler, K. L. Alvin und C. E. Price, Hrsg., Academic Press, London.

Levin, D. A. 1973. The role of trichomes in plant defense. *Q. Rev. Biol.* 48, 3–15.

Levy, Y. Y. und C. Dean. 1998. Control of flowering time. *Curr. Opin. Plant Biol.* 1, 49–54.

Li, J. und S. M. Assmann. 2000. Protein phosphorylation and ion transport: A case study in guard cells. *Adv. Bot. Res.* 32, 459–479.

Linsbauer, K. 1930. *Die Epidermis. Handbuch der Pflanzenanatomie*, Bd. 4, Lief. 27. Borntraeger, Berlin.

Lloyd, C. W. 1983. Helical microtubular arrays in onion root hairs. *Nature* 305, 311–313.

Lloyd, C. W., K. J. Pearce, D. J. Rawlins, R. W. Ridge und P. J. Shaw. 1987. Endoplasmic microtubules connect the advancing nucleus to the tip of legume root hairs, but F-actin is involved in basipetal migration. *Cell Motil. Cytoskel.* 8, 27–36.

Lyshede, O. B. 1982. Structure of the outer epidermal wall in xerophytes. In: *The Plant Cuticle*, S. 87–98, D. F. Cutler, K. L. Alvin und C. E. Price, Hrsg., Academic Press, London.

MacRobbie, E. A. C. 1998. Signal transduction and ion channels in guard cells. *Philos. Trans. R. Soc. Lond. B* 353, 1475–1488.

MacRobbie, E. A. C. 2000. ABA activates multiple $Ca^{2+}$ fluxes in stomatal guard cells, triggering vacuolar $K^+$ ($Rb^+$) release. *Proc. Natl. Acad. Sci. USA* 97, 12361–12368.

Mahlberg, P. G. und E.-S. Kim. 2004. Accumulation of cannabinoids in glandular trichomes of *Cannabis* (Cannabaceae). *J. Indust. Hemp.* 9, 15–36.

Malik, K. A., S. T. Ali-Khan und P. K. Saxena. 1993. High-frequency organogenesis from direct seed culture in *Lathyrus*. *Ann. Bot.* 72, 629–637.

Maltby, D., N. C. Carpita, D. Montezinos, C. Kulow und D. P. Delmer. 1979. β-1,3-glucan in developing cotton fibers. *Plant Physiol.* 63, 1158–1164.

Mansfield, T. A. 1983. Movements of stomata. *Sci. Prog. Oxf.* 68, 519–542.

Marcus, A. I., R. C. Moore und R. J. Cyr. 2001. The role of microtubules in guard cell function. *Plant Physiol.* 125, 387–395.

Martin, G., S. A. Josserand, J. F. Bornman und T. C. Vogelmann. 1989. Epidermal focussing and the light microenvironment within leaves of *Medicago sativa*. *Physiol. Plant.* 76, 485–492.

Martin, J. T. und B. E. Juniper. 1970. *The Cuticles of Plants*. St. Martin's, New York.

Masucci, J. D., W. G. Rerie, D. R. Foreman, M. Zhang, M. E. Galway, M. D. Marks und J. W. Schiefelbein. 1996. The homeobox gene GLABRA 2 is required for position-dependent cell differentiation in the root epidermis of *Arabidopsis thaliana*. *Development* 122, 1253–1260.

Mathur, J. und N.-H. Chua. 2000. Microtubule stabilization leads to growth reorientation in *Arabidopsis* trichomes. *Plant Cell* 12, 465–477.

Mathur, J. und M. Hülskamp. 2002. Microtubules and microfilaments in cell morphogenesis in higher plants. *Curr. Biol.* 12, R669–R676.

Mathur, J., P. Spielhofer, B. Kost und N.-H. Chua. 1999. The actin cytoskeleton is required to elaborate and maintain spatial patterning during trichome cell morphogenesis in *Arabidopsis thaliana*. *Development* 126, 5559–5568.

Matzke, E. B. 1947. The three-dimensional shape of epidermal cells of *Aloe aristata*. *Am. J. Bot.* 34, 182–195.

Mayer, W., I. Moser und E. Bünning. 1973. Die Epidermis als Ort der Lichtperzeption für circadiane Laubblattbewegungen und photoperiodische Induktionen. *Z. Pflanzenphysiol.* 70, 66–73.

McWhorter, C. G., C. Ouzts und R. N. Paul. 1993. Micromorphology of Johnsongrass *(Sorghum halepense)* leaves. *Weed Sci.* 41, 583–589.

Meekes, H. T. H. M. 1985. Ultrastructure, differentiation and cell wall texture of trichoblasts and root hairs of *Ceratopteris thalictroides* (L.) Brongn. (Parkeriaceae). *Aquat. Bot.* 21, 347–362.

Meng, F.-R., C. P. A. Bourque, R. F. Belczewski, N. J. Whitney und P. A. Arp. 1995. Foliage responses of spruce trees to long-term low-grade sulphur dioxide deposition. *Environ. Pollut.* 90, 143–152.

Metcalfe, C. R. 1960. *Anatomy of the Monocotyledons*, vol. I. Gramineae. Clarendon Press, Oxford.

Metcalfe, C. R. und L. Chalk. 1950. *Anatomy of the Dicotyledons*, Bd. II. Clarendon Press, Oxford.

Meusel, I., C. Neinhuis, C. Markstädter und W. Barthlott. 2000. Chemical composition and recrystallization of epicuticular waxes: Coiled rodlets and tubules. *Plant Biology* 2, 462–470.

Millar, A. A., S. Clemens, S. Zachgo, E. M. Giblin, D. C. Taylor und L. Kunst. 1999. CUT1, an *Arabidopsis* gene required for cuticular wax biosynthesis and pollen fertility, encodes a very-long-chain fatty acid condensing enzyme. *Plant Cell* 11, 825–838.

Miller, D. D., N. C. A. de Ruijter, T. Bisseling und A. M. C. Emons. 1999. The role of actin in root hair morphogenesis: Studies with lipochito-oligosaccharide as a growth stimulator and cytochalasin as an actin perturbing drug. *Plant J.* 17, 141–154.

Miller, R. H. 1985. The prevalence of pores and canals in leaf cuticular membranes. *Ann. Bot.* 55, 459–471.

Miller, R. H. 1986. The prevalence of pores and canals in leaf cuticular membranes. II. Supplemental studies. *Ann. Bot.* 57, 419–434.

Mitosinka, G. T., J. I. Thornton und T. L. Hayes. 1972. The examination of cystolithic hairs of *Cannabis* and other plants by means of the scanning electron microscope. *J. Forensic Sci. Soc.* 12, 521–529.

Mott, K. A. und T. N. Buckley. 2000. Patchy stomatal conductance: Emergent collective behaviour of stomata. *Trends Plant Sci.* 5, 258–262.

Mott, K. A., Z. G. Cardon und J. A. Berry. 1993. Asymmetric patchy stomatal closure for the two surfaces of *Xanthium strumarium* L. leaves at low humidity. *Plant Cell Environ.* 16, 25–34.

Mozafar, A. und J. R. Goodin. 1970. Vesiculated hairs: a mechanism for salt tolerance in *Atriplex halimus* L. *Plant Physiol.* 45, 62–65.

Mulholland, S. C. und G. Rapp Jr. 1992. A morphological classification of grass silica-bodies. In: *Phytolith Systematics: Emerging Issues*, S. 65–89, G. Rapp Jr. und S. C. Mulholland, Hrsg., Plenum Press, New York.

Mylona, P., P. Linstead, R. Martienssen und L. Dolan. 2002. SCHIZORIZA controls an asymmetric cell division and restricts epidermal identity in the *Arabidopsis* root. *Development* 129, 4327–4334.

Nadeau, J. A. und F. D. Sack. 2002. Control of stomatal distribution on the *Arabidopsis* leaf surface. *Science* 296, 1697–1700.

Nakamura, G. R. 1969. Forensic aspects of cystolith hairs of *Cannabis* and other plants. *J. Assoc. Off. Anal. Chem.* 52, 5–16.

Nakamura, G. R. und J. I. Thornton. 1973. The forensic identification of marijuana: Some questions and answers. *J. Police Sci. Adm.* 1, 102–112.

Neinhuis, C., K. Koch und W. Barthlott. 2001. Movement and regeneration of epicuticular waxes through plant cuticles. *Planta* 213, 427–434.

Ng, C. K.-Y., M. R. McAinsh, J. E. Gray, L. Hunt, C. P. Leckie, L. Mills und A. M. Hetherington. 2001. Calcium-based signalling systems in guard cells. *New Phytol.* 151, 109–120.

Niklas, K. J. und D. J. Paolillo Jr. 1997. The role of the epidermis as a stiffening agent in *Tulipa* (Liliaceae) stems. *Am. J. Bot.* 84, 735–744.

Ohashi, Y., A. Oka, I. Ruberti, G. Morelli und T. Aoyama. 2002. Entopically additive expression of *GLABRA2* alters the frequency and spacing of trichome initiation. *Plant J.* 29, 359–369.

Oppenheimer, D. G. 1998. Genetics of plant cell shape. *Curr. Opin. Plant Biol.* 1, 520–524.

Osborn, J. M. und T. N. Taylor. 1990. Morphological and ultrastructural studies of plant cuticular membranes. I. Sun and shade leaves of *Quercus velutina* (Fagaceae). *Bot. Gaz.* 151, 465–476.

Owen, T. P., Jr und W. W. Thomson. 1991. Structure and function of a specialized cell wall in the trichomes of the carnivorous bromeliad *Brocchinia reducta*. *Can. J. Bot.* 69, 1700–1706.

Palevitz, B. A. 1981. The structure and development of stomatal cells. In: *Stomatal physiology.* S. 1–23, P. G. Jarvis und T. A. Mansfield, Hrsg., Cambridge University Press, Cambridge.

Palevitz, B. A. 1982. The stomatal complex as a model of cytoskeletal participation in cell differentiation. In: *The Cytoskeleton in Plant Growth and Development*, S. 345–376, C. W. Lloyd, Hrsg., Academic Press, London.

Palevitz, B. A. und P. K. Hepler. 1976. Cellulose microfibril orientation and cell shaping in developing guard cells of *Allium*: The role of microtubules and ion accumulation. *Planta* 132, 71–93.

Palevitz, B. A. und P. K. Hepler. 1985. Changes in dye coupling of stomatal cells of *Allium* and *Commelina* demonstrated by microinjection of Lucifer yellow. *Planta* 164, 473–479.

Paliwal, G. S. 1966. Structure and ontogeny of stomata in some Acanthaceae. *Phytomorphology* 16, 527–539.

Pant, D. D. 1965. On the ontogeny of stomata and other homologous structures. *Plant Sci. Ser.* 1, 1–24.

Panteris, E., P. Apostolakos und B. Galatis. 1994. Sinuous ordinary epidermal cells: Behind several patterns of waviness, a common morphogenetic mechanism. *New Phytol.* 127, 771–780.

Payne, C. T., F. Zhang und A. M. Lloyd. 2000. *GL3* encodes a bHLH protein that regulates trichome development in *Arabidopsis* through interaction with GL1 and TTG1. *Genetics* 156, 1349–1362.

Payne, W. W. 1978. A glossary of plant hair terminology. *Brittonia* 30, 239–255.

Payne, W. W. 1979. Stomatal patterns in embryophytes: their evolution, ontogeny and interpretation. *Taxon* 28, 117–132.

Pear, J. R., Y. Kawagoe, W. E. Schreckengost, D. P. Delmer und D. M. Stalker. 1996. Higher plants contain homologs of the bacterial *celA* genes encoding the catalytic subunit of cellulose synthase. *Proc. Natl. Acad. Sci. USA* 93, 12637–12642.

Peeters, M.-C., S. Voets, G. Dayatilake und E. De Langhe. 1987. Nucleolar size at early stages of cotton fiber development in relation to final fiber dimension. *Physiol. Plant.* 71, 436–440.

Pemberton, L. M. S., S.-L. Tsai, P. H. Lovell und P. J. Harris. 2001. Epidermal patterning in seedling roots of eudicotyledons. *Ann. Bot.* 87, 649–654.

Pesacreta, T. C. und K. H. Hasenstein. 1999. The internal cuticle of *Cirsium horridulum* (Asteraceae) leaves. *Am. J. Bot.* 86, 923–928.

Peters, W. S. und D. Tomos. 1996. The epidermis still in control? *Bot. Acta* 109, 264–267.

Peterson, R. L. und M. L. Farquhar. 1996. Root hairs: Specialized tubular cells extending root surfaces. *Bot. Rev.* 62, 1–40.

Pinkerton, M. E. 1936. Secondary root hairs. *Bot. Gaz.* 98, 147–158.

Piperno, D. R. 1988. *Phytolith Analysis: An Archeological and Geological Perspective.* Academic Press, San Diego.

Popham, R. A. und R. D. Henry. 1955. Multicellular root hairs on adventitious roots of *Kalanachoe fedtschenkoi*. *Ohio J. Sci.* 55, 301–307.

Possingham, J. V. 1972. Surface wax structure in fresh and dried Sultana grapes. *Ann. Bot.* 36, 993–996.

Potikha, T. S., C. C. Collins, D. I. Johnson, D. P. Delmer und A. Levin. 1999. The involvement of hydrogen peroxide in the differentiation of secondary walls in cotton fibers. *Plant Physiol* 119, 849–858.

Prat, H. 1948. Histo-physiological gradients and plant organogenesis. Part I. General concept of a system of gradients in living organisms. *Bot. Rev.* 14, 603–643.

Prat, H. 1951. Histo-physiological gradients and plant organogenesis. Part II. Histological gradients. *Bot. Rev.* 17, 693–746.

Prychid, C. J., P. J. Rudall und M. Gregory. 2004. Systematics and biology of silica bodies in monocotyledons. *Bot. Rev.* 69, 377–440.

Ramesh, K. und M. A. Padhya. 1990. In vitro propagation of neem, *Azadirachta indica* (A. Jus), from leaf discs. *Indian J. Exp. Biol.* 28, 932–935.

Ramsey, J. C. und J. D. Berlin. 1976a. Ultrastructural aspects of early stages in cotton fiber elongation. *Am. J. Bot.* 63, 868–876.

Ramsey, J. C. und J. D. Berlin. 1976b. Ultrastructure of early stages of cotton fiber differentiation. *Bot. Gaz.* 137, 11–19.

Rao, B. H. und K. V. Kumar. 1995. Lithocysts as taxonomic markers of the species of *Cordia* L. (Boraginaceae). *Phytologia* 78, 260–263.

Rapisarda, A., L. Iauk und S. Ragusa. 1997. Micromorphological study on leaves of some *Cordia* (Boraginaceae) species used in traditional medicine. *Econ. Bot.* 51, 385–391.

Raschke, K. 1975. Stomatal action. *Annu. Rev. Plant Physiol* 26, 309–340.

Rasmussen, H. 1981. Terminology and classification of stomata and stomatal development—A critical survey. *Bot. J. Linn. Soc.* 83, 199–212.

Reddy, A. S. N. und I. S. Day. 2000. The role of the cytoskeleton and a molecular motor in trichome morphogenesis. *Trends Plant Sci.* 5, 503–505.

Redway, F. A. 1991. Histology and stereological analysis of shoot formation in leaf callus of *Saintpaulia ionantha* Wendl. (African violet). *Plant Sci.* 73, 243–251.

Rentschler, E. 1971. Die Wasserbenetzbarkeit von Blattoberflächen und ihre submikroskopische Wachsstruktur. *Planta* 96, 119–135.

Ridge, R. W. 1995. Recent developments in the cell and molecular biology of root hairs. *J. Plant Res.* 108, 399–405.

Ridge, R. W. und A. M. C. Emons, Hrsg., 2000. *Root Hairs: Cell and Molecular Biology.* Springer, Tokyo.

Riederer, M. 1989. The cuticles of conifers: structure, composition and transport properties. In: *Forest Decline and Air Pollution: A Study of Spruce (Picea abies) on Acid Soils,* S. 157–192, E.-D. Schulze, O. L. Lange und R. Oren, Hrsg., Springer-Verlag, Berlin.

Riederer, M. und G. Schneider. 1990. The effect of the environment on the permeability and composition of *Citrus* leaf cuticles. II. Composition of soluble cuticular lipids and correlation with transport properties. *Planta* 180, 154–165.

Riederer, M. und L. Schreiber. 2001. Protecting against water loss: Analysis of the barrier properties of plant cuticles. *J. Exp. Bot.* 52, 2023–2032.

Robberecht, R. und M. M. Caldwell. 1978. Leaf epidermal transmittance of ultraviolet radiation and its implications for plant sensitivity to ultraviolet-radiation induced injury. *Oecologia* 32, 277–287.

Roth, I. 1963. Entwicklung der ausdauernden Epidermis sowie der primären Rinde des Stammes von *Cercidium torreyanum* in Laufe des sekunddären Dickenwachstums. *Österr. Bot. Z.* 110, 1–19.

Roth, I. 1990. *Leaf Structure of a Venezuelan Cloud Forest in Relation to the Microclimate. Encyclopedia of Plant Anatomy*, Bd. 14, Teil 1, Gebrüder Borntraeger, Berlin.

Row, H. C. und J. R. Reeder. 1957. Root-hair development as evidence of relationships among genera of Gramineae. *Am. J. Bot.* 44, 596–601.

Ruan, Y.-L., D. J. Llewellyn und R. T. Furbank. 2001. The control of single-celled cotton fiber elongation by developmentally reversible gating of plasmodesmata and coordinated expression of sucrose and $K^+$ transporters and expansin. *Plant Cell* 13, 47–60.

Russell, S. H. und R. F. Evert. 1985. Leaf vasculature in *Zea mays* L. *Planta* 164, 448–458.

Ryser, U. 1985. Cell wall biosynthesis in differentiating cotton fibres. *Eur. J. Cell Biol.* 39, 236–256.

Ryser, U. 1999. Cotton fiber initiation and histodifferentiation. In: *Cotton Fibers: Developmental Biology, Quality Improvement, and Textile Processing*, S. 1–45, A. S. Basra, Hrsg., Food Products Press, New York.

Ryser, U. und P. J. Holloway. 1985. Ultrastructure and chemistry of soluble and polymeric lipids in cell walls from seed coats and fibres of *Gossypium* species. *Planta* 163, 151–163.

Sack, F. D. 1987. The development and structure of stomata. In: *Stomatal Function*, S. 59–89, E. Zeiger, G. D. Farquhar und I. R. Cowan, Hrsg., Stanford University Press, Stanford.

Sack, F. D. 1994. Structure of the stomatal complex of the monocot *Flagellaria indica*. *Am. J. Bot.* 81, 339–344.

Sahgal, P., G. V. Martinez, C. Roberts und G. Tallman. 1994. Regeneration of plants from cultured guard cell protoplasts of *Nicotiana glauca* (Graham). *Plant Sci.* 97, 199–208.

Santier, S. und A. Chamel. 1998. Reassesment of the role of cuticular waxes in the transfer of organic molecules through plant cuticles. *Plant Physiol. Biochem* 36, 225–231.

Sargent, C. 1978. Differentiation of the crossed-fibrillar outer epidermal wall during extension growth in *Hordeum vulgare* L. *Protoplasma* 95, 309–320.

Satiat-Jeunemaitre, B., B. Martin und C. Hawes. 1992. Plant cell wall architecture is revealed by rapid-freezing and deepetching. *Protoplasma* 167, 33–42.

Sato, S., Y. Ogasawara und S. Sakuragi. 1995. The relationship between growth, nucleus migration and cytoskeleton in root hairs of radish. In: *Structure and Function of Roots*, S. 69–74, F. Baluška, M. Čiamporová, O. Gašparíková und P. W. Barlow, Hrsg., Kluwer Academic, Dordrecht.

Saxe, H. 1979. A structural and functional study of the coordinated reactions of individual *Commelina communis* L. stomata (Commelinaceae). *Am. J. Bot.* 66, 1044–1052.

Schellmann, S., A. Schnittger, V. Kirik, T. Wada, K. Okada, A. Beermann, J. Thumfahrt, G. Jürgens und M. Hülskamp. 2002. TRIPTYCHON and CAPRICE mediate lateral inhibition during trichome and root hair patterning in *Arabidopsis*. *EMBO J.* 21, 5036–5046.

Schiefelbein, J. 2003. Cell-fate specification in the epidermis: A common patterning mechanism in the root and shoot. *Curr. Opin. Plant Biol.* 6, 74–78.

Schiefelbein, J. W. und C. Somerville. 1990. Genetic control of root hair development in *Arabidopsis thaliana*. *Plant Cell* 2, 235–243.

Schiefelbein, J. W., J. D. Masucci und H. Wang. 1997. Building a root: The control of patterning and morphogenesis during root development. *Plant Cell* 9, 1089–1098.

Schmutz, A., T. Jenny, N. Amrhein und U. Ryser. 1993. Caffeic acid and glycerol are constituents of the suberin layers in green cotton fibres. *Planta* 189, 453–460.

Schnabl, H. und K. Raschke. 1980. Potassium chloride as stomatal osmoticum in *Allium cepa* L., a species devoid of starch in guard cells. *Plant Physiol* 65, 88–93.

Schnabl, H. und H. Ziegler. 1977. The mechanism of stomatal movement in *Allium cepa* L. *Planta* 136, 37–43.

Schönherr, J. 2000. Calcium chloride penetrates plant cuticles via aqueous pores. *Planta* 212, 112–118.

Schönherr, J. und M. Riederer. 1989. Foliar penetration and accumulation of organic chemicals in plant cuticles. *Rev. Environ. Contam. Toxicol.* 108, 2–70.

Schreiber, L. und M. Riederer. 1996. Ecophysiology of cuticular transpiration: comparative investigation of cuticular water permeability of plant species from different habitats. *Oecologia* 107, 426–432.

Schreiber, L., T. Kirsch und M. Riederer. 1996. Transport properties of cuticular waxes of *Fagus sylvatica* L. and *Picea abies* (L.) Karst: Estimation of size selectivity and tortuosity from diffusion coefficients of aliphatic molecules. *Planta* 198, 104–109.

Schreiber, L., M. Skrabs, K. Hartmann, P. Diamantopoulos, E. Simanova und J. Santrucek. 2001. Effect of humidity on cuticular water permeability of isolated cuticular membranes and leaf disks. *Planta* 214, 274–282.

Schroeder, J. I., J. M. Kwak und G. J. Allen. 2001. Guard cell abscisic acid signalling and engineering drought hardiness in plants. *Nature* 410, 327–330.

Schwab, B., U. Folkers, H. Ilgenfritz und M. Hülskamp. 2000. Trichome morphogenesis in *Arabidopsis*. *Philos. Trans. R. Soc. Lond. B*. 355, 879–883.

Sculthorpe, C. D. 1967. *The Biology of Aquatic Vascular Plants*. Edward Arnold, London.

Seagull, R. W. 1986. Changes in microtubule organization and wall microfibril orientation during *in vitro* cotton fiber development: An immunofluorescent study. *Can. J. Bot.* 64, 1373–1381.

Seagull, R. W. 1992. A quantitative electron microscopic study of changes in microtubule arrays and wall microfibril orientation during *in vitro* cotton fiber development. *J. Cell Sci.* 101, 561–577.

Serna, L. und C. Fenoll. 2000. Stomatal development in *Arabidopsis*: How to make a functional pattern. *Trends Plant Sci.* 5, 458–460.

Serna, L., J. Torres-Contreras und C. Fenoll. 2002. Clonal analysis of stomatal development and patterning in *Arabidopsis* leaves. *Dev. Biol.* 241, 24–33.

Setoguchi, H., M. Okazaki und S. Suga. 1989. Calcification in higher plants with special reference to cystoliths. In: *Origin, Evolution, and Modern Aspects of Biomineralization in Plants and Animals*, S. 409–418, R. E. Crick, Hrsg., Plenum Press, New York.

Setoguchi, H., H. Tobe, H. Ohba und M. Okazaki. 1993. Silicon-accumulating idioblasts in leaves of Cecropiaceae (Urticales). *J. Plant Res.* 106, 327–335.

Shaw, S. L., J. Dumais und S. R. Long. 2000. Cell surface expansion in polarly growing root hairs of *Medicago truncatula*. *Plant Physiol.* 124, 959–969.

Shields, L. M. 1951. The involution in leaves of certain xeric grasses. *Phytomorphology* 1, 225–241.

Sieberer, B. und A. M. C. Emons. 2000. Cytoarchitecture and pattern of cytoplasmic streaming in root hairs of *Medicago truncatula* during development and deformation by nodulation factors. *Protoplasma* 214, 118–127.

Solereder, H. 1908. *Systematic Anatomy of the Dicotyledons: A Handbook for Laboratories of Pure and Applied Botany.* 2 Bde. Clarendon Press, Oxford.

Song, P. und R. D. Allen. 1997. Identification of a cotton fiber-specific acyl carrier protein cDNA by differential display. *Biochim. Biophy. Acta—Gene Struct. Express* 1351, 305–312.

Srivastava, L. M. und A. P. Singh. 1972. Stomatal structure in corn leaves. *J. Ultrastruct. Res.* 39, 345–363.

Stewart, J. McD. 1975. Fiber initiation on the cotton ovule (*Gossypium hirsutum* L.). *Am. J. Bot.* 62, 723–730.

Stewart, J. McD. 1986. Integrated events in the flower and fruit. In: *Cotton Physiology*, S. 261–300, J. R. Mauney und J. McD. Stewart, Hrsg., Cotton Foundation, Memphis, TN.

Stockey, R. A., B. J. Frevel und P. Woltz. 1998. Cuticle micromorphology of *Podocarpus,* subgenus *Podocarpus,* section *Scytopodium* (Podocarpaceae) of Madagascar and South Africa. *Int. J. Plant Sci.* 159, 923–940.

Szymanski, D. B., M. D. Marks und S. M. Wick. 1999. Organized F-actin is essential for normal trichome morphogenesis in *Arabidopsis. Plant Cell* 11, 2331–2347.

Taiz, L. und E. Zeiger. 2002. *Plant Physiology*, 3. Aufl., Sinauer Associates, Sunderland, MA.

Takeda, K., H. Shibaoka. 1978. The fine structure of the epidermal cell wall in Azuki bean epicotyl. *Bot. Mag. Tokyo* 91, 235–245.

Talbott, L. D. und E. Zeiger. 1998. The role of sucrose in guard cell osmoregulation. *J. Exp. Bot.* 49, 329–337.

Tarkowska, J. A. und M. Wacowska. 1988. The significance of the presence of stomata on seedling roots. *Ann. Bot.* 61, 305–310.

Taylor, L. P. und P. K. Hepler. 1997. Pollen germination and tube growth. *Annu. Rev. Plant Physiol. Plant Mol. Biol.* 48, 461–491.

Taylor, M. G., K. Simkiss, G. N. Greaves, M. Okazaki und S. Mann. 1993. An X-ray absorption spectroscopy study of the structure and transformation of amorphous calcium carbonate from plant cystoliths. *Proc. R. Soc. Lond. B.* 252, 75–80.

Terashima, I. 1992. Anatomy of non-uniform leaf photosynthesis. *Photosyn. Res.* 31, 195–212.

Theobald, W. L., J. L. Krahulik und R. C. Rollins. 1979. Trichome description and classification. In: *Anatomy of the Dicotyledons*, Band I, *Systematic Anatomy of Leaf and Stem, with a Brief History of the Subject*, 2. Aufl., S. 40–53, C. R. Metcalfe und L. Chalk. Clarendon Press, Oxford.

Thomson, W. W. und P. L. HEALEY. 1984. Cellular basis of trichome secretion. In: *Biology and Chemistry of Plant Trichomes*, S. 113–130, E. Rodriguez, P. L. Healey und I. Mehta, Hrsg., Plenum Press, New York.

Tietz, A. und I. Urbasch. 1977. Spaltöffnungen an der Keimwurzel von *Helianthus annuus* L. *Naturwissenschaften* 64, 533.

Tiwari, S. C. und T. A. Wilkins. 1995. Cotton (*Gossypium hirsutum*) seed trichomes expand via diffuse growing mechanism. *Can. J. Bot.* 73, 746–757.

Tokumoto, H., K. Wakabayashi, S. Kamisaka und T. Hoson. 2002. Changes in the sugar composition and molecular mass distribution of matrix polysaccharides during cotton fiber development. *Plant Cell Physiol* 43, 411–418.

Tominaga, M., K. Morita, S. Sonobe, E. Yokota und T. Shimmen. 1997. Microtubules regulate the organization of actin filaments at the cortical region in root hair cells of *Hydrocharis. Protoplasma* 199, 83–92.

Tomlinson, P. B. 1974. Development of the stomatal complex as a taxonomic character in the monocotyledons. *Taxon* 23, 109–128.

Traas, J. A., P. Braat, A. M. Emons, H. Meekes und J. Derksen. 1985. Microtubules in root hairs. *J. Cell Sci.* 76, 303–320.

Uphof, J. C. Th. und K. Hummel. 1962. *Plant Hairs. Encyclopedia of Plant Anatomy*, Bd. 4, Teil 5, Gebrüder Borntraeger, Berlin.

Valdes-Reyna, J. und S. L. Hatch. 1991. Lemma micromorphology in the Eragrostideae (Poaceae). *Sida* (*Contrib. Bot.*) 14, 531–549.

Vaughn, K. C. und R. B. Turley. 1999. The primary walls of cotton fibers contain an ensheathing pectin layer. *Protoplasma* 209, 226–237.

Villena, J. F., E. Domínguez, D. Stewart und A. Heredia. 1999. Characterization and biosynthesis of non-degradable polymers in plant cuticles. *Planta* 208, 181–187.

Vissenberg, K., S. C. Fry und J.-P. Verbelen. 2001. Root hair initiation is coupled to a highly localized increase of xyloglucan endotransglycosylase action in *Arabidopsis* roots. *Plant Physiol* 127, 1125–1135.

von Groll, U., D. Berger und T. Altmann. 2002. The subtilisin-like serine protease SDD1 mediates cell-to-cell signaling during *Arabidopsis* stomatal development. *Plant Cell* 14, 1527–1539.

Wada, T., T. Tachibana, Y. Shimura und K. Okada. 1997. Epidermal cell differentiation in *Arabidopsis* determined by a *Myb* homolog, *CPC. Science* 277, 1113–1116.

Wada, T., T. Kurata, R. Tominaga, Y. Koshino-Kimura, T. Tachibana, K. Goto, M. D. Marks, Y. Shimura und K. Okada. 2002. Role of a positive regulator of roothair development, *CAPRICE*, in *Arabidopsis* root epidermal cell differentiation. *Development* 129, 5409–5419.

Wagner, G. J. 1991. Secreting glandular trichomes: More than just hairs. *Plant Physiol.* 96, 675–679.

Walker, A. R., P. A. Davison, A. C. Bolognesi-Winfield, C. M. James, N. Srinivasan, T. L. Blundell, J. J. Esch, M. D. Marks und J. C. Gray. 1999. The *TRANSPARENT TESTA GLABRA1* locus, which regulates trichome differentiation and anthocyanin biosynthesis in *Arabidopsis,* encodes a WD40 repeat protein. *Plant Cell* 11, 1337–1350.

Watt, W. M., C. K. Morrell, D. L. Smith und M. W. Steer. 1987. Cystolith development and structure in *Pilea cadierei* (Urticaceae). *Ann. Bot.* 60, 71–84.

Weyers, J. D. B., H. Meidner. 1990. *Methods in Stomatal Research.* Longman Scientific & Technical, Harlow, Essex, England.

Whang, S. S., K. Kim und W. M. Hess. 1998. Variation of silica bodies in leaf epidermal long cells within and among seventeen species of *Oryza* (Poaceae). *Am. J. Bot.* 85, 461–466.

Wilkinson, H. P. 1979. The plant surface (mainly leaf). Part I: Stomata. In: *Anatomy of the Dicotyledons*, 2. Aufl., Bd. I, S. 97–117, C. R. Metcalfe und L. Chalk. Clarendon Press, Oxford.

Wille, A. C. und W. J. Lucas. 1984. Ultrastructural and histochemical studies on guard cells. *Planta* 160, 129–142.

Willmer, C. und M. Fricker. 1996. *Stomata*, 2. Aufl., Chapman and Hall, London.

Willmer, C. M. und R. Sexton. 1979. Stomata and plasmodesmata. *Protoplasma* 100, 113–124.

Wilson, C. A. und C. L. Calvin. 2003. Development, taxonomlic significance and ecological role of the cuticular epithelium in the Santalales. *IAWA J.* 24, 129–138.

Wood, N. T., A. C. Allan, A. Haley, M. Viry-Moussaïd und A. J. Trewavas. 2000. The characterization of differential calcium signalling in tobacco guard cells. *Plant J.* 24, 335–344.

Woodward, F. I., J. A. Lake und W. P. Quick. 2002. Stomatal development and $CO_2$: Ecological consequences. *New Phytol.* 153, 477–484.

Wu, C.-C. und L.-L. Kuo-Huang. 1997. Calcium crystals in the leaves of some species of Moraceae. *Bot. Bull. Acad. Sin.* 38, 97–104.

Yang, M. und F. D. Sack. 1995. The *too many mouths* and *four lips* mutations affect stomatal production in *Arabidopsis*. *Plant Cell* 7, 2227–2239.

Yu, R., R.-F. Huang, X.-C. Wang und M. Yuan. 2001. Microtubule dynamics are involved in stomatal movement of *Vicia faba* L. *Protoplasma* 216, 113–118.

Zeiger, E. 2000. Sensory transduction of blue light in guard cells. *Trends Plant Sci.* 5, 183–185.

Zellnig, G., J. Peters, M. S. Jiménez, D. Morales, D. Grill und A. Perktold. 2002. Three-dimensional reconstruction of the stomatal complex in *Pinus canariensis* needles using serial sections. *Plant Biol.* 4, 70–76.

Zhang, S. Q. und W. H. Outlaw Jr. 2001. Abscisic acid introduced into the transpiration stream accumulates in the guardcell apoplast and causes stomatal closure. *Plant Cell Environ.* 24, 1045–1054.

Zhao, L. und F. D. Sack. 1999. Ultrastructure of stomatal development in *Arabidopsis* (Brassicaceae) leaves. *Am. J. Bot.* 86, 929–939.

Zhu, T., R. L. O'Quinn, W. J. Lucas und T. L. Rost. 1998. Directional cell-to-cell communication in the *Arabidopsis* root apical meristem. II. Dynamics of plasmodesmatal formation. *Protoplasma* 204, 84–93.

# Kapitel 10
# Xylem: Zellarten und Aspekte ihrer Entwicklung

Das **Xylem** ist das für die Wasserleitung verantwortliche Gewebe einer Gefäßpflanze und ist auch am Stofftransport, der Festigung und der Nährstoffspeicherung beteiligt. Zusammen mit dem Phloem, dem eigentlichen Ort des Nährstofftransports, bildet das Xylem ein Leitsystem, das sich über den ganzen Pflanzenkörper erstreckt. Als Bestandteile eines solchen Leitsystems werden Xylem und Phloem übergeordnet auch **Leitgewebe** genannt. Der Begriff Xylem wurde von Nägeli (1858) eingeführt und stammt von dem griechischen Wort *xylon* ab, das übersetzt Holz bedeutet.

Gefäßpflanzen, die auch Tracheophyten genannt werden, bilden eine monophyletische Gruppe aus zwei Stämmen der samenlosen Gefäßpflanzen (Lycopodiophyta/Lycopodiopsida, den Bärlappgewächsen, und Pteridophyta/Pteridopsida, den eigentlichen Farnen, ergänzt durch die Gabelblatt-/Psilotopsida und Schachtelhalmgewächse/Equisetopsida) sowie den Gymno- und den Angiospermen, alle mit rezenten Arten (Raven et al. 2005). Zu den Gefäßpflanzen gehören auch einige ausgestorbene Stämme (Steward und Rothwell, 1993; Taylor und Taylor, 1993). Die Begriffe Gefäßpflanzen und Tracheophyten beziehen sich auf die charakteristischen Leitelemente des Xylems, die **Gefäße bzw. Tracheen**. Wegen ihrer dauerhaften und festen Zellwand sind die Gefäße auffälliger als die Siebelemente des Phloems. Sie sind deshalb auch in Fossilien besser erhalten und können leichter untersucht werden. Aus diesem Grunde dient das Xylem, mehr als das Phloem, zur Bestimmung der Gefäßpflanzen.

Die ersten Leitelemente differenzieren sich während der Ontogenese einer Pflanze bereits im Embryo oder im jungen Keimling (Gahan, 1988; Busse und Evert, 1999). Im Verlauf des weiteren Wachstums der Pflanze bilden die Apikalmeristeme kontinuierlich neues Xylem. Der primäre Pflanzenkörper, der ausnahmslos aus der Tätigkeit der Apikalmeristeme hervorgeht, besitzt schließlich ein zusammenhängendes Leitgewebe. Diese Leitgewebe im primären Pflanzenkörper werden **primäres Xylem** und **primäres Phloem** genannt. Das Meris-

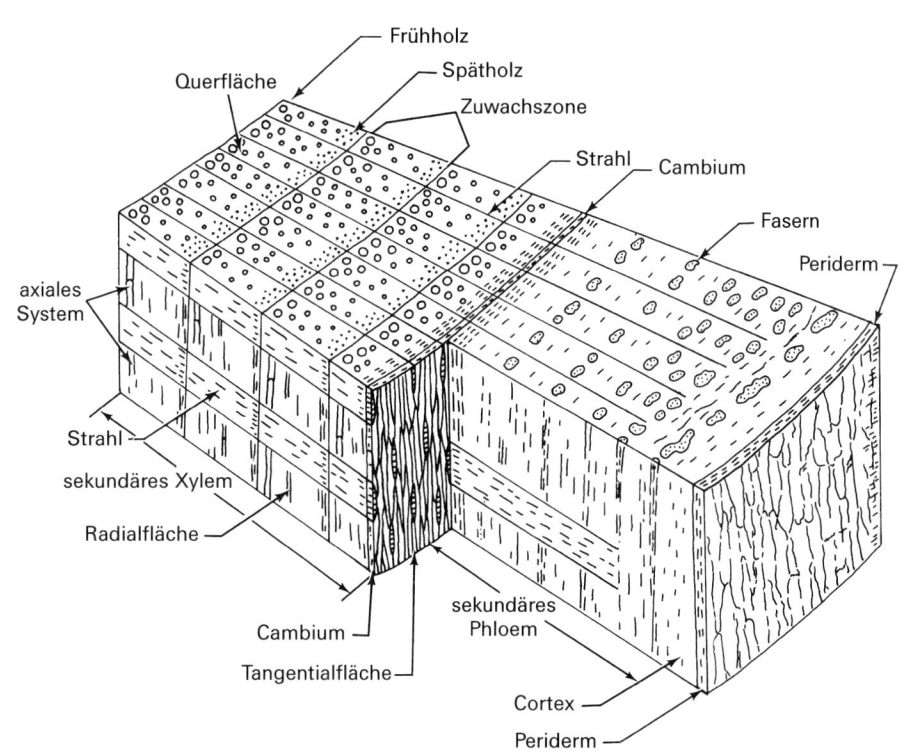

**Abb. 10.1** Blockdiagramm mit den Hauptmerkmalen der sekundären Leitgewebe -sekundäres Xylem und sekundäres Phloem- und ihren räumlichen Beziehungen zueinander wie auch zum Cambium, aus dem sie hervorgehen. Ein Periderm als sekundäres Abschlussgewebe hat die Epidermis ersetzt. (Aus Esau, 1977.)

**Tab. 10.1** Hauptzellarten im sekundären Xylem

| Zellarten | Hauptfunktionen |
|---|---|
| **Axialsystem** | |
| Tracheale Elemente | |
|   Tracheiden | Wasserleitung; |
|   Gefäßglieder | Transport gelöster Stoffe |
| Fasern | |
|   Fasertracheiden | Festigung; selten Speicherung |
|   Libriformfasern | |
| Parenchymzellen | Nährstoffspeicherung; Transport verschiedener Substanzen |
| **Radial (Strahl)-System** | |
| Parenchymzellen | |
| Tracheiden in einigen Coniferen | |

tem, das für die Bildung dieser Gewebe verantwortlich ist und damit den unmittelbaren Vorläufer darstellt, heißt **Procambium**. Sehr alte Gefäßpflanzen und viele rezente Arten (kleine einjährige Pflanzen der Eudicotyledonen und die meisten Monocotyledonen) bestehen ausschließlich aus primären Geweben.

Bei vielen Pflanzen erfolgt nach Abschluss des primären Dickenwachstums ein weiteres Wachstum, das zur Stamm- und Wurzelverdickung führt. Dieses Wachstum nennt man sekundäres Dickenwachstum. Es ergibt sich zum Teil aus der Aktivität des **Cambiums**, eines lateralen Meristems, das die sekundären Leitgewebe bildet, nämlich das **sekundäre Xylem** und das **sekundäre Phloem** (Abb. 10.1).

Strukturell ist das Xylem ein komplexes Gewebe, das zumindest aus trachealen Elementen und Parenchymzellen besteht, meist aber auch noch aus anderen Zellarten, insbesondere solchen mit Festigungsfunktion. In Tabelle 10.1 sind die Hauptzellarten des sekundären Xylems aufgeführt. Je nach der Eigenart der Pflanze unterscheidet sich das primäre Xylem histologisch mehr oder weniger stark vom sekundären, aber in mancher Beziehung gehen beide Xylemarten ineinander über (Esau, 1943; Larson, 1974, 1976). Eine Unterteilung in primäres und sekundäres Xylem ist deshalb nicht zu scharf vorzunehmen, vor allem, wenn man die Entwicklung der gesamten Pflanze betrachtet.

## 10.1 Zellarten des Xylems

### 10.1.1 Tracheale Elemente – Tracheiden und Gefäßglieder – sind die leitenden Zellen des Xylems

Der Begriff **tracheales Element** leitet sich von „Trachee" ab, einem Namen ursprünglich für bestimmte primäre Xylemelemente verwendet, die den Tracheen der Insekten gleichen (Esau, 1961). Es gibt im Xylem zwei grundlegende Typen von trachealen Elementen, die **Tracheiden** (Abb. 10.2A, B) und die **Gefäßglieder** (bisweilen auch als Gefäßelemente bezeichnet) (Abb. 10.2C-F). Beide sind im ausdifferenzierten Zustand mehr oder weniger gestreckte, nicht lebende Zellen mit einer lignifizierten Sekundärwand. Sie unterscheiden sich voneinander dadurch, dass Tracheiden ebenso wie Gefäßglieder untereinander zwar Tüpfelpaare an ihren gemeinsamen Zellwänden aufweisen, aber keine Durchbrechungen. Die Gefäßglieder weisen dagegen in bestimmten Kontaktzonen mit benachbarten Gefäßgliedern Durchbrechungen in der Zellwand, auch Perforationen genannt, auf.

Der Zellwandbereich eines Gefäßgliedes mit den Durchbrechungen heißt **Gefäßdurchbrechung** oder **Perforationsplatte** (IAWA Committee on Nomenclature, 1964; Wheeler et al., 1989). Gefäßdurchbrechungen können eine einzige Öffnung haben (**einfache Gefäßdurchbrechung**; Abb. 10.2D-F und 10.3A) oder mehrere (**vielfache Gefäßdurchbrechung**). Die Öffnungen einer vielfachen Gefäßdurchbrechung können länglich und parallel zueinander angeordnet sein (**leiterförmige oder scalariforme Gefäßdurchbrechung**, aus dem Lateinischen *scalaris*, Leiter; Abb. 10.2C und 10.3B, D) oder netzförmig (**reticulate** oder **netzförmige Gefäßdurchbrechung**, aus dem Lateinischen *rete*, Netz; Abb 10.3D) oder als Gruppe aus kreisförmigen Löchern (**foraminate Gefäßdurchbrechung**; Abb. 10.3C; siehe auch 10.16). Vielfache Gefäßdurchbrechungen finden sich selten bei Baumarten des tropischen Tieflandes. Sie sind häufiger bei Baumarten des bergigen, tropischen Hochlandes und der gemäßigten und mild-mesothermen Klimazonen mit niedrigen Wintertemperaturen. Dagegen sind Baumarten mit leiterförmigen Gefäßdurchbrechungen eher begrenzt auf mesische Klimazonen, beispielsweise die tropischen Nebelwälder, und sommerfeucht gemäßigte oder boreale Wälder, deren Böden nie austrocknen (Baas, 1986; Alves und Angyalossy-Alfonso, 2000; Carlquist, 2001).

Gefäßdurchbrechungen befinden sich gewöhnlich an den Endwänden, über welche die einzelnen Gefäßglieder miteinander verbunden sind (Abb. 10.4). Auf diese Weise vereinigen sich viele Gefäßglieder zu einer langen, ununterbrochenen Röhre, dem **Gefäß**. Gefäßdurchbrechungen können auch an Längswänden der Gefäßglieder vorkommen. Jedes Gefäßglied hat an beiden Endwänden Durchbrechungen, außer dem obersten und untersten Element eines einzelnen Gefäßes. Das oberste Gefäßglied besitzt keine Durchbrechung an seinem oberen Ende, während das unterste Gefäßglied keine Durchbrechung an seinem unteren Ende aufweist. Wasser und wässrige Lösungen werden von einem zum anderen Gefäß durch die Tüpfel ihrer gemeinsamen Zellwand transportiert. Die Länge eines Gefäßes ist definiert als die größtmögliche Entfernung, die Wasser zurücklegen kann, ohne durch einen Tüpfel in ein anderes Gefäß zu gelangen (Tyree, 1993).

Ein einzelnes Gefäß kann sich aus wenigen, mindestens jedoch aus zwei Gefäßgliedern zusammensetzen (beispielsweise im primären Xylem des Stamms von *Scleria*, Cyperaceae; Bierhorst und Zamora, 1965) oder aus hunderten oder gar tausenden von Gefäßgliedern.

Im letzten Fall kann die Gefäßlänge nicht mit konventionellen mikroskopischen Methoden bestimmt werden. Die ungefähre Länge der längsten Gefäße eines Stammabschnitts kann man aber erhalten, indem Luft durch ein Stammstück gepresst wird, das an beiden Enden geöffnete Gefäße enthält (Zimmermann, 1982). Die längsten Gefäße sind demnach nur geringfügig länger als der längste Abschnitt eines Stammes, durch den die Luft noch hindurchgepresst werden kann. Die Gefäßlängenverteilung kann ermittelt werden, indem gelöste Latexfarbe durch einen Stammabschnitt gepresst wird (Zimmermann und Jeje, 1981; Ewers und Fisher, 1989). Die Farbpartikel bewegen sich über die Durchbrechungen von Gefäßglied zu Gefäßglied, sind aber für die kleinen Poren der Tüpfelmembranen zu groß. Da aus den Gefäßen lateral Wasser abgegeben wird, reichern sich die Farbpartikel in den Gefäßen solange an, bis die Lumina vollständig mit ihnen angefüllt sind. Danach wird der Stammabschnitt in Segmente gleicher Länge aufgeteilt, und die Farbe enthaltenden Gefäße, die leicht mit einem Stereomikroskop

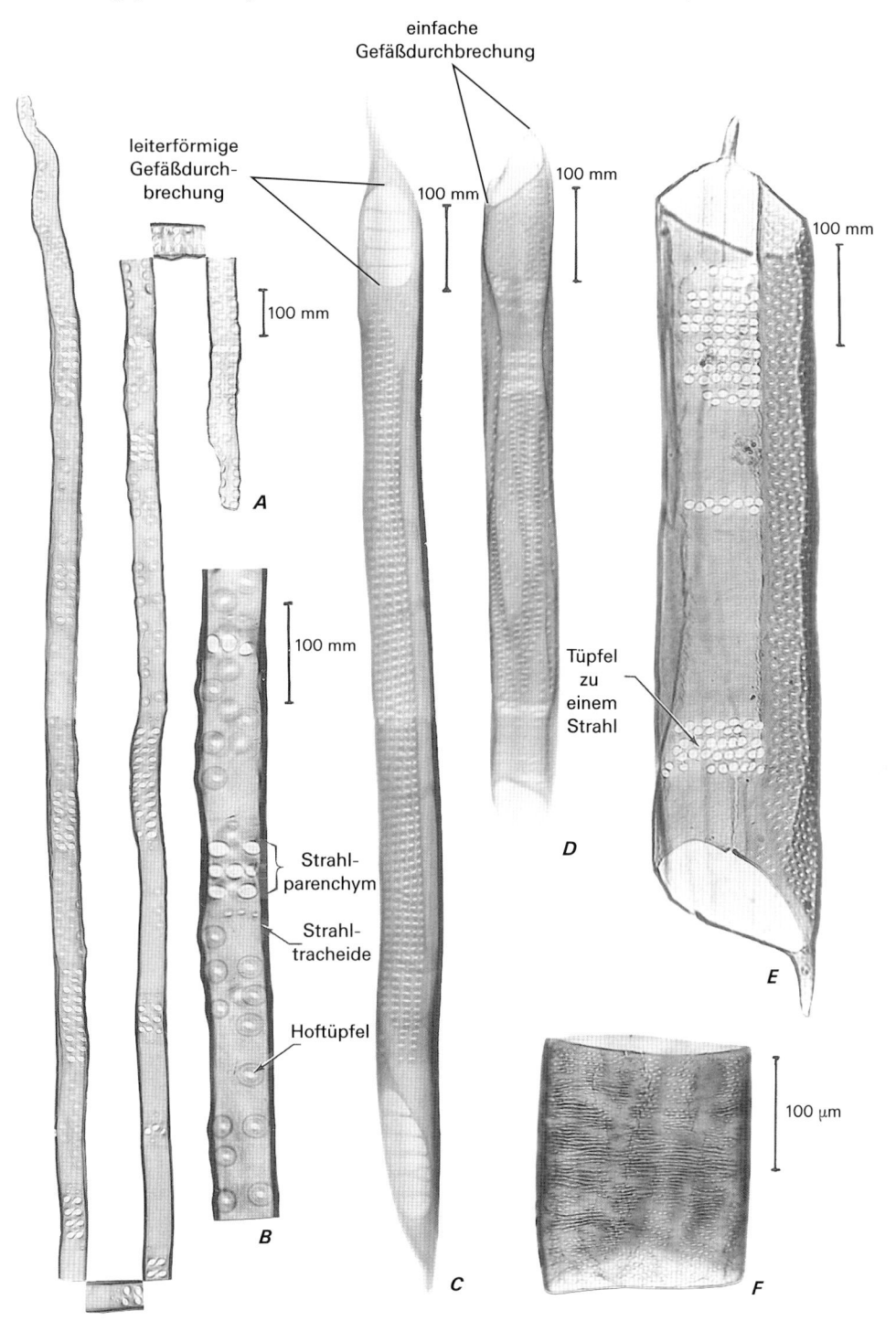

**Abb. 10.2** Tracheale Elemente. **A**, Frühholztracheide der Zuckerkiefer (*Pinus lambertiana*). **B**, Ausschnittvergrößerung von **A**. **C-F**, Gefäßglieder des Tulpenbaumes, *Liriodendron tulipifera* (**C**), der Buche (*Fagus grandifolia*) (**D**), der Schwarzen Balsampappel (*Populus trichocarpa*) (**E**), und des Götterbaums (*Ailanthus altissima*) (**F**). (Aus Carpenter, 1952; mit Genehmigung der SUNY-ESF.)

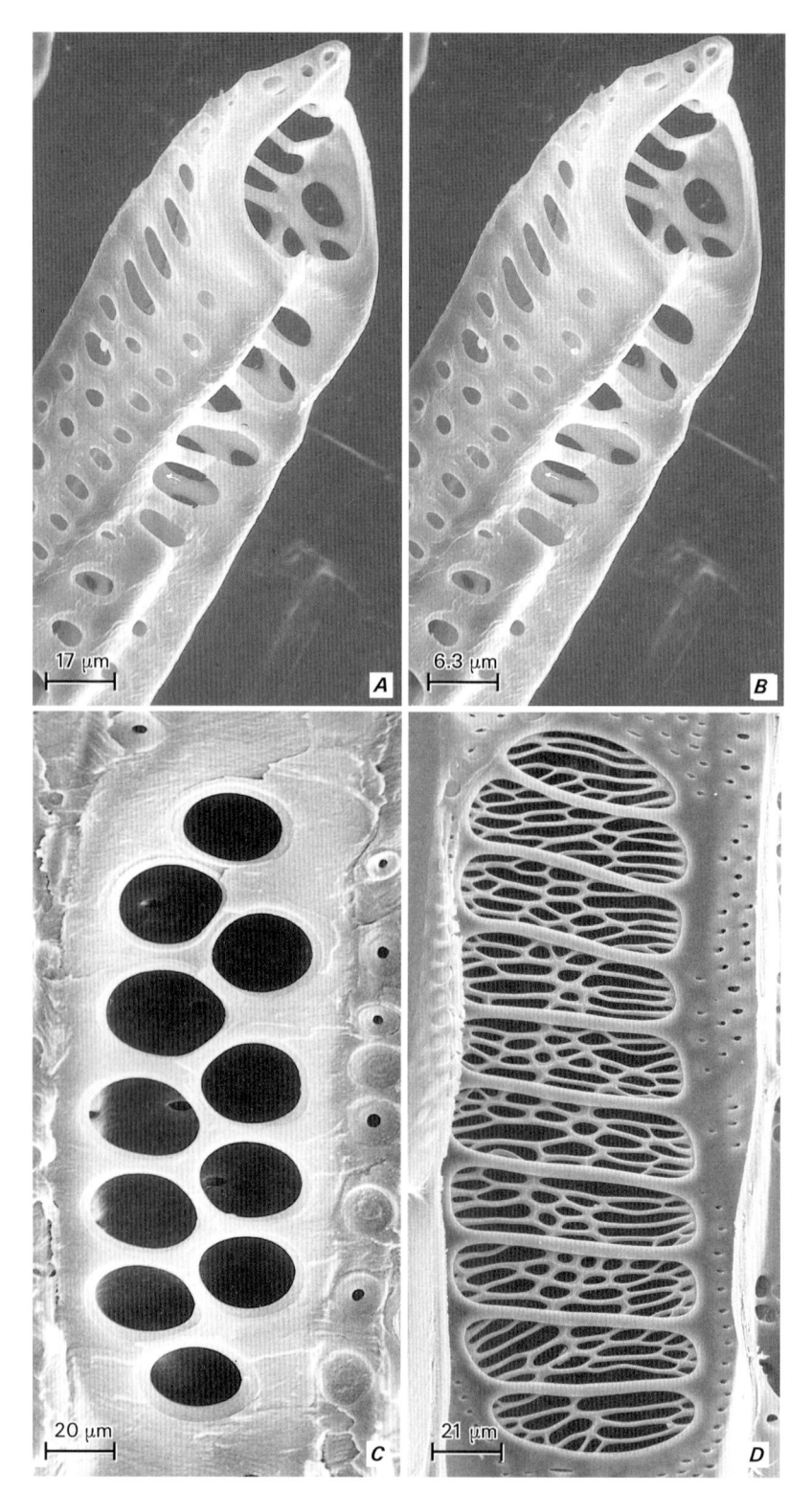

**Abb. 10.3** Gefäßdurchbrechungen. Rasterelektronenmikroskopische Aufnahmen der durchbrochenen Endwände von Gefäßgliedern im sekundären Xylem. **A**, eine einfache Gefäßdurchbrechung mit einer großen Öffnung in einem Gefäßglied von *Pelargonium*. **B**, sprossenähnliche Strukturen einer leiterförmigen Gefäßdurchbrechung zwischen Gefäßgliedern bei *Rhododendron*. **C**, foraminate Gefäßdurchbrechung mit mehreren kreisförmigen Durchbrechungen bei *Ephedra*. **D**, benachbarte leiterförmige und netzförmige Gefäßdurchbrechungen bei *Knema furfuracea*. (**A–C**, dankenswerterweise von P. Dayanandan zur Verfügung gestellt; **D**, aus Ohtani et al., 1992.)

**Abb. 10.4** Rasterelektronenmikroskopische Aufnahme von drei Gefäßgliedern eines Gefäßabschnitts im sekundären Xylem einer Roteiche (*Quercus rubra*). Beachten Sie den Ringwulst (Pfeile) an der Grenze zwischen zwei Gefäßgliedern. (Dankenswerterweise von Irvin B. Sachs zur Verfügung gestellt.)

zu identifizieren sind, werden in verschiedenen Abständen zur Stelle des Einbringens der Farbe gezählt. Vorausgesetzt, dass die Gefäße zufällig verteilt sind, kann nun die Verteilung der Gefäßlängen berechnet werden. Anstelle von Farbe können auch Messungen zum Luftdurchsatz bei vorgegebenen Luftdruckgradienten verwendet werden (Zimmermann, 1983).

Die längsten Gefäße kommen im Frühholz der ringporigen Baumarten vor. In diesen so genannten Ringporen sind die Gefäße (Poren) in dem zu Beginn der Vegetationsperiode gebildeten Holz eines Zuwachsrings (Frühholz) auch besonders weit (Abb.10.1; Kapitel 11). Einige solcher Gefäße mit großem Durchmesser erstrecken sich über fast die gesamte Länge eines Baumstamms, obwohl die meisten deutlich kürzer sind. Mit 18 m Länge wurden bei *Fraxinus americana* die längsten Gefäße gemessen (Greenidge, 1952), Gefäße bei *Quercus rubra* können 10,5 bis 11 m erreichen (Zimmermann und Jeje, 1981). Die Länge von Gefäßen korreliert üblicherweise mit ihrem Durchmesser; in der Regel sind weite Gefäße länger und enge Gefäße kürzer (Greenidge, 1952; Zimmermann und Jeje, 1981). Untersuchungen zur Gefäßlängen-Verteilung zeigten ergänzend, dass im Xylem deutlich mehr kurze Gefäße als lange vorhanden sind.

Eine allmähliche Größenzunahme der trachealen Elemente von den Blättern bis zu den Wurzeln wurde für Bäume und Sträucher ermittelt (Ewers et al. 1997). So nehmen bei *Sequoia sempervirens* sowohl der Tracheidendurchmesser als auch die Tracheidenlänge von den Ästen über den Stamm bis hinunter zu den Wurzeln zu (Bailey, 1958). Bei *Acer rubrum* vergrößern sich Gefäßlänge und -durchmesser ebenfalls von den Zweigen über die Äste und den Stamm bis hin zu den Wurzeln (Zimmer-

mann und Potter, 1982). Ähnliches wurde für *Betula occidentalis* festgestellt, indem die engsten Gefäße in Zweigen vorkommen, mittlere Durchmesser im Stamm und die weitesten Gefäße in Wurzeln (Sperry und Saliendra, 1994). Allgemein haben also Wurzeln weitere Gefäße als Stämme. Lianen bilden allerdings eine Ausnahme, denn ihre Gefäße im Stamm sind weiter als in den Wurzeln (Ewers et al., 1997). Eine derart basipetal ausgerichtete Zunahme der Gefäßdurchmesser ist eng an eine Abnahme der Gefäßdichte gekoppelt, d. h. der Anzahl von Gefäßen pro Querschnittsflächeneinheit.

### 10.1.2 Die Sekundärwände der meisten trachealen Elemente besitzen Tüpfel

Einfache und behöfte Tüpfel kommen in den Sekundärwänden von Tracheiden und Gefäßgliedern des späten primären und des gesamten sekundären Xylems vor. Die Häufigkeit und Anordnung dieser Tüpfel variiert stark, sogar im Vergleich unterschiedlicher Wandabschnitte derselben Zelle. Dies hängt davon ab, an welchen Zelltyp der jeweilige Wandabschnitt eines trachealen Elementes angrenzt. Eine intensive Tüpfelung mit beidseitig behöften Tüpfelpaaren herrscht zwischen benachbarten Gefäßen (**Gefäß-Gefäß-Tüpfelung**; Abb. 10.5); wenige oder keine Tüpfel befinden sich zwischen Gefäßen und Fasern. Beidseitig behöfte Tüpfelpaare sind zwischen trachealen Elementen ausgebildet, einseitig behöfte zu angrenzenden Parenchymzellen, einfache Tüpfelpaare verbinden Parenchymzellen. Bei einseitig behöften Tüpfelpaaren ist der Hof stets auf der Seite des trachealen Elementes (Abb. 10.5K). Üblicherweise spricht man aber nicht von Tüpfelpaaren, sondern von beidseitig behöften Tüpfeln oder **Hoftüpfeln**, einseitig behöften Tüpfeln und einfachen Tüpfeln.

Beidseitig behöfte Tüpfel der trachealen Elemente lassen sich hinsichtlich ihrer Anordnung in drei Haupttypen unterteilen: leiterförmig, gegenständig und wechselständig. Sind die Tüpfel horizontal länglich und in vertikalen, leiterförmigen Reihen angeordnet, spricht man von **leiterförmiger Tüpfelung** (Abb. 10.5A-C). Kreisförmige oder ovale Tüpfel in horizontalen Paaren oder kurzen Reihen nennt man **gegenständig getüpfelt** (Abb. 10.5D, E). Kommen solche Tüpfel gehäuft vor, nehmen ihre Höfe eine rechteckige Form an. Tüpfelanordnungen in Form von diagonalen Reihen nennt man **wechselständige Tüpfelung** (Abb. 10.5F, G und 10.8); bei besonders dichten Tüpfelanhäufungen erscheinen ihre Höfe in Aufsicht polygonal (eckig mit mehr als vier Seiten). Eine wechselständige Tüpfelung ist die mit Abstand häufigste Form der Tüpfelanordnung bei den Eudicotyledonen.

Die Hoftüpfel zwischen Coniferentracheiden haben eine besonders charakteristische Struktur (Hacke et al., 2004). In den weiten, relativ dünnwandigen Frühholztracheiden erscheinen diese beidseitig behöften Tüpfel in der Aufsicht kreisförmig (Abb. 10.6A), wobei die Tüpfelränder ausgeprägte Hofbereiche umschließen (Abb. 10.6B). Die Tüpfelmembran bildet eine zentrale Verdickung, den **Torus** (Plural: Tori), dessen Durch-

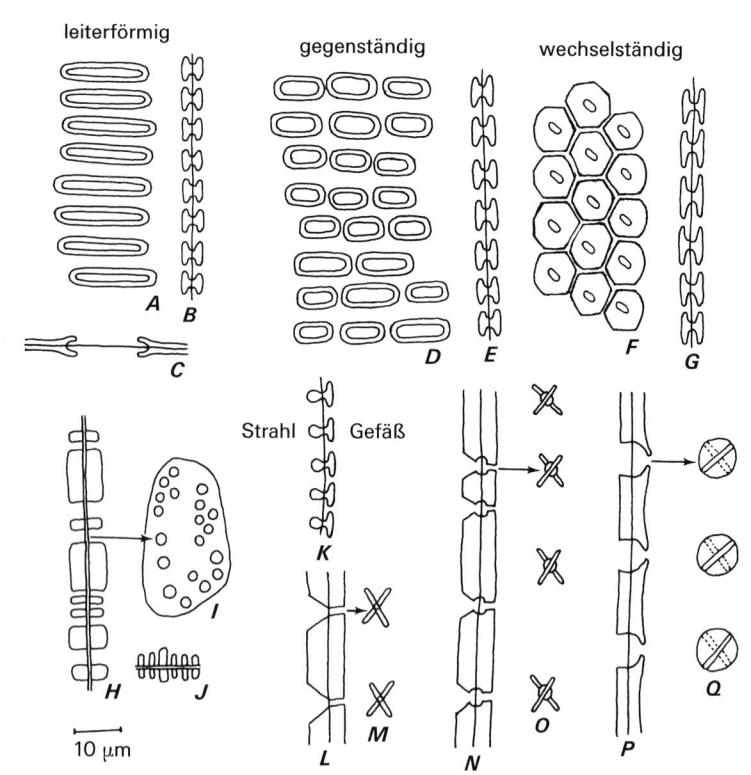

**Abb. 10.5** Tüpfel und Tüpfelanordnungen. **A-C**, leiterförmige Tüpfelung in Auf- (**A**) und Seitenansicht (**B, C**) (*Magnolia*). **D-E**, gegenständige Tüpfelung in Auf- (**D**) und Seitenansicht (**E**) (*Liriodendron*). **F-G**, wechselständige Tüpfelung als Auf- (**F**) und Seitenansicht (**G**) (*Acer*). **A-G**, beidseitig behöfte Tüpfelpaare, also so genannte Hoftüpfel, in Gefäßgliedern. **H-J**, einfache Tüpfelpaare, so genannte einfache Tüpfel, in Parenchymzellen als Auf- (**I**) und Seitenansicht (**H, J**); **H**, in einer Seitenwand; **J**, in einer Endwand (*Fraxinus*). **K**, einseitig behöfte Tüpfelpaare, so genannte einseitig behöfte Tüpfel, zwischen einem Gefäß und einer Parenchymzelle in Seitenansicht (*Liriodendron*). **L, M**, einfache Tüpfel mit schlitzförmigen Öffnungen in Seiten- (**L**) und Aufsicht (**M**) (Libriformfaser). **N, O**, Hoftüpfel mit schlitzförmigen inneren Öffnungen, die sich über den Tüpfelrand hinaus erstrecken; **N**, Seitenansicht, **O**, Aufsicht (Fasertracheide). **P, Q**, Hoftüpfel mit schlitzförmigen inneren Öffnungen, die nicht über den Tüpfelrand hinausragen; **P**, Seitenansicht, **Q**; Aufsicht (Tracheide). **L-Q**, *Quercus*. (Aus Esau, 1977.)

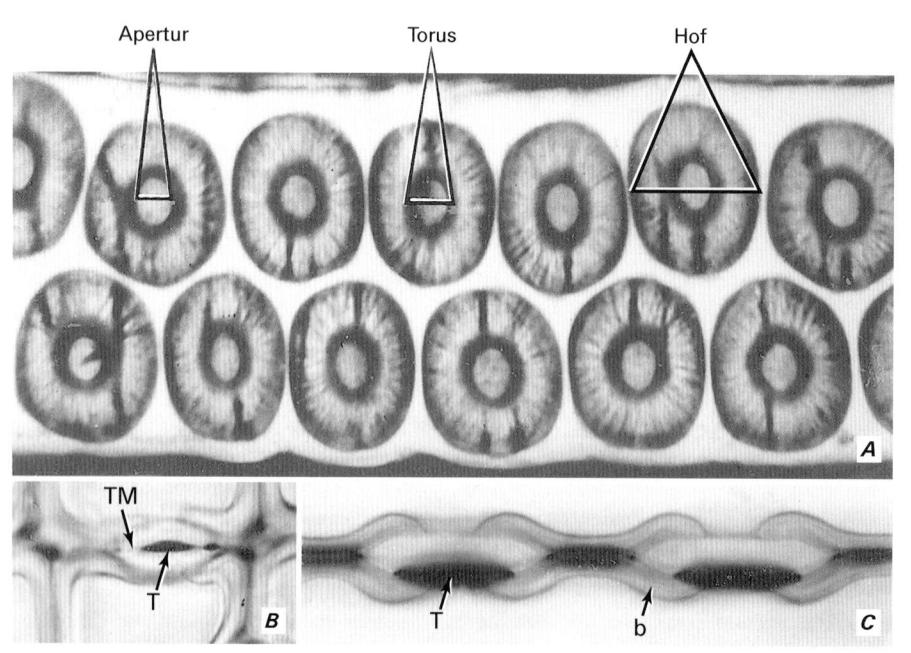

**Abb. 10.6** Hoftüpfel in Coniferentracheiden (**A**, *Tsuga*; **B**, *Abies*; **C**, *Pinus*). **A**, Aufsicht der Tüpfel mit zentraler Verdickung der Tüpfelmembran (Torus). **B, C**, Tüpfel in Queransicht mit Torus (T) im zentralen Bereich der Tüpfelmembran (TM) in Mittelstellung (**B**) und an den Porus angelegt (b in **C**; geschlossener Tüpfel). (**A**, x1070; **B, C**, x1425. **A**, aus Bannan, 1941.)

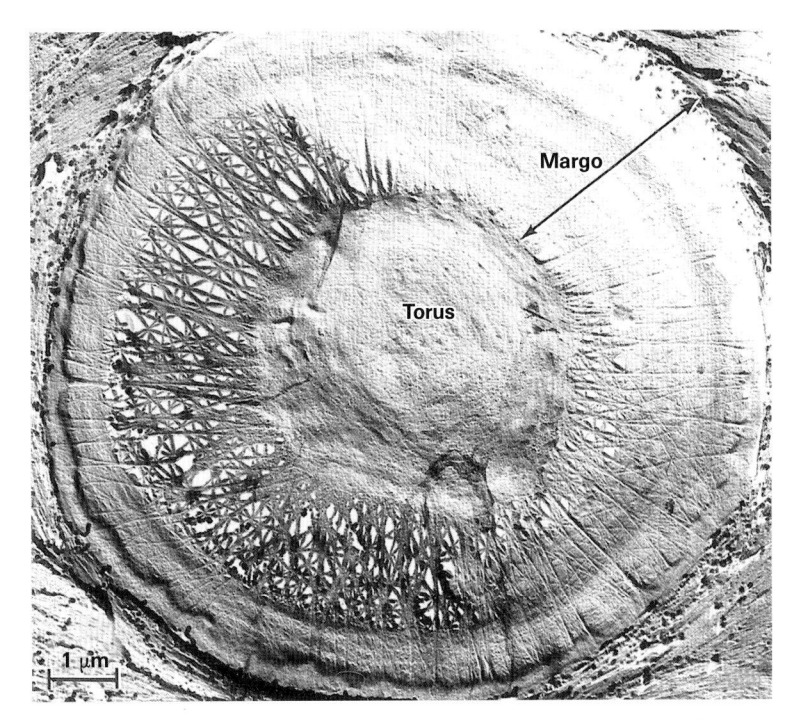

**Abb. 10.7** Rasterelektronenmikroskopische Aufnahme eines Hoftüpfels im Frühholz von *Pinus pungens*. Der Hof wurde durch die Präparation weggeschnitten, weshalb die Tüpfelmembran freigelegt ist. Die Tüpfelmembran besteht aus dem undurchlässigen Torus und einer sehr porösen Margo. Die Mikrofibrillen der Margo verlaufen vorrangig in radialer Richtung. (Dankenswerterweise von W. A. Côté Jr. zur Verfügung gestellt.)

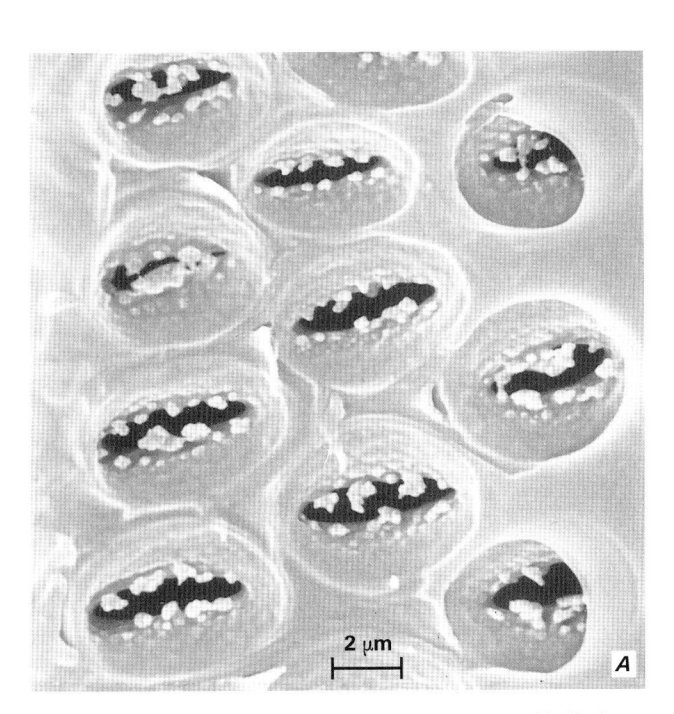

**Abb. 10.8** Verzierte Tüpfel in einem Gefäß von *Gleditsia triacantha*. **A**, Mittellamellenansicht; **B**, Ansicht aus dem Gefäßlumen. Die Anordnung dieser Tüpfel ist wechselständig. (Dankenswerterweise von P. Dayanandan zur Verfügung gestellt.)

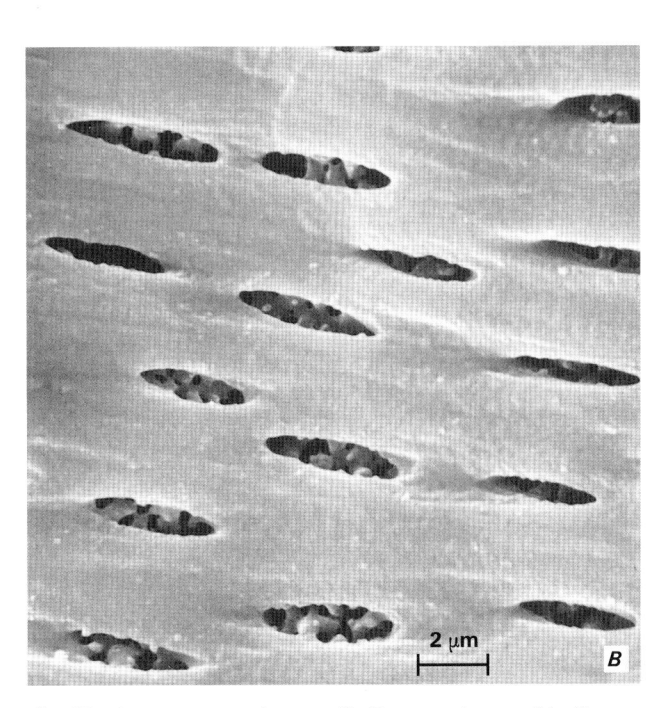

messer etwas größer ist als seine dazugehörige Tüpfelöffnung (Abb. 10.6A, B). Ein Torus ist von dem dünnen Teil der Tüpfelmembran, der aus Bündeln von Cellulosefibrillen aufgebauten **Margo**, umgeben; die meisten dieser radial verlaufenden Fibrillenbündel sind direkt mit dem Torus verbunden (Abb. 10.6A und 10.7). Eine derart offene Struktur der Margo entsteht während der Zelldifferenzierung durch Herauslösen der nicht-cellulosischen Matrix der Primärwand und Mittellamelle. Verdickungen von Mittellamelle und Primärwand, sogenannte **Crassulae** (Singular: *Crassula*, aus dem Lateinischen, kleine Verdickung zu lat. *crassus* = dick) können zwischen verschiedenen Tüpfeln vorkommen (nicht sichtbar in Abb. 10.6A). Die Margo ist keine starre Struktur. Über ihre Fäden kann sich der Torus zur einen oder anderen Hofseite bewegen, bis die Tüpfelöffnung mit dem Torus verschlossen ist (Abb. 10.6C). Mit dem Verschluss einer Tüpfelöffnung durch den Torus wird die Wasserleitung durch den Tüpfel unterbunden. Solche Tüpfel nennt man **verschlossen**. Ein Torus ist charakteristisch für die Hoftüpfel der Gnetophyta und Coniperophyta, kann in Einzelfällen aber unvollständig entwickelt sein. Tori oder Torus-ähnliche Strukturen wurden für einige Arten der Eudicotyledonen nachgewiesen (Parameswaran und Liese, 1981; Wheeler, 1983; Dute et al., 1990; 1996; Coleman et al., 2004; Jansen et al., 2004). Die Margo dieser Tüpfelmembranen unterscheidet sich von denen der Coniferen dadurch, dass sie anstelle der radial verlaufenden Bündel aus Cellulosefibrillen ein engmaschiges Netz aus Mikrofibrillen mit vielen kleinen Poren aufweist. In den Membranen der einseitig behöften Tüpfel zwischen Tracheiden und Parenchymzellen der Coniferen entwickelt sich kein Torus.

In manchen Eudicotyledonen zeigen die Kammern und/oder die Öffnungsbereiche der Tüpfel teilweise oder auch vollständig Auflagerungen in Form von sehr kleinen Erhebungen auf der Sekundärwand (Jansen et al., 1998, 2001). Meist verzweigt oder unregelmäßig geformt, werden diese Auflagerungen **Verzierungen** genannt; entsprechend heißen solche Tüpfel **verzierte Tüpfel** (Abb. 10.8). Verzierungen können in allen Zelltypen des sekundären Xylems vorkommen, müssen aber nicht immer in Verbindung mit Tüpfeln stehen, sondern finden sich bisweilen auch auf Zellwandinnenseiten, an Tüpfelfeldern und auf den spiraligen Wandverdickungen (siehe unten) von Gefäßen (Bailey, 1933; Butterfield und Meylan, 1980; Metcalfe und Chalk, 1983; Carlquist, 2001). Verzierungen kommen auch auf den Zellwänden der Gymnospermen-Tracheiden vor; sie sind zudem bei zwei Gruppen der Monocotyledonen nachgewiesen worden, insbesondere bei einigen Bambus- (Parameswaran und Liese, 1977) und Palmenarten (Hong und Killmann, 1992). Kleine, unverzweigte Erhebungen werden **Warzen** genannt und bilden sich auf den Tracheidenwänden von Gymnospermen sowie auf Gefäß- und Faserwänden von Angiospermen (Castro, 1988; Heady et al., 1994; Dute et al. 1996). Bisweilen wird davon ausgegangen, dass zwischen Verzierungen und Warzen kein Unterschied besteht; es wird daher empfohlen, die Begriffe Warzen und Warzenschicht durch die Begriffe Verzie-

rungen und Verzierungsschicht zu ersetzen (Ohtani et al., 1984).

Chemisch bestehen die meisten Verzierungen größtenteils aus Lignin (Mori et al., 1980; Ohtani et al., 1984; Harada und Côté, 1985). Dagegen fehlt Lignin in den Verzierungen einiger Fabaceae (Ranjani und Krishnamurthy, 1988; Castro, 1991). Als weitere chemische Bestandteile sind Hemicellulosen und geringe Mengen an Pectin nachgewiesen worden, Cellulose hingegen fehlt vollständig bei den Verzierungen (Meylan und Butterfield, 1974; Mori et al., 1983; Ranjani und Krishnamurthy, 1988).

Ein direkter Zusammenhang besteht zwischen dem Gefäßdurchbrechungstyp und dem Vorkommen von verzierten Tüpfeln: demnach besitzen alle Taxa mit Verzierungen gleichzeitig auch einfache Gefäßdurchbrechungen (Jansen et al., 2003). Daraus wird wiederum abgeleitet, dass verzierte Tüpfel zur hydraulischen Sicherheit beitragen. Dies wird damit erklärt, dass Verzierungen in der Tüpfelkammer die mögliche Ablenkung einer Tüpfelmembran aus der Mittelstellung einschränken, was gleichzeitig die Zunahme der Porosität einer Tüpfelmembran durch den hierbei entstehenden mechanischen Stress verhindert und dadurch auch die Wahrscheinlichkeit eines Luftdurchtritts durch die Membran vermindert (Choat et al., 2004).

Auf der Innenseite von Gefäßgliedern können sich Leisten in Form von mehr oder weniger spiralig verlaufende Strukturen, so genannten **spiraligen Wandverdickungen**, ausbilden, ohne dass diese die Tüpfel überdecken (Abb. 10.9). Im sekundären Xylem sind solche spiraligen Wandverdickungen häufi-

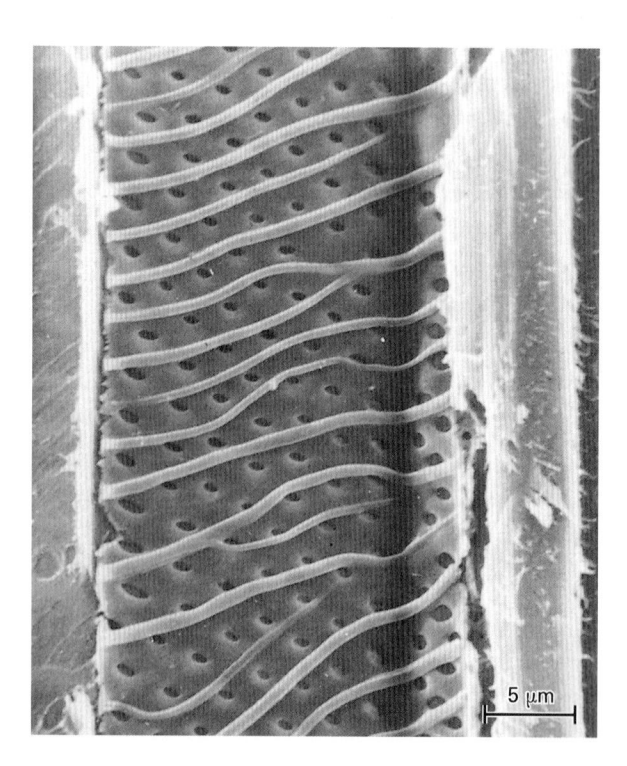

**Abb. 10.9** Rasterelektronenmikroskopische Aufnahme der Sekundärwand eines ausgereiften Gefäßes im Holz der Sommerlinde (*Tilia platyphyllos*) mit Tüpfeln und spiraligen Wandverdickungen. (Aus Vian et al., 1992.)

ger in Spätholzbereichen anzutreffen (Carlquist und Hoekman, 1985). Im Vergleich mit Baumarten der Tropen sind sie zudem häufiger in Baumarten der subtropischen und gemäßigten Klimazonen (Van der Graaff und Baas, 1974; Baas, 1986; Alves und Angyalossy-Alfonso, 2000; Carlquist, 2001).

Sperry und Hacke (2004) bemerken, dass Tracheiden- und Gefäßwände drei wichtige Funktionen besitzen. Sie (1) ermöglichen den Wasseraustausch zwischen benachbarten Leitungsbahnen, (2) verhindern den Lufteintritt aus luftgefüllten (embolierten) in wassergefüllte, also funktionstüchtige Elemente und (3) verhindern den Zellwandkollaps (Cochard, 2004), der als Folge des deutlichen Unterdruckes des Wasserstroms eintreten würde. Diese Funktionen übernehmen die lignifizierten Sekundärwände, indem sie den Leitelementen die nötige Festigkeit verleihen, sowie die Tüpfel, die den Wasserfluss zwischen zwei benachbarten Leitungsbahnen zulassen.

### 10.1.3 Gefäße sind effizientere Wasserleitbahnen als Tracheiden

Die höhere Effizienz der Gefäße als Wasserleitbahnen (Wang et al., 1992; Becker et al., 1999) lässt sich teilweise damit begründen, dass das Wasser relativ ungehindert über die Durchbrechungen ihrer Endwände von Gefäßglied zu Gefäßglied fließen kann. Dagegen muss das Wasser beim Übertritt von einer in die andere Tracheide an ihren gemeinsamen Wandabschnitten durch die Membranen der Tüpfelpaare. Beispielsweise sollen die Hoftüpfel der Tracheiden von *Tsuga canadensis* für ein Drittel des Gesamtwiderstandes gegen den Wasserfluss verantwortlich sein (Lancashire und Ennos, 2002). Die aus Torus und Margo aufgebaute Membran der Coniferentracheiden ist dagegen leitfähiger als die homogene Membran bei Gefäßtüpfeln (Hacke et al. 2004; Sperry und Hacke, 2004). Die Ursache für diese höhere Leitfähigkeit oder Effizienz der Coniferenhoftüpfel liegt in den deutlich größeren Poren der Margo.

Je weiter und länger Gefäße sind, desto höher ist ihre hydraulische Leitfähigkeit (oder desto niedriger ist der Widerstand gegenüber dem Wasserfluss). Vergleicht man die Wertigkeit dieser beiden Strukturparameter, so hat die Gefäßweite den bei weitem größeren Einfluss auf die Leitfähigkeit (Zimmermann, 1982, 1983). Die hydraulische Leitfähigkeit eines Gefäßes ist hinreichend proportional gegenüber der vierten Potenz ihres Radius (oder Durchmessers). Demnach würden von drei Gefäßen mit einem Verhältnis ihrer Durchmesser zueinander von 1, 2 und 4 die relativen Mengen an durchfließendem Wasser unter identischen Bedingungen um die Faktoren 1, 16 und 256 vervielfacht. Daraus wiederum ergibt sich, dass weitere Gefäße viel effizienter Wasser leiten als enge Gefäße. Allerdings nimmt mit zunehmendem Gefäßdurchmesser auch die Sicherheit des Wassertransportes ab.

Bei Chrysanthemum (*Dendranthema* x *grandiflorum*) verringert sich stammaufwärts mit jeden 0,34 m die hydraulische Leitfähigkeit um 50 % (Nijsse et al., 2001). Diese hängt sowohl von der abnehmenden Querschnittsfläche der Gefäße ab als auch von ihrer abnehmenden Länge. In Bezug auf die nach oben abnehmende Gefäßlänge in einem Stamm muss der Wasserstrom mehr Gefäß/Gefäß-Tüpfel pro Stammabschnitt überwinden. Nijsse et al. (2001) errechneten, dass die Gefäßlumina für ungefähr 70 % des hydraulischen Widerstandes verantwortlich sind und die Tüpfel für die restlichen 30 %.

Die Wassersäulen in den Leitungselementen (Gefäße und/ oder Tracheiden) des Xylems sind üblicherweise unter Zugspannung und daher anfällig gegenüber **Cavitation**. Darunter versteht man die Bildung kleiner Hohlräume im Lumen, wodurch die Wassersäulen unterbrochen werden. Cavitation kann eine **Luft-Embolie** auslösen. Ausgehend von einem Gefäßglied kann sich das gesamte Gefäß rasch mit Wasserdampf und Luft füllen (Abb. 10.10). Dieser Vorgang macht ein Gefäß für

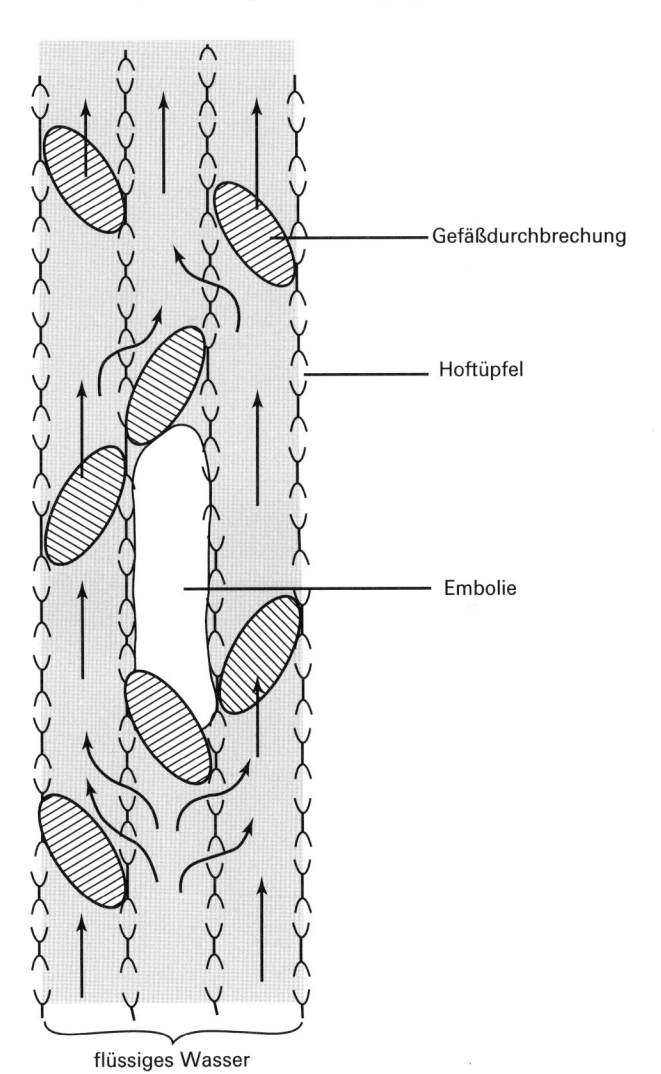

**Abb. 10.10** Umgehung eines embolisierten Gefäßgliedes. Eine Embolie, die durch lokale Wasserdampfbildung verursacht wurde, blockiert den Transport von Wasser durch ein einzelnes Gefäßglied. Das Wasser kann jedoch das embolisierte Gefäßglied umgehen, indem es über die Hoftüpfel in benachbarte Gefäße wandert. Die hier dargestellten Gefäßglieder besitzen leiterförmige Gefäßdurchbrechungen. (Aus Raven et al., 2005.)

die Wasserleitung funktionsunfähig. Vor dem Hintergrund, dass weite Gefäße üblicherweise länger sind als enge, ist es für eine Pflanze hinsichtlich der Wasserleitung sicherer, weniger weite als enge Gefäße zu haben (Comstock und Sperry, 2000). Wegen ihrer recht großen Leitelemente im Xylem sind Wurzeln gegenüber der Entstehung von Cavitation prinzipiell anfälliger als Stämme oder Zweige (Mencuccini und Comstock, 1997; Linton et al., 1998; Kolb und Sperry, 1999; Martinez-Vilalta et al., 2002).

Obwohl die Tüpfelmembranen dem Wasserfluss zwischen Leitelementen einen erheblichen Widerstand entgegensetzen, sind sie äußerst wichtig im Hinblick auf die Sicherheit des Wassertransportes. Durch die Oberflächenspannung des Wasser/Luft-Meniskus, der die kleinen Poren in der Hoftüpfelmembran zwischen zwei Gefäßen überspannt, wird üblicherweise verhindert, dass sich Luftbläschen durch die Poren drücken, womit die Luftembolie auf ein einzelnes Gefäß beschränkt bleibt (Abb. 10.11; Sperry und Tyree, 1988). In den Tracheiden der Coniferen werden die Luftbläschen am Übertritt von einer in die nächste Tracheide durch Verschließen der Hoftüpfel gehindert. Hierbei legt sich der Torus der Membran von innen auf den Porus und blockiert ihn.

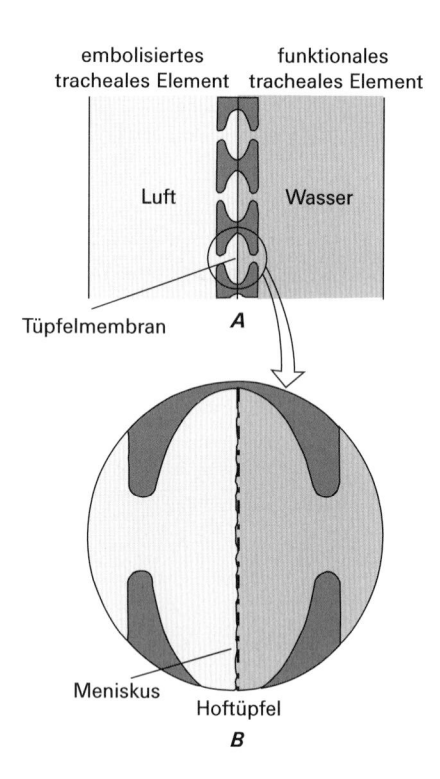

**Abb. 10.11** Schemazeichnung von Hoftüpfeln zwischen zwei trachealen Elementen, von denen eines embolisiert und folglich funktionsuntüchtig ist (**A**). **B**, Ausschnitt eines Hoftüpfels mit Tüpfelmembran. Wenn ein tracheales Element embolisiert ist, so wird verhindert, dass sich die Embolie auf angrenzende funktionsfähige Elemente ausdehnt, und zwar durch die Oberflächenspannung des Luft-Wasser-Meniskus, der die Poren in der Membran überspannt. Die hier gezeigten Tüpfel haben keinen Torus. (Aus Raven et al., 2005.)

Frost und Trockenheit sind größtenteils für die Entstehung einer Cavitation verantwortlich (Hacke und Sperry, 2001). Im Winter und während der Wachstumsperiode werden die meisten Luftembolien in Holzpflanzen der gemäßigten Breiten als eine Folge von Auftauvorgängen angesehen (Cochard et al., 1997). Der Xylemsaft enthält gelöste Luft, die im gefrorenen Zustand in Form kleiner Bläschen eingeschlossen wird. Es gibt hinreichend Anhaltspunkte dafür, dass weite Gefäße empfänglicher für eine frostbedingte Embolie sind als enge Gefäße oder gar die Tracheiden der Coniferen (Sperry und Sullivan, 1992; Sperry et al., 1994; Tyree et al., 1994). Sperry und Sullivan (1992) bemerken zudem, dies sei womöglich die Ursache für die abnehmende Größe der Leitungsbahnen entlang zunehmender Breitengrade und zunehmender Meereshöhe (Baas, 1986), das seltene Vorkommen holziger Kletterpflanzen mit ihren weiten Gefäßen in Regionen höherer Breitengrade (Ewers, 1985; Ewers et al., 1990) sowie die Dominanz von Coniferen mit ihren engen Tracheiden in kaltem Klima (siehe Maherali und DeLucia, 2000 sowie Stout und Sala, 2003, und die hier im Zusammenhang mit der Xylemverletzlichkeit von Coniferen zitierte Literatur).

Durch Trockenheit verursachter Wasserstress erhöht die Zugspannung im Xylemsaft. Wenn diese Zugkraft den Wert der Oberflächenspannung des Luft/Wasser-Meniskus an den Poren der Tüpfelmembranen überschreitet, wird Luft in ein funktionsfähiges Leitelement eingesogen (Sperry und Tyree, 1988). Diesen Vorgang nennt man die Bildung von **Luftkeimen** (Zimmermann, 1983; Sperry und Tyree, 1988). Die größten Poren sind am anfälligsten gegenüber einem Lufteinbruch. Demnach ist eine Pflanze immer dann gegenüber einer Embolie am stärksten gefährdet, wenn sich ein Gefäß oder eine Tracheide durch Beschädigung mit Luft füllt (beispielsweise durch Wind oder Schädigung durch Herbivoren). In Coniferen erfolgt die Luftkeimbildung wahrscheinlich dann, wenn der Druckunterschied zwischen zwei benachbarten Tracheiden hinreichend groß ist, um den Torus aus seiner Stellung zu reißen (Sperry und Tyree, 1990).

Vielfach wurde über mögliche Mechanismen diskutiert, die zur Wiedererlangung der hydraulischen Leitfähigkeit im Xylem nach einer Embolie führen (Salleo et al., 1996; Holbrook und Zwieniecki, 1999; Tyree et al., 1999; Tibbetts und Ewers, 2000; Zwieniecki et al., 2001a; Hacke und Sperry, 2003). Für die Buche (*Fagus sylvatica*) werden zwei Mechanismen zur Wiedererlangung ihrer hydraulischen Leitfähigkeit nach einer Winterembolie verantwortlich gemacht (Cochard et al., 2001b). Einer dieser Mechanismen wirkt zu Beginn des Frühjahrs vor dem Knospenaufbruch und ist an einen positiven Xylemdruck am Stammfuß gebunden. Ein solcher positiver Druck löst aktiv eine Embolie auf. Der zweite Mechanismus wirkt nach dem Knospenaufbruch und ist an die einsetzende Cambialaktivität gekoppelt. In dieser Zeit werden Gefäße mit Embolien durch neue, funktionstüchtige Gefäße ersetzt. Nach Cochard et al. (2001b) ergänzen sich diese beiden Mechanismen gegenseitig: der erste kommt meist in Wurzeln und Stamm vor, während der zweite vorrangig in den jungen diesjährigen Sprossabschnitten wirksam ist. In einer weiteren Untersuchung wird beschrieben, dass in Ästen von Birke (*Betula* spp.) und Erle (*Alnus* spp.) eine Winterembolie rückgängig gemacht wird, indem die Gefäße durch den positiven Wurzeldruck im Frühjahr erneut gefüllt werden, während die Äste der Gambel-Eiche (*Quercus gambelii* / „Utah white" oak)) bei der Wiederherstellung ihrer hydraulischen Leitfähigkeit auf die Neubildung funktionsfähiger Gefäße angewiesen sind (Sperry et al., 1994). Wie die Buche sind auch Birke und Erle zerstreutporige Baumarten, wohingegen die Gambel-Eiche zu den ringporigen Baumarten zählt.

Obwohl dem positiven Druck in der Wurzel schon seit geraumer Zeit eine Rolle bei der Wiederbefüllung embolisierter Xylemelemente zugeschrieben wird (Milburn, 1979), gibt es Berichte, dass embolisierte Gefäße auch ohne Wurzeldruck und bei nachgewiesenem negativem Druck erneut gefüllt werden können (Salleo et al., 1996; Tyree et al., 1999; Hacke und Sperry, 2003). Embolien ereignen sich täglich bei vielen Gefäßen in Spross (Canny, 1997 a, b) und Wurzel (McCully et al., 1998; Buchard et al., 1999; McCully, 1999) transpirierender krautiger Pflanzen. Bislang wurde allgemein angenommen, dass embolisierte Gefäße nur nach Beendigung der Transpiration wiederbefüllt werden können, jedoch wurde bei mehrjährigen Pflanzen dies auch während der Transpiration bei negativem Druck des Xylemsafts nachgewiesen. Die Schlussfolgerungen aus diesen Befunden wurden mehrfach angezweifelt, weil die beobachteten Embolien als Artefakte durch das Einfrieren bei der Probenpräparation (Cryomikroskopie) angesehen werden (Cochard et al., 2001a; Richter, 2001; siehe jedoch Canny et al., 2001).

Die Strukturierung der Gefäßwände und Gefäßdurchbrechungen kann die Anfälligkeit gegenüber einer Embolie beeinflussen. Spiralige Wandverdickungen werden beispielsweise für ein geringeres Embolierisiko verantwortlich gemacht, weil mit der Oberflächenvergrößerung auch eine stärkere Bindung des Wassers an die Gefäßwand einhergeht (Carlquist, 1983). Spiralige Wandverdickungen können ferner die Wasserleitfähigkeit enger Gefäße steigern, was zudem ihr bevorzugtes Vorkommen in engen Spätholzgefäßen erklären soll (Roth, 1996). Leiterförmigen Gefäßdurchbrechungen wird die Eigenschaft zugeschrieben, Luftblasen am Durchtritt in benachbarte Gefäßglieder zu hindern, wodurch das Blockieren eines ganzen Gefäßes verhindert wird (Zimmermann, 1983; Sperry, 1985; Schulte et al., 1989; Ellerby und Ennos, 1998). Obwohl der Widerstand einfacher Gefäßdurchbrechungen gegenüber dem Wasserstrom zwar niedriger ist als bei so gut wie allen leiterförmigen Gefäßdurchbrechungen, behindern diese -auch solche mit sehr geringen Durchbrechungen- den Wasserfluss nur geringfügig (Schulte et al., 1989). Ungeachtet des Typs der Gefäßdurchbrechung ist die Gefäßwand für den weitaus größten Anteil des Flusswiderstands verantwortlich (Ellerby und Ennos, 1998).

## 10.1.4 Fasern sind spezialisierte Festigungselemente des Xylems

Fasern sind lange Zellen mit meist deutlichen und üblicherweise lignifizierten Sekundärwänden. Die Wände variieren in ihrer Dicke, sind aber zumeist dicker als die Wände der Tracheiden im gleichen Holz. Es gibt zwei Fasertypen, die so genannten Fasertracheiden und die Libriformfasern (Kapitel 8). Wenn beide in dem gleichen Holz vorkommen, dann ist die Libriformfaser im Vergleich zu Fasertracheiden stets länger und besitzt dickere Zellwände. Die Fasertracheiden (Abb. 10.5 N, O) haben Hoftüpfel mit kleineren Tüpfelkammern als bei entsprechenden Tüpfeln von Tracheiden oder Gefäßen (Abb. 10.5 P, Q) des gleichen Holzes. Diese Tüpfel kennzeichnet ein Tüpfelkanal mit kreisrunder Öffnung zum jeweiligen Lumen und schlitz-ähnlicher Öffnung nach innen (Kapitel 4).

Die Tüpfel einer Libriformfaser haben eine schlitz-ähnliche Öffnung zum Zelllumen und einen Kanal in Form eines stark gestauchten Trichters, jedoch keine Tüpfelkammer (Abb. 10.5 L, M). Mit anderen Worten, diese Tüpfel haben keinen Hof und sind daher einfache Tüpfel. Der Vorschlag, die Tüpfel der Libriformfasern als einfach zu bezeichnen, erfordert eine schärfere Unterscheidung als bislang vorgenommen. Die faserförmigen Xylemzellen zeigen hinsichtlich ihrer Tüpfel zahlreiche Übergangsformen zwischen solchen mit ausgeprägtem und solchen mit zurückgebildetem Hof bis hin zum Fehlen eines Hofes. Die Zellformen mit erkennbar behöften Tüpfeln werden der Einfachheit halber in die Gruppe der Fasertracheiden eingeordnet (Panshin und de Zeeuw, 1980).

Libriformfasern und Fasertracheiden können Septen ausbilden (Kapitel 8). Septierte Fasern (Abb. 8.6 A; siehe auch Abb. 10.15), die in Eudicotyledonen und besonders in tropischen Laubbäumen weit verbreitet sind, behalten auch im ausdifferenzierten Zustand ihre Protoplasten (Kapitel 11) und sind an der Reservestoffspeicherung beteiligt (Frison, 1948; Fahn und Leshem, 1963). Damit ähneln solche lebenden Fasern in Struktur und Funktion den Parenchymzellen im Xylem. Eine Unterscheidung zwischen diesen beiden Zelltypen ist besonders schwierig, wenn die Parenchymzellen auch eine Sekundärwand und Septen ausbilden. Die Erhaltung des Protoplasten in Fasern ist aus der Sicht der Evolution eine Weiterentwicklung (Bailey, 1953; Bailey und Srivastava, 1962). Funktionelle Beziehungen zwischen lebenden Fasern und Parenchymzellen werden auch dadurch deutlich, dass in einem Xylem mit lebenden Fasern das Axialparenchym nur schwach ausgebildet ist oder sogar fehlt (Money et al., 1950).

Eine weitere Modifizierung von Fasertracheiden und Libriformfasern sind die so genannten gelatinösen Fasern (Kapitel 8). Gelatinöse Fasern (Abb. 8.7; siehe auch Abb. 10.15) kommen gewöhnlicherweise im Reaktionsholz der Eudicotyledonen vor (Kapitel 11).

## 10.1.5 Lebende Parenchymzellen kommen sowohl im primären als auch im sekundären Xylem vor

Parenchymzellen des sekundären Xylems kann man grundsätzlich in zwei Arten unterteilen, nämlich das **axiale Parenchym** und das **Strahlparenchym** (siehe Abb. 10.16). Axialparenchymzellen gehen unmittelbar aus den länglichen fusiformen Initialzellen des Cambiums hervor, weshalb ihre Längsachsen in Stamm und Wurzel stets vertikal verlaufen. Wenn sich ein Abkömmling einer Cambiumzelle in eine Parenchymzelle ausdifferenziert, ohne eine Quer- oder Schrägteilung durchzuführen, dann entsteht eine **fusiforme Parenchymzelle**. Führt eine Cambiumzelle hingegen quer oder schräg verlaufende Zellteilungen durch, dann bildet sich ein **Parenchymstrang**. Parenchymstränge finden sich im Xylem häufiger als fusiforme Parenchymzellen. Bei keinem der beiden Zelltypen erfolgt intrusives Wachstum. Die Längsachsen der Strahlparenchymzellen, die von den relativ kurzen Strahlinitialen des Cambiums abstammen, können vertikal oder horizontal zur Stamm- bzw. Wurzelachse verlaufen (Kapitel 11).

Strahl- und Axialparenchymzellen des sekundären Xylems haben typischerweise lignifizierte Sekundärwände. Die Tüpfelpaare zwischen zwei Parenchymzellen können behöft, einseitig behöft oder einfach sein (Carlquist, 2001), wobei sie jedoch in den allermeisten Fällen einfach sind (Abb. 10.5 H-J). Parenchymzellen mit besonders dicken Sekundärwanden heißen sklerotische Zellen oder Sklereiden.

Die Parenchymzellen des Xylems enthalten verschiedenste Stoffe im Rahmen ihrer Funktion als Speicherorte, insbesondere Nährstoffreserven in Form von Stärke und Fetten. In vielen Laubbaumarten der gemäßigten Zonen wird Stärke im Spätsommer oder Frühherbst gespeichert, während in der Ruhephase im Winter bei niedrigen Temperaturen der Stärkegehalt durch Umwandlung in Saccharose abnimmt (Zimmermann und Brown, 1971; Kozlowski und Pallardy, 1997a; Höll, 2000). Die Auflösung der Stärke während der Winterruhe ist vorrangig ein Schutz gegen Frostschäden (Essiamah und Eschrich, 1985). Die Stärke wird aber zum Ende der Winterruhe im zeitigen Frühjahr erneut aufgebaut und nachfolgend deponiert. Der Stärkegehalt nimmt dann erneut ab, wenn die Reservestoffe für das einsetzende Wachstum zu Beginn der Vegetationsperiode benötigt werden. Die Gehalte an Fetten und Speicherproteinen schwanken ebenfalls entsprechend des saisonalen Bedarfs (Fukazawa et al., 1980; Kozlowski und Pallardy, 1997b; Höll, 2000).

Tannine und Kristalle sind häufige Inhaltsstoffe in den Parenchymzellen (Scurfield et al., 1973; Wheeler et al., 1989; Carlquist, 2001). Kristallformen und ihre Anordnungen können wichtige Merkmale im Rahmen der Holzartenbestimmung sein. Prismatische (rhombische) Kristalle sind die häufigsten Kristallformen im Holz. Parenchymzellen, die Kristalle enthalten, besitzen häufig lignifizierte Sekundärwände und können gekammert oder durch Septen unterteilt sein, wobei jede Kammer einen einzigen Kristall enthält. Solche Zellen können um die Kristalle eine aus Sekundärwandmaterial aufgebaute Schicht anlegen. Zumeist ist diese Schicht ziemlich dünn, sie kann aber auch so dick sein, dass sie den gesamten Raum zwischen Primärwand und Kristall ausfüllt. Bei krautigen Pflanzen und jungen Zweigen von Holzpflanzen finden sich in den Parenchymzellen des Xylems oft Chloroplasten, insbesondere in den Strahlparenchymzellen (Wiebe, 1975).

## 10.1.6 Bei einigen Arten entwickeln Parenchymzellen Vorwölbungen, die in benachbarte Gefäße einwachsen, so genannte Thyllen

Im sekundären Xylem können sowohl Axial- als auch Strahlparenchymzellen Vorwölbungen ausbilden, die durch die Tüpfel in die Lumina benachbarter Gefäße eindringen, wenn diese außer Funktion treten und ihren inneren Druck verlieren (Abb. 10.12). Diese Auswüchse nennt man **Thyllen** (sing. **Thylle**), und die Parenchymzellen, von denen die Bildung ausgeht, heißen **Kontaktzellen** (Braun, 1967, 1983), weil sie im wahrsten Sinne des Wortes in direktem Kontakt zu den Gefäßen stehen (siehe auch Kapitel 11). Kontaktzellen zeichnen sich durch eine cellulosearme und pectinreiche sowie locker fibrilläre innerste Wandschicht aus, die vom Protoplasten nach Vervollständigung der Sekundärwand angelegt wird (Czaninsky, 1977; Gregory, 1978; Mueller und Beckman, 1984). Diese **Schutzschicht**, im Englischen "**Protective Layer**" genannt, befindet sich zwar auf allen Wandinnenflächen der Kontaktzelle, sie ist jedoch besonders dick entlang der Kontaktzone zu einem benachbarten Gefäß, und dort vor allem an der Membran der gemeinsamen Tüpfel.

Zu Beginn der Thyllenbildung wölbt sich die Schutzschicht der Parenchymzelle durch den Tüpfel in das Gefäßlumen als junge Thylle (Abb. 10.13). Das Cytoplasma erweitert sich entsprechend und mit zunehmender Größe einer Thylle kann auch der Zellkern in die Thylle einwandern. Das Thyllenwachstum scheint hormonal kontrolliert zu werden (VanderMolen et al., 1987). Thyllen speichern eine Vielzahl von Stoffen und können Sekundärwände ausbilden. Einige entwickeln sich sogar zu Sklereiden. Thyllen finden sich selten, wenn die Tüpfelöffnung auf der Gefäßseite kleiner als 10 μm im Durchmesser ist (Chattaway, 1949). Hieraus wird abgeleitet, dass die Thyllenbildung rein physikalisch durch einen minimalen Tüpfeldurchmesser im Kontaktbereich zwischen Parenchymzelle und Gefäß begrenzt wird (van der Schoot, 1989). Auch im primären Xylem finden sich Thyllen (Czaninski, 1973; Catesson et al., 1982; Canny, 1997c; Keunecke et al., 1997).

Kommen Thyllen sehr zahlreich in einem Gefäßglied vor, so kann das gesamte Lumen ausgefüllt werden. In einigen Baumarten werden sie dann gebildet, wenn die Gefäße funktionsuntüchtig werden (Abb. 10.12 A, D). Thyllenbildung kann auch durch eindringende Pathogene ausgelöst werden und wirkt dann als Abwehr gegen die Ausbreitung des Pathogens in der

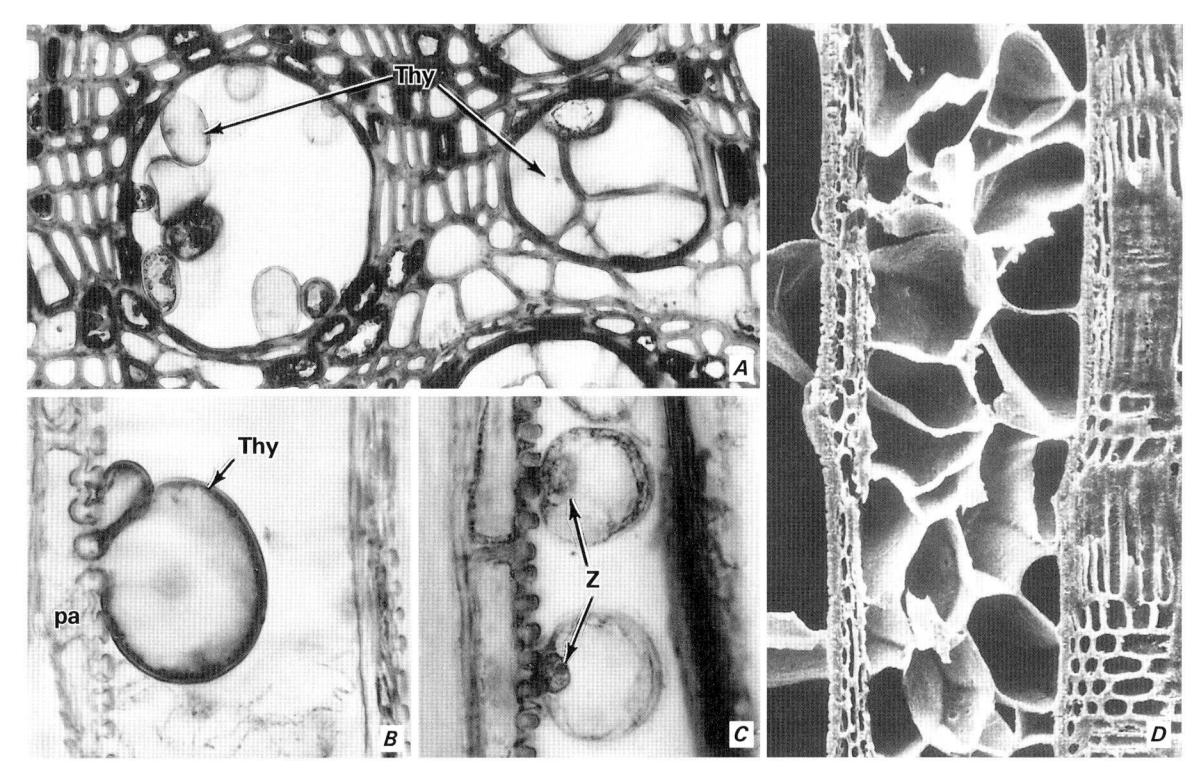

**Abb. 10.12** Thyllen (Thy) in Gefäßen von *Vitis* (Weinrebe, **A–C**) und *Carya ovata* (Schuppenrinden-Hickory) im Quer- (**A**) und Längsschnitt (**B-D**). **A**, links, junge Thyllen; rechts, Gefäß vollständig mit Thyllen ausgefüllt. **B**, Kontinuum zwischen den Lumina von Thyllen und Parenchymzelle. **C**, Zellkerne (Z) wanderten aus den Parenchymzellen in die Thyllen. **D**, rasterelektronenmikroskopische Aufnahme eines mit Thyllen ausgefüllten Gefäßes. (**A**, x290; **B**, **C**, x750; **D**, x170. **D**, dankenswerterweise von Irvin B. Sachs zur Verfügung gestellt.)

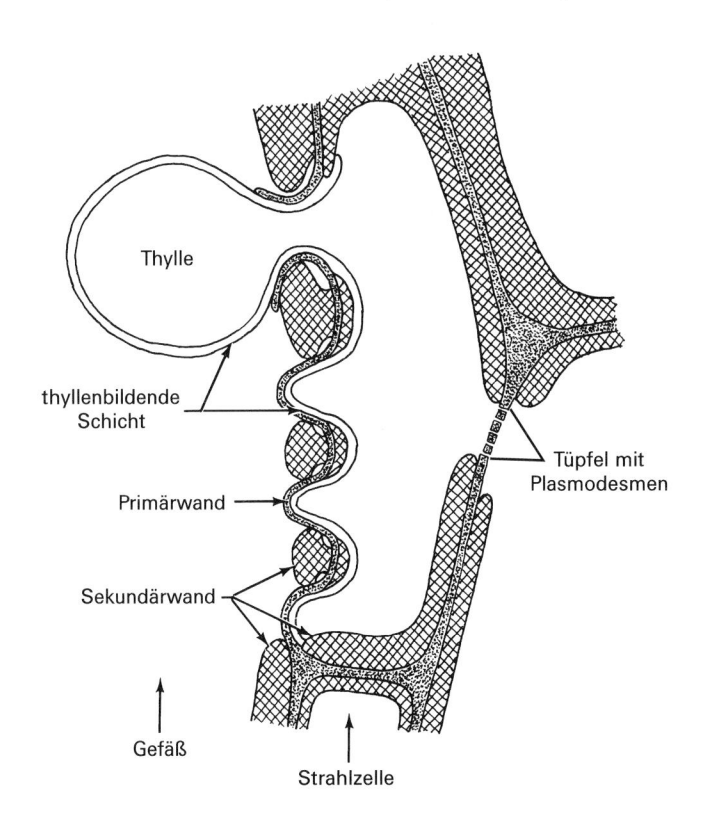

**Abb. 10.13** Schema einer Strahlzelle mit Thylle, die sich durch den Tüpfel in das Gefäßlumen vorgewölbt hat. Die thyllenbildende Schicht wird auch als Schutzschicht (*Protective Layer*) bezeichnet. (Aus Esau, 1977.)

Pflanze über das Xylem (Beckman und Talboys, 1981; Mueller und Beckman, 1984; VanderMolen et al., 1987; Clérivet et al., 2000). Bei *Fusarium*-infizierten Bananenpflanzen erfolgt die Thyllenbildung ohne Beteiligung der „Protective Layer" (VanderMolen, 1987).

## 10.2 Die phylogenetische Spezialisierung der trachealen Elemente und Fasern

Das Xylem nimmt eine herausragende Stellung unter den Pflanzengeweben ein, da es durch seine anatomischen Gegebenheiten eine wichtige Rolle in Bezug auf Taxonomie und Phylogenie spielt. Die Spezialisierungslinien der verschiedenen Strukturmerkmale sind für das Xylem sehr viel besser ermittelt als für andere Gewebe. Unter den Einzellinien wiederum sind solche, welche die Evolution der trachealen Elemente betreffen, besonders eingehend untersucht.

Die Tracheide ist ein primitiveres Element als das Gefäßglied. Sie ist der einzige Typ eines trachealen Elementes bei fossilen Samenpflanzen (Stewart und Rothwell, 1993; Taylor und Taylor, 1993) sowie bei den meisten rezenten samenlosen Gefäßpflanzen und Gymnospermen (Bailey und Tupper, 1918; Gifford und Foster, 1989).

Die Spezialisierung der trachealen Elemente läuft parallel zur Trennung von Leitungs- und Festigungsfunktion, die im Verlauf der Entwicklung von Gefäßpflanzen auftritt (Bailey, 1953). In einem weniger spezialisierten Stadium sind Leitung und Festigung in der Tracheide vereint. Mit zunehmender Spezialisierung entwickelten sich Leitelemente – die Gefäßglieder – mit einer gesteigerten Effizienz in Bezug auf die Leitungsfunktion im Vergleich zur Festigung. Im Gegenzug entwickelten sich Fasern mit vorrangiger Festigungsfunktion. Demnach zweigen von den primitiven Tracheiden zwei Spezialisierungslinien ab, eine in Richtung der Gefäße und eine in Richtung der Fasern (Abb. 10.14).

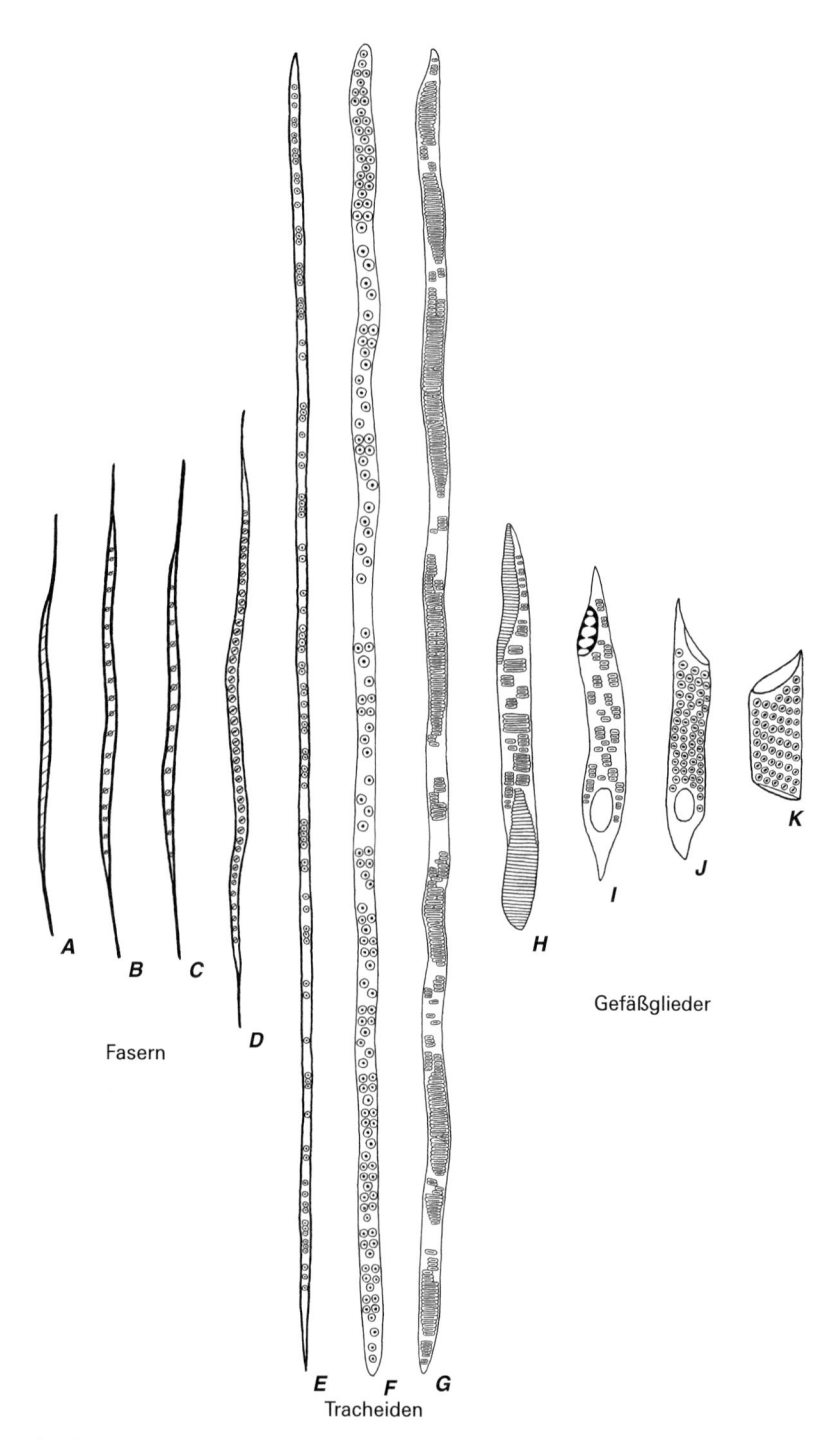

**Abb. 10.14** Hauptlinien der Spezialisierung von Gefäßgliedern und Fasern. **E–G**, lange Tracheiden primitiver Hölzer (**G**, verkürzt dargestellt). **E, F**, kreisförmige Hoftüpfel; **G**, länglich-ovale Hoftüpfel in leiterförmiger Anordnung. **D–A**, Entwicklung der Fasern: Längenabnahme, Verkleinerung des Tüpfelhofes und Veränderungen in Form und Größe der inneren Tüpfelöffnungen. **H-K**, Entwicklung der Gefäßglieder: Längenabnahme, zunehmende Querstellung der Endwände, Übergang von leiterförmigen zu einfachen Gefäßdurchbrechungen sowie von gegenständiger zu wechselständiger Tüpfelanordnung. (Nach Bailey und Tupper, 1918.)

Gefäßglieder haben sich unabhängig in manchen Farnen entwickelt, einschließlich der Urfarne (*Psilotum nudum* und *Tmesipteris obliqua*) (Schneider und Carlquist, 2000c; Carlquist und Schneider, 2001), in *Equisetum* (Bierhorst, 1958), *Selaginella* (Schneider und Carlquist, 2000a, b), den Gnetophyta (Carlquist, 1996a), den Monocotyledonen und „Dicotyledonen" (Austrobaileyales, Magnoliidae und Eudicotyledonen). Bei den Eudicotyledonen entstanden die Gefäßglieder mit entsprechender Spezialisierung zuerst im sekundären Xylem, dann im späten primären Xylem (Metaxylem) und schließlich im frühen primären Xylem (Protoxylem). Im primären Xylem der Monocotyledonen entwickelten und spezialisierten sich die Gefäßglieder ebenfalls zuerst im Metaxylem und dann erst im Protoxylem; außerdem bildeten sich die Gefäßglieder hier zuerst in den Wurzeln und später erst auch in dieser zeitlichen Abfolge in Stamm, Infloreszenzachsen und Blättern (Cheadle, 1953; Fahn, 1954). Der Zusammenhang zwischen erstem Vorkommen von Gefäßen in Eudicotyledonen und der vorrangigen Entwicklung in entsprechenden Pflanzenorganen ist noch nicht vollständig geklärt, es gibt jedoch Anzeichen für eine zeitlich verzögerte Umsetzung einzelner Evolutionsschritte in Blättern, Blütenorganen und Sämlingen (Bailey, 1954).

Im sekundären Xylem der Eudicotyledonen gingen die Arten mit Gefäßgliedern aus solchen mit leiterförmig angeordneten Hoftüpfeln in ihren Tracheiden hervor (Bailey, 1944). Der entsprechende Übergang von einem gefäßlosen in einen Gefäße enthaltenden Zustand bedingt den teilweisen Verlust der Tüpfelmembranen in einem Wandabschnitt mit mehreren Hoftüpfeln. Folglich entwickelte sich aus einem getüpfelten Wandbereich eine leiterförmige Gefäßdurchbrechung (Abb. 10.14 G, H). Überbleibsel von Membranen finden sich noch in den Gefäßdurchbrechungen vieler primitiver Eudicotyledonen, weshalb solche Strukturmerkmale als primitiv eingestuft werden (Carlquist, 1992, 1996b, 2001). Der Übergang von einer Tracheide zu einem Gefäß ist nicht immer scharf abgegrenzt, da es zahlreiche Übergangsformen gibt (Carlquist und Schneider, 2002).

## 10.2.1 Die Hauptlinien in der Evolution von Gefäßgliedern sind eng verbunden mit der Abnahme der Gefäßglied-Länge

1. **Die Abnahme der Gefäßlänge.** Die am deutlichsten festgestellte Linie in der Evolution von Gefäßgliedern ist deren Längenabnahme (Abb. 10.14 H-K). Längere Gefäßglieder finden sich in mehr primitiven Gruppen (solche mit zahlreichen primitiven Blütenmerkmalen), kürzere Gefäßglieder hingegen in mehr spezialisierten Gruppen (solche mit zahlreichen spezialisierten Blütenmerkmalen). Die während der Evolution hervorgebrachte Abfolge von Gefäßgliedertypen im sekundären Xylem der Eudicotyledonen begann mit langen, leiterförmig getüpfelten Tracheiden, die ähnlich sind denen in primitiven Eudicotyledonen. Auf diese Tracheiden folgten lange, schmale Gefäßglieder mit sich deutlich verjüngenden Enden. Danach kam es zu einer fortschreitenden Verkürzung der Gefäßglieder, die ein phylogenetisch besonders einheitliches Merkmal in der Evolution aller Gefäßpflanzen darstellt (Bailey, 1944). Andere Entwicklungslinien, die im Verlauf der Evolution von Gefäßgliedern vorkommen, werden hinsichtlich ihrer Bedeutung stets mit der Abnahme der Gefäßgliedlänge verglichen.

2. **Von schräg gestellten zu quer verlaufenden Endwänden.** Im Zuge der Verkürzung der Gefäßglieder verändert sich die Stellung ihrer Endwandbereiche von anfangs schräg bis schließlich quer stehend. Auf diese Weise bilden sich allmählich klar erkennbare Endwände mit sich verringernder Schrägstellung, die im strikten Gegensatz zu den spitz auslaufenden Enden der Tracheiden stehen.

3. **Von leiterförmigen zu einfachen Gefäßdurchbrechungen.** In den primitiveren Entwicklungsstadien waren die Gefäßdurchbrechungen leiterförmig mit zahlreichen Stegen und ähnelten einer Zellwand mit leiterförmig angeordneten Hoftüpfeln, die jedoch keine Membranen mehr enthielten. Mit fortschreitender Spezialisierung bildeten sich die Tüpfelhöfe zurück, und es erfolgte dann eine Reduzierung der Anzahl der Stege, bis schließlich keine Stege mehr ausgebildet wurden. Damit wandelte sich ein ursprünglich getüpfelter Zellwandbereich in eine leiterförmige Gefäßdurchbrechung, die sich dann später in eine einfache Gefäßdurchbrechung mit einer einzigen Öffnung umbildete (Abb. 10.14 G-I).

4. **Von leiterförmig zu wechselständig angeordneten Hoftüpfeln.** Auch die Tüpfelung der Gefäßwände änderte sich im Verlauf der Evolution. Bei den Gefäß/Gefäß-Tüpfeln wurden die leiterförmig angeordneten Hoftüpfel durch solche in gegenständiger und dann durch solche in wechselständiger Anordnung ersetzt (Abb. 10.14 H-K). Tüpfelpaare zwischen Gefäßen und Parenchymzellen veränderten sich von behöft über einseitig-behöft bis hin zu einfachen Tüpfeln.

5. **Von einem eckigen zu einem runden Gefäß (Ansicht im Querschnitt).** Bei den Gefäßen der Eudicotyledonen wird ein eckiger Querschnitt eher einem primitiven Stadium zugeordnet, während runde Gefäße eher einen höher spezialisierten Zustand anzeigen. Interessanterweise besteht bei Gefäßen ein direkter Zusammenhang zwischen ihrer Eckigkeit und kleinen Durchmessern. Gefäße mit rundem Umfang haben demgegenüber eher weite Lumina.

Vermutlich verläuft eine derartige phylogenetische Spezialisierung der Gefäßglieder in Richtung Effizienzsteigerung der Wasserleitung oder auch Sicherheit, obwohl die Beziehungen zwischen den einzelnen Entwicklungslinien und ihrem Anpassungswert nicht immer klar erkennbar sind. Beispielsweise gibt es wenig Übereinstimmung hinsichtlich der Zweckmäßigkeit verkürzter Gefäßgliedlängen, obwohl die kürzeren Gefäßglieder der Eudicotyledonen vornehmlich in Pflanzen trockener Lebensräume vorkommen und nicht in Pflanzen nass-feuchter Lebensräume (Carlquist, 2001). Der Anpassungswert der Tüpfelanordnung, die sich von leiterförmig über gegenständig zu wechselständig veränderte, scheint sich eher günstig auf die mechanische Festigkeit der Gefäßwände auszuwirken als auf die Leitfähigkeit und Sicherheit (Carlquist, 1975). Unbestritten ist dagegen die Entwicklung hin zu weitlumigeren Gefäßgliedern, die offenkundig mit einer Erhöhung der Leitungskapazität einhergeht.

### 10.2.2 Es gibt auch Abweichungen von diesen Linien der Evolution bei Gefäßgliedern

Die in den vorangegangenen Abschnitten diskutierten Evolutionslinien in der Spezialisierung von Gefäßgliedern müssen nicht notwendigerweise in striktem Zusammenhang zu bestimmten Pflanzengruppen stehen. So können einige dieser Entwicklungen beschleunigt ablaufen, andere hingegen verzögert sein, so dass mehr oder weniger stark ausgeprägte Merkmale durchaus auch kombiniert vorkommen. Darüber hinaus können Pflanzen durch sekundäre Veränderungen primitivere Merkmale ausbilden, die als Folge eines Verlusts der in der Evolution erworbenen Weiterentwicklungen entstehen. Beispielsweise werden Gefäße nicht angelegt, weil während der Differenzierung keine Durchbrechungen gebildet werden. Bei Wasserpflanzen, parasitisch lebenden Pflanzen und Sukkulenten kann im Zuge einer Reduzierung des Leitgewebes auch die Gefäßentwicklung unterbleiben. Diese gefäßlosen Pflanzen sind aber hoch spezialisiert und stehen hinsichtlich ihrer Evolutionsstufe im Gegensatz zu den gefäßlosen Angiospermen wie beispielsweise *Trochodendron*, *Tetracentron*, *Drimys*, *Pseudowintera* und andere (Bailey, 1953; Cheadle, 1956; Lemesle, 1956). In einigen Familien wie zum Beispiel den Cactaceae und Asteraceae umfasst die Rückbildung der Gefäße eine Abnahme ihrer Zellweite sowie eine nicht erfolgte Ausbildung von Durchbrechungen (Bailey, 1957; Carlquist, 1961). Sich daraus ergebende Zellen ohne Durchbrechungen haben die gleiche Tüpfelung wie Gefäße im selben Holz und werden **Gefäßtracheiden** genannt. Eine weitere Abweichung vom Verlauf der Spezialisierung kann die Entwicklung von netzförmigen Gefäßdurchbrechungen in der Familie der Asteraceae darstellen, obwohl diese Familie anderweitig phylogenetisch hoch entwickelt ist (Carlquist, 1961).

Trotz dieser Widersprüchlichkeiten sind die Hauptlinien im Verlauf der Spezialisierung von Gefäßgliedern in Angiospermen so gut abgesichert, dass sie eine bedeutende Rolle bei der Bestimmung von Spezialisierungen anderer Strukturen im Xylem spielen. Obwohl diese Hauptlinien in der Evolution des Xylems allgemein als nicht umkehrbar eingestuft werden, ergaben Untersuchungen der ökologischen Holzanatomie eine strenge Korrelation zwischen der Holzstruktur und makroklimatischen Umweltfaktoren (z. B. Temperatur, saisonale Bedingungen und Wasserverfügbarkeit); deshalb wird die völlige Unumkehrbarkeit der Hauptlinien in Zweifel gezogen (siehe auch die Diskussion und die Literaturhinweise in Endress et

al., 2000). Die Vorstellung der Unumkehrbarkeit wurde auch durch kladistische Analysen angefochten, die das Fehlen von Gefäßen eher als einen erreichten denn als einen primitiven Zustand bezeichnen (z. B. Young, 1981; Donoghue und Doyle, 1989; Loconte und Stevenson, 1991). Man nimmt an, dass die Winteraceae ihre Gefäße als Folge einer Anpassung an eine frostgefährdete Umgebung verloren haben (Feild et al., 2002). Elegante und überzeugende Erwiderungen zur Unterstützung des Konzepts der allgemein gültigen Unumkehrbarkeit lieferten Baas und Wheeler (1996) sowie Carlquist (1996b).

Ob gefäßlose Angiospermen nun eine primitive Entwicklungsstufe einnehmen oder nicht, bleibt eine umstrittene Frage (Herendeen et al., 1999; Endress et al., 2000). Insoweit gibt es in den spärlichen Befunden aus Fossilien keinen Beleg dafür, dass die Angiospermen ursprünglich gefäßlos waren. Vielmehr wurden Angiospermen mit Gefäßen und recht weit entwickeltem Xylem in der Mittleren und Oberen Kreide nachgewiesen (Wheeler und Baas, 1991), wogegen die ältesten gefäßlosen Angiospermen-Hölzer aus der Oberen Kreide stammen (Poole und Francis, 2000). Vielleicht gelingt es künftigen paläobotanischen Studien, dieses Problem zu lösen. Das offensichtliche Fehlen von Gefäßen bei *Amborella*, die von vielen als Schwester aller Angiospermen angesehen wird, wird als Hinweis darauf gesehen, dass Angiospermen ursprünglich gefäßlos waren (Parkinson et al., 1999; Zanis et al., 2002; Angiosperm Phylogeny Group, 2003).

Obwohl sich in den Angiospermen Gefäßglieder ausbildeten, behielten sie prinzipiell Tracheiden bei, wobei beide Zelltypen phylogenetischen Veränderungen unterlagen. Die Tracheiden wurden kürzer, aber nicht so kurz wie die Gefäßglieder, und auch die Tüpfelung in ihren Wänden wurde weitgehend ähnlich der in anliegenden Gefäßgliedern. Die Tracheiden erweiterten allerdings nicht ihr Lumen. Sie wurden eher deshalb beibehalten, um die Sicherheit der Leitungsfunktion zu gewährleisten, obwohl sie nur noch in einem relativ kleinen Anteil der rezenten Hölzer vorkommen.

### 10.2.3 Ähnlich den Gefäßgliedern und Tracheiden erfolgte bei den Fasern eine phylogenetische Verkürzung

Die Spezialisierung der Xylemfasern (Abb. 10.14 D-A) mit zunehmender Gewichtung ihrer mechanischen Funktion wird deutlich in einer Abnahme ihrer Zellweite und einer Verringerung der Zellwandfläche, welche die Tüpfelmembranen einnehmen. Gleichzeitig verkleinerten sich die Tüpfelhöfe bis hin zu ihrem völligen Verlust. Die inneren Tüpfelöffnungen wurden länglich und schließlich schlitzförmig mit einer Orientierung parallel zum Mikrofibrillenverlauf in der Zellwand. Die einzelnen Evolutionsschritte erfolgten von der Tracheide über die Fasertracheide bis zur Libriformfaser mit jeweiligen Übergangsformen untereinander. Weil deshalb keine klaren Trennlinien zwischen Fasern und Tracheiden festzulegen sind, werden diese beiden Zelltypen gelegentlich unter dem Begriff **trache-**

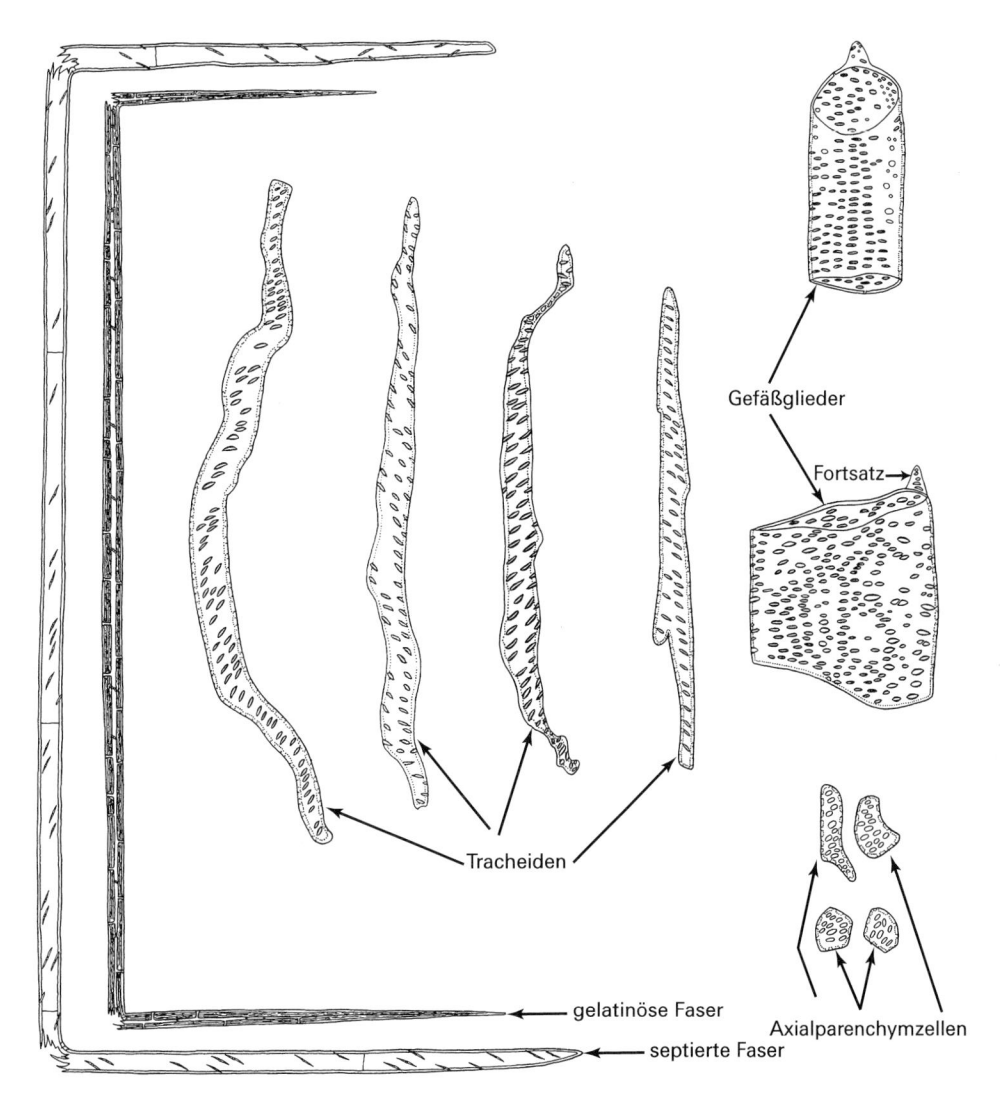

**Abb. 10.15** Isolierte Elemente des sekundären Xylems von *Aristolochia brasiliensis*, einer eudicotyledonen Kletterpflanze. Spezialisiertes Holz mit verschiedenartigen axialen Elementen. Fasern sind libriform mit schwächer ausgeprägten Tüpfelkammern. Einige sind dünnwandig und septiert; andere haben dicke gelatinöse Wände. Tracheiden sind länglich und in ihrer Form unregelmäßig mit nur leicht behöften Tüpfeln. Gefäßglieder sind kurz und sie haben einfache Durchbrechungen. Tüpfel zwischen Gefäßgliedern und anderen trachealen Elementen sind nur schwach behöft; andere sind einfach. Axiale Parenchymzellen sind in ihrer Form unregelmäßig und sie haben einfache Tüpfel. Strahlparenchymzellen sind nicht dargestellt. Sie sind relativ groß und besitzen dünne Primärwände. (Alle Abb. ×130.)

ale Elemente ohne Durchbrechungen zusammengefasst (Bailey und Tupper, 1918; Carlquist, 1986). Fasern sind als Festigungselemente in solchen Hölzern am höchsten spezialisiert, deren Gefäßglieder am höchsten spezialisiert sind (Abb. 10.15), wobei solche Fasern in Hölzern mit tracheidalen Gefäßgliedern fehlen (Abb. 10.16). Ein weiterer Evolutionsfortschritt besteht in der Erhaltung des Protoplasten in septierten Fasern (Money et al., 1950).

Die Längenveränderung bei Fasern während der Evolution ist ein ziemlich komplexer Vorgang. Die Verkürzung der Gefäßglieder ist mit einer Verkürzung der fusiformen Cambiuminitialen verknüpft (Kapitel 12), von denen die axialen Zellen des Xylems abstammen. Daher stammen die Fasern in Hölzern mit kürzeren Gefäßgliedern ontogenetisch von kürzeren Initialen ab als in primitiveren Hölzern mit längeren Gefäßgliedern.

Mit anderen Worten, bei zunehmender Spezialisierung des Xylems werden seine Fasern kürzer. Da jedoch die Fasern während der Ontogenese intrusives Wachstum durchführen, während Gefäße dies nur geringfügig oder gar nicht zeigen, sind Fasern im reifen Holz länger als Gefäßglieder. Hierbei sind zudem die Libriformfasern länger als die Fasertracheiden. Dennoch sind die Fasern spezialiserter Hölzer kürzer als ihre unmittelbaren Vorläufer, die primitiven Tracheiden.

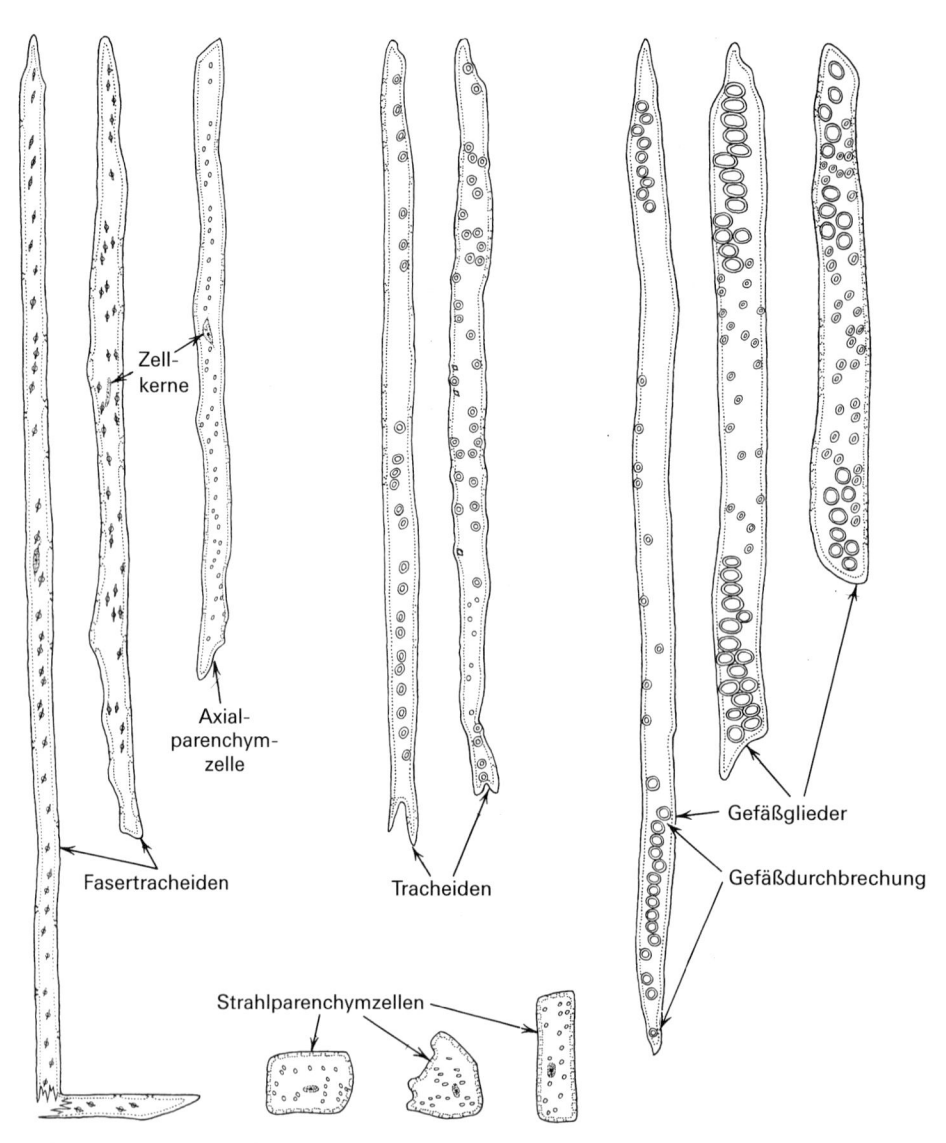

**Abb. 10.16** Isolierte Elemente aus dem sekundären Xylem von *Ephedra californica* (Gnetales). Primitives Holz mit relativ geringer morphologischer Differenzierung zwischen den Elementen des axialen Systems. Typische Fasern fehlen. Axiales Parenchym und Strahlparenchym haben Sekundärwände mit einfachen Tüpfeln. Fasertracheiden besitzen Protoplasten und haben Tüpfel mit schwach ausgeprägten Kammern. Tracheiden haben Tüpfel mit großen Höfen. Gefäßglieder sind schlank, länglich und besitzen foraminate Durchbrechungen. (Alle Abb. x155.)

## 10.3 Das primäre Xylem

### 10.3.1 Zwischen den früh und später ausgebildeten Gewebebereichen des primären Xylems gibt es einige entwicklungsgeschichtliche und strukturelle Unterschiede

Das primäre Xylem besteht üblicherweise aus einem früh gebildeten Gewebebereich, dem **Protoxylem** (gr. *prótos* = erster) und einem später gebildeten Gewebebereich, dem **Metaxylem** (gr. *metá* = danach, später) (Abb. 10.17 und 10.18 B). Obwohl diese beiden Gewebebereiche einige Unterscheidungsmerkmale besitzen, gehen sie doch unmerklich ineinander über, weshalb eine gegenseitige Abgrenzung nur näherungsweise vorgenommen werden kann.

Das Protoxylem bildet sich in den Teilen des primären Pflanzenkörpers, die ihr Wachstum und ihre Differenzierung noch nicht abgeschlossen haben. Tatsächlich ist das Protoxylem in Stamm und Blättern bereits vollständig entwickelt, bevor das eigentliche Streckungswachstum einsetzt. Infolgedessen werden durch das Streckungswachstum die nicht mehr lebenden Gefäßglieder des Protoxylems gedehnt und letzten Endes zerstört. In der Wurzel entwickeln sich die Protoxylemelemente häufig weit hinter der Hauptsstreckungszone, weshalb sie dort länger überdauern als im Spross.

Das Metaxylem beginnt sich normalerweise in dem noch wachsenden primären Pflanzenkörper auszudifferenzieren und erreicht dann seinen vollständig entwickelten Zustand lange nachdem das Streckungswachstum beendet ist. Es ist daher durch das Streckungswachstum der sie umgebenden Gewebe weit weniger beeinträchtigt als das Protoxylem.

Das Protoxylem enthält zumeist nur relativ wenige tracheale Elemente (Tracheiden oder Gefäßglieder), die in ein dem Protoxylem zugerechneten Parenchym eingebettet sind. Wenn die Leitelemente zerstört sind, werden entstehende Lücken in der Regel durch sie umgebenden Parenchymzellen gefüllt. Diese Parenchymzellen bleiben entweder dünnwandig oder werden lignifiziert. Dabei ist es unerheblich, ob sie Sekundärwände ausbilden. Im Xylem des Sprosses vieler Monocotyledonen kollabieren zum Teil die nicht mehr funktionstüchtigen Elemente, ohne dass die hierdurch entstehenden Lücken nachfolgend von Parenchymzellen eingenommen werden; stattdessen bleiben diese vormals durch Leitelemente ausgefüllten Zellräume, so genannte **Protoxylem-Lakunen**, erhalten und sind dann von Parenchymzellen umgeben (siehe Abb. 13.33 B). Die Sekundärwände der funktionsuntüchtigen trachealen Elemente finden sich nunmehr am Rand der Lakune.

Das Metaxylem ist ein deutlich komplexeres Gewebe als das Protoxylem, und seine trachealen Elemente sind im Allgemeinen weitlumiger. Außer trachealen Elementen und Parenchymzellen kann das Metaxylem auch Fasern enthalten. Die Parenchymzellen finden sich zwischen den trachealen Elementen oder können in radialen Reihen angeordnet sein. Im Querschnitt ähneln diese Reihen den Strahlen, wobei sie in Längsschnitten jedoch eindeutig als axiales Parenchym erkennbar werden. Eine solche radiale Anordnung kommt oft im Metaxylem, bisweilen aber auch im Protoxylem vor. Dieses meist nur von sekundären Leitgeweben bekannte anatomische Merkmal hat hin und wieder zu der Annahme geführt, dass das primäre Xylem vieler Pflanzen sekundären Charakter hat.

Die trachealen Elemente des Metaxylems bleiben bis zur Beendigung des Streckungswachstums erhalten, verlieren aber dann ihre Funktionstüchtigkeit, wenn etwas sekundäres Xylem

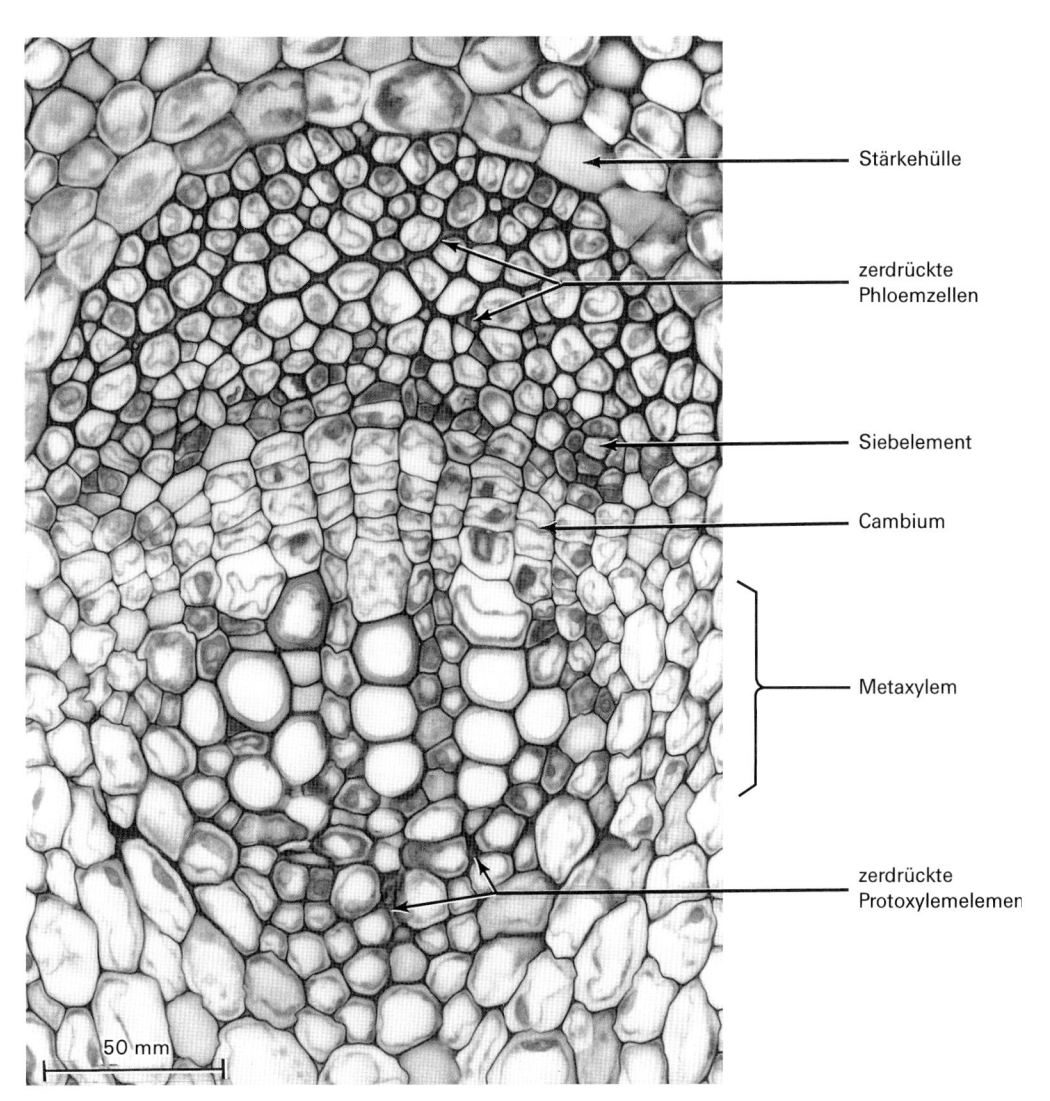

**Abb. 10.17** Querschnitt durch ein Leitbündel aus der Sprossachse von *Medicago sativa* (Alfalfa) mit primärem Xylem und Phloem. Sekundäre Gewebe wurden vom Cambium noch nicht gebildet. Das frühe Xylem (Protoxylem) und Phloem (Protophloem) sind bereits hinsichtlich ihrer Leitung funktionsuntüchtig geworden, ihre Leitzellen sind weitgehend zerdrückt. Metaxylem und Metaphloem sind hier die funktionstüchtigen Gewebe. (Aus Esau, 1977.)

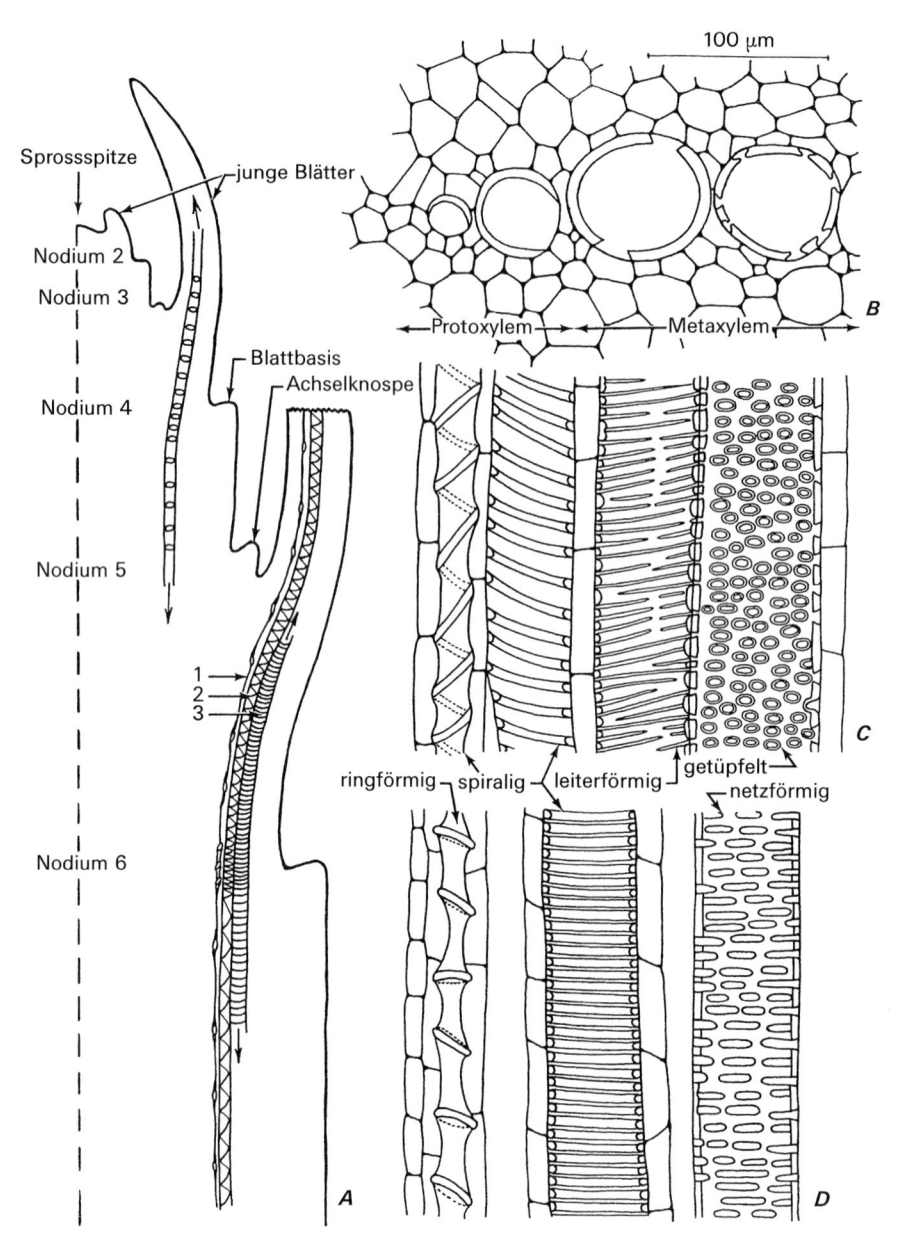

**Abb. 10.18** Details zu Struktur und Entwicklung des primären Xylems. **A**, schematische Darstellung einer Sprossspitze mit verschiedenen Stadien der Xylementwicklung. **B-D**, primäres Xylem bei *Ricinus*-Samen im Querschnitt (**B**) und in Längsschnitten (**C, D**). (Aus Esau, 1977.)

gebildet ist. Bei Pflanzen ohne sekundäres Dickenwachstum bleibt das Metaxylem auch noch in vollständig entwickelten Pflanzenteilen funktionstüchtig.

### 10.3.2 Primäre tracheale Elemente haben verschiedene Sekundärwandverdickungen

Die unterschiedlichen Zellwandformen kommen in einer besonderen ontogenetischen Abfolge vor, die eine zunehmende Bedeckung der Primärwandfläche mit Sekundärwandmaterial bezeichnet (Abb. 10.18). In den zuerst gebildeten trachealen Elementen können die Sekundärwände als Ringe ausgebildet sein (**ringförmige** Wandverdickungen), die nicht miteinander verbunden sind. Elemente, die als nächstes differenzieren, haben **spiralförmige (helikale)** Verdickungen, darauf folgen Zellen mit spiralförmigen Verdickungen, die zusätzlich durch Ringe miteinander verbunden sind (**leiterförmige** Verdickungen). Diesen wiederum folgen Zellen mit **netzförmigen** Wandverdickungen und schließlich **getüpfelte** Elemente.

Nicht alle Strukturformen von Sekundärwandverdickungen kommen zwangsläufig im primären Xylem einer bestimmten Pflanze oder eines bestimmten Pflanzenteils vor, zumal es zahlreiche Übergangsformen gibt. So können ringförmige Wandverdickungen hier und da miteinander verbunden sein, ring- und spiralförmige oder spiral- und leiterförmige Verdickungen können nebeneinander in einer Zelle vorkommen, und der Unterschied zwischen leiter- und netzförmig ist bisweilen schwer erkennbar, so dass eine solche Wandverdickung eher als leiterförmig-netzförmig zu bezeichnen wäre. Auch die getüpfelten Elemente zeigen Übergangsformen mit als ontogenetisch früher eingestuften Wandverdickungen.

Die Öffnungen in dem leiterförmigen Netzwerk der Sekundärwand sind mit denen von Tüpfeln vergleichbar, insbesondere in Fällen mit einer leichten Hofbildung. Ein hofähnliches Vorwölben der Sekundärwand findet man üblicherweise in allen im primären Xylem vorkommenden Modifikationen. Ringförmige, spiralige wie auch die Bänder der leiterförmig-netzförmigen Verdickungen können über schmale Wandstege mit der Primärwand verbunden sein, so dass sich die Sekundärwandbereiche gegen das Zelllumen verbreitern und damit die Primärwandbereiche überwölben (siehe Abb. 10.25 A).

Die Ausbildung von zahlreichen Zwischenformen bei Sekundärwandverdickungen im primären Xylem macht es unmöglich, bestimmte Verdickungstypen mit Sicherheit dem Protoxylem und dem Metaxylem zuzuordnen. Zumeist sind die Sekundärwände der ersten vollständig entwickelten trachealen Elemente, also Elementen des Protoxylems, nur auf wenige Wandabschnitte begrenzt. Ringförmige und spiralige Verdickungen herrschen vor, sie verhindern aber nicht die Dehnungen der voll entwickelten Protoxylemelemente während des Streckungswachstums im primären Pflanzenkörper. Hierbei werden die ringförmigen Verdickungen voneinander getrennt und schräg gestellt, und die spiraligen Verdickungen werden auseinander gezogen (Abb. 10.19).

Das Metaxylem als ein Gewebe, das erst nach dem Streckungswachstum ausreift, kann spiralige, leiterförmige und netzförmige Wandverdickungen aufweisen sowie getüpfelte Gefäßglieder enthalten, wobei eine oder mehrere dieser Formen fehlen können. Wenn viele Gefäßglieder mit spiraligen Wandverdickungen vorkommen, sind die jüngeren Spiralen stets weniger steil gestellt als die älteren. Hieraus wird gefolgert, dass die älteren Gefäßglieder des Metaxylems während der Entwicklung gedehnt werden.

Es gibt hinreichend Belege dafür, dass im primären Xylem die spezifischen Gewebebedingungen in unmittelbarer Nachbarschaft von sich differenzierenden Gefäßen stark die Art der Wandverdickungen beeinflussen. Ringförmige Wandverdickungen entwickeln sich, wenn das Xylem ausreift, aber bevor das Streckungswachstum einsetzt, wie beispielsweise im Spross sich regulär verlängernder Pflanzen (Abb. 10.18 A, Nodien 3-5); sie werden allerdings nicht ausgebildet, wenn die ersten Gefäße erst nach weitgehender Beendigung des Streckungswachstums ausreifen, wie allgemein für Wurzeln festgestellt wurde. Wird das Streckungswachstum eingestellt, bevor die ersten Gefäßglieder ausreifen, dann fehlen eine oder mehrere der Wandverdickungstypen, die als ontogenetisch früh eingestuft werden. Im Gegensatz dazu bewirkt eine Stimulierung des Streckungswachstums beispielsweise durch Etiolierung die Bildung von mehr Gefäßgliedern mit ringförmigen und spiraligen Wandverdickungen.

Nach einer umfassenden Studie von Bierhorst und Zamora (1965) über sich entwickelndes und reifes Proto- und Metaxylem bei Angiospermen wird bei Gefäßgliedern mit im Vergleich zu spiraligen Wandverdickungen ausgeprägteren Sekundärwandbildungen das Wandmaterial in zwei Stufen deponiert. Zunächst wird die spiralförmige Grundstruktur angelegt (Sekundärwand erster Ordnung), danach wird zwischen den Windungen weiteres Sekundärwandmaterial in Form von Schichten oder Streifen oder beidem aufgelagert (Sekundärwand zweiter Ordnung). Hiermit kann der Einfluss der Umgebungsbedingungen auf die Ausprägung der Sekundärwandstrukturen erklärt werden, indem das Anlegen von Sekundärwandbereichen zweiter Ordnung je nach den vorherrschenden Verhältnissen gehemmt oder eingeleitet wird.

Die Bildung von Übergangsformen zwischen den verschiedenen Typen von Sekundärwandverdickungen in trachealen Elementen ist nicht nur auf das primäre Xylem beschränkt. Ebenso ist die Abgrenzung zwischen primärem und sekundärem Xylem undeutlich. Um eine Abgrenzung zwischen den beiden Geweben vorzunehmen, ist es nötig, viele Merkmale zu berücksichtigen, darunter die Länge der trachealen Elemente – obwohl die spät gebildeten Elemente des primären Xylems oft länger sind als die früh gebildeten des sekundären Xylems

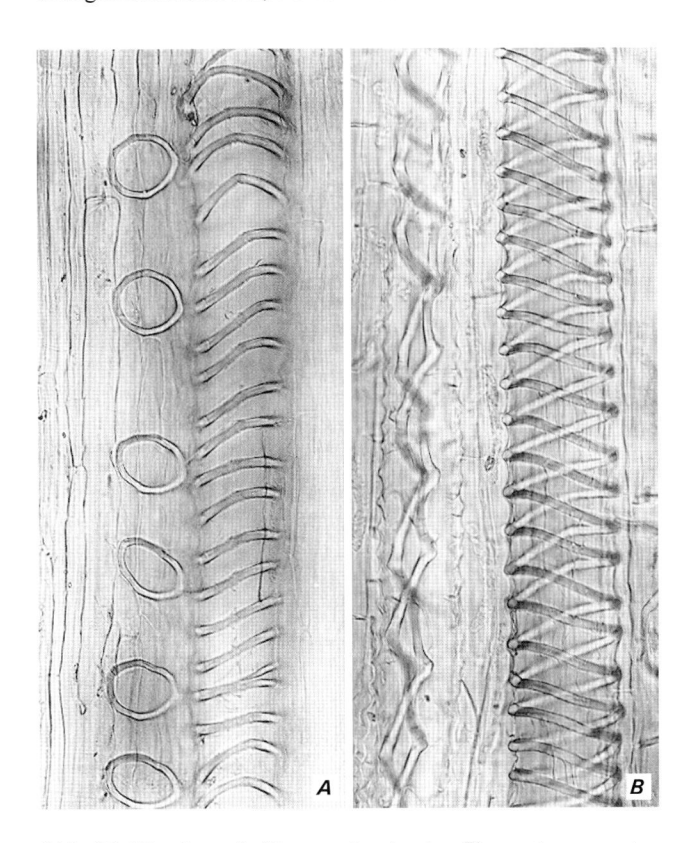

**Abb. 10.19** Ausschnitte von trachealen Elementen zuerst gebildeten primären Xylems (Protoxylem) des Wunderbaums (*Ricinus communis*). **A**, schräg stehende ringförmige (ring-ähnliche Formen links) und spiralige Wandverdickungen in mäßig gestreckten Elementen. **B**, doppelt spiralige Wandverdickungen in Elementen nach der Zellstreckung. Das Element links streckte sich stark, so dass die Windungen der Spiralen weit auseinander gezogen sind. (A, x275; B, x390)

– sowie den Gewebeaufbau, insbesondere die Anordnungen des Strahl- und Axialparenchyms als charakteristische Gewebebereiche des sekundären Xylems. Bisweilen ist die Ausbildung von einem oder auch mehreren Merkmalen des sekundären Xylems verzögert, so dass im frühen sekundären Xylem noch primäre Merkmale erkennbar bleiben. Dieses Phänomen nennt man **Pädomorphose** (Carlquist, 1962, 2001).

Im primären Xylem können die Protoxylemelemente diejenigen mit dem geringsten Durchmesser sein, sie müssen es aber nicht. Sich danach entwickelnde Metaxylemelemente nehmen dann oft kontinuierlich an Durchmesser zu. Im Vergleich dazu besitzen wiederum die ersten Zellen des sekundären Xylems einen ziemlich geringen Durchmesser und unterscheiden sich dadurch von den zuletzt gebildeten weitlumigen Zellen des Metaxylems. Insgesamt bleibt jedoch festzuhalten, dass eine genaue Abgrenzung zwischen aufeinander folgenden Geweben oft nicht eindeutig getroffen werden kann.

## 10.4 Die Differenzierung der trachealen Elemente

Tracheale Elemente gehen in ihrer Ontogenese entweder aus den Zellen des Procambiums (gilt für primäre Elemente) oder aus Cambiumabkömmlingen hervor (gilt für sekundäre Elemente). Primitive tracheale Elemente können sich vor der Ausbildung einer Sekundärwand strecken oder auch nicht, wobei sie sich üblicherweise seitlich ausweiten. Eine solche Längsstreckung primitiver Elemente ist größtenteils auf die primären Elemente beschränkt. Gleichzeitig kommt sie nur in den Pflanzenteilen vor, die sich selbst im Längenwachstum befinden.

Ein sich differenzierendes tracheales Element ist eine stark vakuolisierte Zelle mit einem Kern und einer vollständigen Ausstattung mit Organellen (Abb. 10.20 und 10.21). Der Kern unterliegt bei vielen Tracheiden zu einem frühen Differenzierungsstadium tief greifenden Veränderungen sowohl hinsichtlich seiner Größe wie auch hinsichtlich seines Ploidiegrades (Lai und Srivastava, 1976). Hierbei sind Endoreduplikationen in den somatischen Zellen von Pflanzen eine übliche Form der Vervielfältigung ihres Chromosomensatzes (siehe Kapitel 5; Gahan, 1988). Vermutlich ist dies ein Vorgang, dem sich differenzierenden trachealen Element zusätzliche Genkopien zur Verfügung zu stellen, um dem sehr großen Bedarf während der Synthese von Zellwand- und cytoplasmatischen Bestandteilen nachzukommen (O'Brien, 1981; Gahan, 1988).

Nachdem die Zellvergrößerung abgeschlossen ist, werden die Sekundärwandschichten in einem dem jeweiligen Zelltyp entsprechenden Muster angelegt (Abb. 10.20 B und 10.21). Eines der ersten Anzeichen dafür, dass ein frühes tracheales Element in die Differenzierungsphase eintritt, sind Veränderungen in der Anordnung seiner corticalen Mikrotubuli (Abe et al., 1995 a, b; Chaffey et al., 1997 a). Zunächst sind die Mikrotubuli zufällig verteilt und ordnen sich dann gleichmäßig entlang der gesamten Zellwand an (Chaffey, 2000; Funada et al., 2000; Chaffey et al., 2002); während der Differenzierung verändert sich ihre Orientierung dynamisch. Beispielsweise erfolgt in sich ausweitenden Coniferentracheiden eine schrittweise Umorientierung der corticalen Mikrotubuli von einer ursprünglichen Längs- zu einer Queranordnung, wodurch die Ausweitung der Radialwand erleichtert wird (Funada et al., 2000; Funada, 2002). Weitere Veränderungen in der Mikrotubuliorientierung kommen während der Sekundärwandbildung vor, wobei die nun spiralig angeordneten Mikrotubuli mehrfach ihre Ausrichtung wechseln, bis zum Ende der Sekundärwandbildung eine flache S-Helix entsteht (Funada et al., 2000; Funada, 2002). Solche Änderungen in der Mikrotubuliorientierung spiegeln

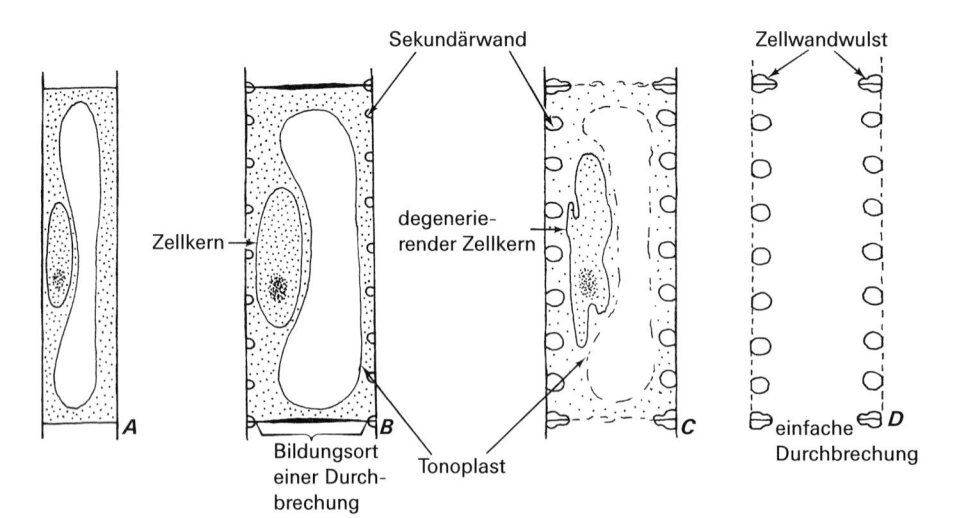

**Abb. 10.20** Schematische Darstellung der Entwicklung eines Gefäßgliedes mit spiraliger Sekundärwandverdickung. **A**, Zelle ohne Sekundärwand. **B**, vollständig erweiterte Zelle mit vergrößertem Kern, verdickter Primärwand im Durchbrechungsbereich, die Sekundärwandbildung hat bereits eingesetzt. **C**, Zelle in Lysis-Stadium: Sekundärwandverdickung abgeschlossen, Tonoplast zerrissen, Zellkern deformiert, Zellwand auf der Durchbrechungsseite partiell aufgelöst. **D**, reife, funktionsfähige Zelle ohne Protoplast, geöffnete Durchbrechung auf beiden Seiten, Primärwand zwischen den Sekundärwandverdickungen teilweise hydrolysiert. (Aus Esau, 1977.)

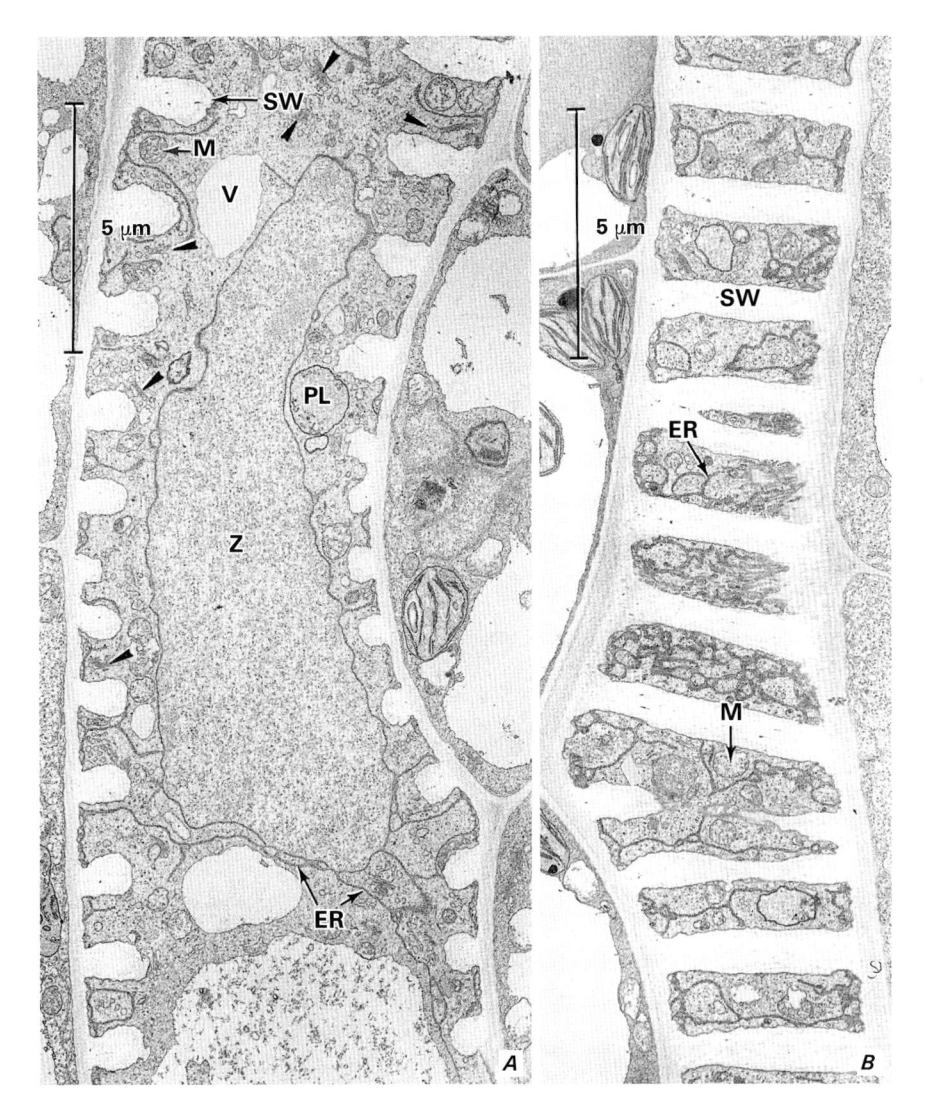

**Abb. 10.21** Differenzierendes Gefäß in der Blattspreite der Zuckerrübe (*Beta vulgaris*). Die Sekundärwandverdickung ist spiralig (**A**) bis leiterförmig (**B**). **A**, Längsschnitt durch das Zelllumen. **B**, Längsschnitt durch die Sekundärwandverdickung. Details: Pfeilspitzen, Dictyosomen; ER, Endoplasmatisches Reticulum; M, Mitochondrium; Z, Zellkern; Pl, Plastid; SW, Sekundärwand; V, Vakuole. (Aus Esau, 1977.)

die in den verschiedenen Sekundärwandschichten vorkommenden Unterschiede der Cellulosefibrillen-Winkel wider.

In sich differenzierenden Gefäßgliedern sind die corticalen Mikrotubuli an Stellen mit Sekundärwandverdickungen in entsprechenden Bändern konzentriert (Abb. 10.22). Das Endoplasmatische Reticulum ist während der Bildung von Sekundärwandverdickungen deutlich stärker ausgeprägt als vorher und oft zwischen den Verdickungen vorzufinden (Abb. 10.21). Dictyosomen als Teile des Golgi-Apparates und die von ihnen abgesonderten Vesikel sind während der Bildung von Sekundärwandverdickungen sowohl in Gefäßgliedern als auch in Tracheiden ebenfalls zahlreicher vorhanden, da der Golgi-Apparat eine wichtige Rolle bei der Synthese und Bereitstellung von Matrixsubstanzen, insbesondere den Hemicellulosen, für die sich entwickelnde Wand spielt (Awano et al., 2000, 2002; Samuels et al., 2002). Über den Golgi-Apparat werden für die Plasmamembran auch die so genannten Rosetten oder Cellulose-Synthase-Komplexe bereitgestellt, die an der Synthese der Cellulosefibrillen beteiligt sind (Haigler und Brown, 1986).

Bei der Deposition von Hemicellulosen (Glucomannane) berichteten Hosoo et al. (2002) für differenzierende Tracheiden von *Cryptomeria japonica* von einem Tagesrhythmus. Danach wurde in Nachtproben viel amorphes Material, das Glucomannane enthält, auf der inneren Oberfläche sich entwickelnder Sekundärwände nachgewiesen, während in Tagproben, bei denen allerdings die Cellulosefibrillen deutlich waren, nur selten amorphes Material gefunden wurde.

Zur Sekundärwandbildung gehört auch die Lignifizierung. Zu Beginn der Sekundärwandbildung ist die Primärwand des ursprünglichen trachealen Elementes nicht lignifiziert. Ebenso bleibt in primären Elementen die Primärwand normalerweise unlignifiziert (O'Brien, 1981; Wardrop, 1981). Dies steht allerdings in scharfem Widerspruch zu den Gegebenheiten der trachealen Elemente des sekundären Xylems, bei denen im Zuge

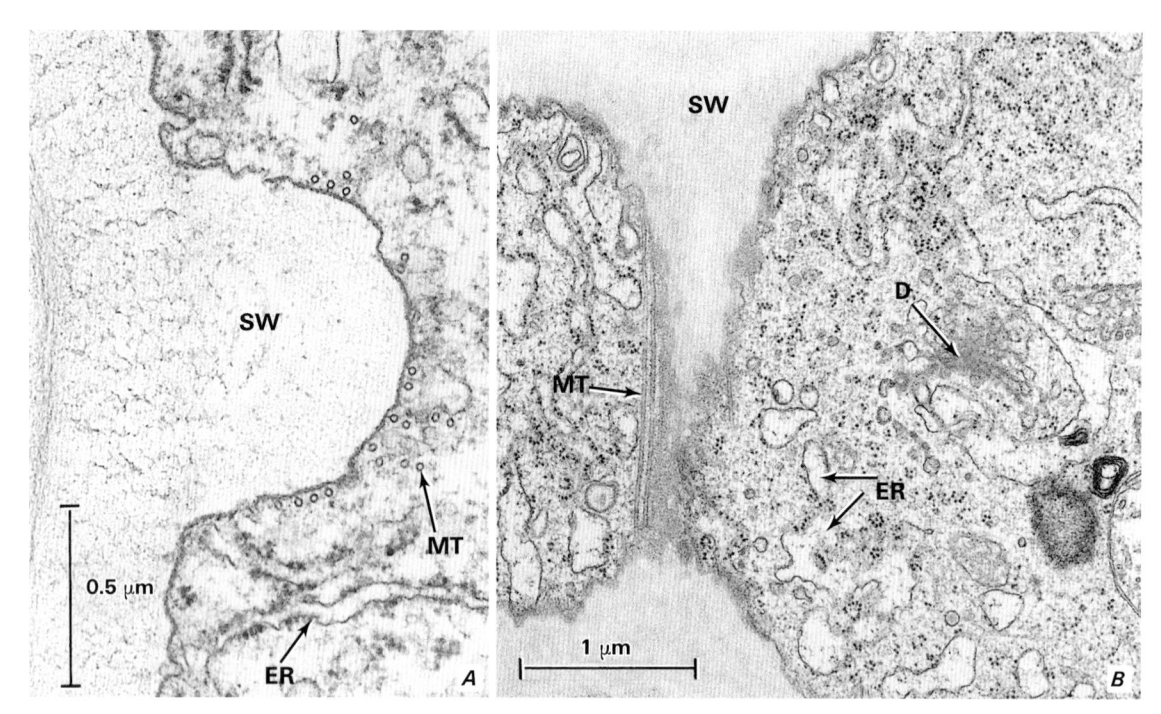

**Abb. 10.22** Ausschnitte sich differenzierender Gefäßglieder in Blättern der **A**, Gartenbohne (*Phaseolus vulgaris*) und **B**, Zuckerrübe (*Beta vulgaris*). Corticale Mikrotubuli entlang der Bereiche mit Sekundärwandverdickungen im Querschnitt (**A**) und im Längsschnitt (**B**). Details: ER, Endoplasmatisches Reticulum; D, Dictyosom; Mt, Mikrotubulus; SW, Sekundärwand. (Aus Esau, 1977.)

der Differenzierung alle Zellwände lignifiziert werden; Ausnahme sind die Tüpfelmembranen zwischen den trachealen Elementen sowie die Bereiche der Durchbrechungen zwischen benachbarten Gefäßgliedern (O'Brien, 1981; Czaninski, 1973; Chaffey et al., 1997 b).

Die Entwicklung eines Tüpfelhofs wird eingeleitet, bevor die Sekundärwandverdickung beginnt (Liese, 1965; Leitch und Savidge, 1995), wobei ein entstehender Hof an den konzentrisch angeordneten Mikrofibrillen im Umfeld des Annulus erkennbar ist (Liese, 1965; Murmanis und Sachs, 1969; Imamura und Harada, 1973). Frühe Immunfluoreszenzarbeiten zeigten kreisförmig angeordnete Bänder aus corticalen Mikrotubuli entlang des inneren Randes sich entwickelnder Tüpfelhöfe bei Tracheiden von *Abies* und *Taxus* (Abb. 10.23; Uehara und Hogetsu, 1993; Abe et al., 1995 a; Funada et al., 1997) sowie Gefäßgliedern von *Aesculus* (Chaffey et al., 1997 b). An den gleichen Stellen hat man später bei Hoftüpfeln in Gefäßgliedern von *Aesculus* und *Populus* sowie Tracheiden von *Pinus* neben den Mikrotubuli auch Actinfilamente, die teilweise auch mit Myosinfilamenten assoziiert waren, nachgewiesen (Abb. 10.23; Chaffey et al., 1999, 2000, 2002; Chaffey, 2002; Chaffey und Barlow, 2002).

Bei Coniferentracheiden (Funada et al., 1997, 2000) und Gefäßgliedern von *Aesculus* (Chaffey et al., 1997 b, 1999; Chaffey, 2000) wurde festgestellt, dass die Auflösung von Mikrotubuli im Cytoplasma an ihren Bildungsstellen ein frühes Anzeichen der Tüpfelbildung darstellt. Auch die wechselständige Anordnung von Tüpfeln in Gefäßgliedern von *Aesculus* kann bereits anhand dieses Merkmals in einem sehr frühen Bildungsstadium erkannt werden (Abb. 10.24). Jeder Tüpfelhof bleibt in der gesamten Bildungsphase in dem anliegenden Cytoplasma durch einen Ring aus Mikrotubuli, Actinfilamenten und Myosin begrenzt. Mit zunehmender Deposition der Sekundärwand um den offenen Tüpfelbereich und die bereits vorhandene Tüpfelmembran verkleinert sich der Durchmesser des Mikrotubulirings und auch der Tüpfelöffnung, möglicherweise als eine Folge der Aktivität der Actin- und Myosinfilamente, die als kontraktiles System zu verstehen sind (Chaffey und Barlow, 2002). Bei *Aesculus* können die Bereiche der Bildung von Gefäß/Parenchym-Tüpfeln, so genannten Kontakttüpfeln, die als einfache Tüpfel ausgebildet werden, ebenfalls an den fehlenden Mikrotubuli im Zellwand anliegenden Cytoplasma erkannt werden, während sonst eher eine zufällige Anordnung der Mikrotubuli vorzufinden ist (Chaffey et al., 1999). Allerdings verringert sich hier anders als bei sich entwickelnden behöften Tüpfeln mit fortschreitender Sekundärwandbildung nicht der Durchmesser des Mikrotubulirings.

In Gefäßen erfahren solche Primärwandbereiche, die später im Zuge der Differenzierung durchbrochen werden, keine Verstärkung durch eine Sekundärwand (Abb. 10.20 B und 10.25 C). Der Wandabschnitt, in dem die künftige Durchbrechung entsteht, ist deutlich von der Sekundärwand abgesetzt. Er ist dicker als die Primärwand in den sonstigen Bereichen und im elektronenmikroskopischen Bild bei unkontrastierten Schnitten viel heller als andere Wandbereiche derselben Zelle (Abb. 10.25 C; Esau und Charvat, 1978). Eine derartige Verdickung in den Wandabschnitten künftiger Gefäßdurchbrechungen ist hauptsächlich damit zu erklären, dass Pectine und He-

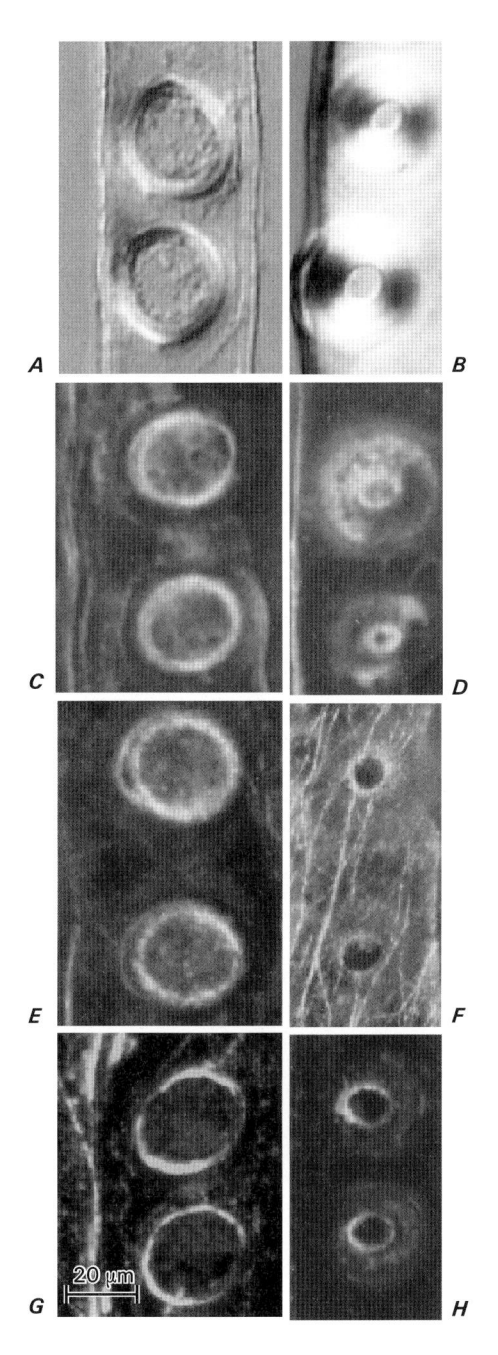

**Abb. 10.23** Lokalisierung von Cytoskelettproteinen durch Immunfluoreszenz während der Entwicklung von Hoftüpfeln in den Radialwänden von Coniferentracheiden (*Pinus pinea*). **A, B**, Tracheiden im Differentialinterferenzkontrast mit frühen (**A**) und späten (**B**) Entwicklungsstadien der Hoftüpfel. Ein anfänglich großer Durchmesser (**A**) verringert sich mit zunehmender Hofbildung zu einer schmalen Öffnung im ausgereiften Zustand. **C–H**, Immunfluoreszenz von Tubulin (**C, D**), Actin (**E, F**) und Myosin (**G, H**) in frühen (**C, E, G**) und späten (**D, F, H**) Stadien der Hoftüpfelentwicklung. (Alle gleiche Vergrößerung, aus Chaffey, 2002; Wiedergabe mit Genehmigung des New Phytologist Trust.)

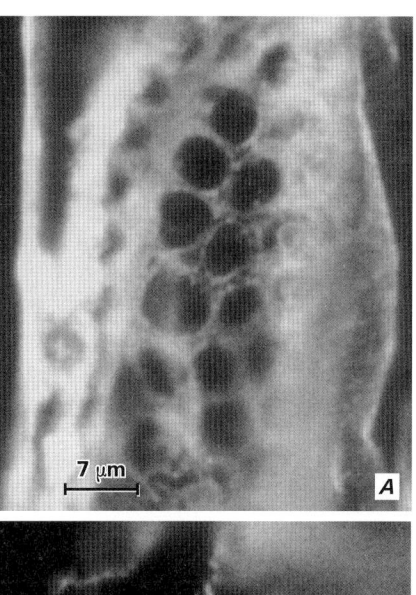

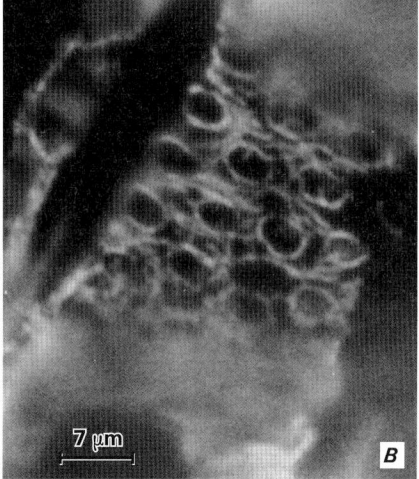

**Abb. 10.24** Immunmarkierung von Tubulin in sich entwickelnden Gefäßgliedern von *Aesculus hippocastanum* (Gewöhnliche Rosskastanie). **A**, ziemlich frühes Stadium der Hoftüpfelbildung. Ein Mikrotubuliring, der eine Mikrotubulusfreie Zone umschließt, kennzeichnet die Stelle der Hofbildung. Bereits hier ist in diesem Beispiel die wechselständige Tüpfelanordnung erkennbar. **B**, zu einem späteren Zeitpunkt als in **A** ist der Durchmesser des sich mit der Hofbildung verändernden Mikrotubulirings stark verringert. (Aus Chaffey et al., 1997b.)

micellulosen aufgelagert werden, wie bei *Populus italica* und *Dianthus caryophyllus* nachgewiesen wurde (Benayoun et al., 1981). Im Falle einfacher Gefäßdurchbrechungen wie bei *Populus* und *Aesculus* finden sich während ihrer Entwicklung ebenfalls Mikrotubuliringe im anliegenden Cytoplasma (Chaffey, 2000; Chaffey et al., 2002). Bei *Populus* wurde festgestellt, dass diese Mikrotubuli nicht mit Actinfilamenten assoziiert sind, jedoch überspannt ein markantes Netzwerk aus Actinfilamenten die Bereiche der eigentlichen Gefäßdurchbrechungen (Chaffey et al., 2002).

Nach der Bildung der Sekundärwand unterliegt die Zelle der Autolyse, wodurch der Protoplast und bestimmte Primärwandbereiche degenerieren (Abb. 10.20 C). Der Vorgang des Absterbens eines Gefäßgliedes ist ein sehr gutes Beispiel für den programmierten Zelltod (Kapitel 5; Groover et al., 1997; Pennell und Lamb, 1997; Fukuda et al., 1998; Mittler, 1998; Groover und Jones, 1999). In struktureller Hinsicht umfasst der programmierte Zelltod der Gefäßglieder den Kollaps und das Zerreißen der großen zentralen Vakuole, wodurch hydrolytische Enzyme freigesetzt werden (Abb. 10.20 C). Der Abbau des Cytoplasmas und des Zellkerns erfolgt erst nach dem Zerreißen des Tonoplasten. Die hierdurch freigesetzten Hydrolasen erreichen auch die Zellwände und greifen die Primärwandbereiche an, die nicht von einer lignifizierten Sekundärwand bedeckt sind, sowie die Tüpfelmembranen und die Primärwandbereiche an den späteren Durchbrechungszonen zwischen den Gefäßgliedern. Mit der Hydrolyse von Zellwandbereichen werden nicht-cellulosische Bestandteile (Pectine und Hemicellulosen) entfernt, und es bleibt ein feines Netzwerk aus Cellulosemikrofibrillen übrig (Abb. 10.20 D und 10.25 A). Alle lignifizierten Wände sind gegenüber einer Hydrolyse völlig beständig. Wo Gefäßglieder an Parenchymzellen grenzen,

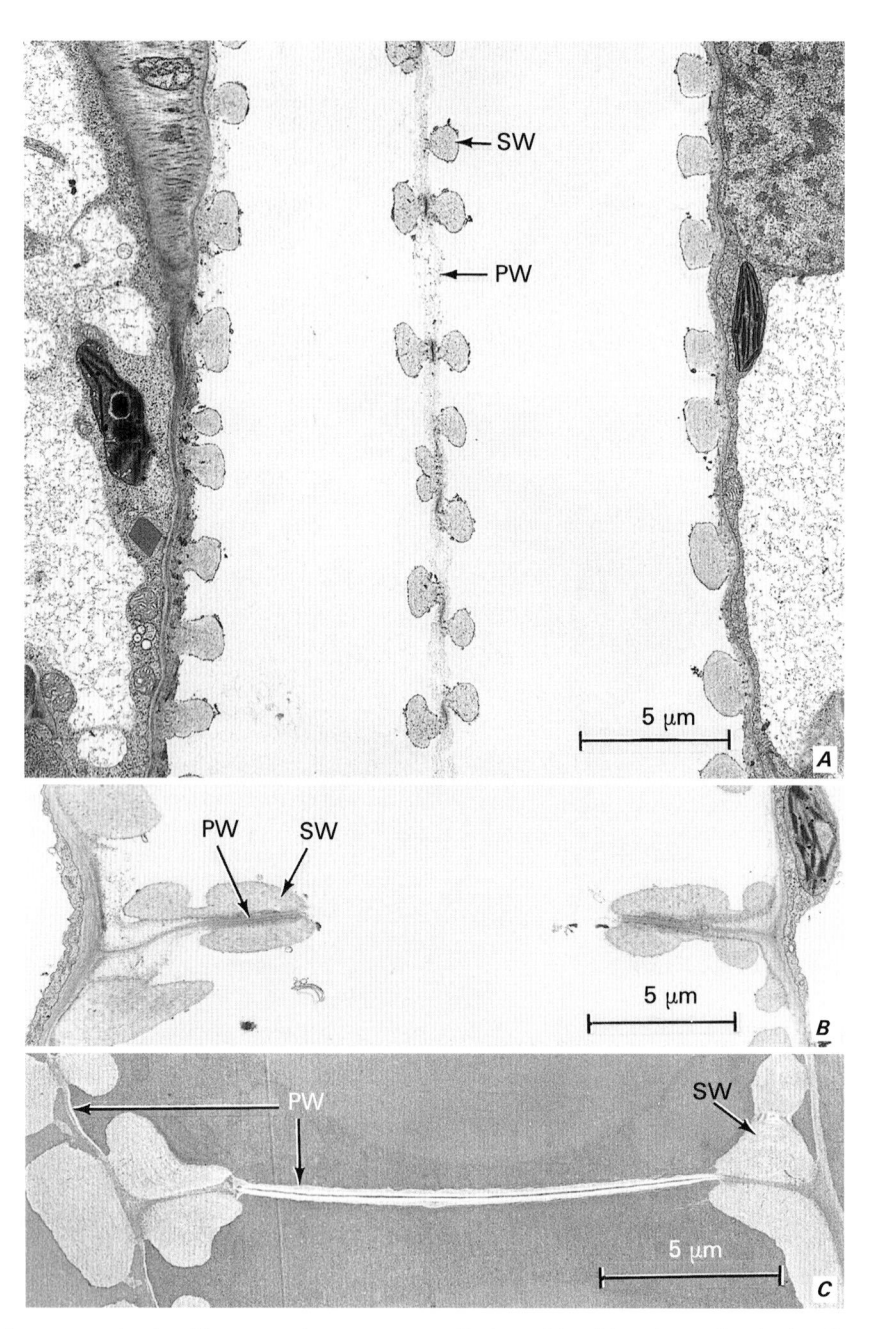

**Abb. 10.25** Ausschnitt von trachealen Elementen im Längsschnitt aus Blättern von **A**, **B** Tabak (*Nicotiana tabacum*) und **C**, der Gartenbohne (*Phaseolus vulgaris*) mit Zellwanddetails. **A** zeigt die Wand zwischen zwei trachealen Elementen (Mitte) mit Hydrolyse der Primärwand zwischen den Sekundärwandverdickungen: Die Primärwand ist bis auf ein verbleibendes Fibrillengerüst aufgelöst. In **B** ist die Endwanddurchbrechung durch eine Randzone mit Sekundärwandverdickungen begrenzt. **C** zeigt eine Entwicklungsphase, bei der die Primärwand der Durchbrechung noch vorhanden ist. Diese ist deutlich dicker als die Primärwand in anderen Bereichen und wird von einem Rand mit Sekundärwandverdickungen gehalten. Details. PW, Primärwand; SW, Sekundärwand. (Aus Esau, 1977.)

stoppt die Hydrolyse mehr oder weniger an der Mittellamelle. Die durch Hydrolyse aus den Gefäß/Gefäß-Tüpfelmembranen entfernten Pectine schließen dort das Vorhandensein von „Hydrogelen" aus, denen eine Beteiligung an der Kontrolle das Saftstroms im Xylem zugeschrieben wird (Zwieniecki et al., 2001b).

Auf die Hydrolyse nicht lignifizierter Primärwände der Protoxylemgefäße von *Phaseolus vulgaris* und *Glycine max* folgt die Sekretion und der Einbau eines glycinreichen Proteins (GRP1.8) in die hydrolysierte Wand (Ryser at al., 1997). Deshalb sind die Primärwände der Protoxylemelemente keine bloßen Überreste nach partieller Hydrolyse und passiver Streckung. Da sie ungewöhnlich reich an Proteinen sind, besitzen sie besondere chemische und physikalische Eigenschaften. Bei *Zinnia* wurde glycinhaltiges Protein auch in den Zellwänden der aus Blättern isolierten Mesophyllzellen nachgewiesen, die sich zu trachealen Elementen umbildeten (siehe unten) (Taylor und Haigler, 1993).

An den Stellen der eigentlichen Durchbrechungen wird die Primärwand vollständig aufgelöst (Abb. 10.20 D und 10.25 A). Der genaue Ablauf, durch den das Netzwerk aus Mikrofibrillen in den Durchbrechungsbereichen entfernt wird, ist noch nicht vollständig geklärt. In den gerade aufgelösten Bereichen leiterförmiger Gefäßdurchbrechungen überspannt noch ein fein fibrilläres Netzwerk die schmaleren Durchbrechungen und die seitlichen Ränder der weiteren. Da ein solches Netzwerk nicht in leitendem Gewebe vorkommt, ist davon auszugehen, dass es durch den Transpirationsstrom entfernt wird (Meylan und Butterfield, 1981). Damit kann jedoch nicht die Bildung von Durchbrechungen in isolierten trachealen Elementen erklärt werden (Nakashima et al., 2000).

### 10.4.1 Pflanzenhormone sind an der Differenzierung von trachealen Elementen beteiligt

Es ist hinreichend bekannt, dass die Differenzierung der trachealen Elemente über den gerichteten Transport des Auxins von sich entwickelnden Knospen und jungen Blättern bis zu den Wurzeln eingeleitet wird (Kapitel 5; Aloni, 1987, 1995; Mattsson et al., 1999; Sachs, 2000). Dabei geht man davon aus, dass ein Gradient mit abnehmender Auxinkonzentration von den Blättern bis zur Wurzel sowohl für die entsprechende Zunahme des Durchmessers der trachealen Elemente als auch für die Abnahme in ihrer Dichte verantwortlich ist (Aloni und Zimmermann, 1983). Wie in ihrer sechs-Punkte-Hypothese dargelegt (Aloni und Zimmermann, 1983), bewirkt eine hohe Auxinkonzentration nahe der jungen Blätter die Bildung englumiger Gefäße, weil diese schnell differenzieren, wogegen eine niedrige Auxinkonzentration weiter unten in der Pflanze eine langsamere Differenzierung, eine stärkere Zellweitung vor der einsetzenden Sekundärwandbildung und damit weitlumigere Gefäße zur Folge hat. Untersuchungen an transgenen Pflanzen mit veränderten Auxingehalten bestätigen diese allgemeinen Beziehungen zwischen dem Auxingehalt und der Gefäßdifferenzierung (Klee und Estelle, 1991). Pflanzen mit einer Überproduktion an Auxin enthalten deutlich mehr und auch englumigere Gefäße als Kontrollpflanzen (Klee et al., 1987). Umgekehrt enthalten Pflanzen mit einem niedrigeren Auxingehalt weniger, dafür aber weitlumigere Gefäße (Romano et al., 1991).

Das Cytokinin aus den Wurzeln kann ebenfalls eine begrenzende und kontrollierende Wirkung auf die Gefäßdifferenzierung ausüben. Es begünstigt zwar die Gefäßdifferenzierung bei einer Vielzahl von Pflanzenarten, wirkt aber nur im Zusammenspiel mit dem Auxin (Aloni, 1995). Bei Anwesenheit von Auxin stimuliert Cytokinin die Differenzierung in frühen Stadien der Gefäßbildung. Bei späteren Differenzierungsstadien hat man dagegen eher das Fehlen von Cytokinin festgestellt. Auch in diesem Zusammenhang bestätigten Untersuchungen an transgenen Pflanzen mit einer Überproduktion von Cytokinin die kontrollierende Funktion bei der Gefäßdifferenzierung (Aloni, 1995; Fukuda, 1996). So zeigte Li et al. (1992), dass ein hoher Cytokiningehalt die Bildung von mehr und kleineren Gefäßen induzierte. Medford et al. (1989) stellten zudem fest, dass ein hoher Cytokiningehalt zur Bildung eines dickeren Leitgewebezylinders mit mehr Gefäßen führt. Ausführliche Übersichtsarbeiten zu den Einflussfaktoren auf die Regulierung der Gefäß- und Leitgewebeentwicklung veröffentlichten Kuriyama und Fukuda (2001), Aloni (2001) sowie Dengler (2001).

### 10.4.2 Isolierte Mesophyllzellen in Kulturen können sich direkt in tracheale Elemente umdifferenzieren

Die Differenzierung der trachealen Elemente liefert ein sehr nützliches Modell für die Zelldifferenzierung und den programmierten Zelltod in Pflanzen allgemein. Als besonders nützlich erwiesen sich Versuche mit *Zinnia elegans*, bei denen einzelne Mesophyllzellen unter Anwesenheit von Auxin und Cytokinin zu einer Transdifferenzierung (das bedeutet zunächst eine Dedifferenzierung und dann eine Redifferenzierung) in Tracheen-ähnliche Zellen veranlasst wurden, ohne dass eine Zellteilung zwischengeschaltet war (Fukuda, 1996, 1997b; Groover et al., 1997; Groover und Jones, 1999; Milioni et al., 2001). Hierbei muss jedoch berücksichtigt werden, dass es deutliche Unterschiede im Verhalten der corticalen Mikrotubuli und Actinfilamente zwischen frühen Stadien der Differenzierung des Leitgewebes von *Aesculus hippocastanum* und der Transdifferenzierung von *Zinnia* Mesophyllzellen gibt. Deshalb bezweifeln Chaffey und Mitarbeiter (Chaffey et al., 1997b), dass die Befunde aus einem *in vitro*-System vollständig auf natürliche Systeme übertragbar sind.

In dem *Zinnia*-System wurden für die Differenzierung der trachealen Elemente eine Reihe von cytologischen, biochemischen und molekularen Markern identifiziert, die eine Einteilung der Transdifferenzierung in drei Phasen erlauben

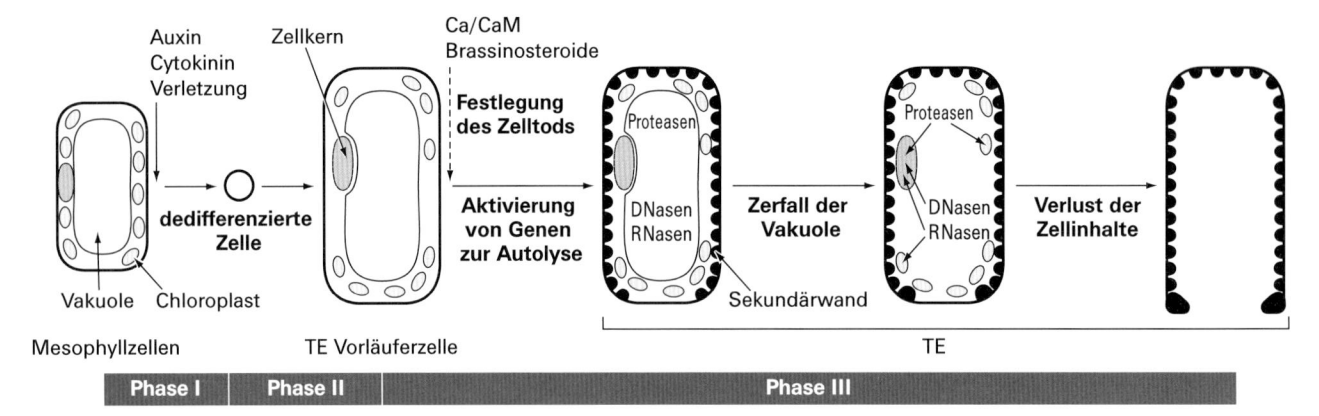

**Abb. 10.26** Schema zur Differenzierung eines trachealen Elementes auf der Grundlage des *Zinnia* Systems. Mesophyllzellen werden durch Verletzung und die kombinierte Zugabe von Auxin und Cytokinin zunächst zur Dedifferenzierung und dann zur Differenzierung in tracheale Elemente (TE) veranlasst. Der Vorgang der Transdifferenzierung wird in die hier dargestellten drei Phasen unterteilt und endet in der Bildung eines reifen trachealen Elementes mit einer Durchbrechung an einem Ende. (Überarbeitet nach Fukuda, 1997a. Nachdruck mit Erlaubnis von *Cell Death and Differentiation 4*, 684–688. © 1997 Macmillan Publishers Ltd.)

(Abb. 10.26) (Fukuda, 1996, 1997b). **Phase I** beginnt unmittelbar nach dem Beginn der Differenzierung und entspricht prinzipiell einer Dedifferenzierung. Diese schließt auch durch Verwundung eingeleitete Abläufe und die Aktivierung der Proteinsynthese ein, die beide zu einem späteren Zeitpunkt der Transdifferenzierung durch Hormone geregelt werden. **Phase II** wird durch die Anhäufung von Transkripten der für die Differenzierung von trachealen Elementen notwendigen Gene *TED2*, *TED3* und *TED4* gekennzeichnet. Dies beinhaltet auch eine merkliche Zunahme der Transkription anderer Gene, welche die Bestandteile des Proteinsyntheseapparates kodieren.

Einschneidende Veränderungen erfolgen während der Phasen I und II im strukturellen Aufbau des Cytoskeletts. Bereits in Phase I beginnt die Expression der Gene des Tubulins, und sie hält auch in Phase II an. Dadurch wird die Anzahl der Mikrotubuli erhöht, die später in Phase III für die Sekundärwandbildung benötigt werden. Die Veränderungen des Actinfilamentsystems in Phase II führen zur Bildung dicker Actinstränge, die für die Plasmaströmung verantwortlich sind (Kobayashi et al., 1987).

**Phase III**, die auch als Reifungsphase bezeichnet wird, umfasst die Sekundärwandbildung und die Autolyse. Ihr geht eine rasche Zunahme der Brassinosteroide voraus, Hormone, die für die Initiierung dieser letzten Phase der Differenzierung von trachealen Elementen notwendig sind (Yamamoto et al., 2001). Zudem kann an dem Übergang von Phase II zu Phase III das System aus Calcium/Calcium-Calmodulin (Ca/CaM) beteiligt sein (Abb. 10.26). Während Phase III werden verschiedene Enzyme aktiviert, die mit der Sekundärwandbildung und mit der Zellautolyse verbunden sind (Fukuda, 1996; Endo et al., 2001). Hydrolyseenzyme sammeln sich in der Vakuole und sind damit vom Cytosol getrennt. Sie werden zu dem Zeitpunkt freigesetzt, wenn die Vakuole zerreißt. Unter den Hydrolyseenzymen ist die für *Zinnia* nachgewiesene Endonuclease1 zu nennen, von der gezeigt wurde, dass sie direkt für die Degeneration der Kern-DNS verantwortlich ist (Ito und Fukuda, 2002). Zwei proteolytische Enzyme wurden ebenfalls bei *Zinnia* in differenzierenden trachealen Elementen entdeckt, nämlich die Cysteinprotease und die Serinprotease. Diese beiden Enzyme sind sicher nur zwei aus einem umfangreichen Satz von autolytischen Enzymen. Man vermutet, dass ein 40 kDa Serin, das während der Synthese der Sekundärwand ausgeschieden wird, als koordinierender Faktor zwischen Sekundärwandsynthese und programmiertem Zelltod wirkt (Groover und Jones, 1999). Eine daraufhin durchgeführte Untersuchung bei einer *Arabidopsis*-Mutante mit unterbrochener Xylembildung (so genannte „gapped xylem" Mutante) lässt jedoch vermuten, dass Sekundärwandbildung und Zelltod zwei voneinander unabhängig gesteuerte Vorgänge während der Differenzierung von trachealen Elementen sind (Turner und Hall, 2000). Während der Reifungsphase werden von den trachealen Elementen zahlreiche Hydrolasen in den extrazellulären Raum abgesondert. Möglicherweise wirkt das TED4 Protein, das in diesem Entwicklungsstadium in den Apoplasten gelangt, hemmend auf solche Hydrolasen, wodurch Nachbarzellen vor unerwünschten Schädigungen geschützt werden (Endo et al., 2001). Die Durchbrechung der Primärwand geschieht üblicherweise nur an einem Ende einzelner Zellen; in doppelten Elementen, bei denen beide von einer Mesophyllzelle abstammen, erfolgt die Durchbrechung an der gemeinsamen Wand zwischen beiden sowie am Ende einer der beiden Zellen. Damit ist klar, dass diese Zellen, die *in vitro* gebildet wurden, ihr eigenes Programm zur Bildung von Durchbrechungen besitzen (Nakashima et al., 2000).

Der zeitliche Ablauf der Differenzierung von trachealen Elementen wurde für Zellen von *Zinnia* bestimmt, die in einem induktiven Medium kultiviert wurden (Groover et al., 1997). Danach nimmt die Bildung der Sekundärwand durchschnittlich einen Zeitraum von 6 Stunden ein. Die Plasmaströmung dauert während der gesamten Sekundärwandbildung an, hört aber abrupt auf, sobald sie abgeschlossen ist. Der Zerfall der großen Zentralvakuole setzt ebenfalls mit Abschluss der Sekundärwandbildung ein und dauert nur 3 Minuten. Nach dem Zerreißen des Tonoplasten zersetzt sich der Zellkern rasch innerhalb von 10 bis 20 Minuten (Obara et al., 2001). Einige Stunden nach dem Zerreißen des Tonoplasten ist die tote Zelle frei von ihren Zellinhalten. Überreste der Chloroplasten können jedoch bis zu 24 Stunden überdauern.

## Literatur

Abe, H., R. Funada, H. Imaizumi, J. Ohtani und K. Fukazawa. 1995a. Dynamic changes in the arrangement of cortical microtubules in conifer tracheids during differentiation. *Planta* 197, 418–421.

Abe, H., R. Funada, J. Ohtani und K. Fukazawa. 1995b. Changes in the arrangement of microtubules and microfibrils in differentiating conifer tracheids during the expansion of cells. *Ann. Bot.* 75, 305–310.

Aloni, R. 1987. Differentiation of vascular tissues. *Annu. Rev. Plant Physiol.* 38, 179–204.

Aloni, R. 1995. The induction of vascular tissues by auxin and cytokinin. In: *Plant Hormones. Physiology, Biochemistry und Molecular Biology*, S. 531–546, P. J. Davies, Hrsg., Kluwer Academic Dordrecht.

Aloni, R. 2001. Foliar and axial aspects of vascular differentiation: hypotheses and evidence. *J. Plant Growth Regul.* 20, 22–34.

Aloni, R. und M. H. Zimmermann. 1983. The control of vessel size and density along the plant axis. A new hypothesis. *Differentiation* 24, 203–208.

Alves, E. S. und V. Angyalossy-Alfonso. 2000. Ecological trends in the wood anatomy of some Brazilian species. 1. Growth rings and vessels. *IAWA J.* 21, 3–30.

Angiosperm Phylogeny Group. 2003. An update of the Angiosperm Phylogeny Group classification for the orders and families of flowering plants: APGII. *Bot. J. Linn. Soc.* 141, 399–436.

Awano, T., K. Takabe, M. Fujita und G. Daniel. 2000. Deposition of glucuronoxylans on the secondary cell wall of Japanese beech as observed by immuno-scanning electron microscopy. *Protoplasma* 212, 72–79.

Awano, T., K. Takabe und M. Fujita. 2002. Xylan deposition on secondary wall of *Fagus crenata* fiber. *Protoplasma* 219, 106–115.

Baas, P. 1986. Ecological patterns in xylem anatomy. In: *On the Economy of Plant Form and Function*, S. 327–352, T. J. Givnish, Hrsg., Cambridge University Press, Cambridge, New York.

Baas, P. und E. A. Wheeler. 1996. Parallelism and reversibility in xylem evolution. A review. IAWA J. 17, 351–364.

Bailey, I. W. 1933. The cambium and its derivative tissues. No. VIII. Structure, distribution und diagnostic significance of vestured pits in dicotyledons. *J. Arnold Arbor.* 14, 259–273.

Bailey, I. W. 1944. The development of vessels in angiosperms and its significance in morphological research. *Am. J. Bot.* 31, 421–428.

Bailey, I. W. 1953. Evolution of the tracheary tissue of land plants. *Am. J. Bot.* 40, 4–8. Bailey, I. W. 1954. Contributions to Plant Anatomy. *Chronica Botanica*, Waltham, MA.

Bailey, I. W. 1957. Additional notes on the vesselless dicotyledon, *Amborella trichopoda* Baill. *J. Arnold Arbor.* 38, 374–378.

Bailey, I. W. 1958. The structure of tracheids in relation to the movement of liquids, suspensions and undissolved gases. In: *The Physiology of Forest Trees*, S. 71–82, K. V. Thimann, Hrsg., Ronald Press, New York.

Bailey, I. W. und L. M. Srivastava. 1962. Comparative anatomy of the leaf-bearing Cactaceae. IV. The fusiform initials of the cambium and the form and structure of their derivatives. *J. Arnold Arbor.* 43, 187–202.

Bailey, I. W. und W. W. Tupper. 1918. Size variation in tracheary elements. I. A comparison between the secondary xylem of vascular cryptogams, gymnosperms and angiosperms. *Proc. Am. Acad. Arts Sci.* 54, 149–204.

Bannan, M. W. 1941. Variability in wood structure in roots of native Ontario conifers. *Bull. Torrey Bot. Club* 68, 173–194.

Becker, P., M. T. Tyree und M. Tsuda. 1999. Hydraulic conductances of angiosperms versus conifers: Similar transport sufficiency at the whole-plant level. *Tree Physiol.* 19, 445–452.

Beckman, C. H. und P. W. Talboys. 1981. Anatomy of resistance. In: *Fungal Wilt Diseases of Plants*, S. 487–521, M. E. Mace, A. A. Bell und C. H. Beckman, Hrsg., Academic Press, New York.

Benayoun, J., A. M. Catesson und Y. Czaninski. 1981. A cytochemical study of differentiation and breakdown of vessel end walls. *Ann. Bot.* 47, 687–698.

Bierhorst, D. W. 1958. Vessels in *Equisetum*. *Am. J. Bot.* 45, 534–537.

Bierhorst, D. W. und P. M. Zamora. 1965. Primary xylem elements and element associations of angiosperms. *Am. J. Bot.* 52, 657–710.

Braun, H. J. 1967. Entwicklung und Bau der Holzstrahlen unter dem Aspekt der Kontakt—Isolations—Differenzierung gegenüber dem Hydrosystem. I. Das Prinzip der Kontakt— Isolations—Differenzierung. *Holzforschung* 21, 33–37.

Braun, H. J. 1983. Zur Dynamik des Wassertransportes in Bäumen. *Ber. Dtsch. Bot. Ges.* 96, 29–47.

Buchard, C., M. Mccully und M. Canny. 1999. Daily embolism and refilling of root xylem vessels in three dicotyledonous crop plants. *Agronomie* 19, 97–106.

Busse, J. S. und R. F. Evert. 1999. Pattern of differentiation of the first vascular elements in the embryo and seedling of *Arabidopsis thaliana*. *Int. J. Plant Sci.* 160, 1–13.

Butterfield, B. G. und B. A. Meylan. 1980. Three-dimensional Structure of Wood: An Ultrastructural Approach, 2. Aufl., Chapman and Hall, London.

Canny, M. J. 1997a. Vessel contents of leaves after excision—A test of Scholander's assumption. *Am. J. Bot.* 84, 1217–1222.

Canny, M. J. 1997b. Vessel contents during transpiration— Embolisms and refilling. *Am. J. Bot.* 84, 1223–1230.

Canny, M. J. 1997c. Tyloses and the maintenance of transpiration. *Ann. Bot.* 80, 565–570.

Canny, M. J., C. X. Huang und M. E. Mccully. 2001. The cohesion theory debate continues. *Trends Plant Sci.* 6, 454–455.

Carlquist, S. J. 1961. *Comparative Plant Anatomy: A Guide to Taxonomic and Evolutionary Application of Anatomical Data in Angiosperms*. Holt, Rinehart and Winston, New York.

Carlquist, S. 1962. A theory of paedomorphosis in dicotyledonous woods. *Phytomorphology* 12, 30–45.

Carlquist, S. J. 1975. *Ecological Strategies of Xylem Evolution*. University of California Press, Berkeley.

Carlquist, S. 1983. Wood anatomy of Onagraceae: Further species; root anatomy; significance of vestured pits and allied structures in dicotyledons. *Ann. Mo. Bot. Gard.* 69, 755–769.

Carlquist, S. 1986. Terminology of imperforate tracheary elements. *IAWA Bull.* n.s. 7, 75–81.

Carlquist, S. 1992. Pit membrane remnants in perforation plates of primitive dicotyledons and their significance. *Am. J. Bot.* 79, 660–672.

Carlquist, S. 1996a. Wood, bark und stem anatomy of *Gnetales*: A summary. *Int. J. Plant Sci.* 157 (6; suppl.), S58–S76.

Carlquist, S. 1996b. Wood anatomy of primitive angiosperms: New perspectives and syntheses. In: *Flowering Plant Origin, Evolution and Phylogeny*, S. 68–90, D. W. Taylor and L. J. Hickey, Hrsg., Chapman and Hall, New York.

Carlquist, S. J. 2001. *Comparative Wood Anatomy: Systematic, Ecological und Evolutionary Aspects of Dicotyledon Wood*, 2. überarb. Aufl., Springer, Berlin.

Carlquist, S. und D. A. Hoekman. 1985. Ecological wood anatomy of the woody southern California flora. *IAWA Bull.* n.s. 6, 319–347.

Carlquist, S. und E. L. Schneider. 2001. Vessels in ferns: structural, ecological und evolutionary significance. *Am. J. Bot.* 88, 1–13.

Carlquist, S. und E. L. Schneider. 2002. The tracheid-vessel element transition in angiosperms involves multiple independent features: Cladistic consequences. *Am. J. Bot.* 89, 185–195.

Carpenter, C. H. 1952. 382 Photomicrographs of 91 Papermaking Fibers, überarb. Aufl., *Tech. Publ.* 74. State University of New York, College of Forestry, Syracuse.

Castro, M. A. 1988. Vestures and thickenings of the vessel wall in some species of *Prosopis* (Leguminosae). *IAWA Bull.* n.s. 9, 35–40.

Castro, M. A. 1991. Ultrastructure of vestures on the vessel wall in some species of *Prosopis* (Leguminosae-Mimosoideae). *IAWA Bull.* n.s. 12, 425–430.

Catesson, A. M., M. Moreau und J. C. Duval. 1982. Distribution and ultrastructural characteristics of vessel contact cells in the stem xylem of carnation *Dianthus caryophyllus*. *IAWA Bull.* n.s. 3, 11–14.

Chaffey, N. J. 2000. Cytoskeleton, cell walls and cambium: New insights into secondary xylem differentiation. In: *Cell and Molecular Biology of Wood Formation*, S. 31–42, R. A. Savidge, J. R. Barnett und R. Napier, Hrsg., BIOS Scientific, Oxford.

Chaffey, N. 2002. Why is there so little research into the cell biology of the secondary vascular system of trees? *New Phytol.* 153, 213–223.

Chaffey, N. und P. Barlow. 2002. Myosin, microtubules und microfilaments: Co-operation between cytoskeletal components during cambial cell division and secondary vascular differentiation in trees. *Planta* 214, 526–536.

Chaffey, N., P. Barlow und J. Barnett. 1997a. Cortical microtubules rearrange during differentiation of vascular cambial derivatives, microfilaments do not. *Trees* 11, 333–341.

Chaffey, N. J., J. R. Barnett und P. W. Barlow. 1997b. Cortical microtubule involvement in bordered pit formation in secondary xylem vessel elements of *Aesculus hippocastanum* L. (Hippocastanaceae): A correlative study using electron microscopy and indirect immunofluorescence microscopy. *Protoplasma* 197, 64–75.

Chaffey, N., J. Barnett und P. Barlow. 1999. A cytoskeletal basis for wood formation in angiosperm trees: The involvement of cortical microtubules. *Planta* 208, 19–30.

Chaffey, N., P. Barlow und J. Barnett. 2000. A cytoskeletal basis for wood formation in angiosperms trees: The involvement of microfilaments. *Planta* 210, 890–896.

Chaffey, N., P. Barlow und B. Sundberg. 2002. Understanding the role of the cytoskeleton in wood formation in angiosperm trees: Hybrid aspen (*Populus tremula* x *P. tremuloides*) as the model species. *Tree Physiol.* 22, 239–249.

Chattaway, M. M. 1949. The development of tyloses and secretion of gum in heartwood formation. *Aust. J. Sci. Res. B, Biol. Sci.* 2, 227–240.

Cheadle, V. I. 1953. Independent origin of vessels in the monocotyledons and dicotyledons. *Phytomorphology* 3, 23–44.

Cheadle, V. I. 1956. Research on xylem and phloem—Progress in fifty years. *Am. J. Bot.* 43, 719–731.

Choat, B., S. Jansen, M. A. Zwieniecki, E. Smets und N. M. Holbrook. 2004. Changes in pit membrane porosity due to deflection and stretching: The role of vestured pits. *J. Exp. Bot.* 55, 1569–1575.

Clérivet, A., V. Déon, I. Alami, F. Lopez, J.-P. Geiger und M. Nicole. 2000. Tyloses and gels associated with cellulose accumulation in vessels are responses of plane tree seedlings (*Platanus* x *acerifolia*) to the vascular fungus *Ceratocystis fimbriata* f. sp *platani*. *Trees* 15, 25–31.

Cochard H., M. Peiffer, K. Le Gall und A. Granier. 1997. Developmental control of xylem hydraulic resistances and vulnerability to embolism in *Fraxinus excelsior* L.: Impacts on water relations. *J. Exp. Bot.* 48, 655–663.

Cochard, H., T. Améglio und P. Cruiziat. 2001a. The cohesion theory debate continues. *Trends Plant Sci.* 6, 456.

Cochard, H., D. Lemoine, T. Améglio und A. Granier. 2001b. Mechanisms of xylem recovery from winter embolism in *Fagus sylvatica*. *Tree Physiol.* 21, 27–33.

Cochard, H., F. Froux, S. Mayr, C. Coutand. 2004. Xylem wall collapse in water-stressed pine needles. *Plant Physiol.* 134, 401–408.

Coleman, C. M., B. L. Prather, M. J. Valente, R. R. Dute und M. E. Miller. 2004. Torus lignification in hardwoods. *IAWA J.* 25, 435–447.

Comstock, J. P. und J. S. Sperry. 2000. Theoretical considerations of optimal conduit length for water transport in vascular plants. *New Phytol.* 148, 195–218.

Czaninski, Y. 1973. Observations sur une nouvelle couche pariétale dans les cellules associées aux vaisseaux du Robinier et du Sycomore. *Protoplasma* 77, 211–219.

Czaninski, Y. 1977. Vessel-associated cells. *IAWA Bull.* 1977, 51–55.

Dengler, N. G. 2001. Regulation of vascular development. *J. Plant Growth Regul.* 20, 1–13.

Donoghue, M. J. und J. A. Doyle. 1989. Phylogenetic studies of seed plants and angiosperms based on morphological characters. In: *The Hierarchy of Life: Molecules and Morphology in Phylogenetic Analysis*, S. 181–193, B. Fernholm, K. Bremer und H. Jörnvall, Hrsg., Excerpta Medica, Amsterdam.

Dute, R. R., A. E. Rushing und J. W. Perry. 1990. Torus structure and development in species of Daphne. *IAWA Bull.* n.s. 11, 401–412.

Dute, R. R., J. D. Freeman, F. Henning und L. D. Barnard. 1996. Intervascular pit membrane structure in Daphne and Wikstroemia—Systematic implications. *IAWA J.* 17, 161–181.

Ellerby, D. J. und A. R. Ennos. 1998. Resistances to fluid flow of model xylem vessels with simple and scalariform perforation plates. *J. Exp. Bot.* 49, 979–985.

Endo, S., T. Demura und H. Fukuda. 2001. Inhibition of proteasome activity by the TED4 protein in extracellular space: A novel mechanism for protection of living cells from injury caused by dying cells. *Plant Cell Physiol.* 42, 9–19

Endress, P. K., P. Baas und M. Gregory. 2000. Systematic plant morphology and anatomy—50 years of progress. *Taxon* 49, 401–434.

Esau, K. 1943. Origin and development of primary vascular tissues in seed plants. *Bot. Rev.* 9, 125–206.

Esau, K. 1961. *Plants, Viruses und Insects*. Harvard University Press, Cambridge, MA.

Esau, K. 1977. *Anatomy of Seed Plants*, 2. Aufl., Wiley, New York.

Esau, K. und I. Charvat. 1978. On vessel member differentiation in the bean (*Phaseolus vulgaris* L.). *Ann. Bot.* 42, 665–677.

Essiamah, S. und W. Eschrich. 1985. Changes of starch content in the storage tissues of deciduous trees during winter and spring. *IAWA Bull.* n.s. 6, 97–106.

Ewers, F. W. 1985. Xylem structure and water conduction in conifer trees, dicot trees und lianas. *IAWA Bull.* n.s. 6, 309–317.

Ewers, F. W. und J. B. Fisher. 1989. Techniques for measuring vessel lengths and diameters in stems of woody plants. *Am. J. Bot.* 76, 645–656.

Ewers, F. W., J. B. Fisher und S.-T. Chiu. 1990. A survey of vessel dimensions in stems of tropical lianas and other growth forms. *Oecologia* 84, 544–552.

Ewers, F. W., M. R. Carlton, J. B. Fisher, K. J. Kolb und M. T. Tyree. 1997. Vessel diameters in roots versus stems of tropical lianas and other growth forms. *IAWA J.* 18, 261–279.

Fahn, A. 1954. Metaxylem elements in some families of the Monocotyledoneae. *New Phytol.* 53, 530–540.

Fahn, A. und B. Leshem. 1963. Wood fibres with living protoplasts. *New Phytol.* 62, 91–98.

Feild, T. S., T. Brodribb und N. M. Holbrook. 2002. Hardly a relict: Freezing and the evolution of vesselless wood in Winteraceae. *Evolution* 56, 464–478.

Foster, R. C. 1967. Fine structure of tyloses in three species of the Myrtaceae. *Aust. J. Bot.* 15, 25–34.

Frison, E. 1948. De la présence d'Amidon dans le Lumen des Fibres du Bois. *Bull. Agric. Congo Belge*, Brussels, 39, 869–874.

Fukazawa, K., K. Yamamoto und S. Ishida. 1980. The season of heartwood formation in the genus *Pinus*. In: *Natural Variations of Wood Properties, Proceedings*, S. 113–130. J. Bauch Hrsg., Hamburg.

Fukuda, H. 1996. Xylogenesis: Initiation, progression und cell death. *Annu. Rev. Plant Physiol. Plant Mol. Biol.* 47, 299–325.

Fukuda, H. 1997a. Programmed cell death during vascular system formation. *Cell Death Differ.* 4, 684–688.

Fukuda, H. 1997b. Tracheary element differentiation. *Plant Cell* 9, 1147–1156.

Fukuda, H., Y. Watanabe, H. Kuriyama, S. Aoyagi, M. Sugiyama, R. Yamamoto, T. Demura und A. Minami. 1998. Programming of cell death during xylogenesis. *J. Plant Res.* 111, 253–256.

Funada, R. 2002. Immunolocalisation and visualization of the cytoskeleton in gymnosperms using confocal laser scanning microscopy. In: *Wood Formation in Trees. Cell and Molecular Biology Techniques*, S. 143–157, N. Chaffey, Hrsg., Taylor and Francis, London.

Funada, R., H. Abe, O. Furusawa, H. Imaizumi, K. Fukazawa und J. Ohtani. 1997. The orientation and localization of cortical microtubules in differentiating conifer tracheids during cell expansion. *Plant Cell Physiol.* 38, 210–212.

Funada, R., O. Furusawa, M. Shibagaki, H. Miura, T. Miura, H. Abe und J. Ohtani. 2000. The role of cytoskeleton in secondary xylem differentiation in conifers. In: *Cell and Molecular Biology of Wood Formation*, S. 255–264, R. A. Savidge, J. R. Barnett und R. Napier, Hrsg., BIOS Scientific Oxford.

Gahan, P. B. 1988. Xylem and phloem differentiation in perspective. In: *Vascular Differentiation and Plant Growth Regulators*, S. 1–21, L. W. Roberts, P. B. Gahan und R. Aloni, Hrsg., Springer-Verlag, Berlin.

Gifford, E. M. und A. S. Foster. 1989. *Morphology and Evolution of Vascular Plants*, 3. Aufl., Freeman, New York.

Greenidge, K. N. H. 1952. An approach to the study of vessel length in hardwood species. *Am. J. Bot.* 39, 570–574.

Gregory, R. A. 1978. Living elements of the conducting secondary xylem of sugar maple (*Acer saccharum* Marsh.). *IAWA Bull.* 1978, 65–69.

Groover, A. und A. M. Jones. 1999. Tracheary element differentiation uses a novel mechanism coordinating programmed cell death and secondary cell wall synthesis. *Plant Physiol.* 119, 375–384.

Groover, A., N. DeWitt, A. Heidel und A. Jones. 1997. Programmed cell death of plant tracheary elements differentiating in vitro. *Protoplasma* 196, 197–211.

Hacke, U. G. und J. S. Sperry. 2001. Functional and ecological xylem anatomy. *Perspect. Plant Ecol. Evol. Syst.* 4, 97–115.

Hacke, U. G. und J. S. Sperry. 2003. Limits to xylem refilling under negative pressure in *Laurus nobilis* and *Acer negundo*. *Plant Cell Environ.* 26, 303–311.

Hacke, U. G., J. S. Sperry und J. Pittermann. 2004. Analysis of circular bordered pit function. II. Gymnosperm tracheids with torus-margo pit membranes. *Am. J. Bot.* 91, 386–400.

Haigler, C. H., R. M. Brown Jr. 1986. Transport of rosettes from the Golgi apparatus to the plasma membrane in isolated mesophyll cells of *Zinnia elegans* during differentiation to tracheary elements in suspension culture. *Protoplasma* 134, 111–120.

Harada, H. und W. A. Côté 1985. Structure of wood. In: *Biosynthesis and Biodegradation of Wood Components*, S. 1–42, T. Higuchi, Hrsg., Academic Press, Orlando, FL.

Heady, R. D., R. B. CUNNINGHAM, C. F. Donnelly und P. D. EVANS. 1994. Morphology of warts in the tracheids of cypress pine (*Callitris Vent.*). *IAWA J.* 15, 265–281.

Herendeen, P. S., E. A. Wheeler und P. Baas. 1999. Angiosperm wood evolution and the potential contribution of paleontological data. *Bot. Rev.* 65, 278–300.

Holbrook, N. M. und M. A. Zwieniecki. 1999. Embolism repair and xylem tension: Do we need a miracle? *Plant Physiol.* 120, 7–10.

Höll, W. 2000. Distribution, fluctuation and metabolism of food reserves in the wood of trees. In: *Cell and Molecular Biology of Wood Formation*, S. 347–362, R. A. Savidge, J. R. Barnett und R. Napier, Hrsg., BIOS Scientific, Oxford.

Hong, L. T. und W. Killmann. 1992. Some aspects of parenchymatous tissues in palm stems. In: *Proceedings, 2. Pacific Regional Wood Anatomy Conference*, S. 449–455, J. P. Rojo, J. U. Aday, E. R. Barile, R. K. Araral und W. M. America, Hrsg., The Institute, Laguna, Philippines.

Hosoo, Y., M. Yoshida, T. Imai und T. Okuyama. 2002. Diurnal difference in the amount of immunogold-labeled glucomannans detected with field emission scanning electron microscopy at the innermost surface of developing secondary walls of differentiating conifer tracheids. *Planta* 215, 1006–1012.

Iawa Committee On Nomenclature. 1964. International glossary of terms used in wood anatomy. *Trop. Woods* 107, 1–36.

Imamura, Y. und H. Harada. 1973. Electron microscopic study on the development of the bordered pit in coniferous tracheids. *Wood Sci. Technol.* 7, 189–205.

Ito, J. und H. Fukuda. 2002. ZEN1 is a key enzyme in the degradation of nuclear DNA during programmed cell death of tracheary elements. *Plant Cell* 14, 3201–3211.

Jansen, S., E. Smets und P. Baas. 1998. Vestures in woody plants: a review. *IAWA J.* 19, 347–382.

Jansen, S., P. Baas und E. Smets. 2001. Vestured pits: Their occurrence and systematic importance in eudicots. *Taxon* 50, 135–167.

Jansen, S., P. Baas, P. Gasson und E. Smets. 2003. Vestured pits: Do they promote safer water transport? *Int. J. Plant Sci.* 164, 405–413.

Jansen, S., B. Choat, S. Vinckier, F. Lens, P. Schols und E. Smets. 2004. Intervascular pit membranes with a torus in the wood of *Ulmus* (Ulmaceae) and related genera. *New Phytol.* 163, 51–59.

Keunecke, M., J. U. Sutter, B. Sattelmacher und U. P. Hansen. 1997. Isolation and patch clamp measurements of xylem contact cells for the study of their role in the exchange between apoplast and symplast of leaves. *Plant Soil* 196, 239–244.

Klee, H. und M. Estelle. 1991. Molecular genetic approaches to plant hormone biology. *Annu. Rev. Plant Physiol. Plant Mol. Biol.* 42, 529–551.

Klee, H. J., R. B. Horsch, M. A. Hinchee, M. B. Hein und N. L. Hoffmann. 1987. The effects of overproduction of two *Agrobacterium tumefaciens* T-DNA auxin biosynthetic gene products in transgenic petunia plants. *Genes Dev.* 1, 86–96.

Kobayashi, H., H. Fukuda und H. Shibaoka. 1987. Reorganization of actin filaments associated with the differentiation of tracheary elements in *Zinnia* mesophyll cells. *Protoplasma* 138, 69–71.

Kolb, K. J. und J. S. Sperry. 1999. Transport constraints on water use by the Great Basin shrub, *Artemisia tridentata. Plant Cell Environ.* 22, 925–935.

Kozlowski, T. T. und S. G. Pallardy. 1997a. *Growth Control in Woody Plants.* Academic Press, San Diego.

Kozlowski, T. T. und S. G. Pallardy. 1997b. *Physiology of Woody Plants*, 2. Aufl., Academic Press, San Diego.

Kuriyama, H. und H. Fukuda. 2001. Regulation of tracheary element differentiation. *J. Plant Growth Regul.* 20, 35–51.

Lai, V., L. M. Srivastava. 1976. Nuclear changes during the differentiation of xylem vessel elements. *Cytobiologie* 12, 220–243.

Lancashire, J. R. und A. R. Ennos. 2002. Modelling the hydrodynamic resistance of bordered pits. *J. Exp. Bot.* 53, 1485– 1493.

Larson, P. R. 1974. Development and organization of the vascular system in cottonwood. In: *Proceedings, 3. North American Forest Biology Workshop*, S. 242–257, C. P. P. Reid and G. H. Fechner, Hrsg., College of Forestry and Natural Resources, Colorado State University, Fort Collins.

Larson, P. R. 1976. Development and organization of the secondary vessel system in *Populus grandidentata. Am. J. Bot.* 63, 369–381.

Leitch, M. A. und R. A. Savidge. 1995. Evidence for auxin regulation of bordered-pit positioning during tracheid differentiation in *Larix laricina. IAWA J.* 16, 289–297.

Lemesle, R. 1956. Les éléments du xylème dans les Angiospermes à charactères primitifs. *Bull. Soc. Bot. Fr.* 103, 629–677.

Li, Y., G. Hagen und T. J. Guilfoyle. 1992. Altered morphology in transgenic tobacco plants that overproduce cytokinins in specific tissues and organs. *Dev. Biol.* 153, 386–395.

Liese, W. 1965. The fine structure of bordered pits in softwoods. In: *Cellular Ultrastructure of Woody Plants,* S. 271–290, W. A. Côté Jr., Hrsg., Syracuse University Press, Syracuse.

Linton, M. J., J. S. Sperry und D. G. Williams. 1998. Limits to water transport in *Juniperus osteosperma* and *Pinus edulis*: Implications for drought tolerance and regulation of transpiration. *Funct. Ecol.* 12, 906–911.

Loconte, H. und D. W. Stevenson. 1991. Cladistics of the Magnoliidae. *Cladistics* 7, 267–296.

Maherali, H. und E. H. Delucia 2000. Xylem conductivity and vulnerability to cavitation of ponderosa pine growing in contrasting climates. *Tree Physiol.* 20, 859–867.

Martínez-Vilalta, J., E. Prat, I. Oliveras und J. Piñol. 2002. Xylem hydraulic properties of roots and stems of nine Mediterranean woody species. *Oecologia* 133, 19–29.

Mattsson, J., Z. R. Sung und T. Berleth. 1999. Responses of plant vascular systems to auxin transport inhibition. *Development* 126, 2979–2991.

McCully, M. E. 1999. Root xylem embolisms and refilling. Relation to water potentials of soil, roots und leaves und osmotic potentials of root xylem sap. *Plant Physiol.* 119, 1001–1008.

McCully, M. E., C. X. Huang und L. E. C. Ling. 1998. Daily embolism and refilling of xylem vessels in the roots of fieldgrown maize. *New Phytol.* 138, 327–342.

Medford, J. I., R. Horgan, Z. El-Sawi und H. J. Klee. 1989. Alterations of endogenous cytokinins in transgenic plants using a chimeric isopentenyl transferase gene. *Plant Cell* 1, 403–413.

Mencuccini, M. und J. Comstock. 1997. Vulnerability to cavitation in populations of two desert species, *Hymenoclea salsola* and *Ambrosia dumosa*, from different climatic regions. *J. Exp. Bot.* 48, 1323–1334.

Metcalfe, C. R. und L. Chalk, Hrsg., 1983. *Anatomy of the Dicotyledons*, 2. Aufl., Bd. II. *Wood Structure and Conclusion of the General Introduction.* Clarendon Press, Oxford.

Meyer, R. W. und W. A. Côté Jr. 1968. Formation of the protective layer and its role in tyloses development. *Wood Sci. Technol.* 2, 84–94.

Meylan, B. A. und B. G. Butterfield. 1974. Occurrence of vestured pits in the vessels and fibres of New Zealand woods. *N. Z. J. Bot.* 12, 3–18.

Meylan, B. A. und B. G. Butterfield. 1981. Perforation plate differentiation in the vessels of hardwoods. In: *Xylem Cell Development*, S. 96–114, J. R. Barnett, Hrsg., Castle House Publications, Tunbridge Wells, Kent.

Milburn, J. A. 1979. *Water Flow in Plants*. Longman, London.

Milioni, D., P.-E. Sado, N. J. Stacey, C. Domingo, K. Roberts und M. C. McCann. 2001. Differential expression of cellwall-related genes during the formation of tracheary elements in the *Zinnia* mesophyll cell system. *Plant Mol. Biol.* 47, 221–238.

Mittler, R. 1998. Cell death in plants. In: *When cells Die: A Comprehensive Evaluation of Apoptosis and Programmed Cell Death*, S. 147–174, R. A. Lockshin, Z. Zakeri und J. L. Tilly, Hrsg., Wiley-Liss, New York.

Money, L. L., I. W. Bailey und B. G. L. Swamy. 1950. The morphology and relationships of the Monimiaceae. *J. Arnold Arbor.* 31, 372–404.

Mori, N., M. Fujita, H. Harada und H. Saiki. 1983. Chemical composition of vestures and warts examined by selective extraction on ultrathin sections (in Japanese). Kyoto Daigaku Nogaku bu Enshurin Hohoku (*Bull. Kyoto Univ. For.*) 55, 299–306.

Mueller, W. C. und C. H. Beckman. 1984. Ultrastructure of the cell wall of vessel contact cells in the xylem of xylem of tomato stems. *Ann. Bot.* 53, 107–114.

Murmanis, L. und I. B. Sachs. 1969. Structure of pit border in *Pinus strobus* L. *Wood Fiber* 1, 7–17.

Nägeli, C. W. 1858. Das Wachsthum des Stammes und der Wurzel bei den Gefässpflanzen und die Anordnung der Gefässstränge im Stengel. *Beitr. Wiss. Bot.* 1, 1–56.

Nakashima, J., K. Takabe, M. Fujita und H. Fukuda. 2000. Autolysis during in vitro tracheary element differentiation: Formation and location of the perforation. *Plant Cell* Physiol. 41, 1267–1271.

Nijsse, J., G. W. A. M. van der Heijden, W. van Ieperen, C. J. Keijzer und U. van Meeteren. 2001. Xylem hydraulic conductivity related to conduit dimensions along *chrysanthemum* stems. *J. Exp. Bot.* 52, 319–327.

Obara, K., H. Kuriyama und H. Fukuda. 2001. Direct evidence of active and rapid nuclear degradation triggered by vacuole rupture during programmed cell death in *Zinnia*. Plant Physiol. 125, 615–626.

O'Brien, T. P. 1981. The primary xylem. In: *Xylem Cell Development*, S. 14–46, J. R. Barnett, Hrsg., Castle House, Tunbridge Wells, Kent.

Ohtani, J., B. A. Meylan und B. G. Butterfield. 1984. Vestures or warts—Proposed terminology. *IAWA Bull.* n.s. 5, 3–8.

Ohtani, J., Y. Saitoh, J. Wu, K. Fukazawa und S. Q. Xiao. 1992. Perforation plates in *Knema furfuracea* (Myristicaceae). *IAWA Bull.* n.s., 13, 301–306.

Panshin, A. J. und C. de Zeeuw. 1980. *Textbook of Wood Technology: Structure, Identification, Properties und Uses of the Commercial Woods of the United States and Canada*, 4. Aufl., McGraw-Hill, New York.

Parameswaran, N. und W. Liese. 1977. Occurrence of warts in bamboo species. *Wood Sci. Technol.* 11, 313–318.

Parameswaran, N. und W. Liese. 1981. Torus-like structures in interfibre pits of *Prunus* and *Pyrus*. *IAWA Bull.* n.s. 2, 89–93.

Parkinson, C. L., K. L. Adams und J. D. Palmer. 1999. Multigene analyses identify the three earliest lineages of extant flowering plants. *Curr. Biol.* 9, 1485–1488.

Pennell, R. I. und C. Lamb. 1997. Programmed cell death in plants. *Plant Cell* 9, 1157–1168.

Poole, I. und J. E. Francis. 2000. The first record of fossil wood of Winteraceae from the Upper Cretaceous of Antarctica. *Ann. Bot.* 85, 307–315.

Ranjani, K. und K. V. Krishnamurthy. 1988. Nature of vestures in the vestured pits of some Caesalpiniaceae. *IAWA Bull.* n.s. 9, 31–33.

Raven, P. H., R. F. Evert und S. E. Eichhorn. 2005. *Biology of Plants*, 7. Aufl., Freeman, New York.

Richter, H. 2001. The cohesion theory debate continues: The pitfalls of cryobiology. *Trends Plant Sci.* 6, 456–457.

Romano, C. P., M. B. Hein und H. J. Klee. 1991. Inactivation of auxin in tobacco transformed with the indoleacetic acidlysine synthetase gene of Pseudomonas savastanoi. *Genes Dev.* 5, 438–446.

Roth, A. 1996. Water transport in xylem conduits with ring thickenings. *Plant Cell Environ.* 19, 622–629.

Ryser, U., M. Schorderet, G.-F. Zhao, D. Studer, K. Ruel, G. Hauf und B. Keller. 1997. Structural cell-wall proteins in protoxylem development: Evidence for a repair process mediated by a glycine-rich protein. *Plant J.* 12, 97–111.

Sachs, T. 2000. Integrating cellular and organismic aspects of vascular differentiation. *Plant Cell Physiol.* 41, 649–656.

Salleo, S., M. A. Lo Gullo, D. de Paoli und M. Zippo. 1996. Xylem recovery from cavitation-induced embolism in young plants of *Laurus nobilis*: A possible mechanism. *New Phytol.* 132, 47–56.

Samuels, A. L., K. H. Rensing, C. J. Douglas, S. D. Mansfield, D. P. Dharmawardhana und B. E. Ellis. 2002. Cellular machinery of wood production: Differentiation of secondary xylem in *Pinus contorta* var. *latifolia*. *Planta* 216, 72–82.

Schneider, E. L. und S. Carlquist. 2000a. SEM studies on vessels of the homophyllous species of *Selaginella*. *Int. J. Plant Sci.* 161, 967–974.

Schneider, E. L. und S. Carlquist. 2000b. SEM studies on the vessels of heterophyllous species of *Selaginella*. *J. Torrey Bot. Soc.* 127, 263–270.

Schneider, E. L. und S. Carlquist. 2000c. SEM studies on vessels in ferns. 17. Psilotaceae. *Am. J. Bot.* 87, 176–181.

Schulte, P. J., A. C. Gibson und P. S. Nobel. 1989. Water flow in vessels with simple or compound perforation plates. *Ann. Bot.* 64, 171–178.

Scurfield, G., A. J. Michell und S. R. Silva. 1973. Crystals in woody stems. *Bot. J. Linn. Soc.* 66, 277–289.

Sperry, J. S. 1985. Xylem embolism in the palm Rhapis excelsa. *IAWA Bull.* n.s. 6, 283–292.

Sperry, J. S. und U. G. Hacke. 2004. Analysis of circular bordered pit function. I. Angiosperm vessels with homogeneous pit membranes. *Am. J. Bot.* 91, 369–385.

Sperry, J. S. und N. Z. Saliendra. 1994. Intra-and inter-plant variation in xylem cavitation in *Betula occidentalis*. *Plant Cell Environ.* 17, 1233–1241.

Sperry, J. S. und J. E. M. Sullivan. 1992. Xylem embolism in response to freeze-thaw cycles and water stress in ringporous, diffuse-porous und conifer species. *Plant Physiol.* 100, 605–613.

Sperry, J. S. und M. T. Tyree. 1988. Mechanism of water stressinduced xylem embolism. *Plant Physiol.* 88, 581–587.

Sperry, J. S. und M. T. Tyree. 1990. Water-stress-induced xylem cavitation in three species of conifers. *Plant Cell Environ.* 13, 427–436.

Sperry, J. S., K. L. Nichols, J. E. M. Sullivan und S. E. Eastlack. 1994. Xylem embolism in ring-porous, diffuse-porous und coniferous trees of northern Utah and interior Alaska. *Ecology* 75, 1736–1752.

Stewart, W. N. und G. W. Rothwell. 1993. *Paleobotany and the Evolution of Plants*, 2. Aufl., Cambridge University Press, New York.

Stout, D. L. und A. Sala. 2003. Xylem vulnerability to cavitation in *Pseudotsuga menziesii* and *Pinus ponderosa* from contrasting habitats. *Tree Physiol.* 23, 43–50.

Taylor, J. G. und C. H. Haigler. 1993. Patterned secondary cell-wall assembly in tracheary elements occurs in a self-perpetuating cascade. *Acta Bot. Neerl.* 42, 153–163.

Taylor, T. N. und E. L. Taylor. 1993. *The Biology and Evolution of Fossil Plants*. Prentice Hall, Englewood Cliffs, NJ.

Tibbetts, T. J. und F. W. Ewers. 2000. Root pressure and specific conductivity in temperate lianas: Exotic *Celastrus orbiculatus* (Celastraceae) vs. native *Vitis riparia* (Vitaceae). *Am. J. Bot.* 87, 1272–1278.

Turner, S. R. und M. Hall. 2000. The gapped xylem mutant identifies a common regulatory step in secondary cell wall deposition. *Plant J.* 24, 477–488.

Tyree, M. T. 1993. Theory of vessel-length determination: The problem of nonrandom vessel ends. *Can. J. Bot.* 71, 297–302.

Tyree, M. T., S. D. Davis und H. Cochard. 1994. Biophysical perspectives of xylem evolution: Is there a tradeoff of hydraulic efficiency for vulnerability to dysfunction? *IAWA J.* 15, 335–360.

Tyree, M. T., S. Salleo, A. Nardini, M. A. Lo Gullo und R. Mosca. 1999. Refilling of embolized vessels in young stems of laurel. Do we need a new paradigm? *Plant Physiol.* 120, 11–21.

Uehara, K. und T. Hogetsu. 1993. Arrangement of cortical microtubules during formation of bordered pit in the tracheids of Taxus. *Protoplasma* 172, 145–153.

van der Graaf, N. A. und P. Baas. 1974. Wood anatomical variation in relation to latitude and altitude. *Blumea* 22, 101–121.

VanderMolen, G. E., C. H. Beckman und E. Rodehorst. 1987. The ultrastructure of tylose formation in resistant banana following inoculation with *Fusarium oxysporum* f. sp. *cubense*. *Physiol. Mol. Plant Pathol.* 31, 185–200.

van der Schoot, C. 1989. Determinates of xylem-to-phloem transfer in tomato. Ph.D. Dissertation. Rijksuniversiteit te Utrecht, The Netherlands.

Vian, B., J.-C. Roland, D. Reis und M. Mosiniak. 1992. Distribution and possible morphogenetic role of the xylans within the secondary vessel wall of linden wood. *IAWA Bull.* n.s. 13, 269–282.

Wang, J., N. E. Ives und M. J. Lechowicz. 1992. The relation of foliar phenology to xylem embolism in trees. *Funct. Ecol.* 6, 469–475.

Wardrop, A. B. 1981. Lignification and xylogenesis. In: *Xylem Cell Development*, S. 115–152. J. R. Barnett, Hrsg., Castle House, Tunbridge Wells, Kent.

Wheeler, E. A. 1983. Intervascular pit membranes in *Ulmus* and *Celtis* native to the United States. *IAWA Bull.* n.s. 4, 79–88.

Wheeler, E. A. und P. Baas. 1991. A survey of the fossil record for dicotyledonous wood and its significance for evolutionary and ecological wood anatomy. *IAWA Bull.* n.s. 12, 275–332.

Wheeler, E. A., P. Baas und P. E. Gasson, Hrsg., 1989. IAWA list of microscopic features for hardwood identification. *IAWA Bull.* n.s. 10, 219–332.

Wiebe, H. H. 1975. Photosynthesis in wood. *Physiol. Plant.* 33, 245–246.

Yamamoto, R., S. Fujioka, T. Demura, S. Takatsuto, S. Yoshida und H. Fukuda. 2001. Brassinosteroid levels increase drastically prior to morphogenesis of tracheary elements. *Plant Physiol.* 125, 556–563.

Young, D. A. 1981. Are the angiosperms primitively vesselless? *Syst. Bot.* 6, 313–330.

Zanis, M. J., D. E. Soltis, P. S. Soltis, S. Mathews und M. J. Donoghue. 2002. The root of the angiosperms revisited. *Proc. Natl. Acad. Sci. USA* 99, 6848–6853.

Zimmermann, M. H. 1982. Functional xylem anatomy of angiosperm trees. In: *New Perspectives in Wood Anatomy*, S. 59–70, P. Baas, Hrsg., Martinus Nijhoff/W. Junk, The Hague.

Zimmermann, M. H. 1983. *Xylem Structure and the Ascent of Sap.* Springer-Verlag, Berlin.

Zimmermann, M. H. und C. L. Brown. 1971. *Trees: Structure and Function.* Springer-Verlag, New York.

Zimmermann, M. H. und A. Jeje. 1981. Vessel-length distribution in stems of some American woody plants. *Can. J. Bot.* 59, 1882–1892.

Zimmermann, M. H. und D. Potter. 1982. Vessel-length distributions in branches, stem und roots of Acer *rubrum* L. *IAWA Bull.* n.s. 3, 103–109.

Zwieniecki, M. A., P. J. Melcher und N. M. Holbrook. 2001a. Hydraulic properties of individual xylem vessels of *Fraxinus americana. J. Exp. Bot.* 52, 257–264.

Zwieniecki, M. A., P. J. Melcher und N. M. Holbrook. 2001b. Hydrogel control of xylem hydraulic resistance in plants. *Science* 291, 1059–1062.

# Kapitel 11
# Xylem: Sekundäres Xylem und Variationen in der Holzstruktur

Das **sekundäre Xylem** entwickelt sich aus einem komplexen Meristem, dem Cambium, das aus vertikal gestreckten fusiformen Initialen und horizontal gestreckten Strahlinitialen besteht (Kapitel 12). Deshalb setzt es sich aus zwei Systemen zusammen, dem **axialen** (vertikal) und **radialen** (horizontal) System (Abb. 11.1), eine Bauweise, die im primären Xylem nicht verwendet wird. Bei den Angiospermen ist das sekundäre Xylem meistens komplizierter zusammengesetzt als das primäre; es zeigt eine größere Zahl von Zellarten.

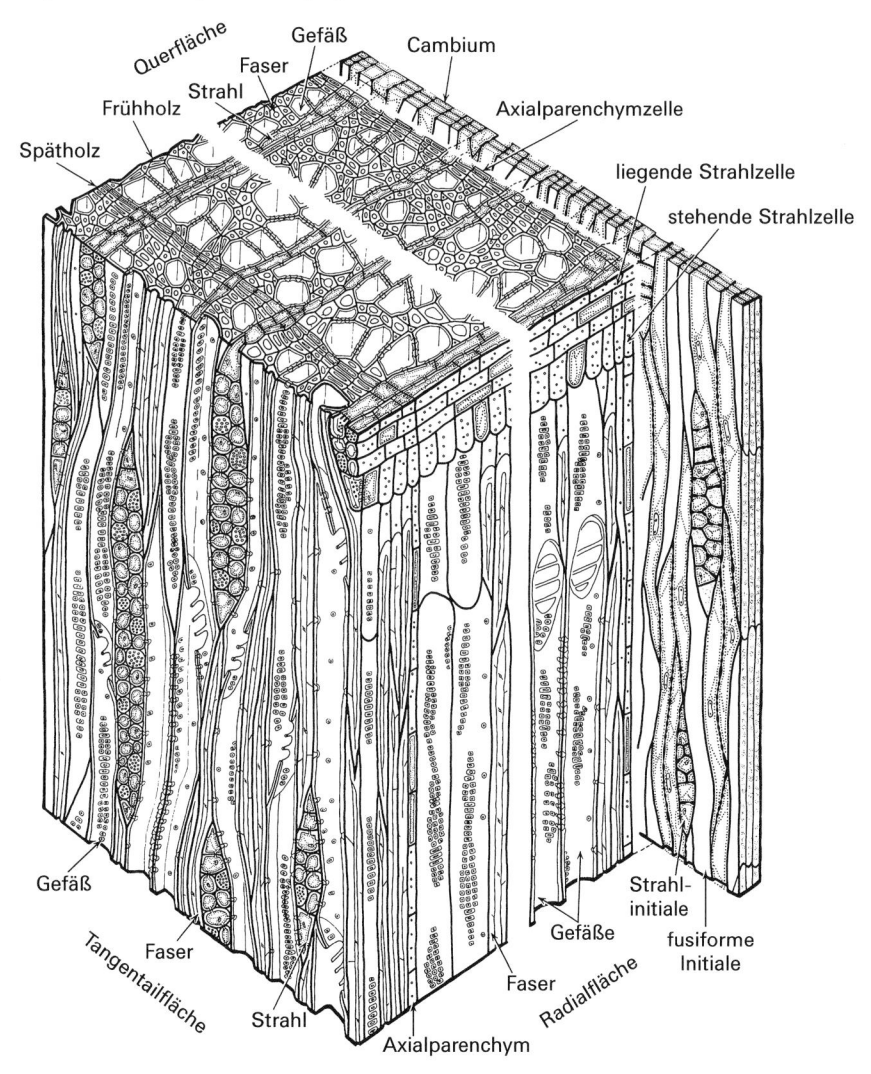

**Abb. 11.1** Blockdiagramm von Cambium und sekundärem Xylem bei *Liriodendron tulipifera* L. (Tulpenbaum), einer angiospermen Holzpflanze. Das axiale System besteht aus Gefäßgliedern mit Hoftüpfeln in wechselständiger Anordnung und schrägen Endwänden mit leiterförmigen Durchbrechungen; Fasertracheiden mit gering behöften Tüpfeln; Parenchymbänder sind terminal angeordnet. Das Strahlsystem ist heterozellular aufgebaut (Randzellen sind aufrecht, die übrigen sind liegend), einreihig und zweireihig bei unterschiedlicher Höhe. (Verändert nach einer Vorlage von I. W. Bailey durch Mrs. J. P. Rogerson unter Anleitung von L. G. Livingston.)

268 | Kapitel 11 Xylem: Sekundäres Xylem und Variationen in der Holzstruktur

Über die Struktur der Sekundärwände primärer und sekundärer trachealer Elemente wurde in Kap.10 bereits berichtet. Die Elemente des späten Metaxylems können den sekundären Elementen gleichen, da beide ähnlich getüpfelt sind. Deshalb ist die Art der Tüpfelung nur wenig oder gar nicht hilfreich zur Unterscheidung zwischen dem zuletzt gebildeten Metaxylem und dem zuerst gebildeten sekundären Xylem.

In Querschnitten lässt sich das primäre Xylem vom sekundären häufig durch die Anordnung der Zellen unterscheiden. Die Verteilung der Procambiumzellen und der daraus entstehenden primären Xylemzellen kann regellos sein, während die Zellen der Cambiumregion und die des sekundären Xylems regelmäßig in radialen Reihen angeordnet sind. Dieses Unterscheidungsmerkmal ist aber unzuverlässig, da bei vielen Pflanzen das primäre Xylem genauso klare radiale Zellreihen zeigt wie das sekundäre Xylem (Esau, 1943).

Bei vielen angiospermen Holzpflanzen unterscheiden sich die trachealen Elemente des primären von denen des sekundären Xylems durch ihre Länge, wobei die zuletzt gebildeten trachealen Elemente des primären Xylems deutlich länger sind als die zuerst gebildeten Elemente des sekundären Xylems (Bailey, 1944). Obwohl die spiralig verdickten Elemente meistens länger sind als die getüpfelten Elemente des gleichen Primärgewebes, sind diese getüpfelten Elemente nochmals bedeutend länger als die ersten Elemente des sekundären Xylems.

Dieser Unterschied zwischen den zuletzt gebildeten Primärelementen und den zuerst gebildeten Sekundärelementen kann sowohl durch die Streckung der Metaxylemzellen während ihrer Differenzierung als auch durch das Fehlen eines vergleichbaren Streckungswachstums der Cambiumabkömmlinge hervorgerufen werden; möglicherweise teilen sich die Procambiumzellen zunächst quer, bevor sie als Cambiumzellen ihre Tätigkeit aufnehmen. Ebenso sind bei den Gymnospermen die zuletzt gebildeten primären Xylemelemente länger als die ersten sekundären Elemente (Bailey, 1920).

Der Übergang von langen zu kurzen trachealen Elementen zu Beginn des sekundären Dickenwachstums bildet nur eines der Merkmale, die für das sekundäre Xylem charakteristisch sind. Gleichzeitig treten noch andere Veränderungen auf, die sich z. B. in der Tüpfelung, dem Strahlenaufbau und der Verteilung des Axialparenchyms zeigen. Durch diese Veränderungen wird schließlich das sekundäre Xylem auf den artspezifischen Entwicklungszustand gebracht. Da die Spezialisierung des Xylems im Verlauf der Evolution vom sekundären zum primären voranschreitet, kann letzteres bei einer Art hinsichtlich der evolutionsbedingten Spezialisierung weniger fortschrittlich sein. Es kommt vor, dass Eudicotyledonen, die nicht ausgesprochen verholzend sind -auch wenn sie sekundäres Dickenwachstum besitzen- primitive, juvenile Merkmale mit in ihr sekundäres Xylem übernehmen (**Pädomorphose**, Carlquist,

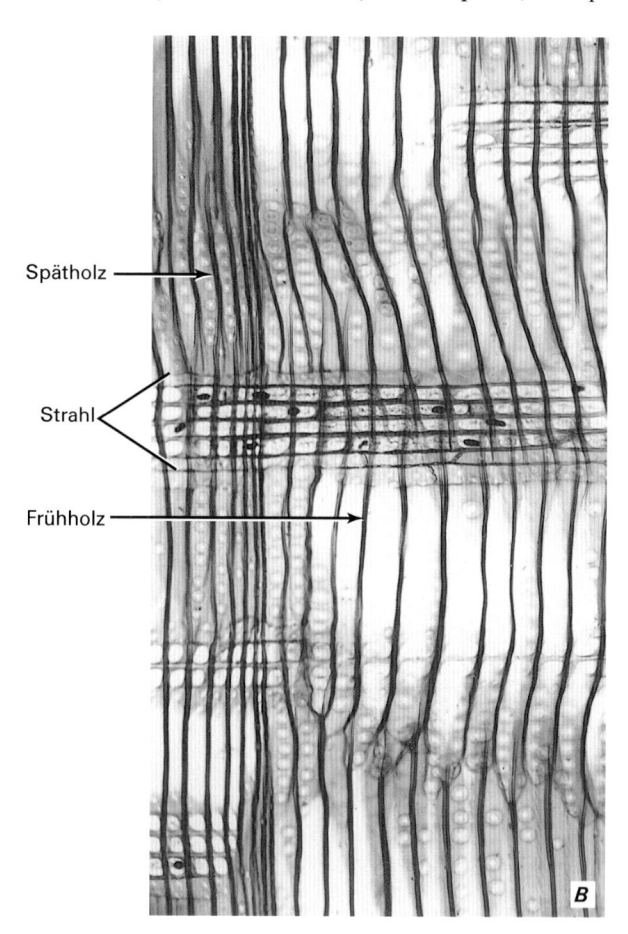

**Abb. 11.2** Holz der Weymouths-Kiefer (*Pinus strobus*), einer Conifere, im (**A**) Quer-, (**B**) Radial- und (**C**) Tangentialschnitt. Das Holz der Weymouths-Kiefer ist nicht stockwerkartig aufgebaut. (Alle, x110.)

1962, 2001). Die allmähliche und nicht eine plötzliche Verkürzung der trachealen Elemente im sekundären Xylem gilt als Kennzeichen dieser Erscheinung.

## 11.1 Die Grundstruktur des sekundären Xylems

### 11.1.1 Das sekundäre Xylem besteht aus zwei unterschiedlichen Zellsystemen, einem axialen und einem radialen

Die Anordnung der Zellen in einem vertikalen oder axialen System einerseits und einem horizontalen oder radialen System andererseits ist eines der auffälligsten Kennzeichen des sekundären Xylems oder des Holzes. Das axiale System und die Strahlen (im Holzteil auch als Holzstrahlen bezeichnet) als das radiale System durchdringen sich gegenseitig und bilden eine Einheit bezüglich ihrer Herkunft, ihres Aufbaus und ihrer Funktion. Im leitenden Xylem bestehen die Strahlen fast immer aus lebenden Zellen. Das axiale System enthält je nach Pflanzenart einen oder mehrere der verschiedenen Typen trachealer Elemente sowie Fasern und Parenchymzellen. Die lebenden Zellen der Strahlen und des axialen Systems sind über zahlreiche Plasmodesmen miteinander verbunden, so dass das Holz von einem zusammenhängenden dreidimensionalen System aus lebenden Zellen -einem symplastischen Kontinuum durchzogen wird (Chaffey und Barlow, 2001). Ferner steht dieses System durch die Strahlen mit den lebenden Zellen des Marks, des Phloems und der primären Rinde in Verbindung (van Bel, 1990b; Sauter, 2000).

Beide Systeme haben ihr charakteristisches Erscheinungsbild in den drei Schnittrichtungen, die üblicherweise bei Holzuntersuchungen angefertigt werden. Im **Querschnitt**, also einem Schnitt rechtwinklig zur Hauptachse von Stamm und Wurzel, werden die Zellen des axialen Systems quer geschnitten, weshalb sie hier ihre geringsten Abmessungen zeigen (Abb. 11.2A und 11.3A). Die Strahlen, die durch ihre Länge, Breite und Höhe charakterisiert sind, werden dagegen in einem Querschnitt in ihrer Längsrichtung dargestellt. Bei Längsschnitten von Sprossachse und Wurzel können zwei unterschiedliche Orientierungen festgelegt werden: **radial** (Abb. 11.2B und 11.3B; parallel zum Radius) und **tangential** (Abb. 11.2C und 11.3C; senkrecht zum Radius). In beiden Fällen erhält man die achsenparallelen Dimensionen der Zellen des axialen Systems, wobei es stark voneinander abweichende Ansichten der Strahlen gibt. Radialschnitte zeigen die Strahlen als horizontale Bänder, die quer zum axialen System verlaufen. Nur wenn ein Radialschnitt zentral durch einen Strahl geführt wird, wird seine Höhe dargestellt. Ein Tangentialschnitt trifft einen Strahl senkrecht zu seinem radialen Verlauf, womit stets seine Höhe und Breite klar erkennbar wird. Tangentialschnitte eignen sich deshalb zur Bestimmung der Höhe von Strahlen, die üblicherweise mit der Anzahl der übereinander liegenden Zellen angegeben wird, sowie zur Festlegung, ob ein Strahl ein- oder mehrreihig ist.

### 11.1.2 Einige Hölzer sind stockwerkartig und andere nicht stockwerkartig aufgebaut

Die im Querschnitt mehr oder weniger strikt in Reihen angeordneten Zellen des sekundären Xylems sind das Ergebnis von periklinen (tangentialen) Teilungen der Cambiumzellen. Während die reihenweise Anordnung von Zellen im Coniferenholz sehr ausgeprägt ist, kann diese im Holz der Gefäße enthaltenden Angiospermen durch die ontogenetisch bedingte Vergrößerung der Gefäßglieder und die damit verbundene Verdrängung benachbarter Zellen bisweilen recht undeutlich sein. In Radialschnitten erscheinen die Reihen des axialen Systems in horizontalen Schichten oder Etagen übereinander gelagert. Tangentialschnitte hingegen variieren hinsichtlich der Zellanordnung zwischen den verschiedenen Hölzern. Einige Hölzer lassen deutlich horizontal ausgerichtete Schichten erkennen und werden deshalb als Hölzer mit **stockwerkartigem** Aufbau (bisweilen auch etagierter Aufbau genannt) bezeichnet (Abb. 11.4; *Aesculus, Cryptocarya, Diospyros, Ficus, Mansonia, Swietenia, Tabebuia, Tilia*, viele *Asteraceae* und *Fabaceae*). In anderen Hölzern überlappen sich die Zellen des einen Stockwerks uneinheitlich mit denen des nächsten. Solche Holz-

Strahl mit Harzkanal

Strahl

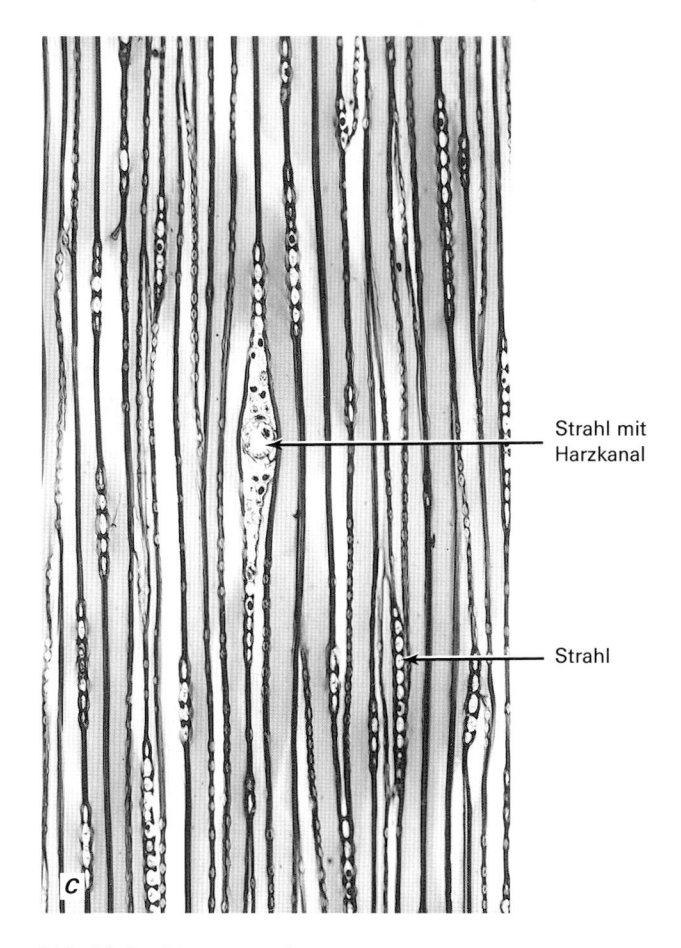

**Abb. 11.2** (Fortsetzung)

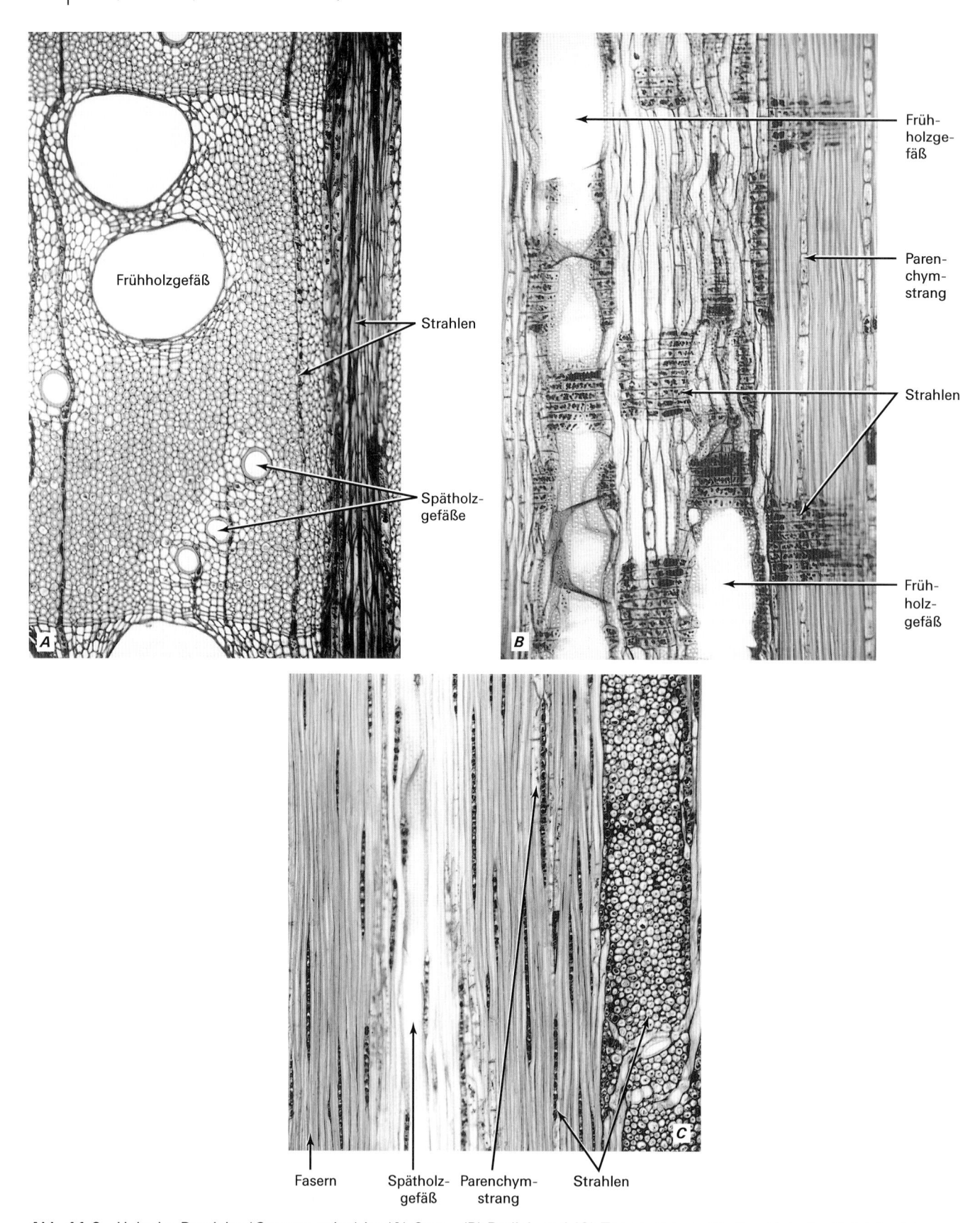

**Abb. 11.3** Holz der Roteiche (*Quercus rubra*) im (**A**) Quer-, (**B**) Radial- und (**C**) Tangentialschnitt. Das Holz der Roteiche ist nicht stockwerkartig aufgebaut. (Alle, x100)

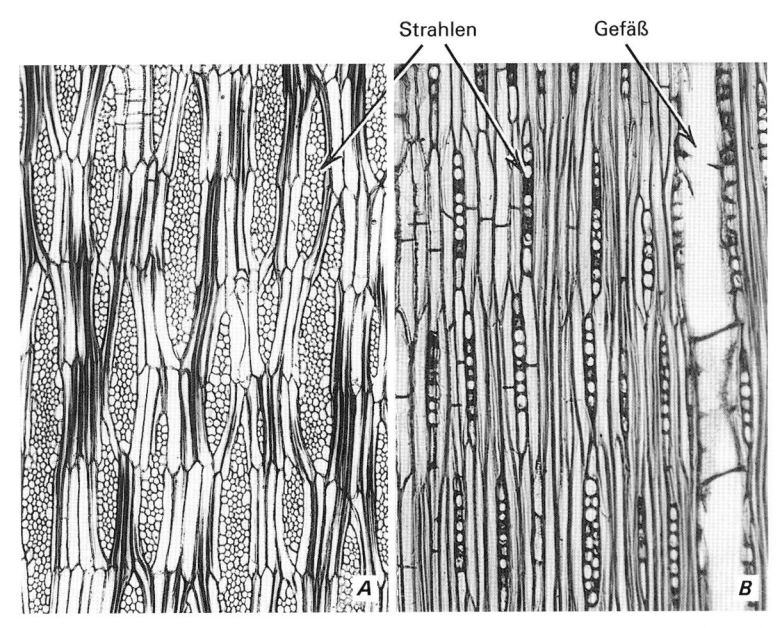

**Abb. 11.4** Stockwerkartiger Aufbau von Holz im Tangentialschnitt. **A**, bei *Triplochiton*, hohe mehrreihige Strahlen erstrecken sich über mehr als ein Stockwerk. **B**, bei *Canavalia*, niedrige einreihige Strahlen sind jeweils auf ein Stockwerk begrenzt. (A, ×50; B, ×100. Aus Barghoorn, 1940, 1941.)

arten besitzen einen **nicht stockwerkartigen** Aufbau (Abb. 11.2C und 11.3C; *Acer, Fraxinus, Juglans, Mangifera, Manilkara, Ocotea, Populus, Pyrus, Quercus, Salix*, Coniferen). Zur Prüfung auf stockwerkartigen oder nicht stockwerkartigen Aufbau eines Holzes müssen also Tangentialschnitte verwendet werden.

Hölzer mit stockwerkartigem Aufbau sind aus der Sicht der Evolution im Vergleich zu Hölzern ohne Stockwerkbau als weiter spezialisiert einzustufen. Sie gehen aus Cambien mit kurzen Fusiforminitialen hervor und haben folglich auch kurze Gefäßglieder. Da sich die Gefäßglieder und Axialparenchymzellen, falls überhaupt, nur wenig strecken, nachdem sie aus den Fusiforminitialen entstanden sind, zeigen sie viel eher Stockwerkanordnung als Libriformfasern, Fasertracheiden und Tracheiden. Die Enden der trachealen Elemente ohne Durchbrechungen führen über die Grenzen ihres Stockwerks hinweg Zellstreckungen durch intrusives Wachstum aus und beseitigen damit zumindest teilweise die Abgrenzung zu anderen Stockwerken. Ein stockwerkartiger Aufbau ist dann besonders ausgeprägt, wenn die Höhe der Strahlen gleich der Höhe eines Stockwerkes des axialen Systems ist; damit sind auch die Strahlen stockwerkartig angelegt (Abb. 11.4B). Es gibt zahlreiche Übergangsformen zwischen den streng stockwerkartigen Hölzern und den streng nicht stockwerkartigen Hölzern, die von Cambien mit langen Fusiforminitialen abstammen. Stockwerkartigen Aufbau des Holzes findet man ausschließlich bei den Eudicotyledonen; dieses charakteristische Merkmal ist für Coniferen nicht bekannt.

### 11.1.3 Zuwachszonen ergeben sich aus der periodischen Aktivität des Cambiums

Die periodische Aktivität des Cambiums (Kap. 12) als ein jahreszeitliches Phänomen der gemäßigten Zonen, hängt von der Tageslänge und den Temperaturen ab und führt im sekundären Xylem zur Bildung von **Zuwachszonen** oder **Zuwachsringen** (Abb. 11.5). Wenn eine solche Zuwachszone nur einmal während einer Saison gebildet wird, nennt man sie **Jahrring**. Abrupte Wechsel beispielsweise in der Verfügbarkeit von Wasser oder anderen Umgebungsfaktoren können zur Bildung von mehr als einer Zuwachszone pro Jahr führen. Die Bildung zusätzlicher Zuwachszonen kann auch über Verletzungen durch Insekten, Pilze und Feuer ausgelöst werden. Solch eine zusätzliche Zuwachszone nennt man **falschen Jahrring**, wobei es durchaus vorkommen kann, dass mehrere zusätzliche Zuwachszonen in einem Jahr angelegt werden. Bei stark unterdrückten oder alten Bäumen kann in unteren Bereichen des Stammes oder auch mancher Äste die Bildung eines Jahrrings in einem bestimmten Jahr ausbleiben. Obwohl das Alter eines Stamm- oder Astabschnittes durch bloßes Zählen der Jahrringe bestimmt werden kann, bleibt durch das mögliche „Fehlen" eines Jahrringes oder die Bildung falscher Jahrringe eine gewisse Unsicherheit. Bäume, die eine ununterbrochene Cambiumaktivität zeigen, wie solche in immerfeuchten tropischen Regenwäldern, lassen vielfach keine Zuwachszonen erkennen (Alves und Angyalossy-Alfonso, 2000). In solchen Fällen ist eine Beurteilung des Baumalters sehr schwierig bzw. unmöglich.

Zuwachszonen kommen sowohl bei Laub abwerfenden wie auch bei immergrünen Bäumen vor. Sie sind zudem nicht auf die gemäßigten Klimazonen mit ihren markanten Wechseln zwischen Wachstums- und Ruheperiode begrenzt. Eine deutliche Saisonalität gibt es auch in vielen tropischen Gebieten durch ausgeprägte jährliche Trockenzeiten wie in weiten Teilen des Amazonasgebietes (Vetter und Botosso, 1989; Alves und Angyalossy-Alfonso, 2000) und von Queensland/Australien (Ash, 1983) oder als Folge von Überflutungen durch die großen Flüsse wie beispielsweise die des Amazonas und des Rio Negro (Worbes, 1985, 1989). In den zuerst genannten Regionen verlieren die meisten Bäume ihre Blätter während der Trockenzeit, und eine Neubildung von Blättern erfolgt kurz nach Beginn der Regenzeit, während der auch das Wachstum stattfindet. Überflutungen führen zu sauerstofffreien Bedingungen im Boden und folglich zur Reduzierung der Wurzelaktivität und der Wasseraufnahme; dadurch tritt das Cambium in eine Ruhephase ein, weshalb sich Zuwachszonen ausbilden (Worbes, 1985, 1995).

Die Faktoren, die für die Ausbildung einer periodischen Abfolge von Wachstumszonen verantwortlich sind, können artspezifisch sein, auch wenn die verschiedenen Arten unter vergleichbaren Bedingungen nebeneinander wachsen. Ein Beispiel für diese Aussage sind die Zuwachszonen von vier Baumarten eines Sumpfwald-Restgebietes im atlantischen Regenwald nahe Rio de Janeiro, Brasilien (Callado et al., 2001). Obwohl alle vier Arten Jahresringe bilden, zeigen sie Unterschiede in ihrem Bildungsmuster. Bei drei Arten war die Spätholzbildung mit der Phase des Blattabwurfs verknüpft, wobei sich diese Phasen jedoch artabhängig zeitlich unterschieden. Überflutungen waren für *Tabebuia cassinoides* der bestimmende Faktor für die Wachstumsperiodizität; diese Baumart war die einzige der vier Baumarten, die in ihrer Holzbildung die für Feuchtgebiete erwartete Periodizität zeigte; indirekt war die Photoperiode bei *T. umbellata* für die Wachstumsperiodizität verantwortlich, und bei *Symphonia globulifera* und *Alchornea sidifolia* waren dies eher endogene Rhythmen.

Die Deutlichkeit der Zuwachszonen hängt von der Art des Holzes und auch von den Wachstumsbedingungen ab (Schweingruber, 1988). Die Sichtbarkeit der Zuwachszonen im Schnittbild eines Holzes beruht auf Strukturunterschieden zwischen früh und spät in der Vegetationsperiode gebildetem Xylem. In Hölzern der gemäßigten Zonen ist das **Frühholz** weniger dicht (mit weiteren Zellen und proportional dünneren Wänden) als das **Spätholz** (mit schmaleren Zellen und proportional dickeren Wänden) (Abb. 11.2A, 11.3A und 11.5). Bei den meisten Holzarten geht das Frühholz allmählich in das Spätholz der gleichen Vegetationsperiode über. Zwischen dem Spätholz einer Vegetationsperiode und dem Frühholz der darauffolgenden tritt jedoch eine scharfe Trennungslinie auf. Solche deutlich hervortretenden Änderungen in den Zellwanddicken und Zelldimensionen kommen selten in tropischen Hölzern vor. Zuwachszonen sind in vielen tropischen Hölzern durch Bänder

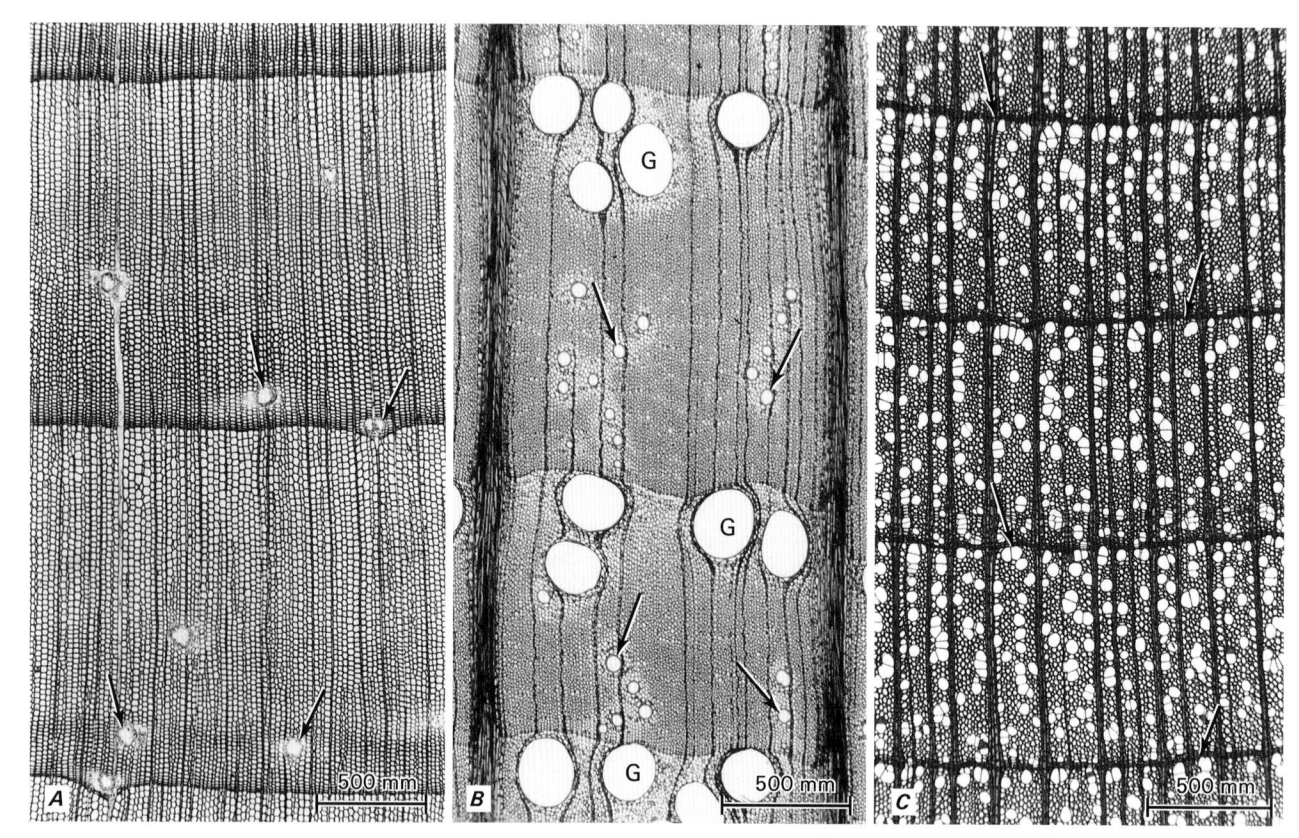

**Abb. 11.5** Zuwachsringe verschiedener Hölzer im Querschnitt. **A**, Weymouths-Kiefer (*Pinus strobus*). Coniferen bilden keine Gefäße. Beachte die Harzkanäle (Pfeile), die vorrangig im Spätholz vorkommen. **B**, Roteiche (*Quercus rubra*). Wie für ringporige Hölzer charakteristisch, sind die Poren oder Gefäße (G) des Frühholzes deutlich größer als diejenigen des Spätholzes (Pfeile). **C**, Tulpenbaum (*Liriodendron tulipifera*), ein zerstreutporiges Holz. Beim Tulpenbaum sind die Jahrringgrenzen durch marginale Parenchymbänder gekennzeichnet (Pfeile).

aus Axialparenchymzellen gekennzeichnet, die zu Beginn und/oder am Ende einer Vegetationsperiode angelegt werden (Boninsegna et al., 1989; Détienne, 1989; Gourlay, 1995; Mattos et al., 1999; Tomazello und da Silva Cardoso, 1999). Diese Bänder werden **marginale Parenchymbänder** genannt. Ihre Zellen sind oft mit den verschiedensten amorphen Substanzen oder Kristallen gefüllt. Marginale Parenchymbänder gibt es auch bei vielen Bäumen der gemäßigten Zonen (Abb. 11.5C).

Faktoren, die eine Veränderung vom Frühholz zum Spätholz bewirken, sind für die Baumphysiologie von großem Interesse (Higuchi, 1997). Obwohl etliche Pflanzenhormone mit der Bildung von Frühholz und von Spätholz in Verbindung gebracht werden, ist die Rolle des Auxins (Indol-3-essigsäure/IES – *indole-3-acetic acid/IAA*) am besten untersucht. Die IES-Konzentration in der Cambialzone eines Baumstamms unterliegt saisonalen Schwankungen, wobei die Konzentration zwischen Frühjahr und Sommer steigt, um dann im Herbst wieder auf das Frühjahrsniveau abzusinken. In der Winterzeit befindet sich die IES-Konzentration auf einem vergleichsweise niedrigen Niveau. Die Phase des Übergangs von der Frühholz- zur Spätholzbildung wird auf eine Abnahme der IES-Konzentration zurückgeführt (Larson, 1969). Wenn veränderte Wuchsbedingungen zu einer früheren Abnahme der IES-Konzentration führen, dann wird der Übergang von der Frühholz- zur Spätholzbildung dementsprechend früher eingeleitet. In Stämmen von *Picea abies* konnte dagegen die Spätholzbildung nicht mit einer verringerten IES-Konzentration in der Cambialzone in Verbindung gebracht werden (Eklund et al., 1998) und bei *Pinus sylvestris* wurde festgestellt, dass die Auxinkonzentration während des Übergangs von Frühholz- zu Spätholzbildung sogar zunimmt (Uggla et al., 2001). Die Spätholzbildung bei *Pinus radiata* und *P. sylvestris* wurde in einigen Arbeiten mit einer Zunahme der Abscisinsäure-Konzentration in der Cambialzone in Verbindung gebracht (Jenkins und Shepherd, 1974; Wodzicki und Wodzicki, 1980).

Die Breite einzelner Jahrringe kann von Jahr zu Jahr sehr stark variieren, was auf Jahresunterschiede in den Umweltfaktoren wie Licht, Temperatur, Niederschlag, verfügbares Bodenwasser und Länge der Vegetationsperiode zurückgeführt wird (Kozlowski und Pallardy, 1997). Die Jahrringbreite kann ein ziemlich genauer Indikator für die Niederschlagsverhältnisse in einem bestimmten Jahr sein. Unter günstigen Bedingungen -also bei ausreichendem oder häufigem Niederschlag- bilden sich breite Jahrringe; unter ungünstigen Bedingungen sind sie schmal. Die Erkennung dieser Zusammenhänge führte zur Entwicklung der **Dendrochronologie**, das sind Untersuchungen der Jahrringstrukturen bei Bäumen und die Verwendung dieser Informationen zur Einschätzung vergangener Klimaverhältnisse sowie zur Datierung vergangener Ereignisse in der Geschichtsforschung (Schweingruber, 1988, 1993). Die Verhältnisse zwischen Früh- und Spätholz werden zwar durch die Umgebungsbedingungen beeinflusst, sie sind aber auch artspezifisch.

### 11.1.4 Mit zunehmendem Alter verliert das Holz hinsichtlich Leitfähigkeit und Stoffspeicherung allmählich seine Funktionalität

Die Elemente des sekundären Xylems sind hinsichtlich ihrer Funktion unterschiedlich spezialisiert. Die trachealen Elemente und die Fasern, die für die Wasserleitung und die Festigung verantwortlich sind, verlieren bereits ihre Protoplasten, bevor sie ihre eigentliche Aufgabe in der Pflanze übernehmen. Die lebenden Zellen, die Nährstoffe speichern und transportieren (Parenchymzellen und manche Fasern), bleiben zur Zeit des Höhepunktes der Xylemaktivität am Leben. Schließlich sterben aber auch diese Zellen ab. Dieses Stadium wird durch zahlreiche Veränderungen eingeleitet, die eine Trennung zwischen aktivem Splintholz und inaktivem Kernholz erkennbar machen (Hillis, 1987; Higuchi, 1997).

**Splintholz** wird definiert als der Teil des Holzes in einem lebenden Baum, der lebende Zellen und Reservestoffe enthält. Es kann vollständig, aber auch nur zum Teil die Wasserleitung durchführen. In einem 45 Jahre alten *Quercus phellos* Baum können beispielsweise die 21 äußersten Jahrringe lebende Speicherzellen enthalten, aber nur die äußersten zwei Jahrringe sind noch an der Wasserleitung beteiligt (Ziegler, 1968). Dabei bilden jedoch alle 21 Jahrringe das Splintholz.

Die entscheidendste Veränderung während der Umwandlung von Splintholz in Kernholz ist das Absterben des Parenchyms und anderer lebender Zellen. Vorher werden jedoch sämtliche Reservestoffe entweder in jüngere Parenchymzellen verlagert oder in Kernstoffe umgewandelt. Daher ist **Kernholz** durch das Fehlen von lebenden Zellen und Reservestoffen gekennzeichnet. Den am weitesten innen liegenden Teil des Splintholzes -also der Teil des Holzes, in dem die Kernholzbildung abläuft- nennt man **Übergangszone**. Die Kernholzbildung, eine Art programmierter Zelltod, ist ein normaler Vorgang im Leben eines Baumes und auf den physiologischen Tod zurückzuführen, der durch endogene Faktoren gesteuert wird. Sie kommt gleichermaßen in Wurzeln und Stämmen vieler Arten vor (Hillis, 1987). Sobald die Kernholzbildung einmal in Gang gesetzt wurde, wird sie während des gesamten Baumlebens fortgeführt. Mit zunehmendem Alter wird das Kernholz mit verschiedenen organischen Stoffen, wie Phenolen, Ölen, Gummi und Harzen sowie aromatischen und farbgebenden Komponenten infiltriert. All diese Substanzen werden mit dem Begriff **Extraktstoffe** bezeichnet, weil sie mit organischen Lösungsmitteln aus dem Holz extrahiert werden können (Hillis, 1987). Einige dieser Substanzen imprägnieren Zellwände, andere sammeln sich in den Zellumina.

Man unterscheidet mindestens zwei verschiedene Typen der Kernholzbildung (Magel, 2000; und die darin zitierte Literatur). Bei Typ 1, dem so genannten **Robinien-Typ**, beginnt die Akkumulation der phenolischen Extraktstoffe in den Geweben der Übergangszone. Bei Typ 2, der auch **Juglans-Typ** genannt wird, akkumulieren sich phenolische Vorstufen der Kernholz-

Extrakte allmählich in den alternden Splintholzgeweben. Schlüsselenzyme, die an der Flavonoid-Biosynthese beteiligt sind (der größten phenolischen Gruppe), sowie die sie codierenden Gene sind hinsichtlich Raum und Zeit identifiziert (Magel, 2000; Beritognolo et al., 2002; und die darin zitierte Literatur). Zwei dieser Enzyme sind die Phenylalanin-Ammonium-Lyase (PAL) und die Chalcon-Synthase (CHS). PAL ist eigentlich an zwei getrennten Abläufen beteiligt, zum einen im Zusammenhang mit der Ligninsynthese in neu gebildetem Holz und zum anderen im Zusammenhang mit der Bildung von Kernholz-Extraktstoffen. CHS ist im Gegensatz zu PAL ausschließlich in der Splint/Kern-Übergangszone aktiv. Die Aktivierung von PAL und CHS ist korreliert mit der Akkumulation von Flavonoiden, die in einer *de novo*-Synthese in den zu Kernholzzellen umzubildenden Splintholzzellen entstehen (Magel, 2000; Beritognolo et al., 2002). Obwohl die Hydrolyse der Speicherstärke etwas Kohlenstoff liefert, so muss der Hauptanteil des zum Aufbau der Phenole benötigten Kohlenstoffs über importierte Saccharose zur Verfügung gestellt werden. Bei *Robinia* stimmt der erhöhte enzymatische Abbau von Saccharose sowohl zeitlich wie auch räumlich mit den erhöhten Aktivitäten von PAL und CHS sowie dem Anstieg phenolischer Kernholz-Extraktstoffe überein; dies deutet auf einen engen Zusammenhang zwischen dem Saccharose-Metabolismus und der Kernholzbildung (Magel, 2000).

Die Umwandlung von Splintholz in Kernholz ist üblicherweise auch mit einer Veränderung des Feuchtegehaltes verbunden. Bei den meisten Coniferen ist der Feuchtegehalt im Kernholz deutlich geringer als im Splintholz, während er bei angiospermen Holzpflanzen zwischen den Arten und je nach Jahreszeit variiert. Bei vielen Arten unterscheidet sich der Feuchtegehalt im Kernholz nur wenig von dem des Splintholzes. Einige Arten bestimmter Gattungen können sogar Kernholz mit einem höheren Feuchtegehalt als im Splintholz besitzen (z. B. *Betula, Carya, Eucalyptus, Fraxinus, Juglans, Morus, Populus, Quercus, Ulmus*).

Bei vielen angiospermen Holzpflanzen entwickeln sich während der Kernholzbildung Thyllen in den Gefäßen (Kapitel 10; Chattaway, 1949). Als Beispiele von Hölzern mit häufiger Thyllenbildung gelten *Astronium, Catalpa, Dipterocarpus, Juglans nigra, Maclura, Morus, Quercus* (Weißeichenarten), *Robinia* und *Vitis*. Viele Gattungen sind nicht in der Lage, Thyllen zu bilden. Im Xylem der Coniferen, deren Tracheiden Tüpfelmembranen mit Tori besitzen, werden die Tüpfel im Zuge der Verkernung verschlossen, indem die Tori sich auf die Öffnungen legen (verschlossene Tüpfel, Kapitel 10). Die Membranen können mit ligninähnlichen oder anderen Substanzen inkrustiert sein (Krahmer und Côté, 1963: Yamamoto, 1982; Fujii et al., 1997; Sano und Nakada, 1998). Der Verschluss der Hoftüpfel scheint mit dem Austrocknen zentraler Stammbereiche in engem Zusammenhang zu stehen (Harris, 1954). Diese verschiedenartigen Veränderungen beeinträchtigen nicht die Festigkeit des Holzes, machen es aber dauerhafter als das Splintholz. Es wird weniger leicht von abbauenden Organismen angegriffen, und Flüssigkeiten (einschließlich der künstlichen Konservierungsmittel) dringen nur schwer ein.

Das Verhältnis von Splintholz zu Kernholz und die Ausprägung sichtbarer und funktioneller Unterschiede zwischen beiden sind bei den verschiedenen Arten und unter verschiedenen Wachstumsbedingungen außerordentlich variabel. Bei den meisten Bäumen ist das Kernholz üblicherweise dunkler als das Splintholz. Frisch eingeschnitten, bietet das Kernholz ein breites Farbenspektrum bis hin zum tiefen Schwarz (Ebenholz) wie bei einigen Arten von *Diospyros* und bei *Dalbergia melanoxylon*; violett bei Arten von *Peltogyne*; rot bei *Simira* (Sickingia) und *Brosimum rubescens*; gelb bei Arten von *Berberis* und *Cladrastis*; und orange bei *Dalbergia retusa, Pterocarpus* und *Soyauxia* (Hillis, 1987). Einige Bäume besitzen kein farblich klar abgesetztes Kernholz (*Abies, Ceiba, Ochroma, Picea, Populus, Salix*), andere zeigen einen nur sehr schmalen Splintholzbereich (*Morus, Robinia, Taxus*) und wiederum andere zeichnen sich durch einen breiten Splintholzbereich aus (*Acer, Dalbergia, Fagus, Fraxinus*).

Bei einigen Arten wird das Splintholz früh in Kernholz umgewandelt, in anderen bleibt es länger erhalten. Die Kernholzbildung setzt bei Robinienarten bereits nach 3 bis 4 Jahren ein, bei Eucalyptusarten nach etwa 5 Jahren, bei einigen Kiefernarten nach 15–20 Jahren, bei der Gemeinen Esche (*Fraxinus excelsior*) nach 60–70 Jahren, bei Buche nach 80–100 Jahren und bei *Alstonia scholaris* (Apocynaceae, West-Afrika) erst nach 100 Jahren (Dadswell und Hillis, 1962; Hillis, 1987).

Die Bestimmung, wie weit das Splintholz nach innen reicht und wie sich die Geschwindigkeit des Wassertransports in Außen- und Innenbereichen verhält, sind entscheidende Fragen zur Einschätzung der Transpirationsrate in der Baumkrone und zum Wasserverbrauch in einem Bestand (Wullschleger und King, 2000; Nadezhdina et al., 2002). Wullschleger und King (2000) bemerkten treffend, dass „Es ein Versäumnis ist anzunehmen, dass das gesamte Splintholz gleichermaßen zum Wassertransport beiträgt, wodurch ein systematischer Fehler bei der Bewertung sowohl des Wasserverbrauchs eines Einzelbaumes wie auch eines gesamten Bestandes entsteht."

### 11.1.5 Reaktionsholz ist ein Holzgewebe, das sich in Ästen und schräg stehenden oder gekrümmten Stämmen entwickelt

Die Bildung von **Reaktionsholz** wird darauf zurückgeführt, dass ein Ast oder ein Stamm der Kraft entgegenwirken will, die durch seine Schiefstellung induziert wird (Boyd, 1977; Wilson und Archer, 1977; Timell, 1981; Hejnowicz, 1997; Huang et al., 2001). Bei Coniferen entwickelt sich das Reaktionsholz auf der Unterseite von Ästen und Stämmen in Bereichen mit hohen Druckbelastungen. Es wird dementsprechend **Druckholz** genannt. Druckholz kommt auch bei *Ginkgo* und den Taxales vor (Timell, 1983). Bei Angiospermen und *Gnetum* entwickelt sich Reaktionsholz auf der Oberseite von Ästen und Stämmen in Bereichen mit hoher Zugbelastung. Es wird deshalb **Zugholz** genannt. Eine bemerkenswerte Ausnahme bei den Angiospermen ist die Art *Buxus microphylla*, die in schief stehenden Stämmen eher Druckholz ausbildet als Zugholz (Yoshizawa et al., 1992).

Reaktionsholz unterscheidet sich vom normalen Holz sowohl in anatomischer als auch in chemischer Hinsicht und kommt normalerweise nicht in Wurzeln vor. Wenn allerdings Zugholz in Wurzeln ausgebildet wird, dann ist es gleichmäßig über den Wurzelumfang verteilt (Zimmermann et al., 1968; Höster und Liese, 1966). Druckholz findet sich in den Unterseiten von Wurzeln mancher Gymnospermen nur dann, wenn sie dem Licht ausgesetzt sind (Westing, 1965; Fayle, 1968).

Druckholz wird durch eine erhöhte Aktivität des Cambiums auf der Unterseite eines Astes oder schief stehenden Stammes angelegt und führt zur Bildung azentrischer Zuwachszonen. Die Bereiche auf der unteren Seite der Zuwachszonen sind allgemein deutlich breiter als die auf der oberen Seite (Abb. 11.6A). Folglich bewirkt Druckholz durch seine Ausdehnung die Begradigung eines Stammes oder es drückt den Stamm oder Ast in eine aufrechtere Position. Das Druckholz der Coniferen ist normalerweise dichter und dunkler als die umgebenden Gewebe, oft erscheint es auf den Holzoberflächen rot-braun. Anatomische Kennzeichen sind relativ kurze Tracheiden, die im Querschnitt rund erscheinen (Abb. 11.7). Die Tracheiden des Druckholzes nehmen ihre runde Form in der letzten Phase der Primärwandbildung an, während im Gewebe schizogen gleichzeitig zahlreiche Interzellularen entstehen, jedoch nicht an der Zuwachszonengrenze (Lee und Eom, 1988; Takabe et al., 1992). Gelegentlich sind die Tracheidenspitzen deformiert. Den Druckholztracheiden fehlt normalerweise eine $S_3$-Wandschicht, und ihre innere $S_2$-Schicht zeigt tiefe Spalten in spiraliger Ausrichtung (Abb. 11.7 und 11.8). Chemisch gesehen enthält Druckholz mehr Lignin und weniger Cellulose als normales Holz. Die zusammengesetzte Mittellamelle und die äußere $S_2$-Schicht sind stark lignifiziert. Die Schwindung von Druckholz in Längsrichtung nach der Trocknung ist gegenüber normalem Holz oft um das 10-fache oder sogar mehr erhöht. Normales Holz schwindet in Längsrichtung gewöhnlich nicht mehr als 0,1 bis 0,3%. Dieser Unterschied in den Schwindmaßen zwischen normalem Holz und Druckholz verursacht in einem trocknenden Brett oft eine Verdrehung und Schüsselung. Solches Holz ist nahezu nutzlos, außer man nimmt es als Brennmaterial. Die Druckholzbildung führt auch zu einer Verringerung der Effektivität im Wassertransport (Spicer und Gartner, 2002).

Zugholz wird durch eine erhöhte Aktivität des Cambiums auf der Oberseite von Ast oder Stamm angelegt und führt wie beim Druckholz zu azentrischen Zuwachszonen. Um einen Stamm in eine gerade Position zurückzubringen, muss das Zugholz, wie der Name schon sagt, einen Zug ausüben. Zugholz ist ohne Mikroskop oft schwierig oder gar nicht zu erkennen. Das auffälligste Merkmal von Zugholz sind die **gelatinösen Fasern** (Abb. 11.9; Kapitel 8), deren innere, nicht lignifizierte Sekundärwand gelatinöse Schicht (G-Schicht) genannt wird; die G-Schicht ist reich an sauren Polysacchariden und enthält große Mengen Cellulose (Hariharan und Krishna-

**Abb. 11.6** Reaktionsholz. **A**, Querschnitt durch einen Kiefernstamm (*Pinus* sp.) mit Druckholz, das breitere Jahrringe auf der Unterseite besitzt. **B**, Querschnitt durch einen Stamm der Schwarznuss (*Juglans nigra*) mit Zugholz, das breitere Jahrringe auf der Oberseite besitzt. Die Risse in beiden Stämmen entstanden als Folge der Trocknung. (Freundlicherweise von Regis B. Miller zur Verfügung gestellt.)

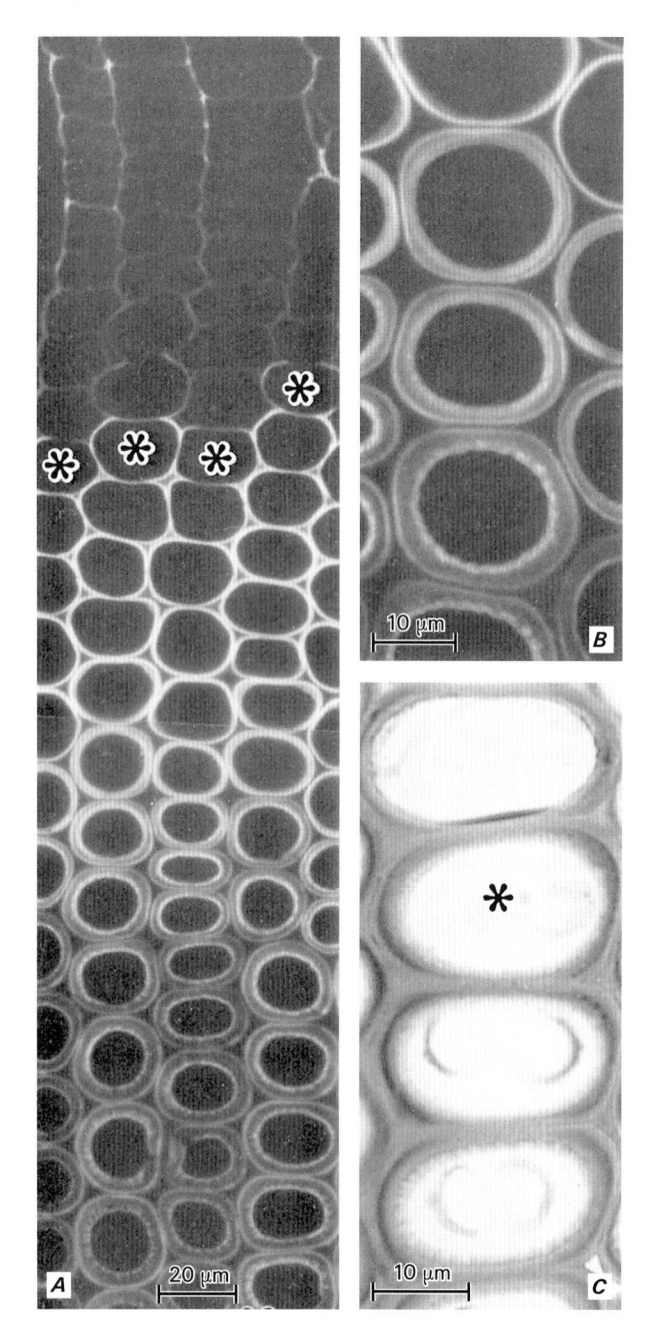

**Abb. 11.7** Druckholztracheiden bei der Sachalin-Tanne (*Abies sachalinensis*, eine Conifere). **A**, fluoreszenzmikroskopische Aufnahme von differenzierendem Druckholz. Die Fluoreszenz ist nur in den Bereichen der Sekundärwandbildung intensiv und bleibt mit fortschreitender Differenzierung nur noch in den inneren Sekundärwandbereichen erhalten. Die Sterne kennzeichnen Tracheiden zu Beginn der $S_1$-Bildung. **B**, fluoreszenzmikroskopische Aufnahme von Tracheiden während der $S_2$-Bildung. **C**, lichtmikroskopische Aufnahme von differenzierenden Tracheiden nach Färbung von Polysacchariden. Die Ausbildung der spiraligen Leisten und Vertiefungen in der inneren $S_2$-Schicht läuft parallel zur Lignifizierung der äußeren $S_2$-Schicht (Stern). Alles Querschnitte. (Aus Takabe et al., 1992.)

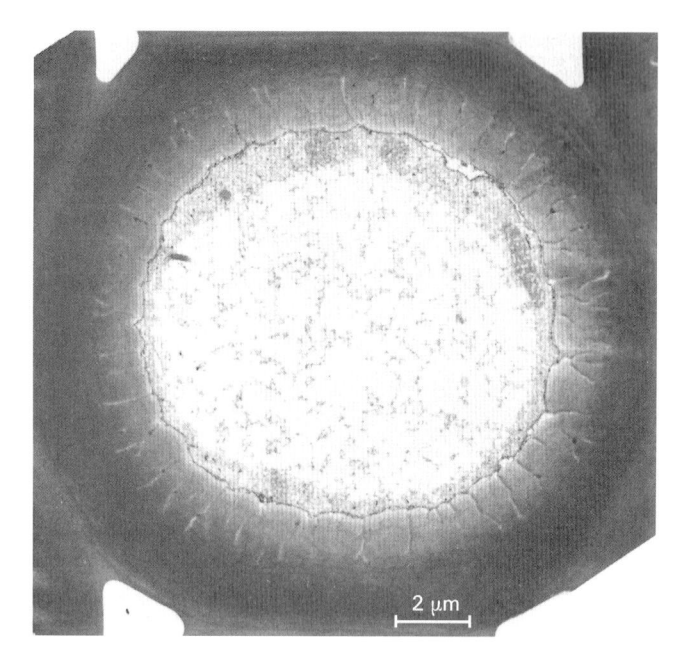

**Abb. 11.8** Transmissionselektronenmikroskopische Aufnahme einer Druckholztracheide bei der Sachalin-Tanne (*Abies sachalinensis*), deren Zellwandbildung nahezu abgeschlossen ist. Zu beachten sind die spiralig angeordneten Leisten und Vertiefungen in der inneren $S_2$-Schicht. (Aus Takabe et al., 1992.)

murthy, 1995; Jourez, 1997; Pilate et al., 2004). Gelatinöse Fasern können zwei ($S_1$ + G) bis vier ($S_1$, $S_2$, $S_3$, G) Sekundärwandschichten haben, wobei die G-Schicht normalerweise die innerste Schicht ist. Die Gefäße im Zugholz zeichnen sich normalerweise durch geringere Durchmesser aus und sind in ihrer Anzahl deutlich vermindert. Auch das Strahl- und Axialparenchym kann während der Zugholzbildung beeinträchtigt werden (Hariharan und Krishnamurthy, 1995). Die Schwindung von Zugholz in Längsrichtung übersteigt selten einen Wert von 1%, jedoch neigen Bretter mit Zugholz beim Trocknen zu Verdrehungen. Wenn solche Stammabschnitte saftfrisch eingeschnitten werden, reißen sich aus den Zugholzbereichen Faserbündel teilweise los, so dass die Schnittflächen ein wolliges Erscheinungsbild bekommen.

Auch das sekundäre Phloem in Nachbarschaft des Zugholzes kann gelatinöse Fasern enthalten (Nanko et al., 1982; Krishnamurthy et al., 1997). Im Phloem von *Populus euroamericana* bestehen die gelatinösen Fasern aus zwei lignifizierten äußeren Wandschichten, der $S_1$ und $S_2$, sowie aus vier abwechselnd angeordneten unlignifizierten (gelatinösen) und lignifizierten inneren Schichten (Nanko et al., 1982).

Es gibt einige angiosperme Holzpflanzen -beispielsweise *Lagunaria patersonii* (Scurfield, 1964), *Tilia cordata* und *Liriodendron tulipifera* (Scurfield, 1965)-, bei denen sich kein typisches Zugholz bildet. Bei diesen Baumarten erfolgt in schief stehenden Stämmen ein asymmetrisches radiales Wachstum. Es kommt dadurch zustande, dass auf den Oberseiten vermehrt Phloem und Xylem gebildet werden. Gelatinöse Fasern fehlen, und der Ligningehalt dieses Zugholzbereiches entspricht dem

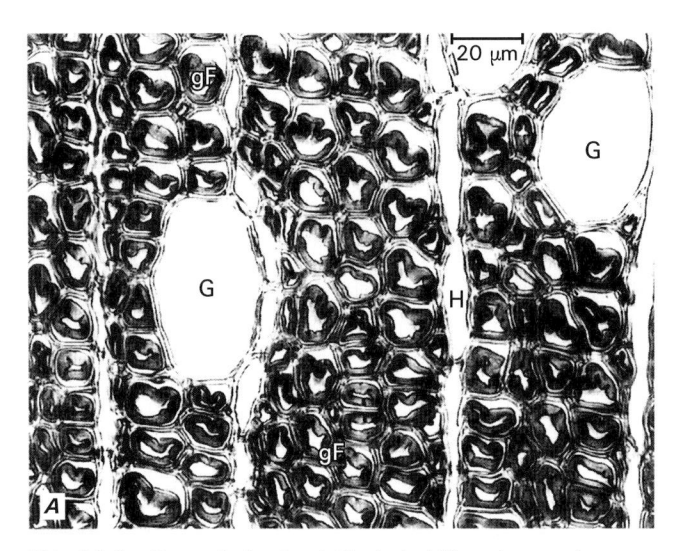

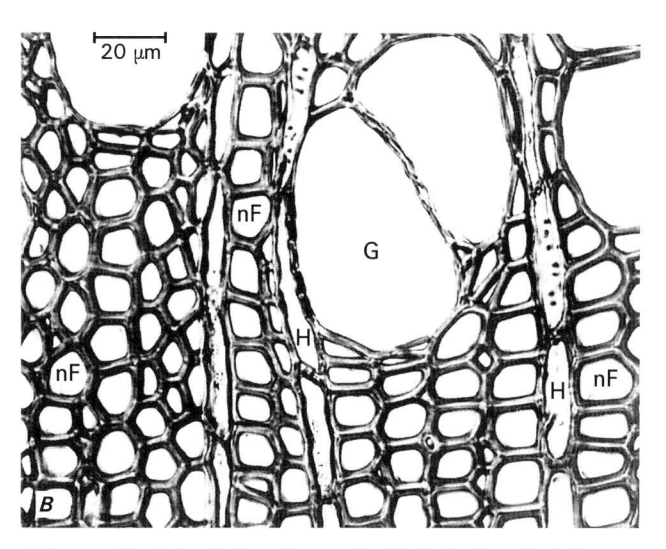

**Abb. 11.9** Querschnitt durch Zugholz (**A**) und normales Holz (**B**) bei der Pappel (*Populus euramericana*). Die dunklen gelatinösen Schichten der gelatinösen Fasern (gF) haben sich vom Rest der Sekundärwand gelöst. Andere Details: nF, normale Faser; H, Holzstrahl; G, Gefäß. (Aus Jourez, 1997.)

des normalen Holzes. Es ist offenkundig, dass in diesen Bäumen zur Umorientierung der Stammachse keine gelatinösen Fasern notwendig sind (Fisher und Stevenson, 1981; Wilson und Gartner, 1996).

Gelatinöse Fasern kommen nicht nur in Ästen und schräg stehenden Stämmen vor. Sie finden sich auch in aufrecht stehenden Stämmen einiger Arten von *Fagus* (Fisher und Stevenson, 1981), *Populus* (Isebrands und Bensend, 1972), *Prosopis* (Robnett und Morey, 1973), *Salix* (Robards, 1966) und *Quercus* (Burkart und Cano-Capri, 1974). Die Bildung eines solchen Reaktionsholzes mit gelatinösen Fasern ist wahrscheinlich auf innere Spannungen zurückzuführen, die entstehen, wenn vom Cambium neugebildete Zellen während der Reifung ihrer Zellwände in Längsrichtung schrumpfen (Hejnowicz, 1997). Tatsächlich entstehen auch in einem normal aufrecht wachsenden Baumstamm bei der Lignifizierung neuer Xylemzellen Zugspannungen in Längsrichtung und Druckspannungen in tangentialer Richtung (Huang et al., 2001). Diese Kombination aus Spannungen in unterschiedlichen Richtungen wiederholt sich mit der Bildung jeder neuen Zuwachszone, weshalb es über den Stammumfang zu einer gleichmäßigen Verteilung entgegenwirkender Spannungen kommt. Daraus ergibt sich wiederum, dass Zugspannungen außen im Stamm entstehen und Druckspannungen innen. Diese Spannungen sollen den Baumstämmen helfen, den auf sie einwirkenden Windbelastungen standzuhalten und der Rissbildung im Xylem bei Frost in strengen Wintern entgegenzuwirken (Mattheck und Kubler, 1995).

Forschungsarbeiten unter Einbeziehung einer experimentell veränderten Lage der Stammachse lieferten Befunde, dass der Schwerkraftreiz und die Verteilung endogener Wachstumssubstanzen wichtige Faktoren zur Initiierung der Reaktionsholzbildung sind (Casperson, 1965; Westing, 1968; Boyd, 1977). Frühe Untersuchungen mit Auxinen und Anti-Auxinen belegten, dass das Zugholz bei Angiospermen dort gebildet wird, wo die Auxinkonzentration niedrig ist (Morey und Cronshaw, 1968; Boyd, 1977). Dagegen wird das Druckholz der Coniferen in Gewebebereichen mit hoher Auxinkonzentration gebildet (Westing, 1968; Sundberg et al., 1994). Hochauflösende Analysen zur endogenen IES-Verteilung in der Cambialregion und angrenzenden Geweben zeigten aber für *Populus tremula* und *Pinus sylvestris* eine von der IES-Bilanz unabhängige Reaktionsholzbildung (Hellgren et al., 2004). Gibberelinsäure ($GA_3$) und Ethylen werden ebenfalls mit der Reaktionsholzbildung in Verbindung gebracht (Baba et al., 1995; Dolan, 1997; Du et al., 2004). Wenn die Reaktionsholzbildung nur für eine kurze Zeit induziert wird, können den zu Beginn und am Ende dieser Phase gebildeten Zellen einige der anatomisch charakteristischen Merkmale von Zug- oder Druckholz fehlen; dies bedeutet, dass die Ausprägung solcher charakteristischen Zellmerkmale während der Differenzierung an- oder abgeschaltet werden kann (Boyd, 1977; Wilson und Archer, 1977). Andererseits folgerte Casperson (1960), dass die Reaktion zur Bildung von Zugholz im Hypocotyl von *Aesculus* nur bei solchen Faservorläufern erfolgt, die in einer frühen Abgliederungsphase vom Cambium stimuliert wurden. Bei *Acer saccharinum* waren einige anatomische Merkmale des Zugholzes bereits im primären Xylem ausgebildet (Kang und Soh, 1992).

## 11.2 Hölzer

Die Hölzer werden üblicherweise in Nadel- und Laubhölzer unterteilt. Die so genannten **Nadelhölzer** sind Gymnospermen, und die **Laubhölzer** sind Angiospermen. Diese zwei Gruppierungen unterscheiden sich im strukturellen Aufbau ihres Xylems grundlegend voneinander. Nadelholz ist homogen aufgebaut mit vorherrschend langen axialen Elementen. Es ist sehr gut für die Papierherstellung geeignet, wo hohe Belastbarkeit und Festigkeit benötigt werden. Viele wirtschaftlich genutzte

Laubhölzer sind wegen ihres hohen Anteils an Fasertracheiden und Libriformfasern besonders fest, dicht und schwer (*Astronium*, *Carya*, *Carpinus*, *Diospyros*, *Guaiacum*, *Manilkara*, *Ostrya*, *Quercus*). Die Hauptgruppen der wirtschaftlich wichtigen Nutzhölzer sind unter den Gymnospermen die Coniferen, und unter den Angiospermen die Eudicotyledonen. Die baumartig wachsenden Monocotyledonen bilden keinen aus wirtschaftlicher Sicht so gut nutzbaren homogenen Pflanzenkörper mit sekundärem Xylem (Tomlinson und Zimmermann, 1967; Butterfield und Meylan, 1980). Unter den Monocotyledonen wurde und wird hingegen Bambus in Asien wegen seines hohen Festigkeits-Gewichts-Verhältnisses und seiner im Vergleich zu konventionellem Nutzholz höheren Elastizität als das bedeutendste „Holz" verwendet. Es wird zum Bau von Häusern genutzt, zur Möbelherstellung, für Geräte jeglicher Art, zur Papierherstellung, als Bodenbelag und als Brennholz (Liese, 1996; Chapman, 1997; siehe Liese, 1998, zur Anatomie des Bambushalms).

## 11.2.1 Das Holz der Coniferen ist vergleichsweise einfach aufgebaut

Das Holz der Coniferen ist allgemein einfacher und homogener aufgebaut als das der meisten Angiospermen (Abb. 11.2, 11.10 und 11.11). Der Hauptunterschied zwischen beiden Hölzern besteht darin, dass Gefäße bei den Coniferen fehlen, bei den meisten Angiospermen jedoch vorhanden sind. Eine weitere auffallende Besonderheit des Coniferenholzes ist der relativ geringe Anteil an Parenchym, besonders an axialem Parenchym.

## 11.2.2 Das axiale System des Coniferenholzes besteht größtenteils oder ganz aus Tracheiden

Die Tracheiden sind Zellen mit einer durchschnittlichen Länge von 2 bis 5 mm (Spanne: 0,5 bis 11 mm; Bailey und Tupper, 1918), ihre Enden überlappen sich mit denjenigen der oberhalb

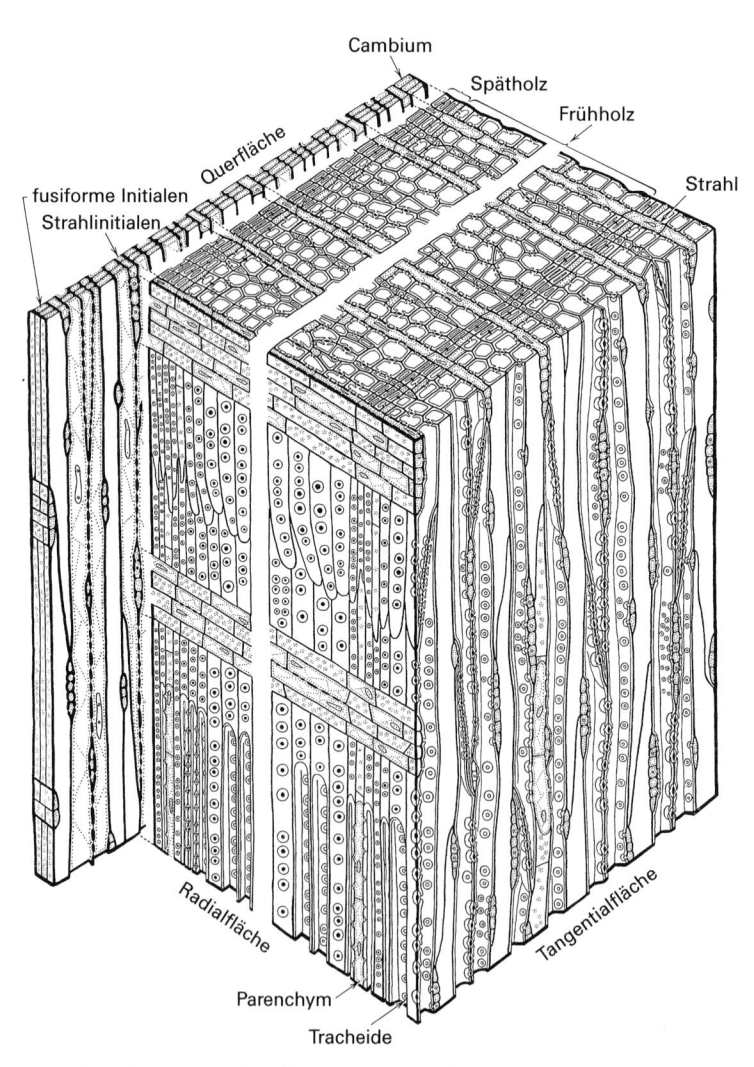

**Abb. 11.10** Blockdiagramm von Cambium und sekundärem Xylem des Abendländischen Lebensbaums (*Thuja occidentalis* L.), einer Conifere. Das axiale System besteht vorwiegend aus Tracheiden und einem kleinen Anteil Parenchym. Die Strahlen sind einreihig und rein parenchymatisch. (Freundlicherweise von I. W. Bailey zur Verfügung gestellt; nachgezeichnet von Mrs. J. P. Rogerson unter Anleitung von L. G. Livingston.)

Die Tracheiden sind durch kreisförmige oder ovale Hoftüpfel miteinander verbunden, die einzeln, gegenständig (weitlumige Frühholztracheiden der Taxodiaceae und Pinaceae) oder wechselständig (Araucariaceae) angeordnet sind. Die Anzahl der Tüpfel pro Tracheide schwankt zwischen 50 und 300 (Stamm, 1946). Dort, wo sich zwei Tracheidenenden überlappen, finden sich die meisten Tüpfel. Die Tüpfel sind größtenteils auf die radial ausgerichteten Zellwandbereiche beschränkt, nur die Spätholztracheiden können auf ihren tangentialen Wandbereichen Tüpfel besitzen. Spiralige Verdickungen (Kapitel 10) an getüpfelten Wänden wurden in Tracheiden von *Pseudotsuga*, *Taxus*, *Cephalotaxis*, und *Torreya* beobachtet (Phillips, 1948).

Manche Tracheiden zeigen charakteristische Verdickungen von Mittellamelle und Primärwand -so genannte **Crassulae**-, die sich ober- und unterhalb der Tüpfel bilden (Abb. 11.11A, B; Kapitel 10). Eine andere seltene Wandproliferation sind die **Trabeculae**, kleine Querbalken, die durch die Lumina der Tracheiden von einer Tangentialwand zur anderen reichen.

Axialparenchym kann im Coniferenholz vorhanden sein oder auch fehlen. Bei Podocarpaceae, Taxodiaceae und Cupressaceae kommt Parenchym gelegentlich in der Übergangszone zwischen Früh- und Spätholz in Form von einzelnen Strängen vor, bei Pinaceae, Araucariaceae und Taxaceae ist es spärlich oder es fehlt. Bei einigen Gattungen kommt Axialparenchym nur in Form von Epithelzellen in den Harzkanälen vor (*Cedrus*, *Keteleeria*, *Picea*, *Pinus*, *Larix*, *Pseudotsuga*). Sekundärwände bilden sich in den Epithelzellen von *Larix*, *Picea* und *Pseudotsuga*.

### 11.2.3 Die Strahlen der Coniferen können aus Parenchymzellen und Tracheiden bestehen

Die Strahlen der Coniferen setzen sich entweder aus Parenchymzellen alleine oder aus Parenchymzellen und Tracheiden zusammen. Solche aus Parenchymzellen alleine nennt man **homozellular**, solche mit Parenchymzellen und Tracheiden nennt man **heterozellular** (Abb. 11.11D und 11.12). Strahltracheiden ähneln den Parenchymzellen in ihrer Form, ihnen fehlen aber im ausgereiften Zustand ihre Protoplasten; sie haben Sekundärwände mit Hoftüpfeln. Sie kommen regelmäßig bei den Pinaceae vor, außer bei den Gattungen *Abies*, *Keteleeria* und *Pseudolarix*; gelegentlich finden sie sich bei *Sequoia* und den meisten Cupressaceae (Phillips, 1948). Die Strahltracheiden begrenzen üblicherweise einen Strahl nach oben und/oder unten und können eine oder mehrere Zellen hoch sein. Selten sind sie zwischen die Schichten aus Parenchymzellen eingestreut.

Strahltracheiden haben lignifizierte Sekundärwände. Bei einigen Coniferen sind diese Wände dick und skulpturiert, oft mit zahnartigen oder bandartigen Fortsätzen, die in das Lumen der Zellen ragen. Die Strahlparenchymzellen haben nur im Splintholz lebende Protoplasten und im Kernholz enthalten sie oft dunkle, harzige Einschlüsse. Bei den Taxodiaceae, Arau-

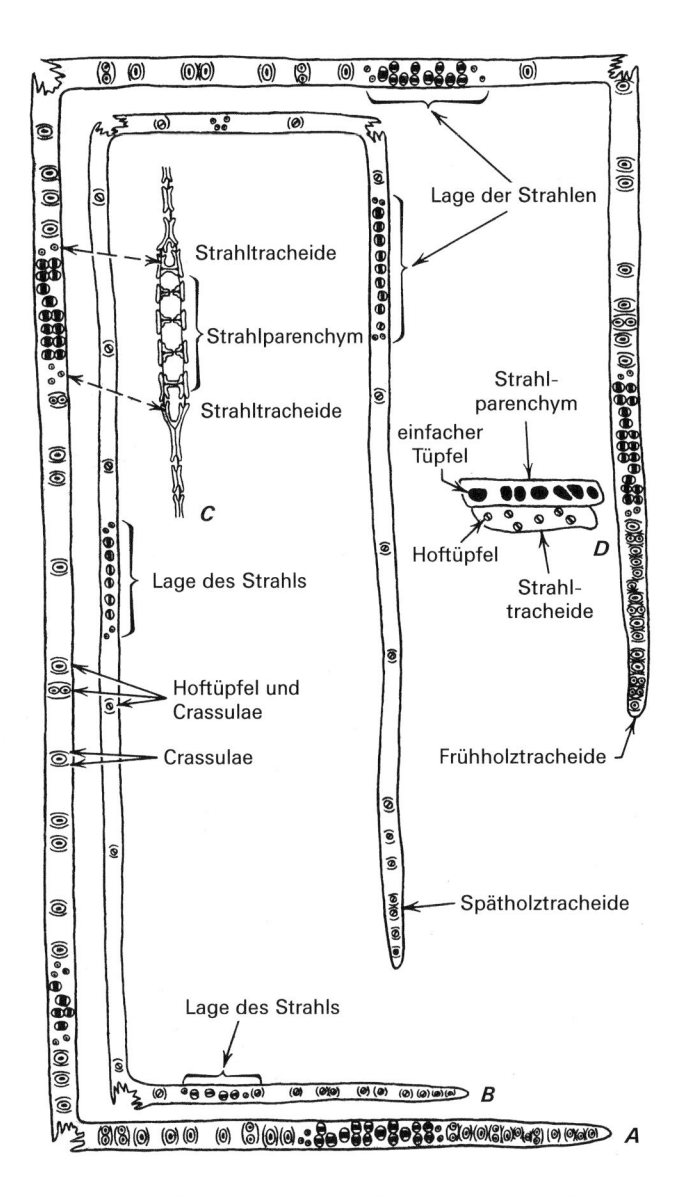

**Abb. 11.11** Elemente des sekundären Xylems von *Pinus*. **A**, Frühholz- und **B**, Spätholztracheiden. Radialansichten. **C**, Tangentialschnitt, Strahl quer getroffen. **D**, Radialschnitt, zwei Strahlzellen längs getroffen. Die beiden Tracheiden (**A**, **B**) zeigen mehrere Kontaktbereiche zu den Strahlen. Die kleinen Hoftüpfel in diesen Strahlansätzen stehen mit einer Strahltracheide in Verbindung. Die großen, teilweise behöften Tüpfel verbinden Strahlparenchymzellen mit axialen Tracheiden. Alle übrigen Wandabschnitte sind mit vollständig ausgebildeten Hoftüpfeln versehen. (Alle, x100. **A**, **B**, **D** verändert nach Forsaith, 1926; mit Erlaubnis von SUNY-ESF)

und unterhalb anschließenden Tracheiden (Abb. 11.2B; Kapitel 10). Wegen ihres intrusiven Wachstums können die Enden gebogen oder verzweigt sein. Grundsätzlich sind die Enden keilförmig geformt, daher laufen sie im Tangentialschnitt spitz aus und im Radialschnitt sind sie spatelförmig abgeschnitten. Fasertracheiden können im Spätholz vorkommen, Libriformfasern aber nicht.

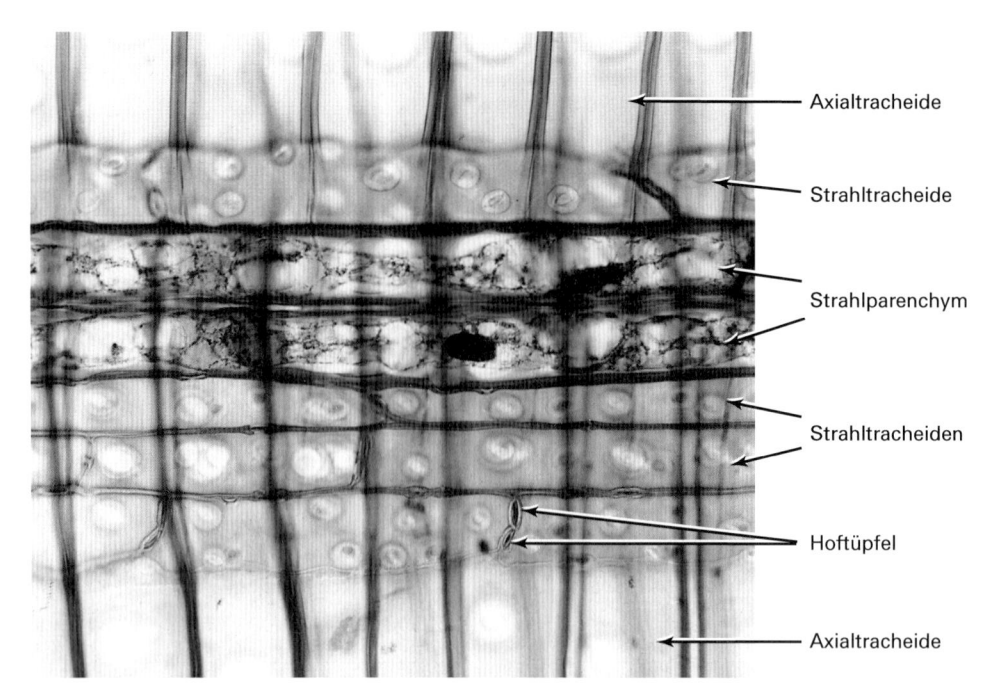

**Abb. 11.12** Radialschnitt durch das Xylem der Weymouths-Kiefer (*Pinus strobus*) mit Ausschnitt eines Holzstrahles, der sich aus Parenchymzellen mit Protoplasten (die dunklen Körper sind die Zellkerne) und Strahltracheiden mit Hoftüpfeln zusammensetzt. (x450)

cariaceae, Taxaceae, Podocarpaceae, Cupressaceae und Cephalotaxaceae entwickeln sie nur Primärwände (obwohl man die Mikrofibrillenorientierung in den Zellwänden des Strahlparenchyms von *Podocarpus amara* und *Tsuga canadensis* als typisch für Sekundärwände bezeichnet hat; Wardrop und Dadswell, 1953), bei den Abietoideae sind auch Sekundärwände vorhanden (Bailey und Faull, 1934).

Die Strahlen der Coniferen sind meist nur eine Zelle breit (Abb. 11.2C; **einreihig**), bisweilen auch zwei Zellen breit (**zweireihig**) und 1-20, manchmal bis zu 50 Zellen hoch. Strahlen mit einem Harzkanal erscheinen im Tangentialschnitt spindelförmig, weil sie in Höhe des Harzkanals mehrere Zellen breit, oben und unten jedoch nur eine Zelle breit sind (Abb. 11.2C). Strahlen mit Harzkanälen werden **fusiforme Strahlen** genannt. Die Strahlen machen bei Coniferen im Durchschnitt etwa 8% des Gesamtvolumens des Holzes aus.

Jede Axialtracheide steht in Verbindung zu einem oder mehreren Strahlen (Abb. 11.11A, B). Die Tüpfel zwischen Axialtracheiden und Strahlparenchymzellen sind einseitig behöft, und zwar ist die Hofseite stets zur Tracheide hin orientiert; Tüpfel zwischen Axial- und Strahltracheiden sind auf beiden Seiten behöft, entsprechen also strukturell einem echten Hoftüpfel. Die Tüpfelung zwischen Strahlparenchymzellen und Axialtracheiden lassen im Radialschnitt charakteristische Muster erkennen, die **Kreuzungsfeld** genannt werden. Hierunter versteht man die rechteckige Radialwandfläche zwischen einer Strahlparenchymzelle und einer Axialtracheide. Die Tüpfelung im Kreuzungsfeld wird zur Klassifizierung und Identifizierung von Coniferenholz eingesetzt. Die Tüpfelkontakte zwischen Strahlparenchymzellen und Axialtracheiden sind ebenso ausgeprägt wie diejenigen zwischen Axialparenchymzellen und Axialtracheiden, sofern diese Zellkombination vorhanden ist. Deshalb sind sowohl die Axial- als auch die Strahlparenchymzellen Kontaktzellen (Braun, 1970, 1984).

### 11.2.4 Das Holz vieler Coniferen enthält Harzkanäle

Harzkanäle sind ein gemeinsames Merkmal der axialen und radialen Systeme im Holz solcher Gattungen wie *Pinus* (Abb. 11.2A, C und 11.5A), *Picea*, *Cathaya*, *Larix* und *Pseudotsuga* (Wu und Hu, 1997). Dagegen fehlen Harzkanäle im Holz von *Juniperus* und *Cupressus* (Fahn und Zamski, 1970). In anderen Gattungen wie *Abies*, *Cedrus*, *Pseudolarix* und *Tsuga* werden sie nur nach Verletzungen gebildet. Die normalen Harzkanäle treten einzeln auf und sind langgestreckt (Abb. 11.2A und 11.5A); traumatische Harzkanäle sind meist blasenförmig und kommen in tangentialen Reihen vor (Abb. 11.13; Kuroda und Shimaji, 1983; Nagy et al., 2000). Bisweilen wird sogar angenommen, dass alle Harzkanäle im Holz traumatischen Ursprungs sind (Thomson und Sifton, 1925; Bannan, 1936). Es gibt zahlreiche Auslöser zur Bildung von traumatischen Harzkanälen. Einige davon sind offene Wunden, Verletzungen durch Druck oder Frost- und Windschäden. Die verschiedenen Coniferengruppen reagieren unterschiedlich auf derartige Einflüsse. Die Gattung *Pinus* scheint am wenigsten empfindlich gegenüber solchen externen Faktoren zu sein (Bannan, 1936).

Axiale Harzkanäle bilden sich üblicherweise in der Übergangszone zwischen Früh- und Spätholz oder im Spätholz

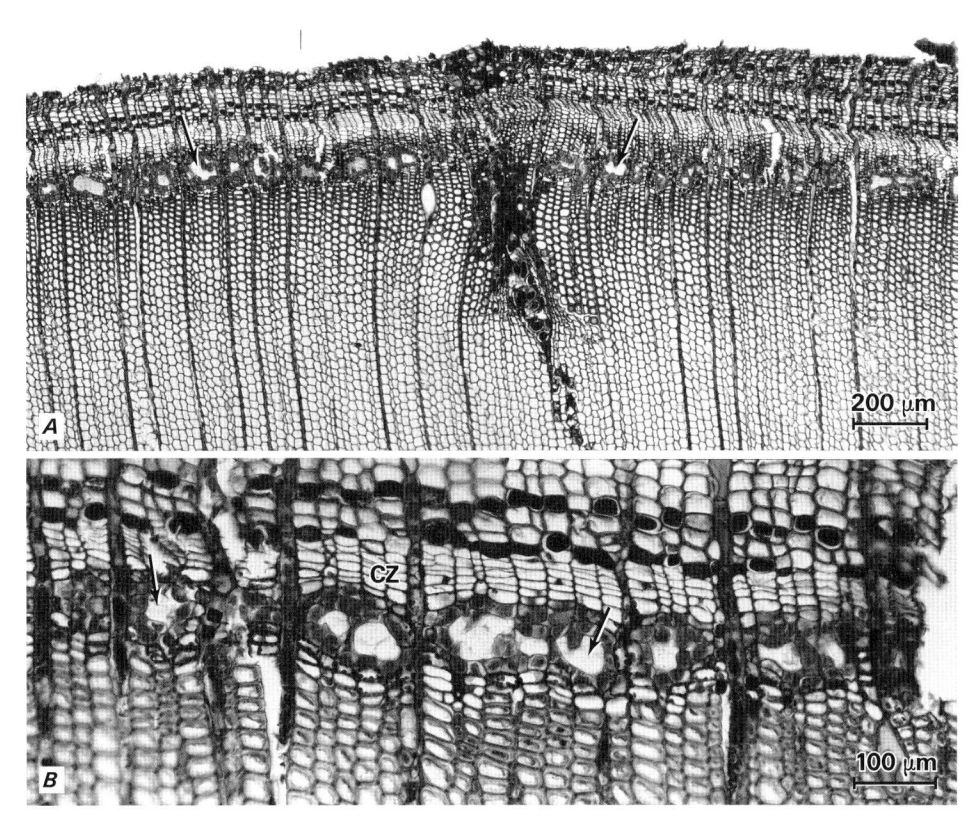

**Abb. 11.13** Traumatische Harzkanäle (Pfeile) nahe der Cambialzone (CZ) im sekundären Xylem der Japanischen Hemlock-Tanne (*Tsuga sieboldii*). Die Harzkanalbildung wurde durch Einstiche in die Rinde mit Metallnadeln ausgelöst. **A**, 36 Tage nach Verletzung mit Wundgewebe in der Mitte; **B**, Detailansicht 20 Tage nach der Verletzung. (Nachdruck mit Genehmigung von K. Kuroda und K. Shimaji, 1983. Traumatic resin canal formation as a marker of xylem growth. *Forest Science* 29, 653–659. © 1983 Society of American Foresters.)

(Abb. 11.2A und 11.5A; Wimmer et al., 1999; und die darin zitierte Literatur). Ihre Lage und Häufigkeit hängen vom Alter des Cambiums und von Klimafaktoren ab. Bei *Picea abies* beispielsweise wird ab dem 10. Jahrring die Mehrheit der axialen Harzkanäle vorwiegend im Übergangsbereich zwischen Früh- und Spätholz angelegt, während solche in Jahrringen mit jüngerem Cambium im Spätholz zu finden sind (Wimmer et al., 1999). Für die Sommertemperatur wurde nachgewiesen, dass sie einen starken Einfluss auf die Bildung von Harzkanälen hat. Demnach gibt es einen direkten Zusammenhang zwischen hohen Sommertemperaturen und der Häufigkeit axialer Harzkanäle.

Im typischen Fall gehen Harzkanäle aus schizogen entstandenen Interzellularräumen hervor. Solche Interzellularräume bilden sich durch das Auseinanderweichen von Parenchymzellen, die gerade erst vom Cambium abgegliedert wurden. Jeder radiale Harzkanal hat seinen Ursprung an einem axialen Harzkanal und erstreckt sich vom Xylem bis ins Phloem, obwohl die Kanäle bei Arten mit dünnwandigen Auskleidungszellen in der Cambialregion nicht offen sind (Chattaway, 1951; Werker und Fahn, 1969; Wodzicki und Brown, 1973). Die Bildung von radialen Kanälen auf der Phloemseite des Cambiums kann der ihrer Gegenstücke im Xylem vorausgehen. Es wird vermutet, dass der Reiz zur Auslösung einer Harzkanalbildung zuerst die Strahlinitialen beeinflusst. Danach wird er über die Strahlen nach innen bis zu den Xylemmutterzellen des axialen Systems weitergeleitet. Dort breitet sich der Reiz vertikal aus und veranlasst axiale Komponenten, sich in Harzkanalzellen zu verwandeln (Werker und Fahn, 1969). Radiale Harzkanäle können sich mit andauernder Cambialaktivität gleichermaßen verlängern. Die Harzkanäle des axialen Systems sind unterschiedlich hoch. In den äußersten Jahrringen 10- bis 23-jähriger Weihrauch-Kiefern (*Pinus taeda*) erstrecken sich axiale Harzkanäle über eine Länge von 20 bis 510 mm (LaPasha und Wheeler, 1990).

Während ihrer Entwicklung bilden Harzkanäle ein auskleidendes Gewebe, das **Epithel**, das im Allgemeinen wiederum von einer Hüllschicht aus axialen Parenchymzellen umgeben ist; diese werden als Hüllzellen, Begleitzellen oder Nebenzellen bezeichnet (Wiedenhoeft und Miller, 2002). Bei *Pinus* sind die Epithelzellen dünnwandig (Abb. 11.2A), bleiben für einige Jahre aktiv und bilden reichlich Harz. Bei *Pinus halepensis* und *Pinus taeda* sind einige der axialen Parenchymzellen am Epithel kurzlebig und deponieren eine innere Suberinschicht, bevor sie kollabieren (Werker und Fahn, 1969; LaPasha und Wheeler, 1990). Bei *Larix* und *Picea* wiederum bilden sich dickwandige, lignifizierte Epithelzellen, von denen die meisten bereits im Verlauf des Jahres ihrer Bildung absterben. Diese Gattungen produzieren wenig Harz. Dicke, lignifizierte Wände sind auch von den Epithelzellen und angrenzenden Axialzellen

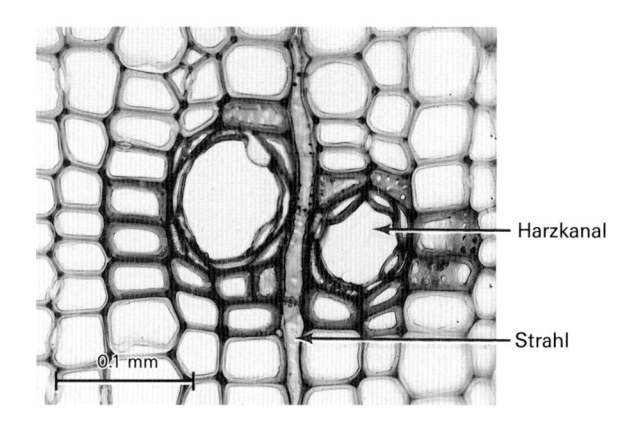

**Abb. 11.14** Querschnitt durch das Holz von *Pseudotsuga taxifolia*. Es zeigt zwei Harzkanäle mit dickwandigen Epithelzellen. (Aus Esau, 1977.)

bei *Pseudotsuga* (Abb. 11.14) und *Cathaya* (Wu und Hu, 1997) bekannt. Mitunter werden Harzkanäle durch Vergrößerung der Epithelzellen verschlossen. Solche thyllenartigen Intrusionen werden **Thylosoide** genannt (Record, 1934). Sie unterscheiden sich von Thyllen dadurch, dass sie keine Tüpfel durchwachsen.

Frühe Untersuchungen zu den Verbindungen zwischen radialen und axialen Harzkanälen führten für Holz zur Formulierung des Konzepts eines dreidimensional vernetzten Systems aus Harzkanälen. Jüngere Arbeiten belegten jedoch, dass ein solches System nicht notwendigerweise gebildet wird, zumindest nicht in allen Coniferen. Bei *Pinus halepensis* beispielsweise bestehen direkte Verbindungen zwischen radialen und axialen Kanälen nur dort, wo sie in derselben radialen Ebene liegen und auch dort nicht zwingend, wo sie sich in unmittelbarer Nachbarschaft befinden (Werker und Fahn, 1969). Deshalb

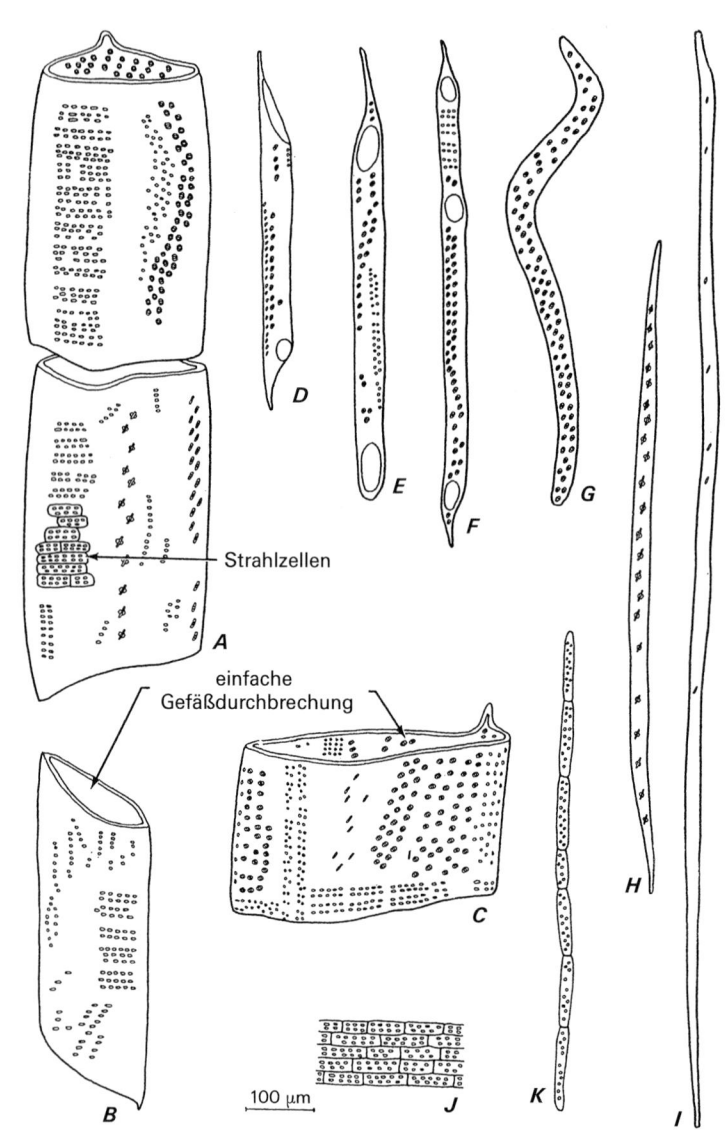

**Abb. 11.15** Zelltypen im sekundären Xylem von *Quercus*, Eiche, nach Isolierung. Verschiedene Tüpfelarten befinden sich in den Zellwänden. **A-C**, weite Gefäßglieder. **D-F**, enge Gefäßglieder. **G**, Tracheide. **H**, Fasertracheide. **I**, Libriformfaser. **J**, Strahlparenchymzellen. **K**, Strang aus Axialparenchymzellen. (Aus Esau, 1977; **A-I**, nach Mikrophotographien in Carpenter, 1952; mit freundlicher Genehmigung durch SUNY-ESF.)

gibt es bei *Pinus halepensis* viele zweidimensionale Netzwerke, von denen jedes in einer anderen radialen Ebene zu finden ist. Bei *Pinus taeda* stoßen axiale und radiale Harzkanäle oft unmittelbar aneinander, und sie teilen sich bisweilen sogar die gleichen Epithelzellen, jedoch sind direkte Öffnungen zwischen solchen Harzkanälen sehr selten (LaPasha und Wheeler, 1990).

### 11.2.5 Das Holz der Angiospermen ist meist sehr viel komplexer aufgebaut als das der Coniferen

Die Komplexität des Angiospermenholzes hängt damit zusammen, dass die Zahl der an seinem Aufbau beteiligten Elemente größer ist, und diese zudem in Größe, Form und Anordnung variieren. Die komplexesten Angiospermenhölzer, wie zum Beispiel die Eiche, können Gefäßglieder, Tracheiden, Fasertracheiden, Libriformfasern, axiales Xylemparenchym und verschieden große Holzstrahlen enthalten (Abb. 11.3 und 11.15). Einige Angiospermenhölzer sind jedoch weit weniger kompliziert aufgebaut. Bei vielen Juglandaceae finden sich als tote Elemente ohne Durchbrechungen nur Fasertracheiden (Heimsch und Wetmore, 1939). Das Holz der gefäßlosen Angiospermen (Amborellaceae, Tetracentraceae, Trochodendraceae, Winteraceae) ähnelt dem der Coniferen so stark, dass es irrtümlich den Coniferen zugeordnet wurde. Gefäßloses Angiospermenholz kann jedoch anhand seiner hohen und breiten Strahlen von Coniferenholz unterschieden werden (Wheeler et al., 1989).

Aufgrund des komplexen Aufbaus der Angiospermenhölzer eignen sich viele Merkmale zur Holzartenbestimmung (Wheeler et al., 1989; Wheeler und Baas, 1998). Einige der Hauptmerkmale sind die Größenverteilung der Gefäße in einer Wachstumszone (Porigkeit), die Gefäßanordnung und deren Gruppierung, die Anordnung und Häufigkeit des Axialparenchyms, das Vorhandensein oder Fehlen von septierten Fasern, das Vorhandensein oder Fehlen von Stockwerkbau, die Größe und Art der Holzstrahlen, die Typen der Gefäßdurchbrechungen sowie die Größe, Anordnung und Häufigkeit von Kristallen.

### 11.2.6 Auf der Grundlage der Porigkeit teilt man die Angiospermenhölzer in zwei Haupttypen ein: Zerstreutporer und Ringporer

Das Wort **porig** wird in der Holzanatomie im Zusammenhang mit dem Erscheinungsbild von Gefäßen im Querschnitt verwendet (Tabelle 11.1). Man spricht von **zerstreutporigen** Hölzern, wenn die Gefäße, die auch **Poren** genannt werden, annähernd gleiche Durchmesser besitzen und gleichmäßig über die Zuwachszone verteilt sind (Abb. 11.1 und 11.5C). Wenn die Gefäße eines Holzes unterschiedliche Durchmesser haben, und die Gefäße im Frühholz deutlich größer sind als diejenigen des

**Tab. 11.1** Beispiele für Hölzer mit unterschiedlicher Gefäßanordnung

**Ringporig**
*Carya pecan* (Pekannussbaum)
*Castanea dentata* (Amerikanische Kastanie)
*Catalpa speciosa* (Trompetenbaum)
*Celtis occidentalis* (Westlicher Zürgelbaum)
*Fraxinus americana* (Weißesche)
*Gleditsia triacanthos* (Amerikanische Gleditschie)
*Gymnocladus dioicus* (Geweihbaum)
*Maclura pomifera* (Milchorangenbaum)
*Morus rubra* (Roter Maulbeerbaum)
*Paulownia tomentosa* (Blauglockenbaum)
*Quercus* spp. (Eichen)
*Robinia pseudoacacia* (Gewöhnliche Robinie)
*Sassafras albidum* (Amerikanischer Fieberbaum)
*Ulmus americana* (Amerikanische Ulme)

**Halb-ringporig oder halb-zerstreutporig**
*Diospyros virginiana* (Amerikanische Kakipflaume)
*Juglans cinerea* (Butternuss)
*Juglans nigra* (Schwarznuss)
*Lithocarpus densiflora* (tan-bark-oak)
*Populus deltoides* (Kanadische Schwarz-Pappel)
*Prunus serotina* (Spät blühende Traubenkirsche)
*Quercus virginiana* (Virginia-Eiche)
*Salix nigra* (Amerikanische Schwarzweide)

**Zerstreutporig**
*Acer saccharinum* (Silberahorn)
*Acer saccharum* (Zuckerahorn)
*Aesculus glabra* (Amerikanische Rosskastanie)
*Aesculus hippocastanum* (Gemeine Rosskastanie)
*Alnus rubra* (Roterle)
*Betula nigra* (Schwarzbirke)
*Carpinus caroliniana* (Amerikanische Hainbuche)
*Cornus florida* (Blüten-Hartriegel)
*Fagus grandifolia* (Amerikanische Buche)
*Ilex opaca* (Stechpalme)
*Liquidambar styraciflua* (Amerikanischer Amberbaum)
*Liriodendron tulipifera* (Tulpenbaum)
*Magnolia grandiflora* (Immergrüne Magnolie)
*Nyssa sylvatica* (Wald-Tupelobaum)
*Platanus occidentalis* (Amerikanische Platane)
*Tilia americana* (Amerikanische Linde)
*Umbellularia californica* (Californischer Lorbeer)

Quelle: Aus Esau, 1977.

Spätholzes, bezeichnet man das Holz wegen der dann ringförmigen Anordnung der weitlumigen Frühholzgefäße und wegen des abrupten Übergangs zwischen Frühholz und Spätholz innerhalb einer Zuwachszone als **ringporig** (Abb. 11.3A und 11.5B). Zwischen diesen beiden Grundtypen treten Übergangsformen auf, wobei Hölzer mit einem strukturellen Aufbau zwischen ringporig und zerstreutporig als **halbringporig** oder **halbzerstreutporig** bezeichnet werden. Außerdem kann bei einer Art die Verteilung der Gefäße je nach den Umweltbedingungen variieren, und sie kann sich mit zunehmendem Alter des Baumes verändern. Bei *Populus euphratica*, der einzigen in Israel heimischen Pappelart, führt eine reichliche Wasserversorgung zu einem starken Triebwachstum und zur Ausbildung eines zerstreutporigen Holzes; dagegen bewirkt ein eingeschränktes Triebwachstum der Bäume enge Jahrringe und die Ausbildung eines ringporigen Holzes (Liphschitz und Waisel, 1970; Liphschitz, 1995). Auch bei der ringporigen Eiche *Quercus ithaburensis* bedingt intensives Längenwachstum breite Jahrringe mit zerstreutporiger Gefäßanordnung, wobei ein schwaches Längenwachstum zu engen Jahrringen und ringporigem Holz führt (Liphschitz, 1995). Carlquist (1980, 2001) versuchte, dieses Problem der Variationsbreite innerhalb von Jahrringen zu berücksichtigen und erkannte 15 verschiedene Arten von Jahrringen.

Der ringporige Typ gilt als hoch spezialisiert und kommt in relativ wenigen Hölzern vor (Metcalfe und Chalk, 1983), von denen die meisten in der nördlich gemäßigten Zone beheimatet sind. Manche Holzanatomen halten den Frühholzbereich des Zuwachsrings, der die großen Poren enthält -die so genannte Porenzone- bei ringporigen Hölzern für ein zusätzliches Gewebe ohne Äquivalent bei den zerstreutporigen Hölzern (Studhalter, 1955). Das Spätholz hingegen wird eher mit dem gesamten Zuwachsring der zerstreutporigen Hölzer verglichen (Chalk, 1936). Man geht davon aus, dass die ringporigen von den zerstreutporigen Arten abstammen (Aloni, 1991; Wheeler und Baas, 1991). Nach der Hypothese des „Begrenzten Wachstums" von Aloni (1991) entwickelten sich die ringporigen Arten aus den zerstreutporigen durch selektiven Druck einer begrenzenden Umwelt, die nur ein vermindertes vegetatives Wachstum zulässt. Dieses ist mit einer Verringerung des Auxingehaltes verbunden und einer erhöhten Empfindlichkeit des Cambiums gegenüber einer Stimulierung durch niedrige Auxingehalte. Lev-Yadun (2000) bemerkte hierzu, dass einige der verholzenden Gewächse in Israel durch veränderte Umweltbedingungen eine veränderte Porigkeit ausbilden können, und stellt den Empfindlichkeitsaspekt in Aloni´s Hypothese in Frage; dies würde nämlich für das Cambium eines Baumes mit variabler Porigkeit eine entsprechende Veränderung der Empfindlichkeit gegenüber Auxin bedeuten.

Auch physiologische Gesichtspunkte belegen die Besonderheit der ringporigen Hölzer. Ringporiges Holz leitet Wasser fast vollständig in der äußersten Zuwachszone, wobei dieser Transport zu über 90% in den weitlumigen Frühholzgefäßen stattfindet (Zimmermann, 1983; Ellmore und Ewers, 1985) bei Spitzengeschwindigkeiten, die oft um das 10-fache höher sind als bei zerstreutporigen Arten (Huber, 1935). Wegen ihrer großen Weite sind die Frühholzgefäße der Ringporer allerdings besonders anfällig gegenüber einer Embolisierung (Kapitel 10) und werden normalerweise im gleichen Jahr ihrer Bildung bereits wieder funktionsuntüchtig. Infolgedessen werden neue Frühholzgefäße schnell in jedem Jahr gebildet, und zwar noch vor den ersten Blättern (Ellmore und Ewers, 1985; Suzuki et al., 1996; Utsumi et al., 1996). Bei den Zerstreutporern sind mehrere Zuwachszonen gleichzeitig an der Wasserleitung beteiligt und neue Gefäße werden erst nach dem Einsetzen der Blattbildung angelegt (Suzuki et al., 1996).

Die Ringporigkeit mit der Bildung weitlumiger Gefäße zu Beginn der Vegetationsperiode wurde lange als eine Anpassung an die zu dieser Jahreszeit vorherrschende hohe Transpiration mit ihren hohen Flussraten angesehen. Die engen Spätholzgefäße sind zur Aufrechterhaltung der Wasserleitung erst später im Jahr wichtig, wenn der Wasserstress größer ist und die weiten Frühholzgefäße mit hoher Wahrscheinlichkeit embolisieren.

Innerhalb der beiden Haupttypen von Verteilungsmustern gibt es im Hinblick auf die räumlichen Beziehungen der Gefäße untereinander lediglich geringfügige Variationen. Ein Gefäß oder eine Pore wird **solitär** genannt, wenn es vollständig von anderen Zelltypen umgeben ist. Eine Gruppe von zwei oder mehr Gefäßen, die unmittelbar aneinander stoßen, wird entsprechend **Gefäßgruppe** genannt. Bei solchen Gruppen können die Gefäße in **radialen Gefäßreihen** angeordnet sein oder sie bilden eine ungeordneten Gruppe, die man dann **Gefäßnester** nennt. Obwohl Gefäße oder Gefäßgruppen in einem einzelnen Querschnitt als isolierte Strukturen erscheinen, sind sie an anderer Stelle außerhalb der Schnittebene miteinander verbunden und bilden somit ein dreidimensional vernetztes System (Abb. 11.16). Bei einigen Arten sind die Gefäße ausschließlich innerhalb einer einzelnen Zuwachszone miteinander verbunden, bei anderen reichen solche Verbindungen über Zuwachs-

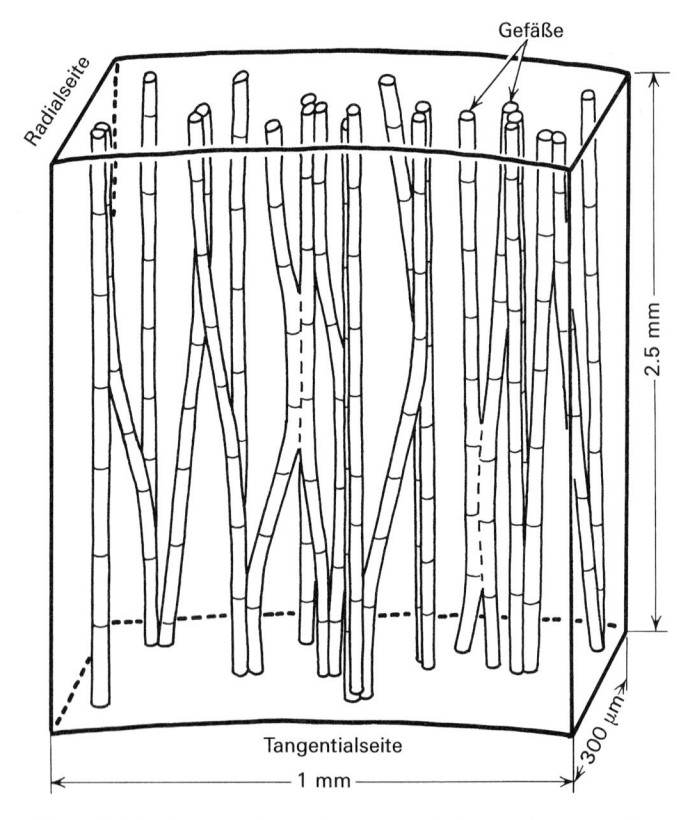

**Abb. 11.16** Netzwerk der Gefäße im Holz von *Populus* mit seitlichen Kontaktstellen untereinander sowohl in tangentialer als auch in radialer Ebene. Zur Verdeutlichung ist das Schaubild in horizontaler Richtung gedehnt. Die Dimensionen der Gefäßglieder sind nur näherungsweise angegeben. (Verändert nach Braun, 1959. © 1959, mit freundlicher Genehmigung von Elsevier.)

zonen hinweg (Braun, 1959; Kitin et al., 2004). Nach Zimmermann (1983) sind Gefäßgruppen hinsichtlich des Wassertransportes gegenüber solitären Gefäßen als sicherer einzustufen, da hier im Falle einer Embolie eines Gefäßabschnittes direkte Umgehungen in den Nachbargefäßen bereit gestellt werden können.

In einer Reihe von angiospermen Holzpflanzen sind die Gefäße mit **vasizentrischen Tracheiden** vergesellschaftet, das sind unregelmäßig geformte Tracheiden, die um die Gefäße herum und direkt anliegend vorkommen (Abb. 11.3B; Carlquist, 1992, 2001). Sie werden auch als vaskulare Tracheiden oder Gefäßtracheiden bezeichnet. Obwohl am besten von den Ringporern wie *Quercus* und *Castanea* bekannt, kommen vasizentrische Tracheiden auch bei Zerstreutporern vor (z. B. viele Arten von *Shorea* und *Eucalyptus*). Vasizentrische Tracheiden können als ergänzende Leitzellen angesehen werden, die dann den Wassertransport übernehmen, wenn viele Gefäße zu Zeiten großen Wasserstresses embolisieren. Wahrscheinlich sind sie die sichersten Leitzellen (also solche, die am unwahrscheinlichsten embolisieren) in Gefäße enthaltenden Hölzern; sie ähneln den engen Gefäßen und werden zum Ende einer Zuwachszone gebildet (Carlquist, 1992, 2001). Damit erreichen Angiospermen in Regionen, in denen sie besonders zum Ende der Vegetationsperiode hohem Wasserstress ausgesetzt sind, eine größtmögliche Sicherheit hinsichtlich der Aufrechterhaltung ihres Wassertransports.

### 11.2.7 Die Anordnung des axialen Parenchyms zeigt viele Zwischenstufen

An Querschnitten können drei grundsätzliche Anordnungsmuster des axialen Parenchyms unterschieden werden: apotracheal, paratracheal und gebändert (Wheeler et al., 1989). Axiales Parenchym tritt in einer bestimmten Holzart in verschiedenen, vielfach ineinander übergehenden Anordnungsmustern auf. Beim **apotrachealen** Typ (gr. *apo-* = entfernt von; nämlich von den Gefäßen) ist das axiale Parenchym nicht mit den Gefäßen assoziiert, obwohl es einige zufällige Kontakte geben kann. Das apotracheale Parenchym ist weiter unterteilt in: **diffus**, einzelne oder paarweise auftretende Parenchymstränge in zerstreuter Anordnung zwischen den Fasern (Abb. 11.17A), und **diffus-zoniert**, Parenchymstränge sind gruppiert in kurzen, unterbrochen tangentialen oder schräg verlaufenden Linien (Abb. 11.17B). Diffus apotracheales Parenchym kann **spärlich** sein. Bei dem **paratrachealen** Typ (gr. *para* = daneben; also neben den Gefäßen) ist das axiale Parenchym mit den Gefäßen assoziiert. Die paratrachealen Parenchymzellen, die direkt an Gefäße grenzen, nennt man **Kontaktzellen**; sie haben zahlreiche markante Tüpfelverbindungen mit den Gefäßen. Die physiologische Bedeutung der paratrachealen Kontaktzellen wird nachstehend zusammen mit den Strahl-Kontaktzellen dargestellt. Das paratracheale Parenchym kommt in folgenden Anordnungsmustern vor: **spärlich paratracheal**, nur gelegentlich finden sich Parenchymzellen in Verbindung mit den Gefäßen oder als unvollständige Parenchymumhüllung um die Gefäße (Abb. 11.17C); **vasizentrisch**, das Parenchym bildet vollständige Hüllen um die Gefäße (Abb. 11.17D); **aliform**, Parenchym umschließt ein Gefäß vollständig oder einseitig und bildet dabei tangential auslaufende Fortsätze (Abb. 11.17E); und **konfluent**, ineinander übergehendes vasizentrisches oder aliformes Parenchym unter Bildung unregelmäßiger tangentialer oder diagonaler Bänder (Abb. 11.17F). **Gebändertes Parenchym** kann vielfach unabhängig von den Gefäßen sein (Abb. 11.17G; apotracheal), mit den Gefäßen in Verbindung stehen (Abb. 11.17H; paratracheal) oder beides gemeinsam sein. Parenchymbänder können gerade, wellenförmig, diagonal, durchgehend oder unterbrochen verlaufen sowie eine bis mehrere Zellen breit sein. Bänder mit einer Weite von mehr als drei Zellen sind in der Regel mit dem bloßen Auge erkennbar. Parenchymbänder an den Grenzen zwischen zwei Zuwachszonen nennt man **marginale Bänder** (Abb. 11.5C), die wiederum in solche am Ende (**terminales Parenchym**) oder am Anfang einer Zuwachszone (**initiales Parenchym**) unterteilt werden. Nach Carlquist (2001) ist das terminale Parenchym die vorherrschende Form des marginalen Parenchyms. Axiales Parenchym kann in bestimmten Holzarten aber auch fehlen oder nur selten vorkommen. Aus der Sicht der Evolution ist das apotracheale Parenchym mit diffusem Anordnungsmuster als primitiv einzustufen.

### 11.2.8 Die Strahlen der Angiospermen enthalten normalerweise nur Parenchymzellen

Die Strahlparenchymzellen der Angiospermen variieren in ihrer Form, es lassen sich jedoch zwei Grundtypen unterscheiden: liegende und stehende Strahlzellen (Abb. 11.18). **Liegende Strahlzellen** haben ihre Längsachsen radial und **stehende Strahlzellen** haben ihre Längsachsen vertikal ausgerichtet. Strahlzellen, die im Radialschnitt quadratisch erscheinen, heißen **quadratische Strahlzellen**, die als Modifikation der stehenden Strahlzellen gelten. Die zwei Hauptarten von Strahlparenchymzellen kommen oft gemeinsam in einem Strahl vor, wobei die stehenden Zellen stets am oberen und unteren Rand des Strahls positioniert sind. Bei den Angiospermen nennt man Strahlen, die nur aus einem Zelltyp aufgebaut sind, **homocellular** (Abb. 11.18A, B) und solche, die liegende und stehende Zellen enthalten, **heterocellular** (Abb. 11.18C, D).

Im Gegensatz zu den meist einreihigen Strahlen der Coniferen, können die der Angiospermen eine oder mehrere Zellen breit sein (Abb. 11.3C); daher heißen diese Strahlen **einreihig** oder **vielreihig** (vielreihige Strahlen aus lediglich zwei Zellen werden auch als **zweireihig** bezeichnet; Abb. 11.1). Auch in der Höhe variieren die Strahlen von einer bis viele Zellen (von wenigen mm bis zu 3 cm oder sogar mehr). Vielreihige Strahlen haben häufig einreihige Randbereiche. Einige einzelne Strahlen können so dicht aneinander liegen, dass sie als ein großer Strahl erscheinen. Solche Gruppen werden als **aggre-**

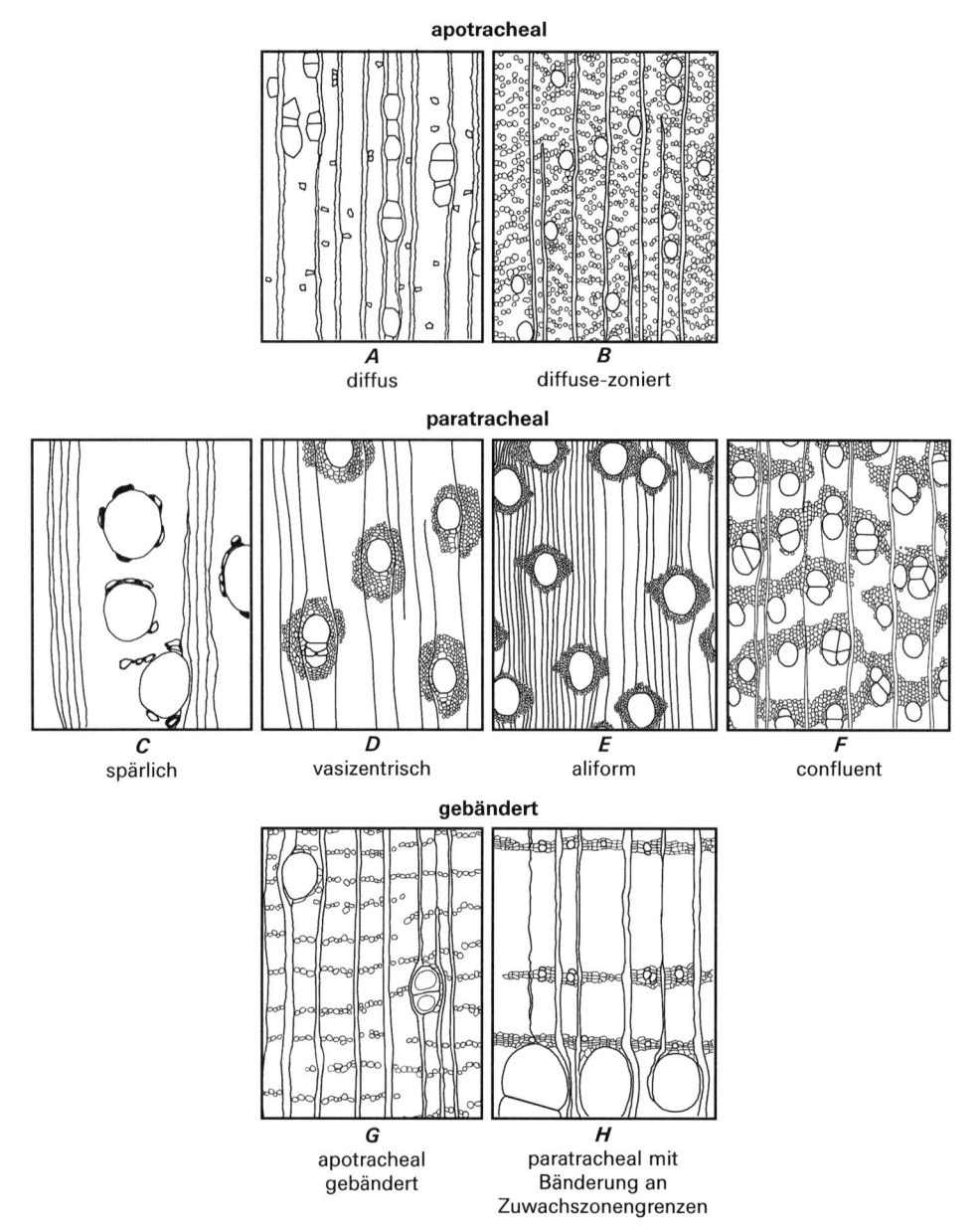

**Abb. 11.17** Anordnungen des Axialparenchyms im Holz von **A**, *Alnus glutinosa*; **B**, *Agonandra brasiliensis*; **C**, *Dillenia pulcherrima*; **D**, *Piptadeniastrum africanum*; **E**, *Microberlinia brazzavillensis*; **F**, *Peltogyne confertifolora*; **G**, *Carya pecan*; **H**, *Fraxinus* sp.. Alle im Querschnitt. (**A–F**, nach Photographien in Wheeler et al., 1989; **G**, **H**, nach Abb. 9.8C, D, aus Esau, 1977.)

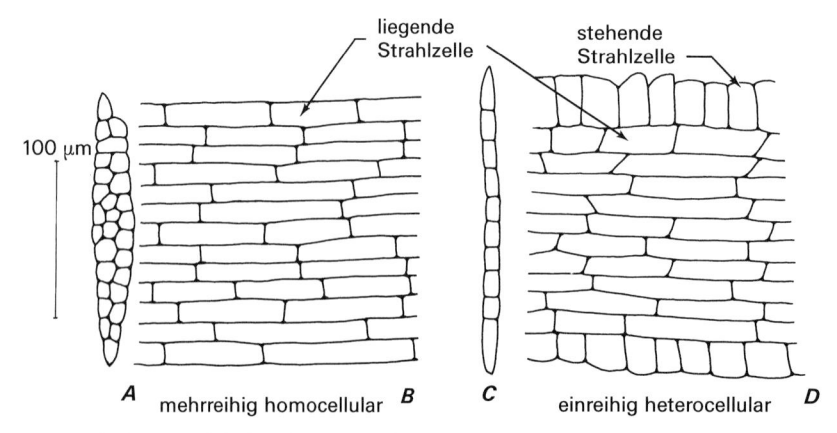

**Abb. 11.18** Zwei Strahltypen in Tangential- (**A**, **C**) und Radialansicht (**B**, **D**). **A**, **B**, *Acer saccharum*; **C**, **D**, *Fagus grandifolia*. (Aus Esau, 1977.)

**gierte** oder **zusammengesetzte Strahlen** bezeichnet (z. B. viele Arten von *Alnus*, *Carpinus*, *Corylus*, *Casuarina* und einige immergrüne Arten von *Quercus*). Insgesamt nehmen die Holzstrahlen bei den Angiospermen durchschnittlich etwa 17% des Holzvolumens ein, das ist deutlich mehr als die etwa 8% bei den Coniferen. Da somit die Strahlen einen großen Anteil am Holz einnehmen, tragen die Strahlen der Angiospermen wesentlich zur radialen Festigkeit des Holzes bei (Burgert und Eckstein, 2001).

Das Erscheinungsbild der Strahlen im Radial- und Tangentialschnitt kann als Grundlage für ihre Einteilung genutzt werden. Radialschnitte sollten zur Bestimmung der zellulären Zusammensetzung angefertigt werden und Tangentialschnitte zur Bestimmung von Höhe und Breite der Strahlen. Einzelne Strahlen können entweder homocellular oder heterocellular sein. Das gesamte Strahlensystem eines Holzes kann jedoch entweder aus homocellularen oder heterocellularen Strahlen bestehen oder aus einer Kombination beider Strahltypen.

Die unterschiedlichen Strahlkombinationen besitzen eine stammesgeschichtliche Bedeutung. Primitives Strahlgewebe findet sich in den Winteraceae (*Drimys*). Es gibt zwei Strahltypen: einer ist homocellular-einreihig und aus stehenden Zellen aufgebaut, der andere ist heterocellular-mehrreihig mit radial gestreckten Zellen oder fast isodiametrischen Zellen im vielreihigen Abschnitt und stehenden Zellen in den einreihigen Randbereichen. Beide Strahltypen sind viele Zellen hoch. Von diesen primitiven Strahlstrukturen stammen andere, stärker spezialisierte Strahlsysteme ab. Beispielsweise können mehrreihige Strahlen verloren gehen (*Aesculus hippocastanum*) oder vergrößert werden (*Quercus*) oder mehr- und einreihige Strahlen werden in ihrer Größe reduziert (*Fraxinus*).

Die Evolution der Strahlen belegt auffallend deutlich den Grundsatz, dass phylogenetische Veränderungen von einer schrittweise veränderten Ontogenese abhängen. So kann sich in einer bestimmten Holzart eine spezialisierte Strahlstruktur nur allmählich entwickeln. Der fortschrittliche Strahlaufbau ist häufig nur in späten Zuwachszonen des Xylems zu erkennen, während das früh angelegte sekundäre Xylem noch einen primitiven Strahlaufbau zeigt. Dies hängt damit zusammen, dass das Cambium selbst schrittweise Veränderungen durchführt, bevor es mit der Bildung eines fortschrittlicheren Strahltyps beginnt. Bei einigen spezialisierten Arten mit kurzen Fusiforminitialen kann das Holz entweder völlig ohne Strahlen sein, oder es bildet erst verspätet Strahlen (Carlquist, 2001). Das Fehlen von Strahlen ist stets ein Anzeichen von Pädomorphose. Dies ist eine Folge davon, dass die Cambiuminitialen horizontale Teilungen verspätet durchführen, wodurch erst eine Unterteilung in fusiforme Cambiuminitialen und Strahlinitialen zustande kommen würde. Im Falle des vollständigen Ausbleibens einer Strahlbildung erfolgen während der gesamten Dauer der Cambialaktivität so gut wie nie derartige Teilungsvorgänge. Die meisten, wenn nicht alle Pflanzen, bei denen diese Besonderheit zu beobachten ist, sind kleine Sträucher und krautige Pflanzen.

Die Strahlzellen teilen sich einige Aufgaben mit den Axialparenchymzellen und sind auch zuständig für den radialen Stofftransport zwischen Xylem und Phloem (van der Schoot, 1989; van Bel, 1990a, b; Lev-Yadun, 1995; Keunecke et al., 1997, Sauter, 2000; Chaffey und Barlow, 2001). Wie bereits früher bemerkt, bilden Strahl- und Axialparenchym ein ausgeprägtes dreidimensionales und symplastisches Kontinuum, das sich durch die Leitgewebe zieht und zwischen Xylem und Phloem über durchlaufende Strahlen verbunden ist. Das Cytoskelett (Mikrotubuli und Actinfilamente) ist am Nährstofftransport in diesen Zellen beteiligt und in Verbindung mit dem Acto-Myosin-Komplex der in den gemeinsamen Wänden vorkommenden Plasmodesmen auch am interzellularen Transport (Chaffey und Barlow, 2001). Sowohl liegende als auch stehende Strahlzellen, die, wie die paratrachealen Parenchymzellen über Tüpfel mit trachealen Elementen verbunden sind, wirken als Kontaktzellen bei der Kontrolle des Austausches gelöster Stoffe (Minerale, Kohlenhydrate und organische Stickstoffverbindungen) zwischen Speicherparenchym und Gefäßen mit. Üblicherweise sind Kontaktzellen keine Speicherzellen, obwohl in ihnen zu manchen Jahreszeiten geringe Mengen an Stärke vorhanden sind (Czaninski, 1968; Braun, 1970; Sauter, 1972; Sauter et al., 1973; Catesson und Moreau, 1985). Speicherzellen sind nur solche paratrachealen Parenchymzellen und Strahlzellen, die nicht direkt an Gefäße angrenzen (**Isolationszellen**). Während der Stärkemobilisierung im Frühjahr bei Laubbäumen der gemäßigten Klimazone geben die Kontaktzellen in die Gefäße Zucker ab, um sie rasch zu den Knospen transportieren zu können. Ein solcher Vorgang kann auch bei der Wiederbefüllung mit Wasser bei solchen Gefäßen eine Rolle spielen, die über den Winter in ihren Lumina Gase angesammelt haben (Améglio et al., 2004).

Kontaktzellen zeigen während der Phase der Zuckerabgabe, d. h. vor allem kurz vor und während des Anschwellens der Knospen, eine hohe Atmungsaktivität und an den Kontakttüpfeln eine hohe Phosphataseaktivität. Die Absonderung von gelösten Stoffen aus den Kontaktzellen in die Gefäße und ihre Aufnahme durch die Gefäße verläuft offensichtlich über einen Cotransport von Substrat und Protonen (van Bel und van Erven, 1979; Bonnemain und Fromard, 1987; Fromard et al., 1995). Deshalb sind Kontaktzellen den Geleitzellen analog, die dem Zuckeraustausch mit den Siebelementen des Phloems dienen (Kapitel 13; Czaninski, 1987). Sie unterscheiden sich jedoch von den Geleitzellen durch das Vorhandensein lignifizierter Wände und einer aus Pectin und Cellulose bestehenden „*Protective Layer*" (Schutzschicht), die an der Thyllenbildung beteiligt ist (Kapitel 10). Neben der Einbindung in die Thyllenbildung werden der „*Protective Layer*" noch weitere Aufgaben zugeschrieben (Schaffer und Wisniewski, 1989; van Bel und van der Schoot, 1988; Wisniewski und Davis, 1989). Eine dieser Aufgaben ist die Aufrechterhaltung der apoplastischen Kontinuität entlang der gesamten Oberfläche des Protoplasten, indem das Plasmalemma vollständig, also nicht nur in dem Bereich der porösen Tüpfelmembran, in Kontakt mit dem Apoplasten gehalten wird (Barnett, 1993). Die Kontaktzellen unterscheiden sich von den Geleitzellen auch dadurch, dass sie an den Kontakttüpfeln keine Plasmodesmen besitzen; Geleitzellen haben zahlreiche Poren/Plasmodesmen-Verbindungen in den gemeinsamen Wänden mit Siebelementen (Kapitel 13). Tangentialwände der Strahlzellen enthalten zahlreiche Plasmodesmen, was als Hinweis auf einen symplastischen Radialtransport der Saccharose und anderer Metaboliten angesehen wird (Sauter und Kloth, 1986; Krabel, 2000; Chaffey und Barlow, 2001).

### 11.2.9 Angiospermen-Hölzer enthalten Interzellularräume, die den Harzkanälen der Gymnospermen ähnlich sind

Die Interzellularräume oder Kanäle bei Angiospermenhölzern enthalten sekundäre Pflanzenprodukte wie Gummi und Harze (Kapitel 17). Sie kommen sowohl im Axial- wie auch im Strahlparenchym vor (Wheeler et al., 1989) und sind in ihrer Ausprägung unterschiedlich; einige von ihnen wären treffender als interzelluläre Höhlen zu bezeichnen. Die Kanäle und Höhlen sind in der Regel schizogen entstanden, solche als Folge von Verletzungen -also **traumatische Kanäle und Höhlen**- hingegen lysigen.

## 11.3 Einige Aspekte zur Entwicklung des sekundären Xylems

Die Abkömmlinge, die an der Innenseite des Cambiums durch tangentiale Teilungen von Cambiuminitialen entstehen, durchlaufen vielschichtige Veränderungen im Verlauf ihrer Entwicklung zu den verschiedenen Elementen des Xylems. Das grundlegende Muster des sekundären Xylems mit seinen axialen und radialen Systemen wird von der Struktur des Cambiums selbst bestimmt, da es aus Fusiforminitialen und Strahlinitialen aufgebaut ist. Jede Veränderung des Verhältnisses zwischen den beiden Systemen, das Hinzufügen oder die Eliminierung eines Strahles (Kap. 12), geht vom Cambium aus.

Die Abkömmlinge der Strahlinitialen verändern sich beim Differenzierungsprozess nur wenig. Außerhalb der Cambiumzone strecken sich die Strahlzellen in radialer Richtung, wobei die Unterschiede zwischen stehenden und liegenden Zellen schon im Cambium vorhanden sind. Meist bleiben die Strahlzellen parenchymatisch, und obwohl einige Sekundärwände ausbilden, ändern sich die Zellinhalte kaum. Offenkundige Ausnahmen unter den Angiospermen sind **Strahlzellen mit Durchbrechungen**, also Zellen in einem Strahl, die zu Gefäßgliedern ausdifferenzieren und axiale Gefäße über die Strahlen miteinander verbinden (Abb. 11.19; Carlquist, 1988; Nagai et al., 1994; Otegui, 1994; Machado und Angyalossy-Alfonso, 1995; Eom und Chung, 1996) sowie **radiale Fasern** wie sie in aggregierten Strahlen von *Quercus calliprinos* vorkommen

(Lev-Yadun, 1994b). Eine tiefgreifende Veränderung vollzieht sich auch in den Strahltracheiden der Coniferen, da sie Sekundärwände mit behöften Tüpfeln ausbilden und während der Reifung ihre Protoplasten verlieren.

Beim axialen System ist das Ausmaß der ontogenetischen Veränderung vom Zelltyp abhängig, und jeder Zelltyp hat seine eigene charakteristische Geschwindigkeit und Dauer für die Differenzierungsvorgänge. Normalerweise reifen Gefäßglieder mit ihren unmittelbaren Nachbarzellen schneller als andere Zellen in der Differenzierungszone (Ridout und Sands, 1994; Murakami et al., 1999; Kitin et al., 2003). Fasern benötigen hingegen zu ihrer Reifung mehr Zeit als andere Zelltypen (Doley und Leyton, 1968; Ridout und Sands, 1994; Murakami et al., 1999; Chaffey et al., 2002). Zellen, die sich zu Gefäßgliedern entwickeln, strecken sich, wenn überhaupt, nur wenig. Dafür wachsen sie aber in die Breite, manchmal so stark, dass sie schließlich breiter als hoch sind. Kurze und weite Gefäßglieder sind für hochspezialisierte Xyleme charakteristisch. Bei vielen Arten der Angiospermen verbreitern sich die Gefäßglieder in ihrem mittleren Teil, aber nicht an den Enden, mit denen sie die in vertikaler Richtung angrenzenden Elemente überlappen. Im Extremfall überragen diese Enden die Durchbrechungsbereiche als längliche Fortsätze, die getüpfelt oder nicht getüpfelt sein können.

Die Erweiterung der Gefäßglieder beeinflusst die Form und Anordnung der benachbarten Zellen. Diese werden aus ihrer Lage verdrängt; die ursprüngliche Anordnung in radialen Reihen, wie sie in der Cambialzone vorhanden war, geht verloren. Auch die Strahlen können deformiert werden. Zellen in unmittelbarer Nähe zu einem sich vergrößernden Gefäß vergrößern sich parallel zur Oberfläche des Gefäßes und nehmen daher eine stark abgeflachte Form an. Häufig halten diese Zellen aber mit der Zunahme des Gefäßumfangs nicht Schritt und werden dann teilweise oder vollständig voneinander getrennt. Dadurch kommen die sich erweiternden Gefäßglieder mit neuen Zellen in Kontakt. Bei der Erweiterung eines Gefäßgliedes können sowohl symplastische als auch intrusive Wachstumsvorgänge beteiligt sein. Solange die Nachbarzelle mit dem Gefäßglied mitwächst, liegt symplastisches Wachstum der gemeinsamen Wände vor; im anderen Fall zwängt sich die Wand des Gefäßgliedes zwischen die Wände (intrusiv) der auseinanderweichenden Zellen. Sobald ein künftiges Gefäßglied sich in der Zone der Xylem-Mutterzellen zu erweitern beginnt, unterbleibt die Bildung neuer Zellen in einer oder in mehr Zellreihen nahe der sich erweiternden Zelle. Zellteilungen setzen in diesen Reihen erst wieder ein, wenn sich das Gefäßglied erweitert hat und das Cambium nach außen gedrückt wurde.

Weichen bei der Erweiterung eines Gefäßgliedes die Nachbarzellen auseinander, so entwickeln sich ungewöhnliche und unregelmäßige Zellformen. Manche dieser Zellen bleiben partiell miteinander verbunden, und wenn die Gefäßglieder noch breiter werden, ziehen sich diese Brücken schlauchartig auseinander. Parenchymzellen und Tracheiden, die von solchen Entwicklungsanpassungen betroffen sind, bezeichnet man als **dis-**

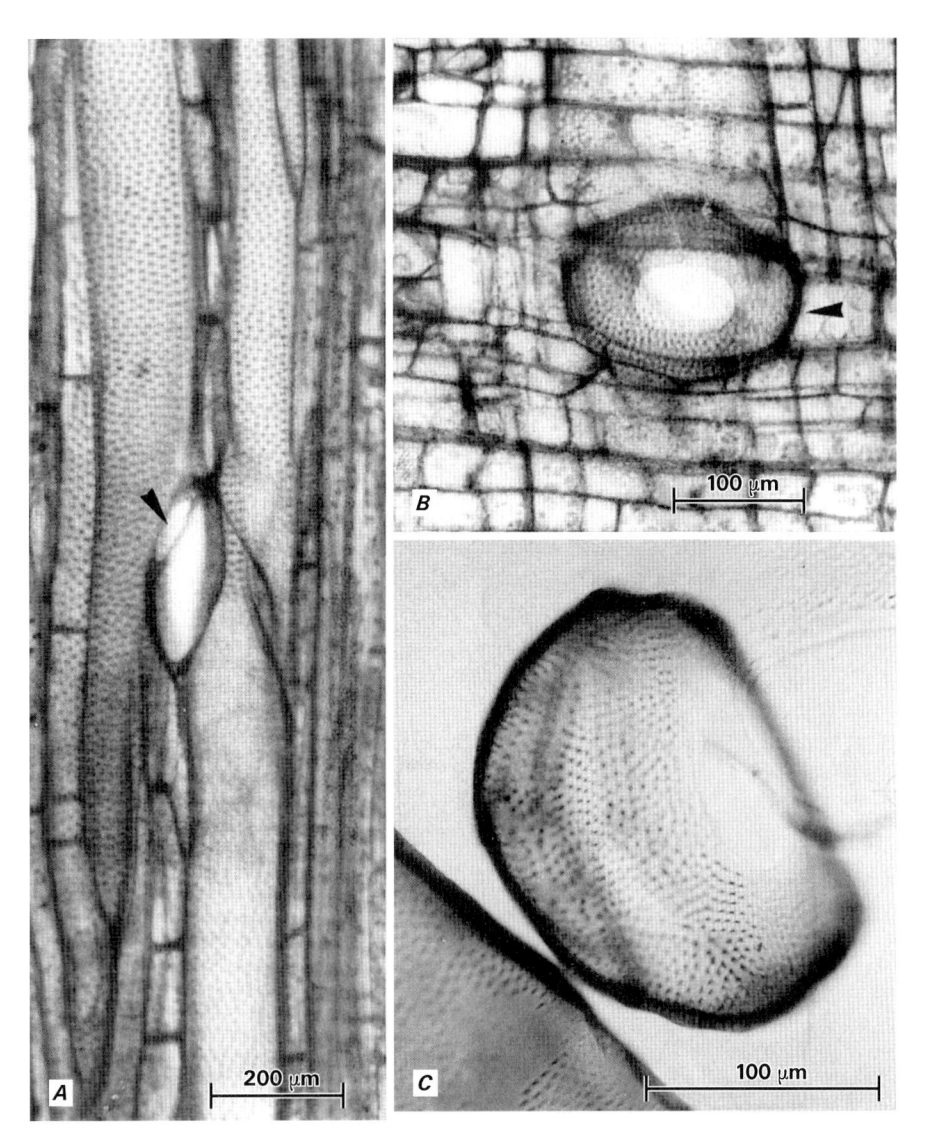

**Abb. 11.19** Strahlzellen mit einfachen Durchbrechungen im Wurzelholz von *Styrax camporium*. **A**, Tangentialschnitt durch eine durchbrochene Strahlzelle (Pfeilspitze), die zwei vertikal verlaufende Gefäße miteinander verbindet. **B**, Radialschnitt einer Strahlzelle (Pfeilspitze) mit Durchbrechung in der Radialwand. **C**, isolierte Strahlzelle mit Durchbrechung nach Maceration. (Aus Machado et al., 1997.)

**junctive Parenchymzellen** (Abb. 11.20) und **disjunctive Tracheiden**.

Im Gegensatz zu den Gefäßgliedern zeigen die Tracheiden und Fasern eine relativ geringe Weitenzunahme; dafür strecken sie sich während der Differenzierung oft sehr stark. Das Ausmaß des Längenwachstums dieser Elemente variiert erheblich zwischen den unterschiedlichen Pflanzengruppen. Bei den Coniferen sind beispielsweise die Fusiforminitialen selbst sehr lang und ihre Abkömmlinge verlängern sich daher nur geringfügig. Demgegenüber werden bei den Angiospermen die Tracheiden und Fasern deutlich länger als die Zellen des Cambiums. Wenn das Xylem Tracheiden, Fasertracheiden und Libriformfasern enthält, verlängern sich die Libriformfasern am stärksten; trotzdem erreichen die Tracheiden wegen ihrer größeren Weite das größere Volumen. Die Verlängerung erfolgt durch apikal intrusives Wachstum. In Hölzern mit ausgeprägtem Stockwerkbau werden die einzelnen Elemente wenig oder gar nicht verlängert (Record, 1934).

Hölzer, denen Gefäße fehlen, behalten ihre radiale, reihenweise Anordnung der Zellen bei, weil die Cambialregion durch das Fehlen sich stark erweiternder Zellen nicht sonderlich beeinträchtigt wird. Eine gewisse Veränderung der radialen Anordnung wird jedoch immer durch apikal intrusives Wachstum der axialen Tracheiden verursacht.

Gefäßglieder, Tracheiden und Faser-Tracheiden bilden Sekundärwände und die Endwände der Gefäßglieder erhalten Durchbrechungen. Schließlich lösen sich die Protoplasten in den Zellen auf und die Zellen sind im reifen Zustand abgestorben.

Die fusiformen Cambiumzellen, die sich zu axialen Parenchymzellen differenzieren, strecken sich normalerweise nicht. Wird ein Parenchymstrang gebildet, so teilt sich die fusiforme

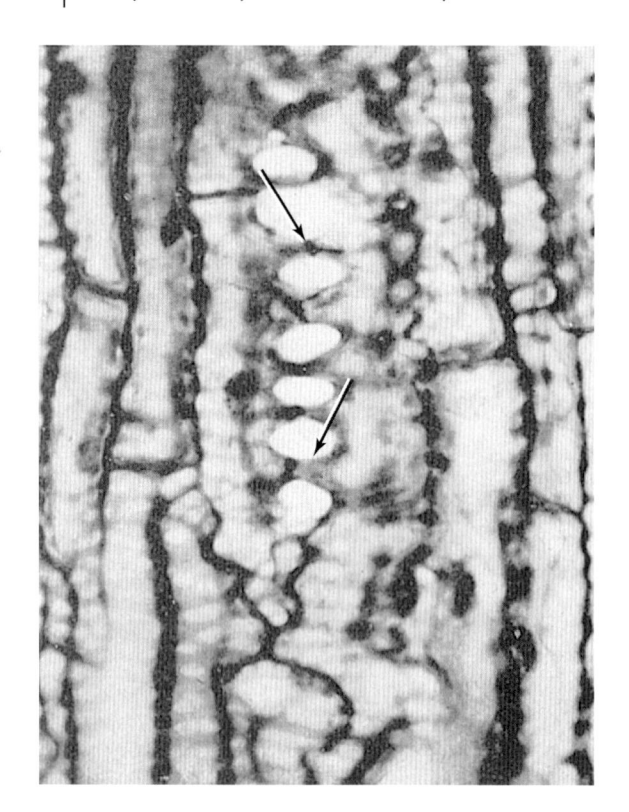

**Abb. 11.20** Längsschnitt des Xylems von *Cucurbita* mit auseinanderweichenden Parenchymzellen nahe eines sich weitenden Gefäßgliedes. Die Pfeile deuten auf schlauchförmige Strukturen, welche die auseinanderweichenden Parenchymzellen verbinden. (x600. Aus Esau und Hewitt, 1940. *Hilgardia* 13 (5), 229–244. © 1940 Regents, University of California.)

Zelle quer. Fusiforme Parenchymzellen werden nicht unterteilt. Bei manchen Pflanzen bilden die Parenchymzellen Sekundärwände, aber sie sterben nicht ab, bevor sie ins Kernholz einbezogen werden. Parenchymzellen, die vertikal verlaufende Harz- und Gummigänge als Epithel auskleiden, entstehen wie die axialen Parenchymstränge durch Querteilung fusiformer Cambiumabkömmlinge.

Jede Xylemzelle muss während ihrer Entwicklung Informationen über ihre Lage im Gewebe erhalten und dazu die geeigneten Gene exprimieren. Das wichtigste hormonale Signal, über das die Cambialaktivität und die Entwicklung der Leitgewebe gesteuert werden, ist das Auxin (IES) (Little und Pharis, 1995). Die entscheidende Rolle des Auxins bei der Differenzierung von trachealen Elementen, für den Übergang vom Früh- zum Spätholz und für die Reaktionsholzbildung wurde bereits ausführlich erläutert. In einer intakten Pflanze ist die von anschwellenden Knospen und jungen, wachsenden Blättern ausgehende gerichtete Bewegung des Auxins essentiell zur Erhaltung des Cambiums und zur Initiierung des räumlichen Organisationsmusters der Leitgewebe (Aloni, 1987). Anscheinend stammt nicht das gesamte Auxin, das zum sekundären Dickenwachstum benötigt wird, aus den wachsenden Trieben. Die differenzierenden Leitgewebe, und insbesondere das Xylem, scheinen nach der anfänglichen Reaktivierung des Cambiums über die Auxine aus den anschwellenden Knospen für die Aufrechterhaltung der Cambialaktivität Auxin bereit zu stellen (Sheldrake, 1971). Dabei induziert das Auxin selbst die Bildung von Gefäßgliedern, während Gibberellin bei Anwesenheit von Auxin eher die Differenzierung von Fasern auslöst (Kapitel 8; Aloni, 1979; Roberts et al., 1988).

Es wird davon ausgegangen, dass sich während der radialen Ausbreitung des polar transportierten Auxins über die Cambialregion und ihre Abkömmlinge ein Auxingradient einstellt; dieser Gradient wiederum kann als ein auf die jeweilige Position im Gewebe betreffendes Signalsystem verstanden werden, das den Cambiumabkömmlingen ein bestimmtes Signal für ihre jeweilige Position gibt, wonach sich auch ihre spezifische Genexpression richtet (Sundberg et al., 2000; Mellerowicz et al., 2001; und die darin zitierte Literatur). Ein entsprechend steiler IES-Konzentrationsgradient über das sich entwickelnde Xylem und Phloem wurde bei *Pinus sylvestris* (Uggla et al., 1996) und einer Hybridaspe (*Populus tremula* x *P. tremuloides*) (Tuominen et al., 1997) nachgewiesen. Es ist jedoch recht klar, dass das Auxinsignal alleine nicht ausreichend Information zur Verfügung stellt, um den Xylem- und Phloemmutterzellen wie auch den Cambiuminitialen ihre Gewebeposition zu vermitteln. Auch ausgeprägte Gradienten für lösliche Kohlenhydrate wurden über das Cambium festgestellt (Uggla et al., 2001). Mellerowicz et al. (2001) bemerken hierzu: das Vorhandensein solcher Zuckergradienten und die Fähigkeit der Wahrnehmung eines Zuckersignals durch Pflanzen (so genanntes „*Sugar Sensing*") (Sheen et al., 1999) gelten als erhebliche Unterstützung für das Konzept, dass Auxin/Saccharose-Verhältnisse bestimmende Faktoren bei der Xylem- und Phloemdifferenzierung sind (Warren Wilson und Warren Wilson, 1984).

Ein radialer Signalfluss, der unabhängig vom axialen Fluss ist, soll ebenfalls an der Regulation der Strahlentwicklung beteiligt sein (Lev-Yadun, 1994a; Lev-Yadun und Aloni, 1995). Von diesem Signalfluss nimmt man an, dass er in beide Richtungen abläuft. Dabei fließt das aus dem Xylem stammende Ethylen nach außen und kontrolliert sowohl die Initiierung neuer Strahlen sowie die Vergrößerung bereits bestehender Strahlen. Das Auxin fließt dagegen vom Phloem nach innen und ist an der Bildung von trachealen Elementen (Strahltracheiden, Strahlzellen mit Durchbrechungen) und Fasern beteiligt. Ein radialer Transport von Ethylen würde aber den radialen Auxintransport stören und die Bildung von Leitelementen und Fasern in den parenchymatischen Strahlen begrenzen (Lev-Yadun, 2000).

Eine Menge weiterer Erkenntnisse sind noch nötig, um die Komplexität des jährlichen Wachstums und die Vorgänge bei der Determinierung der verschiedenen Zelltypen in den Leitgeweben zu verstehen. Zweifellos sind noch weitere Faktoren daran beteiligt. Für das Gesamtverständnis kommt auch noch erschwerend hinzu, dass die Aktivität dieser Substanzen zusätzlich durch die Ernährungsbedingungen und die Verfügbarkeit von Wasser beeinflusst wird.

## 11.4 Holzartenbestimmung

Die Holzartenbestimmung setzt eine sehr gute Kenntnis der Holzstruktur wie auch der Faktoren, die diese Strukturen modifizieren können, voraus. Um diagnostische Merkmale zu identifizieren, ist es notwendig, Proben von mehr als einem Baum der gleichen Art zu untersuchen und sich auch vor Augen zu halten, von welcher Position am Baum die Proben stammen. Das Holz erreicht seinen reifen Zustand nicht zu Beginn der Cambialaktivität, sondern erst in den späteren Zuwachszonen. Dies kommt dadurch zustande, dass in jungen Pflanzenteilen gebildetes Holz eine schrittweise Zunahme seiner Dimensionen erfährt und damit einhergehende Änderungen in Form, Struktur und Anordnung seiner Zellen in den aufeinanderfolgenden Zuwachszonen (Rendle, 1960). Dieses **juvenile Holz** wird in dem aktiven Kronenbereich eines Baumes gebildet und steht im Zusammenhang mit dem anhaltenden Einfluss des Apikalmeristems auf das Cambium. Mit zunehmender Verlagerung des Kronenbereiches nach oben durch anhaltendes Wachstum wird das Cambium an der Stammbasis immer weniger von der sich ausdehnenden Krone beeinflusst und beginnt mit der Bildung von **adultem Holz**. Zusammen mit dem sich weiter nach oben verlagernden und juveniles Holz bildenden Kronenbereich verschiebt sich auch die Bildung von adultem Holz nach oben. Deshalb ist am gleichen Baum das Holz eines Zweiges stets einem anderen ontogenetischen Alter zuzurechnen als das des Stammes. Zudem kann Holz an manchen Standorten Eigenschaften von Reaktionsholz aufweisen, die mehr oder weniger stark von den für eine Art typischen Merkmalen abweichen können. Ungünstige oder außergewöhnliche Umgebungsbedingungen sowie eine unsachgemäße Probenaufarbeitung für die Mikroskopie können ebenfalls diagnostische Merkmale verdecken.

Ein weiterer Gesichtspunkt, der die Holzartenbestimmung komplizierter machen kann, ist die Tatsache, dass anatomische Charakteristika oft weniger differenziert sind als die äußeren Merkmale der Taxa. Obwohl sich die Hölzer großer Taxa wesentlich voneinander unterscheiden, kann das Holz innerhalb bestimmter Gruppen von nahe verwandten Taxa, beispielsweise Arten oder sogar Gattungen, derart uniform sein, dass keine einheitlich geltenden Unterschiede festzustellen sind. Unter solchen Umständen ist es zwingend notwendig, eine Kombination aus groben, oder makroskopischen, und mikroskopischen Holzmerkmalen zu verwenden, wie auch den Geruch oder den Geschmack des jeweiligen Holzes.

Einige dieser groben Merkmale von Holz sind Farbe, Faserverlauf, Textur und Maserung. Die **Farbe** von Holz kann sowohl zwischen Holzarten wie auch innerhalb einer Holzart stark variieren. Die Kernholzfarbe stellt vielfach ein wichtiges Kriterium zur Bestimmung einer Holzart dar.

Der **Faserverlauf** im Holz bezieht sich auf die Ausrichtung der axialen Komponenten, also der Fasern, Tracheiden, Gefäßglieder und Parenchymzellen; dabei ist wichtig, dass hier stets der Faserverlauf als Ganzes betrachtet wird und nicht einzelne Komponenten. So spricht man beispielsweise bei einer mehr oder weniger parallelen Ausrichtung der axialen Komponenten zur Stammachse von einem **aufrechten Faserverlauf**. Der Begriff **Drehwuchs** wird bei einer spiraligen Anordnung der axialen Elemente in einem Stamm oder einem Holzstück verwendet, das nach dem Entfernen der Rinde ein spiraliges Erscheinungsbild zeigt (Abb. 11.21). (Man geht davon aus, dass Drehwuchs eine Anpassung des Baumes an eine wind-induzierte Verdrehung ist, um damit dem Bruch des Stammes entgegenzuwirken; Skatter und Kucera, 1997). Wenn die Orientierung des Drehwuchses sich in mehr oder weniger regelmäßigen Intervallen umkehrt, dann spricht man von **Wechseldrehwuchs**. Die Ausrichtung der axialen Komponenten spiegelt die Ausrichtung der fusiformen Cambiumintialen wider, aus denen sie hervorgehen (Kap. 12).

Die **Textur** von Holz bezieht sich auf die relative Größe und den Grad der Größenvariation der Elemente innerhalb der Zuwachszonen. Die Textur bei Hölzern mit breiten Bändern aus

**Abb. 11.21** Stamm einer toten Amerikanischen Weiß-Eiche (*Quercus alba*); die Rinde ist abgefallen, wodurch die spiralige Anordnung der axialen Holzelemente (Drehwuchs) zu sehen ist.

großen Gefäßen und breiten Strahlen, wie manche ringporige Hölzer sie haben, wird als **grob** bezeichnet und die bei Hölzern mit kleinen Gefäßen und schmalen Strahlen als **fein**. Hölzer, bei denen es keinen merklichen Unterschied zwischen Früh- und Spätholz gibt, besitzen eine **gleichmäßige** Textur, wobei solche mit deutlichen Unterschieden zwischen Früh- und Spätholz innerhalb einer Zuwachszone hinsichtlich ihrer Textur als **ungleichmäßig** beschrieben werden.

Unter **Maserung** versteht man bei Hölzern die Strukturmuster auf den Längsflächen. Sie hängt vom Faserverlauf und der Textur sowie ihrer spezifischen Ausrichtung auf der durch Sägen freigelegten Längsfläche ab. Im engeren Sinn wird der Begriff „Maserung" für dekorative Hölzer verwendet wie beispielsweise dem Vogelaugen-Ahorn, einem in der Möbelindustrie beliebten Holz.

Als Atlanten mit anatomischen Beschreibungen zur Holzartenbestimmung sind Schweingruber und Bosshard (1978) und Schweingruber (1990) für Europa, Meylan und Butterfield (1978) für Neuseeland, Panshin und de Zeeuw (1980) für Nord-Amerika und Fahn et al. (1986) für Israel und angrenzende Gebiete zu nennen. Zusätzlich wir„ auf Wheeler und Baas (1998), die „IAWA (International Association of Wood Anatomists) List of Microscopic Features for Hardwood Identification" (Wheeler et al., 1989) und auf die „IAWA List of Microscopic Features for Softwood Identification" (Richter et al., 2004) verwiesen.

# Literatur

Aloni, R. 1979. Role of auxin and gibberellin in differentiation of primary phloem fibers. *Plant Physiol.* 63, 609–614.

Aloni, R. 1987. The induction of vascular tissues by auxin. In: *Plant Hormones and Their Role in Plant Growth and Development*, S. 363–374, P. J. Davies, Hrsg., Martinus Nijhoff, Dordrecht.

Aloni, R. 1991. Wood formation in deciduous hardwood trees. In: *Physiology of Trees*, S. 175–197, A. S. Raghavendra, Hrsg., Wiley, New York.

Alves, E. S. und V. Angyalossy-Alfonso. 2000. Ecological trends in the wood anatomy of some Brazilian species. 1. Growth rings and vessels. *IAWA J.* 21, 3–30.

Améglio, T., M. Decourteix, G. Alves, V. Valentin, S. Sakr, J.-L. Julien, G. Petel, A. Guilliot und A. Lacointe. 2004. Temperature effects on xylem sap osmolarity in walnut trees: Evidence for a vitalistic model of winter embolism repair. *Tree Physiol.* 24, 785–793.

Ash, J. 1983. Tree rings in tropical *Callitris macleayana*. F. Muell. *Aust. J. Bot.* 31, 277–281.

Baba, K.-I., K. Adachi, T. Take, T. Yokoyama, T. Itoh und T. Nakamura. 1995. Induction of tension wood in $GA_3$-treated branches of the weeping type of Japanese cherry, *Prunus spachiana*. *Plant Cell Physiol.* 36, 983–988.

Bailey, I. W. 1920. The cambium and its derivative tissues. II. Size variations of cambial initials in gymnosperms and angiosperms. *Am. J. Bot.* 7, 355–367.

Bailey, I. W. 1944. The development of vessels in angiosperms and its significance in morphological research. *Am. J. Bot.* 31, 421–428.

Bailey, I. W. und A. F. Faull. 1934. The cambium and its derivative tissues. IX. Structural variability in the redwood *Sequoia sempervirens*, and its significance in the identification of the fossil woods. *J. Arnold Arbor.* 15, 233–254.

Bailey, I. W. und W. W. Tupper. 1918. Size variation in tracheary cells. I. A comparison between the secondary xylems of vascular cryptogams, gymnosperms and angiosperms. *Am. Acad. Arts Sci. Proc.* 54, 149–204.

Bannan, M. W. 1936. Vertical resin ducts in the secondary wood of the Abietineae. *New Phytol.* 35, 11–46.

Barghoorn, E. S., Jr. 1940. The ontogenetic development and phylogenetic specialization of rays in the xylem of dicotyledons. I. The primitive ray structure. *Am. J. Bot.* 27, 918–928.

Barghoorn, E. S., Jr. 1941. The ontogenetic development and phylogenetic specialization of rays in the xylem of dicotyledons. II. Modification of the multiseriate and uniseriate rays. *Am. J. Bot.* 28, 273–282.

Barnett, J. R., P. Cooper und L. J. Bonner. 1993. The protective layer as an extension of the apoplast. *IAWA J.* 14, 163–171.

Beritognolo, I., E. Magel, A. Abdel-Latif, J.-P. Charpentier, C. Jay-Allemand, C. Breton. 2002. Expression of genes encoding chalcone synthase, flavanone 3-hydroxylase and dihydroflavonal 4-reductase correlates with flavanol accumulation during heartwood formation in *Juglans nigra*. *Tree Physiol.* 22, 291–300.

Boninsegna, J. A., R. Villalba, L. Amarilla und J. Ocampo. 1989. Studies on tree rings, growth rates and age-size relationships of tropical tree species in Misiones, Argentina. *IAWA Bull.* n.s. 10, 161–169.

Bonnemain, J.-L. und L. Fromard. 1987. Physiologie comparée des cellules compagnes du phloème et des cellules associées aux vaisseaux. *Bull. Soc. Bot. Fr. Actual. Bot.* 134 (3/4), 27–37.

Boyd, J. D. 1977. Basic cause of differentiation of tension wood and compression wood. *Aust. For. Res.* 7, 121–143.

Braun, H. J. 1959. Die Vernetzung der Gefässe bei *Populus*. *Z. Bot.* 47, 421–434.

Braun, H. J. 1970. *Funktionelle Histologie der sekundären Sprossachse. I. Das Holz. Handbuch der Pflanzenanatomie*, Bd. 9, Teil 1, Gebrüder Borntraeger, Berlin.

Braun, H. J. 1984. The significance of the accessory tissues of the hydrosystem for osmotic water shifting as the second principle of water ascent, with some thoughts concerning the evolution of trees. *IAWA Bull.* n.s. 5, 275–294.

Burgert, I. und D. Eckstein. 2001. The tensile strength of isolated wood rays of beech (*Fagus sylvatica* L.) and its significance for the biomechanics of living trees. *Trees* 15, 168–170.

Burkart, L. F. und J. Cano-Capri. 1974. Tension wood in southern red oak *Quercus falcata* Michx. *Univ. Tex. For. Papers* 25, 1–4.

Butterfield, B. G. und B. A. Meylan. 1980. *Three-dimensional Structure of Wood: An Ultrastructural Approach*, 2. Aufl., Chapman and Hall, London.

Callado, C. H., S. J. da Silva Neto, F. R. Scarano und C. G. Costa. 2001. Periodicity of growth rings in some flood-prone trees of the Atlantic rain forest in Rio de Janeiro, Brazil. *Trees* 15, 492–497.

Carlquist, S. 1962. A theory of paedomorphosis in dicotyledonous woods. *Phytomorphology* 12, 30–45.

Carlquist, S. 1980. Further concepts in ecological wood anatomy, with comments on recent work in wood anatomy and evolution. *Aliso* 9, 499–553.

Carlquist, S. J. 1988. Comparative wood anatomy: systematic, ecological, and evolutionary aspects of dicotyledon wood. Springer-Verlag, Berlin, Heidelberg, New York.

Carlquist, S. 1992. Wood anatomy of Lamiaceae. A survey, with comments on vascular and vasicentric tracheids. *Aliso* 13, 309–338.

Carlquist, S. 2001. *Comparative Wood Anatomy: Systematic, Ecological, and Evolutionary Aspects of Dicotyledon Wood*, 2. Aufl., Springer, Berlin.

Carpenter, C. H. 1952. *382 Photomicrographs of 91 Papermaking Fibers*, rev. ed. Tech. Publ. 74, State University of New York, College of Forestry, Syracuse.

Casperson, G. 1960. Über die Bildung von Zellwänden bei Laubhölzern I. Mitt. Festellung der Kambiumaktivität durch Erzeugen von Reaktionsholz. *Ber. Dtsch. Bot. Ges.* 73, 349–357.

Casperson, G. 1965. Zur Kambiumphysiologie von *Aesculus hippocastanum* L. *Flora* 155, 515–543.

Catesson, A. M. und M. Morau. 1985. Secretory activities in vessel contact cells. *Isr. J. Bot.* 34, 157–165.

Chaffey, N. und P. Barlow. 2001. The cytoskeleton facilitates a three-dimensional symplasmic continuum in the long-lived ray and axial parenchyma cells of angiosperm trees. *Planta* 213, 811–823.

Chaffey, N., E. Cholewa, S. Regan und B. Sundberg. 2002. Secondary xylem development in *Arabidopsis:* A model for wood formation. *Physiol. Plant.* 114, 594–600.

Chalk, L. 1936. A note on the meaning of the terms early wood and late wood. *Proc. Leeds Philos. Lit. Soc., Sci. Sect.*, 3, 325–326.

Chapman, G. P., Hrsg. 1997. *The Bamboos*. Academic Press, San Diego.

Chattaway, M. M. 1949. The development of tyloses and secretion of gum in heartwood formation. *Aust. J. Sci. Res., Ser. B, Biol. Sci.* 2, 227–240.

Chattaway, M. M. 1951. The development of horizontal canals in rays. *Aust. J. Sci. Res., Ser. B, Biol. Sci.* 4, 1–11.

Czaninski, Y. 1968. Étude du parenchyme ligneux du Robiner (parenchyme à réserves et cellules associées aux vaisseau) au cours du cycle annuel. *J. Microscopie* 7, 145–164.

Czaninski, Y. 1987. Généralité et diversité des cellules associées aux éléments conducteurs. *Bull. Soc. Bot. Fr. Actual. Bot.* 134 (3/4), 19–26.

Dadswell, H. E. und W. E. Hillis. 1962. Wood. In: *Wood Extractives and Their Significance to the Pulp and Paper Industries*, S. 3–55, W. E. Hillis, Hrsg., Academic Press, New York.

Détienne, P. 1989. Appearance and periodicity of growth rings in some tropical woods. *IAWA Bull.* n.s. 10, 123–132.

Dolan, L. 1997. The role of ethylene in the development of plant form. *J. Exp. Bot.* 48, 201–210.

Doley, D. und L. Leyton. 1968. Effects of growth regulating substances and water potential on the development of secondary xylem in *Fraxinus*. *New Phytol.* 67, 579–594.

Du, S., H. Uno und F. Yamamoto. 2004. Roles of auxin and gibberellin in gravity-induced tension wood formation in *Aesculus turbinata* seedlings. *IAWA J.* 25, 337–347.

Eklund, L., C. H. A. Little und R. T. Riding. 1998. Concentrations of oxygen and indole-3-acetic acid in the cambial region during latewood formation and dormancy development in *Picea abies* stems. *J. Exp. Bot.* 49, 205–211.

Ellmore, G. S. und F. W. Ewers. 1985. Hydraulic conductivity in trunk xylem of elm, *Ulmus americana*. *IAWA Bull.* n.s. 6, 303–307.

Eom, Y. G. und Y. J. Chung. 1996. Perforated ray cells in Korean Caprifoliaceae. *IAWA J.* 17, 37–43.

Esau, K. 1943. Origin and development of primary vascular tissues in seed plants. *Bot. Rev.* 9, 125–206.

Esau, K. 1977. *Anatomy of Seed Plants*, 2. Aufl., Wiley, New York.

Esau, K. und Wm. B. Hewitt. 1940. Structure of end walls in differentiating vessels. *Hilgardia* 13, 229–244.

Fahn, A. und E. Zamski. 1970. The influence of pressure, wind, wounding and growth substances on the rate of resin duct formation in *Pinus halepensis* wood. *Isr. J. Bot.* 19, 429–446.

Fahn, A., E. Werker und P. Baas. 1986. *Wood Anatomy and Identification of Trees and Shrubs from Israel and Adjacent Regions*. Israel Academy of Sciences and Humanities, Jerusalem.

Fayle, D. C. F. 1968. *Radial Growth in Tree Roots*. Tech. Rep. 9. Faculty of Forestry, University of Toronto.

Fisher, J. B. und J. W. Stevenson. 1981. Occurrence of reaction wood in branches of dicotyledons and its role in tree architecture. *Bot. Gaz.* 142, 82–95.

Forsaith, C. C. 1926. *The Technology of New York State Timbers*. Tech. Publ. 18. New York State College of Forestry, Syracuse University.

Fromard, L., V. Babin, P. Fleurat-Lessard, J. C. Fromont, R. Serrano und J. L. Bonnemain. 1995. Control of vascular sap pH by the vessel-associated cells in woody species (physiological and immunological studies). *Plant Physiol.* 108, 913–918.

Fujii, T., Y. Suzuki und N. Kuroda. 1997. Bordered pit aspiration in the wood of *Cryptomeria japonica* in relation to air permeability. *IAWA J.* 18, 69–76.

Gourlay, I. D. 1995. Growth ring characteristics of some African *Acacia* species. *J. Trop. Ecol.* 11, 121–140.

Hariharan, Y. und K. V. Krishnamurthy. 1995. A cytochemical study of cambium and its xylary derivatives on the normal and tension wood sides of the stems of *Prosopis juliflora* (S. W.) DC. *Beitr. Biol. Pflanz.* 69, 459–472.

Harris, J. M. 1954. Heartwood formation in *Pinus radiata* (D. Don.). *New Phytol.* 53, 517–524.

Heimsch, C., Jr. und R. H. Wetmore. 1939. The significance of wood anatomy in the taxonomy of the Juglandaceae. *Am. J. Bot.* 26, 651–660.

Hejnowicz, Z. 1997. Graviresponses in herbs and trees: A major role for the redistribution of tissue and growth stresses. *Planta* 203 (suppl. 1), S136–S146.

Hellgren, J. M., K. Olofsson und B. Sundberg. 2004. Patterns of auxin distribution during gravitational induction of reaction wood in poplar and pine. *Plant Physiol.* 135, 212–220.

Higuchi, T. 1997. *Biochemistry and Molecular Biology of Wood*. Springer-Verlag, Berlin.

Hillis, W. E. 1987. *Heartwood and Tree Exudates*. Springer-Verlag, Berlin.

Höster, H.-R. und W. Liese. 1966. Über das Vorkommen von Reaktionsgewebe in Wurzeln und Ästen der Dikotyledonen. *Holzforschung* 20, 80–90.

Huang, Y. S., S. S. Chen, T. P. Lin und Y. S. Chen. 2001. Growth stress distribution in leaning trunks of *Cryptomeria japonica*. *Tree Physiol.* 21, 261–266.

Hüber, B. 1935. Die physiologische Bedeutung der Ring- und Zerstreutporigkeit. *Ber. Dtsch. Bot. Ges.* 53, 711–719.

Isebrands, J. G. und D. W. Bensend. 1972. Incidence and structure of gelatinous fibers within rapid-growing eastern cottonwood. *Wood Fiber* 4, 61–71.

Jenkins, P. A. und K. R. Shepherd. 1974. Seasonal changes in levels of indoleacetic acid and abscisic acid in stem tissues of *Pinus radiata*. *N. Z. J. For. Sci.* 4, 511–519.

Jourez, B. 1997. Le bois de tension. 1. Définition et distribution das l'arbre. *Biotechnol. Agron. Soc. Environ.* 1, 100–112.

Kang, K. D., W. Y. Soh. 1992. Differentiation of reaction tissues in the first internode of *Acer saccharinum* L. seedling positioned horizontally. *Korean J. Bot. (Singmul Hakhoe chi)* 35, 211–217.

Keunecke, M., J. U. Sutter, B. Sattelmacher und U. P. Hansen. 1997. Isolation and patch clamp measurements of xylem contact cells for the study of their role in the exchange between apoplast and symplast of leaves. *Plant Soil* 196, 239–244.

Kitin, P., Y. Sano und R. Funada. 2003. Three-dimensional imaging and analysis of differentiating secondary xylem by confocal microscopy. *IAWA J.* 24, 211–222.

Kitin, P. B., T. Fujii, H. Abe und R. Funada. 2004. Anatomy of the vessel network within and between tree rings of *Fraxinus lanuginosa* (Oleaceae). *Am. J. Bot.* 91, 779–788.

Kozlowski, T. T. und S. G. Pallardy. 1997. *Growth Control in Woody Plants.* Academic Press, San Diego.

Krabel, D. 2000. Influence of sucrose on cambial activity. In: *Cell and Molecular Biology of Wood Formation*, S. 113–125, R. A. Savidge, J. R. Barnett und R. Napier, Hrsg., BIOS Scientific, Oxford.

Krahmer, R. L. und W. A. Côté Jr. 1963. Changes in coniferous wood cells associated with heartwood formation. *TAPPI* 46, 42–49.

Krishnamurthy, K. V., N. Venugopal, V. Nandagopalan, U. Hariharan und A. Sivakumari. 1997. Tension phloem in some legumes. *J. Plant Anat. Morphol.* 7, 20–23.

Kuroda, K. und K. Shimaji. 1983. Traumatic resin canal formation as a marker of xylem growth. *For. Sci.* 29, 653–659.

LaPasha, C. A. und E. A. Wheeler. 1990. Resin canals in *Pinus taeda*: Longitudinal canal lengths and interconnections between longitudinal and radial canals. *IAWA Bull.* n.s. 11, 227–238.

Larson, P. R. 1969. Wood formation and the concept of wood quality. *Bull. Yale Univ. School For.* 74, 1–54.

Lee, P. W. und Y. G. Eom. 1988. Anatomical comparison between compression wood and opposite wood in a branch of Korean pine (*Pinus koraiensis*). *IAWA Bull.* n.s. 9, 275–284.

Lev-Yadun, S. 1994a. Experimental evidence for the autonomy of ray differentiation in *Ficus sycomorus* L. *New Phytol.* 126, 499–504.

Lev-Yadun, S. 1994b. Radial fibres in aggregate rays of *Quercus calliprinos* Webb.—Evidence for radial signal flow. *New Phytol.* 128, 45–48.

Lev-Yadun, S. 1995. Short secondary vessel members in branching regions in roots of *Arabidopsis thaliana*. *Aust. J. Bot.* 43, 435–438.

Lev-Yadun, S. 2000. Cellular patterns in dicotyledonous woods: their regulation. In: *Cell and Molecular Biology of Wood Formation*, S. 315–324, R. A. Savidge, J. R. Barnett und R. Napier, Hrsg., BIOS Scientific, Oxford.

Lev-Yadun, S. und R. Aloni. 1995. Differentiation of the ray system in woody plants. *Bot. Rev.* 61, 45–84.

Liese, W. 1996. Structural research on bamboo and rattan for their wider utilization. *J. Bamboo Res. (Zhu zi yan jiu hui kan)* 15, 1–14.

Liese, W. 1998. *The Anatomy of Bamboo Culms*. Tech. Rep. 18. International Network for Bamboo and Rattan (INBAR), Beijing.

Liphschitz, N. 1995. Ecological wood anatomy: Changes in xylem structure in Israeli trees. In: *Wood Anatomy Research 1995. Proceedings of the International Symposium on Tree Anatomy and Wood Formation*, S. 12–15, S. Wu, Hrsg., International Academic Publishers, Beijing.

Liphschitz, N. und Y. Waisel. 1970. Effects of environment on relations between extension and cambial growth of *Populus euphratica* Oliv. *New Phytol.* 69, 1059–1064.

Little, C. H. A. und R. P. Pharis. 1995. Hormonal control of radial and longitudinal growth in the tree stem. In: *Plant Stems: Physiology and Functional Morphology*, S. 281–319, B. L. Gartner, Hrsg., Academic Press, San Diego.

Machado, S. R. und V. Angyalossy-Alfonso. 1995. Occurrence of perforated ray cells in wood of *Styrax camporum* Pohl. (Styracaceae). *Rev. Brasil. Bot.* 18, 221–225.

Machado, S. R., V. Angyalossy-Alfonso und B. L. de Morretes. 1997. Comparative wood anatomy of root and stem in *Styrax camporum* (Styracaceae). *IAWA J.* 18, 13–25.

Magel, E. A. 2000. Biochemistry and physiology of heartwood formation. In: *Cell and Molecular Biology of Wood Formation*, S. 363–376, R. A. Savidge, J. R. Barnett und N. Napier, Hrsg., BIOS Scientific, Oxford.

Mattheck, C. und H. Kubler. 1995. *Wood: The Internal Optimization of Trees.* Springer-Verlag, Berlin.

Mattos, P. Póvoa de, R. A. Seitz und G. I. Bolzon de Muniz. 1999. Identification of annual growth rings based on periodical shoot growth. In: *Tree-Ring Analysis. Biological, Methodological, and Environmental Aspects*, S. 139–145, R. Wimmer und R. E. Vetter, Hrsg., CABI Publishing, Wallingford, Oxon.

Mellerowicz, E. J., M. Baucher, B. Sundberg und W. Boerjan. 2001. Unraveling cell wall formation in the woody dicot stem. *Plant Mol. Biol.* 47, 239–274.

Metcalfe, C. R. und L. Chalk, Hrsg. 1983. *Anatomy of the Dicotyledons*, vol. II. *Wood Structure and Conclusion of the General Introduction.* 2. Aufl., Clarendon Press, Oxford.

Meylan, B. A. und B. G. Butterfield. 1978. *The Structure of New Zealand Woods.* Bull. 222, NZDSIR, Wellington.

Morey, P. R. und J. Cronshaw. 1968. Developmental changes in the secondary xylem of *Acer rubrum* induced by gibberellic acid, various auxins and 2,3,5-tri-iodobenzoic acid. *Protoplasma* 65, 315–326.

Murakami, Y., R. Funada, Y. Sano und J. Ohtani. 1999. The differentiation of contact cells and isolation cells in the xylem ray parenchyma of *Populus maximowiczii*. *Ann. Bot.* 84, 429–435.

Nadezhdina, N., J. Cermák und R. Ceulemans. 2002. Radial patterns of sap flow in woody stems of dominant and understory species: Scaling errors associated with positioning of sensors. *Tree Physiol.* 22, 907–918.

Nagai, S., J. Ohtani, K. Fukazawa und J. Wu. 1994. SEM observations on perforated ray cells. *IAWA J.* 15, 293–300.

Nagy, N. E., V. R. Franceschi, H. Solheim, T. Krekling und E. Christiansen. 2000. Wound-induced traumatic resin duct development in stems of Norway spruce (Pinaceae): Anatomy and cytochemical traits. *Am. J. Bot.* 87, 302–313.

Nanko, H., H. Saiki und H. Harada. 1982. Structural modification of secondary phloem fibers in the reaction phloem of *Populus euramericana*. *Mokuzai Gakkaishi (J. Jpn. Wood Res. Soc.)* 28, 202–207.

Otegui, M. S. 1994. Occurrence of perforated ray cells and ray splitting in *Rapanea laetevirens* and *R. lorentziana* (Myrsinaceae). *IAWA J.* 15, 257–263.

Panshin, A. J. und C. de Zeeuw. 1980. *Textbook of Wood Technology: Structure, Identification, Properties, and Uses of the Commercial Woods of the United States and Canada*, 4. Aufl., McGraw-Hill, New York.

Phillips, E. W. J. 1948. Identification of softwoods by their microscopic structure. *Dept. Sci. Ind. Res. For. Prod. Res. Bull.* No. 22. London.

Pilate, G., B. Chabbert, B. Cathala, A. Yoshinaga, J.-C. Leplé, F. Laurans, C. Lapierre und K. Ruel. 2004. Lignification and tension wood. *C.R. Biologies* 327, 889–901.

Record, S. J. 1934. *Identification of the timbers of temperate North America, including anatomy and certain physical properties of wood.* Wiley, New York.

Rendle, B. J. 1960. Juvenile and adult wood. *J. Inst. Wood Sci.* 5, 58–61.

Richter, H. G., D. Grosser, I. Heinz und P. E. Gasson, Hrsg. 2004. IAWA list of microscopic features for softwood identification. *IAWA J.* 25, 1–70.

Ridoutt, B. G. und R. Sands. 1994. Quantification of the processes of secondary xylem fibre development in *Eucalyptus globulus* at two height levels. *IAWA J.* 15, 417–424.

Robards, A. W. 1966. The application of the modified sine rule to tension wood production and eccentric growth in the stem of crack willow (*Salix fragilis* L.). *Ann. Bot.* 30, 513–523.

Roberts, L. W., P. B. Gahan und R. Aloni. 1988. *Vascular Differentiation and Plant Growth Regulators*. Springer-Verlag, Berlin.

Robnett, W. E. und P. R. Morey. 1973. Wood formation in *Prosopis:* Effect of 2,4-D, 2,4,5-T, and TIBA. *Am. J. Bot.* 60. 745–754.

Sano, Y. und R. Nakada. 1998. Time course of the secondary deposition of incrusting materials on bordered pit membranes in *Cryptomeria japonica*. *IAWA J.* 19, 285–299.

Sauter, J. J. 1972. Respiratory and phosphatase activities in contact cells of wood rays and their possible role in sugar secretion. *Z. Pflanzenphysiol.* 67, 135–145.

Sauter, J. J. 2000. Photosynthate allocation to the vascular cambium: facts and problems. In: *Cell and Molecular Biology of Wood Formation*, S. 71–83, R. A. Savidge, J. R. Barnett und R. Napier, Hrsg., BIOS Scientific, Oxford.

Sauter, J. J. und S. Kloth. 1986. Plasmodesmatal frequency and radial translocation rates in ray cells of poplar (*Populus* x *canadensis* Moench "robusta"). *Planta* 168, 377–380.

Sauter, J. J., W. Iten und M. H. Zimmermann. 1973. Studies on the release of sugar into the vessels of sugar maple (*Acer saccharum*) *Can. J. Bot.* 51, 1–8.

Schaffer, K. und M. Wisniewski. 1989. Development of the amorphous layer (protective layer) in xylem parenchyma of cv. Golden Delicious apple, cv. Loring Peach, and willow. *Am. J. Bot.* 76, 1569–1582.

Schweingruber, F. H. 1988. *Tree Rings. Basics and Applications of Dendrochronology*. Reidel, Dordrecht.

Schweingruber, F. H. 1990. *Anatomie europäischer Hölzer: Ein Atlas zur Bestimmung europäischer Baum-, Strauch-, und Zwergstrauchhölzer* (Anatomy of European woods: An atlas for the identification of European trees, shrubs, and dwarf shrubs). Verlag P. Haupt, Bern.

Schweingruber, F. H. 1993. *Trees and Wood in Dendrochronology: Morphological, Anatomical, and Tree-ring Analytical Characteristics of Trees Frequently Used in Dendrochronology*. Springer-Verlag, Berlin.

Schweingruber, F. H. und W. Bosshard. 1978. *Mikroskopische Holzanatomie: Formenspektren mitteleuropäischer Stamm-, und Zweighölzer zur Bestimmung von rezentem und subfossilem Material* (Microscopic wood anatomy: Structural variability of stems and twigs in recent and subfossil woods from Central Europe). Eidgenössische Anstalt für das Forstliche Versuchswesen, Birmensdorf.

Scurfield, G. 1964. The nature of reaction wood. IX. Anomalous cases of reaction anatomy. *Aust. J. Bot.* 12, 173–184.

Scurfield, G. 1965. The cankers of *Exocarpos cupressiformis* Labill. *Aust. J. Bot.* 13, 235–243.

Sheen, J., L. Zhou und J.-C. Jang. 1999. Sugars as signaling molecules. *Curr. Opin. Plant Biol.* 2, 410–418.

Sheldrake, A. R. 1971. Auxin in the cambium and its differentiating derivatives. *J. Exp. Bot.* 22, 735–740.

Skatter, S. und B. Kucera. 1997. Spiral grain—an adaptation of trees to withstand stem breakage caused by wind-induced torsion. *Holz Roh-Werks.* 55, 207–213.

Spicer, R. und B. L. Gartner. 2002. Compression wood has little impact on the water relations of Douglas-fir (*Pseudotsuga menziesii*) seedlings despite a large effect on shoot hydraulic properties. *New Phytol.* 154, 633–640.

Stamm, A. J. 1946. Passage of liquids, vapors, and dissolved materials through softwoods. *USDA Tech. Bull.* 929.

Studhalter, R. A. 1955. Tree growth. I. Some historical chapters. *Bot. Rev.* 21, 1–72.

Sundberg, B., H. Tuominen und C. H. A. Little. 1994. Effects of indole-3-acetic acid (IAA) transport inhibitors $N$-1-naphthylphthalamic acid and morphactin on endogenous IAA dynamics in relation to compression wood formation in 1-year-old *Pinus sylvestris* (L.) shoots. *Plant Physiol.* 106, 469–476.

Sundberg, B., C. Uggla und H. Tuominen. 2000. Cambial growth and auxin gradients. In: *Cell and Molecular Biology of Wood Formation*, S. 169–188, R. A. Savidge, J. R. Barnett und R. Napier, Hrsg., BIOS Scientific, Oxford.

Suzuki, M., K. Yoda und H. Suzuki. 1996. Phenological comparison of the onset of vessel formation between ring-porous and diffuse-porous deciduous trees in a Japanese temperate forest. *IAWA J.* 17, 431–444.

Takabe, K., T. Miyauchi und K. Fukazawa. 1992. Cell wall formation of compression wood in Todo fir (*Abies sachalinensis*)—I. Deposition of polysaccharides. *IAWA Bull.* n.s. 13, 283–296.

Thomson, R. G. und H. B. Sifton. 1925. Resin canals in the Canadian spruce (*Picea canadensis* (Mill.) B. S. P.)—An anatomical study, especially in relation to traumatic effects and their bearing on phylogeny. *Philos. Trans. R. Soc. Lond. Ser. B* 214, 63–111.

Timell, T. E. 1981. Recent progress in the chemistry, ultrastructure, and formation of compression wood. In: *The Ekman-Days 1981, Chemistry and Morphology of Wood and Wood Components, SPCI, Stockholm Rep. 38*, vol. 1, 99–147.

Timell, T. E. 1983. Origin and evolution of compression wood. *Holzforschung* 37, 1–10.

Tomazello, M. und N. da Silva Cardoso. 1999. Seasonal variations of the vascular cambium of teak (*Tectona grandis* L.) in Brazil. In: *Tree-ring Analysis: Biological, Methodological, and Environmental Aspects*, S. 147–154, R. Wimmer und R. E. Vetter, Hrsg., CABI Publishing, Wallingford, Oxon.

Tomlinson, P. B. und M. H. Zimmermann. 1967. The "wood" of monocotyledons. Bulletin [IAWA] 1967/2, 4–24.

Tuominen, H., L. Puech, S. Fink und B. Sundberg. 1997. A radial concentration gradient of indole-3-acetic acid is related to secondary xylem development in hybrid aspen. *Plant Physiol.* 115, 577–585.

Uggla, C., T. Moritz, G. Sandberg und B. Sundberg. 1996. Auxin as a positional signal in pattern formation in plants. *Proc. Natl. Acad. Sci. USA* 93, 9282–9286.

Uggla, C., E. Magel, T. Moritz und B. Sundberg. 2001. Function and dynamics of auxin and carbohydrates during earlywood/latewood transition in Scots pine. *Plant Physiol.* 125, 2029–2039.

Utsumi, Y., Y. Sano, J. Ohtani und S. Fujikawa. 1996. Seasonal changes in the distribution of water in the outer growth rings of *Fraxinus mandshurica* var. *japonica:* A study by cryo-scanning electron microscopy. *IAWA J.* 17, 113–124.

van Bel, A. J. E. 1990a. Vessel-to-ray transport: Vital step in nitrogen cycling and deposition. In: *Fast Growing Trees and Nitrogen Fixing Trees*, S. 222–231, D. Werner und P. Müller, Hrsg., Gustav Fischer Verlag, Stuttgart.

van Bel, A. J. E. 1990b. Xylem-phloem exchange via the rays: the undervalued route of transport. *J. Exp. Bot.* 41, 631–644.

van Bel, A. J. E. und C. van der Schoot. 1988. Primary function of the protective layer in contact cells: Buffer against oscillations in hydrostatic pressure in the vessels? *IAWA Bull.* n.s. 9, 285–288.

van Bel, A. J. E. und A. J. van Erven. 1979. A model for proton and potassium co-transport during the uptake of glutamine and sucrose by tomato internode disks. *Planta* 145, 77–82.

van der Schoot, C. 1989. Determinates of xylem-to-phloem transfer in tomato. Ph.D. Dissertation. Rijksuniversiteit te Utrecht, The Netherlands.

Vetter, R. E. und P. C. Botosso. 1989. Remarks on age and growth rate determination of Amazonian trees. *IAWA Bull.* n.s. 10, 133–145.

Wardrop, A. B. und H. E. Dadswell. 1953. The development of the conifer tracheid. *Holzforschung* 7, 33–39.

Warren Wilson, J. und P. M. Warren Wilson. 1984. Control of tissue patterns in normal development and in regeneration. In: *Positional Controls in Plant Development*, S. 225–280, P. Barlow und D. J. Carr, Hrsg., Cambridge University Press, Cambridge.

Werker, E. und A. Fahn. 1969. Resin ducts of *Pinus halepensis* Mill.: Their structure, development and pattern of arrangement. *Bot. J. Linn. Soc.* 62, 379–411.

Westing, A. H. 1965. Formation and function of compression wood in gymnosperms. *Bot. Rev.* 31, 381–480.

Westing, A. H. 1968. Formation and function of compression wood in gymnosperms. II. *Bot. Rev.* 34, 51–78.

Wheeler, E. A. und P. Baas. 1991. A survey of the fossil record for dicotyledonous wood and its significance for evolutionary and ecological wood anatomy. *IAWA Bull.* n.s. 12, 275–332.

Wheeler, E. A. und P. BAAS. 1998. Wood identification—A review. *IAWA J.* 19, 241–264.

Wheeler, E. A., P. BAAS und P. E. GASSON, Hrsg. 1989. IAWA list of microscopic features for hardwood identification. *IAWA Bull.* n.s. 10, 219–332.

Wiedenhoeft, A. C. und R. B. Miller. 2002. Brief comments on the nomenclature of softwood axial resin canals and their associated cells. *IAWA J.* 23, 299–303.

Wilson, B. F. und R. R. Archer. 1977. Reaction wood: induction and mechanical action. *Annu. Rev. Plant Physiol.* 28, 23–43.

Wilson, B. F. und B. L. Gartner. 1996. Lean in red alder (*Alnus rubra*): Growth stress, tension wood, and righting response. *Can. J. For. Res.* 26, 1951–1956.

Wimmer, R., M. Grabner, G. Strumia und P. R. Sheppard. 1999. Significance of vertical resin ducts in the tree rings of spruce. In: *Tree-ring Analysis: Biological, Methodological and Environmental Aspects*, S. 107–118, R. Wimmer und R. E. Vetter, Hrsg., CABI Publishing, Wallingford, Oxon.

Wisniewski, M. und G. Davis. 1989. Evidence for the involvement of a specific cell wall layer in regulation of deep supercooling of xylem parenchyma. *Plant Physiol.* 91, 151–156.

Wodzicki, T. J. und C. L. Brown. 1973. Cellular differentiation of the cambium in the Pinaceae. *Bot. Gaz.* 134, 139–146.

Wodzicki, T. J. und A. B. Wodzicki. 1980. Seasonal abscisic acid accumulation in stem and cambial region of *Pinus sylvestris*, and its contribution to the hypothesis of a late-wood control system in conifers. *Physiol. Plant.* 48, 443–447.

Worbes, M. 1985. Structural and other adaptations to long-term flooding by trees in Central Amazonia. *Amazoniana* 9, 459–484.

Worbes, M. 1989. Growth rings, increment and age of trees in inundation forests, savannas and a mountain forest in the Neotropics. *IAWA Bull.* n.s. 10, 109–122.

Worbes, M. 1995. How to measure growth dynamics in tropical trees—A review. *IAWA J.* 16, 337–351.

Wu, H. und Z.-H. Hu. 1997. Comparative anatomy of resin ducts of the Pinaceae. *Trees* 11, 135–143.

Wullschleger, S. D. und A. W. King. 2000. Radial variation in sap velocity as a function of stem diameter and sapwood thickness in yellow-poplar trees. *Tree Physiol.* 20, 511–518.

Yamamoto, K. 1982. Yearly and seasonal process of maturation of ray parenchyma cells in *Pinus* species. *Res. Bull. Coll. Exp. For. Hokkaido Univ.* 39, 245–296.

Yoshizawa, N., M. Satoh, S. Yokota und T. Idei. 1992. Formation and structure of reaction wood in *Buxus microphylla* var. *insularis* Nakai. *Wood Sci. Technol.* 27, 1–10.

Ziegler, H. 1968. Biologische Aspekte der Kernholzbildung (Biological aspects of heartwood formation). *Holz Roh-Werks.* 26, 61–68.

Zimmermann, M. H. 1983. *Xylem Structure and the Ascent of Sap.* Springer-Verlag, Berlin.

Zimmermann, M. H., A. B. Wardrop und P. B. Tomlinson. 1968. Tension wood in aerial roots of *Ficus benjamina* L. *Wood Sci. Technol.* 2, 95–104.

# Kapitel 12
# Cambium

Das Cambium (*vascular cambium*) ist das Meristem, das für die Bildung der sekundären Leitgewebe verantwortlich ist. Es ist ein Lateralmeristem und steht im Gegensatz zu den apikalen Meristemen, die an den Spitzen von Sprossen und Wurzeln liegen. Das Cambium wie auch die apikalen Meristeme (Kap. 6) bestehen aus Initialzellen und ihren jüngsten Abkömmlingen. In dreidimensionaler Hinsicht bildet das Cambium eine geschlossene zylindrische Hülle um das Xylem von Stämmen, Wurzeln und Ästen (Abb. 12.1). Wenn die sekundären Leitgewebe einer Achse in getrennten Strängen vorliegen, dann kann das Cambium bandförmig auf diese Stränge beschränkt bleiben. Bandförmig erscheint es auch in den meisten Blattstielen und Blattadern, die sekundäres Dickenwachstum zeigen. In den Blättern (Nadeln) der Coniferen nimmt nach dem ersten Jahr die Dicke der Leitbündel wegen der Aktivität des Cambiums etwas zu (Strasburger, 1891; Ewers, 1982). Bei Angiospermen können die größeren Blattadern primäre und sekundäre Leitgewebe enthalten; die kleineren sind nahezu vollständig primär. Die Cambialaktivität ist in Blättern immergrüner Arten stärker ausgeprägt als bei Laub abwerfenden (Shtromberg, 1959).

## 12.1 Die Organisation des Cambiums

Die Zellen des Cambiums können nicht mit gewöhnlichen meristematischen Zellen, die ein dichtes Cytoplasma, große Zellkerne und eine fast isodiametrische Form haben, verglichen werden. Obwohl Cambialzellen im Ruhezustand dichtes Cytoplasma aufweisen, enthalten sie viele kleine Vakuolen. Aktive Cambialzellen sind hingegen hoch vakuolisiert mit hauptsächlich einer großen Zentralvakuole, die von einem dünnen, der Wand anliegenden Plasmasaum umgeben ist.

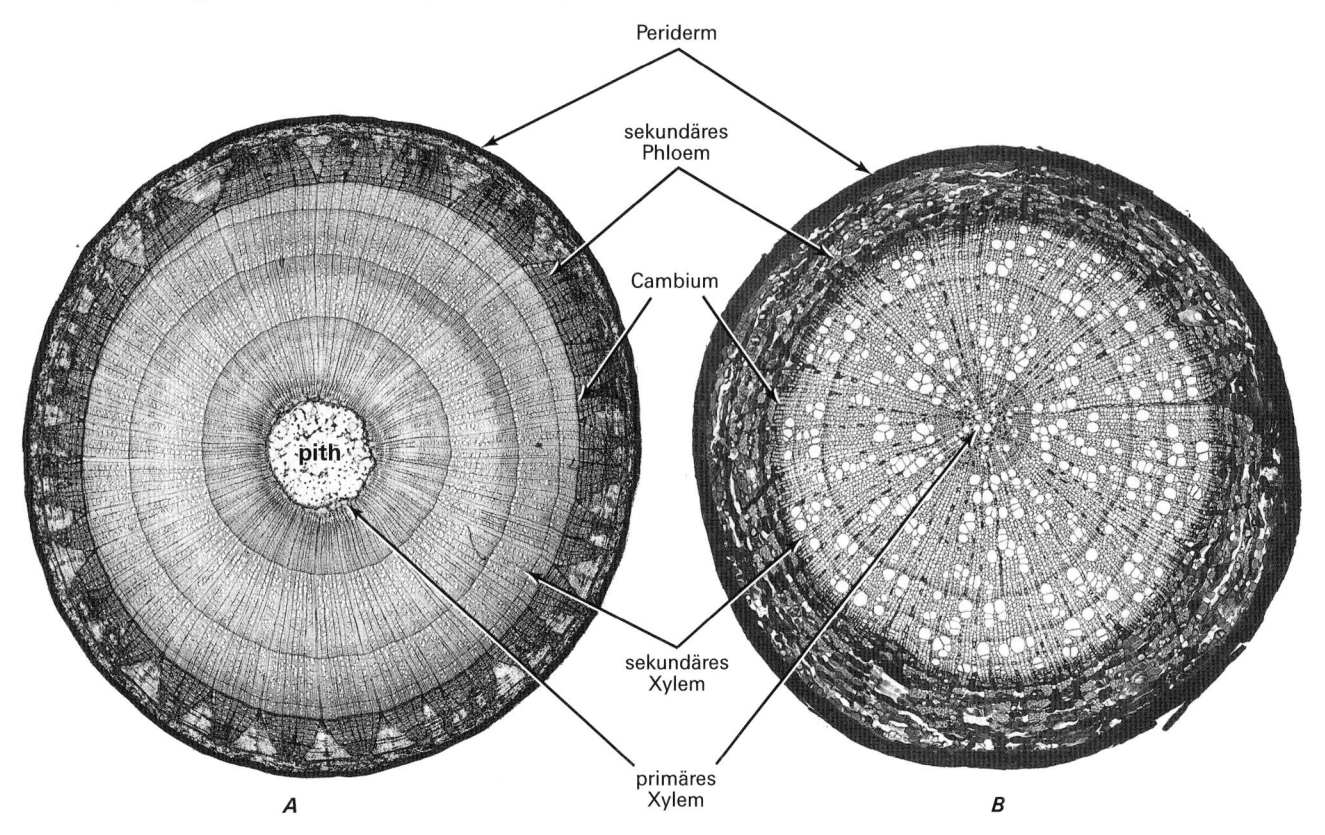

Abb. 12.1 Querschnitte durch Stamm (**A**) und Wurzel (**B**) von *Tilia*, beide mit Periderm und einigen Zuwachszonen mit sekundären Leitgeweben. Das Cambium bildet eine geschlossene zylindrische Hülle um das Xylem. (**A**, x9,7; **B**, x27)

### 12.1.1 Das Cambium enthält zwei Arten von Initialzellen: Fusiforme Initialen und Strahlinitialen

Morphologisch unterscheidet man zwei Arten von Cambiuminitialen. Eine Initialzelle, die **fusiforme Initiale** (Abb. 12.2A), ist um ein Mehrfaches länger als breit; die andere, die **Strahlinitiale** (12.2B), ist nur geringfügig in Längsrichtung gestreckt bis nahezu isodiametrisch. Der Begriff fusiform bedeutet, dass die Zelle wie eine Spindel geformt ist. Eine fusiforme Zelle ist jedoch in ihrem mittleren Teil eine fast prismatische Zelle und an ihren Enden keilförmig auslaufend. Das punktförmig auslaufende Ende ist im Tangentialschnitt zu sehen, das abgestumpfte im Radialschnitt (12.2A). Die tangentialen Seiten der Zelle sind breiter als die radialen. Die genaue Form einer fusiformen Initiale wurde bei *Pinus sylvestris* bestimmt; sie ist demnach eine lange, spitz zulaufende und tangential abgeflachte Zelle mit durchschnittlich 18 verschiedenen Flächen (Dodd, 1948).

Die fusiformen Initialen liefern alle Zellen des Xylems und Phloems, die parallel zur Achse des jeweiligen Organs angeordnet sind. Mit anderen Worten, sie bilden das longitudinale oder axiale System aus Xylem und Phloem (Abb. 12.2D). Beispiele für Elemente dieses Systems sind tracheale Elemente, Fasern und die axialen Parenchymzellen im Xylem sowie Siebelemente, Fasern und Axialparenchymzellen im Phloem. Die Strahlinitialen sind der Ausgangspunkt der Strahlzellen, also der Elemente des radialen Systems (das System der Strahlen) von Xylem und Phloem (Abb. 12.2E; Kap. 11, 14).

Die fusiformen Initialen zeigen eine große Variationsbreite in ihren Dimensionen und ihrem Volumen. Einige dieser Variationen sind pflanzenspezifisch. Die nachfolgenden Zahlenangaben in Millimetern veranschaulichen die Längenunterschiede der fusiformen Initialen in einigen Pflanzen: *Sequoia sempervirens*, 8,70 (Bailey, 1923); *Pinus strobus*, 3,20; *Ginkgo*, 2,20; *Myristica*, 1,31; *Pyrus*, 0,53; *Populus*, 0,49; *Fraxinus*, 0,29; *Robinia*, 0,17 (Bailey, 1920a). Weiterhin variiert die Länge der fusiformen Initialen innerhalb einer Art, was zum Teil auf unterschiedlichen Wuchsbedingungen beruht (Pomparat, 1974). Sie zeigen auch Längenabweichungen, die mit Entwicklungsprozessen in der einzelnen Pflanze verknüpft sind. Allgemein nimmt die Länge der fusiformen Initialen mit dem Alter der Achse zu. Nachdem aber ein bestimmtes Längenmaximum erreicht ist, bleibt sie relativ konstant (Bailey, 1920a; Boßhard, 1951; Bannan, 1960b; Ghouse und Yunus, 1973; Ghouse und Hashmi, 1980a; Khan, K. K., et al., 1981; Iqbal und Ghouse, 1987; Ajmal und Iqbal, 1992). Nach Erreichen ihrer Maximallänge erfahren die fusiformen Initialen einiger Arten (z. B. *Citrus sinensis*, Khan, M. I. H., et al., 1983) mit zunehmendem Umfang der Achse eine allmähliche, aber langsame Längenabnahme. Schließlich kann die Länge von fusiformen Initialen einiger Arten von der Spitze zur Basis eines Stammes zunehmen, um nach dem Erreichen der Maximallänge dann an der Basis wieder geringfügig abzunehmen (Iqbal

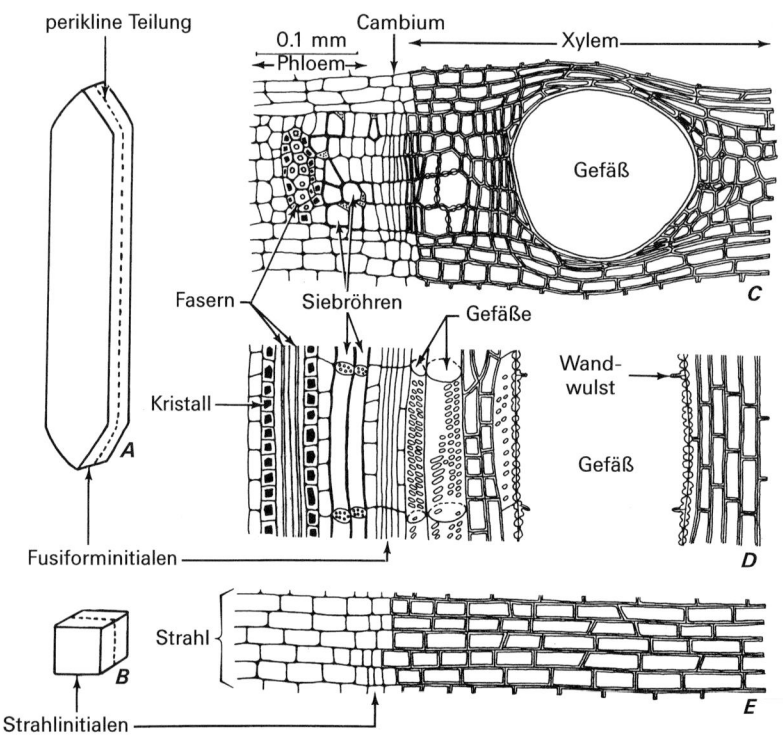

**Abb. 12.2** Das Cambium in Beziehung zu seinen Nachbargeweben. **A**, Schema einer fusiformen Initiale; **B**, einer Strahlinitiale. Bei beiden ist die Teilungsebene zur Bildung von Phloem- und Xylemzellen (perikline Teilung) durch eine gestrichelte Linie angegeben. **C**, **D**, **E**, *Robinia pseudoacacia*, Schnitte durch den Stamm mit Phloem, Cambium und Xylem. **C**, quer; **D**, radial (nur Axialsysteme); **E**, radial (nur Strahlsystem). (Aus Esau, 1977.)

und Ghouse, 1979; Ridoutt und Sands, 1993). Die Größe der fusiformen Initialen kann sich auch im Verlauf einer Vegetationsperiode ändern (Paliwal et al., 1974; Sharma et al., 1979). Größenveränderungen der fusiformen Initialen haben ähnliche Veränderungen in den von ihnen abstammenden Zellen zur Folge. Die endgültige Größe der Cambiumabkömmlinge hängt jedoch nur teilweise von der Größe der Cambiuminitialen ab, weil Größenveränderungen auch während der Zelldifferenzierung erfolgen.

### 12.1.2 Das Cambium kann stockwerkartig oder nicht stockwerkartig aufgebaut sein

Das Cambium kann entsprechend der Anordnung seiner Zellen in horizontalen Reihen entweder stockwerkartig oder nicht stockwerkartig aufgebaut sein; diese strukturelle Besonderheit kann nur in Tangentialansichten erkannt werden. Bei einem **Stockwerkcambium** (etagiertes Cambium) sind die Fusiforminitialen in horizontalen Reihen angeordnet, so dass sich die Enden der Zellen einer Reihe auf nahezu der gleichen Ebene befinden (Abb. 12.3). Dies ist charakteristisch für Pflanzen mit kurzen Fusiforminitialen. **Nicht-Stockwerkcambium** (nicht etagiertes Cambium) findet man üblicherweise in Pflanzen mit langen Fusiforminitialen, die deutlich überlappende Enden aufweisen (Abb. 12.4). Übergangsstadien solcher Anordnungen finden sich in verschiedenen Pflanzen. Das Cambium von *Fraxinus excelsior* stellt ein Mosaik aus stockwerkartigen und nicht stockwerkartigen Bereichen dar (Krawczyszyn, 1977). Stockwerkcambium, das sehr viel häufiger in tropischen Arten als in Arten der gemäßigten Klimazonen vorkommt, wird im Vergleich zum Nicht-Stockwerkcambium als phylogenetisch fortgeschrittener angesehen; einer solchen Evolution läuft in der Regel eine Verkürzung der Fusiforminitialen parallel (Bailey, 1923). Wie die fusiformen Initialen können auch die Strahlen in Stockwerkform oder nicht in Stockwerkform angeordnet sein.

Die fusiformen Zellen des Cambiums sind zueinander dicht angeordnet. Ob sich jedoch Interzellularen radial über die Strahlen zwischen Xylem und Phloem fortsetzen, wird diskutiert (Larson, 1994). Interzellularen wurden zwar zwischen Strahlinitialen bei *Tectona grandis*, *Azadirachta indica* und *Tamarindus indica* nachgewiesen, aber nur im inaktiven Cambium (Rajput und Rao, 1998a). Im aktiven Cambium zeigten sich die Zellen in einer kompakten Anordnung. In einer umfangreichen Studie zur Klärung diese Frage wurden 15 Arten aus den gemäßigten Klimazonen untersucht, die sowohl Eudicotyledonen (*Acer negundo*, *Acer saccharum*, *Cornus racemosa*, *Cornus stolonifera*, *Malus domestica*, *Pyrus communis*, *Quercus alba*, *Rhus glabra*, *Robinia pseudoacacia*, *Salix nigra*, *Tilia americana*, *Ulmus americana*) als auch Coniferen (*Metasequoia glyptrostroboides*, *Picea abies*, *Pinus pinea*) umfasste. Sowohl im Ruhecambium als auch im aktiven Cambium wurden schmale, radial ausgerichtete Interzellularen bei allen 15 Arten in den Strahlen und/oder den Übergangsbereichen zwischen vertikal benachbarten Strahlzellen und fusiformen Zellen gefunden (Evert, unveröffentlicht). Zwischen dem sekundären Xylem und dem sekundären Phloem ergab sich ein durchgängiges System aus Interzellularen.

**Abb. 12.3** Stockwerkcambium (etagiertes Cambium) der Robinie (*Robinia pseudoacacia*) im Tangentialschnitt. In einem solchen Cambium sind die Fusiforminitialen in horizontalen Reihen angeordnet. (×125)

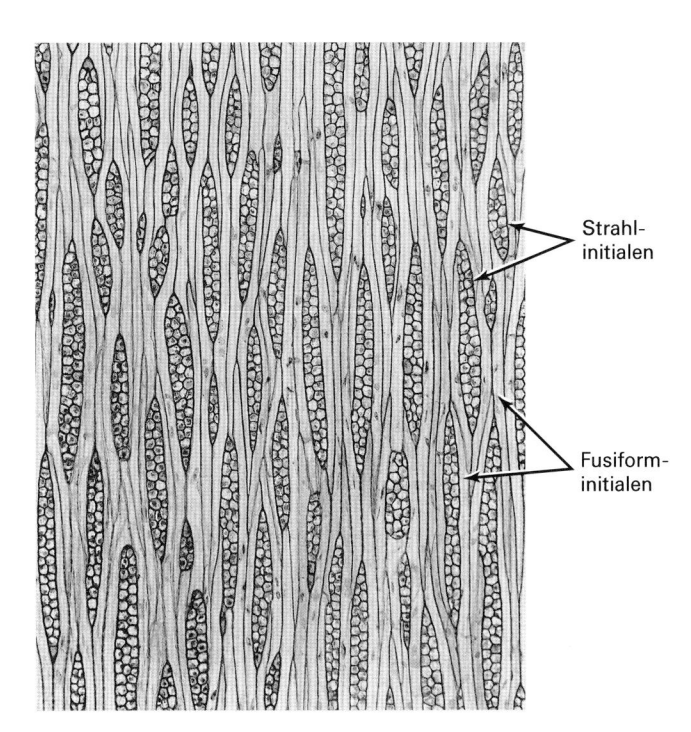

**Abb. 12.4** Nicht-Stockwerkcambium (nicht etagiertes Cambium) beim Apfelbaum (*Malus domestica*) im Tangentialschnitt. In einem solchen Cambium sind die Fusiforminitialen nicht in horizontalen Reihen angeordnet. (×125)

## 12.2 Die Bildung von sekundärem Xylem und sekundärem Phloem

Wenn Cambiuminitialen Xylem- und Phloemzellen bilden, teilen sie sich periklin (tangential; Abb. 12.2A, B). Einerseits wird eine Zelle nach innen gegen das Xylem abgegliedert, andererseits nach außen gegen das Phloem; diese beiden Vorgänge müssen nicht zwingend abwechselnd ablaufen. In der Folge produziert jede Cambiuminitiale (Abb. 12.2C und 12.5) radiale Zellreihen, eine nach innen und eine nach außen, wobei sich beide Reihen an der Cambiuminitiale treffen. Eine solche Anordnung in radialen Reihen kann im sich entwickelnden Xylem und Phloem erhalten bleiben oder durch verschiedene wachstumsbedingte Anpassungen während der Gewebedifferenzierung gestört werden (Abb. 12.2C). Diese cambialen Teilungen, durch die Zellen zu den sekundären Leitgeweben hinzugefügt werden, bezeichnet man auch als **additive Teilungen**.

Additive Teilungen sind nicht nur auf die Initialzellen beschränkt, sondern können auch bei verschiedenen Abkömmlingen vorkommen. Während der Ruhephase des Cambiums liegen differenzierte Xylem- und Phloemzellen dicht neben den Initialen; manchmal ist nur eine cambiale Zellschicht zwischen reifen Xylem- und Phloemzellen vorhanden (Abb. 12.6A). Manche Leitgewebe, häufig nur das Phloem, können im unreifen Zustand überwintern (Abb. 12.6B).

Während der Phase höchster Cambialaktivität erfolgt das Hinzufügen von Zellen derart schnell, dass ältere Zellen noch meristematisch sind, während bereits neue Zellen durch die Initialen nachgeliefert werden. Hierbei entsteht eine breite Zone aus mehr oder weniger undifferenzierten Zellen. Innerhalb dieser **cambialen Zone** kann entlang einer radialen Zellreihe nur eine Zelle als Initialzelle angesehen werden; dies ist darin begründet, dass bei der periklinen Teilung einer Initiale stets nur eine Zelle als Initiale bestehen bleibt und die andere gegen das differenzierende Xylem oder Phloem abgegeben wird. Die Cambiuminitialen sind schwierig von ihren jüngsten Abkömmlingen zu unterscheiden, zumal sich diese zusätzlich ein- oder mehrmals periklin teilen, bevor sie sich in Xylem- oder Phloemzellen ausdifferenzieren. Die Cambiuminitiale ist hingegen die einzige Zelle, die Abkömmlinge sowohl in Richtung Xylem als auch in Richtung Phloem abgeben kann.

Die aktive Cambialzone umfasst demnach eine mehr oder weniger breite Schicht aus sich periklin teilenden Zellen, die sich in ein axiales und radiales System einordnen lassen. Innerhalb dieser Schicht befindet sich eine einzelne Zelllage aus Cambiuminitialen, die entlang ihrer tangentialen Wände nach außen durch **Phloemmutterzellen (Phloeminitialen)** und nach innen durch **Xylemmutterzellen (Xyleminitialen)** flankiert ist. In diesem Zusammenhang wird bisweilen das Wort Cambium ausschließlich auf diese eine Zelllage von Initialen bezogen. Zumeist jedoch, so auch vom Autor dieses Buches, werden die Begriffe Cambium und Cambialzone synonym verwendet. Eindeutig ist auch, dass in einer Cambialzone die Initiale einer bestimmten radialen Zellreihe gegen die Initialen

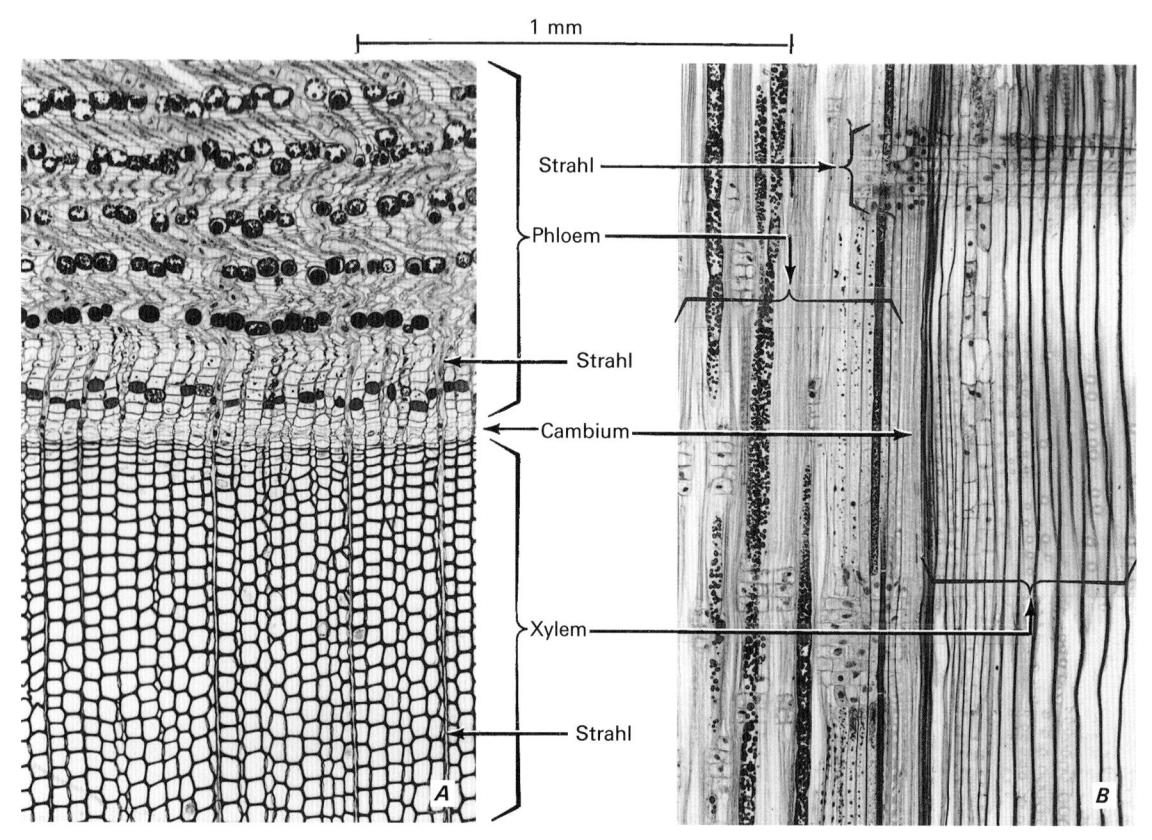

**Abb. 12.5** Leitgewebe und Cambium im Stamm der Kiefer (*Pinus* sp., eine Conifere) im Quer- (**A**) und Radialschnitt (**B**). (Aus Esau, 1977.)

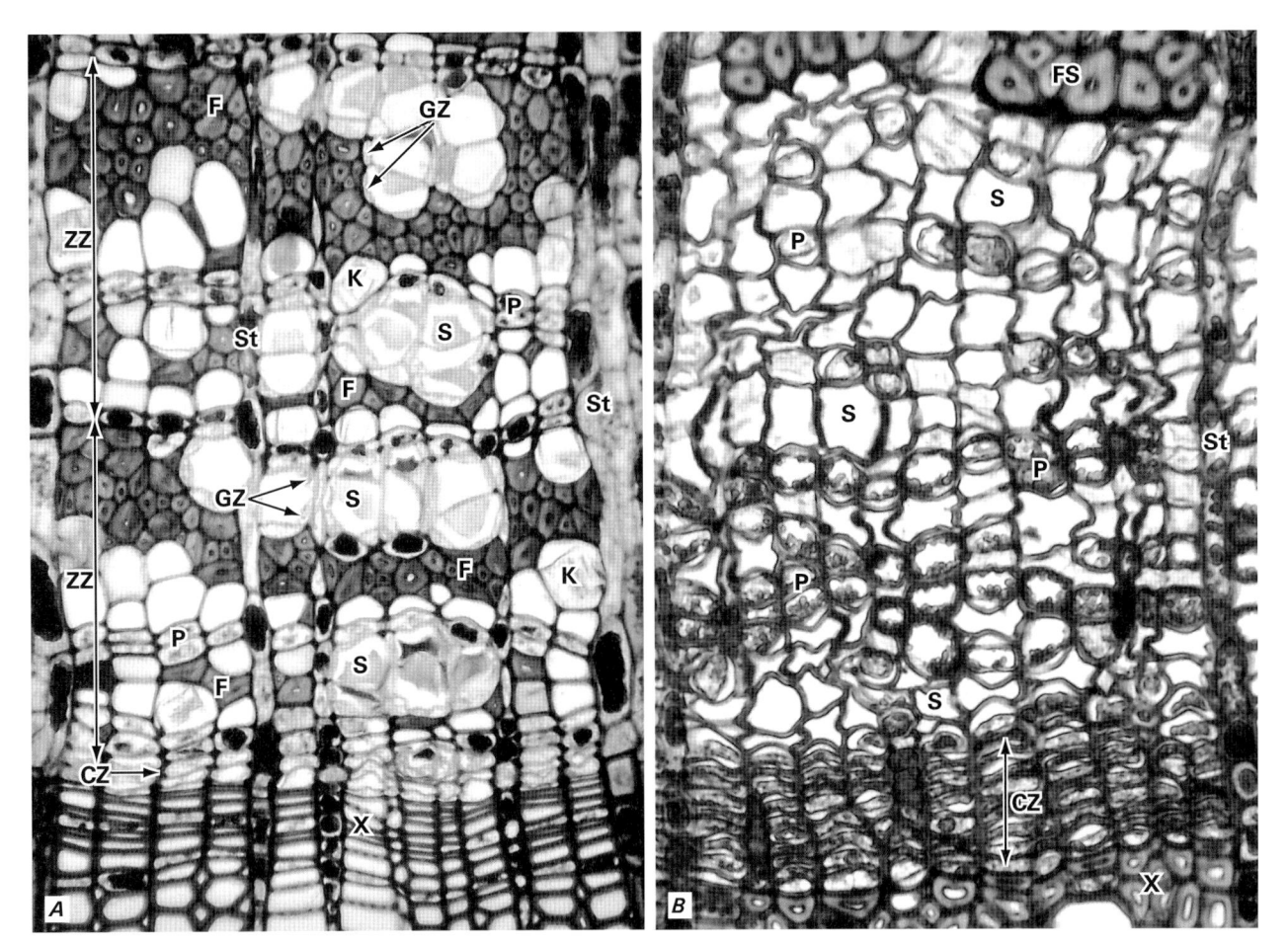

**Abb. 12.6** Querschnitte von Leitgeweben und Ruhecambien in Stämmen von (**A**) Linde (*Tilia americana*) und (**B**) Apfel (*Malus domestica*). Die ruhende Cambialzone der Linde besteht aus nur ein oder zwei Zelllagen, beim Apfel aus mehreren (5 bis 11). Bei der Linde (**A**) können zwei Zuwachszonen (ZZ) im sekundären Phloem erkannt werden, die überwinternde lebende Siebelemente und Geleitzellen (leitendes Phloem) enthalten. Beim Apfelbaum (**B**) ist nur eine einzige Phloem-Zuwachszone zu erkennen, die von einem Band aus Fasersklereiden (FS) begrenzt wird. Diese Zuwachszone beim Apfelbaum besteht vollständig aus nicht-leitendem Phloem: seine Siebelemente sind tot und die Geleitzellen (nicht erkennbar) sind kollabiert. Andere Details: K, Zelle mit Kristall; GZ, Geleitzelle; CZ, Cambialzone; F, Fasern; P, Parenchymzelle; St, Strahl; S, Siebelement; X, Xylem. (**A**, x300; **B**, x394)

benachbarter Reihen tangential nicht exakt ausgerichtet sein muss (Evert, 1963a; Bannan, 1968; Mahmood, 1968, Catesson, 1987); mit ziemlicher Wahrscheinlichkeit gibt es um die Stammachse herum nie eine ununterbrochene, gleichförmige Lage aus Cambiuminitialen (Timell, 1980; Włoch, 1981). Vielmehr kann eine Initiale aufhören, additive Teilungen durchzuführen, und wird dann von einem ihrer Abkömmlinge ersetzt, der als neue Cambiuminitiale die Aufgaben übernimmt.

Cambiuminitialen sind keine dauerhaften Einheiten des Cambiums, sondern zeitlich begrenzte, relativ kurzlebige Durchgangsstadien, von denen jede eine „Anfangsfunktion" besitzt (Newman, 1956; Mahmood, 1990), die von einem „Erben" aufrecht erhalten wird oder von einer Cambiuminitialen auf die nächste weitergegeben wird (Newman, 1956). Das Cambium hat daher viele Eigenschaften mit dem Apikalmeristem gemeinsam (Kap. 6). Bei beiden ist es extrem schwierig, die eigentlichen Initialen von ihren jüngsten Abkömmlingen zu unterscheiden, bei beiden sind die Abkömmlinge mehr oder weniger meristematisch und bei beiden verändern die Initialen fortwährend ihre Position und werden ersetzt. Man vermutet, dass das Übertragen der Anfangsfunktion von einer Cambiumzelle auf eine andere dazu beiträgt, die Anreicherung schädlicher Mutationen zu vermeiden; diese könnten möglicherweise bei langlebigen Arten nach hunderten oder tausenden von Mitosecyclen in dauerhaften Initialen ausgelöst werden (Gahan, 1988, 1989).

## 12.3 Initialen im Vergleich zu ihren unmittelbaren Abkömmlingen

Die Initialen können anhand cytologischer Merkmale nicht von ihren unmittelbaren Abkömmlingen unterschieden werden. Dies trifft sowohl für sich aktiv teilende Cambien wie auch für Ruhecambien zu, in denen sich zwischen vollständig differenzierten Xylem- und Phloemelementen mehr als eine

Lage undifferenzierter Zellen befinden. Die meisten Untersuchungen zur Identifizierung von Cambiuminitialen wurden bei Coniferen durchgeführt. Die früheste dieser Untersuchungen fußte auf Dickenunterschieden der Tangentialwände bei *Pinus sylvestris* (Sanio, 1873). Sanio stellte fest, dass nach der Zellplattenbildung jede der beiden Tochterzellen ihren Protoplasten mit einer neuen Primärwand umschließt. Dies erklärt, warum die Radialwände in der Cambialzone immer viel dicker sind als die Tangentialwände und warum die Tangentialwände in ihrer Dicke variieren. Die Anfangszelle einer jeden radialen Reihe hatte eine besonders dünne Tangentialwand. Sanio bemerkte zudem, dass Tangentialwände, die in abgerundeten Winkeln auf die Radialwände stoßen, älter sind als solche, die in scharfen Winkeln auf die Radialwände treffen. Wenn man diese Kriterien zugrunde legt, erkannte Sanio in der Cambialzone deutlich unterscheidbare Gruppen aus jeweils vier Zellen. Heute als die **Sanio'schen Vier** bezeichnet, besteht jede solcher vierzelligen Gruppen aus der eigentlichen Initiale, ihrem jüngsten Abkömmling und zwei Tochterzellen. Während der Xylembildung teilen sich die Tochterzellen erneut, woraus vier Xylemzellen entstehen, die man als die sich **erweiternden oder vergrößernden Vier** bezeichnet (Abb. 12.7; Mahmood, 1968). Das Vorhandensein der Sanio'schen Vier in der Cambialzone sowie der Gruppen aus vier sich erweiternden Zellen wurde für das differenzierende Xylem der Coniferen bestätigt (Murmanis und Sachs, 1969; Murmanis, 1970; Timell, 1980). Vierergruppen wurden jedoch nicht auf der Phloemseite des Cambiums nachgewiesen; dort kommen derartge Zellen offenbar in Paaren vor.

Außer bei *Quercus rubra* (Murmanis, 1977) und *Tilia cordata* (Włoch, 1989, wie von Larson, 1994, berichtet) wurden die Sanio'schen Vier bislang nur bei Coniferen identifiziert (Timell, 1980; Larson, 1994). Vierergruppen sich erweiternder Zellen wurden auf der Xylemseite des Cambiums von *Populus deltoides* (Isebrands und Larson, 1973) und *Tilia cordata* (Włoch und Zagórska-Marek, 1982; Włoch und Polap, 1994) gefunden und Zellpaare auf der Phloemseite von *Tilia cordata* (Włoch und Zagórska-Marek, 1982; Włoch und Polap, 1994). Hinweise auf das Vorkommen von Zellpaaren wurden auch für das sekundäre Phloem von *Pyrus malus* (*Malus domestica*) erhalten (Evert, 1963a). Das Fehlen oder die Schwierigkeit des Erkennens der Sanio'schen Vier oder auch der Vierergruppen sich differenzierender Zellen in anderen verholzenden Angiospermen (Laubhölzer) kann auf mehrere Faktoren zurückgeführt werden. Solche Faktoren sind die relativ geringe Anzahl von Zelllagen im Ruhecambium einiger Laubholzarten, die

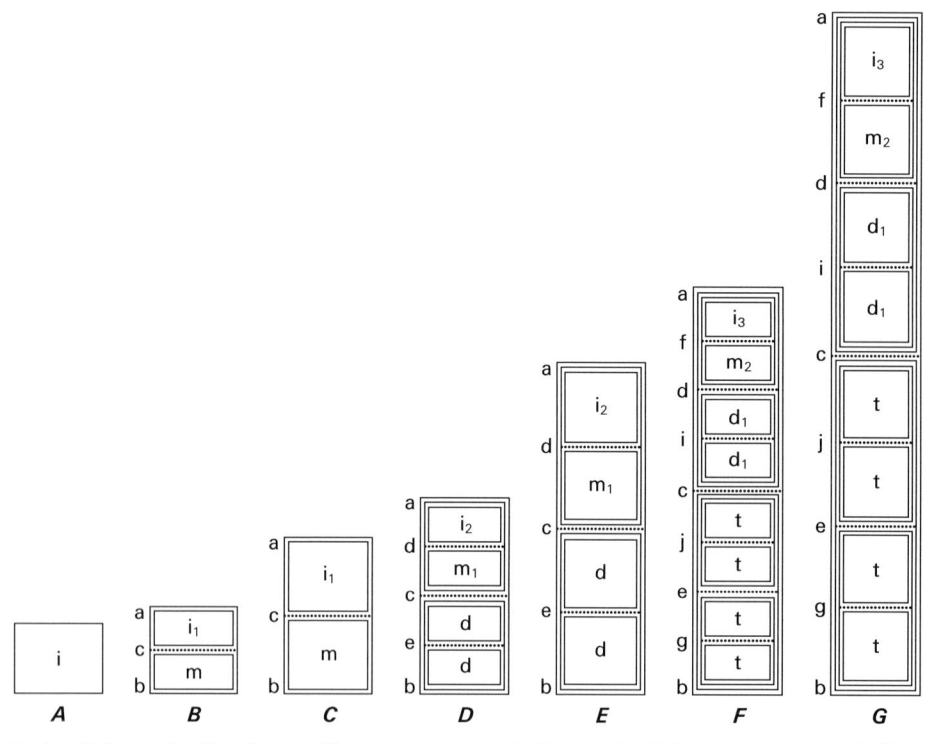

**Abb. 12.7** Theoretische Abfolge der Vorgänge während der Bildung von sekundärem Xylem, wenn jeder der Protoplasten der neuen Tochterzellen von einer neuen Primärwand umschlossen wird. Die aufeinander folgenden Initialen, die an der Xylembildung beteiligt sind, werden mit $i$, $i_1$, $i_2$ und $i_3$ bezeichnet; die Xylemmutterzellen mit $d$ und $d_1$; und die Gewebezellen, die von einem Paar Tochterzellen abstammen als $t$. Die ursprüngliche Initiale vor der Teilung liegt in Säule **A**. Ihre Teilung führt zur Bildung der Folgeinitiale $i_1$ und der Mutterzelle m (Säule **B**), von denen sich beide auf die vor der Teilung vorhandene Größe erweitern (Säule **C**). In Säule **D** hat sich $i_1$ in $i_2$ und $m_1$ geteilt, und m hat sich geteilt, um die Tochterzellen d zu bilden. Die Vierergruppen in den Säulen **D** und **E** entsprechen den Sanio'schen Vier. In den Säulen **F** und **G** sind sowohl die Sanio'schen Vier wie auch die sich erweiternden Vier dargestellt. Neu gezeichnet nach A. Mahmood, 1968. *Australian Journal of Botany* 16, 177–195, mit freundlicher Genehmigung von CSIRO Publishing, Melbourne, Australia, © CSIRO)

wenig geordneten Zellteilungen in den aktiven Cambien der Laubhölzer (im Vergleich zu dem geregelten Ablauf der Zellteilungen in den Cambien der Coniferen) sowie die Verformung von radialen Zellreihen, die unmittelbar außerhalb des Bereichs der sich aktiv teilenden Cambiumzellen der Laubhölzer vorkommt als Folge eines ausgeprägten intrusiven Wachstums und der lateralen Erweiterung von Xylemabkömmlingen.

Das Umschließen der Protoplasten junger Tochterzellen durch neue Primärwände, das bei den Coniferen als wichtiges Kriterium zur Identifizierung der Cambiuminitialen genutzt wird, wurde von Catesson und Roland (1981) bei Untersuchungen an einigen Laubholzarten hinterfragt. Sie konnten keinen Beleg dafür finden, dass nach einer periklinen Teilung eine komplette Primärwand um jeden Tochterprotoplasten angelegt wird (d. h. nach der Bildung einer neuen Tangentialwand). Dafür fanden sie eine heterogene Verteilung von Polysacchariden um jeden Tochterprotoplasten, wobei Polysaccharid-Lysis und deren Ablagerung simultan zueinander ablaufen. Mit Hilfe milder Extraktion und der Anwendung cytochemischer Techniken auf Ultrastrukturebene gelang es Catesson und Roland (1981; siehe auch Roland, 1978) festzustellen, dass die jungen Tangentialwände der Cambialzellen aus einem lockeren Mikrofibrillenskelett und einer Matrix mit hohem Anteil an methylierten Pectinen aufgebaut sind; die Hauptmasse der Radialwände besteht aus Hemicellulosen. Die jungen Tangentialwände zeigen keine erkennbare Mittellamelle, während die Radialwände eine klassische Dreischichtung (Primärwand-Mittellamelle-Primärwand) aufweisen sowie eine Mittellamelle mit einem hohen Anteil an sauren Pectinen (Catesson und Roland, 1981; Catesson, 1990). Großen Bereichen der sich aktiv erweiternden Radialwände -also Bereiche, die wahrscheinlich besonders plastisch und dehnbar sind- fehlt Cellulose vollständig. Immunmarkierungen der Zellen in Pfahlwurzeln von *Aesculus hippocastanum* (Chaffey et al., 1997a) bestätigten im Allgemeinen die Ansichten von Catesson und Mitarbeitern (Catesson et al., 1994) hinsichtlich der Zusammensetzung der cambialen Zellwände.

Neben den unterschiedlichen Wanddicken wurden auch andere Kriterien zur Identifizierung von Cambiuminitialen herangezogen. Bannan (1955) berichtete, dass funktionstüchtige Initialen in Radialschnitten von *Thuja occidentalis* identifiziert werden können, weil sie geringfügig kürzer sind als die angrenzenden und von ihr abstammenden Xylemmutterzellen. Newman (1956) benutzte bei *Pinus radiata* die kleinste Strahlzelle, die er als Strahlinitiale betrachtete, um die Initialen in benachbarten Reihen aus fusiformen Zellen zu identifizieren. Cambiale Zellen, die gerade eine antikline Teilung durchgeführt haben, wurden ebenfalls zur Identifizierung von Initialen benutzt (Newman, 1956; Philipson et al., 1971), jedoch sind antikline Teilungen bei cambialen Zellen selten, und auch die cambialen Abkömmlinge können antikline Teilungen durchführen (Cumbie, 1963; Bannan, 1968; Murmanis, 1970; Catesson, 1964, 1974).

Catesson (1994) bemerkte, dass die Schwierigkeiten, Cambiuminitialen zu erkennen, aus der fast vollständigen Ignoranz der molekularen Ereignisse während der Bildung von Abkömmlingen und während der ersten Differenzierungsschritte von Abkömmlingen herrühren. Die auf licht- und elektronenmikroskopischer Ebene zuerst sichtbaren Differenzierungskennzeichen sind Zellvergrößerung und Wandverdickung. Zu dieser Zeit sind die biochemischen Prozesse, die zur Zelldeterminierung und Zelldifferenzierung führen, bereits eingeleitet. Erste Untersuchungen von Zellwandstruktur, -zusammensetzung und -entwicklung ergaben eine Vorstellung über die ersten Zellwandveränderungen in cambialen Abkömmlingen. Dies beinhaltet auch die Unterschiede zwischen Phloem- und Xylemseiten während der frühen Biosynthesephase des Mikrofibrillen-Gerüsts in den Zellwänden der Abkömmlinge (Catesson, 1989; Catesson et al., 1994; Baïer et al., 1994) sowie Veränderungen in der Anordnung der corticalen Mikrotubuli während der Entwicklung von dickwandigen, ruhenden Cambialzellen zu dünnwandigen, sich aktiv teilenden Zellen bis hin zu sich differenzierenden Abkömmlingen des Cambiums (Chaffey et al., 1997b, 1998).

Biochemische Analysen und Immunmarkierungen von Pectin im Cambium von *Populus* spp. belegen, dass Unterschiede in der Pectinverteilung und chemischen Zusammensetzung früh die Zelldifferenzierung im Xylem und Phloem anzeigen können (Guglielmino et al., 1997b; Ermel et al., 2000; Follet-Gueye et al., 2000). Diese Arbeiten bestätigen auch Ergebnisse einer früheren Untersuchung, die zeigte, dass sich in Anfangsstadien der Zelldeterminierung die Pectinverteilung und die Calciumlokalisierung zwischen Xylem- und Phloemseite unterscheiden (Baïer et al., 1994). Mit der Immunmarkierung der Pectin-Methylesterase, die den Grad der Methylierung kontrolliert und damit auch die Plastizität der Zellwände, gelang es auch, eine heterogene Enzymverteilung in sich aktiv teilenden Cambialzellen sowie ihren unmittelbaren Abkömmlingen nachzuweisen (Guglielmino et al., 1997a). Anfänglich befanden sich die Enzyme ausschließlich in den Dictyosomen, später sowohl in den Dictyosomen wie auch in dem Übergangsbereich zwischen Plasmalemma und Zellwand; daher kann auch die Aktivität der neutralen Pectin-Methylesterasen als früher Indikator einer einsetzenden Differenzierung von Cambiumabkömmlingen betrachtet werden (Micheli et al., 2000).

## 12.4 Entwicklungsbedingte Veränderungen

Wenn das sekundäre Xylem durch Auflagerung neuer Zellen an Dicke zunimmt, wird das Cambium unter gleichzeitiger Zunahme seines Umfangs nach außen verlagert. Bei baumartigen Gewächsen schließt dieser Vorgang sehr komplexe Abläufe ein, wie intrusives Wachstum, Verlust von Initialen und Bildung von Strahlinitialen aus fusiformen Initialen. Die Veränderungen im Cambium spiegeln sich wider in Veränderungen in den radialen Zellreihen des Xylems und Phloems, die sich gut an tangential geführten Serienschnitten verfolgen lassen. Über derartige Veränderungen ist es möglich, zurückliegende Ereignisse im Cambium zu rekonstruieren.

Solche Ereignisse im Cambium von Coniferen können recht sicher aus Veränderungen der Tracheidenanzahl und deren Orientierung abgeleitet werden, weil Tracheiden sich im Verlauf ihrer Differenzierung nur wenig strecken (apikal intrusives Wachstum) und lateral erweitern. Im Gegensatz dazu ist in der Regel das cambiale Muster bei Laubhölzern nicht gut im sekundären Xylem abgebildet. Die Faserstreckung bei Laubhölzern ist normalerweise viel größer als bei den Tracheiden der Coniferen. Dieser Umstand wie auch die oft erhebliche laterale Ausweitung sich differenzierender Gefäßglieder schließen die vollständige Übereinstimmung zwischen Cambiumveränderungen und ihrer Ausprägung in einem solchen sekundären Xylem aus. In einigen Laubhölzern behält jedoch die Terminalschicht von Zellen eines jeden Jahrrings das ursprüngliche Zellmuster bei, das im Cambium zur Zeit ihrer Bildung vorlag (Heijnowicz und Krawczyszyn, 1969; Krawczyszyn, 1977;

Włoch et al., 1993). Deshalb können die Terminalschichten von aufeinanderfolgenden Jahrringen dazu genutzt werden, um periodisch strukturelle Veränderungen im Cambium zurückzuverfolgen. In anderen Laubhölzern können Veränderungen verfolgt werden, indem man die Orientierung und relativen Positionen von Holzstrahlen (Teilung und Vereinigung) betrachtet (Krawczyszyn, 1977; Włoch und Szendera, 1992). Bei wiederum anderen Laubholzarten können Cambiumveränderungen über eine Analyse von tangentialen Serienschnitten durch Phloembereiche bestimmt werden, die große Mengen relativ wenig deformierter Phloembereiche mit leicht unterscheidbaren Zuwachszonen enthalten (Evert, 1961).

Solche Teilungen, welche die Anzahl von Initialen erhöhen, werden **multiplikative Teilungen** genannt (Bannan, 1955). Bei Arten mit Stockwerkcambium (Cambien, die kurze Fusiforminitialen besitzen) erfolgen multiplikative Teilungen meistens radial antiklin (Abb. 12.8A; Zagórska-Marek, 1984). Nach einer derartigen Teilung befinden sich zwei Zellen nebeneinander, von denen vor der Teilung nur eine vorhanden war; beide Zellen vergrößern sich tangential. Leichtes apikal intrusives

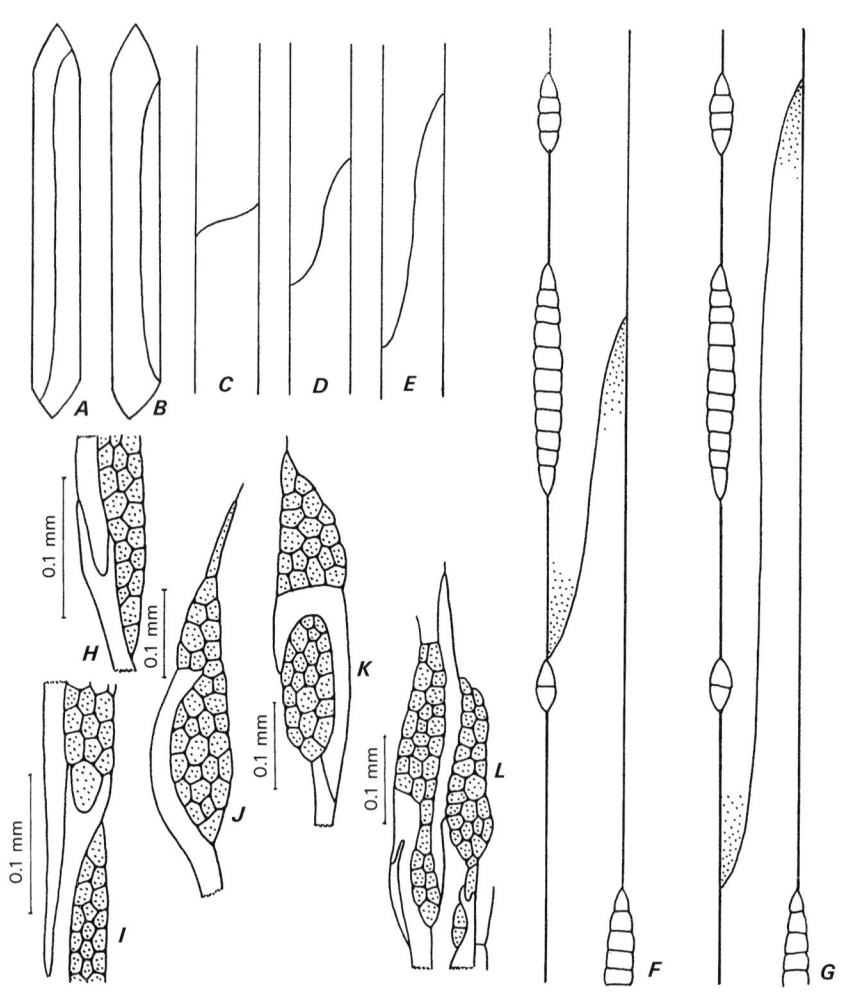

**Abb. 12.8** Teilung und Wachstum von fusiformen Initialen. Initiale geteilt: **A**, durch eine radial antikline Wand; **B**, durch eine lateral antikline Wand; **C-E**, durch verschieden schräg stehende antikline Wände. **F, G**, auf eine schräg antikline Teilung folgt apikal intrusives Wachstum (wachsende Spitzenbereiche sind gepunktet dargestellt). **H, I**, Gabelung der fusiformen Initialen während des intrusiven Wachstums (*Juglans*). **J-L**, Intrusion von Fusiforminitialen in Strahlen (*Liriodendron*). (Alle Tangentialansichten) (Aus Esau, 1977.)

Wachstum stellt die spitz auslaufenden Enden bei den Tochterzellen wieder her. Bei krautigen und buschförmigen Eudicotyledonen erfolgen die antiklinen Teilungen häufig seitlich; dies bedeutet, dass die neue Wand zweimal dieselbe Wand der Mutterzelle kreuzt (Abb. 12.8B; Cumbie, 1969). Bei Arten mit nicht stockwerkartig aufgebautem Cambium (Cambien mit langen Initialen) teilen sich die Initialen durch Bildung von mehr oder weniger schief stehenden, oder schräg verlaufenden, antiklinen Wände (Abb. 12.8C-E; **pseudotransversale Teilungen**); jede neue Zelle streckt sich durch apikal intrusives Wachstum. Als ein Ergebnis dieses Wachstums liegen schließlich beide Schwesterzellen tangential nebeneinander (Abb. 12.8F, G) und vergrößern damit den Umfang des Cambiums. Im Verlauf des intrusiven Wachstums können sich die Enden der Zellen gabeln (Abb. 12.8H, I). Auch die Strahlinitialen bei Arten mit vielreihigen Strahlen teilen sich radial antiklin. Obwohl sich Xylem- und Phloemmutterzellen manchmal antiklin teilen können, bleiben solche Teilungen, die neue Cambialinitialen hervorbringen, auf die Cambialzellen selbst beschränkt: nur Cambialzellen können Cambialzellen erzeugen.

Die Verhältnisse zwischen Strahlinitialen und fusiformen Initialen können stark variieren; beispielsweise nehmen bei *Dillenia indica* die Fusiforminitialen 25% der Cambialfläche ein (Ghouse und Yunus, 1974) oder 100% bei den strahllosen *Alseuosmia macrophylla* und *A. pusilla* (Paliwal und Srivastava, 1969). Das Verhältnis zwischen Strahl- und fusiformen Initialen neigt zu einer Erhöhung mit zunehmendem Alter des Stammes, erreicht dann aber einen Grenzwert, der sich nicht mehr verändert; ein solcher Grenzwert mit konstantem Anteil an Strahlzellen ist dann artspezifisch (Ghouse und Yunus, 1976; Gregory, 1977).

### 12.4.1 Die Bildung neuer Strahlinitialen aus fusiformen Initialen oder ihren Teilungsprodukten ist ein allgemeines Phänomen

Die Bildung neuer Strahlinitialen sorgt für eine relative Konstanz des Verhältnisses zwischen Strahlen und axialen Komponenten des Leitgewebezylinders (Braun, 1955). Diese Konstanz ergibt sich aus dem Hinzufügen neuer Strahlen in das sich im Umfang erweiternde Xylem. Ausgangspunkt sind neu entstandene Strahlinitialen im Cambium, die aus fusiformen Initialen hervorgegangen sind.

Die Initialen der neuen, einreihigen Strahlen können als Einzelzellen entstehen, die von den Enden oder den Seiten der Fusiforminitialen abgetrennt werden (Coniferen, Braun, 1955) oder durch Querteilungen dieser Initialen (krautige und buschförmige Eudicotyledonen, Cumbie, 1967a, b, 1969). Die Neubildung von Strahlen kann jedoch ein hoch komplizierter Vorgang sein, der quer verlaufende Unterteilungen von Fusiforminitialen in mehrere Segmente einschließt, von denen einige aus dem Cambium eliminiert werden und andere sich in Strahlinitialen umwandeln (Braun, 1955; Evert, 1961; Rao, 1988). Bei Coniferen und Eudicotyledonen beginnen die neuen einreihigen Strahlen zunächst mit einer Höhe aus ein oder zwei Zellen, die dann nur allmählich ihre arttypische Strahlhöhe erreichen (Braun, 1955; Evert, 1961).

Die Zunahme der Strahlhöhe erfolgt über die Vereinigung von neu gebildeten Strahlinitialen mit bereits vorhandenen, durch Querteilungen von Strahlinitialen und durch Vereinigung von übereinanderliegenden Strahlen (Abb. 12.9). An der Bildung mehrreihiger Strahlen sind radial antikline Teilungen sowie die Vereinigung sich seitlich annähernder Strahlen beteiligt. Anzeichen hierfür sind, dass einige Fusiforminitialen, die zwischen Strahlen liegen, durch Querteilungen in Strahlinitialen umgewandelt werden; andere Fusiforminitialen werden aus der Initialzone in Richtung Phloem oder Xylem verdrängt. Auch der umgekehrte Vorgang, die Aufspaltung von Strahlen, kommt vor. Dies geschieht wohl hauptsächlich durch intrusives Wachstum fusiformer Initialen, wobei eine Gruppe von Strahlinitialen geteilt wird (Abb. 12.8I-L). Bei manchen Arten werden Strahlen auch durch Erweiterung von Strahlinitialen zur Größe der Fusiforminitialen geteilt.

Das Phänomen des Initialenverlustes wurde eingehend bei Coniferen (Bannan 1951–1962; Forward und Nolan, 1962; Hejnowicz, 1961) und weniger bei Angiospermen (Evert, 1961; Cumbie, 1963, 1984; Cheadle und Esau, 1964) untersucht. Der Verlust von Fusiforminitialen verläuft meist stufenweise. Bevor eine Initiale eliminiert wird, wird das Wachstum ihrer Vorgänger immer mehr reduziert. Möglicherweise ist Turgorverlust der Grund für die Größenabnahme, und es treten anomale Wuchsformen auf. Bei der tangentialen Teilung der Initiale entstehen dann eine kleine und eine größere Tochterzelle, von denen die kleinere Initiale bleibt (Abb. 12.10C, G). Die schwindende Initiale verliert so allmählich an Größe, besonders an Länge (Abb. 12.10D-F). Manche der kleinen Initialen verschwinden schließlich aus der Initialschicht, indem sie sich zu Xylem- oder Phloemelementen differenzieren. Andere werden direkt oder nach weiterer Unterteilung zu Strahlinitialen. An Querschnitten wird der Verlust von Initialen dadurch erkennbar, dass Unregelmäßigkeiten in den radialen Zellreihen auftreten (Abb. 12.10A). Der Raum, der durch den Verlust einer Initiale freigeworden ist, wird durch seitliches Ausdehnen oder intrusives Wachstum verbleibender Nachbarinitialen ausgefüllt. Bei *Hibiscus lasiocarpus* (Cumbie, 1963), *Aeschynomene hispida* (Butterfield, 1972) und *Aeschynomene virginica* (Cumbie, 1984), alle drei sind krautige Eudicotyledonen, gibt es keinen völligen Verlust von Fusiforminitialen, sondern nur eine Umwandlung in Strahlinitialen.

Mit dem Verlust fusiformer Initialen geht die Bildung neuer Initialen einher, die aus antiklinen Teilungen hervorgehen. Diese Teilungen hätten wohl eine Überproduktion an Initialen zur Folge, wenn nicht ständig andere Initialen in hoher Zahl verlorengingen. Die Verlustziffer scheint bei erhöhter Wachstumsintensität anzusteigen. Bei *Thuja occidentalis* betrug die Überlebensrate nur 20%, wenn der jährliche Xylemzuwachs 3 mm

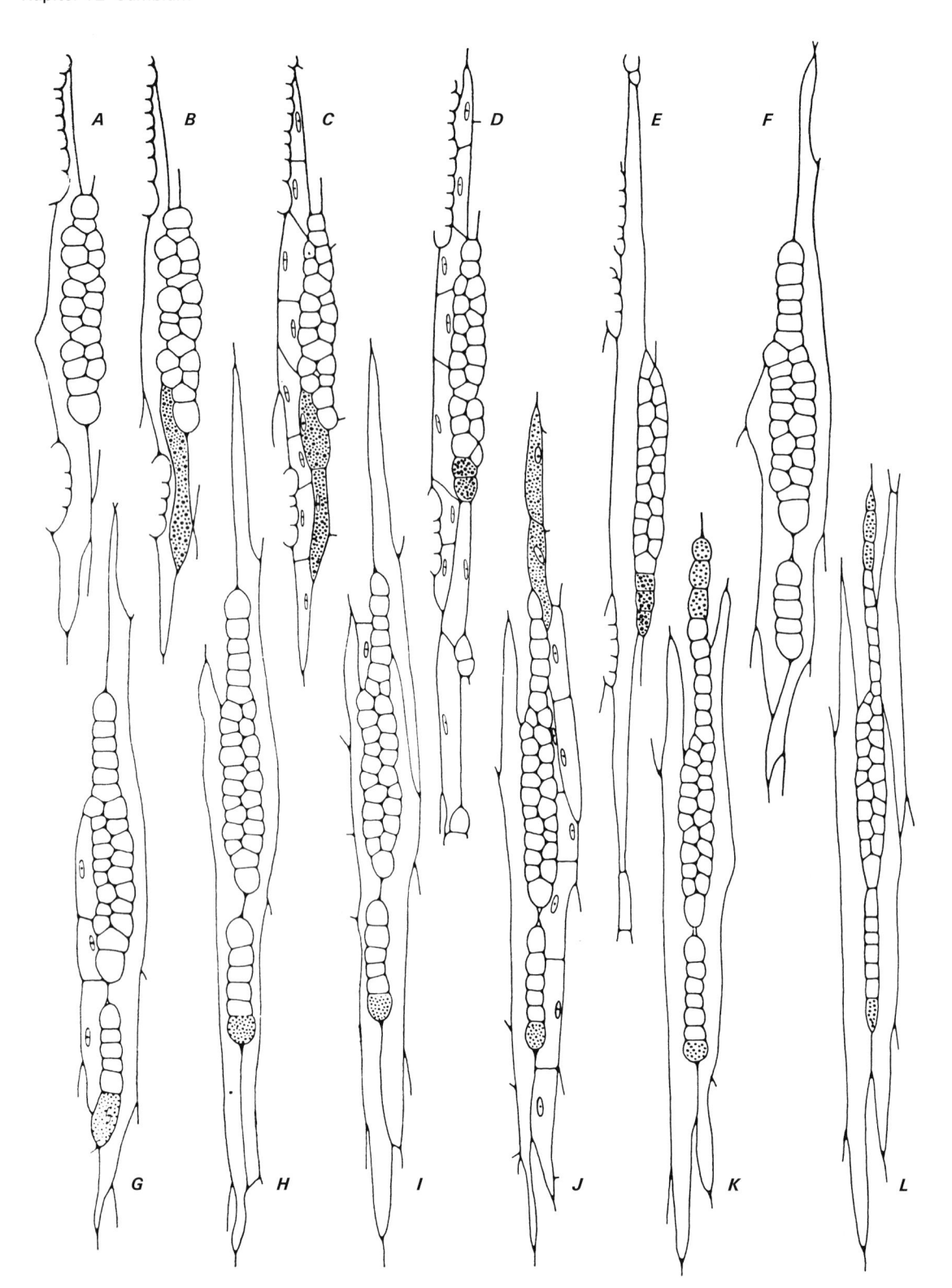

**Abb. 12.9** Zeichnungen von tangentialen Serienschnitten durch das Phloem der Birne (*Pyrus communis*) zur Darstellung entwicklungsbedingter Veränderungen im Cambium. Bei beiden Schnittserien (**A–E**; **F–L**) befindet sich jeder Folgeschnitt näher am Cambium. **A–D** und **F–K** sind Abkömmlinge von Cambiuminitialen; die Schnitte **E** und **L** befinden sich im Cambium. Gerasterte Zellen kennzeichnen den Ausgangspunkt von Strahlinitialen. Parenchymzellen zeigen Kerne; Siebröhrenglieder, Strahlzellen und Cambialzellen zeigen keine Kerne. In der Schnittserie **A–E** entstanden neue Strahlinitialen aus einem seitlich abgetrennten Segment einer Fusiforminitiale (**B**). In der Schnittserie **F–L** entstanden neue Strahlinitialen auf zwei unterschiedlichen Wegen: Aus einem Segment, das vom Ende einer Fusiforminitiale abgetrennt wurde (**G**) und durch die Verkürzung einer relativ kurzen Fusiforminitiale mit folgender Umwandlung in eine Strahlinitiale (**J, K**). Beachten Sie die Art, wie der Strahl bei **L** seine Höhe erreicht hat. (Alle Zeichnungen x260. Aus Evert, 1961.)

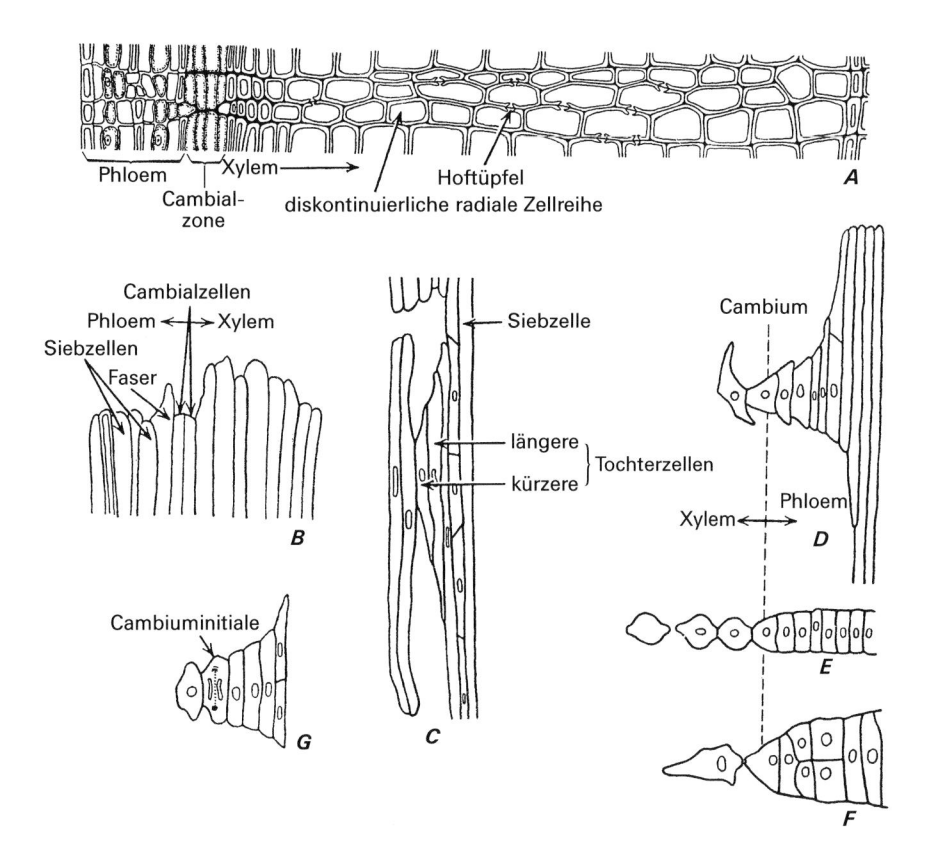

**Abb. 12.10** Cambium von *Thuja occidentalis*. **A**, Querschnitt zur Anordnung von Xylem, Phloem und Cambium. Die diskontinuierliche radiale Zellreihe zeigt sich in Phloem und Xylem, jedoch nicht im Cambium – ausgelöst durch den Verlust einer Fusiforminitiale. **B–G**, Radialschnitte. **B**, Unterschiede in der Länge von Zellen der Cambialzone. **C**, frühes Stadium der Verkürzung von Cambialzellen durch asymmetrische perikline Teilungen. **D**, frühere und **E–G**, spätere Stadien der Verkürzung von Fusiforminitialen während der Umwandlung zu Strahlinitialen. (Nach Bannan, 1953, 1955.)

breit war, wobei bei sehr niedrigen Wachstumsraten Abgänge und Neuzugänge fast im Gleichgewicht standen (Bannan, 1960a). Die Anpassung an die Vergrößerung des Umfangs geschieht dann wahrscheinlich durch Streckung der Zellen. Bei *Pyrus communis* wurde berechnet, dass den neu gebildeten Initialen 50% Verlust gegenüberstehen; grob gerechnet wurden weitere 15% in Strahlinitialen umgewandelt (Abb. 12.11; Evert, 1961). Folglich verbleiben nur etwa 35% der neuen Initialen, die durch antikline Teilungen entstehen, um erneut den Cyclus aus Verlängerung und Teilung zu durchlaufen. Bei *Liriodendron* wurde beobachtet, dass der Verlust von Initialen durch Reifung und durch Umwandlung in Strahlinitialen in etwa dem Zugang neuer Reihen durch antikline Teilungen fusiformer Initialen entspricht (Cheadle und Esau, 1964). Wichtig ist auch der Befund, dass bei Coniferen und angiospermen Holzpflanzen die Überlebenschance für lange Tochterzellen und solche mit den intensivsten Kontakten zu Strahlen am größten ist (Bannan, 1956, 1968; Bannan und Bayly, 1956; Evert, 1961; Cheadle und Esau, 1964). Man vermutet, dass die Fusiforminitialen mit den intensivsten Strahlkontakten deshalb überleben, weil sie im Wettbewerb um Wasser, Nährstoffe und andere für das Wachstum notwendige Substanzen eine bessere Position einnehmen (Bannan, 1951). Zudem erscheint die Selektion der längsten Tochterzellen deshalb von Vorteil, weil dies zur Aufrechterhaltung einer effektiven Zelllänge in den sekundären Leitgeweben beiträgt (Bannan und Bayly, 1956).

Wie bereits vorher erwähnt, folgt auf die antiklinen Teilungen eine intrusive Streckung der Tochterzellen. Die Streckung kann polar ausgerichtet sein. Bei *Thuja occidentalis* wurde beispielsweise gefunden, dass sich die Zellen abwärts bedeutend stärker strecken als aufwärts (Bannan, 1956). In einer späteren Untersuchung von 20 Coniferenarten fand Bannan (1968), dass in manchen Cambiumbereichen eher die untere von zwei Tochterzellen überlebt, während in anderen Bereichen das Umgekehrte der Fall ist. Obwohl diesbezüglich innerhalb eines Baumes eine beträchtliche Variation herrscht, gibt es doch eine einheitliche Tendenz innerhalb einer Art, ob entweder die unteren oder die oberen Tochterzellen eine bessere Chance zum Überleben haben. Die Zellstreckung erfolgt vorherrschend basipetal, wenn die untere Zelle überlebt und vorherrschend acropetal, wenn die obere Zelle überlebt.

Intrusives Wachstum der fusiformen Cambiuminitialen verläuft in der Regel zwischen radialen Wänden bei nur geringer oder keiner Veränderung der Zellneigung. Unter diesen Umständen befinden sich die Zellpakete, die aus einer bestimmten Initiale hervorgehen, in derselben radialen Reihe. Intrusives Wachstum von jungen Zellenden kann auch zwischen periklinen Zellwänden benachbarter Zellreihen erfolgen; dies bedeu-

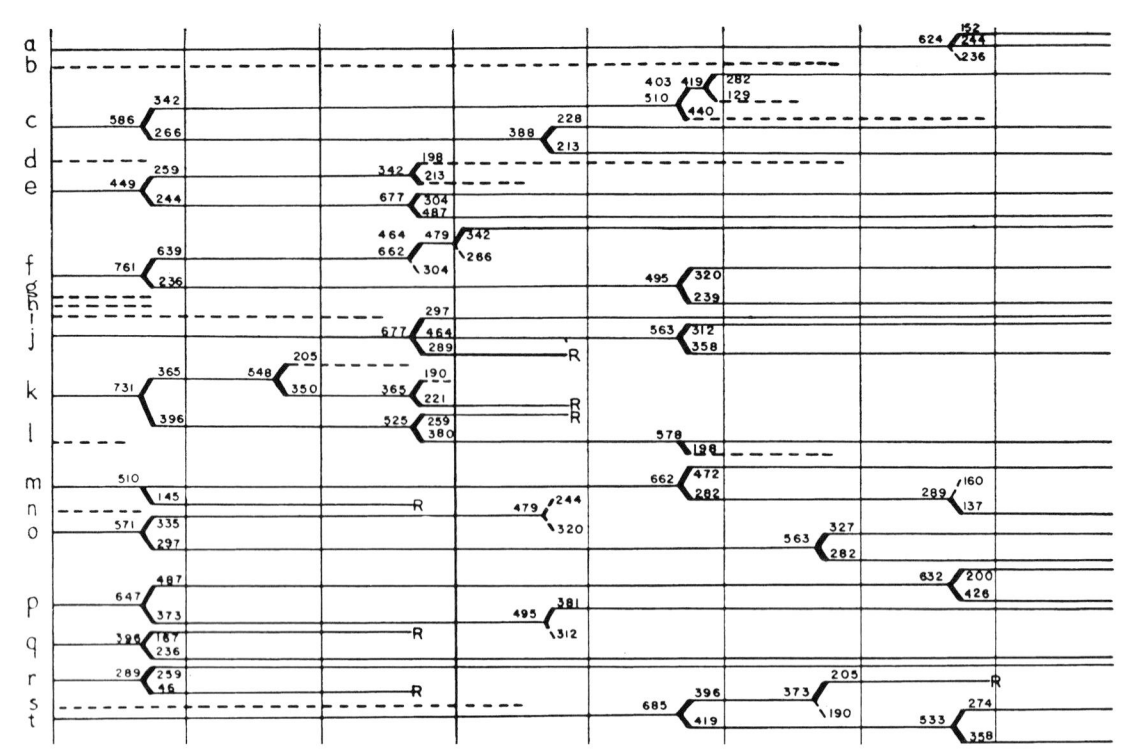

**Abb. 12.11** Schematische Darstellung der entwicklungsbedingten Veränderungen in einem Abschnitt des Cambiums der Birne (*Pyrus communis*); die Befunde wurden anhand von tangentialen Serienschnitten durch das sekundäre Phloem und über einen Zeitraum von 7 Jahren erhalten. Jede lineare Serie aus waagerechten Linien veranschaulicht Veränderungen innerhalb einer Gruppe aus miteinander verwandten Initialen über diesen 7 Jahre-Zeitraum. Die Gabelung einer waagerechten Linie steht für die Teilung einer Initiale; eine Seitenabzweigung bedeutet eine Teilung, die zur Abtrennung eines Segments von einer Initialen führte. Gestrichelte Linien kennzeichnen ausgefallene Initialen, wobei das Ende dieser Linien das Verschwinden der Initialen aus dem Cambium anzeigt. Der Buchstabe R bedeutet die Umwandlung einer fusiformen Initiale in eine oder mehr Strahlinitialen. Die vertikalen Linien kennzeichnen die jährlichen Zuwachszonen, wobei die Breite dieser Zuwachszonen unberücksichtigt blieb. Die älteste Zuwachszone (am weitesten vom Cambium entfernt) befindet sich in diesem Diagramm auf der linken Seite. (Aus Evert, 1961.)

tet Veränderungen in der Zellneigung und folglich eine Verlagerung der Zellpakete in tangentialer Richtung. Hierdurch kann eine einzelne Zellreihe aus Paketen verschiedener Cambiuminitialen bestehen (Włoch et al., 2001).

Bei Bäumen mit moderaten Wachstumsraten ereignet sich der Großteil der multiplikativen (antiklinen) Teilungen gegen Ende der Phase des maximalen Wachstums, also zum Ende der saisonalen Xylem- und Phloembildung (Braun, 1955; Evert 1961, 1963b; Bannan, 1968). Für Pflanzen mit nicht stockwerkartig aufgebautem Cambium bedeutet dies, dass das Cambium im Durchschnitt kürzere Fusiforminitialen unmittelbar nach diesen Teilungen enthält und längere Fusiforminitialen unmittelbar vorher. Nach einer Teilung strecken sich die neuen, überlebenden Zellen, so dass die durchschnittliche Länge der Initialen wieder zunimmt, bis eine neue Phase von Teilungen gegen Ende der Vegetationsperiode eintritt. Diese Schwankungen in der durchschnittlichen Länge der Fusiforminitialen spiegeln sich in der Länge ihrer Abkömmlinge wider (Tabelle 12.1). Bei jungen und kräftig wachsenden Bäumen sind antikline Teilungen weniger deutlich auf den späteren Teil der Vegetationsperiode beschränkt; sie kommen hier während der gesamten Vegetationsperiode recht häufig vor.

**Tab. 12.1** Durchschnittswerte für die Zelllängen der zuerst und zuletzt gebildeten Elemente (Siebröhrenglieder und Parenchymstränge) von jeweils 7 aufeinanderfolgenden Zuwachszonen in einem Abschnitt des sekundären Phloems im Stamm von *Pyrus communis*.

| Durchschnittliche Zelllängen (μm) | |
|---|---|
| Zuerst gebildete Elemente | Zuletzt gebildete Elemente |
| 299 | 461 |
| 409 | 462 |
| 367 | 479 |
| 420 | 476 |
| 369 | 475 |
| 362 | 467 |
| 384 | 462 |

Quelle: Aus Evert, 1961

## 12.4.2 Innerhalb des Cambiums können Bezirke erkannt werden

Wie bereits vorher erwähnt, sind Umfangserweiterungen bei nicht stockwerkartig aufgebauten Cambien mit pseudotransversalen oder schräg verlaufenden antiklinen Teilungen verbunden, auf die dann apikal ausgerichtetes, intrusives Wachstum der beiden Tochterzellen folgt. Die Orientierung dieser beiden Vorgänge kann entweder nach rechts (Z) oder nach links (S) gerichtet sein (Zagórska-Marek, 1995). Dabei ist die Verteilung solcher Z- und S-Anordnungen auf der Oberfläche der Cambien nicht zufällig, so dass es Bereiche gibt, bei denen der eine oder andere Anordnungstyp vorherrscht. Solche Bereiche werden **cambiale Bezirke** genannt (Abb. 12.12). Oft wechselt der Neigungswinkel der Initialen innerhalb eines Bezirks nach einer bestimmten Zeit von Z zu S oder umgekehrt. Das Ausmaß und die zeitlichen Aspekte dieser Veränderungen geben vor, ob der Faserverlauf im Holz aufrecht, drehwüchsig, wellenlinienförmig oder wechseldrehwüchsig ist, oder gar ein noch komplexeres Muster annimmt (Krawczyszyn und Romberger, 1979; Harris, 1989; Włoch et al., 1993). Bei Cambien mit aufrechtem Faserverlauf ist das Ausmaß dieser nicht zufällig ablaufenden Ereignisse auf ein Minimum reduziert (Heijnowicz, 1971).

Bei Arten mit Stockwerkcambium ist der Mechanismus der Umorientierung nach rechts (Z) oder links (S) hauptsächlich von intrusivem Wachstum und dem Verlust von Teilen der Initialen als Folge ungleicher perikliner Teilungen abhängig (Heijnowicz und Zagórska-Marek, 1974; Włoch, 1976, 1981). Intrusives Wachstum führt zur Bildung einer neuen Spitze neben der ursprünglichen, wodurch ein gegabeltes Zellende entsteht. Schließlich wird die Initiale durch eine ungleiche perikline Teilung in zwei ungleich große Zellen aufgespalten. Die Zelle mit der ursprünglichen Spitze verliert ihre anfängliche Funktion und wird entweder zu einer Xylem- oder Phloemmutterzelle (Włoch und Polap, 1994).

## 12.5 Jahreszeitliche Veränderungen in der Ultrastruktur von Cambialzellen

Nahezu die gesamte verfügbare Information über jahreszeitliche Veränderungen der meristematischen Aktivität im Cambium auf ultrastruktureller Ebene stammt aus Untersuchungen von Bäumen der gemäßigten Zonen (Barnett, 1981, 1992; Rao, 1985; Sennerby-Forsse, 1986; Fahn und Werker, 1990; Catesson, 1994; Larson, 1994; Farrar und Evert, 1997a; Lachaud et al., 1999; Rensing und Samuels, 2004). Prinzipiell sind solche Veränderungen bei Laub- und Nadelhölzern ähnlich. Einige dieser Veränderungen, wie beispielsweise der Grad der Vakuolisierung und die Anreicherung von Speicherprodukten, hängen mit der Kälteanpassung (Frostresistenz) oder der Frühjahrsaktivierung zusammen und wurden für andere Gewebe beschrieben (Wisniewski und Ashworth, 1986; Sagisaka et al., 1990; Kuroda und Sagisaka, 1993).

Die Zellen des Ruhecambiums sind durch die Dichte ihrer Protoplasten charakterisiert sowie durch die Dicke ihrer Zellwände, vor allem ihrer Radialwände, die im Tangentialschnitt ein perlschnurartiges Aussehen zeigen (Abb. 12.13). Dies beruht auf dem abwechselnden Vorkommen von tief eingesenkten primären Tüpfelfeldern und verdickten Wandbereichen.

Sowohl die fusiformen als auch die Strahlzellen des Ruhecambiums enthalten zahlreiche kleine Vakuolen (Abb. 12.14). In den Vakuolen befindet sich üblicherweise proteinhaltiges Material, in anderen können Polyphenole (Tannine) vorkommen. Lipide in Form von kleinen Tropfen sind normale Speicherprodukte der Zellen des Ruhecambiums. Ihr Cyclus verhält sich in der Regel umgekehrt zu dem der Stärke. So finden sich zum Beispiel bei *Robinia pseudoacacia* zahlreiche Lipidtropfen in den Zellen des Ruhecambiums, während Stärke vollständig fehlt (Farrar und Evert, 1997a). In aktiven Cambialzellen sind diese Verhältnisse umgekehrt. Die Hydrolyse von Stärke in der Übergangszeit zum Ruhestadium des Cambiums ist Teil des Mechanismus zur Frosttoleranz bei Bäumen der ge-

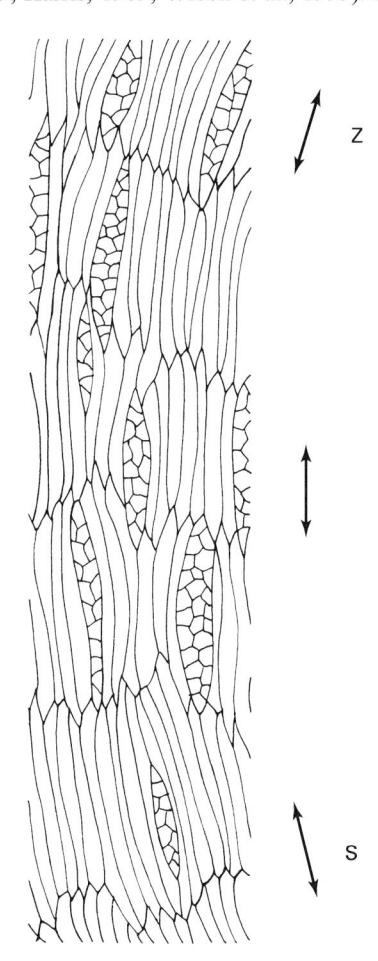

**Abb. 12.12** Schematische Darstellung des Cambiums in Tangentialansicht mit abwechselnden Bezirken. Im unteren Abschnitt sind die Zellachsen nach links (S) geneigt, im mittleren Abschnitt des Schemas verlaufen sie parallel zur Stammachse und im oberen Abschnitt sind sie nach rechts (Z) geneigt. (Nach Catesson, 1984. © Masson, Paris.)

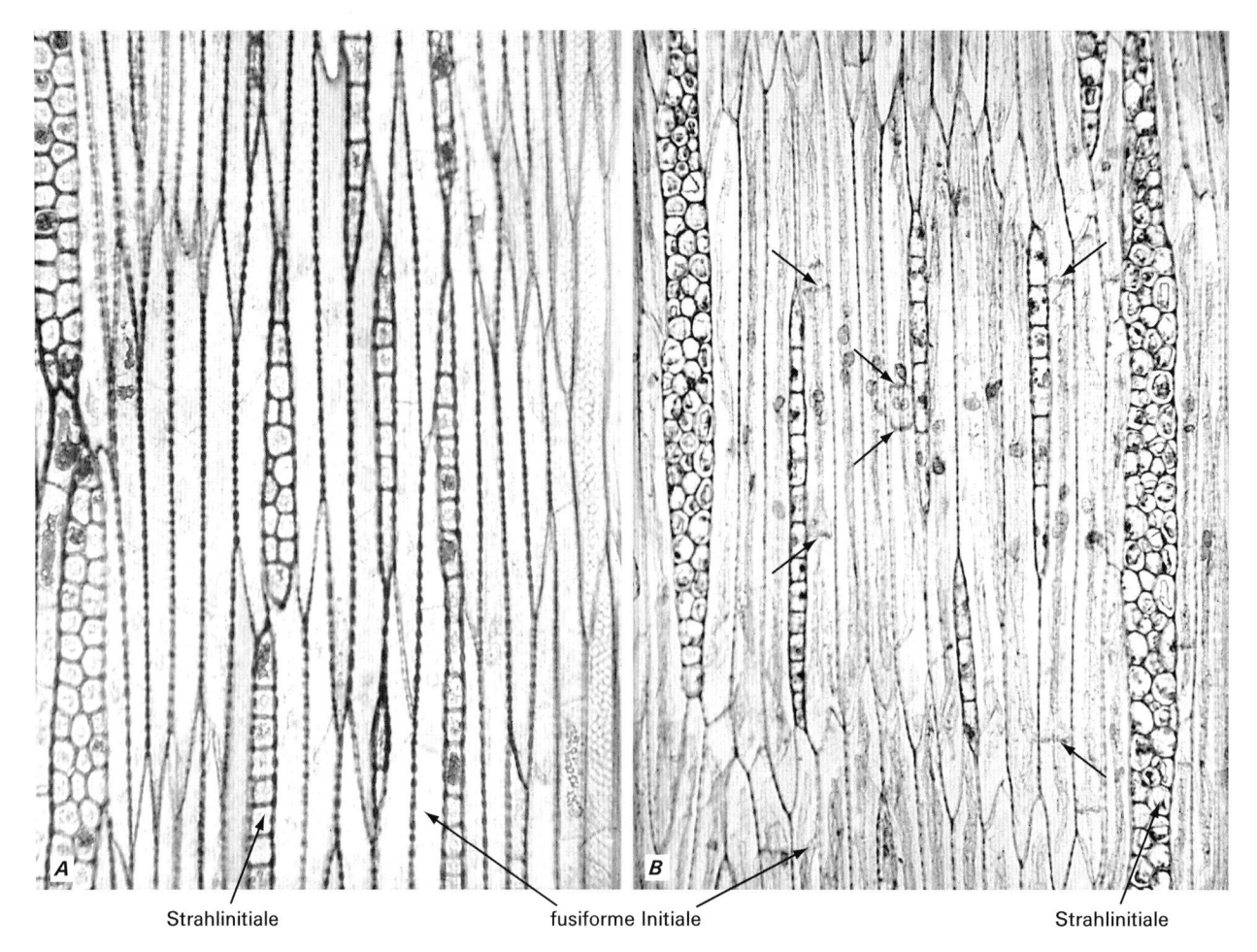

Strahlinitiale · fusiforme Initiale · Strahlinitiale

**Abb. 12.13** Ruhecambium (**A**) und aktives Cambium (**B**) der Linde (*Tilia americana*) in Tangentialansicht. Beachten Sie die perlschnurartige Struktur der Radialwände der fusiformen Initialen in der Ruhephase (**A**), und die Phragmoplasten (Pfeile) in sich teilenden fusiformen Initialen im aktiven Cambium (**B**). (Beide, x400)

mäßigten Klimazonen; dabei dienen die aus der Hydrolyse hervorgehenden Zucker zum Frostschutz.

Während des Übergangs zur Ruhephase und der parallel dazu verlaufenden Verdickung der Zellwände ist die Aktivität der Dictyosomen hoch und die Plasmalemma zeigt zahlreiche Einbuchtungen. Allmählich werden die Dictyosomen inaktiv und das Plasmalemma wird wieder glatt. Die ruhenden Cambialzellen enthalten zahlreiche freie Ribosomen, die nicht zu Polysomen aggregiert sind sowie meist glattes tubuläres Endoplasmatisches Reticulum und die Plasmaströmung kommt zum Erliegen. Zudem enthalten sie alle cytoplasmatischen Komponenten, die auch in Parenchymzellen vorkommen.

Vor der Reaktivierung des Cambiums wird die Plasmaströmung wieder in Gang gesetzt, gefolgt von der Hydrolyse von

**Abb. 12.14** Elektronenmikroskopische Aufnahme eines Querschnitts durch das Ruhecambium der Robinie (*Robinia pseudoacacia*). Die Cambialzone (CZ) ist durch reifes Xylem (X) und durch Phloemparenchymzellen (PPZ) begrenzt. Rechts von den beiden Reihen aus fusiformen Zellen befindet sich ein Strahl (S). Beachten Sie die zahlreichen kleinen Vakuolen in den fusiformen Zellen. (Aus Farrar und Evert, 1997a, Abb. 2. © 1997, Springer Verlag.)

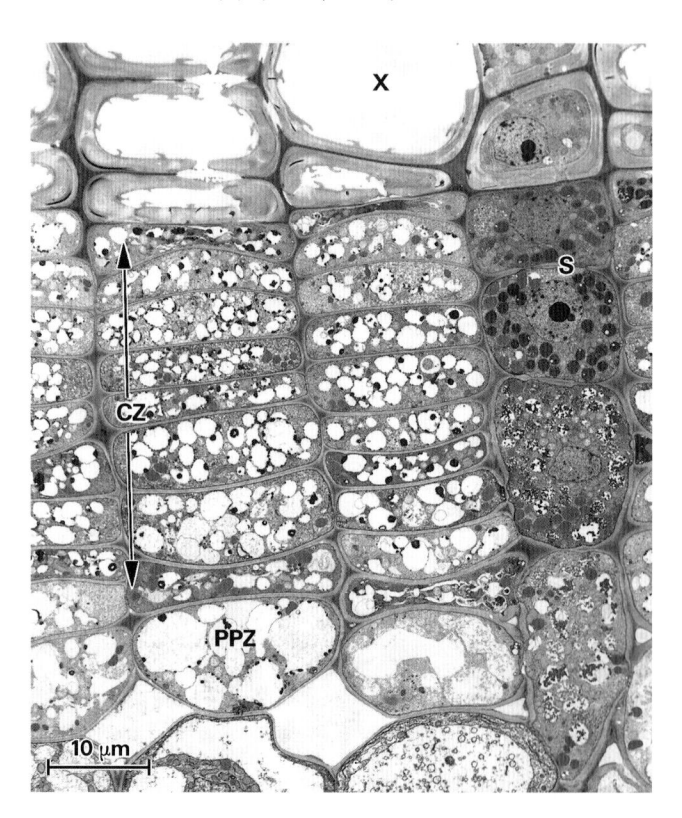

Speicherprodukten und einer Verschmelzung vieler kleiner Vakuolen zu wenigen größeren Vakuolen. Die Bildung von wenigen und größeren Vakuolen in Cambialzellen bei *Populus trichocarpa* während der Reaktivierung wird von einer erhöhten K$^+$-Aufnahme begleitet, die wahrscheinlich über die Aktivität einer in der Plasmamembran befindlichen H$^+$-ATPase abläuft (Arend und Fromm, 2000). Gleichzeitig nimmt die Plasmamembran eine unregelmäßige Form an und beginnt, zahlreiche kleine Einstülpungen auszubilden. Einige Membraneinstülpungen vergrößern sich stark, dringen in die Vakuole und drücken somit den Tonoplasten nach innen. Diese Einstülpungen trennen sich möglicherweise von der Plasmamembran und werden mit ihren Inhalten von der Vakuole aufgenommen. In dieser Phase gibt es in der Zelle einen ausgeprägten „Membranverkehr" (*membrane trafficking*). Der Cambiumreaktivierung geht auch ein partielles Lösen der Radialwände voraus,

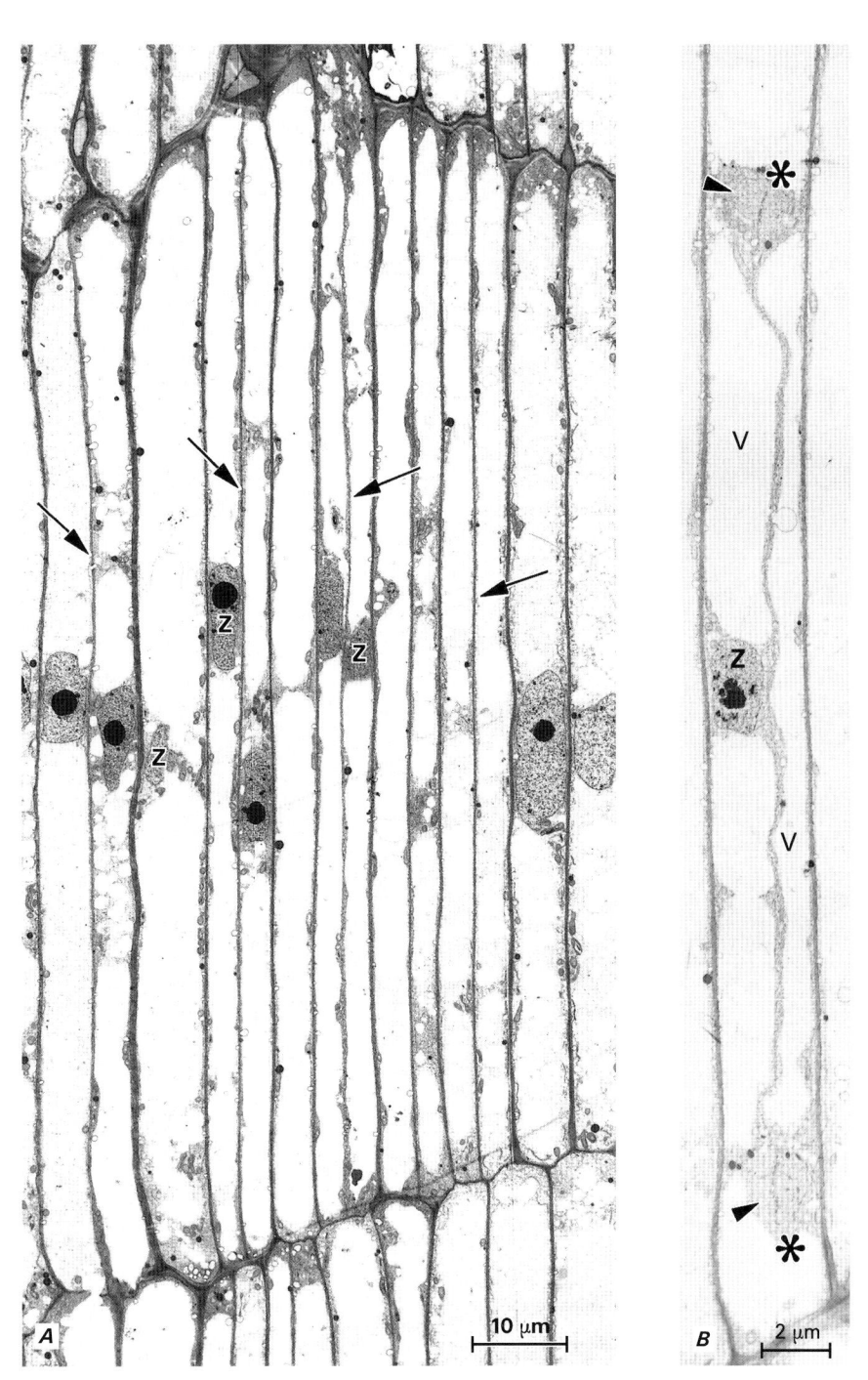

**Abb. 12.15** Radialansichten von fusiformen Zellen im aktiven Cambium der Robinie (*Robinia pseudoacacia*). **A**, Cambialzone mit stark vakuolisierten, einkernigen Fusiformzellen. Die Pfeile deuten auf frisch gebildete Tangentialwände. **B**, sich teilende Fusiformzelle mit Phragmoplast (Pfeilspitzen) und entwickelnder Zellplatte. Das Phragmosom als Teil des Cytoplasmas (Sterne) wird unmittelbar vor dem Phragmoplasten angelegt. Andere Details: Z, Zellkern; V, Vakuole. (Aus Farrar und Evert, 1997b, Abb. 2 und 17. © 1997, Springer Verlag.)

**Tab. 12.2** Cytologische Veränderungen im Cambium während des jahreszeitlichen Cyclus

| Physiologischer Zustand | Aktivität | Übergang zur Ruhephase | Ruhephase | Reaktivierung |
|---|---|---|---|---|
| Zellkern | In Teilung | $G_1$-Phase | S-Phase | S- oder $G_2$-Phase |
| Durchmesser des Nucleolus | Ziemlich groß | Abnehmend | Ziemlich klein | Zunehmend |
| Vakuolen | Wenige große | Einige, sich aufspaltend | Klein, zahlreich | Zahlreich, sich vereinigend |
| Cyclose | Ja | Ja | Nein | Ja |
| Dictyosomen | Zahlreich, aktiv | Zahlreich, aktiv | Wenige, meist inaktiv | Wiederaufnahme der Aktivität |
| ER | Rau | Rau | Meist glatt | Rau |
| Ribosomen | Polysomen | Polysomen | Frei | Polysomen |
| Actinfilamente | Bei einigen Arten Bündel | NR | Bei einigen Arten Bündel | NR |
| Corticale Mikrotubuli | Ungeordnet | NR | Schraubenförmig angeordnet | NR |
| Plasmamembran | Unregelmäßig, einige Einbuchtungen | Oft große Einbuchtungen | Glatt | Unregelmäßig, einige Einbuchtungen |
| Mitochondrien | Rund bis oval | Rund bis länglich | Rund bis oval | Rund bis länglich |
| Plastiden | Klein mit Tubuli oder wenigen Thylakoiden | Klein mit Tubuli oder wenigen Thylakoiden | Klein mit Tubuli oder wenigen Thylakoiden | Klein mit Tubuli oder wenigen Thylakoiden |

Quelle: Verändert nach Lachaud et al., 1999
Beachten Sie: Das Vorkommen von Phytoferritin oder dichter Einschlüsse sowie das Vorkommen und die jahreszeitliche Verteilung der Stärke in den Plastiden hängt von der Pflanzenart ab. NR = nicht registriert

insbesondere an Verbindungsstellen zwischen Zellen (Rao, 1985; Funada und Catesson, 1991). Mit der Wiederherstellung der Cambiumaktivität werden die Radialwände erneut deutlich dünner (Abb. 12.13B).

Die corticalen Mikrotubuli der fusiformen Cambiuminitialen sind zufällig arrangiert (Chaffey, 2000; Chaffey et al., 2000; Funada et al., 2000; Chaffey et al., 2002). Auch Bündel aus Actinfilamenten wurden in fusiformen Cambiuminitialen beobachtet (Chaffey, 2000; Chaffey und Barlow, 2000; Funada et al., 2000). Sie sind mehr oder weniger länglich ausgerichtet in Form von parallelen Schrauben mit niedrigem Steigungswinkel. Die Bündel aus Actinfilamenten sind offensichtlich an der Zellstreckung beteiligt. Auch die corticalen Mikrotubuli in den Strahlzellen der Cambialzone sind zufällig arrangiert. Im Gegensatz dazu kommen Bündel aus Actinfilamenten in den Strahlzellen der Cambialzone weniger häufig vor als in fusiformen Cambialzellen, und sie sind zudem zufällig verteilt (Chaffey und Barlow, 2000). Diese Anordnungen von Mikrotubuli und Actinfilamenten bleiben in beiden cambialen Zelltypen während des gesamten jahreszeitlichen Cyclus erhalten.

Das auffälligste Merkmal der fusiformen Zellen in aktiven Cambien ist das Vorkommen einer großen zentralen Vakuole (Abb. 12.15A). Diese Zellen sind auch durch das Vorhandensein von zumeist rauem Endoplasmatischem Reticulum, von vorwiegend zu Polysomen aggregierten Ribosomen und einer beachtlichen Aktivität der Dictyosomen gekennzeichnet. In Tabelle 12.2 sind einige der cytologischen Veränderungen im Cambium während des jahreszeitlichen Cyclus zusammengefasst.

Auch die Zellkerne der fusiformen Cambialzellen durchlaufen jahreszeitliche Veränderungen. Bei Coniferen neigen die Zellkerne dazu, im Herbst und Winter viel länger und schmaler zu sein als im Frühling und Sommer (Bailey, 1920b). Bei den Laubhölzern *Acer pseudoplatanus* (Catesson, 1980) und *Tectona grandis* (Dave und Rao, 1981) folgt auf die Beendigung der Cambialaktivität am Ende der Vegetationsperiode eine Verkleinerung der Nucleoli, die in einen Ruhezustand mit niedriger RNA-Synthese übergehen. Vergleichbare Veränderungen hinsichtlich der Feinstruktur von Zellkernen wurden bei *Abies balsamea* beobachet (Mellerowicz et al., 1993). Auch Schwankungen im DNA-Gehalt wurden in den fusiformen Cambialzellen von *Abies balsamea* nachgewiesen (Mellerowicz et al., 1989, 1990, 1992; Lloyd et al., 1996). Vom Ende der Vegetationsperiode (September in New Brunswick, Canada) bis nach Dezember blieben bei der Balsam-Tanne die Interphasenkerne in der $G_1$-Phase und auf dem 2C DNA-Niveau, bis die DNA-Synthese (S-Phase) wieder aufgenommen wurde. Die DNA-Gehalte erreichen ihr Maximum zu Beginn der Cambialaktivität im April und nehmen im Verlauf der Cambialaktivität ab, um im September auf ein Minimum abzusinken.

Dass fusiforme Cambialzellen nur einen Kern enthalten, wurde erstmals von Bailey (1919, 1920c) herausgefunden und wird seitdem allgemein anerkannt. Trotzdem sind gelegentlich Berichte über einen vielkernigen Zustand fusiformer Zellen veröffentlicht worden (Patel, 1975; Ghouse und Khan, 1977; Hashmi und Ghouse, 1978; Dave und Rao, 1981; Iqbal und Ghouse, 1987; Venugopal und Krishnamurthy, 1989). In all diesen Fällen ist der Eindruck eines vielkernigen Zustands durch lichtmikroskopische Untersuchungen von Tangentialschnitten entstanden. Es ist naheliegend, dass ein solcher Eindruck wegen des geringen radialen Durchmessers genau übereinander liegender fusiformer Zellen dann zustande kommt, wenn deren Zellkerne in derselben Fokusebene liegen (Farrar und Evert, 1997b). Die confocale Laserscanningmikroskopie, mit deren Hilfe sich benachbarte Zelllagen im Cambium deutlich unterscheiden lassen und sich auch die Anzahl der Kerne pro Zelle bestimmen lässt, ermöglichte es Kitin und Mitarbeitern (Kitin et al., 2002) zu zeigen, dass die fusiformen Zellen im Cambium von *Kalopanax pictus* ausschließlich einkernig sind. Der vermutete vielkernige Zustand von fusiformen Zellen in den jeweiligen Baumarten muss daher kritisch hinterfragt werden.

Es gibt wenig Information über die Verteilung und Häufigkeit von Plasmodesmen in den Wänden von Cambialzellen. Bei *Fraxinus excelsior* wurden Plasmodesmen am häufigsten in den Tangentialwänden zwischen Strahlzellen und am seltensten in den Tangentialwänden zwischen fusiformen Zellen gefunden (Goosen-de Roo, 1981). Plasmodesmen sind bei *Robinia pseudoacacia* (Farrar, 1995) über die Tangentialwände zwischen fusiformen Zellen verteilt; dies bedeutet gleichzeitig, dass sie nicht in primären Tüpfelfeldern aggregiert sind. Dagegen sind Plasmodesmen in den Tangentialwänden zwischen Strahlzellen in primären Tüpfelfeldern aggregiert. Darüber hinaus sind Plasmodesmen in den Radialwänden bei allen Zellkombinationen im Cambialbereich in primären Tüpfelfeldern zusammengefasst, also zwischen fusiformen Zellen, zwischen Strahlzellen sowie zwischen fusiformen Zellen und Strahlzellen. Plasmodesmen sind also am häufigsten (angegeben in Plasmodesmen pro Mikrometer Zellwandfläche) in den Tangentialwänden zwischen Strahlzellen und am seltensten in den Tangentialwänden zwischen fusiformen Zellen.

## 12.6 Die Cytokinese der fusiformen Zellen

Wie bereits in einem vorangegangenen Kapitel erwähnt (Kap. 4), wandert der Zellkern in solchen Pflanzenzellen mit vielen kleinen Vakuolen lange vor Einleitung der Cytokinese ins Zellzentrum. Die Plasmastränge, die den Zellkern unterstützen, verschmelzen zu einer plasmatischen Platte, dem Phragmosom. Dieses zweiteilt die Zelle in der Ebene, in die später die Zellplatte eingezogen wird. Zusätzlich zur Positionierung des Zellkerns und der Bildung des Phragmosoms wird aus Mikrotubuli ein sogenanntes Präprophaseband angelegt, das die Ebene der künftigen Zellplatte vorgibt. Folglich kennzeichnen sowohl Phragmosom als auch das Präprophaseband dieselbe Ebene.

Die Cytokinese der fusiformen Zellen des Cambiums ist von besonderem Interesse, weil sie im Vergleich zu anderen vakuolisierten Pflanzenzellen mit relativ kleinen Dimensionen sehr lange und stark vakuolisierte Zellen sind. (Fusiforme Zellen können einige hundertmal länger sein als ihre radiale Breite.) Dennoch muss eine sich in Längsrichtung teilende Cambialzelle entlang ihrer gesamten Länge eine neue Zellwand ausbilden. Bei solch einer Teilung ist anfangs der Durchmesser des Phragmoplasten sehr viel kleiner als die Länge der Zelle (Abb. 12.16). Infolgedessen erreichen Phragmoplast und Zellplatte die Längswände der fusiformen Zelle schon bald nach der Mitose, jedoch ist das Ausdehnen von Phragmoplast und Zellplatte bis zu den Zellenden ein länger andauernder Vorgang. Bevor die Seitenwände erreicht werden, erscheint der Phragmoplast im Tangentialschnitt als Hofstruktur um die Tochterkerne (Abb. 12.16A). Nachdem die Seitenwände von der Zellplatte berührt werden und bevor die Zellenden erreicht werden, ist der Phragmoplast in Form von zwei Balken ausgebildet, die die Seitenwände unterteilen (Abb. 12.16A). Im Radialschnitt sind die Phragmoplasten im Querschnitt zu erkennen. In diesem Fall haben sie einen keilförmigen Umriss mit einem leicht gewölbten Vorderteil und einem sich zuspitzenden Ende gegen die Zellplatte (Abb. 12.15B und 12.16B, D).

Sowohl Callose als auch Myosin wurden mit Hilfe von Immunmarkierungen in der Zellplatte von fusiformen Cambialzellen in Wurzeln und Sprossen von *Populus tremula* x *P. tremuloides*, *Aesculus hippocastanum* und *Pinus pinea* nachgewiesen, aber nicht in dem Teil der Zellplatte, der sich innerhalb des Phragmoplasten ausbildet (Chaffey und Barlow, 2002). Im Gegensatz dazu sind Tubulin und Actin größtenteils auf den Phragmoplasten beschränkt, wobei Actinfilamente längsseits der wachsenden Zellplatte vorkommen, außer dem Anteil im Phragmoplasten. Man vermutet, dass ein kontraktiles System aus Actin und Myosin eine Rolle dabei spielt, den Phragmoplasten gegen die elterlichen Zellwände zu bewegen (Chaffey und Barlow, 2002).

Es gibt wenige Veröffentlichungen zur Ultrastrukur von Zellteilungen in großen, hoch vakuolisierten fusiformen Zellen des Cambiums (Evert und Deshpande, 1970; Goosen-de Roo et al., 1980; Farrar und Evert, 1997b; Rensing et al., 2002). Solche Untersuchungen belegen, dass die Ultrastruktur und die Abfolge der Einzelschritte von Mitose und Cytokinese in teilenden Fusiformzellen im Wesentlichen denen von Teilungen kürzerer Zellen ähnlich sind, mit zwei beachtenswerten Ausnahmen. Bei fünf der untersuchten Arten, *Tilia americana*, *Ulmus americana* (Evert und Deshpande, 1970), *Robinia pseudoacacia* (Farrar und Evert, 1997b), *Pinus ponderosa* und *P. contorta* (Rensing et al., 2002), kommen Präprophasebänder offensichtlich nicht in fusiformen Zellen vor, obwohl sie in sich teilenden Strahlzellen der drei Laubhölzer gefunden wurden. Zudem dehnen sich die Phragmosomen bei denselben fünf Arten nicht über die gesamte Länge der sich teilenden Zellen

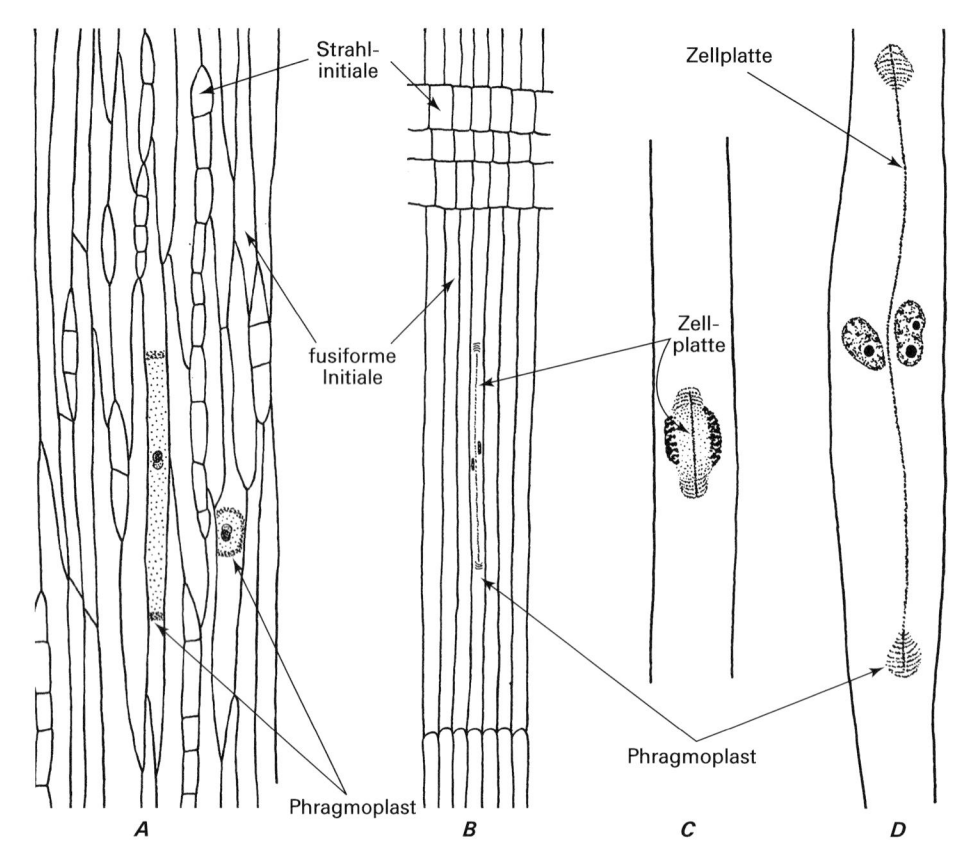

**Abb. 12.16** Cytokinese im Cambium der Sprossachse von *Nicotiana tabacum* in Tangential- (**A**) und Radialschnitten (**B–D**). Teilweise ausgebildete Zellplatten in Aufsicht (**A**) und Seitenansicht (**B**). **C**, frühes Teilungsstadium; **D**, späteres Teilungsstadium. (**A**, **B**, x120; **C**, **D**, x600)

aus. Stattdessen bildet der Phragmoplast bei diesen Arten eine breite cytoplasmatische Platte, die unmittelbar vor dem Phragmoplasten zu den Zellenden wandert. In diesem Zusammenhang muss erwähnt werden, dass Oribe et al. (2001) mit Hilfe von Immunfluoreszenz und confocaler Laserscanningmikroskopie ebenfalls keine Anzeichen für ein Vorhandensein eines Präprophasebandes in fusiformen Cambialzellen bei *Abies sachalinensis* erhalten haben; dagegen fanden sie Präprophasebänder in den Strahlinitialen des Cambiums.

Für *Fraxinus excelsior* wurden Präprophasebänder, die sich aus relativ wenigen Mikrotubuli zusammensetzen, in fusiformen Zellen beschrieben (Goosen-de Roo et al., 1980). Ähnliche, relativ kleine Gruppen von Mikrotubuli fanden sich bei *Robinia pseudoacacia* entlang der Radialwände von fusiformen Zellen, sie wurden aber nicht als Präprophasebänder gedeutet (Farrar und Evert, 1997b). Andererseits zeigten sich in Radialschnitten von fusiformen Zellen des Cambiums von *Fraxinus excelsior* augenscheinlich ausgedehnte Phragmosomen (Goosen-de Roo et al., 1984). Die an den Tonoplasten gebundenen Phragmosomen bestehen aus einer dünnen, durchbrochenen Plasmaschicht, die sich in der Ebene der künftigen Zellplatte befindet und sowohl Mikrotubuli wie auch Actinfilamente enthält. Obwohl Arend und Fromm (2003) behaupten, dass in den fusiformen Zellen von *Populus trichocarpa* „das Phragmosom einen langen, ausgedehnten Plasmastrang durch die gesamte Zelle bildet", fehlt ein hinreichender Beleg zur Unterstützung dieser Annahme.

## 12.7 Der jahreszeitliche Aktivitätswechsel

Bekanntlich wechseln bei den Holzpflanzen der gemäßigten Klimazonen Phasen des Wachstums und der Fortpflanzung im Sommer mit Phasen relativer Inaktivität während des Winters. Der jahreszeitliche Aktivitätswechsel zeigt sich auch in der Cambialaktivität und kommt bei Laub abwerfenden wie auch immergrünen Pflanzen vor. Die Produktion neuer Zellen durch das Cambium geht während der Ruhephase zurück oder hört völlig auf, und die Leitgewebe differenzieren sich dann mehr oder weniger dicht an den Cambialinitialen aus.

Im Frühjahr folgt der winterlichen Ruhephase eine Reaktivierung des Cambiums. Nach anatomischen Gesichtspunkten verläuft diese Reaktivierung in zwei Stufen: 1. Die Cambiumzellen vergrößern sich in radialer Richtung („Anschwellen" des Cambiums), wobei die fusiformen Zellen stark vakuolisiert werden, 2. die Einleitung der Zellteilung (Larson, 1994). Obwohl der Wiedererlangung der Cambialaktivität eine Dichteabnahme der Protoplasten vorausgeht, vergrößern sich die Cambialzellen vor der Zellteilung bei Arten der gemäßigten Zonen nicht in radialer Richtung (Evert, 1961, 1963b; Derr und Evert, 1967; Deshpande, 1967; Davis und Evert, 1968; Tucker und Evert, 1969). Bei *Robinia pseudoacacia* beginnt die Zellteilung vor der Zellvergrößerung, wenn zudem viele der Cambialzellen noch dichtes Cytoplasma aufweisen sowie zahlreiche kleine Vakuolen und viele Lipidtröpfchen enthalten; mit anderen Worten, die Teilung setzt ein, wenn die Cambialzellen noch viele Merkmale des Ruhecambiums besitzen (Abb. 12.17; Farrar und Evert, 1997b).

Während der Vergrößerung der Cambialzellen werden ihre radialen Wände dünner und schwächer. Als Folge davon lässt sich die Rinde (alle Gewebe außerhalb des Cambiums) leicht vom Stamm ablösen. Eine derartige Trennung der Rinde vom Stamm erfolgt nicht nur durch die Cambialzone, sondern auch -und vielleicht sehr viel häufiger- durch solche Bereiche des differenzierenden Xylems, in denen die trachealen Elemente gerade ihre maximalen Durchmesser erreicht haben, aber noch ohne Sekundärwände sind. Das Ablösen der Rinde geschieht selten entlang des differenzierenden Phloems. Das Anschwellen des Cambiums wie auch das leichte Ablösen der Rinde vom Stamm werden häufig als Anzeichen für radiales Wachstum oder Cambialaktivität gesehen. Unter Umständen kann die Rinde aber bereits vor dem Einsetzen der eigentlichen Cambialaktivität abgelöst werden (Wilcox et al., 1956).

Bisweilen verlässt man sich auf die Anzahl der undifferenzierten Zelllagen in der Cambialzone, um die Reaktivierung oder den Grad der Aktivität zu erkennen (z. B. Paliwal und Prasad, 1970; Paliwal et al., 1975; Villalba und Boninsegna, 1989; Rajput und Rao, 2000). Es ist jedoch sehr schwierig, zwischen noch meristematischen Zellen und solchen in frühen Differenzierungsstadien zu unterscheiden.

Differenzierende Xylemzellen wurden ebenfalls als direkte Anzeichen für Cambialaktivität eingestuft, entsprechend einer lange gültigen Auffassung, die besagt, dass Xylem- und Phloembildung gleichzeitig einsetzen oder die Xylem- der Phloembildung vorausgeht. Bei vielen Arten gibt es jedoch keine Gleichmäßigkeit hinsichtlich des Ortes der ersten periklinen Teilungen; zudem können sich zwei oder mehr fusiforme Zellen in einer radialen Reihe gleichzeitig teilen. Die ersten additiven Teilungen werden in Abhängigkeit von der Pflanzenart entweder gegen das Xylem oder das Phloem durchgeführt. Daher muss bei jeder umfassenden Untersuchung des Cambiums sowohl die Xylem- als auch die Phloembildung berücksichtigt werden.

Die jeweilige zeitliche Einordnung von Anfang und Ende der Xylem- und Phloembildung werden oft durch das Vorhandensein von überwinternden Phloem- (siehe unten) und/oder Xylemmutterzellen erschwert (Tepper und Hollis, 1967; Zasada und Zahner, 1969; Imagawa und Ishida, 1972; Suzuki et al., 1996), die nicht von den Initialen zu unterscheiden sind und ihre Differenzierung im darauffolgenden Frühjahr fortsetzen. Es ist vielfach nicht klar, ob in manchen Untersuchungen zwi-

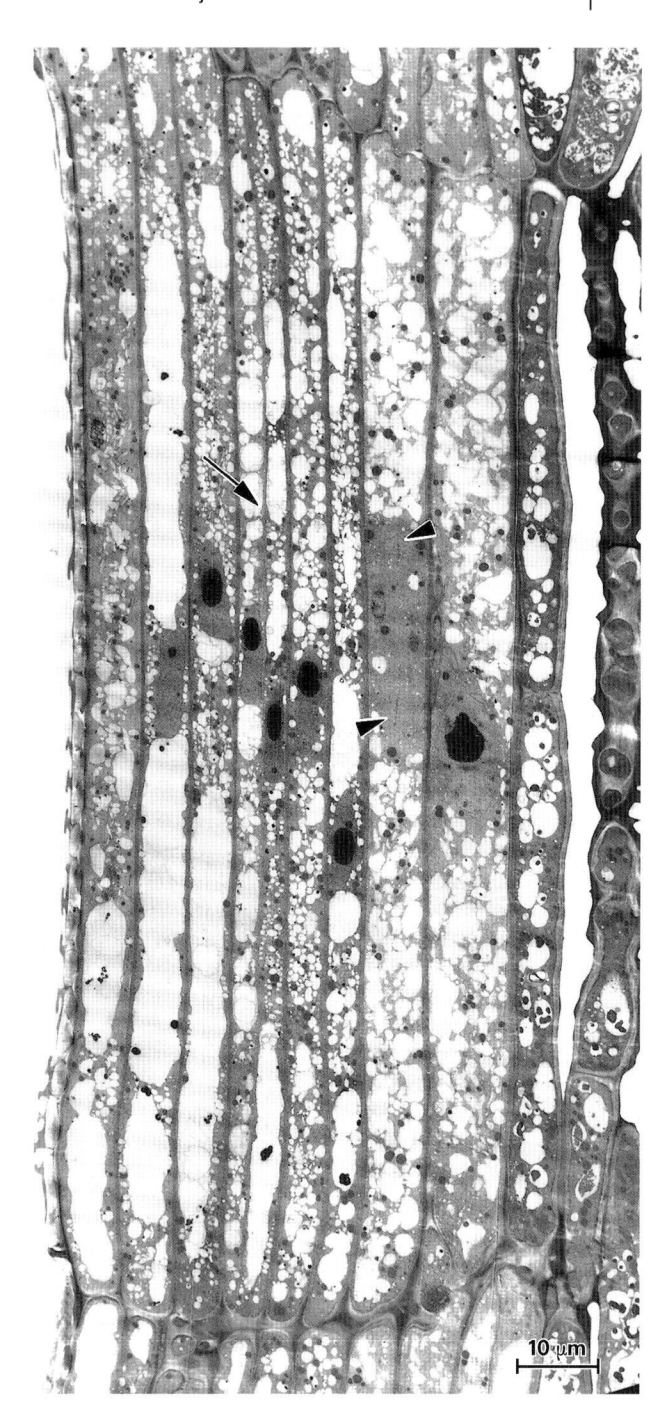

**Abb. 12.17** Radialansicht von fusiformen Zellen in der Cambialzone der Robinie (*Robinia pseudoacacia*). Die Zellteilung hat in diesem Cambium gerade eingesetzt; seine Zellen enthalten zahlreiche kleine Vakuolen und Lipidtröpfchen, sie besitzen also noch Merkmale des Ruhecambiums. Der Pfeil deutet auf eine frisch gebildete Zellwand und die beiden Pfeilspitzen auf einen Phragmoplasten in einer fusiformen Zelle, die sich gerade teilt. (Aus Farrar und Evert, 1997b, Abb. 1. © 1997, Springer Verlag.)

schen der Reifung überwinternder Elemente und der Differenzierung von Zellen, die durch die neue Cambialaktivität entstanden sind, unterschieden wurde. Zusätzlich werden im Zusammenhang mit der Beendigung der Produktion von Leitgewebe die Begriffe Produktion und Differenzierung oft synonym verwendet; daher wird nicht immer eine klare Unterscheidung zwischen der Abgliederung neuer Zellen durch Zellteilungen und der danach stattfindenden Differenzierung dieser Zellen vorgenommen. Xylem- und Phloemdifferenzierung können noch für eine Weile nach Beendigung der Zellteilungen andauern. Demzufolge können differenzierende Zellen nicht zuverlässig als ein Indikator für Cambialaktivität betrachtet werden. Ausschließlich das Vorkommen von Mitosestadien und/oder von Phragmoplasten sind zuverlässige Merkmale für die Cambialaktivität.

## 12.7.1 Die Breite des jährlichen Xylemzuwachses übersteigt allgemein die des Phloems

Bei *Eucalyptus camaldulensis* war die Zellbildung gegen das Xylem etwa viermal so hoch wie die gegen das Phloem (Waisel et al., 1966) und bei *Carya pecan* etwa fünfmal so hoch (Artschwager, 1950). Für einige Coniferen wurden folgende Werte ihrer jährlichen Xylem/Phloem-Verhältnisse ermittelt: *Cupressus sempervirens* 6:1 (Liphschitz et al., 1981), *Pseudotsuga menziesii* 10:1 (Grillos und Smith, 1959), *Abies concolor* 14:1 (Wilson, 1963) und 15:1 bei einer stark wüchsigen *Thuja occidentalis* (Bannan, 1955). Im Gegensatz dazu wurden bei dem tropischen Laubholz *Mimusops elengi* fast gleiche jährliche Anteile an Xylem und Phloem gebildet (Ghouse und Hashmi, 1983) und bei *Polyalthia longifolia* übertraf die Phloembildung sogar die des Xylems um jährlich etwa 500 Mikrometer (Ghouse und Hashmi, 1978). Abb. 12.18 zeigt die relativen Breiten der jüngsten Jahreszuwächse von Xylem und Phloem bei *Populus tremuloides* und *Quercus alba*. Beide Arten erreichten Xylem/Phloem-Verhältnisse von 10:1.

Wenn man einen Stammquerschnitt betrachtet, kann die Breite einer Zuwachszone entlang des Stammumfangs deutlich variieren. Bei *Pyrus communis* variiert die Breite des Jahreszuwachses im Phloem entlang eines Stammquerschnitts nur geringfügig, während sich die Breite im Xylem stark verändert (Evert, 1961). Ähnliches wurde bei *Thuja occidentalis* beobachtet, deren Jahreszuwachs im Phloem relativ unverändert bleibt, unabhängig von der Breite des entsprechenden Xylemzuwachses (Bannan, 1955).

**Abb. 12.18** Querschnitte durch die Zuwachszonen von Xylem und Phloem im Stamm der (**A**) Zitterpappel (*Populus tremuloides*) und (**B**) der Weißeiche (*Quercus alba*). Beachten Sie, dass die Breiten der Xylemzuwächse deutlich die des Phloems übertreffen. Details: PZ, Jahreszuwachs im Phloem; XZ, Jahreszuwachs im Xylem. (Beide, x32. **A**, aus Evert und Kozlowski, 1967.)

Obwohl die relativen Breiten von Xylem- und Phloemzuwachs nicht ermittelt wurden, bildeten *Picea glauca* Bäume aus Alaska und Neu England im Vergleich jährlich die gleiche Anzahl von Tracheiden; dies erfolgte trotz einer deutlich kürzeren Phase der Cambialaktivität in Alaska (65°N) gegenüber der in Neu England (43°N) (Gregory und Wilson, 1968). Dies wird dadurch erklärt, dass *P. glauca* sich in Alaska an die kürzere Vegetationsperiode angepasst hat, indem sie die Rate ihrer Zellteilungen in der Cambialzone erhöht hat.

Die Rate der periklinen Teilungen von Strahlinitialen ist im Vergleich zu den fusiformen Initialen niedrig. Bei *Pyrus malus* (*Malus domestica*) setzen perikline Teilungen der Strahlinitialen erst etwa eineinhalb Monate nach den periklinen Teilungen der fusiformen Zellen ein (Evert, 1963b). Dieser Zeitpunkt stimmt mit dem Beginn der Xylembildung überein. Zuvor strecken sich die Strahlzellen der Cambialzone lediglich in radialer Richtung, um mit dem radialen Zuwachs, der zunächst vorrangig nur zur Phloemseite abläuft, Schritt zu halten. Die maximale Teilungsrate der Strahlinitialen war im Juni festzustellen und die Beendigung von Teilungen erfolgte bereits Anfang Juli. Danach strecken sich die neu gebildeten Strahlzellen in radialer Richtung bis zum Abschluss des gesamten radialen Wachstums der jeweiligen Vegetationsperiode.

Bei den meisten zerstreutporigen Arten und den Coniferen der gemäßigten Klimazonen geht die Einleitung der neuen Phloembildung und -differenzierung im Frühjahr derjenigen im Xylem voraus. Diese Verhältnisse sind in den Tabellen 12.3 und 12.4 dargestellt, in denen alle Bäume mit Ausnahme von *Pyrus communis* (aus Davis, Californien) und *Malus domestica* (aus Bozeman, Montana) in einem Umkreis von 5 km auf dem Campus der Universität von Wisconsin-Madison wuchsen. Bemerkenswert ist, dass bei den Laubholzarten ohne reife

**Tab. 12.3** Cambialaktivität und Zeitpunkte der Initiierung von neuer Phloem- (P) und Xylembildung (X) mit nachfolgender Differenzierung bei angiospermen Holzpflanzen der gemäßigten Klimazonen

| | Jan | Feb | März | Apr | Mai | Juni | Juli | Aug | Sep | Okt | Nov | Dez |
|---|---|---|---|---|---|---|---|---|---|---|---|---|
| *Pyrus communis* | | | * | P | X | | | | | | | |
| *Malus sylvestris* | | | | *P | X | | | | | | | |
| *Populus tremuloides* | | | | * P | X | | | | | | | |
| *Parthenocissus inserta* | | | | *P | X | | | | | | | |
| *Rhus glabra*[a] | | | | *PX | | | | | | | | |
| *Robinia pseudoacacia*[a] | | | | *PX | | | | | | | | |
| *Celastrus scandens*[a] | | | | | P X | | | | | | | |
| *Acer negundo* | | | | P | X | | | | | | | |
| *Tilia americana* | | | | R | P X | | | | | | | |
| *Vitis riparia* | | | | R | | PX | | | | | | |
| *Quercus* spp[a] | | | | P X | | | | | | | | |
| *Ulmus americana*[a] | | | | P X | | | | | | | | |

a Ringporige Holzarten
\* Die ersten funktionstüchtigen Siebelemente gehen aus Phloemmutterzellen hervor, die im Außenbereich des Cambiums überwintern
R Reaktivierung
☐ Keine überwinternden reifen Siebelemente
☐ Über das ganze Jahr sind einige reife Siebelemente vorhanden

Quellen: *Pyrus communis* — Evert, 1960; *Pyrus malus* — Evert, 1963b; *Populus tremuloides* — Davis and Evert, 1968; *Parthenocissus inserta* — Davis and Evert, 1970; *Rhus glabra* — Evert, 1978; *Robinia pseudoacacia* — Derr and Evert, 1967; *Celastrus scandens* — Davis and Evert, 1970; *Acer negundo* — Tucker and Evert, 1969; *Tilia americana* — Evert, 1962; Deshpande, 1967; *Vitis riparia* — Davis and Evert, 1970; *Quercus* spp. — Anderson and Evert, 1965; *Ulmus americana* — Tucker, 1968.

Beachten Sie: Bei Arten ohne überwinternde reife Siebelemente gehen die ersten funktionstüchtigen Siebelemente im Frühjahr aus Phloemmutterzellen hervor, die im Außenbereich des Cambiums überwintern. Bei zwei dieser Arten (*Tilia americana* und *Vitis riparia*) mit einigen ganzjährig vorhandenen reifen Siebelementen bilden die überwinternden Siebelemente im Spätherbst Callose an ihren Siebplatten und seitlichen Siebfeldern; diese ruhenden Siebelemente werden im Frühling vor dem Einsetzen der Cambialaktivität reaktiviert. Die Zeitpunkte der Einstellung der Phloem- und Xylembildung sowie ihrer nachfolgenden Differenzierung sind nicht angegeben.

**Tab. 12.4** Cambialaktivität und Zeitpunkte der Initiierung von neuer Phloem- (P) und Xylembildung (X) mit nachfolgender Differenzierung bei einigen Coniferen der gemäßigten Klimazonen

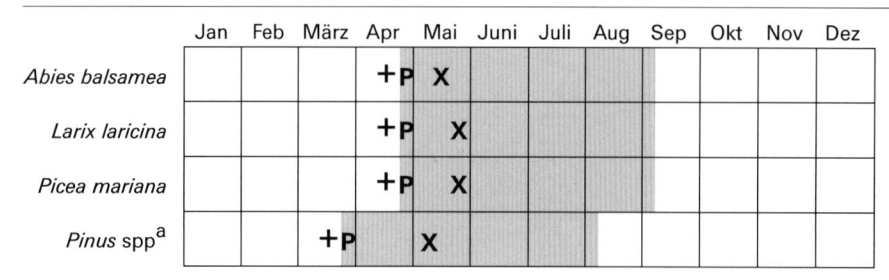

| | Jan | Feb | März | Apr | Mai | Juni | Juli | Aug | Sep | Okt | Nov | Dez |
|---|---|---|---|---|---|---|---|---|---|---|---|---|
| *Abies balsamea* | | | | +P | X | | | | | | | |
| *Larix laricina* | | | | +P | X | | | | | | | |
| *Picea mariana* | | | | +P | X | | | | | | | |
| *Pinus* spp[a] | | | | +P | | X | | | | | | |

a *Pinus banksiana, P. resinosa, P. strobus*
+ Phloemmutterzellen im Randbereich der Cambialzone beginnen sich zu differenzieren
▨ Einige reife Siebelemente sind ganzjährig vorhanden

Quellen: *Abies balsamea* — Alfieri and Evert, 1973; *Larix laricina* — Alfieri and Evert, 1973; *Picea mariana* — Alfieri and Evert, 1973; *Pinus* spp. — Alfieri and Evert, 1968.
Beachten Sie: Bei diesen Arten bleiben einige der zuletzt gebildeten Siebzellen über den Winter bis zur Ausdifferenzierung neuer Siebelemente im Frühjahr funktionstüchtig. Die ersten neu gebildeten Siebelemente im Frühjahr gehen aus Phloemmutterzellen hervor, die im Außenbereich der Cambialzone überwintern. Die Zeitpunkte der Einstellung der Phloem- und Xylembildung sowie ihrer nachfolgenden Differenzierung sind nicht angegeben.

Siebelemente im Winter die ersten Siebelemente im Frühling aus überwinternden Phloemmutterzellen hervorgehen (Tab. 12.3). Obwohl bei Coniferen einige reife Siebelemente über das ganze Jahr vorhanden sind, werden im Frühjahr die ersten Siebelemente aus überwinternden Phloemmutterzellen gebildet (Tab. 12.4).

Auch bei den aus gemäßigten Klimazonen stammenden zerstreutporigen Laubhölzern *Acer pseudoplatanus* (Cockerham, 1930; Elliott, 1935; Catesson, 1964), *Salix fragilis* (Lawton, 1976), *Salix viminalis* (Sennerby-Forsse, 1986) und *Salix dasyclados* (Sennerby-Forsse und von Fircks, 1987) geht die Einleitung der neuen Phloembildung der des Xylems voraus. Im Gegensatz zu den Coniferen, die in Tab. 12.4 aufgeführt sind, liegt bei den folgenden Coniferen die Einleitung der Xylembildung zu Beginn der Vegetationsperiode zeitlich vor der des Phloems: *Thuja occidentalis* (Bannan, 1955), *Pseudotsuga menziesii* (Grillos und Smith, 1959; Sisson, 1968) und *Juniperus californica* (Alfieri und Kemp, 1983).

Bei den ringporigen Laubhölzern beginnen Phloem- und Xylembildung mit anschließender Differenzierung nahezu zeitgleich (Tab. 12.3). Dies gilt auch für die Zerstreutporer *Tilia americana* und *Vitis riparia*, die sich von den anderen in Tab. 12.3 aufgeführten Zerstreutporern darin unterscheiden, dass sie eine große Anzahl überwinternder reifer Siebelemente aufweisen; diese bleiben zudem für ein weiteres oder mehrere Jahre funktionstüchtig (Kap. 14). Anders als bei ihren ringporigen Laubholz-Pendants, setzt bei der ringporigen Gymnosperme *Ephedra californica* die Xylembildung und -differenzierung im Frühjahr früher ein als die Phloembildung und -differenzierung (Alfieri und Mottola, 1983).

## 12.7.2 Auch in vielen tropischen Regionen gibt es einen ausgeprägten jahreszeitlichen Aktivitätswechsel des Cambiums

Wie bereits erwähnt (Kap. 11), gibt es jahreszeitlich bedingte Cambiumaktivitätswechsel auch in vielen tropischen Regionen mit ausgeprägten Trockenperioden. Die meisten ausführlichen Untersuchungen zu diesem Thema stammen von Bäumen aus Indien. Tab. 12.5 zeigt einige dieser Ergebnisse. Ein Vergleich mit Ergebnissen über ihre Laubholzpendants der gemäßigten Klimazonen (Tab. 12.2) führt zu einigen aufschlussreichen Befunden: (1) die Cambialaktivität ist in den Tropen im Vergleich zu den gemäßigten Zonen relativ lang; (2) nur *Liquidambar formosana*, eine subtropische Art aus Taiwan, hat nicht über das gesamte Jahr hinweg reife Siebelemente im Phloem; (3) innerhalb der tropischen Zerstreutporer gibt es beträchtliche Zeitunterschiede hinsichtlich der Einleitung der neuen Xylem- und Phloembildung. Bei *Polyalthia* finden sich zwei Phasen der Phloembildung, wobei die eine vor der Xylembildung stattfindet, die andere danach. Bei *Mimusops* und *Delonix* wird die neue Xylembildung vor der Phloembildung eingeleitet und zwar etwa mehr als einen Monat früher bei *Mimusops* und etwa fünf Monate bei *Delonix*; und (4) bei den tropischen Ringporern beginnt die neue Xylem- und Phloembildung sowie die dazugehörige Differenzierung fast zeitgleich, ebenso wie bei den Ringporern der gemäßigten Klimazonen.

Bei einigen tropischen Pflanzenarten teilen sich die Cambialzellen mehr oder weniger kontinuierlich über das ganze Jahr, und die Xylem- und Phloemzellen führen ihre Differenzierung entsprechend durch. Da es oft keine erkennbaren Zuwachszonen gibt, geht man davon aus, dass etwa 75% der Bäume in den Regenwäldern Indiens eine durchgehende Cambialaktivität besitzen (Chowdhuri, 1961). Dieser Prozentsatz verringert sich

**Tab. 12.5** Cambialaktivität und Zeitpunkte der Initiierung von neuer Phloem- (P) und Xylembildung (X) bei einigen tropischen Laubhölzern

| | Jan | Feb | März | Apr | Mai | Juni | Juli | Aug | Sep | Okt | Nov | Dez |
|---|---|---|---|---|---|---|---|---|---|---|---|---|
| *Liquidambar formosana* | | | | * P | X | | | | | | | |
| *Polyalthia longifolia* | | | | | + | P | | X | | P | | |
| *Mimusops elengi* | | | | | + | | X | P | | | | |
| *Delonix regia* | | | | | + | | | X | | P | | |
| *Grewia tiliaefolia*[a] | | | | | R+ P X | | | | | | | |
| *Pterocarya stenoptera*[a] | | | | | + P X | | | | | | | |
| *Tectona grandis*[a] | | | | | P R X | | | | | | | |

a    Ringporige Holzarten

\*    Die ersten funktionstüchtigen Siebelemente gehen aus Phloemmutterzellen hervor, die im Außenbereich des Cambiums überwintern

\+    Phloemmutterzellen (bei *Pterocarya*, teilweise differenzierte Siebelemente) im Randbereich der Cambialzone beginnen sich zu differenzieren

R    Reaktivierung

☐    Ausgereifte Siebelemente nicht ganzjährig vorhanden

▨    Über das ganze Jahr sind einige reife Siebelemente vorhanden

Quellen: *Liquidambar formosana*—Lu and Chang, 1975; *Polyalthia longifolia*—Ghouse and Hashmi, 1978; *Mimusops elengi*—Ghouse and Hashmi, 1980b, 1983; *Delonix regia*—Ghouse and Hashmi, 1980c; *Grewia tiliaefolia*—Deshpande and Rajendrababu, 1985; *Pterocarya stenoptera*—Zhang et al., 1992; *Tectona grandis*—Rao and Dave, 1981; Rajput and Rao, 1998b; Rao and Rajput, 1999.

Beachten Sie: Von den hier aufgeführten Arten hat nur *Liquidambar formosana* nicht über das gesamte Jahr reife Siebelemente. *Polyalthia longifolia* kennzeichnet zwei voneinander getrennte Perioden der Phloembildung. Die Zeitpunkte der Einstellung der Phloem- und Xylembildung sowie ihrer nachfolgenden Differenzierung sind nicht angegeben.

auf 43% im Regenwald des Amazonasbeckens (Mainiere et al., 1983) und auf 15% im Regenwald Malaysias (Koriba, 1958). Bei den Holzgewächsen im Süden Floridas mit einem vorherrschend westindischen Element zeigten 59% der tropischen Arten keine Zuwachszonen, was offenbar auf eine durchgehende Cambialaktivität zurückgeführt werden kann, obwohl das Klima durch deutliche Jahreszeiten gekennzeichnet ist (Tomlinson und Craighead, 1972). Bei einigen tropischen Arten (z. B. *Shorea* spp.; Fujii et al., 1999), deren Cambium über das ganze Jahr aktiv ist, verlangsamt sich jedoch zu bestimmten Jahreszeiten die Zellteilung im Cambium derart, dass im Xylem undeutliche Grenzen zwischen Zuwachszonen angelegt werden. Für tropische Arten mit durchgehender Cambialaktivität gibt es fast keine Informationen über die relativen Zeiten der Phloem- und Xylembildung.

Der jahreszeitliche Verlauf der Cambialaktivität kann auch als Hinweis auf die geographische Herkunft einer Art dienen (Fahn, 1962, 1995; Liphschitz und Lev-Yadun, 1986). Dies wurde anschaulich dargestellt für verschiedene Holzpflanzen des mediterranen Bereichs und der Negev-Wüste in Israel. Die Temperaturbedingungen in diesen Regionen sind so, dass von einer ganzjährigen Cambialaktivität ausgegangen werden kann, vorausgesetzt, dies ist genetisch festgelegt. In den Wüstenregionen wird jedoch die Menge an verfügbarem Bodenwasser zu einem wichtigen Faktor zur Kontrolle der Cambialaktivität. Pflanzen mit gemäßigt mediterraner Herkunft (*Cedrus libani*, *Crataegus azarolus*, *Quercus callipronos*, *Q. ithaburensis*, *Q. boissieri*, *Pistacia lentiscus* und *P. palaestina*), die in Israel angepflanzt wurden, zeigen einen Jahresverlauf der Cambialaktivität mit einer Ruhephase, die ähnlich der ihrer Pendants in den kühleren, nördlich-gemäßigten Klimazonen ist (Fahn, 1995). Zwei Pflanzen australischer Herkunft (*Acacia saligna* und *Eucalyptus camaldulensis*), die ebenfalls im mediterranen Bereich wachsen, halten ihre Cambialaktivität über nahezu das gesamte Jahr aufrecht, wie es auch ihre Pendants auf der Südhalbkugel tun. Pflanzen mit einer Herkunft aus dem Sudan und der arabischen Sahara-Region, die in der Negev-Wüste wachsen, behalten ebenfalls ihre ganzjährige Cambialaktivität bei. Sie können in der Wüste deshalb überleben, weil sie entweder lange Wurzeln ausbilden und in so genannten Wadis wachsen (Flussbett, das mit Ausnahme in der Regenzeit trocken ist) oder sie wachsen in Sanddünen oder Salzmarschen.

Der jahreszeitliche Rhythmus der Cambialaktivität wurde zwischen *Proustia cuneifolia* und *Acacia caven* verglichen, zwei typischen buschartigen Gewächsen des matorralen und semiariden Central-Chiles (Aljaro et al., 1972). *Proustia*, ein bei Trockenheit laubwerfender Busch, zeigt einen für die Wüste typischen Cambialrhythmus, der hoch empfindlich gegenüber Regen ist; seine Cambialaktivität ist auf Perioden mit ausreichendem Niederschlag begrenzt (Fahn, 1964). *Proustia* verliert seine Blätter zu Beginn der Trockenzeit im Frühsommer und bleibt in Ruhephase bis zum Beginn der Regenzeit im Winter. *Acacia* ist eine immergrüne Pflanze, die eine fast ganzjährig andauernde Cambialaktivität aufweist. Die Anpassung bei *Acacia* liegt in der Ausbildung langer Wurzeln, mit deren Hilfe sie Wasser aus tieferen Bereichen verfügbar macht. Obwohl beide Buschgewächse in der gleichen Umgebung wachsen, haben sie unterschiedliche Strategien entwickelt, um unter diesen wüstenhaften Bedingungen zu überleben.

## 12.8 Ursächliche Zusammenhänge in der Cambialaktivität

Einige Aspekte zur Beteiligung von Hormonen an der Cambialaktivität und der Differenzierung seiner Abkömmlinge wurden bereits im vorhergehenden Kapitel erwähnt. Alle fünf größeren Hormongruppen (Auxine, Gibberelline, Cytokinine, Abscisinsäure, Ethylen) kommen im Cambium vor und jede Gruppe ist zu einer bestimmten Zeit in irgendeiner Form an der Kontrolle der Cambialaktivität beteiligt (Savidge, 1993; Little und Pharis, 1995; Ridoutt et al., 1995; Savidge, 2000; Sundberg et al., 2000; Mellerowicz et al., 2001; Helariutta und Bhaleroo, 2003). Aus Experimenten liegen jedoch deutliche Hinweise darauf vor, dass Auxin eine vorherrschende Rolle einnimmt (Kozlowski und Pallardy, 1997).

Jahreszeitlich bedingte Schwankungen in der IES-Konzentration wurden häufig als die primären physiologischen Faktoren bei der Steuerung der Cambialaktivität betrachtet; dabei ist die IES-Biosynthese im Frühjahr in wachsenden Sprossen und sich vergrößernden Blättern für die Reaktivierung der Zellteilungen verantwortlich und abnehmende IES-Konzentrationen im Spätsommer und Herbst für die Einstellung der Cambialaktivität (Savidge und Wareing, 1984; Little und Pharis, 1995). Untersuchungen bei einigen Arten ergaben allerdings Hinweise darauf, dass der Übergang vom aktiven Cambium zum Ruhecambium nicht durch die bloßen Konzentrationen von IES und ABS -deren Wirkung auf die Cambialaktivität als stimulierend und hemmend bekannt ist- geregelt wird; vielmehr scheinen Änderungen in der Empfindlichkeit des Cambiums gegenüber IES eine wichtige Rolle zu spielen (Lachaud, 1989; Lloyd et al., 1996).

Die Einstellung der Cambialaktivität und der Beginn der Ruhephase bei Hölzern der gemäßigten Klimazonen werden durch kürzere Tage und niedrigere Temperaturen induziert (Kozlowski und Pallardy, 1997). Im Spätsommer und Frühherbst sind die kurzen Tage für den Übergang des Cambiums in die erste Phase des Ruhestadiums verantwortlich, in der das Cambium nicht mehr in der Lage ist, auf IES zu reagieren, obwohl vielleicht die übrigen Umgebungsbedingungen ein weiteres Wachstum zulassen würden. Danach tritt das Cambium im frühen Winter in die eigentliche Ruhephase ein, die durch Frost eingeleitet wird. Wenn die Pflanzen in dieser Phase günstigen Umgebungsbedingungen ausgesetzt sind (geeignete Temperaturen und ausreichend Wasser), kann das Ruhecambium auf IES reagieren.

Saccharose spielt eine wichtige Rolle im Metabolismus des Cambiums, das den höchsten Saccharosebedarf während der Phasen mit rasch aufeinanderfolgenden Zellteilungen und schnellem Zellwachstum im Frühjahr und Sommer hat (Sung et al., 1993a, b; Krabel, 2000). Eine an die Plasmamembran gebundene $H^+$-ATPase wurde bei *Populus* spp. in der Cambialzone, in differenzierenden Xylemelementen und in Strahlzellen um ausdifferenzierte Gefäße des ausgereiften Xylems nachgewiesen (Arend et al., 2002). Möglicherweise spielt dieses Enzym, das über Auxin hochreguliert und aktiviert wird, eine Rolle für die Saccharoseaufnahme über einen Symport-Mechanismus in rasch wachsende Cambialzellen (Arend et al., 2002). Während der gesamten Vegetationsperiode bleibt die Saccharose-Synthase das dominierende Enzym im Saccharose-Metabolismus (Sung et al., 1993a, b).

Die Wiedererlangung der Cambialaktivität wurde lange mit dem primären Wachstum der Knospen in Verbindung gebracht. Für viele zerstreutporige Laubhölzer wurde herausgefunden, dass die Cambialaktivität im Allgemeinen unterhalb von anschwellenden Knospen beginnt, von wo sie sich basipetal über die Äste und den Stamm bis zu den Wurzeln ausbreitet. Dagegen erfolgt bei ringporigen Laubhölzern und den Coniferen die Reaktivierung des Cambiums deutlich vor dem Knospenaufbruch bei sehr rascher Ausbreitung über den gesamten Stamm.

Die Unterschiede in ihrem Wachstumsverhalten zwischen zerstreutporigen Laubhölzern einerseits sowie Coniferen und ringporigen Laubhölzern andererseits sind nicht immer eindeutig. So fand sich kein grundlegender Unterschied bei der Reaktivierung des Cambiums zwischen der ringporigen *Quercus robur* und der zerstreutporigen *Fagus sylvatica* (Lachaud und Bonnemain, 1981). Bei beiden Baumarten setzte die Reaktivierung des Cambiums nahe den anschwellenden Knospen ein, um sich dann abwärts in die Äste auszubreiten und schließlich über den gesamten Stamm gleichzeitig zu beginnen. Ähnliche Muster stellte man für die ringporige *Castanea sativa* sowie die zerstreutporigen *Betula verrucosa* und *Acer campestre* fest (Boutin, 1985). Bei der zerstreutporigen *Salix viminalis* findet die Reaktivierung des Cambiums fast zwei Monate vor dem Knospenaufbruch statt (Sennerby-Forsse, 1986). Gelegentliche Berichte über eine nicht basipetal gerichtete Reaktivierung des Cambiums finden sich in der älteren Literatur. So wurde mehrfach von einem gleichzeitigen Einsetzen des radialen Wachstums in vielen Bereichen eines Baumes berichtet, und auch von einem vorrangigen Beginn in älteren Bereichen (Hartig, 1892, 1894; Mer, 1892; Chalk, 1927; Lodewick, 1928; Fahn, 1962). Vielfach erfolgten die Arbeiten auf dem Gebiet des cambialen Wachstums unter dem primären Gesichtspunkt der Holzbildung (Atkinson und Denne, 1988; Suzuki et al., 1996). Da die Holzbildung eine Folge der Cambialaktivität ist, ist es wahrscheinlich, dass viele dieser Berichte über einsetzendes radiales Wachstum eigentlich nur den Beginn der Xylembildung berücksichtigten.

Eine ausführliche Untersuchung über die Initiierung der cambialen Aktivität bei der zerstreutporigen *Tilia americana* ergab, dass der Beginn von Zellteilungen und der Beginn der Ausdifferenzierung der Leitgewebe nicht auf die Bereiche nahe der Knospen beschränkt ist (Deshpande, 1967). Vielmehr setzt die Initiierung gleichzeitig an mehreren verschiedenen Orten des Cambiums in den unterschiedlichsten Baumhöhen ein. Die ersten wenigen Mitosen sind weit verstreut und laufen zudem nicht kontinuierlich ab; da sie an Querschnitten schwierig zu erkennen sind, benötigte man eine große Anzahl von Längsschnitten. Die ersten Zellen teilen sich im Cambium zur selben Zeit wie die Mitoseaktivität in den Knospen einsetzt. Auch die beginnende Differenzierung der neu gebildeten Abkömmlinge des Cambiums zu Xylem- und Phloemelementen geschieht weit verstreut über das ganze Sprosssystem in Bereichen, die gerade „aufgewacht" sind. Jede weitergehende Cambialaktivität wird offenbar über die sich verlängernden Sprosse beeinflusst. Eine bemerkenswerte Beschleunigung der Cambialaktivität findet in einjährigen Sprossbereichen nahe der blattbildenden Knospen statt, und zwar besonders ausgeprägt nahe den Knospenspuren (bud traces). Schon nach kurzer Zeit bildet sich entlang der Sprossachsen hinsichtlich ihrer Cambialaktivität ein Gradient aus, mit höherer Aktivität in einjährigen Sprossabschnitten und jeweils geringerer Aktivität in sukzessive älteren Sprossabschnitten. Allmählich breitet sich dann eine beschleunigte Cambialaktivität auch bis in tiefere Abschnitte des Baumes aus. Was in der Vergangenheit als basipetal gerichtete Initiierung der Cambialaktivität angesehen wurde, sollte eher als basipetal gerichtete Beschleunigung der Cambialaktivität bezeichnet werden.

Dass eine solche Cambialaktivität ohne Auxin oder einen aus den Knospen stammenden Reiz in Gang gesetzt werden kann, wurde durch Untersuchungen nach Ringelung und Rindenisolierung gestützt. In einem neunjährigen *Pinus sylvestris* Stamm, der im Winter geringelt wurde, setzt die Cambialaktivität im darauffolgenden Frühjahr unterhalb der Ringelung ein (Egierszdorff, 1981). Daraus wird abgeleitet, dass im Stamm über den Winter gespeichertes Auxin die Initiierung der Cambialaktivität erlaubt, und zwar unabhängig von der Auxinversorgung von oben. Mit Hilfe der Isolierung runder Rindenbereiche in Brusthöhe bei Stämmen von *Populus tremuloides* (Evert und Kozlowski, 1967) und *Acer saccharum* (Evert et al., 1972) zu verschiedenen Zeiten der Ruhe- und Wachstumsphase konnte ebenfalls gezeigt werden, dass ein von anschwellenden Knospen ausgehender und nach unten gerichteter Reiz nicht zur Initiierung der Cambialaktivität benötigt wird. Bei allen *P. tremuloides*- und bei der Hälfte der *Acer saccharum*-Bäume verhinderte eine Rindenisolierug während der Ruhephase (November, Februar oder März) nicht die Initiierung der Cambialaktivität in den Isolationsbereichen. Dagegen bleibt in den Isolationsbereichen die normale Cambialaktivität wie auch die Entwicklung von Xylem und Phloem aus; dies belegt, dass sowohl die normale Cambiumaktivität als auch die Gewebeentwicklung eine Versorgung mit unmittelbar zuvor an diese Orte transportierten regulativen Substanzen benötigen.

## Literatur

Ajmal, S. und M. Iqbal. 1992. Structure of the vascular cambium of varying age and its derivative tissues in the stem of *Ficus rumphii* Blume. *Bot. J. Linn. Soc.* 109, 211–222.

Alfieri, F. J. und R. F. Evert. 1968. Seasonal development of the secondary phloem in *Pinus. Am. J. Bot.* 55, 518–528.

Alfieri, F. J. und R. F. Evert. 1973. Structure and seasonal development of the secondary phloem in the Pinaceae. *Bot. Gaz.* 134, 17–25.

Alfieri, F. J. und R. I. Kemp. 1983. The seasonal cycle of phloem development in *Juniperus californica. Am. J. Bot.* 70, 891–896.

Alfieri, F. J. und P. M. Mottola. 1983. Seasonal changes in the phloem of *Ephedra californica* Wats. *Bot. Gaz.* 144, 240–246.

Aljaro, M. E., G. Avila, A. Hoffmann und J. Kummerow. 1972. The annual rhythm of cambial activity in two woody species of the Chilean "matorral." *Am. J. Bot.* 59, 879–885.

Anderson, B. J. und R. F. Evert. 1965. Some aspects of phloem development in *Quercus alba. Am. J. Bot.* 52 (Abstr.), 627.

Arend, M. und J. Fromm. 2000. Seasonal variation in the K, Ca and P content and distribution of plasma membrane $H^+$-ATPase in the cambium of *Populus trichocarpa*. In: *Cell and Molecular Biology of Wood Formation*, S. 67–70, R. A. Savidge, J. R. Barnett und R. Napier, Hrsg., BIOS Scientific, Oxford.

Arend, M. und J. Fromm. 2003. Ultrastructural changes in cambial cell derivatives during xylem differentiation in poplar. *Plant Biol.* 5, 255–264.

Arend, M., M. H. Weisenseel, M. Brummer, W. Osswald und J. H. Fromm. 2002. Seasonal changes of plasma membrane $H^+$-ATPase and endogenous ion current during cambial growth in poplar plants. *Plant Physiol.* 129, 1651–1663.

Artschwager, E. 1950. The time factor in the differentiation of secondary xylem and secondary phloem in pecan. *Am. J. Bot.* 37, 15–24.

Atkinson, C. J. und M. P. Denne. 1988. Reactivation of vessel production in ash (*Fraxinus excelsior* L.) trees. *Ann. Bot.* 61, 679–688.

Baïer, M., R. Goldberg, A.-M. Catesson, M. Liberman, N. Bouchemal, V. Michon und C. Hervé du Penhoat. 1994. Pectin changes in samples containing poplar cambium and inner bark in relation to the seasonal cycle. *Planta* 193, 446–454.

Bailey, I. W. 1919. Phenomena of cell division in the cambium of arborescent gymnosperms and their cytological significance. *Proc. Natl. Acad. Sci. USA* 5, 283–285.

Bailey, I. W. 1920a. The cambium and its derivative tissues. II. Size variations of cambial initials in gymnosperms and angiosperms. *Am. J. Bot.* 7, 355–367.

Bailey, I. W. 1920b. The cambium and its derivative tissues. III. A reconnaissance of cytological phenomena in the cambium. *Am. J. Bot.* 7, 417–434.

Bailey, I. W. 1920c. The formation of the cell plate in the cambium of higher plants. *Proc. Natl. Acad. Sci. USA* 6, 197–200.

Bailey, I. W. 1923. The cambium and its derivatives. IV. The increase in girth of the cambium. *Am. J. Bot.* 10, 499–509.

Bannan, M. W. 1951. The annual cycle of size changes in the fusiform cambial cells of *Chamaecyparis* and *Thuja*. *Can. J. Bot.* 29, 421–437.

Bannan, M. W. 1953. Further observations on the reduction of fusiform cambial cells in *Thuja occidentalis* L. *Can. J. Bot.* 31, 63–74.

Bannan, M. W. 1955. The vascular cambium and radial growth in *Thuja occidentalis* L. *Can. J. Bot.* 33, 113–138.

Bannan, M. W. 1956. Some aspects of the elongation of fusiform cambial cells in *Thuja occidentalis* L. *Can. J. Bot.* 34, 175–196.

Bannan, M. W. 1960a. Cambial behavior with reference to cell length and ring width in *Thuja occidentalis* L. *Can. J. Bot.* 38, 177–183.

Bannan, M. W. 1960b. Ontogenetic trends in conifer cambium with respect to frequency of anticlinal division and cell length. *Can. J. Bot.* 38, 795–802.

Bannan, M. W. 1962. Cambial behavior with reference to cell length and ring width in *Pinus strobus* L. *Can. J. Bot.* 40, 1057–1062.

Bannan, M. W. 1968. Anticlinal divisions and the organization of conifer cambium. *Bot. Gaz.* 129, 107–113.

Bannan, M. W. und I. L. Bayly. 1956. Cell size and survival in conifer cambium. *Can. J. Bot.* 34, 769–776.

Barnett, J. R. 1981. Secondary xylem cell development. In: *Xylem Cell Development*, S. 47–95, J. R. Barnett, Hrsg., Castle House, Tunbridge Wells, Kent.

Barnett, J. R. 1992. Reactivation of the cambium in *Aesculus hippocastanum* L.: A transmission electron microscope study. *Ann. Bot.* 70, 169–177.

Boßhard, H. H. 1951. Variabilität der Elemente des Eschenholzes in Funktion von der Kambiumtätigkeit. *Schweiz. Z. Forstwes.* 102, 648–665.

Boutin, B. 1985. Étude de la réactivation cambiale chez un arbre ayant un bois à zones poreuses (*Castanea sativa*) et deux autres au bois à pores diffus (*Betula verrucosa*, *Acer campestre*). *Can. J. Bot.* 63, 1335–1343.

Braun, H. J. 1955. Beiträge zur Entwicklungsgeschichte der Markstrahlen. *Bot. Stud.* 4, 73–131.

Butterfield, B. G. 1972. Developmental changes in the vascular cambium of *Aeschynomene hispida* Willd. *N. Z. J. Bot.* 10, 373–386.

Catesson, A.-M. 1964. Origine, fonctionnement et variations cytologiques saisonnières du cambium de *l'Acer pseudoplatanus* L. (Acéracées). *Ann. Sci. Nat. Bot. Biol. Vég. Sér. 12*, 5, 229–498.

Catesson, A. M. 1974. Cambial cells. In: *Dynamic Aspects of Plant Ultrastructure*, S. 358–390, A. W. Robards, Hrsg., McGraw-Hill, New York.

Catesson, A.-M. 1980. The vascular cambium. In: *Control of Shoot Growth in Trees*, S. 12–40, C. H. A. Little, Hrsg., Maritimes Forest Research Centre, Fredericton, N. B.

Catesson, A.-M. 1984. La dynamique cambiale. *Ann. Sci. Nat. Bot. Biol. Vég. Sér. 13*, 6, 23–43.

Catesson, A. M. 1987. Characteristics of radial cell walls in the cambial zone. A means to locate the so-called initials? *IAWA Bull.* n.s. 8 (Abstr.), 309.

Catesson, A.-M. 1989. Specific characters of vessel primary walls during the early stages of wood differentiation. *Biol. Cell.* 67, 221–226.

Catesson, A. M. 1990. Cambial cytology and biochemistry. In: *The Vascular Cambium*, S. 63–112, M. Iqbal, Hrsg., Research Studies Press, Taunton, Somerset, England.

Catesson, A.-M. 1994. Cambial ultrastructure and biochemistry: Changes in relation to vascular tissue differentiation and the seasonal cycle. *Int. J. Plant Sci*, 155, 251–261.

Catesson, A. M. und J. C. Roland. 1981. Sequential changes associated with cell wall formation and fusion in the vascular cambium. *IAWA Bull.* n.s. 2, 151–162.

Catesson, A. M., R. Funada, D. Robert-Baby, M. Quinet-Szély, J. Chu-Bâ und R. Goldberg. 1994. Biochemical and cytochemical cell wall changes across the cambial zone. *IAWA J.* 15, 91–101.

Chaffey, N. J. 2000. Cytoskeleton, cells walls and cambium: New insights into secondary xylem differentiation. In: *Cell and Molecular Biology of Wood Formation*, S. 31–42, R. A. Savidge, J. R. Barnett und R. Napier, Hrsg., BIOS Scientific, Oxford.

Chaffey, N. und P. W. Barlow. 2000. Actin in the secondary vascular system of woody plants. In: *Actin: A Dynamic Framework for Multiple Plant Cell Functions*, S. 587–600, C. J. Staiger, F. Baluška, D. Volkman und P. W. Barlow. Hrsg., Kluwer Academic, Dordrecht.

Chaffey, N. und P. Barlow. 2002. Myosin, microtubules, and microfilaments: Co-operation between cytoskeletal components during cambial cell division and secondary vascular differentiation in trees. *Planta* 214, 526–536.

Chaffey, N., J. Barnett und P. Barlow. 1997a. Endomembranes, cytoskeleton and cell walls: Aspects of the ultrastructure of the vascular cambium of taproots of *Aesculus hippocastanum* L. (Hippocastanaceae). *Int. J. Plant Sci.* 158, 97–109.

Chaffey, N., J. Barnett und P. Barlow. 1997b. Arrangement of microtubules, but not microfilaments, indicates determination of cambial derivatives. In: *Biology of Root Formation and Development*, S. 52–54, A. Altman and Y. Waisel, Hrsg., Plenum Press, New York.

Chaffey, N. J., P. W. Barlow und J. R. Barnett. 1998. A seasonal cycle of cell wall structure is accompanied by a cyclical rearrangement of cortical microtubules in fusiform cambial cells within taproots of *Aesculus hippocastanum* (Hippocastanaceae). *New Phytol.* 139, 623–635.

Chaffey, N., P. Barlow und J. Barnett. 2000. Structurefunction relationships during secondary phloem development in an angiosperm tree, *Aesculus hippocastanum*: Microtubules and cell walls. *Tree Physiol.* 20, 777–786.

Chaffey, N., P. Barlow und B. Sundberg. 2002. Understanding the role of the cytoskeleton in wood formation in angiosperm trees: Hybrid aspen (*Populus tremula* x *P. tremuloides*) as the model species *Tree Physiol.* 22, 239–249.

Chalk, L. 1927. The growth of the wood of ash (*Fraxinus excelsior* L. and *F. oxycarpa* Willd.) and Douglas fir (*Pseudotsuga Douglasii* Carr.). *Q. J. For.* 21, 102–122.

Cheadle, V. I. und K. Esau. 1964. Secondary phloem of *Liriodendron tulipifera*. *Calif. Univ. Publ. Bot.* 36, 143–252.

Chowdhury, K. A. 1961. Growth rings in tropical trees and taxonomy. *10th Pacific Science Congress Abstr.*, 280.

Cockerham, G. 1930. Some observations on cambial activity and seasonal starch content in sycamore (*Acer pseudo platanus*). *Proc. Leeds Philos. Lit. Soc., Sci. Sect.*, 2, 64–80.

Cumbie, B. G. 1963. The vascular cambium and xylem development in *Hibiscus lasiocarpus*. *Am. J. Bot.* 50, 944–951.

Cumbie, B. G. 1967a. Development and structure of the xylem in *Canavalia* (Leguminosae). *Bull. Torrey Bot. Club* 94, 162–175.

Cumbie, B. G. 1967b. Developmental changes in the vascular cambium in *Leitneria floridana*. *Am. J. Bot.* 54, 414–424.

Cumbie, B. G. 1969. Developmental changes in the vascular cambium of *Polygonum lapathifolium*. *Am. J. Bot.* 56, 139–146.

Cumbie, B. G. 1984. Origin and development of the vascular cambium in *Aeschynomene virginica*. *Bull. Torrey Bot. Club* 111, 42–50.

Dave, Y. S. und K. S. RAO. 1981. Seasonal nuclear behavior in fusiform cambial initials of *Tectona grandis* L. f. *Flora* 171, 299–305.

Davis, J. D. und R. F. Evert. 1968. Seasonal development of the secondary phloem in *Populus tremuloides*. *Bot. Gaz.* 129, 1–8.

Davis, J. D. und R. F. Evert. 1970. Seasonal cycle of phloem development in woody vines. *Bot. Gaz.* 131, 128–138.

Derr, W. F. und R. F. Evert. 1967. The cambium and seasonal development of the phloem in *Robinia pseudoacacia*. *Am. J. Bot.* 54, 147–153.

Deshpande, B. P. 1967. Initiation of cambial activity and its relation to primary growth in *Tilia americana* L. Ph.D. Dissertation. University of Wisconsin, Madison.

Deshpande, B. P. und T. Rajendrababu. 1985. Seasonal changes in the structure of the secondary phloem of *Grewia tiliaefolia*, a deciduous tree from India. *Ann. Bot.* 56, 61–71.

Dodd, J. D. 1948. On the shapes of cells in the cambial zone of *Pinus silvestris* L. *Am. J. Bot.* 35, 666–682.

Egierszdorff, S. 1981. The role of auxin stored in scotch pine trunk during spring activation of cambial activity. *Biol. Plant.* 23, 110–115.

Elliott, J. H. 1935. Seasonal changes in the development of the phloem of the sycamore, *Acer Pseudo Platanus* L. *Proc. Leeds Philos. Lit. Soc., Sci. Sect.*, 3, 55–67.

Ermel, F. F., M.-L. Follet-Gueye, C. Cibert, B. Vian, C. Morvan, A.-M. Catesson und R. Goldberg. 2000. Differential localization of arabinan and galactan side chains of rhamnogalacturonan 1 in cambial derivatives. *Planta* 210, 732–740.

Esau, K. 1977. *Anatomy of Seed Plants*, 2. Aufl. Wiley, New York.

Evert, R. F. 1960. Phloem structure in *Pyrus communis* L. and its seasonal changes. *Univ. Calif. Publ. Bot.* 32, 127–194.

Evert, R. F. 1961. Some aspects of cambial development in *Pyrus communis*. *Am. J. Bot.* 48, 479–488.

Evert, R. F. 1962. Some aspects of phloem development in *Tilia americana*. *Am. J. Bot.* 49 (Abstr.), 659.

Evert, R. F. 1963a. Ontogeny and structure of the secondary phloem in *Pyrus malus*. *Am. J. Bot.* 50, 8–37.

Evert, R. F. 1963b. The cambium and seasonal development of the phloem in *Pyrus malus*. *Am. J. Bot.* 50, 149–159.

Evert, R. F. 1978. Seasonal development of the secondary phloem in *Rhus glabra* L. *Botanical Society of America, Miscellaneous Series*, Publ. 156 (Abstr.), 25.

Evert, R. F. und B. P. Deshpande. 1970. An ultrastructural study of cell division in the cambium. *Am. J. Bot.* 57, 942–961.

Evert, R. F. und T. T. Kozlowski. 1967. Effect of isolation of bark on cambial activity and development of xylem and phloem in trembling aspen. *Am. J. Bot.* 54, 1045–1055.

Evert, R. F., T. T. Kozlowski und J. D. Davis. 1972. Influence of phloem blockage on cambial growth of sugar maple. *Am. J. Bot.* 59, 632–641.

Ewers, F. W. 1982. Secondary growth in needle leaves of *Pinus longaeva* (bristlecone pine) and other conifers: Quantitative data. *Am. J. Bot.* 69, 1552–1559.

Fahn, A. 1962. Xylem structure and the annual rhythm of cambial activity in woody species of the East Mediterranean regions. *News Bull.* [IAWA] 1962/1, 2–6.

Fahn, A. 1964. Some anatomical adaptations of desert plants. *Phytomorphology* 14, 93–102.

Fahn, A. 1995. Seasonal cambial activity and phytogeographic origin of woody plants: A hypothesis. *Isr. J. Plant Sci.* 43, 69–75.

Fahn, A. und E. Werker. 1990. Seasonal cambial activity. In: *The Vascular Cambium*, S. 139–157, M. Iqbal, Hrsg. Research Studies Press, Taunton, Somerset, England.

Farrar, J. J. 1995. Ultrastructure of the vascular cambium of *Robinia pseudoacacia*. Ph.D. Dissertation. University of Wisconsin, Madison.

Farrar, J. J. und R. F. Evert. 1997a. Seasonal changes in the ultrastructure of the vascular cambium of *Robinia pseudoacacia*. *Trees* II, 191–202.

Farrar, J. J. und R. F. Evert. 1997b. Ultrastructure of cell division in the fusiform cells of the vascular cambium of *Robinia pseudoacacia*. *Trees* 11, 203–215.

Follet-Gueye, M. L., F. F. Ermel, B. Vian, A. M. Catesson und R. Goldberg. 2000. Pectin remodelling during cambial derivative differentiation. In: *Cell and Molecular Biology of Wood Formation*, S. 289–294, R. A. Savidge, J. R. Barnett und R. Napier, Hrsg. BIOS Scientific, Oxford.

Forward, D. F. und N. J. Nolan. 1962. Growth and morphogenesis in Canadian forest species. VI. The significance of specific increment of cambial area in *Pinus resinosa* Ait. *Can. J. Bot.* 40, 95–111.

Fujii, T., A. T. Salang und T. Fujiwara. 1999. Growth periodicity in relation to the xylem development in three *Shorea* spp. (Dipterocarpaceae) growing in Sarawak. In: *Tree-ring Analysis: Biological, Methodological and Environmental Aspects*, S. 169–183, R. Wimmer and R. E. Vetter, Hrsg., CABI Publishing, Wallingford, Oxon.

Funada, R. und A. M. Catesson. 1991. Partial cell wall lysis and the resumption of meristematic activity in *Fraxinus excelsior* cambium. *IAWA Bull.* n.s. 12, 439–444.

Funada, R., O. Furusawa, M. Shibagaki, H. Miura, T. Miura, H. Abe und J. Ohtani. 2000. The role of cytoskeleton in secondary xylem differentiation in conifers. In: *Cell and Molecular Biology of Wood Formation*, S. 255–264, R. A. Savidge, J. R. Barnett and R. Napier, Hrsg., BIOS Scientific, Oxford.

Gahan, P. B. 1988. Xylem and phloem differentiation in perspective. In: *Vascular Differentiation and Plant Growth Regulators*, S. 1–21, L. W. Roberts, P. B. Gahan und R. Aloni, Hrsg. Springer-Verlag, Berlin.

Gahan, P. B. 1989. How stable are cambial initials? *Bot. J. Linn. Soc.* 100, 319–321.

Ghouse, A. K. M. und S. Hashmi. 1978. Seasonal cycle of vascular differentiation in *Polyalthia longifolia* (Annonaceae). *Beitr. Biol. Pflanz.* 54, 375–380.

Ghouse, A. K. M. und S. Hashmi. 1980a. Changes in the vascular cambium of *Polyalthia longifolia* Benth. et Hook. (*Annonaceae*) in relation to the girth of the tree. *Flora* 170, 135–143.

Ghouse, A. K. M. und S. Hashmi. 1980b. Seasonal production of secondary phloem and its longevity in *Mimusops elengi* L. *Flora* 170, 175–179.

Ghouse, A. K. M. und S. Hashmi. 1980c. Longevity of secondary phloem in *Delonix regia* Rafin. *Proc. Indian Acad. Sci. B, Plant Sci.* 89, 67–72.

Ghouse, A. K. M. und S. Hashmi. 1983. Periodicity of cambium and of the formation of xylem and phloem in *Mimusops elengi* L., an evergreen member of tropical India. *Flora* 173, 479–487.

Ghouse, A. K. M. und M. I. H. Khan. 1977. Seasonal variation in the nuclear number of fusiform cambial initials in *Psidium guajava* L. *Caryologia* 30, 441–444.

Ghouse, A. K. M. und M. Yunus. 1973. Some aspects of cambial development in the shoots of *Dalbergia sissoo* Roxb. *Flora* 162, 549–558.

Ghouse, A. K. M. und M. Yunus. 1974. The ratio of ray and fusiform initials in some woody species of the Ranalian complex. *Bull. Torrey Bot. Club* 101, 363–366.

Ghouse, A. K. M. und M. Yunus. 1976. Ratio of ray and fusiform initials in the vascular cambium of certain leguminous trees. *Flora* 165, 23–28.

Goosen-de Roo, L. 1981. Plasmodesmata in the cambial zone of *Fraxinus excelsior* L. *Acta Bot. Neerl.* 30, 156.

Goosen-de Roo, L., C. J. Venverloo und P. D. Burggraaf. 1980. Cell division in highly vacuolated plant cells. In: *Electron Microscopy 1980*, vol. 2, *Biology: Proc. 7th Eur. Congr. Electron Microsc.*, S. 232–233. Hague, The Netherlands.

Goosen-de Roo, L., R. Bakhuizen, P. C. van Spronsen und K. R. Libbenga. 1984. The presence of extended phragmosomes containing cytoskeletal elements in fusiform cambial cells of *Fraxinus excelsior* L. *Protoplasma* 122, 145–152.

Gregory, R. A. 1977. Cambial activity and ray cell abundance in *Acer saccharum*. *Can J. Bot.* 55, 2559–2564.

Gregory, R. A. und B. F. Wilson. 1968. A comparison of cambial activity of white spruce in Alaska and New England. *Can. J. Bot.* 46, 733–734.

Grillos, S. J. und F. H. Smith. 1959. The secondary phloem of Douglas fir. *For. Sci.* 5, 377–388.

Guglielmino, N., M. Liberman, A. M. Catesson, A. Mareck, R. Prat, S. Mutaftschiev und R. Goldberg. 1997A. Pectin methylesterases from poplar cambium and inner bark: Localization, properties and seasonal changes. *Planta* 202, 70–75.

Guglielmino, N., M. Liberman, A. Jauneau, B. Vian, A. M. Catesson und R. Goldberg. 1997b. Pectin immunolocalization and calcium visualization in differentiating derivatives from poplar cambium. *Protoplasma* 199, 151–160.

Harris, J. M. 1989. *Spiral Grain and Wave Phenomena in Wood Formation.* Springer-Verlag, Berlin.

Hartig, R. 1892. Ueber Dickenwachsthum und Jahrringbildung. *Bot. Z.* 50, 176–180, 193–196.

Hartig, R. 1894. Untersuchungen über die Entstehung und die Eigenschaften des Eichenholzes. *Forstlich-Naturwiss. Z.* 3, 1–13, 49–68, 172–191, 193–203.

Hashmi, S. und A. K. M. Ghouse. 1978. On the nuclear number of the fusiform initials of *Polyalthia longifolia* Benth. and Hook. *J. Indian Bot. Soc.* 57 (suppl.; Abstr.), 24.

Hejnowicz, Z. 1961. Anticlinal divisions, intrusive growth, and loss of fusiform initials in nonstoried cambium. *Acta Soc. Bot. Pol.* 30, 729–748.

Hejnowicz, Z. 1971. Upward movement of the domain pattern in the cambium producing wavy grain in *Picea excelsa*. *Acta Soc. Bot. Pol.* 40, 499–512.

Hejnowicz, Z. und J. Krawczyszyn. 1969. Oriented morphogenetic phenomena in cambium of broadleaved trees. *Acta Soc. Bot. Pol.* 38, 547–560.

Hejnowicz, Z. und B. Zagórska-Marek. 1974. Mechanism of changes in grain inclination in wood produced by storeyed cambium. *Acta Soc. Bot. Pol.* 43, 381–398.

Helariutta, Y. und R. Bhalerao. 2003. Between xylem and phloem: The genetic control of cambial activity in plants. *Plant Biol.* 5, 465–472.

Imagawa, H. und S. Ishida. 1972. Study on the wood formation in trees. Report III. Occurrence of the overwintering cells in cambial zone in several ring-porous trees. *Res. Bull. Col. Exp. For. Hokkaido Univ.* (*Enshurin Kenkyu hohoku*) 29, 207–221.

Iqbal, M. und A. K. M. Ghouse. 1979. Anatomical changes in *Prosopis spicigera* with growing girth of stem. *Phytomorphology* 29, 204–211.

Iqbal, M. und A. K. M. Ghouse. 1987. Anatomy of the vascular cambium of *Acacia nilotica* (L.) Del. var. *telia* Troup (Mimosaceae) in relation to age and season. *Bot. J. Linn. Soc.* 94, 385–397.

Isebrands, J. G. und P. R. Larson. 1973. Some observations on the cambial zone in cottonwood. *IAWA Bull.* 1973/3, 3–11.

Khan, K. K., Z. Ahmad und M. Iqbal. 1981. Trends of ontogenetic size variation of cambial initials and their derivatives in the stem of *Bauhinia parviflora* Vahl. *Bull. Soc. Bot. Fr. Lett. Bot.* 128, 165–175.

Khan, M. I. H., T. O. Siddiqi und A. H. Khan. 1983. Ontogenetic changes in the cambial structure of *Citrus sinensis* L. *Flora* 173, 151–158.

Kitin, P., Y. Sano und R. Funada. 2002. Fusiform cells in the cambium of *Kalopanax pictus* are exclusively mononucleate. *J. Exp. Bot.* 53, 483–488.

Koriba, K. 1958. On the periodicity of tree-growth in the tropics, with reference to the mode of branching, the leaf-fall, and the formation of the resting bud. *Gardens' Bull. Straits Settlements* 17, 11–81.

Kozlowski, T. T. und S. G. Pallardy. 1997. *Growth Control in Woody Plants.* Academic Press, San Diego.

Krabel, D. 2000. Influence of sucrose on cambial activity. In: *Cell and Molecular Biology of Wood Formation*, S. 113–125, R. A. Savidge, J. R. Barnett und R. Napier, Hrsg., BIOS Scientific, Oxford.

Krawczyszyn, J. 1977. The transition from nonstoried to storied cambium in *Fraxinus excelsior*. I. The occurrence of radial anticlinal divisions. *Can J. Bot.* 55, 3034–3041.

Krawczyszyn, J. und J. A. Romberger. 1979. Cyclical cell length changes in wood in relation to storied structure and interlocked grain. *Can. J. Bot.* 57, 787–794.

Kuroda, H. und S. Sagisaka. 1993. Ultrastructural changes in cortical cells of apple (*Malus pumila* Mill.) associated with cold hardiness. *Plant Cell Physiol.* 34, 357–365.

Lachaud, S. 1989. Participation of auxin and abscisic acid in the regulation of seasonal variations in cambial activity and xylogenesis. *Trees* 3, 125–137.

Lachaud, S. und J.-L. Bonnemain. 1981. Xylogenèse chez les Dicotylédones arborescentes. I. Modalités de la remise en activité du cambium et de la xylogenèse chez les Hêtres et les Chênes âgés. *Can. J. Bot.* 59, 1222–1230.

Lachaud, S., A.-M. Catesson und J.-L. Bonnemain. 1999. Structure and functions of the vascular cambium. *C.R. Acad. Sci. Paris, Sci. de la Vie* 322, 633–650.

Larson, P. R. 1994. *The Vascular Cambium: Development and Structure.* Springer-Verlag. Berlin.

Lawton, J. R. 1976. Seasonal variation in the secondary phloem from the main trunks of willow and sycamore trees. *New Phytol.* 77, 761–771.

Liphschitz, N. und S. Lev-Yadun. 1986. Cambial activity of evergreen and seasonal dimorphics around the Mediterranean. *IAWA Bull.* n.s. 7, 145–153.

Liphschitz, N., S. Lev-Yadun und Y. Waisel. 1981. The annual rhythm of activity of the lateral meristems (cambium and phellogen) in *Cupressus sempervirens* L. *Ann. Bot.* 47, 485–496.

Little, C. H. A. und R. P. Pharis. 1995. Hormonal control of radial and longitudinal growth in the tree stem. In: *Plant Stems: Physiology and Functional Morphology*, S. 281–319, B. L. Gartner, Hrsg., Academic Press, San Diego.

Lloyd, A. D., E. J. Mellerowicz, R. T. Riding und C. H. A. Little. 1996. Changes in nuclear genome size and relative ribosomal RNA gene content in cambial region cells of *Abies balsamea* shoots during the development of dormancy. *Can. J. Bot.* 74, 290–298.

Lodewick, J. E. 1928. *Seasonal activity of the cambium in some northeastern trees.* Bull. N.Y. State Col. For. Syracuse Univ. Tech. Publ. No. 23.

Lu, C.-Y. und S.-H. T. Chang. 1975. Seasonal activity of the cambium in the young branch of *Liquidambar formosana* Hance. *Taiwania* 20, 32–47.

Mahmood, A. 1968. Cell grouping and primary wall generations in the cambial zone, xylem, and phloem in *Pinus*. *Aust. J. Bot.* 16, 177–195.

Mahmood, A. 1990. The parental cell walls. In: *The Vascular Cambium*, S. 113–126, M. Iqbal, Hrsg. Research Studies Press, Taunton, Somerset, England.

Mainiere, C., J. P. Chimelo und V. A. Alfonso. 1983. *Manual de identificação das principais madeiras comerciais brasileiras*. Ed. Promocet., Publicação IPT 1226, São Paulo.

Mellerowicz, E. J., R. T. Riding und C. H. A. Little. 1989. Genomic variability in the vascular cambium of *Abies balsamea*. *Can. J. Bot.* 67, 990–996.

Mellerowicz, E. J., R. T. Riding und C. H. A. Little. 1990. Nuclear size and shape changes in fusiform cambial cells of *Abies balsamea* during the annual cycle of activity and dormancy. *Can J. Bot.* 68, 1857–1863.

Mellerowicz, E. J., R. T. Riding und C. H. A. Little. 1992. Periodicity of cambial activity in *Abies balsamea*. II. Effects of temperature and photoperiod on the size of the nuclear genome in fusiform cambial cells. *Physiol. Plant.* 85, 526–530.

Mellerowicz, E. J., R. T. Riding und C. H. A. Little. 1993. Nucleolar activity in the fusiform cambial cells of *Abies balsamea* (Pinaceae): Effect of season and age. *Am. J. Bot.* 80, 1168–1174.

Mellerowicz, E. J., M. Baucher, B. Sundberg und W. Boerjan. 2001. Unravelling cell wall formation in the woody dicot stem. *Plant Mol. Biol.* 47, 239–274.

Mer, E. 1892. Reveil et extinction de l'activité cambiale dans les arbres. *C.R. Séances Acad. Sci.* 114, 242–245.

Micheli, F., M. Bordenave und L. Richard. 2000. Pectin methylesterases: Possible markers for cambial derivative differentiation? In: *Cell and Molecular Biology of Wood Formation*, S. 295–304, R. A. Savidge, J. R. Barnett und R. Napier, Hrsg., BIOS Scientific, Oxford.

Murmanis, L. 1970. Locating the initial in the vascular cambium of *Pinus strobus* L. by electron microscopy. *Wood Sci. Technol.* 4, 1–14.

Murmanis, L. 1977. Development of vascular cambium into secondary tissue of *Quercus rubra* L. *Ann. Bot.* 41, 617–620.

Murmanis, L. und I. B. Sachs. 1969. Seasonal development of secondary xylem in *Pinus strobus* L. *Wood Sci. Technol.* 3, 177–193.

Newman, I. V. 1956. Pattern in meristems of vascular plants—1. Cell partition in the living apices and in the cambial zone in relation to the concepts of initial cells and apical cells. *Phytomorphology* 6, 1–19.

Oribe, Y., R. Funada, M. Shibagaki und T. Kubo. 2001. Cambial reactivation in locally heated stems of the evergreen conifer *Abies sachalinensis* (Schmidt) Masters. *Planta* 212, 684–691.

Paliwal, G. S. und N. V. S. R. K. Prasad. 1970. Seasonal activity of cambium in some tropical trees. I. *Dalbergia sissoo*. *Phytomorphology* 20, 333–339.

Paliwal, G. S. und L. M. Srivastava. 1969. The cambium of *Aleuosmia*. *Phytomorphology* 19, 5–8.

Paliwal, G. S., V. S. Sajwan und N. V. S. R. K. Prasad. 1974. Seasonal variations in the size of the cambial initials in *Polyalthia longifolia*. *Curr. Sci.* 43, 620–621.

Paliwal, G. S., N. V. S. R. K. Prasad, V. S. Sajwan und S. K. Aggarwal. 1975. Seasonal activity of cambium in some tropical trees. II. *Polyalthia longifolia*. *Phytomorphology* 25, 478–484.

Patel, J. D. 1975. Occurrence of multinucleate fusiform initials in *Solanum melongea* L. *Curr. Sci.* 44, 516–517.

Philipson, W. R., J. M. Ward und B. G. Butterfield. 1971. *The Vascular Cambium: Its Development and Activity*. Chapman and Hall, London.

Pomparat, M. 1974. Étude des variations de la longueur des trachéides de la tige et de la racine du *Pin maritime* au cours de l'année: Influence des facteurs édaphiques sur l'activité cambiale. Ph.D. Thèse. Université de Bordeaux.

Rajput, K. S. und K. S. Rao. 1998A. Occurrence of intercellular spaces in cambial rays. *Isr. J. Plant Sci.* 46, 299–302.

Rajput, K. S. und K. S. Rao. 1998B. Seasonal anatomy of secondary phloem of teak (*Tectona grandis* L. Verbenaceae) growing in dry and moist deciduous forests. *Phyton (Horn)* 38, 251–258.

Rajput, K. S. und K. S. Rao. 2000. Cambial activity and development of wood in *Acacia nilotica* (L.) Del. growing in different forests of Gujarat State. *Flora* 195, 165–171.

Rao, K. S. 1985. Seasonal ultrastructural changes in the cambium of *Aesculus hippocastanum* L. *Ann. Sci. Nat. Bot. Biol. Vég., Sér 13*, 7, 213–228.

Rao, K. S. 1988. Cambial activity and developmental changes in ray initials of some tropical trees. *Flora* 181, 425–434.

Rao, K. S. und Y. S. Dave. 1981. Seasonal variations in the cambial anatomy of *Tectona grandis* (Verbenaceae). *Nord. J. Bot.* 1, 535–542.

Rao, K. S. und K. S. Rajput. 1999. Seasonal behaviour of vascular cambium in teak (*Tectona grandis*) growing in moist deciduous and dry deciduous forests. *IAWA J.* 20, 85–93.

Rensing, K. H. und A. L. Samuels. 2004. Cellular changes associated with rest and quiescence in winter-dormant vascular cambium of *Pinus contorta*. *Trees* 18, 373–380.

Rensing, K. H., A. L. Samuels und R. A. Savidge. 2002. Ultrastructure of vascular cambial cell cytokinesis in pine seedlings preserved by cryofixation and substitution. *Protoplasma* 220, 39–49.

Ridoutt, B. G. und R. Sands. 1993. Within-tree variation in cambial anatomy and xylem cell differentiation in *Eucalyptus globulus*. *Trees* 8, 18–22.

Ridoutt, B. G., R. P. Pharis und R. Sands. 1995. Identification and quantification of cambial region hormones of *Eucalyptus globulus*. *Plant Cell Physiol.* 36, 1143–1147.

Roland, J.-C. 1978. Early differences between radial walls and tangential walls of actively growing cambial zone. *IAWA Bull.* 1978/1, 7–10.

Sagisaka, S., M. Asada und Y. H. Ahn. 1990. Ultrastructure of poplar cortical cells during the transition from growing to wintering stages and vice versa. *Trees* 4, 120–127.

Sanio, K. 1873. Anatomie der gemeinen Kiefer (*Pinus silvestris* L.). II. 2. Entwickelungsgeschichte der Holzzellen. *Jahrb. Wiss. Bot.* 9, 50–126.

Savidge, R. A. 1993. Formation of annual rings in trees. In: *Oscillations and Morphogenesis*, S. 343–363, L. Rensing, Hrsg. Dekker, New York.

Savidge, R. A. 2000. Biochemistry of seasonal cambial growth and wood formation – An overview of the challenges. In: *Cell and Molecular Biology of Wood Formation*, S. 1–30, R. A. Savidge, J. R. Barnett und R. Napier, Hrsg., BIOS Scientific, Oxford.

Savidge, R. A. und P. F. Wareing. 1984. Seasonal cambial activity and xylem development in *Pinus contorta* in relation to endogenous indol-3-yl-acetic and (S)-abscisic acid levels. *Can. J. For. Res.* 14, 676–682.

Sennerby-Forsse, L. 1986. Seasonal variation in the ultrastructure of the cambium in young stems of willow (*Salix viminalis*) in relation to phenology. *Physiol. Plant.* 67, 529–537.

Sennerby-Forsse, L. und H. A. von Fircks. 1987. Ultrastructure of cells in the cambial region during winter hardening and spring dehardening in *Salix dasyclados* Wim. grown at two nutrient levels. *Trees* 1, 151–163.

Sharma, H. K., D. D. Sharma und G. S. Paliwal. 1979. Annual rhythm of size variations in cambial initials of *Azadirachta indica* A. Juss. *Geobios* 6, 127–129.

Shtromberg, A. Ya. 1959. Cambium activity in leaves of several woody dicotyledenous plants. *Dokl. Akad. Nauk SSSR* 124, 699–702.

Sisson, W. E., Jr. 1968. Cambial divisions in *Pseudotsuga menziesii*. *Am. J. Bot.* 55, 923–926.

Strasburger, E. 1891. *Ueber den Bau und die Verrichtungen der Leitungsbahnen in den Pflanzen. Histologische Beiträge*, Heft 3. Gustav Fischer, Jena.

Sundberg, B., C. Uggla und H. Tuominen. 2000. *Cambial growth and auxin gradients.* In: *Cell and Molecular Biology of Wood Formation*, S. 169–188, R. A. Savidge, J. R. Barnett und R. Napier, Hrsg., BIOS Scientific, Oxford.

Sung, S.-J. S., P. P. Kormanik und C. C. Black. 1993a. Vascular cambial sucrose metabolism and growth in loblolly pine (*Pinus taeda* L.) in relation to transplanting trees. *Tree Physiol.* 12, 243–258.

Sung, S.-J. S., P. P. Kormanik und C. C. Black. 1993b. Understanding sucrose metabolism and growth in a developing sweetgum plantation. In: *Proc. 22nd Southern Forest Tree Improvement Conference*, June 14–17, 1993, S. 114–123. Sponsored Publ. No. 44 of the Southern Forest Tree Improvement Committee.

Suzuki, M., K. Yoda und H. Suzuki. 1996. Phenological comparison of the onset of vessel formation between ring-porous and diffuse-porous deciduous trees in a Japanese temperate forest. *IAWA J.* 17, 431–444.

Tepper, H. B. und C. A. Hollis. 1967. Mitotic reactivation of the terminal bud and cambium of white ash. *Science* 156, 1635–1636.

Timell, T. E. 1980. Organization and ultrastructure of the dormant cambial zone in compression wood of *Picea abies*. *Wood Sci. Technol.* 14, 161–179.

Tomlinson, P. B. und F. C. Craighead Sr. 1972. Growth-ring studies on the native trees of sub-tropical Florida. In: *Research Trends in Plant Anatomy—K.A. Chowdhury Commemoration Volume*, S. 39–51, A. K. M. Ghouse and Mohd Yunus, Hrsg. Tata McGraw-Hill, Bombay.

Tucker, C. M. 1968. Seasonal phloem development in *Ulmus americana*. *Am. J. Bot.* 55 (Abstr.), 716.

Tucker, C. M. und R. F. Evert. 1969. Seasonal development of the secondary phloem in *Acer negundo*. *Am. J. Bot.* 56, 275–284.

Venugopal, N. und K. V. Krishnamurthy. 1989. Organisation of vascular cambium during different seasons in some tropical timber trees. *Nord. J. Bot.* 8, 631–638.

Villalba, R. und J. A. Boninsegna. 1989. Dendrochronological studies on *Prosopis flexuosa* DC. *IAWA Bull.* n.s. 10, 155–160.

Waisel, Y., I. Noah und A. Fahn. 1966. Cambial activity in *Eucalyptus camaldulensis* Dehn.: II. The production of phloem and xylem elements. *New Phytol.* 65, 319–324.

Wilcox, H., F. J. Czabator, G. Girolami, D. E. Moreland und R. F. Smith. 1956. *Chemical debarking of some pulpwood species.* State Univ. N.Y. Col. For. Syracuse. Tech. Publ. 77.

Wilson, B. F. 1963. Increase in cell wall surface area during enlargement of cambial derivatives in *Abies concolor*. *Am. J. Bot.* 50, 95–102.

Wisniewski, M. und E. N. Ashworth. 1986. A comparison of seasonal ultrastructural changes in stem tissues of peach (*Prunus persica*) that exhibit contrasting mechanisms of cold hardiness. *Bot. Gaz.* 147, 407–417.

Włoch, W. 1976. Cell events in cambium, connected with the formation and existence of a whirled cell arrangement. *Acta Soc. Bot. Pol.* 45, 313–326.

Włoch, W. 1981. Nonparallelism of cambium cells in neighboring rows. *Acta Soc. Bot. Pol.* 50, 625–636.

Włoch, W. T. 1989. Chiralne zderzenia komórkowe i wzór domenowy w kambium lipy (Chiral cell events and domain pattern in the cambium of lime). Dr. Hab. Univ. Śląski w Katowicach.

Włoch, W. und E. Polap. 1994. The intrusive growth of initial cells in re-arrangement of cells in cambium of *Tilia cordata* Mill. *Acta Soc. Bot. Pol.* 63, 109–116.

Włoch, W. und W. Szendera. 1992. Observation of changes of cambial domain patterns on the basis of primary ray development in *Fagus silvatica* L. *Acta Soc. Bot. Pol.* 61, 319–330.

Włoch, W. und B. Zagórska-Marek. 1982. Reconstruction of storeyed cambium in the linden. *Acta Soc. Bot. Pol.* 51, 215–228.

Włoch, W., J. Karczewski und B. Ogrodnik. 1993. Relationship between the grain pattern in the wood, domain pattern and pattern of growth activity in the storeyed cambium of trees. *Trees* 7, 137–143.

Włoch, W., E. Mazur und P. Kojs. 2001. Intensive change of inclination of cambial initials in *Picea abies* (L.) Karst. tumours. *Trees* 15, 498–502.

Zagórska-Marek, B. 1984. Pseudotransverse divisions and intrusive elongation of fusiform initials in the storeyed cambium of *Tilia*. *Can. J. Bot.* 62, 20–27.

Zagórska-Marek, B. 1995. Morphogenetic waves in cambium and figured wood formation. In: *Encyclopedia of Plant Anatomy* Band 9, Teil 4, *The Cambial Derivatives*, S. 69–92, M. Iqbal, Hrsg., Gebrüder Borntraeger, Berlin.

Zasada, J. C. und R. Zahner. 1969. Vessel element development in the earlywood of red oak (*Quercus rubra*). *Can. J. Bot.* 47, 1965–1971.

Zhang, Z.-J., Z.-R. Chen, J.-Y. Lin und Y.-T. Zhang. 1992. Seasonal variations of secondary phloem development in *Pterocarya stenoptera* and its relation to feeding of *Kerria yunnanensis*. *Acta Bot. Sin.* (*Chih wu hsüeh pao*) 34, 682–687.

# Kapitel 13
# Phloem: Zelltypen und Aspekte der Entwicklung

Das Phloem ist bekanntlich das Hauptleitgewebe für Nährstoffe der Gefäßpflanzen. Darüber hinaus spielt es aber noch eine viel größere Rolle im Leben einer Pflanze. Außer Zuckern wird eine Vielzahl verschiedener Substanzen im Phloem transportiert, wie beispielsweise Aminosäuren, Mikronährstoffe, Lipide (meist in Form von Fettsäuren; Madey et al., 2002), Hormone (Baker, 2000), das Blühhormon Florigen (Hoffmann-Benning et al., 2002) und zahlreiche Proteine und RNAs (Schobert et al., 1998), von denen einige – neben Hormonen, Blühhormon und Saccharose (Chiou und Bush, 1998; Lalonde et al.,1999) – als Informations- oder Signalmoleküle dienen (Ruiz-Medrano et al., 2001). Der Begriff „Superinformations-Highway" (Jorgensen et al., 1998) ist hier zutreffend, weil das Phloem eine wichtige Rolle bei der Kommunikation zwischen den einzelnen Organen und der Koordination von Wachstumsprozessen innerhalb der Pflanze spielt. Die Signalvermittlung über lange Strecken erfolgt hauptsächlich durch das Phloem (Crawford und Zambryski, 1999; Thompson und Schulz, 1999; Ruiz-Medrano et al., 2001; van Bel und Gaupels, 2004). Außerdem transportiert das Phloem große Mengen an Wasser und dient

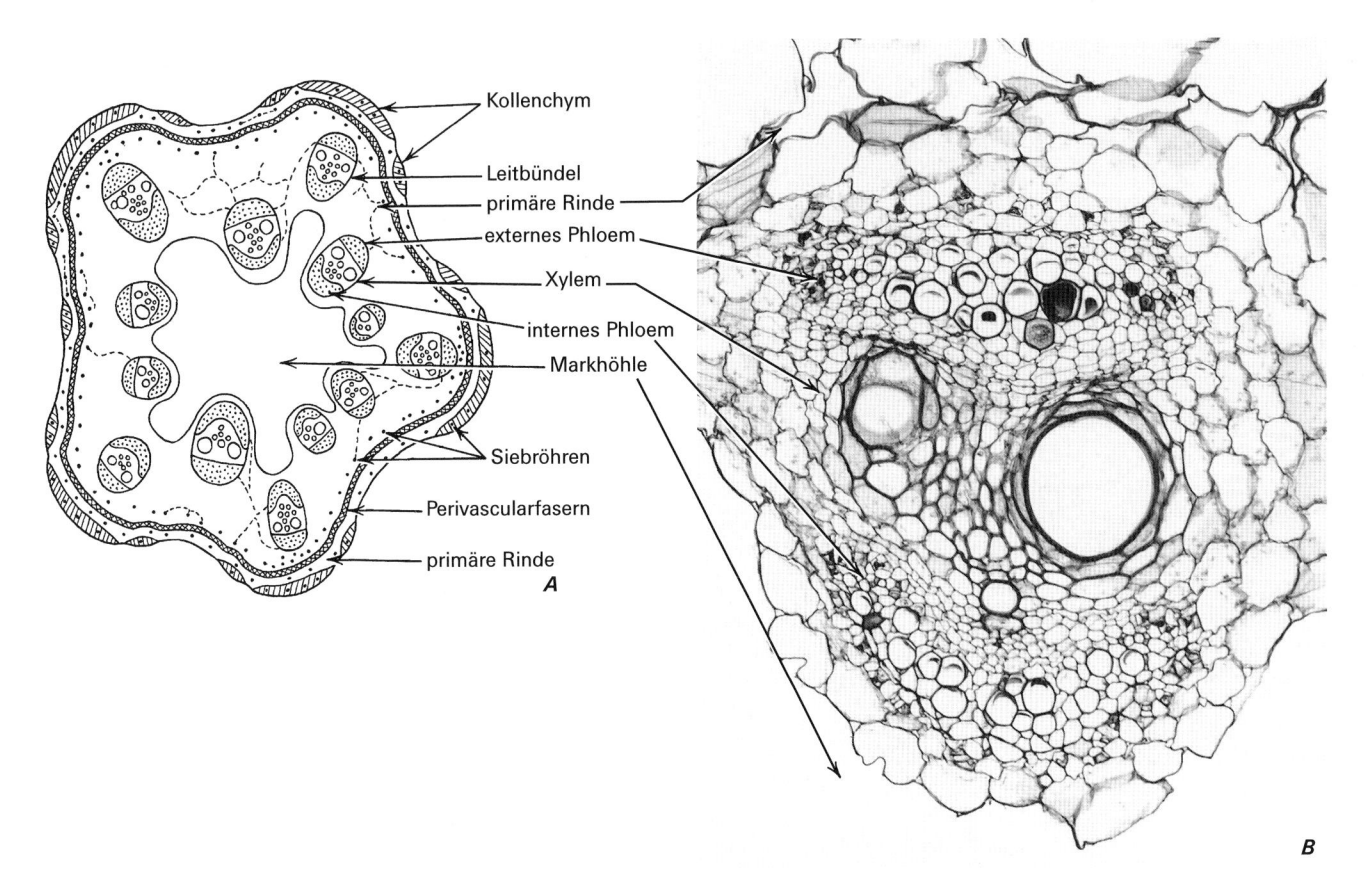

**Abb. 13.1** **A**, Querschnitt durch eine Sprossachse von *Cucurbita*. Krautige Rankpflanze mit einzelnen Leitbündeln, in denen das Phloem beiderseits des Xylems liegt (bicollaterale Leitbündel). Die Leitbündelregion wird nach außen hin durch Sklerenchym begrenzt (Perivascularfasern). Die primäre Rinde besteht aus Parenchym und Kollenchym und wird von einer Epidermis nach außen begrenzt. Das Mark ist hier durch eine Markhöhle ersetzt. Schmale Stränge extrafascicularer Siebröhren und Geleitzellen durchziehen das Parenchym der Leitbündelregion und der Rinde. **B**, Querschnitt durch ein Leitbündel von *Cucurbita* zeigt das externe und interne Phloem. Das Cambium entsteht im typischen Fall zwischen dem externen Phloem und dem Xylem, aber nicht zwischen internem Phloem und Xylem. (A, x8; B, x130.)

als Hauptwasserquelle für Früchte, junge Blätter und Speicherorgane wie z. B. Knollen (Ziegler, 1963; Pate, 1975; Lee, 1989, 1990; Araki et al., 2004; Nerd und Neumann, 2004).

Innerhalb des Leitgewebesystems ist das Phloem räumlich eng mit dem Xylem assoziiert (Abb. 13.1) und wird – ähnlich wie das Xylem – in primär und sekundär unterteilt. Diese Einteilung bezieht sich auf den Zeitpunkt der Entstehung der beiden Gewebe während der Entwicklung der gesamten Pflanze oder eines Organs. Das **primäre Phloem** wird im Embryo oder jungen Keimling angelegt (Gahan, 1988; Busse und Evert, 1999). Während der Entwicklung des primären Pflanzenkörpers wird es ständig vermehrt und schließt seine Entwicklung ab, sobald der primäre Pflanzenkörper seine endgültige Struktur erreicht hat. Das primäre Phloem differenziert sich aus dem Procambium. Das **sekundäre Phloem** (Kapitel 14) entsteht aus dem Cambium (*vascular cambium*) und spiegelt die Struktur dieses Meristems durch den Besitz eines axialen und radialen Systems wider. Die Phloemstrahlen sind durch das Cambium mit den Xylemstrahlen kontinuierlich verbunden und bilden einen radialen Transportweg für Substanzen zwischen den beiden Leitgeweben.

Im Allgemeinen liegt das Phloem extern vom Xylem in Sprossachse und Wurzel oder abaxial (auf der Unterseite) in Blättern und blattähnlichen Organen. Bei vielen eudicotylen Pflanzenfamilien (z. B. Apocynaceae, Asclepiadaceae, Convolvulaceae, Cucurbitaceae, Myrtaceae, Solanaceae, Asteraceae) befindet sich ein Teil des Phloems auch auf der anderen Seite des Xylems (Abb. 13.1). Diese beiden Phloemtypen bezeichnet man als **externes** Phloem und **internes** beziehungsweise **intraxylares** Phloem. Das interne Phloem ist größtenteils primäres Gewebe (bei einigen perennierenden Arten verzögert sich der Zuwachs bis ins sekundäre Wachstumsstadium der Sprossachse) und beginnt sich später zu differenzieren als das externe Phloem, gewöhnlich auch später als das Protoxylem (Esau, 1969). Eine besondere Ausnahme bilden die kleinsten Blattadern (Feinnerven; *minor veins*) in Blättern von *Cucurbita pepo*, bei denen sich das adaxiale (auf der Oberseite) Phloem vor dem abaxialen Phloem differenziert (Turgeon und Webb, 1976). Bei bestimmten Pflanzenfamilien (z. B. Amaranthaceae, Chenopodiaceae, Nyctaginaceae, Salvadoraceae) bildet das Cambium in Sprossachsen, zusätzlich zu dem nach außen abgegebenen Phloem und nach innen abgegebenen Xylem, regelmäßig einige Phloemstränge oder -schichten nach innen hin, so dass die Phloemstränge in das Xylem eingebettet werden. Solche Phloemstränge bezeichnet man als **eingeschlossenes Phloem** oder **interxylares Phloem**.

Bei vielen Samenpflanzenarten sind Siebröhren üblich, die laterale Verbindungen zu anderen Siebröhren des primären Phloems in parallelen längs verlaufenden Leitbündeln von Internodien oder Blattstielen knüpfen (Abb. 13.1A und 13.2; Aloni und Sachs, 1973; Oross und Lucas, 1985; McCauley und Evert, 1988; Aloni und Barnett, 1996). Diese so genannten **Phloemanastomosen** verbinden auch das interne mit dem externen Phloem der Sprossachsen (Esau, 1938; Fukuda, 1967;

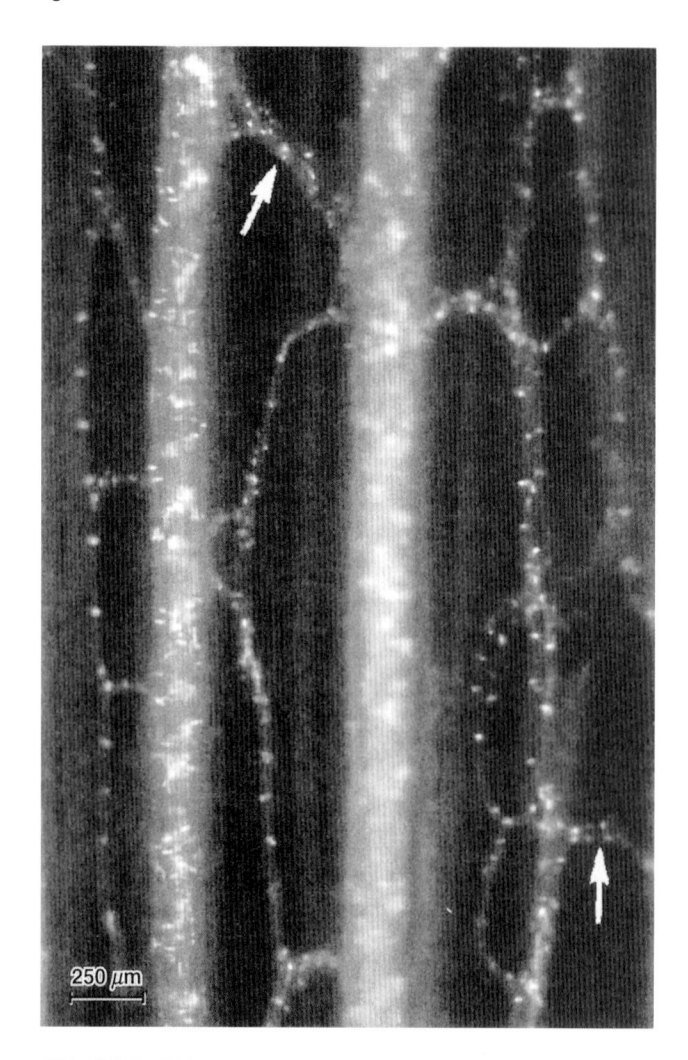

**Abb. 13.2** Phloemanastomosen (zwei sind mit Pfeilen markiert) in einem dicken Schnitt durch das Internodium von *Dahlia pinnata* nach Aufhellen und Anfärben mit Anilinblau. Die Aufnahme wurde mit einem Epifluoreszenzmikroskop gemacht. Die zahlreichen weißen Punkte zeigen die Lokalisation von Callose, die in den lateralen Siebfeldern und den Siebplatten der Siebröhren vorkommt. Man erkennt hier zwei Längsbündel, die durch Phloemanastomosen miteinander verbunden sind. Bei *Dahlia* gibt es ungefähr 3000 Phloemanastomosen pro Internodium (Mit freundlicher Genehmigung von Roni Aloni.)

Bonnemain, 1969) sowie das adaxiale mit dem abaxialen Phloem der Blätter (Artschwager, 1918; Hayward, 1938; McCauley und Evert, 1988). Eine Untersuchung über die funktionelle Bedeutung der Phloemanastomosen in Stängeln von *Dahlia pinnata* (Aloni und Peterson, 1990) hat gezeigt, dass die Phloemanastomosen unter normalen Bedingungen nicht funktionstüchtig sind. Erst wenn die Längsbündel verletzt wurden, begannen die Anastomosen mit dem Transport. Man hat daraus gefolgert, dass Anastomosen in *Dahlia*-Internodien, obwohl sie funktionsfähig sind, vorwiegend nur als Notfall-System dienen, das alternative Transportwege für Assimilate „um den Stängel herum" bereitstellt (Aloni und Peterson, 1990).

Die Gesamtentwicklung und Struktur des Phloems zeigt Parallelen im Xylem, aber die klar bestimmte Funktion des Phloems steht im engen Zusammenhang mit den besonderen strukturellen Merkmalen dieses Gewebes. Das Phloem ist weniger sklerifiziert und weniger ausdauernd als das Xylem. Aufgrund seiner äußeren Lage im Randbereich von Sprossachse und Wurzel unterliegt das Phloem starken Veränderungen aufgrund des zunehmenden Umfangs der Sprossachse während des sekundären Dickenwachstums. Einige Teile des Phloems sind dann nicht mehr leitfähig und werden schließlich durch das Periderm abgegrenzt (Kapitel 15). Das alte Xylem hingegen bleibt in seiner Struktur fast unverändert.

## 13.1 Zelltypen des Phloems

Das primäre und das sekundäre Phloem bestehen aus den gleichen Zellkomplexen. Im Unterschied zum sekundären Phloem gliedert sich das primäre Phloem jedoch nicht in zwei Systeme, das axiale und das radiale System; es hat keine Strahlen. Die Grundbestandteile des Phloems sind die Siebelemente und verschiedene Arten von Parenchymzellen. Fasern und Sklereiden sind häufige Phloemkomponenten. Darüber hinaus können Milchröhren, Harzkanäle und verschiedenartige, morphologisch und physiologisch spezialisierte Idioblasten im Phloem vorkommen. In diesem Kapitel werden lediglich die Hauptzelltypen im Einzelnen berücksichtigt. Die Übersichtszeichnung (Abb. 13.3) und die Liste der Phloemzellen in Tabelle 13.1 basieren auf der charakteristischen Zusammensetzung des sekundären Phloems.

Die Haupttransportzellen des Phloems sind die **Siebelemente**. Dieser Begriff bezieht sich auf die Anhäufung von Poren (**Siebporen**) in bestimmten Zellwandbereichen, den **Siebfeldern**. Bei den Samenpflanzen lassen sich die Siebelemente in die wenig spezialisierten **Siebzellen** (Abb. 13.4A) und die hochspezialisierten **Siebröhrenelemente** oder **Siebröhrenglieder** (Abb. 13.4B–H) einteilen. Diese Einteilung ist vergleichbar mit der Einteilung trachealer Elemente in die wenig spezialisierten Tracheiden und die höher spezialisierten Gefäßelemente (Tracheen). Der Ausdruck **Siebröhre** bezeichnet eine Längsreihe von Siebröhrenelementen, genau wie ein Gefäß eine Längsreihe von Gefäßelementen darstellt. Ebenso wie bei den Gefäßen, wo Wandverdickungen, Tüpfel und Perforations-

**Tab. 13.1** Zelltypen des sekundären Phloems

| Zelltypen | Hauptfunktionen |
|---|---|
| **Axiales System** | |
| Siebelemente | |
|   Siebzellen (bei Gymnospermen) | Langstreckentransport von Nährstoffen; Langstrecken-Signaltransduktion |
|   Siebröhrenelemente, mit Geleitzellen (bei Angiospermen) | |
| Sklerenchymzellen | Stützfunktion; manchmal Speicherung von Nährstoffen |
|   Fasern | |
|   Sklereiden | |
| Parenchymzellen | Speicherung und radiale Translokation von Nährstoffen |
| **Radiales (Strahl) System** | |
| Parenchym | |

Quelle: Esau, 1977

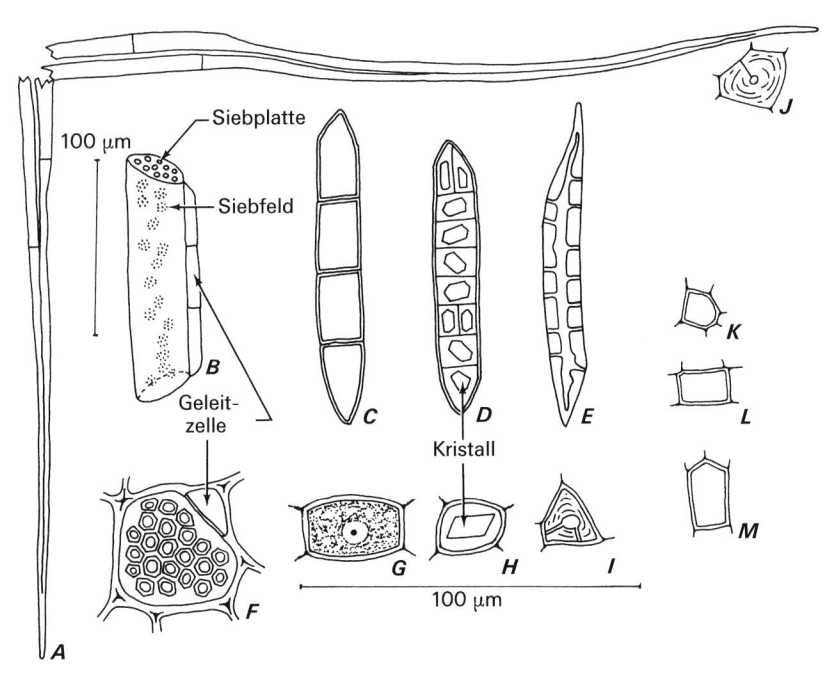

**Abb. 13.3** Zelltypen des sekundären Phloems der Eudicotyle *Robinia pseudoacacia*. **A–E**, Längsansichten; **F–J**, Querschnitte. **A, J**, Faser. **B**, Siebröhrenelement und Geleitzellen. **F**, Siebröhrenelement auf der Ebene einer Siebplatte und Geleitzelle. **C, G**, Phloemparenchymzellen (Parenchymstrang in **C**). **D, H**, Parenchymzellen mit Kristallen. **E, I**, Sklereiden. **K–M**, Strahlzellen im Tangential- (**K**), Radial- (**L**), und Querschnitt (**M**) des Phloems. (Aus Esau, 1977).

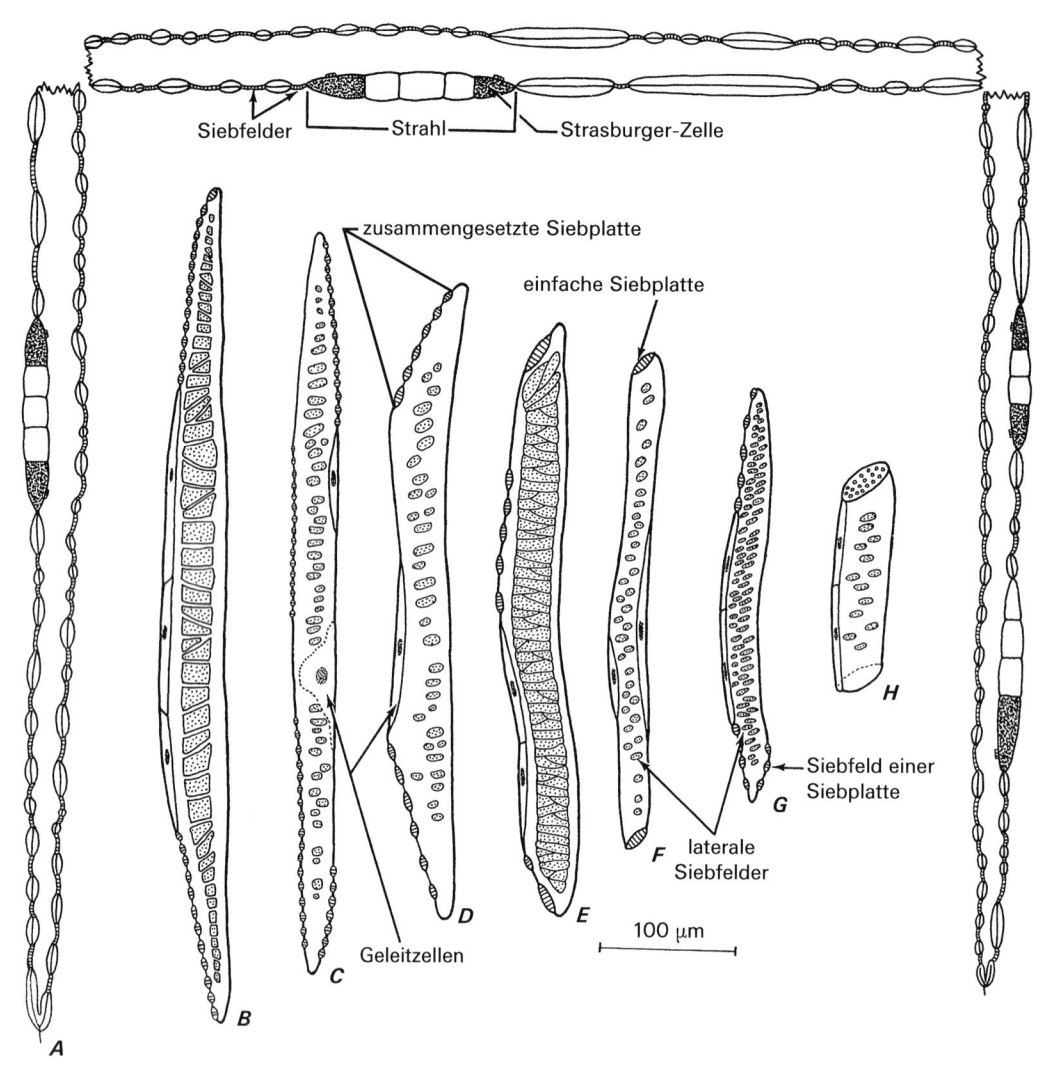

**Abb. 13.4** Verschiedene Struktur von Siebelementen. **A**, Siebzelle von *Pinus pinea* in Verbindung mit Strahlen, Tangentialschnitt. Die anderen Zellen stellen Siebröhrenelemente mit Geleitzellen in Tangentialschnitten des Phloems der folgenden Arten dar: **B**, *Juglans hindsii*; **C**, *Malus domestica*; **D**, *Liriodendron tulipifera*; **E**, *Acer pseudoplatanus*; **F**, *Cryptocarya rubra*; **G**, *Fraxinus americana*; **H**, *Wisteria* sp. In **B**–**G** sind Siebplatten in Seitenansicht abgebildet; ihre Siebfelder sind meist dicker als die dazwischen liegenden Wandregionen, aufgrund von Callose-Ablagerungen. (Aus Esau, 1977.)

platten zur Charakterisierung dienen, werden die Wandstrukturen der Siebelemente, die Siebfelder und Siebplatten (siehe unten), zur Unterscheidung herangezogen. Während Gefäßelemente bei Angiospermen, Gnetophyta und bestimmten samenlosen Gefäßpflanzen vorkommen, treten Siebröhrenglieder nur bei Angiospermen auf. Außerdem bezieht sich der Begriff Siebzelle nur auf die Siebelemente der Gymnospermen, die – wie später in diesem Kapitel behandelt – in ihrer Struktur und Entwicklung besonders gleichförmig gestaltet sind. Die Siebelemente der samenlosen Gefäßpflanzen (Gefäßkryptogamen) zeigen große Unterschiede in Struktur und Entwicklung und werden allgemein einfach als Siebelemente bezeichnet (Evert, 1990a).

Junge Siebelemente enthalten alle Zellkomponenten, die für junge Pflanzenzellen typisch sind. Während der Differenzierung unterliegen die Siebelemente großen Veränderungen, wobei es einerseits zum Abbau des Zellkerns und des Tonoplasten kommt; andererseits entstehen in Wandpartien Siebfelder mit Poren, wodurch die direkte protoplasmatische Verbindung zwischen vertikal und lateral benachbarten Siebelementen stark erhöht wird. Während die trachealen Elemente einen programmierten Zelltod (Apoptose) durchlaufen – eine vollkommene Autophagie, die zur Auflösung des gesamten Protoplasten führt – , erfahren die Siebelemente nur eine **selektive Autophagie** (einen „programmierten Zell-Halbtod"; van Bel, 2003) (Abb. 13.5). Im reifen Zustand behält der Protoplast des Siebelements die Plasmamembran, das Endoplasmatische Reticulum, Plastiden und Mitochondrien, die alle eine wandständige Position innerhalb der Zelle einnehmen.

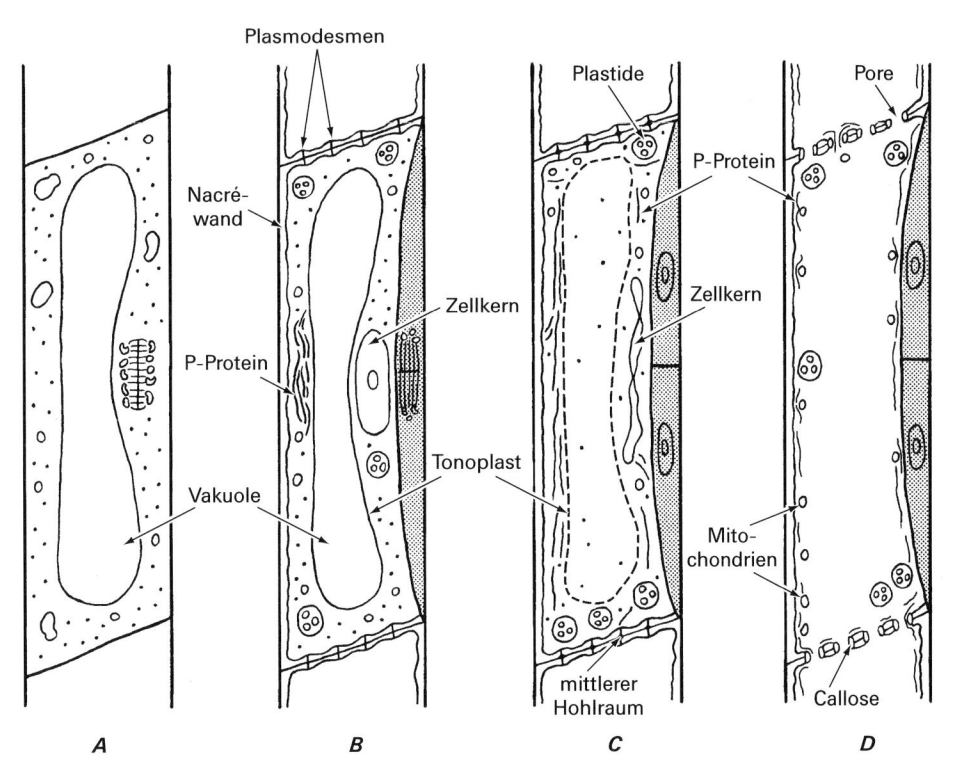

**Abb. 13.5** Differenzierung eines Siebröhrenelements.
**A**, Die Mutterzelle eines Siebröhrenelements in Teilung.
**B**, Nach der Teilung sind ein Siebröhrenelement mit einer Nacréwand und einem P-Proteinkörper sowie der Vorläufer einer Geleitzelle (punktiert) entstanden. **C**, Der Zellkern degeneriert, der Tonoplast löst sich auf und das P-Protein verteilt sich im Cytoplasma; mittlere Hohlräume entstehen in den zukünftigen Siebplatten; zwei Geleitzellen (punktiert). **D**, Ein reifes Siebröhrenelement; die Poren der Siebplatten sind offen; sie sind mit Callose und etwas P-Protein umsäumt. Neben Plastiden sind auch Mitochondrien vorhanden. Kein Endoplasmatisches Reticulum wird hier gezeigt. (Aus Esau, 1977.)

## 13.2 Das Siebröhrenelement der Angiospermen

Charakteristisch für die Siebröhrenelemente der Angiospermen sind die **Siebplatten**. Es sind Siebfelder, meist in den Querwänden (Endwänden) zwischen den Siebelementen lokalisiert, mit besonders großen Poren (bis zu 15 μm), größer als in den anderen Siebfeldern derselben Zelle. Die Protoplasten der Siebröhrenelemente enthalten **P-Protein** (Phloem-Protein, früher auch als Schleim bezeichnet), mit wenigen Ausnahmen (z. B. Protophloem-Elemente in Wurzeln von *Nicotiana tabacum*, Esau und Gill, 1972; Metaphloem-Elemente in den oberirdischen Sprossachsen des Holoparasiten *Epifagus virginiana*, Walsh und Popovich, 1977; Siebelemente vieler Palmen, Parthasarathy, 1974a, b; *Lemna minor*, Melaragno und Walsh, 1976; alle Arten der Poaceae, Evert et al., 1971b; Kuo et al., 1972; Elefteriou, 1990). Neben Siebplatten und P-Protein charakterisiert die Siebröhrenelemente ihre enge Verbindung mit spezialisierten Parenchymzellen, den **Geleitzellen**, die ontogenetisch und funktionell mit den Siebröhrenelementen eng verwandt sind. Der Begriff **Siebröhren-Geleitzellkomplex** oder **Siebelement-Geleitzellkomplex** wird allgemein verwendet, um ein Siebröhrenelement und seine eng assoziierte Geleitzelle zu bezeichnen.

### 13.2.1 Bei einigen Taxa sind die Zellwände der Siebröhrenelemente auffällig dick

Die Zellwände der Siebröhrenelemente sind in der Regel primär und zeigen in mikrochemischen Standardtests eine positive Reaktion auf Cellulose und Pektin (Esau, 1969). In Blättern von Gräsern haben die zuletzt angelegten Siebröhren der längs verlaufenden Leitbündel relativ dicke Zellwände (Abb. 13.6). Bei einigen Arten – *Triticum aestivum* (Kuo und O'Brien, 1974*), Aegilops comosa* (Eleftheriou, 1982), *Saccharum officinarum* (Colbert und Evert, 1982), *Hordeum vulgare* (Dannenhoffer et al., 1990) – sind diese Wände sogar verholzt. Obwohl die Wanddicke variiert, haben Siebröhrenelemente meist deutlich dickere Zellwände als die sie umgebenden Parenchymzellen und sind deshalb leicht als Siebröhrenelement zu erkennen.

Bei vielen Arten bestehen die Wände der Siebröhrenelemente aus zwei morphologisch unterschiedlichen Schichten, einer relativ dünnen äußeren Schicht und einer mehr oder weniger dicken, inneren Schicht. An Frischschnitten erkennt man, dass die innere Schicht einen glänzenden oder glitzernden Schein hat und deshalb als **Nacréwand** (franz. nacré = perlmuttartig glänzend) bezeichnet wird. Die Nacréschicht enthält weniger Cellulose als die äußere Wandschicht und ist arm an Pektin

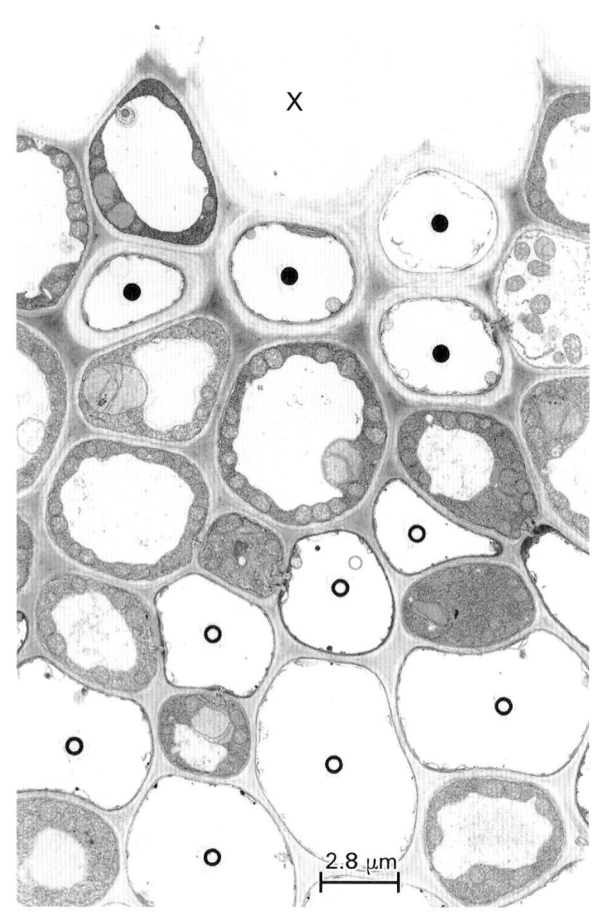

**Abb. 13.6** Die Elektronenmikroskopische Aufnahme zeigt einen Teil eines großen Leitbündels von einem Gerstenblatt (*Hordeum vulgare*). Auffällig sind die dicken Zellwände der vier zuletzt gebildeten Siebröhren (schwarze Punkte), die an das Xylem grenzen sowie die relativ dünnwandigen Siebröhren (offene Punkte), die früher gebildet wurden. Weitere Details: X, Xylem. (Aus Dannenhoffer et al., 1990.)

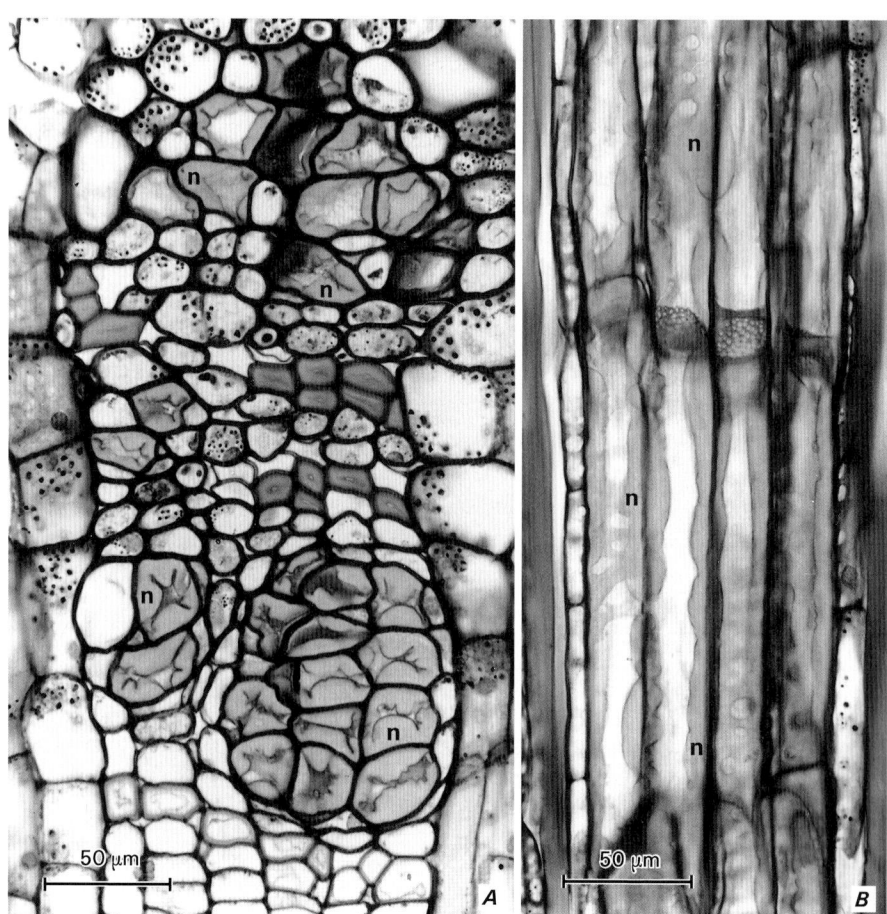

**Abb. 13.7** Ein Querschnitt (**A**) und ein radialer Längsschnitt (**B**) des sekundären Phloems von *Magnolia kobus*. Auffällig sind die dicken Innenwandschichten (n, Nacréwände) der Siebröhren. (Aus Evert, 1990b, Abbildungen 16.19 und 16.20. © 1990, Springer Verlag.)

(Esau und Cheadle, 1958; Botha und Evert, 1981). Manchmal können Nacréwände so dick sein, dass sie fast das gesamte Lumen der Zelle verstopfen. Obwohl einige Forscher die Nacréwände als sekundär einstufen, verhalten sie sich doch sehr unterschiedlich. In primären Siebröhrenelementen stellt die Nacréwand häufig nur ein Übergangsstadium dar, denn sie schrumpft schon während der Differenzierung und verschwindet dann mit Erreichen der Zellreife. In sekundären Phloemelementen kann sich die Dicke der Nacréschicht mit dem Alter der Zelle entweder reduzieren oder nicht (Abb. 13.7; Esau und Cheadle, 1958; Gilliland et al., 1984). Die Nacréschicht breitet sich niemals bis in den Bereich Siebfelder und Siebplatten aus.

Durch Anwendung eines milden Extraktionsverfahren lassen sich die Zellwandkomponenten, die keine Cellulose enthalten, entfernen. Man kann dann im Elektronenmikroskop beobachten, dass die Nacréschicht bei bestimmten eudicotylen Pflanzen eine polylamelläre Struktur aufweist und die konzentrisch angelegten Lamellen aus dicht gepackten Mikrofibrillen bestehen (Desphande, 1976; Catesson, 1982). Die Nacréwände in den Siebröhrenelementen von Seegräsern zeigen auch ohne Extraktion eine polylamelläre Struktur (Kuo, 1983).

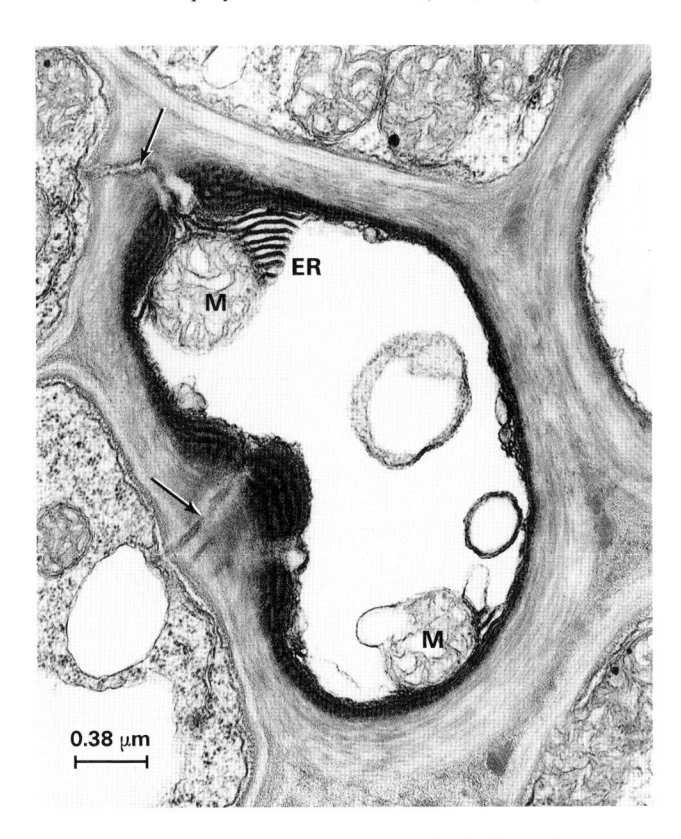

**Abb. 13.8** Elektronenmikroskopische Aufnahme einer Siebröhre in einem Querschnitt durch ein Blattleitbündel der Gerste (*Hordeum vulgare*). Die innere Wandoberfläche weist eine erheblich höhere Elektronendichte auf als die übrige Zellwand und ist am dicksten im Bereich der Pore-Plasmodesmen-Verbindungen (Pfleile) mit den Parenchymzellen. Weitere Details: ER, Endoplasmatisches Reticulum; M, Mitochondrion. (Aus Evert und Mierzwa, 1989, Abb. 2. © 1989, Springer Verlag.)

Nach Fixierung mit Glutaraldehyd-Osmiumtetroxid und Kontrastierung mit Uranylacetat und Bleicitrat erscheint die innere Oberfläche der Siebröhrenelemente oftmals beträchtlich dunkler (elektronendichter) als die übrige Zellwand (Abb. 13.8; Evert und Mierzwa, 1989). Dieser Bereich, der häufig netzartige oder gestreifte Muster aufweist, ist wahrscheinlich eine pektinreiche Schicht aus nicht-mikrofibrillärem Material, die sich – im Gegensatz zu den Nacréschichten – bis in die Siebfelder und Siebplatten hinein erstreckt (Lucas und Franceschi, 1982; Evert und Mierzwa, 1989). In den Siebröhren der Blattadern von *Hordeum vulgare* ist diese elektronendichte, innere Wandschicht am dicksten in den lateralen Siebfeldern und den Siebplatten, wo sie von einem Labyrinth aus Tubuli, die von der Plasmamembran gebildet werden, durchzogen wird (Evert und Mierzwa, 1989). Zwischen den Siebfeldern entlang der lateralen Wände wird diese innere Wandregion von zahlreichen Mikrovilli-ähnlichen Ausstülpungen der Plasmamembran durchdrungen. Auf diese Weise vergrößert sich die Zellwand–Plasmamembran Grenzfläche (*cell wall-plasma membrane interface*) und sieht wie ein "Bürstensaum" aus.

### 13.2.2 Siebplatten befinden sich normalerweise in Endwänden

Wie bereits erwähnt, kann bei den Angiospermen die Größe der Siebporen in den Siebfeldern auf den Zellwänden derselben Zelle erheblich variieren (Abb. 13.9A–C). Der Durchmesser der Poren in den Siebfeldern schwankt zwischen einem Bruchteil eines Mikrometers (nur wenig größer als ein Plasmodesmos) und 15 µm; möglicherweise treten bei manchen Eudicotylen noch größere Poren auf (Esau und Cheadle, 1959). Siebfelder mit besonders großen Poren kommen gewöhnlich in den Endwänden, mit kleineren Poren in den Seitenwänden, den lateralen Wänden, vor. Da die Siebplatten sich normalerweise in den Endwänden befinden, bildet eine Längsreihe End an End angeordneter Siebelemente eine Siebröhre. Siebplatten können auch in den Seitenwänden vorkommen. Manche Siebplatten bestehen nur aus einem Siebfeld (Abb. 13.9A; **einfache Siebplatte**), während andere zwei oder mehr Siebfelder aufweisen (Abb. 13.9D, E; **zusammengesetzte Siebplatten**).

Bei der üblichen Präparation von funktionstüchtigem Phloemgewebe erscheinen die Siebporen typischerweise von **Callose** umsäumt (Kapitel 4). Die meiste Callose, die in den Siebporen leitender Siebelemente vorkommt, wird dort infolge einer mechanischen Wundreaktion bei der Präparation des Gewebes abgelagert (Evert und Derr, 1964; Esau, 1969; Eschrich, 1975). Aber nicht die gesamte Callose, die eng mit den Siebporen assoziiert ist, muss eine solche „**Wundcallose**" sein. Callose akkumuliert normalerweise in den Siebplatten und lateralen Siebfeldern seneszenter Siebelemente (Abb. 13.10). Diese **definitive Callose** verschwindet kurze Zeit nach Absterben des Siebelements. Außerdem häuft sich Callose gewöhnlich in den Siebplatten und lateralen Siebfeldern der Siebelemente des sekundären Phloems an, die für länger als eine Wachstumsperio-

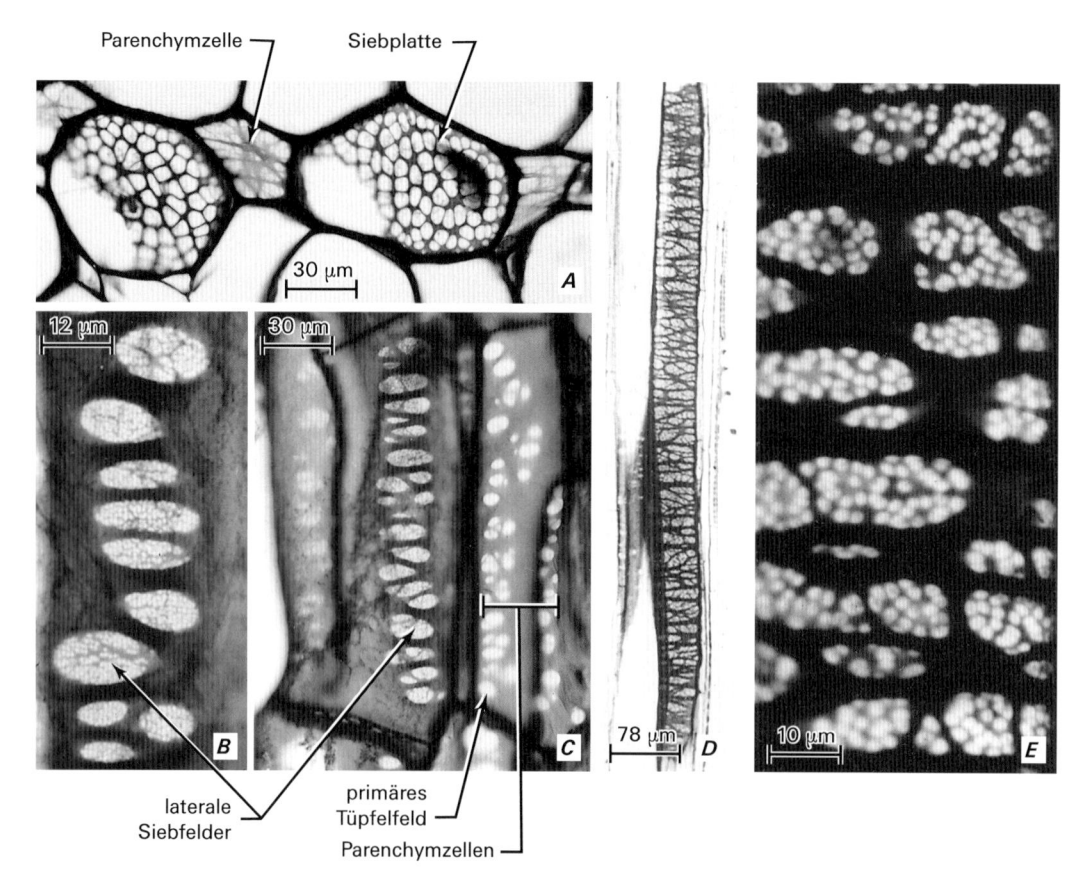

**Abb. 13.9** **A**, Aufsicht auf einfache Siebplatten von *Cucurbita*. **B, C**, Aufsicht auf laterale Siebfelder in Siebröhrenelementen und primäre Tüpfelfelder in Parenchymzellen von *Cucurbita*. **D**, Aufsicht auf eine zusammengesetzte Siebplatte von *Cocos*, einer Monocotyle, mit Siebfeldern in einer netzartigen Anordnung. **E**, Ein Teil einer ähnlichen Siebplatte. Die hellen Flecken sind Callosezylinder. (**A–C**, aus Esau et al., 1953; **D, E**, aus Cheadle und Whitford, 1941.)

de funktionstüchtig bleiben (Davis und Evert, 1970). In den gemäßigten Breiten wird so genannte **Dormanz-(dormancy)-Callose** im Herbst abgelagert und dann im zeitigen Frühjahr während der Reaktivierung der ruhenden, überwinternden Siebelemente wieder entfernt.

**Abb. 13.10** Längsansicht (Tangentialschnitt) von inaktiven Siebröhrenelementen mit massiven Ablagerungen definitiver Callose (Pfeile) auf den Siebplatten und lateralen Siebfeldern im sekundären Phloem der Ulme (*Ulmus americana*). Weitere Details: K, Kristallzellen; F, Faser; St, Strahl. (×400. Aus Evert et al., 1969.)

## 13.2.3 Callose spielt offenbar eine Rolle bei der Entwicklung der Siebporen

In jungen Siebröhrenelementen wird das Siebfeld (die Siebfelder) einer sich entwickelnden Siebplatte von einer variablen Anzahl von Plasmodesmen durchzogen, die jeweils mit einer Cisterne des Endoplasmatischen Reticulums an beiden Seiten der Zellwand assoziiert sind (Abb. 13.11A). Die Porenanlagen lassen sich von der übrigen Zellwand durch Ablagerungen von Callose unterscheiden, die unterhalb der Plasmamembran den Plasmodesmos umgeben und auf beiden Seiten der Zellwand lokalisiert sind. Diese paarweise angelegten Calloseablagerungen werden auch als **Calloseplättchen** bezeichnet und nehmen die Form eines Kragens oder Kegels an, in dessen Mitte ein einzelner Plasmodesmos lokalisiert ist (Abb. 13.11B, C). Die Plättchen vergrößern sich rasch und können anfangs sogar die

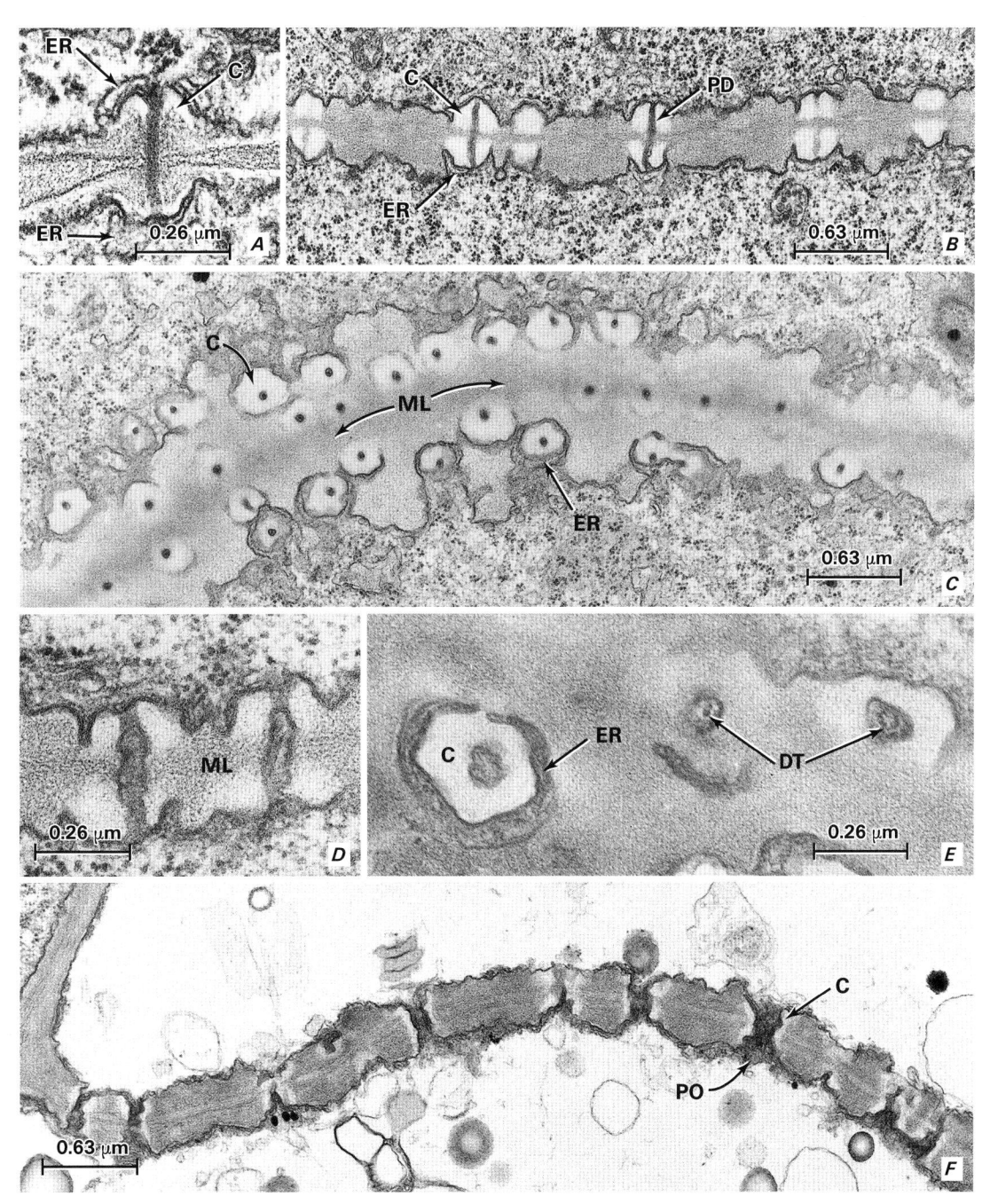

**Abb. 13.11** Die Entwicklung von Siebplatten in Siebröhrenelementen der Internodien von Baumwolle (*Gossypium hirsutum*), im Querschnitt (**A**, **B**, **D**, **F**) und in Aufsicht (**C**, **E**). **A**, ein Plasmodesmos, der die Stelle einer zukünftigen Siebpore markiert. Etwas Callose (C) ist unterhalb der Cisternen des Endoplasmatischen Reticulums (ER) abgelagert. **B**, **C**, Calloseplättchen (C) umschließen die Plasmodesmen (PD) im Bereich der Siebporen. **D**, **E**, die Siebporenentwicklung beginnt mit einer Erweiterung des Plasmodesmen-Kanals. **F**, reife Siebplatte mit offenen Poren (PO), die von etwas Callose umsäumt und mit P-Protein gefüllt sind. Weitere Details: DT, Desmotubulus; ML, Mittellamelle. (Aus Esau und Thorsch, 1985.)

übrige Zellwandverdickung übertreffen. Die Zunahme des Anteils an Cellulose-Pektin in der Zellwand kann die Calloseplättchen dann überholen, so dass die Porenanlagen als Vertiefungen innerhalb der Siebplatte erscheinen. Die Calloseplättchen auf den Poren verhindern wahrscheinlich eine weitere Ablagerung von Cellulose, so dass der zwischen den Plättchen eingelagerte Celluloseanteil relativ dünn bleibt. Die Lokalisation von Calloseplättchen an den Porenanlagen und die gleichzeitige Wandverdickung gehören zu den ersten Anzeichen der Siebelemententwicklung.

Die Perforation der Porenanlagen beginnt ungefähr zum Zeitpunkt der Kerndegeneration. Dabei wird das Wandmaterial um den Bereich der Mittellamelle, die den Plasmodesmos umgibt, resorbiert (Abb. 13.11D, E). In einigen Fällen bildet sich zunächst ein mittlerer Hohlraum (*median cavity*) und durch gleichzeitige Auflösung der Calloseplättchen und des dazwischen liegenden Wandmaterials entsteht schließlich eine Siebpore (Deshpande, 1974, 1975). In anderen Fällen führt die Auflösung im Bereich der Mittellamelle zur Verschmelzung der gegenüberliegenden Calloseplättchen, so dass die junge Siebpore mit Callose ausgekleidet ist (Esau und Thorsch, 1984, 1985). Während der gesamten Entwicklung der Poren bleiben die Cisternen des Endoplasmatischen Reticulums dicht an der Plasmamembran, welche die Calloseplättchen umsäumt. Sie werden erst entfernt, wenn die Poren ihre volle Größe erreicht haben (Abb. 13.11F). Die Entwicklung der Poren lateraler Siebfelder verläuft grundsätzlich ähnlich wie die der Poren von Siebplatten (Evert et al., 1971a).

Ob Callose allgemein an der Entwicklung der Siebporen beteiligt ist, bleibt ungewiss. Im Protophloem der Wurzel von *Lemna minor*, einer kleinen monocotylen Wasserpflanze, konnte man in keinem Entwicklungsstadium der Siebporen Callose nachweisen (Walsh und Melaragno, 1976). Die Bildung von Callose konnte jedoch infolge einer Wundreaktion induziert werden.

### 13.2.4 Veränderungen im Auftreten von Plastiden und P-Protein sind erste Anzeichen der Entwicklung von Siebröhrenelementen

Der Protoplast eines jungen Siebröhrenelements (Abb. 13.12) sieht anfangs dem Protoplasten einer Procambiumzelle oder eines kürzlich abgegebenen Cambiumderivats ähnlich. Die jungen, kernhaltigen Siebröhrenelemente und ihre benachbarten kernhaltigen Zellen besitzen Dictyosomen, Plastiden und Mitochondrien. Eine unterschiedliche Anzahl an kleineren Vakuolen wird jeweils durch Tonoplasten vom Cytosol abgegrenzt. Das Cytoplasma ist reich an freien Ribosomen und enthält ein Netzwerk aus rauem Endoplasmatischen Reticulum. Mikrotubuli orientieren sich meist im rechten Winkel zur Längsachse der Zelle dicht an der Plasmamembran, die an eine dünne Zellwand grenzt. Außerdem verlaufen in Längsrichtung zahlreiche Bündel von Actinfilamenten. Mit Ausnahme der Mikrotubuli sind die verschiedenen Zellbestandteile mehr oder weniger zufällig innerhalb der Zelle verteilt.

Erste Anzeichen für die Differenzierung eines Siebröhrenelements sind die Veränderungen der Plastiden, die anfänglich denen benachbarter Zellen gleichen. Wenn eine Siebröhren-Plastide heranreift, nimmt ihre Stromadichte deutlich ab und es können charakteristische Einschlüsse in dem Plastidentyp auftreten (Abb. 13.13A–D). Bis zu diesem Zeitpunkt ist es meist schwierig, Plastiden und Mitochondrien voneinander zu unterscheiden. In reifen Siebröhrenelementen ist das Stroma der Plastiden elektronentransparent und ihre inneren Membranen (Thylakoide) sind nur spärlich vorhanden. Siebröhren-Plastiden kommen in zwei verschiedenen Grundtypen vor, S-Typ (S, Stärke) und P-Typ (P, Protein) (Behnke, 1991a). Der **S-Typ** tritt in zwei Formen auf, wobei die eine Form nur Stärke enthält (Abb. 13.13A, C) und die andere frei von jeglichen Einschlüssen ist. Der **P-Typ** existiert in sechs verschiedenen Formen und kann einen einzelnen oder auch zwei unterschiedliche Proteineinschlüsse enthalten (Kristalle, Abb. 13.13B, D, und/oder Filamente, Abb. 13.13E). Zwei der sechs Formen besitzen zusätzlich auch Stärke. Alle Monocotyledonen haben P-Typ Plastiden und die meisten von ihnen enthalten nur keilförmige Kristalle (Eleftheriou, 1990). Im Unterschied zu normaler Plastidenstärke, die mit Kaliumjodid-Lösung ($I_2KI$) eine blauschwarze Farbe annimmt, färbt sich Siebröhrenstärke braunrötlich. Die Siebröhrenstärke in *Phaseolus vulgaris* ist ein stark verzweigtes Molekül des Amylopektin-Typs mit zahlreichen α $(1 \rightarrow 6)$-Verknüpfungen (Palevitz und Newcomb, 1970). Die Verschiedenheit der Siebröhren-Plastiden ist für eine taxonomische Klassifizierung sehr nützlich (Behnke, 1991a, 2003).

Ein weiteres, frühes Anzeichen für die Siebröhrendifferenzierung ist die Bildung von P-Protein, das mit Hilfe des Lichtmikroskops zuerst als ein einzelner, oder manchmal als zwei Proteinkörper pro Zelle zu erkennen ist (Abb. 13.14A, B). Die P-Proteinkörper treten auf, nachdem sich eine Siebröhrenmutterzelle geteilt hat und dabei ein oder zwei Geleitzellen entstanden sind. Die meisten Arten enthalten **dispergierte P-Proteinkörper** (*dispersive p-protein bodies*). Diese Proteinkörper sind zuerst sehr klein, werden dann aber rasch größer (Abb. 13.14A, B) und verteilen sich schließlich in Form von Einzelsträngen oder als ein komplexes Netzwerk im peripheren Cytoplasma. Man kann beobachten, dass in diesem Stadium die Degeneration des Zellkerns bereits begonnen hat. Nachdem sich auch der Tonoplast aufgelöst hat, sammelt sich das dispergierte P-Protein seitlich entlang der Zellwände sowie an den Poren der Siebplatten an (Abb. 13.15 und 13.16D; Evert et al., 1973c; Fellows und Geiger, 1974; Fisher, D. B., 1975; Turgeon et al., 1975; Lawton, D. M., und Newman, 1979; Desphande, 1984; Desphande und Rajendrababu, 1985; Russin und Evert, 1985; Knoblauch und van Bel, 1998; Ehlers et al., 2000). Eine solche Lokalisation von P-Protein im Zelllumen gelingt nur dann, wenn das Phloem bei der Probennahme sehr sorgfältig präpariert wurde. Andernfalls kann durch die Verletzung der Siebröhren der hohe hydrostatische Druck des Sieb-

## 13.2 Das Siebröhrenelement der Angiospermen

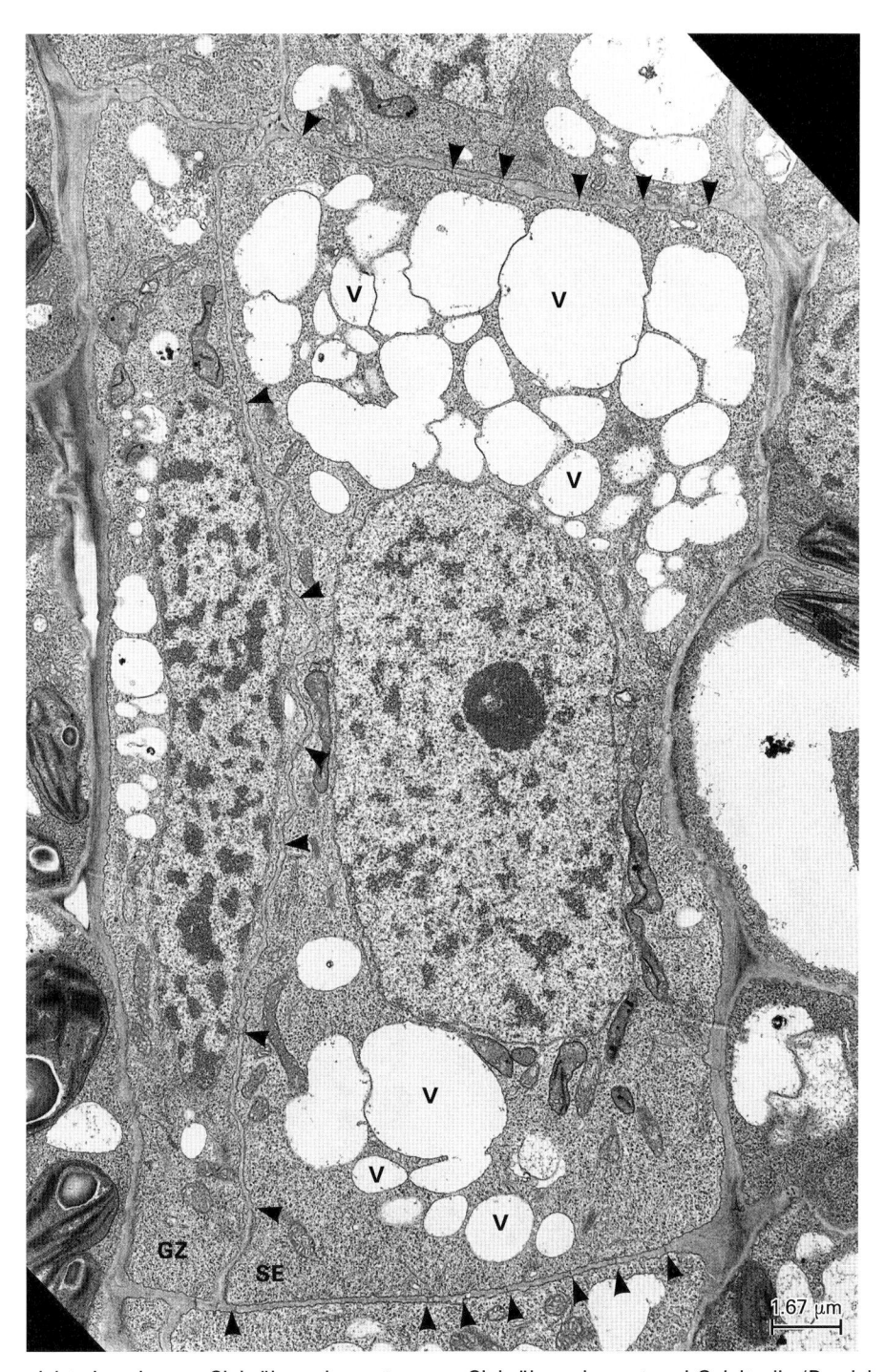

**Abb. 13.12** Längsansicht eines jungen Siebröhrenelements (SE) und einer Geleitzelle (GZ) in einem Tabakblatt (*Nicotiana tabacum*). Pfeilspitzen markieren sichtbare Plasmodesmen an beiden Enden (zukünftige Siebplatten) eines Siebröhrenelements und in der gemeinsamen Zellwand zwischen Siebröhrenelement und Geleitzelle (Bereich der zukünftigen Siebpore-Plasmodesmen-Verbindungen). Zahlreiche kleine Vakuolen (V) befinden sich oberhalb und unterhalb des Zellkerns des Siebröhrenelements. (Aus Esau und Thorsch, 1985.)

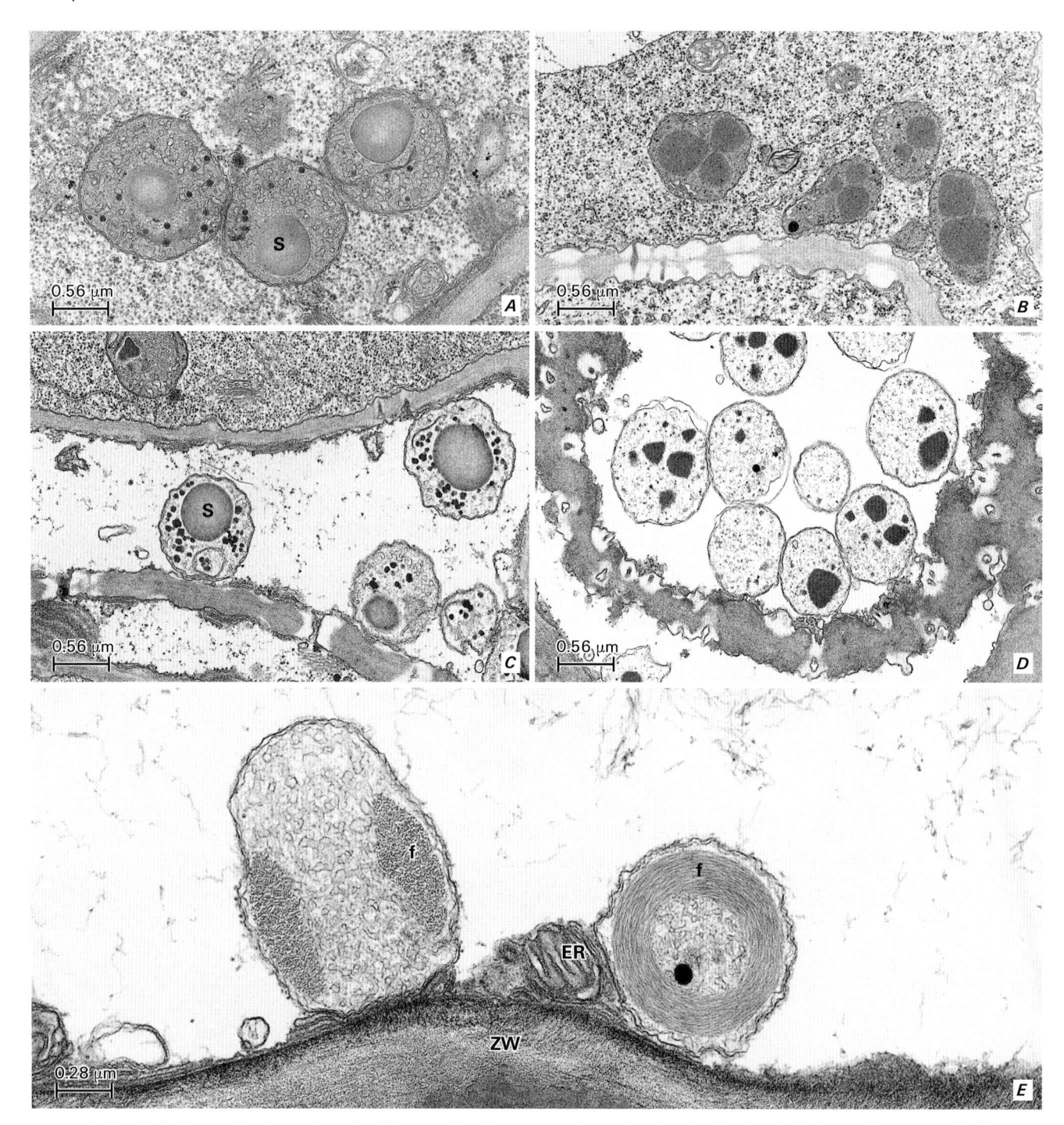

**Abb. 13.13** Siebröhren-Plastiden. Unreife (**A**) und reife (**C**) S-Typ Plastiden in Wurzelspitzen der Bohne (*Phaseolus*); unreife (**B**) und reife (**D**) P-Typ Plastiden mit keilförmigen Proteinkristallen (elektronendichte Einschlüsse), in Wurzelspitzen der Zwiebel (*Allium*). **E**, P-Typ Plastiden mit filamentösen Proteineinschlüssen (f) in Siebröhrenelementen eines Spinatblattes (*Spinacia*). Weitere Details: ER, Endoplasmatisches Reticulum; S, Stärke; ZW, Zellwand.

## 13.2 Das Siebröhrenelement der Angiospermen

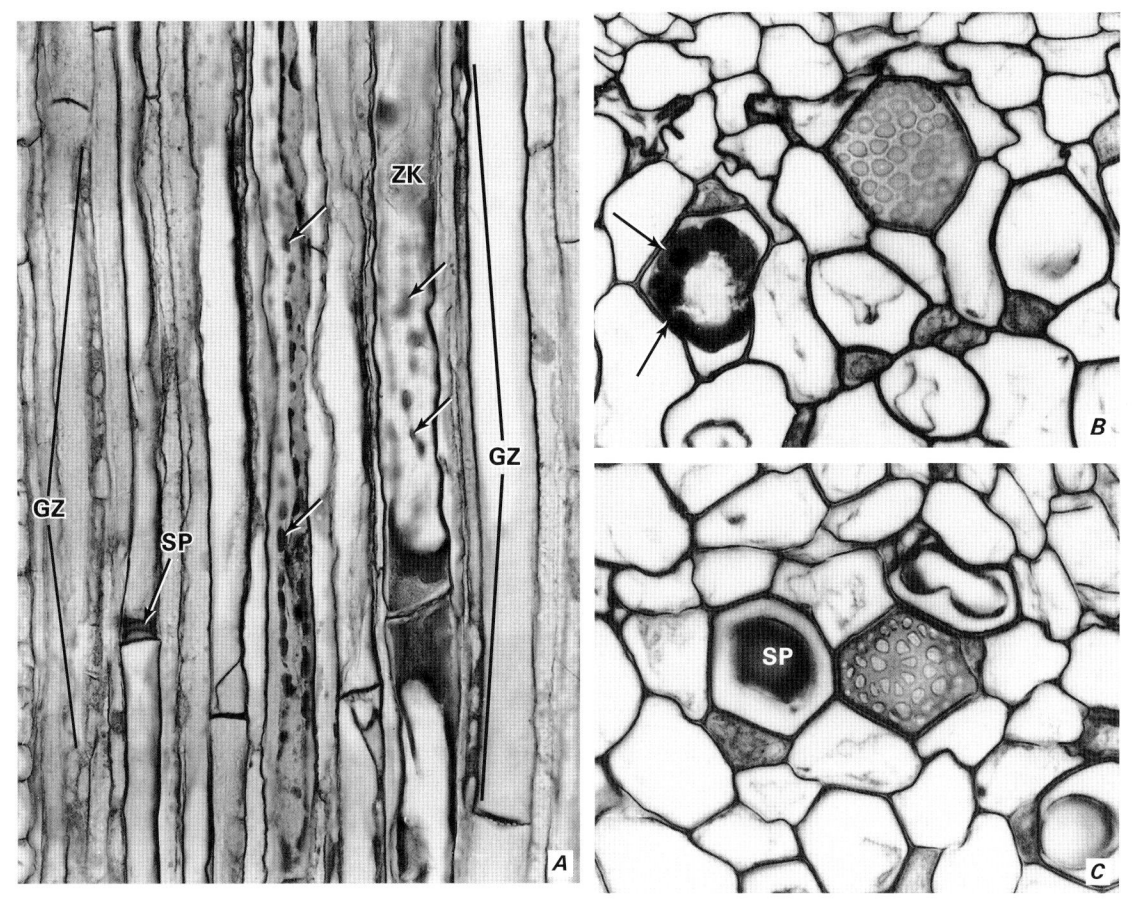

**Abb. 13.14** Unreife und reife Siebröhrenelemente im Sprossachsenphloem von Kürbis (*Cucurbita maxima*), im Längsschnitt (**A**) und im Querschnitt (**B**, **C**) betrachtet.
**A**, zwei unreife Siebröhrenelemente (rechts und in der Mitte) enthalten zahlreiche P-Proteinkörper (Pfeile). Die P-Proteinkörper in den rechten Siebröhrenelementen verteilen sich deutlich im Cytoplasma entlang der Zellwand. Der Zellkern (ZK) in diesem Element fängt an, zu degenerieren und ist kaum mehr erkennbar. Auf der rechten und linken Bildseite werden reife Siebröhrenelemente von je einem Strang aus Geleitzellen (GZ) begleitet. Unten links ist ein Schleimpfropf (SP) in einer Siebröhre zu erkennen. **B**, zwei unreife Siebröhren. Man erkennt große P-Proteinkörper (Pfeile) links in einer Siebröhre; Aufsicht auf eine unreife (einfache) Siebplatte in einer Siebröhre rechts oberhalb. Die kleinen, dunkleren Zellen sind die Geleitzellen. **C**, zwei reife Siebröhrenelemente. In der linken Siebröhre erkennt man einen Schleimpfropf (SP) und in der rechten eine reife Siebplatte. Die kleinen, dunklen Zellen sind die Geleitzellen. (A, x300; B, C, x750).

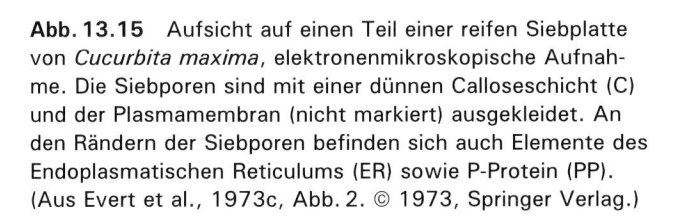

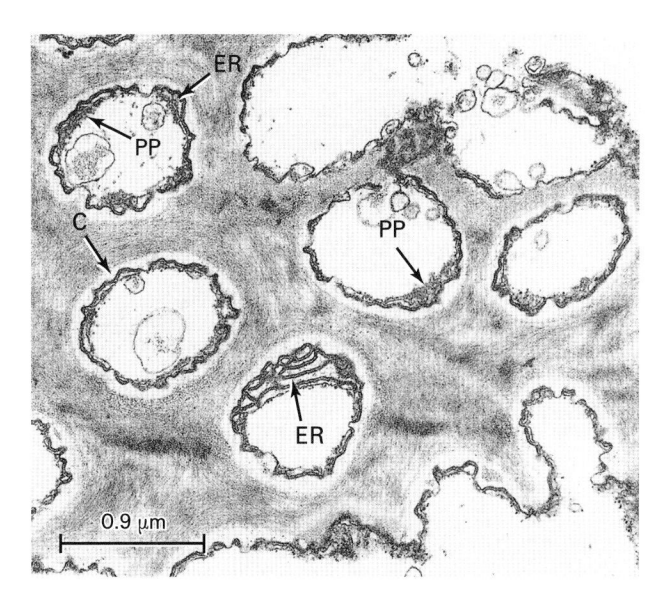

**Abb. 13.15** Aufsicht auf einen Teil einer reifen Siebplatte von *Cucurbita maxima*, elektronenmikroskopische Aufnahme. Die Siebporen sind mit einer dünnen Calloseschicht (C) und der Plasmamembran (nicht markiert) ausgekleidet. An den Rändern der Siebporen befinden sich auch Elemente des Endoplasmatischen Reticulums (ER) sowie P-Protein (PP). (Aus Evert et al., 1973c, Abb. 2. © 1973, Springer Verlag.)

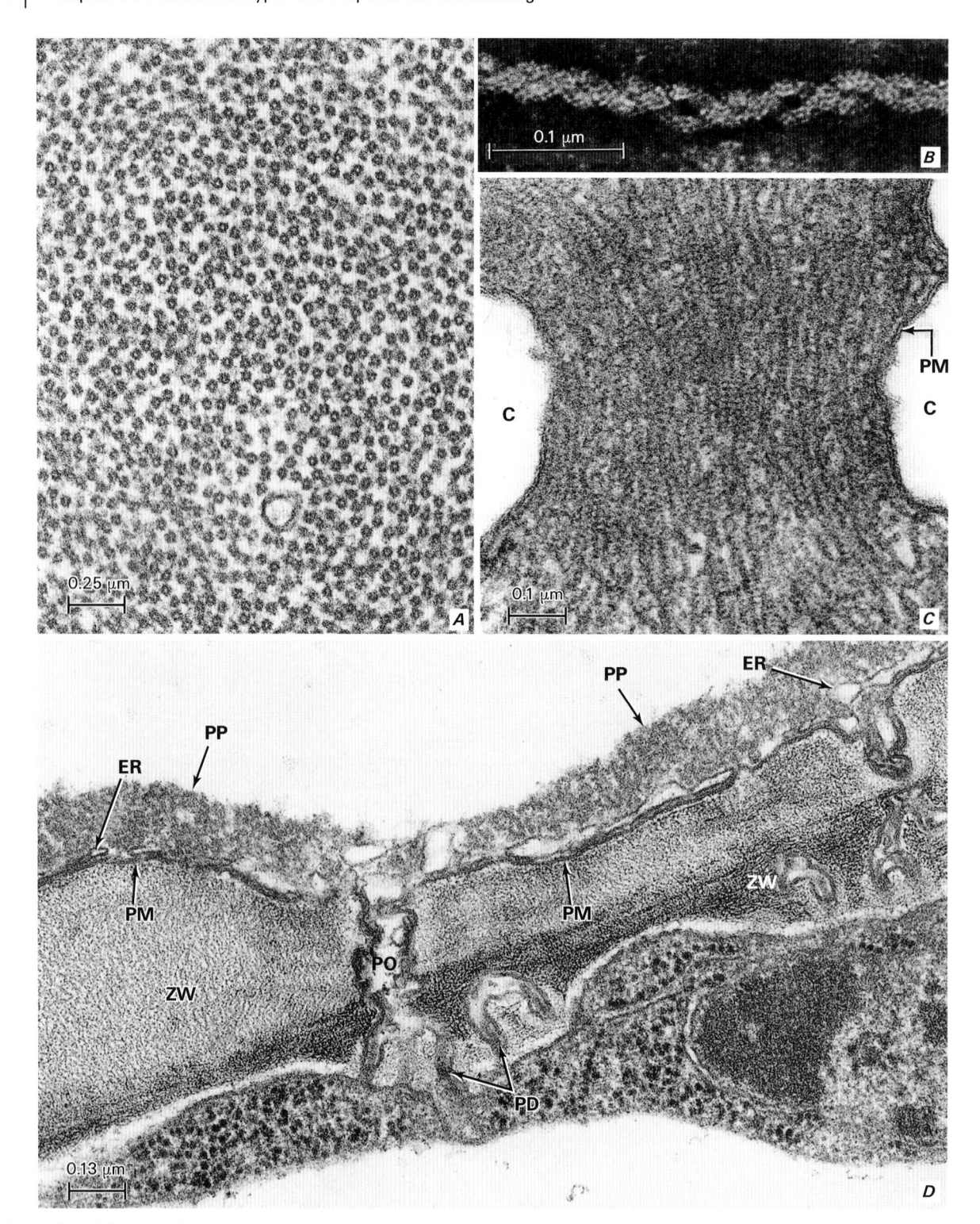

**Abb. 13.16** P-Protein. Siebröhrenelemente von *Poinsettia* (**A**), *Nicotiana tabacum* (**B**), *Nelumbo nucifera* (**C**), und *Cucurbita pepo* (**D**). **A**, ein Teil eines P-Proteinkörpers mit tubulären Filamenten. **B**, negativ kontrastiertes Phloemexsudat zeigt – in starker Vergrößerung – die doppelstrangige Struktur der P-Proteinfilamente. **C**, P-Protein, das in den Siebporen einer Siebplatte akkumuliert, zeigt horizontale Streifung in den langgestreckten Filamenten; Callose (C) umsäumt die Siebporen, unterhalb der Plasmamembran (PM). **D**, ein Querschnitt zeigt einen Teil der Zellwand (ZW) und die wandständige Schicht des Cytoplasmas in einem reifen Siebröhrenelement (oben). In dieser Ansicht besteht die wandständige Schicht des Cytoplasmas aus Plasmamembran (PM), unterbrochenen Anschnitten des Endoplasmatischen Reticulums (ER) und P-Protein (PP). Siebpore-Plasmodesmen-Verbindungen in der gemeinsamen Wand eines Siebröhrenelements (Poren-Seite) und einer Geleitzelle (Plasmodesmen-Seite). Weitere Details: PO, Siebpore, PD, Plasmodesmen. (**B**, Nachdruck aus Cronshaw et al., 1973, mit Genehmigung von Elsevier; **C**, aus Esau, 1977; **D**, aus Evert et al., 1973c, Abb. 6. © 1973, Springer-Verlag.)

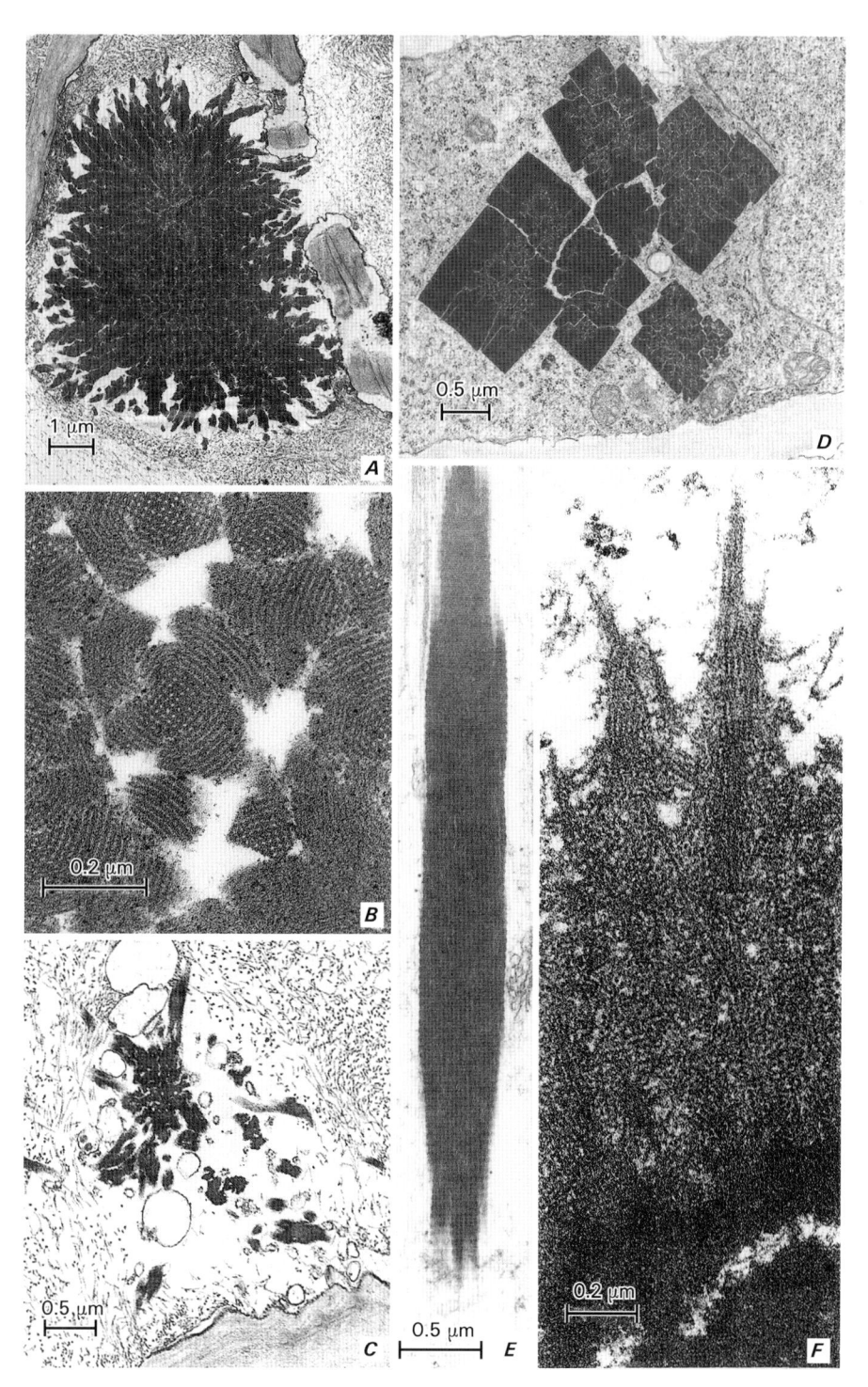

**Abb. 13.17** Nicht dispergierte P-Proteinkörper. **A**, *Quercus alba*. Zusammengesetzt- kugelförmige Proteinkörper im Bereich einer Siebplatte in einem reifen Siebröhrenelement. **B**, *Quercus alba*. Ein kugelförmiger Körper im Detail. **C**, *Rhus glabra*. Zusammengesetzt-kugelförmiger Körper in einem reifen Siebröhrenelement, von Desphande und Evert (1970) als „sternförmig" (*stellate*) bezeichnet. **D**, *Robinia pseudoacacia*. Querschnitts-Ansicht eines spindelförmigen Proteinkörpers in einem unreifen Siebröhrenelement. **E**, *R. pseudoacacia*. Längsschnitt eines spindelförmigen Körpers in einem reifen Siebröhrenelement. **F**, *Tilia americana*. Teil eines zusammengesetzt-kugelförmigen Körpers. Die periphere Region (oben) besteht aus stabförmigen Komponenten; die dichte, zentrale Region (unten) zeigt nur eine geringe bzw. keine Feinstruktur. Die kugelförmigen Körper von *Quercus* und *Tilia* wurden früher als ausgestoßene Nucleoli betrachtet. (**A–C**, und **F**, Nachdruck aus Desphande und Evert, 1970. © 1970, mit freundlicher Genehmigung von Elsevier; **D**, **E**, aus Evert, 1990b, **Abb. 6.16** und 6.17. © 1990, Springer-Verlag.)

röhreninhalts so stark absinken, dass sich das P-Protein innerhalb der gesamten Zellumens verteilt oder akkumuliert. Häufig findet man auch in Schnitten durch das Phloemgewebe so genannte „**Schleimpfropfen**" aus P-Protein in der Nähe der Siebplatten, sobald der Siebröhrendruck durch die Verletzung abfällt.

In elektronenmikroskopischen Aufnahmen erscheint das P-Protein meist in Form von Filamenten oder Tubuli, deren Untereinheiten eine schraubige Anordnung aufweisen (Abb. 13.16A–C). Bei *Cucurbita maxima* bestehen die P-Proteinfilamente aus zwei verschiedenen, jeweils in großer Menge vorhandenen Proteinen: Phloemprotein 1 (PP1), ein 96 kDa Proteinfilament, und Phloemprotein 2 (PP2), ein 25 kDa Lektin-Dimer, welches kovalent an PP1 bindet. Die Verteilungsmuster von Proteinen und mRNA zeigen, dass PP1 und PP2 in den Geleitzellen der sich differenzierenden und reifen Siebelement-Geleitzellkomplexe synthetisiert werden. Außerdem akkumulieren Polymere des P-Proteins in den Siebröhren während der Differenzierung (Bostwick et al., 1992; Clark et al., 1997; Dannenhoffer et al., 1997; Golecki et al., 1999). Anscheinend werden die PP1- und PP2-Untereinheiten in den Geleitzellen synthetisiert und anschließend über die speziellen Siebporen-Plasmodesmen-Verbindungen in der gemeinsamen Zellwand in die Siebröhrenelemente transportiert. Die genaue Funktion der P-Proteinfilamente bleibt jedoch unklar. Man nimmt an, dass PP1 die Poren der Siebplatten von verletzten Siebröhrenelementen verschließt, um einen Verlust an Assimilaten zu verhindern, und bei dieser Schutzfunktion durch die Bildung von „Wundcallose" in unterschiedlichem Maße unterstützt wird (Evert, 1990b). Die Rolle des Lektins (PP2) ist nicht weniger unbekannt. PP2-Untereinheiten kommen nachweislich im Phloemsaft beim Langstreckentransport von einer Source zu einem Sink vor (siehe unten) und zirkulieren zwischen Siebelementen und Geleitzellen (Golecki et al., 1999; Dinant et al., 2003). PP2-artige Gene konnten bei 16 Gattungen der Samenpflanzen, einschließlich einer Gymnospermenart (*Picea taeda*) und vier Gattungen der Poaceae, identifiziert werden, wobei keine dieser Arten PP1 enthielt. Außerdem fand man ein PP2-artiges Gen in der Moospflanze *Physcomitrella patens*. Es scheint so, dass PP2-artige Proteine Eigenschaften besitzen, die nicht ausschließlich mit PP1- oder leitspezifischen Funktionen zusammenhängen (Dinant et al., 2003). Man hat deshalb vermutet, dass PP2 dazu dient, Bakterien und Pilze an Verwundungsstellen zu immobilisieren oder die restlichen Organellen entlang der Wände von reifen, leitfähigen Siebröhrenelementen zu positionieren. In den Siebröhrenelementen von *Vicia faba* und *Lycopersicon esculentum* hat man winzige, ankerartige Proteinstrukturen (Nano-Anker) gefunden, die vermutlich für die periphere Anordnung dieser Zellbestandteile in reifen Siebelementen verantwortlich sind (Ehlers et al., 2000; van Bel und Hess, 2003).

In einigen Taxa (grundsätzlich aber in Holzpflanzen) kommt P-Protein nur teilweise dispergiert oder in Form von **nicht dispergierten P-Proteinkörpern** (*non dispersive P-protein bodies*) vor (Abb. 13.17; siehe auch Abb. 13.36A; Behnke, 1991b). Beispiele hierfür sind die cytoplasmatischen Einschlüsse, die zuweilen als Nucleoli, die bei der Degeneration des Zellkerns freigesetzt werden, angesehen wurden (Desphande und Evert, 1970; Esau, 1978a; Behnke und Kiristis, 1983). Als typische Beispiele für nicht dispergierte P-Proteinkörper wurden auch oft die geschwänzten oder ungeschwänzten spindelförmigen, kristallinen P-Proteinkörper der Fabaceae zitiert, die aufgrund lichtmikroskopischer Beobachtungen früher als Schleimkörper bezeichnet wurden (Esau, 1969). Man konnte jedoch zeigen, dass sich diese P-Proteinkörper durch einen Calcium-gesteuerten Prozess rasch und reversibel von einem kondensierten „Ruhezustand" in einen dispergierten Zustand umwandeln, in dem sie die Siebporen verstopfen können (Knoblauch et al., 2001). Eine Dispersion der Kristallkörper kann durch eine undichte Stelle in der Plasmamembran oder durch plötzliche Veränderungen des Turgordrucks ausgelöst werden. Es wird behauptet, dass die charakteristische Eigenschaft des P-Proteins, nämlich zwischen einem kondensierten und einem dispergierten Zustand zu wechseln, möglicherweise ein effizienter Mechanismus zur Kontrolle der Siebröhren-Leitfähigkeit ist (Knoblauch et al., 2001). In den Siebröhrenelementen der Eudicotyledonen kann man vier Hauptformen von P-Protein erkennen: spindelförmig, zusammengesetzt-kugelförmig, stabförmig und rosettenähnlich (Behnke, 1991b). Der größte Teil der nicht dispergierten P-Proteinkörper ist cytoplasmatischen Ursprungs. Nicht dispergierte P-Proteinkörper, die aus dem Kern stammen, hat man nur in zwei eudicotylen Familien gefunden, den Boraginaceae und Myristicaceae (Behnke, 1991b) sowie in einer monocotylen Familie, den Zingiberaceae (Behnke, 1994).

### 13.2.5 Die Kerndegeneration kann chromatolytisch oder pyknotisch sein

Eines der wichtigsten Ereignisse in den letzten Stadien der Siebelemententwicklung ist die Degeneration des Zellkerns. Bei den meisten Angiospermen – Eudicotyledonen (Evert, 1990b) und Monocotyledonen (Eleftheriou, 1990) – erfolgt die Kerndegeneration durch **Chromatolyse**. Dieser Prozess führt zum Verlust von Chromatin und Nucleoli (anfärbbare Bestandteile) und schließlich zur Zerstörung der Kernhülle (Abb. 13.18B). Die **pyknotische Degeneration** hingegen, bei der das Chromatin eine dichte Masse bildet, bevor die Kernhülle zerreißt, hat man hauptsächlich in den sich differenzierenden Siebröhrenelementen des Protophloems nachgewiesen.

Sobald die Degeneration des Kerns beginnt, bilden sich Stapel von Cisternen des Endoplasmatischen Reticulums (Abb. 13.18A und 13.19A). Während der Stapelbildung wandert das Endoplasmatische Reticulum in die Nähe der Zellwand und die Ribosomen verschwinden von den Membranoberflächen, die in einem Stapel jeweils gegenüberliegen. Elektronendichte Partikel, vermutlich Enzyme, akkumulieren zwischen den ER-Cisternen (Abb. 13.19A, B). Ribosomen, die

13.2 Das Siebröhrenelement der Angiospermen | 343

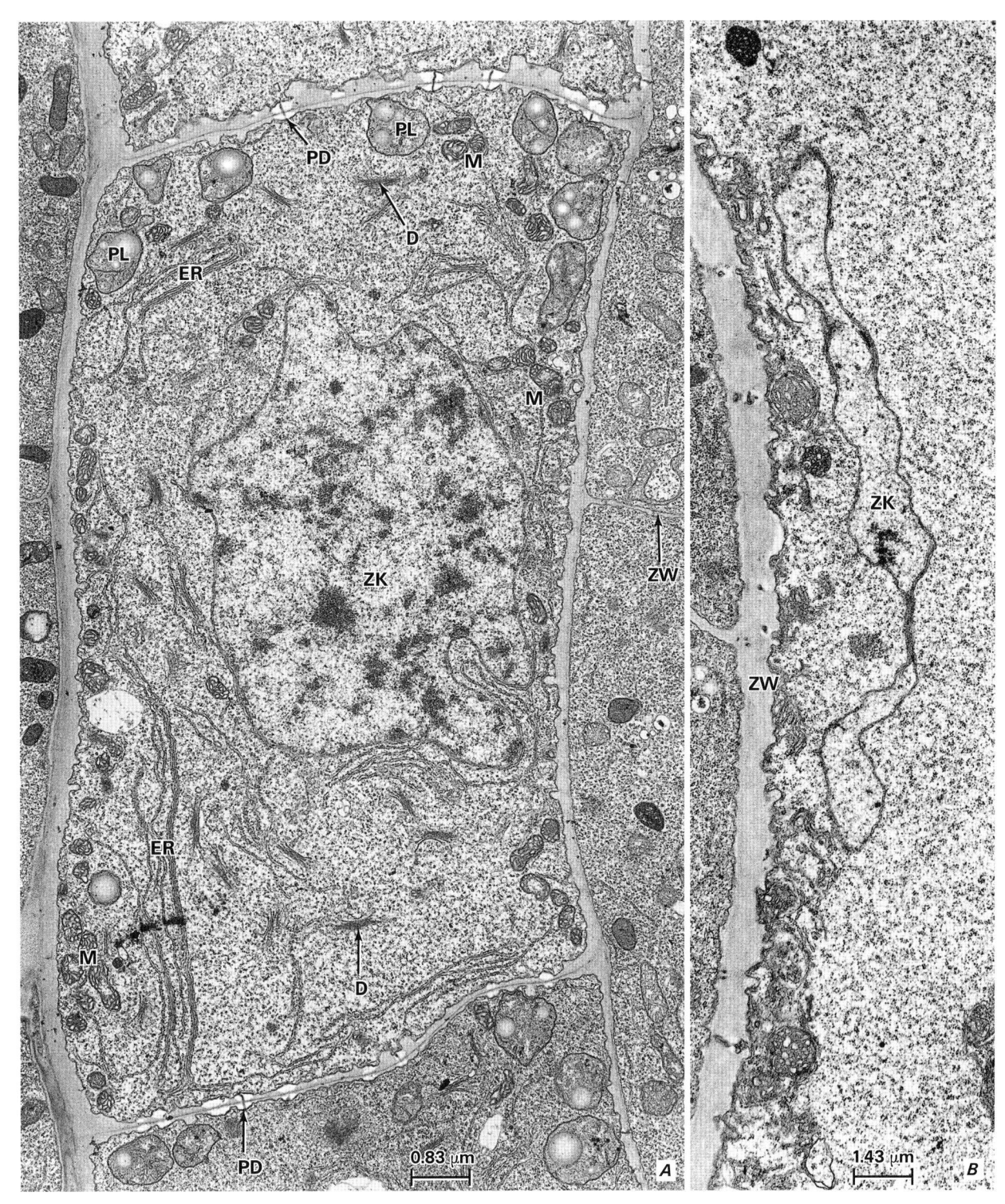

**Abb. 13.18** **A**, unreifes Protophloem-Siebröhrenelement von einer Tabakwurzel (*Nicotiana tabacum*). Das Endoplasmatische Reticulum (ER) fängt an, Stapel zu bilden, und die meisten Plastiden (Pl) und Mitochondrien (M) haben sich inzwischen entlang der Zellwand verteilt. Der Zellkern (ZK) verliert bereits seine färbbaren Bestandteile; in den sich entwickelnden Siebplatten innerhalb der beiden Endwände sind die Bereiche der zukünftigen Siebporen durch Ablagerungen von gepaarten Calloseplättchen angedeutet. Ein einzelner Plasmodesmos (PD) durchquert die Calloseplättchen auf beiden Seiten der Zellwand. Weitere Details: D, Dictyosom; ZW, Zellwand zwischen Parenchymzellen. **B**, der teilweise zerstörte Zellkern (ZK) in einem unreifen Siebröhrenelement zu einem späteren Stadium als in **A**. Die Organellen verteilen sich nun entlang der Zellwand (ZW). (Nachdruck aus Esau und Gill, 1972. © 1972, mit freundlicher Genehmigung von Elsevier.)

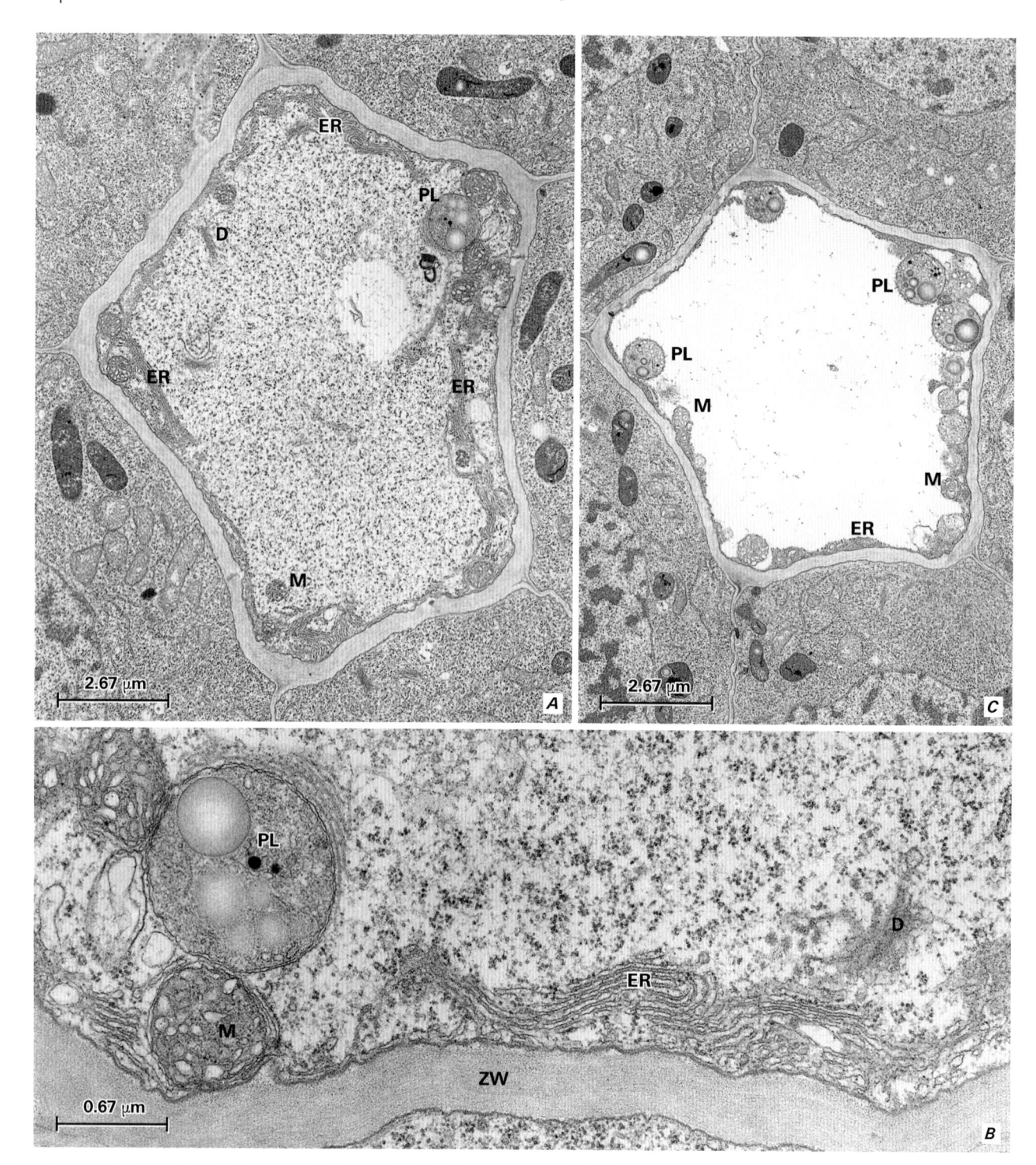

**Abb. 13.19** Querschnitte eines unreifen (**A**, **B**) und reifen (**C**) Protophloem-Siebröhrenelements in einer Tabakwurzel (*Nicotiana tabacum*). **A**, das stapelförmige Endoplasmatische Reticulum (ER) und die Organellen (Mitochondrien, M, und Plastiden, Pl) befinden sich bereits in einer peripheren Position. Außerdem sind noch immer Dictyosomen (D) und zahlreiche Ribosomen vorhanden. **B**, Stapel von Endoplasmatischem Reticulum im Detail. **C**, das reife Siebröhrenelement zeigt eine klare Struktur. Weitere Details: ZW, Zellwand. (**A**, **B**, Nachdruck aus Esau und Gill, 1972. © 1972, mit freundlicher Genehmigung von Elsevier.)

sich auf den äußeren Oberflächen der Stapel befinden, verschwinden gleichzeitig mit den freien Ribosomen des Cytoplasmas. Mit zunehmender Reife des Siebröhrenelements kann sich das nun vollkommen glatte Endoplasmatische Reticulum in eine gewundene, gitterartige oder tubuläre Form umwandeln. In ausgereiften Siebröhrenelementen bildet das Endoplasmatische Reticulum meist ein ausgedehntes, komplexes Netzwerk – ein wandständiges, anastomosierendes System – das sich zusammen mit den verbleibenden Organellen und dem P-Protein dicht entlang der Plasmamembran erstreckt. Lediglich zwei verschiedene Organellen bleiben erhalten, die Plastiden und die Mitochondrien (Abb. 13.19C). In elektronenmikroskopischen Aufnahmen von reifen Siebröhrenelementen konnte man weder Mikrotubuli noch Actinfilamente erkennen, obwohl ein hoher Gehalt an Actin und Profilin, das die Polymerisation der Actinfilamente reguliert, im Siebröhrenexsudat nachgewiesen wurde (Guo et al., 1998; Schobert et al., 1998).

Die beiden begrenzenden Membranen, die Plasmamembran und der Tonoplast, verhalten sich recht unterschiedlich. Während die Plasmamembran als selektive Membran erhalten bleibt, löst sich der Tonoplast auf und damit verschwindet die Abgrenzung zwischen der Vakuole und dem seitlich angrenzenden Cytoplasma. Die Entleerung der Lumina übereinander aufgereihter Siebröhrenelemente und die Entwicklung offener Siebporen in den Siebplatten zwischen angrenzenden Siebröhrenelementen spezialisieren die Siebröhren für den Ferntransport von Assimilaten (Abb. 13.15 und 13.20).

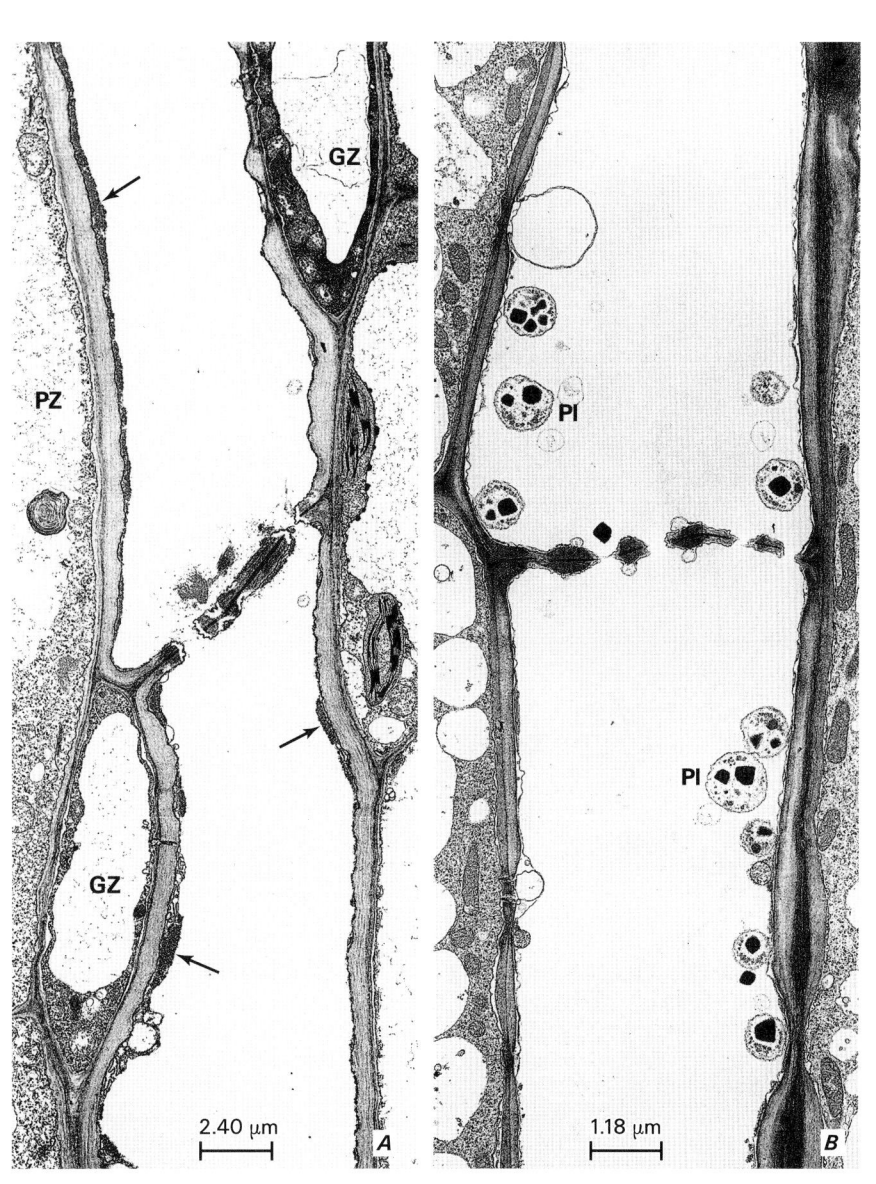

**Abb. 13.20** Längsschnitte durch Teile reifer Siebröhrenelemente zeigen die Verteilung der cytoplasmatischen Bestandteile seitlich der Zellwand sowie Siebplatten mit offenen Siebporen. **A**, *Cucurbita maxima*. Die Pfeile weisen auf P-Protein hin. Weitere Details: GZ, Geleitzelle; PZ, Parenchymzelle. **B**, *Zea mays*. Typische Siebröhrenelemente von Monocotylen wie die von Mais haben P-Typ Plastiden (Pl) mit keilförmigen Proteinkristallen. Mais, aus der Familie der Poaceae, besitzt kein P-Protein. (**A**, aus Evert et al., 1973c, Abb. 11. © 1973, Springer-Verlag; **B**, mit freundlicher Genehmigung von Michael A. Walsh.)

## 13.3 Geleitzellen

Die Siebröhrenelemente sind typischerweise mit spezialisierten Parenchymzellen, den **Geleitzellen**, eng verbunden. Die Geleitzelle geht aus derselben Mutterzelle hervor wie das angrenzende Siebröhrenelement, so dass beide Zellen ontogenetisch eng verwandt sind (Abb. 13.5). Bei der Bildung der Geleitzellen teilt sich die meristematische Mutterzelle des Siebröhrenelements ein- oder mehrmals längs. Eines der Teilungsprodukte, gewöhnlich die größere Zelle, differenziert sich zu einem Siebröhrenelement. Die anderen werden entweder direkt zu Geleitzellen, oder sie teilen sich zuvor nochmals quer oder längs. Mit einem einzigen Siebröhrenelement können eine oder mehrere Geleitzellen assoziiert sein, wobei die Geleitzellen an einer oder mehreren Wandseiten des Siebröhrenelements liegen können. Bei manchen Taxa bilden die Geleitzellen zusammenhängende Längsreihen (**Geleitzellstränge**; Abb. 13.21B,C), ein Resultat von Teilungen einer Vorläuferzelle. Auch die Größe der Geleitzellen ist variabel. Manche – Einzelzelle oder Längsreihe – sind so lang wie das zugehörige Siebröhrenelement (Abb. 13.21A); andere sind kürzer als das Siebröhrenelement (Abb. 13.21D–I; Esau, 1969). Die ontogenetische Beziehung zwischen Geleitzellen und Siebröhrenelementen wird allgemein als besonderes Merkmal dieser Zellen

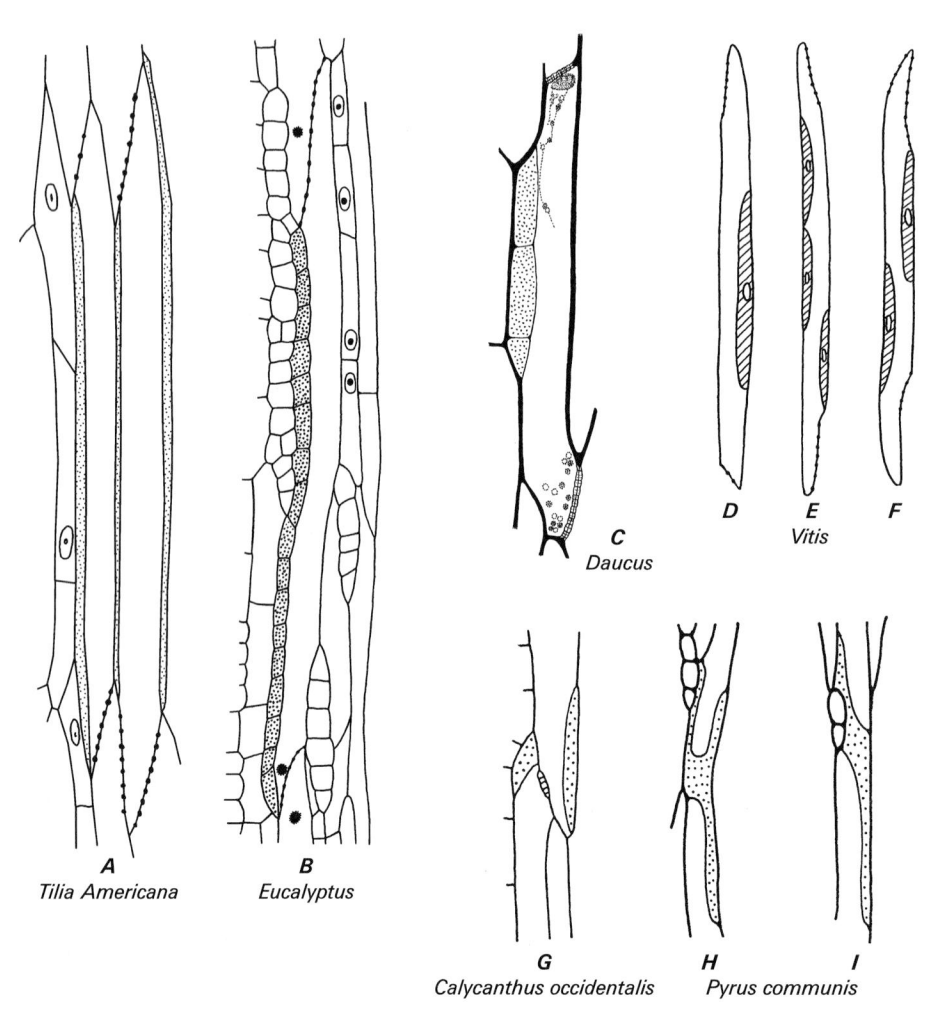

**Abb. 13.21** Geleitzellen (Längsansichten). **A**, Siebröhrenelemente von *Tilia americana* mit Geleitzellen (punktiert), die sich von Siebplatte zu Siebplatte über die gesamte Länge des Siebröhrenelements erstrecken. **B**, Siebröhrenelement von *Eucalyptus* mit langen Geleitzellsträngen. Die schwarzen Körper in der Nähe der Siebplatten sind nicht dispergierte P-Proteinkörper, die man früher für ausgestoßene Nucleoli gehalten hat. **C**, Siebröhrenelement von *Daucus* (Möhre) mit einem Einzelstrang aus drei Geleitzellen. Die kleinen Körperchen in der Nähe der Siebplatten sind Plastiden mit Stärke; der große Körper ist ein P-Proteinkörper. **D–F**, Teile eines Siebröhrenelements von *Vitis*; die Geleitzellen sind schraffiert. **G**, Siebröhrenelemente mit Geleitzellen von *Calycanthus occidentalis*; **H**, **I**, Teile eines Siebröhrenelements mit Geleitzellen von *Pyrus communis*. (A, x255; B, x230; C, x390; D–F, x95; G–I, x175; **A**, aus Evert, 1963. © 1963 The University of Chicago. Alle Rechte vorbehalten; **B**, aus Esau, 1947; **C**, nach Esau, 1940. *Hilgardia* 13(5), 175–226. © 1940 Regents, University of California; **D–F**, aus Esau, 1948. *Hilgardia* 18(5), 217–296. © 1948 Regents, University of California; **G**, nachgedruckt mit freundlicher Genehmigung der University of California Press: Cheadle und Esau, 1958. *Univ. Calif. Publ. Bot.* © 1958, The Regents of the University of California; **H**, **I**, nachgedruckt mit freundlicher Genehmigung der *University of California Press*: Evert, 1960. *Univ. Calif. Publ. Bot.* © 1960, The Regents of the University of California.)

## 13.3 Geleitzellen | 347

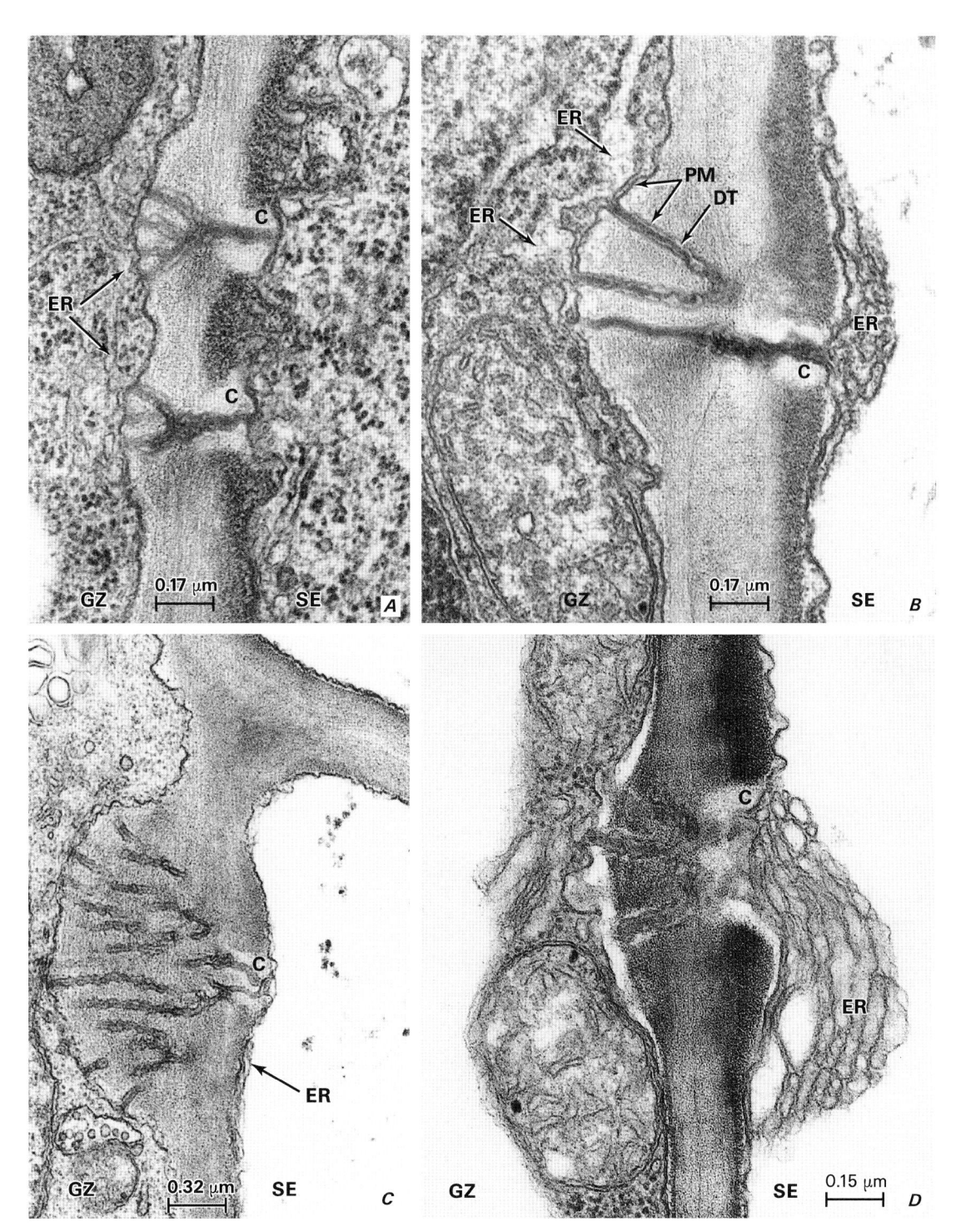

**Abb. 13.22** Längsansichten von Siebpore-Plasmodesmen-Verbindungen. **A**, unreife und **B**, reife Verbindungen in Zellwänden zwischen einem Siebröhrenelement und einer Geleitzelle in den Internodien von Baumwolle (*Gossypium hirsutum*). Auffällig sind die verzweigten Plasmodesmen in der Zellwand auf Seiten der Geleitzelle. **A**, während der Entwicklung beschränkt sich die Calloseablagerung nur auf Plasmodesmen (zukünftige Siebporen) in der Zellwand des Siebröhrenelements. **B**, in diesem reifen Siebröhrenelement ist die Siebpore teilweise mit (vermutlich) Wundcallose verengt. **C**, Siebpore-Plasmodesmen-Verbindungen in dem verdickten Zellwandbereich zwischen Siebröhrenelement und Geleitzelle in einer *Minor Vein* eines Pappelblattes (*Populus deltoides*). Die Plasmodesmen in der Zellwand der Geleitzelle sind stark verzweigt. **D**, Siebpore-Plasmodesmen-Verbindungen in der Zellwand zwischen Siebröhrenelement und Geleitzelle in der Blattader eines Gerstenblattes (*Hordeum vulgare*). Auf der Seite des Siebröhrenelements findet sich eine Anhäufung aus Endoplasmatischem Reticulum in enger Verbindung mit der Siebpore. Details: C, Callose; GZ, Geleitzelle; DT, Desmotubulus; ER, Endoplasmatisches Reticulum; PM, Plasmamembran; SE, Siebröhrenelement. (**A**, **B**, aus Esau und Thorsch, 1985; **C**, aus Russin und Evert, 1985; **D**, aus Evert et al., 1971b, Abb. 4. © 1971, Springer-Verlag.)

betrachtet, obwohl einige Parenchymzellen, die nicht von derselben Mutterzelle abstammen wie ihr zugehöriges Siebelement, häufig ebenfalls als Geleitzellen bezeichnet werden (z. B. bei Längsadern des Maisblattes; Evert et al., 1978). Diese Beziehung ist charakteristisch für das Phloem aller Angiospermen, wobei die Geleitzellen in die Definition des Siebröhrenelements – im Gegensatz zu Siebzellen – einbezogen sind.

Während der Protoplast eines Siebröhrenelements eine selektive Autophagie durchmacht und dabei ein klares Zelllumen entwickelt, nimmt die Dichte des Geleitzell-Protoplasten in der Regel bis zur völligen Reife zu. Die hohe Dichte ist teilweise auf die anwachsende Ribosomen(Polysomen)–Population und teilweise auf die zunehmende Dichte des Cytoplasmas selbst zurückzuführen (Behnke, 1975; Esau, 1978b). Die reife Geleitzelle enthält außerdem zahlreiche Mitochondrien, raues Endoplasmatisches Reticulum, Plastiden und einen großen Zellkern. Die Plastiden der Geleitzellen besitzen normalerweise keine Stärke, obwohl es hier einige Ausnahmen gibt (z. B. bei *Cucurbita*, Esau und Cronshaw, 1968; *Amaranthus*, Fisher, D. G., und Evert, 1982; *Solanum*, McCauley und Evert, 1989). Die Geleitzellen sind unterschiedlich stark vakuolisiert.

Geleitzellen sind eng assoziiert mit ihren Siebröhrenelementen durch zahlreiche cytoplasmatische Verbindungen, die aus einer Pore in der Wand des Siebröhrenelements und vielfach verzweigten Plasmodesmen in der Wandseite der Geleitzelle bestehen (Abb. 13.22). Während der Entwicklung dieser Verbindungen lagert sich Callose an dem Wandbereich des Siebröhrenelements ab, wo die zukünftige Pore entsteht (Abb. 13.22A). Die Bildung der Pore beginnt, indem sich ein innerer Hohlraum im Bereich der Mittellamelle entwickelt und die verzweigten Plasmodesmen entstehen im Zuge einer lokalen Zellwandverdickung auf der Geleitzellenseite (Deshphande, 1975; Esau und Thorsch, 1985). Allerdings sind diese verzweigten Plasmodesmen keine sekundären Plasmodesmen, sondern eher modifizierte primäre Plasmodesmen (Kapitel 4). Es wird allgemein angenommen, dass das wandständige Netzwerk des Endoplasmatischen Reticulums in einem reifen Siebröhrenelement mit dem Endoplasmatischen Reticulum der Geleitzelle über die Desmotubuli in der Wand der Geleitzelle verbunden ist.

Die Zellwände der Geleitzellen sind weder sklerifiziert noch lignifiziert und die Geleitzellen kollabieren gewöhnlich dann, wenn das benachbarte Siebröhrenelement abstirbt. Eine Sklerifizierung von Geleitzellen wurde im nicht-leitenden Phloem von *Carpodetus serratus* (Brook, 1951) und *Tilia americana* (Evert, 1963) nachgewiesen. In den kleinsten Blattadern, den Feinnerven (*minor veins*), von reifen Blättern vieler krautiger eudicotyler Pflanzen besitzen die Geleitzellen unregelmäßige, interne Wandprotuberanzen, die ein typisches Merkmal von Transferzellen sind (siehe unten; Pate und Gunning, 1969).

Da dem reifen Siebröhrenelement Zellkern und Ribosomen fehlen, hat man schon seit langem vermutet, dass die Geleitzellen das Lebenserhaltungssystem für die Siebröhrenelemente sind. Für den Erhalt dieser Elemente ist es notwendig, sie mit Informationsmolekülen, Proteinen und ATP über die Pore-Plasmodesmen Verbindungen (von einigen Wissenschaftlern als „Pore-Plasmodesmen Einheit" bezeichnet; van Bel et al., 2002) in den Siebröhren-Geleitzellenwänden zu versorgen. Die gegenseitige Abhängigkeit dieser beiden Zelltypen zeigt sich auch darin, dass Siebelemente und assoziierte Geleitzellen zur selben Zeit ihre Funktion einstellen und absterben. Dies zeigt klar, dass die Geleitzelle den Lebenserhalt des Siebröhrenelementes gewährleistet.

Mikroinjektionsversuche mit Fluoreszenzmarkern in die Geleitzellen oder in die Siebröhrenelemente haben gezeigt, dass die Ausschlussgröße der Plasmodesmen des Siebröhren-Geleitzellen-Komplexes relativ groß ist – zwischen 10 und 40 kDa – und dass der Transport zwischen Geleitzelle und Siebröhrenelement in beiden Richtungen erfolgt (Kempers und van Bel, 1997). Es gibt auch klare Beweise dafür, dass Proteine, die in den Geleitzellen synthetisiert wurden, zwischen den Geleitzellen und den Siebröhrenelementen zirkulieren (Thompson, 1999). In transgenen Pflanzen, die das grüne Fluoreszenzprotein (GFP) – vermutlich in den Geleitzellen synthetisiert – exprimieren, wandert GFP mit dem Assimilatstrom durch die gesamte Pflanze (Imlau et al., 1999). Von den insgesamt 200 endogenen, löslichen Proteinen, die sich im Phloemexsudat oder Siebröhrensaft befinden, wurden bisher nur wenige identifiziert. So konnte man Ubiquitin und Chaperone nachweisen, die an dem Proteinumsatz in reifen Siebröhrenelementen beteiligt sind (Schobert et al., 1995). Während einige Phloemproteine beim Langstreckentransport als Signalmoleküle dienen, spielen viele andere offenbar eine wichtige Rolle für den Lebenserhalt der Siebröhrenelemente.

## 13.4 Der Mechanismus des Phloemtransports bei Angiospermen

Der **osmotisch erzeugte Druckstrom-Mechanismus**, der ursprünglich von Ernst Münch (1930) vorgeschlagen und von anderen (siehe unten; Crafts und Crisp, 1971; Eschrich et al., 1972; Young et al., 1973; van Bel, 1993) modifiziert wurde, ist das zur Zeit allgemein akzeptierte Modell, den Assimilattransport in den Siebröhren der Angiospermen zwischen einer **Source**, dem Bildungsort für Assimilate, und ihren Verbrauchsorten, den **Sinks** zu erklären. Danach verteilen sich die Assimilate nach einem typischen Source-Sink-Muster. Die wichtigsten Sources (Nettoexporteure) für Assimilate sind photosynthetisch aktive Blätter, obwohl auch Speichergewebe als bedeutende Sources dienen können. Alle Pflanzenteile, die keine eigene Nährstoffversorgung haben, fungieren als Sinks (Nettoimporteure von Assimilaten), wie beispielsweise meristematische Gewebe, im Boden wachsende Pflanzenteile (z. B. Wurzeln, Knollen, Rhizome), Früchte, Samen und die meisten parenchymatischen Zellen der primären Rinde, des Marks, des Xylems und des Phloems.

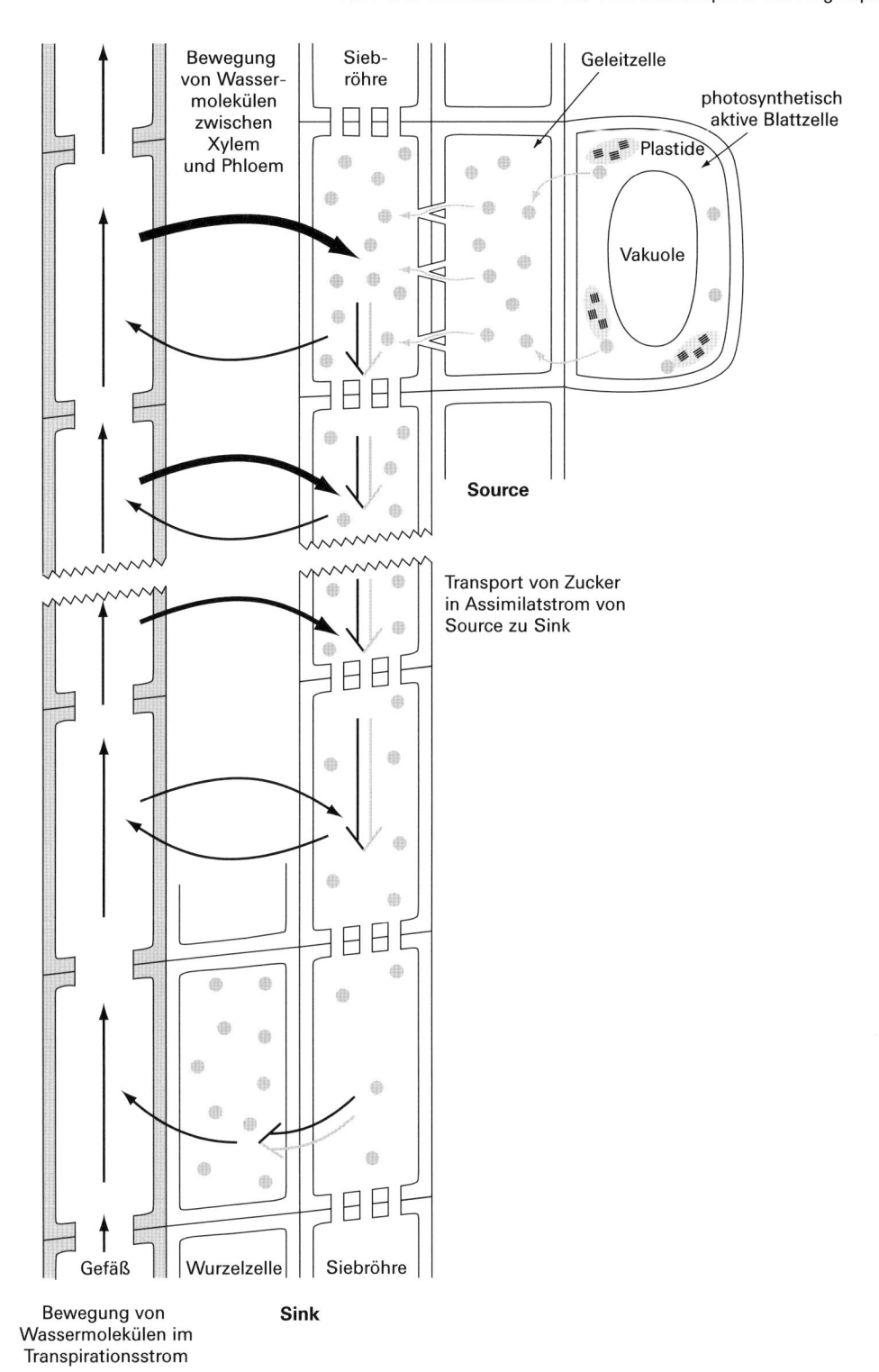

**Abb. 13.23** Schematische Darstellung des osmotisch erzeugten Druckstrom-Mechanismus. Die Punkte stellen Zuckermoleküle dar, die aus den photosynthetisch aktiven Zellen der Blätter (der Source) stammen. In der Source werden Zucker über die Geleitzellen in die Siebröhre geladen. Durch den Anstieg der Zuckerkonzentration verringert sich das Wasserpotenzial und folglich tritt Wasser durch Osmose in die Siebröhre ein. Im Sink wird Zucker aus der Siebröhre entladen und demzufolge sinkt die Zuckerkonzentration in der Siebröhre. Dadurch erhöht sich das Wasserpotenzial und Wasser tritt aus der Siebröhre aus. Durch Einstrom von Wasser in die Siebröhre in der Source und Ausstrom im Sink werden die Zuckermoleküle passiv mit dem Wasser entlang eines Konzentrationsgradienten auf dem Weg zwischen Source und Sink transportiert. Da die Siebröhren von einer semipermeablen Membran umgeben sind, findet entlang des gesamten Transportwegs ein lateraler Ein- und Austransport von Wasser statt. Es gibt Hinweise darauf, dass nur wenige oder sogar fast keine der ursprünglich in der Source in die Siebröhre aufgenommenen Wassermoleküle am Sink ankommen, weil sie auf der gesamten Wegstrecke gegen Wassermoleküle ausgetauscht werden, die aus dem Phloem-Apoplasten in die Siebröhre eintreten. (Nach Raven et al., 2005.)

Die einfachste Erklärung des osmotisch erzeugten Druckstrom-Mechanismus ist folgende (Abb. 13.23): Im Source-Organ werden Zucker in die Siebröhren geladen und erzeugen lokal eine hohe Konzentration an löslichen Stoffen. Dadurch wird das Wasserpotenzial negativer und Wasser fließt vom Xylem durch Osmose in die Siebröhre. Der Verbrauch von Zuckern im Sinkorgan hat den umgekehrten Effekt. Hier sinkt die Zuckerkonzentration, das Wasserpotenzial steigt (wird weniger negativ) und folglich tritt Wasser an dieser Stelle aus der Siebröhre aus. Mit dem Eintritt von Wasser in die Siebröhre im Source-Organ und dem Austritt im Sink werden die Zuckermoleküle passiv mit dem Wasser entlang eines Konzentrationsgradienten durch einen Volumen- oder Massenfluss zwischen Source und Sink transportiert (Eschrich et al., 1972).

Nach dem ursprünglichen Druckstrommodell von Münch werden die Siebröhren als impermeable Röhren betrachtet. Aber tatsächlich ist die Siebröhre zwischen Source und Sink durch eine selektiv permeable Membran, die Plasmamembran, umgeben und zwar nicht nur in der Source- oder Sinkregion, sondern entlang des gesamten Transportweges (Eschrich et al., 1972; Phillips und Dungan, 1993). Die selektive Membran ist die Voraussetzung für Osmose, die als treibende Kraft für den Mechanismus gilt, und daher notwendig für ein lebendes Leitröhrensystem. In Hinsicht auf den osmotisch erzeugten Druckstrom-Mechanismus ist die Plasmamembran die wichtigste Zellkomponente. Wasser tritt in die Siebröhre ein und wieder aus über ihre gesamte Länge. Nur wenige oder vielleicht gar keine Wassermoleküle, die im Source-Organ in die Siebröhre eintreten kommen im Sink an, weil sie mit anderen Wassermolekülen ausgetauscht werden, die vom Apoplast des Phloems entlang des Transportwegs direkt in die Siebröhre eintreten (Eschrich et al., 1972; Phillips und Dungan, 1993). Wasser, das im Sink aus der Siebröhre austritt, fließt ins Xylem zurück und wird dort rezirkuliert (Köckenberger et al., 1997). Aus Blättern stammende Photoassimilate werden entlang des gesamten Transportwegs ausgeladen, um dem Erhalt reifer Gewebe zu dienen oder den Bedarf von wachsenden Geweben zu decken (z. B. Cambium und seine unmittelbaren Derivate). Darüber hinaus entweicht gewöhnlich auch ein gewisser Anteil an Photoassimilaten aus den Siebröhren entlang des Transportwegs (Hayes et al., 1987; Minchin und Thorpe, 1987).

Die Funktionsfähigkeit des Phloems in Bezug auf die Verteilung von Photoassimilaten innerhalb der Pflanze hängt von der Kooperation zwischen Siebröhrenelementen und ihren Geleitzellen ab (van Bel, 1996; Schulz, 1998; Oparka und Turgeon, 1999). Wie beide Zellen zusammenwirken spiegelt sich teilweise in der Größe der Siebröhren und Geleitzellen entlang des Transportwegs wider. Im **Sammelphloem** (*collective phloem*) der *Minor veins* von Source-Blättern (den kleinsten Blattadern, die in das Mesophyll oder photosynthetische Grundgewebe eingebettet sind) sind die Geleitzellen typischerweise größer als ihre oft sehr kleinen Siebröhrenelemente (Abb. 13.24 – 13.26; Evert, 1977; 1990b). Diese Größendifferenz gilt als Indiz dafür, dass die Geleitzellen eine aktive Rolle bei der Aufnahme (gegen einen Konzentrationsgradienten) von Photoassimilaten spielen und diese dann in die Siebröhrenelemente via Pore-Plasmodesmen Verbindungen innerhalb der Siebröhren-Geleitzellenwand transportieren. Diesen aktiven Prozess bezeichnet man als **Phloembeladung** (siehe unten).

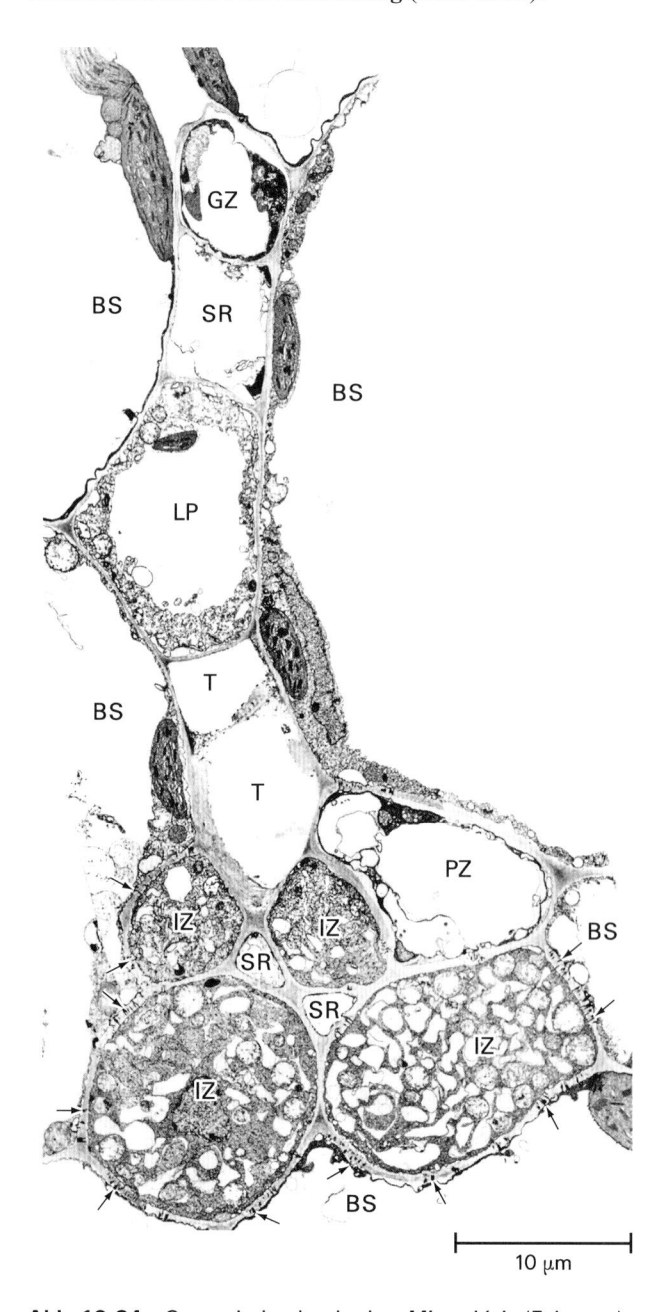

**Abb. 13.24** Querschnitt durch eine *Minor Vein* (Feinnerv) im Blatt von *Cucumis melo*. In dieser Schnittebene enthält das abaxiale (untere) Phloem zwei kleine Siebröhren (SR), die von vier Intermediärzellen (IZ) umgeben sind, und zusätzlich noch eine Parenchymzelle (PZ). Das adaxiale Phloem besteht aus einer einzelnen Siebröhre (SR) und einer Geleitzelle (GZ). Man beachte die zahlreichen Plasmodesmen (Pfeile) in der gemeinsamen Zellwand zwischen den Intermediärzellen und Bündelscheidenzellen (BS). Dieses ist eine Typ 1 *Minor Vein* und ein symplastischer Belader. Weitere Details: T, tracheales Element; LP, Leitbündelparenchymzelle. (Aus Schmitz et al., 1987, Abb. 1. © 1987, Springer-Verlag.)

Im **Abgabephloem** (*release phloem*) der Sink-Organe sind die Geleitzellen stark verkleinert oder sie fehlen völlig (Offler und Patrick, 1984; Warmbrodt, 1985a, b; Hayes et al., 1985). In den meisten Sink-Geweben (z. B. bei wachsenden Wurzeln und Blättern) erfolgt die **Phloementladung** symplastisch. Der eigentliche Entladungsprozess ist wahrscheinlich passiv und verbraucht daher keine von den Geleitzellen bereitgestellte Energie. Der weitere Transport in die Sink-Gewebe, die man als **Post-Phloem-** oder **Post-Siebröhrentransport** (Fisher, D. B., und Oparka, 1996; Patrick, 1997) bezeichnet, hängt jedoch von der Stoffwechselenergie ab. Beim symplastischen Entladungsvorgang wird Energie benötigt, um den Konzentrationsgradienten zwischen Siebröhren-Geleitzellen-Komplexen und Sink-Zellen aufrecht zu erhalten. In Speichergeweben wie z. B. in den Wurzeln der Zuckerrüben und den Sprossachsen des Zuckerrohrs, wo ein apoplastischer Entladungvorgang stattfindet, ist Energie erforderlich, um hohe Zuckerkonzentrationen in den Sink-Zellen zu akkumulieren. Allerdings bleibt fraglich, ob in den ausgewachsenen Internodien des Zuckerrohrs tatsächlich eine apoplastische Entladung stattfindet (Jacobsen et al., 1992). Bei der Kartoffel hat man in stark wachsenden Stolonen eine apoplastische Entladung gefunden. Jedoch fand hier gleich bei den ersten Anzeichen einer Knollenbildung eine Umstellung von apoplastischer auf symplastische Entladung statt (Viola et al., 2001; siehe auch Kühn et al., 2003).

Im **Transportphloem** ist die Querschnittsfläche der Siebröhren größer als die der Siebröhren des Sammel- und des Abgabephloems; die Größe der Geleitzellen liegt zwischen der im Sammelphloem und der im Abgabephloem bzw. die Geleitzellen können auch vollständig fehlen (Abb. 13.1B und 13.14B, C). Das Transportphloem hat eine Doppelfunktion. Erstens werden

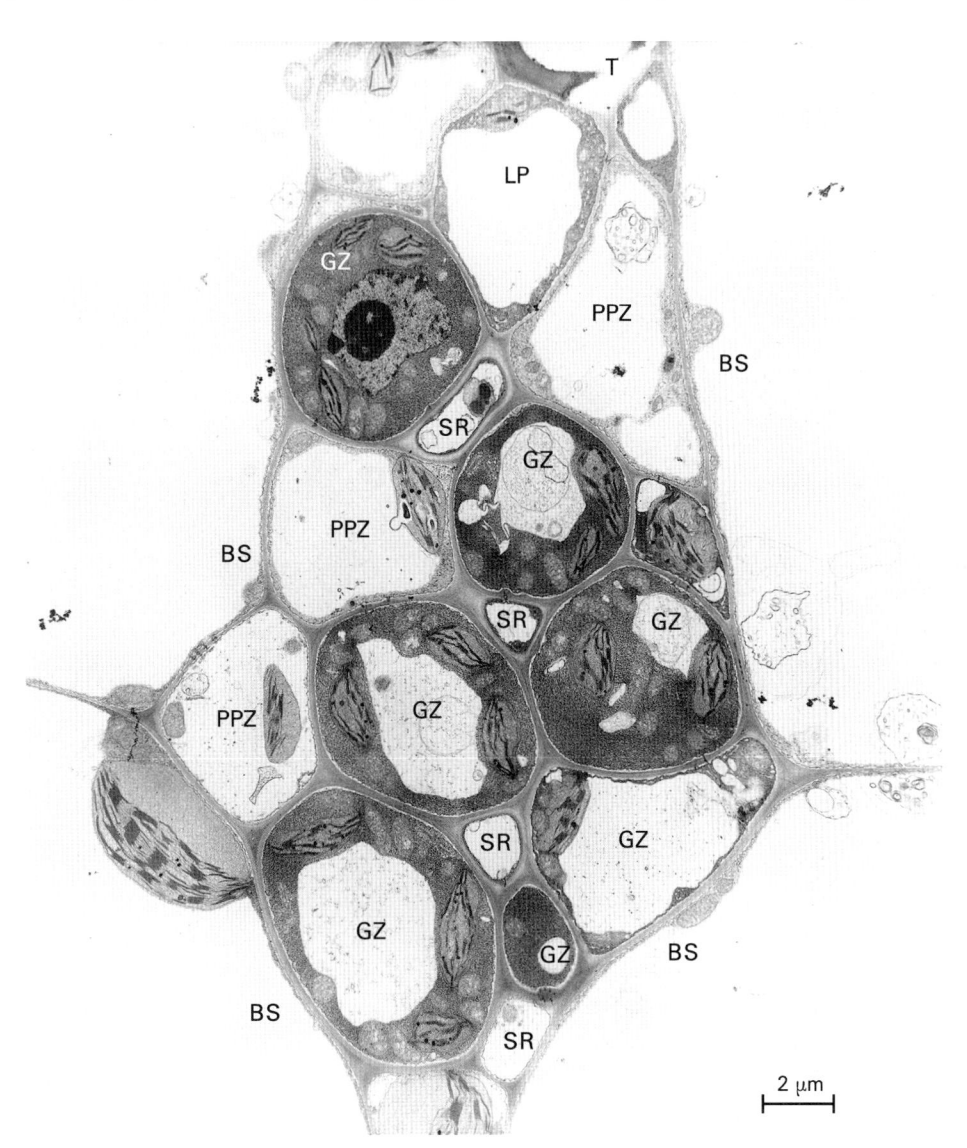

**Abb. 13.25** Querschnitt durch einen Teil einer *Minor Vein* in einem Zuckerrübenblatt (*Beta vulgaris*). In dieser Schnittebene enthält die Blattader vier Siebröhren (SR) und sieben „normale" Geleitzellen (GZ), d. h. Geleitzellen ohne Wandproliferationen. Dieses ist eine Typ 2a *Minor Vein* und ein apoplastischer Belader. Weitere Details: BS, Bündelscheidenzelle; PPZ, Phloemparenchymzelle; T, tracheales Element; LP, Leitbündelparenchymzelle. (Aus Evert und Mierzwa, 1986.)

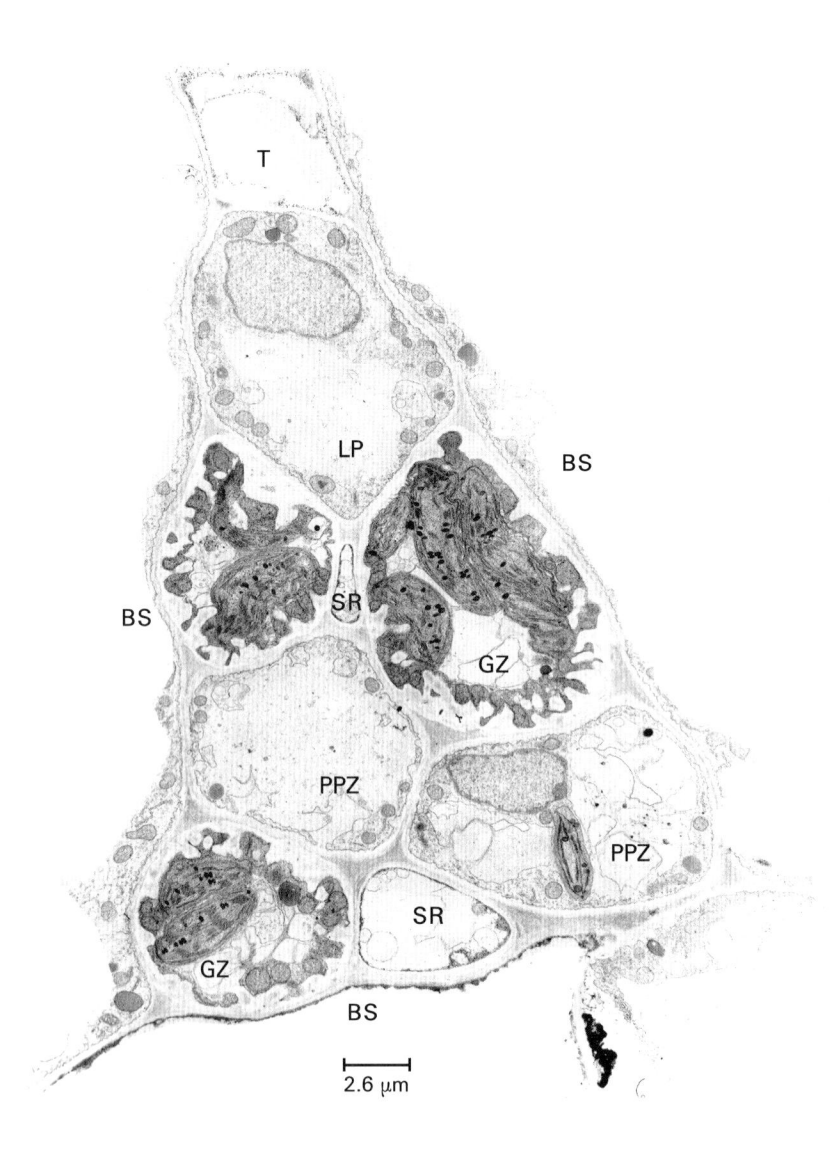

**Abb. 13.26** Querschnitt durch einen Teil einer *Minor vein* in einem Blatt der Studentenblume (*Tagetes patula*). In dieser Schnittebene enthält die Blattader zwei Siebröhren (SR) und drei Geleitzellen (GZ) mit Wandproliferationen, sog. Transferzellen oder A-Typ Zellen (Pate und Gunning, 1969). Dieses ist eine Typ 2b *Minor Vein* und ein apoplastischer Belader. Weitere Details: BS, Bündelscheidenzelle; PPZ, Phloemparenchymzelle; T, tracheales Element; LP, Leitbündelparenchymzelle.

hier Photoassimilate zu den Sink-Organen transportiert, wobei aber auch immer eine ausreichende Menge an Photoassimilaten in den Siebröhren zurückbleiben muss, um den Druckstrom aufrecht zu erhalten. Wie bereits erwähnt, kommt es gewöhnlich zum Austritt von Assimilaten aus den Siebröhren entlang des gesamten Transportwegs zwischen Source und Sink. Man nimmt daher an, dass die Geleitzellen an der Wiederaufnahme (*retrieval*) von ausgetretenen Photoassimilaten beteiligt sind. Eine solche Wiederaufnahme von Assimilaten in das Transportphloem ist vermutlich durch die symplastische Isolation des Siebröhren-Geleitzellen-Komplexes gewährleistet (van Bel und van Rijen, 1994; van Bel, 1996). Die zweite Funktion des Transportphloems besteht darin, heterotrophe Gewebe längs des Transportweges, z. B. axiale Sinks wie das Cambium, mit Nährstoffen zu versorgen.

## 13.5 Das Source-Blatt und *Minor vein* Phloem

Reife, photosynthetisch aktive Blätter sind die wichtigsten Sources („Quellen") einer Pflanze. Anders als bei Monocotyledonen, sind die Blattleitbündel (Blattadern) bei Angiospermen in einem verzweigten Muster angeordnet, wobei sich größere Blattadern in immer kleiner werdende Adern verzweigen. Ein solches Blattadersystem bezeichnet man als **Netznervatur**. Oft verläuft die größte Blattader in der Längsachse des Blattes als ein Mittelnerv. Dieser bildet zusammen mit dem eng anliegenden Grundgewebe die sog. **Mittelrippe** des Blattes. Die anderen, etwas kleineren Adern, die von der Mittelrippe abzweigen, sind ebenfalls mit so genanntem „Rippengewebe" assoziiert. Alle großen Blattadern, die in Blattrippen (Vorwölbungen der Adern, meist auf der Blattunterseite) vorliegen, nennt man **Major veins**. Die kleinen Blattnerven, die mehr oder weniger in das Mesophyllgewebe eingebettet sind, heißen **Minor veins** (Feinnerven). Die *Minor veins* sind vollkommen von einer Bündelscheide aus dicht gepackten Zellen umhüllt. In eudicotylen Blättern sind die Bündelscheidenzellen meistens parenchymatisch und besitzen zum Teil Chloroplasten. Das Xylem befindet sich normalerweise auf der Oberseite einer Blattader und das Phloem auf ihrer Unterseite (Abb. 13.25 und 13.26).

Die *Minor veins* spielen die Hauptrolle bei der Aufnahme von Photoassimilaten. Die Assimilate, die durch Photosynthese im Mesophyll produziert werden und für den Export aus dem Blatt bestimmt sind, müssen zuerst die Bündelscheide passieren, bevor sie in den Siebröhren-Geleitzellen-Komplex der *Minor veins* aufgenommen werden. Von den Siebröhren der *Minor veins* fließen die im Siebröhrensaft gelösten Assimilate in immer größer werdende Blattadern, gelangen schließlich in die *Major veins* – die Transportadern – und werden aus dem Blatt exportiert. Der Phloemsaft strömt also zunächst in kleinen Adern, die sukzessive in immer größere Adern münden.

### 13.5.1 In dicotylen Blättern kommen verschiedene *Minor vein*-Typen vor.

Die *Minor veins* in den Blättern der „Dicotyledonen" (Magnoliidae und Eudicotyledoneae) variieren in ihrer Struktur und in der Häufigkeit symplastischer Verbindungen, die zwischen ihren Siebröhren-Geleitzellen-Komplexen und anderen Zelltypen des Blattes vorkommen. In einigen Pflanzen ist die Häufigkeit (*frequency*) der Plasmodesmen zwischen Bündelscheidenzellen und Geleitzellen groß bis mittelgroß, während andere nur eine geringe Plasmodesmen-Dichte in diesem *Interface* (Grenzfläche) aufweisen (Gamalei, 1989, 1991). Auf dieser Basis unterscheidet man zwei Haupttypen von *Minor veins* (Gamalei, 1991). Bei dem ersten Typ, **Typ 1**, befinden sich zahlreiche Plasmodesmen zwischen Bündelscheidenzellen und Geleitzellen (> 10 Plasmodesmen pro µm² *Interface*), während **Typ 2** nur wenige Plasmodesmen-Verbindungen pro *Interface* besitzt. Entsprechend werden die Typ 1-*Minor veins* als **offen**, die Typ 2-*Minor veins* dagegen als **geschlossen** bezeichnet. Die *Minor veins* mit einer mittleren Plasmodesmen-Dichte zwischen Bündelscheidenzellen und Geleitzellen (< 10 Plasmodesmen pro µm² *Interface*) liegen zwischen Typ 1 und Typ 2 und werden als **Typ 1-2a** bezeichnet. (*Arabidopsis thaliana* gehört zu den Typ 1-2a Arten; Haritatos et al., 2000.) Bei Typ 2 unterscheidet man zwei Untergruppen: **Typ 2a** mit nur sehr geringen Plasmodesmen – Kontakten (< 1 pro µm² *Interface*) und **Typ 2b** mit praktisch keinen Plasmodesmen-Kontakten (< 0.1 pro µm² *Interface*). Daraus ergibt sich eine Spannweite der Plasmodesmen-Häufigkeit in dem Bündelscheiden–Geleitzellen-*Interface* zwischen Typ 1 und Typ 2b von ungefähr drei Größenordnungen.

Aufgrund der großen Unterschiede in der Plasmodesmen-Häufigkeit zwischen Bündelscheide und Geleitzellen, die in den *Minor veins* bei den verschiedenen Arten auftreten, ist man der Auffassung, dass zwei Mechanismen der Phloembeladung existieren: die symplastische und die apoplastische Beladung (van Bel, 1993). Die Arten des Typs 1 mit der größten Plasmodesmen- Häufigkeit werden als symplastische Phloembelader betrachtet und die Arten des Typs 2 mit der geringsten Plasmodesmen-Häufigkeit als apoplastische Phloembelader (Gamalei, 1989, 1991, 2000; van Bel, 1993; Grusak et al., 1996; Turgeon, 1996).

Obwohl der Mechanismus der apoplastischen Phloembeladung schon lange aufgeklärt ist (siehe unten), gibt es bisher noch keine überzeugende Erklärung für eine symplastische Beladung, die einen aktiven Transport durch Plasmodesmen impliziert. Turgeon und Medville (2004) weisen darauf hin, dass „der aktive Transport kleiner Moleküle durch Plasmodesmen ungeklärt ist und eine Diffusion gegen einen Konzentrationsgradienten unmöglich ist".

### 13.5.2 Arten des Typs 1 mit spezialisierten Geleitzellen, den Intermediärzellen, sind symplastische Phloembelader

Bei Arten des Typs 1 zeichnen sich die *Minor veins* durch spezialisierte Geleitzellen, so genannte **Intermediärzellen**, aus (Abb. 13.24). Im Allgemeinen sind die Intermediärzellen sehr groß und besitzen ein dichtes Cytoplasma mit einem ausgedehnten Endoplasmatischen Reticulum, zahlreichen kleinen Vakuolen, rudimentären Plastiden sowie groß angelegte Tüpfelfelder mit stark verzweigten Plasmodesmen zu den Bündelscheidenzellen hin (Turgeon et al., 1993). Bisher wurden nur acht Familien mit „echten" Intermediärzellen identifiziert: Acanthaceae, Celastraceae, Cucurbitaceae, Hydrangaceae, Lamiaceae, Oleaceae, Scrophulariaceae und Verbenaceae (siehe Referenzen in Turgeon und Medville, 1998, und Turgeon et al., 2001).

Das Auftreten von Intermediärzellen in *Minor veins* korreliert immer mit dem Transport von großen Mengen an Raffinose und Stachyose mit einem kleinen Anteil an Saccharose (Turgeon et al., 1993). Die Arten mit Intermediärzellen werden als symplastische Phloembelader charakterisiert (Turgeon, 1996; Beebe und Russin, 1999). Um die symplastische Beladung unter Beteiligung von Intermediärzellen zu erklären, hat man den „**Polymer Trap**" (**Polymerfalle**) Mechanismus vorgeschlagen (Turgeon, 1991; Haritatos et al., 1996). Danach diffundiert Saccharose, die im Mesophyll synthetisiert wurde, via Plasmodesmen aus den Mesophyllzellen in die Bündelscheidenzellen und weiter in die Intermediärzellen. In den Intermediärzellen wird aus Saccharose Raffinose und Stachyose synthetisiert, so dass der Diffusionsgradient zwischen den Mesophyllzellen und den Intermediärzellen aufrechterhalten bleibt. Weil die Raffinose- und Stachyose- Moleküle zu groß sind, um wieder zurück in die Bündelscheidenzellen via Plasmodesmen zu diffundieren, akkumulieren sie in hohen Konzentrationen in den Intermediärzellen. Raffinose und Stachyose diffundieren dann aus den Intermediärzellen in die Siebröhren via Pore-Plasmodesmen-Verbindungen in ihren gemeinsamen Wänden und werden im Assimilatstrom durch Massenfluss abtransportiert.

Es gibt nur wenige Daten über Typ 1 Arten, die keine Intermediärzellen besitzen. Die wenigen Arten, die untersucht wurden, sind apoplastische Phloembelader. Zu ihnen gehören *Liriodendron tulipifera* (Magnoliaceae) (Goggin et al., 2001), *Clethra barbinervis* und *Liquidambar styraciflua* (Turgeon und Medville, 2004). Alle drei Arten transportieren fast ausschließlich Saccharose. Offensichtlich ist die Plasmodesmen-Häufigkeit nicht als einziges Indiz für den Mechanismus der Phloembeladung zu verwenden. Die Ergebnisse dieser Untersuchungen führten Turgeon und Medville (2004) zu der Annahme, dass eine symplastische Phloembeladung auf die Arten begrenzt ist, die hauptsächlich polymere Zucker wie z. B. Oligosaccharide der Raffinose-Gruppe transportieren, während andere Arten apoplastische Phloembelader sind, unabhängig davon wie hoch ihre Plasmodesmen-Häufigkeit in den *Minor veins* ist.

### 13.5.3 Arten des Typs 2 sind apoplastische Phloembelader

Wie bereits erwähnt, ist der Mechanismus der apoplastischen Phloembeladung weitgehend geklärt. Saccharose ist der Haupttransportzucker der apoplastischen Phloembelader. Bei der apoplastischen Beladung von Saccharosemolekülen handelt es sich um einen Saccharose-Protonen-Cotransport, der energetisch von einer plasmamembrangebunden $H^+$-ATPase getrieben wird und durch einen in der Plasmamembran lokalisierten Saccharose-Transporter erfolgt (Lalonde et al., 2003). In den Blättern von Kartoffel, Tomate und Tabak wurde der Saccharose-Transporter (SUT1) in der Plasmamembran des Siebelements, nicht aber in der Geleitzelle lokalisiert (Kühn et al., 1999), während der Saccharose-Transporter (SUC2) bei *Arabidopsis* (Stadler und Sauer, 1996; Gottwald et al., 2000) und *Plantago major* (Stadler et al., 1995) in den Geleitzellen spezifisch exprimiert wird. Ebenso konnte eine plasmamembrangebunden $H^+$-ATPase in den Geleitzellen von *Arabidopsis* nachgewiesen werden. Die unterschiedliche Lokalisation der beiden Saccharose-Transporter deutet an, dass die Beladung von Saccharose bei manchen apoplastischen Beladern über die Plasmamembran der Siebelemente, bei anderen über die Plasmamembran der Geleitzellen erfolgt. Anders als bei den Arten des Typs 1, bei denen in den Intermediärzellen eine energieabhängige Zuckerkonzentrierung durch die Synthese von Raffinose und Stachyose erfolgt, verwenden die Typ2 – Arten Energie für den Saccharose-Protonen-Cotransport an der Plasmamembran.

Die Geleitzellen der *Minor veins* des Typs 2a besitzen glatte Zellwände und werden als normale Geleitzellen bezeichnet (Abb. 13.25). Diejenigen der *Minor veins* von Typ 2b haben interne Wandprotuberanzen und werden deshalb als Transferzellen bezeichnet (Abb. 13.26).

Bei einigen Arten kommen zwei verschiedene Transferzelltypen im Phloem der *Minor veins* vor. Pate und Gunning (1969) unterscheiden den A-Typ, die Geleitzellen, und den B-Typ, die Phloemparenchymzellen. Abhängig von der Pflanzenart können in den *Minor veins* (Abb. 7.5) entweder A-Zellen, B-Zellen oder beide zusammen vorkommen.

Die *Minor veins* von *Arabidopsis thaliana*, eine Art des Typs 1-2a, besitzen B-Typ-Zellen und gewöhnliche Geleitzellen (Haritatos et al. 2000). Hinsichtlich der zahlreichen Kontakte, die B-Typ-Zellen mit Bündelscheidenzellen und Geleitzellen haben, nimmt man (Haritatos et al. 2000) an, dass der Transportweg der Saccharose in den *Minor veins* von *Arabidopsis* zunächst von der Bündelscheide in die Phloemparenchymzellen (B-Typ-Zellen) führt. Hier wird Saccharose via Plasmamembran, welche die zahlreichen internen Wandprotuberanzen umgrenzt, in den Apolasten transportiert und gelangt von dort durch eine Carrier-vermittelte Aufnahme in den Siebelement-Geleitzellen- Komplex.

### 13.5.4 In einigen Blättern ist die Aufnahme von Photoassimilaten in die *Minor veins* nicht mit einem aktiven Schritt verbunden.

Bei einigen Pflanzen impliziert der Mechanismus, durch den Saccharose in die Siebröhren-Geleitzellen-Komplexe der *Minor veins* gelangt, keinen aktiven Schritt; es ist also keine Phloembeladung *per se*. Diese Pflanzen besitzen „offene" *Minor veins* und transportieren große Mengen an Saccharose und nur geringe Mengen an Raffinose und Stachyose. Zwei Vertreter solcher Pflanzen sind die Weide (*Salix babylonica*; Turgeon und Medville, 1998) und die Pappel (*Populus deltoides*; Russin und Evert, 1985). Nach Gamalei (1989) gehören beide Arten zum Typ 1. Man fand im Phloem der *Minor veins* bei Weide und Pappel keinen Hinweis für eine Akkumulation von Saccharose gegen einen Konzentrationsgradienten. Hier diffundiert wahrscheinlich Saccharose symplastisch entlang eines Konzentrationsgradienten vom Mesophyll in die Siebröhren-Geleitzellen-Komplexe der *Minor veins* (Turgeon und Medville, 1998). Das Fehlen eines Beladungsschritts steht im Einklang mit dem ursprünglichen Modell der Phloembeladung von Münch (1930). Münch betrachtete die Chloroplasten der Mesophyllzellen als „Source" des Konzentrationsgradienten und nahm an, dass Zucker, die einmal in die Siebröhren der *Minor veins* eingetreten sind, mit dem Massenstrom weitertransportiert werden; vermutlich deshalb, weil der hydrostatische Druck in den Siebröhren der Sprossachse niedriger ist als derjenige, der in den Siebröhren des Blattes herrscht.

### 13.5.5 Einige *Minor veins* enthalten mehr als einen Geleitzellen-Typ

Die bisher diskutierte Einteilung der *Minor veins* erfolgte in klar definierte Typen, mit dem jeweils dazugehörenden spezifischen Geleitzelltyp. Manche Arten besitzen jedoch mehr als einen Geleitzellen-Typ. Zum Beispiel fand man zwei Geleitzelltypen, Intermediärzellen und normale Geleitzellen, in den *Minor veins* der Cucurbitaceae (Abb. 13.24; *Cucurbita pepo*, Turgeon et al., 1975; *Cucumis melo*, Schmitz et al., 1987), *Coleus blumei* (Fisher, D. G., 1986) und *Euonymus fortunei* (Turgeon et al., 2001). Dieselbe Kombination der Geleitzellen hat man auch in verschiedenen Scrophulariaceae gefunden (*Alonsoa meridonalis*, Knop et al., 2001; und *Alonsoa warscewiczii*, *Mimulus cardinalis*, *Verbascum chaixi*, Turgeon et al. 1993). Die *Minor veins* einiger Scrophulariaceae enthalten Intermediärzellen und Transferzellen (*Nemesia strumosa*, *Rhodochiton atrosanguineum*; Turgeon et al., 1993), und andere von ihnen modifizierte Intermediärzellen und Transferzellen (*Ascarina spp.*, Turgeon et al., 1993; Knop et al., 2001). Die modifizierten Intermediärzellen bei *Ascarina scandens* zeigten sogar interne Protuberanzen (Turgeon et al., 1993). Das Vorkommen dieser *Minor veins* mit mehr als einem Geleitzellen-Typ lässt vermuten, dass es mehr als einen Mechanismus der Phloembeladung in den einzelnen Blattadern mancher Pflanzen gibt (Knop et al., 2004).

### 13.5.6 Die *Minor veins* in Blättern der Poaceae enthalten zwei Typen von Metaphloem Siebröhren

Im Unterschied zu den „Dicotyledonen"-Blättern, die eine typische Netznervatur haben, besteht das Leitgewebesystem der Grasblätter aus Leitbündeln, die in Längsrichtung des Blattes parallel verlaufen (Längsnerven) und durch Querleitbündel untereinander verbunden sind. Dieses Blattadersystem bezeichnet man als **Streifen-** oder **Parallelnervatur**. In jedem Blattquerschnitt kann man drei verschiedene Längsbündeltypen erkennen – große, mittlere und kleine Leitbündel – , die sich aufgrund ihrer Größe, der Zusammensetzung von Xylem und Phloem und der umgebenden Gewebe unterscheiden (Colbert und Evert, 1982; Russell und Evert, 1985; Dannenhoffer et al., 1990). Obwohl alle Längsnerven Photoassimilate über eine gewisse Entfernung in basipetaler Richtung im Blatt transportieren können, sind die großen Leitbündel hauptsächlich am longitudinalen Transport und Export von Assimilaten aus dem Blatt beteiligt. Dagegen beteiligen sich die kleinen Leitbündel an der Phloembeladung und dem Sammeln von Photoassimilaten. Photoassimilate, die von kleinen Bündeln aufgeommen werden, die sich nicht in die Blattscheide hinein erstrecken, werden lateral via Querleitbündel zu größeren Bündeln transportiert und aus dem Blatt exportiert (Fritz et al., 1983; 1989). Die mittleren Bündel der Blattspreite sind ebenfalls an der Aufnahme von Photoassimilaten beteiligt und demzufolge werden mittlere und kleine Leitbündel als *Minor veins* betrachtet.

Das Metaphloem der *Minor veins* enthält zwei verschiedene Siebröhren, dickwandige und dünnwandige (Abb. 13.27; Kuo und O' Brien, 1974; Miyake und Maeda, 1976; Evert et al. 1978; Colbert und Evert, 1982; Eleftheriou 1990; Botha, 1992;

Evert et al., 1996b). Wichtiger als die relative Dicke ihrer Zellwände ist die Tatsache, dass die zuerst gebildeten, **dünnwandigen Siebröhren** eng mit Geleitzellen assoziiert sind. Die **dickwandigen Siebröhren**, die sich als letzte Leitelemente vor der Reife differenzieren, besitzen keine Geleitzellen.

In reifen Blättern von Mais (Evert et al., 1978) und Zuckerrohr (Robinson-Beers und Evert, 1991) sind die dünnwandigen Siebröhren und ihre Geleitzellen – die Siebröhren-Geleitzellen-Komplexe – deutlich von dem übrigen Blatt symplastisch isoliert. Die dickwandigen Siebröhren besitzen zwar keine benachbarten Geleitzellen, aber sie sind symplastisch mit dem Leitbündelparenchym verbunden, das auch an die Gefäße des Xylems angrenzt. Mikroautoradiographische Untersuchungen am Maisblatt zeigen, dass die dünnwandigen Siebröhren Photoassimilate vom Apoplasten aufnehmen können, während die

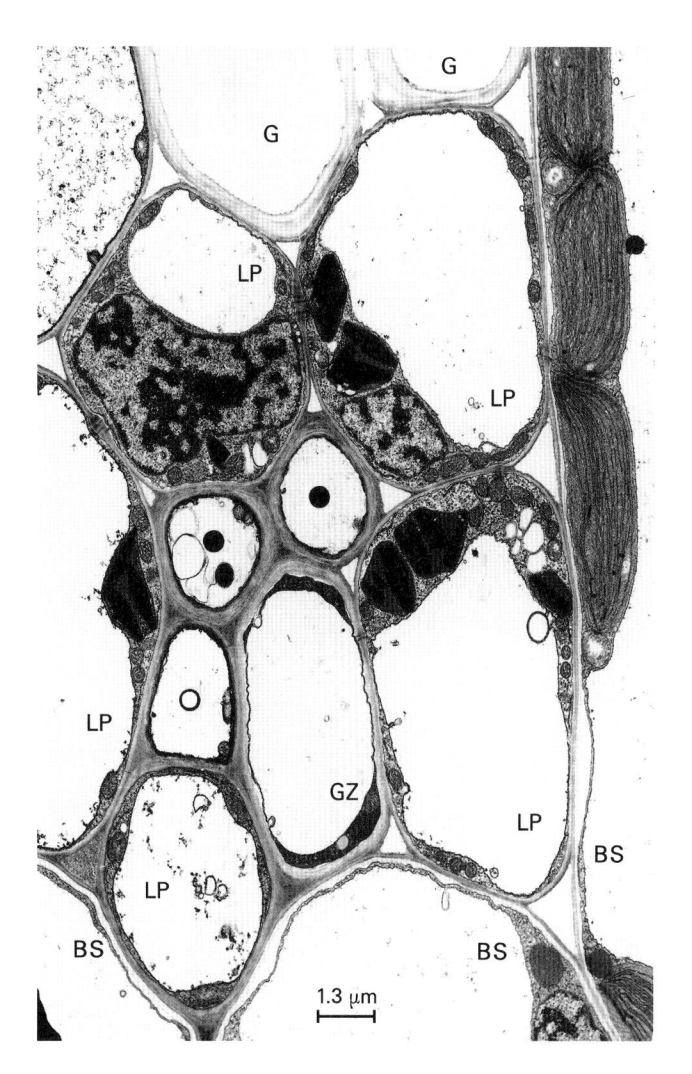

**Abb. 13.27** Querschnitt durch ein kleines Leitbündel in einem Maisblatt (*Zea mays*). Dieses kleine Bündel enthält eine einzige dünnwandige Siebröhre (offenes Punktsymbol) und eine zugehörige Geleitzelle (GZ), sowie zwei dickwandige Siebröhren (dunkle Punktsymbole), die von den Gefäßen (G) durch Leitbündelparenchymzellen (LP) abgetrennt sind. Das Leitbündel ist von einer Bündelscheide (BS) umgeben. (Aus Evert et al., 1996a. © 1996 University of Chicago. Alle Rechte vorbehalten.)

dickwandigen Siebröhren an der Wiederaufnahme von Saccharose aus dem Leitbündelparenchym, das an die Gefäße grenzt, beteiligt sind (Fritz et al., 1983).

## 13.6 Die Siebzellen der Gymnospermen

Siebzellen sind im Allgemeinen sehr langgestreckte Zellen (im sekundären Phloem der Coniferen 1.5 bis 5 mm lang), deren zugespitzte Endwände sich nicht deutlich von den Querwänden unterscheiden (Abb. 13.4A). In den überlappenden Enden der Siebzellen befinden sich zahlreiche Siebfelder, die grundsätzlich denselben Differenzierungsgrad wie die Siebfelder der lateralen Wände haben. Im Unterschied zu den Siebröhrenelementen fehlen bei den Siebzellen Wandpartien mit Siebplatten. Darüber hinaus sind die Siebporen der Siebzellen, anders als die offenen Siebporen der Siebröhrenelemente, von zahlreichen Elementen des tubulären Endoplasmatischen Reticulums durchzogen. Während Siebröhrenelemente gewöhnlich P-Protein enthalten, fehlt bei den Siebzellen P-Protein in allen Differenzierungsstadien. Siebzellen haben auch keine benachbarten Geleitzellen, stattdessen sind sie funktional mit **Strasburger-Zellen** (**Albuminzellen**) assoziiert (Abb. 13.28), die den Geleitzellen analog sind. Strasburger-Zellen sind nicht mit ihren benachbarten Siebzellen ontogenetisch verwandt.

Die meisten Kenntnisse über Siebzellen stammen von Untersuchungen des sekundären Phloems der Coniferen. In vieler Hinsicht entspricht jedoch die Entwicklung und die Struktur von Siebzellen der Coniferen auch derjenigen anderer Gymnospermen (Behnke, 1990; Schulz, 1990).

### 13.6.1 Die Zellwände der Siebzellen werden als primär charakterisiert

Bei Siebzellen kann die Wanddicke erheblich variieren. Im Allgemeinen werden die Zellwände der Siebzellen aller Gymnospermen als primär angesehen, nur die Pinaceae bilden hier eine Ausnahme. Die Siebzellen des sekundären Phloems der Pinaceae besitzen verdickte Zellwände, die man als sekundäre Wandverdickung charakterisiert (Abbe und Crafts, 1939). Diese Verdickung hat eine lamellenartige Struktur und bedeckt nicht die Siebfelder, sondern bildet eine Abgrenzung um sie herum. Eindeutige Sekundärwände von Siebzellen hat man bisher bei keiner anderen Gymnospermenart nachgewiesen.

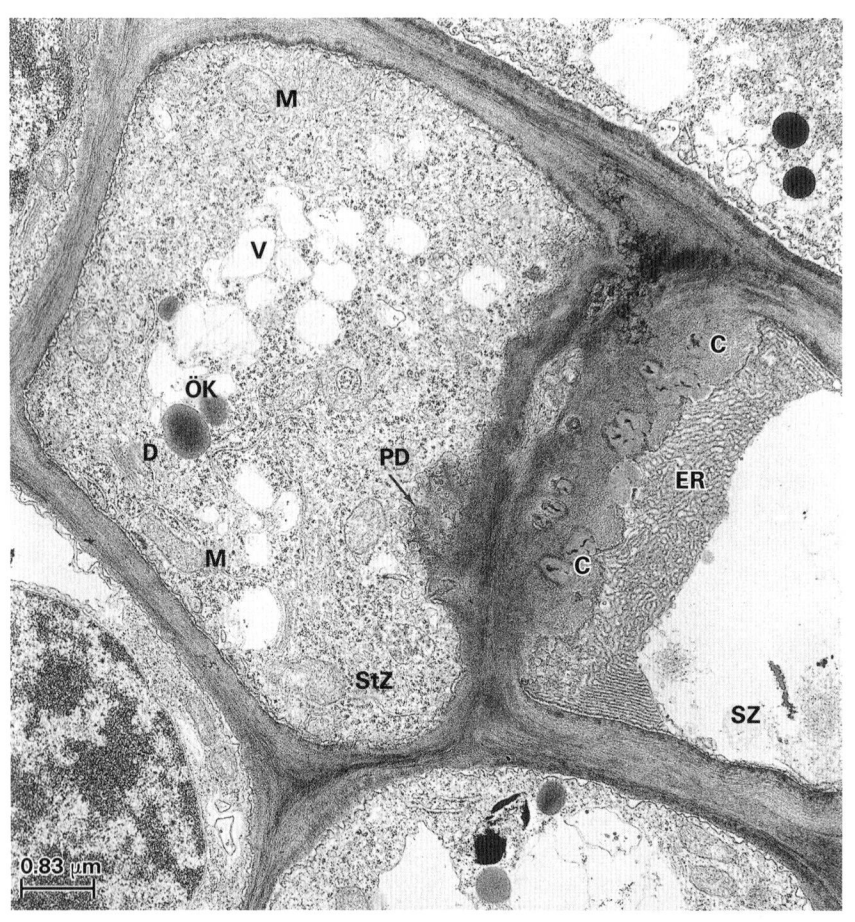

**Abb. 13.28** Der Querschnitt zeigt die Verbindungen zwischen einer Strasburger-Zelle (StZ) und einer reifen Siebzelle (SZ) im Hypocotyl von *Pinus resinosa*. Auf Seiten der Strasburger-Zelle befinden sich Plasmodesmen (PD) in der Zellwand und auf der Siebzellseite Siebporen. Die Siebporen sind mit Callose (C) verstopft und von einer massiven Anhäufung aus Endoplasmatischem Reticulum (ER) umgeben. Weitere Details: D, Dictyosom; M, Mitochondrien; ÖK, Ölkörper; V, Vakuole. (Aus Neuberger und Evert, 1975.)

## 13.6.2 Callose spielt keine Rolle bei der Entwicklung von Siebporen der Gymnospermen

Die Siebfelder der Gymnospermen entwickeln sich in bestimmten Wandpartien, die von zahlreichen Plasmodesmen durchzogen werden. Im Unterschied zur Differenzierung der Siebporen bei Angiospermen sind jedoch weder kleine Cisternen des Endoplasmatischen Reticulums noch Calloseplättchen an der Entwicklung der Siebporen bei Gymnospermen beteiligt (Evert et al., 1973b; Neuberger und Evert, 1975, 1976; Cresson und Evert, 1994).

Bevor die Porenbildung beginnt, entsteht zunächst durch Ablagerung von besonderem Wandmaterial – ähnlich dem einer Primärwand – eine Wandverdickung im Bereich des zukünftigen Siebfeldes. Bereits in einem sehr frühen Stadium der Siebzelldifferenzierung entstehen in der Nähe der Mittellamelle so genannte mittlere Hohlräume (*median cavities*) in Verbindung mit Plasmodesmen. Während der weiteren Differenzierung des Siebfeldes vergrößern sich diese mittleren Hohlräume allmählich und vereinigen sich zu einem einzigen, großen (zusammengesetzten) mittleren Hohlraum. Gleichzeitig erweitern sich die Plasmodesmen gleichmäßig über ihre gesamte Länge und es erscheinen große Aggregate von glattem Endopasmatischen Reticulum gegenüber den sich entwickelnden Poren. Diese Membranaggregate umgeben die Siebporen während der gesamten Lebensdauer der Siebzellen (Neuberger und Evert, 1975, 1976; Schulz, 1992). Zahlreiche Elemente des tubulären Endoplasmatischen Reticulums durchziehen die durch die Plasmamembran umgrenzten Poren und mittleren Hohlräume und vereinigen die Aggregate beiderseits der Zellwand (Abb. 13.30). Anders als die Siebporen der Angiospermen, die kontinuierlich die gemeinsame Wand durchziehen, erstrecken sich die Siebporen der Gymnospermen jeweils nur über die halbe Wand bis zum mittleren Hohlraum. Callose lagert sich manchmal in den Poren der leitenden Siebzellen ab, dann han-

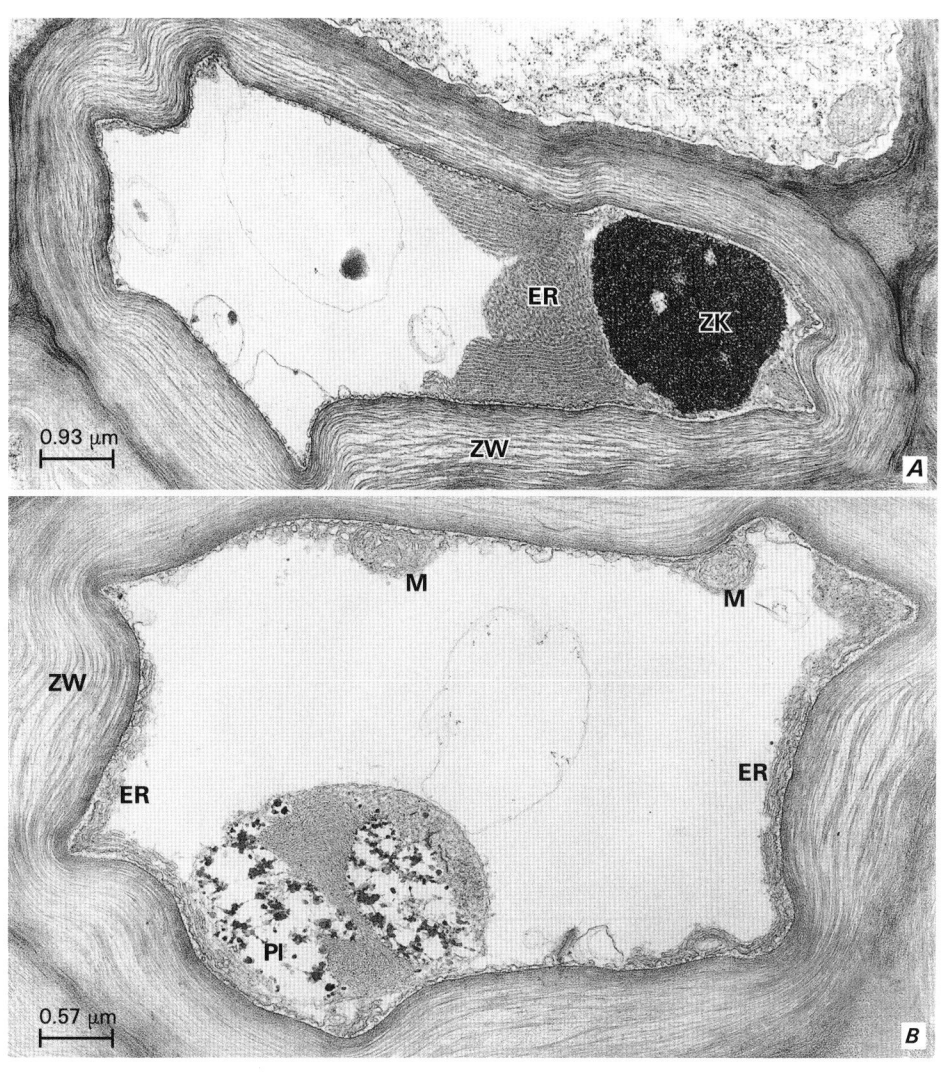

**Abb. 13.29** Querschnitt durch eine reife Siebzelle im Hypocotyl von *Pinus resinosa*. **A**, zeigt den nekrotischen Zellkern (ZK), der von einem großen Aggregat des Endoplasmatischen Reticulums (ER) umgeben ist. **B**, stellt die typische Verteilung der zellulären Bestandteile in einer reifen Siebzelle dar, wie beispielsweise das Endoplasmatische Reticulum (ER), Mitochondrien (M) und Plastiden (Pl). Besonders auffällig ist die lamellare Struktur der Zellwand (ZW). (Aus Neuberger und Evert, 1974.)

delt es sich vermutlich um Wundcallose, oder sie kann auch vollständig fehlen. „Definitive" Callose akkumuliert gewöhnlich in Siebfeldern von alternden Siebzellen und verschwindet allmählich, sobald die Siebzelle abstirbt.

### 13.6.3 Die Differenzierung der Siebzellen bei Gymnospermen variiert nur wenig

Wie junge Siebröhrenelemente enthalten auch junge Siebzellen alle Komponenten einer eukaryotischen Pflanzenzelle. Entsprechend unterliegen auch die Siebzellen während ihrer Entwicklung einer selektiven Autophagie, die zur Zerstörung oder zum Abbau der meisten Zellbestandteile führt, einschließlich Zellkern, Ribosomen, Golgi-Apparate, Actinfilamente, Mikrotubuli und Tonoplast.

Das erste Anzeichen der Differenzierung von Siebzellen ist eine Zunahme der Wanddicke (Evert et al., 1973a; Neuberger und Evert, 1976; Cresson und Evert, 1994). Von allen protoplasmatischen Komponenten zeigen zuerst die Plastiden deutliche Veränderungen. Diese beiden Merkmale erlauben bereits frühzeitig, sehr junge Siebzellen von ihren benachbarten parenchymatischen Elementen zu unterscheiden. Siebzellen besitzen sowohl S- als auch P-Typ Plastiden. S-Typ Plastiden kommen in allen Taxa außer bei den Pinaceae vor, die nur P-Typ Plastiden enthalten (Abb. 13.29B; Behnke, 1974, 1990; Schulz, 1990).

Die Degeneration des Zellkerns in Siebzellen ist pyknotisch, wobei der degenerierte Kern gewöhnlich als elektronendichte Masse bestehen bleibt (Abb. 13.29A), manchmal sogar mit Teilen der intakten Kernhülle (Behnke und Paliwal, 1973; Evert et al., 1973a; Neuberger und Evert, 1974, 1976). Neben der Kerndegeneration und der Veränderung von Plastiden findet die eindrucksvollste Veränderung während der Siebzellen-Differenzierung beim Endoplasmatischen Reticulum statt. Dabei verliert das ursprünglich raue Endoplasmatische Reticulum der jungen Siebzelle seine Ribosomen und wird in ein ausgedehntes, neugebildetes System von glattem, tubulären Endoplasmatischen Reticulum integriert. Es wurde bereits darauf hingewiesen, dass Aggregate aus tubulärem Endoplasmatischen Reticulum schon im frühen Entwicklungsstadium gegenüber von Siebfeldern erscheinen und während der gesamten Lebensdauer der reifen Siebzelle bestehen bleiben. Bei *Pinus* (Neuberger und Evert, 1975) und *Ephedra* (Cresson und Evert, 1994) sind die mit den Siebfeldern assoziierten Aggregate in Längsrichtung durch ein wandständiges Netzwerk aus Endoplasmatischem Reticulum miteinander verbunden. Folglich

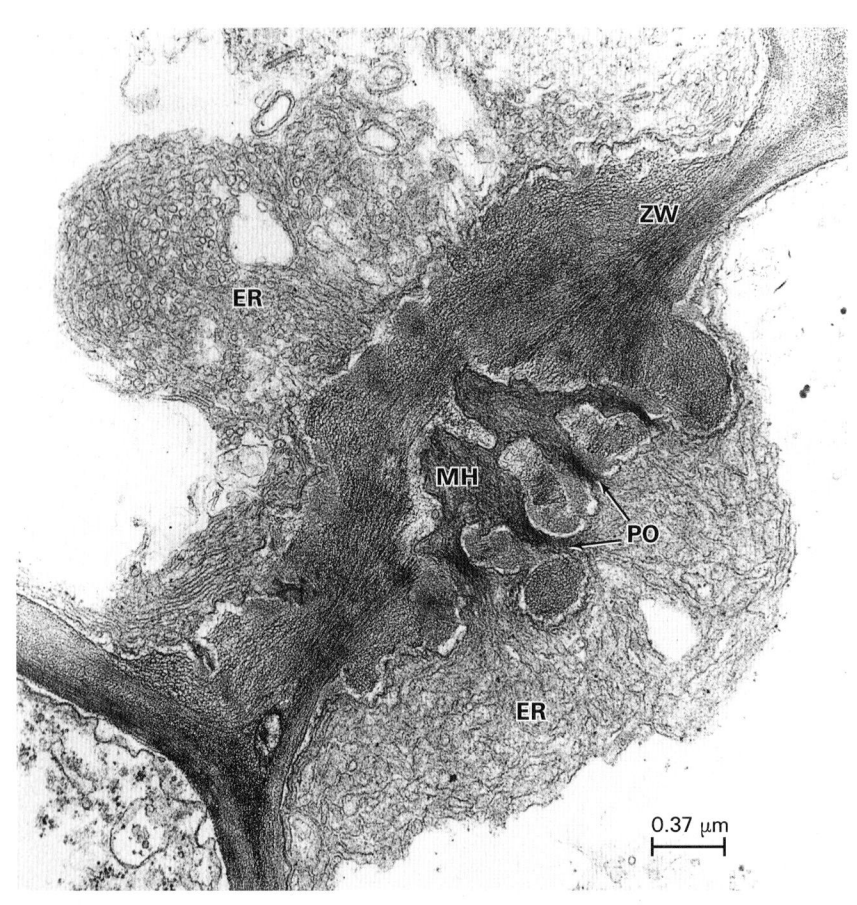

**Abb. 13.30** Ein schräg angeschnittenes Siebfeld in der Zellwand (ZW) zwischen reifen Siebzellen im Hypocotyl von *Pinus resinosa*. Das Siebfeld wird auf beiden Seiten der Zellwand von einem massiven Aggregat des Endoplasmatischen Reticulums (ER) umgeben. Man kann erkennen, dass das Endoplasmatische Reticulum (ER) die Siebporen (PO) durchzieht und in die mittleren Hohlräume (MH) eindringt, die sehr viel Endoplasmatisches Reticulum enthalten. (Aus Neuberger und Evert, 1975.)

bildet das Endoplasmatische Reticulum einer reifen Siebzelle ein extensives System, dass mit dem der benachbarten Siebzelle via Siebfeld-Poren und mittleren Hohlräumen direkt verbunden ist.

## 13.7 Strasburger-Zellen

Im Phloem der Gymnospermen entspricht die **Strasburger-Zelle** der Geleitzelle. Sie wurde nach Eduard Strasburger benannt, der ihr den Namen „Eiweisszelle" oder **Albuminzelle** gab. Das Hauptmerkmal der Strasburger-Zelle, das sie von anderen parenchymatischen Elementen des Phloems unterscheidet, sind die symplastischen Verbindungen mit der Siebzelle. Diese Verbindungen erinnern an die Verbindungen zwischen Siebröhrenelementen und Geleitzellen: Siebporen auf der Siebzell-Seite und Plasmodesmen auf der Seite der Strasburger-Zelle (Abb. 13.28 und 13.31). Die Siebzelle-Strasburger-Zelle-Verbindungen haben recht große mittlere Hohlräume, die zahlreiche Elemente von glattem, tubulären Endoplasmatischen Reticulum enthalten. Diese Elemente stehen durch die großen Aggregate aus tubulärem Endoplasmatischen Reticulum, das die Poren umgibt, mit dem wandständigen Netzwerk des Endoplasmatischen Reticulums auf der Siebzell-Seite in kontinuierlicher Verbindung. Auf der Seite der Strasburger-Zelle sind die Tubuli des Endoplasmatischen Reticulums in direkter Verbindung mit den Desmotubuli der Plasmodesmen in der Wand der Strasburger-Zelle.

Ähnlich wie Geleitzellen enthalten Strasburger-Zellen zahlreiche Mitochondrien und eine große Ribosomen (Polysomen)-Population neben anderen Zellkomponenten, die für kernhaltige Pflanzenzellen charakteristisch sind. Wie vorher erwähnt, ist die Strasburger-Zelle im Unterschied zur Geleitzelle nicht mit ihrer assoziierten Siebzelle ontogenetisch verwandt.

Vermutlich hat die Strasburger-Zelle eine ähnliche Funktion wie die Geleitzelle: die Erhaltung des assoziierten Siebelements. Histochemische Ergebnisse lassen klar erkennen, dass die Strasburger-Zelle eine bedeutende Funktion beim Langstreckentransport von Substanzen in den Siebzellen hat (Sauter und Braun, 1968, 1972; Sauter, 1974). Sobald die Siebzelle nämlich ihre volle Reife erreicht hat, zeigt die Strasburger-Zelle eine starke Zunahme der Respirationsrate (Sauter und Braun, 1972; Sauter, 1974) und der sauren Phosphatase-Aktivität (Sauter und Braun, 1968, 1972; Sauter 1974). Dagegen kann man keine erhöhte Aktivität in Strasburger-Zellen erkennen, die mit unreifen Siebzellen assoziiert sind, oder auch in anderen Parenchymzellen des Phloems, die keine direkte Verbindung mit Siebzellen besitzen. Die Strasburger-Zellen gehen zugrunde, sobald die zugehörige Siebzelle abstirbt.

## 13.8 Der Mechanismus des Phloemtransports bei Gymnospermen

Der Mechanismus des Phloemtransports in Gymnospermen bleibt noch zu klären. Aufgrund der Tatsache, dass die Siebfelder mit Aggregaten des Endoplasmatischen Reticulums bedeckt sind und die Poren mit ER-Tubuli weitgehend verstopft werden, würde der daraus resultierende Widerstand für einen Volumenfluss nicht mit der Druckstromtheorie vereinbar sein. Auch liegt die Transportgeschwindigkeit der Assimilate im Phloem der Conifere *Metasequioa glyptostroboides* zwischen 48 und 60cm pro Stunde (Willenbrink und Kollmann, 1966) eher im niedrigen Bereich der Geschwindigkeiten (50 bis 100cm pro Stunde), die für Angiospermen angegeben werden (Crafts und Crisp, 1971, Kursanov, 1984). Eine Erklärung des genauen Mechanismus kann erst dann erfolgen, wenn die Funktion des Endoplasmatischen Reticulums in der Siebzelle bekannt ist. Es ist unvorstellbar, dass eine so wichtige Komponente des Siebzellenprotoplasten wie das Endoplasmatische Reticulum, das ein kontinuierliches System von einer Siebzelle zur anderen bildet, keine bedeutende Rolle im Langstreckentransport spielen soll.

Die aktive Rolle des Endoplasmatischen Reticulums ließ sich durch die Lokalisation der beiden Enzyme Nucleosidtriphosphatase und Glycerophosphatase in den Aggregaten des Endoplasmatischen Reticulums, das die Siebfelder umgibt, nachweisen (Sauter, 1976; 1977). Als ein weiterer Beweis für

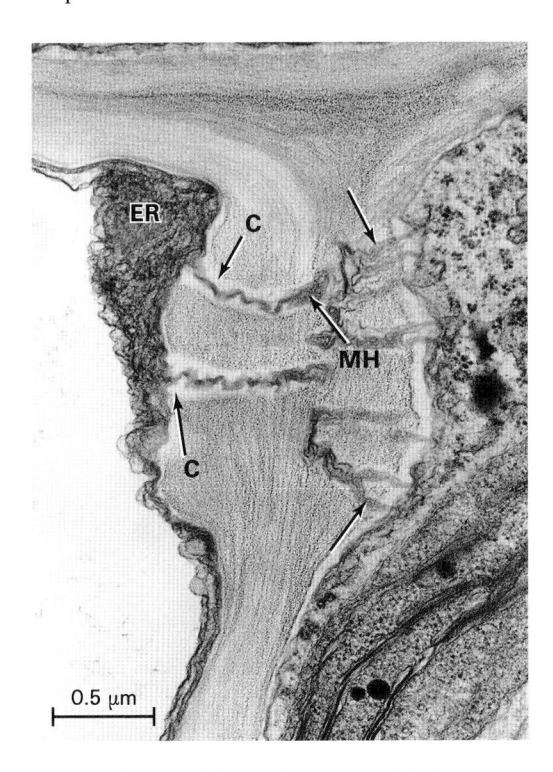

**Abb. 13.31** Siebpore-Plasmodesmen-Verbindungen zwischen einer Siebzelle (links) und einer Stasburger Zelle (rechts) in einer jungen Sprossachse von *Ephedra viridis*. Die Pfeile deuten auf die verzweigten Plasmodesmen in der Zellwand der Strasburger-Zelle hin. Callose (C) verengt die Siebporen und verdeckt ihre Strukturen, dringt aber nicht bis in die mittleren Hohlräume (MH) vor. Ein Aggregat des Endoplasmatischen Reticulums (ER) ist mit den Siebporen assoziiert. (Aus Cresson und Evert, 1994).

eine solche Rolle gilt das Anfärben mit dem Kationen-Farbstoff DIOC (Schulz, 1992). DIOC markiert vermutlich Membranen, die ein signifikantes Membranpotential mit einer negativen Ladung an der Innenseite haben (Matzke und Matzke, 1986). Es wurde daher angenommen, dass das Endoplasmatische Reticulum der Siebzellen den Langstrecken-Gradient der Assimilate reguliert, indem der Gradient in jedem einzelnen Sink wieder neu gebildet wird (Schulz, 1992). Schulz (1992) wies darauf hin, dass (1) die Aktivität von Nucleosidtriphosphatasen in den Aggregaten des Endoplasmatischen Reticulums, (2) der Protonengradient über diese Membranen und (3) die große Membranoberfläche beweisen, dass der Phloemtransport in Gymnospermen nicht nur auf der Beladung in Source-Blättern und der Entladung in Sinks beruht, sondern energieabhängige Schritte innerhalb des Transportweges impliziert.

## 13.9 Parenchymzellen

Das Phloem enthält außer Geleitzellen und Strasburger-Zellen noch eine unterschiedlich große Anzahl von Parenchymzellen. Diese können verschiedene Substanzen wie Stärke, Tannine und Kristalle speichern und sind in der Regel normale Komponenten des Phloems. Kristallbildende Parenchymzellen können in kleinere Zellen unterteilt sein, von denen jede einen einzigen Kristall besitzt (Abb. 13.3D). Solche „gekammerten" **Kristallzellen** sind im Allgemeinen mit Fasern oder Sklereiden assoziiert und besitzen lignifizierte Wände mit sekundären Verdickungen (Nanko et al., 1976).

Die Parenchymzellen des primären Phloems sind langgestreckt und – wie die Siebelemente – parallel zur Längsachse des Leitgewebes orientiert. Im sekundären Phloem (Kapitel 14) kommen Parenchymzellen in zwei Systemen vor, dem axialen und dem radialen System, und werden entsprechend als **axiale Parenchymzellen** oder **Phloemparenchymzellen** und **Strahlparenchymzellen** bezeichnet. Das axiale Parenchym tritt als Parenchymstrang oder als einzelne, fusiforme Parenchymzellen auf. Ein Parenchymstrang entsteht durch Querteilungen der fusiformen Ausgangszelle in zwei oder mehrere Zellen. Die Strahlparenchymzellen bilden die Phloemstrahlen.

Bei vielen Eudicotyledonen können einige Parenchymzellen aus derselben Mutterzelle hervorgehen wie die Siebröhrenelemente (aber bevor die Geleitzellen gebildet werden). Die Parenchymzellen, die ontogenetisch mit den Siebröhrenelementen verwandt sind, sterben gewöhnlich dann ab, wenn das assoziierte Siebelement seine Funktion eingestellt hat. Parenchymzellen zeigen also ein ähnliches Verhältnis zu den Siebröhrenelementen wie die Geleitzellen und sind im Elektronenmikroskop kaum voneinander zu unterscheiden (Esau, 1969). Je enger Parenchymzellen ontogenetisch mit Siebröhrenelementen verwandt sind, desto mehr gleichen sie den Geleitzellen in ihrer Struktur und Plasmodesmen-Häufigkeit mit den Siebelementen. Die symplastische Verbindung der Parenchymzellen mit Siebröhrenelementen besteht jedoch größtenteils über die Geleitzellen.

Das Phloemparenchym und die Strahlparenchymzellen des leitenden Phloems haben offenbar stets nicht verholzte Primärwände. In manchen Fällen, wo die Parenchymzellen Kontakt mit Fasern haben, können sie aber lignifizierte Sekundärwände bilden. Sobald das Gewebe seine Leitfähigkeit verliert, bleibt die Struktur der Parenchymzellen entweder erhalten oder die Zellen sklerifizieren. Bei vielen Pflanzen bildet sich im Phloem schließlich ein Phellogen (Kapitel 15). Dieses geht aus dem Phloemparenchym und dem Strahlparenchym hervor.

## 13.10 Sklerenchymzellen

Die Grundstruktur der Fasern und Sklereiden, ihre Herkunft und ihre Entwicklung wurden in Kapitel 8 beschrieben. Fasern sind häufige Komponenten des primären und sekundären Phloems. Im primären Phloem kommen Fasern in den äußersten Bereichen des Gewebes vor; im sekundären Phloem in verschiedenen Verteilungsmustern inmitten anderer Phloemzellen des axialen Systems. In einigen Pflanzen sind die Fasern typischerweise verholzt; in anderen nicht. Die Tüpfel der Faserwände sind gewöhnlich einfach, sie können aber auch schwach behöft sein. Die Fasern können septiert oder unseptiert sein und nach Erreichen ihres Reifezustandes lebend oder tot sein. Lebende Phloemfasern dienen – wie im Xylem – als Speicherzellen. Im Phloem kommen ebenfalls gelatinöse Fasern vor. In vielen Pflanzen sind die primären und sekundären Phloemfasern sehr lang und werden als Ausgangsmaterial für kommerziell genutzte Fasern verwendet (*Linum*, *Cannabis*, *Hibiscus*).

Sklereiden (Steinzellen) findet man im Phloem ebenso häufig wie Fasern. Sie können in Verbindung mit Fasern oder einzeln vorkommen und treten im axialen und radialen System des sekundären Phloems auf. Sklereiden entwickeln sich meist aus sklerifizierten Parenchymzellen in den älteren Bereichen des Phloems. Dieser Sklerifizierung kann intrusives Wachstum der Zellen vorausgehen oder nicht. Während des intrusiven Wachstums verzweigen oder strecken sich die Zellen. Zwischen Fasern und Sklereiden gibt es nicht immer deutliche Unterschiede, insbesondere dann, wenn die Sklereiden lang und dünn sind. Die Zwischentypen dieser Zellen werden als Faser-Sklereiden bezeichnet.

## 13.11 Langlebigkeit von Siebelementen

Das Verhalten von Siebelementen und ihren benachbarten Zellen während des Übergangs von einem aktiv leitenden zu einem nichtleitenden Zustand wurde schon seit langem erkannt (Esau, 1969). Das erste Zeichen einer beginnenden Inaktivierung der Siebelemente ist die Bildung definitiver Callose an den Siebfeldern. Callose, die hier in großen Mengen akkumuliert, verschwindet vollständig, sobald der protoplasmatische

Inhalt des Siebelements degeneriert ist. Wie bereits erwähnt, ist das Absterben der Siebelemente mit dem Absterben ihrer Geleitzellen oder Strasburger-Zellen, und manchmal auch anderer Parenchymzellen, verbunden. Durch die Abnahme des Turgordrucks in den degenerierenden Siebelementen und der Wachstumsregulierung innerhalb des Gewebes, kollabieren die Siebelemente und ihre assoziierten Parenchymzellen und obliterieren anschließend. Die Siebelemente können jedoch auch offen bleiben und sich mit Luft füllen. Tylosoide (Thyllen-ähnliche Einstülpungen von angrenzenden Parenchymzellen) können in das Lumen der toten Siebelemente eindringen oder einfach die Wand des Siebelementes auf eine Seite schieben und so den Kollaps des Elements verursachen (z. B. bei *Vitis*, Esau, 1948; im Metaphloem der Palmen, Parthasarathy und Tomlinson, 1967). Bei *Smilax rotundifolia* bildet die Geleitzelle Tylosoide, die dann sklerifizieren (Ervin und Evert, 1967). In einer Untersuchung des sekundären Phloems von sechs Waldbäumen in Nigeria fand man Tylosoide im sekundären Phloem aller Bäume, die normalerweise Thyllen bilden (Lawton und Lawton, 1971).

Die kurzlebigsten Siebelemente sind die des Protophloems, die sehr bald durch Siebelemente des Metaphloems ersetzt werden. In Pflanzenteilen mit einem geringen oder gar keinem sekundären Dickenwachstum, bleiben die meisten Siebelemente des Metaphloems über die gesamte Lebensdauer (einige Monate) des Gewebes funktionstüchtig. In den Rhizomen von *Polygonatum canaliculatum* und *Typha latifolia* sowie den oberirdischen Sprossachsen von *Smilax hispida* und *Smilax latifolia* (alle vier Arten sind perennierende Monocotyle) bleiben viele Siebröhrenelemente des Metaphloems für zwei oder mehrere Jahre funktionstüchtig (Ervin und Evert, 1967, 1970). Bei *Smilax hispida* waren selbst einige fünfjährige Siebröhrenelemente noch lebend (Ervin und Evert, 1970). Diese Lebensdauer ist aber noch gering im Vergleich zu den über Jahrzehnte lebenden Siebröhrenelementen des Metaphloems einiger Palmen (Parthasarathy, 1974b).

Bei vielen temperaten Arten der angiospermen Holzpflanzen leiten die Siebröhrenelemente des sekundären Phloems nur in der Jahreszeit, in der sie gebildet wurden. Im Herbst werden sie dann inaktiv, so dass während des Winters keine aktiven Siebröhren im Phloem vorhanden sind (Kapitel 14). Ähnliche Wachstumsmuster wurden bei einigen tropischen und subtropischen Arten festgestellt. Andererseits können in einigen angiospermen Holzpflanzen zahlreiche Siebröhren des sekundären Phloems über zwei oder mehrere Jahre funktionstüchtig bleiben (z. B. für fünf Jahre in *Tilia americana*, Evert, 1962; 10 Jahre in *Tilia cordata*, Holdheide, 1951). Sie gehen im Herbst in die Winterruhe über und werden im folgenden Frühjahr reaktiviert. Im sekundären Phloem der Nadelblätter von *Pinus longaeva* bleiben einzelne Siebzellen 3,8 bis 6,5 Jahre aktiv (Ewers, 1982).

## 13.12 Trends in der Spezialisierung von Siebröhrenelementen

Die phylogenetischen Veränderungen der Siebröhrenelemente sind am Metaphloem der Monocotylen umfassend untersucht worden (Cheadle und Whitford, 1941; Cheadle, 1948; Cheadle und Uhl, 1948). Bei 219 Arten von 158 Gattungen und 33 Familien monocotyler Pflanzen wurden nur Siebröhrenelemente gefunden. Die Spezialisierung dieser Siebröhrenelemente könnte im Verlauf der Evolution folgendermaßen stattgefunden haben: (1) Eine graduelle Veränderung der Orientierung der Endwände von einer sehr steilen, schrägen zur Querstellung hin, (2) eine fortschreitende Verlagerung spezialisierter Siebfelder (Siebfelder mit großen Poren) in die Endwände, (3) ein stufenweiser Übergang von zusammengesetzten zu einfachen Siebplatten und (4) eine zunehmend geringere Auffälligkeit der Siebfelder in den Seitenwänden. Diese Spezialisierung ist vom Blatt zur Wurzel hin fortgeschritten und das bedeutet, dass sich die am höchsten spezialisierten Siebröhrenelemente in Blättern, Blütenachsen, Wurzelknollen und Rhizomen befinden, die weniger spezialisierten folglich in den Wurzeln. Grundlegend ähnliche Ergebnisse hat man durch intensive Untersuchungen an Palmen erhalten (Parthasarathy, 1966). Bei den Monocotylen ist die Spezialisierung der Siebelemente vom Blatt zur Wurzel hin fortgeschritten, also in der umgekehrten Richtung, in der sich die Entwicklung der Leitelemente des Xylems vollzogen hat (Kapitel 10).

Bei angiospermen Holzpflanzen (größtenteils Eudicotyle) beziehen sich die Diskussionen über die Trends in der Spezialisierung der Siebröhrenelemente auf die Siebelemente des sekundären Phloems (Zahur, 1959; Roth, 1981; den Outer, 1983, 1986). Neben anderen Trends betrifft diese Spezialisierung insbesondere die Längenabnahme der Siebelemente, die bei den Gefäßen des sekundären Xylems angiospermer Holzpflanzen ein eindeutiges und konstantes Maß für den Spezialisierungsgrad darstellt (Kapitel 10; Bailey, 1944; Cheadle, 1956). Die phylogenetische Längenabnahme der Gefäße korreliert mit der Verkürzung der fusiformen Initialen des etagierten Cambiums. Tatsächlich zeigt die Analyse der Merkmale, die im Zusammenhang mit der etagierten Struktur des sekundären Phloems in 49 Arten von angiospermen Holzpflanzen stehen, hochspezialisierte Siebröhrenelemente. Diese Siebelemente waren gewöhnlich kurz, hatten einfache Siebplatten in den leicht schräg bis quergestellten Endwänden und nur wenige, schwach entwickelte Siebfelder in den Seitenwänden (den Outer, 1986). Jedoch tritt die phylogenetische Längenabnahme, die für die Gefäße eindeutig bewiesen werden konnte, bei der Entwicklung der Siebröhrenelemente weniger klar und konsequent hervor. Der Grund dafür ist, dass bei vielen Arten der angiospermen Holzpflanzen eine ontogentische Längenabnahme der Phloemmutterzellen durch Querteilungen einen Längenvergleich zwischen den Siebröhrenelementen und den fusiformen Cambiuminitialen erschwert (Esau und Cheadle, 1955; Zahur, 1959).

Man könnte annehmen, dass wenig spezialisierte Siebröhrenelemente Ähnlichkeit mit den Siebzellen der Gymnospermen haben. Dies trifft insofern zu, als primitive Siebröhrenelemente relativ lang sind und nur ein geringer Unterschied zwischen den Siebfeldern in den Endwänden und in den Seitenwänden besteht. Jedoch besitzen die Siebelemente der Angiospermen keine Siebfelder, die – wie bei den Siebzellen der Gymnospermen – eine deutliche Anhäufung des Endoplasmatischen Reticulums aufweisen. Die Struktur der Siebzellen bei Gymnospermen ist bemerkenswert einheitlich und steht im deutlichen Kontrast zur Struktur der P-Protein enthaltenden Siebröhrenelemente, die typischerweise mit ihren ontogenetisch verwandten Geleitzellen assoziiert sind. Nur bei der Angiosperme *Austrobaileya scandens* hat man keine Siebplatten in den Siebelementen des sekundären Phloems gefunden (Srivastava, 1970). Die Siebporen in den sehr schräg gestellten Endwänden dieser Zellen ähneln in der Größe denjenigen, die sich in den Seitenwänden befinden (siehe Abb. 14.7B). Hierbei muss man jedoch erwähnen, dass die Siebporen der Siebelemente von *Austrobaileya* nicht durch einen gemeinsamen mittleren Hohlraum im Bereich der Mittellamelle miteinander verbunden sind, wie es für die Siebzellen der Gymnospermen

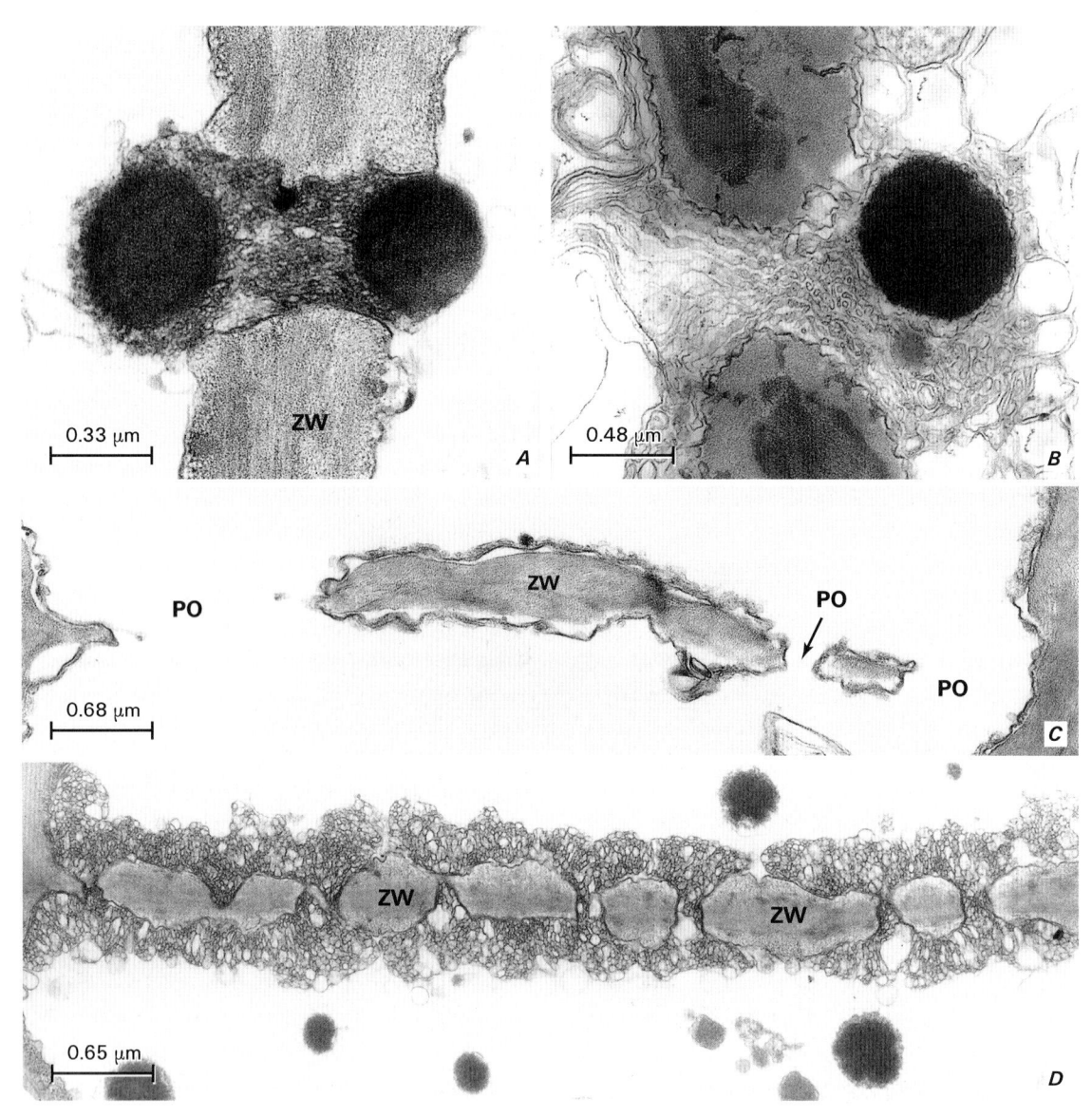

**Abb. 13.32** Elektronenmikroskopische Aufnahmen von Siebporen in Siebfeldern von einigen samenlosen Gefäßpflanzen. **A**, bei dem eusporangiaten Farn *Botrychium virginianum* sind die Siebporen mit zahlreichen Membranen angefüllt, wahrscheinlich mit tubulärem Endoplasmatischen Reticulum. **B**, Siebpore, die mit Endoplasmatischem Reticulum angefüllt ist, in der Zellwand (ZW) zwischen reifen Siebelementen in der Achse eines Luftsprosses des Schachtelhalms (*Equisetum hyemale*). **C**, offene Siebporen (PO) in der Zellwand zwischen reifen Siebelementen in der knolligen, gestauchten Sprossachse des Brachsenkrautes (*Isoetes muricata*). **D**, mit Endoplasmatischem Reticulum gefüllte Siebporen in der Zellwand zwischen reifen Siebelementen in einem Luftspross des Farns *Psilotum nudum*. Die elektronendichten Körper in **A**, **B** und **D** sind „Lichtbrechende Kügelchen". (**A**, aus Evert, 1976. Nachdruck mit freundlicher Genehmigung des Verlegers; **B**, aus Dute und Evert, 1978. Mit freundlicher Genehmigung der Oxford University Press; **C**, aus Kruatrachue und Evert, 1977; **D**, aus Perry und Evert, 1975.)

zutrifft (siehe unten). Dies veranlasste Behnke (1986), die Endwände mit ihren multiplen Siebfeldern in *Austrobaileya*-Siebelementen als zusammengesetzte Siebplatten einzustufen. Auf jeden Fall enthalten die Siebelemente von *Austrobaileya* P-Protein und sind mit Geleitzellen assoziiert. Die Siebelemente von *Austrobaileya* besitzen also wenigstens zwei von drei für Siebröhrenelemente charakteristische Merkmale (das dritte Merkmal sind die Siebplatten) und können daher als primitive Siebröhrenelemente angesehen werden.

## 13.13 Siebelemente der samenlosen Gefäßpflanzen

Bevor man das Elektronenmikroskop für Untersuchungen des Phloems verwendete, unterschied man Siebröhrenelemente und Siebzellen hauptsächlich aufgrund der Größe und Verteilung von Siebporen, und auch, ob Siebplatten vorhanden waren (wie bei Siebröhrenelementen) oder fehlten (wie bei Siebzellen). Da man in den Siebelementen der samenlosen Gefäßpflanzen (Gefäßkryptogamen) – mit wenigen Ausnahmen – keine Siebplatten deutlich erkennen konnte, wurden sie als Siebzellen eingestuft. Mit Hilfe des Elektronenmikroskops zeigte sich dann, dass die Verteilung, Größe, Inhalt und Entwicklung der Poren in den Siebelementen bei den Gefäßkryptogamen stark variieren. Außerdem ähnelte kein Siebfeld bei dieser diversen Pflanzengruppe den typischen Siebfeldern der Siebzellen von Gymnospermen, die sich durch mittlere Hohlräume und Poren, die nur eine Hälfte der Wand durchziehen, auszeichnen. Obwohl die Siebporen in den Wänden der Siebelemente bei einigen Gefäßkryptogamen (Farne, *Psilotum* und *Equisetum*) mit vielen Membranen des Endoplasmatischen Reticulums durchzogen werden (Abb. 13.32A, B, D), gleichen diese Membranen nicht der Menge an tubulären Membranen, die mit den Siebfeldern der gymnospermen Siebzellen assoziiert sind. Bei einigen Gefäßkryptogamen (den Lycopodiaceae) sind die Siebporen vollständig frei von jeglichen Membranen des Endoplasmatischen Reticulums (Abb. 13.32C). Darüber hinaus fehlen bei den samenlosen Gefäßpflanzen Parenchymzellen analog den Strasburger-Zellen. Wenn man all diese Merkmale betrachtet, haben die Siebelemente der Gefäßkryptogamen eigentlich keine Ähnlichkeit mit den Siebzellen der Gymnospermen, weshalb der Begriff „Siebzelle" nur auf die Siebelemente der Gymnospermen beschränkt bleibt. Auch gleichen die Siebelemente der Gefäßkryptogamen nicht den Siebröhrenelementen der Angiospermen, da sie während ihrer gesamten Entwicklung kein P-Protein enthalten und auch keine Parenchymzellen analog den Geleitzellen besitzen.

Die Siebelemente der samenlosen Gefäßpflanzen unterliegen einer selektiven Autophagie, die zur Degeneration des Zellkerns und zum Abbau derselben cytoplasmatischen Bestandteile wie bei Gymnospermen und Angiospermen führt. Mit Ausnahme der Lycopodiaceae besitzen alle Gruppen der Gefäßkryptogamen als besonderes Merkmal sog. „**Lichtbre-**

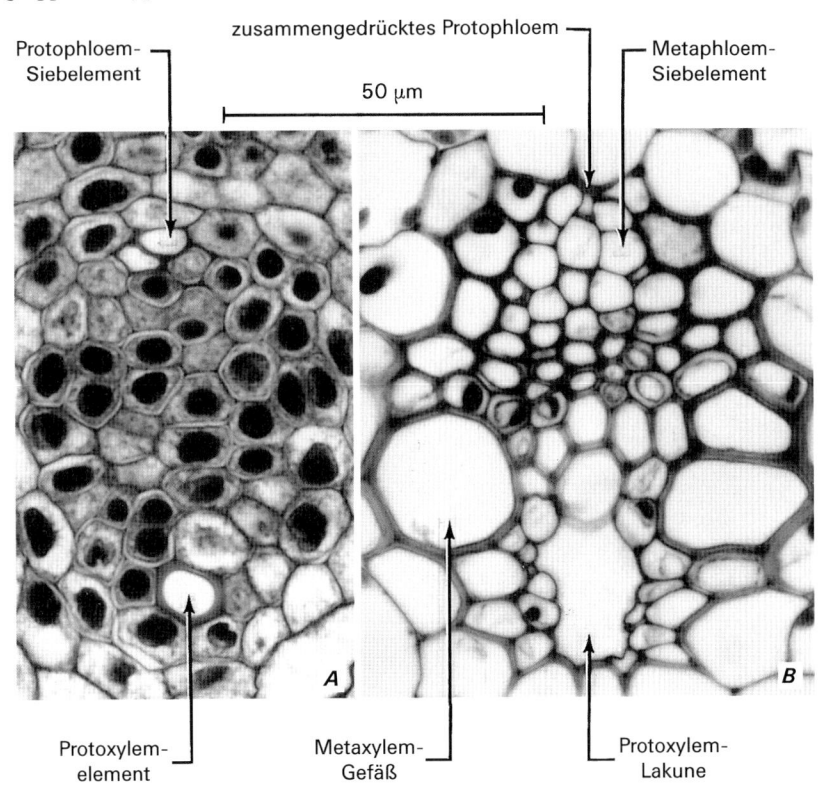

**Abb. 13.33** Querschnitte von Leitbündeln des Hafers (*Avena sativa*) in zwei Differenzierungsstadien. **A**, die ersten Elemente des Protophloems und Protoxylems sind bereits ausgereift. **B**, Elemente des Metaphloems und Metaxylems sind ausgereift; das Protophloem ist zusammengedrückt; das Protoxylem ist durch eine Lakune ersetzt. (**A**, aus Esau, 1957a; **B**, aus Esau, 1957b. Hilgardia 27 (1), 15–69. © 1957 Regents, University of California.)

chende Kügelchen" (*Refractive spherules*), also membrangebundene, elektronendichte Proteinkörper (Abb. 13.32A, B, D), die bei Betrachtung von ungefärbten Schnitten im Lichtmikroskop stark lichtbrechend erscheinen. Sowohl das Endoplasmatische Reticulum als auch der Golgi-Apparat sind an der Bildung der *Lichtbrechenden Kügelchen* beteiligt. (Siehe Evert, 1990a und darin zitierte Literatur für detaillierte Betrachtungen über die Siebelemente der samenlosen Gefäßpflanzen.)

## 13.14 Primäres Phloem

Das primäre Phloem wird in Protophloem und Metaphloem unterteilt und entsprechend gliedert sich das primäre Xylem in Protoxylem und Metaxylem. Das **Protophloem** entsteht und reift in Pflanzenteilen, die sich noch im Längenwachstum befinden; seine Siebelemente werden gedehnt und werden nach kurzer Zeit inaktiv. Schließlich obliterieren sie völlig

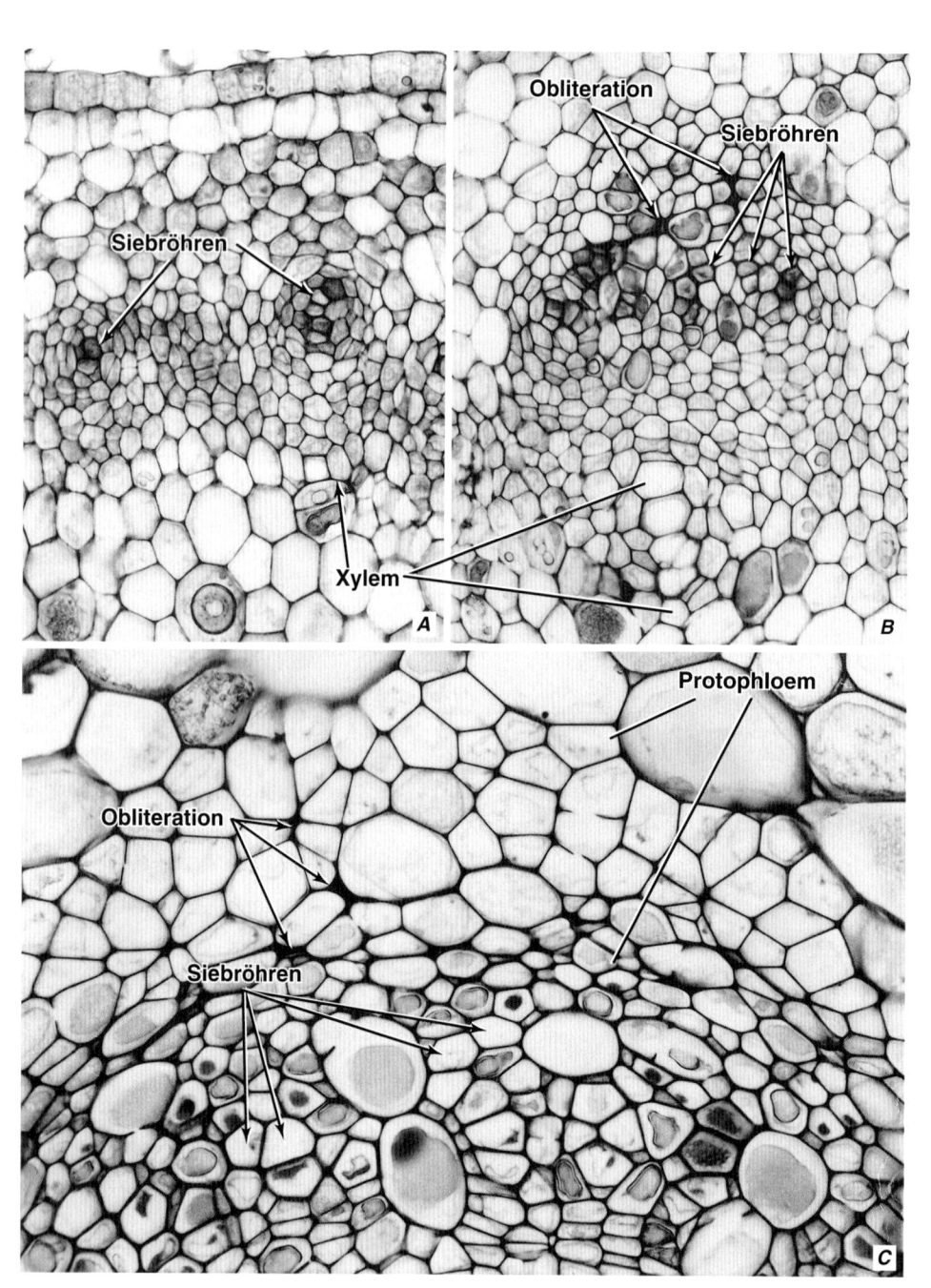

**Abb. 13.34** Differenzierung des primären Phloems, betrachtet in Querschnitten durch den Spross von *Vitis vinifera*. **A**, zwei procambiale Leitbündel, von denen eines nur eine einzige, das andere jedoch mehrere Siebröhren aufweist. **B**, ein Leitbündel mit vielen Protophloem- Siebröhren. Einige dieser Siebröhren sind bereits obliteriert. Protoxylem ist in **A** und **B** vorhanden. **C**, die Siebröhren des Protophloems sind obliteriert und das Metaphloem hat sich differenziert (untere Hälfte der Abbildung). Das Protophloem erkennt man an den Faserprimordien. Das Metaphloem besteht aus Siebröhren, Geleitzellen, Phloemparenchym und sehr großen, tanninhaltigen Parenchymzellen. (Alle Aufnahmen, x600. Aus Esau, 1948. *Hilgardia* 18 (5), 217–296. © 1948 Regents, University of California.)

(Abb. 13.33 und 13.34). Das **Metaphloem** differenziert sich später und bildet in Pflanzen ohne sekundäres Dickenwachstum das einzige funktionstüchtige Phloem in den ausgewachsenen Pflanzenteilen.

Die Siebelemente des Protophloems bei den Angiospermen sind gewöhnlich schmal, unauffällig und kernlos, und haben Siebfelder mit Callose. Im Protophloem der Wurzeln und Sprosse können Geleitzellen vorkommen oder nicht. Oft kann man die kernhaltigen Zellen, die mit den ersten Siebelementen verbunden sind, nicht deutlich als Geleitzellen identifizieren, auch wenn sie von dem selben Vorläufer wie das Siebelement stammen (Esau, 1969). In den Wurzeln vieler Gräser entwickeln sich **Protophloem-Pole**, die aus einem Siebelement und zwei einzelnen Geleitzellen bestehen. Diese grenzen beidseitig an das Siebelement, nach innen zu, d. h. sie befinden sich an der vom Perizykel abgewandten Oberfläche (Abb. 13.35; Eleftheriou, 1990). Die Abwesenheit von Geleitzellen in einem bestimmten Protophloemstrang ist aber nicht einheitlich. Bei einigen Siebelementen des Protophloems findet man Geleitzellen, bei anderen nicht, wie zum Beispiel im Protophloem der Wurzeln von *Lepidium sativum*, *Sinapis alba* und *Cucurbita pepo* (Resch, 1961) und in den großen Leitbündeln der Blätter von Mais (Evert und Russin, 1993) und Gerste (Evert et al., 1996b).

Bei vielen Eudicotyledonen kommen Siebelemente des Protophloems zwischen besonders langen, lebenden Zellen vor. Diese länglichen Zellen sind bei zahlreichen Arten Faserprimordien. Während die Siebelemente ihre Funktion einstellen und obliterieren, wachsen die Faserprimordien in die Länge, entwickeln Sekundärwände und reifen zu sog. **primären Phloemfasern** oder **Protophloemfasern** heran (Abb. 13.36). Diese Fasern treten in der Sprossachse zahlreicher Eudicotyledonen jeweils am Rand der Phloemregion auf und werden häufig irrtümlicherweise als Perizykelfasern bezeichnet (Kapitel 8). In der Blattspreite und den Blattstielen der Eudicotyledonen differenzieren sich nach der Zerstörung der Siebröhren die übrigbleibenden Protophloemzellen oftmals zu langen Zellen mit kollenchymatisch verdickten, unverholzten Wänden. In Querschnitten sehen Stränge dieser Zellen wie Bündelkappen aus, welche die Leitbündel auf der abaxialen Seite begrenzen. In Blättern ist diese Art der Transformation des Protophloems weit verbreitet und kommt auch bei den Arten vor, die primäre Phloemfasern in der Sprossachse besitzen (Esau, 1939). Auch in Wurzeln treten primäre Phloemfasern auf. Mit der Transformation verliert das Protophloem alle Eigenschaften eines Phloemgewebes.

Bei Gymnospermen ist es schwierig, die zuerst gebildeten Phloemelemente als Siebzellen zu erkennen. Diese Zellen, die auch als **Vorläufer-Phloemzellen** (liber précurseur, Chauveaud, 1902a, b) bezeichnet werden, sind verwechselbar mit beiden, Parenchymzellen und Siebelementen. Chauveaud (1910) beobachtete die Vorläufer-Phloemzellen nur in Wurzeln, Hypocotylen und Cotyledonen. Später fand man heraus, dass auch die ersten Phloemelemente in den Sprossspitzen von

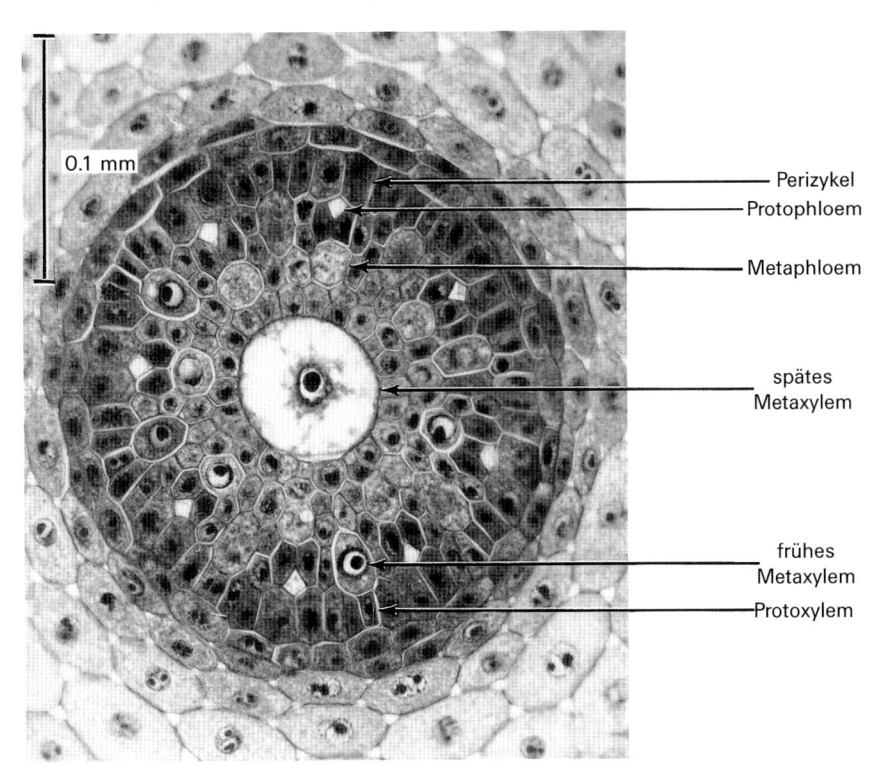

**Abb. 13.35** Querschnitt durch den Leitgewebezylinder einer sich differenzierenden Wurzel der Gerste (*Hordeum vulgare*). Der Leitgewebezylinder hat acht reife Protophloem-Siebröhren, die jeweils mit zwei Geleitzellen verbunden sind. Die Siebröhren des Metaphloems sind noch unreif. Im Xylem, das insgesamt noch unreif ist, sind die Elemente des Metaxylems stärker vakuolisiert als die Protoxylemelemente. (Aus Esau, 1957b. *Hilgardia* 27 (1), 15–69. © 1957 Regents, University of California.)

Gymnospermen oft keine klar erkennbaren Siebfelder haben, weshalb sie mit den Vorläufer- Phloemzellen verglichen wurden (Esau, 1969).

Da das Metaphloem erst ausdifferenziert wird, wenn das Streckungswachstum des umgebenden Gewebes abgeschlossen ist, bleibt es länger funktionstüchtig als das Protophloem. Einige krautige Eudicotyledonen und die meisten Monocotyledonen produzieren keine sekundären Leitgewebe, so dass ihr Assimilattransport vollkommen vom Metaphloem abhängt, nachdem die Pflanze voll entwickelt ist. Bei Holzpflanzen und krautigen Pflanzen mit cambialem sekundären Dickenwachstum werden die Siebelemente des Metaphloems inaktiv, sobald sich die sekundären Leitelemente differenziert haben. Bei diesen Pflanzen werden die Siebelemente des Metaphloems teilweise zerdrückt oder vollständig obliteriert.

Die Siebelemente des Metaphloems sind gewöhnlich länger und weiter als die des Protophloems, und ihre Siebfelder sind deutlicher zu erkennen. Im Metaphloem der Eudicotyledonen sind Geleitzellen und Phloemparenchymzellen normalerweise vorhanden (Abb. 13.36A). Bei den Monocotylen bilden Siebröhren und Geleitzellen oft kompakte Stränge ohne Phloemparenchym dazwischen; nur am Rand dieser Stränge können Phloemparenchymzellen vorkommen (Cheadle und Uhl, 1948). In solchen Phloemsträngen bilden Siebröhrenelemente und Geleitzellen ein regelmäßiges Muster, ein Merkmal, das als phylogenetisch hochentwickelt angesehen wird (Carlquist, 1961). Auch bei krautigen Eudicotyledonen (Ranunculaceae) kann man den Monocotylen-Typ des Metaphloems (Siebröhren, Geleitzellen ohne begleitende Phloemparenchymzellen) beobachten.

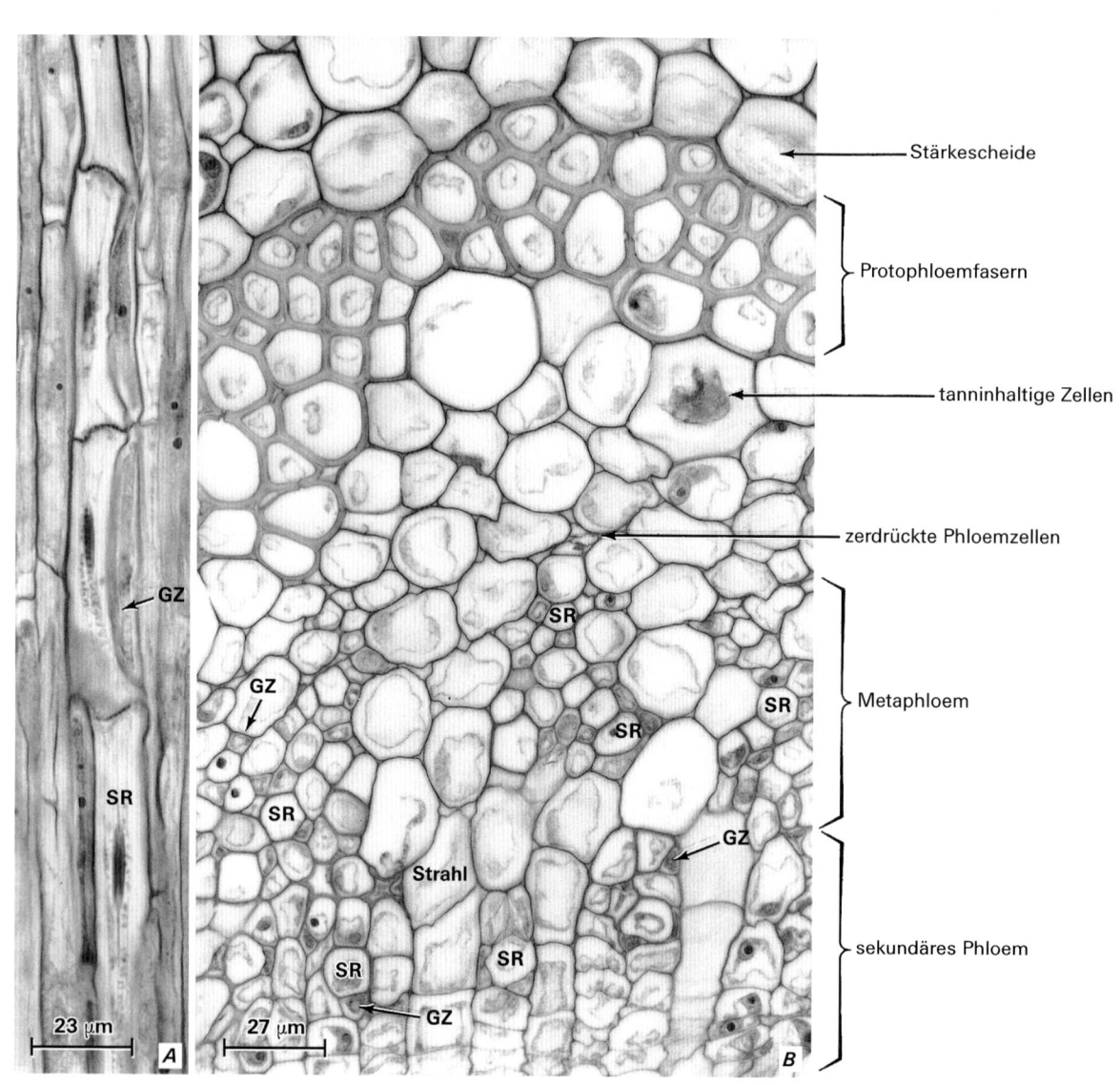

**Abb. 13.36** Phloem in einem Bohnenblatt (*Phaseolus vulgaris*). **A**, ein Längsschnitt zeigt einen Teil einer Siebröhre mit zwei vollständigen und zwei unvollständigen Siebröhrenelementen (SR). Die Geleitzelle ist mit GZ gekennzeichnet. Spindelförmige, nicht dispergierte P-Proteinkörper in drei Elementen. **B**, ein Querschnitt zeigt nicht leitendes Protophloem mit Fasern, Metaphloem, und einen Teil des sekundären Phloems. Siebröhrenelement (SR). Geleitzelle (GZ). (Aus Esau, 1977.)

Das Metaphloem der Eudicotyledonen enthält im Allgemeinen keine Fasern (Esau, 1950). Wenn bei Eudicotyledonen primäre Phloemfasern auftreten, so entstehen sie im Protophloem (Abb. 13.34C und 13.36B), aber nicht im Metaphloem, auch wenn später Fasern im sekundären Phloem gebildet werden. Allerdings kann bei krautigen Arten altes (frühes) Metaphloem stark sklerifiziert werden. Ob man diese sklerifizierten Zellen als Fasern oder sklerotisches Phloemparenchym bezeichnen soll, bleibt problematisch. Bei den Monocotylen werden die Leitbündel von einer sklerenchymatischen Bündelscheide umgeben, und auch im Metaphloem kann Sklerenchym auftreten (Cheadle und Uhl, 1948).

Die Abgrenzung zwischen Protophloem und Metaphloem ist manchmal sehr klar, wie z. B. bei den Luftwurzeln der Monocotylen, die im Protophloem lediglich Siebröhrenelemente, im Metaphloem dagegen typische Geleitzellen eng assoziiert mit Siebröhrenelementen aufweisen. Bei Eudicotyledonen gehen beide Gewebe gewöhnlich stufenlos ineinander über, so dass man sie nur anhand ihrer Entwicklungsgeschichte unterscheiden kann.

Bei Pflanzen mit sekundärem Phloem kann die Grenze zwischen diesem Gewebe und dem Metaphloem vollständig unklar sein. Die Abgrenzung dieser beiden Gewebe ist dann besonders schwierig, wenn das Metaphloem ebenfalls radiale Zellreihen bildet. Typische Ausnahmen sind hier die *Prunus*-Arten und *Citrus limonia*, bei denen sich die letzten phloemseitigen Zellen des Procambiums zu großen Parenchymzellen differenzieren, die das primäre vom sekundären Phloem deutlich abgrenzen (Schneider, 1945; 1955).

## Literatur

Abbe, L. B. und A. S. Crafts. 1939. Phloem of white pine and other coniferous species. *Bot. Gaz.* 100, 695–722.

Aloni, R. und J. R. Barnett. 1996. The development of phloem anastomoses between vascular bundles and their role in xylem regeneration after wounding in *Cucurbita* and *Dahlia*. *Planta* 198, 595–603.

Aloni, R. und C. A. Peterson. 1990. The functional significance of phloem anastomoses in stems of *Dahlia pinnata* Cav. *Planta* 182, 583–590.

Aloni, R. und T. Sachs. 1973. The three-dimensional structure of primary phloem systems. *Planta* 113, 345–353.

Araki, T., T. Eguchi, T. Wajima, S. Yoshida und M. Kitano. 2004. Dynamic analysis of growth, water balance and sap fluxes through phloem and xylem in a tomato fruit: Short-term effect of water stress. *Environ. Control Biol.* 42, 225–240.

Artschwager, E. F. 1918. Anatomy of the potato plant, with special reference to the ontogeny of the vascular system. *J. Agric. Res.* 14, 221–252.

Bailey, I. W. 1944. The development of vessels in angiosperms and its significance in morphological research. *Am. J. Bot.* 31, 421–428.

Baker, D. A. 2000. Long-distance vascular transport of endogenous hormones in plants and their role in source-sink regulation. *Isr. J. Plant Sci.* 48, 199–203.

Beebe, D. U. und W. A. Russin. 1999. Plasmodesmata in the phloem-loading pathway. In: *Plasmodesmata: Structure, Function, Role in Cell Communication*, S. 261–293, A. J. E. van Bel and W. J. P. van Kesteren, Hrsg., Springer, Berlin.

Behnke, H.-D. 1974. Sieve-element plastids of Gymnospermae: their ultrastructure in relation to systematics. *Plant Syst. Evol.* 123, 1–12.

Behnke, H.-D. 1975. Companion cells and transfer cells. In: *Phloem Transport*, S. 187–210, S. Aronoff, J. Dainty, P. R. Gorham, L. M. Srivastava und C. A. Swanson, Hrsg., Plenum Press, New York.

Behnke, H.-D. 1986. Sieve element characters and the systematic position of *Austrobaileya*, Austrobaileyaceae—With comments to the distinction and definition of sieve cells and sieve-tube members. *Plant Syst. Evol.* 152, 101–121.

Behnke, H.-D. 1990. Cycads and gnetophytes. In: *Sieve Elements. Comparative Structure, Induction and Development*, S. 89–101, H.-D. Behnke und R. D. Sjolund, Hrsg., Springer-Verlag, Berlin.

Behnke, H.-D. 1991a. Distribution and evolution of forms and types of sieve-element plastids in dicotyledons. *Aliso* 13, 167–182.

Behnke, H.-D. 1991b. Nondispersive protein bodies in sieve elements: A survey and review of their origin, distribution and taxonomic significance. *IAWA Bull.* n.s. 12, 143–175.

Behnke, H.-D. 1994. Sieve-element plastids, nuclear crystals and phloem proteins in the Zingiberales. *Bot. Acta* 107, 3–11.

Behnke, H.-D. 2003. Sieve-element plastids and evolution of monocotyledons, with emphasis on Melanthiaceae sensu lato and Aristolochiaceae-Asaroideae, a putative dicotyledon sister group. *Bot. Rev.* 68, 524–544.

Behnke, H.-D. und U. Kiritsis. 1983. Ultrastructure and differentiation of sieve elements in primitive angiosperms. I. Winteraceae. *Protoplasma* 118, 148–156.

Behnke, H.-D. und G. S. Paliwal. 1973. Ultrastructure of phloem and its development in *Gnetum gnemon*, with some observations on *Ephedra campylopoda*. *Protoplasma* 78, 305–319.

Bonnemain, J.-L. 1969. Le phloème interne et le phloème inclus des dicotylédones: Leur histogénèse leur physiologie. *Rev. Gén. Bot.* 76, 5–36.

Bostwick, D. E., J. M. Dannenhoffer, M. I. Skaggs, R. M. Lilster, B. A. Larkins und G. A. Thompson. 1992. Pumpkin phloem lectin genes are specifically expressed in companion cells. *Plant Cell* 4, 1539–1548.

Botha, C. E. J. 1992. Plasmodesmatal distribution, structure and frequency in relation to assimilation in C3 and C4 grasses in southern Africa. *Planta* 187, 348–358.

Botha, C. E. J., R. F. Evert. 1981. Studies on *Artemisia afra* Jacq.: The phloem in stem and leaf. *Protoplasma* 109, 217–231.

Brook, P. J. 1951. Vegetative anatomy of *Carpodetus serratus* Forst. *Trans. R. Soc. N. Z.* 79, 276–285.

Busse, J. S. und R. F. Evert. 1999. Pattern of differentiation of the first vascular elements in the embryo and seedling of *Arabidopsis thaliana*. *Int. J. Plant Sci.* 160, 1–13.

Carlquist, S. 1961. *Comparative Plant Anatomy: A Guide to Taxonomic and Evolutionary Application of Anatomical Data in Angiosperms*. Holt, Rinehart and Winston, New York.

Catesson, A.-M. 1982. Cell wall architecture in the secondary sieve tubes of *Acer* and *Populus*. *Ann. Bot.* 49, 131–134.

Chauveaud, G. 1902a. De l'existence d'éléments précurseurs des tubes criblés chez les Gymnospermes. *C.R. Acad. Sci.* 134, 1605–1606.

Chauveaud, G. 1902b. Développement des éléments précurseurs des tubes criblés dans le *Thuia orientalis*. *Bull. Mus. Hist. Nat.* 8, 447–454.

Chauveaud, G. 1910. Recherches sur les tissus transitoires du corps végétatif des plantes vasculaires. *Ann. Sci. Nat. Bot. Sér. 9*, 12, 1–70.

Cheadle, V. I. 1948. Observations on the phloem in the Monocotyledoneae. II. Additional data on the occurrence and phylogenetic specialization in structure of the sieve tubes in the metaphloem. *Am. J. Bot.* 35, 129–131.

Cheadle, V. I. 1956. Research on xylem and phloem—Progress in fifty years. *Am. J. Bot.* 43, 719–731.

Cheadle, V. I. und K. Esau. 1958. Secondary phloem of the Calycanthaceae. *Univ. Calif. Publ. Bot.* 24, 397–510.

Cheadle, V. I. und N. W. Uhl. 1948. The relation of metaphloem to the types of vascular bundles in the Monocotyledoneae. *Am. J. Bot.* 35, 578–583.

Cheadle, V. I. und N. B. Whitford. 1941. Observations on the phloem in the Monocotyledoneae. I. The occurrence and phylogenetic specialization in structure of the sieve tubes in the metaphloem. *Am. J. Bot.* 28, 623–627.

Chiou, T.-J., D. R. Bush. 1998. Sucrose is a signal molecule in assimilate partitioning. *Proc. Natl. Acad. Sci. USA* 95, 4784–4788.

Clark, A. M., K. R. Jacobsen, D. E. Bostwick, J. M. Dannenhoffer, M. I. Skaggs und G. A. Thompson. 1997. Molecular characterization of a phloem-specific gene encoding the filament protein, phloem protein 1 (PP1), from *Cucurbita maxima*. *Plant J.* 12, 49–61.

Colbert, J. T. und R. F. Evert. 1982. Leaf vasculature in sugarcane (*Saccharum officinarum* L.). *Planta* 156, 136–151.

Crafts, A. S. und C. E. Crisp. 1971. *Phloem transport in plants.* Freeman, San Francisco.

Crawford, K. M. und P. C. Zambryski. 1999. Plasmodesmata signaling: Many roles, sophisticated statutes. *Curr. Opin. Plant Biol.* 2, 382–387.

Cresson, R. A. und R. F. Evert. 1994. Development and ultrastructure of the primary phloem in the shoot of *Ephedra viridis* (Ephedraceae). *Am. J. Bot.* 81, 868–877.

Cronshaw, J., J. Gilder und D. Stone. 1973. Fine structural studies of P-proteins in *Cucurbita, Cucumis,* and *Nicotiana*. *J. Ultrastruct. Res.* 45, 192–205.

Dannenhoffer, J. M., W. Ebert Jr., und R. F. Evert. 1990. Leaf vasculature in barley, *Hordeum vulgare* (Poaceae). *Am. J. Bot.* 77, 636–652.

Dannenhoffer, J. M., A. Schulz, M. I. Skaggs, D. E. Bostwick und G. A. Thompson. 1997. Expression of the phloem lectin is developmentally linked to vascular differentiation in cucurbits. *Planta* 201, 405–414.

Davis, J. D. und R. F. Evert. 1970. Seasonal cycle of phloem development in woody vines. *Bot. Gaz.* 131, 128–138.

den Outer, R. W. 1983. Comparative study of the secondary phloem of some woody dicotyledons. *Acta Bot. Neerl.* 32, 29–38.

den Outer, R. W. 1986. Storied structure of the secondary phloem. *IAWA Bull.* n.s. 7, 47–51.

Deshpande, B. P. 1974. Development of the sieve plate in *Saxifraga sarmentosa* L. *Ann. Bot.* 38, 151–158.

Deshpande, B. P. 1975. Differentiation of the sieve plate of *Cucurbita*: A further view. *Ann. Bot.* 39, 1015–1022.

Deshpande, B. P. 1976. Observations on the fine structure of plant cell walls. III. The sieve tube wall in *Cucurbita*. *Ann. Bot.* 40, 443–446.

Deshpande, B. P. 1984. Distribution of P-protein in mature sieve elements of *Cucurbita maxima* seedlings subjected to prolonged darkness. *Ann. Bot.* 53, 237–247.

Deshpande, B. P. und R. F. Evert. 1970. A reevaluation of extruded nucleoli in sieve elements. *J. Ultrastruct. Res.* 33, 483–494.

Deshpande, B. P. und T. Rajendrababu. 1985. Seasonal changes in the structure of the secondary phloem of *Grewia tiliaefolia*, a deciduous tree from India. *Ann. Bot.* 56, 61–71.

DeWitt, N. D. und M. R. Sussman. 1995. Immunocytological localization of an epitope-tagged plasma membrane proton pump ($H^+$-ATPase) in phloem companion cells. *Plant Cell* 7, 2053–2067.

Dinant, S., A. M. Clark, Y. Zhu, F. Vilaine, J.-C. Palauqui, C. Kusiak und G. A. Thompson. 2003. Diversity of the superfamily of phloem lectins (phloem protein 2) in angiosperms. *Plant Physiol.* 131, 114–128.

Dute, R. R. und R. F. Evert. 1978. Sieve-element ontogeny in the aerial shoot of *Equisetum hyemale* L. *Ann. Bot.* 42, 23–32.

Ehlers, K., M. Knoblauch und A. J. E. van Bel. 2000. Ultrastructural features of well-preserved and injured sieve elements: Minute clamps keep the phloem transport conduits free for mass flow. *Protoplasma* 214, 80–92.

Eleftheriou, E. P. 1981. A light and electron microscopy study on phloem differentiation of the grass *Aegilops comosa* var. *thessalica*. Ph.D. Thesis. University of Thessaloniki. Thessaloniki, Greece.

Eleftheriou, E. P. 1990. Monocotyledons. In: *Sieve Elements. Comparative Structure, Induction and Development,* S. 139–159, H.-D. Behnke und R. D. Sjolund, Hrsg., Springer-Verlag, Berlin.

Ervin, E. L. und R. F. Evert. 1967. Aspects of sieve element ontogeny and structure in *Smilax rotundifolia*. *Bot. Gaz.* 128, 138–144.

Ervin, E. L. und R. F. Evert. 1970. Observations on sieve elements in three perennial monocotyledons. *Am. J. Bot.* 57, 218–224.

Esau, K. 1938. Ontogeny and structure of the phloem of tobacco. *Hilgardia* 11, 343–424.

Esau, K. 1939. Development and structure of the phloem tissue. *Bot. Rev.* 5, 373–432.

Esau, K. 1940. Developmental anatomy of the fleshy storage organ of *Daucus carota*. *Hilgardia* 13, 175–226.

Esau, K. 1947. A study of some sieve-tube inclusions. *Am. J. Bot.* 34, 224–233.

Esau, K. 1948. Phloem structure in the grapevine, and its seasonal changes. *Hilgardia* 18, 217–296.

Esau, K. 1950. Development and structure of the phloem tissue. II. *Bot. Rev.* 16, 67–114.

Esau, K. 1957a. Phloem degeneration in Gramineae affected by the barley yellow-dwarf virus. *Am. J. Bot.* 44, 245–251.

Esau, K. 1957b. Anatomic effects of barley yellow dwarf virus and maleic hydrazide on certain Gramineae. *Hilgardia* 27, 15–69.

Esau, K. 1969. *The Phloem. Encyclopedia of Plant Anatomy. Histologie,* Bd. 5, Teil 2. Gebrüder Borntraeger, Berlin.

Esau, K. 1977. *Anatomy of Seed Plants,* 2. Aufl., Wiley, New York.

Esau, K. 1978a. The protein inclusions in sieve elements of cotton (*Gossypium hirsutum* L.). *J. Ultrastruct. Res.* 63, 224–235.

Esau, K. 1978b. Developmental features of the primary phloem in *Phaseolus vulgaris* L. *Ann. Bot.* 42, 1–13.

Esau, K. und V. I. Cheadle. 1955. Significance of cell divisions in differentiating secondary phloem. *Acta Bot. Neerl.* 4, 348–357.

Esau, K. und V. I. Cheadle. 1958. Wall thickening in sieve elements. *Proc. Natl. Acad. Sci. USA* 44, 546–553.

Esau, K. und V. I. Cheadle. 1959. Size of pores and their contents in sieve elements of dicotyledons. *Proc. Natl. Acad. Sci. USA* 45, 156–162.

Esau, K. und J. Cronshaw. 1968. Plastids and mitochondria in the phloem of *Cucurbita*. *Can. J. Bot.* 46, 877–880.

Esau, K. und R. H. Gill. 1972. Nucleus and endoplasmic reticulum in differentiating root protophloem of *Nicotiana tabacum*. *J. Ultrastruct. Res.* 41, 160–175.

Esau, K. und J. Thorsch. 1984. The sieve plate of *Echium* (Boraginaceae): Developmental aspects and response of P-protein to protein digestion. *J. Ultrastruct. Res.* 86, 31–45.

Esau, K. und J. Thorsch. 1985. Sieve plate pores and plasmodesmata, the communication channels of the symplast: Ultrastructural aspects and developmental relations. *Am. J. Bot.* 72, 1641–1653.

Esau, K., V. I. Cheadle und E. M. Gifford Jr. 1953. Comparative structure and possible trends of specialization of the phloem. *Am. J. Bot.* 40, 9–19.

Eschrich, W. 1975. Sealing systems in phloem. In: *Encyclopedia of Plant Physiology*, n.s. vol. 1. *Transport in plants. I. Phloem Transport*, S. 39–56, Springer-Verlag, Berlin.

Eschrich, W., R. F. Evert und J. H. Young. 1972. Solution flow in tubular semipermeable membranes. *Planta* 107, 279–300.

Evert, R. F. 1960. Phloem structure in *Pyrus communis* L. and its seasonal changes. *Univ. Calif. Publ. Bot.* 32, 127–196.

Evert, R. F. 1962. Some aspects of phloem development in *Tilia americana*. *Am. J. Bot.* 49 (Abstr.), 659.

Evert, R. F. 1963. Sclerified companion cells in *Tilia americana*. *Bot. Gaz.* 124, 262–264.

Evert, R. F. 1976. Some aspects of sieve-element structure and development in *Botrychium virginianum*. *Isr. J. Bot.* 25, 101–126.

Evert, R. F. 1977. Phloem structure and histochemistry. *Annu. Rev. Plant Physiol.* 28, 199–222.

Evert, R. F. 1980. Vascular anatomy of angiospermous leaves, with special consideration of the maize leaf. *Ber. Dtsch. Bot. Ges.* 93, 43–55.

Evert, R. F. 1990a. Seedless vascular plants. In: *Sieve Elements. Comparative Structure, Induction and Development*, S. 35–62, H.-D. Behnke und R. D. Sjolund, Hrsg., Springer-Verlag, Berlin.

Evert, R. F. 1990b. Dicotyledons. In: *Sieve Elements. Comparative Structure, Induction and Development*, S. 103–137, H.-D. Behnke und R. D. Sjolund, Hrsg., Springer-Verlag, Berlin.

Evert, R. F. und W. F. Derr. 1964. Callose substance in sieve elements. *Am. J. Bot.* 51, 552–559.

Evert, R. F. und R. J. Mierzwa. 1986. Pathway(s) of assimilate movement from mesophyll cells to sieve tubes in the *Beta vulgaris* leaf. In: *Plant Biology*, vol. 1, *Phloem Transport*, S. 419–432, J. Cronshaw, W. J. Lucas und R. T. Giaquinta, Hrsg., Alan R. Liss, New York.

Evert, R. F. und R. J. Mierzwa. 1989. The cell wall-plasmalemma interface in sieve tubes of barley. *Planta* 177, 24–34.

Evert, R. F., W. A. Russin. 1993. Structurally, phloem unloading in the maize leaf cannot be symplastic. *Am. J. Bot.* 80, 1310–1317.

Evert, R. F., C. M. Tucker, J. D. Davis und B. P. Deshpande. 1969. Light microscope investigation of sieve-element ontogeny and structure in *Ulmus americana*. *Am. J. Bot.* 56, 999–1017.

Evert, R. F., B. P. Deshpande und S. E. Eichhorn. 1971a. Lateral sieve-area pores in woody dicotyledons. *Can. J. Bot.* 49, 1509–1515.

Evert, R. F., W. Eschrich und S. E. Eichhorn. 1971b. Sieveplate pores in leaf veins of *Hordeum vulgare*. *Planta* 100, 262–267.

Evert, R. F., C. H. Bornman, V. Butler und M. G. Gilliland. 1973a. Structure and development of the sieve-cell protoplast in leaf veins of *Welwitschia*. *Protoplasma* 76, 1–21.

Evert, R. F., C. H. Bornman, V. Butler und M. G. Gilliland. 1973b. Structure and development of sieve areas in leaf veins of *Welwitschia*. *Protoplasma* 76, 23–34.

Evert, R. F., W. Eschrich und S. E. Eichhorn. 1973c. P-protein distribution in mature sieve elements of *Cucurbita maxima*. *Planta* 109, 193–210.

Evert, R. F., W. Eschrich und W. Heyser. 1978. Leaf structure in relation to solute transport and phloem loading in *Zea mays* L. *Planta* 138, 279–294.

Evert, R. F., W. A. Russin und A. M. Bosabalidis. 1996a. Anatomical and ultrastructural changes associated with sink-to-source transition in developing maize leaves. *Int. J. Plant Sci.* 157, 247–261.

Evert, R. F., W. A. Russin und C. E. J. Botha. 1996b. Distribution and frequency of plasmodesmata in relation to photoassimilate pathways and phloem loading in the barley leaf. *Planta* 198, 572–579.

Ewers, F. W. 1982. Developmental and cytological evidence for mode of origin of secondary phloem in needle leaves of *Pinus longaeva* (bristlecone pine) and *P. flexilis*. *Bot. Jahrb. Syst. Pflanzengesch. Pflanzengeogr.* 103, 59–88.

Fellows, R. J. und D. R. Geiger. 1974. Structural and physiological changes in sugar beet leaves during sink to source conversion. *Plant Physiol.* 54, 877–885.

Fisher, D. B. 1975. Structure of functional soybean sieve elements. *Plant Physiol.* 56, 555–569.

Fisher, D. B. und K. J. Oparka. 1996. Post-phloem transport: Principles and problems. *J. Exp. Bot.* 47, 1141–1154.

Fisher, D. G. 1986. Ultrastructure, plasmodesmatal frequency, and solute concentration in green areas of variegated *Coleus blumei* Benth. leaves. *Planta* 169, 141–152.

Fisher, D. G. und R. F. Evert. 1982. Studies on the leaf of *Amaranthus retroflexus* (Amaranthaceae): ultrastructure, plasmodesmatal frequency and solute concentration in relation to phloem loading. *Planta* 155, 377–387.

Fritz, E., R. F. Evert ud W. Heyser. 1983. Microautoradiographic studies of phloem loading and transport in the leaf of *Zea mays* L. *Planta* 159, 193–206.

Fritz, E., R. F. Evert und H. Nasse. 1989. Loading and transport of assimilates in different maize leaf bundles. Digital image analysis of $^{14}$C-microautoradiographs. *Planta* 178, 1–9.

Fukuda, Y. 1967. Anatomical study of the internal phloem in the stems of dicotyledons, with special reference to its histogenesis. *J. Fac. Sci. Univ. Tokyo, Sect. III. Bot.* 9, 313–375.

Gahan, P. B. 1988. Xylem and phloem differentiation in perspective. In: *Vascular Differentiation and Plant Growth Regulators*, S. 1–21, L. W. Roberts, P. B. Gahan und R. Aloni, Hrsg., Springer-Verlag, Berlin.

Gamalei, Y. 1989. Structure and function of leaf minor veins in trees and shrubs. A taxonomic review. *Trees* 3, 96–110.

Gamalei, Y. 1991. Phloem loading and its development related to plant evolution from trees to herbs. *Trees* 5, 50–64.

Gamalei, Y. 2000. Comparative anatomy and physiology of minor veins and paraveinal parenchyma in the leaves of dicots. *Bot. Zh.* 85, 34–49.

Gilliland, M. G., J. van Staden und A. G. Bruton. 1984. Studies on the translocation system of guayule (*Parthenium argentatum* Gray). *Protoplasma* 122, 169–177.

Goggin, F. L., R. Medville und R. Turgeon. 2001. Phloem loading in the tulip tree: Mechanisms and evolutionary implications. *Plant Physiol.* 125, 891–899.

Golecki, B., A. Schulz und G. A. Thompson. 1999. Translocation of structural P proteins in the phloem. *Plant Cell* 11, 127–140.

Gottwald, J. R., P. J. Krysan, J. C. Young, R. F. Evert und M. R. Sussman. 2000. Genetic evidence for the *in planta* role of phloem-specific plasma membrane sucrose transporters. *Proc. Natl. Acad. Sci. USA* 97, 13979–13984.

Grusak, M. A., D. U. Beebe und R. Turgeon. 1996. Phloem loading. In: *Photoassimilate Distribution in Plants and Crops: Source-Sink Relationships*, S. 209–227, E. Zamski und A. A. Schaffer, Hrsg., Dekker, New York.

Guo, Y. H., B. G. Hua, F. Y. Yu, Q. Leng und C. H. Lou. 1998. The effects of microfilament and microtubule inhibitors and periodic electrical impulses on phloem transport in pea seedling. *Chinese Sci. Bull. (Kexue tongbao)* 43, 312–315.

Haritatos, E., F. Keller und R. Turgeon. 1996. Raffinose oligosaccharide concentrations measured in individual cell and tissue types in *Cucumis melo* L. leaves: Implications for phloem loading. *Planta* 198, 614–622.

Haritatos, E., R. Medville, R. Turgeon. 2000. Minor vein structure and sugar transport in *Arabidopsis thaliana*. *Planta* 211, 105–111.

Hayes, P. M., C. E. Offler und J. W. Patrick. 1985. Cellular structures, plasma membrane surface areas and plasmodesmatal frequencies of the stem of *Phaseolus vulgaris* L. in relation to radial photosynthate transfer. *Ann. Bot.* 56, 125–138.

Hayes, P. M., J. W. Patrick und C. E. Offler. 1987. The cellular pathway of radial transfer of photosynthates in stems of *Phaseolus vulgaris* L.: Effects of cellular plasmolysis and *p*-chloromercuribenzene sulphonic acid. *Ann. Bot.* 59, 635–642.

Hayward, H. E. 1938. Solanaceae. *Solanum tuberosum*. In: *The Structure of Economic Plants*, S. 514–549. Macmillan, New York.

Hoffmann-Benning, S., D. A. Gage, L. McIntosh, H. Kende und J. A. D. Zeevaart. 2002. Comparison of peptides in the phloem sap of flowering and non-flowering *Perilla* and lupine plants using microbore HPLC followed by matrix-assisted laser desorption/ionization time-of-flight spectrometry. *Planta* 216, 140–147.

Holdheide, W. 1951. Anatomie mitteleuropäischer Gehölzrinden (mit mikrophotographischem Atlas). In: *Handbuch der Mikroskopie in der Technik*, Bd. 5, Heft 1, S. 193–367, H. Freund, Hrsg., Umschau Verlag, Frankfurt am Main.

Imlau, A., E. Truernit und N. Sauer. 1999. Cell-to-cell and long-distance trafficking of the green fluorescent protein in the phloem and symplasmic unloading of the protein into sink tissues. *Plant Cell* 11, 309–322.

Jacobsen, K. R., D. G. Fisher, A. Maretzki und P. H. Moore. 1992. Developmental changes in the anatomy of the sugarcane stem in relation to phloem unloading and sucrose storage. *Bot. Acta* 105, 70–80.

Jorgensen, R. A., R. G. Atkinson, R. L. S. Forster und W. J. Lucas. 1998. An RNA-based information superhighway in plants. *Science* 279, 1486–1487.

Kempers, R. und A. J. E. van Bel. 1997. Symplasmic connections between sieve element and companion cell in the stem phloem of *Vicia faba* have a molecular exclusion limit of at least 10kDa. *Planta* 201, 195–201.

Knoblauch, M. und A. J. E. van Bel. 1998. Sieve tubes in action. *Plant Cell* 10, 35–50.

Knoblauch, M., W. S. Peters, K. Ehlers und A. J. E. van Bel. 2001. Reversible calcium-regulated stopcocks in legume sieve tubes. *Plant Cell* 13, 1221–1230.

Knop, C., O. Voitsekhovskaja und G. Lohaus. 2001. Sucrose transporters in two members of the Scrophulariaceae with different types of transport sugar. *Planta* 213, 80–91.

Knop, C., R. Stadler, N. Sauer und G. Lohaus. 2004. AmSUT1, a sucrose transporter in collection and transport phloem of the putative symplastic phloem loader *Alonsoa meridionalis*. *Plant Physiol.* 134, 204–214.

Köchenkerger, W., J. M. Pope, Y. Xia, K. R. Jeffrey, E. Komor und P. T. Callaghan. 1997. A non-invasive measurement of phloem and xylem water flow in castor bean seedlings by nuclear magnetic resonance microimaging. *Planta* 201, 53–63.

Kruatrachue, M. und R. F. Evert. 1977. The lateral meristem and its derivatives in the corm of *Isoetes muricata*. *Am. J. Bot.* 64, 310–325.

Kühn, C., L. Barker, L. Burkle und W. B. Frommer. 1999. Update on sucrose transport in higher plants. *J. Exp. Bot.* 50 (spec. iss.), 935–953.

Kühn, C., M.-R. Hajirezaei, A. R. Fernie, U. Roessner-Tunali, T. Czechowski, B. Hirner und W. B. Frommer. 2003. The sucrose transporter *StSUT1* localizes to sieve elements in potato tuber phloem and influences tuber physiology and development. *Plant Physiol.* 131, 102–113.

Kuo, J. 1983. The nacreous walls of sieve elements in sea grasses. *Am. J. Bot.* 70, 159–164.

Kuo, J. und T. P. O'Brien. 1974. Lignified sieve elements in the wheat leaf. *Planta* 117, 349–353.

Kuo, J., T. P. O'Brien und S.-Y. Zee. 1972. The transverse veins of the wheat leaf. *Aust. J. Biol. Sci.* 25, 721–737.

Kursanov, A. L. 1984. *Assimilate Transport in Plants*, 2. Aufl., Elsevier, Amsterdam.

Lalonde, S., E. Boles, H. Hellmann, L. Barker, J. W. Patrick, W. B. Frommer und J. M. Ward. 1999. The dual function of sugar carriers: transport and sugar sensing. *Plant Cell* 11, 707–726.

Lalonde, S., M. Tegeder, M. Throne-Holst, W. B. Frommer und J. W. Patrick. 2003. Phloem loading and unloading of sugars and amino acids. *Plant Cell Environ.* 26, 37–56.

Lawton, D. M. und Y. M. Newman. 1979. Ultrastructure of phloem in young runner-bean stem: Discovery, in old sieve elements on the brink of collapse, of parietal bundles of P-protein tubules linked to the plasmalemma. *New Phytol.* 82, 213–222.

Lawton, J. R. und J. R. S. Lawton. 1971. Seasonal variations in the secondary phloem of some forest trees from Nigeria. *New Phytol.* 70, 187–196.

Lee, D. R. 1989. Vasculature of the abscission zone of tomato fruit: implications for transport. *Can. J. Bot.* 67, 1898–1902.

Lee, D. R. 1990. A unidirectional water flux model of fruit growth. *Can. J. Bot.* 68, 1286–1290.

Lucas, W. J., V. R. Franceschi, 1982. Organization of the sieve-element walls of leaf minor veins. *J. Ultrastruct. Res.* 81, 209–221.

Madey, E., L. M. Nowack und J. E. Thompson. 2002. Isolation and characterization of lipid in phloem sap of canola. *Planta* 214, 625–634.

Matzke, M. A. und A. J. M. Matzke. 1986. Visualization of mitochondria and nuclei in living plant cells by the use of a potential-sensitive fluorescent dye. *Plant Cell Environ.* 9, 73–77.

McCauley, M. M. und R. F. Evert. 1988. The anatomy of the leaf of potato, *Solanum tuberosum* L. "Russet Burbank." *Bot. Gaz.* 149, 179–195.

McCauley, M. M. und R. F. Evert. 1989. Minor veins of the potato (*Solanum tuberosum* L.) leaf: Ultrastructure and plasmodesmatal frequency. *Bot. Gaz.* 150, 351–368.

Melaragno, J. E. und M. A. Walsh. 1976. Ultrastructural features of developing sieve elements in *Lemna minor* L.—The protoplast. *Am. J. Bot.* 63, 1145–1157.

Minchin, P. E. H. und M. R. Thorpe. 1987. Measurement of unloading and reloading of photo-assimilate within the stem of bean. *J. Exp. Bot.* 38, 211–220.

Miyake, H., E. Maeda. 1976. The fine structure of plastids in various tissues in the leaf blade of rice. *Ann. Bot.* 40, 1131–1138.

Münch, E. 1930. *Die Stoffbewegungen in der Pflanze*. Gustav Fischer, Jena.

Nanko, H., H. Saiki und H. Harada. 1976. Cell wall development of chambered crystalliferous cells in the secondary phloem of *Populus euroamericana*. *Bull. Kyoto Univ. For. (Kyoto Daigaku Nogaku bu Enshurin hokoku)* 48, 167–177.

Nerd, A. und P. M. Neumann. 2004. Phloem water transport maintains stem growth in a drought-stressed crop cactus *(Hylocereus undatus)*. *J. Am. Soc. Hortic. Sci.* 129, 486–490.

Neuberger, D. S. und R. F. Evert. 1974. Structure and development of the sieve-element protoplast in the hypocotyl of *Pinus resinosa*. *Am. J. Bot.* 61, 360–374.

Neuberger, D. S. und R. F. Evert. 1975. Structure and development of sieve areas in the hypocotyl of *Pinus resinosa*. *Protoplasma* 84, 109–125.

Neuberger, D. S. und R. F. Evert. 1976. Structure and development of sieve cells in the primary phloem of *Pinus resinosa*. *Protoplasma* 87, 27–37.

Offler, C. E. und J. W. Patrick. 1984. Cellular structures, plasma membrane surface areas and plasmodesmatal frequencies of seed coats of *Phaseolus vulgaris* L. in relation to photosynthate transfer. *Aust. J. Plant Physiol.* 11, 79–99.

Oparka, K. J. und R. Turgeon. 1999. Sieve elements and companion cells—Traffic control centers of the phloem. *Plant Cell 11,* 739–750.

Oross, J. W. und W. J. Lucas. 1985. Sugar beet petiole structure: Vascular anastomoses and phloem ultrastructure. *Can. J. Bot.* 63, 2295–2304.

Palevitz, B. A. und E. H. Newcomb. 1970. A study of sieve element starch using sequential enzymatic digestion and electron microscopy. *J. Cell Biol.* 45, 383–398.

Parthasarathy, M. V. 1966. Studies on metaphloem in petioles and roots of Palmae. Ph.D. Thesis. Cornell University, Ithaca.

Parthasarathy, M. V. 1974a. Ultrastructure of phloem in palms. I. Immature sieve elements and parenchymatic elements. *Protoplasma* 79, 59–91.

Parthasarathy, M. V. 1974b. Ultrastructure of phloem in palms. II. Structural changes, and fate of the organelles in differentiating sieve elements. *Protoplasma* 79, 93–125.

Parthasarathy, M. V. und P. B. Tomlinson. 1967. Anatomical features of metaphloem in stems of *Sabal*, *Cocos* and two other palms. *Am. J. Bot.* 54, 1143–1151.

Pate, J. S. 1975. Exchange of solutes between phloem and xylem and circulation in the whole plant. In: *Encyclopedia of Plant Physiology*, n.s. vol. 1. *Transport in Plants. I. Phloem Transport*, S. 451–473, Springer-Verlag, Berlin.

Pate, J. S. und B. E. S. Gunning. 1969. Vascular transfer cells in angiosperm leaves. A taxonomic and morphological survey. *Protoplasma* 68, 135–156.

Patrick, J. W. 1997. Phloem unloading: Sieve element unloading and post-sieve element transport. *Annu. Rev. Plant Physiol. Plant Mol. Biol.* 48, 191–222.

Perry, J. W., R. F. Evert. 1975. Structure and development of the sieve elements in *Psilotum nudum*. *Am. J. Bot.* 62, 1038–1052.

Phillips, R. J. und S. R. Dungan. 1993. Asymptotic analysis of flow in sieve tubes with semi-permeable walls. *J. Theor. Biol.* 162, 465–485.

Raven, P. H., R. F. Evert und S. E. Eichhorn. 2005. *Biology of Plants*, 7. Aufl., Freeman, New York.

Resch, A. 1961. Zur Frage nach den Geleitzellen im Protophloem der Wurzel. *Z. Bot.* 49, 82–95.

Robinson-Beers, K. und R. F. Evert. 1991. Ultrastructure of and plasmodesmatal frequency in mature leaves of sugarcane. *Planta* 184, 291–306.

Roth, I. 1981. Structural patterns of tropical barks. In: *Encyclopedia of Plant Anatomy*, Bd. 9, Teil 3. Gebrüder Borntraeger, Berlin.

Ruiz-Medrano, R., B. Xoconostle-Cázares und W. J. Lucas. 2001. The phloem as a conduit for inter-organ communication. *Curr. Opin. Plant Biol.* 4, 202–209.

Russell, S. H. und R. F. Evert. 1985. Leaf vasculature in *Zea mays* L. *Planta* 164, 448–458.

Russin, W. A. und R. F. Evert. 1985. Studies on the leaf of *Populus deltoides* (Salicaceae): Ultrastructure, plasmodesmatal frequency, and solute concentrations. *Am. J. Bot.* 72, 1232–1247.

Sauter, J. J. 1974. Structure and physiology of Strasburger cells. *Ber. Dtsch. Bot. Ges.* 87, 327–336.

Sauter, J. J. 1976. Untersuchungen zur Lokalisation von Glycerophosphatase- und Nucleosidtriphosphatase-Aktivität in Siebzellen von *Larix*. *Z. Pflanzenphysiol.* 79, 254–271.

Sauter, J. J., 1977. Electron microscopical localization of adenosine triphosphatase and β-glycerophosphatase in sieve cells of *Pinus nigra* var. *austriaca* (Hoess) Battoux. *Z. Pflanzenphysiol.* 81, 438–458.

Sauter, J. J. und H. J. Braun. 1968. Histologische und cytochemische Untersuchungen zur Funktion der Baststrahlen von *Larix decidua* Mill., unter besonderer Berücksichtigung der Strasburger-Zellen. *Z. Pflanzenphysiol.* 59, 420–438.

Sauter, J. J. und H. J. Braun. 1972. Cytochemische Untersuchung der Atmungsaktivität in den Strasburger-Zellen von *Larix* und ihre Bedeutung für den Assimilattransport. *Z. Pflanzenphysiol.* 66, 440–458.

Schmitz, K., B. Cuypers und M. Moll. 1987. Pathway of assimilate transfer between mesophyll cells and minor veins in leaves of *Cucumis melo* L. *Planta* 171, 19–29.

Schneider, H. 1945. The anatomy of peach and cherry phloem. *Bull. Torrey Bot. Club* 72, 137–156.

Schneider, H. 1955. Ontogeny of lemon tree bark. *Am. J. Bot.* 42, 893–905.

Schobert, C., P. Großmann, M. Gottschalk, E. Komor, A. Pecsvaradi und U. zur Mieden. 1995. Sieve-tube exudate from *Ricinus communis* L. seedlings contains ubiquitin and chaperones. *Planta* 196, 205–210.

Schobert, C., L. Baker, J. Szederkényi, P. Großmann, E. Komor, H. Hayashi, M. Chino und W. J. Lucas. 1998. Identification of immunologically related proteins in sieve-tube exudate collected from monocotyledonous and dicotyledonous plants. *Planta* 206, 245–252.

Schulz, A. 1990. Conifers. In: *Sieve Elements. Comparative Structure, Induction and Development*, S. 63–88, H.-D. Behnke und R. D. Sjolund, Hrsg., Springer-Verlag, Berlin.

Schulz, A. 1992. Living sieve cells of conifers as visualized by confocal, laser-scanning fluorescence microscopy. *Protoplasma* 166, 153–164.

Schulz, A. 1998. Phloem. Structure related to function. *Prog. Bot.* 59, 429–475.

Srivastava, L. M. 1970. The secondary phloem of *Austrobaileya scandens*. *Can. J. Bot.* 48, 341–359.

Stadler, R. und N. Sauer. 1996. The *Arabidopsis thaliana* AtSUC2 gene is specifically expressed in companion cells. *Bot. Acta* 109, 299–306.

Stadler, R., J. Brandner, A. Schulz, M. Gahrtz und N. Sauer. 1995. Phloem loading by the PmSUC2 sucrose carrier from *Plantago major* occurs into companion cells. *Plant Cell* 7, 1545–1554.

Staiger, C. J., B. C. Gibbon, D. R. Kovar und L. E. Zonia. 1997. Profilin and actin-depolymerizing factor: Modulators of actin organization in plants. *Trends Plant Sci.* 2, 275–281.

Thompson, G. A. 1999. P-protein trafficking through plasmodesmata. In: *Plasmodesmata: Structure, Function, Role in Cell Communication*, S. 295–313, A. J. E. van Bel und W. J. P. van Kesteren, Hrsg., Springer, Berlin.

Thompson, G. A. und A. Schulz. 1999. Macromolecular trafficking in the phloem. *Trends Plant Sci.* 4, 354–360.

Turgeon, R. 1991. Symplastic phloem loading and the sinksource transition in leaves: A model. In: *Recent Advances in Phloem Transport and Assimilate Compartmentation*, S. 18–22, J. L. Bonnemain, S. Delrot, W. J. Lucas und J. Dainty, Hrsg., Ouest Editions, Nantes, France.

Turgeon, R. 1996. Phloem loading and plasmodesmata. *Trends Plant Sci.* 1, 413–423.

Turgeon, R., R. Medville. 1998. The absence of phloem loading in willow leaves. *Proc. Natl. Acad. Sci. USA* 95, 12055–12060.

Turgeon, R. und R. Medville. 2004. Phloem loading. A reevaluation of the relationship between plasmodesmatal frequencies and loading strategies. *Plant Physiol.* 136, 3795–3803.

Turgeon, R. und J. A. Webb. 1976. Leaf development and phloem transport in *Cucurbita pepo*: Maturation of the minor veins. *Planta* 129, 265–269.

Turgeon, R., J. A. Webb und R. F. Evert. 1975. Ultrastructure of minor veins of *Cucurbita pepo* leaves. *Protoplasma* 83, 217–232.

Turgeon, R., D. U. Beebe und E. Gowan. 1993. The intermediary cell: Minor-vein anatomy and raffinose oligosaccharide synthesis in Scrophulariaceae. *Planta* 191, 446–456.

Turgeon, R., R. Medville und K. C. Nixon. 2001. The evolution of minor vein phloem and phloem goading. *Am. J. Bot.* 88, 1331–1339.

van Bel, A. J. E. 1993. The transport phloem. Specifics of its functioning. *Prog. Bot.* 54, 134–150.

van Bel, A. J. E. 1996. Interaction between sieve element and companion cell and the consequences for photoassimilate distribution. Two structural hardware frames with associated physiological software packages in dicotyledons? *J. Exp. Bot.* 47 (spec. iss.), 1129–1140.

van Bel, A. J. E. und F. Gaupels. 2004. Pathogen-induced resistance and alarm signals in the phloem. *Mol. Plant Pathol.* 5, 495–504.

van Bel, A. J. E. und H. V. M. van Rijen. 1994. Microelectrode-recorded development of the symplasmic autonomy of the sieve element/companion cell complex in the stem phloem of *Lupinus luteus* L. *Planta* 192, 165–175.

van Bel, A. J. E., K. Ehlers und M. Knoblauch. 2002. Sieve elements caught in the act. *Trends Plant Sci.* 7, 126–132.

van Bel, A. J. E, und P. Hess. 2003. Phloemtransport; kollektiver Kraftakt zweier Exzentriker. *Biol. Unserer Zeit* 33, 220–230.

van Bel, A. J. E. 2003. The phloem: a miracle of ingenuity. Plant Cell Environm. 26, 125–150.

Viola, R., A. G. Roberts, S. Haupt, S. Gazzani, R. D. Hancock, N. Marmiroli, G. C. Machray und K. J. Oparka. 2001. Tuberization in potato involves a switch from apoplastic to symplastic phloem unloading. *Plant Cell* 13, 385–398.

Walsh, M. A. und J. E. Melaragno. 1976. Ultrastructural features of developing sieve elements in *Lemna minor* L.—Sieve plate and lateral sieve areas. *Am. J. Bot.* 63, 1174–1183.

Walsh, M. A. und T. M. Popovich. 1977. Some ultrastructural aspects of metaphloem sieve elements in the aerial stem of the holoparasitic angiosperm *Epifagus virginiana* (Orobanchaceae). *Am. J. Bot.* 64, 326–336.

Warmbrodt, R. D. 1985a. Studies on the root of *Hordeum vulgare* L.—Ultrastructure of the seminal root with special reference to the phloem. *Am. J. Bot.* 72, 414–432.

Warmbrodt, R. D. 1985b. Studies on the root of *Zea mays* L.—Structure of the adventitious roots with respect to phloem unloading. *Bot. Gaz.* 146, 169–180.

Willenbrink, J. und R. Kollmann. 1966. Über den Assimilattransport im Phloem von *Metasequoia. Z. Pflanzenphysiol.* 55, 42–53.

Young, J. H., R. F. Evert und W. Eschrich. 1973. On the volume-flow mechanism of phloem transport. *Planta* 113, 355–366.

Zahur, M. S. 1959. Comparative study of secondary phloem of 423 species of woody dicotyledons belonging to 85 families. Cornell Univ. Agric. Exp. Stan. Mem. 358. New York State College of Agriculture, Ithaca.

Ziegler, H. 1963. Der Ferntransport organischer Stoffe in den Pflanzen. *Naturwissenschaften* 50, 177–186.

# Kapitel 14
# Phloem: Das sekundäre Phloem und seine verschiedenen Strukturen

Die Zellanordnung im sekundären Phloem entspricht derjenigen des sekundären Xylems, weil beide Leitgewebe aus dem Cambium hervorgehen. Das vertikale oder axiale Zellsystem entsteht aus den fusiformen Initialen des Cambiums und wird von dem transversalen oder Strahlsystem, das von den Strahlinitialen abstammt, durchdrungen (Abb. 14.1). Die Hauptbestandteile des axialen Systems sind Siebelemente (entweder Siebzellen oder Siebröhren, letztere mit Geleitzellen), Phloemparenchym und Phloemfasern; die des radialen Systems sind Strahlparenchymzellen.

Bei den verschiedenen Pflanzenarten können die Phloemzellen etagiert, nichtetagiert oder auch intermediär zwischen beiden Formen angeordnet sein. Wie beim Xylem hängt die Anordnung erstens von der Morphologie des Cambiums ab (d. h., ob dieses etagiert ist oder nicht) und zweitens vom Ausmaß des Streckungswachstums der verschiedenen Elemente des axialen Systems während der Gewebedifferenzierung.

Viele Coniferen und angiosperme Holzpflanzen zeigen jährliche Zuwachsringe im sekundären Phloem (Huber, 1939; Holdheide, 1951; Srivastava, 1963). Allerdings treten diese weniger deutlich als im sekundären Xylem hervor und werden häufig durch Wachstumsbedingungen verwischt. Die Zuwachsschichten des Phloems sind dann klar zu erkennen, wenn die Zellen des Frühphloems (Frühbastes) sich stärker erweitern als die des Spätphloems (Spätbastes). Bei den Pinaceae werden zunächst im Frühphloem einige Schichten von relativ großen Siebzellen gebildet; es folgen eine mehr oder weniger durchgängige, tangentiale Parenchymschicht und schließlich mehrere Schichten aus kleineren Siebzellen des Spätphloems (Holdheide, 1951; Alfieri und Evert, 1968, 1973). Bei *Ulmus americana*, einem Hartholz der temperierten Zone, sind die Siebröhrenelemente in mehr oder weniger deutlichen, tangentialen Bändern angeordnet und variieren in ihrer Zellgröße von relativ weitlumigen Frühphloemelementen bis zu englumigen Spätphloemelementen. Bei *Citharexylum myrianthum* (Verbenaceae) und *Cedrela fissilis* (Meliaceae), die beide zu den tropischen Harthölzern Brasiliens gehören, erscheinen die spätgebildeten Siebelemente in verstreut liegenden Gruppen und sind radial deutlich schmaler als die frühen Elemente. Sie können deshalb verlässlich zur Abgrenzung der Zuwachsschichten im Phloem verwendet werden (Veronica Angyallossy, persönliche Mitteilung). Bei *Pyrus communis* und *Malus domestica* überwintern die zukünftigen Fasersklereiden und Kristallzellen in einem meristematischen Zustand in Nähe des Cambiums und bilden nach der Winterruhe im differenzierten Zustand jeweils die innere Grenze der aufeinanderfolgenden Jahreszuwächse (Evert, 1960, 1963). Viele Gymnospermen und Angiospermen bilden tangentiale Faserbänder im sekundären Phloem. Die Zahl dieser Bänder ist nicht unbedingt in jedem Jahreszuwachs konstant, so dass man sie nur mit Vorbehalt zur Altersbestimmung des Phloemgewebes verwenden kann. Bei den Coniferen, die Phloemfasern besitzen, sind jedoch die Fasern des Frühphloems größer und haben dickere Zellwände als diejenigen des Spätphloems. Solche Muster konnten bei *Chamaecyparis lawsoniana* (Huber, 1949), *Juniperus communis* (Holdheide, 1951), und *Thuja occidentalis* (Bannan, 1955) beobachtet werden. Bei Angiospermen ist das erstgebildete Phloemfaserband einer Zuwachsschicht häufig breiter als das letztgebildete Band (z. B. bei *Robinia pseudoacacia*, Derr und Evert, 1967; und *Tilia americana*, bei der das erstgebildete Band von Siebröhrenelementen meist breiter ist als die darauf folgenden Bänder, Evert, 1962). Das Kollabieren der Siebelemente in dem nicht mehr leitenden Phloem und die damit einhergehende Veränderung anderer Zellen des Gewebes – besonders die Erweiterung der Parenchymzellen – können die Strukturunterschiede innerhalb einer Zuwachsschicht und deren Grenzen, die zu Beginn ihrer Bildung existieren, verwischen.

Die Phloemstrahlen gehen in die Xylemstrahlen über, da beide Strahlen Derivate derselben Gruppe von Strahlinitialen des Cambiums sind. Gemeinsam bilden sie das radiale Strahlsystem. In der Nähe des Cambiums sind die beiden Abschnitte eines Strahls gewöhnlich gleich hoch und breit. Dagegen können ältere Teile des Phloemstrahls, die durch die Cambiumtätigkeit nach außen verlagert wurden, sich beträchtlich in tangentialer Richtung verbreitern. Bei derselben Art zeigen die Phloemstrahlen vor ihrer Dilatation eine ähnliche Variation in Form und Größe wie die Xylemstrahlen. Dabei können Phloemstrahlen uniseriat, biseriat oder multiseriat sein. Sie variieren in ihrer Höhe und bei derselben Art können kleine und große Strahlen auftreten.

Die Strahlen können homocellular gebaut sein oder als heterocellulare Strahlen sowohl liegende als auch stehende Zellen enthalten. Phloemstrahlen erreichen nicht die gleiche Länge wie Xylemstrahlen, weil das Cambium weniger Phloem als Xylem produziert. Sie sind außerdem kürzer als die Xylemstrahlen, da die äußeren Teile normalerweise durch die Aktivität eines lateralen Meristems, dem Phellogen oder Korkcambium, mit dem Periderm abgestoßen werden (Kapitel 15).

Manchmal erweist es sich in Bezug auf den Stamm und die Wurzel als vorteilhaft, das Phloem und alle außerhalb liegenden Gewebe als Einheit zu behandeln. Aus diesem Grund führte man den nicht fachlichen Begriff **Rinde** ein (Abb. 14.2). Bei Sprossachsen und Wurzeln, die nur primäre Gewebe hervorbringen, bezieht sich der Begriff „Rinde" auf das primäre Phloem und die primäre Rinde (Cortex). In Sprossachsen mit sekundärem Dickenwachstum umfasst die „Rinde" das primäre und sekundäre Phloem, unterschiedliche Anteile an primärer Rinde und das Periderm. In alten Sprossachsen und Wurzeln besteht die Rinde ausschließlich aus sekundären Geweben, und zwar aus totem, sekundärem Phloem, das eingeschoben zwischen Peridermschichten liegt, sowie aus lebenden Geweben innerhalb des innersten Periderms (siehe Abb. 15.1). Das innerste Periderm und das von diesem isolierte Achsengewebe bezeichnet man als **äußere Rinde (Borke)**, das tieferliegende, lebende Phloem dagegen als **innere Rinde**. Die äußere und in-

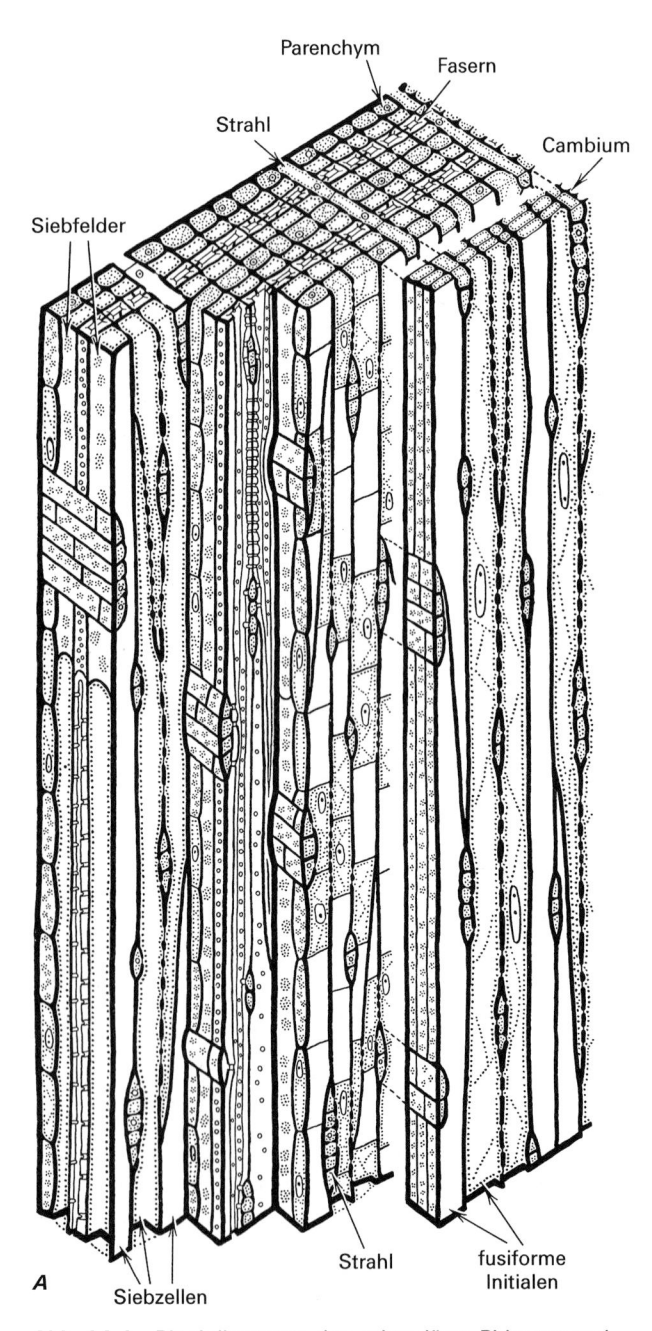

**Abb. 14.1** Blockdiagramm des sekundären Phloems und Cambiums von **A**, *Thuja occidentalis* (Abendländischer Lebensbaum), einer Conifere, und von **B**, *Liriodendron tulipifera* (Tulpenbaum), einer angiospermen Holzpflanze.

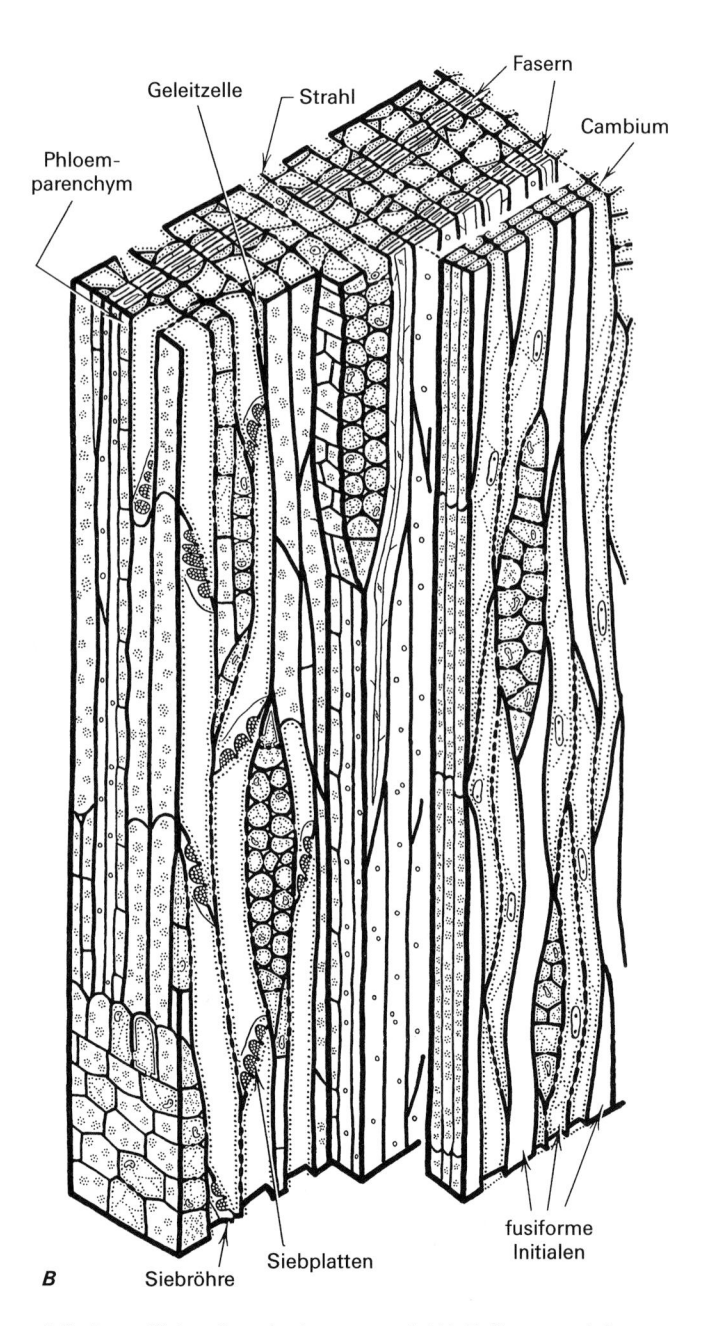

(Mit freundlicher Genehmigung von I. W. Bailey; gezeichnet von Mrs. J.P. Rogerson unter Anleitung von L.G. Livingston. Nachgezeichnet.)

nere Rinde kann man nicht voneinander unterscheiden, wenn die Rinde nur ein Oberflächenperiderm besitzt. In diesem Kapitel wird nur die innere Rinde betrachtet.

## 14.1 Das Phloem der Coniferen

Ähnlich wie das sekundäre Xylem ist auch das sekundäre Phloem der Coniferen relativ einfach strukturiert (Abb. 14.1A; Srivastava, 1963; den Outer, 1967). Das axiale System umfasst Siebzellen und Parenchymzellen, von denen einige als Strasburger-Zellen differenziert sind. Bei den Pinaceae kommen die Strasburger-Zellen des axialen Systems gewöhnlich als radiale Zellplatten vor, die Derivate von schwindenden fusiformen Initialen sind (Srivastava, 1963). Auch sind häufig Fasern und Sklereiden vorhanden. Die Strahlen sind meist uniseriat und enthalten Parenchymzellen und Strasburger-Zellen, falls beide Zelltypen in den betreffenden Arten vorkommen. Im Allgemei-

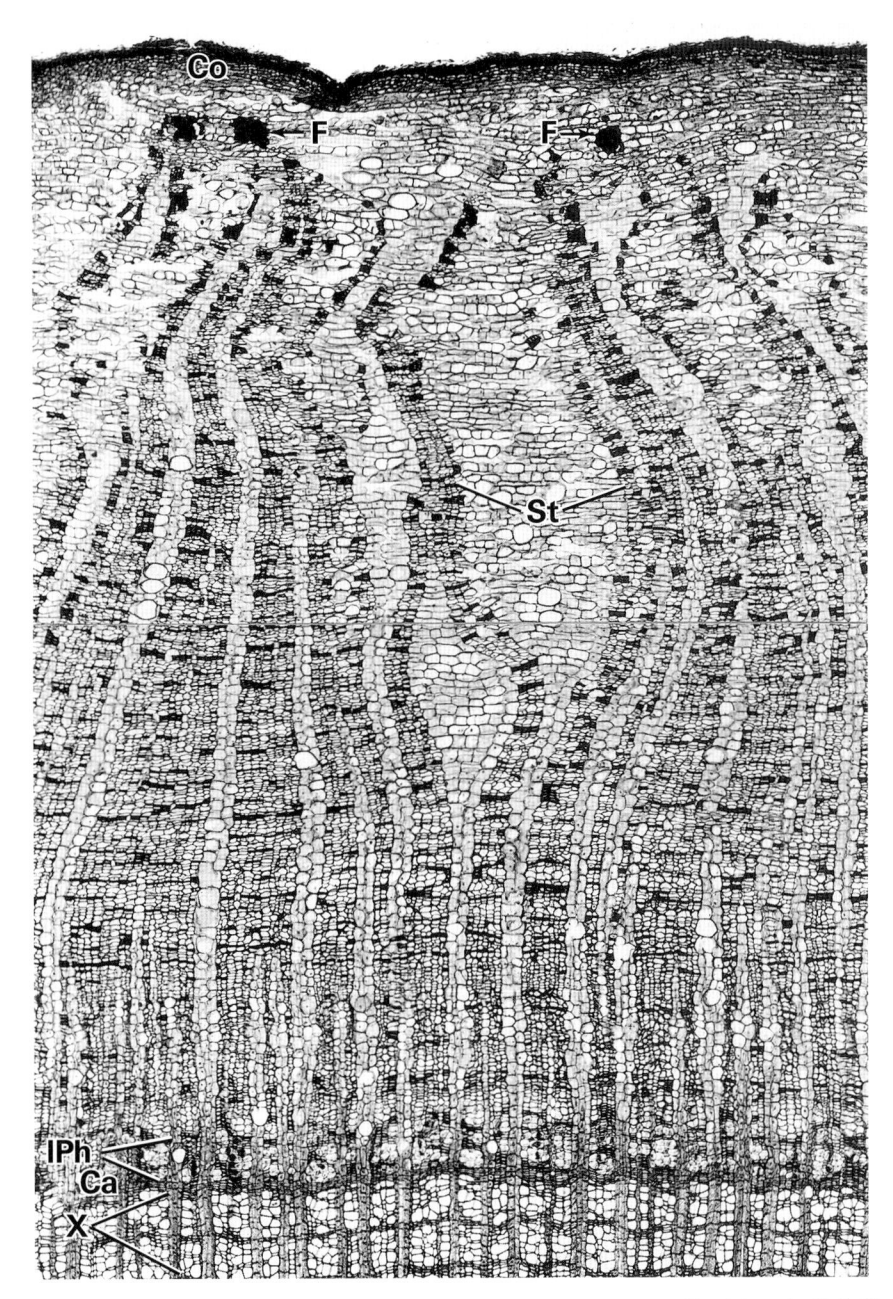

**Abb. 14.2** Querschnitt durch die Rinde eines 18-jährigen Stammes von *Liriodendron tulipifera*. Abgesehen von Cortex (Co) und Resten des primären Phloems, das an den vorhandenen primären Phloemfasern (F) erkennbar ist, besteht diese Rinde – alle Gewebe außerhalb des Cambiums – fast nur aus sekundärem Phloem; das ursprüngliche Periderm außerhalb des Cortex ist noch erhalten. Lediglich ein sehr schmaler Teil (0.1 mm breit) des Phloems dicht am Cambium (Ca) enthält reife, lebende Siebröhren; es ist das leitende Phloem (lPh), der Rest des Phloems ist nicht-leitend. Einige Strahlen (St) sind verbreitert. Weitere Details: X, Xylem. (×37. Nachdruck mit freundlicher Genehmigung der University of California Press: Cheadle und Esau, 1964. *Univ. Publ. Bot.* © 1964, The Regents of the University of California.)

nen befinden sich die Strasburger-Zellen an den Seitenrändern der Strahlen, obwohl sie auch manchmal inmitten eines Strahls auftreten können. Wo Strahl-Strasburger-Zellen auf der Phloemseite des Cambiums auftreten, erscheinen Strahltracheiden auf der Xylemseite, mit Ausnahme von *Abies*, die selten Strahltracheiden besitzt. Die Zellen sind nicht etagiert angeordnet. Sowohl im axialen als auch im radialen System kommen normalerweise Harzkanäle vor. Harzkanäle können aber auch als Reaktion auf mechanische und chemische Verwundungen oder aufgrund von Verletzungen durch Insekten und Pathogene entstehen. Diese traumatischen Harzkanäle im Phloem bilden tangentiale, anastomosierende Netzwerke (Yamanaka, 1984, 1989; Kuroda, 1998).

Die Siebzellen der Coniferen sind schmale, gestreckte Elemente, ähnlich den fusiformen Initialen, von denen sie abstammen (Abb. 13.4A und 14.1A). Ihre Enden überlappen sich und jede Siebzelle steht mit mehreren Strahlen in Kontakt. Die Siebfelder kommen fast ausschließlich in den Radialwänden vor. Sie sind besonders häufig in den Endwänden, die mit denen anderer Siebzellen überlappen. Im Gegensatz zum axialen System des sekundären Phloems von Angiospermen besteht das sekundäre Phloem der Coniferen hauptsächlich aus Siebelementen, die im axialen System mancher Pinaceae bis zu 90% umfassen können.

Die axialen Parenchymzellen bilden hauptsächlich lange, vertikale Stränge. Sie speichern zu bestimmten Jahreszeiten

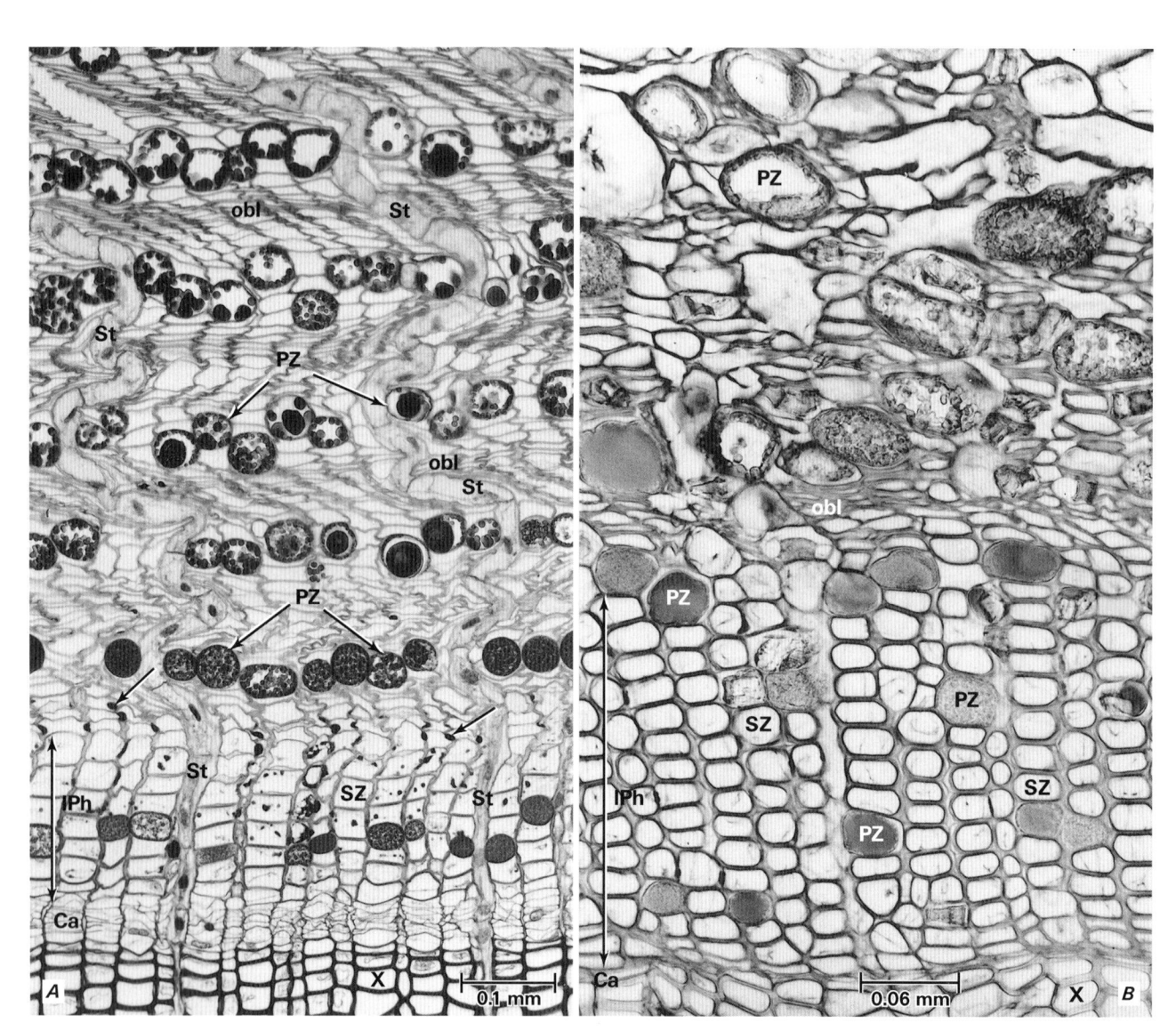

**Abb. 14.3** Querschnitt durch das sekundäre Phloem von *Pinus*. Das leitende Phloem (lPh) hat einen viel kleineren Anteil als das nicht-leitende Phloem (nur teilweise in diesen Abbildungen dargestellt), in dem alle Siebzellen obliteriert (obl; zusammengedrückt) und nur die axialen Parenchymzellen (PZ) und Strahlparenchymzellen (St) noch intakt sind. In **A** (*Pinus strobus*) sind die axialen Parenchymzellen (PZ) in tangentialen Bändern angeordnet und trennen in jedem jährlichen Zuwachs das frühe Phloem vom späten Phloem. Man kann hier Teile von 7 Zuwachsschichten erkennen. In **B** (*Pinus* sp.) sind die axialen Parenchymzellen zerstreut angeordnet. Weitere Details: Ca, Cambium; SZ, Siebzelle; X, Xylem; in **A**, unmarkierte Pfeile zeigen auf definitive Callose. (**A**, aus Esau, 1977; **B**, aus Esau, 1969. www.schweizerbart.de.)

Stärke, sind aber besonders auffällig, wenn sie Harze oder Gerbstoffe enthalten. Es konnte gezeigt werden, dass polyphenolische Substanzen in den axialen Parenchymzellen von *Picea abies* eine wichtige Rolle bei der Abwehr invasiver Organismen wie z. B. dem Blaufäulepilz *Ceratocystis polonica* (Franceschi et al. 1998), spielen. Oft treten auch Calciumoxalatkristalle im sekundären Phloem der Coniferen auf (Hudgins et al., 2003). Bei den Pinaceae häufen sich Kristalle intrazellulär an, im so genannten Kristallparenchym (*cristalliferous parenchyma*); bei anderen Coniferen akkumulieren Kristalle extrazellulär, in den Zellwänden. In den Stämmen der Coniferen treten Kristalle in Kombination mit Faserreihen auf und bilden so eine effektive Barriere gegen kleine rindenbohrende Insekten (Hudgins et al., 2003).

Die Verteilung der Zellen im Phloem der Coniferen zeigt zwei Hauptmuster. Bei den Pinaceae, die keine Fasern besitzen, wird das Muster durch die relative Anordnung von Siebzellen und axialen Parenchymzellen bestimmt. Die axialen Parenchymzellen können uniseriate, tangentiale Bänder bilden, abwechselnd mit derart breiten Siebzellbändern, dass die Siebzellen die wesentlichen Elemente des axialen Systems ausmachen (Abb. 14.3A). Die Siebzellen können auch viel schmalere Bänder bilden, nur ein bis drei Zellen breit. Die Parenchymbänder sind manchmal unregelmäßig oder die Parenchymzellen sind so spärlich verteilt, dass ein radialer Wechsel mit Siebzell-Bändern kaum erkennbar ist. Da bei den Taxodiaceae, Cupressiaceae und zum Teil bei den Podocarpiaceae und Taxaceae Fasern durchweg vorhanden sind, entstehen charakteristische Muster aus regelmäßig alternierenden, tangentialen uniseriaten Bändern von Fasern, Siebzellen, Parenchymzellen, Siebzellen, Fasern und so weiter (siehe Abb. 14.5B). Bei diesem Muster können Unregelmäßigkeiten auftreten, und die Reihenfolge kann bei einigen Familien regelmäßiger sein als bei anderen. Ein spezifisches Muster kann nicht deutlich erkennbar sein (wie bei den Araucariaceae, z. B. *Agathis australis*, Chan, 1986) oder es entwickelt sich erst mit zunehmendem Alter des Stammes. Betrachtet man die Gymnospermen in ihrer Gesamtheit, so erkennt den Outer (1967) einen evolutionären Trend beim sekundären Phloem hin zu einer zunehmenden Organisation, Regelmäßigkeit und Wiederholung der verschiedenen Zelltypen. Er teilte die Gewebe in drei Typen ein:

1. **Pseudotsuga taxifolia Typ** (auch einige Pinaceae gehören zu diesem Typ) mit *Tsuga canadensis* als Untertyp (die anderen Pinaceae gehören zu diesem Untertyp). Das axiale System besteht hauptsächlich aus Siebzellen und wenigen Parenchymzellen, die entweder in unzusammenhängenden tangentialen Bändern (Abb. 14.3A) auftreten oder zerstreut angeordnet sind und ein regelrechtes Parenchymzellen-Netz (Abb. 14.3B) bilden. Bei dem *Pseudotsuga taxifolia* Typ sind die Strahlparenchymzellen nur indirekt über die Strasburger-Zellen symplastisch mit den Siebzellen verbunden (Abb. 14.4A), während bei dem *Tsuga canadensis* Untertyp beide, Strahlparenchymzellen und Strasburger-Zellen direkt mit den Siebzellen in Verbindung stehen (Abb. 14.4B). Mit Ausnahme einer Anordnung in radialen Zellplatten treten Strasburger-Zellen fast ausschließlich in den Strahlen auf.

2. **Ginkgo biloba Typ** (umfasst außer *Ginkgo biloba* auch Cycadaceae, Araucariaceae und einen Teil der Podocarpaceae

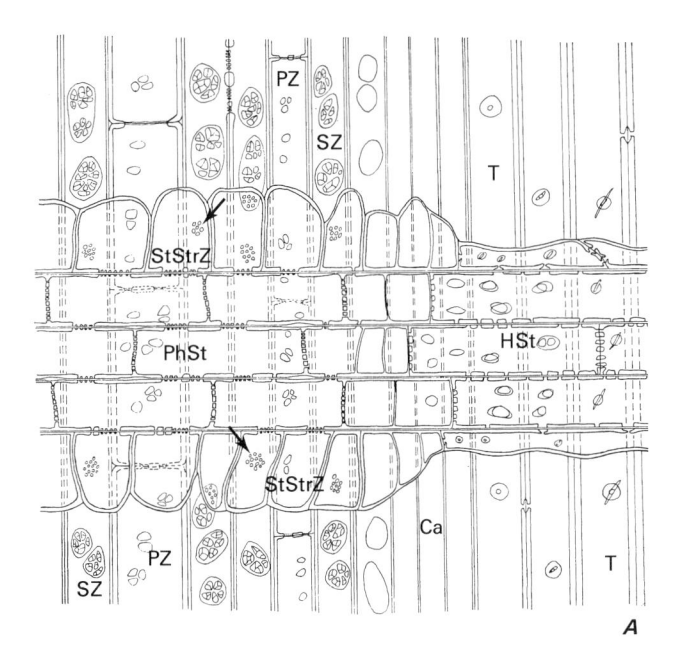

**Abb. 14.4** Radialansichten zeigen die Verteilung symplastischer Verbindungen zwischen Siebzellen (SZ) und Strahlzellen in Cambiumnähe. **A**, bei *Pseudotsuga taxifolia* existieren solche Verbindungen (Pfeile) zwischen Siebzellen und Strahl-Strasburger-Zellen (StStrZ), aber nicht zwischen Siebzellen und Phloemstrahl-Parenchymzellen (PhSt). **B**, bei *Tsuga canadensis* kommen symplastische Verbindungen (Pfeile) zwischen Siebzellen und allen Strahlzellen vor, sowohl Strahl-Strasburger-Zellen als auch Phloemstrahl-Parenchymzellen. Weitere Details: Ca, Cambium; PZ, axiale Parenchymzellen; T, Tracheiden; HSt, Holzstrahl-Parenchymzellen. (Von den Outer, 1967.)

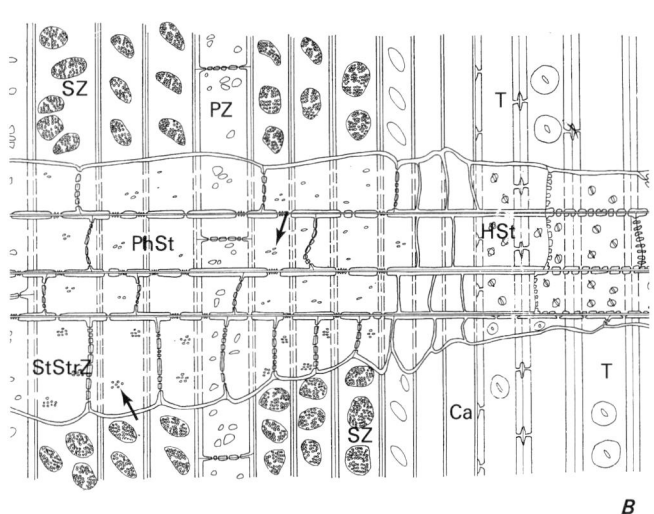

und Taxaceae). Das axiale System besteht aus tangentialen Siebzellbändern und tangentialen Bändern von Parenchymzellen zu etwa gleichen Teilen (Abb. 14.5A). Strasburger-Zellen treten nur im Phloem auf und bilden lange, längsverlaufende Stränge, die innerhalb der Bänder von Phloemparenchymzellen liegen.

3. **Chamaecyparis pisifera Typ** (umfasst Cupressaceae, Taxodiaceae und teilweise Podocarpaceae und Taxaceae). Das axiale System besteht aus einer regelmäßigen Reihenfolge von alternierenden Zelltypen (Abb. 14.5B). Die Strasburger-Zellen liegen gewöhnlich verstreut zwischen den Parenchymzellen und zwar einzeln und nie in langen, längsverlaufenden Strängen.

Dies lässt erkennen, dass sich die Organisationsstufe des sekundären Phloems in der entwicklungsgeschichtlichen Reihenfolge jeweils erhöht. Am Anfang besteht das axiale System hauptsächlich aus Siebzellen mit verstreut liegenden Parenchymzellen und Sklereiden, und es gipfelt dann in einer sich regelmäßig wiederholenden Sequenz von tangentialen, uniseriaten Schichten aus Fasern, Siebzellen, Parenchymzellen, Fasern, usw.

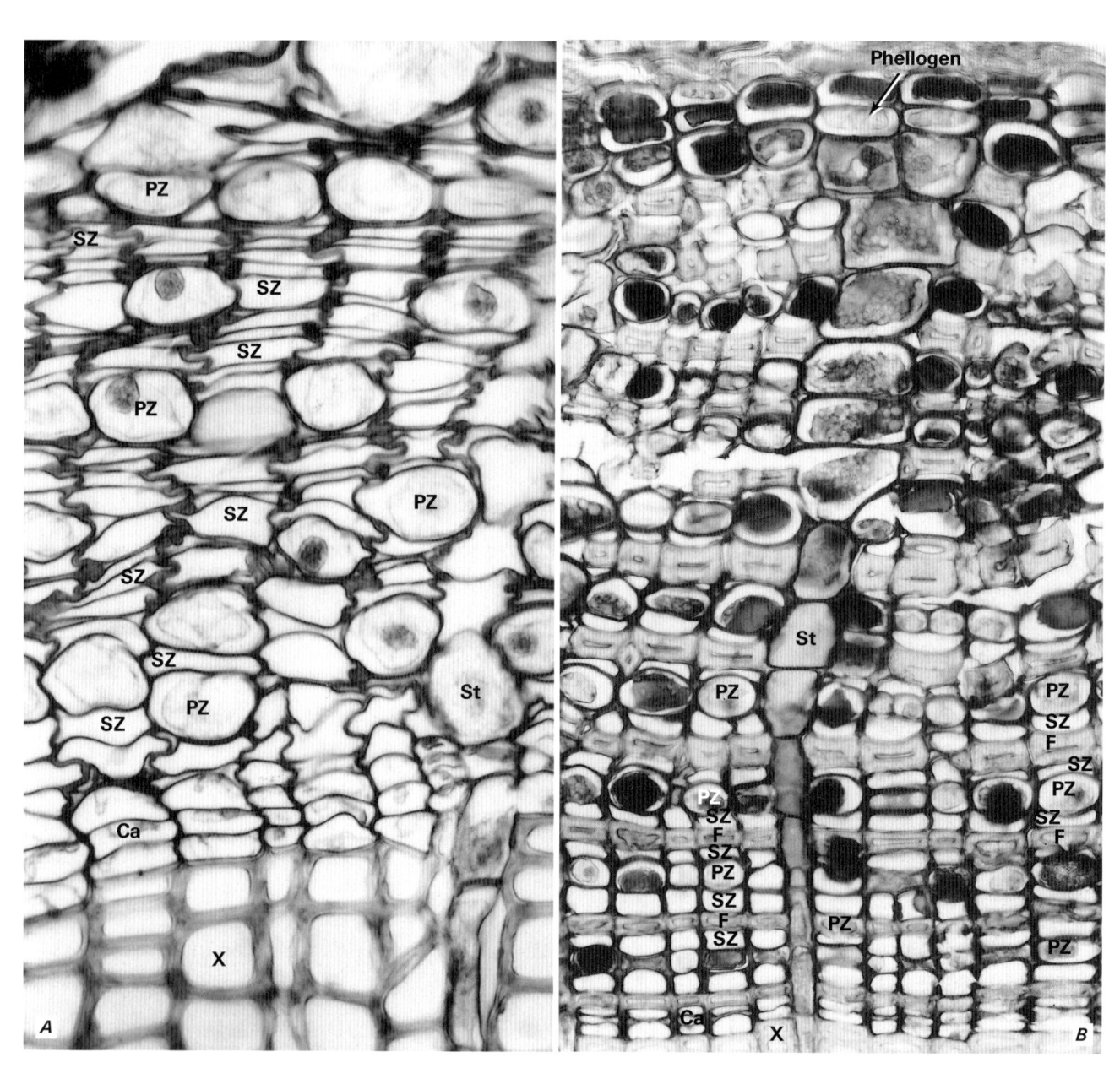

**Abb. 14.5** Querschnitte durch das sekundäre Phloem. **A**, von einem Zweig von *Ginkgo biloba*. Siebzellen (SZ) und axiale Parenchymzellen (PZ) in Schichten oder Bändern. Siebzellen teilweise obliteriert, besonders im älteren Phloem. Parenchymzellen turgeszent. Bei älteren Zweigen oder im Stamm treten die Schichten oder Bänder aus Siebzellen und axialen Parenchymzellen deutlicher hervor als hier. **B**, von einem Stamm von *Taxodium distichum*. Zellen alternieren in radialer Reihenfolge: Fasern (F), Siebzellen (SZ), Parenchymzellen (PZ), Siebzellen (SZ), Fasern (F) und so weiter. Im nichtleitenden Phloem (oberhalb) sind die Siebzellen durch vergrößerte Parenchymzellen zusammengedrückt. Weitere Details: Ca, Cambium; St, Strahl; X, Xylem. (A, x600; B, x400. Aus Esau, 1969. www.schweizerbart.de.)

## 14.2 Das Phloem der Angiospermen

Das sekundäre Phloem der Angiospermen zeigt eine größere Vielfalt von Zellmustern und mehr Variabilität der einzelnen Zellkomponenten als das sekundäre Phloem der Coniferen. Es gibt etagierte, intermediäre und nichtetagierte Zellanordnungen, und die Strahlen können uniseriat, biseriat und multiseriat sein. Zu den konstanten Bestandteilen des axialen Systems gehören Siebröhrenelemente, Geleitzellen und Parenchymzellen, aber Fasern können fehlen (Abb. 14.6A; *Aristolochia*, *Austrobaileya*, *Calycanthus* spp., *Drimys* spp., *Rhus typhina*). Beide Systeme können Sklereiden, sekretorische Elemente schizogener und lysigener Herkunft, Milchröhren und verschiedene Idioblasten mit spezifischen Inhaltsstoffen wie z. B. Öl, Schleim, Tannin und Kristalle, enthalten. Die Kristallbildung ist weit verbreitet und findet in Phloemparenchymsträngen, in Strahlparenchymzellen oder in Sklerenchymzellen statt. Typischerweise sind die Faserbündel des sekundären Phloems von

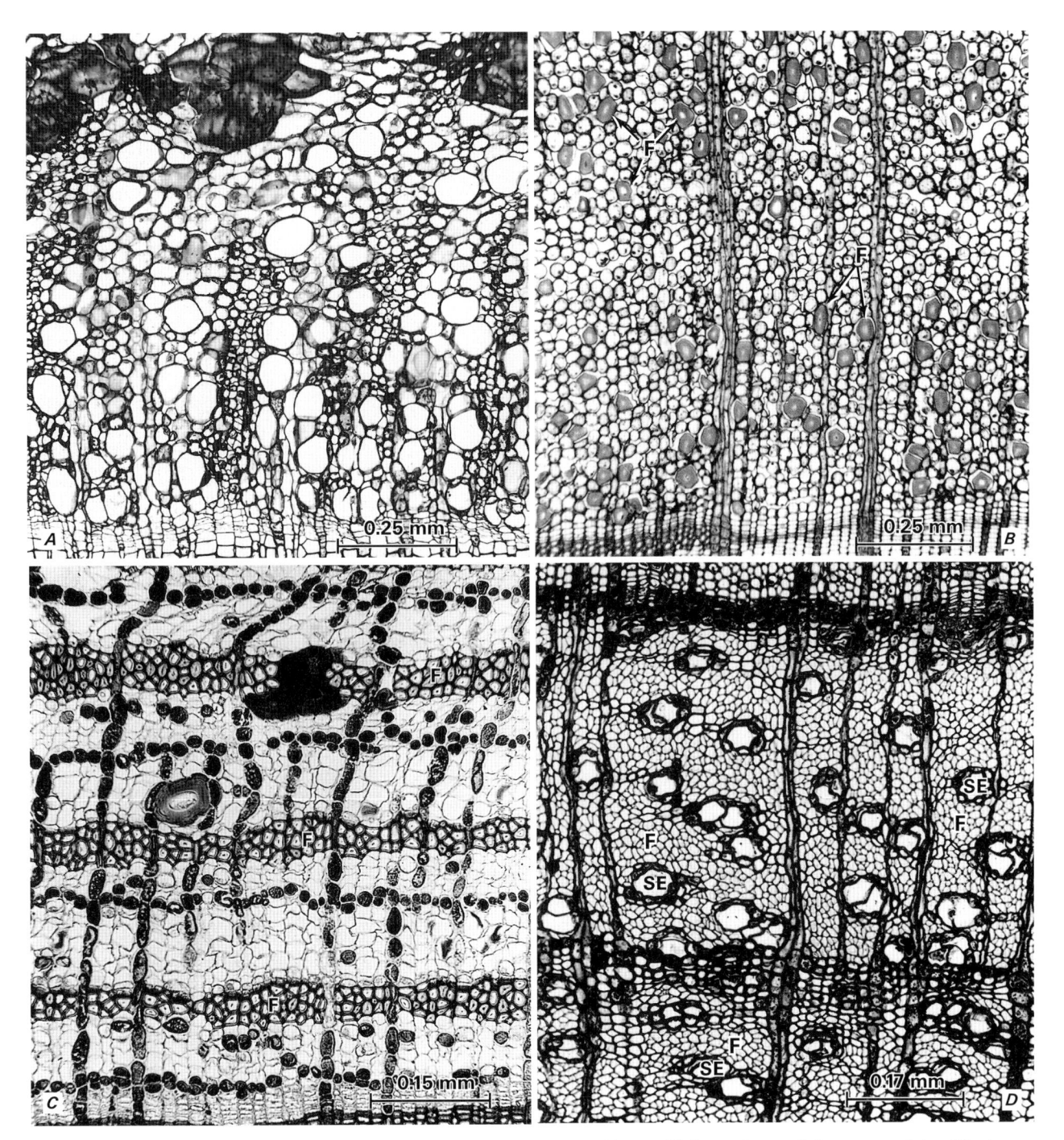

**Abb. 14.6** Sekundäres Phloem von angiospermen Holzpflanzen in Querschnitten. **A**, *Drimys winteri*, besitzt keine Fasern. Die großen Zellen sind sekretorische Zellen. **B**, *Campsis*, einzelne Fasern (F) liegen zerstreut. **C**, *Castanea*, Fasern (F) liegen in parallelen tangentialen Bändern. **D**, *Carya*, Fasern (F) umgeben Gruppen von Siebelementen (SE) und Parenchymzellen.

gekammerten Kristallparenchymsträngen umgeben. Kristalle können so reichlich vorhanden sein, dass sie zu einer beträchtlichen mechanischen Verstärkung der Rinde beitragen, und sich manchmal sogar eine harte Rinde bildet, ohne dass Sklerenchym vorhanden ist (Roth, 1981). Insbesondere die Rinde von Bäumen im tropischen Regenwald weist stark entwickelte sekretorische Systeme auf (Roth, 1981).

### 14.2.1 Die durch Fasern gebildeten Zellmuster können von taxonomischer Bedeutung sein

Die auffälligsten Unterschiede in der Struktur der Rinde und des sekundären Phloems bei den verschiedenen Arten werden durch die Verteilung der Fasern hervorgerufen, so dass die entstehenden Zellmuster zur Identifikation herangezogen werden können (Holdheide, 1951; Chattaway, 1953; Chang, 1954; Zahur, 1959; Roth, 1981; Archer und van Wyk, 1993; den Outer, 1993). Bei manchen Angiospermen sind die Fasern verstreut oder unregelmäßig zwischen anderen Zellen des axialen Systems verteilt (Abb. 14.6B; *Campsis*, *Tecoma*, *Nicotiana*, *Cephalanthus*, *Laurus*). Bei anderen Arten treten die Fasern in tangentialen Bändern auf, die mehr oder weniger regelmäßig mit tangentialen Reihen von Siebröhren und Parenchymzellen des axialen Systems alternieren (Abb. 14.6C, *Castanea*, *Corchorus*, *Liriodendron*, *Magnolia*, *Robinia*, *Tilia*, *Vitis*), oder einzeln zwischen anderen Elementen verstreut liegen. Es können auch sehr viele Fasern vorhanden sein, zwischen denen

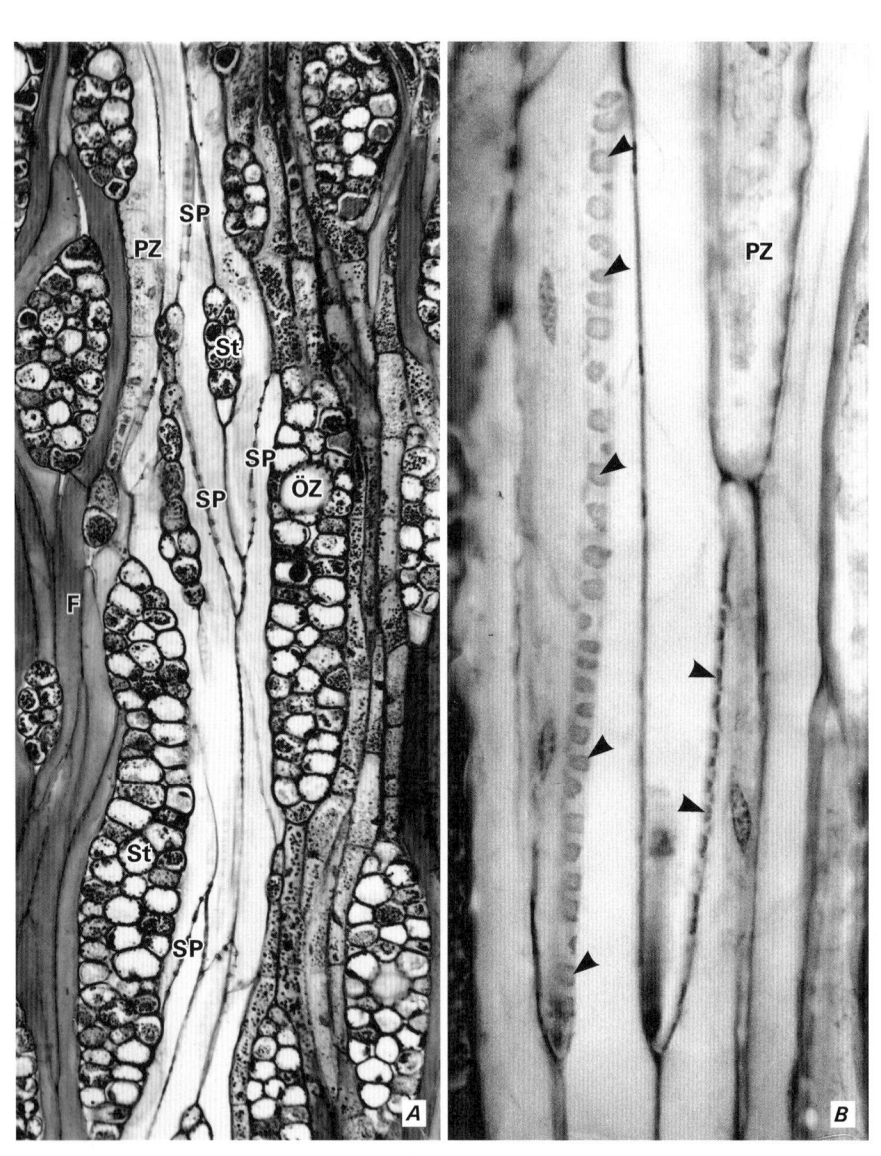

**Abb. 14.7** Tangentialschnitte durch das nichtetagierte sekundäre Phloem von *Liriodendron tulipifera* (**A**) und *Austrobaileya scandens* (**B**). Beide Arten besitzen Siebröhrenelemente mit zusammengesetzten Siebplatten (SP) in schrägen Endwänden. Mehrere Siebplatten sieht man in **A**, nur eine einzelne Siebplatte in **B**. Die besonders schräggestellten Siebplatten bei *Austrobaileya* haben zahlreiche Siebfelder (Pfeilspitzen). Weitere Details: F, Faser; PZ, axiale Parenchymzelle; ÖZ, Ölzelle im Strahl; St, Strahl. (A, x100; B, x 413. **B**, Tafel 3D aus Esau, 1979, *Anatomy of the Dicotyledons*, 2. Auflage, Vol. I, C. R. Metcalfe und L. Chalk (Hrsg.), mit freundlicher Genehmigung von Oxford University Press.)

sich kleine Stränge von Siebröhren und Parenchymzellen verteilen (Abb. 14.6D; *Carya*, *Eucalyptus*, *Ursiniopsis*). Bei einigen Arten differenzieren sich Sklerenchymzellen, gewöhnlich Skleiden oder Fasersklereiden, nur in dem nichtleitenden Teil des Phloems (*Prunus*, *Pyrus*, *Sorbus*, *Laburnum*, *Aesculus*). Bei *Vitis* sind die septierten Fasern lebende Zellen, die der Speicherung von Stärke dienen.

### 14.2.2 Sekundäre Siebröhrenelemente zeigen beträchtliche Unterschiede in ihrer Struktur und Verteilung

Die Siebröhren und Parenchymzellen zeigen verschiedene räumliche Beziehungen zueinander. Manchmal bilden die Siebröhren zusammenhängende, lange radiale Reihen, oder sie treten in tangentialen Bändern mit ähnlichen Bändern aus Parenchym auf. Wenn im Phloem tangentiale Faserbänder mit Bändern aus Siebröhrenelementen und Parenchym abwechseln, sind die Siebröhren meistens durch Parenchymzellen von den Fasern und Strahlen getrennt. Die Parenchymbänder bilden zusammen mit den Strahlen ein kontinuierliches Netzwerk (Ziegler, 1964; Roth, 1981). Der Anteil an Parenchymzellen im Verhältnis zu anderen Zelltypen des axialen Systems kann beträchtlich variieren. Bei tropischen Lianen wie *Datura* treten die Parenchymzellen so gehäuft auf, dass sie die Grundmasse des leitenden Phloems ausmachen (den Outer, 1993).

Viele angiosperme Holzpflanzen besitzen nichtetagiertes Phloem mit langgestreckten Siebröhrenelementen, deren schräg verlaufende Endwände meist eine zusammengesetzte Siebplatte aufweisen (Abb. 14.7A; *Betula*, *Quercus*, *Populus*, *Aesculus*, *Tilia*, *Juglans*, *Liriodendron*). Bei einigen Gattungen sind die Siebfelder der Siebplatten deutlich stärker differenziert als die lateralen Siebfelder der Seitenwände. Bei anderen Gattungen mit sehr stark geneigten Endwänden wie z. B. *Austrobaileya* (Abb. 14.7B; Behnke, 1986), den Winteraceae (Behnke und Kiritsis, 1983) und den Pomoideae (Evert, 1960, 1963) unterscheiden sich die beiden Siebfeldtypen nur wenig. Wenig geneigte (*Fagus*, *Acer*) und quer gestellte (Abb. 14.8; *Fraxinus*, *Ulmus*, *Robinia*) Endwände haben gewöhnlich nur einfache Siebplatten. Die einzelnen Siebröhrenelemente solcher Pflanzen sind relativ kurz, und wenn das Phloem von einem Cambium mit kurzen Initialen abstammt, kann es mehr

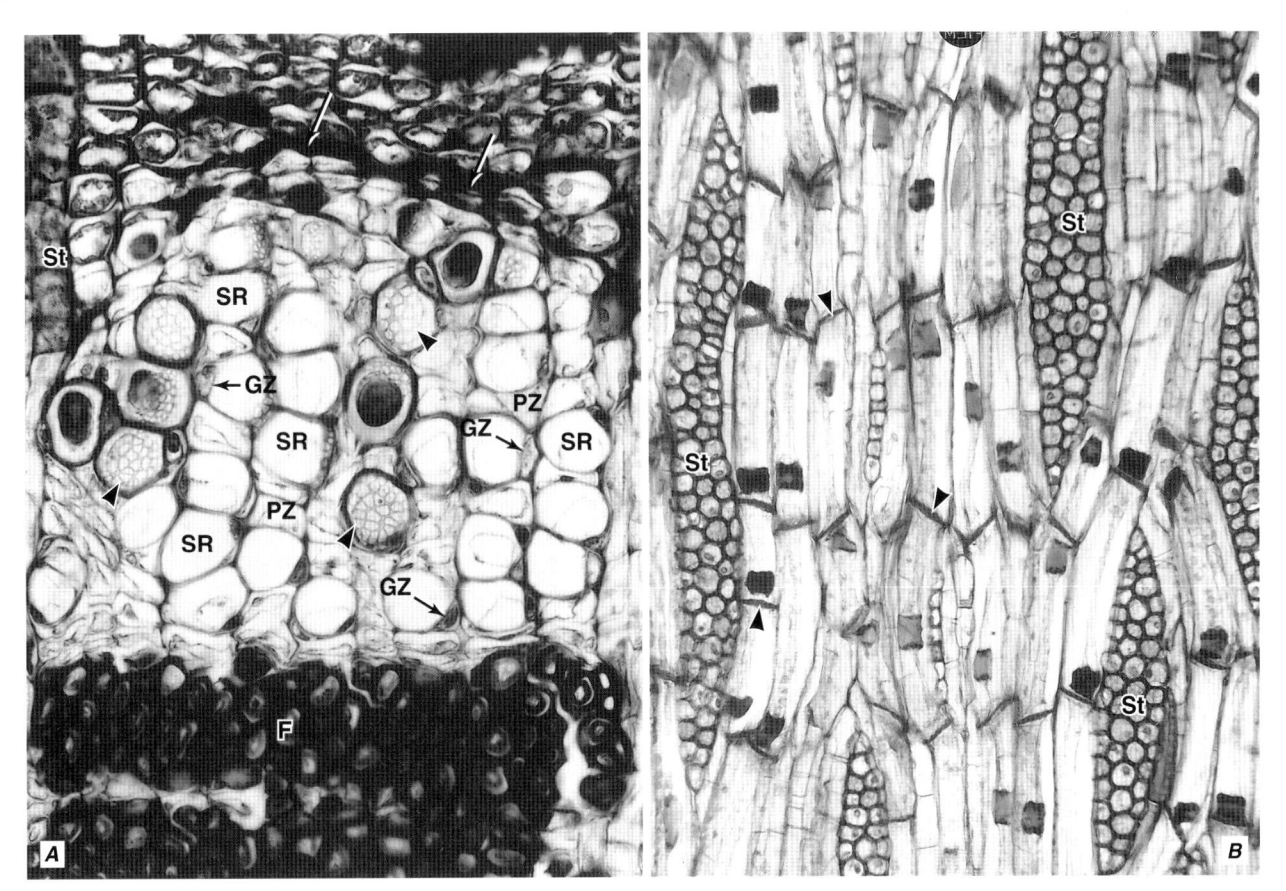

**Abb. 14.8** Sekundäres Phloem der Robinie (*Robinia pseudoacacia*). **A**, der Querschnitt zeigt einen Teil eines Bandes funktionstüchtiger Siebröhren. Viele dieser Siebröhrenelemente (SR) wurden in der Ebene ihrer Endwände geschnitten und lassen ihre einfachen Siebplatten (Pfeilspitzen) erkennen. Die Siebröhrenelemente des letztjährigen Phloemzuwachses (oberhalb) sind bereits zusammengedrückt und obliteriert (Pfeile); unterhalb liegt ein Faserband (F). **B**, ein Tangentialschnitt zeigt die etagierte Struktur des Phloems. Pfeilspitzen deuten auf die Siebplatten. Die dunklen Körper in den Siebröhrenelementen sind nicht dispergierte P-Proteinkörper. Weitere Details: GZ, Geleitzelle; PZ, Parenchymzelle; St, Strahl. (A, x370, B, x180. A, aus Evert, 1990b, Abb. 6.1. © 1990, Springer-Verlag; B, mit freundlicher Genehmigung von William F. Derr.)

oder weniger deutlich etagiert sein (Abb. 14.8B; den Outer, 1986).

Wenn die Siebröhrenelemente schräge Endwände besitzen, sind die Zellenden annähernd keilförmig und so orientiert, dass die Breitseite des Keils im Radialschnitt, die schmale Seite im Tangentialschnitt sichtbar wird. Die zusammengesetzten Siebplatten liegen in der Wand der Breitseite des keilförmigen Endes und erscheinen im Radialschnitt in Aufsicht, im Tangentialschnitt sind sie dagegen quer getroffen.

Wie bereits erwähnt, sind die sekundären Phloemstrahlen ähnlich gebaut wie die Xylemstrahlen derselben Art, aber sie können sich in älteren Teilen des Gewebes verbreitern. Dabei ist das Ausmaß der Dilatation sehr unterschiedlich. Die extreme Erweiterung bestimmter Strahlen ist eines der auffälligsten Merkmale des Phloems von *Tilia* (siehe Abb. 14.16). Die verbreiterten Strahlen unterteilen das axiale System zusammen mit den nicht verbreiterten Strahlen in Blöcke, die sich zur Peripherie des Stammes hin verjüngen.

Siebröhrenelemente kommen, entweder einzeln oder in Gruppen, in den Phloemstrahlen einiger Eudicotyledonen vor (z. B., in Abb. 14.9, *Vitis vinifera*, Esau, 1948; *Calycanthus occidentalis*, Cheadle und Esau, 1958; *Strychnos nux-vomica*, *Leucosceptrum cannum*, *Dahlia imperialis*, *Gynura angulosa*, Chavan et al., 1983; *Erythrina indica*, *Acacia nilotica*, *Tectona grandis*, Rajput und Rao, 1997). Diese „Strahlsiebelemente"

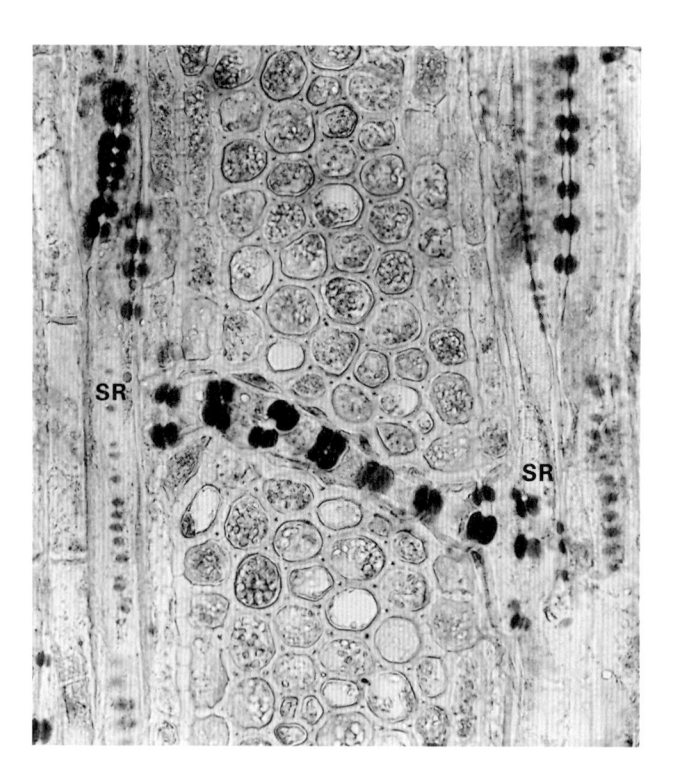

**Abb. 14.9** Ein Tangentialschnitt durch das sekundäre Phloem von *Vitis vinüfera* zeigt einen Strang kurzer Siebröhrenelemente in einem Strahl. Die Siebplatten sind durch eine massive Akkumulation von Callose (erscheint hier dunkel) erkennbar. Detail: SR, Siebröhrenelemente des axialen Systems. (×290. Aus Esau, 1948. *Hilgardia* 18 (5), 217–296. © 1948 Regents, University of California.)

sind analog den sogenannten perforierten Strahlzellen (Gefäßelementen), die in den Xylemstrahlen einiger Arten auftreten (Kapitel 11). Beide dieser Elemente dienen der Verknüpfung mit ihren entsprechenden Leitelementen auf jeder Seite des Strahls. In manchen Phloemstrahlen kommen auch radial angeordnete Siebröhrenelemente vor (Rajput und Rao, 1997; Rajput, 2004). Ob diese Siebröhrenelemente von Strahlzellen an sich abstammen oder von potentiellen Strahlzellen ist unklar (Cheadle und Esau, 1958). Ähnliche Zellen findet man in den Phloemstrahlen von *Malus domestica*. Hier konnte man anhand von tangentialen Serienschnitten beweisen, dass diese Zellen sich aus schwindenden fusiformen Initialen entwickeln, von denen sich einige dann zu Strahlinitialen, die nur Strahlparenchymzellen hervorbringen, umwandeln (Evert, 1963). Vermutlich gilt ähnliches auch für die perforierten Strahlzellen.

Krautige Eudicotyle mit sekundärem Dickenwachstum (*Nicotiana*, *Gossypium*) können ein sekundäres Phloem bilden, das demjenigen holziger Arten ähnlich ist. Das sekundäre Phloem anderer krautiger Pflanzen, wie bei *Cucurbita*, ist dagegen kaum vom primären Phloem zu unterscheiden, die Zellen sind nur größer. *Cucurbita* hat externes und internes Phloem (Abb. 13.1), und nur das externe Phloem wird durch sekundäres Dickenwachstum vermehrt. Dieses externe Phloem setzt sich aus weiten Siebröhren, schmalen Geleitzellen und Phloemparenchymzellen mittlerer Größe zusammen; es sind weder Fasern noch Strahlen vorhanden. Die Siebplatten sind einfach und mit großen Poren versehen. Die lateralen Wände (Seitenwände) haben Siebfelder, die an primäre Tüpfelfelder erinnern (Abb. 13.9C). Sie sind viel weniger spezialisiert als die Siebfelder der einfachen Siebplatten. In Querschnitten erscheinen die kleinen Geleitzellen häufig so, als wären sie aus den Seiten der Siebröhren herausgeschnitten. In Längsrichtung erstrecken sich die Geleitzellen gewöhnlich von Siebplatte zu Siebplatte, manchmal als Einzelzelle oder als Strang aus zwei oder mehreren Zellen bestehend.

Relativ einfach strukturiertes sekundäres Phloem kommt in Speicherorganen von Eudicotyledonen vor, wie z. B. bei *Daucus carota*, *Taraxacum officinale* und *Beta vulgaris*. Bei einem solchen Phloem überwiegt das Speicherparenchym, in dem die Siebröhren mit ihren Geleitzellen anastomosierende Stränge bilden.

## 14.3 Differenzierung des sekundären Phloems

Die Phloemderivate des Cambiums teilen sich im Allgemeinen mehrmals, bevor sie sich zu den verschiedenen Phloemelementen differenzieren. Wie bereits in Kapitel 12 erwähnt, teilen sich offenbar die meisten Cambiumderivate wenigstens einmal periklin, wobei Zellpaare auf der Phloemseite entstehen. Bei *Thuja occidentalis*, wo eine regelmäßige Abfolge von alternierenden Zelltypen im axialen System entsteht, teilt sich ein Derivat einer Cambiuminitialen normalerweise einmal pe-

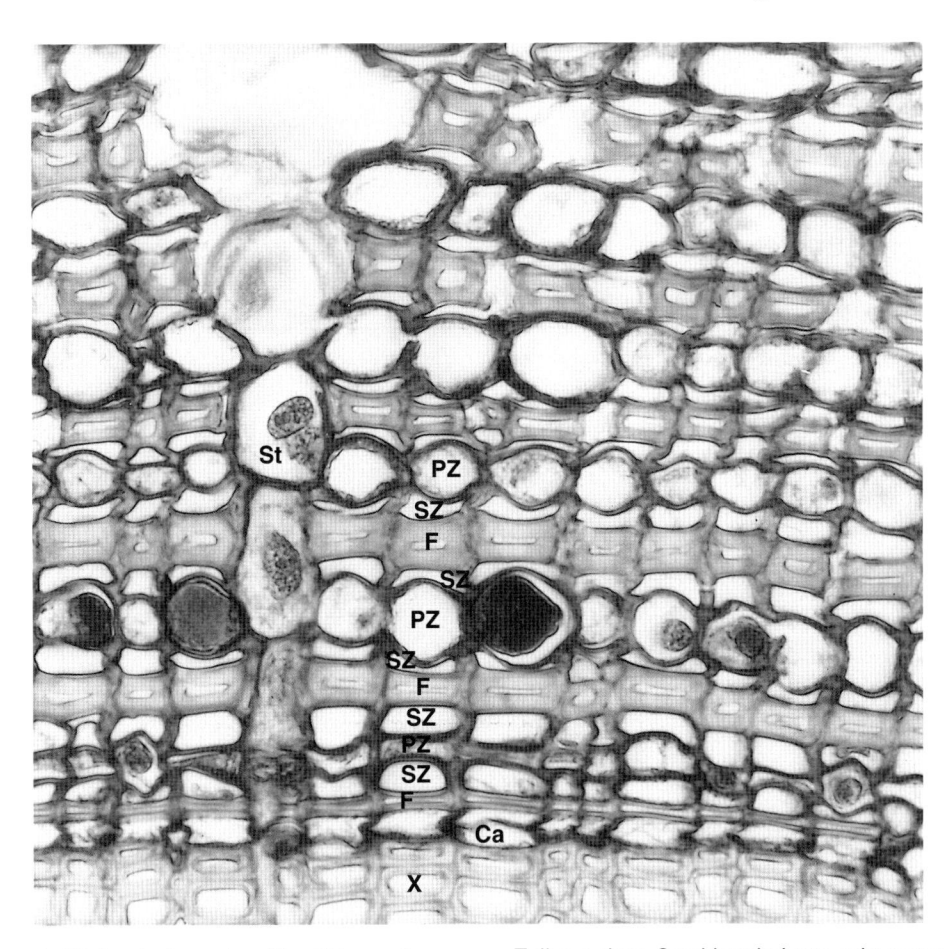

**Abb. 14.10** Querschnitt durch das sekundäre Phloem des Stammes von *Thuja occidentalis*. Das axiale System besteht aus einer regelmäßigen Reihenfolge alternierender Zelltypen. Faser (F), Siebzelle (SZ), Parenchymzelle (PZ), Siebzelle (SZ), Faser (F) und so weiter. Aus der letzten periklinen Teilung eines Cambiumderivats geht entweder eine Siebzelle und eine Faser oder eine Siebzelle und der Vorläufer eines Parenchymstranges hervor. Die Siebzelle ist in beiden Fällen die äußere Zelle. Weitere Details: Ca, Cambium; St, Strahl; X, Xylem. (x600. Aus Esau, 1969. www.schweizerbart.de.)

riklin, so dass zwei Zellen gebildet werden, von denen sich die äußere gewöhnlich in eine Siebzelle, und die innere in einen Parenchymstrang oder eine Faser entsprechend der Reihenfolge des Zellmusters, differenziert (Abb. 14.10, Bannan, 1955). Manchmal differenziert sich ein Cambiumderivat auch zu einer Phloemzelle ohne sich zuvor periklin zu teilen. Bei angiospermen Holzpflanzen variieren die Teilungen vor Differenzierung der Siebröhrenelemente in Bezug auf ihre Anzahl und Orientierung. In der Regel finden zumindest die Teilungen (eine oder auch mehrere) statt, die zur Bildung der Geleitzelle führen. Bei *Malus domestica* teilen sich die Cambiumderivate wenigstens einmal periklin. Aus diesen Teilungen gehen jeweils Paare von Siebröhrenelementen (mit ihren Geleitzellen), Paare von Parenchymsträngen oder Paare hervor, die aus einem Siebröhrenelement (mit Geleitzelle) und einem Parenchymstrang bestehen (Abb. 14.11, Evert, 1963). Bei manchen Arten finden hauptsächlich antikline Teilungen von Cambiumderivaten statt, wobei die Cambiumzelle quer, schräg und/oder längs unterteilt wird; auf diese Weise entstehen Gruppierungen verschiedener Zellkombinationen wie z. B. Siebröhrenelemente (mit Geleitzellen) und Parenchymzellen oder nur Siebröhrenelemente und Geleitzellen (Esau und Cheadle, 1955; Cheadle und Esau, 1958, 1964; Esau, 1969). Antikline Teilungen können auch manchmal zu einer ontogenetischen Verkürzung der potentiellen Länge eines Siebröhrenelements führen.

Die Differenzierung einer Phloemzelle als spezifisches Element des Phloems beginnt, sobald die verschiedenen Zellteilungen abgeschlossen sind und die Zelle für die weitere Entwicklung programmiert wurde. Die fusiformen Zellen, aus denen das axiale Parenchym hervorgeht, teilen sich normalerweise schräg oder quer (Parenchymstrangbildung), oder sie differenzieren sich direkt zu langen, fusiformen Parenchymzellen. Typischerweise vergrößern sich die verschiedenen Phloemzellen; während sich die Parenchymzellen und Siebelemente hauptsächlich verbreitern, verlängern sich die Fasern durch intrusives Wachstum. Sowohl bei Gymnospermen als auch bei Angiospermen zeigen die Siebelemente kein oder nur ein geringes Längenwachstum, so dass die reifen Siebelemente ungefähr so lang sind wie die Cambiuminitialen. Folglich entspricht die Länge der Siebröhrenelemente bei Angiospermen derjenigen der Gefäßelemente im sekundären Xylem. Strahlzellen verändern sich während ihrer Differenzierung normalerweise wenig, sie dehnen sich nur etwas aus.

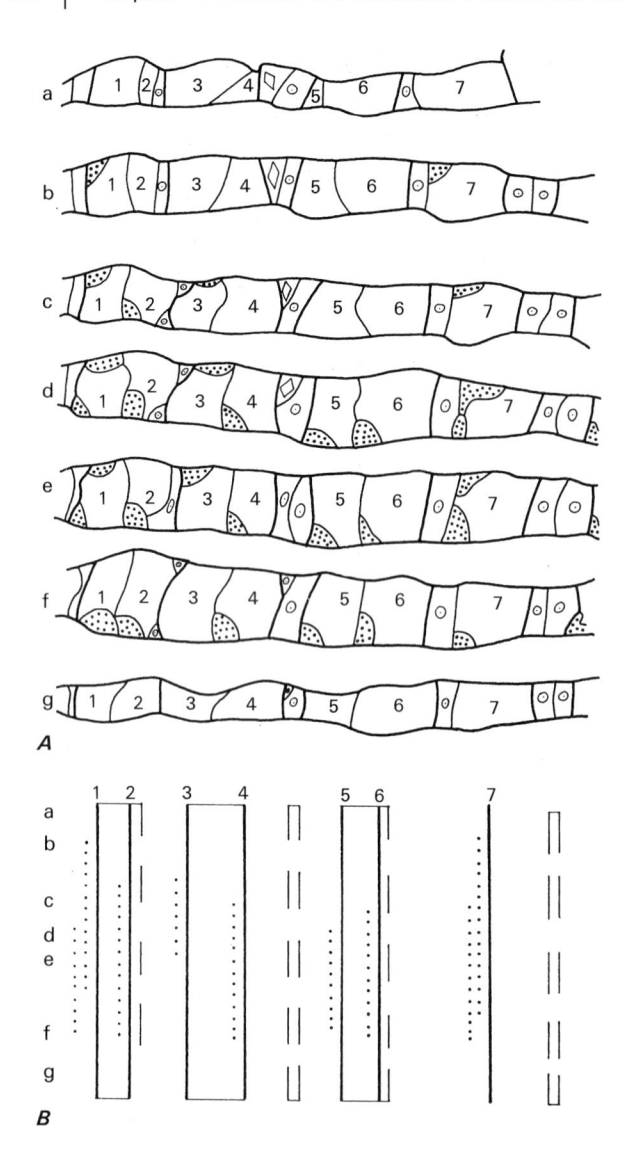

**Abb. 14.11** Das sekundäre Phloem von *Malus domestica*. Analyse einer radialen Reihenfolge von Cambiumderivaten. **A**, die Zeichnungen a-g zeigen die jeweilige radiale Reihe in Querschnitten auf den Ebenen, die in **B** als Position a-g angegeben sind. In **A** zeigen die Parenchymzellen Zellkerne, die Siebelemente sind nummeriert und die Geleitzellen punktiert. In **B** sind die Siebelemente als nummerierte durchgezogene Linien, die Geleitzellen als punktierte Linien und die Parenchymzellen als mehrfach unterbrochene Linien dargestellt. Die Anordnung der Zellen ist teilweise durch die horizontalen Linien, die miteinander verwandte Zellen verbinden, angezeigt. (×393. Aus Evert, 1963.)

## 14.3.1 Sklerenchymzellen des sekundären Phloems lassen sich gewöhnlich in Fasern, Sklereiden und Fasersklereiden einteilen

Über die Klassifizierung von Sklerenchymzellen im sekundären Phloem gab es viele Diskussionen, weil es keine klaren Kriterien gibt, die eine Einteilung beispielsweise auf der Basis ihres Reifezustandes oder ihrer morphologischen Charakteris-

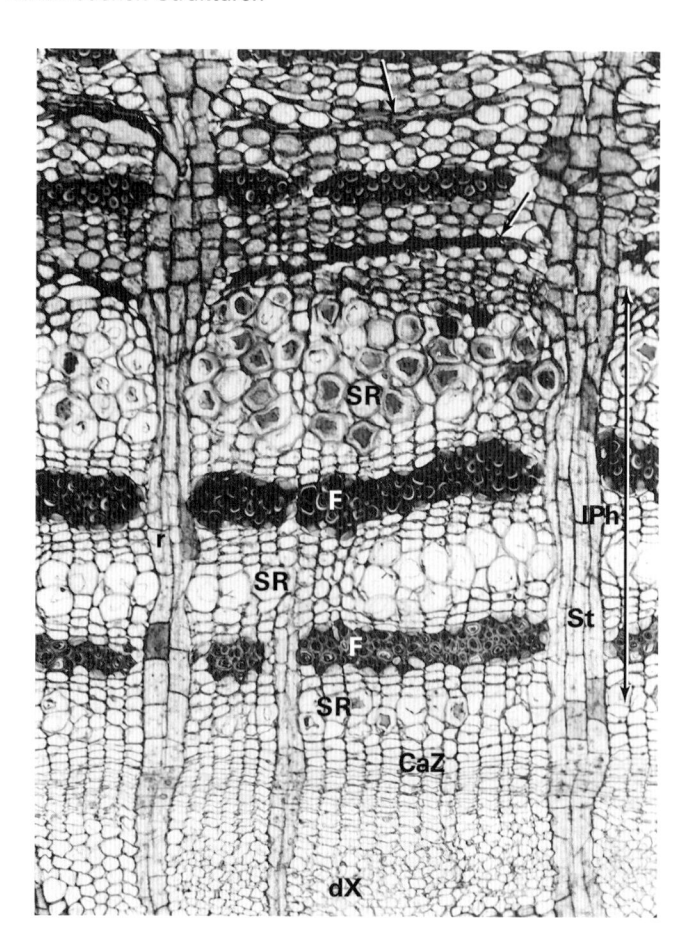

**Abb. 14.12** Ein Querschnitt durch das sekundäre Phloem der Robinie (*Robinia pseudoacacia*) zeigt hauptsächlich leitendes Phloem (IPh). Die Cambiumaktivität resultierte hier bislang in der Bildung von drei neuen Siebröhrenbändern (SR) und zwei Faserbändern (F). Die Siebröhren des nichtleitenden Phloems (durch Pfeile markiert) sind kollabiert. Weitere Details: CaZ, Cambiumzone; dX, differenzierendes Xylem, St, Strahl. (×150.)

tika zulassen (Esau, 1969). Obwohl es zahlreiche Übergangsformen gibt, werden die Sklerenchymzellen des sekundären Phloems in Fasern, Sklereiden und Fasersklereiden wie folgt eingeteilt:

**Fasern** sind lange, schlanke Sklerenchymzellen, die sich dicht am Cambium entwickeln und ihre Reife im leitenden Phloem erreichen (Abb. 14.12). Sie können sich /oder können sich nicht durch intrusives Wachstum verlängern, verholzte Zellwände besitzen und im Reifezustand ihre Protoplasten behalten. Obwohl Sklereiden oder Fasersklereiden von Kristallzellen begleitet sein können, findet man gekammerte Kristallzellen gewöhnlich entlang der Ränder von Faserbändern.

**Sklereiden** entwickeln sich in der Regel im nichtleitenden Phloem durch Modifikation von bereits differenzierten, axialen Parenchymzellen oder Strahlparenchymzellen. Einige treten jedoch frühzeitig als individuell gestaltete Sklereidprimordien in Cambiumnähe auf und reifen im leitenden Phloem heran. Die typische Sklereide ist stets kürzer als eine Faser, hat ein größeres Zelllumen und eine dicke, meist mehrschichtige Zellwand, die von auffälligen, einfachen, aber stark verzweigten

Tüpfeln (ramiforme Tüpfel) durchzogen wird. Sie reichen von unverzweigten Brachyskleriden (Steinzellen) zu unregelmäßig gewundenen Formen, wie man sie in der Rinde von *Abies* (Abb. 14.13) und *Eucalyptus* (Chattaway, 1953, 1955a) findet. **Faserskleriden** stammen ursprünglich von axialen Parenchymzellen des nichtleitenden Phloems ab. Diese Zellen unterliegen einem intrusiven Wachstum, so dass sie sich im Reifezustand nicht von echten Fasern unterscheiden.

### 14.3.2 Das leitende Phloem bildet nur einen kleinen Teil der inneren Rinde

Es wird angenommen, dass die Differenzierung des Phloems zu einem Langstreckentransportsystem abgeschlossen ist, sobald die Kerne der Siebelemente degeneriert sind und sich die typischen Merkmale reifer Siebelemente, wie die offenen Siebporen in den Siebfeldern, entwickelt haben. Die Breite des jährlichen Zuwachses an aktiv **leitendem Phloem** variiert bei einzelnen Arten und hängt von den Wachstumsbedingungen ab. Der Zuwachs ist – wie bereits in Kapitel 12 erläutert – in der Regel bedeutend geringer als der entsprechende Zuwachs des Xylems. Darüber hinaus ist bei vielen laubabwerfenden Arten angiospermer Holzpflanzen der Phloemzuwachs nur eine Saison lang funktionstüchtig. Im Winter sind bei solchen Arten der gemäßigten Breiten keine lebenden Siebelemente und folglich auch kein leitendes Phloem vorhanden (siehe Tabelle 12.3). Bei diesen Arten gehen die ersten funktionstüchtigen Siebelemente im Frühjahr aus Phloemmutterzellen hervor, die am äußeren Rand der Cambiumzone überwintert haben (Abb. 14.14).

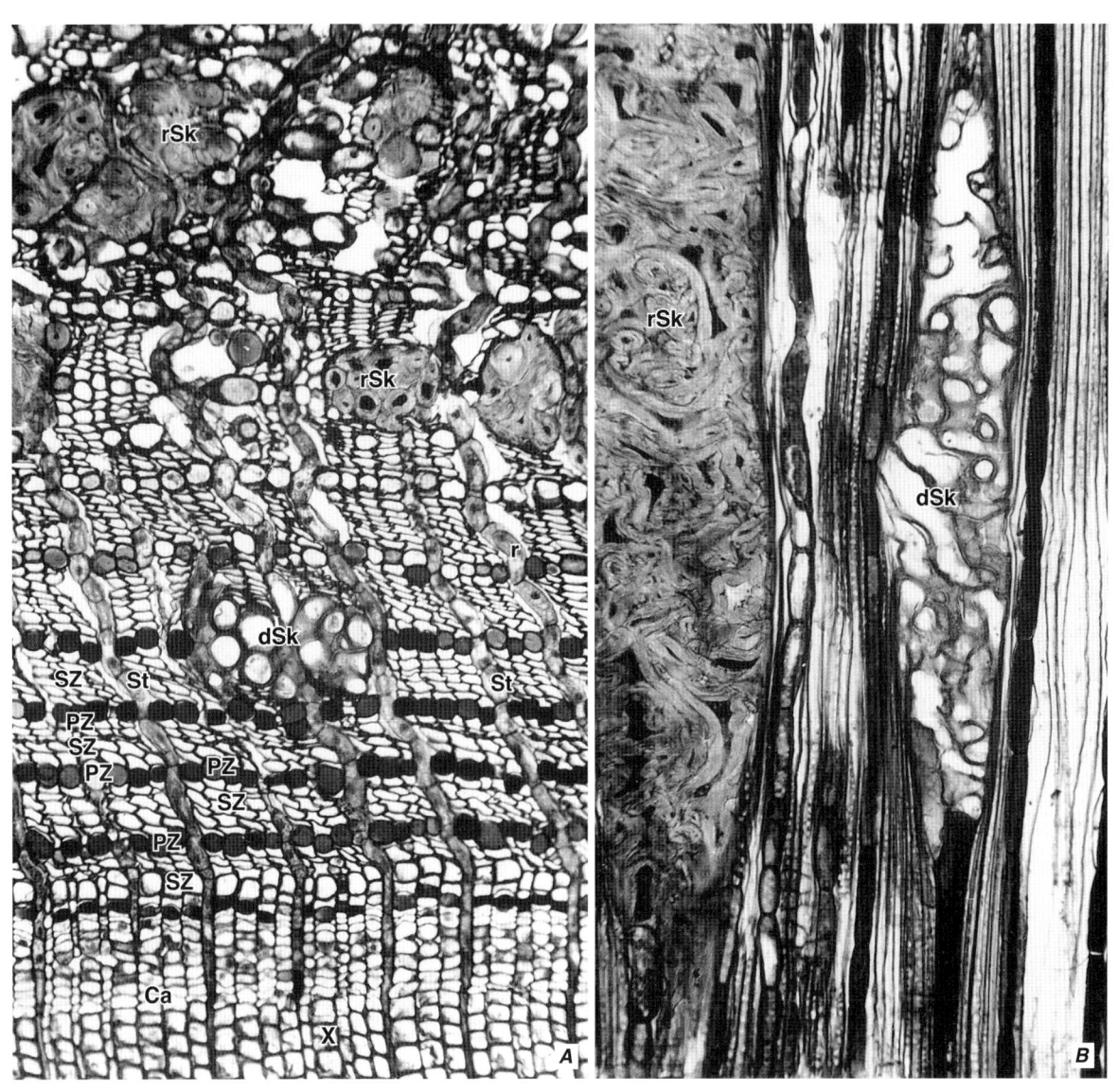

**Abb. 14.13** Sekundäres Phloem im Stamm von *Abies sachalinensis* var. *mayriana* im Querschnitt (**A**) und im radialen Längsschnitt (**B**). Eine Zelle breite tangentiale Schichten von axialem Parenchym (PZ) alternieren mit Schichten von Siebzellen (SZ). Im nichtleitenden Phloem entstehen aus Parenchymzellen unregelmäßig verdrehte Skleriden. Weitere Details: Ca, Cambium; dSk, differenzierende Skleriden; rSk, reife Skleriden; St, Strahlen; X, Xylem. (Beide Abbildungen x92. Aus Esau, 1969. www.schweizerbart.de.)

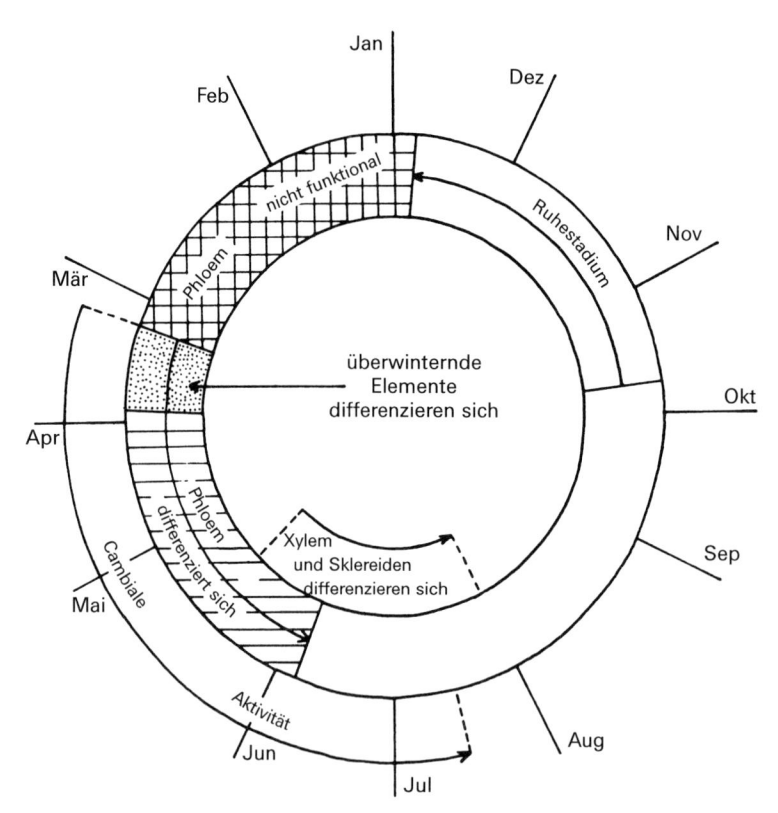

**Abb. 14.14** Das Diagramm interpretiert das jahresperiodische Wachstum des sekundären Phloems im Stamm von *Pyrus communis* (Birne). (Nachdruck mit freundlicher Genehmigung der University of California Press: Evert, 1960. *Univ. Calif. Publ. Bot.* © 1960, The Regents of the University of California.)

Bei anderen Arten angiospermer Holzpflanzen – laubabwerfenden und immergrünen Arten der gemäßigten und tropischen Breiten – sowie bei Coniferen (siehe Tabelle 12.3, 12.4 und 12.5) bleiben wenigstens einige Siebelemente das ganze Jahr über funktionstüchtig. Die Details variieren bei den verschiedenen Arten. Bei den meisten Coniferen stellen alle Siebelemente, mit Ausnahme der zuletzt vom Cambium gebildeten Siebzellen, ihre Funktion innerhalb einer Saison ein. Die letztgebildeten Siebzellen überwintern und bleiben so lange funktionstüchtig, bis sich neue Siebelemente im Frühjahr differenzieren (Alfieri und Evert, 1968, 1973). Bei *Juniperus californica* überwintern alle Siebzellen des Phloemzuwachses des Vorjahres in einem reifen, funktionstüchtigen Zustand (Alfieri und Kemp, 1983). Ein ähnliches Muster wie bei den meisten Coniferen findet man bei den ringporigen Harthölzern der gemäßigten Zone *Quercus alba* (Anderson und Evert, 1965) und *Ulmus americana* (Tucker, 1968). Bei manchen Arten bleibt eine relativ große Anzahl an Siebelementen für eine oder mehrere Vegetationsperioden leitfähig. Hier wird im Herbst auf den Siebfeldern derjenigen Siebelemente, die in einem Ruhezustand überwintern, sog. Wintercallose (*dormancy callose*) abgelagert. Während der Reaktivierung der Siebelemente im Frühjahr wird diese Wintercallose wieder entfernt. Dieses Verhaltensmuster findet sich beispielsweise im Phloem von *Tilia*, deren Siebelemente z. B. bei *T. americana* für mehr als 5 Jahre (Evert, 1962) und bei *T. cordata* 10 Jahre (Holheide, 1951) funktionstüchtig bleiben. Bei *Carya ovata* sind die Siebelemente 2 bis 6 Jahre (Davis, 1993b), bei *Vitis* (Esau, 1948; Davis und Evert, 1970) und den zweijährigen Sprossachsen von *Rubus alleghaniensis* (Davis, 1993a) nur 2 Jahre funktionstüchtig (Abb. 14.15). Ein ähnlicher Ruhezustand und eine darauffolgende Reaktivierung erfolgt offenbar auch im Phloem von *Grewia tiliaefolia*, einem tropischen laubabwerfenden Baum aus Indien (Deshpande und Rajendrababu, 1985). Man nimmt an, dass am Abbau der Wintercallose in den sekundären Siebröhren von *Magnolia kobus* Auxin beteiligt ist (Aloni und Peterson, 1997).

Wegen der relativ geringen Breite des jährlichen Phloemzuwachses und seiner meist kurzen Funktionsfähigkeit nimmt die Schicht des leitenden Phloems nur einen schmalen Bereich der inneren Rinde ein. Huber (1939) stellte bei *Larix* eine Breite des leitenden Phloems zwischen 0.23 mm und 0.325 mm, bei *Picea* zwischen 0.14 mm und 0.27 mm, fest. Einige Beispiele für die Breite des aktiven Phloems laubabwerfender Arten betragen 0.2 mm bei *Fraxinus americana* und 0.35 mm bei *Tectona grandis* (Zimmermann, 1961); 0.2 bis 0.3 mm bei *Quercus*, *Fagus*, *Acer* und *Betula*; 0.4 bis 0.7 mm bei *Ulmus* und *Juglans*; 0.8 bis 1.0 mm bei *Salix* und *Populus* (Holheide, 1951). Alle diese Arten sind Bäume der gemäßigten Zone, mit Ausnahme von *Tectona grandis* (Teak), deren Rinde nur eine geringe Breite an leitendem Phloem aufweist. Teak steht im deutlichen Gegensatz zu den Dipterocarpaceae, die 5 bis 6 mm breite Bänder von leitendem Phloem besitzen sollen (Whitmore, 1962). Diese Angabe dient als Bestätigung dafür, dass die

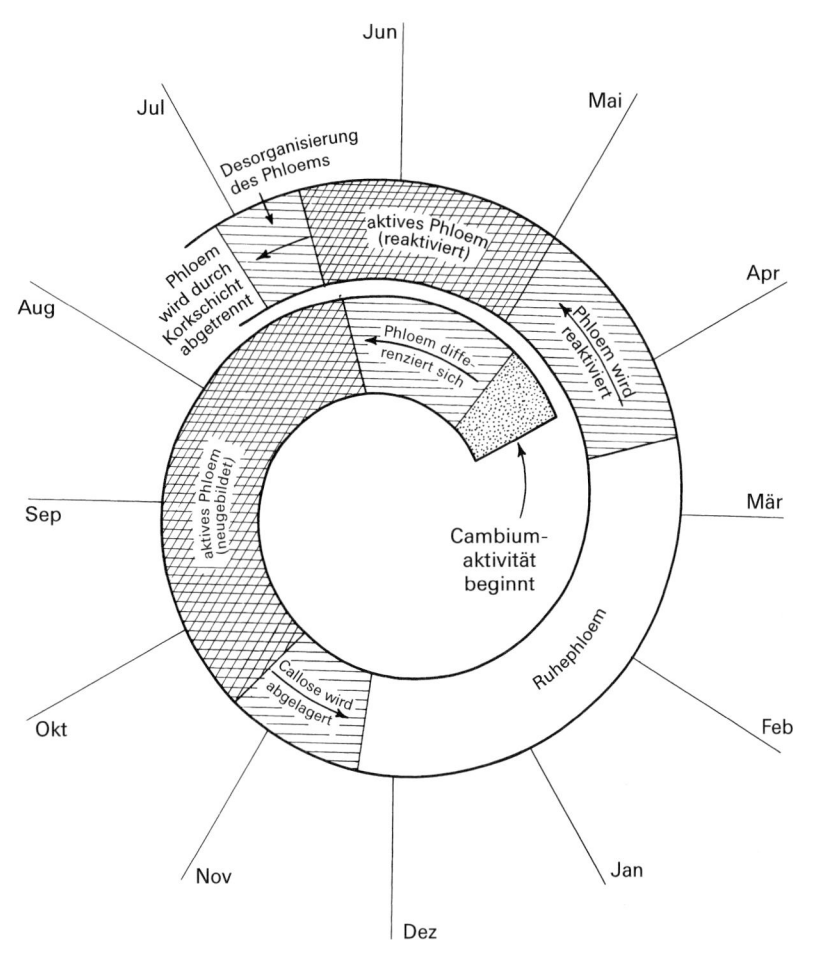

**Abb. 14.15** Das Diagramm interpretiert das jahresperiodische Wachstum des sekundären Phloems im Stamm von *Vitis vinifera* (Weinrebe). (Aus Esau, 1948. *Hilgardia* 18 (5), 217–296. © 1948 Regents, University of California.)

Rinde tropischer Bäume in der Regel wesentlich breitere Bänder von leitendem Phloem enthält als Bäume der gemäßigten Zone. Die Genauigkeit von Whitmore's (1962) Messungen wurde allerdings angezweifelt (Esau, 1969). Roth (1981) hat festgestellt, dass das aktive Phloem nur einen sehr schmalen Bereich der inneren Rinde bei Bäumen in Venezuela-Guayana ausmacht. Dasselbe trifft für die innere Rinde von *Citharexylum myrianthum* und *Cedrela fissilis* in Brasilien zu (Veronica Angyallossy, pers. Mitteilung). Die Siebröhren angiospermer Holzpflanzen nehmen 25% bis 50% des leitenden Phloems ein.

## 14.4 Nichtleitendes Phloem

Den Teil des Phloems, in dem die Siebelemente ihre Tätigkeit eingestellt haben, bezeichnet man als **nichtleitendes Phloem**. Dieser Begriff ist dem früher verwendeten Ausdruck „funktionsloses Phloem" (*non functioning phloem*) vorzuziehen, weil der Teil der inneren Rinde, in dem die Siebelemente nicht mehr leiten, normalerweise noch lebende axiale Parenchymzellen und Strahlparenchymzellen enthält. Diese Zellen speichern weiterhin Stärke, Tannine und andere Substanzen, bis das Gewebe durch die Tätigkeit des Phellogens vom lebenden Teil der Rinde abgetrennt wird.

Zwischen dem Zeitpunkt, zu dem die Siebelemente aufhören zu leiten und ihrem eigentlichen Tod, kann es eine *lag*-Phase geben, aber der inaktive Zustand der Siebelemente kann an mehreren Veränderungen leicht erkannt werden. Die Siebfelder sind entweder mit reichlich Callose (definitive Callose) bedeckt oder völlig frei, da Callose aus alten, inaktiven Siebelementen herausgelöst wird. Der Inhalt der Siebelemente kann völlig desorganisiert sein oder sogar ganz fehlen. Die Zellen sind dann mit Gas gefüllt. Die Geleitzellen und einige Parenchymzellen der Angiospermen sowie die Strasburger-Zellen der Coniferen stellen ihre Funktion ein, wenn ihre assoziierten Siebelemente sterben. Nichtleitendes Phloems ist ganz deutlich an mehr oder weniger kollabierten oder obliterierten Siebelementen zu erkennen. Bei einigen Arten gibt es aber keine klare Grenze zwischen dem kollabierten und dem nicht kollabierten Phloem (z. B. bei *Euonymus bungeamus*, Lin und Gao, 1993; baumartigen Leguminosen, Costa et al., 1997; *Eucalyptus globulus*, Quilhó et al., 1999). Bei anderen Arten bleibt die Form der Siebelemente für mehrere Jahre intakt, nachdem sie bereits abgestorben sind; sie obliterieren erst dann, wenn sie durch die Tätigkeit des Phellogens von der inneren Rinde abgetrennt worden sind. Der Vorschlag von Trockenbrodt (1990) die Begriffe „leitendes" und „nichtleitendes" Phloem durch die Begriffe „kollabiertes" und „nicht kollabiertes" Phloem zu ersetzen, wurde daher im vorliegenden Buch nicht aufgegriffen.

### 14.4.1 Das nichtleitende Phloem unterscheidet sich strukturell vom leitenden Phloem

Die strukturellen Unterschiede zwischen dem leitenden und dem nichtleitenden Phloem lassen sich in vier Kategorien einteilen: (1) Das Kollabieren der Siebelemente und der mit ihnen assoziierten Zellen; (2) die Dilatation, die sich aus Zellvergrößerung und Zellteilung von Parenchymzellen ergibt, den axialen bzw. den Strahlzellen oder beiden (es kann auch nur Zellvergrößerung erfolgen); (3) die Sklerifizierung, d. h. die Entwicklung von Sekundärwänden bei Parenchymzellen; (4) die Anhäufung von Kristallen (Esau, 1969). Die Merkmale des gesamten, nichtleitenden Phloems sind bei den verschiedenen Pflanzen unterschiedlich. Sie spiegeln aber Art und Ausmaß wider, in denen diese vier Kategorien jeweils ausgeprägt sind. Bei bestimmten Angiospermen, wie *Liriodendron*, *Tilia*, *Populus* und *Juglans*, verändert sich die Struktur der nichtleitenden Siebröhren nur wenig, während ihre Geleitzellen kollabieren. Bei anderen Arten, wie *Aristolochia* und *Robinia* kollabieren die Siebröhrenelemente zusammen mit ihren assoziierten Zellen vollständig, und da alle Zellen ein tangentiales Band bilden, alternieren meist regelmäßig tangentiale Bänder kollabierter Zellen mit Bändern turgeszenter Parenchymzellen (Abb. 14.12). Noch andere Arten zeigen neben dem Siebröhrenkollaps auffällige Gewebeschrumpfungen und eine deutliche Krümmung der Strahlen. Bei Coniferen sind die kollabierten, alten Siebzellen besonders auffällig. Das nichtleitende Phloem bei *Pinus* erscheint als dichte Masse kollabierter Siebzellen, die von intakten Phloemparenchymzellen durchsetzt ist (Abb. 14.3), und die Strahlen sind hier gekrümmt und gefaltet. Bei Coniferen, deren Phloem Fasern enthält, liegen die kollabierten Siebzellen zwischen den Fasern und den vergrößerten Phloemparenchymzellen (Abb. 14.5B). Bei *Vitis vinifera* werden die nichtleitenden Siebröhren mit thyllenähnlichen Proliferationen axialer Parenchymzellen (Thyllosoiden) gefüllt (Esau, 1948).

### 14.4.2 Dilatation ist die Ausdehnung, mit der sich das Phloem an die durch sekundäres Dickenwachstum verursachte Vergrößerung des Achsenumfangs anpasst

Sowohl das axiale Parenchym als auch das Strahlparenchym beteiligen sich am Dilatationswachstum, aber selten sind die Anteile beider Gewebe gleich (Holdheide, 1951). Manchmal strecken sich die Strahlzellen nur tangential, aber häufig nimmt die Anzahl der Zellen in tangentialer Richtung durch radiale Teilungen zu. Diese Teilungen sind oft auf den mittleren Bereich der Phloemstrahlen beschränkt, und erwecken den Eindruck, als läge ein lokal begrenztes (Dilatations-) Meristem vor (Abb. 14.16; Holdheide, 1951, Schneider, 1955). Gewöhnlich wachsen nur einige Strahlen in die Breite, während andere ihre ursprüngliche, vom Cambium bestimmte Breite beibehalten.

Das Dilatationswachstum des axialen Parenchyms ergibt meistens nicht so ein auffälliges Erscheinungsbild wie das der Strahlen, aber es ist ein normaler Vorgang (Esau, 1969). Bei Coniferen ist die Vergrößerung und die Vermehrung des axialen Parenchyms die Hauptform der Dilatation (Liese und Matte, 1962) und kann viele Jahre fortdauern. Eine Vergrößerung der axialen Parenchymzellen erfolgt gewöhnlich in Verbindung mit dem Kollaps inaktiver Siebelemente. Axiale Parenchymzellen können sich auch so sehr vermehren, dass sie – ähnlich wie die dilatierten Strahlen – breite Gewebekeile bilden, wie beispielsweise bei *Eucalyptus* (Chattaway, 1955b) und den Di-

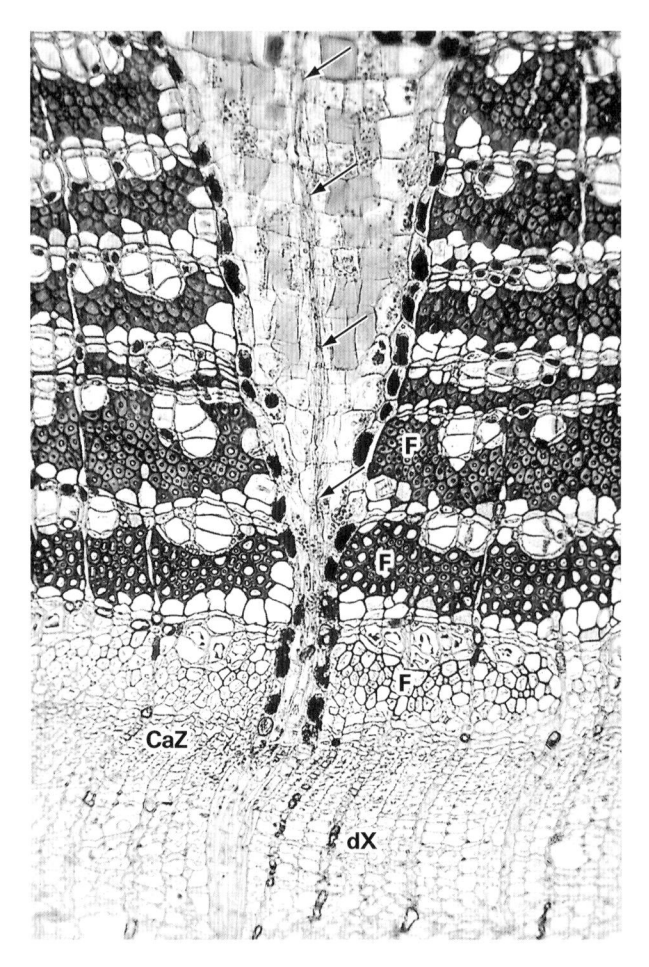

**Abb. 14.16** Querschnitt durch den Stamm von *Tilia americana* während des sekundären Dickenwachstums. Im diesjährigen Phloem sind drei neue tangentiale Phloemfaserbänder (F) gebildet worden; die zwei Bänder direkt neben der Cambiumzone (CaZ) differenzieren sich noch. Man erkennt ein Band sich differenzierender Siebröhrenelemente mit P-Proteinkörpern, das (nach außen hin) an das zuletzt gebildete Faserband grenzt. Ein Dilatationsmeristem (Pfeile) erstreckt sich über die gesamte Länge des dilatierten Strahls. Weitere Details: dX, differenzierendes Xylem. (x125.)

pterocarpaceae (Whitmore, 1962). Die Vergrößerung des axialen Parenchyms kann sich noch einige Zeit fortsetzten, nachdem das Phloem bereits durch ein Periderm abgeschnitten worden ist (Chattaway, 1955b; Esau, 1964). Der Dilatationsprozess des Phloems endet gewöhnlich dann, wenn durch Phellogenbildung ein Teil des Phloems vom inneren Phloem getrennt wird.

Die Sklerifizierung des nichtleitenden Phloems steht fast immer im engen Zusammenhang mit dem Dilatationswachstum. Sowohl das axiale Parenchym als auch das Strahlparenchym können sklerifiziert werden. Ein Modus der Sklerifizierung ist die Entwicklung von Faserskleriden aus axialen Parenchymzellen, die im innersten Teil des nichtleitenden Phloems intrusives Wachstum erfahren und Sekundärwände bilden. Einige Beispiele von Arten mit solchen Faserskleriden wurden von Holdheide (1951) beschrieben. Es sind *Ulmus scabra*, *Pyrus communis*, *Malus domestica*, *Sorbus aucuparia*, *Prunus padus*, *Fraxinus excelsior* und *Fagus sylvatica*. Die Entwicklung von Skleriden ist sowohl bei den Strahlen als auch bei dem Dilatationsgewebe des axialen Systems üblich. In den meisten Fällen geht der Sklerifizierung eine Zellvergrößerung voraus. Auch kann intrusives Wachstum der Sklerifizierung vorausgehen, wobei gekrümmte und gewellte Wände entstehen. Die Sklerifizierung des nichtleitenden Phloems kann sich unbegrenzt fortsetzen und eine große Masse von Skleriden hervorbringen. Bei *Fagus* kann das Sklerenchym 60% des gesamten Gewebes ausmachen (Holdheide, 1951). In bestimmten Rinden tropischer Arten, wie beim *Licania Typ*, kann das Sklerenchym sogar 90% der gesamten Querschnittsebene des nichtleitenden Phloems abdecken (Roth, 1973).

Das nichtleitende Phloem akkumuliert verschiedene Substanzen wie Kristalle und phenolische Stoffe. Obwohl Kristalle bereits im leitenden Phloem vorkommen, akkumulieren sie hauptsächlich in Zellen, die an solche angrenzen, die einer Sklerifizierung unterliegen. Deshalb sind die Kristalle besonders auffällig im nichtleitenden Phloem. Die Kristallformen und ihre Verteilung sind für vergleichende anatomische Untersuchungen von Bedeutung (Holdheide, 1951; Patel und Shand, 1985; Archer und van Wyk, 1993).

## Literatur

Alfieri, F. J. und R. F. Evert. 1968. Seasonal development of the secondary phloem in *Pinus*. *Am. J. Bot.* 55, 518–528.
Alfieri, F. J. und R. F. Evert. 1973. Structure and seasonal development of the secondary phloem in the Pinaceae. *Bot. Gaz.* 134, 17–25.
Alfieri, F. J. und R. I. Kemp. 1983. The seasonal cycle of phloem development in *Juniperus californica*. *Am. J. Bot.* 70, 891–896.
Aloni, R. und C. A. Peterson. 1997. Auxin promotes dormancy callose removal from the phloem of *Magnolia kobus* and callose accumulation and earlywood vessel differentiation in *Quercus robur*. *J. Plant Res.* 110, 37–44.
Anderson, B. J. und R. F. Evert. 1965. Some aspects of phloem development in *Quercus alba*. *Am. J. Bot.* 52 (Abstr.), 627.
Archer, R. H. und A. E. Van Wyk. 1993. Bark structure and intergeneric relationships of some southern African Cassinoideae (Celastraceae). *IAWA J.* 14, 35–53.
Bannan, M. W. 1955. The vascular cambium and radial growth in *Thuja occidentalis* L. *Can. J. Bot.* 33, 113–138.
Behnke, H.-D. 1986. Sieve element characters and the systematic position of *Austrobaileya*, Austrobaileyaceae—With comments to the distribution and definition of sieve cells and sieve-tube members. *Plant Syst. Evol.* 152, 101–121.
Behnke, H.-D. und U. Kiritsis. 1983. Ultrastructure and differentiation of sieve elements in primitive angiosperms. I. Winteraceae. *Protoplasma* 118, 148–156.
Chan, L.-L. 1986. The anatomy of the bark of *Agathis* in New Zealand. *IAWA Bull.* n.s. 7, 229–241.
Chang, Y.-P. 1954. Anatomy of common North American pulpwood barks. TAPPI Monograph Ser. No. 14. Technical Association of the Pulp and Paper Industry, New York.
Chattaway, M. M. 1953. The anatomy of bark. I. The genus *Eucalyptus*. *Aust. J. Bot.* 1, 402–433.
Chattaway, M. M. 1955a. The anatomy of bark. III. Enlarged fibres in the bloodwoods (*Eucalyptus* spp.) *Aust. J. Bot.* 3, 28–38.
Chattaway, M. M. 1955b. The anatomy of bark. VI. Peppermints, boxes, ironbarks, and other eucalypts with cracked and furrowed barks. *Aust. J. Bot.* 3, 170–176.
Chavan, R. R., J. J. Shah und K. R. Patel. 1983. Isolated sieve tube(s)/elements in the barks of some angiosperms. *IAWA Bull.* n.s. 4, 255–263.
Cheadle, V. I. und K. Esau. 1958. Secondary phloem of the Calycanthaceae. *Univ. Calif. Publ. Bot.* 24, 397–510.
Cheadle, V. I. und K. Esau. 1964. Secondary phloem of *Liriodendron tulipifera*. *Univ. Calif. Publ. Bot.* 36, 143–252.
Costa, C. G., V. T. Rauber Coradin, C. M. Czarneski, B. A. da S. Pereira. 1997. Bark anatomy of arborescent Leguminosae of cerrado and gallery forest of Central Brazil. *IAWA J.* 18, 385–399.
Davis, J. D. 1993a. Secondary phloem development cycle in biennial canes of *Rubus allegheniensis*. *Am. J. Bot.* 80 (Abstr.), 22.
Davis, J. D. 1993b. Seasonal secondary phloem development in *Carya ovata*. *Am. J. Bot.* 80 (Abstr.), 23.
Davis, J. D. und R. F. Evert. 1970. Seasonal cycle of phloem development in woody vines. *Bot. Gaz.* 131, 128–138.
den Outer, R. W. 1967. Histological investigations of the secondary phloem of gymnosperms. *Meded. Landbouwhogesch. Wageningen* 67-7, 1–119.
den Outer, R. W. 1986. Storied structure of the secondary phloem. *IAWA Bull.* n.s. 7, 47–51.
den Outer, R. W. 1993. Evolutionary trends in secondary phloem anatomy of trees, shrubs and climbers from Africa (mainly Ivory Coast). *Acta Bot. Neerl.* 42, 269–287.
Derr, W. F. und R. F. Evert. 1967. The cambium and seasonal development of the phloem in *Robinia pseudoacacia*. *Am. J. Bot.* 54, 147–153.
Deshpande, B. P. und T. Rajendrababu. 1985. Seasonal changes in the structure of the secondary phloem of *Grewia tiliaefolia*, a deciduous tree from India. *Ann. Bot.* 56, 61–71.
Esau, K. 1948. Phloem structure in the grapevine, and its seasonal changes. *Hilgardia* 18, 217–296.
Esau, K. 1964. Structure and development of the bark in dicotyledons. In: *The Formation of Wood in Torest Trees*, S. 37–50, M. H. Zimmermann, Hrsg., Academic Press, New York.
Esau, K. 1969. *The Phloem. Encyclopedia of Plant Anatomy. Histology*, Bd. 5, Teil 2. Gebrüder Borntraeger, Berlin.
Esau, K. 1977. *Anatomy of Seed Plants*, 2. Aufl., Wiley, New York.
Esau, K. 1979. Phloem. In: *Anatomy of the Dicotyledons*, vol. I. *Systematic Anatomy of Leaf and Stem, with a Brief History of*

*the Subject,* S. 181–189, C. R. Metcalfe und L. Chalk, Hrsg., 2. Aufl., Clarendon Press, Oxford.

Esau, K. und V. I. Cheadle. 1955. Significance of cell divisions in differentiating secondary phloem. *Acta Bot. Neerl.* 4, 348–357.

Evert, R. F. 1960. Phloem structure in *Pyrus communis* L. and its seasonal changes. *Univ. Calif. Publ. Bot.* 32, 127–196.

Evert, R. F. 1962. Some aspects of phloem development in *Tilia americana. Am. J. Bot.* 49 (Abstr.), 659.

Evert, R. F. 1963. Ontogeny and structure of the secondary phloem in *Pyrus malus. Am. J. Bot.* 50, 8–37.

Evert, R. F. 1990. Dicotyledons. In: *Sieve Elements. Comparative Structure, Induction and Development,* S. 103–137, H.-D. Behnke und R. D. Sjolund, Hrsg., Springer-Verlag, Berlin.

Franceschi, V. R., T. Krekling, A. A. Berryman und E. Christiansen. 1998. Specialized phloem parenchyma cells in Norway spruce (Pinaceae) bark are an important site of defense reactions. *Am. J. Bot.* 85, 601–615.

Holdheide, W. 1951. Anatomie mitteleuropäischer Gehölzrinden (mit mikrophotographischem Atlas). In: *Handbuch der Mikroskopie in der Technik,* Bd. 5, Heft 1, S. 193–367, H. Freund, Hrsg., Umschau Verlag, Frankfurt am Main.

Huber, B. 1939. Das Siebröhrensystem unserer Bäume und seine jahreszeitlichen Veränderungen. *Jahrb. Wiss. Bot.* 88, 176–242.

Huber, B. 1949. Zur Phylogenie des Jahrringbaues der Rinde. *Svensk Bot. Tidskr.* 43, 376–382.

Hudgins, J. W., T. Krekling und V. R. Franceschi. 2003. Distribution of calcium oxalate crystals in the secondary phloem of conifers: a constitutive defense mechanism? *New Phytol.* 159, 677–690.

Kuroda, K. 1998. Seasonal variation in traumatic resin canal formation in *Chamaecyparis obtusa* phloem. *IAWA J.* 19, 181–189.

Liese, W. und V. Matte. 1962. Beitrag zur Rindenanatomie der Gattung *Dacrydium. Forstwiss. Centralbl.* 81, 268–280.

Lin, J.-A. und X.-Z. Gao. 1993. Anatomical studies on secondary phloem of *Euonymus bungeanus. Acta Bot. Sin. (Chih wu hsüeh pao)* 35, 506–512.

Patel, R. N. und J. E. Shand. 1985. Bark anatomy of *Nothofagus* species indigenous to New Zealand. *N. Z. J. Bot.* 23, 511–532.

Quilhó, T., H. Pereira und H. G. Richter. 1999. Variability of bark structure in plantation-grown *Eucalyptus globulus. IAWA J.* 20, 171–180.

Rajput, K. S. 2004. Occurrence of radial sieve elements in the secondary phloem rays of some tropical species. *Isr. J. Plant Sci.* 52, 109–114.

Rajput, K. S. und K. S. Rao. 1997. Occurrence of sieve elements in phloem rays. *IAWA J.* 18, 197–201.

Roth, I. 1973. Estructura anatómica de la corteza de algunas especies arbóreas Venezolanas de *Rosaceae. Acta Bot. Venez.* 8, 121–161.

Roth, I. 1981. Structural patterns of tropical barks. In: *Encyclopedia of Plant Anatomy,* Bd. 9, Teil 3. Gebrüder Borntraeger, Berlin.

Schneider, H. 1955. Ontogeny of lemon tree bark. *Am. J. Bot.* 42, 893–905.

Srivastava, L. M. 1963. Secondary phloem in the Pinaceae. *Univ. Calif. Publ. Bot.* 36, 1–142.

Trockenbrodt, M. 1990. Survey and discussion of the terminology used in bark anatomy. *IAWA Bull.* n.s. 11, 141–166.

Tucker, C. M. 1968. Seasonal phloem development in *Ulmus americana. Am. J. Bot.* 55 (Abstr.), 716.

Whitmore, T. C. 1962. Studies in systematic bark morphology. I. Bark morphology in Dipterocarpaceae. *New Phytol.* 61, 191–207.

Yamanaka, K. 1984. Normal and traumatic resin-canals in the secondary phloem of conifers. *Mokuzai gakkai shi (J. Jpn. Wood Res. Soc.)* 30, 347–353.

Yamanaka, K. 1989. Formation of traumatic phloem resin canals in *Chamaecyparis obtusa. IAWA Bull.* n.s. 10, 384–394.

Zahur, M. S. 1959. Comparative study of secondary phloem of 423 species of woody dicotyledons belonging to 85 families. Cornell Univ. Agric. Expt. Stan. Mem. 358. New York State College of Agriculture, Ithaca.

Ziegler, H. 1964. Storage, mobilization and distribution of reserve material in trees. In: *The Formation of Wood in Forest Trees,* S. 303–320, M. H. Zimmermann, Hrsg., Academic Press, New York.

Zimmermann, M. H. 1961. Movement of organic substances in trees. *Science* 133, 73–79.

# Kapitel 15
# Das Periderm

Das **Periderm** ist ein sekundäres Abschlussgewebe. Es ersetzt die Epidermis in Sprossachsen und Wurzeln mit sekundärem Dickenwachstum. Strukturell besteht das Periderm aus drei Teilen: dem **Phellogen** (**Korkcambium**), einem Meristem aus dem die übrigen Gewebe des Periderms entstehen; dem **Phellem** (**Kork**), das vom Phellogen nach außen abgegeben wird; und dem **Phelloderm**, einem Gewebe, das aus den nach innen abgegebenen Derivaten des Phellogens besteht und oftmals dem primären Rindenparenchym oder Phloemparenchym gleicht.

Der Begriff Periderm sollte vom nicht wissenschaftlichen Begriff „Rinde" (Kapitel 14) unterschieden werden. Auch wenn der Begriff Rinde locker und oftmals nicht durchgängig gleich verwendet wird, ist er dennoch ein brauchbarer Begriff, wenn er genau definiert wird. Der Begriff **Rinde** kann verwendet werden, um alle Gewebe außerhalb des Cambiums zu umfassen. Im sekundären Zustand umfasst der Begriff Rinde das sekundäre Phloem, die noch vorhandenen primären Gewebe außerhalb des sekundären Phloems, das Periderm, und die toten Zellen außerhalb des Periderms. Wenn ein Periderm tief im Rindengewebe entsteht, werden durch eine Schicht toter Korkzellen verschieden große Abschnitte primären und sekundären Achsengewebes vom innen liegenden lebenden Gewebe abgetrennt. Die so abgetrennten Gewebeschichten sterben ab, und bilden mit den Korkschichten die **Borke**. Eine nicht lebende äußere Rinde und eine lebende **innere Rinde** (Bast) können unterschieden werden (Abb. 15.1). **Rhytidom** ist der wissenschaftliche Begriff für die äußere Rinde, die Borke. Das leitende Phloem ist der innerste Teil des Bastes. Wie in Kapitel 14 erwähnt, wird der Begriff Rinde manchmal bei Sprossachsen und Wurzeln im primären Zustand verwendet. Er umfasst dann das primäre Phloem, die primäre Rinde, und die Epidermis. Wegen des radiären Leitbündels primärer Wurzeln, mit alternierender Anordnung von Xylem und Phloem, kann das primäre Phloem einer Wurzel aber eigentlich nicht zusammen mit der primären Rinde dem Begriff Rinde zugeordnet werden.

Aufbau und Entwicklung des Periderms sind bei Sprossachsen besser bekannt als bei Wurzeln. Deshalb beziehen sich die meisten Informationen in diesem Kapitel auf das Periderm der Sprossachse, wenn nicht das Wurzelperiderm speziell erwähnt wird.

## 15.1 Vorkommen

Periderme sind ein allgemeines Phänomen bei Wurzeln und Sprossachsen von gymnospermen und angiospermen Holzpflanzen. Periderme kommen auch bei krautigen eudicotylen Pflanzen vor, sind aber meist auf die ältesten Teile von Sprossachse und Wurzel beschränkt. Einige Monocotyledonen bilden ein Periderm, andere besitzen eine andere Art sekundären Abschlussgewebes. Blattorgane bilden normalerweise kein Periderm; die Knospenschuppen einiger Gymnospermen und angiospermer Holzpflanzen können jedoch mit Korkgewebe ausgestattete sein.

Die Peridermbildung bei Stämmen von Holzpflanzen kann – verglichen mit der Bildung der sekundären Leitgewebe – beträchtlich verzögert einsetzen. Sie kann sogar trotz deutlicher Dickenzunahme des Stammes ausbleiben. In solchen Fällen halten die Gewebe außerhalb des Cambiums, einschließlich der Epidermis, mit der Zunahme des Achsenumfangs Schritt (Arten der Gattungen *Acacia*, *Acer*, *Citrus*, *Eucalyptus*, *Ilex*, *Laurus*, *Menispermum*, *Viscum*). Die einzelnen Zellen teilen sich radial und strecken sich tangential.

Werden Pflanzenteile, wie Blätter oder Zweige, abgeworfen, so entwickelt sich an den exponierten Oberflächen ein Periderm. Die Bildung eines Periderms ist auch ein wichtiges Stadium bei der Entwicklung einer Schutzschicht nahe beschädigter oder toter (nekrotischer) Gewebe (Wundperiderm oder Wundkork), egal ob eine mechanische Verletzung vorausgegangen ist (Tucker, 1975; Thomson et al., 1995; Oven et al., 1999) oder ein Befall mit Parasiten (Achor et al., 1997; Dzerefos and Witkowski, 1997; Geibel, 1998). Bei mehreren Familien der Eudicotyledonen entsteht ein Periderm im Xylem – interxylärer Kork – beim normalen Absterben einjähriger Sprosse oder bei Spaltung ausdauernder Wurzeln und Sprossachsen (Moss and Gorham, 1953, Ginsburg, 1963). Das längsweise Aufreißen der bandförmigen Blätter von *Welwitschia mirabilis* findet in Zonen des Mesophyllabbaus und der Peridermbildung statt (Salema, 1967). In der Rinde können röhrenförmige Periderme entstehen, entweder natürlicherweise oder nach Verwundung; dabei werden Stränge von Phloemfasern isoliert (Evert, 1963; Aloni and Peterson, 1991; Lev-Yadun and Aloni, 1991). Bei Äpfeln und Birnen wird die Schale berostet (bräun-

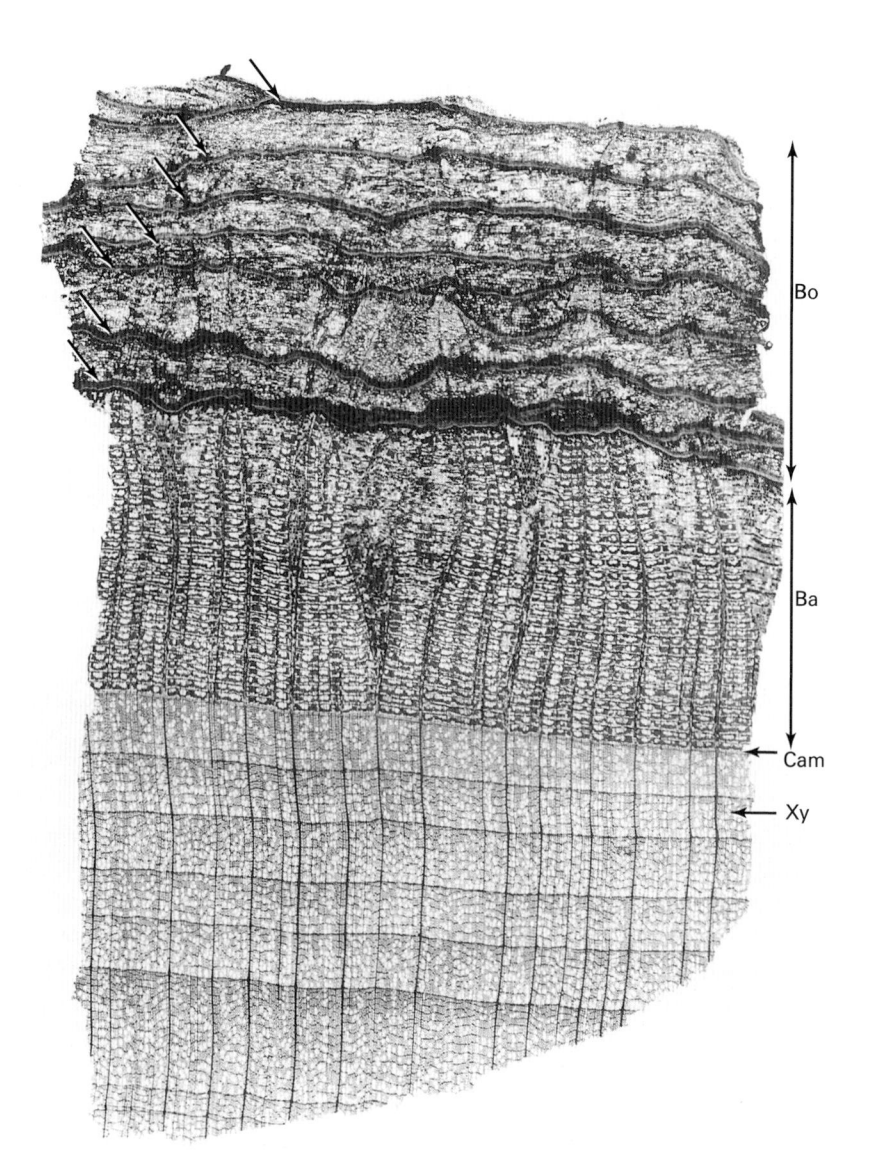

**Abb. 15.1** Querschnitt durch Rinde und ein Stück sekundären Xylems von einem alten Lindenstamm (*Tilia americana*). Mehrere Periderme (Pfeile) durchziehen die Borke (Bo; äußere Rinde) im oberen Drittel des Schnittes. Die Peridermschichten der Linde überlappen sich, charakteristisch für eine Schuppenborke. Auf die Borke folgt nach innen der Bast (Ba), die innere Rinde, hauptsächlich aus nicht leitendem sekundären Phloem. Das leitende sekundäre Phloem beschränkt sich auf eine schmale Zellschicht, die unmittelbar ans Cambium (Cam) grenzt. Der Bast ist sehr gut vom schwächer gefärbten sekundären Xylem (Xy) im unteren Drittel des Schnittes zu unterscheiden. (x11).

lich rau) wenn die äußerste Zellschicht der Frucht stellenweise oder auf der ganzen Fläche durch ein Periderm ersetzt wird (Gil et a., 1994).

## 15.2 Merkmale der Bestandteile des Periderms

### 15.2.1 Das Phellogen ist relativ einfach gebaut

Im Gegensatz zum Cambium besteht das Phellogen nur aus einem Zelltyp. Im Querschnitt erscheint das Phellogen normalerweise als kontinuierliche tangentiale Schicht (Lateralmeristem) rechteckiger Zellen (Abb. 15.2A), von denen sich eine jede mit ihren Derivaten in radialer Reihe nach außen in den Kork und nach innen ins Phelloderm erstreckt. In Längsschnitten sind die Phellogenzellen rechteckig oder polygonal (Abb. 15.2B), manchmal auch ziemlich unregelmäßig gestaltet. Es ist zuweilen schwierig, die Phellogenzellen von neu gebildeten Phellodermzellen zu unterscheiden (Wacowska, 1985).

### 15.2.2 Mehrere Arten von Phellemzellen können aus dem Phellogen hervorgehen

Die Phellemzellen sind oft fast wie ein Prisma gebaut (Abb. 15.3A, B), obwohl sie in Tangentialansicht ziemlich unregelmäßig gestaltet sein können (Abb. 15.3.F). Sie können

## 15.2 Merkmale der Bestandteile des Periderms

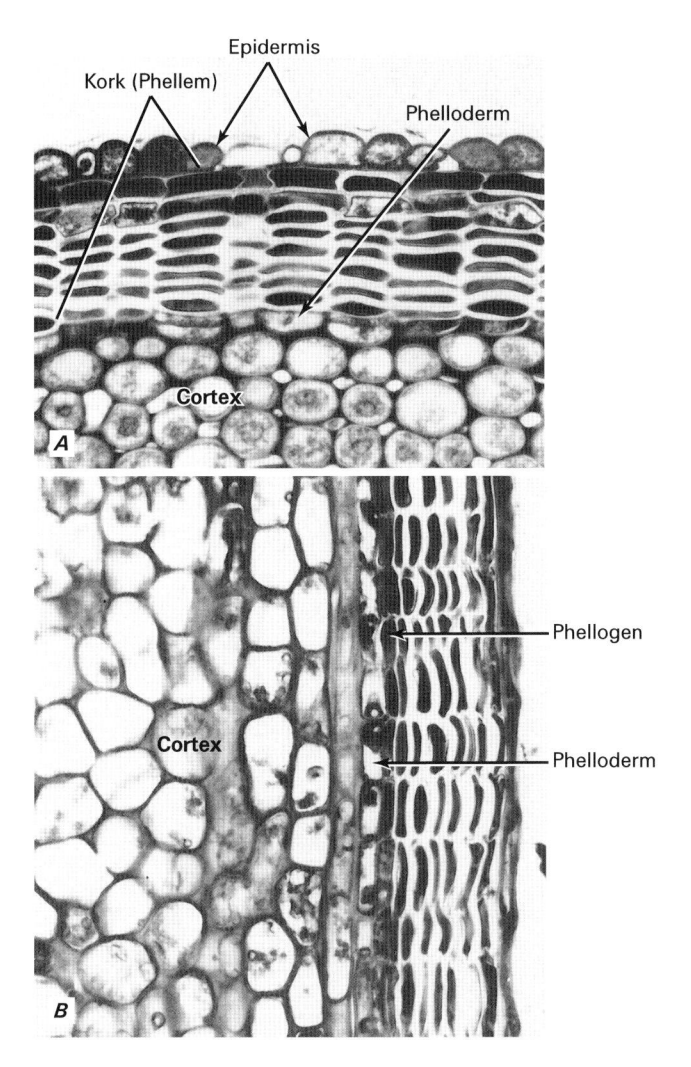

**Abb. 15.2** Periderm eines dormanten *Betula* Zweiges; es besteht hauptsächlich aus Kork. (**A**) im Querschnitt und (**B**) im Längsschnitt. (Beide × 430.)

parallel zur Längsachse gestreckt sein (Abb. 15.3.E, F), oder radial (Abb. 15.3.B–E) oder tangential (Abb. 15.3A, schmale Zellen). Sie sind gewöhnlich dicht gepackt angeordnet, d. h. das Gewebe besitzt keine Interzellularen. Bemerkenswerte Ausnahmen gibt es bei einigen Bäumen der tropischen Feuchtwälder (e.g. *Alseis labatioides* and *Coutarea hexandra*, Rubiaceae; *Parkia pendula*, Mimosaceae), bei denen Interzellularen zwischen den radialen Korkzellreihen gebildet werden; es entsteht ein Kork-Aerenchym (Roth, 1981). Überflutung kann zu verstärkter Phellogen-Aktivität und zur Bildung locker angeordneter radialer Reihen von Korkzellen führen (Abb. 15.4; Angeles et al., 1986; Angeles, 1992). In überfluteten *Ulmus americana* Stämmen bildet das Interzellularsystem des Korkes eine Einheit mit dem der primären Rinde, über Interzellularen im Phellogen hinweg (Angeles et al., 1986). Korkzellen sind im reifen Zustand tot. Sie sind dann mit Luft, flüssigem oder festem Inhalt gefüllt; einige sind farblos, andere pigmentiert.

Korkzellen besitzen typischerweise suberinisierte Zellwände. Das Suberin tritt als Lamelle auf, die als Akkrustierung auf die primäre Cellulosewand aufgelagert ist. Im Elektronenmikroskop erscheint die Lamelle geschichtet, weil sie abwechselnd aus elektronendichten und elektronendurchlässigen Schichten besteht (Abb. 4.5; Thomson et al., 1995). Korkzellen können dicke oder dünne Wände besitzen. In dickwandigen Zellen erstreckt sich eine lignifizierte Celluloseschicht auf der zum Lumen gerichteten Oberfläche der Suberinlamelle; diese ist folglich zwischen zwei Celluloseschichten eingebettet. Korkzellen können gleichmäßig oder ungleichmäßig verdickte Wände aufweisen. Einige besitzen U-förmig verdickte Wandverdickungen, wobei entweder die innere oder die äußere Tangentialwand zusammen mit dem angrenzenden Teil der Radialwand verdickt ist. Bei vielen *Pinus*-Arten entwickeln sich die dickwandigen Korkzellen zu stark lignifizierten Steinzellen (Abb. 15.5). Die deutlich geschichteten Wände enthalten zahlreiche ramiforme (verzweigte einfache) Tüpfel und besitzen an ihren Rändern viele unregelmäßige Ausbuchtungen. In tangentialen Längsschnitten ähneln diese Sklereiden unregelmäßig runden, ineinandergreifenden Zahnrädern (Howard, 1971; Patel, 1975). Die Wände der Korkzellen können braun, gelb oder farblos sein.

Bei vielen Arten besteht das Phellem aus Korkzellen und Zellen ohne Suberinisierung, sogenannten **Phelloiden**, also korkähnlichen Zellen. Wie die Korkzellen besitzen diese nicht suberinisierten Zellen entweder dicke oder dünne Zellwände, und sie können sich zu Sklereiden entwickeln (Abb. 15.3D). In der Rinde von *Melaleuca* entstehen aus dem Phellogen wechselnde Schichten von suberinisierten und suberinfreien Zellen (Chiang und Wang, 1984). Die suberinisierten Zellen bleiben radial abgeflacht, die nicht suberinisierten Zellen hingegen strecken sich radial schon bald nach ihrer Entstehung aus dem Phellogen. Die suberinisierten Zellen sind durch Casparystreifen in den antiklinen Wänden gekennzeichnet.

Bei einigen Pflanzen besteht das Phellem aus dünnwandigen und dickwandigen Zellen, oftmals in wechselnden tangentialen Bändern aus ein oder mehreren Zellschichten angeordnet (Arten von *Eucalyptus* und *Eugenia*, Chattaway, 1953, 1959; Arten von *Pinus*, *Picea*, *Larix*, Srivastava, 1963; *Betula populifolia*; *Robinia pseudoacacia*, Waisel et al., 1967; einige Cassinoideae aus Südafrika, Archer und Van Wyk, 1993). Bei tropischen Bäumen gibt viele Beispiele für geschichteten Kork (Roth, 1981). Bei einigen können die Schichten einfach durch ihren Zellinhalt voneinander unterschieden werden. Das Phellem kann gänzlich aus dickwandigen Zellen bestehen (*Ceratonia siliqua*; *Torrubia cuspidata*, *Diplotropis purpurea*, Roth, 1981) oder nur aus dünnwandigen Zellen (Arten von *Abies*, *Cedrus*, Srivastava, 1963; *Pseudotsuga*, Srivastava, 1963; Krahmer und Wellons, 1973).

Die Schichtung des Phellems macht es oft möglich, Zuwachszonen in diesem Gewebe zu erkennen. Bei einigen Arten, wie *Betula populifolia*, kann man die Zuwachszonen erkennen, weil eine jede aus zwei verschiedenen Bändern von

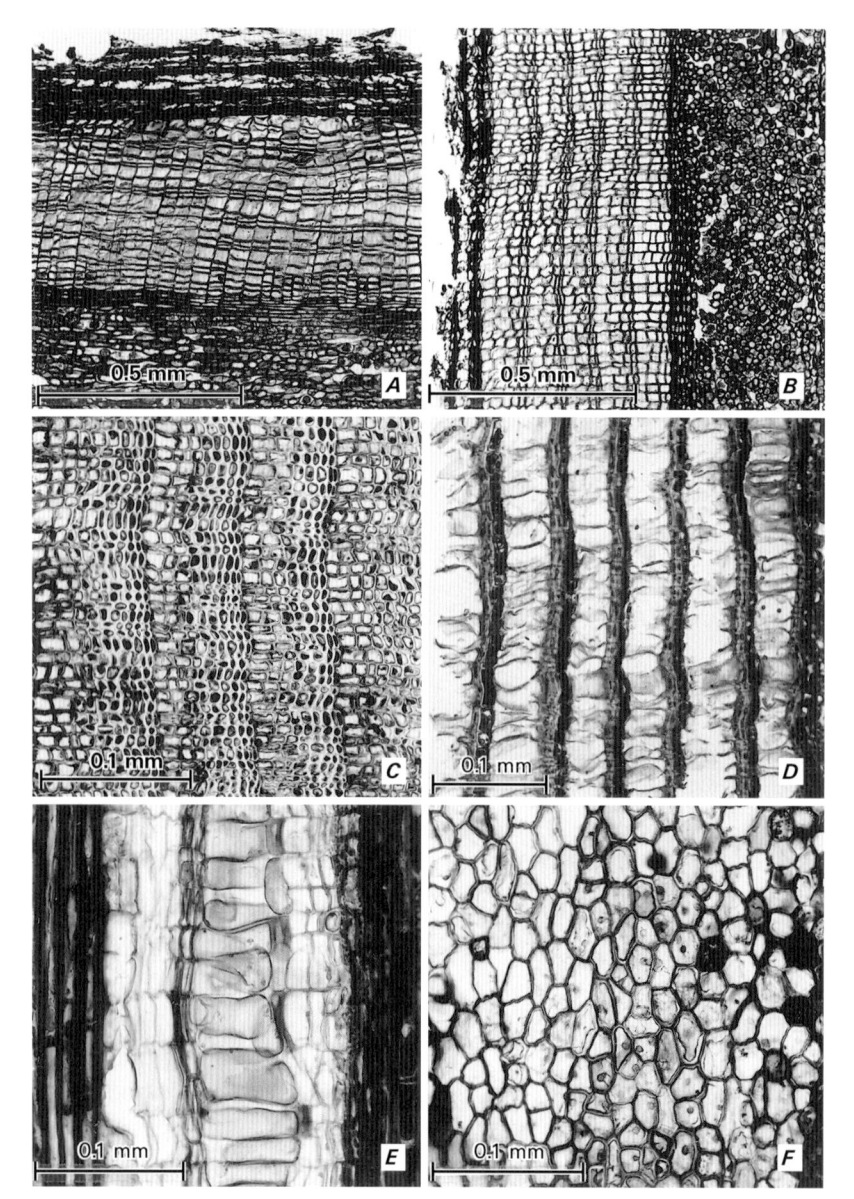

**Abb. 15.3** Unterschiedlicher Bau des Phellems in Sprossachsen. **A, B,** *Rhus typhina*. Phellem im Querschnitt (**A**) und radialen Längsschnitt (**B**) zeigt Wachstumsschichten, erkenntlich an abwechselnden engen und weiten Zellen. **C,** Birke (*Betula populifolia*). Phellem mit dicken Zellwänden und deutlich sichtbaren Wachstumsschichten; radialer Längsschnitt. **D,** *Rhododendron maximum*. Heterogenes Phellem aus verschieden großen Zellen; einige kleinzellige Schichten enthalten Sklereiden; radialer Längsschnitt. **E, F,** *Vaccinium corymbosum*. Phellem im radialen (**E,** helle Zellen in der Mitte) und tangentialen (**F**) Längsschnitt. **E** zeigt, dass die Phellemzellen in ihrer Form variieren (aus ESAU, 1977).

Zellen besteht, das eine dünnwandig, das andere dickwandig (Abb. 15.3C). Bei anderen Arten, deren Kork nur aus einem Zelltyp besteht, kann man die Zuwachszonen daran erkennen, dass sich die radiale Ausdehnung der Zellen ändert, so im Phellem von *Betula papyrifera* (Chang, 1954) und *Rhus typhina* (Abb. 15.3 A, B). Bei *Pseudotsuga menziesii* kann man Zuwachszonen erkennen, weil es an deren Ende eine dichtere und dunklere Zone von Korkzellen gibt, hervorgerufen durch intensives Falten und Zusammendrücken der Radialwände (Krahmer und Wellons, 1973; Patel, 1975). Bei *Picea glauca* besteht jede Zuwachszone aus Bändern dick- und dünnwandiger Zellen und endet mit ein oder mehreren Schichten von Zellen mit Kristalleinschlüssen. Es ist fraglich, ob all diese Zuwachszonen Jahreszuwächsen entsprechen.

Kork, der kommerziell als Flaschenkork verwendet wird, stammt von der Korkeiche, *Quercus suber*, die im Mittelmeerraum heimisch ist. Der Flaschenkork besteht aus dünnwandigen, mit Luft gefüllten Zellen; er ist in hohem Maße undurchlässig für Wasser und Gase und beständig gegen Öl. Kork ist leicht und hat wärmeisolierende Eigenschaften. Das erste Phellogen entsteht im ersten Wachstumsjahr in der unmittelbar unter der Epidermis gelegenen Zellschicht (Graca und Pereira,

**Abb. 15.4** Querschnitt durch einen 15 Tage lang überfluteten Stamm von *Ulmus americana*. Die Aktivität des Phellogens nimmt bei Überflutung zu; dabei entstehen locker angeordnete, schnurartige Reihen von Korkzellen (Pfeile). Andere Details. Ph, Phloem; X, Xylem. (x 80. Aus Angeles et al., 1986.)

## 15.2.3 Beträchtliche Unterschiede bestehen in Breite und Zusammensetzung des Phelloderms

Das Phelloderm besteht normalerweise aus Zellen, die dem primären Rindenparenchym oder dem Phloemparenchym gleichen. Sie können von den primären Rindenzellen durch ihre reihenweise radiale Anordnung unterschieden werden; sie gehören zu denselben radialen Reihen wie auch die Phellemzellen. Im Phelloderm kann man Zellen finden, die Korkzellen gleichen; die Phellodermzellen sind allerdings nicht suberinisiert. Viele Coniferen besitzen ein Phelloderm aus parenchymatischen und sklerenchymatischen Elementen (Abb. 15.5). Sklerifizierung des gesamtem Phelloderms oder eines Teils ist häufig bei Rinden tropischer Bäume anzutreffen. Die Sklereiden können gleichmäßig verdickte Wände besitzen oder U-förmige Wandverdickungen aufweisen; auch können Schichten dünnwandiger nicht lignifizierter Zellen mit Schichten lignifizierter sklerenchymatischer Zellen abwechseln.

Einige Pflanzen besitzen gar kein Phelloderm. Bei anderen ist dieses Gewebe ein bis drei oder mehr Zellschichten dick (Abb. 15.6). Die Zahl der Phellodermschichten kann sich in derselben Peridermschicht mit zunehmedem Alter des Stammes etwas ändern. Bei *Tilia* z. B. kann das Phelloderm im ersten Jahr 1 Zellschicht dick sein, im zweiten Jahr zwei und später drei oder vier. Die Folgeperiderme, die unterhalb des zuerst angelegten gebildet werden, besitzen ein genauso dickes oder ein dünneres Phelloderm wie das zuerst gebildete Periderm. Ein relativ breites Phelloderm konnte bei Sprossachsen und Wurzeln bestimmter Cucurbitaceae beobachtet werden (Dittmer und Roser, 1963). Bei einigen Gymnospermen ist das Phelloderm sehr breit. Bei *Ginkgo* konnten sogar 40 Zellschichten gezählt werden. In den Rinden mancher tropischer Bäume haben die Periderme sehr dünne Phelleme und das Phelloderm ist die eigentliche schützende Außenhaut. Bei *Myrcia amazonia* z. B. ist das Phellem nur eine Zellschicht dick. Enorm dicke Phelloderme konnten bei einigen tropischen Bäumen beobachtet werden. Bei *Ficus* sp. z. B. nimmt das Phelloderm mehr als ein Drittel der gesamten Rindendicke ein, und bei *Brosimum* sp. zwei Drittel (Roth, 1981).

Anders als bei den kompakt angeordneten Phellemzellen gibt es zwischen den Phellodermzellen zahlreiche Interzellularen. Auch können die Phellodermzellen – besonders die des zuerst angelegten Periderms – zahlreiche Chloroplasten enthalten und photosynthetisch aktiv sein. Dies ist offenbar ein allgemeines Merkmal der Coniferen (Godkin et al., 1983). Chloroplasten sind auch im Phelloderm der Rinde von *Alstonia scholaris* (Santos, 1926), *Citrus limon* (Schneider, 1955) und *Populus tremuloides* (Pearson und Lawrence, 1958) gefunden worden. Die parenchymatischen Elemente des Phelloderms haben vermutlich eine Speicherfunktion, vor allem für Stärke. Aus dem Phelloderm können auch neue Phellogenschichten entstehen, so beim Zitronenbaum (Schneider, 1955).

2004). Der erste Kork, der von der Korkeiche gebildet wird, hat geringen wirtschaftlichen Wert. Wenn der Baum ungefähr 20 Jahre alt ist, wird das erste Periderm entfernt und ein neues Phellogen entsteht in der primären Rinde, nur wenige mm tiefer als das zuerst angelegte. Der Kork, der von dem neu angelegten Phellogen gebildet wird, nimmt rasch zu und nach ungefähr neun Jahren ist er dick genug, um vom Baum abgezogen zu werden (Costa et al., 2001). Wiederum entsteht ein neues Phellogen unter dem vorigen und nach neun Jahren kann der Flaschenkork erneut geerntet werden. Dieser Vorgang kann in Abständen von ungefähr neun Jahren wiederholt werden bis der Baum 150 Jahre oder älter ist. Nach mehreren Korkernten entsteht das neue Phellogen im nicht leitenden Phloem. Der tote Kork ist ein zusammenpressbares, elastisches Gewebe. Seine wirtschaftlich wertvollen Eigenschaften – Wasserabstoßung und Wärmeisolierung – lassen Kork auch eine wirksame schützende Außenhaut für die Pflanze sein. Das tote Gewebe, das durch das Periderm abgetrennt wurde, verstärkt die wärmeisolierende Wirkung von Kork.

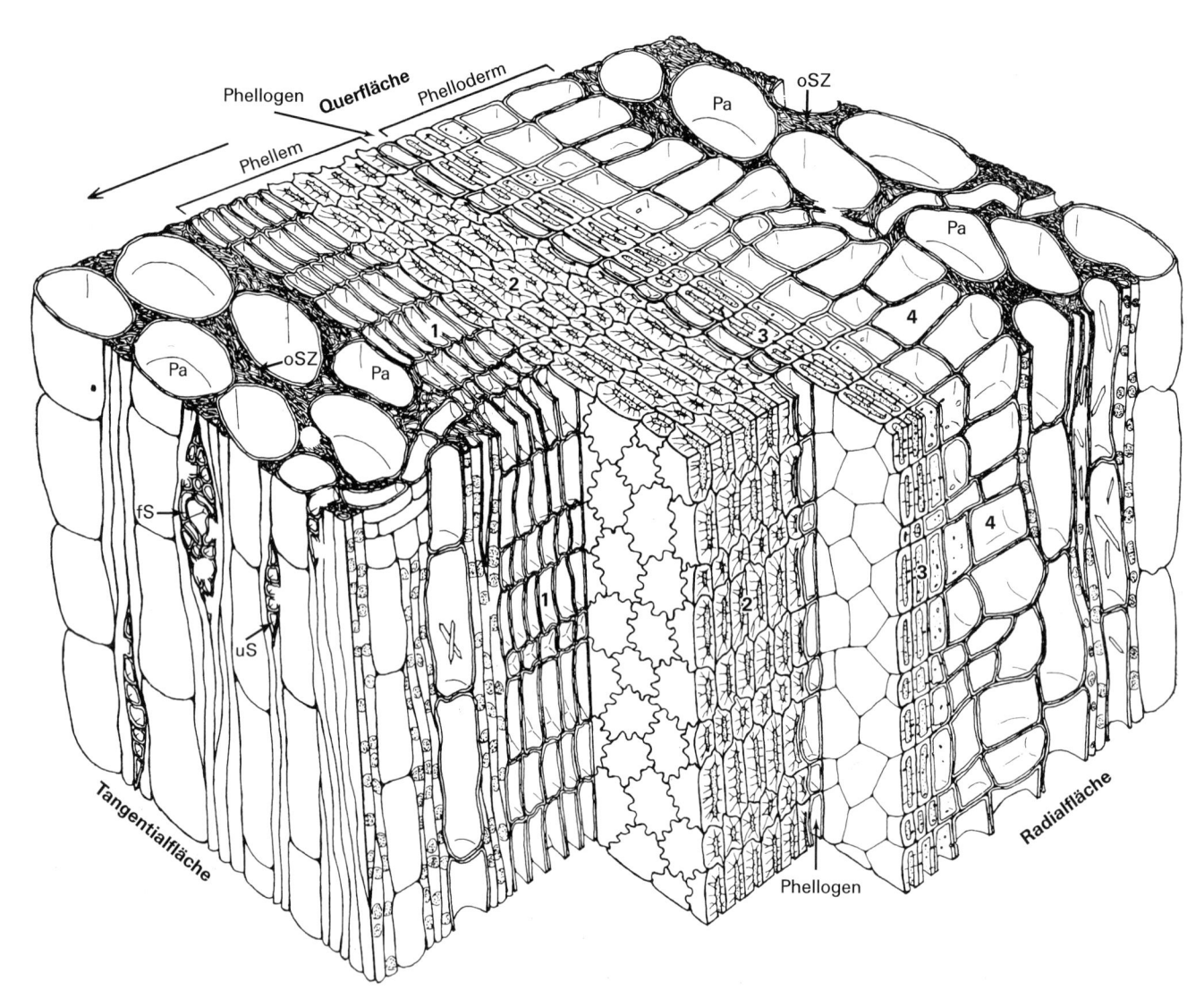

**Abb. 15.5** Blockdiagramm eines Teils der äußeren Rinde (Rhytidom) eines Kiefernstammes (Southern Pine). Der Pfeil weist in Richtung Stammaußenseite. Eine Peridermschicht aus Phellem, Phellogen und Phelloderm ist zu sehen; beiderseits befindet sich nicht leitendes sekundäres Phloem mit obliterierten Siebzellen (oSZ) und vergrößerten axialen Parenchymzellen (Pa). Das Phellem besteht aus dünnwandigen Zellen (1) und dickwandigen Steinzellen (2), die in Tangentialansicht ineinander greifenden Zahnrädern gleichen. Das Phelloderm besteht aus nicht vergrößerten dickwandigen Zellen (3) und vergrößerten dünnwandigen Zellen (4). Andere Details: fS: fusiformer Strahl, uS, uniseriater Strahl. (Aus Howard, 1971.)

## 15.3 Peridermbildung

### 15.3.1 Die Orte der Phellogenbildung sind unterschiedlich

Bei der Anlage des Phellogens muss zwischen dem ersten Periderm und den eventuell folgenden Peridermen unterschieden werden. Letztere (Folgeperiderme) entstehen weiter innen, unterhalb des ersten und ersetzen dieses bei zunehmender Umfangserweiterung der Achse. In der Sprossachse kann das Phellogen des ersten Periderms in verschiedenen radialen Tiefen außerhalb des Cambiums angelegt werden. Bei den meisten Sprossachsen entwickelt sich das erste Phellogen in der sub-epidermalen Schicht (Abb. 15.7A). Bei einigen Pflanzen liefern die Epidermiszellen das Phellogen (*Malus*, *Pyrus*, *Nerium oleander*, *Myrsine australis*, *Viburnum lantana*). Manchmal wird das Phellogen teils von der Epidermis, teils von den subepidermalen Zellen gebildet. Weiterhin kann die Peridermentwicklung bei Sprossachsen in der zweiten oder dritten primären Rindenschicht eingeleitet werden (*Quercus suber*, *Robinia pseudoacacia*, *Gleditschia triacanthos* und andere Fabaceae; Arten von *Aristolochia*, *Pinus* und *Larix*). Schließlich gibt es Fälle, bei denen das Phellogen dicht am Leitgewebe oder direkt im Phloem entsteht (Abb. 15.8; Caryophyllaceae, Cupressaceae, Ericaceae, Chenopodiaceae, *Berberis*, *Camellia*, *Puncia*, *Vitis*). Folgen dem ersten Periderm weitere, so werden

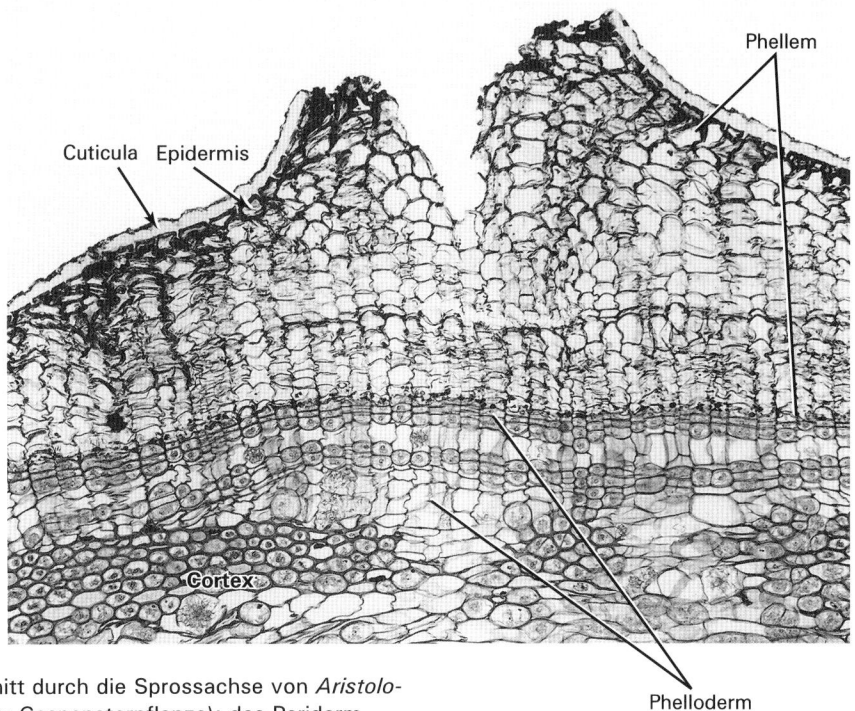

**Abb. 15.6** Querschnitt durch die Sprossachse von *Aristolochia* (Dutchmans pipe; Gespensterpflanze); das Periderm enthält ein mehrere Zellschichten breites Phelloderm. (x140)

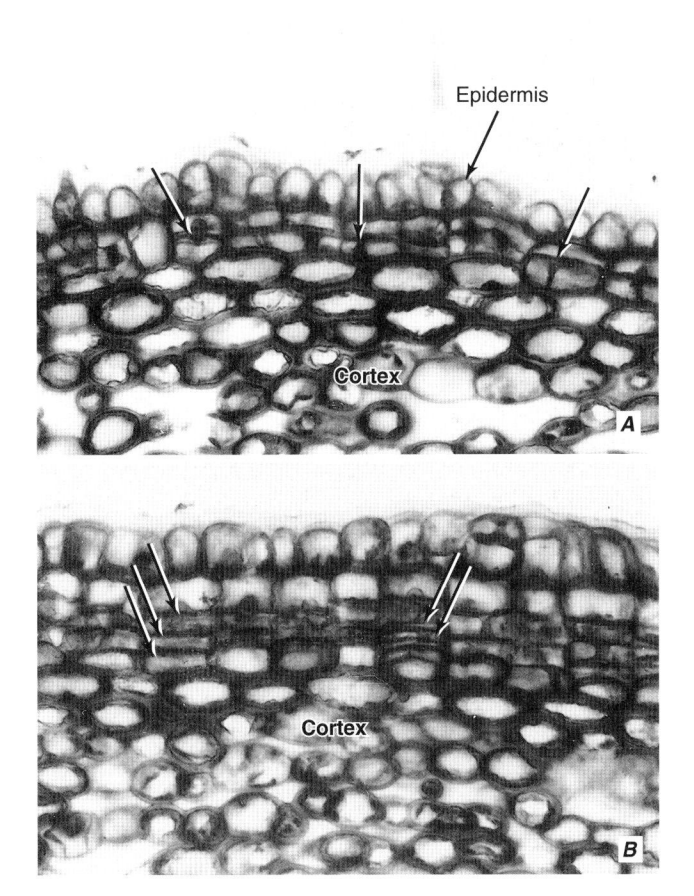

**Abb. 15.7** Querschnitt durch eine *Prunus* Sprossachse mit frühen (**A**) und späteren (**B**) Stadien der Peridermbildung durch perikline Teilungen (Pfeile) in der subepidermalen Schicht (beide x 430).

diese wiederholt – aber selten in jeder Saison – in immer tieferen Schichten der primären Rinde oder des Phloems gebildet. Wie bereits erwähnt, kann sich Kork auch im Xylem entwickeln (interxylärer Kork; Moss and Gorham, 1953; Ginsburg, 1963).

Das erste Phellogen wird entweder gleichmäßig parallel zur gesamten Oberfläche der Achse angelegt oder lokal begrenzt und wird erst durch laterale Ausdehnung der meristematischen Aktivität zusammenhängend. Wenn die anfängliche Aktivität lokal begrenzt ist, sind die ersten Teilungen oft solche, die mit der Bildung von Lenticellen im Zusammenhang stehen (siehe unten). Von den Rändern dieser Strukturen breitet sich die Teilungsaktivität auf den gesamten Sprossachsenumfang aus. Bei *Acer negundo* dauert es vier bis sechs Jahre bis das Phellogen einen geschlossenen Mantel rings um die Sprossachse bildet (Wacowska, 1985). Bei einigen Arten besteht eine positive Korrelation zwischen den Orten erster Phellogenbildung und der Lage von Trichomen, wobei die ersten Teilungen, die zur Bildung eines Phellogens führen, direkt unter den Trichomen beginnen (Arzee et al., 1978). Folgeperiderme erscheinen oft als zusammenhanglose, aber einander überlappende Schichten (Abb. 15.1 und 15.9B). Diese in etwa muschelförmigen Schichten entstehen unterhalb von Rissen im darüber liegenden Periderm (Abb. 15.9A). Die Folgeperiderme können jedoch auch die Achse vollständig oder zumindest größtenteils umschließen (Abb. 15.9C).

In Wurzeln von Koniferen und angiospermen Holzpflanzen findet normalerweise sekundäres Dickenwachstum und die Bildung eines typischens Periderms statt. Bei den meisten Wurzeln entsteht das zuerst angelegte Periderm tief in der Ach-

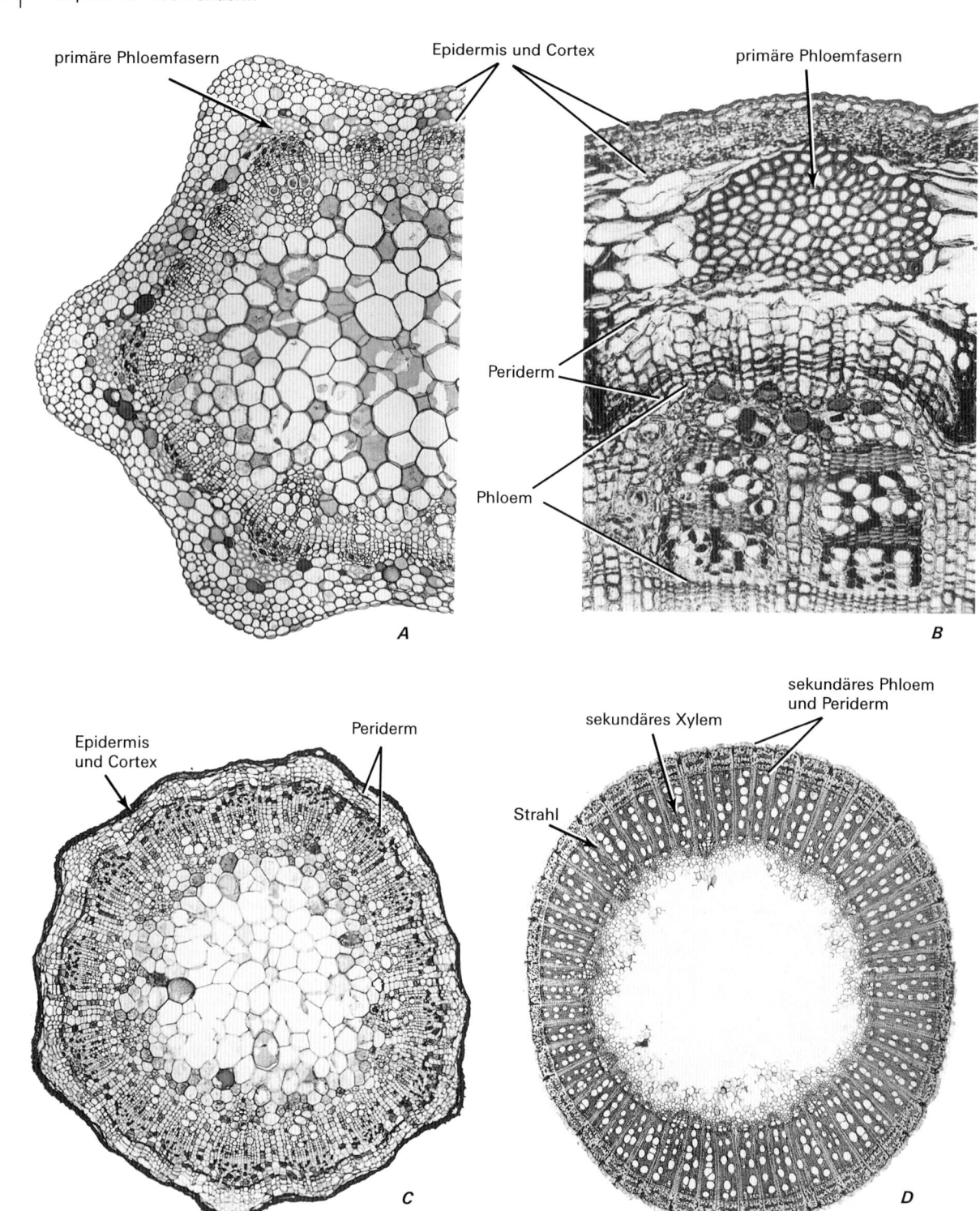

**Abb. 15.8** Entstehung des ersten Periderms bei der Weinrebe (*Vitis vinifera*), in Querschnittsansichten. **A**, Sprossachse eines Sämlings ohne Periderm. **B**, Sprossachse eines älteren Sämlings mit Periderm, das im primären Phloem entstanden ist. Die Stränge dickwandiger Zellen sind primäre Phloemfasern. Die nicht sklerifizierten Zellen außerhalb des Periderms sind abgestorben und kollabiert. **C**, Sprossachse eines älteren Sämlings mit Periderm, das die Sprossachse wie ein Zylinder vollständig ummantelt. Epidermis und Cortex sind zusammengedrückt. **D**, ein Jahr alter Trieb (innen hohl) mit Periderm außerhalb des sekundären Phloems. (A, × 90; B, × 115; C, × 50; D, × 10. **A**, Tafel 4B, und **C, D**, Tafel 5A, B aus Esau, 1948. Hilgardia 18 (5), 217–296, © 1948 Regents, University of California.)

## 15.3.2 Das Phellogen wird durch Teilung unterschiedlicher Zelltypen initiiert

Je nach Lage des Phellogens können die Zellen, in denen es seinen Anfang nimmt, Zellen der Epidermis sein, des subepidermalen Parenchyms oder Kollenchyms, und des Parenchyms von Perizykel oder Phloem, auch von Phloemstrahlen. Gewöhnlich kann man diese Zellen nicht von den anderen Zellen derselben Kategorie unterscheiden. Alle sind lebende Zellen und damit potentiell meristematisch. Die initiierenden Teilungen können in Anwesenheit von Chloroplasten und verschiedenen Speichersubstanzen, wie Stärke und Tannine, stattfinden, und während die Zellen noch dicke Primärwände besitzen, wie im Kollenchym. Schließlich werden aus den Chloroplasten Leucoplasten und die Stärke, die Tannine und die Wandverdickungen verschwinden. Manchmal haben die subepidermalen Schichten, in denen das Phellogen entsteht, keine kollenchymatisch verdickten Zellwände und zeigen eine kompakte, regelmäßige Anordnung.

Die Phellogenbildung beginnt mit periklinen Teilungen (Abb. 15.7). Durch die erste perikline Teilung einer bestimmten Zelle werden zwei offenbar gleiche Zellen gebildet. Oft teilt sich die innere der beiden Zellen nicht weiter und wird dann zur Phellodermzelle, während die äußere zur Phellogenzelle wird und sich weiter teilt. Durch eine zweite Teilung entstehen zwei Zellen, von denen die äußere zur ersten Korkzelle wird, während die innere meristematisch bleibt und sich wiederholt teilt. Manchmal führt die erste Teilung zur Bildung einer Korkzelle und einer Phellogenzelle. Obwohl die meisten der wiederholten Teilungen periklin sind, hält das Phellogen Schritt mit der Umfangserweiterung der Achse, indem sich seine Zellen periodisch radial antiklin teilen.

## 15.3.3 Der Zeitpunkt der Bildung des ersten Periderms und der Folgeperiderme variiert

Das erste Periderm entsteht normalerweise während des ersten Wachstumsjahres von Sprossachse und Wurzel. Die immer tiefer angelegten Folgeperiderme können später im selben Jahr angelegt werden oder aber viele Jahre später oder aber nie. Neben artspezifischen Unterschieden beeinflussen Umweltbedingungen das Aussehen von zuerst angelegtem Periderm und Folgeperidermen. Wasserverfügbarkeit, Temperatur und Lichtintensität beeinflussen den Zeitpunkt der Peridermbildung (De Zeeuw, 1941; Borger und Kozlowski, 1972a, b, c; Morgensen, 1968; Morgensen und David, 1968; Waisel, 1995).

Das erste Oberflächenperiderm kann ein ganzes Leben oder viele Jahre lang erhalten bleiben, so bei Arten von *Betula, Fagus, Abies, Carpinus, Anabasis, Haloxylon, Quercus* und bei vielen Arten tropischer Bäume (Roth, 1981). Im Johannisbrotbaum (*Ceratonia siliqua*) ist die Entstehung von Folgeperidermen auf Teile des Baumes beschränkt, die schätzungsweise älter als 40 Jahre sind (Arzee et al., 1977). Bei der Rinde von

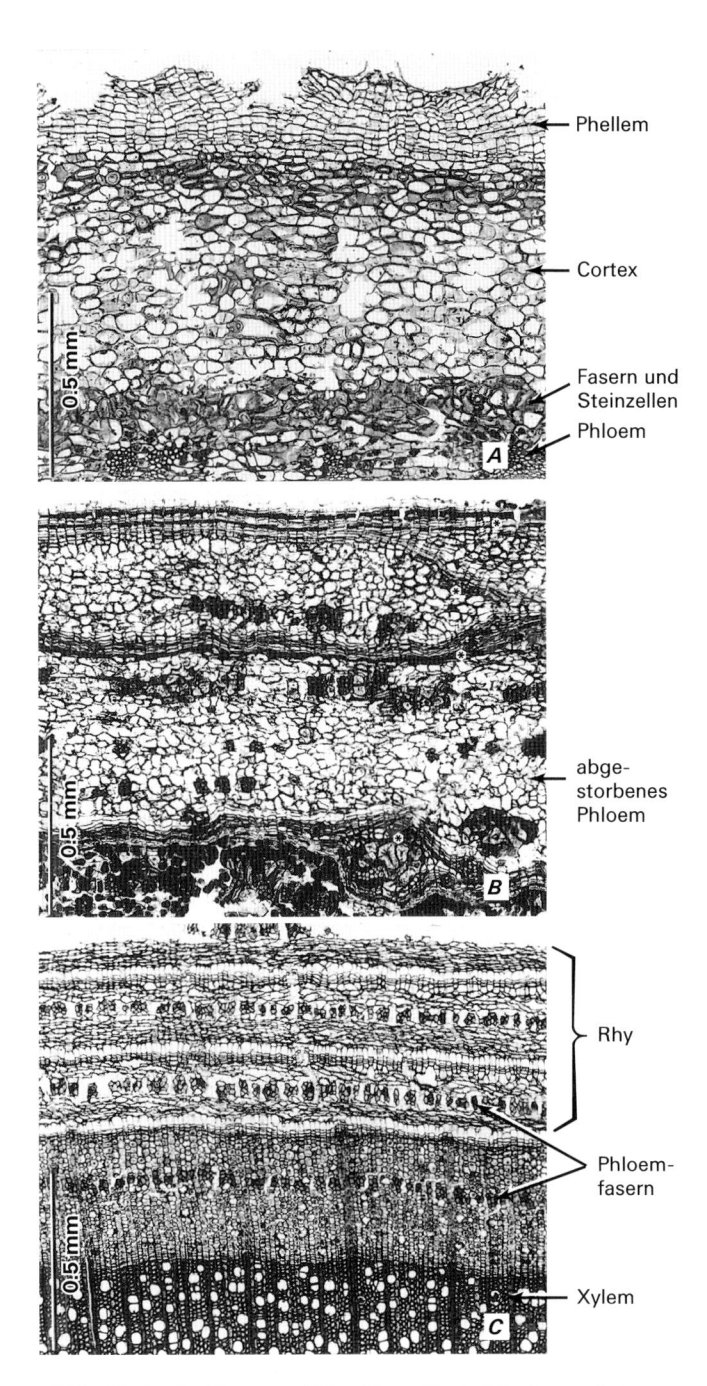

**Abb. 15.9** Periderm und Rhytidom (Borke) in Querschnitten von Sprossachsen. **A**, *Talauma*. Phellem mit tiefen Rissen. **B**, *Quercus alba* (Amerikanische Weiß-Eiche). Rhytidom mit schmalen Schichten aufeinanderfolgender Periderme (Sterne) und breiten Schichten toten Phloemgewebes. **C**, *Lonicera tatarica*, Rhytidom (Rhy), in dem sich Peridermschichten abwechseln mit Schichten, die vom sekundären Phloem abstammen und Phloemfasern enthalten (aus Esau, 1977).

se, normalerweise im Perizykel; es kann aber auch oberflächennah entstehen, so z. B. bei einigen Bäumen und ausdauernden krautigen Pflanzen, bei denen die primäre Rinde der Wurzel als Speicherorgan dient. Wie die Sprossachsen so können auch die Wurzeln weitere Peridermschichten in sukzessiv größerer Tiefe der Achse bilden.

*Fagus sylvatica* können das ursprüngliche Periderm und das alte Phloem 200 Jahre lang erhalten bleiben. Auch ein erstes Periderm, das tiefer in der Achse entsteht, kann lange Zeit bestehen bleiben (*Ribes, Berberis, Punica*). Bei *Melaleuca* werden im ersten Jahr drei oder vier Folgeperiderme gebildet, die alle im sekundären Phloem entstehen (Chiang und Wang, 1984). Bei den meisten Bäumen werden die ersten Periderme innerhalb weniger Jahre durch Folgeperiderme ersetzt. Bei Apfel- und Birnbäumen wird das zuerst angelegte Periderm meist im sechsten oder achten Wachstumsjahr ersetzt, und bei *Pinus sylvestris* im achten oder zehnten Jahr. Bäume der gemäßigten Breiten neigen dazu, mehr Folgeperiderme zu bilden als tropische Bäume.

Die Periode(n) der Aktivität von Phellogen und Cambium können zeitlich zusammenfallen oder nicht. Die Aktivität der beiden Lateralmeristeme ist voneinander unabhängig bei *Robinia pseudoacacia* (Waisel et al., 1967), *Acacia raddiana* (Arzee et al., 1970), *Abies alba* (Golinowski, 1971), *Cupressus sempervirens* (Liphschitz et al., 1981), *Pinus pinea, Pinus halepensis* (Liphschitz et al., 1984) und *Pistacia lentiscus* (Liphschitz et al., 1985). Bei *Ceratonia siliqua* (Arzee et al., 1977), *Quercus boissieri*, und *Quercus ithaburensis* (Arzee et al., 1978) hingegen fällt die Aktivität beider Meristeme zusammen.

Lange war man der Meinung, dass sich die zuerst angelegten Periderme und die Folgeperiderme nur im Zeitpunkt ihres Entstehens voneinander unterscheiden. Eine Untersuchungsreihe an Rinde verschiedener Coniferen, mittels Cryofixierung und chemischer Methoden, hat jedoch gezeigt, dass zwei Arten von Peridermen an der Borkenbildung beteiligt sind (Mullick, 1971). Das zuerst angelegte Periderm und einige Folgeperiderme sind braun, andere Folgeperiderme hingegen sind purpurrötlich. Neben Farbunterschieden haben die beiden Peridermarten noch andere charakteristische physikalische und chemische Eigenschaften, und sie unterscheiden sich auch in ihrer Lage im Rhytidom. Die purpur-rötlichen Folgeperiderme befinden sich unmittelbar am toten, in die Borke eingebetteten Phloem. Sie scheinen lebende Gewebe gegen Einflüsse zu schützen, die mit Zelltod im Zusammenhang stehen. Die braunen Folgeperiderme erscheinen sporadisch und sind vom toten Phloem durch die purpur-rötlichen Periderme getrennt. Das braune zuerst angelegte Periderm und die braunen Folgeperiderme sind in all ihren Eigenschaften gleich. Beide schützen sie lebendes Gewebe gegen die Außenwelt, das erste Periderm vor Borkenbildung und die braunen Folgeperiderme nach Abwerfen von Rhytidomschichten.

In einer Folgestudie an vier Coniferen-Arten fand man heraus, dass Wundperiderme und pathologische Periderme, auch Periderme, die an Trennzonen entstehen und an alten Harzbeulen dem Typ des purpur-rötlichen Folgemeristems entsprechen. Da alle purpur-rötlichen Periderme, auch die normalen Folgeperiderme, an nekrotisches Gewebe grenzen, hat man angenommen, dass sie alle einer einzigen Kategorie von Peridermen zuzurechnen sind, den **nekrophylaktischen**. Die braunen Periderme, das zuerst angelegte und die Folgeperiderme, welche die lebenden Gewebe gegen die äußere Umwelt schützen, gehören zu einer zweiten Kategorie, den **exophylaktischen** Peridermen (Mullick und Jensen, 1973).

## 15.4 Morphologie von Periderm und Rhytidom

Das äußere Erscheinungsbild von Achsenorganen mit Periderm oder Borke (Rhytidom) ist sehr variabel (Abb. 15.10). Diese Variabilität hängt teils von dem Typ und der Wachstumsweise des Periderms selbst ab, teils von der Menge und Art des Gewebes, das durch das Periderm von dem Achsengewebe abgetrennt wird. Die charakteristische äußere Erscheinung der Rinde kann wichtige taxonomische Informationen liefern, besonders für die Identifikation tropischer Bäume (Whitmore, 1962a, b; Roth, 1981; Yunus et al., 1990; Khan, 1996).

Ein Rhytidom entsteht durch sukzessive Bildung von Peridermen. Rinden mit nur einem, peripherisch angelegten Periderm (**Oberflächenperiderm**) bilden also keine Borke. In solchen Rinden wird nur eine relativ kleine Menge von primärem Gewebe abgetrennt. Es umfasst einen Teil der Epidermis, die gesamte Epidermis oder zusätzlich noch ein oder zwei Zellschichten der primären Rinde. Die Gewebe werden später abgestoßen, wodurch der Kork an die Oberfläche tritt. Wenn das exponierte Korkgewebe dünn ist, hat es gewöhnlich eine glatte Oberfläche. Bei der Papier-Birke (*Betula papyrifera*) z. B. schält sich das Periderm in dünnen papierartigen Lagen ab (Abb. 15.10C), entlang der Grenze zwischen schmalen und weiten Phellemzellen (Chang, 1954). Ist das exponierte Korkgewebe aber dick, so ist sein Oberfläche rau und rissig. Massiver Kork zeigt gewöhnlich Schichten, die anscheinend den jährlichen Zuwachs darstellen.

Bei manchen Eudicotyledonen (*Ulmus* spec.) entwickeln die Stämme Korkleisten; diese entstehen durch symmetrische Längsaufspaltung des Korkes an der Stammoberfläche in Relation zu einer ungleichen Ausdehnung verschiedener Stammsektoren (Smithson, 1954). Korkleisten können auch dann auftreten, wenn intensive Phellogentätigkeit in bestimmten, längsverlaufenden Stammregionen beträchtlich eher stattfindet als eine Peridermbildung an anderen Stellen des Stammes eingeleitet wird (*Euonymus alatus*, Bowen, 1963). Korkwarzen, die auf Stammoberflächen einiger tropischer Bäume zu finden sind (bestimmte Rutaceae, Bombacaceae, Euphorbiaceae, Fabaceae), entstehen dadurch, dass das Phellogen an einigen Stellen besonders viel Phellem produziert. Es sind reine Korkgebilde und bestehen aus dickwandigen lignifizierten Zellen. Weil sie so selten vorkommen, sind sie ein ausgezeichnetes Merkmal für die Rindenbestimmung (Roth, 1981).

Die Entstehungsweise der aufeinanderfolgenden Periderme beeinflusst das äußere Erscheinungsbild der Borke. Es entstehen zwei Arten von Borke (äußere Rinde, Rhytidom), Schuppenborke und Ringborke. **Schuppenborke** entsteht, wenn sich die Folgeperiderme muschel- oder schuppenförmig überlappen und ein jedes eine Schuppe äußeren Gewebes abtrennt (*Pinus*, *Pyrus*, *Quercus*, *Tilia*). **Ringborke** ist seltener und geht zurück auf die Bildung von Folgeperidermen, die sich beinahe konzentrisch um die Achse erstrecken (Cupressaceae, *Lonicera*, *Clematis*, *Vitis*). Dieser Borkentyp ist bei Pflanzen verbreitet, deren erstes Periderm tief im Inneren der Rinde angelegt wird. Eine Schuppenborke mit sehr großflächigen Schuppen (*Platanus*) kann als Übergangsform zwischen Schuppen- und Ringborke angesehen werden.

Manche Borken enthalten hauptsächlich Parenchym und weiche Korkzellen. Andere schließen eine große Zahl von Fasern ein, die gewöhnlich aus dem Phloem stammen. Das Vorhandensein von Fasern verleiht der „Rinde" ein charakteristisches Aussehen (Holdheide, 1981). Wenn Fasern fehlen, zerfällt die Borke in einzelne Schuppen oder muschelförmige Platten (*Pinus*, *Acer pseudoplatanus*). Faserhaltige Borken brechen zu einem netzartigen Muster (Netzborken) auf (*Tilia*, *Fraxinus*).

Die Art und Weise, wie die Borkenstücke vom Stamm abgetrennt werden, kann verschiedene strukturelle Ursachen haben. Wenn im Periderm der Borke dünnwandige Korkzellen oder Phelloidzellen vorkommen, erfolgt das Abstoßen der Schuppen entlang dieser Linien. Manchmal erfolgt die Abstoßung in der Borke auch entlang Zellen des nicht peridermalen Gewebes. Bei *Eucalyptus* reißt die Borke in Phloemparenchymzellen (Chattaway, 1953), und bei *Lonicera trataria* zwischen Fasern und Parenchym des Phloems. Kork ist häufig ein festes

**Abb. 15.10** Äußeres Erscheinungsbild der Borke von vier Laubbäumen. **A**, Streifig abblätternde Borke (Streifenborke) der Schuppenrinden-Hickorynuss (*Carya ovata*). **B**, tief rissige Borke der Färber-Eiche (*Quercus velutina*). **C**, dünne „Ringelborke" der Papier-Birke (*Betula papyrifera*). Das Schälen der Papier-Birke findet eigentlich an der Grenze zwischen flachen und breiten Phellemzellen statt. Die horizontalen Striche auf der Oberfläche der Rinde sind Lenticellen. **D**, Schuppenborke von Platane (*Platanus occidentalis*).

Gewebe und macht die Rinde widerstandsfähig und dauerhaft, auch wenn tiefe Risse entstehen (Arten von *Betula*, *Pinus*, *Quercus*, *Robinia*, *Salix*, *Sequoia*). Solche Rinden verwittern ohne dass Schuppen gebildet werden.

## 15.5 Polyderm

Ein spezielles Schutzgewebe ist das Polyderm; es findet sich bei Wurzeln und unterirdischen Sprossachsen von Hypericaceae, Myrtaceae, Onagraceae, und Rosaceae (Nelson und Wilhelm, 1957; Tippett und O'Brien, 1976; Rühl und Stösser, 1988; McKenzie und Peterson, 1995). Es entsteht aus einem Meristem, das im Perizykel gebildet wird und besteht aus wechselnden Schichten verkorkter Zellen, eine Zelle dick, und nicht verkorkter Zellen, mehrere Zellen dick (Abb. 15.11). Das Polyderm kann 20 oder mehr dieser alternierenden Schichten ansammeln, aber nur die äußersten Schichten sind tot. Im lebenden Teil dienen die nicht suberinisierten Zellen als Speicherzellen. In den submersen Teilen von Wasserpflanzen kann das Polyderm Interzellularen bilden und so als Aerenchym dienen.

## 15.6 Schutzgewebe der Monocotyledonen

Bei krautigen Monocotyledonen bleibt die Epidermis erhalten und ist das einzige Schutzgewebe der Pflanzenachse. Sollte die Epidermis reißen, können die darunter liegenden Cortexzellen sekundär suberinisieren, indem Suberinlamellen, wie sie für Korkzellen typisch sind, auf die Cellulosewände aufgelagert werden. Dies ist typisch für Poaceen, Juncaceen, Typhaceen und andere Familien.

Monocotyle Pflanzen bilden selten ein Periderm ähnlich dem anderer Angiospermen (Solereder and Meyer, 1928). Die Palme *Roystonea* bildet ein solches Periderm; das Phellem besteht hier aus dicht angeordneten Zellen mit dicken lignifizierten Zellwänden. Einige Phellodermzellen können auch sklerifizieren und lignifizieren (Chiang and Lu, 1979).

Bei den meisten monocotylen Holzpflanzen, so bei Palmen, wird durch wiederholte perikline Teilungen corticaler Parenchymzellen und anschließende Verkorkung der Teilungsprodukte ein spezifisches Schutzgewebe aufgebaut (Tomlinson, 1961, 1969). Parenchymzellen in tiefer gelegenen Schichten zeigen ähnliche Teilungen und anschließende Suberinisierung.

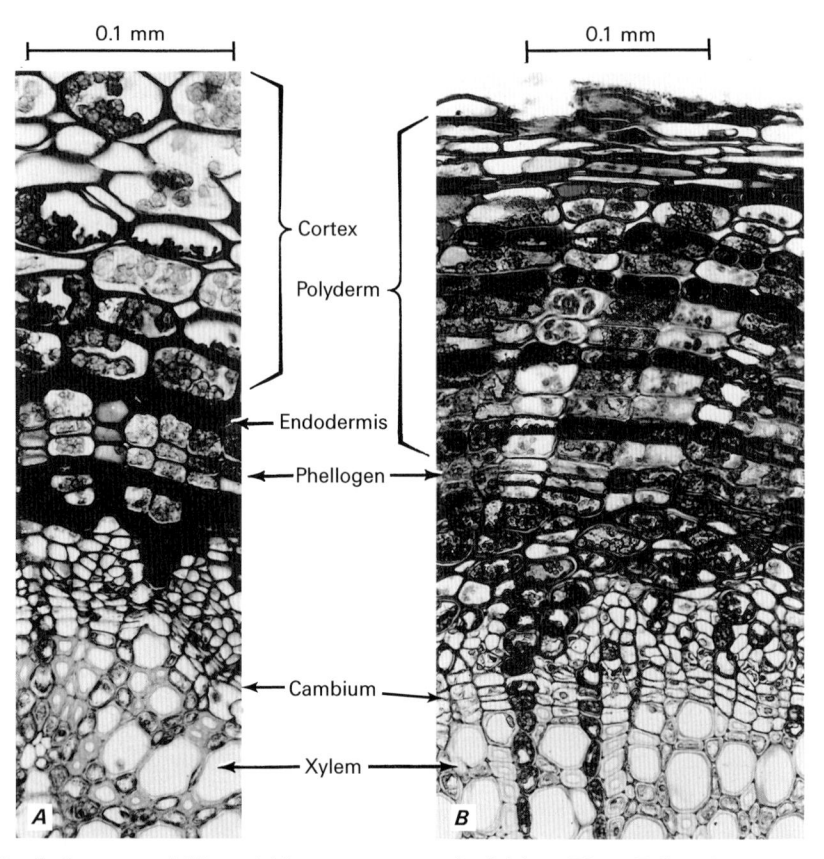

**Abb. 15.11** Polyderm der Erdbeerwurzel (*Fragaria*) im Querschnitt. **A**, Wurzel im frühen Stadium des sekundären Dickenwachstums. Das Phellogen wurde bereits angelegt, aber die primäre Rinde (Cortex) ist noch intakt. **B**, ältere Wurzel. Das Phellogen hat ein breites Polyderm gebildet. Die zu dunklen Bändern angeordneten Zellen des Polyderms sind suberinisiert. Diese Zellen alternieren mit nicht suberinisierten Zellen. Beide Zelltypen sind lebend. Nicht lebende verkorkte Zellen bilden die äußere Lage. Ein Cortex fehlt. (Aus Nelson und Wilhelm, 1957. *Hilgardia* 16 (15), 631–642. © 1957 Regents, University of California.)

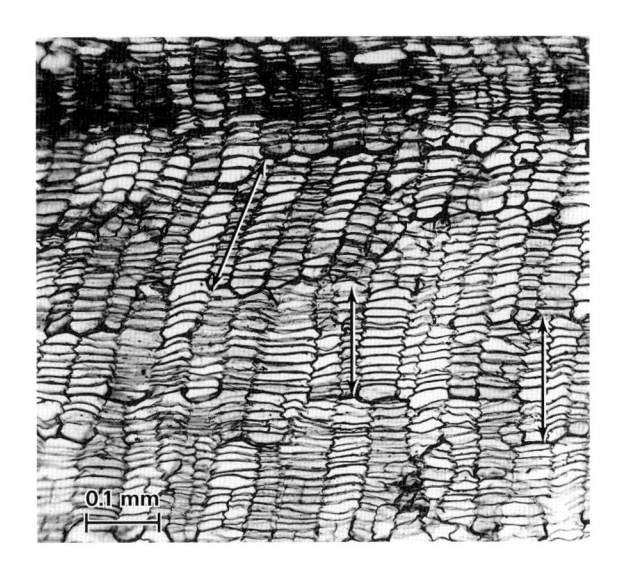

**Abb. 15.12** Etagenkork von *Cordyline terminalis* im Querschnitt (Aus Esau, 1977; mit freundlicher Genehmigung von Vernon I. Cheadle.)

So entwickelt sich ein Korkgewebe, ohne dass vorher eine Initialschicht, ein Phellogen, gebildet wird. Da die radialen Zellreihen im Querschnitt in Form konzentrischer Bänder angeordnet sind, bezeichnet man diesen Kork als **Etagenkork** (Abb. 15.12). Wenn die Korkzellbildung nach innen fortschreitet, können unverkorkte Zellen zwischen den Korkzellen eingebettet werden. In diesem Falle entsteht ein der Borke (Rhytidom) angiospermer Holzpflanzen analoges Gewebe (*Dracaena*, *Cordyline*, *Yucca*).

## 15.7 Wundperiderm

Verwundung löst eine Reihe metabolischer Prozesse und cytologischer Reaktionen aus, die unter günstigen Umständen zu einem vollständigen Verschluss der Wunde führen (Bostock und Sterner, 1989). Wundheilung ist ein Prozess, der die Synthese von DNA und Proteinen erfordert (Borchert und McChesney, 1973). Dramatische ultrastrukturelle Veränderungen, die in an die Wundränder grenzenden Zellen auftreten (Barckhausen, 1978) weisen auf erhöhte transkriptionale, translationale und sekretorische Aktivitäten hin. Die Sequenz der Ereignisse, die bei der Wundheilung in Sprossachsen von Gymnospermen (Mullick und Jensen, 1976; Oven et al., 1999) und angiospermen Holzpflanzen (Biggs und Stobbs, 1986; Woodward und Pocock, 1996; Oven et al., 1999) ablaufen, ist vergleichbar mit den Prozessen, die eine verletzte Kartoffelknolle aufweist, dem diesbezüglich wohl bislang am intensivsten untersuchten Objekt (Thomson et al., 1995; Schreiber et al., 2005).

Der Bildung von Wundperiderm (nekrophylaktischem Periderm), geht die Abschottung der frisch exponierten Wundoberfläche voraus, durch Bildung einer undurchlässige Zellschicht, der sogenannten **Grenzschicht** (*boundary layer*). Diese Grenzschicht stammt von Zellen, die zum Zeitpunkt der Verwundung bereits vorhanden waren. Sie entsteht direkt unter den toten (nekrotischen) Zellen der Wundoberfläche (Abb. 15.13). Die erste sichtbare Reaktion (innerhalb von 15 Minuten) bei Verwundung von Kartoffelknollen ist die Ablagerung von Callose an den Plasmodesmen der Zellwände der Grenzschicht, die an die nekrotischen Zellen grenzen (Thomson et al., 1995). Diese Wundcallose versiegelt die symplastischen Verbindungen an dieser Grenzfläche.

Lignifizierung geht der Suberinisierung der Zellwände der Grenzschicht voraus. Die Mittellamellen und Primärwände der Grenzschichtzellen werden zuerst lignifiziert. Auf die Lignifizierung folgt die Suberinisierung der Zellwände; es werden Suberinlamellen den Innenseiten der zuvor lignifizierten Zellwände aufgelagert. Die ligno-suberinisierte Grenzschicht ist eine undurchlässige Barriere gegen Feuchtigkeitsverlust und das Eindringen von Mikroorganismen in das darunter gelegene lebende Gewebe und schafft ferner günstige Bedingungen für die Entwicklung eines Wundperiderms. Warum geht bei der Wundheilung die Lignifizierung der Suberinisierung voraus? Phenolische Substanzen spielen offenbar eine Rolle bei Krankheitsresistenz; es besteht ein enger Zusammenhang zwischen der Ablagerung von Lignin und Lignin-verwandten Substanzen in Zellwänden und der Resistenz gegenüber Befall mit

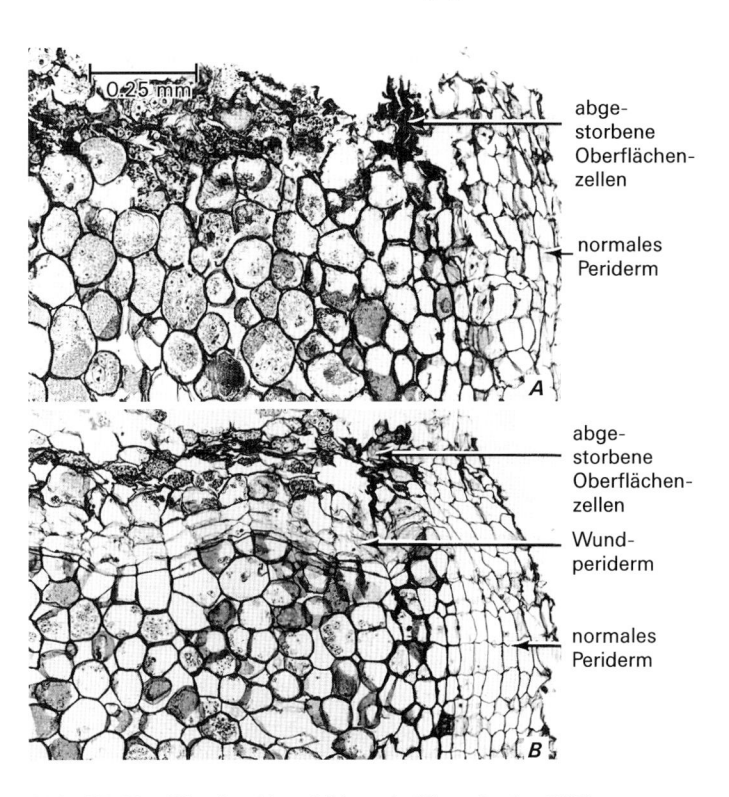

**Abb. 15.13** Wundperidermbildung in Wurzeln der Süßkartoffel (*Ipomoea batatas*). **A**, Wundende (Bruch) mit toten Zellen bedeckt. **B**, unter der abgestorbenen Wundoberfläche hat sich ein Wundperiderm gebildet und hat Anschluss an das normale Periderm bekommen (rechts). (Beide Mikrophotographien im selben Maßstab. Aus Morris und Mann, 1955. *Hilgardia* 24 (7), 143–183. © 1955 Regents, University of California.)

pilzlichen oder bakteriellen Pflanzenpathogenen (Nicholson und Hammerschmidt, 1992). Diese Resistenz wurde hauptsächlich auf die vermutlich toxische Wirkung der lignin-verwandten Vorstufen auf Pathogene zurückgeführt, aber auch auf die Barrierewirkung durch Lignifizierung der Zellwände.

Perikline Teilungen in Zellen unterhalb der Grenzschicht zeigen den Beginn einer Wundphellogen-Bildung an. Neu gebildete Korkzellen können von Grenzschicht-Zellen durch ihre radiale Anordnung im entstehenden Wundperiderm unterschieden werden. Die Lignifizierung und Suberinisierung der Wundkorkzellen verläuft in selber Abfolge wie bei den Zellen der Grenzschicht.

Erfolgreiche Bildung von Wundperiderm ist für die gärtnerische Praxis von großer Bedeutung, wenn für die Vermehrung Pflanzenteile geschnitten werden müssen (z.B. bei Kartoffelknollen, Süßkartoffelwurzeln). Experimente, bei denen die Wundheilung an Stücken von Kartoffelknollen durch chemische Behandlung verzögert wurde, zeigte die Bedeutung von Wundperiderm für den Schutz vor der Infektion mit Fäulniserregern (Doster und Bostock, 1988; Bostock und Stermer, 1989). Die Fähigkeit, bei Parasitenbefall ein Wundperiderm zu bilden kann resistente von nicht resistenten Pflanzen unterscheiden.

Pflanzen-Taxa unterscheiden sich im Hinblick auf die Anatomie der Wundheilung, genau wie sie sich in Details der Entwicklung natürlicher Schutzschichten unterscheiden (El Hadidi, 1969; Swamy and Sivaramakrishna, 1972; Barckhausen, 1978). Im allgemeinen reagieren Monocotyledonen auf Verletzung weniger als Eudicotyledonen. Bei Eudicotyledonen und gewissen Monocotyledonen (Liliales, Araceae, Pandanaceae) umfasst die Wundheilung sowohl eine Grenzschicht als auch ein Wundperiderm. Bei anderen Monocotyledonen kann man kein Wundperiderm finden. In dieser Gruppe bilden die Zingiberales eine leicht suberinisierte Grenzschicht, wohingegen die Arecaceae (Palmengewächse) und die Poaceae eine lignifizierte Grenzschicht bilden.

## 15.8 Lenticellen

Eine **Lenticelle** ist ein begrenzter Teil des Periderms in dem das Phellogen aktiver ist als an anderer Stelle und ein Gewebe hervorbringt, das anders als das Phellem zahlreiche Interzellularen enthält. Auch das Lenticellenphellogen besitzt Interzellularen. Wegen der relativ lockeren Anordnung der Zellen werden die Lenticellen als Strukturen angesehen, die einen Eintritt von Luft durch das Periderm erlauben (Groh et al., 2002).

Lenticellen sind normale Bestandteile des Periderms von Sprossachsen und Wurzeln. Sie fehlen oft bei Stämmen, in denen sich geschlossene Folgeperidermmäntel bilden und bei welchen die äußeren Rindenschichten jährlich abgeworfen werden (Arten von *Vitis*, *Lonicera*, *Tecoma*, *Clematis*, *Rubus*, und einige andere, meist Kletterpflanzen). Lenticellen („Korkwarzen") entstehen auf der Blattoberfläche bestimmter Taxa (Roth, 1992, 1995). Die kleinen Punkte auf der Schale von Äpfeln, Birnen und Pflaumen sind Beispiele für Lenticellen an Früchten.

In Aufsicht erscheinen die Lenticellen oft als längs oder quergestreckte linsenförmige Masse locker zusammenhängender Zellen, die gewöhnlich durch eine Spalte im Periderm über die Oberfläche hervorquellen (Abb. 15.10c). Die Größe der Lenticellen variiert; sie reicht von Strukturen, die kaum mit dem bloßen Auge zu erkennen sind, bis zu solchen, die über 1 cm lang sein können. Lenticellen treten einzeln oder in Reihen auf. Vertikale Reihen von Lenticellen finden sich oft gegenüber von breiten Strahlen; generell gibt es jedoch keine festgelegte Lage der Lenticellen in Bezug auf die Strahlen.

Das Lenticellenphellogen hat Anschluss an das Phellogen des normalen Periderms, buchtet sich jedoch normalerweise nach innen aus, so dass es weiter ins Innere der primären Rinde verlagert zu sein scheint (Abb. 15.14). Das lockere Gewebe, das vom Lenticellenphellogen nach außen abgegeben wird bezeichnet man als **Füllgewebe** (Wutz 1955); das nach innen abgegebene Gewebe ist das Phelloderm.

Bei verschiedenen Arten kann das Füllgewebe in seinem Aufbau verschieden stark vom normalen Korkgewebe abweichen. Bei den Gymnospermen besteht das Füllgewebe der Lenticellen aus denselben Zelltypen wie normales Phellem. Der Hauptunterschied zwischen den beiden ist das Vorkommen von Interzellularen im Lenticellengewebe. Lenticellen können auch dünnere Zellwände besitzen und radial gestreckt sein, statt radial abgeflacht wie die Phellemzellen so vieler Arten. In Lenticellen der Kartoffelknolle hat man mit Hilfe des Rasterelektronenmikroskops wachshaltige Auswüchse auf Zellwänden gefunden, die an die Interzellularräume grenzen (Hayward, 1974). Dieses Wachs kann bei der Regulation des Wasserverlustes von Kartoffelknollen eine Rolle spielen und bei der Verhinderung des Eintritts von Wasser und möglichen Pathogenen über die Lenticellen.

### 15.8.1 Bei angiospermen Holzpflanzen kann man drei Arten von Lenticellen unterscheiden

Der einfachste Lenticellentyp angiospermer Holzpflanzen (**Salixtyp**; Wutz, 1955) findet sich bei Arten von *Liriodendron*, *Magnolia*, *Malus*, *Persea* (Abb. 15.14A, B), *Populus*, *Pyrus*, und *Salix*; das Füllgewebe besteht hier aus verkorkten Zellen. Obwohl das Füllgewebe Interzellularen besitzt, kann es mehr oder weniger kompakt gebaut sein und Jahrringe aufweisen, wobei dünnwandiges lockeres Gewebe zuerst gebildet wird, und dickwandiges, kompakteres Gewebe später. Ein Phelloderm fehlt.

Lenticellen des zweiten Typs (**Sambucustyp**; Wutz, 1955) finden sich bei *Fraxinus*, *Quercus*, *Sambucus* (Abb. 15.14C) und *Tilia*. Sie bestehen hauptsächlich aus einer Masse mehr oder weniger lockeren unverkorkten Füllgewebes. Am Ende der Saison folgt auf das Füllgewebe eine geordnete und ge-

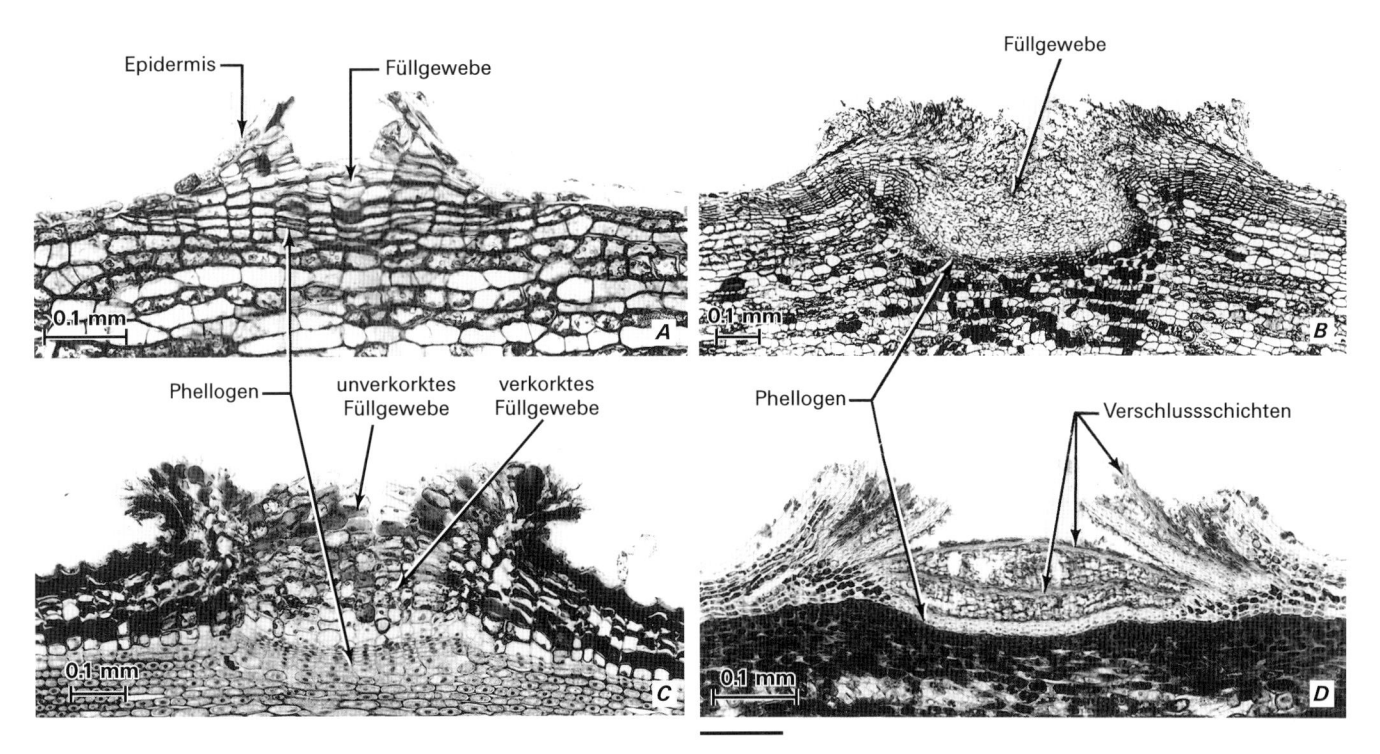

**Abb. 15.14** Lenticellen in Sprossachsen-Querschnitten. **A, B,** Avocado (*Persea americana*). Junge Lenticelle in **A,** ältere in **B.** Keine Verschlussschichten vorhanden. **C,** Holunder (*Sambucus canadensis*). Lenticelle mit kompakter Schicht verkorkter Zellen unterhalb des locker gebauten nicht suberinisierten Füllgewebes. **D,** Buche (*Fagus grandifolia*). Lenticelle mit Verschlussschichten. (**A, B, D,** aus Esau, 1977.)

schlossenere Schicht verkorkter Zellen (terminale Abschlussschicht; **Terminalschicht**).

Der dritte Lenticellentyp (**Prunustyp**; Wutz, 1955) tritt bei *Betula*, *Fagus* (Abb. 15.14D), *Prunus* und *Robinia* auf und zeigt den höchsten Grad an Spezialisierung. Das Füllgewebe ist geschichtet: lockeres unverkorktes Gewebe wechselt mehrfach regelmäßig mit fest zusammengefügtem verkorkten Gewebe ab. Das kompakte Gewebe bildet die **Zwischenkorkschichten** (Verschlussschichten), eine jede ein bis mehrere Zellreihen dick; sie halten das meist mehrere Zellreihen breite lockere Gewebe (Füllzellschicht) zusammen. Mehrere Lagen jedes Gewebetyps können pro Jahr gebildet werden. Den Abschluss bildet eine Terminalschicht. Die Verschlussschichten brechen im Verlauf des neuen Wachstums auf.

Bei der Gemeinen Fichte (*Picea abies*), einer Konifere, bildet das Lenticellenphellogen jedes Jahr eine einzige neue Verschlussschicht (Rosner und Kartush, 2003). Die Bildung neuen Füllgewebes, die im Frühjahr beginnt, führt schließlich zum Zerreißen der Verschlussschicht des Vorjahres. Die Differenzierung der neuen Verschlussschicht erfolgt im Spätsommer. Die Lenticellen zeigen daher ihre größte Durchlässigkeit zwischen dem Aufreißen der alten Verschlussschicht und der Differenzierung der neuen. Dies ist auch die Zeit der aktivsten Holzbildung bei der Gemeinen Fichte (Rosner und Kartush, 2003).

### 15.8.2 Die ersten Lenticellen entstehen häufig unter Stomata

Bei Peridermen, die in der subepidermalen Schicht entstehen, bilden sich die ersten Lenticellen gewöhnlich unter den Stomata. Sie können bereits auftreten ehe die Sprossachse ihr primäres Wachstum beendet hat und bevor das Periderm entsteht (Abb. 15.14A); Lenticellen können aber auch zeitgleich mit Beendigung des primären Wachstums entstehen. Die Parenchymzellen rings um die substomatäre Kammer teilen sich in verschiedenen Ebenen, das Chlorophyll wird abgebaut, und ein farbloses lockeres Gewebe wird gebildet. Die Teilungen setzen sich nach und nach immer tiefer in der primären Rinde fort und sind periklin orientiert. So entsteht ein sich periklin teilendes Meristem, das Lenticellenphellogen. Wenn das Füllgewebe an Masse zunimmt, sprengt es die Epidermis und dringt über die Oberfläche hinaus. Die exponierten Zellen sterben ab und verwittern; sie werden durch neue Zellen ersetzt, die vom Phellogen gebildet werden. Durch Teilungen nach innen bildet das Lenticellenphellogen Phelloderm, jedoch meist mehr als unter normalem Kork.

Lenticellen verbleiben im Periderm so lange wie das Periderm wächst; neue Lenticellen entstehen von Zeit zu Zeit durch Veränderung der Phellogenaktivität von der Bildung eines Phellems hin zur Bildung von Lenticellengewebe. Auch die tieferen Periderme besitzen Lenticellen. Bei Stämmen mit Schuppenborke entstehen Lenticellen im frisch exponierten Periderm. Bei dicken und rissigen Borken liegen die Lenticellen am Grunde der Furchen. Auf rauen Rindenoberflächen sind Lenticellen nicht leicht zu sehen. Die Lenticellen der Borken sind grundsätzlich denen des ersten Periderms ähnlich, ihr Phellogen ist jedoch weniger aktiv und daher sind sie nicht so gut differenziert. Bei massivem Korkgewebe setzen sich die Lenticellen über die ganze Dicke des Gewebes in radialer Richtung fort. Diese Erscheinung ist am Handelskork (*Quercus suber*) gut zu verfolgen; in Quer- und Radialschnitten werden die Lenticellen als braune pulvrige Gänge sichtbar. Da diese Lenticellen porös sind, werden Flaschenkorken senkrecht aus der Korklage geschnitten, damit sich die Lenticellen in Querrichtung des Korkens erstrecken.

## Literatur

Achor, D. S., H. Browning und L. G. Albrigo. 1997. Anatomical and histochemical effects of feeding by *Citrus* leafminer larvae (*Phyllocnistis citrella* Stainton) in *Citrus* leaves. *J. Am. Soc. Hortic. Sci.* 122, 829–836.

Aloni, R. und C. A. Peterson. 1991. Naturally occurring periderm tubes around secondary phloem fires in the bark of *Vitis vinifera* L. *IAWA Bull.* n.s. 12, 57–61.

Angeles, G. 1992. The periderm of flooded and non-flooded *Ludwigia octovalvis* (Onagraceae). *IAWA Bull.* n.s. 13, 195–200.

Angeles, G., R. F. Evert und T. T. Kozlowski. 1986. Development of lenticels and adventitious roots in flooded *Ulmus americana* seedlings. *Can. J. For. Res.* 16, 585–590.

Archer, R. H. und A. E. Van Wyk. 1993. Bark structure and intergeneric relationships of some southern African Cassinoideae (Celastraceae). *IAWA J.* 14, 35–53.

Arzee, T., Y. Waisel und N. Liphschitz. 1970. Periderm development and phellogen activity in the shoots of *Acacia raddiana* Savi. *New Phytol.* 69, 395–398.

Arzee, T., E. Arbel und L. Cohen. 1977. Ontogeny of periderm and phellogen activity in *Ceratonia siliqua* L. *Bot. Gaz.* 138, 329–333.

Arzee, T., D. Kamir und L. Cohen. 1978. On the relationship of hairs to periderm development in *Quercus ithaburensis* and *Q. infectoria*. *Bot. Gaz.* 139, 95–101.

Audia, W. V., W. L. Smith Jr. und C. C. Craft. 1962. Effects of isopropyl *N*-(3-chlorophenyl) carbamate on suberin, periderm, and decay development by Katahdin potato slices. *Bot. Gaz.* 123, 255–258.

Barckhausen, R. 1978. Ultrastructural changes in wounded plant storage tissue cells. In: *Biochemistry of Wounded Plant Tissues*, S. 1–42, G. Kahl, Hrsg., Walter de Gruyter, Berlin.

Biggs, A. R. und L. W. Stobbs. 1986. Fine structure of the suberized cell walls in the boundary zone and necrophylactic periderm in wounded peach bark. *Can. J. Bot.* 64, 1606–1610.

Borchert, R. und J. D. McChesney. 1973. Time course and localization of DNA synthesis during wound healing of potato tuber tissue. *Dev. Biol.* 35, 293–301.

Borger, G. A. und T. T. Kozlowski. 1972a. Effects of water deficits on first periderm and xylem development in *Fraxinus pennsylvanica*. *Can. J. For. Res.* 2, 144–151.

Borger, G. A. und T. T. Kozlowski. 1972b. Effects of light intensity on early periderm and xylem development in *Pinus resinosa*, *Fraxinus pennsylvanica*, and *Robinia pseudoacacia*. *Can. J. For. Res.* 2, 190–197.

Borger, G. A. und T. T. Kozlowski. 1972c. Effects of temperature on first periderm and xylem development in *Fraxinus pennsylvanica*, *Robinia pseudoacacia*, and *Ailanthus altissima*. *Can. J. For. Res.* 2, 198–205.

Bostock, R. M. und B. A. Stermer. 1989. Perspectives on wound healing in resistance to pathogens. *Annu. Rev. Phytopathol.* 27, 343–371.

Bowen, W. R. 1963. Origin and development of winged cork in *Euonymus alatus*. *Bot. Gaz.* 124, 256–261.

Chang, Y.-P. 1954. *Anatomy of common North American pulpwood barks*. TAPPI Monograph Ser. No. 14. Technical Association of the Pulp and Paper Industry, New York.

Chattaway, M. M. 1953. The anatomy of bark. I. The genus *Eucalyptus*. *Aust. J. Bot.* 1, 402–433.

Chattaway, M. M. 1959. The anatomy of bark. VII. Species of *Eugenia (sens. lat.)*. *Trop. Woods* 111, 1–14.

Chiang, S. H. T. [Tsai-Chiang, S. H.] und C. Y. Lu. 1979. Lateral thickening of the stem of *Roystonea regia*. *Proc. Natl. Sci. Council Rep. China* 3, 404–413.

Chiang, S. H. T. und S. C. Wang. 1984. The structure and formation of *Melaleuca* bark. *Wood Fiber Sci.* 16, 357–373.

Costa, A., H. Pereira und A. Oliveira. 2001. A dendroclimatological approach to diameter growth in adult cork-oak trees under production. *Trees* 15, 438–443.

de Zeeuw, C. 1941. *Influence of exposure on the time of deep cork formation in three northeastern trees*. Bull. N.Y. State Col. For. Syracuse Univ. Tech. Publ. No. 56.

Dittmer, H. J. und M. L. Roser. 1963. The periderm of certain members of the Cucurbitaceae. *Southwest. Nat.* 8, 1–9.

Doster, M. A. und R. M. Bostock. 1988. Effects of low temperature on resistance of almond trees to *Phytophthora* pruning wound cankers in relation to lignin and suberin formation in wounded bark tissue. *Phytopathology* 78, 478–483.

Dzerefos, C. M. und E. T. F. Witkowski. 1997. Development and anatomy of the attachment structure of woodrose-producing mistletoes. *S. Afr. J. Bot.* 63, 416–420.

El Hadidi, M. N. 1969. Observations on the wound-healing process in some flowering plants. *Mikroskopie* 25, 54–69.

Esau, K. 1948. Phloem structure in the grapevine, and its seasonal changes. *Hilgardia* 18, 217–296.

Esau, K. 1977. *Anatomy of Seed Plants*, 2. Aufl., Wiley, New York.

Evert, R. F. 1963. Ontogeny and structure of the secondary phloem in *Pyrus malus*. *Am. J. Bot.* 50, 8–37.

Geibel, M. 1998. Die Valsa-Krankheit beim Steinobst – biologische Grundlagen und Resistenzforschung. *Erwerbsobstbau* 40, 74–79.

Gil, G. F., D. A. Urquiza, J. A. Bofarull, G. Montenegro und J. P. Zoffoli. 1994. Russet development in the "Beurre Bosc" pear. *Acta Hortic.* 367, 239–247.

Ginsburg, C. 1963. Some anatomic features of splitting of desert shrubs. *Phytomorphology* 13, 92–97.

Godkin, S. E., G. A. Grozdits und C. T. Keith. 1983. The periderms of three North American conifers. Part 2. Fine structure. *Wood Sci. Technol.* 17, 13–30.

Golinowski, W. O. 1971. The anatomical structure of the common fir (*Abies alba* Mill.). I. Development of bark tissues. *Acta Soc. Bot. Pol.* 40, 149–181.

Graça, J. und H. Pereira. 2004. The periderm development in *Quercus suber*. *IAWA J.* 25, 325–335.

Groh, B., C. Hübner und K. J. Lendzian. 2002. Water and oxygen permeance of phellems isolated from trees: The role of waxes and lenticels. *Planta* 215, 794–801.

Grozdits, G. A., S. E. Godkin und C. T. Keith. 1982. The periderms of three North American conifers. Part I. Anatomy. *Wood Sci. Technol.* 16, 305–316.

Hawkins, S. und A. Boudet. 1996. Wound-induced lignin and suberin deposition in a woody angiosperm (*Eucalyptus gunnii*

Hook.): Histochemistry of early changes in young plants. *Protoplasma* 191, 96–104.

Hayward, P. 1974. Waxy structures in the lenticels of potato tubers and their possible effects on gas exchange. *Planta* 120, 273–277.

Holdheide, W. 1951. Anatomie mitteleuropäischer Gehölzrinden (mit mikrophotographischem Atlas). In: *Handbuch der Mikroskopie in der Technik*, Bd. 5, Heft 1, S. 195–367, H. Freund, Hrsg., Umschau Verlag, Frankfurt am Main.

Howard, E. T. 1971. Bark structure of the southern pines. *Wood Sci.* 3, 134–148.

Khan, M. A. 1996. Bark: A pointer for tree identification in field conditions. *Acta Bot. Indica* 24, 41–44.

Krahmer, R. L., J. D. Wellons. 1973. Some anatomical and chemical characteristics of Douglas-fir cork. *Wood Sci.* 6, 97–105.

Lev-Yadun, S. und R. Aloni. 1991. Wound-induced periderm tubes in the bark of *Melia azedarach, Ficus sycomorus*, and *Platanus acerifolia. IAWA Bull.* n.s. 12, 62–66.

Liphschitz, N., S. Lev-Yadun und Y. Waisel. 1981. The annual rhythm of activity of the lateral meristems (cambium and phellogen) in *Cupressus sempervirens* L. *Ann. Bot.* 47, 485–496.

Liphschitz, N., S. Lev-Yadun, E. Rosen und Y. Waisel. 1984. The annual rhythm of activity of the lateral meristems (cambium and phellogen) in *Pinus halepensis* Mill. and *Pinus pinea* L. *IAWA Bull.* n.s. 5, 263–274.

Liphschitz, N., S. Lev-Yadun und Y. Waisel. 1985. The annual rhythm of activity of the lateral meristems (cambium and phellogen) in *Pistacia lentiscus* L. *IAWA Bull.* n.s. 6, 239–244.

McKenzie, B. E. und C. A. Peterson. 1995. Root browning in *Pinus banksiana* Lamb. and *Eucalyptus pilularis* Sm. 2. Anatomy and permeability of the cork zone. *Bot. Acta* 108, 138–143.

Morgensen, H. L. 1968. Studies on the bark of the cork bark fir: *Abies lasiocarpa* var. *arizonica* (Merriam) Lemmon. I. Periderm ontogeny. *J. Ariz. Acad. Sci.* 5, 36–40.

Morgensen, H. L. und J. R. David. 1968. Studies on the bark of the cork fir: *Abies lasiocarpa* var. *arizonica* (Merriam) Lemmon. II. The effect of exposure on the time of initial rhytidome formation. *J. Ariz. Acad. Sci.* 5, 108–109.

Morris, L. L. und L. K. Mann. 1955. Wound healing, keeping quality, and compositional changes during curing and storage of sweet potatoes. *Hilgardia* 24, 143–183.

Moss, E. H. und A. L. Gorham. 1953. Interxylary cork and fission of stems and roots. *Phytomorphology* 3, 285–294.

Mullick, D. B. 1971. Natural pigment differences distinguish first and sequent periderms of conifers through a cryofixation and chemical techniques. *Can. J. Bot.* 49, 1703–1711.

Mullick, D. B. und G. D. Jensen. 1973. New concepts and terminology of coniferous periderms: Necrophylactic and exophylactic periderms. *Can. J. Bot.* 51, 1459–1470.

Mullick, D. B. und G. D. Jensen. 1976. Rates of non-suberized impervious tissue development after wounding at different times of the year in three conifer species. *Can J. Bot.* 54, 881–892.

Nelson, P. E. und S. Wilhelm. 1957. Some anatomic aspects of the strawberry root. *Hilgardia* 26, 631–642.

Nicholson, R. L. und R. Hammerschmidt. 1992. Phenolic compounds and their role in disease resistance. *Annu. Rev. Phytopathol.* 30, 369–389.

Oven, P., N. Torelli, W. C. Shortle und M. Zupančič. 1999. The formation of a ligno-suberized layer and necrophylactic periderm in beech bark (*Fagus sylvatica* L.). *Flora* 194, 137–144.

Patel, R. N. 1975. Bark anatomy of radiata pine, Corsican pine, and Douglas fir grown in New Zealand. *N. Z. J. Bot.* 13, 149–167.

Pearson, L. C. und D. B. Lawrence. 1958. Photosynthesis in aspen bark. *Am. J. Bot.* 45, 383–387.

Rosner, S. und B. Kartush. 2003. Structural changes in primary lenticels of Norway spruce over the seasons. *IAWA J.* 24, 105–116.

Roth, I. 1981. *Structural Patterns of Tropical Barks. Encyclopedia of Plant Anatomy*, Bd. 9, Teil 3. Gebrüder Borntraeger, Berlin.

Roth, I. 1992. *Leaf Structure: Coastal Vegetation and Mangroves of Venezuela. Encyclopedia of Plant Anatomy*, Bd. 14, Teil 2. Gebrüder Borntraeger, Berlin.

Roth, I. 1995. *Leaf Structure: Montane Regions of Venezuela with an Excursion into Argentina. Encyclopedia of Plant Anatomy*, Bd. 14, Teil 3. Gebrüder Borntraeger, Berlin.

Rühl, K. und R. Stösser. 1988. Peridermausbildung und Wundreaktion an Ruten verschiedener Himbeersorten (*Rubus idaeus* L.). Mitt. Klosterneuburg 38, 21–29.

Salema, R. 1967. On the occurrence of periderm in the leaves of *Welwitschia mirabilis. Can. J. Bot.* 45, 1469–1471.

Santos, J. K. 1926. Histological study of the bark of *Alstonia scholaris* R. Brown from the Philippines. *Philipp. J. Sci.* 31, 415–425.

Schneider, H. 1955. Ontogeny of lemon tree bark. *Am. J. Bot.* 42, 893–905.

Schreiber, L., R. Franke und K. Hartmann. 2005. Wax and suberin development of native and wound periderm of potato (*Solanum tuberosum* L.) and its relation to peridermal transpiration. *Planta* 220, 520–530.

Smithson, E. 1954. Development of winged cork in *Ulmus* x *hollandica* Mill. *Proc. Leeds Philos. Lit. Soc., Sci. Sect.*, 6, 211–220.

Solereder, H. und F. J. Meyer. 1928. *Systematische Anatomie der Monokotyledonen*. Heft III. Gebrüder Borntraeger, Berlin.

Srivastava, L. M. 1963. Secondary phloem in the Pinaceae. *Univ. Calif. Publ. Bot.* 36, 1–142.

Swamy, B. G. L. und D. Sivaramakrishna. 1972. Wound healing responses in monocotyledons. I. Responses in vivo. *Phytomorphology* 22, 305–314.

Thomson, N., R. F. Evert und A. Kelman. 1995. Wound healing in whole potato tubers: A cytochemical, fluorescence, and ultrastructural analysis of cut and bruise wounds. *Can. J. Bot.* 73, 1436–1450.

Tippett, J. T. und T. P. O'Brien. 1976. The structure of eucalypt roots. *Aust. J. Bot.* 24, 619–632.

Tomlinson, P. B. 1961. *Anatomy of the Monocotyledons*. II. *Palmae*. Clarendon Press, Oxford.

Tomlinson, P. B. 1969. *Anatomy of the Monocotyledons*. III. *Commelinales-Zingiberales*. Clarendon Press, Oxford.

Trockenbrodt, M. 1994. Light and electron microscopic investigations on wound reactions in the bark of *Salix caprea* L. and *Tilia tomentosa* Moench. *Flora* 189, 131–140.

Tucker, S. C. 1975. Wound regeneration in the lamina of magnoliaceous leaves. *Can. J. Bot.* 53, 1352–1364.

Wacowska, M. 1985. Ontogenesis and structure of periderm in *Acer negundo* L. and x *Fatshedera lizei* Guillaum. *Acta Soc. Bot. Pol.* 54, 17–27.

Waisel, Y. 1995. Developmental and functional aspects of the periderm. In: *Encyclopedia of Plant Anatomy*, Bd. 9, Teil 4, *The Cambial Derivatives*, S. 293–315. Gebrüder Borntraeger, Berlin.

Waisel, Y., N. Liphschitz und T. Arzee. 1967. Phellogen activity in *Robinia pseudoacacia* L. *New Phytol.* 66, 331–335.

Whitmore, T. C. 1962a. Studies in systematic bark morphology. I. Bark morphology in Dipterocarpaceae. *New Phytol.* 61, 191–207.

Whitmore, T. C. 1962b. Studies in systematic bark morphology. III. Bark taxonomy in Dipterocarpaceae. *Gardens' Bull. Singapore* 19, 321–371.

Woodward, S. und S. Pocock. 1996. Formation of the lignosuberized barrier zone and wound periderm in four species of European broad-leaved trees. *Eur. J. For. Pathol.* 26, 97–105.

Wutz, A. 1955. Anatomische Untersuchungen über System und periodische Veränderungen der Lenticellen. *Bot. Stud.* 4, 43–72.

Yunus, M., D. Yunus und M. Iqbal. 1990. Systematic bark morphology of some tropical trees. *Bot. J. Linn. Soc.* 103, 367–377.

# Kapitel 16
# Externe Sekretionseinrichtungen

**Sekretion** bezeichnet das komplexe Phänomen der Entfernung von Substanzen vom Protoplasten oder ihre Isolation in Teilen des Protoplasten. Die sezernierten Substanzen können überflüssige Ionen sein, die in Form von Salzen entfernt werden, überflüssige Assimilate, die als Zucker oder Zellwandsubstanzen eliminiert werden, sekundäre Metaboliten, die nicht verwendbar oder nur teilweise physiologisch verwendbar sind (Alkaloide, Tannine, ätherische Öle, Harze, verschiedene Kristalle), oder Substanzen, die nach Sekretion eine spezielle physiologische Funktion erlangen (Enzyme, Hormone). Die Entfernung von Substanzen, die am Stoffwechsel einer Zelle nicht mehr teilhaben, bezeichnet man manchmal als **Exkretion**. In der Pflanze gibt es jedoch keine scharfe Trennung zwischen Exkretion und Sekretion (Schnepf, 1974). Dieselbe Zelle kann sowohl unbrauchbare sekundäre Metaboliten akkumulieren, als auch primäre Metaboliten, die wiederverwendet werden. Darüber hinaus ist die genaue Rolle vieler sekundärer Pflanzenstoffe, wahrscheinlich der meisten, nicht bekannt. In diesem Buch wird der Terminus Sekretion für beides, Sekretion im engeren Sinne und Exkretion verwendet. Sekretion umfasst beides, Entfernung von Material aus der Zelle (entweder zur Pflanzenoberfläche hin oder in interne Räume hinein) und die Akkumulierung von sezerniertem Material in einigen Kompartimenten der Zelle.

Sekretionsphänomene in Pflanzen werden meist im Zusammenhang mit spezialisierten sekretorischen Strukturen beschrieben, wie Drüsenhaare, Nektarien, Harzkanäle, Milchgänge und andere. In Wirklichkeit tritt Sekretion in allen lebenden Zellen als Teil des normalen Stoffwechsels auf. Sekretion tritt auf bei der Akkumulation temporärer Ablagerungen in Vakuolen und Organellen; bei der Mobilisierung von Enzymen, die bei Aufbau und Abbau von Zellkomponenten beteiligt sind; ferner beim Austausch von Material zwischen Organellen und beim Transport zwischen Zellen. Die Allgegenwärtigkeit sekretorischer Prozesse in der lebenden Pflanze darf beim Studium spezialisierter sekretorischer Strukturen nicht aus dem Auge verloren werden.

Sichtbar differenzierte sekretorische Strukturen erscheinen in vielfältiger Gestalt. Hochdifferenzierte vielzellige sekretorische Strukturen werden als Drüsen bezeichnet (Abb. 16.1F); die einfacheren bezeichnet man als drüsige Strukturen, so die Drüsenhaare, die Drüsenepidermis oder die Drüsenzellen (Abb. 16.1A–E). Die Unterscheidung ist jedoch ungenau; verschiedene sekretorische Strukturen, große und kleine, haarförmige und komplizierter gebaute, werden oftmals als **Drüsen** bezeichnet.

Drüsen unterscheiden sich stark bezüglich der sezernierten Substanzen. Die Substanzen, die sezerniert werden, können direkt oder indirekt über die Leitgewebe in die Drüsen gelangen, so bei Salzdrüsen, Hydathoden und Nektarien. Diese Substanzen werden durch die sekretorischen Strukturen entweder nicht oder nur leicht modifiziert. Andererseits können Sekrete auch von den Zellen der sekretorischen Strukturen synthetisiert werden, so von Schleimzellen, Öldrüsen, und den Epithelzellen von Harzkanälen. Drüsen können hochspezialisiert sein, was sich an dem Vorherrschen einer Substanz oder einer Gruppe von Substanzen im exportierten Material einer bestimmten Drüse zeigt (Fahn, 1979a, 1988; Kronestedt-Robards and Robards, 1991). Einige Drüsen sezernieren vorwiegend **hydrophile** (wasserliebende) **Substanzen**, andere entlassen hauptsächlich **lipophile** (fettliebende) **Substanzen**. Andere Drüsen wiederum sezernieren ansehnliche Mengen sowohl hydrophiler als auch lipophiler Substanzen; daher ist es nicht immer möglich, eine bestimmte Drüse entweder als rein hydrophil oder rein lipophil einzuordnen (Corsi und Bottega, 1999; Werker, 2000).

Aktive Sekretionszellen enthalten typischerweise dichte Protoplasten mit zahlreichen Mitochondrien. Die Häufigkeit der anderen zellulären Komponenten variiert je nach der speziellen sezernierten Substanz (Fahn, 1988). Schleim-bildende Zellen z. B. sind durch ein zahlreiches Auftreten von Dictyosomen charakterisiert, die an der Schleimbildung beteiligt sind und der Entfernung des Schleims aus dem Protoplasten via Exocytose. Das am meisten verbreitete ultrastrukturelle Merkmal von Zellen, die lipophile Substanzen sezernieren, ist das große Vorkommen von Endoplasmatischem Reticulum; ein großer Teil dieses ER ist räumlich mit Plastiden assoziiert, die osmiophiles Material enthalten. Beide, die Plastiden und das Endoplasmatische Reticulum (und möglicherweise andere Zellkomponenten) sind an der Synthese lipophiler Substanzen beteiligt. Das Endoplasmatische Reticulum kann auch am intrazellulären Transport der lipophilen Substanzen vom Ort der Synthese zur Plasmamembran beteiligt sein.

Unser Verständnis der Prozesse, die an der Eliminierung von Sekreten aus Zellen beteiligt sind, stammt hauptsächlich aus dem Studium ultrastruktureller Veränderungen im Laufe der

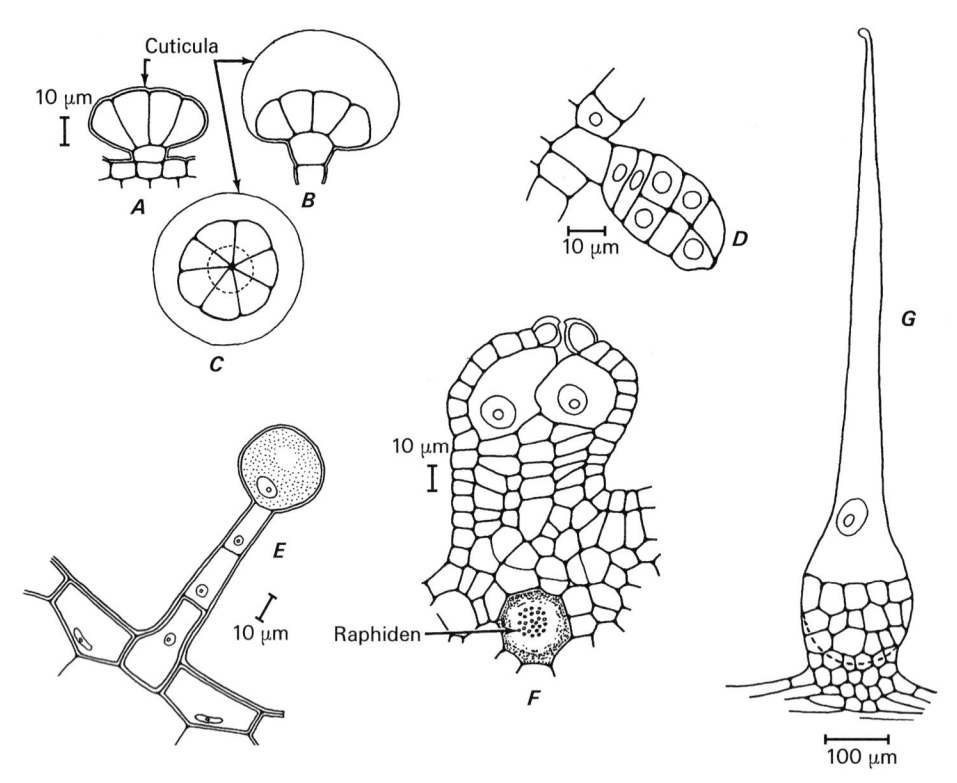

**Abb. 16.1** Sekretorische Strukturen. **A–C**, Drüsenhaare vom Lavendelblatt (*Lavandula vera*), mit anliegender **(A)** und durch Sekretion gedehnter **(B, C)** Cuticula. **D**, Drüsenhaare vom Blatt der Baumwollpflanze (*Gossypium*). **E**, Drüsenhaar mit einzelligem Kopf von der Sprossachse von *Pelargonium*. **F**, Perldrüse vom Weinblatt (*Vitis vinifera*). **G**, Brennhaar der Brennnessel (*Urtica urens*). (Aus Esau, 1977.)

Entwicklung sekretorischer Zellen. Die Eliminierung von Sekreten aus dem Protoplasten kann auf verschiedene Weise geschehen. Eine Methode, die so genannte **granulokrine Sekretion**, beruht auf der Fusion sekretorischer Vesikel mit der Plasmamembran, oder, mit anderen Worten, auf Exocytose. Eine zweite Methode, die sogenannte **ekkrine Sekretion**, beinhaltet eine direkte Passage kleiner Moleküle oder Ionen durch die Plasmamembran. Dieser Prozess ist passiv, wenn er durch Konzentrationsgradienten kontrolliert wird, und aktiv, wenn er Stoffwechselenergie benötigt. Zellen, die hydrophile Substanzen sezernieren, z. B. Zellen in Drüsen, die Salz oder Kohlenhydrate sezernieren, können als Transferzellen differenziert sein, charakterisiert durch Zellwandprotuberanzen, welche die Oberfläche des Plasmalemmas vergrößern (Pate und Gunning, 1972). Beide, die granulokrine und die ekkrine Sekretion gehören zum Typ der **merokrinen** (teilsezernierenden) Sekretion. Dem gegenüber werden die Sekrete einiger Drüsen nur durch Degeneration oder Lysis der sekretorischen Zellen vollständig freigesetzt. Diesem sogenannten **holokrinen** Typ der Sekretion kann eine merokrine Sekretion vorausgehen.

Bei vielen Pflanzen wird ein Rückfluss der sezernierten Substanzen in die Pflanze via Apoplast, oder Zellwand, durch Cutinisierung der Wände in einer Endodermis-artigen Zellschicht verhindert, die unterhalb der sekretorischen Zellen lokalisiert ist. Bei Drüsenhaaren sind die Seitenwände der Stielzellen typischerweise cutinisiert. Das Vorhandensein einer Dichtungsring-artigen apoplastischen Barriere zeigt an, dass der Strom sekretorischer Substanzen oder ihrer Vorläufer in die sekretorischen Zellen einem symplastischen Weg folgen muss. Die cutinisierten Zellen werden als „Barrierezellen" bezeichnet.

Im verbleibenden Teil dieses Kapitels werden Beispiele für spezielle sekretorische Strukturen auf Pflanzenoberflächen gegeben. Im anschließenden Kapitel (Kapitel 17) werden Beispiele für interne Sekretionseinrichtungen (d. h. sekretorische Strukturen, die in verschiedene Gewebe eingebettet sind) vorgestellt.

## 16.1 Salzdrüsen

Pflanzen, die auf Salzstandorten wachsen, haben zahlreiche Anpassungen an Salzstress entwickelt (Lüttge, 1983; Batanouny, 1993). Die Sekretion von Ionen durch Salzdrüsen ist der bekannteste Mechanismus zur Regulierung des Salzgehaltes in Sprossen von Pflanzen. Die Zusammensetzung der sezernierten Salzlösung hängt ab von der Zusammensetzung der Wurzelumgebung. Neben $Na^+$ und $Cl^-$ findet man in den Sekreten von Salzdrüsen andere Ionen, wie $Mg^{2+}$, $K^+$, $SO_4^{2-}$, $NO_3^-$, $PO_4^{3-}$, $Br^-$ und $HCO_3^-$ (Thomson et al., 1988). Eine scharfe Trennung zwischen Salzdrüsen und Hydathoden ist nicht möglich, da die Flüssigkeit, die von Hydathoden sezerniert wird, oft auch Salze enthält. Anders als bei den Hydathoden gibt es bei den Salzdrüsen aber keine direkte Verbindung zum Leitgewebe. Salzdrüsen finden sich typischerweise bei Halophyten (Pflanzen, die auf Salzstandorten wachsen); sie kommen in mindestens 11 Familien der Eudicotyledonen und in einer Familie der Monocotyledonen, den Poaceen (Gramineen), vor (Fahn, 1988, 2000; Batanouny, 1993). Sie variieren in Struktur und Methode der Salzfreisetzung.

### 16.1.1 Salzdrüsen mit endständiger Blasenzelle sezernieren in eine große Zentralvakuole

Die Salzdrüsen der Chenopodiaceen, wozu im wesentlichen alle *Atriplex*-Arten gehören, sind Trichome aus ein oder mehreren **Stielzellen** und einer großen, terminalen **Blasenzelle**, die im reifen Zustand eine große Zentralvakuole enthält (Abb. 16.2). Die Blasenzelle und die Stielzellen sind außen von einer Cuticula bedeckt und die Seitenwände der Stielzelle (oder der untersten Stielzelle, wenn der Stiel aus mehr als einer Zelle besteht) sind vollständig cutinisiert (Thomson und Platt-Aloia, 1979). Zwischen den Blasen-Zellen und den Mesophyllzellen der Blätter besteht ein symplastisches Kontinuum. Ein Teil der Ionen, die im Transpirationsstrom transportiert werden, gelangt schließlich über Protoplast und Plasmodesmen in die Blasenzellen. Dort werden die Ionen in die Zentralvakuole sezerniert. Schließlich kollabiert die Blasenzelle, und das Salz wird auf der Blattoberfläche deponiert (holokrine Sekretion). Zwischen Mesophyllzellen und Blasenzellen besteht ein beträchtlicher positiver Salzkonzentrationsgradient; dies weist darauf hin, dass es sich bei der Abgabe von Ionen in die Blasenzell-Vakuole hinein um einen Energie-verbrauchenden Prozess handelt (Lüttge, 1971; Schirmer und Breckle, 1982; Batanouny, 1993).

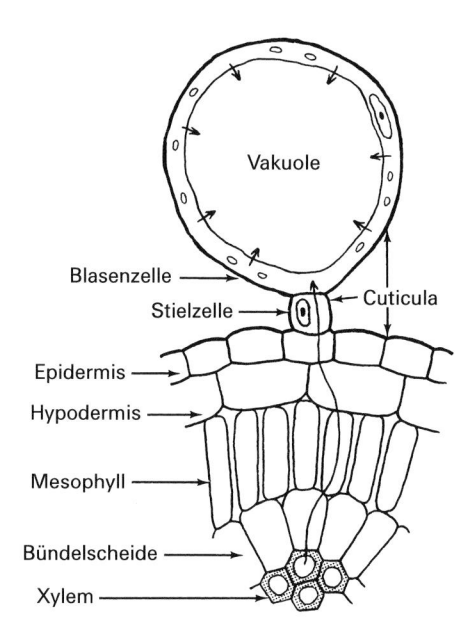

**Abb. 16.2** Zeichnung eines Salz-sezernierenden Trichoms, an einem Teil eines *Atriplex*-Blattes sitzend. Der lange Pfeil beschreibt den Weg der Ionen vom Xylem in die Blasenzelle des Trichoms. Die kurzen Pfeile kennzeichnen die Abgabe von Ionen in die Vakuole. (Aus Esau, 1977.)

### 16.1.2 Andere Drüsen sezernieren Salz direkt nach außen

**Die zweizelligen Drüsen der Poaceen.** Die anatomisch einfachsten Drüsen, die Salz direkt nach außen sezernieren, sind die der Poaceen. Die am eingehendsten ultrastrukturell untersuchten sind die von *Spartina*, *Cynodon*, *Distichlis* (Thomson et al., 1988), und *Sporobolus* (Naidoo und Naidoo, 1998). Auch

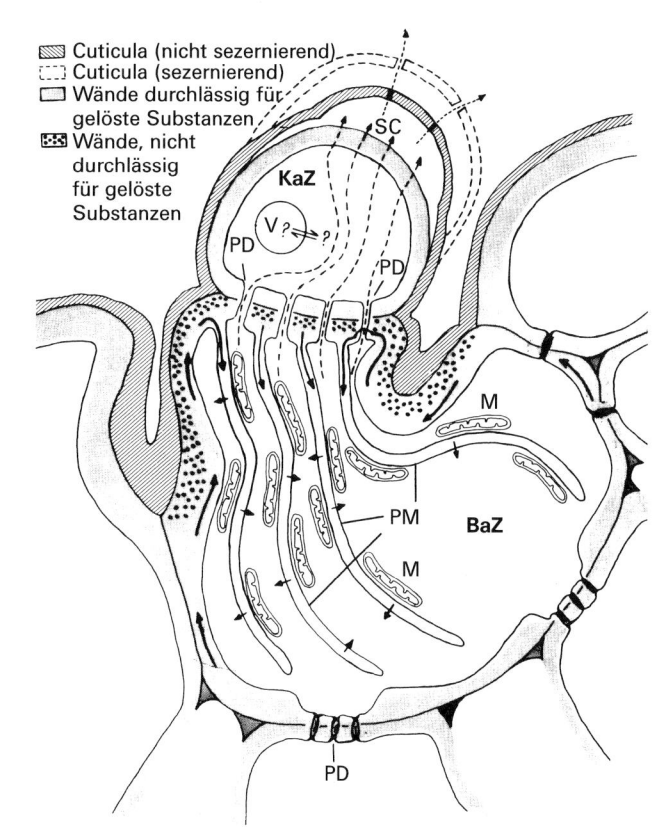

**Abb. 16.3** Modell des Zusammenhangs zwischen Struktur und Funktion in der zweizelligen Salzdrüse von *Cynodon* (Hundszahn-Gras). Plasmodesmen (PD) treten zwischen der Basalzelle (BaZ) und allen angrenzenden Zellen auf, so auch der Kappenzelle (KaZ). Der einzige impermeable Teil der Drüsenwand befindet sich in der Halsregion der Basalzelle, wo die Wand lignifiziert ist. Der Protoplast der Basalzelle ist durch das Vorkommen zahlreicher, langer Invaginationen der Plasmamembran (PM) gekennzeichnet, die dort entstehen, wo die beiden Drüsenzellen aufeinandertreffen. Diese untergliedernden Membranen (*partitioning membranes*) sind eng assoziiert mit zahlreichen Mitochondrien (M) und Mikrotubuli (hier nicht gezeigt). Die Kappenzelle, die im Vergleich zur Basalzelle recht unspezialisiert ist, enthält einen normalen Satz von Organellen, auch Vakuolen (V) unterschiedlicher Größe. Kurze Pfeile zeigen den vorgeschlagenen Energie-verbrauchenden Transmembranflux gelöster Substanzen vom Lumen der *partitioning membranes* zum Cytoplasma der Basalzelle. Lange Pfeile zeigen den Weg des passiven Transports zu den *partitioning membranes*. Lange gestrichelte Linien zeigen den Weg des Diffusionsflusses durch den Drüsen-Symplast. Kurze gestrichelte Linien bezeichnen den Druckstrom von Salzlösung aus dem Subcuticularraum (SC) durch Poren in der geweiteten Cuticula. (Aus Oross et al., 1985; Reproduktion mit freundlicher Genehmigung des Verlags.)

als Mikrohaare bezeichnet, bestehen die Drüsen aus nur zwei Zellen, einer **Basalzelle** und einer **Kappenzelle** (Abb. 16.3). Eine zusammenhängende Cuticula bedeckt den äußeren herausragenden Teil der Drüsen und die angrenzenden Epidermiszellen. Im Gegensatz zu den anderen Salzdrüsen und sekretorischen Trichomen allgemein sind die Seitenwände der Basalzelle nicht cutinisiert. Weder Kappenzelle noch Basalzelle enthalten eine große Zentralvakuole. Die beiden wichtigsten Unterscheidungsmerkmale der Kappenzelle sind ein großer Zellkern und eine dehnungsfähige Cuticula, die sich unter Flüssigkeitsdruck von der äußeren Wand der Kappenzelle ablöst und einen **Subcuticularraum** (*collecting chamber*) bildet. Feine Öffnungen oder Poren, durch welche das salzhaltige Wasser ausgeschieden wird, durchdringen die Cuticula in dieser Region. Das wichtigste Merkmal der Basalzelle ist das Vorhandensein umfangreicher Plasmalemma-Invaginationen (**partitioning membranes**; untergliedernde Membranen), die sich in die Basalzelle erstrecken, ausgehend von der Wand zwischen Basal- und Kappenzelle. Die *partitioning membranes* sind eng mit Mitochondrien vergesellschaftet. Es wird vermutet, dass diese Membranen beim Sekretionsprozess insgesamt eine Rolle spielen, und dass die Sekretion vom Kappenzell-Protoplasten zur permeablen Kappenzellwand und dem Subcuticularraum eine ekkrine ist. Die cytochemische Lokalisation der ATPase-Aktivität in den Salzdrüsen von *Sporobolus* weist darauf hin, dass sowohl die Aufnahme von Ionen in die Basalzelle als auch die Sekretion aus der Kappenzelle aktive Prozesse sind (Naidoo und Naidoo, 1999). Ein symplastisches Kontinuum, wie es durch das Vorkommen von Plasmodesmen angezeigt wird, existiert sowohl zwischen Basalzelle und den benachbarten Mesophyll- und Epidermiszellen als auch zwischen Basalzelle und Kappenzelle (Oross et al., 1985).

**Die vielzelligen Drüsen der Eudicotyledonen.** Die Salzdrüsen vieler Eudicotyledonen sind vielzellig. Die von *Tamarix aphylla* (Tamaricaceae) bestehen aus je acht Zellen, wovon sechs sekretorisch (**Sekretionszellen**) und zwei basale **Sammelzellen** sind (Abb. 16.4; Thomson und Liu, 1967; Shimony und Fahn, 1968; Bosabalidis und Thomson, 1984). Die Gruppe der Sekretionszellen wird von einer Cuticula umschlossen, abgesehen von den Stellen, wo die untersten Sekretionszellen durch Plasmodesmen mit den Sammelzellen verbunden sind. Die nicht cutinisierten Wandpartien der untersten Sekretionszellen zusammen mit den eng angrenzenden entsprechenden Wandpartien der darunter befindlichen Sammelzellen werden als **Transfusionszonen** bezeichnet. Zwischen allen Zellen der Drüse und den darunterliegenden Mesophyllzellen besteht ein symplastisches Kontinuum. Wandeinstülpungen vergrößern die Oberfläche des Plasmalemmas der Sekretionszellen, und die Cuticula besitzt an der höchsten Stelle der Drüse Poren, durch die salzhaltiges Wasser ausgeschieden wird.

Zwischen den Salzdrüsen der Mangrove *Avicennia* und denen von *Tamarix* gibt es viele Übereinstimmungen. Die Salzdrüsen von *Avicennia* bestehen aus 2 bis 4 Sammelzellen, einer

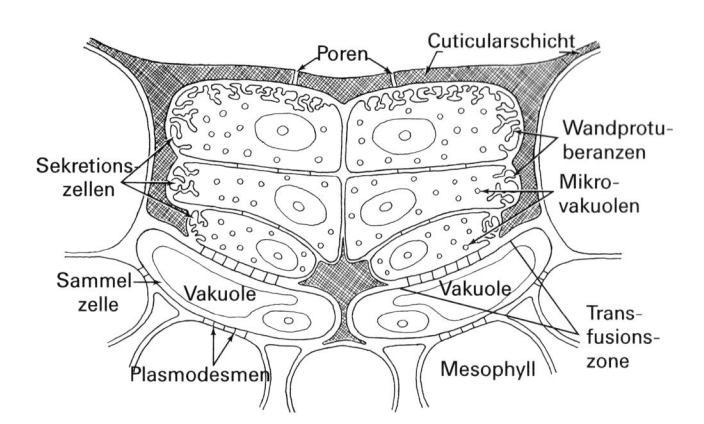

**Abb. 16.4** Zeichnung einer Salz-sezernierenden Drüse von *Tamarix aphylla* (Blattlose Tamariske). Der Komplex aus acht Zellen – sechs Sekretionszellen und zwei so genannten Sammelzellen – ist in die Epidermis eingebettet und steht in Kontakt mit dem darunter liegenden Mesophyll. Cuticula und cutinisierte Zellwand werden hier zusammen als Cuticularschicht bezeichnet und durch Kreuzschraffur hervorgehoben. (Aus Esau, 1977; nach Ergebnissen von Thomson et al., 1969.)

Stielzelle und 8 bis 12 sekretorischen Zellen (Drenna et al., 1987). Die Cuticula überspannt die höchste Stelle der Drüse, und bildet einen Subcuticularraum (*collecting chamber*) zwischen den sekretorischen Zellen und der Innenfläche der Cuticula, die zahlreiche enge Poren enthält. Die Seitenwände der Stielzellen sind vollständig cutinisiert und die Protoplasten haften fest an ihnen. Alles weist darauf hin, dass der symplastische Weg die Hauptbahn ist, auf der sich Salz zum und durch den Drüsenkomplex hindurch bewegt, ferner, dass die Sekretion von salzhaltigem Wasser ein aktiver Prozess ist, bei dem ATP Hydrolyse unter Beteiligung einer membrangebundenen $H^+$-ATPase den Ionentranport über das Plasmalemma der sekretorischen Zellen antreibt (Drennan et al., 1992; Dschida et al., 1992; Balsamo et al., 1995).

## 16.2 Hydathoden

**Hydathoden** sind Einrichtungen zur Abscheidung von flüssigem Wasser und verschiedener darin gelöster Substanzen aus dem Blattinneren zur Blattoberfläche; dieser Vorgang wird gewöhnlich als **Guttation** bezeichnet. Das Guttationswasser wird durch Wurzeldruck aus den Blättern „hinausgedrückt". Strukturell sind die Hydathoden modifizierte Teile des Blattes, meist an den Blattspitzen oder Blatträndern lokalisiert, besonders an Zähnen. Normalerweise bestehen so genannte **Epithem-Hydathoden** aus (1) terminalen Tracheiden von ein bis drei Leitbündelendigungen, (2) dem **Epithem**, aus dünnwandigen Parenchymzellen ohne Chloroplasten, oberhalb oder distal der Leitbündelendigungen gelegen, (3) einer Scheide – eine Fortsetzung der Bündelscheide – die sich bis zur Epidermis erstreckt, und (4) Öffnungen in der Epidermis, so genannte **Wasserspalten** (Abb. 16.5). Das Epithem kann von auffälligen

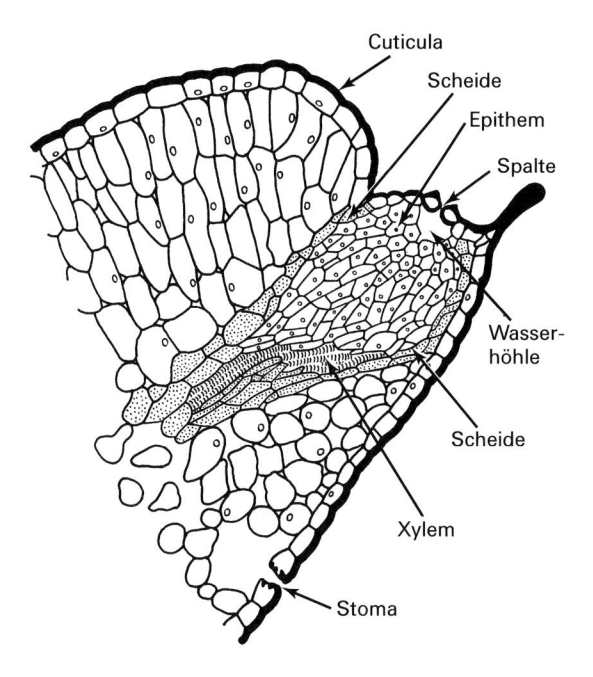

**Abb. 16.5** Hydathode eines Blattes von *Saxifraga lingulata* im Längsschnitt. Gerbstoffhaltige Epithemscheidenzellen punktiert (nach Häusermann und Frey-Wyssling, 1963).

Interzellularen durchzogen sein oder kompakt gebaut sein, mit kleinen Interzellularen (Brouillet et al., 1987). Einige Epithemzellen differenzieren sich zu Transferzellen mit Wandprotuberanzen. Die Scheidenzellen enthalten oftmals tanninartige Substanzen; bei einigen Pflanzen sind ihre Wände suberinisiert oder besitzen Casparystreifen (Sperlich, 1939). Die Wasserspalten sind für gewöhnlich unvollständig differenzierte Stomata, die ständig geöffnet sind; sie sind unfähig, sich zu öffnen oder zu schließen. Die den Spalt begrenzenden Zellen bezeichnet man als „Porenzellen".

Im Bau zeigen Hydathoden beträchtliche Unterschiede (Perrin, 1972). Bei einigen Blättern ist das Epithem nur schwach ausgebildet (z. B. bei *Sparganium emersum*, Pedersen et al., 1977; und *Solanum tuberosum*, McCauley und Evert, 1988; Abb. 16.6) oder es fehlt sogar, wie bei *Triticum aestivum* und *Oryza sativa* (Maeda und Maeda, 1987, 1988) und bei anderen Poaceen. Die Leitbündelendigungen in den Hydathoden von Weizen und Reis besitzen auch keine Scheiden. Bei einigen submersen Süßwasserpflanzen, sowohl bei Eudicotyledonen als auch bei Monocotyledonen, sind die Öffnungen der Hydathoden keine funktionsuntüchtigen Stomata (Wasserspalten), sonden **apikale Öffnungen**, die durch Abbau von ein oder mehreren Wasserspalten oder vielen normalen Epidermiszellen hervorgegangen sind (Peddersen et al., 1977).

Typische Hydathoden finden sich entlang der Blattränder, meist einzeln an der Blattspitze oder an der Spitze eines Blattzahns. Bei einigen Arten der Crassulaceen und Moraceen, und bei fast allen Arten der Urticaceen, finden sich Hydathoden über die gesamte Blattoberfläche verteilt und nicht nur an den Blatträndern. Bei einigen Arten der Crassulaceen kann sich ein Feinnerv überall in der Blattspreite zur Blattoberfläche hin wenden (meist aufwärts) und in einer **laminalen Hydathode** enden. Ein typisches Blatt von *Crassula argentea* besitzt ungefähr 300 Hydathoden (Rost, 1969). Bei den Urticaceen finden sich lamninale Hydathoden auch an Verzweigungsstellen von

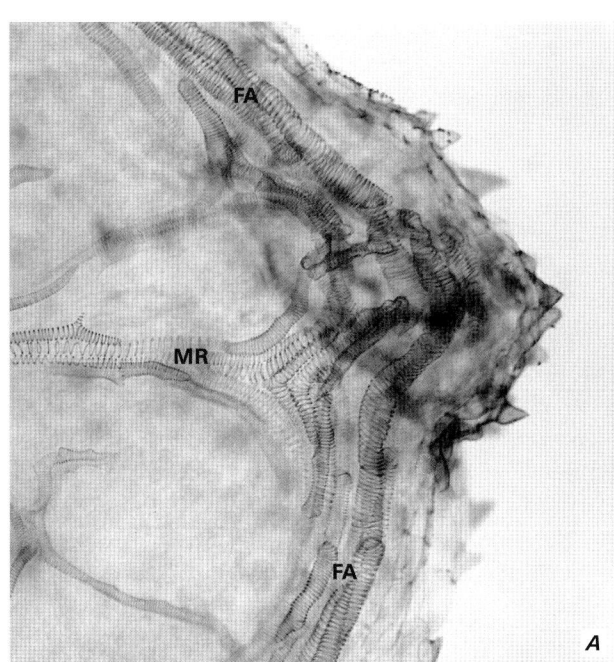

**Abb. 16.6** Hydathode im Blatt der Kartoffel (*Solanum tuberosum*). **A**, die aufgehellte Spitze des Endblättchens zeigt Mittelrippe (MR) und fimbriale Blattadern (FA), die zusammenlaufen und die Hydathode bilden. **B**, Querschnitt durch die Hydathode an der Spitze des Endblättchens. Eine riesige Spaltöffnung mit Hydathode ist geöffnet (Pfeil); eine Schließzelle ist kollabiert. Andere Details: e, Epithem, t, tracheales Element. (A, x 161; B, x 276. Aus McCauley und Evert, 1988. *Bot. Gaz.* ©1988, University of Chicago; alle Rechte vorbehalten.)

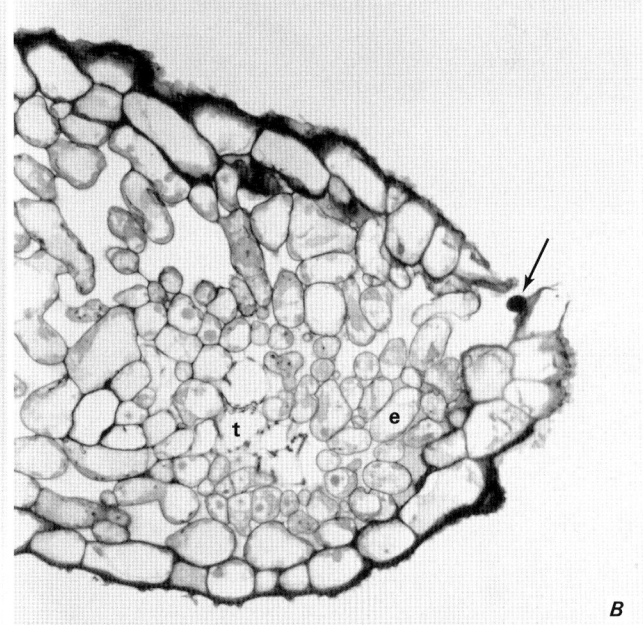

Feinnerven (*minor vein junctions*) (Lersten und Curtis, 1991). Nach Tucker und Hoefert (1968) sind die einzigen bislang bekannten Hydathoden, die an einer Sprossspitze entstehen, diejenigen der Rankenspitzen von *Vitis vinifera*.

Das Wasser, das aus den Hydathoden austritt, kann verschiedene Salze, Zucker und andere organische Substanzen enthalten. Hydathoden von *Populus deltoides* Blättern guttieren Wasser mit variierendem Zuckergehalt, von Curtis und Lersten (1974) Nektar genannt. Sie waren der Meinung, dass *Populus* einen ziemlich wenig spezialisierten Hydathodentyp besitzt, der unter bestimmten Bedingungen auch als Nektarium fungieren kann. Guttationsprodukte können Pflanzen auch schädigen, indem sie sich anhäufen und konzentrieren oder indem sie mit Pestiziden interagieren (Ivanoff, 1963).

Haberlandt (1918) unterschied zwischen passiven Hydathoden, wie die oben beschriebenen, und aktiven Hydathoden. Die aktiven Hydathoden, auch **Trichom-Hydathoden** genannt, sind glanduläre Trichome, die Lösungen von Salzen und anderen Substanzen sezernieren (Abb. 16.7; Heinrich, 1973; Ponzi und Pizzolongo, 1992).

Obwohl Hydathoden im Allgemeinen der Abscheidung von Wasser aus der Pflanze dienen, spielen sie bei vielen xerophytischen *Crassula* Arten bei der Absorption von kondensiertem Nebel oder Tauwasser eine Rolle (Martin und von Willert, 2000). Außerdem wird vermutet, dass die Hydathoden in den Blattzähnen von *Populus balsamifera* bei der Wiederaufnahme gelöster Substanzen aus dem Transpirationsstrom eine Rolle spielen (Wilson et al., 1991). Nach einer Guttation, so am frühen Morgen, können pathogene Bakterien in der Guttationsflüssigkeit suspendiert ins Hydathodeninnere zurückgesogen werden, wo sie sich vermehren und dann ins Xylem eindringen und eine Krankheit verursachen (Guo und Leach, 1989; Carlton et al., 1998; Hugovieux et al., 1998). Guttation aus Hydathoden submerser Wasserpflanzen ist mit einem Antriebsmechanismus für einen akropetalen (aufwärtsgerichteten) Wassertransport durch die Pflanze in Verbindung gebracht worden (Pedersen et al., 1977).

## 16.3 Nektarien

**Nektarien** sind sekretorische Einrichtungen, die eine wässrige Lösung (**Nektar**) mit hohem Zuckergehalt abgeben. Zwei Hauptkategorien von Nektarien kann man unterscheiden: florale Nektarien und extraflorale Nektarien. **Florale Nektarien** stehen in direktem Zusammenhang mit der Bestäubung. Durch Sekretion von Nektar halten sie für Insekten und andere bestäubende Tiere eine Belohnung bereit (Baker and Baker, 1983a, b; Cruden et al., 1983; Galetto und Bernardello, 2004; Raven et al., 2005). Die floralen Nektarien können an den verschiedensten Stellen der Blüte auftreten (Abb. 16.8; Fahn, 1979a, 1998). Man findet sie an Kelchblatt, Kronblatt, Staubblatt, Fruchtknoten, oder dem Blütenboden. Vergleichende Untersuchungen haben gezeigt, dass es im Verlauf der Evolution einen Trend zur Verlagerung der Nektarien vom Perianth hin zu Fruchtknoten, Griffel und in manchen Fällen zur Narbe gegeben hat (Fahn, 1953, 1979a). **Extraflorale Nektarien** stehen normalerweise nicht im Zusammenhang mit der Bestäubung. Sie locken Insekten an, besonders Ameisen, welche Herbivoren der Pflanze fressen oder sie vertreiben (Pemberton, 1998; Pemberton und Lee, 1996; Keeler und Kaul, 1984; Heil et al., 2004). Bei *Stryphnodendron microstachyum*, einem neotropischen Baum, sammeln die Ameisen auch die Sporen des Rostpilzes *Pestalotia*, und vermindern so die Befallswahrscheinlichkeit der Blätter mit diesem Pathogen (de la Fuente und Marquis, 1999). Extraflorale Nektarien treten an vegetativen Pflanzenteilen auf, an Blütenstielen und den äußeren Oberflächen äußerer Blütenteile (Zimmermann, 1932; Elias, 1983). Bei australischen Vertretern der Gattung *Acacia*, die keine floralen Nektarien besitzen, locken die extrafloralen Nektarien

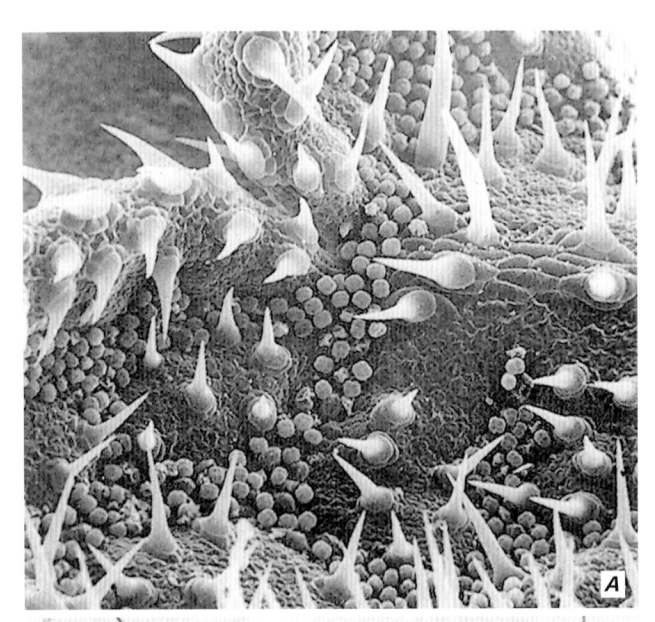

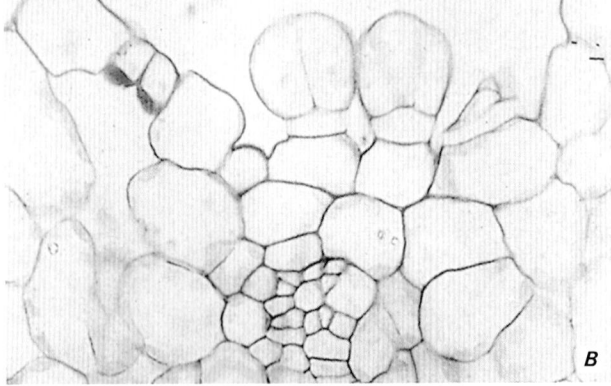

**Abb. 16.7** Trichom-Hydathoden eines *Rhinanthus minor* Blattes. **A**, rasterelektronenmikroskopische Aufnahme zahlreicher Trichom-Hydathoden auf der Blattunterseite. Die größeren, zugespitzten Strukturen sind einzellige Haare. **B**, Längsschnitt, der reife Trichom-Hydathoden zeigt, sechszellige Gebilde. Jedes Trichom besteht aus vier Köpfchenzellen, einer Fußzelle und einer basalen Epidermiszelle. (A, x125; B, x635. Aus Ponzi und Pizzolongo, 1992.)

sowohl Ameisen als auch Bestäuber an (Marginson et al., 1985).

Bei Eudicotyledonenblüten kann der Nektar an der Basis von Staubblättern (Abb. 16.8C) oder von einem ringähnlichen Nektarium unterhalb der Staubblätter ausgeschieden werden (Abb. 16.8E; Caryophyllales, Polygonales, Chenopodiales). Das Nektarium kann als Ring oder als Diskus an der Basis des Fruchtknotens (Abb. 16.8D, F; Theales, Ericales, Polemoniales, Solanales, Lamiales) oder als Scheibe zwischen Staubblättern und Fruchtknoten auftreten (Abb. 16.8G). An der Basis der Staubblätter können auch mehrere einzelstehende Drüsen vorkommen (Abb. 16.8L). Bei den Tiliales bestehen die Nektarien aus mehrzelligen Drüsenhaaren, meist so dicht gepackt, dass sie wie ein Polster aussehen (Abb. 16.8I). Solche Polsternektarien treten an verschiedenen Teilen der Blüten auf, sehr häufig an den Kelchblättern. Bei den Rosaceen mit mittelständigem Fruchtknoten (perigyne Blüte) liegt das Nektarium zwischen Fruchtknoten und Staubblättern, es kleidet das Innere des Blütenbechers aus (Abb. 16.8J). Bei den Blüten der Umbellales befindet sich das Nektarium am oberen Rand des unterständigen Fruchtknotens (epigyne Blüte; Abb. 16.8H). Bei den Asteraceen erscheint es röhrenförmig oberhalb des Fruchtknotens und umfasst die Griffelbasis. Bei den meisten entomogamen Gattungen der Lamiales, Berberidales und Ranunculales sind die Nektarien modifizierte Staubblätter, so genannte **Staminodien** (Abb. 16.8K). Das Nektarium der Blütenblätter von *Frasera* (Gentianaceae) besteht aus einem Becher mit drüsigem Boden, dessen Wand mit zahlreichen, haarähnlichen, sklerifizierten Fortsätzen besetzt ist, die die apikale Öffnung versperren und die Hummel zwingen, sich an den Seiten der Drüse entlang zu zwängen (Davies, 1952). Bei Arten der Gattung *Euphorbia* (Euphorbiaceae) ist das gelappte extraflorale Nektari-

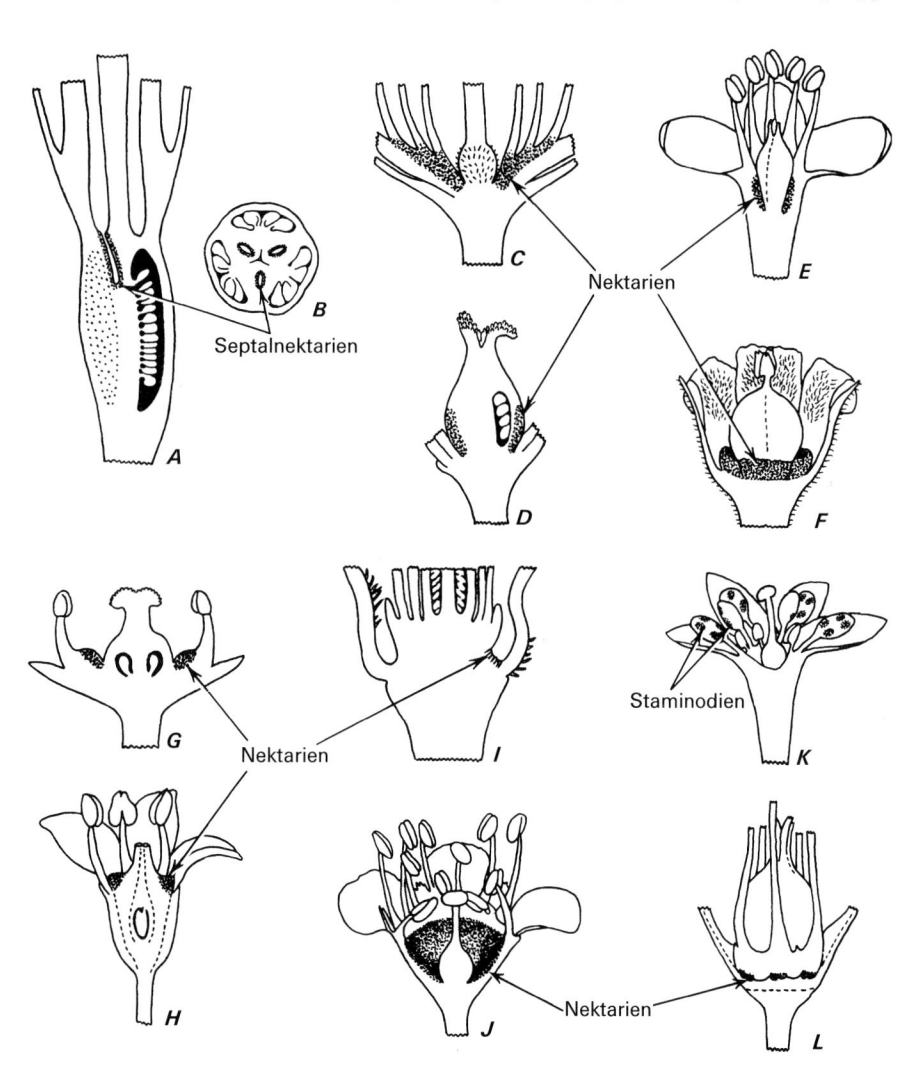

**Abb. 16.8** Nektarien. Längsschnitte (**A**, **C-L**) und Querschnitt (**B**) durch Blüten. Septalnektarien der Liliales, *Narcissus* (**A**) und *Gladiolus* (**B**); **C**, staminal, am Grunde der Staubblätter bei *Thea*, Theales); **D**, ringförmig, an der Fruchtknotenbasis (*Euyra*, Theales); **E**, ringförmig, unterhalb der Staubblattfilamente (*Coccoloba*, Polygonales); **F**, als Diskus unterhalb des Fruchtknotens *Jatropha*, Euphorbiales); **G**, als Diskus zwischen Fruchtknoten und Filamenten (*Perrottetia*, Celastrales); **H**, als Scheibe am oberen Rand des unterständigen Fruchtknotens (*Mastixia*, Umbellales); **I**, als Haarpolster am Kelchgrund oberseitig (*Corchorus*, Tiliales); **J**, als Auskleidung des Blütenbechers (*Prunus*, Rosales); **K**, an modifizierten Staubblättern, Staminodien (*Cinnamomum*, Laurales); **l**, als Drüsen an der Staubblattbasis (*Linum*, Geraniales). (Verändert nach Brown, 1938.)

um (**Cyathial-Nektarium**) an das Involucrum angeheftet, das die Infloreszenz umhüllt (Abb. 16.9; Arumugasamy et al., 1990). Bei einigen *Ipomoea*-Arten (Convolvulaceae) bestehen die extrafloralen Nektarien aus vertieften Kammern, die mit Drüsenhaaren ausgekleidet sind und mit der Oberfläche nur durch einen Kanal verbunden sind (Keeler und Kaul, 1979, 1984). Diese **kryptenartigen Nektarien** erinnern an die **Septalnektarien** (Abb. 16.8A, B; Rudall, 2002; Sajo et al., 2004), die bei den Monocotyledonen vorkommen. Die Septalnektarien haben die Form von Taschen, deren innere Oberfläche mit Drüsenhaaren besetzt ist. Die Septalnektarien entwickeln sich im oberen Teil des Fruchtknotens, wo die Fruchtblätter nur unvollständig verwachsen sind. Wenn sie tief in den Fruchtknoten eingesenkt sind, besitzen sie Auslasskanäle, die zur Oberfläche des Fruchtknotens führen.

Das Sekretionsgewebe eines Nektariums kann auf die Epidermis beschränkt sein, oder es kann mehrere Zellschichten tief sein. Sekretorische Epidermiszellen können normalen Epidermiszellen morphologisch ähneln, können trichomartig sein oder können palisadenartig gestreckt sein. Die meisten Nektarien bestehen aus einer Epidermis und einem spezialisierten Parenchym. Das Gewebe aus dem ein Nektarium besteht, bezeichnet man als **Nektargewebe** (nectariferous tissue). Die Epidermis vieler floraler Nektarien enthält Stomata, die ständig geöffnet sind, und in dieser Hinsicht den Wasserspalten der Hydathoden ähneln. In Nektarien bezeichnet man diese Stomata als **modifizierte Stomata** (Davis und Gunning, 1992, 1993). Über die modifizierten Stomata (Nektarspalten) kann der Nektar, der vom darunter liegenden Nektargewebe sezerniert wird, nach außen gelangen. Bei den extrafloralen Nektarien von *Sambucus nigra* (Caprifoliaceae) wird der Nektar in eine lysigene Höhle sezerniert und durch einen Riss in der Epidermis entlassen (Fahn, 1987). Die Leitgewebe reichen meist mehr oder weniger dicht an das sekretorische Gewebe heran. Manchmal ist dies nur ein Leitbündel, das zu dem Organ gehört, welches das Nektarium trägt; viele Nektarien haben jedoch ihre eigenen Leitbündel, oftmals nur aus Phloem bestehend. Milchröhren können in Nektarien vorkommen (Tóth-Soma et al., 1995/96).

Aktive sekretorische Zellen in Nektarien haben ein dichtes Cytoplasma und kleine Vakuolen, die oftmals Gerbstoffe enthalten. Zahlreiche Mitochondrien mit gut entwickelten Cristae weisen darauf hin, dass diese Zellen intensiv atmen. In den meisten Nektarien ist das Endoplasmatische Reticulum sehr stark entwickelt und kann entweder gestapelt oder gewunden sein. Zum Zeitpunkt der Nektarsekretion erreicht dieses Endoplasmatische Reticulum sein maximales Volumen und ist mit Vesikeln assoziiert. Auch zahlreiche aktive Dictyosomen können vorkommen. Man nimmt an, dass bei manchen Nektarien (*Lonicera japonica*, Caprifoliaceae; Fahn und Rachmilevitz, 1970) Vesikel des Endoplasmatischen Reticulums und nicht die von den Dictyosomen freigesetzten Vesikel bei der Zuckersekretion eine Rolle spielen. Die Wände der sekretorischen Zellen zeigen oftmals Wandeinstülpungen, wie sie für Transferzellen charakteristisch sind (Fahn, 1979a, b, 2000). Die sekretorischen Zellen von *Maxillaria coccinea* (Orchidaceae) sind kollenchymatisch (Stpiczyńska et al., 2004).

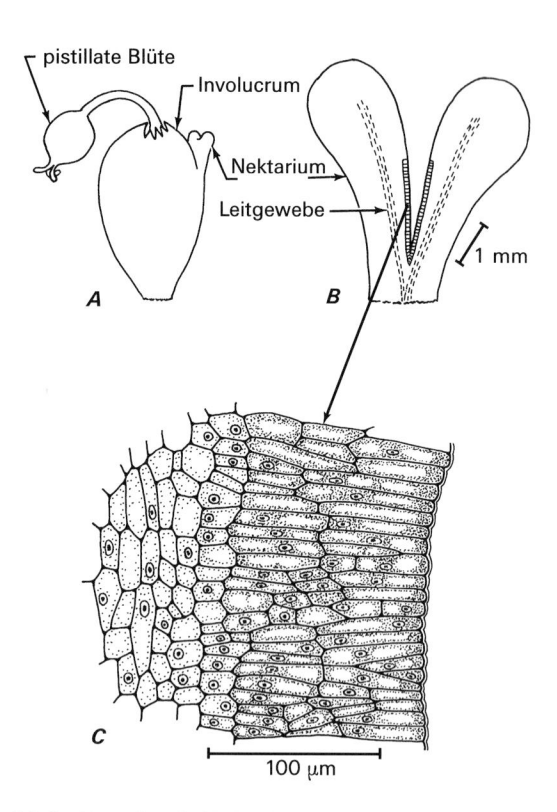

**Abb. 16.9** Extraflorale Nektarien von *Euphorbia pulcherrima*. **A**, Zeichnung von pistillater Blüte und Involucrum (lat. Umhüllung) mit Nektarium. **B**, das gelappte Nektarium ist an das Involucrum angeheftet, das die Infloreszenz umhüllt. **C**, Sekretorisches Gewebe im Detail. Die extrafloralen Nektarien von *Euphorbia pulcherrima* locken Bestäuber an. (Aus Esau, 1977.)

Die beiden in der Literatur beschriebenen Hauptmechanismen für den Nektartransport aus dem Protoplasten der sekretorischen Zellen bezeichnet man als granulokrin und ekkrin. Holokrine Sekretion wurde für Nektarien beschrieben, und wurde für die floralen Nektarien zweier *Helleborus*-Arten sehr gut dokumentiert (Vesprini et al., 1999). In diesen Nektarien wird der Nektar durch Aufreißen von Wand und Cuticula einer jeden Epidermiszelle freigesetzt. Dieser Nektar hat einen hohen Zuckergehalt, hauptsächlich Saccharose, und enthält außerdem Lipide und Proteine.

Die äußere Oberfläche der Nektarien ist von einer Cuticula bedeckt. In Nektarien, die über Trichome sezernieren, sind die Seitenwände im unteren Teil der einzelligen Trichome bzw. die Wände der untersten Zellen (Stielzellen) mehrzelliger Trichome vollständig cutinisiert (Fahn, 1979a, b), so wie es für nahezu alle sekretorischen Trichome charakteristisch ist. Die drei hier beschriebenen floralen Nektarien zeigen etwas von der möglichen Variation in Nektarienstruktur und Art der Sekretion.

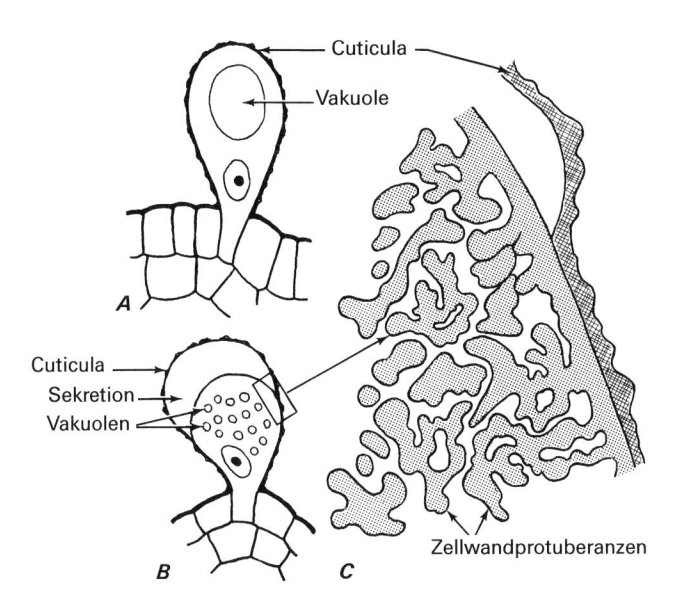

**Abb. 16.10** Detailzeichnungen des Nektariums von *Lonicera japonica*. **A**, **B**, Nektar-sezernierende Haare von der inneren Epidermis der Kronröhre, vor der Sekretion (**A**) und während der Sekretion (**B**). **C**, Teil der Zellwand mit Protuberanzen, die für ein aktiv sezernierendes Haar charakteristisch sind. Die schwarze Linie, welche die Protuberanzen umgibt, steht für das Plasmalemma. Die in dieser Zeichnung offenbar losgelösten Protuberanzen sind in Wirklichkeit jedoch an die Wand angeheftet; dies kann man aus anderen Schnittebenen als der hier gezeigten entnehmen. (Von Esau, 1977; nach Ergebnissen von Fahn und Rachmilevitz, 1970).

### 16.3.1 Die Nektarien von *Lonicera japonica* scheiden Nektar aus einzelligen Trichomen aus

Bei den floralen Nektarien von *Lonicera japonica* sind die Nektar-sezernierenden Zellen kurze einzellige Haare, oder Trichome, die in einer begrenzten Zone der inneren Epidermis der Kronröhre lokalisiert sind (Fahn und Rachmilevitz, 1970). Jedes dieser Haare besteht aus einem schmalen stielartigen Teil und einem oberen kugeligen Köpfchen (Abb. 16.10). Der Stiel ragt über die benachbarten normalen Epidermiszellen hinaus. Neben der sekretorischen Epidermis umfasst das Nektargewebe subepidermales Parenchym, das an die Leitbündel der Kronröhre grenzt. Junge Haare haben eine einzige große Vakuole und eine fest anliegende Cuticula aus dicken und dünnen Arealen. In aktiv sezernierenden Haaren ist das Volumen der Vakuole reduziert, kleine Vakuolen ersetzen die einzelne große, und die Cuticula des Köpfchens ist abgelöst. Man nimmt an, dass die Ausdehnung der Cuticula in den dünnen Arealen stattfindet und dass der Nektar durch diese Zonen diffundiert. In diesem Stadium trägt der obere Teil der sezernierenden Zellwand zahlreiche Wandeinstülpungen, die ein ausgedehntes, von Plasmalemma umgebenes Labyrinth bilden. Ausgedehnte Stapel von ER-Zisternen sind offensichtlich die Quelle von Vesikeln, die mit dem Plasmalemma verschmelzen und den Nektar freisetzen (granulokrine Sekretion).

### 16.3.2 Die Nektarien von *Abutilon striatum* scheiden Nektar aus vielzelligen Trichomen aus

Die floralen Nektarien von *Abutilon striatum* (Malvaceae) bestehen aus vielzelligen Trichomen, die an der unteren inneren (adaxialen) Seite der verwachsenen Kelchblätter lokalisiert sind (Abb. 16.11; Findley und Mercer, 1971). Jedes Trichom ist einzellig an seiner Basis, an Stiel und Spitze, aber vielzellig zwischen Stiel und Spitze (Abb. 16.12A). Ein ausgedehntes System von Leitbündeln, in denen das Phloem überwiegt, befindet sich unter jedem Nektarium. Nur zwei Schichten subglandulären Parenchyms trennen die Haare von den nahe gelegensten Siebröhren. Die Nektarienhaare von *Abutilon* sezernieren reichliche Mengen an Saccharose, Fructose und Glucose; der Nektar tritt durch transiente (kurzlebige) Poren in der Cuticula an den Trichomspitzen aus (Findlay und Mercer, 1971; Gunning und Highes, 1976). Da Plasmodesmen alle Zellen vom Phloem bis hin zur Trichomspitze miteinander verbinden, ist es wahrscheinlich, dass Pronektar symplastisch längs des gesamten Weges wandert, d. h. vom Phloem zu den Trichomspitzen, wo der Nektar sezerniert wird. Während der sekretorischen Phase enthalten die Trichomzellen ein ausgedehntes System von Endoplasmatischem Reticulum, von Robards und Stark (1988) als „sekretorisches Reticulum" bezeichnet. Robards und Stark (1988) waren der Meinung, dass die Sekretion der *Abutilon*-Nektarien weder ekkrin noch granulokrin ist. Das Vorkommen eines sekretorischen Reticulums und physiologische Ergebnisse führten sie zu dem Schluss, dass der Pronektar aktiv ins sekretorische Reticulum aller Trichomzellen geladen wird (Abb. 16.12B). Der darauffolgende Anstieg des hydrostatischen Druckes im Reticulum bewirkt dann die Öffnung von „Sphinktern", die das Lumen des Reticulums mit der

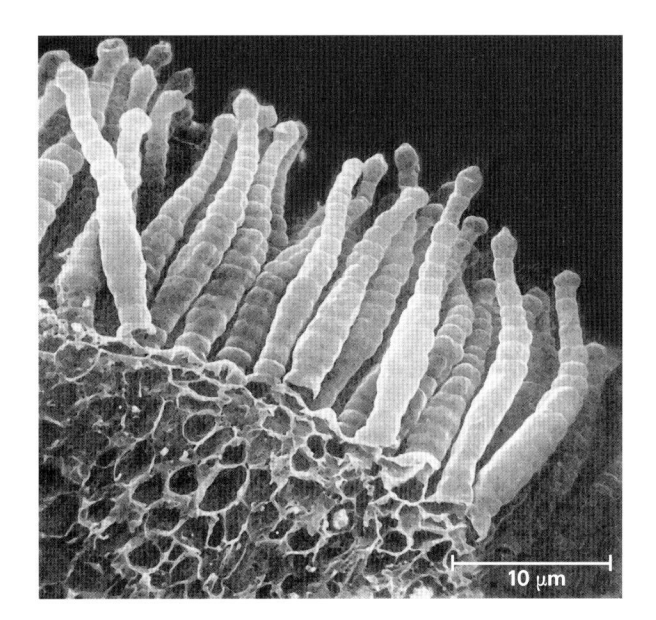

**Abb. 16.11** Nektar-sezernierende Trichome von *Abutilon pictum*. (Aus Fahn, 2000. © 2000, mit freundlicher Genehmigung von Elsevier.)

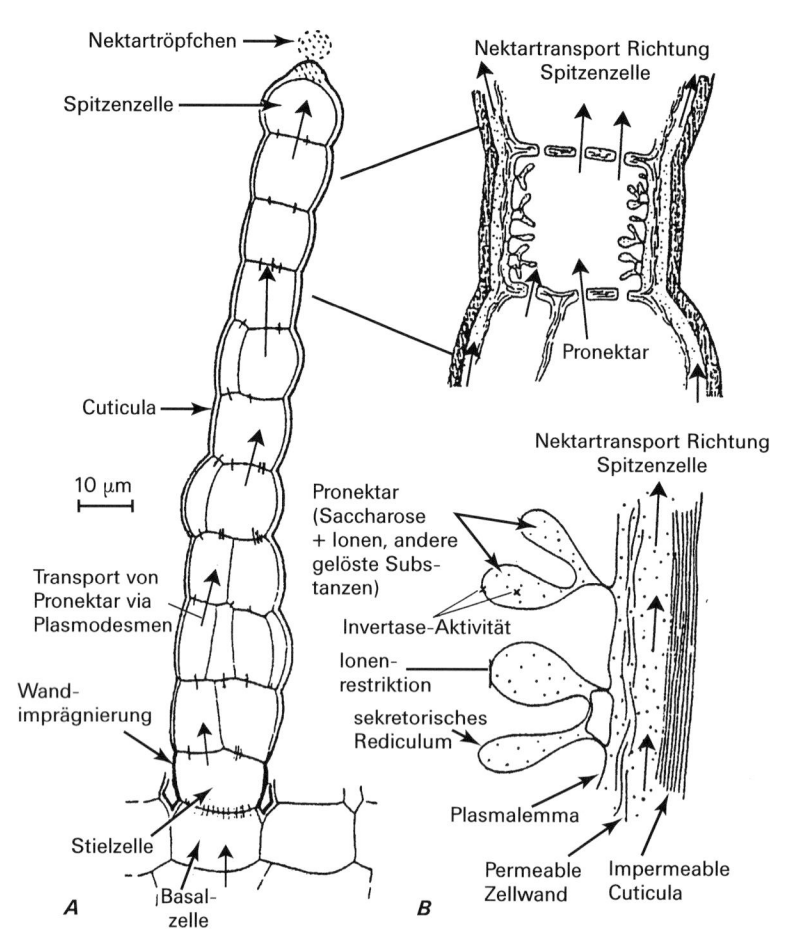

**Abb. 16.12** Modell der Beziehung zwischen Struktur und Funktion im Nektar sezernierenden Trichom von *Abutilon striatum*. **A**, es wird vermutet, dass der Pronektar über zahlreiche Plasmodesmen in der Querwand der Stielzelle in den Symplasten des Trichoms einwandert; die lateralen Wände der Stielzelle sind cutinisiert und somit undurchlässig. **B**, in jeder Trichomzelle wird etwas Pronektar aus dem Cytoplasma in das sekretorische Reticulum geladen. In diesem Stadium findet eine Art Filtration statt, welche die chemische Zusammensetzung des sezernierten Produktes bestimmt. Die Saccharose wird teilweise zu Glucose und Fructose hydrolysiert. Ob dies in der Membran oder im Cisternen-Innenraum geschieht, wurde bislang noch nicht ermittelt. Wenn die Beladung des sekretorischen Reticulums fortschreitet, baut sich ein hydrostatischer Druck auf, bis eine winzige Menge Nektar in die frei permeable Zellwand (Apoplast) zwischen Plasmalemma und Cuticula gedrückt wird. Der fortwährende Aufbau eines Druckes in diesem Kompartiment erreicht schließlich einen Grad, wo sich die Poren in der Cuticula über der Spitzenzelle öffnen und ein Schub Nektar nach außen entlassen wird. (Aus Robards und Stark, 1988.)

Außenseite des Plasmalemmas verbinden. Der unter Druck freigesetzte Nektar wandert dann apoplastisch unter der Cuticula bis er die transienten Cuticula-Poren erreicht, welche die Spitzenzelle bedecken. Die floralen Nektarien von *Hibiscus rosa-sinensis* zeigen enge morphologische, strukturelle und vermutlich physiologische Ähnlichkeit mit denen von *Abutilon* (Sawidis et al., 1987a,b,1989; Sawidis, 1991).

### 16.3.3 Die Nektarien von *Vicia faba* scheiden Nektar über Stomata aus

Die floralen Nektarien von *Vicia faba* bestehen aus einer Scheibe, welche die Basis des Fruchtknotens ringförmig umgibt und einen hervorstehenden Fortsatz an der Seite der Blüte bildet, wo sich das freie Staubblatt befindet (Abb. 16.13A; Davis et al., 1988). (Bei vielen Leguminosen, so auch bei *Vicia*, sind 9 der 10 Staubblätter zu einer Röhre verwachsen, wohingegen das zehnte Staubblatt frei ist. Bei den Schmetterlingsblütlern (Faboideae) treten florale Nektarien zumeist als Scheibe auf, obwohl es in der Morphologie beträchtliche Unterschiede gibt; Waddle and Lersten, 1973). Während mehrere große, modifizierte Stomata an der Spitze des Fortsatzes auftreten (Abb. 16.13B), sind Stomata an anderen Stellen des Fortsatzes und an der Scheibe nicht vorhanden. Epidermiszellen des Fortsatzes besitzen Wandprotuberanzen entlang ihrer Außenwände. Die Scheibe besteht aus 9 oder 10 subepidermalen Schichten relativ kleiner und dicht gepackter Nektar absondernder Parenchymzellen. Wandprotuberanzen entstehen in der Nähe von Interzellularen an der Basis des Fortsatzes und in Zellen des Fortsatzes selbst, wo die Interzellularen größer sind und die

## 16.3 Nektarien

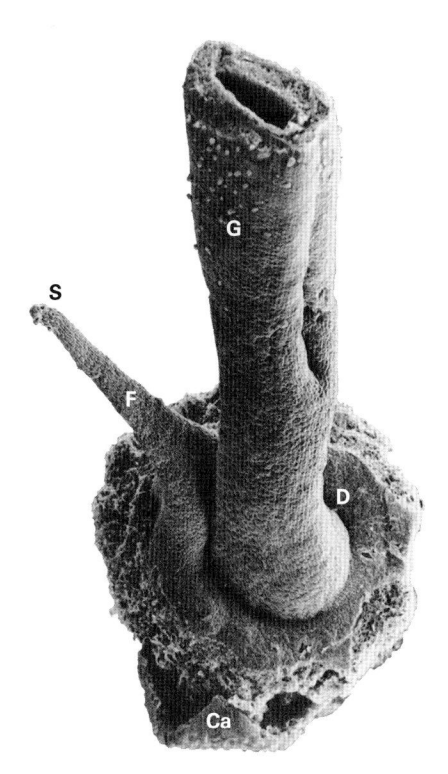

**Abb. 16.13** Rasterelektronenmikroskopische Aufnahmen des floralen Nektariums von *Vicia faba*. **A**, Basis einer präparierten Blüte, mit diskusförmigem Nektarium (D); die Scheibe umgibt das Gynoeceum (G) und bildet einen Fortsatz (F) mit mehreren Stomata (S) an seiner Spitze; ein Teil des Calyx (Ca) ist sichtbar. **B**, Spitze des Nektarium-Fortsatzes, mit mehreren Stomata, Die Schließzellen (SZ) umgeben große Poren (mit „Sternchen" gekennzeichnet). (beide x310. Aus Davis et al., 1988.)

Wandprotuberanzen zahlreicher sind als in der Scheibe. Das Nektariums enthält ausschließlich Phloem, kein Xylem; dieses Phloem stammt von Leitbündeln, die für die Staubblätter bestimmt sind. Einige Siebröhren enden in der Scheibe, aber das meiste Phloem tritt in den Fortsatz ein, und bildet einen zentralen Strang (Abb. 16.14), der sich bis zu 12 Zellen unterhalb der Spitze des Fortsatzes erstreckt. Die Siebröhrenelemente werden begleitet von großen, sich intensiv färbenden Geleitzellen mit Wandprotuberanzen. Obwohl der Golgi-Apparat in den Epidermiszellen und Nektarzellen des Fortsatzes nicht besonders gut entwickelt ist, sind die Zisternen des Endoplasmatischen Reticulums recht auffällig und stehen oft in enger Beziehung zum Plasmalemma dieser Zellen. Diese ultrastrukturellen Merkmale sprechen für die Existenz eines granulokrinen Sekretionsmechanismus. Dies steht im Widerspruch zu den Bedingungen in den extrafloralen (foliaren) Nektarien von *Trifolium pratense*, einer anderen Leguminose, wo eine Proliferation des Endoplasmatischen Reticulums offenbar nicht auftritt. Eriksson (1977) hat aufgrund dessen behauptet, dass im Nektarium von *Trifolium* ein ekkriner Sekretionsmechanismus zu finden ist. Razem und Davis (1999) kamen zu einem ähnlichen Schluss bezüglich der floralen Nektarien von *Pisum sativum*. Im floralen Nektar von *Vicia faba* wurde nur Saccharose gefunden (Davis et al., 1988).

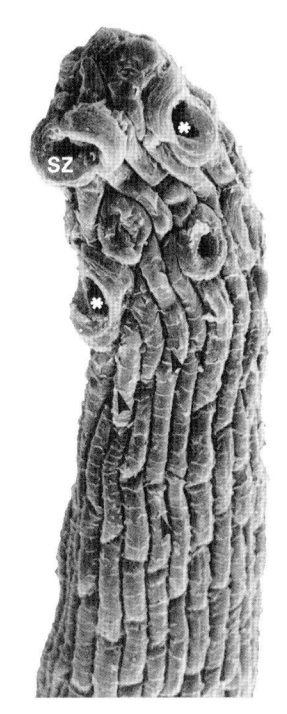

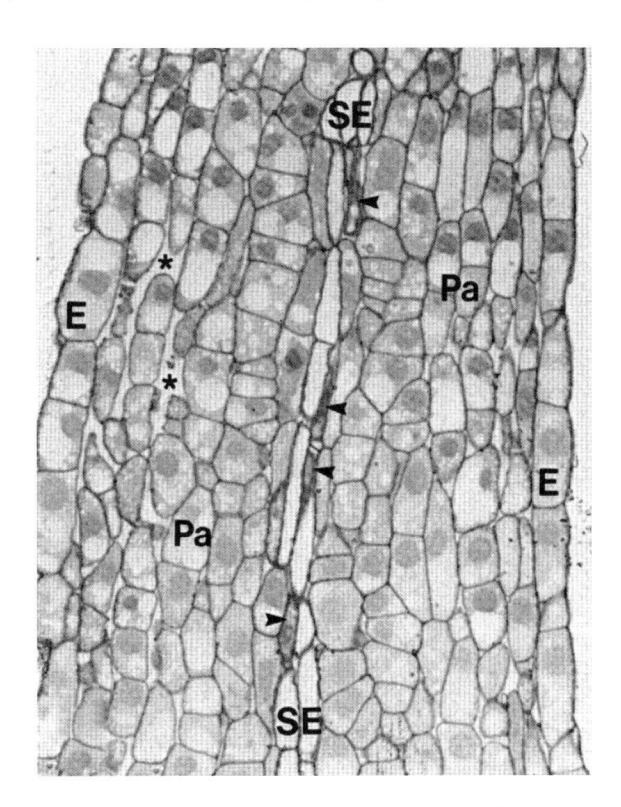

**Abb. 16.14** Längsschnitt durch den Nektarium-Fortsatz von *Vicia faba*, mit zentralem Strang von Siebelementen (SE) mit ihren assoziierten Geleitzellen (Pfeilspitzen). Parenchymzellen (Pa) und Interzellularen (Sternchen) umgeben den Phloemstrang. Anderes Detail: E: Epidermis. (x315. Aus Davis et al., 1988.)

### 16.3.4 Die häufigsten Zucker im Nektar sind Saccharose, Glucose und Fructose

Aufgrund der quantitativen Anteile von Saccharose zu Glucose/Fructose kann man drei Nektartypen unterscheiden: (1) Saccharose vorherrschend, (2) Glucose vorherrschend, und (3) Saccharose und Glucose/Fructose zu gleichen Teilen (Fahn, 1979a, 2000). Kleine Mengen anderer Substanzen können auch vorkommen, so Aminosäuren, organische Säuren, Proteine (hauptsächlich Enzyme), Lipide, mineralische Ionen, Phosphate, Alkaloide, Phenole, und Antioxidantien (Baker und Baker, 1983a, b; Fahn, 1979a; Bahadur et al., 1998).

Nektar hat seinen Ursprung im Phloem, als Siebröhrensaft, der symplastisch von den Siebröhren zu den sekretorischen Zellen wandert. Auf diesem Weg kann der Pronektar im Nektar-Gewebe durch Enzymaktivität modifiziert werden, oder sogar nach seiner Sekretion durch Resorption des Nektars (Nicolson, 1995; Nepi et al., 1996; Koopowitz und Marchant, 1998; Vesprini et al., 1999). Die Resorption des Nektars minimiert Verluste durch Nektardiebstahl seitens von Nicht-Bestäubern und auch wird so ein Teil der Energie, die in den Zuckern gespeichert ist, zurückgewonnen.

Eine einzigartige Art der Nektarfreisetzung findet man bei einigen neotropischen Gattungen der Melastomataceae, besonders in den Anden (Vogel, 1997). Die meisten Mitglieder dieser Familie haben keine floralen Nektarien, aber viele von ihnen sondern reichliche Mengen an Nektar aus den Staubfäden ab. Der Nektar stammt aus dem Siebröhrensaft, der aus dem zentralen Leitbündel des Staubfadens austritt. Er gelangt durch schlitzförmige Risse im Gewebe des Staubfadens nach außen. Als mehr oder weniger reiner Siebröhrensaft besteht der Nektar hauptsächlich aus Saccharose. Die Zusammensetzung dieses Nektars steht in scharfem Kontrast zur Zusammensetzung des Nektars von *Capsicum annuum* (Solanaceae; Rabinowitch et al., 1993) und *Thryptomene calycina* (Myrtaceae; Beardsell et al., 1989), der ausschließlich Fructose und Glucose enthält.

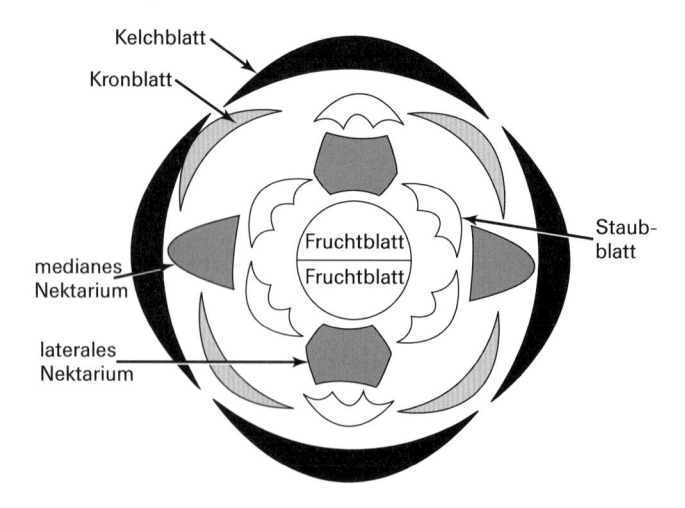

**Abb. 16.15** Stilisiertes Blütendiagramm von *Brassica rapa* und *B. napus*; es zeigt die Lage der lateralen und medianen Nektarien. (Nach Davis et al., 1996, mit freundlicher Genehmigung von Oxford University Press.)

Relativ wenige Pflanzen bilden Nektar, der keine Saccharose enthält.

Es gibt einen Zusammenhang zwischen dem Leitgewebetyp, der die Nektarien versorgt und der Zuckerkonzentration des Nektars. Nektarien, die vom Phloem alleine versorgt werden, sezernieren höhere Zuckerkonzentrationen als Nektarien, die von Xylem und Phloem oder hauptsächlich vom Xylem versorgt werden. Bei den Blüten mehrerer Brassicaceen-Arten, so auch bei *Arabidopsis thaliana*, mit zwei Paar Nektarien (Abb. 16.15; lateral und median), produzieren die lateralen Nektarien im Schnitt 95% der gesamten Nektar-Kohlenhydrate (Davis et al.; 1998). Die lateralen Nektarien werden durch umfangreiches Phloem versorgt (Abb. 16.16), während die medianen Nektarien nur an eine vergleichsweise kleine Zahl von Siebröhren angeschlossen sind. Das Gen *CRABS CLAW (CRC)* ist zur Initiierung der Nektarienentwicklung bei *Arabidopsis thaliana* erforderlich; *crc* Blüten besitzen keine Nektarien (Bowman und Smyth, 1999). Während *CRABS CLAW* für die Bildung von Nektarien erforderlich ist, ist seine ektopische Expression jedoch nicht groß genug, um die Bildung ektopischer („nicht am physiologischen Ort befindlicher") Nektarien zu induzieren (Baum et al., 2001). Bei *Arabidopsis* bedingen multiple Faktoren, dass die Nektarien auf die Blüte beschränkt bleiben, überraschenderweise gehören hierzu die *LEAFY* und *UNUSUAL FLORAL ORGANS* Gene (Baum et al., 2001).

Die Zusammensetzung des sezernierten Nektars kann zwischen männlichen und weiblichen Blüten derselben Pflanze verschieden sein, ja sogar zwischen Nektarien derselben Blüte. Darüber hinaus kann sich die Zuckerzusammensetzung während der Periode der Nektarsekretion beträchtlich ändern, wie dies für die floralen Nektarien von *Strelitzia reginae* gezeigt wurde (Kronestedt-Robards et al., 1989). Die Untersuchung einzelner Blüten von Brassicaceen-Arten zeigte, dass der Nektar von lateralen Nektarien höhere Mengen an Glucose als Fructose enthielt, der Nektar der medianen Nektarien hingegen höhere Konzentrationen an Fructose als an Glucose (Davis et al., 1998). Bei *Cucurbita pepo* bildet die weibliche Blüte süßeren Nektar mit einem niedrigeren Proteingehalt als die männliche Blüte (Nepi et al., 1996).

Bei vielen Pflanzen reichert sich der aus dem Phloem stammende Pronektar in Form von Stärkekörnern in den Plastiden der Nektarzellen an. Nach der Hydrolyse dient die Stärke als Hauptzuckerquelle bei der Anthese (Durkee et al., 1981; Zer und Fahn, 1992; Belmonte et al., 1994; Nepi et al., 1996; Gaffal et al., 1998).

### 16.3.5 Es gibt auch intermediäre Strukturen zwischen Nektarien und Hydathoden

Wie bereits erwähnt, wurde von Curtis und Lersten (1974) behauptet, dass die Hydathoden von *Populus deltoides*-Blättern, die Wasser variierender Zuckerkonzentration guttieren, unter bestimmten Bedingungen als Nektarien fungieren. Bei vielen Pflanzen gibt es sowohl strukturell als auch in ihrer Funktion

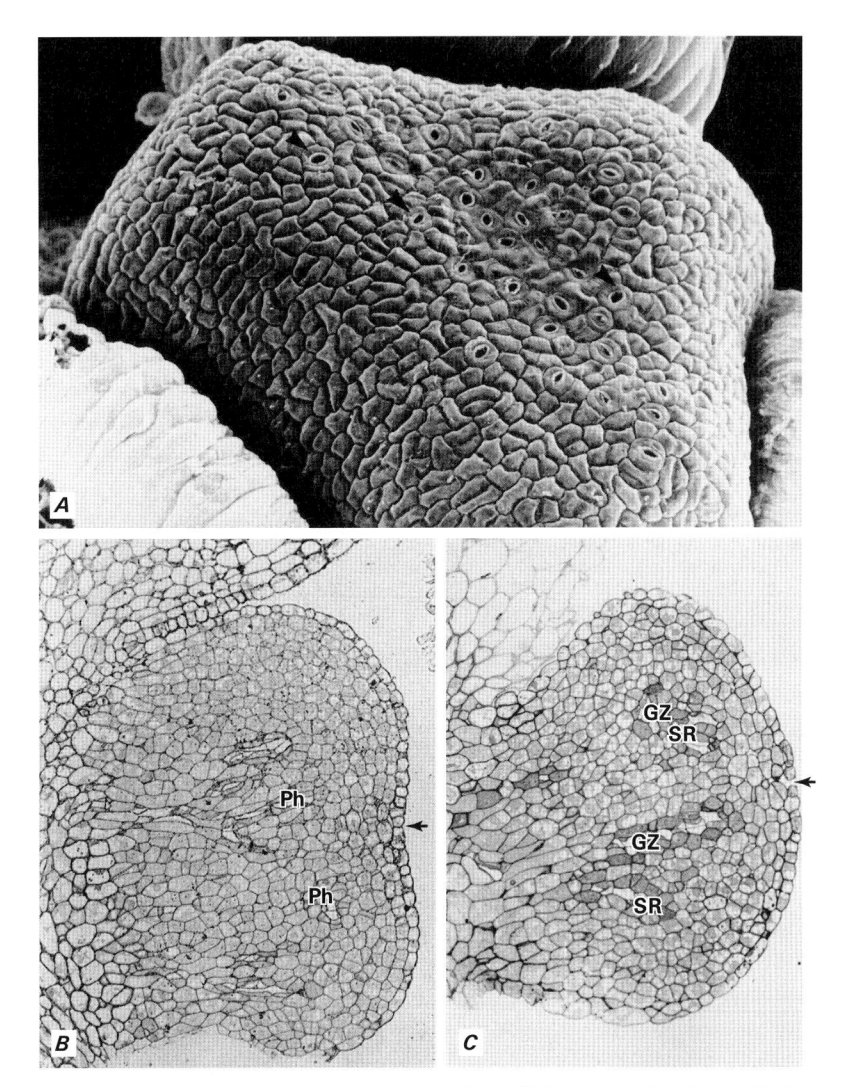

**Abb. 16.16** Laterales florales Nektarium von *Brassica napus*. **A**, rasterelektronenmikroskopische Aufnahme eines lateralen Nektariums mit zahlreichen offenen Stomata auf der Oberfläche des Nektariums. Beachten Sie die leichte Vertiefung in der Mitte des Nektariums. **B**, Längsschnitt, der Phloemstränge (Ph) zeigt, die sich ins Innere der Drüse erstrecken. Die Pfeilspitze weist auf die Vertiefung an der Oberfläche des Nektariums. **C**, Schrägschnitt durch einen der Nektarium-Lappen mit Siebröhrenelementen (SR) und sich intensiv färbenden Geleitzellen (GZ). Beachten Sie die offene Spaltöffnung (Pfeilspitze) an der Oberfläche des Nektariums. (A, x200; B, x110; c, x113. Aus Davis et al., 1986.)

Übergänge zwischen Hydathoden und extrafloralen Nektarien (Janda, 1937; Frey-Wyssling und Häusermann, 1960; Pate und Gunning, 1972; Elias und Gelband, 1977; Belin-Depoux, 1989). In den Blättern von *Impatiens balfourii* gibt es an den Blattzähnen graduelle strukturelle Übergänge von Nektarien zu Hydathoden (Elias und Gelband, 1977). Die intermediären Strukturen besitzen die langgestreckte Form und die Stomata der Hydathoden und eine abgerundete Spitze mit Raphiden und typischen Nektarienzellen; dies hat Elias und Gelband (1977) dazu bewogen, die Behauptung aufzustellen, dass die foliaren Nektarien von *Impatiens* aus Hydathoden entstanden sind. (Der Leser wird hier auf die Abhandlung von Vogel aus dem Jahre 1998 verwiesen, über Hydathoden als mögliche evolutionäre Vorläufer floraler Nektarien.) Unabhängig von irgendeiner möglichen evolutionären Beziehung zwischen Hydathoden und Nektarien, ist die Hauptquelle der sezernierten Lösungen bei den Hydathoden der Transpirationsstrom, und das Leitgewebe endet in ihnen als Xylem. Bei den Nektarien hingegen ist die Hauptquelle der Zucker der Assimilatstrom, und in vielen Nektarien endet das Leitgewebe ausschließlich als Phloem.

## 16.4 Kolleteren

**Kolleteren** (Drüsenzotten) – ein Begriff, der sich von dem griechischen Wort *kolla*, Leim, ableitet, und sich auf die klebrige Sekretion dieser Strukturen bezieht – sind häufig auf Knospenschuppen und jungen Blättern zu finden (Thoma, 1991). Die Flüssigkeit, die sie produzieren ist schleimig oder harzig und wasserunlöslich. Kolleteren entstehen an jungen foliaren Organen und ihr klebriges Sekret durchdringt und bedeckt die ganze Knospe. Wenn sich die Knospe öffnet und die Blätter sich entfalten, trocknen die Kolleteren im Allgemeinen aus und fallen ab. Die mögliche Funktion der Kolleteren ist die Bereitstellung eines schützenden Überzugs für die ruhenden Knospen und der Schutz von sich entwickelndem Meristem und von den jungen, sich differenzierenden Blättern oder ihren Nebenblättern.

Kolleteren (drüsige Anhänge) sind keine Trichome. Es sind Emergenzen aus beidem, epidermalem und subepidermalem Gewebe. Aufgrund ihrer Morphologie kann man mehrere Kolleterentypen unterscheiden. Der verbreitetste Typ, von Lersten (1974a, b) in seinen Untersuchungen der Kolleteren der Rubiaceen als **Standardtyp** (*standard colleter*) bezeichnet, besteht aus einer multiseriaten Achse langgestreckter Zellen, die von einer palisadenartigen Epidermis umhüllt werden (der sekretorischen Epithelschicht), deren Zellen dicht aneinander gedrängt und von einer dünnen Cuticula bedeckt sind (Abb. 16.17A). Standardtyp-Kolleteren der Apocynaceen zeigen eine Differenzierung in einen langen Kopf und einen kurzen Stiel, der keine sekretorischen Zellen enthält. Bei *Allamanda* ist der Stiel grün und photosynthetisch aktiv, wohingegen der Kopf bleich, gelblich aussieht, von drüsiger Natur (Ramayya und Bahadur, 1968). Weitere von Lersten (1974a, b) bei Rubiaceen aufgrund ihrer Morphologie entdeckte Kolleterentypen sind die reduzierte **Standardkolletere** (*reduced standard colleter*), mit recht kurzen Epidermiszellen (Abb. 16.17B); die **dendroide Kolletere** (*dendroid colleter*), aus einem filamentösen Stiel von dem viele langgestreckte Epidermiszellen ausstrahlen (Abb. 16.17C); und die **bürstenförmige Kolletere** (*brushlike colleter*), der eine gestreckte Achse fehlt, die aber langgestreckte Epidermiszellen besitzt (Abb. 16.17D). Morphologisch andere Kolleterentypen wurden bei Rubiaceen (Robbrecht, 1987) und anderen Taxa entdeckt. Bei einigen *Piriqueta*-Arten (Turneraceae) gibt es einen morphologischen Übergang zwischen den Kolleteren und den extrafloralen Nektarien der Blätter (González, 1998). Jedoch sind keine dieser Kolleteren mit Leitbündeln versorgt, noch sezernieren sie eine bemerkenswerte Menge an Zuckern. Normalerweise treten in Kolleteren verschiedene Arten von Kristallen auf, und diese sind von taxonomischer Bedeutung.

Die sekretorischen Zellen der Kolleteren sind reichlich mit Mitochondrien und Dictyosomen versehen und einem ausgedehnten System von Endoplasmatischem Reticulum (sowohl raues als auch glattes) (Klein et al., 2004). Zweifelsohne ist die Sekretion granulokrin. Typischerweise akkumuliert das sezernierte Material unter der Cuticula, die schließlich aufreißt; es gibt bei den Kolleteren aber auch andere Arten von Exsudation (Thomas, 1991).

Zwischen Bakterien und den Blättern bestimmter Arten der Rubiaceen und Myrsinaceen gibt es eine interessante symbiotische Beziehung (Lersten und Horner, 1976; Lersten, 1977). Diese Beziehung tritt in Form **bakterieller Blatt-Knöllchen** auf. Die Bakterien leben in der schleimigen Flüssigkeit, die von den Kolleteren sezerniert wird. Etwas von dem bakterienhaltigen Schleim gelangt in die substomatären Höhlen der jungen sich entwickelnden Blätter und die Knöllchenentwicklung wird initiiert. Weiterer bakterienhaltiger Schleim wird in den Samenanlagen der sich entwickelnden Blüten eingeschlossen, und die Bakterien werden in den Samen inkorporiert. So werden die Bakterien intern von einer Generation zur nächsten weitergegeben.

## 16.5 Osmophoren

Blütenduft wird durch flüchtige Stoffe – hauptsächlich ätherische Öle und Amine – hervorgerufen, die meist in der Epidermis bestimmter Teile des Perianths entstehen (Weichel, 1956; Vainstein et al., 2001). Bei manchen Pflanzen stammen die Blütenduftstoffe jedoch aus speziellen Drüsen, sogenannten **Osmophoren**, ein Begriff, der sich von den griechischen Wörtern *osme* = Geruch, Duft und *pherein* = tragen ableitet. Der Begriff wurde zuerst von Arcangeli im Jahre 1883 für den duftenden Kolben (Spadix) bestimmter Araceen verwendet (so zitiert in Vogel, 1990). Die Duftstoffe locken Blütenbestäuber an. Einige Bienen (männliche Euglossine-Bienen) verwenden wahrscheinlich Duftstoffe aus Osmophoren der Stanhopeinae (Subtribus der Orchidaceae) als Vorstufen für einen Sexual-Lockstoff (Dressler, 1982).

Osmophoren wurden bei Asclepiadaceen, Aristolochiaceen, Calycanthaceen, Saxifragaceen, Solanaceen, Araceen, Burmanniaceen, Iridaceen, und Orchidaceen gefunden. Verschiedene Teile der Blüten können zu Osmophoren differenziert und lappen-, cilien-oder bürstenförmig gebaut sein. Das obere Ende des Kolbens (Spadix) der Araceenblütenstände (Weryszko-Chmielewska und Stpiczyńska, 1995; Skubatz et al., 1996)) und das Insekten anlockende Gewebe der Orchideenblüten (Pridgeon und Stern, 1983, 1985; Curry et al., 1991;

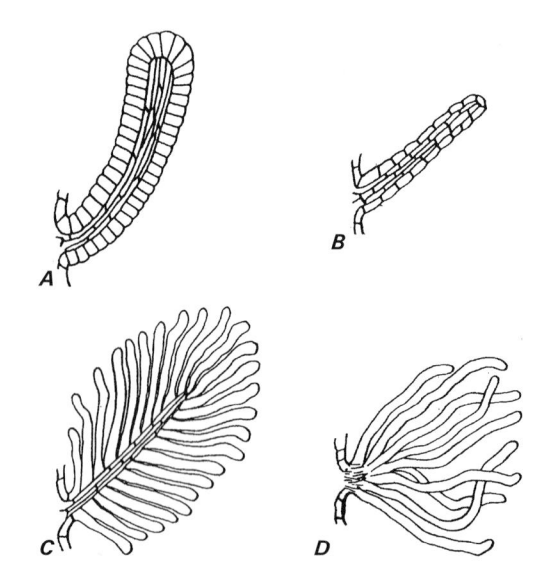

**Abb. 16.17** Verschiedene Kolleteren-Typen. **A**, der am meisten verbreitete Standardtyp. **B**, reduzierter Standard-Typ. **C**, dendroider Typ. **D**, bürstenförmiger Typ. (Aus Lersten, 1974a. © Blackwell Publishing.)

## 16.5 Osmophoren

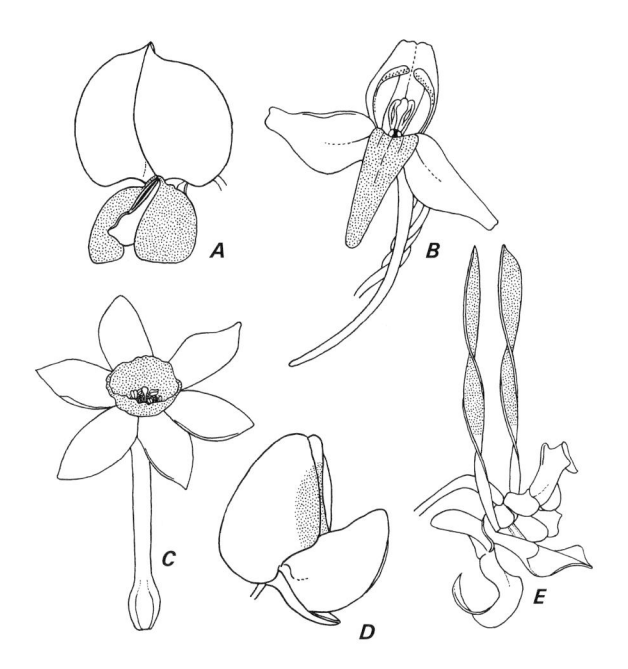

**Abb. 16.18** Osmophoren bei Blüten; nach Eintauchen in Neutralrotlösung durch Farbakkumulation erkennbar (punktierte Blütenteile). **A**, *Spartium junceum*, **B**, *Platanthera bifolia*; **C**, *Narcissus jonquilla*; **D**, *Lupinus cruckshanksii*, **E**, *Dendrobium minax*. (Nach Vogel, 1962.)

terscheiden oder nicht wahrnehmbar in dieses übergehen (Curry et al., 1991). Das Sekretionsgewebe kann dicht gepackt oder von Interzellularen durchzogen sein. Bei *Ceropegia elegans* (Asclepiadaceae) sind die unteren Schichten des Sekretionsgewebes von Leitbündelendigungen durchzogen, die nur aus Phloem bestehen, eine Leitbündelversorgung wie sie nach Vogel (1990) auch bei anderen Osmophoren zu finden ist. Vogel (1990) hat vermutet, dass bei den Osmophoren von *Ceropegia* die Epidermisschicht die Aufgabe hat, Duftstoffe zu akkumulieren und abzugeben und dass die Synthese der Duftstoffe hauptsächlich in den anderen glandulären Schichten stattfindet. In der Oberfläche der Osmophore befinden sich Stomata.

Die Zellen des Osmophoren enthalten zahlreiche Amyloplasten und Mitochondrien. Endoplasmatisches Reticulum, hauptsächlich glattes, findet sich reichlich, Dictyosomen hingegen treten nur spärlich auf. Stärkekörner und Lipid-Tröpfchen sind in den Drüsenzellen zu Beginn der sekretorischen Aktivität reichlich zu finden. Lipidtröpfchen im Cytosol und Plastoglobuli in den Amyloplasten treten gewöhnlich im Zusammenhang mit der Duftstoffproduktion auf (Curry et al., 1991). Die Abgabe volatiler Substanzen ist von kurzer Dauer; dabei werden offenbar große Mengen an Reservestoffen verbraucht. Bei der Postanthese sind die Zellen des Osmophoren stark vakuolisiert (Abb. 16.19B), und wenige Amyloplasten, Mitochondrien und Cisternen des Endoplasmatischen Reticulums sind übrig geblieben (Pridgeon und Stern, 1983; Stern et al., 1987).

Mehrere Zellkomponenten – raues und glattes Endoplasmatisches Reticulum, Plastiden und Mitochondrien – sind mit der Synthese terpenoider Verbindungen von Duftstoffen in Verbindung gebracht worden (Pridgeon und Stern, 1983, 1985, Curry, 1987). Sowohl granulokrine als auch ekkrine Sekretion wurden gefunden (Kronestedt-Robards und Robards, 1991). Au-

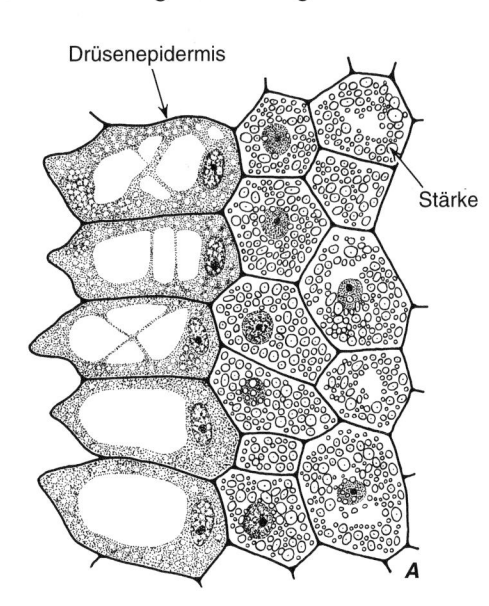

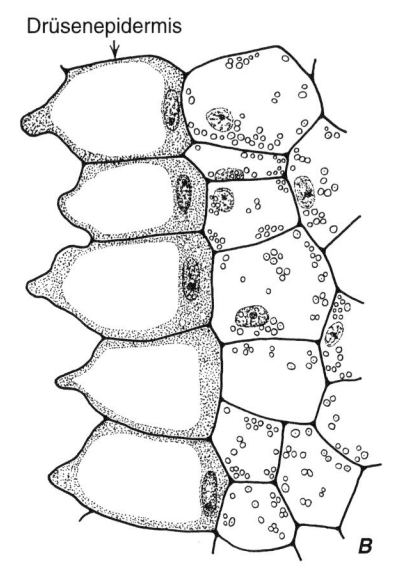

Stpiczyńska, 1993) sind z. B. Osmophoren. Die Osmophoren färben sich mit Neutralrot, wenn man die ganze Blüte in die Farbstofflösung eintaucht (Abb. 16.18: Stern et al., 1986).

Das Sekretionsgewebe der Osmophoren ist gewöhnlich mehrere Zellschichten dick (Abb. 16.19). Die äußere Schicht ist eine Epidermis, von einer sehr dünnen Cuticula bedeckt. Zwei bis fünf subepidermale Schichten können sich in ihrer Dichte beträchtlich vom darunter liegenden Grundgewebe un-

**Abb. 16.19** Schnitte durch das Sekretionsgewebe der Osmophoren einer Blüte von *Ceropegia stapeliaeformis*. **A**, zu Beginn der sekretorischen Aktivität, mit hohem Stärkegehalt; **B**, nach Beendigung der Duftstoffabgabe. Der Cytoplasmabelag der Sekretionszellen ist nach der Duftstoffabgabe dünner geworden und der Stärkegehalt des subepidermalen Gewebes hat abgenommen. (Nach Photographien von Vogel, 1962.)

ßerdem gibt es ultrastrukturelle Hinweise darauf, dass in dem Osmophor des Spadix-Appendix von *Sauromatum guttatum* (Voodoo-Lilie) das Endoplasmatische Reticulum mit der Plasmamembran fusionieren kann, wobei ein Kanal entsteht, durch den die volatilen Substanzen aus der Zelle hinausgelangen (Skubatz et al., 1996). Es wird angenommen, dass die Wärme, die von Infloreszenzen bestimmter Araceen bei der Anthese abgegeben wird, bei der Verflüchtigung der Lipide hilft (Meeuse und Raskin, 1988; Skubatz et al., 1993; Skubatz und Kunkel, 1999). Wenigstens neun verschiedene Klassen chemischer Substanzen werden während der thermogenen Aktivität der Voodoo-Lilie freigesetzt (Skubatz et al., 1996).

## 16.6 Drüsenhaare, die lipophile Substanzen sezernieren

Drüsenhaare, die lipophile Substanzen ausscheiden, finden sich bei vielen eudicotylen Familien (z. B. bei den Asteraceae, Cannabaceae, Fagaceae, Geraniaceae, Lamiaceae, Plumbaginaceae, Scrophulariaceae, Solanaceae und Zygophyllaceae). Zu den lipophilen Substanzen, die von den Trichomen sezerniert werden, gehören Terpenoide (wie z. B. ätherische Öle und Harze), Fette, Wachse und Flavonoid-Aglykone. Terpenoide sind die häufigsten lipophilen Substanzen solcher Drüsenhaare. In der Pflanze dienen sie verschiedenen Funktionen, so der Abschreckung von Herbivoren und der Anlockung von Bestäuberorganismen (Duke, 1991; Lerdau et al., 1994; Paré und Tumlinson, 1999; Singsaas, 2000), und wegen ihrer klebrigen Konsistenz dienen sie auch der Verbreitung bestimmter Früchte (Heinrich et al., 2002).

Die wahrscheinlich am besten untersuchten Drüsenhaare mit Sekretion lipophiler Substanzen sind die der Lamiaceen. Zwei Haupttypen von Drüsenhaaren kommen bei den Lamiaceen vor, schildförmige und kopfförmige (Abb. 16.20). **Drüsenschuppen** (*peltate trichomes*) bestehen aus einer Basalzelle, einer kurzen Stielzelle, deren Lateralwände vollständig cutinisiert sind, und einem breiten Köpfchen aus 4 bis 18 sekretorischen Zellen, die einschichtig, in ein oder zwei konzentrischen Ringen angeordnet sind. Das sekretorische Produkt der Drüsenschuppe akkumuliert in einem großen Subcuticularraum, der durch Ablösung der Cuticula zusammen mit der äußeren Schicht der Zellwand gebildet wird (Danilova und Kashina, 1988; Werker et al., 1993; Ascensão et al., 1995; Ascensão et al., 1999; Gersbach, 2002). Normalerweise verbleibt es in diesem Raum bis die Cuticula unter dem Einfluss äußerer Kräfte aufreißt. **Drüsenköpfchen** (*capitate trichomes*) bestehen aus einer Basalzelle, einem ein oder mehrere Zellen langen Stiel, und einem eiförmigen oder kugeligen Köpfchen aus 1 bis 4 Zellen. Die meisten Lamiaceen besitzen zwei Typen von Drüsenköpfchen, kurzstielige und langstielige (Mattern und Vogel, 1994; Bosabalidis, 2002). Über den Köpfchenzellen der Drüsenköpfchen ist allenfalls eine geringfügige Cuticula-Abhebung beobachtet worden. In der Cuticula einiger kommen Poren vor (Amelunxen, 1964; Ascensão und Pais, 1998). Die Köpfchenzellen von wenigstens zwei *Nepeta*-Arten (*N. racemosa*, Bourett et al., 1994; *N. cataria*, Kolalite, 1998) zeigen Wandprotuberanzen, wie sie für Transferzellen typisch sind. Einige Lamiaceen zeigen zusätzliche Drüsenhaartypen. *Plectranthus ornatus* z. B. besitzt fünf morphologische Typen (Ascensão et al., 1999). Bei *Plectranthus ornatus* (Ascensão et al., 1999) und *Leonotis leonurus* (Ascensão et al., 1997) sezernieren die Drüsenschuppen Oleoresin (Ölharz), welches aus ätherischen Ölen, Harzsäuren und Flavonoid-Aglykonen besteht. Bei *Leonotis* sezernieren die Drüsenköpfchen Polysaccharide und Proteine und kleine Mengen ätherischer Öle und Flavonoide.

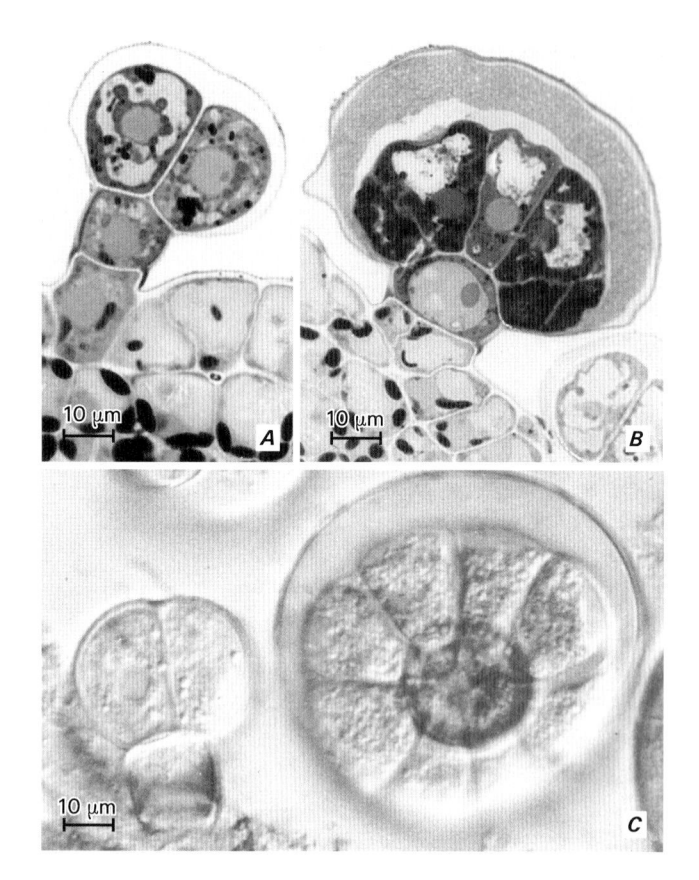

**Abb. 16.20** Drüsenhaare von *Leonotis leonurus* (Lamiaceae). **A**, Schnittansicht eines voll entwickelten Drüsenköpfchens. **B**, Schnittansicht einer reifen Drüsenschuppe, mit sekretorischem Material im Subcuticularraum. **C**, Schnitt eines frischen Blattes, mit Seitenansicht eines Drüsenköpfchens (links) und Aufsicht auf eine Drüsenschuppe (rechts). (Aus Ascensão et al., 1995; mit freundlicher Genehmigung von Oxford University Press.)

Monoterpene sind häufige Bestandteile von ätherischen Ölen und Harzen. Sie sind Hauptbestandteil der ätherischen Öle der Lamiaceen (Lawrence, 1981). Die Monoterpensynthese ist spezifisch lokalisiert in den sekretorischen Zellen der Blatt-Drüsenhaare von Speer-Minze (*Mentha spicata*) und Pfeffer-Minze (*Mentha piperata*) (Gershenzon et al., 1989; McCaskill et al., 1992; Lange et al., 2000). Bei Pfeffer-Minze ist die Monoterpen-Akkumulation auf 12 bis 20 Tage alte Blätter beschränkt; das ist die Periode maximaler Zunahme der Blattgröße (Gershenzon et al., 2000). Während dieses aktiven sekretorischen Zustands werden die Köpfchenzellen von zahlreichen Leukoplasten, umgeben von reichlich glattem Endoplasmatischen Reticulum, besiedelt, ein Zusammentreffen ultrastruktureller Merkmale, das auch bei anderen Drüsen auftritt, die ätherische Öle und Harze sezernieren. Es ist nachgewiesen worden, dass die Monoterpenbiosynthese der Drüsenhaare von Pefferminze in den Leukoplasten stattfindet (Turner, G., et al., 1999, 2000). Offensichtlich sind die meisten Enzyme der Monoterpenbiosynthese bei Pfeffer-Minze auf der Stufe der Genexpression reguliert (Lange und Croteau, 1999; McConkey et al., 2000).

## 16.7 Entwicklung von Drüsenhaaren

Drüsenhaare beginnen ihre Entwicklung in den Anfangsstadien der Blattentwicklung. Bei *Ocimum basilicum* (Lamiaceae) kommen morphologisch gut entwickelte Drüsenhaare, verstreut zwischen jüngeren Trichomen, bereits auf Blattprimordien von gerade einmal 0.5 mm Länge vor (Werker et al., 1993).

Wegen ihrer asynchronen Entstehung sind Drüsenhaare unterschiedlichen Entwicklungsstadiums Seite an Seite zu finden (Danilova und Kashina, 1988). Die Entwicklung neuer Trichome setzt sich fort solange noch ein Teil des Protoderms meristematisch ist. Die Bildung neuer Drüsen hört in einem gegebenen Blattareal auf, sobald es beginnt sich auszudehnen. Da dies an der Blattbasis zuletzt stattfindet, ist die Blattbasis der letzte Teil des Blattes mit unreifen Drüsen. Die Gattung *Fagonia*, die zur Wüstenpflanzenfamilie der Zygophyllaceen gehört, ist wahrscheinlich eine Ausnahme. Drüsenhaare von unterschiedlichem Entwicklungszustand finden sich Seite an Seite in jungen aber auch voll ausgewachsenen *Fagonia*-Blättern (Fahn und Shimony, 1998). Bei einigen Blättern ist das Flächenwachstum der Blattspreite begleitet von einer Abnahme der Drüsenhaardichte (Werker et al., 1993; Ascensão et al., 1997; Fahn und Shimony, 1996). Einige Wissenschaftler behaupten, dass die Zahl der Drüseninitialen bei Blattaustrieb festgelegt ist (Werker und Fahn, 1981; Figueiredo und Pais, 1994; Ascensão et al., 1997), wohingegen andere einen Anstieg der Anzahl der Trichome während der gesamten Blattentwicklung beobachtet haben (Turner, J.C., et al., 1980; Croteau et al., 1981; Maffei et al., 1989).

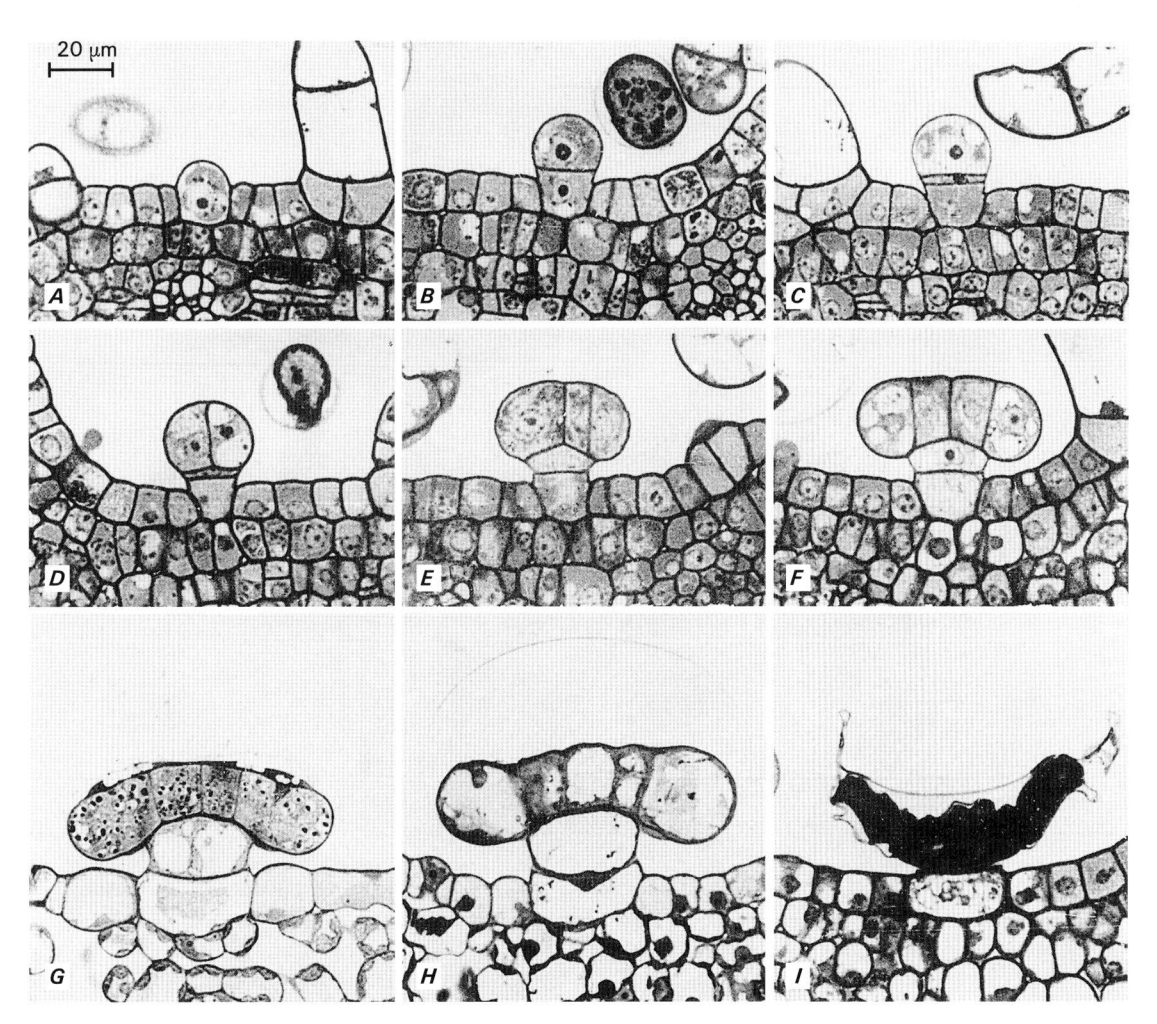

**Abb. 16.21** Sukzessive Stadien in der Drüsenhaar-Entwicklung des *Origanum* x *intercedens* Blattes, in Blattquerschnitten dargestellt. (Aus Bosabalidis und Exarchou, 1995. ©1995 The University of Chicago. Alle Rechte vorbehalten.)

Die Entwicklung der Drüsenschuppen ist bei den Lamiaceen ziemlich gleich und wird hier am Beispiel der Trichome von *Origanum* vorgestellt (Abb. 16.21; Bosabalidis und Exarchou, 1995; Bosabalidis, 2002). Sie beginnt mit einer einzigen protodermalen Zelle. Nach geringer Streckung teilt sich die protodermale Zelle zweimal periklin und asymmetrisch, wobei eine Basalzelle, eine Stielzelle und die Initialzelle des Trichom-Köpfchens entstehen. Letztere Zelle teilt sich dann antiklin, zur Bildung des Köpfchens, während die Basalzelle und die Stielzelle sich vergrößern. Sobald sie gebildet sind, beteiligen sich die Köpfchenzellen an Synthese und Sekretion von ätherischem Öl, welches sich unter der Cuticula anhäuft. Während der intensiven Sekretion hebt sich die Cuticula über den Apikalwänden der Köpfchenzellen vollkommen ab und ein großer, kuppelförmiger Subcuticularraum füllt sich mit dem ätherischen Öl. Nach vollendeter Sekretion degenerieren die Köpfchenzellen und die Stielzelle. Die Basalzelle behält ihren Protoplasten.

Ascensão und Pais (1998) und Figueiredo und Pais (1994) unterscheiden drei Stadien bei der Entwicklung der Drüsenhaare von *Leonotis leonurus* (Lamiaceae) und *Achillea millefolium* (Asteraceae): präsekretorisch, sekretorisch und postsekretorisch. Das präsekretorische Stadium beginnt mit der protodermalen Zelle und endet, wenn das Trichom voll entwickelt ist. Es folgt das sekretorische und dann das postsekretorische Stadium.

## 16.8 Drüsen der carnivoren Pflanzen

**Carnivore Pflanzen** (fleischfressende Pflanzen) sind Pflanzen, die Insekten anlocken und fangen können, sie dann verdauen und die Verdauungsprodukte absorbieren (Fahn, 1979a; Joel, 1986; Juniper et al., 1989). Zum Fang der Beute sind verschiedene Fallenmorphologien oder -mechanismen entstanden, so Kannen (*Nepenthes, Darlingtonia, Sarracenia*), Saugfallen (*Utricularia, Biovularia, Polypompholyx*), Klebfallen (*Pinguicula, Drosera*) und Klappfallen (*Dionaea, Aldrovanda*). Außerdem besitzen carnivore Pflanzen verschiedene Drüsentypen, meist Lockdrüsen, Schleimdrüsen und Verdauungsdrüsen. Die Lockdrüsen sind normalerweise Nektarien. Bei einigen Pflanzen werden Schleim und Verdauungsenzyme vom selben Drüsentyp sezerniert; bei *Drosera* z. B. sondern die gestielten Drüsen, die (Leim-) Tentakel, sowohl ein zähes klebriges Sekret als auch Enzyme ab, auch dienen sie der Absorption der Verdauungsprodukte. Mehrere verschiedene Drüsenhaare finden sich bei der Saugfalle (Schluckfalle) von *Utricularia*, Wasserschlauch (Fineran, 1985); es sind dies vierarmige (*quadrifid*) und zweiarmige (*bifid*) Trichome auf der Falleninnenseite, sitzende keulenförmige externe Drüsen auf der Fallenaußenseite, und dicht angeordnete Epithelzellen, welche die Schwelle des Fallenzugangs (das Widerlager der „Klapptür") säumen (Abb. 16.22). Die internen Drüsen sind beteiligt an der Entfernung überflüssigen Wassers aus dem Fallenlumen nach Auslösen der Falle (z. B. nach plötzlichem Einsaugen der Beute und

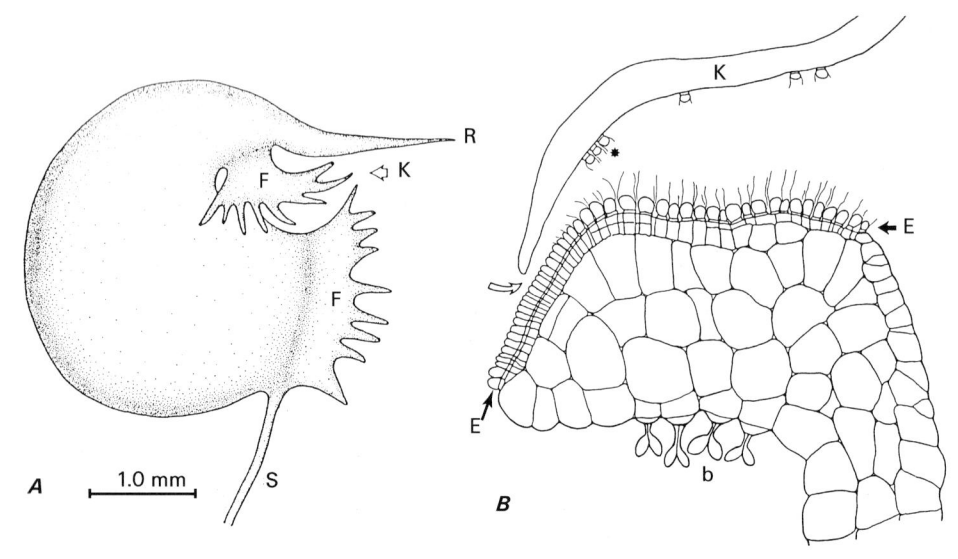

**Abb. 16.22** Die Saugfalle von *Utricularia* (Wasserschlauch). **A**, Zeichnung der äußeren Morphologie der Saugfalle. Die „Türklappe" (K) befindet sich an der dorsalen Seite, distal vom Stiel (S). Mehrere Flügel (F) und ein Rostrum (R), ein schnabelförmiger Fortsatz, treten nahe der Fallenöffnung („Mund") auf; man nimmt an, dass sie helfen, die Beute in Richtung Fallenöffnung zu lenken. **B**, Struktur der Fallenöffnung im Längsschnitt (Fallenaußenseite rechter Hand, Falleninneres links gelegen). Die Klappe (K) besteht aus zwei Lagen von Zellen (nicht zu sehen) mit Gruppen kegelförmiger Drüsen an ihrer Außenwand. Die Tür ist halboffen (klarer Pfeil), als wenn die Saugfalle beginnt zuzuschnappen. Ein Epithel (E) aus einer Reihe dicht angeordneter Drüsenhaare, die eine Pseudoepidermis bilden, erstreckt sich auf dem Widerlager der Türklappe von der Saugfallenöffnung bis zu seinem inneren Teil. Die Klappen-Drüsen und die terminalen Zellen des Epithels haben gerissene Cutikeln, die nach Abgabe des Schleims von diesen abstehen. Das Klappenwiderlager ist mehrere Zellen dick und trägt auf der Unterseite zweiarmige (bifide) Haare (b). (Aus Fineran, 1985. Mit Genehmigung des Verlags.)

einem damit verbundenen Anstieg des Fallenvolumens), ferner am Transport gelöster Substanzen und an den Verdauungsaktivitäten. Die externen Drüsen der Falle scheiden Wasser aus und die Drüsen des Fallenzugangs sezernieren Schleim, der den Zugang nach Auslösen der Falle versiegelt. Der Schleim kann auch Beuteorganismen anlocken.

Die Blätter von *Pinguicula* (Fettkraut) besitzen zweierlei Sorten von Drüsen, gestielte und sitzende. Die gestielten Drüsen bilden ein Fangsekret (Fangschleim), an dem die Beute kleben bleibt und gefangen wird. Sie bestehen aus einer großen basalen Zelle (Reservoirzelle), die in der Epidermis lokalisiert ist, ferner einer langen Stielzelle, und einer endodermoiden Columellazelle, die das Köpfchen trägt, das typischerweise aus 16 strahlenförmig angeordneten sekretorischen Zellen besteht. Die Köpfchenzellen sind durch große Mitochondrien mit gut entwickelten Cristae charakterisiert, ferner durch eine beträchtliche Population von Dictyosomen mit vielen assoziierten Vesikeln, und durch Protuberanzen an den radialen Wänden. Während die äußeren Oberflächen der sekretorischen Zellen allenfalls eine dürftig entwickelte Cuticula besitzen, sind die freien Wände der Basalzelle vollständig cutinisiert.

Besondere Beachtung haben die sitzenden, die Verdauungsdrüsen von *Pinguicula* erhalten (Heslop-Harrison und Heslop-Harrison, 1980, 1981; Vassilyev und Muravnik, 1988a, b). Diese Drüsen bestehen aus drei funktionellen Kompartimenten: (1) der basalen Reservoirzelle, (2) einer Zwischenzelle von endodermoiden Charakter, und (3) einer Gruppe sekretorischer Köpfchenzellen. Die lateralen Wände der endodermoiden Zwischenzelle sind vollständig cutinisiert und bilden „Caspary-Streifen", an welchen das Plasmalemma fest anhaftet. Die Zwischenzelle enthält reichlich Speicherlipide und zahlreiche Mitochondrien. Im reifen Zustand ist die begrenzende Cuticula der sekretorischen Zellen diskontinuierlich. Während der Reifung bilden die sezernierenden Köpfchenzellen eine spezielle Schicht, eine Schleimschicht, zwischen Plasmalemma und Zellwand. Diese Schicht dient der Speicherung von Verdauungsenzymen, die offenbar am rauen Endoplasmatischen Reticulum der Köpfchenzellen synthetisiert und in Schleimschicht und Vakuolen transferriert werden. Während der Reifung zeigt das Endoplasmatische Reticulum eine auffällige vierfache Volumenvergrößerung. Man vermutet, dass die Verdauungsenzyme direkt vom Endoplasmatischen Reticulum in Vakuolen und Schleimschicht transferriert werden könnten, und zwar durch ein Kontinuum zwischen den Membranen des Endoplasmatischen Reticulums und dem Tonoplasten bzw. dem Plasmalemma (Vassilyev und Muravnik, 1988a). Auch der Golgiapparat soll bei der Enzymsekretion von *Pinguicula* eine Rolle spielen. Die sekretorischen Zellen bleiben während der gesamtem Periode der Beute-Verdauung und Absorption der Nährstoffe hoch aktiv. Nach der Verdauungs- und Absorptionsphase werden in den Drüsen destruktive Prozesse eingeleitet, wie sie für seneszente Zellen charkterisrtisch sind (Vassilyev und Muravnik, 1988b).

## 16.9 Brennhaare

**Brennhaare** kommen bei vier Familien der eudicotylen Pflanzen vor: den Urticaceen, den Euphorbiaceen, den Loasaceen und den Hydrophyllaceen. Auch wenn sie meist als Haare angesehen werden, sollte man sie korrekterweise besser den Emergenzen zuordnen, denn sie sind Auswüchse aus beiden, epidermalen und subepidermalen Zellschichten (Thurston, 1974, 1976).

Die Brennhaare von *Urtica* (Brennnessel) bestehen aus vier morphologisch unterschiedlichen Regionen: (1) einer kugeligen Haarspitze (Köpfchen), (2) einer apikalen präformierten Abbruchstelle, (3) einem Haarschaft, wie eine feine Kanüle gebaut, und (4) einer erweiterten Haarbasis (Bulbus) auf einem Sockel aus epidermalen-und subepidermalen Zellen und von Sockelzellen becherförmig umgeben (Abb. 16.1G; Thurston, 1974; Corsi und Garbari, 1990). Die apikale Wand des Brennhaares ist verkieselt und extrem zerbrechlich; bei Berührung bricht die kleine kugelige Haarspitze an einer präformierten Stelle ab. Die nun scharf zugespitzte Kanüle dringt leicht in die z. B. menschliche Haut ein, wobei durch Druck auf die nicht verkieselte Basis Flüssigkeit in die Wundstelle injiziert wird.

Die Brennhaare von *Urtica* enthalten Histamin, Acetylcholin und Serotonin. Es ist jedoch fraglich, ob diese Substanzen für die „Brennen" verantwortlich sind (Thurston und Lersten, 1969; Pollard und Briggs, 1984). Schon seit langem nimmt man an, dass Brennhaare dem Schutz gegen Herbivore dienen.

## Literatur

Amelunxen, F. 1964. Elektronenmikroskopische Untersuchungen an den Drüsenhaaren von *Mentha piperita* L. *Planta Med.* 12, 121–139.

Arumugasamy, K., R. B. Subramanian und J. A. Inamdar. 1990. Cyathial nectaries of *Euphorbia neriifolia* L.: Ultrastructure and secretion. *Phytomorphology* 40, 281–288.

Ascensão, L. und M. S. Pais. 1998. The leaf capitate trichomes of *Leonotis leonurus*: Histochemistry, ultrastructure und secretion. *Ann. Bot.* 81, 263–271.

Ascensão, L., N. Marques und M. S. Pais. 1995. Glandular trichomes on vegetative and reproductive organs of *Leonotis leonurus* (Lamiaceae). *Ann. Bot.* 75, 619–626.

Ascensão, L., N. Marques und M. S. Pais. 1997. Peltate glandular trichomes of *Leonotis leonurus* leaves: Ultrastructure and histochemical characterization of secretions. *Int. J. Plant Sci.* 158, 249–258.

Ascensão, L., L. Mota und M. de M. Castro. 1999. Glandular trichomes on the leaves and flowers of *Plectranthus ornatus*: Morphology, distribution and histochemistry. *Ann. Bot.* 84, 437–447.

Bahadur, B., C. S. Reddi, J. S. A. Raju, H. K. Jain und N. R. Swamy. 1998. Nectar chemistry. In: *Nectary Biology: Structure, Function and Utilization*, S. 21–39, B. Bahadur, Hrsg., Dattsons, Nagpur, India.

Baker, H. G. und I. Baker. 1983a. A brief historical review of the chemistry of floral nectar. In: *The Biology of Nectaries*, S. 126–

152, B. Bentley and T. Elias, Hrsg., Columbia University Press, New York.

Baker, H. G. und I. Baker. 1983b. Floral nectar sugar constituents in relation to pollinator type. In: *Handbook of Experimental Pollination Biology*, S. 117–141, C. E. Jones and R. J. Little, Hrsg., Scientific and Academic Editions, New York.

Balsamo, R. A., M. E. Adams und W. W. Thomson. 1995. Electrophysiology of the salt glands of *Avicennia germinans*. *Int. J. Plant Sci.* 156, 658–667.

Batanouny, K. H. 1993. Adaptation of plants to saline conditions in arid regions. In: *Towards the Rational Use of High Salinity Tolerant Plants*, vol. 1, *Deliberations about high salinity tolerant plants and ecosystems*, S. 387–401, H. Lieth and A. A. Al Masoom, Hrsg. Kluwer Academic, Dordrecht.

Baum, S. F., Y. Eshed und J. L. Bowman. 2001. The *Arabidopsis* nectary is an ABC-independent floral structure. *Development* 128, 4657–4667.

Beardsell, D. V., E. G. Williams und R. B. Knox. 1989. The structure and histochemistry of the nectary and anther secretory tissue of the flowers of *Thryptomene calycina* (Lindl.) Stapf (Myrtaceae). *Aust. J. Bot.* 37, 65–80.

Belin-Depoux, M. 1989. Des hydathodes aux nectaires chez les plantes tropicales. *Bull. Soc. Bot. Fr. Actual. Bot.* 136, 151–168.

Belmonte, E., L. Cardemil und M. T. K. Arroyo. 1994. Floral nectary structure and nectar composition in *Eccremocarpus scaber* (Bignoniaceae), a hummingbird-pollinated plant of central Chile. *Am. J. Bot.* 81, 493–503.

Bosabalidis, A. M. 2002. Structural features of *Origanum* sp. In: *Oregano: The Genera Origanum and Lippia*, S. 11–64, S. E. Kintzios, Hrsg., Taylor and Francis, London.

Bosabalidis, A. M. und F. Exarchou. 1995. Effect of NAA and GA$_3$ on leaves and glandular trichomes of *Origanum x intercedens* Rech.: Morphological and anatomical features. *Int. J. Plant Sci.* 156, 488–495.

Bosabalidis, A. M. und W. W. Thomson. 1984. Light microscopical studies on salt gland development in *Tamarix aphylla* L. *Ann. Bot.* 54, 169–174.

Bourett, T. M., R. J. Howard, D. P. O'Keefe und D. L. Hallahan. 1994. Gland development on leaf surfaces of *Nepeta racemosa*. *Int. J. Plant Sci.* 155, 623–632.

Bowman, J. L. und D. R. Smyth. 1999. *CRABS CLAW*, a gene that regulates carpel and nectary development in *Arabidopsis*, encodes a novel protein with zinc finger and helix-loop-helix domains. *Development* 126, 2387–2396.

Brouillet, L., C. Bertrand, A. Cuerrier und D. Barabé. 1987. Les hydathodes des genres *Begonia* et *Hillebrandia* (Begoniaceae). *Can. J. Bot.* 65, 34–52.

Brown, W. H. 1938. The bearing of nectaries on the phylogeny of flowering plants. *Proc. Am. Philos. Soc.* 79, 549–595.

Carlton, W. M., E. J. Braun und M. L. Gleason. 1998. Ingress of *Clavibacter michiganensis* subsp. *michiganensis* into tomato leaves through hydathodes. *Phytopathology* 88, 525–529.

Corsi, G. und S. Bottega. 1999. Glandular hairs of *Salvia officinalis*: New data on morphology, localization and histochemistry in relation to function. *Ann. Bot.* 84, 657–664.

Corsi, G. und F. Garbari. 1990. The stinging hair of *Urtica membranacea* Poiret (Urticaceae). I. Morphology and ontogeny. *Atti Soc. Tosc. Sci. Nat., Mem., Ser. B*, 97, 193–199.

Croteau, R., M. Felton, F. Karp und R. Kjonaas. Relationship of camphor biosynthesis to leaf development in sage (*Salvia officinalis*). 1981. *Plant Physiol.* 67, 820–824.

Cruden, R. W., S. M. Hermann und S. Peterson. 1983. Patterns of nectar production and plant animal coevolution. In: *The Biology of Nectaries*, S. 80–125, B. Bentley and T. Elias, Hrsg., Columbia University Press, New York.

Curry, K. J. 1987. Initiation of terpenoid synthesis in osmophores of *Stanhopea anfracta* (Orchidaceae): A cytochemical study. *Am. J. Bot.* 74, 1332–1338.

Curry, K. J., L. M. McDowell, W. S. Judd und W. L. Stern. 1991. Osmophores, floral features und systematics of *Stanhopea* (Orchidaceae). *Am. J. Bot.* 78, 610–623.

Curtis, J. D. und N. R. Lersten. 1974. Morphology, seasonal variation, and function of resin glands on buds and leaves of *Populus deltoides* (Salicaceae). *Am. J. Bot.* 61, 835–845.

Danilova, M. F. und T. K. Kashina, 1988. Ultrastructure of peltate glands in *Perilla ocymoides* and their possible role in the synthesis of steroid hormones and gibberellins. *Phytomorphology* 38, 309–320.

Davies, P. A. 1952. Structure and function of the mature glands on the petals of *Frasera carolinensis*. *Kentucky Acad. Sci. Trans.* 13, 228–234.

Davis, A. R. und B. E. S. Gunning. 1992. The modified stomata of the floral nectary of *Vicia faba* L. 1. Development, anatomy and ultrastructure. *Protoplasma* 166, 134–152.

Davis, A. R., B. E. S. Gunning. 1993. The modified stomata of the floral nectary of *Vicia faba* L. 3. Physiological aspects, including comparisons with foliar stomata. *Bot. Acta* 106, 241–253.

Davis, A. R., R. L. Peterson und R. W. Shuel. 1986. Anatomy and vasculature of the floral nectaries of *Brassica napus* (Brassicaceae). *Can. J. Bot.* 64, 2508–2516.

Davis, A. R., R. L. Peterson und R. W. Shuel. 1988. Vasculature and ultrastructure of the floral and stipular nectaries of *Vicia faba* (Leguminosae). *Can. J. Bot.* 66, 1435–1448.

Davis, A. R., L. C. Fowke, V. K. Sawhney und N. H. Low. 1996. Floral nectar secretion and ploidy in *Brassica rapa* and *B. napus* (Brassicaceae). II. Quantified variability of nectary structure and function in rapid-cycling lines. *Ann. Bot.* 77, 223–234.

Davis, A. R., J. D. Pylatuik, J. C. Paradis und N. H. Low. 1998. Nectar-carbohydrate production and composition vary in relation to nectary anatomy and location within individual flowers of several species of Brassicaceae. *Planta* 205, 305–318.

de la Fuente, M. A. S. und R. J. Marquis. 1999. The role of anttended extrafloral nectaries in the protection and benefit of a Neotropical rainforest tree. *Oecologia* 118, 192–202.

Drennan, P. M., P. Berjak, J. R. Lawton und N. W. Pammenter. 1987. Ultrastructure of the salt glands of the mangrove, *Avicennia marina* (Forssk.) Vierh., as indicated by the use of selective membrane staining. *Planta* 172, 176–183.

Drennan, P. M., P. Berjak und N. W. Pammenter. 1992. Ion gradients and adenosine triphosphatase localization in the salt glands of *Avicennia marina* (Forsskål) Vierh. *S. Afr. J. Bot.* 58, 486–490.

Dressler, R. L. 1982. Biology of the orchid bees (Euglossini). *Annu. Rev. Ecol. Syst.* 13, 373–394.

Dschida, W. J., K. A. Platt-Aloia und W. W. Thomson. 1992. Epidermal peels of *Avicennia germinans* (L.) Stearn: A useful system to study the function of salt glands. *Ann. Bot.* 70, 501–509.

Duke, S. O. 1991. Plant terpenoids as pesticides. In: *Handbook of Natural Toxins*, vol. 6, *Toxicology of Plant and Fungal Compounds*, S. 269–296, R. F. Keeler and A. T. Tu, Hrsg., Dekker, New York.

Durkee, L. T., D. J. Gaal und W. H. Reisner. 1981. The floral and extra-floral nectaries of *Passiflora*. I. The floral nectary. *Am. J. Bot.* 68, 453–462.

Elias, T. S. 1983. Extrafloral nectaries: their structure and distribution. In: *The Biology of Nectaries*, S. 174–203, B. Bentley und T. Elias, Hrsg., Columbia University Press, New York.

Elias, T. S. und H. Gelband. 1977. Morphology, anatomy, and relationship of extrafloral nectaries and hydathodes in two species of *Impatiens* (Balsaminaceae). *Bot. Gaz.* 138, 206–212.

Eriksson, M. 1977. The ultrastructure of the nectary of red clover (*Trifolium pratense*). *J. Apic. Res.* 16, 184–193.

Esau, K. 1977. *Anatomy of Seed Plants*, 2. Aufl. Wiley, New York.

Fahn, A. 1953. The topography of the nectary in the flower and its phylogenetic trend. *Phytomorphology* 3, 424–426.

Fahn, A. 1979a. *Secretory Tissues in Plants*. Academic Press, London.

Fahn, A. 1979b. Ultrastructure of nectaries in relation to nectar secretion. *Am. J. Bot.* 66, 977–985.

Fahn, A. 1987. Extrafloral nectaries of *Sambucus niger* L. *Ann. Bot.* 60, 299–308.

Fahn, A. 1988. Secretory tissues in vascular plants. *New Phytol.* 108, 229–257.

Fahn, A. 1998. Nectaries structure and nectar secretion. In: *Nectary Biology: Structure, Function and Utilization*, S. 1–20, B. Bahadur, Hrsg., Dattsons, Nagpur, India.

Fahn, A. 2000. Structure and function of secretory cells. *Adv. Bot. Res.* 31, 37–75.

Fahn, A. und T. Rachmilevitz. 1970. Ultrastructure and nectar secretion in *Lonicera japonica*. In: *New Research in Plant Anatomy*, S. 51–56, N. K. B. Robson, D. F. Cutler und M. Gregory, Hrsg., Academic Press, London.

Fahn, A. und C. Shimony. 1996. Glandular trichomes of *Fagonia* L. (Zygophyllaceae) species: Structure, development and secreted materials. *Ann. Bot.* 77, 25–34.

Fahn, A. und C. Shimony. 1998. Ultrastructure and secretion of the secretory cells of two species of *Fagonia* L. (Zygophyllaceae). *Ann. Bot.* 81, 557–565.

Figueiredo, A. C. und M. S. S. PAIS. 1994. Ultrastructural aspects of the glandular cells from the secretory trichomes and from the cell suspension cultures of *Achillea millefolium* L. ssp. *millefolium*. *Ann. Bot.* 74, 179–190.

Findlay, N. und F. V. Mercer. 1971. Nectar production in *Abutilon*. I. Movement of nectar through the cuticle. *Aust. J. Biol. Sci.* 24, 647–656.

Fineran, B. A. 1985. Glandular trichomes in *Utricularia*: a review of their structure and function. *Isr. J. Bot.* 34, 295–330.

Frey-Wyssling, A. und E. Häusermann. 1960. Deutung der gestaltlosen Nektarien. *Ber. Schweiz. Bot. Ges.* 70, 150–162.

Gaffal, K. P., W. Heimler und S. El-Gammal. 1998. The floral nectary of *Digitalis purpurea* L., structure and nectar secretion. *Ann. Bot.* 81, 251–262.

Galetto, L. und G. Bernardello. 2004. Floral nectaries, nectar production dynamics and chemical composition in six *Ipomoea* species (Convolvulaceae) in relation to pollinators. *Ann. Bot.* 94, 269–280.

Gersbach, P. V. 2002. The essential oil secretory structures of *Prostanthera ovalifolia* (Lamiaceae). *Ann. Bot.* 89, 255–260.

Gershenzon, J., M. Maffei und R. Croteau. 1989. Biochemical and histochemical localization of monoterpene biosynthesis in the glandular trichomes of spearmint (*Mentha spicata*). *Plant Physiol.* 89, 1351–1357.

Gershenzon, J., M. E. McConkey und R. B. Croteau. 2000. Regulation of monoterpene accumulation in leaves of peppermint. *Plant Physiol.* 122, 205–213.

González, A. M. 1998. Colleters in *Turnera* and *Piriqueta* (Turneraceae). *Bot. J. Linn. Soc.* 128, 215–228.

Gunning, B. E. S. und J. E. Hughes. 1976. Quantitative assessment of symplastic transport of pre-nectar into the trichomes of *Abutilon* nectaries. *Aust. J. Plant Physiol.* 3, 619–637.

Guo, A. und J. E. Leach. 1989. Examination of rice hydathode water pores exposed to *Xanthomonas campestris* pv. *oryzae*. *Phytopathology* 79, 433–436.

Haberlandt, G. 1918. Physiologische Pflanzenanatomie, 5. Aufl. W. Engelman, Leipzig.

Häusermann, E. und A. Frey-Wyssling. 1963. Phosphatase- Aktivität in Hydathoden. *Protoplasma* 57, 371–380.

Heil, M., A. Hilpert, R. Krüger und K. E. Linsenmair. 2004. Competition among visitors to extrafloral nectaries as a source of ecological costs of an indirect defence. *J. Trop. Ecol.* 20, 201–208.

Heinrich, G. 1973. Die Feinstruktur der Trichom-Hydathoden von *Monarda fistulosa*. *Protoplasma* 77, 271–278.

Heinrich, G., H. W. Pfeifhofer, E. Stabentheiner und T. Sawidis. 2002. Glandular hairs of *Sigesbeckia jorullensis* Kunth (Asteraceae): Morphology, histochemistry and composition of essential oil. *Ann. Bot.* 89, 459–469.

Heslop-Harrison, Y. und J. Heslop-Harrison. 1980. Chloride ion movement and enzyme secretion from the digestive glands of *Pinguicula*. *Ann. Bot.* 45, 729–731.

Heslop-Harrison, Y. und J. Heslop-Harrison. 1981. The digestive glands of *Pinguicula*: Structure and cytochemistry. *Ann. Bot.* 47, 293–319.

Hugouvieux, V., C. E. Barber und M. J. Daniels. 1998. Entry of *Xanthomonas campestris* pv. *campestris* into hydathodes of *Arabidopsis thaliana* leaves: A system for studying early infection events in bacterial pathogenesis. *Mol. Plant-Microbe Interact.* 11, 537–543.

Ivanoff, S. S. 1963. Guttation injuries in plants. *Bot. Rev.* 29, 202–229.

Janda, C. 1937. Die extranuptialen Nektarien der Malvaceen. *Österr. Bot. Z.* 86, 81–130.

Joel, D. M. 1986. Glandular structures in carnivorous plants: Their role in mutual and unilateral exploitation of insects. In: *Insects and the Plant Surface*, S. 219–234, B. Juniper and R. Southwood, Hrsg., Edward Arnold, London.

Juniper, B. E., R. J. Robins und D. M. Joel. 1989. *The Carnivorous Plants*. Academic Press, London.

Keeler, K. H. und R. B. Kaul. 1979. Morphology and distribution of petiolar nectaries in *Ipomoea* (Convolvulaceae). *Am. J. Bot.* 66, 946–952.

Keeler, K. H. und R. B. Kaul. 1984. Distribution of defense nectaries in *Ipomoea* (Convolvulaceae). *Am. J. Bot.* 71, 1364–1372.

Klein, D. E., V. M. Gomes, S. J. da Silva-Neto und M. da Cunha. 2004. The structure of colleters in several species of *Simira* (Rubiaceae). *Ann. Bot.* 94, 733–740.

Kolalite, M. R. 1998. Comparative analysis of ultrastructure of glandular trichomes in two *Nepeta cataria* chemotypes (*N. cataria* and *N. cataria* var. *citriodora*). *Nord. J. Bot.* 18, 589–598.

Koopowitz, H. und T. A. Marchant. 1998. Postpollination nectar reabsorption in the African epiphyte *Aerangis verdickii*. *Am. J. Bot.* 85, 508–512.

Kronestedt-Robards, E. und A. W. Robards. 1991. Exocytosis in gland cells. In: *Endocytosis, Exocytosis and Vesicle Traffic in Plants*, S. 199–232, C. R. Hawes, J. O. D. Coleman und D. E. Evans, Hrsg., Cambridge University Press, Cambridge.

Kronestedt-Robards, E. C., M. Greger und A. W. Robards. 1989. The nectar of the *Strelitzia reginae* flower. *Physiol. Plant.* 77, 341–346.

Lange, B. M. und R. Croteau. 1999. Isopentenyl diphosphate biosynthesis via a mevalonate-independent pathway: Isopentenyl monophosphate kinase catalyzes the terminal enzymatic step. *Proc. Natl. Acad. Sci. USA* 96, 13714–13719.

Lange, B. M., M. R. Wildung, E. J. Stauber, C. Sanchez, D. Pouchnik und R. Croteau. 2000. Probing essential oil biosynthesis and secretion by functional evaluation of expressed sequence tags from mint glandular trichomes. *Proc. Natl. Acad. Sci. USA* 97, 2934–2939.

Lawrence, B. M. 1981. Monoterpene interrelationships in the *Mentha* genus: A biosynthetic discussion. In: *Essential Oils*, S.

1–81, B. D. Mookherjee and C. J. Mussinan, Hrsg., Allured Publishing, Wheaton, IL.

Lerdau, M., M. Litvak und R. Monson. 1994. Plant chemical defense: Monoterpenes and the growth-differentiation balance hypothesis. *Trends Ecol. Evol.* 9, 58–61.

Lersten, N. R. 1974a. Colleter morphology in *Pavetta*, *Neorosea* and *Tricalysia* (Rubiaceae) and its relationship to the bacterial leaf nodule symbiosis. *Bot. J. Linn. Soc.* 69, 125–136.

Lersten, N. R. 1974b. Morphology and distribution of colleters and crystals in relation to the taxonomy and bacterial leaf nodule symbiosis of *Psychotria* (Rubiaceae). *Am. J. Bot.* 61, 973–981.

Lersten, N. R. 1977. Trichome forms in *Ardisia* (Myrsinaceae) in relation to the bacterial leaf nodule symbiosis. *Bot. J. Linn. Soc.* 75, 229–244.

Lersten, N. R. und J. D. Curtis. 1991. Laminar hydathodes in Urticaceae: Survey of tribes and anatomical observations on *Pilea pumila* and *Urtica dioica*. *Plant Syst. Evol.* 176, 179–203.

Lersten, N. R. und H. T. Horner Jr. 1976. Bacterial leaf nodule symbiosis in angiosperms with emphasis on Rubiaceae and Myrsinaceae. *Bot. Rev.* 42, 145–214.

Lüttge, U. 1971. Structure and function of plant glands. *Annu. Rev. Plant Physiol.* 22, 23–44.

Lüttge, U. 1983. Mineral nutrition: salinity. *Prog. Bot.* 45, 76–88.

Maeda, E. und K. Maeda. 1987. Ultrastructural studies of leaf hydathodes: I. Wheat (*Triticum aestivum*) leaf tips. *Nihon Sakumotsu Gakkai kiji (Jpn. J. Crop Sci.)* 56, 641–651.

Maeda, E. und K. Maeda. 1988. Ultrastructural studies of leaf hydathodes: II. Rice (*Oryza sativa*) leaf tips. *Nihon Sakumotsu Gakkai kiji (Jpn. J. Crop Sci.)* 57, 733–742.

Maffei, M., F. Chialva und T. Sacco. 1989. Glandular trichomes and essential oils in developing peppermint leaves. I. Variation of peltate trichome number and terpene distribution within leaves. *New Phytol.* 111, 707–716.

Marginson, R., M. Sedgley, T. J. Douglas und R. B. Knox. 1985. Structure and secretion of the extrafloral nectaries of Australian acacias. *Isr. J. Bot.* 34, 91–102.

Martin, C. E. und D. J. von Willert. 2000. Leaf epidermal hydathodes and the ecophysiological consequences of foliar water uptake in species of *Crassula* from the Namib Desert in Southern Africa. *Plant Biol.* 2, 229–242.

Mattern, V. G. und S. Vogel. 1994. Lamiaceen-Blüten duften mit dem Kelch—Prüfung einer Hypothese. I. Anatomische Untersuchungen: Vergleich der Laub-und Kelchdrüsen. *Beitr. Biol. Pflanz.* 68, 125–156.

McCaskill, D., J. Gershenzon und R. Croteau. 1992. Morphology and monoterpene biosynthetic capabilities of secretory cell clusters isolated from glandular trichomes of peppermint (*Mentha piperita* L.). *Planta* 187, 445–454.

McCauley, M. M. und R. F. Evert. 1988. The anatomy of the leaf of potato, *Solanum tuberosum* L. 'Russet Burbank.' *Bot. Gaz.* 149, 179–195.

McConkey, M. E., J. Gershenzon und R. B. Croteau. 2000. Developmental regulation of monoterpene biosynthesis in the glandular trichomes of peppermint. *Plant Physiol.* 122, 215–223.

Meeuse, B. J. D. und I. Raskin. 1988. Sexual reproduction in the arum lily family, with emphasis on thermogenicity. *Sex. Plant Reprod.* 1, 3–15.

Naidoo, Y., G. Naidoo. 1998. *Sporobolus virginicus* leaf salt glands: Morphology and ultrastructure. *S. Afr. J. Bot.* 64, 198–204.

Naidoo, Y. und G. Naidoo. 1999. Cytochemical localisation of adenosine triphosphatase activity in salt glands of *Sporobolus virginicus* (L.) Kunth. *S. Afr. J. Bot.* 65, 370–373.

Nepi, M., E. Pacini und M. T. M. Willemse. 1996. Nectary biology of *Cucurbita pepo*: Ecophysiological aspects. *Acta Bot. Neerl.* 45, 41–54.

Nicolson, S. W. 1995. Direct demonstration of nectar reabsorption in the flowers of *Grevillea robusta* (Proteaceae). *Funct. Ecol.* 9, 584–588.

Oross, J. W., R. T. Leonard und W. W. Thomson. 1985. Flux rate and a secretion model for salt glands of grasses. *Isr. J. Bot.* 34, 69–77.

Paré, P. W. und J. H. Tumlinson. 1999. Plant volatiles as a defense against insect herbivores. *Plant Physiol.* 121, 325–331.

Pate, J. S. und B. E. S. Gunning. 1972. Transfer cells. *Annu. Rev. Plant Physiol.* 23, 173–196.

Pedersen, O., L. B. Jørgensen und K. Sand-Jensen. 1977. Through-flow of water in leaves of a submerged plant is influenced by the apical opening. *Planta* 202, 43–50.

Pemberton, R. W. 1998. The occurrence and abundance of plants with extrafloral nectaries, the basis for antiherbivore defensive mutualisms, along a latitudinal gradient in east Asia. *J. Biogeogr.* 25, 661–668.

Pemberton, R. W. und J.-H. Lee. 1996. The influence of extrafloral nectaries on parasitism of an insect herbivore. *Am. J. Bot.* 83, 1187–1194.

Perrin, A. 1971. Présence de "cellules de transfert" au sein de l'épithème de quelques hydathodes. *Z. Pflanzenphysiol.* 65, 39–51.

Perrin, A. 1972. Contribution à l'étude de l'organization et du fonctionnement des hydathodes; recherches anatomiques, ultrastructurales et physiologiques Thesis. Univ. Claude Bernard, Lyon, France.

Pollard, A. J. und D. Briggs. 1984. Genecological studies of *Urtica dioica* L. III. Stinging hairs and plant-herbivore interactions. *New Phytol.* 97, 507–522.

Ponzi, R. und P. Pizzolongo. 1992. Structure and function of *Rhinanthus minor* L. trichome hydathode. *Phytomorphology* 42, 1–6.

Pridgeon, A. M. und W. L. Stern. 1983. Ultrastructure of osmophores in *Restrepia* (Orchidaceae). *Am. J. Bot.* 70, 1233–1243.

Pridgeon, A. M. und W. L. Stern. 1985. Osmophores of *Scaphosepalum* (Orchidaceae). *Bot. Gaz.* 146, 115–123.

Rabinowitch, H. D., A. Fahn, T. Meir und Y. Lensky. 1993. Flower and nectar attributes of pepper (*Capsicum annuum* L.) plants in relation to their attractiveness to honeybees (*Apis mellifera* L.) *Ann. Appl. Biol.* 123, 221–232.

Ramayya, N. und B. Bahadur. 1968. Morphology of the "Squamellae" in the light of their ontogeny. *Curr. Sci.* 37, 520–522.

Raven, P. H., R. F. Evert und S. E. Eichhorn. 2005. *Biology of Plants*, 7. Aufl. Freeman, New York.

Razem, F. A. und A. R. Davis. 1999. Anatomical and ultrastructural changes of the floral nectary of *Pisum sativum* L. during flower development. *Protoplasma* 206, 57–72.

Robards, A. W. und M. Stark. 1988. Nectar secretion in *Abutilon*: a new model. *Protoplasma* 142, 79–91.

Robbrecht, E. 1987. The African genus *Tricalysia* A. Rich. (Rubiaceae). 4. A revision of the species of sectio *Tricalysia* and sectio *Rosea*. *Bull. Jard. Bot. Natl. Belg.* 57, 39–208.

Rost, T. L. 1969. Vascular pattern and hydathodes in leaves of *Crassula argentea* (Crassulaceae). *Bot. Gaz.* 130, 267–270.

Rudall, P. 2002. Homologies of inferior ovaries and septal nectaries in monocotyledons. *Int. J. Plant Sci.* 163, 261–276.

Sajo, M. G., P. J Rudall und C. J. Prychid. 2004. Floral anatomy of Bromeliaceae, with particular reference to the evolution of epigyny and septal nectaries in commelinid monocots. *Plant Syst. Evol.* 247, 215–231.

Sawidis, TH. 1991. A histochemical study of nectaries of *Hibiscus rosa-sinensis*. *J. Exp. Bot.* 42, 1477–1487.

Sawidis, TH., E. P. Eleftheriou und I. Tsekos. 1987a. The floral nectaries of *Hibiscus rosa-sinensis*. I. Development of the secretory hairs. *Ann. Bot.* 59, 643–652.

Sawidis, TH., E. P. Eleftheriou und I. Tsekos. 1987b. The floral nectaries of *Hibiscus rosa-sinensis*. II. Plasmodesmatal frequencies. *Phyton (Horn)* 27, 155–164.

Sawidis, TH., E. P. Eleftheriou und I. Tsekos. 1989. The floral nectaries of *Hibiscus rosa-sinensis*. III. A morphometric and ultrastructural approach. *Nord. J. Bot.* 9, 63–71.

Schirmer, U. and S.-W. Breckle. 1982. The role of bladders for salt removal in some Chenopodiaceae (mainly *Atriplex* species). In: *Contributions to the Ecology of Halophytes*, S. 215–231, D. N. Sen and K. S. Rajpurohit, Hrsg., W. Junk, The Hague.

Schnepf, E. 1974. Gland cells. In: *Dynamic Aspects of Plant Ultrastructure*, S. 331–357, A. W. Robards, Hrsg., McGraw-Hill, London.

Shimony, C. und A. Fahn. 1968. Light- and electronmicroscopical studies on the structure of salt glands of *Tamarix aphylla* L. *Bot. J. Linn. Soc.* 60, 283–288.

Singsaas, E. L. 2000. Terpenes and the thermotolerance of photosynthesis. *New Phytol.* 146, 1–3.

Skubatz, H. und D. D. Kunkel. 1999. Further studies of the glandular tissue of the *Sauromatum guttatum* (Araceae) appendix. *Am. J. Bot.* 86, 841–854.

Skubatz, H., D. D. Kunkel und B. J. D. Meeuse. 1993. Ultrastructural changes in the appendix of the *Sauromatum guttatum* inflorescence during anthesis. *Sex. Plant Reprod.* 6, 153–170.

Skubatz, H., D. D. Kunkel, W. N. Howald, R. Trenkle und B. Mookherjee. 1996. The *Sauromatum guttatum* appendix as an osmophore: Excretory pathways, composition of volatiles and attractiveness to insects. *New Phytol.* 134, 631–640.

Sperlich, A. 1939. *Das trophische Parenchym. B. Exkretionsgewebe. Handbuch der Pflanzenanatomie, Heft 3, Band 4, Histologie*. Gebrüder Borntraeger, Berlin.

Stern, W. L., K. J. Curry und W. M. Whitten. 1986. Staining fragrance glands in orchid flowers. *Bull. Torrey Bot. Club* 113, 288–297.

Stern, W. L., K. J. Curry und A. M. Pridgeon. 1987. Osmophores of *Stanhopea* (Orchidaceae). *Am. J. Bot.* 74, 1323–1331.

Stpiczyńska, M. 1993. Anatomy and ultrastructure of osmophores of *Cymbidium tracyanum* Rolfe (Orchidaceae). *Acta Soc. Bot. Pol.* 62, 5–9.

Stpiczyńska, M., K. L. Davies und A. Gregg. 2004. Nectary structure and nectar secretion in *Maxillaria coccinea* (Jacq.) L. O. Williams ex Hodge (Orchidaceae). *Ann. Bot.* 93, 87–95.

Thomas, V. 1991. Structural, functional and phylogenetic aspects of the colleter. *Ann. Bot.* 68, 287–305.

Thomson, W. W. und L. L. Liu. 1967. Ultrastructural features of the salt gland of *Tamarix aphylla* L. *Planta* 73, 201–220.

Thomson, W. W. und K. Platt-Aloia. 1979. Ultrastructural transitions associated with the development of the bladder cells of the trichomes of *Atriplex*. *Cytobios* 25, 105–114.

Thomson, W. W., W. L. Berry und L. L. Liu. 1969. Localization and secretion of salt by the salt glands of *Tamarix aphylla*. *Proc. Natl. Acad. Sci. USA* 63, 310–317.

Thomson, W. W., C. D. Faraday und J. W. Oross. 1988. Salt glands. In: *Solute Transport in Plant Cells and Tissues*, S. 498–537, D. A. Baker and J. L. Hall, Hrsg., Longman Scientific and Technical, Harlow, Essex.

Thurston, E. L. 1974. Morphology, fine structure und ontogeny of the stinging emergence of *Urtica dioica*. *Am. J. Bot.* 61, 809–817.

Thurston, E. L. 1976. Morphology, fine structure and ontogeny of the stinging emergence of *Tragia ramosa* and *T. saxicola* (Euphorbiaceae). *Am. J. Bot.* 63, 710–718.

Thurston, E. L. und N. R. Lersten. 1969. The morphology and toxicology of plant stinging hairs. *Bot. Rev.* 35, 393–412.

Tóth-Soma, L. T., N. M. Datta und Z. Szegletes. 1995/1996. General connections between latex and nectar secretional systems of *Asclepias syriaca* L. *Acta Biol. Szeged.* 41, 37–44.

Tucker, S. C. und L. L. Hoefert. 1968. Ontogeny of the tendril in *Vitis vinifera*. *Am. J. Bot.* 55, 1110–1119.

Turner, G., J. Gershenzon, E. E. Nielson, J. E. Froelich und R. Croteau. 1999. Limonene synthase, the enzyme responsible for monoterpene biosynthesis in peppermint, is localized to leucoplasts of oil gland secretory cells. *Plant Physiol.* 120, 879–886.

Turner, G. W., J. Gershenzon und R. B. Croteau. 2000. Development of peltate glandular trichomes of peppermint. *Plant Physiol.* 124, 665–679.

Turner, J. C., J. K. Hemphill und P. G. Mahlberg. 1980. Trichomes and cannabinoid content of developing leaves and bracts of *Cannabis sativa* L. (Cannabaceae). *Am. J. Bot.* 67, 1397–1406.

Vainstein, A., E. Lewinsohn, E. Pichersky und D. Weiss. 2001. Floral fragrance: New inroads into an old commodity. *Plant Physiol.* 127, 1383–1389.

Vassilyev, A. E. und L. E. Muravnik. 1988a. The ultrastructure of the digestive glands in *Pinguicula vulgaris* L. (Lentibulariaceae) relative to their function. I. The changes during maturation. *Ann. Bot.* 62, 329–341.

Vassilyev, A. E. und L. E. Muravnik. 1988b. The ultrastructure of the digestive glands in *Pinguicula vulgaris* L. (Lentibulariaceae) relative to their function. II. The changes on stimulation. *Ann. Bot.* 62, 343–351.

Vesprini, J. L., M. Nepi und E. Pacini. 1999. Nectary structure, nectar secretion patterns and nectar composition in two *Helleborus* species. *Plant Biol.* 1, 560–568.

Vogel, S. 1962. Duftdrüsen im Dienste der Bestäubung. Über Bau und Funktion der Osmophoren. Mainz: Abh. Mathematisch-Naturwiss. Klasse 10, 1–165.

Vogel, S. 1990. The role of scent glands in pollination. On the structure and function of osmophores. S. S. Renner, sci. ed. Smithsonian Institution Libraries and National Science Foundation, Washington, DC.

Vogel, S. 1997. Remarkable nectaries: structure, ecology, organophyletic perspectives. I. Substitutive nectaries. *Flora* 192, 305–333.

Vogel, S. 1998. Remarkable nectaries: Structure, ecology, organophyletic perspectives. IV. Miscellaneous cases. *Flora* 193, 225–248.

Waddle, R. M. und N. R. Lersten, 1973. Morphology of discoid floral nectaries in Leguminosae, especially tribe Phaseoleae (Papilionoideae). *Phytomorphology* 23, 152–161.

Weichel, G. 1956. Natürliche Lagerstätten ätherischer Öle. In: *Die ätherischen Öle*, 4. Aufl., Band 1, S. 233–254, E. Gildemeister and Fr. Hoffmann, Hrsg., Akademie-Verlag, Berlin.

Werker, E. 2000. Trichome diversity and development. *Adv. Bot. Res.* 31, 1–35.

Werker, E. und A. Fahn. 1981. Secretory hairs of *Inula viscose* (L.) Ait.—Development, ultrastructure, and secretion. *Bot. Gaz.* 142, 461–476.

Werker, E., E. Putievsky, U. Ravid, N. Dudai und I. Katzir. 1993. Glandular hairs and essential oil in developing leaves of *Ocimum basilicum* L. (Lamiaceae). *Ann. Bot.* 71, 43–50.

Weryszko-Chmielewska, E. und M. Stpiczyńska. 1995. Osmophores of *Amorphophallus rivieri* Durieu (Araceae). *Acta Soc. Bot. Pol.* 64, 121–129.

Wilson, T. P., M. J. Canny und M. E. McCully. 1991. Leaf teeth, transpiration and the retrieval of apoplastic solutes in balsam poplar. *Physiol. Plant.* 83, 225–232.

Zer, H. und A. Fahn. 1992. Floral nectaries of *Rosmarinus officinalis* L. Structure, ultrastructure and nectar secretion. *Ann. Bot.* 70, 391–397.

Zimmermann, J. G. 1932. Über die extrafloralen Nektarien der Angiospermen. *Beih. Bot. Centralbl.* 49, 99–196.

# Kapitel 17
# Interne Sekretionseinrichtungen

Im vorigen Kapitel wurden verschiedene Formen von Sekretionseinrichtungen auf der Oberfläche von Pflanzen beschrieben. Dieses Kapitel befasst sich mit den internen Sekretionseinrichtungen (Abb. 17.1), beginnend mit typischen internen Sekretzellen.

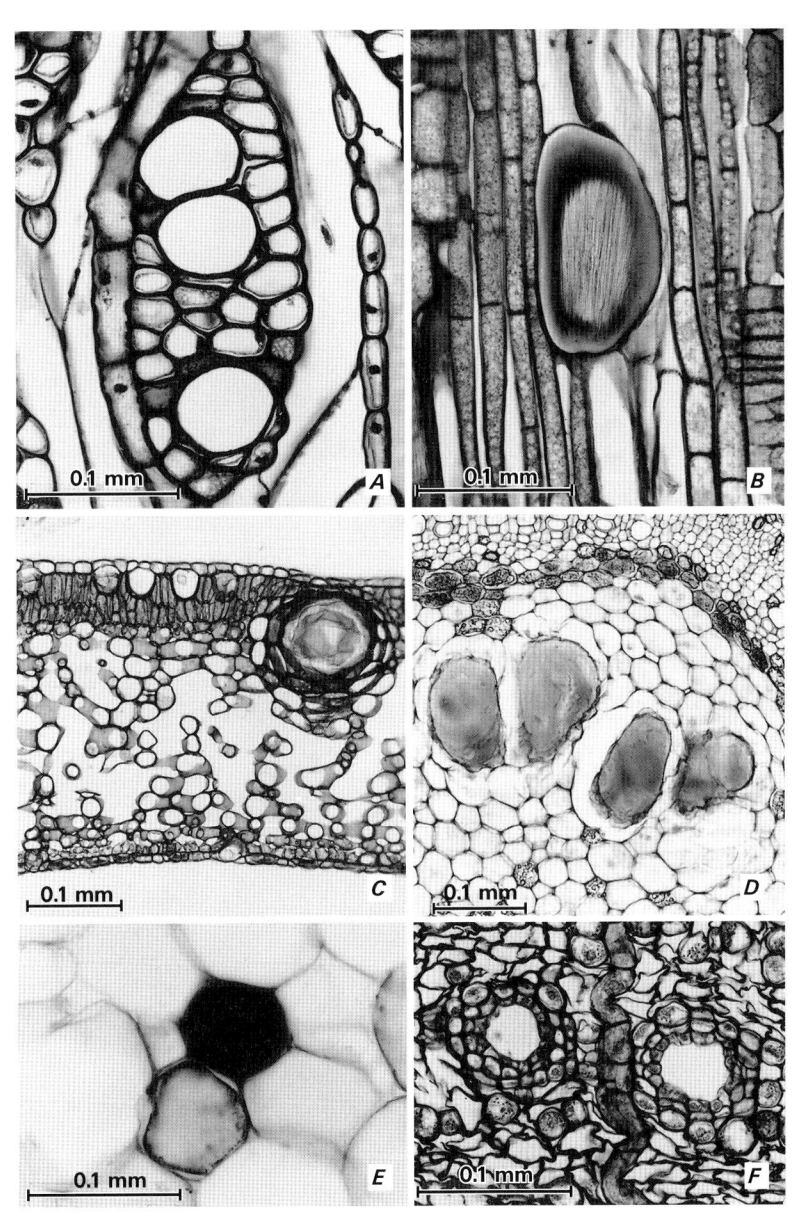

**Abb. 17.1** Verschiedene interne Sekretionseinrichtungen. **A**, Ölzellen in einem Tangentialschnitt eines Phloemstrahls des Tulpenbaums (*Liriodendron*). **B**, Idioblast mit Schleim und Raphiden in einem Radialschnitt durch das Phloem von *Hydrangea paniculata*. **C**, Sekrethöhle (Öldrüse) im Blatt des Zitronenbaums (*Citrus*). **D**, Schleimgänge im Mark der Linden-Sprossachse (*Tilia*) im Querschnitt. **E**. Gerbstoffzellen im Mark der Holunder-Sprossachse (*Sambucus*) im Querschnitt. **F**, schizogene Sekretkanäle im Querschnitt durch das nicht leitende Phloem von *Rhus typhina*. (**A–C**, **E**, **F** aus Esau, 1977.)

## 17.1 Interne Sekretzellen

Auf der Basis von Variabilität und Lage der Sekretionsgewebe in Gefäßpflanzen stellte Fahn (2002) die Vermutung an, dass im Laufe der Evolution schützende Sekretionsgewebe vom Blattmesophyll ausgegangen sind – wie bei einigen Pteridophyten –, und zwar in zwei Richtungen. Die eine Richtung verlief vom Mesophyll nach außen, zur Epidermis und ihren Trichomen hin, so bei vielen Angiospermen; die andere Richtung verlief nach innen, zum primären und sekundären Phloem hin, und bei einigen Koniferen auch hin zum sekundären Xylem.

Interne Sekretzellen können viele verschiedene Substanzen enthalten: Öle, Harze, Schleime, Gummi, Tannine und Kristalle. Die Sekretzellen sind oft spezialisierte Zellen. Wenn sie sich auffällig von den umgebenden Zellen unterscheiden, nennt man sie Idioblasten, speziell **Sekret-Idioblasten**. Die Sekretzellen können stark vergrößert sein, besonders in der Länge, und dabei **sack-** oder **röhrenförmige** Gestalt annehmen. Die Sekretzellen werden meist nach ihrem Inhalt benannt, aber viele Sekretzellen enthalten Mischungen von Substanzen und der Inhalt vieler Sekretzellen wurde noch nicht untersucht. Dennoch sind Sekretzellen, wie auch Sekrethöhlungen und -kanäle, von diagnostischem Wert in der Taxonomie (Metcalfe und Chalk, 1950, 1979).

Kristallzellen (Kapitel 3) werden häufig als Sekret-Idioblasten angesehen (Foster, 1956; Metcalfe und Chalk, 1979). Meist sind Kristalle in normal gebauten Parenchymzellen enthalten; die Kristallzellen können aber auch beträchtlich anders gestaltet sein, wie z. B. die Lithocysten (Cystolithen enthaltende Zellen) von *Ficus elastica* Blättern (Kapitel 9) und die Schleim enthaltenden Raphidenzellen (Abb. 17.1B). Kristallbildende Zellen können nach Ablagerung eines oder mehrerer Kristalle absterben. Im sekundären vaskulären Gewebe kann eine kristallbildende Zelle in kleinere Zellen unterteilt werden oder aber der Kristall wird vom lebenden Protoplasten durch eine Cellulosewand abgekapselt.

Zellen mit dem Enzym Myrosinase (β-Thioglucosidase) konnten in Familien wie den Capparidaceae, Resedaceae und Brassicaceae entdeckt werden, kommen aber hauptsächlich bei den Brassicaceae vor (Fahn, 1979; Bones und Iversen, 1985; Rask et al., 2000). Die Myrosinase befindet sich in der großen Zentralvakuole von Idioblasten, die als **Myrosinzellen** bezeichnet werden. Myrosinase hydrolysiert Glucosinolate zu Agluconen, die zu toxischen Produkten zerfallen, wie Isothiocyanat (Senföl), Nitrile, und Epithionitrile, die eine wichtige Rolle bei der Abwehr der Pflanze gegen Befall mit Insekten und Mikroorganismen spielen können (Rask et al., 2000). Nur eine Verletzung des Gewebes kann diese Reaktion hervorbringen, denn Enzym und Substrat kommen in verschiedenen Zel-

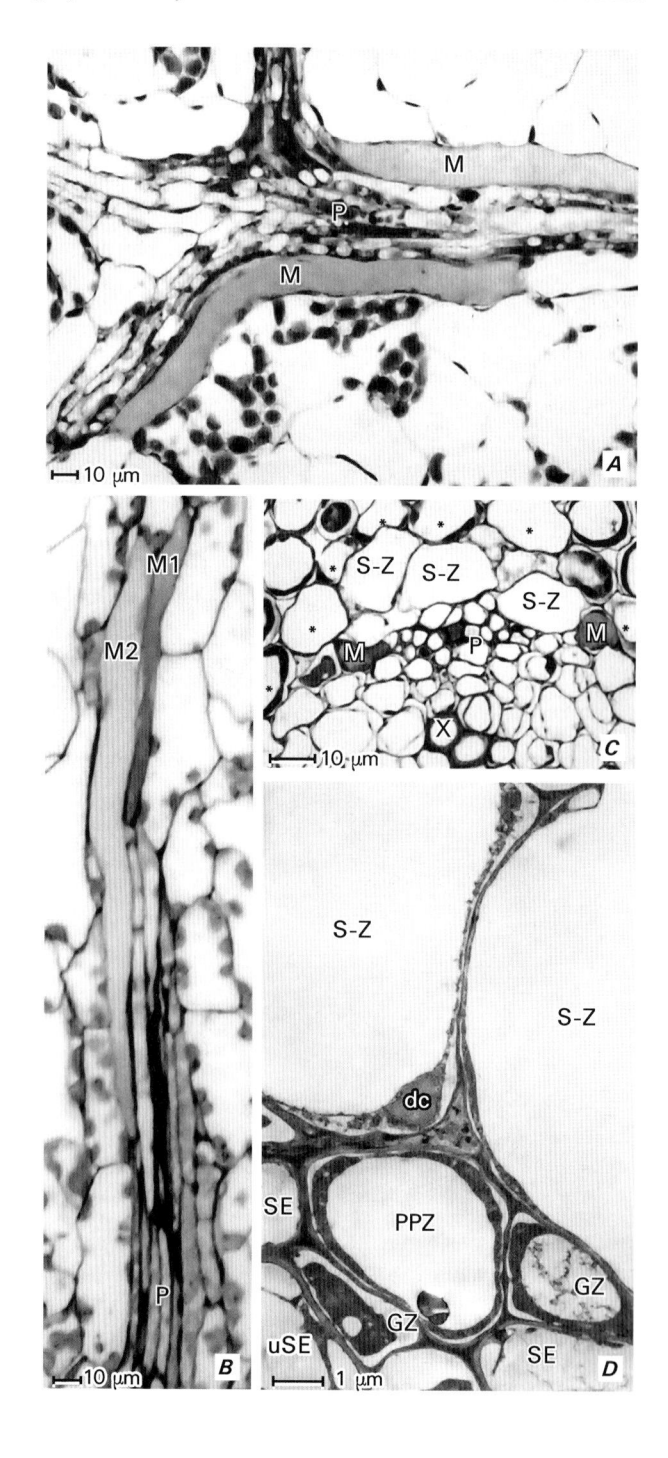

**Abb. 17.2** Myrosinzellen (M) in jungem Rosettenblatt (**A, B**) und Blütenstiel (Pedicellus) (**C, D**) von *Arabidopsis*. S-Zellen (S-Z) sind in **C** und **D** zu sehen (**A–C**, lichtmikroskopische Aufnahmen; **D**, elektronenmikroskopische Aufnahme). **A**, paradermaler Schnitt der Blattspreite mit Phloem (P) und zwei langen, relativ breiten Myrosinzellen. **B**, paradermaler Schnitt durch die Blattspreite mit schräg geschnittenem Leitbündel mit einem Teil Phloem (P) und zwei angrenzenden Myrosinzellen (M1 und M2). **C**, Querschnitt durch den Blütenstiel, mit Myrosinzellen vergesellschaftet mit dem Leitbündel-Phloem (P). S-Zellen befinden sich zwischen Phloem (P) und Zellen (Sternchen) der Stärkescheide; X, Xylem. **D**, Querschnitt, der Teile zweier hochgradig vakuolisierter S-Zellen (S-Z) zeigt, die außen an das Phloem grenzen. Drei Siebröhrenelemente (SE), wovon eine unreif ist (uSE), zwei Geleitzellen (GZ), und eine Phloemparenchymzelle (PPZ) sind zu sehen. (Nachdruck mit freundlicher Genehmigung aus Andreasson et al., 2001. © American Society of Plant Biologists.)

len vor, die Myrosinase in der Myrosinzelle und die Thioglucoside in den normalen Parenchymzellen. Bei *Arabidopsis* kommen die Myrosinzellen im Phloemparenchym vor, und die Glucosinolat enthaltenden Zellen, **S-Zellen** genannt, weil sie stark mit Schwefel angereichert sind, kommen im Grundgewebe außerhalb des Phloems vor (Abb. 17.2; Koroleva et al., 2000; Andreasson et al., 2001). Die beiden Zellen sind jedoch manchmal in direktem Kontakt (Andreasson et al., 2001). Myrosinaseaktivität ist auch in Schließzellen von *Arabidopsis* gefunden worden (Husebye et al., 2002).

### 17.1.1 Ölzellen sezernieren ihre Öle in Ölbehälter

Einige Pflanzenfamilien, z. B. die Calycanthaceae, Lauraceae, Magnoliaceae, Winteraceae, und Simaroubaceae, besitzen Sekretzellen mit ölartigem Inhalt (Metcalfe and Chalk, 1979; Baas und Gregory, 1985). (Die ersten vier Familien gehören zu den Magnoliidae.) Oberflächlich betrachtet sehen diese Zellen wie große Parenchymzellen aus (Abb. 17.1A); sie kommen in Leit- und Grundgewebe von Sprossachse und Blatt vor. Die Zellwand reifer **Ölzellen** besitzt drei verschiedenartige Schichten: eine äußere (Primärwand) Schicht, eine suberinisierte Schicht (Suberinlamelle), und eine innere (Tertiärwand) Schicht (Maron und Fahn, 1979; Baas und Gregory, 1985; Mariani et al., 1989; Bakker und Gerritsen, 1990; Bakker et al., 1991; Platt und Thomson, 1992). Wenn die innere Wandschicht abgelagert worden ist, wird ein **Ölbehälter** (*oil cavity*) gebildet. Dieser Behälter wird von der Plasmamembran begrenzt und ist an einen glockenförmigen Auswuchs der inneren Wandschicht angeheftet, die sogenannte **Cupula** (Näpfchen) (Abb. 17.3; Maron und Fahn, 1979; Bakker und Gerritsen, 1990; Platt und Thomson, 1992). Höchstwahrscheinlich wird Öl in Plastiden synthetisiert und ins Cytosol entlassen und dann über die Plasmamembran in den Ölbehälter sezerniert. Wenn der Ölbehälter an Größe zunimmt, wird der Protoplast allmählich gegen die innere Wandschicht gedrückt. In der reifen vergrößerten Ölzelle ist der Protoplast vollständig degeneriert, und das Öl, vermischt mit Resten von Cytoplasma, füllt die Zelle vollständig aus (Abb. 17.4A). Die suberinisierte Wandschicht (Abb. 17.4B) dichtet die Ölzelle ab und verhindert, dass potentiell toxische Substanzen in die umgebenden Zellen austreten.

Avocado (*Persea americana*) besitzt Ölzellen in Blättern, Samen, Wurzeln und Früchten (Platt und Thomson, 1992). Während der Fruchtreife bauen hydrolytische Enzyme (Cellulase und Polygalacturonase) die Primärwände der Parenchymzellen ab und die Frucht wird weich. Die suberinisierte Wand der idioblastischen Ölzellen jedoch ist gegen die Aktivität die-

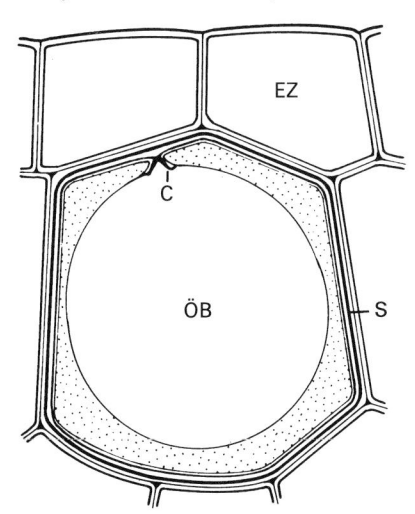

**Abb. 17.3** Schematische Zeichnung einer Ölzelle aus einem Blatt von *Laurus nobilis* (Lauraceae). Details: C, Cupula (Näpfchen); EZ, Epidermiszelle; ÖB, Ölbehälter; S, suberinisierte Wandschicht. (Aus Maron und Fahn, 1979). © Blackwell Publishing.)

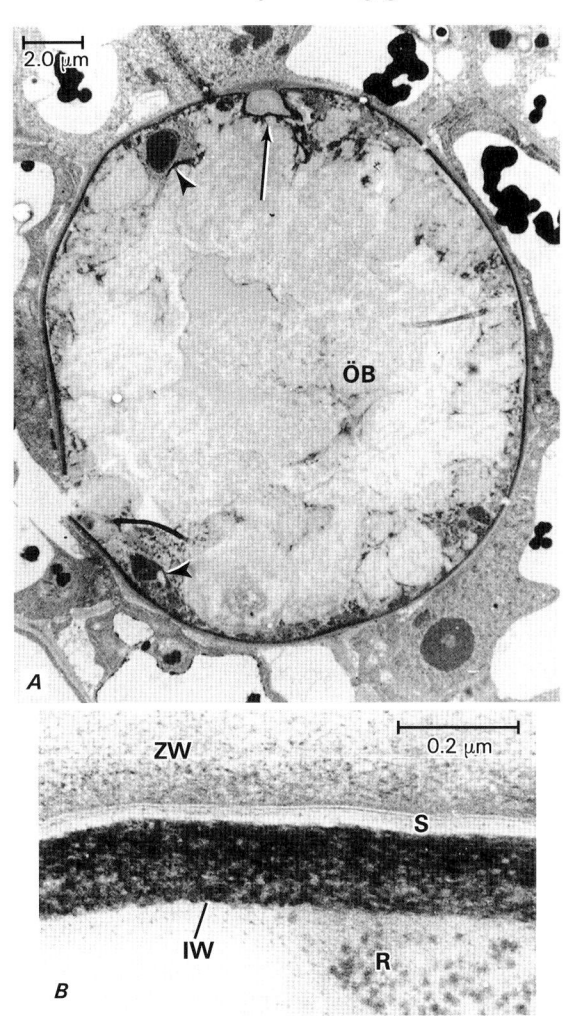

**Abb. 17.4** Elektronenmikroskopische Aufnahme einer reifen Ölzelle in einem Blatt von *Cinnamomum burmanni* (Lauraceae). **A**, diese Ölzelle, mit einem vergrößerten Ölbehälter (ÖB) und Resten von Cytoplasma, ist nicht mehr von einer Plasmamembran umhüllt. Die Cupula (Pfeil) und einige degenerierende Organellen (Pfeilspitzen) sind zu erkennen. **B**, Ausschnitt aus der Zellwand mit Suberinschicht (S). Andere Details: IW, elektronendichte innere Wandschicht; ZW, Zellwand; R, Ribosomen (aus Bakker et al., 1991.)

## 17.1.2 Schleimzellen lagern ihren Schleim zwischen Protoplast und Cellulose – Zellwand ab

**Schleimzellen** kommen bei einer großen Zahl von „Dicotylen"–Familien (Magnoliide und Eudicotyledonen) vor, so bei Annonaceae, Cactaceae, Lauraceae, Magnoliaceae, Malvaceae, und Tiliaceae (Metcalfe und Chalk, 1979; Gregory und Baas, 1989). Sie können in allen Teilen des Pflanzenkörpers vorkommen und differenzieren sich gewöhnlich sehr dicht an den meristematischen Regionen. Ihre Cellulosewände sind gewöhnlich dünn und unverholzt. Einzig die Dictyosomen sind an der Schleimsekretion beteiligt; der Schleim wird in Golgivesikeln transportiert und passiert durch Exocytose die Plasmamembran (Trachtenberg und Fahn, 1981). Mit fortschreitender Schleimablagerung kann das Lumen der Zelle fast vollständig durch Schleim verschlossen werden und der Protoplast auf fadenförmige Regionen beschränkt werden (Abb. 17.5). Schließlich degeneriert der Protoplast.

Ölzellen und Schleimzellen der Magnoliiden (Magnoliales und Laurales) haben eine Reihe gemeinsamer Merkmale; eines der wichtigsten ist die suberinisierte Zellwandschicht (Bakker und Gerritsen, 1989, 1990; Bakker et al., 1991). Was diese beiden Sekretzelltypen angeht, galt das Vorkommen einer suberinisierten Wandschicht lange Zeit ausschließlich als typisch für die Ölzellen (Baas und Gregory, 1985). Die Eudicotyledonen, wie z. B. *Hibiscus* (Malvaceae), besitzen in ihren Schleimzellen keine suberinisierte Zellwandschicht. Es wurde die Hypothese aufgestellt, dass Magnoliide mit Schleimzellen, die eine suberinisierte Zellwandschicht aufweisen, die Fähigkeit eine suberinisierte Zellwandschicht abzulagern von Magnoliiden mit ursprünglich vorkommenden Ölzellen geerbt haben. Das Vorkommen einer suberinisierten Zellwandschicht in Schleimzellen wird heute als ancestrales Relikt ohne Funktion angesehen. Die höher entwickelten Eudicotyledonen haben offenbar ihre Fähigkeit verloren, eine suberinisierte Zellwandschicht in ihren Schleimzellen abzulagern (Bakker und Baas, 1993).

Schleimzellen enthalten oft Raphiden. In diesen **Schleim-Kristall Idioblasten** treten Kristall und Schleim zusammen in der großen Zentralvakuole der Zelle auf (Abb. 17.1B). Die Kristalle werden zuerst gebildet, dann sammelt sich der Schleim rings um sie an (Kausch und Horner, 1983, 1984; Wang et al., 1994).

Mehrere Funktionen sind den Schleimzellen zugeschrieben worden, aber bislang existieren wirklich noch keine experimentellen Daten, die diese Annahmen unterstützen (siehe hierzu Gregory und Baas, 1989).

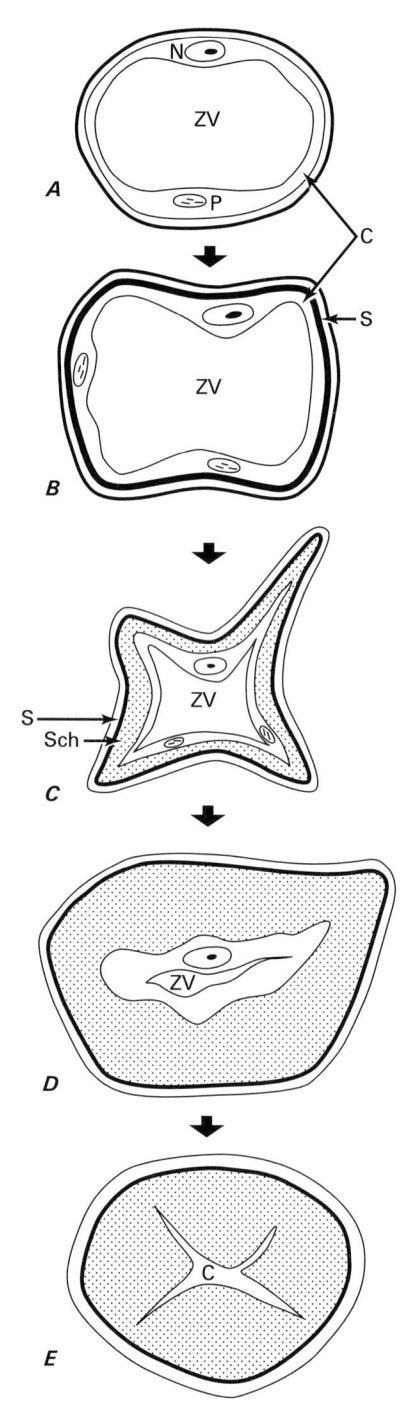

**Abb. 17.5** Schematische Darstellung der Entwicklungsstadien einer Schleimzelle von *Cinnamomum burmanni*. **A**, Stadium 1: junge Zelle mit typischen cytoplasmatischen Bestandteilen und Zentralvakuole (ZV) ohne Ablagerungen. **B**, Stadium 2: Idioblast mit suberinisierter Wandschicht (Wandschichten) (S). **C**, Stadium 3a: kollabierte Zelle mit Schleim (Sch), gegen die suberinisierte Wandschicht abgelagert. **D**, Stadium 3b: durch fortgesetzte Schleimablagerung wandert der Protoplast einwärts. Die Zentralvakuole verschwindet. **E**, Stadium 3c: fast reife Zelle mit Schleim gefüllt, der das degenerierende Cytoplasma umgibt. Andere Details: C, Cytoplasma; N, Nucleus; P, Plastide. (Zeichnung nach Bakker et al., 1991.)

## 17.1.3 Tannine sind die auffälligsten Einschlüsse zahlreicher Sekretzellen

Tannine (Gerbstoffe) sind normale Sekundärmetabolite in Parenchymzellen (Kapitel 3), aber einige Zellen enthalten diese Substanzen in großer Menge. Solche Zellen können beträchtlich vergrößert sein. Die Tanninzellen (Gerbstoffzellen) bilden oft vernetzte Systeme und können mit Leitbündeln vergesellschaftet sein. **Tannin-Idioblasten** kommen bei vielen Familien vor (Crassulaceae, Ericaceae, Fabaceae, Myrtaceae, Rosaceae, Vitaceae). Tanninzellen kommen beispielsweise in Blättern von *Sempervivum tectorum* und von *Echeveria*-Arten vor, und röhrenförmige Tanninzellen (Tanninröhren) finden sich in Mark (Abb. 17.1E) und Phloem von *Sambucus* – Sprossachsen. Die röhrenförmigen Tanninzellen bei *Sambucus* sind coenocytisch (vielkernig). Sie stammen von einkernigen Zellen (Tannin-Mutterzellen) im ersten Internodium ab und entstehen durch synchrone mitotische Kernteilungen ohne Zellteilung (Cytogenese) (Abb. 17.6; Zobel, 1985 a, b). Reife Tanninröhren so lang wie ein Internodium wurden bei *Sambucus racemosa* gefunden, die längste war 32,8 cm lang (Zobel, 1986b).

Die Tannine in den Gerbstoffzellen werden zu braunen oder rotbraunen Phlobaphenen oxidiert, die man leicht unter dem Mikroskop erkennen kann. Tannine werden in die Vakuolen der Zellen abgesondert. Höchstwahrscheinlich ist das raue Endoplasmatische Reticulum der Ort der Tannin-Synthese (Parham und Kaustinen, 1977; Zobel, 1986 a; Rao, K. S., 1988). Kleine tanninhaltige Vesikel, offenbar vom Endoplasmatischen Reticulum, verschmelzen mit dem Tonoplasten und ihr Inhalt, die Tannine, werden in der Vakuole angereichert. Zellen im Grundgewebe der Frucht von *Ceratonia siliqua* enthalten feste Tannoide, Einschlüsse von Tannin kombiniert mit anderen Substanzen. Tannine sind wahrscheinlich die wichtigsten Abwehrmittel gegen Herbivoren, die sich von Angiospermen ernähren.

## 17.2 Sekreträume

Sekreträume in Form von Höhlungen oder Kanälen unterscheiden sich von Sekretzellen dadurch, dass sie Substanzen in Interzellularräume sezernieren. Relativ große Interzellularräume sind von spezialisierten Sekretzellen (Epithelzellen) umkleidet. **Sekrethöhlungen** sind kurze Sekretbehälter und **Sekretkanäle** (Sekretgänge) sind lange Sekreträume. Bei manchen Pflanzen (*Lysimachia, Myrsine, Ardisia*) werden harzige Substanzen von Parenchymzellen in normale Interzellularräume ausgeschieden und bilden entlang der Wand eine granuläre Schicht. Der Inhalt der Höhlungen und Kanäle kann aus Terpenoiden oder Kohlenhydraten bestehen, oder aber aus beiden, Terpenoiden und Kohlenhydraten, und anderen Substanzen.

Drei verschiedene Entstehungsweisen für Sekrethöhlungen und -kanäle sind bekannt: schizogen, lysigen und schizolysigen. **Schizogene** Höhlungen und Kanäle entstehen durch Auseinanderweichen von Zellen, wobei ein Raum entsteht, der von einem Epithel aus Sekretzellen ausgekleidet ist. **Lysigene** Höhlungen und Kanäle entstehen durch Auflösung (Autolyse) von Zellen. In diesen Höhlungen und Kanälen wird das Sekret in Zellen gebildet, die schließlich zerfallen und das Produkt in den so entstehenden Raum abgeben (holokrine Sekretion). Längs der Peripherie des Sekretraumes findet man Zellen, die teilweise zusammengebrochen sind. Die Entstehung **schizolysigener** Höhlungen und Kanäle ist anfangs schizogen; Lysigenie erfolgt in einem späteren Stadium, bei der Autolyse der Epithelzellen entlang des schizogen entstandenen Raumes; hierbei nimmt der Sekretraum weiter an Größe zu. In Fällen, wo die Epithelzellen nach der Sekretionsphase nur manchmal in eine Autolyse eintreten, wird die Zuordnung von Sekretka-

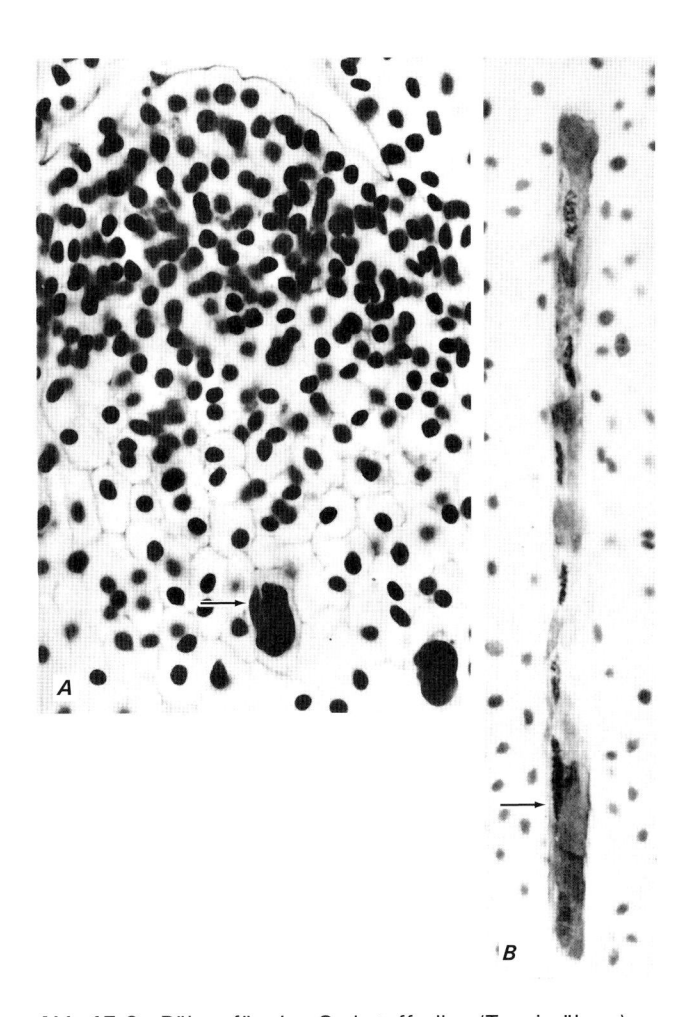

**Abb. 17.6** Röhrenförmige Gerbstoffzellen (Tanninröhren) bei *Sambucus racemosa*. **A**, die röhrenförmigen Gerbstoffzellen stammen von einzelligen Gerbstoffzellen wie den hier gezeigten ab, aus dem ersten Internodium der Sprossachse. In einer der beiden hier sichtbaren Gerbstoffzellen ist ein Zellkern zu sehen (Pfeil). **B**, eine vielkernige Gerbstoffzelle mit Prophase – Zellkernen. Der größere Zellkern (Pfeil) in dieser Zelle ist wahrscheinlich durch Fusion aus zwei kleineren Zellkernen entstanden. (A, x 185; B, x 170. Aus Zobel, 1985a; mit freundlicher Genehmigung von Oxford University press.)

nälen zur Kategorie schizogen unterschiedlich gehandhabt. Einige Forscher bezeichnen solche Sekretkanäle als schizolysigen, andere hingegen als schizogen.

### 17.2.1 Die bekanntesten Sekretkanäle sind die Harzkanäle der Coniferen

Die Harzkanäle der Coniferen treten im Leitgewebe (Kapitel 10) und Grundgewebe aller Pflanzenorgane auf und sind der Struktur nach lange Interzellularräume, die mit Harz synthetisierenden Epithelzellen ausgekleidet sind (Werker und Fahn, 1969; Fahn und Benayoun, 1976; Fahn, 1979; Wu und Hu, 1994). Mit einer einzigen Ausnahme ist ihre Entstehung recht einheitlich: in der ganzen Pflanze, sowohl im primären als auch im sekundären Gewebe, entstehen die Kanäle schizogen. Einzig die Harzkanäle in den Knospenschuppen von *Pinus pinaster* folgen einem schizolysigenen Entstehungsmuster (Charon et al., 1986).

Kanäle ähnlich derjenigen der Coniferen treten bei den Anacardiaceae auf (Abb. 17.1F und 17.7), den Asteraceae, Brassicaceae, Fabaceae, Hypericaceae, und Simaroubaceae (Metcalfe und Chalk, 1979). Bei einigen Arten bestand Uneinigkeit über die Art der Kanalentstehung; so z. B. bei den Harzkanälen von *Parthenium argentatum* (Guayule; Asteraceae). Das meiste weist darauf hin, dass die Entstehung rein schizogen erfolgt, wie bei Asteraceae allgemein üblich (Lloyd, 1911; Artschwager, 1945; Gilliland et al., 1988; Lotocka und Geszprych, 2004). Joseph et al. (1988) hingegen berichten, dass bei *Parthenium argentatum* die Kanäle im Cambium schizogen entstehen und sich weiterentwickeln, wohingegen die Kanäle im primären Gewebe schizolysigen entstehen.

Die Entwicklung der Sekretkanäle der Anacardiaceae ist offenbar von Pflanzenteil zu Pflanzenteil und von Art zu Art verschieden. In *Lanneae coromandelica* z. B. ist die Entstehung der Kanäle im primären Phloem der Sprossachse schizogen, im sekundären Phloem und Phelloderm hingegen lysigen (Venkaiah und Shah, 1984; Venkaiah, 1992). Die Gummiharzgänge im sekundären Phloem von *Rhus glabra* entstehen schizogen (Fahn und Evert, 1974) und die im primären Phloem von *Anacardium occidentale* (Nair et al., 1983) und *Semecarpus anacardium* (Bhatt und Ram, 1992) entstehen schizolysigen. Nach Joel und Fahn (1980) entstehen die Harzkanäle im primären Phloem und dem Mark von *Mangifera indica* lysigen. In ihrem Bericht listen Joel und Fahn (1980) drei Hauptmerkmale lysigener Kanäle auf, mit deren Hilfe man klar lysigene von schizogenen Kanälen unterscheiden kann: (1) Vorhandensein von desorganisiertem Cytoplasma im Lumen des Kanals, (2) Vorhandensein von Wandresten im Lumen des Kanals, angeheftet an lebende Epithelzellen, und (3) Vorhandensein von speziellen Interzellularen an den zum Kanal-Lumen gerichteten Zellecken.

Offenbar gibt es gewisse Tendenzen bezüglich des Verteilungsmusters von Gummi und Gummiharz bildenden Gängen und Höhlungen in verschiedenen Geweben des Pflanzenkörpers (Babu und Menon, 1990). Typischerweise sind die Kanäle, die im Mark entstehen unverzweigt und bilden keine Anastomosen, wohingegen Kanäle und Höhlungen die im sekundären Xylem und sekundären Phloem entstehen zu Verzweigung und tangentialen Anastomosen tendieren (siehe Abb. 17.7B).

An der Bildung der Harze scheinen mehrere Organellen beteiligt zu sein. Am häufigsten sind die Plastiden involviert, die von Endoplasmatischem Reticulum eingehüllt sind. Osmophile Tröpfchen konnten im Stroma der Plastiden beobachtet werden, in der Plastidenhülle, im Endoplasmatischen Reticulum in Plastidennähe, und auf beiden Seiten der Plasmamembran. Osmiophile Tröpfchen wurden auch in den Mitochondrien beobachtet und in einigen Fällen sogar in der Kernhülle (Fahn und Evert, 1974; Fahn, 1979, 1988b; Wu, H. und Hu, 1994; Castro und DeMagistris, 1999). Die meisten Forscher favorisieren eine granulokrine Methode der Harzsekretion, entweder durch Exocytose oder durch Einstülpungen der Plasmamembran, welche die Harztröpfchen einschließen und sie vom Protoplasten abtrennen (Fahn, 1988a; Babu et al., 1990; Arumugasamy et al., 1993; Wu, H. und Hu, 1994). Auch ekkrine Elimination kann stattfinden (Bhatt und Ram, 1992; Nai und Subrahmanyam, 1998). Der Golgiapparat ist eindeutig beteiligt an der Synthese und Sekretion des Polysaccharid-Gummis, welches durch Exocytose in Form neuer Wandschichten abgelagert wird. Das Gummi im Lumen des Sekretganges stammt ursprünglich von den äußeren Wandschichten (Abb. 17.8), während zur selben Zeit neues Zellwandmaterial an der Wandinnenseite angelagert wird (Fahn und Evert, 1974; Bhatt und

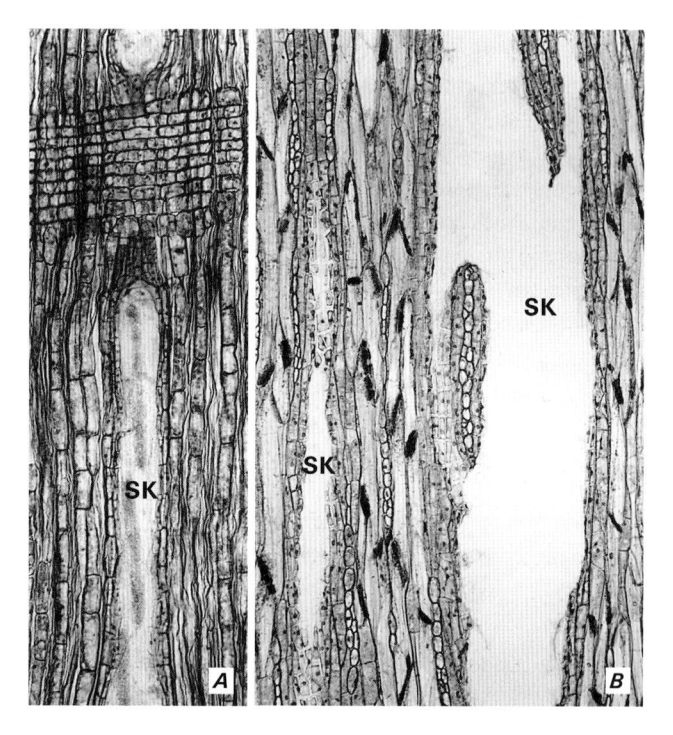

**Abb. 17.7** Sekretkanäle (SK) bei *Rhus glabra* (Anacardiaceae) in radialen (**A**) und tangentialen (**B**) Längsschnitten durch das sekundäre Phloem. (Beide x 120. Aus Fahn und Evert, 1974.).

## 17.2 Sekreträume | 439

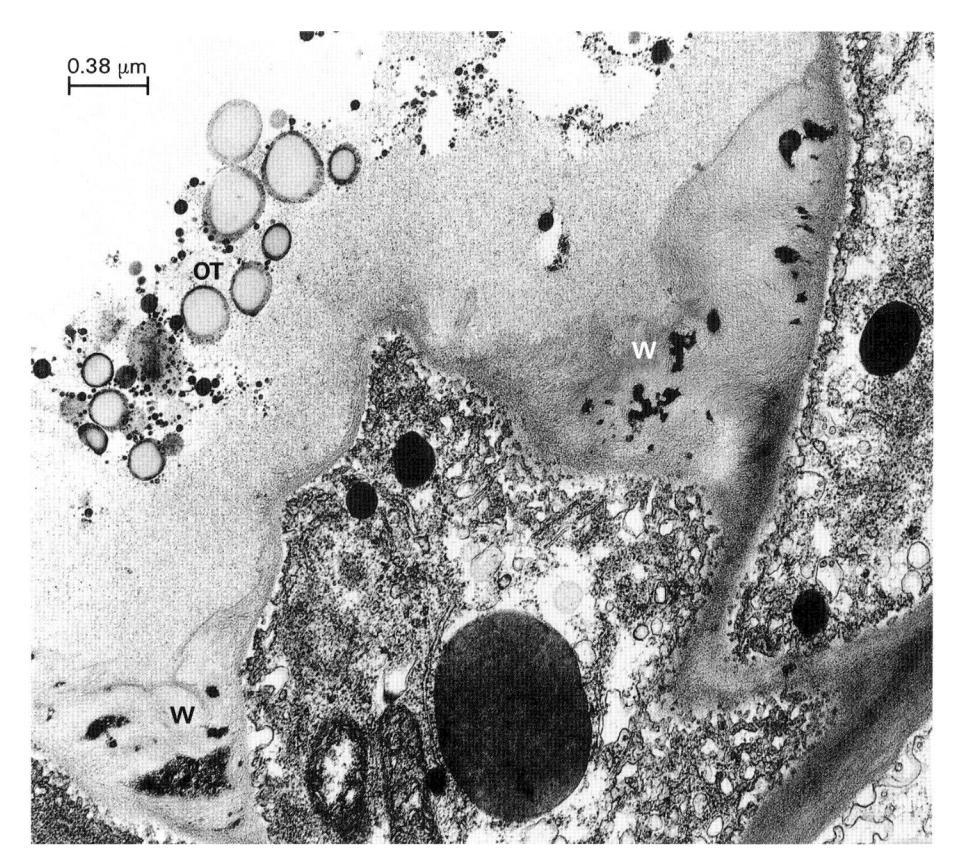

**Abb. 17.8** Eine kürzlich geteilte Epithelzelle eines reifen Sekretkanals von *Rhus glabra* im Querschnitt. Osmiophile Tröpfchen (OT) wie sie in dieser Zelle zu sehen sind, werden in das Lumen des Sekretgangs sezerniert. Gleichzeitig werden die Wandschichten (W), die an das Zell – Lumen grenzen, abgebaut und bilden zusammen mit den sezernierten osmiophilen Tröpfchen das Gummiharz. (Aus Fahn und Evert, 1974.)

Shah, 1985; Bhatt, 1987; Venkaiah, 1990, 1992). In einer quantitativen ultrastrukturellen Untersuchung der Epithelzellen der Sekretgänge im primären Phloem von *Rhus toxicodendron* hat Vassilyev (2000) gefolgert, dass das raue Endoplasmatische Reticulum und der Golgiapparat in die Glykoproteinsekretion involviert seien, und zwar durch Exocytose großer granulärer Vesikel; ferner behaupten sie, dass das glatte tubuläre Endoplasmatische Reticulum hauptsächlich verantwortlich sei für die Terpensynthese und den intrazellulären Transport. Peroxysomen sollen bei der Regulation der Terpensynthese eine Rolle spielen. Die Plastiden spielen offenbar keine aktive Rolle im Sekretionsprozess.

### 17.2.2 Sekrethöhlungen entstehen offenbar schizogen

Sekrethöhlungen findet man in Familien wie Apocynaceae, Asclepiadaceae, Asteraceae, Euphorbiaceae, Fabaceae, Malvaceae, Myrtaceae, Rutaceae, und Tiliaceae (Metcalfe und Chalk, 1979). Wie bei den Sekretkanälen gibt es bei einigen Taxa unterschiedliche Meinungen zur Entstehungsweise der Höhlungen. Paradebeispiele sind die Sekrethöhlungen (Öldrüsen) bei *Citrus*; einige Forscher behaupten, dass die Entstehung schizogen ist, andere meinen dass sie schizolysigen erfolgt und wieder andere halten eine lysigene Entstehung für wahrscheinlich (Thomson et al., 1976; Fahn, 1979; Bosabalidis und Tsekos, 1982; Turner et al., 1998).

Das Konzept der lysigenen Entstehung von Sekrethöhlungen ist von Turner und Mitarbeitern in Frage gestellt worden (Turner et al., 1998; Turner, 1999). Bei einer Untersuchung über die Entstehung von Sekrethöhlungen bei *Citrus limon* fanden sie heraus, dass das lysigene Erscheinungsbild dieser Höhlungen das Ergebnis von Fixierungs-Artefakten ist (Turner et al., 1998). In normalen wässrigen Fixiermitteln unterliegen die Epithelzellen einer schnellen destruktiven Schwellung, wodurch die schizogenen Sekrethöhlungen der Zitrone ein lysigenes Erscheinungsbild zeigen. Bei einer früheren Untersuchung verglich Turner (1994) Flüssigpräparate (mit flüssigem Einschlussmedium, mit Deckglas) und Trockenpräparate (ohne flüssiges Einschlussmedium, mit Deckglas) von Sekrethöhlungen oder -kanälen aus 10 verschiedenen Samenpflanzen-Arten (je eine Art von *Cycas*, *Ginkgo*, *Sequoia*, *Hibiscus*, *Hypericum*, *Myoporum*, *Philodendron*, *Prunus*, und zwei Arten von *Eucalyptus*). Während alle Trockenpräparate schizogenen Höhlungen oder Kanälen glichen, fand Turner bei den Wasserpräparaten von sieben Arten eine signifikante Schwellung der Epithelzellen. Darüber hinaus konnte ein rapides destruktives Schwellen der Epithelzellen in Sekrethöhlungen von *Myoporum* gezeigt werden. Die lysigene Entstehung von Drüsen muss generell überprüft werden.

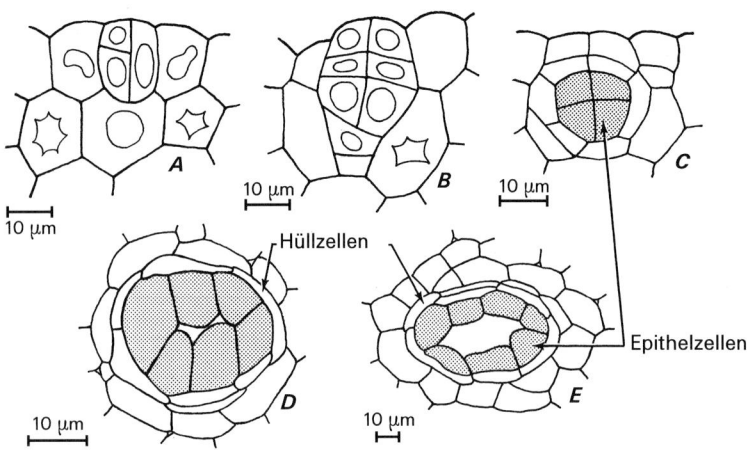

**Abb. 17.9** Entwicklung epidermaler Öldrüsen im Embryo von *Eucalyptus*, in Längs- (**A–C**) und Querschnitten (**D**, **E**) betrachtet. **A**, **B** zwei Teilungsstadien von einer Drüseninitiale und ihren Derivaten. **C**, nach Vollendung der Teilungen: Sekretzellen (punktiert) sind von Hüllzellen umgeben. **D**, schizogene Bildung einer Höhlung zwischen Sekretzellen. **E**, reife Öldrüse mit Sekretzellen, die ein Epithel rings um die Höhlung bilden. (Nach Photographien aus D.J. Carr and G.M. Carr, 1970. Australian Journal of Botany 18: 191 – 212, mit freundlicher Genehmigung von CSIRO Publishing, Melbourne, Australia.© CSIRO.)

Bei ihren Untersuchungen zur Entstehungsweise von Öldrüsen (Ölräume, Sekrethöhlungen) im Embryo von *Eucalyptus* (Myrtaceae) fanden Carr und Carr (1970), dass im Widerspruch zur damals neuesten Literatur die Entstehung der Öldrüsen bei *Eucalyptus* gänzlich schizogen abläuft und nicht schizolysigen (Abb. 17.9). Die Drüse entsteht durch Teilung einer einzigen Epidermiszelle und differenziert sich in Epithel und Hüllzellen (*casing cells*). Einige dieser Hüllzellen können von einer subepidermalen Zelle beigesteuert werden. Die Bildung der Öl-Höhlung als ein Interzellularraum geht auf die Trennung der Epithelzellen zurück. Es gibt keine Zell-Resorption. Carr und Carr (1970) bemerkten, dass die reifen Epithelzellen sehr zarte Zellwände haben und schwierig zu fixieren, einzubetten und zu schneiden sind, ohne große Beschädigung zu verursachen. In gut erhaltenen Präparaten sind alle Zellen der Öldrüsen, auch die Epithelzellen, noch in älteren oder alternden Cotyledonen erhalten. Während der Seneszenz unterliegen alle Zellen der Öldrüse, wie auch die restlichen Zellen der Cotyledonen, degenerativen Veränderungen.

Die schizogenen Öl-Höhlungen von *Psoralea bituminosa* und *P. macrostachya* (Fabaceae), die man als Punkte auf den Blättern erkennen kann, sind von vielen langgestreckten Zellen durchzogen. Die Entwicklung der Höhlungen beginnt mit antiklinen Teilungen in begrenzten Gruppen von Protodermzellen (Turner, 1986). Diese Zellen strecken sich dann, die Zellen im Zentrum am meisten, und bilden eine halbkugelförmige Protuberanz auf der Blattoberfläche (Abb. 17.10). Wenn die Ent-

**Abb. 17.10** Stadien der schizogenen Entwicklung trabekulärer sekretorischer Höhlungen in Blättern von *Psoralea macrostachya*. **A**, palisaden-ähnliche Protodermzellen im frühen Entwicklungsstadium. **B**, die Protodermzellen haben sich gestreckt und beginnen sich schizogen zu trennen (oberer Pfeil). Unter den sich entwickelnden Trabeculae gelegene Hypodermiszellen (unterer Pfeil) haben sich kürzlich geteilt. **C**, eine weitere Trennung der Trabeculae hat stattgefunden (oberer Pfeil) und Zellen der Hypodermis-Schicht (unterer Pfeil) haben sich lateral gestreckt. **D**, reife Höhlung im Querschnitt mit Teilen der Trabeculae (rechter Pfeil) und der Hypodermishülle (linker Pfeil). (Aus Turner, 1986).

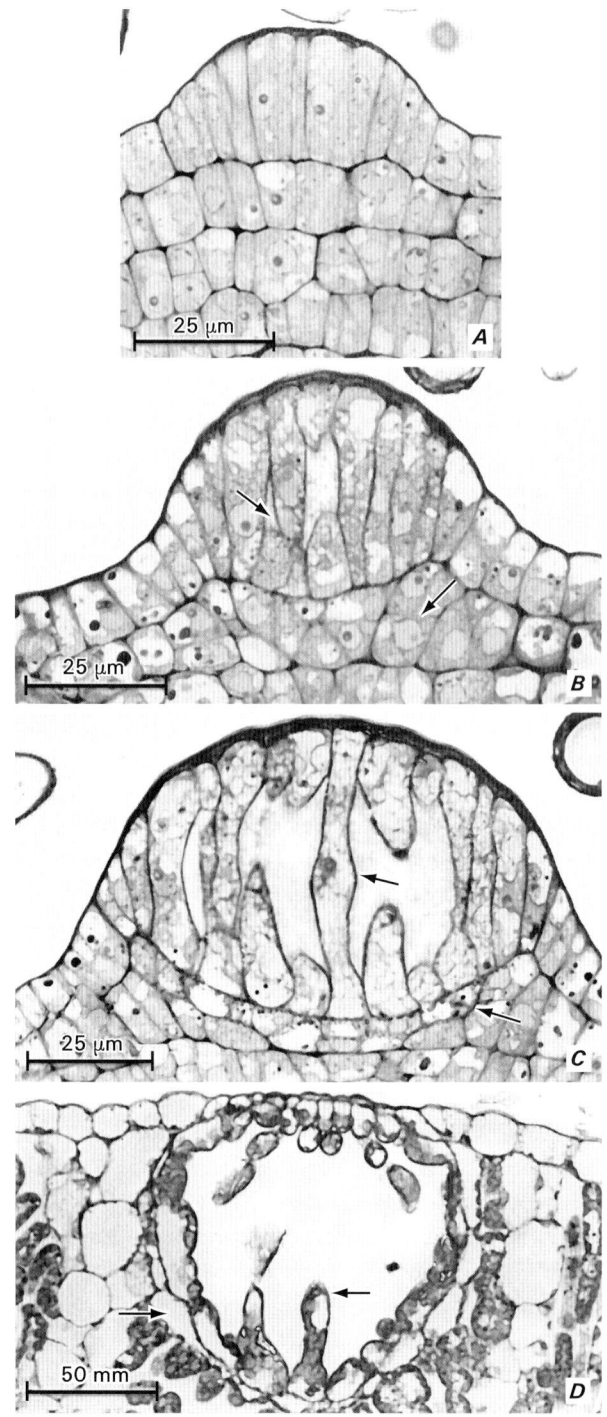

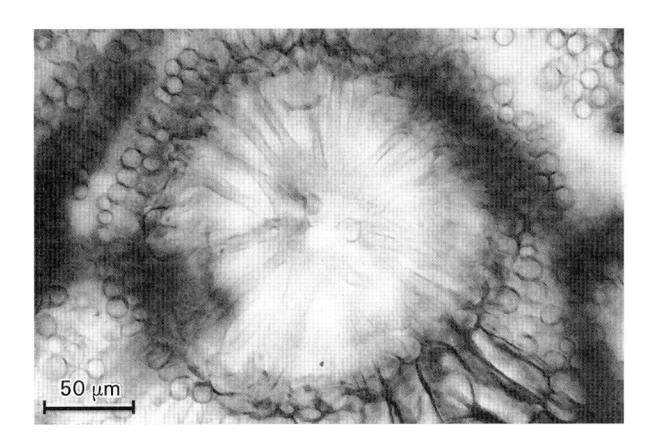

**Abb. 17.11** Reife trabekuläre Höhlung von *Psoralea macrostachya* in einem aufgehellten Blatt. (Aus Turner, 1986.)

wicklung fortschreitet, trennen sich diese langgestreckten Zellen, die Trabeculae, im Zentrum der Protuberanz voneinander (Schizogenie), bleiben aber an Spitze und Basis miteinander verbunden. Während der Blattentwicklung versenkt sich die Protuberanz bis ihre äußere Oberfläche bündig mit der Oberfläche des Blattes abschließt. Das Ergebnis ist eine sekretorische Höhlung ausgekleidet von einem Epithel aus modifizierten Epidermiszellen (Abb. 17.11). Ein anderes Beispiel für interne Öl-Höhlungen epidermalen Ursprungs findet sich bei einigen *Polygonum*-Arten (Polygonaceae) (Curtis und Lersten, 1994).

Wie bereits erwähnt sind schizogene Sekreträume normal bei Asteraceen; sie wurden zumeist als Gänge oder Kanäle beschrieben. Lersten und Curtis (1987) haben gewarnt, dass solche Beschreibungen zumeist nur auf der Untersuchung von Querschnitten beruhen; diese sind aber im Allgemeinen nicht geeignet, um Sekretgänge zu beschreiben. Bei *Solidago canadensis* nehmen die Sekreträume der Blätter ihren Ausgang als diskrete, nur durch Epithelzellen voneinander getrennte Höhlungen. Die Streckung dieser Höhlungen, begleitet von Streckung und Trennung der Septen, vermittelt im reifen Zustand den falschen Eindruck eines unendlich langen Kanals, anstelle einer Reihe tubulärer Höhlungen (Lersten und Curtis, 1989).

### 17.2.3 Sekretkanäle und Sekrethöhlungen können durch Schädigung hervorgerufen werden

Sekretorische Kanäle (Gänge) und Höhlungen (Höhlen), die während der normalen Entwicklung entstehen, können nur schwer von Kanälen und Höhlungen unterschieden werden, die aufgrund von Schäden (Verletzung, mechanischer Druck, Befall mit Insekten oder Mikroorganismen, physiologische Beeinträchtigung wie Wasserstress und anderer Umweltstress) gebildet werden. Harz, Gummiharz, und Gummigänge und Gummihöhlen, sind oftmals **traumatische (Wund-) Formationen** im sekundären Phloem (Abb. 17.12) und sekundären Xylem (Abb. 11.13) von Coniferen und angiospermen Holzpflanzen. Ihre Entwicklung und Inhalt können Parallelen aufweisen

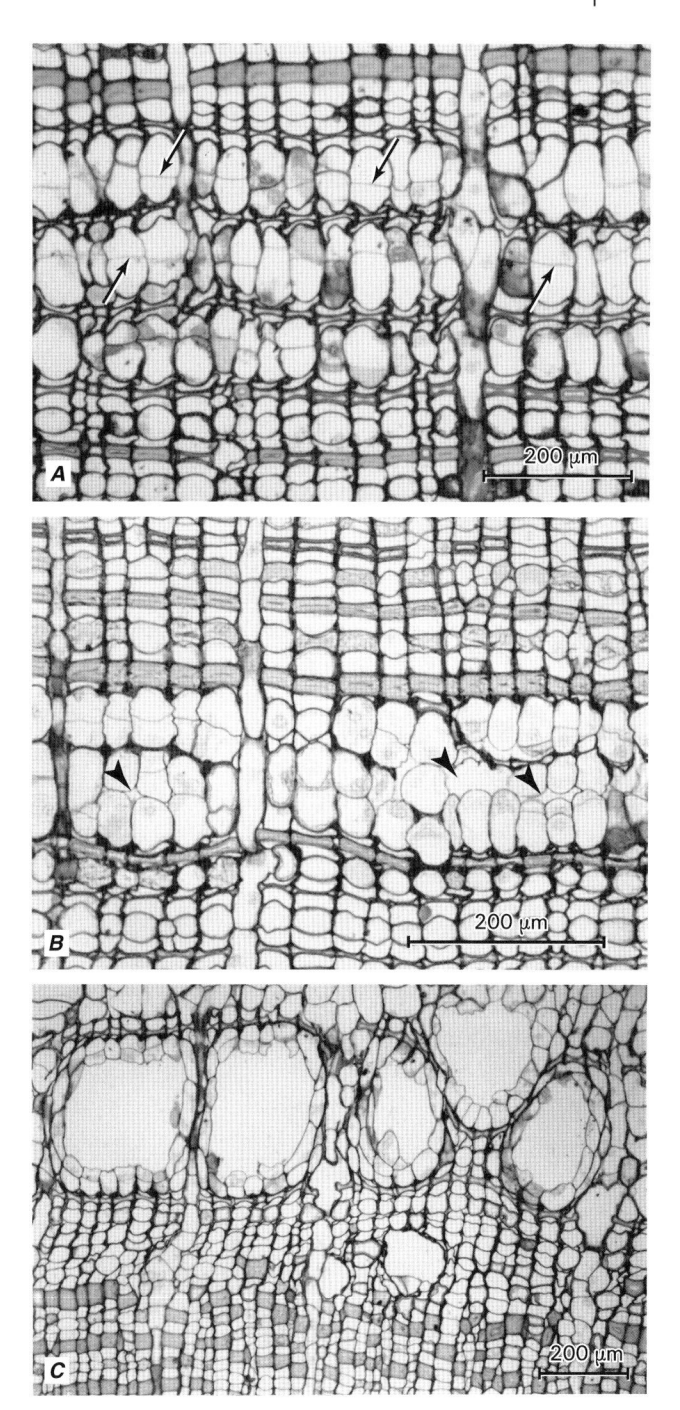

**Abb. 17.12** Traumatische Harzkanäle im sekundären Phloem von *Chamaecyparis obtusa* im Querschnitt. Die Bildung der Kanäle wurde durch Verwundung induziert. **A**, 7–9 Tage nach Verwundung begannen vergrößernde axiale Parenchymzellen sich periklin zu teilen; die Pfeile weisen auf die neu gebildeten periklinen Zellwände. **B**, 15 Tage nach Verwundung begannen sich die Zellen im Zentrum schizogen voneinander zu trennen (Pfeilköpfe); wobei Kanäle entstanden. **C**, traumatische Harzkanäle im Phloem 45 Tage nach Verwundung. (Aus Yamanaka, 1989.)

zu vergleichbaren normal entstandenen Strukturen (z. B. normale und traumatische langgestreckte Harzkanäle bei *Pinus halepensis*; Fahn und Zamski, 1970). Bei *Picea abies* scheinen die traumatischen Harzkanäle eine bedeutende Rolle zu spielen bei der Entstehung und Aufrechterhaltung einer erhöhten Resistenz gegenüber dem pathogenen Blaufäule-Pilz *Ceratocystis polonica* (Christiansen et al., 1999).

Die traumatischen Gummiharz-Kanäle im sekundären Xylem von *Ailanthus excelsa* (Simaroubaceae) und die traumatischen Gummigänge im sekundären Phloem von *Moringa oleifera* (Moringaceae) entstehen durch Autolyse von axialen Parenchymzellen (Babu et al., 1987; Subrahmanyam und Shah, 1988). Die Lumina beider Kanäle sind von Epithelzellen ausgekleidet, die schließlich einer Autolyse unterliegen und ihren Inhalt in den Gang freisetzen. Die traumatischen Gummi-Gänge, die im sekundären Xylem von *Sterculia urens* (Sterculiaceae) gebildet werden, entstehen auch durch Zusammenbruch von Xylemzellen, ihre unregelmäßigen Lumina sind jedoch nicht mit distinkten Epithelzellen versehen (Setia, 1984). In jungen Sprossachsen von *Citrus* Pflanzen, die mit dem Fäulepilz *Phytophthora citrophthora* befallen wurden, entstehen Gummigänge schizogen in Xylemmutterzellen, und die Zellen, die das Lumen des Kanals auskleiden, differenzieren sich zu Epithelzellen (Gedalovich und Fahn, 1985a). Am Ende der Sekretionsphase brechen die Wände vieler dieser Epithelzellen, und in den Zellen noch vorhandenes Gummi wird ins Lumen freigesetzt. Die Bildung von Ethylen durch das infizierte Gewebe soll die direkte Ursache der Bildung von Gummigängen sein (Gedalovich und Fahn, 1985b).

Die Sekretion von Gummi aufgrund von Schädigung bezeichnet man als **Gummosis** (Gummifluss); wie das Gummi gebildet wird, darüber gibt es verschiedene Ansichten (Gedalovich und Fahn, 1985a; Hillis, 1987; Fahn, 1988b). Einige Forscher schreiben die Bildung von Gummi einem Zellwandabbau zu; andere wiederum nehmen an, dass das Gummi ein Produkt der sekretorischen Zellen ist, die das Lumen des Kanals auskleiden.

### 17.2.4 KINO-Kanäle sind ein spezieller Typ eines traumatischen Sekretgangs

Jede Betrachtung traumatischer Sekretgänge wäre unvollständig ohne die sog. **Kino-Kanäle** zu erwähnen, die häufig im Holz der Gattung *Eucalyptus* aufgrund von Verwundung oder Pilzinfektion gebildet werden (Abb. 17.13; Hillis, 1987). Kino-Kanäle findet man auch im sekundären Phloem einiger Vertreter der Untergattung *Symphyomyrtus* von *Eucalyptus* (Tipett, 1986). In Xylem und Phloem werden die Kino-Kanäle initiiert durch Lysigenie von Parenchymbändern, die vom Cambium abstammen. In der Vergangenheit für Gummi gehalten, enthält **Kino** jedoch Polyphenole, einige davon sind Tannine (Gerbstoffe). Die Polyphenole akkumulieren in dem Wundparenchym und werden in das zukünftige Lumen des Kanals entlassen, wenn die Parenchymzellen abgebaut werden (holokrine

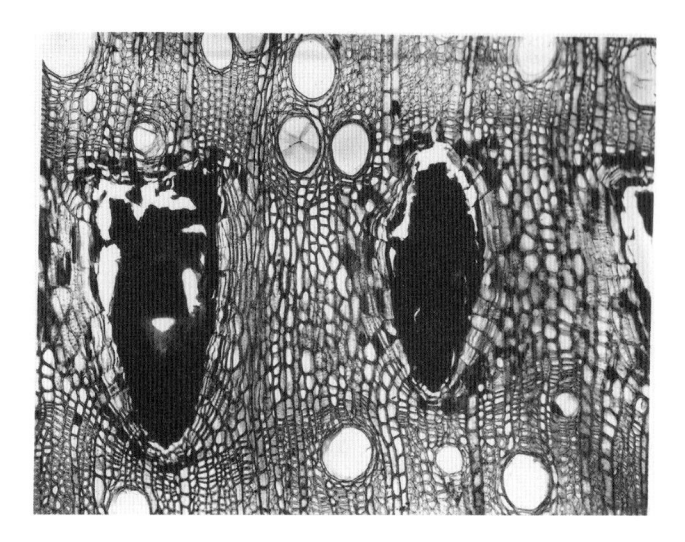

**Abb. 17.13** Reife Kino-Kanäle im Querschnitt durch Holz von *Eucalyptus maculata*. (x 43. Mit freundlicher Genehmigung von Jugo Ilic, CSIRO, Australia.)

Sekretion). Die Kino-Kanäle bilden im Allgemeinen ein dichtes, tangential anastomosierendes Netzwerk. Ungefähr zur selben Zeit wie das erste Kino freigesetzt wird, teilen sich die Parenchymzellen rings um das Kanal-Lumen mehrfach und bilden ein peripheres „Cambium". Derivate dieses Cambiums akkumulieren Polyphenole. Schließlich brechen sie zusammen und ihr Inhalt wird dem Kino im Lumen des Sekretgangs hinzugefügt. Im Endstadium bildet das periphere „Cambium" mehrere Schichten suberinisierter Zellen in Form eines typischen Periderms (Skene, 1965). Ethylen, entweder mikrobieller Herkunft oder vom Wirt gebildet, kann eine Rolle spielen bei der Bildung von Kino-Kanälen nach Schädigung (Wilkes et al., 1989).

## 17.3 Milchröhren

**Milchröhren** sind Zellen oder Reihen miteinander verschmolzener Zellen, die flüssigen Milchsaft (*latex*) enthalten. Sie bilden Systeme, welche die verschiedenen Gewebe vieler Pflanzen durchziehen. Obwohl Milchröhren aus einzelnen Zellen, wie aus Serien vieler, miteinander verschmolzener Zellen bestehen können, bilden beide Typen oft komplizierte, röhrenförmige Systeme, in denen das Erkennen der Grenzen der einzelnen Zellen hoch problematisch ist. Die Bezeichnung Milchröhre dürfte sowohl für eine Einzelzelle als auch für eine aus vielen Zellen verschmolzene Struktur gerechtfertigt sein. Die einzellige Milchröhre kann auch als **einfache Milchröhre**, und die aus vielen Zellen verschmolzene als **zusammengesetzte Milchröhre** bezeichnet werden.

Die Struktur der Milchröhren ist sehr variabel, und die verschiedenen Milchsäfte unterscheiden sich in ihrer Zusammensetzung. Milchsaft kann in normalen Parenchymzellen vorkommen – wie im Perikarp von *Decaisnea insignis* (Hu und Tien, 1973), im Blatt von *Solidago* (Bonner und Galston, 1947)

– oder es kann in verzweigten (*Euphorbia*) oder anastomosierenden (*Hevea*) Röhrensystemen gebildet werden. Zwischen den milchsaftführenden Parenchymzellen und den stark differenzierten Milchröhrensystemen gibt es verschieden stark morphologisch spezialisierte Übergangsformen. Es gibt auch intermediäre Formen zwischen idioblastischen Milchröhren (*Jatropha*, Dehgan und Craig, 1978) und bestimmten Idioblasten die Gerbstoffe, Schleime, proteinöse und andere Substanzen enthalten. Die Situation wird noch verkompliziert durch das Vorkommen von gerbstoffhaltigen Röhren (Myristicaceae, Fujii, 1988) und von schizogenen (Kisser, 1958) und lysigenen (*Mammilaria*, Wittler und Mauseth, 1984a, b) Milchsaft enthaltenden Kanälen.

Die Zahl der milchsaftführenden Pflanzen wird auf ca. 12 500 Arten aus 900 Gattungen geschätzt. Die betreffenden Pflanzen gehören mehr als 22 Familien an, meist Eudicotyledonen und einige Monocotyledonen (Metcalfe, 1983). Milchröhren kommen auch bei der Gymnosperme *Gnetum* vor (Behnke und Herrmann, 1978; Carlquist, 1996; Tomlinson, 2003, Tomlinson und Fisher, 2005) und bei dem Farn *Regnellidium* (Labouriau, 1952). Milchsaftführende Pflanzen reichen von kleinen krautigen Annuellen (*Euphorbia*) bis zu großen Bäumen wie den Kautschuk liefernden *Hevea*-Arten. Sie sind in allen Florenreichen vertreten; die baumförmigen sind aber hauptsächlich tropisch.

## 17.3.1 Aufgrund ihrer Struktur werden die Milchröhren in zwei Gruppen eingeteilt – die gegliederten und die ungegliederten

**Gegliederte Milchröhren** entstehen aus vielen Zellen, die sich zu langen Ketten vereinen und deren Zellwände zwischen den Einzelzellen entweder erhalten bleiben, perforiert werden oder vollständig entfernt werden (Abb. 17.14). Durch Perforation oder Resorption der Endwände entstehen Milchröhren, die in ihrer Entwicklungsweise den Gefäßen gleichen. Gegliederte Milchröhren können im primären und sekundären Pflanzenkörper entstehen. Die **ungegliederten Milchröhren** sind Einzelzellen, die durch ständiges Spitzenwachstum röhrenförmig werden und sich häufig stark verzweigen; eine Fusion mit anderen Milchröhren derselben Pflanze erfolgt gewöhnlich nicht (Abb. 17.15). Sie entstehen typischerweise im primären Pflanzenkörper.

Beide, gegliederte und ungegliederte Milchröhren variieren im Grad ihrer strukturellen Komplexität. Manche gegliederte Milchröhren bestehen aus langen Zellketten oder Röhren, die untereinander nicht in seitlicher Verbindung stehen; andere bilden seitliche Anastomosen mit ihresgleichen, wodurch alle Milchröhren einer Pflanze zu einem zusammenhängenden Netzwerk oder Reticulum vereinigt werden. Sie werden im ers-

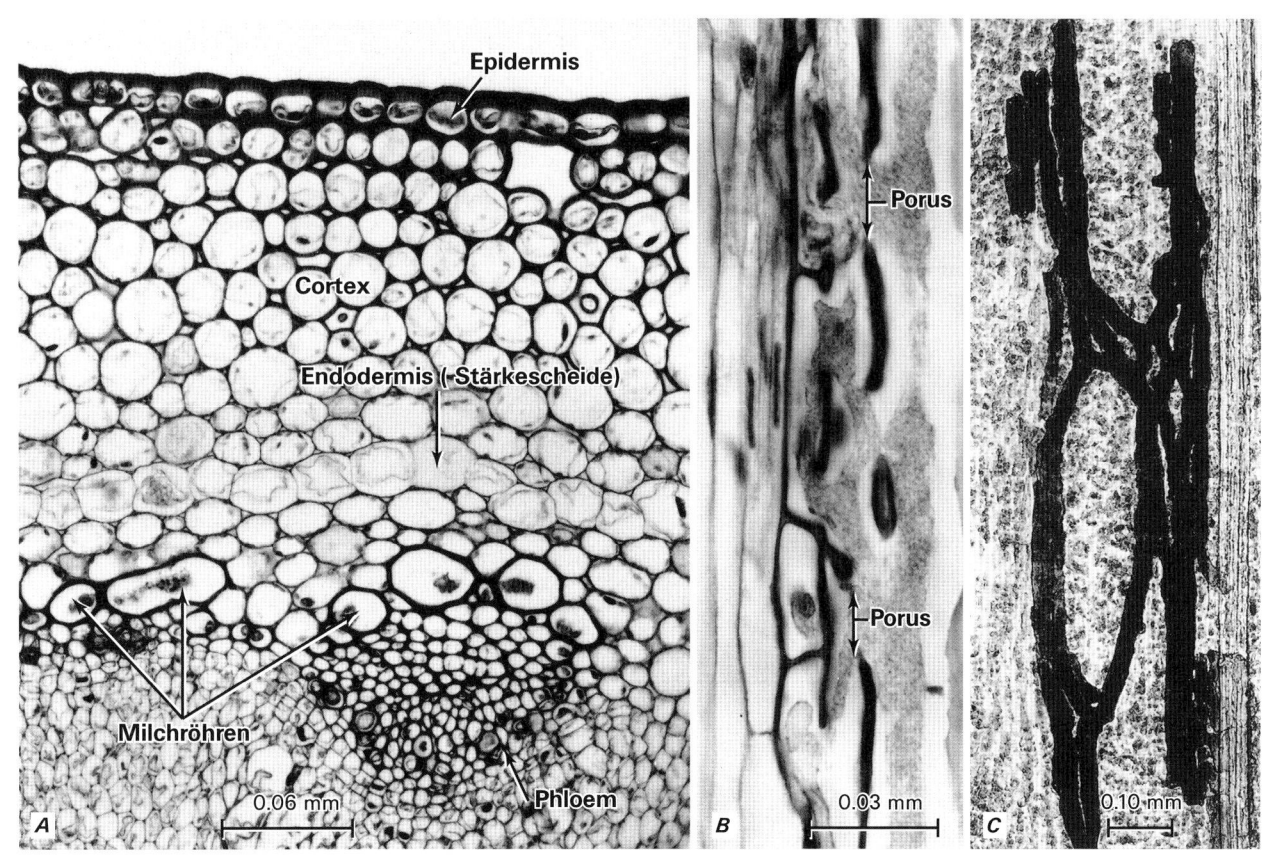

**Abb. 17.14** Gegliedert-anastomosierende Milchröhren von *Lactuca scariola*. **A**, Sprossachsenquerschnitt. Milchröhren befinden sich außerhalb des Phloems. **B, C**, Längsansicht von Milchröhren in teilweise mazeriertem Gewebe (**B**) und einem Längsschnitt durch die Sprossachse (**C**). In den Wänden der Milchröhre in **B** sind Durchbrechungen (Perforationen) zu sehen. (**C**, aus Esau, 1977.)

ten Falle als **gegliedert-nichtanastomosierende**, im zweiten als **gegliedert-anastomosierende** Milchröhren bezeichnet.

Auch die ungegliederten Milchröhren werden aufgrund struktureller Unterschiede unterteilt. Manche entwickeln sich zu langen, mehr oder weniger geradlinigen Röhren, andere verzweigen sich immer wieder, so dass aus jeder Zelle ein reich verzweigtes Röhrensystem entsteht. Man unterscheidet deshalb zwischen **ungegliedert-nichtverzweigten** und **ungegliedert-verzweigten** Milchröhren. Letztere weisen die längsten bekannten Pflanzenzellen auf.

Die Liste mit verschiedenen Typen von Milchröhren (Tabelle 17.1) lässt erkennen, dass in einer bestimmten Familie nicht nur ein Milchröhrentyp auftreten kann. Bei den Euphorbiaceae z. B. hat die Gattung *Euphorbia* ungegliederte Milchröhren, während *Hevea* gegliederte aufweist. Die Blätter der meisten *Jatropha*–Arten (ebenfalls zur Familie der Euphorbiaceen gehörig) haben sowohl ungegliederte als auch gegliederte Milchröhren, außerdem idioblastische Milchsaft führende Zellen, die Übergangsformen zu Milchröhren aufweisen (Dehgan und Craig, 1978). Bei *Hevea*, *Manihot* und *Cnidoscolus* bilden die gegliederten Milchröhren der Blätter Seitenzweige mit intrusivem Wachstum, die sich im ganzen Mesophyll verästeln (Rudall, 1987). Diese Verzweigungen haben keine Septen und sind praktisch nicht von den unseptierten Milchröhren von *Euphorbia* zu unterscheiden. Ähnlich sich verästelnde Seitenzweige kann man in Mark und primärer Rinde der Sprossachsen finden.

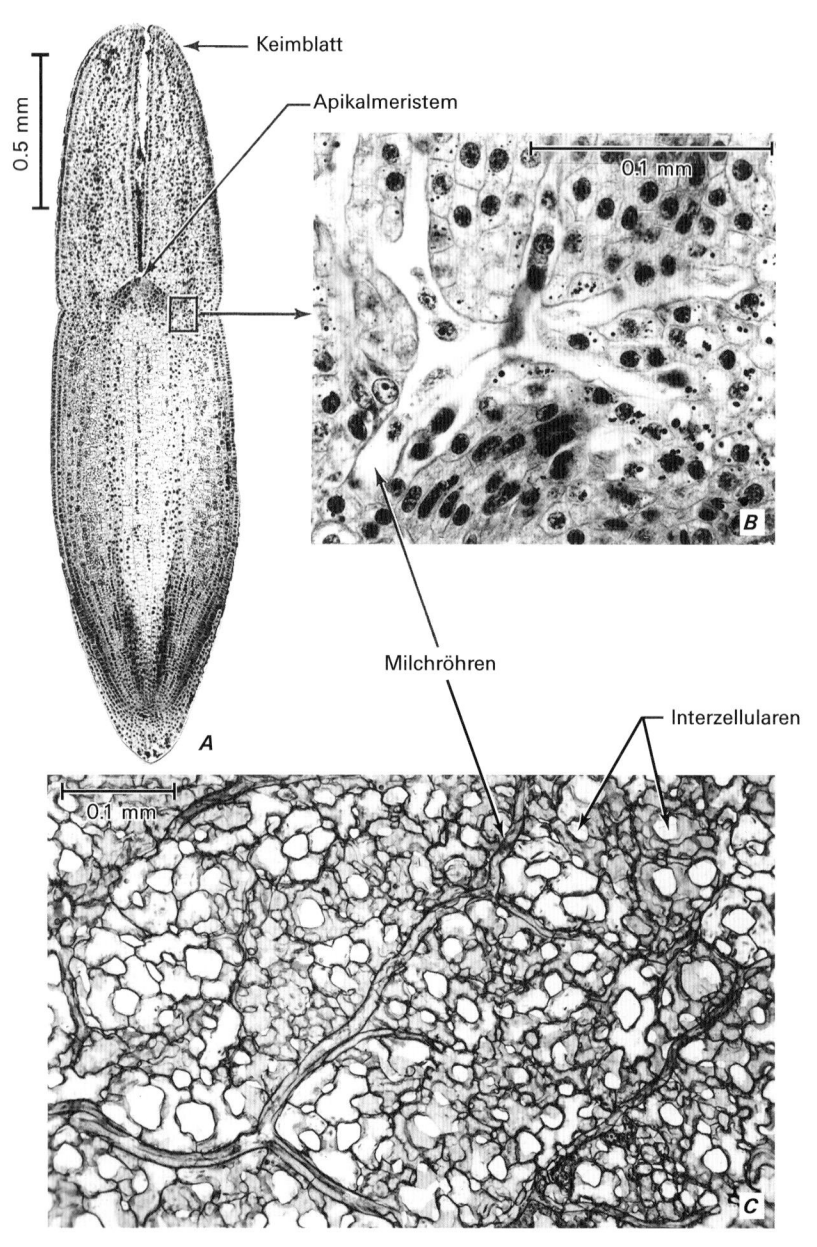

**Abb. 17.15** Ungegliedert-verzweigte Milchröhren von *Euphorbia* sp. **A**, Embryo. Der rechteckige Ausschnitt zeigt an, wo die Milchröhren entstehen. **B**, Schnitt durch Milchröhren, der die Vielkernigkeit zeigt. **C**, sich verzweigende Milchröhren im Schwammparenchym, paradermaler Blattschnitt. (Aus Esau 1977; Microphotographien **A**, **B**, mit freundlicher Genehmigung von K.C. Baker.)

**Tab. 17.1** Beispiele für die verschiedenen Milchröhrentypen nach Familie und Gattung

**Gegliedert – anastomosierend**
Asteraceae, Tribus Cichorieae (*Cichorium, Lactuca, Scorzonera, Sonchus, Taraxacum, Tragopogon*)
Campanulaceae, die Lobelioideae
Caricaceae (*Carica papaya*)
Papaveraceae (*Argemone, Papaver*)
Euphorbiaceae (*Hevea, Manihot*)
Araceae, die Colocasioideae

**Gegliedert – nichtanastomosierend**
Convolvulaceae (*Convolvulus, Dichondra, Ipomoea*)
Papaveraceae (*Chelidonium*)
Sapotaceae (*Achras sapota, Manilkara zapota*)
Araceae, die Calloideae, Aroideae, Lasioideae, Phlilodendroideae
Liliaceae (*Allium*)
Musaceae (*Musa*)

**Ungegliedert-verzweigt**
Euphorbiaceae (*Euphorbia*)
Asclepiadaceae (*Asclepias, Cryptostegia*)
Apocynaceae (*Nerium oleander, Allamanda violaceae*)
Moraceae (*Ficus, Broussonetia, Maclura, Morus*)
Cyclanthaceae (*Cyclanthus bipartitus*)

**Ungegliedert-unverzweigt**
Apocynaceae (*Vinca*)
Urticaceae (*Urtica*)
Cannabaceae (*Humulus, Cannabis*)

Systematische vergleichende Untersuchungen der verschiedenen Milchröhren sind selten. Eine mögliche phylogenetische Bedeutung der Variabilität der Milchröhrensysteme im Grad ihrer Spezialisierung wurde bisher nicht erkannt. Ein systematischer Überblick über das Auftreten von gegliedert-anastomosierenden Milchröhren in Blättern und Blüten von 75 Gattungen der Araceae, der größten Familie der milchröhrenführenden Monocotyledonen, haben jedoch die Bedeutung der Milchröhrenmorphologie für die Systematik dieser Familie aufgezeigt (French, 1988). Anastomosierende Milchröhren sind auf die Unterfamilie Colocasioideae und auf *Zomicarpa* (Aroideae) beschränkt. Neben der Morphologie der Milchröhren können chemische Charakteristika verwendet werden, um Taxa voneinander abzugrenzen und evolutionäre Trends zu interpretieren (Mahlberg et al., 1987; Fox und French, 1988). Es wird allgemein angenommen, dass gegliederte und ungegliederte Milchröhren unabhängig voneinander entstanden sind und polyphyletische Herkünfte innerhalb der Gefäßpflanzen repräsentieren. Jedoch, insofern als beide Milchröhrentypen intrusives Wachstum aufweisen können, wie bereits erwähnt, sind sie wahrscheinlich nicht so sehr voneinander verschieden wie allgemein angenommen (Rudall, 1987). Auch wenn Milchröhren als Zelltypen jüngeren Entstehungsdatums angesehen werden, zeigen fossile Funde, dass ungegliederte Formen bereits in einer baumförmigen Pflanze des Eozäns vorkamen (Mahlberg et al., 1984).

## 17.3.2 Zusammensetzung und Aussehen des Milchsaftes variieren

Der Milchsaft besteht aus einer flüssigen Matrix, in der organische Substanzen als kleine Partikel (Latex) dispergiert sind. Der Milchsaft kann klar aussehen (*Morus, Humulus, Nerium oleander*, die meisten Araceen) oder milchig (*Asclepias, Euphorbia, Ficus, Lactuca*). Er ist gelbbraun bei *Cannabis* und gelb oder orange bei den Papaveraceen. Der Milchsaft enthält verschiedenartige gelöste oder kolloidal dispergierte Stoffe: Kohlenhydrate, organische Säuren, Salze, Steroide, Fette und Schleime. Zu den normalen Komponenten des Milchsaftes gehören Terpenoide, von denen Natur-Kautschuk (cis-1,4-Polyisopren) ein charakteristischer Vertreter ist. Natur-Kautschuk entsteht als Partikel im Cytosol (Coyvaerts et al., 1991; Bouteau et al., 1999), wohingegen andere terpenoidhaltige Partikel in kleinen Vesikeln entstehen. Wenn die Milchröhren nahezu reif sind, werden die verschiedenen Partikel in eine große Vakuole entlassen (d'Auzac et al., 1982). Viele andere Substanzen kommen in Milchsäften vor, wie Herzglykoside (bei Vertretern der Apocynales), Alkaloide (Morphin, Kodein und Papaverin im Schlafmohn, *Papaver somniferum*), Cannabinoide (*Cannabis sativa*), Zucker (bei Vertretern der Asteraceen), große Mengen an Protein (*Ficus callosa*) und Tannine (*Musa*, Aroideae). Kristalle aus Oxalat oder Malat können im Milchsaft reichlich vorkommen. Stärkekörner findet man in Milchröhren einiger Euphorbiaceen-Gattungen (Biesboer und Mahlberg, 1981a; Mahlberg, 1982; Rudall, 1987; Mahlberg und Assi, 2002) und in denen von *Thevetia peruviana* (Apocynaceae; Kumar und Tandon, 1990). Die Stärkekörner bei *Thevetia* sind osteoid (knochenförmig; hantelförmig) während sie bei den Euphorbiaceen verschiedene Formen annehmen – stab-, spindel-, hantel-, scheibenförmig (discoid), oder Zwischenformen davon – und sehr groß werden

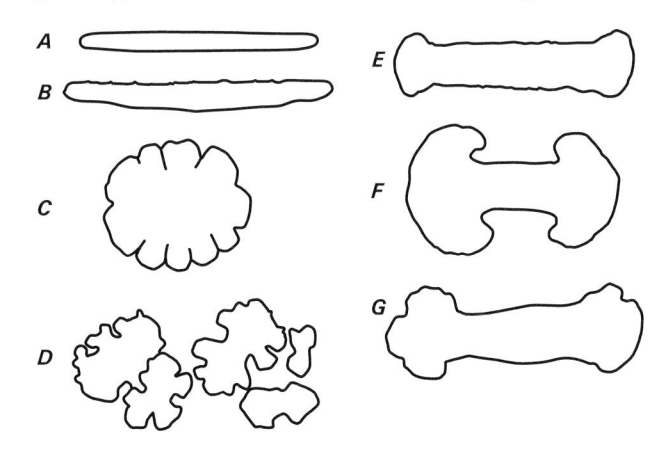

**Abb. 17.16** Verschiedene Formen von Stärkekörnern aus ungegliederten Milchröhren von Euphorbiaceae. **A**, stabförmiges Stärkekorn aus *Euphorbia lathuris*. **B**, spindelförmiges Stärkekorn aus *E. myrsinites*. **C, D**, scheibenförmige Stärkekörner aus *E. lactea*. **E**, leicht hantelförmiges Stärkekorn aus *E. heterophylla*. **F, G**, hantelförmige Stärkekörner aus *E. pseudocactus* bzw. *Pedilanthus tithymaloides* (nach Photographien in Biesboer und Mahlberg, 1981b).

können (Abb. 17.16). Kleine Stärkekörner wurden in den Plastiden sich differenzierender *Allamanda violacea* (Apocynaceae) Milchröhren gefunden (Inamdar et al., 1988). Milchsäfte enthalten also eine große Bandbreite sekundärer Pflanzenstoffe, von denen keiner mobilisiert werden oder weiter am Stoffwechsel der Zelle teilhaben kann. Eine Mobilisierung von Stärke im Milchsaft wurde nicht beobachtet (Nissen und Foley, 1986; Spilatro und Mahlberg, 1986).

Im Milchsaft treten verschiedene Enzyme auf, so das proteolytische Enzym Papain in *Carica papaya* und lysosomale Hydrolasen wie saure Phosphatase, saure RNAase, und saure Protease in *Asclepias curassavica* (Giordani et al., 1982). Im Milchsaft der gegliederten Milchröhren von *Lactuca sativa* konnte sowohl Cellulase-Aktivität als auch Pectinase-Aktivität gefunden werden (Giordani et al., 1987). Bei anderen Untersuchungen jedoch wurde im Milchsaft gegliederter Milchröhren nur Cellulase-Aktivität gefunden (*Carica papaya, Musa textilis, Achras sapota,* und verschiedene *Hevea*-Arten; Sheldrake, 1969; Sheldrake und Moir, 1970) und im Milchsaft ungegliederter Milchröhren nur Pectinase-Aktivität (*Asclepias syriaca,* Wilson et al., 1976; *Nerium oleander,* Allen und Nessler, 1984). Diese Ergebnisse führen zu der Vermutung, dass die Cellulase am Abbau der Endwände während der Differenzierung der gegliederten Milchröhren beteiligt ist, und die Pectinase am intrusiven Wachstum der nicht gegliederten Milchröhren (Sheldrake, 1969; Sheldrake und Moir, 1970; Wilson et al., 1976; Allen und Nessler, 1984).

Milchröhren beherbergen oftmals Bakterien und trypanosomatide Flagellaten der Gattung *Phytomonas*. Milchröhren offenbar gesunder *Chamaesyce thymifolia* Pflanzen beherbergen beiderlei Organismen (Da Cunha et al., 1998, 2000). Ein obligat Milchröhren bewohnendes Bakterium (mit *Rickettsia* verwandt) tritt im Zusammenhang mit „*Papaya bunchy top disease*" (PBT) auf, einer Hauptkrankheit an *Carica papaya* in den amerikanischen Tropen, von der man lange Zeit angenommen hat, dass sie durch Phytoplasmen verursacht wird (Davis et al., 1996, 1998). Sollte das *Rickettsia* verwandte Bakterium die Ursache von PBT sein, so wäre dies das erste Beispiel für ein Milchröhren bewohnendes Pathogen, das durch Zikaden übertragen wird. Trypanosomatide Parasiten der Milchröhren von *Euphorbia pinea* werden durch die Wanze *Stenocephalus agilis* übertragen, und konnten erfolgreich in vitro in Flüssigkeitskultur kultiviert werden (Dollet et al. 1982). Nicht alle Versuche Milchröhren bewohnende trypanosomatide Flagellaten zu kultivieren waren erfolgreich (Kastelein und Parsadi, 1984). Ein Zusammenhang zwischen dem Milchröhren bewohnenden *Phytomonas staheli* und der „*hartrot disease*" der Kokusnusspalme und der Ölpalme ist klar bewiesen (Parthasarati et al., 1976; Dollet et al., 1977), aber der Beweis für die Pathogenität dieses Organismus steht noch aus.

Bei intakten Pflanzen stehen die Milchröhren unter einem immensen Turgordruck (Tibbitts et al., 1985; Milburn und Ranasinghe, 1996). Wann immer eine Milchröhre verletzt wird, entsteht ein Turgorgradient und der Milchsaft fließt zum offenen Ende hin (Bonner und Galston, 1947). Schließlich versiegt der Saftfluss und der Turgor steigt wieder an. Der Strom von Milchsaft aus einer angeschnittenen Milchröhre erinnert an das Ausströmen von Siebröhrensaft bei Verletzung der Siebröhre (Kapitel 13). In beiden Fällen trägt dieses Phänomen dazu bei, dass die reifen Protoplasten nur schwer artefaktfrei zu fixieren sind (Condon und Fineran, 1989a).

### 17.3.3 Gegliederte und ungegliederte Milchröhren unterscheiden sich offenbar in ihrer Cytologie

Anfangs haben beide, gegliederte und ungegliederte Milchröhren, deutliche Zellkerne und ein dichtes Cytoplasma reich an Ribosomen, rauem Endoplasmatischen Reticulum, Dictyosomen und Plastiden. Die Differenzierung ungegliederter Milchröhren geht einher mit Zellteilungen, wobei eine vielkernige Zelle, eine Coenocyte entsteht (Stockstill und Nessler, 1986; Murugan und Inamdar, 1987; Roy und De, 1992; Balaji et al., 1993). Gegliederte Milchröhren, bei denen eine Reihe von Zellen durch Auflösung ihrer gemeinsamen Wände miteinander verschmolzen sind, werden auch als vielkernig bezeichnet, aber die sogenannte Vielkernigkeit dieser Milchröhren ist offenbar nur das Ergebnis einer Protoplastenverschmelzung und nicht einer nachträglichen Kernvermehrung.

Wenn die Entwicklung fortschreitet, erscheinen bei beiden Milchröhrentypen zahlreiche Vesikel, oft auch kleine Vakuolen genannt (Abb. 17.17). Offensichtlich vom Endoplasmatischen Reticulum abstammend enthalten sie verschiedene Substanzen – einige enthalten Latex-Partikel, andere Alkaloide, Papain – je nach Art. Viele sind lysosomale Vesikel, die an der allmählichen Degeneration vieler, der meisten oder aller cytoplasmatischer Organellen bei der Autophagie (Autophagocytose) beteiligt sind. Die lysosomalen Vesikel, oder Mikrovakuolen, im *Hevea*–Milchsaft werden **Lutoide** genannt (Wu, J.-L. und Hao, 1990; d'Auzac et al., 1995). Wenn die Autophagie fortschreitet, gerät das verbleibende Cytoplasma an die Peripherie, wobei eine große Zentralvakuole gefüllt mit verschiedenen Substanzen entsteht.

Das Ausmaß der Degeneration cytoplasmatischer Komponenten unterscheidet sich offenbar zwischen gegliederten und ungegliederten Milchröhren, obgleich es in dieser Hinsicht auch Unterschiede innerhalb der Gruppe der ungegliederten Milchröhren zu geben scheint. Die meisten ungegliederten Milchröhren haben im reifen Zustand eine große Zentralvakuole, und sowohl Plasmalemma als auch Tonoplast kommen bei denen von *Nelumbo nucifera* (Esau und Kosakai, 1975), *Asclepias syriaca* (Wilson und Mahlberg, 1980), *Euphorbia pulcherrima* (Abb. 17.17D; Fineran, 1982, 1983) und *Nerium oleander* (Stockstill und Nessler, 1986) vor. Bei diesen Milchröhren kann die flüssige Matrix des Milchsaftes als der Zellsaft der Milchröhre angesehen werden. Nur bei *Chamaesyce thymifolia* enthalten die ungegliederten Milchröhren im vollständigen Reifezustand keinen Tonoplasten (Da Cunha et

17.3 Milchröhren | 447

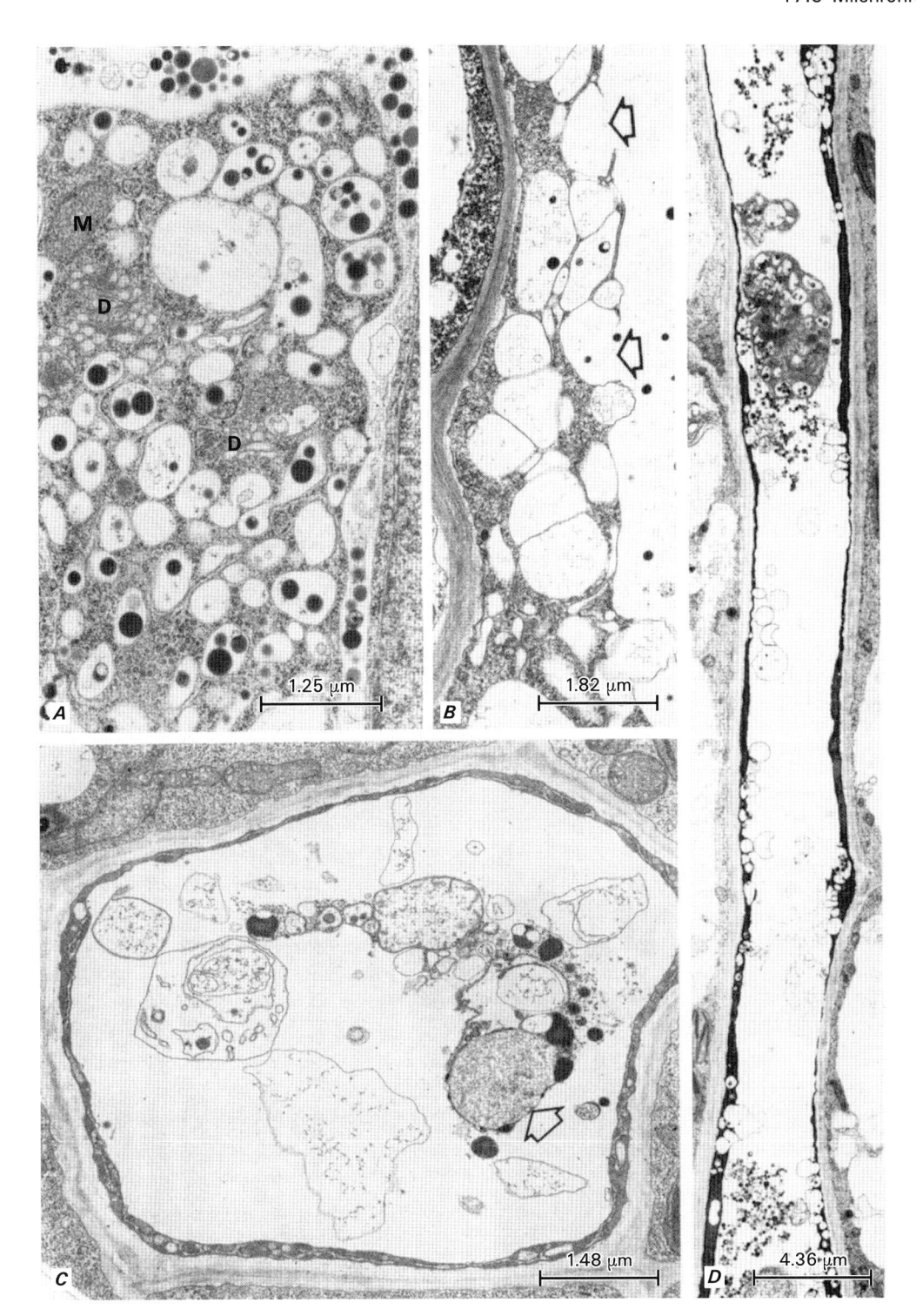

**Abb. 17.17** Späte Stadien in der Differenzierung ungegliederter Milchröhren von *Euphorbia pulcherrima*. **A**, Cytoplasmamasse in der Zentralvakuole eingeschlossen. Zahlreiche Latex- (Milchsaft-) Partikel sind in kleinen Vakuolen und in der umgebenden Zentralvakuole (oben und rechts) zu finden. Mitochondrien (M), Dictyosomen (D) und Ribosomen sind auch im Cytoplasma vorhanden. **B**, Teil des peripheren Cytoplasmas an die große Zentralvakuole einer fast reifen Milchröhre grenzend. Einige kleine periphere Vakuolen sind kürzlich mit der Zentralvakuole verschmolzen (offene Pfeile) und haben ihre Latex-Partikel entlassen. **C**, Querschnitt durch eine Milchröhre, die fast das Endstadium der Differenzierung erreicht hat, mit cytoplasmatischen Überbleibseln in verschiedenen Abbaustadien, darunter ein großer Zellkern (offener Pfeil) in der großen Zentralvakuole. **D**, Längsschnitt durch eine reifende Region einer Milchröhre. Die zusammenhängende Zentralvakuole enthält Zusammenballungen von Latex-Partikeln und Reste degenerierenden Cytoplasmas. Das periphere Cytoplasma der Milchröhre ist elektronendichter als das der angrenzenden Parenchymzellen. (Aus Fineran, 1983, mit freundlicher Genehmigung von Oxford University Press.)

al., 1998). Auch wenn ihre Zahl reduziert ist, so verbleiben einige Organellen und Zellkerne offenbar in reifen Teilen der ungegliederten Milchröhren. Die verbleibenden Zellkerne bei *Euphorbia pulcherrima* sind wohl degeneriert (Fineran, 1983). Bei *Nerium oleander* enthält der reife Protoplast normale Zellkerne und den „üblichen Satz an Organellen" (Stockstill und Nessler, 1986). Im Gegensatz dazu erfolgt bei *Chamaesyce thymifolia* eine komplette Degeneration der Zellkerne und Organellen (Da Cunha et al., 1998). Es kann durchaus sein, dass einige der Unterschiede innerhalb der ungegliederten Milchröhren Ausdruck dessen sind, wie weit ihre Protoplasten erhalten bleiben konnten.

Die Differenzierung der gegliederten Milchröhren ist ziemlich einheitlich. Autophagie mündet in völlige Eliminierung der Zellkerne und der Zellorganellen. Wenn die gegliederten Milchröhren fast reif sind, verschwindet der Tonoplast und das Lumen der Zelle füllt sich mit Vesikeln und Latexpartikeln (Abb. 17.18; Condon und Fineran, 1989a, b; Griffing und Nessler, 1989). Nur das Plasmalemma bleibt intakt und funktionsfähig (Zhang et al., 1983; Alvaet al., 1990; Zeng et al., 1994).

Die meisten Milchröhren haben nicht lignifizierte Primärwände unterschiedlicher Dicke. Lignifizierung von Milchröhrenwänden wurde von einigen Forschern beschrieben (Dressler, 1957; Carlquist, 1996). Bei einigen Arten entwickeln die Milchröhren sehr dicke Wände (in Sprossachsen von *Euphorbia abdelkuri*, Rudall, 1987), die einige Forscher jedoch für Sekundärwände halten (Solereder, 1908). A. R. Rao und Tewari (1960) berichten, dass bei *Codiaeum variegatum* die Milchröhren junger Blätter sich in älteren Blättern zu Sklereiden entwickeln. A. R. Rao und Malaviya (1964) vermuten, dass es sich bei den Sklereiden in Blättern vieler Euphorbiaceae um sklerifizierte Milchröhren handelt. Aufgrund der Beobachtung, dass die Blätter vieler Euphorbiaceae keine Milchröhren aufweisen, wohl aber hochgradig verzweigte Sklereiden, die Milchröhren in Struktur und Vorkommen gleichen, vermutet Rudall (1994), dass in einigen Fällen solche Sklereiden homolog zu Milchröhren sind. Die Wände der gegliederten Milchröhren der Convolvulaceae sind suberinisiert; d. h. sie besitzen Suberinlamellen (Fineran et al., 1988). Plasmodesmen wurden nur selten in Wänden zwischen Milchröhren und angrenzenden anderen Zelltypen gefunden.

### 17.3.4 Milchröhren sind im Pflanzenkörper weit verbreitet, was ihre Entwicklung widerspiegelt

**Ungegliederte Milchröhren** Die ungegliederten verzweigten Milchröhren der Euphorbiaceae, Asclepiadaceae, Apocynaceae, und Moraceae werden in geringer Zahl als Primordien (Initialen) schon während der Embryoentwicklung angelegt. Sie wachsen dann gleichzeitig mit der Pflanze zu einem verzweigten System heran, dass schließlich den ganzen Pflanzenkörper durchzieht (Abb. 17.15) (Mahlberg, 1961, 1963; Cass, 1985; Murugan und Inadamar, 1987; Rudall, 1987; 1994; van Veenendaal und den Outer, 1990; Roy und De, 1992; Da Cunha et al., 1998). Die Milchröhren-Initialen erscheinen im Embryo wenn die Keimblätter angelegt werden; sie liegen in der Ebene des späteren Cotyledonarknotens. Bei einigen Arten entstehen die Initialen in der peripheren Region des späteren Zentralzylinders (d. h. aus dem Procambium, das sich zu Protophloem entwickelt); bei anderen Arten entstehen sie außerhalb des zukünftigen Zentralzylinders. In jedem Falle sind die Milchröhren-Initialen räumlich eng mit dem Phloem assoziiert. Die Zahl der Initialen variiert sowohl zwischen den Arten als auch innerhalb der Art. Bei einigen *Euphorbia*–Arten konnten nur 4 Initialen nachgewiesen werden; bei anderen 8 oder 12; und bei noch anderen sind viele Initialen bogenförmig oder in einem vollständigen Ring angeordnet. Fünf oder 7 Initialen treten bei *Jatropha dioica* auf (Cass, 1985). Acht Initialen kommen bei *Morus nigra* (Moraceae; van Veenendaal und den Outer, 1990) vor. Bei *Nerium oleander* (Apocynaceae) sind in der Regel 28 Milchröhren-Initialen vorhanden (Abb. 17.19; Mahlberg, 1961). Die Initialen bilden nach verschiedenen Richtungen Vorwölbungen, und deren Spitzen „schieben" sich durch intrusives Wachstum in Interzellularen zwischen die umgebenden Zellen, ähnlich dem Wachstum einer Pilzhyphe. Typischerweise dringen die Milchröhreninitialen abwärts zur Wurzel und nach oben zu den Cotyledonen und zur Sprossspitze vor. Zusätzliche Zweige durchdringen sehr schnell die primäre Rinde, bis hin zur Subepidermis, andere dringen zum Mark vor.

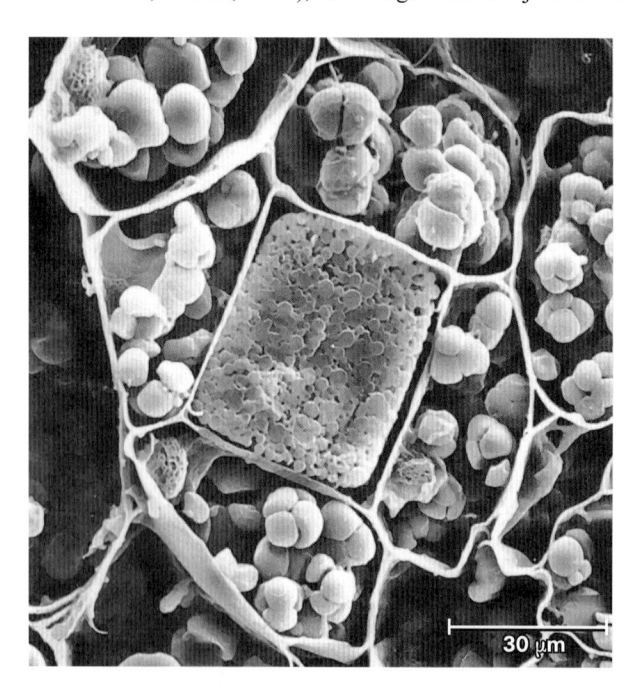

**Abb. 17.18** Rasterelektronenmikroskopische Aufnahme einer reifen gegliederten Milchröhre in der primären Rinde des Rhizoms von *Calystegia silvatica* (Convolvulaceae). Die turgeszente Milchröhre ist voll gepackt mit sphärischen Milchsaft-Partikeln. Die Amyloplasten in den benachbarten Parenchymzellen sind zahlreich. (Aus Condon and Fineran, 1989b. © 1989 The University of Chicago. Alle Rechte vorbehalten.)

Im reifen Samen wird der Embryo von einem Milchröhrensystem durchzogen, das in charakteristischer Weise angeordnet ist. Bei *Euphorbia* z. B. wächst eine Gruppe von Milchröhren vom Cotyledonarknoten an der Peripherie des Zentralzylinders im Hypocotyl abwärts. Eine andere Gruppe von Milchröhren wächst in der primären Rinde, meist nahe ihrer Peripherie, abwärts. Die beiden Milchröhrengruppen enden in der Nähe des Wurzelmeristems an der Basis der Hypocotylachse. Eine dritte Gruppe verlängert sich in die Keimblätter hinein, wo sich die Milchröhren verzweigen, zuweilen üppig. Eine vierte Gruppe erstreckt sich von den nodalen Initialen nach innen und aufwärts zur Sprossspitze des Epicotyls, wo die Röhren ein ringförmiges Netzwerk bilden. Die Enden dieses Netzwerkes reichen in die dritte oder vierte Zellage unter der Oberfläche des Apikalmeristems. Die Spitzen der Milchröhren liegen damit in unmittelbarer Nachbarschaft zu beiden Apikalmeristemen, dem des Sprosses und dem der Wurzel. Nur wenige Zweige, wenn überhaupt, dringen bis ins Zentrum des zukünftigen Marks des *Euphorbia* Embryos vor.

Wenn ein Samen keimt und der Embryo sich zu einer Pflanze entwickelt, halten die Milchröhren mit diesem Wachstum Schritt, indem sie kontinuierlich in die meristematischen Gewebe eindringen, die von den aktiven Apikalmeristemen gebildet werden. Wenn Achselknospen oder Seitenwurzeln entstehen, so werden auch diese von den intrusiv wachsenden Spitzen der Milchröhren durchdrungen. An den Knoten treten die Milchröhren in die Blätter und das Mark über die Blattspurlücke ein. Da die Milchröhren die Gewebe dicht an den Apikalmeristemen durchdringen, befinden sich die Milchröhrenabschnitte unterhalb der Spitzen eine zeitlang in wachsendem Gewebe und strecken sich gleichzeitig mit diesem. Demnach wachsen die Milchröhren an ihren Spitzen intrusiv und stre-

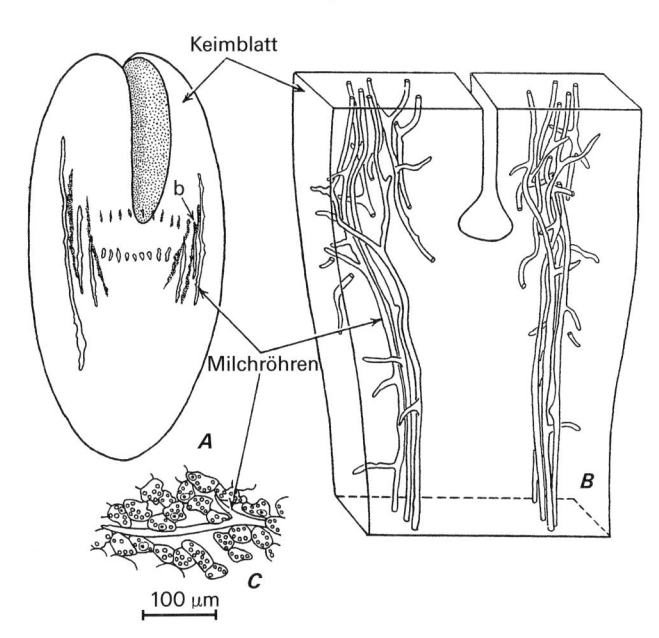

**Abb. 17.19** Ungegliederte Milchröhren von *Nerium oleander*. **A**, unreifer Embryo, 550 µm lang. Junge Milchröhren im Cotyledonarknoten. Sie treten längs der Peripherie der Leitgeweberegion auf. Beginn der Milchröhrenverzweigung bei b. **B**, 75 µm dicker Schnitt durch einen reifen, 5 mm langen Embryo. Die Milchröhren erstrecken sich vom Cotyledonarknoten in die Keimblätter und ins Hypocotyl. Kurze Verzweigungen durchdringen das Mesophyll der Keimblätter und die primäre Rinde des Hypocotyls. **C**, Verzweigung einer Milchröhre im proliferierten Mesophyll einer Embryogewebekultur; die Milchröhre erstreckt sich in die Interzellularräume. (**A**, **B**, nach Mahlberg, 1961; **C**, nach einer Photographie von Mahlberg, 1959.)

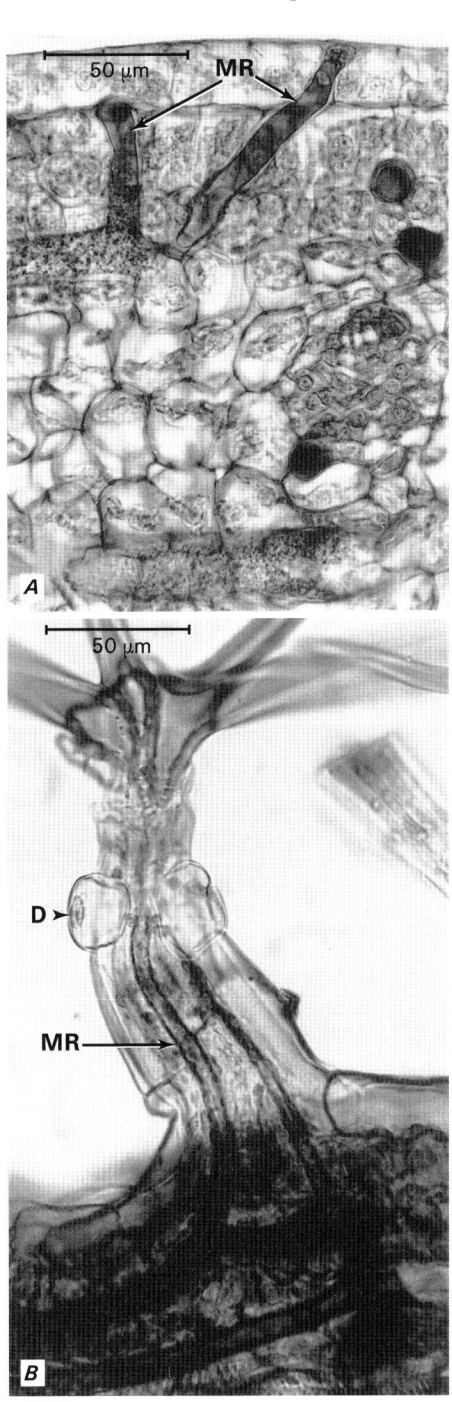

**Abb. 17.20** Ungegliedert-verzweigte Milchröhren (MR), die zwischen die Epidermiszellen eines *Codiaceum variegatum* – Blattes vordringen (**A**), und (**B**) in die Basis eines Sternhaares, mit drüsiger Region (D), bei *Croton* sp. (aus Rudall, 1994).

cken sich anschließend in koordiniertem Wachstum mit dem umgebenden Gewebe (Lee und Mahlberg, 1999).

Bei Blättern verästeln sich die ungegliederten Milchröhren im ganzen Mesophyll, neigen aber dazu, dem Lauf der Blattadern zu folgen. Bei einigen Arten erstrecken sich die Milchröhren direkt bis zur Epidermis, und dringen häufig zwischen die Epidermiszellen vor (*Baloghia lucida, Codiaeum variegatum*; Abb. 17.20A) oder bis in die Basis der Trichome (*Croton* spp; Abb. 17.20B) (Rudall, 1987, 1994).

Wenn die Pflanzen sekundäres Gewebe entwickeln, wachsen die Milchröhren auch in diese hinein. Bei *Cryptostegia* (Asclepiadaceae) wird z. B. das sekundäre Phloem von Abzweigungen der Milchröhren durchdrungen, die sich in der primären Rinde und im primären Phloem entwickelt hatten (Artschwager, 1946). Milchröhren, die sich während der Primärentwicklung von der primären Rinde über die interfascicularen Gewebe bis ins Mark hinein verzweigt hatten, werden durch die Aktivität des Cambiums während des sekundären Wachstums nicht unterbrochen. Der in der Cambiumregion gelegene Milchröhrenabschnitt streckt sich anscheinend durch lokales intercalares Wachstum und wird schließlich in sekundäres Phloem und Xylem eingebettet (Blaser, 1945). Bei *Croton* spp. wurden Milchröhren beschrieben, die sich vom primären Gewebe ins Cambium und sekundäre Xylem erstrecken (Rudall, 1989). Bei *Croton conduplicatus* werden die Strahlinitialen des Cambiums gelegentlich in Milchröhreninitialen umgewandelt und zwischen die Zellen der Phloemstrahlen eingeschleust nach Art einer ungegliederten Milchröhre (Rudall, 1989). Ein sekundäres Milchröhrensystem, vom Cambium gebildet, ist auch bei *Morus nigra* (van Veenendaal und den Outer, 1990) beobachtet worden. Vor diesen beiden letztgenannten Veröffentlichungen war man allgemein der Meinung, dass ungegliederte Milchröhren nur primären Ursprungs seien, im Gegensatz zu den gegliederten Milchröhren, die sowohl primärer als auch sekundärer Herkunft sein können.

Ungegliederte Milchröhren sind in den Strahlen des sekundären Xylems nicht ungewöhnlich; sie treten bei Gattungen der Apocynaceae, Asclepiadaceae, Euphorbiaceae und Moraceae auf (Wheeler et al., 1989). Es wird allgemein angenommen, dass die Milchröhren die Strahlen vom Mark aus durchdringen. Axiale ungegliederte Milchröhren (unter die Fasern gemischt) kennt man nur von den Moraceen. Bei einigen Lianen-Arten der Gattung *Gnetum* sind ungegliederte Milchröhren im conjunctiven Gewebe – dem Parenchym zwischen aufeinanderfolgenden vaskulären Zylindern – gefunden worden, wo sie vertikal verlaufen (Carlquist, 1996).

Ungegliederte-nichtverzweigte Milchröhren zeigen ein einfacheres Wachstumsmuster als der verzweigte Typ (Zander, 1928; Schaffstein, 1932; Sperlich, 1939). Die Primordien dieser Milchröhren entstehen nicht im Embryo, sondern im sich entwickelnden Spross (*Vinca, Cannabis*) oder in Spross und Wurzel (*Eucommia*). Neue Primordien werden wiederholt unterhalb der Apikalmeristeme gebildet. Jedes wächst zu einer unverzweigten Milchröhre aus, offenbar durch Kombination von intrusivem und koordiniertem Wachstum. Die Milchröhren des Sprosses können in der Sprossachse beträchtliche Längen erreichen und auch in die Blätter abzweigen (*Vinca*). In Blättern können aber auch Milchröhren vorhanden sein, die zu denen der Sprossachse keine Beziehung haben (*Cannabis, Eucommia*).

**Gegliederte Milchröhren.** Die Initialen der gegliederten Milchröhren können im reifen Embryo sichtbar sein oder nicht, aber sie werden auf jeden Fall bald nach Beginn der Samenkeimung deutlich sichtbar. Bei den Cichorieae (Scott, 1882, Baranova, 1935), den Euphorbiaceae (Scott 1886; Rudall, 1994), und den Papaveraceae (Thureson-Klein, 1970) erscheinen die Initialen in der Protophloemregion des Procambiums oder peripher davon, sowohl in den Cotyledonen als auch in der Hypocotylachse. In den Keimblättern sind sie in diesem Stadium am besten entwickelt. Die Initialen sind in mehr oder weniger getrennten Längsreihen angeordnet, aber die Bildung seitlicher Auswüchse bringt ein anastomosierendes System hervor. Bei *Hevea brasiliensis* werden die Wände zwischen seitlichen Auswüchsen abgebaut, bevor sich die Querwände zwischen

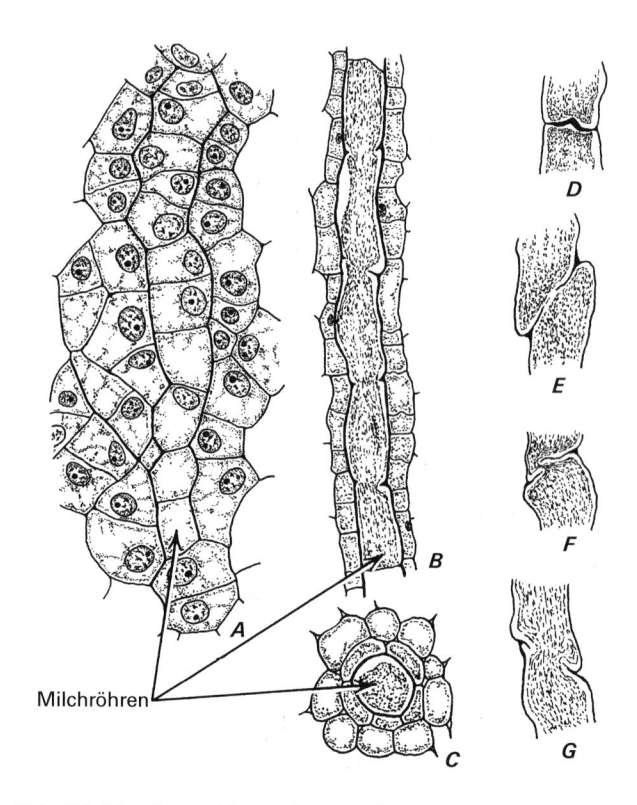

**Abb. 17.21** Entwicklung einer gegliederten Milchröhre bei *Achras sapota* (Sapotaceae) in Längsschnitten (**A, B, D–G**) und im Querschnitt (**C**). **A**, Vertikale Reihe junger Milchröhrenelemente (vom Pfeil aufwärts) mit intakten Endwänden. **B**, die Zellreihe ist durch teilweise Auflösung der Querwände zur Milchröhre geworden. Verbleibende Querwandreste lassen die ursprüngliche Gliederung erkennen. In **C** umhüllen abgeflachte Zellen die Milchröhre. **D–G**, Stadien der Querwanddurchbrechung. Wird eine Wand perforiert, verquillt sie zuerst (**D**) und wird dann aufgelöst (**E–G**). (Nach Karling, 1929.)

den Initialen auflösen (Scott, 1886). Wo Milchröhren nebeneinander liegen, werden Teile der gemeinsamen Wand resorbiert. Durch Abbau der Lateralwände und der Querwände vereinigen sich die Zellen zu einem System zusammengesetzter Milchröhren. Während der weiteren Entwicklung der Pflanze werden die Milchröhren fortlaufend verlängert, indem weitere meristematische Zellen sich zu milchsaftführenden Elementen differenzieren. Das Wachstum der Milchröhren schreitet in den neu gebildeten Pflanzenteilen akropetal fort. Dies geschieht nicht nur in der Hauptachse, sondern auch in den Blättern und später in den Blüten und Früchten. Die akropetale Differenzierungsrichtung stimmt mit derjenigen der ungegliedert-verzweigten Milchröhren überein, aber sie erfolgt durch sukzessive Differenzierung meristematischer Zellen zu milchsaftführenden Elementen und nicht durch apikales intrusives Wachstum einer einzelnen Zelle. Wie bereits erwähnt, bilden die gegliederten Milchröhren von Hevea, *Manihot* und *Cnidoscolus* lang gestreckte intrusiv wachsende Zweige in derselben Weise wie die ungegliederten Milchröhren. Diese Zweige, die sich im ganzen Blattmesophyll verästeln, dringen bei allen drei Arten auch in die primäre Rinde und ins Mark vor (Rudall, 1987). Die Entwicklung der gegliedert-nichtanastomosierenden Milchröhren läuft in ähnlicher Weise ab wie bei den anastomosierenden, nur treten keine seitlichen Verbindungen zwischen den einzelnen Röhren auf (Abb. 17.21; Karling, 1929). Bei einigen Arten (*Allium*, Abb. 17.22, Hayward, 1938; *Ipomoea*, Hayward, 1938: Alva et al., 1990) behalten die gegliedert-nichtanastomosierenden Milchröhren ihre Endwände.

Gegliederte Milchröhren zeigen wie die ungegliederten verschiedenartige Anordnungen im Pflanzenkörper und sind häufig mit dem Phloem assoziiert. Im primären Entwicklungszustand liegen sie bei den Cichorieae (Unterfamilie der Asteraceae) an der Peripherie des Phloems und im Phloem selbst. Bei Arten mit internem Phloem sind die Milchröhren auch mit diesem Gewebe assoziiert. Die externen und internen Milchröhren sind über die Interfascicularräume miteinander verbunden.

Die Cichorieae entwicklen auch während des sekundären Dickenwachstums Milchröhren, hauptsächlich im sekundären Phloem. Im einzelnen wurde diese Entwicklung bei den fleischigen Wurzeln von *Tragopogon* (Scott, 1882), *Scorzonera* (Baranova, 1935), und *Taraxacum* (Abb. 17.23; Artschwager und McGuire, 1943; Krotkov, 1945) verfolgt. Längsreihen von Derivaten fusiformer Cambiuminitialen verschmelzen durch Resorption der Endwände zu Röhren. Zwischen den Längsreihen gleichen Entwicklungsalters werden tangentiale Verbindungen entweder durch partielle Resorption einer gemeinsamen Wand oder durch Auswüchse hergestellt. Das vom

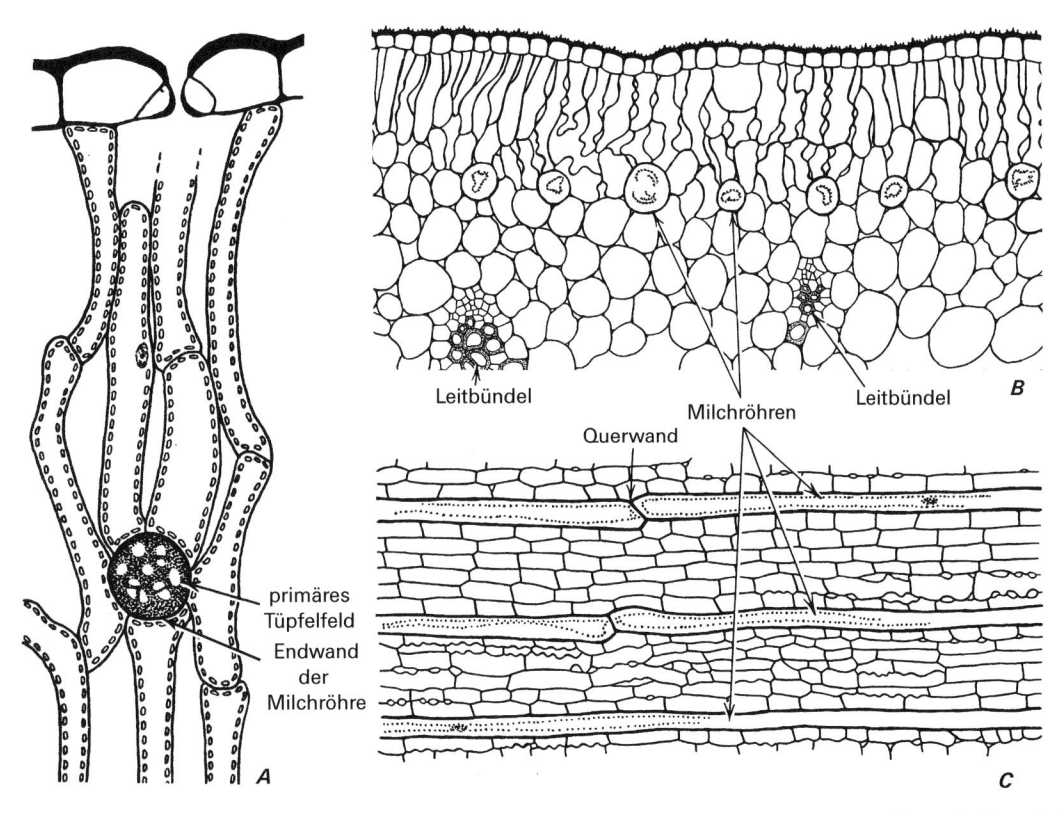

**Abb. 17.22** Gegliederte Milchröhren bei *Allium*. **A**, Querschnitt durch die fleischige Zwiebelschuppe von *Allium cepa*; Epidermis und Stoma, einige Mesophyllzellen und eine quer getroffene Milchröhre sind zu sehen; Endwand der Milchröhre in Aufsicht. **B, C**, Gegliederte Milchröhren von *Allium sativum* Blättern im Querschnitt (**B**) und Tangentialschnitt (**C**). **B**, Milchröhren treten unter dem Palisadenparenchym in der dritten Schicht des Mesophylls auf. Sie haben keinen Kontakt zu den Leitbündeln. **C**, die Milchröhren erscheinen als kontinuierliche Röhren, die nur an einigen Stellen durch eine Querwand (ohne sichtbare Poren) unterteilt (gegliedert) sind. (**A**, x300, **B, C**, x79. **B, C**, Zeichnungen nach Mikrophotographien von L.K. Mann, mit freundlicher Genehmigung.)

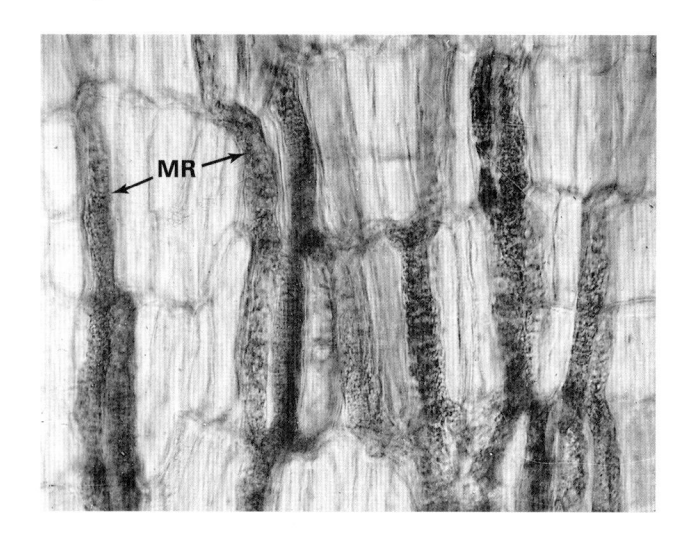

452 | Kapitel 17 Interne Sekretionseinrichtungen

**Abb. 17.23** Gegliedert-anastomosierende Milchröhren (MR) von *Taraxacum kok-saghyz* im Längsschnitt durch das sekundäre Phloem der Wurzel (× 280; Aus Artschwager und McGuire, 1943.)

*Manilkara zapota* (Zapote-Baum; Sapotaceae), einer Latex-Quelle zur Gewinnung von Chicle-Gummi, bestehen einige Strahlen ausschließlich aus Milchröhren (Mustard, 1982). Mit der Dilatation dieser Strahlen in älteren Zweigen anastomosieren ihre Enden, sie verlieren ihre Identität und bilden eine sekundäre Masse von Milchröhren intern vom Periderm. Die Milchröhren der Strahlen und des axialen Systems sind miteinander verbunden.

Die Milchröhren von *Papaver somniferum* treten ebenfalls im Phloem auf; sie entwickeln sich besonders reichlich im Mesokarp, etwa zwei Wochen nach dem Abwurf der Blütenblätter (Fairbairn und Kapor, 1960). Zu dieser Zeit werden die unreifen Kapseln für die kommerzielle Gewinnung von Opium angeritzt. In den Blättern der Cichorieae begleiten die gegliederten Milchröhren die Leitbündel, verästeln sich mehr oder weniger stark im Mesophyll und reichen bis zur Epidermis. Die Milchhaare der Hüllkelche vieler Cichorieae treten durch Resorption der Trennwände direkt mit Milchröhren in Verbindung; wird ein Haar abgebrochen, so fließt Milchsaft aus (Sperlich, 1939). In Wirklichkeit sind diese Haare also das Ende des Milchröhrensystems.

Bei Vertretern der Monocotyledonen, wie *Musa*, sind die Milchröhren mit den Leitgeweben assoziiert; sie finden sich auch in der primären Rinde (Skutch, 1932). Bei *Allium* sind sie völlig von dem Leitgewebe getrennt (Abb. 17.22; Hayward, 1938). Sie liegen dicht unter der abaxialen Oberfläche der Blätter oder Zwiebelschuppen zwischen der zweiten und dritten Parenchymzellschicht. Die *Allium*-Milchröhren sind längs verlaufende Zellketten, die im oberen Blattabschnitt parallel angeordnet sind und an der Blattbasis zusammenlaufen. Die Einzelzellen der zusammengesetzten Milchröhre erreichen ein beträchtliche Länge. Die Endwände sind nicht perforiert, aber

Cambium gebildete Gewebe besteht aus einer Reihe konzentrischer Schichten aus Milchröhren, Parenchymzellen und Siebröhren (mit den dazugehörigen Geleitzellen). Die Milchröhren einer konzentrischen Schicht sind nur selten mit denen einer anderen konzentrischen Schicht verbunden. Parenchymstrahlen durchziehen das ganze Gewebe in radialer Richtung. Das milchsaftführende System, das *Hevea* zu einem solch hervorragenden Kautschuklieferanten macht, ist das sekundäre System, das im sekundären Phloem entsteht (Abb. 17.24); dieses besteht ebenfalls aus alternierenden Schichten gegliederter Milchröhren, Parenchymzellen und Siebröhren (Hébant und de Faÿ, 1980; Hébant et al., 1981). Im sekundären Phloem von

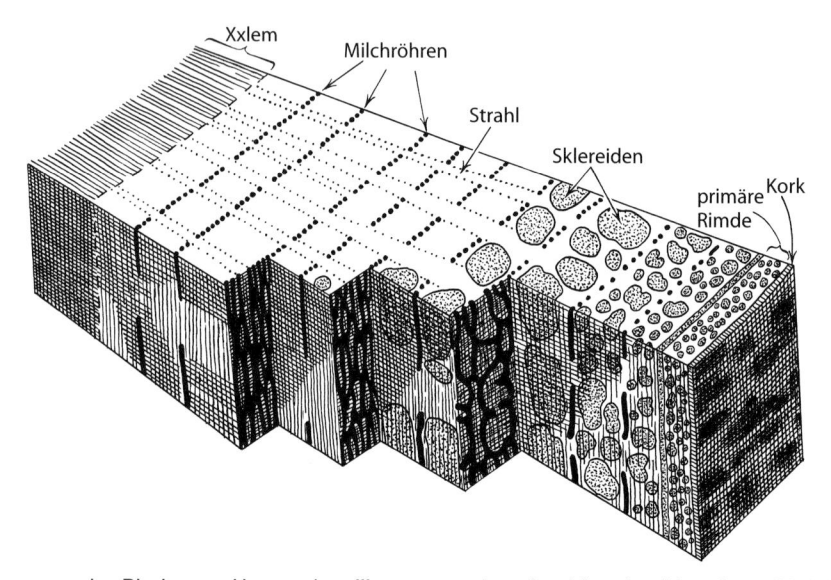

**Abb. 17.24** Blockdiagramm der Rinde von *Heveae brasiliensis*. Anordnung des gegliederten Milchröhrensystems im sekundären Phloem. Gewebeschichten mit Siebröhren und Parenchym wechseln mit solchen ab, in denen sich Milchröhren (dick schwarz dargestellt) differenzieren. Die axialen Systeme werden von radial verlaufenden parenchymatischen Strahlen durchbrochen. Die Milchröhren einer Wachstumszone sind tangential vernetzt (sichtbar im Tangentialschnitt). In den älteren Gewebeschichten, in denen Siebröhren und Milchröhren außer Funktion sind, bilden sich Steinzellkomplexe (Sklereiden) (verändert nach Vischer, 1923).

mit deutlich sichtbaren primären Tüpfelfeldern ausgestattet. Die *Allium*-Milchröhren werden den nichtanastomosierenden zugeordnet, sie bilden aber an der Basis der Blätter oder Schuppen einige Anastomosen aus.

### 17.3.5 Die Hauptquelle von Kautschuk ist die Rinde von *Hevea brasiliensis*

Naturlatex wird in über 2500 Pflanzenarten gebildet (Bonner, 1991), aber nur wenige enthalten genug, als dass sich eine kommerzielle Gewinnung lohnt. Von sekundärer Bedeutung für die Latexgewinnung sind *Taraxacum kok-saghyz* (Asteraceae), *Manihot glaziovii* (Euphorbiaceae), *Funtumia elastica* (Apocynaceae), die afrikanischen verholzenden Kletterpflanzen *Landolphia*, *Clitandra* und *Carpodinus* (alle drei Apocynaceae), außerdem die verholzende Liane *Cryptostegia grandiflora* (Asclepiadaceae), welche ursprünglich aus Madagaskar stammt, aber als Unkraut ziemlich weit verbreitet ist, und schließlich *Parthenium argentatum* (Guayule; Asteraceae), ein Wüstenstrauch, der als Kulturpflanze in ariden Regionen der Erde eingesetzt wird. *Hevea brasiliensis* bleibt jedoch die einzig wichtige Quelle für Naturkautschuk-Gewinnung.

Der meiste kautschukhaltige Milchsaft aus der Rinde von *Hevea brasiliensis* stammt aus den Milchröhren-Schichten im nicht-leitenden Phloem. Das leitende Phloem ist auf ein schmales Band beschränkt, ungefähr 0.2 bis 1.0 mm breit und unmittelbar am Cambium gelegen (Hébant und de Faÿ, 1980; Hébant et al., 1981). Beim Anzapfen darf auf keinen Fall das leitende Phloem durchstoßen werden, damit das Cambium nicht verletzt wird.

Ein hoher Turgordruck in den Milchröhren ist erforderlich für den Milchsaftfluss während des Zapfens; ein direkter Transfer von Wasser vom Phloem-Apoplasten in die Milchröhre ist erforderlich (Jacob et al., 1998). Die Lutoide, die enzymhaltigen Mikrovakuolen, die ein Bestandteil des Milchsaftes sind, spielen eine wichtige Rolle, um den Milchsaftfluss nach dem Zapfen wieder zu stoppen (Siswanto, 1994; Jacob et al., 1998). Durch physikalischen Stress werden die meisten Lutoide während des Zapfprozesses zerstört; dabei entlassen sie Koagulationsfaktoren, die den Fluss des Milchsaftes schließlich beenden. Die Regeneration des Milchsaftes zwischen zwei Zapfungen beruht auf dem Einstrom von Kohlenhydraten – hauptsächlich Saccharose, dem Ausgangsmolekül für die Polyisopren-Synthese – aus den Siebröhren des leitenden Phloems.

Eine Untersuchung der Verteilung von Plasmodesmen im sekundären Phloem von *Hevea* zeigt, dass es zwischen Strahl und axialen Parenchymzellen zahlreiche Plasmodesmen gibt, aber dass sie zwischen den Milchröhren und den sie umscheidenden Parenchymzellen selten sind oder gar fehlen. Obwohl also die Saccharose vom leitenden Phloem bis zu den Milchröhren des nicht-leitenden Phloems auf symplastischem Wege gelangen kann, muss die Saccharose an der Grenzfläche Parenchymzelle – Milchröhre in den Apoplasten eintreten, damit sie von den Milchröhren aufgenommen werden kann. Es gibt beträchtliche Beweise, dass die aktive Aufnahme von Zucker in die Milchröhren mit einem Saccharose-Protonen-Cotransport und einem Glucose-Protonen-Cotransport erfolgt, unter Mitwirkung einer $H^+$-ATPase an der Plasmamembran der Milchröhre (Jacob et al., 1998; Bouteau et al., 1999). Interessanterweise hat man auch in der Lutoidmembran Protonenpumpen gefunden (Cretin, 1982; d'Auzac et al., 1995). Während die Lutoide vom Endoplasmatischen Reticulum abstammen, erscheint der Kautschuk zuerst als Partikel im Cytosol der jungen Milchröhre. Molekulare Untersuchungen haben erste Informationen über die Genexpression in Milchröhren geliefert, bei *Hevea* (Coyvaerts et al., 1991; Chye et al., 1992; Adiwilaga und Kush, 1996) und bei anderen Arten (Song et al., 1991; Pancoro und Hughes, 1992; Nessler, 1994; Facchini und De Luca, 1995; Han et al., 2000). Jasmonsäure ist in Verbindung gebracht worden mit der Entwicklung gegliedert-anastomosierender Milchröhren von *Hevea* (Hao und Wu, 2000), und Cytokinine und Auxine mit der Entwicklung der ungegliederten Milchröhren von *Calotropis* (Datta und De, 1986; Suri und Ramawat, 1995, 1996).

Guayule (*Parthenium argentatum*) unterscheidet sich teils von *Hevea* und den anderen oben aufgelisteten Kautschuk-

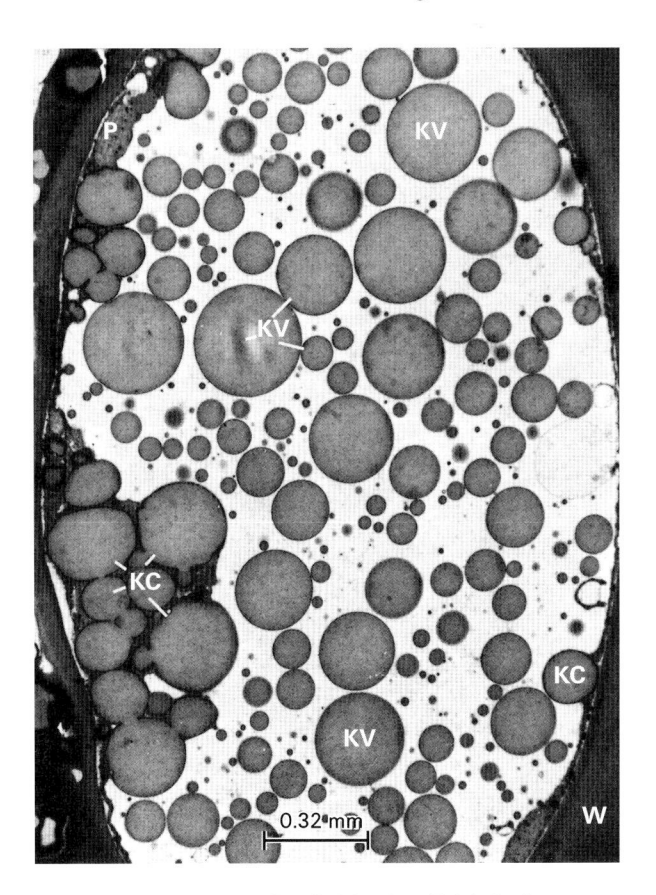

**Abb. 17.25** Kautschuk-Partikel in einer Epithelzelle von Guayule (*Parthenium argentatum*). Die meisten Kautschuk-Partikel treten in der Vakuole auf (KV), verglichen mit der Zahl derer, die sich im peripheren Cytoplasma finden (KC). Andere Details: P, Plastide; W, Zellwand. (Aus Backhaus und Walsh, 1983. ©1983 The University of Chicago. Alle Rechte vorbehalten.)

produzierenden Pflanzen, weil sie keine Milchröhren besitzt. Die Kautschukbildung bei Guayule findet im Cytosol der Parenchymzellen von Sprossachse und Wurzel statt, und offenbar haben alle Parenchymzellen von Guayule die Fähigkeit Kautschuk zu bilden (Gilliland und van Staden, 1983; Backhaus, 1985). Kautschuk-Partikel sind im meristematischen Gewebe von Spross-Spitzen und im Sprossachsen-Parenchym von primärer Rinde, Mark und Phloemstrahlen gefunden worden. In primärer Rinde und Mark erscheinen die Kautschuk-Partikel zuerst in den Epithelzellen, welche die Harzkanäle auskleiden. Im reifen Zustand treten die meisten Kautschuk-Partikel der mit den Harzkanälen assoziierten Zellen in der Vakuole auf (Abb. 17.25; Backhaus und Walsh, 1983).

Obwohl der Kautschukanteil des gezapften *Hevea* Milchsaftes ungefähr 25% Trockengewicht pro Volumen ausmacht, entspricht er nur ungefähr 2% des Trockengewichts der gesamtem Pflanze (Leong et al., 1982). Im Gegensatz dazu kann die Guayule bis zu 22% ihres Trockengewichtes in ihren Parenchymzellen als Kautschuk akkumulieren (Anonymus, 1977). Nichtsdestoweniger ist die Kautschukernte von *Hevea* viel größer als die von Guayule (Leong et al., 1982), denn das Wiederauffüllen des Kautschuks infolge Anzapfens ist effizienter als das Nachwachsen und Auffüllen von neuem Gewebe bei Guayule.

Der mittlere Durchmesser der Kautschukpartikel bei *Hevea* beträgt 0.96 µm und bei Guayule 1.41 µm (Cornish et al., 1993). Die Partikel bestehen aus einem kugelförmigen homogenen Kautschukkern, der von einer einschichtigen (*monolayer*) Biomembran umgeben ist, die als Grenzfläche zwischen dem hydrophoben Kautschuk-Inneren und dem wasserhaltigen Cytosol dient (Cornish et al., 1999). Die Biomembran verhindert außerdem eine Aggregation der Partikel.

## 17.3.6 Die Funktion der Milchröhren ist nicht klar

Die Milchröhren sind seit den frühesten Tagen der Pflanzenanatomie bevorzugte Objekte eingehender Untersuchungen gewesen (de Bary, 1884; Sperlich, 1939). Aufgrund ihrer Verteilung im Pflanzenkörper und wegen ihres flüssigen oft milchigen Inhalts, der bei Verletzungen sogleich ausfließt, wurde das milchsaftführende System früher mit den Zirkulationssystemen der Tiere verglichen. Eine der verbreitetsten Meinungen war, dass Milchröhren dem Nährstofftransport dienen. Es konnte jedoch keine Stoffbewegung in Milchröhren beobachtet werden, abgesehen von lokalen Spasmen. Die Milchröhren wurden auch als Elemente beschrieben, die Nährstoffe speichern, aber es ist ziemlich klar, dass die in manchem Milchsaft vorhandenen Nährstoffe, besonders Stärke, nur schwer mobilisiert werden können (Spilatro und Mahlberg, 1986; Nissen und Foley, 1986). Da die Stärkekörner gewöhnlich an Wunden akkumulieren, hat man vermutet, dass die Milchröhren-Amyloplasten eine Sekundärfunktion entwickelt haben, als Komponente in einem Wundheilungsprozess (Spilatro und Mahlberg, 1990). Kautschuk, dessen Synthese die Pflanze eine große Menge an Energie kostet, stellt ein anderes Rätsel dar. Wenn er nicht metabolisiert werden kann, welchen Nutzen hat er dann für die Pflanze? Man hat vermutet, dass Kautschuk in Pflanzen infolge der Bildung überschüssiger Photosyntheseprodukte auftritt und daher höchstwahrscheinlich einen metabolischen „Überschuss" darstellt (Paterson-Jones et al., 1990). Die potentielle Nutzung Milchsaft- und Kautschuk-produzierender Pflanzen als Senken (*sinks*) für atmosphärisches Kohlendioxid, wurde von Hunter (1994) diskutiert. Milchröhren dienen zweifelsfrei als Systeme, um toxische Sekundär-Metaboliten abzusondern, die als Schutz gegen Herbivoren dienen können (Da Cunha et al., 1998; Raven et al., 2005). Insofern als Milchröhren viele Substanzen akkumulieren, die als Exkrete gelten, scheinen Milchröhren am besten zu den Exkretionssystemen zu passen.

## Literatur

Adiwilaga, K. und A. Kush. 1996. Cloning and characterization of cDNA encoding farnesyl diphosphate synthase from rubber tree (*Hevea brasiliensis*). *Plant Mol. Biol.* 30, 935–946.

Allen, R. D. und C. L. Nessler. 1984. Cytochemical localization of pectinase activity in laticifers of *Nerium oleander* L. Protoplasma 119, 74–78.

Alva, R., J. Márquez-Guzmán, A. Martínez-Mena und E. M. Engleman. 1990. Laticifers in the embryo of *Ipomoea purpurea* (Convolvulaceae). *Phytomorphology* 40, 125–129.

Andréasson, E., L. B. Jørgensen, A.-S. Höglund, L. Rask und J. Meijer. 2001. Different myrosinase and idioblast distribution in *Arabidopsis* and *Brassica napus*. *Plant Physiol.* 127, 1750–1763.

Anonymous. 1977. Guayule: *An Alternative Source of Natural Rubber*. [National Research Council (U. S.). Panel on Guayule.] National Academy of Sciences, Washington, DC.

Artschwager, E. 1945. Growth studies on guayule (*Parthenium argentatum*). USDA, Washington, DC. Tech. Bull. No. 885.

Artschwager, E. 1946. Contribution to the morphology and anatomy of *Cryptostegia* (*Cryptostegia grandiflora*). USDA, Washington, DC. Tech. Bull. No. 915.

Artschwager, E. und R. C. McGuire. 1943. Contribution to the morphology and anatomy of the Russian dandelion (*Taraxacum kok-saghyz*). USDA, Washington, DC. Tech. Bull. No. 843.

Arumugasamy, K., K. Udaiyan, S. Manian und V. Sugavanam. 1993. Ultrastructure and oil secretion in *Hiptage sericea* Hook. *Acta Soc. Bot. Pol.* 62, 17–20.

d'Auzac, J., H. Crétin, B. Marin und C. Lioret. 1982. A plant vacuolar system: The lutoids from *Hevea brasiliensis* latex. *Physiol. Vég.* 20, 311–331.

D'Auzac, J., J.-C. Prévôt und J.-L. Jacob. 1995. What's new about lutoids? A vacuolar system model from *Hevea* latex. *Plant Physiol. Biochem.* 33, 765–777.

Baas, P. und M. Gregory. 1985. A survey of oil cells in the dicotyledons with comments on their replacement by and joint occurrence with mucilage cells. *Isr. J. Bot.* 34, 167–186.

Babu, A. M. und A. R. S. Menon. 1990. Distribution of gum and gum-resin ducts in plant body: Certain familiar features and their significance. *Flora* 184, 257–261.

Babu, A. M., G. M. Nair und J. J. Shah. 1987. Traumatic gumresin cavities in the stem of *Ailanthus excelsa* Roxb. *IAWA Bull.* n.s. 8, 167–174.

Babu, A. M., P. John und G. M. Nair. 1990. Ultrastructure of gum-resin secreting cells in the pith of *Ailanthus excelsa* Roxb. *Acta Bot. Neerl.* 39, 389–398.

Backhaus, R. A. 1985. Rubber formation in plants—A mini-review. *Isr. J. Bot.* 34, 283–293.

Backhaus, R. A. und S. Walsh. 1983. The ontogeny of rubber formation in guayule, *Parthenium argentatum* Gray. *Bot. Gaz.* 144, 391–400.

Bakker, M. E. und P. Baas. 1993. Cell walls in oil and mucilage cells. *Acta Bot. Neerl.* 42, 133–139.

Bakker, M. E. und A. F. Gerritsen. 1989. A suberized layer in the cell wall of mucilage cells of *Cinnamomum. Ann. Bot.* 63, 441–448.

Bakker, M. E. und A. F. Gerritsen. 1990. Ultrastructure and development of oil idioblasts in *Annona muricata* L. *Ann. Bot.* 66, 673–686.

Bakker, M. E., A. F. Gerritsen und P. J. van der Schaaf. 1991. Development of oil and mucilage cells in *Cinnamomum burmanni*. An ultrastructural study. *Acta Bot. Neerl.* 40, 339–356.

Balaji, K., R. B. Subramanian und J. A. Inamdar. 1993. Occurrence of non-articulated laticifers in *Streblus asper* Lour. (Moraceae). *Phytomorphology* 43, 235–238.

Baranova, E. A. 1935. Ontogenez mlechnoc systemy tau-sagyza (*Scorzonera tau-saghyz* Lipsch. et Bosse.) (Ontogenese des Milchsaftsystems bei *(Scorzonera tau-saghyz* Lipsch. et Bosse.) *Bot. Zh.* SSSR 20, 600–616.

Behnke, H.-D. und S. Herrmann. 1978. Fine structure and development of laticifers in *Gnetum gnemon* L. *Protoplasma* 95, 371–384.

Bhatt, J. R. 1987. Development and structure of primary secretory ducts in the stem of *Commiphora wightii* (Burseraceae). *Ann. Bot.* 60, 405–416.

Bhatt, J. R. und H. Y. M. Ram. 1992. Development and ultrastructure of primary secretory ducts in the stem of *Semecarpus anacardium* (Anacardiaceae). *IAWA Bull.* n.s. 13, 173–185.

Bhatt, J. R. und J. J. Shah. 1985. Ethephon (2-chloroethylphosphonic acid) enhanced gum-resinosis in mango, *Mangifera indica* L. *Indian J. Exp. Biol.* 23, 330–339.

Biesboer, D. D. und P. G. Mahlberg. 1981a. A comparison of alpha-amylases from the latex of three selected species of *Euphorbia* (Euphorbiaceae). *Am. J. Bot.* 68, 498–506.

Biesboer, D. D. und P. G. Mahlberg. 1981b. Laticifer starch grain morphology and laticifer evolution in *Euphorbia* (Euphorbiaceae). *Nord. J. Bot.* 1, 447–457.

Blaser, H. W. 1945. Anatomy of *Cryptostegia grandiflora* with special reference to the latex system. *Am. J. Bot.* 32, 135–141.

Bones, A. und T.-H. Iversen. 1985. Myrosin cells and myrosinase. *Isr. J. Bot.* 34, 351–376.

Bonner, J. 1991. The history of rubber. In: *Guayule: Natural Rubber. A Technical Publication with Emphasis on Recent Findings*, S. 1–16, J. W. Whitworth und E. E. Whitehead, Hrsg., Office of Arid Lands Studies, University of Arizona, Tucson, and USDA, Washington, DC.

Bonner, J. und A. W. Galston. 1947. The physiology and biochemistry of rubber formation in plants. *Bot. Rev.* 13, 543–596.

Bosabalidis, A. und I. Tsekos. 1982. Ultrastructural studies on the secretory cavities of *Citrus deliciosa* Ten. II. Development of the essential oil-accumulating central space of the gland and process of active secretion. *Protoplasma* 112, 63–70.

Bouteau, F., O. Dellis, U. Bousquet und J. P. Rona. 1999. Evidence of multiple sugar uptake across the plasma membrane of laticifer protoplasts from *Hevea. Bioelectrochem. Bioenerg.* 48, 135–139.

Carlquist S. 1996. Wood, bark and stem anatomy of New World species of *Gnetum. Bot. J. Linn. Soc.* 120, 1–19.

Carr, D. J. und S. G. M. Carr. 1970. Oil glands and ducts in *Eucalyptus* l'Hérit. II. Development and structure of oil glands in the embryo. *Aust. J. Bot.* 18, 191–212.

Cass, D. D. 1985. Origin and development of the nonarticulated laticifers of *Jatropha dioica. Phytomorphology* 35, 133–140.

Castro, M. A. und A. A. De Magistris. 1999. Ultrastructure of foliar secretory cavity in *Cupressus arizonica* var. *glabra* (Sudw.) Little (Cupressaceae). *Biocell* 23, 19–28.

Charon, J., J. Launay und E. Vindt-Balguerie. 1986. Ontogenèse des canaux sécréteurs d'origine primaire dans le bourgeon de *Pin maritime. Can. J. Bot.* 64, 2955–2964.

Christiansen, E., P. Krokene, A. A. Berryman, V. R. Franceschi, T. Krekling, A. Lönneborg, H. Lieutier und H. Solheim. 1999. Mechanical injury and fungal infection induce acquired resistance in Norway spruce. *Tree Physiol.* 19, 399–403.

Chye, M.-L., C.-T. Tan und N.-H. Chua. 1992. Three genes encode 3-hydroxy-3-methylglutaryl-coenzyme A reductase in *Hevea brasiliensis*: *hmg1* and *hmg3* are differentially expressed. *Plant Mol. Biol.* 19, 473–484.

Condon, J. M. und B. A. Fineran. 1989a. The effect of chemical fixation and dehydration on the preservation of latex in *Calystegia silvatica* (Convolvulaceae). Examination of exudate and latex *in situ* by light and scanning electron microscopy. *J. Exp. Bot.* 40, 925–939.

Condon, J. M. und B. A. Fineran. 1989b. Distribution and organization of articulated laticifers in *Calystegia silvatica* (Convolvulaceae). *Bot. Gaz.* 150, 289–302.

Cornish, K., D. J. Siler, O.-K. Grosjean und N. Goodman. 1993. Fundamental similarities in rubber particle architecture and function in three evolutionarily divergent plant species. *J. Nat. Rubb. Res.* 8, 275–285.

Cornish, K., D. F. Wood und J. J. Windle. 1999. Rubber particles from four different species, examined by transmission electron microscopy and electron-paramagnetic-resonance spin labeling, are found to consist of a homogeneous rubber core enclosed by a contiguous, monolayer biomembrane. *Planta* 210, 85–96.

Coyvaerts, E., M. Dennis, D. Light und N.-H. Chua. 1991. Cloning and sequencing of the cDNA encoding the rubber elongation factor of *Hevea brasiliensis. Plant Physiol.* 97, 317–321.

Cretin, H. 1982. The proton gradient across the vacuo-lysosomal membrane of lutoids from the latex of *Hevea brasiliensis*. I. Further evidence for a proton-translocating ATPase on the vacuo-lysosomal membrane of intact lutoids. *J. Membrane Biol.* 65, 175–184.

Curtis, J. D. und N. R. Lersten. 1994. Developmental anatomy of internal cavities of epidermal origin in leaves of *Polygonum* (Polygonaceae). *New Phytol.* 127, 761–770.

Da Cunha, M., C. G. Costa, R. D. Machado und F. C. Miguens. 1998. Distribution and differentiation of the laticifer system in *Chamaesyce thymifolia* (L.) Millsp. (Euphorbiaceae). *Acta Bot. Neerl.* 47, 209–218.

Da Cunha, M., V. M. Gomes, J. Xavier-Filho, M. Attias, W. de Souza und F. C. Miguens. 2000. The laticifer system of *Chamaesyce thymifolia*: a closed environment for plant trypanosomatids. *Biocell* 24, 123–132.

Datta, S. K. und S. De. 1986. Laticifer differentiation of *Calotropis gigantea*. R. Br. Ex Ait. in cultures. *Ann. Bot.* 57, 403–406.

Davis, M. J., J. B. Kramer, F. H. Ferwerda und B. R. Brunner. 1996. Association of a bacterium and not a phytoplasma with papaya bunchy top disease. *Phytopathology* 86, 102–109.

Davis, M. J., Z. Ying, B. R. Brunner, A. Pantoja und F. H. Ferwerda. 1998. Rickettsial relative associated with papaya bunchy top disease. *Curr. Microbiol.* 36, 80–84.

de Bary, A. 1884. *Comparative Anatomy of the Vegetative Organs of the Phanerogams and Ferns*. Clarendon Press, Oxford.

de Faÿ, E., C. Sanier und C. Hébant. 1989. The distribution of plasmodesmata in the phloem of *Hevea brasiliensis* in relation to laticifer loading. *Protoplasma* 149, 155–162.

Dehgan, B. und M. E. Craig. 1978. Types of laticifers and crystals in *Jatropha* and their taxonomic implications. *Am. J. Bot.* 65, 345–352.

Dollet, M., J. Giannotti und M. Ollagnier. 1977. Observation de protozaires flagellés dans les tubes cribles de Palmiers à huile malades. *C. R. Acad. Sci., Paris, Sér. D* 284, 643–645.

Dollet, M., D. Cambrony und D. Gargani. 1982. Culture axénique *in vitro* de *Phytomonas* sp. (Trypanosomatidae) d'*Euphorbe*, transmis par *Stenocephalus agilis* Scop (Coreide). *C. R. Acad. Sci., Paris, Sér. III* 295, 547–550.

Dressler, R. 1957. The genus *Pedilanthus* (Euphorbiaceae). *Contributions from the Gray Herbarium of Harvard University* 182, 1–188.

Esau, K. 1977. *Anatomy of Seed Plants*, 2. Aufl., Wiley, New York.

Esau, K. und H. Kosakai. 1975. Laticifers in *Nelumbo nucifera* Gaertn.: Distribution and structure. *Ann. Bot.* 39, 713–719.

Facchini, P. J. und V. De Luca. 1995. Phloem-specific expression of tyrosine/dopa decarboxylase genes and the biosynthesis of isoquinoline alkaloids in opium poppy. *Plant Cell* 7, 1811–1821.

Fahn, A. 1979. *Secretory Tissues in Plants*. Academic Press, London.

Fahn, A. 1988a. Secretory tissues in vascular plants. *New Phytol.* 108, 229–257.

Fahn, A. 1988b. Secretory tissues and factors influencing their development. *Phyton (Horn)* 28, 13–26.

Fahn, A. 2002. Functions and location of secretory tissues in plants and their possible evolutionary trends. *Isr. J. Plant Sci.* 50(suppl. 1), S59–S64.

Fahn, A. und J. Benayoun. 1976. Ultrastructure of resin ducts in *Pinus halepensis*. Development, possible sites of resin synthesis, and mode of its elimination from the protoplast. *Ann. Bot.* 40, 857–863.

Fahn, A. und R. F. Evert. 1974. Ultrastructure of the secretory ducts of *Rhus glabra* L. *Am. J. Bot.* 61, 1–14.

Fahn, A. und E. Zamski. 1970. The influence of pressure, wind, wounding and growth substances on the rate of resin duct formation in *Pinus halepensis* wood. *Isr. J. Bot.* 19, 429–446.

Fairbairn, J. W. und L. D. Kapoor. 1960. The laticiferous vessels of *Papaver somniferum* L. *Planta Med.* 8, 49–61.

Fineran, B. A. 1982. Distribution and organization of non-articulated laticifers in mature tissues of poinsettia (*Euphorbia pulcherrima* Willd.). *Ann. Bot.* 50, 207–220.

Fineran, B. A. 1983. Differentiation of non-articulated laticifers in poinsettia (*Euphorbia pulcherrima* Willd.). *Ann. Bot.* 52, 279–293.

Fineran, B. A., J. M. Condon und M. Ingerfeld. 1988. An impregnated suberized wall layer in laticifers of the Convolvulaceae, and its resemblance to that in walls of oil cells. *Protoplasma* 147, 42–54.

Foster, A. S. 1956. Plant idioblasts: Remarkable examples of cell specialization. *Protoplasma* 46, 184–193.

Fox, M. G. und J. C. French. 1988. Systematic occurrence of sterols in latex of Araceae: Subfamily Colocasioideae. *Am. J. Bot.* 75, 132–137.

French, J. C. 1988. Systematic occurrence of anastomosing laticifers in Araceae. *Bot. Gaz.* 149, 71–81.

Fujii, T. 1988. Structure of latex and tanniniferous tubes in tropical hardwoods. (auf japanisch mit englischer Zusammenfassung) *Bull. For. For. Prod. Res. Inst.* No. 352, 113–118.

Gedalovich, E. und A. Fahn. 1985a. The development and ultrastructure of gum ducts in *Citrus* plants formed as a result of brown-rot gummosis. *Protoplasma* 127, 73–81.

Gedalovich, E. und A. Fahn. 1985b. Ethylene and gum duct formation in *Citrus*. *Ann. Bot.* 56, 571–577.

Gilliland, M. G. und J. van Staden. 1983. Detection of rubber in guayule (*Parthenium argentatum* Gray) at the ultrastructural level. *Z. Pflanzenphysiol.* 110, 285–291.

Gilliland, M. G., M. R. Appleton, J. van Staden. 1988. Gland cells in resin canal epithelia in guayule (*Parthenium argentatum*) in relation to resin and rubber production. *Ann. Bot.* 61, 55–64.

Giordani, R., F. Blasco und J.-C. Bertrand. 1982. Confirmation biochimique de la nature vacuolaire et lysosomale du latex des laticifères non articulés d'*Asclepias curassavica*. *C. R. Acad. Sci., Paris, Sér. III* 295, 641–646.

Giordani, R., G. Noat und F. Marty. 1987. Compartmentation of glycosidases in a light vacuole fraction from the latex of *Lactuca sativa* L. In: *Plant Vacuoles: Their Importance in Solute Compartmentation in Cells and Their Applications in Plant Biotechnology*. NATO ASI Series, Bd. 134, S. 383–391. B. Marin, Hrsg., Plenum Press, New York.

Gregory, M. und P. Baas. 1989. A survey of mucilage cells in vegetative organs of the dicotyledons. *Isr. J. Bot.* 38, 125–174.

Griffing, L. R. und G. L. Nessler. 1989. Immunolocalization of the major latex proteins in developing laticifers of opium poppy (*Papaver somniferum*). *J. Plant Physiol.* 134, 357–363.

Han, K.-H., D. H. Shin, J. Yang, I. J. Kim, S. K. Oh und K. S. Chow. 2000. Genes expressed in the latex of *Hevea brasiliensis*. *Tree Physiol.* 20, 503–510.

Hao, B.-Z. und J.-L. Wu. 2000. Laticifer differentiation in *Hevea brasiliensis*: Induction by exogenous jasmonic acid and linolenic acid. *Ann. Bot.* 85, 37–43.

Hayward, H. E. 1938. *The Structure of Economic Plants*. Macmillan, New York.

Hébant, C. und E. de Faÿ. 1980. Functional organization of the bark of *Hevea brasiliensis* (rubber tree): A structural and histoenzymological study. *Z. Pflanzenphysiol.* 97, 391–398.

Hébant, C., C. Devic und E. de Faÿ. 1981. Organisation fonctionnelle du tissu producteur de l'*Hevea brasiliensis*. *Caoutchoucs et Plastiques* 614, 97–100.

Hillis, W. E. 1987. *Heartwood and Tree Exudates*. Springer-Verlag, Berlin.

Hu, C.-H. und L.-H. Tien. 1973. The formation of rubber and differentiation of cellular structures in the secretory epidermis of fruits of *Decaisnea fargesii* Franch. *Acta Bot. Sin.* 15, 174–178.

Hunter, J. R. 1994. Reconsidering the functions of latex. *Trees* 9, 1–5.

Husebye, H., S. Chadchawan, P. Winge, O. P. Thangstad und A. M. Bones. 2002. Guard cell- and phloem idioblast-specific expression of thioglucoside glucohydrolase 1 (myrosinase) in *Arabidopsis*. *Plant Physiol.* 128, 1180–1188.

Inamdar, J. A., V. Murugan und R. B. Subramanian. 1988. Ultrastructure of non-articulated laticifers in *Allamanda violacea*. *Ann. Bot.* 62, 583–588.

Jacob, J. L., J. C. Prévôt, R. Lacote, E. Gohet, A. Clément, R. Gallois, T. Joet, V. Pujade-Renaud und J. d'Auzuc. 1998. Les mécanismes biologiques de la production de caoutchouc par *Hevea brasiliensis*. *Plant. Rech. Dév.* 5, 5–13.

Joel, D. M. und A. Fahn. 1980. Ultrastructure of the resin ducts of *Mangifera indica* L. (Anacardiaceae). 1. Differentiation and senescence of the shoot ducts. *Ann. Bot.* 46, 225–233.

Joseph, J. P., J. J. Shah und J. A. Inamdar. 1988. Distribution, development and structure of resin ducts in guayule (*Parthenium argentatum* Gray). *Ann. Bot.* 61, 377–387.

Karling, J. S. 1929. The laticiferous system of *Achras zapota* L. I. A preliminary account of the origin, structure, and distribution of the latex vessels in the apical meristem. *Am. J. Bot.* 16, 803–824.

Kastelein, P. und M. Parsadi. 1984. Observations on cultures of the protozoa *Phytomonas* sp. (Trypanosomatidae) associated with the laticifer *Allamanda cathartica* L. (Apocynaceae). *De Surinaamse Landbouw* 32, 85–89.

Kausch, A. P. und H. T. Horner. 1983. The development of mucilaginous raphide crystal idioblasts in young leaves of *Typha angustifolia* L. (Typhaceae). *Am. J. Bot.* 70, 691–705.

Kausch, A. P. und H. T. Horner. 1984. Differentiation of raphide crystal idioblasts in isolated root cultures of *Yucca torreyi* (Agavaceae). *Can. J. Bot.* 62, 1474–1484.

Kisser, J. G. 1958. Die Ausscheidung von ätherischen Ölen und Harzen. In: *Handbuch der Pflanzenphysiologie*, Bd. 10, *Der Stoffwechsel sekundärer Pflanzenstoffe*, S. 91–131, Springer-Verlag, Berlin.

Koroleva, O. A., A. Davies, R. Deeken, M. R. Thorpe, A. D. Tomos und R. Hedrich. 2000. Identification of a new glucosinolate-rich cell type in *Arabidopsis* flower stalk. *Plant Physiol.* 124, 599–608.

Krotkov, G. A. 1945. A review of literature on *Taraxacum koksaghyz* Rod. *Bot. Rev.* 11, 417–461.

Kumar, A. und P. Tandon. 1990. Investigation on the in vitro laticifer differentiation in *Thevetia peruviana* L. *Phytomorphology* 40, 113–117.

Labouriau, L. G. 1952. On the latex of *Regnellidium diphyllum* Lindm. *Phyton (Buenos Aires)* 2, 57–74.

Lee, K. B. und P. G. Mahlberg. 1999. Ultrastructure and development of nonarticulated laticifers in seedlings of *Euphorbia maculata* L. *J. Plant Biol. (Singmul Hakhoe chi)* 42, 57–62.

Leong, S. K., W. Leong und P. K. Yoon. 1982. Harvesting of shoots for rubber extraction in *Hevea*. *J. Rubb. Res. Inst. Malaysia* 30, 117–122.

Lersten, N. R. und J. D. Curtis. 1987. Internal secretory spaces in Asteraceae: A review and original observations on *Conyza canadensis* (Tribe Astereae). *La Cellule* 74, 179–196.

Lersten, N. R. und J. D. Curtis. 1989. Foliar oil reservoir anatomy and distribution in *Solidago canadensis* (Asteraceae, tribe Astereae). *Nord. J. Bot.* 9, 281–287.

Lloyd, F. E. 1911. Guayule (*Parthenium argentatum* Gray): A rubber-plant of the Chihuahuan Desert. Carnegie Institution of Washington, Washington, DC., Publ. No. 139.

Łotocka, B. und A. Geszprych. 2004. Anatomy of the vegetative organs and secretory structures of *Rhaponticum carthamoides* (Asteraeae). *Bot. J. Linn. Soc.* 144, 207–233.

Mahlberg, P. G. 1959. Karyokinesis in the non-articulated laticifers of *Nerium oleander* L. *Phytomorphology* 9, 110–118.

Mahlberg, P. G. 1961. Embryogeny and histogenesis in *Nerium oleander*. II. Origin and development of the non-articulated laticifer. *Am. J. Bot.* 48, 90–99.

Mahlberg, P. G. 1963. Development of non-articulated laticifer in seedling axis of *Nerium oleander*. *Bot. Gaz.* 124, 224–231.

Mahlberg, P. G. 1982. Comparative morphology of starch grains in latex from varieties of poinsettia, *Euphorbia pulcherrima* Willd. (Euphorbiaceae). *Bot. Gaz.* 143, 206–209.

Mahlberg, P. G. und L. A. Assi. 2002. A new shape of plastid starch grains from laticifers of *Anthostema* (Euphorbiaceae). *S. Afr. J. Bot.* 68, 231–233.

Mahlberg, P. G., D. W. Field und J. S. Frye. 1984. Fossil laticifers from Eocene brown coal deposits of the Geiseltal. *Am. J. Bot.* 71, 1192–1200.

Mahlberg, P. G., D. G. Davis, D. S. Galitz und G. D. Manners. 1987. Laticifers and the classification of *Euphorbia*: The chemotaxonomy of *Euphorbia esula* L. *Bot. J. Linn. Soc.* 94, 165–180.

Mann, L. K. 1952. Anatomy of the garlic bulb and factors affecting bulb development. *Hilgardia* 21, 195–251.

Mariani, P., E. M. Cappelletti, D. Campoccia und B. Baldan. 1989. Oil cell ultrastructure and development in *Liriodendron tulipifera* L. *Bot. Gaz.* 150, 391–396.

Maron, R. und A. Fahn. 1979. Ultrastructure and development of oil cells in *Laurus nobilis* L. leaves. *Bot. J. Linn. Soc.* 78, 31–40.

Metcalfe, C. R. 1983. Laticifers and latex. In: *Anatomy of the Dicotyledons*, 2. Aufl., vol. II, *Wood Structure and Conclusion of the General Introduction*, S. 70–81, C. R. Metcalfe und L. Chalk, Hrsg., Clarendon Press, Oxford.

Metcalfe, C. R. und L. Chalk. 1950. *Anatomy of the Dicotyledons*, 2 Bde. Clarendon Press, Oxford.

Metcalfe, C. R. und L. Chalk, Hrsg. 1979. *Anatomy of the Dicotyledons*. vol. I. *Systematic Anatomy of Leaf and Stem, with a Brief History of the Subject*. Clarendon Press, Oxford.

Milburn, J. A. und M. S. Ranasinghe. 1996. A comparison of methods for studying pressure and solute potentials in xylem and also in phloem laticifers of *Hevea brasiliensis*. *J. Exp. Bot.* 47, 135–143.

Murugan, V. und J. A. Inamdar. 1987. Studies in the laticifers of *Vallaris solanacea* (Roth) O. Ktze. *Phytomorphology* 37, 209–214.

Mustard, M. J. 1982. Origin and distribution of secondary articulated anastomosing laticifers in *Manilkcara zapota* van Royen (Sapotaceae). *J. Am. Soc. Hortic. Sci.* 107, 355–360.

Nair, M. N. B. und S. V. Subrahmanyam. 1998. Ultrastructure of the epithelial cells and oleo-gumresin secretion in *Boswellia serrata* (Burseraceae). *IAWA J.* 19, 415–427.

Nair, G. M., K. Venkaiah und J. J. Shah. 1983. Ultrastructure of gum-resin ducts in cashew (*Anacardium occidentale*). *Ann. Bot.* 51, 297–305.

Nessler, C. L. 1994. Sequence analysis of two new members of the major latex protein gene family supports the triploid-hybrid origin of the opium poppy. *Gene* 139, 207–209.

Nissen, S. J. und M. E. Foley. 1986. No latex starch utilization in *Euphorbia esula* L. *Plant Physiol.* 81, 696–698.

Pancoro, A. und M. A. Hughes. 1992. In-situ localization of cyanogenic β-glucosidase (linamarase) gene expression in leaves of cassava (*Manihot esculenta* Cranz) using non-isotopic riboprobes. *Plant J.* 2, 821–827.

Parham, R. A. und H. M. Kaustinen. 1977. On the site of tannin synthesis in plant cells. *Bot. Gaz.* 138, 465–467.

Parthasarathy, M. V., W. G. van Slobbe und C. Soudant. 1976. Trypanosomatid flagellate in the phloem of diseased coconut palms. *Science* 192, 1346–1348.

Paterson-Jones, J. C., M. G. Gilliland und J. van Staden. 1990. The biosynthesis of natural rubber. *J. Plant Physiol.* 136, 257–263.

Platt, K. A. und W. W. Thomson. 1992. Idioblast oil cells of avocado: Distribution, isolation, ultrastructure, histochemistry, and biochemistry. *Int. J. Plant Sci.* 153, 301–310.

Rao, A. R. und M. Malaviya. 1964. On the latex-cells and latex of *Jatropha*. *Proc. Indian Acad. Sci., Sect. B*, 60, 95–106.

Rao, A. R. und J. P. Tewari. 1960. On the morphology and ontogeny of the foliar sclereids of *Codiaeum variegatum* Blume. *Proc. Natl. Inst. Sci. India, Part B, Biol. Sci.* 26, 1–6.

Rao, K. S. 1988. Fine structural details of tannin accumulations in non-dividing cambial cells. *Ann. Bot.* 62, 575–581.

Rask, L., E. Andréasson, B. Ekbom, S. Eriksson, B. Pontoppidan und J. Meijer. 2000. Myrosinase: Gene family evolution and herbivore defense in Brassicaceae. *Plant Mol. Biol.* 42, 93–114.

Raven, P. H., R. F. Evert und S. E. Eichhorn. 2005. *Biology of Plants*, 7. Aufl., Freeman, New York.

Rodriguez-Saona, C. R. und J. T. Trumble. 1999. Effect of avocadofurans on larval survival, growth, and food preference of the generalist herbivore, *Spodoptera exigua. Entomol. Exp. Appl.* 90, 131–140.

Rodriguez-Saona, C., J. G. Millar, D. F. Maynard und J. T. Trumble. 1998. Novel antifeedant and insecticidal compounds from avocado idioblast cell oil. *J. Chem. Ecol.* 24, 867–889.

Roy, A. T. und D. N. De. 1992. Studies on differentiation of laticifers through light and electron microscopy in *Calotropis gigantea* (Linn.) R. Br. *Ann. Bot.* 70, 443–449.

Rudall, P. J. 1987. Laticifers in Euphorbiaceae—A conspectus. *Bot. J. Linn. Soc.* 94, 143–163.

Rudall, P. 1989. Laticifers in vascular cambium and wood of *Croton* spp. (Euphorbiaceae). *IAWA Bull.* n.s. 10, 379–383.

Rudall, P. 1994. Laticifers in Crotonoideae (Euphorbiaceae): Homology and evolution. *Ann. Mo. Bot. Gard.* 81, 270–282.

Schaffstein, G. 1932. Untersuchungen an ungegliederten Milchröhren. *Beih. Bot. Zentralbl.* 49, 197–220.

Scott, D. H. 1882. The development of articulated laticiferous vessels. *Q. J. Microsc. Sci.* 22, 136–153.

Scott, D. H. 1886. On the occurrence of articulated laticiferous vessels in *Hevea. J. Linn. Soc. Lond., Bot.* 21, 566–573.

Setia, R. C. 1984. Traumatic gum duct formation in *Sterculia urens* Roxb. in response to injury. *Phyton (Horn)* 24, 253–255.

Sheldrake, A. R. 1969. Cellulase in latex and its possible significance in cell differentiation. *Planta* 89, 82–84.

Sheldrake, A. R. und G. F. J. Moir. 1970. A cellulase in *Hevea* latex. *Physiol. Plant.* 23, 267–277.

Siswanto. 1994. Physiological mechanism related to latex production of *Hevea brasiliensis. Bul. Biotek. Perkebunan* 1, 23–29.

Skene, D. S. 1965. The development of kino veins in *Eucalyptus obliqua* L'Hérit. *Aust. J. Bot.* 13, 367–378.

Skutch, A. F. 1932. Anatomy of the axis of the banana. *Bot. Gaz.* 93, 233–258.

Solereder, H. 1908. *Systematic Anatomy of the Dicotyledons: A Handbook for Laboratories of Pure and Applied Botany.* 2 Bde. Clarendon Press, Oxford.

Song, Y.-H., P.-F. Wong und N.-H. Chua. 1991. Tissue culture and genetic transformation of dandelion. *Acta Horti.* 289, 261–262.

Sperlich, A. 1939. *Das trophische Parenchym. B. Exkretionsgewebe. Handbuch der Pflanzenanatomie,* Bd. 4, Teil 2, Histologie. Gebrüder Borntraeger, Berlin.

Spilatro, S. R. und P. G. Mahlberg. 1986. Latex and laticifer starch content of developing leaves of *Euphorbia pulcherrima. Am. J. Bot.* 73, 1312–1318.

Spilatro, S. R. und P. G. Mahlberg. 1990. Characterization of starch grains in the nonarticulated laticifer of *Euphorbia pulcherrima* (Poinsettia). *Am. J. Bot.* 77, 153–158.

Stockstill, B. L. und C. L. Nessler. 1986. Ultrastructural observations on the nonarticulated, branched laticifers in *Nerium oleander* L. (Apocynaceae). *Phytomorphology* 36, 347–355.

Subrahmanyam, S. V. und J. J. Shah. 1988. The metabolic status of traumatic gum ducts in *Moringa oleifera* Lam. *IAWA Bull.* n. s. 9, 187–195.

Suri, S. S. und K. G. Ramawat. 1995. *In vitro* hormonal regulation of laticifer differentiation in *Calotropis procera. Ann. Bot.* 75, 477–480.

Suri, S. S. und K. G. Ramawat. 1996. Effect of *Calotropis* latex on laticifers differentiation in callus cultures of *Calotropis procera. Biol. Plant.* 38, 185–190.

Thomson, W. W., K. A. Platt-Aloia und A. G. Endress. 1976. Ultrastructure of oil gland development in the leaf of *Citrus sinensis* L. *Bot. Gaz.* 137, 330–340.

Thureson-Klein, Å. 1970. Observations on the development and fine structure of the articulated laticifers of *Papaver somniferum. Ann. Bot.* 34, 751–759.

Tibbitts, T. W., J. Bensink, F. Kuiper und J. Hobé. 1985. Association of latex pressure with tipburn injury of lettuce. *J. Am. Soc. Hortic. Sci.* 110, 362–365.

Tippett, J. T. 1986. Formation and fate of kino veins in *Eucalyptus* L'Hérit. *IAWA Bull.* n.s. 7, 137–143.

Tomlinson, P. B. 2003. Development of gelatinous (reaction) fibers in stems of *Gnetum gnemon* (Gnetales). *Am. J. Bot.* 90, 965–972.

Tomlinson, P. B. und J. B. Fisher. 2005. Development of nonlignified fibers in leaves of *Gnetum gnemon* (Gnetales). *Am. J. Bot.* 92, 383–389.

Trachtenberg, S. und A. Fahn. 1981. The mucilage cells of *Opuntia ficus-indica* (L.) Mill.—Development, ultrastructure, and mucilage secretion. *Bot. Gaz.* 142, 206–213.

Turner, G. W. 1986. Comparative development of secretory cavities in tribes Amorpheae and Psoraleeae (Leguminosae: Papilionoideae). *Am. J. Bot.* 73, 1178–1192.

Turner, G. W. 1994. Development of essential oil secreting glands from leaves of *Citrus limon* Burm. f., and a reexamination of the lysigenous gland hypothesis. Ph.D. Dissertation, University of California, Davis.

Turner, G. W. 1999. A brief history of the lysigenous gland hypothesis. *Bot. Rev.* 65, 76–88.

Turner, G. W., A. M. Berry und E. M. Gifford. 1998. Schizogenous secretory cavities of *Citrus limon* (L.) Burm. f. and a reevaluation of the lysigenous gland concept. *Int. J. Plant Sci.* 159, 75–88.

van Veenendaal, W. L. H. und R. W. den Outer. 1990. Distribution and development of the non-articulated branched laticifers of *Morus nigra* L. (Moraceae). *Acta Bot. Neerl.* 39, 285–296.

Vassilyev, A. E. 2000. Quantitative ultrastructural data of secretory duct epithelial cells in *Rhus toxicodendron. Int. J. Plant Sci.* 161, 615–630.

Venkaiah, K. 1990. Ultrastructure of gum-resin ducts in *Ailanthus excelsa* Roxb. *Fedds. Repert.* 101, 63–68.

Venkaiah, K. 1992. Development, ultrastructure and secretion of gum ducts in *Lannea coromandelica* (Houtt.) Merr. (Anacardiaceae). *Ann. Bot.* 69, 449–457.

Venkaiah, K. und J. J. Shah. 1984. Distribution, development and structure of gum ducts in *Lannea coromandelica* (Houtt.) Merr. *Ann. Bot.* 54, 175–186.

Vischer, W. 1923. Über die Konstanz anatomischer und physiologischer Eigenschaften von *Hevea brasiliensis* Müller Arg. (Euphorbiaceae). *Verh. Natforsch. Ges. Basel* 35 (1), 174–185.

Wang, Z.-Y., K. S. Gould und K. J. Patterson. 1994. Structure and development of mucilage-crystal idioblasts in the roots of five *Actinidia* species. *Int. J. Plant Sci.* 155, 342–349.

Werker, E. und A. Fahn. 1969. Resin ducts of *Pinus halepensis* Mill. – Their structure, development and pattern of arrangement. *Bot. J. Linn. Soc.* 62, 379–411.

Wheeler, E. A., P. Baas und P. E. Gasson, Hrsg. 1989. IAWA list of microscopic features for hardwood identification. *IAWA Bull.* n.s. 10, 219–332.

Wilkes, J., G. T. Dale und K. M. Old. 1989. Production of ethylene by *Endothia gyrosa* and *Cytospora eucalypticola* and its possible relationship to kino vein formation in *Eucalyptus maculata. Physiol. Mol. Plant Pathol.* 34, 171–180.

Wilson, K. J. und P. G. Mahlberg. 1980. Ultrastructure of developing and mature nonarticulated laticifers in the milkweed *Asclepias syriaca* L. (Asclepiadaceae). *Am. J. Bot.* 67, 1160–1170.

Wilson, K. J., C. L. Nessler und P. G. Mahlberg. 1976. Pectinase in *Asclepias* latex and its possible role in laticifer growth and development. *Am. J. Bot.* 63, 1140–1144.

Wittler, G. H. und J. D. Mauseth. 1984a. The ultrastructure of developing latex ducts in *Mammillaria heyderi* (Cactaceae). *Am. J. Bot.* 71, 100–110.

Wittler, G. H. und J. D. Mauseth. 1984b. Schizogeny and ultrastructure of developing latex ducts in *Mammillaria guerreronis* (Cactaceae). *Am. J. Bot.* 71, 1128–1138.

Wu, H. und Z.-H. Hu. 1994. Ultrastructure of the resin duct initiation and formation in *Pinus tabulae formis. Chinese J. Bot.* 6, 123–128.

Wu, J.-l. und B.-Z. Hao. 1990. Ultrastructural observation of differentiation laticifers in *Hevea brasiliensis. Acta Bot. Sin.* 32, 350–354.

Yamanaka, K. 1989. Formation of traumatic phloem resin canals in *Chamaecyparis obtusa. IAWA Bull.* n.s. 10, 384–394.

Zander, A. 1928. Über Verlauf und Entstehung der Milchröhren des Hanfes *(Cannabis sativa). Flora* 123, 191–218.

Zeng, Y., B.-R. Ji und B. Yu. 1994. Laticifer ultrastructural and immunocytochemical studies of papain in *Carica papaya. Acta Bot. Sin.* 36, 497–501.

Zhang, W.-C., W.-M. Yan und C.-H. Lou. 1983. Intracellular and intercellular changes in constitution during the development of laticiferous system in garlic scape. *Acta Bot. Sin.* 25, 8–12.

Zobel, A. M. 1985a. Ontogenesis of tannin coenocytes in *Sambucus racemosa* L. I. Development of the coenocytes from mononucleate tannin cells. *Ann. Bot.* 55, 765–773.

Zobel, A. M. 1985b. Ontogenesis of tannin coenocytes in *Sambucus racemosa* L. II. Mother tannin cells. *Ann. Bot.* 56, 91–104.

Zobel, A. M. 1986a. Localization of phenolic compounds in tannin-secreting cells from *Sambucus racemosa* L. shoots. *Ann. Bot.* 57, 801–810.

Zobel, A. M. 1986b. Ontogenesis of tannin-containing coenocytes in *Sambucus racemosa* L. III. The mature coenocyte. *Ann. Bot.* 58, 849–858.

# Literatur

## Allgemeine Literatur

Aleksandrov, V. G. 1966. *Anatomiia Rastenii (Anatomy of Plants)*, 4. Aufl. Izd. Vysshaia Shkola, Moskau.

Bailey, I. W. 1954. *Contributions to Plant Anatomy.* Chronica Botanica, Waltham, MA.

Biebl, R. und H. Germ. 1967. *Praktikum der Pflanzenanatomie*, 2. Aufl. Springer-Verlag, Wien.

Bierhorst, D. W. 1971. *Morphology of Vascular Plants.* Macmillan, New York.

Bold, H. C. 1973. *Morphology of Plants*, 3. Aufl. Harper and Row, New York.

Boureau, E. 1954–1957. *Anatomie végétale: l'appareil végétatif des phanérogrames*, 3 Bd. Presses Universitaires de France, Paris.

Bowes, B. G. 2000. *A Color Atlas of Plant Structure.* Iowa State University Press, Ames, IA.

Bowman, J., Hrsg. 1994. *Arabidopsis: An Atlas of Morphology and Development.* Springer-Verlag, New York.

Braune, W., A. Leman und H. Taubert. 1971 (© 1970). *Pflanzenanatomisches Praktikum: zur Einführung in die Anatomie der Vegetationsorgane der höheren Pflanzen*, 2. Aufl. Gustav Fischer, Stuttgart.

Braune W. A. Leman und H. Taubert. 2009. *Pflanzenanatomisches Praktikum: Zur Einführung in die Anatomie der Samenpflanzen.* 9. Aufl. Spektrum Akademischer Verlag, Heidelberg.

Buchanan, B. B., W. Gruissem und R. L. Jones, Hrsg. 2000. *Biochemistry and Molecular Biology of Plants.* American Society of Plant Physiologists, Rockville, MD.

Carlquist, S. 1961. *Comparative Plant Anatomy: A Guide to Taxonomic and Evolutionary Application of Anatomical Data in Angiosperms.* Holt, Rinehart and Winston, New York.

Carlquist, S. 2001. *Comparative Wood Anatomy: Systematic, Ecological, and Evolutionary Aspects of Dicotyledon Wood*, 2. Aufl. Springer-Verlag, Berlin.

Chaffey, N. 2002. *Wood Formation in Trees: Cell and Molecular Biology Techniques.* Taylor and Francis, London.

Cutler, D. F. 1969. *Anatomy of the Monocotyledons*, Bd. IV, *Juncales.* Clarendon Press, Oxford.

Cutler, D. F. 1978. *Applied Plant Anatomy.* Longman, London.

Cutler, D. F., T. Botha und D. W. Stevenson. 2008. *Plant anatomy – an applied approach.* Wiley VHC, New York.

Cutter, E. G. 1971. *Plant Anatomy: Experiment and Interpretation*, Teil 2, *Organs.* Addison-Wesley, Reading, MA.

Cutter, E. G. 1978. *Plant Anatomy*, Teil 1, *Cells and Tissues*, ". 2. Aufl. Addison-Wesley, Reading, MA.

Davies, P. J., Hrsg. 2004. *Plant Hormones: Biosynthesis, Signal Transduction, Action!*, 3. Aufl. Kluwer Academic, Dordrecht.

de Bary, A. 1884. *Comparative Anatomy of the Vegetative Organs of the Phanerogams and Ferns.* Clarendon Press, Oxford.

Dickison, W. C. 2000. *Integrative Plant Anatomy.* Harcourt/Academic Press, San Diego.

Diggle, P. K. und P. K. Endress, Hrsg. 1999. *Int. J. Plant Sci.* 160 (6, suppl.: *Development, Function, and Evolution of Symmetry in Plants*), S. 1–166.

Eames, A. J. 1961. *Morphology of Vascular Plants: Lower Groups.* McGraw-Hill, New York.

Eames, A. J. und L. H. MacDaniels. 1947. *An Introduction to Plant Anatomy*, 2. Aufl. McGraw-Hill, New York.

Esau, K. 1965. *Plant Anatomy*, 2. Aufl. Wiley, New York.

Esau, K. 1977. *Anatomy of Seed Plants*, 2. Aufl. Wiley, New York.

Eschrich, W. 1995. *Funktionelle Pflanzenanatomie.* Springer, Berlin.

Fahn, A. 1990. *Plant Anatomy*, 4. Aufl. Pergamon Press, Oxford.

Gifford, E. M. und A. S. Foster. 1989. *Morphology and Evolution of Vascular Plants*, 3. Aufl. Freeman, New York.

Haberlandt, G. 1914. *Physiological Plant Anatomy.* Macmillan, London.

*Handbuch der Pflanzenanatomie (Encyclopedia of Plant Anatomy).* 1922–1943; 1951– . Gebrüder Borntraeger, Berlin.

Hartig, R. 1891. *Lehrbuch der Anatomie und Physiologie der Pflanzen unter besonderer Berücksichtigung der Forstgewächse.* Springer, Berlin.

Hayward, H. E. 1938. *The Structure of Economic Plants.* Macmillan, New York.

Higuchi, T. 1997. *Biochemistry and Molecular Biology of Wood.* Springer, Berlin.

Howell, S. H. 1998. *Molecular Genetics of Plant Development.* Cambridge University Press, Cambridge.

Huber, B. 1961. *Grundzüge der Pflanzenanatomie.* Springer-Verlag, Berlin.

Ilic, K., E. A. Kellogg, P. Jaiswal, F. Zapata, P. F. Stevens, L. P. Vincent, S. Avraham, L. Reiser, A. Pujar, M. M. Sachs, N. T. Whitman, S. R. McCouch, M. L. Schaeffer, D. H. Ware, L. D. Stein und S. Y. Rhee. 2007. The plant structure ontology, a unified vocabulary of anatomy and morphology of a flowering plant. *Plant Physiology* 143, 587–599.

Iqbal, M., Hrsg. 1995. *The Cambial Derivatives.* Gebrüder Borntraeger, Berlin.

Jane, F. W. 1970. *The Structure of Wood*, 2. Aufl. Adam and Charles Black, London.

Jeffrey, E. C. 1917. *The Anatomy of Woody Plants.* University of Chicago Press, Chicago.

Jurzitza, G. 1987. *Anatomie der Samenpflanzen.* Georg Thieme Verlag, Stuttgart.

Kaussmann, B. 1963. *Pflanzenanatomie: Unter besonderer Berücksichtigung der Kultur- und Nutzpflanzen.* Gustav Fischer, Jena.

Kaussmann, B. und U. Schiewer. 1989. *Funktionelle Morphologie und Anatomie der Pflanzen.* Gustav Fischer, Stuttgart.

Larson, P. R. 1994. *The Vascular Cambium. Development and Structure.* Springer-Verlag, Berlin.

Mansfield, W. 1916. *Histology of Medicinal Plants.* Wiley, New York.

Mauseth, J. D. 1988. *Plant Anatomy.* Benjamin/Cummings, Menlo Park, CA.

Metcalfe, C. R. 1960. *Anatomy of the Monocotyledons*, Bd. I, *Gramineae.* Clarendon Press, Oxford.

Metcalfe, C. R. 1971. *Anatomy of the Monocotyledons*, Bd. V, *Cyperaceae.* Clarendon Press, Oxford.

Metcalfe, C. R. und L. Chalk. 1950. *Anatomy of the Dicotyledons: Leaves, Stems, and Wood in Relation to Taxonomy with Notes on Economic Uses*, 2 Bd. Clarendon Press, Oxford.
Metcalfe, C. R. und L. Chalk, Hrsg. 1979. *Anatomy of the Dicotyledons*, 2. Aufl., Bd. I. *Systematic Anatomy of Leaf and Stem, with a Brief History of the Subject.* Clarendon Press, Oxford.
Metcalfe, C. R. und L. Chalk, Hrsg. 1983. *Anatomy of the Dicotyledons*, 2. Aufl., Bd. II. *Wood Structure and Conclusion of the General Introduction.* Clarendon Press, Oxford.
Peterson, R. L., C. A. Peterson und L. H. Melville. 2008. T*eaching plant anatomy through creative laboratory exercises.* NRC Research Press, Ottawa.
Rauh, W. 1950. *Morphologie der Nutzpflanzen.* Quelle und Meyer, Heidelberg.
Roberts, J. A. und Z. Gonzalez-Carranza (Hrsg.). 2007. *Plant cell separation and adhesion. Ann. Plant Rev.*, Bd. 25. Blackwell Publishing Ltd., Oxford.
Romberger, J. A. 1963. *Meristems, Growth, and Development in Woody Plants: An Analytical Review of Anatomical, Physiological, and Morphogenic Aspects.* Tech. Bull. No. 1293. USDA, Forest Service, Washington, DC.
Romberger, J. A., Z. Hejnowicz und J. F. Hill. 1993. *Plant Structure: Function and Development: A Treatise on Anatomy and Vegetative Development, with Special Reference to Woody Plants.* Springer-Verlag, Berlin.
Rudall, P. 1992. *Anatomy of Flowering Plants: An Introduction to Structure and Development*, ". Aufl. Cambridge University Press, Cambridge.
Sachs. J. 1875. *Text-Book of Botany, Morphological and Physiological.* Clarendon Press, Oxford.
Sinnott, E. W. 1960. *Plant Morphogenesis.* McGraw-Hill, New York.
Solereder, H. 1908. *Systematic Anatomy of the Dicotyledons: A Handbook for Laboratories of Pure and Applied Botany*, 2 Bd. Clarendon Press, Oxford.
Solereder, H. und F. J. Meyer. 1928–1930, 1933. *Systematische Anatomie der Monokotyledonen*, No. 1 (*Pandales, Helobiae, Triuridales*), 1933; No. 3 (*Principes, Synanthae, Spathiflorae*), 1928; No. 4 (*Farinosae*), 1929; No. 6 (*Scitamineae, Microspermae*), 1930. Gebrüder Borntraeger, Berlin.
Srivastava, L. M. 2002. *Plant Growth and Development: Hormones and Environment.* Academic Press, Amsterdam.
Steeves, T. A. und I. M. Sussex. 1989. *Patterns in Plant Development*, 2. Aufl. Cambridge University Press, Cambridge.
Strasburger, E. 1888–1909. *Histologische Beiträge*, nr. 1–7. Gustav Fisher, Jena.
Tomlinson, P. B. 1961. *Anatomy of the Monocotyledons*, Bd. II. *Palmae.* Clarendon Press, Oxford.
Tomlinson, P. B. 1969. *Anatomy of the Monocotyledons*, Bd. III. *Commelinales—Zingiberales.* Clarendon Press, Oxford.
Troll, W. 1954. *Praktische Einführung in die Pflanzenmorphologie*, Bd. 1, *Der vegetative Aufbau.* Gustav Fischer, Jena.
Troll, W. 1957. *Praktische Einführung in die Pflanzenmorphologie*, Bd. 2, *Die blühende Pflanze.* Gustav Fischer, Jena.
Wagenitz, G. 2008. *Wörterbuch der Botanik*. 2. Aufl. Nikol, Hamburg.
Wanner G. und W. Nultsch. 2004. *Mikroskopisch-Botanisches Praktikum für Anfänger.* Thieme, Stuttgart, New York.
Wardlaw, C. W. 1965. *Organization and Evolution in Plants.* Longmans, Green and Co., London.

# Weiterführende Literatur, die im Text nicht zitiert wird

## Kapitel 2 und 3

Aldridge, C., J. Maple und S. G. Møller. 2005. The molecular biology of plastid division in higher plants. *J. Exp. Bot.* 56, 1061–1077. (Review)
Aniento, F. und D. G. Robinson. 2005. Testing for endocytosis in plants. *Protoplasma* 226, 3–11. (Review)
Baas, P. W., A. Karabay und L. Qiang. 2005. Microtubules cut and run. *Trends Cell Biol.* 15, 518–524. (Meinung)
Baluška, F., J. Šamaj, A. Hlavacka, J. Kendrick-Jones und D. Volkmann. 2004. Actin-dependent fluid-phase endocytosis in inner cortex cells of maize root apices. *J. Exp. Bot.* 55, 463–473.
(Spezielle Actin- und Myosin VIII angereicherte Membran-Domänen bewirken eine gewebespezifische Form der Flüssigphasen-Endocytose in Mais-Wurzelspitzen. Der Verlust von Mikrotubuli hat diesen Prozess nicht gehemmt.)
Beck, C. F. 2005. Signaling pathways from the chloroplast to the nucleus. *Planta* 222, 743–756. (Review)
Bisgrove, S. R., W. E. Hable und D. L. Kropf. 2004. TIPs and microtubule regulation. The beginning of the plus end in plants. *Plant Physiol.* 136, 3855–3863. (Aktualisierung)
Boursiac, Y., S. Chen, D.-T. Luu, M. Sorieul, N. van den Dries und C. Maurel. 2005. Early effects of salinity on water transport in *Arabidopsis* roots. Molecular and cellular features of aquaporin expression. *Plant Physiol.* 139, 790–805.
(Salzexposition von Wurzeln induzierte Veränderungen in der Aquaporin-Expression auf verschiedenen Stufen, so eine koordinierte transkriptionale Herabregulierung und eine subzelluläre Lokalisation sowohl von intrinsischen Proteinen der Plasmamembran [PIPS] als auch von intrinsischen Proteinen des Tonoplasten [TIPS], Diese Mechanismen können bei der Regulation des Wassertransports zusammenspielen, besonders langzeitig [≥6 h].)
Brandizzi, F., S. L. Irons und D. E. Evans. 2004. The plant nuclear envelope: new prospects for a poorly understood structure. *New Phytol.* 163, 227–246. (Review)
Bréhélin, C., F. Kessler und K. J. van Wijk. 2007. Plastoglobules: versatile lipoprotein particles in plastids. *Trends Plant Sci.* 12, 260–266. (Review)
Brown, R. C. und B. E. Lemmon. 2001. The cytoskeleton and spatial control of cytokinesis in the plant life cycle. *Protoplasma* 215, 35–49. (Review)
Crofts, A. J., H. Washida, T. W. Okita, M. Ogawa, T. Kumamaru und H. Satoh. 2004. Targeting of proteins to endoplasmic reticulum-derived compartments in plants. The importance of RNA localization. *Plant Physiol.* 136, 3414–3419. (Aktualisierung)
Dixit, R., R. CYR und S. Gilroy. 2006. Using intrinsically fluorescent proteins for plant cell imaging. *Plant J.* 45, 599–615. (Review)
Drøbak, B. K., V. E. Franklin-Tong und C. J. Staiger. 2004. The role of the actin cytoskeleton in plant cell signaling. *New Phytol.* 163, 13–30. (Review)
Ehrhardt, D. und S. L. Shaw. 2006. Microtubule dynamics and organization in the plant cortical array. *Annu. Rev. Plant Biol.* 57. (Review)
Epimashko, S., T. Meckel, E. Fischer-Schliebs, U. Lüttge und G. Thiel. 2004. Two functionally different vacuoles for static and dynamic purposes in one plant mesophyll leaf cell. *Plant J.* 37, 294–300.
(Zwei große unabhängige Vakuolentypen treten in den Mesophyllzellen von *Mesembryanthemum crystallinum* auf; das Eiskraut zeigt Photosynthese nach dem Crassulaceen Säure Mechanismus [CAM]. Die eine Vakuole sequestriert permanent große Mengen NaCl für osmotische Zwecke und um den Protoplasten vor NaCl Vergiftung

zu schützen; die andere speichert des nachts gewonnenes $CO_2$ als Malat und remobilisiert das Malat während des Tages.)

Franceschi, V. R. und P. A. Nakata. 2005. Calcium oxalate in plants: formation and function. *Annu. Rev. Plant Biol.* 56, 41–71. (Review)

Galili, G. 2004. ER-derived compartments are formed by highly regulated processes and have special functions in plants. *Plant Physiol.* 136, 3411–3413. (Stand der Forschung)

Geldner, N. 2004. The plant endosomal system—its structure and role in signal transduction and plant development. *Planta* 219, 547–560. (Review)

Gunning, B. E. S. 2005. Plastid stromules: video microscopy of their outgrowth, retraction, tensioning, anchoring, branching, bridging, and tip-shedding. *Protoplasma* 225, 33–42.

Gutierrez, C. 2005. Coupling cell proliferation and development in plants. *Nature Cell Biol.* 7, 535–541. (Review)

Hara-Nishimura, I., R. Matsushima, T. Shimada und M. Nishimura. 2004. Diversity and formation of endoplasmic reticulum-derived compartments in plants. Are these compartments specific to plant cells? *Plant Physiol.* 136, 3435–3439. (Aktualisierung)

Hashimoto, T. und T. Kato. 2006. Cortical control of plant microtubules. *Curr. Opin. Plant Biol.* 9, 5–11. (Review)

Hawes. C. 2005. Cell biology of the plant Golgi apparatus. *New Phytol.* 165, 29–44. (Review)

Herman, E. und M. Schmidt. 2004. Endoplasmic reticulum to vacuole trafficking of endoplasmic reticulum bodies provides an alternate pathway for protein transfer to the vacuole. *Plant Physiol.* 136, 3440–3446. (Aktualisierung)

Howitt, C. A. und B. J. Pogson. 2006. Carotenoid accumulation and function in seeds and non-green tissues. *Plant Cell Environ.* 29, 435–445. (Review)

Hsieh, K. und A. H. C. Huang. 2004. Endoplasmic reticulum, oleosins, and oils in seeds and tapetum cells. *Plant Physiol.* 136, 3427–3434. (Aktualisierung)

Hughes, N. M., H. S. Neufeld und K. O. Burkey. 2005. Functional role of anthocyanins in high-light winter leaves of the evergreen herb *Galax urceolata*. *New Phytol.* 168, 575–587.
(Die Ergebnisse lassen vermuten, dass Anthocyane Licht abschwächen und in Winterblättern auch zum Pool der Antioxidantien beitragen.)

Hussey, P. J., Hrsg. 2004. *The Plant Cytoskeleton in Cell Differentiation and Development. Annual Plant Reviews*, Bd. 10. Blackwell/CRC Press, Oxford/Boca Raton. (Review)

Hussey, P. J., T. Ketelaar und M. Deeks. 2006. Control of the actin cytoskeleton in plant cell growth. *Annu. Rev. Plant Biol.* 57. (Review)

Jolivet, P., E. Roux, S. D'Andrea, M. Davanture, L. Negroni, M. Zivy und T. Chardot. 2004. Protein composition of oil bodies in *Arabidopsis thaliana* ecotype WS. *Plant Physiol. Biochem.* 42, 501–509.
(Oleosine machten bis zu 79% der Ölkörperproteine aus, ein 18.5 kDa Oleosin kam am häufigsten vor.)

Jürgens, G. 2004. Membrane trafficking in plants. *Annu. Rev. Cell Dev. Biol.* 20, 481–504. (Review)

Kawasaki, M., M. Taniguchi und H. Miyake. 2004. Structural changes and fate of crystalloplastids during growth of calcium oxalate crystal idioblasts in Japanese yam (*Dioscorea japonica* Thunb.) tubers. *Plant Prod. Sci.* 7, 283–291.
(In die Zentralvakuolen von Kristall-Idioblasten inkorporierte Kristallplastiden, ähnlich kleinen Vakuolen und/oder Vesikeln, spielen offenbar bei der Bildung von Calciumoxalatkristallen eine Rolle.)

Kim, H., M. Park, S. J. Kim und I. Hwang. 2005. Actin filaments play a critical role in vacuolar trafficking at the Golgi complex in plant cells. *Plant Cell* 17, 888–902.
(Die Rolle, die Actinfilamente beim interzellulären „trafficking" spielen, wurde mittels Latrunculin B, einem Hemmstoff der Actin-Filament Anordnung, untersucht oder mittels Actin-Mutanten, welche die Actinfilamente bei Überexpression zerstören.)

Klyachko, N. L. 2004. Actin cytoskeleton and the shape of the plant cell. *Russ. J. Plant Physiol.* 51, 827–833. (Review)

Krause, K und K. Krupinska. 2009. Nuclear regulators with a second home in organelles. *Trends Plant Sci.* 14, 194–199.

Krebs, A., K. N. Goldie und A. Hoenger. 2004. Complex formation with kinesin motor domains affects the structure of microtubules. *J. Mol. Biol.* 335, 139–153.
(Die Interaktion zwischen Kinesin und Tubulin zeigt an, dass Mikrotubuli eine aktive Rolle bei intrazellulären Prozessen spielen, durch Modulation der Struktur ihres zentralen Hohlraums.)

Lee, M. C. S., E. A. Miller, J. Goldberg, L. Orci und R. Schekman. 2004. Bi-directional protein transport between the ER and Golgi. *Annu. Rev. Cell Dev. Biol.* 20, 87–123. (Review)

Lee, Y.-R. J. und B. Liu. 2004. Cytoskeletal motors in *Arabidopsis*. Sixty-one kinesins and seventeen myosins. *Plant Physiol.* 136, 3877–3883. (Aktualisierung)

Lersten, N. R. und H. T. Horner. 2004. Calcium oxalate crystal macropattern development during *Prunus virginiana* (Rosaceae) leaf growth. *Can. J. Bot.* 82, 1800–1808.
(Diese Studie beschreibt detailliert den Beginn und die fortschreitende Entwicklung aller Komponenten des Kristall-Makromusters in *Prunus virginiana* Blättern. Drusen sind auf Sprossachse, Petiole und Blattadern beschränkt, wohingegen prismatische Kristalle in Stipeln, Knospenschuppen und in der Blattspreite zu finden sind.)

Mackenzie, S. A. 2005. Plant organellar protein targeting: a traffic plan still under construction. *Trends Cell Biol.* 548–554. (Review)

Maliga, P. 2004. Plastid transformation in higher plants. *Annu. Rev. Plant Biol.* 55, 289–313. (Review)

Maple, J. und S. G. Møller. 2005. An emerging picture of plastid division in higher plants. *Planta* 223, 1–4. (Review)

Mathur, J. 2006. Local interactions shape plant cells. *Curr. Opin. Cell Biol.* 18, 40–46. (Review)

Mazen, A. M. A. 2004. Calcium oxalate crystals in leaves of *Corchorus olitorius* as related to accumulation of toxic metals. *Russ. J. Plant Physiol.* 51, 281–285.
(Röntgenmikroanalyse von Calciumoxalatkristallen in Blättern von Pflanzen, die mit 5 mg/ml Al behandelt wurden, zeigte einen Einbau von Al in die Kristalle; dies lässt eine mögliche Rolle der Calciumoxalatkristallbildung bei der Sequestrierung von und bei der Toleranz gegenüber einigen toxischen Metallen vermuten.)

Meckel, T., A. C. Hurst, G. Thiel und U. Homann. 2005. Guard cells undergo constitutive and pressure-driven membrane turnover. *Protoplasma* 226, 23–29.

Miyagishima, S.-Y. 2005. Origin and evolution of the chloroplast division machinery. *J. Plant Res.* 118, 295–306. (Review)

Møller, S. G., Hrsg. 2004. *Plastids. Annual Plant Reviews*, Bd. 13. Blackwell/CRC Press, Oxford/Boca Raton. (Review)

Motomura, H., T. Fujii und M. Suzuki. 2006. Silica deposition in abaxial epidermis before the opening of leaf blades of *Pleioblastus chino* (Poaceae, Bambusoideae). *Ann. Bot.* 97, 513–519.
(Die Zelltypen in der Blattepidermis von Bambus werden aufgrund des Musters der Siliziumdioxid Deposition in drei Gruppen eingeteilt.)

Ovečka, M., I. Lang, F. Baluška, A. Ismail, P. Illeš und I. K. Lichtscheidl. 2005. Endocytosis and vesicle trafficking during tip growth of root hairs. *Protoplasma* 226, 39–54.
(Mit Hilfe der Fluoreszenzfarbstoffe zur Endocytose-Markierung FM1-43 und FM4-64, wurde Endocytose in den Spitzen lebender Wurzelhaare von *Arabidopsis thaliana* und *Triticum aestivum* lokalisiert. Endoplasmatisches Reticulum war nicht an den „trafficking pathways" der Endosomen beteiligt. Das Actin Cytoskelett war an der Endocytose beteiligt, und auch bei dem weiteren Membran-„trafficking".)

Park, M., S. J. Kim, A. Vitale und I. Hwang. 2004. Identification of the protein storage vacuole and protein targeting to the vacuole in leaf cells of three plant species. *Plant Physiol.* 134, 625–639.

(Das Protein-„trafficking" hin zu Protein-Speichervakuolen (PSV) wurde in Zellen von *Nicotiana tabacum, Phaseolus vulgaris*, und *Arabidopsis* Blättern untersucht. Proteine können zu den PVS über einen Golgi-abhängigen und einen Golgi-unabhängigen Weg transportiert werden, je nach individuellem zu beförderndem Protein.)

Pogson, B. J., N. S. Woo, B. Förster und I. D. Small. 2008. Plastid signalling to the nucleus and beyond. *Trends Plant Sci.* 13, 602–609. (Review)

Pracharoenwattana, I. und S. M. Smith. 2008. When is a peroxisome not a peroxisome? *Trends Plant Sci.* 13, 522–525. (Meinung)

Reisen, D., F. Marty und N. Leborgne-Castel. 2005. New insights into the tonoplast architecture of plant vacuoles and vacuolar dynamics during osmotic stress. *BMC Plant Biol.* 5, 13 [13 S.].

(3-D Ansichten von GFP markierten Tonoplasten liefern ein Bild des Baus der Pflanzenzellvakuole und erhellen die Natur der Tonoplast-Faltung und -Architektur. Die Unversehrtheit der Vakuole wird bei Akklimatisierung an osmotischen Stress bewahrt.)

Rose, A., S. Patel und I. Meier. 2004. The plant nuclear envelope. *Planta* 218, 327–336. (Review)

Sakai, Y. und S. Takagi. 2005. Reorganized actin filaments anchor chloroplasts along the anticlinal walls of *Vallisneria* epidermal cells under high-intensity blue light. *Planta* 221, 823–830.

(Hochintensitäts-Blaulicht (BL) induzierte eine dynamische Reorganisation von Actinfilamenten in den Cytoplasmaschichten, die an der äußeren periklinen Wand und an der antiklinen Wand (A-Seite) gelegen sind. Die Blaulicht-induzierte Vermeidungsreaktion der Chloroplasten umfasst offenbar sowohl eine photosyntheseabhängige als auch eine actinabhängige Verankerung der Chloroplasten an der A-Seite der Epidermiszellen.)

Šamaj, J., N. D. Read, D. Volkmann, D. Menzel und F. Baluška. 2005. The endocytic network in plants. *Trends in Cell Biol.* 15, 425–433. (Review)

Šamaj, J., J. Müller, M. Beck, N. Böhm und D. Menzel. 2006. Vesicular trafficking, cytoskeleton and signalling in root hairs and pollen tubes. *Trends Plant Sci.* 11, 594–600. (Review)

Scott, I., I. A. Sparkes und D. C. Logan. 2007. The missing link: interorganellar connections in mitochondria and peroxisomes? *Trends Plant Sci.* 12, 380–381. (Aktualisierung)

Sedbrook, J. C. und D. Kaloriti. 2008. Microtubules, MAPs and plant directional cell expansion. *Trends Plant Sci.* 13, 303–310. (Review)

Shaw, S. L. 2006. Imaging the live plant cell. *Plant J.* 45, 573–598. (Review)

Sheahan, M. B., D. W. Mccurdy und R. J. Rose. 2005. Mitochondria as a connected population: ensuring continuity of the mitochondrial genome during plant cell dedifferentiation through massive mitochondrial fusion. *Plant J.* 44, 744–755.

(Die äußerst informative Studie zeigt, dass entwicklungsregulierte Fusion von Mitochondrien die Kontinuität des Mitochondrien-Genoms garantiert).

Sheahan, M. B., R. J. Rose und D. W. Mccurdy. 2004. Organelle inheritance in plant cell division: the actin cytoskeleton is required for unbiased inheritance of chloroplasts, mitochondria and endoplasmic reticulum in dividing protoplasts. *Plant J.* 37, 379–390.

Smith, L. G. und D. G. Oppenheimer. 2005. Spatial control of cell expansion by the plant cytoskeleton. *Annu. Rev. Cell Dev. Biol.* 21, 271–295. (Review)

Stepinski, D. 2004. Ultrastructural and autoradiographic studies of the role of nucleolar vacuoles in soybean root meristem. *Folia Histochem. Cytobiol.* 42, 57–61.

(Es wird die Hypothese aufgestellt, dass nukleoläre Vakuolen eine Rolle spielen bei der Intensivierung des Proribosomentransports außerhalb des Nucleolus.)

Takemoto, D. und A. R. Hardham. 2004. The cytoskeleton as a regulator and target of biotic interactions in plants. *Plant Physiol.* 136, 3864–3876. (Aktualisierung)

Tian, W.-M. und Z.-H. Hu. 2004. Distribution and ultrastructure of vegetative storage proteins in Leguminosae. *IAW. J.* 25, 459–469.

(Dieser Artikel und darin zitierte Literatur informieren über das Vorkommen von Speicherproteinen in temperaten und tropischen Holzpflanzen.)

Treutter, D. 2005. Significance of flavonoids in plant resistance and enhancement of their biosynthesis. *Plant Biol.* 7, 581–591. (Review)

van Damme, D., M. Vanstraelen und D. Geelen. 2007. Cortical division zone establishment in plant cells. *Trends Plant Sci.* 12, 458–464. (Review)

Vitale, A. und G. Hinz. 2005. Sorting of proteins to storage vacuoles: how many mechanisms? *Trends Plant Sci.* 10, 316–323. (Review)

Wada, M. und N. Suetsugu. 2004. Plant organelle positioning. *Curr. Opin. Plant Biol.* 7, 626–631. (Review)

Wasteneys, G. O. 2004. Progress in understanding the role of microtubules in plant cells. *Curr. Opin. Plant Biol.* 7, 651–660. (Review)

Wasteneys, G. O. und M. Fujita. 2006. Establishing and maintaining axial growth: wall mechanical properties and the cytoskeleton. *J. Plant Res.* 119, 5–10. (Review)

Wasteneys, G. O. und M. E. Galway. 2003. Remodeling the cytoskeleton for growth and form: an overview with some new views. *Annu. Rev. Plant Biol.* 54, 691–722. (Review)

Xu, X. M. und I. Meier. 2008. The nuclear pore comes to the fore. *Trends Plant Sci.* 13, 20–27. (Review)

Yamada, K., T. Shimada, M. Nishimura und I. Hara-Nishimura. 2005. A VPE family supporting various vacuolar functions in plants. *Physiol. Plant.* 123, 369–375. (Review)

## Kapitel 4

Abe, H. und R. Funada. 2005. Review—The orientation of cellulose microfibrils in the cell walls of tracheids in conifers. A model based on observations by field emission-scanning electron microscopy. *IAWA. J.* 26, 161–174. (Review)

Baluška, F., J. Šamaj, P. Wojtaszek, D. Volkmann und D. Menzel. 2003. Cytoskeleton-plasma membrane-cell wall continuum in plants. Emerging links revisited. *Plant Physiol.* 133, 482–491. (Review)

Baskin, T. I. 2005. Anisotropic expansion of the plant cell wall. 2005. *Annu. Rev. Cell Dev. Biol.* 21, 203–222. (Review)

Boerjan, W., J. Ralph und M. Baucher. 2003. Lignin Biosynthesis. *Annu. Rev. Plant Biol.* 54, 519–546. (Review)

Boyer, J. S. 2009. Evans Review: Cell wall biosynthesis and the molecular mechanism of plant enlargement. *Funct. Plant Biol.* 36, 383–394. (Review)

Brummell, D. A. 2006. Cell wall disassembly in ripening fruit. *Funct. Plant Biol.* 33, 103–119. (Review)

Burgert, I. und P. Fratzl. 2009. Plants control the properties and actuation of their organs through the orientation of cellulose fibrils in their cell walls. *Integrative and Comparative Biology* 49, 69–79.

Burton, R. A., N. Farrokhi, A. Bacic und G. B. Fincher. 2005. Plant cell wall polysaccharide biosynthesis: real progress in the identification of participating genes. *Planta* 221, 309–312. (Fortschritts-Report)

Cantu, D., A. R. Vicente, J. M. Labavitch, A. B. Bennett und A. L. T. Powell. 2008. Strangers in the matrix: plant cell walls and pathogen susceptibility. *Trends Plant Sci.* 13, 610–617. (Review)

Chanliaud, E., J. de Silva, B. Strongitharm, G. Jeronimidis und M. J. Gidley. 2004. Mechanical effects of plant cell wall enzymes on cellulose/xyloglucan composites. *Plant J.* 38, 27–37.

(Unmittelbare in vitro Evidenz für die Beteiligung von Xyloglucan-spezifischen Enzymen bei den mechanischen Veränderungen, die an der Umgestaltung der Zellwand und an Wachstumsprozessen beteiligt sind.)

Dixit, R. und R. J. Cyr. 2002. Spatio-temporal relationships between nuclear-envelope breakdown and preprophase band disappearance in cultured tobacco cells. *Protoplasma* 219, 116–121.
(Offenbar besteht ein kausaler Zusammenhang zwischen dem Abbau der Kernhülle und dem Verschwinden des Präprophasebandes.)

Donaldson, L. und P. Xu. 2005. Microfibril orientation across the secondary cell wall of radiata pine tracheids. *Trees* 19, 644–653.

Emons, A. M. C., H. Höfte und B. M. Mulder. 2007. Microtubules and cellulose microfibrils: how intimate is their relationship? *Trends Plant Sci.* 13, 279–281. (Aktualisierung)

Fleming, A. J., Hrsg. 2005. *Intercellular Communication in Plants. Annual Plant Reviews*, Bd. 16. Blackwell/CRC Press, Oxford/ Boca Raton. (Review)

Fry, S. C. 2004. Primary cell wall metabolism: tracking the careers of wall polymers in living plant cells. *New Phytol.* 161, 641–675. (Review)

Hussey, P. J., T. Ketelaar und M. J. Deeks. 2006. Control of the actin cytoskeleton in plant cell growth. *Annu. Rev. Plant Biol.* 57, 109–125. (Review)

Jamet, E., H. Canut, G. Boudart und R. F. Pont-Lezica. 2006. Cell wall proteins: a new insight through proteomics. *Trends Plant Sci.* 11, 33–39. (Review)

Jürgens, G. 2005. Cytokinesis in higher plants. *Annu. Rev. Plant Biol.* 56, 281–299. (Review)

Jürgens, G. 2005. Plant cytokinesis: fission by fusion. *Trends Cell Biol.* 15, 277–283. (Review)

Kawamura, E., R. Himmelspach, M. C. Rashbrooke, A. T. Whittington, K. R. Gale, D. A. Collings und G. O. Wasteneys. 2006. MICROTUBULE ORGANIZATION 1 regulates structure and function of microtubule arrays during mitosis and cytokinesis in the *Arabidopsis* root. *Plant Physiol.* 140, 102–114.
(Die quantitative Analyse von *mor1-1*-generierten Defekten in Präprophasebändern, Spindeln, und Phragmoplasten sich teilender vegetativer Zellen lässt vermuten, dass die Mikrotubuli-Länge eine kritische Determinante von Struktur, Orientierung und Funktion von Spindel und Phragmoplast ist.)

Kim, I., K. Kobayashi, E. Cho und P. C. Zambryski. 2005. Subdomains for transport via plasmodesmata corresponding to the apical-basal axis are established during *Arabidopsis* embryogenesis. *Proc. Natl. Acad. Sci. USA* 102, 11945–11950.
(Deutliche Hinweise werden geliefert, dass die Zell-Zell-Kommunikation über Plasmodesmen positionelle Informationen übermittelt, die entscheidend für die Entstehung des axialen Körpermusters während der Embryogenese von *Arabidopsis* sind.)

Kim, I. und P. C. Zambryski. 2005. Cell-to-cell communication via plasmodesmata during *Arabidopsis* embryogenesis. *Curr. Opin. Plant Biol.* 8, 593–599. (Review)

Lloyd, C. und J. Chan. 2004. Microtubules and the shape of plants to come. *Nature Rev. Mol. Cell Biol.* 5, 13–22. (Review)

Marcus, A. I., R. Dixit und R. J. Cyr. 2005. Narrowing of the preprophase microtubule band is not required for cell division plane determination in cultured plant cells. *Protoplasma* 226, 169–174.
(Auch wenn die Mikrotubuli des Prophasebandes nicht exakt die Teilungsebene in kultivierten Tabak-BY-2-Zellen markieren, so sind sie doch für die akkurate Positionierung der Spindel notwendig.)

Marry, M., K. Roberts, S. J. Jopson, I. M. Huxham, M. C. Jarvis, J. Corsar, E. Robertson und M. C. Mccann. 2006. Cell– cell adhesion in fresh sugar-beet root parenchyma requires both pectin esters and calcium cross-links. *Physiol. Plant.* 126, 243–256.
(Zell-Zell-Adhäsion im Wurzelparenchym der Zuckerrübe ist abhängig sowohl von Ester- als auch $Ca^{2+}$-vernetzten Polymeren.)

Mulder, B. M. und A. M. C. Emons. 2001. A dynamic model for plant cell wall architecture formation. *J. Math. Biol.* 42, 261–289.
(Ein dynamisches mathematisches Modell wird vorgestellt, das die Architektur der Pflanzenzellwand erklärt.)

Oparka, K. J. 2004. Getting the message across: how do plant cells exchange macromolecular complexes? *Trends Plant Sci.* 9, 33–41. (Review)

Otegui, M. S., K. J. Verbrugghe und A. R. SKOP. 2005. Midbodies and phragmoplasts: analogous structures involved in cytokinesis. *Trends in Cell Biol.* 15, 404–413. (Review)

Panteris, E., P. Apostolakos, H. Quader und B. Galatis. 2004. A cortical cytoplasmic ring predicts the division plane in vacuolated cells of *Coleus*: the role of actomyosin and microtubules in the establishment and function of the division site. *New Phytol.* 163, 271–286.
(Die Teilungsebene wird durch einen corticalen Cytoplasmaring [CCR] vorherbestimmt, reich an Actinfilamenten und Endoplasmatischem Reticulum, und während der Interphase gebildet. Der Zellkern wandert zu dem CCR bevor er in das Phragmosom eintritt. Während der Präprophase organisiert sich ein Präprophase-Mikrotubuli-Band im CCR. Actomyosin und Mikrotubuli spielen eine entscheidende Rolle bei Erstellung und Funktion der Teilungsebene.)

Pelloux, J., C. Rustérucci und E. J. Mellerowicz. 2007. New insights into pectin methylesterase structure and function. *Trends Plant Sci.* 12, 267–277. (Review)

Peter, G. und D. Neale. 2004. Molecular basis for the evolution of xylem lignification. *Curr. Opin. Plant Biol.* 7, 737–742. (Review)

Peterman, T. K., Y. M. Ohol, L. J. McReynolds und E. J. Luna. 2004. Patellin1, a novel Sec14-like protein, localizes to the cell plate and binds phosphoinositides. *Plant Physiol.* 136, 3080–3094.
(Diese Ergebnisse lassen vermuten, dass Patellin 1 eine Rolle bei Membran-„trafficking" Ereignissen spielt, die im Zusammenhang mit der Expansion oder Reifung der Zellplatte stehen und weisen auf eine Rolle der Phosphoinositide bei der Biogenese der Zellplatte hin.)

Pollard, M., F. Beisson, Y. Li. und J. B. Ohlrogge. 2008. Building lipid barriers: biosynthesis of cutin and suberin. *Trends Plant Sci.* 13, 236–246. (Review)

Popper, Z. A. und S. C. Fry. 2004. Primary cell wall composition of pteridophytes and spermatophytes. *New Phytol.* 164, 165–174. (Review)

Ralet, M.-C., G. André-Leroux, B. Quéméner und J.-F. Thibault. 2005. Sugar beet *(Beta vulgaris)* pectins are covalently cross-linked through diferulic bridges in the cell wall. *Phytochemistry* 66, 2800–2814.
(Direkte Hinweise darauf, dass in den Zellwänden der Zuckerrübe pektische Arabinane und Galactane kovalent durch Dehydroferulate querverbunden sind [intra- oder intermolekular].)

Refrégier, G., S. Pelletier, D. Jaillard und H. Höfte. 2004. Interaction between wall deposition and cell elongation in dark-grown hypocotyl cells in *Arabidopsis*. *Plant Physiol.* 135, 959–968.
(Die Rate der Zellwandsynthese war nicht an die Streckungsrate der Epidermiszellen gekoppelt. In dünnen Wänden waren die Polysaccharide axial orientiert. Die innersten Cellulosemikrofibrillen waren sowohl in langsam als auch in schnell wachsenden Zellen transversal orientiert; dies weist darauf hin, dass transversal deponierte Mikrofibrillen sich in tiefer gelegenen Schichten der sich streckenden Wand reorientierten.)

Reis, D. und B. Vian. 2004. Helicoidal pattern in secondary cell walls and possible role of xylans in their construction. *C.R. Biol.* 327, 785–790. (Review)

Roberts, A. G. und K. J. Oparka. 2003. Plasmodesmata and the control of symplastic transport. *Plant Cell Environ.* 26, 103–124. (Review)

Ros-Barceló, A. 2005. Xylem parenchyma cells deliver the H2O2 necessary for lignification in differentiating xylem vessels. *Planta* 220, 747–756.
(In Sprossachsen von *Zinnia elegans* sind nicht lignifizierte Xylemparenchymzellen Entstehungsorte für $H_2O_2$, welches für die Polymerisation der Cinnamylalkohole in der Sekundärwand lignifizierender Xylemgefäße erforderlich ist.)

Roudier, F., A. G. Fernandez, M. Fujita, R. Himmelspach, G. H. H. Borner, G. Schindelman, S. Song, T. I. Baskin, P. Dupree, G. O. Wasteneys und P. N. Benfey. 2005. COBRA, an *Arabidopsis* extracellular glycosyl-phosphatidyl inositolanchored protein, specifically controls highly anisotropic expansion through its involvement in cellulose microfibrilorientation. *Plant Cell* 17, 1749–1763.
(COBRA wurde in Zusammenhang gebracht mit der Ablagerung von Cellulosemikrofibrillen in schnell wachsenden Wurzelzellen. Es ist hauptsächlich nahe der Zelloberfläche verbreitet, in transversalen Bändern parallel zu den corticalen Mikrotubuli.)

Ruiz-Medrano, R., B. Xoconostle-Cazares und F. Kragler. 2004. The plasmodesmatal transport pathway for homeotic proteins, silencing signals and viruses. *Curr. Opin. Plant Biol.* 7, 641–650. (Review)

Saxena, I. M. und R. M. Brown Jr. 2005. Cellulose biosynthesis: current views and evolving concepts. *Ann. Bot.* 96, 9–21. (Review)

Sedbrook, J. C. 2004. MAPs in plant cells: delineating microtubule growth dynamics and organization. *Curr. Opin. Plant Biol.* 7, 632–640. (Review)

Seguí-Simarro, J. M., J. R. Austin II. E. A. White und L. A. Staehelin. 2004. Electron tomographic analysis of somatic cell plate formation in meristematic cells of *Arabidopsis* preserved by high-pressure freezing. *Plant Cell* 16, 836–856.
(Zellplattenentstehungsorte, bestehend aus einer filamentösen ribosomenfreien Zellplatten-Entstehungs-Matrix [CPAM] und vom Golgi abstammenden Vesikeln, werden an den Äquatorialebenen der Phragmoplasten-Initialen gebildet, welche aus Mikrotubuli-Nestern während der späten Anaphase entstehen. Es wird vermutet, dass CPAM, das nur nahe wachsender Zellplattenregionen vorkommt, für die Regulation des Zellplattenwachstums verantwortlich ist.)

Seguí-Simarro, J. M. und L. A. Staehelin. 2006. Cell cycle-dependent changes in Golgi stacks, vacuoles, clathrincoated vesicles and multivesicular bodies in meristematic cells of *Arabidopsis thaliana*: A quantitative and spatial analysis. *Planta* 223, 223–236.
(Unter den bemerkenswerten Zellzyklus-abhängigen Veränderungen, von denen in diesem Artikel die Rede ist, gehören die des vakuolären Systems. Während der frühen Telophase bilden die Vakuolen schlauchförmige tubuläre Kompartimente mit einer um 50% reduzierten Oberfläche und einem um 80% reduzierten Volumen im Vergleich zu den Prometaphasezellen. Es wird postuliert, dass diese transiente Reduktion des Vakuolenvolumens während der frühen Telophase ein Mittel darstellt, das Volumen des Cytosols zu vergrößern, um Platz zu haben für die sich bildende Phragmoplast-Mikrotubuli Anordnung und assoziierte Zellplatten-bildende Strukturen.)

Somerville, C., S. Bauer, G. Brininstool, M. Facette, T. Hamann, J. Milne, E. Osborne, A. Paredez, S. Persson, T. Raab, S. Vorwerk und H. Youngs. 2004. Toward a systems approach to understanding plant cell walls. *Science* 306, 2206–2211.

Vissenberg, K., S. C. Fry, M. Pauly, H. Höfte und J.-P. Verbelen. 2005. XTH acts at the microfibril-matrix interface during cell elongation. *J. Exp. Bot.* 56, 673–683.

Yasuda, H., K. Kanda, H. Koiwa, K. Suenaga, S.-I. Kidou und S.-I. Ejiri. 2005. Localization of actin filaments on mitotic apparatus in tobacco BY-2 cells. *Planta* 222, 118–129.
(Vergleichbare Ergebnisse, die durch Färbung mit Rhodaminphalloidin und durch Immunomarkierung mit Actin-Antikörpern erzielt wurden, weisen deutlich darauf hin, dass Actin bei der Organisation des Spindelkörpers oder bei dem Prozess der Chromosomen-Segregation eine Rolle spielt.)

Zambryski, P. 2004. Cell-to-cell transport of proteins and fluorescent tracers via plasmodesmata during plant development. *J. Cell Biol.* 162, 165–168. (Mini-Review)

Zambryski, P. und K. Crawford. 2000. Plasmodesmata: Gatekeepers for cell-to-cell transport of developmental signals in plants. *Annu. Rev. Cell Dev. Biol.* 16, 393–421. (Review)

# Kapitel 5 und 6

Abe, M., Y. Kobayashi, S. Yamamoto, Y. Daimon, A. Yamaguchi, Y. Ikeda, H. Ichinoki, M. Notaguchi, K. Goto und T. Araki. 2005. FD, A bZIP protein mediating signals from the floral pathway integrator FT at the shoot apex. *Science* 309, 1052–1056.
(Es wird gezeigt, dass in *Arabidopsis*, FLOWERING LOCUS T [FT], ein vom *FLOWERING LOCUS T* [*FT*] Gen in Blättern encodiertes Protein, mit dem nur in der Sprossspitze vorkommenden FD-a bZIP Transkriptionsfaktor interagieren kann, um die floralen Identitätsgene wie z. B. *APETALA1* [*AP1*] zu aktivieren. Siehe auch Huang et al., 2005 und Wigge et al., 2005.)

Ade-Ademilua, O. E. und C. E. J. Botha. 2005. A re-evaluation of plastochron index determination in peas—a case for using leaflet length. *S. Afr. J. Bot.* 71, 76–80.
(Es wird vorgeschlagen, bei Erbsen das Wachstum der Blättchen als Maß für den Plastochronindex zu verwenden.)

Angenent, G. C., J. Stuurman, K. C. Snowden und R. Koes. 2005. Use of *Petunia* to unravel plant meristem functioning. *Trends Plant Sci.* 10, 243–250. (Review)

Bao, Y., P. Dharmawardhana, R. Arias, M. B. Allen, C. M. und S. H. Strauss. 2009. WUS and STM-based reporter genes for studying meristem development in poplar. *Plant Cell Reports* 28, 947–962. (Review)

Beemster, G. T. S., S. Vercruysse, L. DeVeylder, M. Kuiper und D. Inzé. 2006. The *Arabidopsis* leaf as a model system for investigating the role of cell cycle regulation in organ growth. *J. Plant Res.* 1129, 43–50.

Berleth, T., E. Scarpella und P. Prusinkiewicz. 2007. Towards the systems biology of auxin-transport-mediated patterning. *Trends Plant Sci.* 12, 151–159. (Review)

Bernhardt, C., M. Zhao, A. Gonzalez, A. Lloyd und J. Schiefelbein. 2005. The bHLH genes *GL3* and *EGL3* participate in an intercellular regulatory circuit that controls cell patterning in the *Arabidopsis* root epidermis. *Development* 132, 291–298.
(Eine Analyse der Expression von *GL3* und *EGL3* während der Entwicklung der Wurzelepidermis hat gezeigt, dass *GL3* und *EGL3* Expression und RNA Akkumulation vor allem in sich entwickelnden Haarzellen stattfinden. Man hat gefunden, dass das GL3 Protein von Haarzellen in die Nicht-Haarzellen wandert. Das Ergebnis dieser Studie lässt vermuten, dass die GL3/EGL3 Akkumulation in Zellen, die zu Nicht-Haarzellen bestimmt sind, von der Bestimmung einer Entwicklung zur Haarzelle abhängig ist.)

Bozhkov, P. V., M. F. Suarez, L. H. Filonova, G. Daniel, A. A. Zamyatnin Jr., S. Rodriguez-Nieto, B. Zhivotovsky und A. Smertenko. 2005. Cysteine protease mcll-Pa executes programmed cell death during plant embryogenesis. *Proc. Natl. Acad. Sci. USA* 102, 14463–14468.
(Das Ergebnis dieser Studie zeigt, dass Metacaspase als „Vollstrecker" des programmierten Zelltodes [PCD] während der Embryomusterbildung anzusehen ist und eine funktionale Verbindung zwischen PCD und Embryogenese in Pflanzen darstellt.)

Canales, C., S. Grigg und M. Tsiantis. 2005. The formation and patterning of leaves: recent advances. *Planta* 2221, 752–756. (Review)

Carles, C. C., D. Choffnes-Inada, K. Reville, K. Lertpiriyapong und J. C. Fletcher. 2005. *ULTRAPETALA1* encodes a SAND domain putative transcriptional regulator that controls shoot and floral meristem activity in *Arabidopsis*. *Development* 132, 897–911.

Castellano, M. M. und R. Sablowski. 2005. Intercellular signalling in the transition from stem cells to organogenesis in meristems. *Curr. Opin. Plant Biol.* 8, 26–31.

Chandler, J., J. Nardmann und W. Werr. 2008. Plant development revolves around axes. *Trends Plant Sci.* 13, 78–84. (Review)

Chang, C. und A. B. Bleecker. 2004. Ethylene biology. More than a gas. *Plant Physiol.* 136, 2895–2899. (Stand der Forschung)

Cheng, Y. und X. Chen. 2004. Posttranscriptional control of plant development. *Curr. Opin. Plant Biol.* 7, 20–25. (Review)

del Río, L. A., F. J. Corpas und J. B. Barroso. 2004. Nitric oxide and nitric oxide synthase activity in plants. *Phytochemistry* 65, 783–792. (Review)

Dhonukshe, P., J. Kleine-Vehn und J. Friml. 2005. Cell polarity, auxin transport, and cytoskeleton-mediated division planes: who comes first? *Protoplasma* 226, 67–73. (Review)

Dolan, L. and J. Davies. 2004. Cell expansion in roots. *Curr. Opin. Plant Biol.* 7, 33–39. (Review)

Evans, L. S. und R. K. Perez. 2004. Diversity of cell lengths in intercalary meristem regions of grasses: location of the proliferative cell population. *Can. J. Bot.* 82, 115–122.
(Nicht alle Parenchymzellen des intercalaren Meristems zeigen rasche Proliferation.)

FLEMING.A. J. 2005. Formation of primordia and phyllotaxy. *Curr. Opin. Plant Biol.* 8, 53–58. (Review)

Fleming, A. J. 2006. The co-ordination of cell division, differentiation and morphogenesis in the shoot apical meristem: a perspective. *J. Exp. Bot.* 57, 25–32.
(Daten einer Serie von Experimenten unterstützen eine organismische Sicht auf die Pflanzenmorphogenese und die Idee, dass die Zellwand eine Schlüsselrolle bei dem Mechanismus spielt, durch den diese erreicht wird.)

Fleming, A. J. 2006. The integration of cell proliferation and growth in leaf morphogenesis. *J. Plant Res.* 119, 31–36. (Review)

Fletcher, J. C. 2002. Shoot and floral meristem maintenance in *Arabidopsis*. *Annu. Rev. Plant Biol.* 53, 45–66. (Review)

Friml, J., P. Benfey, E. Benková, M. Bennett, T. Berleth, N. Geldner, M. Grebe, M. Heisler, J. Hejátko, G. Jürgens, T. Laux, K. Lindsey, W. Lukowitz, C. Luschnig, R. Offringa, B. Scheres, R. Swarup, R. Torres-Ruiz, D. Weijers und E. Zažímalová. 2006. Apical-basal polarity: why plant cells don't stand on their heads. *Trends Plant Sci.* 11, 12–14.
(Die Autoren kritisieren die Apikal-Basal-Terminologie.)

Grafi, G. 2004. How cells dedifferentiate: a lesson from plants. *Dev. Biol.* 268, 1–6. (Review)

Grandjean, O., T. Vernoux, P. Laufs, K. Belcram, Y. Mizukami, J. Traas. 2004. In vivo analysis of cell division, cell growth, and differentiation at the shoot apical meristem in *Arabidopsis*. *Plant Cell* 16, 74–87.
(Konfokale Mikroskopie kombiniert mit Grün-Fluoreszenz-Protein Marker-Linien und Vitalfarbstoffen wurde verwendet, um lebende Sprossapikalmeristeme sichtbar zu machen. Der Einfluss verschiedener Mitosehemmer auf die Meristementwicklung zeigt, dass die DNA-Synthese eine wichtige Rolle bei Wachstum und Musterbildung spielt.)

Gray, J., Hrsg. 2004. *Programmed cell death in plants*. Blackwell/CRC Press, Oxford/Boca Raton.

Haigler, C. H., D. Zhang und C. G. Wilkerson. 2005. Biotechnological improvement of cotton fibre maturity. *Physiol. Plant.* 124, 285–294. (Review)

Hake, S., H. M. S. Smith, H. Holtan, E. Magnani, G. Mele und J. Ramirez. 2004. The role of *knox* genes in plant development. *Annu. Rev. Cell Dev. Biol.* 20, 125–151. (Review)

Hara-Nishimura, I., N. Hatsugai, S. Nakaune, M. Kuroyanagi und M. Nishimura. 2005. Vacuolar processing enzyme: an executor of plant cell death. *Curr. Opin. Plant Biol.* 8, 404–408. (Review)

Haubrick, L. L. und S. M. Assmann. 2006. Brassinosteroids and plant function: some clues, more puzzles. *Plant Cell Environ.* 29, 446–457. (Review)

Hörtensteiner, S. 2006. Chlorophyll degradation during senescence. *Annu. Rev. Plant Biol.* 57. Online. (Review)

Hirayama, T. und K. Shinozaki. 2007. Perception and transduction of abscisic acid signals: keys to the function of the versatile plant hormone ABA. *Trends Plant Sci.* 12, 343–351. (Review)

Hobbie, L. J. 2006. Auxin and cell polarity: the emergence of AXR4. *Trends Plant Sci.* 11, 517–518. (Aktualisierung)

Huang, T., H. Böhlenius, S. Eriksson, F. Parcy und O. Nilsson. 2005. The mRNA of the *Arabidopsis* gene *FT* moves from leaf to shoot apex and induces flowering. *Science* 309, 1694–1696.
(Die Daten lassen vermuten, dass *FT* mRNA eine wichtige Komponente des schwer fassbaren „Florigen" Signals ist, das in den Siebröhren des Phloems vom Blatt in die Sprossspitze wandert. Es ist möglich, dass auch das FT Protein wandert und für die Blühinduktion verantwortlich ist. Siehe auch Abe et al., 2005 und Huang et al., 2005.)

Ingram, G. C. 2004. Between the sheets: inter-cell-layer communication in plant development. *Philos. Trans. R. Soc. Lond. B* 359, 891–906. (Review)

Ivanov, V. B. 2004. Meristem as a self-renewing systems: maintenance and cessation of cell proliferation. *Russ. J. Plant Physiol.* 51, 834–847. (Review).

Jakoby, M. und A. Schnittger. 2004. Cell cycle and differentiation. *Curr. Opin. Plant Biol.* 7, 661–669. (Review).

Jenik, P. D. und M. K. Barton. 2005. Surge and destroy: the role of auxin in plant embryogenesis. *Development* 132, 3577–3585. (Review)

Jiang, K., T. Ballinger, D. LI. S. Zhang und L. Feldman. 2006. A role for mitochondria in the establishment and maintenance of the maize root quiescent center. *Plant Physiol.* 140, 1118–1125.
(Mitochondrien im Ruhezentrum [QC] der Maiswurzel [*Zea mays*] zeigten einen markanten Rückgang in der Aktivität der Enzyme des Tricarbonsäurezyklus und Pyruvatdehydrogenase-Aktivität konnte nicht gefunden werden. Die Autoren postulieren, dass Modifikationen der Mitochondrienfunktion für die Errichtung und den Erhalt des Ruhezentrums eine zentrale Rolle spielen.)

Jiang, K. und L. J. Feldman. 2005. Regulation of root apical meristem development. *Annu. Rev. Cell Dev. Biol.* 21, 485–509. (Review)

Jiménez, V. M. 2005. Involvement of plant hormones and plant growth regulators on *in vitro* somatic embryogenesis. *Plant Growth Regul.* 47, 91–110. (Review)

Jing, H.-C., J. Hille und P. P. Dijkwel. 2003. Ageing in plants: conserved strategies and novel pathways. *Plant Biol.* 5, 455–464. (Review)

John, P. C. L. und R. Qi. 2008. Cell division and endoreduplication: doubtful engines of vegetative growth. *Trends Plant Sci.* 13, 121–127. (Meinung)

Jongebloed, U., J. Szederkényi, K. Hartig, C. Schobert und E. Komor. 2004. Sequence of morphological and physiological events during natural ageing and senescence of a castor bean leaf: sieve tube occlusion and carbohydrate back-up precede chlorophyll degradation. *Physiol. Plant.* 120, 338–346.
(Phloemblockade geht voraus und kann die Ursache sein für den Chlorophyllabbau bei der Blattseneszenz.)

Jönsson, H., M. Heisler, G. V. Reddy, V. Agrawal, V. Gor, B. E. Shapiro, E. Mjolsness und E. M. Meyerowitz. 2005. Modeling the organization of the *WUSCHEL* expression domain in the shoot apical meristem. *Bioinformatics* 21 (suppl. 1): i232–i240.
(Zwei Modelle werden präsentiert, die verantwortlich sind für die Organisation der *WUSCHEL* Expressions Domäne im Sprossapikalmeristem von *Arabidopsis thaliana*.)

Jordy, M.-N. 2004. Seasonal variation of organogenetic activity and reserves allocation in the shoot apex of *Pinus pinaster*. Ait. *Ann. Bot.* 93, 25–37.
(Es wird geschlussfolgert, dass abhängig vom Ort ihrer Akkumulation im Sprossapikalmeristem und vom Stadium des jährlichen Wachstumszyklus, Lipide, Stärke und Tannine bei verschiedenen Prozessen eine Rolle spielen, so trägt z. B. Energie und Strukturmaterial, die bei der Lipidsynthese im Frühjahr freigesetzt werden, zum Längenwachstum der Sprossachse und zur Zell/Zell-Kommunikation bei.)

Kawakatsu, T., J.-I. Itoh, K. Miyoshi, N. Kurata, N. Alvarez, B. Veit und Y. Nagato. 2006. *PLASTOCHRON2* regulates leaf initiation and maturation in rice. *Plant Cell* 18, 612–625.
(Die Autoren schlagen ein Modell vor, in dem das Plastochron durch Signale aus unreifen Blättern determiniert wird, welche nicht-zellautonom im Sprossapikalmeristem agieren und die Anlage neuer Blätter verhindern.)

Kepinski, S. 2006. Integrating hormone signaling and patterning mechanisms in plant development. *Curr. Opin. Plant Biol.* 9, 28–34. (Review)

Keskitalo, J., G. Bergquist, P. Gardeström, S. Jansson. 2005. A cellular timetable of autumn senescence. *Plant Physiol.* 139, 1635–1648.
(Veränderungen im Gehalt an Pigmenten, Metaboliten und Nährstoffen, der Photosynthese und der Zell- und Organell-Integrität folgten einander in alternden Blättern einer wildlebenden Pappel [*Populus tremula*] im Herbst.)

Kieffer, M., Y. Stern, H. Cook, E. Clerici, C. Maulbetsch, T. Laux und B. Davies. 2006. Analysis of the transcription factor WUSCHEL and its functional homologue in *Antirrhinum* reveals a potential mechanism for their roles in meristem maintenance. *Plant Cell* 18, 560–573.
(Die Ergebnisse dieser Studie lassen vermuten, dass WUS durch Heranziehen transkriptionaler Corepressoren funktioniert, wobei Target-Gene reprimiert werden, welche die Differenzierung fördern, und so den Erhalt von Stammzellen sichern.)

Kondorosi, E. und A. Kondorosi. 2004. Endoreduplication and activation of the anaphase-promoting complex during symbiotic cell development. *FEBS Lett.* 567, 152–157.
(Endoreduplikation ist ein integraler Bestandteil der symbiotischen Zelldifferenzierung während der Entwicklung stickstofffixierender Knöllchen.)

Kramer, E. M. und M. J. Bennett. 2006. Auxin transport: a field in flux: *Trends Plant Sci.* 11, 382–386. (Meinung)

Kramer, E. M. 2009. Auxin-regulated cell polarity: an inside job? *Trends Plant Sci.* 14, 242–247. (Meinung)

Kuhlemeier, C. 2007. Phyllotaxis. *Trends Plant Sci.* 12, 143–150. (Review)

Kwak, S.-H., R. Shen und J. Schiefelbein. 2005. Positional signalling mediated by a receptor-like kinase in a*rabidopsis*. *Science* 307, 1111–1113.

Kwiatkowska, D. 2004. Structural integration at the shoot apical meristem: models, measurements, and experiments. *Am. J. Bot.* 91, 1277–1293.
(Übersichtsartikel über mechanische Aspekte des Sprossapikalmeristemwachstums.)

Kwiatkowska, D. und J. Dumais. 2003. Growth and morphogenesis at the vegetative shoot apex of *Anagallis arvensis* L. *J. Exp. Bot.* 54, 1585–1595.
(Die Geometrie und Expansion der Sprossspitzenoberfläche wird analysiert unter zur Hilfenahme nicht-destruktiver Replika-Methoden und einem 3-D Rekonstruktions Algorithmus.)

Lacroix, C., B. Jeune und D. Barabé. 2005. Encasement in plant morphology: an integrative approach from genes to organisms. *Can. J. Bot.* 83, 1207–1221.

Larkin, J. C., M. L. Brown und J. Schiefelbein. 2003. How do cells know what they want to be when they grow up? Lessons from epidermal patterning in *Arabidopsis*. *Annu. Rev. Plant Biol.* 54, 403–430. (Review)

Lazar, G. und H. M. Goodman. 2006. *MAX1*, a regulator of the flavonoid pathway, controls vegetative axillary bud outgrowth in *Arabidopsis*. *Proc. Natl. Acad. Sci. USA* 103, 472–476.
(Die Ergebnisse dieser Studie veranlassen die Autoren darüber zu spekulieren, dass *MAX1* das Auswachsen von Achselknospen unterdrücken könnte, durch eine Flavonoid-abhängige Auxin-Retention in der Knospe und der darunter liegenden Sprossachse.)

Leiva-Neto, J. T., G. Grafi, P. A. Sabelli, R. A. Dante, Y. Woo, S. Maddock, W. J. Gordon-Kamm und B. A. Larkins. 2004. A dominant negative mutant of cyclin-dependent kinase A reduces endoreduplication but not cell size or gene expression in maize endosperm. *Plant Cell* 16, 1854–1869.
(Ein reduzierter Grad an Endoreduplikation hatte keinen Einfluss auf die Zellgröße und hatte wenig Effekt auf den Grad der Genexpression im Endosperm.)

Ljung, K., A. K. Hull, J. Celenza, M. Yamada, M. Estelle, J. Normanly und G. Sandberg. 2005. Sites and regulation of auxin biosynthesis in *Arabidopsis* roots. *Plant Cell* 17, 1090–1104.
(Eine wichtige Auxinquelle wurde identifiziert in der meristematischen Region der Primärwurzel und in den Spitzen ausgetretener Seitenwurzeln. Ein Modell wird präsentiert, wie die Primärwurzel während der frühen Keimlingsentwicklung mit Auxin versorgt wird.)

Love, A. J., J. J. Milner und A. Sadanandom. 2008. Timing is everything: regulatory overlap in plant cell death. *Trends Plant Sci.* 13, 589–595. (Meinung)

Lumba, S. und P. McCourt. 2005. Preventing leaf identity theft with hormones. *Curr. Opin. Plant Biol.* 8, 501–505. (Review)

Mathur, J. 2006. Local interactions shape plant cells. *Curr. Opin. Cell Biol.* 18, 40–46. (Review)

McSteen, P. und O. Leyser. 2005. Shoot branching. *Annu. Rev. Plant Biol.* 56, 353–374. (Review)

Munné-Bosch, S. 2008. Do perennials really senesce? *Trends Plant Sci.* 13, 216–220. (Review)

Müssig, C. 2005. Brassinosteroid-promoted growth. *Plant Biol.* 7, 110–117. (Review)

Nakielski, J. 2008. The tensor-based model for growth and cell divisions of the root apex. I. The significance of principal directions. *Planta* 228, 179–189.

Nemoto, K., I. Nagano, T. Hogetsu und N. Miyamoto. 2004. Dynamics of cortical microtubules in developing maize internodes. *New Phytol.* 162, 95–103.
(Die Orientierung der mitochondrialen Mikrotubuli in Zellen des intercalaren Meristems stammte von Zellen mit zufällig orientierten Mikrotubuli und blieb unverändert während der gesamten Proliferation von Internodienzellen.)

Ponce, G., P. W. Barlow, L. J. Feldman und G. I. Cassab. 2005. Auxin and ethylene interactions control mitotic activity of the quiescent centre, root cap size, and pattern of cap cell differentiation in maize. *Plant Cell Environ.* 28, 719–732.
(Bei der Kontrolle von Größe, Form und Struktur der Wurzelhaube spielen Interaktionen zwischen Wurzelhaube [RC] und Ruhezentrum [QC] eine Rolle. Ergebnisse von Experimenten mit Ethylen und dem polaren Auxin-Inhibitor 1-N-Naphthylphthalsäure [NPA] lassen vermuten, dass das QC eine geordnete interne Verteilung von Auxin gewährleistet und dabei nicht nur die Ebenen von Wachstum und Teilung sowohl in der eigentlichen Wurzelspitze als auch im RC Meristem reguliert, sondern auch das Zellschicksal im RC bestimmt. Ethylen reguliert offenbar das Auxinverteilungssystem, mit Sitz im RC.)

Ranganath, R. M. 2005. Asymmetric cell divisions in flowering plants—one mother, "two-many" daughters. *Plant Biol.* 7, 425–448. (Review)

Reddy, G. V., M. G. Heisler, D. W. Ehrhardt und E. M. Meyerowitz. 2004. Real-time lineage analysis reveals oriented cell divisions associated with morphogenesis at the shoot apex of *Arabidopsis thaliana*. *Development* 131, 4225–4237.
(Eine „live-imaging" Methode basierend auf konfokaler Mikroskopie wurde verwendet, um das Wachstum in Echtzeit zu analysieren, indem einzelne Zellteilungen im Sprossapikalmeristem [SAM] von *Arabidopsis thaliana* beobachtet wurden. Die Analyse konnte zeigen, dass die Zellteilungsaktivität im SAM zeitabhängig ist und

über klonal unterschiedliche Zellschichten hinweg koordiniert wird.)

Reddy, G. V. und E. M. Meyerowitz. 2005. Stem-cell homeostasis and growth dynamics can be uncoupled in the *Arabidopsis* shoot apex. *Science* 310, 663–667.
(Es wird gezeigt, dass das *CLAVATA3* [*CLV3*] Gen seine eigene Expressionsdomäne begrenzt [die Zentralzone, CZ], indem es die Differenzierung der peripheren Zone [PZ], welche die CZ umgibt, in CZ Zellen verhindert und insgesamt die Größe des Sprossapikalmeristems [SAM] durch einen separaten Langzeiteffekt auf die Zellteilungsrate begrenzt.)

Reinhardt, D. 2005. Phyllotaxis—a new chapter in an old tale about beauty and magic numbers. *Curr. Opin. Plant Biol.* 8, 487–493. (Review)

Reinhardt, D., E.-R. Pesce, P. Stieger, T. Mandel, K. Baltensperger, M. Bennett, J. Traas, J. Friml und C. Kuhlemeier. 2003. Regulation of phyllotaxis by polar auxin transport. *Nature* 426, 255–260.
(Die Ergebnisse dieser Studie zeigen, dass PIN1 und Auxin eine zentrale Rolle bei der phyllotaktischen Musterbildung von *Arabidopsis* spielen. PIN1, auf der anderen Seite, antwortet auf Informationen zur phyllotaktischen Musterbildung, was bedeutet, dass Phyllotaxis einen Rückkopplungsmechanismus umfasst. Basierend auf diesen Ergebnissen und anderen experimentellen Daten schlagen die Autoren ein Modell zur Regulation der Phyllotaxis bei *Arabidopsis* vor.)

Rodríquez-Rodríguez, J. F., S. Shishkova, S. Napsucialymendivil und J. G. Dubrovsky. 2003. Apical meristem organization and lack of establishment of the quiescent center in Cactaceae roots with determinate growth. *Planta* 217, 849–857.
(Die Bildung eines Ruhezentrums ist erforderlich zur Aufrechterhaltung des Apikalmeristems und für unbegrenztes Wurzelwachstum.)

Rohde, A. und R. P. Bhalerao. 2007. Plant dormancy in the perennial context. *Trends Plant Sci.* 12, 217–223. (Review)

Sampedro, J., R. D. Carey und D. J. Cosgrove. 2006. Genome histories clarify evolution of the expansin superfamily: new insight from the poplar genome and pine ESTs. *J. Plant Res.* 119, 11–21. (Review)

Schilmiller, A. L. und G. A. Howe. 2005. Systemic signaling in the wound response. *Curr. Opin. Plant Biol.* 8, 369–377.
(Kurzer Review zur Rolle von Jasmonsäure und Systemin als Antwort auf eine Verwundung.)

Shostak, S. 2006. (Re)defining stem cells. *BioEssays* 28, 301–308.
(Der Autor diskutiert die momentan vorhandene Konfusion zum Gebrauch des Begriffes Stammzelle.)

Singh, M. B. und P. L. Bhalla. 2006. Plant stem cells carve their own niche. *Trends Plant Sci.* 11, 241–246.

Steffens, B. und M. Sauter. 2005. Epidermal cell death in rice is regulated by ethylene, gibberellin, and abscisic acid. *Plant Physiol.* 139, 713–721.
(Die Induktion des programmierten Zelltods [PCD] von Epidermiszellen, welche die Adventivwurzel-Primordien in Tiefwasser-Reis [*Oryza sativa*] bedecken, beruht auf dem Untertauchen. Die Induktion von PCD ist von Ethylen Signalübertragung abhängig und wird außerdem durch Gibberellin [GA] gefördert; Ethylen und GA wirken synergistisch. Es zeigte sich, dass Abscisinsäure sowohl den Ethyleninduzierten als auch den GA geförderten Zelltod verzögert.)

Sugiyama, S.-I. 2005. Polyploidy and cellular mechanisms changing leaf size: Comparison of diploid and autotetraploid populations in two species of *Lolium*. *Ann. Bot.* 96, 931–938.
(Polyploidie führte zur Erhöhung der Blattgröße durch Zunahme der Zellgröße.)

Tanaka, M., K. Takei, M. Kojima, H. Sakakibara und H. Mori. 2006. Auxin controls local cytokinin biosynthesis in the nodal stem in apical dominance. *Plant J.* 45, 1028–1036.
(Die Autoren demonstrieren, dass Auxin die Cytokinin [CK] Biosynthese in der nodalen Sprossachse negativ reguliert, durch Kontrolle des Expressionsgrades des Erbsen [*Pisum sativum* L.] Gens *Adenosine Phosphate-Isopentenyltransferase* [*PsIPT*], welches ein Schlüsselenzym in der CK Biosynthese enkodiert.)

Teale, W. D., I. A. Paponov, F. Ditengou und K. Palme. 2005. Auxin and the developing root of *Arabidopsis thaliana*. *Physiol. Plant.* 123, 130–138. (Review)

Valladares, F. und D. Brites. 2004. Leaf phyllotaxis: does it really affect light capture? *Plant Ecol.* 174, 11–17.

van Doorn, W. G. 2005. Plant programmed cell death and the point of no return. *Trends Plant Sci.* 10, 478–483. (Review)

van Doorn, W. G. und E. J. Woltering. 2005. Many ways to exit? Cell death categories in plants. *Trends Plant Sci.* 10, 117–122. (Review)

Vanisree, M., C.-Y. Lee, S.-F. Lo, S. M. Nalawade, C. Y. Lin und H.-S. Tsay. 2004. Studies on the production of some important secondary metabolites form medicinal plants by plant tissue cultures. *Bot. Bull. Acad. Sin.* 45, 1–22. (Review)

Vanneste, S., L. Maes, I. DeSmet, K. Himanen, M. Naudts, D. Inzé und T. Beeckman. 2005. Auxin regulation of cell cycle and its role during lateral root initiation. *Physiol. Plant.* 123, 139–146. (Review)

Veit, B. 2004. Determination of cell fate in apical meristems. *Curr. Opin. Plant Biol.* 7, 57–64. (Review)

Walter, A., W. K. Silk und U. Schurr. 2009. Environmental effects on spatial and temporal patterns of leaf and root growth. *Annu. Rev. Plant. Biol.* 60, 279–304. (Review)

Ward, S. P. und O. Leyser. 2004. Shoot branching. *Curr. Opin. Plant Biol.* 7, 73–78. (Review)

Weijers, D. und G. Jürgens. 2005. Auxin and embryo axis formation: the ends in sight? *Curr. Opin. Plant Biol.* 8, 32–37. (Review)

Wigge, P. A., M. C. Kim, K. E. Jaeger, W. Busch, M. Schmid, J. U. Lohmann und D. Weigel. 2005. Integration of spatial and temporal information during floral induction in *Arabidopsis*. *Science* 309, 1056–1059. (Siehe Zusammenfassung bei Abe et al., 2005.)

Williams, L. und J. C. Fletcher. 2005. Stem cell regulation in the *Arabidopsis* shoot apical meristem. *Curr. Opin. Plant Biol.* 8, 582–586. (Review)

Woodward, A. W. und B. Bartel. 2005. Auxin: regulation, action, and interaction. *Ann. Bot.* 95, 707–735. (Review)

## Kapitel 7 und 8

Ageeva, M. V., B. Petrovská, H. Kieft, V. V. Sal'nikov, A. V. Snegireva, J. E. G. Van Dam, W. L. H. Van Veenendaal, A. M. C. Emons, T. A. Gorshkova und A. A. M. Van Lammeren. 2005. Intrusive growth of flax phloem fibers is of intercalary type. *Planta* 222, 565–574.
(Die primären Phloemfasern von *Linum usitatissimum* zeigen anfangs koordiniertes Wachstum, gefolgt von intrusivem Wachstum. Es gibt Hinweise darauf, dass die intrusive Wachstumphase durch einen diffusen Modus der Zellstreckung und nicht durch Spitzenwachstum erfolgt. Die intrusiv wachsende Faser ist vielkernig und, da ihr Plasmodesmen fehlen, symplastisch isoliert.)

Angeles, G., S. A. Owens und F. W. Ewers. 2004. Fluorescence shell: a novel view of sclereid morphology with the confocal laser scanning microscope. *Microsc. Res. Techniq.* 63, 282–288.
(CLSM wurde angewandt, um Sklereiden von *Avicennia germinans* Sprossachsen und Früchten von *Pyrus calleryana* und *P. communis* zu beobachten. Die Verwendung von CLSM zur Erzeugung von Fluoreszenzbildern mit erweitertem Focus machte es leicht, den Grad der Verzweigung der Tüpfel und die Zahl der Facetten zu zeigen und zu quantifizieren.)

Evans, D. E. 2003. Aerenchyma formation. *New Phytol.* 161, 35–49.

Gorshkova, T. und C. Morvan. 2006. Secondary cell-wall assembly in flax phloem fibres: role of galactans. *Planta* 223, 149–158. (Review)

Gottschling, M. und H. H. Hilger. 2003. First fossil record of transfer cells in angiosperms. *Am. J. Bot.* 90, 957–959.

Gritsch, C. S., G. Kleist und R. J. Murphy. 2004. Developmental changes in cell wall structure of phloem fibres of the bamboo *Dendrocalamus asper*. *Ann. Bot.* 94, 497–505.
(Der vielschichtige Bau der Zellwand variierte beträchtlich zwischen individuellen Zellen und stand nicht in direktem Zusammenhang mit der Dicke der Zellwand.)

Kennedy, C. J., G. J. Cameron, A. Šturcová, D. C. Apperley, C. Altaner, T. J. Wess und M. C. Jarvis. 2007. Microfibril diameter in celery collenchyma cellulose: X-ray scattering and NMR evidence. *Cellulose* 14, 171–279.

Malik, A. I., T. D. Colmer, H. Lambers und M. Schortemeyer. 2003. Aerenchyma formation and radial O2 loss along adventitious roots of wheat with only the apical root portion exposed to O2 deficiency. *Plant Cell Environ.* 26, 1713–1722.
(Es wurde gezeigt, dass Aerenchym, welches gebildet wurde, wenn nur ein Teil des Wurzelsystems Sauerstoffmangel ausgesetzt war, in der Lage ist, Sauerstoff zu leiten.)

Pfanz, H., G. Aschan, R. Langenfeld-Heyser, C. Wittmann und M. Loose. 2002. Ecology and ecophysiology of tree stems: corticular and wood photosynthesis. *Naturwissenschaften* 89, 147–162. (Review)

Purnobasuki, H. und M. Suzuki. 2005. Aerenchyma tissue development and gas-pathway structure in root of *Avicennia marina* (Forsk.) Vierh. *J. Plant Res.* 118, 285–294.
(Aerenchym entstand durch Bildung schizogener Interzellularräume. Die Trennung der Zellen erfolgte zwischen senkrechten Zellreihen, unter Bildung langer Interzellularen in Längsausdehnung der Wurzelachse. Diese langen Interzellularräume waren durch zahlreiche kleine Poren oder Kanäle schizogenen Ursprungs miteinander verbunden.)

Seago, J. L., Jr., L. C. Marsh, K. J. Stevens, A. Soukup, O. Votrubová und D. E. Enstone. 2005. A re-examination of the root cortex in wetland flowering plants with respect to aerenchyma. *Ann. Bot.* 96, 565–579. (Review)

Tomlinson, P. B. und J. B. Fisher. 2005. Development of nonlignified fibers in leaves of *Gnetum gnemon* (Gnetales). *Am. J. Bot.* 92, 383–389.
(Die nicht lignifizierten dickwandigen Fasern der *Gnetum gnemon* Blätter können eine hydraulische Funktion haben, zusätzlich zu einer mechanischen.)

## Kapitel 9

Assmann, S. M. und T. I. Baskin. 1998. The function of guard cells does not require an intact array of cortical microtubules. *J. Exp. Bot.* 49, 163–170.
(Schließzellen in isolierter Epidermis zeigten ein Öffnen der Stomata durch Licht oder Fusicoccin und ein Schließen durch Dunkelheit und Calcium, unabhängig von der Anwesenheit von 1 mM Colchicin, das die meisten Mikrotubuli depolymerisiert.)

Bergmann, D. C. 2004. Integrating signals in stomatal development. *Curr. Opin. Plant Biol.* 7, 26–32. (Review)

Büchsenschütz, K., I. Marten, D. Becker, K. Philippar, P. Ache und R. Hedrich. 2005. Differential expression of K channels between guard cells and subsidiary cells within the maize stomatal complex. *Planta* 222, 968–976.
(Die Interaktion zwischen Nebenzellen und Schließzellen basiert auf Überlappung und auch auf der differentiellen Expression von $K^+$ Kanälen in den beiden Zelltypen des Mais Stoma-Komplexes.)

Driscoll, S. P., A. Prins, E. Olmos, K. J. Kunert und C. H. Foyer. 2006. Specification of adaxial and abaxial stomata, epidermal structure and photosynthesis to CO2 enrichment in maize leaves. *J. Exp. Bot.* 57, 381–390.
(Die Ergebnisse dieser Studie zeigen, dass Maisblätter ihre stomatäre Dichte durch Veränderung der Zahl der Epidermiszellen anpassen und nicht durch Veränderung der Zahl der Stomata.)

Fan, L.-M., Z.-X. Zhao und S. M. Assmann. 2004. Guard cells: a dynamic signaling model. *Curr. Opin. Plant Biol.* 7, 537–546. (Review)

Galatis, B. und P. Apostolakos. 2004. The role of the cytoskeleton in the morphogenesis and function of stomatal complexes. *New Phytol.* 161, 613–639. (Review)

Gao, X.-Q., C.-G. Li, P.-C. Wei, X.-Y. Zhang, J. Chen und X.-C. Wang. 2005. The dynamic changes of tonoplasts in guard cells are important for stomatal movement in *Vicia faba*. *Plant Physiol.* 139, 1207–1216.

Guimil, S. und C. Dunand. 2006. Patterning of *Arabidopsis* epidermal cells: epigenetic factors regulate the complex epidermal cell fate pathway. *Trends Plant Sci.* 11, 601–609. (Review)

Hernandez, M. L., H. J. Passas und L. G. Smith. 1999. Clonal analysis of epidermal patterning during maize leaf development. *Dev. Biol.* 216, 646–658.
(Durch Analyse von Klonen erzielte Ergebnisse zeigen deutlich, dass die Zelllinie nicht für die lineare Anordnung von Stomata und bulliformen Zellen verantwortlich ist; das bedeutet, dass bei Mais die Lageinformation die Differenzierungsmuster dieser Zelltypen dirigiert.)

Holroyd, G. H., A. M. Hetherington und J. E. Gray. 2002. A role for the cuticular waxes in the environmental control of stomatal development. *New Phytol.* 153, 433–439. (Review)

ICPN Working Group: M. Madella, A. Alexandre und T. Ball. 2005. International code for phytolith nomenclature 1.0. *Ann. Bot.* 96, 253–260.
(Diese Veröffentlichung bietet ein einfaches, international akzeptiertes Protokoll zur Beschreibung und Benennung von Phytolithen.)

Koiwai, H., K. Nakaminami, M. Seo, W. Mitsuhashi, T. Toyomasu und T. Koshiba. 2004. Tissue-specific localization of an abscisic acid biosynthetic enzyme, AAO3, in *Arabidopsis*. *Plant Physiol.* 134, 1697–1707.
(Die Ergebnisse zeigen, dass im Leitgewebe synthetisierte ABA zu verschiedenen Wirkungsorten (Gewebe und Zellen) transportiert wird. Schließzellen sind in der Lage, ABA zu synthetisieren.)

Kouwenberg, L. L. R., W. M. Kürschner und H. Visscher. 2004. Changes in stomatal frequency and size during elongation of *Tsuga heterophylla* needles. *Ann. Bot.* 94, 561–569.
(Stomata erscheinen zuerst in der Apikalregion der Nadel und breiten sich dann basipetal aus. Obwohl sich die Zahl der Stomatareihen während der Nadelentwicklung nicht ändert, nimmt die stomatäre Dichte nicht linear mit wachsender Nadelfläche ab, bis zu einem Prozentsatz von 50% der finalen Nadelfläche. Die Bildung von Stomata und Epidermiszellen setzt sich bis zum Ende der Nadelreifung fort.)

Lahav, M., M. Abu-Abied, E. Belausov, A. Schwartz und E. Sadot. 2004. Microtubules of guard cells are light sensitive. *Plant Cell Physiol.* 45, 573–582.
(Mikrotubuli [MTs] in Schließzellen von lichtinkubierten *Commelina communis* Blättern waren in parallelen geraden und dichten Bündeln angeordnet; im Dunkeln waren sie weniger gerade und nahe der Stoma-Pore zufällig verteilt. Auch in *Arabidopsis* Schließzellen waren die MTs im Licht parallel angeordnet, aber im Dunkeln lagen sie ungeordnet vor.)

Lucas, J. R., J. A. Nadeau und F. D. Sack. 2006. Microtubule arrays and *Arabidopsis* stomatal development. *J. Exp. Bot.* 57, 71–79.
(Während der Stomata-Entwicklung von *Arabidopsis* sind die Präprophasebänder aus Mikrotubuli in korrekter Entfernung von den Stomata und beiden Typen von Vorläuferzellen positioniert. Das zeigt, dass alle drei Zelltypen am interzellulären Signaltransport beteiligt sind, der Ort und Lage der Teilungsebene bestimmt.)

Ma, J.F. und N. Yamaji. 2006. Silicon uptake and accumulation in higher plants. *Trends Plant Sci.* 11, 392–397. (Review)

Miller, D. D., N. C. A. de Ruijter und A. M. C. Emons. 1997. From signal to form: aspects of the cytoskeleton-plasma membrane-cell wall continuum in root hair tips. *J. Exp. Bot.* 48, 1881–1896. (Review)

Miyazawa, S.-I., N. J. Livingston und D. H. Turpin. 2006. Stomatal development in new leaves is related to the stomatal conductance of mature leaves in poplar *(Populus trichocarpa* x *P. deltoides). J. Exp. Bot.* 57, 373–380.
(Die Ergebnisse dieser Studie lassen vermuten, dass die Entwicklung von Epidermiszellen und Stomata durch unterschiedliche physiologische Mechanismen reguliert wird. Die stomatäre Leitfähigkeit reifer Blätter hat offenbar einen regulatorischen Einfluss auf die stomatäre Entwicklung sich vergrößernder Blätter.)

Motomura, H., T. Fujii und M. Suzuki. 2004. Silica deposition in relation to ageing of leaf tissues in *Sasa veitchii* (Carrière) Rehder (Poaceae: Bambusoideae). *Ann. Bot.* 93, 235–248.
(Zwei Hypothesen bezüglich der Ablagerung von Siliciumdioxid wurden getestet. Erstens, dass die Siliziumdioxid Deposition passiv als Ergebnis der Wasseraufnahme durch Pflanzen erfolgt; und zweitens, dass die Ablagerung von Siliciumdioxid von den Pflanzen kontrolliert wird. Die Ergebnisse zeigen, dass der Ablagerungsprozess sich je nach Zelltyp unterscheidet.)

Nadeau, J. A. und F. D. Sack. 2003. Stomatal development: cross talk puts mouths in place. *Trends Plant Sci.* 8, 294–299. (Review)

Pei, Z.-M. und K. Kuchitsu. 2005. Early ABA signaling events in guard cells. *J. Plant Growth Regul.* 24, 296–307. (Review)

Pighin, J. A., H. Zheng, L. J. Balakshin, I. P. Goodman, T. L. Western, R. Jetter, L. Kunst und A. L. Samuels. 2004. Plant cuticular lipid export requires an ABC transporter. *Science* 306, 702–704.
(Der in der Plasmamembran von *Arabidopsis*-Epidermiszellen lokalisierte ABC Transporter CER5 spielt eine Rolle beim Wachs-Export zur Cuticula.)

Richardson, A., R. Franke, G. Kerstiens, M. Jarvis, L. Schreiber und W. Fricke. 2005. Cuticular wax deposition in growing barley (*Hordeum vulgare*) leaves commences in relation to the point of emergence of epidermal cells from the sheaths of older leaves. *Planta* 222, 472–483.
(Die Ergebnisse zeigen, dass cuticulare Schichten längs des wachsenden Gerstenblattes unabhängig von Zellalter oder Entwicklungsstadium abgelagert werden. Andererseits scheint der Referenzpunkt für die Ablagerung von Wachs der Zeitpunkt des Eintauchens der Zellen in die Atmosphäre zu sein.)

Schreiber, L. 2005. Polar paths of diffusion across plant cuticles: new evidence for an old hypothesis. *Ann. Bot.* 95, 1069–1073. (Botanische Unterrichtung.)

Serna, L. 2005. Epidermal cell patterning and differentiation throughout the apical-basal axis of the seedling. *J. Exp. Bot.* 56, 1983–1989. (Review)

Serna, L., J. Torres-Contreras und C. Fenoll. 2002. Specification of stomatal fate in *Arabidopsis*: evidences for cellular interactions. *New Phytol.* 153, 399–404. (Review)

Serna, L. und C. Martin. 2006. Trichomes: different regulatory networks lead to convergent structures. *Trends Plant Sci.* 11, 274–280.

Shi, Y.-H., S.-W. Zhu, X.-Z. Mao, J.-X. Feng, Y.-M. Qin, L. Zhang, J. Cheng, L.-P. Wei, Z.-Y. Wang und Y.-X. Zhu. 2006. Transcriptome profiling, molecular biological, and physiological studies reveal a major role for ethylene in cotton fiber cell elongation. *Plant Cell* 18, 651–664.
(Die Ergebnisse dieser Studie zeigen, dass Ethylen eine Hauptrolle bei der Förderung der Streckung von Baumwollfasern spielt, und dass Ethylen die Zellverlängerung durch Expression von Saccharosesynthase-, Tubulin- und Expansinsgenen fördert.)

Shpak, E. D., J. M. McAbee, L. J. Pillitteri und K. U. Torii. 2005. Stomatal patterning and differentiation by synergistic interactions of receptor kinases. *Science* 309, 290–293.
(Die Resultate dieser Studie lassen vermuten, dass die ERECTA [ER]-family leucin-reach-repeat Rezeptorkinasen [LRR-RLKs] zusammen als negative Regulatoren der Stomata-Entwicklung bei *Arabidopsis* wirken.)

Tanaka, Y., T. Sano, M. Tamaoki, N. Nakajima, N. Kondo und S. Hasezawa. 2005. Ethylene inhibits abscisic acid induced stomatal closure in *Arabidopsis. Plant Physiol.* 138, 2337–2343.
(Die Ergebnisse zeigen, dass Ethylen den Stomaschluss verzögert durch Hemmung des ABA Signalübertragungweges.)

Valkama, E., J.-P. Salminen, J. Koricheva und K. Pihlaja. 2004. Changes in leaf trichomes and epicuticular flavonoids during leaf development in three birch taxa. *Ann. Bot.* 94, 233–242.
(Die Dichte sowohl der Drüsenhaare als auch der nicht glandulären Trichome nahm mit Blattvergrößerung deutlich ab, während die Gesamtzahl der Trichome pro Blatt konstant blieb. Zusätzlich bestand innerhalb einer Art eine positive Korrelation zwischen den Konzentrationen der meisten Blattoberflächen-Flavonoide und der Dichte der Drüsenhaare. Offenbar ist die funktionelle Rolle der Trichome wahrscheinlich am wichtigsten in den frühen Stadien der Birkenblattentwicklung.)

van Bruaene, N., G. Joss und P. van Oostveldt. 2004. Reorganization and in vivo dynamics of microtubules during *Arabidopsis* root hair development. *Plant Physiol.* 136, 3905–3919.
(Diese Studie liefert einen Einblick in die Mechanismen der Mikrotubuli [MT] [Re]Organisation während der Wurzelhaarentwicklung bei *Arabidopsis thaliana*. Die Ergebnisse zeigen, wie sich die MTs nach sichtbarem Kontakt mit anderen MTs reorientieren und liefern ein Modell für die MT Anordnung basierend auf wiederholter Reorientierung von dynmischem MT-Wachstum).

Wu, Y., A. C. Machado, R. G. White, D. J. Llewellyn und E. S. Dennis. 2006. Expression profiling identifies genes expressed early during lint fibre initiation in cotton. *Plant Cell Physiol.* 47, 107–127.
(Beide, der GhMyb25 Tanscriptionsfaktor und das Homöodomäne-Gen waren hauptsächlich Ovulum-spezifisch und wurden am Tag der Anthese in Faserinitialen heraufreguliert relativ zu den angrenzenden Nicht-Faser Epidermiszellen der Samenanlage. Messungen des DNA-Gehaltes zeigen, dass die Faserinitialen eine DNA-Endoreduplication durchmachen.)

Yang, H.-M., J.-H. Zhang und X.-Y. Zhang. 2005. Regulation mechanisms of stomatal oscillation. *J. Integr. Plant Biol.* 47, 1159–1172. (Review)

## Kapitel 10 und 11

Bucci, S. J., F. G. Scholz, G. Goldstein, F. C. Meinzer und L. D. S. L. Sternberg. 2003. Dynamic changes in hydraulic conductivity in petioles of two savanna tree species: factors and mechanisms contributing to the refilling of embolized vessels. *Plant Cell Environ.* 26, 1633–1645.
(Diese Studie bringt Beweise dafür, dass die Bildung und Reparation von Embolien zwei verschiedene Phänomene sind, die von verschiedenen Variablen kontrolliert werden; das Ausmaß der Embolie ist eine Funktion der Spannung, und die Rate der Wiederauffüllung ist eine Funktion interner Druckunterschiede.)

Burgess, S. S. O., J. Pittermann und T. E. Dawson. 2006. Hydraulic efficiency and safety of branch xylem increases with height in *Sequoia sempervirens* (D. Don) crowns. *Plant Cell Environ.* 29, 229–239.
(Messungen zur Resistenz des Zweigxylems gegenüber Embolisierung zeigen einen Anstieg der Sicherheit mit zunehmender Höhe. Eine erwartete Abnahme der Xylemeffizienz konnte jedoch nicht beobachtet werden. Die Abwesenheit eines Sicherheits-Effizienz-Kompromisses kann teilweise erklärt werden, wenn man Höhen-

trends in der Tüpfelapertur und den leitenden Durchmesser der Tracheiden gegenübergestellt und die Haupt- und semi-abhängigen Rollen, die sie bei der Determination von Xylemsicherheit und Xylemeffizienz spielen.)

Bush, S. E., D. E. Pataki, K. R. Hultine, A. G. West, J. S. Sperry und J. R. Ehleringer. 2008. Wood anatomy constrains stomatal responses to atmospheric vapor pressure deficit in irrigated, urban trees. *Oecologia* 156, 13–20. (Review)

Cochard, H., F. Froux, S. Mayr und C. Coutand. 2004. Xylem wall collapse in water-stressed pine needles. *Plant Physiol.* 134, 401–408.
(Bei scharfer Dehydrierung kollabierten die Tracheidenwände vollständig, aber die Lumina erschienen weiterhin gefüllt mit Xylemsaft. Weitere Dehydrierung resultierte in embolisierten Tracheiden und Entspannung der Wände. Der Wandkollaps dehydrierter Nadeln wurde durch eine erneute Hydrierung schnell rückgängig gemacht.)

Cutler, D. F., P. J. Rudall, P. E. Gasson und R. M. O. Gale. 1987. *Root Identification Manual of Trees and Shrubs: A Guide to the Anatomy of Roots of Trees and Shrubs Hardy in Britain and Northern Europe.* Chapman and Hall, London.

Fayle, D. C. F. 1968. *Radial Growth in Tree Roots: Distribution, Timing, Anatomy.* University of Toronto, Faculty of Forestry, Toronto.

Demura, T. und H. Fukuda. 2007. Transcriptional regulation in wood formation. *Trends Plant Sci.* 12, 64–70. (Review)

Escalante-Pérez, M., S. Lautner, U. Nehls, A. Selle, M. Teuber, J. P. Schnitzler, T. Teichmann, P. Fayyaz, W. Hartung, A. Polle, J. Fromm, R. Hedrich und P. Ache. 2009. Salt stress affects xylem differentiation of grey poplar (*Populus x canescens*). *Planta* 229, 299–309.

Gabaldón, C., L. V. Gómez Ros, M. A. Pedreño und A. Rosbarceló. 2005. Nitric oxide production by the differentiating xylem of *Zinnia elegans*. *New Phytol.* 165, 121–130.
(NO Produktion war hauptsächlich in Phloem und Xylem lokalisiert, unabhängig vom Zelldifferenzierungszustand. Es gab jedoch Hinweise darauf, dass Pflanzenzellen, bei denen gerade eine Determination Richtung irreversibler Transdifferenzierung zu Xylemelementen stattgefunden hat, eine Explosion an NO Produktion zeigen. Dieser explosionsartige Anstieg hielt so lange an, wie Sekundärwandsynthese und Zellautolyse stattfanden.)

Gansert, D. 2003. Xylem sap flow as a major pathway for oxygen supply to the sapwood of birch (*Betula pubescens* Ehr.). *Plant Cell Environ.* 26, 1803–1814.
(Saftfluss lieferte ungefähr 60% der gesamten Sauerstoffversorgung des Splintholzes. Er beeinflusste nicht allein den Sauerstoffgehalt des Splintholzes, sondern hatte auch einen Einfluss auf den radialen Sauerstofftransport zwischen Sprossachse und Atmosphäre.)

Hacke, U. G. und J. S. Sperry. 2001. Functional and ecological xylem anatomy. *Perspectives in Plant Ecology, Evolution and Systematics* 4, 97–115.

Hacke, U. G., J. S. Sperry, J. K. Wheeler und L. Castro. 2006. Scaling of angiosperm xylem structure with safety and efficiency. *Tree Physiol.* 26, 689–701.
(Die Autoren testeten die Hypothese, dass eine größere Resistenz gegenüber Cavitation mit einer geringeren Gesamt-Gefäß-Gefäß-Tüpfelfläche [Tüpfelflächen-Hypothese] korreliert und evaluierten den Kompromiss zwischen Cavitations-Sicherheit und Effizienz. Daten von vierzehn Arten unterschiedlicher Wuchsform und Familienzugehörigkeit wurden bereits veröffentlichten Daten hinzugefügt [29 Arten insgesamt]. Ein Kompromiss von Sicherheit gegenüber Effizienz war deutlich erkennbar und die Tüpfelflächen-Hypopthese wurde durch eine strenge Relation [r2=0.77] zwischen wachsender Cavitationsresistenz und abnehmenden Tüpfelmembranen pro Gefäß gefunden.)

Hacke, U. G., J. S. Sperry, T. S. Feild, Y. Sano, E. H. Sikkema und J. Pittermann. 2007. Water transport in vesselless angiosperms: conducting efficiency and cavitation safety. *Int. J Plant Sci.* 168, 1113–1126. (Review)

Hsu, L. C. Y., J. C. F. Walker, B. G. Butterfield und S. L. Jackson. 2006. Compression wood does not form in the roots of *Pinus radiata*. *IAW. J.* 27, 45–54.
(Mehr als 300 mm von der Stammbasis entfernt wurde bei *Pinus radiata* Druckholz weder in der Haupt- noch in den Seitenwurzeln beobachtet. Unterirdischen Wurzeln fehlt offenbar die Fähigkeit, Druckholz zu bilden.)

Jacobsen, A. L., F. W. Ewers, R. B. Pratt, W. A. Paddock III und S. D. Davis. 2005. Do xylem fibers affect vessel cavitation resistance? *Plant Physiol.* 139, 546–556.
(Mögliche mechanische und hydraulische Kosten zur Erhöhung der Cavitations-Resistenz wurden bei vergesellschafteten Strauchspecies des Chaparrals im südlichen Kalifornien untersucht. Es wurde eine Korrelation zwischen Cavitations-Resistenz und der Fläche der Faserwand gefunden, was für eine mechanische Rolle der Fasern bei der Cavitations-Resistenz spricht.)

Karam, G. N. 2005. Biomechanical model of the xylem vessels in vascular plants. *Ann. Bot.* 95, 1179–1186.
(Die Morphologie des Xylemgefäßes während verschiedener Wachstumsphasen folgt optimalen mechanischen Gestaltungsprinzipien.)

Kojs, P., W. Włoch und A. Rusin. 2004. Rearrangement of cells in storeyed cambium of *Lonchocarpus sericeus* (Poir.) DC connected with the formation of interlocked grain in the xylem. *Trees* 18, 136–144.
(Der Mechanismus zur Bildung von regulärem Wechseldrehwuchs wurde untersucht. Neue Kontakte zwischen den Zellen werden durch intrusives Wachstum der Enden von Zellen gebildet, die zu einem Stockwerk gehören, zwischen den Tangentialwänden von Zellen des benachbarten Stockwerks und durch inäquale perikline Teilungen, welche die Form der Initialen verändern.)

Lautner, S., B. Ehlting, E. Windeisen, H. Rennenberg, R. Matyssek und J. Fromm. 2007. Calcium nutrition has a significant influence on wood formation in poplar. *New Phytologist* 173, 743–752.

Li, A.-M., Y.-R. Wang und H. Wu. 2004. Cytochemical localization of pectinase: the cytochemical evidence for resin ducts formed by schizogeny in *Pinus massoniana*. *Acta Bot. Sin.* 46, 443–450.
(Es gibt cytochemische Hinweise darauf, dass Pektinase bei der schizogenen Entstehung von Harzkanälen bei *Pinus massoniana* eine Rolle spielt.)

Li, Y., J. S. Sperry, H. Taneda, S. E. Bush und U. G. Hacke. 2008. Evaluation of centrifugal methods for measuring xylem cavitation in conifers, diffuse- and ring-porous angiosperms. *New Phytologist* 177, 558–568. (Review)

Lopez, O. R., T. A. Kursar, H. Cochard und M. T. Tyree. 2005. Interspecific variation in xylem vulnerability to cavitation among tropical tree and shrub species. *Tree Physiol.* 25, 1553–1562.
(Die Verletzbarkeit des Sprossachsenxylems hinsichtlich Cavitation wurde in neun tropischen Arten mit verschiedener Lebensgeschichte und Habitatvergesellschaftung untersucht. Die Ergebnisse unterstreichen die funktionale Abhängigkeit der Trockentoleranz von der Cavitationsresistenz des Xylems.)

McDowell, N., W. Pockman, C. Allen, D. Breshears, N. Cobb, T. Kolb, J. S. Sperry, A. West, D. Williams und E. Yepez. 2008. Tansley Review: Mechanisms of plant survival and mortality during drought. Why do some plants survive while others succumb to drought? *New Phytologist* 178, 719–739. (Review)

Mauseth, J. D. 2004. Wide-band tracheids are present in almost all species of Cactaceae. *J. Plant Res.* 117, 69–76.
(Breitbandtracheiden [WBTs] – kurze, breite, fassförmige Tracheiden mit ringförmigen oder schraubenförmigen Sekundärwandverdickungen, die weit ins Tracheidenlumen ragen – finden sich im Holz nahezu aller Arten der Cactaceen. Sie sind wahrscheinlich nur einmal bei den Cactaceae entstanden oder in der Cactaceae/Portulacaceae Klade. WBTs können sich dehnen und zusammenziehen, und

man nimmt an, dass sie das Risiko von Cavitationen reduzieren, die bei starren Wänden und festgelegten Volumina auftreten würden.)

Mauseth, J. D. und J. F. Stevenson. 2004. Theoretical considerations of vessel diameter and conductive safety in populations of vessels. *Int. J. Plant Sci.* 165, 359–368.
(Es wurde ein Vergleich der Transportsicherheit verschiedener Gefäßpopulationen angestellt.)

McElrone, A. J., W. T. Pockman, J. Martínez-Vilalta und R. B. Jackson. 2004. Variation in xylem structure and function in stems and roots of trees to 20 m depth. *New Phytol.* 163, 507–517.

Miles, A. 1978. *Photomicrographs of World Woods.* HM Stationery Office, London.

Motose, H., M. Sugiyama und H. Fukuda. 2004. A proteoglycan mediates inductive interaction during plant vascular development. *Nature* 429, 873–878.
(In Zellkulturen von *Zinnia* wurde ein Glykoproteinsignalmolekül identifiziert und als Xylogen bezeichnet. Es übermittelt Informationen zur Bildung von Gefäßen [kontinuierlichen Strängen von Gefäßelementen].)

Olson, M. E. 2005. Commentary: typology, homology und homoplasy in comparative wood anatomy. *IAWA. J.* 26, 507–522.

Oribe, Y., R. Funada und T. Kubo. 2003. Relationships between cambial activity, cell differentiation and the localization of starch in storage tissues around the cambium in locally heated stems of *Abies sachalinensis* (Schmidt) Masters. *Trees* 17, 185– 192.
(Die Ergebnisse lassen vermuten, dass das Ausmaß sowohl der Zellteilung als auch der Zelldifferenzierung abhängig ist vom Stärkevorrat im Speichergewebe rings um das Cambium bei lokal erhitzten Sprossachsen dieser immergrünen, in kalten Klimaregionen wachsenden Conifere.)

Pittermann, J., J. S. Sperry, U. G. Hacke, J. K. Wheeler und E. H. Sikkema. 2005. Torus-margo pits help conifers compete with angiosperms. *Science* 310, 1924.
(Der Tüpfelflächenwiderstand von Coniferen war 59 mal geringer als im Durchschnitt der Angiospermen. So wird die geringe Länge und die geringere Tüpfelfläche der Tracheiden ausgeglichen und es resultiert eine vergleichbare Resistivität (spezifischer Widerstand) der Coniferen-Tracheiden und Angiospermen-Gefäße.)

Pittermann, J., J. S. Sperry, J. K. Wheeler, U. G. Hacke und E. H. Sikkema. 2006. Mechanical reinforcement of tracheids compromises the hydraulic efficiency of conifer xylem. *Plant Cell and Environment* 29, 1618–1628.

Pittermann, J., J .S. Sperry, J. K. Wheeler und U. G. Hacke. 2006. Intertracheid pitting and the hydraulic efficiency of conifer wood: the role of tracheid allometry and cavitation protection. *Am. J. Bot.* 93, 1105–1113.

Pittermann, J. und J.S. Sperry. 2006. Analysis of freeze-thaw embolism in conifers: the interaction between cavitation pressure and tracheid size. *Plant Physiol.* 140, 374–382.

Pratt, R., A. Jacobsen, J. S. Sperry, S. D. Davis und F. W. Ewers. 2007. Life history type coupled to water stress tolerance in nine Rhamnaceae species of the California chaparral. *Ecological Monographs* 77, 239–253.

Ryser, U., M. Schorderet, R. Guyot und B. Keller. 2004. A new structural element containing glycine-rich proteins and rhamnogalacturonan I in the protoxylem of seed plants. *J. Cell Sci.* 117, 1179–1190.
(Die Polysaccharid-reiche Primärwand lebender und sich verlängernder Protoxylemelemente wird fortlaufend modifiziert und schließlich in toten, sich passiv streckenden Elementen durch eine proteinreiche Wand ersetzt.)

Salleo, S., M.A. Lo Gullo, P. Trifilò und A. Nardini. 2004. New evidence for a role of vessel-associated cells and phloem in the rapid xylem refilling of cavitated stems of *Larus nobilis. Plant Cell Environ.* 27, 1065–1076.
(Vorschlag eines Mechanismus zum Wiederauffüllen von Xylem nach Umwandlung von Stärke in Zucker und Transport in die embolisierten Leitelemente, unterstützt von einem Druck-getriebenen radialen Massenfluss.)

Sano, Y. 2004. Intervascular pitting across the annual ring boundary in *Betula platyphylla* var. *japonica* and *Fraxinus mandshurica* var. *japonica. IAW.J.* 25, 129–140.
(Bei beiden Arten wurden unilaterale zusammengesetzte Tüpfel in der gemeinsamen intervascularen Wand an der Jahrringgrenze gefunden.)

Sperry, J.S. 2003. Evolution of water transport and xylem structure. *Int. J. Plant Sci.* 164 (3, suppl.), S115–S127. (Review).

Sperry, J. S., U. G. Hacke und J. K. Wheeler. 2005. Comparative analysis of end wall resistivity in xylem conduits. *Plant Cell Environ.* 28, 456–465.
(Die hydraulische Resistivität – Druckgradient/Flussrate – durch die Endwände von Xylem-Leitbahnen wurde in einem gefäßtragenden Farn, einer tracheidentragenden Gymnosperme, einer gefäßlosen Angiosperme und vier gefäßtragenden Angiospermen untersucht. Die Ergebnisse lassen vermuten, dass Endwand- und Lumenresistivität in Gefäßpflanzen beinahe gleichwertig limitierend sind.)

Sperry, J. S., U. G. Hacke und J. Pittermann. 2006. Size and function in conifer tracheids and angiosperm vessels. *Am. J. Bot.* 93, 1490–1500.

Sperry, J. S., U. G. Hacke, T. S. Feild, Y. Sano und E. H. Sikkema. 2007. Hydraulic consequences of vessel evolution in angiosperms. *Int. J. Plant Sci.* 168, 1127–1139. (Review)

Sperry, J. S., F. C. Meinzer und K.A. McCulloh. 2008. Safety and efficiency conflicts in hydraulic architecture: scaling from tissues to trees. *Plant Cell and Environment* 31, 632–645.

Stiller, V., J. S. Sperry und R. Lafitte. 2005. Embolized conduits of rice (*Oryza sativa*, Poaceae) refill despite negative xylem pressure. *Am. J. Bot.* 92, 1970–1974.

Taneda, H. und J. S. Sperry. 2008. A case study of water transport in co-occurring ring- vs. diffuse-porous trees: contrasts in water status, conducting capacity, cavitation, and vessel refilling. *Tree Physiol.* 28, 1641–1651.

Teichmann, T., W. Hamsinah Bolu-Arianto, A. Olbrich, R. Langenfeld-Heyser, C. Göbel, P. Grzeganek, I. Feussner, R. Hänsch und A. Polle. 2008. GH3::GUS reflects cell-specific developmental patterns and stress-induced changes in wood anatomy in the poplar stem. *Tree Physiol.* 28, 1305–1315.

Turner, S., P. Gallois und D. Brown. 2007. Tracheary Element Differentiation. *Annu. Rev. Plant Biol.* 58, 407–433. (Review)

van Ieperen, W. 2007. Ion-mediated changes of xylem hydraulic resistance in planta: fact or fiction? *Trends Plant Sci.* 12, 137–142. (Meinung)

Vazquez-Cooz, J. und R.W. Meyer. 2004. Occurrence and lignification of libriform fibers in normal and tension wood of red and sugar maple. *Wood Fiber Sci.* 36, 56–70.
(In normalem und in Zugholz von *Acer rubrum* und *A. saccharum* treten Libriformfasern in unterbrochenen welligen Bändern auf und haben größere Lumina als Fasertracheiden; Interzellularen sind häufig.)

von Arx, G. und H. Dietz. 2006. Growth rings in the roots of temperate forbs are robust annual markers. *Plant Biol.* 8, 224–233.
(Die Zuwachsringe im sekundären Xylem von Wurzeln nördlicher temperater krautiger, nicht graminoider Pflanzen (*forbs*) haben sich als robuste Jahrringe erwiesen. Sie können daher verlässlich in der Pflanzenökologie bei chronologischen Studien an krautigen Pflanzen mit Fragestellungen bezüglich Alter und Wachstum verwendet werden.)

Watanabe, Y., Y. Sano, T. Asada und R. Funada. 2006. Histochemical study of the chemical composition of vestured pits in two species of *Eucalyptus. IAW.J.* 27, 33–43.

(Es sieht so aus, dass die Verzierungen von Gefäßelementen und Fasern im Holz von *Eucalyptus camaldulensis* und *E. globus* hauptsächlich aus alkalilöslichen Polyphenolen und Polysacchariden bestehen.)

West, A. G., K. R. Hultine, J. S. Sperry, S. E. Bush und J. R. Ehleringer. 2008. Interannual and seasonal variations in transpiration in a piñon-juniper woodland. *Ecological Applications.* 18, 911–927.

Wheeler, J. K., J. S. Sperry, U. G. Hacke und N. Hoang. 2005. Intervessel pitting and cavitation in woody Rosaceae and other vesselled plants: a basis for a safely versus efficiency trade-off in xylem transport. *Plant Cell Environ.* 28, 800–812.
(Es wurde kein Zusammenhang zwischen Tüpfelwiderstand und Cavitationsdruck gefunden, jedoch eine inverse Relation zwischen der Tüpfelfläche pro Gefäß und der Vulnerabilität gegenüber Cavitation.)

Wimmer, R. 2002. Wood anatomical features in tree-rings as indicators of environmental change. *Dendrochronologia* 20, 21–36. (Review)

Woodruff, D. R., F.C. Meinzer und B. Lachenbruch. 2008. Height-related trends in leaf xylem anatomy and shoot hydraulic characteristics in a tall conifer: safety versus efficiency in water transport. *New Phytologist* 180, 90–99.

Yang, J., D. P. Kamdem, D. E. Keathley und K.-H. Han. 2004. Seasonal changes in gene expression at the sapwood-heartwood transition zone of black locust (*Robinia pseudoacacia*) revealed by cDNA microarray analysis. *Tree Physiol.* 24, 461–474.
(Proben aus der Splintholz/Kernholz-Übergangszone reifer Bäume wurden im Sommer und im Herbst gesammelt und verglichen; dabei zeigten 569 Gene differentielle Expressionsmuster: 293 Gene wurden im Sommer heraufreguliert [5. Juli] und 276 Gene wurden im Herbst [27. November] heraufreguliert. Mehr als 50% der Gene des Sekundär- und Hormonstoffwechsels auf den *microarrays* waren im Sommer heraufreguliert. Neunundzwanzig von 55 Genen der Signalreduktion waren differentiell reguliert, was vermuten lässt, dass die Strahlparenchymzellen im innersten Teil des Stammholzes auf saisonelle Veränderungen reagieren.)

Ye, Z.-H. 2002. Vascular tissue differentiation and pattern formation in plants. *Annu. Rev. Plant Biol.* 53, 183–202. (Review)

Ye, Z.-H., W. S. York und A. G. Darvill. 2006. Important new players in secondary wall synthesis. *Trends Plant Sci.* 11, 162–164.

Yoshida, S., H. Kuriyama und H. Fukuda. 2005. Inhibition of transdifferentiation into tracheary elements by polar auxin transport inhibitors through intracellular auxin depletion. *Plant Cell Physiol.* 46, 2019–2028.

## Kapitel 12

Arend, M., M.H. Weisenseel, M. Brummer, W. Osswald und J.H. Fromm. 2002. Seasonal Changes of Plasma Membrane H+-ATPase and Endogenous Ion Current during Cambial Growth in Poplar Plants. *Plant Physiol.* 129, 1651–1663.

Dettmer, J., A. Elo und Y. Helariutta. 2009. Hormone interactions during vascular development. *Plant Mol. Biol.* 69, 347–360. (Review)

Espinosa-Ruiz, A., S. Saxena, J. Schmidt, E. Mellerowicz, P. Miskolczi, L. Bako und R.P. Bhalerao. 2004. Differential stage-specific regulation of cyclin-dependent kinases during cambial dormancy in hybrid aspen. *Plant J.* 38, 603–615.
(Cambiale Dormanz in Holzpflanzen kann in zwei Stadien unterteilt werden, die Ecodormanz und die Endodormanz. Während Bäume im Ecodormanz-Stadium ihr Wachstum aufgrund wachstumsfördernder Signale wiederaufnehmen, reagieren Bäume im Endodormanz-Stadium auf solche Signale nicht. Ergebnisse dieser Studie, in der die Regulation von Cyclin-abhängigen Kinasen analysiert wurde, zeigen, dass Eco- und Endodormanz-Stadien der cambialen Dormanz eine stadiumspezifische Regulation der Zellzyklus-Effektoren auf verschiedenstem Niveau beinhalten.)

Kojs, P., A. Rusin, M. Iqbal, W. Włoch und J. Jura. 2004. Readjustments of cambial initials in *Wisteria flribunda* (Willd.) DC. for development of storeyed structure. *New Phytol.* 163, 287–297.
(Der Mechanismus der Bildung einer etagierten cambialen Struktur bei *W. floribunda* umfasst sowohl antikline Zellteilungen als auch gleichzeitiges intrusives Wachstum der Enden von Cambiumzellen eines Paketes entlang der Tangentialwände der Zellen des benachbarten Paketes.)

León-Gómez, C. und A. Monroy-Ata. 2005. Seasonality in cambial activity of four lianas from a Mexican lowland tropical rainforest. *IAWA. J.* 26, 111–120.
(In allen vier Arten - *Machaerium cobanense, M. floribundum, Gouania lupuloides* und *Trichostigma octandrum* – ist das Cambium das ganze Jahr über aktiv. In allen Arten, außer *T. octandrum*, war die cambiale Aktivität in der Regenzeit höher als in der Trockenzeit. Die cambiale Aktivität in *T. octandrum* war nicht signifikant mit der nassen oder der trockenen Periode assoziiert.)

Mwange, K.-N'K., H.-W. Hou, Y.-Q. Wang, X.-Q. H. und K.-M. Cui. 2005. Opposite patterns in the annual distribution and time-course of endogenous abscisic acid and indole-3- acetic acid in relation to the periodicity of cambial activity in *Eucommia ulmoides* Oliv. *J. Exp. Bot.* 56, 1017–1028.
(In der aktiven Periode [AP] fand eine abrupte Abnahme an ABA statt, und erreichte im Sommer ein Minimum. Das Maximum war im Winter erreicht. IAA zeigte das entgegengesetzte Muster wie ABA: es nahm in der AP steil zu, nahm aber deutlich ab mit Beginn der ersten Ruhe [im August]. Lateral war die meiste ABA in reifen Geweben lokalisiert, wohingegen IAA im Wesentlichen in der Cambiumregion lokalisiert war. Ergebnisse experimenteller Studien lassen vermuten, dass bei *E. ulmoides* ABA und IAA möglicherweise in der Cambiumregion interagieren.)

Myskow, E. und B. Zagorska-Marek. 2004. Ontogenetic development of storied ray pattern in cambium of Hippophae rhamnoides L. Acta Soc. Bot. Pol. 73, 93–101.
(Die Entwicklung der etagierten Anordnung sowohl der fusiformen Initialen als auch der Strahlen bei *Hippophae rhamnoides* umfasst anfangs antikline longitudinale Teilungen und begrenztes intrusives Wachstum der fusiformen Initialen, gefolgt von der Anlage sekundärer Strahlen größtenteils durch Segmentierung fusiformer Initialen. Im hohen Maße kontrollierte vertikale Migration von Strahlen auf der cambialen Oberfläche trägt auch zur Bildung des Stockwerkmusters bei.)

Schrader, J., R. Moyle, R. Bhalerao, M. Hertzberg, J. Lundeberg, P. Nilsson und R.P. Bhalerao. 2004. Cambial meristem dormancy in trees involves extensive remodelling of the transcriptome. *Plant J.* 40, 173–187.
(Gereinigte aktive und dormante Cambiumzellen von *Populus tremula* wurden verwendet, um meristemspezifische cDNA Bibliotheken aufzustellen und für Mikroarray-Experimente zur Definition globaler transkriptionaler Veränderungen, die der cambialen Dormanz zugrunde liegen. Im Stadium der Dormanz wurde eine signifikante Reduktion in der Komplexität des cambialen Transkriptoms gefunden. Unter anderem zeigen diese Ergebnisse, dass die Zellzyklus-Maschinerie im dormanten Cambium in einem „skelettartigen" Zustand aufrecht erhalten wird und dass eine Herabregulierung von *PttPIN1* und *PttPIN2* Transkripten den reduzierten basipetalen polaren Auxin-Transport während der Dormanz erklärt.)

Siedlecka, A., S. Wiklund, M. Péronne, F. Micheli, J. Leśniewska, I. Sethson, U. Edlund, L. Richard, B. Sundberg und E.J. Mellerowicz. 2008. Pectin Methyl Esterase Inhibits Intrusive and Symplastic Cell Growth in Developing Wood Cells of *Populus*. *Plant Physiol.* 146, 554–565.

## Kapitel 13 und 14

Amiard, V., K. E. Mueh, B. Demmig-Adams, V. Ebbert, R. Turgeon und W. W. Adams, III. 2005. Anatomical and photosynthetic acclimation to the light environment in species with differing mechanisms of phloem loading. *Proc. Natl. Acad. Sci. USA* 102, 12968–12973.
(Die Fähigkeit der Photosynthese-Regulierung durch das umgebende Licht [Wachstum unter Schwachlicht oder Starklicht oder bei Transfer von Schwach- zu Starklicht] wurde verglichen zwischen apoplastischen Beladern [Erbse und Spinat]und symplastischen Beladern [Kürbis und *Verbascum phoeniceum*].)

Ayre, B. G., F. Keller und R. Turgeon. 2003. Symplastic continuity between companion cells and the translocation stream: long-distance transport is controlled by retention and retrieval mechanisms in the phloem. *Plant Physiol.* 131, 1518–1528.
(Ein Modell wird vorgeschlagen, in dem der Transport von Oligosacchariden eine adaptive Strategie zur Verbesserung der Photoassimilat-Retention im Phloem ist, und damit der Translokations-Effizienz.)

Barlow, P. 2005. Patterned cell determination in a plant tissue: the secondary phloem of trees. *BioEssays* 27, 533–541.
(Es wird die Hypothese aufgestellt, dass in Verbindung mit der positionalen Information, welche die graduelle radiale Verteilung von Auxin liefert, Zellteilungen an bestimmten Stellen des Cambiums ausreichen, um nicht nur jeden der Phloemzelltypen zu determinieren, sondern auch ihr laufendes Differenzierungsmuster innerhalb jeder radialen Reihe.)

Bové, J. M. und M. Garnier. 2003. Phloem- and xylem-restricted plant pathogenic bacteria. *Plant Sci.* 164, 423–438. (Review)

Carlsbecker, A. und Y. Helariutta. 2005. Phloem and xylem specification: pieces of the puzzle emerge. *Curr. Opin. Plant Biol.* 8, 512–517. (Review)

Dunisch, O., M. Schulte und K. Kruse. 2003. Cambial growth of *Swietenia macrophylla* King studied under controlled conditions by high resolution laser measurements. *Holzforschung* 57, 196–206.
(Radiale Zellvergrößerung nach cambialer Dormanz fand zuerst in den Siebröhren mit Kontakt zu Strahlparenchymzellen statt; auf der Xylemseite wurde radiale Zellvergrößerung von Gefäßen und paratrachealem Parenchym beinahe gleichzeitig entlang des Sprossumfangs induziert. Radiale Zellvergrößerung der nach der cambialen Dormanz zuerst gebildeten Phloem- und Xylem-Derivate wurde fast simultan längs der Sprossachse induziert.)

Franceschi, V. R., P. Krokene, E. Christiansen und T. Krekling. 2005. Anatomical and chemical defenses of conifer bark against bark beetles and other pests. *New Phytol.* 167, 353–376. (Review)

Franceschi, V. R., P. Krokene, T. Krekling und E. Christiansen. 2000. Phloem parenchyma cells are involved in local and distant defense responses to fungal inoculation or bark-beetle attack in Norway spruce (Pinaceae). *Am. J. Bot.* 87, 314–316.

Garnier, M., S. Jagoueix-Eveillard und X. Foissac. 2003. Walled bacteria inhabiting the phloem sieve tubes. *Recent Res. Dev. Microbiol.* 7, 209–223.
(Mallicutes [Spiroplasmen und Phytoplasmen], denen eine Zellwand fehlt, sind die häufigsten Phloem-bewohnenden Bakterien. Auch Bakterien mit Zellwand kommen in Siebröhren vor. Sie gehören zu verschiedenen Unterklassen der Unterabteilung Proteobacteria. Diese Veröffentlichung gibt einen Überblick über aufs Phloem begrenzte Proteobacteria.)

Gould, N., M. R. Thorpe, O. Koroleva und P. E. H. Minchin. 2005. Phloem hydrostatic pressure relates to solute loading rate: a direct test of the Münch hypothesis. *Funct. Plant Biol.* 32, 1019–1026.
(Die Rolle, welche die Aufnahme gelöster Substanzen bei der Bildung eines mit Phloemtransport verbundenen hydrostatischen Drucks spielt, wurde an reifen Blättern von Gerste und Ackergänsedistel untersucht.)

Hancock, R. D., D. McRae, S. Haupt und R. Viola. 2003. Synthesis of L-ascorbic acid in the phloem. *BMC Plant Biol.* 3 (7) [13 S.].
(Aktive L-Ascorbat-Synthese wurde in phloemreichen Leitbündel-Exsudaten von *Cucurbita pepo* Früchten entdeckt und konnte auch in isolierten Phloemsträngen von *Apium graveolens* gezeigt werden.)

Hölttä, T., T. Vesala, S. Sevanto, M. Perämäki und E. Nikinmaa. 2006. Modeling xylem and phloem water flows in trees according to cohesion theory and Münch hypothesis. *Trees* 20, 67–78.
(Die Flüsse von Wasser und gelösten Substanzen in dem gekoppelten System von Xylem und Phloem wurden zusammen modelliert, mit Voraussagen für Veränderungen im Durchmesser von Xylem- und Gesamtdurchmesser des Stammes. Mit diesem Modell waren die Autoren in der Lage, eine Wasserzirkulation zwischen Xylem und Phloem zu erstellen, wie sie die Münch-Hypothese vorsieht.)

Hsu, Y.-S., S.-J. Chen, C.-M. Lee und L.-L. Kuo-Huang. 2005. Anatomical characteristics of the secondary phloem in branches of *Zelkova serrata* Makino. *Bot. Bull. Acad. Sin.* 46, 143–149.
(Es zeigte sich kein deutlicher Unterschied in der Dicke zwischen dem sekundären Phloem der Oberseite [Reaktions-Phloem] und dem der Unterseite [Nicht-Reaktions-Phloem] geneigter Zweige. Gelatinöse Fasern, die sowohl im Reaktions-Phloem als auch im Nicht-Reaktions-Phloem auftraten, bildeten sich auf der Oberseite früher und nahmen einen größeren Flächenanteil ein. Außerdem waren die Siebelemente der Oberseite länger und weiter als die der Unterseite.)

Langenfeld-Heyser, R., A. Polle und E. Fritz (Hrsg.). 2000. *Neues zum Stofftransport in Bäumen*. Sauerländer, Frankfurt a. M.

Langhans, M., R. Ratajczak, M. Lützelschwab, W. Michalke, R. Wächter, E. Fischer-Schliebs und C. I. Ullrich. 2001. Immunolocalization of plasma-membrane H-ATPase and tonoplast-type pyrophosphatase in the plasma membrane of the sieve element-companion cell complex in the stem of *Ricinus communis* L. *Planta* 213, 11–19.
(Die Plasmamembran [PM] H$^+$-ATPase und die Tonoplast-Typ Pyrophosphatase [PPase] wurden mittels Epifluoreszenz und Confokaler Laser Scanning Mikroskopie [CLSM] immunolokalisiert, nach Einfach- oder Doppelmarkierung mit spezifischen monoklonalen und polyklonalen Antikörpern. Quantitative Fluoreszenz-Evaluation mittels CLSM zeigte beide Pumpen gleichzeitig in der Siebelement-PM.)

Lough, T. J. und W. J. Lucas. 2006. Integrative plant biology: role of phloem long-distance macromolecular trafficking. *Annu. Rev. Plant Biol.* 57. (Review)

Machado, S. R., C. R. Marcati, B. Lange de Morretes und V. Angyalossy. 2005. Comparative bark anatomy of root and stem in *Styrax camporum* (Styracaceae) *IAWA J.* 26, 477–487.

Minchin, P. E. H. und A. Lacointe. 2005. New understanding on phloem physiology and possible consequences for modelling long-distance carbon transport. *New Phytol.* 166, 771–779. (Review)

Narváez-Vasquez, J. und C. A. Ryan. 2004. The cellular localization of prosystemin: a functional role for phloem parenchyma in systemic wound signaling. *Planta* 218, 360–369.
(Die Phloemparenchymzellen in Blattspreiten, Blattstielen und Sprossachsen von *Lycopersicon esculentum* [*Solanum lycopersicum*] sind Orte der Synthese und Weiterverarbeitung von Prosystemin, dem Beginn einer Abwehr-Signalkette als Antwort auf Attacken durch Herbivore und Pathogene.)

Pommerrenig, B., F. S. Papini-Terzi und N. Sauer. 2007. Differential Regulation of Sorbitol and Sucrose Loading into the Phloem of *Plantago major* in Response to Salt Stress. *Plant Physiol.* 144, 1029–1038.

Thompson, M. V. 2006. Phloem: the long and the short of it. *Trends Plant Sci.* 11, 26–32.

(Der Autor präsentiert drei Metaphern für den Phloemtransport, die helfen sollen, ein akkurates theoretisches Gebäude des zeitlichen Langstreckenverhaltens des Phloems zu konstruieren – ein Gebäude, das nicht auf Turgordruckunterschieden als wichtiger Kontroll-Variablen beruht. Der Autor bemerkt, dass die molekulare Regulation des Austauschs von gelösten Substanzen des Phloems nur Sinn macht, wenn man das anatomieabhängige Langstrecken Verhalten berücksichtigt, und er sieht demzufolge den dringenden Bedarf für ein deutliche Neuverpflichtung zum Studium der quantitativen Anatomie des Phloems.)

Turgeon, R. 2006. Phloem loading: how leaves gain their independence. *BioScience* 56, 15–24. (Review)

van Bel, A.J. E. 2003. The phloem, a miracle of ingenuity. *Plant Cell Environ.* 26, 125–149. (Review)

Voitsekhovskaja, O. V., O.A. Koroleva, D.R. Batashev, C. Knop, A.D. Tomos, Y.V. Gamalei, H.-W. Heldt und G. Lohaus. 2006. Phloem loading in two Scrophulariaceae species. What can drive symplastic flow via plasmodesmata? *Plant Physiol.* 140, 383–395.

(Es wird der Schluss gezogen, dass sowohl bei *Alonsoa meridionalis* als auch bei *Asarina barclaiana* die apoplastische Phloembeladung ein unerlässlicher Mechanismus ist und dass ein symplastischer Eintritt gelöster Substanzen ins Phloem über einen Massenstrom erfolgen kann.)

van Bel, A.J. E. und P.H. Hess. 2008. Hexoses as phloem transport sugars: the end of a dogma? *J. Exp. Bot.* 59, 261–272.

Walz, C., P. Giavalisco, M. Schad, M. Juenger, J. Klose und J. Kehr. 2004. Proteomics of cucurbit phloem exudate reveals a network of defence proteins. *Phytochemistry* 65, 1795–1804.

(Insgesamt 45 Proteine wurden aus dem Phloemexsudat von *Cucumis sativus* und *Cucurbita maxima* identifiziert; die Mehrzahl spielt eine Rolle bei Stress- und Abwehrreaktionen.)

Wu, H. und X.-F. Zheng. 2003. Ultrastructural studies on the sieve elements in root protophloem of *Arabidopsis thaliana*. *Acta Bot. Sin.* 45, 322–330.

Zhang, L.-Y., Y.-B. Peng, S. Pelleschi-Travier, Y. Fan, Y.-F. Lu, Y.-M. Lu, X.-P. Gao, Y.-Y. Shen, S. Delrot und D.-P. Zhang. 2004. Evidence for apoplasmic phloem unloading in developing apple fruit. *Plant Physiol.* 135, 574–586.

(Strukturelle und experimentelle Daten zeigen deutlich, dass die Phloementladung in Apfelfrüchten apoplastisch ist, und liefern ferner Informationen über die an diesem Prozess beteiligten strukturellen und molekularen Merkmale.)

## Kapitel 15

Langenfeld-Heyser, R. 1997. Physiological functions of lenticels. In: *Trees—Contributions to Modern Tree Physiology*, S. 43–56. H. Rennenberg, W. Eschrich und H. Ziegler, Hrsg. Backhuys Publishers, Leiden, The Netherlands.

Mancuso, S. und A.M. Marras. 2003. Different pathways of the oxygen supply in the sapwood of young Olea europaea trees. *Planta* 216, 1028–1033.

(Bei Tageslicht wurde fast der gesamte Sauerstoff des Splintholzes über den Transpirationsstrom geliefert und nicht durch Gasaustausch über die Lenticellen.)

Soler, M., O. Serra, M. Molinas, G. Huguet, S. Fluch und M. Figueras. 2007. A Genomic Approach to Suberin Biosynthesis and Cork Differentiation. *Plant Physiol.* 144, 419–431.

Surový, P., A. Olbrich, A. Polle, N.A. Ribeiro, B. Sloboda und R. Langenfeld-Heyser. 2009. A new method for measurement of annual growth rings in cork by means of autofluorescence. *Trees.* DOI 10.1007/s00468-009-0363-7.

Waisel, Y. 1995. Developmental and functional aspects of the periderm. In: *The Cambial Derivatives*, S. 293–315, M. Iqbal, Hrsg. Gebrüder Borntraeger, Berlin.

## Kapitel 16 und 17

Ascensão, L. und M.S. Pais. 2008. Ultrastructure and histochemistry of secretory ducts in *Artemisia campestris* ssp. *maritima* (Compositae). *Nord. J. Bot.* 8, 283–292.

Bird, D. A., V.R. Franceschi und P.J. Facchini. 2003. A tale of three cell types: alkaloid biosynthesis is localized to sieve elements in opium poppy. *Plant Cell* 15, 2626–2635.

(Immunfluoreszenz-Markierung mittels affinitätsgereinigter Antikörper zeigte, dass drei Schlüsselenzyme (eins davon ist eine Codeinon Reduktase), die an der Biosynthese von Morphin und dem verwandten Alkaloid Sanguinarin beteiligt sind, auf die parietale Region der Siebelemente, benachbart oder proximal zu den Milchröhren, begrenzt sind.)

Carter, C., S. Shafir, L. Yehonatan, R.G. Palmer und R. Thornburg. 2006. A novel role for proline in plant floral nectars. *Naturwissenschaften* 93, 72–79.

(Der Nektar von Ziertabak und zwei insektenbestäubten ausdauernden Wildarten der Sojabohne besitzen einen hohen Gehalt an Prolin. Weil Insekten, wie die Honigbienen, prolinreichen Nektar bevorzugen, stellen die Autoren die Hypothese auf, dass einige Pflanzen solchen Nektar liefern, um Bestäuber anzulocken.)

Chen, C.-C. und Y.-R. Chen. 2005. Study on laminar hydathodes of *Ficus formosana* (Moraceae). I. Morphology and ultrastructure. *Bot. Bull. Acad. Sin.* 46, 205–215.

(Die Hydathoden der Blattspreite von *F. formosana* sind in zwei linearen Reihen angeordnet, je eine zwischen Blattrand und Mittelrippe, auf der adaxialen Blattfläche. Sie befinden sich auf Adernetzen mit zahlreichen Aderendigungen und bestehen aus Epithem, Tracheiden, einer begrenzenden Scheidenschicht und Wasserporen [permanent geöffnete Schließzellen]. In den Epithemzellen wurden zahlreiche Invaginationen der Plasmamembran gefunden, was auf eine Endocytose hindeutet.)

Davies, K. L., M. Stpiczyńska und A. Gregg. 2005. Nectarsecreting floral stomata in *Maxillaria anceps* Ames & C. Schweinf. (Orchidaceae). *Ann. Bot.* 96, 217–227.

(Nektar erscheint als Tröpfchen, die von modifizierten Stomata exsudiert werden, deren Öffnungen fast vollständig von einer Cuticularschicht bedeckt werden.)

Davies, K. L. und M. Stpiczyska. 2009. Comparative histology of floral elaiophores in the orchids *Rudolfiella picta* (Schltr.) Hoehne (Maxillariinae *sensu lato*) and *Oncidium ornithorhynchum* H.B.K. (Oncidiinae *sensu lato*). *Ann. Bot.*, DOI 10.1093/aob/mcp119.

de la Barrera, E., P.S. Nobel. 2004. Nectar: properties, floral aspects, and speculations on origin. *Trends Plant Sci.* 9, 65–9. (Review)

El Moussaoui, A., M. Nijs, C. Paul, R. Wintjens, J. Vincentelli, M. Azarkan und Y. Looze. 2001. Revisiting the enzymes stored in the laticifers of *Carica papaya* in the context of their possible participation in the plant defence mechanism. *Cell. Mol. Life Sci.* 58, 556–570.

(Review. Golgivesikel können an einem granulokrinen Prozess beteiligt sein.)

Feild, T. S., T.L. Sage, C. Czerniak und W.J. D. Iles. 2005. Hydathodal leaf teeth of *Chloranthus japonicus* (Chloranthaceae) prevent guttation-induced flooding of the mesophyll. *Plant Cell Environ.* 28, 1179–1190.

Horner, H. T., R.A. Healy, T. Cervantes-Martinez und R.G. Palmer. 2003. Floral nectary fine structure and development in *Glycine max* L. (Fabaceae). *Int. J. Plant Sci.* 164, 675–690.

(Die Nektarien zeigen holokrine Sekretion, anders als die bei anderen Leguminosen-Taxa und den meisten Nicht-Leguminosen-Taxa beschriebene.)

Klein, D. E., V.M. Gomes, S.J. da Silva-Neto und M. da Cunha. 2004. The structure of colleters in several species of *Simira* (Rubiaceae). *Ann. Bot.* 94, 733–740.

(Die Kolleteren bei jeder der untersuchten Arten zeigen ein unterschiedliches Verteilungsmuster und sind auf der Stufe der Gattungen von taxonomischer Bedeutung.)

Kolb, D. und M. Müller. 2004. Light, conventional and environmental scanning electron microscopy of the trichomes of *Cucurbita pepo* subsp. *pepo* var. *styriaca* and histochemistry of glandular secretory products. *Ann. Bot.* 94, 515–526.

(Vier verschiedene Typen von Trichomen treten auf Blättern des Steirischen Ölkürbis [*Cucurbita pepo* var. *styriaca*] auf; drei sind drüsig und eins ist nicht drüsig. Die drei glandulären Trichome sind Drüsenköpfchen. Das nicht drüsige Trichom wird als „säulig –fingerförmig" beschrieben. Histochemische Reaktionen zeigen, dass das Sekret Terpene, Flavone und Lipide enthält.)

Leitão, C. A. E., R. M. S. A. Meira, A. A. Azevedo, J. M. de Araújo, K. L. F. Silva und R. G. Collevatti. 2005. Anatomy of the floral, bract, and foliar nectaries of *Triumfetta semitriloba* (Tiliaceae). *Can. J. Bot.* 83, 279–286.

(Die Nektarien von *T. semitriloba* sind ein spezieller Typ. Eine sekretorische Epidermis aus vielzelligen und multiseriaten Nektar-Trichomen bedeckt ein von Phloem und Xylem durchzogenes Nektar-Parenchym.)

Monacelli, B., A. Valletta, N. Rascio, I. Moro und G. Pasqua. 2005. Laticifers in *Camptotheca acuminata* Decne: distribution and structure. *Protoplasma* 226, 155–161.

(Erstbeschreibung von Milchröhren bei einem Mitglied [*Camptotheca acuminata*] der Nyssaceae. Es sind ungegliedert unverzweigte Milchröhren und treten in Blatt und Sprossachse auf. In den Wurzeln wurden keine gefunden.)

Nepi, M. und M. Stpiczyńska. 2008. The complexity of nectar: secretion and resorption dynamically regulate nectar features. *Naturwissenschaften* 95, 177–84. (Review)

Pickard, W. F. 2008. Laticifers and secretory ducts: two other tube systems in plants. *New Phytologist* 177, 877–888. (Review)

Pilatzke-Wunderlich, I. und C. L. Nessler. 2001. Expression and activity of cell-wall-degrading enzymes in the latex of opium poppy, *Papaver somniferum* L. *Plant Mol. Biol.* 45, 567–576.

(In den gegliederten Milchröhren von *Papaver somniferum* wurde eine Fülle von Transkripten gefunden, die latexspezifische Pektin-abbauende Enzyme enkodieren. Diese Enzyme spielen offenbar eine wichtige Rolle bei der Entwicklung der Milchröhren.)

Rudgers, J. A. 2004. Enemies of herbivores can shape plant traits: selection in a facultative ant-plant mutualism. *Ecology* 85, 192–205.

(Experimentelle Ergebnisse weisen darauf hin, dass vergesellschaftete Ameisen die Evolution von Merkmalen extrafloraler Nektarien beeinflussen können.)

Rudgers, J. A. und M. C. Gardener. 2004. Extrafloral nectar as a resource mediating multispecies interactions. *Ecology* 85, 1495–1502.

Serpe, M. D., A. J. Muir, C. Andème-Onzighi und A. Driouich. 2004. Differential distribution of callose and a (1→4)β-Dgalactan epitope in the laticiferous plant *Euphorbia heterophylla* L. *Int. J. Plant Sci.* 165, 571–585.

(Die Wände ungegliederter Milchröhren unterscheiden sich von denen der umgebenden Zellen. So war z. B. der Gehalt an einem (1A4) β-D-Galactan Epitop viel niedriger in Milchröhren als in anderen Zellen, und ein anti-(1A3)β-D-Galactan Antikörper, der Callose nachweisen kann, markierte die Wände der Milchröhren und der direkt angrenzenden Zellen nicht. Der Antikörper ergab jedoch ein punktuelles Markierungsmuster in den meisten anderen Zellen.)

Serpe, M. D., A. J. Muir und A. Driouich. 2002. Immunolocalization of β-D-glucans, pectins, and rabinogalactanproteins during intrusive growth and elongation of nonarticulated laticifers in *Asclepias speciosa* Torr. *Planta* 215, 357–370.

(Das Längenwachstum von Milchröhren geht einher mit der Bildung einer Homogalakturonan-reichen Mittellamelle zwischen der Milchröhre und ihren benachbarten Zellen. Außerdem unterscheiden sich die von den Milchröhren abgelagerten Wände von denen der umgebenden Zellen. Diese und andere Ergebnisse weisen darauf hin, dass das Vordringen von Milchröhren in den Wänden meristematischer Zellen Veränderungen bewirkt und dass es Unterschiede in der Wandzusammensetzung innerhalb von Milchröhren und zwischen Milchröhren und ihren umgebenden Zellen gibt.)

Serpe, M. D., A. J. Muir und A. M. Keidel. 2001. Localization of cell-wall polysaccharides in nonarticulated laticifers of *Asclepias speciosa* Torr. *Protoplasma* 216, 215–226.

(Die ungegliederten Milchröhren von *Asclepias speciosa* haben distinkte cytochemische Eigenschaften, die sich entlang der Längsausdehnung verändern.)

Wagner, G. J., E. Wang und R. W. Shepherd. 2004. New approaches for studying and exploiting an old protuberance, the plant trichome. *Ann. Bot.* 93, 3–11. (Botanische Unterrichtung)

Weid, M., J. Ziegler und T. M. Kutchan. 2004. The roles of latex and the vascular bundle in morphine biosynthesis in the opium poppy, *Papaver somniferum*. *Proc. Natl. Acad. Sci. USA* 101, 13957–13962.

(Die Immunolokalisation von fünf an der Alkaloidsynthese beteiligten Enzymen wird berichtet. Codeinon-Reduktase ist in Milchröhren lokalisiert, dem Ort der Akkumulation von Morphinan-Alkaloiden.)

Wist, T. J. und A. R. Davis. 2006. Floral nectar production and nectary anatomy and ultrastructure of *Echinacea purpurea* (Asteraceae). *Ann. Bot.* 97, 177–193.

(Die floralen Nektarien von *Echinacea purpurea* werden nur vom Phloem versorgt. Sowohl Siebelemente als auch Geleitzellen sind nahe der Epidermis zu finden. Der Mitochondrien-Reichtum der Nektarien lässt einen ekkrinen Sekretionsmechanismus vermuten; obwohl Golgivesikel an einem granulokrinen Prozess beteiligt sein können.)

# Glossar

**abaxial:** Von der Achse abgewandt. Gegenteil von *adaxial*. Bei einem Blatt die morphologische Unterseite, die „dorsale" Seite.
**Abgabephloem:** Siehe *Entladendes Phloem*
**Achsel:** Oberer Winkel zwischen Sprossachse und Zweig oder Blatt.
**Achselknospe:** Knospe in der Achsel eines Blattes.
**Achselmeristem:** Meristem in der Achsel eines Blattes; hieraus entsteht die Achselknospe.
**Achsenorgan:** Wurzel, Sprossachse, Blütenstands- oder Blütenachse ohne Anhänge.
**Actinfilament:** Ein helikales Proteinfilament, 5 bis 7 Nanometer (nm) dick, aus globulären Actinmolekülen; ein Hauptbestandteil aller eukaryotischer Zellen. Auch als *Mikrofilament* bezeichnet.
**adaxial:** Der Achse zugewandt. Gegenteil von abaxial. Beim Blatt die Oberseite (ventrale Seite).
**additive Teilungen:** Cambiale Teilungen, durch die Zellen zu den sekundären Leitgeweben hinzugefügt werden.
**Ader:** Ein Strang von Leitgewebe in einem flachen Organ, z. B. einem Blatt. Daher stammt der Ausdruck *Blattaderung*.
**adultes Holz:** Holz, das vom Cambium erst nach einigen Vegetationsperioden gebildet wird. Es folgt auf das *juvenile Holz* und unterscheidet sich von ihm in Form, Struktur und Anordnung seiner Zellen.
**adventiv-:** Bezieht sich auf Strukturen, die nicht an ihrem normalen Platz entstehen, so z. B. Wurzeln, die an Sprossachsen oder Blättern entstehen anstatt an anderen Wurzeln; oder Knospen, die an Blättern oder Wurzeln entstehen anstatt in den Blattachseln von Sprossen.
**Aerenchym:** Parenchym mit besonders großen Interzellularen von *schizogener*, *lysigener* oder *rhexigener* Herkunft.
**aggregierter Holzstrahl:** In sekundären Leitgeweben; eine Gruppe kleiner Holzstrahlen, die so zusammengelagert sind, dass sie als ein großer Holzstrahl erscheinen.
**akropetale Entwicklung (oder Differenzierung):** Sukzessive Bildung oder Differenzierung in Richtung der Spitze eines Organs. Gegenteil von *basipetal*, aber gleichbedeutend mit *basifugal*.
**aktinocytisches Stoma:** Stoma, um das mehrere Nebenzellen wie Sektoren einer Scheibe angeordnet sind.
**aktiver Transport:** Transport einer gelösten Substanz gegen ihren elektrochemischen Gradienten unter Energieverbrauch.
**akzessorische Zelle:** Siehe Nebenzelle.
**Albuminzellen:** Siehe *Strasburger-Zellen*.
**Aleuron:** Reserveeiweiß; Proteinkörnchen (Aleuronkörner) in Samen, gewöhnlich auf die äußerste Schicht, die Aleuronschicht, des Endosperms beschränkt. (*Proteinkörper* ist die bevorzugte Bezeichnung für Aleuronkörner).
**Aleuronschicht:** Äußerste Schicht des Endosperms bei Getreiden und vielen anderen Taxa, die Proteinkörper enthält und Enzyme, die beim Abbau des Endosperms eine Rolle spielen.
**aliform paratracheales Parenchym:** Im sekundären Xylem; vasizentrische Gruppen aus axialen Parenchymzellen, die im Querschnitt flügel-ähnlich tangential auslaufen. Siehe auch *paratracheales Parenchym* und *vasizentrisch paratracheales Parenchym*.
**Allelopathie:** Phänomen, dass Pflanzen durch Produktion und Ausscheidung organischer Substanzen andere Pflanzen daran hindern, in ihrer Nachbarschaft zu wachsen.

**altern:** Eine Anhäufung von Veränderungen, welche die Vitalität eines Lebewesens mindert, aber selber nicht letal ist.
**Amyloplast:** Farblose Plastide (Leukoplast), die Stärkekörner bildet.
**Analogie:** Funktionsgleichheit von Strukturen, aber verschiedener phylogenetischer Ursprung.
**Anastomose:** Bezieht sich auf Zellen oder Zellstränge, die miteinander verbunden sind, so z. B. die Adern eines Blattes.
**Anatomie:** Das Studium des inneren Baus von Organismen; *Morphologie* ist das Studium der äußeren Baus.
**Androgenese:** Bildung von Embryoiden aus Pollenkörnern in Antherenkultur; die Embryoiden besitzen ausschließlich väterliche Erbanlagen.
**Angiospermen:** Bedecktsamer; eine Gruppe von Pflanzen, deren Samenanlage von einem Fruchtblatt umhüllt ist; Blütenpflanzen.
**Ångström:** Längeneinheit; ein Zehntel eines Nanometers (nm). Symbol Å.
**angulares Kollenchym oder Eckenkollenchym:** Eine Form des Kollenchyms, bei der die Verdickung der Primärwand am stärksten in den Ecken ist, wo mehrere Zellen zusammentreffen.
**anisocytisches Stoma:** Ein Stomakomplex bei dem drei Nebenzellen das Stoma umgeben, wobei eine Nebenzelle deutlich kleiner ist als die beiden anderen.
**anisotrop:** Entlang verschiedener Achsen verschiedene Eigenschaften; optische Anisotropie führt zu Polarisation und Doppelbrechung von Licht.
**annulares Kollenchym:** Ein Kollenchym mit gleichmäßig verdickten Zellwänden und einem kreisrunden Lumen.
**anomales sekundäres Dickenwachstum:** Sekundäres Dickenwachstum, das von dem allgemein üblichen abweicht.
**anomocytisches Stoma:** Ein Stoma ohne Nebenzellen.
**Anthere:** Staubbeutel; Pollen-tragender Teil des Staubblattes (Stamen).
**Anthocyan:** Ein wasserlösliches, blaues, purpurrotes oder rotes Pigment, das im Zellsaft von Vakuolen auftritt.
**Anthophyta:** Eine Abteilung des Pflanzenreiches, die Angiospermen oder Blütenpflanzen.
**antiklin:** Bezieht sich auf die Orientierung der Zellwand oder Zellteilungsebene; senkrecht zur nächst gelegenen Oberfläche. Gegenteil von *periklin*.
**Antiporter:** Cotransporter, bei dem das zweite Molekül in die entgegengesetzte Richtung transportiert wird.
**Apex (pl. Apices):** Spitze, oberster Teil, zugespitztes Ende. Bei Spross oder Wurzel die Spitze, die das Apikalmeristem enthält.
**Apikaldominanz:** Wachstumshemmung von Seitenknospen durch eine Endknospe (einen aktiv wachsenden Hauptspross).
**apikales intrusives Wachstum:** Zellstreckung durch intrusives Wachstum mittels Spitzenwachstum der Zellen.
**Apikalmeristem:** Eine Gruppe meristematischer Zellen an der Spitze von Wurzel oder Spross, die durch Zellteilung Vorläufer der primären Gewebe von Wurzel oder Spross hervorbringen; kann vegetativ sein und vegetative Gewebe oder Organe hervorbringen, oder reproduktiv, und reproduktive Gewebe oder Organe hervorbringen.
**Apikalzelle:** Einzelzelle, welche die distale Position in einem Apikal-

meristem von Wurzel oder Spross einnimmt; normalerweise als Initialzelle des Apikalmeristems interpretiert; typisch für samenlose Gefäßpflanzen.

**Apoplast:** Zellwandkontinuum und Interzellularen einer Pflanze oder eines Pflanzenorgans; die Wanderung von Substanzen über das Zellwandkontinuum bezeichnet man als *apoplastischen (apoplasmatischen) Transport*.

**apoplastische Domäne:** Apoplastisch isolierte Zelle oder Zellgruppe.

**Apoptose:** programmierter Zelltod bei tierischen Zellen durch eine Gruppe Protein-abbauender (proteolytischer) Enzyme, die Caspasen; umfasst eine programmierte Abfolge von Ereignissen, die zum Abbau des Zellinhalts führt.

**apotracheales Parenchym:** Im sekundären Xylem; axiales Parenchym, das üblicherweise nicht in direktem Kontakt zu Gefäßen (Poren) steht. Umfasst *diffus* und *diffus-zoniert* angeordnetes Parenchym.

**Apposition:** Wachstum der Zellwand durch sukzessive Ablagerung von Zellwandmaterial, Schicht auf Schicht. Gegenteil von *Intussuszeption*.

**Aquaporine:** Wasserkanalproteine für den beschleunigten Durchtritt von Wasser durch Plasmamembran und Tonoplast.

**Astrosklereide:** Sklereide mit Lappen oder Armen, die von einem Zentralkörper ausgehen.

**Ausschlussgröße (*size exclusion limit*, SEL) von Plasmodesmen:** Obergrenze der Molekülgröße für einen ungehinderten Transport zwischen bestimmten Zellen über Plasmodesmen.

**axiales Parenchym:** Parenchymzellen im axialen System der sekundären Leitgewebe; werden den Strahlparenchymzellen gegenübergestellt.

**axiales System:** Alle sekundär gebildeten Leitzellen, die von fusiformen Cambiuminitialen abstammen und mit ihrer Längsachse parallel zur Hauptachse von Stamm oder Wurzel ausgerichtet sind. Andere Begriffe: *vertikales System* und *longitudinales System*.

**Axialtracheide:** Tracheide im axialen System des sekundären Xylems; im Gegensatz zur Strahltracheide.

**Bakterienchromosom:** Genetisches Material von Prokaryotenzellen in Form eines langen, ringförmigen Desoxyribonucleinsäure-(DNA-) Moleküls.

**basifugale Entwicklung:** Siehe *akropetale Entwicklung*.

**basipetale Entwicklung (oder Differenzierung):** Sukzessive Bildung oder Differenzierung in Richtung der Basis eines Organs. Gegenteil von *akropetal* und *basifugal*.

**Bast (innere Rinde):** In älteren Bäumen der lebende Teil der Rinde; der Rindenteil innerhalb des innersten Periderms. Siehe auch *Rinde*.

**Bastfaser:** Faser des sekundären Phloems (Bast); (*sekundäre Phloemfaser*; extraxyläre Faser).

**begrenztes Wachstum:** Determiniertes, zeitlich begrenztes Wachstum, charakteristisch für Blütenmeristeme und Blätter.

**Beiknospe (akzessorische Knospe):** Eine zusätzliche Knospe, über oder beiderseits der Achselknospe.

**Betalaine:** Rote und gelbe, stickstoffhaltige wasserlösliche Vakuolenfarbstoffe.

**Bewegungsproteine (movement proteins):** Proteine, die von Pflanzenviren im Wirt gebildet werden, sich mit Plasmodesmen verbinden und damit deren Porendurchmesser erweitern; dient der Verbreitung der Viren in der Pflanze.

**bikollaterales Leitbündel:** Ein Leitbündel mit Phloem beiderseits des Xylems.

**Blattaderung:** Blattnervatur; Anordnung der Adern in der Blattspreite.

**Blattfasern:** Fachausdruck für Fasern aus Monocotylen, hauptsächlich aus deren Blättern.

**Blatthöcker:** Eine seitliche Vorwölbung unterhalb des Apikalmeristems: Anfangsstadium in der Entwicklung des Blattprimordiums.

**Blattlücke (Blattspurlücke):** Die Region des parenchymatischen Gewebes im primären Leitgewebezylinder einer Sprossachse oberhalb der Abzweigungsstelle der Blattspurbündel ins Blatt. Auch *Lakune* genannt, eine interfasciculäre Region; vasculäre Verbindungen werden nicht unterbrochen.

**Blattprimordium:** Lateraler Auswuchs des Apikalmeristems, der schließlich zu einem Blatt heranwächst.

**Blattrippe:** In einem Blatt die Leiste aus Grundgewebe längs einer größeren Ader (*major vein*), meist auf der Blattunterseite.

**Blattscheide:** Der untere Teil eines Blattes, der die Sprossachse mehr oder weniger vollständig umfasst.

**Blattspur:** Ein Sprossachsenleitbündel, das sich von seiner Anschlussstelle an ein anderes Leitbündel der Sprossachse bis in die Blattbasis erstreckt; ein Blatt kann ein oder mehrere Blattspuren aufweisen.

**blinder Tüpfel:** Ein Tüpfel ohne komplementären Tüpfel in einer angrenzenden Zellwand; solch ein Tüpfel kann an das Lumen einer Zelle grenzen oder an eine Interzellulare.

**Blockmeristem:** Ein meristematisches Gewebe, dessen Zellen sich in verschiedenen Ebenen teilen, so dass das Gewebe an Volumen zunimmt.

**Borke:** In älteren Bäumen, der tote äußere Teil der Rinde; das innerste Periderm plus sämtliche außerhalb davon gelegene Gewebe; auch *Rhytidom* genannt, Siehe auch *Rinde*.

**Brachysklereide:** Eine kurze, annähernd isodiametrische Sklereide; ähnelt in der Form einer Parenchymzelle; eine *Steinzelle*.

**bulliforme Zelle:** Eine vergrößerte Epidermiszelle, zusammen mit anderen gleichartigen Zellen in Längsreihen in Grasblättern. Auch *Gelenkzelle* genannt, wegen ihrer vermutlichen Beteiligung beim Mechanismus des Aufrollens und Einrollens von Blättern.

**Bündelscheide:** Schicht oder Schichten, die ein Blattleitbündel umhüllen; kann aus Parenchym oder Sklerenchym bestehen.

**Callose:** Wasserunlösliches Wandpolysaccharid, ein lineares ß-1,3-D-Glucan, das durch Hydrolyse in Glucose zerfällt; ist ein häufiger Wandbestandteil in den Siebfeldern der Siebelemente und kleidet in dünner Schicht die Siebporen aus; Callose kann in Siebelementen und Parenchymzellen auch als unmittelbare Reaktion auf eine Verletzung entstehen, so genannte *Wundcallose*.

**Calloseplättchen:** Umgeben den Plasmodesmos einer sich entwickelnden Siebpore unterhalb der Plasmamembran auf beiden Seiten der Zellwand (gepaarte Calloseplättchen); sie bilden einen Ring um den Plasmodesmos, vergrößern sich und nehmen die Fläche der zukünftigen Siebpore ein.

**cambiale Bezirke:** Cambiale Bereiche von wechselndem Neigungswinkel (nach rechts, Z oder nach links, S) der Initialen.

**cambiale Initialen:** Zellen, die so im Cambium oder Phellogen lokalisiert sind, dass sie durch perikline Teilungen Zellen entweder in Richtung Achsenaußenseite oder Achseninnerem abgeben; im Cambium (engl. *vascular cambium*) in *fusiforme Initialen* (Quelle für die axialen Zellen des Xylems und Phloems) und *Strahlinitialen* (Quelle für die Strahlzellen) untergliedert.

**cambiale Zone:** Eine breite Zone aus mehr oder weniger undifferenzierten Zellen, die auf eine Cambiuminitiale zurückgeht.

**Cambium:** Ein Meristem, aus dem durch perikline Teilungen nach innen und außen Zellen abgegeben werden, die normalerweise in radialen Reihen angeordnet sind. Ein Begriff, der nur für die beiden Lateralmeristeme angewendet wird, das eigentliche Cambium (*vascular cambium*) und das *Korkcambium (Phellogen)*.

**Cambium:** Lateralmeristem aus dem die sekundären Leitgewebe in Sprossachse und Wurzel entstehen, das sekundäre Phloem und das sekundäre Xylem. Es befindet sich zwischen diesen beiden Geweben und gibt durch perikline Teilungen Zellen an beide Gewebe ab. *Vascular cambium*.

**carnivore Pflanzen:** Fleischfressende Pflanzen.

**Carrier Proteine:** Passive Membrantransporter.

**Caspary-Streifen oder -Band:** Eine bandförmige Struktur in Primärwänden, Suberin- und Lignin-haltig; typisch für die Endodermiszellen von Wurzeln, wo Caspary-Streifen in radialen und transversalen antiklinen Wänden auftreten.

**Cavitation:** Bildung kleiner Hohlräume im Lumen von trachealen Elementen, wodurch die Wassersäulen unterbrochen werden.

**Cellulose:** Ein Polysaccharid, (1→4) ß-D-Glucan, Hauptkomponente der Zellwände der meisten Pflanzen; die Cellulose-Moleküle sind lineare Ketten aus (1→4) verknüpften Monomeren der Glucose; Summenformel $(C_6H_{10}O_5)_n$.

**Chimäre:** Ein Sprossapikalmeristem, das aus Zellen verschiedenen Genotyps besteht. Bei *periklinen Chimären* sind Zellen verschiedener genetischer Zusammensetzung in parallelen periklinen Schichten angeordnet.

**Chlorenchym:** Parenchym mit Chloroplasten; Blattmesophyll oder anderes grünes Parenchym.

**Chloroplast:** Chlorophyll-haltige Plastide mit Thylakoiden, die zu Grana- oder Intergrana- (Stroma-) thylakoiden angeordnet und im Stroma eingebettet sind.

**Chromatin:** Im Interphasekern mit basischen Kernfarbstoffen nachweisbares Material; besteht hauptsächlich aus DNA und daran gebundenen Histonen.

**Chromatolyse:** Kerndegeneration verbunden mit dem Verlust anfärbbarer Substanzen wie Chromatin und Nucleoli und mit der Zerstörung der Kernhülle.

**Chromoplast:** Plastide, die kein Chlorophyll, sondern andere Pigmente enthält, zumeist gelbe oder orangefarbene Carotinoide.

**Chromosomen:** Träger der Erbinfomation; aus DNA und Proteinen.

**coated pits:** Nach innen gewölbte Vertiefungen der Plasmamembran, an denen spezifische Rezeptorproteine lokalisiert sind.

**coated vesicles:** Clathrin- umhüllte Vesikel; aus *coated pits* hervorgegangen.

**Columella:** Zentraler Kern der Wurzelhaube in dem die Zellen in Längsreihen angeordnet sind.

**Corpus:** Innenteil (*core*) eines Apikalmeristems; von der Tunica bedeckt; mit Volumenwachstum durch Zellteilung in verschiedenen Richtungen.

**Cortex:** (primäre Rinde) Primäre Grundgeweberegion zwischen dem Leitgewebesystem und der Epidermis in Sprossachse und Wurzel. Der Begriff wird auch für die periphere Region des Zellprotoplasten verwendet.

**Cotransporter:** Carrierprotein; der Transport eines gelösten Moleküls hängt vom gleichzeitigen oder direkt folgenden Transport eines zweiten Moleküls ab.

**Cotyledone:** (Kotyledone) Keimblatt; absorbiert Nährstoffe bei Monocotyledonen und speichert Nährstoffe bei anderen Angiospermen.

**Crassulae** (sing. **Crassula**): Verdickungen aus Interzellularsubstanzen und Primärwand entlang der oberen und unteren Begrenzung von Tüpfelpaaren in den Tracheiden der Gymnospermen. Auch *Sanio'sche Balken* genannt.

**Creep (Fließdehnung):** Siehe *Extensibilität*.

**Cristae** (sing. **Crista**): Faltungen der inneren Membranoberfläche von Mitochondrien.

**Cuticula:** Schicht auf der Außenwand von Epidermiszellen aus Cutin und Wachs; (auch ein weiters Lipidpolymer, Cutan, kann vorkommen). *Eigentliche Cuticula*

**Cuticularisierung:** Der Vorgang, bei dem die eigentliche Cuticula gebildet wird.

**Cuticularschichten:** Unter der eigentlichen Cuticula; äußere Schichten der Epidermisaußenwand, die in unterschiedlichem Maße mit Cutin inkrustiert sind.

**Cutin:** Komplexes Lipidpolymer, hochgradig undurchlässig für Wasser; kommt in Pflanzen zur Imprägnierung der Epidermiswände und als separate Schicht (Cuticula) auf der Epidermisoberfläche vor.

**Cutinisierung:** Der Prozess durch den die Cuticularschichten entstehen.

**cyclocytisches Stoma (encyclocytisches):** Stoma das von ein oder zwei schmalen Ringen aus vier oder mehr Nebenzellen umgeben ist.

**Cystolith:** Ein Kalkkörper, der hauptsächlich aus Calciumcarbonatablagerung an einem verkieselten Stiel (Zellwandauswuchs) besteht. Findet sich in Zellen, die als *Lithocysten* bezeichnet werden.

**Cytochimäre:** Eine Chimäre mit Kombinationen aus Zellschichten mit diploiden und polyploiden Zellkernen.

**cytohistologische Zonierung:** Vorhandensein von Regionen im Apikalmeristem mit distinkten cytologischen Merkmalen. Der Begriff beinhaltet, dass eine cytologische Zonierung in eine Unterteilung unterscheidbarer Geweberegionen resultiert.

**Cytokinese:** Teilung des Cytoplasmas einer Zelle, im Unterschied zur Teilung eines Zellkerns (*Karyokinese*; *Mitose*).

**Cytologie:** Zellenlehre.

**cytologische Zonierung:** Siehe *Cytohistologische Zonierung*.

**Cytoplasma:** Lebende Substanz einer Zelle, ohne Zellkern.

**cytoplasmatische Grundsubstanz:** Siehe *Cytosol*.

**Cytoskelett:** Flexibles dreidimensionales Netzwerk in Zellen aus Mikrotubuli und Aktinfilamenten (Mikrofilamenten).

**Cytosol:** Cytoplasmatische Matrix, in welcher der Nucleus, die Organellen, die Membransysteme sowie nicht-membranöse Teilchen suspendiert sind. Auch als *cytoplasmatische Grundsubstanz* und *Hyaloplasma* bezeichnet.

**Dedifferenzierung:** Verlust von erworbenen Fähigkeiten. Rückgängigmachen der Differenzierung einer mehr oder weniger vollständig differenzierten Zelle oder eines Gewebes beim Wiedererlangen meristematischer Aktivität von nicht meristematischen Zellen.

**definitive Callose:** Typische Calloseanhäufungen in Siebplatten und lateralen Siebfeldern seneszenter Siebelemente; verschwindet nach Absterben des Siebelements.

**dekussiert:** Anordnung von Blättern in Paaren, mit einem Divergenzwinkel von 90°; kreuzgegenständig.

**Dendrochronologie:** Eine holzbiologische Methode, die über die Abfolge unterschiedlich breiter Zuwachszonen (optimal sind Jahrringe) im Holz von Bäumen ihr Entstehungsjahr bestimmt. Hieraus können auch ökologische und klimatologische Informationen abgeleitet werden.

**Derivat:** Eine Zelle, die durch Teilung einer meristematischen Zelle hervorgeht, wobei sie in die Differenzierung zu einer Körperzelle eintritt, während ihre Schwesterzelle im Meristem verbleibt.

**Dermatogen:** Meristem aus dem die Epidermis hervorgeht und das aus unabhängigen Initialen im Apikalmeristem entsteht. Eines der drei Histogene, *Plerom*, *Periblem* und *Dermatogen*, nach Hanstein.

**Dermatokalyptrogen:** Protomeristemschicht aus der sowohl Wurzelhaube als auch Epidermis entspringen.

**Desmotubulus:** Ein schmaler tubulärer Strang des Endoplasmatischen Reticulums, der den Plasmodesmenkanal durchzieht und das Endoplasmatische Reticulum zweier benachbarter Zellen verbindet.

**detached meristem:** Ein Meristem, mit dem Potential zur Bildung einer Achselknospe, jedoch räumlich vom Apikalmeristem durch vakuolisierte Zellen getrennt.

**Determinierung (Determination):** Fortschreitende Verpflichtung für eine bestimmte Entwicklungsrichtung.

**diacytisches Stoma:** Ein Stomakomplex, bei dem das Stoma von einem Paar Nebenzellen umschlossen ist, deren gemeinsame Wände senkrecht zur Längsachse der Schließzellen liegen.

**Diaphragmen** (sing. **Diaphragma**) **im Mark:** Quer orientierte Schichten (Diaphragmen) starrwandiger Zellen, alternierend mit Regionen weichwandiger Zellen, die mit fortschreitendem Alter kollabieren können.

**dichotome Verzweigung:** Verzweigung, bei der das ursprüngliche Apikalmeristem durch mediane Teilung halbiert wird.

**dickwandige Siebröhren:** Bei Poaceen; kommen zusammen mit dünnwandigen Siebröhren im Metaphloem der *Minor veins* vor; sie differenzieren sich als letzte Leitelemente vor der Reife und besitzen keine Geleitzellen.

**Dicotyledonen:** Obsoleter Begriff zur Bezeichnung aller Angiospermen, außer den Monocotyledonen; durch zwei Cotyledonen charakterisiert. Siehe auch *Eudicotyledonen* und *Magnoliide*.

**Dictyosom:** Siehe *Golgikörper*.

**Differenzierung:** Eine physiologische und morphologische Veränderung in einer Zelle, einem Gewebe, einem Organ, oder einer Pflanze vom meristematischen, oder juvenilen, Stadium hin zum reifen, oder adulten, Stadium. Normalerweise verbunden mit zunehmender Spezialisierung.

**diffus-apotracheales Parenchym:** Axiales Parenchym im sekundären Xylem; im Querschnitt einzelne oder paarweise auftretende Parenchymstränge in zerstreuter Anordnung zwischen den Fasern. Siehe auch *apotracheales Parenchym*.

**diffuses sekundäres Wachstum:** Sekundäres Dickenwachstum der Sprossachse ohne Beteiligung eines speziellen Meristems, indem im Grundgewebe Zellteilungs- und Zellstreckungsprozesse stattfinden. Charakteristisch für einige Monocotyledonen, wie Palmen, und manche Knollenbildner.

**diffus-zoniertes apotracheales Parenchym:** Axiales Parenchym im sekundären Xylem; im Querschnitt sind die Parenchymstränge in kurzen, unterbrochen tangentialen oder schräg verlaufenden Linien gruppiert. Siehe auch *apotracheales Parenchym*.

**Dilatation:** Wachstum des Parenchyms durch Zellteilung in Mark, Strahlen oder im axialen System der Leitgewebe; bewirkt eine Umfangserweiterung der Rinde in Sprossachse und Wurzel.

**dispergierte P-Proteinkörper:** Treten in Siebröhrenelementen während der Differenzierung bei fast allen Arten auf; die zunächst kleinen P-Proteinkörper vergrößern sich und dispergieren in Form von Strängen oder bilden Netzwerke im wandständigen Cytoplasma; wenn der Nucleus degeneriert und der Tonoplast verschwindet, verteilt sich dispergiertes P-Protein im Zellumen und in den Siebporen der Siebplatten.

**distal:** Am weitesten vom Ursprungsort oder Ort der Anheftung entfernt. Gegenteil von *proximal*.

**distich:** Anordnung der Blätter an der Sprossachse in zwei vertikalen Reihen; ein Blatt pro Knoten; wechselständig.

**Dormanz-Callose:** Calloseanhäufungen in Siebplatten und lateralen Siebfeldern von Siebelementen des sekundären Phloems, die über mehr als eine Vegetationsperiode funktionstüchtig bleiben; Ablagerung von Dormanz-Callose in überwinternden Siebelementen im Herbst und Wiederauflösung während der Frühjahrsreaktivierung.

**dorsal:** Gleichbedeutend mit *abaxial* im botanischen Sinne.

**Druckholz:** Reaktionsholz bei Coniferen, das auf der Unterseite von Ästen sowie in schief stehenden oder gekrümmten Stämmen vorkommt; es ist durch eine dichtere Struktur, eine stärkere Lignifizierung und durch einige weitere Merkmale gekennzeichnet.

**Druse:** Ein kugelförmiger, zusammengesetzter Calciumoxalat-Kristall, wobei zahlreiche Kristalle aus seiner Oberfläche herausragen.

**Drüse:** Hochdifferenzierte vielzellige sekretorische Struktur.

**Drüsenhaar:** Ein Trichom mit einem einzelligen oder vielzelligen Köpfchen aus sekretorischen Zellen; meist auf einem Stiel aus nicht sekretorischen Zellen.

**Drüsenköpfchen:** Trichom aus Basalzelle, Stiel und kugel- oder eiförmigem Köpfchen aus 1 bis wenigen sekretorischen Zellen.

**Drüsenschuppe:** Ein Trichom aus einer scheibenförmigen einschichtigen Platte sekretorischer Zellen auf einem Stiel oder direkt auf einer basalen Fußzelle ruhend.

**dünnwandige Siebröhren:** Bei Poaceen; kommen zusammen mit dickwandigen Siebröhren im Metaphloem der *Minor veins* vor und sind als die zuerst gebildeten Siebröhren eng mit den Geleitzellen assoziiert.

**einfache Gefäßdurchbrechung:** In einem Gefäßglied des Xylems; eine Gefäßdurchbrechung mit einer einzigen Durchbrechung. Auch als *einfache Perforationsplatte* bezeichnet.

**einfache Milchröhre:** Einzellige Milchröhre. Siehe *ungegliederte Milchröhre*.

**einfache Perforationsplatte:** Siehe *einfache Gefäßdurchbrechung*.

**einfache Siebplatte:** Siebplatte aus nur einem Siebfeld.

**einfacher Tüpfel:** Ein Tüpfel, dessen Tüpfelkammer sich im Verlauf des Dickenwachstums der Sekundärwand Richtung Zellumen verbreitert, verschmälert oder gleich breit bleibt.

**einfaches Gewebe:** Ein Gewebe aus einem einzigen Zelltyp; Parenchym, Kollenchym und Sklerenchym sind einfache Gewebe.

**einfaches Tüpfelpaar:** Eine Paarung zweier einfacher Tüpfel aneinandergrenzender Zellen.

**eingeschlossenes Phloem:** Sekundäres Phloem, das im sekundären Xylem bestimmter Eudicotyledonen eingeschlossen ist. Begriff ersetzt *interxylares Phloem*.

**einreihiger Holzstrahl:** In sekundären Leitgeweben; ein Holzstrahl, der eine Zelle breit ist.

**einseitig behöftes Tüpfelpaar:** Ein Tüpfelpaar aus einem Hoftüpfel und einem einfachen Tüpfel.

**einseitig zusammengesetztes Tüpfelpaar:** Kombination, bei der zwei oder mehrere kleine Tüpfel nur einen Komplementärtüpfel haben.

**einzellige Milchröhre:** Eine ungegliederte, oder einfache, Milchröhre.

**Eiweißzellen:** Siehe *Strasburgerzellen*.

**ekkrine Sekretion:** Das Sekret verlässt die Zelle durch eine direkte Passage kleiner Moleküle oder Ionen durch die Plasmamembran und Zellwand. Vergleiche *Granulokrine Sekretion*.

**Ektodesmos** (pl. **Ektodesmen, Ektodesmata**)**:** Siehe *Teichode*.

**Eleioplast:** Leucoplast, der Fett bildet und speichert.

**Elementarmembran (unit membrane):** Historische Auffassung über die Grundstruktur einer Membran aus zwei Proteinschichten, die eine innere Lipidschicht einschließen; die drei Schichten bilden eine Einheit. Der Begriff ist nützlich um Membranquerschnitte (Profile) zu beschreiben, wobei im Transmissionselektronenmikroskop zwei dunkle Linien getrennt durch einen klaren Raum zu sehen sind.

**Embryogenese:** Bildung eines Embryos. Legt den Bauplan des Embryos fest, mit zwei einander überlagernden Mustern, dem apikal-basalen und dem radialen.

**Embryoid:** Ein Embryo, oftmals von einem normalen nicht zu unterscheiden, der nicht aus einer Zygote, sondern aus einer somatischen Zelle hervorgeht (somatische Embryogenese); oft in Gewebekulturen.

**Emergenzen:** Anhangsgebilde, wie Warzen und Stacheln, die nicht nur aus der Epidermis, sondern auch aus subepidermalen Geweben hervorgehen.

**endocyclocytisch:** Siehe *cyclocytisch*

**Endocytose:** Aufnahme von Material in Zellen durch Invagination der Plasmamembran; wenn es sich um festes Material handelt, bezeichnet man den Prozess als Phagocytose; ist das Material gelöst, so bezeichnet man diesen Prozess als Pinocytose.

**Endodermis:** Grundgewebeschicht um die Leitgeweberegion, mit Caspary-Streifen in den Antiklinwänden; später auch mit Sekundärwänden. Innerste Schicht der primären Rinde (Cortex) von Wurzel und Sprossachse von Samenpflanzen.

**endodermoid:** Der Endodermis ähnlich.

**endogen:** Entstehung aus einem tief liegenden Gewebe; so z. B. die Entstehung von Seitenwurzeln.

**Endomembransystem:** Die Gesamtheit zellulärer Membranen, die ein Kontinuum bilden (Plasmamembran, Tonoplast, Endoplasmatisches Reticulum, Dictyosomen und Kernhülle).

**Endoplasmatisches Reticulum (ER):** Ein Membransystem, das Zisternen oder Tubuli bildet, die das Cytosol durchziehen. Die Zisternen sehen im Schnittprofil wie Doppelmembranen aus. Die Membranen sind mit Ribosomen besetzt (raues ER) oder Ribosomen-frei (glattes ER).

**Endopolyploidie:** Das Resultat einer DNA-Replikation im Nucleus ohne Bildung einer Spindel.

**Endoreduplikation (Endoreduplikationszyklus):** Ein DNA Replikationszyklus bei dem keine Mitose-ähnlichen strukturellen Veränderungen auftreten; während der Endoreduplikation werden Polytän-Chromosomen gebildet.

**Endozyklus:** DNA-Replikationszyklus bei dem die neu gebildeten DNA-Stränge wegen fehlender Spindelbildung im selben Nucleus verbleiben.

**entladendes Phloem:** Befindet sich in den Sink-Organen; die Geleitzellen sind hier stark verkleinert oder fehlen völlig; hier erfolgt die Phloementladung, wobei Assimilate (hauptsächlich Saccharose) aus den Siebröhren in die Sink-Gewebe transportiert werden. Auch *Abgabephloem* genannt.

**Entwicklung:** Veränderung von Form und Komplexität eines Organismus oder eines Teils eines Organismus von den Anfängen bis zur Reife, verbunden mit Wachstum.

**Epiblem:** Begriff, der manchmal zur Bezeichnung der Wurzelepidermis verwendet wird. Siehe auch *Rhizodermis*.

**Epicotyl:** Oberer Teil der Achse eines Embryos oder Keimlings; oberhalb der Cotyledonen (Keimblätter) und unterhalb des nächsten Blattes (der nächsten Blätter). Siehe auch *Plumula*.

**Epidermis:** Die äußerste Zellschicht des primären Pflanzenkörpers. Ist sie multiseriat (*multiple Epidermis*), so differenziert sich nur die äußerste Zellschicht zu einer typischen Epidermis.

**epistomatäre Höhle (Kammer):** Bei tief eingesenkten Coniferen-Stomata eine von den Nebenzellen gebildete tunnelförmige Höhle oberhalb der Stomata.

**Epithel:** Eine kompakte Zellschicht, oftmals mit Sekretfunktion, die eine freie Oberfläche bedeckt oder eine Höhle auskleidet.

**Epithem:** Mesophyll (dünnwandig, ohne Chloroplasten) einer Hydathode; mit der Wassersekretion befasst.

**Ergastische Substanzen:** Passive Produkte des Protoplasten, wie z.B. Stärkekörner, Fetttröpfchen, Kristalle und Flüssigkeiten; treten in Cytoplasma, Organellen, Vakuolen und Zellwänden auf.

**erweiterte Bündelscheiden:** Stege aus Grundgewebe, die sich von den Bündelscheiden der Blattadern zur Epidermis erstrecken; auf einer oder auf beiden Seiten des Bündels; aus Parenchym oder Sklerenchym.

**Etagenkork:** Schutzgewebe (Abschlussgewebe) von monocotylen Holzpflanzen. Die radialen Reihen suberinisierter Zellen stammen nicht von einem Phellogen ab und sind im Querschnitt in Form konzentrischer Bänder angeordnet.

**etagiertes Cambium:** Siehe Stockwerkcambium.

**Etioplasten:** Plastiden, die im Dunkeln entstehen (Blätter, Keimlinge); enthalten Prolamellarkörper.

**Eudicotyledonen:** Eine der beiden Hauptklassen der Angiospermen. Früher zusammen mit den Magnoliiden, einer diversen Gruppe archaischer Blütenpflanzen, als „Dicotyledonen" bezeichnet.

**Eukaryoten:** Organismen mit membranumgrenzten Zellkernen, in Chromosomen organisiertem genetischen Material, und membranumgrenzten cytoplasmatischen Organellen. Gegenteil von *Prokaryoten*.

**Eumeristem:** Meristem aus relativ kleinen Zellen, von annähernd isodiametrischer Form, dicht angeordnet, mit dünnen Zellwänden, einem dichten Cytoplasma und großem Zellkern; „wahres Meristem".

**Exocytose:** Ein zellulärer Prozess, bei dem Teilchen oder gelöste Substanzen in einem Vesikel eingeschlossen und zur Zelloberfläche transportiert werden; dort verschmilzt der Vesikel mit der Plasmamembran und der Vesikelinhalt wird nach außen abgegeben.

**Exodermis:** Äußere Schicht, ein oder mehrere Zellen dick, in der primären Rinde einiger Wurzeln; eine Art Hypodermis, deren Wände suberinisiert und/oder lignifiziert sein können.

**exogen:** Entstehung in einem Oberflächengewebe, so z. B. die Entstehung von Achselknospen.

**Expansine:** Eine neue Gruppe von Wandproteinen, die eine Rolle beim beim Säurewachstum der Zellwand spielen; primäre Wandlockerungsmittel.

**Extensibilität:** Dehnbarkeit der Zellwand. Die Wände von wachsenden Zellen besitzen eine konstante, langfristige Dehnung, die man auch als **Fließdehnung** (engl. *creep*) bezeichnet.

**externes Phloem:** Primärer Phloemteil, der außerhalb (abaxial) des primären Xylems liegt.

**Extensine:** Familie hydroxyprolinreicher Proteine (HRGPs).

**extraflorale Nektarien:** Nektarien, die nicht auf Blüten, sondern auf anderen Pflanzenteilen vorkommen. Siehe auch *Nektarium*.

**Extraktstoffe:** Insbesondere im Kernholz eingelagerte organische Stoffe, die mit organischen Lösungsmitteln extrahiert werden können.

**extraxyläre Fasern:** Fasern außerhalb des Xylems, in verschiedenen Geweberegionen.

**falscher Jahrring:** Eine von mehr als einer Zuwachszone, die im sekundären Xylem während einer Vegetationsperiode gebildet wird; in Queransicht erkennbar.

**Faser:** Lang gestreckte, normalerweise spitz zulaufende Sklerenchymzelle mit lignifizierter oder nicht lignifizierter Sekundärwand; im reifen Zustand mit oder ohne lebenden Protoplasten.

**Fasersklereide:** Eine Sklerenchymzelle mit Merkmalen, die zwischen denen einer Faser und einer Sklereide liegen.

**Fasertracheide:** Faserähnliche Tracheide im sekundären Xylem; gewöhnlich dickwandig, mit spitzen Enden und Hoftüpfeln mit linsenförmigen oder schlitzförmigen Aperturen.

**Faserverlauf:** Ausrichtung der axialen Komponenten im Holz (Fasern, Tracheiden, Gefäßglieder und Parenchymzellen) insgesamt betrachtet; z. B. aufrechter Faserverlauf, Drehwuchs, Wechseldrehwuchs.

**Faszikel:** Ein Bündel.

**faszikuläres Cambium:** Der Teil des Cambiums, der auf das Procambium in einem Leitbündel (Faszikel) zurückgeht.

**Festigungsgewebe:** Bezieht sich auf ein Gewebe aus Zellen mit mehr oder weniger verdickten Wänden, primär (Kollenchym) oder sekundär (Sclerenchym), welches die Stabilität des Pflanzenkörpers erhöht. Auch als *mechanisches Gewebe* bezeichnet.

**Festigungszelle:** Siehe *Festigungsgewebe*.

**festucoid:** Auf die Festucoideae, eine Unterfamilie der Gräser bezogen.

**Fibrillen:** Submikroskopische Fäden aus Cellulosemolekülen, die bestimmen in welcher Form die Cellulose in der Wand auftritt.

**filiform:** Fadenförmig.

**filiforme Sklereide:** Eine sehr lange, schmale, faserähnliche Sklereide.

**Flankenmeristem:** Ein Ausdruck zur Bezeichnung der peripherischen Region des Apikalmeristems. Das Wort „Flanke" impliziert eine Zweiseitigkeit. Daher sollte der Begriff besser durch *peripherisches Meristem* ersetzt werden.

**florales Nektarium:** Siehe *Nektarium*.

**Florigen:** Ein hypothetisches Hormon, das bei der Blühinduktion eine Rolle spielt.

**Flüssigmosaik (*fluid-mosaic*):** Modell einer Membranstruktur, mit flüssiger Lipiddoppelschicht und teilweise beweglichen Proteinen.

**foraminate Gefäßdurchbrechung:** In einem Gefäßglied des Xylems; eine Form der vielfachen Gefäßdurchbrechung, bei der die Durchbrechung als Gruppe aus kreisförmigen Löchern ausgebildet ist. Die zwischen den Löchern verbleibenden Zellwandbereiche können dicker sein als die der netzförmigen Gefäßdurchbrechungen.

**Frühholz:** Zuerst gebildeter Anteil einer Zuwachszone im Holz, der sich im Vergleich zum Spätholz durch eine geringere Dichte und größere Zellen auszeichnet.

**Füllgewebe:** Lockeres Gewebe, vom Lenticellenphellogen nach außen abgegeben; kann suberinisiert sein oder nicht.

**fusiforme Initiale:** Im Cambium; längliche Zellen mit nahezu keilför-

migen Enden, die Ursprung aller Elemente des axialen Systems in sekundären Leitgeweben sind.
**fusiforme Strahlen:** Strahlen mit Harzkanälen.
**fusiforme Zelle:** Eine längliche Zelle, die sich an ihren Enden verjüngt.

**gating:** Kurzfristiges Öffnen und Schließen von Kanaleingängen; z. B. bei Plasmodesmen.
**gebändertes Parenchym:** Im sekundären Xylem; axiales Parenchym, das im Querschnitt in Form konzentrischer Bänder ausgebildet ist, meist unabhängig (apotracheal) von Gefäßen (Poren).
**Gefäß:** Eine röhrenähnliche Aneinanderreihung von Gefäßgliedern, bei denen die gemeinsamen Wände Durchbrechungen (Perforationen) besitzen.
**Gefäßdurchbrechung:** Der Teil der Wand eines Gefäßgliedes, der durchbrochen ist. Auch *Perforationsplatte* genannt.
**Gefäßelement:** Siehe *Gefäßglied*.
**Gefäß-Gefäß-Tüpfelung:** Tüpfelung zwischen benachbarten trachealen Elementen.
**Gefäßglied:** Einzelzelle eines Gefäßes. Wird auch als *Gefäßelement* oder veraltet als Gefäßsegment bezeichnet.
**Gefäßgruppe:** Im sekundären Xylem; eine Gruppe von zwei oder mehr Gefäßen, die unmittelbar aneinander stoßen. In radialen Reihen (*radiale Gefäßreihe*), oder ungeordnet als *Gefäßnest*. Sichtbar im Querschnitt der Gefäße (*Poren*).
**Gefäßnest:** Siehe Gefäßgruppe
**Gefäßtracheiden:** Tracheale Elemente ohne Durchbrechungen aber mit der gleichen Tüpfelung wie Gefäße im selben Holz.
**gegenständig:** Die beiden Blätter eines Knotens stehen einander gegenüber.
**gegenständige Tüpfelung:** Tüpfel in einem trachealen Element, die in horizontalen Paaren oder kurzen horizontalen Reihen angeordnet sind.
**gegliederte Milchröhre:** Milchröhre aus mehr als einer Zelle mit gemeinsamen Zellwänden, die intakt sind oder teilweise oder ganz entfernt sind; anastomosierend oder nicht anastomosierend; eine *zusammengesetzte Milchröhre*.
**gelatinöse Faser:** Faser mit einer so genannten gelatinösen Schicht (G-Schicht), die als innerste Sekundärwandschicht durch ihren hohen Cellulosegehalt und das Fehlen von Lignin von den äußeren Sekundärwandschichten unterschieden werden kann.
**Geleitzellen:** Spezialisierte Parenchymzellen, die mit den Siebröhrenelementen des Angiospermen-Phloems jeweils durch zahlreiche Plasmodesmen eng assoziiert sind; sie stammen von derselben Meristemzelle (Mutterzelle) ab wie das benachbarte Siebröhrenelement.
**Geleitzellstränge:** Zusammenhängende Längsreihen aus Geleitzellen längs eines Siebröhrenelementes als Ergebnis der Teilung der unmittelbaren Geleitzell-Vorläuferzelle.
**genetisches Mosaik:** Bezieht sich auf Pflanzen, die aus Zellen von verschiedenem Genotyp bestehen.
**Genom:** Gesamtheit der genetischen Information in Zellkern, Plastide oder Mitochondrion; gesamte genetische Information eines Lebewesens.
**Genomik:** Sie befasst sich mit den Genen, der Organisation und der Funktion der genetischen Information ganzer Genome.
**Genotyp:** Genetische Ausstattung eines Organismus, individueller Satz von Genen im Zellkern; im Gegensatz zum *Phänotyp*.
**Genregulation:** Die Mechanismen, welche die Genexpression kontrollieren, werden im Begriff Genregulation zusammengefasst.
**Gewebe:** Zellgruppe bestimmter Struktur und Funktion. Ihre Zellkomponenten können gleich (ein Zelltyp; einfache Gewebe) oder verschiedenartig (mehrere Zelltypen; komplexe Gewebe; zusammengesetzte Gewebe) sein.
**Gewebesystem:** Ein Gewebe oder mehrere Gewebe einer Pflanze oder eines Pflanzenorgans, die in Struktur und Funktion eine Einheit bilden. Gewöhnlich werden drei Gewebesysteme unterschieden, *Haut-, Leit-* und *Grund*gewebesystem.
**Glyoxysom:** Ein Peroxysom, das Enzyme für die Umwandlung von Fetten in Kohlenhydrate enthält.
**Golgiapparat:** Gesamtheit aller Golgikörper (Dictyosomen) einer Zelle. Auch als *Golgikomplex* bezeichnet.
**Golgikörper:** Eine Gruppe flacher, scheibenförmiger Säcke, oder Zisternen, die sich an ihren Rändern oft röhrenförmig verzweigen; dienen als Sammel- und Verpackungszentren der Zelle und spielen eine Rolle bei sekretorischen Aktivitäten. Auch als *Dictyosomen* bezeichnet.
**Grana** (sing. **Granum**): Untereinheiten von Chloroplasten, die im Lichtmikroskop wie Körnchen aussehen und sich im Elektronenmikroskop als geldrollenartige Stapel scheibenförmiger Zisternen, sogenannte Grana-*Thylakoide*, erweisen; die Grana enthalten Chlorophyll und Carotinoide und sind Sitz der Lichtreaktionen der Photosynthese.
**granulokrine Sekretion:** Das Sekret passiert eine innere Cytoplasmamembran, meist von einem Vesikel, und wird aus der Zelle ausgeschieden nach Fusion der sekretorischen Vesikel mit der Plasmamembran, mit anderen Worten durch eine Exocytose.
**Gravitropismus:** Wachstum, dessen Richtung durch die Schwerkraft determiniert ist.
**Grenzschicht (*boundary layer*):** Undurchlässige Zellschicht zur Abschottung einer frisch exponierten Wundoberfläche; aus Zellen, die zum Zeitpunkt der Verwundung bereits vorhanden waren.
**Gründerzellen (*founder cells*):** Gruppe von Zellen in der peripherischen Zone des Apikalmeristems, die an der Entstehung eines Blattprimordiums beteiligt sind; unmittelbare Vorläufer der Zellen eines Blattprimordiums.
**Grundgewebe:** Nicht leitende, hauptsächlich parenchymatische, Gewebe, außer den Hautgeweben (Epidermis und Periderm).
**Grundgewebesystem:** Die Gesamtheit aller Grundgewebe einer Pflanze.
**Grundmeristem:** Ein primäres Meristem, oder meristematisches Gewebe, das vom Apikalmeristem abstammt und aus dem die Grundgewebe hervorgehen.
**Gummi:** Nicht wissenschaftlicher Begriff für Material, das bei Abbau von Pflanzenzellen entsteht und hauptsächlich aus deren Kohlenhydraten besteht.
**Gummigang:** Ein Kanal (Gang), der Gummi enthält.
**Gummosis (Gummifluss):** Symptom einer Krankheit, die durch die Bildung von Gummi gekennzeichnet ist, das in Höhlungen oder Kanälen angereichert werden kann oder an der Pflanzenoberfläche sichtbar ist.
**Guttation:** Ausscheidung von Xylemwasser aus Blättern; verursacht durch Wurzeldruck.
**Gymnospermen:** Samenpflanzen, deren Samenanlagen nicht in einem Fruchtknoten eingeschlossen sind; die Coniferen sind die bekannteste Gruppe.

**Hadrom:** Trachelae Elemente und zugehörige Parenchymzellen des Xylems; die speziellen Stützzellen (Fasern und Sklereiden) gehören nicht dazu. Siehe auch *Leptom*.
**haplocheiles Stoma:** Stomata-Typ bei Gymnospermen; die Nebenzellen sind ontogenetisch nicht mit den Schließzellen verwandt.
**Harzkanal:** Ein Kanal mit schizogener Entstehungsweise, der mit Harz absondernden Zellen ausgekleidet ist (*Epithelzellen*) und Harz enthält.
**Hauptwurzel:** Erste Wurzel, oder Primärwurzel; Wurzel, die sich in direkter Verlängerung der Radicula des Embryos bildet.
**Hautgewebe (Abschlussgewebe):** Siehe *Hautgewebesystem*.
**Hautgewebesystem:** Äußeres Abschlussgewebe einer Pflanze; Epidermis oder Periderm.
**helikale Wandverdickung:** Siehe *spiralige Wandverdickung*.
**Hemicellulosen:** Allgemeiner Begriff für eine heterogene Gruppe nichtkristalliner Glucane, die fest in der Zellwand gebunden sind.

**heterogenes Strahlsystem:** Strahlsystem in sekundären Leitgeweben, mit sämtlich heterozellularen Strahlen oder Kombinationen von homozellularen und heterozellularen Strahlen; Begriff wird nicht bei Coniferen verwendet.

**heterozellularer Holzstrahl:** Ein Holzstrahl in sekundären Leitgeweben, der aus Zellen unterschiedlicher Form aufgebaut ist: bei Angiospermen aus liegenden und quadratischen, oder stehenden Zellen; bei Coniferen aus Parenchymzellen und Strahltracheiden.

**Hilum:** (1) Zentrum eines Stärkekorns, um das herum die Stärkeschichten konzentrisch abgelagert werden. (2) Abbruchstelle des Funiculus auf einem Samen.

**Histogen:** Hansteins Begriff für ein Meristem in Spross- oder Wurzelspitze, das ein definiertes Gwebesystem im Pflanzenkörper bildet. Drei Histogene werden unterschieden: *Dermatogen*, *Periblem* und *Plerom*. Siehe Definition dieser Begriffe.

**Histogenese:** Ausbildung und Differenzierung von Geweben.

**histogenetisch:** Siehe *Histogenese*

**Histogentheorie:** Hansteins Theorie besagt, dass die drei primären Gewebesysteme der Pflanze – die Epidermis, der Cortex und das Leitgewebesystem mit seinem assoziierten Grundgewebe – von verschiedenen Meristemen in den Apikalmeristemen abstammen, den Histogenen. Siehe *Histogen*.

**Histone:** Mit DNA assoziierte Proteine in Chromosomen eukaryotischer Zellen.

**Hoftüpfel:** Ein Tüpfel, in dem die Sekundärwand die Schließhaut überwölbt und einen Tüpfelhof bildet.

**Hoftüpfelpaar:** Eine Paarung der Hoftüpfel zweier angrenzender Zellen.

**holokrine Selektion:** Vollständige Freisetzung der Sekrete von Drüsen nur durch Degeneration oder Lysis der sekretorischen Zellen.

**Holz:** Normalerweise Begriff für sekundäres Xylem von Gymnospermen, Magnoliiden und Eudicotyledonen; wird aber auch für jegliches andere Xylem verwendet.

**homogenes Strahlsystem:** Strahlsystem in sekundären Leitgeweben, mit sämtlich homozellularen Strahlen. Begriff wird nicht bei Coniferen verwendet.

**Homologie:** Übereinstimmungen aufgrund derselben phylogenetischen oder evolutionären Herkunft; beinhaltet aber nicht notwendigerweise Übereinstimmungen in Struktur und/oder Funktion.

**homozellularer Holzstrahl:** Ein Holzstrahl in sekundären Leitgeweben, der ausschließlich aus Zellen gleicher Form aufgebaut ist: bei Angiospermen aus liegenden, oder quadratischen, oder stehenden Zellen; bei Coniferen nur aus Parenchymzellen.

**horizontales Parenchym:** Siehe *Strahlparenchym*.

**horizontales System:** Siehe *Strahlsystem*.

**Hormon:** Eine organische Substanz, die normalerweise in winzigen Mengen in einem Teil eines Organismus produziert wird, von wo sie zu einem anderen Teil dieses Organismus transportiert wird, wo sie eine bestimmte Wirkung ausübt; Hormone dienen als hoch spezifische chemische Signale zwischen Zellen.

**Hyaloplasma:** Siehe *Cytosol*.

**Hydathode:** Eine strukturelle Modifikation von Leit- und Grundgewebe, meist im Blatt, die eine Freisetzung von Wasser über eine Pore in der Epidermis ermöglicht; kann Sekretionsfunktion haben. Siehe *Epithem*.

**hydromorph:** Bezieht sich auf Strukturmerkmale von *Hydrophyten*.

**Hydrophyt:** Wasserpflanze; eine Pflanze, die ganz oder teilweise unter Wasser (submers) lebt.

**hygromorph:** Bezieht sich auf Strukturmerkmale von *Hygrophyten*.

**Hygrophyt:** Eine Pflanze mit hohem Wasserbedarf (feuchte oder nasse Standorte).

**Hyperplasie:** Eine exzessive Multiplikation von Zellen.

**hypersensitive Antwort (HR, hypersensitive response):** Der schnelle Zelltod, der nach Pathogenbefall auftreten kann; ist eng verbunden mit aktiver Resistenz.

**Hypertrophie:** Abnorme Vergrößerung. Hypertrophie einer Zelle oder ihrer Teile umfasst keine Zellteilung. Hypertrophie eines Organs kann beides, Zellvergrößerung und abnorme Zellvermehrung (*Hyperplasie*) umfassen.

**Hypocotyl:** Achsialer Teil eines Embryos oder eines Keimlings, zwischen Keimblatt oder Keimblättern und Radicula gelegen.

**Hypocotyl-Wurzel-Achse:** Achsialer Teil des Embryos oder Keimlings aus Hypocotyl und Wurzelmeristem oder Radicula, falls vorhanden.

**Hypodermis:** Eine Schicht oder Schichten von Zellen unterhalb der Epidermis, die sich von den darunterliegenden Grundgewebezellen unterscheiden.

**Hypophyse:** Oberste Zelle des Suspensors, aus der Teil der Wurzel und Wurzelhaube im Angiospermen-Embryo hervorgehen.

**Idioblast:** Eine Zelle in einem Gewebe, die sich deutlich in Form, Größe oder Inhalt von den anderen Zellen dieses Gewebes unterscheidet.

**Initiale:** (1) Zelle in einem Meristem, aus der durch Teilung zwei Zellen entstehen, von denen die eine im Meristem verbleibt und die andere dem Pflanzenkörper hinzugefügt wird. (2) Manchmal verwendet, um eine Zelle im frühesten Stadium ihrer Spezialisierung zu kennzeichnen. Genauere Bezeichnung für (2), *Primordium*.

**initiale Parenchymbänder:** siehe *marginale Parenchymbänder*.

**Integralproteine:** Eng an Lipide gebundene Membranproteine.

**intercalares Meristem:** Meristematisches Gewebe, das vom Apikalmeristem abstammt und in einiger Entfernung von diesem meristematische Aktivität beibehält. Das Meristem kann zwischen mehr oder weniger differenzierte, nicht mehr meristematische, Gewebebezirke eingefügt sein.

**intercalares Wachstum:** Wachstum durch Zellteilung in einiger Entfernung von dem Meristem, in dem diese Zellen ihren Ursprung hatten.

**interfasciculares Cambium:** Teil des Cambiums (*vascular cambium*), der zwischen den Leitbündeln (Faszikeln) im interfascicularen Parebnchym entsteht.

**Interfascicularregion (Interfascicularraum):** Geweberegion zwischen den Leitbündeln (Faszikeln) in einer Sprossachse. Auch *Markstrahl* genannt.

**Intermediärzellen:** Spezialisierte, große Geleitzellen in *Minor veins*; sie besitzen stark verzweigten Plasmodesmen in groß angelegten Tüpfelfeldern zu den Bündelscheidenzellen hinführend; sie kommen in *Minor veins* vor, die große Anteile an Raffinose und Stachyose, aber nur einen geringen Anteil an Saccharose transportieren wie z. B. die *Minor veins* der Acanthaceae, Celastraceae, Cucurbitaceae, Hydrangaceae, Lamiaceae, Oleaceae, Scrophulariaceae und Verbenaceae.

**internes Phloem:** Primärer Phloemteil, der innerhalb (adaxial) des primären Xylems liegt. Begriff ersetzt *intraxylares Phloem*.

**Internodium:** Region der Sprossachse zwischen zwei aufeinanderfolgenden Knoten (Nodien).

**Interpositionswachstum:** Siehe *intrusives Wachstum*.

**interxylärer Kork:** Kork, der im Xylem entsteht.

**interxylares Phloem:** Siehe *eingeschlossenes Phloem*.

**Interzellulare:** Ein Raum zwischen zwei oder mehreren Zellen in einem Gewebe; die Entstehung kann *schizogen*, *lysigen*, *schizolysigen* oder *rhexigen* sein.

**Interzellularsubstanz:** Siehe Mittellamelle.

**intraxylares Phloem:** Siehe *internes Phloem*.

**intrusives Wachstum:** Ein Wachstum, bei dem eine wachsende Zelle sich mit ihrer Spitze zwischen andere Zellen schiebt, die sich längs ihrer Mittellamelle voneinander trennen. Auch als *Interpositionswachstum* bezeichnet.

**Intussuszeption:** Zellwandwachstum durch Einbau neuer Wandsubstanz in die bereits existierende Zellwand. Gegenteil von *Apposition*.

**isodiametrisch:** Regelmäßig in der Form; alle Durchmesser gleich groß.

**Isolationszellen:** Im sekundären Xylem, paratracheale Parenchymzellen und Strahlzellen, die keinen Kontakt zu Gefäßen haben; besitzen die Aufgabe von Speicherzellen.
**isotrop:** Mit denselben Eigenschaften entlang aller Achsen. Optisch isotrop ist ein Material, wenn seine optischen Eigenschaften richtungsunabhängig sind.

**Jahrring:** Im sekundären Xylem; Zuwachszone, die im Verlauf einer Vegetationsperiode angelegt wird. Der Begriff ist missverständlich, da in einem einzigen Jahr mehr als eine Zuwachszone gebildet werden kann.
**juveniles Holz:** Holz, das zu Beginn der Cambialaktivität im aktiven Kronenbereich gebildet wird. Unterscheidet sich vom *adulten Holz* in Form, Struktur und Anordnung seiner Zellen.

**Kallus:** Ein Gewebe aus großen dünnwandigen Zellen die aufgrund von Verletzung gebildet werden, so bei Wundheilung oder Pfropfung, und in Gewebekultur.
**Kallusgewebe:** Siehe Kallus.
**Kalyptrogen:** In der Wurzelspitze; Meristem aus dem die Wurzelhaube hervorgeht, unabhängig von den Initialen für Cortex und Zentralzylinder.
**Kanal:** Ein langgestreckter Raum (Gang), der entsteht, wenn sich Zellen voneinander trennen (schizogene Entstehung), auflösen (lysigene Entstehung) oder durch eine Kombination beider Prozesse entstehen (schizolysigene Entstehung); dient normalerweise der Sekretion.
**Kanalproteine:** Passive Membrantransporter; wassergefüllte Poren, welche die Membran durchqueren.
**Karyokinese:** Teilung eines Zellkerns, im Unterschied zur Teilung einer Zelle, der *Cytokinese*; auch als *Mitose* bezeichnet.
**Keimung:** Aufnahme des Wachstums bei einem Embryo in einem Samen; auch Beginn des Wachstums von Sporen, Pollenkörnern, Knospen oder anderen Strukturen.
**Kerngenom:** Die gesamte, im Zellkern gespeicherte genetische Information.
**Kernholz:** Innerer Teil des sekundären Xylems, in dem die Speicher- und Leitungsfunktion eingestellt sowie Reservestoffe entfernt oder in Kernstoffe umgewandelt wurden; meist dunkler gefärbt als das *Splintholz*.
**Kernhülle:** Doppelmembran, welche den Zellkern umgibt.
**Kernporen:** Poren in der Kernhülle, die einen direkten Kontakt zwischen dem Cytosol und dem Nucleoplasma herstellen.
**Kernporenkomplexe:** Supramolekulare Komplexe, welche die Kernmembran im Bereich der Kernporen durchspannen.
**Kieselkörper:** Verschieden geformte Körperchen aus Siliciumdioxid im Zelllumen; *Phytolithe*.
**Kieselzellen:** Zellen gefüllt mit Siliciumdioxid; so z. B. in der Epidermis von Gräsern.
**Kino-Kanäle:** Traumatische Sekretgänge, die „Kino" enthalten.
**klonale Analyse:** Untersuchung der Nachkommen einzelner experimentell erzeugter Mutantenzellen zur Aufklärung von Zelldetermination bei der Organentwicklung.
**Knock-Out-Mutanten:** Mutanten, bei denen Gene mit Hilfe von Insertionen großer Stücke DNA (zum Beispiel T-DNA von *Agrobacterium tumefaciens*) inaktiviert wurden.
**Knospenspur:** Leitbündelverbindung zwischen Achselknospe und Leitgewebe der Sprossachse.
**Knoten:** Der Teil der Sprossachse, an dem ein oder mehr Blätter ansitzen; anatomisch nicht scharf begrenzt. Siehe *Nodium*.
**kollaterales Leitbündel:** Ein Leitbündel, das Phloem nur auf einer Seite des Xylems zeigt, meist auf der abaxialen Seite.
**kollektives Phloem:** befindet sich in den Minor veins, den kleinsten Blattadern im Mesophyll von Source-Blättern; die Geleitzellen im kollektiven Phloem sind sichtlich größer als ihre benachbarten, meist sehr kleinen Siebelemente und dienen der Aufnahme von Photoassimilaten (hauptsächlich Saccharose) gegen einen Konzentrationsgradienten und der Weiterleitung in die Siebröhrenelemente via Pore-Plasmodesmen Verbindungen. Auch *Sammelphloem* genannt.
**Kollenchym** (griech. *Kolla* = Leim): Lebendes Gewebe aus mehr oder weniger lang gestreckten Zellen mit ungleichmäßig verdickten, nicht lignifizierten Primärwänden. In Regionen mit primärem Wachstum bei Sprossachsen und Blättern verbreitet.
**Kolleteren:** Vielzellige drüsige Anhänge (*Emergenzen*) aus epidermalen und subepidermalen Geweben. Sie bilden klebriges Sekret und sind häufig auf Knospenschuppen und jungen Blättern zu finden.
**Kompetenz:** Die Fähigkeit einer Zelle sich auf Grund eines spezifischen Signals zu entwickeln.
**komplexes Gewebe (zusammengesetztes Gewebe):** Ein Gewebe aus zwei oder mehr Zelltypen; Epidermis, Periderm, Xylem und Phloem sind komplexe (zusammengesetzte) Gewebe.
**konfluent paratracheales Parenchym:** Im sekundären Xylem; ineinander übergehende Gruppen aus aliformem Parenchym, die im Querschnitt unregelmäßige tangentiale oder diagonale Bänder bilden. Siehe auch *paratracheales Parenchym* und *aliform paratracheales Parenchym*.
**Kontaktzelle:** Eine paratracheale Parenchymzelle oder Strahlparenchymzelle in direktem Kontakt mit den Gefäßen und physiologisch mit diesen assoziiert. Analog zu den Geleitzellen im Phloem.
**koordiniertes Wachstum:** Zellwachstum dergestalt, dass Zellwände nicht voneinander getrennt werden; auch als symplastisches Wachstum bezeichnet. Gegenteil: *intrusives Wachstum*
**Kork:** Siehe *Phellem*.
**Korkcambium:** Siehe *Phellogen*.
**Korkzelle:** Eine Phellemzelle, aus dem Phellogen hervorgegangen und im reifen Zustand nicht lebend; mit suberinisierten Zellwänden; Schutzfunktion aufgrund der hohen Wasserundurchlässigkeit der Wände.
**Kreuzungsfeld:** Ein zweckmäßiger Begriff für das Rechteck, das durch die Wände einer Strahlzelle gegen eine anliegende axiale Tracheide gebildet wird; erkennbar an Radialschnitten durch das sekundäre Xylem von Coniferen.
**Kristalloid:** Ein Proteinkristall, weniger eckig als ein mineralischer Kristall; quillt in Wasser.
**Kristallsand:** Eine große Menge kleiner Kristalle in einer Zelle.

**L1, L2, L3 Schichten:** Die äußeren Schichten des Angiospermen-Apikalmeristems mit Tunika-Corpus-Organisation.
**lakunares Kollenchym oder Lückenkollenchym:** Ein Kollenchym, das durch Interzellularen charakterisiert ist und durch Zellwandverdickungen, die an diese grenzen.
**Lakune:** Hohlraum. Üblicherweise mit Luft gefüllter Raum zwischen Zellen, der *schizogen*, *lysigen*, *schizo-lysigen* oder *rhexigen* entstehen kann. Ein Begriff, der auch im Zusammenhang mit der *Blattlücke* verwendet wird.
**lamellares Kollenchym:** Ein Kollenchym, das hauptsächlich an den Tangentialwänden verdickt ist. *Plattenkollenchym*.
**Lamelle:** Eine dünne Platte oder Schicht.
**Lamina:** Flächiger Teil eines Blattes; *Blattspreite*.
**Lateralmeristem:** Ein Meristem, das sich parallel zu den Seiten der Achsen erstreckt; bezieht sich auf das *Cambium* (*vascular cambium*) und das *Phellogen*, das *Korkcambium*.
**Latex** (pl. **Latices**): Siehe *Milchsaft*.
**Laubholz:** Ein Name, der allgemein für das Holz der Magnoliiden und der eudicotyledonen Bäume verwendet wird.
**Leit-:** Bezieht sich auf ein Pflanzengewebe oder eine Pflanzenregion, die aus Leitgeweben besteht (Xylem und/oder Phloem) oder solche hervorbringt.
**Leitbündel:** Ein strangförmiger Teil des Leitgewebesystems; besteht aus Xylem und Phloem.
**Leitbündelkappe:** Sklerenchym oder kollenchymatisches Parenchym,

im Querschnitt wie eine Kappe an der Xylem- und/oder Phloemseite eines Leitbündels angeordnet.

**leitendes Phloem:** Ein sehr schmaler Teil des sekundären Phloems dicht am Cambium mit reifen, lebenden Siebröhren.

**leiterförmige Gefäßdurchbrechung:** In einem Gefäßglied des Xylems; eine Form der vielfachen Gefäßdurchbrechung, bei der längliche Durchbrechungen parallel zueinander angeordnet sind, so dass die dazwischen liegenden sprossenähnlichen Zellwandbereiche eine leiterförmige Struktur bilden.

**leiterförmige Tüpfelung:** In trachealen Elementen des Xylems; längliche Tüpfel sind parallel zueinander angeordnet und bilden so eine leiterförmige Struktur.

**leiterförmige Wandverdickung:** In trachealen Elementen des Xylems; Sekundärwand, die sich in Form eines leiterförmigen Musters auf der Primärwand befindet. Ähnlich einer Schraube mit geringer Steigung, bei der die Windungen in Abständen miteinander verbunden sind.

**Leitgewebe:** Ein allgemeiner Begriff für entweder nur eines oder beide Leitgewebe, das Xylem und das Phloem.

**Leitgewebemeristem:** Allgemeiner Ausdruck, anwendbar auf *Procambium* und *Cambium*.

**Leitgewebestrahl:** Ein Strahl im sekundären Xylem oder sekundären Phloem.

**Leitgewebesystem:** Die Gesamtheit der Leitgewebe in ihrer spezifischen Anordnung in einer Pflanze oder in einem Pflanzenorgan.

**Leitgewebezylinder:** Leitgeweberegion der Achse. Der Begriff wird oft synonym für *Stele* oder *Zentralzylinder* verwendet, oder aber im engeren Sinne, dann schließt er das Mark aus.

**Lenticelle:** Eine isolierte Region im Periderm, die sich vom Phellem durch den Besitz von Interzellularen unterscheidet; das Gewebe kann suberinisiert sein oder nicht.

**Leptom:** Die Siebelemente und assoziierten Parenchymzellen des Phloems; die Stützzellen (Fasern und Sklereiden) gehören nicht dazu. Siehe auch *Hadrom*.

**Leukoplast:** Farblose Plastide. Am wenigsten differenzierter Plastidentyp.

**Libriformfaser:** Xylemfaser, gewöhnlich mit dicken Wänden und einfachen Tüpfeln; meist die längste Zelle des Gewebes

**lichtbrechende Kügelchen** (*refractive spherules*): In Siebelementen von Gefäßkryptogamen (außer Lycopodiaceae), membrangebundene, elektronendichte Proteinkörper.

**liegende Strahlzelle:** In sekundären Leitgeweben; eine Strahlzelle, deren Längsachse in radialer Richtung verläuft.

**Lignifizierung:** Imprägnierung mit Lignin.

**Lignine:** Phenolische Polymere, die hauptsächlich in Zellwänden von Stütz- und Leitgeweben eingelagert werden. Entstehen durch Polymerisation von drei Haupt-Monomer-Einheiten: den Monolignolen *p*-Cumaryl-, Coniferyl- und Sinapylalkohol.

**Lithocyste:** Eine Zelle, die einen Cystolithen enthält.

**longitudinales Parenchym:** Längsparenchym. Siehe *axiales Parenchym.*

**longitudinales System:** In sekundären Leitgeweben. Siehe *axiales System*

**Lückenkollenchym:** Siehe *lakunares Kollenchym*

**Luftembolie:** Blockade eines Xylemelements durch Anfüllen mit Luft und Wasserdampf.

**Lumen:** (1) Von der Zellwand umgrenzter Raum, (2) Der Thylakoid-Innenraum in Chloroplasten; (3) der schmale transparente Innenraum des Endoplasmatischen Reticulums.

**Lutoide:** Lysosomale Vesikel, oder Mikrovakuolen, im Milchsaft; von einer einfachen Membran begrenzt; sie enthalten ein Spektrum hydrolytischer Enzyme, fähig, die meisten organischen Zellsubstanzen abzubauen.

**Lyse:** Der Prozess des Zerfalls oder der Auflösung.

**lysigen:** Bezogen auf die Entstehung einer Interzellulare durch Auflösung von Zellen.

**Lysosom:** Eine von einer einfachen Membran umgebene Organelle, die saure hydrolytische Enzyme enthält, die Proteine und andere organische Makromoleküle abbauen können; in Pflanzen durch lytische Vakuolen repräsentiert. Siehe auch *lysosomales Kompartiment*

**lysosomales Kompartiment:** Eine Region in Zellprotoplast oder Zellwand wo saure Hydrolasen lokalisiert sind, die cytoplasmatische Bestandteile und Metaboliten abbauen können. Im Protoplasten von einer einfachen Membran umgeben und gewöhnlich das Vakuolensystem ausmachend. Ein anderer Begriff, *lytisches Kompartiment*.

**lytisches Kompartiment:** Siehe *lysosomales Kompartiment.*

**Magnoliidae:** Magnolienähnliche; eine Klade, oder Entwicklungslinie, der Angiospermen hin zu den Eudicotyledonen. Die Blätter der meisten Magnoliidae besitzen esterhaltige Ölzellen.

**Major veins:** Große Blattadern, die in Blattrippen (Vorwölbungen der Adern auf der Blattunterseite) vorliegen; sie dienen hauptsächlich dem Transport von Substanzen ins und aus dem Blatt.

**Makrofibrille:** Eine im Lichtmikroskop sichtbare Aggregation von Cellulosemikrofibrillen in der Zellwand; die Cellulosemikrofibrillen sind umeinandergewunden wie die Fasern in einem Kabel.

**Makroskleride:** Lang gestreckte Sklereide mit ungleichmäßiger Sekundärwandverdickung; in der Epidermis der Leguminosen-Samenschale verbreitet.

**Mantel:** Äußere Schichten eines Apikalmeristems mit geschichtetem Bau.

**marginale Parenchymbänder:** Parenchymbänder an den Rändern von Zuwachszonen des sekundären Xylems; sie können auf das Ende (*terminale Parenchymbänder*) oder den Anfang einer Zuwachszone (*initiale Parenchymbänder*) begrenzt sein.

**Margo:** Äußerer Bereich der Membran von Hoftüpfeln der Coniferen, der aus Cellulosefibrillen besteht, wasserdurchlässig ist und den *Torus* umgibt.

**Mark:** Grundgewebe im Zentrum einer Sprossachse oder Wurzel. Eine Homologie vom Mark der Wurzel und der Sprossachse ist umstritten.

**Markkrone:** Periphere Region des Marks.

**Markstrahl:** Siehe *Interfascicularregion* (Interfascicularraum).

**Markstrahl:** Siehe *Interfascicularregion*. Verbindet Mark und primäre Rinde.

**Matrix:** Generell ein Medium, in das etwas eingebettet ist.

**Mazeration:** Experimentelle Trennung der Zellen eines Gewebes durch Auflösen der Mittellamelle.

**mechanisches Gewebe:** Siehe *Festigungs-, Stützgewebe.*

**mediane Hohlräume (median cavities):** Hohlräume im Bereich der Mittellamelle bei sekundären Plasmodesmen.

**Medulla:** Synonym for *Mark*.

**Meiose:** Zwei aufeinanderfolgende Kernteilungen, wobei die Chromosomenzahl von diploid nach haploid reduziert wird und eine Aufspaltung der Gene erfolgt.

**merikline Chimäre:** Eine Chimäre, bei der nur ein Teil einer Schicht (oder mehrerer Schichten) genetisch verschieden ist. (vergleiche *perikline Chimäre*).

**Meristem des primären Dickenwachstums:** Ein Meristem, das vom Apikalmeristem abstammt und verantwortlich ist für das primäre Dickenwachstum der Sprossachse. Kann eine distinkte mantelförmige Zone bilden; häufig bei Monocotyledonen.

**Meristem:** Embryonale Geweberegion, in erster Linie mit der Bildung neuer Zellen befasst.

**meristematische Zelle:** Eine Zelle, die Protoplasma synthetisiert und durch Teilung neue Zellen hervorbringt; variiert in Form, Größe, Wanddicke und dem Grad der Vakuolisierung; besitzt nur eine Primärwand.

**Meristemoid:** Eine Zelle oder Zellgruppe meristematischer Aktivität in einem Gewebe aus etwas älteren, differenzierenden Zellen.

**merokrine Sekretion:** Teilsezernierende Sekretion. Hierzu gehören die *ekkrine* und die *granulokrine* Sekretion.

**Merophyte:** Unmittelbare einzellige Derivate einer Apikalzelle und die daraus entstehenden vielzelligen Strukturen.

**mesomorph:** Bezieht sich auf die strukturellen Merkmale von *Mesophyten*.

**Mesophyll:** Photosynthesegewebe eines Blattes, zwischen den beiden Epidermisschichten.

**Mesophyt:** Eine Pflanze, die einen Standort benötigt, der weder zu nass noch zu trocken ist.

**Mestomscheide:** Eine endodermoide Scheide eines Leitbündels; die innere der beiden Bündelscheiden in Blättern von Poaceen, besonders der festucoiden Gräser.

**Metacutisierung:** Ablagerung von Suberinlamellen in den äußeren Zellen der Wurzelspitzen, die aktives Wachstum und Absorption am Ende der Vegetationsperiode beendet.

**Metaphloem:** Der Teil des primären Phloems, der nach dem Protophloem ausdifferenziert und vor dem sekundären Phloem, sofern sich letzteres in einem Taxon ausbildet.

**Metaxylem:** Der Teil des primären Xylems, der nach dem Protoxylem ausdifferenziert und vor dem sekundären Xylem, sofern sich letzteres in einem Taxon ausbildet.

**Micellen:** Regionen in Cellulose-Mikrofibrillen in denen die Cellulosemoleküle parallel zueinander angeordnet sind, so dass geordnete kristallinen Bereiche entstehen.

**Microbody:** Siehe *Peroxysom*.

**Mikrofibrille:** Fadenförmige Komponente der Zellwand; Zusammenlagerung von Cellulosemolkülen durch Wasserstoffbrückenbildung; nur im Elektronenmikroskop sichtbar.

**Mikrofilament:** Siehe *Actinfilament*.

**Mikrometer:** Ein tausendstel Millimeter; auch Mikron genannt. Symbol μm.

**Mikron:** Siehe *Mikrometer*.

**Mikrotubuli:** Nichtmembranöse Röhrchenstrukturen mit einem Durchmesser von ca. 25 Nanometer (nm) und von unbestimmter Länge. In sich nicht teilenden eukaryotischen Zellen im Cytoplasma, gewöhnlich nahe der Zellwand gelegen; bilden die meiotische oder mitotische Spindel und den Phragmoplasten einer sich teilenden Zelle.

**Mikrotubuli Organisationszentrum (microtubule-organizing centre, MTOC):** Bildungszentrum der Mikrotubuli.

**Milchröhren:** Zellen oder Reihen miteinander verschmolzener Zellen, die flüssigen Milchsaft (engl. *latex*) enthalten.

**Milchsaft** (engl. *latex*): Eine oft milchige Flüssigkeit aus Milchröhren, aus verschiedenen organischen und anorganischen Substanzen; enthält oftmals Kautschuk.

**Minor vein Typ 1, offen:** Feinnerv mit zahlreichen Plasmodesmen zwischen Bündelscheidenzellen und Geleitzellen (> 10 Plasmodesmen pro μm² Interface).

**Minor vein Typ 2, geschlossen:** Feinnerv mit nur wenigen Plasmodesmen-Verbindungen pro μm Interface Bündelscheidenzelle/Geleitzelle. Typ 2a besitzt nur sehr geringe Plasmodesmen-Kontakte (< 1 pro μm² Interface) und Typ 2b fast keine (< 0,1 pro μm² Interface).

**Minor veins:** Kleine Blattadern (Feinnerven), die in Mesophyllgewebe eingebettet und von einer Bündelscheide umgeben sind; sie dienen der Verteilung des Transpirationsstroms und der Aufnahme von Photoassimilaten ins Phloem für den weiteren Export aus dem Blatt.

**Mitochondrien** (sing. Mitochondrion): Organellen mit Doppelmembran (zwei Elementarmembranen); Orte der Zellatmung; enthalten Enzyme und sind in nicht photosynthetisch aktiven Zellen die Hauptlieferanten von ATP.

**Mitose:** Siehe *Karyokinese*.

**Mittellamelle:** Schicht aus Interzellularsubstanz, meist Pektine, welche die Primärwände aneinandergrenzender Zellen verbindet.

**Monocotyledonen:** Pflanzen, deren Embryo nur ein Keimblatt besitzt; eine der beiden großen Angiospermen-Klassen, die Monocotyledoneae; die andere große Klasse bezeichnet man als Eudicotyledoneae.

**monopodiale Verzweigung:** Die Zweiganlage entsteht seitlich am Apikalmeristem.

**Morphogenese:** Entwicklung der Gestalt; Summe der Phänomene Entwicklung und Differenzierung bei Geweben und Organen.

**Morphologie:** Untersuchung der Gestalt, ihrer Form und ihrer Entwicklung.

**Motorzelle:** Siehe *bulliforme Zelle*.

**multiple Epidermis:** Ein primäres Abschlussgewebe aus zwei oder mehr Zellschichten (multiseriat), das vom Protoderm gebildet wird; nur die äußerste Zellschicht differenziert sich als typische Epidermis.

**multiple Perforationsplatte:** Siehe *vielfache Gefäßdurchbrechung*.

**multiplikative Teilungen:** Teilungen, welche die Anzahl von Cambiuminitialen erhöhen.

**multivesikuläre Körperchen:** Abgeschnürte große Plasmamembraneinstülpungen, in Cytosol oder Vakuolen.

**Muschelzone** (*shell zone*): In Primordien von Achselknospen, eine Zone paralleler konkav gekrümmter Zellschichten; der ganze Komplex ist muschelförmig. Ergebnis regelmäßiger Zellteilungen entlang der proximalen Grenzen des Primordiums.

**Mutterzelle:** Siehe *Vorläuferzelle*.

**Myosin:** „Motorprotein"; ein Proteinmolekül mit einem „Kopfteil", der eine ATPase enthält, die durch Actin aktiviert wird.

**Myrosinzelle:** Idioblast, der in der großen Zentralvakuole Myrosinasen enthält, Enzyme, die Glucosinolate hydrolysieren. Tritt hauptsächlich bei Brassicaceae auf.

**Nacré-Wand:** Eine nicht lignifizierte Wandverdickung, die meist in Siebelementen auftritt und beim Erreichen einer beträchtlichen Dicke häufig als Sekundärwand angesehen wird; die Bezeichnung basiert auf dem glänzenden Erscheinungsbild (franz. nacré = perlmuttartig glänzend) dieser Wand im frischen Gewebe.

**Nadelholz:** Ein Name, der allgemein für das Holz der Coniferen verwendet wird.

**Nanometer:** Ein Millionstel Millimeter; Symbol nm. Entspricht 10 Angström.

**Nebenzelle:** Eine Epidermiszelle, die mit einem Stoma assoziiert ist und sich zumindest morphologisch von der Masse der übrigen Epidermiszellen unterscheidet. Auch akzessorische Zelle genannt.

**nekrophylaktisches Periderm:** Wundperiderm.

**Nektarium:** Eine vielzellige drüsige Struktur, die eine Flüssigkeit mit organischen Substanzen, auch Zucker, abscheidet. In Blüten (*florale Nektarien*) und vegetativen Pflanzenteilen (*extraflorale Nektarien*).

**netzförmige Gefäßdurchbrechung:** In einem Gefäßglied des Xylems; eine Form der vielfachen Gefäßdurchbrechung, bei der die zwischen den Durchbrechungen verbleibenden Zellwandbereiche eine netzförmige Struktur bilden. (auch *reticulate Gefäßdurchbrechung* genannt).

**netzförmige Siebplatte:** Eine zusammengesetzte Siebplatte, deren Siebfelder netzförmig angeordnet sind.

**netzförmige Wandverdickung:** In trachealen Elementen des Xylems; Sekundärwand, die in einem netzförmigen Muster auf der Primärwand angelegt wird.

**Netznervatur** (engl. *netted* oder *reticulate venation*): Netzförmige Anordnung der Blattadern in der Blattspreite; von einer kräftigen Mittelrippe gehen mehrere miteinander verbundene Seitennerven unterschiedlicher Ordnung aus; typisch für magnoliide und eudicotyle Blätter.

**nicht etagiertes Cambium:** Siehe *Nicht-Stockwerkcambium*.

**nicht stockwerkartiges Xylem:** Sekundäres Xylem, bei dem in Tangentialansicht die axialen Zellen und Strahlen nicht in horizontalen Schichten angeordnet sind.

**nichtdispergierte P-Proteinkörper:** Treten in manchen Taxa wie z.B. in Holzpflanzen auf, wo die P-Proteinkörper nur teilweise oder gar nicht dispergiert sind; ein Beispiel für nichtdispergierte P-Proteinkörper sind die spindelförmigen, kristallinen P-Proteinkörper der Fabaceae; sie unterliegen einer raschen und reversiblen Calcium-kontrollierten Umwandlung von einem kondensierten in einen dispergierten Zustand.

**nichtleitendes Phloem:** Der Teil des sekundären Phloems, in dem die Siebelemente ihre Tätigkeit eingestellt haben; Siebelemente mehr oder weniger obliteriert; Speicherfunktion.

**Nicht-Stockwerkcambium:** Cambium, bei dem in Tangentialansicht die fusiformen Initialen und Strahlen nicht in horizontalen Schichten angeordnet sind. Auch *nicht etagiertes Cambium* genannt.

**Nodium:** Siehe *Knoten*.

**Nucleolus (pl. Nucleoli):** Kernkörperchen; ein kleiner kugelförmige Körper im Kern eukaryotischer Zellen; Syntheseort ribosomaler Untereinheiten.

**Nucleolus-Organisator-Region (NOR):** Eine spezielle Region auf bestimmten Chromosomen, die bei der Bildung des Nucleolus eine Rolle spielt.

**Nucleoplasma:** Grundsubstanz des Zellkerns.

**Nucleus:** Siehe *Zellkern*.

**Nukleoid:** Eine DNA-haltige Region in prokaryotischen Zellen, Mitochondrien und Chloroplasten.

**Oberflächenperiderm:** Anlage von nur einem Periderm; keine Folgeperiderme.

**Ölkörper:** Von einer Phospholipidmonoschicht umgebene amorphe sphärische fetthaltige Strukturen im Cytoplasma; (Sphärosomen; Oleosomen)

**Ölzellen:** Sekretzellen mit ölartigem Inhalt.

**Ontogenie:** Entwicklung eines Organismus, eines Organs, eines Gewebes oder einer Zelle, vom Beginn bis zur Reife. („Entwicklung eines individuellen Ganzen").

**Organ:** Ein distinkter und sichtbar differenzierter Teil einer Pflanze, wie die Wurzel, die Sprossachse, das Blatt oder ein Teil einer Blüte.

**Organelle:** Ein definierter Körper im Cytoplasma einer Zelle, mit spezieller Funktion; im engeren Sinne membranumgrenzt.

**Organismentheorie:** Der Gesamtorganismus ist nicht einfach eine Ansammlung unabhängiger Zellen, sondern vielmehr eine lebende Einheit aus Zellen, die miteinander verbunden und koordiniert ein organisches Ganzes bilden.

**Organismus:** Jedes lebende Individuum, einzellig oder vielzellig.

**Organogenese:** Ausbildung und Differenzierung von Organen.

**Orthostiche:** Eine vertikale Linie entlang derer eine Reihe von Blättern oder Schuppen auf der Achse eines Sprosses oder sproßähnlichen Organs angeordnet sind.

**Osmophoren:** Spezielle Drüsen, die Blütenduftstoffe abgeben.

**osmotisch erzeugter Druckstrom-Mechanismus:** Hypothese zum Langstreckentransport von Assimilaten; nach der Druckstromtheorie werden Assimilate von ihrem Syntheseort (Source) zu ihrem Verbrauchsort (Sink) entlang eines osmotisch erzeugten Turgorgradienten transportiert; da die Siebröhren an jeder Stelle für Wasser permeabel sind, setzt sich der longitudinale Druckgradient aus vielen transversalen Druckgradienten zwischen dem Siebröhren-Symplasten und dem Apoplasten (Xylem) zusammen; Assimilate können deshalb in einer Siebröhre bidirektional (in beide Richtungen) transportiert werden, nämlich von Stellen der höheren zu Stellen der niedrigeren transversalen Potenzialdifferenz.

**Osteosklereide:** Knochen- (hantel-) förmige Sklereide mit säulenförmigem Mittelteil und erweiterten Enden

**Pädomorphose:** Verzögerter Evolutionsfortschritt hinsichtlich bestimmter Merkmale, der sich in einer Kombination aus juvenilen und fortschrittlichen Merkmalen in einer Zelle, in einem Gewebe oder einem Organ widerspiegelt.

**Palisadenparenchym:** Blattmesophyll aus länglichen Zellen, deren Längsachse senkrecht zur Blattoberfläche steht.

**panicoid:** Auf die Panicoideae, eine Unterfamilie der Gräser bezogen.

**Papillen:** Weiche epidermale Auswüchse.

**paracytisches Stoma:** Stomakomplex, bei dem das Stoma beiderseits von ein oder mehreren Nebenzellen parallel zur Längsachse der Schließzellen begleitet wird.

**paradermal:** Parallel zur Epidermis. Bezieht sich speziell auf einen Schnitt parallel zur Oberfläche eines flachen Organs, wie z. B. ein Blatt.

**Parallelnervatur:** Blattnervatur, bei der die Hauptnerven des Blattes parallel oder nahezu parallel verlaufen; charakteristisch für monocotyle Pflanzen; auch *Streifennervigkeit* genannt.

**Parastiche:** Eine Schraube entlang derer eine Serie von Blättern oder Schuppen auf der Achse eines Sprosses oder sproßähnlichen Organs angeordnet ist. Siehe auch *Orthostiche*.

**paratracheales Parenchym:** Axiales Parenchym im sekundären Xylem, das mit Gefäßen und anderen trachealen Elementen assoziiert ist. Umfasst *aliform*, *konfluent* und *vasizentrisch* angeordnetes Parenchym.

**Parenchym:** Aus Parenchymzellen zusammengesetztes Gewebe

**Parenchymstrang:** Entsteht, wenn ein Cambiumderivat quer oder schräg verlaufende Zellteilungen durchführt.

**Parenchymzelle:** Normalerweise eine nicht deutlich spezialisierte lebende Zelle, Protoplast mit Zellkern; mit ein oder mehreren der verschiedenen physiologischen und biochemischen Aktivitäten in Pflanzen befasst. Variiert in Größe, Form und Wandstruktur.

**parietales Cytoplasma:** Randständiges Cytoplasma; unmittelbar an der Zellwand gelegen.

**Pektine:** Eine Gruppe komplexer Kohlenhydrate; Derivate der Polygalacturonsäure; treten in Zellwänden auf, besonders als Bestandteil der Mittellamelle.

**Perforationsplatte:** Siehe Gefäßdurchbrechung.

**Periblem:** Meristem, aus dem der Cortex entsteht. Eins der drei Histogene, *Plerom*, *Periblem* und *Dermatogen*, nach Hanstein.

**Periderm:** Sekundäres Abschlussgewebe, das die Epidermis in Sprossachsen und Wurzeln ersetzt; selten in anderen Organen. Besteht aus *Phellem* (Kork). *Phellogen* (Korkcambium) und *Phelloderm*.

**periklin:** Bezieht sich auf die Orientierung der Zellwand oder Zellteilungsebene; parallel zum Umfang oder der nächst gelegenen Oberfläche eines Organs. Gegenteil von *antiklin*. Siehe auch *tangential*.

**perikline Chimäre:** Siehe *Chimäre*.

**perinucleärer Raum (Perinuklearraum):** Raum zwischen den beiden Membranen der Kernhülle.

**periphere Proteine:** Eng mit Membranen verbundene Proteine, die aufgrund hydrophober Eigenschaften nicht in die Lipiddoppelschicht eindringen können.

**peripherische Zone (peripherisches Meristem):** Umgibt die zentralen Mutterzellen in der Sprossspitze der Gymnospermen.

**perivasculäres Sklerenchym:** Sklerenchym längs der äußeren Peripherie des Zentralzylinders, entsteht nicht im Phloem. Alternativer Begriff, *perizyklisches Sklerenchym*.

**Perivascularfaser:** Faser aus der äußeren Peripherie des Zentralzylinders in der Achse von Samenpflanzen; entsteht nicht im Phloem. Alternativer Begriff: *Perizykelfaser*.

**Perizykel:** Teil des Grundgewebes einer Stele zwischen Phloem und Endodermis. Bei Samenpflanzen; tritt regelmäßig in Wurzeln auf, aber fehlt bei den meisten Sprossachsen.

**Perizykelfaser:** Siehe *Perivascularfaser*.

**Perizyklisches Sklerenchym:** Siehe *perivasculäres Sklerenchym*.

**Peroxysomen:** Rundliche, von einer einfachen Elementarmembran umgebene Organellen: einige spielen bei der Photorespiration eine Rolle, andere (so genannte *Glyoxysomen*) wandeln bei der Keimung Fette in Zucker um. Auch *Microbodies* genannt.

**Phänotyp:** Erscheinungsbild eines Organismus (Gestalt, Bau und Funktion) durch Interaktion von *Genotyp* (genetische Konstitution) und Umwelt.

**Phellem (Kork):** Abschlussgewebe aus nicht lebenden Zellen mit suberinisierten Wänden; zentrifugal vom Phellogen (Korkcambium) gebildet als Teil des Periderms. Ersetzt die Epidermis in älteren Sprossachsen und Wurzeln vieler Samenpflanzen.

**Phelloderm:** Ein Gewebe ähnlich dem Parenchym des Cortex; zentripetal vom Phellogen (Korkcambium) gebildet als Teil des Periderms von Sprossachsen und Wurzeln von Samenpflanzen.

**Phellogen (Korkcambium):** Ein Lateralmeristem aus dem das Periderm entsteht, ein in Sprossachsen und Wurzeln von Samenpflanzen verbreitetes sekundäres Abschlussgewebe. Bildet durch perikline Teilungen Phellem (Kork) nach außen und Phelloderm nach innen

**Phelloid:** Eine Zelle im Kork (Phellem), die sich von den Korkzellen durch das Fehlen von Suberin in den Zellwänden unterscheidet. Kann eine Sklereide sein.

**Phlobaphene:** Wasserfreie Tanninderivate. Amorphe, gelbe, rote, oder braune Substanzen, in Zellen sehr auffällig, wenn vorhanden.

**Phloem:** Hauptsächliches Nährstoff-leitendes Gewebe der Gefäßpflanzen, das aus Siebelementen, verschiedenartigen Parenchymzellen, Fasern und Sklereiden besteht.

**Phloemanastomosen:** Siebröhrenelemente des primären Phloems von Längsbündeln, die in Internodien und Petiolen Querverbindungen zum Phloem anderer Längsbündel bilden und diese zu einem vollständigen Netzwerk verknüpfen. Sie verbinden in der Sprossachse das interne mit dem externen Phloem und in Blättern das adaxiale mit dem abaxialen Phloem. Sie dienen als alternative Transportwege für Assimilate innerhalb der Sprossachse.

**Phloembeladung:** Ein aktiver Prozess, bei dem Assimilate (hauptsächlich Saccharose) gegen einen Konzentrationsgradienten aktiv in die Siebröhren transportiert werden; man unterscheidet die apoplastische und die symplastische Phloembeladung; bei der apoplastischen Phloembeladung werden Assimilate (Saccharose) über die Phloemparenchymzellen zunächst in den Apoplasten exportiert und von dort durch Protonensymport, der energetisch von einer plasmamembrangebundenen $H^+$- ATPase getrieben wird, über einen Saccharose-Translokator in die Geleitzellen bzw. in die Siebröhrenelemente transportiert; bei der symplastischen Phloembeladung sind die Phloemparenchymzellen mit den Siebelementen durch zahlreiche Plasmodesmen verbunden, so dass Assimilate auf symplastischen Wege über Plasmodesmen in die Siebröhrenelemente transportiert werden.

**Phloemelemente:** Zellen des Phloemgewebes.

**Phloementladung:** Transport von Assimilaten (Saccharose) aus den Siebelementen in die Sink-Gewebe; erfolgt in den meisten Sink-Geweben symplastisch via Plasmodesmen ohne Energiezufuhr (symplastische Phloementladung); in manchen Sink-Organen wie z. B. Zuckerrüben, Sprossachsen des Zuckerrohrs und stark wachsenden Stolonen der Kartoffel findet vermutlich eine apoplastische Phloementladung (energieabhängiger Vorgang) statt, wobei Assimilate (Saccharose) aus den Siebröhrenelementen zunächst in den Apoplasten exportiert und dann von den Zellen der Sink-Organe aufgenommen werden.

**Phloeminitiale:** Phloemseitige Cambiumzelle, aus der durch perikline Teilungen eine oder mehrere Zellen hervorgehen, die sich zu Phloemzellen differenzieren; es können zusätzliche Teilungen in verschiedenen Ebenen erfolgen oder auch unterbleiben. Bisweilen auch *Phloemmutterzelle* genannt.

**Phloemmutterzelle:** Ein Cambiumderivat das die Quelle ist für bestimmte Elemente des Phloems, wie z. B. für Siebröhrenelement und seine Geleitzellen oder für einen Strang von Phloemparenchymzellen. Im weiteren Sinne auch synonym für den Begriff *Phloeminitiale* verwendet.

**Phloemparenchym:** Parenchymzellen des Phloems. Bezieht sich im sekundären Phloem auf das axiale Parenchym.

**Phloemstrahl:** Der Teil des Strahls, der sich im sekundären Phloem befindet.

**phloic procambium:** Der Teil des Procambiums, der sich zu primärem Phloem entwickelt.

**Photoperiodismus:** Antwort auf Dauer von Tag und Nacht (Dauer der Photoperiode), die in der Art des Wachstums, der Entwicklung und der Blüte von Pflanzen zum Ausdruck kommt.

**Photorespiration:** Oxygenase-Aktivität der Rubisco kombiniert mit einem Bergungsweg (*salvage passway*), verbraucht $O_2$ und setzt $CO_2$ frei; findet statt, wenn Rubisco $O_2$ anstelle von $CO_2$ bindet.

**Photosynthesezelle:** Eine Chloroplasten-haltige Zelle die photosynthetisch aktiv ist.

**Phragmoplast:** Fädige Struktur (Lichtmikroskop), die während der Telophase zwischen den Tochterkernen entsteht und worin die Zellwandvorstufe (*Zellplatte*) gebildet wird, welche die Mutterzelle teilt (*Cytokinese*). Erscheint anfangs als Spindel, verknüpft mit den beiden Zellkernen, nimmt aber später die Form eines Ringes an. Besteht aus Mikrotubuli.

**Phragmosom:** Cytoplasmaschicht, die sich in der Zelle in der zukünftigen Teilungsebene ausbreitet, dort wo der Zellkern lokalisiert wird und sich teilt. Die Äquatorialebene des später erscheinenden Phragmoplasten stimmt mit der Ebene der Cytoplasmaschicht überein.

**Phyllochron:** Intervall zwischen dem visuell erkennbaren Erscheinen zweier aufeinanderfolgender Blätter an der intakten Pflanze.

**Phyllotaxis:** Anordnung von Blättern an der Sprossachse.

**Phylogenie (Phylogenese):** Die Entwicklungsgeschichte einer Gruppe von Organismen; Abstammesgeschichte.

**Phytohormone:** Auch pflanzliche Wuchsstoffe genannt, sind chemische Signale, die eine Hauptrolle bei der Regulierung von Wachstum und Entwicklung spielen.

**Phytolith:** Kieselkörper.

**Phytomere:** Einheiten, oder Module, die wiederholt von der vegetativen Sprossspitze gebildet werden. Jedes Phytomer besteht aus einem Knoten, einem dazugehörigen Blatt, einem darunterliegenden Internodium und einer Knospe, an der Basis des Internodiums.

**Pinocytose:** Siehe *Endocytose*.

**Plasmalemma:** Siehe *Plasmamembran*.

**Plasmamembran:** Einfache Membran, die das Cytoplasma nahe der Zellwand begrenzt. Eine Elementarmembran (*unit membrane*). Auch als *Plasmalemma* bezeichnet.

**Plasmaströmung (*cyclosis*):** Cytoplasmaströmung in einer Zelle.

**Plasmodesmos (pl. Plasmodesmata):** Eine cytoplasmatische Verbindung der Protoplasten zweier benachbarter Zellen über einen Kanal in der Zellwand. Dieser von der Plasmamembran ausgekleidete Kanal wird typischerweise von einem schmalen tubulären Strang des Endoplasmatischen Reticulums, dem *Desmotubulus*, durchzogen, welcher mit dem Endoplasmatischen Reticulum der benachbarten Zellen in Verbindung steht. Die Region zwischen Plasmamembran und Desmotubulus wird als *cytoplasmic sleeve* (*cytoplasmatischer Ärmel*) bezeichnet. Der Entstehung nach gibt es *primäre* und *sekundäre* Plasmodesmen.

**Plastide:** Organell mit Doppelmembran im Cytoplasma vieler Eukaryoten. Kann mit der Photosynthese befasst sein (*Chloroplast*), Stärke speichern (*Amyloplast*) oder gelbe bzw. orange Pigmente enthalten (*Chromoplast*). Siehe auch *Leukoplast*.

**Plastiden-Teilungsringe:** Elektronendichte Bänder, die bei der Plastidenteilung durch Konstriktion eine Rolle spielen.

**Plastochron:** Das Zeitintervall zwischen dem Beginn zweier sich wiederholender Ereignisse, so die Entstehung eines Blattprimordiums, das Erreichen eines bestimmten Entwicklungsstadiums eines Blattes, usw. Variabel in der Länge, gemessen in Zeiteinheiten.

**plastochronische Veränderungen:** Die morphologischen Veränderungen der Sprossspitze, die während eines Plastochrons erfolgen (z. B. Änderungen der Größe: „*Phase der maximalen Fläche*" und „*Phase der minimalen Fläche*".)

**Plastoglobuli (sing. Plastoglobulus):** Lipidtröpfchen in Plastiden.

**Plattenkollenchym:** Siehe *lamellares Kollenchym*.

**Plattenmeristem:** Ein meristematisches Gewebe aus parallelen Schichten von Zellen, die sich nur antiklin teilen, bezogen auf die breite Oberfläche des Gewebes. Charakteristisch für das Grundmeristem von Pflanzenteilen, die eine flache Gestalt annehmen, wie die Blätter.

**Plerom:** Meristem, welches das Zentrum der Pflanzenachse bildet, aus den primären Leitgeweben und dem assoziierten Grundgewebe, wie Mark und Interfaszikularregionen. Eines der drei Histogene, *Plerom*, *Periblem* und *Dermatogen*, nach Hanstein.

**Plumula:** Embryonaler Spross; Teil des jungen Sprosses oberhalb des Keimblattes oder der Keimblätter; erste Knospe des Embryos (Sprossknospe). Siehe auch *Epicotyl*.

**polarer Transport:** Gerichteter Transport in einer Pflanze, *basipetal* (abwärts) oder *akropetal* (aufwärts)

**Polyderm:** Ein Schutzgewebe (Abschlussgewebe) in dem suberinisierte Zellen mit nicht suberinisierten Parenchymzellen alternieren; beide Zelltypen haben einen lebenden Protoplasten.

**Polymerfalle** (engl. *polymer trap*): Phloembeladungsmechanismus, bei dem Saccharose aus den Mesophyllzellen via Plasmodesmen in die Bündelscheidenzellen und weiter in die Intermediärzellen diffundiert; In den Intermediärzellen wird aus Saccharose Raffinose und Stachyose synthetisiert, so dass der Diffusionsgradient zwischen Mesophyllzellen und Intermediärzellen aufrechterhalten bleibt. Raffinose- und Stachyose-Moleküle sind zu groß, um in die Bündelscheidenzellen zurück zu diffundieren und akkumulieren in hohen Konzentrationen in den Intermediärzellen; Raffinose und Stachyose werden via Pore-Plasmodesmen-Verbindungen in die Siebröhren geladen.

**Polymerisation:** Chemische Vereinigung von Monomeren, wie Glucose oder Nucleotide, unter Bildung von Polymeren, wie Stärke, Cellulose und Nukleinsäuren.

**Polysaccharid:** Ein Kohlenhydrat aus vielen Monosacchariden, die zu einer Kette verknüpft sind; z. B. Stärke, Cellulose.

**Polysomen, Polyribosomen:** Ribosomen, die in Gruppen oder Aggregaten auftreten und offensichtlich aktiv Proteinsynthese betreiben.

**Polytänie:** Bildung von Polytän-Chromosomen während der Endoreduplikation; Polytän-Chromosomen sind das Resultat einer DNA-Replikation ohne Trennung der Tochter-Chromosomen; sie enthalten mehrere Stränge von DNA, die Seite an Seite liegen und eine kabelähnliche Struktur bilden.

**Pore:** Ein zweckmäßiger Begriff für den Querschnitt durch ein Gefäß im sekundären Xylem.

**poriges Holz:** Sekundäres Xylem mit *Gefäßen*.

**Post-Phloemtransport:** Weiterer Transport von aus den Siebröhrenelementen exportierten Assimilaten (Saccharose) in die Sink-Gewebe/Zellen; hängt von Stoffwechselenergie ab; auch als *Post-Siebröhrentransport* bezeichnet.

**P-Protein:** Phloem-Protein; eine filamentöse oder tubuläre proteinhaltige Substanz im Phloem der Angiospermen, speziell in Siebröhrenelementen; früher als Siebröhrenschleim bezeichnet.

**Präprophaseband:** Ein ringförmiges Band aus Mikrotubuli, direkt unterhalb der Plasmamembran; legt die Ebene der zukünftigen Zellplatte einer sich teilenden Zelle fest.

**primäre Gewebe:** Gewebe, die vom Embryo und den Apikalmeristemen abstammen.

**primäre Leitgewebe:** Xylem und Phloem, die aus dem Procambium während primärem Wachstum und Differenzierung einer Gefäßpflanze hervorgehen.

**primäre Phloemfasern (Protophloemfasern):** Fasern an der äußeren Peripherie des Leitgewebes; entstehen im primären Phloem, dem Protophloem. (Häufig auch als *Perizykelfasern* bezeichnet).

**primäre Plasmodesmen:** Plasmodesmen die während der Cytokinese entstehen.

**primäre Rinde:** Siehe *Cortex*.

**primärer Pflanzenkörper:** Teil einer Pflanze, der vom Embryo und den Apikalmeristemen und den davon abstammenden primären Meristemen gebildet wird und aus primären Geweben besteht. Wenn kein sekundäres Dickenwachstum stattfindet, umfasst der primäre Pflanzenkörper die gesamte Pflanze.

**primärer Tüpfel:** Siehe *primäres Tüpfelfeld*.

**primäres Meristem:** Oft verwendet, um die drei meristematischen Gewebe zu bezeichnen, die vom Apikalmeristem abstammen: Protoderm, Grundmeristem und Procambium.

**primäres Phloem:** Phloemgewebe, das aus dem Procambium während primärem Wachstum und Differenzierung einer Gefäßpflanze hervorgeht. Üblicherweise in das früher angelegte *Protophloem* und das später angelegte *Metaphloem* unterteilt. Nicht in axiale und Strahlsysteme unterteilt.

**primäres Tüpfelfeld:** Eine Dünnstelle in Primärwand und Mittellamelle, in der sich bei Bildung der Sekundärwand ein oder mehrere Tüpfelpaare bilden. Auch *primordialer Tüpfel* oder *Primärtüpfel* genannt.

**primäres Wachstum:** Wachstum sukzessiv gebildeter Wurzeln und vegetativer und reproduktiver Sprosse vom Zeitpunkt ihrer Bildung in den Apikalmeristemen bis zum Abschluss ihres Streckungswachstums. Nimmt seinen Ausgang in den Apikalmeristemen und setzt sich in den primären Meristemen – Protoderm, Grundmeristem und Procambium -, und in den teilweise differenzierten primären Geweben fort.

**primäres Xylem:** Xylemgewebe, das aus dem Procambium während primärem Wachstum und Differenzierung einer Gefäßpflanze hervorgeht. Üblicherweise in das früher angelegte *Protoxylem* und das später angelegte *Metaxylem* unterteilt. Nicht in axiale und Strahlsysteme unterteilt.

**Primärmetaboliten:** Moleküle, die in allen Pflanzenzellen vorkommen und für die Pflanze lebensnotwendig sind; Beispiele sind Zucker, Aminosäuren, Proteine und Nukleinsäuren.

**Primärwand:** Definition auf grund lichtmikroskopischer Untersuchungen: Zellwand, die hauptsächlich während des Volumenwachstums der Zelle gebildet wird. Definition aufgrund elektronenmikroskopischer Untersuchungen: Zellwand, in der die Cellulosemikrofibrillen verschiedene Orientierung zeigen – von rein zufällig bis hin zu mehr oder weniger parallel – die sich während der Größenzunahme der Zelle beträchtlich ändern kann. Die beiden Begriffsdefinitionen führen bei der Abgrenzung von Primär- und Sekundärwand nicht notwenigerweise zu einem übereinstimmenden Resultat.

**Primärwurzel:** Wurzel, die sich aus der Radicula des Embryos entwickelt; Hauptwurzel.

**primordialer Tüpfel:** Siehe *primäres Tüpfelfeld*.

**Primordium** (pl. **Primordien**): Ein Organ, eine Zelle, oder eine festgelegte Serie von Zellen in ihrem frühesten Differenzierungsstadium; z. B. Blattprimordium, Sklereid-Primordium, Gefäßprimordium.

**Procambium:** Primäres Meristem oder meristematisches Gewebe, aus dem die primären Leitgewebe hervorgehen. (Auch als *provaskuläres Gewebe* bezeichnet).

**Procuticula:** Bei einigen Arten anfängliche Form der Cuticula, als vollständig amorphe, elektronendichte Schicht.

**Prodesmogen:** Ein Vorläufermeristem zum Desmogen (*Procambium*). Der Begriff hat dieselbe Bedeutung wie *Restmeristem*.

**programmierter Zelltod:** Die genetisch kontrollierte, oder programmierte, Abfolge von Änderungen in einer lebenden Zelle oder einem Organismus, die zum Tod führen.

**Prokaryot:** Zellulärer Organismus ohne membranumgrenzten Zellkern und membranumgrenzte Organellen; Bakteria und Archaea.

**Prolamellarkörper:** Semikristalliner Körper in Plastiden, die wegen fehlendem Licht in ihrer Entwicklung gehemmt sind.

**Promeristem:** Die Initialzellen und ihre jüngsten Derivate in einem Apikalmeristem. Auch *Protomeristem* genannt.

**Proplastide:** Plastide im frühesten Entwicklungsstadium; klein und farblos.

**Proteinoplast:** Leukoplast, der Protein speichert.

**Protoderm:** Primäres Meristem, oder meristematisches Gewebe, aus dem die Epidermis hervorgeht; auch Epidermis im meristematischen Stadium. Kann aus unabhängigen Initialen des Apikalmeristems entstehen oder nicht.

**Protomeristem:** Siehe *Promeristem*.
**Protonenpumpe:** Membrangebundenes Enzym H$^+$-ATPase, stellt Energie für den aktiven Transport bereit.
**Protophloem:** Die in einem Pflanzenorgan zuerst gebildeten Phloemelemente. Der ältere Teil des primären Phloems.
**Protophloemfasern:** Siehe primäre Phloemfasern.
**Protophloempole:** Orte im Phloem, wo die Phloemelemente im Leitsystem eines Pflanzenorgans zuerst reifen; sichtbar in Querschnitten.
**Protoplasma:** Lebende Substanz. Umfassender Begriff für den gesamten lebenden Inhalt einer Zelle oder eines ganzen Organismus.
**Protoplast:** Organisierte lebende Einheit einer Einzelzelle; umfasst den protoplasmatischen und den nicht protoplasmatischen Inhalt einer Zelle, aber schließt die Zellwand aus.
**Protoxylem:** Die in einem Pflanzenorgan zuerst gebildeten Xylemelemente. Der ältere Teil des primären Xylems.
**Protoxylemlakune:** Von Parenchymzellen umgebene Lücke im Protoxylem eines Leitbündels. Entsteht bei einigen Pflanzen nachdem die trachealen Elemente des Protoxylems sich gestreckt haben und zerrissen sind.
**Protoxylempole:** Orte im Xylem, wo die Xylemelemente im Leitsystem einer Pflanze zuerst reifen; sichtbar in Querschnitten.
**provasculäres Gewebe:** Siehe *Procambium*.
**proximal:** Am dichtesten am Ursprungsort oder Ort der Anheftung gelegen. Gegenteil von *distal*.
**pyknotische Degeneration:** Kerndegeneration, bei der das Chromatin vor Auflösung der Kernhülle eine sehr dichte Masse bildet.

**quadratische Strahlzellen:** In sekundären Leitgeweben; Strahlzellen, die im Radialschnitt quadratisch erscheinen; Modifikation der *stehenden Strahlzellen*.
**Querschnitt:** Ein Schnitt durch einen Gewebebereich, der senkrecht zur Längsachse geführt wird.
**Querteilung (einer Zelle):** Bezogen auf eine Zelle, eine Teilung, die senkrecht zur Längsachse der Zelle verläuft. Bezogen auf ein Pflanzenteil, eine Zellteilung, die senkrecht zur Längsachse des Pflanzenteils verläuft.

**radiale Anordnung:** Anordnung von Einheiten, wie Zellen, in festgelegter Sequenz in radialer Richtung. Charakteristisch für Cambiumderivate.
**radiale Gefäßreihe:** In radialen Reihen geordnete *Gefäßgruppe*.
**radiales Parenchym:** Siehe *Strahlparenchym*.
**radiales System:** Siehe *Strahlsystem*.
**Radialschnitt:** Ein Längsschnitt, der mit dem Radius eines zylindrischen Körpers, beispielsweise einem Stamm, übereinstimmt.
**Radicula:** Keimwurzel; Wurzelanlage. Bildet sich als basale Verlängerung des Hypocotyls in einem Embryo.
**Ramifikation:** Verzweigung.
**ramiforme Tüpfel:** Siehe *verzweigte Tüpfel*.
**Raphiden:** Nadelförmige Kristalle, die meist in Bündeln auftreten.
**Reaktionsholz:** Holz mit mehr oder weniger ausgeprägten anatomischen Besonderheiten, das in schief stehenden oder gekrümmten Stämmen sowie der Unterseite (Coniferen) oder Oberseite (Magnoliidae und Eudicotyledonen) von Ästen vorkommt. Siehe *Druckholz* und *Zugholz*.
**Redifferenzierung:** Ein Rückgängigmachen der Differenzierung einer Zelle oder eines Gewebes und die anschließende Differenzierung zu einem anderen Zell- oder Gewebetyp. Erlangung anderer Charakteristika.
**Restmeristem:** Reste des am wenigsten differenzierten Teils des Apikalmeristems. Ein Gewebe, das relativ stärker meristematisch ist als die benachbarten differenzierenden Gewebe unterhalb des Apikalmeristems. Bildet das Procambium und das interfasciculare Grundgewebe.
**reticulate Gefäßdurchbrechung:** Siehe *netzförmige Gefäßdurchbrechung*.

**Reticulum:** Ein Netz.
**rhexigen:** Bezogen auf die Entstehung einer Interzellulare durch Zerreißen von Zellen.
**Rhizodermis:** Primäre Außenhaut der Wurzel. Die Verwendung dieses Begriffes bringt zum Ausdruck, dass diese Zellschicht nicht homolog mit der Epidermis des Sprosses ist. Siehe auch *Epiblem*.
**Rhytidom:** Wissenschaftlicher Name für die äußere Rinde, die Borke, aus dem innersten Periderm und allen durch dieses isolierten Geweben, vor allem primäre Rinde und Phloemgewebe.
**Ribosom:** Eine Zellkomponente aus Protein und RNA, die eine Rolle bei der Proteinsynthese spielt. Findet sich in Cytosol, Zellkern, Plastiden und Mitochondrien.
**Rinde:** Nicht wissenschaftlicher Name für sämtliche außerhalb des Cambiums (oder Xylems) gelegenen Gewebe; in älteren Bäumen kann sie unterteilt sein, in eine tote äußere Rinde und eine lebende innere Rinde aus sekundärem Phloem (Bast). Siehe auch *Rhytidom* (Borke)
**Ringborke:** Eine Borke aus Folgeperidermen, die sich beinahe konzentrisch um die Achse erstrecken.
**ringförmige Wandverdickung:** In trachealen Elementen des Xylems; Sekundärwand, die in Form von Ringen angelegt ist.
**ringporiges Holz:** Sekundäres Xylem, bei dem die Poren (Gefäße) im Frühholz deutlich größer sind als diejenigen im Spätholz; im Querschnitt bilden die Frühholzporen dabei eine gut erkennbare Zone oder einen Ring.
**Rippe:** Eine langgestreckte vorspringende Leiste; wie die Rippen entlang der großen Adern auf der Blattunterseite.
**Rippenmeristem (Markmeristem):** Ein meristematisches Gewebe, in dem sich die Zellen senkrecht zur Längsachse eines Organs teilen und einen Komplex aus parallelen Längsreihen (Rippen) von Zellen bilden. Besonders häufig im Grundmeristem von Organen, die eine zylindrische Form annehmen.
**Rotte:** Befreiung von Faserbündeln von anderen Geweben mittels Mikroorganismen, die in geeignetem feuchten Milieu den Abbau der dünnwandigen Zellen rings um die Fasern bewirken.
**Ruhezentrum:** Initialenregion im Apikalmeristem im Stadium relativer Inaktivität; in Wurzeln üblich.

**Samenschale:** Äußere Hülle eines Samens, aus dem Integument oder den Integumenten hervorgegangen. Auch *Testa* genannt.
**Sammelphloem:** Siehe *Kollektives Phloem*.
**Sanio'sche Balken:** Siehe *Crassulae*.
**Säurewachstums-Hypothese:** Auflockerung der Zellwandstruktur durch Ansäuerung (pH-Abnahme) der Zellwand, z. B. durch Auxin-Aktivierung einer Protonenpumpe, einer ATPase, in der Plasmamembran.
**scalariforme Gefäßdurchbrechung:** Siehe *leiterförmige Gefäßdurchbrechung*.
**scalariforme Perforationsplatte:** Siehe *leiterförmige Gefäßdurchbrechung*.
**scalariforme Siebplatte:** Eine zusammengesetzte Siebplatte mit länglichen Siebfeldern, die leiterartig parallel zueinander angeordnet sind.
**scalariform-reticulate Zellwandverdickung:** Bei trachealen Elementen des Xylems; Sekundärwandverdickung, Zwischenform von scalariform und reticulat.
**Scheide:** Eine scheidenförmige Struktur, die eine andere umschließt oder umzirkelt. Angewendet auf einen röhrenförmigen oder eingerollten Teil eines Organs, wie z. B. die Blattscheide, und auf eine Gewebeschicht, die einen anderen Gewebekomplex umhüllt, wie z. B. die Bündelscheide, die ein Leitbündel umhüllt.
**schizogen:** Bezogen auf die Entstehung einer Interzellulare durch Trennung der Zellwände entlang der Mittellamelle.
**schizolysigen:** Bezogen auf die Entstehung einer Interzellulare durch die Kombination zweier Prozesse, Trennung und Abbau von Zellwänden.
**Schleim:** Siehe *P-Protein*.

**Schleimgang:** Ein Kanal (Gang) der Schleim, Gummi oder ähnliches Kohlenhydrat-Material enthält. Siehe auch *Kanal*.

**Schleimkörper:** Eine Aggregation von P-Protein in sich differenzierenden Siebröhrenelementen.

**Schleimpfropf:** Eine Anhäufung von P-Protein auf Siebplatten, das sich gewöhnlich in Form von Strängen durch die Siebporen hindurch ausbreitet; kann sich bei Verletzung der Siebröhrenelemente bilden.

**Schleimzellen:** Zellen, die Schleime oder Gummisubstanzen oder vergleichbare Kohlenhydrate enthalten, die in Wasser quellen.

**Schließhaut:** Teil der Interzellularschicht und Primärwand, der eine Tüpfelkammer nach außen begrenzt; Tüpfelmembran.

**Schließzellen:** Ein Zellpaar, das die stomatäre Spalte flankiert und das Öffnen und Schließen des Spaltes durch Turgordruckänderungen bewirkt.

**Schuppenborke:** Eine Borke, bei der sich die Folgeperiderme muschel- oder schuppenförmig überlappen und ein jedes eine Schuppe äußeren Gewebes abtrennt.

**Schwammparenchym:** Blattmesophyll-Parenchym mit auffälligen Interzellularen.

**Scutellum:** Als Keimblatt gedeutetes Schildchen in Grasembryo spezialisiert für die Absorption von Nährstoffen aus dem Endosperm.

**Seitenwurzel:** Eine Wurzel, die an einer anderen, älteren entspringt; auch Sekundärwurzel genannt, falls die ältere Wurzel die Primärwurzel, die Hauptwurzel ist.

**Sekrethöhlungen:** Kurze Sekretbehälter; entstehen lysigen und enthalten Sekret, das vom Abbau der Zellen bei der Höhlenbildung stammt.

**Sekret-Idioblasten:** Sekretzellen, die sich auffällig von den umgebenden Zellen unterscheiden.

**Sekretion:** Das komplexe Phänomen der Entfernung von Substanzen vom Protoplasten oder ihre Isolation in Teilen des Protoplasten.

**Sekretionszelle:** Eine lebende Zelle spezialisiert auf Sekretion oder Exkretion von ein oder mehreren organischen Substanzen.

**Sekretkanäle (Sekretgänge):** Lange Sekreträume; entstehen schizogen und enthalten ein Sekret, das von den Zellen (Epithelzellen) stammt, die den Gang auskleiden. Siehe *Epithel*.

**Sekretorisches Haar:** Siehe *Drüsenhaar*.

**Sekretstruktur:** Eine der vielfältigen Strukturen, einfach oder zusammengesetzt, intern oder extern, die Sekret produzieren.

**sektorielle Chimäre:** Eine Chimäre, bei der eine klar abgrenzbare Gruppe von Zellen durch alle Schichten genetisch unterschiedlich ist (vergleiche *perikline Chimäre*).

**sekundäre Gewebe:** Gewebe, die vom Cambium und Phellogen im Laufe des sekundären Wachstums gebildet werden.

**sekundäre Leitgewebe:** Leitgewebe (Xylem und Phloem), die im Laufe des sekundären Wachstums einer Gefäßpflanze vom Cambium gebildet werden. Untergliedert in ein axiales und ein radiales System.

**sekundäre Phloemfaser:** Eine Faser des axialen Systems im sekundären Phloem.

**sekundäre Plasmodesmen:** Postcytokinetisch gebildete Plasmodesmen.

**sekundärer Pflanzenkörper:** Der Teil des Pflanzenkörpers, der dem primären Pflanzenkörper hinzugefügt wird durch die Aktivität von Lateralmeristemen, dem Cambium und dem Phellogen. Besteht aus den sekundären Leitgeweben und dem Periderm.

**sekundäres Wachstum:** Bei Gymnospermen, den meisten Magnoliiden und Eudicotyledonen, und bei einigen Monocotyledonen. Ein Wachstumstyp, der gekennzeichnet ist durch eine Dickenzunahme von Sprossachse und Wurzel, die auf sekundäre Leitgewebe zurückgeht, die vom Cambium gebildet werden. Wird zusätzlich verstärkt durch die Tätigkeit des Korkcambiums (Phellogen) unter Bildung eines Periderms.

**sekundäres Dickenwachstum:** Durch Lateralmeristeme bedingte Umfangserweiterung (Dickenzunahme) von Sprossachsen und Wurzeln.

**sekundäres Phloem:** Phloemgewebe, das durch das Cambium während des sekundären Wachstums der Gefäßpflanzen gebildet wird. In axiale und Strahlsysteme aufgeteilt.

**sekundäres Xylem:** Xylemgewebe, das durch das Cambium während des sekundären Wachstums der Gefäßpflanzen gebildet wird. In axiale und Strahlsysteme aufgeteilt.

**Sekundärmetaboliten:** Moleküle, die in ihrer Verbreitung begrenzt sind, sowohl innerhalb einer Pflanze als auch zwischen verschiedenen Pflanzen; wichtig für das Überleben und die Vermehrung von Pflanzen, die sie synthetisieren; drei Hauptklassen – Alkaloide, Terpenoide und Phenole. Auch als *sekundäre Pflanzenstoffe* bezeichnet.

**Sekundärwand:** Definition auf grund lichtmikroskopischer Untersuchungen: Zellwand, die bei einigen Zellen über der Primärwand abgelagert wird, nachdem die Primärwand ihr Flächenwachstum eingestellt hat. Definition aufgrund elektronenmikroskopischer Untersuchungen: Zellwand, in welcher die Cellulosemikrofibrillen eine definierte Parallelstruktur aufweisen. Die beiden Begriffsdefinitionen führen bei der Abgrenzung von Primär- und Sekundärwand nicht notweniger weise zum übereinstimmenden Resultat.

**Sekundärwurzel:** Siehe *Seitenwurzel*.

**selektive Genexprimierung:** Nur bestimmte Gene werden transkribiert.

**Seneszenz:** Spezifische Abfolge von Ereignissen, die zum Tod eines Organismus führen.

**septierte Faser:** Faser mit dünnen Querwänden (Septen), die nach Sekundärwandbildung der Zelle entstehen.

**Septum (pl. Septen):** Eine Unterteilung; Trennwand, Scheidewand.

**Siebelemente:** Phloemzellen, die hauptsächlich dem Langstreckentransport von Assimilaten dienen; unterteilt in *Siebzellen* bei Gymnospermen und *Siebröhrenelemente* bei Angiospermen.

**Siebelement-Geleitzellen Komplex:** Siehe *Siebröhren-Geleitzellen Komplex*.

**Siebfeld:** Teil einer Siebelement-Wand mit Anhäufungen von Poren, durch welche die Protoplasten benachbarter Siebelemente miteinander verbunden sind.

**Siebplatte:** Wandpartie eines Siebelements mit einem (einfache Siebplatte) oder mehreren (zusammengesetzte Siebplatte) hochdifferenzierten Siebfeldern.

**Siebröhr:** Eine Längsreihe von Siebröhrenelementen, die durch Siebplatten in ihren Endwänden miteinander verbunden sind.

**Siebröhrenelement:** Eine der Zellen, aus denen sich eine Siebröhre zusammensetzt; es zeigt eine mehr oder weniger ausgeprägte Differenzierung zwischen Siebplatten (große Poren) und lateralen Siebfeldern (enge Poren); im Phloem der Angiospermen; stets mit einer Geleitzelle assoziiert; auch Synonym für *Siebröhrenglied* und veraltet *Siebröhrensegment*.

**Siebröhren-Geleitzellen Komplex:** Besteht aus Siebröhren und benachbarten Geleitzellen, die durch zahlreiche verzweigte Plasmodesmen symplastisch verbunden sind; ist im Phloem der verschiedenen Angiospermen mehr oder weniger symplastisch isoliert.

**Siebröhrenglied:** Siehe *Siebröhrenelement*.

**Siebröhrenplastiden:** Zellbestandteile der Siebröhrenelemente, die sich während der Differenzierung der Siebröhrenelemente strukturell verändern; in reifen Siebröhrenelementen ist das Stroma der Plastiden elektronendurchlässig und die Thylakoide sind spärlich; man unterscheidet zwei Typen: S-Typ Plastiden, die Stärke enthalten oder frei von Einschlüssen sind; Siebröhrenstärke färbt sich mit $I_2KI$-Reagenz rotbraun und nicht blauschwarz; P-Typ Plastiden, die in sechs verschiedenen Formen vorkommen und unterschiedliche Proteineinschlüsse enthalten, wobei in zwei Formen auch Stärke vorkommt. Alle Monocotyledonen besitzen P-Typ Plastiden mit überwiegend keilförmigen Proteinkristallen; Unterschiede der Siebröhrenplastiden sind taxonomisch von Bedeutung.

**Siebzelle:** Ein langes, dünnes Siebelement mit relativ undifferenzierten Siebfeldern (mit engen Siebporen) und spitz zulaufenden Endwänden im Phloem der Gymnospermen und niederen Gefäßpflanzen; man findet keine Siebplatten im Phloem der Gymnospermen.

**Sinks:** Verbrauchsorte für Assimilate z. B. wachsende Gewebe in Wurzeln, Sprossachsen und Früchten; Speichergewebe.

**Sklereide:** Eine Sklerenchymzelle, von unterschiedlicher Gestalt, aber normalerweise nicht sehr lang gestreckt, und mit dicken lignifizierten Sekundärwänden mit zahlreichen Tüpfeln.

**Sklerenchym:** Gewebe aus Sklerenchymzellen. Auch kollektiver Begriff für Sklerenchymzellen in der Pflanze oder in einem Pflanzenorgan. Hierzu gehören Fasern, Faserskleriden und Skleriden.

**Sklerenchymzelle:** Zelle von variabler Form und Größe, mit mehr oder weniger dicken, oft lignifizierten Sekundärwänden. Gehört zur Kategorie der Festigungszellen; im reifen Zustand ohne oder mit Protoplast.

**Sklerifizierung:** Umwandlung in ein Sklerenchym; Bildung von Sekundärwänden, mit oder ohne anschließende Lignifizierung.

**Sklerotische Parenchymzelle:** Eine Parenchymzelle, die durch Bildung einer dicken Sekundärwand zu einer Sklereide wird.

**solitäre Pore:** Eine Pore (Querschnitt eines Gefäßes im sekundären Xylem), die vollständig von anderen Zelltypen umgeben ist.

**Sources:** Syntheseorte für Assimilate z. B. photosynthetisch aktive Blätter.

**spärlich paratracheal:** Nur gelegentlich Parenchymzellen in Verbindung mit den Gefäßen oder als unvollständige Parenchymumhüllung um die Gefäße. Siehe *paratracheales Parenchym*.

**Spätholz:** Zuletzt gebildeter Anteil einer Zuwachszone im Holz, der sich im Vergleich zum Frühholz durch eine größere Dichte und kleinere Zellen auszeichnet.

**spezialisiert:** Bezieht sich (1) auf Organismen mit speziellen Anpassungen an ein besonderes Habitat oder eine besondere Lebensweise; (2) auf Zellen oder Gewebe mit charakteristischer Funktion, die sie von anderen Zellen oder Geweben unterscheidet, die in ihrer Funktion breiter angelegt sind.

**Spezialisierung:** Strukturelle Anpassung einer Zelle, eines Gewebes, eines Pflanzenorgans oder der gesamten Pflanze in Verbindung mit einer Restriktion von Funktionen, Potentialen oder der Anpassungsfähigkeit an sich ändernde Bedingungen. Kann zu größerer Effizienz führen in Hinblick auf bestimmte Funktionen. Einige Spezialisierungen sind irreversibel, andere sind reversibel.

**Spindelfasern:** Bündel von Mikrotubuli, von denen einige sich von den Kinetochoren der Chromosomen zu den Polen der Spindel erstrecken.

**Spirale:** Ein Blatt pro Knoten; mit Blättern, die spiralförmig um die Sprossachse angeordnet sind.

**spiralige Wandverdickung:** In trachealen Elementen des Xylems; Sekundärwand, die auf die Primär- oder zusätzlich auf eine bereits vorhandene Sekundärwandschicht in spiraliger Form aufgelagert ist. Auch *helikale Wandverdickung* genannt.

**Splintholz:** Äußerer Teil des Holzes von Stamm oder Wurzel, der lebende Zellen und Reservestoffe enthält; in ihm läuft in der Regel die Wasserleitung ab. Allgemein heller gefärbt als das *Kernholz*.

**Spross:** Oberirdischer beblätterter Trieb einer Gefäßpflanze; morphologische Einheit von Sprossachse und Blättern.

**Sprossachse:** Oberirdische Achse einer Gefäßpflanze.

**Sprossachsenleitbündel (Sprossleitbündel):** Leitbündel in der Sprossachse.

**Sprosspol:** Apikales Ende des reifen Embryos.

**Stärke:** Ein unlösliches Kohlenhydrat, Hauptspeichersubstanz von Pflanzen; aus Glucoseresten der Formel $C_6H_{10}O_5$, zu denen es leicht abgebaut wird.

**Stärkescheide:** Bezieht sich auf die innerste Region (ein oder mehr Zellschichten) der primären Rinde (Cortex), wenn diese Region durch eine auffällige, ziemlich stabile Akkumulation von Stärke charakterisiert ist.

**stehende Strahlzelle:** In sekundären Leitgeweben; eine Strahlzelle, deren Längsachse in axialer Richtung (vertikal) verläuft.

**Steinzelle:** Siehe *Brachysklereide*.

**Stele (Säule):** Von P. Van Tieghem verwendet, um eine morphologische Einheit des Pflanzenkörpers zu benennen, die aus Leitgewebesystem und assoziiertem Grundgewebe (Perizykel, Interfascicularregionen und Mark) besteht. Der *Zentralzylinder* der Achsen (Sprossachse und Wurzel).

**stellat:** Sternförmig

**Stereom:** Sammelbegriff für Festigungsgewebe im Gegensatz zu den Leitgeweben *Hadrom* und *Leptom*.

**stockwerkartiges Xylem:** Sekundäres Xylem, bei dem in Tangentialansicht die axialen Zellen und Strahlen in horizontalen Schichten angeordnet sind.

**Stockwerkcambium:** Cambium, bei dem in Tangentialansicht die fusiformen Initialen in horizontalen Schichten angeordnet sind; die Strahlen können entsprechend angeordnet sein. Auch *etagiertes Cambium* genannt.

**Stoma (pl. Stomata):** Eine Öffnung in der Epidermis von Blättern und Sprossachsen, umgeben von zwei Schließzellen; auch Spaltöffnung genannt; dient dem Gaswechsel.

**Stomakomplex:** Stoma und assoziierte Epidermiszellen, die ontogenetisch und/oder physiologisch mit den Schließzellen verwandt sind; auch Spaltöffnungsapparat genannt.

**stomatäre Einsenkungen:** Siehe *stomatäre Höhlen*.

**stomatäre Höhlen (Krypten):** Vertiefungen im Blatt, deren Epidermis Stomata trägt. Auch *stomatäre Einsenkungen* genannt.

**Strahl:** Eine Gewebeplatte von variabler Höhe und Weite, durch Strahlinitialen des Cambiums gebildet und sich radial ins sekundäre Xylem und sekundäre Phloem erstreckend.

**Strahlinitialen:** Meristematische Strahlzellen im Cambium, die Ursprung aller Strahlzellen des sekundären Xylems und sekundären Phloems sind.

**Strahlparenchym:** Parenchymzellen eines Strahls in den sekundären Leitgeweben; werden den *Axialparenchymzellen* gegenübergestellt.

**Strahlsystem:** Die Gesamtheit aller Strahlen in sekundären Leitgeweben. Wird auch als *horizontales System* oder *radiales System* bezeichnet.

**Strahltracheide:** Tracheide in einem Strahl. Findet sich im sekundären Xylem bestimmter Coniferen.

**Strahlzellen mit Durchbrechungen:** Zellen in einem Strahl, die zu Gefäßgliedern ausdifferenzieren und axiale Gefäße über die Strahlen miteinander verbinden.

**Strasburger-Zellen:** Bestimmte Strahl- und axiale Phloemparenchymzellen bei Gymnospermen, die durch zahlreiche verzweigte Plasmodesmen mit den Siebzellen verbunden sind (Pore-Plasmodesmen-Verbindungen); sie sind analog den Geleitzellen in Angiospermen, aber nicht ontogenetisch mit den Siebzellen verwandt; sie werden auch als *Eiweißzellen* oder *Albuminzellen* bezeichnet; Strasburger-Zellen sind nach dem dtsch. Botaniker Eduard Strasburger benannt.

**Streifennervigkeit:** Siehe *Parallelnervatur*.

**Stroma:** Grundsubstanz (homogene Matrix) von Plastiden.

**Stromuli (sing. Stromulus):** Mit Stroma angereicherte, tubuläre Strukturen, die von der Oberfläche einiger Plastiden ausgehen. Sie können verschiedene Plastiden miteinander verbinden.

**Styloide:** Lang gestreckte Kristalle mit zugespitzten oder stumpfen Enden.

**subapikale Initiale:** Eine Zelle unterhalb des Protoderms an der Spitze eine Blattprimordiums, die als Initiale für die inneren Blattgewebe zu funktionieren scheint. Fragliches Konzept.

**Suberin:** Lipidpolymer in der Zellwand von Korkgewebe und in Casparyschen Streifen der Endodermis.

**Suberinisierung:** Imprägnierung der Zellwand mit Suberin oder Ablagerung von Suberinlamellen auf die Zellwand.

**substomatäre Höhlen (substomatäre Cavitäten):** Große substomatäre Interzellularräume, unterhalb der Stomata.

**Suspensor:** Embryoträger; stielförmiger Auswuchs an der Basis des Embryos, der den Embryo an der Wand des Embryosacks verankert.
**Symplast:** Miteinander verbundene Protoplasten und ihre Plasmodesmata; die interzelluläre Wanderung von Substanzen im Symplasten bezeichnet man als symplastischen (symplasmatischen) Transport.
**symplastische Domäne:** Symplastisch isolierte Zelle oder Zellgruppe.
**symplastisches Wachstum:** Siehe *koordiniertes Wachstum*.
**Symporter:** Cotransporter, bei dem das zweite Molekül in dieselbe Richtung transportiert wird.
**syndetocheil:** Stomatatyp der Gymnospermen; die Nebenzellen (oder ihre Vorläufer) stammen von derselben Protodermzelle ab wie die Schließzell-Mutterzelle.
**S-Zellen:** Glucosinolat enthaltende Zellen; S-Zellen genannt, weil sie stark mit Schwefel angereichert sind.

**tabulär:** tafelförmig.
**tangential:** In Richtung der Tangente; im rechten Winkel zum Radius. Kann mit *periklin* übereinstimmen.
**Tangentialschnitt:** Ein Längsschnitt, der im rechten Winkel zum Radius geführt wird. Erfolgt bei zylindrischen Körpern wie Stamm oder Wurzel, aber auch bei Blattspreiten, wenn der Schnitt parallel zur Blattfläche verläuft. Ersatzbegriff beim Blatt, *paradermal*.
**Tannin:** Sammelbegriff für eine heterogene Gruppe von Phenolderivaten. Amorphe, stark adstringierende Substanz, die in Pflanzen weit verbreitet ist; wird verwendet zum Gerben, Färben und zur Tintenherstellung.
**Taxon** (pl. **Taxa**): Irgendeine der Kategorien (Art, Gattung, Familie etc) in welche die Lebewesen eingeteilt sind.
**Teichode:** Ein geradliniger Raum in der Epidermis-Außenwand, wo die fibrilläre Struktur lockerer und offener ist als an anderen Stellen der Wand (Interfibrillarraum). Ersetzt die Begriffe *Ektodesmos* und Mikrokanal.
**terminale Parenchymbänder:** Siehe *marginale Parenchymbänder*.
**Tertiärwand:** $S_3$-Schicht der Zellwand, wenn sich diese deutlich von der $S_1$- und $S_2$-Schicht unterscheidet.
**tetracytisches Stoma:** Stoma, das von vier Nebenzellen umschlossen ist, zwei lateralen und zwei polaren (terminalen).
**Textur:** Relative Größe und Grad der Größenvariation der Elemente innerhalb der Zuwachszonen im Holz. z. B. grob, fein, gleichmäßig, ungleichmäßig.
**Thigmomorphogenese:** Morphogenese als Antwort auf mechanische Reize.
**Thylakoide:** sackförmige Membranstrukturen (Zisternen) in einem Chloroplasten, zu Stapeln (Grana) angeordnet oder einzeln im Stroma gelegen (Stromathylakoide) als Verbindung zwischen den Grana.
**Thylle** (pl. **Thyllen**): Im Xylem ein Auswuchs aus einer Parenchymzelle (axiale oder solche eines Strahls) durch die Tüpfelkammer in ein Gefäßelement, dessen Lumen dadurch teilweise oder vollständig blockiert wird. Dem Thyllenwachstum geht üblicherweise die Bildung einer speziellen Wandschicht auf der Parenchymzellseite voraus, welche die Wand der Thylle bildet.
**Thylosoid:** Ein Auswuchs ähnlich einer Thylle. Beispiele hierfür sind Auswüchse von Parenchymzellen in Siebelemente des Phloems und von Epithelzellen in den Interzellularraum von Harzkanälen.
**Tonoplast:** Eine einfache Cytoplasma-Membran, welche die Vakuole umgibt. Eine *Elementarmembran*.
**Torus** (pl. **Tori**): Zentral verdickter Teil der Tüpfelmembran von Hoftüpfeln, der hauptsächlich aus Mittellamelle und zwei Primärwänden besteht. Charakteristisch für die Hoftüpfel der Coniferen und einiger anderer Gymnospermen; auch in einigen Arten der Eudicotyledonen.
**Totipotenz:** Potential einer Pflanzenzelle, sich zu einer ganzen Pflanze zu entwickeln.
**Trabeculae:** Seltene Wandproliferation; kleine Querbalken, die durch das Lumen einer Zelle radial von einer Tangentialwand zur anderen reichen. Bei Initialen und Derivaten des Cambiums von Samenpflanzen.
**tracheale Elemente ohne Durchbrechungen:** Zusammenfassung von Fasern und Tracheiden.
**tracheales Element:** Allgemeiner Begriff für eine Wasser leitende Zelle, eine Tracheide oder ein Gefäßglied.
**Trachee:** Alter Ausdruck für Xylemgefäß; Ähnlichkeit mit einer Trachee im Tierreich angenommen.
**Tracheide:** Ein tracheales Element des Xylems, das im Gegensatz zu einem Gefäßglied keine Durchbrechungen (Perforationen) hat. Kann im primären und sekundären Xylem vorkommen. Kann jede Art von Sekundärwandverdickungen besitzen, die in trachealen Elementen vorkommen.
*trans*-**Golgi-Netzwerk (TGN):** Ein tubuläres Reticulum mit Clathrinbeschichteten und unbeschichteten knospenden Vesikeln, eng mit der *trans*-Seite des Golgi-Stapels assoziiert.
**Transdifferenzierung:** Der gesamte Prozess der *Dedifferenzierung* plus *Redifferenzierung*.
**Transferzelle:** Parenchymzelle mit Wandeinstülpungen (Wandinvaginationen), welche die Oberfläche der Plasmamembran vergrößern. Scheint auf den Kurzstreckentransport gelöster Substanzen spezialisiert zu sein. Auch Zellen ohne Wandeinstülpungen können als Transferzellen fungieren.
**Transmembranproteine:** Globuläre Proteine, welche die Lipiddoppelschicht von Membranen durchqueren.
**Transportgewebe:** Siehe *Leitgewebe*.
**Transportphloem:** Phloembereich, in dem der Langstreckentransport von Assimilaten aus Source-Organen in Sink-Organe erfolgt; die Querschnittsfläche der Siebröhren ist hier größer als die der Siebröhren des kollektiven (Sammel-) und des entladenden (Abgabe-) Phloems, die der Geleitzellen liegt zwischen dem Sammel- und dem Abgabe-Phloem; beteiligt an der Wiederaufnahme von Assimilaten durch die symplastische Isolation des Siebröhren-Geleitzellen-Komplexes; Nährstoffversorgung von heterotrophen Geweben wie z. B. Cambium.
**Transportproteine:** Membranproteine, die am Übergang spezifischer Moleküle in die Zelle (oder Organell) und aus der Zelle (oder Organell) hinaus beteiligt sind.
**traumatischer Harzkanal:** Ein Harzkanal, der sich als Folge einer Verletzung bildet.
**Trichoblast:** Eine Wurzelepidermiszelle, aus der ein Wurzelhaar hervorgeht.
**Trichom:** Ein epidermales Anhangsgebilde; Trichome variieren in Größe und Komplexität; sie umfassen Haare, Schuppen und andere Strukturen und können drüsig sein.
**Trichomhydathoden:** Aktive Hydathoden; glanduläre Trichome, die Lösungen von Salzen und anderen Substanzen sezernieren.
**Trichosklereide:** Dünnwandige haarförmige Sklereide, mit Verzweigungen, die sich in Interzellularräume erstrecken.
**Tropismus:** Bezieht sich auf die Bewegung oder das Wachstum als Antwort auf einen externen Reiz; die Lage des Reizes bestimmt die Richtung von Bewegung oder Wachstum.
**Tunica:** Periphere Schicht oder Schichten in einem Apikalmeristem eines Sprosses mit Zellen, die sich antiklin (rechtwinklig zur Oberfläche) teilen und so die Oberfläche des Meristems vergrößern. Bildet einen Mantel über dem Corpus.
**Tunica-Corpus-Theorie:** Eine Theorie zum Aufbau des Apikalmeristems eines Sprosses, wonach dieses Meristem in zwei Regionen differenziert ist, die sich durch ihr Wachstumsmuster unterscheiden: die periphere Tunica, ein oder mehrere Zellschichten mit Flächenwachstum (antikline Zellteilungen); der innen gelegene Corpus, eine Zellmasse mit Volumenwachstum (Zellteilungen in unterschiedlichen Ebenen).
**Tüpfel:** Einbuchtung oder Hohlraum in der Zellwand, dort wo die Primärwand nicht von Sekundärwand bedeckt ist. Tüpfelartige Strukturen

in der Primärwand werden als *primordiale Tüpfel*, *primäre Tüpfel* oder *primäre Tüpfelfelder* bezeichnet. Ein Tüpfel ist gewöhnlich Teil eines *Tüpfelpaares*.

**Tüpfelapertur:** Öffnung des Tüpfels vom Zellinneren her. Wenn in einem Hoftüpfel ein Tüpfelkanal vorhanden ist, gibt es zwei Aperturen, einer innere, vom Zellumen in den Kanal, und eine äußere (Porus), vom Kanal in die Tüpfelkammer.

**Tüpfelfeld:** Siehe *primäres Tüpfelfeld*.

**Tüpfelkammer:** Gesamter freier Raum in einem Tüpfel, von der Schließhaut bis zum Zellumen oder, wenn ein Tüpfelkanal vorhanden ist, bis zur äußeren Apertur (Porus).

**Tüpfelkanal:** Öffnung, die vom Zellumen bis zur Kammer eines Hoftüpfels reicht. Einfache Tüpfel in dicken Wänden haben gewöhnlich kanalförmige Tüpfelkammern.

**Tüpfelpaar:** Zwei einander gegenüberliegende Tüpfel zweier aneinandergrenzender Zellen; umfasst zwei Tüpfelkammern und die Schließhaut.

**Übergangszone:** Bezogen auf ein Apikalmeristem, eine becherförmige Zone sich regelmäßig teilender Zellen an der inneren Grenze des Promeristems, oder genauer gesagt, einer Gruppe zentraler Mutterzellen. Übergang zwischen Apikalmeristem und subapikalen primären meristematischen Geweben.

**überzählige Cambiumschicht:** Cambium, das im Phloem oder Perizykel außerhalb des regulär gebildeten Cambiums entsteht. Charakteristisch für einige Pflanzen mit anomalem sekundären Wachstum.

**unbegrenztes Wachstum:** Nicht determiniertes Wachstum; uneingeschränktes oder unbegrenztes Wachstum; so bei einem vegetativen Apikalmeristem, das zeitlich unbegrenzt eine unbegrenzte Zahl von Seitenorganen bildet.

**undifferenziert:** Bei der Ontogenese, im meristematischen Stadium verbleibend oder meristematischen Strukturen ähnlich. Im reifen Zustand, relativ wenig spezialisiert.

**ungegliederte Milchröhre:** Einfache Milchröhre aus einer einzelnen, meist vielkernigen Zelle; verzweigt oder unverzweigt.

**Uniporter:** Carrier-Protein; transportiert nur *eine* gelöste Substanz durch die Membran hindurch.

**uniseriater Holzstrahl:** Siehe *einreihiger Holzstrahl*.

**Vakuole:** Multifunktionale Organelle, die von einer einfachen Membran umgeben ist, dem *Tonoplast*, oder der *Vakuolenmembran*. Einige Vakuolen fungieren hauptsächlich als Speicherorganellen, andere als lytische Kompartimente. Sie spielen bei der Wasseraufnahme während Keimung und Wachstum eine Rolle und beim Aufrechterhalten des Wassergehaltes einer Zelle.

**Vakuolenmembran:** Siehe *Tonoplast*.

**Vakuolisierung:** Ontogenetisch, die Entwicklung von Vakuolen in einer Zelle; im reifen Zustand, das Vorhandensein von Vakuolen in einer Zelle.

**Vakuom:** Sämtliche Vakuolen in einer Zelle, einem Gewebe, einer Pflanze; Vakuolensystem.

**vasizentrisch paratracheales Parenchym:** Axiales Parenchym im sekundären Xylem, das Gefäße komplett umschließt. Siehe *paratracheales Parenchym*.

**Velamen:** Eine multiple Epidermis, welche die Luftwurzeln einiger tropischer epiphytischer Orchideen und Aroiden bedeckt. Tritt auch bei einigen Erdwurzeln auf.

**verschlossener Tüpfel:** Im Xylem der Gymnospermen; Hoftüpfel, bei dem die Tüpfelmembran seitlich verlagert ist, so dass der Torus die Tüpfelöffnung blockiert.

**Verschlussschichten:** Bei Lenticellen. *Terminalschicht* (terminale Abschlussschicht) einer Lenticelle am Ende der Vegetationsperiode. *Zwischenschichten* beim *Prunus*-Typ der Lenticellen.

**vertikales Parenchym:** Siehe *axiales Parenchym*.

**vertikales System:** In sekundären Leitgeweben. Siehe *axiales System*.

**verzierter Tüpfel:** Hoftüpfel mit Auflagerungen auf der die Tüpfelkammer überragenden Sekundärwand.

**Verzierungen:** Siehe *verzierter Tüpfel*

**verzweigte Tüpfel:** Mit steigender Verdickung der Sekundärwand vereinigen sich die Tüpfelkanäle von zwei oder mehr einfachen Tüpfeln; bei sehr dicken Wänden. Auch *ramiforme Tüpfel* (latein. *ramus* = Zweig) genannt.

**Vesikeltransport:** Transport von Makromlekülen durch die Plasmamembran mit Hilfe von Vesikeln.

**vielfache Gefäßdurchbrechung:** In einem Gefäßglied des Xylems; eine Gefäßdurchbrechung, die mehr als eine Durchbrechung hat. *Multiple Perforationsplatte*.

**vielreihiger Holzstrahl:** In sekundären Leitgeweben; ein Holzstrahl, der wenige bis viele Zellen breit ist. *Multiseriater Holzstrahl*.

**Vorblätter:** (Prophylle) Die beiden ersten Blätter oder das erste Blatt an einer Seitenachse.

**Vorläuferzelle:** Eine Zelle, aus der andere durch Teilung entstehen. Auch *Mutterzelle* genannt.

**Wachse:** Langkettige, lipidartige Verbindungen.

**Wachstum:** Irreversible Größenzunahme durch Zellteilung und/oder Zellvergrößerung.

**Wand:** Siehe *Zellwand*.

**Wandtextur:** Anordnung der Cellulose-Mikrofibrillen in der Zellwand: Streutextur, Schraubentextur (polylamellar), Kreuz-polylamellar.

**Warzen:** Kleine, unverzweigte Erhebungen auf den Tracheidenwänden einiger Gymnospermen sowie auf Gefäß- und Faserwänden einiger Angiospermen.

**Wasserblase:** Ein Trichom-Typ; eine vergrößerte, stark vakuolisierte Epidermiszelle.

**Wasserspalte:** Öffnung der Hydathode in der Epidermis; funktionsuntüchtiges Stoma.

**wechselständige Tüpfelung:** In trachealen Elementen; Tüpfel in diagonalen Reihen angeordnet.

**wirtelig:** Phyllotaxis mit drei oder mehr Blättern pro Knoten.

**Wundgummi:** Gummi, das infolge irgendeiner Verletzung gebildet wird. Siehe *Gummi*.

**Wundkork:** Siehe *Wundperiderm*.

**Wundperiderm:** Periderm, das nach Verwundung oder aufgrund einer anderen Verletzung gebildet wird.

**Wurzel:** Unterirdisches Grundorgan der Gefäßpflanzen; dient der Absorption und Verankerung.

**Wurzelhaar:** Trichom der Wurzelepidermis; eine einfache tubuläre Ausstülpung einer Epidermiszelle; mit der Absorption von Bodenlösung befasst.

**Wurzelhaube:** Eine fingerhutartige Masse von Zellen, die das Apikalmeristem der Wurzel bedeckt.

**Wurzelpol:** Unteres Ende des reifen Embryos.

**xeromorph:** Bezieht sich auf die strukturellen Merkmale von *Xerophyten*.

**Xerophyt:** Eine Pflanze, die an einen trockenen Standort adaptiert ist.

**Xylem:** Hauptsächliches Wasser leitendes Gewebe der Gefäßpflanzen, das durch tracheale Elemente gekennzeichnet ist. Das Xylem kann auch als Festigungsgewebe dienen, insbesondere das sekundäre Xylem (Holz).

**Xylemelemente:** Zellen, die das Xylemgewebe aufbauen.

**Xylemfaser:** Faser des Xylemgewebes. Im sekundären Xylem gibt es zwei Fasertypen, *Fasertracheiden* und *Libriformfasern*.

**Xyleminitiale:** Xylemseitige Cambiumzelle, aus der durch perikline Teilungen eine oder mehrere Zellen hervorgehen, die sich zu Xylemzellen differenzieren; es können zusätzliche Teilungen in verschienen Ebenen erfolgen oder auch unterbleiben. Bisweilen auch *Xylemmutterzelle* genannt.

**Xylemmutterzelle:** Ein Cambiumderivat, aus dem bestimmte Elemente des Xylems hervorgehen, wie z. B. die axialen Parenchymzellen die einen Parenchymstrang bilden. Im weiteren Sinne auch synonym für den Begriff *Xyleminitiale* verwendet.

**Xylemstrahl:** Der Teil des Strahls, der sich im sekundären Xylem befindet.

**Xyloglucane:** Hemicellulosen, lineare (1→4)ß-D-Glucanketten, mit kurzen Seitenketten aus Xylose und Galactose, oftmals mit einer terminalen Fucose verknüpft.

**Xylotomie:** Anatomie des Xylems.

**Zelle:** Strukturelle und physiologische Einheit eines lebenden Organismus. Die Pflanzenzelle besteht aus Protoplast und Zellwand; im nicht lebenden Zustand nur aus der Zellwand, oder aus Zellwand und nicht lebenden Einschlüssen.

**Zellentheorie:** Sie besagt, dass alle Lebewesen aus Zellen bestehen (Matthias Schleiden und Theodor Schwann, 1838/39).

**Zellkern:** Organelle einer eukaryotischen Zelle, die von einer Doppelmembran umgeben ist und Chromosomen, Nucleoli und Nucleoplasma enthält. Auch *Nucleus* genannt.

**Zellplatte:** Eine Zellwandvorstufe, die während der Telophase zwischen den beiden in der Mitose gebildeten Zellkernen entsteht und das frühe Stadium der Zellteilung durch eine neue Zellwand (*Cytokinese*) anzeigt; wird im *Phragmoplasten* gebildet.

**Zellsaft:** Wässriger Inhalt der Vakuole.

**Zellwand:** Mehr oder weniger starre äußere Schicht einer Pflanzenzelle; umschließt den Protoplasten. Besteht bei höheren Pflanzen aus Cellulose und anderen organischen und anorganischen Substanzen.

**Zellzyklus:** Sequenz von Ereignissen bei der Zellteilung, aus Interphase, Mitose (Kernteilung) und meist einer Cytokinese (Teilung des Cytoplasmas).

**zentrale Mutterzellen:** Ziemlich große vakuolierte Zellen unter den apikalen Oberflächeninitialen im Apikalmeristem der Gymnospermensprossachse.

**Zentralzylinder:** Begriff, der die Leitgewebe und damit assoziierten Grundgewebe in Sproßachse und Wurzel bezeichnet. Umfasst denselben Teil von Sprossachse und Wurzel, der als *Stele* bezeichnet wird.

**zentrifugale Entwicklung:** Bildung oder Entwicklung sukzessive weiter vom Zentrum entfernt.

**zentripetale Entwicklung:** Bildung oder Entwicklung sukzessive dichter am Zentrum.

**zerstreutporiges Holz:** Sekundäres Xylem, bei dem die Poren (Gefäße) ziemlich unregelmäßig innerhalb einer Zuwachszone verteilt sind oder sie verändern sich in ihrer Größe allmählich vom Frühholz zum Spätholz.

**Zisterne:** Ein flaches, sackförmiges Membran-Kompartiment, wie im Endoplasmatischen Reticulum, Dictyosom oder Thylakoid zu finden.

**Zugholz:** Reaktionsholz bei Angiospermen, das auf der Oberseite von Ästen sowie in schief stehenden oder gekrümmten Stämmen vorkommt; es ist durch eine geringere Lignifizierung und oft durch einen hohen Anteil an gelatinösen Fasern gekennzeichnet.

**zusammengesetzte Milchröhre:** Siehe *gegliederte Milchröhre*.

**zusammengesetzte Mittellamelle** (engl. *compound middle lamella*): Begriff für den Wandbereich aus Mittellamelle und den beiden benachbarten Primärwänden, wenn die Mittellamelle von den Primärwänden nicht zu unterscheiden ist; kann auch noch die ersten Sekundärwandschichten umfassen.

**zusammengesetzte Siebplatte:** Eine Siebplatte aus zwei oder mehr Siebfeldern, die leiter- oder netzförmig angeordnet sind.

**zusammengesetzter Holzstrahl:** Siehe *aggregierter Holzstrahl*.

**Zuwachs:** Beim Wachstum eine Zunahme des Pflanzenkörpers durch Aktivität eines Meristems.

**Zuwachsring:** Eine Wachstumsschicht des sekundären Xylems oder sekundären Phloems, die im Querschnitt an Stamm oder Wurzel erkannt werden kann; sie kann ein *Jahrring* oder ein so genannter *falscher Jahrring* sein.

**Zuwachszone:** Eine Schicht des sekundären Xylems oder sekundären Phloems, die im Verlauf einer einzigen Wachstumsphase gebildet wird; dies kann sich über die gesamte Vegetationsperiode eines Jahres erstrecken (*Jahrring*) oder nur einen Teil davon (*falscher Jahrring*), wenn mehr als eine Zuwachszone pro Jahr gebildet wird.

**Zweiglücke:** In der Knotenregion einer Sprossachse; eine Parenchymregion im Leitgewebezylinder einer Sprossachse wo die Zweigspuren in den Zweig abbiegen. Vereinigt sich meist mit der Blattspurlücke des Tragblattes des Seitensprosses.

**Zweigspurbündel:** Leitbündel, welche das Leitgewebe des Seitenzweiges mit dem der Hauptachse verbinden. Es handelt sich dabei um die Blattspuren der ersten Blätter (Prophylle) des Zweiges.

**zweireihiger Holzstrahl:** In sekundären Leitgeweben; ein Holzstrahl, der zwei Zellen breit ist.

**Zygote:** Verschmelzungsprodukt der Gameten; entwickelt sich zum Embryo.

# Register

## A

α-Proteobakterien 32
Abbruchstelle 427
Abgabephloem 351
*Abies*
  Druckholz 276
  Tüpfelfelder 71
*Abies sachalinensis*
  Druckholz 276
  sekundäres Phloem 385
Abschlussgewebe
  sekundäres 12
Abscisinsäure 112, 114, 206
  Cambium 320
  Zellwandwachstum 79
Abscission 113, 114
*Abutilon pictum*
  Nektarium 417
*Acer pseudoplatanus*
  Siebelemente 330
*Acer saccharum*
  Holzstrahl 286
*Achras sapota*
  gegliederte Milchröhre 450
Achselknospe 138
  Dormanz 113
  Morphogenese 138
Acidocalcisom 17
Actinfilamente 18, 19, 48
  Cambium 312
  Cytoskelett 47
  Funktion 49
  Phragmoplast 72
  Plasmodesmen 85
  Präprophaseband 75
  Siebröhre 336
  Synthese 49
  Wurzelhaar 216
Actinkappe 216
Adenosintriphosphat, *s.* ATP
Adventivknospe 139
Aerenchym 104, 162, 165
*Aesculus hippocastanum*
  Gefäßglied 257
*Agonandra brasiliensis*
  Axialparenchym 286
*Agrobacterium tumefaciens* 17
*Agropyron repens*
  Achselknospe 137
*Ailanthus*
  Gefäßglied 235
  Markzelle 165
akzessorische Zelle 217
Albuminzelle, *s.* Strasburger-Zelle
Aleuronkörper, *s.* Proteinkörper
Alkaloide 445
Allelopathie 53
*Allium*
  gegliederte Milchröhre 451
  Siebröhrenplastiden 338
*Allium cepa*
  Zellmembran 18
*Allium sativum*
  Ruhezentrum 145
  Sklereide 184

Wurzelspitze 144
*Alnus glutinosa*
  Axialparenchym 286
*Aloe aristata*
  Epidermiszelle 195
Altern 103
*Amaranthus retroflexus*
  Stärkekorn 50
Amylopektin 50
Amyloplast 29, 50
Amylose 50
Anaphase 24
Anastomose 438
Androgenese 108
angulares
  Kollenchym, *s.* Eckenkollenchym
Anilinblau 65
anneau initial, *s.* peripherische Zone
Anpassungs-Hypothese 76
Anthocyane 35, 103, 161
antikline Teilung
  Blattanlage 134
  Cambium 303
  Epidermis 194
  Knospe 138
  Sprossspitze 128
  Tunica-Corpus-Theorie 123
Antioxidans 27
Antiporter 21
Apertur 71
Äpfelsäure 35
apikal-basales Muster 9
Apikaldominanz 101, 113
apikale Oberflächeninitiale 127
apikale Zelle 9
Apikalmeristem 10, 12, 96, 99, 101, 108, 121, 124, 125
  Achselknospe 138
  *Arabidopsis thaliana* 131
  Blatt 132, 134
  duplex 125
  florales 10
  Initiale 125
  Klassifizierung 125
  monopodiales 125
  Proplastide 29
  reproduktives 10
  simplex 125
  Spross 123, 125
  Tunica-Corpus-Theorie 122
  vegetatives 10
  Wurzel 139, 146, 148
Apikalzelle 121
Apikalzellentheorie 121
Apoplast 81
Apoptose, *s.* programmierter Zelltod
Apposition 78
Aquaporine 20
*Arabidopsis thaliana*
  Baumwollfaser 212
  Embryogenese 10
  Myrosinzelle 434
  Ölkörper 52
  Proteinkörper 52
  Trichom 216
  Wurzelhaar 215

Wurzelspitze 147
Arabinogalactan-Proteine 64
Archaeen 16
*Aristolochia*
  Periderm 397
*Aristolochia brasiliensis*
  sekundäres Xylem 249
Ascorbinsäure 146
Astrosklereide 182
ätherische Öle 52, 424, 425, 426
ATP 31
ATPase 21, 354, 412
Atrichoblast 219
*Austrobaileya scandens*
  sekundäres Phloem 380
Autophagie 330, 348, 446
Auxin 112, 113, 136, 189
  basipetaler Transport 112
  Blattanlage 136
  Cambium 320, 321
  Funktion 113
  Gefäß 259
  Holz 273, 277
  Leitgewebe 290
  Phloemfaser 189
  Phyllotaxis 136
  Ruhezentrum 146
  Seneszenz 103
  Sklereide 190
  Synthese 112
  tracheales Element 259, 290
  Wurzel 146
  Xylemfaser 190
  Zellwandwachstum 79
  Zellzyklus 24
Auxintransport 112
*Avena sativa*
  Leitbündel 363
  Stoma 209
Axialtracheide 280
*Azotobacter vinelandii*
  elektronenmikroskopische Aufnahme 16

## B

Bakterienchromosom 16
Barrierezelle 410
basale Zelle 9
Basalzelle 412
Bast 391
Bastfaser 181
Bestäubung 414
Betalaine 35
*Beta vulgaris*
  Chloroplast 30
  endoplasmatisches Reticulum 44
  Gefäß 255
  Gefäßglied 256
  Kollenchym 167
  Minor Vein 351
  Organellen 33
  Plasmodesmen 85
  Stoma 200
Betaxanthine 35

*Betula*
  Periderm 393
*Betula papyrifera*
  Ringelborke 401
*Betula populifolia*
  Phellem 394
Blasenzelle 411
Blatt 1
  Aerenchym 165
  Anthocyane 36
  Apikalmeristem 132
  Auxinsynthese 113
  Chlorophyll 36
  Differenzierung 113
  Färbung 36
  heterobares 206
  Hydathode 413
  Mesophyll 160
  Phyllochron 133
  Plastochron 132
  Polarität 110
  Sklereide 182
  Source 352
  Stoma 201, 218
  Struktur 3
  Trichom 217, 218
Blattachsel 10
Blattader 3
Blattanlage 132
  Achselknospe 138
  Auxin 136
  Differenzierung 138
  Expansin 136
  Initiation 135
  Lokalisation 135, 136
  Zellteilung 134, 135
Blatthöcker 132
Blatt-Knöllchen 422
Blattlücke 3
Blattspur 3
Blaulicht 205
Blockmeristem 100
Blüte 1, 2, 414, 415
  Nektarium 420
Blütenboden, *s.* Receptaculum
Blütenstand, *s.* Infloreszenz
Borke 374, 391, 400, 401
  Differenzierung 400
Borste 220
*Botrychium virginianum*
  Siebpore 362
Brachysklereide 182, 185, 393
*Brassica napus*
  Nektarium 420, 421
*Brassica rapa*
  Nektarium 420
Brassinosteroide 104, 112
Breitenwachstums 10
Brennhaar 427
Bulbus 427
bulliforme Zelle, *s.* Gelenkzelle
Bündelscheide 206, 353
Bündelscheidenzelle 353, 354

# C

***Cacao theobroma***
    Chloroplast 25
**Calcium** 53, 55
    Calciumcarbonat-Kristalle 55
    Calciumoxalat 35, 53, 180, 445
    Calciumoxalat 53
    Regulation 55
**Callose** 61, 65, 73, 333, 335, 336, 357, 360, 386, 387, 403
**Calloseplättchen** 335, 336
***Calystegia silvatica***
    gegliederte Milchröhre 448
**Cambialaktivität** 314, 315, 316, 317, 320, 321
    Initiierung 321
    Knospe 320
    Tropen 318
**cambiale Bezirke** 309
**cambiale Zone** 300
**cambiales sekundäres Wachstum** 12
**Cambium** 12, 97, 288, 297, 299
    Auxintransport 112
    Differenzierung 303, 321
    fasciculares 97
    Faser 186, 309
    Initiale 288, 298, 300, 301, 302, 303
    interfasciculares 97
    jahreszeitliche Aktivität 314, 315, 318, 319
    Parenchymzelle 160
    Reaktivierung 314
    sekundäres Phloem 373
    sekundäres Xylem 288
    Struktur 297, 299, 302, 309, 313
    Zellteilung 313
    Zellwand 303
**Cambiumzelle** 314, 315
***Campsis***
    sekundäres Phloem 379
**Cannabinoide** 445
***Capsella bursa-pastoris***
    Chloroplast 26
    Embryo 12
    Embryogenese 11
**carnivore Pflanze** 426, 427
**Carotinoide** 25, 27, 103
**Carrier-Proteine** 20
***Carya***
    sekundäres Phloem 379
***Carya ovata***
    Borke 401
    Thylle 245
***Carya pecan***
    Axialparenchym 286
**Casparystreifen** 393
**Caspary-Streifen** 6
***Castanea***
    sekundäres Phloem 379
**Cavitation** 241, 242
**Cellulose** 61
    Primärwand 68
    Sekundärwand 69
    Zellplatte 74
    Zellwand 76
**Cellulose-Synthase-Komplex** 75
***Ceropegia stapeliaeformis***
    Osmophore 423
**Chalaza** 10
***Chamaecyparis obtusa***
    Harzkanal 441
***Cheiranthus cheiri***
    Sprossspitze 124
**Chenopodiales**
    Betalaine 35
**Chimäre** 108
**Chlorenchym** 161, 164
**Chlorenchymzelle** 162
**Chlorophyll** 25, 27, 103
**Chloroplast** 25, 26, 27
    Kollenchymzelle 166
    Parenchym 161
    Stärkebildung 50
    Umwandlung 29, 399
**Chromatin** 22
**Chromatolyse** 342
**Chromoplast** 27, 28
    Parenchymzelle 161
**Chromosom** 17, 22, 23
**Chromosomensatz** 23
***Cinnamomum***
    Nektarium 415
***Cinnamomum burmanni***
    Ölzelle 435
    Schleimzelle 436
**Citratzyklus** 31
***Citrus***
    Sekrethöhle 433
**Clathrin** 21
**Clathrin beschichtete Vesikel** 47
**CLV-Gen** 131
**coated pits** 21
**coated vesicle** 21
***Coccoloba***
    Nektarium 415
***Cocos***
    Siebplatte 334
***Codiaceum variegatum***
    ungegliederte Milchröhre 449
**Columella** 142, 145, 147
**Conifere**
    Holz 278, 279, 280
    Phloem 375, 377
**continuing meristematic residue** 125
***Convolvulus arvensis***
    Wurzel 6
***Copernicia cerifera***
    Wachsgewinnung 52
***Corchorus***
    Nektarium 415
***Cordyline terminalis***
    Etagenkork 403
***Cornus stolonifera***
    Lichtabsorption 36
**Corpus** 122, 123, 129
**Cortex** 3
**cotranslationaler Proteintransport** 37
**Cotransporter** 21
**Cotyledonen** 10
**CPC-Gen** 220
***Crassula*** 240, 279
**Cristae** 31
***Cryptocarya rubra***
    Siebelemente 330
***Cucumis melo***
    Minor Vein 350
***Cucurbita***
    Eckenkollenchym 168
    Siebfeld 334
    Siebplatte 334
    Siebpore 65
    Sprossachse 327
***Cucurbita maxima***
    Siebplatte 339
    Siebröhre 339, 345
***Cucurbita pepo***
    Siebröhre 340
**Cupula** 435
**Cutan** 196
**Cuticula** 52, 66, 194, 196, 198, 411, 412
    Funktion 196, 198
    Klassifikation 198
    Struktur 66, 196, 198
    Wachssynthese 199
    Wasserverlust 198
**cuticulares Epithel** 196
**Cuticularisierung** 196
**Cuticularschicht** 197
**Cutin** 66, 78, 196, 410
    Trichom 211, 410, 411, 412, 416
**Cutinisierung** 197
**Cyanobakterien** 16, 25, 27
**cyclinabhängige Proteinkinase** 24
***Cynodon***
    Salzdrüse 411
**Cystolith** 56, 194, 223, 224
**cytohistologische Zonierung** 123
**Cytokinese**, *s.* Zellteilung
**Cytokinin** 112, 114
    Achselknospe 138
    Cambium 320
    Gefäß 259
    Seneszenz 103
    Synthese 114
    Transport 114
    Xylemfaser 190
    Zellzyklus 24
**Cytoplasma** 15, 18
    Entgiftung 35
**Cytoplasmastrang**, *s.* Plasmodesmen
**Cytoplasmaströmung** 49
**cytoplasmatische Grundsubstanz** 18
**cytoplasmatische männliche Sterilität** 32
**cytoplasmatische Matrix** 18
**cytoplasmatischer Ärmel** 83
**Cytoskelett** 18, 47
    Actinfilamente 49
    endoplasmatisches Reticulum 45
**Cytosol** 18

# D

***Dahlia pinnata***
    Phloemanastomosen 328
**Dedifferenzierung** 102, 260
    Parenchymzelle 159
***Dendrobium minax***
    Osmophore 423
**Dendrochronologie** 273
**Derivate** 95
**Dermatogen** 122, 139
**Dermatokalyptrogen** 142, 146
**Desmotubulus** 83, 84
**Desoxyribonukleinsäure**, *s.* DNA
**detached meristems** 138
**Determinierung** 102
**Diaphragma** 166
**Dickenwachstum** 10, 78
**Dictyosom** 43, 44, 46, 47, 409, 436
    Cambium 310
**Differenzierung** 101, 104, 111
    Auxin 113
    Dedifferenzierung 102
    Embryogenese 10
    Faser 175, 189, 190
    lageabhängige 111, 125
    Leitgewebe 290
    Phloem 290
    physiologischer Gradient 110
    Plasmodesmen 84, 85
    positionelle Information 111, 147
    Redifferenzierung 102
    Ruhezentrum 148
    Skereide 175, 186, 189
    Sprossspitze 131
    Steuerung 111
    Stoma 206
    tracheales Element 254, 259, 260
    Transdifferenzierung 102
    Umwelteinflüsse 106
    Wurzel 143, 148
    Xylem 250, 267, 290
    Zellwand 106
**diffuses sekundäres Wachstum** 12
***Dillenia pulcherrima***
    Axialparenchym 286

**DNA** 16, 24, 25, 104
    Cambium 312
    Chloroplast 27
    Mitochondrion 32
    Plastiden 25, 30
    Reparatur 24
    Replikation 22, 23, 104
    Sequenzierung 109
**Dormanz** 99
    Abscisinsäure 114
    Auxin 114
    Cytokinin 114
    Wurzel 150
***Drimys***
    Sprossspitze 126
***Drimys winteri***
    sekundäres Phloem 379
**Druckholz** 274, 275, 277
**Druckstrom-Mechanismus** 348, 350
**Drüse** 9, 409, 439
    Poaceae 411
**Drusen** 53
**Drüsenepidermis** 409
**Drüsenhaar**, *s.* Trichom
**Drüsenköpfchen** 424
**Drüsenschuppe** 424, 426
**Drüsenzelle** 409
**Drüsenzotte**, *s.* Kolletere
**dynamische Instabilität** 48

# E

**Eckenkollenchym** 168
**Effluxcarrier** 112, 136
**Ektodesma** 196
**Elaioplast** 29
**elektronendichte Vesikel** 47
**Elementarmembran** 18
**Embryo** 1, 9
    Polarität 9, 110
**Embryogenese** 9
    Auxin 113
    Cytokinin 114
    somatische 108
    Wurzel 146
**Embryoide** 107
**Emergenz** 211
**Endocytose** 21, 47
**Endodermis** 6
**Endomembransystem** 43, 45, 47
**endoplasmatisches Reticulum** 18, 33, 44, 45
    Dynamik 45
    Endomembransystem 43
    Funktion 45
    Lokalisation 45
    Phloem 335, 342, 348, 353, 356, 358, 359, 360
    Proteinbiosynthese 37
    Sekretion 409
    Zellkern 22
**Endopolyploidie** 25, 104, 108
**Endosperm** 29
**Endoreduplikation** 25, 104, 127
    tracheales Element 254
**Endosperm** 160, 164
**Endosymbiose** 25, 27, 32
**Endozyklus** 104
***Ephedra californica***
    sekundäres Xylem 250
***Ephedra viridis***
    Plasmodesmen 359
    Siebpore 359
**Epiblem**, *s.* Rhizodermis
**Epidermis** 3, 193, 194, 197
    Blatt 218
    Differenzierung 193, 195, 218, 220
    Funktion 194, 195
    Spross 193
    Stoma 200

Struktur 194, 197
Wachstum 195
Wurzel 193
**Epidermiszelle** 193, 195
Blatt 218
Cutin 199
Struktur 195, 220
Wachs 199
Zellwand 196
**epistomatäre Höhle** 203
**Epithem** 412
*Equisetum hyemale*
Siebpore 362
**Etagenkork** 403
**Ethylen** 112, 114
Aerenchym 165
Cambium 320
Fruchtreifung 114
Holz 277, 290
programmierter Zelltod 104
Seneszenz 103
Synthese 114
Zellwandwachstum 79
**Etioplast** 31
*Eucalyptus*
Geleitzelle 346
Öldrüse 440
*Eucalyptus maculata*
Kino-Kanal 442
**Eukaryot** 16, 18
**Eumeristem**, *s.* peripherische Zone
*Euphorbia*
Stärkekorn 445
ungegliederte Milchröhre 444
*Euphorbia pulcherrima*
Nektarium 416
ungegliederte Milchröhre 447
*Euyra*
Nektarium 415
**Exkretion** 409
**Exocytose** 21, 47, 409, 436
**Exodermis** 6
**Expansin** 64, 79
Blattanlage 136
Wachstum 106
Wurzelhaar 215
**Expansionszelle** 223
**Extensibilität** 78, 79, 80
**Extensin** 64
**Extraktstoffe** 273
**extraxyläre Faser** 178

## F

*Fagus grandifolia*
Gefäßglied 235
Holzstrahl 286
Lenticelle 405
**Farbstoffkörper** 28
**Faser** 175, 189, 243, 248, 384
Borke 401
Cambium 186
Differenzierung 189, 289
gelatinöse 180, 243, 275, 277
Lignin 175
Lokalisation 175, 176
Meristem 186
Morphogenese 186
Phloem 360
Protoplast 175
radiale 288
septierte 180, 243
Sklerenchymzelle 175
Struktur 175, 180, 243
Tüpfel 175
Wachstum 187, 289
wirtschaftliche Nutzung 181
Xylem 243
Zellwand 175, 179
**Faserskleride** 175, 373, 385, 389

**Fasertracheide** 179, 243, 248, 278
Angiosperme 283
*Ficus elastica*
Blattquerschnitt 194
Lithocyste 56
**Fließdehnung** 78
**Flüssig-Kristall-Selbstassoziations-Hypothese** 76
**Flüssig-Mosaik-Modell** 18, 20
*Fragaria*
Polyderm 402
**Fraßschutz** 53, 434, 437, 454
*Fraxinus americana*
Siebelemente 330
**Frucht**
Lenticelle 404
Parenchym 160
Sklereide 184
**Fruchtblatt**, *s.* Karpelle
**Fruchtknoten**, *s.* Ovar
**Fruchtreifung** 114
**Fructose** 420
**Frühholz** 272, 273
**Frühphloem** 373
**FtsZ-Proteine** 30, 31
**Füllgewebe** 404, 405
**Fusionstubuli** 73

## G

**G0-Phase** 25
**Gameten** 23
**Gasaustausch** 201
**gating** 20
**Gefäß** 234, 237, 247, 283
Angiosperme 330
Auxin 259
Cytokinin 259
Differenzierung 248
Embolie 242, 243, 284
Klassifizierung 283
Lokalisation 237
Primärwand 256, 259
Sekundärwand 252
solitäres 284
Struktur 234, 237, 247, 284
Wassertransport 241
**Gefäßdurchbrechung** 234
**Gefäßglied** 234, 247
Angiosperme 283
Differenzierung 247, 248
Mikrotubuli 256
Struktur 240, 247
Tüpfel 256
Wachstum 288
Zellwand 234
**Gefäßgruppe** 284
**Gefäßnest** 284
**Gefäßpflanze**, *s.* Tracheophyt
**Geleitzelle** 287, 346, 348, 353, 354, 355, 382
Angiosperme 331
Differenzierung 346
Poaceae 355
Protophloem 365
**Gelenkzelle** 222
**Gen**
Expression 110
Funktion 109
Identifikation 109
Regulation 110
**genetisches Mosaik** 108
**Genom** 22
Chloroplast 27
Mitochondrion 32
Plastiden 25
Sequenzierung 109
**Genomik** 109
**Gerbstoffe**, *s.* Tannine

**Gewebe** 1, 3
Klassifizierung 6
primäres 10, 160
sekundäres 12
**Gewebekultur** 107
**Gibberellinsäure** 112, 114
Cambium 320
Holz 277
Phloemfaser 189
programmierter Zelltod 104
Xylemfaser 190
Zellwandwachstum 79
*Ginkgo biloba*
sekundäres Phloem 378
Sprossspitze 127
*Gladiolus*
Nektarium 415
*Gleditsia triacantha*
Tüpfel 239
**GL-Gen** 219, 220
**Globoide** 51
**globuläre Proteine** 19
**Glucomannan** 63
**Glucose** 420
**Glucosinolat** 434
**Glucuronoarabinoxylan** 63
*Glycine max*
Amyloplast 29
**Glycolsäure** 34
**Glykoprotein** 19, 46, 62, 64, 439
Zellwand 64
**Glykosylierung** 46
**Glyoxylsäurezyklus** 34
**Glyoxysom** 34
Seneszenz 103
**Golgi-Apparat** 18, 46
Endomembransystem 43
Funktion 46
Zellwand 72
**Golgi-Körper**, *s.* Dictyosom
**Golgi-Matrix** 46
**Golgi-Stapel**, *s.* Dictyosom
**Golgi-TGN Komplex** 46
*Gossypium*
Trichom 410
*Gossypium hirsutum*
Baumwollfaser 214
Plasmodesmen 347
Siebplatte 335
Siebpore 347
**G-Phase** 23
**Grana** 26
**Granathylakoide** 26
**Gravitropismus** 113
**Grenzschicht** 403
**GRP** 64
**Grundgewebe**, *s.* Parenchym
**Grundmeristem** 10, 96
**grünes Fluoreszenzprotein** 16, 45
**G-Schicht** 180
**GTP** 37
**Guaiacyl** 65
**Guanosintriphosphat**, *s.* GTP
**Gummi** 442
**Gummosis** 442
**Guttation** 412, 414

## H

**Halophyt** 411
**Hartfaser** 181
**Harz** 424, 425, 434, 438
**Harzgang** 9
**Harzkanal** 280, 281, 282, 376, 409, 438, 442
**Hautgewebesystem** 3
**HBK-Gen** 132
*Helianthus*
Sprossachse 5

**Hemicellulose** 62, 66, 68, 69
Cambium 303
Zellplatte 74
**Herzglykoside** 445
*Heveae brasiliensis*
gegliederte Milchröhre 452
**Hilum** 50
**Histogenese** 101
**Histogentheorie** 121
**Histogen-Theorie** 145
**Histone** 17, 22
**Hoftüpfel** 70, 71, 237, 240, 247, 256, 279
**Holz** 269
adultes 291
Angiosperme 283, 285
Conifere 278
Differenzierung 271, 273
Farbe 291
Faserverlauf 291
juveniles 291
Klassifizierung 274
ringporiges 283, 284
Struktur 269, 271, 283, 291
Textur 291, 292
Übergangszone 273
Zellwand 272
zerstreutporiges 283, 284
**Holzfaser**, *s.* Xylemfaser, sekundäre
**Holzstrahl** 269, 271, 287, 304, 373, 374, 450
heterozellular 279
homozellular 279
*Hordeum vulgare*
Leitbündel 332, 333
Leitgewebezylinder 365
Plasmodesmen 347
Siebpore 347
**HRGP** 64
**Hyaloplasma** 18
**Hybrid**
somatischer 108
**Hydathode** 409, 410, 412, 413, 414, 420
*Hydrangea paniculata*
Phloem 433
**Hydrolase**
Vakuole 36
*Hypericum uralum*
Achselknospe 137
Sprossspitze 133
**hypersensitive Antwort** 104
**Hypocotyl** 10
**Hypodermis** 176, 194
**Hypophyse** 146

## I

**Idioblast** 182
*IFL1/REV*-Gen 190
**inäquale Teilung** 105
**Indol-3-Essigsäure** 112
**Inflorszenz** 1
**Influxcarrier** 112, 136
**Initiale** 95, 121, 124, 139, 142
apikale 124, 126
Apikalmeristem 125
Cambium 298, 300, 301
Columella 142
Corpus 122
Differenzierung 305, 307
fusiforme 298, 299, 305
Leitgewebe 298
pluripotente 96
Protoderm 142
totipotente 96
Tunica 122
Wurzel 139, 142, 146, 148
**Initialen**
Milchröhre 448, 450

interfasciculäre Region 3
Intermediärzelle 353, 355
Internodium 1, 10, 96
Interphase 22, 23
Interzellularen 79, 80, 105, 162, 288
    Angiosperme 288
    Blatt 166
    Cambium 299
    Differenzierung 80
    Epidermis 196
    Holz 288
    Kollenchym 168
    lysigene 80
    Parenchym 165
    Phelloderm 395
    rhexigene 80
    Sekretion 437
    Struktur 80
Interzellularraum, s. Interzellularen
Intussuszeption 78
*Ipomoea batatas*
    Wundperiderm 403
Isolationszelle 287

## J

jahreszeitliche Aktivität 314, 315, 318
Jahrring 271, 273, 304
Jasmonate 112
*Jatropha*
    Nektarium 415
Jod-Kaliumjodid-Lösung 50
*Juglans*
    fusiforme Initiale 304
*Juglans hindsii*
    Siebelemente 330
*Juglans nigra*
    Zugholz 275

## K

*Kalanchoë*
    Blattanlage 134
Kalyptra, s. Wurzelhaube
Kalyptrogen 142
Kanalproteine 20
Kappenzelle 412
Karpelle 1
Kautschuk 443, 445, 452, 453, 454
Keimblatt, s. Cotyledonen
Kelchblatt, s. Sepale
Kernholz 273, 274
Kernhülle 17, 22
Kernkörperchen, s. Nukleolus
Kernpore 22
Kernporenkomplex 22
Kernspindel 24
Kernteilungen 23
Kieselkörper 56, 221, 222
Kieselzelle 220, 221, 222
Kino-Kanal 442
Klimakterium 114
klonale Analyse 109
*Knema furfuracea*
    Gefäßglied 236
Knock-Out Mutante 110
Knospe 110, 136, 321, 422
Knoten, s. Nodium
*KNOTTED*-Gen 132
Kollenchym 3, 166, 168, 169, 170
    annulares 168
    Funktion 170
    Lokalisation 169
    Sprossachse 170
    Struktur 170
Kollenchymzelle 166, 167
    sklerifizierte 175
    Wachstum 170
    Zellwand 167

Kolletere 421, 422
Kompetenz 103
Kontaktzelle 244, 285, 287
Kork, s. Phellem
Korkeiche 394, 395
Korkernte 395
Korkkambium 12
Korkzelle 52, 220, 221
Körper-Kappe-Theorie 141, 142, 145
Kreuzungsfeld 280
Kristall 244, 336, 380, 388, 389, 434
Kristallidioblast 53
Kristallsand 53
Kristallzelle 55, 360, 373, 434
Kronblatt, s. Petale
Kurzzelle 220

## L

*Lactuca*
    Lückenkollenchym 168
*Lactuca sativa*
    Zellplatte 81
*Lactuca scariola*
    gegliederte Milchröhre 443
lakunares
    Kollenchym, s. Lückenkollenchym
lamellares
    Kollenchym, s. Plattenkollenchym
Längenwachstum 10
    Baumwollfaser 213
    Epidermis 195
Langzelle 220
lateraler Inhibitionsmechanismus 218
Lateralmeristem 12, 96
Latexgewinnung 453
Laubholz 277
*Laurus nobilis*
    Ölzelle 435
*Lavandula vera*
    Trichom 410
Leitbündel 175, 355
Leitgewebe 3, 160, 233, 234
    Auxin 290
    Axialparenchym 287
    Differenzierung 97, 233, 290, 316
    Kollenchym 170
    Poaceae 355
    primäres 3, 10
    sekundäres 12
    Strahlenparenchym 287
    Wachstum 106
Leitgewebesystem 3
*Lemna minor*
    Calciumoxalat 55
Lenticelle 404, 405
*Leonotis leonurus*
    Trichom 424
Leucoplast 399
Leukoplast 29
Libriformfaser 179, 243, 248, 278
    Angiosperme 283
    Wachstum 289
lichtbrechende Kügelchen 364
Lichtmangel 30
Lignifizierung 65, 403
Lignin 61, 65, 66, 78
    extraxyläre Faser 179
    Faser 175
    Funktion 66
    Gefäß 241
    Nachweis 66
    Parenchymzelle 162
    Schließzelle 203
    Sklereide 181
    Struktur 65
    Tüpfel 240
    Wassertransport 66

    Wurzel 150
    Zellwand 64, 65
*Linum*
    Nektarium 415
*Linum perenne*
    Phloem 178, 186
*Linum usitatissimum*
    Blüte 2
    Entwicklung 2
    Meristem 95
    Phloem 179
    Struktur 4
Lipid-Doppelschicht 18, 19
*Liriodendron*
    fusiforme Initiale 304
    Phloemstrahl 433
*Liriodendron tulipifera*
    Gefäßglied 235
    Jahrring 272
    Rinde 375
    sekundäres Phloem 374, 380
    sekundäres Xylem 267
    Siebelemente 330
Lithocyste 56, 194, 223
*Lonicera japonica*
    Nektarium 417
*Lonicera tatarica*
    Borke 399
*Lotus corniculatus*
    Cambium 98
Lückenkollenchym 168
Luftkeimbildung 242
Lutoide 446, 453
Lysigenie 165

## M

*Magnolia kobus*
    sekundäres Phloem 332
Major veins 353
Makrofibrille 62
Makrosklereide 182, 186
*Malus domestica*
    Cambium 299
    Leitgewebe 301
    Ruhecambium 301
    sekundäres Phloem 384
    Siebelemente 330
Margo 240, 241
Markgewebe 160
Markmeristem, s. Rippenmeristem
Massenmeristem 100
*Mastixia*
    Nektarium 415
Matrix
    extrazelluläre 61
    mitochondriale 31
    Zellwand 62
mediane Hohlräume 82
*Medicago sativa*
    Cambium 98
    Leitgewebe 251
Medulla 3
Meiose 23
Meiosporen 23
Membranprotein 19
Membrantransport 20, 163
Meristem 95, 96, 97, 98, 100, 121
    Aktivität 101, 102
    Bildung 131
    Faser 186
    Klassifizierung 96
    Leitgewebe 234
    medulläres 124
    primäres 10, 97
    ruhendes 124
    sekundäres 97
    Struktur 98, 99
    Übergangszone 150
    Wurzel 139, 143

meristematische Aktivität 99, 107
    Blattbildung 121
    Cambium 309
    Epidermis 195
    Parenchymzelle 159
    Ruhezentrum 145
    Tunica-Corpus-Theorie 124
meristematische Potenz 101, 107
*méristème d'attente*, s. Meristem, ruhendes
*méristème medulaire*, s. Meristem, medulläres
Merophyt 126
Mesophyll 3, 160
metabolische Plastizität 33
Metacutisierung 150
Metameristem 121
Metaphloem 365, 366, 367
Metaxylem 250, 251, 253
Micelle 62
*Microberlinia brazzavillensis*
    Axialparenchym 286
Microbodies 33
Mikrofibrille 62, 63, 75, 76, 77, 135, 196, 205
    Cambium 303
    Primärwand 68, 69, 77
    Sekundärwand 70
    Zellwand 62
    Zellwandstruktur 77
Mikropyle 10
Mikroskopie
    Laserscanningmikroskopie 313
    Lichtmikroskopie 16
    Transmissionselektronenmikroskopie 16
Mikrotubuli 18, 47, 48
    Cambium 312
    Phragmoplast 72
    Präprophaseband 75
    Stoma 205
    tracheales Element 254
    Wurzelhaar 216
    Zellwand 77
Mikrotubuli Organisationszentrum (MTOC) 48
Milchgang 409
Milchröhre 9, 442, 443, 446
    Differenzierung 446, 448, 449, 451
    Funktion 454
    gegliederte 450, 451
    Struktur 442, 443, 445, 450
    ungegliederte 448, 449, 450
Milchsaft 442, 443, 445, 446
*Mimosa pudica*
    Parenchymzelle 22
    Vakuole 35
Minor veins 353, 354
Mitochondrion 31, 32
Mitose 23
Mittellamelle 1, 67
    Zellplatte 74
Mittelrippe 352
monokarpisch 103
Monoterpene 424, 425
Morphogenese 103
Motorzelle 223
M-Phase 23
Multinetzwachstums-Hypothese 77
multiple Epidermis 193
multiseriate Epidermis, s. multiple Epidermis
multivesikuläre Körper 21
Mutation 108
Myosin 19, 49
    Plasmodesmen 85
Myrosinase 434

# N

Nacréwand 331
Nadelholz 277
*Narcissus*
    Nektarium 415
*Narcissus jonquilla*
    Osmophore 423
*Narcissus pseudonarcissus*
    Chromoplast 28
Nebenzelle 209
Nektar 414, 415, 417, 420
Nektargewebe 416, 417
Nektarium 409, 414, 415, 416, 417, 418, 420, 421
Nektarspalte 416
*Nelumbo nucifera*
    Siebröhre 340
*Nerium oleander*
    Stoma 202
    ungegliederte Milchröhre 449
Netznervatur 352
*Nicotiana tabacum*
    Chloroplast 26
    Cytokinese 314
    Dictyosom 46
    endoplasmatisches Reticulum 44
    Geleitzelle 337
    klonale Sektoren 109
    Mitochondrion 32
    multivesikuläre Körper 22
    Parenchymzelle 34
    Polysom 36
    Siebröhre 337, 340, 343, 344
    tracheales Element 258
    Tüpfelfelder 71
    Wurzelhaar 216
    Wurzelspitze 17, 143
    Zellplatte 73
Nitril 434
Nodium 1, 3, 10
Nucleoid 16, 25
Nucleolus 23
Nucleolus-Organisator-Region 23
Nucleoplasma 22
Nucleus, *s.* Zellkern
*Nymphaea*
    Calciumoxalat 55
*Nymphaea odorata*
    Sklereide 182

# O

Oberflächenperiderm 400
Ölbehälter 9, 435
Öldrüse 409, *s.* Sekrethöhlung
Oleoresin 424
Oleosine 52
Oleosom, *s.* Ölkörper
Ölgang 9
Ölkörper 51, 52, 161
Ölzelle 435
Opium 452
Organellen 19
Organismentheorie 15
Organogenese 101
*Oryza sativa*
    Aerenchym 165, 166
*Osmanthus fragrans*
    Sklereide 189
Osmophore 422, 423
osmotisches Gleichgewicht 21
Osteosklereide 182, 186
Ovar 414, 415, 416

# P

Pädomorphose 254, 268
*Palisota barteri*
    Chromoplast 28

Papierherstellung 181
Papille 65, 211, 220
parakristalliner Körper 55
Parallelnervatur 355
Parenchym 3, 159, 160, 162, 285
    aliformes 285
    apotracheales 285
    axiales 244, 285
    Chloroplast 161
    Funktion 159, 160
    gebändertes 285
    Holz 285
    Interzellularen 164
    konfluentes 285
    Lokalisation 160
    paratracheales 285
    Struktur 160, 162
    vasizentrisches 285
    Wasserspeichergewebe 161
    Xylem 244
Parenchymband 273, 285
Parenchymstrang 244
Parenchymzelle 159, 161, 162, 163, 244
    Differenzierung 159, 244
    disjunctive 289
    Funktion 159, 161, 244
    fusiforme 244
    Phloem 360
    sekretorische 161
    sklerifizierte 175, 188
    Speicherparenchym 161
    Struktur 161, 163
    Totipotenz 159
    Xylem 244
    Zellwand 162
*Parthenium argentatum*
    Kautschuk-Partikel 453
Pektin 62, 63, 64, 66, 68
    Cambium 303
    Interzellularen 80
    Zellplatte 74
Pektinschicht 197
*Peltogyne confertifolora*
    Axialparenchym 286
*Peperomia metallia*
    Chloroplasten 25
*Pereskia*
    Sklereide 180
Perforationsplatte, *s.* Gefäßdurchbrechung
Periblem 122, 139, 140
Periderm 3, 12, 193, 195, 374, 391
    Bildung 391
    Differenzierung 396, 399
    Lenticelle 404
    Lokalisation 391
    Monocotyledone 402
    Sprossachse 391
    Struktur 400
    Wundverschluss 403
perikline Teilung
    Blattanlage 134
    Cambium 300
    Epidermis 193
    Knospe 138
    Sprossspitze 128
    Tunica-Corpus-Theorie 123
    Wurzel 148
perinucleärer Raum 22
peripheres Protein 19
peripherische Zone 99, 124, 128, 132
    *Arabidopsis thaliana* 130
    Blattanlage 135
Perivascularfaser 179
Perizykel 6, 10, 179
Peroxisom 33, 34
    Seneszenz 103
*Perrottetia*
    Nektarium 415

*Persea americana*
    Lenticelle 405
Petale 1, 414
*Petunia hybrida*
    Wurzelspitze 148
Pflanzenhormone 79, 111, 112, 206, 327
    Cambium 320
    Zellwandwachstum 79
Pflanzenorgane 1
Pflanzenzucht 108
*Phaseolus vulgaris*
    Gefäß 256
    Phloem 366
    Siebröhrenplastiden 338
    tracheales Element 258
Phellem 66, 166, 391, 392, 393, 404
    Suberin 393
Phelloderm 160, 391, 392, 395, 404
    Struktur 395
Phellogen 12, 97, 160, 195, 391, 392, 393, 394, 396, 397
    Differenzierung 396, 397, 399
Phelloide 393
Phloem 233, 327, 328, 329, 373, 374
    Abscisinsäure 114
    Angiosperme 331, 348, 379
    Auxintransport 112
    Beladung 350, 353, 354, 355
    Callose 65
    Cambium 304, 315
    Conifere 375, 377
    Differenzierung 298, 300, 317, 328, 377, 382, 383, 385, 386, 389
    eingeschlossenes 328
    Entladung 351
    externes 328
    Faser 189
    Funktion 327
    gelatinöse Faser 276
    Gymnosperme 356, 357, 358, 359
    Initiale 298, 300
    internes 328
    leitendes 385, 388
    Lokalisation 328
    Nektarium 416, 417, 419, 420
    nichtleitendes 387, 388, 389
    Parenchymzelle 360
    Plasmodesmen 85, 417
    primäres 233, 328, 329, 364, 374
    sekundäres 234, 329, 361, 373, 374, 377, 382, 384
    Sklereide 360
    Sklerenchymzelle 360
    Sklerifizierung 388, 389
    Struktur 316, 329, 373, 375, 379, 380, 384, 388
    Transport 348, 350, 351, 353, 354, 359
    Wachstum 316
Phloemanastomosen 328
Phloemfaser 175, 176, 178, 181, 187, 329, 360, 373, 379, 380, 383, 384
    primäre 178, 365
    sekundäre 178
    Wachstum 187
    Zellwand 180
Phloemmutterzelle 300, 315
Phloemparenchymzelle 360
Phloemstrahl 373, 382, 388, 450
Phospholipid 19
Photoassimilate 350, 352, 353, 355
Photoinhibition 36
photooxidative Schädigung 27, 36
Photorespiration 34
Photosynthese 25, 353
    Epidermis 195
Phototropismus 113
Phragmoplast 72, 73
    Cambium 313
Phragmoplastin 73

Phragmosom 75
Phyllochron 133
Phyllotaxis 132, 136
physiologischen Feldtheorie 135
physiologischer Gradient 110
Phytoalexin 61
Phytoferritin 27
Phytohormone, *s.* Pflanzenhormone
Phytolith, *s.* Kieselkörper
Phytolithen 56
Phytomer 125
*Pilea cadierei*
    Lithocyste 223
*Pinus*
    Cambium 300
    Leitgewebe 300
*Pinus lambertiana*
    Tracheide 235
*Pinus merkusii*
    Stoma 204
*Pinus pinea*
    Hoftüpfel 257
*Pinus pungens*
    Hoftüpfel 239
*Pinus resinosa*
    Siebfeld 358
    Siebzelle 356, 357
    Strasburger-Zelle 356
*Pinus strobus*
    Holz 268
    Jahrring 272
    Plasmodesmen 82
    sekundäres Phloem 376
    Sprossspitze 123
    Xylem 280
*Pinus thunbergii*
    Primärwand 69
    Zellwandstruktur 66
*Piptadeniastrum africanum*
    Axialparenchym 286
*Pisum*
    Sprossspitze 123
    Wurzelspitze 149
Plasmalemma, *s.* Plasmamembran
Plasmamembran 16
    Endomembransystem 43
    Parenchymzelle 162
Plasmaströmung 18, 310
Plasmodesmen 15, 45, 70, 80, 81, 82, 83, 84, 85, 86
    Bildung 81
    Cambium 313
    Differenzierung 85
    Epidermis 196
    Milchröhre 453
    Parenchymzelle 162
    Phloem 335, 348, 350, 353, 354, 357, 359, 417
    Schließzelle 207
    Sekretionszelle 412
    Signaltransduktion 84
    Struktur 81, 82
    Wurzel 150
    Xylem 269
Plastiden 25, 29, 30, 31, 195, 438
    Siebröhre 336
    Siebzelle 358
Plastizität 96
Plastochron 132, 133
plastochronische Veränderungen 132
Plastoglobulus 27, 28
*Platanthera bifolia*
    Osmophore 423
*Platanus occidentalis*
    Schuppenborke 401
Plattenkollenchym 168
Plattenmeristem 100, 105
Plerom 122, 139
Plumula 10
Pluripotenz 96

*PNH*-Gen 135
*Poinsettia*
　Siebröhre 340
**Polarität** 49, 110
　Auxin 112
**Pollensterilität** 32
**Polyamin** 112
**Polyderm** 402
**Polygalacturonsäure** 63
**Polyhydroxysteroide** 112
**Polymer Trap** 353
**Polyribosom,** *s.* Polysom
**Polysom** 36
**Polytänie** 104
*Populus deltoides*
　Plasmodesmen 347
　Siebpore 347
*Populus euramericana*
　Zugholz 277
*Populus tremuloides*
　Leitgewebe 316
*Populus trichocarpa*
　Gefäßglied 235
**Pore,** *s.* Gefäß
**Porenzelle** 413
**Porus** 71
**positionelle Information** 84, 111, 147
**Post-Phloem-Transport** 351
**posttranslationaler Proteintransport** 37
**P-Protein** 331, 336, 342
**Präprophaseband** 75, 314
**Präsequenz** 32
**prestelares Gewebe** 127
**primärer Pflanzenkörper** 10
**primäres Gewebe** 10
**Primärwand** 63, 64, 67, 68, 69
　Gefäß 256, 259
　Kollenchymzelle 166
　Lignin 65
　Mikrofibrille 68, 69
　Parenchymzelle 159, 162
　Pektin 63
　polylamellare Struktur 77
　Struktur 67, 68, 69, 77
　Wachstum 78, 79
**Primärwurzel** 10
**Primordium,** *s.* Blattanlage
**prismatische Sklereide** 186
**Procambium** 10, 96, 97, 234
　Wurzel 139, 148
**Procuticula** 198
**programmierter Zelltod** 25, 103, 104, 259, 330
　Gefäßglied 258
　Holz 273
**Prokaryot** 16
**Prolamellarkörper** 31
**Prolamine** 51
**proliferative Teilung** 148
**Promeristem** 96, 121, 127
　Sprossspitze 129
　Wurzel 139, 142, 146
**Prophase** 23
**Prophylle,** *s.* Vorblatt
**Proplastiden** 29
**Protein**
　integrales 19
　peripheres 19
　prolinreiches 64
**Proteinbiosynthese** 36
**Proteinkörper** 47, 51, 161
**Proteinkristalloide** 51
**Proteinoplast** 29
**Proteintransport** 85
**Protoderm** 10, 96, 122, 193
**Protofilamente** 48
**Protomeristem,** *s.* Promeristem
**Protonengradient** 21
**Protonenpumpe** 21

**Protophloem** 364, 367
**Protophloemfaser** 178
**Protoplasma** 15
**Protoplast** 6, 16, 19, 43, 303
　Faser 175, 243
　isolierter 108
　Kollenchymzelle 166
　Sekretion 409
　Sklerenchymzelle 175
　Xylemfaser 180
**Protoxylem** 250, 251, 253
**Protoxylem-Lakune** 251
*Prunus*
　Nektarium 415
　Periderm 397
*Pseudotsuga taxifolia*
　Harzkanal 282
　Siebelemente 377
*Psilotum nudum*
　Siebpore 362
*Psoralea macrostachya*
　sekretorische Höhlung 440
　trabekuläre Höhlung 441
**pyknotische Degeneration** 342
**Pyrophosphatase** 21
*Pyrus communis*
　Cambium 308
　Phloem 306
　sekundäres Phloem 386
　Sklereide 181
*Pyrus malus*
　Schraubentextur 78

## Q

*Quercus alba*
　Borke 399
　Drehwuchs 291
　Leitgewebe 316
　P-Proteinkörper 341
*Quercus rubra*
　Gefäßglied 237
　Harzkanal 272
　Holz 270
　Tracheide 179
*Quercus velutina*
　Borke 401

## R

**radiales Muster** 9
**Radicula** 10
**Raffinose** 353
**Randleiste** 202
*Raphanus sativus*
　Chloroplasten 25
**Raphiden** 53, 436
**Raphiden-Idioblasten** 55
**Reaktionsholz** 274, 277
**Receptaculum** 414
**Redifferenzierung** 102, 259
　Parenchymzelle 159
**reife Pflanze** 12, 101
**Reihenmeristem** 100
**Reservefette** 52
**Reserveproteine** 50
**Reservestärke** 50
**Reservestoffe** 49
**Resistenz** 112
**Resorcinblau** 65
**Rhamnogalacturonan** 63
*Rheum rhabarbarum*
　Kollenchym 167
*Rhinanthus minor*
　Hydathode 414
**Rhizodermis** 193
*Rhododendron maximum*
　Phellem 394

*Rhus glabra*
　P-Proteinkörper 341
　Sekretkanal 438, 439
*Rhus typhina*
　Phellem 394
　Sekretkanal 433
**Rhytidom,** *s.* Borke
**Ribonukleinsäure,** *s.* RNA
**Ribosom** 17, 23, 25, 36
**Ricinosom** 45
*Ricinus communis*
　primäres Xylem 253
　Ricinosom 45
**Rinde** 315, 374, 387, 391
　primäre 3, 160, 178
**Ringpore** 237
**Rippenmeristem** 100, 105, 124, 128
　*Arabidopsis thaliana* 130
　Wurzel 139
**Rippenzone,** *s.* Rippenmeristem
**RNA** 17, 22, 23, 36
*Robinia pseudoacacia*
　Cambium 315
　fusiforme Zellen 311
　P-Proteinkörper 341
　Ruhecambium 310
　sekundäres Phloem 329, 381, 384
　Stammquerschnitt 298
　Stockwerkcambium 299
**Rosette** 76, 77
**Rotte** 175
**Ruhecambium** 301, 309, 320
**Ruhephase** 314
**Ruhezentrum** 124, 145, 146, 148

## S

**Saccharose** 320, 327, 354, 420
*Saccharum*
　Plasmodesmen 83
*Saccharum officinarum*
　Chloroplast 30
**Salizylsäure** 112
**Salzdrüse** 410, 411, 412
*Sambucus*
　Plattenkollenchym 168
*Sambucus canadensis*
　Lenticelle 405
*Sambucus racemosa*
　Tanninröhre 437
**Samen** 51, 185, 449
**Sammelphloem** 350, 351
**Sammelzelle** 412
**Sanio'sche Vier** 302
*Sasa veitchii*
　Siliciumdioxid 56
**Säurewachstums-Hypothese** 79
*Saxifraga lingulata*
　Hydathode 413
**Scheitelzelle** 126, 127, 141
**Schleim-Kristall Idioblast** 436
**Schleimzelle** 409, 436
**Schleimhaut** 70
**Schließzelle** 200, 202, 203, 204, 205
　Dynamik 205
　Funktion 204, 206
　K+-Ionen 205
　Morphogenese 207
　Protoplast 203
　Saccharose 205
　Struktur 202, 203, 204
　Wachs 203
　Zellwand 204, 205
**Schließzellenmutterzelle** 206, 209, 210
**Schraubentextur** 77
**SDD-Gen** 218
*Secale cereale*
　Internodium 97
**Seitenspross** 10

**Seitenwurzel** 10
**Sekrethöhlung** 437, 439, 441
**Sekret-Idioblast** 434
**Sekretion** 409, 411, 442
　ekkrine 410, 419, 423
　granulokrine 410, 423
　holokrine 410
　merokrine 410
**Sekretionszelle** 409, 412, 416
　interne 433
**Sekretkanal** 437, 441, 442
**Sekretraum** 437, 441
**Sekretzelle** 9
**sekundärer Pflanzenkörper** 12
**sekundäres Gewebe** 12
**sekundäres Wachstum** 10
**Sekundärwand** 67, 69, 70, 175
　Differenzierung 257
　Faser 187
　Gefäß 234, 237, 241, 252, 253, 257
　leiterförmige 252
　Lignin 65
　Mikrofibrille 70
　netzförmige 252
　Parenchymzelle 162
　Phloemfaser 180
　polylamellare Struktur 77
　ringförmige 252
　Sklerenchymzelle 175
　spiralförmige 252
　Struktur 69, 252, 253
　tracheales Element 255
　Tracheide 289
　Tüpfel 70, 252, 253
　Xylemfaser 180
**selektive Genexprimierung** 110
**Seneszenz** 103, 150, 440
**Senföl** 434
**Sensitivität** 112
**Sepale** 1, 414
**Septum** 180
**Siebelemente** 329, 330, 342, 363, 373, 376, 385, 386, 387, 388
　Angiosperme 362
　Differenzierung 360, 361
　Gefäßkryptogame 363
　Gymnosperme 363
　Metaphloem 366
　Protophloem 365
　Spezialisierung 361
**Siebfeld** 329, 363
　Angiosperme 331, 333
　endoplasmatisches Reticulum 359
　Gymnosperme 356, 357, 358
**Siebplatte** 65, 381
　Angiosperme 331, 333, 362
　Gymnosperme 356
**Siebpore** 65, 329, 336, 342, 348, 356
　Angiosperme 333
　Gymnosperme 357
**Siebröhre** 328, 329, 336, 342, 345, 348, 373, 379, 381, 382, 383, 388
　Angiosperme 330, 331, 350, 361
　Differenzierung 336
　Poaceae 331, 355
　Spezialisierung 361
　Struktur 361
**Siebröhren-Geleitzellkomplex** 331
**Siebzelle** 329, 373, 376, 377, 386
　endoplasmatisches Reticulum 359
　Gymnosperme 330, 356, 358, 362, 363
　Plastiden 358
**Signalpeptid** 32, 37
**Signaltransduktion** 84
　Plasmodesmen 84
**Silicium** 56
**Siliciumanhydrid** 53
**Siliciumdioxid** 56, 221, 222
*Simmondsia chinensis*
　Wachsgewinnung 52

**Sink-Source-Modell** 348, 350, 352, 360
**Sklereid** 175, 395
 Phelloderm 395
 Sklerenchymzelle 175
**Sklereide** 55, 181, 182, 184, 244, 384
 Blatt 182
 Differenzierung 186, 188, 189, 190
 Frucht 184
 Funktion 183
 Klassifizierung 182
 Lokalisation 182, 183
 Phloem 329, 360, 384
 Samen 185
 Sprossachse 182
 Struktur 181, 182, 183
 Wachstum 187
**Sklerenchym** 3, 175
**Sklerenchymzelle**
 Phloem 360
**Sockelzelle** 217
*Solanum lycopersicum*
 Chloroplast 27
 Chromoplast 28
 Sprossachsenparenchym 159
*Solanum tuberosum*
 Achselknospe 138
 Blattentwicklung 111
 Hydathode 413
 Sprossspitze 129
 Stärkekorn 51
 Suberin-Lamellen 67
*Sonchus deraceus*
 Phloem 163
*Sorghum bicolor*
 Wachsfilament 197, 199
**Spaltöffnung**, *s.* Stoma
*Spartium junceum*
 Osmophore 423
**Spätholz** 272, 273, 280
**Spätphloem** 373
**Speicherkompartiment** 35, 195
**Speicherparenchym** 161, 162, 164
**Speicherproteine** 51
 Abscisinsäure 114
**Spezialisierung** 95, 101
**Spharosom**, *s.* Ölkörper
**S-Phase** 23
**Sphinkter** 417
*Spinacia*
 Siebröhrenplastiden 338
*Spinacia oleracea*
 Mitochondrion 32
**Spindelapparat** 48
**spiralige Wandverdickung** 240
**Spitzenwachstum** 187
**Splintholz** 273, 274
**Sporophyt** 10
**Spross** 1, 125
 Apikalmeristem 121, 125
 Epidermis 193
 primärer 125
 Scheitelzelle 127
**Sprossachse** 1, 3, 96
 Adventivknospe 139
 Aerenchym 165
 Apikalmeristem 96
 Faser 176
 intrusives Wachstum 187
 Kollenchym 170
 Lateralmeristem 96
 Milchröhre 450
 Polarität 110
 Rippenmeristem 100
 Sklereide 182
 Struktur 3
**Sprossachsenleitbündel** 6
**Sprosspol** 10
**Sprossspitze** 126, 129, 130
 Funktion 126
 klonal separierte Zellschicht 130

plastochronische Veränderung 132, 134
 ruhende 128
 Tunica-Corpus-Theorie 128
 Zonierung 129, 130
**Stachel** 220
**Stachyose** 353
**Stamina** 1, 414, 415
**Staminodium** 415
**Stammzelle** 96, 130
**Stängel**, *s.* Sprossachse
**Stärke** 50, 244
 Abbau 50
 Gibberellinsäure 115
 Nachweis 50
 Synthese 50
**Stärkekorn** 27, 29, 50, 445
**Staubblatt**, *s.* Stamina
**Steinzellen**, *s.* Brachysklereide
**Sternparenchymzelle** 164
**Steroide** 19
**Stickstoffoxid** 112
**Stielzelle** 411, 412
**STM-Gen** 131, 135
**Stockwerkcambium** 299, 304
**Stofftransport** 163, 233
**Stoffwechsel** 35, 49
**Stoma** 195, 200, 205, 210, 413
 Abscisinsäure 114, 206
 anomocytischer Typ 210
 Differenzierung 201, 206, 209, 210
 Dynamik 205
 Funktion 201, 205
 Klassifikation 209
 Kontaktzelle 210
 Lenticelle 405
 Lokalisation 201, 218
 Musterbildung 218
 Nebenzelle 201
 Nektarium 416
 Randleiste 202
 Wachs 203
**Stomakomplex** 205
**stomatäre Einsenkung** 202
**stomatäre Höhle** 202
**stomatäre Öffnungsweite** 206
**stomatäres Meristemoid** 206
**Strahlinitiale** 298, 305, 317
**Strahlparenchymzelle** 244, 285, 287, 288, 360, 373, 388
**Strahltracheide** 279, 376
**Strahlzelle**
 Plasmodesmen 313
 Tüpfel 313
**Strasburger-Zelle** 356, 359
**Strasburger-Zellen** 375
**Streckungswachstum** 48, 99
 Pektin 63
**Streifenmuster** 219
**Streifennervatur** 355
**Stress** 65, 102, 114, 170, 240, 242, 284, 285, 410
**Stroma** 25, 26
**Stromathylakoide** 26
**Stromulus** 25
**Struktureinbau-Mechanismus** 77
**Strukturproteine** 64, 66
**Styloide** 53
*Styrax camporium*
 Strahlenparenchymzelle 289
**Subcuticularraum** 412
**Suberin** 61, 66, 67, 393, 403, 435, 436
**substomatäre Höhle** 196
**Sudan III, IV** 52
**Sukkulent**
 Leitgewebe 248
**Suspensor** 10
**Symplast** 81, 86
**symplastische Domäne** 86
**Symporter** 21
**Systemin** 112

**T**

*Tagetes*
 Chromoplast 28
*Tagetes patula*
 Minor Vein 352
*Talauma*
 Phellem 399
*Tamarix aphylla*
 Salzdrüse 412
**Tannine** 53, 434, 437, 442, 445
**Tannin-Idioblast** 437
**Tanninröhre** 437
**Tanninzelle** 437
*Taraxacum kok-saghyz*
 gegliederte Milchröhre 452
*Taxodium distichum*
 sekundäres Phloem 378
**TED-Gen** 260
**Teichode** 196, 199
**Teilung**
 pseudotransversale 305
**Telophase** 23
**Terminalschicht** 405
**Terpenoide** 424, 445
**Tertiärwand** 70
*Thea*
 Nektarium 415
**Thigmomorphogenese** 106
*Thuja occidentalis*
 Cambium 307
 sekundäres Phloem 374, 383
*Thunbergia erecta*
 Nebenzelle 209
**Thylakoide** 25, 27
**Thylle** 244, 274, 282
**Thylosoid** 282
*Tilia*
 Schleimgang 433
 Stammquerschnitt 297
*Tilia americana*
 Cambium 310
 Geleitzelle 346
 Leitgewebe 301
 Phloemfaser 176
 P-Proteinkörper 341
 Rinde 392
 Ruhecambium 301
 sekundäres Phloem 388
*Tilia platyphyllos*
 Tüpfel 240
**Tonoplast** 21, 34, 43, 330
**Tonoplast-spezifische Integralproteine** 34
**Torus** 237, 240
**Totipotenz** 96, 102
 Epidermis 195
 Parenchymzelle 159
**Trabecula** 279
**tracheales Element** 234, 237, 246, 249, 251
 Auxin 259
 Differenzierung 254, 259
 Funktion 273
 Holz 271
**Trachee** 233, 234
**Tracheide** 179, 234, 241, 245, 247, 248, 278, 289
 Angiosperme 283
 Cambium 304
 Differenzierung 289
 disjunctive 289
 Struktur 278
 Tüpfel 279
 vasizentrische 285
 Wachstum 289
**Tracheophyt** 233
**Tragblatt** 138
**Transdifferenzierung** 102, 259
**Transferzelle** 162, 163, 354
**Transfusionszone** 412

**trans- Golgi- Netzwerk (TGN)** 46
**Transitsequenz** 27
**Transitvesikel** 44, 46
**Translation** 37
**Transmembranprotein** 19
**Transport** 327
 aktiver 21
 apoplastischer 81
 Auxin 136, 190, 259, 290
 Carrier-Proteine 21
 Caspary-Streifen 6
 Ethylen 290
 Kernpore 22
 Mitochondrion 31
 passiver 20
 Phloem 348, 351
 Plasmamembran 19
 Plasmodesmen 84
 symplastischer 81
 TGN-Komplex 46
 Tonoplast 35
 Transferzelle 163
 Vesikel 21
 Wasser 284
 Zellwand 61
**Transportphloem** 351
**Transportprotein** 20
**transversale Dimension** 9
**Transversalmeristem** 142
**Triacylglycerin** 52
**Trichoblast** 219
**Trichom** 211, 409, 411, 412, 414, 416, 417, 424
 Cystolith 223
 Differenzierung 212, 216, 425
 Funktion 211
 Klassifizierung 211
 Lokalisation 218
 Morphogenese 212, 215, 219, 425
 Musterbildung 218
 Struktur 212
 Wurzel 219
**Trichosklereide** 182
**Triskelion** 21
*Triticum aestivum*
 Zellwandeinstülpung 164
*Tsuga canadensis*
 Siebelemente 377
*Tsuga sieboldii*
 Harzkanal 281
**TTG-Gen** 220
**tubuläres Netzwerk** 73
**tubulär-vesikuläres Netzwerk** 73
**Tubulin** 47
**Tunica** 122, 123, 129
**Tunica-Corpus-Theorie** 122, 123, 128
**Tüpfel** 70, 71, 106, 237, 240
 Cambium 313
 Epidermis 196
 Faser 175, 243
 Gefäß 234, 237, 247, 285
 gegenständige 237
 Kernholz 274
 Klassifizierung 70
 Kollenchymzelle 168
 leiterförmige 237
 Lokalisation 71
 Parenchymzelle 244
 Sekundärwand 70
 Sklereide 175, 181
 Struktur 70, 237, 240
 Thylle 244
 tracheales Element 256
 Tracheide 279
 verschlossene 240
 verzierte 240
 Wassertransport 241, 242
 wechselständige 237
 Xylemfaser 179, 248
**Tüpfelfeld** 70

**Tüpfelhof** 71
**Tüpfelkanal** 71
**Tüpfelpaar** 71
**Turgor** 35, 78, 203, 204, 205, 223, 446
**Tylosoide** 361

## U

**Übergangszone** 128, 150, 273
  Apikalmeristem 128
*Ulmus*
  Leitgewebesystem 5
*Ulmus americana*
  Phellogen 395
  Siebröhre 334
**Uniporter** 21
*Urtica urens*
  Trichom 410
*Utricularia*
  Saugfalle 426

## V

*Vaccinium corymbosum*
  Phellem 394
**Vakuole** 34, 35, 36
  Calciumoxalat 35, 55
  Cambium 311
  Geleitzelle 348
  Meristem 99
  Sekretion 409, 411
  Stoma 203
  tracheales Element 254
  Trichom 417
**Vakuolenmembran** 34
**Vakuolisierung** 10
**vegetative Sprossspitze** 125, 126
**Velamen** 193
**Verzweigung**
  dichotome 136
  monopodiale 136
  Spross 136
  Wurzel 139
**Vesikel** 21
  Clathrin 47
  Endomembransystem 43
  sektretorischer 47
**Vesikeltransport** 21, 33, 47
  Exocytose 47
*Vicia faba*
  Nektarium 419
  Xylemparenchym 164
*Vicia sativa*
  Wurzelhaar 215
*Vitis*
  Kollenchym 167
  Phloem 180
  Tüpfelfelder 71
*Vitis mustangensis*
  Raphiden 54
*Vitis vinifera*
  Periderm 398
  primäres Phloem 364
  sekundäres Phloem 387, 382
  Trichom 410
*Vitis vulpina*
  Raphiden 54

## W

**Wachs** 52, 66, 196, 198
  cuticulares 196, 198
  epicuticulares 196, 197, 199
  intracuticulares 196
  Lenticelle 404
  Stoma 203

**Wachstum** 100, 101, 104, 105, 106
  Blattanlage 134
  differentielles 165
  Epidermis 195
  Ethylen 114
  Faser 187
  Gibberellinsäure 114
  Interpositionswachstum 106
  intrusives 106, 187, 448
  Kollenchymzelle 170
  Leitgewebe 234
  Pflanzenhormon 111
  Phloemfaser 187
  primäres 10
  Primärwand 78
  Ruheperiode 272
  Sklereide 187
  Sprossspitze 126
  symplastisches 106, 187
  Wurzel 146
  Wurzelhaar 216
  Xylemfaser 187
  Zellwand 78, 106
**Wachstumsmuster** 100
**Wachstumsperiodizität** 272
**Wandlockerungsmittel** 79
**Wandprotuberanz** 162
**Warze** 70, 240
**Wasseraufnahme** 21
**Wasserspalte** 412, 413
**Wasserspeichergewebe** 161
**Wasserstoffperoxid** 33
**Wassertransport** 234, 241, 242, 243, 274, 284, 285
  Lignin 66
  Sekundärwand 69
**Wasserverlust** 52, 404
  Cuticula 197, 198
  Stoma 204
  Suberin 67
  Trichom 211
  Wachs 66
**Weichfaser** 181
***WER*-Gen** 220
*Wisteria*
  Siebelemente 330
**Wundheilung** 403, 404
**Wundperiderm** 403, 404
**Wundphellogen** 404
**Wurzel** 1
  Aerenchym 165
  Apikalmeristem 96, 121, 139, 146, 148
  Differenzierung 148
  Dormanz 150
  Embryogenese 146
  Epidermis 193
  Lateralmeristem 96
  Plasmodesma 150
  Polarität 110
  Polyderm 402
  Rippenmeristem 100
  Ruhezentrum 145
  Scheitelzelle 127
  Seneszenz 150
  sprossbürtige 10
  Struktur 6
  Trichom 219
  Wachstum 148
  Zellteilung 141, 148, 149
**Wurzeldruck** 243
**Wurzelhaar** 212
  Differenzierung 219
  Morphogenese 215
  Musterbildung 219, 220
  Struktur 216
**Wurzelhaarzone** 6
**Wurzelhaube** 139, 141, 142
  Ruhezentrum 146
**Wurzelmeristem** 143
**Wurzelpol** 10

**Wurzelspitze** 139
  Ruhezentrum 124
**Wurzelsystem** 10
***WUS*-Gen** 131

## X

**Xylan** 63
**Xylem** 3, 233, 234, 237
  Abscisinsäure 114
  axiales 267
  Cambium 304, 315
  Cytokinintransport 114
  Differenzierung 250, 267, 268, 269, 290, 298, 300
  Faser 243
  Funktion 245, 273
  Holzstrahl 269
  Initiale 298, 300
  Laubholz 277
  Lignin 66
  Nadelholz 277
  Parenchymzelle 162, 244
  primäres 233, 250, 251, 252, 253, 268
  radiales 267
  sekundäres 65, 234, 244, 267, 268, 269, 288
  Struktur 234, 237, 268, 269, 316
  Wachstum 106, 271, 316
  Wurzel 148
  Zellwand 253
**Xylemfaser** 175, 176, 178, 179, 180, 187, 248
**Xylemmutterzelle** 300, 315
**Xylemstrahl,** *s.* Holzstrahl
**Xyloglucan** 62, 68

## Z

*Zea mays*
  Blattquerschnitt 193
  Bündelscheidenzelle 36
  Chloroplast 27
  Endocytose 21
  Leitbündel 355
  Plasmodesmen 84
  P-Typ-Plastiden 345
  Sprossspitze 130
  Stoma 203, 207
  Wurzelspitze 143
*Zebrina*
  Leukoplast 29
**Zellatmung** 31
**Zelle**
  Anordnung in Geweben 105
  Aufbau 15
  eukaryotische 16
  Funktion 15
  fusiforme 298, 313
  Kompartiment 17
  Membransystem 18
  Organellen 18
  prokaryotische 16
  Struktur 15
  Thylakoide 17
  Zellmembran 17
**Zellentheorie** 15
**Zellkern** 15, 17, 22
**Zellkultur** 108
**Zelllinienmechanismus** 218
**Zellmembran** 18, 19
  Aufbau 18
  elektrische Potentiale 18
  Funktion 19
  Grundstruktur 19
  Invagination 21
  Lipide 19
  Proteine 19

  Rezeptor 20
  Transport 20
**Zell-Ontogenie** 100
**Zellpaket** 148
**Zellplatte** 15, 72, 73, 75
  Cambium 313
  Mittellamelle 74
**Zellsaft** 35
**Zellstreckung** 105
  Auxin 113, 114
  Blattanlage 135
  Ethylen 114
  Gibberellinsäure 114
  Sklereide 187
  Wurzel 148, 150
**Zellteilung** 23, 72, 95, 100
  additive 300
  antikline 99
  Apikalmeristem 121
  asymmetrische 105, 110
  Auxin 113
  bildende 148
  Blattanlage 135
  Cambium 304
  Epidermis 218
  fusiforme Zelle 313
  Gibberellinsäure 114
  inäquale 105, 110
  Knospe 138
  multiplikative 304
  perikline 99, 148, 399
  radiale 148
  Ruhezentrum 145
  Scheitelzelle 126
  tangentiale 99
  Wurzel 141, 148, 149, 150
**Zelltypen** 6
**Zellwand** 1, 15, 61, 62, 64
  Abbau 64
  antikline 6, 393
  Calciumoxalat 55
  Cambium 303
  Differenzierung 72, 73, 106
  Einstülpung 196
  Epidermiszelle 196
  Faser 175, 179
  Funktion 61
  Gefäßglied 234, 240
  Geleitzelle 348
  geometrisches Modell 77
  Glycoprotein 64, 75
  Holz 272
  Kollenchymzelle 166, 167, 169, 170
  Lignin 65
  Matrix 75
  Parenchymzelle 162
  Phellem 393
  Schließzelle 204, 205, 207
  Siebröhre 331, 333
  Siebzelle 356
  Struktur 61, 67, 69, 77, 79
  Suberin 66, 436
  Tannine 53
  tracheales Element 252
  Transport 64
  Typ I / II 63
  Wachstum 76, 79, 106
  Wassertransport 243
**Zellwandeinstülpung** 162, 163
**Zellwandinvagination,** *s.* Zellwandeinstülpung
**Zellzyklus** 23
  Kontrollpunkte 24
  Mikrotubuli 48
**Zellzyklus-abhängiger Mechanismus** 218
**zentrale Mutterzelle** 128
**zentrale Zone** 130
  *Arabidopsis thaliana* 130
**Zentralspalt** 202

**Zentralzylinder** 176
*Zinnia elegans*
  Rosette 76
**Zisterne** 44, 46

**Zugholz** 274, 275
  Auxin 277
**Zuwachsringe,** s. Zuwachszone

**Zuwachszone** 271, 272, 277, 285, 393, 394
**Zweigsystem** 10

**Zwergmutante** 114
**Zwischenkorkschicht** 405
**Zygote** 9

Peter H. Raven / Ray F. Evert / Susan E. Eichhorn
**Biologie der Pflanzen**
Hrsg. v. Thomas Friedl
4. Aufl. 2006. XII, 942 Seiten. 800 Abb. 30 Tab. Gebunden.
ISBN 978-3-11-018531-7

Biologie der Pflanzen gibt einen umfassenden Überblick über das aktuelle Grundwissen der Botanik – einschließlich Viren, Prokaryoten, Pilze und Protisten. Kompetent und anschaulich wird der Leser von den renommierten Autoren durch den umfangreichen Lesestoff geführt. Biologie der Pflanzenzelle, Diversität, Genetik und Evolution, Wachstum und Entwicklung, Struktur und Funktion sowie Physiologie und Ökologie bilden die Schwerpunkte der Betrachtungen.

Die 4. Auflage dieses Klassikers der botanischen Fachliteratur berücksichtigt die neuesten wissenschaftlichen Erkenntnisse. Sie wurde vor allem ergänzt durch:

- die neuesten Methoden der Molekularbiologie zur Untersuchung von Pflanzen,
- grundlegend neue Erkenntnisse zur Evolution der Angiospermen,
- wesentliche Änderungen in der Klassifikation der Protista und der samenlosen Gefäßpflanzen,
- aktuelle Informationen über Pflanzenhormone aus der *Arabidopsis*-Forschung.

Abgerundet wird das Lehrbuch durch die bewährt aufwändige Bebilderung, eine ausgereifte Didaktik mit Verständnisfragen und einem umfangreichen, aktualisierten Glossar. Für das amerikanische Bachelorstudium konzipiert, bietet der „Raven" effektive und zielgerichtete Prüfungsvorbereitung in Haupt- und Nebenfach (Diplom-, Bachelor- oder Masterstudium).

de Gruyter
Berlin · New York
www.degruyter.de